Taschenbuch für
Bauingenieure

Mit Beiträgen von

A. Agatz, Bremen · **P. Böss**, Karlsruhe · **E. Czitary**, Wien · **F. Dischinger †**, Berlin **W. Flügge**, Palo Alto/Cal. (USA) · **G. Garbotz**, Aachen · **J. Göderitz**, Braunschweig **O. Graf**, Stuttgart · **K. Hetzel**, München · **K. Hilfer**, Münster/W. · **E. Kohl**, Braunschweig · **E. Lackner**, Bremen · **G. Lehmann**, Hannover · **R. Lutz**, Bremen · **E. Marquardt**, Stuttgart · **E. Massute**, Hannover · **A. Mehmel**, Darmstadt · **W. Müller** Aachen · **H. Petermann**, Bremen · **C. Pirath**, Stuttgart · **W. Rosemann**, Gronau (Hann.) · **L. Sautter**, Stuttgart · **F. Schleicher**, Dortmund · **J. Schlums**, Hannover **W. Stoy**, Braunschweig · **F. Stüssi**, Zürich **F. Tölke**, Stuttgart · **A. Vierling** Hannover · **F. W. Waltking †**, Düsseldorf · **P. Werkmeister †**, Dresden · **H. P. Witt** Dortmund · **H. Wittmann**, Karlsruhe

Herausgegeben von

Professor Dr.-Ing. **Ferdinand Schleicher**
Dortmund

Zweite völlig neubearbeitete Auflage

Mit 2740 Abbildungen

In zwei Bänden

Erster Band

Springer-Verlag Berlin Heidelberg GmbH
1955

ISBN 978-3-642-88349-1 ISBN 978-3-642-88348-4 (eBook)
DOI 10.1007/978-3-642-88348-4

Ursprünglich erschienen bei Springer-Verlag OHG., Berlin/Göttingen/Heidelberg 1955
Softcover reprint of the hardcover 1st edition 1955

Vorwort zur zweiten Auflage

Das „Taschenbuch für Bauingenieure" erschien erstmals im Frühjahr 1943, eine spanische Übersetzung „Manual del Ingeniero Constructor", Barcelona, Verlag Editorial Labor, S. A., im Jahre 1948.

Die Vorarbeiten für eine verbesserte Neuauflage wurden noch während des Weltkrieges aufgenommen, mußten aber 1945 unterbrochen werden und mehrere Jahre ruhen. Ein „Berichtigter Neudruck", der Ende 1949 erschien und ebenfalls bald vergriffen war, sollte die Lücke füllen, bis es möglich wäre, diese „zweite völlig neubearbeitete Auflage" vorzulegen.

Der Umfang des Taschenbuchs ist trotz der vielen unten erwähnten Neuerungen nur geringfügig angewachsen, nämlich von XXIII u. 1942 Seiten in der ersten Auflage auf jetzt XX u. 1087 S. in Bd. I, und XIX u. 1159 S. in Bd. II. Dies war nur möglich durch Weglassung von überholten Ausführungen, durch Verminderung der Wiederholungen sowie durch straffere Fassung.

Die Unterteilung des Taschenbuches in zwei Bände kommt einem vielfach geäußerten Wunsch entgegen.

Die an die einzelnen Abschnitte gestellten Anforderungen schwanken stark mit den besonderen Interessen des betr. Lesers. Auch subjektive Einflüsse sind nicht zu vermeiden, bei den Bearbeitern wie beim Herausgeber. Ich hoffe aber, daß ein Mittelwert getroffen wurde, der die meisten Wünsche erfüllt. Die in der ersten Auflage vorhandene Ungleichmäßigkeit in der Behandlung der einzelnen Beiträge konnte jedenfalls erheblich vermindert werden, wenn auch noch nicht alle Wünsche nach dieser Richtung erfüllt sein mögen.

Das Trägheitsmoment von Querschnittsflächen ist durchweg mit I (nicht J) bezeichnet worden, so wie es in der Weltliteratur und auch in der älteren deutschen Fachliteratur üblich ist. Nicht zuletzt durch die Benutzung der Schreibmaschine hat sich eingebürgert, daß I und J häufig verwechselt werden. Nach einem Hinweis von *W. Flügge* wurde deshalb darauf geachtet, daß in der Neuauflage des Taschenbuchs für das Flächenträgheitsmoment nur I gesetzt wurde. Man schreibt ja auch nicht Jgel (statt Igel) oder Iäger (statt Jäger).

Vielfache Unterhaltungen wurden über die Frage geführt, ob es richtig sei, Tabellen (z. B. Profiltabellen, Dimensionierungstabellen für den Stahlbetonbau u. dgl.) sowie Normblätter und Richtlinien aufzunehmen. Es stellte sich heraus, daß noch immer gilt, was darüber im Vorwort zur ersten Auflage gesagt wurde: Die dadurch erreichten Vorteile erscheinen nicht groß genug, um die entsprechende starke Umfangsmehrung sowie die damit verbundene Verteuerung des Taschenbuchs in Kauf zu nehmen. Lediglich im Abschnitt „*Mathematik*" wurde eine Reihe von Zahlentabellen neu aufgenommen. Diese haben eine neuartige Form erhalten, sie dürften trotz wesentlich kleineren Umfanges praktisch dasselbe leisten wie die üblichen Tabellen.

Die Neuauflage des Taschenbuches spiegelt die starke Entwicklung wieder, welche viele der behandelten Fachgebiete im letzten Jahrzehnt genommen haben. Auch diesmal wurden deshalb wieder Theorien und Überlegungen mitberücksichtigt, die noch nicht als abgeschlossen gelten können.

Von den Verbesserungsvorschlägen zur ersten Auflage, die dankenswerterweise in Buchbesprechungen und Briefen gemacht wurden, konnte ein sehr großer Teil berücksichtigt werden. Anregungen und Kritik jeglicher Art werden auch zur zweiten Auflage sehr willkommen sein.

Alle Beiträge sind gründlich überarbeitet und auf den heutigen Stand gebracht. *Neue Abschnitte* sind:

Technische Hydromechanik (*P. Böss*, Karlsruhe). Hier sind alle einschlägigen Betrachtungen zusammengefaßt, die früher über mehrere Beiträge verstreut waren.

Baukonstruktionen des Hochbaus (*L. Sautter*, Stuttgart).

Stabilitätsfälle (Grundlagen von Knicken, Kippen, Beulen) (*F. Schleicher*, Dortmund).

Ausgewählte Kapitel aus der *Theorie des Brückenbaus* (*F. Stüssi*, Zürich). Die Ausführungen dieses Abschnittes liegen sozusagen zwischen der Baustatik und dem praktischen Brückenbau.

Schwingungen in der Bautechnik (*F. W. Waltking* †, Düsseldorf).

Stahlhochbau, einschl. Industriebau (*H. P. Witt*, Dortmund).

Neu als Mitarbeiter am Taschenbuch für Bauingenieure wurden die folgenden Herren gewonnen:

E. Czitary: Bahnen besonderer Bauart.

G. Garbotz: Erdbau (zusammen mit *W. Müller*).

K. Hetzel: Tunnel- und Stollenbau.

K. Hilfer: Binnenverkehrswasserbau.

E. Kohl: Baustatik.

E. Lackner: Grundbau (zusammen mit *A. Agatz*).

G. Lehmann: Vermessungswesen (Neubearbeitung des Beitrages von *P. Werkmeister* †).

R. Lutz: Seeverkehrswasserbau (zusammen mit *A. Agatz*).

E. Massute: Oberbau und Gleisverbindungen.

A. Mehmel: Massivbau (Ergänzung und Überarbeitung des Beitrages von *F. Dischinger* †).

L. Sautter: Baukonstruktionen des Hochbaus.

J. Schlums: Grundlagen der Straßenverkehrsplanung, sowie *Straßenbau und Straßenverkehrstechnik.*

F. Stüssi: Ausgewählte Kapitel aus der Theorie des Brückenbaus.

F. W. Waltking †: *Schwingungen in der Bautechnik.*

H. P. Witt: Stahlhochbau.

An dieser Stelle ist ferner der verstorbenen Mitarbeiter zu gedenken. Es ist der Tod der folgenden Herren zu beklagen, die an der ersten Auflage des Taschenbuches für Bauingenieure mitarbeiteten:

Prof. Dr.-Ing. *K. Beyer*, Dresden, Bearbeiter des Abschnittes *Baustatik.*

Reichsbahndirektor Dr.-Ing. *A. Bloß*, Dresden, Bearbeiter des Abschnittes *Oberbau.*

Prof. Dr.-Ing. *F. Dischinger*, Berlin, Bearbeiter des Abschnittes *Massivbau.*

Prof. Dr.-Ing. *P. Werkmeister*, Dresden, Bearbeiter des Abschnittes *Vermessungskunde.*

Prof. Dr.-Ing. *R. Winkel*, Braunschweig, Bearbeiter des Abschnittes *Mechanik flüssiger Körper.*

Während der Drucklegung der zweiten Auflage verstarb ferner Herr

Prof. Dr.-Ing. *F. W. Waltking*, Düsseldorf, Bearbeiter des neuen Abschnittes *Schwingungen in der Bautechnik.*

Die Verdienste all dieser Herren um das Taschenbuch für Bauingenieure sollen unvergessen bleiben.

Drei weitere Herren, die an der ersten Auflage des Taschenbuchs für Bauingenieure mitgearbeitet hatten, sind zurückgetreten. Den Herren

Landesrat *Niemeyer*, Brackwede,

Ministerialrat i. R. *Paxmann*, Königswinter,

Prof. Dr.-Ing. *K. Risch*, Hannover,

gilt mein herzlicher Dank für das freundliche Interesse, das sie auch der neuen Auflage des Taschenbuchs entgegenbrachten.

Verbesserungen zu Band I

S. XVII, Beitrag WALTKING:

statt Schwingungen in der Baustatik

lies Schwingungen in der Bautechnik

S. 222, Abb. 52: statt Wandstärke δ **lies** t

S. 223, letzte Zeile: **lies** Verschiebung $r\vartheta\, dx$

S. 224, Abb. 54: In dem obersten Glied ist der Faktor t zu ergänzen.

S. 278, Gl. (36): statt M'_n **lies** $M_{n'}$

S. 290: Die Überschrift über der Tabelle „Auswertung des Integrals. . . “ gehört als Überschrift zu dem rechts neben der Tabelle beginnenden Abschnitt „Bei veränderlichem Trägheitsmoment . . . “

S. 372, Gl. (349): statt $(x/2)^2$ **lies** $(x/l)^2$

Dank der Aufopferung und den Bemühungen aller Mitarbeiter ist es gelungen, das gestellte Programm voll zu erfüllen und dem Taschenbuch für Bauingenieure eine neue Gestalt zu geben, in der es den Benutzern hoffentlich wieder recht nützlich sein wird. Es ist mir daher eine angenehme Pflicht, all den auf der Titelseite genannten Mitarbeitern dieser Auflage für ihre Beiträge bestens zu danken. Mein Dank gilt ferner dem Springer-Verlag, der das Buch „friedensgemäß" ausgestattet hat.

Dortmund, den 23. Juni 1954 **F. Schleicher.**

Aus dem Vorwort zur ersten Auflage

Über die Zielsetzung des „Taschenbuches für Bauingenieure" und einige der darin befolgten Richtlinien gibt der folgende Auszug aus dem Vorwort zur ersten Auflage 1943 Auskunft:

„Die Herausgabe eines neuen Taschenbuches für Bauingenieure bedarf keiner besonderen Begründung: Seit längerer Zeit fehlte ein handliches Hilfsmittel, ein Band, der mit Beiträgen aus allen Teilgebieten eine Gesamtübersicht über den Bereich des Bauingenieurwesens bietet.

Das Taschenbuch soll zur Einführung der studierenden Jugend wie der Praxis des Bauingenieurwesens als Nachschlagewerk zur Unterrichtung über einzelne Fragen nützlich sein.

Da im letzten Jahrzehnt auf manchen Gebieten des Bauingenieurwesens besonders große Fortschritte zu verzeichnen sind, war vor allem auf die Darstellung der Grundlagen Gewicht zu legen.

Es ist nicht die Aufgabe eines „Taschenbuches", die Hand- und Lehrbücher ganz zu ersetzen. Man wird nicht erwarten, alle Sonderfragen behandelt zu finden, die nur einen verhältnismäßig kleinen Kreis von Fachleuten interessieren. Der „Spezialist" verfügt über verschiedene zusätzliche Hilfsmittel, Tabellenwerke usw., auf die jeweils im Text verwiesen ist.

Von geringfügigen Ausnahmen abgesehen, sind daher keine Tabellen usw. aufgenommen worden. Diese stehen in einer Reihe von Büchern mit so reichhaltigem Inhalt und vielseitiger Verwendbarkeit zur Verfügung, daß man für die praktische Arbeit unbedingt darauf zurückgreifen wird. Auch der ausführliche Abdruck der Vorschriften, behördlichen Bestimmungen, DIN-Normblätter usw. auf dem Gebiete des Bauingenieurwesens konnte nicht in Frage kommen, es wäre dafür eine sehr beträchtliche Vergrößerung des Gesamtumfanges erforderlich gewesen. Kurze Auszüge besitzen nur einen beschränkten Wert, auch sind die einzelnen Bestimmungen dauernd in der Fortentwicklung begriffen, so daß der Text teilweise zu schnell überholt würde.

Berlin, 1943. **F. Schleicher.**

Inhaltsverzeichnis

Erster Band

Mathematik

Von Professor Dr. phil. **W. Rosemann**, Gronau i. Hann.

Mechanik starrer Körper

Von Professor Dr.-Ing. Docteur ès Sciences h. c. **F. Tölke**, Stuttgart

Festigkeitslehre und Elastizitätstheorie

Von Dr.-Ing. W. Flügge, Professor an der Stanford University, Palo Alto, Cal. (USA)

Baustatik

Von Dr.-Ing. E. Kohl, o. Professor an der Technischen Hochschule Braunschweig

Baustoffe und ihre Eigenschaften

Von Dr.-Ing. E. h. Otto Graf

o. Professor an der Technischen Hochschule Stuttgart

Baukonstruktionen des Hochbaus

Von Regierungsbaumeister **L. Sautter**, Stuttgart

Holzbau

Von Dr.-Ing. habil. **W. Stoy**, Professor an der Techn. Hochschule Braunschweig

Stahlbau

Von Professor Dr.-Ing. **Ferd. Schleicher**, Dortmund

Stahlhochbau

Von Dr.-Ing. **H. P. Witt**, Dortmund

Massivbau

Von Dr.-Ing., Dr.-Ing. E. h., Dr.-Ing. E. h., Dr. techn. h. c. **F. Dischinger** †
weiland o. Professor an der Techn. Universität Berlin. Ergänzt und überarbeitet
von Dr.-Ing. **A. Mehmel**, o. Professor an der Techn. Hochschule Darmstadt

Ausgewählte Kapitel aus der Theorie des Brückenbaues

Von Dr. sc. techn. **F. Stüssi**, o. Professor an der Eidgen. Techn. Hochschule Zürich

Stabilitätsfälle

(Grundlagen von Knicken, Kippen, Beulen)

Von Professor Dr.-Ing. **Ferd. Schleicher**, Dortmund

Schwingungen in der Baustatik

Von Professor Dr.-Ing. **F. W. Waltking** †, Düsseldorf

Inhaltsübersicht zum zweiten Band

Mathematik

Von

Professor Dr. phil. W. Rosemann

Gronau i. Hannover

I. Funktionenlehre

A. Funktionentafeln

1. Tafeln zur Zinseszinsrechnung

Wenn der jährliche Zinsfuß $p\%$ beträgt, wird der *Zinsfaktor:*	$q = 1 + \frac{p}{100}$
Ein *Kapital* von K DM. ergibt nach n Jahren bei einem jährlichen Zinsfuß von $p\%$:	$K_n = K_0 \cdot q^n$ DM.
Werden außerdem am Anfang jeden Jahres (vom 2. Jahr ab) S DM. hinzugezahlt bzw. fortgenommen, so wird am Ende des n-ten Jahres:	$K_n = K_0 q^n \pm S \frac{q^n - q}{q - 1}$ DM.
Wenn auch am Anfang des ersten Jahres S DM. eingezahlt werden ($K_0 = S$), so folgt:	$K_n = S \cdot q \cdot \frac{q^n - 1}{q - 1}$ DM.
Eine *Rente* von S DM., die n Jahre lang zu zahlen ist, kann abgelöst werden durch eine sofortige Zahlung von:	$K_0 = S \cdot \frac{1}{q^n} \cdot \frac{q^n - 1}{q - 1}$ DM.
Läuft die Rente dauernd ($n = \infty$), so wird:	$K_0 = S \cdot \frac{1}{q - 1}$ DM.
Wenn ein Kapital von K DM. in n Jahren abgeschrieben werden soll (so daß nach der n-ten Zahlung die Tilgung erfolgt ist), muß die jährliche *Abschreibungssumme* betragen:	$S = K \cdot \frac{q - 1}{q^n - 1}$ DM.

Werte von $q^n = \left(1 + \frac{p}{100}\right)^n$.

p	$n = 5$	10	15	20	25	30	40	50	60	70	75	80	90	100
3,00	1,159	1,344	1,558	1,806	2,094	2,427	3,262	4,384	5,892	7,918	9,179	10,64	14,30	19,22
3,25	1,173	1,377	1,616	1,896	2,225	2,610	3,594	4,949	6,814	9,382	11,01	12,92	17,79	24,49
3,50	1,188	1,411	1,675	1,990	2,363	2,807	3,959	5,585	7,878	11,11	13,20	15,68	22,11	31,19
3,75	1,202	1,445	1,737	2,088	2,510	3,017	4,360	6,301	9,105	13,16	15,82	19,01	27,47	39,70
4,00	1,217	1,480	1,801	2,191	2,666	3,243	4,801	7,107	10,52	15,57	18,95	23,05	34,12	50,50
5,00	1,276	1,629	2,079	2,653	3,386	4,322	7,040	11,47	18,68	30,43	38,83	49,56	80,73	131,5
6,00	1,338	1,791	2,397	3,207	4,292	5,743	10,29	18,42	32,99	59,08	79,06	105,8	189,5	339,3
7,00	1,403	1,967	2,759	3,870	5,427	7,612	14,97	29,46	57,95	114,0	159,9	224,2	441,1	867,7

Prozentuale Abschreibungssumme bei einem Zinsfuß von $p\%$: $\frac{100\,S}{K} = 100\,\frac{q - 1}{q^n - 1}$.

p	Der Wert erlischt in Jahren:													
	$n = 5$	10	15	20	25	30	40	50	60	70	75	80	90	100
3,00	18,84	8,723	5,376	3,722	2,742	2,101	1,326	0,886	0,613	0,433	0,367	0,311	0,225	0,164
3,25	18,74	8,623	5,278	3,627	2,653	2,018	1,252	0,823	0,558	0,387	0,324	0,272	0,193	0,138
3,50	18,65	8,524	5,183	3,536	2,567	1,937	1,183	0,763	0,508	0,346	0,286	0,238	0,166	0,115
3,75	18,56	8,426	5,087	3,446	2,483	1,858	1,115	0,707	0,462	0,308	0,253	0,208	0,141	0,096
4,00	18,46	8,329	4,994	3,358	2,401	1,783	1,052	0,655	0,420	0,274	0,222	0,181	0,120	0,081
5,00	18,10	7,950	4,634	3,024	2,095	1,505	0,827	0,477	0,282	0,169	0,132	0,102	0,062	0,038
6,00	17,74	7,586	4,296	2,718	1,822	1,264	0,646	0,344	0,187	0,103	0,076	0,057	0,031	0,017
7,00	17,39	7,238	3,979	2,439	1,581	1,059	0,501	0,246	0,123	0,062	0,044	0,031	0,016	0,008

2. Tafeln für zweite und dritte Potenzen

a) Tafel für x^2

von $x = 0$ bis $x = 99$ und von $x = 1{,}00$ bis $x = 10{,}00$.

Bei der zweiten Tabelle sind die Zahlen von $x = 3{,}2$ ab auf 5-ziffrige Genauigkeit abgerundet.

x	0	1	2	3	4	5	6	7	8	9	Δ
0	0	1	4	9	16	25	36	49	64	81	
10	100	121	144	169	196	225	256	289	324	361	(S. 52)
20	400	441	484	529	576	625	676	729	784	841	
30	900	961	1024	1089	1156	1225	1296	1369	1444	1521	
40	1600	1681	1764	1849	1936	2025	2116	2209	2304	2401	
50	2500	2601	2704	2809	2916	3025	3136	3249	3364	3481	
60	3600	3721	3844	3969	4096	4225	4356	4489	4624	4761	
70	4900	5041	5184	5329	5476	5625	5776	5929	6084	6241	
80	6400	6561	6724	6889	7056	7225	7396	7569	7744	7921	
90	8100	8281	8464	8649	8836	9025	9216	9409	9604	9801	

Linearer Interpolationsfehler kleiner als 1 Endeinheit (S. 52).

x	0	1	2	3	4	5	6	7	8	9	Δ
1,0	**1,** 0000	0201	0404	0609	0816	1025	1236	1449	1664	1881	219
1,1	2100	2321	2544	2769	2996	3225	3456	3689	3924	4161	239
1,2	4400	4641	4884	5129	5376	5625	5876	6129	6384	6641	259
1,3	6900	7161	7424	7689	7956	8225	8496	8769	9044	9321	279
1,4	9600	9881	-0164	-0449	-0736	-1025	-1316	-1609	-1904	-2201	299
1,5	**2,** 2500	2801	3104	3409	3716	4025	4336	4649	4964	5281	319
1,6	5600	5921	6244	6569	6896	7225	7556	7889	8224	8561	339
1,7	8900	9241	9584	9929	-0276	-0625	-0976	-1329	-1684	-2041	359
1,8	**3,** 2400	2761	3124	3489	3856	4225	4596	4969	5344	5721	379
1,9	6100	6481	6864	7249	7636	8025	8416	8809	9204	9601	399
2,0	**4,** 0000	0401	0804	1209	1616	2025	2436	2849	3264	3681	419
2,1	4100	4521	4944	5369	5796	6225	6656	7089	7524	7961	439
2,2	8400	8841	9284	9729	-0176	-0625	-1076	-1529	-1984	-2441	459
2,3	**5,** 2900	3361	3824	4289	4756	5225	5696	6169	6644	7121	479
2,4	7600	8081	8564	9049	9536	-0025	-0516	-1009	-1504	-2001	499
2,5	**6,** 2500	3001	3504	4009	4516	5025	5536	6049	6564	7081	519
2,6	7600	8121	8644	9169	9696	-0225	-0756	-1289	-1824	-2361	539
2,7	**7,** 2900	3441	3984	4529	5076	5625	6176	6729	7284	7841	559
2,8	8400	8961	9524	-0089	-0656	-1225	-1796	-2369	-2944	-3521	579
2,9	**8,** 4100	4681	5264	5849	6436	7025	7616	8209	8804	9401	599
3,0	**9,** 0000	0601	1204	1809	2416	3025	3636	4249	4864	5481	619
3,1	6100	6721	7344	7969	8596	9225	9856	-0489	-1124	-1761	639
3,2	**1** 0,240	0,304	0,368	0,433	0,498	0,562	0,628	0,693	0,758	0,824	66
3,3	0,890	0,956	1,022	1,089	1,156	1,222	1,290	1,357	1,424	1,492	68
3,4	1,560	1,628	1,696	1,765	1,834	1,902	1,972	2,041	2,110	2,180	70
3,5	2,250	2,320	2,390	2,461	2,532	2,602	2,674	2,745	2,816	2,888	72
3,6	2,960	3,032	3,104	3,177	3,250	3,322	3,396	3,469	3,542	3,616	74
3,7	3,690	3,764	3,838	3,913	3,988	4,062	4,138	4,213	4,288	4,364	76
3,8	4,440	4,516	4,592	4,669	4,746	4,822	4,900	4,977	5,054	5,132	78
3,9	5,210	5,288	5,366	5,445	5,524	5,602	5,682	5,761	5,840	5,920	80
4,0	**1** 6,000	6,080	6,160	6,241	6,322	6,402	6,484	6,565	6,646	6,728	82
4,1	6,810	6,892	6,974	7,057	7,140	7,222	7,306	7,389	7,472	7,556	84
4,2	7,640	7,724	7,808	7,893	7,978	8,062	8,148	8,233	8,318	8,404	86
4,3	8,490	8,576	8,662	8,749	8,836	8,922	9,010	9,097	9,184	9,272	88
4,4	9,360	9,448	9,536	9,625	9,714	9,802	9,892	9,981	-0,070	-0,160	90
4,5	**2** 0,250	0,340	0,430	0,521	0,612	0,702	0,794	0,885	0,976	1,068	92
4,6	1,160	1,252	1,344	1,437	1,530	1,622	1,716	1,809	1,902	1,996	94
4,7	2,090	2,184	2,278	2,373	2,468	2,562	2,658	2,753	2,848	2,944	96
4,8	3,040	3,136	3,232	3,329	3,426	3,522	3,620	3,717	3,814	3,912	98
4,9	4,010	4,108	4,206	4,305	4,404	4,502	4,602	4,701	4,800	4,900	100
5,0	**2** 5,000	5,100	5,200	5,301	5,402	5,502	5,604	5,705	5,806	5,908	102

a) Tafel für x^2 (Fortsetzung)

Die genauen Quadrate für Werte $x > 3{,}20$ ergeben sich, indem man an die angegebenen Zahlen eine Null anfügt und diese letzte Stelle um die in der Kopfzeile rechts unten stehenden Ziffern vermehrt bzw. vermindert; z. B. $5{,}13^2 = 26{,}3169$.

Linearer Interpolationsfehler kleiner als 1 Endeinheit.

x	0 (0)	1 (+1)	2 (+4)	3 (−1)	4 (−4)	5 (+5)	6 (−4)	7 (−1)	8 (+4)	9 (+1)	Δ
5,0	**2** 5,000	5,100	5,200	5,301	5,402	5,502	5,604	5,705	5,806	5,908	102
5,1	6,010	6,112	6,214	6,317	6,420	6,522	6,626	6,729	6,832	6,936	104
5,2	7,040	7,144	7,248	7,353	7,458	7,562	7,668	7,773	7,878	7,984	106
5,3	8,090	8,196	8,302	8,409	8,516	8,622	6,730	8,837	8,944	9,052	108
5,4	9,160	9,268	9,376	9,485	9,594	9,702	9,812	9,921	−0,030	−0,140	110
5,5	0,250	0,360	0,470	0,581	0,692	0,802	0,914	1,025	1,136	1,248	112
5,6	**3** 1,360	1,472	1,584	1,697	1,810	1,922	2,036	2,149	2,262	2,376	114
5,7	2,490	2,604	2,718	2,833	2,948	3,062	3,178	3,293	3,408	3,524	116
5,8	3,640	3,756	3,872	3,989	4,106	4,222	4,340	4,457	4,574	4,692	118
5,9	4,810	4,928	5,046	5,165	5,284	5,402	5,522	5,641	5,760	5,880	120
6,0	**3** 6,000	6,120	6,240	6,361	6,482	6,602	6,724	6,845	6,966	7,088	122
6,1	7,210	7,332	7,454	7,577	7,700	7,822	7,946	8,069	8,192	8,316	124
6,2	8,440	8,564	8,688	8,813	8,938	9,062	9,188	9,313	9,438	9,564	126
6,3	9,690	9,816	9,942	−0,069	−0,196	−0,322	−0,450	−0,577	−0,704	−0,832	128
6,4	**4** 0,960	1,088	1,216	1,345	1,474	1,602	1,732	1,861	1,990	2,120	130
6,5	2,250	2,380	2,510	2,641	2,772	2,902	3,034	3,165	3,296	3,428	132
6,6	3,560	3,692	3,824	3,957	4,090	4,222	4,356	4,489	4,622	4,756	134
6,7	4,890	5,024	5,158	5,293	5,428	5,562	5,698	5,833	5,968	6,104	136
6,8	6,240	6,376	6,512	6,649	6,786	6,922	7,060	7,197	7,334	7,472	138
6,9	7,610	7,748	7,886	8,025	8,164	8,302	8,442	8,581	8,720	8,860	140
7,0	**4** 9,000	9,140	9,280	9,421	9,562	9,702	9,844	9,985	−0,126	−0,268	142
7,1	**5** 0,410	0,552	0,694	0,837	0,980	1,122	1,266	1,409	1,552	1,696	144
7,2	1,840	1,984	2,128	2,273	2,418	2,562	2,708	2,853	2,998	3,144	146
7,3	3,290	3,436	3,582	3,729	3,876	4,022	4,170	4,317	4,464	4,612	148
7,4	4,760	4,908	5,056	5,205	5,354	5,502	5,652	5,801	5,950	6,100	150
7,5	6,250	6,400	6,550	6,701	6,852	7,002	7,154	7,305	7,456	7,608	152
7,6	7,760	7,912	8,064	8,217	8,370	8,522	8,676	8,829	8,982	9,136	154
7,7	9,290	9,444	9,598	9,753	9,908	−0,062	−0,218	−0,373	−0,528	−0,684	156
7,8	**6** 0,840	0,996	1,152	1,309	1,466	1,622	1,780	1,937	2,094	2,252	158
7,9	2,410	2,568	2,726	2,885	3,044	3,202	3,362	3,521	3,680	3,840	160
8,0	**6** 4,000	4,160	4,320	4,481	4,642	4,802	4,964	5,125	5,286	5,448	162
8,1	5,610	5,772	5,934	6,097	6,260	6,422	6,586	6,749	6,912	7,076	164
8,2	7,240	7,404	7,568	7,733	7,898	8,062	8,228	8,393	8,558	8,724	166
8,3	8,890	9,056	9,222	9,389	9,556	9,722	9,890	−0,057	−0,224	−0,392	168
8,4	**7** 0,560	0,728	0,896	1,065	1,234	1,402	1,572	1,741	1,910	2,080	170
8,5	2,250	2,420	2,590	2,761	2,932	3,102	3,274	3,445	3,616	3,788	172
8,6	3,960	4,132	4,304	4,477	4,650	4,822	4,996	5,169	5,342	5,516	174
8,7	5,690	5,864	6,038	6,213	6,388	6,562	6,738	6,913	7,088	7,264	176
8,8	7,440	7,616	7,792	7,969	8,146	8,322	8,500	8,677	8,854	9,032	178
8,9	9,210	9,388	9,566	9,745	9,924	−0,102	−0,282	−0,461	−0,640	−0,820	180
9,0	**8** 1,000	1,180	1,360	1,541	1,722	1,902	2,084	2,265	2,446	2,628	182
9,1	2,810	2,992	3,174	3,357	3,540	2,722	3,906	4,089	4,272	4,456	184
9,2	4,640	4,824	5,008	5,193	5,378	5,562	5,748	5,933	6,118	6,304	186
9,3	6,490	6,676	6,862	7,049	7,236	7,422	7,610	7,797	7,984	8,172	188
9,4	8,360	8,548	8,736	8,925	9,114	9,302	9,492	9,681	9,870	−0,060	190
9,5	**9** 0,250	0,440	0,630	0,821	1,012	1,202	1,394	1,585	1,776	1,968	192
9,6	2,160	2,352	2,544	2,737	2,930	3,122	3,316	3,509	3,702	3,896	194
9,7	4,090	4,284	4,478	4,673	4,868	5,062	5,258	5,453	5,648	5,844	196
9,8	6,040	6,236	6,432	6,629	6,826	7,022	7,220	7,417	7,614	7,812	198
9,9	8,010	8,208	8,406	8,605	8,804	9,002	9,202	9,401	9,600	9,800	200
10,0	**10** 0,000										

b) Tafel für x^3

von $x = 0$ bis $x = 99$ und von $x = 1{,}00$ bis $x = 10{,}00$.

Die zweite Tabelle ist auf 5-ziffrige Genauigkeit abgerundet.

x	0	1	2	3	4	5	6	7	8	9	Δ
0	0	1	8	27	64	125	216	343	512	729	
10	1000	1331	1728	2197	2744	3375	4096	4913	5832	6859	
20	8000	9261	10648	12167	13824	15625	17576	19683	21952	24389	
30	27000	29791	32768	35937	39304	42875	46656	50653	54872	59319	
40	64000	68921	74088	79507	85184	91125	97336	103823	110592	117649	
50	125000	132651	140608	148877	157464	166375	175616	185193	195112	205379	
60	216000	226981	238328	250047	262144	274625	287496	300763	314432	328509	
70	343000	357911	373248	389017	405224	421875	438976	456533	474552	493039	
80	512000	531441	551368	571787	592704	614125	636056	658503	681472	704969	
90	729000	753571	778688	804357	830584	857375	884736	912673	941192	970299	

	x	0	1	2	3	4	5	6	7	8	9	Δ
kleiner als 3 Endeinheiten	1,0	**1,** 0000	0303	0612	0927	1249	1576	1910	2250	2597	2950	360
	1,1	3310	3676	4049	4429	4815	5209	5609	6016	6430	6852	428
	1,2	7280	7716	8158	8609	9066	9531	¯0004	¯0484	¯0972	¯1467	503
	1,3	**2,** 1970	2481	3000	3526	4061	4604	5155	5714	6281	6856	584
	1,4	7440	8032	8633	9242	9860	¯0486	¯1121	¯1765	¯2418	¯3079	671
	1,5	**3,** 3750	4430	5118	5816	6523	7239	7964	8699	9443	¯0197	763
	1,6	**4,** 0960	1733	2515	3307	4109	4921	5743	6575	7416	8268	862
	1,7	9130	¯0002	¯0884	¯1777	¯2680	¯3594	¯4518	¯5452	¯6398	¯7353	967
	1,8	**5,** 8320	9297	¯0286	¯1285	¯2295	¯3316	¯4349	¯5392	¯6447	¯7513	1077
	1,9	**6,** 8590	9679	¯0779	¯1891	¯3014	¯4149	¯5295	¯6454	¯7624	¯8806	1194
	2,0	**8,** 0000	1206	2424	3654	4897	6151	7418	8697	9989	¯1293	1317
	2,1	**9,** 2610	3939	5281	6636	8003	9384	¯0777	¯2183	¯3602	¯5035	1445
Linearer Interpolationsfehler kleiner als 1 Endeinheit.	2,2	**1** 0,648	0,794	0,941	1,090	1,239	1,391	1,543	1,697	1,852	2,009	158
	2,3	2,167	2,326	2,487	2,649	2,813	2,978	3,144	3,312	3,481	3,652	172
	2,4	3,824	3,998	4,172	4,349	4,527	4,706	4,887	5,069	5,253	5,438	187
	2,5	5,625	5,813	6,003	6,194	6,387	6,581	6,777	6,975	7,174	7,374	202
	2,6	7,576	7,780	7,985	8,191	8,400	8,610	8,821	9,034	9,249	9,465	218
	2,7	9,683	9,903	¯0,124	¯0,346	¯0,571	¯0,797	¯1,025	¯1,254	¯1,485	¯1,718	234
	2,8	**2** 1,952	2,188	2,426	2,665	2,906	3,149	3,394	3,640	3,888	4,138	251
	2,9	4,389	4,642	4,897	5,154	5,412	5,672	5,934	6,198	6,464	6,731	269
	3,0	**2** 7,000	7,271	7,544	7,818	8,094	8,373	8,653	8,934	9,218	9,504	287
	3,1	9,791	¯0,080	0,371	0,664	0,959	1,256	1,554	1,855	2,157	2,462	306
	3,2	**3** 2,768	3,076	3,386	3,698	4,012	4,328	4,646	4,966	5,288	5,611	326
	3,3	5,937	6,265	6,594	6,926	7,260	7,595	7,933	8,273	8,614	8,958	346
	3,4	9,304	9,652	¯0,002	¯0,354	¯0,708	¯1,064	¯1,422	¯1,782	¯2,144	¯2,509	366
	3,5	**4** 2,875	3,244	3,614	3,987	4,362	4,739	5,118	5,499	5,883	6,268	388
	3,6	6,656	7,046	7,438	7,832	8,229	8,627	9,028	9,431	9,836	¯0,243	410
	3,7	**5** 0,653	1,065	1,479	1,895	2,314	2,734	3,157	3,583	4,010	4,440	432
	3,8	4,872	5,306	5,743	6,182	6,623	7,067	7,512	7,961	8,411	8,864	455
	3,9	9,319	9,776	¯0,236	¯0,698	¯1,163	¯1,630	¯2,099	¯2,571	¯3,045	¯3,521	479
	4,0	**6** 4,000	4,481	4,965	5,451	5,939	6,430	6,923	7,419	7,917	8,418	503
	4,1	8,921	9,427	9,935	¯0,445	¯0,958	¯1,473	¯1,991	¯2,512	¯3,035	¯3,560	528
	4,2	**7** 4,088	4,618	5,151	5,687	6,225	6,766	7,309	7,854	8,403	8,954	553
	4,3	9,507	¯0,063	¯0,622	¯1,183	¯1,747	¯2,313	¯2,882	¯3,453	¯4,028	¯4,605	579
	4,4	**8** 5,184	5,766	6,351	6,938	7,528	8,121	8,717	9,315	9,915	¯0,519	606
	4,5	**9** 1,125	1,734	2,345	2,960	3,577	4,196	4,819	5,444	6,072	6,703	633
	4,6	7,336	7,972	8,611	9,253	9,897	¯0,545	¯1,195	¯1,848	¯2,503	¯3,162	661
	4,7	**1** 03,82	04,49	05,15	05,82	06,50	07,17	07,85	08,53	09,22	09,90	0,69
	4,8	10,59	11,28	11,98	12,68	13,38	14,08	14,79	15,50	16,21	16,93	0,72
	4,9	17,65	18,37	19,10	19,82	20,55	21,29	22,02	22,76	23,51	24,25	0,75
	5,0	**1** 25,00	25,75	26,51	27,26	28,02	28,79	29,55	30,32	31,10	31,87	0,78

Tafel für x^3 (Fortsetzung)

x	0	1	2	3	4	5	6	7	8	9	Δ
5,0	**1** 25,00	25,75	26,51	27,26	28,02	28,79	29,55	30,32	31,10	31,87	0,78
5,1	32,65	33,43	34,22	35,01	35,80	36,59	37,39	38,19	38,99	39,80	0,81
5,2	40,61	41,42	42,24	43,06	43,88	44,70	45,53	46,36	47,20	48,04	0,84
5,3	48,88	49,72	50,57	51,42	52,27	53,13	53,99	54,85	55,72	56,59	0,87
5,4	57,46	58,34	59,22	60,10	60,99	61,88	62,77	63,67	64,57	65,47	0,91
5,5	66,38	67,28	68,20	69,11	70,03	70,95	71,88	72,81	73,74	74,68	0,94
5,6	75,62	76,56	77,50	78,45	79,41	80,36	81,32	82,28	83,25	84,22	0,97
5,7	85,19	86,17	87,15	88,13	89,12	90,11	91,10	92,10	93,10	94,10	1,01
5,8	95,11	96,12	97,14	98,16	99,18	¯00,20	¯01,23	¯02,26	¯03,30	¯04,34	1,04
5,9	**2** 05,38	06,43	07,47	08,53	09,58	10,64	11,71	12,78	13,85	14,92	1,08
6,0	**2** 16,00	17,08	18,17	19,26	20,35	21,45	22,55	23,65	24,76	25,87	1,11
6,1	26,98	28,10	29,22	30,35	31,48	32,61	33,74	34,89	36,03	37,18	1,15
6,2	38,33	39,48	40,64	41,80	42,97	44,14	45,31	46,49	47,67	48,86	1,19
6,3	50,05	51,24	52,44	53,64	54,84	56,05	57,26	58,47	59,69	60,92	1,22
6,4	62,14	63,37	64,61	65,85	67,09	68,34	69,59	70,84	72,10	73,36	1,26
6,5	74,62	75,89	77,17	78,45	79,73	81,01	82,30	83,59	84,89	86,19	1,31
6,6	87,50	88,80	90,12	91,43	92,75	94,08	95,41	96,74	98,08	99,42	1,34
6,7	**3** 00,76	02,11	03,46	04,82	06,18	07,55	08,92	10,29	11,67	13,05	1,38
6,8	14,43	15,82	17,21	18,61	20,01	21,42	22,83	24,24	25,66	27,08	1,43
6,9	28,51	29,94	31,37	32,81	34,26	35,70	37,15	38,61	40,07	41,53	1,47
7,0	**3** 43,00	44,47	45,95	47,43	48,91	50,40	51,90	53,39	54,89	56,40	1,51
7,1	57,91	59,43	60,94	62,47	63,99	65,53	67,06	68,60	70,15	71,69	1,56
7,2	73,25	74,81	76,37	77,93	79,50	81,08	82,66	84,24	85,83	87,42	1,60
7,3	89,02	90,62	92,22	93,83	95,45	97,07	98,69	¯00,32	¯01,95	¯03,58	1,64
7,4	**4** 05,22	06,87	08,52	10,17	11,83	13,49	15,16	16,83	18,51	20,19	1,69
7,5	21,88	23,56	25,26	26,96	28,66	30,37	32,08	33,80	35,52	37,25	1,73
7,6	38,98	40,71	42,45	44,19	45,94	47,70	49,46	51,22	52,98	54,76	1,77
7,7	56,53	58,31	60,10	61,89	63,68	65,48	67,29	69,10	70,91	72,73	1,82
7,8	74,55	76,38	78,21	80,05	81,89	83,74	85,59	87,44	89,30	91,17	1,87
7,9	93,04	94,91	96,79	98,68	¯00,57	¯02,46	¯04,36	¯06,26	¯08,17	¯10,08	1,92
8,0	**5** 12,00	13,92	15,85	17,78	19,72	21,66	23,61	25,56	27,51	29,48	1,96
8,1	31,44	33,41	35,39	37,37	39,35	41,34	43,34	45,34	47,34	49,35	2,02
8,2	51,37	53,39	55,41	57,44	59,48	61,52	63,56	65,61	67,66	69,72	2,07
8,3	71,79	73,86	75,93	78,01	80,09	82,18	84,28	86,38	88,48	90,59	2,11
8,4	92,70	94,82	96,95	99,08	¯01,21	¯03,35	¯05,50	¯07,65	¯09,80	¯11,96	2,16
8,5	**6** 14,12	16,30	18,47	20,65	22,84	25,03	27,22	29,42	31,63	33,84	2,22
8,6	36,06	38,28	40,50	42,74	44,97	47,21	49,46	51,71	53,97	56,23	2,27
8,7	58,50	60,78	63,05	65,34	67,63	69,92	72,22	74,53	76,84	79,15	2,32
8,8	81,47	83,80	86,13	88,47	90,81	93,15	95,51	97,86	¯00,23	¯02,60	2,37
8,9	**7** 04,97	07,35	09,73	12,12	14,52	16,92	19,32	21,73	24,15	26,57	2,43
9,0	**7** 29,00	31,43	33,87	36,31	38,76	41,22	43,68	46,14	48,61	51,09	2,48
9,1	53,57	56,06	58,55	61,05	63,55	66,06	68,58	71,10	73,62	76,15	2,54
9,2	78,69	81,23	83,78	86,33	88,89	91,45	94,02	96,60	99,18	¯01,77	2,59
9,3	**8** 04,36	06,95	09,56	12,17	14,78	17,40	20,03	22,66	25,29	27,94	2,64
9,4	30,58	33,24	35,90	38,56	41,23	43,91	46,59	49,28	51,97	54,67	2,71
9,5	57,38	60,09	62,80	65,52	68,25	70,98	73,72	76,47	79,22	81,97	2,77
9,6	84,74	87,50	90,28	93,06	95,84	98,63	¯01,43	¯04,23	¯07,04	¯09,85	2,82
9,7	**9** 12,67	15,50	18,33	21,17	24,01	26,86	29,71	32,57	35,44	38,31	2,88
9,8	41,19	44,08	46,97	49,86	52,76	55,67	58,59	61,50	64,43	67,36	2,94
9,9	70,30	73,24	76,19	79,15	82,11	85,07	88,05	91,03	94,01	97,00	3,00
10,0	**10**00,00										

Linearer Interpolationsfehler kleiner als 1 Endeinheit.

3. Tafeln für Quadrat- und Kubikwurzeln

a) Tafel für $\sqrt{x}$

von $x = 1{,}0$ bis $x = 100{,}0$.

	x	0	1	2	3	4	5	6	7	8	9	Δ
$\lessgtr$ 4 E. E.	1,	**1,** 0000	0488	0954	1402	1832	2247	2649	3038	3416	3784	358
	2,	4142	4491	4832	5166	5492	5811	6125	6432	6733	7029	292
	3,	7321	7607	7889	8166	8439	8708	8974	9235	9494	9748	252
Linearer Interpolationsfehler kleiner als 1 Endeinheit.	4,	**2,** 0000	0248	0494	0736	0976	1213	1448	1679	1909	2136	225
	5,	2361	2583	2804	3022	3238	3452	3664	3875	4083	4290	205
	6,	4495	4698	4900	5100	5298	5495	5690	5884	6077	6268	190
	7,	6458	6646	6833	7019	7203	7386	7568	7749	7928	8107	177
	8,	8284	8460	8636	8810	8983	9155	9326	9496	9665	9833	167
	9,	**3,** 0000	0166	0332	0496	0659	0822	0984	1145	1305	1464	159
	10,	**3,** 1623	1780	1937	2094	2249	2404	2558	2711	2863	3015	151
	11,	3166	3317	3466	3615	3764	3912	4059	4205	4351	4496	145
	12,	4641	4785	4928	5071	5214	5355	5496	5637	5777	5917	139
	13,	6056	6194	6332	6469	6606	6742	6878	7014	7148	7283	134
	14,	7417	7550	7683	7815	7947	8079	8210	8341	8471	8601	129
	15,	8730	8859	8987	9115	9243	9370	9497	9623	9749	9875	125
	16,	**4,** 0000	0125	0249	0373	0497	0620	0743	0866	0988	1110	121
	17,	1231	1352	1473	1593	1713	1833	1952	2071	2190	2308	118
	18,	2426	2544	2661	2778	2895	3012	3128	3243	3359	3474	115
	19,	3589	3704	3818	3932	4045	4159	4272	4385	4497	4609	112
	20,	**4,** 4721	4833	4944	5056	5166	5277	5387	5497	5607	5717	109
	21,	5826	5935	6043	6152	6260	6368	6476	6583	6690	6797	107
	22,	6904	7011	7117	7223	7329	7434	7539	7645	7749	7854	104
	23,	7958	8062	8166	8270	8374	8477	8580	8683	8785	8888	102
	24,	8990	9092	9193	9295	9396	9497	9598	9699	9800	9900	100
	25,	**5,** 0000	0100	0200	0299	0398	0498	0596	0695	0794	0892	98
	26,	0990	1088	1186	1284	1381	1478	1575	1672	1769	1865	97
	27,	1962	2058	2154	2249	2345	2440	2536	2631	2726	2820	95
	28,	2915	3009	3104	3198	3292	3385	3479	3572	3666	3759	93
	29,	3852	3944	4037	4129	4222	4314	4406	4498	4589	4681	91
	30,	**5,** 4772	4863	4955	5045	5136	5227	5317	5408	5498	5588	90
	31,	5678	5767	5857	5946	6036	6125	6214	6303	6391	6480	89
	32,	6569	6657	6745	6833	6921	7009	7096	7184	7271	7359	87
	33,	7446	7533	7619	7706	7793	7879	7966	8052	8138	8224	86
	34,	8310	8395	8481	8566	8652	8737	8822	8907	8992	9076	85
	35,	9161	9245	9330	9414	9498	9582	9666	9749	9833	9917	83
	36,	**6,** 0000	0083	0166	0249	0332	0415	0498	0581	0663	0745	83
	37,	0828	0910	0992	1074	1156	1237	1319	1400	1482	1563	81
	38,	1644	1725	1806	1887	1968	2048	2129	2209	2290	2370	80
	39,	2450	2530	2610	2690	2769	2849	2929	3008	3087	3166	80
	40,	**6,** 3246	3325	3403	3482	3561	3640	3718	3797	3875	3953	78
	41,	4031	4109	4187	4265	4343	4420	4498	4576	4653	4730	77
	42,	4807	4885	4962	5038	5115	5192	5269	5345	5422	5498	76
	43,	5574	5651	5727	5803	5879	5955	6030	6106	6182	6257	75
	44,	6332	6408	6483	6558	6633	6708	6783	6858	6933	7007	75
	45,	7082	7157	7231	7305	7380	7454	7528	7602	7676	7750	73
	46,	7823	7897	7971	8044	8118	8191	8264	8337	8411	8484	73
	47,	8557	8629	8702	8775	8848	8920	8993	9065	9138	9210	72
	48,	9282	9354	9426	9498	9570	9642	9714	9785	9857	9929	71
	49,	**7,** 0000	0071	0143	0214	0285	0356	0427	0498	0569	0640	71
	50,	**7,** 0711	0781	0852	0922	0993	1063	1134	1204	1274	1344	70

Tafel für $\sqrt{x}$ (Fortsetzung)

x	0	1	2	3	4	5	6	7	8	9	Δ
50,	**7,** 0711	0781	0852	0922	0993	1063	1134	1204	1274	1344	70
51,	1414	1484	1554	1624	1694	1764	1833	1903	1972	2042	69
52,	2111	2180	2250	2319	2388	2457	2526	2595	2664	2732	69
53,	2801	2870	2938	3007	3075	3144	3212	3280	3348	3417	68
54,	3485	3553	3621	3689	3756	3824	3892	3959	4027	4095	67
55,	4162	4229	4297	4364	4431	4498	4565	4632	4699	4766	67
56,	4833	4900	4967	5033	5100	5166	5233	5299	5366	5432	66
57,	5498	5565	5631	5697	5763	5829	5895	5961	6026	6092	66
58,	6158	6223	6289	6354	6420	6485	6551	6616	6681	6746	65
59,	6811	6877	6942	7006	7071	7136	7201	7266	7330	7395	65
60,	**7,** 7460	7524	7589	7653	7717	7782	7846	7910	7974	8038	64
61,	8102	8166	8230	8294	8358	8422	8486	8549	8613	8677	63
62,	8740	8804	8867	8930	8994	9057	9120	9183	9246	9310	63
63,	9373	9436	9498	9561	9624	9687	9750	9812	9875	9937	63
64,	**8,** 0000	0062	0125	0187	0250	0312	0374	0436	0498	0561	62
65,	0623	0685	0747	0808	0870	0932	0994	1056	1117	1179	61
66,	1240	1302	1363	1425	1486	1548	1609	1670	1731	1792	62
67,	1854	1915	1976	2037	2098	2158	2219	2280	2341	2401	61
68,	2462	2523	2583	2644	2704	2765	2825	2885	2946	3006	60
69,	3066	3126	3187	3247	3307	3367	3427	3487	3546	3606	60
70,	**8,** 3666	3726	3785	3845	3905	3964	4024	4083	4143	4202	59
71,	4261	4321	4380	4439	4499	4558	4617	4676	4735	4794	59
72,	4853	4912	4971	5029	5088	5147	5206	5264	5323	5381	59
73,	5440	5499	5557	5615	5674	5732	5790	5849	5907	5965	58
74,	6023	6081	6139	6197	6255	6313	6371	6429	6487	6545	58
75,	6603	6660	6718	6776	6833	6891	6948	7006	7063	7121	57
76,	7178	7235	7293	7350	7407	7464	7521	7579	7636	7693	57
77,	7750	7807	7864	7920	7977	8034	8091	8148	8204	8261	57
78,	8318	8374	8431	8487	8544	8600	8657	8713	8769	8826	56
79,	8882	8938	8994	9051	9107	9163	9219	9275	9331	9387	56
80,	**8,** 9443	9499	9554	9610	9666	9722	9778	9833	9889	9944	56
81,	**9,** 0000	0056	0111	0167	0222	0277	0333	0388	0443	0499	55
82,	0554	0609	0664	0719	0774	0830	0885	0940	0995	1049	55
83,	1104	1159	1214	1269	1324	1378	1433	1488	1542	1597	55
84,	1652	1706	1761	1815	1869	1924	1978	2033	2087	2141	54
85,	2195	2250	2304	2358	2412	2466	2520	2574	2628	2682	54
86,	2736	2790	2844	2898	2952	3005	3059	3113	3167	3220	54
87,	3274	3327	3381	3434	3488	3541	3595	3648	3702	3755	53
88,	3808	3862	3915	3968	4021	4074	4128	4181	4234	4287	53
89,	4340	4393	4446	4499	4552	4604	4657	4710	4763	4816	52
90,	**9,** 4868	4921	4974	5026	5079	5131	5184	5237	5289	5341	53
91,	5394	5446	5499	5551	5603	5656	5708	5760	5812	5864	53
92,	5917	5969	6021	6073	6125	6177	6229	6281	6333	6385	52
93,	6437	6488	6540	6592	6644	6695	6747	6799	6850	6902	52
94,	6954	7005	7057	7108	7160	7211	7263	7314	7365	7417	51
95,	7468	7519	7570	7622	7673	7724	7775	7826	7877	7929	51
96,	7980	8031	8082	8133	8184	8234	8285	8336	8387	8438	51
97,	8489	8539	8590	8641	8691	8742	8793	8843	8894	8944	51
98,	8995	9045	9096	9146	9197	9247	9298	9348	9398	9448	51
99,	9499	9549	9599	9649	9700	9750	9800	9850	9900	9950	50
100,	**10,**0000										

Linearer Interpolationsfehler kleiner als 1 Endeinheit.

b) Tafel für $\sqrt[3]{x}$

$1 \leqq x \leqq 20 \quad (\Delta x = 0{,}1)$.

	x	0	1	2	3	4	5	6	7	8	9	Δ
< 4 E. E.	1,	**1,** 0000	0323	0627	0914	1187	1447	1696	1935	2164	2386	213
	2,	2599	2806	3006	3200	3389	3572	3751	3925	4095	4260	162
	3,	4422	4581	4736	4888	5037	5183	5326	5467	5605	5741	133
Linearer Interpolationsfehler < 1 Endeinheit.	4,	5874	6005	6134	6261	6386	6510	6631	6751	6869	6985	115
	5,	7100	7213	7325	7435	7544	7652	7758	7863	7967	8070	101
	6,	8171	8272	8371	8469	8566	8663	8758	8852	8945	9038	91
	7,	9129	9220	9310	9399	9487	9574	9661	9747	9832	9916	84
	8,	**2,** 0000	0083	0165	0247	0328	0408	0488	0567	0646	0724	77
	9,	0801	0878	0954	1029	1105	1179	1253	1327	1400	1472	72
	10,	**2,** 1544	1616	1687	1758	1828	1898	1967	2036	2104	2172	68
	11,	2240	2307	2374	2440	2506	2572	2637	2702	2766	2831	63
	12,	2894	2958	3021	3084	3146	3208	3270	3331	3392	3453	60
	13,	3513	3573	3633	3693	3752	3811	3870	3928	3986	4044	57
	14,	4101	4159	4216	4272	4329	4385	4441	4497	4552	4607	55
	15,	4662	4717	4771	4825	4879	4933	4987	5040	5093	5146	52
	16,	5198	5251	5303	5355	5407	5458	5510	5561	5612	5662	51
	17,	5713	5763	5813	5863	5913	5962	6012	6061	6110	6159	48
	18,	6207	6256	6304	6352	6400	6448	6495	6543	6590	6637	47
	19,	6684	6731	6777	6824	6870	6916	6962	7008	7053	7099	45
	20,	**2,** 7144	7189	7234	7279	7324	7369	7413	7457	7501	7545	44

$20 \leqq x \leqq 300 \quad (\Delta x = 1)$.

	x	0	1	2	3	4	5	6	7	8	9	Δ
< 3 E. E.	20	**2,** 7144	7589	8020	8439	8845	9240	9625	$\overline{0000}$	$\overline{0366}$	$\overline{0723}$	349
	30	**3,** 1072	1414	1748	2075	2396	2711	3019	3322	3620	3912	288
	40	4200	4482	4760	5034	5303	5569	5830	6088	6342	6593	247
	50	6840	7084	7325	7563	7798	8030	8259	8485	8709	8930	219
	60	9149	9365	9579	9791	$\overline{0000}$	$\overline{0207}$	$\overline{0412}$	$\overline{0615}$	$\overline{0817}$	$\overline{1016}$	197
Linearer Interpolationsfehler kleiner als 1 Endeinheit.	70	**4,** 1213	1408	1602	1793	1983	2172	2358	2543	2727	2908	181
	80	3089	3267	3445	3621	3795	3968	4140	4310	4480	4647	167
	90	4814	4979	5144	5307	5468	5629	5789	5947	6104	6261	155
	100	**4,** 6416	6570	6723	6875	7027	7177	7326	7475	7622	7769	145
	110	7914	8059	8203	8346	8488	8629	8770	8910	9049	9187	137
	120	9324	9461	9597	9732	9866	$\overline{0000}$	$\overline{0133}$	$\overline{0265}$	$\overline{0397}$	$\overline{0528}$	130
	130	**5,** 0658	0788	0916	1045	1172	1299	1426	1551	1676	1801	124
	140	1925	2048	2171	2293	2415	2536	2656	2776	2896	3015	118
	150	3133	3251	3368	3485	3601	3717	3832	3947	4061	4175	113
	160	4288	4401	4514	4626	4737	4848	4959	5069	5178	5288	109
	170	5397	5505	5613	5721	5828	5934	6041	6147	6252	6357	105
	180	6462	6567	6671	6774	6877	6980	7083	7185	7287	7388	101
	190	7489	7590	7690	7790	7890	7989	8088	8186	8285	8383	97
	200	**5,** 8480	8578	8675	8771	8868	8964	9059	9155	9250	9345	94
	210	9439	9533	9627	9721	9814	9907	$\overline{0000}$	$\overline{0092}$	$\overline{0185}$	$\overline{0277}$	91
	220	**6,** 0368	0459	0550	0641	0732	0822	0912	1002	1091	1180	89
	230	1269	1358	1446	1534	1622	1710	1797	1885	1972	2058	87
	240	2145	2231	2317	2403	2488	2573	2658	2743	2828	2912	84
	250	2996	3080	3164	3247	3330	3413	3496	3579	3661	3743	82
	260	3825	3907	3988	4070	4151	4232	4312	4393	4473	4553	80
	270	4633	4713	4792	4872	4951	5030	5108	5187	5265	5343	78
	280	5421	5499	5577	5654	5731	5808	5885	5962	6039	6115	76
	290	6191	6267	6343	6419	6494	6569	6644	6719	6794	6869	74
	300	**6,** 6943	7018	7092	7166	7240	7313	7387	7460	7533	7606	73

Tafel für $\sqrt[3]{x}$ (Fortsetzung)

$300 \leqq x \leqq 700 \quad (\Delta x = 1)$.

Linearer Interpolationsfehler kleiner als 1 Endeinheit.

x	0	1	2	3	4	5	6	7	8	9	Δ
300	**6,** 6943	7018	7092	7166	7240	7313	7387	7460	7533	7606	73
310	7679	7752	7824	7897	7969	8041	8113	8185	8256	8328	71
320	8399	8470	8541	8612	8683	8753	8824	8894	8964	9034	70
330	9104	9174	9244	9313	9382	9451	9521	9589	9658	9727	68
340	9795	9864	9932	$\overline{0000}$	$\overline{0068}$	$\overline{0136}$	$\overline{0203}$	$\overline{0271}$	$\overline{0338}$	$\overline{0406}$	67
350	**7,** 0473	0540	0607	0674	0740	0807	0873	0940	1006	1072	66
360	1138	1204	1269	1335	1400	1466	1531	1596	1661	1726	65
370	1791	1855	1920	1984	2048	2112	2177	2240	2304	2368	64
380	2432	2495	2558	2622	2685	2748	2811	2874	2936	2999	62
390	3061	3124	3186	3248	3310	3372	3434	3496	3558	3619	62
400	**7,** 3681	3742	3803	3864	3925	3986	4047	4108	4169	4229	61
410	4290	4350	4410	4470	4530	4590	4650	4710	4770	4829	60
420	4889	4948	5007	5067	5126	5185	5244	5302	5361	5420	58
430	5478	5537	5595	5654	5712	5770	5828	5886	5944	6001	58
440	6059	6117	6174	6232	6289	6346	6403	6460	6517	6574	57
450	6631	6688	6744	6801	6857	6914	6970	7026	7082	7138	56
460	7194	7250	7306	7362	7418	7473	7529	7584	7639	7695	55
470	7750	7805	7860	7915	7970	8025	8079	8134	8188	8243	54
480	8297	8352	8406	8460	8514	8568	8622	8676	8730	8784	53
490	8837	8891	8944	8998	9051	9105	9158	9211	9264	9317	53
500	**7,** 9370	9423	9476	9528	9581	9634	9686	9739	9791	9843	53
510	9896	9948	$\overline{0000}$	$\overline{0052}$	$\overline{0104}$	$\overline{0156}$	$\overline{0208}$	$\overline{0260}$	$\overline{0311}$	$\overline{0363}$	52
520	**8,** 0415	0466	0517	0569	0620	0671	0723	0774	0825	0876	51
530	0927	0978	1028	1079	1130	1180	1231	1281	1332	1382	51
540	1433	1483	1533	1583	1633	1683	1733	1783	1833	1882	50
550	1932	1982	2031	2081	2130	2180	2229	2278	2327	2377	49
560	2426	2475	2524	2573	2621	2670	2719	2768	2816	2865	48
570	2913	2962	3010	3059	3107	3155	3203	3251	3300	3348	48
580	3396	3443	3491	3539	3587	3634	3682	3730	3777	3825	47
590	3872	3919	3967	4014	4061	4108	4155	4202	4249	4296	47
600	**8,** 4343	4390	4437	4484	4530	4577	4623	4670	4716	4763	46
610	4809	4856	4902	4948	4994	5040	5086	5132	5178	5224	46
620	5270	5316	5362	5408	5453	5499	5544	5590	5635	5681	45
630	5726	5772	5817	5862	5907	5952	5997	6043	6088	6132	45
640	6177	6222	6267	6312	6357	6401	6446	6490	6535	6579	45
650	6624	6668	6713	6757	6801	6845	6890	6934	6978	7022	44
660	7066	7110	7154	7198	7241	7285	7329	7373	7416	7460	43
670	7503	7547	7590	7634	7677	7721	7764	7807	7850	7893	44
680	7937	7980	8023	8066	8109	8152	8194	8237	8280	8323	43
690	8366	8408	8451	8493	8536	8578	8621	8663	8706	8748	42
700	**8,** 8790	8833	8875	8917	8959	9001	9043	9085	9127	9169	42

$700 \leqq x \leqq 1000 \quad (\Delta x = 10)$.

L. I.-F. $<$ 1 Endeinh.

x	00	10	20	30	40	50	60	70	80	90	Δ
700	**8,** 8790	9211	9628	$\overline{0041}$	$\overline{0450}$	$\overline{0856}$	$\overline{1258}$	$\overline{1657}$	$\overline{2052}$	$\overline{2443}$	389
800	**9,** 2832	3217	3599	3978	4354	4727	5097	5464	5828	6190	359
900	6549	6905	7259	7610	7959	8305	8648	8990	9329	9666	334
1000	**10,**0000										

4. Tafeln für Kreisberechnungen

a) Berechnungen mit der Zahl π

$\pi = 3{,}1415927$	$\frac{1}{\pi} = 0{,}3183099$	$\log \pi = 0{,}4971499$	$\log\left(\frac{1}{\pi}\right) = 0{,}5028501 - 1$
$\pi^2 = 9{,}8696044$	$\frac{1}{\pi^2} = 0{,}1013212$	$\sqrt{\pi} = 1{,}7724539$	$1/\sqrt{\pi} = 0{,}5641896$
$\pi^3 = 31{,}0062767$	$\frac{1}{\pi^3} = 0{,}0322515$	$\sqrt[3]{\pi} = 1{,}4645919$	$1/\sqrt[3]{\pi} = 0{,}6827841$

n	$n \cdot \pi$	$\frac{n}{\pi}$
1	3,141593	0,318310
2	6,283185	0,636620
3	9,424778	0,954930
4	12,566371	1,273240
5	15,707963	1,591549
6	18,849556	1,909859
7	21,991149	2,228169
8	25,132741	2,546479
9	28,274334	2,864789

Z. B.: $56{,}24\,\pi = 157{,}080$
$18{,}850$
$0{,}628$
$+\ 0{,}126$
$176{,}68(4)$

$56{,}24/\pi = 15{,}9155$
$1{,}9099$
$0{,}0637$
$+\ 0{,}0127$
$17{,}901(8)$

arc 1° = $\pi/180$ = 0,017453293

arc 1′ = $\pi/10800$ = 0,000290888

arc 1″ = $\pi/648000$ = 0,000004848

b) Umwandlung von Grad- in Bogenmaß (Bogenlänge)

φ	0	1	2	3	4	5	6	7	8	9
0°	**0,** 00000	01745	03491	05236	06981	08727	10472	12217	13963	15708
10°	17453	19199	20944	22689	24435	26180	27925	29671	31416	33161
20°	34907	36652	38397	40143	41888	43633	45379	47124	48869	50615
30°	52360	54105	55851	57596	59341	61087	62832	64577	66323	68068
40°	69813	71558	73304	75049	76794	78540	80285	82030	83776	85521
50°	87266	89012	90757	92502	94248	95993	97738	99484	¯01229	¯02974
60°	**1,** 04720	06465	08210	09956	11701	13446	15192	16937	18682	20428
70°	22173	23918	25664	27409	29154	30900	32645	34390	36136	37881
80°	39626	41372	43117	44862	46608	48353	50098	51844	53589	55334
90°	**1,** 57080	58825	60570	62316	64061	65806	67552	69297	71042	72788
100°	74533	76278	78024	79769	81514	83260	85005	86750	88496	90241
110°	91986	93732	95477	97222	98968	¯00713	¯02458	¯04204	¯05949	¯07694
120°	**2,** 09440	11185	12930	14675	16421	18166	19911	21657	23402	25147
130°	26893	28638	30383	32129	33874	35619	37365	39110	40855	42601
140°	44346	46091	47837	49582	51327	53073	54818	56563	58309	60054
150°	61799	63545	65290	67035	68781	70526	72271	74017	75762	77507
160°	79253	80998	82743	84489	86234	87979	89725	91470	93215	94961
170°	96706	98451	¯00197	¯01942	¯03687	¯05433	¯07178	¯08923	¯10669	¯12414
180°	**3,** 14159									

0′	**0,** 00000	00029	00058	00087	00116	00145	00175	00204	00233	00262
10′	00291	00320	00349	00378	00407	00436	00465	00495	00524	00553
20′	00582	00611	00640	00669	00698	00727	00756	00785	00814	00844
30′	00873	00902	00931	00960	00989	01018	01047	01076	01105	01134
40′	01164	01193	01222	01251	01280	01309	01338	01367	01396	01425
50′	01454	01484	01513	01542	01571	01600	01629	01658	01687	01716

0″	**0,** 00000	00000	00001	00001	00002	00002	00003	00003	00004	00004
10″	00005	00005	00006	00006	00007	00007	00008	00008	00009	00009
20″	00010	00010	00011	00011	00012	00012	00013	00013	00014	00014
30″	00015	00015	00016	00016	00016	00017	00017	00018	00018	00019
40″	00019	00020	00020	00021	00021	00022	00022	00023	00023	00024
50″	00024	00025	00025	00026	00026	00027	00027	00028	00028	00029

c) Sehnenlänge

φ	0°	1°	2°	3°	4°	5°	6°	7°	8°	9°	Δ
0°	0,0000	0175	0349	0524	0698	0872	1047	1221	1395	1569	174
10°	1743	1917	2091	2264	2437	2611	2783	2956	3129	3301	172
20°	3473	3645	3816	3987	4158	4329	4499	4669	4838	5008	168
30°	5176	5345	5513	5680	5847	6014	6180	6346	6511	6676	164
40°	6840	7004	7167	7330	7492	7654	7815	7975	8135	8294	158
50°	8452	8610	8767	8924	9080	9235	9389	9543	9696	9848	152
60°	1,0000	0151	0301	0450	0598	0746	0893	1039	1184	1328	144
70°	1472	1614	1756	1896	2036	2175	2313	2450	2586	2722	134
80°	2856	2989	3121	3252	3383	3512	3640	3767	3893	4018	124
90°	1,4142	4265	4387	4507	4627	4746	4863	4979	5094	5208	113
100°	5321	5432	5543	5652	5760	5867	5973	6077	6180	6282	101
110°	6383	6483	6581	6678	6773	6868	6961	7053	7143	7233	88
120°	7321	7407	7492	7576	7659	7740	7820	7899	7976	8052	74
130°	8126	8199	8271	8341	8410	8478	8544	8608	8672	8733	61
140°	8794	8853	8910	8966	9021	9074	9126	9176	9225	9273	46
150°	9319	9363	9406	9447	9487	9526	9563	9598	9633	9665	31
160°	9696	9726	9754	9780	9805	9829	9851	9871	9890	9908	16
170°	9924	9938	9951	9963	9973	9981	9988	9993	9997	9999	1
180°	2,0000										

Linearer Interpolationsfehler < 1 Endeinheit.

d) Bogenhöhe

φ	0°	1°	2°	3°	4°	5°	6°	7°	8°	9°	Δ
0°	0,0000	0000	0002	0003	0006	0010	0014	0019	0024	0031	7
10°	0038	0046	0055	0064	0075	0086	0097	0110	0123	0137	15
20°	0152	0167	0184	0201	0219	0237	0256	0276	0297	0319	22
30°	0341	0364	0387	0412	0437	0463	0489	0517	0545	0574	29
40°	0603	0633	0664	0696	0728	0761	0795	0829	0865	0900	37
50°	0937	0974	1012	1051	1090	1130	1171	1212	1254	1296	44
60°	1340	1384	1428	1474	1520	1566	1613	1661	1710	1759	49
70°	1808	1859	1910	1961	2014	2066	2120	2174	2229	2284	56
80°	2340	2396	2453	2510	2569	2627	2686	2746	2807	2867	62
90°	0,2929	2991	3053	3116	3180	3244	3309	3374	3439	3506	66
100°	3572	3639	3707	3775	3843	3912	3982	4052	4122	4193	71
110°	4264	4336	4408	4481	4554	4627	4701	4775	4850	4925	75
120°	5000	5076	5152	5228	5305	5383	5460	5538	5616	5695	79
130°	5774	5853	5933	6013	6093	6173	6254	6335	6416	6498	82
140°	6580	6662	6744	6827	6910	6993	7076	7160	7244	7328	84
150°	7412	7496	7581	7666	7750	7836	7921	8006	8092	8178	86
160°	8264	8350	8436	8522	8608	8695	8781	8868	8955	9042	86
170°	9128	9215	9302	9390	9477	9564	9651	9738	9825	9913	87
180°	1,0000										

Linearer Interpolationsfehler < 1 Endeinheit.

In den Tabellen ist der Kreisradius $r = 1$ gesetzt; φ bedeutet den Zentriwinkel in Grad. Es wird:

Bogenlänge: $l = \pi r \dfrac{\varphi}{180} = 0{,}017453\, r\, \varphi$

Sehnenlänge: $s = 2 r \sin \dfrac{\varphi}{2}$

Bogenhöhe: $h = r\left(1 - \cos \dfrac{\varphi}{2}\right) = 2 r \sin^2 \dfrac{\varphi}{4} = \dfrac{s}{2} \operatorname{tg} \dfrac{\varphi}{4}$

Inhalt des Kreisausschnittes $= \pi r^2 \dfrac{\varphi}{360} = 0{,}00872665\, r^2 \varphi = \dfrac{l r}{2}$

Inhalt des Kreisabschnittes $= \dfrac{r^2}{2}\left(\dfrac{\pi}{180}\varphi - \sin \varphi\right)$

5. Tafel für trigonometrische Funktionen

a) Tafel für Sinus und Cosinus

sin 0° ↓ 45°

Min.	0	6	12	18	24	30	36	42	48	54	60	
Grd	,0	,1	,2	,3	,4	,5	,6	,7	,8	,9	1,0	
0	0,0000	0017	0035	0052	0070	0087	0105	0122	0140	0157	0175	89
1	0175	0192	0209	0227	0244	0262	0279	0297	0314	0332	0349	88
2	0349	0366	0384	0401	0419	0436	0454	0471	0488	0506	0523	87
3	0523	0541	0558	0576	0593	0610	0628	0645	0663	0680	0698	86
4	0698	0715	0732	0750	0767	0785	0802	0819	0837	0854	0872	85
5	0,0872	0889	0906	0924	0941	0958	0976	0993	1011	1028	1045	84
6	1045	1063	1080	1097	1115	1132	1149	1167	1184	1201	1219	83
7	1219	1236	1253	1271	1288	1305	1323	1340	1357	1374	1392	82
8	1392	1409	1426	1444	1461	1478	1495	1513	1530	1547	1564	81
9	1564	1582	1599	1616	1633	1650	1668	1685	1702	1719	1736	**80**
10	0,1736	1754	1771	1788	1805	1822	1840	1857	1874	1891	1908	79
11	1908	1925	1942	1959	1977	1994	2011	2028	2045	2062	2079	78
12	2079	2096	2113	2130	2147	2164	2181	2198	2215	2233	2250	77
13	2250	2267	2284	2300	2317	2334	2351	2368	2385	2402	2419	76
14	2419	2436	2453	2470	2487	2504	2521	2538	2554	2571	2588	75
15	0,2588	2605	2622	2639	2656	2672	2689	2706	2723	2740	2756	74
16	2756	2773	2790	2807	2823	2840	2857	2874	2890	2907	2924	73
17	2924	2940	2957	2974	2990	3007	3024	3040	3057	3074	3090	72
18	3090	3107	3123	3140	3156	3173	3190	3206	3223	3239	3256	71
19	3256	3272	3289	3305	3322	3338	3355	3371	3387	3404	3420	**70**
20	0,3420	3437	3453	3469	3486	3502	3518	3535	3551	3567	3584	69
21	3584	3600	3616	3633	3649	3665	3681	3697	3714	3730	3746	68
22	3746	3762	3778	3795	3811	3827	3843	3859	3875	3891	3907	67
23	3907	3923	3939	3955	3971	3987	4003	4019	4035	4051	4067	66
24	4067	4083	4099	4115	4131	4147	4163	4179	4195	4210	4226	65
25	0,4226	4242	4258	4274	4289	4305	4321	4337	4352	4368	4384	64
26	4384	4399	4415	4431	4446	4462	4478	4493	4509	4524	4540	63
27	4540	4555	4571	4586	4602	4617	4633	4648	4664	4679	4695	62
28	4695	4710	4726	4741	4756	4772	4787	4802	4818	4833	4848	61
29	4848	4863	4879	4894	4909	4924	4939	4955	4970	4985	5000	**60**
30	0,5000	5015	5030	5045	5060	5075	5090	5105	5120	5135	5150	59
31	5150	5165	5180	5195	5210	5225	5240	5255	5270	5284	5299	58
32	5299	5314	5329	5344	5358	5373	5388	5402	5417	5432	5446	57
33	5446	5461	5476	5490	5505	5519	5534	5548	5563	5577	5592	56
34	5592	5606	5621	5635	5650	5664	5678	5693	5707	5721	5736	55
35	0,5736	5750	5764	5779	5793	5807	5821	5835	5850	5864	5878	54
36	5878	5892	5906	5920	5934	5948	5962	5976	5990	6004	6018	53
37	6018	6032	6046	6060	6074	6088	6101	6115	6129	6143	6157	52
38	6157	6170	6184	6198	6211	6225	6239	6252	6266	6280	6293	51
39	6293	6307	6320	6334	6347	6361	6374	6388	6401	6414	6428	**50**
40	0,6428	6441	6455	6468	6481	6494	6508	6521	6534	6547	6561	49
41	6561	6574	6587	6600	6613	6626	6639	6652	6665	6678	6691	48
42	6691	6704	6717	6730	6743	6756	6769	6782	6794	6807	6820	47
43	6820	6833	6845	6858	6871	6884	6896	6909	6921	6934	6947	46
44	0,6947	6959	6972	6984	6997	7009	7022	7034	7046	7059	7071	45
	1,0	,9	,8	,7	,6	,5	,4	,3	,2	,1	,0	Grd
	60	54	48	42	36	30	24	18	12	6	0	Min.

90° ↑ 45° cos

Tafel für Sinus und Cosinus (Fortsetzung)

sin 45° ↓ 90°

Min.	0	6	12	18	24	30	36	42	48	54	60	
Grd	,0	,1	,2	,3	,4	,5	,6	,7	,8	,9	1,0	
45	0,7071	7083	7096	7108	7120	7133	7145	7157	7169	7181	7193	44
46	7193	7206	7218	7230	7242	7254	7266	7278	7290	7302	7314	43
47	7314	7325	7337	7349	7361	7373	7385	7396	7408	7420	7431	42
48	7431	7443	7455	7466	7478	7490	7501	7513	7524	7536	7547	41
49	7547	7559	7570	7581	7593	7604	7615	7627	7638	7649	7660	**40**
50	0,7660	7672	7683	7694	7705	7716	7727	7738	7749	7760	7771	39
51	7771	7782	7793	7804	7815	7826	7837	7848	7859	7869	7880	38
52	7880	7891	7902	7912	7923	7934	7944	7955	7965	7976	7986	37
53	7986	7997	8007	8018	8028	8039	8049	8059	8070	8080	8090	36
54	8090	8100	8111	8121	8131	8141	8151	8161	8171	8181	8192	35
55	0,8192	8202	8211	8221	8231	8241	8251	8261	8271	8281	8290	34
56	8290	8300	8310	8320	8329	8339	8348	8358	8368	8377	8387	33
57	8387	8396	8406	8415	8425	8434	8443	8453	8462	8471	8480	32
58	8480	8490	8499	8508	8517	8526	8536	8545	8554	8563	8572	31
59	8572	8581	8590	8599	8607	8616	8625	8634	8643	8652	8660	**30**
60	0,8660	8669	8678	8686	8695	8704	8712	8721	8729	8738	8746	29
61	8746	8755	8763	8771	8780	8788	8796	8805	8813	8821	8829	28
62	8829	8838	8846	8854	8862	8870	8878	8886	8894	8902	8910	27
63	8910	8918	8926	8934	8942	8949	8957	8965	8973	8980	8988	26
64	8988	8996	9003	9011	9018	9026	9033	9041	9048	9056	9063	25
65	0,9063	9070	9078	9085	9092	9100	9107	9114	9121	9128	9135	24
66	9135	9143	9150	9157	9164	9171	9178	9184	9191	9198	9205	23
67	9205	9212	9219	9225	9232	9239	9245	9252	9259	9265	9272	22
68	9272	9278	9285	9291	9298	9304	9311	9317	9323	9330	9336	21
69	9336	9342	9348	9354	9361	9367	9373	9379	9385	9391	9397	**20**
70	0,9397	9403	9409	9415	9421	9426	9432	9438	9444	9449	9455	19
71	9455	9461	9466	9472	9478	9483	9489	9494	9500	9505	9511	18
72	9511	9516	9521	9527	9532	9537	9542	9548	9553	9558	9563	17
73	9563	9568	9573	9578	9583	9588	9593	9598	9603	9608	9613	16
74	9613	9617	9622	9627	9632	9636	9641	9646	9650	9655	9659	15
75	0,9659	9664	9668	9673	9677	9681	9686	9690	9694	9699	9703	14
76	9703	9707	9711	9715	9720	9724	9728	9732	9736	9740	9744	13
77	9744	9748	9751	9755	9759	9763	9767	9770	9774	9778	9781	12
78	9781	9785	9789	9792	9796	9799	9803	9806	9810	9813	9816	11
79	9816	9820	9823	9826	9829	9833	9836	9839	9842	9845	9848	**10**
80	0,9848	9851	9854	9857	9860	9863	9866	9869	9871	9874	9877	9
81	9877	9880	9882	9885	9888	9890	9893	9895	9898	9900	9903	8
82	9903	9905	9907	9910	9912	9914	9917	9919	9921	9923	9925	7
83	9925	9928	9930	9932	9934	9936	9938	9940	9942	9943	9945	6
84	9945	9947	9949	9951	9952	9954	9956	9957	9959	9960	9962	5
85	0,9962	9963	9965	9966	9968	9969	9971	9972	9973	9974	9976	4
86	9976	9977	9978	9979	9980	9981	9982	9983	9984	9985	9986	3
87	9986	9987	9988	9989	9990	9990	9991	9992	9993	9993	9994	2
88	9994	9995	9995	9996	9996	9997	9997	9997	9998	9998	9998	1
89	0,9998	9999	9999	9999	9999	1,0	1,0	1,0	1,0	1,0	1,0	**0**
	1,0	,9	,8	,7	,6	,5	,4	,3	,2	,1	,0	Grd
	60	54	48	42	36	30	24	18	12	6	0	Min.

cos 45° ↑ 0°

b) Tafel für Tangens und Cotangens

tg 0° ↓ 45°

Min.	0	6	12	18	24	30	36	42	48	54	60	
Grd	,0	,1	,2	,3	,4	,5	,6	,7	,8	,9	1,0	
0	0,0000	0017	0035	0052	0070	0087	0105	0122	0140	0157	0175	89
1	0175	0192	0209	0227	0244	0262	0279	0297	0314	0332	0349	88
2	0349	0367	0384	0402	0419	0437	0454	0472	0489	0507	0524	87
3	0524	0542	0559	0577	0594	0612	0629	0647	0664	0682	0699	86
4	0699	0717	0734	0752	0769	0787	0805	0822	0840	0857	0875	85
5	0,0875	0892	0910	0928	0945	0963	0981	0998	1016	1033	1051	84
6	1051	1069	1086	1104	1122	1139	1157	1175	1192	1210	1228	83
7	1228	1246	1263	1281	1299	1317	1334	1352	1370	1388	1405	82
8	1405	1423	1441	1459	1477	1495	1512	1530	1548	1566	1584	81
9	1584	1602	1620	1638	1655	1673	1691	1709	1727	1745	1763	**80**
10	0,1763	1781	1799	1817	1835	1853	1871	1890	1908	1926	1944	79
11	1944	1962	1980	1998	2016	2035	2053	2071	2089	2107	2126	78
12	2126	2144	2162	2180	2199	2217	2235	2254	2272	2290	2309	77
13	2309	2327	2345	2364	2382	2401	2419	2438	2456	2475	2493	76
14	2493	2512	2530	2549	2568	2586	2605	2623	2642	2661	2679	75
15	0,2679	2698	2717	2736	2754	2773	2792	2811	2830	2849	2867	74
16	2867	2886	2905	2924	2943	2962	2981	3000	3019	3038	3057	73
17	3057	3076	3096	3115	3134	3153	3172	3191	3211	3230	3249	72
18	3249	3269	3288	3307	3327	3346	3365	3385	3404	3424	3443	71
19	3443	3463	3482	3502	3522	3541	3561	3581	3600	3620	3640	**70**
20	0,3640	3659	3679	3699	3719	3739	3759	3779	3799	3819	3839	69
21	3839	3859	3879	3899	3919	3939	3959	3979	4000	4020	4040	68
22	4040	4061	4081	4101	4122	4142	4163	4183	4204	4224	4245	67
23	4245	4265	4286	4307	4327	4348	4369	4390	4411	4431	4452	66
24	4452	4473	4494	4515	4536	4557	4578	4599	4621	4642	4663	65
25	0,4663	4684	4706	4727	4748	4770	4791	4813	4834	4856	4877	64
26	4877	4899	4921	4942	4964	4986	5008	5029	5051	5073	5095	63
27	5095	5117	5139	5161	5184	5206	5228	5250	5272	5295	5317	62
28	5317	5340	5362	5384	5407	5430	5452	5475	5498	5520	5543	61
29	5543	5566	5589	5612	5635	5658	5681	5704	5727	5750	5774	**60**
30	0,5774	5797	5820	5844	5867	5890	5914	5938	5961	5985	6009	59
31	6009	6032	6056	6080	6104	6128	6152	6176	6200	6224	6249	58
32	6249	6273	6297	6322	6346	6371	6395	6420	6445	6469	6494	57
33	6494	6519	6544	6569	6594	6619	6644	6669	6694	6720	6745	56
34	6745	6771	6796	6822	6847	6873	6899	6924	6950	6976	7002	55
35	0,7002	7028	7054	7080	7107	7133	7159	7186	7212	7239	7265	54
36	7265	7292	7319	7346	7373	7400	7427	7454	7481	7508	7536	53
37	7536	7563	7590	7618	7646	7673	7701	7729	7757	7785	7813	52
38	7813	7841	7869	7898	7926	7954	7983	8012	8040	8069	8098	51
39	8098	8127	8156	8185	8214	8243	8273	8302	8332	8361	8391	**50**
40	0,8391	8421	8451	8481	8511	8541	8571	8601	8632	8662	8693	49
41	8693	8724	8754	8785	8816	8847	8878	8910	8941	8972	9004	48
42	9004	9036	9067	9099	9131	9163	9195	9228	9260	9293	9325	47
43	9325	9358	9391	9424	9457	9490	9523	9556	9590	9623	9657	46
44	0,9657	9691	9725	9759	9793	9827	9861	9896	9930	9965	1,0	45
	1,0	,9	,8	,7	,6	,5	,4	,3	,2	,1	,0	Grd
	60	54	48	42	36	30	24	18	12	6	0	Min.

90° ↑ 45° ctg

Tafel für Tangens und Cotangens (Fortsetzung)

tg 45° ↓ 90°

Min.	0	6	12	18	24	30	36	42	48	54	60	
Grd	,0	,1	,2	,3	,4	,5	,6	,7	,8	,9	1,0	
45	1,000	1,003	1,007	1,011	1,014	1,018	1,021	1,025	1,028	1,032	1,036	44
46	1,036	1,039	1,043	1,046	1,050	1,054	1,057	1,061	1,065	1,069	1,072	43
47	1,072	1,076	1,080	1,084	1,087	1,091	1,095	1,099	1,103	1,107	1,111	42
48	1,111	1,115	1,118	1,122	1,126	1,130	1,134	1,138	1,142	1,146	1,150	41
49	1,150	1,154	1,159	1,163	1,167	1,171	1,175	1,179	1,183	1,188	1,192	**40**
50	1,192	1,196	1,200	1,205	1,209	1,213	1,217	1,222	1,226	1,230	1,235	39
51	1,235	1,239	1,244	1,248	1,253	1,257	1,262	1,266	1,271	1,275	1,280	38
52	1,280	1,285	1,289	1,294	1,299	1,303	1,308	1,313	1,317	1,322	1,327	37
53	1,327	1,332	1,337	1,342	1,347	1,351	1,356	1,361	1,366	1,371	1,376	36
54	1,376	1,381	1,387	1,392	1,397	1,402	1,407	1,412	1,418	1,423	1,428	35
55	1,428	1,433	1,439	1,444	1,450	1,455	1,460	1,466	1,471	1,477	1,483	34
56	1,483	1,488	1,494	1,499	1,505	1,511	1,517	1,522	1,528	1,534	1,540	33
57	1,540	1,546	1,552	1,558	1,564	1,570	1,576	1,582	1,588	1,594	1,600	32
58	1,600	1,607	1,613	1,619	1,625	1,632	1,638	1,645	1,651	1,658	1,664	31
59	1,664	1,671	1,678	1,684	1,691	1,698	1,704	1,711	1,718	1,725	1,732	**30**
60	1,732	1,739	1,746	1,753	1,760	1,767	1,775	1,782	1,789	1,797	1,804	29
61	1,804	1,811	1,819	1,827	1,834	1,842	1,849	1,857	1,865	1,873	1,881	28
62	1,881	1,889	1,897	1,905	1,913	1,921	1,929	1,937	1,946	1,954	1,963	27
63	1,963	1,971	1,980	1,988	1,997	2,006	2,014	2,023	2,032	2,041	2,050	26
64	2,050	2,059	2,069	2,078	2,087	2,097	2,106	2,116	2,125	2,135	2,145	25
65	2,145	2,154	2,164	2,174	2,184	2,194	2,204	2,215	2,225	2,236	2,246	24
66	2,246	2,257	2,267	2,278	2,289	2,300	2,311	2,322	2,333	2,344	2,356	23
67	2,356	2,367	2,379	2,391	2,402	2,414	2,426	2,438	2,450	2,463	2,475	22
68	2,475	2,488	2,500	2,513	2,526	2,539	2,552	2,565	2,578	2,592	2,605	21
69	2,605	2,619	2,633	2,646	2,660	2,675	2,689	2,703	2,718	2,733	2,747	**20**
70	2,747	2,762	2,778	2,793	2,808	2,824	2,840	2,856	2,872	2,888	2,904	19
71	2,904	2,921	2,937	2,954	2,971	2,989	3,006	3,024	3,042	3,060	3,078	18
72	3,078	3,096	3,115	3,133	3,152	3,172	3,191	3,211	3,230	3,251	3,271	17
73	3,271	3,291	3,312	3,333	3,354	3,376	3,398	3,420	3,442	3,465	3,487	16
74	3,487	3,511	3,534	3,558	3,582	3,606	3,630	3,655	3,681	3,706	3,732	15
75	3,732	3,758	3,785	3,812	3,839	3,867	3,895	3,923	3,952	3,981	4,011	14
76	4,011	4,041	4,071	4,102	4,134	4,165	4,198	4,230	4,264	4,297	4,331	13
77	4,331	4,366	4,402	4,437	4,474	4,511	4,548	4,586	4,625	4,665	4,705	12
78	4,705	4,745	4,787	4,829	4,872	4,915	4,959	5,005	5,050	5,097	5,145	11
79	5,145	5,193	5,242	5,292	5,343	5,396	5,449	5,503	5,558	5,614	5,671	**10**
80	5,671	5,730	5,789	5,850	5,912	5,976	6,041	6,107	6,174	6,243	6,314	9
81	6,314	6,386	6,460	6,535	6,612	6,691	6,772	6,855	6,940	7,026	7,115	8
82	7,115	7,207	7,300	7,396	7,495	7,596	7,700	7,806	7,916	8,028	8,144	7
83	8,144	8,264	8,386	8,513	8,643	8,777	8,915	9,058	9,205	9,357	9,514	6
84	9,514	9,677	9,845	10,02	10,20	10,39	10,58	10,78	10,99	11,20	11,43	5
85	11,43	11,66	11,91	12,16	12,43	12,71	13,00	13,30	13,62	13,95	14,30	4
86	14,30	14,67	15,06	15,46	15,89	16,35	16,83	17,34	17,89	18,46	19,08	3
87	19,08	19,74	20,45	21,20	22,02	22,90	23,86	24,90	26,03	27,27	28,64	2
88	28,64	30,14	31,82	33,69	35,80	38,19	40,92	44,07	47,74	52,08	57,29	1
89	57,29	63,66	71,62	81,85	95,49	114,6	143,2	191,0	286,5	573,0	∞	0
	1,0	,9	,8	,7	,6	,5	,4	,3	,2	,1	,0	Grd
	60	54	48	42	36	30	24	18	12	6	0	Min.

45° ↑ 0° ctg

6. Tafeln für Logarithmen

a) Briggsche Logarithmen

Es sind nur die Ziffern nach dem Komma angegeben; die Mantisse von log x (= Ziffer vor dem Komma) wird aus der Stellenzahl von x bestimmt (S. 35).

$1{,}0 \leqq x \leqq 1{,}1.$

L.I.-F. < 1 Endeinheit.

x	0	1	2	3	4	5	6	7	8	9	Δ
100	**,0** 0000	0043	0087	0130	0173	0217	0260	0303	0346	0389	43
101	0432	0475	0518	0561	0604	0647	0689	0732	0775	0817	43
102	0860	0903	0945	0988	1030	1072	1115	1157	1199	1242	42
103	1284	1326	1368	1410	1452	1494	1536	1578	1620	1662	41
104	1703	1745	1787	1828	1870	1912	1953	1995	2036	2078	41
105	2119	2160	2202	2243	2284	2325	2366	2407	2449	2490	41
106	2531	2572	2612	2653	2694	2735	2776	2816	2857	2898	40
107	2938	2979	3019	3060	3100	3141	3181	3222	3262	3302	40
108	3342	3383	3423	3463	3503	3543	3583	3623	3663	3703	40
109	3743	3782	3822	3862	3902	3941	3981	4021	4060	4100	39

$1{,}1 \leqq x \leqq 5{,}0.$

Linearer Interpolationsfehler kleiner als 1 Endeinheit.

x	0	1	2	3	4	5	6	7	8	9	Δ
11	**,0** 4139	4532	4922	5308	5690	6070	6446	6819	7188	7555	363
12	7918	8279	8636	8991	9342	9691	¯0037	¯0380	¯0721	¯1059	335
13	**,1** 1394	1727	2057	2385	2710	3033	3354	3672	3988	4301	312
14	4613	4922	5229	5534	5836	6137	6435	6732	7026	7319	290
15	7609	7898	8184	8469	8752	9033	9312	9590	9866	¯0140	272
16	**,2** 0412	0683	0952	1219	1484	1748	2011	2272	2531	2789	256
17	3045	3300	3553	3805	4055	4304	4551	4797	5042	5285	242
18	5527	5768	6007	6245	6482	6717	6951	7184	7416	7646	229
19	7875	8103	8330	8556	8780	9003	9226	9447	9667	9885	218
20	**,3** 0103	0320	0535	0750	0963	1175	1387	1597	1806	2015	207
21	2222	2428	2634	2838	3041	3244	3445	3646	3846	4044	198
22	4242	4439	4635	4830	5025	5218	5411	5603	5793	5984	189
23	6173	6361	6549	6736	6922	7107	7291	7475	7658	7840	181
24	8021	8202	8382	8561	8739	8917	9094	9270	9445	9620	174
25	9794	9967	¯0140	¯0312	¯0483	¯0654	¯0824	¯0993	¯1162	¯1330	167
26	**,4** 1497	1664	1830	1996	2160	2325	2488	2651	2813	2975	161
27	3136	3297	3457	3616	3775	3933	4091	4248	4404	4560	156
28	4716	4871	5025	5179	5332	5484	5637	5788	5939	6090	150
29	6240	6389	6538	6687	6835	6982	7129	7276	7422	7567	145
30	**,4** 7712	7857	8001	8144	8287	8430	8572	8714	8855	8996	140
31	9136	9276	9415	9554	9693	9831	9969	¯0106	¯0243	¯0379	136
32	**,5** 0515	0651	0786	0920	1055	1188	1322	1455	1587	1720	131
33	1851	1983	2114	2244	2375	2504	2634	2763	2892	3020	128
34	3148	3275	3403	3529	3656	3782	3908	4033	4158	4283	124
35	4407	4531	4654	4777	4900	5023	5145	5267	5388	5509	121
36	5630	5751	5871	5991	6110	6229	6348	6467	6585	6703	117
37	6820	6937	7054	7171	7287	7403	7519	7634	7749	7864	114
38	7978	8092	8206	8320	8433	8546	8659	8771	8883	8995	111
39	9106	9218	9329	9439	9550	9660	9770	9879	9988	¯0097	109
40	**,6** 0206	0314	0423	0531	0638	0746	0853	0959	1066	1172	106
41	1278	1384	1490	1595	1700	1805	1909	2014	2118	2221	104
42	2325	2428	2531	2634	2737	2839	2941	3043	3144	3246	101
43	3347	3448	3548	3649	3749	3849	3949	4048	4147	4246	99
44	4345	4444	4542	4640	4738	4836	4933	5031	5128	5225	96
45	5321	5418	5514	5610	5706	5801	5896	5992	6087	6181	95
46	6276	6370	6464	6558	6652	6745	6839	6932	7025	7117	93
47	7210	7302	7394	7486	7578	7669	7761	7852	7943	8034	90
48	8124	8215	8305	8395	8485	8574	8664	8753	8842	8931	89
49	9020	9108	9197	9285	9373	9461	9548	9636	9723	9810	87
50	**,6** 9897	9984	¯0070	¯0157	¯0243	¯0329	¯0415	¯0501	¯0586	¯0672	85

Briggsche Logarithmen (Fortsetzung)

5,0 ≦ x ≦ 10,0.

x	0	1	2	3	4	5	6	7	8	9	Δ
50	,6 9897	9984	¯0070	¯0157	¯0243	¯0329	¯0415	¯0501	¯0586	¯0672	85
51	,7 0757	0842	0927	1012	1096	1181	1265	1349	1433	1517	83
52	1600	1684	1767	1850	1933	2016	2099	2181	2263	2346	82
53	2428	2509	2591	2673	2754	2835	2916	2997	3078	3159	80
54	3239	3320	3400	3480	3560	3640	3719	3799	3878	3957	79
55	4036	4115	4194	4273	4351	4429	4507	4586	4663	4741	78
56	4819	4896	4974	5051	5128	5205	5282	5358	5435	5511	76
57	5587	5664	5740	5815	5891	5967	6042	6118	6193	6268	75
58	6343	6418	6492	6567	6641	6716	6790	6864	6938	7012	73
59	7085	7159	7232	7305	7379	7452	7525	7597	7670	7743	72
60	,7 7815	7887	7960	8032	8104	8176	8247	8319	8390	8462	71
61	8533	8604	8675	8746	8817	8888	8958	9029	9099	9169	70
62	9239	9309	9379	9449	9518	9588	9657	9727	9796	9865	69
63	9934	¯0003	¯0072	¯0140	¯0209	¯0277	¯0346	¯0414	¯0482	¯0550	68
64	,8 0618	0686	0754	0821	0889	0956	1023	1090	1158	1224	67
65	1291	1358	1425	1491	1558	1624	1690	1757	1823	1889	65
66	1954	2020	2086	2151	2217	2282	2347	2413	2478	2543	64
67	2607	2672	2737	2802	2866	2930	2995	3059	3123	3187	64
68	3251	3315	3378	3442	3506	3569	3632	3696	3759	3822	63
69	3885	3948	4011	4073	4136	4198	4261	4323	4386	4448	62
70	,8 4510	4572	4634	4696	4757	4819	4880	4942	5003	5065	61
71	5126	5187	5248	5309	5370	5431	5491	5552	5612	5673	60
72	5733	5794	5854	5914	5974	6034	6094	6153	6213	6273	59
73	6332	6392	6451	6510	6570	6629	6688	6747	6806	6864	59
74	6923	6982	7040	7099	7157	7216	7274	7332	7390	7448	58
75	7506	7564	7622	7679	7737	7795	7852	7910	7967	8024	57
76	8081	8138	8195	8252	8309	8366	8423	8480	8536	8593	56
77	8649	8705	8762	8818	8874	8930	8986	9042	9098	9154	55
78	9209	9265	9321	9376	9432	9487	9542	9597	9653	9708	55
79	9763	9818	9873	9927	9982	¯0037	¯0091	¯0146	¯0200	¯0255	54
80	,9 0309	0363	0417	0472	0526	0580	0634	0687	0741	0795	54
81	0849	0902	0956	1009	1062	1116	1169	1222	1275	1328	53
82	1381	1434	1487	1540	1593	1645	1698	1751	1803	1855	53
83	1908	1960	2012	2065	2117	2169	2221	2273	2324	2376	52
84	2428	2480	2531	2583	2634	2686	2737	2788	2840	2891	51
85	2942	2993	3044	3095	3146	3197	3247	3298	3349	3399	51
86	3450	3500	3551	3601	3651	3702	3752	3802	3852	3902	50
87	3952	4002	4052	4101	4151	4201	4250	4300	4349	4399	49
88	4448	4498	4547	4596	4645	4694	4743	4792	4841	4890	49
89	4939	4988	5036	5085	5134	5182	5231	5279	5328	5376	48
90	,9 5424	5472	5521	5569	5617	5665	5713	5761	5809	5856	48
91	5904	5952	5999	6047	6095	6142	6190	6237	6284	6332	47
92	6379	6426	6473	6520	6567	6614	6661	6708	6755	6802	46
93	6848	6895	6942	6988	7035	7081	7128	7174	7220	7267	46
94	7313	7359	7405	7451	7497	7543	7589	7635	7681	7727	45
95	7772	7818	7864	7909	7955	8000	8046	8091	8137	8182	45
96	8227	8272	8318	8363	8408	8453	8498	8543	8588	8632	45
97	8677	8722	8767	8811	8856	8900	8945	8989	9034	9078	45
98	9123	9167	9211	9255	9300	9344	9388	9432	9476	9520	44
99	9564	9607	9651	9695	9739	9782	9826	9870	9913	9957	43
100	,0 0000										

Linearer Interpolationsfehler kleiner als 1 Endeinheit.

b) Natürliche Logarithmen (S. 35)

n	0	1	2	3	4	5	6	7	8	9
	− ∞	0,0000	0,6931	1,0986	1,3863	1,6094	1,7918	1,9459	2,0794	2,1972
1	2,3026	2,3979	2,4849	2,5649	2,6391	2,7081	2,7726	2,8332	2,8904	2,9444
2	2,9957	3,0445	3,0910	3,1355	3,1781	3,2189	3,2581	3,2958	3,3322	3,3673
3	3,4012	3,4340	3,4657	3,4965	3,5264	3,5553	3,5835	3,6109	3,6376	3,6636
4	3,6889	3,7136	3,7377	3,7612	3,7842	3,8067	3,8286	3,8501	3,8712	3,8918
5	3,9120	3,9318	3,9512	3,9703	3,9890	4,0073	4,0254	4,0431	4,0604	4,0775
6	4,0943	4,1109	4,1271	4,1431	4,1589	4,1744	4,1897	4,2047	4,2195	4,2341
7	4,2485	4,2627	4,2767	4,2905	4,3041	4,3175	4,3307	4,3438	4,3567	4,3694
8	4,3820	4,3944	4,4067	4,4188	4,4308	4,4427	4,4543	4,4659	4,4773	4,4886
9	4,4998	4,5109	4,5218	4,5326	4,5433	4,5539	4,5643	4,5747	4,5850	4,5951
10	4,6052	4,6151	4,6250	4,6347	4,6444	4,6540	4,6634	4,6728	4,6821	4,6913
11	4,7005	4,7095	4,7185	4,7274	4,7362	4,7449	4,7536	4,7622	4,7707	4,7791
12	4,7875	4,7958	4,8040	4,8122	4,8203	4,8283	4,8363	4,8442	4,8520	4,8598
13	4,8675	4,8752	4,8828	4,8903	4,8978	4,9053	4,9127	4,9200	4,9273	4,9345
14	4,9416	4,9488	4,9558	4,9628	4,9698	4,9767	4,9836	4,9904	4,9972	5,0039
15	5,0106	5,0173	5,0239	5,0304	5,0370	5,0434	5,0499	5,0562	5,0626	5,0689
16	5,0752	5,0814	5,0876	5,0938	5,0999	5,1059	5,1120	5,1180	5,1240	5,1299
17	5,1358	5,1417	5,1475	5,1533	5,1591	5,1648	5,1705	5,1761	5,1818	5,1874
18	5,1930	5,1985	5,2040	5,2095	5,2149	5,2204	5,2257	5,2311	5,2364	5,2417
19	5,2470	5,2523	5,2575	5,2627	5,2679	5,2730	5,2781	5,2832	5,2883	5,2933
20	5,2983	5,3033	5,3083	5,3132	5,3181	5,3230	5,3279	5,3327	5,3375	5,3423
21	5,3471	5,3519	5,3566	5,3613	5,3660	5,3706	5,3753	5,3799	5,3845	5,3891
22	5,3936	5,3982	5,4027	5,4072	5,4116	5,4161	5,4205	5,4250	5,4293	5,4337
23	5,4381	5,4424	5,4467	5,4510	5,4553	5,4596	5,4638	5,4681	5,4723	5,4765
24	5,4806	5,4848	5,4889	5,4931	5,4972	5,5013	5,5053	5,5094	5,6134	5,5175
25	5,5215	5,5255	5,5294	5,5334	5,5373	5,5413	5,5452	5,5491	5,5530	5,5568
26	5,5607	5,5645	5,5683	5,5722	5,5759	5,5797	5,5835	5,5872	5,5910	5,5947
27	5,5984	5,6021	5,6058	5,6095	5,6131	5,6168	5,6204	5,6240	5,6276	5,6312
28	5,6348	5,6384	5,6419	5,6454	5,6490	5,6525	5,6560	5,6595	5,6630	5,6664
29	5,6699	5,6733	5,6768	5,6802	5,6836	5,6870	5,6904	5,6937	5,6971	5,7004
30	5,7038	5,7071	5,7104	5,7137	5,7170	5,7203	5,7236	5,7268	5,7301	5,7333
31	5,7366	5,7398	5,7430	5,7462	5,7494	5,7526	5,7557	5,7589	5,7621	5,7652
32	5,7683	5,7714	5,7746	5,7777	5,7807	5,7838	5,7869	5,7900	5,7930	5,7961
33	5,7991	5,8021	5,8051	5,8081	5,8111	5,8141	5,8171	5,8201	5,8230	5,8260
34	5,8289	5,8319	5,8348	5,8377	5,8406	5,8435	5,8464	5,8493	5,8522	5,8551
35	5,8579	5,8608	5,8636	5,8665	5,8693	5,8721	5,8749	5,8777	5,8805	5,8833
36	5,8861	5,8889	5,8916	5,8944	5,8972	5,8999	5,9026	5,9054	5,9081	5,9011
37	5,9135	5,9162	5,9189	5,9216	5,9243	5,9269	5,9296	5,9322	5,9349	5,9375
38	5,9402	5,9428	5,9454	5,9480	5,9506	5,9532	5,9558	5,9584	5,9610	5,9636
39	5,9661	5,9687	5,9713	5,9738	5,9764	5,9789	5,9814	5,9839	5,9865	5,9890
40	5,9915	5,9940	5,9965	5,9989	6,0014	6,0039	6,0064	6,0088	6,0113	6,0137
41	6,0162	6,0186	6,0210	6,0234	6,0259	6,0283	6,0307	6,0331	6,0355	6,0379
42	6,0403	6,0426	6,0450	6,0474	6,0497	6,0521	6,0544	6,0568	6,0591	6,0615
43	6,0638	6,0661	6,0684	6,0707	6,0730	6,0753	6,0776	6,0799	6,0822	6,0845
44	6,0868	6,0890	6,0913	6,0936	6,0958	6,0981	6,1003	6,1026	6,1048	6,1070
45	6,1092	6,1115	6,1137	6,1159	6,1181	6,1203	6,1225	6,1247	6,1269	6,1291
46	6,1312	6,1334	6,1356	6,1377	6,1399	6,1420	6,1442	6,1463	6,1485	6,1506
47	6,1527	6,1549	6,1570	6,1591	6,1612	6,1633	6,1654	6,1675	6,1696	6,1717
48	6,1738	6,1759	6,1779	6,1800	6,1821	6,1841	6,1862	6,1883	6,1903	6,1924
49	6,1944	6,1964	6,1985	6,2005	6,2025	6,2046	6,2066	6,2086	6,2106	6,2126

$\ln 10^{\pm 1} = \pm 2{,}30258509$, $\ln 10^{\pm 2} = \pm 4{,}6052$, $\ln 10^{\pm 3} = \pm 6{,}9078$,
$\ln 10^{\pm 4} = \pm 9{,}2103$, $\ln 10^{\pm 5} = \pm 11{,}5129$, $\ln 10^{\pm 6} = \pm 13{,}8155$,
$\ln 10^{\pm 7} = \pm 16{,}1181$, $\ln 10^{\pm 8} = \pm 18{,}4207$.

Natürliche Logarithmen (Fortsetzung)

x	0	1	2	3	4	5	6	7	8	9
50	6,2146	6,2166	6,2186	6,2206	6,2226	6,2246	6,2265	6,2285	6,2305	6,2324
51	6,2344	6,2364	6,2383	6,2403	6,2422	6,2442	6,2461	6,2480	6,2500	6,2519
52	6,2538	6,2558	6,2577	6,2596	6,2615	6,2634	6,2653	6,2672	6,2691	6,2710
53	6,2729	6,2748	6,2766	6,2785	6,2804	6,2823	6,2841	6,2860	6,2879	6,2897
54	6,2916	6,2934	6,2953	6,2971	6,2989	6,3008	6,3026	6,3044	6,3063	6,3081
55	6,3099	6,3117	6,3135	6,3154	6,3172	6,3190	6,3208	6,3226	6,3244	6,3261
56	6,3279	6,3297	6,3315	6,3333	6,3351	6,3368	6,3386	6,3404	6,3421	6,3439
57	6,3456	6,3474	6,3491	6,3509	6,3526	6,3544	6,3561	6,3578	6,3596	6,3613
58	6,3630	6,3648	6,3665	6,3682	6,3699	6,3716	6,3733	6,3750	6,3767	6,3784
59	6,3801	6,3818	6,3835	6,3852	6,3869	6,3886	6,3902	6,3919	6,3936	6,3953
60	6,3969	6,3986	6,4003	6,4019	6,4036	6,4052	6,4069	6,4085	6,4102	6,4118
61	6,4135	6,4151	6,4167	6,4184	6,4200	6,4216	6,4232	6,4249	6,4265	6,4281
62	6,4297	6,4313	6,4329	6,4345	6,4362	6,4378	6,4394	6,4409	6,4425	6,4441
63	6,4457	6,4473	6,4489	6,4505	6,4520	6,4536	6,4552	6,4568	6,4583	6,4599
64	6,4615	6,4630	6,4646	6,4661	6,4677	6,4693	6,4708	6,4723	6,4739	6,4754
65	6,4770	6,4785	6,4800	6,4816	6,4831	6,4846	6,4862	6,4877	6,4892	6,4907
66	6,4922	6,4938	6,4953	6,4968	6,4983	6,4998	6,5013	6,5028	6,5043	6,5058
67	6,5073	6,5088	6,5103	6,5117	6,5132	6,5147	6,5162	6,5177	6,5191	6,5206
68	6,5221	6,5236	6,5250	6,5265	6,5280	6,5294	6,5309	6,5323	6,5338	6,5352
69	6,5367	6,5381	6,5396	6,5410	6,5425	6,5439	6,5453	6,5468	6,5482	6,5497
70	6,5511	6,5525	6,5539	6,5554	6,5568	6,5582	6,5596	6,5610	6,5624	6,5639
71	6,5653	6,5667	6,5681	6,5695	6,5709	6,5723	6,5737	6,5751	6,5765	6,5779
72	6,5793	6,5806	6,5820	6,5834	6,5848	6,5862	6,5876	6,5889	6,5903	6,5917
73	6,5930	6,5944	6,5958	6,5971	6,5985	6,5999	6,6012	6,6026	6,6039	6,6053
74	6,6067	6,6080	6,6093	6,6107	6,6120	6,6134	6,6147	6,6161	6,6174	6,6187
75	6,6201	6,6214	6,6227	6,6241	6,6254	6,6267	6,6280	6,6294	6,6307	6,6320
76	6,6333	6,6346	6,6359	6,6373	6,6386	6,6399	6,6412	6,6425	6,6438	6,6451
77	6,6464	6,6477	6,6490	6,6503	6,6516	6,6529	6,6542	6,6554	6,6567	6,6580
78	6,6593	6,6606	6,6619	6,6631	6,6644	6,6657	6,6670	6,6682	6,6695	6,6708
79	6,6720	6,6733	6,6746	6,6758	6,6771	6,6783	6,6796	6,6809	6,6821	6,6834
80	6,6846	6,6859	6,6871	6,6884	6,6896	6,6908	6,6921	6,6933	6,6946	6,6958
81	6,6970	6,6983	6,6995	6,7007	6,7020	6,7032	6,7044	6,7056	6,7069	6,7081
82	6,7093	6,7105	6,7117	6,7130	6,7142	6,7154	6,7166	6,7178	6,7190	6,7202
83	6,7214	6,7226	6,7238	6,7250	6,7262	6,7274	6,7286	6,7298	6,7310	6,7322
84	6,7334	6,7346	6,7358	6,7370	6,7382	6,7393	6,7405	6,7417	6,7429	6,7441
85	6,7452	6,7464	6,7476	6,7488	6,7499	6,7511	6,7523	6,7534	6,7546	6,7558
86	6,7569	6,7581	6,7593	6,7604	6,7616	6,7627	6,7639	6,7650	6,7662	6,7673
87	6,7685	6,7696	6,7708	6,7719	6,7731	6,7742	6,7754	6,7765	6,7776	6,7788
88	6,7799	6,7811	6,7822	6,7833	6,7845	6,7856	6,7867	6,7878	6,7890	6,7901
89	6,7912	6,7923	6,7935	6,7946	6,7957	6,7968	6,7979	6,7991	6,8002	6,8013
90	6,8024	6,8035	6,8046	6,8057	6,8068	6,8079	6,8090	6,8101	6,8112	6,8123
91	6,8134	6,8145	6,8156	6,8167	6,8178	6,8189	6,8200	6,8211	6,8222	6,8233
92	6,8244	6,8255	6,8265	6,8276	6,8287	6,8298	6,8309	6,8320	6,8330	6,8341
93	6,8352	6,8363	6,8373	6,8384	6,8395	6,8405	6,8416	6,8427	6,8437	6,8448
94	6,8459	6,8469	6,8480	6,8491	6,8501	6,8512	6,8522	6,8533	6,8544	6,8554
95	6,8565	6,8575	6,8586	6,8596	6,8607	6,8617	6,8628	6,8638	6,8648	6,8659
96	6,8669	6,8680	6,8690	6,8701	6,8711	6,8721	6,8732	6,8742	6,8752	6,8763
97	6,8773	6,8783	6,8794	6,8804	6,8814	6,8824	6,8835	6,8845	6,8855	6,8865
98	6,8876	6,8886	6,8896	6,8906	6,8916	6,8926	6,8937	6,8947	6,8957	6,8967
99	6,8977	6,8987	6,8997	6,9007	6,9017	6,9027	6,9037	6,9047	6,9057	6,9068

1. Beispiel: $\ln \mathbf{66\,377} = ?$.

$\ln 66377 = \ln (663{,}77 \cdot 100) = \ln 663{,}77 + \ln 100 = 6{,}4980 + 4{,}6052 = \mathbf{11{,}1032}$.

2. Beispiel: $\ln \mathbf{0{,}003745} = ?$.

$\ln 0{,}003745 = \ln (374{,}5 \cdot 10^{-5}) = 5{,}9256 - 11{,}5129 = -\mathbf{5{,}5873}$.

7. Tafeln für hyperbolische Funktionen und die Exponentialfunktion

a) Tafel für Sinus hyperbolicus (S. 36)

Sinh x für $x = 0$ bis $x = 5{,}99$.

x	0	1	2	3	4	5	6	7	8	9	Δ
0,0	0,0000	0100	0200	0300	0400	0500	0600	0701	0801	0901	101
0,1	0,1002	1102	1203	1304	1405	1506	1607	1708	1810	1911	102
0,2	0,2013	2115	2218	2320	2423	2526	2629	2733	2837	2941	104
0,3	0,3045	3150	3255	3360	3466	3572	3678	3785	3892	4000	108
0,4	0,4108	4216	4325	4434	4543	4653	4764	4875	4987	5098	113
0,5	0,5211	5324	5438	5552	5666	5782	5897	6014	6131	6248	119
0,6	0,6367	6485	6605	6725	6846	6968	7090	7213	7336	7461	125
0,7	0,7586	7712	7838	7966	8094	8223	8353	8484	8615	8748	133
0,8	0,8881	9015	9150	9286	9423	9561	9700	9840	9981	‾0122	143
0,9	1,0265	0409	0554	0700	0847	0995	1144	1294	1446	1598	154
1,0	1,1752	1907	2063	2220	2379	2539	2700	2862	3025	3190	167
1,1	1,3357	3524	3693	3863	4035	4208	4382	4558	4736	4914	181
1,2	1,5095	5276	5460	5645	5831	6019	6209	6400	6593	6788	196
1,3	1,6984	7182	7381	7583	7786	7991	8198	8406	8617	8829	214
1,4	1,9043	9259	9477	9697	9919	‾0143	‾0369	‾0597	‾0827	‾1059	234
1,5	2,1293	1529	1768	2008	2251	2496	2743	2993	3245	3499	257
1,6	2,3756	4015	4276	4540	4806	5075	5346	5620	5896	6175	281
1,7	2,6456	6741	7027	7317	7609	7904	8202	8503	8806	9113	309
1,8	2,9422	9734	‾0049	‾0367	‾0689	‾1013	‾1340	‾1671	‾2005	‾2342	340
1,9	3,2682	3025	3372	3722	4075	4432	4792	5156	5523	5894	375
2,0	3,6269	6647	7028	7414	7803	8196	8593	8993	9398	9806	413
2,1	4,0219	0635	1056	1480	1909	2342	2779	3221	3666	4117	454
2,2	4,4571	5030	5494	5962	6434	6912	7394	7880	8372	8868	502
2,3	4,9370	9876	‾0387	‾0903	‾1425	‾1951	‾2483	‾3020	‾3562	‾4109	553
2,4	5,4662	5221	5785	6354	6929	7510	8097	8689	9288	9892	610
2,5	6,0502	1118	1741	2369	3004	3645	4293	4946	5607	6274	673
2,6	6,6947	7628	8315	9009	9709	‾0417	‾1132	‾1854	‾2583	‾3319	744
2,7	7,4063	4814	5572	6338	7112	7894	8683	9480	‾0285	‾1098	821
2,8	8,1919	2749	3586	4432	5287	6150	7021	7902	8791	9689	907
2,9	9,0596	1512	2437	3371	4315	5268	6231	7203	8185	9177	1002
3,0	10,0179	1191	2212	3245	4287	5340	6403	7477	8562	9658	1107
3,1	11,0765	1882	3011	4151	5303	6466	7641	8827	‾0026	‾1236	1223
3,2	12,2459	3694	4941	6201	7473	8758	‾0056	‾1367	‾2691	‾4028	1351
3,3	13,5379	6743	8121	9513	‾0919	‾2338	‾3772	‾5221	‾6684	‾8161	1493
3,4	14,965	15,116	15,268	15,422	15,577	15,734	15,893	16,053	16,214	16,378	165
3,5	16,543	16,709	16,877	17,047	17,219	17,392	17,567	17,744	17,923	18,103	182
3,6	18,285	18,470	18,655	18,843	19,033	19,224	19,418	19,613	19,811	20,010	201
3,7	20,211	20,415	20,620	20,828	21,037	21,249	21,463	21,679	21,897	22,117	222
3,8	22,339	22,564	22,791	23,020	23,252	23,486	23,722	23,961	24,202	24,445	246
3,9	24,691	24,939	25,190	25,444	25,700	25,958	26,219	26,483	26,749	27,018	272
4,0	27,290	27,564	27,842	28,122	28,404	28,690	28,979	29,270	29,564	29,862	300
4,1	30,162	30,465	30,772	31,081	31,393	31,709	32,028	32,350	32,675	33,004	332
4,2	33,336	33,671	34,009	34,351	34,697	35,046	35,398	35,754	36,113	36,476	367
4,3	36,843	37,214	37,588	37,966	38,347	38,733	39,122	39,515	39,913	40,314	405
4,4	40,719	41,129	41,542	41,960	42,382	42,808	43,238	43,673	44,112	44,555	448
4,5	45,003	45,455	45,912	46,374	46,840	47,311	47,787	48,267	48,752	49,242	495
4,6	49,737	50,237	50,742	51,252	51,767	52,288	52,813	53,344	53,880	54,422	547
4,7	54,969	55,522	56,080	56,643	57,213	57,788	58,369	58,955	59,548	60,147	604
4,8	60,751	61,362	61,979	62,601	63,231	63,866	64,508	65,157	65,812	66,473	668
4,9	67,141	67,816	68,498	69,186	69,882	70,584	71,293	72,010	72,734	73,465	738
5,0	74,203	74,949	75,702	76,463	77,232	78,008	78,792	79,584	80,384	81,192	816
5,1	82,008	82,832	83,665	84,506	85,355	86,213	87,079	87,955	88,839	89,732	901
5,2	90,633	91,544	92,464	93,394	94,332	95,281	96,238	97,205	98,182	99,169	997
5,3	100,166	101,173	102,189	103,217	104,254	105,302	106,360	107,429	108,509	109,599	1102
5,4	110,701	111,814	112,938	114,072	115,219	116,377	117,547	118,728	119,921	121,127	1217
5,5	122,344	123,574	124,816	126,070	127,337	128,617	129,910	131,215	132,534	133,866	1345
5,6	135,211	136,570	137,943	139,329	140,730	142,144	143,573	145,016	146,473	147,945	1487
5,7	149,432	150,934	152,451	153,983	155,531	157,094	158,673	160,267	161,878	163,505	1643
5,8	165,148	166,808	168,485	170,178	171,888	173,616	175,361	177,123	178,903	180,701	1816
5,9	182,517	184,352	186,205	188,076	189,966	191,875	193,804	195,752	197,719	199,706	2007

b) Tafel für Cosinus hyperbolicus (S. 36)

Cosh x für $x = 0$ bis $x = 5{,}99$.

x	0	1	2	3	4	5	6	7	8	9	Δ
0,0	1,0000	0001	0002	0005	0008	0013	0018	0025	0032	0041	9
0,1	1,0050	0061	0072	0085	0098	0113	0128	0145	0162	0181	20
0,2	1,0201	0221	0243	0266	0289	0314	0340	0367	0395	0424	29
0,3	1,0453	0484	0516	0550	0584	0619	0655	0692	0731	0770	41
0,4	1,0811	0852	0895	0939	0984	1030	1077	1125	1174	1225	51
0,5	1,1276	1329	1383	1438	1494	1551	1609	1669	1730	1792	63
0,6	1,1855	1919	1984	2051	2119	2188	2258	2330	2403	2477	75
0,7	1,2552	2628	2706	2785	2865	2947	3030	3114	3199	3286	88
0,8	1,3374	3464	3555	3647	3740	3835	3932	4029	4128	4229	102
0,9	1,4331	4434	4539	4645	4753	4862	4973	5085	5199	5314	117
1,0	1,5431	5549	5669	5790	5913	6038	6164	6292	6421	6553	132
1,1	1,6685	6820	6956	7093	7233	7374	7517	7662	7808	7957	150
1,2	1,8107	8258	8412	8568	8725	8884	9045	9208	9373	9540	169
1,3	1,9709	9880	‾0053	‾0228	‾0404	‾0583	‾0764	‾0947	‾1132	‾1320	189
1,4	2,1509	1701	1894	2090	2288	2488	2691	2896	3103	3312	212
1,5	2,3524	3738	3955	4174	4395	4619	4845	5074	5305	5538	237
1,6	2,5775	6014	6255	6499	6746	6995	7247	7502	7760	8020	263
1,7	2,8283	8549	8818	9090	9364	9642	9922	‾0206	‾0493	‾0782	293
1,8	3,1075	1371	1669	1972	2277	2585	2897	3212	3531	3852	325
1,9	3,4177	4506	4838	5173	5512	5855	6201	6551	6904	7261	361
2,0	3,7622	7987	8355	8727	9103	9483	9867	‾0255	‾0647	‾1043	400
2,1	4,1443	1847	2256	2669	3086	3507	3932	4362	4797	5236	443
2,2	4,5679	6127	6580	7037	7499	7966	8437	8914	9395	9881	491
2,3	5,0372	0868	1370	1876	2388	2905	3427	3954	4487	5026	544
2,4	5,5570	6119	6674	7235	7801	8373	8951	9535	‾0125	‾0721	602
2,5	6,1323	1931	2545	3166	3793	4426	5066	5712	6365	7024	666
2,6	6,7690	8363	9043	9729	‾0423	‾1123	‾1831	‾2546	‾3268	‾3998	737
2,7	7,4735	5479	6231	6990	7758	8533	9316	‾0107	‾0905	‾1712	815
2,8	8,2527	3351	4182	5022	5871	6728	7594	8469	9352	‾0244	902
2,9	9,1146	2056	2976	3905	4844	5792	6749	7716	8693	9680	997
3,0	10,0677	1684	2701	3728	4765	5814	6872	7942	9022	‾0113	1102
3,1	11,1215	2328	3453	4589	5736	6895	8065	9247	‾0442	‾1648	1219
3,2	12,2867	4097	5340	6596	7864	9146	‾0440	‾1747	‾3067	‾4401	1347
3,3	13,5748	7108	8483	9871	‾1273	‾2689	‾4120	‾5565	7024	‾8498	1489
3,4	14,999	15,149	15,301	15,455	15,610	15,766	15,924	16,084	16,245	16,408	165
3,5	16,573	16,739	16,907	17,077	17,248	17,421	17,596	17,772	17,951	18,131	182
3,6	18,313	18,497	18,682	18,870	19,059	19,250	19,444	19,639	19,836	20,035	201
3,7	20,236	20,439	20,644	20,852	21,061	21,272	21,486	21,702	21,919	22,140	222
3,8	22,362	22,586	22,813	23,042	23,273	23,507	23,743	23,982	24,222	24,466	245
3,9	24,711	24,960	25,210	25,463	25,719	25,977	26,238	26,502	26,768	27,037	271
4,0	27,308	27,583	27,860	28,139	28,422	28,707	28,996	29,287	29,581	29,878	300
4,1	30,178	30,482	30,788	31,097	31,409	31,725	32,044	32,365	32,691	33,019	332
4,2	33,351	33,686	34,024	34,366	34,711	35,060	35,412	35,768	36,127	36,490	367
4,3	36,857	37,227	37,601	37,979	38,360	38,746	39,135	39,528	39,925	40,326	406
4,4	40,732	41,141	41,554	41,972	42,393	42,819	43,250	43,684	44,123	44,566	448
4,5	45,014	45,466	45,923	46,385	46,851	47,321	47,797	48,277	48,762	49,252	495
4,6	49,747	50,247	50,752	51,262	51,777	52,297	52,823	53,354	53,890	54,431	547
4,7	54,978	55,531	56,089	56,652	57,221	57,796	58,377	58,964	59,556	60,155	604
4,8	60,759	61,370	61,987	62,609	63,239	63,874	64,516	65,164	65,819	66,481	668
4,9	67,149	67,823	68,505	69,193	69,889	70,591	71,300	72,017	72,741	73,472	738
5,0	74,210	74,956	75,709	76,470	77,238	78,014	78,798	79,590	80,390	81,198	816
5,1	82,014	82,838	83,671	84,512	85,361	86,219	87,085	87,960	88,844	89,737	902
5,2	90,639	91,550	92,470	93,399	94,338	95,286	96,243	97,211	98,187	99,174	997
5,3	100,171	101,178	102,194	103,221	104,259	105,307	106,365	107,434	108,513	109,604	1102
5,4	110,706	111,818	112,942	114,077	115,223	116,381	117,551	118,732	119,925	121,131	1217
5,5	122,348	123,578	124,820	126,074	127,341	128,621	129,913	131,219	132,538	133,870	1345
5,6	135,215	136,574	137,947	139,333	140,733	142,147	143,576	145,019	146,476	147,949	1486
5,7	149,435	150,937	152,454	153,986	155,534	157,097	158,676	160,270	161,881	163,508	1643
5,8	165,151	166,811	168,488	170,181	171,891	173,619	175,364	177,126	178,906	180,704	1816
5,9	182,520	184,354	186,207	188,079	189,969	191,878	193,806	195,754	197,721	199,709	2007

c) Tafel für e^x (S. 34)

	x	0	1	2	3	4	5	6	7	8	9
Lin. Interpolationsfehler kleiner als 10 Endeinh.	0,0	**1,** 00000	01005	02020	03045	04081	05127	06184	07251	08329	09417
	0,1	10517	11628	12750	13883	15027	16183	17351	18530	19722	20925
	0,2	22140	23368	24608	25860	27125	28403	29693	30996	32313	33643
	0,3	34986	36343	37713	39097	40495	41907	43333	44773	46228	47698
	0,4	49182	50682	52196	53726	55271	56831	58407	59999	61607	63232
	0,5	64872	66529	68203	69893	71601	73325	75067	76827	78604	80399
	0,6	82212	84043	85893	87761	89648	91554	93479	95424	97388	99372
	0,7	**2,** 01375	03399	05443	07508	09594	11700	13828	15977	18147	20340
	0,8	22554	24791	27050	29332	31637	33965	36316	38691	41090	43513
	0,9	45960	48432	50929	53451	55998	58571	61170	63794	66446	69123
	1,0	**2,** 71828	74560	77319	80107	82922	85765	88637	91538	94468	97427
	1,1	**3,** 00417	03436	06485	09566	12677	15819	18993	22199	25437	28708
	1,2	32012	35348	38719	42123	45561	49034	52542	56085	59664	63279
	1,3	66930	70617	74342	78104	81904	85743	89619	93535	97490	¯01485
	1,4	**4,** 05520	09596	13712	17870	22070	26311	30596	34924	39295	43710
	1,5	48169	52673	57223	61818	66459	71147	75882	80665	85496	90375
	1,6	95303	¯00281	¯05309	¯10387	¯15517	¯20698	¯25931	¯31217	¯36556	¯41948
	1,7	**5,** 47395	52896	58453	64065	69734	75460	81244	87085	92986	98945
	1,8	**6,** 04965	11045	17186	23389	29654	35982	42374	48830	55350	61937
	1,9	68589	75309	82096	88951	95875	¯02869	¯09933	¯17068	¯24274	¯31553
Lin. Interpol. zu ungenau	2,	7,3891	8,1662	9,0250	9,9742	11,023	12,182	13,464	14,880	16,445	18,174
	3,	20,086	22,198	24,533	27,113	29,964	33,115	36,598	40,447	44,701	49,402
	4,	54,598	60,340	66,686	73,700	81,451	90,017	99,484	109,95	121,51	134,29
	5,	148,41	164,02	181,27	200,34	221,41	244,69	270,43	298,87	330,30	365,04
	6,	403,43	445,86	492,75	544,57	601,85	665,14	735,10	812,41	897,85	992,27
	7,	1096,6									

Tafel für e^{-x}

	x	0	1	2	3	4	5	6	7	8	9
Lin. Interpolationsfehler < 2 Endeinheiten	0,0	**0,**	99005	98020	97045	96079	95123	94176	93239	92312	91393
	0,1	90484	89583	88692	87810	86936	86071	85214	84366	83527	82696
	0,2	81873	81058	80252	79453	78663	77880	77105	76338	75578	74826
	0,3	74082	73345	72615	71892	71177	70469	69768	69073	68386	67706
	0,4	67032	66365	65705	65051	64404	63763	63128	62500	61878	61263
	0,5	60653	60050	59452	58860	58275	57695	57121	56553	55990	55433
	0,6	54881	54335	53794	53259	52729	52205	51685	51171	50662	50158
	0,7	49659	49164	48675	48191	47711	47237	46767	46301	45841	45384
	0,8	44933	44486	44043	43605	43171	42741	42316	41895	41478	41066
	0,9	40657	40252	39852	39455	39063	38674	38289	37908	37531	37158
Lin. Interpolationsfehler < 1 Endeinheiten	1,0	**0,** 36788	36422	36059	35701	35345	34994	34646	34301	33960	33622
	1,1	33287	32956	32628	32303	31982	31664	31349	31037	30728	30422
	1,2	30119	29820	29523	29229	28938	28650	28365	28083	27804	27527
	1,3	27253	26982	26714	26448	26185	25924	25666	25411	25158	24908
	1,4	24660	24414	24171	23931	23693	23457	23224	22993	22764	22537
	1,5	22313	22091	21871	21654	21438	21225	21014	20805	20598	20393
	1,6	20190	19989	19790	19593	19398	19205	19014	18825	18637	18452
	1,7	18268	18087	17907	17728	17552	17377	17204	17033	16864	16696
	1,8	16530	16365	16203	16041	15882	15724	15567	15412	15259	15107
	1,9	14957	14808	14661	14515	14370	14227	14086	13946	13807	13670
Lin. Interpol. zu ungenau	2,	**0,** 13543	12246	11080	10026	09072	08208	07427	06721	06081	05502
	3,	04979	04505	04076	03688	03337	03020	02732	02472	02237	02024
	4,	01832	01657	01500	01357	01228	01111	01005	00910	00823	00745
	5,	00674	00610	00552	00499	00452	00409	00370	00335	00303	00274
	6,	00248	00224	00203	00184	00166	00150	00136	00123	00111	00101
	7,	00091									

d) Tafel für Tangens hyberbolicus (S. 36)

Tgh x von $x = 0$ bis $x = 2,89$

x	0	1	2	3	4	5	6	7	8	9	Δ
0,0	0,0000	0100	0200	0300	0400	0500	0599	0699	0798	0898	99
0,1	0,0997	1096	1194	1293	1391	1489	1587	1684	1781	1878	96
0,2	0,1974	2070	2165	2260	2355	2449	2543	2636	2729	2821	92
0,3	0,2913	3004	3095	3185	3275	3364	3452	3540	3627	3714	86
0,4	0,3800	3885	3969	4053	4136	4219	4301	4382	4462	4542	79
0,5	0,4621	4700	4777	4854	4930	5005	5080	5154	5227	5299	71
0,6	0,5371	5441	5511	5581	5649	5717	5784	5850	5915	5980	64
0,7	0,6044	6107	6169	6231	6291	6352	6411	6469	6527	6584	56
0,8	0,6640	6696	6751	6805	6858	6911	6963	7014	7064	7114	49
0,9	0,7163	7211	7259	7306	7352	7398	7443	7487	7531	7574	42
1,0	0,7616	7658	7699	7739	7779	7818	7857	7895	7932	7969	36
1,1	0,8005	8041	8076	8110	8144	8178	8210	8243	8275	8306	31
1,2	0,8337	8367	8397	8426	8455	8483	8511	8538	8565	8591	26
1,3	0,8617	8643	8668	8693	8717	8741	8764	8787	8810	8832	22
1,4	0,8854	8875	8896	8917	8937	8957	8977	8996	9015	9033	19
1,5	0,9052	9069	9087	9104	9121	9138	9154	9170	9186	9202	15
1,6	0,9217	9232	9246	9261	9275	9289	9302	9316	9329	9342	12
1,7	0,9354	9367	9379	9391	9402	9414	9425	9436	9447	9458	10
1,8	0,9468	9478	9488	9498	9508	9518	9527	9536	9545	9554	8
1,9	0,9562	9571	9579	9587	9595	9603	9611	9619	9626	9633	7
2,0	0,9640	9647	9654	9661	9668	9674	9680	9687	9693	9699	6
2,1	0,9705	9710	9716	9722	9727	9732	9738	9743	9748	9753	4
2,2	0,9757	9762	9767	9771	9776	9780	9785	9789	9793	9797	4
2,3	0,9801	9805	9809	9812	9816	9820	9823	9827	9830	9834	3
2,4	0,9837	9840	9843	9846	9849	9852	9855	9858	9861	9864	2
2,5	0,9866	9869	9871	9874	9876	9879	9881	9884	9886	9888	2
2,6	0,9890	9892	9895	9897	9899	9901	9903	9905	9906	9908	2
2,7	0,9910	9912	9914	9915	9917	9919	9920	9922	9923	9925	1
2,8	0,9926	9928	9929	9931	9932	9933	9935	9936	9937	9938	2

e) Zusatztafel für Bruchteile von π

$\varphi°$	x	$\sin x$	$\cos x$	e^x	e^{-x}	Sinh x	Cosh x	Tgh x
0°	0	0	+1	1	1	0	1	0
30°	$\pi/6$ = 0,5236	+0,50000	+0,86603	1,6881	0,59238	0,5479	1,1402	0,48047
45°	$\pi/4$ = 0,7854	+0,70711	+0,70711	2,1933	0,45594	0,8687	1,3246	0,65579
60°	$\pi/3$ = 1,0472	+0,86603	+0,50000	2,8497	0,35092	1,2494	1,6003	0,78071
90°	$\pi/2$ = 1,5708	+1	0	4,8105	0,20788	2,3013	2,5092	0,91717
120°	$2\pi/3$ = 2,0944	+0,86603	−0,50000	8,1205	0,12314	3,9987	4,1218	0,97012
135°	$3\pi/4$ = 2,3562	+0,70711	−0,70711	10,551	0,09478	5,2280	5,3228	0,98219
150°	$5\pi/6$ = 2,6180	+0,50000	−0,86603	13,708	0,07295	6,8176	6,8906	0,98941
180°	π = 3,1416	0	−1	23,141	0,04321	11,549	11,592	0,99627
210°	$7\pi/6$ = 3,6652	−0,50000	−0,86603	39,064	0,02560	19,519	19,545	0,99869
225°	$5\pi/4$ = 3,9270	−0,70711	−0,70711	50,754	0,01970	25,367	25,387	0,99922
240°	$4\pi/3$ = 4,1888	−0,86603	−0,50000	65,943	0,01516	32,964	32,979	0,99954
270°	$3\pi/2$ = 4,7124	−1	0	111,32	0,00898	55,654	55,663	0,99984
300°	$5\pi/3$ = 5,2360	−0,86603	+0,50000	187,91	0,00532	93,955	93,960	0,99994
315°	$7\pi/4$ = 5,4978	−0,70711	+0,70711	244,15	0,00410	122,07	122,08	0,99997
330°	$11\pi/6$ = 5,7596	−0,50000	+0,86603	317,22	0,00315	158,61	158,61	0,99998
360°	2π = 6,2832	0	+1	535,49	0,00187	267,74	267,75	0,99999

8. Tafeln für höhere transzendente Funktionen

a) Tafeln für elliptische Integrale (S. 38)

Elliptisches Integral erster Gattung: $F(\varphi, k) = \int_0^{\varphi} \frac{d\varphi}{\sqrt{1 - k^2 \sin^2 \varphi}}, \quad k = \sin \alpha.$

	$\alpha = 0°$	10°	20°	30°	40°	50°	60°	70°	80°	90°
$\varphi = 0°$	0,0000	0,0000	0,0000	0,0000	0,0000	0,0000	0,0000	0,0000	0,0000	0,0000
10°	0,1745	0,1746	0,1746	0,1748	0,1749	0,1751	0,1752	0,1753	0,1754	0,1754
20°	0,3491	0,3493	0,3499	0,3508	0,3520	0,3533	0,3545	0,3555	0,3562	0,3564
30°	0,5236	0,5243	0,5263	0,5294	0,5334	0,5379	0,5422	0,5459	0,5484	0,5493
40°	0,6981	0,6997	0,7043	0,7117	0,7213	0,7323	0,7436	0,7535	0,7604	0,7629
50°	0,8727	0,8756	0,8842	0,8983	0,9173	0,9401	0,9647	0,9876	1,0044	1,0107
60°	1,0472	1,0519	1,0660	1,0896	1,1226	1,1643	1,2125	1,2619	1,3014	1,3170
70°	1,2217	1,2286	1,2495	1,2853	1,3372	1,4068	1,4944	1,5959	1,6918	1,7354
80°	1,3963	1,4057	1,4344	1,4846	1,5597	1,6660	1,8125	2,0119	2,2653	2,4363
90°	1,5708	1,5828	1,6200	1,6858	1,7868	1,9356	2,1565	2,5046	3,1534	∞

Elliptisches Integral zweiter Gattung: $E(\varphi, k) = \int_0^{\varphi} \sqrt{1 - k^2 \sin^2 \varphi}\, d\varphi, \quad k = \sin \alpha.$

	$\alpha = 0°$	10°	20°	30°	40°	50°	60°	70°	80°	90°
$\varphi = 0°$	0,0000	0,0000	0,0000	0,0000	0,0000	0,0000	0,0000	0,0000	0,0000	0,0000
10°	0,1745	0,1745	0,1744	0,1743	0,1742	0,1740	0,1739	0,1738	0,1737	0,1737
20°	0,3491	0,3489	0,3483	0,3473	0,3462	0,3450	0,3438	0,3429	0,3422	0,3420
30°	0,5236	0,5229	0,5209	0,5179	0,5141	0,5100	0,5061	0,5029	0,5007	0,5000
40°	0,6981	0,6966	0,6921	0,6851	0,6763	0,6667	0,6575	0,6497	0,6446	0,6428
50°	0,8727	0,8698	0,8614	0,8483	0,8317	0,8134	0,7954	0,7801	0,7697	0,7660
60°	1,0472	1,0426	1,0290	1,0076	0,9801	0,9493	0,9184	0,8914	0,8728	0,8660
70°	1,2217	1,2149	1,1949	1,1632	1,1221	1,0750	1,0266	0,9830	0,9514	0,9397
80°	1,3963	1,3870	1,3597	1,3161	1,2590	1,1926	1,1225	1,0565	1,0054	0,9848
90°	1,5708	1,5589	1,5238	1,4675	1,3931	1,3055	1,2111	1,1184	1,0401	1,0000

Vollständiges elliptisches Integral erster Gattung: $K(k) = \int_0^{\pi/2} \frac{d\varphi}{\sqrt{1 - k^2 \sin^2 \varphi}}, \quad k = \sin \alpha.$

α	0°	1°	2°	3°	4°	5°	6°	7°	8°	9°	Δ
0°	**1,** 5708	5709	5713	5719	5727	5738	5751	5767	5785	5805	23
10°	5828	5854	5882	5913	5946	5981	6020	6061	6105	6151	49
20°	6200	6252	6307	6363	6426	6490	6557	6627	6701	6777	81
30°	6858	6941	7028	7119	7214	7313	7415	7522	7633	7748	120
40°	7868	7992	8122	8256	8396	8541	8692	8848	9011	9180	176
50°	9356	9539	9729	9927	¯0133	¯0347	¯0571	¯0804	¯1047	¯1300	265
60°	**2,** 1565	1842	2132	2435	2754	3088	3439	3809	4198	4610	436
70°	5046	5507	5998	6521	7081	7681	8327	9026	9786	¯0617	917
80°	**3,** 1534	2553	3699	5004	6519	8317	¯0528	¯3387	˙7427	5,4349	∞
90°	∞										

Vollständiges elliptisches Integral zweiter Gattung: $E(k) = \int_0^{\pi/2} \sqrt{1 - k^2 \sin^2 \varphi}\, d\varphi, \quad k = \sin \alpha.$

α	0°	1°	2°	3°	4°	5°	6°	7°	8°	9°	Δ
0°	**1,** 5708	5707	5703	5697	5689	5678	5665	5650	5630	5611	−22
10°	5589	5564	5537	5507	5476	5442	5405	5367	5326	5283	−45
20°	5238	5191	5142	5090	5037	4981	4924	4864	4803	4740	−65
30°	4675	4608	4539	4469	4397	4323	4248	4171	4092	4013	−82
40°	3931	3849	3765	3680	3594	3506	3418	3329	3238	3147	−92
50°	3055	2963	2870	2776	2682	2587	2492	2397	2301	2206	−95
60°	2111	2015	1921	1826	1732	1638	1546	1454	1362	1273	−89
70°	1184	1096	1011	0927	0844	0764	0686	0611	0538	0468	−67
80°	0401	0338	0278	0223	0172	0127	0087	0053	0026	0008	− 8
90°	**1,** 0000										

b) Tafeln für das *Gauss*'sche Fehlerintegral (S. 40 u. 110)

$$\varphi(v) = \frac{1}{\sqrt{\pi}} e^{-v^2}$$

v	0	1	2	3	4	5	6	7	8	9
0,	0, 5642	5586	5421	5156	4808	4394	3936	3456	2975	2510
1,	2076	1682	1337	1041	0795	0595	0436	0314	0221	0153
2,	0103	0069	0045	0028	0018	0011	0007	0004	0002	0001

$$\Phi(v) = \frac{1}{\sqrt{\pi}} \int_{-v}^{+v} e^{-v^2}\,dv.$$

0,	0, 0000	1125	2227	3286	4284	5205	6039	6778	7421	7969
1,	8427	8802	9103	9340	9523	9661	9764	9838	9891	9928
2,	9953	9970	9981	9989	9993	9996	9998	9999	9999	1,0000

c) Tafel für die Gammafunktion $\Pi(x) = \Gamma(x+1)$ (S. 41)

x	0	1	2	3	4	5	6	7	8	9
0,0	1, 0000	$\overline{9}943$	$\overline{9}888$	$\overline{9}835$	$\overline{9}784$	$\overline{9}735$	$\overline{9}687$	$\overline{9}642$	$\overline{9}597$	$\overline{9}555$
0,1	0, 9514	9474	9436	9399	9364	9330	9298	9267	9237	9209
0,2	9182	9156	9131	9108	9085	9064	9044	9025	9007	8990
0,3	8975	8960	8946	8934	8922	8912	8902	8893	8885	8879
0,4	8873	8868	8864	8860	8858	8857	8856	8856	8857	8859
0,5	8862	8866	8870	8876	8882	8889	8896	8905	8914	8924
0,6	8935	8947	8959	8972	8986	9001	9017	9033	9050	9068
0,7	9086	9106	9126	9147	9168	9191	9214	9238	9262	9288
0,8	9314	9341	9368	9397	9426	9456	9487	9518	9551	9584
0,9	9618	9652	9688	9724	9761	9799	9837	9877	9917	9958
1,0	1, 0000									

d) Tafeln für die *Bessel*'schen Funktionen $I_0(x)$ und $I_1(x)$ (S. 42)

Bessel'sche Funktion nullter Ordnung $I_0(x)$.

Lin. Interpolationsfehler < 7 Endeinheiten

x	0	1	2	3	4	5	6	7	8	9
0,	+1,0000	+0,9975	+0,9900	+0,9776	+0,9604	+0,9385	+0,9120	+0,8812	+0,8463	+0,8075
1,	+0,7652	+0,7196	+0,6711	+0,6201	+0,5669	+0,5118	+0,4554	+0,3980	+0,3400	+0,2818
2,	+0,2239	+0,1666	+0,1104	+0,0555	+0,0025	−0,0484	−0,0968	−0,1424	−0,1850	−0,2243
3,	−0,2601	−0,2921	−0,3202	−0,3443	−0,3643	−0,3801	−0,3918	−0,3992	−0,4026	−0,4018
4,	−0,3971	−0,3887	−0,3766	−0,3610	−0,3423	−0,3205	−0,2961	−0,2693	−0,2404	−0,2097
5,	−0,1776	−0,1443	−0,1103	−0,0758	−0,0412	−0,0068	+0,0270	+0,0599	+0,0917	+0,1120
6,	+0,1506	+0,1773	+0,2017	+0,2238	+0,2433	+0,2601	+0,2740	+0,2851	+0,2931	+0,2981
7,	+0,3001	+0,2991	+0,2951	+0,2882	+0,2786	+0,2663	+0,2516	+0,2346	+0,2154	+0,1944
8,	+0,1717	+0,1475	+0,1222	+0,0960	+0,0692	+0,0419	+0,0146	−0,0125	−0,0392	−0,0653
9,	−0,0903	−0,1142	−0,1367	−0,1577	−0,1768	−0,1939	−0,2090	−0,2218	−0,2323	−0,2403
10,	−0,2459	−0,2490	−0,2496	−0,2477	−0,2434	−0,2366	−0,2276	−0,2164	−0,2032	−0,1881

Bessell'sche Funktion erster Ordnung $I_1(x)$.

Lin. Interpolationsfehler < 6 Endeinheiten

0,	+0,0000	+0,0499	+0,0995	+0,1483	+0,1960	+0,2423	+0,2867	+0,3290	+0,3688	+0,4059
1,	+0,4401	+0,4709	+0,4983	+0,5220	+0,5419	+0,5579	+0,5699	+0,5778	+0,5815	+0,5812
2,	+0,5767	+0,5683	+0,5560	+0,5399	+0,5202	+0,4971	+0,4708	+0,4416	+0,4097	+0,3754
3,	+0,3391	+0,3009	+0,2613	+0,2207	+0,1792	+0,1374	+0,0955	+0,0538	+0,0128	−0,0272
4,	−0,0660	−0,1033	−0,1386	−0,1719	−0,2028	−0,2311	−0,2566	−0,2791	−0,2985	−0,3147
5,	−0,3276	−0,3371	−0,3432	−0,3460	−0,3453	−0,3414	−0,3343	−0,3241	−0,3110	−0,2951
6,	−0,2767	−0,2559	−0,2329	−0,2081	−0,1816	−0,1538	−0,1250	−0,0953	−0,0652	−0,0349
7,	−0,0047	+0,0252	+0,0543	+0,0826	+0,1096	+0,1352	+0,1592	+0,1813	+0,2014	+0,2192
8,	+0,2346	+0,2476	+0,2580	+0,2657	+0,2708	+0,2731	+0,2728	+0,2697	+0,2641	+0,2559
9,	+0,2453	+0,2324	+0,2174	+0,2004	+0,1816	+0,1613	+0,1395	+0,1166	+0,0928	+0,0684
10,	+0,0435	+0,0184	−0,0066	−0,0313	−0,0555	−0,0789	−0,1012	−0,1224	−0,1422	−0,1603

B. Übersicht über die Funktionenlehre

a) Die anschauliche Darstellung der Funktionen. Die gesetzmäßigen Beziehungen zwischen den verschiedenen Größen, welche in der Ingenieurwissenschaft auftreten, lassen sich durch Angabe ihres funktionalen Zusammenhangs festlegen (z. B. die Durchbiegung eines an beiden Enden eingespannten Balkens als Funktion eines in der Mitte auf ihm lastenden Gewichtes). Die Verfahren, welche zur Ermittlung dieser Funktionen führen, sind auf S. 99 besprochen.

Den Werteverlauf einer Funktion einer einzigen Veränderlichen, also $y = f(x)$, stellt man am einfachsten durch eine Kurve in rechtwinkligen Parallelkoordinaten unter Verwendung *gleichmäßiger Skalen* dar. Den Abstand vom Nullpunkt bis zu dem Punkt 1 auf der x- bzw. y-Achse, gemessen in mm (oder auch in cm), bezeichnet man als die *Längeneinheit* l_x bzw. l_y (Abb. 1). Die Zahl x wird durch einen Punkt auf der x-Achse dargestellt, welcher die Entfernung $x \cdot l_x$ mm (bzw. cm) vom Nullpunkt besitzt; entsprechend auf der y-Achse. Da die Einheitslängen so zu wählen sind, daß die Kurve für die betrachteten x-Werte auf das Papier paßt, ist im allgemeinen $l_x \neq l_y$. In manchen Fällen ist es zweckmäßig, zur Verwendung *ungleichmäßiger Skalen* überzugehen (vgl. die Logarithmenpapiere S. 102 und 103, sowie das Wahrscheinlichkeitsnetz S. 110).

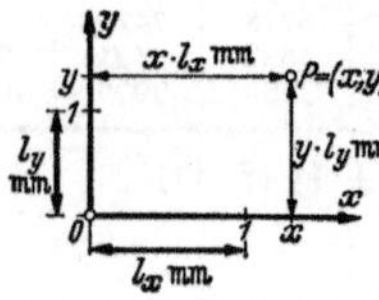

Abb. 1

Eine Funktion von zwei Veränderlichen $z = f(x, y)$ läßt sich entsprechend durch eine Fläche in einem rechtwinkligen dreiachsigen Koordinatensystem x, y, z wiedergeben. Um eine Veranschaulichung in der Ebene zu gewinnen, schneidet man die Fläche durch waagrechte Ebenen $z =$ Const., projeziert die entstehenden *Höhenlinien* senkrecht auf die x-y-Ebene und beziffert diese Kurven mit der zugehörigen Höhe (Abb. 2), in gleicher Weise, wie die Erdoberfläche auf den Meßtischblättern dargestellt wird.

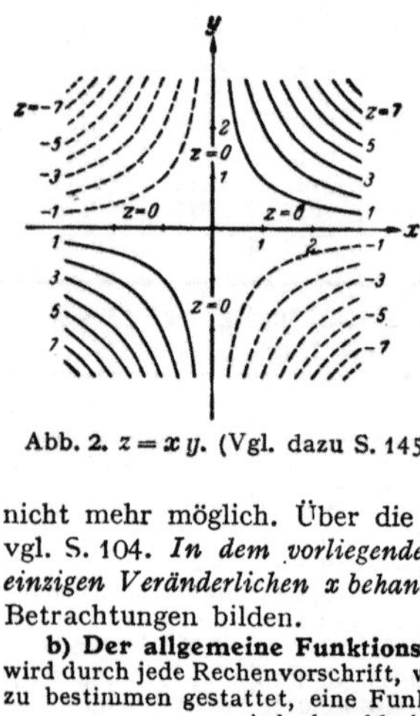

Abb. 2. $z = xy$. (Vgl. dazu S. 145)

Bei Funktionen von mehr als zwei Veränderlichen ist eine derartig einfache Darstellungsweise nicht mehr möglich. Über die Darstellung von Funktionen durch Nomogramme vgl. S. 104. *In dem vorliegenden Abschn. I werden nur die Funktionen von einer einzigen Veränderlichen x behandelt,* da diese die Grundlage für alle weitergehenden Betrachtungen bilden.

b) Der allgemeine Funktionsbegriff. Nach dem *Dirichletschen Funktionsbegriff* wird durch jede Rechenvorschrift, welche zu den einzelnen x-Werten den zugehörigen y-Wert zu bestimmen gestattet, eine Funktion $y = f(x)$ definiert. Dieser Funktionsbegriff umfaßt jedoch zahlreiche Ausartungen, die lediglich mathematisches Interesse beanspruchen; als Beispiel für eine derartige *pathologische Funktion* denke man sich für jede rationale Zahl $x = a : b$, wobei a und b teilerfremd sein sollen und $b > 0$ sein möge, den Wert von a als Funktion von x aufgetragen.

In der Ingenieurwissenschaft werden nur Funktionen betrachtet, die zumindest *stückweise stetig* sind, also höchstens für vereinzelte x-Werte *Sprungstellen* besitzen. Ein Beispiel dafür bildet die Funktion $y = 1/(2 - e^{1/x})$ an der Stelle $x = 0$ (Abb. 3); vgl. ferner S. 79.

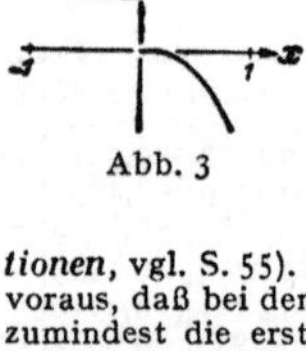

Abb. 3

Überraschenderweise kann man stetige Funktionen definieren, die an keiner Stelle eine Tangente besitzen (*nichtdifferenzierbare Funktionen*, vgl. S. 55). Infolgedessen setzt man in den mathematischen Untersuchungen meistens voraus, daß bei den auftretenden Funktionen (bis auf höchstens vereinzelte singuläre Stellen) zumindest die erste und zweite Ableitung vorhanden sind. In der Ingenieurwissenschaft treten dagegen ausschließlich *analytische Funktionen* auf, welche (bis auf höchstens vereinzelte singuläre Stellen) überall Ableitungen beliebig hoher Ordnung besitzen.

c) Einteilung der analytischen Funktionen. Man unterscheidet zwei Klassen von Funktionen, nämlich *algebraische Funktionen* (Abschn. B) und nicht-algebraische = *transzendente Funktionen*; während sich die algebraischen Funktionen durch endliche Gleichungen festlegen lassen, sind zur Definition der transzendenten Funktionen höhere Prozesse erforderlich. Außer den elementaren transzendenten Funktionen (Abschn. C) benötigt der Ingenieur die Kenntnis der wichtigsten höheren transzendenten Funktionen (Abschn. D).

Das einfachste Hilfsmittel zur Festlegung der transzendenten Funktionen sind die unendlichen Reihen (Abschn. II, E). Der innere Zusammenhang zwischen den einzelnen Funktionen tritt erst dann deutlich hervor, wenn man sie nicht als Funktion einer reellen Veränderlichen x, sondern allgemeiner als Funktion einer komplexen Veränderlichen $z = x + iy$ betrachtet (Abschn. II, F).

d) Funktionentafeln. Die Werte der Funktionen, die häufiger bei mathematischen Berechnungen auftreten, sind auf S. 2 bis 25 zusammengestellt. Von den zahlreichen Tafelwerken seien genannt:

Für niedere Funktionen. F. Tölke: Prakt. Funktionenlehre, Bd. I: Elementare und elementare transzendente Funktionen, Berlin 1950. *Für elementare transzendente Funktionen. K. Hayashi:* Fünfstellige Tafeln der Kreis- und Hyperbelfunktionen sowie die Funktionen e^x und e^{-x} mit den natürlichen Zahlen als Argument, Berlin 1941. *K. Hayashi:* Sieben- und mehrstellige Tafeln der Kreis- und Hyperbelfunktionen und deren Produkte sowie der Gammafunktion, Berlin 1926. *Für höhere transzendente Funktionen. Jahnke-Emde:* Tafeln höherer Funktionen, Leipzig 1948. *Milne-Thomsen:* Die elliptischen Funktionen von Jacobi, Berlin 1931. *Eine allgemeine Literaturzusammenstellung über das zerstreute Material* findet man in *R. v. Mises:* Verzeichnis berechneter Funktionentafeln, Z. angew. Math. Mech., Berlin 1928, Ergänzungsheft.

C. Algebraische Funktionen

1. Ganze rationale Funktionen

$$y = a_0 + a_1 x + a_2 x^2 + \cdots + a_n x^n; \qquad (a_n \neq 0).$$

(Tafeln für x^2 und x^3 S. 2 bis 5.)

a) Verlauf der zugehörigen Kurven. Die zugehörige Kurve in rechtwinkligen Koordinaten wird als *Parabel n-ter Ordnung* bezeichnet. $y = a_0 + a_1 x$ ergibt eine gerade Linie, $y = a_0 + a_1 x + a_2 x^2$ eine gewöhnliche Parabel mit senkrechter Achse. Eine ganze rationale Funktion n-ten Grades besitzt höchstens n reelle *Nullstellen* (d. h. x-Werte, für die $y = 0$ wird) und höchstens $(n - 1)$ reelle *Extremwerte* (d. h. Maxima und Minima). Bei ungeradem n ist mindestens eine reelle Nullstelle, bei geradem n mindestens ein reeller Extremwert vorhanden. Das *asymptotische Verhalten* (d. h. das Verhalten für $x \to +\infty$ und $x \to -\infty$) ist in der schematischen Abb. 4 dargestellt.

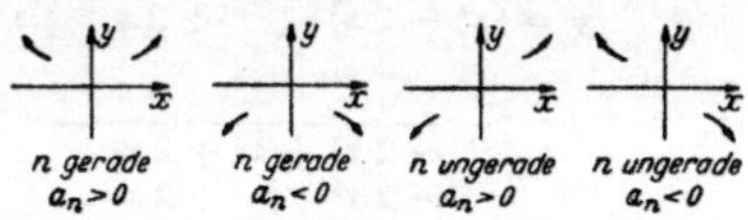

Abb. 4

Beispiel für Anwendung dieser Sätze: Die Funktion $y = x^4 - 4x^3 + 2x^2 - 10x - 1$ besitzt mindestens eine reelle positive und eine reelle negative Nullstelle, da die Funktion von dem negativen Wert für $x = 0$ nach rechts und links hin zu positiven Werten übergehen muß. Weitere Sätze über algebraische Gleichungen S. 45 bis 49. Kurvenbilder von ganzen rationalen Funktionen Abb. 5, 40, 44, 49 u. 61.

b) Zur **numerischen Berechnung** wählt man geeignete äquidistante x-Werte; die Rechnung selbst wird *tabellen*mäßig angeordnet. Die Berechnung für einzelne x-Werte geschieht besser nach dem *Hornerschen Schema.* Die erste Reihe enthält die gegebenen Koeffizienten. Die Zahl $a_n x$ wird unter a_{n-1} eingetragen; die Addition zu a_{n-1} ergebe a'_{n-1}. Sodann wird $a'_{n-1} \cdot x$ unter a_{n-1} eingetragen; die Addition zu a_{n-2} ergebe a'_{n-2} usw. Durch Fortführung des Verfahrens erhält man schließlich $a'_0 = y(x)$. Wenn man diese Zahl fortstreicht und das Verfahren in gleicher Weise mit den übrigen Zahlen der dritten Reihe durchführt, erhält man $a''_1 = \frac{1}{1!} y'(x)$. Der nächste Schritt würde $a'''_2 = \frac{1}{2!} y''(x)$ ergeben usw. Da bei diesem Verfahren nur Multiplikationen mit derselben Zahl x auftreten, braucht man diese nur einmal auf dem Rechenschieber oder der Rechenmaschine einzustellen. Vgl. *v. Sanden:* Prakt. Mathematik, Leipzig 1953, S. 41.

a_n	a_{n-1}	a_{n-2}	a_{n-3}	$\cdots$	a_1	a_0
	$a_n x$	$a'_{n-1} x$	$a'_{n-2} x$	$\cdots$	$a'_2 x$	$a'_1 x$
a_n	a'_{n-1}	a'_{n-2}	a'_{n-3}	$\cdots$	a'_1	$a'_0 = y(x)$
	$a_n x$	$a''_{n-1} x$	$a''_{n-2} x$	$\cdots$	$a''_2 x$	
a_n	a''_{n-1}	a''_{n-2}	a''_{n-3}	$\cdots$	$a''_1 = y'(x)$	

c) Zur graphischen Konstruktion trägt man in einem Koordinatensystem mit den Längeneinheiten l_x und l_y mm (S. 26) auf der y-Achse die Koeffizienten $a_0, a_1, \ldots, a_n$ unter Benutzung der Längeneinheit l_y hintereinander ab; positives bzw. negatives Vorzeichen bedeutet, daß die Strecke nach oben bzw. unten abgetragen wird; bei verschwindenden Werten muß der gleiche Punkt zweimal zur Konstruktion benutzt werden. Weiter zeichnet man die senkrechten Geraden durch die Skalenpunkte $x = 1$ und $x = x_0$ ein. Abb. 5 zeigt die Durchführung der Konstruktion für den Fall einer Funktion dritten Grades mit lauter positiven a_r; der gesuchte Kurvenpunkt $y(x_0)$ ist mit P bezeichnet. Bei der praktischen Durchführung werden die Konstruktionspunkte auf den beiden senkrechten Geraden mit einem Bleistiftstrich oder einer Punktiernadel angedeutet.

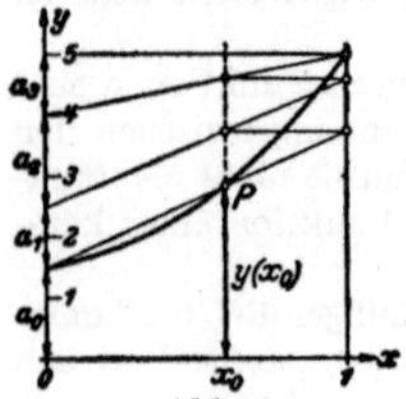

Abb. 5.
$y = 1{,}5 + x + 1{,}5\,x^2 + x^3.$

Eigenschaften der Differenzen und die Berechnung der ganzen rationalen Funktionen n-ten Grades durch $(n + 1)$ Punkte S. 50 u. 51.

2. Gebrochene rationale Funktionen

$$y = \frac{a_0 + a_1 x + a_2 x^2 + \cdots + a_n x^n}{b_0 + b_1 x + b_2 x^2 + \cdots + b_m x^m} = \frac{Z(x)}{N(x)}; \quad (a_n \neq 0, \quad b_m \neq 0).$$

a) Verlauf der zugehörigen Kurven. Es wird vorausgesetzt, daß ein in Zähler und Nenner gemeinsam auftretender Faktor fortgekürzt worden ist; Beispiel $y = (1 - x) : (1 - x^2) = 1 : (1 + x)$. Dann sind die *Null- bzw. Unendlichkeitsstellen* der Funktion durch die Nullstellen des Zählers bzw. des Nenners bestimmt. Die Funktionen heißen für $n < m$ *echt gebrochen*, für $n \geqq m$ *unecht gebrochen*. Eine unecht gebrochene Funktion läßt sich durch Ausdividieren stets als Summe einer ganzen rationalen Funktion und einer echt gebrochenen Funktion darstellen (vgl. das nachstehende Beispiel). Eine echt gebrochene Funktion geht für $x \to +\infty$ und $x \to -\infty$ beliebig gegen Null; d. h. die x-Achse ist eine *Asymptote* der zugehörigen Kurve. Eine unecht gebrochene rationale Funktion nähert sich entsprechend der zugehörigen ganzen rationalen Funktion (Abb. 6).

$$y = (x^4 - 2x^3 \qquad + 2x \quad) : (x^2 - 1) = x^2 - 2x + 1 + \frac{1}{x^2 - 1}$$

$$\begin{array}{rrrrr} x^4 & & -x^2 & & \\ \hline & -2x^3 & +x^2 & +2x & \\ & -2x^3 & & +2x & \\ \hline & & x^2 & & \\ & & x^2 & & -1 \\ \hline & & & & +1 \end{array} \qquad = (x - 1)^2 + \frac{1}{x^2 - 1}$$

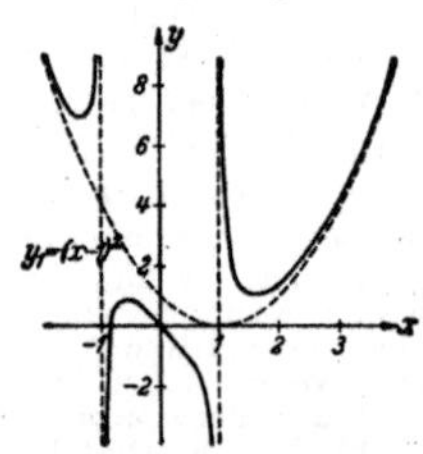

Abb. 6.
$y = (x - 1)^2 + \frac{1}{x^2 - 1}$

b) Zerlegung der echt gebrochenen Funktionen in Teilbrüche. Zunächst wird der Nenner in Faktoren in zerlegt (S. 46):

$$N(x) = b_0 + b_1 x + b_2 x^2 + \cdots + b_m x^m = \\ = b_m (x - x_1)(x - x_2) \cdots (x - x_m).$$

Wenn alle Nullstellen x_r voneinander verschieden sind, macht man den Ansatz:

$$\frac{Z(x)}{N(x)} = \frac{A_1}{x - x_1} + \frac{A_2}{x - x_2} + \cdots + \frac{A_m}{x - x_m}.$$

Zur Bestimmung der A_r multipliziert man die Gleichung mit dem Hauptnenner $N(x)$ und erhält durch Gleichsetzen der Koeffizienten übereinstimmender Potenzen von x gerade m lineare Gleichungen für die m Unbekannten A_r. Statt dessen kann man in diesem Fall die Werte der A_r auch unmittelbar aus $A_r = Z(x_r)/N'(x_r)$ berechnen.

Wenn mehrfache Nullstellen auftreten, setzt man für jede p-fache Nullstelle p Summanden mit ansteigenden Potenzen im Nenner an, z. B.:

$$\frac{x^2 + 1}{(x + 1)^3 (x - 1)^2} = \frac{A_1}{x + 1} + \frac{A_2}{(x + 1)^2} + \frac{A_3}{(x + 1)^3} + \frac{A_4}{x - 1} + \frac{A_5}{(x - 1)^2}.$$

Zur Bestimmung der A_ν ist wieder mit dem Hauptnenner zu multiplizieren und die Koeffizientenvergleichung anzuwenden.

Bei der Zerlegung des Nenners in Faktoren können ***konjugiert komplexe Nullstellen*** auftreten; die Addition der zugehörigen Summanden im Endergebnis liefert aber stets reelle Ausdrücke. Man kann den Zwischenweg über die komplexen Zahlen vermeiden, wenn man im Nenner je zwei konjugiert komplexe Nullstellen zu einem reellen quadratischen Ausdruck zusammenfaßt (vgl. S. 47) und in den zugehörigen Zähler lineare Funktionen von x einsetzt, z. B.:

$$\frac{x^2+x+1}{(x^2+1)^3(x-1)^2} = \frac{M_1+N_1x}{x^2+1} + \frac{M_2+N_2x}{(x^2+1)^2} + \frac{M_3+N_3x}{(x^2+1)^3} + \frac{A_1}{x-1} + \frac{A_2}{(x-1)^2}.$$

Die Bestimmung der gesuchten Koeffizienten erfolgt auch hier nach Multiplikation mit dem Hauptnenner durch das Verfahren der Koeffizientenvergleichung.

Die Zerlegung in Teilbrüche ermöglicht die Integration einer jeden gebrochenen rationalen Funktion durch elementare Funktionen (S. 63).

3. Wurzeln und Potenzen mit rationalem Exponenten

(Tafeln für $\sqrt{x}$ und $\sqrt[3]{x}$ S. 6 bis 9).

a) Wurzeln; rationale und irrationale Zahlen. Unter $x = \sqrt[n]{a}$ wird eine Zahl verstanden, für die $x^n = a$ ist; z. B.

$$\sqrt[2]{9} = \sqrt{9} = \pm 3; \quad \sqrt[3]{8} = +2; \quad \sqrt[3]{-8} = -2.$$

Eine positive oder negative Zahl, die sich als Bruch zweier ganzer Zahlen m und n darstellen läßt, heißt eine *rationale Zahl*; eine solche kann stets durch einen *periodischen Dezimalbruch* ausgedrückt werden; $1/2 = 0{,}500\ldots$ läßt sich ebenfalls als solcher auffassen. Die Zahl $\sqrt{2}$ können wir dagegen zwar mit beliebiger Genauigkeit berechnen (etwa auf 3 oder 5 oder 10 Stellen nach dem Komma); sie läßt sich aber nicht als periodischer Dezimalbruch darstellen. Derartige Zahlen heißen *irrational*; sie werden bei numerischen Berechnungen mit der erforderlichen Genauigkeit durch rationale Zahlen angenähert (vgl. S. 34 u. 99).

Bei Quadratwurzeln erweisen sich häufig die folgenden Umrechnungen als zweckmäßig:

$$\frac{1}{a+\sqrt{b}} = \frac{a-\sqrt{b}}{(a+\sqrt{b})(a-\sqrt{b})} = \frac{a-\sqrt{b}}{a^2-b}.$$

$$\sqrt{a \pm \sqrt{b}} = \sqrt{\tfrac{1}{2}(a+r)} \pm \sqrt{\tfrac{1}{2}(a-r)} \quad \text{mit} \quad r = \sqrt{a^2-b}.$$

$$\sqrt{a \pm i\,b} = \sqrt{\tfrac{1}{2}(r+a)} \pm i\sqrt{\tfrac{1}{2}(r-a)} \quad \text{mit} \quad r = \sqrt{a^2+b^2}.$$

Beispiele: $\dfrac{1}{2-\sqrt{3}} = \dfrac{2+\sqrt{3}}{4-3} = 2+\sqrt{3}$; $\sqrt{4+2\sqrt{3}} = \sqrt{\tfrac{1}{2}(4+2)} + \sqrt{\tfrac{1}{2}(4-2)}$ $= 1+\sqrt{3}$; $\sqrt{3+4i} = \sqrt{\tfrac{1}{2}(5+3)} + i\sqrt{\tfrac{1}{2}(5-3)} = 2+i$.

In Abb. 7 u. 8 sind die Funktionen $y = \sqrt{x}$ und $y = \sqrt[3]{x}$ dargestellt. Wenn man die Bilder von der linken Seite aus betrachtet, erkennt man den Verlauf der Funktionen $x = y^2$ und $x = y^3$ wieder. Die Kurve $y = \sqrt{x^3}$ (Abb. 10) besitzt im Koordinatenanfangspunkt eine Spitze, in welcher beide Äste die x-Achse berühren. Vgl. ferner Abb. 80 auf S. 102.

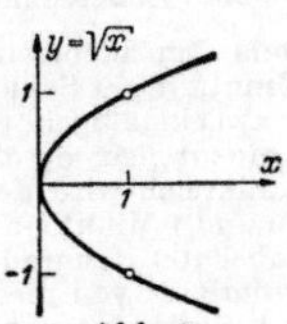

Abb. 7

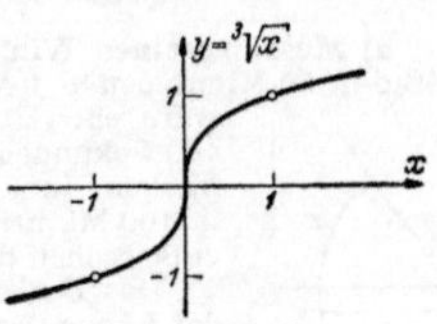

Abb. 8

b) Definition der allgemeinen Potenzen. Die Zahlen a^p sind zunächst nur für $p = 1, 2, 3, \ldots$ definiert. Es erweist sich als zweckmäßig, die Definition für die übrigen rationalen Zahlen p in folgender Weise vorzunehmen:

$a^0 = 1$	$a^{1/n} = \sqrt[n]{a}$	$a^{m/n} = \sqrt[n]{a^m}$
$a^{-n} = 1/a^n$	$a^{-1/n} = 1/\sqrt[n]{a}$	$a^{-m/n} = 1/\sqrt[n]{a^m}$

hierbei sei a eine Zahl > 0; m und n bedeuten ganze positive Zahlen. Dann gelten die Gesetze:

$a^p \cdot a^q = a^{p+q}$	$a^p : a^q = a^{p-q}$
$(a^p)^q = a^{p \cdot q}$	$\sqrt[n]{a^p} = a^{p/n}$

wobei p und q beliebige rationale Zahlen sein sollen. Bei der auf S. 34 angegebenen Erweiterung für irrationales p behalten die angegebenen Gesetze ihre Gültigkeit.

Die Funktionen $y = C \cdot x^n$ lassen sich bei Verwendung von **doppeltem Logarithmenpapier** durch gerade Linien darstellen (S. 102).

4. Die allgemeinen algebraischen Funktionen

haben die Gleichung:

$$f_0(x) + y \cdot f_1(x) + y^2 \cdot f_2(x) + \cdots + y^n \cdot f_n(x) = 0,$$

wobei die $f_\nu(x)$ ganze rationale Funktionen von x bedeuten. Die bisher betrachteten Funktionen erweisen sich als die einfachsten Spezialfälle.

a) Klassifikation nach der Ordnung. Unter der *Ordnung einer algebraischen Funktion* versteht man die höchste in einem Summanden auftretende Exponentensumme von x und y. In rechtwinkligen Koordinaten ergibt eine algebraische Funktion *erster Ordnung* $c_1x + c_2y + c_3 = 0$ eine gerade Linie, eine algebraische Funktion *zweiter Ordnung* $c_{11}x^2 + 2c_{12}xy + c_{22}y^2 + 2c_{13}x + 2c_{23}y + c_{33} = 0$ einen Kegelschnitt oder die Ausartung eines Kegelschnittes (S. 144). Zahlreiche Kurvenbilder von algebraischen Funktionen *höherer Ordnung* findet man in *Loria:* Spezielle algebraische und transzendente ebene Kurven. Leipzig, Berlin 1902; vgl. ferner *Wieleitner:* Algebraische Kurven, Sammlung Göschen, Bd. 435 u. 436. Leipzig 1914. Die Umrißlinie des Kreisrings (S. 117) ist eine allgebraische Kurve achter Ordnung.

Zwei algebraische Kurven der p-ten und q-ten Ordnung besitzen gerade $p \cdot q$ reelle oder komplexe Schnittpunkte, wobei mehrfache Schnittpunkte auch mehrfach zu zählen sind (*Bezoutsches Theorem*).

b) Die mehrfachen Punkte. Die einfachsten Möglichkeiten sind die *Doppelpunkte*, von denen es drei Arten gibt. Doppelpunkt mit zwei verschiedenen reellen Tangenten; Beispiel: der Nullpunkt der Lemniskate $(x^2 + y^2)^2 = a^2(x^2 - y^2)$ (Abb. 9). Doppelpunkt mit zwei zusammenfallenden reellen Tangenten = Spitze; Beispiel: der Nullpunkt bei $y^2 = x^3$ (Abb. 10). Doppelpunkt mit zwei konjugiert komplexen Tangenten = isolierter reeller Punkt = Einsiedler; Beispiel: der Nullpunkt bei $y^2 = x^2(x - 1)$ (Abb. 11).

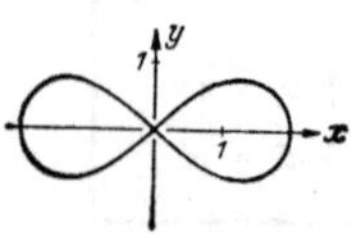

Abb. 9

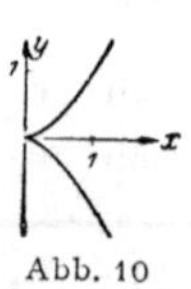

Abb. 10

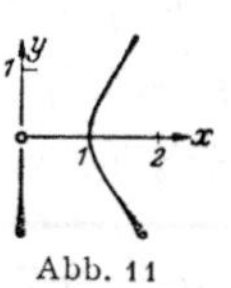

Abb. 11

Für die mehrfachen Punkte der Kurve $F(x, y) = 0$ wird $F_x = 0$ und $F_y = 0$, so daß die übliche Tangentengleichung (S. 150) unbrauchbar wird.

D. Elementare transzendente Funktionen

1. Trigonometrische und zyklometrische Funktionen

(Tafel S. 12 bis 15; Berechnung von Dreiecken S. 119.)

a) Messung eines Winkels. Im allgemeinen wird der ganze Kreis in 360 Grade, ein Grad in 60 Minuten und 1 Minute in 60 Sekunden eingeteilt. Für das numerische Rechnen wäre es weit zweckmäßiger, einen Grad in 100 Minuten und 1 Minute in 100 Sekunden einzuteilen, da dann die umständlichen Umrechnungen erspart bleiben. In Frankreich wird der ganze Kreis in 400 *Neugrade*, ein Neugrad in 100 Minuten und 1 Minute in 100 Sekunden eingeteilt; dem rechten Winkel entsprechen dabei 100 Neugrade.

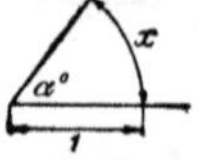

Abb. 12

Das *Bogenmaß* ist von dieser Willkür unabhängig. Das Bogenmaß x ist die Länge des Kreisbogens vom Radius 1, der durch den Winkel von $\alpha°$ ausgeschnitten wird (Abb. 12); 360° entspricht der Wert 2π, 90° der Wert $\pi/2$.

b) Grundbeziehungen der trigonometrischen Funktionen.

$$\sin\alpha = a/c;\quad \cos\alpha = b/c;$$

$$\sin^2\alpha + \cos^2\alpha = 1.$$

$$\operatorname{tg}\alpha = a/b = \sin\alpha/\cos\alpha;$$

$$\operatorname{ctg}\alpha = b/a = \cos\alpha/\sin\alpha = 1/\operatorname{tg}\alpha.$$

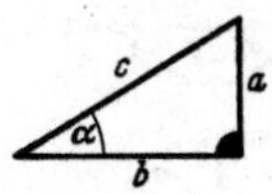

$$\sin\alpha = \sqrt{1-\cos^2\alpha} = \frac{\operatorname{tg}\alpha}{\sqrt{1+\operatorname{tg}^2\alpha}} = \frac{1}{\sqrt{1+\operatorname{ctg}^2\alpha}};$$

$$\cos\alpha = \sqrt{1-\sin^2\alpha} = \frac{1}{\sqrt{1+\operatorname{tg}^2\alpha}} = \frac{\operatorname{ctg}\alpha}{\sqrt{1+\operatorname{ctg}^2\alpha}};$$

$$\operatorname{tg}\alpha = \frac{\sin\alpha}{\sqrt{1-\sin^2\alpha}} = \frac{\sqrt{1-\cos^2\alpha}}{\cos\alpha} = \frac{1}{\operatorname{ctg}\alpha}.$$

Die Werte von $\sin\alpha$, $\cos\alpha$, $\operatorname{tg}\alpha$ lassen sich nach Abb. 13 an einem Kreis ablesen, dessen Radius gleich der Längeneinheit ist. Durch Auftragen in einem Koordinatensystem entstehen die in Abb. 14 dargestellten Funktionen.

Im allgemeinen werden die trigonometrischen Funktionen auf die angegebene geometrische Weise definiert, da sich diese Festlegung durch besondere Anschaulichkeit auszeichnet. Statt dessen kann man den Sinus auch analytisch durch die Umkehrung des Integrals:

$$u = \int_0^x \frac{dx}{\sqrt{1-x^2}} = \operatorname{arc}\sin x,\qquad x = \sin u$$

definieren (vgl. S. 64 u. 38) und hieraus die Werte von $\cos u$, $\operatorname{tg} u$, $\operatorname{ctg} u$ gemäß den obigen Formeln berechnen. Beide Definitionen sind gleichwertig.

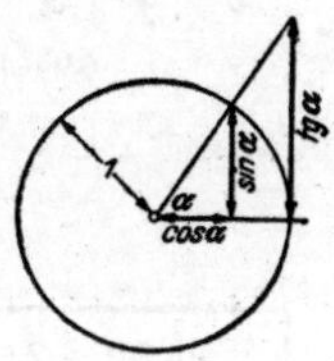

Abb. 13

c) Ausgezeichnete Werte.

α°	0°	90°	180°	270°	360°	30°	45°	60°
x	0 =0,0000	$\pi/2$ =1,5708	π =3,1416	$3\pi/2$ =4,7124	2π =6,2832	$\pi/6$ = 0,5236	$\pi/4$ = 0,7854	$\pi/3$ = 1,0472
$\sin\alpha$	0	+1	0	−1	0	$1/2 = 0{,}5000$	$\sqrt{2}/2 = 0{,}7071$	$\sqrt{3}/2 = 0{,}8660$
$\cos\alpha$	+1	0	−1	0	+1	$\sqrt{3}/2 = 0{,}8660$	$\sqrt{2}/2 = 0{,}7071$	$1/2 = 0{,}5000$
$\operatorname{tg}\alpha$	0	∞	0	∞	0	$\sqrt{3}/3 = 0{,}5774$	1	$\sqrt{3} = 1{,}7321$
$\operatorname{ctg}\alpha$	∞	0	∞	0	∞	$\sqrt{3} = 1{,}7321$	1	$\sqrt{3}/3 = 0{,}5774$

d) Periodizitätseigenschaften.

$\varphi =$	$\pm\alpha$	$90^\circ \pm \alpha$	$180^\circ \pm \alpha$	$270^\circ \pm \alpha$	$360^\circ \pm \alpha$
$\sin\varphi =$	$\pm\sin\alpha$	$\cos\alpha$	$\mp\sin\alpha$	$-\cos\alpha$	$\pm\sin\alpha$
$\cos\varphi =$	$\cos\alpha$	$\mp\sin\alpha$	$-\cos\alpha$	$\pm\sin\alpha$	$\cos\alpha$
$\operatorname{tg}\varphi =$	$\pm\operatorname{tg}\alpha$	$\mp\operatorname{ctg}\alpha$	$\pm\operatorname{tg}\alpha$	$\mp\operatorname{ctg}\alpha$	$\pm\operatorname{tg}\alpha$
$\operatorname{ctg}\varphi =$	$\pm\operatorname{ctg}\alpha$	$\mp\operatorname{tg}\alpha$	$\pm\operatorname{ctg}\alpha$	$\mp\operatorname{tg}\alpha$	$\pm\operatorname{ctg}\alpha$

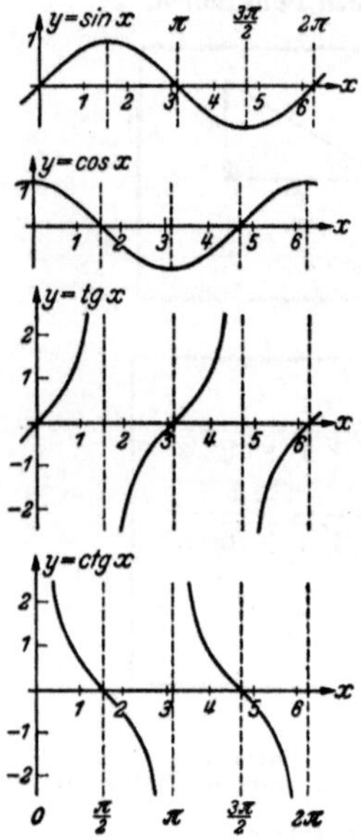

Abb. 14

e) Additionstheoreme.

$$\sin(\alpha \pm \beta) = \sin\alpha\cos\beta \pm \cos\alpha\sin\beta$$
$$\cos(\alpha \pm \beta) = \cos\alpha\cos\beta \mp \sin\alpha\sin\beta$$
$$\operatorname{tg}(\alpha \pm \beta) = (\operatorname{tg}\alpha \pm \operatorname{tg}\beta)/(1 \mp \operatorname{tg}\alpha\operatorname{tg}\beta)$$
$$\operatorname{ctg}(\alpha \pm \beta) = (\operatorname{ctg}\alpha\operatorname{ctg}\beta \mp 1)/(\operatorname{ctg}\beta \pm \operatorname{ctg}\alpha)$$

$$\sin\alpha + \sin\beta = 2\sin\tfrac{1}{2}(\alpha+\beta)\cdot\cos\tfrac{1}{2}(\alpha-\beta)$$
$$\sin\alpha - \sin\beta = 2\cos\tfrac{1}{2}(\alpha+\beta)\cdot\sin\tfrac{1}{2}(\alpha-\beta)$$
$$\cos\alpha + \cos\beta = 2\cos\tfrac{1}{2}(\alpha+\beta)\cdot\cos\tfrac{1}{2}(\alpha-\beta)$$
$$\cos\alpha - \cos\beta = -2\sin\tfrac{1}{2}(\alpha+\beta)\cdot\sin\tfrac{1}{2}(\alpha-\beta)$$

$$\sin\alpha\cdot\sin\beta = \tfrac{1}{2}\cos(\alpha-\beta) - \tfrac{1}{2}\cos(\alpha+\beta)$$
$$\cos\alpha\cdot\cos\beta = \tfrac{1}{2}\cos(\alpha-\beta) + \tfrac{1}{2}\cos(\alpha+\beta)$$
$$\sin\alpha\cdot\cos\beta = \tfrac{1}{2}\sin(\alpha-\beta) + \tfrac{1}{2}\sin(\alpha+\beta)$$

$$\cos\alpha + \sin\alpha = \sqrt{2}\sin(45^\circ+\alpha)$$
$$\cos\alpha - \sin\alpha = \sqrt{2}\cos(45^\circ+\alpha)$$
$$(1+\operatorname{tg}\alpha)/(1-\operatorname{tg}\alpha) = \operatorname{tg}(45^\circ+\alpha)$$

f) Vielfache des Winkels.

$$\sin 2\alpha = 2\sin\alpha\cos\alpha = 2\operatorname{tg}\alpha/(1+\operatorname{tg}^2\alpha);$$
$$\cos 2\alpha = \cos^2\alpha - \sin^2\alpha = 1 - 2\sin^2\alpha = 2\cos^2\alpha - 1 = (1-\operatorname{tg}^2\alpha)/(1+\operatorname{tg}^2\alpha);$$
$$\operatorname{tg} 2\alpha = 2\operatorname{tg}\alpha/(1-\operatorname{tg}^2\alpha); \qquad \operatorname{ctg} 2\alpha = (\operatorname{ctg}^2\alpha - 1)/2\operatorname{ctg}\alpha.$$

$$\sin 3\alpha = 3\sin\alpha - 4\sin^3\alpha = \sin\alpha(4\cos^2\alpha - 1) = \sin\alpha(3\cos^2\alpha - \sin^2\alpha);$$
$$\cos 3\alpha = 4\cos^3\alpha - 3\cos\alpha = \cos\alpha(1 - 4\sin^2\alpha) = \cos\alpha(\cos^2\alpha - 3\sin^2\alpha);$$
$$\operatorname{tg} 3\alpha = (3\operatorname{tg}\alpha - \operatorname{tg}^3\alpha)/(1 - 3\operatorname{tg}^2\alpha);\ \operatorname{ctg} 3\alpha = (\operatorname{ctg}^3\alpha - 3\operatorname{ctg}\alpha)/(3\operatorname{ctg}^2\alpha - 1).$$

$$\sin n\alpha = \binom{n}{1}\sin\alpha\cos^{n-1}\alpha - \binom{n}{3}\sin^3\alpha\cos^{n-3}\alpha + \binom{n}{5}\sin^5\alpha\cos^{n-5}\alpha - + \cdots;$$
$$\cos n\alpha = \cos^n\alpha - \binom{n}{2}\sin^2\alpha\cos^{n-2}\alpha + \binom{n}{4}\sin^4\alpha\cos^{n-4}\alpha - + \cdots$$

Die Reihen sind fortzusetzen, bis sie von selbst abbrechen.

$$\sin\tfrac{\alpha}{2} = \sqrt{\tfrac{1}{2}(1-\cos\alpha)} = \tfrac{1}{2}\sqrt{1+\sin\alpha} - \tfrac{1}{2}\sqrt{1-\sin\alpha};$$
$$\cos\tfrac{\alpha}{2} = \sqrt{\tfrac{1}{2}(1+\cos\alpha)} = \tfrac{1}{2}\sqrt{1+\sin\alpha} + \tfrac{1}{2}\sqrt{1-\sin\alpha};$$
$$\operatorname{tg}\tfrac{\alpha}{2} = \frac{\sin\alpha}{1+\cos\alpha} = \frac{1-\cos\alpha}{\sin\alpha} = \sqrt{\frac{1-\cos\alpha}{1+\cos\alpha}}.$$

g) Potenzen.

$\sin^2\alpha = \frac{1}{2}(1 - \cos 2\alpha)$	$\cos^2\alpha = \frac{1}{2}(1 + \cos 2\alpha)$
$\sin^3\alpha = \frac{1}{4}(3\sin\alpha - \sin 3\alpha)$	$\cos^3\alpha = \frac{1}{4}(3\cos\alpha + \cos 3\alpha)$
$\sin^4\alpha = \frac{1}{8}(3 - 4\cos 2\alpha + \cos 4a)$	$\cos^4\alpha = \frac{1}{8}(3 + 4\cos 2\alpha + \cos 4\alpha)$
$\sin^5\alpha = \frac{1}{16}(10\sin\alpha - 5\sin 3\alpha + \sin 5\alpha)$	$\cos^5\alpha = \frac{1}{16}(10\cos\alpha + 5\cos 3\alpha + \cos 5\alpha)$

h) Beziehung zur Exponentialfunktion im Komplexen (vgl. S. 81).

$$e^{ix} = \cos x + i\sin x \qquad e^{-ix} = \cos x - i\sin x.$$

$$\cos x = \tfrac{1}{2}(e^{ix} + e^{-ix}); \qquad \sin x = \frac{-i}{2}(e^{ix} - e^{-ix}).$$

*Moivre*scher Satz: $(\cos x \pm i\sin x)^n = \cos nx \pm i\sin nx$ (n beliebig).

i) Anwendung in der Schwingungslehre. Die Funktion $y = C\sin\omega(x - \alpha)$ stellt eine *reine harmonische Schwingung* dar (Abb. 15). Der größte Ausschlag C heißt die *Amplitude* der Schwingung; eine Vollschwingung hat die Länge $\lambda = 2\pi/\omega =$

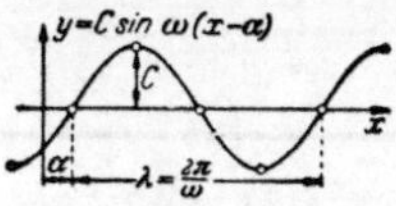

Abb. 15

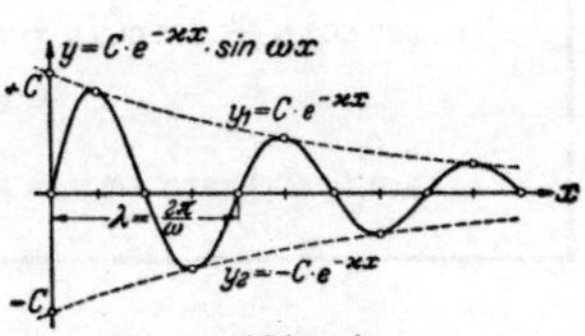

Abb. 16

Wellenlänge; schließlich heißt α die *Phasenverschiebung* der Schwingung. Eine Schwingung von der gegebenen Wellenlänge λ hat die Gleichung

$$y = C\sin\frac{2\pi}{\lambda}(x - \alpha).$$

Die Funktion $y = C\cdot e^{-\kappa x}\cdot\sin\omega x$ stellt eine *gedämpfte harmonische Schwingung* (mit der Phasenverschiebung 0) dar (Abb. 16).

k) Kreisbogen- oder Arcus-Funktionen sind die Umkehrungen der trigonometrischen Funktionen; sie werden auch *zyklometrische Funktionen* genannt.

Es bedeutet	dasselbe wie	Hauptwerte
$y = \text{arc}\sin x$	$x = \sin y$	$-\frac{\pi}{2} \leqq y \leqq +\frac{\pi}{2}$
$y = \text{arc}\cos x$	$x = \cos y$	$0 \leqq y \leqq \pi$
$y = \text{arc}\,\text{tg}\, x$	$x = \text{tg}\, y$	$-\frac{\pi}{2} < y < +\frac{\pi}{2}$
$y = \text{arc}\,\text{ctg}\, x$	$x = \text{ctg}\, y$	$0 < y < \pi$

Der Winkel y ist im Bogenmaß zu messen. Die Funktionen sind unendlich vieldeutig; die angegebenen Werte von y (in Abb. 17 ausgezogen) heißen die *Hauptwerte* der Funktion. Berechnungsbeispiel: $y = \text{arc}\sin 0{,}5$ bedeutet dasselbe wie $\sin y = 0{,}5$; also $y = \pi/6 = 0{,}5236$.

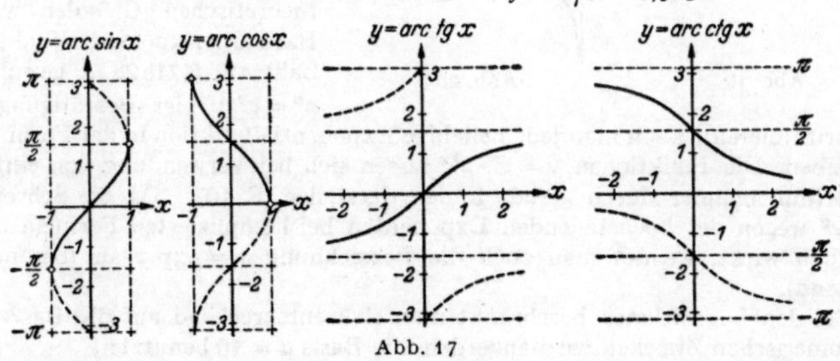

Abb. 17

Beziehungen zwischen den Arcus-Funktionen.

$$\operatorname{arc\,sin} u = \operatorname{arc\,cos}\sqrt{1-u^2} = \operatorname{arc\,tg}\frac{u}{\sqrt{1-u^2}} = \frac{\pi}{2} - \operatorname{arc\,cos} u;$$

$$\operatorname{arc\,cos} u = \operatorname{arc\,sin}\sqrt{1-u^2} = \operatorname{arc\,tg}\frac{\sqrt{1-u^2}}{u} = \frac{\pi}{2} - \operatorname{arc\,sin} u;$$

$$\operatorname{arc\,tg} u = \operatorname{arc\,sin}\frac{u}{\sqrt{1+u^2}} = \operatorname{arc\,cos}\frac{1}{\sqrt{1+u^2}} = \operatorname{arc\,ctg}\frac{1}{u}$$

$$= \frac{1}{2}\operatorname{arc\,sin}\frac{2u}{1+u^2} = \frac{1}{2}\operatorname{arc\,cos}\frac{1-u^2}{1+u^2} = \frac{1}{2}\operatorname{arc\,tg}\frac{2u}{1-u^2}.$$

Additionstheoreme

$$\operatorname{arc\,sin} u \pm \operatorname{arc\,sin} v = \operatorname{arc\,sin}\left(u\sqrt{1-v^2} \pm v\sqrt{1-u^2}\right)$$
$$= \operatorname{arc\,cos}\left(\sqrt{1-u^2}\sqrt{1-v^2} \mp uv\right);$$

$$\operatorname{arc\,cos} u \pm \operatorname{arc\,cos} v = \operatorname{arc\,sin}\left(v\sqrt{1-u^2} \pm u\sqrt{1-v^2}\right)$$
$$= \operatorname{arc\,cos}\left(uv \mp \sqrt{1-u^2}\sqrt{1-v^2}\right);$$

$$\operatorname{arc\,tg} u \pm \operatorname{arc\,tg} v = \operatorname{arc\,tg}\frac{u \pm v}{1 \mp uv}.$$

2. Exponentialfunktion und logarithmische Funktionen

(Tafeln S. 22 und S. 16 bis 19).

a) Definition. Die Werte von $y = a^x$ lassen sich für positives a stets berechnen, wenn x eine rationale Zahl ist (S. 30); z. B. $a^{0,5} = \sqrt{a}$; $a^{0,6} = \sqrt[5]{a^3}$; wir beschränken uns dabei auf den positiven Wert von a^x. Da die so erhaltenen Funktionswerte eine mit wachsendem x stetig ansteigende Funktion bilden, läßt sich a^x auch für irrationales x mit beliebiger Genauigkeit bestimmen, indem man x genügend eng zwischen rationale Zahlen einschließt.

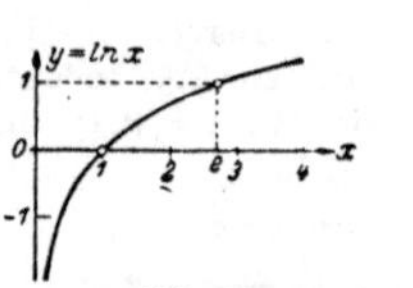

Abb. 18

Die Logarithmen sind die Umkehrung der Exponentialfunktionen; es ist also $y = {}^{a}\log x$ = Logarithmus von x auf der Basis a gleichbedeutend mit $x = a^y$.

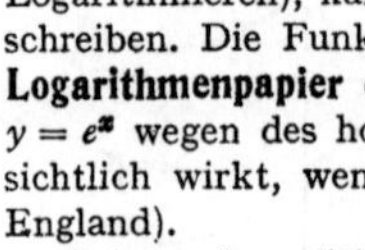

Abb. 19

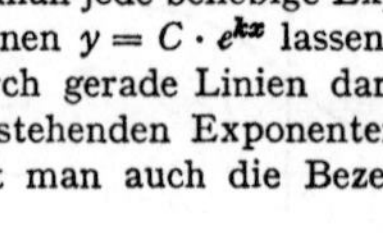

Abb. 20

b) Beschränkung auf e^x, $\ln x$ und $\log x$ (Abb. 18, 19, 20). Aus theoretischen Gründen wird als Basis der Exponentialfunktion die Zahl $e = 2{,}71828\ldots$ gewählt. Da $a^x = e^{x \cdot \ln a}$ ist (Bestätigung durch Logarithmieren), kann man jede beliebige Exponentialfunktion in der Form $y = e^{kx}$ schreiben. Die Funktionen $y = C \cdot e^{kx}$ lassen sich bei Verwendung von **einfachem Logarithmenpapier** durch gerade Linien darstellen (S. 103). Da die Schreibweise $y = e^x$ wegen des hochstehenden Exponenten bei komplizierten Formeln unübersichtlich wirkt, wendet man auch die Bezeichnung $y = \exp x$ an (besonders in England).

Bei den Logarithmen beschränkt man sich entsprechend auf die Basis $a = e$; zu numerischen Zwecken wird außerdem die Basis $a = 10$ benutzt:

${}^{e}\log x = \ln\ x = $ Natürlicher (oder *Neper*scher) Logarithmus,
${}^{10}\log x = \log x = $ *Brigg*scher Logarithmus.

Die beiden Arten von Logarithmen lassen sich durcheinander ausdrücken:

$$\ln x = \frac{\log x}{\log e} = \frac{\log x}{0{,}43429} = 2{,}3026 \cdot \log x,$$
$$\log x = \frac{\ln x}{\ln 10} = \frac{\ln x}{2{,}3026} = 0{,}43429 \cdot \ln x$$

Allgemein wird:

$${}^{a}\log x = \frac{\ln x}{\ln a} = \frac{\log x}{\log a}.$$

Beweis: Die Beziehung $x = a^y$ ist gleichbedeutend mit $y = {}^{a}\log x$; Logarithmieren der ersten Gleichung gibt $\ln x = y \cdot \ln a = {}^{a}\log\ x \cdot \ln\ a$; also ${}^{a}\log x = \ln x/\ln a$. Die Bevorzugung der Zahl e als Basis rührt davon her, daß $y = \int_1^x dx/x = \ln x$ wird.

Entsprechend der Definition der Logarithmen ergeben sich aus den Gleichungen der nachstehenden ersten Spalten der Reihe nach die Beziehungen der zweiten Spalten. Die Logarithmen von negativen Zahlen sind im Reellen nicht vorhanden (vgl. S. 83).

$10^0 = 1$	$\log 1 = 0$	$e^0 = 1$	$\ln 1 = 0$
$10^1 = 10$	$\log 10 = 1$	$e^1 = e$	$\ln e = 1$
$10^2 = 100$	$\log 100 = 2$	$e^2 = e^2$	$\ln (e^2) = 2$
$10^\infty = \infty$	$\log \infty = \infty$	$e^\infty = \infty$	$\ln \infty = \infty$
$10^{-1} = 0{,}1$	$\log 0{,}1 = -1$	$e^{-1} = 1/e$	$\ln (1/e) = -1$
$10^{-2} = 0{,}01$	$\log 0{,}01 = -2$	$e^{-2} = 1/e^2$	$\ln (1/e^2) = -2$
$10^{-\infty} = 0$	$\log 0 = -\infty$	$e^{-\infty} = 0$	$\ln 0 = -\infty$

c) Gesetzmäßigkeiten.

$e^{x+y} = e^x \cdot e^y$	$\ln (x \cdot y) = \ln x + \ln y$	$\log (x \cdot y) = \log x + \log y$
$e^{x-y} = e^x/e^y$	$\ln (x/y) = \ln x - \ln y$	$\log (x/y) = \log x - \log y$
$(e^x)^y = e^{xy}$	$\ln (x^y) = y \ln x$	$\log (x^y) = y \log x$
$\sqrt[n]{e^x} = e^{x/n}$	$\ln (\sqrt[n]{x}) = \frac{1}{n} \ln x$	$\log \sqrt[n]{x} = \frac{1}{n} \log x$
$e^{\ln x} = x$	$\ln (e^x) = x$	$\log (10^x) = x$

d) Das logarithmische Rechnen. In den Logarithmentafeln sind nur die hinter dem Komma stehenden Ziffern des Logarithmus angegeben. Bei den Zahlen zwischen 1 und 10 ist vor diese Ziffern 0, ... zu setzen, bei den Zahlen zwischen 10 und 100 dagegen 1, ... usw. Ferner ist bei den Zahlen zwischen 0,1 und 1,0 zu ergänzen 0, ... − 1, bei den Zahlen zwischen 0,01 und 0,10 dagegen 0, ... − 2 usw. Bei 5000 ist z. B. in der vierstelligen Tafel 6990 angegeben; also wird $\log 0{,}5 = 0{,}6990 - 1$; der wahre Wert ist $-(1 - 0{,}6990) = -0{,}3010$; in der Tat wird $\log \frac{1}{2} = -\log 2$.

Bei den Logarithmen der trigonometrischen Funktionen ist − 10 zu ergänzen; z. B. $\log \sin 30° = 9{,}6990 - 10 = 0{,}6990 - 1$.

Berechnungsbeispiele. Es wird $\log \sqrt{0{,}5} = \frac{1}{2} \log 0{,}5 = \frac{1}{2}\ (0{,}6990 - 1) = \frac{1}{2}\ (1{,}6990 - 2) = 0{,}8495 - 1$; also $\sqrt{0{,}5} = 0{,}7072$. Die letzte Stelle ist infolge des Abrundungsfehlers unsicher; der wahre Wert ist 0,70711 ... Die Berechnung der natürlichen Logarithmen ist auf S. 19 angegeben. Man kann auch $\ln x$ auf Grund der oben stehenden Formel durch $\log x$ ausdrücken, doch ist hierbei eine umständliche Multiplikation erforderlich.

3. Hyperbolische Funktionen und Area-Funktionen

(Tafeln S. 20, 21 und 23)

a) Definition und Grundbeziehungen der hyperbolischen Funktionen. Aus Gründen der Zweckmäßigkeit werden die *Abkürzungen* benutzt (Abb. 21):

$$\operatorname{Cosh} x = \tfrac{1}{2}(e^{x} + e^{-x});\quad \operatorname{Sinh} x = \tfrac{1}{2}(e^{x} - e^{-x});\quad \operatorname{Cosh}^2 x - \operatorname{Sinh}^2 x = 1.$$

$$\operatorname{Tgh} x = \frac{e^{x} - e^{-x}}{e^{x} + e^{-x}} = \frac{\operatorname{Sinh} x}{\operatorname{Cosh} x};\quad \operatorname{Ctgh} x = \frac{e^{x} + e^{-x}}{e^{x} - e^{-x}} = \frac{\operatorname{Cosh} x}{\operatorname{Sinh} x}.$$

(gesprochen: Cosh x = Cosinus hyperbolicus von x usw.). Es folgt weiter:

$$\operatorname{Sinh} x = \sqrt{\operatorname{Cosh}^2 x - 1} = \frac{\operatorname{Tgh} x}{\sqrt{1 - \operatorname{Tgh}^2 x}};\quad \operatorname{Cosh} x = \sqrt{1 + \operatorname{Sinh}^2 x} = \frac{1}{\sqrt{1 - \operatorname{Tgh}^2 x}}.$$

$$\operatorname{Tgh} x = \frac{\operatorname{Sinh} x}{\sqrt{1 + \operatorname{Sinh}^2 x}} = \frac{\sqrt{\operatorname{Cosh}^2 x - 1}}{\operatorname{Cosh} x}.$$

Früher wurde auch die Schreibweise $\mathfrak{Cof}\,x$, $\mathfrak{Sin}\,x$, $\mathfrak{Tg}\,x$, $\mathfrak{Ctg}\,x$ (mit deutschen Buchstaben) verwandt.

b) Additionstheoreme.

$$\operatorname{Sinh}(x \pm y) = \operatorname{Sinh} x \operatorname{Cosh} y \pm \operatorname{Cosh} x \operatorname{Sinh} y$$
$$\operatorname{Cosh}(x \pm y) = \operatorname{Cosh} x \operatorname{Cosh} y \pm \operatorname{Sinh} x \operatorname{Sinh} y$$
$$\operatorname{Tgh}(x \pm y) = (\operatorname{Tgh} x \pm \operatorname{Tgh} y)/(1 \pm \operatorname{Tgh} x \operatorname{Tgh} y)$$
$$\operatorname{Ctgh}(x \pm y) = (1 \pm \operatorname{Ctgh} x \operatorname{Ctgh} y)/(\operatorname{Ctgh} x \pm \operatorname{Ctgh} y)$$

$$\operatorname{Sinh} x + \operatorname{Sinh} y = 2 \operatorname{Sinh} \tfrac{1}{2}(x + y) \cdot \operatorname{Cosh} \tfrac{1}{2}(x - x)$$
$$\operatorname{Sinh} x - \operatorname{Sinh} y = 2 \operatorname{Cosh} \tfrac{1}{2}(x + y) \cdot \operatorname{Sinh} \tfrac{1}{2}(x - y)$$
$$\operatorname{Cosh} x + \operatorname{Cosh} y = 2 \operatorname{Cosh} \tfrac{1}{2}(x + y) \cdot \operatorname{Cosh} \tfrac{1}{2}(x - y)$$
$$\operatorname{Cosh} x - \operatorname{Cosh} y = 2 \operatorname{Sinh} \tfrac{1}{2}(x + y) \cdot \operatorname{Sinh} \tfrac{1}{2}(x - y)$$

$$\operatorname{Sinh} x \cdot \operatorname{Sinh} y = \tfrac{1}{2} \operatorname{Cosh}(x + y) - \tfrac{1}{2} \operatorname{Cosh}(x - y)$$
$$\operatorname{Cosh} x \cdot \operatorname{Cosh} y = \tfrac{1}{2} \operatorname{Cosh}(x + y) + \tfrac{1}{2} \operatorname{Cosh}(x - y)$$
$$\operatorname{Sinh} x \cdot \operatorname{Cosh} y = \tfrac{1}{2} \operatorname{Sinh}(x + y) + \tfrac{1}{2} \operatorname{Sinh}(x - y)$$

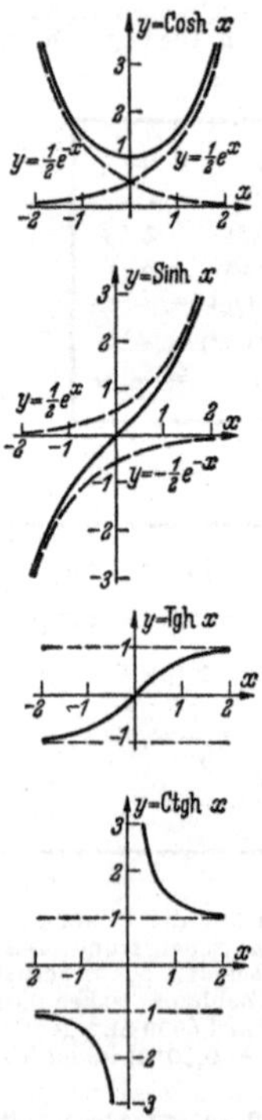

Abb. 21

c) Vielfache des Argumentes.

$$\operatorname{Sinh} 2x = 2 \operatorname{Sinh} x \cdot \operatorname{Cosh} x = 2 \operatorname{Tgh} x \,/\, (1 - \operatorname{Tgh}^2 x)$$
$$\operatorname{Cosh} 2x = \operatorname{Cosh}^2 x + \operatorname{Sinh}^2 x = 1 + 2 \operatorname{Sinh}^2 x$$
$$= 2 \operatorname{Cosh}^2 x - 1 = (1 + \operatorname{Tgh}^2 x)/(1 - \operatorname{Tgh}^2 x)$$
$$\operatorname{Tgh} 2x = 2 \operatorname{Tgh} x \,/\, (1 + \operatorname{Tgh}^2 x)$$

$$\operatorname{Sinh} 3x = 3 \operatorname{Sinh} x + 4 \operatorname{Sinh}^3 x = \operatorname{Sinh} x\,(4 \operatorname{Cos}^2 x - 1)$$
$$\operatorname{Cosh} 3x = 4 \operatorname{Cosh}^3 x - 3 \operatorname{Cosh} x = \operatorname{Cosh} x\,(4 \operatorname{Sinh}^2 x + 1)$$
$$\operatorname{Tgh} 3x = (\operatorname{Tgh}^3 x + 3 \operatorname{Tgh} x)/(3 \operatorname{Tgh}^2 x + 1)$$

$$\operatorname{Sinh} nx = \tbinom{n}{1} \operatorname{Sinh} x \operatorname{Cosh}^{n-1} x + \tbinom{n}{3} \operatorname{Sinh}^3 x \operatorname{Cosh}^{n-3} x + \tbinom{n}{5} \operatorname{Sinh}^5 x \operatorname{Cosh}^{n-5} x + \cdots$$
$$\operatorname{Cosh} nx = \operatorname{Cosh}^n x + \tbinom{n}{2} \operatorname{Sinh}^2 x \operatorname{Cosh}^{n-2} x + \tbinom{n}{4} \operatorname{Sinh}^4 x \operatorname{Cosh}^{n-4} x + \cdots$$

$$\operatorname{Sinh}\frac{x}{2} = \sqrt{\tfrac{1}{2}(\operatorname{Cosh} x - 1)} = \tfrac{1}{2}\sqrt{\operatorname{Cosh} x + \operatorname{Sinh} x} - \tfrac{1}{2}\sqrt{\operatorname{Cosh} x - \operatorname{Sinh} x}$$

$$\operatorname{Cosh}\frac{x}{2} = \sqrt{\tfrac{1}{2}(\operatorname{Cosh} x + 1)} = \tfrac{1}{2}\sqrt{\operatorname{Cosh} x + \operatorname{Sinh} x} + \tfrac{1}{2}\sqrt{\operatorname{Cosh} x - \operatorname{Sinh} x}$$

$$\operatorname{Tgh}\frac{x}{2} = \frac{\operatorname{Sinh} x}{\operatorname{Cosh} x + 1} = \frac{\operatorname{Cosh} x - 1}{\operatorname{Sinh} x} = \sqrt{\frac{\operatorname{Cosh} x - 1}{\operatorname{Cosh} x + 1}}$$

d) Potenzen.

$\operatorname{Sinh}^2 x = \frac{1}{2}(\operatorname{Cosh} 2x - 1)$	$\operatorname{Cosh}^2 x = \frac{1}{2}(\operatorname{Cosh} 2x + 1)$
$\operatorname{Sinh}^3 x = \frac{1}{4}(\operatorname{Sinh} 3x - 3\operatorname{Sinh} x)$	$\operatorname{Cosh}^3 x = \frac{1}{4}(\operatorname{Cosh} 3x + 3\operatorname{Cosh} x)$
$\operatorname{Sinh}^4 x = \frac{1}{8}(\operatorname{Cosh} 4x - 4\operatorname{Cosh} 2x + 3)$	$\operatorname{Cosh}^4 x = \frac{1}{8}(\operatorname{Cosh} 4x + 4\operatorname{Cosh} 2x + 3)$

$$(\operatorname{Cosh} x \pm \operatorname{Sinh} x)^n = \operatorname{Cosh} nx \pm \operatorname{Sinh} nx$$

e) Area-Funktionen sind die Umkehrungen der hyperbolischen Funktionen (Abb. 22). Es bedeutet also $y = \operatorname{Ar\,Sinh} x$ dasselbe wie $x = \operatorname{Sinh} y$ usw. (ge-

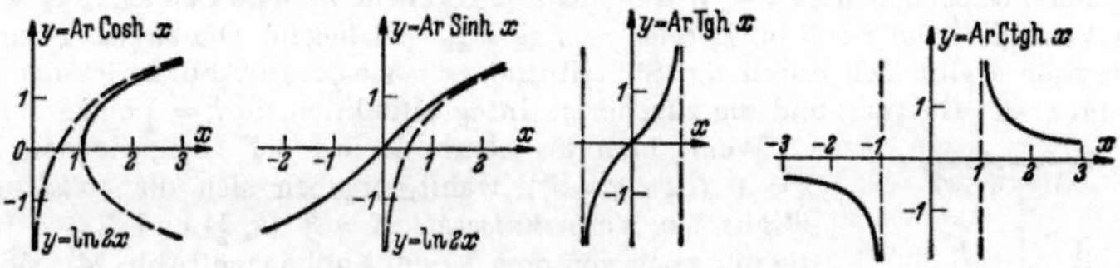

Abb. 22

sprochen: Ar Sinh x = Area Sinus x). Da sich die hyperbolischen Funktionen durch Exponentialfunktionen darstellen lassen, können wir ihre Umkehrungen durch natürliche Logarithmen ausdrücken:

$\operatorname{Ar\,Sinh} x = \ln\left(x + \sqrt{x^2 + 1}\right)$	$\operatorname{Ar\,Cosh} x = \ln\left(x \pm \sqrt{x^2 - 1}\right)$
$\operatorname{Ar\,Tgh} x = \frac{1}{2}\ln\frac{1 + x}{1 - x}$	$\operatorname{Ar\,Ctgh} x = \frac{1}{2}\ln\frac{x + 1}{x - 1} = \operatorname{Ar\,Tgh}\frac{1}{x}$

Es bestehen die Beziehungen:

$$\operatorname{Ar\,Sinh} x = \operatorname{Ar\,Cosh}\sqrt{x^2 + 1} = \operatorname{Ar\,Tgh}\frac{x}{\sqrt{x^2 + 1}}$$

$$\operatorname{Ar\,Cosh} x = \operatorname{Ar\,Sinh}\sqrt{x^2 - 1} = \operatorname{Ar\,Tgh}\frac{\sqrt{x^2 - 1}}{x}$$

$$\operatorname{Ar\,Tgh} x = \operatorname{Ar\,Sinh}\frac{x}{\sqrt{1 - x^2}} = \operatorname{Ar\,Cosh}\frac{1}{\sqrt{1 - x^2}} = \operatorname{Ar\,Ctgh}\frac{1}{x}$$

$$= \frac{1}{2}\operatorname{Ar\,Sinh}\frac{2x}{1 - x^2} = \frac{1}{2}\operatorname{Ar\,Cosh}\frac{1 + x^2}{1 - x^2} = \frac{1}{2}\operatorname{Ar\,Tgh}\frac{2x}{1 + x^2}$$

Der Hauptwert von Ar Cosh x ist in Abb. 22 dick ausgezogen (vgl. S. 33).

E. Die wichtigsten höheren transzendenten Funktionen

Zahlreiche Aufgaben der Technik lassen sich nicht mit Hilfe der elementaren Funktionen lösen. Falls eine Berechnung auf höhere tranzsendente Funktionen führt, sind zwei Fälle denkbar; entweder ist die betreffende Funktion bereits von einem andern Bearbeiter tabuliert worden, so daß man diese numerischen Werte unmittelbar benutzen kann, oder es ist noch keine derartige Berechnung erfolgt, so daß man die Tabelle selbst aufstellen muß. Es handelt sich also nur um einen arbeitsmäßigen, aber keineswegs um einen prinzipiellen Unterschied.

Die in Abschn. 1 u. 2 angegebenen Funktionen sind durch Integrale definiert, während die in Abschn. 3 betrachteten *Bessel*schen Funktionen als Lösungen einer linearen Differentialgleichung zweiter Ordnung festgelegt sind.

1. Die elliptischen Integrale und Funktionen (vgl. S. 64)

a) Die elliptischen Normalintegrale erster und zweiter Gattung (Tafeln S. 24) sind durch:

$$u = \int_0^x \frac{dx}{\sqrt{(1-x^2)(1-k^2x^2)}} = \int_0^\varphi \frac{d\varphi}{\sqrt{1-k^2\sin^2\varphi}} = F(k,\varphi),$$

$$u = \int_0^x \frac{\sqrt{1-k^2x^2}}{\sqrt{1-x^2}}\,dx = \int_0^\varphi \sqrt{1-k^2\sin^2\varphi}\,d\varphi = E(k,\varphi)$$

definiert. Dabei bedeutet k = *Modul* eine fest gegebene Zahl im Bereich $0 \leqq k \leqq 1$; die Veränderliche x soll im Bereich $-1 \leqq x \leqq +1$ liegen. Die zweite Form der Integrale ergibt sich durch die Substitution $x = \sin\varphi$. In Abb. 23 ist der Integrand erster Gattung und die zugehörige Integralfunktion für $k = \frac{1}{2}$ eingezeichnet.

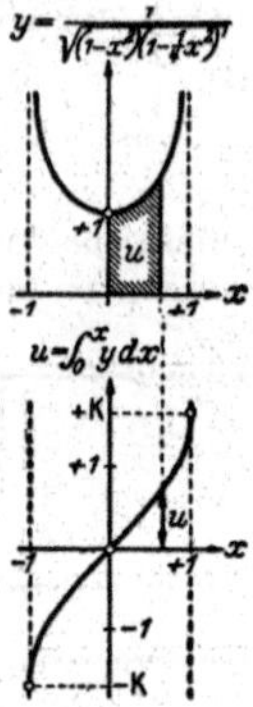

Abb. 23. Elliptisches Normalintegral erster Gattung

Wenn man als obere Grenze der Integrale den Wert $x = 1$ (bzw. $\varphi = \frac{\pi}{2}$) wählt, ergeben sich die *vollständigen elliptischen Normalintegrale* $K = F(k, \frac{\pi}{2})$ und $E = E(k, \frac{\pi}{2})$, die nur noch von dem Modul k abhängen (Abb. 24); sie sind bei der x-Darstellung als uneigentliche Integrale (S. 68) definiert, die einen endlichen Wert besitzen (eine Ausnahme bildet nur das Integral erster Gattung für $k = 1$). Es wird:

$$\frac{2}{\pi}K = 1 + \left(\frac{1}{2}\right)^2 k^2 + \left(\frac{1\cdot 3}{2\cdot 4}\right)^2 k^4 + \left(\frac{1\cdot 3\cdot 5}{2\cdot 4\cdot 6}\right)^2 k^6 + \cdots,$$
$$\frac{2}{\pi}E = 1 - \left(\frac{1}{2}\right)^2 \frac{k^2}{1} - \left(\frac{1\cdot 3}{2\cdot 4}\right)^2 \frac{k^4}{3} - \left(\frac{1\cdot 3\cdot 5}{2\cdot 4\cdot 6}\right)^2 \frac{k^6}{5} - \cdots \qquad |k| < 1$$

(man entwickele die zweite Form des Integranden nach dem binomischen Satz; Angabe der in der Reihe auftretenden Integrale S. 69). Vgl. ferner die Formel für den Ellipsenumfang S. 128.

In den beiden Grenzfällen $k = 0$ und $k = 1$ lassen sich die Integrale elementar auswerten:

$k = 0$	$F = \operatorname{arc}\sin x$	$K = \frac{\pi}{2}$
	$E = \operatorname{arc}\sin x$	$E = \frac{\pi}{2}$
$k = 1$	$F = \operatorname{Ar}\operatorname{Tgh} x$	$K = \infty$
	$E = x$	$E = 1$

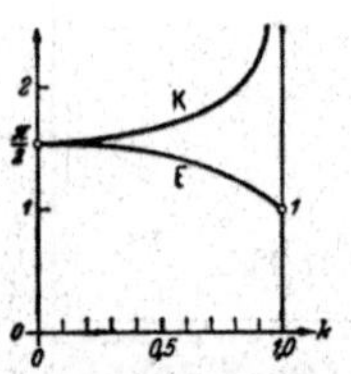

Abb. 24. Vollständiges elliptisches Normalintegral erster (K) und zweiter (E) Gattung

b) Die elliptischen Funktionen von Jacobi. Wenn $u = \int_0^x dx/\sqrt{1-x^2}$ $= \operatorname{arc}\sin x$ ist, folgt umgekehrt $x = \sin u$ und $\sqrt{1-x^2} = \cos u$. Entsprechend bezeichnet man die Umkehrung von $u = \int_0^x dx/\sqrt{(1-x^2)(1-k^2x^2)}$ mit $x = sn\,u$ und erhält:

$x = sn\ u$ = sinus amplitude u $\sqrt{1 - x^2} = cn\ u$ = cosinus amplitude u $\sqrt{1 - k^2 x^2} = dn\ u$ = delta amplitude u	$sn^2 u + cn^2 u = 1$ $dn^2 u - k^2 cn^2 u = 1 - k^2$ $dn^2 u + k^2 sn^2 u = 1$

Die Funktionen hängen außer von u noch von dem gegebenen Modul k ab. In Abb. 25 sind sie für $k = \sin 60° = 0{,}866$ dick ausgezogen (aus der Tabelle auf S. 24 folgt für dieses k: bei $x = 0{,}5$ oder $\varphi = 30°$ wird $u = 0{,}5422$; also ist für $u = 0{,}5422$ der Wert $x = sn\ u = 0{,}5$ abzutragen usw.). Die mathematische Untersuchung zeigt, daß die Funktion $x = sn\ u$ über den Wert $u = \mathrm{K}$ hinaus (entsprechend wie bei $x = \sin u$) periodisch fortzusetzen ist; die Gesamtperiode beträgt 4 K bei $sn\ u$ und $cn\ u$, dagegen 2 K bei $dn\ u$. Weiter sind in Abb. 25 jeweils die Grenzfunktionen für $k = 0$ und $k = 1$ gestrichelt eingezeichnet; es ergibt sich:

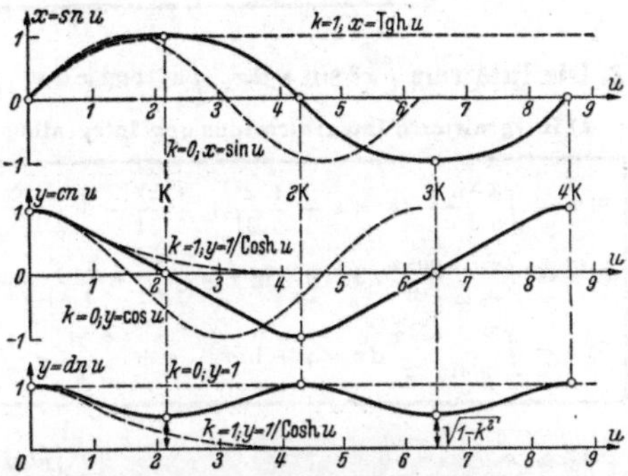

Abb. 25. Elliptische Funktionen

für $k = 0$	$sn\ u = \sin u$	$cn\ u = \cos u$	$dn\ u = 1$
für $k = 1$	$sn\ u = \mathrm{Tgh}\ u$	$cn\ u = 1/\mathrm{Cosh}\ u$	$dn\ u = 1/\mathrm{Cosh}\ u$

Mit wachsendem k wird K immer größer (vgl. Abb. 24) und nimmt für $k = 1$ den Wert $\mathrm{K} = \infty$ an, so daß die Funktionen in der Grenze eine unendlich lange Periode besitzen.

Durch Differentiation folgt $\frac{du}{dx} = 1 / \sqrt{(1 - x^2)(1 - k^2 x^2)}$, also $\frac{dx}{du} = cn\ u \cdot dn\ u$.

Mit Hilfe der Kettenregel erhält man weiter:

$$\frac{d}{du} sn\ u = cn\ u \cdot dn\ u \qquad \frac{d}{du} cn\ u = -sn\ u \cdot dn\ u \qquad \frac{d}{du} dn\ u = -k^2 \cdot sn\ u \cdot cn\ u$$

Ferner gelten die Additionstheoreme:

$$sn(u+v) = \{sn\ u\ cn\ v\ dn\ v + sn\ v\ cn\ u\ dn\ u\} / \{1 - k^2 sn^2 u\ sn^2 v\}$$
$$cn(u+v) = \{cn\ u\ cn\ v - sn\ u\ sn\ v\ dn\ u\ dn\ v\} / \{1 - k^2 sn^2 u\ sn^2 v\}$$
$$dn(u+v) = \{dn\ u\ dn\ v - k^2\ sn\ u\ sn\ v\ cn\ u\ cn\ v\} / \{1 - k^2 sn^2 u\ sn^2 v\}$$

c) Die Thetafunktionen. Die elliptischen Funktionen von *Jacobi* lassen sich in folgender Weise durch *Thetafunktionen* darstellen:

$$sn\ u = \frac{1}{\sqrt{k}} \cdot \frac{\vartheta_1(u)}{\vartheta(u)} \qquad cn\ u = \sqrt{\frac{k'}{k}} \cdot \frac{\vartheta_2(u)}{\vartheta(u)} \qquad dn\ u = \sqrt{k'} \cdot \frac{\vartheta_3(u)}{\vartheta(u)},$$

wobei k' den *komplementären Modul* $k' = \sqrt{1 - k^2}$ bedeutet. Ferner wird:

$$\vartheta(u) = 1 - 2q \cos(\pi u/\mathrm{K}) + 2q^4 \cos(2\pi u/\mathrm{K}) - 2q^9 \cos(3\pi u/\mathrm{K}) + - \cdots,$$
$$\vartheta_1(u) = 2q^{1/4} \sin(\pi u/2\mathrm{K}) - 2q^{9/4} \sin(3\pi u/2\mathrm{K}) + 2q^{25/4} \sin(5\pi u/2\mathrm{K}) - + \cdots,$$
$$\vartheta_2(u) = 2q^{1/4} \cos(\pi u/2\mathrm{K}) + 2q^{9/4} \cos(3\pi u/2\mathrm{K}) + 2q^{25/4} \cos(5\pi u/2\mathrm{K}) + + \cdots,$$
$$\vartheta_3(u) = 1 + 2q \cos(\pi u/\mathrm{K}) + 2q^4 \cos(2\pi u/\mathrm{K}) + 2q^9 \cos(3\pi u/\mathrm{K}) + + \cdots.$$

$$q = e^{-\pi \mathrm{K}'/\mathrm{K}} \qquad \mathrm{K}' = \mathrm{K}(k').$$

Dabei ist K = K (k) das zugehörige vollständige elliptische Integral erster Gattung; K′ ist das komplementäre vollständige elliptische Integral K (k'). Die angegebenen Thetaentwicklungen sind *Fourier-Reihen* (S. 78), bei denen die Exponenten von q *quadratisch* ansteigen. Es wird:

$\sqrt{k} = \dfrac{\vartheta_2(0)}{\vartheta_3(0)}$	$\sqrt{k'} = \dfrac{\vartheta(0)}{\vartheta_3(0)}$	$\sqrt{\dfrac{k'}{k}} = \dfrac{\vartheta(0)}{\vartheta_2(0)}$

2. Die Integrale $\int x^p \sin x\,dx$, $\int x^p \cos x\,dx$, $\int x^p\, e^{-x}\,dx$; Gammafunktion.

a) Integralsinus, Integralcosinus und Integrallogarithmus ($p = -1$). Man erhält:

$$\mathrm{Si}\,x = \int_0^x \frac{\sin x}{x}\,dx = x - \frac{1}{3}\frac{x^3}{3!} + \frac{1}{5}\frac{x^5}{5!} - + \cdots = \textit{Integralsinus} \qquad \text{(Abb. 26)}$$

$$\mathrm{Ci}\,x = \int_{+\infty}^x \frac{\cos x}{x}\,dx = \gamma + \ln x - \frac{1}{2}\frac{x^2}{2!} + \frac{1}{4}\frac{x^4}{4!} - + \cdots = \textit{Integralcosinus} \quad \text{(Abb. 27)}$$

$$\mathrm{Ei}\,x = \int_{+\infty}^x \frac{e^{-x}}{x}\,dx = \gamma + \ln x - x + \frac{1}{2}\frac{x^2}{2!} - \frac{1}{3}\frac{x^3}{3!} + - \cdots$$

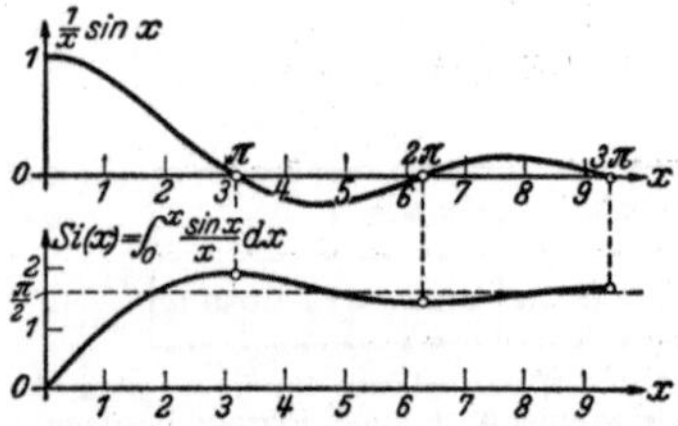

Abb. 26. Integralsinus

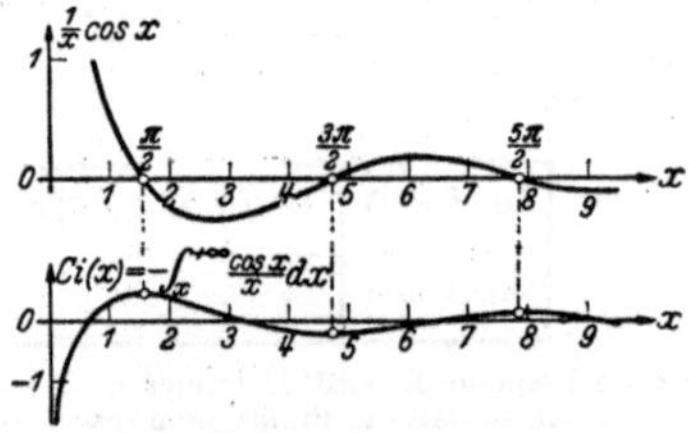

Abb. 27. Integralcosinus

Es wird $\int_0^{+\infty} \frac{\sin x}{x}\,dx = \frac{\pi}{2}$. Bei den beiden letzten Integralen ist als feste Grenze $x = +\infty$ gewählt, weil die Integrale für $x = 0$ unendlich werden; die obere Grenze x soll im Bereich $0 < x < +\infty$ liegen. Die Zahl $\gamma = 0{,}577216$ bedeutet die *Euler*sche Konstante (S. 41). Die angegebenen Reihenentwicklungen folgen durch gliedweise Integration der zugehörigen Potenzreihen, wobei das absolute Glied durch besondere Berechnung zu bestimmen ist. Das letzte Integral wird durch die Substitution $e^{-x} = z$ in den *Integrallogarithmus* $\mathrm{li}\,z = \int_0^z dz/\ln z$ übergeführt.

b) Fresnelsche Integrale und Gaußsches Fehlerintegral $\left(p = -\frac{1}{2}\right)$. Man erhält zunächst die *Fresnelschen Integrale* (Abb. 28).

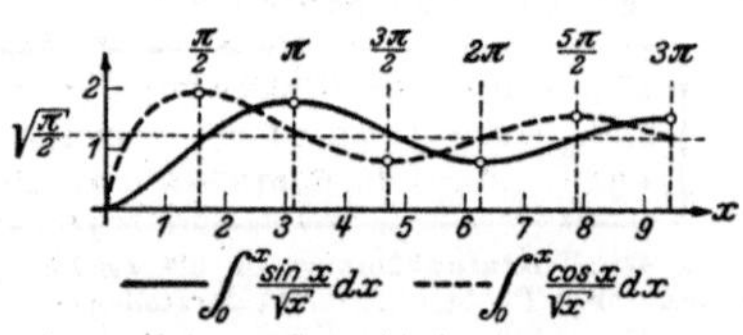

Abb. 28. *Fresnel*sche Integrale

$\displaystyle\int_0^x \frac{\sin x}{\sqrt{x}}\,dx = 2\sqrt{x}\cdot\left\{\frac{1}{3}\frac{x}{1!} - \frac{1}{7}\frac{x^3}{3!} + \frac{1}{11}\frac{x^5}{5!} - + \cdots\right\}$	$\displaystyle\int_0^{+\infty} \frac{\sin x}{\sqrt{x}}\,dx = \sqrt{\frac{\pi}{2}}$
$\displaystyle\int_0^x \frac{\cos x}{\sqrt{x}}\,dx = 2\sqrt{x}\cdot\left\{1 - \frac{1}{5}\frac{x^2}{2!} + \frac{1}{9}\frac{x^4}{4!} - + \cdots\right\}$	$\displaystyle\int_0^{+\infty} \frac{\cos x}{\sqrt{x}}\,dx = \sqrt{\frac{\pi}{2}}$

Durch die Substitution $x = z^2$ kommt man auf die Formen $2\int_0^z \sin z^2\cdot dz$ und $2\int_0^z \cos z^2\cdot dz$

Die gleiche Substitution ergibt bei der Exponentialfunktion das *Gaußsche Fehlerintegral* (Abb. 29; Tafel S. 25; vgl. ferner S. 110):

$\int_0^x \frac{e^{-x}}{\sqrt{x}}\,dx = 2\int_0^z e^{-z^2}\,dz = 2\left\{z - \frac{1}{3}\frac{z^3}{1!} + \frac{1}{5}\frac{z^5}{2!} - + \cdots\right\}$	$\int_0^{+\infty} e^{-z^2}\,dz = \frac{1}{2}\sqrt{\pi}$

c) Rekursionsformeln. Mit Hilfe der auf S. 65 angegebenen Rekursionsformeln kann man die Integrale für $p = 0, 1, 2, \cdots$ elementar auswerten, die Integrale für $p = -2, -3, -4, \cdots$ auf den Fall $p = -1$ und die Integrale $p = +\frac{1}{2}, \pm\frac{3}{2}, \pm\frac{5}{2}, \cdots$ auf den Fall $p = -\frac{1}{2}$ zurückführen.

d) Die Gammafunktion (Tafel S. 25). Das *Euler*sche Integral $\int_0^{+\infty} x^p e^{-x}\,dx$ hängt nur noch von p ab (vgl. S. 68); man ersetzt deshalb p durch x und bezeichnet die Integrationsveränderliche mit t:

$$\int_0^{+\infty} t^x e^{-t}\,dt = \Pi(x) = \Gamma(x+1) = \textit{Gammafunktion}$$

In Abb. 30 liegt die x-Achse in der Mitte; oben sind die Werte von x, unten die Werte von $(x+1)$ angegeben. Da $\Pi(n) = n!$ $(n = 0, 1, 2, \cdots)$ wird, stellt die Gammafunktion eine Verallgemeinerung der Fakultäten dar. Infolge der Beziehung $\Pi(x) = x \cdot \Pi(x-1)$ genügt es, die Funktion im Intervall $0 < x < 1$ zu berechnen, was mit Hilfe der Reihe:

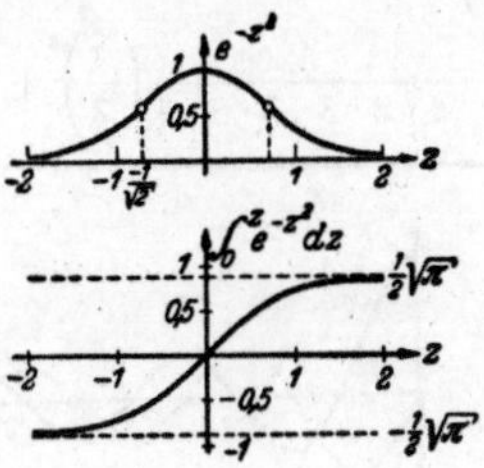

Abb. 29. *Gauß*sches Fehlerintegral

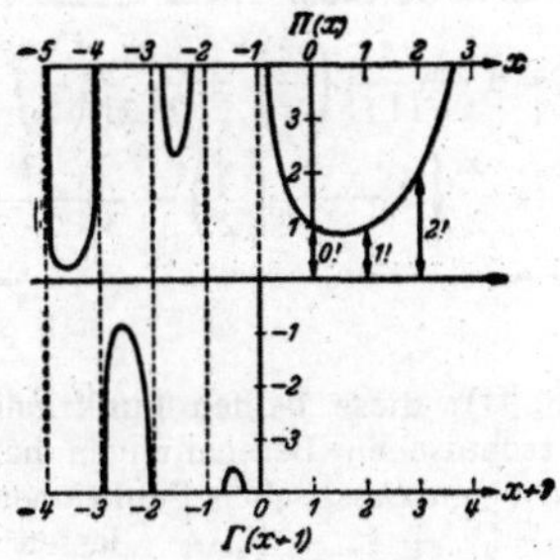

Abb. 30. Gammafunktion

$$\ln \Pi(x) = -\gamma x + \frac{x^2}{2} s_2 - \frac{x^3}{3} s_3 + \frac{x^4}{4} s_4 - + \cdots, \qquad |x| < 1$$

durchgeführt wird; dabei bedeutet γ die *Eulersche Konstante:*

$$\gamma = \lim_{m \to \infty} \left\{1 + \tfrac{1}{2} + \tfrac{1}{3} + \cdots + \tfrac{1}{m} - \ln m\right\} = 0{,}577216$$

und s_n die Summe $s_n = \frac{1}{1^n} + \frac{1}{2^n} + \frac{1}{3^n} + \cdots$ (vgl. S. 72). Mit Hilfe der Gammafunktion lassen sich zahlreiche Integrale berechnen; z. B. wird: $\int_0^1 t^x (1-t)^y\,dt = \Pi(x) \cdot \Pi(y) / \Pi(x+y+1)$.

3. Die Besselschen Funktionen oder Zylinderfunktionen (Tafeln S. 25) sind Lösungen der *Besselschen Differentialgleichung*:

$$y'' + \frac{1}{x} y' + \left(1 - \frac{p^2}{x^2}\right) \cdot y = 0;$$

dabei bedeutet p einen gegebenen (positiven) Paramter. Die Reihenentwicklung ergibt:

$$J_p(x) = C x^p \left\{ 1 - \frac{1}{1!\,(p+1)} \left(\frac{x}{2}\right)^2 + \frac{1}{2!\,(p+1)\,(p+2)} \left(\frac{x}{2}\right)^4 - \frac{1}{3!\,(p+1)\,(p+2)\,(p+3)} \left(\frac{x}{2}\right)^6 + - \cdots \right\}$$

wobei C eine willkürliche Integrationskonstante ist; aus Zweckmäßigkeitsgründen setzt man $C = \frac{1}{2^p \Pi(p)}$, wobei Π die Gammafunktion (S. 41) bedeutet. Wenn p nicht ganzzahlig ist, sind J_p und J_{-p} spezielle Lösungen der Gleichung, so daß die allgemeine Lösung $y = C_1 J_p + C_2 J_{-p}$ wird. Für ganzzahliges p wird J_{-p} unbrauchbar, so daß die zweite Lösung auf anderem Wege bestimmt werden muß. Auf S. 93 ist eine Anwendung der *Bessel*schen Funktionen zur Auflösung einer partiellen Differentialgleichung zweiter Ordnung angegeben.

Für $p = 0$ und $p = 1$ erhält man die *Besselschen Funktionen nullter und erster Ordnung:*

$$J_0 = 1 - \frac{1}{1!\,1!}\left(\frac{x}{2}\right)^2 + \frac{1}{2!\,2!}\left(\frac{x}{2}\right)^4 - \frac{1}{3!\,3!}\left(\frac{x}{2}\right)^6 + - \cdots$$

$$J_1 = \frac{x}{2}\left\{1 - \frac{1}{1\cdot 2}\left(\frac{x}{2}\right)^2 + \frac{1}{1\cdot 2\cdot 2\cdot 3}\left(\frac{x}{2}\right)^4 - \frac{1}{1\cdot 2\cdot 3\cdot 2\cdot 3\cdot 4}\left(\frac{x}{2}\right)^6 + - \cdots\right\}$$

(Abb. 31); diese beiden Funktionen treten bei technischen Berechnungen häufiger als die übrigen *Bessel*schen Funktionen auf. Für $p = \pm \frac{1}{2}, \pm \frac{3}{2}, \pm \frac{5}{2}, \cdots$ lassen sich die *Bessel*schen Funktionen durch elementare Funktionen ausdrücken:

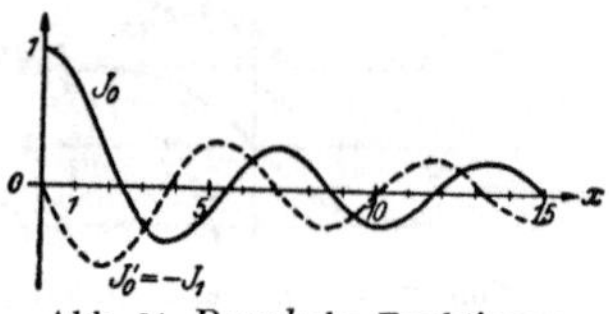

Abb. 31 *Bessel*sche Funktionen nullter und erster Ordnung

$$J_{\frac{1}{2}} = \sqrt{\frac{2}{\pi x}} \cdot \sin x \qquad J_{-\frac{1}{2}} = \sqrt{\frac{2}{\pi x}} \cdot \cos x$$

$$J_{\frac{3}{2}} = \sqrt{\frac{2}{\pi x}} \cdot \left(\frac{\sin x}{x} - \cos x\right) \qquad J_{-\frac{3}{2}} = \sqrt{\frac{2}{\pi x}} \cdot \left(-\frac{\cos x}{x} - \sin x\right) \quad \text{usw.}$$

Es gelten die Beziehungen:

$$\frac{d}{dx} J_0 = -J_1; \qquad \frac{d}{dx} J_1 = J_0 - \frac{1}{x} J_1$$

$$J_{p-1} + J_{p+1} = \frac{2p}{x} J_p; \qquad J_{p-1} - J_{p+1} = 2 \frac{d}{dx} J_p; \qquad (p \neq 0, -1, -2, \ldots)$$

Literatur zu den höheren transzendenten Funktionen. Jahnke-Emde: Tafeln höherer Funktionen. Leipzig 1948. — *Magnus* u. *Oberhettinger:* Formeln und Sätze für die speziellen Funktionen der mathem. Physik. Berlin 1948. — *Oberhettinger* u. *Magnus:* Anwendung der elliptischen Funktionen in Physik und Technik. Berlin 1949. — *Weyrich:* Die Zylinderfunktionen und ihre Anwendungen. Leipzig 1937. — *Strutt: Lame*sche, *Mathieux*sche und verwandte Funktionen in Physik und Technik. Berlin 1932. — *Nielsen:* Handbuch der Theorie der Gammafunktion. Leipzig 1906. — *Nielsen:* Theorie des Integrallogarithmus und verwandter Transzendenten. Leipzig 1906.

II. Die grundlegenden mathematischen Verfahren

A. Gleichungslehre; Determinanten und Matrizen; komplexe Zahlen

1. Systeme von linearen Gleichungen; Determinanten; Matrizen

a) Numerische Auflösung. Es seien drei lineare Gleichungen mit drei Unbekannten x, y, z gegeben:

$$\begin{aligned} a_{11}x + a_{12}y + a_{13}z &= b_1 \qquad (s_1 = a_{11} + a_{12} + a_{13} - b_1)\\ a_{21}x + a_{22}y + a_{23}z &= b_2 \qquad (s_2 = a_{21} + a_{22} + a_{23} - b_2)\\ a_{31}x + a_{32}y + a_{33}z &= b_3 \qquad (s_3 = a_{31} + a_{32} + a_{33} - b_3)\end{aligned}$$

Bei Verwendung des *Rechenschiebers* multipliziert man die zweite und dritte Gleichung mit $a_{11} : a_{21}$ bzw. $a_{11} : a_{31}$, indem man die Zahlen a_{21} und a_{11} bzw. a_{31} und a_{11} auf den beiden oberen Skalen untereinander einstellt und die gesuchten Werte nach dem Proportionsverfahren (S. 100) ermittelt. Bei Verwendung der *Rechenmaschine* dividiert man alle drei Gleichungen durch a_{11} bzw. a_{21} und a_{31}. Da dann in beiden Fällen x überall mit denselben Koeffizienten behaftet ist, gewinnt man durch Subtraktion zwei Gleichungen zwischen y und z, die entsprechend weiter behandelt werden. In gleicher Weise verfährt man bei n linearen Gleichungen mit n Unbekannten; es wird dabei vorausgesetzt, daß die Systemdeterminante der Gleichungen nicht verschwindet (S. 45).

Zur *Rechenkontrolle* bildet man die Summen s_1, s_2, s_3 und nimmt mit ihnen die gleichen Operationen wie mit den Koeffizienten vor. Bei den neu gebildeten Gleichungen müssen die zugehörigen Summen (bis auf die Abrundungsfehler) jeweils mit den Zahlen übereinstimmen, die sich aus den Ausgangssummen durch dieselben Umformungen wie bei den Gleichungen ergeben.

Wenn die Koeffizienten nur mit begrenzter Genauigkeit bekannt sind, können erhebliche Schwankungen des Resultates entstehen. Bei dem folgenden Beispiel (erstes System) ist der Wert $x = -16{,}17$ trügerisch, da die beiden nächsten (bei der angegebenen Genauigkeit gleichberechtigten) Systeme ganz andere Lösungen ergeben! Der Wert der Systemdeterminante (S. 45) liegt hier sehr nahe bei Null; geometrisch sind die zugehörigen Geraden fast parallel, so daß eine kleine Lagenänderung den Schnittpunkt stark verschiebt.

$3{,}45\,x + 2{,}78\,y = 1{,}25$	$3{,}446\,x + 2{,}784\,y = 1{,}254$	$3{,}454\,x + 2{,}776\,y = 1{,}246$
$6{,}01\,x + 4{,}88\,y = 2{,}94$	$6{,}014\,x + 4{,}876\,y = 2{,}936$	$6{,}006\,x + 4{,}884\,y = 2{,}944$
$x = -16{,}17$	$x = -34{,}48$	$x = -10{,}61$

Weiter ist es beim Rechnen mit begrenzter Genauigkeit nicht gleichgültig, in welcher Reihenfolge die Unbekannten entfernt werden; vgl. *Runge* u. *König*: Numerisches Rechnen, Berlin 1924. Vgl. ferner das Auftreten linearer Gleichungssysteme in der Baustatik.

b) Graphische Auflösung. Die Lösung eines Systems von n linearen Gleichungen mit n Unbekannten läßt sich auch durch Zeichnung ermitteln.

c) Determinantenlehre. Die Determinanten sind für numerische Zwecke wenig geeignet, aber ein unentbehrliches Hilfsmittel für analytische Umrechnungen. Eine Determinante n-ten Grades ist ein quadratisches Schema von n^2 Zahlen = Elementen. Es soll sein:

$$\begin{vmatrix} a_{11} & a_{12}\\ a_{21} & a_{22}\end{vmatrix} = a_{11}a_{22} - a_{12}a_{21};$$

$$\begin{vmatrix} a_{11} & a_{12} & a_{13}\\ a_{21} & a_{22} & a_{23}\\ a_{31} & a_{32} & a_{33}\end{vmatrix} = a_{11}\begin{vmatrix} a_{22} & a_{23}\\ a_{32} & a_{33}\end{vmatrix} - a_{12}\begin{vmatrix} a_{21} & a_{23}\\ a_{31} & a_{33}\end{vmatrix} + a_{13}\begin{vmatrix} a_{21} & a_{22}\\ a_{31} & a_{32}\end{vmatrix}$$

$$= a_{11}a_{22}a_{33} - a_{11}a_{23}a_{32} - a_{12}a_{21}a_{33} + a_{12}a_{23}a_{31} + a_{13}a_{21}a_{32} - a_{13}a_{22}a_{31}.$$

Die ***Unterdeterminante*** *$A_{\varkappa\lambda}$ des Elementes $a_{\varkappa\lambda}$* entsteht, wenn man aus einer Determinante n-ten Grades diejenige Zeile und Kolonne fortstreicht, in der das Glied $a_{\varkappa\lambda}$ steht, und die dadurch gewonnene Determinante $(n-1)$-ten Grades mit $(-1)^{\varkappa+\lambda}$ multipliziert (diese Vorzeichen verteilen sich schachbrettartig über die Ausgangsdeterminante). Eine Determinante n-ten Grades ist gleich dem Ausdruck, der entsteht, wenn man jedes Element einer beliebig herausgegriffenen Zeile oder auch Kolonne mit der zugehörigen Unterdeterminante $(n-1)$-ten Grades multipliziert und diese Produkte addiert. Die obige Determinante dritten Grades ist z. B. gleich $a_{11}A_{11}+a_{12}A_{12}+a_{13}A_{13}=a_{21}A_{21}+a_{22}A_{22}+a_{23}A_{23}=\ldots$ Nach diesem Satz läßt sich jede gegebene Determinante schrittweise auf Determinanten niederen Grades zurückführen und damit berechnen.

Eine Determinante bleibt unverändert, wenn man Zeilen und Kolonnen ohne Änderung ihrer Reihenfolge vertauscht, d. h. wenn man sie um ihre *Hauptdiagonale* (von links oben nach rechts unten) umstürzt. Die Determinantensätze gelten infolgedessen in gleicher Weise für Zeilen, wie für Kolonnen; im folgenden sind sie nur für Zeilen formuliert.

$$\begin{vmatrix} a_{11} & a_{12} & a_{13} \\ a_{21} & a_{22} & a_{23} \\ a_{31} & a_{32} & a_{33} \end{vmatrix} = \begin{vmatrix} a_{11} & a_{21} & a_{31} \\ a_{12} & a_{22} & a_{32} \\ a_{13} & a_{23} & a_{33} \end{vmatrix}.$$

Eine Determinante ändert ihr Vorzeichen, wenn man zwei ihrer Zeilen vertauscht.

$$\begin{vmatrix} a_{11} & a_{12} & a_{13} \\ a_{21} & a_{22} & a_{23} \\ a_{31} & a_{32} & a_{33} \end{vmatrix} = - \begin{vmatrix} a_{31} & a_{32} & a_{33} \\ a_{21} & a_{22} & a_{23} \\ a_{11} & a_{12} & a_{13} \end{vmatrix}.$$

Eine Determinante multipliziert sich mit p, wenn man alle Elemente einer Zeile mit p multipliziert.

$$\begin{vmatrix} p\,a_{11} & p\,a_{12} & p\,a_{13} \\ a_{21} & a_{22} & a_{23} \\ a_{31} & a_{32} & a_{33} \end{vmatrix} = p \begin{vmatrix} a_{11} & a_{12} & a_{13} \\ a_{21} & a_{22} & a_{23} \\ a_{31} & a_{32} & a_{33} \end{vmatrix}.$$

Eine Determinante verschwindet, wenn alle Elemente einer Zeile proportional den entsprechenden Elementen einer anderen Zeile sind (Sonderfall $p=1$).

$$\begin{vmatrix} a_{11} & a_{12} & a_{13} \\ p\,a_{11} & p\,a_{12} & p\,a_{13} \\ a_{31} & a_{32} & a_{33} \end{vmatrix} = 0.$$

Die nebenstehende Determinante läßt sich in zwei Determinanten zerlegen:

$$\begin{vmatrix} a_{11}+b_{11} & a_{12}+b_{12} & a_{13}+b_{13} \\ a_{21} & a_{22} & a_{23} \\ a_{31} & a_{32} & a_{33} \end{vmatrix} = \begin{vmatrix} a_{11} & a_{12} & a_{13} \\ a_{21} & a_{22} & a_{23} \\ a_{31} & a_{32} & a_{33} \end{vmatrix} + \begin{vmatrix} b_{11} & b_{12} & b_{13} \\ a_{21} & a_{22} & a_{23} \\ a_{31} & a_{32} & a_{33} \end{vmatrix}.$$

Eine Determinante ändert ihren Wert nicht, wenn man zu den Elementen einer Zeile die mit einer beliebigen Zahl p multiplizierten Elemente einer anderen Zeile addiert. Durch mehrfache Anwendung dieses Satzes kann man erreichen, daß alle Elemente einer Kolonne bis auf ein Element verschwinden; die Entwicklung nach dieser Kolonne ergibt eine Determinante, deren Grad um eine Einheit niedriger ist und die entsprechend weiter behandelt wird. *Diese Berechnungsweise ist der zuerst angegebenen vorzuziehen.*

$$\begin{vmatrix} a_{11} & a_{12} & a_{13} \\ a_{21} & a_{22} & a_{23} \\ a_{31} & a_{32} & a_{33} \end{vmatrix} = \begin{vmatrix} a_{11}+p\,a_{21} & a_{12}+p\,a_{22} & a_{13}+p\,a_{23} \\ a_{21} & a_{22} & a_{23} \\ a_{31} & a_{32} & a_{33} \end{vmatrix}.$$

Determinantenmultiplikationssatz: Das Produkt zweier Determinanten wird:

$$\begin{vmatrix} a_{11} & a_{12} & a_{13} \\ a_{21} & a_{22} & a_{23} \\ a_{31} & a_{32} & a_{33} \end{vmatrix} \cdot \begin{vmatrix} b_{11} & b_{12} & b_{13} \\ b_{21} & b_{22} & b_{23} \\ b_{31} & b_{32} & b_{33} \end{vmatrix}$$

$$= \begin{vmatrix} a_{11}b_{11}+a_{12}b_{12}+a_{13}b_{13} & a_{11}b_{21}+a_{12}b_{22}+a_{13}b_{23} & a_{11}b_{31}+a_{12}b_{32}+a_{13}b_{33} \\ a_{21}b_{11}+a_{22}b_{12}+a_{23}b_{13} & a_{21}b_{21}+a_{22}b_{22}+a_{23}b_{23} & a_{21}b_{31}+a_{22}b_{32}+a_{23}b_{33} \\ a_{31}b_{11}+a_{32}b_{12}+a_{33}b_{13} & a_{31}b_{21}+a_{32}b_{22}+a_{33}b_{23} & a_{31}b_{31}+a_{32}b_{32}+a_{33}b_{33} \end{vmatrix}$$

Rechts stehen in der ersten Zeile nacheinander die Produkte der ersten a-Zeile mit den drei b-Zeilen; in der zweiten Zeile die Produkte der zweiten a-Zeile mit den drei b-Zeilen usw. (Zeilen mal Zeilen). Durch Umstürzen einer oder beider linken Determinanten kann man den Satz entsprechend für Zeilen mal Kolonnen, Kolonnen mal Zeilen und Kolonnen mal Kolonnen aussprechen.

Potenzdeterminante

$$\begin{vmatrix} 1 & a_1 & a_1^2 & a_1^3 \\ 1 & a_2 & a_2^2 & a_2^3 \\ 1 & a_3 & a_3^2 & a_3^3 \\ 1 & a_4 & a_4^2 & a_4^3 \end{vmatrix} = (a_2-a_1)(a_3-a_1)(a_4-a_1) \cdot (a_3-a_2)(a_4-a_2)\cdot(a_4-a_3) = \textit{Differenzenprodukt}$$

Determinante der Unterdeterminanten

$$\begin{vmatrix} A_{11}\cdots A_{1n} \\ \cdots\cdots\cdots \\ A_{n1}\cdots A_{nn} \end{vmatrix} = \begin{vmatrix} a_{11}\cdots a_{1n} \\ \cdots\cdots \\ a_{n1}\cdots a_{nn} \end{vmatrix}^{n-1}.$$

Die partielle *Ableitung einer Determinante D* nach einem ihrer Elemente $a_{\varkappa\lambda}$ ist gleich der zugehörigen Unterdeterminante: $\dfrac{\partial D}{\partial a_{\varkappa\lambda}} = A_{\varkappa\lambda}$. Wenn die $a_{\varkappa\lambda}$ Funktionen einer Veränderlichen x sind, wird:

$$\frac{d}{dx}\begin{vmatrix} a_{11} & a_{12} & a_{13} \\ a_{21} & a_{22} & a_{23} \\ a_{31} & a_{32} & a_{33} \end{vmatrix} = \begin{vmatrix} a'_{11} & a'_{12} & a'_{13} \\ a_{21} & a_{22} & a_{23} \\ a_{31} & a_{32} & a_{33} \end{vmatrix} + \begin{vmatrix} a_{11} & a_{12} & a_{13} \\ a'_{21} & a'_{22} & a'_{23} \\ a_{31} & a_{32} & a_{33} \end{vmatrix} + \begin{vmatrix} a_{11} & a_{12} & a_{13} \\ a'_{21} & a'_{22} & a'_{23} \\ a_{31} & a_{32} & a_{33} \end{vmatrix}.$$

Dabei treten in den drei Determinanten der rechten Seite der Reihe nach in der ersten, zweiten und dritten Zeile die Ableitungen der Elemente nach x auf.

d) Auflösung von linearen Gleichungssystemen durch Determinanten. Bei einem System von drei linearen Gleichungen:

$$\begin{aligned} a_{11}x + a_{12}y + a_{13}z &= b_1, \\ a_{21}x + a_{22}y + a_{23}z &= b_2, \quad \textit{Systemdeterminante} = D = \begin{vmatrix} a_{11} & a_{12} & a_{13} \\ a_{21} & a_{22} & a_{23} \\ a_{31} & a_{32} & a_{33} \end{vmatrix} \neq 0 \\ a_{31}x + a_{32}y + a_{33}z &= b_3, \end{aligned}$$

lassen sich die gesuchten Lösungen in der Form schreiben:

$$x = \frac{1}{D}\begin{vmatrix} b_1 & a_{12} & a_{13} \\ b_2 & a_{22} & a_{23} \\ b_3 & a_{32} & a_{33} \end{vmatrix}, \quad y = \frac{1}{D}\begin{vmatrix} a_{11} & b_1 & a_{13} \\ a_{21} & b_2 & a_{23} \\ a_{31} & b_3 & a_{33} \end{vmatrix}, \quad z = \frac{1}{D}\begin{vmatrix} a_{11} & a_{12} & b_1 \\ a_{21} & a_{22} & b_2 \\ a_{31} & a_{32} & b_3 \end{vmatrix}.$$

Die Zählerdeterminanten entstehen aus der Systemdeterminante, indem man die Kolonne der $b_\varkappa$ für diejenige Kolonne der $a_{\varkappa\lambda}$ einsetzt, die zu der betreffenden Unbekannten gehört. Wenn $D = 0$ ist, müssen sich die Gleichungen entweder widersprechen (Beispiel: $x + y = 3$, $x + y = 5$) oder es ist zumindest eine Gleichung eine Folge der anderen Gleichungen (Beispiel: $x + y = 3$; $2x + 2y = 6$).

Bei den *homogenen linearen Gleichungen* verschwinden alle rechten Seiten: $b_\varkappa = 0$. Für $D \neq 0$ ist nur die triviale Lösung $x = y = z = 0$ möglich. Für $D = 0$ kann man eine der Gleichungen fortlassen und die Verhältnisse der Unbekannten in einer der drei Formen:

$$x = +C_1\begin{vmatrix} a_{22} & a_{23} \\ a_{32} & a_{33} \end{vmatrix} = C_1 A_{11}; \; y = -C_1\begin{vmatrix} a_{21} & a_{23} \\ a_{31} & a_{33} \end{vmatrix} = C_1 A_{12}; \; z = +C_1\begin{vmatrix} a_{21} & a_{22} \\ a_{31} & a_{32} \end{vmatrix} = C_1 A_{13}$$

oder: $x = C_2 A_{21}$, $y = C_2 A_{22}$, $z = C_2 A_{23}$ oder: $x = C_3 A_{31}$, $y = C_3 A_{32}$, $z = C_3 A_{33}$ angeben, wobei C_1, C_2, C_3 beliebige Proportionalitätskonstanten bedeuten. Jede der drei Formelgruppen ist nur dann brauchbar, wenn nicht alle zugehörigen $A_{\varkappa\lambda}$ gleichzeitig verschwinden.

Für Systeme von n Gleichungen mit n Unbekannten gelten die entsprechenden Sätze.

e) Matrizenrechnung. Unter einer Matrix versteht man ein rechteckig angeordnetes Schema von $n \cdot m$ Zahlen:

$$\begin{Vmatrix} a_{11} & a_{12} & \cdots & a_{1n} \\ a_{21} & a_{22} & \cdots & a_{2n} \\ \cdots & \cdots & \cdots & \cdots \\ a_{m1} & a_{m2} & \cdots & a_{mn} \end{Vmatrix}$$

Die Elemente, welche auf der Hauptdiagonale (von links oben nach rechts unten) stehen, heißen die Hauptglieder der Matrix. Zwei Matrizen von gleichem n und m können miteinander „kombiniert" werden, indem man sie in der Weise des Determinantenmultiplikationssatzes miteinander ausmultipliziert; bei ungleichem n und m werden dabei die fehlenden Glieder durch Nullen ergänzt. Derartige Verfahren erweisen sich bei bestimmten Berechnungen als vorteilhaft.

Literatur zur Determinanten- und Matrizenlehre. *Fischer:* Determinanten. Samml. Göschen Bd. 402, Berlin 1952. — *Kowalewski:* Einführung in die Determinantentheorie. Berlin 1942. — *Jung:* Matrizen und Determinanten. Leipzig 1951. — *Neiß:* Determinanten und Matrizen. Berlin 1948. — *Zurmühl:* Matrizen, Darstellung für Ingenieure. Berlin 1950.

2. Algebraische Gleichungen; komplexe Zahlen

a) Das System der komplexen Zahlen. Um den quadratischen Gleichungen, die sich nicht durch reelle Zahlen auflösen lassen (z. B. $z^2 = -1$), trotzdem Lösungen zuschreiben zu können, muß man *neue Zahlen* einführen, die als *komplexe Zahlen* oder *Zahlenpaare* bezeichnet werden.

Wenn man die Lösungen von $z^2 = -1$ mit $z = +i$ und $z = -i$ bezeichnet und daraus die komplexen Zahlen $a + ib$ bildet (wobei a und b reelle Zahlen bedeuten sollen), würde durch schematische Ausrechnung folgen:

$$(a + ib) \pm (c + id) = (a \pm c) + i(b \pm d),$$

$$(a + ib) \cdot (c + id) = ac + iad + ibc + i^2 bd = (ac - bd) + i(ad + bc),$$

$$\frac{a + ib}{c + id} = \frac{a + ib}{c + id} \cdot \frac{c - id}{c - id} = \frac{ac + bd}{c^2 + d^2} + i\,\frac{-ad + bc}{c^2 + d^2}.$$

Dieses Verfahren bedarf aber der Rechtfertigung, da es die zunächst nur für reelle Zahlen bewiesenen Rechengesetze kritiklos auf völlig andersartige Zahlen anwendet, so daß die Möglichkeit von Widersprüchen nicht ausgeschlossen wäre.

Infolgedessen stellt man die komplexe Zahl $a + ib$ als Punkt mit den Koordinaten a, b in der sog. *Gaußschen Zahlebene* dar (Abb. 32) und

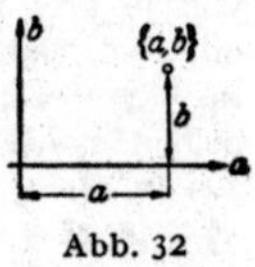

Abb. 32

faßt sie als *Zahlenpaar* $\{a, b\}$ mit den Komponenten a und b auf. Die soeben auf schematischem Wege gewonnenen Rechengesetze werden der Untersuchung als Definitionen zugrunde gelegt:

$$\{a,b\} + \{c,d\} = \{a+c, b+d\}; \quad \{a,b\}\cdot\{c,d\} = \{ac - bd, ad + bc\}.$$

Man bestätigt, daß die für reelle Zahlen gültigen Gesetze:

$$A + B = B + A, \quad A + (B + C) = (A + B) + C, \quad A\,(B + C) = AB + AC$$
$$A \cdot B = B \cdot A, \quad A \cdot (B \cdot C) = (A \cdot B) \cdot C,$$

auch für Zahlenpaare ihre Gültigkeit behalten.

Weiter läßt sich der Erfolg der einzelnen Rechenoperationen geometrisch veranschaulichen. Die *Summe* zweier Zahlenpaare wird nach dem Parallelogramm der Kräfte konstruiert (Abb. 33). Bei der *Multiplikation* führt man Polarkoordinaten ein: $a_1 = r_1 \cos\varphi_1, b_1 = r_1 \sin\varphi_1$; $a_2 = r_2 \cos\varphi_2, b_2 = r_2 \sin\varphi_2$ und erhält:

$$\{a_1, b_1\} \cdot \{a_2, b_2\} = \{r_1 \cos\varphi_1, r_1 \sin\varphi_1\} \cdot \{r_2 \cos\varphi_2, r_2 \sin\varphi_2\}$$
$$= \{r_1 r_2 \cos(\varphi_1 + \varphi_2), r_1 r_2 \sin(\varphi_1 + \varphi_2)\};$$

die beiden in Abb. 34 schraffierten Dreiecke sind also ähnlich, so daß das gesuchte Zahlenpaar leicht konstruiert werden kann. *Subtraktion* und *Division* wird durch Umkehrung definiert. Für die *n-te Potenz* eines Zahlenpaares ergibt sich $\{r \cos\varphi, r \sin\varphi\}^n = \{r^n \cos n\varphi, r^n \sin n\,\varphi\}$ (Abb. 35, vgl. den *Moivre*schen Satz S. 33); wenn im besonderen

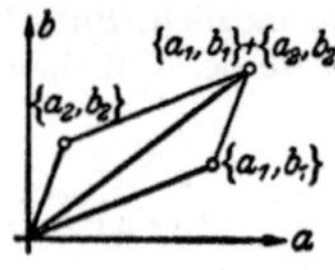

Abb. 33. Addition

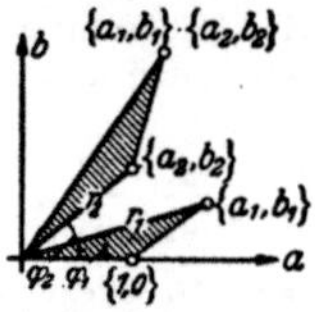

Abb. 34. Multiplikation

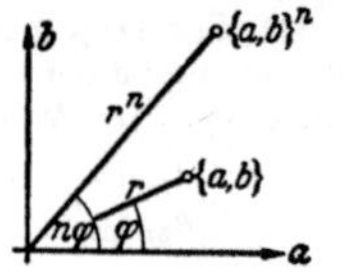

Abb. 35. Potenzierung

$r = 1$ ist, liegen alle n-ten Potenzen auf dem *Einheitskreise* (Kreis mit dem Radius 1 um den Nullpunkt).

Die Zahlenpaare $\{a, 0\}$, die also auf der a-Achse liegen, darf man als identisch mit den reellen Zahlen auffassen: $\{a, 0\} = a$. Für das Zahlenpaar $z = \{0, 1\}$ führt man die Abkürzung i ein, da nach Definition der Multiplikation $z^2 = \{0, 1\}^2 = \{-1, 0\} = -1$ wird; also $\{0, 1\} = i$. Weiter folgt:

$$\{a, b\} = \{1, 0\} \cdot \{a, 0\} + \{0, 1\} \cdot \{b, 0\} = 1 \cdot a + i \cdot b = a + i\,b.$$

Damit ist der Anschluß an die obige Darstellung gewonnen. Insbesondere beachte man, *daß unter i das spezielle Zahlenpaar $\{0, 1\}$ zu verstehen ist* und nicht etwa ein Symbol für eine in Wirklichkeit nicht vorhandene Zahl (was völlig sinnlos wäre).

Nunmehr kann man den quadratischen Gleichungen, die nicht mit reellen Zahlen lösbar sind, Zahlenpaare = komplexe Zahlen als Lösungen zuschreiben; entsprechend bei höheren algebraischen Gleichungen (vgl. Absatz b). Durch Verwendung der komplexen Zahlen erfahren viele Rechnungen eine erhebliche Vereinfachung (vgl. z. B. S. 53, 85 u. 87).

Zwei Zahlenpaare $a + ib$ und $a - ib$ (die also spiegelbildlich zur a-Achse liegen) nennt man *konjugiert komplex*. Als *absoluter Betrag* $|a + ib|$ der komplexen Zahl $a + ib$ wird die Entfernung $+\sqrt{a^2 + b^2}$ des zugehörigen Punktes a, b vom Nullpunkt des Koordinatensystemes bezeichnet (vgl. die entsprechende Definition für reelle Zahlen S. 71).

b) Fundamentalsatz der Algebra. Eine algebraische Gleichung n-ten Grades:

$$f(x) = x^n + a_{n-1}\,x^{n-1} + a_{n-2}\,x^{n-2} + \cdots + a_1 x + a_0 = 0$$

läßt sich bei Zulassung komplexer Zahlen in ein Produkt von n Faktoren zerlegen:

$$f(x) = (x - x_1)\,(x - x_2) \ldots (x - x_n),$$

wobei die x_ν die gesuchten *Wurzeln* = *Nullstellen* sind. Wenn $x = x_\nu$ eine Wurzel von $f(x) = 0$ ist, läßt sich $f(x)$ durch $(x - x_\nu)$ ohne Rest teilen. Durch Ausmultiplikation des Produktes bestätigt man die nebenstehenden Beziehungen; a_{n-2} ist also die Summe aller möglichen Produkte von je zwei Wurzeln, a_{n-3} die Summe aller möglichen Produkte von je drei Wurzeln, multipliziert mit -1 usw. Hiernach folgt aus $x_1 + x_2 = A$; $x_1 \cdot x_2 = B$, daß die beiden x_ν die Wurzeln der Gleichung $x_\nu^2 - A\,x_\nu + B = 0$ sind; ferner ergibt sich aus $x_1 + x_2 + x_3 = A$; $x_1 x_2 + x_1 x_3 + x_2 x_3 = B$; $x_1 x_2 x_3 = C$ die Gleichung $x_\nu^3 - A\,x_\nu^2 + B\,x_\nu - C = 0$ usw.

$$a_{n-1} = -(x_1 + x_2 + \cdots + x_n),$$
$$a_{n-2} = +(x_1 x_2 + x_1 x_3 + \cdots + x_{n-1} x_n),$$
$$\cdots\cdots\cdots\cdots$$
$$a_0 = (-1)^n \cdot x_1 x_2 \ldots x_n.$$

Gleichungen mit reellen Koeffizienten können außer reellen Wurzeln nur komplexe Wurzeln besitzen, die zu je zweien konjugiert komplex sind (vgl. S. 46). Die Zusammenfassung solcher Nullstellen ergibt in der Produktzerlegung reelle quadratische Ausdrücke: $\{x - (p + iq)\} \cdot \{x - (p - iq)\} = (x - p)^2 + q^2$. Eine Gleichung mit reellen Koeffizienten, deren Grad n eine ungerade Zahl ist, muß mindestens eine reelle Nullstelle besitzen.

Da die n Wurzeln einer Gleichung n-ten Grades nicht sämtlich verschieden zu sein brauchen (*mehrfache Nullstellen*), ist es häufig zweckmäßig, die übereinstimmenden Wurzeln in der Produktdarstellung zusammenzufassen:

$$f(x) = (x - x_1)^{p_1} \cdot (x - x_2)^{p_2} \cdots (x - x_\lambda)^{p_\lambda}, \qquad p_1 + p_2 + \cdots + p_\lambda = n,$$

wobei jetzt die Zahlen $x_1, x_2, \ldots, x_\lambda$ sämtlich voneinander verschieden sein sollen. Für eine zweifache Wurzel $x = x_\nu$ muß außer $f(x_\nu) = 0$ auch die Ableitung $f'(x_\nu) = 0$ werden; für eine dreifache Wurzel wird entsprechend $f(x_\nu) = 0, f'(x_\nu) = 0, f''(x_\nu) = 0$ usw. Bei einer zweifachen Nullstelle berührt die Kurve $y = f(x)$ die x-Achse an dieser Stelle; bei einer dreifachen Nullstelle hat sie dort einen Wendepunkt mit horizontaler Tangente.

c) Berechnung der Nullstellen. Zur numerischen Berechnung der reellen Wurzeln einer algebraischen Gleichung $f(x) = 0$ entnimmt man einer Zeichnung der Funktion $y = f(x)$ Näherungswerte und verbessert diese nach S. 48 bis 49.

Spezielle für algebraische Gleichungen dienende Methoden sind das *Graeffesche* bzw. *Segner-Rungesche Verfahren*, die auf numerischem bzw. graphischem Wege die reellen und komplexen Nullstellen ergeben.

Wenn M der größte der Absolutbeträge $|a_{n-1}|, |a_{n-2}|, \ldots, |a_0|$ ist, müssen in der *Gauß*schen Zahlebene (S. 45) alle Wurzeln im Innern des Kreises liegen, der mit dem Radius $(M + 1)$ um den Nullpunkt geschlagen ist (die a_ν können dabei auch komplexe Zahlen sein).

Bei den Gleichungen zweiten bis vierten Grades lassen sich die Nullstellen durch Wurzelausdrücke berechnen (dagegen im allgemeinen nicht mehr bei den Gleichungen fünften und höheren Grades).

Bei den **Gleichungen zweiten Grades** $a_2 x^2 + a_1 x + a_0 = 0$ wird:

$$x = \frac{1}{2a_2}\left\{-a_1 \pm \sqrt{a_1^2 - 4a_0 a_2}\right\}$$

Bei Gleichungen höheren Grades ist es zweckmäßig, $x = \xi - \frac{1}{n} a_{n-1}$ zu setzen; dann fehlt in der entstehenden Gleichung für ξ das zweite Glied: $\xi^n + b_{n-2}\xi^{n-2} + \cdots + b_1\xi + b_0 = 0$.

Bei den **Gleichungen dritten Grades** $x^3 + a_2 x^2 + a_1 x + a_0 = 0$ folgt für $x = \xi - \frac{1}{3} a_2$ die Beziehung:

$$\xi^3 + 3P\xi + 2Q = 0 \text{ mit } P = \tfrac{1}{9}(-a_2^2 + 3a_1), \quad Q = \tfrac{1}{54}(2a_2^3 - 9a_1a_2 + 27a_0).$$

Die gesuchten Wurzeln sind:

$$\xi_1 = u + v, \quad \xi_2 = -\tfrac{1}{2}(u + v) + \tfrac{i}{2}\sqrt{3}\,(u - v), \quad \xi_3 = -\tfrac{1}{2}(u + v) - \tfrac{i}{2}\sqrt{3}\,(u - v);$$
$$u = \sqrt[3]{-Q + \sqrt{Q^2 + P^3}}, \quad v = \sqrt[3]{-Q - \sqrt{Q^2 + P^3}}$$

Cardanische Formeln; im Falle dreier reeller Lösungen $(Q^2 + P^3 < 0)$ ergeben sich die gesuchten Zahlwerte in unbrauchbarer (anscheinend komplexer) Form (*Casus irreducibilis*). Zweckmäßiger für die Berechnung ist der folgende Weg; dabei bedeuten p und q reelle positive Zahlen:

$$\xi^3 + 3p\xi \pm 2q = 0. \qquad \mathrm{Sinh}\, 3\varphi = q / \sqrt{p^3};$$
$$\xi_1 = \mp 2\sqrt{p}\,\mathrm{Sinh}\,\varphi; \quad \xi_2 = \pm\sqrt{p}\,\mathrm{Sinh}\,\varphi + i\sqrt{3p}\,\mathrm{Cosh}\,\varphi; \quad \xi_3 = \pm\sqrt{p}\,\mathrm{Sinh}\,\varphi - i\sqrt{3p}\,\mathrm{Cosh}\,\varphi$$

$$\xi^3 - 3p\xi \pm 2q = 0 \quad \textbf{im Fall } p^3 < q^2\textbf{:} \qquad \mathrm{Cosh}\, 3\varphi = q / \sqrt{p^3};$$
$$\xi_1 = \mp 2\sqrt{p}\,\mathrm{Cosh}\,\varphi; \quad \xi_2 = \pm\sqrt{p}\,\mathrm{Cosh}\,\varphi + i\sqrt{3p}\,\mathrm{Sinh}\,\varphi; \quad \xi_3 = \pm\sqrt{p}\,\mathrm{Cosh}\,\varphi - i\sqrt{3p}\,\mathrm{Sinh}\,\varphi$$

$$\xi^3 - 3p\xi \pm 2q = 0 \quad \textbf{im Fall } p^3 > q^2\textbf{:} \qquad \cos 3\varphi = q / \sqrt{p^3};$$
$$\xi_1 = \mp 2\sqrt{p}\cos\varphi; \quad \xi_2 = \pm 2\sqrt{p}\cos(60^\circ - \varphi); \quad \xi_3 = \pm 2\sqrt{p}\cos(60^\circ + \varphi)$$

$$\xi^3 - 3p\xi \pm 2q = 0; \quad \textbf{im Fall } p^3 = q^2\textbf{:} \quad \xi_1 = \mp 2\sqrt{p}; \quad \xi_2 = +\sqrt{p}; \quad \xi_3 = -\sqrt{p}$$

Bei *graphischer Ermittlung* der Nullstellen bringt man die Kurve $y = \xi^3$ mit der geraden Linie $y = -3P\xi - 2Q$ zum Schnitt und verbessert die abgelesenen Näherungswerte. Wenn eine reelle Wurzel ξ_1 bekannt ist (die stets vorhanden sein muß), sind die beiden anderen Wurzeln durch:

$$\xi_{2,3} = \tfrac{1}{2}\left\{-\xi_1 \pm \sqrt{-3(\xi_1^2 + 4P)}\right\}$$

gegeben.

Bei den **Gleichungen vierten Grades** $x^4 + a_3x^3 + a_2x^2 + a_1x + a_0 = 0$ ergibt $x = \xi - \tfrac{1}{4}a_3$ die Beziehung:

$$\xi^4 + P\xi^2 + Q\xi + R = 0 \quad \text{mit} \quad \begin{aligned} P &= -6\left(\tfrac{1}{4}a_3\right)^2 + a_2 \\ Q &= +8\left(\tfrac{1}{4}a_3\right)^3 - 2a_2 \cdot \tfrac{1}{4}a_3 + a_1 \\ R &= -3\left(\tfrac{1}{4}a_3\right)^4 + a_2\left(\tfrac{1}{4}a_3\right)^2 - a_1 \cdot \tfrac{1}{4}a_3 + a_0. \end{aligned}$$

Man bildet die *kubische Resolvente*:

$$y^3 + 2Py^2 + (P^2 - 4R)\,y - Q^2 = 0.$$

Die gesuchten ξ_ν-Werte lassen sich durch die Lösungen y_1, y_2, y_3 dieser Gleichung in folgender Weise darstellen:

$$\xi_1 = \tfrac{1}{2}\{\sqrt{y_1} + \sqrt{y_2} + \sqrt{y_3}\}, \qquad \xi_3 = \tfrac{1}{2}\{-\sqrt{y_1} + \sqrt{y_2} - \sqrt{y_3}\},$$
$$\xi_2 = \tfrac{1}{2}\{\sqrt{y_1} - \sqrt{y_2} - \sqrt{y_3}\}, \qquad \xi_4 = \tfrac{1}{2}\{-\sqrt{y_1} - \sqrt{y_2} + \sqrt{y_3}\}.$$

Den auftretenden Quadratwurzeln ist ein solches Vorzeichen zu geben, daß $\sqrt{y_1} \cdot \sqrt{y_2} \cdot \sqrt{y_3} = -Q$ wird. Die kubische Resolvente muß für reelle a_ν und $Q \neq 0$ mindestens eine reelle *positive* Lösung y_1, haben (die zugehörige Funktion ist für $y = 0$ negativ, für $y \to +\infty$ dagegen positiv); die Gleichung für ξ läßt sich dann in die beiden quadratischen Gleichungen:

$$\xi^2 + \sqrt{y_1} \cdot \xi + \tfrac{1}{2}\{P + y_1 - Q : \sqrt{y_1}\} = 0 \quad \text{und} \quad \xi^2 - \sqrt{y_1} \cdot \xi + \tfrac{1}{2}\{P + y_1 + Q : \sqrt{y_1}\} = 0$$

zerspalten; dieses Verfahren ist zweckmäßig, wenn die Gleichung komplexe Wurzeln besitzt. Die *symmetrische Gleichung* $ax^4 + bx^3 + cx^2 + bx + a = 0$ gibt nach Division durch x^2 die Beziehung $a(x^2 + 1 : x^2) + b(x + 1 : x) + c = 0$; wenn man $x + 1 : x = y$, $x^2 + 1 : x^2 = y^2 - 2$ setzt, folgt somit $a(y^2 - 2) + by + c = 0$.

3. Beliebige Gleichungen

a) *Newton*sches Verfahren. Zur Bestimmung der reellen Wurzeln einer Gleichung $f(x) = 0$ ermittelt man zunächst durch Aufzeichnung der Funktion $y = f(x)$ Näherungswerte für die Wurzeln. Häufig ist es zweckmäßig, $f(x)$ zu zerlegen: $f(x) = u(x) - v(x)$, und die beiden Kurven $y = u(x)$, $y = v(x)$ zum Schnitt zu bringen. Ist x_1 ein Näherungswert, so ist $x_2 = x_1 + \Delta x$, $\Delta x = -f(x_1) : f'(x_1)$ ein zweiter (im allgemeinen besserer) Näherungswert. Mit ihm wird das Verfahren wiederholt und so lange fortgesetzt, bis die gewünschte Genauigkeit erreicht ist. Geometrisch kommt das Verfahren auf den Ersatz der Funktion $y = f(x)$ durch die Tangente im Punkte $x = x_1$ heraus (Abb. 36).

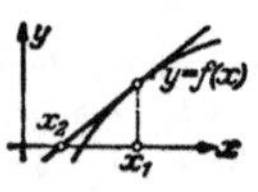

Abb. 36

Beispiel: Bei der Gleichung $f(x) = x^4 + 5x - 1 = 0$ ergibt sich für genügend kleines $|x|$ die Beziehung $5x - 1 = 0$. Für $x_1 = 0{,}2$ ergibt sich $\Delta x = -0{,}0016 : 5{,}032 = -0{,}00032$ und somit $x_2 = 0{,}19968$. Da $f(0{,}199676) = -0{,}000030$ und $f(0{,}199684) = +0{,}000010$ wird, ist auch die letzte Ziffer von x_2 richtig.

Bei zwei Gleichungen $f_1(x, y) = 0$ und $f_2(x, y) = 0$ mit den Näherungswerten x_1, y_1 folgt, indem man $f_1(x_1 + \Delta x, y_1 + \Delta y) = 0$ und $f_2(\cdots) = 0$ nach *Taylor* (S. 73) entwickelt:

$$\Delta x \cdot \frac{\partial f_1(x_1, y_1)}{\partial x} + \Delta y \cdot \frac{\partial f_1(x_1, y_1)}{\partial y} = -f_1(x_1, y_1),$$
$$\Delta x \cdot \frac{\partial f_2(x_1, y_1)}{\partial x} + \Delta y \cdot \frac{\partial f_2(x_1, y_1)}{\partial y} = -f_2(x_1, y_1),$$

woraus Δx und Δy zu berechnen sind; das Verfahren wird sodann mit den verbesserten Näherungswerten $x_2 = x_1 + \Delta x$, $y_2 = y_1 + \Delta y$ wiederholt usw. In gleicher Weise wird bei n Gleichungen mit n Unbekannten verfahren.

b) Iterationsverfahren. Die Gleichung $f(x) = 0$ wird auf die Form $x = \varphi(x)$ gebracht, was stets in mannigfacher Weise geschehen kann. Wenn in der Umgebung der gesuchten Wurzel $\bar{x}$ der Differenzenquotient $|\varphi(x) - \varphi(\bar{x})| : |x - \bar{x}| < 1$ ist und ein bekannter Näherungswert x_1 in dieser Umgebung liegt, erhält man durch $x_2 = \varphi(x_1)$; $x_3 = \varphi(x_2)$; ... immer bessere Näherungswerte.

Das Verfahren konvergiert um so rascher, je kleiner der Absolutbetrag des Differenzenquotienten ist; seine Größe wird am besten durch den zugehörigen Differentialquotienten abgeschätzt. Geometrisch ist die gesuchte Wurzel $\bar{x}$ durch den Schnittpunkt der beiden Kurven $y = x$ und $y = \varphi(x)$ bestimmt (Abb. 37). Der Wert $x_2 = \varphi(x_1)$, der durch die Ordinate der Kurve $y = \varphi(x)$ im Punkte $x = x_1$ dargestellt wird, läßt sich durch den gestrichelten Kurvenzug auf die x-Achse übertragen, wodurch man sich schrittweise der gesuchten Wurzel $\bar{x}$ nähert. Die Annäherung findet von einer Seite her oder abwechselnd von beiden Seiten her statt, je nachdem der Differentialquotient $>$ oder $<$ 0 ist; im ersten Fall ändert man zweckmäßig x_2 oder x_3 so ab, daß man auf die andere Seite von $\bar{x}$ kommt, weil man dann die Genauigkeit besser übersehen kann.

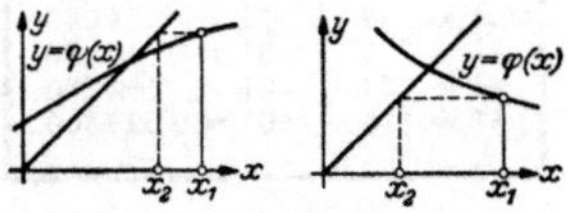

Abb. 37

Beispiel: Bei der soeben behandelten Aufgabe $x^4 + 5x - 1 = 0$, $x_1 = 0{,}2$ wird man $x = \varphi(x) = \frac{1}{5}(1 - x^4)$ setzen, da dann $\varphi'(0{,}2) = -0{,}0064$ wird. Es folgt $x_2 = \frac{1}{5}(1 - 0{,}2^4) = 0{,}19968$ und weiter $x_3 = 0{,}19968204$, womit $\bar{x} = 0{,}19968$ sichergestellt ist.

Zwei gegebene Gleichungen $f_1(x, y) = 0$ und $f_2(x, y) = 0$ werden auf die Form $x = \varphi_1(x, y)$, $y = \varphi_2(x, y)$ gebracht, wobei für alle Werte x, y, die hinreichend nahe bei der gesuchten Lösung $\bar{x}, \bar{y}$ liegen,

$$\left|\frac{\varphi_1(x, y) - \varphi_1(\bar{x}, \bar{y})}{x - \bar{x}}\right| < 1 \quad \text{und} \quad \left|\frac{\varphi_2(x, y) - \varphi_2(\bar{x}, \bar{y})}{y - \bar{y}}\right| < 1$$

sein soll. Wenn in diesem Bereich die Näherungswerte x_1, y_1 liegen, findet man durch $x_2 = \varphi_1(x_1, y_1)$, $y_2 = \varphi_2(x_1, y_1)$; $x_3 = \varphi_1(x_2, y_2)$, $y_3 = \varphi_2(x_2, y_2)$; ... immer bessere Näherungswerte für $\bar{x}, \bar{y}$. Entsprechend verfährt man bei n Gleichungen mit n Unbekannten.

Literatur zur Gleichungslehre. ***Krull:*** Elementare und klassische Algebra vom modernen Standpunkt. Samml. Göschen Bd. 930, Berlin 1952. – ***Hasse:*** Höhere Algebra (I. Lineare Gleichungen; II. Gleichungen höheren Grades; Aufgabensammlung). Samml. Göschen Bd. 931, 932, 1082. Berlin 1951 u. 1952. – ***Perron:*** Algebra (I. Die Grundlagen, II. Theorie der algebraischen Gleichungen). Berlin 1951. – ***Van der Waerden:*** Moderne Algebra, Berlin 1950.

B. Differenzen und Summen; Interpolation

1. Fakultäten und Binominalkoeffizienten

Unter $r!$ (gesprochen: r Fakultät) versteht man die Zahl $r! = 1 \cdot 2 \cdot 3 \cdot \ldots \cdot r$. Als Binominalkoeffizient wird der Ausdruck:

$$\binom{n}{r} = \frac{n(n-1)(n-2)\ldots(n-r+1)}{1 \cdot 2 \cdot 3 \cdot \ldots \cdot r} = \frac{n(n-1)(n-2)\ldots(n-r+1)}{r!}$$

bezeichnet (gesprochen: n über r); dabei muß r eine ganze positive Zahl sein; der Zähler enthält (genau wie der Nenner) gerade r Faktoren. Die Ausdrücke $0!$ und $\binom{n}{0}$ sind nicht definiert; es ist zweckmäßig, ihnen den Wert 1 beizulegen.

Die Binominalkoeffizienten für *ganzzahliges positives* n sind ganze positive Zahlen, wenn $n \geqq r$ ist (vgl. die Tabelle S. 50); wenn $n < r$ ist, wird $\binom{n}{r} = 0$; für $n \geqq r$ gilt:

$$\binom{n}{r} = \frac{n!}{r!\,(n-r!)} = \binom{n}{n-r}; \quad \binom{n+1}{r} = \binom{n}{r} \cdot \frac{n+1}{n-r+1}; \quad \binom{n+1}{r+1} - \binom{n}{r+1} = \binom{n}{r}$$

$$\binom{n+1}{r+1} = \binom{n}{r} + \binom{n-1}{r} + \binom{n-2}{r} + \cdots + \binom{r}{r}.$$

Vgl. ferner die *Binominalfunktionen* $y = \binom{x}{r}$ *S.* 53.

Fakultäten $r!$

$1! = 1$	$6! = 720$
$2! = 2$	$7! = 5\,040$
$3! = 6$	$8! = 40\,320$
$4! = 24$	$9! = 362\,880$
$5! = 120$	$10! = 3\,628\,800$

In der Tabelle der Binominalkoeffizienten ergibt sich jede Zahl durch Addition der über ihr stehenden Zahl zu der links von dieser stehenden Zahl.

Binominalkoeffizienten $\binom{n}{\nu}$

	$\nu = 0$	1	2	3	4	5	6
$n = 1$	1	1	0	0	0	0	0
2	1	2	1	0	0	0	0
3	1	3	3	1	0	0	0
4	1	4	6	4	1	0	0
5	1	5	10	10	5	1	0
6	1	6	15	20	15	6	1

x	y	Δ^1	Δ^2	Δ^3
x_0	y_0			
		Δ_0^1		
x_1	y_1		Δ_0^2	
		Δ_1^1		Δ_0^3
x_2	y_2		Δ_1^2	
		Δ_2^1		Δ_1^3
x_3	y_3		Δ_2^2	
.	.	.	.	.
.	.	.	.	.
.	.	.		.
x_{n-2}	y_{n-2}		Δ_{n-3}^2	
		Δ_{n-2}^1		Δ_{n-3}^3
x_{n-1}	y_{n-1}		Δ_{n-2}^2	
		Δ_{n-1}^1		
x_n	y_n			
		$y_n - y_0$	$\Delta_{n-1}^1 - \Delta_0^1$	$\Delta_{n-2}^2 - \Delta_0^2$

2. Differenzen

a) Die Differenzentabelle. Die Werte einer gegebenen Funktion an den äquidistanten Stellen x_0, $x_1 = x_0 + \Delta x$, $x_2 = x_0 + 2\Delta x, \ldots, x_n = x_0 + n\,\Delta x$ seien $y_0, y_1, y_2, \ldots, y_n$. Die Zahlen $\Delta_\lambda^1 = y_{\lambda+1} - y_\lambda$ werden als die *ersten Differenzen*, die Zahlen $\Delta_\lambda^2 = \Delta_{\lambda+1}^1 - \Delta_\lambda^1$ als die *zweiten Differenzen* usw. bezeichnet. Der obere Index bei Δ bedeutet also keine Potenz, sondern die Ordnung der Differenz. Man schreibt die Differenzen auf halbe Höhe, damit kenntlich ist, aus welchen Zahlen sie gebildet sind. *Rechenkontrolle:* Die Summe aller Differenzen einer Spalte muß gleich der Differenz zwischen der letzten und der ersten Zahl der vorhergehenden Spalte sein.

Es wird:

$$\Delta_\varkappa^1 = y_{\varkappa+1} - y_\varkappa,$$
$$\Delta_\varkappa^2 = y_{\varkappa+2} - 2y_{\varkappa+1} + y_\varkappa,$$
$$\Delta_\varkappa^3 = y_{\varkappa+3} - 3y_{\varkappa+2} + 3y_{\varkappa+1} - y_\varkappa, \ldots$$

$$y_1 = y_0 + \Delta_0^1,$$
$$y_2 = y_0 + 2\,\Delta_0^1 + \Delta_0^2,$$
$$y_3 = y_0 + 3\,\Delta_0^1 + 3\,\Delta_0^2 + \Delta_0^3, \ldots$$

Allgemein gilt:

$$\Delta_\varkappa^\lambda = y_{\varkappa+\lambda} - \binom{\lambda}{1} y_{\varkappa+\lambda-1} + \binom{\lambda}{2} y_{\varkappa+\lambda-2} - + \cdots + (-1)^\lambda \binom{\lambda}{\lambda} y_\varkappa,$$
$$y_\lambda = y_0 + \binom{\lambda}{1}\Delta_0^1 + \binom{\lambda}{2}\Delta_0^2 + + \cdots + \binom{\lambda}{\lambda}\Delta_0^\lambda.$$

Für Funktionen, die eine *Taylor*-Entwicklung (S. 73) zulassen, gilt bis auf Glieder höherer Ordnung $\Delta^m = \frac{d^m y}{d x^m} \cdot (\Delta x)^m + \cdots$.

Bei einer ganzen rationalen Funktion n-ten Grades sind die n-ten Differenzen konstant; die höheren Differenzen verschwinden sämtlich. Wenn die Funktionswerte durch Meßfehler $\pm\, m_y$ gefälscht sind, werden die n-ten Differenzen nur annähernd konstant, während die folgenden Differenzen nicht verschwinden, sondern ansteigen. Nach dem Fehlerfortpflanzungsgesetz (S. 107) ist bei den Differenzen erster bis vierter Ordnung das $\sqrt{2}$-, $\sqrt{6}$-, $\sqrt{20}$-, $\sqrt{70}$-fache von m_y als Fehler zu erwarten ($70 = 1^2 + 4^2 + 6^2 + 4^2 + 1^2$).

b) Die Bestimmung einer ganzen rationalen Funktion n-ten Grades durch (n + 1) Funktionswerte. Eine ganze rationale Funktion n-ten Grades, die für $x_0, x_1, \ldots, x_n$ der Reihe nach die Werte $y_0, y_1, \ldots, y_n$ annehmen soll, ist hierdurch eindeutig festgelegt; ihre Gleichung wird durch die *Lagrange*sche *Formel:*

$$y(x) = \frac{(x-x_1)(x-x_2)(x-x_3)\cdots(x-x_n)}{(x_0-x_1)(x_0-x_2)(x_0-x_3)\cdots(x_0-x_n)}\cdot y_0 + \frac{(x-x_0)(x-x_2)(x-x_3)\cdots(x-x_n)}{(x_1-x_0)(x_1-x_2)(x_1-x_3)\cdots(x_1-x_n)}\cdot y_1 + \cdots + \frac{(x-x_0)(x-x_1)(x-x_2)\cdots(x-x_{n-1})}{(x_n-x_0)(x_n-x_1)(x_n-x_2)\cdots(x_n-x_{n-1})}\cdot y_n$$

gegeben. In dem Zähler der einzelnen Koeffizienten fehlt bei dem Gliede mit y_λ der Faktor $(x - x_\lambda)$; der Nenner ergibt sich aus dem Zähler, wenn man x durch x_λ ersetzt.

Bei äquidistanten x-Werten sind die folgenden Darstellungen durch Differenzen geeigneter; sie ergeben bei ganzen rationalen Funktionen n-ten Grades sämtlich das gleiche Ergebnis, wenn man die Formeln bis zu den Differenzen n-ter Ordnung fortsetzt.

Anfangsformel = *Newton*sche Formel:

$$y(x) = y_0 + \Delta_0^1\binom{u}{1} + \Delta_0^2\binom{u}{2} + \Delta_0^3\binom{u}{3} + \cdots + \Delta_0^n\binom{u}{n}; \qquad u = \frac{x - x_0}{\Delta x}$$

Endformel:

$$y(x) = y_n + \Delta_{n-1}^1\binom{u}{1} + \Delta_{n-2}^2\binom{u+1}{2} + \Delta_{n-3}^3\binom{u+2}{3} + \cdots + \Delta_0^n\binom{u+n-1}{n}; \qquad u = \frac{x - x_n}{\Delta x}$$

Mittelformel = *Stirling*sche Formel:

$$y(x) = y_\varkappa + \tfrac{1}{2}(\Delta_{\varkappa-1}^1 + \Delta_\varkappa^1)\cdot u + \Delta_{\varkappa-1}^2\cdot\frac{1}{2!}u^2 + \tfrac{1}{2}(\Delta_{\varkappa-2}^3 + \Delta_{\varkappa-1}^3)\cdot\frac{1}{3!}u(u-1)(u+1) + \Delta_{\varkappa-2}^4\cdot\frac{1}{4!}u^2(u-1)(u+1) + \cdots \qquad u = \frac{x - x_\varkappa}{\Delta x}$$

*Bessel*sche Formel:

$$y(x) = y_\varkappa + \Delta_\varkappa^1\cdot u + \tfrac{1}{2}(\Delta_\varkappa^2 + \Delta_{\varkappa-1}^2)\cdot\frac{1}{2!}u(u-1) + \Delta_{\varkappa-1}^3\cdot\frac{1}{3!}u(u-1)(u-0{,}5) + \tfrac{1}{2}(\Delta_{\varkappa-1}^4 + \Delta_{\varkappa-2}^4)\cdot\frac{1}{4!}u(u-1)(u+1)(u-2) + \cdots \qquad u = \frac{x - x_\varkappa}{\Delta x}$$

Bei den beiden ersten Formeln stehen die Differenzen in der zugehörigen Differenzentabelle jeweils an der obersten bzw. untersten Stelle. Die Lage der Differenzen, die in den beiden letzten Formeln auftreten, ist in den schematischen Abb. 38 und 39

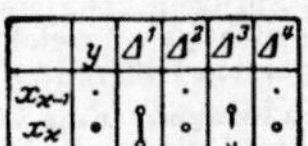

Abb. 38. *Stirling*sche Formel

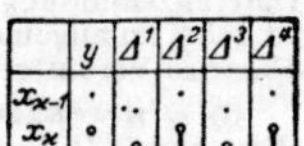

Abb. 39. *Bessel*sche Formel

durch Kreise angedeutet; bei den durch einen Strich verbundenen Kreisen tritt der zugehörige Mittelwert auf.

Beispiel: Bei der folgenden Funktion zweiten Grades ergeben die vier Formeln der Reihe nach (bei den beiden letzten Formeln für $\varkappa = 2$):

$\varkappa$	$x_\varkappa$	$y_\varkappa$	Δ^1	Δ^2
0	0,1	0,91		
			−0,07	
1	0,2	0,84		+0,02
			−0,05	
2	0,3	0,79		+0,02
			−0,03	
3	0,4	0,76		+0,02
			−0,01	
4	0,5	0,75		
			−0,16	+0,06

$$y(x) = 0{,}91 - 0{,}07\binom{u}{1} + 0{,}02\binom{u}{2}; \qquad u = 10x - 1$$

$$y(x) = 0{,}75 - 0{,}01\binom{u}{1} + 0{,}02\binom{u+1}{2}; \qquad u = 10x - 5$$

$$y(x) = 0{,}79 + \frac{1}{2}(-0{,}05 - 0{,}03)\cdot u + 0{,}02\cdot\frac{1}{2}u^2; \qquad u = 10x - 3$$

$$y(x) = 0{,}79 - 0{,}03\cdot u + \frac{1}{2}(0{,}02 + 0{,}02)\cdot\frac{1}{2}u(u-1); \qquad u = 10x - 3$$

Einsetzen von u liefert stets $y = x^2 - x + 1$.

Mit Hilfe der angegebenen Differenzenformeln kann man eine beliebige Funktion $y(x)$ bereichsweise durch je eine ganze rationale Funktion geeigneten Grades ersetzen und die notwendigen Umrechnungen mit diesen einfacheren Ersatzfunktionen ausführen (vgl. Absatz c, sowie S. 66). Für exakte Untersuchungen läßt sich das Restglied der verschiedenen Interpolationsformeln in ähnlicher Weise wie bei dem Taylorschen Satz (S. 73) angeben (vgl. z. B. *Schulz*: Formelsammlung zur praktischen Mathematik, Samml. Göschen Bd. 1110, Leipzig 1937, S. 72—84).

c) Zur Interpolation in Funktionentafeln benutzt man die *Bessel*sche Formel (für $0 \leqq u \leqq 1$) oder die *Stirling*sche Formel (für $-0{,}5 \leqq u \leqq +0{,}5$). Bei der *Bessel*schen Formel gibt die Beschränkung auf die beiden ersten Glieder die gewöhnliche *lineare Interpolation*. Sie ist nur zulässig, wenn das dritte Glied keinen Einfluß mehr auf die verlangte Genauigkeit hat; sonst muß man dieses Glied mitnehmen und *quadratisch interpolieren*.

x	$\ln x$	Δ^1	Δ^2	Δ^3
9	2,1972			
		0,1054		
10	**2,3026**		**−0,0101**	
		0,0953		**0,0018**
11	2,3979		**−0,0083**	
		0,0870		
12	2,4849			
		0,2877	−0,0184	

Beispiel: Aus der nebenstehenden Tabelle für $\ln x$ soll $\ln 10{,}3$ bestimmt werden. Die *Bessel*sche Formel ergibt für $u = (10{,}3 - 10{,}0) : 1 = 0{,}3$ den Wert:

$$\begin{aligned}\ln 10{,}3 &= 2{,}3026 + 0{,}0953\cdot 0{,}3 \\ &\quad + \tfrac{1}{2}(-0{,}0101 - 0{,}0083)\cdot\tfrac{1}{2}\cdot 0{,}3\cdot -0{,}7 \\ &\quad + 0{,}0018\cdot\tfrac{1}{6}\cdot 0{,}3\cdot -0{,}7\cdot -0{,}2 \\ &= 2{,}3026 + 0{,}02859 + 0{,}00097 \\ &\quad + \underline{0{,}00001} \\ &= 2{,}3322\end{aligned}$$

Die letzte Ziffer des Ergebnisses ist infolge des Abrundungsfehlers unsicher. Da das (unterstrichene) kubische Glied unterhalb der verlangten Genauigkeit liegt, wird man den erhaltenen Wert als gesichert betrachten (dieser Schluß ist logisch nicht zwingend, doch reicht eine derartige Abschätzung im allgemeinen für die Praxis aus).

In den Tafeln zu Anfang des Buches ist die Größe des linearen Interpolationsfehlers am linken Tafelrande gekennzeichnet, damit man die Genauigkeit nicht durch Berechnung des quadratischen Gliedes zu überprüfen braucht (der lineare Interpolationsfehler ist gleich dem Absolutbetrag zwischen wahrem Funktionswert und interpoliertem Funktionswert). Bei der Tafel für $\sqrt[8]{x}$ muß am Anfang ziemlich eng tabuliert werden, um eine ausreichende Genauigkeit zu gewährleisten, während am Ende das Intervall wesentlich größer gewählt werden darf. Weiter ist in den Tafeln am rechten Rand unter Δ die Differenz zwischen dem ersten Wert der nächsten Zeile und dem letzten Wert der zugehörigen Zeile angegeben, um bei der Differenzenbildung das Springen über eine Zeile entbehrlich zu machen (die Kommastellung ist dabei im allgemeinen nicht gekennzeichnet); hierdurch wird zugleich ein rascher Überblick über das Verhalten der ersten Differenzen ermöglicht.

d) Differenzengleichungen. Eine Gleichung, welche den Wert von $f(x+1)$ mit dem Wert von $f(x)$ verknüpft, wird eine Differenzengleichung erster Ordnung genannt. Ein Beispiel bildet die Beziehung $f(x+1) = (x+1)\cdot f(x)$, welche durch die Gammafunktion (S. 41) erfüllt wird. Die Theorie der Differenzengleichungen führt zu tiefgründigen mathematischen Untersuchungen (vgl. die Literatur auf S. 54).

3. Endliche Summen

a) Die geometrische Reihe: Es wird:

$$1 + q + q^2 + \cdots + q^n = (q^{n+1} - 1) : (q - 1) \qquad \text{für } q \neq 1$$
$$a^n + a^{n-1} b + a^{n-2} b^2 + \cdots + b^n = (a^{n+1} - b^{n+1}) : (a - b) \qquad \text{für } a \neq b$$

Beweis durch Multiplikation mit $(q - 1)$ bzw. $(a - b)$. Vgl. die Anwendung der geometrischen Reihe in der Zinseszinsrechnung, S. 1. Weiter folgen die oft gebrauchten Zerlegungen:

$$a^2 - b^2 = (a - b)(a + b),$$
$$a^3 - b^3 = (a - b)(a^2 + ab + b^2),$$
$$a^4 - b^4 = (a - b)(a^3 + a^2 b + a b^2 + b^3) = (a^2 - b^2)(a^2 + b^2),$$
$$a^5 - b^5 = (a - b)(a^4 + a^3 b + a^2 b^2 + a b^3 + b^4), \ldots$$

$$a^3 + b^3 = (a + b)(a^2 - ab + b^2),$$
$$a^5 + b^5 = (a + b)(a^4 - a^3 b + a^2 b^2 - a b^3 + b^4), \ldots$$

Setzt man in der geometrischen Reihe $q = e^{ix}$ und zerlegt in Real- und Imaginärteil (S. 81), so folgt nach leichter Umrechnung:

$$\cos x + \cos 2x + \cdots + \cos nx = \left\{\sin\left(n + \frac{1}{2}\right) x - \sin\frac{x}{2}\right\} : \left\{2 \sin\frac{x}{2}\right\}$$
$$\sin x + \sin 2x + \cdots + \sin nx = \left\{\cos\frac{x}{2} - \cos\left(n + \frac{1}{2}\right) x\right\} : \left\{2 \sin\frac{x}{2}\right\}$$

b) Summierung der ganzen rationalen Funktionen. Die Binominalfunktionen $y = \binom{x}{r}$ (Abb. 40) lassen sich nach S. 49 unmittelbar summieren:

$$\binom{1}{r} + \binom{2}{r} + \cdots + \binom{n}{r} = \binom{n+1}{r+1}$$

(Die ersten Glieder verschwinden dabei für $r > 1$). Die Binominalfunktionen kann man durch Potenzen $y = x^n$ darstellen und umgekehrt:

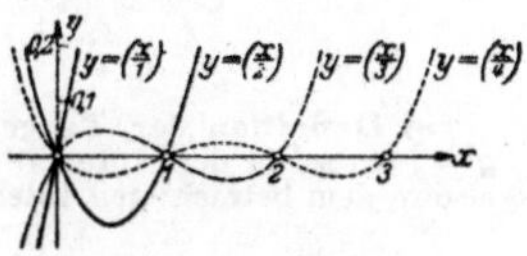

Abb. 40. Binominalfunktionen

$$\binom{x}{1} = x$$
$$\binom{x}{2} = \frac{1}{2}(x^2 - x)$$
$$\binom{x}{3} = \frac{1}{6}(x^3 - 3x^2 + 2x)$$
$$\binom{x}{4} = \frac{1}{24}(x^4 - 6x^3 + 11x^2 - 6x)$$

$$x = \binom{x}{1}$$
$$x^2 = 2\binom{x}{2} + \binom{x}{1}$$
$$x^3 = 6\binom{x}{3} + 6\binom{x}{2} + \binom{x}{1}$$
$$x^4 = 24\binom{x}{4} + 36\binom{x}{3} + 14\binom{x}{2} + \binom{x}{1}$$

Hieraus findet man z. B.

$$1^2 + 2^2 + \cdots + n^2 = \sum_{x=1}^{x=n} x^2 = \sum_{x=1}^{x=n} \left\{2\binom{x}{2} + \binom{x}{1}\right\} = 2\binom{n+1}{3} + \binom{n+1}{2}$$
$$= \tfrac{1}{6} n (n+1)(2n+1).$$

Auf diesem Wege ergibt sich:

$$\begin{aligned}
1 + 2 + 3 + \cdots + n &= \tfrac{1}{2}\, n\,(n+1)\\
1^2 + 2^2 + 3^2 + \cdots + n^2 &= \tfrac{1}{6}\, n\,(n+1)\,(2n+1)\\
1^3 + 2^3 + 3^3 + \cdots + n^3 &= \tfrac{1}{4}\, n^2\,(n+1)^2\\
1^4 + 2^4 + 3^4 + \cdots + n^4 &= \tfrac{1}{30}\, n\,(n+1)\,(2n+1)\,(3n^2+3n-1)
\end{aligned}$$

$$\begin{aligned}
1 + 3 + 5 + \cdots + (2n-1) &= n^2\\
1^2 + 3^2 + 5^2 + \ldots + (2n-1)^2 &= \tfrac{1}{3}\, n\,(4n^2-1)\\
1^3 + 3^3 + 5^3 + \cdots + (2n-1)^3 &= n^2\,(2n^2-1)\\
1^4 + 3^4 + 5^4 + \cdots + (2n-1)^4 &= \tfrac{1}{15}\, n\,(4n^2-1)\,(12n^2-7)
\end{aligned}$$

Allgemein erweist sich für Summation und Differenzenbildung die Darstellung der ganzen rationalen Funktionen durch Binominalfunktionen $y = b_n \binom{x}{n} + b_{n-1} \binom{x}{n-1} + \cdots + b_1 \binom{x}{1} + b_0$, für Integration und Differentiation die Darstellung durch Potenzfunktionen $y = a_n x^n + a_{n-1} x^{n-1} + \cdots + a_1 x + a_0$ als geeigneter. Mit Hilfe der angegebenen Tabelle kann man von einer Darstellung zur anderen übergehen.

c) Summierung beliebiger Funktionen. Das allgemeine Summationsproblem besteht in der Aufgabe, die Summe:

$$S(n) = f(1) + f(2) + f(3) + \cdots + f(n)$$

zu bestimmen, wobei $f(x)$ eine gegebene Funktion bedeutet. Die gesuchte Funktion $S(n)$ genügt der Differenzengleichung:

$$S(n+1) - S(n) = f(n+1).$$

Die Lösung der angegebenen Aufgabe für beliebiges ganzzahliges n bereitet bereits bei den gebrochenen rationalen Funktionen erhebliche Schwierigkeiten.

Literatur zur Differenzen- und Summenrechnung. v. Sanden: Mathem. Praktikum. Leipzig 1944. — *Bleich-Melan:* Die gewöhnlichen und partiellen Differenzengleichungen der Baustatik. Berlin 1927. — *Nörlund:* Vorlesungen über Differenzenrechnung. Berlin 1924.

C. Differentialrechnung

1. Grundlagen

a) Definition der Tangente einer Kurve; Grenzwert. Die betrachtete Funktion $y = f(x)$ sei in dem Intervall $a \leqq x \leqq b$ überall *endlich, stetig und eindeutig.* Es sollen also in dem betrachteten Intervall keine Unendlichkeitsstellen auftreten (wie bei $y = 1 : x$ für $x = 0$), ferner keine Sprungstellen (wie bei Abb. 3). Schließlich soll zu jedem Wert x nur ein einziger Wert y gehören; bei den mehrdeutigen Funktionen (wie z. B. $y = \sqrt{x}$ oder $y = \operatorname{arc\,tg} x$) ist somit festzulegen, um welchen Zweig der Funktion es sich handelt.

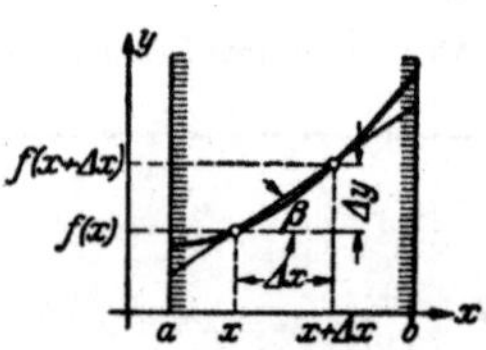

Abb. 41. Sekantensteigung

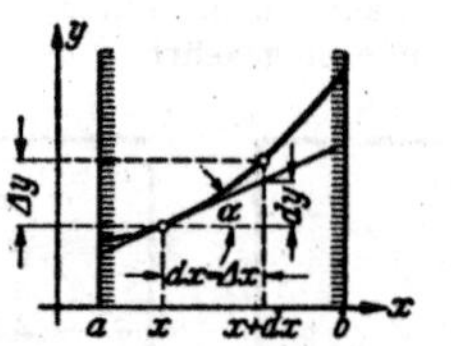

Abb. 42. Tangentensteigung

Wenn die Funktion als Kurve in rechtwinkligen Koordinaten mit den Längeneinheiten $l_x = l_y = 1$ cm (S. 26) dargestellt wird, stimmt der Zahlwert von x und y mit den zugehörigen Längen (gemessen in cm) überein. Der Steigungswinkel β der *Sekante* durch die beiden Kurvenpunkte, die zu dem festen Wert x und dem Wert $x + \Delta x$ gehören (Abb. 41), ist dann durch:

Sekantensteigung: $$\operatorname{tg} \beta = \frac{f(x + \Delta x) - f(x)}{\Delta x}$$

gegeben, wobei $\Delta x \neq 0$ vorausgesetzt werden muß.

Bei den Funktionen, die in der Ingenieurwissenschaft auftreten, nähert sich die Sekante einer ganz bestimmten *Grenzlage*, wenn man Δx von positiven Werten her beliebig gegen Null gehen läßt; eine zweite Grenzlage ergibt sich, wenn Δx von negativen Werten her gegen Null rückt. Falls wir von *Knickpunkten* (Abb. 43) absehen, fallen die beiden Grenzlagen der Sekante zusammen; die hierdurch bestimmte gerade Linie wird als die *Tangente* der Kurve an der betrachteten Stelle x bezeichnet. Die Sekante kommt also in beiden Fällen der Tangente beliebig nahe, ohne sie aber zu erreichen, da der Wert $\Delta x = 0$ ausgeschlossen werden muß.

Zur analytischen Formulierung benutzt man den Begriff des *Grenzwertes = limes.* Man versteht unter $x \to a$ oder $\lim x = a$, daß sich die veränderliche Größe x dem festen Wert a beliebig nähern soll, ohne den Wert a selbst anzunehmen. Unter $\lim\limits_{x \to a} f(x) = b$ versteht man $f(x) \to b$, wenn $x \to a$; d. h. wenn x beliebig gegen a geht, soll $f(x)$ beliebig gegen b gehen. Triviales Beispiel: $\lim\limits_{x \to 1} 2x = 2$; nicht triviales Beispiel: $\lim\limits_{x \to 0} \frac{\sin x}{x} = 1$. Mit Hilfe dieser Bezeichnung ergibt sich für den Tangens des Steigungswinkels α der Tangente:

Tangentensteigung: $$\operatorname{tg}\alpha = \lim_{\Delta x \to 0} \operatorname{tg}\beta = \lim_{\Delta x \to 0} \frac{f(x + \Delta x) - f(x)}{\Delta x}.$$

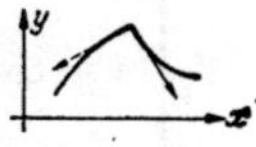

Abb. 43

Wenn man die Größe von $\operatorname{tg}\alpha$ an jeder Stelle x aufträgt, erhält man eine neue Funktion, welche die *Ableitung* von $y = f(x)$ genannt und mit $y' = f'(x)$ bezeichnet wird.

Bei Verwendung beliebiger Längeneinheiten l_x und l_y (S. 26) nehmen die angegebenen Formeln die Gestalt an:

$$\operatorname{tg}\beta = \frac{l_y}{l_x} \cdot \frac{f(x + \Delta x) - f(x)}{\Delta x}, \quad \operatorname{tg}\alpha = \lim_{\Delta x \to 0} \operatorname{tg}\beta = \frac{l_y}{l_x} \cdot f'(x).$$

Es gibt überraschenderweise stetige Funktionen, bei denen in keinem Punkte eine Grenzlage der Sekante vorhanden ist (vgl. S. 26). Diese *nichtdifferenzierbaren Funktionen* haben jedoch für die Ingenieurwissenschaft keine Bedeutung, da bei den hier vorkommenden Funktionen (wie in der Differentialrechnung gezeigt wird) der betrachtete Grenzwert (bis auf höchstens vereinzelte singuläre Stellen) stets vorhanden ist.

b) Differentiale und Differentialquotient. Man bezeichnet den Zuwachs, den die Funktion $y = f(x)$ erfährt, wenn man x um $\Delta x = dx$ vermehrt, mit Δy und den entsprechenden Zuwachs der Tangente mit dy (Abb. 41 u. 42). Dabei wird:

$$\frac{\Delta y}{\Delta x} = \frac{f(x + \Delta x) - f(x)}{\Delta x}; \quad \frac{dy}{dx} = \lim_{\Delta x \to 0} \frac{f(x + \Delta x) - f(x)}{\Delta x} = f'(x).$$

Da für genügend kleine Änderungen $\Delta x = dx$ der Zuwachs Δy der Funktion nicht wesentlich von dem Zuwachs dy der Tangente verschieden ist, gilt in Näherung die wichtige Formel:

$$\frac{\Delta y}{\Delta x} \approx f'(x) \quad \text{oder} \quad \Delta y \approx f'(x) \cdot \Delta x.$$

Beispiel: Wenn der Radius r eines Kreises um Δr vergrößert wird, vermehrt sich der Inhalt $F = \pi r^2$ um $\Delta F \approx 2\pi r \cdot \Delta r$. Bei der betrachteten Näherung wird die Funktion in der Umgebung der Stelle x durch die zugehörige Tangente ersetzt; eine Verbesserung der Genauigkeit wird durch den *Taylor*schen Satz (S. 73) erzielt.

Die Größen dx und dy bezeichnet man als *Differentiale* und ihren Quotienten als *Differentialquotienten.* Für $\frac{dy}{dx} = y'(x)$ gebraucht man auch die Schreibweise $\frac{d}{dx} f(x)$, wobei für y die zugehörige Funktion eingesetzt ist.

2. Durchführung der Differentiation

a) Tabellen der Differentialquotienten (a, b und n bedeuten Konstante).

$y = a, \quad y' = 0.$	$y = ax + b, \quad y' = a.$
$y = x^n, \quad y' = n x^{n-1}.$	$y = \sqrt{x}, \quad y' = \frac{1}{2}\frac{1}{\sqrt{x}}$ *
	$y = \frac{1}{\sqrt{x}}, \quad y' = -\frac{1}{2}\frac{1}{\sqrt{x^3}}$ *

* Das Vorzeichen der Wurzel ist in y und y' übereinstimmend zu wählen (man mache sich die Verhältnisse an den zugehörigen Kurven klar).

$y = e^x,$	$y' = e^x.$	$y = \ln x,$	$y' = \frac{1}{x}.$
$y = a^x,$	$y' = a^x \cdot \ln a.$	$y = \log x,$	$y' = \frac{1}{x} \cdot \log e.$

$y = \sin x,$	$y' = \cos x.$	$y = \operatorname{arc} \sin x,$	$y' = \frac{1}{+\sqrt{1-x^2}}$ *
$y = \cos x,$	$y' = -\sin x.$	$y = \operatorname{arc} \cos x,$	$y' = \frac{1}{-\sqrt{1-x^2}}$ *
$y = \operatorname{tg} x,$	$y' = \frac{1}{\cos^2 x}.$	$y = \operatorname{arc} \operatorname{tg} x,$	$y' = \frac{1}{1+x^2}.$
$y = \operatorname{ctg} x,$	$y' = \frac{-1}{\sin^2 x}.$	$y = \operatorname{arc} \operatorname{ctg} x,$	$y' = \frac{-1}{1+x^2}.$

$y = \operatorname{Sinh} x,$	$y' = \operatorname{Cosh} x.$	$y = \operatorname{Ar} \operatorname{Sinh} x,$	$y' = \frac{1}{+\sqrt{1+x^2}}$
$y = \operatorname{Cosh} x,$	$y' = \operatorname{Sinh} x.$	$y = \operatorname{Ar} \operatorname{Cosh} x,$	$y' = \frac{1}{+\sqrt{x^2-1}}$ *
$y = \operatorname{Tgh} x,$	$y' = \frac{1}{\operatorname{Cosh}^2 x}.$	$y = \operatorname{Ar} \operatorname{Tgh} x,$	$y' = \frac{1}{1-x^2}$ **
$y = \operatorname{Ctgh} x,$	$y' = \frac{-1}{\operatorname{Sinh}^2 x}.$	$y = \operatorname{Ar} \operatorname{Ctgh} x,$	$y' = \frac{1}{1-x^2}$ **

* Das angegebene Vorzeichen der Wurzel gilt für die Hauptwerte der Funktion y (S. 33 und 37).

** Die Ableitungen von Ar Tgh x und Ar Ctgh x haben die gleiche Gestalt; Ar Tgh ist aber nur im Gebiet $-1 < x < +1$ reell, Ar Ctg x dagegen im Äußern dieses Gebietes (vgl. die Abb. 22, S. 37).

b) Allgemeine Differentiationsregeln. (C bedeutet eine Konstante; die übrigen Größen sollen differenzierbare Funktionen sein.)

Faktorensatz:	$y = C \cdot u,$	$y' = C \cdot u'.$
Summensatz:	$y = u_1 + u_2 + \cdots + u_n,$	$y' = u'_1 + u'_2 + \cdots + u'_n.$
Produktsatz:	$y = u \cdot v,$	$y' = u'v + uv'.$
Quotientensatz:	$y = \frac{u}{v},$	$y' = \frac{u'v - uv'}{v^2}.$
Kettenregel:	$y = F(u)$, wobei $u = u(x)$;	$y' = \frac{dF}{du} \cdot \frac{du}{dx}.$

Beispiel zur Kettenregel: $y = \ln\{x + \sqrt{x^2+1}\}$; man löst in eine Kette auf: $y = \ln u$ $u = x + v$, $v = \sqrt{w}, w = x^2 + 1$; dann folgt:

$$y' = \frac{dy}{du} \cdot \frac{du}{dx} = \frac{1}{u} \cdot \left\{1 + \frac{dv}{dx}\right\} = \frac{1}{u} \cdot \left\{1 + \frac{1}{2\sqrt{w}} \cdot \frac{dw}{dx}\right\}$$

$$= \frac{1}{u} \cdot \left\{1 + \frac{2x}{2\sqrt{x^2+1}}\right\} = \frac{1}{x + \sqrt{x^2+1}} \cdot \frac{\sqrt{x^2+1} + x}{\sqrt{x^2+1}} = \frac{1}{\sqrt{x^2+1}}.$$

Weiter dient die Kettenregel zur *Ableitung der Umkehrfunktionen*; Beispiel: $y = \operatorname{arc\,sin} x$ ist gleichbedeutend mit $x = \sin y$; wenn man diese Gleichung nach x ableitet, wobei y als Funktion von x aufzufassen ist, folgt $1 = \cos y \cdot y'$ oder $y' = 1 : \cos y = 1 : \sqrt{1 - \sin^2 y} = 1 : \sqrt{1 - x^2}$. Entsprechend werden *die unentwickelten Funktionen* abgeleitet (vgl. auch S. 58):

$$x^2 + y^2 = 1; \quad 2x + 2y \cdot y' = 0; \quad y' = -x : y = -x : \sqrt{1 - x^2}.$$

Häufig ist es zweckmäßig, vor Bildung der Ableitung die Ausgangsgleichung zu logarithmieren (*logarithmische Differentiation*); Beispiel: $y = u_1 \cdot u_2 \cdot u_3$; $\ln y = \ln u_1 + \ln u_2 + \ln u_3$; $y' : y = u_1' : u_1 + u_2' : u_2 + u_3' : u_3$; $y' = u_1' u_2 u_3 + u_1 u_2' u_3 + u_1 u_2 u_3'$.

c) Numerische Differentiation. Um die Ableitung $y'(x)$ einer tabellarisch (mit dem Intervall Δx) gegebenen Funktion $y(x)$ zu berechnen, legt man durch fünf aufeinanderfolgende Punkte eine ausgleichende ganze rationale Funktion dritten Grades und bestimmt die gesuchte Ableitung an der Ersatzfunktion (vgl. S. 109). Das Ergebnis ist in der nebenstehenden Tabelle zusammengestellt. In dem nachfolgenden Beispiel ist $y = \ln x$ gewählt, damit man die Genauigkeit durch $y' = 1/x$ nachprüfen kann. In Praxis wird man die dritten Differenzen meist zur Abschätzung der Genauigkeit verwenden.

x	$\Delta x \cdot y'(x)$	
x_0	$\Delta_0^1 - \frac{1}{2}\Delta_0^2$	$+\frac{1}{84}(-\Delta_0^3 + 29\Delta_1^3)$
x_1	$\frac{1}{2}(\Delta_0^1 + \Delta_1^1)$	$-\frac{1}{42}(2\Delta_0^3 + 5\Delta_1^3)$
x_2	$\frac{1}{2}(\Delta_1^1 + \Delta_2^1)$	$-\frac{1}{12}(\Delta_0^3 + \Delta_1^3)$
x_3	$\frac{1}{2}(\Delta_2^1 + \Delta_3^1)$	$-\frac{1}{12}(\Delta_1^3 + \Delta_2^3)$
. . .	. . . .	. . . .
x_{n-2}	$\frac{1}{2}(\Delta_{n-2}^1 + \Delta_{n-3}^1)$	$-\frac{1}{12}(\Delta_{n-3}^3 + \Delta_{n-4}^3)$
x_{n-1}	$\frac{1}{2}(\Delta_{n-1}^1 + \Delta_{n-2}^1)$	$-\frac{1}{42}(2\Delta_{n-3}^3 + 5\Delta_{n-4}^3)$
x_n	$\Delta_{n-1}^1 + \frac{1}{2}\Delta_{n-2}^2$	$+\frac{1}{84}(-\Delta_{n-3}^3 + 29\Delta_{n-4}^3)$

x	$y = \ln x$	Δ^1	Δ^2	Δ^3	$y'(x)$	$1/x$
10	2,303				0,0993	0,1000
		0,095				
11	2,398		−0,008		0,0908	0,0909
		0,087		0,001		
12	2,485		−0,007		0,0833	0,0833
		0,080		0,001		
13	2,565		−0,006		0,0768	0,0769
		0,074		0,001		
14	2,639		−0,005		0,0713	0,0714
		0,069				
15	2,708				0,0668	0,0667
		0,405	−0,026	0,003		

Eine als Kurve gegebene Funktion wird differenziert, indem man der Kurve die Funktionswerte mit einem geeigneten Δx entnimmt; das obige Verfahren arbeitet rascher und genauer, als wenn y' durch Konstruktion der Tangenten ermittelt wird.

v. Sanden: Praktische Mathematik, Leipzig 1951, S. 65. — *v. Sanden*: Mathem. Praktikum, Leipzig 1944.

3. Anschließende Fragestellungen

a) Ableitungen höherer Ordnung; Maxima, Minima und Wendepunkte. Wenn die Ableitung $y'(x)$ einer Funktion $y(x)$ nochmals differenziert wird, erhält man die *zweite Ableitung* $y''(x) = \dfrac{d^2 y}{d x^2}$. Entsprechend wird durch n-malige Differentiation die *n-te Ableitung* $y^{(n)}(x) = \dfrac{d^n y}{d x^n}$ gebildet.

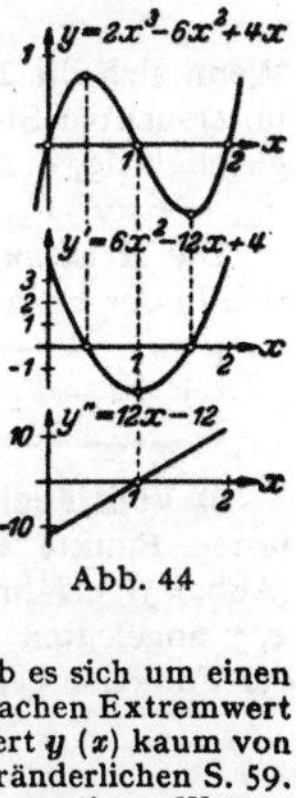

Abb. 44

Die Kurve, welche die Funktion $y(x)$ in rechtwinkligen Koordinaten darstellt, steigt mit wachsendem x an oder fällt, je nachdem $y'(x) > 0$ oder < 0 ist. Die Kurve ist nach oben oder unten hohl, je nachdem $y''(x) > 0$ oder < 0 ist (Abb. 44).

An den Stellen, wo $y'(x) = 0$ ist, besitzt die Kurve eine horizontale Tangente, und zwar handelt es sich um ein *Maximum* oder ein *Minimum*, je nachdem an dieser Stelle $y''(x) < 0$ oder > 0 ist; im Falle $y''(x) = 0$ kann sowohl ein Extremwert als auch ein Wendepunkt mit horizontaler Tangente vorliegen. Für die Praxis ist wichtig, ob es sich um einen *flachen* (⌒) oder einen *starken* (∧) *Extremwert* handelt; bei einem flachen Extremwert genügt eine rohe Innehaltung des richtigen x, da hierbei der zugehörige Wert $y(x)$ kaum von dem theoretisch günstigsten Wert abweicht. Extremwerte bei mehreren Veränderlichen S. 59.

An den Stellen, an denen $y''(x) = 0$ ist und dort von positiven zu negativen Werten übergeht [hinreichende Bedingung $y'''(x) \neq 0$], liegt ein *Wendepunkt* der Kurve; d. h. die Kurve ist auf der einen Seite des Punktes nach oben, auf der anderen nach unten hohl.

b) Bestimmung von Grenzwerten. Wenn in dem Ausdruck $y = u(x) : v(x)$ für $x = a$ Zähler und Nenner verschwinden, erscheint $y(a)$ in der unbestimmten Form $\underline{0 : 0}$. Man findet den Grenzwert $\lim_{x \to a} y(x)$ (vgl. S. 55), indem man u und v an der Stelle $x = a$ in eine *Taylor*sche Reihe (S. 73) entwickelt:

$$y(x) = \frac{(x-a)\cdot u'(a) + \frac{1}{2!}(x-a)^2 \cdot u''(a) + \cdots}{(x-a)\cdot v'(a) + \frac{1}{2!}(x-a)^2 \cdot v''(a) + \cdots},$$

durch $(x - a)$ oder gegebenen Falles eine höhere Potenz von $(x - a)$ kürzt und dann zur Grenze $\lim x \to a$ übergeht. Statt dessen kann man den Grenzwert auch durch $\lim_{x \to a} \frac{u(x)}{v(x)} = \lim_{x \to a} \frac{u'(x)}{v'(x)}$ bestimmen; Beispiel: $\lim_{x \to 0} \frac{\sin x}{x} = \lim_{x \to 0} \frac{\cos x}{1} = 1$. Wenn auch $u'(a) = v'(a) = 0$ wird, ist das Verfahren zu wiederholen. Die Größe a darf dabei (ebenso wie in den folgenden Fällen) auch den Wert ∞ annehmen.

Fall $\infty : \infty$. Der unbestimmte Wert $\infty : \infty$ wird in gleicher Weise wie der Fall $0 : 0$ behandelt. Fall $0 : \infty$. Bei $y = u(x) \cdot v(x)$ mit $u(a) = 0$, $v(a) = \infty$ setzt man $v(x) = 1 : w(x)$ und erhält $y = u(x) : w(x)$ mit $u(a) = w(a) = 0$. Fall $\infty - \infty$. Bei $y = u(x) - v(x)$ mit $u(a) = v(a) = \infty$ setzt man $u(x) = 1 : w(x)$, $v(x) = 1 : z(x)$ und erhält $y = \{z(x) - w(x)\} : \{z(x) \cdot w(x)\}$, wobei Zähler und Nenner für $x = a$ verschwinden. Fälle 0^0, 1^∞, ∞^0. Bei den vorstehenden unbestimmten Formen führt Logarithmierung der gegebenen Funktion y auf die vorigen Fälle zurück.

c) Partielle Ableitungen. Bei einer Funktion F von mehreren Veränderlichen bezeichnet man mit $\frac{\partial F}{\partial x} = F_x$ die Ableitung, die sich ergibt, wenn man die Funktion nach x allein differenziert und die übrigen Veränderlichen als Konstante betrachtet. Durch nochmalige Differentiation entstehen die zweiten Ableitungen:

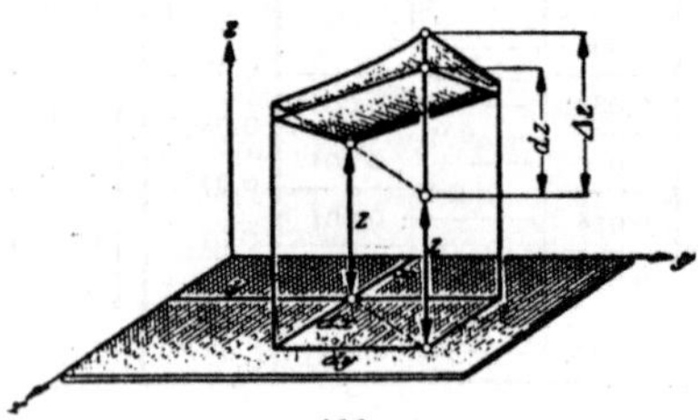

Abb. 45

$$F_{xx} = \frac{\partial^2 F}{\partial x^2} = \frac{\partial}{\partial x}\left(\frac{\partial F}{\partial x}\right);$$

$$F_{xy} = \frac{\partial^2 F}{\partial x\, \partial y} = \frac{\partial}{\partial x}\left(\frac{\partial F}{\partial y}\right);$$

$$F_{yx} = \frac{\partial^2 F}{\partial y\, \partial x} = \frac{\partial}{\partial y}\left(\frac{\partial F}{\partial x}\right);$$

$$F_{yy} = \frac{\partial^2 F}{\partial y^2} = \frac{\partial}{\partial y}\left(\frac{\partial F}{\partial y}\right).$$

Wenn sich die Funktion und die betrachteten Ableitungen in der Umgebung der untersuchten Stelle normal verhalten, ist die *Reihenfolge der partiellen Ableitungen* gleichgültig, d. h. es wird $F_{xy} = F_{yx}$. Beispiel: $F = x^3 y^2$; $F_x = 3x^2 y^2$; $F_y = 2x^3 y$; $F_{xx} = 6xy^2$, $F_{xy} = F_{yx} = 6x^2 y$, $F_{yy} = 2x^3$; usw.

Die *Ableitungen einer unentwickelten Funktion* $F(x, y) = 0$ (vgl. S. 57) lassen sich in der Form schreiben:

$$y' = -F_x : F_y; \qquad y'' = -\left\{F_{xx} F_y^2 - 2 F_{xy} F_x F_y + F_{yy} F_x^2\right\} : F_y^3$$

d) Vollständiges Differential. Wenn man bei der Fläche $z = F(x, y)$, von dem festen Punkte x, y ausgehend, x um $\Delta x = dx$ und y um $\Delta y = dy$ vermehrt (Abb. 45), erfährt z einen Zuwachs Δz; der entsprechende Zuwachs der im Punkte x, y angelegten Tangentialebene wird das *vollständige (oder totale) Differential* dz der Funktion genannt; es wird:

$$dz = \frac{\partial F}{\partial x} \cdot dx + \frac{\partial F}{\partial y} \cdot dy = F_x\, dx + F_y\, dy.$$

Für genügend kleine Werte von $\Delta x = dx$ und $\Delta y = dy$ gilt die Näherung $\Delta z \approx dz$ (vgl. die entsprechende Überlegung S. 55). Eine Verbesserung der Genauigkeit wird durch den *Taylor*schen Satz (S. 73) erzielt. Bei einer Funktion von n Veränderlichen $z = F(x_1, x_2, \cdots, x_n)$ wird entsprechend:

$$dz = \frac{\partial F}{\partial x_1} dx_1 + \frac{\partial F}{\partial x_2} dx_2 + \cdots + \frac{\partial F}{\partial x_n} dx_n \quad \text{und} \quad \Delta z \approx dz.$$

Beispiel: Der Inhalt eines Dreiecks ist $F = \frac{1}{2} ab \sin\gamma$. Wenn a, b und γ um kleine Werte da, db und $d\gamma$ geändert werden (wobei $d\gamma$ im Bogenmaß gemessen sei), folgt für die Änderung ΔF des Dreiecksinhaltes:

$$\Delta F \approx \frac{\partial F}{\partial a} \cdot da + \frac{\partial F}{\partial b} \cdot db + \frac{\partial F}{\partial \gamma} \cdot d\gamma = \frac{1}{2} \{ b \sin\gamma \cdot da + a \sin\gamma \cdot db + ab \cos\gamma \cdot d\gamma \}.$$

An den Stellen, an denen die Funktion $z = F(x_1, x_2, \cdots, x_n)$ ein *Maximum oder Minimum* besitzt, muß dz für alle Werte der dx_ν verschwinden; daraus folgt:

$$\frac{\partial F}{\partial x_1} = 0, \quad \frac{\partial F}{\partial x_2} = 0, \quad \ldots, \quad \frac{\partial F}{\partial x_n} = 0,$$

womit n Gleichungen zur Bestimmung der n Unbekannten $x_1, x_2, \ldots x_n$ gewonnen sind. Diese Bedingung für das Vorliegen eines Extremwertes ist notwendig, aber noch nicht hinreichend (vgl. S. 57).

Wenn $F = F(x_1, x_2, \ldots, x_n)$ eine Funktion von $x_1, x_2 \ldots, x_n$ ist, die ihrerseits Funktionen von x sein sollen, wird:

$$\frac{dF}{dx} = \frac{\partial F}{\partial x_1} \cdot \frac{dx_1}{dx} + \frac{\partial F}{\partial x_2} \cdot \frac{dx_2}{dx} + \cdots + \frac{\partial F}{\partial x_n} \cdot \frac{dx_n}{dx}.$$

Die folgenden Differentialausdrücke von zwei Veränderlichen x, y bzw. drei Veränderlichen y, x, z *sind dann und nur dann ein vollständiges Differential*, wenn die nachstehenden Bedingungen erfüllt sind (vgl. dazu S. 71 u. 89):

$P(x, y)\, dx + Q(x, y)\, dy$	$P_y = Q_x$
$P\, dx + Q\, dy + R\, dz$	$Q_z = R_y, \quad R_x = P_z, \quad P_y = Q_x$

Literatur zur Differentialrechnung S. 71.

D. Integralrechnung

1. Grundlagen

a) Definition des bestimmten Integrales. Die Funktion $y = f(x)$, die in dem betrachteten Bereich überall als *endlich, stetig und eindeutig* vorausgesetzt wird (S. 54), sei in rechtwinkligen Koordinaten mit den Längeneinheiten $l_x = l_y = 1$ cm dargestellt. Wenn die Funktion im Bereich $a \leq x \leq b$ keine Nullstellen besitzt, bedeutet $\int_a^b f(x)\, dx$ (gesprochen: Integral von a bis b über f von x mal dx) den *Inhalt des Flächenstückes*, das von der Kurve, der x-Achse und den beiden Ordinaten für $x = a$ und $x = b$ begrenzt wird, gemessen in cm² (Abb. 46). Der Flächeninhalt erhält ein *positives oder negatives Vorzeichen*, je nachdem die Umlaufsrichtung, die auf der x-Achse von der unteren Grenze a nach der oberen Grenze b und von dort auf die Kurve führt, entgegengesetzt oder gleich der Umdrehungsrichtung des Uhrzeigers ist (Abb. 46). Wenn die Kurve zwischen $x = a$ und $x = b$ *Nullstellen* besitzt, werden die hierdurch entstehenden einzelnen Flächeninhalte unter Berücksichtigung ihres Vorzeichens addiert. Beispiel (Abb. 47):

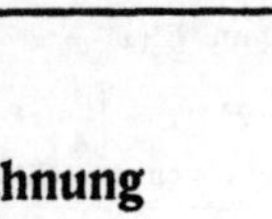

Abb. 46

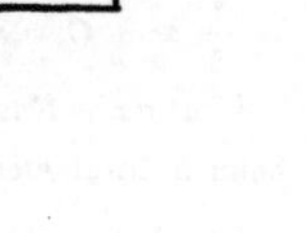

Abb. 47

$$\int_0^3 (x-1)\, dx = \int_0^1 (x-1)\, dx + \int_1^3 (x-1)\, dx = -\frac{1}{2} + 2 = +\frac{3}{2}.$$

Infolge dieser Definitionen ergibt sich:

$$\int_a^b f(x)\,dx = -\int_b^a f(x)\,dx; \quad \int_a^b -f(x)\,dx = -\int_a^b f(x)\,dx;$$

$$\int_a^b f(x)\,dx + \int_b^c f(x)\,dx = \int_a^c f(x)\,dx.$$

Wenn die Kurve mit den Längeneinheiten l_x und l_y mm dargestellt ist (S. 26), erhält man:

$$\int_a^b f(x)\,dx = \frac{\text{Flächeninhalt in mm}^2}{l_x\,\text{mm} \cdot l_y\,\text{mm}}.$$

Zur *Definition des Flächeninhaltes* teilt man den Bereich von a bis b in n Teile $\Delta x = \frac{1}{n}(b-a)$, bestimmt die Inhaltssumme der zugehörigen Rechtecke, deren linke obere Ecke jeweils auf der Kurve liegt (Abb. 48), und bildet den Grenzwert dieser Summe für $n \to \infty$ oder $\Delta x \to 0$. Dieser Grenzwert, der den gesuchten Flächeninhalt darstellt, ist unter den angegebenen Voraussetzungen (im Gegensatz zur Differentialrechnung, S. 55) stets vorhanden. Das Integralzeichen ist ein stilisiertes Summenzeichen; $\int_b^a f(x)\,dx$ soll bedeuten: Grenzwert der Summe über das jeweilige $f(x) \cdot dx$ von a bis b.

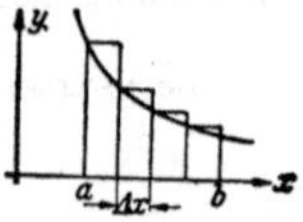

Abb. 48

b) Unbestimmtes Integral. Unter den angegebenen Voraussetzungen für den Integranden gilt der folgende *Hauptsatz der Differential- und Integralrechnung:*

$$\int_a^b F'(x)\,dx = F(b) - F(a);$$

d. h., *das Integral über eine Ableitung ist stets bekannt.*

Um das Integral $\int_a^b f(x)\,dx$ zu berechnen, haben wir somit eine Funktion $F(x)$ zu bestimmen, deren Ableitung den Integranden ergibt: $F'(x) = f(x)$, und dann $F(b) - F(a)$ zu bilden. Die gesuchte Funktion $F(x)$ wird als das *unbestimmte Integral* über $f(x)$ bezeichnet und unter Fortlassung der Grenzen in der Form $F(x) = \int f(x)\,dx$ geschrieben; diese Gleichung bedeutet also dasselbe wie $F'(x) = f(x)$. Das unbestimmte Integral enthält eine willkürliche additive Konstante C, die sog. *Integrationskonstante*, da alle Funktionen $F(x) + C$ dieselbe Ableitung haben. Beispiel: $\int_1^2 x^3\,dx$; es wird $F(x) = \int x^3\,dx = \frac{1}{4}x^4 + C$, da dann $F'(x) = x^3$ ist; es folgt somit

$$\int_1^2 x^3\,dx = F(2) - F(1) = \left[\frac{1}{4}x^4 + C\right]_1^2 = \left(\frac{1}{4}\cdot 2^4 + C\right) - \left(\frac{1}{4}\cdot 1^4 + C\right) = 3{,}75;$$

beim Subtrahieren hebt sich die willkürliche Konstante C (wie notwendig) fort.

c) Integralfunktion. Ein Integral mit festen Grenzen $\int_a^b f(x)\,dx$ ergibt als Resultat eine Zahl. Wenn man statt dessen die obere Grenze veränderlich läßt: $\int_a^x f(x)\,dx$ und an jeder Stelle x den Wert dieses Integrales aufträgt (Abb. 49), erhält man dagegen eine Funktion, die sog. *Integralfunktion.* Für sie gelten die beiden Sätze:

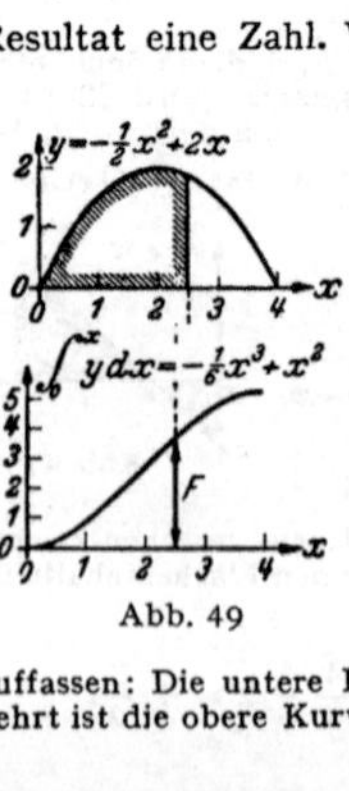

Abb. 49

$$\int_a^x F'(x)\,dx = F(x) - F(a); \quad \frac{d}{dx}\int_a^x f(x)\,dx = f(x).$$

Die erste Gleichung ist der Hauptsatz; die zweite ergibt sich durch Differentiation unter Berücksichtigung von $F'(x) = f(x)$. Differentiation und nachfolgende Integration (mit veränderlicher oberer Grenze) gibt somit die Ausgangsfunktion bis auf eine additive Konstante zurück; Integration (mit veränderlicher oberer Grenze) und nachfolgende Differentiation heben sich auf. Die beiden Kurven der Abb. 49 lassen sich danach auf zwei verschiedene Weisen auffassen: Die untere Kurve stellt die Integralfunktion der oberen Kurve dar, und umgekehrt ist die obere Kurve die Ableitung der unteren Kurve.

Das unbestimmte Integral $F(x) = \int f(x)\,dx$ und das Integral mit veränderlicher oberer Grenze $\int_a^x f(x)\,dx$ stimmen bis auf eine additive Konstante überein. Die richtige Berechnung einer Integralfunktion oder eines unbestimmten Integrales wird dadurch geprüft, daß sich durch Differentiation wieder der Integrand ergeben muß.

2. Formale Integration

a) Allgemeine Integrationsregeln.

Faktorensatz: $\int C \cdot f(x)\,dx = C \cdot \int f(x)\,dx;$ $C = \text{Const.}$

Summensatz: $\int \{u_1 + u_2 + \cdots + u_n\}\,dx = \int u_1\,dx + \int u_2\,dx + \cdots + \int u_n\,dx.$

Teilweise Integration: $\int u v'\,dx = uv - \int v u'\,dx.$

Integration durch Einführung einer neuen Veränderlichen $x = \varphi(t)$, $dx = \varphi'(t) \cdot dt$:

$$\int f(x)\,dx = \int f\{\varphi(t)\} \cdot \varphi'(t)\,dt.$$

Bei der *teilweisen Integration* kommt es darauf an, daß sich das neue Integral leichter als das ursprüngliche auswerten läßt. Beispiel: $\int x e^x dx$; $u = x$, $v' = e^x$; $u' = 1$, $v = e^x$; also $\int x e^x dx = x e^x - \int e^x dx = (x-1)e^x + C$. Der umgekehrte Ansatz $u = e^x$, $v' = x$ würde keine Vereinfachung ergeben; es ist also auf *zweckmäßige* Zerlegung des Integranden in $u \cdot v'$ zu achten. Gegebenen Falles ist das Verfahren mehrfach anzuwenden, z. B. bei $\int x^2 e^x dx$.

Bei der *Integration durch Einführung einer neuen Veränderlichen* werden einfach die aus $x = \varphi(t)$, $dx = \varphi'(t) \cdot dt$ folgenden Werte in den Integranden eingesetzt. Nach Berechnung des entstandenen Integrales wird statt t wieder die ursprüngliche Veränderliche x eingeführt; z. B. $\int e^{-\varkappa x} dx$; $-\varkappa x = t$, $dx = -\frac{1}{\varkappa} dt$; also $\int e^{-\varkappa x} dx = \int e^t \cdot -\frac{1}{\varkappa}\,dt = -\frac{1}{\varkappa} e^t + C = -\frac{1}{\varkappa} e^{-\varkappa x} + C$. Bei den folgenden Beispielen tritt die Gleichung, die zur Einführung der neuen Veränderlichen dient, in der Form $t = \psi(x)$; $dt = \psi'(x) \cdot dx$ auf; in den drei ersten Fällen wird die Integrationskonstante zweckmäßig in der Form $C = \ln c$ angesetzt:

$\int \frac{f'(x)}{f(x)} dx = \ln f(x) + \ln c = \ln\{c \cdot f(x)\}$	$t = f(x)$,	$dt = f'(x)\,dx$
$\int \operatorname{tg} x\,dx = -\int \frac{-\sin x}{\cos x} dx = -\ln(c \cdot \cos x)$	$t = \cos x$,	$dt = -\sin x\,dx$
$\int \frac{(x+1)\,dx}{x^2 + 2x - 1} = \frac{1}{2} \ln c\,(x^2 + 2x - 1)$	$t = x^2 + 2x - 1$,	$dt = (2x + 2)\,dx$
$\int f(x^2) \cdot x\,dx = \frac{1}{2} \int f(t)\,dt$	$t = x^2$,	$dt = 2x\,dx$
$\int f(\sin x) \cdot \cos x\,dx = \int f(t)\,dt$	$t = \sin x$,	$dt = \cos x\,dx$

Bei Anwendung des Verfahrens auf bestimmte Integrale braucht man nicht auf die Veränderliche x zurückzugehen, muß dann aber für t *neue Grenzen* einsetzen:

$$\int_a^b f(x)\,dx = \int_{t_a}^{t_b} f\{\varphi(t)\} \cdot \varphi'(t)\,dt;$$

dabei sind t_a und t_b die Werte, die sich aus $x = \varphi(t)$ für $x = a$ bzw. $x = b$ ergeben. Beispiel: Für $t = -\varkappa x$ ergibt sich $\int_0^1 e^{-\varkappa x} dx = \int_0^{-\varkappa} e^t \cdot -\frac{1}{\varkappa} dt = \left[-\frac{1}{\varkappa} e^t\right]_0^{-\varkappa} = \frac{1}{\varkappa}(1 - e^{-\varkappa})$.

b) Integration der rationalen Funktionen. In der folgenden Tabelle bedeuten C, C^* und c Integrationskonstanten.

$$\int x^n\,dx = \frac{1}{n+1}\,x^{n+1} + C \qquad \text{für } n \neq -1.$$

$$\int \frac{dx}{x} = \ln(cx) = \begin{cases} \ln x + C & \text{für } x > 0,\\ \ln(-x) + C^* & \text{für } x < 0.\end{cases}$$

Unter der Voraussetzung $b \neq 0$ wird:

$$\int (a+bx)^n\,dx = \frac{1}{b(n+1)}\,(a+bx)^{n+1} + C \qquad \text{für } n \neq -1.$$

$$\int \frac{dx}{a+bx} = \frac{1}{b}\ln c\,(a+bx) = \begin{cases} \frac{1}{b}\ln(a+bx) + C & \text{für } a+bx > 0,\\ \frac{1}{b}\ln -(a+bx) + C^* & \text{für } a+bx < 0.\end{cases}$$

$$\int \frac{dx}{1+x^2} = \operatorname{arc\,tg} x + C.$$

$$\int \frac{dx}{1-x^2} = \frac{1}{2}\ln c\,\frac{1+x}{1-x} = \begin{cases} \operatorname{Ar\,Tgh} x + C & \text{für } |x| < 1,\\ \operatorname{Ar\,Ctgh} x + C^* & \text{für } |x| > 1.\end{cases}$$

Für $a > 0$, $b > 0$ wird:

$$\int \frac{dx}{a+bx^2} = \frac{1}{\sqrt{ab}}\operatorname{arc\,tg}\left(\sqrt{\frac{b}{a}}\,x\right) + C.$$

$$\int \frac{dx}{a-bx^2} = \frac{1}{2\sqrt{ab}}\ln\left\{c\,\frac{\sqrt{a}+\sqrt{b}\cdot x}{\sqrt{a}-\sqrt{b}\cdot x}\right\}$$

$$= \frac{1}{\sqrt{ab}}\operatorname{Ar\,Tgh}\left(\sqrt{\frac{b}{a}}\,x\right) + C \qquad \text{für } |x| < \sqrt{\frac{a}{b}},$$

$$= \frac{1}{\sqrt{ab}}\operatorname{Ar\,Ctgh}\left(\sqrt{\frac{b}{a}}\,x\right) + C^* \qquad \text{für } |x| > \sqrt{\frac{a}{b}}.$$

Im Fall eines allgemeinen quadratischen Nenners sind drei Fälle zu unterscheiden, je nachdem $D = ac - b^2 > 0$, < 0 oder $= 0$ ist.

$$\int \frac{dx}{a+2bx+cx^2} = \frac{1}{\sqrt{D}}\operatorname{arc\,tg}\frac{b+cx}{\sqrt{D}} + C \qquad \text{für } D > 0,$$

$$= \frac{+1}{2\sqrt{-D}}\ln\left\{c\,\frac{\sqrt{-D}-b-cx}{\sqrt{-D}+b+cx}\right\} \qquad \text{für } D < 0,$$

$$= \frac{-1}{\sqrt{-D}}\operatorname{Ar\,Tgh}\frac{b+cx}{\sqrt{-D}} + C \qquad \text{für } D < 0,\ |b+cx| < \sqrt{-D},$$

$$= \frac{-1}{\sqrt{-D}}\operatorname{Ar\,Ctgh}\frac{b+cx}{\sqrt{-D}} + C^* \qquad \text{für } D < 0,\ |b+cx| > \sqrt{-D},$$

$$= \frac{-1}{b+cx} + C \qquad \text{für } D = 0.$$

Es gilt der grundlegende Satz: *Die Integrale über rationale Funktionen lassen sich stets durch rationale und elementare transzendente Funktionen ausdrücken.*

Das Verfahren läuft bei den gebrochenen rationalen Funktionen folgendermaßen. Die gegebene Funktion wird nach eventueller Abspaltung einer ganzen rationalen Funktion in Teilbrüche zerlegt (S. 28). Dann treten nur noch die (reellen) Integrale:

$$\int \frac{dx}{(x-a)^n} \quad \text{und} \quad \int \frac{(M+Nx)\,dx}{(a+2bx+cx^2)^n}$$

auf; dabei ist n positiv ganzzahlig; ferner wird bei dem zweiten Integral $c \neq 0$ und $D = ac - b^2 > 0$ (da sich sonst der Nenner in reelle lineare Faktoren zerlegen lassen würde). Das erste Integral läßt sich unmittelbar auswerten:

$$\int \frac{dx}{(x-a)^n} = \frac{-1}{n-1} \cdot \frac{1}{(x-a)^{n-1}} + C \qquad \text{für } n \neq 1;$$

$$\int \frac{dx}{x-a} = \ln(x-a) + C \quad \text{bzw.} \quad = \ln(a-x) + C^* \qquad \text{für } n = 1.$$

Bei dem zweiten Integral wird zunächst der Zähler vereinfacht; dabei ist $y = a + 2bx + cx^2$ gesetzt:

$$\int \frac{(M+Nx)\,dx}{y^n} = \frac{-N}{2c(n-1)\,y^{n-1}} + \frac{Mc - Nb}{c} \int \frac{dx}{y^n} \qquad \text{für } n \neq 1;$$

$$\int \frac{(M+Nx)\,dx}{y} = \frac{N}{2c} \ln y + \frac{Mc - Nb}{c} \int \frac{dx}{y} \qquad \text{für } n = 1.$$

Das in dem ersten Ausdruck auftretende Integral wird durch schrittweise Anwendung der Rekursionsformel:

$$\int \frac{dx}{y^n} = \frac{1}{2(ac-b^2)(n-1)} \cdot \frac{b+cx}{y^{n-1}} + \frac{(2n-3)\,c}{2(ac-b^2)(n-1)} \int \frac{dx}{y^{n-1}} \qquad (n \neq 1)$$

ebenfalls auf $\int dx : y$ zurückgeführt. Dieses Integral läßt sich aber nach der Tabelle auf S. 62 auswerten.

In vielen Fällen lassen sich wesentliche *Vereinfachungen* erzielen; z. B. folgt für $t = x^2$:

$$\int \frac{x + x^3}{1 + x^4}\,dx = \int \frac{1+t}{1+t^2} \cdot \frac{dt}{2} = \frac{1}{2} \int \frac{dt}{1+t^2} + \frac{1}{4} \int \frac{2t\,dt}{1+t^2} = \frac{1}{2} \operatorname{arc\,tg} x^2 + \frac{1}{4} \ln(1+x^4) + C.$$

Häufig ist das Verfahren der *Reihenentwicklung* vorzuziehen:

$$\int_{0,0}^{0,5} \frac{dx}{1+x^4} = \int_{0,0}^{0,5} \{1 - x^4 + x^8 - + \cdots\}\,dx = \frac{1}{2} - \frac{1}{5} \cdot \frac{1}{2^5} + \frac{1}{9} \cdot \frac{1}{2^9} - \frac{1}{13} \cdot \frac{1}{2^{13}} + - \cdots$$

$$= 0{,}50000 - 0{,}00625 + 0{,}00022 + - \cdots = 0{,}4940.$$

c) Integration der algebraischen Funktionen. Bei den Integralen:

$$\int R(x, y)\,dx; \quad y = \sqrt[n]{a + bx},$$

wobei R eine rationale Funktion von x und y bedeuten soll, setzt man $a + bx = t^n$, $y = t$, $dx = \frac{n}{b} t^{n-1}\,dt$ $(b \neq 0,\ n \neq 0)$ und erhält ein Integral über eine rationale Funktion von t. Im besonderen wird (überall für $b \neq 0$):

$$\int \sqrt{a+bx}\,dx = \frac{2}{3b} \sqrt{(a+bx)^3} + C; \qquad \int \frac{dx}{\sqrt{a+bx}} = \frac{2}{b} \sqrt{a+bx} + C;$$

$$\int \frac{(\alpha + \beta x)\,dx}{\sqrt{a+bx}} = \frac{2}{3b^2} (3\alpha b - 2\beta a + \beta b x) \sqrt{a+bx} + C.$$

Bei den Integralen:

$$\int R(x, y)\,dx; \quad y = \sqrt{a + 2bx + cx^2}$$

setzt man für $c > 0$ etwa $y = \sqrt{a + 2bx + cx^2} = t - \sqrt{c} \cdot x$ an und erhält:

$$x = \frac{t^2 - a}{2(\sqrt{c} \cdot t + b)}, \quad y = \frac{\sqrt{c} \cdot t^2 + 2bt + a\sqrt{c}}{2(\sqrt{c} \cdot t + b)}, \quad dx = \frac{\sqrt{c} \cdot t^2 + 2bt + a\sqrt{c}}{2(\sqrt{c} \cdot t + b)^2}\,dt.$$

Für $c < 0$ müssen die beiden Nullstellen x_1 und x_2 der Gleichung $y = 0$ reell und verschieden sein, da sonst y für alle Werte von x imaginär sein würde oder aber die Wurzel ausgezogen werden könnte; es wird also $y = \sqrt{-c} \cdot \sqrt{(x - x_1)(x_2 - x)}$. Man setzt $y = (x - x_1) \cdot t$, woraus $-c(x_2 - x) = (x - x_1) t^2$ folgt, und erhält:

$$x = \frac{c x_2 - x_1 t^2}{c - t^2}, \quad y = \frac{c(x_2 - x_1) t}{c - t^2}, \quad dx = \frac{2c(x_2 - x_1) t}{(c - t^2)^2} dt.$$

Damit ist in beiden Fällen der Integrand rational in t geworden. Im besonderen wird für $a \neq 0$:

$$\int \frac{dx}{\sqrt{a^2 - x^2}} = \arcsin \frac{x}{a} + C = -\arccos \frac{x}{a} + C^* = 2 \operatorname{arc\,tg} \sqrt{\frac{a + x}{a - x}} + C^{**}$$

$$\int \frac{dx}{\sqrt{a^2 + x^2}} = \operatorname{Ar\,Sinh} \frac{x}{a} + C = \ln\left(x + \sqrt{a^2 + x^2}\right) + C^*$$

$$\int \frac{dx}{\sqrt{x^3 - a^2}} = \operatorname{Ar\,Cosh} \frac{x}{a} + C = \ln\left(x + \sqrt{x^2 - a^2}\right) + C^*$$

$$\int \sqrt{a^2 - x^2}\, dx = \frac{x}{2} \sqrt{a^2 - x^2} + \frac{a^2}{2} \arcsin \frac{x}{a} + C$$

$$\int \sqrt{a^2 + x^2}\, dx = \frac{x}{2} \sqrt{a^2 + x^2} + \frac{a^2}{2} \operatorname{Ar\,Sinh} \frac{x}{a} + C$$

$$= \frac{x}{2} \sqrt{a^2 + x^2} + \frac{a^2}{2} \ln\left(x + \sqrt{a^2 + x^2}\right) + C^*$$

$$\int \sqrt{x^2 - a^2}\, dx = \frac{x}{2} \sqrt{x^2 - a^2} - \frac{a^2}{2} \operatorname{Ar\,Cosh} \frac{x}{a} + C$$

$$= \frac{x}{2} \sqrt{x^2 - a^2} - \frac{a^2}{2} \ln\left(x + \sqrt{x^2 - a^2}\right) + C^*$$

In den folgenden Formeln ist $y = \sqrt{a + 2bx + cx^2}$ gesetzt ($c \neq 0$, $ac - b^2 \neq 0$).

$$\int \frac{dx}{y} = \frac{1}{\sqrt{c}} \ln C \left(b + cx + \sqrt{c} \cdot y\right) \qquad \text{für } c > 0,$$

$$= \frac{1}{\sqrt{c}} \operatorname{Ar\,Sinh} \frac{b + cx}{\sqrt{ac - b^2}} + C^* \qquad \text{für } c > 0,\ ac - b^2 > 0,$$

$$= \frac{1}{\sqrt{c}} \operatorname{Ar\,Cosh} \frac{b + cx}{\sqrt{b^2 - ac}} + C^* \qquad \text{für } c > 0,\ ac - b^2 < 0,$$

$$= \frac{-1}{\sqrt{-c}} \arcsin \frac{b + cx}{\sqrt{b^2 - ac}} + C^* \qquad \text{für } c < 0,\ ac - b^2 < 0.$$

$$\int y\, dx = \frac{b + cx}{2c} \cdot y + \frac{ac - b^2}{2c} \cdot \int \frac{dx}{y}$$

$$\int (\alpha + \beta x) \cdot \frac{dx}{y} = \frac{\beta}{c} \cdot y + \frac{\alpha c - \beta b}{c} \cdot \int \frac{dx}{y}$$

$$\int x^n \cdot \frac{dx}{y} = \frac{x^{n-1} y}{nc} - \frac{(n-1) a}{nc} \cdot \int \frac{x^{n-2} dx}{y} - \frac{(2n-1) b}{nc} \cdot \int \frac{x^{n-1} dx}{y} \qquad \text{für } n \neq 0.$$

$$\int \frac{(\alpha + \beta x)\, dx}{y^3} = \frac{(a\beta - b\alpha) + (b\beta - c\alpha) x}{(b^2 - ac)\, y} + C$$

Dasselbe Verfahren führt immer zum Ziel, wenn man für x und y eine rationale Parameterdarstellung $x = r_1(t)$, $y = r_2(t)$ angeben kann. Der einfachste Fall, bei dem dies im allgemeinen nicht mehr möglich ist, sind die *elliptischen Integrale:*

$$\int R(x, y)\, dx; \qquad y = \sqrt{a_0 + a_1 x + a_2 x^2 + a_3 x^3 + a_4 x^4}.$$

Die Integration dieser Funktionen läßt sich auf die Integration der *elliptischen Normalintegrale* zurückzuführen (Durchführung dieser Reduktion besonders übersichtlich in Serret-Scheffers, Lehrbuch der Differential- und Integralrechnung, Bd. 2, Leipzig 1911, S. 78—98). Die *Normalintegrale erster und zweiter Gattung* sind S. 38 behandelt.

d) Integration der elementaren transzendenten Funktionen. Die wichtigsten Integrale, die sich durch elementare transzendente Funktionen auflösen lassen, sind:

$$\int e^x\,dx = e^x + C \qquad \int \ln x\,dx = x(\ln x - 1) + C$$

$$\int \sin x\,dx = -\cos x + C \qquad \int \operatorname{arc\,sin} x\,dx = x \operatorname{arc\,sin} x + \sqrt{1-x^2} + C$$

$$\int \cos x\,dx = +\sin x + C \qquad \int \operatorname{arc\,cos} x\,dx = x \operatorname{arc\,cos} x - \sqrt{1-x^2} + C$$

$$\int \operatorname{tg} x\,dx = -\ln\cos x + C \qquad \int \operatorname{arc\,tg} x\,dx = x \operatorname{arc\,tg} x - \tfrac{1}{2}\ln(1+x^2) + C$$

$$\int \operatorname{ctg} x\,dx = +\ln\sin x + C \qquad \int \operatorname{arc\,ctg} x\,dx = x \operatorname{arc\,ctg} x + \tfrac{1}{2}\ln(1+x^2) + C$$

$$\int \operatorname{Sinh} x\,dx = \operatorname{Cosh} x + C \qquad \int \operatorname{Ar\,Sinh} x\,dx = x \operatorname{Ar\,Sinh} x - \sqrt{1+x^2} + C$$

$$\int \operatorname{Cosh} x\,dx = \operatorname{Sinh} x + C \qquad \int \operatorname{Ar\,Cosh} x\,dx = x \operatorname{Ar\,Cosh} x - \sqrt{x^2-1} + C$$

$$\int \operatorname{Tgh} x\,dx = \ln\operatorname{Cosh} x + C \qquad \int \operatorname{Ar\,Tgh} x\,dx = x \operatorname{Ar\,Tgh} x + \tfrac{1}{2}\ln(1-x^2) + C$$

$$\int \operatorname{Ctgh} x\,dx = \ln\operatorname{Sinh} x + C \qquad \int \operatorname{Ar\,Ctgh} x\,dx = x \operatorname{Ar\,Ctgh} x + \tfrac{1}{2}\ln(x^2-1) + C$$

$$\int x^n e^x\,dx = e^x\,\{x^n - n\,x^{n-1} + n\,(n-1)\,x^{n-2} - + \cdots + (-1)^n\,n!\} + C \quad \text{(}n\text{ positiv ganzzahlig)}$$

$$\int x^n \ln x\,dx = \frac{x^{n+1}}{n+1}\ln x - \frac{x^{n+1}}{(n+1)^2} + C \qquad \text{für } n \neq -1$$

$$\int \frac{1}{x}\ln x\,dx = \frac{1}{2}(\ln x)^2 + C$$

$$\left.\begin{aligned}\int x^n \sin x\,dx &= -x^n\cos x + n\int x^{n-1}\cos x\,dx\\ \int x^n \cos x\,dx &= +x^n\sin x - n\int x^{n-1}\sin x\,dx\end{aligned}\right\} \quad \text{(vgl. S. 41).}$$

$$\int \sin^2 x\,dx = \frac{x}{2} - \frac{1}{4}\sin 2x + C \qquad \int \cos^2 x\,dx = \frac{x}{2} + \frac{1}{4}\sin 2x + C$$

$$\int \sin x\cos x\,dx = \frac{1}{2}\sin^2 x + C = -\frac{1}{4}\cos 2x + C^*$$

$$\int \sin m x\cdot\sin n x\cdot dx = +\frac{\sin(m-n)\,x}{2\,(m-n)} - \frac{\sin(m+n)\,x}{2\,(m+n)} + C \qquad \text{für } m \neq \pm n$$

$$\int \cos m x\cdot\cos n x\cdot dx = +\frac{\sin(m-n)\,x}{2\,(m-n)} + \frac{\sin(m+n)\,x}{2\,(m+n)} + C \qquad \text{für } m \neq \pm n$$

$$\int \sin m x\cdot\cos n x\cdot dx = -\frac{\cos(m-n)\,x}{2\,(m-n)} - \frac{\cos(m+n)\,x}{2\,(m+n)} + C \qquad \text{für } m \neq \pm n$$

$$\int \sin^n x\,dx = -\frac{1}{n}\cos x\sin^{n-1} x + \frac{n-1}{n}\int \sin^{n-2} x\,dx \qquad \text{für } n \neq 0$$

$$\int \cos^n x\,dx = +\frac{1}{n}\sin x\cos^{n-1} x + \frac{n-1}{n}\int \cos^{n-2} x\,dx \qquad \text{für } n \neq 0$$

$$\int \frac{dx}{\sin^n x} = -\frac{\cos x}{(n-1)\sin^{n-1} x} + \frac{n-2}{n-1}\int \frac{dx}{\sin^{n-2} x} \qquad \text{für } n \neq 1$$

$$\int \frac{dx}{\cos^n x} = +\frac{\sin x}{(n-1)\cos^{n-1} x} + \frac{n-2}{n-1}\int \frac{dx}{\cos^{n-2} x} \qquad \text{für } n \neq 1$$

$$\int e^{ax}\cdot\sin b x\cdot dx = \frac{a\sin b x - b\cos b x}{a^2+b^2}\cdot e^{ax} + C = \frac{-\cos(b x + \varrho)\cdot e^{ax}}{+\sqrt{a^2+b^2}} + C$$

$$\int e^{ax}\cdot\cos b x\cdot dx = \frac{a\cos b x + b\sin b x}{a^2+b^2}\cdot e^{ax} + C = \frac{+\sin(b x + \varrho)\cdot e^{ax}}{+\sqrt{a^2+b^2}} + C$$

Bei der zweiten Darstellung ist $\operatorname{tg}\varrho = \dfrac{a}{b}$, $\sin\varrho = \dfrac{a}{+\sqrt{a^2+b^2}}$, $\cos\varrho = \dfrac{b}{+\sqrt{a^2+b^2}}$ gesetzt.

Bei den Integralen $\int R(\sin x, \cos x, \operatorname{tg} x, \operatorname{ctg} x)\,d\,x$, wobei R eine ganze oder gebrochene rationale Funktion der angegebenen Größen bedeutet, setzt man $t = \operatorname{tg}\frac{x}{2}$ und erhält:

$$\sin x = \frac{2t}{1+t^2},\quad \cos x = \frac{1-t^2}{1+t^2},\quad \operatorname{tg} x = \frac{2t}{1-t^2},\quad \operatorname{ctg} x = \frac{1-t^2}{2t},\quad dx = \frac{2\,dt}{1+t^2},$$

wodurch sich ein Integral über eine rationale Funktion von t ergibt.

3. Weitere Integrationsverfahren.

Wenn ein Integral nicht formal auszuwerten ist, werden die folgenden Verfahren benutzt. Da es nur eine Frage des erforderlichen Arbeitsaufwandes ist, ob ein gesuchtes Integral auf Funktionen zurückgeführt werden kann, die bereits durch andere Bearbeiter tabuliert sind, oder ob man diese Berechnung selbst vornehmen muß, *hat man prinzipiell jedes gegebene Integral als berechenbar zu betrachten.*

a) Integration durch Reihenentwicklung. Man stellt den Integranden $f(x)$ durch eine unendliche Reihe dar und bestimmt das Integral $\int_a^x f(x)\,d\,x$ durch gliedweise Integration; vgl. S. 72 u. 73 sowie die Berechnung von K und E S. 38. Durch Abbruch der Reihe für $f(x)$ nach einer endlichen Anzahl von Gliedern entsteht ein Fehler $F(x)$; wenn für den ganzen betrachteten Bereich $|F(x)| < \varepsilon =$ Const. ist, wird der Fehler der durch Integration entstehenden Reihe $< |x - a| \cdot \varepsilon$.

b) Numerische Integration, Durch Integration der auf S. 51 angegebenen drei ersten Formeln erhält man:

Anfangsformel:	$\int_{x_0}^{x_1} y\,d\,x = \Delta x\left\{y_0 + \frac{1}{2}\Delta_0^1 - \frac{1}{12}\Delta_0^2 + \frac{1}{24}\Delta_0^3 - \frac{19}{720}\Delta_0^4 + \cdots\right\}$
Endformel:	$\int_{x_{n-1}}^{x_n} y\,d\,x = \Delta x\left\{y_n - \frac{1}{2}\Delta_{n-1}^1 - \frac{1}{12}\Delta_{n-2}^2 - \frac{1}{24}\Delta_{n-3}^3 - \frac{19}{720}\Delta_{n-4}^4 - \cdots\right\}$
Mittelformel:	$\int_{x_{\varkappa-1}}^{x_{\varkappa+1}} y\,d\,x = 2\,\Delta x\left\{y_\varkappa + \frac{1}{6}\Delta_{\varkappa-1}^2 - \frac{1}{180}\Delta_{\varkappa-2}^4 + \cdots\right\}$

Zur Berechnung von $\int_a^b y(x)\,d\,x$ teilt man das Intervall von a bis b in n Teile $\Delta x = \frac{1}{n}(b-a)$ ein, wobei n zunächst eine gerade Zahl sein möge, und addiert die nach der Mittelformel bestimmten Teilintegrale von $x_0 = a$ bis x_2, von x_2 bis $x_4, \cdots$, von x_{n-2} bis $x_n = b$. Wenn man die Mittelformel nach den zweiten Differenzen abbricht, folgt die *Simpson*sche Regel:

$$\int_a^b y\,dx = 2\,\Delta x\left\{(y_1 + y_3 + \cdots + y_{n-1}) + \tfrac{1}{6}\left(\Delta_0^2 + \Delta_2^2 + \cdots + \Delta_{n-2}^2\right)\right\}$$
$$= \tfrac{1}{3}\,\Delta x\left\{y_0 + 4\,y_1 + 2\,y_2 + \cdots + 2\,y_{n-2} + 4\,y_{n-1} + y_n\right\}.$$

In der letzten Klammer wechseln die Koeffizienten 4 und 2 bis auf das erste und letzte Glied ab. Wenn n eine ungerade Zahl ist, berechnet man entweder das Anfangsintegral $\int_{x_0}^{x_1}$ oder das Endintegral $\int_{x_{n-1}}^{x_n}$ und wendet auf den übrigen Teil die *Simpson*sche Regel an.

Der *Ersatzfehler*, der von der Annäherung der wirklichen Funktion durch Stücke von ganzen rationalen Funktionen dritten Grades herrührt, wird annähernd durch $(b-a)\,\Delta_m^4 : 180$ angegeben, wobei Δ_m^4 der Mittelwert der vierten Differenzen ist. Der *Funktionsfehler* rührt von den Meß- oder Abrundungsfehlern m_y der y_λ her und beträgt nach dem Fehlerfortpflanzungsgesetz $(b-a)\,m_y : \sqrt{n}$ (vgl. S. 107). Die Genauigkeit der *Simpson*schen Regel ist ausreichend, wenn der Ersatzfehler kleiner als der Funktionsfehler ist.

Zur Berechnung der *Integralfunktion* $F(x) = \int_a^x y(x)\,d\,x$ bestimmt man zunächst das Anfangs- und das Endintegral. Durch Hinzuaddieren von $\int_{x_1}^{x_3}, \int_{x_3}^{x_5}, \cdots$ zu $\int_{x_0}^{x_1} = F(x_1)$

erhält man der Reihe nach $F(x_3), F(x_5), \cdots$ Durch Addition von $\int_{x_0}^{x_2}, \int_{x_2}^{x_4}, \int_{x_4}^{x_6} \cdots$ ergeben sich $F(x_2), F(x_4), F(x_6), \cdots$ Zur Schlußkontrolle addiert man $\int_{x_{n-1}}^{x_n}$ zu $F(x_{n-1})$; die Summe muß mit dem aus der anderen Reihe berechneten Integralwert $F(x_n)$ übereinstimmen.

Beispiel. Bei $10^5 \cdot \int_{1,0}^{1,6} dx : x = 10^5 \cdot \ln 1{,}6$ folgt durch Addition der dickgedruckten Werte der linken Tabelle $10^5 \int_{1,0}^{1,6} dx : x = 0{,}2 \cdot \left(234499 + \frac{1}{6} \cdot 3026\right) = 47001$. Es wird $\Delta_m^4 \approx 71$; Ersatzfehler $\approx 0{,}2$; $m_y = 0{,}5$; Funktionsfehler $= 0{,}1$. Beide Fehler sind von derselben Größenordnung und können die letzte Stelle um höchstens eine Einheit beeinflussen. Diese einfache Abschätzung durch die vierten Differenzen (statt der theoretisch erforderlichen Abschätzung durch die vierten Differentialquotienten) ist im allgemeinen für die Bedürfnisse der Praxis ausreichend.

Bei der Berechnung von $10^5 \cdot \int_1^x dx : x = 10^5 \cdot \ln x$ folgt: Anfangsintegral $= 9531{,}1$; Endintegral $= 6453{,}8$. In der ersten Spalte der rechten Tabelle sind die Teilintegrale gebildet; die zweite Spalte zeigt die Summation der Teilintegrale, die in der durch Pfeile angedeuteten Weise vorgenommen wird. Die berechneten Werte von $10^5 \cdot \ln x$ können um höchstens eine Einheit der letzten Dezimale falsch sein.

x	$y = \frac{10^5}{x}$	Δ^1	Δ^2	Δ^3	Δ^4
1,0	100000				
		−9091			
1,1	**90909**		**1515**		
		−7576		−349	
1,2	83333		1166		99
		−6410		−250	
1,3	**76923**		**916**		66
		−5494		−184	
1,4	71429		732		47
		−4762		−137	
1,5	**66667**		**595**		
		−4167			
1,6	62500				
		−37500	4924	−920	212

$2\,\Delta x\left(y + \frac{1}{6}\Delta^2\right)$	$\int_1^x y\,dx$	$10^5 \cdot \ln x$
(9531,1)	0000,0	00000
18232,3	9531,1	09531
16705,5	18232,3	18232
15415,1	26236,6	26237
14310,2	33647,4	33647
13353,2	40546,8	40547
(6453,8)	47000,6	47001
	47000,6	

Bezüglich der Restabschätzung vergleiche: *v. Sanden:* Prakt. Mathematik. Leipzig 1953, S. 46–58. – *Schulz:* Formelsamml. zur prakt. Mathematik. Samml. Göschen Bd. 1110, Berlin und Leipzig 1945. – *Kowalewski:* Interpolation und genäherte Quadratur. Leipzig und Berlin 1932.

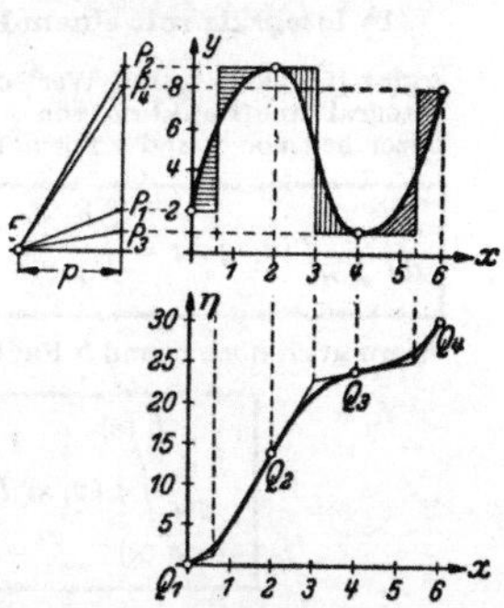

Abb. 50

c) Graphische Integration. Der Integrand $y = f(x)$ wird in rechtwinkligen Koordinaten mit den Längeneinheiten l_x und l_y mm dargestellt (S. 26). Man ersetzt zunächst die Kurve durch eine Stufenkurve, derart, daß von den in Abb. 50 schraffierten Flächenstücken je zwei aufeinanderfolgende Flächen inhaltsgleich sind. In den einzelnen Bereichen, die durch den Anfangspunkt, die eventuellen Extremwerte und den Endpunkt bestimmt sind, muß je eine gerade Anzahl von Flächenstücken liegen. Das Optimum der Einteilung liegt bei etwa 0,5 cm² Flächeninhalt.

Die auf eine senkrechte Gerade geloteten Punkte $P_1, P_2, \cdots, P_n$ werden mit dem Pol E verbunden, der p mm von der Geraden entfernt sei. In dem neuen x-η-Koordinatensystem werden vom Anfangspunkte aus Parallelen zu den Strecken $E P_1, E P_2, \cdots, E P_n$ aneinandergefügt, wodurch der angegebene Polygonzug entsteht. Die gesuchte Integralkurve muß durch die Punkte $Q_1, Q_2, \cdots, Q_n$ hindurchgehen und in diesen Punkten den Polygonzug berühren; bei den Extremwerten wird die zugehörige Gerade durchsetzt. Danach läßt sich die Integralkurve leicht einzeichnen, und zwar wesentlich genauer als der Anfänger erwarten wird. Die Längeneinheit auf der η-Achse sei l_η mm; es wird $p = l_x l_y : l_\eta$. Dabei sind l_x

und l_y gegeben; l_η wird überschlägig so bestimmt, daß die Integralkurve in brauchbarem Maßstab erscheint; damit ist der bisher willkürliche Polabstand p festgelgt.

d) Polarplanimeter und Integraph. Bei dem Polarplanimeter wird der Fahrstift auf einer geschlossenen, sich nicht selbst durchschneidenden Kurve entlang geführt und der Inhalt der umfahrenen Fläche an einem Zählwerk abgelesen (Abschn. Vermessungskunde, III D). Der Integraph zeichnet selbständig die Kurve $\eta = \int_a^x f(x)\,dx$ auf, wenn der Fahrstift nach Justierung des Apparates auf der Kurve $y = f(x)$ entlang geführt wird. *Willers:* Mathem. Maschinen und Instrumente. Berlin 1951.

4. Anschließende Fragestellungen

a) Uneigentliche Integrale entsprechen einem Flächeninhalt, der sich bis in das Unendliche erstreckt. Es sind zwei Möglichkeiten vorhanden: $\int_a^b f(x)\,dx$ mit $f(b) = \infty$ und $\int_a^\infty f(x)\,dx$ (Abb. 51 u. 52). Um zu entscheiden, ob ein solches Integral einen unendlich großen Wert annimmt oder aber endlich bleibt, bildet man $\int_a^\xi f(x)\,dx$ und untersucht den Grenzwert $\lim \int_a^\xi f(x)\,dx$ für $\xi \to b$ bzw. $\xi \to \infty$.

Beispiele:

$$\int_a^b \frac{dx}{(b-x)^n} = \begin{cases} \dfrac{1}{1-n}(b-a)^{1-n} & \text{für } n < 1, \\ \infty & \text{für } n \geqq 1. \end{cases}$$

$$\int_a^\infty \frac{dx}{x^n} = \begin{cases} \dfrac{1}{n-1}\cdot\dfrac{1}{a^{n-1}} & \text{für } n > 1, \\ \infty & \text{für } n \leqq 1. \end{cases}$$

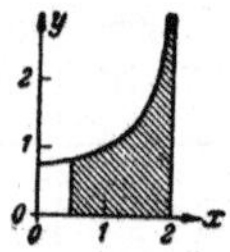

Abb. 51

$$\int_{0,5}^{2,0} \frac{dx}{\sqrt{2-x}} = \sqrt{6}$$

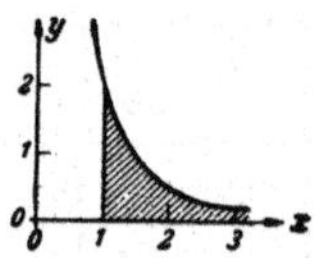

Abb. 52

$$\int_1^{+\infty} \frac{2\,dx}{x^3} = 2$$

Bei der numerischen oder graphischen Integration eines uneigentlichen Integrales nähert man den Absolutwert des Integranden der Umgebung der kritischen Stelle durch $y = C : |b - x|^n = C : \zeta^n$ bzw. $y = C : |x|^n$ an. Hierzu zeichnet man am einfachsten den Absolutwert des Integranden in doppeltes Logarithmenpapier (S. 102) ein und ersetzt die Kurve durch ihre Asymptote. Von der Stelle aus, von der an der Integrand im Rahmen der verlangten Genauigkeit durch die gefundene Näherungslösung ersetzt werden kann, wird dann diese zur Berechnung verwandt.

b) Integrale mit einem Parameter. Das Integral $\int_a^b f(x, \varkappa)\,dx$ (a, b Konstante) ergibt für jeden festen Wert des Parameters $\varkappa$ eine Zahl; wenn wir $\varkappa$ verändern, stellt das Integral eine Funktion von $\varkappa$ dar. Es wird (wenn sich der Integrand in den betrachteten Bereichen von x und $\varkappa$ normal verhält):

$$\frac{d}{d\varkappa}\int_a^b f(x, \varkappa)\,dx = \int_a^b \frac{\partial f}{\partial \varkappa}\cdot dx; \quad \int_A^B \left\{\int_a^b f(x,\varkappa)\,dx\right\} d\varkappa = \int_a^b \left\{\int_A^B f(x,\varkappa)\,d\varkappa\right\} dx.$$

Wenn auch noch a und b Funktionen von $\varkappa$ sind, gilt:

$$\frac{d}{d\varkappa}\int_{a(\varkappa)}^{b(\varkappa)} f(x,\varkappa)\,dx = f(b,\varkappa)\cdot\frac{db}{d\varkappa} - f(a,\varkappa)\cdot\frac{da}{d\varkappa} + \int_{a(\varkappa)}^{b(\varkappa)} \frac{\partial f}{\partial \varkappa}\cdot dx.$$

c) Wichtige bestimmte Integrale.

$$\int_0^{+\infty} \frac{dx}{a + bx^2} = \frac{\pi}{2\sqrt{ab}} \quad \text{für } a > 0,\ b > 0;$$

$$\int_0^{+\infty} \frac{x^{n-1}}{x+1}\,dx = \frac{\pi}{\sin n\pi} \quad \text{für } 0 < n < 1.$$

$$\int_0^{+\infty} e^{-\varkappa x}\,dx = \frac{1}{\varkappa} \quad \text{für } \varkappa > 0. \qquad \int_0^{+\infty} e^{-x^2}\,dx = \frac{1}{2}\sqrt{\pi}.$$

$$\int_0^{+\infty} x^n e^{-\varkappa x}\,dx = \frac{n!}{\varkappa^{n+1}} \quad \text{für } \varkappa > 0,\ n = 1, 2, 3, \ldots$$

Für $n = 1, 2, 3, \ldots$ wird:

$$\int_0^{\pi/2} \sin^{2n+1} x\,dx = \int_0^{\pi/2} \cos^{2n+1} x\,dx = \frac{2\cdot 4\cdot 6\cdot\cdots\cdot 2n}{3\cdot 5\cdot 7\cdot\cdots\cdot(2n+1)}\cdot 1$$

$$\int_0^{\pi/2} \sin^{2n} x\,dx = \int_0^{\pi/2} \cos^{2n} x\,dx = \frac{1\cdot 3\cdot 5\cdot\cdots\cdot(2n-1)}{2\cdot 4\cdot 6\cdot\cdots\cdot 2n}\cdot\frac{\pi}{2}$$

$$\int_0^{+\infty} \frac{\sin a x}{x}\,dx = \frac{\pi}{2} \quad \text{für } a > 0.$$

$$\int_0^{\pi/2} \ln\cos x\cdot dx = \int_0^{\pi/2} \ln\sin x\cdot dx = -\frac{\pi}{2}\cdot\ln 2$$

$$\int_0^{\pi} \ln(1 \pm 2a\cos x + a^2)\,dx = \begin{cases} 0 & \text{für } 0 < a < 1, \\ 2\pi\ln a & \text{für } a > 1. \end{cases}$$

d) Mehrfache Integrale. Das in Abb. 53 angegebene Raumstück wird von der x-y-Ebene, der Fläche $z = F(x, y)$ und dem Zylinder begrenzt, der senkrecht durch eine gegebene in der x-y-Ebene liegende Kurve errichtet ist. Zur Bestimmung des Rauminhaltes wird zunächst der Flächeninhalt der Streifen parallel zur y-z-Ebene als Funktion von x berechnet; diese Inhalte, multipliziert mit dx, werden sodann über den in Betracht kommenden Bereich von x summiert (Abb. 53). Statt dessen kann man auch den Flächeninhalt der Streifen parallel zur x-z-Ebene als Funktion von y bestimmen und sodann diese Inhalte, multipliziert mit dy, über den in Betracht kommenden Bereich von y summieren (Abb. 54).

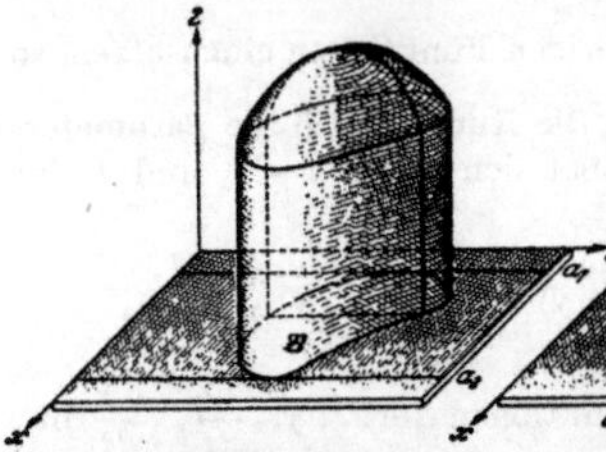

Abb. 53

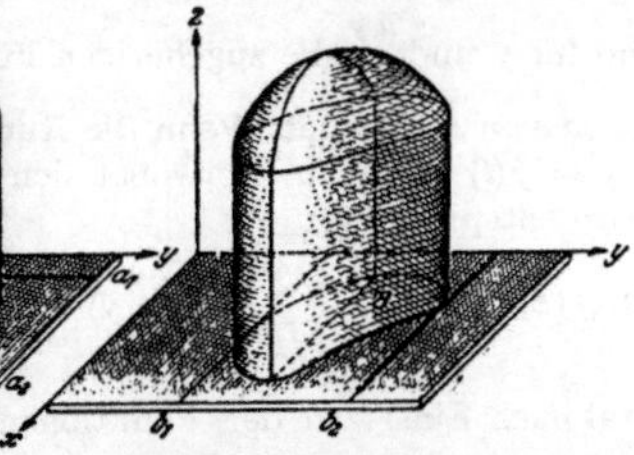

Abb 54

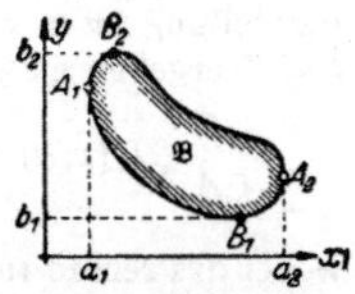

Abb. 55

Wenn die Kurve in der x-y-Ebene nur je zwei Extremwerte in bezug auf x und y besitzt, mögen a_1 und a_2 der kleinste und größte Wert von x sowie b_1 und b_2 der kleinste und größte Wert von y sein (Abb. 55). Ferner mögen die einzelnen Kurvenstücke die folgenden Gleichungen besitzen: $A_1B_1A_2$, $y = y_1(x)$; $A_1B_2A_2$, $y = y_2(x)$; $B_1A_1B_2$, $x = x_1(y)$; $B_1A_2B_2$, $x = x_2(y)$. Dann ergibt sich:

$$\iint_{\mathfrak{B}} F(x,y)\,dx\,dy = \int_{a_1}^{a_2}\left\{\int_{y_1(x)}^{y_2(x)} F(x,y)\,dy\right\}dx = \int_{b_1}^{b_2}\left\{\int_{x_1(y)}^{x_2(y)} F(x,y)\,dx\right\}dy.$$

Der in dieser Weise berechnete Ausdruck $\iint\limits_{\mathfrak{B}} F(x, y)\,dx\,dy$ wird als das über den Bereich $\mathfrak{B}$ erstreckte *Doppelintegral* bezeichnet. Wenn die gegebene Kurve mehr als zwei Extremwerte in bezug auf x oder y besitzt, muß das Integral in entsprechende Teilintegrale zerlegt werden, die anschließend zu summieren sind.

Werden in ein Doppelintegral *neue Veränderliche* eingeführt: $x = p(u, v)$, $y = q(u, v)$, wobei jedem Wertepaar x, y ein einziges Wertepaar u, v und umgekehrt entsprechen soll, so ergibt sich:

$$\iint\limits_{\mathfrak{B}} F(x, y)\,dx\,dy = \iint\limits_{\mathfrak{B}'} F(p, q) \cdot |p_u q_v - q_u p_v| \cdot du\,dv;$$

dabei bedeutet $\mathfrak{B}'$ den Bereich, der aus $\mathfrak{B}$ durch die vorgenommene Substitution entsteht. Im Falle von *Polarkoordinaten* $x = r\cos\varphi$, $y = r\sin\varphi$ wird:

$$\iint\limits_{\mathfrak{B}} F(x, y)\,dx\,dy = \iint\limits_{\mathfrak{B}'} F(r\cos\varphi, r\sin\varphi) \cdot r\,dr\,d\varphi.$$

Beispiel: Kurve: $x^2 + y^2 = 1$; Funktion: $z = x^2 + y^2$. Es wird:

$$\iint\limits_{\mathfrak{B}} (x^2 + y^2)\,dx\,dy = \iint\limits_{\mathfrak{B}'} r^2 \cdot r\,dr\,d\varphi = \int_0^1 \left\{\int_0^{2\pi} r^3\,d\varphi\right\} dr = \int_0^1 r^3\,2\pi\,dr = \frac{\pi}{2}.$$

Das *dreifache Integral*, erstreckt über einen Raumteil $\mathfrak{R}$ wird dementsprechend bestimmt, z. B.:

$$\iiint\limits_{\mathfrak{R}} F(x, y, z)\,dx\,dy\,dz = \int\limits_{z=c_1}^{z=c_2} \left\{ \int\limits_{y=y_1(z)}^{y=y_2(z)} \left(\int\limits_{x=x_1(y,z)}^{x=x_2(y,z)} F(x, y, z)\,dx \right) dy \right\} dz.$$

Die **Bogenintegrale**, welche die Bogenlänge von ebenen und räumlichen Kurvenstücken bestimmen, sowie die **Oberflächenintegrale**, welche den Flächeninhalt eines krummen Flächenstücks ermitteln, sind S. 123 u. 124 besprochen.

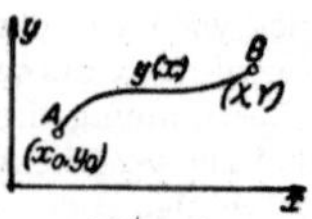

Abb. 56

e) Kurvenintegrale. Das Kurvenstück $y = y(x)$ sei durch den Anfangspunkt A mit den Koordinaten x_0, y_0 und den Endpunkt B mit den Koordinaten X, Y begrenzt (Abb. 56). Das *Kurvenintegral, erstreckt von A bis B längs der betrachteten Kurve*, wird durch den Ausdruck definiert:

$$\int_A^B \{P(x, y)\,dx + Q(x, y)\,dy\} = \int_{x_0}^X \left\{P(x, y) + Q(x, y) \cdot \frac{dy}{dx}\right\} dx,$$

wobei $P(x, y)$ und $Q(x, y)$ vorgegebene Funktionen bedeuten; auf der rechten Seite der Gleichung sind für y und $\frac{dy}{dx}$ die zugehörigen Funktionen einzusetzen, so daß das Integral nur noch von x abhängt. Wenn die Kurve durch die Parameterdarstellung $x = x(t)$, $y = y(t)$ gegeben ist, wobei sich A für $t = t_0$ und B für $t = T$ ergeben möge, wird entsprechend:

$$\int_A^B \{P(x, y)\,dx + Q(x, y)\,dy\} = \int_{t_0}^T \left\{P(x, y)\,\frac{dx}{dt} + Q(x, y)\,\frac{dy}{dt}\right\} dt,$$

wobei das rechte Integral nach Einsetzen der Funktionen für x, y, $\frac{dx}{dt}$, $\frac{dy}{dt}$ nur noch von t abhängt. Der Wert des Kurvenintegrals ist von der gewählten Darstellungsart der Kurve unabhängig.

Wenn der unter dem Integral stehende Differentialausdruck ein *vollständiges Differential* ist (S. 58 u. 59), d. h. wenn $z = F(x, y)$, $dz = F_x\,dx + F_y\,dy = P\,dx + Q\,dy$ und somit $P = F_x$, $Q = F_y$, also $P_y = Q_x$ wird, ergibt sich

$$\int_A^B \{P(x, y)\,dx + Q(x, y)\,dy\} = F(X, Y) - F(x_0, y_0).$$

Die Funktion $z = F(x, y)$ heißt das zugehörige *Potential*; es ist nur bis auf eine willkürliche additive Konstante bestimmt. Wenn $F(x, y)$ in einem Bereich $\mathfrak{B}$ der x-y-Ebene keine Singularitäten besitzt, muß ein derartiges Kurvenintegral für zwei verschiedene Integrationswege K_1 und K_2 zwischen A und B, die ganz in dem Bereich $\mathfrak{B}$ liegen (Abb. 57), denselben Wert annehmen; d. h. das Kurvenintegral *über ein vollständiges Differential* ist *vom Wege unabhängig.* Weiter muß ein derartiges Kurvenintegral den Wert Null ergeben, wenn der Integrationsweg eine in $\mathfrak{B}$ liegende geschlossene Kurve ist (d. h. wenn A und B zusammenfallen, Abb. 58). Die beiden Sätze brauchen nicht mehr zu gelten, wenn zwischen den beiden Integrationswegen oder innerhalb des geschlossenen Integrationsweges ein singulärer Punkt von F liegt.

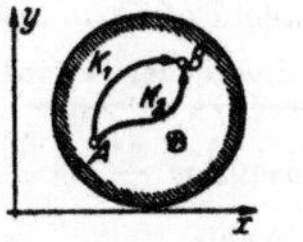

Abb. 57

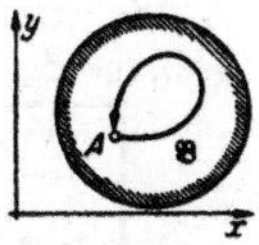

Abb. 58

Wenn ein Kurvenstück im Raume durch
$x = x(t)$, $y = y(t)$, $z = z(t)$; $t_0 \leqq t \leqq T$
gegeben ist und P, Q, R gegebene Funktionen von x, y, z sind, wird entsprechend:

$$\int_A^B \{P\,dx + Q\,dy + R\,dz\} = \int_{t_0}^T \left\{P\frac{dx}{dt} + Q\frac{dy}{dt} + R\frac{dz}{dt}\right\} dt.$$

Bei vollständigen Differentialen (vgl. S. 59) gelten die gleichen Sätze wie für zwei Veränderliche; der von Singularitäten freie Bereich ist in diesem Fall ein Raumteil.

Literatur zur Differential- und Integralrechnung. Witting: Differentialrechnung, Integralrechnung; Repetitorium und Aufgabensammlung zur Diff.-Rechn., zur Int.-Rechn. Samml. Göschen Bd. 87, 88; 146, 147. Berlin 1949. — *Baule:* Die Mathematik des Naturforschers und Ingenieurs, 7 Bd. Leipzig 1945 bis 1950. — *Courant:* Vorlesungen über Differential- und Integralrechnung, 2 Bd. Berlin 1948. — *Rothe:* Höhere Mathematik für Mathematiker, Physiker und Ingenieure, 6 Bd. Leipzig 1949 bis 1953. — *Wiarda:* Höhere Mathematik und Techn. Mechanik für Bauingenieure, 2 Bd. Stuttgart 1951 u. 1953.

Meyer zur Capellen: Integraltafeln. Berlin 1950. — *Gröbner* u. *Hofreiter:* Integraltafel, I. Unbestimmte Integrale, II. Bestimmte Integrale. Berlin 1949 u. 1950.

E. Unendliche Reihen und Produkte

1. Grundlagen der Reihenlehre

a) Konvergenz und Divergenz von Zahlreihen. Eine Summe von unendlich vielen Zahlen $a_1 + a_2 + a_3 + \cdots$ heißt *konvergent*, wenn die Folge der *Teilsummen* $S_1 = a_1$, $S_2 = a_1 + a_2$, $S_3 = a_1 + a_2 + a_3, \cdots$ gegen einen endlichen Grenzwert $\lim\limits_{n\to\infty} S_n = S$ geht; S heißt dann die Summe der unendlichen Reihe. Falls sich kein fester Grenzwert ergibt (z. B. $1 - 1 + 1 - 1 + - \cdots$) oder der Grenzwert unendlich (z. B. $1 + 2 + 3 + + \cdots$) heißt die Reihe *divergent*; diese Reihen sind bei der angegebenen Definition für mathematische Rechnungen unbrauchbar (über das Rechnen mit divergenten Reihen auf Grund verallgemeinerter Definitionen vgl. *Knopp:* Theorie und Anwendung der unendlichen Reihen, Berlin 1947.

Unter dem *Absolutbetrag* $|a|$ einer reellen Zahl a versteht man den Zahlwert, versehen mit einem positiven Vorzeichen; z. B. $|3| = 3$, $|-3| = 3$. Eine konvergente Reihe heißt *absolut* (*oder unbedingt*) *konvergent*, wenn gleichzeitig auch die Summe der zugehörigen Absolutbeträge konvergiert; anderen Falles heißt sie *nicht absolut* (*oder bedingt*) *konvergent*. Es gilt der Satz: *Bei einer absolut konvergenten Reihe ist die zugehörige Summe unabhängig von der Reihenfolge der einzelnen Summanden, so daß diese beliebig vertauscht werden dürfen; bei einer bedingt konvergenten Reihe darf dagegen die Reihenfolge nicht ohne weiteres abgeändert werden!* Beispiel: Wenn man die bedingt konvergente Reihe $1 - \frac{1}{2} + \frac{1}{3} - \frac{1}{4} + - \cdots = \ln 2 = 0{,}693$ so umordnet, daß auf je zwei positive Glieder ein negatives folgt, ergibt sich $1 + \frac{1}{3} - \frac{1}{2} + \frac{1}{5} + \frac{1}{7} - \frac{1}{4} + + - = \frac{3}{2}\ln 2 = 1{,}040$.

Konvergenzkriterien. Eine unendliche Reihe $a_1 + a_2 + a_3 + \cdots$ konvergiert absolut oder divergiert, je nachdem der Grenzwert $\lim\limits_{n\to\infty}\left|\frac{a_{n+1}}{a_n}\right|$ kleiner als 1 oder größer als 1 ist; das gleiche gilt, je nachdem der Grenzwert $\lim\limits_{n\to\infty}\sqrt[n]{|a_n|}$ kleiner oder größer als 1 ist. Wenn der Grenzwert gleich 1 wird, kann in beiden Fällen sowohl Konvergenz als auch Divergenz eintreten; das Verhalten muß dann anderweitig untersucht werden.

Eine alternierende Reihe, d. h. eine Reihe, deren Glieder abwechselnd positiv und negativ sind: $a_1 - a_2 + a_3 - a_4 + - \cdots$, ist stets konvergent, wenn ihre Glieder mit wachsendem n beliebig gegen Null gehen: $\lim\limits_{n\to\infty} a_n = 0$.

b) Wichtige unendliche Zahlreihen. Die *unendliche geometrische Reihe* ist für $|q| \geqq 1$ divergent, für $|q| < 1$ absolut konvergent; es wird:

$$1 \pm q + q^2 \pm q^3 + \pm \cdots = 1 : (1 \mp q) \qquad \text{für } |q| < 1$$

(folgt durch Grenzübergang aus der endlichen Reihe S. 53). Die *harmonische Reihe* $1 + \frac{1}{2} + \frac{1}{3}$

$+ \frac{1}{4} + \cdots$ ist divergent. Die beiden Reihen $1 - \frac{1}{2} + \frac{1}{3} - \frac{1}{4} + - \cdots = \ln 2 = 0{,}69315$ und $1 - \frac{1}{3} + \frac{1}{5} - \frac{1}{7} + - \cdots = \frac{\pi}{4} = 0{,}78540$ sind bedingt konvergent.

Die *reziproken Potenzsummen* $s_n = \frac{1}{1^n} + \frac{1}{2^n} + \frac{1}{3^n} + \cdots$ sind für $n > 1$ absolut konvergent, für $n \leqq 1$ divergent; es wird:

$$s_2 = 1{,}64493 = \frac{\pi^2}{6}, \qquad s_4 = 1{,}08232 = \frac{\pi^4}{90}, \qquad s_6 = 1{,}01734 = \frac{\pi^6}{945}, \cdots$$
$$s_3 = 1{,}20206, \qquad s_5 = 1{,}03693, \qquad s_7 = 1{,}00835, \cdots$$

Allgemein gilt:

$$s_n = \frac{(2\pi)^n}{2 \cdot n!} \cdot |B_n| \qquad \text{für } n = 2, 4, 6, \cdots,$$

wobei die B_n die *Bernoulli*schen Zahlen (S. 75) bedeuten. Die Summen s_n für ungerades n sind bis jetzt noch nicht auf bekannte Zahlen zurückgeführt. Auftreten dieser Summen bei Berechnung der Gammafunktion S. 41, bei *Fourier*-Reihen S. 79.

c) Funktionsreihen. Eine unendliche Funktionsreihe $F(x) = f_1(x) + f_2(x) + f_3(x) + \cdots$ ist in dem Bereich $a \leqq x \leqq b$ absolut konvergent und stellt dort eine *stetige Funktion* $F(x)$ dar, wenn in diesem Bereich $|f_\nu(x)| \leqq c_\nu$ ist (wobei die c_ν Konstante sein sollen) und ferner die Summe $c_1 + c_2 + c_3 + \cdots$ konvergiert. Weiter darf die Reihe bei Erfüllung dieser Bedingung in dem betrachteten Bereich (beliebig oft) *gliedweise integriert* werden. Die *gliedweise Differentiation* ist gestattet, wenn das entsprechende für die durch Differentiation entstehende Reihe $f_1'(x) + f_2'(x) + f_3'(x) + \cdots$ gilt. Bei Nichterfüllung der angegebenen Bedingungen kann die gliedweise Integration und Differentiation sowohl zulässig als auch nicht zulässig sein. Mathematisch hängen diese Überlegungen mit dem Begriff der sog. *gleichmäßigen Konvergenz* zusammen.

Die Funktionsreihen sind eines der wichtigsten Hilfsmittel der Mathematik. Ihr Ansatz ist von der Art abhängig, auf welche die Annäherung erfolgen soll. Für die Technik sind zwei Forderungen von Bedeutung:

1. Die Funktionsreihe soll die Funktion möglichst gut in der *Umgebung einer festen Stelle* $x = x_0$ annähern; wichtigstes Beispiel: Potenzreihen (Abschnitt 2).

2. Die Funktionsreihe soll die Funktion möglichst gut *in einem Intervall* $a \leqq x \leqq b$ annähern. Hierzu werden zweckmäßiger Weise vollständige orthogonale Funktionensysteme verwandt (Abschn. 3); wichtigste Beispiele: *Fourier*-Reihen und Reihen von Kugelfunktionen.

2. Potenzreihen

a) Das Konvergenzverhalten von Potenzreihen. Eine Potenzreihe $y = c_0 + c_1 x + c_2 x^2 + \ldots$ besitzt stets einen *Konvergenzradius* r, derart, daß die Reihe im Intervall $-r < x < +r$ absolut konvergent, im Äußern dieses Bereiches dagegen

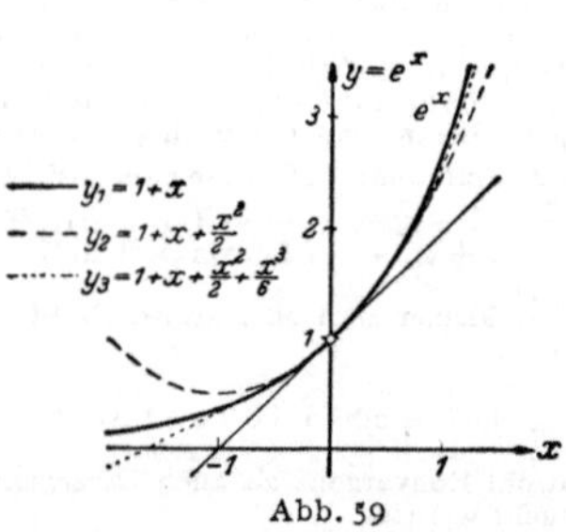

Abb. 59

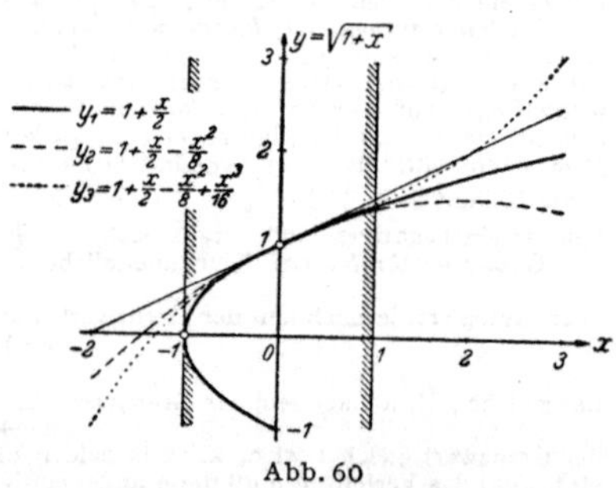

Abb. 60

divergent ist; in den Randpunkten $x = \pm r$ ist das Verhalten verschieden. Im Grenzfall kann $r = \infty$ bzw. $r = 0$ werden (z. B. bei $e^x = 1 + \frac{x}{1!} + \frac{x^2}{2!} + \ldots$ bzw. $y = 1 + 1!\, x + 2!\, x^2 + \ldots$). Wenn die *Entwicklungsstelle* der Potenzreihe nicht $x = 0$, sondern allgemeiner $x = x_0$ ist:

$$y = c_0 + c_1 (x - x_0) + c_2 (x - x_0)^2 + c_3 (x - x_0)^3 + \ldots$$

tritt entsprechend für $x_0 - r < x < x_0 + r$ absolute Konvergenz, außerhalb dieses

Bereiches Divergenz ein. Die Konvergenzkriterien (S. 71) ergeben für r die Größe $r = \lim_{n\to\infty} |c_n : c_{n+1}| = \lim_{n\to\infty} 1 : \sqrt[n]{|c_n|}$. *Eine Potenzreihe darf in jedem Bereich, der vollständig innerhalb des Konvergenzintervalles liegt, beliebig oft gliedweise integriert oder differenziert werden.*

b) Der Taylorsche Satz.

$$f(x+\Delta x) = f(x) + \frac{\Delta x}{1!} f'(x) + \frac{(\Delta x)^2}{2!} f''(x) + \cdots + \frac{(\Delta x)^n}{n!} f^{(n)}(x) + R_n(x)$$

$$\text{mit } R_n(x) = \frac{(\Delta x)^{n+1}}{(n+1)!} f^{(n+1)}(x+\vartheta\Delta x) = \frac{1}{n!}\int_x^{x+\Delta x} (x+\Delta x - t)^n \cdot f^{(n+1)}(t)\cdot dt.$$

$$f(x) = f(a) + \frac{f'(a)}{1!}(x-a) + \frac{f''(a)}{2!}(x-a)^2 + \cdots + \frac{f^{(n)}(a)}{n!}(x-a)^n + R_n(x)$$

$$\text{mit } R_n(x) = \frac{(x-a)^{n+1}}{(n+1)!} f^{(n+1)}\{a+\vartheta(x-a)\} = \frac{1}{n!}\int_a^x (x-t)^n \cdot f^{(n+1)}(t)\cdot dt.$$

$$f(x) = f(0) + \frac{f'(0)}{1!}x + \frac{f''(0)}{2!}x^2 + \cdots + \frac{f^{(n)}(0)}{n!}x^n + R_n(x)$$

$$\text{mit } R_n(x) = \frac{x^{n+1}}{(n+1)!} f^{(n+1)}(\vartheta x) = \frac{1}{n!}\int_0^x (x-t)^n \cdot f^{(n+1)}(t)\cdot dt.$$

Die zweite Formel ergibt sich aus der ersten, wenn man x durch a und Δx durch $(x-a)$ ersetzt. Die dritte Formel (*Maclaurinsche Reihe*) folgt aus der zweiten für $a = 0$. Die Größe ϑ bedeutet einen positiven echten Bruch: $0 < \vartheta < 1$, dessen wirklicher Wert nicht angegeben wird. Vorausgesetzt wird, daß die Funktion $f(x)$ mit ihren $(n+1)$ ersten Ableitungen in dem betrachteten Bereich endlich und stetig ist. Über den Grenzübergang $n \to \infty$ vgl. das angegebene Schrifttum S. 80.

Die beiden letzten Formeln stellen die betrachtete Funktion durch eine ganze rationale *Näherungsfunktion* n-ten Grades und das sog. *Restglied* $R_n(x)$ dar. Die Näherungsfunktion und ihre n ersten Ableitungen nehmen an der Stelle $x = a$ bzw. $x = 0$ jeweils die gleichen Werte wie die gegebene Funktion und ihre n ersten Ableitungen an. Das Restglied $R_n(x)$ stellt den *Fehler* dar, der sich ergibt, wenn man die gegebene Funktion durch ihre Näherungsfunktion n-ten Grades ersetzt. Die schrittweise Verbesserung der Genauigkeit ist in Abb. 59 für $y = e^x$ und in Abb. 60 für $y = \sqrt{1+x}$ dargestellt; im letzten Fall erfolgt eine Annäherung nur im Bereich $-1 < x < +1$.

Bei zwei Veränderlichen lautet der *Taylor*sche Satz:

$$\begin{aligned} f(x+\Delta x, y+\Delta y) &= f(x,y) + \frac{1}{1!}\{\Delta x\cdot f_x + \Delta y\cdot f_y\} \\ &+ \frac{1}{2!}\{(\Delta x)^2\cdot f_{xx} + 2\,\Delta x\,\Delta y\cdot f_{xy} + (\Delta y)^2\cdot f_{yy}\} \\ &+ \frac{1}{3!}\{(\Delta x)^3\cdot f_{xxx} + 3(\Delta x)^2\Delta y\cdot f_{xxy} + 3\,\Delta x(\Delta y)^2\cdot f_{xyy} + (\Delta x)^3 f_{yyy}\} \\ &+ \cdots + \frac{1}{n!}\left\{(\Delta x)^n\cdot\frac{\partial^n f}{\partial x^n} + \binom{n}{1}(\Delta x)^{n-1}\Delta y\cdot\frac{\partial^n f}{\partial x^{n-1}\partial y} + \cdots + \binom{n}{n}(\Delta y)^n\frac{\partial^n f}{\partial y^n}\right\} + R_n(x,y) \end{aligned}$$

$$\begin{aligned} f(x,y) &= f(a,b) + \frac{1}{1!}\{f_x\cdot(x-a) + f_y\cdot(y-b)\} \\ &+ \frac{1}{2!}\{f_{xx}\cdot(x-a)^2 + 2f_{xy}\cdot(x-a)(y-b) + f_{yy}\cdot(y-b)^2\} \\ &+ \cdots + \frac{1}{n!}\left\{\frac{\partial^n f}{\partial x^n}\cdot(x-a)^n + \cdots + \binom{n}{n}\frac{\partial^n f}{\partial y^n}\cdot(y-b)^n\right\} + R_n(x,y), \end{aligned}$$

wobei in die partiellen Differentialquotienten $x = a$, $y = b$ einzusetzen ist.

Man beachte, daß in den geschweiften Klammern dasselbe Bildungsgesetz wie bei dem binomischen Lehrsatz auftritt. Die dritte Form ergibt sich aus der zweiten, wenn man $a = 0$, $b = 0$ setzt. Das Restglied $R_n(x, y)$ läßt sich in ähnlicher Weise wie bei einer Veränderlichen angeben.

c) Die Exponentialreihe und verwandte Reihen. Es wird:

$$e^x = 1 + \frac{x}{1!} + \frac{x^2}{2!} + \frac{x^3}{3!} + + \cdots$$

$$\sin x = x - \frac{x^3}{3!} + \frac{x^5}{5!} - \frac{x^7}{7!} + - \cdots \qquad \cos x = 1 - \frac{x^2}{2!} + \frac{x^4}{4!} - \frac{x^6}{6!} + - \cdots$$

$$\operatorname{Sinh} x = x + \frac{x^3}{3!} + \frac{x^5}{5!} + \frac{x^7}{7!} + + \cdots \qquad \operatorname{Cosh} x = 1 + \frac{x^2}{2!} + \frac{x^4}{4!} + \frac{x^6}{6!} + + \cdots$$

Die Reihen sind für alle endlichen Werte von x absolut konvergent. Vgl. ferner die Reihen für $\int x^p \sin x\,dx$, $\int x^p \cos x\,dx$ und $\int x^p e^{-x}\,dx$ S. 40 u. 41.

d) Die Binominalreihe und die aus ihr folgenden Reihen. Es wird:

$$(1+x)^p = 1 + \binom{p}{1} x + \binom{p}{2} x^2 + \binom{p}{3} x^3 + \cdots; \qquad |x| < 1.$$

Für $p = 0, 1, 2, \cdots$ bricht die Reihe nach einer endlichen Anzahl von Gliedern ab; in den übrigen Fällen handelt es sich um eine unendliche Reihe, die für $|x| < 1$ absolut konvergent, für $|x| > 1$ divergent ist.

Sonderfälle (überall $|x| < 1$).

$$\frac{1}{1 \pm x} = 1 \mp x + x^2 \mp x^3 + \mp \cdots \quad \text{(Geometrische Reihe)}$$

$$\frac{1}{(1 \pm x)^2} = 1 \mp 2x + 3x^2 \mp 4x^3 + \mp \cdots$$

$$\sqrt{1 \pm x} = 1 \pm \frac{1}{2} x - \frac{1}{2 \cdot 4} x^2 \pm \frac{1 \cdot 3}{2 \cdot 4 \cdot 6} x^3 - \frac{1 \cdot 3 \cdot 5}{2 \cdot 4 \cdot 6 \cdot 8} x^4 \pm - \cdots$$

$$= 1 \pm \frac{1}{2} x - \frac{1}{8} x^2 \pm \frac{1}{16} x^3 - \frac{5}{128} x^4 \pm \frac{7}{256} x^5 - \frac{21}{1024} x^6 \pm - \cdots$$

$$\frac{1}{\sqrt{1 \pm x}} = 1 \mp \frac{1}{2} x + \frac{1 \cdot 3}{2 \cdot 4} x^2 \mp \frac{1 \cdot 3 \cdot 5}{2 \cdot 4 \cdot 6} x^3 + \frac{1 \cdot 3 \cdot 5 \cdot 7}{2 \cdot 4 \cdot 6 \cdot 8} x^4 \mp + \cdots$$

$$= 1 \mp \frac{1}{2} x + \frac{3}{8} x^2 \mp \frac{5}{16} x^3 + \frac{35}{128} x^4 \mp \frac{63}{256} x^5 + \frac{231}{1024} x^6 \mp - \cdots$$

$$\sqrt[\lambda]{(1 \pm x)^\varkappa} = 1 \pm \frac{\varkappa}{\lambda} x + \frac{\varkappa(\varkappa - \lambda)}{\lambda \cdot 2\lambda} x^2 \pm \frac{\varkappa(\varkappa - \lambda)(\varkappa - 2\lambda)}{\lambda \cdot 2\lambda \cdot 3\lambda} x^3 + \pm \cdots$$

$$\frac{1}{\sqrt[\lambda]{(1 \pm x)^\varkappa}} = 1 \mp \frac{\varkappa}{\lambda} x + \frac{\varkappa(\varkappa + \lambda)}{\lambda \cdot 2\lambda} x^2 \mp \frac{\varkappa(\varkappa + \lambda)(\varkappa + 2\lambda)}{\lambda \cdot 2\lambda \cdot 3\lambda} x^3 + \mp \cdots$$

Aus der Binominalreihe ergibt sich durch gliedweise Integration:

$$\ln(1+x) = \int_0^x \frac{dx}{1+x} = +x - \frac{x^2}{2} + \frac{x^3}{3} - \frac{x^4}{4} + - \cdots \qquad |x| < 1$$

$$\ln(1-x) = -x - \frac{x^2}{2} - \frac{x^3}{3} - \frac{x^4}{4} - - \cdots \qquad |x| < 1$$

$$\ln\frac{1+x}{1-x} = 2\left(x + \frac{x^3}{3} + \frac{x^5}{5} + + \cdots\right) \qquad |x| < 1$$

$$\ln x = 2\left\{\frac{x-1}{x+1} + \frac{1}{3}\left(\frac{x-1}{x+1}\right)^3 + \frac{1}{5}\left(\frac{x-1}{x+1}\right)^5 + + \cdots\right\} \qquad x > 0$$

Die letzte Formel folgt aus der vorletzten, indem man $\frac{1+x}{1-x} = \bar{x}$, also $x = \frac{\bar{x}-1}{\bar{x}+1}$ setzt und hinterher den Querstrich wieder fortläßt. Weiter erhält man (überall $|x| < 1$):

$$\operatorname{arc\,tg} x = \int_0^x \frac{dx}{1+x^2} = x - \frac{x^3}{3} + \frac{x^5}{5} - \frac{x^7}{7} + - \cdots$$

$$\operatorname{Ar\,Tgh} x = \int_0^x \frac{dx}{1-x^2} = \frac{1}{2}\ln\frac{1+x}{1-x} = x + \frac{x^3}{3} + \frac{x^5}{5} + \frac{x^7}{7} + + \cdots$$

$$\arcsin x = \int_0^x \frac{dx}{\sqrt{1-x^2}} = x + \frac{1}{2}\cdot\frac{x^3}{3} + \frac{1\cdot 3}{2\cdot 4}\cdot\frac{x^5}{5} + \frac{1\cdot 3\cdot 5}{2\cdot 4\cdot 6}\cdot\frac{x^7}{7} + + \cdots$$

$$\operatorname{Ar\,Sinh} x = \int_0^x \frac{dx}{\sqrt{1+x^2}} = \ln\left(1 + \sqrt{1+x^2}\right)$$

$$= x - \frac{1}{2}\cdot\frac{x^3}{3} + \frac{1\cdot 3}{2\cdot 4}\cdot\frac{x^5}{5} - \frac{1\cdot 3\cdot 5}{2\cdot 4\cdot 6}\cdot\frac{x^7}{7} + - \cdots$$

Vgl. ferner die Anwendungen des binomischen Satzes S. 38 und 63.

e) Reihen mit Bernoullischen Koeffizienten. Die *Bernoulli*schen Zahlen, die bei vielen Problemen auftreten (vgl. z. B. S. 72 u. 41), sind durch die symbolische Gleichung $[B+1]^n - B^n = 0$ definiert; dabei sollen nach dem Ausrechnen der Klammer überall statt der Potenzen B^λ die Zahlen B_λ eingesetzt werden. Also ergibt sich:

$$\binom{n}{1} B_{n-1} + \binom{n}{2} B_{n-2} + \cdots + \binom{n}{n-1} B_1 + 1 = 0, \qquad n = 2, 3, 4, \cdots$$

Hieraus folgt:

$$B_1 = -\tfrac{1}{2}, \quad B_2 = +\tfrac{1}{6}, \quad B_4 = -\tfrac{1}{30}, \quad B_6 = +\tfrac{1}{42}, \quad B_8 = -\tfrac{1}{30},$$

$$B_{10} = +\tfrac{5}{66}, \quad B_{12} = -\tfrac{691}{2730}, \quad B_{14} = +\tfrac{7}{6}, \quad B_{16} = -\tfrac{3617}{510}, \ldots,$$

während $B_3 = B_5 = B_7 = \cdots = 0$ wird. Da die Definition der *Bernoulli*schen Zahlen in der Literatur nicht einheitlich ist, weichen die Formeln bei den verschiedenen Autoren voneinander ab. Man erhält bei der obigen Definition:

$$\frac{x}{e^x - 1} = 1 + B_1\frac{x}{1!} + B_2\frac{x^2}{2!} + B_4\frac{x^4}{4!} + B_6\frac{x^6}{6!} + \cdots \qquad |x| < 2\pi$$

$$x\cdot\operatorname{ctg} x = 1 - B_2\frac{(2x)^2}{2!} + B_4\frac{(2x)^4}{4!} - B_6\frac{(2x)^6}{6!} + - \cdots \qquad |x| < \pi$$

$$\operatorname{ctg} x = \frac{1}{x} - \frac{x}{3} - \frac{x^3}{3^2\cdot 5} - \frac{2x^5}{3^3\cdot 5\cdot 7} - \frac{x^7}{3^3\cdot 5^2\cdot 7} - - \cdots \qquad |x| < \pi$$

$$x\cdot\operatorname{tg} x = (2^2-1)B_2\frac{(2x)^2}{2!} - (2^4-1)B_4\frac{(2x)^4}{4!} + (2^6-1)B_6\frac{(2x)^6}{6!} - + \cdots \qquad |x| < \frac{\pi}{2}$$

$$\operatorname{tg} x = x + \frac{x^3}{3} + \frac{2x^5}{3\cdot 5} + \frac{17x^7}{3^2\cdot 5\cdot 7} + \frac{62x^9}{3^4\cdot 5\cdot 7} + + \cdots \qquad |x| < \frac{\pi}{2}$$

f) Genauigkeitstabelle für die wichtigsten Näherungen

Erste Näherung

Näherungsformel	Zulässiges Intervall für x bei einem Fehler von			
	0,1%		1%	
	von	bis	von	bis
$\frac{1}{1+x} \approx 1 - x$	− 0,03	+ 0,03	− 0,10	+ 0,10
$\sqrt{1+x} \approx 1 + \frac{x}{2}$	− 0,08	+ 0,10	− 0,24	+ 0,32
$\frac{1}{\sqrt{1+x}} \approx 1 - \frac{x}{2}$	− 0,04	+ 0,06	− 0,15	+ 0,17
$e^x \approx 1 + x$	− 0,04	+ 0,04	− 0,13	+ 0,14
$\sin x \approx x$	− 0,077 − 4,4°	+ 0,077 + 4,4°	− 0,244 − 14,0°	+ 0,244 + 14,0°
$\cos x \approx 1$	− 0,045 − 2,6°	+ 0,045 + 2,6°	− 0,141 − 8,1°	+ 0,141 + 8,1°
$\operatorname{tg} x \approx x$	− 0,054 − 3,1°	+ 0,054 + 3,1°	− 0,183 − 10,5°	+ 0,183 + 10,5°

Zweite Näherung

Näherungsformel	Zulässiges Intervall für x bei einem Fehler von			
	0,1 %		1%	
	von	bis	von	bis
$\frac{1}{1+x} \approx 1 - x + x^2$	− 0,10	+ 0,10	− 0,21	+ 0,21
$\sqrt{1+x} \approx 1 + \frac{x}{2} - \frac{x^2}{8}$	− 0,22	+ 0,27	− 0,44	+ 0,66
$\frac{1}{\sqrt{1+x}} \approx 1 - \frac{x}{2} + \frac{3}{8}x^2$	− 0,14	+ 0,15	− 0,30	+ 0,32
$e^x \approx 1 + x + \frac{x^2}{2}$	− 0,17	+ 0,19	− 0,35	+ 0,43
$\sin x \approx x - \frac{x^3}{6}$	− 0,576 − 33,0°	+ 0,576 + 33,0°	− 1,032 − 59,0°	+ 1,032 + 59,0°
$\cos x \approx 1 - \frac{x^2}{2}$	− 0,384 − 22,0°	+ 0,384 + 22,0°	− 0,650 − 37,2°	+ 0,650 + 37,2°
$\operatorname{tg} x \approx x + \frac{x^3}{3}$	− 0,385 − 22,0°	+ 0,385 + 22,0°	− 0,533 − 30,5°	+ 0,533 + 30,5°

Vgl. *v. Sanden:* Prakt. Mathematik. Leipzig 1953, S. 30.

g) Formeln für das Rechnen mit Potenzreihen. Konvergente Potenzreihen dürfen innerhalb des gemeinsamen Konvergenzbereiches nicht nur gliedweise addiert, sondern auch miteinander multipliziert und, sofern der Nenner nicht gleich Null wird, durcheinander dividiert werden. Da es vielfach nur auf die Berechnung der ersten Glieder ankommt, werden die Umformungen durch die folgenden Formeln wesentlich erleichtert.

Produkt zweier Potenzreihen:

$$(a_0 + a_1 x + a_2 x^2 + a_3 x^3 + \cdots)\cdot(b_0 + b_1 + b_2 x^2 + b_3 x^3 + \cdots) = a_0 b_0 + (a_0 b_1 + a_1 b_0)\, x + (a_0 b_2 + a_1 b_1 + a_2 b_0)\, x^2 + (a_0 b_3 + a_1 b_2 + a_2 b_1 + a_3 b_0)\, x^3 + \cdots$$

Quotient zweier Potenzreihen:

$$\begin{aligned}(1 + a_1 x + a_2 x^2 + a_3 x^3 + \cdots) &: (1 + b_1 x + b_2 x^2 + b_3 x^3 + \cdots)\\ = 1 &+ (a_1 - b_1)\, x + (a_2 - a_1 b_1 + b_1^2 - b_2)\, x^2 + (a_3 - a_2 b_1 - a_1 b_2 - b_3 - b_1^3\\ &+ a_1 b_1^2 + 2 b_1 b_2)\, x^3 + (a_4 - a_3 b_1 - a_2 b_2 - a_1 b_3 - b_4 + b_1^4 - a_1 b_1^3 + a_2 b_1^2\\ &+ b_2^2 + 2 b_1 b_3 + 2 a_1 b_1 b_2 - 3 b_1^2 b_2)\, x^4 + \cdots\end{aligned}$$

Potenzen einer Potenzreihe
(die erste allgemeine Formel ergibt sich aus der Taylor-Entwicklung für y^n):

$$\begin{aligned}y^n = (1 + a_1 x + a_2 x_2 + a_3 x^3 + \cdots)^n &= 1 + \binom{n}{1} a_1 x\\ &+ \left\{\binom{n}{2} a_1^2 + \binom{n}{1} a_2\right\} x^2 + \left\{\binom{n}{3} a_1^3 + 2\binom{n}{2} a_1 a_2 + \binom{n}{1} a_3\right\} x^3\\ &+ \left\{\binom{n}{4} a_1^4 + 3\binom{n}{3} a_1^2 a_2 + \binom{n}{2}(a_2^2 + 2 a_1 a_3) + \binom{n}{1} a_4\right\} x^4 + \cdots\end{aligned}$$

$$y^2 = 1 + 2 a_1 x + (a_1^2 + 2 a_2)\, x^2 + 2 (a_1 a_2 + a_3)\, x^3 + (a_2^2 + 2 a_1 a_3 + 2 a_4)\, x^4 + \cdots$$

$$y^3 = 1 + 3 a_1 x + 3 (a_1^2 + a_2)\, x^2 + (a_1^3 + 6 a_1 a_2 + 3 a_3)\, x^3 + 3 (a_1^2 a_2 + a_2^2 + 2 a_1 a_3 + a_4)\, x^4 + \cdots$$

$$1 : y = 1 - a_1 x + (a_1^2 - a_2)\, x^2 - (a_1^3 - 2 a_1 a_2 + a_3)\, x^3 + (a_1^4 - 3 a_1^2 a_2 + a_2^2 + 2 a_1 a_3 - a_4)\, x^4 - \cdots$$

$$1 : y^2 = 1 - 2 a_1 x + (3 a_1^2 - 2 a_2)\, x^2 - 2 (2 a_1^3 - 3 a_1 a_2 + a_3)\, x^3 + (5 a_1^4 - 12 a_1^2 a_2 + 3 a_2^2 + 6 a_1 a_3 - 2 a_4)\, x^4 - \cdots$$

$$\sqrt{y} = 1 + \tfrac{1}{2} a_1 x - \tfrac{1}{8} (a_1^2 - 4 a_2)\, x^2 + \tfrac{1}{16} (a_1^3 - 4 a_1 a_2 + 8 a_3)\, x^3 - \tfrac{1}{128} (5 a_1^4 - 24 a_1^2 a_2 + 16 a_2^2 + 32 a_1 a_3 - 64 a_4)\, x^4 + \cdots$$

$$1 : \sqrt{y} = 1 - \tfrac{1}{2} a_1 x + \tfrac{1}{8} (3 a_1^2 - 4 a_2)\, x^2 - \tfrac{1}{16} (5 a_1^3 - 12 a_1 a_2 + 8 a_3)\, x^3 + \tfrac{1}{128} (35 a_1^4 - 120 a_1^2 a_2 + 48 a_2^2 + 96 a_1 a_3 - 64 a_4)\, x^4 + \cdots$$

Umkehrung einer Potenzreihe
(in diesem Fall muß das Konvergenzverhalten der neuen Reihe untersucht werden):

Wenn $y = x + a_2 x^2 + a_3 x^3 + a_4 x^4 + \cdots$ ist, wird umgekehrt:

$$\begin{aligned}x = y &- a_2 y^2 + (2 a_2^2 - a_3)\, y^3 - (5 a_2^3 - 5 a_2 a_3 + a_4)\, y^4\\ &+ (14 a_2^4 - 21 a_2^2 a_3 + 6 a_2 a_4 + 3 a_3^2 - a_5)\, y^5\\ &- (42 a_2^5 - 84 a_2^3 a_3 + 28 a_2^2 a_4 + 28 a_2 a_3^2 - 7 a_2 a_5 - 7 a_3 a_4 + a_6)\, y^6 + \cdots\end{aligned}$$

h) Anwendung der Potenzreihen zur Lösung von Integralen S. 38, 40, 63 u. 66, zur Lösung von Differentialgleichungen S. 42, 86 u. 90. Verhalten im komplexen Bereich S. 81 u. 82.

3. Annäherung von Funktionen in einem Intervall

a) Anlage des Verfahrens. Die gegebene Funktion $y = F(x)$ soll in dem Bereich $a \leqq x \leqq b$ möglichst gut durch die endliche Funktionsreihe:

$$S_n(x) = c_1 f_1(x) + c_2 f_2(x) + \cdots + c_n f_n(x)$$

angenähert werden; die $f_\nu(x)$ sind dabei gegebene Funktionen, die in dem betrachteten Bereich endlich, stetig und eindeutig sein sollen, während die noch freien Konstanten c_ν der Aufgabe entsprechend zu bestimmen sind. Hierzu verlangt man, daß das Integral von a bis b über den Ausdruck $\{F(x) - S_n(x)\}^2$, der stets $\geqq 0$ ist, möglichst klein wird: $\int_a^b \{F(x) - S_n(x)\}^2 \, dx = \text{Minimum}$ (vgl. S. 107, Methode der kleinsten Quadrate). Das Ergebnis der Rechnung wird besonders einfach, wenn man die Funktionen $f_\nu(x)$ so wählt, daß $\int_a^b f_\nu(x) \cdot f_\mu(x) \cdot dx = 0$ für $\nu \neq \mu$ wird; ein solches Funktionensystem heißt *orthogonal*. Man erhält dann:

$$c_\nu = \frac{\int_a^b F(x) \cdot f_\nu(x) \cdot dx}{\int_a^b f_\nu^2(x) \cdot dx} \qquad (\nu = 1, 2, \ldots, n).$$

Wenn weiter noch $\int_a^b f_\nu^2(x) \cdot dx = 1$ für $\nu = 1, 2, \ldots, n$ wird, heißen die Funktionen *normiert*.

Der Grenzübergang $n \to \infty$ bedarf sorgfältiger Untersuchungen. Man definiert: Ein System von unendlich vielen Funktionen heißt *vollständig* oder auch *abgeschlossen*, wenn alle im Intervall $a \leqq x \leqq b$ quadratisch integrabeln Funktionen $F(x)$ durch $\lim_{n \to \infty} S_n(x)$ dargestellt werden können, d. h. wenn $\lim_{n \to \infty} \int_a^b \{F(x) - S_n(x)\}^2 \, dx$ für jede dieser Funktionen $F(x)$ bei der angegebenen Wahl der Koeffizienten c_ν gleich Null wird.

Die obigen Begriffe sind von grundlegender Bedeutung für die Lehre von den Differentialgleichungen (S. 89 u. 92), die Variationsrechnung (S. 98) und die Lehre von den Integralgleichungen (S. 94).

b) Fourier-Reihen. Die Funktionen 1, $\cos \frac{\pi}{l} x$, $\cos \frac{2\pi}{l} x, \cdots$; $\sin \frac{\pi}{l} x$, $\sin \frac{2\pi}{l} x, \cdots$ bilden ein vollständiges orthogonales Funktionensystem für den Bereich $0 \leqq x \leqq 2l$ (einfachster Sonderfall $l = \pi$). Dagegen sind die Funktionen nicht normiert; es wird für $\nu = 1, 2, 3, \cdots$:

$$\int_0^{2l} 1^2 \cdot dx = 2l; \qquad \int_0^{2l} \cos^2 \frac{\nu\pi}{l} x \cdot dx = l; \qquad \int_0^{2l} \sin^2 \frac{\nu\pi}{l} x \cdot dx = l.$$

Der Grenzübergang $n \to \infty$ ergibt hier den Satz: Jede Funktion $F(x)$, die in dem Bereich $0 \leqq x \leqq 2l$ samt ihrer ersten Ableitung endlich und zumindest stückweise stetig ist, läßt sich in diesem Intervall durch die unendliche Funktionsreihe:

$$F(x) = \frac{a_0}{2} + a_1 \cos \frac{\pi}{l} x + a_2 \cos \frac{2\pi}{l} x + \cdots + b_1 \sin \frac{\pi}{l} x + b_2 \sin \frac{2\pi}{l} x + \cdots$$

mit:

$$a_\nu = \frac{1}{l} \int_0^{2l} F(x) \cdot \cos \frac{\nu\pi}{l} x \cdot dx, \qquad b_\nu = \frac{1}{l} \int_0^{2l} F(x) \cdot \sin \frac{\nu\pi}{l} x \cdot dx$$

darstellen ($\nu = 0, 1, 2, \cdots$); wenn als Bereich $-l \leqq x \leqq +l$ gewählt wird, sind die Integrale von $-l$ bis $+l$ zu erstrecken. Das absolute Glied $\frac{a_0}{2} = \frac{1}{2l} \int_0^{2l} F(x) \cdot dx$ ist der Mittelwert der Funktion in dem betrachteten Bereich. An den eventuellen Sprungstellen von $F(x)$ nimmt die unendliche Reihe den Mittelwert der beiden Randwerte an, welche die zugehörigen Kurvenstücke an dieser Stelle besitzen (vgl. Beispiel 1 und 2). Da die *Fourier*-Reihe für $x + 2l$ denselben Wert wie für x ergibt, stellt die Reihe eine Funktion dar, die sich außerhalb des betrachteten Bereiches periodisch fortsetzt.

Bei *Symmetrieeigenschaften* der gegebenen Funktion $F(x)$ vereinfachen sich die Formeln. Wenn die zugehörige Kurve symmetrisch zum Mittelpunkt des betrachteten Intervalles auf der x-Achse liegt (Beispiel 1, 2) wird:

$$a_\nu = 0, \qquad b_\nu = \frac{2}{l}\int_0^l F(x)\cdot \sin\frac{\nu\pi}{l}x\cdot dx \qquad (\nu = 0, 1, 2, \cdots)$$

Wenn die Kurve symmetrisch zu der senkrechten Geraden durch den Intervallmittelpunkt ist (Beispiel 3, 4, 5), ergibt sich:

$$a_\nu = \frac{2}{l}\int_0^l F(x)\cdot\cos\frac{\nu\pi}{l}x\cdot dx; \qquad b_\nu = 0 \qquad (\nu = 0, 1, 2, \cdots).$$

Beispiele für Fourier-Reihen (*Bereich* $-\pi \leqq x \leqq +\pi$).

1	$x = 2\left\{\frac{\sin x}{1} - \frac{\sin 2x}{2} + \frac{\sin 3x}{3} - + \cdots\right\}$	
2	$F(x) = -1$ für $-\pi < x < 0$ und $F(x) = +1$ für $0 < x < \pi$ $F(x) = \frac{4}{\pi}\left\{\frac{\sin x}{1} + \frac{\sin 3x}{3} + \frac{\sin 5x}{5} + + \cdots\right\}$	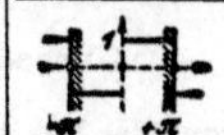
3	$x^2 = \frac{\pi^2}{3} - 4\left\{\frac{\cos x}{1^2} - \frac{\cos 2x}{2^2} + \frac{\cos 3x}{3^2} - + \cdots\right\}$	
4	$\lvert x\rvert = \frac{\pi}{2} - \frac{4}{\pi}\left\{\frac{\cos x}{1^2} + \frac{\cos 3x}{3^2} + \frac{\cos 5x}{5^2} + \cdots\right\}$	
5	$\lvert\sin x\rvert = \frac{2}{\pi} - \frac{4}{\pi}\left\{\frac{\cos 2x}{1\cdot 3} + \frac{\cos 4x}{3\cdot 5} + \frac{\cos 6x}{5\cdot 7} + \cdots\right\}$	

Vgl. den Satz über die Stetigkeit einer Funktionsreihe S. 72. Aus Formel 3 folgt für $x = \pi$ die Formel für die Summe der reziproken Quadrate S. 72. Vgl. ferner die Thetafunktionen S 39.

Wenn die Integrale für die a_ν und b_ν nicht formal auszuwerten sind, oder wenn die zu entwickelnde Funktion empirisch bestimmt ist, kann man die gesuchten Koeffizienten numerisch mit Hilfe der *Zipperer-Tafeln* oder maschinell mit Hilfe des *harmonischen Analysators* ermitteln. *Zipperer:* Tafeln zur harmonischen Analyse periodischer Funktionen. Berlin 1922. — *Willers:* Mathem. Maschinen und Instrumente. Berlin 1951.

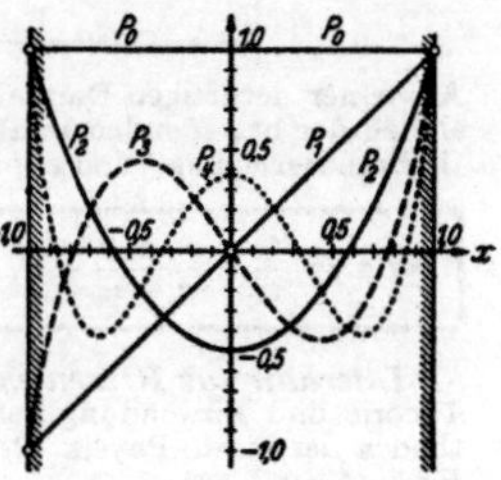

Abb. 61. Kugelfunktionen

c) Kugelfunktionen. Die *Legendreschen Kugelfunktionen*

$$P_0 = 1, \quad P_1 = x, \quad P_2 = \tfrac{1}{2}(3x^2 - 1), \quad P_3 = \tfrac{1}{2}(5x^3 - 3x)$$

$$P_4 = \tfrac{1}{8}(35x^4 - 30x^2 + 3), \ldots$$

$$P_n = \frac{1\cdot 3\cdot 5\ldots(2n-1)}{n!}\left\{x^n - \frac{n(n-1)}{2(2n-1)}x^{n-2} + \frac{n(n-1)(n-2)(n-3)}{2\cdot 4\cdot(2n-1)(2n-3)}x^{n-4}\right.$$
$$\left. - \frac{n(n-1)\cdots(n-5)}{2\cdot 4\cdot 6\cdot(2n-1)(2n-3)(2n-5)}x^{n-6} + - \cdots\right\} \quad \text{für } n > 0$$

(Abb. 61) bilden ein vollständiges orthogonales Funktionssystem für den Bereich $-1 \leqq x \leqq +1$. Sie lassen sich in der übersichtlichen Form:

$$P_n = \frac{1}{2^n}\sum_{\nu=0}^{\nu=n}\binom{n}{\nu}^2 (x-1)^{n-\nu}(x+1)^\nu \qquad \text{für } n \geqq 0$$

darstellen. Die Funktionen sind nicht normiert, da $\int_{-1}^{+1} P_n^2\, dx = 2 : (2n+1)$ wird.

Es gelten die Beziehungen ($n = 1, 2, 3, \ldots$):

$$P_n(1) = 1; \quad P_n(-1) = (-1)^n; \quad P_n(-x) = (-1)^n P_n(x);$$

$$P_{2n+1}(0) = 0; \quad P_{2n}(0) = (-1)^n \frac{1 \cdot 3 \cdot 5 \ldots (2n-1)}{2 \cdot 4 \cdot 6 \ldots 2n};$$

$$(n+1) P_{n+1} - (2n+1) x P_n + n P_{n-1} = 0 \quad \text{(Rekursionsformel)}$$

$$P_n(x) = \frac{1}{2^n n!} \frac{d^n (x^2-1)^n}{d x^n}; \quad \frac{d}{dx} P_{n+1} - \frac{d}{dx} P_{n-1} = (2n+1) P_n$$

Praktische Beispiele: *Seynsche* und *Walther*: Schaubilder für die Annäherung durch Kugelfunktionen. Acta mathematica 57.

4. Unendliche Produkte

Das unendliche Produkt $(1 + a_1)(1 + a_2)(1 + a_3) \cdots$ strebt bei beliebiger Vermehrung der Faktoren einem endlichen Grenzwert zu, wenn $\sum_{\nu=1}^{\nu=\infty} |a_\nu|$ konvergiert. Beispiele:

$$\sin x = x \left(1 - \frac{x^2}{\pi^2}\right)\left(1 - \frac{x^2}{4\pi^2}\right)\left(1 - \frac{x^2}{9\pi^2}\right)\left(1 - \frac{x^2}{16\pi^2}\right)\cdots$$

$$\cos x = \left(1 - \frac{4x^2}{\pi^2}\right)\left(1 - \frac{4x^2}{9\pi^2}\right)\left(1 - \frac{4x^2}{25\pi^2}\right)\cdots$$

$$\operatorname{Sinh} x = x \left(1 + \frac{x^2}{\pi^2}\right)\left(1 + \frac{x^2}{4\pi^2}\right)\left(1 + \frac{x^2}{9\pi^2}\right)\left(1 + \frac{x^2}{16\pi^2}\right)\cdots$$

$$\operatorname{Cosh} x = \left(1 + \frac{4x^2}{\pi^2}\right)\left(1 + \frac{4x^2}{9\pi^2}\right)\left(1 + \frac{4x^2}{25\pi^2}\right)\cdots$$

Aus einer derartigen Darstellung kann man unmittelbar die reellen und komplexen Nullstellen der betreffenden Funktion erkennen. Weiter sei in diesem Zusammenhang die „Partialbruchzerlegung" von ctg x angegeben:

$$\operatorname{ctg} x = \frac{1}{x} + \frac{1}{x-\pi} + \frac{1}{x+\pi} + \frac{1}{x-2\pi} + \frac{1}{x+2\pi} + \frac{1}{x-3\pi} + \frac{1}{x+3\pi} + + \cdots$$

Literatur zur Reihenlehre. v. Sanden: Prakt. Mathematik. Leipzig 1953. — *Knopp:* Theorie und Anwendung der unendlichen Reihen. Berlin 1947. — *Courant-Hilbert:* Methoden der math. Physik. Berlin 1931. — *Madelung:* Die math. Hilfsmittel des Physikers. Berlin 1950.

F. Die Funktionen komplexen Argumentes

Das System der komplexen Zahlen ist S. 45 u. 46 besprochen; diese Größen treten bereits bei der Ermittlung der Nullstellen einer reellen algebraischen Gleichung auf (S. 46 bis 48). *Überraschenderweise werden viele technische Rechnungen erheblich vereinfacht, wenn man von den reellen Gleichungen zu den entsprechenden komplexen Beziehungen übergeht* (vgl. S. 53, 85 u. 87). Zudem lassen sich die Gesetzmäßigkeiten, denen die verschiedenen Funktionsarten gehorchen, nur dann klar übersehen, wenn man grundsätzlich ihr Verhalten im komplexen Bereich berücksichtigt.

1. Die elementaren Funktionen im komplexen Bereich

a) Die algebraischen Funktionen. Um eine Funktion $w = f(z)$ in Abhängigkeit von der komplexen Veränderlichen $z = x + iy$ zu untersuchen, macht man den Ansatz:

$$w = u + iv = f(z) = f(x + iy).$$

Dabei sollen u und v reelle Funktionen bedeuten; man nennt $u(x, y)$ den *Realteil*, $v(x, y)$ den *Imaginärteil* der Funktion. Beispiele:

$$w = z^2 = (x + i\,y)^2 = (x^2 - y^2) + 2\,i\,x\,y; \quad \text{also} \quad u = x^2 - y^2, \quad v = 2\,x\,y.$$

$$w = \frac{1}{z} = \frac{1}{x + i\,y} = \frac{x - i\,y}{x^2 + y^2}; \quad \text{also} \quad u = \frac{x}{x^2 + y^2}, \quad v = \frac{-y}{x^2 + y^2}.$$

Ähnlich verfährt man bei den allgemeinen algebraischen Funktionen. Die Gleichung $w^2 + z^2 = 1$ ergibt z. B. $u^2 - v^2 + 2i\,u\,v + x^2 - y^2 + 2i\,x\,y = 1$ oder $u^2 - v^2 + x^2 - y^2 = 1$, $uv + xy = 0$, woraus sich u und v als Funktionen von x und y berechnen lassen.

b) Die elementaren transzendenten Funktionen. Zur Verallgemeinerung der elementaren transzendenten Funktionen auf den komplexen Bereich geht man von den zugehörigen Potenzreihen aus (vgl. Abschn. c). Auf diesem Wege gewinnt man z. B. für das zunächst sinnlose Symbol e^{iy} die Erklärung:

$$e^{iy} = 1 + \frac{iy}{1!} + \frac{(iy)^2}{2!} + \cdots$$

$$= \left\{1 - \frac{y^2}{2!} + \frac{y^4}{4!} - + \cdots\right\} + i\left\{\frac{y}{1!} - \frac{y^3}{3!} + - \cdots\right\} = \cos y + i \sin y.$$

Hierdurch ergibt sich:

$e^{iy} = \cos y + i \sin y$	$e^{-iy} = \cos y - i \sin y$	
$\sin iy = i \operatorname{Sinh} y$ $\operatorname{Sinh} iy = i \sin y$	$\cos iy = \operatorname{Cosh} y$ $\operatorname{Cosh} iy = \cos y$	$\operatorname{tg} iy = i \operatorname{Tgh} y$ $\operatorname{Tgh} iy = i \operatorname{tg} y$

Durch weitere Verallgemeinerung der im Reellen gültigen Beziehungen erhält man:

$e^{x+iy} = e^x (\cos y + i \sin y)$	
$\sin(x + iy) = \sin x \operatorname{Cosh} y + i \cos x \operatorname{Sinh} y$	$\operatorname{Sinh}(x + iy) = \operatorname{Sinh} x \cos y + i \operatorname{Cosh} x \sin y$
$\cos(x + iy) = \cos x \operatorname{Cosh} y - i \sin x \operatorname{Sinh} y$	$\operatorname{Cosh}(x + iy) = \operatorname{Cosh} x \cos y + i \operatorname{Sinh} x \sin y$
$\operatorname{tg}(x + iy) = \dfrac{\sin 2x + i \operatorname{Sinh} 2y}{\cos 2x + \operatorname{Cosh} 2y}$	$\operatorname{Tgh}(x + iy) = \dfrac{\operatorname{Sinh} 2x + i \sin 2y}{\operatorname{Cosh} 2x + \cos 2y}$

Diese Formeln werden der weiteren Untersuchung als *Definitionen* zugrunde gelegt. Man bestätigt, daß die im Reellen gültigen Rechengesetze der betrachteten Funktionen auch für komplexe Zahlen ihre Gültigkeit behalten (was keineswegs von vornherein selbstverständlich ist).

Da $w = \ln z$ dasselbe wie $z = e^w$ bedeuten soll, folgt $x + iy = e^u\,(\cos v + i \sin v)$ oder $x = e^u \cos v$, $y = e^u \sin v$. Wenn wir in der $(x + iy)$-Ebene Polarkoordinaten einführen: $x = r \cos\varphi$, $y = r \sin\varphi$, ergibt sich $r = e^u$ oder $u = \ln r$ und $v = \varphi + 2n\pi$. Also wird:

$$\ln z = \ln(x + iy) = \ln r + i(\varphi + 2n\pi) \qquad (n = 0, \pm 1, \pm 2, \cdots)$$

wobei φ im Bogenmaß zu messen ist (Abb. 62). Der Logarithmus einer komplexen Zahl ist somit unendlich vieldeutig (vgl. dazu S. 83); für die reellen positiven Zahlen wird $\varphi = 0$, so daß hier der Logarithmus eindeutig festgelegt ist, wenn man sich auf reelle Größen beschränkt.

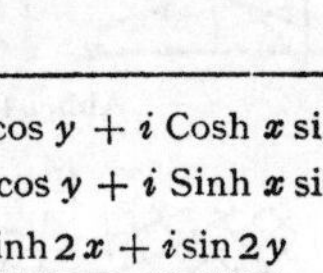

Abb. 62

Auf Grund der angestellten Überlegungen kann jetzt die *Einführung von Polarkoordinaten* in der *Gauß*schen Zahlebene in der Form $z = x + iy = r\cos\varphi + i\,r\sin\varphi = r \cdot e^{i\varphi}$ geschehen, die in vielen Fällen besonders zweckmäßig ist.

c) Das Verhalten der Potenzreihen im komplexen Bereich; analytische Fortsetzung. Eine unendliche Summe von komplexen Zahlen $(a_1 + i\,b_1) + (a_2 + i\,b_2) + (a_3 + i\,b_3) + \ldots$

wird als konvergent bezeichnet, wenn sowohl die Summe der Realteile als auch die der Imaginärteile konvergiert; sie heißt absolut konvergent, wenn beide angegebenen Summen absolut konvergent sind. Die Konvergenzkriterien behalten ihre Gültigkeit; nur ist der Absolutbetrag der reellen Zahlen durch den Absolutbetrag der komplexen Zahlen (S. 46) zu ersetzen.

Der Konvergenzbereich der Potenzreihe:

$$w = F(z) = c_0 + c_1(z - z_0) + c_2(z - z_0)^2 + c_3(z - z_0)^3 + \cdots, \qquad z = x + iy$$

in welcher die c_r sowie z_0 reelle oder komplexe Zahlen sind, ist in der *Gauß*schen Zahlebene für z stets ein Kreis, dessen Mittelpunkt die Entwicklungsstelle $z = z_0$ ist. Innerhalb des Konvergenzkreises ist die Potenzreihe absolut konvergent, im Äußern dagegen divergent; auf dem Kreise selbst ist das Verhalten verschieden. *Der Konvergenzkreis geht durch denjenigen zunächst an der Entwicklungsstelle gelegenen Punkt, für den die dargestellte Funktion unendlich wird oder einen sonstigen singulären Punkt besitzt* (Abb. 63).

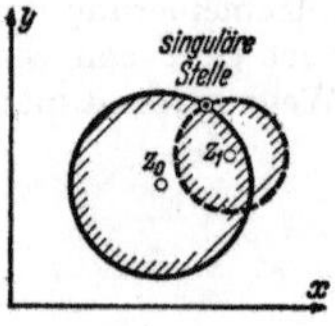

Abb. 63

Wenn eine Funktion $F(z)$ durch eine Potenzreihe mit einem endlichen Konvergenzradius definiert ist, kann man die Reihe derart umformen, daß sie nach Potenzen von $(z - z_1)$ ansteigt, wobei z_1 in dem Konvergenzbereich der ursprünglichen Potenzreihe liegen möge. Der Konvergenzbereich der neuen Potenzreihe ist ein Kreis um den neuen Entwicklungspunkt z_1, der wiederum durch die nächstgelegene Unendlichkeitsstelle oder sonstigen singulären Punkt von $F(z)$ hindurchgeht. Man kann zeigen, daß infolge der teilweisen Überdeckung der beiden Konvergenzbereiche beide Potenzreihen dieselbe Funktion $F(z)$ darstellen, die hierdurch über den zunächst gegebenen Bereich erweitert wird (Abb. 63); dieses Verfahren, das man beliebig wiederholen kann, wird als *analytische Fortsetzung* der gegebenen Funktion bezeichnet. Es gibt Funktionen, bei denen die singulären Punkte auf einer Kurve, z. B. dem Einheitskreis (S. 46) beliebig dicht liegen, so daß hierdurch eine unüberschreitbare Grenze gegeben ist.

2. Die Cauchy-Riemannschen Differentialgleichungen; konforme Abbildung

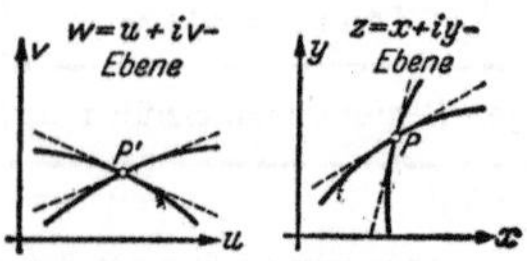

Abb. 64

Die Funktionen $u(x, y)$ und $v(x, y)$ erfüllen die *Cauchy-Riemannschen Differentialgleichungen:*

$$\boxed{\frac{\partial u}{\partial x} = \frac{\partial v}{\partial y},} \qquad \boxed{\frac{\partial u}{\partial y} = -\frac{\partial v}{\partial x}.}$$

Aus ihnen folgen für u und v die weiteren Beziehungen (*Potentialgleichung*, vgl. S. 92):

$$\boxed{\frac{\partial^2 u}{\partial x^2} + \frac{\partial^2 u}{\partial y^2} = 0,} \qquad \boxed{\frac{\partial^2 v}{\partial x^2} + \frac{\partial^2 v}{\partial y^2} = 0.}$$

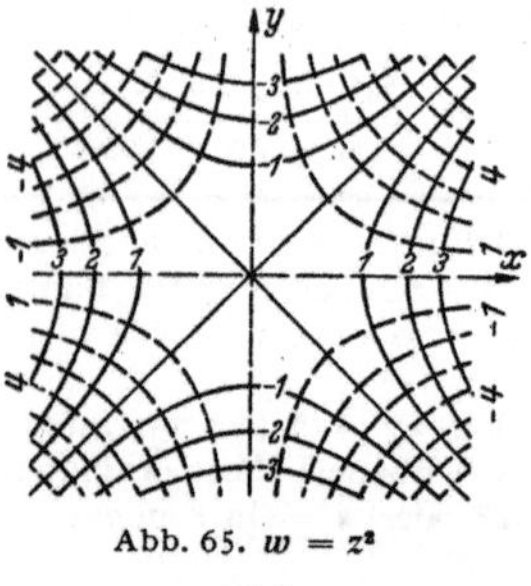

Abb. 65. $w = z^2$

Die Gleichungen $u = u(x, y)$, $v = v(x, y)$ ordnen einem festen Punkte x, y der $(x + iy)$-Ebene einen Punkt (oder auch mehrere Punkte) der $(u + iv)$-Ebene zu und umgekehrt; d. h. die $(x + iy)$-Ebene wird punktweise auf die $(u + iv)$-Ebene abgebildet. Infolge der *Cauchy-Riemann*schen Gleichungen ist der Tangentenwinkel zwischen zwei sich schneidenden Kurven in der $(x + iy)$-Ebene gleich dem entsprechenden Tangentenwinkel bei den beiden Bildkurven in der $(u + iv)$-Ebene (Abb. 64), solange $\frac{\partial u}{\partial x}$ und $\frac{\partial u}{\partial y}$ nicht gleichzeitig verschwinden.

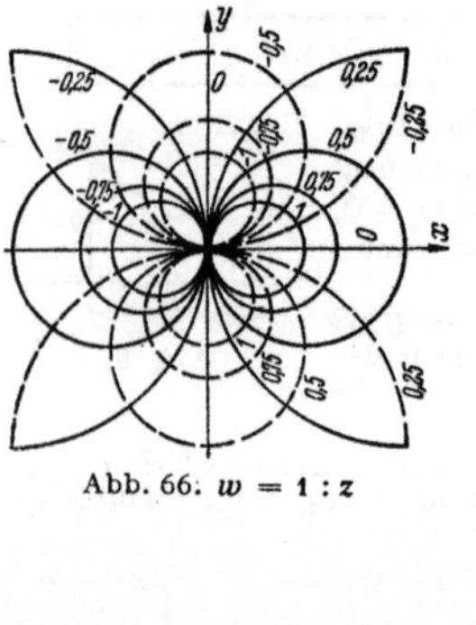

Abb. 66. $w = 1 : z$

Solche Abbildungen, die in den mathematischen Anwendungen eine wichtige Rolle spielen, nennt man *winkeltreu* oder auch *konform*.

Abb. 65 und 66 zeigen die konforme Abbildung der $w = (u + iv)$-Ebene auf die $z = (x + iy)$-Ebene durch die Funktion $w = z^2$ bzw. $w = 1 : z$. Die Bilder der Kurven u = const sind ausgezogen, die der Kurven v = const gestrichelt (vgl. die zugehörigen reellen Gleichungspaare S. 81). Die Werte von u und v sind bei den einzelnen Kurven angegeben; zur besseren Unterscheidung sind die Kurven v = const mit liegenden Ziffern beschriftet.

3. Differentiation und Integration im komplexen Bereich

a) Differentiation. Wenn bei einer Funktion $w = f(z)$ der Quotient:

$$\frac{\Delta w}{\Delta z} = \frac{f(z + \Delta z) - f(z)}{\Delta z}$$

(als Funktion von Δz allein betrachtet) beim Grenzübergang $\Delta z \to 0$ gegen einen festen Wert konvergiert, heißt die Funktion im Punkte z differenzierbar und der Grenzwert die Ableitung $\frac{dw}{dz} = f'(z)$ im Punkte z. Die komplexe Zahl Δz kann sich dabei dem Werte $\Delta z = 0$ von allen Seiten her nähern (Abb. 67). Ein eindeutig bestimmter Grenzwert ist dann und nur dann vorhanden, wenn die *Cauchy-Riemannschen Gleichungen* erfüllt sind; es wird:

$$\frac{dw}{dz} = \frac{\partial u}{\partial x} + i\frac{\partial v}{\partial x} = \frac{\partial v}{\partial y} - i\frac{\partial u}{\partial y}.$$

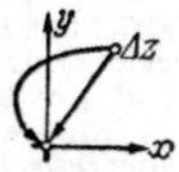

Abb. 67

Man bestätigt, daß die oben betrachteten Funktionen auch im komplexen Gebiet eine Ableitung besitzen und daß diese in gleicher Weise wie bei den zugehörigen reellen Funktionen gefunden wird.

b) Integration. Es seien in der z-Ebene zwei Punkte $z_0 = x_0 + i\,y_0$ und $Z = X + iY$ gegeben, die durch eine Kurve verbunden sind. Dann bezeichnet man als das Integral der Funktion $w = f(z) = u(x, y) + i\,v(x, y)$ von z_0 bis Z längs des betrachteten Weges den Ausdruck:

$$\int_{z_0}^{Z} f(z)dz = \int_{z_0}^{Z} (u + iv)(dx + i\,dy) = \int_{x_0, y_0}^{X, Y} (u\,dx - v\,dy) + i\int_{x_0, y_0}^{X, Y} (v\,dx + u\,dy),$$

wobei die beiden letzten Integrale als Kurvenintegrale aufzufassen sind (S. 70). Infolge der *Cauchy-Riemannschen Gleichungen* sind diese Integrale vom Wege unabhängig, aber nur, solange in dem Bereich zwischen zwei verschiedenen Wegen kein singulärer Punkt liegt (S. 71).

Zwischen Integral und Ableitung bestehen bei diesen Definitionen die gleichen Beziehungen wie im reellen Gebiet.

Als Beispiel für das Auftreten eines singulären Punktes betrachten wir das Integral $\ln z = \int_1^z dz : z$, bei welchem der Integrand für $z = 0$ eine Unendlichkeitsstelle besitzt. Zur Vereinfachung der Berechnung führen wir in der *Gaußschen Zahlebene* für z Polarkoordinaten ein: $z = x + i\,y = r\cos\varphi + i\,r\sin\varphi$. Um einen einfachen Weg zu erhalten, welcher die beiden Integralgrenzen 1 und z miteinander verbindet, gehen wir zunächst auf der reellen Achse von $x = 1$ bis $x = r$; sodann wandern wir auf dem Kreis, der mit dem Radius r um den Nullpunkt geschlagen ist, von der reellen Achse bis zu der oberen Integralgrenze z (Abb. 68). Nach S. 81 wird $u = x : (x^2 + y^2)$, $v = -y : (x^2 + y^2)$. Während des ersten Wegteils ist $y = 0$, so daß hier das angegebene Kurvenintegral den Wert:

$$\int_1^r \frac{dx}{x} + i \cdot 0 = \ln r$$

ergibt. Während des zweiten Wegteils wird $x = r\cos\psi$, $y = r\sin\psi$, wobei r konstant und ψ variabel ist; wir erhalten somit für den zweiten Wegteil:

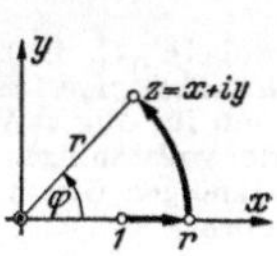

Abb. 68

$$\int_0^\varphi \left(\frac{\cos\psi}{r} \cdot -r\sin\psi\,d\psi - \frac{\sin\psi}{r} \cdot -r\cos\psi\,d\psi\right)$$
$$+ i\int_0^\varphi \left(-\frac{\sin\psi}{r} \cdot -r\sin\psi\,d\psi + \frac{\cos\psi}{r} \cdot r\cos\psi\,d\psi\right) = 0 + i\int_0^\varphi d\psi = i\varphi.$$

Die Addition dieser beiden Werte ergibt als Integral für den Gesamtweg:

$$\ln z = \int_1^z \frac{dz}{z} = \ln r + i\varphi.$$

Die Vieldeutigkeit des Logarithmus im komplexen Bereich (vgl. S. 81) entsteht somit dadurch, daß wir den singulären Punkt $z = 0$ auf der zweiten Wegstrecke beliebig oft umkreisen können. Vgl. ferner S. 87, zweites Beispiel.

Literatur für die Funktionen komplexen Argumentes. ***Knopp:*** Elemente der Funktionentheorie; Funktionentheorie (I. Grundlage der allgemeinen Theorie, II. Anwendungen und Weiterführung); Aufgabensammlung (I. Elementare Funktionentheorie, II. Höhere Funktionentheorie). Samml. Göschen Bd. 1109; 668, 703; 877, 878. Berlin 1949. — ***Bieberbach:*** Einführung in die konforme Abbildung. Samml. Göschen Bd. 768. Berlin 1949. — ***Bieberbach:*** Lehrbuch der Funktionentheorie, Bd. I u. II. Leipzig 1930 u. 1931. — ***Osgood:*** Lehrbuch der Funktionentheorie, Bd. I. Leipzig 1928.

III. Höhere mathematische Verfahren

A. Gewöhnliche Differentialgleichungen

1. Übersicht und Bezeichnungen

Eine Gleichung zwischen der Veränderlichen x, einer gesuchten Funktion $y(x)$ und ihren Ableitungen heißt eine *gewöhnliche Differentialgleichung.* Die *Ordnung* einer Differentialgleichung ist der Grad der höchsten in ihr enthaltenen Ableitung. Eine Differentialgleichung heißt *linear*, wenn in ihr die gesuchte Funktion und ihre Ableitungen nur linear auftreten (vgl. Abschnitt 2).

Eine einzelne Funktion, die einer gegebenen Differentialgleichung genügt, wird als *spezielle Lösung* bezeichnet. Eine Darstellung, welche die sämtlichen regulären Lösungen umfaßt, heißt die *allgemeine Lösung*; zu ihr können gegebenenfalls noch *singuläre Lösungen* treten (S. 90). Die allgemeine Lösung einer gewöhnlichen Differentialgleichung n-ter Ordnung enthält n *willkürliche Konstanten*; diese werden bei den Aufgaben der Praxis durch *Anfangs- oder Randbedingungen* festgelegt, welche sich aus der jeweiligen Problemstellung ergeben.

Außer einzelnen Gleichungen treten auch *Systeme von p Differentialgleichungen* zur Bestimmung von p gesuchten Funktionen auf.

Die Berechnung eines Integrals wird in der Lehre von den Differentialgleichungen als *Quadratur* bezeichnet.

2. Gewöhnliche lineare Differentialgleichungen

a) Zusammensetzung der allgemeinen Lösung aus speziellen Lösungen. Die lineare Differentialgleichung erster Ordnung $y' + f(x) \cdot y = \varphi(x)$ läßt sich stets durch Quadraturen auflösen.

Man führt $y = u(x) \cdot v(x)$ ein: $uv' + vu' + f(x) \cdot uv = \varphi(x)$ und zerlegt in $v' = -f(x) \cdot v$; $vu' = \varphi(x)$; es folgt $v = e^{-\int f(x)\,dx}$, $u = \int \{\varphi(x) : v\} dx + C$; also ergibt sich:

$$y = e^{-\int f(x)\,dx} \left\{ C + \int \varphi(x)\, e^{\int f(x)\,dx}\, dx \right\}.$$

Das typische Verhalten tritt erst bei den linearen Differentialgleichungen zweiter Ordnung hervor:

$$y'' + f_1(x) \cdot y' + f_0(x) \cdot y = \varphi(x).$$

Die Gleichung heißt *vollständig oder unvollständig*, je nachdem das Störungsglied $\varphi(x)$ wirklich auftritt oder gleich Null ist.

Die allgemeine Lösung der unvollständigen Gleichung ist:

$$y^* = C_1 y_1 + C_2 y_2,$$

wobei C_1, C_2 die beiden willkürlichen Integrationskonstanten und y_1, y_2 zwei spezielle, *linear unabhängige* Lösungen sind (d. h. es soll zwischen ihnen keine lineare Identität $c_1 y_1 + c_2 y_2 = 0$ für *alle* x-Werte bestehen, wobei c_1 und c_2 feste Zahlen sind). Die allgemeine Lösung der vollständigen Gleichung setzt sich aus der allgemeinen Lösung y^* der zugehörigen unvollständigen Gleichung und einer speziellen Lösung $\eta(x)$ der vollständigen Gleichung in der Form:

$$y = y^* + \eta(x) = C_1 y_1 + C_2 y_2 + \eta(x)$$

zusammen. Die spezielle Lösung $\eta(x)$ läßt sich stets durch Quadraturen aus den y_ν ermitteln. Man setzt sie in der Form $\eta = e_1(x) \cdot y_1 + e_2(x) \cdot y_2$ an (*Lagrange: Methode der Variation der Konstanten*); die Differentialgleichung wird durch $e_1' y_1 + e_2' y_2 = 0$, $e_1' y_1' + e_2' y_2' = \varphi$ erfüllt, woraus:

$$e_1 = \int \frac{-y_2 \varphi\, dx}{y_1 y_2' - y_2 y_1'} + C_1, \qquad e_2 = \int \frac{+y_1 \varphi\, dx}{y_1 y_2' - y_2 y_1'} + C_2$$

folgt. Alle diese Sätze gelten entsprechend für lineare Differentialgleichungen n-ter Ordnung.

b) Lineare Differentialgleichungen mit konstanten Koeffizienten. Die Lösung der unvollständigen Gleichung läßt sich stets durch den *D'Alembertschen Ansatz* $y = e^{\varkappa x}$ ermitteln.

Bei $a_2 y'' + a_1 y' + a_0 y = 0$ ergibt der Ansatz nach Fortkürzen von $e^{\varkappa x}$ die quadratische *Hauptgleichung* $a_2 \varkappa^2 + a_1 \varkappa + a_0 = 0$. Im Falle zweier verschiedener reeller Wurzeln $\varkappa_1$ und $\varkappa_2$ wird $y^* = C_1 e^{\varkappa_1 x} + C_2 e^{\varkappa_2 x}$. Im Falle zweier konjugiert komplexer Wurzeln $\varkappa = p \pm iq$ bildet man (vgl. S. 81):

$$y^* = C_1 e^{\varkappa_1 x} + C_2 e^{\varkappa_2 x} = C_1 e^{(p+iq)x} + C_2 e^{(p-iq)x}$$
$$= (C_1 + C_2) e^{px} \cos q x + i (C_1 - C_2) e^{px} \sin q x = c_1 e^{px} \cos q x + c_2 e^{px} \sin q x,$$

d. h. es sind sowohl Realteil als auch Imaginärteil von $e^{\varkappa x}$ Lösungen. Im Falle einer Doppelwurzel $\varkappa_1 = \varkappa_2 = \varkappa$ wird schließlich $y^* = (C_1 + C_2 x) e^{\varkappa x}$. Entsprechend verfährt man bei den Gleichungen n-ter Ordnung (vgl. z. B. die Differentialgleichung 100, S. 254).

Die Lösung der vollständigen Gleichung wird nach S. 84 durch Variation der Konstanten gefunden [falls man nicht eine spezielle Lösung $\eta(x)$ erraten kann, was bei technischen Fragestellungen häufig der Fall ist].

Die Lösungen von $a_2 y'' + a_1 y' + a_0 y = \varphi(x)$; $D = a_1^2 - 4 a_0 a_2$.

Aperiodischer Fall: $D > 0$.	Grenzfall: $D = 0$.	Periodischer Fall: $D < 0$.
$\varkappa_1 = (-a_1 + \sqrt{D}) : 2a_2$ $\varkappa_2 = (-a_1 - \sqrt{D}) : 2a_2$	$\varkappa = -a_1 : 2a_2$	$p = -a_1 : 2a_2$ $q = \sqrt{-D} : 2a_2$
$y = C_1 e^{\varkappa_1 x} + C_2 e^{\varkappa_2 x} + \eta(x)$	$y = (C_1 + C_2 x) e^{\varkappa x} + \eta(x)$	$y = e^{px}(C_1 \sin qx + C_2 \cos qx) + \eta(x)$ $= C e^{px} \sin(qx + c) + \eta(x)$
$\eta = \frac{1}{\sqrt{D}}$ $\cdot \{ e^{\varkappa_1 x} \int \varphi(x) e^{-\varkappa_1 x} dx$ $- e^{\varkappa_2 x} \int \varphi(x) e^{-\varkappa_2 x} dx \}$	$\eta = \frac{1}{a_2} e^{\varkappa x}$ $\cdot \{ x \int \varphi(x) e^{-\varkappa x} dx$ $- \int \varphi(x) \cdot x \cdot e^{-\varkappa x} dx \}$	$\eta = \frac{1}{a_2 q} e^{px}$ $\cdot \{ \sin q x \int \varphi(x) e^{-px} \cos q x \, dx$ $- \cos q x \int \varphi(x) e^{-px} \sin q x \, dx \}$

Wenn $\varphi(x) = a$ konstant und $a_0 \neq 0$ ist, wird $\eta = a : a_0$ eine spezielle Lösung. Wenn $\varphi(x)$ eine ganze rationale Funktion m-ten Grades ist, gibt es stets eine zweite ganze rationale Funktion, welche eine spezielle Lösung der vollständigen Gleichung ist; sie ist für $a_0 \neq 0$ ebenfalls vom m-ten Grad, für $a_0 = 0$ dagegen von höherem Grade. Die Koeffizienten der gesuchten Funktion werden am besten durch Einsetzen in die Differentialgleichung bestimmt. (Vgl. z. B. die Differentialgleichung 103, S. 255.)

Die Gleichung:	hat die spezielle Lösung	bzw. für $a_0 = a_2 \omega^2$, $a_1 = 0$
$a_2 y'' + a_1 y' + a_0 y = \begin{cases} c \sin \omega x \\ c \cos \omega x \end{cases}$	$\eta(x) = \frac{c}{\sqrt{(a_0 - a_2\omega^2)^2 + a_1^2 \omega^2}} \cdot \begin{cases} \sin \omega (x - \delta) \\ \cos \omega (x - \delta) \end{cases}$ mit $\operatorname{tg} \omega \delta = a_1 \omega : (a_0 - a_2 \omega^2)$	$\eta(x) = \frac{c \omega x}{2 a_0}$ $\begin{cases} -\cos \omega x \\ +\sin \omega x \end{cases}$

Die besonders einfache Gleichung $y^{(n)} = \varphi(x)$ wird durch n aufeinanderfolgende Quadraturen gelöst:

$$y = \int_1 \int_2 \ldots \int_n \varphi(x) (dx)^n + g(x), \qquad \text{wobei} \quad g(x) = C_0 + C_1 x + \ldots + C_{n-1} x^{n-1}$$

wird; statt dessen kann man auch schreiben:

$$y = \frac{1}{(n-1)!} \int_0^x \varphi(t) (x - t)^{n-1} dt + g(x).$$

Vgl. z. B. die Gleichung der Biegelinie 29, S. 207.

c) Lineare Differentialgleichung mit variablen Koeffizienten. Die lineare Differentialgleichung *erster Ordnung* $y' + f(x) \cdot y = \varphi(x)$ läßt sich nach S. 84 stets durch Quadraturen lösen.

Die lineare Differentialgleichung *zweiter Ordnung* $y'' + f_1(x) \cdot y' + f_0(x) \cdot y = \varphi(x)$ ist im allgemeinen nicht durch Quadraturen lösbar, wohl aber, wenn eine spezielle Lösung y_1 der unvollständigen Gleichung bekannt ist.

Man setzt $y = y_1 \cdot u$ und erhält:

$$\underline{y_1'' u} + 2 y_1' u' + y_1 u'' + (\underline{y_1' u} + y_1 u') f_1(x) + \underline{y_1 u f_0(x)} = \varphi(x),$$

wobei sich die unterstrichenen Glieder nach Voraussetzung fortheben; wenn wir $u' = z$ setzen, bleibt die lineare Differentialgleichung erster Ordnung $y_1 z' + \{ 2 y_1' + y_1 f_1(x) \} z = \varphi(x)$, aus der z und damit u bestimmt wird.

Die unvollständige Gleichung zweiter Ordnung $y'' + f_1(x) \cdot y' + f_0(x) \cdot y = 0$, kann stets auf eine (nichtlineare) Differentialgleichung erster Ordnung zurückgeführt werden.

Man setzt $y = e^{\int u\,dx}$; $y' = u\,y$; $y'' = u'\,y + u\,y' = (u' + u^2)\,y$ und erhält nach Fortkürzen von y die *Riccati*sche Differentialgleichung (S. 89) $u' + u\,f_1(x) + u^2 + f_0(x) = 0$, aus der u und damit $y = e^{\int u\,dx}$ zu bestimmen ist.

Die *Besselsche Differentialgleichung* $y'' + \frac{1}{x}\,y' + \left(1 - \frac{p^2}{x^2}\right) y = 0$ (p konst.) ist S. 41 u. 42 besprochen.

d) Integration durch Reihenentwicklung. In der linearen Differentialgleichung:

$$y'' + f_1(x) \cdot y' + f_0(x) \cdot y = \varphi(x)$$

seien die Funktionen f_1, f_0 und φ durch Potenzreihen darstellbar, die für $|x| < R$ konvergieren; dann läßt sich jedes Integral $y(x)$ der Differentialgleichung in eine Potenzreihe $y = c_0 + c_1 x + c_2 x^2 + \ldots$ entwickeln, *welche ebenfalls im Intervall* $|x| < R$ *konvergiert.* Zur Ermittlung der Koeffizienten c_ν setzt man die Reihen für y, y' und y'' in die Differentialgleichung ein und stellt die Beziehungen auf, welche sich durch Koeffizientenvergleichung nach $1, x, x^2, x^3, \ldots$ ergeben. Wenn c_0 und c_1 (als Integrationskonstanten) vorgegeben sind, folgen aus diesen Gleichungen schrittweise die Werte von $c_2, c_3, c_4, \ldots$

Wenn eine homogene Differentialgleichung unter den gleichen Voraussetzungen über f_1 und f_0 die Gestalt

$$x^2 \cdot y'' + x \cdot f_1(x) \cdot y' + f_0(x) \cdot y = 0$$

besitzt, ohne daß f_0 den Faktor x enthält, ist $x = 0$ eine *singuläre Stelle der Differentialgleichung.* In diesem Fall führt der Ansatz $y = x^\alpha \cdot \{c_0 + c_1 x + c_2 x^2 + \cdots\}$ zum Ziel, wobei sich die beiden Werte von α aus der quadratischen Gleichung $\alpha(\alpha - 1) + \alpha \cdot f_1(0) + f_0(0) = 0$ ergeben. Im Fall der *Bessel*schen Differentialgleichung (S. 41) ist z. B. $f_1 = 1$, $f_0 = x^2 - p^2$, so daß $\alpha(\alpha - 1) + \alpha - p^2 = 0$ oder $\alpha = \pm p$ folgt. Die beiden Werte von α können reell und verschieden oder reell und zusammenfallend oder schließlich konjugiert komplex sein, so daß drei Fälle zu unterscheiden sind.

Wenn im besonderen α_1 und α_2 reell sind, liefert die Durchführung des Verfahrens nur ein einziges Integral y_1, sofern $\alpha_1 - \alpha_2$ eine ganze Zahl oder gleich Null ist. In diesem Fall muß das zweite Integral y_2 nach Abschnitt c aus y_1 mit Hilfe einer Quadratur bestimmt werden, wobei im allgemeinen ein mit $\ln x$ behaftetes Glied auftritt. Alle diese Möglichkeiten sind in der Literatur eingehend untersucht.

e) Integration durch bestimmte Integrale; Laplacesche Transformation. Auf die homogene Gleichung:

$$(a_2 + b_2 x) \cdot y''(x) + (a_1 + b_1 x) \cdot y'(x) + (a_0 + b_0 x) \cdot y(x) = 0,$$

in welcher die a_ν und b_ν Konstante bedeuten, werde die *Laplace*sche Transformation:

$$y(x) = \int_\alpha^\beta e^{zx} \cdot v(z) \cdot dz$$

angewandt, wobei die Funktion $v(z)$ und die Grenzen α und β des Integrals zunächst noch nicht festgelegt sind. Dann folgt:

$$y' = \int_\alpha^\beta e^{zx} \cdot z \cdot v(z) \cdot dz, \qquad y'' = \int_\alpha^\beta e^{zx} \cdot z^2 \cdot v(z) \cdot dz.$$

Durch partielle Integration ergibt sich:

$$x \cdot y^{(k)} = \int_\alpha^\beta x \cdot e^{zx} \cdot z^k \cdot v(z) \cdot dz = \left[e^{zx} \cdot z^k \cdot v(z)\right]_{z=\alpha}^{z=\beta} - \int_\alpha^\beta e^{zx} \cdot \frac{d}{dz}\,[z^k \cdot v(z)] \cdot dz.$$

Einsetzen in die Differentialgleichung liefert:

$$\int_\alpha^\beta e^{zx} \cdot \left\{(a_0 + a_1 z + a_2 z^2) \cdot v(z) - \frac{d}{dz}\,[(b_0 + b_1 z + b_2 z^2) \cdot v(z)]\right\} \cdot dz$$
$$+ \left[(b_0 + b_1 z + b_2 z^2) \cdot e^{zx} \cdot v(z)\right]_{z=\alpha}^{z=\beta} = 0.$$

Die angegebene Differentialgleichung wird durch $y(x)$ erfüllt, wenn die bisher willkürlichen Größen $v(z)$, α und β so gewählt werden, daß die letzte Gleichung identisch befriedigt ist. Hierzu wird zunächst die geschweifte Klammer in dem Integral gleich Null gesetzt:

$$(a_0 + a_1 z + a_2 z^2) \cdot v(z) - \frac{d}{dz}[(b_0 + b_1 z + b_2 z^2) \cdot v(z)] = 0;$$

dies ist eine Differentialgleichung erster Ordnung für $v(z)$, *die durch Trennung der Veränderlichen* (S. 89) *gelöst werden kann.* Ferner ist auch der zweite Summand gleich Null zu setzen:

$$(b_0 + b_1\beta + b_2\beta^2) \cdot e^{\beta x} \cdot v(\beta) - (b_0 + b_1\alpha + b_2\alpha^2) \cdot e^{\alpha x} \cdot v(\alpha) = 0;$$

diese Beziehung wird zur Festlegung des Integrationsweges benutzt.

Erstes Beispiel. Die Differentialgleichung:

$$x y'' + (a + b + x)\, y' + a\, y = 0 \qquad (a > 0,\ b > 0)$$

ergibt auf die obige Weise $v(z) = (z+1)^{b-1} \cdot z^{a-1}$. Die zweite Bedingung liefert somit:

$$e^{\beta x} \cdot \beta^a \cdot (\beta + 1)^b - e^{\alpha x} \cdot \alpha^a \cdot (\alpha + 1)^b = 0.$$

Diese Gleichung ist für $a > 0$, $b > 0$ erfüllt, wenn man $\alpha = -1$ und $\beta = 0$ setzt; ferner ist sie im Fall $x > 0$ erfüllt, wenn wir $\beta = 0$, $\alpha = -\infty$ wählen. Damit erhält man die beiden Lösungen:

$$y_1(x) = \int_{-1}^{0} e^{zx} \cdot (z+1)^{b-1} \cdot z^{a-1} \cdot dz,$$

$$y_2(x) = \int_{-\infty}^{0} e^{zx} \cdot (z+1)^{b-1} \cdot z^{a-1} \cdot dz \qquad (x > 0).$$

Wenn $(a - 1)$ und $(b - 1)$ ganze positive Zahlen sind, lassen sich die Integrale y_1 und y_2 elementar auswerten.

Zweites Beispiel. Vielfach kommt man mit reellen Integrationswegen nicht aus. Bei der Differentialgleichung:

$$x y'' + 2 p y' + x y = 0 \qquad (p > 0)$$

folgt $v(z) = (1 + z^2)^{p-1}$, so daß die zweite Bedingung:

$$e^{\beta x} \cdot (1 + \beta^2)^p - e^{\alpha x} \cdot (1 + \alpha^2)^p = 0$$

lautet. Sie ist für $p > 0$ durch $\alpha = -i$, $\beta = +i$ erfüllt. Das zugehörige Integral mit komplexen Grenzen läßt sich durch $z = i u$ in ein Integral mit reellen Grenzen umformen:

$$\int_{-i}^{+i} e^{zx} \cdot (1 + z^2)^{p-1} \cdot dz = i \cdot \int_{-1}^{+1} e^{iux} \cdot (1 - u^2)^{p-1} \cdot du$$

$$= i \cdot \int_{-1}^{+1} \cos ux \cdot (1 - u^2)^{p-1} \cdot du - \int_{-1}^{+1} \sin ux \cdot (1 - u^2)^{p-1} \cdot du.$$

Da das letzte Integral verschwindet (der Integrand ist eine ungerade Funktion), ergibt sich nur eine einzige Lösung:

$$y_1(x) = \int_{-1}^{+1} \cos ux \cdot (1 - u^2)^{p-1} \cdot du.$$

Ferner kann die zweite Bedingung für $x > 0$ durch $\alpha = -\infty$, $\beta = +i$ erfüllt werden ($\beta = -i$ liefert das gleiche); der Integrationsweg führe von $-\infty$ bis 0 auf der reellen Achse und dann von 0 bis $+i$ auf der imaginären Achse, woraus sich:

$$\int_{-\infty}^{0} e^{zx} \cdot (1 + z^2)^{p-1} \cdot dz + i \int_{0}^{1} e^{iux} \cdot (1 - u^2)^{p-1} \cdot du$$

$$= \int_{-\infty}^{0} e^{ux} \cdot (1 + u^2)^{p-1} \cdot du + i \int_{1}^{0} \cos ux \cdot (1 - u^2)^{p-1} \cdot du - \int_{1}^{0} \sin ux \cdot (1 - u^2)^{p-1} \cdot du$$

ergibt. Da der Imaginärteil gleich $\frac{1}{2} y_1(x)$ ist, liefert nur der Realteil eine neue Lösung:

$$y_2(x) = \int_{-\infty}^{0} e^{ux} \cdot (1 + u^2)^{p-1} \cdot du + \int_{0}^{1} \sin ux \cdot (1 - u^2)^{p-1} \cdot du. \qquad (x > 0).$$

Wenn $(p - 1)$ eine ganze positive Zahl ist, lassen sich die Integrale für y_1 und y_2 elementar auswerten. Die Beispiele sind *Hoheisel*, Gewöhnliche Differentialgleichungen, Sammlung Göschen Bd. 920, Berlin 1930, entnommen.

f) Weitere Lösungsmöglichkeiten. Die auf S. 90 angegebenen Verfahren zur graphischen und numerischen Integration, sowie das Iterationsverfahren lassen sich insbesondere auch auf lineare Differentialgleichungen anwenden.

g) Nullstellen der Lösungen von homogenen Differentialgleichungen zweiter Ordnung. Wenn in der Differentialgleichung:

$$y''(x) + f_1(x) \cdot y'(x) + f_0(x) \cdot y(x) = 0$$

die Funktionen f_1 und f_0 in dem Intervall $a \leqq x \leqq b$ stetig sind, ist jede Lösung y in diesem ganzen Intervall definiert. Aus der Gestalt der Differentialgleichung folgt, daß eine derartige Integralkurve (mit selbstverständlicher Ausnahme der trivialen Lösung $y = 0$) nur *einfache* Nullstellen besitzen kann; ferner hat jede Lösung in dem Intervall (a, b) nur eine *endliche* Anzahl von Nullstellen. Wenn das Integral $y_1(x)$ wenigstens zwei Nullstellen in (a, b) besitzt und x_1, x_2 zwei aufeinanderfolgende dieser Nullstellen sind, so hat jedes von y_1 linear unabhängige Integral $y_2(x)$ (vgl. S. 84) genau eine Nullstelle zwischen x_1 und x_2, *so daß sich die Nullstellen zweier unabhängiger Lösungen y_1 und y_2 gegenseitig trennen.*

h) Randwertaufgaben und Eigenwertprobleme. Die Integrationskonstanten einer Differentialgleichung zweiter Ordnung werden außer durch die *Anfangsbedingung* $y(a) = c_1$, $y'(a) = c_2$ häufig auch durch $y(a) = 0$, $y(b) = 0$ oder $y'(a) = 0$, $y'(b) = 0$ festgelegt (*erste bzw. zweite Randwertaufgabe*); es ist also diejenige Integralkurve gesucht, die an den beiden „Rändern" $x = a$ und $x = b$ verschwindet bzw. an diesen beiden Stellen eine horizontale Tangente besitzt. Allgemeiner kann man verlangen, daß:

$$\alpha_1 \cdot y(a) = \alpha_2 \cdot y'(a); \qquad \beta_1 \cdot y(b) = \beta_2 \cdot y'(b)$$

werden soll, wobei natürlich in jeder dieser Gleichungen nicht beide Koeffizienten gleichzeitig verschwinden dürfen. Darüber hinaus treten auch noch weitere Randbedingungen auf, die hier jedoch nicht besprochen werden können.

Zur Lösung der ersten Randwertaufgabe geht man von dem Punkte $x = a$, $y = 0$ aus und sucht den zweiten Punkt durch Abänderung der Ausgangssteigung $y'(a)$ zu erreichen, d. h. man „zielt" mit den Integralkurven von dem ersten Punkt nach dem zweiten hin. Entsprechend hält man bei der zweiten Randwertaufgabe die Ausgangssteigung fest und ändert die Ausgangsordinate $y(a)$ ab.

Analytisches Beispiel. Die Differentialgleichung $y'' = -\lambda^2 y$, in welcher λ eine Konstante bedeutet, hat die allgemeine Lösung $y = C_1 \sin \lambda x + C_2 \cos \lambda x$. Die Randbedingung $y(0) = 0$, $y(a) = 0$ ergibt $y(0) = C_2 = 0$ und $y(a) = C_1 \sin \lambda a = 0$. Für $\sin \lambda a \neq 0$ ist also nur die triviale Lösung $y(x) = 0$ möglich; für $\sin \lambda a = 0$ oder $\lambda = n\pi : a$ ergibt sich dagegen noch die weitere Lösung $y = C_1 \sin\left(\frac{n\pi}{a} x\right)$ $(n = 1, 2, \ldots)$, wobei die Integrationskonstante C_1 unbestimmt bleibt. In entsprechender Weise wird häufig nach denjenigen Werten λ_n eines Parameters λ gefragt, für welche eine Differentialgleichung zweiter Ordnung mit vorgegebenen Randbedingungen außer einer trivialen Lösung noch weitere Lösungen besitzt; die Zahlen λ_n werden als *Eigenwerte* des Problems bezeichnet. Vgl. die Stabknickung und die Knickbiegung.

Das angegebene Beispiel ist charakteristisch für weit allgemeinere Verhältnisse. Der wichtigste Sonderfall ist die *Sturm-Liouvillesche Randwertaufgabe*. Die Differentialgleichung möge die Gestalt:

$$y''(x) + f_1(x) \cdot y'(x) + \{ f_0(x) + \lambda \cdot h(x) \} \cdot y(x) = 0$$

besitzen, wobei λ der *Parameter der Differentialgleichung* ist. Durch Multiplikation mit $e^{\int f_1(x)\,dx}$ läßt sich die Gleichung auf die einfachere Form:

$$\frac{d}{dx}\left\{ e^{\int f_1(x)\,dx} \cdot y' \right\} + e^{\int f_1(x)\,dx} \cdot \{ f_0(x) + \lambda \cdot h(x) \} \cdot y = 0$$

oder:

$$\frac{d}{dx}\{k(x) \cdot y'\} + \{ l(x) + \lambda \cdot g(x) \} \cdot y = 0$$

bringen. Die Randbedingungen sollen lauten:

$$\alpha_1 \cdot y(a) = \alpha_2 \cdot y'(a), \qquad \beta_1 \cdot y(b) = \beta_2 \cdot y'(b).$$

In dem Intervall $a \leqq x \leqq b$ mögen $k(x)$ und $g(x)$ beide > 0 sein.

Die *Sturm-Liouville*sche Randwertaufgabe ist (außer durch die triviale Lösung $y = 0$) nur für eine unendliche Folge von *Eigenwerten* $\lambda_1, \lambda_2, \lambda_3, \ldots$ lösbar; diese Eigenwerte werden nach wachsender Größe angeordnet, so daß $\lambda_n < \lambda_{n+1}$ ist. Wenn im besondern $l(x)$ im Intervall (a, b) überall negativ ist, sind alle Eigenwerte λ_n positiv. Zu jedem Eigenwert gibt es nur eine einzige Lösung (welche allerdings noch mit einem willkürlichen konstanten Faktor multipliziert werden kann), so daß man eine entsprechende Folge $y_1, y_2, y_3, \ldots$ von *Eigenfunktionen* erhält. Dabei besitzt die n-te Eigenfunktion $y_n(x)$ im Inneren des Intervalles (a, b) gerade $(n-1)$ Nullstellen. Um den willkürlichen Faktor der Eigenfunktionen festzulegen, pflegt man diese zu normieren (vgl. S. 78):

$$\int_a^b g(x) \cdot y_n^2(x) \cdot dx = 1 \qquad (n = 0, 1, 2, \ldots).$$

Man kann beweisen, daß zwei Eigenfunktionen stets zueinander orthogonal sind (vgl. S. 78):

$$\int_a^b g(x) \cdot y_m(x) \cdot y_n(x) \cdot dx = 0 \qquad \text{für } m \neq n.$$

In beiden Integralen tritt dabei zusätzlich der Faktor $g(x)$ auf; alle diese Überlegungen stehen in engem Zusammenhang mit der Lehre von den Integralgleichungen (vgl. S. 96).

3. Gewöhnliche nichtlineare Differentialgleichungen erster Ordnung

a) Typen, die sich durch Quadraturen lösen lassen

Trennung der Veränderlichen. Wenn $y' = p(x) \cdot q(y)$ ist, folgt $\int dy : q(y) = \int p(x)\, dx + C$.

Die **lineare Differentialgleichung** $y' = p(x) \cdot y + q(x)$ wird durch den Ansatz $y = u \cdot v$ gelöst (S. 84).

Bei der ***Bernoulli*schen Differentialgleichung** $y' = p(x) \cdot y + q(x) \cdot y^{\varkappa}$ gibt der gleiche Ansatz $\underline{u'v} + uv' = \underline{p(x) \cdot uv} + q(x) \cdot u^{\varkappa} v^{\varkappa}$; man zerspaltet in $u' : u = p(x)$ und $v' \cdot v^{-\varkappa} = q(x) \cdot u^{\varkappa - 1}$ und erhält:

$$u = e^{\int p(x)\, dx}, \qquad v^{1-\varkappa} = (1-\varkappa) \int q(x)\, u^{\varkappa-1}\, dx + C.$$

Die ***Riccati*sche Differentialgleichung** $y' = f_0(x) + 2 f_1(x) \cdot y + f_2(x) \cdot y^2$ ist durch Quadraturen lösbar, wenn man eine spezielle Lösung $\eta(x)$ kennt. Man führt $z(x) = y - \eta$ ein und erhält $z' + \underline{\eta'} = \underline{f_0(x)} + 2 f_1(x) \cdot (z + \underline{\eta}) + f_2(x) \cdot (z^2 + 2 z \eta + \underline{\eta^2})$, wobei sich die unterstrichenen Glieder nach Voraussetzung fortheben; für z ergibt sich die *Bernoulli*sche Differentialgleichung $z' = 2z \cdot \{f_1(x) + \eta \cdot f_2(x)\} + z^2 \cdot f_2(x)$.

Die **homogenen Differentialgleichungen** $y' = f(y : x)$ werden durch den Ansatz $q(x) = y : x$ gelöst; es folgt $y' = q' x + q$, so daß man $q' x + q = f(q)$ und durch Trennung der Veränderlichen $\ln x = \int dq : \{f(q) - q\} + C$ erhält. Bei der *allgemeineren Gleichung* $y' = f\{(a_1 + b_1 x + c_1 y) : (a_2 + b_2 x + c_2 y)\}$ setzt man $x = \alpha + u$, $y = \beta + v(u)$; $dx = du$, $dy = dv$ und bestimmt die Konstanten α und β so, daß in dem Quotienten die Absolutglieder verschwinden, wodurch sich eine homogene Differentialgleichung ergibt.

Führt man in $y' = f(x, y)$ durch $x = p(u, v)$, $y = q(u, v)$ **neue Veränderliche** u und v ein, so folgt $dx = p_u du + p_v dv$, $dy = q_u du + q_v dv$, so daß man $v' = dv : du = -\{q_u - f^* \cdot p_u\} : \{q_v - f^* \cdot p_v\}$ erhält, wobei $f^* = f\{p(u, v), q(u, v)\}$ gesetzt ist. Im Falle von Polarkoordinaten $x = r \cos\varphi$, $y = r \sin\varphi$ ergibt sich $r' = dr : d\varphi = -r \cdot \{\cos\varphi + f^* \cdot \sin\varphi\} : \{\sin\varphi - f^* \cdot \cos\varphi\}$ mit $f^* = f\{r\cos\varphi, r\sin\varphi\}$. Durch solche Substitutionen gelingt es manchmal, die gegebene Differentialgleichung zu vereinfachen. Im besonderen kann es zweckmäßig sein, x als Funktion von y aufzufassen; z. B. ergibt $y' = y : \{2x - y^4\}$ auf diese Weise die lineare Differentialgleichung $x' = dx : dy = (2x : y) - y^3$.

Die **exakten Differentialgleichungen** $y' = -P(x, y) : Q(x, y)$ mit $P_y = Q_x$ lassen sich in Form eines vollständigen Differentials (S. 58) schreiben: $dz = P(x, y)\, dx + Q(x, y)\, dy = 0$; die allgemeine Lösung lautet $z = \int P\, dx + \int \left\{Q - \int P_y\, dx\right\} dy = C_1$ oder $z = \int Q\, dy + \int \left\{P - \int Q_x\, dy\right\} dx = C_2$. Bei der Integration nach x ist dabei y als konstant zu betrachten, bei der Integration nach y dagegen x.

Integrierender Faktor. Falls die gegebene Differentialgleichung $P \cdot dx + Q \cdot dy = 0$ die Bedingung $P_y = Q_x$ nicht erfüllt, kann man die Gleichung stets durch Multiplikation mit einem geeigneten sog. *integrierenden Faktor* $M(x, y)$ exakt machen. Dieser muß eine spezielle Lösung der partiellen Differentialgleichung $P \cdot M_y - Q \cdot M_x = M \cdot (Q_x - P_y)$ sein. Zum Beispiel ergibt $(y + x y^2)\, dx + (x - x^2 y)\, dy = 0$ durch Multiplikation mit $M = 1 : x^2 y^2$ die exakte Differentialgleichung $\frac{1 + xy}{x^2 y}\, dx + \frac{1 - xy}{x y^2}\, dy = 0$, deren Lösung nach der obigen Formel $1 : (xy) + \ln(y : x) = C$ ist.

Integration durch Differentiation. Bei $y = F(x, y')$ setzt man $y' = z$ und differenziert die gegebene Gleichung nach x; dann folgt $z = F_x + F_z \cdot z'$, wodurch die Gleichung manchmal vereinfacht wird. Die Lösung $z = z(x)$ setzt man in $y = F(x, z)$ ein und bestimmt dadurch $y(x)$.

Die **Clairautsche Differentialgleichung** $y = x y' + f(y')$ besitzt die allgemeine Lösung $y = C x + f(C)$, die eine Schar von geraden Linien darstellt. Die zugehörige Hüllkurve (vgl. S. 151) $x = -f'(t)$, $y = -t \cdot f'(t) + f(t)$, wobei $t = C$ einen Parameter bedeutet, ist eine singuläre Lösung (vgl. S. 84). Beispiel: $y = x y' + y'^2$ (Abb. 69); die Hüllkurve ist die Parabel $y = -\frac{1}{4} x^2$.

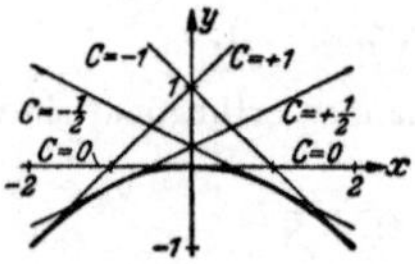

Abb. 69

b) Graphische Integration. Man zeichnet bei der Differentialgleichung $y' = F(x, y)$ eine genügende Anzahl von *Isoklinen* $F(x, y) =$ const und gibt für jede die durch $y' =$ const bestimmte Richtung an. Die gesuchten Integralkurven müssen jede Isokline in der zugehörigen Richtung durchschneiden und sind danach leicht einzuzeichnen. Die eventuellen Wendepunkte der Integralkurven liegen auf der Kurve $y'' = F_x + F_y \cdot y' = F_x + F_y \cdot F = 0$. Dieses Verfahren ist für die Praxis besonders wichtig, weil es bei geringem Arbeitsaufwand einen raschen Überblick über den Verlauf der gesuchten Lösungen gestattet.

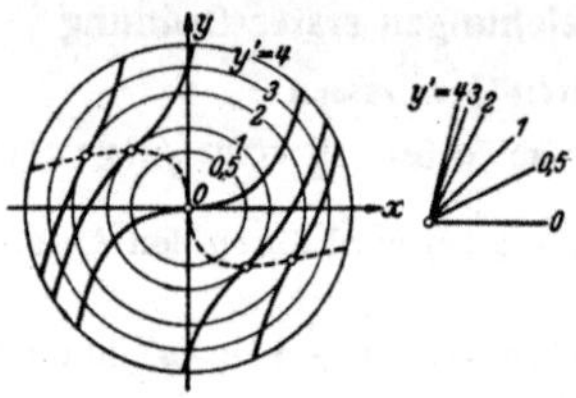

Abb. 70

Abb. 70 zeigt die Durchführung des Verfahrens für $y' = x^2 + y^2$; die (gestrichelte) Wendepunktskurve hat die Gleichung $y^3 + x^2 y + x = 0$. Die gezeichneten Integralkurven lassen sich nach dem Iterationsverfahren (Absatz d) verbessern; die dabei auftretenden Integrationen werden graphisch ausgeführt.

c) Integration durch Reihenentwicklung. Um bei der Differentialgleichung $y' = F(x, y)$ die Integralkurve zu ermitteln, die durch den Punkt $x = a$, $y = b$ hindurchgeht, setzt man $y(x)$ als *Taylor*sche Reihe an (S. 73):

$$y(x) = b + \frac{y'(a)}{1!}(x-a) + \frac{y''(a)}{2!}(x-a)^2 + \frac{y'''(a)}{3!}(x-a)^3 + \dots .$$

Durch Differentiation der gegebenen Gleichung bildet man $y''(x)$, $y'''(x)$, ... und bestimmt durch Einsetzen von $x = a$, $y = b$ der Reihe nach die gesuchten Werte $y'(a) = F(a, b)$, $y''(a)$, $y'''(a)$, ...

Statt dessen kann man auch von einer Potenzreihe der Form:

$$y(x) = b + c_1(x-a) + c_2(x-a)^2 + c_3(x-a)^3 + \dots$$

ausgehen. Durch Einsetzen der Reihe in die Differentialgleichung und Koeffizientenvergleichung gleich hoher Potenzen von x ergeben sich Rekursionsformeln für die c_ν, aus denen diese Zahlen schrittweise berechnet werden (vgl. dazu S. 86).

Es ist im allgemeinen schwierig, das Bildungsgesetz der Koeffizienten zu erkennen und zu der unendlichen Reihe überzugehen, welche (in ihrem Konvergenzbereich) die gesuchte Funktion darstellt. Dieser Grenzübergang ist auch im allgemeinen nicht erforderlich, da zur numerischen Berechnung sowieso nur die ersten Glieder der Reihe benutzt werden und die Genauigkeit an Hand der Differentialgleichung abgeschätzt werden kann.

d) Das Iterationsverfahren. Es sei eine erste Näherungslösung $y_1(x)$ der Differentialgleichung $y' = F(x, y)$ ermittelt, die für $x = a$ den vorgegebenen Wert $y = b$ annimmt: $y_1(a) = b$. Man erhält durch $y_2(x) = b + \int_a^x F(x, y_1)\, dx$ eine zweite (im allgemeinen bessere) Näherungslösung, durch Anwendung des gleichen Verfahrens auf $y_2(x)$ eine dritte Näherungslösung $y_3(x)$ usw. fort. Die Folge der Näherungslösungen geht im allgemeinen mit wachsendem Index beliebig gegen die gesuchte Funktion $y(x)$.

e) Die numerische Integration einer Differentialgleichung mit vorgegebener Anfangsbedingung $y(a) = b$ kann erfolgen, indem man die Werte einer Näherungslösung tabuliert und die Integrationen des Iterationsverfahrens numerisch ausführt. Die Methode *Kutta-Runge* geht von der Entwicklung der Lösung in eine *Taylor*-Reihe aus. Vgl. die Literatur auf S. 93.

f) Gewinnung von Näherungen. Die Differentialgleichung $y' = 1 + y^2 + 1 : x^2$ läßt sich für genügend großes $|x|$ durch $y' = 1 + y^2$ oder $y = \operatorname{tg}(x + C)$ ersetzen. Entsprechend kann man häufig eine Differentialgleichung in bestimmten Bereichen der x-y-Ebene durch eine einfachere Beziehung annähern.

4. Gewöhnliche nichtlineare Differentialgleichungen zweiter Ordnung

a) Typen, die sich formal vereinfachen lassen. Die Lösung der Differentialgleichung $y'' = F(x, y, y')$ läßt sich stets durch Quadraturen ermitteln, *wenn auf der rechten Seite nur* **eine** *der drei Veränderlichen auftritt.*

$y'' = F(x)$; es folgt $y = \int \left\{ \int F(x)\, dx \right\} dx + C_1 x + C_2 = x \int F(x)\, dx - \int x F(x)\, dx + C_1 x + C_2$.

$y'' = F(y)$; man bildet $y''\, y' = F(y) \cdot y'$ und erhält $\frac{1}{2} y'^2 = \int F(y)\, dy + \frac{1}{2} C_1$; durch Trennung der Veränderlichen folgt weiter $x = C_2 + \int dy : \sqrt{C_1 + 2 \int F(y)\, dy}$.

$y'' = F(y')$; man setzt $y' = z(x)$, $y'' = z'$ und erhält $z' = F(z)$ oder $x = C_1 + \int dz : F(z)$; hieraus wird $z(x)$ berechnet und $y = \int z(x)\, dx + C_2$ bestimmt.

Weiter ergibt sich, *wenn auf der rechten Seite nur* **zwei** *der drei Veränderlichen auftreten:*

$y'' = F(y, y')$; man setzt $y' = \frac{dy}{dx} = z(y)$, $y'' = \frac{dz}{dy} \cdot \frac{dy}{dx} = \frac{dz}{dy} \cdot z(y)$ und erhält $\frac{dz}{dy} \cdot z(y) = F\{y, z(y)\}$; nach Ermittlung der allgemeinen Lösung dieser Gleichung erster Ordnung ergibt sich $x = C_2 + \int dy : z(y)$.

$y'' = F(x, y')$; man setzt $y' = z(x)$, so daß $z' = F(x, z)$ folgt; nach Ermittlung der allgemeinen Lösung $z(x)$ dieser Gleichung erster Ordnung erhält man $y = \int z(x)\, dx + C_2$.

$y'' = F(x, y)$; in diesem Fall läßt sich im allgemeinen keine Vereinfachung erzielen.

b) Weitere Verfahren. Zur *graphischen und numerischen Integration* vgl. *v. Sanden:* Praxis der Diff. Gleich., Berlin 1953. Ein Beispiel zur *Integration durch Reihenentwicklung* ist die *Bessel*sche Gleichung S. 41. Beim *Iterationsverfahren* bildet man, wenn $y_1(x)$ eine erste Näherungslösung von $y'' = F(x, y, y')$ mit $y_1(a) = b$, $y_1'(a) = c$ ist, $y_2 = \int_a^x \left\{ \int_a^x F(x, y_1, y_1')\, dx \right\} dx + c(x - a) + b$ usw., wodurch sich im allgemeinen immer bessere Näherungen ergeben.

Literatur über Differentialgleichungen S. 93.

B. Partielle Differentialgleichungen

a) Übersicht und Bezeichnungen. Eine Gleichung, welche die Veränderlichen x und y, sowie eine gesuchte Funktion $z(x, y)$ und deren Ableitungen nach x bzw. y enthält, heißt eine partielle Differentialgleichung mit zwei Veränderlichen. Die *Ordnung* ist wieder der Grad der höchsten auftretenden Ableitung. In gleicher Weise sind partielle Differentialgleichungen für drei und mehr Veränderliche definiert.

Eine Lösung, welche sämtliche reguläre Lösungen umfaßt, heißt die *allgemeine Lösung*; zu ihr können gegebenen Falles noch *singuläre Lösungen* treten. Die allgemeine Lösung einer partiellen Differentialgleichung n-ter Ordnung enthält n *willkürliche Funktionen.*

Beispiel: Die Differentialgleichung $\alpha \cdot \frac{\partial z}{\partial x} - \beta \cdot \frac{\partial z}{\partial y} = 0$ hat die allgemeine Lösung $z = F(\beta x + \alpha y)$, wobei F eine willkürliche Funktion von $(\beta x + \alpha y)$ bedeutet, die als stetig und differenzierbar vorausgesetzt wird; in der Tat folgt dann $\frac{\partial z}{\partial x} = \beta \cdot F'(\beta x + \alpha y)$, $\frac{\partial z}{\partial y} = \alpha \cdot F'(\beta x + \alpha y)$, so daß die gegebene Differentialgleichung erfüllt ist. Bei den Aufgaben der Praxis werden die willkürlichen Funktionen in entsprechender Weise wie bei den gewöhnlichen Differentialgleichungen durch Anfangs- oder Randbedingungen festgelegt.

Vielfach treten auch *Systeme von p partiellen Differentialgleichungen* zur Bestimmung von p gesuchten Funktionen auf, z. B. in der Elastizitätslehre, in der Hydrodynamik sowie in der Theorie der elektromagnetischen Felder.

b) Partielle Differentialgleichungen erster Ordnung. Zur Lösung der Gleichung:

$$P(x, y, z) \cdot \frac{\partial z}{\partial x} + Q(x, y, z) \cdot \frac{\partial z}{\partial y} = R(x, y, z)$$

bestimmt man zunächst zwei (funktional unabhängige) Lösungen $u(x, y, z) = c_1$ und $v(x, y, z) = c_2$ des folgenden Systems von zwei gewöhnlichen Differentialgleichungen:

$$\frac{dx}{P} = \frac{dy}{Q} = \frac{dz}{R} \qquad \text{oder:} \qquad \frac{dz}{dx} = \frac{R}{P}, \qquad \frac{dz}{dy} = \frac{R}{Q}.$$

Dann liefert die Gleichung $F(u, v) = 0$, nach z aufgelöst, die allgemeine Lösung der betrachteten partiellen Differentialgleichung. Beispiel: $x \cdot \frac{\partial z}{\partial x} + y \cdot \frac{\partial z}{\partial y} = z$. Die beiden gewöhnlichen Differentialgleichungen lauten $dx / x = dy / y = dz / z$ und ergeben die Lösungen $u = y / x = c_1$, $v = z / x = c_2$. Wir erhalten somit $F(y/x, z/x) = 0$, woraus $z = x \cdot f(y/x)$ folgt (f = willkürliche Funktion).

c) Partielle Differentialgleichungen zweiter Ordnung. Im folgenden sind einige Typen von derartigen Differentialgleichungen als Beispiel angeführt. Das grundlegende Berechnungsverfahren besteht in diesen Fällen darin, daß man durch einen *Produktansatz* spezielle Lösungen ermittelt und sodann durch Überlagerung dieser Funktionen zu einer unendlichen Reihe diejenige Lösung bildet, welche die gegebenen Anfangsbedingungen erfüllt.

Wärmeleitung eines Stabes: $\frac{\partial z}{\partial t} = \frac{\partial^2 z}{\partial x^2}$; $z = z(x, t)$. Der Produktansatz $z = X(x) \cdot T(t)$ liefert $T'(t) / T(t) = X''(x) / X(x)$. Da die Veränderlichen t und x voneinander unabhängig sind, muß jede der beiden Seiten dieser Beziehung gleich derselben Konstanten sein, die wir mit $-\lambda^2$ bezeichnen wollen: $T'(t) / T(t) = -\lambda^2$, $X''(x) / X(x) = -\lambda^2$. Daraus folgt $T(t) = e^{-\lambda^2 t}$, $X(x) = A_\lambda \cos \lambda x + B_\lambda \sin \lambda x$, so daß:

$$z_\lambda = e^{-\lambda^2 t} \cdot \left\{ A_\lambda \cos \lambda x + B_\lambda \sin \lambda x \right\}$$

eine spezielle Lösung wird. Somit stellt auch die unendliche Reihe:

$$z = \sum z_\lambda = \sum e^{-\lambda^2 t} \cdot \left\{ A_\lambda \cos \lambda x + B_\lambda \sin \lambda x \right\}$$

eine Lösung der Differentialgleichung dar. Die Zahlen λ durchlaufen dabei eine Folge von Werten, welche aus den Anfangsbedingungen zu bestimmen sind; ferner müssen auch die Zahlen A_λ und B_λ den gegebenen Anfangsbedingungen angepaßt werden.

Potentialgleichung: $\frac{\partial^2 z}{\partial x^2} + \frac{\partial^2 z}{\partial y^2} = 0$; $z = z(x, y)$. Die allgemeine Lösung lautet $z = f(x + iy) + g(x - iy)$. Im besondern stellt jeder Realteil, sowie auch jeder Imaginärteil einer Funktion der komplexen Veränderlichen $(x + iy)$ eine spezielle Lösung der Potentialgleichung dar (S. 82).

Schwingungen einer Saite: $\frac{\partial^2 z}{\partial t^2} = c^2 \cdot \frac{\partial^2 z}{\partial x^2}$; $z = z(x, t)$. Allgemeine Lösung $z = f(x + ct) + g(x - ct)$. Der Produktansatz $z = X(x) \cdot T(t)$ liefert für $z(0, t) = 0$ die speziellen Lösungen:

$$z_\lambda = \sin \lambda x \cdot \left\{ A_\lambda \cos(c\lambda \cdot t) + B_\lambda \sin(c\lambda \cdot t) \right\}.$$

Schwingungen einer Membran: $\frac{\partial^2 z}{\partial t^2} = c^2 \cdot \left(\frac{\partial^2 z}{\partial x^2} + \frac{\partial^2 z}{\partial y^2} \right)$; $z = z(x, y, t)$; die gesuchte Funktion hängt hier von *drei* Veränderlichen ab. Wenn man x, y, z durch Zylinderkoordinaten r, φ, z ausdrückt (S. 148), ergibt sich:

$$\frac{\partial^2 z}{\partial t^2} = c^2 \cdot \left\{ \frac{\partial^2 z}{\partial r^2} + \frac{1}{r^2} \frac{\partial^2 z}{\partial \varphi^2} + \frac{1}{r} \frac{\partial z}{\partial r} \right\}$$

Der Ansatz $z = T(t) \cdot R(r) \cdot \Phi(\varphi)$ liefert:

$$\frac{T''}{T} = c^2 \cdot \left\{ \frac{R''}{R} + \frac{1}{r^2} \frac{\Phi''}{\Phi} + \frac{1}{r} \frac{R'}{R} \right\}.$$

Wenn man beide Seiten dieser Beziehung gleich der Konstanten $-k^2$ setzt, folgt zunächst:

$$T'' + k^2 T = 0 \quad \text{und:} \quad r^2 \frac{R''}{R} + r \frac{R'}{R} + \frac{k^2}{c^2} r^2 = -\frac{\Phi''}{\Phi}.$$

Infolge der Unabhängigkeit von r und φ haben wir ferner die beiden Seiten der letzten Beziehung gleich einer weiteren Konstanten n^2 zu setzen, so daß wir die Gleichungen:

$$T'' + k^2 T = 0, \qquad \Phi'' + n^2 \Phi = 0, \qquad r^2 R'' + r R' + \left(\frac{k^2}{c^2} r^2 - n^2\right) R = 0$$

erhalten. Es folgt somit:

$$T = \sin k\,(t - t_0), \qquad \Phi = \sin n\,(\varphi - \varphi_0), \qquad R = J_n\,(kr\,/\,c),$$

wobei J_n die *Bessel*sche Funktion mit dem Parameter n bedeutet (S. 41).

d) Numerische Berechnung. Falls die analytische Lösung einer partiellen Differentialgleichung Schwierigkeiten bereitet, teilt man den in Frage kommenden Bereich in ein geeignetes Gitter ein und ersetzt die Differentialquotienten durch die entsprechenden Differenzen. Die Erfüllung der Anfangsbedingungen und der entstandenen Differenzengleichungen liefert ein System von linearen Gleichungen für die gesuchten Funktionswerte in den Gitterpunkten. Durch Verengerung des Gitters wird die Näherung verbessert, bis die gewünschte Genauigkeit erreicht ist.

Literatur zu Differentialgleichungen. Die elementaren Sätze über Differentialgleichungen findet man in den Lehrbüchern der Differential- und Integralrechnung (S. 71). Von speziellen Werken seien genannt: *Hoheisel:* Gewöhnliche Differentialgleichungen; partielle Differentialgleichungen; Aufgabensammlung. Samml. Göschen Bd. 920, 1003, 1059. Berlin 1951 u. 1952. — *v. Sanden:* Praxis der Differentialgleichungen. Berlin 1953. — *Collatz:* Numerische Behandlung von Differentialgleichungen. Berlin 1951. — *Collatz:* Differentialgleichungen für Ingenieure. Wolfenbüttel 1949. — *Horn:* Gewöhnliche Differentialgleichungen. Berlin 1948. — *Horn:* Partielle Differentialgleichungen. Berlin 1949. — *Hort-Thoma:* Die Differentialgleichungen der Technik und Physik, 5. Aufl. des Buches: Die Differentialgleichungen des Ingenieurs. Leipzig 1950. — *Bieberbach:* Theorie der gewöhnlichen Differentialgleichungen auf funktionentheoretischer Grundlage dargestellt. Berlin 1953. — *Collatz:* Eigenwertaufgaben mit technischen Anwendungen. Leipzig 1949. — *Sauer:* Anfangswertprobleme bei partiellen Differentialgleichungen. Berlin 1952.

C. Integralgleichungen

a) Definition der Integralgleichungen. Als lineare Integralgleichung *erster bzw. zweiter Art* wird die Beziehung:

$$g(s) = \int_a^b K(s,t)\cdot \boldsymbol{\eta}(\boldsymbol{t})\cdot dt \quad \text{bzw.} \quad f(s) = \boldsymbol{\eta}(\boldsymbol{s}) - \lambda \cdot \int_a^b K(s,t)\cdot \boldsymbol{\eta}(\boldsymbol{t})\cdot dt$$

bezeichnet. Der *Kern* $K(s, t)$ und die *freie Funktion* $g(s)$ bzw. $f(s)$ ist vorgegeben; λ ist der (konstante) *Parameter* der Integralgleichung zweiter Art. Die *gesuchte Funktion* $\eta(s)$ (in den obigen Gleichungen dick gedruckt) soll so bestimmt werden, daß die betrachtete Beziehung in dem Bereich $a \leqq s \leqq b$, $a \leqq t \leqq b$ identisch erfüllt ist. Wenn $K(s, t) = K(t, s)$ ist, heißt der Kern *symmetrisch*, sonst *unsymmetrisch*.

Wir werden uns im folgenden auf die Integralgleichungen zweiter Art mit symmetrischen Kern beschränken (bei unsymmetrischen Kernen werden die Sätze etwas komplizierter). Wenn im besonderen $f(s) \equiv 0$ ist, wird die Gleichung *homogen* (Absatz b), sonst *inhomogen* genannt; im letzten Fall lassen sich drei verschiedene Darstellungen der Lösung angeben, die *Schmidtsche Auflösungsformel* (Absatz c), die *C. Neumannsche Reihe* (Absatz d) und die *Fredholmsche Darstellung* (Absatz e). Die nachfolgenden Sätze gelten insbesondere, wenn die vorgegebenen Funktionen in dem betrachteten Bereich stetig sind; die meisten Sätze behalten ihre Gültigkeit sogar unter wesentlich allgemeineren Voraussetzungen.

Auf *zweidimensionale Integralgleichungen*, die z. B. bei den Randwertaufgaben der Potentialtheorie auftreten, kann hier nicht eingegangen werden.

b) Die homogene Integralgleichung zweiter Art; Eigenwerte und Eigenfunktionen eines Kernes. Die homogene Integralgleichung zweiter Art:

$$\boldsymbol{\eta}(\boldsymbol{s}) = \lambda \cdot \int_a^b K(s,t)\cdot \boldsymbol{\eta}(\boldsymbol{t})\cdot dt \qquad K(s,t) = K(t,s)$$

besitzt, wenn man die triviale Lösung $\eta(s) = 0$ ausscheidet, nur für ganz bestimmte Werte λ_n des Parameters λ Lösungen; diese Zahlen λ_n werden als die *Eigenwerte des Kernes* $K(s, t)$ bezeichnet. Alle Eigenwerte eines reellen symmetrischen Kernes sind stets reell. Es gibt Kerne, welche nur endlich viele Eigenwerte besitzen, sowie Kerne, welche unendlich viele Eigenwerte haben; in jedem endlichen Bereich $\alpha \leqq \lambda \leqq \beta$ können jedoch stets nur endlich viele Eigenwerte liegen.

Ein Kern $K(s, t)$ heißt *positiv definit*, wenn das Doppelintegral:

$$\int_a^b \int_a^b K(s, t) \cdot q(s) \cdot q(t) \cdot ds \cdot dt$$

für alle stetigen Funktionen $q(s)$ niemals negativ wird; er heißt *negativ definit*, wenn das Doppelintegral niemals positiv wird. Ein positiv definiter Kern hat nur positive Eigenwerte; umgekehrt ist ein Kern mit lauter positiven Eigenwerten stets positiv definit.

Jede Lösung $\eta(s)$, die zu einem Eigenwert λ_n gehört, heißt eine zu dem Eigenwert λ_n gehörige *Eigenfunktion des Kernes* $K(s, t)$. Dabei gibt es zu jedem einzelnen Eigenwert nur endlich viele (linear unabhängige) Eigenfunktionen; wenn zu dem Eigenwert λ_n im ganzen ϱ derartige Eigenfunktionen gehören, heißt λ_n ein *Eigenwert* ϱ*-ter Ordnung*.

Zwei Eigenfunktionen $\eta(s)$ und $\bar{\eta}(s)$ eines symmetrischen Kerns, die zu zwei *verschiedenen* Eigenwerten gehören, sind stets zueinander *orthogonal* (S. 78):

$$\int_a^b \eta(s) \cdot \bar{\eta}(s) \cdot ds = 0.$$

Wenn zwei Eigenfunktionen dagegen zu *demselben* Eigenwert gehören, braucht dies nicht der Fall zu sein; man kann dann jedoch die Orthogonalität stets durch eine geeignete lineare Kombination:

$$\eta_{n\nu} = c_{\nu 1}\,\psi_1 + c_{\nu 2}\,\psi_2 + \ldots + c_{\nu\varrho}\,\psi_\varrho \qquad (\nu = 1, 2, 3, \ldots, \varrho)$$

der ϱ Eigenfunktionen ψ_ν erreichen, welche zu dem betreffenden Eigenwert ϱ-ter Ordnung gehören; die Eigenfunktionen der andern Eigenwerte sind infolge des zuerst angegebenen Satzes von selbst zu diesen $\eta_{n1}, \eta_{n2}, \ldots, \eta_{n\varrho}$ orthogonal.

Da jede Eigenfunktion noch mit einem willkürlichen konstanten Faktor multipliziert werden darf, ist es zweckmäßig, alle Eigenfunktionen zu *normieren* (S. 78), so daß weiter:

$$\int_a^b \eta^2(s) \cdot ds = 1$$

wird.

Um eine einfache Übersicht zu gewinnen, ordnet man die Eigenwerte ihrer absoluten Größe nach an; sollten zwei entgegengesetzt gleiche vorhanden sein, so wird jedesmal der positive vorangestellt. Ferner soll jeder Eigenwert ϱ-ter Ordnung gerade ϱ-mal angeführt werden. Indem man nunmehr die Eigenwerte in dieser Reihenfolge numeriert, gelangt man zu der eindeutig definierten Folge $\lambda_1, \lambda_2, \lambda_3, \ldots$, wobei stets $|\lambda_n| \leqq |\lambda_{n+1}|$ ist. Es läßt sich zeigen, daß die Summe der reziproken Quadrate $1/\lambda_1^2 + 1/\lambda_2^2 + 1/\lambda_3^2 + \ldots$ dieser sämtlichen Eigenwerte eines symmetrischen Kernes stets konvergent ist. Die normierten und orthogonalisierten Eigenfunktionen werden in entsprechender Weise numeriert: $\eta_1(s), \eta_2(s), \eta_3(s), \ldots$, so daß die Eigenfunktion $\eta_n(s)$ stets zu dem Eigenwert λ_n gehört.

Da infolge der angegebenen Überlegungen stets:

$$\boxed{\int_a^b \eta_m(s) \cdot \eta_n(s) \cdot ds = \begin{cases} 0 & \text{für } m \neq n \\ 1 & \text{für } m = n \end{cases}}$$

ist, haben wir den Anschluß an die Betrachtungen auf S. 78 gewonnen. Man kann nunmehr insbesondere den *Mercerschen Satz* beweisen: Wenn $K(s, t)$ ein stetiger symmetrischer Kern ist, der (positiv oder negativ) definit ist, so ist die Bilinearreihe:

$$\boxed{K(s, t) = \sum_{\nu=1}^{\nu=\infty} \frac{\eta_\nu(s) \cdot \eta_\nu(t)}{\lambda_\nu} = \frac{\eta_1(s) \cdot \eta_1(t)}{\lambda_1} + \frac{\eta_2(s) \cdot \eta_2(t)}{\lambda_2} + \ldots}$$

stets absolut konvergent, und zwar gleichmäßig in den beiden Variabeln s und t, und stellt ferner den Kern $K(s, t)$ dar.

c) Die Schmidtsche Auflösungsformel für inhomogene Integralgleichungen zweiter Art. Die inhomogene Integralgleichung zweiter Art:

$$f(s) = \eta(s) - \lambda \cdot \int_a^b K(s,t) \cdot \eta(t) \cdot dt$$

besitzt stets eine und nur eine Lösung, wenn der Parameter λ mit keinem Eigenwert λ_n des Kernes zusammenfällt. Die Lösung läßt sich durch die folgende *Schmidtsche Auflösungsformel* darstellen (Math. Annalen, Bd. 68):

$$\eta(s) = f(s) + \lambda \cdot \sum_{\nu=1}^{\nu=\infty} \frac{\gamma_\nu}{\lambda_\nu - \lambda} \cdot \eta_\nu(s) \qquad \gamma_\nu = \int_a^b f(s) \cdot \eta_\nu(s) \cdot ds \quad (\nu = 1, 2, 3, \ldots)$$

welche stets gleichmäßig konvergent ist. Die Zahlen γ_ν werden als die *Fourier-Koeffizienten* der Funktion $f(s)$ in bezug auf das System der $\eta_\nu(s)$ bezeichnet.

Wenn dagegen der Parameter λ mit einem Eigenwert ϱ-ter Ordnung zusammenfällt ($\lambda = \lambda_n$):

$$f(s) = \eta(s) - \lambda_n \cdot \int_a^b K(s,t) \cdot \eta(t) \cdot dt,$$

so werden in der *Schmidt*schen Auflösungsformel die zugehörigen ϱ Nenner gleich Null. Daher ist in diesem Fall eine Lösung nur dann möglich, wenn die freie Funktion $f(s)$ gerade derart beschaffen ist, daß alle zu diesem Eigenwert λ_n gehörigen ϱ Fourier-Koeffizienten verschwinden. Man kann zeigen, daß dann insbesondere:

$$\eta^*(s) = f(s) + \lambda_n \cdot \sum_{\nu=1}^{\nu=\infty}{}^{*} \frac{\gamma_\nu}{\lambda_\nu - \lambda_n} \cdot \eta_\nu(s)$$

eine Lösung darstellt; der Stern, welcher dem Summenzeichen beigefügt ist, soll dabei andeuten, daß in der Reihe diejenigen Glieder fortzulassen sind, welche sich auf den Eigenwert λ_n beziehen. Außerdem gibt es noch unendlich viele weitere Lösungen, welche sich in der Form:

$$\eta(s) = \eta^*(s) + c_1\, \eta_{n1}(s) + c_2\, \eta_{n2}(s) + \ldots + c_\varrho\, \eta_{n\varrho}(s)$$

darstellen lassen; die η_{nr} sollen dabei die ϱ Eigenfunktionen sein, welche zu dem Eigenwert λ_n gehören.

d) Die C. Neumannsche Reihe. Man kann die Lösung einer inhomogenen Integralgleichung zweiter Art auch nach Potenzen von λ entwickeln:

$$\eta(s, \lambda) = A_0(s) + A_1(s) \cdot \lambda + A_2(s) \cdot \lambda^2 + \cdots$$

Dann gelten die Rekursionsformeln:

$$A_0(s) = f(s) \qquad A_\nu(s) = \int_a^b K(s,t) \cdot A_{\nu-1}(t) \cdot dt \quad (\nu = 1, 2, 3, \ldots).$$

Diese *C. Neumann*sche Reihe ist dann und nur dann konvergent, wenn $|\lambda| < |\lambda_1|$ ist.

e) Das Fredholmsche Verfahren ersetzt das bestimmte Integral $\int_a^b K(s,t) \cdot \eta(t) \cdot dt$ zunächst durch eine Treppenkurve mit n Stufen und geht dann zur Grenze $n \to \infty$ über (vgl. S. 60). Wir wählen der einfacheren Bezeichnung halber $a = 0$, $b = 1$ und setzen:

$$t_\nu = \nu/n, \qquad s_\mu = \mu/n \qquad (\nu, \mu = 1, 2, \ldots, n),$$

so daß die Intervallbreite gleich $1/n$ ist. Weiter führen wir die Abkürzung ein:

$$f\left(\frac{\mu}{n}\right) = f_\mu; \qquad \eta\left(\frac{\nu}{n}\right) = \eta_\nu; \qquad K\left(\frac{\mu}{n}, \frac{\nu}{n}\right) = K_{\mu\nu}.$$

Wenn man den Variabelnwert jedesmal an das Ende des betreffenden Teilintervalles legt, ergibt die inhomogene Integralgleichung zweiter Art ein System von n linearen Gleichungen:

$$\eta_\nu - \frac{\lambda}{n} \left\{ K_{\nu 1}\, \eta_1 + K_{\nu 2}\, \eta_2 + \cdots + K_{\nu n}\, \eta_n \right\} = f_\nu \qquad (\nu = 1, 2, \cdots, n),$$

aus welchem die n Unbekannten $\eta_1, \eta_2, \ldots, \eta_n$ mit Hilfe der Determinantentheorie berechnet werden können. Dabei sind die Zählerdeterminanten ganze rationale Funktionen $(n-1)$-ten Grades von λ, während die Nennerdeterminante eine ganze rationale Funktion n-ten Grades ist.

Beim Grenzübergang $n \to \infty$ gehen die ganzen rationalen Funktionen in unendliche Potenzreihen über. Wenn die Stelle s für jedes n in dem Intervall $(m-1)/n < s < m/n$ gelegen ist, gewinnt man die Darstellung:

$$\eta(s) = \frac{f(s) + c_1(s)\cdot\lambda + c_2(s)\cdot\lambda^2 + \cdots}{1 + d_1\lambda + d_2\lambda^2 + \cdots},$$

wobei die c_r Funktionen von s, die d_r dagegen konstante Zahlen sind. Man kann zeigen, daß sowohl die Zählerpotenzreihe wie auch die Nennerpotenzreihe für alle Werte von λ konvergent ist, sofern $K(s, t)$ ein in s und t stetiger Kern ist (der übrigens auch unsymmetrisch sein darf); die obige Darstellung ist somit stets brauchbar, solange λ nicht gerade eine Nullstelle der Nennerpotenzreihe ist. Bei einem symmetrischen Kern sind diese Nullstellen sämtlich reell und fallen mit den Eigenwerten λ_n des Kernes $K(s, t)$ zusammen.

Eine sehr übersichtliche Darstellung der *Fredholm*schen Theorie der Integralgleichungen findet sich in *G. Kowalewski:* Einführung in die Determinantentheorie, Berlin 1942.

f) Der Zusammenhang mit den linearen Differentialgleichungen; Greensche Funktion. Viele Probleme der Mechanik und Technik führen entweder direkt auf eine Integralgleichung oder lassen sich in Form einer Integralgleichung schreiben. Dabei tritt die Integralgleichung an Stelle einer Differentialgleichung einschließlich Nebenbedingungen, so daß die Integralgleichung sämtliche Bestimmungsstücke des Problems enthält. Infolgedessen nimmt der Kern der Integralgleichung eine andere Gestalt an, sobald die Randbedingungen geändert werden, während die Differentialgleichung unverändert bleibt.

Zur Herausarbeitung dieses Zusammenhanges betrachten wir die inhomogene *Sturm-Liouville*sche *Differentialgleichung* (S. 88):

$$\frac{d}{dx}\{k(x)\cdot y'\} + \{l(x) + \lambda\cdot g(x)\}\cdot y = \varphi(x).$$

Der Einfachheit halber sei als Randbedingung $y(a) = 0$, $y(b) = 0$ gewählt. Unter der zugehörigen *Greenschen Funktion* $G(x, t)$ versteht man eine Funktion, welche 1. in dem Bereich $a \leqq x \leqq b$, $a \leqq t \leqq b$ stetig ist, welche 2. der Differentialgleichung:

$$\frac{d}{dx}\{k(x)\cdot G'(x,t)\} + l(x)\cdot G(x,t) = 0$$

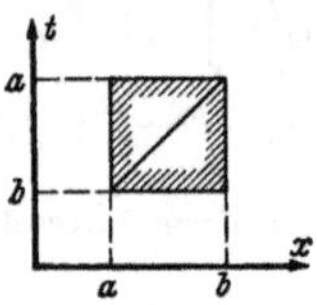

Abb. 71

für alle Werte t = Const. in dem angegebenen Bereich genügt, welche 3. die gestellten Randbedingungen $G(a, t) = 0$, $G(b, t) = 0$ erfüllt und für welche 4. die erste Ableitung nach x an der Stelle $x = t$ (vgl. Abb. 71) den folgenden Sprung aufweist:

$$\left[\frac{\partial G(x,t)}{\partial x}\right]_{x=t-0} - \left[\frac{\partial G(x,t)}{\partial x}\right]_{x=t+0} = \frac{1}{k(t)}.$$

Eine derartige Funktion läßt sich in dem betrachteten Fall leicht angeben. Wenn nämlich $y = u(x)$ und $y = v(x)$ zwei linear unabhängige Lösungen von

$$\frac{d}{dx}\{k(x)\cdot y'\} + l(x)\cdot y = 0$$

sind, so wird, wie sich unschwer beweisen läßt:

$$G(x,t) = \begin{cases} \dfrac{u(x)\cdot v(t)}{k(x)\cdot\Delta(x)} & \text{für } a \leqq x \leqq t \\[2ex] \dfrac{v(x)\cdot u(t)}{k(x)\cdot\Delta(x)} & \text{für } t \leqq x \leqq b \end{cases} \qquad \text{mit } \Delta(x) = u'(x)\cdot v(x) - v'(x)\cdot u(x);$$

hieraus läßt sich $G(x, t) = G(t, x)$ folgern, so daß G in x und t symmetrisch ist.

Es gelten die beiden folgenden Sätze. *Satz 1:* Unter den angegebenen Voraussetzungen wird die Differentialgleichung:

$$\frac{d}{dx}\{k(x)\cdot y'\} + l(x)\cdot y = \varphi(x); \qquad y(a) = 0, \qquad y(b) = 0$$

durch das Integral:

$$y = f(x) = -\int_a^b G(x,t)\cdot\varphi(t)\cdot dt$$

gelöst. *Satz 2:* Die Lösung der ursprünglichen Aufgabe:

$$\frac{d}{dx}\{k(x)\cdot y'\} + \{l(x) + \lambda\cdot g(x)\}\cdot y = \varphi(x); \qquad y(a) = 0, \qquad y(b) = 0$$

ist äquivalent mit der Auflösung der Integralgleichung zweiter Art:

$$\sqrt{g(x)} \cdot f(x) = \eta(x) - \lambda \cdot \int_a^b \sqrt{g(x)}\,\sqrt{g(t)} \cdot G(x,t) \cdot \eta(t) \cdot dt,$$

wobei $f(x)$ das in Satz 1 angegebene Integral bedeutet; die Lösung der Differentialgleichung selbst besitzt die Gestalt:

$$y(x) = \eta(x) / \sqrt{g(x)}.$$

Damit folgt aus unsern Überlegungen in Übereinstimmung mit S. 88: Die homogene Differentialgleichung für $\varphi(x) \equiv 0$ hat im allgemeinen keine Lösung, sondern nur für diejenigen Werte von λ, welche Eigenwerte des Kernes:

$$K(s,t) = \sqrt{g(s)}\,\sqrt{g(t)} \cdot G(s,t)$$

sind; diese Werte sind zugleich die auf S. 88 betrachteten Eigenwerte der *Sturm-Liouville*schen Differentialgleichung (die Anordnung der Eigenwerte ist dort aus Zweckmäßigkeitsgründen abweichend gewählt). Da in diesem Fall der Kern eine spezielle Gestalt besitzt, sind alle Eigenwerte von der ersten Ordnung. Die Eigenfunktionen $y_1(x)$, $y_2(x)$, ... sind nach Satz 2 bis auf den Faktor $\sqrt{g(x)}$ mit den Eigenfunktionen des gegebenen Kernes $K(s,t)$ identisch, wodurch sich das Auftreten des Faktors $g(x)$ in den Normierungs- und Orthogonalisierungsgleichungen auf S. 89 erklärt.

Die inhomogene Gleichung für $\varphi(x) \neq 0$ besitzt im Fall $\lambda \neq \lambda_n$ eine und nur eine Lösung. Ist $\lambda = \lambda_n$ speziell ein Eigenwert, so hat die Differentialgleichung nur dann eine Lösung, wenn $\varphi(x)$ die Bedingung $\int_a^b \varphi(x) \cdot y_n(x) \cdot dx = 0$ erfüllt, d. h. wenn $\varphi(x)$ und die zu λ_n gehörige Eigenfunktion $y_n(x)$ zueinander orthogonal sind.

Literatur zu Integralgleichungen. *Bückner:* Die praktische Behandlung von Integralgleichungen. Berlin 1952. — *Hamel:* Integralgleichungen. Berlin 1949. — *Wiarda:* Integralgleichungen unter Berücksichtigung der Anwendungen. Leipzig 1930.

D. Variationsrechnung

a) Die Grundaufgabe und die Eulersche Gleichung. Die gesuchte Funktion $y(x)$ soll die Randbedingungen $y(a_1) = b_1$, $y(a_2) = b_2$ erfüllen (Abb. 72). Das gegebene Integral $J = \int_{a_1}^{a_2} F(x, y, y')\,dx$ nimmt, wenn wir eine solche Funktion einsetzen, einen festen Wert an; d. h. J ist von der gesuchten Funktion $y(x)$ abhängig. Es wird gefragt, für welche Funktionen $y(x)$ das Integral J ein Maximum oder Minimum wird. Es folgt, daß die gesuchte Funktion der *Eulerschen Differentialgleichung* $F_y - \frac{d}{dx} F_{y'} = 0$ oder ausgeschrieben (vgl. S. 59):

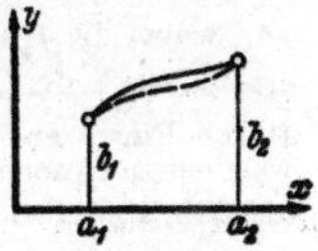

Abb. 72

$$F_y - \left(\frac{\partial F_{y'}}{\partial x} \cdot \frac{dx}{dx} + \frac{\partial F_{y'}}{\partial y} \cdot \frac{dy}{dx} + \frac{\partial F_{y'}}{\partial y'} \cdot \frac{dy'}{dx}\right) = F_y - F_{xy'} - F_{yy'} \cdot y' - F_{y'y'} \cdot y'' = 0$$

genügen muß. Die beiden Integrationskonstanten dieser Differentialgleichung zweiter Ordnung sind so zu wählen, daß die für $y(x)$ gestellten Randbedingungen erfüllt werden. Entsprechend wie bei den Extremwerten einer Funktion (S. 57) braucht nicht jede Lösung der *Euler*schen Gleichung auf einen Extremwert von J zu führen.

Beispiel: $J = \int_{-1}^{+1} y\sqrt{1 + y'^2}\,dx$. Randbedingung $y(1) = 2$, $y(-1) = 2$. Es wird $F = y\sqrt{1 + y'^2}$, $F_y = \sqrt{1 + y'^2}$, $F_{xy'} = 0$, $F_{yy'} = y' : \sqrt{1 + y'^2}$, $F_{y'y'} = y : \sqrt{1 + y'^2}^3$. Einsetzen in die *Euler*sche Gleichung gibt nach Zusammenfassung $1 + y'^2 = y\,y''$; die allgemeine Lösung ist $y = \frac{1}{c_1} \operatorname{Cosh}(c_1 x + c_2)$. Die Bestimmung der Integrationskonstanten ergibt $c_2 = 0$ und für c_1 die Gleichung $2c_1 = \operatorname{Cosh} c_1$, die zwei Wurzeln besitzt.

Es gibt Problemstellungen dieser Art, welche überhaupt keine Lösung besitzen. Das einfachste Beispiel ist die kürzeste Kurve, welche durch die Punkte $x = 0$, $y = 0$ und $x = 1$, $y = 0$ geht und im ersten Punkt eine lotrechte, im zweiten Punkt eine waagrechte Tangente besitzt (Abb. 73). Man kann zu jeder derartigen Kurve eine noch kürzere angeben, aber niemals eine wirklich kürzeste Kurve erreichen, welche die gestellten Randbedingungen erfüllt.

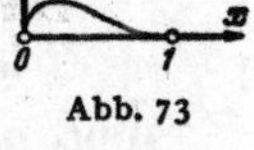

Abb. 73

b) Die vier Normalfälle. Die vier wichtigsten Fälle, für die das entsprechende wie in Absatz *a* gilt, sind in der folgenden Tabelle zusammengestellt:

Grundaufgabe	$J = \int_{a_1}^{a_2} F(x, y, y')\,dx$ $y(a_1) = b_1; \quad y(a_2) = b_2$	$F_y - \frac{d}{dx} F_{y'} = 0$ Eine gew. Differentialgleichung zweiter Ordnung
Integrale mit zweiter Ableitung	$J = \int_{a_1}^{a_2} F(x, y, y', y'')\,dx$ $y(a_1) = b_1; \quad y(a_2) = b_2;$ $y'(a_1) = c_1; \quad y'(a_2) = c_2.$	$F_y - \frac{d}{dx} F_{y'} + \frac{d^2}{dx^2} F_{y''} = 0$ Eine gew. Differentialgleichung vierter Ordnung
Integrale mit zwei gesuchten Funktionen $y(x)$ und $z(x)$	$J = \int_{a_1}^{a_2} F(x, y, y', z, z')\,dx$ $y(a_1) = b_1; \quad y(a_2) = b_2;$ $z(a_1) = c_1; \quad z(a_2) = c_2.$	$F_y - \frac{d}{dx} F_{y'} = 0;$ $F_z - \frac{d}{dx} F_{z'} = 0$ System von zwei gew. Differentialgleichungen zweiter Ordnung
Integrale mit einer Funktion u von zwei Veränderlichen x und y	$J = \iint_{\mathfrak{B}} F(x, y, u, u_x, u_y)\,dx\,dy$ Die Werte von $u(x, y)$ auf der Randkurve eines festen Bereiches in der x, y-Ebene sind vorgegeben.	$F_u - \frac{\partial}{\partial x} F_{u_x} - \frac{\partial}{\partial y} F_{u_y} = 0$ Eine partielle Differentialgleichung zweiter Ordnung

Man sieht, daß bei den *Euler*schen Gleichungen ein einheitliches Bildungsgesetz vorliegt. In Sonderfällen kann sich der Grad der Differentialgleichungen erniedrigen. Über *Integrale mit veränderlichen Grenzen* und *Integrale mit Nebenbedingungen* vgl. das angegebene Schrifttum.

c) Das Ritzsche Verfahren. Wenn die Lösung der *Euler*schen Differentialgleichung Schwierigkeiten bereitet, wendet man das *Ritzsche Verfahren* an, das bei der Grundaufgabe folgendermaßen verläuft. Man nähert die gesuchte Funktion $y(x)$ durch eine endliche Funktionsreihe:

$$y_n(x) = f_0(x) + C_1 f_1(x) + C_2 f_2(x) + \cdots + C_n f_n(x)$$

an, wobei die $f_\nu(x)$ fest gewählt werden, und zwar so, daß die gestellte Randbedingung erfüllt ist; z. B. $f_0(a_1) = b_1$, $f_0(a_2) = b_2$ und $f_\nu(a_1) = 0$, $f_\nu(a_2) = 0$ für $\nu = 1, 2, 3, \ldots, n$. Durch Einsetzen von y_n in J und Ausführung des Integrals ergibt sich ein Ausdruck, in welchem nur noch die Konstanten C_ν unbekannt sind. Um $J(y_n)$ zu einem Extremwert zu machen, sind also die n Gleichungen:

$$\frac{\partial J}{\partial C_1} = 0, \quad \frac{\partial J}{\partial C_2} = 0, \ldots, \quad \frac{\partial J}{\partial C_n} = 0$$

zu bilden, aus denen die gesuchten C_ν berechnet werden. Die praktische Durchführbarkeit der Rechnung hängt von einer geeigneten Auswahl der $f_\nu(x)$ ab, die dem Geschick des Bearbeiters überlassen bleiben muß. Wegen der Fragen, die mit dem Grenzübergang $n \to \infty$ zusammenhängen, vgl. das angegebene Schrifttum.

Den Zusammenhang zwischen Variationsrechnung und Differentialgleichungen benutzt man auch umgekehrt, indem man zur Lösung einer gegebenen Differentialgleichung mit Randbedingungen ein zugehöriges Variationsproblem aufstellt und dann dessen Lösung nach dem *Ritz*schen Verfahren ermittelt.

Literatur zur Variationsrechnung. *Courant-Hilbert:* Methoden der mathematischen Physik. Berlin 1931 (Die Grundtatsachen der Variationsrechnung). — *Serret-Scheffers:* Lehrbuch der Differential- und Integralrechnung, Bd. 3. Leipzig 1914 (Einleitung in die Variationsrechnung). — *Bolza:* Vorlesungen über Variationsrechnung, Neudruck. Leipzig 1949.

IV. Die numerische Berechnung und ihre Genauigkeit

A. Die mathematischen Aufgaben der Ingenieurpraxis

1. Die Durchführung der numerischen Berechnungen

a) Die Genauigkeit einer Berechnung. Während in der systematischen Mathematik vorzugsweise Verfahren angegeben werden, nach denen eine gesuchte Größe mit beliebiger Genauigkeit bestimmt werden kann, ist bei technischen Rechnungen nur eine *begrenzte Genauigkeit* erforderlich und auch möglich. Denn die Konstanten, die in den Rechnungen auftreten, sind in den meisten Fällen empirisch gemessene Werte mit einem bestimmten Meßfehler und bedingen dadurch eine Ungenauigkeit des Endergebnisses, die nach den Verfahren der Ausgleichsrechnung (S. 106) ermittelt wird.

b) Die Wirtschaftlichkeit einer Berechnung. Bei jeder technischen Rechnung ist der Endzweck nicht das mehr oder weniger elegante mathematische Verfahren, sondern das *numerische Ergebnis*, das durch Einsetzen der gegebenen Größen folgt. Dabei spielt die *Wirtschaftlichkeit* eine wichtige Rolle; ein Lösungsverfahren, das drei Dezimalen auf schnellem und einfachem Wege liefert, wird in der Technik fast immer einem Verfahren vorgezogen, das fünf oder mehr Dezimalen auf kompliziertem Wege ergibt. Um möglichst vorteilhaft arbeiten zu können, wendet der Ingenieur alle Hilfsmittel an, durch welche ihm die numerischen Berechnungen erleichtert werden (Abschn. B).

c) Die Anlage längerer numerischer Berechnungen. Vor Ausführung der Rechnung ist die erforderliche Genauigkeit zu überschlagen und danach der Gang der Rechnung und die Wahl der Rechenhilfsmittel einzurichten; z. B.: Genügt die Genauigkeit des Rechenschiebers oder ist die Benutzung einer Rechenmaschine notwendig? Ist von Näherungsrechnungen (S. 76) Gebrauch zu machen? Die Rechnungen selbst werden tabellenmäßig angeordnet (vgl. z. B. S. 107), am besten einseitig auf kariertem Papier. Nebenrechnungen werden nie auf einzelne Zettel geschrieben, sondern übersichtlich eingefügt, damit jederzeit eine Nachprüfung möglich ist. Oft zu addierende oder zu subtrahierende Zahlen schreibt man zweckmäßig auf einen Schiebezettel. Rechenkontrollen sind auch für den geübten Rechner unentbehrlich und möglichst oft anzubringen. Jedes Ergebnis ist durch eine Überschlagsrechnung zu prüfen; *ein Kommafehler ist der schlimmste Fehler, der einem Ingenieur unterlaufen kann*; durch ihn können in der Technik Menschenleben gefährdet werden!

Literatur zur Rechenpraxis. *Schulz:* Formelsammlung zur praktischen Mathematik. Samml. Göschen, Bd. 1110. Berlin 1945. — *v. Sanden:* Praktische Mathematik. Leipzig 1953. — *v. Sanden:* Mathematisches Praktikum. Leipzig 1946. — *Willers:* Methoden der praktischen Analysis. Berlin 1950. — *Zurmühl:* Praktische Mathematik für Ingenieure und Physiker. Berlin 1953. — *Runge* u. *König:* Vorlesungen über numerisches Rechnen. Berlin 1924.

2. Die Ermittlung der technischen Gesetzmäßigkeiten

Eine technisch gegebene Abhängigkeit läßt sich auf zwei verschiedenen Wegen ermitteln:

1. *Empirische Ermittlung.* Die Werte von y werden für eine Reihe genügend dicht liegender x-Werte durch Messung ermittelt und in ein Koordinatensystem eingetragen. Gesucht ist eine Funktion $y = f(x)$, welche die Meßergebnisse mathematisch wiedergibt. Da jede Messung mit einem Fehler $\pm \varepsilon$ behaftet ist, sind alle Funktionen zulässig, die innerhalb des Bereiches der Messungen in einem Streifen von der Breite 2ε verlaufen (*Funktionsstreifen*). Man wählt eine Funktion möglichst einfacher Art; z. B. wird man keine ganze rationale Funktion benutzen, wenn die Meßergebnisse durch $y = C \cdot e^{kx}$ dargestellt werden können. Da der Ansatz einer geeigneten Funktion, die der Aufgabenstellung und den Meßergebnissen entspricht, vom persönlichen Geschick abhängt, muß der Ingenieur einen anschaulichen Überblick über den Verlauf der einzelnen Funktionsarten besitzen.

2. *Theoretische Ermittlung.* Nach Vernachlässigung der weniger wichtigen Einflüsse und (in fast allen Fällen) nach Vereinfachung des Problems durch Idealisierung ergibt sich eine mathematische Beziehung zwischen x und y (z. B. eine Differentialgleichung mit Randbedingungen), woraus die Funktion nach mathematischer Methode ermittelt wird. Infolge der zu Beginn vorgenommenen Idealisierung stellt das so gefundene Gesetz ebenfalls nur eine Näherung für das wirkliche Verhalten dar (vgl. z. B. S. 191). Auch bei diesem Verfahren wird der Beweis für die Richtigkeit der theoretischen Grundlagen nur durch Vergleich mit dem tatsächlichen Verhalten (und nicht durch logische Spekulation) geliefert; die Messungen sind also auch hier die Grundlage des Naturerkennens.

Die Vergrößerung der Meßgenauigkeit bzw. die Verbesserung der theoretischen Grundlagen kann in beiden Fällen zu einer genaueren, aber mathematisch komplizierteren zweiten Näherung führen usw. fort. Hierdurch wird die erste Näherung nicht etwa falsch, sie stellt nur das wirkliche Verhalten einfacher, dafür aber auch mit geringerer Genauigkeit dar. *In jedem Fall wird man die einfachste Näherung gebrauchen, deren Genauigkeit gerade noch für den vorliegenden Zweck ausreicht.*

Beispiel. Die Erdoberfläche wird bei Anfertigung eines Stadtplanes als Ebene, bei Anfertigung der Karte eines Erdteiles als Kugel, bei geodätischen Untersuchungen als Rotationsellipsoid und bei Schweremessungen als Geoid angesehen (vgl. Abschn. *Vermessungskunde*); keine dieser vier aufeinanderfolgenden Näherungen ist falsch und keine absolut richtig; jede reicht aber gerade für den vorliegenden Zweck aus.

Eine besondere Gefahr liegt in der Verallgemeinerung eines gefundenen Gesetzes von dem Bereich, in welchem die Messungen vorgenommen sind, auf andere Bereiche (*Extrapolation*); denn hierbei können sich die stärksten Abweichungen von dem wirklichen Verhalten ergeben. Man muß sich deshalb stets darüber im klaren sein, für welchen Bereich der Veränderlichen ein Gesetz gültig ist.

In einer gefundenen Beziehung sieht der Ingenieur einen *anschaulichen Zusammenhang zwischen den verschiedenen Größen, mit denen er zu arbeiten hat.* Auch bei den einzelnen Schritten einer Rechnung muß dieser Zusammenhang stets im Auge behalten werden, um ein Abgleiten in ein rein formales Operieren zu verhüten.

B. Die Rechenhilfsmittel des Ingenieurs

(Das logarithmische Rechnen ist S. 35 besprochen.)

1. Der Rechenschieber

a) Multiplikationen und Division. Der Rechenschieber ist das *wichtigste Hilfsmittel des Ingenieurs.* Der übliche 25-cm-Schieber trägt folgende Skalen:

Die logarithmischen Skalen:	$u = l \cdot \log x$	$l = 125$ und 250 mm.
Die logarithmische Sinusskala:	$u = l \cdot \log \sin x$	$l = 125$ oder 250 mm.
Die logarithmische Tangensskala:	$u = l \cdot \log \operatorname{tg} x$	$l = 250$ mm.
Die gleichmäßige Skala:	$u = l \cdot x$	$l = 250$ mm.

Dabei bedeutet u die Entfernung von einem festen Nullpunkte aus, gemessen in mm, und x die Zahl, die an dem zugehörigen Skalenstrich angebracht ist. Die logarithmischen Skalen befinden sich auf der Vorderseite des Schiebers; sie sind periodisch, d. h. die Einteilung von 1 bis 10 ist die gleiche wie die von 10 bis 100 usw. (Abb. 74). Die drei letzten Skalen sind auf der Rückseite der Zunge angebracht.

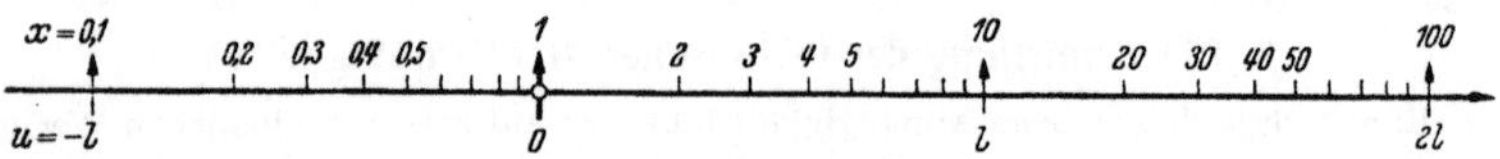

Abb. 74. Logarithmische Skala

Die Zunge läßt sich in *vier Lagen* einschieben: 1. und 2. Lage, Vorderseite nach vorn, Zahlen aufrecht bzw. auf dem Kopf stehend; 3. und 4. Lage, Rückseite nach vorn, Zahlen aufrecht bzw. auf dem Kopf stehend.

Multiplikation und Division wird in der ersten Lage nach Abb. 75 auf den oberen Skalen des Stabes und der Zunge (oder entsprechend auf den beiden unteren Skalen) ausgeführt. Aus Abb. 76 liest man durch Vergleich der Entfernungen $l \cdot \log x + l \cdot \log y = l \cdot \log z$ ab, woraus $z = x \cdot y$ folgt; entsprechend läuft die Überlegung in allen anderen Fällen. Um mit möglichst wenig Zungeneinstellungen auszukommen, dividiert man bei $(3{,}24 \cdot 6{,}31) : 4{,}58$ zuerst 3,24 durch 4,58 und multipliziert das Ergebnis mit 6,31 (nicht umgekehrt!). Die Kommastellung wird stets durch Überschlagsrechnung bestimmt; z. B. $x = (0{,}0324 \cdot 0{,}631) : 45{,}8 \approx (3 \cdot 10^{-2} \cdot 6 \cdot 10^{-1}) : (5 \cdot 10^{1}) \approx 4 \cdot 10^{-4}$, also $x = 4{,}46 \cdot 10^{-4}$.

b) Proportionalverfahren. Zahlen, die sich bei beliebiger Stellung der Zunge in erster Lage auf den beiden oberen Skalen gegenüberstehen (Abb. 75), haben stets denselben Quotienten (entsprechend bei den beiden unteren Skalen); d. h. die Spalte zwischen den beiden Skalen wirkt wie ein Bruchstrich. Beispiele: 1 m/sec = 3,6 km/st; man stellt die 1 der 3,6 gegenüber ein und liest untereinander ab: 42,3 km/st = 11,8 m/sec; 5,6 m/sec = 20,2 km/st. Ferner: Die Gewichte 52,3; 14,4; 26,5; 42,3 kg sind in Prozenten des Gesamtgewichtes anzugeben; man stellt 100 über der Gewichtssumme 135,5 ein und liest über den angegebenen Gewichten 38,7, 10,6, 19,6, 31,2% ab; Schlußkontrolle durch Addition gibt 100,1 ≈ 100,0%. Vgl. ferner S. 43.

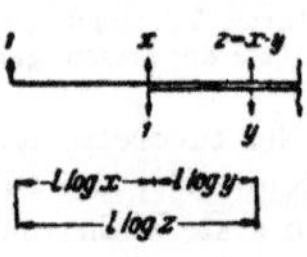

Abb. 75

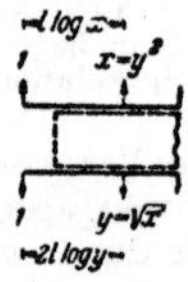

Abb. 76

c) Quadrieren und Wurzelziehen. Auf der oberen (x) und der unteren (y) Skala des Stabes stehen einander die Zahlen $x = y^2$ bzw. $y = \sqrt{x}$ gegenüber (Abb. 76; $l \cdot \log x = 2l \cdot \log y$). Beim Wurzelziehen hat man den Radikanden auf dem richtigen Teil der oberen Skala einzustellen, also $\sqrt{141} = \sqrt{1{,}41} \cdot 10 = 11{,}87$ auf dem linken, $\sqrt{0{,}573} = \sqrt{57{,}3} \cdot 10^{-1} = 0{,}757$ dagegen auf dem rechten Teil.

d) Abschieben von elementaren Funktionen. Die sechs Funktionen

$$y = C \cdot x, \quad y = C \cdot x^2, \quad y = C \cdot \sqrt{x}; \quad y = C/x, \quad y = C/x^2, \quad y = C/\sqrt{x},$$

wobei C eine gegebene Konstante bedeutet, können bei feststehender Zunge nach Abb. 77 abgeschoben werden. Bei $\sqrt{x}$ ist dabei x auf dem richtigen Skalenteil einzustellen. Je nachdem x im Zähler oder im Nenner steht, ist die erste oder zweite Lage anzuwenden. Bei den Skalen für $y = C/x$ stehen sich Zahlen gegenüber, deren Produkt konstant ist; entsprechend bei den übrigen Skalen.

e) Kreis- und Zylinderinhalt. Die Entfernung zweier Striche auf dem Glasläufer beträgt $250 \cdot \log \sqrt{4/\pi} = 250 \cdot \log 1{,}128 = 250 \cdot \log c$ mm. Wenn der rechte Glasstrich auf der unteren Stabskala auf den Durchmesser d eines Kreises eingestellt wird, liest man an dem linken Glasstrich auf der oberen Stabskala den Inhalt des Kreises $F = (d/c)^2 = \frac{1}{4}\pi d^2$ ab (Abb. 78). Beispiel: $d = 12{,}5$ cm; $F = 123$ cm². Bei der umgekehrten Rechnung ist F (wie beim Wurzelziehen) auf dem richtigen Skalenteil einzustellen. Das Volumen eines Kreiszylinders von dem Durchmesser d und der Länge l wird nach $V = (d\sqrt{l}/c)^2$ berechnet; man stellt l auf den richtigen Teil der oberen Stabskala ein, bildet auf den unteren Skalen $d \cdot \sqrt{l}$ und liest V vermittelst des Glasläufers links oben ab.

f) Umrechnung von Grad- und Bogenmaß. Einem Winkel von α' Minuten entspricht das Bogenmaß: $\widehat{\alpha} = (\pi\alpha')/(180 \cdot 60) = \alpha'/3438 = \alpha'/\varrho'$ (vgl. S. 30); die Marke ϱ' ist auf den meisten Rechenschiebern angegeben. Beispiel: $\alpha = 33^\circ 40' = 1980' + 40' = 2020'$ ergibt $\widehat{\alpha} = 0{,}588$. Die Marke $\varrho'' = 60 \cdot 3438 = 2{,}06 \cdot 10^5$ bzw. $\varrho'' = 200 \cdot 100 \cdot 100/\pi = 6{,}37 \cdot 10^5$ dient entsprechend zur Umrechnung von Sekunden der Gradteilung bzw. der Neugradteilung (vgl. S. 30) in Bogenmaß.

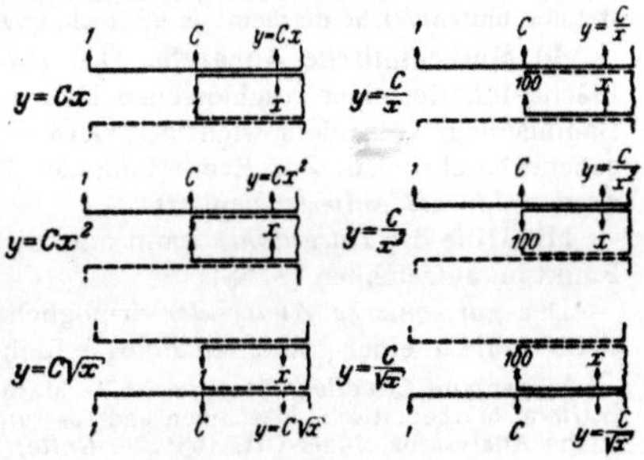

Abb. 77

g) Die trigonometrischen Funktionen. Bei der dritten Lage der Zunge stehen auf Skalen mit übereinstimmenden Längeneinheiten l die Zahlen α und $x = \sin\alpha$ bzw. β und $y = \operatorname{tg}\beta$ gegenüber, wenn die Skalenenden auf Stab und Zunge zusammenfallen. Zusammengehörige Skalen findet man durch $\sin 30^\circ = 0{,}500$ und $\operatorname{tg} 30^\circ = 1 : \sqrt{3} = 0{,}577$. Der Rechenschieber ersetzt somit einen *Winkelmesser*; man trägt auf dem einen Schenkel 10 cm ab und findet den Winkel durch $\operatorname{tg}\beta = b : 10$ (Abb. 79); umgekehrt verfährt man bei der Konstruktion eines gegebenen Winkels. Wenn man α bzw. β bei der ersten Lage der Zunge auf die Striche einstellt, die auf der Rückseite des Stabes in den Aussparungen angebracht sind, kann man die Werte von $\sin\alpha$ und $\operatorname{tg}\beta$ vorn gegenüber den Endpunkten der festen Stabskalen ablesen.

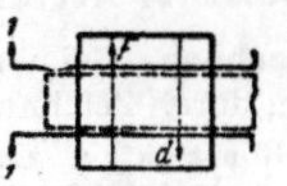

Abb. 78

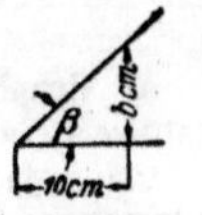

Abb. 79

Wenn man die Zunge in der dritten Lage verschiebt, stehen auf den betrachteten Skalen einander Zahlen α und x bzw. β und y gegenüber, für die $x_1 : \sin\alpha_1 = x_2 : \sin\alpha_2$ bzw. $y_1 : \operatorname{tg}\beta_1 = y_2 : \operatorname{tg}\beta_2$ ist. Hiernach findet man für ein Dreieck mit $a = 7{,}35$ cm, $b = 8{,}20$ cm, $\alpha = 20^\circ 10'$ unter Benutzung des Sinussatzes (S. 119) unmittelbar $\beta = 22^\circ 40'$.

Für kleines α und β, die nicht auf den Skalen angegeben sind, kann man bei Rechenschiebergenauigkeit $\sin\alpha \approx \widehat{\alpha}$ und $\operatorname{tg}\beta \approx \widehat{\beta}$ setzen, wobei $\widehat{\alpha}$ und $\widehat{\beta}$ das zugehörige Bogenmaß bedeuten. Da $\log \operatorname{tg}(45 + \varphi)^\circ = -\log \operatorname{tg}(45 - \varphi)^\circ$ wird, ist der Teil der Tangensskala, der rechts von 45° liegt, symmetrisch zu dem linken Teil; wir können den Abschnitt für $\beta > 45^\circ$ realisieren, indem wir die Zunge in die vierte Lage bringen; man liest bei zusammenfallenden Skalenenden bei 40° ab: $\operatorname{tg}(45 + 5)^\circ = \operatorname{tg} 50^\circ = 1{,}192$; bei 35° entsprechend: $\operatorname{tg}(45 + 10)^\circ = \operatorname{tg} 55^\circ = 1{,}428$ usw.

h) Der Logarithmus. In der vierten Lage der Zunge stehen bei zusammenfallenden Skalenenden auf der gleichmäßigen Skala (y) und der unteren Stabskala (x) einander die Zahlen x und $y = \log x$ gegenüber. Man kann auch die linken Skalenenden der Zunge in der ersten Lage über dem x-Wert der unteren Stabskala einstellen und $y = \log x$ auf der Rückseite in der Aussparung ablesen.

i) Spezialrechenschieber. Außer dem üblichen Rechenschieber, der im vorhergehenden besprochen ist, sind für Sonderzwecke noch zahlreiche weitere Rechenschieber angefertigt worden, auf denen andere Funktionen dargestellt sind. Insbesondere gibt es zur Wiedergabe des Zusammenhangs zwischen mehreren Veränderlichen auch Rechenschieber, auf denen zwei Zungen gegeneinander bewegt werden können. Bei dem AWF (Ausschuß für wirtschaftliche Fertigung im Kuratorium für Wirtschaftlichkeit, Berlin) kann man *Blanko-Rechenschieber* mit einer Zunge, sowie mit zwei Zungen beziehen; durch Eintragen der entsprechenden Teilungen können Sonderrechenstäbe für den eigenen Bedarf hergestellt werden.

Nestler: Anleitung zum Gebrauch des Rechenschiebers. Lahr (Baden), Rechenschieberfabrik. — *Faber:* Anleitung zum Gebrauch der Faber-Rechenstäbe. Geroldsgrün (Oberfranken), Rechenschieberfabrik. — *Rohrberg:* Theorie und Praxis des logarithmischen Rechenstabes, Stuttgart 1953. — *Zühlke:* Rechentafeln und Sonderrechenstäbe, AWF Rechentechnik, Leipzig 1942.

2. Rechenmaschinen und mathematische Apparate

a) Die Rechenmaschinen eignen sich in gleicher Weise zur Addition, Subtraktion, Multiplikation, Division und auch zum Ausziehen der Quadratwurzel. Mit ihrer Handhabung macht man sich am besten durch Vorführung und selbständiges Rechnen vertraut.

Rohrberg: Theorie und Praxis der Rechenmaschinen. Stuttgart 1953. — *Hennemann:* Die technische Entwicklung der Rechenmaschine. Aachen 1953. — *Lenz:* Die Rechen- und Buchungsmaschinen. Leipzig 1932.

In neuerer Zeit sind in Einzelfertigung für große Institute elektrische Rechenmaschinen (sog. elektrische Gehirne) von gewaltigem Ausmaß gebaut worden, die je nach ihrer Einstellung umfangreiche mathematische Rechnungen in kürzester Zeit auszuführen vermögen.

b) Mathematische Apparate. Das *Polarplanimeter* dient zur Ermittlung des Flächeninhaltes einer geschlossenen Kurve (S. 68); die Handhabung dieses für den Bauingenieur besonders wichtigen Gerätes ist im Abschn. *Vermessungskunde* eingehend beschrieben. Zur Ermittlung des Flächeninhaltes langgestreckter Figuren werden *Linearplanimeter* benutzt.

Mit Hilfe des *Integraphen* kann man die Integralkurve einer beliebigen stetigen Funktion aufzeichnen (S. 68).

Der *harmonische Analysator* ermöglicht die Bestimmung der *Fourier*-Koeffizienten, die in einer gesuchten *Fourier*-Reihe auftreten (S. 79).

Meyer zur Capellen: Instrumentelle Mathematik für den Ingenieur. Essen 1952. — *Willers:* Mathematische Maschinen und Instrumente. Berlin 1951. — *Kochler:* Der harmonische Analysator Mader-Ott. 1931. — *Galle:* Die mathematischen Instrumente. Leipzig 1912.

3. Graphisches Rechnen und Koordinatenpapiere

a) Graphisches Rechnen. Beim graphischen Rechnen werden die gesuchten Zahlwerte oder Kurven durch Zeichnung ermittelt.

Vgl S. 28: Graph. Konstruktion einer ganzen rationalen Funktion; S. 67: Graph. Integration; S. 90: Graph. Integration von gewöhnlichen Differentialgleichungen. Ferner sind zahlreiche weitere graphische Konstruktionen aus der Bauingenieurpraxis in den nachfolgenden Artikeln dargestellt. Vgl. ferner *Runge:* Graphische Methoden, Leipzig 1919. — *Prölß:* Graphisches Rechnen, Berlin 1920.

b) Die Koordinatenpapiere stellen ein außerordentlich wichtiges Hilfsmittel für zahlreiche mathematische Untersuchungen dar. Das *gewöhnliche Koordinatenpapier* sowie das *Polarkoordinatenpapier* dient zum bequemen Eintragen von Kurvenpunkten. Bei dem *doppelten* bzw. *einfachen Logarithmenpapier* sowie dem *Wahrscheinlichkeitsnetz* werden jeweils bestimmte Kurven, welche bei der üblichen Darstellung gekrümmt sind, infolge der Verwendung ungleichmäßiger Skalen durch gerade Linien dargestellt; infolgedessen lassen sich insbesondere beim Eintragen von Meßwerten die gesuchten Konstanten der zugehörigen Funktion in sehr einfacher Weise ermitteln, da sich die Auswirkung der Meßfehler bei einer geraden Linie unmittelbar übersehen läßt. Die Koordinatenpapiere sind in vielen Schreibwarengeschäften erhältlich; andernfalls wende man sich an die Bezugsquelle *Schleicher* und *Schüll*, Einbeck in Hannover.

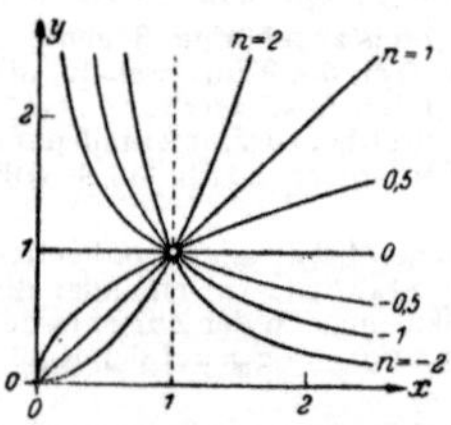

Abb. 80. $y = x^n$

c) Darstellung von $y = C x^n$ auf doppeltem Logarithmenpapier (Potenzpapier). Die Funktionen $y = C x^n$ werden in der Technik häufig benutzt, um empirisch ermittelte Gesetzmäßigkeiten analytisch darzustellen. Bei Verwendung *gleichmäßiger Skalen* (S. 26) würden die Funktionen $y = x^n$ den in Abb. 80 angegebenen

Verlauf zeigen; bei Verwendung *logarithmischer Skalen* werden dagegen alle Funktionen $y = C\,x^n$ durch gerade Linien wiedergegeben (Abb. 81). In dem sogenannten doppelten Logarithmenpapier sind diese logarithmischen Skalen fertig eingezeichnet.

Wenn u und v die Abstände vom Nullpunkt des Koordinatensystems (gemessen in mm) bedeuten, wird die Zahl x an der Stelle $u = l \cdot \log x$ mm der waagrechten Achse und die Zahl y an der Stelle $v = l \cdot \log y$ mm der lotrechten Achse eingetragen (Abb. 81). Da die Gleichung einer geraden Linie $v = a + b\,u$ ist, folgt für die zugehörigen Zahlen x und y die Beziehung $l \cdot \log y = a + b \cdot l \cdot \log x$ oder wenn man $a = l \cdot \log C$ setzt, $\log y = \log C + b \cdot \log x$ oder

$$y = C \cdot x^b = C \cdot x^n.$$

Dabei ist $b = n$ die Steigung der geraden Linie und C diejenige Zahl y, die an der Stelle $x = 1$ abgelesen wird. Zur Ermittlung der Steigung zeichnet man, wie in Abb. 81 angegeben, ein rechtwinkliges Dreieck ein, dessen waagrechte Seite gleich 10 cm ist; die Länge der lotrechten Dreiecksseite beträgt dann $10 \cdot b$ cm, so daß b sofort abgelesen werden kann. Der Wert $b = n$ ist positiv anzusetzen, wenn die gerade Linie nach rechts hin ansteigt, dagegen negativ, wenn die Gerade nach rechts hin fällt.

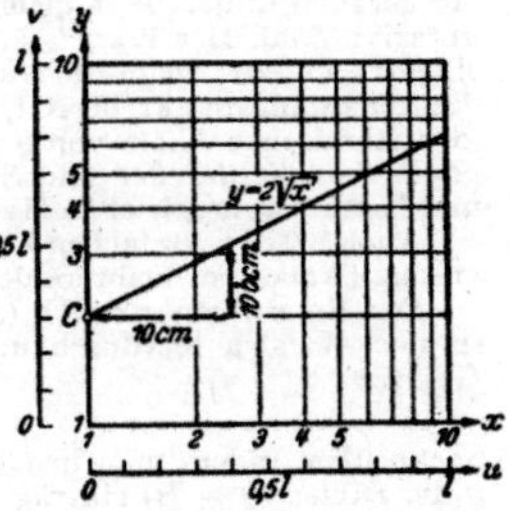

Abb. 81

Infolge der Periodizität der logarithmischen Skalen (vgl. Abb. 74 auf S. 100) ist die Kommastellung bei den Zahlen x und y unwesentlich. Man kann also auf der x-Achse und unabhängig davon auch auf der y-Achse statt der Zahlen von 1 bis 10 auch die Werte von 10 bis 100 oder von 100 bis 1000 usw., wie auch von 0,1 bis 1,0 oder von 0,01 bis 0,10 usw. eintragen. Hierbei muß aber, wenn der Wert $x = 1$ nicht auf dem Papier dargestellt ist, die Zahl C durch zwei zusammengehörige Werte x_1 und y_1 nach der Gleichung $C = y_1 : x_1^n$ bestimmt werden.

Da der Bereich der einzutragenden Zahlen oftmals eine einzige dezimale Periode übersteigt, gibt es auch Logarithmenpapiere, bei denen die Skalen von 1 bis 100 bzw. von 1 bis 1000 laufen.

Falls man in das Logarithmenpapier die Werte x_r und y_r einträgt, welche einer *Meßreihe* entnommen sind, werden die sich ergebenden Punkte, wenn das Gesetz $y = C\,x^n$ erfüllt ist, nicht exakt auf einer geraden Linie liegen, sondern mehr oder weniger um die richtige Gerade streuen. In diesem Fall zeichnet man die ausgleichende Gerade ein (S. 108) und ermittelt an ihr die gesuchten Werte.

Wenn die eingetragenen Punkte um eine deutlich gekrümmte Kurve streuen, läßt sich die Meßreihe nicht durch $y = C\,x^n$ darstellen. Es kann vorkommen, daß dann das allgemeinere Gesetz:

$$y = C \cdot (x + A)^n$$

erfüllt ist. Zur Ermittlung der zusätzlichen Konstanten A wählt man willkürlich einen Wert von A, trägt die Zahlen $(x + A)$ und y in gleicher Weise wie oben in das Logarithmenpapier ein und stellt fest, ob die Krümmung der neuen Kurve geringer oder stärker als die der alten Kurve wird. Indem man dieses Verfahren für verschiedene (positive und negative) Werte von A durchführt, gelingt es gegebenenfalls, einen Wert von A zu finden, für den die eingetragenen Punkte nunmehr um eine gerade Linie streuen; in diesem Fall ist das angegebene Gesetz erfüllt, wobei C und n in gleicher Weise wie oben bestimmt werden. Dasselbe Verfahren läßt sich für:

$$y = B + C\,x^n$$

durchführen, indem man statt y die Werte $(y - B)$ einträgt und dann in gleicher Weise wie eben verfährt. Die Verbindung der beiden Verfahren zu

$$y = B + C\,(x + A)^n$$

erfordert infolge des zusätzlichen Auftretens zweier willkürlicher Konstanten A und B ein umständliches Probieren und ist daher nicht zu empfehlen; zudem ist es stets das Ziel, eine Meßreihe durch eine Funktion darzustellen, welche möglichst wenig willkürliche Konstanten enthält.

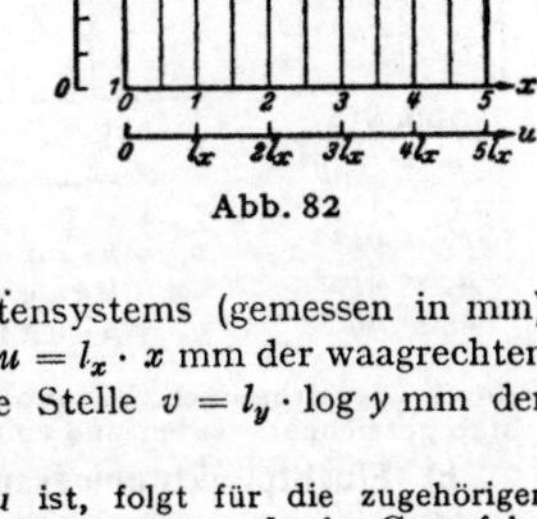

Abb. 82

d) Darstellung von $y = Ce^{kx}$ auf einfachem Logarithmenpapier (Exponentialpapier). Wenn u und v die Abstände vom Nullpunkt des Koordinatensystems (gemessen in mm) sind (Abb. 82), schreibt man die Zahl x an die Stelle $u = l_x \cdot x$ mm der waagrechten Achse (gleichmäßige Skala) und die Zahl y an die Stelle $v = l_y \cdot \log y$ mm der senkrechten Achse (logarithmische Skala).

Da die Gleichung einer geraden Linie $v = a + b\,u$ ist, folgt für die zugehörigen Zahlen x und y die Beziehung $l_y \cdot \log y = a + b \cdot l_x \cdot x$. Setzt man $a = l_y \cdot \log C$, so folgt

$\log y = \log C + b \cdot \frac{l_x}{l_y} \cdot x$. Durch Übergang von den *Brigg*schen zu natürlichen Logarithmen ergibt sich $\ln y = \ln C + 2{,}30 \cdot b \cdot \frac{l_x}{l_y} \cdot x$ oder:

$$y = C \cdot e^{kx}, \qquad k = 2{,}30 \cdot b \cdot \frac{l_x}{l_y}.$$

C ist derjenige Zahlwert y, der an der Stelle $x = 0$ abgelesen wird. Ferner ist b die Steigung der geraden Linie, die in gleicher Weise wie auf S. 103 ermittelt wird; sie ist in Abb. 82 eine negative Zahl. Der Wert l_x ergibt sich aus den Zahlen, die man auf der waagrechten Achse eingetragen hat; wenn die Stelle, an welcher die Zahl x steht, die Entfernung u vom Koordinatenanfangspunkt besitzt, wird $l_x = u : x$. Der Wert l_y ist die Länge, welche auf der logarithmischen Skala von $y = 1$ bis $y = 10$ reicht; dieser Wert ist auf dem Logarithmenpapier von *Schleicher* und *Schüll* unter dem Namen „Einheit" angegeben. Die Längen u und l_y müssen im gleichen Maß (z. B. beide in mm) gemessen werden.

Auch bei dem einfachen Logarithmenpapier gibt es Ausfertigungen, bei denen die logarithmische Skala über mehrere dezimale Perioden läuft (vgl. S. 103).

Der Ersatz von x durch $(x + A)$ (vgl. S. 103) ist bei dem einfachen Logarithmenpapier sinnlos, da sich hierdurch nur eine Parallelverschiebung ergibt. Dagegen kann man das Gesetz:

$$y = B + C \cdot e^{kx}$$

nachprüfen, indem man in gleicher Weise wie bei dem doppelten Logarithmenpapier statt y die Zahlen $(y - B)$ einträgt.

e) Das Wahrscheinlichkeitsnetz dient zur Ermittlung der *Gauß*schen Streuung und ist auf S. 110 besprochen.

4. Nomogramme

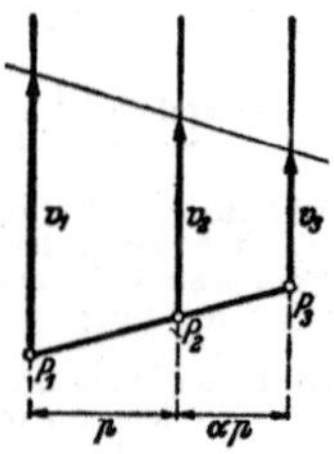

Abb. 83

a) Parallelnomogramme. Die Nomogramme ermöglichen ein bequemes Ablesen der Werte von Funktionen mehrerer Veränderlicher und können auch von mathematisch ungeschulten Kräften benutzt werden. Die zweckmäßige Anfertigung der Nomogramme erfordert dagegen eine gewisse Übung und Erfahrung.

Am häufigsten wird das Parallel-Nomogramm verwandt. Wenn drei parallele lotrechte Geraden die Abstände p mm und $\alpha \cdot p$ mm haben, besteht zwischen den in Abb. 83 angegebenen Längen v_1, v_2, v_3 (gemessen in mm) die Beziehung $v_2 (1 + \alpha) = v_1 \alpha + v_3$. Man trägt von der Grundgeraden $P_1\, P_2\, P_3$ aus auf den senkrechten Geraden Skalen ab, derart, daß die Zahlen x_1, x_2, x_3 an den Stellen:

$$v_1 = \frac{\mu}{\alpha} \cdot f_1(x_1)\ \text{mm}, \quad v_2 = \frac{\mu}{1 + \alpha} \cdot f_2(x_2)\ \text{mm}, \quad v_3 = \mu \cdot f_3(x_3)\ \text{mm}$$

stehen. Dann folgt für drei Zahlen x_1, x_2, x_3, deren Skalenpunkte auf einer Geraden liegen, die Beziehung:

$$\boxed{f_2(x_2) = f_1(x_1) + f_3(x_3).}$$

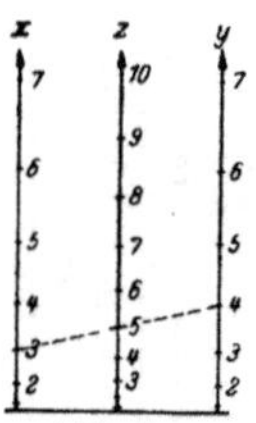

Abb. 84.
$z^2 = x^2 + y^2$
$\alpha = 1$
$v_1 = \mu x^2$
$v_2 = \frac{1}{2}\mu z^2$
$v_3 = \mu y^2$

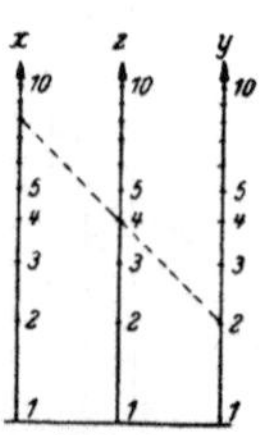

Abb. 85.
$z^2 = xy$
$\alpha = 1$
$v_1 = \mu \cdot \log x$
$v_2 = \mu \cdot \log z$
$v_3 = \mu \cdot \log y$

Dabei sind α und μ so zu wählen, daß die gewünschte Genauigkeit der Ablesung mit der Größe der Zeichnung in Einklang gebracht wird; die Lage der Grundgeraden $P_1\, P_2\, P_3$ ist ebenfalls frei. Die Ablesegerade wird am besten mit Hilfe eines durchsichtigen Zelluloidlineales realisiert, auf dem eine schwarze Gerade eingraviert ist.

Abb. 84 und 85 zeigen schematisch Nomogramme für die Funktionen $z^2 = x^2 + y^2$ und $z^2 = x \cdot y$; im zweiten Falle erhält man die Summendarstellung durch Logarithmieren. Für praktische Zwecke müßten die Nomogramme in größerem Maßstab gezeichnet werden und eine weitere Unterteilung der Skalen enthalten.

b) Fluchtpunktnomogramme. Durch eine projektive Transformation (vgl. S. 149) lassen sich die Parallelnomogramme derart umformen, daß die drei Geraden durch einen Punkt laufen (Abb. 86). Die Betrachtung der Dreiecksinhalte ergibt $\frac{1}{2} v_1 v_3 \sin(\alpha+\beta) = \frac{1}{2} v_1 v_2 \sin\alpha + \frac{1}{2} v_2 v_3 \sin\beta$, so daß zwischen den drei Strecken v_1, v_2 und v_3 die Beziehung $\frac{\sin(\alpha+\beta)}{v_2} = \frac{\sin\beta}{v_1} + \frac{\sin\alpha}{v_3}$ besteht. Setzt man:

$v_1 = \mu \cdot \sin\beta \cdot f_1(x_1)$ mm, $v_2 = \mu \cdot \sin(\alpha+\beta) \cdot f_2(x_2)$ mm, $v_3 = \mu \cdot \sin\alpha \cdot f_3(x_3)$ mm

und trägt diese Strecken von dem gemeinsamen Schnittpunkt der drei Geraden aus ab, so folgt für drei Zahlen x_1, x_2, x_3, deren Skalenpunkte auf einer Ablesegeraden liegen, die Beziehung:

$$\boxed{\frac{1}{f_2(x_2)} = \frac{1}{f_1(x_1)} + \frac{1}{f_3(x_3)}}$$

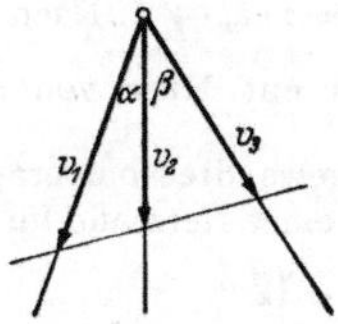

Abb. 86

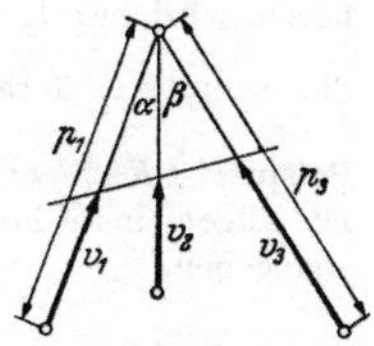

Abb. 87

Wenn man die Strecken v_1, v_2, v_3 wie in Abb. 87 von drei Punkten aus abträgt, welche die Entfernungen p_1, p_2, p_3 von dem gemeinsamen Schnittpunkt besitzen, ergibt die gleiche Überlegung wie eben für die drei Strecken die Beziehung $\frac{\sin(\alpha+\beta)}{p_2 - v_2} = \frac{\sin\beta}{p_1 - v_1} + \frac{\sin\alpha}{p_3 - v_3}$. Meistens wird man die Formeln durch die Wahl $\alpha = \beta$ vereinfachen.

Theoretisch ergeben die Fluchtpunktnomogramme gegenüber den Parallelnomogrammen nichts Neuartiges. In Praxis erweisen sie sich jedoch als schmiegsamer, da die größere Anzahl der eingehenden Konstanten eine gleichmäßigere Anordnung der Skalen innerhalb des darzustellenden Bereiches ermöglicht.

c) Nomogramme mit einer schneidenden Leiter. Bei der Anordnung der Abb. 88 wird $v_1 : v_2 = v_3 : (p - v_2)$ oder

$v_1 = v_3 \cdot \frac{v_2}{p - v_2}$ Setzt man:

$v_1 = \mu \cdot f_1(x_1)$ mm, $v_2 = \mu \cdot f_2(x_2)$ mm, $v_3 = \mu \cdot f_3(x_3)$ mm, und $p = \mu q$,

so ergibt sich:

$$\boxed{f_1(x_1) = f_3(x_3) \cdot \frac{f_2(x_2)}{q - f_2(x_2)}.}$$

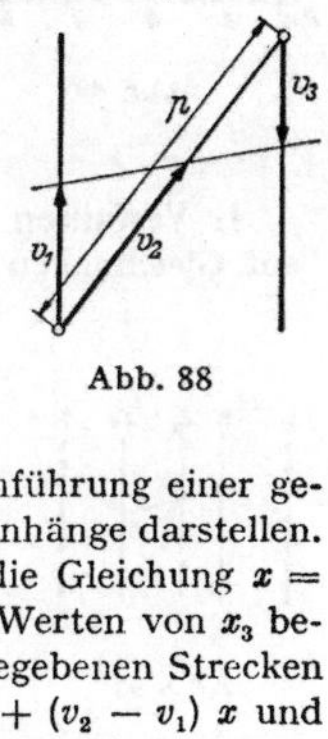

Abb. 88

d) Nomogramme mit einer gekrümmten Leiter. Durch Einführung einer gekrümmten Leiter lassen sich kompliziertere funktionale Zusammenhänge darstellen. In dem x-y-Koordinatensystem der Abb. 89 möge die Kurve die Gleichung $x = g(x_3)$, $y = h(x_3)$ besitzen, wobei die Kurve mit den zugehörigen Werten von x_3 beziffert sein soll. Die Ablesegerade, welche die Endpunkte der angegebenen Strecken v_1 und v_2 miteinander verbindet, hat die Gleichung $py = pv_1 + (v_2 - v_1)\,x$ und trifft somit die krummlinige Leiter in einem Punkt, für welchen $p \cdot h(x_3) = p \cdot v_1 + (v_2 - v_1) \cdot g(x_3)$ ist. Beziffert man die beiden geradlinigen Leitern durch $v_1 = \mu \cdot f_1(x_1)$ mm und $v_2 = \mu \cdot f_2(x_2)$ mm, so folgt:

$$p \cdot h(x_3) = \mu p \cdot f_1(x_1) + \mu \{ f_1(x_1) - f_2(x_2) \} \cdot g(x_3).$$

Wenn man hieraus $f_1(x_1)$ berechnet und weiter:

$$f_3(x_3) = \frac{p}{\mu} \cdot \frac{h(x_3)}{g(x_3)}, \quad F(x_3) = \frac{p}{g(x_3)} + 1$$

setzt, ergibt sich der Zusammenhang:

$$\boxed{f_1(x_1) = \frac{f_2(x_2) + f_3(x_3)}{F(x_3)}}$$

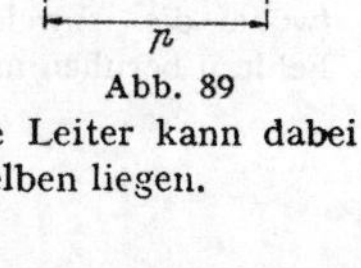

Abb. 89

welcher zahlreiche Anwendungen ermöglicht; die gekrümmte Leiter kann dabei sowohl zwischen den beiden Geraden wie auch außerhalb derselben liegen.

e) Netztafeln für drei Veränderliche. Die einfachste Form einer Netztafel zeigt Abb. 90, in welcher für jedes Wertepaar x, y der zugehörige Wert von z abgelesen werden kann; das Verfahren kommt auf die Darstellung einer Fläche $z = f(x, y)$ durch Höhenlinien hinaus (S. 26). Häufig ist es zweckmäßig, ungleichmäßige Skalen zu verwenden; Abb. 91 stellt schematisch eine Strahlentafel für die *Kutter*sche Entwässerungsformel dar. Die Zahl J steht an der Stelle $x = l_x \cdot \sqrt{J}$ mm, die Zahl Q an der Stelle $y = l_y \cdot Q$ mm. Für Wertepaare J, Q, die zu der Geraden $y = c\,x$ gehören, wird also $l_y \cdot Q = c \cdot l_x \cdot \sqrt{J}$. Nach geeigneter Wahl von l_x und l_y sind somit die schrägen Geraden mit Hilfe von $c = \frac{l_y}{l_x} \cdot \frac{12{,}5\,\pi d^2}{0{,}7 + \sqrt{d}}$ zu beziffern. Dieses Beispiel ist *Kießler:* Angewandte Nomographie Bd. II, S. 38, Essen 1952, entnommen Die allgemeinste Form einer Netztafel für drei Veränderliche x, y, z ist in Abb. 92 angegeben.

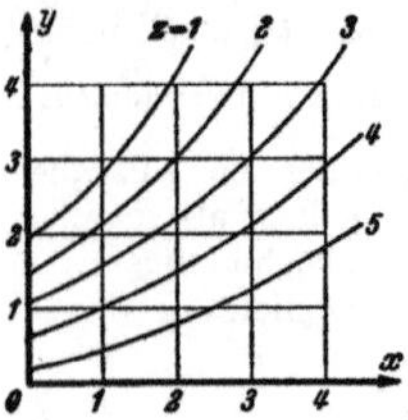

Abb. 90

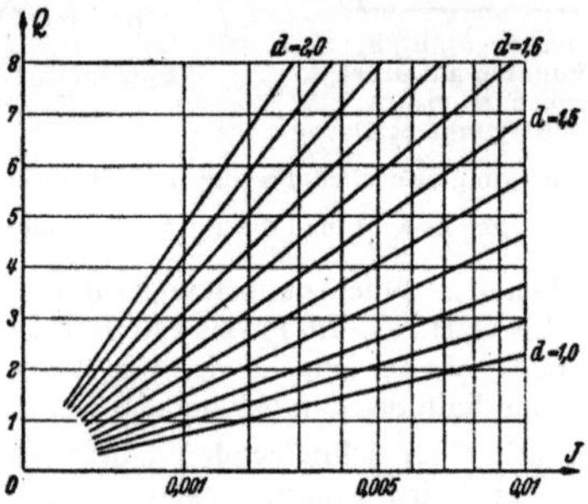

Abb. 91. $Q = \frac{12{,}5\,\pi \cdot d^2}{0{,}7 + \sqrt{d}} \cdot \sqrt{J}$

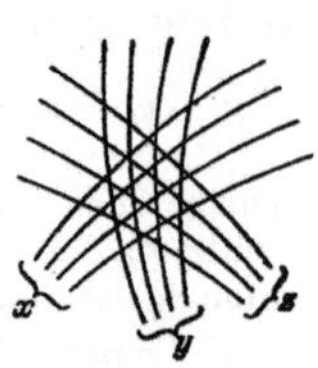

Abb. 92

f) Verfahren für mehr als drei Veränderliche. Alle diese Verfahren lassen sich auf Gleichungen zwischen einer größeren Anzahl von Veränderlichen ausdehnen. Bei der Darstellung von $f_1(x_1) = f_2(x_2) + f_3(x_3) + f_4(x_4)$ durch ein Parallelnomogramm bestimmt man z. B. zuerst $f_5(x_5) = f_3(x_3) + f_4(x_4)$ und bildet dann $f_1(x_1) = f_2(x_2) + f_5(x_5)$ (Abb. 93). Weiter zeigt Abb. 94, wie man durch zwei Netze und eine bezifferte Leiter einen Zusammenhang zwischen fünf Veränderlichen x_1, x_2, x_3, x_4, x_5 herstellen kann. In allen Fällen ergeben sich jedesmal zahlreiche verschiedene Möglichkeiten, von denen das Geschick des Bearbeiters die einfachste auszuwählen hat.

Abb. 93

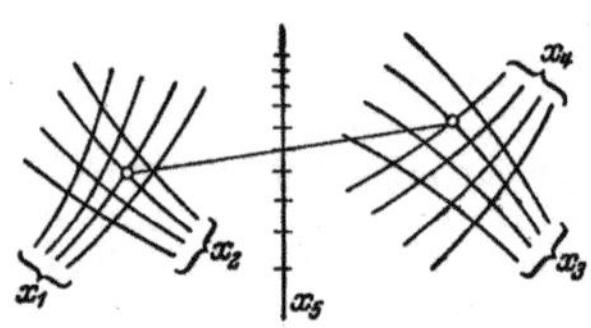

Abb. 94

Literatur zur Nomographie. *Kießler:* Angewandte Nomographie, 2 Bd. Essen 1952. — *Luckey* u. *Trensch:* Nomographie. Stuttgart 1953. — *Meyer zur Capellen:* Leitfaden der Nomographie. Berlin 1953.

C. Ausgleichsrechnung

1. Ausgleichung direkter Messungen

Wenn n verschiedene Messungen $l_1, l_2, \ldots, l_n$ einer festen Größe vorliegen (wobei die Abweichungen der einzelnen Messungen voneinander auf zufälligen Fehlern beruhen mögen), sieht man als Ergebnis der Messungen den *Mittelwert:*

$$x = \frac{1}{n}(l_1 + l_2 + \ldots + l_n) = \frac{1}{n}[l]$$

an; die eckige Klammer soll dabei die Summe der eingeklammerten Zahlwerte bedeuten. Die *scheinbaren Fehler* $v_i = x - l_i$ müssen die Summe $[v] = 0$ ergeben (Rechenkontrolle; eine eventuelle Abweichung muß durch den Abrundungsfehler erklärbar sein). Als Kriterium für die Güte der Meßeinrichtung und dementsprechend für die Genauigkeit einer einzelnen damit gemachten Ablesung berechnet man den *mittleren Fehler der Einzelmessung:*

$$m = \sqrt{[v^2]/(n-1)}.$$

Die Genauigkeit des erhaltenen Mittelwertes x wird durch den *mittleren Fehler des Mittels:*

$$m_x = m/\sqrt{n}$$

angegeben. Das Endergebnis schreibt man in der Form $x \pm m_x$.

Beispiel. Fünf Messungen, die unter gleichen Bedingungen vorgenommen wurden, haben die nebenstehenden Ablesungen ergeben. Man erhält $x = 124{,}5 \pm 0{,}3$. In der ersten Spalte sind nur die beiden letzten Ziffern addiert. Bei Vergrößerung der Anzahl der Messungen unter gleichen Bedingungen (d. h. m = Const.) steigt die Genauigkeit langsam an. Um $m_x = m : \sqrt{n} = 0{,}2$ zu erhalten, müßte man $n = m^2 : 0{,}2^2 = 0{,}32 : 0{,}04 = 8$ Messungen anstellen; $m_x = 0{,}1$ würde bereits 32 Messungen erfordern.

l_i	$v_i = x - l_i$	v_i^2
124,3	+0,18	0,03
125,2	−0,72	0,52
123,8	+0,68	0,46
124,2	+0,28	0,08
124,9	−0,42	0,18
22,4	+1,14 −1,14	1,27

$(x = 124{,}48)$

$$m = \sqrt{\frac{1{,}27}{4}} = 0{,}56$$

$$m_x = m/\sqrt{5} = 0{,}25$$

$$x = 124{,}5 \pm 0{,}3$$

2. Fehlerfortpflanzungsgesetz

Es seien l_i gemessene Größen mit den mittleren Fehlern $\pm m_i$. Dann wird für:

$z = a_1 l_1 + a_2 l_2 + \ldots + a_n l_n$	$m_z = \sqrt{(a_1 m_1)^2 + (a_2 m_2)^2 + \ldots + (a_n m_n)^2}$
$z = f(l_1, l_2, \ldots, l_n)$	$m_z = \sqrt{\left(\frac{\partial f}{\partial l_1}\cdot m_1\right)^2 + \left(\frac{\partial f}{\partial l_2}\cdot m_2\right)^2 + \ldots + \left(\frac{\partial f}{\partial l_n}\cdot m_n\right)^2}$
$z = a \cdot l_1^{p_1} \cdot l_2^{p_2} \ldots l_n^{p_n}$	$\frac{m_z}{z} = \sqrt{\left(p_1 \cdot \frac{m_1}{l_1}\right)^2 + \left(p_2 \cdot \frac{m_2}{l_2}\right)^2 + \ldots + \left(p_n \cdot \frac{m_n}{l_n}\right)^2}$

Bei der ersten Formel sind die a_i gegebene Zahlen. Zur Ableitung der zweiten Formel ersetzt man z in der Umgebung der betrachteten Stelle nach dem *Taylor*-Satz durch eine lineare Funktion; in die partiellen Differentialquotienten sind dabei die abgelesenen Werte $l_1, l_2, \ldots, l_n$ einzusetzen. Im letzten Fall verfährt man entsprechend mit $\ln z$ und gewinnt die angegebene Beziehung zwischen den *relativen Fehlern* $m_z : z$ und $m_i : l_i$; a und die p_i sollen dabei gegebene Zahlen sein.

Beispiele. Aus $x = 4{,}28 \pm 0{,}04$ und $y = 3{,}42 \pm 0{,}03$ soll $z = x - y$ bestimmt werden; es folgt $m_z = \sqrt{0{,}04^2 + 0{,}03^2} = 0{,}05$ und somit $z = 0{,}86 \pm 0{,}05$. Ferner: Aus $x = 7{,}2 \pm 0{,}3$ und $y = 3{,}4 \pm 0{,}2$ soll $z = xy : (x+y)$ bestimmt werden; es folgt $z_x = y^2 : (x+y)^2 = (3{,}4 : 10{,}6)^2 = 0{,}103$ und $z_y = x^2 : (x+y)^2 = (7{,}2 : 10{,}6)^2 = 0{,}461$; also wird $m_z = \sqrt{(0{,}103 \cdot 0{,}3)^2 + (0{,}461 \cdot 0{,}2)^2} = \sqrt{0{,}0095} = 0{,}1$ und somit $z = (7{,}2 \cdot 3{,}4 : 10{,}6) \pm 0{,}1 = 2{,}3 \pm 0{,}1$.

3. Vermittelnde Ausgleichung

a) Lineare Ausgleichung. Es seien n Messungen einer mit x veränderlichen Größe y ausgeführt: $x_1 y_1, x_2 y_2, \ldots, x_n y_n$. Wenn die Messungen durch eine lineare Funktion $y = a + bx$ ausgeglichen werden sollen, setzt man die *Fehlergleichungen:*

$$a + b x_i - y_i = v_i$$

an und bestimmt a und b derartig, daß $[v^2]$ ein Minimum wird (*Methode der kleinsten Quadrate*). Hierzu bildet man nach S. 59: $\frac{\partial}{\partial a}[v^2] = 0$ und $\frac{\partial}{\partial b}[v^2] = 0$ und erhält die *Normalgleichungen:*

$$\begin{matrix} n\cdot a + [x]\cdot b - [y] = 0 = [v] \\ [x]\cdot a + [x^2]\cdot b - [xy] = 0 = [xv] \end{matrix} \quad \text{oder } a = \frac{[x^2][y] - [x][xy]}{n[x^2] - [x]^2}, \quad b = \frac{n[xy] - [x][y]}{n[x^2] - [x]^2}.$$

Wenn die Meßfehler von x gegenüber denen von y nicht in Betracht kommen, wird die Genauigkeit der Messungen von y durch den *mittleren Fehler der Einzelmessung:*

$$m = \sqrt{[v^2]/(n-2)}$$

beurteilt; die *mittleren Fehler von a und b* sind:

$$m_a = m\sqrt{[x^2]/(n[x^2] - [x]^2)}, \qquad m_b = m\sqrt{n/(n[x^2] - [x]^2)}$$

Der mittlere Fehler von $y = a + bx$ an der festen Stelle x wird nach dem Fehlerfortpflanzungsgesetz $m_y = \sqrt{m_a^2 + x^2 m_b^2}$ und hängt somit von x ab.

Wenn man durch $x_i' = x_i - \frac{1}{n}[x]$ neue x'-Koordinaten einführt und $y = a' + b'x'$ setzt, vereinfachen sich die Formeln, da jetzt $[x'] = 0$ wird:

$$a' = \frac{1}{n}[y], \quad b' = \frac{[x'y]}{[x'^2]}; \quad m = \sqrt{\frac{[v^2]}{n-2}}, \quad m_{a'} = \frac{m}{\sqrt{n}}, \quad m_{b'} = \frac{m}{\sqrt{[x'^2]}};$$

$$a = a' - \frac{b'}{n}[x], \quad b = b'; \quad m_a = \sqrt{m_{a'}^2 + \frac{1}{n^2}[x]^2 m_{b'}^2}, \quad m_b = m_{b'}.$$

Die Gleichung für m_a ergibt sich dabei nach dem Fehlerfortpflanzungsgesetz.

Wenn bei geringeren Ansprüchen an die Genauigkeit die *Ausgleichung durch eine freihändig gezeichnete Gerade* genügt, bestimmt man erst den Punkt $x = [x]/n$, $y = [y]/n$, durch den die exakte Ausgleichgerade hindurchlaufen muß; durch Drehung um diesen Punkt kann man die gesuchte ausgleichende Gerade wesentlich genauer bestimmen.

b) Nichtlineare Ausgleichung. Bei der *quadratischen Ausgleichung* durch $y = a + bx + cx^2$ setzt man entsprechend $v_i = a + bx_i + cx_i^2 - y_i$ an und bestimmt a, b, c derart, daß $[v^2]$ ein Minimum wird. Die entstehenden Normalgleichungen lauten:

$$\begin{aligned} n\cdot a + [x]\cdot b + [x^2]\cdot c - [y] &= 0 = [v],\\ [x]\cdot a + [x^2]\cdot b + [x^3]\cdot c - [xy] &= 0 = [xv],\\ [x^2]\cdot a + [x^3]\cdot b + [x^4]\cdot c - [x^2y] &= 0 = [x^2v]. \end{aligned}$$

Bei äquidistanten x_i-Werten lassen sich die Formeln wesentlich vereinfachen.

Bei der *Ausgleichung durch eine beliebige gegebene Funktion* $y = f(x, a, b, \ldots)$, wobei $a, b, \ldots$ die zu bestimmenden Konstanten sind, setzt man $v_i = f(x_i, a, b, \ldots) - y_i$ an und macht $[v^2]$ zum Minimum. Die Normalgleichungen $\frac{\partial}{\partial a}[v^2] = 0$, $\frac{\partial}{\partial b}[v^2] = 0, \ldots$ sind im allgemeinen nicht mehr linear; doch lassen sich meistens Näherungswerte für $a, b, \ldots$ besorgen, so daß die Verfahren von S. 48 u. 49 angewandt werden können.

Häufig läßt sich die gegebene Funktion auf eine lineare Gestalt bringen. Bei der Ausgleichung durch die Hyperbel $y = \frac{a}{x-b}$ setzt man $\eta = xy = a + by$; die Zahlen $\eta_i = x_i y_i$, aufgetragen als Funktion von y_i, müssen also um eine gerade Linie streuen. Bei $y = Cx^a$ ergibt $v = \log y$, $u = \log x$, $c = \log C$ die Beziehung $v = c + au$ usw.

c) Ausgleichung bei mehreren Variabelen. Wenn die Zahlen z_i als Funktion von x_i und y_i gemessen sind und durch die lineare Funktion $z = a + bx + cy$ ausgeglichen werden sollen, setzt man $v_i = a + bx_i + cy_i - z_i$ an und bestimmt a, b, c derartig, daß $[v^2]$ ein Minimum wird. Die Normalgleichungen lauten:

$$\begin{aligned} n\cdot a + [x]\cdot b + [y]\cdot c - [z] &= 0 = [v],\\ [x]\cdot a + [x^2]\cdot b + [xy]\cdot c - [xz] &= 0 = [xv],\\ [y]\cdot a + [xy]\cdot b + [y^2]\cdot c - [yz] &= 0 = [yv], \end{aligned}$$

aus denen a, b, c zu berechnen sind. Entsprechend verfährt man bei nichtlinearer Ausgleichung.

4. Glätten von Meßreihen

Eine von x abhängige Größe y sei an den $(n + 1)$ äquidistanten Stellen $x_0, x_1, \ldots, x_n$ gemessen. Wenn die Meßergebnisse $y_0, y_1, \ldots, y_n$ stark streuen, ergeben die nebenstehenden Korrekturen bessere Werte. Dabei bedeuten die Δ^4 die vierten Differenzen (S. 50); für y_2 bis y_{n-2} stehen die Δ^4 in der Differenzentabelle auf gleicher Höhe wie das zugehörige y_k; bei den beiden Anfangs- bzw. Endwerten ist die erste bzw. letzte auftretende Differenz zu verwenden.

Statt:	ist aufzutragen:
y_0	$y_0 - \frac{1}{70} \Delta_0^4$
y_1	$y_1 + \frac{2}{35} \Delta_0^4$
y_2	$y_2 - \frac{3}{35} \Delta_0^4$
y_3	$y_3 - \frac{3}{35} \Delta_1^4$
.....	....
y_{n-2}	$y_{n-2} - \frac{3}{35} \Delta_{n-4}^4$
y_{n-1}	$y_{n-1} + \frac{2}{35} \Delta_{n-4}^4$
y_n	$y_n - \frac{1}{70} \Delta_{n-4}^4$

Man erhält das angegebene Resultat, wenn man durch je fünf aufeinanderfolgende Meßpunkte eine ausgleichende ganze rationale Funktion dritten Grades legt und für den in der Mitte liegenden Meßpunkt als verbesserten Wert die zugehörige Ordinate der ausgleichenden Funktion benutzt. Am Anfang und am Ende muß man die ausgleichende Funktion durch die fünf ersten bzw. fünf letzten Meßpunkte legen, so daß das Verfahren hier etwas schlechtere Werte ergeben wird. Vgl. *v. Sanden:* Praktische Mathematik. Leipzig 1953, S. 118. In dem nachstehenden Beispiel sind die Werte von $1000 : x$ um ± 5 abgeändert; man sieht, wie durch das Glätten die Fehler wieder rückgängig gemacht werden (am wenigsten bei den Randwerten).

x	$\frac{1000}{x}$	Fehler
1,0	1000	−5
1,2	833	+5
1,4	714	−5
1,6	625	+5
1,8	556	−5
2,0	500	+5

y	Δ^1	Δ^2	Δ^3	Δ^4	Korrektur	Verb. Wert y
995					+1	996
	−157					
838		+28			−4	834
	−129		+22			
709		+50		−72	+6	715
	−79		−50			
630		0		+83	−7	623
	−79		+33			
551		+33			+5	556
	−46					
505					−1	504
	−490	+111	+5	+11		

Literatur zur Ausgleichsrechnung. *v. Sanden:* Praktische Mathematik, Leipzig 1953, S. 84–119. — *Happach:* Ausgleichsrechnung nach der Methode der kleinsten Quadrate, Leipzig 1950. — *Großmann:* Grundzüge der Ausgleichsrechnung nach der Methode der kleinsten Quadrate nebst Anwendungen in der Geodäsie. Berlin 1953.

D. Die Streuung von Meßergebnissen; Statistik

a) Die Gaußsche Streuung. Der Wert einer bestimmten Größe y sei an N verschiedenen Objekten gemessen, z. B. der Feuchtigkeitsgrad von Bauhölzern derselben Sorte und Herkunft. Die erhaltenen N Zahlen y_i werden um den Mittelwert $y_m = \frac{1}{N} \Sigma y_i$ schwanken, derart, daß größere Abweichungen seltener als kleine auftreten. Man bezeichnet die Abweichungen vom Mittelwert mit $x_i = y_i - y_m$; den Bereich für x teilt man in gleich große Intervalle von einer geeigneten Breite dx ein, wobei $x = 0$ die Mitte eines Intervalles sein möge, und trägt in der Mitte eines jeden Intervalles als Ordinate die Anzahl dz_i der Messungen auf, die einen Wert in dem betrachteten Intervall (oder auf seinem rechten Rande) ergeben haben (Abb. 95). Dabei wird $\Sigma dz_i = N$.

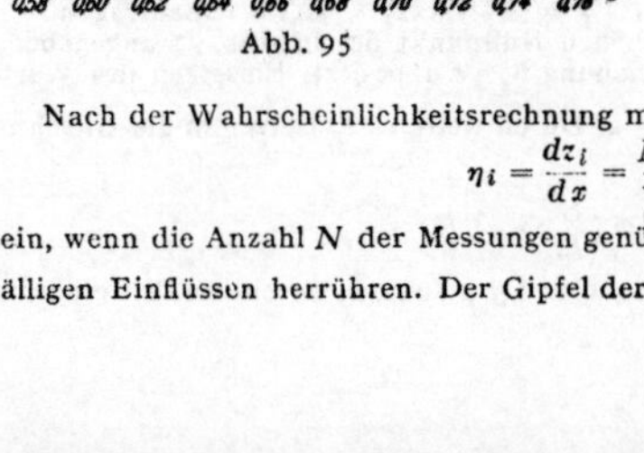

Abb. 95

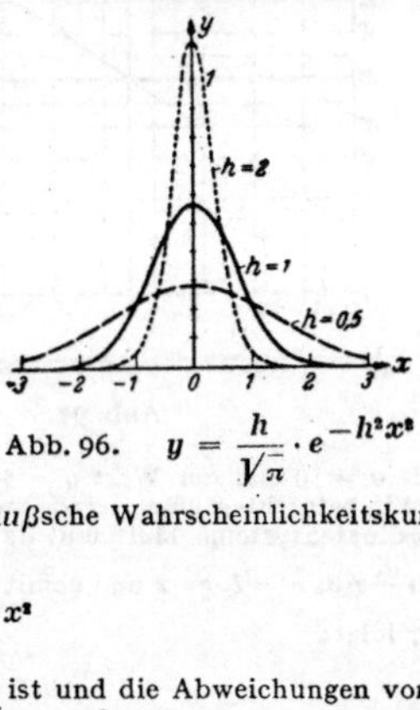

Abb. 96. $y = \frac{h}{\sqrt{\pi}} \cdot e^{-h^2 x^2}$

*Gauß*sche Wahrscheinlichkeitskurven

Nach der Wahrscheinlichkeitsrechnung muß:

$$\eta_i = \frac{dz_i}{dx} = \frac{Nh}{\sqrt{\pi}} \cdot e^{-h^2 x^2}$$

sein, wenn die Anzahl N der Messungen genügend groß ist und die Abweichungen von zufälligen Einflüssen herrühren. Der Gipfel der Kurven $\frac{h}{\sqrt{\pi}} \cdot e^{-h^2 x^2}$ wird um so spitzer, je größer die *Streuungszahl* h ist (Abb. 96); der Flächeninhalt zwischen den Kurven und der x-Achse ist stets gleich groß, da $\int_{-\infty}^{+\infty} \frac{h}{\sqrt{\pi}} e^{-h^2x^2} dx = 1$ wird. Bei großem h liegt somit die Mehrzahl der Messungen eng um den Mittelwert, während sie bei kleinem h stärker streuen; d. h. *eine Lieferung ist um so gleichmäßiger, je größer die zugehörige Streuungszahl h ist.* Der Wert $1/h$ wird daher als *Streuungsmaß* bezeichnet.

Um die Streuungszahl h bei einer gegebenen Verteilung zu bestimmen, benutzt man am einfachsten den Wert dz^* für $y = y_m$ oder $x = 0$. Da $dz^*/dx = Nh/\sqrt{\pi}$ wird, folgt $h = (\sqrt{\pi} \cdot dz^*) : (N \cdot dx)$. Man prüft nach, ob sich die zugehörige Streuungskurve der gegebenen Verteilung genügend anpaßt und ändert gegebenenfalls den Wert von h entsprechend ab.

Die Funktionen:

$$\varphi(v) = \frac{1}{\sqrt{\pi}} e^{-v^2} \quad \text{und:} \quad \Phi(v) = \frac{1}{\sqrt{\pi}} \int_{-v}^{+v} e^{-v^2} dv$$

sind auf S. 25 tabuliert (vgl. ferner S. 41). Die Anzahl Z derjenigen Stücke, die um höchstens $\pm \bar{x}$ vom Mittelwert abweichen, ist durch $Z = N \cdot \Phi(h\bar{x})$ gegeben. Der sog. Ausschuß, der außerhalb dieses Bereiches liegt, ist $N \cdot \{1 - \Phi(h\bar{x})\}$. Die Prozentzahl der brauchbaren Stücke beträgt $100 \cdot \Phi(h\bar{x})$.

Als *durchschnittlichen Fehler* d bezeichnet man den Wert:

$$d = 1/(h\sqrt{\pi}) = 0{,}564\,19/h.$$

Der *mittlere Fehler* m beträgt:

$$m = 1/(h\sqrt{2}) = 0{,}707\,11/h = 1{,}253\,31\,d;$$

in der englichen Literatur wird dieser Wert als *Standartabweichung* bezeichnet. Die beiden Wendepunkte einer *Gauß*schen Wahrscheinlichkeitskurve liegen an den Stellen $x = \pm m$. Die theoretische Untersuchung ergibt, *daß man als Klassenbreite dx etwa den Wert $m/3$ zu wählen hat.*

b) Gewöhnliches Wahrscheinlichkeitsnetz. Einen besonders einfachen Überblick über eine *Gauß*sche Streuung erhält man durch die Benutzung eines gewöhnlichen Wahrscheinlichkeitsnetzes, bei welchem die Integralkurven $\Phi(hx)$ zu einer geraden Linie gestreckt werden (Abb. 97).

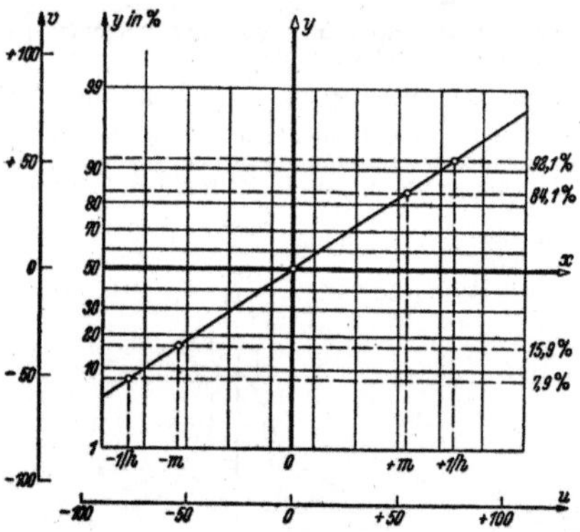

Abb. 97

Die Zahl x wird an der Stelle $u = l_x \cdot x$ mm abgetragen (gleichmäßige Skala). Auf der lotrechten Achse wird an die Stelle v mm die Zahl $y = 50 \cdot \left\{1 + \Phi\left(\frac{v}{l_y}\right)\right\}$ % geschrieben. Im besonderen steht an der Stelle $v = 0$ die Zahl 50%; dieser Punkt ist also die Nullstelle der v-Messung. Weiter wäre für $v = +\infty$ die Zahl $y = 50 \cdot \{1 + \Phi(\infty)\} = 100\%$ und für $v = -\infty$ die Zahl $y = 50 \cdot \{1 - \Phi(\infty)\} = 0\%$ einzutragen, so daß diese Zahlen nicht auf dem Wahrscheinlichkeitsnetz erscheinen können. Die Zwischenwerte der Skala lassen sich leicht berechnen, sobald man die Längeneinheit l_y gewählt hat; so ist z. B. für $l_y = 50$ mm an der Stelle $v = 50$ mm der Wert $y = 50 \cdot \{1 + \Phi(1)\} = 50 \cdot 1{,}8427 = 92{,}1\%$ einzutragen.

Wir betrachten eine Gerade, welche durch den Nullpunkt des in Abb. 97 angegebenen Koordinatensystems läuft und daher die Gleichung $v = cu$ besitzt. Einsetzen des Wertes für u ergibt $v = l_x c \cdot x$ und somit $\frac{v}{l_y} = \frac{l_x}{l_y} c \cdot x$. Durch weiteres Einsetzen in die Gleichung für y folgt:

$$y = 50 \cdot \left\{1 + \Phi\left(\frac{l_x}{l_y} c \cdot x\right)\right\};$$

hiermit ist die Zuordnung zwischen den Zahlen x und y gefunden, welche zu den einzelnen Punkten der betrachteten Geraden gehören.

Da wir die Schreibweise $\Phi(h\,x)$ benutzen, ist $h = \frac{l_x}{l_y} \cdot c$ zu setzen. Wenn wir $x = +1/h$ wählen, folgt $y = 50 \cdot \left\{1 + \Phi\left(h \cdot \frac{1}{h}\right)\right\} = 50 \cdot \{1 + \Phi(1)\} = 50 \cdot 1{,}8427 = 92{,}1\%$; entsprechend ergibt sich für $x = -1/h$ der Wert $y = 7{,}9\%$. Setzen wir $x = m = 1/(h\sqrt{2})$, so wird $y = 50 \cdot \{1 + \Phi(1/\sqrt{2})\} = 50 \cdot \{1 + \Phi(0{,}7071)\} = 50 \cdot 1{,}6824 = 84{,}1\%$; entsprechend ergibt sich für $x = -m$ der Wert $y = 15{,}9\%$.

Die praktische Durchführung der Berechnung verläuft folgendermaßen. Die gegebenen Anzahlen dz_i in den einzelnen Bereichen werden summiert und in Prozenten der Gesamtanzahl N ausgedrückt (vgl. das nebenstehende Beispiel). Diese Prozente werden in das gewöhnliche Wahrscheinlichkeitsnetz eingetragen, und zwar jeweils an den Stellen, bis zu denen die Summierung vorgenommen worden ist. Es handelt sich um eine *Gauß*sche Streuung, wenn die erhaltenen Punkte in genügender Annäherung auf einer geraden Linie liegen. Der Schnittpunkt der ausgleichenden Geraden mit der Linie $y = 50\%$ ergibt die Stelle des Mittelwertes. Der Wert $1/h$ wird nach Abb. 97 an dem Schnitt mit $y = 92{,}1\%$ (bzw. $7{,}9\%$), der mittlere Fehler $m = 1/(h\sqrt{2})$ an dem Schnitt mit $y = 84{,}1\%$ (bzw. $15{,}9\%$) abgelesen; bei dieser Bestimmungsweise ist also die Wahl der Längeneinheiten ohne Bedeutung. Es kommt darauf an, daß die ausgleichende Gerade die Meßpunkte möglichst gut in dem mittleren Bereich annähert, da die Fehler am Rande (d. h. für Prozentzahlen bei 0% bzw. bei 100%) durch die Art des Koordinatennetzes übertrieben stark vergrößert werden.

Intervall	dz_i	Summierung	%
10 – 15	2	2	1,0
15 – 20	8 ↙	— 10	5,0
20 – 25	28 ←	→ 38	19,0
25 – 30	63	101	50,5
30 – 35	60	161	80,5
35 – 40	31	192	96,0
40 – 45	7	199	99,5
45 – 50	1	200	100,0

c) Mischkurven. Die Entwicklung der Großzahl-Forschung hat gezeigt, daß die anfallenden Häufigkeitskurven vielfach Mischkurven aus mehreren *Gauß*schen Teilkollektiven sind; hierdurch kann z. B. statt einer gewöhnlichen Glockenkurve durch Überlagerung eine Kurve mit zwei ausgesprochenen Gipfeln entstehen. Es sind Verfahren entwickelt worden, durch welche diese Teilkollektive in einfacher Weise voneinander getrennt werden können.

d) Logarithmisches Wahrscheinlichkeitsnetz. In zahlreichen weiteren Fällen wachsen die Größen nicht in arithmetischer, sondern in geometrischer Progression, so daß nicht gleiche Differenzen, sondern gleiche Verhältnisse der Merkmalswerte maßgebend sind. In diesem Fall wird die Integralkurve zu einer geraden Linie gestreckt, wenn die waagrechte Achse logarithmisch eingeteilt wird; ein derartiges Papier bezeichnet man als logarithmisches Wahrscheinlichkeitsnetz. Im übrigen verläuft die praktische Durchführung in gleicher Weise wie bei dem gewöhnlichen Wahrscheinlichkeitsnetz.

e) Ausblick auf die neuere Statistik. Die statistische Qualitätskontrolle ist während des letzten Krieges in den USA weitgehend ausgebaut worden. Diese Arbeiten wurden in Großbritannien aufgegriffen und weiter gefördert, so daß sich die statistische Qualitätskontrolle in den englischsprechenden Ländern zu einem Tragpfeiler der modernen Betriebswissenschaft entwickelt hat. In Deutschland ist diese Entwicklung besonders durch Daeves (Leiter der Forschungsabteilung der Vereinigten Stahlwerke, Düsseldorf) in die Stahlindustrie hineingetragen worden; genau so spielen derartige Untersuchungen heutzutage z. B. bei textiltechnischen und biologischen Fragestellungen eine grundlegende Rolle.

Schrifttum zur Statistik. *v. Sanden:* Praktische Mathematik. Leipzig 1953, S. 69–84. — *Daeves:* Rationalisierung durch Großzahlforschung. Düsseldorf 1952. — *Linder:* Statistische Methoden für Naturwissenschaftler, Mediziner und Ingenieure, 2. Aufl. Basel 1951. — *Baranow:* Grundbegriffe moderner statistischer Methodik; I. Merkmalsverteilungen, II. Zeitliche und kausale Zusammenhänge. Stuttgart 1950. — *Koller:* Graphische Tafeln zur Beurteilung statistischer Zahlen. Leipzig 1943. — *Becker, Plant, Runge:* Anwendung der mathematischen Statistik auf Probleme der Massenfabrikation. Berlin 1927. Vgl. ferner die Lebensdauer der Holz- und Eisenschwellen (Abschn. *Eisenbahnwesen*).

V. Geometrische Fragestellungen

A. Elementare geometrische Lehrsätze

1. Sätze für das Dreieck

a) Kongruenzsätze. Zwei Dreiecke sind kongruent, wenn sie übereinstimmen:
1. Satz: in zwei Seiten und dem von ihnen eingeschlossenen Winkel,
2. Satz: in einer Seite und den beiden anliegenden Winkeln,
3. Satz: in den drei Seiten,
4. Satz: in zwei Seiten und demjenigen Winkel, welcher der *größeren* der beiden Seiten gegenüberliegt.

b) Ähnliche Figuren. Zwei Dreiecke sind ähnlich:
1. wenn zwei Seitenpaare proportional und die von ihnen eingeschlossenen Winkel gleich sind,
2. wenn zwei Winkel gleich sind,
3. wenn die drei Seitenpaare proportional sind,
4. wenn zwei Seitenpaare proportional und die Gegenwinkel des *größeren* Seitenpaares gleich sind.

Vielecke mit gleicher Seitenzahl heißen ähnlich, wenn entsprechende Winkel einander gleich und entsprechende Seitenpaare proportional sind. Zwei ähnliche Vielecke befinden sich in ähnlicher Lage, wenn die Verbindungslinien entsprechender Ecken durch einen einzigen Punkt P laufen; die Verbindungsstrecken von P nach einander entsprechenden Eckpunkten sind dann proportional.

c) Ausgezeichnete Punkte im Dreieck. Die 3 *Höhen*, die 3 *Winkelhalbierenden*, die 3 *Mittelsenkrechten* und die 3 *Seitenhalbierenden* eines Dreiecks schneiden sich in je einem Punkte. Zwei Höhen eines Dreiecks verhalten sich umgekehrt wie die Seiten, auf denen sie senkrecht stehen:

$$h_a : h_b : h_c = \frac{1}{a} : \frac{1}{b} : \frac{1}{c} = bc : ca : ab.$$

Die Winkelhalbierende teilt die Gegenseite im Verhältnis der Anseiten.

Der Schnittpunkt der Winkelhalbierenden ist der Mittelpunkt des *einbeschriebenen Kreises*; der Schnittpunkt der Mittelsenkrechten ist der Mittelpunkt des *umbeschriebenen Kreises*. Der Schnittpunkt der Seitenhalbierenden ist der *Schwerpunkt* des Dreiecks; er teilt jede Seitenhalbierende in Abschnitte vom Verhältnis 1 : 2, wobei der größere Abschnitt an den zugehörigen Eckpunkt grenzt.

Der Höhenschnittpunkt H, der Schwerpunkt S und der Umkreismittelpunkt O liegen auf einer geraden Linie, wobei $HS = 2\,SO$ ist. Die 3 Fußpunkte der Höhen, die 3 Halbierungspunkte der Seiten und die 3 Halbierungspunkte der oberen Höhenabschnitte liegen auf einem Kreis (*Feuerbach*scher *Kreis*).

d) Pythagoräischer Lehrsatz. Im rechtwinkligen Dreieck (Abb. 98) ist $a^2 + b^2 = c^2$.
Ferner wird
$a^2 = cp, \quad b^2 = cq, \quad h^2 = pq.$
Durch
$$a = u^2 - v^2,\quad b = 2uv,\quad c = u^2 + v^2 \quad (u > v)$$
erhält man *rationale rechtwinklige Dreiecke* (vgl. die nebenstehende Tabelle).

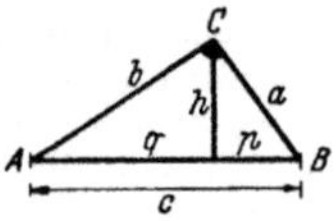

Abb. 98

u	v	a	b	c
2	1	3	4	5
3	1	8	6	10
3	2	5	12	13
4	1	15	8	17
4	2	12	16	20
4	3	7	24	25

Im schiefwinkligen Dreieck ist $c^2 = a^2 + b^2 \mp 2bq$, wobei in diesem Fall q die Projektion von a auf b bedeutet; es gilt das negative oder positive Vorzeichen, je nachdem $\gamma < 90°$ oder $> 90°$ ist (vgl. S. 199, Cosinussatz).

2. Sätze für den Kreis

a) Peripheriewinkel und Zentriwinkel. Der Peripheriewinkel (Umfangswinkel) ist gleich der Hälfte des Zentriwinkels (Mittelpunktswinkel) (Abb. 99, $\beta = 180° - \alpha$). Alle Peripheriewinkel über derselben Sehne sind einander gleich. *Satz des Thales:* Der Peripheriewinkel über einem Durchmesser ist 90°.

b) Sekantensatz; Goldener Schnitt. *Sekantensatz:* In Abb. 100 wird $SS_1 \cdot SS_2 = SS_1' \cdot SS_2' = ST^2$; den Wert dieses Ausdrucks bezeichnet man als die *Potenz* des Punktes S in bezug auf den betrachteten Kreis. Abb. 101 gibt die Konstruktion des *Goldenen Schnittes* an: es wird $a : x = x : (a - x)$, wobei a den Durchmesser des Kreises bedeutet. Ein Rechteck wirkt besonders gefällig auf das Auge, wenn seine Seiten entsprechend dem Goldenen Schnitt gewählt werden; die DIN-Formate $A_1, A_2, \ldots$ für Papiere entsprechen dieser Bedingung.

c) Sehnenviereck und Tangentenviereck. Im Sehnenviereck ist die Summe zweier Gegenwinkel gleich 180°; umgekehrt ist ein Viereck stets ein Sehnenviereck, wenn die Summe zweier Gegenwinkel 180° beträgt. *Satz des Ptolemäus:* Im Sehnenviereck ist $d_1 d_2 = a c + b d$ (a und c, sowie b und d Gegenseiten des Vierecks; d_1, d_2 Diagonalen).

Im Tangentenviereck ist die Summe zweier Gegenseiten gleich der Summe der beiden andern Gegenseiten; umgekehrt ist ein Viereck stets ein Tangentenviereck, wenn die angegebene Bedingung erfüllt ist.

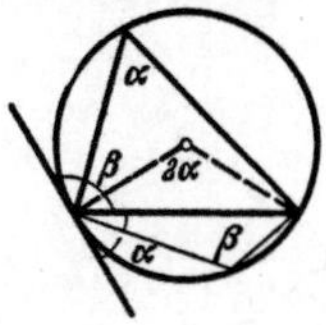

Abb. 99

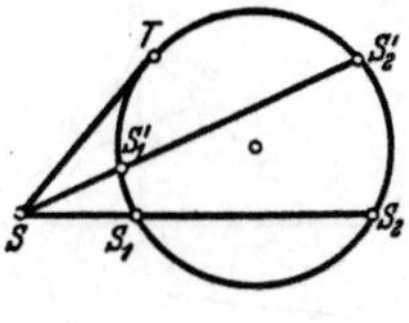

Abb. 100

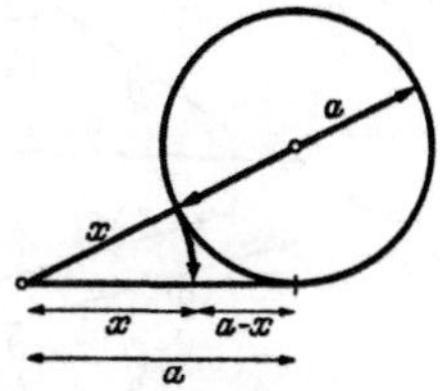

Abb. 101

d) Sehnensechseck und Tangentensechseck. *Satz von Peaskal:* Die 3 Schnittpunkte je zweier Gegenseiten eines Sehnensechsecks liegen in einer Geraden. *Satz von Brianchon:* Die 3 Verbindungsgeraden je zweier Gegenecken eines Tangentensechsecks schneiden sich in einem Punkte. Beide Sätze gelten in gleicher Weise auch für Ellipse, Parabel und Hyperbel.

e) Kreispolaren. Wenn man von einem Punkt P, der im Äußern eines Kreises liegt, die beiden Tangenten an den Kreis legt, wird die Verbindungsgerade der zugehörigen Berührungspunkte als die *Polare des Punktes P in bezug auf den gegebenen Kreis* bezeichnet; umgekehrt heißt P der *Pol* der betrachteten Polaren. Wenn der Punkt Q auf der Polaren von P liegt, liegt auch der Punkt P auf der Polaren von Q. Wenn der Pol auf einer geraden Linie wandert, dreht sich die Polare um einen festen Punkt, welcher zugleich der Pol der betrachteten Geraden ist. Der letzte Satz gilt zunächst nur unter der Voraussetzung, daß der Pol im Äußern des Kreises liegt; man benutzt die Verallgemeinerung des Satzes, um auch die Polare eines im Kreisinnern liegenden Poles zu definieren. Die Polare eines Kreispunktes ist stets die Tangente in diesem Punkt. Der Kreismittelpunkt hat die unendlich ferne Gerade der Ebene (S. 143) zur Polaren. Somit wird durch die *Polarverwandtschaft in bezug auf einen gegebenen Kreis* jedem Punkte der Ebene eine Polare und umgekehrt jeder Geraden der Ebene ein Pol zugeordnet. Alle diese Sätze gelten in gleicher Weise auch für Ellipse, Parabel und Hyperbel (vgl. die analytische Festlegung der Polaren auf S. 144).

f) Ähnlichkeitspunkte. Die beiden äußern Tangenten zweier auseinander liegender Kreise schneiden sich in dem *äußern Ähnlichkeitspunkt*, die beiden innern Tangenten in dem *innern Ähnlichkeitspunkt* der beiden Kreise. Beide Ähnlichkeitspunkte liegen auf der Verbindungsgeraden der Kreismittelpunkte (*Zentrale*).

Ein Strahl möge von einem Ähnlichkeitspunkt ausgehen und beide Kreise schneiden; dann sind die zu den Schnittpunkten laufenden Radien der beiden Kreise paarweise zueinander parallel; sie sind bei dem äußern Ähnlichkeitspunkt gleich gerichtet, bei dem innern Ähnlichkeitspunkt entgegengesetzt gerichtet. Auf diese Weise kann man die Ähnlichkeitspunkte zweier ineinanderliegender Kreise bzw. zweier sich schneidender Kreise konstruieren.

Satz von Monge: Die drei äußern Ähnlichkeitspunkte dreier Kreise und ebenso je zwei innere und ein äußerer Ähnlichkeitspunkt liegen auf je einer Geraden. Diese 4 Geraden heißen die Ähnlichkeitsachsen der 3 Kreise.

B. Darstellende Geometrie

Die darstellende Geometrie ist keine Sammlung von Lehrsätzen, die man „auswendig lernen" kann. Es kommt vielmehr darauf an, *die räumlichen Verhältnisse anschaulich zu übersehen*, da dann die meisten Konstruktionen selbstverständlich werden. Diese Schulung des räumlichen Vorstellungsvermögens ist für den Bauingenieur unerläßlich, da der Arbeitsbereich seines Berufes stets der uns umgebende Raum ist; das Denken in einer Ebene stellt nur eine menschliche Abstraktion dar, die wir zur Vereinfachung der Verhältnisse vornehmen.

1. Aufgaben für Punkte, Geraden und Ebenen

a) Abstand zweier Punkte und Steigungswinkel einer Geraden. Der Abstand l zweier Punkte P_1 und P_2, die in Grund- und Aufriß gegeben sind, wird bestimmt, indem man einen neuen Aufriß parallel zum Grundriß der Verbindungsgeraden einführt, in welchem die gesuchte Länge in wahrer Größe erscheint (Abb. 102). In gleicher Weise wird der *Steigungswinkel σ einer geraden Linie* gefunden (Abb. 102).

b) Grundrißspur und Steigungswinkel einer Ebene. Durch drei Punkte ist eine Ebene bestimmt. Die *Grundrißspur der Ebene* (d. h. die Gerade, in welcher die Ebene den Grundriß durchdringt) ergibt sich, indem man durch je zwei der gegebenen Punkte eine Gerade legt und die Spurpunkte dieser Geraden im Grundriß aufsucht (Abb. 103). Um den *Steigungswinkel σ der Ebene* zu finden, führt man einen neuen Aufriß senkrecht zur Spurgeraden ein, in welchem die Ebene als gerade Linie erscheint (*angepaßter Aufriß*, Abb. 103).

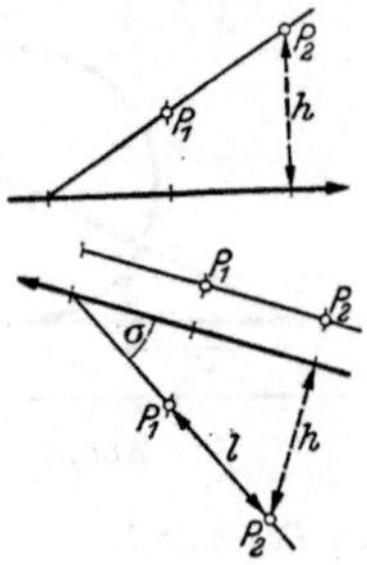

Abb. 102

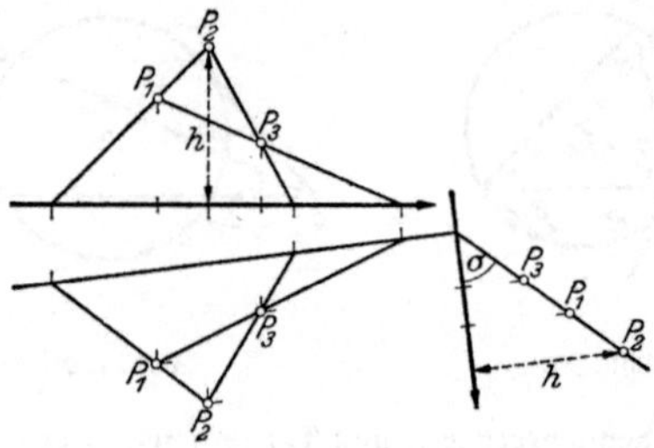

Abb. 103

c) Schnittgerade und Winkel zweier Ebenen. Die *Schnittgerade zweier Ebenen* erhält man, indem man einmal die Grundrißspuren und ferner zwei Linien gleicher Höhe auf den beiden Ebenen zum Schnitt bringt (Abb. 104). Der *Winkel zwischen zwei Ebenen* wird in einer Meßebene m gemessen, die senkrecht zur Schnittgeraden der beiden Ebenen steht. In Abb. 104 sind beide Ebenen durch Grundrißspur ($O\,P_1$ bzw. $O\,P_2$) und Steigungswinkel (α bzw. β) gegeben. Man bestimmt die Schnittgerade g im Grundriß und führt einen neuen Aufriß parallel zum Grundriß der Schnittgeraden ein, in welchem die Meßebene m als Gerade erscheint, die senkrecht zur Ansicht der Schnittgeraden g steht. Das in der Meßebene liegende schräge Dreieck $P_1\,P_2\,P$ wird um die Drehachse $P_1\,P_2$ in den Grundriß geklappt, wobei P in P' übergeht und der gesuchte Winkel als $P_1\,P'\,P_2$ erscheint. Entsprechende Klappungen wendet man an, um die *wahre Größe eines schräg im Raume liegenden Ebenenstückes* zu ermitteln.

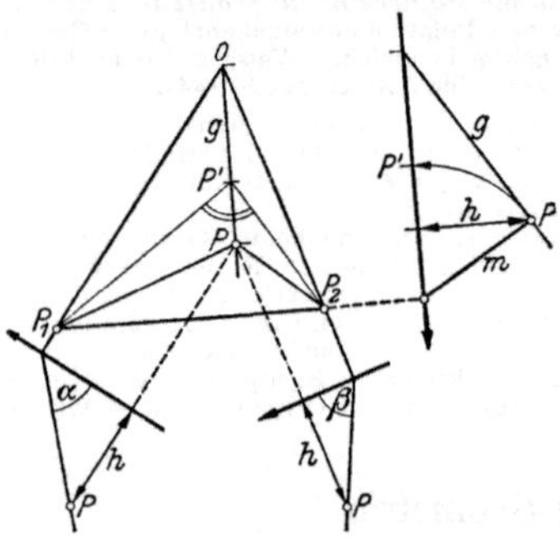

Abb. 104

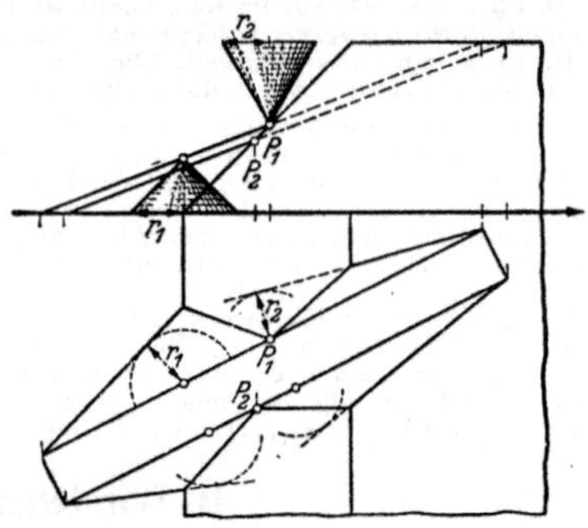

Abb. 105

d) Durchstoßpunkt einer Geraden durch eine Ebene. Den *Durchstoßpunkt einer Geraden durch eine Ebene* findet man, indem man einen neuen (angepaßten) Aufriß senkrecht zur Grundrißspur der Ebene einführt, in welchem sich die Ebene als Gerade abbildet. Eine *Gerade, senkrecht zu einer Ebene*, erscheint in dem der Ebene angepaßten Aufriß senkrecht zu der Geraden, welche die Ebene darstellt; ferner verläuft der Grundriß der Geraden senkrecht zu der Spurlinie der Ebene.

e) Böschungsaufgaben. Es soll ein Weg auf einen Abhang geführt werden, dessen Profil der Aufriß in Abb. 105 zeigt. Der Steigungswinkel der Aufböschebenen soll 45°, derjenige der Einböschebenen 60° betragen. Bei den Punkten P_1 und P_2 endet die Aufböschung, und die Einböschung beginnt. Man zeichnet in einem beliebigen Punkte der Wegkante einen *Böschungskegel* mit $2 \cdot 45°$ Öffnungswinkel (Spitze nach oben). Die Spurlinie der Aufböschung muß den Grundkreis dieses Kegels berühren und ferner durch den Spurpunkt der Wegkante in dem Grundriß gehen. Bei der Einböschung hat der Kegel $2 \cdot 30°$ Öffnungswinkel und steht mit der Spitze nach unten; der Grundkreis wird durch die obere Horizontalebene des Berges ausgeschnitten.

2. Das Zeichnen von Ellipse, Parabel und Hyperbel

a) Ellipse. Die Ellipse wird als Grundrißprojektion eines schräg im Raume liegenden Kreises definiert. Wenn die Halbachsen a und b der Ellipse nach Größe und Lage bekannt sind, kann man die einzelnen *Ellipsenpunkte und -tangenten* nach Abb. 106 konstruieren. Die Gleichung der Ellipse in dem dort angegebenen Koordinatensystem lautet $x = a\cos\varphi$, $y = b\sin\varphi$ oder $\frac{x^2}{a^2} + \frac{y^2}{b^2} = 1$.

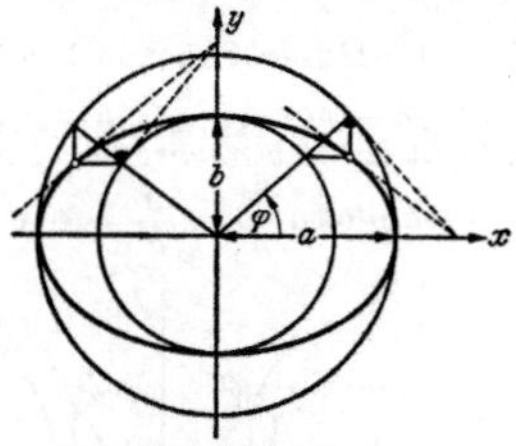

Abb. 106

Zum Zeichnen der Ellipse benutzt man die *Krümmungskreise in den Scheiteln*; die Mittelpunkte werden nach Abb. 107 konstruiert; statt dessen kann man auch die Radien aus $\varrho_1 = a^2 : b$, $\varrho_2 = b^2 : a$ berechnen; das Stück zwischen den Krümmungskreisen wird mit dem Kurvenlineal ausgezogen (Krümmungskreise nicht zu weit benutzen!).

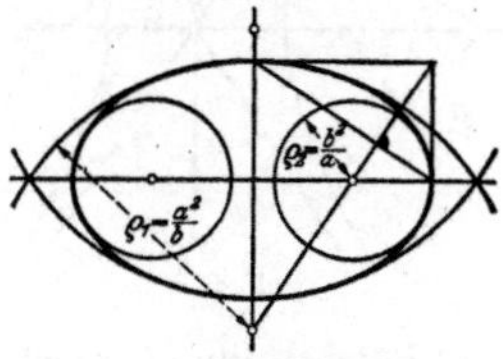
Abb. 107

Wenn die Enden eines Papierstreifens von gegebener Länge $a + b$ auf zwei senkrecht zueinander stehenden Geraden gleiten (Abb. 108), beschreibt der Punkt P eine Ellipse mit den Halbachsen a und b (*Papierstreifenkonstruktion*). Daraus folgt: Wenn von einer Ellipse eine Achse nach Größe und Lage bekannt und außerdem ein weiterer Ellipsenpunkt P gegeben ist, findet man die Größe der anderen Achse durch einen Zirkelschlag um P mit dem Radius der gegebenen Achse und Ziehen der zugehörigen Verbindungslinie (Abb. 108).

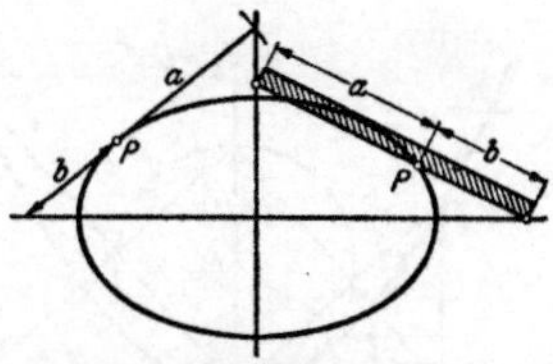

Abb. 108

Die *Brennpunkte* einer Ellipse liegen auf der großen Achse und haben den Abstand $\sqrt{a^2 - b^2}$ vom Mittelpunkt. Die Summe $PF_1 + PF_2$ der Abstände eines Ellipsenpunktes P von den beiden Brennpunkten ist konstant, und zwar gleich 2a (Abb. 109); hieraus folgt die bekannte *Fadenkonstruktion* der Ellipse. Die Halbierungslinie des Winkels zwischen den Brennstrahlen PF_1 und PF_2 steht auf der Ellipsentangente in P senkrecht.

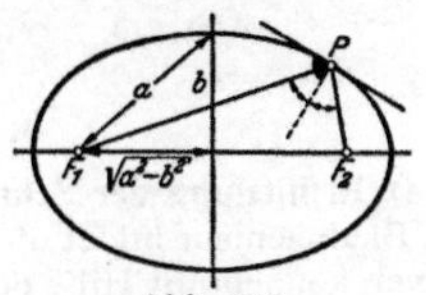

Abb. 109

Zwei Durchmesser des Ausgangskreises, die aufeinander senkrecht stehen, ergeben bei der Projektion in den Grundriß zwei zueinander *konjugierte Durchmesser* der Ellipse. Die Tangenten in den Endpunkten eines Durchmessers sind parallel zu dem zugehörigen konjugierten Durchmesser (Abb. 110); die zu zwei konjugierten Durchmessern gehörigen Tangenten bilden ein der Ellipse umbeschriebenes Parallelogramm (das häufig zum freihändigen Skizzieren der Ellipse benutzt wird). Wenn zwei konjugierte Durchmesser OP und OQ der Ellipse bekannt sind, findet man die Achsen nach Abb. 111: Es wird ein Durchmesser, etwa OP, um 90° nach OP' geklappt und um den Mittelpunkt M von QP' ein Kreis durch O geschlagen; dann gehen die Achsen der Ellipse durch R_1 und R_2; es wird $a = R_1P' = R_2Q$ und $b = R_1Q = R_2P'$.

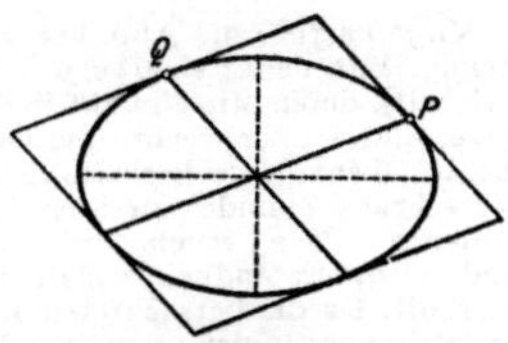

Abb. 110

Der Schnitt eines senkrecht stehenden Kreiszylinders mit einer schrägen Ebene ergibt als Schnittkurve eine Ellipse. Die senkrechte Grundrißprojektion einer schräg im Raume liegenden Ellipse ergibt wieder eine Ellipse (oder im besonderen einen Kreis); dabei gehen konjugierte Durchmesser der Ausgangsellipse in konjugierte Durchmesser der neuen Ellipse über.

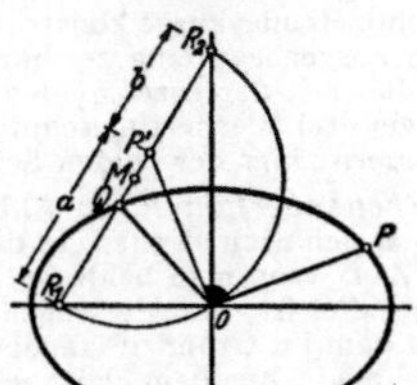

Abb. 111

b) Hyperbel. Die Schnittkurve eines Kreiskegels mit einer Ebene (die nicht durch die Spitze des Kegels geht) ist je nach der Lage der Ebene eine Ellipse, eine Parabel oder eine Hyperbel; bei der Parabel muß die Schnittebene parallel zu einer Erzeugenden des Kegels sein.

Die *Hyperbel* hat in dem Koordinatensystem der Abb. 112 die Gleichung $\frac{x^2}{a^2} - \frac{y^2}{b^2} = 1$ oder $x = a \operatorname{Cosh} \varphi$, $y = b \operatorname{Sinh} \varphi$. Die Länge der *Hauptachse* ist $2a$; die zweite Symmetrielinie heißt die *Nebenachse*. Mit zunehmendem x nähert sich die Hyperbel beliebig ihren beiden *Asymptoten* $\frac{x^2}{a^2} - \frac{y^2}{b^2} = 0$ oder $\frac{x}{a} = \pm \frac{y}{b}$; es wird somit $SQ = b$. Die *Krümmungskreise in den Scheiteln* haben den Radius $\varrho = b^2 : a$; zur Konstruktion des Mittelpunktes errichtet man in Q die Senkrechte auf der Asymptote. Die *Brennpunkte* liegen auf der Hauptachse im Abstand $\sqrt{a^2 + b^2}$ vom Mittelpunkt; sie werden gefunden, indem man um O einen Kreis mit dem Radius OQ schlägt. Die Differenz $PF_1 - PF_2$ der Abstände eines Hyperbelpunktes F von den beiden Brennpunkten ist für jeden Ast konstant; sie beträgt für den rechten Ast $2a$, für den linken $-2a$. Die Halbierungslinie des Winkels zwischen den beiden Brennstrahlen PF_1 und PF_2 bildet eine Hyperbeltangente.

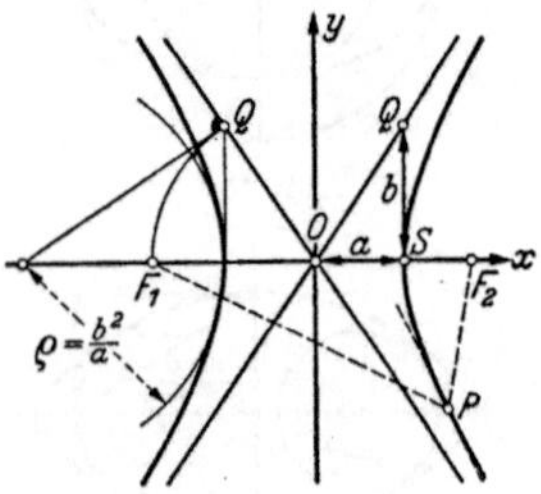

Abb. 112

Eine schräg im Raum liegende Hyperbel ergibt bei senkrechter Grundrißprojektion wieder eine Hyperbel. Die Asymptoten der Ausgangshyperbel bilden sich dabei als Asymptoten der neuen Hyperbel ab.

c) Parabel. Eine Parabel ist als Schnitt eines Kreiskegels mit einer Ebene definiert, welche parallel zu einer Erzeugenden des Kegels ist (vgl. S. 115).

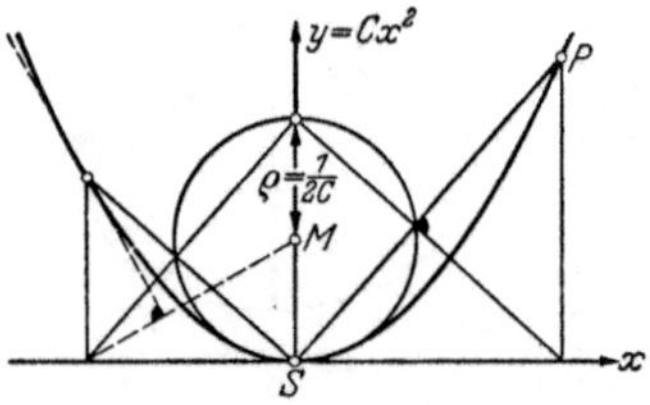

Abb. 113

Wenn von einer Parabel der Scheitel S die Scheiteltangente und ein weiterer Punkt P bekannt sind, wird zunächst nach Abb. 113 der *Krümmungskreis in dem Scheitel* konstruiert; der Radius ist $\varrho = 1/(2C)$, wenn $y = Cx^2$ die Gleichung der Parabel ist. Weitere Punkte der Parabel werden gefunden, indem man die Konstruktion rückwärts anwendet. Auch die Parabeltangenten lassen sich nach Abb. 113 leicht konstruieren (M = Mittelpunkt des Krümmungskreises).

Eine schräg im Raume liegende Parabel ergibt bei senkrechter Grundrißprojektion wieder eine Parabel.

3. Die Behandlung der Flächen

a) Ermittlung der Schnittkurve zweier Flächen. Das wichtigste Beispiel für den Bauingenieur bildet die Durchdringung zweier Rohre. Die zugehörigen Schnittkurven können mit Hilfe des Kugelverfahrens bzw. des Ebenenverfahrens ermittelt werden.

Kugelverfahren. Abb. 114 zeigt die Durchdringung zweier Rohre, deren Achsen sich treffen. Man denkt sich beide Zylinder durch eine *Hilfskugel* geschnitten (in Abb. 114 gestrichelt), deren Mittelpunkt in dem Schnittpunkt der beiden Zylinderachsen liegt. Die Hilfskugel und der senkrechte Zylinder schneiden sich in zwei Kreisen, die im Aufriß als waagrechte (ebenfalls gestrichelte) gerade Linien erscheinen; genau so haben die Hilfskugel und der schräge Zylinder zwei Kreise gemeinsam, die sich im Aufriß als (gestrichelte) gerade Linien abbilden, welche senkrecht zur schrägen Zylinderachse verlaufen; beide Aussagen sind selbstverständlich, sobald man sich die Hilfskugel und die beiden Zylinder räumlich vorstellt. Da die betrachteten Kreise auf der Hilfskugel liegen, müssen ihre Schnittpunkte zugleich Punkte der gesuchten Durchdringungskurve der beiden Zylinder sein. Durch Veränderung des Radius der Hilfskugel lassen sich auf diese Weise beliebig viele Punkte der Durchdringungskurve konstruieren; die größte und kleinste brauchbare Kugel sind in Abb. 114 dünn ausgezogen eingezeichnet. Anschließend kann man leicht die beiden Zylindermäntel zugleich mit der gezeichneten Schnittkurve abwickeln; diese Konstruktionszeichnung gibt an, wie drei Bleche zugeschnitten werden müssen, damit sie nach dem Zusammenbiegen zu Zylindern längs der beiden Schnittkurven aneinanderpassen.

Ebenenverfahren. In Abb. 115 ist die Durchdringung zweier Rohre gezeichnet, deren Achsen sich nicht treffen. In diesem Fall versagt das Kugelverfahren. Wohl aber kommt man zum Ziel, wenn man beide Zylinder durch eine lotrechte *Hilfsebene* schneidet, die zum Aufriß parallel ist, und die zugehörigen Schnittgeraden im Aufriß einzeichnet (die Höhe h ist dabei dem im Grundriß angebrachten umgeklappten Querschnitt des schrägen Zylinders zu entnehmen). Aus dem gleichen Grunde wie eben müssen die Schnittpunkte der so erhaltenen geraden Linien Punkte der gesuchten Durchdringungskurve der beiden Zylinder sein. Die Hilfsebene wird nacheinander in verschiedener Entfernung von der Aufrißebene angenommen, wodurch sich beliebig viele Punkte der Durchdringungskurve konstruieren lassen. In Abb. 115

ist der schräge Zylinder als Durchbohrung des senkrechten Zylinders aufgefaßt, damit man die Schnittkurve in ihrem ganzen Verlauf übersehen kann. Man beachte, daß in den Punkten 1, 3, 4, 6, 8, 9, 11 auch die Tangenten der zu zeichnenden Kurve bekannt sind.

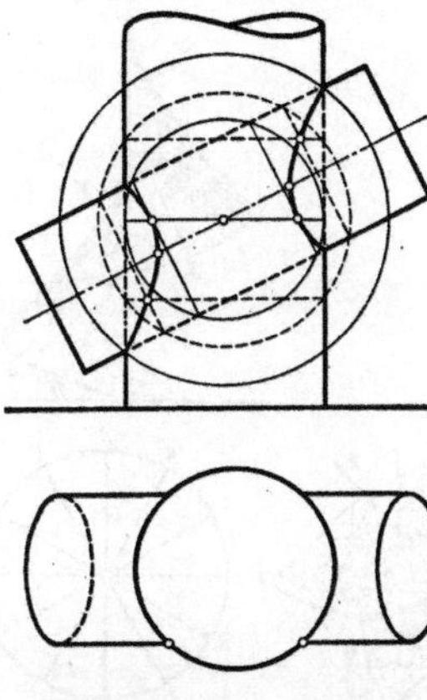

Abb. 114. Kugelverfahren

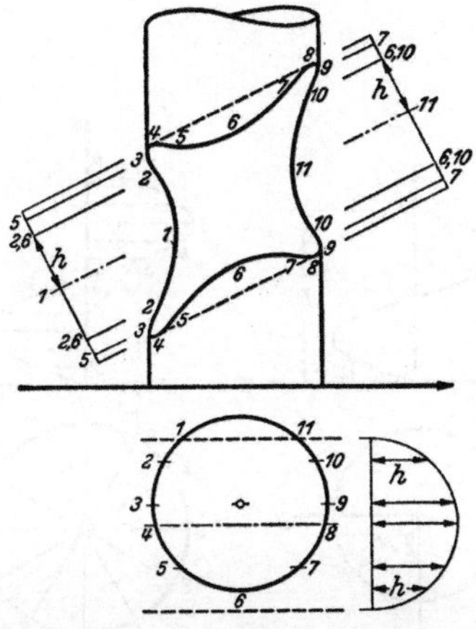

Abb. 115. Ebenenverfahren

Wenn beide Zylinder gleichen Durchmesser haben und sich außerdem ihre Achsen treffen, artet die Ansicht der Schnittkurve im Aufriß in zwei sich kreuzende gerade Linien aus, so daß die Durchdringung aus zwei sich schneidenden Ellipsen besteht. Abb. 116 zeigt zwei derartige Rohre von gleichem Durchmesser, die längs einer Ellipse aneinander ansetzen.

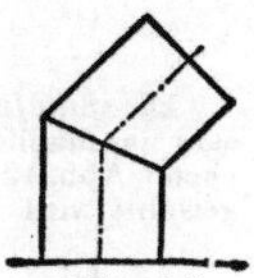

Abb. 116

Das allgemeine Prinzip zur Ermittlung der Schnittkurve zweier Flächen besteht darin, daß man eine Schar von geeigneten Hilfsflächen sucht, deren Schnittkurven mit den beiden gegebenen Flächen sich leicht konstruieren lassen; die Treffpunkte der so erhaltenen Schnittkurven sind zugleich Punkte der gesuchten Durchdringungskurve. Das Kugelverfahren führt stets zum Ziel, wenn es sich um zwei Rotationsflächen handelt, deren Achsen sich schneiden.

b) Umrißlinien einer Fläche. Bei vielen Flächen müssen die Umrißlinien durch eine besondere Konstruktion ermittelt werden. Der in Abb. 117 gezeichnete Kreisring läßt sich erzeugen, indem der Mittelpunkt einer Kugel auf einem Kreise verschoben wird, der in Abb. 117 als gestrichelte Ellipse erscheint. Die Umrißlinie des Kreisrings ergibt sich, indem die Einhüllende der Kreisschar gezeichnet wird, welche die verschiedenen Kugellagen darstellt. Bei der angenommenen Lage des Kreisrings ergeben sich im Innern zwei dreiecksähnliche Zwickel, von denen nur der ausgezogene Teil sichtbar ist. Analytisch bilden beide Teile der Umrißlinie zusammen eine algebraische Kurve der achten Ordnung (S. 30).

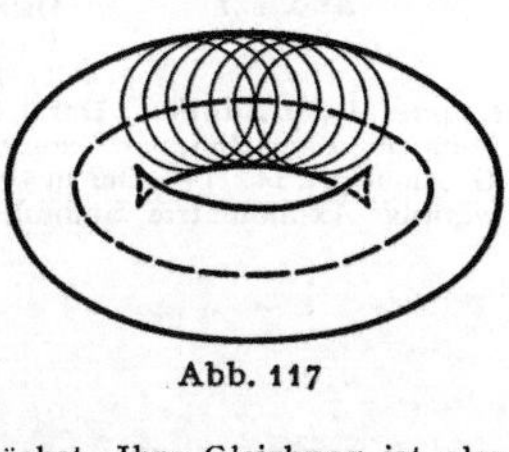

Abb. 117

c) Schraubenlinien und Schraubenflächen. Eine *Schraubenlinie* wird erzeugt, wenn ein Punkt im Grundriß auf einem Kreise wandert und gleichzeitig die Höhe z proportional der Länge des zurückgelegten Kreisbogens wächst. Ihre Gleichung ist also $x = r\cos\varphi$, $y = r\sin\varphi$, $z = c\cdot\varphi$ (Abb. 118). Die *Ganghöhe* h der Schraubenlinie ergibt sich für $\varphi = 2\pi$; also wird $h = c\cdot 2\pi$ oder $c = h : (2\pi)$. Die Krümmungskreise in den Scheiteln der Aufrißkurve haben den Radius $\varrho = h^2 : (4\pi^2 r)$.

Abb. 119 zeigt drei Ansichten einer *geraden Schraubenfläche* (von oben, von der Seite und schräg); die Fläche entsteht, wenn eine gerade Linie die z-Achse senkrecht trifft und um diese Achse in die Höhe geschraubt wird. Die zugehörige Gleichung ist dieselbe wie die einer Schraubenlinie (vgl. oben), nur ist jetzt außer φ auch noch r als veränderlicher Parameter anzusehen. Abb. 120 zeigt eine *schiefe Schraubenfläche,* bei welcher sich die erzeugende Gerade schräg mit der z-Achse schneidet. In beiden Abb. ist nur derjenige Teil der Fläche

gezeichnet, der durch die Schraubung einer von der Achse ausgehenden Strecke entsteht. Die äußere Randkurve ist eine Schraubenlinie; außerdem tritt an den durch einen Pfeil gekennzeichneten Stellen eine Umrißlinie auf, welche als Einhüllende der erzeugenden Geraden konstruiert wird.

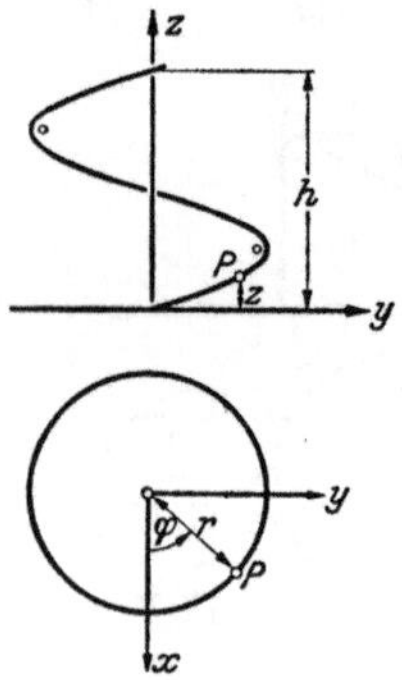

Abb. 118
Schraubenlinie

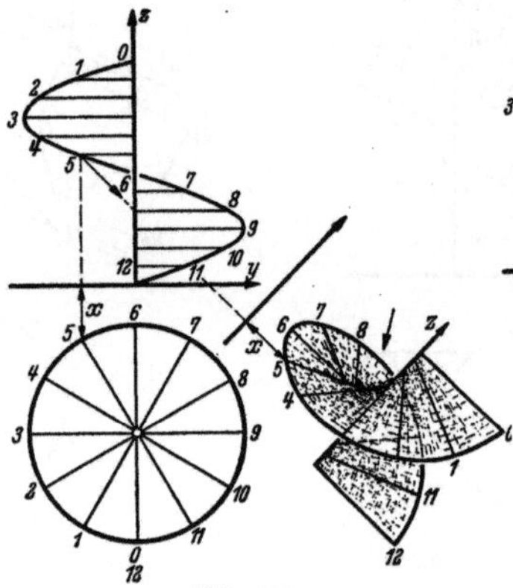

Abb. 119
Gerade Schraubenfläche

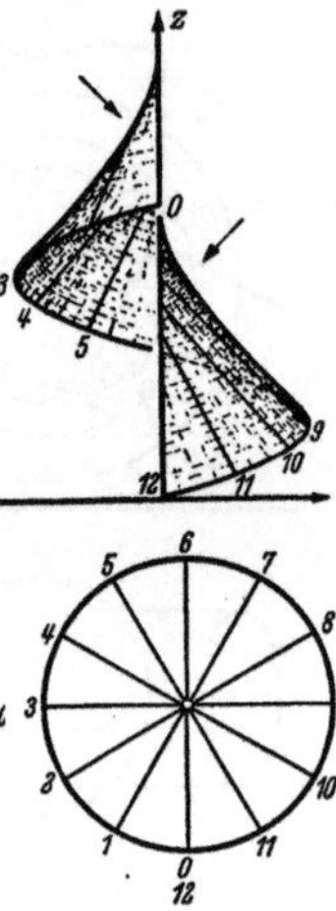

Abb. 120
Schiefe Schraubenfläche

4. Die schiefe Axonometrie

Die *schiefe Axonometrie* gibt verzerrte Ansichten, die aber leicht herzustellen sind und sehr anschaulich wirken können. Man stellt die rechtwinkligen Koordinaten x, y, z entsprechend Abb. 121 dar, wobei die Längeneinheit auf der nach vorn weisenden Achse verkürzt gewählt wird. Der darzustellende Körper wird punktweise durch seine Koordinaten übertragen, wobei alle zur y-z-Ebene parallelen Ebenen in wahrer Größe erscheinen (vgl. z. B. Abschn. *Massivbau*). Die *senkrechte Axonometrie*, die unverzerrte Bilder gibt, aber schwieriger herzustellen ist, wird heutzutage in der Technik weniger angewandt. Bei der Darstellung von Kugeln ist jedoch die schiefe Axonometrie unzweckmäßig, da hierbei die Umrißlinie der Kugel als Ellipse erscheinen würde; in diesem Fall ist eine unverzerrte Ansicht vorzuziehen (vgl. z. B. Abb. 123). Auf die Lehre von der *Perspektive* kann im Rahmen des Taschenbuchs nicht eingegangen werden.

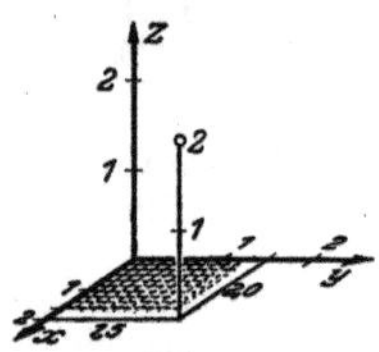

Abb. 121

Die Entwicklung der darstellenden Geometrie als selbständiger Disziplin erfolgte um 1800 durch *Monge* (Organisator der École Polytechnique in Paris, die in vielen Punkten Vorbild der späteren Technischen Hochschulen wurde). *Literatur zur darstellenden Geometrie. v. Sanden:* Darstellende Geometrie, Leipzig 1951. *Müller* und *Kruppa:* Lehrbuch der darstellenden Geometrie, Wien 1948. *Haußner:* Darstellende Geometrie, Samml. Göschen Bd. 142/143, Berlin 1947. *Vonderlin:* Parallelperspektive, rechtwinklige und schiefwinklige Axonometrie, Samml. Göschen Bd. 200, Berlin 1945.

C. Trigonometrie

1. Ebene Trigonometrie

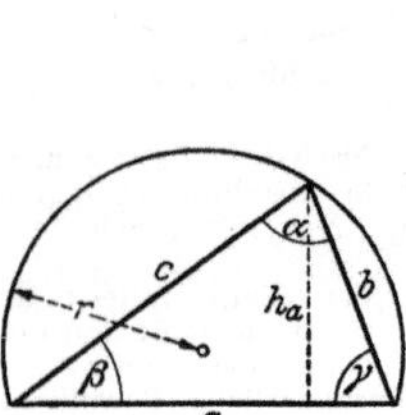

Abb. 122

a) Dreiecksformeln. Die folgenden Beziehungen gelten für ein beliebiges Dreieck mit geradlinigen Seiten. Infolgedessen lassen sich die Seitenlängen a, b, c und die zugehörigen Winkel α, β, γ in allen Formeln zyklisch vertauschen. Es bedeutet r den Radius des umbeschriebenen Kreises und $s = \frac{1}{2}(a + b + c)$ die halbe Summe der drei Seiten; h_a, h_b, h_c sind die drei Höhen (Abb. 122).

Winkelsumme	$\alpha + \beta + \gamma = 2R$ $\sin(\alpha + \beta) = \sin\gamma \qquad \cos(\alpha + \beta) = -\cos\gamma$ $\sin\frac{1}{2}(\alpha + \beta) = \cos\frac{\gamma}{2} \qquad \cos\frac{1}{2}(\alpha + \beta) = \sin\frac{\gamma}{2}$
Sinussatz	$\frac{a}{\sin\alpha} = \frac{b}{\sin\beta} = \frac{c}{\sin\gamma} = 2r$
Höhenformeln	$h_a = b\sin\gamma = c\sin\beta$
Projektionssatz	$a = b\cos\gamma + c\cos\beta$
Cosinussatz	$a^2 = b^2 + c^2 - 2bc\cdot\cos\alpha$ $= (b + c)^2 - 4bc\cdot\cos^2\frac{\alpha}{2} = (b - c)^2 + 4bc\cdot\sin^2\frac{\alpha}{2}$
*Neper*sche Gleichungen	$(a + b):(a - b) = \operatorname{tg}\frac{1}{2}(\alpha + \beta):\operatorname{tg}\frac{1}{2}(\alpha - \beta)$
*Mollweide*sche Gleichungen	$(b + c)\cdot\sin\frac{\alpha}{2} = a\cdot\cos\frac{1}{2}(\beta - \gamma);$ $(b - c)\cdot\cos\frac{\alpha}{2} = a\cdot\sin\frac{1}{2}(\beta - \gamma).$
Winkel, ausgedrückt durch die Seiten	$\sin\frac{\alpha}{2} = \sqrt{\frac{(s-b)(s-c)}{bc}}; \quad \cos\frac{\alpha}{2} = \sqrt{\frac{s(s-a)}{bc}};$ $\operatorname{tg}\frac{\alpha}{2} = \sqrt{\frac{(s-b)(s-c)}{s(s-a)}}.$ $\sin\alpha = \frac{2}{bc}\sqrt{s(s-a)(s-b)(s-c)}.$ $s = 4r\cdot\cos\frac{\alpha}{2}\cdot\cos\frac{\beta}{2}\cdot\cos\frac{\gamma}{2}$
Inhalt F	$F = \frac{1}{2}a\cdot h_a = \frac{1}{2}ab\sin\gamma = \frac{abc}{4r}$ $= 2r^2\cdot\sin\alpha\cdot\sin\beta\cdot\sin\gamma = \sqrt{s(s-a)(s-b)(s-c)}.$

b) Differentialformeln. Die nachstehenden Formeln gelten für genügend kleine Änderungen da, db, dc der drei Seiten bzw. $d\alpha$, $d\beta$, $d\gamma$ der drei Winkel; die Änderungen der Winkel müssen dabei im Bogenmaß gemessen werden (vgl. S. 30).

Rechtwinkliges Dreieck	$a\,da + b\,db = c\,dc; \qquad \frac{da}{a} = \frac{dc}{c} + \operatorname{ctg}\alpha\cdot d\alpha$ $da = \operatorname{tg}\alpha\cdot db - \frac{2a}{\sin 2\alpha}\cdot d\beta$
Schiefwinkliges Dreieck	$d\alpha + d\beta + d\gamma = 0$ $\frac{da}{a} - \operatorname{ctg}\alpha\cdot d\alpha = \frac{db}{b} - \operatorname{ctg}\beta\cdot d\beta = \frac{dc}{c} - \operatorname{ctg}\gamma\cdot d\gamma$ $a\,da = (b - c\cos\alpha)\,db + (c - b\cos\alpha)\,dc + bc\sin\alpha\cdot d\alpha$ $c\cos\beta\cdot d\alpha + a\cdot d\gamma = -\sin\gamma\cdot db + \sin\beta\cdot dc$

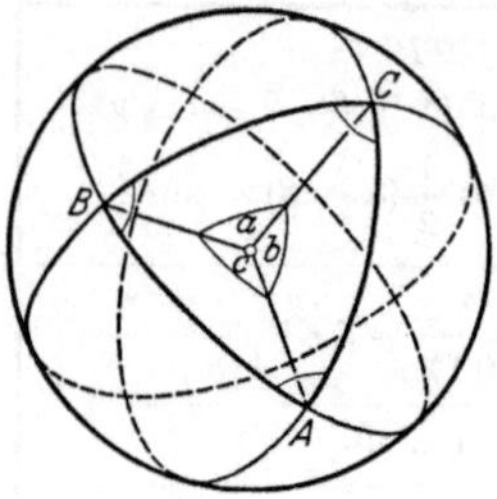

Abb. 123

2. Sphärische Trigonometrie

Die folgenden Formeln gelten für Dreiecke, die durch größte Kreise auf der Kugel gebildet werden (Abb. 123). Mit a, b, c werden die Winkel bezeichnet, unter denen die Seiten des Dreiecks vom Mittelpunkt der Kugel aus erscheinen, und mit α, β, γ die Winkel des Dreiecks selbst (= Winkel zwischen den drei Ebenen, die durch den Kugelmittelpunkt und die Dreiecksseiten bestimmt werden).

Bereits um 2000 v. Chr. rechneten die Ägypter mit Streckenverhältnissen, die unseren Cosinus und Tangens

Sinussatz	$\frac{\sin a}{\sin \alpha} = \frac{\sin b}{\sin \beta} = \frac{\sin c}{\sin \gamma}$.
Cosinussatz	$\cos a = \cos b \cos c + \sin b \sin c \cdot \cos \alpha$
	$\sin c \cdot \cos \alpha = \cos a \sin b - \sin a \cos b \cos \gamma$ $\sin c \cdot \cos \beta = \cos b \sin a - \sin b \cos a \cos \gamma$
Differential-Formeln	$da = \cos \beta \cdot dc + \cos \gamma \cdot db + \sin b \sin \gamma \cdot d\alpha$ $d\alpha = -\cos b \cdot d\gamma - \cos c \cdot d\beta + \sin \beta \sin c \cdot da$

entsprechen. Die Trigonometrie des Ptolemäus (um 140 n. Chr.) wurde weit über ein Jahrtausend nicht übertroffen (Sehnentafeln, sphärische Trigonometrie für astronomische Zwecke). Schöpfer der modernen Trigonometrie ist Regiomontan (1463); seine Tafeln beruhen bereits auf dem dezimalen System. *Literatur zur Trigonometrie. Hessenberg:* Ebene und sphärische Trigonometrie, Samml. Göschen Bd. 99, Berlin 1952.

D. Berechnung der Inhalte, Schwerpunkte und Trägheitsmomente

1. Allgemeine Sätze über Flächenstücke in der Ebene

a) Die Grundformeln für ein ebenes Flächenstück. In der Ebene sei ein Flächenstück gegeben sowie ein kartesisches Koordinatensystem x, y (S. 133). Für die technischen Untersuchungen werden die folgenden Bildungen benötigt:

Flächeninhalt	$F = \iint dx\,dy$.	
Koordinaten des Schwerpunkts	$x_s = \frac{1}{F} \cdot \iint x\,dx\,dy,$	$y_s = \frac{1}{F} \cdot \iint y\,dx\,dy.$
Axiales Trägheitsmoment	in bezug auf die y-Achse: $I_y = \iint x^2\,dx\,dy,$	in bezug auf die x-Achse: $I_x = \iint y^2\,dx\,dy.$
Polares Trägheitsmoment	in bezug auf den Koordinatenanfangspunkt 0: $I_{pO} = \iint r^2\,dx\,dy = \iint (x^2 + y^2)\,dx\,dy = I_x + I_y.$	
Zentrifugalmoment	in bezug auf die x- und y-Achse: $I_{xy} = \iint xy\,dx\,dy.$	

Die auftretenden Integrale sind Doppelintegrale (S. 70), welche über den gegebenen Bereich des Flächenstücks zu erstrecken sind. Die obigen Trägheitsmomente werden als *geometrische Trägheitsmomente* bezeichnet. Wenn man die Längen in cm mißt, hat das geometrische Trägheitsmoment einer Fläche die Dimension cm^4.

b) Sätze über Schwerpunkte in der Ebene. Wenn das Flächenstück eine Symmetrieachse besitzt, liegt der Schwerpunkt auf dieser Achse. Wenn mehrere Symmetrielinien vorhanden sind, liegt der Schwerpunkt im Schnittpunkt der Symmetrieachsen.

Wenn ein Flächenstück in zwei Teile mit den Schwerpunkten S_1 und S_2 zerlegt wird, liegt der Schwerpunkt S des ganzen Flächenstücks auf der Verbindungsgeraden S_1S_2. Wenn ein Flächenstück in n Teile mit den Flächeninhalten f_ν zerlegt ist und die Schwerpunkte S_ν der Teilstücke die Koordinaten x_ν, y_ν haben, so hat der Schwerpunkt S des ganzen Flächenstücks die Koordinaten $x_s = (\Sigma f_\nu x_\nu)/F$; $\quad y_s = (\Sigma f_\nu y_\nu)/F$; $\quad F = \Sigma f_\nu$.

Sofern zwei ebene Flächenstücke durch eine affine Transformation (S. 149) aufeinander abgebildet werden können, werden hierbei auch die beiden Schwerpunkte aufeinander abgebildet (vgl. S. 129, Ellipsenabschnitt).

Der Schwerpunkt eines ebenen Flächenstücks kann experimentell bestimmt werden, indem man es nacheinander an zumindest zweien seiner Punkte aufhängt. Der Schwerpunkt liegt jedesmal in der Verlängerung des Drahtes, an welchem das Flächenstück aufgehängt ist.

c) Die drei Verschiebungssätze für Trägheitsmomente in der Ebene. Aus den Formeln in Absatz a folgt: Wenn in der Ebene ein Flächenstück gegeben ist, gehört zu jeder Geraden A der Ebene ein bestimmtes axiales Trägheitsmoment $I_A = \iint a^2 dx\,dy$, wobei a den Abstand des jeweils betrachteten Flächenpunktes von der Geraden a bedeutet. Genauso gehört zu jedem Punkt Q der Ebene ein polares Flächenelement $I_{pQ} = \iint r^2 dx\,dy$, wobei r der Abstand zwischen dem Flächenpunkt und dem Punkt Q ist. Schließlich ist das Zentrifugalmoment in bezug auf zwei beliebige zueinander rechtwinklige Geraden A und B (mit Richtungssinn) durch $I_{AB} = \iint ab\,dx\,dy$ definiert, wobei a und b die (mit dem zugehörigen Vorzeichen versehenen) Abstände des Flächenpunktes von A und B darstellen. Das axiale und das polare Trägheitsmoment sind stets positiv, während das Zentrifugalmoment positiv, negativ oder auch gleich Null sein kann.

*Steiner*scher Satz: Wenn I_S das Trägheitsmoment für eine Gerade durch den Schwerpunkt S des Flächenstücks ist, wird das Trägheitsmoment für eine parallele Gerade A im Abstand e gleich:

$$I_A = I_S + F \cdot e^2$$

(F = Inhalt des Flächenstücks). Wenn I_{pS} das polare Trägheitsmoment für den Schwerpunkt ist, wird das Trägheitsmoment für einen Punkt Q im Abstand e von dem Schwerpunkt gleich:

$$I_{pQ} = I_{pS} + F \cdot e^2.$$

Wenn schließlich I_{xy} das Zentrifugalmoment für ein rechtwinkliges Achsenkreuz x, y durch den Schwerpunkt ist, wird das Zentrifugalmoment für ein paralleles Achsenkreuz $\bar{x}, \bar{y}$, in welchem der Schwerpunkt die Koordinaten a, b hat, gleich:

$$I_{\bar{x}\bar{y}} = I_{xy} + F \cdot ab.$$

Der Schwerpunkt ist somit dadurch ausgezeichnet, daß in ihm das polare Trägheitsmoment zu einem Minimum wird. Entsprechend nehmen die Trägheitsmomente einer Schar von parallelen Geraden für diejenige Gerade ihr Minimum an, welche durch den Schwerpunkt hindurchgeht.

d) Hauptträgheitsmomente in der Ebene. Wenn für ein rechtwinkliges Achsenkreuz x, y die beiden axialen Trägheitsmomente I_x und I_y, sowie das Zentrifugalmoment I_{xy} bekannt sind, wird das Trägheitsmoment für eine durch den Schnittpunkt gehende Gerade A, welche den Winkel α mit der x-Achse bildet, gleich:

$$I_A = I_x \cdot \cos^2\alpha + I_y \cdot \sin^2\alpha - 2\,I_{xy} \cdot \cos\alpha \sin\alpha.$$

Für jeden Punkt der Ebene gibt es ein rechtwinkliges Achsenkreuz $\bar{x}, \bar{y}$, für welches das Zentrifugalmoment $I_{\bar{x}\bar{y}}$ gleich Null ist. Diese beiden Achsen heißen *Hauptachsen* und die auf sie bezogenen Trägheitsmomente $I_{\bar{x}}$ und $I_{\bar{y}}$ *Hauptträgheitsmomente* des betrachteten Punktes. Die zugehörigen Winkel α_0 und $(90° + \alpha_0)$, sowie $I_{\bar{x}}$ und $I_{\bar{y}}$ berechnet man aus:

$$\operatorname{tg} 2\alpha_0 = \frac{2\,I_{xy}}{I_y - I_x};$$

$$2\,I_{\bar{x}} = I_x + I_y + \sqrt{(I_y - I_x)^2 + 4\,I_{xy}^2},$$

$$2\,I_{\bar{y}} = I_x + I_y - \sqrt{(I_y - I_x)^2 + 4\,I_{xy}^2}.$$

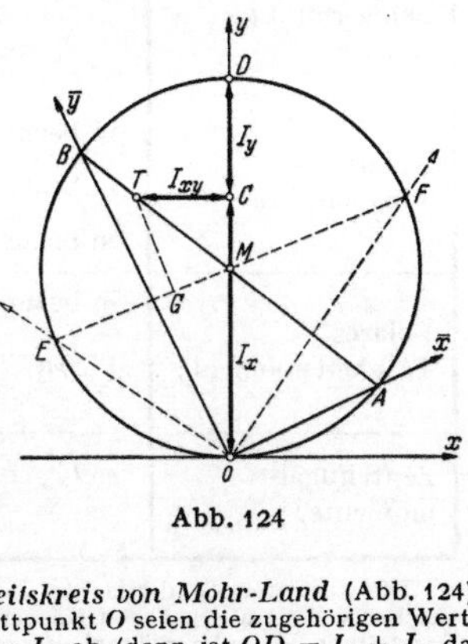

Abb. 124

Im allgemeinen ist $I_{\bar{x}} \neq I_{\bar{y}}$; man pflegt dann die Hauptachse mit dem größeren Trägheitsmoment als *erste* ($\bar{x}$), die mit dem kleineren Trägheitsmoment als *zweite Hauptachse* ($\bar{y}$) zu bezeichnen. Wenn das Flächenstück eine Symmetrieachse besitzt, ist diese selbst sowie jede Senkrechte zu ihr eine Trägheitshauptachse. Wenn in einem Punkt $I_{xy} = 0$ und $I_x = I_y$ ist, wird $\operatorname{tg} 2\alpha_0$ unbestimmt; dieser Fall, in welchem die Trägheitsellipse in einen Kreis ausartet, tritt in den beiden Festpunkten ein (S. 122).

Konstruktion der Hauptachsen mit dem *Trägheitskreis von Mohr-Land* (Abb. 124). Für zwei rechtwinklige Achsen x und y mit dem Schnittpunkt O seien die zugehörigen Werte von I_x, I_y, I_{xy} bekannt. Man trägt $OC = I_x$, $CD = I_y$ ab (dann ist $OD = I_x + I_y$ das polare Trägheitsmoment in bezug auf O); senkrecht dazu wird $CT = I_{xy}$ unter Beachtung des Vorzeichens abgetragen; in Abb. 124 ist $I_{xy} < 0$ angenommen. Der über OD als Durchmesser errichtete Kreis habe den Mittelpunkt M. Dann liefern die Schnittpunkte A und B des Durchmessers MT mit dem Kreis die gesuchten Richtungen der beiden Hauptachsen $\bar{x}$ und $\bar{y}$; es wird $I_{\bar{x}} = TA$ und $I_{\bar{y}} = TB$. Für zwei beliebige aufeinander senkrecht stehende Achsen durch O, z. B. OE und OF, liefert das Lot TG die zugehörigen Trägheitsmomente EG (für OE) und FG (für OF); TG selbst stellt das betreffende Zentrifugalmoment dar.

Geht man von einem Hauptachsenkreuz $\bar{x}, \bar{y}$ aus, so wird das Trägheitsmoment für eine durch den Schnittpunkt O gehende Gerade A, welche den Winkel $\bar{\alpha}$ mit der $\bar{x}$-Achse bildet, gleich:

$$I_A = I_{\bar{x}} \cos^2 \bar{\alpha} + I_{\bar{y}} \sin^2 \bar{\alpha}.$$

Wenn man auf jeder derartigen Achse vom Schnittpunkt O aus die Strecke $1 : \sqrt{I_A}$ abträgt, liegen die Endpunkte dieser Strecken auf einer Ellipse, der *ersten Trägheitsellipse* des betrachteten Punktes O. Ihre Hauptachsen fallen mit den Trägheitshauptachsen zusammen; die Gleichung der Ellipse lautet:

$$I_{\bar{x}} \cdot \bar{x}^2 + I_{\bar{y}} \cdot \bar{y}^2 = 1.$$

Die Trägheitsellipse für den Schwerpunkt heißt *Zentralellipse.*

Der Ausdruck $k = \sqrt{I_A/F}$ (F = Inhalt des Flächenstücks) wird als *Trägheitshalbmesser* der Geraden A bezeichnet. Wenn man für alle durch einen Punkt O gehenden Geraden die Trägheitshalbmesser berechnet und jeweils im Abstand k die beiden Parallelen zu der betrachteten Geraden A zieht, so umhüllen diese Parallelen eine *zweite Trägheitsellipse* (die *Culmann*sche Trägheitsellipse), deren Mittelpunkt ebenfalls in O liegt. Die zweite Trägheitsellipse entsteht aus der ersten, wenn man alle von O ausgehenden Radiusvektoren um denselben Faktor vergrößert; die beiden Ellipsen sind also ähnlich und liegen außerdem ähnlich zueinander.

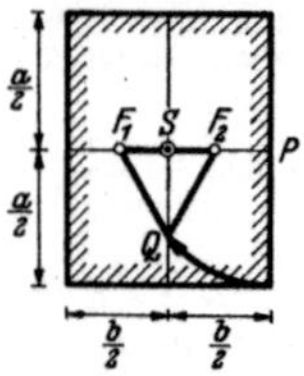

Abb. 125

Die *Festpunkte* F_1 *und* F_2 eines gegebenen Flächenstücks erhält man, indem man auf der durch den Schwerpunkt S gehenden ersten Hauptachse zu beiden Seiten von S aus die Länge $\sqrt{(I_{\bar{x}} - I_{\bar{y}})/F}$ abträgt. Mit Hilfe dieser Festpunkte lassen sich für jeden Punkt der Ebene sofort die Richtungen der beiden zugehörigen Trägheitshauptachsen bestimmen; sie sind die Winkelhalbierenden der beiden Geraden, die von den Festpunkten aus nach dem betrachteten Punkt führen. *Konstruktion der Festpunkte für ein Rechteck* (Abb. 125): Man schlägt um P einen Kreisbogen mit $a/2$ ($a > b$) und konstruiert das gleichseitige Dreieck QF_1F_2.

2. Allgemeine Sätze über Körper im Raum

a) Die Grundformeln für einen Körper. Es sei ein Körper gegeben, sowie ein räumliches kartesisches Koordinatensystem x, y, z (S. 133). Dann wird:

Volumen:	$V = \iiint dx\,dy\,dz.$
Koordinaten des Schwerpunktes:	$x_s = \frac{1}{V} \cdot \iiint x\,dx\,dy\,dz, \quad y_s = \frac{1}{V} \cdot \iiint y\,dx\,dy\,dz,$ $z_s = \frac{1}{V} \cdot \iiint z\,dx\,dy\,dz.$
Axiales Trägheitsmoment:	in bezug auf die x-Achse: $I_x = \iiint (y^2 + z^2)\,dx\,dy\,dz,$ in bezug auf die y-Achse: $I_y = \iiint (z^2 + x^2)\,dx\,dy\,dz,$ in bezug auf die z-Achse: $I_z = \iiint (x^2 + y^2)\,dx\,dy\,dz.$
Polares Trägheitsmoment:	in bezug auf den Koordinatenanfangspunkt O: $I_{pO} = \iiint r^2\,dx\,dy\,dz = \iiint (x^2 + y^2 + z^2)\,dx\,dy\,dz$ $= \frac{1}{2}(I_x + I_y + I_z).$
Zentrifugalmomente:	$I_{xy} = \iiint xy\,dx\,dy\,dz, \quad I_{yz} = \iiint yz\,dx\,dy\,dz,$ $I_{zx} = \iiint zx\,dx\,dy\,dz.$

Die auftretenden dreifachen Integrale (S. 70) sind über den Bereich zu erstrecken, welcher von dem gegebenen Körper eingenommen wird. Gegenüber der Ebene tritt bei der Darstellung des polaren Trägheitsmomentes durch die axialen Trägheitsmomente der Faktor $1/2$ auf. Das geometrische Trägheitsmoment eines Körpers hat die Dimension cm^5.

b) Sätze über Schwerpunkte im Raum. Die Sätze für Schwerpunkte in der Ebene (S. 120) lassen sich ohne weiteres auf den Raum übertragen. Wenn ein Körper eine Symmetrieebene besitzt, liegt der Schwerpunkt auf dieser Ebene. Sind zwei Symmetrieebenen vorhanden, so liegt der Schwerpunkt auf der Schnittgeraden der beiden Ebenen; bei einem Rotationskörper liegt somit der Schwerpunkt stets auf der Rotationsachse. Bei mehr als zwei Symmetrieebenen fällt der Schwerpunkt mit dem Schnittpunkt dieser Ebenen zusammen.

Wenn zwei Körper durch eine affine Transformation (S. 149) ineinander überführt werden können, so werden hierbei auch die beiden Schwerpunkte ineinander überführt. Der Schwerpunkt eines Körpers läßt sich experimentell in gleicher Weise wie bei einem ebenen Flächenstück ermitteln.

c) Sätze über Trägheitsmomente im Raum. Die beiden ersten Verschiebungssätze bleiben wörtlich gültig, nur handelt es sich jetzt um den Schwerpunkt eines Raumstücks; ferner ist der Flächeninhalt F durch das Volumen V zu ersetzen:

$$I_A = I_S + V \cdot c^2, \qquad I_{pQ} = I_{pS} + V \cdot e^2.$$

Der dritte Verschiebungssatz nimmt die Form an: Wenn I_{yz}, I_{zx} und I_{xy} die Zentrifugalmomente für ein rechtwinkliges Koordinatensystem x, y, z durch den Schwerpunkt sind, so werden die Zentrifugalmomente für ein parallel gelegenes Koordinatensystem $\bar{x}, \bar{y}, \bar{z}$, in welchem der Schwerpunkt die Koordinaten a, b, c hat, gleich:

$$I_{\bar{y}\bar{z}} = I_{yz} + V \cdot bc, \qquad I_{\bar{z}\bar{x}} = I_{zx} + V \cdot ca, \qquad I_{\bar{x}\bar{y}} = I_{xy} + V \cdot ab.$$

Wenn für ein rechtwinkliges Koordinatensystem x, y, z die drei axialen Trägheitsmomente I_x, I_y, I_z und die drei Zentrifugalmomente I_{xy}, I_{yz}, I_{zx} bekannt sind, wird das Trägheitsmoment für eine Gerade A durch den Nullpunkt, welche die Winkel α, β, γ mit den drei Koordinatenachsen x, y, z bildet, gleich:

$$\begin{aligned} I_A = {} & I_x \cos^2 \alpha + I_y \cos^2 \beta + I_z \cos^2 \gamma \\ & - 2 I_{xy} \cos\alpha \cos\beta - 2 I_{yz} \cos\beta \cos\gamma - 2 I_{zx} \cos\gamma \cos\alpha. \end{aligned}$$

Für jeden Punkt des Raumes gibt es ein rechtwinkliges Koordinatensystem $\bar{x}, \bar{y}, \bar{z}$, für welches die drei Zentrifugalmomente gleich Null werden. Diese drei Achsen heißen *Hauptachsen* und die auf sie bezogenen axialen Trägheitsmomente $I_{\bar{x}}, I_{\bar{y}}, I_{\bar{z}}$ *Hauptträgheitsmomente*; wenn diese drei Werte ungleich sind, wählt man $I_{\bar{x}} > I_{\bar{y}} > I_{\bar{z}}$. Hat ein Körper eine Symmetrieebene, so ist jede Senkrechte zu dieser eine Trägheitshauptachse. Hat ein Körper eine Symmetrieachse, so ist diese für jeden ihrer Punkte eine Trägheitshauptachse. Hat ein Körper mehr als drei Symmetrieebenen (wie z. B. der Würfel), so werden in dem Schwerpunkt (= Schnittpunkt der Symmetrieebenen) alle drei Hauptachsen unbestimmt.

Geht man von einem Hauptachsenkreuz $\bar{x}, \bar{y}, \bar{z}$ aus, so wird das Trägheitsmoment für eine durch den Koordinatenaufzugspunkt O gehende Gerade A, welche die Winkel $\bar{\alpha}, \bar{\beta}, \bar{\gamma}$ mit der $\bar{x}$-, $\bar{y}$- und $\bar{z}$-Achse bildet, gleich:

$$I_A = I_{\bar{x}} \cdot \cos^2 \bar{\alpha} + I_{\bar{y}} \cdot \cos^2 \bar{\beta} + I_{\bar{z}} \cdot \cos^2 \bar{\gamma}.$$

Wenn man auf jeder derartigen Geraden von O aus die Strecke $1 : \sqrt{I_A}$ abträgt, so liegen die Endpunkte aller dieser Strecken auf einem Ellipsoid, dem *Poinsot*schen *Trägheitsellipsoid* für den Punkt O. Seine Hauptachsen fallen mit den Trägheitshauptachsen zusammen; die Gleichung des Ellipsoides lautet:

$$I_{\bar{x}} \cdot \bar{x}^2 + I_{\bar{y}} \cdot \bar{x}^2 + I_{\bar{z}} \cdot \bar{z}^2 = 1.$$

Das Trägheitsellipsoid für den Schwerpunkt S heißt *Zentralellipsoid*; seine Hauptachsen werden als *freie Achsen des Körpers* bezeichnet.

3. Die Grundformeln für ebene Kurven, Raumkurven und Flächen

a) Die Grundformeln für ebene Kurven; ebene Bogenintegrale. Die Formeln für ein Flächenstück (S. 120) lassen sich auf ebene Kurven übertragen, indem man die angegebenen Ausdrücke statt über das Ebenenelement $dF = dx \cdot dy$ über das *Bogenelement* ds der Kurve summiert. Dadurch ergibt sich: Länge: $l = \int ds$; Koordinaten des Schwerpunkts: $x_s = \frac{1}{l} \int x\, ds$, $y_s = \frac{1}{l} \int y\, ds$; axiale Trägheitsmomente: $I_y = \int x^2\, ds$, $I_x = \int y^2\, ds$ usw. Hierbei sind die Koordinaten x und y der Kurve als Funktion der Bogenlänge s aufzufassen: $x = x(s)$, $y = y(s)$. Diese Integrale, welche man als *ebene Bogenintegrale* bezeichnet, sind über das gegebene Kurvenstück zu erstrecken.

Im allgemeinen wird die ebene Kurve durch die Gleichung $x = x(u)$, $y = y(u)$; $u_0 \leqq u \leqq U$ gegeben sein, wobei u einen beliebigen Parameter (nicht aber die Bogenlänge) bedeutet. Dann wird:

$$ds = \sqrt{dx^2 + dy^2} = \sqrt{x'^2 + y'^2}\, du.$$

Einsetzen dieses Ausdrucks ergibt:

$$l = \int_{u_0}^{U} \sqrt{x'^2 + y'^2}\, du, \qquad x_s = \frac{1}{l}\int_{u_0}^{U} x\sqrt{x'^2 + y'^2}\, du \quad \text{usw.},$$

wobei jetzt die Integranden Funktionen von u sind, so daß man ein gewöhnliches Integral erhält.

Infolge des Auftretens der Wurzel lassen sich die Integrale nur in Sonderfällen elementar auswerten. Der Satz über die affine Abbildung eines Schwerpunktes (S. 121) ist für ebene Kurven nicht mehr erfüllt.

b) Die Grundformeln für Raumkurven; räumliche Bogenintegrale. Bei einer Raumkurve ergeben sich die entsprechenden Beziehungen, indem man in den Formeln für einen Körper (S. 122) statt über das Raumelement $dV = dx \cdot dy \cdot dz$ über das Bogenelement ds der Kurve summiert. Es wird also: Länge: $l = \int ds$; Koordinaten des Schwerpunkts: $x_s = \frac{1}{l}\int x\, ds$ usw.; axiales Trägheitsmoment in bezug auf die x-Achse: $I_x = \int (y^2 + z^2)\, ds$ usw.

Zur analytischen Auswertung müssen die *räumlichen Bogenintegrale* in entsprechender Weise wie bei den ebenen Kurven umgeformt werden. Wenn die Raumkurve durch $x = x(u)$, $y = y(u)$, $z = z(u)$; $u_0 \leqq u \leqq U$ gegeben ist, wird:

$$ds = \sqrt{dx^2 + dy^2 + dz^2} = \sqrt{x'^2 + y'^2 + z'^2} \cdot du.$$

Damit erhält man die Darstellung:

$$l = \int_{u_0}^{U} \sqrt{x'^2 + y'^2 + z'^2}\, du, \qquad x_s = \frac{1}{l}\int_{u_0}^{U} x\sqrt{x'^2 + y'^2 + z'^2}\, du \quad \text{usw.}$$

Der Satz über die affine Abbildung des Schwerpunktes (S. 123) ist für Raumkurven nicht mehr erfüllt.

c) Die Grundformeln für Flächen; Oberflächenintegrale. Bei einem Flächenstück ergeben sich die Grundformeln, indem man in den Beziehungen für einen Körper (S. 122) statt über das Raumelement $dV = dx \cdot dy \cdot dz$ über das Oberflächenelement df des gegebenen Flächenstücks summiert. Es wird also: Flächeninhalt: $F = \int df$; Koordinaten des Schwerpunkts: $x_s = \frac{1}{F}\int x\, df$ usw.; axiales Trägheitsmoment in bezug auf die x-Achse: $I_x = \int (y^2 + z^2)\, df$ usw.

Die angegebenen Integrale sind sogenannte *Oberflächenintegrale*, welche über den Bereich des gegebenen Flächenstücks zu erstrecken sind. In entsprechender Weise wie bei den Kurven hat man zur analytischen Berechnung erst eine Umformung vorzunehmen (vgl. S. 153 u. 154). Wenn die Fläche durch $x = x(u, v)$, $y = y(u, v)$, $z = z(u, v)$ gegeben ist, muß hierzu:

$$df = \sqrt{A^2 + B^2 + C^2} \cdot du\, dv \quad \text{mit:} \quad A = \begin{vmatrix} y_u & z_u \\ y_v & z_v \end{vmatrix}, \quad B = \begin{vmatrix} z_u & x_u \\ z_v & x_v \end{vmatrix}, \quad C = \begin{vmatrix} x_u & y_u \\ x_v & y_v \end{vmatrix}$$

gesetzt werden. Wenn man df durch diesen Wert ausdrückt und den Integranden als Funktion von u und v auffaßt, erhält man ein Doppelintegral (S. 70), welches über den gegebenen Bereich von u und v auszuwerten ist:

$$F = \iint \sqrt{A^2 + B^2 + C^2}\, du\, dv, \qquad x_s = \frac{1}{F}\iint x\sqrt{A^2 + B^2 + C^2}\, du\, dv \quad \text{usw.}$$

Der Satz über die affine Abbildung des Schwerpunkts (S. 123) ist für krumme Flächenstücke nicht mehr gültig.

Als Beispiel berechnen wir die *Oberfläche einer Kugel vom Radius r*. Wenn der Mittelpunkt im Koordinatenanfangspunkt liegt, läßt sich die Kugel folgendermaßen durch die Parameter u und v darstellen:

$$x = r\cos u \cos v, \qquad y = r\cos u \sin v, \qquad z = r\sin u.$$

(vgl. S. 148). Die Ausrechnung liefert:

$$A = -r^2\cos^2 u \cos v, \qquad B = -r^2\cos^2 u \sin v, \qquad C = -r^2 \cos u \sin u;$$
$$A^2 + B^2 + C^2 = r^4\cos^2 u.$$

Damit erhalten wir für den gesuchten Flächeninhalt:

$$F = r^2 \iint |\cos u|\, du\, dv.$$

Da v von O bis 2π und u von $-\pi/2$ bis $+\pi/2$ läuft, ergibt sich der Sonderfall eines Doppelintegrals mit festen Grenzen:

$$F = 2\pi r^2 \cdot \int \cos u\, du = 2\pi r^2 \cdot 2 = 4\pi r^2.$$

d) Umdrehungsflächen (Guldinsche Regeln). Ein ebenes Flächenstück vom Inhalt F cm² drehe sich um eine Achse, die in seiner Ebene liegt und das Flächenstück nicht durchschneidet; der Abstand des Flächenschwerpunktes von der Umdrehungsachse sei x_1 cm; dann ist der *Rauminhalt der entstehenden Umdrehungsfläche* (d. h. Inhalt des von der Fläche überstrichenen Raumes) gleich $2\pi x_1 \cdot F$ cm³ = Weg des Schwerpunktes × Inhalt des Flächenstückes (Abb. 126).

Ein ebenes Kurvenstück von der Länge s cm drehe sich um eine Achse, die in seiner Ebene liegt und das Kurvenstück nicht durchschneidet; der Abstand des Schwerpunktes des Kurvenstückes von der Umdrehungsachse sei x_2 cm; dann ist der *Inhalt der aus dem Kurvenstück entstehenden Umdrehungsoberfläche* gleich $2\pi x_2 \cdot s$ cm² = Weg des Schwerpunktes × Länge des Kurvenstückes (Abb. 126).

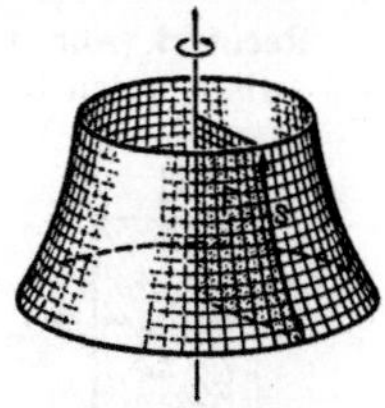

Abb. 126

E. Tafeln für Inhalte, Schwerpunkte und Trägheitsmomente

1. Formeln für Vielecke

a) Formeln für das Dreieck

Die Formeln für den *Dreiecksinhalt* sind S. 119 angegeben. Wenn ferner $x_1 y_1$, $x_2 y_2$, $x_3 y_3$ die rechtwinkligen Koordinaten der Eckpunkte bei $l_x = l_y = 1$ cm sind (vgl. S. 26), wird der Inhalt in cm²:

$$F = \frac{1}{2}\begin{vmatrix} x_1 & y_1 & 1 \\ x_2 & y_2 & 1 \\ x_3 & y_3 & 1 \end{vmatrix} = \frac{1}{2}\left\{x_1 y_2 - x_2 y_1 + x_2 y_3 - x_3 y_2 + x_3 y_1 - x_1 y_3\right\}.$$

Liegt die Ecke $x_3 y_3$ im Nullpunkt, so folgt:

$$F = \frac{1}{2}\begin{vmatrix} x_1 & y_1 \\ x_2 & y_2 \end{vmatrix} = \frac{1}{2}\left\{x_1 y_2 - x_2 y_1\right\}.$$

Der Inhalt ergibt sich positiv oder negativ, je nachdem bei dem Umlauf des Dreiecks in der Reihenfolge $P_1 P_2 P_3$ die Fläche zur Linken oder zur Rechten liegt.

Der *Schwerpunkt S der Dreiecksfläche* liegt in dem Schnittpunkt der Seitenhalbierenden; der Abstand zwischen S und einer Dreiecksseite ist gleich $^1/_3$ der zugehörigen Höhe (S. 112). Der Schwerpunkt hat die Koordinaten $x_s = (x_1 + x_2 + x_3)/3$, $y_s = (y_1 + y_2 + y_3)/3$.

Wenn A_1, B_1, C_1 die Mittelpunkte der Dreiecksseiten sind, liegt der *Schwerpunkt S' des Dreiecksumfangs* im Mittelpunkt des Kreises, der dem Dreieck $A_1 B_1 C_1$ einbeschrieben ist. Der Abstand x_s' des Schwerpunktes S' von der Seite a ist durch den Ausdruck $x_s = h_a(b + c) / 2(a + b + c)$ gegeben; entsprechend für die andern Seiten.

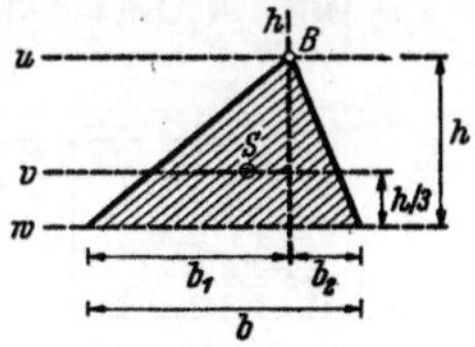

Abb. 127

Trägheitsmomente (Abb. 127):

$I_u = bh^3/4 = Fh^2/2$,

$I_v = bh^3/36 = Fh^2/18$,

$I_w = bh^3/12 = Fh^2/6$,

$I_h = h(b_1^3 + b_2^3)/12 = F(b_1^2 + b_2^2)/6b$;

$I_{pB} = h(3bh^2 + b_1^3 + b_2^3)/12$,

$I_{pS} = bh(h^2 + b_1^2 + b_1 b_2 + b_2^2)/36 = F(a^2 + b^2 + c^2)/36$.

Für eine beliebige Gerade durch S gilt $I_s = F(e_1^2 + e_2^2 + e_3^2)/12$, wobei e_1, e_2, e_3 die Abstände der drei Eckpunkte von der Geraden sind. Für das *gleichschenklige Dreieck* ($b_1 = b_2$) wird im besondern $I_h = b^3 h/48$; $I_{pB} = bh(12h^2 + b^2)/48$, $I_{pS} = bh(4h^2 + 3b^2)/144$.

b) Formeln für das Viereck

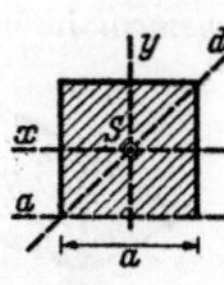

Abb. 128

Quadrat (Abb. 128). a = Seitenlänge. *Flächeninhalt.* $F = a^2$. *Schwerpunkt* wie beim Rechteck. *Trägheitsmomente.*

$I_x = I_y = I_d = a^4/12 = Fa^2/12$, $I_a = a^4/3 = Fa^2/3$;

$I_{pS} = a^4/6 = Fa^2/6$.

Rechteck (Abb. 129). a, b = Seitenlängen; d = Länge der Diagonale, φ = Winkel zwischen den Diagonalen. *Flächeninhalt.* $F = ab$. Der *Schwerpunkt* der Rechtecksfläche sowie der Schwerpunkt des Umfangs liegt im Schnittpunkt der Diagonalen. *Trägheitsmomente.*

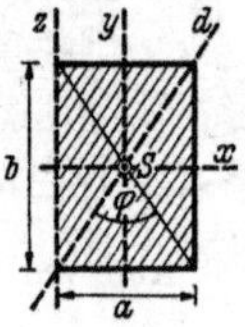

Abb. 129

$$I_x = ab^3/12 = Fb^2/12,$$
$$I_y = a^3b/12 = Fa^2/12,$$
$$I_z = a^3b/\ 3 = Fa^2/3,$$
$$I_d = (d^4 \sin^3\varphi)/48 = (Fd^2 \sin^2\varphi)/24.$$
$$I_{pS} = ab\,(a^2 + b^2)/12 = F\,(a^2 + b^2)/12.$$

Festpunkte eines Rechteckes S. 122.

Parallelogramm (Abb. 130). a, b = Seitenlängen, h_a = Abstand der beiden Seiten a; γ = Eckwinkel; d, d_1 = Länge der beiden Diagonalen, φ = Winkel zwischen den beiden Diagonalen. Es ist $2\,(a^2 + b^2) = d^2 + d_1^2$. *Flächeninhalt.* $F = a\,h_a = ab \sin\gamma = \frac{1}{2}\,d\,d_1 \sin\varphi$. Der *Schwerpunkt S* sowie der Schwerpunkt des Parallelogrammumfangs liegt in dem Schnittpunkt der beiden Diagonalen. *Trägheitsmoment.* $I_d = (d\,d_1^3 \sin^3\varphi)/48 = (F d_1^2 \sin^2\varphi)/24$. Beim *Rhombus* wird $a = b$ und $\varphi = 90°$.

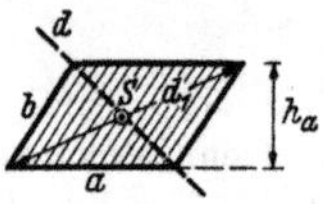

Abb. 130

Gleichschenkliges Trapez (Abb. 131). a, b = Längen der parallelen Seiten, h = Höhe = Abstand der parallelen Seiten. *Flächeninhalt.* $F = h\,(a + b)/2$. Der *Schwerpunkt* wird wie bei dem ungleichmäßigen Trapez bestimmt. *Trägheitsmomente.*

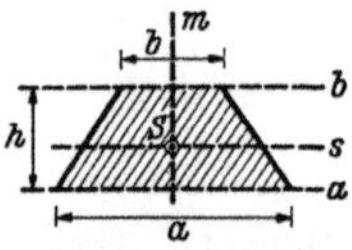

Abb. 131

$$I_a = h^3\,(a + 3b)/12 = Fh^2\,(a + 3b)/6\,(a + b),$$
$$I_b = h^3\,(3a + b)/12 = Fh^2\,(3a + b)/6\,(a + b),$$
$$I_m = h\,(a^4 - b^4)/48\,(a - b) = F\,(a^2 + b^2)/24,$$
$$I_s = h^3\,(a^2 + 4ab + b^2)/36\,(a + b)$$
$$= Fh^2\,(a^2 + 4ab + b^2)/18\,(a + b)^2.$$

Das Trägheitsmoment in bezug auf eine Diagonale wird wie beim beliebigen Viereck bestimmt.

Ungleichmäßiges Trapez (Abb. 132 u. 133). a, b = Längen der parallelen Seiten, h = Höhe = Abstand der parallelen Seiten. *Flächeninhalt.* $F = h\,(a + b)/2$. Der *Schwerpunkt S* liegt auf der Verbindungsgeraden der Mittelpunkte M und N der parallelen Seiten a und b. Die Abstände h_a und h_b des Schwerpunkts von den Seiten a und b sind

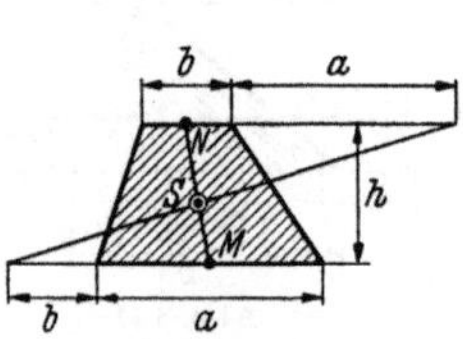

Abb. 132

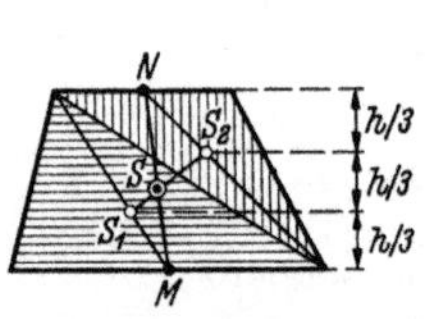

Abb. 133

$$h_a = h\,(a + 2b)/3\,(a + b),$$
$$h_b = h\,(2a + b)/3\,(a + b),$$

woraus die Konstruktion der Abb. 132 folgt. Man kann auch das Trapez in zwei Dreiecke mit den Schwerpunkten S_1 und S_2 zerlegen; S_1S_2 schneidet MN in S (Abb. 133). Das *Trägheitsmoment* in bezug auf eine Diagonale wird wie beim beliebigen Viereck bestimmt.

Beliebiges Viereck (Abb. 134 u. 135).

Flächeninhalt.

$$F = d\,(h_1 + h_2)/2 = (d_1 d_2 \sin\varphi)/2.$$

Trägheitsmoment.

$$I_d = d\,(h_1^3 + h_2^3)/12$$
$$= F\,(h_1^3 + h_2^3)/6\,(h_1 + h_2).$$

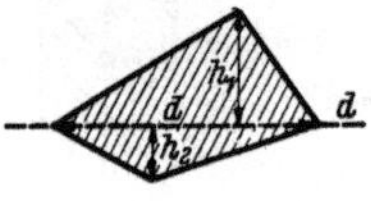

Abb. 134

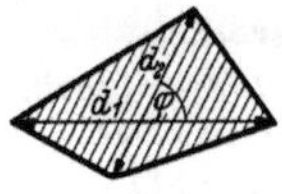

Abb. 135

c) Formeln für das regelmäßige n-Eck

Flächeninhalt. Es sei R der Radius des umbeschriebenen, r der Radius des einbeschriebenen Kreises, $a = 2\sqrt{R^2 - r^2}$ die Länge einer Seite und $\varphi = 360^\circ/n$ der Winkel, unter dem eine Seite vom Mittelpunkt aus erscheint.

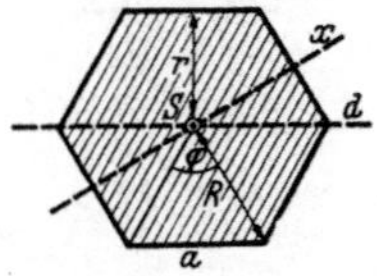

Abb. 136

F = Fläche $= \frac{1}{4} n a^2 \cdot \operatorname{ctg} \frac{1}{2}\varphi = \frac{1}{2} n R^2 \cdot \sin\varphi = n r^2 \cdot \operatorname{tg} \frac{1}{2}\varphi$.

U = Umfang $= n a = 2 n R \cdot \sin \frac{1}{2}\varphi = 2 n r \operatorname{tg} \frac{1}{2}\varphi$.

Eckwinkel $= 180^\circ - \varphi$.

Im besonderen wird

für $n = 3$: $R = a\sqrt{3}/3$, $r = a\sqrt{3}/6$, $F = a^2\sqrt{3}/4$;

für $n = 6$: $R = a$, $r = a\sqrt{3}/2$, $F = 3a^2\sqrt{3}/2$.

Der *Schwerpunkt* liegt im Mittelpunkt. *Trägheitsmomente* (Abb. 136):

$I_x = I_d = n a r\,(12 r^2 + a^2)/96 = F\,(12 r^2 + a^2)/48 = F\,(6 R^2 - a^2)/24$.

$I_{pS} = 2 I_x$.

d) Formeln für ein beliebiges n-Eck

Flächeninhalt. Sind $x_1 y_1, x_2 y_2, \ldots, x_n y_n$ die rechtwinkligen Koordinaten der n Eckpunkte, so wird:

$$F = \tfrac{1}{2}\{x_1 y_2 + x_2 y_3 + x_3 y_4 + \ldots + x_{n-1} y_n + x_n y_1$$
$$- x_2 y_1 - x_3 y_2 - x_4 y_3 - \ldots - x_n y_{n-1} - x_1 y_n\}.$$

Dabei erzeugt jede Seite des Dreiecks zwei untereinander stehende Ausdrücke. Das Vorzeichen wird in gleicher Weise wie beim Dreieck bestimmt. Weiter kann man F berechnen, indem man das n-Eck durch Diagonalen von einem Eckpunkt aus in Dreiecke zerlegt.

Zur Bestimmung des *Schwerpunkts* zerlegt man das Vieleck ebenfalls in Dreiecke. Sodann berechnet man für jedes Teildreieck den Inhalt f und bestimmt die Koordinaten $x_1 y_1$, $x_2 y_2$, $x_3 y_3$ der drei Eckpunkte. Der Schwerpunkt des Vielecks hat die Koordinaten $x_s y_s$, welche durch:

$$3F \cdot x_s = \Sigma f\,(x_1 + x_2 + x_3); \qquad 3F \cdot y_s = \Sigma f\,(y_1 + y_2 + y_3); \qquad F = \Sigma f$$

gegeben sind; dabei müssen die Summen über alle Teildreiecke erstreckt werden; F ist der Gesamtinhalt des Vielecks (vgl. S. 121).

2. Formeln für krummlinige Figuren in der Ebene

a) Formeln für Kreisfiguren

Ganzer Kreis (Abb. 137). r = Radius,
$d = 2r$ = Durchmesser.

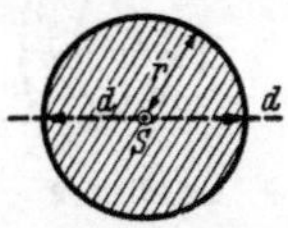

Abb. 137

Flächeninhalt. $F = \pi r^2 = \pi d^2/4$.

Umfang. $U = 2 r\pi = d\pi$.

Der *Schwerpunkt* liegt im Mittelpunkt.

Trägheitsmomente. $I_d = \pi r^4/4 = F r^2/4$; $I_{pS} = 2 I_d$.

Kreisausschnitt (Abb. 138). r = Radius, s = Sehne, b = Bogen; α = halber Zentriwinkel, $\operatorname{arc}\alpha = \pi\alpha^\circ/180^\circ$ = Bogenmaß des halben Zentriwinkels. Kreisausschnitt gleich n-ter Teil der Kreisfläche. Vgl. die Tafeln S. 10 u. 11.

Flächeninhalt. $F = b r/2 = r^2 \operatorname{arc}\alpha = \pi r^2 \alpha^\circ/180^\circ$.

Der *Schwerpunkt* S liegt auf der Halbierungslinie des Zentriwinkels und hat vom Mittelpunkt M den Abstand

$x_s = 2 r s/3 b = 2 r \sin\alpha/3 \operatorname{arc}\alpha = 38{,}20\, r \sin\alpha/\alpha^\circ$.

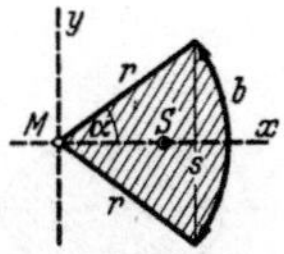

Abb. 138

Im besonderen ergibt sich:

Halbkreisfläche: $x_s = 4 r/3\pi = 0{,}4244\, r$,

Viertelkreisfläche: $x_s = 4\sqrt{2}\, r/3\pi = 0{,}6002\, r$,

Sechstelkreisfläche: $x_s = 2 r/\pi = 0{,}6366\, r$.

Trägheitsmomente.

$I_x = r^4 (\operatorname{arc} 2\alpha - \sin 2\alpha)/8 = F r^2 (\operatorname{arc} 2\alpha - \sin 2\alpha)/4 \operatorname{arc} 2\alpha$,

$I_y = r^4 (\operatorname{arc} 2\alpha + \sin 2\alpha)/8 = F r^2 (\operatorname{arc} 2\alpha + \sin 2\alpha)/4 \operatorname{arc} 2\alpha$;

$I_{pM} = (r^4 \operatorname{arc} 2\alpha)/4 = \pi r^4/2n = F r^2/2$,

$I_{pS} = r^3 (9 b^2 - 8 s^2)/36 b = F r^2 (9 b^2 - 8 s^2)/18 b^2$.

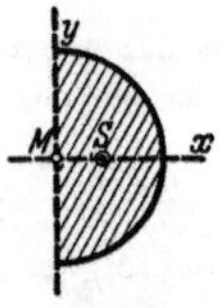

Abb. 139

Im besondern wird für die *Halbkreisfläche* (Abb. 139):

$$I_x = I_y = \pi r^4/8 = F r^2/4;$$
$$I_{pM} = \pi r^4/4 = F r^2/2,$$
$$I_{pS} = r^4 (9\pi^2 - 32)/36\pi = 0{,}5025\, r^4$$
$$= F r^2 (9\pi^2 - 32)/18\pi^2 = 0{,}3199\, F r^2.$$

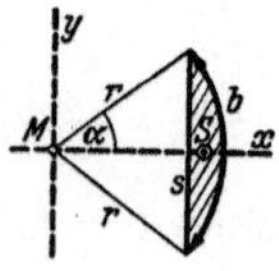

Abb. 140

Kreisabschnitt (Abb. 140). r = Radius, s = Sehne, b = Bogen, h = Bogenhöhe; α = halber Zentriwinkel.

Flächeninhalt (vgl. die Tafeln S. 10 u. 11).

$$F = r^2 (\operatorname{arc} 2\alpha - \sin 2\alpha)/2 = \{ r(b - s) + sh \}/2.$$

Der *Schwerpunkt* S liegt auf der Halbierungslinie des Zentriwinkels und hat vom Mittelpunkt M den Abstand

$$x_s = 4r \sin^3 \alpha / 3 (\operatorname{arc} 2\alpha - \sin 2\alpha).$$

Trägheitsmomente.

$$I_x = r^4 (6A - B)/48 = F r^2 (6A - B)/24A,$$
$$I_y = r^4 (2A + B)/16 = F r^2 (2A + B)/8A;$$
$$I_{pM} = r^4 (6A + B)/24 = F r^2 (6A + B)/12A.$$

Dabei ist gesetzt:

$$A = \operatorname{arc} 2\alpha - \sin 2\alpha, \qquad B = 2 \sin 2\alpha - \sin 4\alpha.$$

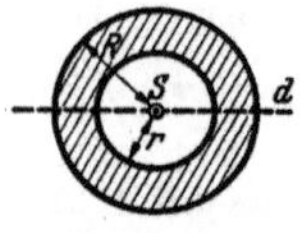

Abb. 141

Kreisring (Abb. 141). R = Außenradius, r = Innenradius.
Flächeninhalt. $F = \pi (R^2 - r^2)$.
Der *Schwerpunkt* liegt im Mittelpunkt.
Trägheitsmomente.

$$I_d = \pi (R^4 - r^4)/4 = F (R^2 + r^2)/4; \qquad I_{pS} = 2 I_d.$$

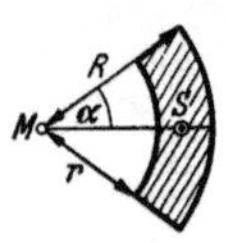

Abb. 142

Kreisringstück (Abb. 142). R = Außenradius, r = Innenradius. Der *Schwerpunkt* S liegt auf der Halbierungslinie des Zentriwinkels und hat vom Mittelpunkt M den Abstand:

$$x_s = \frac{2}{3} \cdot \frac{R^3 - r^3}{R^2 - r^2} \cdot \frac{\sin \alpha}{\operatorname{arc} \alpha} = 38{,}20 \cdot \frac{R^3 - r^3}{R^2 - r^2} \cdot \frac{\sin \alpha}{\alpha^\circ}.$$

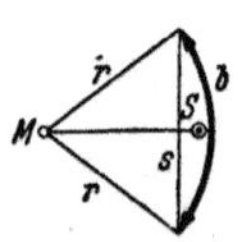

Abb. 143

Kreisbogen (Abb. 143). r = Radius, s = Sehne, b = Bogen; α = halber Zentriwinkel. Der *Schwerpunkt* liegt auf der Halbierungslinie des Zentriwinkels und hat vom Mittelpunkt M den Abstand $x_s = rs/b = (r \sin \alpha)/\operatorname{arc} \alpha$ (vgl. S. 10 u. 11).

Halbkreisbogen:	$x_s = 2r/\pi$	$= 0{,}6366\, r$,
Viertelkreisbogen:	$x_s = 2r\sqrt{2}/\pi$	$= 0{,}9003\, r$,
Sechstelkreisbogen:	$x_s = 3r/\pi$	$= 0{,}9549\, r$.

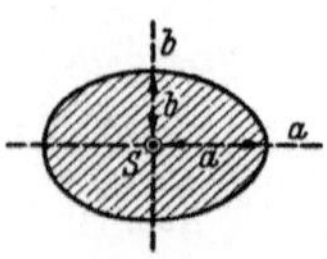

Abb. 144

b) Formeln für Kegelschnittfiguren

Ellipse (Abb. 144). a, b = Halbachsen. *Flächeninhalt.* $F = \pi a b$. Wenn wir $k = \sqrt{1 - (b/a)^2}$ $(a > b)$ setzen, wird der Gesamtumfang:

$$U = 4a \int_0^{\pi/2} \sqrt{1 - k^2 \cos^2 \varphi} = 4a \cdot E(k).$$

Dabei bedeutet $E(k)$ das vollständige elliptische Normalintegral zweiter Gattung (S. 38); für $E(k)$ ist die dort angegebene Potenzreihe einzusetzen. Der *Schwerpunkt* S liegt im Mittelpunkt der Ellipse. *Trägheitsmomente.*

$$I_a = \pi a b^3/4 = F b^2/4, \qquad I_{pS} = \pi a b (a^2 + b^2)/4$$
$$I_b = \pi a^3 b/4 = F a^2/4; \qquad = F (a^2 + b^2)/4.$$

Ellipsenabschnitt (Abb. 145). *Schwerpunkt.* Die Begrenzungsgerade AB des Abschnittes sei zu einer Ellipsenachse parallel. Es wird der Kreis konstruiert, welche die Ellipse in den Durchstoßpunkten P und Q derjenigen Achse berührt, welche senkrecht auf AB steht. Der Schwerpunkt des Ellipsenabschnittes ABP fällt mit dem Schwerpunkt des Kreisabschnittes CDP zusammen (vgl. S. 121). Falls AB zur kleinen Achse parallel ist, liegt der Ellipsenabschnitt im Innern des Kreisabschnittes.

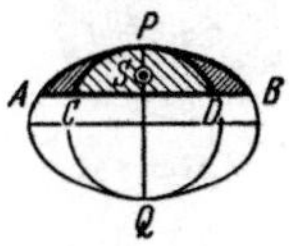

Abb. 145

Parabelfläche (Abb. 146). Die Bedeutung von a und b sind in der Abb. angegeben. *Flächeninhalt.* $F = 4ab/3$. Der *Schwerpunkt* liegt auf der x-Achse und hat die Koordinate

$$x_s = 3a/5.$$

Trägheitsmomente.

$$I_x = 4ab^3/15 = Fb^2/5,$$
$$I_y = 4a^3b/7 = 3Fa^2/7,$$
$$I_z = 32a^3b/105 = 8Fa^2/35;$$
$$I_{pS} = 16a^3b/175 = 12Fa^2/175.$$

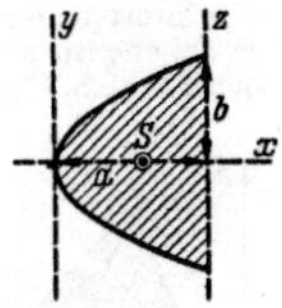

Abb. 146

Halbe Parabelfläche (Abb. 147). Der *Schwerpunkt* S der inneren Fläche hat die Koordinaten

$$x_s = 3a/5, \quad y_s = 3b/8;$$

bei der äußeren Fläche ($\bar{S}$) wird

$$\bar{x}_s = 3a/10, \quad \bar{y}_s = 3b/4.$$

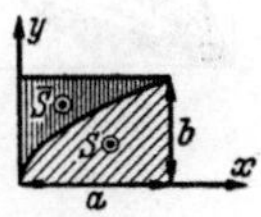

Abb. 147

3. Formeln für Polyeder

a) Formeln für den Würfel und das Rechtkant

Würfel. a = Seitenlänge. *Volumen.* $V = a^3$. Der *Schwerpunkt* S liegt im Mittelpunkt. *Trägheitsmomente.* Die drei Achsen liegen entsprechend wie bei dem Rechtkant (Abb. 148). $I_x = I_y = I_z = a^5/6 = Va^2/6$; $I_{pS} = a^5/4 = Va^2/4$.

Rechtkant = Quader (Abb. 148). a, b, c = Seitenlängen. *Volumen.* $V = abc$. Der *Schwerpunkt* S liegt im Mittelpunkt. *Trägheitsmomente.* Die Achsen x, y, z gehen durch S und sind parallel zu den Seiten a, b, c.

$$I_x = abc\,(b^2 + c^2)/12 = V\,(b^2 + c^2)/12;$$

I_y und I_z ergeben sich durch zyklische Vertauschung von a, b, c.

$$I_{pS} = abc\,(a^2 + b^2 + c^2)/12 = V\,(a^2 + b^2 + c^2)/12.$$

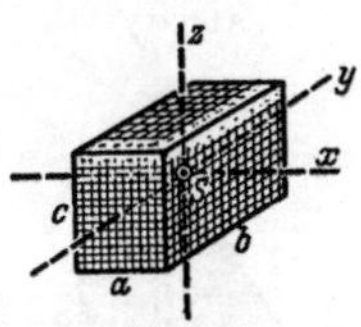

Abb. 148

b) Formeln für das Prisma

Gerades Prisma (Abb. 149). Die Grundfläche = untere Endfläche ist ein beliebiges Vieleck vom Inhalt F. Die Seitenflächen stehen senkrecht zur Grundfläche. Die obere Endfläche ist parallel zur Grundfläche; h = Höhe = Abstand der beiden Endflächen. *Volumen.* $V = hF$. Der *Schwerpunkt* S liegt in der Mitte der Verbindungslinie zwischen den Schwerpunkten der beiden parallelen Endflächen. *Trägheitsmomente.* Die z-Achse geht durch S und steht auf der Grundfläche senkrecht; die q-Achse geht durch S und ist zur Grundfläche parallel. Die Trägheitsmomente des mittleren Normalenschnittes in bezug auf S und q seien i_{pS} und i_q. Dann wird $I_z = h \cdot i_{pS}$, $I_q = h\,(h^2F + 12\,i_q)/12$.

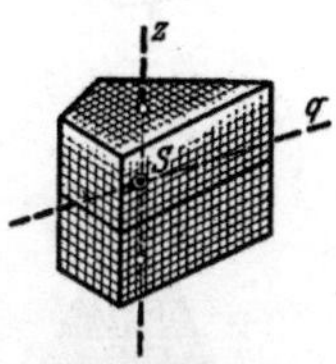

Abb. 149

Dreiseitiges gerades Prisma, schräg abgeschnitten (Abbildung 150). F = Inhalt der Grundfläche. *Volumen*

$$V = F\,(a + b + c)/3.$$

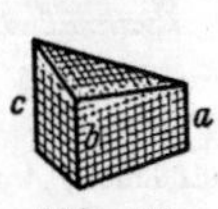

Abb. 150

Abb. 151

Schiefes Prisma (Abb. 151). Die Seitenflächen stehen schräg zur Grundfläche (mit dem Inhalt F), doch sind alle Seitenkanten parallel zueinander; h = Abstand der parallelen Endflächen. *Volumen.* $V = hF$. Der *Schwerpunkt* liegt in der Mitte der Verbindungslinie zwischen den Schwerpunkten der beiden Endflächen.

c) Formeln für die Pyramide

Allgemeines Tetraeder. Wenn $x_1 y_1 z_1$, $x_2 y_2 z_2$, $x_3 y_3 z_3$, $x_4 y_4 z_4$ die kartesischen Koordinaten der vier Eckpunkte P_1, P_2, P_3, P_4 eines beliebigen Tetraeders bei $l_x = l_y = l_z = 1$ cm sind, wird das Volumen V durch die erste der nachstehenden Determinanten in cm³ angegeben; V nimmt einen positiven oder negativen Wert an, je nachdem die Kanten P_1P_2, P_1P_3, P_1P_4 ebenso zueinander liegen wie die positiven Richtungen der x-, y- und z-Achse oder nicht (vgl. S. 133). Wenn die vierte Ecke im Koordinatenanfangspunkt liegt ($x_4 = y_4 = z_4 = 0$), wird das Volumen durch die zweite der nachstehenden Determinanten angegeben; bei einem rechtshändigen Koordinatensystem wird das Vorzeichen positiv oder negativ, je nachdem bei dem Umlauf des äußeren Dreiecks im Drehsinn $P_1 P_2 P_3$ dessen Fläche zur Linken oder zur Rechten liegt (wobei man sich auf dem Körper stehend zu denken hat, Abb. 152).

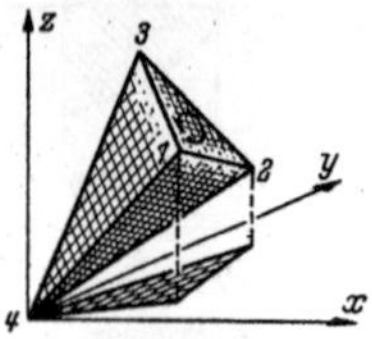

Abb. 152

$$V = \frac{1}{6}\begin{vmatrix} 1 & x_1 & y_1 & z_1 \\ 1 & x_2 & y_2 & z_2 \\ 1 & x_3 & y_3 & z_3 \\ 1 & x_4 & y_4 & z_4 \end{vmatrix} = \frac{-1}{6}\begin{vmatrix} x_1 & y_1 & z_1 & 1 \\ x_2 & y_2 & z_2 & 1 \\ x_3 & y_3 & z_3 & 1 \\ x_4 & y_4 & z_4 & 1 \end{vmatrix} \quad \text{bzw.} \quad V = \frac{1}{6}\begin{vmatrix} x_1 & y_1 & z_1 \\ x_2 & y_2 & z_2 \\ x_3 & y_3 & z_3 \end{vmatrix}.$$

Für $V = O$ würden die vier Eckpunkte auf einer Ebene liegen.

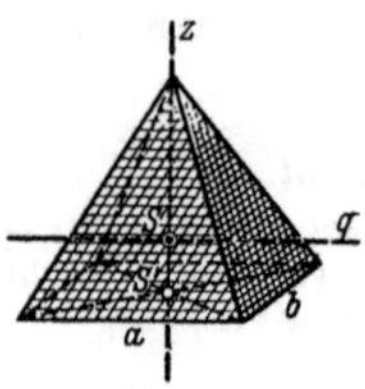

Abb. 153

Rechtwinklige Pyramide (Abb. 153). Die Grundfläche ist ein Rechteck mit den Seiten a und b. Die Höhe h ist im Schwerpunkt S' der Grundfläche errichtet. *Volumen.* $V = abh/3$. Der *Schwerpunkt* liegt auf der Höhe, und zwar um $h/4$ von der Grundfläche entfernt. *Trägheitsmomente.* Die z-Achse geht durch die Höhe; die q-Achse geht durch S und ist parallel zur Seite a.

$$I_z = abh\,(a^2 + b^2)/60 = V\,(a^2 + b^2)/20,$$

$$I_q = abh\,(4b^2 + 3h^2)/240 = V\,(4b^2 + 3h^2)/80.$$

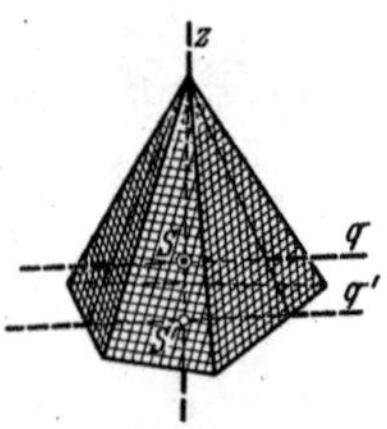

Abb. 154

Gerade Pyramide (Abb. 154). Die Grundfläche ist ein beliebiges Vieleck vom Inhalt F. Die Höhe h ist im Schwerpunkt S' der Grundfläche errichtet. *Volumen.* $V = hF/3$. Der *Schwerpunkt* S liegt auf der Höhe, und zwar um $h/4$ von der Grundfläche entfernt. *Trägheitsmomente.* Die z-Achse geht durch die Höhe; die q-Achse geht durch S und ist parallel zur Grundfläche. Die Trägheitsmomente der Grundfläche in bezug auf den Schnittpunkt S' mit der z-Achse und in bezug auf die Projektion q' der q-Achse seien i_{pz} und i_q. Dann wird

$$I_z = h i_{pz}/5, \quad I_q = h\,(h^2 F + 16 i_q)/80.$$

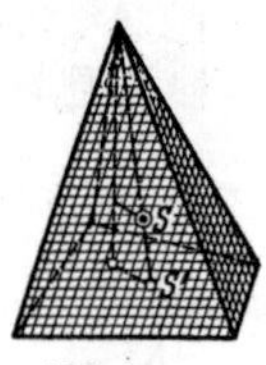

Abb. 155

Allgemeine Pyramide (Abb. 155). Die Grundfläche ist ein beliebiges Vieleck vom Inhalt F. Die Höhe h ist in einem beliebigen Punkt der Grundebene errichtet. *Volumen.* $V = hF/3$. Der *Schwerpunkt* S liegt auf der Verbindungsgeraden der Spitze mit dem Schwerpunkt S' der Grundfläche, und zwar um $h/4$ von der Grundfläche entfernt.

Abgestumpfte Pyramide (Abb. 156). Sie entsteht, indem die Spitze der allgemeinen Pyramide durch eine zur Grundfläche parallele Ebene abgeschnitten wird. h = Höhe = Abstand der unteren und der oberen Endfläche. F und f = Inhalte der beiden Endflächen; A und a = zwei zugehörige, einander entsprechende Kanten der Endflächen. *Volumen.* $V = h\,(F + \sqrt{Ff} + f)/3 = hF\,(A^2 + Aa + a^2)/3A^2$. *Schwerpunkt.* Die (abgeschnittene) Spitze und die Schwerpunkte der beiden parallelen Endflächen liegen auf einer Geraden; der Schwerpunkt S des Pyramidenstumpfes liegt ebenfalls auf dieser Geraden und hat von der Grundfläche F den Abstand:

$$z_s = h\,(F + 2\sqrt{Ff} + 3f)\,/\,4\,(F + \sqrt{Ff} + f).$$

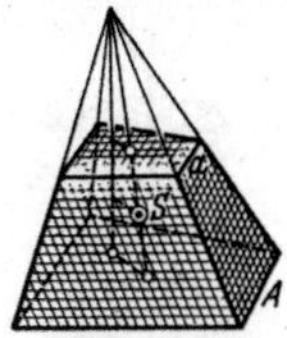

Abb. 156

d) Formeln für den Keil und den Obelisk

Keil (Abb. 157). Die Grundfläche des Keils ist ein Rechteck mit den Seiten a und b. Die obere Kante a_1 ist parallel zur Seite a und hat von der Grundfläche den Abstand h. *Volumen.* $V = bh\,(2a + a_1)/6$. Der *Schwerpunkt* liegt auf der Verbindungsgeraden der Mitte der oberen Kante und dem Schwerpunkt der Grundfläche und besitzt von der letzteren den Abstand $z_s = h\,(a + a_1)/2\,(2a + a_1)$.

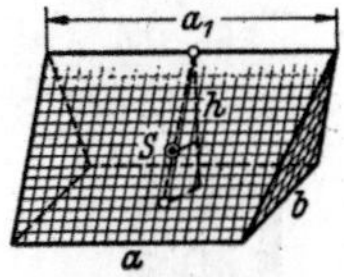

Abb. 157

Obelisk (Abb. 158). Der Obelisk ist ein Keil, dessen oberer Teil durch eine zur Grundfläche parallele Ebene abgeschnitten ist; a, b Seitenlängen des unteren, a_1 und b_1 = Seitenlängen des oberen Rechtecks; h = Abstand zwischen der Grundfläche und der oberen Endfläche. *Volumen.* $V = h\,(2ab + a_1 b + a b_1 + 2a_1 b_1)/6$. Der *Schwerpunkt* liegt auf der Verbindungslinie der Schwerpunkte der beiden parallelen Begrenzungsflächen und hat von der Grundfläche den Abstand:

$$z_s = \frac{h}{2} \cdot \frac{ab + ab_1 + a_1 b + 3a_1 b_1}{2ab + ab_1 + a_1 b + 2a_1 b_1}.$$

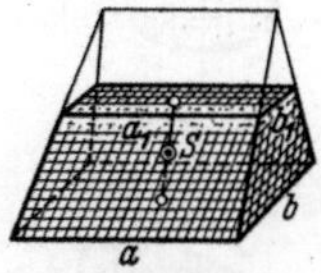

Abb. 158

e) Eulerscher Polyedersatz

Ein Polyeder ist ein von ebenen Flächen begrenzter Körper. Ein Polyeder heißt konvex, wenn die Winkel benachbarter Begrenzungsebenen, im Innern des Körpers gemessen, sämtlich kleiner als 180° sind. Die vorher behandelten Polyeder sind also sämtlich konvex; Abb. 159 zeigt ein nicht konvexes Polyeder, welches in der Mitte ein „Loch" besitzt. Satz von Euler: Ist E die Anzahl der Ecken, F die Anzahl der Flächen und K die Anzahl der Kanten eines konvexen Polyeders, so ist $E + F - K = 2$. Bei einem nicht konvexen Polyeder kann sich auch ein anderer Zahlenwert ergeben; in Abb. 159 wird z. B. $E = 16$, $F = 16$, $K = 32$.

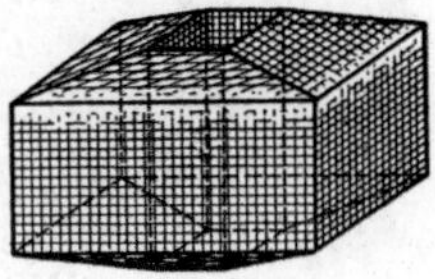
Abb. 159

f) Reguläre konvexe Polyeder

Unter einem regulären Polyeder versteht man einen Körper, dessen Oberfläche aus kongruenten regelmäßigen Vielecken besteht und an dessen sämtlichen Ecken die gleiche Anzahl Vielecke zusammenstoßen. Es gibt nur 5 reguläre konvexe Polyeder:

Körper	begrenzt von:	E	F	K	R	r	V
Tetraeder:	4 gleichseitigen Dreiecken	4	4	6	$a\sqrt{6}/4$	$a\sqrt{6}/12$	$a^3\sqrt{2}/12$
Würfel:	6 Quadraten	8	6	12	$a\sqrt{3}/2$	$a/2$	a^3
Oktaeder:	8 gleichseitigen Dreiecken	6	8	12	$a\sqrt{2}/2$	$a\sqrt{6}/6$	$a^3\sqrt{2}/3$
Dodekaeder:	12 regelmäßigen Fünfecken	20	12	20	—	—	—
Ikosaeder:	20 gleichseitigen Dreiecken	12	20	20	—	—	—

R = Radius der umbeschriebenen, r = Radius der einbeschriebenen Kugel; V = Volumen; bei den beiden letzten Körpern ergeben sich etwas kompliziertere Wurzelausdrücke.

4. Formeln für Körper mit krummen Oberflächen

a) Formeln für den Zylinder

Gerader Kreiszylinder (Abb. 160). Der Kreiszylinder sei durch zwei parallele Endflächen vom Abstand h begrenzt, die senkrecht auf der Zylinderachse stehen. r = Zylinderradius. *Volumen.* $V = \pi r^2 h$. *Mantel* (ohne Endflächen): $M = 2\pi r h$.

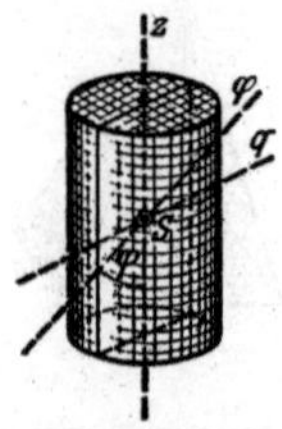

Abb. 160

Oberfläche (mit beiden Endflächen): $O = 2\pi\,(r + h)$. Der *Schwerpunkt* S liegt in der Mitte der Zylinderachse. *Trägheitsmomente.*

$$I_z = \pi r^4 h/2 = V\,r^2/2.$$

Die Gerade q geht durch den Schwerpunkt S und steht senkrecht auf der Zylinderachse z.

$$I_q = \pi r^2 h\,(3r^2 + h^2)/12 = V\,(3r^2 + h^2)/12.$$

Für eine Gerade durch S, die mit der z-Achse den Winkel φ bildet, wird:

$$I_\varphi = \pi r^2 h \{\, 3r^2\,(1 + \cos^2\varphi) + h^2 \sin^2\varphi \,\}/12.$$

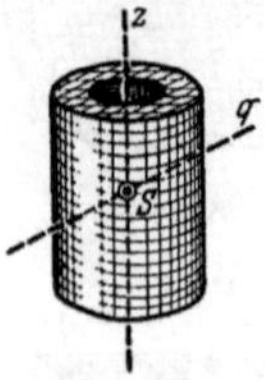

Abb. 161

Hohlzylinder (Abb. 161). Begrenzung wie eben. R = Außenradius, r = Innenradius, h = Höhe. *Volumen.* $V = \pi h\,(R^2 - r^2)$. *Trägheitsmomente.* Die z- und q-Achse sind wie eben definiert.

$$I_z = \pi h\,(R^4 - r^4)/2 = V\,(R^2 + r^2)/2,$$

$$I_q = \pi h\,(R^2 - r^2)\,(3R^2 + 3r^2 + h^2)/12$$

$$= V\,(3R^2 + 3r^2 + h^2)/12.$$

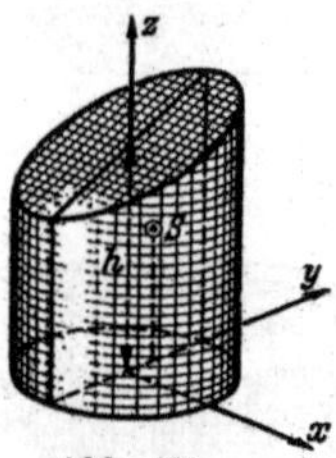

Abb. 162

Gerader Kreiszylinder, schräg abgeschnitten (Abb. 162). r = Radius des Grundkreises, h = Länge der Mittelachse des Zylinders, α = Neigungswinkel der schrägen Schnittfläche gegen die Grundfläche. *Volumen.* $V = \pi r^2 h$. *Mantel* (ohne Endflächen): $M = 2\pi r h$. *Schwerpunkt.* Es sei die y-z-Ebene die Symmetrieebene des Körpers; dann hat der Schwerpunkt die Koordinaten

$$x_s = 0, \quad y_s = (r^2 \operatorname{tg}\alpha)/4h, \quad z_s = (4h^2 + r^2 \operatorname{tg}^2\alpha)/8h.$$

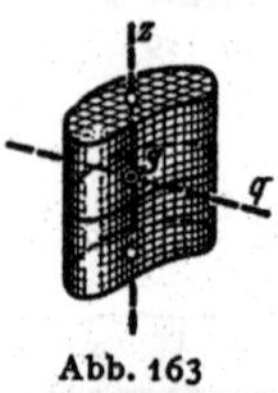

Abb. 163

Gerader Zylinder mit beliebiger Grundfläche (Abb. 163). h = Abstand der parallelen Endflächen, F = Inhalt der Grundfläche. *Volumen.* $V = F h$. Der *Schwerpunkt* S liegt in der Mitte der Verbindungslinie zwischen den Schwerpunkten der Endflächen. *Trägheitsmomente.* Definitionen und Formeln sind dieselben wie beim geraden Prisma (S. 129).

Abb. 164

Schiefer Zylinder mit beliebiger Grundfläche (Abb. 164). h = Abstand der parallelen Endflächen, F = Inhalt der Grundfläche. *Volumen.* $V = F h$. Der *Schwerpunkt* S liegt in der Mitte der Verbindungslinie zwischen den Schwerpunkten der Endflächen.

b) Formeln für den Kegel

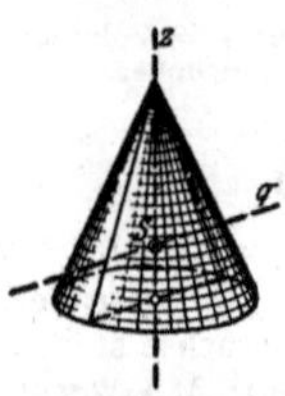

Abb. 165

Gerader Kreiskegel (Abb. 165). r = Radius des Grundkreises; die Höhe h geht durch den Mittelpunkt des Grundkreises und steht auf der Grundfläche senkrecht; $s = \sqrt{r^2 + h^2}$ = Kegelseite. *Volumen.* $V = \pi r^2 h/3$. Der *Schwerpunkt* S liegt auf der Kegelachse, und zwar um $h/4$ von der Grundfläche entfernt. *Trägheitsmomente.* Die Gerade q geht durch S und steht senkrecht auf der Kegelachse z.

$$I_z = \pi r^4 h/10 = 3\,V r^2/10,$$

$$I_q = \pi r^2 h\,(4r^2 + h^2)/80 = 3V\,(4r^2 + h^2)/80.$$

Mantel des geraden Kreiskegels. Definitionen wie eben. *Flächeninhalt* (ohne Grundfläche): $M = \pi r s$. Der *Schwerpunkt* S' liegt auf der Kegelachse, und zwar um $h/3$ von der Grundfläche entfernt. *Trägheitsmoment.* $I_z = \pi r^3 s/2 = M r^2/2$.

c) Formeln für die Kugel und das Ellipsoid

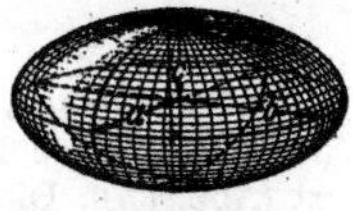

Abb. 166

Kugel. r = Radius, $d = 2r$ = Durchmesser. *Volumen.* $V = 4\pi r^3/3 = 4{,}189\, r^3 = \pi d^3/6 = 0{,}5236\, d^3$. *Oberfläche.* $O = 4\pi r^2 = \pi d^2$. *Trägheitsmoment.* Für jeden Durchmesser d ist $I_d = 8\pi r^5/15 = 2Vr^2/5$.

Ellipsoid (Abb. 166). a, b, c = Halbachsen. *Volumen.* $V = 4\pi\, abc/3$.

d) Formeln für Umdrehungskörper

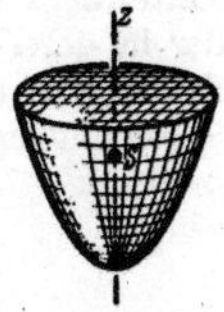

Abb. 167

Umdrehungsparaboloid (Abb. 167). Die Achse der erzeugenden Parabel ist zugleich die Umdrehungsachse z; die Begrenzungsebene (r = Kreisradius) steht senkrecht zur Umdrehungsachse; h = Abstand des Scheitelpunktes von der Begrenzungsebene. *Volumen.* $V = \pi r^2 h/2$. Der *Schwerpunkt* liegt auf der Rotationsachse z und hat den Abstand $h/3$ von der Begrenzungsebene.

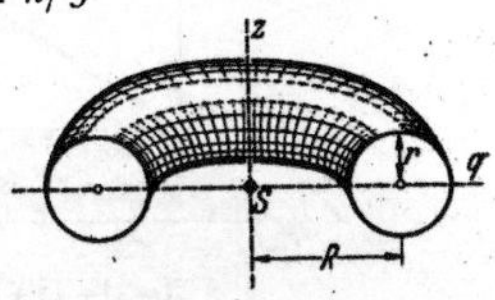

Abb. 168

Kreisringkörper (Abb. 168; sie zeigt nur den halben Kreisringkörper; die folgenden Formeln beziehen sich stets auf den *ganzen* Ringkörper). r = Radius des Erzeugungskreises, $R\,(> r)$ = Entfernung des Mittelpunktes des Erzeugungskreises von der Drehachse z.

Volumen. $V = 2\pi^2 Rr^2 = 19{,}74\, Rr^2$.

Oberfläche. $O = 4\pi^2 Rr = 39{,}48\, Rr$.

Der Schwerpunkt S liegt auf der z-Achse und wird durch die waagerechte Symmetrieebene des Kreisrings ausgeschnitten. *Trägheitsmomente.* Die q-Achse steht in S auf der z-Achse senkrecht.

$$I_z = \pi^2 Rr^2(4R^2 + 3r^2)/2 = V(4R^2 + 3r^2)/4,$$
$$I_q = \pi^2 Rr^2(4R^2 + 5r^2)/4 = V(4R^2 + 5r^2)/8.$$

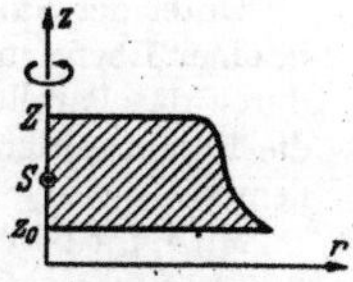

Abb. 169

Beliebiger Umdrehungskörper (Abb. 169). *Volumen.* Ist $r = r(z)$ die erzeugende Kurve und z die Drehachse, so wird $V = \pi\int r^2 dz$. Der *Schwerpunkt S* liegt auf der z-Achse und hat die Koordinate $z_s = (\pi\int z r^2 dz)/V$. Die Integrale sind dabei von z_0 bis Z zu erstrecken. Vgl. ferner die **Guldin'schen Regeln** S. 124.

VI. Analytische Geometrie

Die kartesischen Koordinaten in der Ebene und im Raum. In Abschnitt VI werden rechtwinklige Parallelkoordinaten vorausgesetzt, deren Längeneinheiten gleich dem gerade gewählten Längenmaß sind, z. B. $l_x = l_y = l_z = 1$ cm (vgl. S. 26). Sie werden als kartesische Koordinaten bezeichnet.

In der Ebene pflegt man die positiven Richtungen der x- und y-Achse so zu wählen, daß die positive x-Achse durch eine Drehung von 90°, welche dem Uhrzeigersinn entgegengesetzt ist, in die positive y-Achse überführt wird. Im Raum sind ebenfalls zwei Möglichkeiten gegeben, je nachdem die positiven Richtungen der x-, y- und z-Achse dieselbe Stellung zueinander haben wie Daumen, Zeigefinger und Mittelfinger entweder der rechten oder aber der linken Hand (*Rechtssystem* bzw. *Linkssystem*). In Deutschland ist das Rechtssystem allgemein üblich; in England wird dagegen das Linkssystem bevorzugt.

A. Vektorrechnung; Tensoren

Die Vektorrechnung ist um die Mitte des vorigen Jahrhunderts in England entwickelt worden; in Deutschland fand sie erst von 1900 an allgemeine Verbreitung. Durch diese Auffassungsweise wird eine derart einfache und übersichtliche Behandlungsweise der räumlichen Verhältnisse sowie der mechanischen und elektrischen Beziehungen gewonnen, daß heute die Vektorrechnung eine grundlegende Disziplin geworden ist, welche auch in der Technik überall mit Erfolg angewandt wird.

1. Vektoralgebra

a) Grundlagen. Ein Vektor $\mathfrak{A}$ ist eine Strecke, die vom Koordinatenanfangspunkt nach dem Punkt mit den Koordinaten $x = A_x$, $y = A_y$, $z = A_z$ gerichtet ist (Abb. 170). Die Größen A_x, A_y, A_z heißen die *Komponenten des Vektors*. Zum Unterschied von den reinen Zahlgrößen (die man auch als *Skalare* bezeichnet) werden die Vektoren mit deutschen Buchstaben geschrieben.

Unter dem *Produkt einer Zahl λ mit einem Vektor* $\mathfrak{A}$ versteht man einen Vektor $\mathfrak{C}$, der in derselben Geraden wie der Vektor $\mathfrak{A}$ liegt, dessen Länge aber λ-mal so groß ist; d. h. der Vektor $\mathfrak{C} = \lambda\mathfrak{A}$ soll die Komponenten $C_x = \lambda A_x$, $C_y = \lambda A_y$, $C_z = \lambda A_z$ haben. Für negatives λ kehrt sich die Richtung des Vektors um.

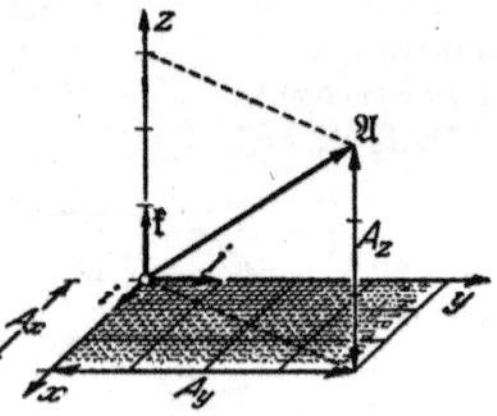

$\mathfrak{A} = 3\mathfrak{i} + 4\mathfrak{j} + 3\mathfrak{k}$

Abb. 170

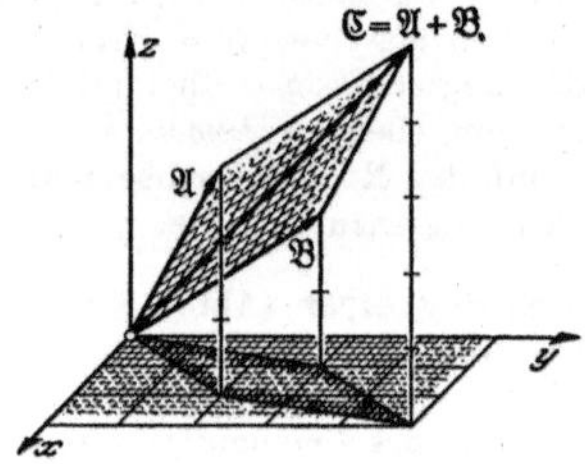

Abb. 171

Unter der *Summe zweier Vektoren* $\mathfrak{A}$ und $\mathfrak{B}$ wird ein Vektor $\mathfrak{C}$ verstanden, der in einer Ebene mit den Vektoren $\mathfrak{A}$ und $\mathfrak{B}$ liegt und dessen Richtung und Größe durch das Parallelogramm der Kräfte gefunden wird (Abb. 171). Wenn $\mathfrak{A}$ und $\mathfrak{B}$ die Komponenten A_x, A_y, A_z und B_x, B_y, B_z haben, hat $\mathfrak{C} = \mathfrak{A} + \mathfrak{B}$ die Komponenten $C_x = A_x + B_x$, $C_y = A_y + B_y$, $C_z = A_z + B_z$.

Mit $\mathfrak{i}$, $\mathfrak{j}$, $\mathfrak{k}$ bezeichnet man die drei *Grundvektoren*, die nach den Einheitspunkten $x = 1$, $y = 1$, $z = 1$ der drei Achsen gerichtet sind (Abb. 170). Entsprechend den angegebenen Definitionen kann man den Vektor $\mathfrak{A}$ in der Form $\mathfrak{A} = A_x\mathfrak{i} + A_y\mathfrak{j} + A_z\mathfrak{k}$ schreiben. Ferner wird:

Vielfaches eines Vektors	$\lambda\mathfrak{A} = \lambda(A_x\mathfrak{i} + A_y\mathfrak{j} + A_z\mathfrak{k}) = \lambda A_x\mathfrak{i} + \lambda A_y\mathfrak{j} + \lambda A_z\mathfrak{k}.$

Summe und Differenz zweier Vektoren	$\mathfrak{A} \pm \mathfrak{B} = (A_x\mathfrak{i} + A_y\mathfrak{j} + A_z\mathfrak{k}) \pm (B_x\mathfrak{i} + B_y\mathfrak{j} + B_z\mathfrak{k})$ $= (A_x \pm B_x)\,\mathfrak{i} + (A_y \pm B_y)\,\mathfrak{j} + (A_z \pm B_z)\,\mathfrak{k}.$

Die *Länge oder der Absolutbetrag* des Vektors $\mathfrak{A}$ ist durch $|\mathfrak{A}| = A = \sqrt{A_x^2 + A_y^2 + A_z^2}$ gegeben. Wenn α, β, γ die drei Winkel sind, welche die durch den Vektor angegebene Richtung mit der positiven x-, y- und z-Achse bildet, wird $\cos\alpha = A_x : A$, $\cos\beta = A_y : A$, $\cos\gamma = A_z : A$ und $\cos^2\alpha + \cos^2\beta + \cos^2\gamma = 1$ (*Richtungskosinus*). Der Vektor von der Länge 1 (*Einheitsvektor*), der die Richtung des Vektors $\mathfrak{A}$ hat, ist durch $\mathfrak{A}^\circ = \mathfrak{A} : A$ gegeben; die Komponenten von $\mathfrak{A}^\circ$ sind die drei Richtungskosinus.

b) Inneres Produkt. Unter dem *inneren* (*oder skalaren*) *Produkt* $\mathfrak{A}\mathfrak{B}$ zweier Vektoren $\mathfrak{A}$ und $\mathfrak{B}$ versteht man eine Zahl = Skalar, und zwar das Produkt der beiden Vektorlängen, multipliziert mit dem Cosinus des Winkels ω, der von den beiden Vektoren gebildet wird. Es läßt sich durch:

Inneres Produkt	$\mathfrak{A}\mathfrak{B} = A\,B\cos\omega = A_x B_x + A_y B_y + A_z B_z$

berechnen. Der Ausdruck $A_x B_x + A_y B_y + A_z B_z$ wird auch als *Bilinearform* bezeichnet, weil es in den beiden Variabelnreihen A_x, A_y, A_z und B_x, B_y, B_z linear ist. Es wird:

$$\mathfrak{A}\mathfrak{B} = \mathfrak{B}\mathfrak{A}, \quad \mathfrak{A}(\mathfrak{B}+\mathfrak{C}) = \mathfrak{A}\mathfrak{B} + \mathfrak{A}\mathfrak{C}, \quad (\lambda\mathfrak{A})\mathfrak{B} = \lambda\cdot\mathfrak{A}\mathfrak{B}.$$

$$\mathfrak{i}^2 = \mathfrak{j}^2 = \mathfrak{k}^2 = 1, \qquad \mathfrak{i}\mathfrak{j} = \mathfrak{j}\mathfrak{k} = \mathfrak{k}\mathfrak{i} = 0.$$

Zwei Vektoren stehen dann und nur dann aufeinander senkrecht, wenn ihr inneres Produkt verschwindet. Das *Quadrat eines Vektors* ist gleich dem Quadrat seiner Länge:

$$\mathfrak{A}\mathfrak{A} = \mathfrak{A}^2 = A_x^2 + A_y^2 + A_z^2 = A^2.$$

c) Äußeres Produkt. Unter dem äußeren (*oder vektoriellen*) *Produkt* zweier Vektoren $\mathfrak{A}$ und $\mathfrak{B}$ wird ein Vektor $\mathfrak{C}$ verstanden, welcher auf der Ebene, die durch $\mathfrak{A}$ und $\mathfrak{B}$ bestimmt ist, senkrecht steht; die Maßzahl der Länge des Vektors soll gleich dem Inhaltsmaß des durch $\mathfrak{A}$ und $\mathfrak{B}$ bestimmten Parallelogrammes sein (Abb. 172); die Richtung des Vektors wird so gewählt, daß $\mathfrak{A}$, $\mathfrak{B}$, $\mathfrak{C}$ dieselbe Stellung zueinander haben wie Daumen ($\mathfrak{A}$), Zeigefinger ($\mathfrak{B}$) und Mittelfinger ($\mathfrak{C}$) der rechten Hand, d. h. also wie die positiven Richtungen der x-, y- und z-Achse (S. 133). Dann wird:

Äußeres Produkt	$\mathfrak{A}\times\mathfrak{B} = \mathfrak{i}(A_y B_z - A_z B_y) + \mathfrak{j}(A_z B_x - A_x B_z) + \mathfrak{k}(A_x B_y - A_y B_x) = \begin{vmatrix} \mathfrak{i} & \mathfrak{j} & \mathfrak{k} \\ A_x & A_y & A_z \\ B_x & B_y & B_z \end{vmatrix}.$

Es ergibt sich:

$$\mathfrak{A}\times\mathfrak{B} = -\mathfrak{B}\times\mathfrak{A}, \quad \mathfrak{A}\times(\mathfrak{B}+\mathfrak{C}) = \mathfrak{A}\times\mathfrak{B} + \mathfrak{A}\times\mathfrak{C}, \quad (\lambda\mathfrak{A})\times\mathfrak{B} = \lambda(\mathfrak{A}\times\mathfrak{B}).$$

$$\mathfrak{i}\times\mathfrak{j} = \mathfrak{k}, \quad \mathfrak{j}\times\mathfrak{k} = \mathfrak{i}, \quad \mathfrak{k}\times\mathfrak{i} = \mathfrak{j}; \quad \mathfrak{i}\times\mathfrak{i} = \mathfrak{j}\times\mathfrak{j} = \mathfrak{k}\times\mathfrak{k} = 0.$$

Man beachte, daß $\mathfrak{A}\times\mathfrak{B} \neq \mathfrak{B}\times\mathfrak{A}$ und $\mathfrak{A}\times\mathfrak{A} = 0$ ist.

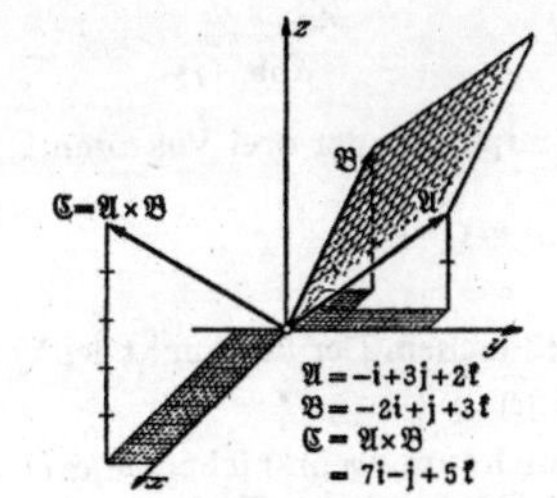

Abb. 172

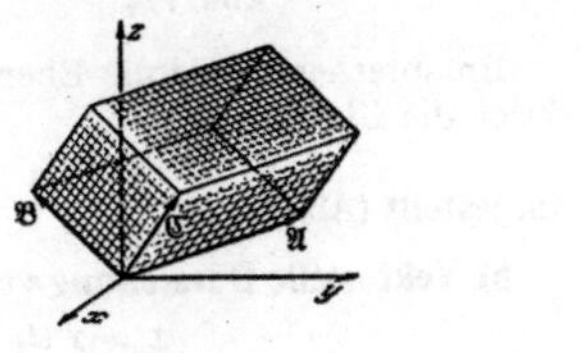

Abb. 173

Der Skalar $\mathfrak{A}(\mathfrak{B}\times\mathfrak{C})$ stellt den Inhalt des Parallelepipedons dar, das durch die drei Vektoren $\mathfrak{A}$, $\mathfrak{B}$, $\mathfrak{C}$ bestimmt ist (Abb. 173); im Fall eines Rechtskoordinatensystems x, y, z wird der Inhalt positiv oder negativ angegeben, je nachdem die drei Vektoren $\mathfrak{A}$, $\mathfrak{B}$, $\mathfrak{C}$ in der angegebenen Reihenfolge ein Rechts- oder ein Linkssystem bilden. Es wird:

$$\mathfrak{A}(\mathfrak{B}\times\mathfrak{C}) = \mathfrak{B}(\mathfrak{C}\times\mathfrak{A}) = \mathfrak{C}(\mathfrak{A}\times\mathfrak{B}) = \begin{vmatrix} A_x A_y A_z \\ B_x B_y B_z \\ C_x C_y C_z \end{vmatrix}$$

(die Buchstaben sind zyklisch vertauscht).

d) Anschließende Bemerkungen. Vektoren, die von einem festen Raumpunkte ausgehen, werden als *gebundene Vektoren* bezeichnet. In der Mechanik treten auch *freie Vektoren* auf, die ohne Änderung von Richtung und Größe beliebig im Raume verschoben werden dürfen; die besprochenen Begriffe behalten dabei ihre Gültigkeit.

Vektoren in einer Ebene werden in derselben Weise wie im Raume definiert, nur fehlen überall die $\mathfrak{k}$-Komponenten: $\mathfrak{A} = x\mathfrak{i} + y\mathfrak{j}$. Die *komplexen Zahlen* (S. 45) lassen sich als Vektoren auffassen, die von dem Nullpunkt der *Gauß*schen Zahlebene nach dem zugehörigen Zahlpunkt gerichtet sind; jedoch wird hierbei die Multiplikation abweichend von den Festsetzungen der Vektorrechnung definiert. Eine Zusammenfassung der beiden Standpunkte wird durch die *Quaternionenrechnung* vollzogen, die besonders in England gepflegt wird.

2. Geometrische Anwendungen

a) Vektorielle Darstellung von geraden Linien und Ebenen. Die Vektoralgebra erweist sich als vorzügliches Hilfsmittel zur Beherrschung der geometrischen Beziehungen. Die gerade Linie durch die Endpunkte der beiden Vektoren $\mathfrak{x}_1 = x_1\,\mathfrak{i} + y_1\,\mathfrak{j} + z_1\,\mathfrak{k}$ und $\mathfrak{x}_2 = x_2\,\mathfrak{i} + y_2\,\mathfrak{j} + z_2\,\mathfrak{k}$ (Abb. 174) hat die Gleichung:

$$\mathfrak{x} = x\,\mathfrak{i} + y\,\mathfrak{j} + z\,\mathfrak{k} = \mathfrak{x}_1 + t\,(\mathfrak{x}_2 - \mathfrak{x}_1).$$

Der Vektor $\mathfrak{A} = \mathfrak{x}_2 - \mathfrak{x}_1$ ist nämlich der Verbindungslinie der beiden Punkte parallel ($\mathfrak{x}_2 = \mathfrak{A} + \mathfrak{x}_1$), so daß der Endpunkt von $\mathfrak{x}$ bei Abänderung des skalaren Parameters t auf der gesuchten Geraden gleiten muß. Durch Zerlegung der Vektorgleichung in die zugehörigen skalaren Gleichungen folgt:

$$x = x_1 + t(x_2 - x_1), \quad y = y_1 + t(y_2 - y_1), \quad z = z_1 + t(z_2 - z_1).$$

Der Durchstoßpunkt durch die x-y-Ebene ist durch $z = z_1 + t(z_2 - z_1) = 0$ gegeben; die zugehörigen Werte von x und y erhält man, wenn man den hieraus folgenden Wert von t in die Gleichungen für x und y einsetzt.

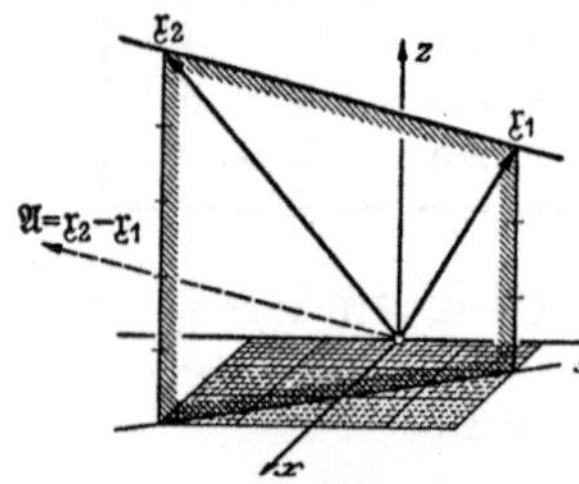

Abb. 174

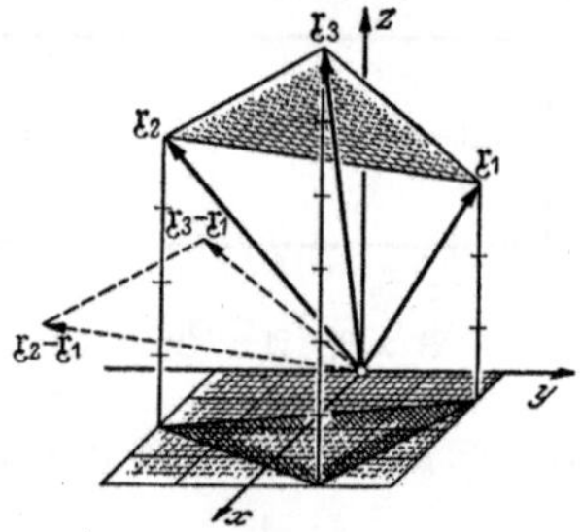

Abb. 175

Entsprechend wird die Ebene durch die Endpunkte der drei Vektoren $\mathfrak{x}_1, \mathfrak{x}_2, \mathfrak{x}_3$ durch die Gleichung:

$$\mathfrak{x} = \mathfrak{x}_1 + u\,(\mathfrak{x}_2 - \mathfrak{x}_1) + v(\mathfrak{x}_3 - \mathfrak{x}_1)$$

dargestellt (Abb. 175).

b) Vektorielle Darstellung von Kurven und Flächen. Der Endpunkt des Vektors:

$$\mathfrak{x} = \mathfrak{x}\,(t) = x\,(t)\cdot\mathfrak{i} + y\,(t)\cdot\mathfrak{j} + z\,(t)\cdot\mathfrak{k}$$

gleitet bei veränderlichem t auf einer Kurve im Raum, wenn nicht alle drei Funktionen $x\,(t)$, $y\,(t)$, $z\,(t)$ zu Konstanten ausarten. Der *abgeleitete Vektor*:

$$\boxed{\mathfrak{x}' = \frac{d\mathfrak{x}}{dt} = \frac{dx}{dt}\mathfrak{i} + \frac{dy}{dt}\mathfrak{j} + \frac{dz}{dt}\mathfrak{k}}$$

ist parallel zu der Tangente der Raumkurve in dem betrachteten Punkte t, so daß die Gleichung dieser Tangente $\mathfrak{t} = \mathfrak{x} + \varkappa\,\frac{d\mathfrak{x}}{dt}$ ist. Es wird:

$$\frac{d}{dt}(\mathfrak{A} + \mathfrak{B}) = \frac{d\mathfrak{A}}{dt} + \frac{d\mathfrak{B}}{dt}, \qquad \frac{d}{dt}(\mathfrak{A}\mathfrak{B}) = \frac{d\mathfrak{A}}{dt}\mathfrak{B} + \mathfrak{A}\frac{d\mathfrak{B}}{dt}.$$

Bei einer ebenen Kurve, welche in der x-y-Ebene liegt, werden in diesen Gleichungen alle z-Komponenten gleich Null.

Der Endpunkt des Vektors:

$$\mathfrak{x} = \mathfrak{x}(u, v) = x(u, v)\cdot\mathfrak{i} + y(u, v)\cdot\mathfrak{j} + z(u, v)\cdot\mathfrak{k}$$

bewegt sich auf einer Fläche, wenn seine Komponenten wirklich von zwei Veränderlichen u und v abhängen (die Gleichung $\mathfrak{x} = (u + v)\,\mathfrak{i} + (u + v)^2\,\mathfrak{j} + \mathfrak{k}$ ergibt z. B. nur eine Kurve!). Die Vektoren:

$$\frac{\partial \mathfrak{x}}{\partial u} = \frac{\partial x}{\partial u}\mathfrak{i} + \frac{\partial y}{\partial u}\mathfrak{j} + \frac{\partial z}{\partial u}\mathfrak{k} \quad \text{und:} \quad \frac{\partial \mathfrak{x}}{\partial v} = \frac{\partial x}{\partial v}\mathfrak{i} + \frac{\partial y}{\partial v}\mathfrak{j} + \frac{\partial z}{\partial v}\mathfrak{k}$$

sind parallel zu der Tangentialebene der Fläche in dem betrachteten Punkte u, v, so daß die Gleichung dieser Tangentialebene $\mathfrak{X} = \mathfrak{x} + \varkappa \frac{\partial \mathfrak{x}}{\partial u} + \lambda \frac{\partial \mathfrak{x}}{\partial v}$ wird.

Vgl. die Anwendungen in der analytischen Geometrie (S. 146) und in der Differentialgeometrie (S. 152 u. 153). Vgl. ferner die Anwendungen in der Mechanik (S. 160); wenn $\mathfrak{r} = \mathfrak{r}(t)$ die Bahn eines Massepunktes in Abhängigkeit von der Zeit t ist, stellt $\mathfrak{v} = \frac{d\mathfrak{r}}{dt}$ den *Geschwindigkeitsvektor* und $\mathfrak{b} = \frac{d^2\mathfrak{r}}{dt^2}$ den *Beschleunigungsvektor* dar.

3. Vektorfelder

a) Skalare und vektorielle Felder. Wenn jedem Raumpunkt x, y, z durch die Funktion $\varphi = \varphi(x, y, z)$ eine feste Zahl zugeordnet wird, spricht man von einem *skalaren Felde.* Die Flächen $\varphi = \text{Const.}$ heißen *Schichtflächen* oder auch *Niveauflächen* des Feldes.

Wenn der Vektor $\mathfrak{A}$ eine Funktion von x, y, z ist: $\mathfrak{A} = \mathfrak{A}(x, y, z)$, wird jedem Raumpunkt ein bestimmter Vektor zugeordnet, den man sich in diesem Fall von dem betreffenden Raumpunkt ausgehend denkt. Diese *Vektorfelder* dienen zur Darstellung der elektrischen und magnetischen Felder sowie der Flüssigkeits- und Luftströmungen. In den beiden letzten Fällen stellt der Vektor an jeder Stelle die Geschwindigkeit des betreffenden Teilchens nach Größe und Richtung dar. Die Kurven, die in jedem Punkt die Richtung des zugehörigen Vektors haben, heißen *Strom- oder Feldlinien*; sie sind durch $dx : dy : dz = A_x : A_y : A_z$ bestimmt (man beachte, daß $A_x, A_y A_z$ die Komponenten des Vektors bedeuten und nicht etwa partielle Ableitungen).

b) Der Gradient eines skalaren Feldes. Aus einem skalaren Feld $\varphi(x, y, z)$ läßt sich durch:

$$\operatorname{grad} \varphi = \frac{\partial \varphi}{\partial x}\mathfrak{i} + \frac{\partial \varphi}{\partial y}\mathfrak{j} + \frac{\partial \varphi}{\partial z}\mathfrak{k} = \mathfrak{G}(x, y, z)$$

ein Vektorfeld ableiten. Umgekehrt heißt φ das *Potential* des Vektorfeldes $\mathfrak{G}$. Die Stromlinien von $\mathfrak{G}$ durchsetzen senkrecht die Schichtflächen von φ. Der Ausdruck:

$$(\operatorname{grad} \varphi)^2 = \left(\frac{\partial \varphi}{\partial x}\right)^2 + \left(\frac{\partial \varphi}{\partial y}\right)^2 + \left(\frac{\partial \varphi}{\partial z}\right)^2$$

wird als *Differentialparameter erster Ordnung* bezeichnet. Es wird:

$\operatorname{grad}(C\varphi) = C \cdot \operatorname{grad} \varphi$ $(C = \text{Const.})$, $\operatorname{grad}(\varphi \cdot \psi) = \varphi \operatorname{grad} \psi + \psi \operatorname{grad} \varphi$,

$\operatorname{grad}(\varphi + \psi) = \operatorname{grad} \varphi + \operatorname{grad} \psi$; $\operatorname{grad} F(\varphi) = F'(\varphi) \cdot \operatorname{grad} \varphi$.

c) Die Divergenz eines vektoriellen Feldes. Als Divergenz des Vektorfeldes $\mathfrak{A}$ wird das skalare Feld:

$$\operatorname{div} \mathfrak{A} = \frac{\partial A_x}{\partial x} + \frac{\partial A_y}{\partial y} + \frac{\partial A_z}{\partial z}$$

bezeichnet. Es wird:

$$\operatorname{div}(\mathfrak{A} + \mathfrak{B}) = \operatorname{div} \mathfrak{A} + \operatorname{div} \mathfrak{B},$$

$$\begin{aligned}\operatorname{div}(\varphi \mathfrak{A}) &= \varphi \cdot \operatorname{div} \mathfrak{A} + (\operatorname{grad} \varphi)\, \mathfrak{A} \\ &= \varphi \left(\frac{\partial A_x}{\partial x} + \frac{\partial A_y}{\partial y} + \frac{\partial A_z}{\partial z}\right) + \left(A_x \frac{\partial \varphi}{\partial x} + A_y \frac{\partial \varphi}{\partial y} + A_z \frac{\partial \varphi}{\partial z}\right).\end{aligned}$$

Wenn man den Vektor $\mathfrak{A}$ in jedem Raumpunkt x, y, z als Geschwindigkeitsvektor einer strömenden inkompressiblen Flüssigkeit von der Dichte 1 auffaßt, strömt in ein Raumelement $dx \cdot dy \cdot dz$, das an der festen Stelle x, y, z liegt, im allgemeinen während der Zeiteinheit nicht dieselbe Flüssigkeitsmenge ein, die während der gleichen Zeit wieder aus ihm abfließt. Der Überschuß an Flüssigkeit in der Zeiteinheit wird durch $\operatorname{div} \mathfrak{A} \cdot dx\, dy\, dz$ angegeben; man kann daher $\operatorname{div} \mathfrak{A}$ auch als *Quelldichte* auffassen. Dort, wo $\operatorname{div} \mathfrak{A}$ positiv ist, quillt gewissermaßen aus allen Raumpunkten zusätzliche Flüssigkeit hervor; dort, wo $\operatorname{div} \mathfrak{A}$ negativ ist, wird in jedem Raumpunkt Flüssigkeit aufgesogen.

Diejenigen Vektorfelder $\mathfrak{A}$, für die div $\mathfrak{A} = 0$ ist, werden als *quellenfrei* bezeichnet; trotzdem können auch hier an einzelnen singulären Stellen *Quellen* oder *Senken* auftreten. Ein Beispiel bildet das ebene Feld $\mathfrak{A} = (x\mathfrak{i} + y\mathfrak{j}) : (x^2 + y^2)$, für das div $\mathfrak{A} = 0$ ist; für $x = y = 0$ tritt eine singuläre Stelle auf, nämlich eine punktförmige Quelle, aus welcher die Flüssigkeit austritt und dann nach allen Seiten hin gleichmäßig abströmt (Abb. 176). Umgekehrt besitzt das Feld $\mathfrak{B} = -\mathfrak{A}$ an der gleichen Stelle eine punktförmige Senke, in welche die Flüssigkeit von allen Seiten her einfließt und dort verschwindet (Abb. 177). Da die Geschwindigkeit v der Strömung an der Stelle x, y gleich $v = \sqrt{A_x^2 + A_y^2} = 1 : \sqrt{x^2 + y^2} = 1 : r$ ist, wird in beiden Fällen die Geschwindigkeit der Strömung beliebig groß, wenn der betrachtete Punkt genügend nahe an dem Koordinatenanfangspunkt liegt.

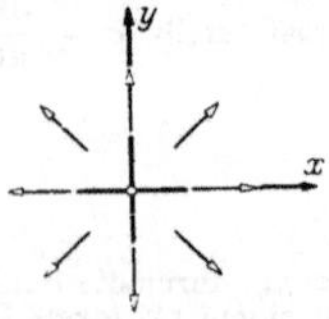

Abb. 176. Quelle

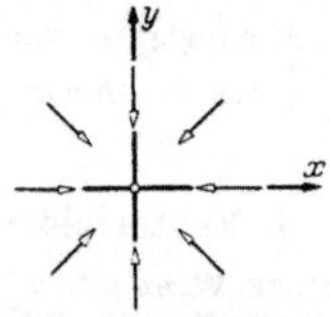

Abb. 177. Senke

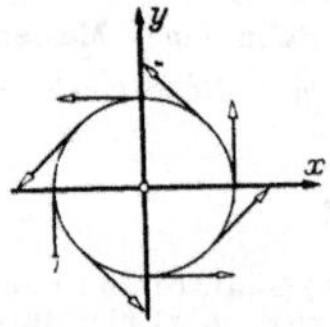

Abb. 178. Wirbel

d) Die Rotation eines vektoriellen Feldes. Als Rotation von $\mathfrak{A}$ bezeichnet man das vektorielle Feld:

$$\operatorname{rot}\mathfrak{A} = \begin{vmatrix} \mathfrak{i} & \mathfrak{j} & \mathfrak{k} \\ \dfrac{\partial}{\partial x} & \dfrac{\partial}{\partial y} & \dfrac{\partial}{\partial z} \\ A_x & A_y & A_z \end{vmatrix} = \left(\frac{\partial A_z}{\partial y} - \frac{\partial A_y}{\partial z}\right)\mathfrak{i} + \left(\frac{\partial A_x}{\partial z} - \frac{\partial A_z}{\partial x}\right)\mathfrak{j} + \left(\frac{\partial A_y}{\partial x} - \frac{\partial A_x}{\partial y}\right)\mathfrak{k}.$$

Es wird:

$$\operatorname{rot}(\mathfrak{A} + \mathfrak{B}) = \operatorname{rot}\mathfrak{A} + \operatorname{rot}\mathfrak{B}, \quad \operatorname{rot}(\varphi\mathfrak{A}) = \varphi\operatorname{rot}\mathfrak{A} + (\operatorname{grad}\varphi) \times \mathfrak{A}$$

Ein Vektorfeld, für welches rot $\mathfrak{A} = 0$ ist, wird als *wirbelfrei* bezeichnet; trotzdem können auf einzelnen singulären Stellen Wirbel auftreten. Ein Beispiel bietet das Feld $\mathfrak{A} = (-y\mathfrak{i} + x\mathfrak{j} + 0 \cdot \mathfrak{k}) : (x^2 + y^2)$, bei welchem die inkompressible Flüssigkeit auf Kreisen um die z-Achse herumwirbelt (Abb. 178; das Verhalten ist in allen Ebenen z = Const. das gleiche). Wenn rot $\mathfrak{A} \neq 0$ ist, werden die Feldlinien von rot $\mathfrak{A}$ als *Wirbellinien* bezeichnet; die Richtung der Wirbellinien gibt in jedem Punkt die Richtung der Drehachse an, um welche das dort befindliche Flüssigkeitsteilchen eine Drehbewegung ausführt.

e) Zusammengesetzte Operationen. Es wird:

$$\operatorname{rot}\operatorname{grad}\varphi = 0, \qquad \operatorname{div}\operatorname{rot}\mathfrak{A} = 0.$$

Ein durch einen Gradienten gewonnenes Vektorfeld ist somit stets wirbelfrei; ein durch Rotation gewonnenes Vektorfeld ist stets quellenfrei. Der Ausdruck:

$$\operatorname{div}\operatorname{grad}\varphi = \frac{\partial^2 A_x}{\partial x^2} + \frac{\partial^2 A_y}{\partial y^2} + \frac{\partial^2 A_z}{\partial z^2}$$

wird als *Differentialparameter zweiter Ordnung* bezeichnet.

f) Vektorintegrale. *Linienintegral.* Es sei ein Vektorfeld $\mathfrak{A} = \mathfrak{A}(x, y, z) = \mathfrak{i}A_x + \mathfrak{j}A_y + \mathfrak{k}A_z$ gegeben, sowie ein Kurvenstück K, welches die Gleichung $\mathfrak{r} = \mathfrak{r}(u) = \mathfrak{i} \cdot x(u) + \mathfrak{j} \cdot y(u) + \mathfrak{k} \cdot z(u)$ besitzt und von dem Punkt P_0 bis zu dem Punkt P läuft ($U_0 \leqq u \leqq U$). Das Linienintegral längs dieses Kurvenstücks ist:

$$\underset{(K)}{\int_{P_0}^{P}} \mathfrak{A}\,d\mathfrak{r} = \int_{P_0}^{P} (A_x dx + A_y d_y + A_z dz) = \int_{U_0}^{U} \left(A_x \frac{dx}{du} + A_y \frac{dy}{du} + A_z \frac{dz}{du}\right) du,$$

wobei in den letzten Ausdruck für x, y, z die gegebenen Funktionen von u einzusetzen sind. Durch ein solches Linienintegral wird z. B. die Arbeit der Kraft $\mathfrak{A}$ längs des Wegstückes K von P_0 bis P angegeben.

Skalares Flächenintegral. Es sei ein Vektorfeld $\mathfrak{A} = \mathfrak{A}(x, y, z)$ gegeben, sowie ein Flächenstück F, welches die Gleichung $\mathfrak{r} = \mathfrak{r}(u, v) = \mathfrak{i} \cdot x(u, v) + \mathfrak{j} \cdot y(u, v) + \mathfrak{k} \cdot z(u, v)$ besitzt und durch eine Kurve berandet wird. Das skalare Integral des Vektors $\mathfrak{A}$ über dieses Flächenstück, welches auch als der *Fluß des Vektors durch das Flächenstück* bezeichnet wird, ist:

$$\underset{(F)}{\int} \mathfrak{A}\,d\mathfrak{f} = \underset{(F)}{\iint} \mathfrak{A}\left[\frac{\partial\mathfrak{r}}{\partial u} \times \frac{\partial\mathfrak{r}}{\partial v}\right] du\,dv = \underset{(F)}{\iint} |\mathfrak{A}| \cdot |\mathfrak{n}| \cdot \cos\omega \cdot du\,dv,$$

wobei ω den Winkel bedeutet, welchen die positiv gerichtete Normale $\mathfrak{n}$ des Flächenstücks (S. 153) mit dem Vektor $\mathfrak{A}$ in dem jeweils betrachteten Flächenpunkt bildet. Ausführlich geschrieben lautet das Integral:

$$\int\limits_{(F)} \mathfrak{A}\, df = \iint\limits_{(F)} \left\{ A_x \left(\frac{\partial y}{\partial u}\frac{\partial z}{\partial v} - \frac{\partial z}{\partial u}\frac{\partial y}{\partial v}\right) + A_y \left(\frac{\partial z}{\partial u}\frac{\partial x}{\partial v} - \frac{\partial x}{\partial u}\frac{\partial z}{\partial v}\right) + A_z \left(\frac{\partial x}{\partial u}\frac{\partial y}{\partial v} - \frac{\partial y}{\partial u}\frac{\partial x}{\partial v}\right) \right\} du\, dv;$$

dieses Doppelintegral ist über den durch die Randkurve gegebenen Bereich von u und v zu erstrecken.

Über den Integralsatz von *Stokes*, den Integralsatz von *Gauß*, sowie die *Green*schen Sätze vgl. die auf S. 140 angegebene Literatur.

4. Tensoren

a) Der Tensorbegriff in kartesischen Koordinaten. Bei der Untersuchung der mechanischen und physikalischen Beziehungen wird man auf Tensoren geführt, welche dem Vektorbegriff übergeordnet sind. Während ein Vektor = Tensor erster Stufe durch 3 Komponenten bestimmt ist, besitzt ein Tensor zweiter Stufe $3^2 = 9$ Komponenten; ein Skalar ist ein Tensor nullter Stufe.

Da eine geometrische Größe stets unabhängig von dem jeweils gewählten Koordinatensystem sein muß, betrachten wir zwei kartesische Koordinatensysteme $x = x_1$, $y = x_2$, $z = x_3$ und $\bar{x} = \bar{x}_1$, $\bar{y} = \bar{x}_2$, $\bar{z} = \bar{x}_3$, welche denselben Anfangspunkt besitzen (durch die Verwendung der Indizes werden die nachfolgenden Gleichungen übersichtlicher; eine Verwechslung mit den gleichbezeichneten homogenen Punktkoordinaten in der Ebene auf S. 143 ist nicht zu befürchten). Ein Punkt, der im ersten System die Koordinaten x_1, x_2, x_3 hat, besitzt in dem zweiten System die Koordinaten $\bar{x}_1$, $\bar{x}_2$, $\bar{x}_3$, wobei:

$$\begin{aligned}\bar{x}_1 &= a_{11}x_1 + a_{12}x_2 + a_{13}x_3\\ \bar{x}_2 &= a_{21}x_1 + a_{22}x_2 + a_{23}x_3\\ \bar{x}_3 &= a_{31}x_1 + a_{32}x_2 + a_{33}x_3\end{aligned}$$

oder zusammengefaßt:

$$\boxed{\bar{x}_\varrho = \sum_\mu a_{\varrho\mu}\, x_\mu;} \qquad |a_{\varrho\mu}| = \pm 1$$

wird; damit das zweite Koordinatensystem ebenfalls rechtwinklig ist, müssen dabei die $a_{\varrho\mu}$ bestimmte Bedingungen erfüllen (S. 146).

Ein Vektor ist allgemein in folgender Weise definiert: Jedes von 3 zusammengehörigen Größen p_ν abhängige Gebilde wird als Vektor $\mathfrak{P}$ bezeichnet, wenn sich diese 3 Größen bei Einführung eines neuen kartesischen Koordinatensystems nach dem Gesetz:

$$\boxed{\bar{p}_\varrho = \sum_\mu a_{\varrho\mu}\, p_\mu}$$

transformieren (also übereinstimmend mit den Punktkoordinaten). Diese Definition wird in der Vektorrechnung nicht an die Spitze gestellt, weil sich hier die geometrische Deutung durch einen Vektor von selbst aufdrängt, auch wenn diese Beziehung keineswegs von vornherein gegeben ist (wie z. B. bei dem Geschwindigkeitsvektor und dem Beschleunigungsvektor).

Um die entsprechende Definition für einen Tensor zu gewinnen, betrachten wir zwei Punkte x_1, x_2, x_3 und y_1, y_2, y_3 und untersuchen ihre 9 Produkte $p_{\varrho\sigma} = x_\varrho \cdot y_\sigma$. Dann folgt unmittelbar, daß sich die $p_{\varrho\sigma}$ bei den betrachteten Substitutionen in der folgenden Weise transformieren:

$$\begin{aligned}\bar{p}_{\varrho\sigma} = \bar{x}_\varrho \cdot \bar{x}_\sigma &= (a_{\varrho 1}x_1 + a_{\varrho 2}x_2 + a_{\varrho 3}x_3)\cdot(a_{\sigma 1}y_1 + a_{\sigma 2}y_2 + a_{\sigma 3}y_3)\\ &= a_{\varrho 1}a_{\sigma 1}p_{11} + a_{\varrho 1}a_{\sigma 2}p_{12} + a_{\varrho 1}a_{\sigma 3}p_{13}\\ &\quad + a_{\varrho 2}a_{\sigma 1}p_{21} + a_{\varrho 2}a_{\sigma 2}p_{22} + a_{\varrho 2}a_{\sigma 3}p_{23} = \sum_{\mu,\nu} a_{\varrho\mu}a_{\sigma\nu}p_{\mu\nu}\\ &\quad + a_{\varrho 3}a_{\sigma 1}p_{31} + a_{\varrho 3}a_{\sigma 2}p_{32} + a_{\varrho 3}a_{\sigma 3}p_{33}\end{aligned}$$

Wir machen uns nunmehr von der obigen Erzeugung der $p_{\varrho\sigma}$ frei und definieren: *Jedes Gebilde von 9 zusammengehörigen Größen $p_{\varrho\sigma}$ wird als Tensor zweiter Stufe Φ bezeichnet, wenn sich diese 9 Größen bei Einführung eines neuen kartesischen Koordinatensystems durch*

$$\bar{x}_\varrho = \sum_\mu a_{\varrho\mu}\, x_\mu, \qquad \text{nach dem Gesetz:} \qquad \boxed{\bar{p}_{\varrho\sigma} = \sum_{\mu,\nu} a_{\varrho\mu}\, a_{\sigma\nu}\, p_{\mu\nu}}$$

transformieren; die $p_{\varrho\sigma}$ heißen dabei die Komponenten des Tensors Φ. Der Übergang zu Tensoren noch höherer Stufe bereitet keine Schwierigkeiten. Als kennzeichnend ist in jedem Fall das Transformationsgesetz der Komponenten anzusehen, da hierdurch die Unabhängigkeit des Tensors vom Koordinatensystem erreicht wird.

Bei der angegebenen Definition wird nur die Unabhängigkeit des Tensors in bezug auf *kartesische* Koordinatensysteme verlangt. Wenn man entsprechend eine Unabhängigkeit von *affinen* Koordinatensystemen (S. 147) fordert, erfährt der Tensorbegriff eine weitere Ausgestaltung, da dann die sogenannte *Kovarianz* und *Kontravarianz* der einzelnen Variabelnreihen eine grundlegende Rolle spielt. Die Tensorrechnung ist von äußerster Einfachheit, sobald man sich an das Umgehen mit den Indizes gewöhnt hat.

b) Addition und Subtraktion von Tensoren. Man schreibt die Tensoren in der Matrixgestalt (S. 45):

$$\Phi = \begin{pmatrix} p_{11} & p_{12} & p_{13} \\ p_{21} & p_{22} & p_{23} \\ p_{31} & p_{32} & p_{33} \end{pmatrix} = (p_{\varrho\sigma}), \qquad \Psi = \begin{pmatrix} q_{11} & q_{12} & q_{13} \\ q_{21} & q_{22} & q_{23} \\ q_{31} & q_{32} & q_{33} \end{pmatrix} = (q_{\varrho\sigma}).$$

Zwei Tensoren heißen gleich, wenn alle einander entsprechenden Komponenten übereinstimmen: $p_{\varrho\sigma} = q_{\varrho\sigma}$. Die Summe (oder Differenz) zweier Tensoren wird gebildet, indem man ihre Komponenten addiert (oder subtrahiert): $\Phi + \Psi = (p_{\varrho\sigma}) \pm (q_{\varrho\sigma}) = (p_{\varrho\sigma} \pm q_{\varrho\sigma})$. Ein Tensor wird mit einer Zahl c multipliziert, indem man alle seine Komponenten mit c multipliziert: $c \cdot \Phi = c\,(p_{\varrho\sigma}) = (c \cdot p_{\varrho\sigma})$. Diese neuen Bildungen besitzen dabei wieder die Transformationseigenschaft eines Tensors.

c) Alternierende und symmetrische Tensoren. Ein Tensor zweiter Stufe heißt *alternierend* oder *antisymmetrisch*, wenn $p_{\varrho\sigma} = -p_{\sigma\varrho}$ ist; in diesem Fall wird $p_{11} = p_{22} = p_{33} = 0$, während die zur Hauptdiagonale (von links oben nach rechts unten) symmetrischen Komponenten entgegengesetzt gleich sind. Das einfachste Beispiel eines alternierenden Tensors bildet ein im Raum liegendes Dreieck PXY, dessen Ecke P im Koordinatenanfangspunkt liegt, während X und Y die Koordinaten x_1, x_2, x_3 bzw. y_1, y_2, y_3 besitzen (Abb. 179); die Inhalte der Dreiecksprojektionen auf die drei Koordinatenebenen bilden einen symmetrischen Tensor:

$$\Phi = \frac{1}{2}\begin{pmatrix} 0 & x_2 y_1 - x_1 y_2 & x_3 y_1 - x_1 y_3 \\ x_1 y_2 - x_2 y_1 & 0 & x_3 y_2 - x_2 y_3 \\ x_1 y_3 - x_3 y_1 & x_2 y_3 - x_3 y_2 & 0 \end{pmatrix};$$

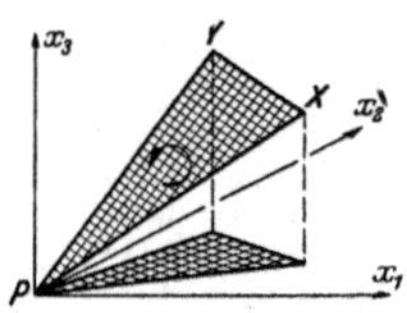

Abb. 179

der Umlaufsinn des Dreiecks, durch welches die Vorzeichen festgelegt werden, ist durch PXY gegeben.

Ein Tensor zweiter Stufe heißt *symmetrisch*, wenn $p_{\varrho\sigma} = +p_{\sigma\varrho}$ ist. Jedem derartigen Tensor kann man eine Fläche zweiter Ordnung:

$$p_{11} x_1^2 + p_{22} x_2^2 + p_{33} x_3^2 + 2\,p_{12} x_1 x_2 + 2\,p_{23} x_2 x_3 + 2\,p_{31} x_1 x_3 = \sum_{\mu,\nu} p_{\mu\nu}\, x_\mu x_\nu = 0$$

zuordnen, welche das *Tensorellipsoid* heißt, obwohl die Fläche auch ein Hyperboloid, ein Paraboloid oder eine Ausartung eine Fläche zweiter Ordnung sein kann.

Jeder Tensor zweiter Stufe läßt sich als Summe eines symmetrischen und eines alternierenden Tensors darstellen, und zwar ist diese Zerlegung nur auf eine einzige Art möglich:

$$\Phi = (p_{\varrho\sigma}) = \tfrac{1}{2}\,(p_{\varrho\sigma} + p_{\sigma\varrho}) + \tfrac{1}{2}\,(p_{\varrho\sigma} - p_{\sigma\varrho}).$$

Die Komponenten der Hauptdiagonale ($\varrho = \sigma$) werden bei dem ersten Tensor gleich $p_{\varrho\varrho}$, bei dem zweiten Tensor gleich Null.

Literatur zur Vektor- und Tensorrechnung. Valentiner: Vektoranalysis, Samml. Göschen Bd. 354, Berlin 1950. — *Lagally:* Vektorrechnung, Leipzig 1934. — *Spielrein:* Lehrbuch der Vektorrechnung. Stuttgart 1926. — *Duschek* und *Hochrainer:* Grundzüge der Tensorrechnung in analytischer Darstellung, Teil I: Tensoralgebra, Teil II: Tensoranalysis, Berlin 1948 und 1950.

B. Punkte, Geraden und Ebenen in analytischer Behandlung

a) Punkte und Geraden in der Ebene. In der elementaren analytischen Geometrie der Ebene wird ein Punkt durch seine kartesischen Koordinaten x, y festgelegt, während die gerade Linie durch eine lineare Gleichung zwischen diesen Koordinaten dargestellt wird.

Gleichungsformen der geraden Linie

Spezielle Form	$y = a x + b$
Achsenabschnittsform (Abb. 180	$\frac{x}{p} + \frac{y}{q} = 1$
Hessesche Normalform (Abb. 180)	$x \cdot \cos\beta + y \cdot \sin\beta = l$
Allgemeine Form	$u_1 x + u_2 y + u_3 = 0$

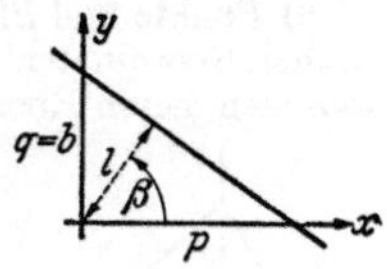

Abb. 180.

Während die beiden ersten Formen für bestimmte Geraden versagen, umfassen die beiden letzten gleichmäßig alle geraden Linien Ebene. der

Parallele und aufeinander senkrecht stehende Geraden

Gerade durch $\bar{x}, \bar{y}$, parallel zu $u_1 x + u_2 y + u_3 = 0$	$u_1 x + u_2 y - (u_1 \bar{x} + u_2 \bar{y}) = 0$
Gerade durch $\bar{x}, \bar{y}$, senkrecht zu $u_1 x + u_2 y + u_3 = 0$	$u_2 x - u_1 y - (u_2 \bar{x} - u_1 \bar{y}) = 0$

Metrische Formeln

Entfernung E der Punkte x, y und $\bar{x}, \bar{y}$	$E = \sqrt{(x - \bar{x})^2 + (y - \bar{y})^2}$
Abstand h des Punktes $\bar{x}, \bar{y}$ von der Geraden $u_1 x + u_2 y + u_3 = 0$	$h = \pm \frac{u_1 \bar{x} + u_2 \bar{y} + u_3}{\sqrt{u_1^2 + u_2^2}}$
Winkel ω zwischen den Geraden $u_1 x + u_2 y + u_3 = 0$ und $\bar{u}_1 x + \bar{u}_2 y + \bar{u}_3 = 0$, **gleich der Größe der Drehung. welche der Uhrzeigerdrehung entgegengesetzt ist und die erste Gerade in die zweite überführt.**	$\sin\omega = \pm \frac{u_1 \bar{u}_2 - u_2 \bar{u}_1}{\sqrt{u_1^2 + u_2^2} \cdot \sqrt{\bar{u}_1^2 + \bar{u}_2^2}}$ $\cos\omega = \pm \frac{u_1 \bar{u}_1 + u_2 \bar{u}_2}{\sqrt{u_1^2 + u_2^2} \cdot \sqrt{\bar{u}_1^2 + \bar{u}_2^2}}$ $\operatorname{tg}\omega = \frac{u_1 \bar{u}_2 - u_2 \bar{u}_1}{u_1 \bar{u}_1 + u_2 \bar{u}_2}$

Die **Verbindungsgerade** zwischen $x_1 y_1$ und $x_2 y_2$ hat die Parameterdarstellung $x = x_1 + t(x_2 - x_1)$, $y = y_1 + t(y_2 - y_1)$. Statt dessen kann man ihre Gleichung auch in der Form:

$$\begin{vmatrix} x & y & 1 \\ x_1 & y_1 & 1 \\ x_2 & y_2 & 1 \end{vmatrix} = 0 \quad \text{oder} \quad x(y_1 - y_2) - y(x_1 - x_2) + (x_1 y_2 - x_2 y_1) = 0$$

schreiben.

Geradenbüschel. Alle geraden Linien $\varkappa(u_1 x + u_2 y + u_3) + \lambda(\bar{u}_1 x + \bar{u}_2 y + \bar{u}_3) = 0$ gehen durch den Schnittpunkt der beiden Geraden $u_1 x + u_2 y + u_3 = 0$ und $\bar{u}_1 x + \bar{u}_2 y + \bar{u}_3 = 0$ hindurch, weil die beiden Klammern für die Koordinaten des Schnittpunktes verschwinden.

Indizenzbedingungen. Drei Punkte $x_1 y_1$, $x_2 y_2$, $x_3 y_3$ liegen auf einer Geraden bzw. drei gerade Linien $u_1 x + u_2 y + u_3 = 0$, $\bar{u}_1 x + \bar{u}_2 y + \bar{u}_3 = 0$, $\bar{\bar{u}}_1 x + \bar{\bar{u}}_2 y + \bar{\bar{u}}_3 = 0$ treffen sich in einem Punkte, wenn die zugehörige nachstehende Determinante verschwindet.

$$\begin{vmatrix} x_1 & y_1 & 1 \\ x_2 & y_2 & 1 \\ x_3 & y_3 & 1 \end{vmatrix} = 0, \qquad \begin{vmatrix} u_1 & u_2 & u_3 \\ \bar{u}_1 & \bar{u}_2 & \bar{u}_3 \\ \bar{\bar{u}}_1 & \bar{\bar{u}}_2 & \bar{\bar{u}}_3 \end{vmatrix} = 0.$$

b) Punkte und Ebenen im Raum. Ein Punkt im Raum wird durch seine kartesischen Koordinaten x, y, z festgelegt; eine Ebene wird durch eine lineare Gleichung zwischen diesen Koordinaten dargestellt.

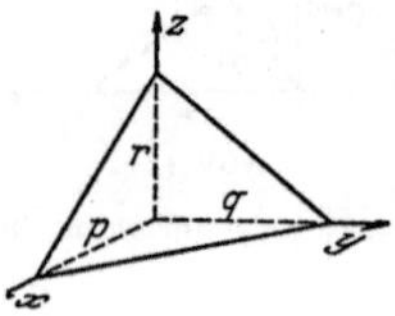

Abb. 181

Gleichungsformen der Ebene

Spezielle Form	$z = a x + b y + c$
Achsenabschnittsform (Abb. 181)	$\frac{x}{p} + \frac{y}{q} + \frac{z}{r} = 1$
Allgemeine Form	$u_1 x + u_2 y + u_3 z + u_4 = 0$

Vgl. ferner die auf S. 136 angegebene Vektordarstellung.

Die **Parallelebene** zu $u_1 x + u_2 y + u_3 z + u_4 = 0$ durch den Punkt $\bar{x}, \bar{y}, \bar{z}$ hat die Gleichung $u_1 x + u_2 y + u_3 z - (u_1 \bar{x} + u_2 \bar{y} + u_3 \bar{z}) = 0$.

Metrische Formeln

Entfernung E der Punkte x, y, z und $\bar{x}, \bar{y}, \bar{z}$	$E = \sqrt{(x-\bar{x})^2 + (y-\bar{y})^2 + (z-\bar{z})^2}$
Abstand h des Punktes $\bar{x}, \bar{y}, \bar{z}$ von der Ebene $u_1 x + u_2 y + u_3 z + u_4 = 0$	$h = \pm \frac{u_1 \bar{x} + u_2 \bar{y} + u_3 \bar{z} + u_4}{\sqrt{u_1^2 + u_2^2 + u_3^2}}$
Winkel ω zwischen den Ebenen $u_1 x + u_2 y + u_3 z + u_4 = 0$ und $\bar{u}_1 x + \bar{u}_2 y + \bar{u}_3 z + \bar{u}_4 = 0$	$\cos\omega = \pm \frac{u_1 \bar{u}_1 + u_2 \bar{u}_2 + u_3 \bar{u}_3}{\sqrt{u_1^2 + u_2^2 + u_3^2} \cdot \sqrt{\bar{u}_1^2 + \bar{u}_2^2 + \bar{u}_3^2}}$ $\sin\omega = \pm \frac{\sqrt{(u_1\bar{u}_2 - u_2\bar{u}_1)^2 + (u_1\bar{u}_3 - u_3\bar{u}_1)^2 + (u_2\bar{u}_3 - u_3\bar{u}_2)^2}}{\sqrt{u_1^2 + u_2^2 + u_3^2} \cdot \sqrt{\bar{u}_1^2 + \bar{u}_2^2 + \bar{u}_3^2}}$ $\operatorname{tg}\omega = \pm \frac{\sqrt{(u_1\bar{u}_2 - u_2\bar{u}_1)^2 + (u_1\bar{u}_3 - u_3\bar{u}_1)^2 + (u_2\bar{u}_3 - u_3\bar{u}_2)^2}}{u_1\bar{u}_1 + u_2\bar{u}_2 + u_3\bar{u}_3}$

Die **Verbindungsebene** durch die drei Punkte $x_1 y_1 z_1$, $x_2 y_2 z_2$, $x_3 y_3 z_3$ läßt sich in den Formen darstellen:

$$\begin{vmatrix} x & y & z & 1 \\ x_1 & y_1 & z_1 & 1 \\ x_2 & y_2 & z_2 & 1 \\ x_3 & y_3 & z_3 & 1 \end{vmatrix} = 0 \quad \text{oder} \quad \begin{aligned} x &= x_1 + u(x_2 - x_1) + v(x_3 - x_1), \\ y &= y_1 + u(y_2 - y_1) + v(y_3 - y_1), \\ z &= z_1 + u(z_2 - z_1) + v(z_3 - z_1) \end{aligned} \quad \text{(vgl. S. 136).}$$

Ebenenbüschel. Die Ebenen, welche durch die Schnittgerade der beiden Ebenen $u_1 x + u_2 y + u_3 z + u_4 = 0$ und $\bar{u}_1 x + \bar{u}_2 y + \bar{u}_3 z + \bar{u}_4 = 0$ gehen, haben die Gleichung $\varkappa (u_1 x + u_2 y + u_3 z + u_4) + \lambda (\bar{u}_1 x + \bar{u}_2 y + \bar{u}_3 z + \bar{u}_4) = 0$. Ein **Ebenenbündel** besteht aus allen Ebenen, die durch einen festen Punkt gehen.

Die **Indizenzbedingungen** lauten entsprechend wie in der Ebene, nur treten jetzt Determinanten vierten Grades auf.

c) Gerade Linien im Raum. Eine gerade Linie im Raum, welche durch die Punkte $x_1 y_1 z_1$ und $x_2 y_2 z_2$ hindurchgeht, hat nach S. 136 die Gleichung:

$$x = x_1 + t(x_2 - x_1), \qquad y = y_1 + t(y_2 - y_1), \qquad z = z_1 + t(z_2 - z_1).$$

Die beiden Verbindungsgeraden der Punkte $P_1 P_2$ und $P_3 P_4$ treffen sich, wenn die vier Punkte in einer Ebene liegen; d. h., es muß die nebenstehende Determinante verschwinden (*Inzidenzbedingung*).

$$\begin{vmatrix} x_1 & y_1 & z_1 & 1 \\ x_2 & y_2 & z_2 & 1 \\ x_3 & y_3 & z_3 & 1 \\ x_4 & y_4 & z_4 & 1 \end{vmatrix} = 0.$$

d) Ausblick auf die neuere analytische Geometrie. In der neueren analytischen Geometrie (Entwicklung seit 1800) ist man zu der Verwendung von *homogenen Punktkoordinaten* x_r übergegangen, indem man z. B. in der Ebene $x = x_1/x_3$, $y = x_2/x_3$ setzt. Dabei entspricht jedes Wertsystem $x_1 : x_2 : x_3$ eindeutig einem bestimmten Punkt und umgekehrt, solange $x_3 \neq 0$ ist. Für $x_3 = 0$ ergeben sich die sogenannten „unendlich fernen" Punkte der Ebene; der Fall, daß alle drei Koordinaten gleichzeitig verschwinden, wird grundsätzlich ausgeschlossen. Die allgemeine Gleichung einer geraden Linie nimmt in diesen Koordinaten die einfache Gestalt $u_1 x_1 + u_2 x_2 + u_3 x_3 = \sum u_r x_r = 0$ an. Im Raum wird entsprechend $x = x_1/x_4$, $y = x_2/x_4$, $z = x_3/x_4$ gesetzt.

In gleicher Weise wie die Punkte lassen sich auch die geraden Linien der Ebene durch Koordinaten, nämlich *homogene Geradenkoordinaten* u_r, festgelegen, indem man die Verhältnisse $u_1 : u_2 : u_3$ der Koeffizienten in der Gleichung $u_1 x + u_2 y + u_3 = 0$ als Koordinaten der betreffenden Geraden ansieht. In der Tat wird durch die Angabe von $u_1 : u_2 : u_3$ eindeutig eine gerade Linie bestimmt und umgekehrt, solange nicht alle drei u_r gleichzeitig verschwinden; $0 : 0 : 1$ stellt die „unendlich ferne" Gerade der Ebene dar. Entsprechend werden im Raum die Verhältnisse $u_1 : u_2 \; u_3 : u_4$ in der Gleichung einer Ebene $u_1 x + u_2 y + u_3 z + u_4 = 0$ als *homogene Ebenenkoordinaten* u_r aufgefaßt.

Durch dieses Verfahren erzielt man folgende Vorteile. Erstens werden sämtliche Gleichungen durch die Einführung der homogenen Punktkoordinaten wesentlich symmetrischer. Ferner lassen sich die „unendlich fernen" Elemente in den Kreis der analytischen Betrachtung einbeziehen, wodurch zahlreiche Satzgruppen eine einheitliche Gestalt gewinnen. Drittens kann man viele Sätze und ihre Beweise unmittelbar von der Ebene auf den Raum übertragen, indem man die Indizes statt von 1 bis 3 von 1 bis 4 laufen läßt. Schließlich bringt die Bezeichnung ein Punkt x_r, sowie eine Gerade bzw. eine Ebene u_r eine erhebliche Vereinfachung der Ausdrucksweise mit sich.

Besonders wichtig hat sich erwiesen, daß hierbei Symmetriebeziehungen zwischen Punkten und Geraden in der Ebene sowie zwischen Punkten und Ebenen im Raum hervortreten, die man als *Dualität* zu bezeichnen pflegt. Als Beispiel seien die folgenden Satzgruppen angeführt.

Die Gleichung $u_1 x_1 + u_2 x_2 + u_3 x_3 = 0$ stellt für konstante Werte u_r alle Punkte x_r dar, welche auf der Geraden $u_1 : u_2 : u_3$ liegen (gerade Punktreihe = Kurve erster Ordnung).

Zwei gerade Linien $u_1 : u_2 : u_3$ und $v_1 : v_2 : v_3$ schneiden sich in dem Punkt:

$$x_1 : x_2 : x_3 = (u_2 v_3 - u_3 v_2) : (u_3 v_1 - u_1 v_3) : (u_1 v_2 - u_2 v_1).$$

Die Gleichung $u_1 x_1 + u_2 x_2 + u_3 x_3 = 0$ stellt für konstante Werte x_r alle Geraden u_r dar, welche durch den Punkt $x_1 : x_2 : x_3$ hindurchgehen (Geradenbüschel = Kurve erster Klasse).

Zwei Punkte $x_1 : x_2 : x_3$ und $y_1 : y_2 : y_3$ besitzen die Verbindungsgerade:

$$u_1 : u_2 : u_3 = (x_2 y_3 - x_3 y_2) : (x_3 y_1 - x_1 y_3) : (x_1 y_2 - x_2 y_1).$$

Die gesuchten Koordinaten sind also die (mit dem richtigen Vorzeichen versehenen) Unterdeterminanten der Matrix (S. 45):

$$\left\| \begin{matrix} u_1 & u_2 & u_3 \\ v_1 & v_2 & v_3 \end{matrix} \right\| \quad \text{bzw.} \quad \left\| \begin{matrix} x_1 & x_2 & x_3 \\ y_1 & y_2 & y_3 \end{matrix} \right\|$$

Die Punkte z_r, welche auf der Verbindungsgeraden der beiden Punkte x_r und y_r liegen, lassen sich durch:

$$z_r = \varrho x_r + \sigma y_r$$

darstellen.

Die Ebenen w_r, welche durch die Schnittgerade der beiden Ebenen u_r und v_r hindurchgehen, lassen sich durch:

$$w_r = \varrho u_r + \sigma v_r$$

darstellen.

Jedes Verhältnis $\varrho : \sigma$ der konstanten Zahlen ϱ und σ ergibt einen festen Punkt der Verbindungsgeraden bzw. eine feste Ebene des Ebenenbüschels.

Schließlich sei darauf hingewiesen, daß auch die geraden Linien des Raumes durch *homogene Linienkoordinaten* festgelegt werden können, deren Definition jedoch etwas weitergehende Überlegungen erfordert.

C. Kurven und Flächen zweiter Ordnung

1. Kurven zweiter Ordnung

a) Die Gestalt der Kurven zweiter Ordnung. Der *Kreis* mit dem Mittelpunkt a, b und dem Radius r hat die Gleichung $(x - a)^2 + (y - b)^2 = r^2$ (Abb. 182); umgekehrt stellt jede Gleichung $x^2 + y^2 - 2ax - 2bx + C = 0$ (für $a^2 + b^2 > C$) einen Kreis mit dem Mittelpunkt $x = a$, $y = b$ und dem Radius $r = \sqrt{a^2 + b^2 - C}$ dar.

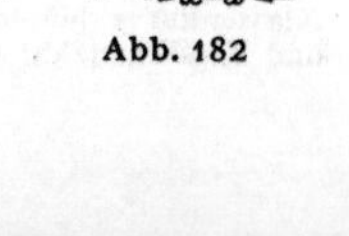

Abb. 182

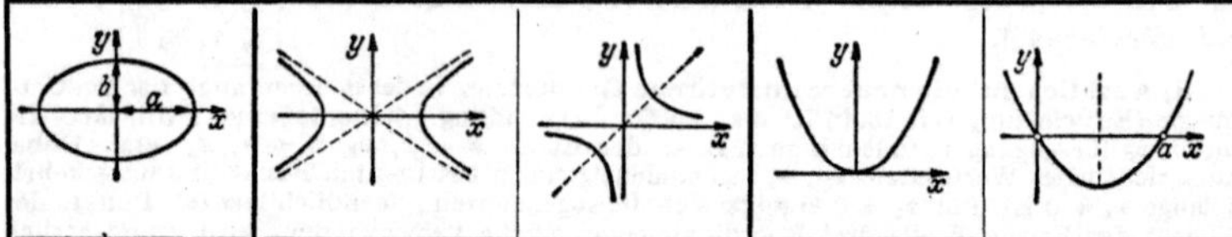

Ellipse	Hyperbel		Parabel	
$\frac{x^2}{a^2} + \frac{y^2}{b^2} = 1$	$\frac{x^2}{a^2} - \frac{y^2}{b^2} = 1$	$y = \frac{C}{x}$	$y = C\,x^2$	$y = C\,x\,(x - a)$

Abb. 183

Die Asymptoten der zuerst gezeichneten Hyperbel haben die Gleichung $x/a = \pm\, y/b$; die Asymptoten der zweiten Hyperbel sind die Koordinatenachsen $y = 0$ und $x = 0$.

b) Die Diskussion der Kurven zweiter Ordnung. Die allgemeine algebraische Kurve zweiter Ordnung besitzt die Gleichung:

$$c_{11}x^2 + 2c_{12}xy + c_{22}y^2 + 2c_{13}x + 2c_{23}y + c_{33} = 0, \qquad D = \begin{vmatrix} c_{11} & c_{12} & c_{13} \\ c_{12} & c_{22} & c_{23} \\ c_{13} & c_{23} & c_{33} \end{vmatrix}, \qquad c_{\varkappa\lambda} = c_{\lambda\varkappa}.$$

Die Diskussion ergibt für $D \neq 0$ die nebenstehenden Kegelschnitte. Ein Beispiel für eine Kurve ohne reelle Punkte bildet die Gleichung $x^2 + y^2 + 1 = 0$. Für $D = 0$ zerfällt die gegebene Gleichung in das Produkt zweier linearer Ausdrücke $(c_1 x + c_2 y + c_3) \cdot (\bar{c}_1 x + \bar{c}_2 y + \bar{c}_3) = 0$, so daß wir ein Geradenpaar oder eine doppelt zählende Gerade erhalten. Das Beispiel $x^2 + y^2 = 0$ oder $(x + iy) \cdot (x - iy) = 0$ zeigt, daß bei dem Geradenpaar die Koeffizienten konjugiert komplex werden können; im Reellen erscheint dann nur der Schnittpunkt der beiden Geraden.

$D \neq 0$	$c_{11}c_{22} - c_{12}^2 < 0$	Hyperbel	
	$c_{11}c_{22} - c_{12}^2 = 0$	Parabel	
	$c_{11}c_{22} - c_{12}^2 > 0$	$c_{11}D < 0$	Ellipse
		$c_{11}D > 0$	Kurve ohne reelle Punkte

Weitere Sätze über Kegelschnitte S. 115 u. 116.

c) Die neuere analytische Behandlung der Kurven zweiter Ordnung bzw. zweiter Klasse. Bei Einführung von homogenen Punktkoordinaten $x_1 : x_2 : x_3$ (vgl. S. 143) gewinnt die Gleichung der allgemeinen algebraischen Kurve zweiter Ordnung die symmetrische Gestalt:

$$\Sigma\, c_{\varkappa\lambda} x_\varkappa x_\lambda = c_{11}x_1^2 + c_{22}x_2^2 + c_{33}x_3^2 + 2c_{12}x_1x_2 + 2c_{23}x_2x_3 + 2c_{31}x_3x_1 = 0, \qquad c_{\varkappa\lambda} = c_{\lambda\varkappa}.$$

Die *Polarverwandschaft* in bezug auf diese Kurve (vgl. S. 113) läßt sich folgendermaßen analytisch festlegen. Wenn der Pol die homogenen Punktkoordinaten y_λ besitzt, lautet die Gleichung der zugehörigen Polaren $\Sigma\, c_{\varkappa\lambda}\, x_\varkappa\, y_\lambda = 0$, wobei die laufenden Koordinaten mit $x_\varkappa$ bezeichnet sind; die Geradenkoordinaten der Polare sind also durch $u = \varrho \cdot \Sigma\, c_{\varkappa\lambda}\, y_\lambda$ gegeben, wobei ϱ einen beliebigen Proportionalitätsfaktor bedeutet.

Die Gesamtheit der Geraden, welche die Gleichung $\Sigma\, \gamma_{\varkappa\lambda}\, u_\varkappa\, u_\lambda = 0$, $\gamma_{\varkappa\lambda} = \gamma_{\lambda\varkappa}$ erfüllen, wird als *Kurve zweiter Klasse* bezeichnet. Sie besteht für $|\gamma_{\varkappa\lambda}| \neq 0$ aus allen Geraden, welche den nebenstehenden Kegelschnitt berühren;

$$\begin{vmatrix} \gamma_{11} & \gamma_{12} & \gamma_{13} & x_1 \\ \gamma_{21} & \gamma_{22} & \gamma_{23} & x_2 \\ \gamma_{31} & \gamma_{32} & \gamma_{33} & x_3 \\ x_1 & x_2 & x_3 & 0 \end{vmatrix} = 0$$

man bezeichnet diese Determinante als mit den x_r „gerändert“. Im Fall $\gamma_{\varkappa\lambda} = 0$ erhält man als Ausartung zwei Geradenbüschel oder auch nur ein einziges Geradenbüschel. Die zweite Trägheitsellipse (S 122) ist als Klassenkurve definiert.

Allgemein gelangt man von einer gegebenen Ordnungskurve zu der zugehörigen Klassenkurve, indem man die Gesamtheit der Tangenten betrachtet; die Klassenkurve, welche zu der obigen Kurve zweiter Ordnung gehört, gewinnt man durch Ränderung der Determinante $|c_{\varkappa\lambda}|$ mit den u_r. Umgekehrt ist die Ordnungskurve als Einhüllende (S. 151) der gegebenen Klassenkurve definiert. Bei den Kurven höherer Ordnung stimmen im allgemeinen Ordnungs- und Klassenanzahl nicht mehr überein.

2. Flächen zweiter Ordnung

Die *Kugel* mit dem Mittelpunkt a, b, c und dem Radius r hat die Gleichung $(x-a)^2+(y-b)^2+(z-c)^2=r^2$; umgekehrt stellt jede Gleichung $x^2+y^2+z^2-2ax-2by-2cz+C=0$ (für $a^2+b^2+c^2>C$) eine Kugel mit dem Mittelpunkt $x=a,\ y=b,\ z=c$ und dem Radius $r=\sqrt{a^2+b^2+c^2-C}$ dar.

Eine beliebige quadratische Gleichung zwischen den Veränderlichen x, y, z ergibt eine Fläche zweiter Ordnung oder eine Ausartung derselben. Durch Einführung eines geeigneten Koordinatensystems kann man die Gleichungen der nicht ausgearteten Flächen auf die Formen bringen, die in Abb. 184 angegeben sind. Auf dem einschaligen Hyperboloid und dem hyperbolischen Paraboloid verlaufen zwei sich kreuzende Scharen von geraden Linien.

Ellipsoid	Einschaliges Hyperboloid	Zweischaliges Hyperboloid
$\frac{x^2}{a^2}+\frac{y^2}{b^2}+\frac{z^2}{c^2}=1$	$\frac{x^2}{a^2}+\frac{y^2}{b^2}-\frac{z^2}{c^2}=1$	$\frac{x^2}{a^2}+\frac{y^2}{b^2}-\frac{z^2}{c^2}=-1$
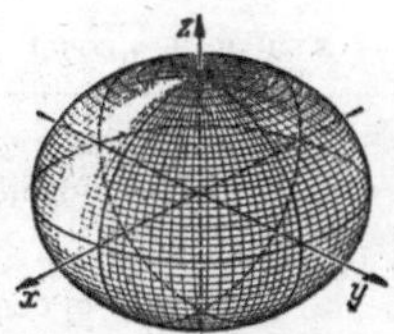	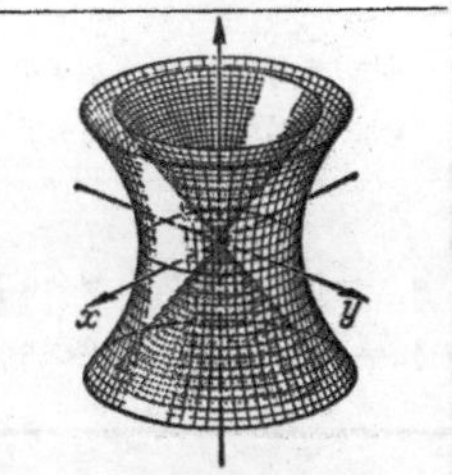	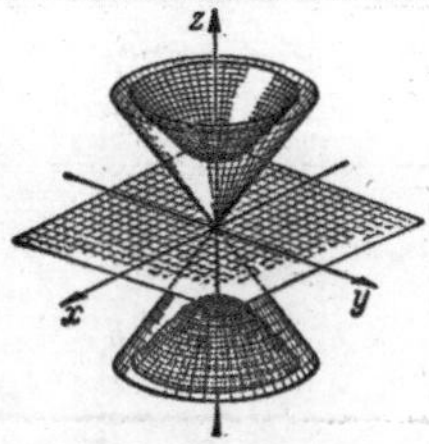
	Asymptotenkegel: $\frac{x^2}{a^2}+\frac{y^2}{b^2}-\frac{z^2}{c^2}=0$	Asymptotenkegel: $\frac{x^2}{a^2}+\frac{y^2}{b^2}-\frac{z^2}{c^2}=0$
Elliptisches Paraboloid	**Hyperbolisches Paraboloid**	**Kegel zweiter Ordnung**
$z=\frac{x^2}{a^2}+\frac{y^2}{b^2}$	$z=\frac{x^2}{a^2}-\frac{y^2}{b^2}$	$\frac{x^2}{a^2}+\frac{y^2}{b^2}-\frac{z^2}{c^2}=0$
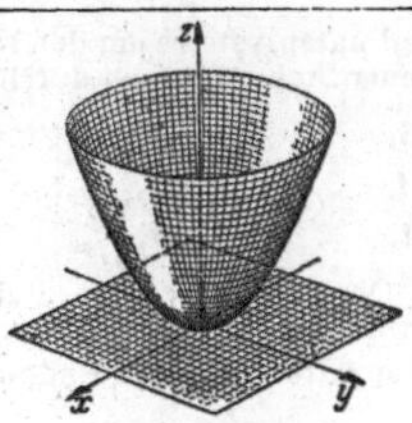	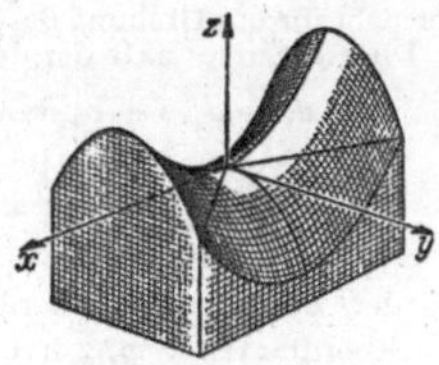 (vgl. S. 26, Abb. 2)	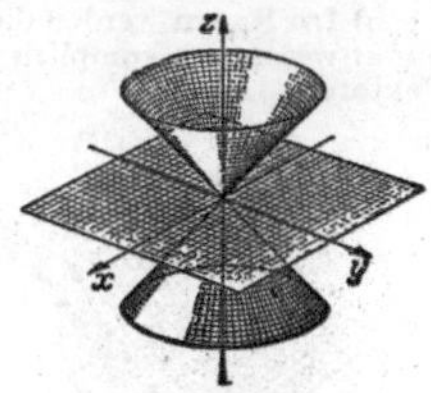
Elliptischer Zylinder	**Hyperbolischer Zylinder**	**Parabolischer Zylinder**
$\frac{x^2}{a^2}+\frac{y^2}{b^2}=1$	$-\frac{x^2}{a^2}+\frac{y^2}{b^2}=1$	$y=Cx^2$
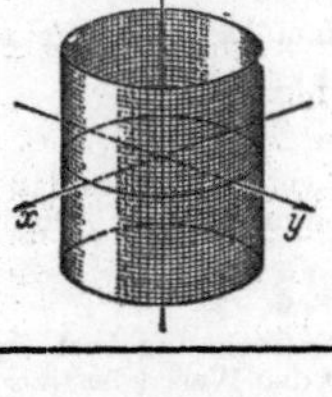	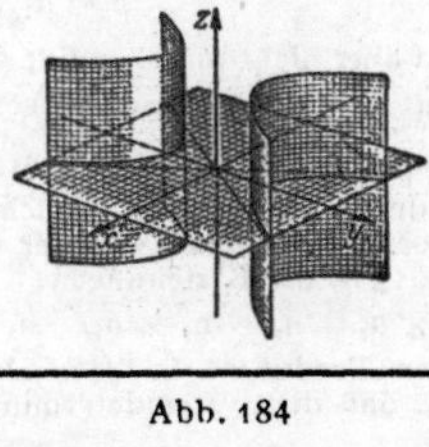	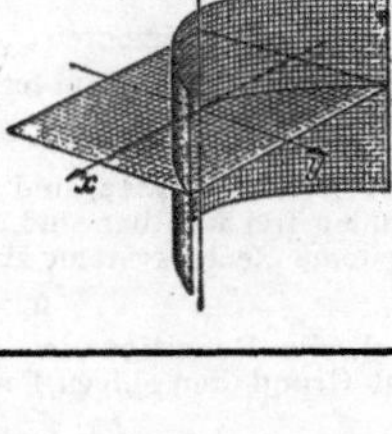

Abb. 184

D. Koordinatensysteme und Transformationen

1. Einführung neuer rechtwinkliger Koordinaten

a) In der Ebene erhält man unmittelbar die folgenden Beziehungen:

Parallelverschiebung des Koordinatensystems	Drehung des Koordinatensystems um den Nullpunkt	Parallelverschiebung und Drehung des Koordinatensystems
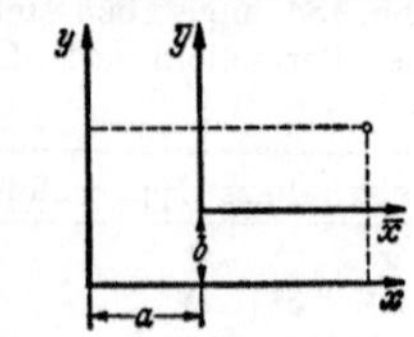	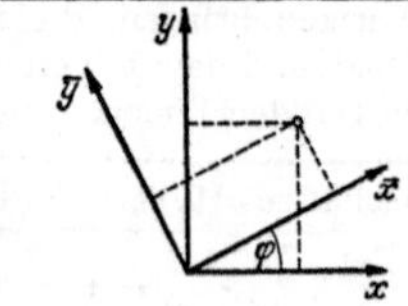	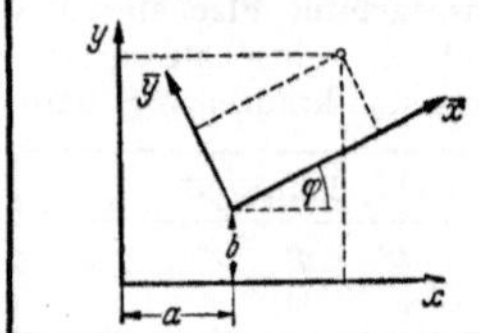
$x = \bar{x} + a$ $y = \bar{y} + b$	$x = \bar{x}\cos\varphi - \bar{y}\sin\varphi$ $y = \bar{x}\sin\varphi + \bar{y}\cos\varphi$	$x = \bar{x}\cos\varphi - \bar{y}\sin\varphi + a$ $y = \bar{x}\sin\varphi + \bar{y}\cos\varphi + b$
$\bar{x} = x - a$ $\bar{y} = y - b$	$\bar{x} = + x\cos\varphi + y\sin\varphi$ $\bar{y} = - x\sin\varphi + y\cos\varphi$	$\bar{x} = + (x - a)\cos\varphi + (y - b)\sin\varphi$ $\bar{y} = - (x - a)\sin\varphi + (y - b)\cos\varphi$
$x + iy = (\bar{x} + i\bar{y}) + (a + ib)$ $\bar{x} + i\bar{y} = (x + iy) - (a + ib)$	$x + iy = (\bar{x} + i\bar{y})\,e^{i\varphi}$ $\bar{x} + i\bar{y} = (x + iy)\,e^{-i\varphi}$	$x + iy = (\bar{x} + i\bar{y})\,e^{i\varphi} + (a + ib)$ $\bar{x} + i\bar{y} = \{(x + iy) - (a + ib)\}\,e^{-i\varphi}$

Die letzte Zusammenfassung zu einer komplexen Gleichung erleichtert häufig die Umrechnungen.

b) Im Raum werden die Formeln für die Drehung des Koordinatensystems um den Nullpunkt wesentlich komplizierter. Die Einheitspunkte der drei neuen Achsen mögen durch die Vektoren:

$$\mathfrak{a}_1 = a_{11}\,\mathfrak{i} + a_{12}\,\mathfrak{j} + a_{13}\,\mathfrak{k},\qquad \mathfrak{a}_2 = a_{21}\,\mathfrak{i} + a_{22}\,\mathfrak{j} + a_{23}\,\mathfrak{k},\qquad \mathfrak{a}_3 = a_{31}\,\mathfrak{i} + a_{32}\,\mathfrak{j} + a_{33}\,\mathfrak{k},\qquad D = \begin{vmatrix} a_{11} & a_{12} & a_{13} \\ a_{21} & a_{22} & a_{23} \\ a_{31} & a_{32} & a_{33} \end{vmatrix},$$

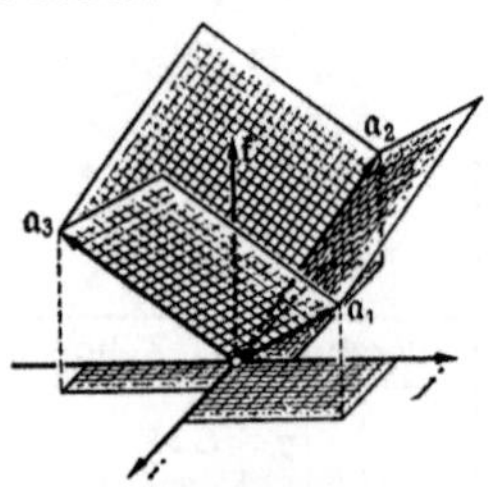

Abb. 185

festgelegt seien (Abb. 185). Dann läßt sich ein Punkt, der die Ausgangskoordinaten x, y, z und die neuen Koordinaten $\bar{x}$, $\bar{y}$, $\bar{z}$ hat, in doppelter Weise als Endpunkt eines Vektors auffassen:

$$\mathfrak{x} = x\mathfrak{i} + y\mathfrak{j} + z\mathfrak{k} = \bar{x}\mathfrak{a}_1 + \bar{y}\mathfrak{a}_2 + \bar{z}\mathfrak{a}_3.$$

Durch Einsetzen der Werte von $\mathfrak{a}_\nu$ und skalare Zerlegung folgen die Gleichungen:

$$x = a_{11}\bar{x} + a_{21}\bar{y} + a_{31}\bar{z},\qquad y = a_{12}\bar{x} + a_{22}\bar{y} + a_{32}\bar{z},\qquad z = a_{13}\bar{x} + a_{23}\bar{y} + a_{33}\bar{z}.$$

Die neun Koeffizienten $a_{\varkappa\lambda}$ sind aber nicht unabhängig; denn einmal sollen die Vektoren $\mathfrak{a}_\nu$ die Länge 1 haben und ferner zu je zweien aufeinander senkrecht stehen:

$$\mathfrak{a}_1^2 = \mathfrak{a}_2^2 = \mathfrak{a}_3^2 = 1,\qquad \mathfrak{a}_1\mathfrak{a}_2 = \mathfrak{a}_2\mathfrak{a}_3 = \mathfrak{a}_3\mathfrak{a}_1 = 0.$$

Die 9 Koeffizienten sind also durch 6 Bedingungsgleichungen verknüpft, so daß nur 3 Zahlen frei wählbar sind. Weiter gelten, wenn (wie hier angenommen) beide Koordinatensysteme Rechtssysteme sind (S. 133), die Beziehungen:

$$\mathfrak{a}_1 = \mathfrak{a}_2 \times \mathfrak{a}_3,\qquad \mathfrak{a}_2 = \mathfrak{a}_3 \times \mathfrak{a}_1,\qquad \mathfrak{a}_3 = \mathfrak{a}_1 \times \mathfrak{a}_2$$

(vgl. die Definition des äußeren Produktes S. 135). Durch Ausrechnung bestätigt man auf Grund der obigen Formeln, daß die Systemdeterminante D den Wert 1 besitzt. Weiter

kann man zeigen, daß auch das innere Produkt zweier verschiedener Kolonnen der Systemdeterminante verschwindet, während das innere Produkt einer Kolonne mit sich selbst den Wert 1 hat; oben waren die entsprechenden Sätze für Zeilen bewiesen. Mit Hilfe der angegebenen Beziehungen kann man die Umkehrung der Koordinatentransformation berechnen und erhält:

$$\bar{x} = a_{11}x + a_{12}y + a_{13}z, \quad \bar{y} = a_{21}x + a_{22}y + a_{23}z, \quad \bar{z} = a_{31}x + a_{32}y + a_{33}z.$$

2. Einführung von affinen und projektiven Koordinaten

Bei vielen Aufgaben ist es zweckmäßig, statt der kartesischen Koordinaten ein der Aufgabenstellung angepaßtes Koordinatensystem zu verwenden, da hierdurch der erforderliche Rechenaufwand erheblich vermindert wird. Abschnitt 2 und 3 geben einen Überblick über die vorhandenen Möglichkeiten.

a) Affine Koordinaten. Durch die Formeln:

$$\bar{x} = c_{11}x + c_{12}y + c_{13}, \quad \bar{y} = c_{21}x + c_{22}y + c_{23}, \qquad \begin{vmatrix} c_{11} & c_{12} \\ c_{21} & c_{22} \end{vmatrix} \neq 0$$

bzw.

$$\begin{aligned} \bar{x} &= c_{11}x + c_{12}y + c_{13}z + c_{14}, \\ \bar{y} &= c_{21}x + c_{22}y + c_{23}z + c_{24}, \\ \bar{z} &= c_{31}x + c_{32}y + c_{33}z + c_{34}, \end{aligned} \qquad \begin{vmatrix} c_{11} & c_{12} & c_{13} \\ c_{21} & c_{22} & c_{23} \\ c_{31} & c_{32} & c_{33} \end{vmatrix} \neq 0,$$

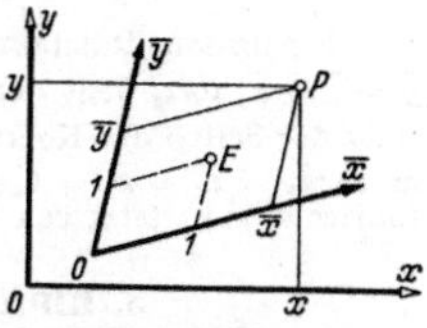

Abb. 186

in denen x, y bzw. x, y, z die bisherigen kartesischen Koordinaten bedeuten, werden *affine Koordinaten = schiefwinklige Parallelkoordinaten* eingeführt, nämlich $\bar{x}$, $\bar{y}$ in der Ebene bzw. $\bar{x}$, $\bar{y}$, $\bar{z}$ im Raum. Im Fall der Ebene sind die neuen Koordinatenachsen durch $\bar{x} = 0$ und $\bar{y} = 0$ gegeben (Abb. 186); sie haben also in den alten kartesischen Koordinaten die Gleichungen $c_{11}x + c_{12}y + c_{13} = 0$ und $c_{21}x + c_{22}y + c_{23} = 0$ und stellen daher zwei beliebige nichtparallele Geraden dar (weil die Determinante $|c_{\varkappa\lambda}| \neq 0$ sein soll). Im Raum sind die neuen Koordinatenebenen in entsprechender Weise durch $\bar{x} = 0$, $\bar{y} = 0$, $\bar{z} = 0$ bestimmt. In den obigen Gleichungen sind die Formeln aus Abschnitt 1 als Spezialfälle (nämlich bei geeigneter Wahl der $c_{\varkappa\lambda}$) enthalten.

b) Projektive Koordinaten. Die Gleichungen:

$$\begin{aligned} \bar{x} &= (c_{11}x + c_{12}y + c_{13}) \,/\, (c_{31}x + c_{32}y + c_{33}), \\ \bar{y} &= (c_{21}x + c_{22}y + c_{23}) \,/\, (c_{31}x + c_{32}y + c_{33}), \end{aligned} \qquad \begin{vmatrix} c_{11} & c_{12} & c_{13} \\ c_{21} & c_{22} & c_{23} \\ c_{31} & c_{32} & c_{33} \end{vmatrix} \neq 0$$

definieren *projektive Koordinaten* in der Ebene. Die Koordinaten $\bar{x}$ und $\bar{y}$ verschwinden auf den beiden Geraden $c_{11}x + c_{12}y + c_{13} = 0$ bzw. $c_{21}x + c_{22}y + c_{23} = 0$; auf der Geraden $c_{32}x + c_{32}y + c_{33} = 0$ nehmen sie einen unendlich großen Wert an. Da $|c_{\varkappa\lambda}| \neq 0$ sein soll, können sich die drei Geraden nicht in einem einzigen Punkt schneiden und bilden daher ein Dreieck; infolgedessen werden $\bar{x}$, $\bar{y}$ auch als *Dreieckskoordinaten* bezeichnet (Abb. 187). Zur eindeutigen Festlegung des Koordinatensystems muß außer den drei Koordinatengeraden noch der *Einheitspunkt E* gegeben sein, für den $\bar{x} = 1$, $\bar{y} = 1$ ist (bei affinen Koordinaten, Abb. 186, leuchtet die Notwendigkeit dieser Forderung von selbst ein).

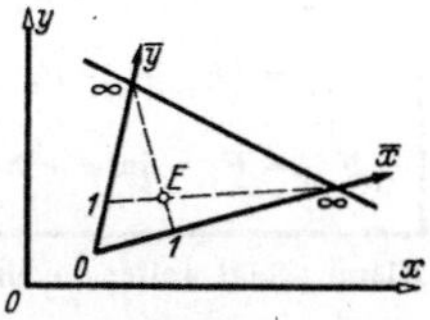

Abb. 187

Im Raum lauten die entsprechenden Gleichungen:

$$\begin{aligned} \bar{x} &= (c_{11}x + c_{12}y + c_{13}z + c_{14}) \,/\, (c_{41}x + c_{42}y + c_{43}z + c_{44}), \\ \bar{y} &= (c_{21}x + c_{22}y + c_{23}z + c_{24}) \,/\, (c_{41}x + c_{42}y + c_{43}z + c_{44}), \\ \bar{z} &= (c_{31}x + c_{3}y_{2} + c_{33}z + c_{34}) \,/\, (c_{41}x + c_{42}y + c_{43}z + c_{41}), \end{aligned} \qquad \begin{vmatrix} c_{11} & c_{12} & c_{13} & c_{14} \\ c_{21} & c_{22} & c_{23} & c_{24} \\ c_{31} & c_{32} & c_{33} & c_{34} \\ c_{41} & c_{42} & c_{43} & c_{44} \end{vmatrix} \neq 0.$$

Die vier auftretenden Ausdrücke verschwinden der Reihe nach auf vier Ebenen, welche ein Tetraeder bilden, weshalb auch der Name *Tetraederkoordinaten* gebräuchlich ist. Der Einheitspunkt E ($\bar{x} = \bar{y} = \bar{z} = 1$) ist auch hier zur eindeutigen Festlegung des Koordinatensystems erforderlich.

Die projektiven Koordinaten gehen in die affinen Koordinaten über, wenn man im Fall der Ebene $c_{31} = c_{32} = 0$, $c_{33} = 1$ bzw. im Fall des Raumes $c_{41} = c_{42} = c_{43} = 0$, $c_{44} = 1$ setzt. Man kann daher die affinen Koordinaten als denjenigen Sonderfall der projektiven Koordinaten auffassen, bei welchen die zu dem Nenner gehörige Gerade bzw. Ebene in das Unendlich-Ferne ausgewandert ist.

Bei Verwendung von homogenen Punktkoordinaten (S. 143) lassen sich die Gleichungen für die projektiven Koordinaten im Fall der Ebene auf die einfache Form bringen:

$$\bar{x}_1 = \varrho\,(c_{11}x_1 + c_{12}x_2 + c_{13}x_3),\quad \bar{x}_2 = \varrho\,(c_{21}x_1 + c_{22}x_2 + c_{23}x_3),\quad \bar{x}_3 = \varrho\,(c_{31}x_1 + c_{32}x_2 + c_{33}x_3)$$

oder zusammengefaßt:

$$\bar{x}_\varkappa = \varrho \sum_\lambda c_{\varkappa\lambda}\,x_\lambda, \qquad |c_{\varkappa\lambda}| \neq 0 \qquad (\varkappa = 1, 2, 3;\quad \lambda = 1, 2, 3).$$

Der Proportionalitätsfaktor ϱ hebt sich bei der Bildung der Verhältnisse $\bar{x} = \bar{x}_1 / \bar{x}_3$, $\bar{y} = \bar{x}_2 / \bar{x}_3$ fort. Jede der drei homogenen Dreieckskoordinaten $\bar{x}_\varkappa$ verschwindet jetzt auf einer der Seiten des Koordinatendreiecks (Abb. 187). Der Einheitspunkt E hat die Koordinaten $\bar{x}_1 = \bar{x}_2 = \bar{x}_3 = 1$. Im Fall des Raumes gelten dieselben Gleichungen, nur laufen die Indizes $\varkappa$ und λ jetzt von 1 bis 4.

3. Einführung von krummlinigen Koordinaten

a) Polarkoordinaten in der Ebene und Zylinderkoordinaten im Raum. In der Ebene werden *Polarkoordinaten* durch die Gleichungen:

$$x = r\cos\varphi,\quad y = r\sin\varphi;\qquad r = \sqrt{x^2 + y^2},\quad \operatorname{tg}\varphi = \frac{y}{x}$$

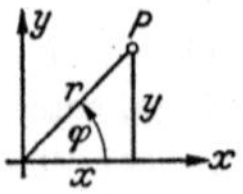

Abb. 188

eingeführt (Abb. 186). Durch $\operatorname{tg}\varphi = \frac{y}{x}$ wird dabei φ nur bis auf ganze Vielfache von π bestimmt; die Benutzung der Gleichungen für $\cos\varphi$ und $\sin\varphi$ legt aber φ bis auf ganze Vielfache von 2π fest, da r eine positive Größe sein soll. Beispiel: Die auf S. 30 betrachtete Lemniskate $(x^2 + y^2)^2 = a^2\,(x^2 - y^2)$ ergibt in Polarkoordinaten die Gleichung $r^2 = a^2 \cos 2\varphi$.

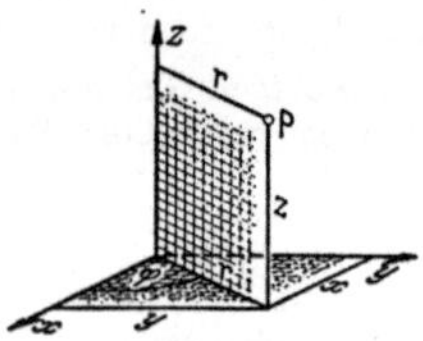

Abb. 189

Wenn man im Raum einen Punkt durch die gleichen Polarkoordinaten r und φ sowie die Höhenkoordinate z festlegt, spricht man von *Zylinderkoordinaten*, da sich für $r = \text{Const.}$ ein Kreiszylinder ergibt (Abb. 189).

Die Umrechnung von $F\,(x, y)$ auf Polarkoordinaten ergibt:

$$F_x = F_r \cdot \cos\varphi - \frac{1}{r} F_\varphi \cdot \sin\varphi, \qquad F_y = F_r \cdot \sin\varphi + \frac{1}{r} F_\varphi \cdot \cos\varphi;$$

$$F_{xx} = F_{rr} \cdot \cos^2\varphi - 2\left(\frac{1}{r} F_{r\varphi} - \frac{1}{r^2} F_\varphi\right) \cdot \cos\varphi \sin\varphi + \left(\frac{1}{r^2} F_{\varphi\varphi} + \frac{1}{r} F_r\right) \cdot \sin^2\varphi,$$

$$F_{xy} = \left(F_{rr} - \frac{1}{r^2} F_{\varphi\varphi} - \frac{1}{r} F_r\right) \cdot \cos\varphi \sin\varphi + \left(\frac{1}{r} F_{r\varphi} - \frac{1}{r^2} F_\varphi\right) \cdot (\cos^2\varphi - \sin^2\varphi),$$

$$F_{yy} = F_{rr} \cdot \sin^2\varphi + 2\left(\frac{1}{r} F_{r\varphi} - \frac{1}{r^2} F_\varphi\right) \cdot \cos\varphi \sin\varphi + \left(\frac{1}{r^2} F_{\varphi\varphi} + \frac{1}{r} F_r\right) \cdot \cos^2\varphi.$$

Hieraus folgt weiter die einfache Beziehung:

$$F_{xx} + F_{yy} = F_{rr} + \frac{1}{r^2} F_{\varphi\varphi} + \frac{1}{r} F_r.$$

b) Kugelkoordinaten. Die *räumlichen Polarkoordinaten* werden durch:

$$x = r\cos\varphi\cos\psi \qquad r = \sqrt{x^2 + y^2 + z^2}$$

$$y = r\sin\varphi\cos\psi \qquad \sin\psi = \frac{z}{r} \qquad \left(-\frac{\pi}{2} \leq \psi \leq +\frac{\pi}{2}\right)$$

$$z = r\sin\psi \qquad \cos\varphi = \frac{x}{\sqrt{x^2 + y^2}}, \qquad \sin\varphi = \frac{y}{\sqrt{x^2 + y^2}}$$

eingeführt (Abb. 190). Sie werden auch als *Kugelkoordinaten* bezeichnet, da sich für r = Const. eine Kugel ergibt. Durch Umrechnung von $F(x, y)$ auf diese Koordinaten erhält man:

$$F_{xx} + F_{yy} + F_{zz}$$
$$= F_{rr} + \frac{2}{r} F_r + \frac{1}{r^2 \cos^2 \psi} F_{\varphi\varphi} + \frac{1}{r^2} F_{\psi\psi} - \frac{\sin \psi}{r^2 \cos \psi} F_\psi.$$

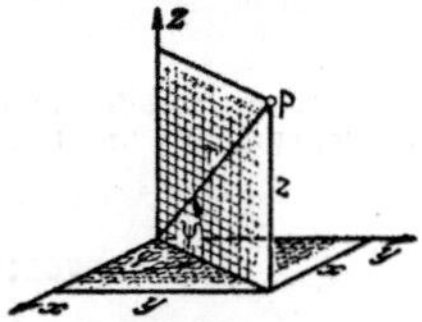

Abb. 190

(c Allgemeine krummlinige Koordinaten; die Funktionaldeterminante. Die Gleichungen:

$$\bar{x} = f_1(x,y), \quad \bar{y} = f_2(x,y) \qquad \text{bzw.} \qquad \bar{x} = f_1(x,y,z), \quad \bar{y} = f_2(x,y,z), \quad \bar{z} = f_3(x,y,z)$$

definieren *beliebige krummlinige Koordinaten* $\bar{x}, \bar{y}$ in der Ebene bzw. $\bar{x}, \bar{y}, \bar{z}$ im Raum. x, y bzw. $x\ y, z$ sollen kartesische Koordinaten bedeuten. Dabei muß verlangt werden, daß aus diesen Gleichungen (innerhalb des betrachteten Bereiches) auch umgekehrt die ungestrichenen Größen als Funktion der gestrichenen Größen berechnet werden können:

$$x = g_1(\bar{x}, \bar{y}), \quad y = g_2(\bar{x}, \bar{y}) \qquad \text{bzw.} \qquad x = g_1(\bar{x}, \bar{y}, \bar{z}), \quad y = g_2(\bar{x}, \bar{y}, \bar{z}), \quad z = g_3(\bar{x}, \bar{y}, \bar{z}).$$

Diese Forderung ist erfüllt, wenn die zugehörige *Funktionaldeterminante*:

$$D = \begin{vmatrix} \frac{\partial f_1}{\partial x} & \frac{\partial f_1}{\partial y} \\ \frac{\partial f_2}{\partial x} & \frac{\partial f_2}{\partial y} \end{vmatrix} \qquad \text{bzw.} \qquad D = \begin{vmatrix} \frac{\partial f_1}{\partial x} & \frac{\partial f_1}{\partial y} & \frac{\partial f_1}{\partial z} \\ \cdot & \cdot & \cdot \\ \cdot & \cdot & \cdot \end{vmatrix}$$

nicht identisch verschwindet; dagegen ist es statthaft, daß D an einzelnen singulären Stellen den Wert 0 oder auch ∞ annimmt. Es gilt der Satz, daß die Funktionaldeterminante der Umkehrfunktionen g_ν gleich dem reziproken Wert von D ist:

$$\Delta = \begin{vmatrix} \frac{\partial g_1}{\partial \bar{x}} & \frac{\partial g_1}{\partial \bar{y}} \\ \frac{\partial g_2}{\partial \bar{x}} & \frac{\partial g_2}{\partial \bar{y}} \end{vmatrix} = \frac{1}{D} \qquad \text{bzw.} \qquad \Delta = \begin{vmatrix} \frac{\partial g_1}{\partial \bar{x}} & \frac{\partial g_1}{\partial \bar{y}} & \frac{\partial g_1}{\partial \bar{z}} \\ \cdot & \cdot & \cdot \\ \cdot & \cdot & \cdot \end{vmatrix} = \frac{1}{D}.$$

Beispiel: Bei der Einführung von Polarkoordinaten in der Ebene wird:

$$D = r_x \varphi_y - r_y \varphi_x = 1 / \sqrt{x^2 + y^2}; \qquad \Delta = x_r y_\varphi - x_\varphi y_r = r; \qquad \Delta = 1/D.$$

Für $r = 0$ ergibt sich eine singuläre Stelle.

Bei den krummlinigen Koordinaten der Abschnitte *a*) und *b*) schneiden sich die Koordinatenkurven $\bar{x} = r$ = Const. und $\bar{y} = \varphi$ = Const. sowie die Koordinatenflächen $\bar{x} = r$ = Const, $\bar{y} = \varphi$ = Const. und $\bar{z} = z$ bzw. ψ = Const. gegenseitig rechtwinklig. Während es in der Ebene zu *jeder* Kurvenschar eine zugehörige, rechtwinklig kreuzende Kurvenschar gibt (orthogonale Trajektorien, S. 151), läßt sich im Raum eine gegebene Flächenschar $x(x, y, z)$ = Const. nur dann zu einem *dreifach orthogonalen Flächensystem* vervollständigen, wenn die Flächenschar eine bestimmte, nicht ganz einfache Bedingung erfüllt. *Satz von Dupin:* Dreifach orthogonale Flächensysteme schneiden sich gegenseitig in ihren Hauptkrümmungskurven (vgl. S. 155).

4. Deutung der Formeln als Transformationen

Die Formeln der Abschnitte 1, 2, 3 lassen eine zweite geometrische Deutung zu, indem man z. B. in der Ebene dem Punkt mit den Koordinaten x, y den Punkt mit den Koordinaten $\bar{x}, \bar{y}$ zuordnet. Dadurch ergibt sich eine *Abbildung der Ebene bzw. des Raumes auf sich selbst*, die man als *Transformation* zu bezeichnen pflegt.

Die Formeln in Abschnitt 1 stellen bei dieser Auffassung eine *längentreue = euklidisch starre Transformation* dar, bei welcher alle Längen ungeändert bleiben. Die Formeln aus Abschnitt 2 ergeben die *affinen und projektiven Transformationen*. Jede ebene affine Transformation läßt sich herstellen, indem man zwei Ebenen durch *Parallelprojektion* aufeinander abbildet und sodann beliebig aufeinanderlegt; in entsprechender Weise läßt sich jede ebene projektive Transformation durch *Zentralprojektion* (= Projektion von einem Punkte aus) erzeugen. Schließlich ergeben die Formeln in Absatz 3c die *stetigen Transformationen*. Durch die Untersuchung, welche Eigenschaften der Figuren bei den verschiedenen, immer umfassenderen Transformationen erhalten bleiben, gelangt man zu einer *Klassifikation der geometrischen Beziehungen* (Felix Klein, Erlanger Programm, 1872). Vgl. ferner die winkeltreuen = konformen Transformationen S. 82.

E. Differentialgeometrie

Die auftretenden Funktionen sollen in der Umgebung des betrachteten Punktes endlich, stetig, eindeutig und ferner genügend oft differenzierbar sein (vgl. S. 54 u. 26).

1. Ebene Kurven

a) Tangente, Normale, Krümmungskreis und Bogenlänge

	Entwickelte Form: $y = f(x)$	Parameterdarstellung: $x = x(t), \quad y = y(t)$
Tangentengleichung	$\eta - y = (\xi - x)\dfrac{dy}{dx}$	$(\xi - x)\dfrac{dy}{dt} = (\eta - y)\dfrac{dx}{dt}$
Normalengleichung	$(\eta - y)\dfrac{dy}{dx} = -(\xi - x)$	$(\xi - x)\dfrac{dx}{dt} = -(\eta - y)\dfrac{dy}{dt}$
Subtangente QT (Abb. 191)	$y : y'$	$y\dfrac{dx}{dt} : \dfrac{dy}{dt}$
Subnormale QN (Abb. 191)	$y \cdot y'$	$y\dfrac{dy}{dt} : \dfrac{dx}{dt}$
Mittelpunkt X, Y und Radius ϱ des Krümmungskreises	$X = x - \dfrac{(1 + y'^2)\,y'}{y''}$ $Y = y + \dfrac{1 + y'^2}{y''}$ $\varrho = \dfrac{1}{y''}\sqrt{1 + y'^2}^{\,3}$	$X = x - \dfrac{y'\,(x'^2 + y'^2)}{x'\,y'' - x''\,y'}$ $Y = y + \dfrac{x'\,(x'^2 + y'^2)}{x'\,y'' - x''\,y'}$ $\varrho = \dfrac{\sqrt{x'^2 + y'^2}^{\,3}}{x'\,y'' - x''\,y'}$
Bogenlänge s	$s = \displaystyle\int_{x_1}^{x_2} \sqrt{1 + \left(\frac{dy}{dx}\right)^2}\,dx$	$s = \displaystyle\int_{t_1}^{t_2} \sqrt{\left(\frac{dx}{dt}\right)^2 + \left(\frac{dy}{dt}\right)^2}\,dt$

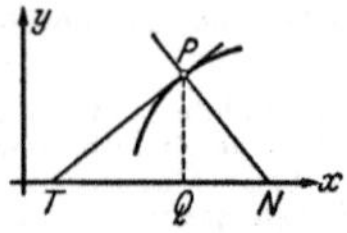

Abb. 191

Die *Normale* steht auf der Tangente im Berührungspunkt senkrecht (Abb. 191). In der Gleichung der Tangente und Normale bedeuten ξ und η die laufenden Koordinaten. Für x und y bzw. t sind die Koordinaten des betrachteten Kurvenpunktes einzusetzen. Der *Krümmungskreis* ergibt sich als Grenzlage des Kreises durch drei Kurvenpunkte, wenn man die Punkte beliebig nahe aufeinander rücken läßt. Er durchsetzt im allgemeinen die Kurve (Abb. 192); nur in den *Scheiteln* berührt er sie auf einer Seite (vgl. Abb. 107). Der Mittelpunkt X, Y des Krümmungskreises liegt auf der Normalen und heißt *Krümmungsmittelpunkt;* der Radius ϱ heißt der *Krümmungsradius* und der reziproke Wert $1 : \varrho$ die Krümmung der Kurve in dem betrachteten Punkte. Der geometrische Ort der Krümmungsmittelpunkte wird die *Evolute* der gegebenen Kurve genannt; sie wird von allen Normalen der Kurve berührt. Abb. 192 zeigt, daß die Evolute der Ellipse eine Kurve mit vier Spitzen ist, welche als *Asteroide* bezeichnet wird.

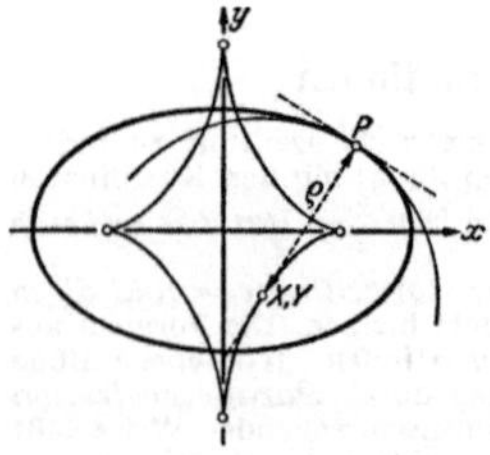

Abb. 192

Bei der *unentwickelten Gleichungsform* $F(x, y) = 0$ lautet die Gleichung der Tangente $(\xi - x)\,F_x + (\eta - y)\,F_y = 0$ und ferner die der Normale $(\xi - x)\,F_y - (\eta - y)\,F_x = 0$ (vgl. S. 58, Ableitungen einer unentwickelten Funktion).

b) Technisch wichtige Kurven

Die **Kettenlinie** $y = c \cdot \operatorname{Cosh}(x/c)$ gibt die Form an, welche eine unbelastete, beliebig biegsame Kette unter dem Einfluß ihrer eigenen Schwere annimmt, wenn sie an den beiden Punkten $x = -a, y = b$ und $x = +a, y = b$ aufgehängt wird (Abb. 193); die Konstante c ist aus $b = c \operatorname{Cosh}(a/c)$ zu berechnen.

Die **gewöhnliche Zykloide** wird durch einen Punkt eines Kreises vom Radius r beschrieben, der auf einer festen Geraden ohne Gleiten abrollt: $x = r(t - \sin t)$, $y = r(1 - \cos t)$ (Abb. 194). Die **verlängerte** und die **verkürzte Zykloide** entstehen, wenn der erzeugende Punkt außerhalb oder innerhalb des abrollenden Kreises im Abstand c vom Mittelpunkt liegt: $x = rt - c \sin t$, $y = r - c \cos t$ (Abb. 194).

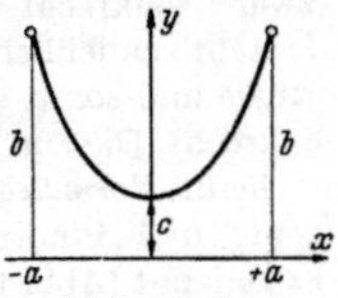

Kettenlinie

Abb. 193

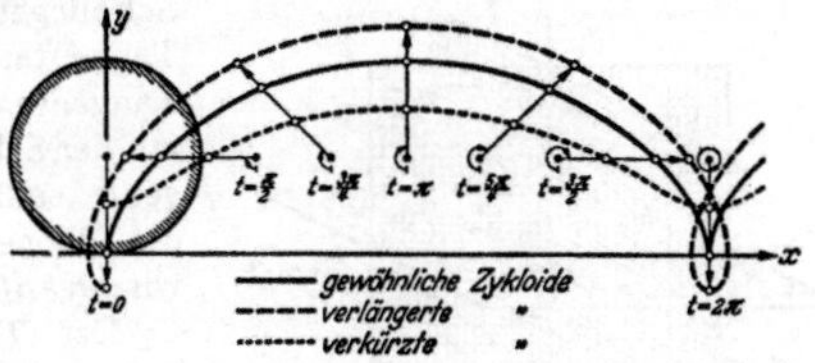

Abb. 194

Wenn der Kreis entsprechend auf einem festen Kreis vom Radius R von innen bzw. von außen abrollt (Abb. 195), beschreibt ein Punkt seines Umfangs eine **Epizykloide** (obere Vorzeichen) bzw. eine **Hypozykloide** (untere Vorzeichen):

$$x = (R \pm r) \cdot \cos\left(\frac{r}{R} t\right) \mp r \cdot \cos\left(\frac{R \pm r}{R} t\right); \quad y = (R \pm r) \cdot \sin\left(\frac{r}{R} t\right) - r \cdot \sin\left(\frac{R \pm r}{R} t\right).$$

Ein Punkt einer Geraden, die auf einem festen Kreise vom Radius R abrollt, beschreibt eine **Kreisevolvente** $x = R(\cos t + t \sin t)$, $y = R(\sin t - t \cos t)$ (Abb. 196); man kann diese Kurve auch erzeugen, indem man einen straff gehaltenen, um den Kreis gelegten Faden abwickelt.

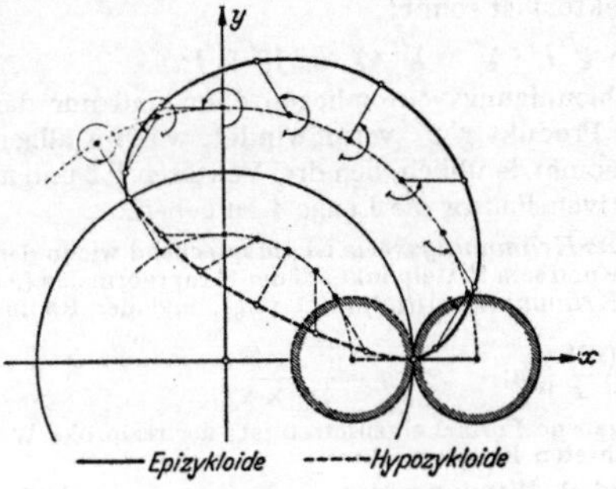

Abb. 195

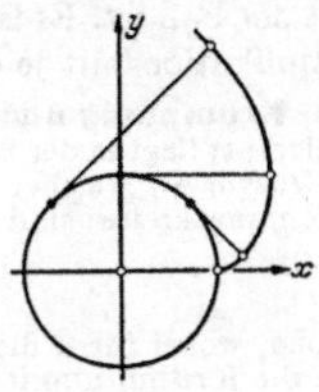

Kreisevolvente

Abb. 196

c) Kurvenscharen

Die Gleichung $F(x, y, c) = 0$ ergibt für jeden Wert des Parameters c eine Kurve; die Gesamtheit dieser unendlich vielen Kurven bildet eine *Kurvenschar*. Falls eine *einhüllende Kurve* vorhanden ist, findet man ihre Gleichung durch Elimination von c aus den beiden Gleichungen $\frac{\partial F}{\partial c} = 0$ und $F = 0$.

Die Kurven, welche eine gegebene Kurvenschar $F(x, y, c) = 0$ rechtwinklig durchschneiden, heißen *orthogonale Trajektorien*. Man findet ihre Differentialgleichung durch Elimination von c aus den Gleichungen $y' = \frac{\partial F}{\partial y} : \frac{\partial F}{\partial x}$ und $F(x, y, c) = 0$; die Integration der Differentialgleichung liefert die gesuchten Trajektorien.

2. Raumkurven

a) Tangente, Hauptnormale und Binormale. Eine Raumkurve kann als *Schnitt zweier Flächen* $F_1(x, y, z) = 0$ und $F_2(x, y, z) = 0$ definiert werden. Für die analytische Untersuchung ist die *Parameterdarstellung* $x = x(t)$, $y = y(t)$, $z = z(t)$

oder die gleichwertige *Vektordarstellung* $\mathfrak{x} = \mathfrak{x}(t) = x(t)\cdot\mathfrak{i} + y(t)\cdot\mathfrak{j} + z(t)\cdot\mathfrak{k}$ zweckmäßiger.

Die *Tangente* im Punkte P einer Raumkurve ist als Grenzlage der Sekante bestimmt. Die *Schmiegebene* (oder Schmiegungsebene) ergibt sich als Grenzlage der Ebene durch drei Kurvenpunkte, wenn man diese Punkte beliebig nahe an P heranrücken läßt. Die Tangente liegt in der Schmiegebene; die *Hauptnormale* (oder auch einfach Normale) liegt ebenfalls in der Schmiegebene, und zwar senkrecht zur Tangente. Die *Binormale* steht schließlich auf Tangente und Hauptnormale und somit auch auf der Schmiegebene senkrecht. Die zur Tangente senkrechte Ebene heißt *Normalebene*; die Ebene durch Tangente und Binormale wird *rektifizierende Ebene* genannt (Abb. 197).

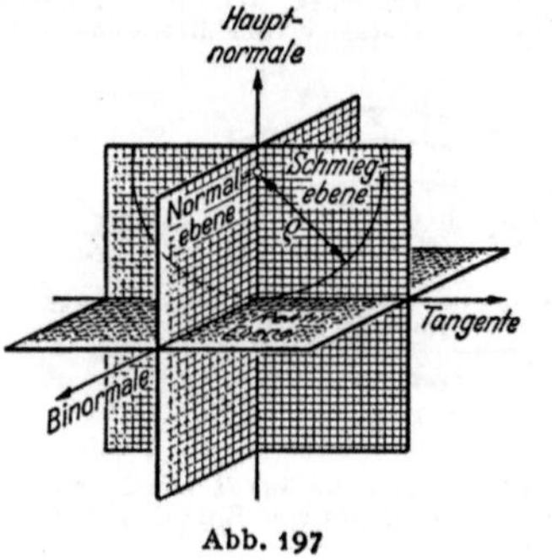

Abb. 197

Der *Tangentenvektor*

$$\mathfrak{t} = \mathfrak{x}' = x'\mathfrak{i} + y'\mathfrak{j} + z'\mathfrak{k}$$

(in der Mechanik auch *Geschwindigkeitsvektor* genannt, S. 160) ist zur Kurventangente in dem betrachteten Punkte t parallel. Der zweimal abgeleitete Vektor $\mathfrak{x}'' = x''\mathfrak{i} + y''\mathfrak{j} + z''\mathfrak{k}$ (in der Mechanik *Beschleunigungsvektor*) ist parallel zur Schmiegebene, so daß diese durch $\mathfrak{S} = \mathfrak{x} + u\mathfrak{x}' + v\mathfrak{x}''$ gegeben ist. Der *Binormalenvektor* (parallel zur Binormalen) wird durch das äußere Produkt $\mathfrak{b} = \mathfrak{x}' \times \mathfrak{x}''$ bestimmt. Der *Hauptnormalenvektor* (oder Normalenvektor) ist somit:

$$\mathfrak{n} = \mathfrak{b} \times \mathfrak{t} = (\mathfrak{x}' \times \mathfrak{x}'') \times \mathfrak{x}' = \mathfrak{x}'^2 \cdot \mathfrak{x}'' - (\mathfrak{x}'\mathfrak{x}'')\cdot\mathfrak{x}'.$$

Hauptnormalenvektor und Beschleunigungsvektor liegen dann und nur dann auf einer Geraden, wenn das innere Produkt $\mathfrak{x}'\mathfrak{x}''$ verschwindet, was im allgemeinen nicht der Fall ist. Es ist in der Geometrie üblich, den drei Vektoren $\mathfrak{t}$, $\mathfrak{b}$ und $\mathfrak{n}$ durch Multiplikation mit je einem positiven Faktor die Länge 1 zu geben.

b) Krümmung und Torsion. Der *Krümmungskreis* ist entsprechend wie in der Ebene definiert; er liegt in der Schmiegebene und sein Mittelpunkt auf der Hauptnormalen (Abb. 197) Der Vektor $\mathfrak{K}$, welcher nach dem *Krümmungsmittelpunkt* zeigt, und der Radius ϱ des Krümmungskreises sind durch:

$$\mathfrak{K} = \mathfrak{x} + \frac{(\mathfrak{x}')^2}{(\mathfrak{x}' + \mathfrak{x}'')^2}\,\mathfrak{n}; \qquad \varrho = \frac{|\mathfrak{x}'|^3}{|\mathfrak{x}' \times \mathfrak{x}''|}$$

gegeben, wobei für $\mathfrak{n}$ die oben angegebene Formel einzusetzen ist; der reziproke Wert $1 : \varrho$ heißt die *Krümmung* in dem betrachteten Kurvenpunkte.

Der nebenstehende Ausdruck wird als *Windung oder Torsion* der Raumkurve in dem betrachteten Punkte bezeichnet; für ebene Kurven verschwindet die Determinante, so daß die Torsion gleich Null wird.

$$T = -\frac{1}{|\mathfrak{x}' \times \mathfrak{x}''|^2}\begin{vmatrix} x' & y' & z' \\ x'' & y'' & z'' \\ x''' & y''' & z''' \end{vmatrix}$$

c) Bogenlänge. Die *Bogenlänge* der Kurve zwischen den Punkten $t = t_1$ und $t = t_2$ ist durch $s = \int_{t_1}^{t_2} \sqrt{x'^2 + y'^2 + z'^2}\,dt$ gegeben. Alle vorstehenden Formeln vereinfachen sich, wenn die Bogenlänge s als Parameter eingeführt wird (vgl. S. 157—159). Bei praktischen Rechnungen ist es aber nur selten möglich, die Bogenlänge durch elementare Funktionen auszudrücken.

3. Flächen

a) Die Gleichungsformen einer Fläche. In der Differentialgeometrie wird zur Festlegung einer Fläche die *Parameterdarstellung* $x = x(u, v)$, $y = y(u, v)$, $z = z(u, v)$ bevorzugt. Die Kurven u = Const. bzw. v = Const. ergeben *ein auf der Fläche verlaufendes Koordinatensystem* u, v (Abb. 198; man denke sich die einzelnen Kurven mit den zugehörigen Werten beziffert). Beispiele: *Kugel*: $x = r\cos u \cos v$, $y = r\cos u \sin v$, $z = r\sin u$ (S. 148); u = Const. ergibt die Breiten-

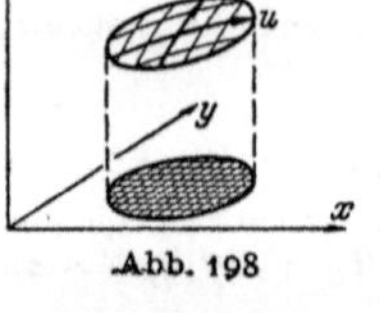

Abb. 198

kreise der Kugel, $v =$ Const. die dazu senkrechten Meridiankreise. *Gerade Schraubenfläche*: $x = u \cos v$, $y = u \sin v$, $z = cv$ (S. 118); $u =$ Const. ergibt die auf der Fläche verlaufenden Schraubenlinien, $v =$ Const. die erzeugenden Geraden.

Die Vektordarstellung $\mathfrak{x} = \mathfrak{i}x + \mathfrak{j}y + \mathfrak{k}z = \mathfrak{x}(u, v)$ ist die vektorielle Zusammenfassung der Parameterdarstellung.

Bei der entwickelten Form $z = z(x, y)$ ist im besondern $x = u$, $y = v$ gewählt. Die Koordinatenkurven werden in diesem Fall aus der Fläche durch die Parallelebenen zur y-z-Ebene bzw. zur x-z-Ebene ausgeschnitten. Beispiel. *Hyperbolisches Paraboloid:* $z = xy$ (S. 26 u. 145).

Die unentwickelte Form $F(x, y, z) = 0$ wird im allgemeinen in der Differentialgeometrie nicht betrachtet, während sie in der algebraischen Geometrie vorherrschend ist. Beispiel: *Flächen zweiter Ordnung* (S. 145).

b) Tangentialebene. Bei allen Flächenkurven, welche durch einen nichtsingulären Punkt P der Fläche hindurchgehen, liegen die in P konstruierten Tangenten in einer Ebene, welche als die *Tangentialebene* in P bezeichnet wird. Ihre Gleichung lautet:

Parameterdarstellung:	$x = x(u, v)$, $y = y(u, v)$, $z = z(u, v)$.	$\begin{vmatrix} \xi - x & \eta - y & \zeta - z \\ x_u & y_u & z_u \\ x_v & y_v & z_v \end{vmatrix} = 0.$
Entwickelte Form:	$z = f(x, y)$.	$\zeta - z = (\xi - x) f_x + (\eta - y) f_y$.
Unentwickelte Form:	$F(x, y, z) = 0$.	$(\xi - x) F_x + (\eta - y) F_y + (\zeta - z) F_z = 0$.

Dabei bedeuten ξ, η, ζ die laufenden Koordinaten der Tangentialebene; in alle übrigen Größen sind die Koordinaten x, y, z des betrachteten festen Flächenpunktes P einzusetzen.

c) Die Normale ist eine Gerade, welche auf der Tangentialebene in deren Berührungspunkt senkrecht steht. Bei der Vektordarstellung $\mathfrak{x} = \mathfrak{x}(u, v)$ sind die Vektoren $\mathfrak{x}_u$ und $\mathfrak{x}_v$ parallel zu der im Punkt u, v konstruierten Tangentialebene (S. 137); die Indizes kennzeichnen dabei die partielle Ableitung nach u bzw. v. Der Vektor $\mathfrak{n} = \mathfrak{x}_u \times \mathfrak{x}_v = \mathfrak{i}A + \mathfrak{j}B + \mathfrak{k}C$ steht senkrecht auf $\mathfrak{x}_u$ und $\mathfrak{x}_v$ und ist daher parallel zur Normalen; es wird:

$$A = y_u z_v - z_u y_v, \qquad B = z_u x_v - x_u z_v, \qquad C = x_u y_v - y_u x_v;$$
$$T = |\mathfrak{n}| = +\sqrt{A^2 + B^2 + C^2}.$$

Der zugehörige Einheitsvektor $\mathfrak{n}^\circ$ hat die Komponenten A/T, B/T und C/T, welche somit die Richtungskosinus der Normalen sind (S. 134). Der hierdurch festgelegte Richtungssinn der Normalen wird als positive Richtung gewählt; dann folgen die Richtungen des wachsenden u, des wachsenden v und die positive Richtung der Normalen ebenso aufeinander wie die positiven Koordinatenrichtungen x, y, z.

Für $T \neq 0$ ergibt sich stets ein *gewöhnlicher Punkt* der Fläche. Die Punkte mit $T = 0$ erfordern eine gesonderte Behandlungsweise und sollen daher hier von der Betrachtung ausgeschlossen werden; es handelt sich entweder um einen *singulären Punkt* der Fläche (z. B die Spitze eines Kegels) oder aber um eine *Singularität des auf der Fläche verlaufenden Koordinatensystems.*

d) Die Fundamentalgrößen erster und zweiter Ordnung. Zur weiteren Untersuchung der Flächen erweisen sich die folgenden Abkürzungen als zweckmäßig:

Fundamentalgrößen erster Ordnung:	Fundamentalgrößen zweiter Ordnung:
$E = \mathfrak{x}_u^2 = x_u^2 + y_u^2 + z_u^2$,	$L = \mathfrak{n}^\circ \mathfrak{x}_{uu} = (A x_{uu} + B y_{uu} + C z_{uu}) / T$,
$F = \mathfrak{x}_u \mathfrak{x}_v = x_u x_v + y_u y_v + z_u z_v$,	$M = \mathfrak{n}^\circ \mathfrak{x}_{uv} = (A x_{uv} + B y_{uv} + C z_{uv}) / T$,
$G = \mathfrak{x}_v^2 = x_v^2 + y_v^2 + z_v^2$.	$N = \mathfrak{n}^\circ \mathfrak{x}_{vv} = (A x_{vv} + B y_{vv} + C z_{vv}) / T$.

Bei theoretischen Berechnungen an einer gegebenen Fläche wird zu Beginn stets diese Größentabelle aufgestellt. Für die entwickelte Gleichungsform $z = z(x, y)$ ergibt sich im besondern:

$x = u,$ $y = v,$ $z = z(x, y).$	$A = -z_x,$ $B = -z_y, \quad T = \sqrt{1 + z_x^2 + z_y^2}.$ $C = 1.$	$E = 1 + z_x^2,$ $F = z_x z_y,$ $G = 1 + z_y^2,$	$L = z_{xx}/T,$ $M = z_{xy}/T,$ $N = z_{yy}/T.$

Der Ausdruck:

$$ds = \sqrt{dx^2 + dy^2 + dz^2} = \sqrt{E\,du^2 + 2F\,du\,dv + G\,dv^2}$$

stellt den Abstand zweier „benachbarter" Punkte mit den Koordinaten u, v und $u + du$, $v + dv$ dar. Der Inhalt eines Flächenstücks (S. 124) läßt sich auch durch die Fundamentalgrößen erster Ordnung ausdrücken:

$$\text{Inhalt} = \iint T\,du\,dv = \iint \sqrt{A^2 + B^2 + C^2}\,du\,dv = \iint \sqrt{EG - F^2}\,du\,dv$$

e) Die Krümmung in einem Flächenpunkt. Wir betrachten die Ebenen, welche durch die Normale eines gewöhnlichen Flächenpunktes P hindurchgehen. Jede dieser Ebenen ergibt eine durch P laufende (ebene) Schnittkurve mit der Fläche; der Krümmungsradius dieser Kurve im Punkte P sei R.

Wenn der Krümmungsradius R aller dieser Schnittkurven stets der gleiche ist, heißt der Punkt P ein *Nabelpunkt* der Fläche; derartige Punkte sind durch:

$$L : E = M : F = N : G$$

bestimmt. Die Kugel besteht aus lauter Nabelpunkten; beim Rotationsparaboloid ist der Scheitelpunkt ein Nabelpunkt; die gerade Schraubenfläche besitzt überhaupt keine Nabelpunkte; es kann auch vorkommen, daß die Nabelpunkte eine Kurve bilden.

Sofern der Punkt P kein Nabelpunkt ist, ändert sich der Krümmungsradius R der Schnittkurven, wenn die betrachtete Ebene um die Normale gedreht wird. Dabei nimmt R für zwei verschiedene Lagen der Ebene einen Extremwert an; die zugehörigen Schnittebenen, welche als *Hauptschnitte* im Punkte P bezeichnet werden, stehen stets aufeinander senkrecht. Man nennt die beiden Extremwerte die *Hauptkrümmungsradien* R_1 und R_2; die zugehörigen Krümmungen $\varrho_1 = 1/R_1$ und $\varrho_2 = 1/R_2$ heißen die *Hauptkrümmungen* des Punktes P. Diese Werte können für jeden Punkt aus den Gleichungen:

$K = \varrho_1 \cdot \varrho_2 = \dfrac{1}{R_1 \cdot R_2} = \dfrac{LN - M^2}{EG - F^2}$	$\varrho_1 + \varrho_2 = \dfrac{1}{R_1} + \dfrac{1}{R_2} = \dfrac{EN - 2FM + GL}{EG - F^2}$

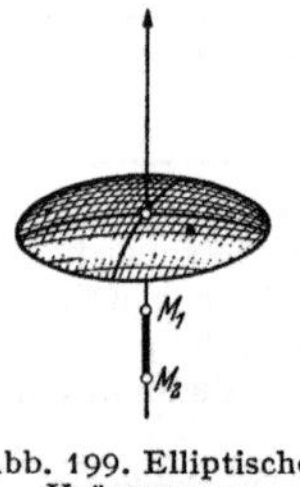

Abb. 199. Elliptische Krümmung

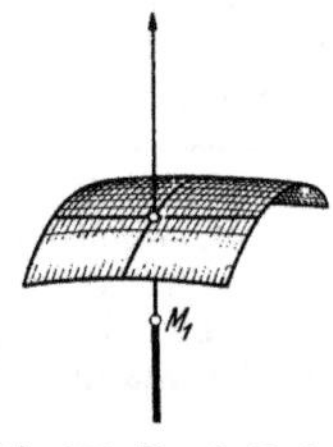

Abb. 200. Parabolische Krümmung

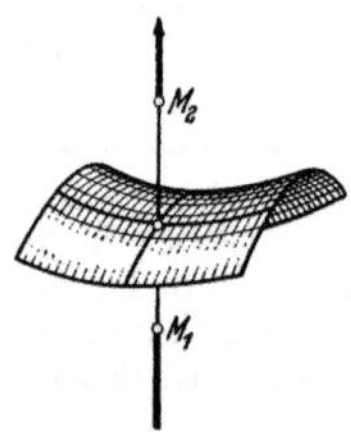

Abb. 201. Hyperbolische Krümmung

berechnet werden. Das Produkt $K = \varrho_1 \cdot \varrho_2$ heißt die *Krümmung der Fläche in dem Punkt P*; ferner wird der Ausdruck $(\varrho_1 + \varrho_2)/2$ als *mittlere Krümmung* an der betrachteten Stelle bezeichnet.

Nach dem Ausscheiden der singulären Punkte sowie der Nabelpunkte bleiben folgende drei Möglichkeiten übrig: *Elliptische = positive Krümmung* (Abb. 199): Die zu den Hauptschnitten gehörigen Krümmungsmittelpunkte M_1 und M_2 liegen auf derselben Seite der Normalen; R_1 und R_2 haben daher das gleiche Vorzeichen; $K = 1/(R_1 R_2)$ ist positiv. *Parabolische = verschwindende Krümmung* (Abb. 200): Der Krümmungsmittelpunkt M_2 ist in den unendlich fernen Punkt der Normalen gewandert; R_2 wird unendlich und somit $K = 0$. *Hyperbolische = negative Krümmung* (Abb. 201): M_1 und M_2 liegen auf verschiedenen Seiten der Normalen; R_1 und R_2 haben entgegengesetzte Vorzeichen, so daß K negativ ist. Die dick ausgezogenen Teile der Normalen in den drei Abbildungen zeigen den Bereich an, in welchem der Krümmungsmittelpunkt beim Drehen der Ebene um die Normale hin und her wandert. In einem hyperbolisch gekrümmten Flächenteil schneidet die Tangentialebene die Fläche in zwei sich kreuzenden Kurven; für die Normalenschnitte, welche diese Kurven berühren, wird $R = \infty$.

Die Krümmung K kann durch die Maßverhältnisse auf der Fläche selbst festgelegt werden und ist daher von der Einbettung der Fläche in den umgebenden Raum unabhängig (theorema egregium von Gauß). *Infolgedessen bleibt die Krümmung in den einzelnen Flächenpunkten ungeändert, wenn man die Fläche verbiegt, d. h. ohne Verzerrungen deformiert.*

f) Die auf einer Fläche verlaufenden Kurven. Die **parabolische Kurve** $LN - M^2 = 0$ ist der Ort derjenigen Flächenpunkte, für welche die Krümmung $K = 0$ ist. Wenn eine Fläche zum Teil elliptisch, zum Teil hyperbolisch gekrümmt ist, werden die beiden Bereiche durch die parabolische Kurve getrennt. Beispiel: Die Rotationsfläche, welche durch Drehung der Kurve $z = 2/(1 + x^2)$ um die z-Achse entsteht (Abb. 202), ist im oberen Teil elliptisch, im unteren Teil hyperbolisch gekrümmt; die parabolische Kurve entsteht durch Rotation des Wendepunktes W.

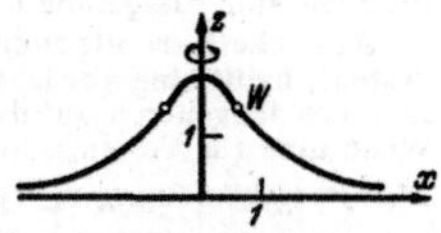

Abb. 202

Die **Hauptkrümmungskurven = Hauptkurven** $(EM - FL)\, du^2 + (EN - GL)\, du\, dv + (FN - GM)\, dv^2 = 0$ besitzen in jedem Flächenpunkt die Richtung eines der beiden zugehörigen Hauptschnitte. Durch jeden Punkt der Fläche laufen zwei derartige Kurven hindurch; sie bilden ein orthogonales Netz, das alle Teile der Fläche überzieht. Auf der Kugel ist die obige Gleichung identisch erfüllt, so daß die Hauptkrümmungskurven unbestimmt werden. Vgl. ferner den Satz von *Dupin* über dreifach orthogonale Flächensysteme (S. 149).

Die **Haupttangentenkurven = Asymptotenlinien** $L\, du^2 + 2M\, du\, dv + N dv^2 = 0$ verlaufen nur auf den hyperbolisch gekrümmten Flächenteilen; sie haben in jedem Punkt die Richtung einer der beiden Kurven, welche durch die zugehörige Tangentialebene aus der Fläche ausgeschnitten werden. Die Tangenten der Hauptkrümmungskurven halbieren die Winkel, welche von den Tangenten der Haupttangentenkurven gebildet werden. Wenn zwei Flächen durch eine projektive Transformation (S. 149) ineinander überführt werden können, werden hierbei auch ihre Haupttangentenkurven ineinander überführt.

Die **geodätischen Linien** sind die „kürzesten" und zugleich die „geradesten" Linien der Fläche. Eine geodätische Linie besitzt unter allen Flächenkurven, die durch zwei feste Punkte der Fläche hindurchgehen, die kürzeste Bogenlänge. Wenn man einen sehr kleinen Wagen, dessen beide Räder durch eine Achse fest miteinander verbunden sind, auf der Fläche entlang rollt, fährt der Wagen längs einer geodätischen Linie. In jedem Punkt einer geodätischen Linie fällt die Hauptnormale der Kurve mit der Flächennormale zusammen; umgekehrt ist jede derartige Kurve eine geodätische Linie. Die Bestimmung der geodätischen Linien führt auf ein Variationsproblem (S. 97), welches die Differentialgleichungen:

$$2E \cdot \ddot{u} + 2F \cdot \ddot{v} + E_u \cdot \dot{u}^2 + 2E_v \cdot \dot{u}\dot{v} + (2F_v - G_u) \cdot \dot{v}^2 = 0,$$
$$2F \cdot \ddot{u} + 2G \cdot \ddot{v} + (2F_u - E_v) \cdot \dot{u}^2 + 2G_u \cdot \dot{u}\dot{v} + G_v \cdot \dot{v}^2 = 0$$

ergibt; da hierbei u und v als Funktionen der Bogenlänge s aufgefaßt sind, besteht außerdem die Zusatzgleichung $E \cdot \dot{u}^2 + 2F \cdot \dot{u}\dot{v} + G \cdot \dot{v}^2 = 1$ (die Differentiationen nach s sind durch Punkte gekennzeichnet). Die Integration dieser Gleichungen läßt sich bei bestimmten Flächen, z. B. den Rotationsflächen, den Flächen zweiter Ordnung und den abwickelbaren Flächen durchführen.

Bei der Untersuchung der **topographischen Kurven** setzt man die Flächengleichung zweckmäßig in der Form $z = f(x, y)$ an. Die *Horizontalkurven* sowie die *Höhenlinien* (Projektion der Horizontalkurven auf die x-y-Ebene) sind durch $z = f(x, y) =$ Const. oder $dz = f_x \cdot dx + f_y \cdot dy = 0$ gegeben. Für $f_x = 0, f_y = 0$, also an den Stellen, wo die Fläche eine waagrechte Tangentialebene besitzt, treten singuläre Punkte dieser Kurvenschar auf. Für $f_{xx} f_{yy} - f_{xy}^2 > 0$ ergeben sich *Gipfelpunkte* oder *Talpunkte* des Geländes (Maxima oder Minima von z, Abb. 203), für $f_{xx} f_{yy} - f_{xy}^2 < 0$ dagegen *Sattelpunkte*, wie sie in der Natur durch einen Gebirgspaß dargestellt werden (Abb. 204); die theoretische Möglichkeit, daß in einem Sattelpunkt mehr als zwei Täler zusammentreffen, tritt in der Natur nicht auf. Talpunkte finden sich nur im Hochgebirge (als Kare) und auf der Leeseite von Dünen (durch Windwirbel gebohrte Vertiefungen).

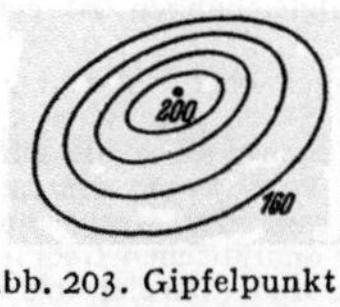

Abb. 203. Gipfelpunkt

Abb. 204. Sattelpunkt

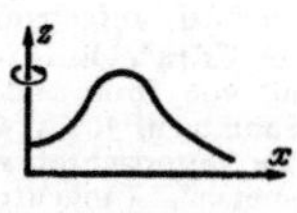

Abb. 205

g) Wichtige Flächenarten. Rotationsflächen. Wenn man die Gleichung der Drehkurve in der Form $z = z(x)$ ansetzt (Abb. 205), lautet die Gleichung der Rotationsfläche $x = u \cos v$, $y = u \sin v$, $z = z(u)$. Die Koordinatenkurven auf der Fläche sind die Breitenkreise $u =$ Const. und die Meridiankurven $v =$ Const. Die Größentabelle wird:

$A = -u z' \cos v,$		$E = 1 + z'^2,$	$L = u z'' / T,$
$B = -u z' \sin v,$	$T = \lvert u \rvert \cdot \sqrt{1 + z'^2}.$	$F = 0,$	$M = 0,$
$C = +u,$		$G = u^2;$	$N = u^2 z' / T.$

Die Krümmung eines Flächenpunktes ist $K = z'z'' / u\,(1 + z'^2)^2$. Ein Flächenstück ist elliptisch oder hyperbolisch gekrümmt, je nachdem $u z' z'' > 0$ oder < 0 ist. Die Hauptkrümmungskurven fallen mit den Koordinatenkurven der Fläche zusammen.

Schraubenflächen. Die allgemeine Schraubenfläche entsteht, wenn man eine beliebige ebene Kurve längs einer in ihrer Ebene liegenden Achse in die Höhe schraubt. Die einfachsten Beispiele sind die gerade und die schiefe Schraubenfläche (S. 118).

Abwickelbare Flächen. $LN - M^2 = 0$. Eine Fläche, die aus lauter parabolischen Punkten besteht, heißt eine abwickelbare Fläche. Jede derartige Fläche (und nur eine solche Fläche) läßt sich längentreu auf die Ebene abbilden, weshalb der Name „abwickelbar" gewählt ist. Wenn man zur Vereinfachung $x = u$, $y = v$ wählt, ergibt sich für diese Flächen die partielle Differentialgleichung $z_{xx} z_{yy} - z_{xy}^2 = 0$. Im allgemeinen besteht eine abwickelbare Fläche aus allen Tangenten einer Raumkurve; diese bildet dabei einen Grat der Fläche. Ausartungen sind a) die Kegel, b) die Zylinder und c) die Ebenen.

Regelflächen. Eine Fläche wird als Regelfläche bezeichnet, wenn auf ihr eine zumindest einfach unendliche Schar von geraden Linien verläuft. Die abwickelbaren Flächen sind die einfachsten Beispiele. Die gerade und schiefe Schraubenfläche zeigen, daß auf einer allgemeinen Regelfläche die geraden Linien keineswegs eine Raumkurve zu berühren brauchen. Auf dem hyperbolischen Paraboloid und dem einschaligen Hyperboloid (S. 145) verlaufen zwei Scharen von sich kreuzenden geraden Linien.

Literatur zur analytischen Geometrie. ***Haußner:*** Analytische Geometrie der Ebene, Analytische Geometrie des Raumes, Sammlung Göschen Band 65 und 89, Berlin 1934 u. 35. — ***Heß:*** Analytische Geometrie für Studierende der Technik und zum Selbststudium, Berlin 1948. — ***Schönfließ*** und ***Dehn:*** Einführung in die analytische Geometrie, Berlin 1939. — ***Blaschke:*** Einführung in die Differentialgeometrie, Berlin 1950. — ***Blaschke:*** Vorlesungen über Differentialgeometrie, Berlin 1945.

Anhang: Entwicklung der Mathematik

a) Entwicklung der Algebra. Lineare Gleichungen mit einer Unbekannten wurden bereits um 2000 v. Chr. von den Ägyptern berechnet (Haufen sein $^2/_3$, sein $^1/_2$, sein $^1/_7$, sein Ganzes, es gibt 37). Euklid (300 v. Chr.) löst in seinen Elementen quadratische Gleichungen durch geometrische Konstruktionen auf. Diophantus von Alexandria (um 300 n. Chr.) benutzt erstmalig abkürzende Bezeichnungen für häufig vorkommende Ausdrücke. Etwa 400 n. Chr. stellen die Inder das dezimale System der Zahlen auf; diese Darstellung wird in Europa durch die Araber bekannt, findet aber in Deutschland erst ab 1500 durch die Rechenmeister (z. B. Adam Riese) allgemeine Verbreitung. Um 1550 werden in Italien die Gleichungen dritten und vierten Grades durch Wurzelzeichen gelöst (Cardano und andere). Um 1550 Einführung des Gleichheitszeichens (=), um 1600 Einführung der Klammern in die Buchstabenrechnung, Einführung von $<$ und $>$, sowie Einführung der Dezimalbrüche mit Komma. Um 1725 Entwicklung der Lehre von den Determinanten, deren Anfänge auf Leibniz zurückgehen. Um 1800 begründet Gauß (1777—1855) exakt die Lehre von den komplexen Zahlen und beweist den Fundamentalsatz der Algebra. 1824 zeigt der Norweger Abel, daß die allgemeine Gleichung fünften Grades nicht durch Wurzeln aufgelöst werden kann. Ab 1900 moderne Untersuchungen über den Begriff der Irrationalzahl (Hilbert und Brauwer).

b) Entwicklung der Analysis. Bereits die Griechen haben Tangentenprobleme untersucht; Archimedes (um 250 v. Chr.) führt mit seiner Exhaustionsmethode die ersten Integrationen durch. Um 1600 setzt insbesondere durch die französischen Mathematiker eine neue Weiterentwicklung ein; anschließend werden die heutigen Verfahren der Differential- und Integralrechnung durch Newton (1643—1727) und Leibniz (1646—1716) aufgestellt. In der Folgezeit wird die Reihenlehre, die Lehre von den Differentialgleichungen, sowie die Variationsrechnung in stürmischer Entwicklung ausgebildet. Dabei herrschte zunächst keine Übersicht über die logischen Grundlagen, welche erst in dem „kritischen" 20-ten Jahrhundert geklärt wurden (Herausarbeitung des Konvergenzverhaltens durch Gauß, Ersatz der „unendlich kleinen Größen" durch einen exakten Grenzübergang, *Dirichlet*scher Funktionsbegriff, nichtdifferenzierbare stetige Funktionen). Die Lehre von den Integralgleichungen ist erst in neuerer Zeit aufgebaut worden.

c) Entwicklung der Geometrie. Schon um 2000 v. Chr. berechnen die Ägypter den Inhalt von Drei- und Vierecken durch Näherungsformeln; π wird gleich 256/81 (= 3,160) angenommen. 300 v. Chr. schreibt Euklid seine Elemente, nach denen noch heute auf der Schule unterrichtet wird. Um 200 v. Chr. behandelt Apollonius von Perga, der „große Geometer", Tangenten, Asymptoten, konjugierte Durchmesser usw. der Kegelschnitte. Um 1630 entwickeln Fermat und Descartes die Anfangsgründe der analytischen Geometrie. Um 1800 entsteht die neuere Geometrie durch Werke von Monge und Poncelet; bis 1900 herrschte ein Wettkampf zwischen der analytischen und der rein geometrischen = synthetischen Methode, welcher beide Richtungen zu der heutigen Höhe entwickelte. Vgl. ferner die Entwicklung der darstellenden Geometrie S. 118, der Trigonometrie S. 120 und der Vektorrechnung S. 133.

Mechanik starrer Körper

Von

Professor Dr. Ing. Docteur ès Sciences h. c. F. TÖLKE

Stuttgart

I. Bewegungslehre

A. Punktbewegung

1. Die Bahnkurve

Ein Massenpunkt bewegt sich gemäß Abb. 1 auf einer räumlichen Bahnkurve, die an jeder Stelle durch ihren Abstand $\mathfrak{r}$ von einem festen Punkte 0 festgelegt sei; $\mathfrak{r}$ heißt dann der Ortsvektor der Bahnkurve. Er kann als Funktion irgendeines Parameters, z. B. der Bogenlänge s dargestellt werden.

$$\mathfrak{r} = \mathfrak{r}(s) \quad \text{(Ortsvektor).} \tag{1}$$

Wird $\mathfrak{r}$ auf irgendein schief- oder rechtwinkliges festes Vektortripel $\mathfrak{e}_1$, $\mathfrak{e}_2$, $\mathfrak{e}_3$ bezogen und sind r_1, r_2, r_3 die zugehörigen schiefen oder rechtwinkligen Projektionen von $\mathfrak{r}$, so ergibt sich für $\mathfrak{r}$ die Komponentendarstellung

$$\mathfrak{r} = \mathfrak{e}_1 r_1(s) + \mathfrak{e}_2 r_2(s) + \mathfrak{e}_3 r_3(s). \tag{2}$$

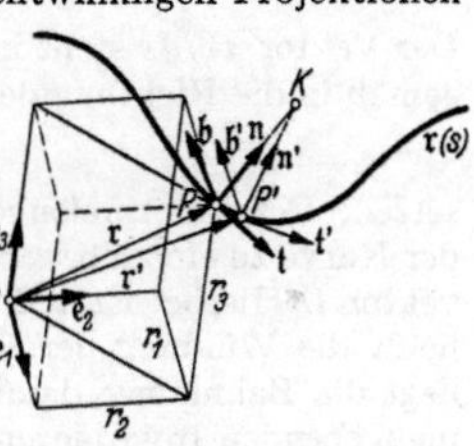

Abb. 1

Betrachtet man zwei benachbarte Punkte P und P' der Bahnkurve, so wird der Grenzwert

$$\lim_{P' \to P} \frac{\mathfrak{r}' - \mathfrak{r}}{s' - s} = \lim_{\Delta s \to 0} \frac{\Delta \mathfrak{r}}{\Delta s} = \frac{d\mathfrak{r}}{ds}$$

als Tangentenvektor $\mathfrak{t}$ bezeichnet, also

$$\mathfrak{t} = d\mathfrak{r}/ds \quad \text{(Tangentenvektor).} \tag{3}$$

Wie schon die Bezeichnung andeutet, fällt $\mathfrak{r}$ stets in die Richtung der Tangente der Bahnkurve, wobei die Pfeilrichtung dem vorliegenden Fortschreitungssinne auf der Kurve, also der Bewegungsrichtung entspricht. Im übrigen ist $\mathfrak{r}$ ein Einheitsvektor, da sein absoluter Betrag eins ist,

$$[\mathfrak{t}] = 1. \tag{4}$$

Betrachtet man für die zu P und P' gehörigen Tangentenvektoren $\mathfrak{t}$ und $\mathfrak{t}'$ den Grenzwert

$$\lim_{P' \to P} \frac{\mathfrak{t}' - \mathfrak{t}}{s' - s} = \lim_{\Delta s \to 0} \frac{\Delta \mathfrak{t}}{\Delta s} = \frac{d\mathfrak{t}}{ds} = \frac{d^2\mathfrak{r}}{ds^2},$$

so ergibt sich der Krümmungsvektor

$$\mathfrak{n}\varkappa = d\mathfrak{t}/ds = d^2\mathfrak{r}/ds^2 \quad \text{(Krümmungsvektor).} \tag{5}$$

Bezeichnet $\varkappa$ den absoluten Betrag der Krümmung oder den reziproken Wert $1/R$ des Krümmungshalbmessers, so ist $\mathfrak{n}$ wieder ein Einheitsvektor

$$[\mathfrak{n}] = 1, \tag{6}$$

und zwar derjenige, der in jedem Punkte der Kurve nach dem Krümmungsmittelpunkte hinweist. Er heißt Hauptnormalenvektor oder kürzer auch einfach Normalenvektor und folgt aus (5) zu

$$\mathfrak{n} = \frac{1}{\varkappa} \frac{d^2\mathfrak{r}}{ds^2} = R \frac{d^2\mathfrak{r}}{ds^2} \quad \text{(Hauptnormalenvektor).} \tag{7}$$

Die in jedem Kurvenpunkte durch $\mathfrak{t}$ und $\mathfrak{n}$ bestimmte Ebene wird Schmiegungsebene genannt, und die auf ihr senkrecht stehende Kurvennormale heißt Binormale. Wird diese im Linkssinne gerichtet und der zugehörige Einheitsvektor mit $\mathfrak{b}$ bezeichnet, so ergibt sich

$$\mathfrak{b} = \mathfrak{t} \times \mathfrak{n} = \frac{1}{\varkappa} \frac{d\mathfrak{r}}{ds} \times \frac{d^2\mathfrak{r}}{ds^2} \quad \text{(Binormalenvektor)} \tag{8}$$

und

$$|\mathfrak{b}| = 1. \tag{9}$$

Die Einheitsvektoren $\mathfrak{t}$, $\mathfrak{n}$, $\mathfrak{b}$ bilden ein dreiachsiges Vektorkreuz, das unter ständiger Richtungsänderung die Kurve begleitet; die zugehörigen Orthogonalitätsbedingungen lauten

$$\mathfrak{t} = \mathfrak{n} \times \mathfrak{b}; \quad \mathfrak{n} = \mathfrak{b} \times \mathfrak{t}; \quad \mathfrak{b} = \mathfrak{t} \times \mathfrak{n}. \tag{10}$$

Durch Differentiation nach s und Beachtung von (5) und (10) folgt

$$\frac{d\mathfrak{n}}{ds} = \frac{d\mathfrak{b}}{ds} \times \mathfrak{t} + \mathfrak{b} \times \frac{d\mathfrak{t}}{ds} = \frac{d\mathfrak{b}}{ds} \times \mathfrak{t} - \mathfrak{t}\varkappa;$$

$$\frac{d\mathfrak{b}}{ds} = \frac{d\mathfrak{t}}{ds} \times \mathfrak{n} + \mathfrak{t} \times \frac{d\mathfrak{n}}{ds} = \mathfrak{t} \times \frac{d\mathfrak{n}}{ds}.$$

Wird die letzte dieser Gleichungen skalar mit $\mathfrak{t}$ multipliziert, so erhält man

$$\mathfrak{t}\frac{d\mathfrak{b}}{ds} = \mathfrak{t}\left(\mathfrak{t} \times \frac{d\mathfrak{n}}{ds}\right) = \frac{d\mathfrak{n}}{ds}(\mathfrak{t} \times \mathfrak{t}) = 0.$$

Ferner folgt aus (9) oder $\mathfrak{b}\mathfrak{b} = 1$ durch Differentiation

$$\mathfrak{b}\frac{d\mathfrak{b}}{ds} = 0.$$

Der Vektor $d\mathfrak{b}/ds$ steht hiernach gleichzeitig auf $\mathfrak{t}$ und $\mathfrak{b}$ senkrecht und fällt demgemäß in die Richtung der Hauptnormalen. Man kann daher

$$d\mathfrak{b}/ds = \mathfrak{n}\tau \tag{11}$$

setzen. Der Binormalenvektor dreht sich also, wenn man von einem Punkte P der Kurve zu einem benachbarten Punkte P' fortschreitet, stets um den Tangentenvektor $\mathfrak{t}$. Hierbei ist τ das auf die Bogeneinheit bezogene Maß der Drehung und heißt die Windung der Bahnkurve. Sind $\varkappa$ und τ in jedem Punkte bekannt, so liegt die Bahnkurve damit vollständig fest. Man bezeichnet $\varkappa$ und τ auch als die maßgebenden Invarianten der Bahnkurve.

Werden mit Hilfe der vorhergehenden Gleichungen $\mathfrak{t}$, $\mathfrak{n}$ und $\mathfrak{b}$ durch $\varkappa$ und τ ausgedrückt, so ergeben sich die sog. *Frenet*schen Formeln

$$d\mathfrak{t}/ds = \mathfrak{n}\varkappa; \quad d\mathfrak{n}/ds = -\mathfrak{t}\varkappa - \mathfrak{b}\tau; \quad d\mathfrak{b}/ds = \mathfrak{n}\tau. \tag{12}$$

Aus (6) folgt bei Beachtung von (7)

$$\varkappa = |d^2\mathfrak{r}/ds^2| \quad \text{(Krümmung)} \tag{13}$$

und aus $(12)^2$ bei Beachtung von (7) und (8) sowie des Vertauschungssatzes

$$\tau = -\mathfrak{b}\frac{d\mathfrak{n}}{ds} = -\frac{1}{\varkappa^2}\frac{d\mathfrak{r}}{ds}\frac{d^2\mathfrak{r}}{ds^2}\frac{d^3\mathfrak{r}}{ds^3} \quad \text{(Windung).} \tag{14}$$

Wird für den Ortsvektor $\mathfrak{r}$ die Komponentendarstellung (2) zugrunde gelegt, so ergeben sich für $\varkappa$ und τ die Ausdrücke

$$\varkappa = \sqrt{\left(\frac{d^2r_1}{ds^2}\right)^2 + \left(\frac{d^2r_2}{ds^2}\right)^2 + \left(\frac{d^2r_3}{ds^2}\right)^2 + 2\mathfrak{e}_1\mathfrak{e}_2\frac{d^2r_1}{ds^2}\frac{d^2r_2}{ds^2} + 2\mathfrak{e}_2\mathfrak{e}_3\frac{d^2r_2}{ds^2}\frac{d^2r_3}{ds^2} + 2\mathfrak{e}_3\mathfrak{e}_1\frac{d^2r_3}{ds^2}\frac{d^2r_1}{ds^2}} \tag{15}$$

$$\tau = -\frac{\mathfrak{e}_1\mathfrak{e}_2\mathfrak{e}_3}{\varkappa^2}\begin{vmatrix} \frac{dr_1}{ds} & \frac{d^2r_1}{ds^2} & \frac{d^3r_1}{ds^3} \\ \frac{dr_2}{ds} & \frac{d^2r_2}{ds^2} & \frac{d^3r_2}{ds^3} \\ \frac{dr_3}{ds} & \frac{d^2r_3}{ds^2} & \frac{d^3r_3}{ds^3} \end{vmatrix}. \tag{16}$$

Im Sonderfalle eines rechtwinkligen Bezugstripels zieht sich (15) auf die Wurzel aus den Quadraten zusammen, während in (16) das gemischte Produkt eins wird. Wenn die Determinante in (16) verschwindet, ist die Bahnkurve eben.

Für Schmiegungsebene, Normalebene, Tangente, Hauptnormale und Krümmungsmittelpunkt ergeben sich nach Abb. 2–5 die folgenden Beziehungen:

$$(\bar{\mathfrak{r}} - \mathfrak{r})\,\mathfrak{b} = 0 \quad \begin{vmatrix} \bar{r}_1 - r_1 & \dfrac{d r_1}{d s} & \dfrac{d^2 r_1}{d s^2} \\ \bar{r}_2 - r_2 & \dfrac{d r_2}{d s} & \dfrac{d^2 r_2}{d s^2} \\ \bar{r}_3 - r_3 & \dfrac{d r_3}{d s} & \dfrac{d^2 r_3}{d s^2} \end{vmatrix} = 0 \quad \text{(Schmiegungsebene).} \tag{17}$$

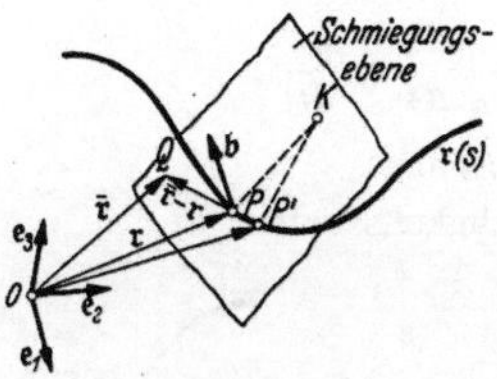

Abb. 2

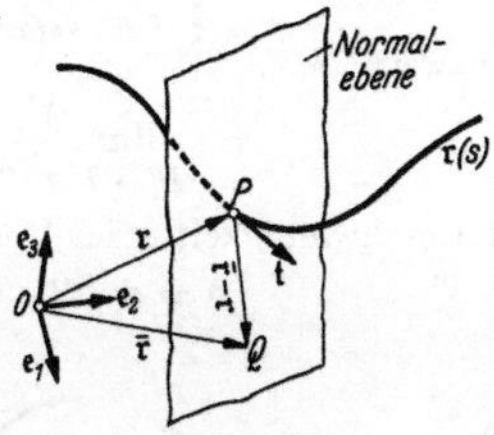

Abb. 3

$$(\bar{\mathfrak{r}} - \mathfrak{r})\,\mathfrak{t} = 0; \quad (\bar{\mathfrak{r}} - \mathfrak{r})\,\frac{d\mathfrak{r}}{ds} = 0 \quad \text{(Normalebene).} \tag{18}$$

$$\bar{\mathfrak{r}} = \mathfrak{r} + \mathfrak{t}\,e \quad \text{(Tangente);} \tag{19}$$

$$\bar{\mathfrak{r}} = \mathfrak{r} + \mathfrak{n}\,e \quad \text{(Hauptnormale);} \tag{20}$$

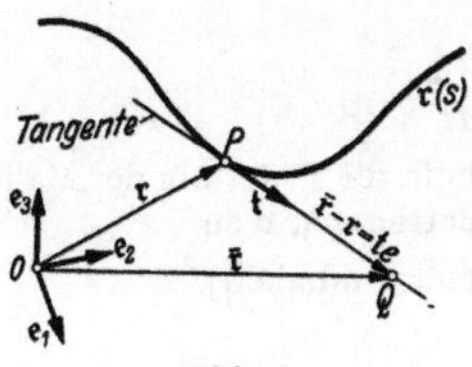

Abb. 4

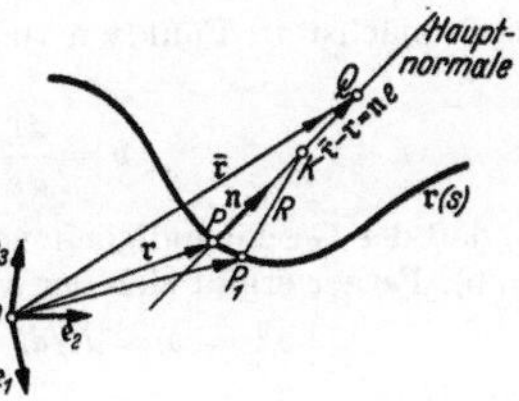

Abb. 5

$$\mathfrak{r}_\varkappa = \mathfrak{r} + \frac{\mathfrak{n}}{\varkappa} = \mathfrak{r} + \mathfrak{n}\,R \quad \text{(Krümmungsmittelpunkt).} \tag{21}$$

In den meisten Fällen der Anwendung ist der Ortsvektor $\mathfrak{r}$ nicht als Funktion der Bogenlänge s, sondern als solche eines anderen geeigneteren Parameters λ gegeben, also

$$\mathfrak{r} = \mathfrak{e}_1 r_1(\lambda) + \mathfrak{e}_2 r_2(\lambda) + \mathfrak{e}_3 r_3(\lambda).$$

Da die Bogenlänge s dann ebenfalls von λ abhängt, ergibt sich zunächst für $\mathfrak{t}$

$$\frac{d\mathfrak{r}}{ds} = \frac{d\mathfrak{r}}{d\lambda}\,\frac{d\lambda}{ds} = \frac{\dfrac{d\mathfrak{r}}{d\lambda}}{\dfrac{ds}{d\lambda}} = \frac{\dfrac{d\mathfrak{r}}{d\lambda}}{\left|\dfrac{d\mathfrak{r}}{d\lambda}\right|}, \tag{22}$$

und entsprechend für irgendeinen Vektor $\mathfrak{v}$

$$\frac{d\mathfrak{v}}{ds} = \frac{d\mathfrak{v}}{d\lambda}\frac{d\lambda}{ds} = \frac{\frac{d\mathfrak{v}}{d\lambda}}{\frac{ds}{d\lambda}} = \frac{\frac{d\mathfrak{v}}{d\lambda}}{\left|\frac{d\mathfrak{r}}{d\lambda}\right|}. \tag{23}$$

In ähnlicher Weise können auch höhere Ableitungen nach s schrittweise in solche nach λ umgeschrieben werden.

2. Geschwindigkeit und Beschleunigung

Wird nunmehr als Parameter die Zeit t eingeführt, so wird $\mathfrak{r}$ eine Funktion der Zeit

$$\begin{cases} \mathfrak{r} = \mathfrak{r}(t), \\ \mathfrak{r} = \mathfrak{e}_1 r_1(t) + \mathfrak{e}_2 r_2(t) + \mathfrak{e}_3 r_3(t). \end{cases} \tag{24}$$

Der Grenzwert

$$\lim_{P' \to P} \frac{\mathfrak{r}' - \mathfrak{r}}{t' - t} = \lim_{\Delta t \to 0} \frac{\Delta \mathfrak{r}}{\Delta t} = \frac{d\mathfrak{r}}{dt}$$

heißt die Geschwindigkeit $\mathfrak{v}$ des Massenpunktes, also

$$\mathfrak{v} = d\mathfrak{r}/dt \quad \text{(Geschwindigkeitsvektor).} \tag{25}$$

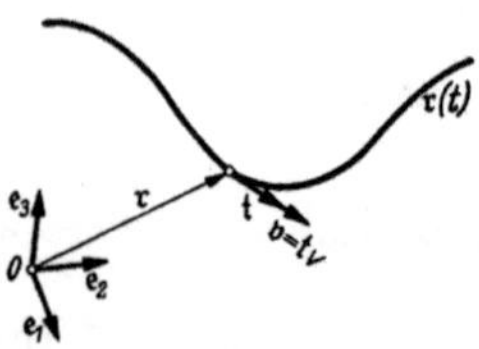

Abb. 6

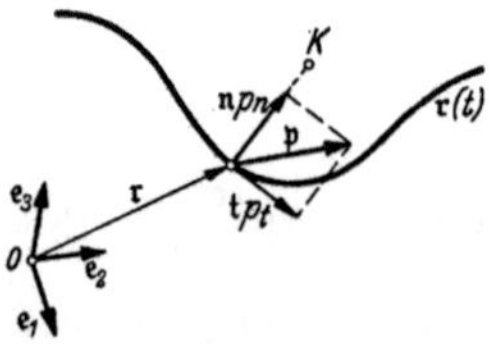

Abb. 7

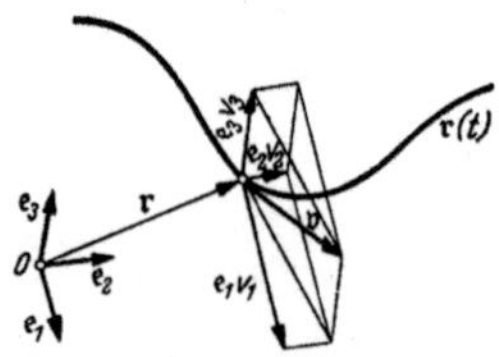

Abb. 8

Faßt man $\mathfrak{r}$ zunächst als Funktion von s auf und s wiederum als Funktion der Zeit, so folgt

$$\mathfrak{v} = \frac{d\mathfrak{r}}{ds}\frac{ds}{dt} = \mathfrak{t}\frac{ds}{dt}. \tag{26}$$

(26) zeigt, daß der Geschwindigkeitsvektor stets in die Richtung der Bahntangente fällt (Abb. 6). Ferner ergibt sich der absolute Betrag von $\mathfrak{v}$ zu

$$|\mathfrak{v}| = v = ds/dt \quad \text{(Bahngeschwindigkeit).} \tag{27}$$

Der Grenzwert

$$\lim_{P' \to P} \frac{\mathfrak{v}' - \mathfrak{v}}{t' - t} = \lim_{\Delta t \to 0} \frac{\Delta \mathfrak{v}}{\Delta t} = \frac{d\mathfrak{v}}{dt} = \frac{d^2\mathfrak{r}}{dt^2}$$

heißt die Beschleunigung $\mathfrak{p}$ des Massenpunktes, also

$$\mathfrak{p} = d\mathfrak{v}/dt = d^2\mathfrak{r}/dt^2 \quad \text{(Beschleunigungsvektor).} \tag{28}$$

Wird $\mathfrak{v}$ gemäß (26) und (27) in der Form

$$\mathfrak{v} = \mathfrak{t}v \tag{26'}$$

in (28) eingeführt, so folgt bei Beachtung von (12)

$$\mathfrak{p} = \frac{d(\mathfrak{t}v)}{dt} = \mathfrak{t}\frac{dv}{dt} + \frac{d\mathfrak{t}}{dt}v = \mathfrak{t}\frac{dv}{dt} + \frac{d\mathfrak{t}}{ds}\frac{ds}{dt}v = \mathfrak{t}\frac{dv}{dt} + \mathfrak{n}\varkappa v^2.$$

Der Beschleunigungsvektor liegt also in der Schmiegungsebene. Der Faktor von $\mathfrak{t}$ heißt Tangentialbeschleunigung p_t, derjenige von $\mathfrak{n}$ Normal- oder Zentripetalbeschleunigung p_n. Damit erhält man (Abb. 7)

$$\mathfrak{p} = \mathfrak{t}p_t + \mathfrak{n}p_n; \quad p_t = dv/dt; \quad p_n = \varkappa v^2 = v^2/R. \tag{29}$$

Betrachtet man auch hier wieder v als Funktion von s und s als Funktion von t, so läßt sich p_t auch in der Form

$$p_t = \frac{dv}{ds}\frac{ds}{dt} = \frac{dv}{ds}v = \frac{d(\frac{1}{2}v^2)}{ds} \tag{30}$$

darstellen, die als konvektive Form der Tangentialbeschleunigung bezeichnet wird.

Wird für den Ortsvektor $\mathfrak{r}$ die Komponentendarstellung (24) zum Ausgangspunkt gewählt, so ergeben sich entsprechende Komponentendarstellungen für $\mathfrak{v}$ und $\mathfrak{p}$. Man erhält (Abb. 8):

$$\mathfrak{v} = \mathfrak{e}_1 v_1 + \mathfrak{e}_2 v_2 + \mathfrak{e}_3 v_3; \quad v_1 = dr_1/dt; \quad v_2 = dr_2/dt; \quad v_3 = dr_3/dt. \tag{31}$$

$$\mathfrak{p} = \mathfrak{e}_1 p_1 + \mathfrak{e}_2 p_2 + \mathfrak{e}_3 p_3; \quad p_1 = d^2r_1/dt^2; \quad p_2 = d^2r_2/dt^2; \; p_3 = d^2r_3/dt^2. \tag{32}$$

3. Freie Bewegung und Führungsbewegung

Bei der Bewegung eines Massenpunktes können zwei grundsätzlich verschiedene Fälle unterschieden werden, je nachdem, ob der Massenpunkt sich frei im Raume bewegen kann oder auf einer vorgeschriebenen Bahn geführt wird. Im ersteren Falle ist der Beschleunigungsvektor für jeden Punkt der Bahn bekannt, im letzteren der Ortsvektor. Bewegungsvorgänge der erstgenannten Art setzen einer Lösung zuweilen beträchtliche Schwierigkeiten entgegen.

4. Bewegung auf geradliniger Bahn

Im Sonderfalle der Bewegung auf geradliniger Bahn wird der Vektorbegriff entbehrlich. Es ergeben sich die Sonderformeln:

$$\left\{\begin{array}{l} s = s\,(t) \\ v = v\,(t) = ds/dt \\ b = b\,(t) = dv/dt = d^2s/dt^2 \end{array}\right\} \text{(bei vorgegebener Zeitabhängigkeit)}, \tag{33}$$

$$\left\{\begin{array}{l} t = t\,(s) \\ v = v\,(s) = \dfrac{1}{dt/ds} \\ b = b\,(s) = \dfrac{d\,(\frac{1}{2}v^2)}{ds} \end{array}\right\} \text{(bei vorgegebener Ortsabhängigkeit)}. \tag{34}$$

Alle nur denkbaren praktischen Anwendungsfälle können auf einen der folgenden 6 Grundfälle zurückgeführt werden.

a) *Gegeben* $s = s\,(t)$. v und b folgen als Differentialquotienten gemäß (33).

b) *Gegeben* $v = v\,(t)$. s folgt aus (33) durch Integration, b durch Differentiation. Man erhält

$$s = s_0 + \int_{t_0}^{t} v\,dt; \qquad b = dv/dt.$$

c) *Gegeben* $b = b\,(t)$. s und v folgen aus (33) durch Integration. Man erhält

$$s = s_0 + v_0\,(t - t_0) + \int_{t_0}^{t}\int_{t_0}^{t} b\,dt\,dt; \quad v = v_0 + \int_{t_0}^{t} b\,dt.$$

d) *Gegeben* $v = v\,(s)$. $t\,(s)$ und damit auch $s\,(t)$ folgten aus (34) durch Integration, b durch Differentiation. Man erhält

$$t\,(s) = t_0 + \int_{s_0}^{s} \frac{ds}{v}; \quad b\,(s) = \frac{d\,(\frac{1}{2}v^2)}{ds}.$$

e) Gegeben $b = b\,(s)$. $t\,(s)$ und damit auch $s\,(t)$ sowie v folgen aus (34) durch Integration. Man erhält

$$t\,(s) = t_0 + \int_{s_0}^{s} \frac{ds}{\sqrt{v_0^2 + 2\int_{s_0}^{s} b\,ds}}\,; \qquad v = \sqrt{v_0^2 + 2\int_{s_0}^{s} b\,ds}\,.$$

f) Gegeben $b = b\,(v)$. Zunächst folgt aus (34) durch Integration $s = s\,(v)$ und damit auch $v = v\,(s)$, womit alles weitere auf *d)* zurückgeführt ist. Man erhält

$$s\,(v) = s_0 + \int_{v_0}^{v} \frac{v}{b\,(v)}\,dv; \quad \text{aus } s\,(v) \text{ folgt } v\,(s); \quad t\,(s) = t_0 + \int_{s_0}^{s} \frac{ds}{v}\,; \quad b\,(s) = \frac{d\left(\frac{1}{2}v^2\right)}{ds}.$$

In den unter *a)* bis *f)* behandelten Grundfällen sind die gesuchten Größen auf Differentialquotienten oder bestimmte Integrale zurückgeführt. Da die letzteren, wenn nicht analytisch, so stets auf graphisch-numerischem Wege ausgewertet werden können, ist eine befriedigende Lösung geradliniger Bewegungsaufgaben in jedem Falle möglich.

5. Wurfbewegung

Die Bewegung, die ein Massenpunkt mit der Anfangsgeschwindigkeit $\mathfrak{v}_0$ unter alleiniger Wirkung der Schwere erfährt, heißt Wurfbewegung. Wird das Bezugssystem so gewählt (Abb. 9), daß $\mathfrak{e}_1$ in die Richtung von $\mathfrak{v}_0$ und $\mathfrak{e}_2$ in diejenige von $\mathfrak{g}$ fällt, so ergibt sich

$$\mathfrak{v}_0 = \mathfrak{e}_1 v_0; \quad \mathfrak{p} = \mathfrak{g} = \mathfrak{e}_2 g; \quad \mathfrak{e}_1\mathfrak{e}_1 = 1; \quad \mathfrak{e}_1\mathfrak{e}_2 = -\cos\alpha; \quad \mathfrak{e}_2\mathfrak{e}_2 = 1. \tag{35}$$

Dem Anfangspunkt der Bewegung entspreche $\mathfrak{r}_0 = 0$ und $t_0 = 0$.

Abb. 9

Geschwindigkeit und Bahnkurve folgen durch Integration von (28) und (25) unter Berücksichtigung von (35) zu

$$\mathfrak{v} = \mathfrak{v}_0 + \int_0^t \mathfrak{p}\,dt = \mathfrak{e}_1 v_0 + \mathfrak{e}_2 g t; \quad \mathfrak{r} = \mathfrak{e}_1 v_0 t + \mathfrak{e}_2 \frac{g t^2}{2}. \tag{36}$$

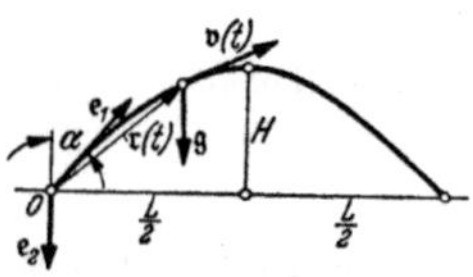

Abb. 10

Von der Bahnkurve, die nach (36) eine Parabel ist, interessieren in erster Linie Gipfelzeit t_H und Gipfelhöhe H sowie Wurfzeit t_L und Wurfweite L. Für ebenes waagrechtes Gelände (Abb. 10) folgt die Gipfelzeit aus der Bedingung, daß $\mathfrak{v}$ im Gipfelpunkt waagrecht liegt.

$$\left.\begin{aligned} \mathfrak{v}_H\mathfrak{e}_2 &= 0 = -v_0\cos\alpha + g t_H; \\ t_H &= \frac{v_0}{g}\cos\alpha \quad \text{(Gipfelzeit)}. \end{aligned}\right\} \tag{37}$$

Die Gipfelhöhe ergibt sich als Projektion des $\mathfrak{r}$-Vektors auf die negative $\mathfrak{e}_2$-Richtung.

$$\left.\begin{aligned} H &= -\mathfrak{r}\mathfrak{e}_2 = +v_0 t_H\cos\alpha - \frac{1}{2}\,g t_H^2; \\ H &= \frac{v_0^2}{2g}\cos^2\alpha \quad \text{(Gipfelhöhe)}. \end{aligned}\right\} \tag{38}$$

Die Wurfzeit folgt aus der Bedingung, daß der zugehörige $\mathfrak{r}$-Vektor waagrecht liegt.

$$\mathfrak{r}\mathfrak{e}_2 = 0 = -v_0 t_L\cos\alpha + \frac{1}{2}\,g t_L^2; \quad t_L = \frac{2v_0}{g}\cos\alpha = 2\,t_H \quad \text{(Wurfzeit)}. \tag{39}$$

Die Wurfweite L ist der absolute Betrag des zu t_L gehörigen $\mathfrak{r}$-Vektors.

$$\left.\begin{aligned} L &= \left|\,\mathfrak{e}_1\frac{2v_0^2\cos\alpha}{g} + \mathfrak{e}_2\frac{2v_0^2\cos^2\alpha}{g}\right| = \frac{2v_0^2\cos\alpha}{g}\sqrt{1 - 2\cos^2\alpha + \cos^2\alpha}\,; \\ L &= \frac{v_0^2}{g}\,\sin 2\alpha \quad \text{(Wurfweite)}. \end{aligned}\right\} \tag{40}$$

6. Kreisbewegung

Bezogen auf die Bogenlänge φ des Einheitskreises als Parameter, lautet die Gleichung des Kreises (Abb. 11) im rechtwinkligen Bezugssystem $(\mathfrak{i}_1, \mathfrak{i}_2)$

$$\mathfrak{r} = \mathfrak{i}_1 a \cos\varphi + \mathfrak{i}_2 a \sin\varphi \text{ (Kreis, } \mathfrak{i}_1\mathfrak{i}_2 = 0.) \tag{41}$$

Hieraus folgt nach (3) für den Tangentenvektor

$$\mathfrak{t} = d\mathfrak{r}/ds = -\,\mathfrak{i}_1 \sin\varphi + \mathfrak{i}_2 \cos\varphi, \tag{42}$$

während der Normalenvektor unmittelbar aus Abb. 11 zu

$$\mathfrak{n} = -\,\mathfrak{r}/a = -\,\mathfrak{i}_1 \cos\varphi - \mathfrak{i}_2 \sin\varphi \tag{43}$$

abgelesen werden kann.

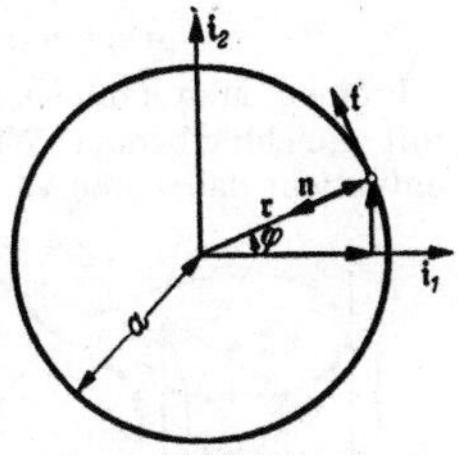

Abb. 11

Mit $s = a\varphi$ ergibt sich für die Bahngeschwindigkeit v nach (27)

$$v = \frac{ds}{dt} = a\,\frac{d\varphi}{dt} = a\,\omega$$

$$(\omega = \text{Winkelgeschwindigkeit}). \tag{44}$$

Ferner folgt für Tangential- und Normalbeschleunigung nach (29)

$$\left.\begin{aligned} p_t &= \frac{dv}{dt} = a\,\frac{d\omega}{dt} = a\,\dot\omega \quad (\dot\omega = \text{Winkelbeschleunigung});\\ p_n &= \varkappa v^2 = a\,\omega^2. \qquad \mathfrak{p} = \mathfrak{t}\,a\,\dot\omega + \mathfrak{n}\,a\,\omega^2. \end{aligned}\right\} \tag{45}$$

Man erhält daher

$$\left.\begin{aligned} \mathfrak{v} &= \mathfrak{t}v = -\,\mathfrak{i}_1 a\,\omega \sin\varphi + \mathfrak{i}_2 a\,\omega\cos\varphi;\\ \mathfrak{p} &= \mathfrak{t}p_t + \mathfrak{n}\,p_n = -\,\mathfrak{i}_1 a\,(\dot\omega\sin\varphi + \omega^2\cos\varphi) + \mathfrak{i}_2 a\,(\dot\omega\cos\varphi - \omega^2\sin\varphi). \end{aligned}\right\} \tag{46}$$

Im Sonderfalle gleichbleibender Winkelgeschwindigkeit ergibt sich

$$\left\{\begin{aligned} \mathfrak{r} &= \mathfrak{i}_1 a\cos\varphi + \mathfrak{i}_2\, a\sin\varphi\\ \mathfrak{v} &= d\mathfrak{r}/dt = -\,\mathfrak{i}_1\, a\,\omega\sin\varphi + \mathfrak{i}_2\, a\,\omega\cos\varphi\\ \mathfrak{p} &= d^2\mathfrak{r}/dt^2 = -\,\mathfrak{i}_1\, a\,\omega^2\cos\varphi - \mathfrak{i}_2\, a\,\omega^2\sin\varphi = -\,\mathfrak{r}\,\omega^2 \end{aligned}\right\}\left(\begin{aligned} &\omega \text{ gleichbleibend}\\ &\quad\dot\omega = 0\end{aligned}\right). \tag{47}$$

7. Harmonische Schwingungen

Aus der letzten der Gl. (47) folgt die Differentialgleichung

$$\frac{d^2\mathfrak{r}}{dt^2} + \mathfrak{r}\,\omega^2 = 0. \tag{48}$$

Ihre Lösungen werden als „Harmonische Schwingungen" bezeichnet. Im allgemeinsten Falle ergibt sich mit

$$\mathfrak{r} = \mathfrak{a}\cos\omega t + \mathfrak{b}\sin\omega t \tag{49}$$

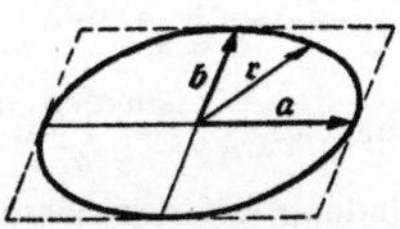

Abb. 12

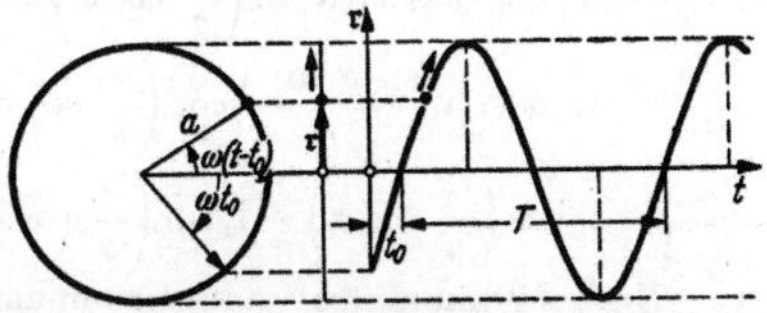

Abb. 13

als Bahnkurve eine Ellipse (Abb. 12). Ihre schiefen Halbmesser $|\,\mathfrak{a}\,|$ und $|\,\mathfrak{b}\,|$ nennt man Schwingungsamplituden, die Winkelgeschwindigkeit ω Kreisfrequenz. Die zu $\omega t = 2\pi$ gehörige Zeitdauer heißt Schwingungsdauer T und der reziproke Wert von T Schwingungsfrequenz n, also

$$\left.\begin{aligned} T &= 2\pi/\omega \text{ (Schwingungsdauer)};\\ n &= 1/T = \omega/2\pi \text{ (Schwingungsfrequenz)}. \end{aligned}\right\} \tag{50}$$

Die Einheit der Schwingungsfrequenz ist das Hertz. (1 Hertz = 1 Schwingung je Sekunde.)

Die durch die Amplitudenvektoren $\mathfrak{a}$ und $\mathfrak{b}$ bestimmte „ebene“ Schwingung wird zu einer „einachsigen“, wenn einer von beiden, z. B. $\mathfrak{b}$, verschwindet, oder wenn beide in die gleiche Richtung fallen. Mit $\mathfrak{b} = \mathfrak{a}\lambda$ folgt

$$\mathfrak{r} = \mathfrak{a}\,(\cos\omega t + \lambda\sin\omega t). \tag{51}$$

Bei Einführung der sog. Phasenverschiebung t_0 läßt sich $\mathfrak{r}$ auch in der Form

$$\mathfrak{r} = \mathfrak{a}\sin\omega\,(t - t_0) \quad \text{(einachsige harmonische Schwingung)} \tag{52}$$

schreiben. Man kann sie in anschaulicher Weise als Projektion einer Kreisbewegung mit gleichbleibender Winkelgeschwindigkeit deuten (Abb. 13). Der Zeitphase t_0 entspricht dabei eine Winkelphase $\varphi_0 = \omega t_0$.

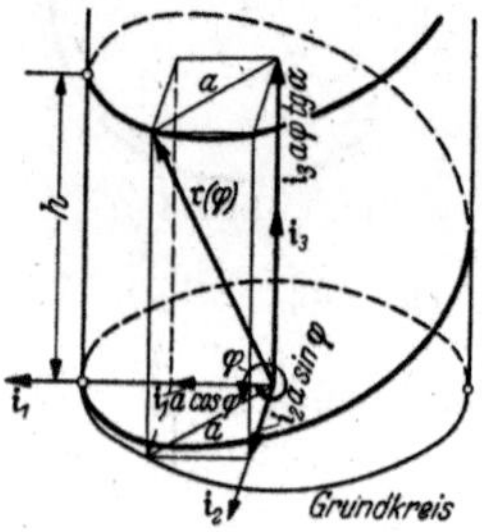

Abb. 14

8. Schraubenbewegung

Bezeichnen $\mathfrak{i}_1$, $\mathfrak{i}_2$, $\mathfrak{i}_3$ drei aufeinander senkrecht stehende Bezugsvektoren, so lautet die Gleichung der Schraubenlinie (Abb. 14)

$$\mathfrak{r} = \mathfrak{i}_1\,a\cos\varphi + \mathfrak{i}_2\,a\sin\varphi + \mathfrak{i}_3\,a\,\varphi\,\operatorname{tang}\alpha$$
$$(\mathfrak{i}_1\mathfrak{i}_2 = \mathfrak{i}_2\mathfrak{i}_3 = \mathfrak{i}_3\mathfrak{i}_1 = 0). \tag{53}$$

Hierbei bezeichnet a den Halbmesser des Schraubenzylinders und α den Steigungswinkel, der sich gemäß

$$\operatorname{tang}\alpha = h/2\,a\,\pi \tag{54}$$

durch die Ganghöhe h ausdrücken läßt (Abb. 14). Aus

$$d\mathfrak{r}/d\varphi = -\mathfrak{i}_1\,a\sin\varphi + \mathfrak{i}_2 a\cos\varphi + \mathfrak{i}_3 a\operatorname{tang}\alpha$$

folgt

$$ds/d\varphi = |\,d\mathfrak{r}/d\varphi\,| = a/\cos\alpha \text{ oder } s = a\,\varphi/\cos\alpha. \tag{55}$$

Mit (55) geht (53) über in

$$\mathfrak{r} = \mathfrak{i}_1 a\cos\left(\frac{s}{a}\cos\alpha\right) + \mathfrak{i}_2 a\sin\left(\frac{s}{a}\cos\alpha\right) + \mathfrak{i}_3 s\sin\alpha. \tag{56}$$

Hieraus folgt auf Grund der allgemeinen Formeln von Ziffer 1

$$\mathfrak{t} = \frac{d\mathfrak{r}}{ds} = -\mathfrak{i}_1\cos\alpha\sin\left(\frac{s}{a}\cos\alpha\right) + \mathfrak{i}_2\cos\alpha\cos\left(\frac{s}{a}\cos\alpha\right) + \mathfrak{i}_3\sin\alpha; \tag{57}$$

$$\frac{d\mathfrak{t}}{ds} = \mathfrak{n}\varkappa = -\mathfrak{i}_1\frac{\cos^2\alpha}{a}\cos\left(\frac{s}{a}\cos\alpha\right) - \mathfrak{i}_2\frac{\cos^2\alpha}{a}\sin\left(\frac{s}{a}\cos\alpha\right); \tag{58}$$

$$\mathfrak{n} = -\mathfrak{i}_1\cos\left(\frac{s}{a}\cos\alpha\right) - \mathfrak{i}_2\sin\left(\frac{s}{a}\cos\alpha\right); \qquad \varkappa = \left|\frac{d\mathfrak{t}}{ds}\right| = \frac{\cos^2\alpha}{a}; \tag{59}$$

$$\mathfrak{b} = \mathfrak{t}\times\mathfrak{n} = \mathfrak{i}_1\sin\alpha\sin\left(\frac{s}{a}\cos\alpha\right) - \mathfrak{i}_2\sin\alpha\cos\left(\frac{s}{a}\cos\alpha\right) + \mathfrak{i}_3\cos\alpha; \tag{60}$$

$$\left.\begin{aligned}\frac{d\mathfrak{b}}{ds} &= \mathfrak{n}\tau \text{ oder } \mathfrak{i}_1\frac{\sin\alpha\cos\alpha}{a}\cos\left(\frac{s}{a}\cos\alpha\right) + \mathfrak{i}_2\frac{\sin\alpha\cos\alpha}{a}\sin\left(\frac{s}{a}\cos\alpha\right) = \\ &= \left[-\mathfrak{i}_1\cos\left(\frac{s}{a}\cos\alpha\right) - \mathfrak{i}_2\sin\left(\frac{s}{a}\cos\alpha\right)\right]\tau; \text{ daraus } \tau = -\frac{\sin\alpha\cos\alpha}{a}.\end{aligned}\right\} \tag{61}$$

Nach (59) und (61) sind Krümmung und Windung bei der Schraubenlinie überall gleich groß. Ist τ negativ und dementsprechend α positiv, so spricht man von einer Rechtsschraube, im umgekehrten Falle von einer Linksschraube. Weiterhin erhält man

$$v = \frac{ds}{dt} = \frac{a}{\cos\alpha}\frac{d\varphi}{dt} = \frac{a\omega}{\cos\alpha}; \tag{62}$$

$$p_t = dv/dt = a\dot{\omega}/\cos\alpha; \quad p_n = \varkappa v^2 = a\omega^2, \tag{63}$$

und damit für Geschwindigkeit und Beschleunigung

$$\mathfrak{v} = \mathfrak{t}v = -\mathfrak{i}_1 a\,\omega\sin\varphi + \mathfrak{i}_2 a\,\omega\cos\varphi + \mathfrak{i}_3 a\omega\operatorname{tang}\alpha. \tag{64}$$

$$\left.\begin{aligned}\mathfrak{p} &= \mathfrak{t}p_t + \mathfrak{n}p_n = -\mathfrak{i}_1 a\,(\dot{\omega}\sin\varphi + \omega^2\cos\varphi) + \\ &\quad + \mathfrak{i}_2 a\,(\dot{\omega}\cos\varphi - \omega^2\sin\varphi) + \mathfrak{i}_3 a\,\dot{\omega}\operatorname{tang}\alpha.\end{aligned}\right\} \tag{65}$$

B. Körperbewegung

1. Drehung, Verschiebung und Schraubung

Die Bewegung eines Körpers um eine in Ruhe verbleibende gerade Linie wird als Drehung bezeichnet. Wird die Lage eines Körperteilchens durch seinen Ortsvektor $\mathfrak{r}$ in bezug auf einen Punkt 0 der Drehachse festgelegt (Abb. 15), so beschreibt $\mathfrak{r}$ bei der Drehung einen Kegel und das Körperteilchen einen Kreis. Erfolgt die Drehung mit der Winkelgeschwindigkeit ω und wird die Lage der Drehachse sowie die Drehrichtung durch den Einheitsvektor $\mathfrak{d}$ gekennzeichnet, so folgen Geschwindigkeit und Beschleunigung des betrachteten Körperteilchens zu

$$\left.\begin{aligned} \mathfrak{v} &= d\,\mathfrak{r}/dt = \omega\,\mathfrak{d}\times\mathfrak{r} \quad \text{(Drehung)};\\ \mathfrak{p} &= d\,\mathfrak{v}/dt = \dot\omega\,\mathfrak{d}\times\mathfrak{r} + \omega\,\mathfrak{d}\times\mathfrak{v} = \dot\omega\,\mathfrak{d}\times\mathfrak{r} + \omega^2\mathfrak{d}\times(\mathfrak{d}\times\mathfrak{r}). \end{aligned}\right\} \qquad (66)$$

Wird der Radius des Drehkreises mit r' bezeichnet, so folgt (Abb. 15a)

$$\mathfrak{d}\times\mathfrak{r} = \mathfrak{t}\,r'; \quad \mathfrak{d}\times(\mathfrak{d}\times\mathfrak{r}) = \mathfrak{n}\,\mathfrak{r}' \qquad (67)$$

und damit

$$\mathfrak{v} = \mathfrak{t}\,\omega\,r'; \quad \mathfrak{p} = \mathfrak{t}\,\dot\omega\,r' + \mathfrak{n}\,\omega^2 r' \quad \text{(Drehung)}, \qquad (68)$$

womit der Zusammenhang mit A, 6 unmittelbar hergestellt ist.

Rückt die Drehachse in unendliche Ferne, so erfahren alle Körperteilchen die gleiche Bewegung und man spricht von einer reinen Verschiebung. Diese kann durch die Gleichungen

$$\mathfrak{v} = \mathfrak{v}^*; \quad \mathfrak{p} = \mathfrak{p}^* = d\,\mathfrak{v}^*/dt \quad \text{(Verschiebung)} \qquad (69)$$

gekennzeichnet werden.

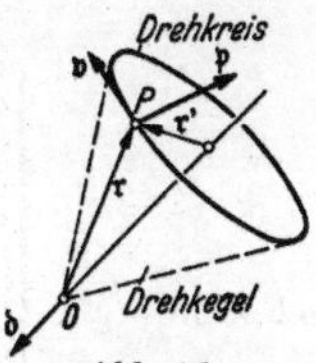

Abb. 15

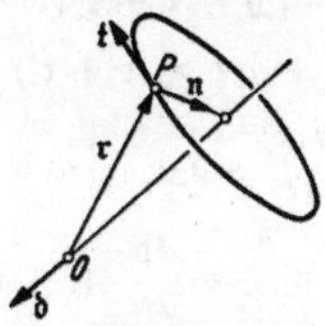
Abb. 15a

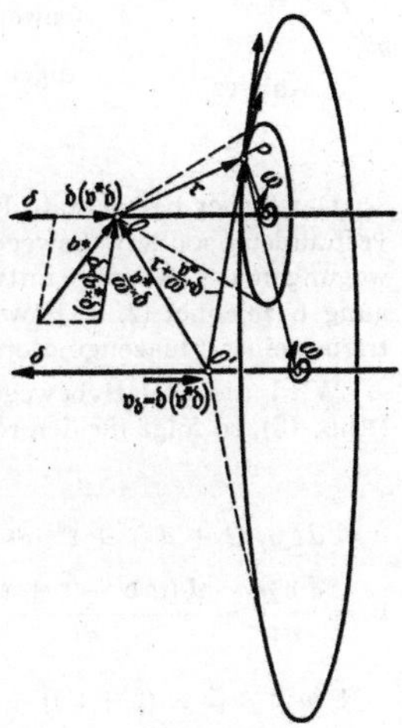
Abb. 16

Bei gleichzeitiger Drehung und Verschiebung ergibt sich

$$\left.\begin{aligned} \mathfrak{v} &= \mathfrak{v}^* + \omega\,\mathfrak{d}\times\mathfrak{r};\\ \mathfrak{p} &= d\,\mathfrak{v}^*/dt + \dot\omega\,\mathfrak{d}\times\mathfrak{r} + \omega^2\mathfrak{d}\times(\mathfrak{d}\times\mathfrak{r}) \quad \text{(Drehung und Verschiebung)}. \end{aligned}\right\} \qquad (70)$$

Zerlegt man $\mathfrak{v}^*$ in Komponenten parallel und senkrecht zu $\mathfrak{d}$, so folgt

$$\mathfrak{v}^* = \mathfrak{d}\,(\mathfrak{d}\mathfrak{v}^*) + \mathfrak{d}\times(\mathfrak{v}^*\times\mathfrak{d}),$$

und damit

$$\mathfrak{v} = \mathfrak{d}\,(\mathfrak{d}\mathfrak{v}^*) + \omega\,\mathfrak{d}\times\left[\mathfrak{r} + \frac{\mathfrak{v}^*}{\omega}\times\mathfrak{d}\right]. \qquad (71)$$

Das erste Glied in (71) ist eine reine Verschiebung in Richtung von $\mathfrak{d}$, das zweite eine Drehung um eine zu $\mathfrak{d}$ parallele und um $\mathfrak{v}^*/_\omega\times\mathfrak{d}$ verschobene Drehachse (Abb. 16). Die gleichzeitige Drehung und Verschiebung ist hiernach einer Schraubung gleichwertig (*Miozzi*scher Satz).

2. Allgemeine Körperbewegung

Bei der allgemeinen Körperbewegung (z. B. Flugzeug), bei welcher die Richtung von $\mathfrak{v}^*$ und $\mathfrak{d}$ in jedem Augenblick eine andere ist, kann nach dem *Miozzi*schen Satze die Bewegung so aufgespalten werden, daß die Drehachse immer durch ein und denselben Körperpunkt (z. B. Schwerpunkt) hindurchgeht.

Bezeichnet im fest gedachten Raume $\mathfrak{r}_M$ den Ortsvektor dieses ausgezeichneten Punktes, $\mathfrak{r}$ den Ortsvektor eines beliebigen Punktes und $\bar{\mathfrak{r}}$ den Differenzvektor $\mathfrak{r} - \mathfrak{r}_M$, so folgt (Abb. 17)

$$\mathfrak{r} = \mathfrak{r}_M + \bar{\mathfrak{r}}; \tag{72}$$

$$\mathfrak{v} = d\mathfrak{r}_M/dt + d\bar{\mathfrak{r}}/dt = \mathfrak{v}_M + \omega\,\mathfrak{d} \times \bar{\mathfrak{r}}; \tag{73}$$

$$\mathfrak{p} = \frac{d\mathfrak{v}_M}{dt} + \frac{d(\omega\,\mathfrak{d} \times \bar{\mathfrak{r}})}{dt} = \mathfrak{p}_M + \dot{\omega}\,\mathfrak{d} \times \bar{\mathfrak{r}} + \omega^2\mathfrak{d} \times (\mathfrak{d} \times \bar{\mathfrak{r}}) + \omega\frac{d\mathfrak{d}}{dt} \times \bar{\mathfrak{r}}. \tag{74}$$

In (73) und (74) sind $\mathfrak{v}_M$ und $\mathfrak{p}_M$ Geschwindigkeit und Beschleunigung auf der Bahnkurve des ausgezeichneten Körperpunktes. $\omega\,\mathfrak{d} \times \bar{\mathfrak{r}}$ bzw. $\dot{\omega}\,\mathfrak{d} \times \bar{\mathfrak{r}}$ stellen nach (67) und (68) die Geschwindigkeit bzw. Tangentialbeschleunigung und $\omega^2\,\mathfrak{d} \times (\mathfrak{d} \times \bar{\mathfrak{r}})$ die Normalbeschleunigung für die augenblickliche Kreisbahn der Drehbewegung dar. $\omega\,\frac{d\mathfrak{d}}{dt} \times \bar{\mathfrak{r}}$ kennzeichnet den Einfluß der ständigen Lageänderung der Drehachse.

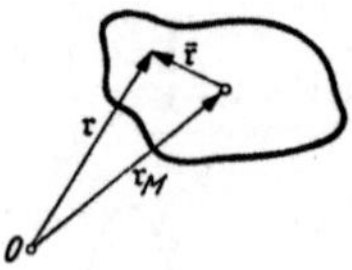

Abb. 17

3. Relativbewegung

Das bisher betrachtete Körperelement sei nun nicht mehr fest mit dem Körper verbunden, sondern bewege sich gegen diesen. Im übrigen möge es aber alle Bewegungen des Körpers mitmachen. Eine solche Bewegung wird als Relativbewegung bezeichnet (z. B. Bewegung der Laufräder eines Fahrzeuges oder des Kurbeltriebes eines Flugzeugmotors).

Wird die Relativbewegung gegen $\bar{\mathfrak{r}}$ durch angehängte Striche gekennzeichnet (Abb. 18), so folgt für den relativ bewegten Körperteil

$$\mathfrak{r} = \mathfrak{r}_M + \bar{\mathfrak{r}} + \mathfrak{r}'; \tag{75}$$

$$\left.\begin{aligned} \mathfrak{v} &= d\mathfrak{r}_M/dt + d(\bar{\mathfrak{r}} + \mathfrak{r}')/dt = \mathfrak{v}_M + \omega\,\mathfrak{d} \times (\bar{\mathfrak{r}} + \mathfrak{r}') + \mathfrak{v}'; \\ \mathfrak{p} &= \frac{d\mathfrak{v}_M}{dt} + \frac{d[\omega\,\mathfrak{d} \times (\bar{\mathfrak{r}} + \mathfrak{r}')]}{dt} + \frac{d\mathfrak{v}'}{dt} = \mathfrak{p}_M + \Big[\dot{\omega}\,\mathfrak{d} \times (\bar{\mathfrak{r}} + \mathfrak{r}') + \\ &\quad + \omega^2\mathfrak{d} \times [\mathfrak{d} \times (\bar{\mathfrak{r}} + \mathfrak{r}')] + \omega\,\mathfrak{d} \times \mathfrak{v}' + \omega\frac{d\mathfrak{d}}{dt} \times (\bar{\mathfrak{r}} + \mathfrak{r}')\Big] + [\omega\,\mathfrak{d} \times \mathfrak{v}' + \mathfrak{p}']. \end{aligned}\right\} \tag{76}$$

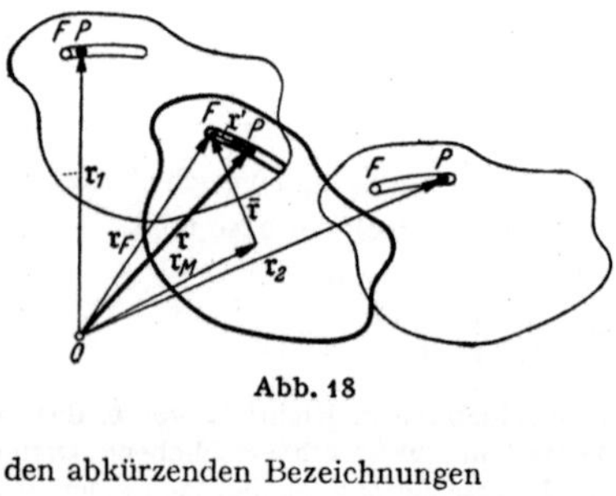

Abb. 18

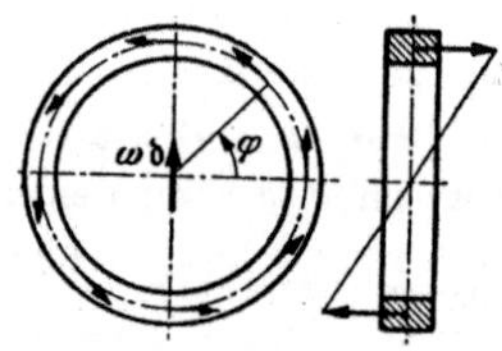

Abb. 19

Mit den abkürzenden Bezeichnungen

$$\left.\begin{aligned} \mathfrak{p}_F &= \mathfrak{p}_M + \dot{\omega}\,\mathfrak{d} \times (\bar{\mathfrak{r}} + \mathfrak{r}') + \omega^2\mathfrak{d} \times [\mathfrak{d} \times (\bar{\mathfrak{r}} + \mathfrak{r}')] + \omega\frac{d\mathfrak{d}}{dt} \times (\bar{\mathfrak{r}} + \mathfrak{r}') \\ &\qquad \text{(Führungsbeschleunigung)} \\ \mathfrak{p}_C &= 2\,\omega\,\mathfrak{d} \times \mathfrak{v}' \qquad \text{(Coriolisbeschleunigung)} \\ \mathfrak{p}_R &= \mathfrak{p}' = d^2\mathfrak{r}'/dt^2 \qquad \text{(Relativbeschleunigung)} \end{aligned}\right\} \tag{77}$$

ergibt sich

$$\mathfrak{p} = \mathfrak{p}_F + \mathfrak{p}_C + \mathfrak{p}_R. \tag{78}$$

Während nach (76) die Geschwindigkeiten aus Führungsbewegung und Relativbewegung sich einfach überlagern, tritt bei den Beschleunigungen noch ein durch die gegenseitige Beeinflussung hervorgerufener Vektor in Gestalt der Coriolisbeschleunigung hinzu.

Um ein Beispiel anzuschließen, sei ein Fahrzeug betrachtet, das mit einer Stundengeschwindigkeit von 100 km durch eine Kurve von 500 m Halbmesser fährt. Hieraus folgt zunächst eine Fahrzeuggeschwindigkeit

$$v_M = 100000/3600 = 27{,}7 \text{ msec}^{-1}$$

und eine Winkelgeschwindigkeit

$$\omega = v_M/R = 27{,}7/500 = 0{,}0554 \text{ sec}^{-1}.$$

Wird die Untersuchung auf die in erster Linie ausschlaggebenden Laufradkränze beschränkt, so ist deren Relativgeschwindigkeit gemäß Abb. 19 gerichtet und überall

$$|\mathfrak{v}'| = v_M \frac{r_m}{r_a} = \sim 0{,}9\, v_M = 25 \text{ msec}^{-1}.$$

Liegt beispielsweise eine Linkskurve vor, so zeigt der zu ω gehörige $\mathfrak{d}$-Vektor senkrecht nach oben. Man erhält daher Coriolisbeschleunigungen

$$|\mathfrak{p}_C| = 2 \cdot 0{,}0554 \cdot 25 \sin\varphi = 2{,}77 \sin\varphi \text{ msec}^{-2},$$

die für die Laufradteile oberhalb der Welle nach außen, für diejenigen unterhalb nach innen gerichtet sind (Abb. 19). Die durch die Coriolisbeschleunigungen bedingte Kraftwirkung stellt daher ein Kräftepaar dar, das durch Vertikalkräfte in den Laufradebenen von der Unterlage auf das Fahrzeug übertragen wird. Die vom Fahrzeug ausgeübte Gegenwirkung wirkt im gleichen Sinne auf Kippen wie die Zentrifugalkraft.

4. Ebene Scheiben und kinematische Ketten

Die Bewegung einer ebenen Scheibe liegt vollständig fest, wenn die Bewegung für zwei Punkte der Scheibe gegeben ist; die Scheibe heißt in diesem Falle zwangläufig geführt. Die Bewegung der Pleuelstange eines Kurbeltriebes (Abb. 20) liegt z. B. mit der Bewegung des Kurbelzapfens (A) und der Führungsrichtung des Kreuzkopfes (B) vollständig fest.

Ist in zwei Punkten A und B der Scheibe die Richtung der Geschwindigkeit bekannt, so liegt der augenblickliche Drehpunkt 0 im Schnittpunkt der beiden Lote auf $\mathfrak{v}_A$ bzw. $\mathfrak{v}_B$ durch A bzw. B (Abb. 21). Die Geschwindigkeit irgendeines Punktes C der Scheibe ergibt sich dann durch Multiplikation der Winkelgeschwin-

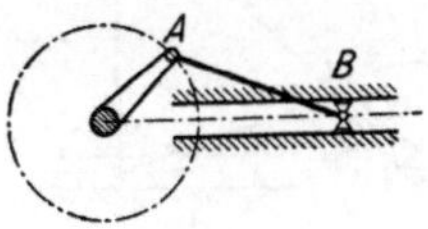

Abb. 20

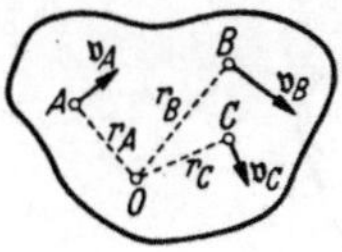

Abb. 21

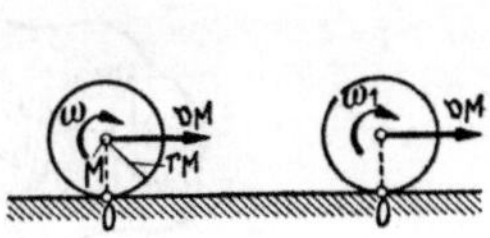

Abb. 22

digkeit ω mit dem Abstand r_C vom augenblicklichen Drehpunkt, wobei die Richtung senkrecht zu $\mathfrak{r}_C$ zu nehmen ist. Kennt man in einem der beiden Ausgangspunkte, z. B. A, neben der Richtung auch noch die Größe der Geschwindigkeit, so folgt ω zu v_A/r_A.

Die Laufrolle von Abb. 22 möge sich beispielsweise, ohne zu gleiten, auf ihrer Bahn abwälzen. Dann ist der augenblickliche Drehpunkt der Berührungspunkt 0 mit der Rollbahn. Bewegt sich das mit der Rolle verbundene Fahrzeug mit der Geschwindigkeit $\mathfrak{v}$, so ist $v_M = v$ und demgemäß $\omega = v/r_M$. Damit liegt die Geschwindigkeit sämtlicher Punkte der Laufrolle fest.

Als weiteres Beispiel sei das Gelenkviereck von Abb. 23 angeführt. Da die beiden Randstäbe sich auf Kreisbahnen um ihre Festpunkte A und D bewegen, liegt der augenblickliche Drehpunkt des Verbindungsstabes $B-C$ immer im Schnittpunkt der Verlängerungen der Randstäbe. Bewegt sich der Randstab $A-B$ mit der Winkelgeschwindigkeit ω_A, so ist $v_B = \omega_A r_B$. Damit folgt für die Winkelgeschwindigkeit ω des Verbindungsstabes $\omega = \frac{v_B}{r'_B} = \omega_A \frac{r_B}{r'_B}$. Hieraus ergibt sich weiter $v_C = \omega r'_C = \omega_A \frac{r_B r'_C}{r'_B}$ und damit $\omega_D = \frac{v_C}{r_C} = \frac{r_B r'_C}{r'_B r_C}$. Mit den Drehpunkten bzw. augenblicklichen Drehpunkten A, 0 und D und den zugehörigen Winkelgeschwindigkeiten ω_A, ω und ω_D ist der Geschwindigkeitszustand des Gelenkviereckes vollständig bekannt.

In ähnlich stufenweiser Behandlung lassen sich auch die Geschwindigkeitsverhältnisse in kinematischen Ketten klären. Abb. 24 zeigt z. B. eine vierscheibige kinematische Fachwerkkette in gestreckter Lage. Aus der Tatsache, daß der Untergurt von Scheibe I bei der Drehung und das feste Auflager nur senkrechte Bewegungen ausführen kann, folgt unmittelbar, daß für die Untergurte aller übrigen Scheiben auch nur senkrechte Bewegungen denkbar sind. Dies hat wiederum zur Folge, daß die augenblicklichen Drehpunkte mit den waagrecht verschieblichen

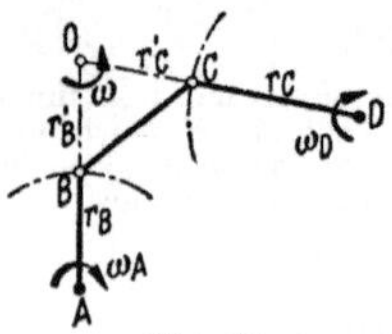

Abb. 23

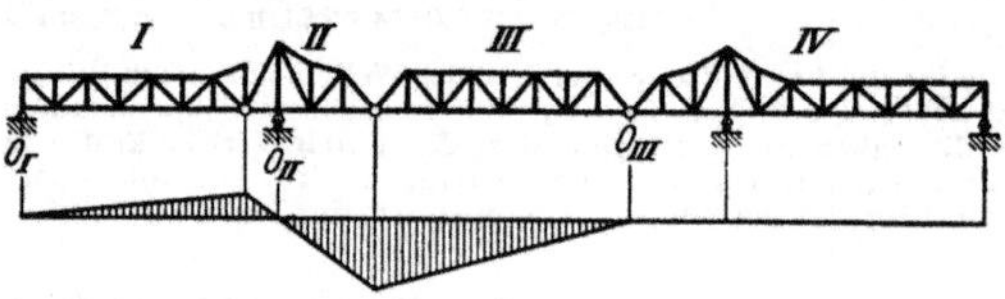

Abb. 24

Auflagern zusammenfallen müssen. Da sich für die Scheibe IV hierbei zwei Drehpunkte ergeben würden, muß diese in Ruhe bleiben; der augenblickliche Drehpunkt der Scheibe III fällt in den Anschlußgelenkpunkt an Scheibe IV. Ist die Winkelgeschwindigkeit von Scheibe I gegeben und gleich ω, so folgen die Winkelgeschwindigkeiten der übrigen Scheiben aus der Gleichheit der Geschwindigkeiten in den Anschlußgelenkpunkten. Die so sich z. B. längs des Untergurtes ergebende Geschwindigkeitsverteilung ist aus Abb. 24 ersichtlich.

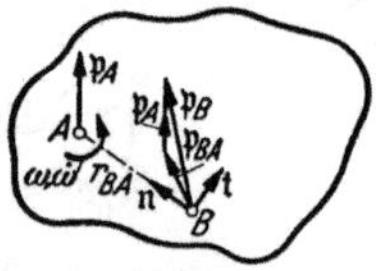

Abb. 25

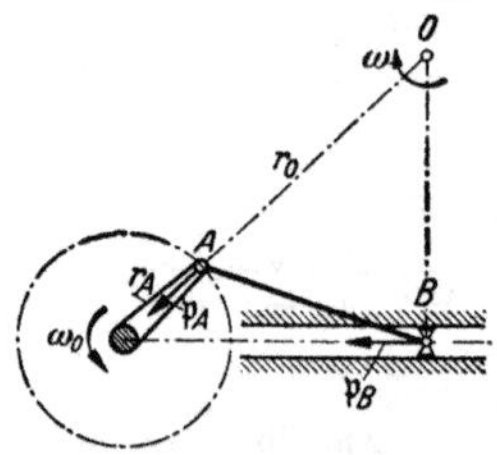

Abb. 26

Zur Darstellung des Beschleunigungszustandes einer ebenen Scheibe stehen ähnlich einfache Verfahren zur Verfügung wie im Falle des Geschwindigkeitszustandes. Ist der letztere bekannt und die Beschleunigung in irgendeinem Punkte A der Scheibe gegeben (Abb. 25), so ergibt sich die Beschleunigung in irgendeinem anderen Punkte B der Scheibe mit Hilfe der Relativbeschleunigung $\mathfrak{p}_{BA}$ zu

$$\mathfrak{p}_B = \mathfrak{p}_A + \mathfrak{p}_{BA}. \tag{79}$$

Sind ω und $\dot{\omega}$ Winkelgeschwindigkeit und Winkelbeschleunigung der Scheibe, so folgt

$$\mathfrak{p}_B = \mathfrak{p}_A + \mathfrak{t}\,\dot{\omega}\, r_{BA} + \mathfrak{n}\,\omega^2 r_{BA}, \tag{80}$$

wobei $\mathfrak{t}$ und $\mathfrak{n}$ Tangenten- und Normalvektor der Drehbewegung um A sind.

Mit Hilfe von (80) kann in fast allen Fällen der Beschleunigungszustand ermittelt werden. Liegt z. B. ein Kurbeltrieb vor (Abb. 26), dessen Kurbel mit gleichbleibender Winkelgeschwindigkeit ω_0 umläuft, so erhält der Kurbelzapfen eine Beschleunigung $p_A = \omega_0^2 r_A$, die stets zum Wellenmittelpunkt hin gerichtet ist. Aus der Kreisbahn des Kurbelzapfens und der Führungsbahn des Kreuzkopfes folgt der augenblickliche Drehpol der Pleuelstange und aus der gemeinsamen Geschwindigkeit $v_A = \omega_0 r_A$ des Kurbelzapfens die Winkelgeschwindigkeit $\omega = \omega_0 \frac{r_A}{r_0}$ und damit die relative Normalbeschleunigung $\mathfrak{n}\, \omega^2 r_{BA}$ des Kreuzkopfes. Trägt man diese und $\mathfrak{p}_A$ aneinander, so muß, da $\mathfrak{t}\, \dot{\omega} r_{BA}$ senkrecht zu $\mathfrak{n}\, \omega^2 r_{BA}$ verläuft, der Beschleunigungsvektor $\mathfrak{p}_B$ nach (80) auf der aus Abb. 27 ersichtlichen Lotrechten liegen. Andererseits fällt die Richtung von $\mathfrak{p}_B$ mit der Führungsrichtung des Kreuzkopfes zusammen. Trägt man diese im Ursprung des Vektorzuges an, so liefert der Schnitt mit der vorher gezeichneten Lotrechten die gesuchte Kreuzkopfbeschleunigung.

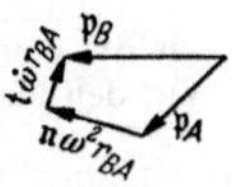

Abb. 27

In grundsätzlich ähnlicher Weise gelangt man auch zur Darstellung der Beschleunigungen des Gelenkvierecks bzw. der Kurbelschleife (Abb. 28). Liegen kinematische Ketten mit mehr als drei Gliedern vor, so läßt sich der Beschleunigungszustand durch stufenweises Fortschreiten vom einen Gelenkpunkt zum anderen ermitteln.

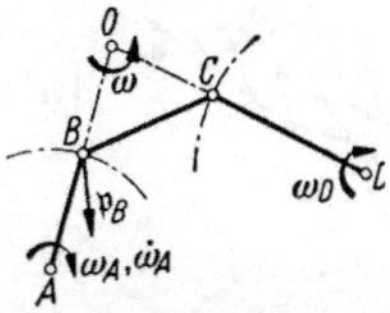

Abb. 28 a

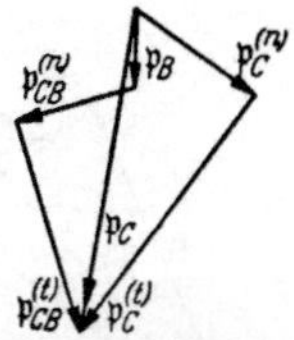

Abb. 28 b

II. Kräftelehre (Dynamik)

A. Dynamik der Punktbewegung

1. Kraft und Beschleunigung

Bewegt sich ein Massenpunkt unter alleiniger Wirkung einer Kraft $\mathfrak{P}$, so zeigt die Erfahrung Proportionalität zwischen Kraft und Beschleunigung

$$\mathfrak{P} = m\mathfrak{p} \quad \text{(dynamisches Grundgesetz von } \textit{Newton}). \tag{1}$$

Der Proportionalitätsfaktor m, der die Masse heißt, läßt sich am einfachsten über die Schwerkraft, d. h. über das Gewicht messen.

$$\mathfrak{G} = m\mathfrak{g}; \quad G = mg; \quad m = G/g. \tag{2}$$

G wird gewöhnlich in kg oder t eingesetzt, während für g der Durchschnittswert von 9,81 msec^{-2} zugrunde gelegt wird. Durch Einführen von (2) in (1) folgt

$$\mathfrak{P} = \frac{G}{g}\mathfrak{p}; \quad \frac{\mathfrak{P}}{\mathfrak{p}} = \frac{\mathfrak{G}}{\mathfrak{g}} = \frac{G}{g}. \tag{3}$$

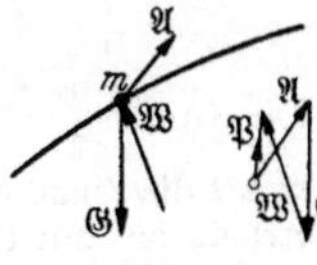

Abb. 29

Wirken auf den betrachteten Massenpunkt mehrere Kräfte ein, z. B. die Antriebskraft $\mathfrak{A}$, die Schwere $\mathfrak{G}$ und der Widerstand $\mathfrak{W}$ (Abb. 29), so ergibt sich $\mathfrak{P}$ durch geometrische Aneinanderreihung dieser Kräfte gemäß

$$\mathfrak{P} = \mathfrak{A} + \mathfrak{G} + \mathfrak{W} + \cdots \tag{4}$$

und heißt dann die resultierende Kraftwirkung.

Dividiert man (4) auf beiden Seiten durch die Masse m, so folgt für die den Kräften entsprechenden Beschleunigungen

$$\mathfrak{p} = \mathfrak{a} + \mathfrak{g} + \mathfrak{w} + \cdots \tag{5}$$

Werden (4) und (5) mit (1) und (2) verbunden, ergibt sich

$$\mathfrak{P} = \mathfrak{A} + \mathfrak{G} + \mathfrak{W} + \cdots = m\mathfrak{a} + m\mathfrak{g} + m\mathfrak{w} + \cdots = m\mathfrak{p}; \; m = G/g. \tag{6}$$

2. Mechanische Arbeit, Energiesatz, Leistung

Betrachtet man die Bewegung eines Massenpunktes zwischen zwei durch die Ortsvektoren $\mathfrak{r}_1$ und $\mathfrak{r}_2$ gekennzeichneten Standorten (Abb. 30) und eine auf den Massenpunkt wirkende Teilkraft $\mathfrak{Z}$, so wird das Integral

$$A = \int_{\mathfrak{r}_1}^{\mathfrak{r}_2} \mathfrak{Z}\, d\,\mathfrak{r}$$

als die von $\mathfrak{Z}$ geleistete „mechanische Arbeit" bezeichnet. Wirken mehrere Kräfte auf den Massenpunkt wie $\mathfrak{A}$, $\mathfrak{G}$, $\mathfrak{W}$, so ist die insgesamt geleistete Arbeit

$$\int_{\mathfrak{r}_1}^{\mathfrak{r}_2} \mathfrak{P}\, d\,\mathfrak{r} = \int_{\mathfrak{r}_1}^{\mathfrak{r}_2} \mathfrak{A}\, d\,\mathfrak{r} + \int_{\mathfrak{r}_1}^{\mathfrak{r}_2} \mathfrak{G}\, d\,\mathfrak{r} + \int_{\mathfrak{r}_1}^{\mathfrak{r}_2} \mathfrak{W}\, d\,\mathfrak{r} + \cdots \tag{7}$$

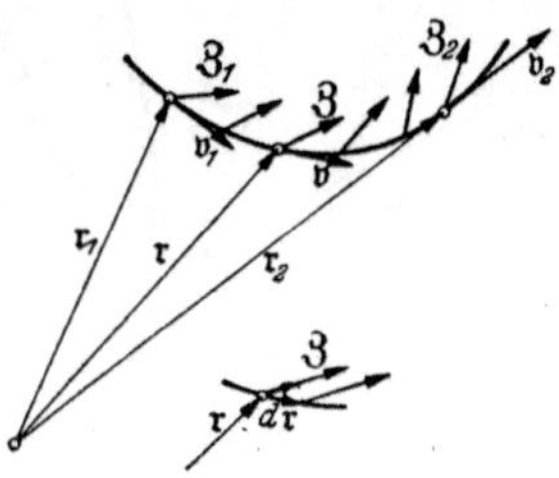

Abb. 30

Man bezeichnet insbesondere

$$A_{\mathfrak{A}} = \int_{\mathfrak{r}_1}^{\mathfrak{r}_2} \mathfrak{A}\, d\,\mathfrak{r} = \text{zugeführte Arbeit}$$

$$A_{\mathfrak{G}} = \int_{\mathfrak{r}_1}^{\mathfrak{r}_2} \mathfrak{G}\, d\,\mathfrak{r} = \text{Arbeit der Schwere oder Änderung der potentiellen Energie}$$

$$A_{\mathfrak{W}} = \int_{\mathfrak{r}_1}^{\mathfrak{r}_2} \mathfrak{W}\, d\,\mathfrak{r} = \text{Reibungs- oder Verlustarbeit.}$$

Fällt $A_{\mathfrak{A}}$ negativ aus, so ist keine Arbeit zugeführt, sondern es ist Arbeit abgezogen. $A_{\mathfrak{G}}$ ist bei Abwärtsbewegung positiv, bei Aufwärtsbewegung negativ; im ersteren Falle wird die potentielle oder Lageenergie vermindert, im letzteren erhöht. $A_{\mathfrak{W}}$ ist stets negativ, da die Reibung immer der Bewegung entgegenwirkt.

Die der resultierenden Kraftwirkung entsprechende Arbeit $A_{\mathfrak{P}}$ läßt sich noch umschreiben, wenn $\mathfrak{P}$ und $d\mathfrak{r}$ gemäß

$$\mathfrak{P} = m\mathfrak{p} = m\frac{d\mathfrak{v}}{dt} \quad \text{und} \quad d\mathfrak{r} = \frac{d\,\mathfrak{r}}{dt}\,dt = \mathfrak{v}\,dt$$

eingesetzt werden. Man erhält

$$A_{\mathfrak{P}} = \int_{\mathfrak{r}_1}^{\mathfrak{r}_2} \mathfrak{P}\, d\,\mathfrak{r} = \int_{t_1}^{t_2} m\frac{d\mathfrak{v}}{dt}\,\mathfrak{v}\,dt = \int_{t_1}^{t_2} m\mathfrak{v}\frac{d\mathfrak{v}}{dt}\,dt = m\int_{\mathfrak{v}_1}^{\mathfrak{v}_2} \mathfrak{v}\,d\,\mathfrak{v} = \frac{m}{2}v_2^2 - \frac{m}{2}v_1^2. \tag{8}$$

Die Größe $\frac{m}{2}v^2$ wird als Wucht oder kinetische Energie bezeichnet. $A_{\mathfrak{P}}$ stellt somit die Zunahme an kinetischer Energie oder in die Geschwindigkeit umgesetzte Arbeit dar. Mit (8) geht (7) in den sog. Wucht- oder Energiesatz über,

$$\frac{m}{2}v_2^2 - \frac{m}{2}v_1^2 = \int_{\mathfrak{r}_1}^{\mathfrak{r}_2} \mathfrak{A}\, d\,\mathfrak{r} + \int_{\mathfrak{r}_1}^{\mathfrak{r}_2} \mathfrak{G}\, d\,\mathfrak{r} + \int_{\mathfrak{r}_1}^{\mathfrak{r}_2} \mathfrak{W}\, d\,\mathfrak{r} + \cdots \quad \text{(Energiesatz)}. \tag{9}$$

Wird (9) auf ein rechtwinkliges Bezugssystem $\mathfrak{i}_1 x$, $\mathfrak{i}_2 y$, $\mathfrak{i}_3 z$ umgeschrieben (Abb. 31), so ergibt sich, wenn die $\mathfrak{i}_3$-Richtung entgegengesetzt der Schwere gelegt wird,

$$\left.\begin{aligned} \frac{m}{2}v_2^2 - \frac{m}{2}v_1^2 &= \int_{x_1}^{x_2} (A_x + W_x + \cdots)\,dx + \int_{y_1}^{y_2} (A_y + W_y + \cdots)\,dy + \\ &+ \int_{z_1}^{z_2} (A_z + G + W_z + \cdots)\,dz = \int_{x_1}^{x_2} P_x\,dx + \int_{y_1}^{y_2} P_y\,dy + \int_{z_1}^{z_2} P_z\,dz. \end{aligned}\right\} \tag{10}$$

Die mechanische Bedeutung des Energiesatzes liegt in der Möglichkeit, die Geschwindigkeit unmittelbar durch Quadraturen über den Projektionen der Bahnkurve bestimmen zu können (Abb. 31). Diese Möglichkeit läßt sich immer dort ausnutzen, wo die Bahnkurve vorgegeben ist, d. h. bei Führungsbewegungen.

Die auf die Zeiteinheit bezogene mechanische Arbeit heißt Leistung. Dieser Begriff ist neben seiner maschinentechnischen Bedeutung insbesondere dort von Wichtigkeit, wo es sich um stationäre Bewegungserscheinungen handelt, wie bei der Strömung von Flüssigkeiten und Gasen. Hierbei sind Massen und Kräfte auf die Zeiteinheit (Sekunde) zu beziehen. Werden sie demgemäß mit dem Index *s* versehen, so lautet der hier dem Energiesatze entsprechende Leistungssatz

$$\frac{m_s}{2} v_2^2 - \frac{m_s}{2} v_1^2 = \int_{\mathfrak{r}_1}^{\mathfrak{r}_2} \mathfrak{A}_s d\mathfrak{r} + \int_{\mathfrak{r}_1}^{\mathfrak{r}_2} \mathfrak{G}_s d\mathfrak{r} + \int_{\mathfrak{r}_1}^{\mathfrak{r}_2} \mathfrak{W}_s d\mathfrak{r} + \cdots \tag{11}$$

(Leistungssatz bei stationärer Bewegung).

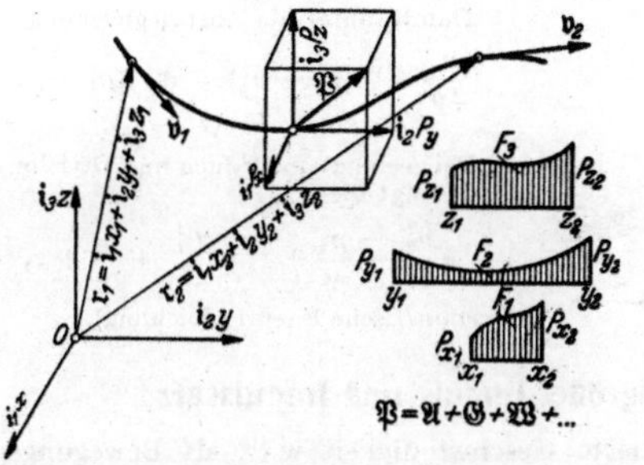

Abb. 31

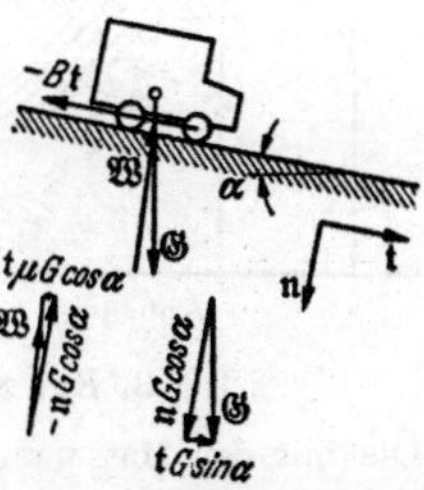

Abb. 32

Einige Anwendungsbeispiele mögen nun noch die Nützlichkeit des Energiesatzes erläutern. Zunächst sei ein Fahrzeug vom Gewichte G betrachtet, das sich auf einer schrägen Straße (Steigungswinkel α) mit der Geschwindigkeit v abwärts bewegt, und nach der Wegstrecke s gefragt, auf der das Fahrzeug zum Stehen kommen wird, wenn mit der vollen zur Verfügung stehenden Bremskraft B gebremst und die Reibung durch einen gleichbleibenden Beiwert μ berücksichtigt wird.

Auf das Fahrzeug wirken gemäß Abb. 32 die Antriebskraft $\mathfrak{A} = -B\mathfrak{t}$, das Gewicht $\mathfrak{G} = \mathfrak{t}\, G \sin\alpha + \mathfrak{n}\, G \cos\alpha$ und der Widerstand $\mathfrak{W} = -\mathfrak{t}\,\mu G \cos\alpha - \mathfrak{n}\, G \cos\alpha$. Mit $d\mathfrak{r} = \mathfrak{t}\, ds$ folgt

$$\mathfrak{A}\, d\mathfrak{r} = -B\, ds; \quad \mathfrak{G}\, d\mathfrak{r} = G \sin\alpha\, ds; \quad \mathfrak{W}\, d\mathfrak{r} = -\mu G \cos\alpha\, ds.$$

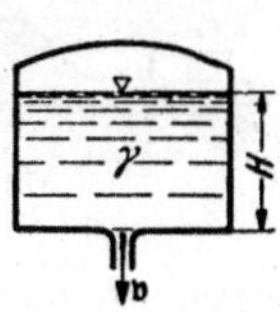

Abb. 33

Werden diese Ausdrücke in (10) eingeführt und $v_2 = 0$, $v_1 = v$, $m = G/g$ gesetzt, so ergibt sich

$$-\frac{G}{2g} v^2 = \int_0^s (-B + G \sin\alpha - \mu G \cos\alpha)\, ds$$
$$= -(B + \mu G \cos\alpha - G \sin\alpha)\, s.$$

Die Auflösung nach s liefert

$$s = \frac{v^2/2g}{\frac{B}{G} + \mu \cos\alpha - \sin\alpha}.$$

Weiterhin sei ein Behälter betrachtet, der bis zu einer Höhe H mit Flüssigkeit gefüllt ist. Mit welcher Geschwindigkeit wird die Flüssigkeit beim Öffnen des Bodenauslasses austreten (Abb. 33)?

Entsprechend dem Absinken des Flüssigkeitsspiegels muß jedes austretende Masseteilchen m unter der Wirkung seines Gewichtes $m\mathfrak{g}$ sich von der Oberfläche zur Austrittsöffnung bewegen. Wird der praktisch bedeutungslose Flüssigkeitswiderstand vernachlässigt, so folgt, da außer der Schwere keine Antriebskraft wirkt und die Geschwindigkeit v zu Beginn der Bewegung null ist,

$$\frac{m}{2} v_2^2 = \int_{\mathfrak{r}_1}^{\mathfrak{r}_2} m\mathfrak{g}\, d\mathfrak{r} = mgH \quad \text{oder} \quad v_2 = \sqrt{2gH}$$

Schließlich möge noch die sog. *Bernoulli*sche Energiegleichung der reibungslosen Flüssigkeit aufgestellt werden. Hierzu sei gemäß Abb. 34 ein sich auf einer Stromlinie bewegendes Flüssigkeitsteilchen von der Masse $\frac{\gamma}{g}\,\Delta V$ betrachtet, wobei ΔV ein kleines Raumelement sei. Bei Vernachlässigung des praktisch bedeutungslosen Flüssigkeitswiderstandes verbleiben lediglich Druckgefälle und Schwere als antreibende Kräfte. Von ersterem leistet nur die in die Strombahn fallende Teilkraft Arbeit, und zwar negative, da dp/ds der Bewegungsrichtung entgegenwirkt (Abb. 34). Man erhält

$$\int_{\mathfrak{r}_1}^{\mathfrak{r}_2} \mathfrak{A}\, d\mathfrak{r} = -\int_{s_1}^{s_2} F\left(\frac{dp}{ds}\,\Delta s\right) ds = -\Delta V \int_{s_1}^{s_2} \frac{dp}{ds}\, ds = \Delta V\,(p_1 - p_2).$$

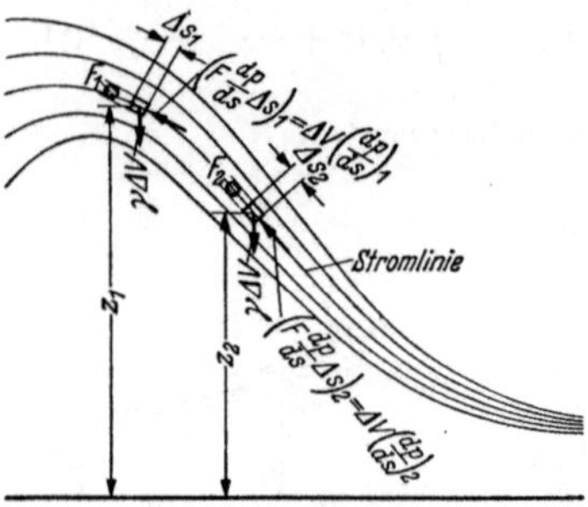

Abb. 34

Ferner folgt für die Arbeit der Schwere, wenn z die geometrische Höhenlage bezeichnet,

$$\int_{\mathfrak{r}_1}^{\mathfrak{r}_2} \mathfrak{G}\, d\mathfrak{r} = -\int_{z_1}^{z_2} \gamma\,\Delta V\, dz = +\gamma\,\Delta V\,(z_1 - z_2).$$

Damit lautet die Energiegleichung

$$\frac{\gamma}{2g}\,\Delta V\,(v_2^2 - v_1^2) = \Delta V\,(p_1 - p_2) + \gamma\,\Delta V\,(z_1 - z_2).$$

Bei geeignetem Ordnen und Division durch $\gamma\,\Delta V$ folgt hieraus

$$\frac{v_2^2}{2g} + \frac{p_2}{\gamma} + z_2 = \frac{v_1^2}{2g} + \frac{p_1}{\gamma} + z_1$$

(*Bernoulli*sche Energiegleichung).

3. Bewegungsgröße, Impuls und Impulssatz

Die mit der Masse multiplizierte Geschwindigkeit wird als Bewegungsgröße bezeichnet,

$$\mathfrak{B} = m\mathfrak{v} \text{ (Bewegungsgröße).} \tag{12}$$

Die Differentiation von $\mathfrak{B}$ ergibt bei Berücksichtigung von (1)

$$d\mathfrak{B}/dt = \mathfrak{P}, \tag{13}$$

woraus durch Integration der sog. Impulssatz

$$\mathfrak{B}_2 - \mathfrak{B}_1 = \int_{t_1}^{t_2} \mathfrak{P}\, dt \text{ (Impulssatz)} \tag{14}$$

Abb. 35

folgt. Der Name rührt von der rechten Seite von (14) her, die man als Impuls bezeichnet.

Bei stationären Bewegungserscheinungen, wie bei Strömungen von Flüssigkeiten und Gasen, wird der Impuls gleich $\mathfrak{P}\,(t_2 - t_1)$ und man erhält mit

$$\mathfrak{B}_s = m_s \mathfrak{v} \text{ (sekundliche Bewegungsgröße)} \tag{15}$$

den Impulssatz für stationäre Bewegungen

$$\mathfrak{B}_{2s} - \mathfrak{B}_{1s} = \mathfrak{P} \text{ (Impulssatz für stationäre Bewegungen).} \tag{16}$$

Um die Anwendung an einigen Beispielen zu erläutern, sei zunächst die Sprunghöhe des sog. Wechselsprunges bestimmt, durch den das Wasser eines Flußlaufes von der schießenden in die strömende Gleichgewichtslage übergeführt wird. Gemäß Abb. 35 liege ein trogartiges Flußbett von der Breite b vor, durch das die Wassermenge Q und dementsprechend die sekundliche Masse $m_s = \frac{\gamma}{g}\,Q$ hindurchzuleiten ist. Bezeichnen H_1 und H_2 die Wassertiefen vor und hinter dem Wechselsprung, so folgt aus Kontinuität der Strömung und Impulssatz

$$Q = v_1 b H_1 = v_2 b H_2;\; v_1 = Q/b H_1;\; v_2 = Q/b H_2.$$

$$\mathfrak{P} = \frac{\gamma}{g}\,Q\,(\mathfrak{v}_2 - \mathfrak{v}_1);\quad P = \frac{\gamma Q^2}{g\, b}\left(\frac{1}{H_2} - \frac{1}{H_1}\right).$$

Andererseits ergibt die Differenz der statischen Wasserdrucke unterhalb und oberhalb des Wechselsprunges

$$P = \frac{\gamma}{2}\, b\, H_1^2 - \frac{\gamma}{2}\, b\, H_2^2 .$$

Werden beide P-Werte gleichgesetzt, erhält man

$$H_2 = -\frac{H_1}{2} + \sqrt{\frac{H_1^2}{4} + \frac{2\,Q^2}{g\, b^2\, H_1}} .$$

Weiterhin sei ein Rohrkrümmer von 90° Öffnungswinkel betrachtet, der gemäß Abb. 36 in zwei symmetrisch gelegenen Punkten gehalten ist. Bildet man nach (16) den resultierenden Vektor $\frac{\gamma}{g}\, Q\, (\mathfrak{v}_2 - \mathfrak{v}_1)$, so stellt dieser die auf die Stützpunkte entfallende Last dar. Diese kann dann weiter auf die Auflager verteilt werden. Abb. 37 zeigt das geschlossene Krafteck der Impulse und Auflagerkräfte.

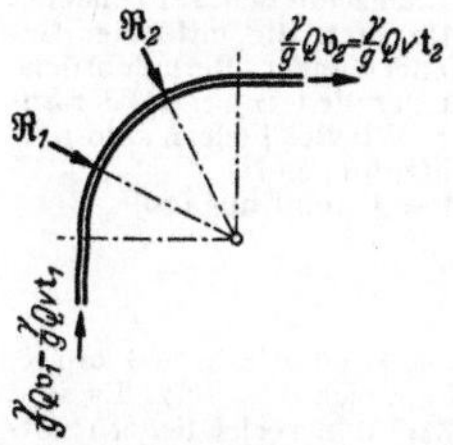

Abb. 36

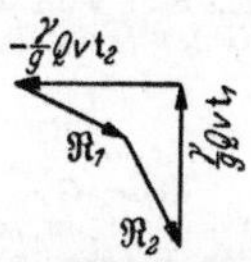

Abb. 37

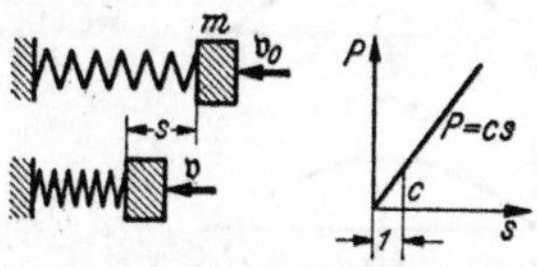

Abb. 38

4. Der elastische Stoß

Ein weiteres Anwendungsgebiet von Energie- und Impulssatz ist der elastische Stoß, den man durch eine mit der Geschwindigkeit v_0 auf eine Feder aufprallende Masse $m = G/g$ idealisieren kann (Abb. 38). Die Federkonstante, d. h. diejenige Last, die die Feder im ruhenden Zustande um 1 cm zusammendrückt, sei c.

Wird der Impulssatz auf die hier vorliegende geradlinige Bewegung angewendet, so folgt

$$m\,(v_0 - v) = \int_0^t P\,dt .$$

Ist s die Zusammendrückung der Feder, kann für v und P

$$v = ds/dt; \quad P = c\,s$$

eingeführt werden, so daß man erhält

$$m\left(v_0 - \frac{ds}{dt}\right) = \int_0^t c\,s\,dt . \tag{17}$$

Dies ist eine Integralgleichung für s. Ihre Auflösung liefert bei Beachtung der vorgegebenen Randbedingungen

$$s = v_0 \sqrt{\frac{m}{c}} \sin t \sqrt{\frac{c}{m}} . \tag{18}$$

Die größte Zusammendrückung ist erreicht, wenn $t = \frac{\pi}{2}\sqrt{\frac{m}{c}}$ wird. Hierfür ergibt sich

$$\max s = v_0 \sqrt{\frac{m}{c}}\,; \quad \max P = v_0 \sqrt{m\,c} \quad \left(t = \frac{\pi}{2}\sqrt{\frac{m}{c}}\right). \tag{19}$$

Für $t = \pi \sqrt{\frac{m}{c}}$ ist s wieder Null und die Masse verläßt die Feder, vorausgesetzt, daß sie nicht durch sekundäre Wirkungen, z. B. Eigengewicht bei lotrechter Federlage, daran gehindert wird.

Die Geschwindigkeit folgt zu

$$v = v_0 \cos t \sqrt{\frac{c}{m}}\,; \tag{20}$$

sie hat in dem Augenblick, wo die Masse die Feder wieder verläßt, ihren Anfangswert zurückgewonnen, nur das Vorzeichen ist umgekehrt worden. Die zugeführte kinetische Energie von $\frac{m}{2} v_0^2$ wird daher auch restlos wieder abgeführt. Zwischendurch findet eine Energieumsetzung in Formänderungsarbeit statt, die im Augenblicke der größten Zusammendrückung eine vollkommene ist (Abb. 39).

Um auch hier einige Beispiele anzuschließen, sei zunächst eine Laufkatze vom Gewichte G betrachtet, die mit einer Geschwindigkeit v_0 gegen die Pufferfedern einer Verladebrücke prallt (Abb. 40). Die Tragfähigkeit der Federn sei P, der zugehörige größte Federweg h m/Feder. Wieviel Federn sind notwendig, um den Stoß vollständig aufzufangen?

Mit $m = G/g$, $c = P/nh$, ${}_{\max}P = P$ folgt aus (19)

$$n = \frac{v_0^2}{g\,h}\,\frac{G}{P}\,.$$

Ist beispielsweise $G = 160$ t, $v_0 = 60$ m/min $= 1$ m/sec, $P = 10$ t und $h = 0{,}15$ m, so errechnet sich $n = 10{,}7$. Es sind daher für jeden Brückenträger 5,35, d. h. sechs Federn notwendig.

Weiterhin sei nach der Stoßkraft ${}_{\max}P$ gefragt, die ein frei gelagerter Balken von der Länge l erfährt, wenn eine Last G

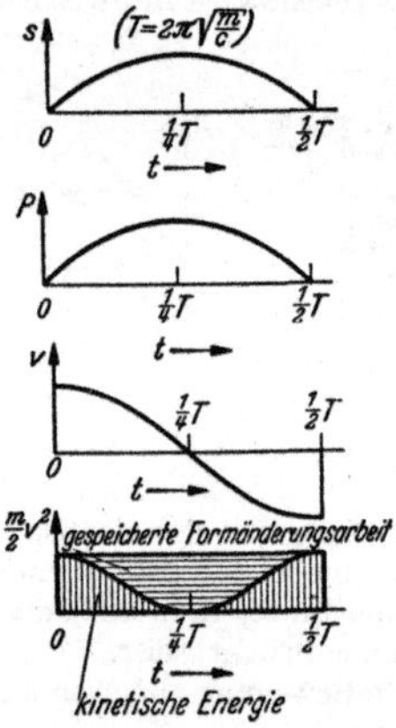

Abb. 39

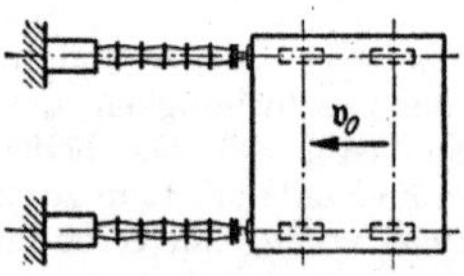

Abb. 40

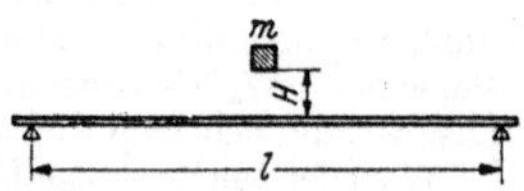

Abb. 41

aus der Höhe H mittig auf den Balken aufprallt (Abb. 41). Aus der Durchbiegung f einer Einzellast P in Balkenmitte,

$$f = Pl^3/48\,E\,I,$$

folgt zunächst die Federkonstante zu

$$c = P/f = 48\,E\,I/l^3.$$

Die Aufprallgeschwindigkeit v_0 ergibt sich aus der Energiegleichung. Aus

$$G\,H = \frac{G}{g}\,\frac{v_0^2}{2}$$

folgt $v_0 = \sqrt{2\,g\,H}$.

Man erhält daher nach (19) für die Stoßkraft ${}_{\max}P$

$${}_{\max}P = \sqrt{2\,g\,H}\sqrt{\frac{G}{g}\,\frac{48\,E\,I}{l^3}} = \sqrt{\frac{96\,G\,H\,E\,I}{l^3}}\,.$$

Ist beispielsweise $G = 1000$ kg $= 1{,}0$ t, $H = 1{,}0$ m, $l = 10$ m und handelt es sich um einen I 55 mit $E = 2\,150\,000$ kg/cm² $= 21\,500\,000$ t/m² und $I = 99184$ cm⁴ $= 0{,}00099184$ m³, so folgt

$${}_{\max}P = \sqrt{\frac{96 \cdot 1{,}0 \cdot 1{,}0 \cdot 21\,500\,000 \cdot 0{,}00099184}{1000}} = 45{,}2\text{ t}.$$

Die Stoßbelastung ist also im vorliegenden Falle das 45fache der statischen Last.

5. Die plötzliche oder schwingende Belastung

Ein wichtiger Sonderfall des elastischen Stoßes ist die plötzliche Belastung. Der Stoß entsteht hierbei dadurch, daß die Last nicht allmählich in ihre statische Gleichgewichtslage übergeführt wird, sondern in diese gewissermaßen hineinfällt (Abb. 42). Bezeichnet man die elastische Federung aus der Ruhelage mit s und bis zur statischen Gleichgewichtslage mit s_0, so ist

$$m = G/g;\; c = G/s_0.$$

Ist P die zu einer Zwischenlage s gehörige Federkraft, so liefert die Energiegleichung, da P immer der Bewegung entgegenwirkt,

$$\frac{m}{2}(v^2 - v_0^2) = Gs - \int_0^s P\,ds.$$

Wird hierin $v_0 = 0$, $v = \frac{ds}{dt}$ und $P = cs = \frac{G}{s_0}s$ eingesetzt, folgt

$$v = \frac{ds}{dt} = \sqrt{2gs\left(1 - \frac{1}{2}\frac{s}{s_0}\right)}.$$

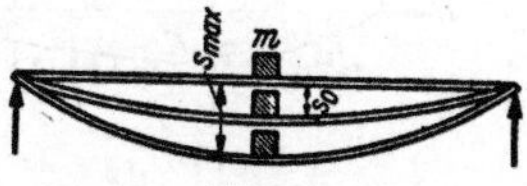

Abb. 42

Die Integration unter Berücksichtigung der Randbedingungen liefert

$$s = s_0\left(1 - \cos t\sqrt{\frac{g}{s_0}}\right), \tag{21}$$

d. h. eine harmonische Schwingung mit der Amplitude s_0 und der Kreisfrequenz $\omega = \sqrt{g/s_0}$. Hieraus erhält man die Federkraft

$$P = cs = G\left(1 - \cos t\sqrt{\frac{g}{s_0}}\right), \tag{22}$$

und damit die Stoßbelastung $\quad {}_{\max}P = 2G.$ (23)

Sonach kann ein Tragwerk durch plötzliche Belastung bis zu 100% überlastet werden. Wieweit man sich in Wirklichkeit diesem Grenzwert nähert, hängt einerseits von der Spannweite, andererseits von der Fahrzeuggeschwindigkeit ab. Bei Brücken wird der dynamischen Zusatzbeanspruchung durch die sog. Stoßziffer φ Rechnung getragen, die zwischen 1,2 und 1,8 schwankt.

Für manche Anwendungsfälle sind auch noch Schwingungsdauer und Frequenz der durch die plötzliche Belastung hervorgerufenen Schwingung von Bedeutung. Hierfür erhält man aus (21)

$$T = 2\pi\sqrt{\frac{s_0}{g}}; \qquad n = \frac{1}{T} = \frac{1}{2\pi}\sqrt{\frac{g}{s_0}}. \tag{24}$$

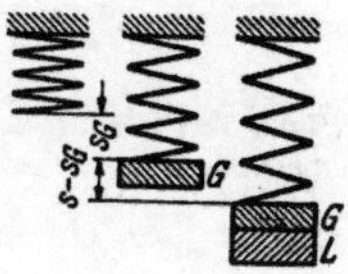

Abb. 43

Oft stellt die plötzlich aufgebrachte Belastung nur einen Teil der schwingenden Last dar. Ist die erstere L, die letztere $G + L$, so lautet die Energiegleichung (Abb. 43)

$$\frac{G+L}{2g}v^2 = (G+L)(s - s_g) - \int_{s_g}^{s} P\,ds.$$

Mit

$$c = \frac{G}{s_g} = \frac{L}{s_l} = \frac{G+L}{s_g + s_l} \quad \text{und} \quad P = cs$$

erhält man

$$v = \frac{ds}{dt} = \sqrt{2g(s - s_g)\left(1 - \frac{1}{2}\frac{s + s_g}{s_g + s_l}\right)}.$$

Die Integration unter Berücksichtigung der Randbedingungen liefert

$$s = s_g + s_l\left(1 - \cos t\sqrt{\frac{g}{s_g + s_l}}\right). \tag{25}$$

Hieraus folgt die Federkraft

$$\left.\begin{aligned} P = cs = (G+L)\left[\frac{s_g}{s_g + s_l} + \frac{s_l}{s_g + s_l}\left(1 - \cos t\sqrt{\frac{g}{s_g + s_l}}\right)\right] &= \\ = G + L\left(1 - \cos t\sqrt{\frac{g}{s_g + s_l}}\right)&, \end{aligned}\right\} \tag{26}$$

und damit die Stoßkraft $\quad {}_{\max}P = G + 2L.$ (27)

Ferner ergibt sich für Schwingungsdauer und Frequenz

$$T = 2\pi\sqrt{\frac{s_g + s_l}{g}}\,; \quad n = \frac{1}{T} = \frac{1}{2\pi}\sqrt{\frac{g}{s_g + s_l}}\,. \tag{28}$$

Im umgekehrten Falle einer plötzlich vorgenommenen *Entlastung* erhält man folgende Formeln:

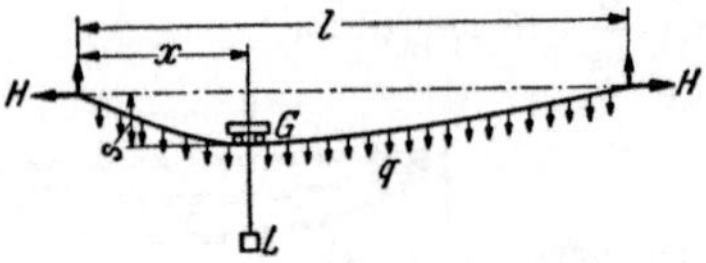

Abb. 44

$$s = s_g + s_l \cos t\sqrt{\frac{g}{s_g}}\,; \tag{29}$$

$$P = G + L\cos t\sqrt{\frac{g}{s_g}}\,;$$

$$\min P = G - L\,; \tag{30}$$

$$T = 2\pi\sqrt{\frac{s_g}{g}}\,; \quad n = \frac{1}{T} = \frac{1}{2\pi}\sqrt{\frac{g}{s_g}} \tag{31}$$

Um ein Beispiel anzuschließen, möge noch die plötzliche Entleerung einer Betonkübelkatze untersucht werden, die auf dem Tragseil einer Kabelkrananlage verfahren wird. Ist gemäß Abb. 44 l die Kabellänge, H der Seilzug, x der Abstand der Katze vom linken Kabelturm, und wird für die Schwingung das halbe Seilgewicht $\frac{1}{2}ql$ zur Masse der Katze geschlagen, so folgt bei gleichzeitiger Berücksichtigung des Seilgewichtdurchhanges s_e

$$s = s_e + s_g + s_l \cos t\sqrt{\frac{g}{s_g + s_e}}\,; \quad s_e = \frac{1}{2}\,ql\,\frac{x\,(l-x)}{l\,H}\,; \quad s_g = G\,\frac{x\,(l-x)}{l\,H}\,; \quad s_l = L\,\frac{x\,(l-x)}{l\,H}\,.$$

Nach Einsetzung der s-Werte und geeigneter Zusammenfassung ergibt sich

$$s = \frac{4\,x\,(l-x)}{l}\left[\frac{G + \frac{1}{2}\,q\,l}{4\,H} + \frac{L}{4\,H}\cos t\sqrt{\frac{g\,l\,H}{(G + \frac{1}{2}\,q\,l)\;x\,(l-x)}}\right];$$

$$T = 2\pi\sqrt{\frac{(G + \frac{1}{2}\,q\,l)\;x\,(l-x)}{g\,l\,H}}\,; \quad n = \frac{1}{2\pi}\sqrt{\frac{g\,l\,H}{(G + \frac{1}{2}\,q\,l)\;x\,(l-x)}}\,.$$

Ist $l = 150$ m, $G = 10$ t, $L = 10$ t, $H = 120$ t, $q = 0{,}05$ t/m, $\frac{1}{2}\,ql = 3{,}75$ t, so folgt insbesondere

$$s = \frac{4\,x}{l}\left(1 - \frac{x}{l}\right)\left[4{,}29 + 3{,}12\cos t\sqrt{\frac{2{,}28}{\frac{4\,x}{l}\left(1 - \frac{x}{l}\right)}}\right];$$

$$\min s = 1{,}17\cdot\frac{4\,x}{l}\left(1 - \frac{x}{l}\right); \quad s_0 = 4{,}29\cdot\frac{4\,x}{l}\left(1 - \frac{x}{l}\right); \quad \max s = 7{,}41\cdot\frac{4\,x}{l}\left(1 - \frac{x}{l}\right).$$

In Seilmitte ($x = l/2$) ergeben sich demgemäß Durchgangsschwankungen von $\pm$ 3,12 m, wenn der Kübel plötzlich entleert werden würde. Die Schwingungsdauer folgt zu

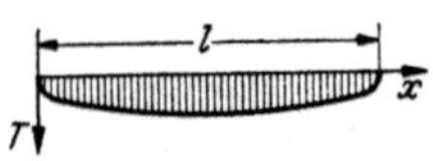

Abb. 45

$$T = 2\pi\sqrt{\frac{\frac{4\,x}{l}\left(1 - \frac{x}{l}\right)}{2{,}28}} = 4{,}16\sqrt{\frac{4\,x}{l}\left(1 - \frac{x}{l}\right)}\ \text{sec}.$$

Trägt man T als Funktion von x auf, so ergibt sich der in Abb. 45 wiedergegebene Verlauf. Je mehr man sich den Kabeltürmen nähert, um so stärker beginnt das Seil zu zittern. Dies kann sich zuweilen recht nachteilig auf den Betonierbetrieb auswirken.

6. Drall- und Momentbegriff. Impulsmomentensatz

Das vektorielle Produkt $\mathfrak{r} \times m\mathfrak{v} = \mathfrak{r} \times \mathfrak{B}$ eines Massenpunktes (Abb. 46) wird als Drall oder Drehimpuls, dasjenige $\mathfrak{r} \times m\mathfrak{p} = \mathfrak{r} \times \mathfrak{P}$ als Drehmoment oder Moment bezeichnet. Hierfür seien die Abkürzungen

$$\mathfrak{D} = \mathfrak{r} \times m\mathfrak{v} = \mathfrak{r} \times \mathfrak{B} \ \text{(Drall, Drehimpuls, Impulsmoment)}, \tag{32}$$

$$\mathfrak{M} = \mathfrak{r} \times m\mathfrak{p} = \mathfrak{r} \times \mathfrak{P} \ \text{(Moment, Drehmoment)} \tag{33}$$

gewählt. Differenziert man den Drall nach der Zeit, so folgt

$$\frac{d\mathfrak{D}}{dt} = \frac{d\mathfrak{r}}{dt} \times m\mathfrak{v} + \mathfrak{r} \times m\,\frac{d\mathfrak{v}}{dt} = \mathfrak{v} \times m\mathfrak{v} + \mathfrak{r} \times m\mathfrak{p} = \mathfrak{r} \times m\mathfrak{p},$$

und bei Einführung des Momentbegriffs nach (33)

$$d\mathfrak{D}/dt = \mathfrak{M}. \tag{34}$$

Hieraus ergibt sich durch Integration der sog. Impulsmomentensatz

$$\mathfrak{D}_2 - \mathfrak{D}_1 = \int_{t_1}^{t_2} \mathfrak{M}\, dt \quad \text{(Impulsmomentensatz).} \tag{35}$$

Die Gleichungen (34) und (35) stimmen mit (13) und (14) in der Form völlig überein. Man kann diese vier Gleichungen als die Grundlage der vektoriellen Mechanik bezeichnen.

Bei stationären Bewegungserscheinungen, wie bei Strömungen von Flüssigkeiten und Gasen, wird das Impulsmoment gleich $\mathfrak{M}\,(t_2 - t_1)$ und man erhält mit

$$\mathfrak{D}_s = \mathfrak{r} \times m_s \mathfrak{v} \quad \text{(sekundlicher Drall)} \tag{36}$$

den Impulsmomentensatz für stationäre Bewegungen

$$\mathfrak{D}_{2s} - \mathfrak{D}_{1s} = \mathfrak{M} \tag{37}$$

(Impulsmomentensatz für stationäre Bewegungen).

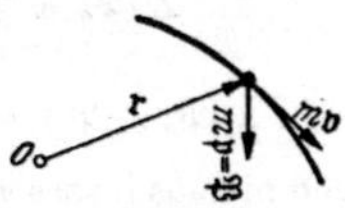

Aqb. 46

Als Anwendungsbeispiel sei hier die Strömung durch eine *Francis*-Radialturbine betrachtet. Ein den Leitapparat verlassendes Wasserteilchen fließe dem Schaufelrade mit der Eintrittsgeschwindigkeit $\mathfrak{v}_e$ zu. Nach Abzug der Umfangsgeschwindigkeit $\mathfrak{v}_t$ der Turbine verbleibt die Relativgeschwindigkeit $\mathfrak{v}_e - \mathfrak{v}_t$, mit der das Wasserteilchen auf die Schaufel auftrifft (Abb. 47). Hierbei ist es sehr wesentlich, daß $\mathfrak{v}_e - \mathfrak{v}_t$ möglichst gut mit der Tangentenrichtung der Schaufel übereinstimmt, da sonst Stoßverluste in Erscheinung treten. Beim Durchströmen des Schaufelrades wird die Relativgeschwindigkeit zufolge der Krümmung der Schaufeln beständig abgelenkt. Die damit verbundenen Impulswirkungen ermöglichen die Abgabe der Drehenergie an die Turbine. An der Austrittsstelle überlagert sich die relative Austrittsgeschwindigkeit $\mathfrak{v}_a - \mathfrak{v}_t$ mit der Umfangsgeschwindigkeit $\mathfrak{v}_t$ der Turbine zu der absoluten Austrittsgeschwindigkeit $\mathfrak{v}_a$ (Abb. 47).

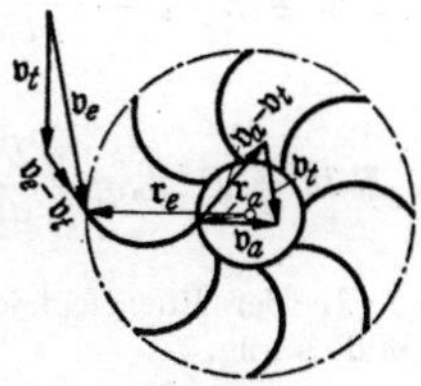

Abb. 47

Wird nun (37) auf den betrachteten Stromfaden angewendet, so folgt für das an die Turbinenwelle abgegebene Drehmoment

$$\mathfrak{r}_e \times m_s \mathfrak{v}_e - \mathfrak{r}_a \times m_s \mathfrak{v}_a = \mathfrak{M}.$$

Da $\mathfrak{r}_a \times \mathfrak{v}_a$ und $\mathfrak{r}_e \times \mathfrak{v}_e$ für alle der Turbine zuströmenden Wasserteilchen gleich groß und gleichgerichtet sind, kann für m_s die gesamte zuströmende Wassermasse $\frac{\gamma}{g}\, Q$ eingeführt werden, und man erhält

$$\mathfrak{M} = \frac{\gamma Q}{g} (\mathfrak{r}_e \times \mathfrak{v}_e - \mathfrak{r}_a \times \mathfrak{v}_a).$$

Tritt das Wasser radial aus dem Schaufelrade aus, was $\mathfrak{r}_a \times \mathfrak{v}_a = 0$ entspricht, so ist die gesamte der Turbine zugeführte Drallenergie im Schaufelrade umgesetzt.

Durch Multiplikation von $\mathfrak{M}$ mit der Winkelgeschwindigkeit ω ergibt sich die an der Turbinenwelle abziehbare Leistung

$$\mathfrak{L} = \mathfrak{M}\, \omega = \frac{\gamma Q \omega}{g} (\mathfrak{r}_e \times \mathfrak{v}_e - \mathfrak{r}_a \times \mathfrak{v}_a).$$

B. Dynamik der Punkthaufenbewegung

1. Dynamische Grundgleichungen

Faßt man eine bestimmte Anzahl von Massenpunkten, die sich im allgemeinen unabhängig voneinander bewegen können, zu einem geschlossenen System zusammen, so entsteht ein Massenpunkthaufen (Abb. 48). Ein Beispiel hierfür sind die Sonnensysteme mit ihren Planeten und Monden.

An einem Punkthaufen unterscheidet man äußere Kräfte $\mathfrak{K}_a$ und gegenseitige oder innere Kräfte $\mathfrak{K}_i$. Betrachtet man beispielsweise die Schwingungsbewegung eines Fachwerkträgers, der gemäß Abb. 49 als

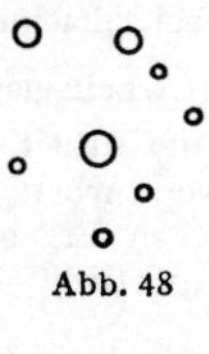

Abb. 48

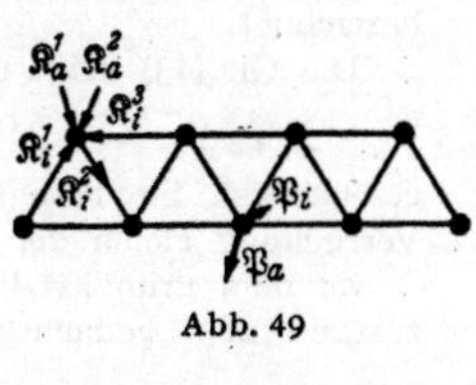

Abb. 49

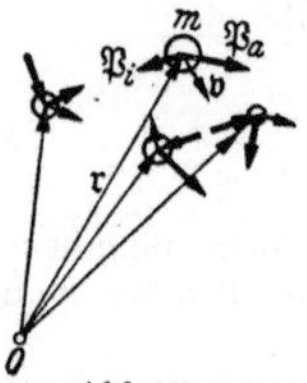

Abb. 50

Punkthaufen aufgefaßt werden kann, so sind die gegenseitigen oder inneren Kräfte die Stabkräfte. An jedem Massenpunkt sei $\mathfrak{P}_a$ die Resultierende der äußeren, $\mathfrak{P}_i$ die der gegenseitigen Kräfte.

Durch Überlagerung der an jedem Massenpunkt vorhandenen Einzelwirkungen ergeben sich die dynamischen Grundgleichungen des Punkthaufens. Hierbei treten die inneren Kräfte nicht in Erscheinung, da sie sich gegenseitig auslöschen. Man erhält zunächst die Gleichungsketten (Abb. 50)

$$\Sigma (\mathfrak{P}_a + \mathfrak{P}_i) = \Sigma \mathfrak{P}_a = \Sigma m \mathfrak{p} = \Sigma m \frac{d\mathfrak{v}}{dt} = \frac{d \Sigma m \mathfrak{v}}{dt} = \frac{d \Sigma \mathfrak{B}}{dt}; \tag{38}$$

$$\Sigma \mathfrak{r} \times (\mathfrak{P}_a + \mathfrak{P}_i) = \Sigma \mathfrak{r} \times \mathfrak{P}_a = \Sigma \mathfrak{M}_a = \Sigma \mathfrak{r} \times m\mathfrak{p} = \frac{d \Sigma \mathfrak{r} \times m\mathfrak{v}}{dt} = \frac{d \Sigma \mathfrak{D}}{dt}, \tag{39}$$

und hieraus insbesondere

$$\Sigma \mathfrak{P} = \Sigma \mathfrak{P}_a = \frac{d \Sigma \mathfrak{B}}{dt}; \quad \Sigma \int_{t_1}^{t_2} \mathfrak{P}_a \, dt = \Sigma (\mathfrak{B}_2 - \mathfrak{B}_1) \quad \text{(Impulssatz des Punkthaufens);} \tag{40}$$

$$\Sigma \mathfrak{M} = \Sigma \mathfrak{M}_a = \frac{d \Sigma \mathfrak{D}}{dt}; \quad \Sigma \int_{t_1}^{t_2} \mathfrak{M}_a \, dt = \Sigma (\mathfrak{D}_2 - \mathfrak{D}_1) \quad \text{(Impulsmomentensatz des Punkthaufens).} \tag{41}$$

In der Energiegleichung fallen die inneren Kräfte naturgemäß nicht heraus und es folgt

$$\Sigma \int_{\mathfrak{r}_1}^{\mathfrak{r}_2} (\mathfrak{P}_a + \mathfrak{P}_i) \, d\mathfrak{r} = \Sigma \frac{m}{2} (v_2^2 - v_1^2) \quad \text{(Energiegleichung des Punkthaufens).} \tag{42}$$

2. Prinzip der virtuellen Verrückungen; Arbeitsgleichungen

Ein Massenpunkthaufen befinde sich im Zustande völliger Ruhe; dann müssen sich an jedem Massenpunkte $\mathfrak{P}_a$ und $\mathfrak{P}_i$ das Gleichgewicht halten, d. h. $\mathfrak{P}_a + \mathfrak{P}_i$ null sein. Betrachtet man nun einen zweiten derartigen Gleichgewichtszustand $\overline{\mathfrak{P}}_a + \overline{\mathfrak{P}}_i$, unter dessen Wirkung alle Massenpunkte eine im Verhältnis zu ihren Abständen sehr kleine Verrückung $\Delta\overline{\mathfrak{r}}$ erfahren — z. B. eine solche durch elastische Verformung —, so leistet der Ausgangsgleichgewichtszustand bei der Verrückung $\Delta\overline{\mathfrak{r}}$ Arbeit. Erfolgt die Verrückung durch den zweiten Gleichgewichtszustand so, daß nach Erreichen von $\Delta\overline{\mathfrak{r}}$ der Massenpunkthaufen sich wieder im Zustande der Ruhe befindet — im Falle elastischer Verformungen bedingt dies ein allmähliches Aufbringen der Last —, so geht (42) mit $\mathfrak{r}_2 - \mathfrak{r}_1 = \Delta\overline{\mathfrak{r}}$ und wegen $v_2 = v_1 = 0$ über in

$$\Sigma (\mathfrak{P}_a + \mathfrak{P}_i) \, \Delta\overline{\mathfrak{r}} = 0. \tag{43}$$

Da der zweite Gleichgewichtszustand und die zugehörige Verrückung meist nur ein gedachter, d. h. lediglich in der Vorstellung bestehender Zustand ist, nennt man $\Delta\overline{\mathfrak{r}}$ eine „scheinbare" oder „virtuelle" Verrückung. Demgemäß wird die Gedankenfolge, die zu (43) geführt hat, als „Prinzip der virtuellen Verrückungen" bezeichnet.

Die Gl. (43) heißt die „Arbeitsgleichung" und wird gewöhnlich in der Form

$$\Sigma \mathfrak{P}_a \Delta\overline{\mathfrak{r}} = -\Sigma \mathfrak{P}_i \Delta\overline{\mathfrak{r}} \quad \text{(Arbeitsgleichung bei virtueller Verrückung)} \tag{44}$$

geschrieben. Sie besagt, daß die Arbeit der äußeren Kräfte bei einer virtuellen Verrückung gleich der negativen Arbeit der gegenseitigen (inneren) Kräfte ist.

Zu dem grundsätzlich gleichen Ergebnis gelangt man, wenn der Ausgangszustand als „gedacht" oder „virtuell" betrachtet wird, und die Verrückung,

d. h. der zweite Gleichgewichtszustand eine Wirklichkeitsgröße darstellt. Man spricht dann vom „Prinzip der virtuellen Belastung“. In diesem Falle lautet die Arbeitsgleichung

$$\Sigma \overline{\mathfrak{P}}_a \Delta \mathfrak{r} = -\Sigma \overline{\mathfrak{P}}_i \Delta \mathfrak{r} \quad \text{(Arbeitsgleichung bei virtueller Belastung).} \qquad (45)$$

Um ein Anwendungsbeispiel anzuschließen, sei nach der Durchsenkung f des Auslegerendes einer Drehkranverladebrücke gefragt, wenn der Drehkran in ungünstigster Endstellung

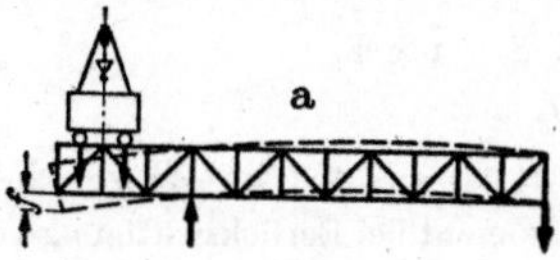

Abb. 51

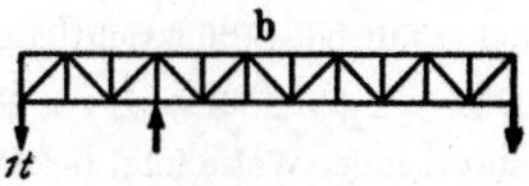

Abb. 52

auf dem Ausleger steht (Abb. 51). Man wird in diesem Falle das Prinzip der virtuellen Belastung anwenden und letztere gemäß Abb. 52 wählen.

Da die Stützkräfte keine Verschiebungen $\Delta \mathfrak{r}$ erfahren, ist die gesamte in (45) eingehende äußere Arbeit

$$\Sigma \overline{\mathfrak{P}}_a \Delta \mathfrak{r} = 1 \cdot f = f.$$

Die innere Arbeit besteht hier in der Arbeit der Stabkräfte. Werden diese immer paarweise zusammengefaßt, so folgt, da die Stabkraft S stets der Stabverformung Δs entgegenwirkt,

$$-\Sigma \overline{\mathfrak{P}}_i \Delta \mathfrak{r} = +\Sigma \overline{S} \Delta s.$$

Ferner liefert das *Hooke*sche Gesetz

$\Delta s = S s / E F$ (s Stablänge, F Stabquerschnitt, E Elastizitätsmodul).

Damit ergibt sich

$$f = \sum \frac{\overline{S} S s}{E F}.$$

Die Summation ist über sämtliche Stäbe zu erstrecken, wobei für $\overline{S}$ die Stabkräfte des virtuellen, für S die des tatsächlichen Belastungszustandes einzusetzen sind.

3. Einführung des Massenmittelpunktes (Schwerpunktes)

Wird mit $M = \Sigma m$ die Gesamtmasse des Systems bezeichnet, so nennt man denjenigen Punkt $\mathfrak{r}_M$ des Raumes (Abb. 53), welcher der Gleichung

$$M \mathfrak{r}_M = \Sigma m \mathfrak{r} \quad \text{(Massenmittelpunkt, Schwerpunkt)} \qquad (46)$$

oder den Komponentengleichungen

$$M r_{1M} = \Sigma m r_1, \quad M r_{2M} = \Sigma m r_2, \quad M r_{3M} = \Sigma m r_3 \qquad (47)$$

(Massenmittelpunkt, Schwerpunkt)

genügt, den Massenmittelpunkt oder Schwerpunkt. Aus (46) folgt

$$\left\{\begin{aligned} M \frac{d\mathfrak{r}_M}{dt} &= M \mathfrak{v}_M = \Sigma m \mathfrak{v} = \Sigma \mathfrak{B}; \\ M \frac{d\mathfrak{v}_M}{at} &= M \mathfrak{p}_M = \Sigma m \frac{d\mathfrak{v}}{dt} = \frac{d \Sigma \mathfrak{B}}{dt} \end{aligned}\right\} \quad \text{(Massenmittelpunkt, Schwerpunkt).} \qquad (48)$$

Wird (40) in (48) berücksichtigt, ergibt sich

$$\Sigma \mathfrak{P} = \Sigma \mathfrak{P}_a = M \mathfrak{p}_M \quad \text{(Massenmittelpunkt, Schwerpunkt).} \qquad (49)$$

Nach (49) bewegt sich der Schwerpunkt eines Punkthaufens so, als wären alle Kräfte und die gesamte Masse in ihm vereinigt.

Ist $\Sigma \mathfrak{P} = 0$, d. h. heben sich die Kraftwirkungen innerhalb eines Punkthaufens auf, so bewegt sich der Massenmittelpunkt stets mit gleichbleibender Geschwindigkeit, wie auch die Bewegungen der Massenpunkte im einzelnen sein mögen.

Ist $\Sigma \mathfrak{P} = 0$ und verharrt der Massenmittelpunkt in einem bestimmten Augenblick in Ruhe, so verbleibt er dauernd in Ruhe.

Wird z. B. in dem Fachwerkträger von Abb. 49 zu einem gewissen Zeitpunkt t_0 eine Schwingung ohne äußere Kräfte $\mathfrak{P}_a$, d. h. lediglich durch Stabkräfte $\mathfrak{P}_i$

ausgelöst, so verbleibt der Massenmittelpunkt in Ruhe, da $\Sigma \mathfrak{P}_a = 0$ und $\mathfrak{v}_M = 0$ für $t = t_0$ ist. Der Massenmittelpunkt des schwingenden Systems bleibt also immer der gleiche, in welcher Schwingungsphase man sich auch befinden möge.

Bezeichnet $\bar{\mathfrak{r}}$ den Ortsvektor in bezug auf den Schwerpunkt, so ergibt sich (Abb. 53)

$$\mathfrak{r} = \mathfrak{r}_M + \bar{\mathfrak{r}}. \tag{50}$$

Demgemäß spaltet sich ein Moment in

$$\mathfrak{M} = \mathfrak{r} \times \mathfrak{P} = \mathfrak{r}_M \times \mathfrak{P} + \bar{\mathfrak{r}} \times \mathfrak{P},$$

und man erhält bei Berücksichtigung von (49)

$$\Sigma \mathfrak{M} = \mathfrak{r}_M \times \Sigma \mathfrak{P} + \Sigma \bar{\mathfrak{r}} \times \mathfrak{P} = \mathfrak{r}_M \times M \mathfrak{b}_M + \Sigma \bar{\mathfrak{r}} \times \mathfrak{P} = \mathfrak{M}_M + \Sigma \overline{\mathfrak{M}}.$$

In entsprechender Weise folgt für das Impulsmoment bei Berücksichtigung von (48)

$$\Sigma \mathfrak{D} = \mathfrak{r}_M \times \Sigma m \mathfrak{v} + \Sigma \bar{\mathfrak{r}} \times m \mathfrak{v} = \mathfrak{r}_M \times M \mathfrak{v}_M + \Sigma \bar{\mathfrak{r}} \times m \mathfrak{v} = \mathfrak{D}_M + \Sigma \overline{\mathfrak{D}}.$$

Führt man die Aufspaltungen in (41) ein, ergibt sich

$$\mathfrak{M}_M + \Sigma \overline{\mathfrak{M}} = \frac{d \mathfrak{D}_M}{dt} + \frac{d \Sigma \overline{\mathfrak{D}}}{dt}. \tag{51}$$

Da für die im Massenmittelpunkt vereinigt gedachte Gesamtmasse der Impulsmomentensatz der Punktbewegung gilt, spaltet sich (51) in

$$\mathfrak{M}_M = \frac{d \mathfrak{D}_M}{dt}; \quad \int_{t_1}^{t_2} \mathfrak{M}_M \, dt = \mathfrak{D}_{2M} - \mathfrak{D}_{1M} \quad \text{(Impulsmomentensatz der im Schwerpunkt vereinigten Gesamtmasse).} \tag{52}$$

$$\Sigma \overline{\mathfrak{M}} = \frac{d \Sigma \overline{\mathfrak{D}}}{dt}; \quad \int_{t_1}^{t_2} \Sigma \overline{\mathfrak{M}} \, dt = \Sigma (\overline{\mathfrak{D}}_2 - \overline{\mathfrak{D}}_1) \quad \text{(Impulsmomentensatz in bezug auf den sich bewegenden Schwerpunkt).} \tag{53}$$

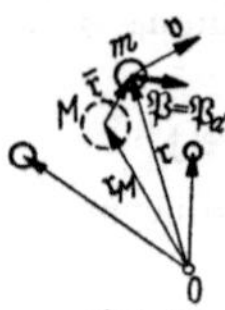

Abb. 53

Weiterhin folgt aus (50) durch Differentiation

$$\mathfrak{v} = \mathfrak{v}_M + \bar{\mathfrak{v}}; \quad m \mathfrak{v} = m \mathfrak{v}_M + m \bar{\mathfrak{v}}, \tag{54}$$

und durch Summierung über alle Impulse

$$\Sigma m \mathfrak{v} = M \mathfrak{v}_M + \Sigma m \bar{\mathfrak{v}}. \tag{55}$$

Andererseits ist nach der ersten der Gl. (48)

$$\Sigma m \mathfrak{v} = M \mathfrak{v}_M,$$

so daß sich ergibt

$$\Sigma m \bar{\mathfrak{v}} = \Sigma \overline{\mathfrak{B}} = 0 \quad \text{(Impulssatz in bezug auf den sich bewegenden Schwerpunkt).} \tag{56}$$

Unter Beachtung von (54) und (56) läßt sich die rechte Seite von (42) in der Form

$$\sum \frac{m}{2} (v_2^2 - v_1^2) = \sum \frac{m}{2} (v_{2M}^2 - v_{1M}^2) + \sum \frac{m}{2} (\bar{v}_2^2 - \bar{v}_1^2) =$$

$$= \frac{M}{2} (v_{2M}^2 - v_{1M}^2) + \sum \frac{m}{2} (\bar{v}_2^2 - \bar{v}_1^2)$$

schreiben, während die linke Seite mit (50) in

$$\Sigma \int_{\mathfrak{r}_1}^{\mathfrak{r}_2} (\mathfrak{P}_a + \mathfrak{P}_i) \, d\mathfrak{r} = \Sigma \int_{\mathfrak{r}_{1M}}^{\mathfrak{r}_{2M}} (\mathfrak{P}_a + \mathfrak{P}_i) \, d\mathfrak{r}_M + \Sigma \int_{\bar{\mathfrak{r}}_1}^{\bar{\mathfrak{r}}_2} (\mathfrak{P}_a + \mathfrak{P}_i) \, d\bar{\mathfrak{r}} =$$

$$= \int_{\mathfrak{r}_{1M}}^{\mathfrak{r}_{2M}} \left(\Sigma \mathfrak{P}_a\right) d\mathfrak{r}_M + \Sigma \int_{\bar{\mathfrak{r}}_1}^{\bar{\mathfrak{r}}_2} (\mathfrak{P}_a + \mathfrak{P}_i) \, d\bar{\mathfrak{r}}$$

übergeht. Man erhält daher

$$\left.\int_{\mathfrak{r}_{1M}}^{\mathfrak{r}_{2M}} \left(\Sigma \mathfrak{P}_a\right) d\mathfrak{r}_M + \Sigma \int_{\bar{\mathfrak{r}}_1}^{\bar{\mathfrak{r}}} (\mathfrak{P}_a + \mathfrak{P}_i) \, d\bar{\mathfrak{r}} = \frac{M}{2} (v_{2M}^2 - v_{1M}^2) + \sum \frac{m}{2} (\bar{v}_2^2 - \bar{v}_1^2). \quad \right\} \tag{57}$$

Da für die im Schwerpunkt vereinigt gedachte Gesamtmasse die Energiegleichung der Punktbewegung gilt, spaltet sich (57) auf in

$$\int_{\mathfrak{r}_{1M}}^{\mathfrak{r}_{2M}} \left(\Sigma \mathfrak{P}_a\right) d\mathfrak{r}_M = \frac{M}{2}\left(v_{2M}^2 - v_{1M}^2\right) \quad \text{(Energiesatz für den Schwerpunkt).} \qquad (58)$$

$$\Sigma \int_{\bar{\mathfrak{r}}_1}^{\bar{\mathfrak{r}}_2} (\mathfrak{P}_a + \mathfrak{P}_i)\, d\bar{\mathfrak{r}} = \sum \frac{m}{2}\left(\bar{v}_2^2 - \bar{v}_1^2\right) \quad \text{(Energiesatz für die Relativbewegung um den sich bewegenden Schwerpunkt).} \qquad (59)$$

4. Der verlustfreie Zusammenstoß

In dem Sonderfalle, wo $\Sigma \mathfrak{P} = 0$ und $\Sigma \mathfrak{M} = 0$ sind, sprechen die Gleichungen (40) und (41) die Sätze von der Erhaltung des System-Impulses und des System-Dralles aus. Diese bilden zusammen mit dem Satze von der Erhaltung der Energie eine wichtige Grundlage für die Lösung zahlreicher dynamischer Aufgaben.

Abb. 54

Handelt es sich z. B. um den verlustfreien Zusammenstoß zweier Fahrzeuge auf gerader Bahn (Abb. 54), so bestehen zwischen den Geschwindigkeiten $\mathfrak{v}_1$ und $\mathfrak{v}_2$ bzw. $\mathfrak{v}_1'$ und $\mathfrak{v}_2'$ vor bzw. nach dem Zusammenstoß die folgenden Beziehungen

$$m_1 v_1 + m_2 v_2 = m_1 v_1' + m_2 v_2' \quad \text{(Erhaltung der Impulse);}$$

$$\frac{m_1}{2} v_1^2 + \frac{m_2}{2} v_2^2 = \frac{m_1}{2} v_1'^2 + \frac{m_2}{2} v_2'^2 \quad \text{(Erhaltung der Energie).}$$

Die Auflösung liefert

$$v_1' = \frac{m_1 - m_2}{m_1 + m_2} v_1 + \frac{2\, m_2}{m_1 + m_2} v_2; \qquad v_2' = \frac{m_2 - m_1}{m_2 - m_1} v_2 + \frac{2\, m_1}{m_2 + m_1} v_1. \qquad (60)$$

5. Übergang zum kontinuierlichen Punkthaufen

Handelt es sich um einen kontinuierlichen Punkthaufen, wie im Falle einer strömenden Flüssigkeit oder eines schwingenden Körpers, so gehen die Summen in Integrale über. Werden auf die Raumeinheit bezogene Vektoren durch Sterne gekennzeichnet, ergibt sich:

$$\int^{(V)} \mathfrak{P}_a^* \, dV = \frac{d}{dt} \int^{(V)} \mathfrak{B}^* \, dV; \quad \int^{(V)} \int_{t_1}^{t_2} \mathfrak{P}_a^* \, dt\, dV = \int^{(V)} (\mathfrak{B}_2^* - \mathfrak{B}_1^*)\, dV \quad \text{(Impulssatz);} \qquad (61)$$

$$\int^{(V)} \mathfrak{M}_a^* \, dV = \frac{d}{dt} \int^{(V)} \mathfrak{D}^* \, dV; \quad \int^{(V)} \int_{t_1}^{t_2} \mathfrak{M}_a^* \, dt\, dV = \int^{(V)} (\mathfrak{D}_2^* - \mathfrak{D}_1^*)\, dV \quad \text{(Impulsmomentensatz);} \qquad (62)$$

$$\int^{(V)} \int_{\mathfrak{r}_1}^{\mathfrak{r}_2} (\mathfrak{P}_a^* + \mathfrak{P}_i^*)\, d\mathfrak{r}\, dV = \int^{(V)} \frac{\gamma}{2g} (v_2^2 - v_1^2)\, dV \quad \text{(Energiesatz).} \qquad (63)$$

$$\int^{(V)} \mathfrak{P}_a^* \, \Delta\bar{\mathfrak{r}}\, dV = -\int^{(V)} \mathfrak{P}_i^* \, \Delta\bar{\mathfrak{r}}\, dV \quad \text{(Arbeitsgleichung bei virtueller Verrückung);} \qquad (64)$$

$$\int^{(V)} \bar{\mathfrak{P}}_a^* \, \Delta\mathfrak{r}\, dV = -\int^{(V)} \bar{\mathfrak{P}}_i^* \, \Delta\mathfrak{r}\, dV \quad \text{(Arbeitsgleichung bei virtueller Belastung).} \qquad (65)$$

$$M = \int^{(V)} \frac{\gamma}{g}\, dV; \quad \mathfrak{P}_M = \int^{(V)} \mathfrak{P}^*\, dV; \quad \mathfrak{M}_M = \mathfrak{r}_M \times \mathfrak{P}_M; \quad \mathfrak{D}_M = \mathfrak{r}_M \times \mathfrak{B}_M. \tag{66}$$

$$M\,\mathfrak{r}_M = \int^{(V)} \frac{\gamma}{g}\,\mathfrak{r}\, dV; \quad M\,\mathfrak{v}_M = \mathfrak{B}_M = \int^{(V)} \frac{\gamma}{g}\,\mathfrak{v}\, dV; \quad M\,\mathfrak{p}_M = \mathfrak{P}_M = \int^{(V)} \frac{\gamma}{g}\,\mathfrak{p}\, dV. \tag{67}$$

$$\mathfrak{P}_M = M\,\mathfrak{p}_M = \frac{d\mathfrak{B}_M}{dt}; \quad \int_{t_1}^{t_2} \mathfrak{P}_M\, dt = \mathfrak{B}_{2M} - \mathfrak{B}_{1M} \quad \text{(Impulssatz des Schwerpunktes)}; \tag{68}$$

$$\mathfrak{M}_M = M\,\mathfrak{r}_M \times \mathfrak{p}_M = \frac{d\,\mathfrak{D}_M}{dt}; \quad \int_{t_1}^{t_2} \mathfrak{M}_M\, dt = \mathfrak{D}_{2M} - \mathfrak{D}_{1M} \quad \text{(Impulsmomentensatz des Schwerpunktes)}. \tag{69}$$

$$\int^{(V)} \overline{\mathfrak{B}}^*\, dV = 0 \quad \text{(Impulssatz in bezug auf den sich bewegenden Schwerpunkt)}. \tag{70}$$

$$\mathfrak{M}_D = \int^{(V)} \bar{\mathfrak{r}} \times \mathfrak{P}^*\, dV = \int^{(V)} \overline{\mathfrak{M}}^*\, dV \quad \text{(Abkürzung)}. \tag{71}$$

$$\mathfrak{M}_D = \frac{d}{dt}\int^{(V)} \overline{\mathfrak{D}}^*\, dV; \quad \int_{t_1}^{t_2} \mathfrak{M}_D\, dt = \int^{(V)} (\overline{\mathfrak{D}}_2^* - \overline{\mathfrak{D}}_1^*)\, dV \quad \text{(Impulsmomentensatz in bezug auf den sich bewegenden Schwerpunkt)}. \tag{72}$$

$$\int_{\mathfrak{r}_{1M}}^{\mathfrak{r}_{2M}} \mathfrak{P}_M\, d\mathfrak{r}_M = \frac{M}{2}(v_{2M}^2 - v_{1M}^2) \quad \text{(Energiesatz des Schwerpunktes)}; \tag{73}$$

$$\int^{(V)} \int_{\bar{\mathfrak{r}}_1}^{\bar{\mathfrak{r}}_2} (\mathfrak{P}_a^* + \mathfrak{P}_i^*)\, d\bar{\mathfrak{r}}\, dV = \int^{(V)} \frac{\gamma}{2g}(\bar{v}_2^2 - \bar{v}_1^2)\, dV \quad \text{(Energiesatz der Relativbewegung um den sich bewegenden Schwerpunkt)}. \tag{74}$$

C. Dynamik des starren Körpers

1. Dynamische Grundgleichungen

Der starre Körper stellt den einfachsten Sonderfall des kontinuierlichen Punkthaufens dar. Die Gl. (61) bis (74) bilden daher auch den Ausgangspunkt der Dynamik des starren Körpers. Die Grundgleichungen (68) und (69) der Schwerpunktbewegung können unmittelbar übernommen werden. Sie lauten etwas ausführlicher geschrieben:

$$\left.\begin{aligned} &\mathfrak{P}_M = M\,\mathfrak{p}_M = \frac{d M \mathfrak{v}_M}{dt} = \frac{d\mathfrak{B}_M}{dt}; \\ &\int_{t_1}^{t_2} \mathfrak{P}_M\, dt = M(\mathfrak{v}_{2M} - \mathfrak{v}_{1M}) = \mathfrak{B}_{2M} - \mathfrak{B}_{1M} \quad \text{(Schwerpunktbewegung)}. \end{aligned}\right\} \tag{75}$$

$$\left.\begin{aligned} &\mathfrak{M}_M = \mathfrak{r}_M \times \mathfrak{P}_M = \frac{d(\mathfrak{r}_M \times M\mathfrak{v}_M)}{dt} = \frac{d\,\mathfrak{D}_M}{dt}; \\ &\int_{t_1}^{t_2} \mathfrak{M}_M\, dt = M(\mathfrak{r}_{2M} \times \mathfrak{v}_{2M} - \mathfrak{r}_{1M} \times \mathfrak{v}_{1M}) = \mathfrak{D}_{2M} - \mathfrak{D}_{1M}. \end{aligned}\right\} \tag{76}$$

Die Gl. (70), nach welcher die Resultierende der Impulse der Relativbewegung um eine Schwerachse verschwindet, gilt selbstverständlich auch hier.

$$\int^{(V)} \overline{\mathfrak{B}}^*\, dV = 0. \tag{77}$$

Um den Drall der Drehbewegung um eine Schwerachse $\mathfrak{d}$ ausdrücken zu können, muß Gl. I, (73) berücksichtigt werden, nach der

$$\bar{\mathfrak{v}} = d\bar{\mathfrak{r}}/dt = \omega\, \mathfrak{d} \times \bar{\mathfrak{r}} \tag{78}$$

ist. Wird der resultierende Drall um $\mathfrak{d}$ gemäß

$$\mathfrak{D}_D = \int^{(V)} \bar{\mathfrak{D}}^* \, dV \tag{79}$$

abgekürzt, so folgt mit (78), wenn ψ den Winkel zwischen $\bar{\mathfrak{r}}$ und $\mathfrak{d}$ bezeichnet (Abb. 55),

$$\mathfrak{D}_D = \int^{(V)} \frac{\gamma}{g} \bar{\mathfrak{r}} \times (\omega\, \mathfrak{d} \times \bar{\mathfrak{r}})\, dV = \omega\, \mathfrak{d} \int^{(V)} \frac{\gamma}{g} r^2 \sin^2 \psi \, dV + \omega \int^{(V)} \frac{\gamma}{g} \mathfrak{n}\, r^2 \sin\psi \cos\psi \, dV \tag{80}$$

In dem zweiten Integral von (80) stellt $\mathfrak{n}$ den Normalenvektor des durch $\bar{\mathfrak{r}}$ bestimmten Drehkreises senkrecht zur $\mathfrak{d}$-Achse dar (Abb. 55a). Da dieses Integral im allgemeinen nicht verschwindet, weichen Drallrichtung und Drehrichtung gewöhnlich voneinander ab. Man bezeichnet:

$$\mathfrak{d} \int^{(V)} \frac{\gamma}{g} r^2 \sin^2 \psi \, dV = \mathfrak{J}\mathfrak{d} = \mathfrak{d}\, I\mathfrak{d} \quad \text{(Trägheitsmomentenvektor)}, \tag{81}$$

$$\int^{(V)} \frac{\gamma}{g} \mathfrak{n}\, r^2 \sin\psi \cos\psi \, dV = \mathfrak{C}\mathfrak{d} \quad \text{(Deviationsmomenten- oder Zentrifugalmomentenvektor)}. \tag{82}$$

Mit (81) und (82) schreibt sich (80) in der Form

$$\mathfrak{D}_D = \omega\,(\mathfrak{J}\mathfrak{d} + \mathfrak{C}\mathfrak{d}) = \omega\,(\mathfrak{d}\, I\mathfrak{d} + \mathfrak{C}\mathfrak{d}). \tag{83}$$

Das Deviationsmoment $|\mathfrak{C}\mathfrak{d}|$ verschwindet bei jedem starren Körper für drei aufeinander senkrecht stehende Drehachsen, die als Hauptachsen bezeichnet werden. Verfügt der Körper über Symmetrieebenen, so stehen die Hauptachsenrichtungen auf diesen senkrecht. Die zu den Hauptachsen gehörigen Trägheitsmomente heißen Hauptträgheitsmomente.

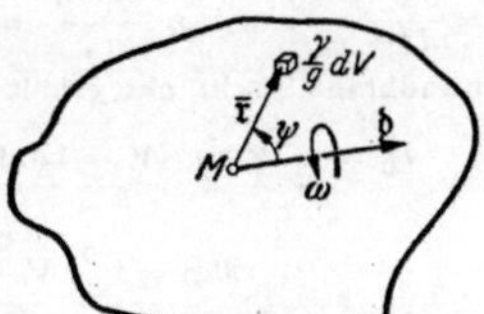

Abb. 55

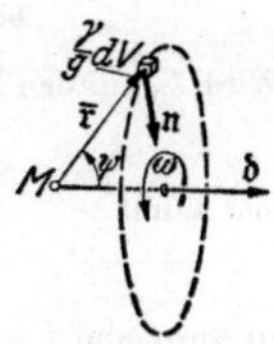

Abb. 55a

$$\mathfrak{D}_D = \omega\, \mathfrak{J} = \omega\, \mathfrak{d}\, \mathrm{I} \quad \text{(für Hauptträgheits- oder Hauptachsen)}. \tag{84}$$

Sind die Hauptachsen eines Körpers bekannt, so läßt sich die Berechnung der Deviationsmomente umgehen, indem alle Vektoren nach den Hauptachsen aufgespalten werden.

$$\left.\begin{aligned} \mathfrak{D}_D = \mathfrak{D}_{D1} + \mathfrak{D}_{D2} + \mathfrak{D}_{D3} = \omega\, \mathfrak{J} &= \omega_1 \mathfrak{J}_1 + \omega_2 \mathfrak{J}_2 + \omega_3 \mathfrak{J}_3 = \\ &= \omega\, \mathfrak{d}\, I = \omega_1 \mathfrak{d}_1 I_1 + \omega_2 \mathfrak{d}_2 I_2 + \omega_3 \mathfrak{d}_3 I_3; \end{aligned}\right\} \tag{85}$$

$$\mathfrak{D}_{D1} = \omega_1 \mathfrak{J}_1 = \omega_1 \mathfrak{d}_1 I_1; \quad \mathfrak{D}_{D2} = \omega_2 \mathfrak{J}_2 = \omega_2 \mathfrak{d}_2 I_2; \quad \mathfrak{D}_{D3} = \omega_3 \mathfrak{J}_3 = \omega_3 \mathfrak{d}_3 I_3. \tag{86}$$

Mit (79) lautet die dem Impulsmomentensatz der Drehbewegung aussprechende Gl. (72)

$$\mathfrak{M}_D = \frac{d\, \mathfrak{D}_D}{dt}; \quad \int_{t_1}^{t_2} \mathfrak{M}_D \, dt = \mathfrak{D}_{2\,D} - \mathfrak{D}_{1\,D}. \tag{87}$$

Es verbleibt nun noch die Umschreibung der Energiesätze. Der Energiesatz (73) der Schwerpunktbewegung kann unmittelbar übernommen werden.

$$\int_{\mathfrak{r}_{1\,M}}^{\mathfrak{r}_{2\,M}} \mathfrak{P}_M \, d\mathfrak{r}_M = \frac{M}{2} (\mathfrak{v}_{2\,M}^2 - \mathfrak{v}_{1\,M}^2). \tag{88}$$

Für die Drehwucht oder kinetische Drehenergie — rechte Seite von (74) — ergibt sich nach Einführen von (78) und bei Berücksichtigung von (81)

$$\left.\begin{aligned}\int\limits^{(V)} \frac{\gamma}{2g}(\bar{v}_2^2 - \bar{v}_1^2)\,dV &= \frac{1}{2}(\omega_2^2 - \omega_1^2)\int\limits^{(V)} \frac{\gamma}{g}(\mathfrak{d} \times \bar{\mathfrak{r}})^2\,dV = \\ &= \frac{1}{2}(\omega_2^2 - \omega_1^2)\int\limits^{(V)} \frac{\gamma}{g} r^2 \sin^2\psi\,dV = \frac{1}{2} I_{\mathfrak{d}}(\omega_2^2 - \omega_1^2).\end{aligned}\right\} \quad (89)$$

Damit folgt für den Energiesatz der Drehbewegung

$$\int\limits^{(V)}\int\limits_{\bar{\mathfrak{r}}_1}^{\bar{\mathfrak{r}}_2} (\mathfrak{P}_a^* + \mathfrak{P}^*)\,d\bar{\mathfrak{r}}\,dV = \text{aufgewandte Dreharbeit} = \tfrac{1}{2} I_{\mathfrak{d}}(\omega_2^2 - \omega_1^2). \Big\} \quad (90)$$

Um ein Anwendungsbeispiel für den Drallsatz (87) anzuschließen, sei das unter I, B, 3 behandelte Beispiel nochmals aufgegriffen und nach dem Drehmoment gefragt, das der Drall eines Laufrades in einem eine Kurve durchfahrenden Fahrzeuge hervorruft (vgl. hierzu Abb. 56).

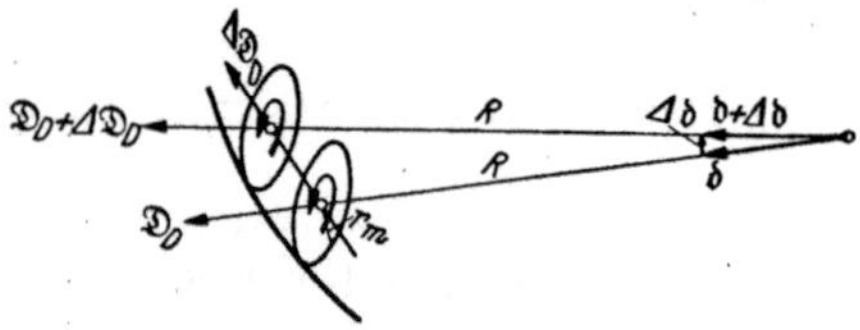

Abb. 56

Da die Drehachse des Laufrades eine Hauptachse ist, folgt zunächst aus (84)

$$\mathfrak{D}_D = \omega\,\mathfrak{d}\,I_{\mathfrak{d}},$$

und mit $\omega = v_M/R_a$

$$\mathfrak{D}_D = \mathfrak{d}\,\frac{v_M I_{\mathfrak{d}}}{R_a}.$$

Hieraus ergibt sich nach (87), wenn ω_F die Winkelgeschwindigkeit des Fahrzeuges bezeichnet,

$$\mathfrak{M}_D = \frac{d\,\mathfrak{d}}{dt}\,\frac{v_M I_{\mathfrak{d}}}{r_a} = \mathfrak{t}\,\omega_F\,\frac{v_M I_{\mathfrak{d}}}{r_a} = \mathfrak{t}\,\frac{v_M}{R}\,\frac{v_M I_{\mathfrak{d}}}{r_a} = \mathfrak{t}\,\frac{v^2_M I_{\mathfrak{d}}}{R r_a}.$$

Wird $I_{\mathfrak{d}}$ auf den Laufradkranz beschränkt, erhält man

$$I_{\mathfrak{d}} = \frac{\gamma}{g} V r_m^2 \quad (V = \text{Laufkranzvolumen})$$

und damit

$$\mathfrak{M}_D = \mathfrak{t}\,\frac{\gamma}{g}\,V\,\frac{v_M^2 r_m^2}{R r_a}.$$

In Anwendung auf das oben gewählte Zahlenbeispiel mit $v_M = 27{,}7\ \text{msec}^{-1}$, $R = 500$ **m**, $r_m = 0{,}9\,r_a$ folgt

$$\mathfrak{M}_D = \mathfrak{t}\,\frac{\gamma}{g}\,\dot{V}\,r_a \cdot 1{,}25 = 0{,}127\,G\,r_a\,\mathfrak{t}.$$

Wollte man wie früher von der Coriolisbeschleunigung ausgehen, so ergäbe sich (Abb. 19)

$$\mathfrak{M}_D = \mathfrak{t}\,\frac{\gamma}{g}\,\frac{V}{2\pi}\int\limits_0^{2\pi} |\mathfrak{p}_c|\,r_m \sin\varphi\,d\varphi = \mathfrak{t}\,\frac{\gamma}{g}\,\frac{V}{2}\cdot 2{,}77\,r_m = 0{,}127\,G\,r_a\,\mathfrak{t},$$

d. h. derselbe Wert.

Weiterhin sei eine Drehlaufkatze betrachtet (Abb. 57), die sich mit der Winkelgeschwindigkeit ω_e um ihre symmetrisch gelegene Achse dreht und mit voller Wucht gegen die Puffer fährt. Um zunächst das Trägheitsmoment zu berechnen, denkt man sich das Brückengewicht gleichmäßig über die Länge $L = 2\,R$ verteilt. Wird die meist geringe Seitenausdehnung des Trägers unberücksichtigt gelassen, so folgt

$$I = \frac{G}{2Rg}\int\limits_{-R}^{+R} x^2\,dx = \frac{G R^2}{3g}.$$

Abb. 57

Sind die Federn um das Maß $s = R(\varphi - \varphi_e)$ eingedrückt, so lautet die Energiegleichung (90)

$$2\int\limits_0^s P\,ds = \frac{I}{2}\left(\omega_e^2 - \omega^2\right).$$

Nun ist $P = cs = cR\,(\varphi - \varphi_e)$; $ds = R\,d\varphi$, so daß sich ergibt

$$2\int\limits_0^{(\varphi-\varphi_e)} c R^2\,(\varphi - \varphi_e)\,d\varphi \doteq \frac{I}{2}\left(\omega_e^2 - \left(\frac{d\varphi}{dt}\right)^2\right) = \frac{G R^2}{6g}\left(\omega_e^2 - \left(\frac{d\varphi}{dt}\right)^2\right).$$

Die Integration unter Berücksichtigung der Randbedingungen liefert

$$\varphi = \varphi_e + \omega_e \sqrt{\frac{G}{6gc}}\,\sin t \sqrt{\frac{6gc}{G}},$$

und damit

$$_{\max}\varphi = \varphi_e + \omega_e \sqrt{\frac{G}{6gc}}, \quad _{\max}P = cR\,(_{\max}\varphi - \varphi_e) = R\,\omega_e \sqrt{\frac{Gc}{6g}}.$$

2. Das Gleichgewicht

Man bezeichnet einen starren Körper als „im Gleichgewicht befindlich", wenn die Summe aller Kräfte und Momente für einen beliebigen Bezugspunkt verschwindet. Die entsprechenden Bedingungsgleichungen lauten, unter Einschaltung des Schwerpunktes,

$$\left.\begin{array}{l}\Sigma\,\mathfrak{P} = \mathfrak{P}_M = 0\\ \Sigma\,\mathfrak{r}\times\mathfrak{P} = \mathfrak{r}\times\mathfrak{P}_M = \mathfrak{M}_D = 0\end{array}\right\}\ \text{Gleichgewichtsbedingungen.} \qquad (91)$$

$$\left.\begin{array}{l}\mathfrak{P}_M = 0\\ \mathfrak{M}_D = 0\end{array}\right\}\ \text{Gleichgewichtsbedingungen.} \qquad (92)$$

Wird ein Vektorkreuz $\mathfrak{i}_1, \mathfrak{i}_2, \mathfrak{i}_3$ als Bezugssystem eingeführt und werden $\mathfrak{P}$ und $\mathfrak{r}$ in diesem gemäß

$$\left.\begin{array}{l}\mathfrak{P} = \mathfrak{i}_1\,P_x + \mathfrak{i}_2\,P_y + \mathfrak{i}_3\,P_z\\ \mathfrak{r} = \mathfrak{i}_1\,x + \mathfrak{i}_2\,y + \mathfrak{i}_3\,z\end{array}\right\}\ (\mathfrak{i}_1\mathfrak{i}_2 = \mathfrak{i}_2\mathfrak{i}_3 = \mathfrak{i}_3\mathfrak{i}_1 = 0) \qquad (93)$$

ausgedrückt (Abb. 58), so zerfällt (91) in die 6 Koordinatengleichungen

$$\left.\begin{array}{l}\Sigma\,P_x = 0\\ \Sigma\,P_y = 0\\ \Sigma\,P_z = 0\end{array}\right\}\ \text{(Kräftegleichgewicht);} \qquad (94)$$

$$\left.\begin{array}{l}\Sigma\,(y\,P_z - z\,P_y) = 0\\ \Sigma\,(z\,P_x - x\,P_z) = 0\\ \Sigma\,(x\,P_y - y\,P_x) = 0\end{array}\right\}\ \text{(Momentengleichgewicht).} \qquad (95)$$

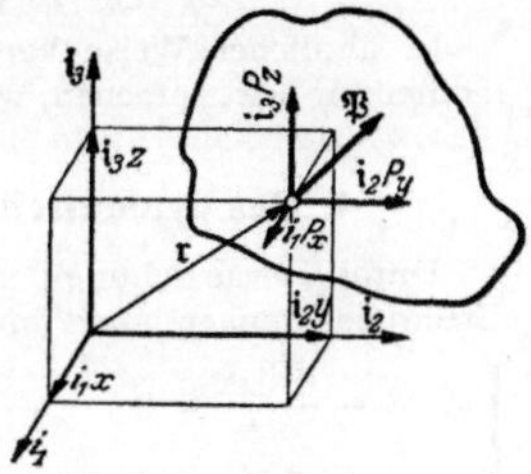

Abb. 58

Der den Gleichgewichtsbedingungen entsprechende Bewegungszustand des starren Körpers heißt Gleichgewichtszustand. Aus (92) folgt in Verbindung mit (75) und (87) zunächst

$$\left.\begin{array}{l}\mathfrak{B}_M(t) = \mathfrak{B}_M(t_0)\\ \mathfrak{D}_D(t) = \mathfrak{D}_D(t_0)\end{array}\right\}\ \text{(Gleichgewicht-Zustandsgleichungen),} \qquad (96)$$

d. h. die Sätze von der Erhaltung des Massenmittelpunktimpulses und des auf die Drehung um den Schwerpunkt bezogenen Drallimpulses. Der erstere bedingt eine gleichbleibende Geschwindigkeit des Schwerpunktes, der letztere eine Drehung mit gleichbleibender Winkelgeschwindigkeit um eine der drei *Hauptachsen*, denn der Drallvektor würde bei der Drehung des Körpers um eine beliebige Schwerpunktachse zwar seine Größe, aber nicht die Richtung beibehalten, da seine Bahn ein Kegel wäre. Demgemäß läßt sich (96) auch in der Form schreiben

$$\left.\begin{array}{l}\mathfrak{v}_M(t) = \mathfrak{v}_M(t_0);\\ \omega\mathfrak{d}\,(t) = \omega\mathfrak{d}\,(t_0) \quad (\mathfrak{d}\ \text{Hauptachse})\end{array}\right\}\ \text{(Gleichgewichts-Zustandsgleichungen).} \qquad (97)$$

Nach I, B, 1 ist die gleichzeitige Verschiebung und Drehung eines Körpers einer Schraubung gleichwertig. Der Gleichgewichtszustand stellt daher im allgemeinsten Falle eine Schraubung mit gleichbleibender Geschwindigkeit um eine den drei Hauptachsen parallele Achse dar.

Sonderfälle des Gleichgewichts sind eine Verschiebung mit gleichbleibender Geschwindigkeit oder eine Drehung mit gleichbleibender Winkelgeschwindigkeit um eine den Hauptachsen parallele Achse. Eine Ausartung von beiden ist der Zustand der Ruhe.

3. Die Trägheits-Gegenwirkungen

Für die Bewegung eines starren Körpers auf geradliniger Bahn ist nach (75) eine Kraft $\mathfrak{P} = M\mathfrak{p}$ erforderlich. Man kann diesen Tatbestand auch so ausdrücken, daß, um M mit der Beschleunigung $\mathfrak{p}$ zu bewegen, ein Widerstand in Höhe von $\mathfrak{T} = -m\mathfrak{p}$ überwunden werden muß, der zwar äußerlich nicht sichtbar ist, aber in dem allgemeinen, schon von *Newton* ausgesprochenen Erfahrungsgesetz

actio = reactio

begründet liegt. Im vorliegenden Falle wird die Gegenwirkung als Trägheitskraft bezeichnet.

$$\mathfrak{T} = -m\mathfrak{p} \text{ (Trägheitskraft).} \tag{98}$$

Bewegt sich der Körper auf gekrümmter Bahn, so tritt zu der in die Bahnrichtung fallenden Beschleunigung $\mathfrak{p}_t$ noch die Krümmung erzwingende Normal- oder Zentripetalbeschleunigung $\mathfrak{p}_n$ hinzu. Durch Multiplikation mit der Masse ergeben sich hieraus die Bahnkraft $\mathfrak{P}_t = M\,\mathfrak{p}_t$ und die Zentripetalkraft $\mathfrak{P}_n = M\,\mathfrak{p}_n$. Die zugehörigen Trägheitsgegenwirkungen werden als Bahn-Trägheitskraft und Zentrifugalkraft

$$\mathfrak{T}_t = -M\,\mathfrak{p}_t; \quad \mathfrak{T}_n = -M\,\mathfrak{p}_n \tag{99}$$

bezeichnet.

Handelt es sich schließlich um eine Relativbewegung, so setzt sich die Beschleunigung nach I (78) aus Führungs-, Coriolis- und Relativbeschleunigung zusammen, woraus durch Multiplikation mit der Masse die entsprechenden Kräfte folgen. Die Trägheitsgegenkräfte sind

$$\mathfrak{T}_F = -M\,\mathfrak{p}_F; \quad \mathfrak{T}_C = -M\,\mathfrak{p}_C; \quad \mathfrak{T}_R = -M\,\mathfrak{p}_R. \tag{100}$$

In ähnlicher Weise kann man bei der Drehbewegung von Trägheits-Gegenmomenten usw. sprechen, worauf weiter einzugehen sich erübrigt.

4. Das dynamische Gleichgewicht. D'Alembert'sches Prinzip

Durch Heranziehung der Trägheitsgegenwirkungen lassen sich die dynamischen Grundgleichungen auch in der Form von Gleichgewichtsbedingungen schreiben

$$\left\{\begin{aligned} &\Sigma\,\mathfrak{P} - \frac{d\mathfrak{B}_M}{dt} = 0 \\ &\Sigma\,\mathfrak{M} - \frac{d(\mathfrak{D}_M + \mathfrak{D}_D)}{dt} = 0 \end{aligned}\right\} \text{ bzw. } \begin{aligned} &\mathfrak{P}_M - \frac{d\mathfrak{B}_M}{dt} = 0 \\ &\mathfrak{M}_M + \mathfrak{M}_D - \frac{d\mathfrak{D}_M}{dt} - \frac{d\mathfrak{D}_D}{dt} = 0. \end{aligned} \tag{101}$$

Die Gl. (101) gestatten, dynamische Problemstellungen auf statische zurückzuführen, wodurch die Lösung vieler Aufgaben, wie Bestimmung von Reaktionskräften, Gelenkdrucken u. dgl. ungemein erleichtert wird. Die statische Behandlung dynamischer Probleme wird als „*D'Alembert*'sches Prinzip" bezeichnet.

Um ein Beispiel anzuschließen, sei ein einziehbarer Kranausleger (Abb. 59) betrachtet, der während des Einziehens durch Reißen der Einziehseile in seine Ausgangsgleichgewichtslage zurückschnellt. Ist h_0 die Fallhöhe im Augenblicke des Reißens, h die Fallhöhe in irgendeiner Zwischenlage, a der Schwerpunktsabstand zum Drehpunkt und ω die Winkelgeschwindigkeit, so liefert zunächst die Energiegleichung

$$G(h_0 - h) = \tfrac{1}{2} M a^2 \omega^2 + \tfrac{1}{2} I \omega^2 = \tfrac{1}{2}(M a^2 + I)\,\omega^2.$$

Hieraus folgt

$$\omega = \sqrt{\frac{2G(h_0 - h)}{M a^2 + I}}.$$

Weiterhin ergibt sich durch Differentiation der Energiegleichung

$$-G\frac{dh}{dt} = (M a^2 + I)\,\omega\,\dot{\omega}.$$

Nun ist nach Abb. 59

$$h_0 - h = a\,(\cos\varphi_0 - \cos\varphi); \qquad \frac{dh}{dt} = -a\sin\varphi\,\frac{d\varphi}{dt} = -a\,\omega\sin\varphi.$$

Man erhält daher

$$\dot{\omega} = \frac{G\,a\sin\varphi}{M\,a^2 + I}.$$

Damit sind Winkelgeschwindigkeit und Winkelbeschleunigung der Drehbewegung bekannt.

Da Geschwindigkeit und Beschleunigung vom Auslegerdrehpunkt aus linear zunehmen, liegt bei Annahme gleichmäßiger Massenverteilung der Angriffspunkt der resultierenden Trägheitskraft im vorderen Drittelpunkt der Auslegerschwerlinie (Abb. 60). Die Bahnkomponente ist

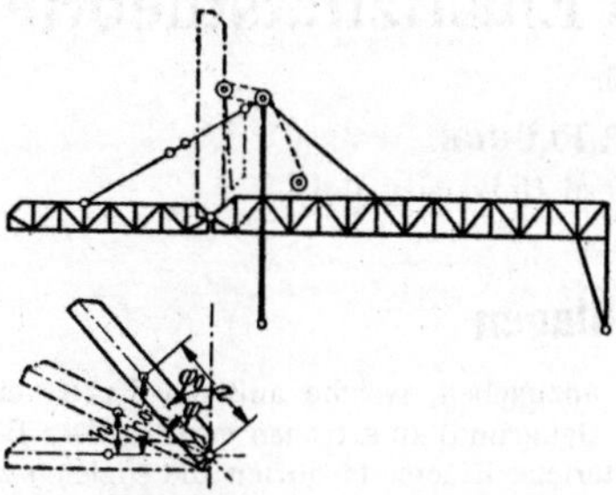

Abb. 59

Abb. 60

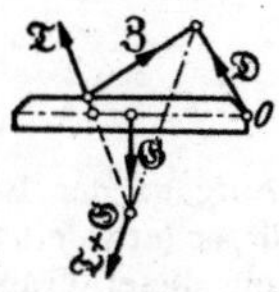

Abb. 61

Abb. 62

$$\mathfrak{T}_t = -\mathfrak{t}\,\frac{G}{g}\,\dot{\omega}\,a,$$

die Zentrifugalkomponente

$$\mathfrak{T}_n = -\mathfrak{n}\,\frac{G}{g}\,\omega^2\,a.$$

Ihre Resultierende $\mathfrak{T}$ läßt sich mit dem Eigengewicht $\mathfrak{G}$ zu einer Gesamtresultierenden vereinigen, die gemäß Abb. 61 von Hängestange und Drehpunkt aufgenommen wird. Das zugehörige geschlossene Krafteck des dynamischen Gleichgewichtszustandes ist aus Abb. 62 ersichtlich.

Da es sich im vorliegenden Falle um eine plötzlich in Erscheinung tretende Belastung von Hängestange und Brückenhauptträger handelt, sind gemäß II, a, 5 die aus dem dynamischen Gleichgewichtszustande sich ergebenden Stabkräfte zwecks Erfassung der Größtbeanspruchung zu verdoppeln.

Festigkeitslehre und Elastizitätstheorie

Von

Dr.-Ing. **W. FLÜGGE**

Professor an der Stanford University, Calif.

I. Grundlagen

Die Aufgabe der Festigkeitslehre ist, anzugeben, welche äußeren Kräfte ein fester Körper (etwa ein Bauwerk, Bauteil, Baugrund) zu ertragen vermag. Der Beantwortung dieser Frage dienen zwei Kriterien: Einerseits dürfen die sogleich zu definierenden Spannungen gewisse, vom Baustoff abhängige Grenzen nicht überschreiten, anderseits muß das von den äußeren und inneren Kräften gebildete Gleichgewicht stabil sein. Dementsprechend gliedert sich die ganze Festigkeitslehre in eine „Spannungstheorie" und eine „Stabilitätstheorie". Der vorliegende Abschnitt befaßt sich nur mit dem ersten Teilproblem.

Bei stabförmigen Körpern (Balken, Säulen) und den aus ihnen zusammengesetzten Tragwerken (Fachwerken, Rahmen) zerlegt man zweckmäßig die Spannungsermittlung in zwei Schritte, indem man zunächst aus den äußeren Kräften die Resultierende der in einem Querschnitt übertragenen Kräfte berechnet und dann aus dieser „Schnittkraft" die Spannungen. Der erste Teil stellt eine umfangreiche Disziplin dar, die Baustatik, die ihre eigenen Methoden entwickelt hat und üblicherweise nicht mit zur Festigkeitslehre gerechnet wird, deren Aufgabe sich also für stabförmige Körper auf die Ermittlung der Spannungen aus gegebenen Schnittkräften beschränkt.

A. Die Grundbegriffe der Festigkeitslehre

1. Schnittprinzip, Spannungen

Zur Definition der Spannungen kommt man durch folgenden grundlegenden Gedankengang: An einem Körper möge eine Gleichgewichtsgruppe von äußeren Kräften angreifen. Denkt man sich den Körper durch einen irgendwie geführten Schnitt in zwei Teile zerlegt und den einen von ihnen samt den daran angreifenden Kräften entfernt, so muß man dessen Wirkung auf den andern Teil, damit für diesen das Gleichgewicht und der bestehende Formänderungszustand erhalten bleiben, durch zusätzliche Kräfte ersetzen, die in der Schnittfläche anzubringen sind. Diese „inneren" Kräfte sind stetig über die Schnittfläche verteilt, so daß jedem Flächenelement dF eine Kraft $d\mathfrak{P}$ zukommt. Bildet man den Quotienten $d\mathfrak{P}/dF$ und macht dann den Grenzübergang $dF \to 0$, so strebt dieser Quotient einem Grenzwert zu, den man als *Spannung* bezeichnet. Die Spannung in einem bestimmten Flächenelement ist ebenso wie $d\mathfrak{P}$ ein Vektor und kann in Komponenten normal und tangential zu dF zerlegt werden, die Normalspannung σ und die Schubspannung τ.

Legt man durch denselben Punkt Schnitte in verschiedenen Richtungen, so gehören dazu verschiedene Spannungen. Schneidet man insbesondere nach Abb. 1 ein Raumelement aus dem Körper heraus, so greift an jeder seiner sechs Flächen ein Spannungsvektor an, der in drei Komponenten nach den Koordinatenachsen x,

y, z zerlegt werden kann. Die Spannungen auf gegenüberliegenden Flächen unterscheiden sich natürlich nur um Differentiale, so daß man $3 \cdot 3 = 9$ Spannungskomponenten zu unterscheiden hat, die in folgender Weise bezeichnet werden:

Die Normalspannungen σ erhalten als Index die Achse, in deren Richtung sie liegen, und sind als Zug positiv, als Druck negativ.

Die Schubspannungen τ erhalten als ersten Index denselben wie die an derselben Fläche angreifende Normalspannung, als zweiten Index die Achse, in deren Richtung sie zeigen. Zeigt der positive Richtungssinn der zugehörigen Normalspannung in Richtung einer positiven (negativen) Koordinatenachse, so gilt auch die Schubspannung als positiv, wenn sie in Richtung einer positiven (negativen) Koordinatenachse zeigt.

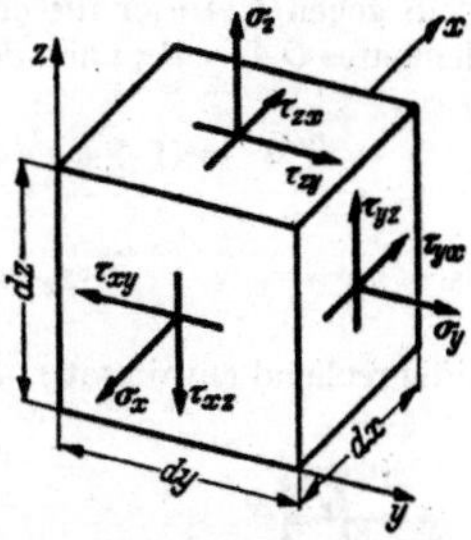

Abb. 1

2. Paarweise Gleichheit der Schubspannungen

Bildet man für die an dem Raumelement, Abb. 1, angreifenden Kräfte die Gleichgewichtsbedingung der Momente für eine mit dem Vektor σ_x zusammenfallende Achse, so erhält man

$$\tau_{yz}\, dx\, dz \cdot dy = \tau_{zy}\, dx\, dy \cdot dz,$$

und entnimmt daraus und aus zwei entsprechenden Momentengleichungen, daß die Schubspannungen mit denselben Indizes einander gleich sind:

$$\tau_{xy} = \tau_{yx}, \quad \tau_{yz} = \tau_{zy}, \quad \tau_{zx} = \tau_{xz}. \tag{1}$$

3. Verzerrungen

Daß den oben definierten Spannungen eine physikalische Realität zukommt, ergibt sich durch ihren Zusammenhang mit den Formänderungen, die jeder Körper unter dem Einfluß äußerer Kräfte erfährt.

Abb. 2 zeigt ein Raumelement, das vor der Verformung rechtwinklig war und die Kantenlängen dx, dy, dz hatte. Die Kantenlängen nach der Verformung mögen $dx + \Delta\, dx$, $dy + \Delta\, dy$, $dz + \Delta\, dz$ genannt werden. Die Quotienten

$$\varepsilon_x = \Delta dx/dx, \quad \varepsilon_y = \Delta\, dy/dy, \quad \varepsilon_z = \Delta\, dz/dz$$

bezeichnet man als *Dehnungen*. Sie sind dimensionslos und bei allen für den Bauingenieur in Betracht kommenden Baustoffen klein gegen 1.

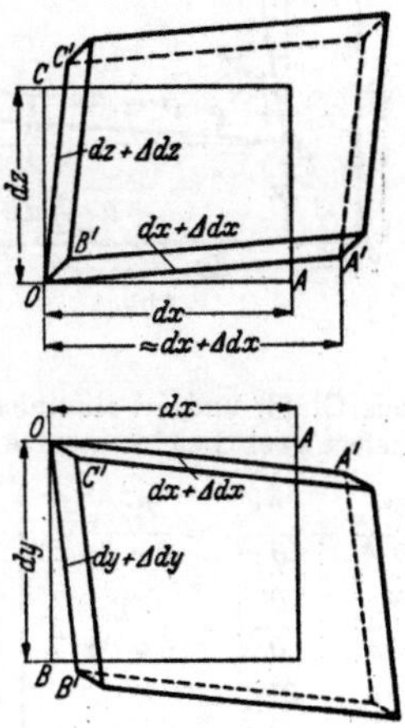

Abb. 2

Außer den Verlängerungen der Kanten kann das Raumelement $dx \cdot dy \cdot dz$ noch eine Änderung seiner ursprünglich rechten Winkel erfahren. Die beiden in der Kante OC zusammenstoßenden Ebenen mögen nach der Formänderung den Winkel $\frac{\pi}{2} - \gamma_{xy}$ bilden, und entsprechend sei die Verkleinerung des rechten Winkels in der Kante OA gleich γ_{yz}, und in der Kante OB gleich γ_{zx}. Die drei Winkeländerungen γ_{xy}, γ_{yz}, γ_{zx} werden als *Gleitungen* bezeichnet und sind ebenfalls immer klein gegen 1.

Durch die sechs *Verzerrungen* ε und γ ist die Formänderung des Raumelements, die „Formänderung im kleinen", vollständig bestimmt.

Die Änderung, die das Volumen $dV = dx \cdot dy \cdot dz$ erfährt, ist:

$$\Delta\, dV = (dx + \Delta\, dx)(dy + \Delta\, dy)(dz + \Delta\, dz) - dx\, dy\, dz,$$

und daraus folgt, wenn man Produkte von Dehnungen als klein von höherer Ordnung vernachlässigt, die *kubische Dehnung*

$$e = \Delta\, dV/dV = \varepsilon_x + \varepsilon_y + \varepsilon_z. \tag{2}$$

4. Verschiebungen

Die Formänderung eines festen Körpers läßt sich auch dadurch vollständig beschreiben, daß man für jeden seiner Punkte angibt, welche Verschiebung er dabei erfährt. Schließt man starre Bewegungen von endlicher Größe von der Betrachtung aus, indem man nötigenfalls das zur Rechnung benutzte Koordinatensystem an einer solchen Bewegung teilnehmen läßt, so sind auch die Verschiebungskomponenten u, v, w stets kleine Größen und ihre Ableitungen nach den Koordinaten klein gegen 1. Unter dieser Voraussetzung ist nach Abb. 3 die Länge des Linienelementes $OA = dx$ nach der Formänderung

$$O'A' = (1+\varepsilon_x)\,dx = dx + \left(u + \frac{\partial u}{\partial x}dx\right) - u = \left(1 + \frac{\partial u}{\partial x}\right)dx,$$

also

$$\varepsilon_x = \frac{\partial u}{\partial x}, \quad \varepsilon_y = \frac{\partial v}{\partial y}, \quad \varepsilon_z = \frac{\partial w}{\partial z}. \tag{3}$$

Entsprechend entnimmt man aus Abb. 3 für die Gleitung $\gamma_{xy} = \gamma_1 + \gamma_2$:

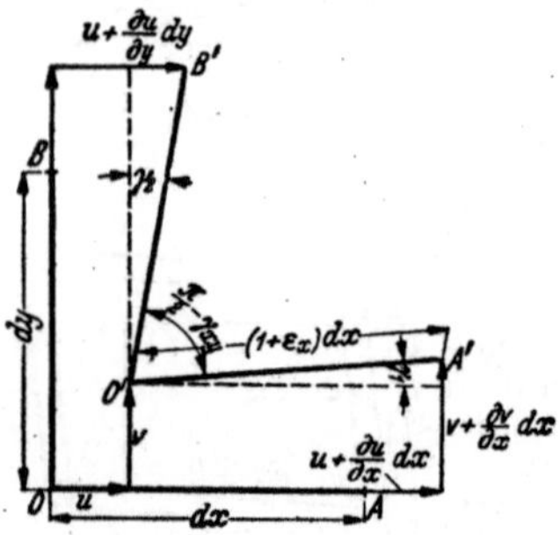

Abb. 3

und ebenso

$$\left.\begin{aligned} \gamma_{xy} &= \frac{\partial v}{\partial x} + \frac{\partial u}{\partial y} \\ \gamma_{yz} &= \frac{\partial w}{\partial y} + \frac{\partial v}{\partial z}, \\ \gamma_{zx} &= \frac{\partial u}{\partial z} + \frac{\partial w}{\partial x}. \end{aligned}\right\} \tag{4}$$

5. Verträglichkeitsbedingungen

Da sich nach Gl. (3) und (4) alle sechs Verzerrungen durch die drei Verschiebungen ausdrücken lassen, so können die Verzerrungsgrößen nicht unabhängig voneinander sein. Man erhält Gleichungen, die zwischen ihnen bestehen müssen, wenn man u, v, w aus Gl. (3) und (4) eliminiert. Die Elimination ist in zweierlei Weise möglich und liefert zwei Gleichungssätze:

$$\left.\begin{aligned} \frac{\partial^2\varepsilon_x}{\partial y^2} + \frac{\partial^2\varepsilon_y}{\partial x^2} &= \frac{\partial^2\gamma_{xy}}{\partial x\,\partial y}, \\ \frac{\partial^2\varepsilon_y}{\partial z^2} + \frac{\partial^2\varepsilon_z}{\partial y^2} &= \frac{\partial^2\gamma_{yz}}{\partial y\,\partial z}, \\ \frac{\partial^2\varepsilon_z}{\partial x^2} + \frac{\partial^2\varepsilon_x}{\partial z^2} &= \frac{\partial^2\gamma_{zx}}{\partial z\,\partial x}, \end{aligned}\right\} \tag{5}$$

$$\left.\begin{aligned} \frac{\partial^2\gamma_{zx}}{\partial x\,\partial y} + \frac{\partial^2\gamma_{xy}}{\partial z\,\partial x} - \frac{\partial^2\gamma_{yz}}{\partial x^2} &= 2\frac{\partial^2\varepsilon_x}{\partial y\,\partial z}, \\ \frac{\partial^2\gamma_{xy}}{\partial y\,\partial z} + \frac{\partial^2\gamma_{yz}}{\partial x\,\partial y} - \frac{\partial^2\gamma_{zx}}{\partial y^2} &= 2\frac{\partial^2\varepsilon_y}{\partial z\,\partial x}, \\ \frac{\partial^2\gamma_{yz}}{\partial z\,\partial x} + \frac{\partial^2\gamma_{zx}}{\partial y\,\partial z} - \frac{\partial^2\gamma_{xy}}{\partial z^2} &= 2\frac{\partial^2\varepsilon_z}{\partial x\,\partial y}. \end{aligned}\right\} \tag{6}$$

Diese Beziehungen heißen *Verträglichkeitsbedingungen* und sagen aus, daß sich auch die verzerrten Raumelemente wieder mosaikartig zusammensetzen lassen und dabei den Raum lückenlos ausfüllen, eine Forderung, die von beliebig verformten Elementen nicht erfüllt werden würde.

Da die Verträglichkeitsbedingungen Differentialgleichungen sind, so sind die Verzerrungen in einem einzelnen Raumelement sehr wohl alle sechs unabhängig voneinander, aber ihr Verlauf innerhalb eines endlich ausgedehnten Bereichs ist an die Bedingungen Gl. (5) und (6) geknüpft. Da diese aus Gl. (3) und (4) durch Differenzieren entstehen, geht bei ihrer Herleitung ein Teil der in den Ausgangsgleichungen enthaltenen Bindungen verloren. Deshalb ist es nicht genug, wenn nur eines der beiden Gleichungstripel erfüllt ist, sondern beide müssen erfüllt sein, wenn die Verträglichkeit der Verzerrungen sichergestellt sein soll.

B. Die Differentialgesetze der Elastizitätstheorie

Zur Berechnung der Spannungen und Formänderungen in elastischen Körpern stehen folgende Gleichungen zur Verfügung:

Gleichgewichtsbedingungen am Volumelement. Die Momentengleichungen sind schon für die Gl. (1), S. 189 verbraucht. Die Kräftegleichungen geben nach Abb. 4

$$\left.\begin{aligned}\frac{\partial\sigma_x}{\partial x}+\frac{\partial\tau_{yx}}{\partial y}+\frac{\partial\tau_{zx}}{\partial z}+X=0,\\ \frac{\partial\tau_{xy}}{\partial x}+\frac{\partial\sigma_y}{\partial y}+\frac{\partial\tau_{zy}}{\partial z}+Y=0,\\ \frac{\partial\tau_{xz}}{\partial x}+\frac{\partial\tau_{yz}}{\partial y}+\frac{\partial\sigma_z}{\partial z}+Z=0,\end{aligned}\right\}\quad(7\,\text{a}-\text{c})$$

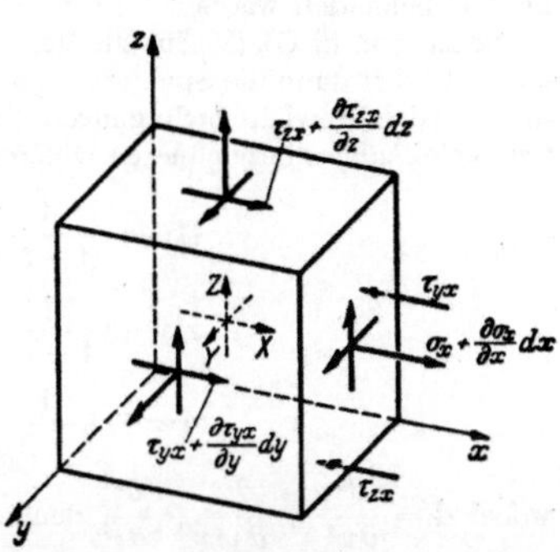

Abb. 4

wenn man mit X, Y, Z die Komponenten der auf die Raumeinheit wirkenden Massenkräfte (z. B. Schwere, Fliehkraft) bezeichnet.

Das Elastizitätsgesetz. Es stellt den Zusammenhang zwischen Spannungen und Verzerrungen dar. Für die Elastizitätstheorie kommt in der Regel nur ein linearer Zusammenhang in Frage, der durch das *Hooke*sche Gesetz dargestellt wird:

$$\begin{aligned}E\varepsilon_x&=\sigma_x-\mu\sigma_y-\mu\sigma_z\\ E\varepsilon_y&=\sigma_y-\mu\sigma_z-\mu\sigma_x\\ E\varepsilon_z&=\sigma_z-\mu\sigma_x-\mu\sigma_y\end{aligned}\qquad(8\,\text{a}-\text{c})$$

$$G\gamma_{xy}=\tau_{xy},\ G\gamma_{yz}=\tau_{yz},\ G\gamma_{zx}=\tau_{zx}.\qquad(8\,\text{d}-\text{f})$$

Löst man Gl. (8a–c) nach den Spannungen auf, so erhält man

$$\sigma_x=\frac{E}{(1+\mu)\,(1-2\mu)}\,[(1-\mu)\,\varepsilon_x+\mu\,(\varepsilon_y+\varepsilon_z)]\qquad(8'\text{a})$$

und zwei entsprechende Gleichungen.

Das Elastizitätsgesetz Gl. (8) ist kein exakt erfülltes Naturgesetz, sondern eine Idealisierung des wirklichen Verhaltens, das je nach dem Baustoff und der Höhe der Beanspruchung mehr oder weniger davon abweicht. Da eine mathematische Behandlung von Festigkeitsfragen mit komplizierterem, nichtlinearem Elastizitätsgesetz ganz erheblich mehr Mühe macht und nur in den allereinfachsten Fällen wirklich durchführbar ist, so ist man gezwungen, auch bei solchen Baustoffen (Beton!), von denen das *Hooke*sche Gesetz nur sehr unvollkommen befolgt wird, die auf ihm aufgebauten Rechnungen als erste und meist einzige Näherung zu benutzen, die allerdings in der Regel recht brauchbar ist und mehr als einen nur qualitativen Überblick liefert.

Die im *Hooke*schen Gesetz vorkommenden Koeffizienten, der Elastizitätsmodul E, der Schubmodul G und die Querzahl μ, sind Materialkonstanten. Zwischen ihnen besteht die Beziehung

$$G=E/2\,(1+\mu).$$

Sie folgt zwangsläufig aus dem Elastizitätsgesetz Gl. (8); den Transformationsgleichungen (16) für die Spannungen und einem gleichartigen Gleichungssatz für die Verzerrungen. E und G haben die Dimension einer Spannung und sind bei allen Werkstoffen des Bauingenieurs groß gegenüber den möglichen Spannungen σ und τ. Auf dieser Tatsache beruht die in der Elastizitätstheorie überall vorausgesetzte Kleinheit der Verzerrungen. Die Querzahl (*Poisson*-Zahl) μ ist dimensionslos und liegt stets zwischen 0 und $^1/_2$. Zahlenwerte für die elastischen Konstanten siehe Abschn. *Baustoffe und ihre Eigenschaften*, S. 391.

Kinematische Beziehungen. Diese Gleichungen (3), (4) sind schon auf S. 190 angegeben. Sie sind rein geometrischer Natur.

Diese drei Gleichungssysteme liefern zusammen $3 + 6 + 6 = 15$ Gleichungen für 15 Unbekannte, nämlich 6 Spannungen, 6 Verzerrungen, 3 Verschiebungen. Sie reichen also grundsätzlich zu deren Berechnung aus. Die rechnerische Bewältigung eines so umfangreichen Differentialgleichungssystems ist natürlich nur in Sonderfällen möglich, von denen die wichtigsten in den folgenden Abschnitten II bis VII behandelt werden.

Setzt man in Gl. (8′) für die Verzerrungen die Verschiebungen nach Gl. (3), (4) ein und führt dann die Spannungen σ und nach Gl. (8d—f) die Schubspannungen τ in die Gleichgewichtsbedingungen Gl. (7) ein, so ergeben sich die als *elastische Grundgleichungen* bezeichneten Differentialgleichungen

$$\left.\begin{aligned} \Delta u + \frac{1}{1-2\mu}\frac{\partial e}{\partial x} + \frac{X}{G} &= 0 \\ \Delta v + \frac{1}{1-2\mu}\frac{\partial e}{\partial y} + \frac{Y}{G} &= 0 \\ \Delta w + \frac{1}{1-2\mu}\frac{\partial e}{\partial z} + \frac{Z}{G} &= 0, \end{aligned}\right\} \tag{9}$$

wobei $\Delta = \frac{\partial^2}{\partial x^2} + \frac{\partial^2}{\partial y^2} + \frac{\partial^2}{\partial z^2}$ den *Laplace*schen Operator bezeichnet. Wegen (2) sind das drei Differentialgleichungen für die drei Verschiebungen u, v, w, aus denen nach (3), (4), (8) alle Spannungen und Verzerrungen durch Differenzieren gewonnen werden können. Die Gl. (9) bilden daher oft einen zweckmäßigen Ausgangspunkt für die Untersuchung von Sonderfällen.

C. Formänderungsarbeit

1. Definition

Wird ein Tragwerk belastet, so erfahren die Lastangriffspunkte elastische Verschiebungen, und die äußeren Kräfte leisten eine Arbeit. Das Schicksal der dadurch dem Tragwerk zugeführten Energie kann sehr verschieden sein. Erfolgt die Belastung plötzlich, so daß der Formänderungsweg mit wesentlicher Geschwindigkeit durchlaufen wird, so setzt sich ein Teil von ihr in kinetische Energie dieser Bewegung um, die im Laufe der Zeit irgendwie zerstreut wird, sei es, daß sie als elastische Welle in den Baugrund geht und ins Unendliche ausgestrahlt wird, sei es, daß sie sich durch innere Reibung in Wärme umsetzt. Bringt man die Lasten so langsam auf, daß keine merkliche kinetische Energie entsteht, daß also die von null anwachsenden Lasten mit den inneren Kräften jederzeit im Gleichgewicht sind, so wird die Energie offenbar ausschließlich zur Erzeugung der Deformation aufgewandt und führt dann den Namen *Formänderungsarbeit.*

Ihre Berechnung möge zunächst an einem in einer Richtung unter Zugspannung stehenden Teilchen gezeigt werden (Abb. 5). Die schon vorhandene Spannung σ und die zugehörige Dehnung ε sollen um $d\sigma$ und $d\varepsilon$ gesteigert werden. Dann leistet die Kraft $\sigma\, dF$ auf dem Wege $d\varepsilon \cdot dl$ die Arbeit $\sigma\, dF \cdot d\varepsilon\, dl = \sigma\, d\varepsilon\, dV$, wenn man mit dV das Volumen des Elements bezeichnet. Läßt man die Spannung σ von null auf ihren Endwert anwachsen und entsprechend die Dehnung von 0 bis ε, so wird dabei insgesamt je Volumeneinheit die Arbeit

$$\mathfrak{a} = \int_0^{\varepsilon} \sigma(\varepsilon)\, d\varepsilon$$

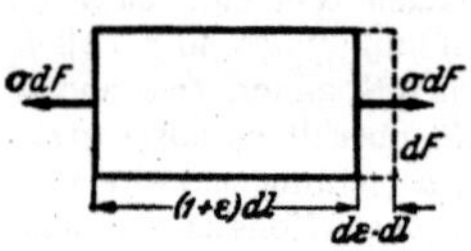

Abb. 5

geleistet. Entsprechend ist für ein durch Schubspannungen τ beanspruchtes Element (Abb. 6) die Formänderungsarbeit je Raumeinheit (die *bezogene Form-*

änderungsarbeit):

$$\mathfrak{a} = \int_0^{\gamma} \tau(\gamma)\, d\gamma,$$

wobei nur die eine der vier Kräfte $\tau \cdot dF$ Arbeit leistet.

Im allgemeinen Falle, daß am Raumelement alle drei Normalspannungen und alle drei Schubspannungen angreifen, ergibt sich die bezogene Formänderungsarbeit aus der Summe über die Arbeiten der einzelnen Spannungen:

$$\mathfrak{a} = \int_0^{\varepsilon_x} \sigma_x\, d\varepsilon_x + \int_0^{\varepsilon_y} \sigma_y\, d\varepsilon_y + \int_0^{\varepsilon_z} \sigma_z\, d\varepsilon_z + \int_0^{\gamma_{xy}} \tau_{xy}\, d\gamma_{xy} + \int_0^{\gamma_{yz}} \tau_{yz}\, d\gamma_{yz} + \int_0^{\gamma_{zx}} \tau_{zx}\, d\gamma_{zx}. \tag{10}$$

Durch Differenzieren nach der oberen Grenze je eines dieser Integrale erhält man daraus die allgemeingültigen Beziehungen

$$\frac{\partial \mathfrak{a}}{\partial \varepsilon_x} = \sigma_x, \quad \frac{\partial \mathfrak{a}}{\partial \gamma_{xy}} = \tau_{xy} \tag{11}$$

und entsprechend für die anderen Verzerrungskomponenten.

Ist der Körper elastisch (s. S. 196), so gehört zu einer bestimmten Spannung immer dieselbe Verzerrung, gleichgültig, ob der Zustand während der Belastung oder während der Entlastung durchlaufen wird. Unter den Integralen stehen dann eindeutige Funktionen, und die gesamte für eine Belastung und anschließende vollständige Entlastung aufzuwendende Energie ist, da in diesem Falle die oberen Grenzen der Integrale null werden, $\mathfrak{a} = 0$. Es wird also alle bei der Belastung dem Körper zugeführte Energie bei der Entlastung wiedergewonnen.

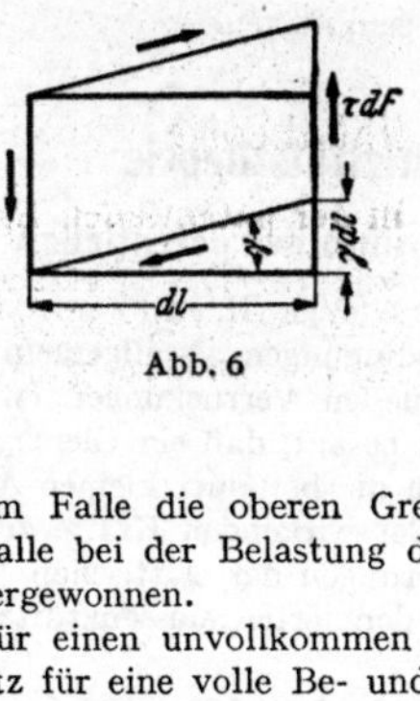

Abb. 6

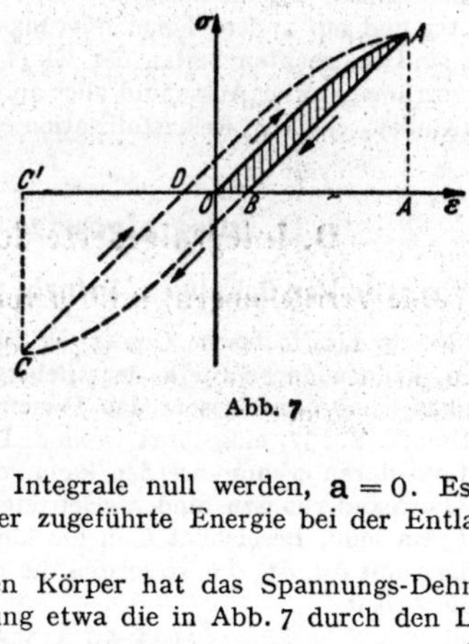

Abb. 7

Für einen unvollkommen elastischen Körper hat das Spannungs-Dehnungs-Gesetz für eine volle Be- und Entlastung etwa die in Abb. 7 durch den Linienzug OAB dargestellte Form. Die bei der Belastung zugeführte Energie $\int_0^{\varepsilon_x} \sigma\, d\varepsilon$ ist gleich der Fläche OAA', die bei der Entlastung wiedergewonnene gleich ABA', so daß also die der schraffierten Fläche entsprechende Arbeit verlorengeht (in Wärme verwandelt wird).

Wechselt die Spannung bei einem Schwingungsvorgang periodisch zwischen einem positiven Grenzwert $\sigma = \overline{A'A}$ und einem negativen $\sigma = -\overline{C'C}$, so verläuft die unelastische Formänderung etwa nach dem gestrichelten Linienzuge der Abb. 7, und in jeder Schwingungsperiode wird je Volumeinheit die Energie $DABCD$ in Wärme umgesetzt. Man bezeichnet ein solches Formänderungsverhalten, bei dem die Formänderung der Spannung nachhinkt, als *elastische Hysterese* und die Kurve $DABCD$ als *Hystereseschleife*.

2. Formänderungsarbeit und Hookesches Gesetz

Setzt man in die Integrale der Gl. (10) das *Hooke*sche Gesetz Gl. (8) ein, so kann man die Integrationen ausführen und erhält für die bezogene Formänderungsarbeit folgende Darstellungen:

$$\mathfrak{a} = \frac{1}{2}(\sigma_x\varepsilon_x + \sigma_y\varepsilon_y + \sigma_z\varepsilon_z + \tau_{xy}\gamma_{xy} + \tau_{yz}\gamma_{yz} + \tau_{zx}\gamma_{zx}) \qquad (12\text{a})$$

$$= \frac{E}{2(1+\mu)}\left[\varepsilon_x^2 + \varepsilon_y^2 + \varepsilon_z^2 + \frac{\mu}{1-2\mu}e^2 + \frac{1}{2}(\gamma_{xy}^2 + \gamma_{yz}^2 + \gamma_{zx}^2)\right] \qquad (12\text{b})$$

$$= \frac{1}{2E}\Big[\sigma_x^2 + \sigma_y^2 + \sigma_z^2 - 2\mu(\sigma_x\sigma_y + \sigma_y\sigma_z + \sigma_z\sigma_x) + 2(1+\mu)(\tau_{xy}^2 + \tau_{yz}^2 + \tau_{zx}^2)\Big]. \qquad (12\text{c})$$

Setzt man die zweite Form in die Gl. (11) ein, so erhält man wieder das *Hooke*sche Gesetz Gl. (8) in der nach den Spannungen aufgelösten Form. Die Aussage, daß die Formänderungsarbeit in der durch Gl. (12b) dargestellten Weise von den Verzerrungen abhängt, ist also mit dem *Hooke*schen Gesetz gleichbedeutend.

Differenziert man Gl. (12c) nach den Spannungen, so erhält man

$$\frac{\partial \mathfrak{a}}{\partial \sigma_x} = \varepsilon_x, \qquad \frac{\partial \mathfrak{a}}{\partial \tau_{xy}} = \gamma_{xy}. \qquad (13)$$

Diese Formeln sind im Gegensatz zu (11) nur für Körper mit *Hooke*scher Elastizität richtig und auf andere Formänderungsgesetze nicht übertragbar. Selbstverständlich sind die rechten Seiten der Gl. (13) die durch die Spannungen verursachten Verzerrungen unter Ausschluß aller anderen, die etwa durch Temperaturänderung, Schwinden, Quellen, Rekristallisation entstanden sein mögen.

D. Integralgesetze der Elastizitätstheorie

1. Virtuelle Verrückungen, Prinzip vom Minimum der potentiellen Energie

So wie das *Hooke*sche Gesetz Gl. (8) durch die einzige Gl. (12b) ersetzt werden kann, kann auch an Stelle der Gleichgewichtsbedingungen als allgemein gültiges mechanisches Grundgesetz das Prinzip der virtuellen Verrückungen (s. Abschn. Mechanik, S. 157) eingeführt werden. Das Gesetz besagt, daß ein Gleichgewichtszustand daran erkannt werden kann, daß für ihn die bei einer kleinen Änderung des Formänderungszustandes geleistete Arbeit aller wirkenden Kräfte zusammen null sein muß. Bezeichnet man die kleinen Änderungen der elastischen Verschiebungen mit δu, δv, δw, so leisten die bei Gl. (7) definierten Massenkräfte die virtuelle Arbeit

$$\iiint (X\,\delta u + Y\,\delta v + Z\,\delta w)\,dx\,dy\,dz$$

und die in den Flächenelementen dF der Körperoberfläche wirkenden Flächenbelastungen p_x, p_y, p_z die Arbeit

$$\iint (p_x\,\delta u + p_y\,\delta v + p_z\,\delta w)\,dF,$$

wobei das dreifache Integral über den ganzen Körper, das Doppelintegral über seine Oberfläche zu erstrecken ist. Zur Berechnung der von den inneren Kräften verbrauchten Arbeit benutzt man zweckmäßig Gl. (12b) und erhält für die Volumeinheit

$$\delta\mathfrak{a} = \frac{E}{1+\mu}\Big[\varepsilon_x\delta\varepsilon_x + \varepsilon_y\delta\varepsilon_y + \varepsilon_z\delta\varepsilon_z + \frac{\mu}{1-2\mu}e\,\delta e + \frac{1}{2}(\gamma_{xy}\,\delta\gamma_{xy} + \gamma_{yz}\,\delta\gamma_{yz} + \gamma_{zx}\,\delta\gamma_{zx})\Big].$$

Das Prinzip der virtuellen Verrückungen liefert damit

$$\iiint \delta \mathfrak{a}\, dV = \iiint (X\,\delta u + Y\,\delta v + Z\,\delta w)\, dV + \\ + \iint (p_x\,\delta u + p_y\,\delta v + p_z\,\delta w)\, dF. \quad (14)$$

Faßt man die Lasten X, Y, Z und p_x, p_y, p_z als Komponenten von Schwerkräften auf (Eigengewicht und fremde Lasten), so stellen die Integrale der rechten Seite die von diesen Lasten verlorene potentielle Energie dar, während die linke Seite der Zuwachs der potentiellen (elastischen) Energie des Körpers ist, und das Gesetz besagt also, daß die gesamte potentielle Energie des Tragwerks und der darauf liegenden Lasten im Gleichgewichtsfalle ein Extremum ist. Ist das Extremum ein Minimum, so ist das Gleichgewicht stabil.

Das Prinzip vom Minimum der potentiellen Energie, Gl. (14), der Ausdruck (12b) für die Formänderungsarbeit und die Verträglichkeitsbedingungen (5), (6) stellen zusammen ein zum Aufbau der Elastizitätstheorie ausreichendes System von Aussagen dar, das dem unter B zusammengestellten Gleichungssystem grundsätzlich gleichwertig ist. Besonders wertvolle Dienste kann es in solchen Fällen leisten, in denen eine Erfüllung der Differentialgleichungen (9) auf rechnerische Schwierigkeiten stößt und deshalb eine Näherungslösung gesucht werden muß. Man macht dann für die Lösung, etwa für die Verschiebungen u, v, w, einen geeigneten Ansatz, der einige freie Konstante enthält, und bestimmt diese aus der Forderung, daß Gl. (14) erfüllt werden soll. Man erhält so zwar nicht die Lösung des Problems, aber die beste Annäherung, die sich durch den gewählten Ansatz darstellen läßt. Ob das eine ausreichende Annäherung ist, hängt wesentlich von diesem Ansatz ab, und die erfolgreiche Anwendung dieser Methode erfordert deshalb Geschick und Erfahrung.

2. Das Prinzip von Castigliano

Während das Prinzip vom Minimum der potentiellen Energie alle Formänderungszustände vergleicht, die die Verträglichkeitsbedingungen erfüllen, und aus ihnen denjenigen heraushebt, dessen Spannungen auch die Gleichgewichtsbedingungen befriedigen, vergleicht das Prinzip von *Castigliano* alle Spannungszustände, die die Gleichgewichtsbedingungen erfüllen, und bezeichnet unter ihnen denjenigen, dessen Formänderungen auch die Verträglichkeitsbedingungen befriedigen. Es besagt: Von allen möglichen Gleichgewichtszuständen tritt derjenige wirklich ein, für den die Formänderungsarbeit ein Minimum wird.

Das Prinzip von *Castigliano* bildet gemeinsam mit Gl. (12c) für die Formänderungsarbeit und die Gleichgewichtsbedingungen ein zum Aufbau der Festigkeitslehre hinreichendes Gleichungssystem. Da das Prinzip das *Hooke*sche Gesetz enthält, ist seine Anwendbarkeit an die Voraussetzung gebunden, daß die Formänderungen durch dieses Gesetz vollständig beschrieben werden. Das erfordert nicht nur lineares elastisches Verhalten des Baustoffs, sondern es sind auch Temperaturänderungen ausgeschlossen.

E. Verhalten der Baustoffe jenseits der Elastizitätsgrenze

1. Vorgänge bei langsamer Belastung

Die Formänderung der Baustoffe unter dem Einfluß von Spannungen ist ein äußerst kompliziertes Geschehen, das man sich, um es zu verstehen, in verschiedener Richtung vereinfachen muß. Eine solche Vereinfachung ist die Annahme, daß die Lasten langsam aufgebracht werden, wie es z. B. bei den als Abnahmeversuche üblichen Zug- und Druckversuchen geschieht.

Unterwirft man einen Zugstab aus Eisen einer langsam steigenden Belastung und mißt seine Dehnung ε, so erhält man den in Abb. 8 wiedergegebenen Verlauf. Zunächst ist die Dehnung äußerst gering und der Spannung proportional, wie es vom *Hooke*schen Gesetz gefordert wird. Von einer gewissen Spannung ab hört die

Proportionalität auf und die Dehnung wächst schneller. Die genaue Lage dieser *Proportionalitätsgrenze* läßt sich kaum angeben. Je genauer man mißt, um so tiefer findet man sie. Für die meisten Baustoffe liegt sie bei $\sigma = 0$, und das *Hooke*sche Gesetz ist dann nur eine erste Annäherung des elastischen Verhaltens, das erste Glied einer *Taylor*-Entwicklung von $\varepsilon = \varepsilon(\sigma)$ in der Umgebung des Koordinatennullpunkts.

Entlastet man, so findet man bei nicht zu großen Spannungen, daß mit der Last auch die Formänderung wieder verschwindet, wie es das *Hooke*sche Gesetz beschreibt. Auch das ändert sich, wenn man eine gewisse, in der Nähe der Proportionalitätsgrenze liegende Spannung, die *Elastizitätsgrenze*, überschritten hat, und die Gesamtformänderung besteht dann aus einem elastischen (federnden) und einem unelastischen (bleibenden) Anteil. Auch die Elastizitätsgrenze läßt sich nicht genau angeben und wird um so niedriger gefunden, je höher die Meßgenauigkeit ist. Da sie jedoch als Gültigkeitsgrenze fast aller elastischen Rechnungen, aber auch als die Grenze, bei der die ersten bleibenden Schäden entstehen, von großer technischer Bedeutung ist, hat man sie für Abnahmezwecke durch willkürliche Festsetzungen scharf definiert und bezeichnet z. B. als 0,2%-Grenze diejenige Spannung, bei der die bleibende Dehnung 0,2% erreicht.

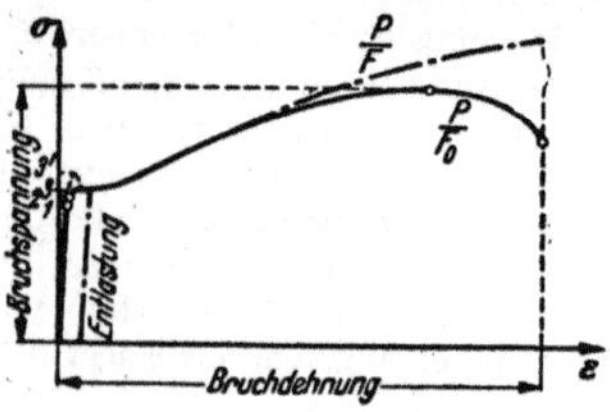

Abb. 8.

1 = Proportionalitätsgrenze,
2 = Elastizitätsgrenze,
3 = untere Fließgrenze,
3' = obere Fließgrenze

Bald nach Überschreiten der Elastizitätsgrenze wird die Formänderung sehr stark und auch mit bloßem Auge erkennbar, und es findet unter nahezu konstanter Spannung eine fortschreitende Verlängerung des Stabes statt. Man bezeichnet diese Spannung als *Fließgrenze*. An hydraulischen Festigkeitsmaschinen kann man mitunter nach Beginn des Fließens einen mehr oder minder ausgeprägten Abfall der Spannung beobachten, wie er in Abb. 8 durch die punktierte Kurve angedeutet ist, und nennt dann das Maximum *obere* Fließgrenze und die sich danach einstellende konstante Fließspannung *untere* Fließgrenze.

Nach Erreichen einer gewissen Dehnung, die fast restlos unelastisch ist, beginnt die Spannung wieder zu steigen, das Material *verfestigt* sich. In diesem Lastbereich wird die Verminderung des Stabquerschnitts durch die (unelastische) Querkontraktion merklich, und der weitere Verlauf der Spannungs-Dehnungs-Kurve hängt wesentlich davon ab, ob man zur Bildung der Spannung σ die vom Stab übertragene Zugkraft P durch den ursprünglichen Querschnitt F_0 oder den augenblicklichen Querschnitt F dividiert. Für technische Zwecke interessiert die Spannung P/F_0. Sie durchläuft ein Maximum, das als Bruchspannung bezeichnet wird und nach dessen Überschreitung sich der Stab an einer Stelle stark einschnürt und zerreißt. Die „wahre Spannung" P/F wächst bis zum Bruch.

Das Verhalten der Nichteisenmetalle weicht in mancher Hinsicht von dem hier geschilderten ab. Oft ist das Fließen nicht ausgeprägt, und die Verfestigung beginnt unmittelbar im Anschluß an das Überschreiten der Elastizitätsgrenze. Bei spröden Baustoffen (Stein, Glas, Beton) sind die unelastischen Formänderungen überhaupt nur gering, und es tritt schon bei geringer Dehnung der Bruch ein. Die gesamte bis zum Bruch erfahrene Dehnung ist ein Maß für die Dehnbarkeit (Gegensatz: Sprödigkeit) eines Werkstoffes und wird darum in den Abnahmebedingungen für Stahl vorgeschrieben. Da sich aber kurz vor dem Bruch die weitere Formänderung auf die Umgebung der Einschnürungsstelle konzentriert, fällt der als Bruchdehnung bestimmte Wert verschieden aus, je nachdem man einen größeren oder kleineren Teil des übrigen Stabes mit in die Meßlänge einbezieht, so daß es nötig ist, zur Erzielung eindeutiger und vergleichbarer Ergebnisse eine willkürliche Festsetzung vorzunehmen. Die Bruchdehnung wird in der Regel so gemessen, daß man auf einem Rundstab vom Durchmesser d vor dem Versuch eine Meßlänge

$l = 10d$ abgrenzt und aus deren Verlängerung Δl die Bruchdehnung $\varepsilon_{Br} = \Delta l/l$ berechnet. Ist es nötig, Stäbe von anderem Querschnitt zu untersuchen, so wird der Festsetzung der Meßlänge der Durchmesser eines querschnittsgleichen kreiszylindrischen Stabes zugrunde gelegt.

2. Lange andauernde Belastung

Für den Verlauf eines Zugversuchs ist es ziemlich gleichgültig, ob sich die Laststeigerung bis zum Bruch innerhalb 10 Minuten oder innerhalb einiger Stunden vollzieht. Läßt man jedoch die Belastung Jahre oder Jahrzehnte wirken, so findet man unter Umständen, daß auch unterhalb der Fließgrenze die Formänderungen bei konstanter Last im Laufe der Zeit langsam größer werden. Dabei ändert sich der elastische Anteil, d. h. derjenige, der bei der schließlichen Entlastung wieder verschwindet, nicht merklich. Man bezeichnet dieses in langen Zeiträumen vor sich gehende Anwachsen der unelastischen Formänderungen als *Kriechen.* Für Metalle außer Blei ist es nur bei hohen Temperaturen von Bedeutung, für den Bauingenieur wesentlich dagegen beim Beton, der unter Druckbelastungen langsam ausweicht, so daß die Spannung in einer etwa vorhandenen Druckbewehrung ansteigt.

3. Häufig wechselnde Belastungen

Die Verwendung der im einfachen Zugversuch gewonnenen Festigkeitswerte als Maßstab für die zulässige Beanspruchung von Bauwerken hat zur Voraussetzung, daß der Baustoff eine Spannung, die er einmal ohne Schaden ertragen hat, immer wieder erträgt, so oft sie ihm zugemutet wird. Diese Voraussetzung trifft nicht mehr zu, wenn ein Bauteil einer häufigen Wiederholung von Be- und Entlastungen ausgesetzt ist, wie etwa bei Tragwerken, die durch die Massenkräfte unvollkommen ausgewuchteter Maschinen beansprucht werden. Durch hinreichend häufige Wiederholung der Belastung kann ein Bauteil schon bei einer Spannung zu Bruch gehen, die weit unter der im gewöhnlichen Festigkeitsversuch ermittelten Bruchgrenze liegt. Bruchvorgänge dieser Art werden als *Dauerbrüche* bezeichnet.

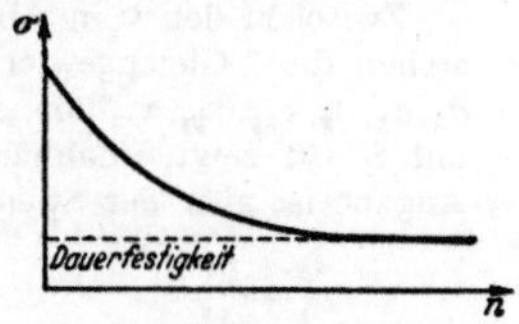

Abb. 9

Die Zahl n der ertragenen Belastungen ist von der Höhe der Spannung σ abhängig, derart daß n um so größer ist, je kleiner die Spannung. Ein typisches Beispiel für diese Abhängigkeit zeigt Abb. 9, aus der man erkennt, daß es für die Bruchspannung eine untere Grenze gibt, die auch bei beliebig häufiger Belastung noch ertragen wird und die man als *Dauerfestigkeit* bezeichnet. Darstellungen nach Art der Abb. 9 heißen *Wöhler*kurven.

Einzelheiten s. Abschn. *Stahlbau.*

4. Sicherheit der Bauwerke

Für ein Bauwerk sind zwei Lastgrenzen wesentlich: die Last, bei der der erste bleibende Schaden entsteht (Fließgrenze), und die Last, bei der die Tragfähigkeit erschöpft ist und die Konstruktion zusammenbricht (Bruchgrenze). Da bis zur Erreichung der Fließgrenze wenigstens annähernd die Voraussetzungen der Festigkeitslehre (Kleinheit der Formänderung, *Hooke*sches Gesetz) gelten, läßt sich die Sicherheit gegenüber bleibender Verformung zuverlässig beurteilen in allen den Fällen, in denen es gelingt, die mathematischen Schwierigkeiten zu bewältigen. Wenn die Spannung der Belastung proportional ist, ist das Verhältnis der Fließspannung zur höchsten vorkommenden Spannung gleich dem Verhältnis der Fließlast zur wirklichen Last und ist der Sicherheitsfaktor gegen Fließen. Es gibt jedoch eine Reihe von Fällen, in denen diese einfache Beziehung nicht besteht: Biegung mit versagender Zugzone, Druck zwischen gewölbten Flächen, Systeme veränderlicher Gliederung und, besonders tückisch, Knickbiegung (s. S. 203). In allen diesen

Fällen kann eine verhältnismäßig kleine Erhöhung der Last zu einer großen Erhöhung der Spannung führen, und es genügt dann nicht, den üblichen Sicherheitsfaktor an der Spannung anzubringen, sondern man muß ihn auf die Last anwenden.

Die Vorgänge, die sich nach Überschreitung der Fließgrenze bis zum Bruch abspielen, lassen sich in den meisten Fällen nur noch qualitativ verfolgen. Ist der Werkstoff dehnbar, so werden die Teile, die die Fließgrenze zuerst erreichen und sich dann bei konstanter oder wenig wachsender Spannung weiter verformen, an der Aufnahme weiterer Lasten nur wenig beteiligt sein, so daß andere, niedriger beanspruchte Teile des Tragwerks, soweit das der ganzen Anordnung nach möglich ist, stärker zum Tragen herangezogen werden. In dieser Tendenz zum Ausgleich von Spannungsspitzen liegt eine gewisse Sicherheitsreserve, die rechnerisch ausgenutzt werden kann, wenn die bei einer einmaligen starken Belastung eintretende bleibende Formänderung einzelner Teile nichts schadet (Traglastverfahren). Ein Beispiel hierzu ist auf S. 211—213 behandelt.

Ist der Baustoff spröde, so besteht der erste bleibende Schaden schon in einem Anriß, durch den an dieser Stelle eine noch stärkere Spannungskonzentration hervorgerufen wird (Kerbwirkung, vgl. S. 203), die den sofortigen Bruch einleitet. Dauerbrüche zeigen auch in zähem Werkstoff Merkmale des spröden Bruches.

F. Berechnung der Spannungen in beliebig gerichteten Schnitten

1. Transformationsgleichungen

Zwischen den 9 in Abb. 1, S. 189, eingetragenen Spannungskomponenten bestehen die 3 Gleichgewichtsbeziehungen (1). Die danach verbleibenden 6 Größen $\sigma_x, \sigma_y, \sigma_z, \tau_{xy}, \tau_{yz}, \tau_{zx}$ können, wie die Entwicklung der elastischen Grundgleichungen auf S. 191 zeigt, unabhängig voneinander beliebige Werte annehmen. Mit ihrer Angabe ist aber der Spannungszustand an einer Stelle eines festen Körpers vollständig bestimmt, d. h. wenn die Spannungen in drei zueinander senkrechten Richtungen bekannt sind, so können die Spannungen für ein viertes, in beliebiger Richtung durch diesen Punkt gelegtes Flächenelement daraus eindeutig berechnet werden.

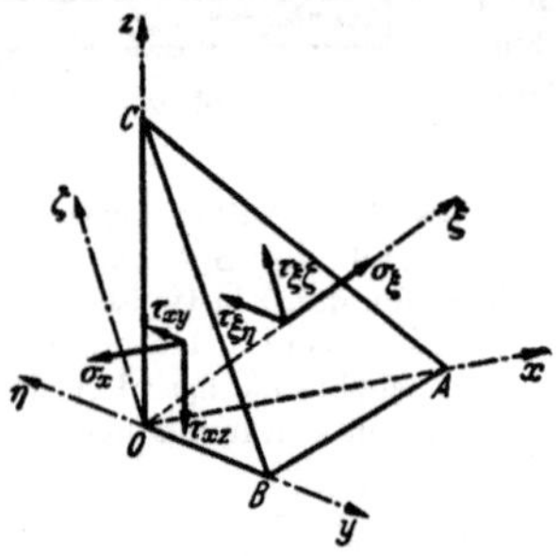

Abb. 10

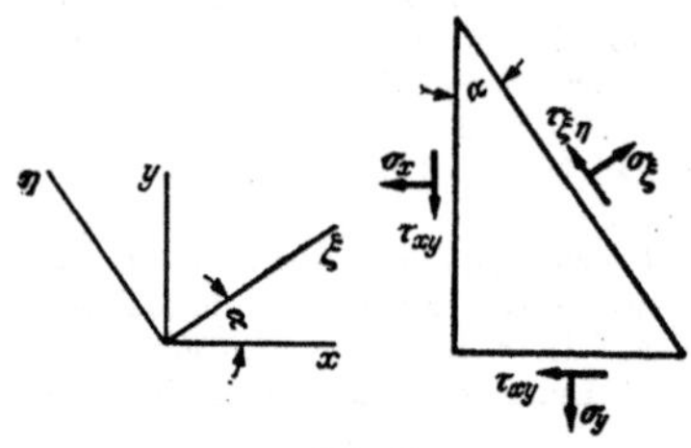

Abb. 11

Abb. 10 zeigt ein Tetraeder $OABC$, das außer den drei zu den Koordinatenebenen des Systems x, y, z parallelen Flächen ein solches beliebig gerichtetes Flächenelement $ABC = dF$ enthält. Zur Beschreibung seiner Richtung und der in ihm übertragenen Spannungen wird ein zweites Koordinatensystem ξ, η, ζ eingeführt, dessen ξ-Achse auf dF senkrecht steht.

Das Gleichgewicht der in Richtung dieser ξ-Achse an dem Tetraeder angreifenden Kräfte liefert:

$$\begin{aligned}\sigma_\xi\, dF = {} & [\sigma_x \cos(\xi, x) + \tau_{xy} \cos(\xi, y) + \tau_{xz} \cos(\xi, z)]\, dF_x \\ & + [\tau_{yx} \cos(\xi, x) + \sigma_y \cos(\xi, y) + \tau_{yz} \cos(\xi, z)]\, dF_y \\ & + [\tau_{zx} \cos(\xi, x) + \tau_{zy} \cos(\xi, y) + \sigma_z \cos(\xi, z)]\, dF_z.\end{aligned}$$

Berücksichtigt man, daß

$$\begin{aligned} OBC &= dF_x = dF\cos(\xi, x),\\ OCA &= dF_y = dF\cos(\xi, y),\\ OAB &= dF_z = dF\cos(\xi, z) \end{aligned}$$

ist, so erhält man

$$\begin{aligned} \sigma_\xi = \sigma_x\cos^2(\xi,x) &+ 2\,\tau_{xy}\cos(\xi,x)\cos(\xi,y) + 2\,\tau_{xz}\cos(\xi,x)\cos(\xi,z)\\ &+ \sigma_y\cos^2(\xi,y) \qquad\qquad + 2\,\tau_{yz}\cos(\xi,y)\cos(\xi,z)\\ &\qquad\qquad\qquad\qquad\qquad + \sigma_z\cos^2(\xi,z) \end{aligned} \tag{15a}$$

und entsprechend aus dem Gleichgewicht in Richtung η:

$$\begin{aligned} \tau_{\xi\eta} = \sigma_x\cos(\xi,x)\cos(\eta,x) &+ \tau_{xy}\cos(\xi,x)\cos(\eta,y) + \tau_{xz}\cos(\xi,x)\cos(\eta,z)\\ + \tau_{yx}\cos(\xi,y)\cos(\eta,x) &+ \sigma_y\cos(\xi,y)\cos(\eta,y) + \tau_{yz}\cos(\xi,y)\cos(\eta,z)\\ + \tau_{zx}\cos(\xi,z)\cos(\eta,x) &+ \tau_{zy}\cos(\xi,z)\cos(\eta,y) + \sigma_z\cos(\xi,z)\cos(\eta,z). \end{aligned} \tag{15b}$$

Das sind die Gleichungen, die die Umrechnung der Spannungen bei einer Transformation der Koordinaten angeben.

Von besonderer Bedeutung ist der Fall, daß nur solche Flächenelemente dF betrachtet werden, für die die ζ-Achse mit der z-Achse zusammenfällt. Die Formeln hierfür kann man durch Vereinfachung der vorstehenden gewinnen oder unmittelbar aus Abb. 11 ablesen:

$$\begin{aligned} \sigma_\xi &= \sigma_x\cos^2\alpha + \sigma_y\sin^2\alpha + 2\,\tau_{xy}\cos\alpha\sin\alpha\\ \sigma_\eta &= \sigma_x\sin^2\alpha + \sigma_y\cos^2\alpha - 2\,\tau_{xy}\cos\alpha\sin\alpha\\ \tau_{\xi\eta} &= (\sigma_y - \sigma_x)\cos\alpha\sin\alpha + \tau_{xy}(\cos^2\alpha - \sin^2\alpha). \end{aligned} \tag{16}$$

Die Normalspannung wird ein Extremum für die Schnittrichtungen $\alpha = \alpha_0$, für die $d\sigma_\xi/d\alpha = 0$ ist. Durch Differenzieren folgt aus Gl. (16):

$$\frac{d\sigma_\xi}{d\alpha} = 2(\sigma_y - \sigma_x)\cos\alpha\sin\alpha + 2\,\tau_{xy}(\cos^2\alpha - \sin^2\alpha) = 2\,\tau_{\xi\eta},$$

und durch Nullsetzen daraus

$$\operatorname{tg} 2\alpha_0 = \frac{2\tau_{xy}}{\sigma_x - \sigma_y}. \tag{17}$$

Diese Gleichung bestimmt zwei zueinander normale Schnittrichtungen, für die 1. die Schubspannung null ist und 2. die Normalspannung Extremwerte annimmt (ein Maximum und ein Minimum). Diese Richtungen heißen Hauptspannungsrichtungen, die zugehörigen Spannungen *Hauptspannungen*. Sie werden mit σ_1 und σ_2 bezeichnet und können unmittelbar aus der Formel

$$\sigma_{1,2} = \frac{\sigma_x + \sigma_y}{2} \pm \sqrt{\left(\frac{\sigma_x - \sigma_y}{2}\right)^2 + \tau_{xy}^2} \tag{18}$$

berechnet werden.

2. Mohrscher Kreis

Die Gl. (16) erlauben eine anschauliche graphische Darstellung. Sie werden hierzu zweckmäßig in folgender Weise umgeformt:

$$\begin{aligned} \sigma_\xi &= \frac{\sigma_x + \sigma_y}{2} + \frac{\sigma_x - \sigma_y}{2}\cos 2\alpha + \tau_{xy}\sin 2\alpha,\\ \tau_{\xi\eta} &= \qquad\qquad - \frac{\sigma_x - \sigma_y}{2}\sin 2\alpha + \tau_{xy}\cos 2\alpha. \end{aligned}$$

Diese Gleichungen sind in einem Koordinatensystem σ, τ die Parameterdarstellung des in Abb. 12 gezeichneten Kreises mit den Mittelpunktkoordinaten $\sigma = {}^1/_2\cdot(\sigma_x + \sigma_y)$, $\tau = 0$ und dem Radius $\sqrt{\left(\frac{\sigma_x - \sigma_y}{2}\right)^2 + \tau_{xy}}$. Dieser Kreis heißt *Mohrscher Kreis.*

Zieht man durch den Punkt x eine Parallele zu der Schnittrichtung $x = \text{const}$, in der die zugehörigen Spannungen σ_x, τ_{xy} übertragen werden, so schneidet diese

Gerade den Kreis in einem zweiten Punkt p, dem Pol des *Mohr*schen Kreises. Jede durch ihn gezogene Gerade $p\xi$ bestimmt durch ihren anderen Schnittpunkt ξ mit dem Kreis die Spannungen σ_ξ, $\tau_{\xi\eta}$, die in einem zu p parallelen Schnitt übertragen werden.

Für die Vorzeichen der Schubspannungen ist beim *Mohr*schen Kreis zu beachten, daß diese nach oben aufgetragen sind, wenn sie die in Abb. 12c angegebene Richtung haben. Von den beiden zusammengehörigen Spannungen τ_{xy}, τ_{yx} zählt also immer eine positiv und eine negativ.

Die Grenzwerte σ_1, σ_2 der Normalspannungen gehören zu den Kreispunkten 1 und 2, und die Geraden p 1 und p 2 geben die Hauptspannungsrichtungen an.

Die Darstellung der in der x-y-Ebene liegenden Spannungen durch einen *Mohr*schen Kreis ist an keine Voraussetzung über die zu dieser Ebene normalen Spannungen σ_z, τ_{xz}, τ_{yz} gebunden. Sie gilt also auch für den allgemeinsten, dreidimensionalen Spannungszustand, wenn man nur solche Schnittebenen vergleicht, die alle durch dieselbe Gerade gehen, die hier als z- und ζ-Achse gewählt wurde.

Da nach den allgemeinen Transformationsgleichungen (15) die Normalspannung σ für keine Schnittrichtung unendlich werden kann, so muß sie für irgendeine ein endliches Maximum σ_1, für eine andere ein Minimum σ_3 haben, die natürlich beide auch negativ sein

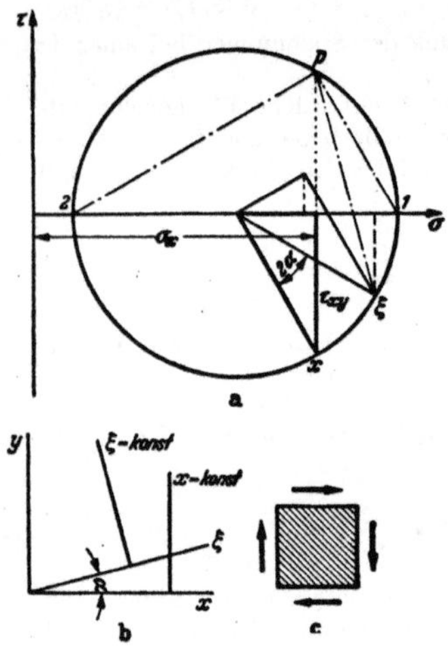

Abb. 12

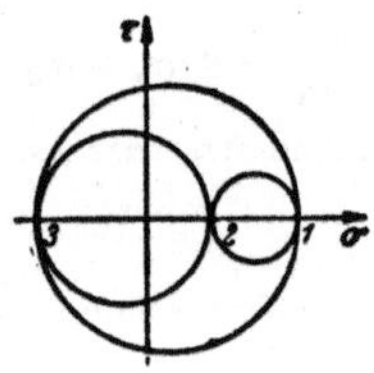

Abb. 13

können. Legt man durch die Vektoren σ_1 und σ_3 eine Ebene und zeichnet einen *Mohr*schen Kreis (Abb. 13) für die in dieser Ebene liegenden Spannungen (d. h. für alle auf dieser Ebene normalen Schnittrichtungen), so sind σ_1 und σ_3 die größte und die kleinste vorkommende Normalspannung, müssen also aufeinander normal stehen. Ergänzt man die Richtungen 1 und 3 durch eine Richtung 2 zu einem rechtwinkligen Achsenkreuz und zeichnet auch die *Mohr*schen Kreise für die Ebenen 1—2 und 2—3, so ist σ_2 für den einen Kreis die größte, für den andern die kleinste Normalspannung, und daher ist in den zu den Richtungen 1, 2, 3 senkrechten Schnitten die Schubspannung null. Die drei aufeinander senkrechten Normalspannungen σ_1, σ_2, σ_3, zu denen keine Schubspannungen gehören, werden *Hauptspannungen* genannt.

G. Fließ- und Bruchgrenze bei mehrachsiger Beanspruchung

Man nennt einen Spannungszustand ein-, zwei- oder dreiachsig, je nachdem eine, zwei oder alle drei Hauptspannungen von null verschieden sind. In den am häufigsten verwendeten Baugliedern, den gezogenen, gedrückten und gebogenen Stäben, ist der Spannungszustand, wenigstens an der Stelle höchster Beanspruchung, einachsig und ebenso bei den in der Materialprüfung fast ausschließlich als Grundlage für die Festsetzung der zulässigen Spannungen benutzten Zug-, Druck- und Biegeversuchen. Dagegen ist der Spannungszustand der Scheiben, Schalen und

Platten zweiachsig, und gelegentlich kommen auch dreiachsige Spannungszustände vor, so daß es nötig ist, aus den unter einachsiger Beanspruchung gemessenen Fließ- und Bruchspannungen Schlüsse auf das Verhalten der Baustoffe unter mehrachsiger Beanspruchung zu ziehen.

Diese Fragestellung hat eine Fülle von Theorien über Fließ- und Bruchbedingungen hervorgerufen. Von ihnen kommen für den Ingenieur heute vor allem zwei in Betracht, die Hypothese der größten Schubspannung und die Hypothese der konstanten Gestaltänderungsarbeit. Für Stahl scheint die zweite den Versuchen etwas besser zu entsprechen, doch sind bei beiden die Abweichungen nicht bedeutend, und die Entscheidung, welcher Hypothese man sich anvertrauen will, hängt im Einzelfall zum Teil von möglichen Rechenvorteilen ab.

Die *Schubspannungshypothese* besagt in ihrer einfachsten Form folgendes: Zeichnet man zu verschiedenen mehrachsigen Spannungszuständen, die alle an der Fließgrenze liegen, denjenigen *Mohr*schen Kreis, der die größte und die kleinste Hauptspannung umfaßt, also den Kreis durch die Punkte 1 und 3 in Abb. 13, so haben alle diese Kreise denselben Radius. Dieser Radius ist gleich der größten für irgendeine Schnittrichtung vorkommenden Schubspannung, und diese größte Schubspannung wird damit für den Eintritt des Fließens verantwortlich gemacht. Man folgert leicht aus dieser Hypothese, daß die Fließschubspannung gleich der Hälfte der im einachsigen Zug- oder Druckversuch gemessenen Fließspannung ist und daß diese beiden daher einander gleich sein müssen. Für Baustoffe, bei denen das nicht zutrifft, und für die Beurteilung der Bruchgefahr spröder Stoffe in mehrachsigen Spannungszuständen hat *O. Mohr* die Hypothese dahin verallgemeinert, daß die Maximalkreise nicht alle denselben Durchmesser, aber eine gemeinsame Hüllkurve haben. Die *Mohr*sche Hypothese wird durch Versuche insoweit gut bestätigt, als unstetiges Fließen (Fließfiguren) in den Ebenen aufzutreten pflegt, die durch die Berührungspunkte des Spannungskreises mit der *Mohr*schen Hüllkurve als die gefährlichsten gekennzeichnet sind, bei Stahl also unter 45° zu den Ebenen der Hauptspannungen. Anderseits enthält die Hypothese die Aussage, daß die Höhe der mittleren Hauptspannung auf den Eintritt des Fließens oder des Bruches keinen Einfluß hat, und diese Folgerung kann leicht durch geeignet ausgewählte Versuche widerlegt werden. Sehr groß ist der Einfluß der mittleren Hauptspannung allerdings nicht.

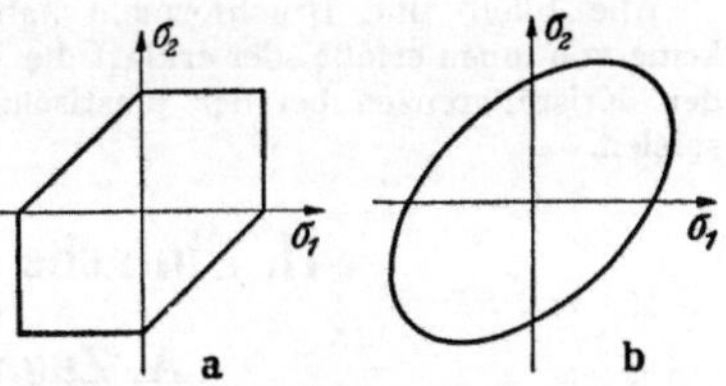

Abb. 14

Die Anwendung der Schubspannungshypothese auf zweidimensionale Spannungszustände ist besonders bequem. Wenn eine der Hauptspannungen null ist, so können zwei Fälle auftreten: Entweder haben die beiden andern gleiches Vorzeichen, dann ist die größte von ihnen allein maßgebend; oder sie haben verschiedenes Vorzeichen, dann ist ihre algebraische Differenz (die Summe ihrer Beträge) maßgebend. In einem Koordinatensystem σ_1, σ_2 der beiden ebenen Hauptspannungen ist daher die Fließ- oder Bruchgrenze durch das in Abb. 14a gezeichnete Sechseck bestimmt.

Die *Hypothese der konstanten Gestaltänderungsarbeit* baut auf folgenden Gedanken auf: Die Verzerrung eines Volumelements kann in zwei Teile zerlegt werden, eine gleichmäßige Volumänderung, bei der sich das Element in jeder Richtung um $(\varepsilon_x + \varepsilon_y + \varepsilon_z)/3$ dehnt, und die nach Abzug dieser Dehnung noch verbleibende Verzerrung, die notwendigerweise eine Gestaltänderung ohne Änderung des Volumens ist. Bei der Volumänderung leisten die drei Normalspannungen die Arbeit

$$\frac{1}{2}(\sigma_x + \sigma_y + \sigma_z)\cdot\frac{\varepsilon_x + \varepsilon_y + \varepsilon_z}{3} = \frac{1-2\mu}{6E}(\sigma_x + \sigma_y + \sigma_z)^2,$$

und wenn man das von dem Ausdruck Gl. (12c) abzieht, so verbleibt für die bezogene Gestaltänderungsarbeit

$$\mathfrak{a}_g = \frac{1+\mu}{6E}\left[(\sigma_x-\sigma_y)^2+(\sigma_y-\sigma_z)^2+(\sigma_z-\sigma_x)^2+6\,(\tau_{xy}^2+\tau_{yz}^2+\tau_{zx}^2)\right].$$

Die Hypothese nimmt an, daß $\mathfrak{a}_g$ an der Fließgrenze einen für den Baustoff kennzeichnenden Wert hat. Für einachsige Zugbeanspruchung $\sigma_x = \sigma$, $\sigma_y = \sigma_z = \tau_{xy} = \tau_{yz} = \tau_{zx} = 0$ ergibt sich

$$\mathfrak{a}_g = \sigma^2\,(1+\mu)/3E,$$

und wenn man den allgemeinen und den speziellen Ausdruck für $\mathfrak{a}_g$ einander gleichsetzt, so erhält man

$$\sigma^2 = \frac{1}{2}\left[(\sigma_x-\sigma_y)^2+(\sigma_y-\sigma_z)^2+(\sigma_z-\sigma_x)^2+6\,(\tau_{xy}^2+\tau_{yz}^2+\tau_{zx}^2)\right], \tag{19}$$

und die so für alle mehrachsigen Spannungszustände definierte Bezugsspannung σ ist dann für den Eintritt des Fließens entscheidend.

Betrachtet man ebene Spannungszustände und wählt insbesondere $\sigma_x = \sigma_1$, $\sigma_y = \sigma_2$, $\tau_{xy} = 0$, so stellt Gl. (19) in einem Koordinatensystem σ_1, σ_2 eine Ellipse dar (Abb. 14b), die mit dem *Mohr*schen Sechseck dessen Eckpunkte gemein hat.

Auch die Gestaltänderungshypothese enthält in ihrer einfachsten Form die Aussage, daß die Fließgrenzen für einfachen Zug und Druck übereinstimmen müssen und bedarf daher einer ähnlichen Verallgemeinerung wie die Schubspannungshypothese. Nach einem Vorschlag von *F. Schleicher* kann man annehmen, daß im allgemeineren Falle die Gestaltänderungsarbeit an der Fließgrenze eine Funktion des Mittelwertes $(\sigma_x+\sigma_y+\sigma_z)/3$ der drei Normalspannungen ist. Da dieser Mittelwert gleich dem Mittel der drei Hauptspannungen $(\sigma_1+\sigma_2+\sigma_3)/3$, ist, so ist diese Hypothese nicht von der zufälligen Wahl der Koordinatenachsen abhängig und daher physikalisch sinnvoll.

Alle Fließ- und Bruchformeln haben nur einen beschreibenden Charakter; keine von ihnen erfaßt oder erklärt die Vorgänge, die sich in den Kristallen und an den Kristallgrenzen bei der plastischen Formänderung oder beim Bruche abspielen.

II. Einfache Festigkeitsfälle

A. Zug und Druck

1. Prismatischer Zugstab

Wirkt auf einen schlanken zylindrischen oder prismatischen Stab eine Zugkraft N (Abb. 15), so herrscht in jedem Querschnitt F eine gleichmäßig verteilte Zugspannung

$$\sigma = N/F. \tag{20}$$

Dabei erfährt der Stab nach dem *Hooke*schen Gesetz Gl. (8), S. 191, eine Dehnung $\varepsilon = \sigma/E$, und die ganze Stablänge l vergrößert sich um

$$\Delta l = \varepsilon l = Nl/EF. \tag{20'}$$

Gl. (20) gilt auch dann, wenn der Querschnitt längs der Stabachse langsam veränderlich ist, und liefert dann natürlich die für die Tragfähigkeit des Stabes entscheidende größte Spannung, wenn man den kleinsten Querschnitt einsetzt. Sie wird vielfach auch dann angewandt, wenn plötzliche Querschnittsveränderungen vorhanden sind, wie z. B. bei Stäben mit Nietlöchern. Man berechnet dann die Spannung unter Verwendung des Nutzquerschnitts F_n, der aus dem Bruttoquerschnitt durch Abzug der Nietverschwächung entsteht. Die wirkliche Spannung in der Umgebung des Nietloches ist höher, da sich die Zugspannungen an solchen Stellen nicht mehr gleich-

Abb. 15

mäßig über den Querschnitt verteilen, sondern sich in der Nähe der Bohrung konzentrieren. Trotzdem ist die einfache Berechnung für dehnbare Baustoffe mit vorwiegend ruhender Belastung unbedenklich wegen des bei einer Überbelastung einzelner Stellen eintretenden Spannungsausgleichs (s. S. 198).

Gl. (20) gilt natürlich auch für Druckkräfte $-N$. Die damit errechnete Druckspannung ist aber nicht das einzige Maß für die Sicherheit des Baugliedes, sondern es ist daneben noch die Knicksicherheit zu untersuchen (s. Abschn. *Stabilität*), da lange Stäbe durch seitliches Ausknicken schon bei einer Belastung zu Bruche gehen, bei der die Druckspannung noch weit von der Fließgrenze entfernt ist.

Für kurze Stäbe, insbesondere auch für die zur Feststellung der Druckfestigkeit vielfach benutzten Würfel und kurzen Zylinder, ist die Voraussetzung gleichmäßiger Spannungsverteilung über den Querschnitt nicht mehr einwandfrei. Der Spannungszustand ist dann ziemlich kompliziert und auch von der Reibung zwischen den Druckflächen der Presse und den Endflächen des Probekörpers wesentlich abhängig. Druckversuche mit Würfeln liefern deshalb eine höhere Festigkeit als solche mit längeren Prismen.

2. Kerbwirkung

Zur Ermittlung der Spannungserhöhung an Stellen plötzlicher Querschnittsänderung, wie Kerben, Bohrungen oder starken Stabverjüngungen, reichen elementare Betrachtungen nicht aus. Für ebene Spannungszustände (gelochte Bleche usw.) sind die in Abschn. V angegebenen Lösungsmethoden anzuwenden. Für drehsymmetrische Fälle (gekerbter Rundstab) sind ebenfalls genaue Rechnungen möglich. Einiges Zahlenmaterial, das für Festigkeitsrechnungen brauchbar ist, geben die Abb. 16. Weitere Einzelheiten s. *H. Neuber*: Kerbspannungslehre, Berlin 1937.

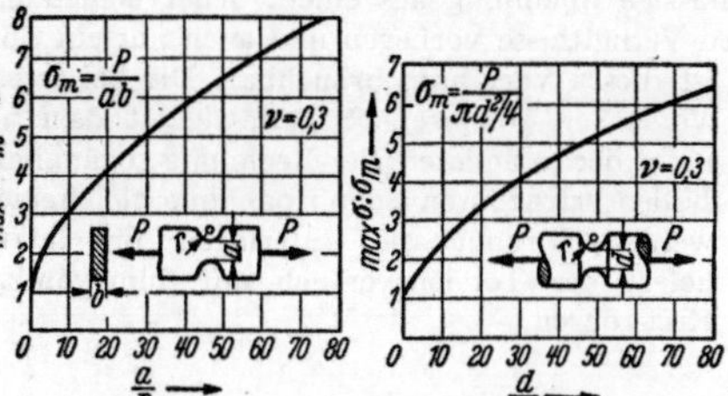

Abb. 16
(Aus *H. Neuber:* Kerbspannungslehre, Berlin 1937)

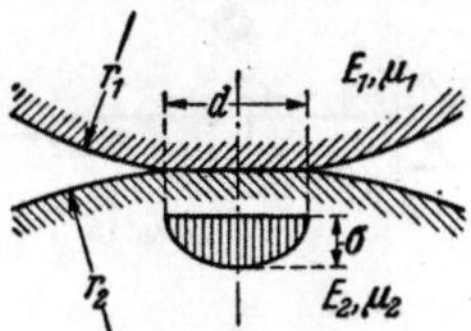

Abb. 17

3. Druckübertragung in gewölbten Flächen (Hertzsche Formeln)

Werden zwei Körper mit gewölbter Oberfläche gegeneinander gedrückt, so berühren sie sich in einer kleinen, aber endlichen Druckfläche, deren Größe von der Belastung abhängt und über die die Spannung ungleichmäßig verteilt ist. Wenn die Begrenzungsflächen der beiden Körper zwei Kugeln oder zwei Kreiszylinder sind (Abb. 17), so ist das Spannungsdiagramm eine Halbellipse, und es gelten die folgenden Hertzschen Formeln für den Durchmesser oder die Breite d der Berührungsfläche und für die Spannung σ in der Mitte:

Berührung zweier Kugeln:

$$d = \sqrt[3]{6P\,\frac{(1-\mu_1^2)/E_1 + (1-\mu_2^2)/E_2}{1/r_1 + 1/r_2}}\,, \tag{21a}$$

$$\sigma = -\frac{1}{\pi}\sqrt[3]{6P\left[\frac{1/r_1 + 1/r_2}{(1-\mu_1^2)/E_1 + (1-\mu_2^2)/E_2}\right]^2}\,,$$

Berührung zweier Zylinder:

$$d = 4\sqrt{\frac{P}{\pi}\,\frac{(1-\mu_1^2)/E_1 + (1-\mu_2^2)/E_2}{1/r_1 + 1/r_2}}\,, \qquad \text{(21 b)}$$

$$\sigma = -\sqrt{\frac{P}{\pi}\,\frac{1/r_1 + 1/r_2}{(1-\mu_1^2)/E_1 + (1-\mu_2^2)/E_2}}\,.$$

Dabei bedeutet P für die Kugeln die volle Last, für die Zylinder die Last je Längeneinheit der Erzeugenden. E_1, E_2 sind die Elastizitätsmoduln der beiden Körper, μ_1, μ_2 ihre Querzahlen. Für kurze Zylinder, in denen nicht der in den Formeln vorausgesetzte ebene Formänderungszustand eintritt, sondern ein ebener Spannungszustand (s. S. 227), sind μ_1 und μ_2 aus den Formeln zu streichen. Ist die untere Fläche eine Ebene, so ist $1/r_2 = 0$ zu setzen, ist sie eine Hohlkugel oder ein Hohlzylinder, so ist r_2 negativ. Die Hertzschen Formeln setzen voraus, daß die Breite der Berührungsfläche klein ist gegen die Abmessungen der Körper, insbesondere auch gegen die Radien r_1, r_2.

B. Schubbeanspruchung

Die Schubbeanspruchung von Nieten und Schrauben (Abb. 18) ist eigentlich kein einfacher Festigkeitsfall, sondern ein sehr komplizierter und rechnerisch schwer erfaßbarer Spannungszustand. Bei der Festigkeitsberechnung solcher Verbindungen begnügt man sich damit, eine Schubspannung

$$\tau = P/F \qquad (22)$$

auszurechnen, die aber nur ein Mittelwert der im Bolzenquerschnitt F vorhandenen Spannungen ist. Da man die zulässige Spannung aus einem Scherversuch nach Abb. 18 gewinnt, in dem dieselben Verhältnisse vorliegen und auch nur ein Spannungsmittelwert gemessen wird, ist dieses Verfahren brauchbar. Die bei solchen Versuchen gemessene Scherfestigkeit darf aber nicht der in anderen, der Rechnung zugänglichen Fällen ertragbaren Schubspannung gleichgesetzt werden. Brauchbare Unterlagen für letztere liefert der Torsionsversuch mit dünnwandigen Kreisrohren.

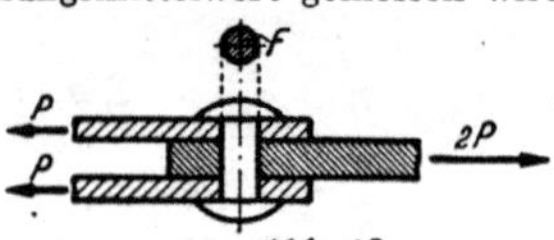

Abb. 18

III. Biegung

(Reine Biegung und Biegung mit Längskraft)

A. Normalspannungen in geraden und schwach gekrümmten Stäben

1. Definition der Schnittkräfte

Ein gerader Stab sei belastet durch Kräfte von beliebiger Richtung, von denen nur vorausgesetzt werden soll, daß sie alle in einer durch die Stabachse (Verbindungslinie der Querschnittsschwerpunkte) gehenden Ebene liegen (Kraftebene).

Um die in einem Querschnitt $n-n$ (Abb. 19) wirkenden Spannungen zu berechnen, ist es nötig, die Kraft zu kennen, die in diesem Querschnitt von der einen Stabhälfte auf die andere übertragen wird. Sie ist offenbar nach Größe und Lage gleich der Resultierenden aller Kräfte, die auf einer (etwa der linken) Seite des Schnittes am Stab angreifen. Diese Resultierende wird zerlegt nach einem Koordinatensystem, dessen x-Achse die Stabachse und dessen z-Achse die Schnittlinie der Querschnittsebene mit der Kraftebene ist. Die x-Komponente heißt Längskraft N und wird als Zugkraft positiv, als Druckkraft negativ gerechnet. Die z-Komponente heißt Querkraft Q oder Q_z und wird bei einem einfachen

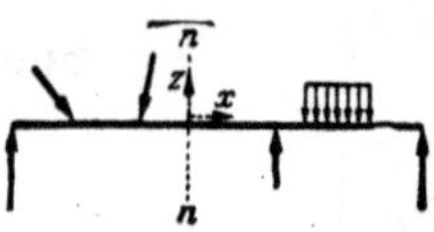

Abb. 19

Stab positiv gerechnet, wenn sie links vom Schnitt nach oben weist. In anderen Fällen muß das Vorzeichen besonders vereinbart werden.

Ist der Stab gekrümmt, so haben die Bezugsachsen x, z in jedem Querschnitt eine andere Richtung, und zwar immer so, daß die x-Achse Tangente an die Stabachse ist. Fällt die Ebene der Stabachse nicht mit der Kraftebene zusammen oder ist der Stab nach einer Raumkurve gekrümmt, so hat die Resultierende der Kräfte links vom Schnitt noch eine dritte Komponente, die Querkraft Q_y. Durch N, Q_y, Q_z ist die im Schnitt übertragene Kraft der Größe und Richtung, aber noch nicht der Lage nach bestimmt. Hierzu ist nötig, ihre Momente in bezug auf die Koordinatenachsen anzugeben. Im ebenen Fall genügt das Moment in bezug auf die zur Kraftebene senkrechte y-Achse, das Biegemoment M oder M_y. Im allgemeinsten Falle kommt noch ein Biegemoment M_z hinzu und ein Moment um die x-Achse, M_x. Über dessen Beziehung zum Torsionsmoment M_T s. S. 216.

Die vorstehend definierten sechs Kräfte und Momente werden unter dem gemeinsamen Namen „Schnittkräfte" zusammengefaßt. Ihre Ermittlung ist eine Hauptaufgabe der Baustatik.

Zwischen der stetig verteilten Belastung p (Dimension: Kraft je Längeneinheit), der Querkraft Q und dem Biegemoment M besteht im ebenen Falle ein einfacher Zusammenhang. Das Gleichgewicht am Stabelement (Abb. 20) liefert nämlich:

$$dQ + p\,dx = 0$$

$$dM = Q \cdot dx,$$

also

$$Q = dM/dx$$

$$p = -dQ/dx = -d^2M/dx^2. \qquad (23\text{a, b})$$

2. Verteilung der Normalspannungen

Ist ein Stab nur durch eine Längskraft beansprucht, so entstehen nur über den Querschnitt gleichförmig verteilte Normalspannungen σ (Zug- oder Druckstab, s. S. 202). Tritt ein Biegemoment hinzu, so müssen diese Spannungen irgendwie ungleichmäßig verteilt sein, so daß ihre Resultierende nicht mehr durch den Querschnittsschwerpunkt geht. Zur Ermittlung dieser Verteilung geht die technische Biegelehre nicht von einer

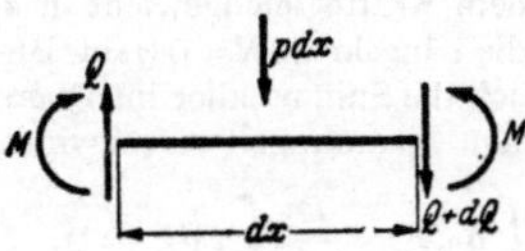

Abb. 20

Abb. 21

strengen Lösung der Grundgleichungen (S. 192) aus, sondern ersetzt einen Teil dieser Gleichungen durch eine plausible Annahme, die in einem besonders einfachen Fall streng richtig ist. Dieser Sonderfall ist der der querkraftfreien Biegung eines geraden, prismatischen Stabes (Abb. 21). In hinreichender Entfernung von dessen Enden müssen alle Stabelemente die gleiche Formänderung erfahren, und daraus folgt sofort, daß die Stabachse zu einem Kreis verbogen wird, und daß alle ursprünglich auf ihr normal stehenden Querschnittsebenen bei der Deformation eben bleiben, da jede solche Ebene eine Symmetrieebene für den benachbarten Teil des verformten Stabes ist. Es liegt nahe, anzunehmen, daß die Querschnitte auch dann noch nahezu eben bleiben, wenn das Biegemoment und der Stabquerschnitt nicht konstant sind, sondern sich längs des Stabes langsam verändern. Diese Annahme, die gewöhnlich als *Navier*sche Hypothese bezeichnet wird, bildet die Grundlage der Biegetheorie. Wie auf S. 217 gezeigt wird, erzeugt zwar eine von null verschiedene Querkraft eine berechenbare Verwölbung der Querschnittsebenen, doch ist diese bei konstanter Querkraft für benachbarte Schnitte dieselbe und hat dann keinen Einfluß auf die unter 3. aus der *Navier*schen Hypothese gezogenen Schlüsse, so daß erst die Veränderlichkeit der

Querkraft zu einer Störung führt. Es ist daher verständlich, daß sich bei der Nachprüfung der grundlegenden Voraussetzung der Biegelehre durch Messungen und durch Vergleich mit strengen Lösungen der Gln. (9) eine sehr weitgehende Brauchbarkeit der technischen Biegetheorie ergeben hat.

3. Größe der Normalspannungen

Wenn ein gerades Balkenelement verbogen wird, so wird ein Teil seiner „Fasern" d. h. der zur Stabachse parallelen materiellen Linien, gedehnt und ein Teil verkürzt (Abb. 22). Zwischen beiden liegen die neutralen Fasern $z = 0$, die bei der Biegung ihre Länge nicht ändern. Ihr Krümmungsradius im verbogenen Zustand sei ϱ und möge in der x-z-Ebene liegen. Aus Abb. 22 liest man ab:

$$\Delta\, dx/z = dx/\varrho$$

und berechnet damit die Dehnung der Faser im Abstande z von der neutralen zu

$$\varepsilon = \Delta\, dx/dx = z/\varrho,$$

also nach dem *Hooke*schen Gesetz die Spannung

$$\sigma = E z/\varrho. \tag{24}$$

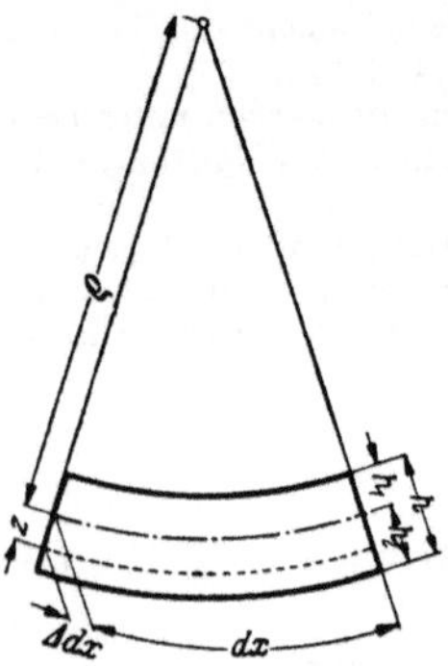

Abb. 22

Sie ist proportional dem Abstand von der neutralen Faser. Dieses Ergebnis ist an die Voraussetzung geknüpft, daß vor der Deformation alle Fasern des Stabelements gleich lang waren, daß also der Stab ursprünglich gerade oder doch nur so wenig gekrümmt war, daß man den Einfluß der Krümmung vernachlässigen kann. Die Schnittgerade der neutralen Schicht mit der Querschnittsebene heißt Nullinie. Sie wird als y-Achse gewählt (Abb. 23). Ihre Lage im Querschnitt ergibt sich aus dem Kräftegleichgewicht in x-Richtung: Ist die Längskraft $N = 0$ (*reine* Biegung), so muß auch die Summe aller im Querschnitt übertragenen Spannungen verschwinden:

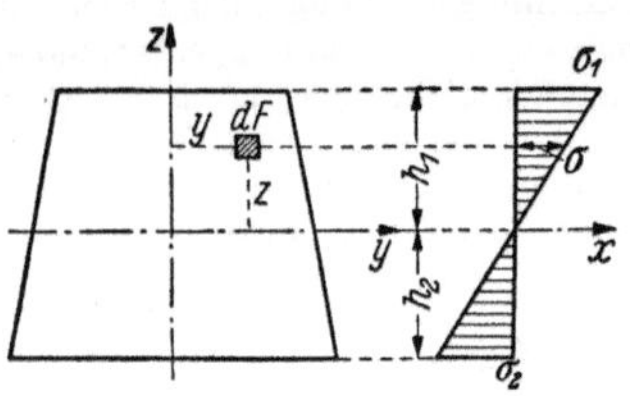

Abb. 23

$$\int_F \sigma\, dF = \frac{E}{\varrho} \int_F z\, dF = 0.$$

Das Integral auf der rechten Seite ist das statische Moment der Fläche in bezug auf die y-Achse. Damit es verschwindet, muß diese eine Schwerachse sein (s. Abschn. *Mechanik*.

Das die Deformation erzeugende Moment M hat in bezug auf die Querschnittsachsen y und z (Abb. 23) die Komponenten:

$$\left.\begin{aligned} M_y &= \int_F z\,\sigma\, dF = \frac{E}{\varrho}\int_F z^2\, dF = \frac{E I_y}{\varrho}\,, \\ M_z &= \int_F y\,\sigma\, dF = \frac{E}{\varrho}\int_F yz\, dF = \frac{E I_{yz}}{\varrho}\,, \end{aligned}\right\} \tag{25}$$

wobei I_y, I_{yz} Trägheits- und Zentrifugalmoment des Querschnitts für die bezeichneten Achsen sind. (Berechnung von Trägheitsmomenten und Formeln für einfache Querschnittsformen s. Abschn. *Mathematik*, S. 120.)

Am wichtigsten ist der Sonderfall, daß $M_z = 0$ ist. Er tritt ein, wenn $I_{yz} = 0$ ist, d. h. wenn y, z Trägheitshauptachsen des Querschnitts sind. Er bedeutet, daß die Biegeebene, die hier als x-z-Ebene gewählt worden ist, mit der Ebene des Biegemoments $M = M_y$, d. h. mit der Kraftebene zusammenfällt.

Eliminiert man E/ϱ aus Gl. (24) und (25), so erhält man die Spannungsformel der ebenen Biegung ($I_y = I$):

$$\sigma = \frac{M}{I} z, \tag{26}$$

und insbesondere für die Randpunkte 1 und 2:

$$\sigma_1 = \frac{M}{I} h_1 = \frac{M}{W_1}, \qquad \sigma_2 = -\frac{M}{I} h_2 = -\frac{M}{W_2}. \tag{27}$$

Die Größen $W_{1,2} = I/h_{1,2}$ (Dimension: Länge³) nennt man Widerstandsmomente. Ist die waagrechte Schwerachse Symmetrieachse des Querschnitts, so ist $W_1 = W_2 = W$, und die Randspannungen sind dem Betrage nach gleich.

4. Biegelinie

Die Gültigkeit der vorstehend entwickelten Formeln ist an das *Hooke*sche Gesetz gebunden. Das erfordert $\sigma \ll E$, also nach (24) $h \ll \varrho$. Die Verbiegung darf jedoch so stark sein, daß ϱ von der Größenordnung der Stablänge l ist (z. B. Uhrfeder!). Bei den im Bauwesen vorkommenden Biegestäben tritt dieser Fall nicht auf; es ist immer $\varrho \gg l$, also die Durchbiegung $w \ll l$ (Abb. 24). Dann gilt näherungsweise

$$\frac{1}{\varrho} = -\frac{d^2 w}{d x^2} = -w''$$

und nach (25):

$$w'' = -M/EI. \tag{28}$$

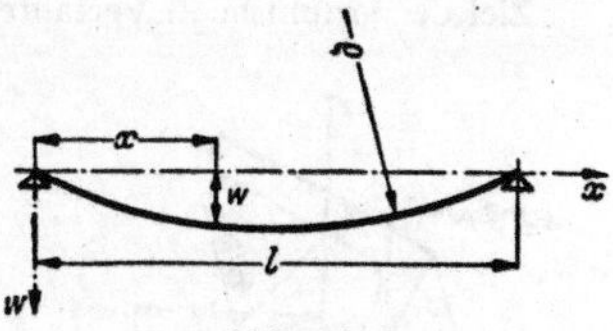

Abb. 24

Diese Gleichung und die Gleichgewichtsbedingung (23b) bilden zusammen die Differentialgleichungen des gebogenen Stabes. Sie können zu einer Gleichung vierter Ordnung zusammengefaßt werden:

$$w^{\mathrm{IV}} = +p/EI \tag{29}$$

oder bei veränderlichem Trägheitsmoment:

$$(EI w'')'' = +p. \tag{29'}$$

Aus ihnen läßt sich durch Integration die Gestalt der Biegelinie finden, wenn die Belastung $p = p(x)$ gegeben ist und für jedes Stabende zwei Randbedingungen bekannt sind. Insgesamt mindestens zwei von ihnen müssen Aussagen über Formänderungen sein. Einzelheiten s. Abschn. *Baustatik*. Tabellen über Schnittkräfte und Biegelinien s. unter *Baustatik*.

5. Räumliche Biegung

Wenn die Ebene, in der die Lasten wirken, nicht eine Hauptträgheitsachse sämtlicher Stabquerschnitte enthält, so biegt sich der Stab auch seitlich aus der Lastebene heraus. An Stelle von Gl. (24) tritt dann der allgemeinere Ansatz

$$\sigma = a + b y + c z,$$

wobei die Koordinatenachsen y, z zwar Schwerachsen, aber keine Hauptträgheitsachsen mehr sein sollen. Von demselben Ansatz muß man ausgehen, wenn die Lasten überhaupt nicht in einer bestimmten Ebene liegen, sondern in völlig beliebigen Richtungen auf den Stab einwirken, so daß er sich zu einer Raumkurve verbiegt.

Die Parameter a, b, c ergeben sich aus der Spannungsresultierenden und den Spannungsmomenten:

$$N = \int_F \sigma\, dF = a \int_F dF + b \int_F y\, dF + c \int_F z\, dF = aF, \tag{a}$$

$$M_y = \int_F \sigma z\,dF = a\int_F z\,dF + b\int_F y z\,dF + c\int_F z^2\,dF = b I_{yz} + c I_y, \qquad \text{(b)}$$

$$M_z = \int_F \sigma y\,dF = a\int_F y\,dF + b\int_F y^2\,dF + c\int_F y z\,dF = b I_z + c I_{yz}. \qquad \text{(c)}$$

Aus Gl. (a) folgt $a = N/F$ und aus Gl. (b) und (c):

$$b = \frac{I_y M_z - I_{yz} M_y}{I_y I_z - I_{yz}^2}, \qquad c = \frac{I_z M_y - I_{yz} M_z}{I_y I_z - I_{yz}^2}$$

und damit

$$\sigma = \frac{N}{F} + \frac{I_z z - I_{yz} y}{I_y I_z - I_{yz}^2} M_y + \frac{I_y y - I_{yz} z}{I_y I_z - I_{yz}^2} M_z = \frac{N}{F} + \frac{M_y}{W_y} + \frac{M_z}{W_z}. \qquad (30)$$

Da man in diesem allgemeinen Fall nicht ohne weiteres eine bestimmte Randfaser als die am ungünstigsten beanspruchte erkennen kann, so müssen die Widerstandsmomente

$$W_y = \frac{I_y I_z - I_{yz}^2}{I_z z - I_{yz} y}, \qquad W_z = \frac{I_y I_z - I_{yz}^2}{I_y y - I_{yz} z} \qquad (31)$$

meist für verschiedene Randpunkte y, z berechnet werden. Will man das vermeiden, so greife man zu den graphischen Verfahren.

6. Zeichnerische Bestimmung der Spannungsverteilung

Ziel der graphischen Verfahren ist die Bestimmung der Nullinie. Es seien y, z Hauptachsen. Dann ist

$$\sigma = \frac{N}{F} + \frac{M_z}{I_z} y + \frac{M_y}{I_y} z \qquad (32)$$

nnd mit $M_z = N e_y$, $M_y = N e_z$, $I_y = i_y^2 F$, $I_z = i_z^2 F$:

$$\sigma = \frac{N}{F}\left(1 + \frac{e_y y}{i_z^2} + \frac{e_z z}{i_y^2}\right).$$

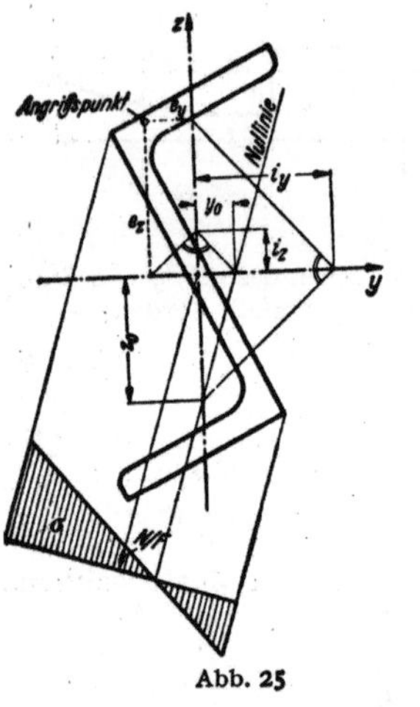

Abb. 25

Die Größen e_y, e_z heißen Exzentrizitäten der Längskraft. Sie geben die Koordinaten desjenigen Punktes, durch den die Resultierende der im Querschnitt übertragenen Spannungen hindurchgeht. Die Größen i_y, i_z sind die sog. Trägheitshalbmesser. Die Nullinie hat die Gleichung $\sigma = 0$, also

$$\frac{e_y y}{i_z^2} + \frac{e_z z}{i_y^2} = -1,$$

und die Achsenabschnitte

$$y_0 = -i_z^2/e_y, \quad z_0 = -i_y^2/e_z. \qquad (33)$$

Zeichnerische Bestimmung als dritte Proportionale s. Abb. 25. Kennt man die Richtung der Nullinie, so kennt man auch die Randpunkte, in denen die größte Spannung auftritt und kann diese nach Gl. (32) berechnen oder mit Hilfe der Schwerpunktspannung $\sigma_0 = N/F$ zeichnerisch bestimmen (s. Abb. 25).

Von Nutzen ist gelegentlich folgender Reziprozitätssatz, der sich aus vorstehenden Formeln beweisen läßt: Es seien A_1 und A_2 zwei Kraftangriffspunkte, n_1 und n_2 die zugehörigen Nullinien und B deren Schnittpunkt. Greift eine Kraft in B an, so ist die Gerade $A_1 A_2$ die zugehörige Nullinie.

7. Kern

Trifft die Nullinie den Querschnitt, so teilt sie ihn in eine Zugzone und eine Druckzone. Die Verwendung von Baustoffen mit geringer Zugfestigkeit legt es nahe, zu fragen, wo eine Druckkraft angreifen muß, wenn nirgends im Querschnitt

Zugspannungen entstehen sollen. Die Lage des Kraftangriffspunktes ist dann auf ein Gebiet beschränkt, das Kern genannt wird. Die Kerngrenze wird offenbar von den Punkten gebildet, denen die Tangenten des Querschnittsumrisses als Nullinien zugeordnet sind. Danach ist ihre Konstruktion möglich. Statt dessen kann man auch nach dem unter Nr. 6 angeführten Reziprozitätssatz zu allen Punkten eines konvexen Querschnittsumrisses die zugehörigen Nullinien konstruieren und zu ihnen die Kerngrenze als Hüllkurve zeichnen.

Der in irgendeiner Richtung gemessene Abstand der Kerngrenze vom Schwerpunkt wird die zu dieser Richtung gehörende Kernweite k genannt. Für die Trägheitshauptachsen ist nach Gl. (32):

$$k_y = i_z^2/e_y, \qquad k_z = i_y^2/e_z. \tag{34}$$

Für einen Kreisquerschnitt vom Radius r ist die Kernweite $k = r/4$, für einen Kreisring (Radius außen R, innen r) $k = (R^2 + r^2)/4\,R$. Für ein Rechteck (Abb. 26) ist $k_y = {}^1/_6\, b$, $k_z = {}^1/_6\, h$. Bei Beanspruchung eines Rechteckquerschnitts in einer Symmetrieebene (aber nur dann!) genügt es also, daß die Resultierende im mittleren Drittel der Querschnittshöhe oder -breite angreift, wenn nur Spannungen von einerlei Vorzeichen entstehen sollen.

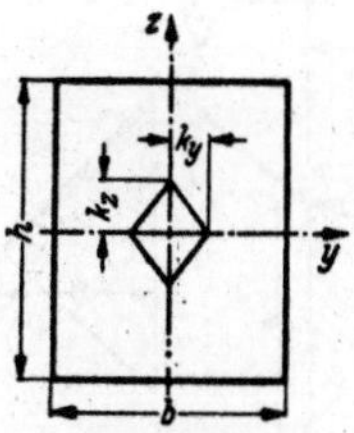

Abb. 26

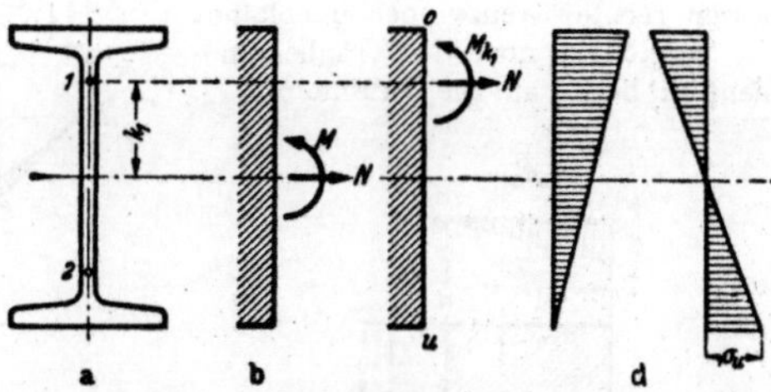

Abb. 27

8. Berechnung der Randspannungen aus den Kernpunktmomenten

Für Stäbe, die in der Ebene einer Querschnittshauptachse auf Biegung mit Längskraft beansprucht sind, kann es zweckmäßig sein, der Ermittlung der Randspannungen nicht die Längskraft N und das auf den Schwerpunkt bezogene Biegemoment M zugrunde zu legen, sondern die beiden Kernpunktmomente M_{k1} und M_{k2}. Benutzt man nämlich zur Darstellung der im Querschnitt übertragenen Kräfte nicht die durch den Schwerpunkt gehende Längskraft N und das auf diesen Punkt bezogene Moment M (Abb. 27b), sondern eine äquivalente Kräftegruppe, bestehend aus der im Kernpunkt 1 angreifenden Kraft N und dem auf diesen Punkt bezogenen Moment $M_{k1} = M - N k_1$ (Abb. 27c), so ist die untere Randspannung

$$\sigma_u = M_{k1}/W_u,$$

da die im Kernpunkt 1 angreifende Längskraft definitionsgemäß am unteren Rand die Spannung null erzeugt. Entsprechend erhält man, wenn man die Längskraft in den Kernpunkt 2 verlegt, mit $M_{k2} = M + N k_2$:

$$\sigma_o = M_{k2}/W_o.$$

Diese Berechnungsweise für die Randspannungen ist namentlich im Gewölbebau gebräuchlich. Man hat dann statt der Einflußlinien für N und M diejenigen für M_{k1} und M_{k2} zu zeichnen, was die *genaue* Kenntnis der Querschnitte schon bei Aufstellung der statischen Berechnung voraussetzt.

9. Spannungsverteilung bei versagender Zugzone

Unter exzentrischem Druck ist auch dann noch ein von Zugspannungen freier Gleichgewichtszustand möglich, wenn die Resultierende zwar außerhalb des Kerns, aber noch innerhalb des Querschnitts angreift. In diesem Falle, der namentlich in

Fundamentfugen häufig ist, ist ein Teil des Querschnitts spannungslos, und die Fuge klafft dort auseinander.

Für den einfachsten Fall, daß es sich um ein in der Symmetrieachse beanspruchtes Rechteck handelt, kann man die Spannungen rechnerisch bestimmen (Abb. 28). Damit die Resultierende der dreieckigen Spannungsverteilung in die Wirkungslinie von N fällt, muß $h' = 3\,(h/2 - e)$ sein. Die größte Spannung ist dann

$$\sigma = 2\,\frac{N}{b\,h'} = \frac{4\,N}{3\,b\,(h - 2e)}, \qquad \left(\frac{h}{6} \leqq e \leqq \frac{h}{2}\right). \tag{35}$$

Für symmetrische, in der Symmetrieebene beanspruchte Querschnitte beliebiger Form läßt sich die Nullinie und damit die Spannungsverteilung zeichnerisch finden: In Abb. 29 sei A der Kraftangriffspunkt, S der Schwerpunkt der schraffierten Druckzone, $n-n$ die Nullinie. Nach Gl. (33) muß sein

$$e\,y_0 = i_z'^2 = I_z'/F',$$

wobei sich F', I_z', i_z' nur auf den schraffierten Flächenteil beziehen, dessen rechte Grenze noch unbekannt ist. Bezeichnet man das Trägheitsmoment in bezug auf die Nullinie mit I_n',

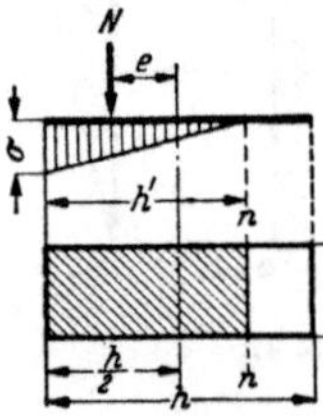

Abb. 28

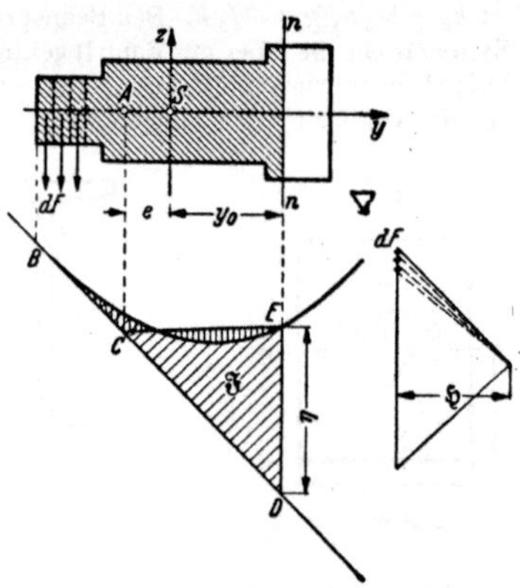

Abb. 29

so ist nach dem *Steiner*schen Satz (s. Abschn. *Mechanik*, S. 121):

$$I_z' = I_n' - y_0^2 F',$$

also

$$e\,y_0 = I_n'/F' - y_0^2,$$

$$e + y_0 = I_n'/F'\,y_0.$$

Teilt man nun den Querschnitt, wie in Abb. 29 links angedeutet, in lotrechte Streifen und zeichnet wie zur Bestimmung des Flächenschwerpunktes ein Seileck mit der Polweite $\mathfrak{H}$ zu den lotrechten Vektoren dF, so ist die zwischen Seilkurve, linker Endtangente und Nullinie liegende Fläche $BCDEB = \mathfrak{F} = I_n'/2\mathfrak{H}$ (Abschn. *Baustatik*) und das statische Moment $F'y_0 = \mathfrak{H} \cdot \eta$, also

$$e + y_0 = \frac{I_n'}{F'\,y_0} = \frac{2\,\mathfrak{H}\mathfrak{F}}{\mathfrak{H}\eta} = \frac{2\,\mathfrak{F}}{\eta}.$$

Die Nullinie ist also richtig bestimmt, wenn die Fläche $\mathfrak{F} = \eta\,(e + y_0)/2$ oder $^1/_2\,\eta\,(e + y_0)$, also gleich der Dreiecksfläche CED ist. Danach ist die Konstruktion des Punktes E möglich, indem man durch Herunterloten des Punktes A den Punkt C bestimmt und durch ihn nach Augenmaß eine Gerade CE so hindurchzieht, daß die beiden in der Abbildung lotrecht schraffierten Flächenteile einander gleich werden. Bei Bedarf kann das Ergebnis noch nachgeprüft und verbessert werden, indem man die beiden Flächen nach einer der üblichen Methoden ausmißt (Mathematik, S. 67). Für Rechteckquerschnitte mit beliebiger Lage des Angriffspunktes außerhalb der Symmetrielinien sind von *W. Drechsel*[1] Tabellen berechnet

[1] *W. Drechsel:* Bauing. 9 (1928) 207.

worden, die für die Berechnung von Gründungsfugen nützlich sein können. In allen Fällen mit versagender Zugzone besteht kein linearer Zusammenhang zwischen Momenten und Spannungen. Das Superpositionsgesetz ist daher ungültig.

10. Plastische Biegung

Wenn in der Randfaser eines gebogenen Stabes die Fließgrenze erreicht wird, so ist damit seine Tragfähigkeit noch nicht erschöpft; denn während die äußeren Fasern bei konstanter Spannung fließen, erhöht sich in den näher an der Nullinie liegenden Teilen, wo die Fließgrenze noch nicht erreicht ist, die Spannung weiter und mit ihr auch das aufgenommene Biegemoment.

Kennt man den genauen Verlauf des Spannungs-Dehnungs-Diagramms, so kann man für doppelt-symmetrische Querschnitte (Höhe h) die Vorgänge leicht rechnerisch verfolgen, indem man zu einer angenommenen Randfaserdehnung ε_r aus dem Spannungs-Dehnungs-Diagramm unter Annahme eben bleibender Querschnitte die zugehörige Verteilung der Biegespannungen σ berechnet und durch Integration das Biegemoment bestimmt. Führt man das für verschiedene ε_r durch und berechnet anderseits die zugehörige Krümmung der elastischen Linie $w'' = 2\,\varepsilon_r/h$, so gewinnt man damit punktweise die nun nicht mehr lineare Funktion $M = M(w'')$, aus der man durch graphische Integration die zu gegebenen Momenten

Abb. 30

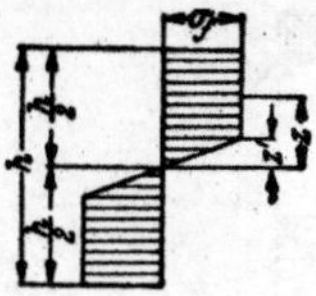

Abb. 31

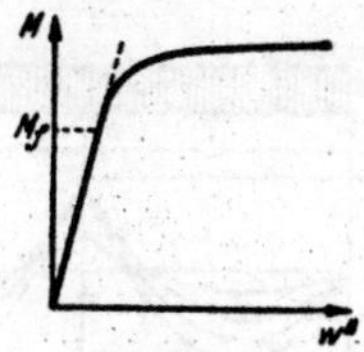

Abb. 32

gehörende Biegelinie bestimmen kann. Ist der Querschnitt unsymmetrisch, so kompliziert sich die Rechnung dadurch, daß für jedes ε_r erst noch die Lage der Nullinie zu bestimmen ist.

Die Rechnung wird verhältnismäßig einfach, wenn man außer der Symmetrie des Querschnitts auch noch einen vereinfachten Zusammenhang zwischen Spannung und Dehnung gemäß Abb. 30 voraussetzt. Dann haben die Biegespannungen nach Überschreitung der Fließgrenze den in Abb. 31 dargestellten Verlauf, und das Biegemoment ist

$$M = 2\int_0^{z'} \sigma b z\, dz + \int_{z'}^{h/2} \sigma_f b z\, dz$$

$$= \frac{2\sigma_f}{z'}\int_0^{z'} b z^2\, dz + 2\sigma_f \int_{z'}^{h/2} b z\, dz,$$

und man findet die Krümmung der elastischen Linie, wenn man Gl. (24) auf den elastischen Teil des Querschnitts anwendet: $w'' = \sigma_f/E z'$. Kennt man die Querschnittsform, so kann man für angenommenes z' die Integrale auswerten. Für den einfachsten Fall, einen rechteckigen Querschnitt der Breite b und der Höhe h, ist z. B.

$$M = 2\, b\sigma_f\left(\frac{z'^2}{3} + \frac{h^2}{8} - \frac{z'^2}{2}\right) = \sigma_f\,\frac{b\,(3\,h^2 - 4\,z'^2)}{12}\,.$$

Drückt man darin z' durch w'' aus, so erhält man

$$M = \frac{b h^2}{6}\,\sigma_f\left(\frac{3}{2} - \frac{2}{h^2 w''^2}\,\frac{\sigma_f^2}{E^2}\right). \tag{36}$$

Wenn die Fließspannung eben in der Randfaser erreicht wird, ist die Klammer = 1, und wenn w'' bis ∞ wächst, steigt sie bis 1,5. Das Moment kann also nach der Erreichung der Fließgrenze noch um höchstens 50% zunehmen. Natürlich wird lange vorher schon einerseits die Formänderung unerträglich groß geworden sein, anderseits auch in den Randgebieten schon Verfestigung und Bruch eintreten, und aus beiden Gründen werden die Voraussetzungen für die Ableitung der Formel nicht mehr erfüllt sein. Wie der Anstieg der Formänderung im einzelnen verläuft, zeigt Abb. 32, aus der man erkennt, daß wesentliche Überschreitungen des Fließmoments praktisch kaum zulässig sein werden.

Für I-Querschnitte und ähnliche verläuft der plastische Teil der M-w''-Kurve noch wesentlich flacher, und das Moment M_f, bei dem das Fließen beginnt, ist dann praktisch gleich dem größten überhaupt ertragbaren Biegemoment. Die Bedeutung der plastischen Biegevorgänge für das Bauwesen beruht daher nicht in einer Erhöhung des ertragenen Biegemoments, sondern darin, daß die bei Erreichung der Fließgrenze einsetzende starke örtliche Formänderung zu einer günstigen Veränderung des Kräftespiels in statisch unbestimmten Systemen führen kann.

Dies möge am Beispiel eines durchgehenden Trägers über zwei Feldern erläutert werden. Der Träger (Abb. 33) habe gleiche Feldweiten, konstanten Querschnitt und gleichmäßig verteilte Belastung. Dann ist vor Erreichung der Fließgrenze das Stützenmoment $M_B = pl^2/8$ (s. Abschnitt *Baustatik*, sowie Abschnitt

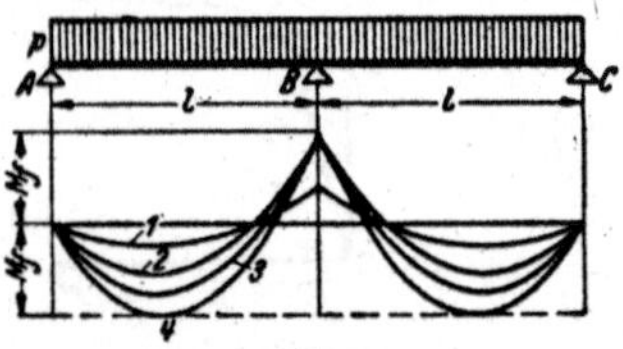

Abb. 33

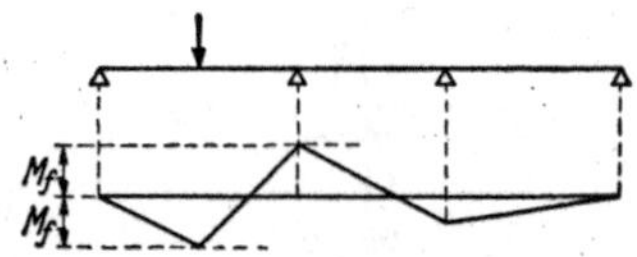

Abb. 34

Stahlbau). Steigert man die Belastung p so weit, daß im Stützenquerschnitt das Fließmoment M_f erreicht wird, so wird bei weiterer Laststeigerung dort die Krümmung zunehmen, ohne daß das Moment nennenswert wächst. Es bildet sich ein sogenanntes Fließgelenk aus, d. h., der Träger verhält sich für die *zusätzlich* aufgebrachte Last annähernd so, als ob über der Mittelstütze ein Gelenk vorhanden wäre. Die Belastung kann weiter gesteigert werden, bis auch an der Stelle des größten Feldmomentes das Fließen beginnt. Dann ist ein weiteres Anwachsen der Biegemomente nicht mehr möglich, und die Tragfähigkeit des Trägers ist erschöpft. Die Last, unter der dieser Zustand eintritt, wird Traglast genannt. Wie man leicht nachrechnet, liegt sie im vorliegenden Beispiel 45% über derjenigen, bei der $M_B = M_f$ wird. Dieser Tragfähigkeitsüberschuß kann ausgenutzt werden, wenn der Baustoff die plastische Verformung an der Mittelstütze verträgt und wenn die Belastung im wesentlichen ruhend ist. Unter häufig wechselnden Lasten ist natürlich die Dauerbruchgrenze an der höchstbeanspruchten Stelle für die Tragfähigkeit entscheidend.

Im allgemeinen wird man erwarten können, daß in einem n-fach statisch unbestimmten System $(n + 1)$ Fließgelenke entstehen müssen, bevor es beweglich wird und damit seine Traggrenze erreicht. Diese Regel hat jedoch Ausnahmen nach beiden Richtungen. Wie das Beispiel zeigt, können an der Traggrenze gleichzeitig zwei neue Fließgelenke (in den beiden Feldern) auftreten, so daß das bis dahin noch unbewegliche System sofort in ein System mit zwei Freiheitsgraden übergeht. Anderseits ist es auch möglich, daß mit weniger als $(n + 1)$ Fließgelenken die Tragfähigkeit örtlich erschöpft wird, so z. B. in einem durchgehenden Träger, wenn nur ein Feld versagt. Abb. 34 zeigt, wie das in einem zweifach unbestimmten System mit $n = 2$ Fließgelenken möglich ist. Hängt man rechts noch eine vierte Öffnung an den Träger an, so wird er dreifach unbestimmt, und $(n - 1)$ Fließgelenke genügen, um das linke Feld allein an die Traggrenze zu bringen.

Aus dem Begriff des Fließgelenks folgt, daß zwischen den Fließgelenken das Biegemoment überall kleiner als der Grenzwert M_f sein muß. In Stäben konstanten Querschnitts können Fließgelenke daher nur an solchen Stellen auftreten, an denen das Biegemoment ein (positives oder negatives) Maximum haben kann, also in geraden Stäben nur an den Enden und unter Lasten, in gebrochenen Stabzügen außerdem an den Eckpunkten, aber in gekrümmten Stäben überall. Die Anzahl möglicher Lagen von Fließgelenken ist daher oft ziemlich begrenzt, insbesondere, wenn die Last nur aus wenigen Einzelkräften besteht.

Wenn alle an einem Tragwerk angreifenden Lasten nur proportional zueinander anwachsen können, so kann man die Traglast verhältnismäßig einfach auf folgendem Wege berechnen:

Man macht eine vernünftig erscheinende Annahme über die Lage der Fließgelenke und stellt fest, in welchem Sinne sich in jedem Gelenke die Stabenden gegeneinander drehen müssen. Daraus ergibt sich das Vorzeichen des Biegemoments in diesen Punkten; seine Größe ist der zum dortigen Querschnitt gehörende Wert des Fließmoments M_f. Die so erhaltenen Momente werden auf beiden Seiten jedes Gelenks als Lasten an dem beweglichen Stabwerk angebracht, und man kann nun, am einfachsten aus einer Arbeitsgleichung, die Höhe der Belastung bestimmen, für die das System im Gleichgewicht ist. Hat man $(n + 1)$ oder mehr Fließgelenke, so kann man alsdann aus Gleichgewichtsbedingungen allein die vollständige Biegemomentenverteilung finden; hat man weniger Fließgelenke, so verbleibt ein statisch unbestimmtes Restsystem, das in der üblichen Weise zu behandeln ist. Es können nun folgende drei Fälle eintreten:

1. Außer in den angenommenen Fließgelenken wird der Grenzwert M_f nirgends erreicht. Dann ist die angenommene Fließgelenk-Konfiguration die einzig mögliche, und die berechnete Last ist die gesuchte Traglast.

2. Außer in den angenommenen Fließgelenken wird das Fließmoment noch in einem oder mehreren anderen Punkten erreicht, aber nirgends überschritten. Dann werden sich an diesen Stellen weitere (überzählige) Fließgelenke ausbilden, und das Ergebnis ist auch in diesem Falle endgültig.

3. Es gibt Stellen, wo das Biegemoment den Fließwert M_f überschreitet. Dann ist die angenommene Fließgelenk-Konfiguration falsch, und die erhaltene Last ist größer als die Traglast. Die Rechnung muß dann mit einer anderen Auswahl von Fließgelenken wiederholt werden.

Der Fall, daß alle Lasten so aufgebracht werden, daß sie proportional zueinander anwachsen, kommt nicht sehr häufig vor. Gewöhnlich besteht die Last aus mehreren Gruppen (z. B. Eigengewicht und mehreren voneinander unabhängigen Nutzlasten). Dann stellt die nach dem vorstehenden Verfahren ermittelte Traglast zwar eine Lastgrenze dar, aber es ist möglich, daß eine Teilbelastung Fließgelenke an anderen Stellen erzeugt und schon früher zu einer Traglast führt. Es kommt hier zum Ausdruck, daß das plastische Spannungsproblem nichtlinearen Charakter hat. Es ist daher nicht möglich, Teilergebnisse zu superponieren, sondern jede mögliche Kombination von gleichzeitig auftretenden Lasten muß besonders untersucht werden. Einzelheiten s. *P. S. Symonds, B. G. Neal*: J. Franklin Inst. *252* (1951), S. 383–407, 469–492.

B. Biegung stark gekrümmter Stäbe

Ist die Stabachse stark gekrümmt, so wird das Spannungsbild dadurch abgeändert, daß auf der Innenseite liegende Fasern kürzer und daher bei gleicher Spannung weniger dehnbar sind als die auf der Außenseite liegenden. Man kann auch in diesen Fällen, solange der Krümmungsradius nicht von der Größenordnung der Querschnittshöhe ist, am Ebenbleiben der Querschnitte festhalten. Dann ist nach Abb. 35 die Länge einer Faser vor der Formänderung $ds = (r + z)\,d\varphi$ und erfährt die Verlängerung $z \cdot \Delta\, d\varphi$, also die Dehnung

$$\varepsilon = \frac{z}{r + z}\,\frac{\Delta\, d\varphi}{d\varphi}\,.$$

Ist ds_0 die Länge des Stabelements längs der (noch unbekannten) neutralen Schicht, so ist

$$d\varphi = ds_0/r, \qquad d\varphi + \Delta\, d\varphi = ds_0/\varrho,$$

also, wenn man die Krümmungsänderung $1/\varrho - 1/r = \varkappa$ setzt,

$$\frac{\Delta\, d\varphi}{d\varphi} = \varkappa r$$

und damit

$$\varepsilon = \frac{z}{r+z}\varkappa\, r, \qquad \sigma = E\varkappa r\,\frac{z}{r+z}\,. \tag{37}$$

Die Biegespannungen verteilen sich also nicht mehr gradlinig, sondern nach einer Hyperbel, und zwar so, daß sie extrapoliert im Krümmungsmittelpunkt O nach unendlich gehen.

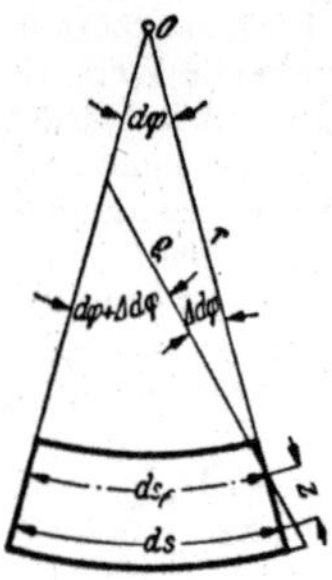

Abb. 35

Zur Berechnung der Nullinie dient die Forderung, daß die Längskraft $N = 0$ sein soll:

$$N = \int \sigma\, dF = E\varkappa \int \frac{z}{1 + z/r}\, dF = 0. \tag{38}$$

Durch rechnerische oder zeichnerische Auswertung des Integrals, nötigenfalls durch Probieren, kann daraus die Lage des Punktes $z = 0$ im Querschnitt gefunden werden. Die Biegespannungen ergeben sich aus dem Moment:

$$M = \int \sigma z\, dF = E\varkappa \int \frac{z^2}{1 + z/r}\, dF. \tag{39}$$

Das Integral tritt an die Stelle des Trägheitsmoments bei geraden Stäben und geht für $r \to \infty$ darin über.

C. Schubspannungen bei Biegung

1. Elementare Berechnung

Die Normalspannungen σ, die eigentlichen Biegespannungen, sind nicht die einzigen Spannungen in einem gebogenen Stab, sondern es treten außerdem Schubspannungen auf, durch die die Querkraft übertragen wird. Da es das wesentliche Kennzeichen der technischen Biegelehre ist, daß die von diesen Spannungen erzeugten Formänderungen vernachlässigt werden, so können sie natürlich nur aus einer Gleichgewichtsbedingung gefunden werden. Um diese aufzustellen, zerschneidet man, wie in Abb. 36 angedeutet, das Balkenelement dx durch eine waagrechte Ebene in zwei Teile und formuliert das Gleichgewicht der am unteren Teil angreifenden *waagrechten* Kräfte. Auf der linken Seite sind das die Biegespannungen σ, die von $z' = z$ bis $z' = h_2$ zu integrieren sind:

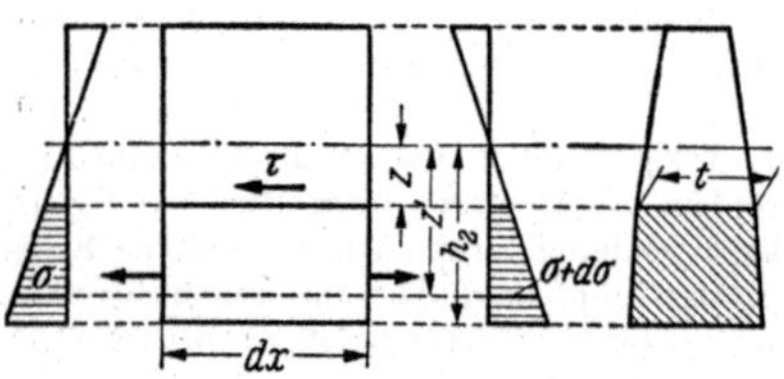

Abb. 36

$$\int\limits_{F'} \sigma\, dF = \frac{M}{I} \int\limits_{F'} z'\, dF\,.$$

Auf der rechten Seite wirken dieselben Spannungen, aber entsprechend dem Biegemoment $M + dM$ um ein Differential vergrößert. Die Differenz beider muß mit den in der waagrechten Schnittfläche $t \cdot dx$ übertragenen Schubspannungen τ im Gleichgewicht sein:

$$\frac{dM}{I}\int\limits_{F'} z'\,dF = \tau t\,dx.$$

Das Integral ist das statische Moment des durch den waagrechten Schnitt abgetrennten Querschnittsteils in bezug auf die Querschnittsschwerachse. Es werde mit S bezeichnet. Mit $dM/dx = Q$ liefert dann die Gleichgewichtsbedingung:

$$\tau = \frac{QS}{It}. \tag{40}$$

Nach dem Satze von der paarweisen Gleichheit der Schubspannungen [Gl. (1), S. 189] ist das gleichzeitig die lotrechte, im Stabquerschnitt wirkende Schubspannung, die ebenso wie S und t eine Funktion von z ist.

Diese Rechnung liefert natürlich nur einen Mittelwert der Schubspannung über die Querschnittsbreite t und ist deshalb nur dann für die Beurteilung der Festigkeit des Stabes brauchbar, wenn man Grund hat, anzunehmen, daß die Schubspannung gleichmäßig über t verteilt ist. Das ist praktisch nur für dünnwandige Querschnitte der Fall.

Für einen Rechteckquerschnitt mit $t = b$, $S = b\,(h^2 - 4z^2)/8$ und $I = bh^3/12$ liefert Gl. (40):

$$\tau = \frac{3\,Q}{2\,b\,h^3}\,(h^2 - 4\,z^2),$$

also eine parabolische Verteilung über die Höhe (Abb. 37) mit dem Größtwert

$$\max\tau = \frac{3\,Q}{2\,b\,h} \tag{41}$$

in der Mitte. Für $h > 2b$ gibt diese Formel die größte Schubspannung ziemlich genau; für ein Quadrat sind 12% zuzuschlagen und 100% für $b \gg h$.

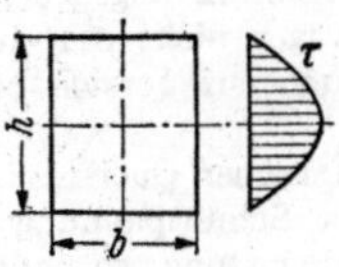

Abb. 37

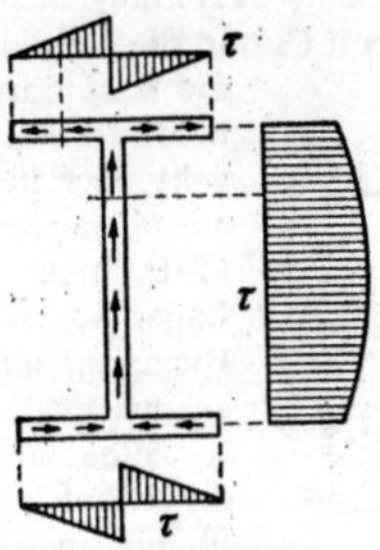

Abb. 38

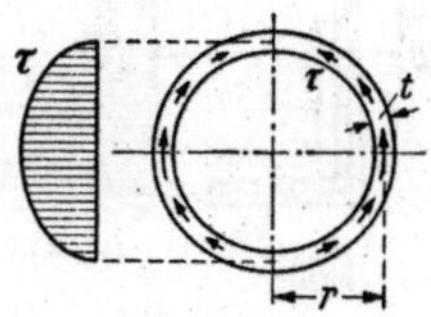

Abb. 39

Gl. (40) liefert gute Ergebnisse für alle dünnwandigen Querschnitte, wenn man den Schnitt durch den Querschnitt nicht parallel zur Nullinie, sondern in Richtung der Wandstärke führt. Ein I-Profil schneidet man also quer durch den Steg und quer durch den Flansch und findet so die in Abb. 38 eingetragene Spannungsverteilung. In einem Kreisringquerschnitt (Abb. 39) sind die Schubspannungen symmetrisch zum lotrechten Durchmesser verteilt und erreichen links und rechts auf der Nullinie das Maximum

$$\tau = Q/\pi r t. \tag{42}$$

Schlitzt man den Querschnitt an der höchsten oder tiefsten Stelle auf, so ändert sich die Schubspannungsverteilung nicht; schlitzt man ihn am rechten Ende des waagrechten Durchmessers auf (Abb. 40), so wird die Schubspannung dort null und verdoppelt ihren Wert am linken Ende desselben Durchmessers.

Zur Berechnung geschweißter Biegeträger legt man den Schnitt durch die Schweißnaht (Abb. 41). Zur Berechnung der Hals- und Kopfniete zusammengesetzter I-Träger braucht man die Schubkraft T, die auf einen Niet entfällt. Ist a die Nietteilung, so ist diese Kraft

$$T = QSa/I, \tag{43}$$

wobei S für den durch die Niete angeschlossenen Querschnittsteil zu bilden ist.

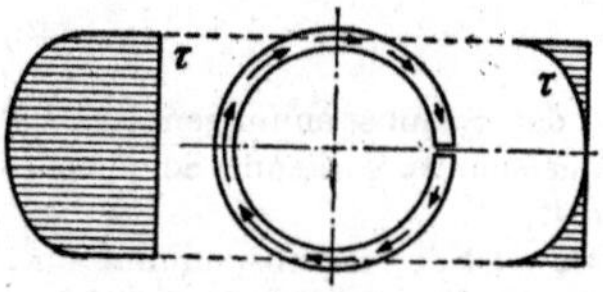

Abb. 40

Abb. 41

Von derselben Art wie die hier behandelten Schubspannungen und daher nach denselben Gedankengängen zu berechnen sind die Haftspannungen in Stahlbetonbalken (s. Abschn. *Massivbau*).

2. Vollquerschnitte

Für Vollquerschnitte beliebiger Form ist das Schubproblem mit dem Torsionsproblem eng verwandt. Die elementare Gl. (40) ist dann nicht verläßlich. Die Abweichungen für Rechteckquerschnitte wurden schon im Anschluß an Gl. (41) erwähnt. Auf einen Kreisquerschnitt vom Radius r angewandt, liefert Gl. (40)

$$\tau = \frac{4\,Q}{3\,\pi r^2} \tag{44}$$

als Mittelwert längs der Nullinie, und der genaue Wert ist nur um wenige Prozent höher.

3. Schubmittelpunkt

Berechnet man für einen [-Querschnitt in der unter 1. beschriebenen Weise die Schubspannungen, so erhält man eine Verteilung nach Abb. 42. Die Resultierende dieser Spannungen ist die Querkraft Q, und die Abbildung läßt erkennen, daß diese die dort dargestellte Lage hat, also insbesondere nicht durch den Schwerpunkt geht oder in der Stegebene liegt. Hat die aus den äußeren Kräften berechnete Querkraft nicht die in Abb. 42 angegebene Lage, so ist der Träger nicht nur auf Biegung, sondern auch auf Torsion beansprucht.

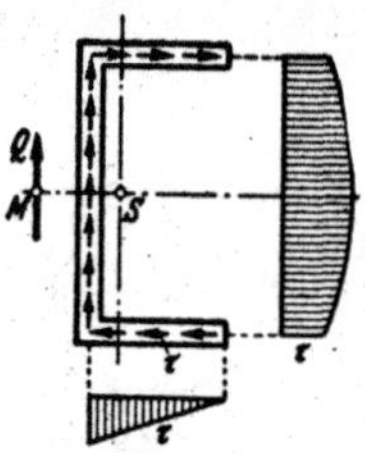

Abb. 42

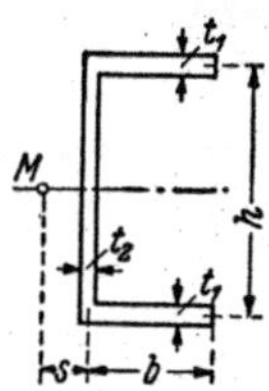

Abb. 43

Bildet man an demselben Querschnitt die Resultierende der Schubspannungen für eine waagrechte Belastung, so findet man die Wirkungslinie der waagrechten Querkraft (die hier mit der Symmetrieachse zusammenfällt). Der Schnittpunkt beider Wirkungslinien ist ein ausgezeichneter Punkt des Querschnitts, der *Schubmittelpunkt* M. Ein Träger ist dann frei von Torsionsspannungen, wenn die Schubmittelpunkte aller Querschnitte auf einer Geraden liegen und wenn alle zur Stabachse normalen Lasten durch die Schubmittelpunktsachse gehen. Andernfalls ist das Moment einer jeden Last in bezug auf die Schubmittelpunktsachse eine Torsionsbelastung.

Für einen aus Rechtecken zusammengesetzten Querschnitt nach Abb. 43 ist der Abstand des Schubmittelpunkts von der Stegebene

$$s = \frac{3\,b^2 t_1}{h\,t_2 + 6\,b\,t_1}\,. \tag{45}$$

Für ein Winkelprofil liegt der Schubmittelpunkt im Schnittpunkt der Mittellinien der beiden Schenkel. Hat ein Querschnitt eine Symmetrieachse, so liegt der Schubmittelpunkt auf ihr, hat er zwei Symmetrieachsen, so fallen Schubmittelpunkt und Schwerpunkt zusammen. Auch in symmetrischen ⅂-Profilen ist das der Fall.

4. Einfluß der Querkraft auf die Durchbiegung

Nach III, A, 2 ist die technische Biegetheorie aufgebaut auf die Vernachlässigung der von den Schubspannungen herrührenden Formänderungen. Ihr eigentliches Anwendungsgebiet sind deshalb die *schlanken* Stäbe, bei denen diese Vernachlässigung berechtigt ist und wo die Querkraft dementsprechend auch keinen merklichen Einfluß auf die Durchbiegung hat.

Die Erfahrung hat jedoch gezeigt, daß sich die technische Biegetheorie auch noch mit einigem Erfolg auf kurze, hohe Träger anwenden läßt, für die sie eigentlich gar nicht bestimmt ist, und dort ergibt sich die Notwendigkeit, den im Aufbau der Theorie vernachlässigten Einfluß der Schubverformung wenigstens näherungsweise nachträglich in seiner Wirkung auf die Durchbiegung zu berücksichtigen.

Ebenso wie die Querkraftschubspannung τ ist auch die zugehörige Gleitung $\gamma' = \tau/G$ ungleichmäßig über den Querschnitt verteilt (s. III, C, 1). Man ersetzt sie zunächst durch einen Mittelwert γ, den man so bestimmt, daß an einem Balkenelement dx die Querkraft Q mit diesem Mittelwert der Formänderung dieselbe Formänderungsarbeit liefert, die sich auch durch Integration über die Arbeit der Schubspannungen τ in den einzelnen Raumelementen des Balkenelements ergibt:

$$\frac{1}{2} Q \cdot \gamma \, dx = \frac{1}{2} \int_F \tau \gamma' \, dF \cdot dx,$$

also zu

$$\gamma = \frac{1}{QG} \int_F \tau^2 \, dF.$$

Das Integral läßt sich ausrechnen, wenn man die Schubverteilung über den Querschnitt kennt. Da alle Schubspannungen proportional Q/F sind, so ist es proportional $\frac{Q^2}{F^2} \cdot F$, also etwa $= \varkappa Q^2/F$, und damit

$$\gamma = \frac{\varkappa Q}{GF}. \qquad (46)$$

Die Zahl $\varkappa$ wird Schubverteilungszahl genannt. Für rechteckige Querschnitte ist $\varkappa = 1{,}2$.

Hat man die Schubverteilungszahl und damit die mittlere Gleitung γ, so kann man den Zuschlag w_Q zur Durchbiegung w ausrechnen, der durch die Querkräfte verursacht wird; denn nach Abb. 44 ist

$$\frac{dw_Q}{dx} = \gamma = \frac{\varkappa Q}{GF}, \qquad (47)$$

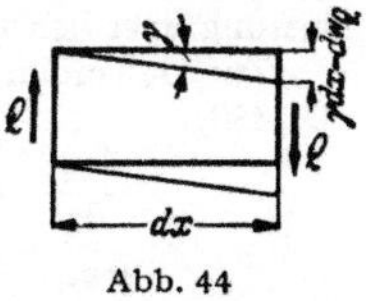

Abb. 44

also wegen $Q = dM/dx$:

$$w_Q = \frac{\varkappa}{GF} M + \text{const},$$

wobei sich die Integrationskonstante aus einer Randbedingung ergibt.

IV. Torsion

A. Saint-Venantsche Torsion (Freie Torsion)

1. Differentialgleichung

Ein gerader Stab sei an seinem einen Ende $x = 0$ festgehalten, am andern durch ein Torsionsmoment M belastet (Abb. 45). Dann verdreht sich jeder Querschnitt um einen Winkel $\alpha(x)$ um eine bestimmte, in Längsrichtung des Stabes laufende

Achse, die als x-Achse gewählt werden möge. Sind alle Querschnitte gleich, so wird sich jede Parallele zur x-Achse zu einer Schraubenlinie verformen, und der Winkel α wird dem Abstand vom festgehaltenen Ende proportional sein: $\alpha = \vartheta x$, und daraus folgen die elastischen Verschiebungen in der Querschnittsebene (Abb. 46):

$$\begin{aligned} v &= -r\alpha \sin\psi = -\vartheta x z \\ w &= r\alpha \cos\psi = \vartheta x y. \end{aligned} \tag{48a}$$

Die Größe ϑ bezeichnet man als Verwindung des Stabes (Dimension: Länge^{-1}, Verdrehung je Längeneinheit). Sie ist natürlich dem Torsionsmoment M proportional:

$$\vartheta = M/G J_T. \tag{49}$$

Der Proportionalitätsfaktor $G J_T$, die Torsionssteifigkeit, setzt sich zusammen aus dem Schubmodul G und dem Faktor J_T, der den Einfluß der Querschnittsform und -größe darstellt.

Diese Querschnittsverdrehung ist nicht die einzige Formänderung des Stabes. Zu ihr tritt noch eine Querschnittsverwölbung hinzu, d. h. eine Verschiebung u in Richtung der x-Achse, die für entsprechende Punkte aller Querschnitte dieselbe Größe hat, also nur eine Funktion der beiden Querschnittskoordinaten ist und im übrigen proportional der Belastung M oder der Verwindung ϑ:

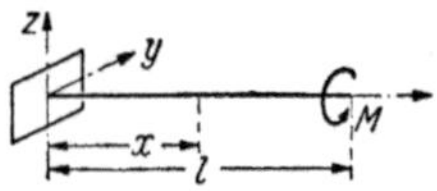

Abb. 45

$$u = u(y, z) = \vartheta \cdot \varphi(y, z), \qquad \frac{\partial \varphi}{\partial x} = 0. \tag{48b}$$

Führt man den Ansatz (48a, b) in die Gleichungen (3), (4), (8) auf S. 190, 191 ein, so ergibt sich $\sigma_x = \sigma_y = \sigma_z = \tau_{yz} = 0$ und damit auch $e = 0$, und es bleiben nur die beiden Schubspannungen τ_{xy}, τ_{xz} in der Querschnittsebene und die ihnen gleichen Spannungen τ_{yx}, τ_{zx} in Stablängsschnitten:

$$\begin{aligned} \tau_{xy} &= G\gamma_{xy} = G\left(\frac{\partial v}{\partial x} + \frac{\partial u}{\partial y}\right) = G\vartheta\left(-z + \frac{\partial \varphi}{\partial y}\right), \\ \tau_{xz} &= G\gamma_{xz} = G\left(\frac{\partial w}{\partial x} + \frac{\partial u}{\partial z}\right) = G\vartheta\left(y + \frac{\partial \varphi}{\partial z}\right). \end{aligned} \tag{50}$$

Setzt man den Ansatz weiter in Gl. (9) ein, so findet man wegen $e = 0$ aus der ersten Gleichung

$$\Delta u = 0, \qquad \text{also } \Delta\varphi = 0,$$

während die beiden anderen identisch erfüllt sind. Der Ansatz ist also im Gegensatz zu dem Ansatz von *Navier* für die Biegetheorie kein Näherungsansatz, sondern eine strenge Lösung der elastischen Grundgleichungen, sofern er mit den Randbedingungen an den Stabenden verträglich ist, die eine bestimmte Verteilung der Belastung über den Endquerschnitt und eine bestimmte Formänderung erfordern.

Zur Gewinnung der Differentialgleichung des Torsionsproblems bildet man aus Gl. (50):

$$\frac{\partial \tau_{xy}}{\partial y} + \frac{\partial \tau_{xz}}{\partial z} = G\vartheta\left(\frac{\partial^2 \varphi}{\partial y^2} + \frac{\partial^2 \varphi}{\partial z^2}\right) = 0 \tag{51a}$$

$$\frac{\partial \tau_{xz}}{\partial y} - \frac{\partial \tau_{xy}}{\partial z} = G\vartheta\left(1 + \frac{\partial^2 \varphi}{\partial z\,\partial y} + 1 - \frac{\partial^2 \varphi}{\partial y\,\partial z}\right) = 2\,G\vartheta \tag{51b}$$

und löst diese beiden Differentialgleichungen für die Unbekannten τ_{xy}, τ_{xz} durch Einführung einer Spannungsfunktion $F(y, z)$, indem man setzt:

$$\tau_{xy} = -\partial F/\partial z, \qquad \tau_{xz} = +\partial F/\partial y. \tag{52}$$

Dadurch wird Gl. (51a) identisch erfüllt, und Gl. (51b) gibt die gesuchte Differentialgleichung

$$\frac{\partial^2 F}{\partial y^2} + \frac{\partial^2 F}{\partial z^2} = 2\,G\vartheta. \tag{53}$$

Die zur eindeutigen Lösung dieser Gleichung nötige Randbedingung ergibt sich aus der Forderung, daß auf der Oberfläche des Stabes keine Schubspannungen vorhanden sein dürfen, und daraus folgt wegen der paarweisen Zuordnung der Schubspannungen, daß die Spannung in der Querschnittsebene längs des Randes keine zu diesem normale Komponente haben darf. Das gibt nach Abb. 46:

$$\frac{dy}{dz} = \frac{\tau_{xy}}{\tau_{xz}} = -\frac{\partial F/\partial z}{\partial F/\partial y}$$

also

$$\frac{\partial F}{\partial y}\,dy + \frac{\partial F}{\partial z}\,dz = 0,$$

d. h., das totale Differential von F muß verschwinden, also $F = \text{const}$ sein.

Hat der Querschnitt nur einen einzigen Rand, so kann man auf diesem einfach $F = 0$ setzen, da es bei der Spannungsfunktion, von der nur die Ableitungen interessieren, auf eine additive Konstante nicht ankommt. Bei Hohlquerschnitten liegen die Dinge komplizierter.

Wie man aus Gl. (52) ablesen kann, ist die Resultierende der Schubspannungen τ_{xy} und τ_{xz} eines beliebigen Querschnittspunktes gleich dem Gradienten der Spannungsfunktion F, ist jedoch gegen ihn um 90° verdreht, also tangential zu der Linie $F = \text{const}$.

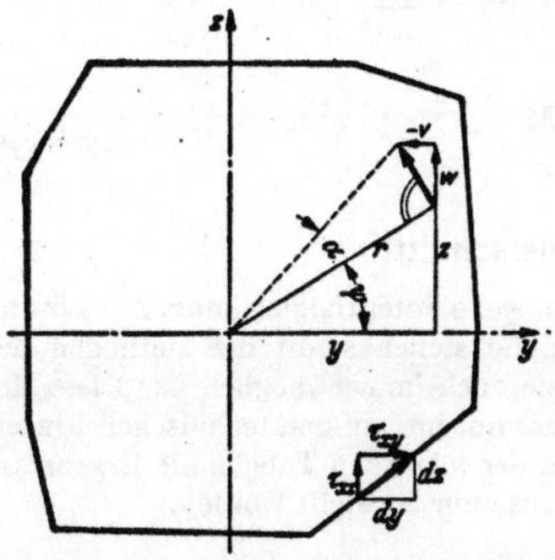

Abb. 46

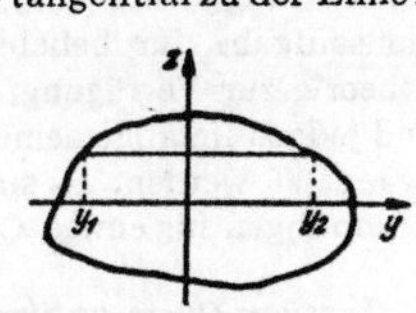

Abb. 47

Die Lösung der Differentialgleichung (53) liefert zunächst die Spannungen τ als Funktion von y, z und ϑ. Ziel der Rechnung ist natürlich die Kenntnis der Verwindung ϑ und der Spannungen, insbesondere der größten Spannung, als Funktion des Torsionsmoments, also Kenntnis der Querschnittssteifigkeit J_T in Gl. (49) und des Torsionswiderstandsmoments $W_T = M_{\max}\tau$. Um beide zu finden, braucht man nur M durch F auszudrücken:

$$M = \iint (\tau_{xz}y - \tau_{xy}z)\,dy\,dz = \iint \left(\frac{\partial F}{\partial y}\,y + \frac{\partial F}{\partial z}\,z\right) dy\,dz.$$

Die beiden Summanden dieses über den Querschnitt zu erstreckenden Integrals lassen sich durch partielle Integration umformen. Für den ersten erhält man z. B., wenn man zunächst längs einer Linie $z = \text{const}$ vom einen Randpunkt $y = y_1$ zum anderen $y = y_2$ (Abb. 47) integriert und dabei beachtet, daß in diesen beiden Punkten $F = 0$ ist:

$$\int_{y_1}^{y_2} \frac{\partial F}{\partial y}\,y\,dy = \Big[F\,y\Big]_{y_1}^{y_2} - \int_{y_1}^{y_2} F\,dy = -\int_{y_1}^{y_2} F\,dy,$$

also

$$\iint \frac{\partial F}{\partial y}\,y\,dy = -\iint F\,dy\,dz.$$

Das andere Integral liefert dasselbe noch einmal, so daß

$$M = -2\iint F\,dy\,dz. \tag{54}$$

2. Kreis- und Kreisringquerschnitt

Ist der Querschnitt ein Kreis vom Radius a, so ist

$$F = \frac{G\vartheta}{2}(y^2 + z^2 - a^2) = \frac{G\vartheta}{2}(r^2 - a^2)$$

die Lösung, die die Differentialgleichung und die Randbedingung $F = 0$ befriedigt. Gl. (54) liefert das Torsionsmoment, am einfachsten, wenn man in Polarkoordinaten rechnet:

$$M = -G\vartheta \iint (r^2 - a^2)\, r\, d\varphi\, dr = G\vartheta \frac{\pi a^4}{2}\,.$$

In diesem Falle ist also $J_T = \pi a^4/2$ gleich dem polaren Trägheitsmoment des Querschnitts. Diese Feststellung gilt auch für den konzentrischen Kreisringquerschnitt, führt aber bei allen anderen Querschnitten zu oft sehr erheblichen Fehlern, und zwar zu einer Überschätzung der Steifigkeit.

Die Schubspannungen sind auf der y-Achse:

$$\tau_{xy} = 0, \qquad \tau_{xz} = G\vartheta y = \frac{2My}{\pi a^4}\,,$$

insbesondere also die größte Spannung

$$\max\tau = \frac{2M}{\pi a^3}\,. \tag{55}$$

3. Andere Vollquerschnitte

Die Differentialgleichung (53) ist die inhomogene Potentialgleichung. Zur Lösung der Torsionsaufgabe für beliebige Querschnitte stehen somit die Methoden der Potentialtheorie zur Verfügung, mit denen sie auch immer möglich ist. Diese Methoden sind jedoch im allgemeinen viel zu mühsam, um auf den technischen Einzelfall angewandt zu werden. Es sind deshalb in der folgenden Tabelle die Ergebnisse solcher Rechnungen für einige Querschnitte zusammengestellt worden.

Tabelle 1. *Torsions-Querschnittssteifigkeit $J_T = M/G\vartheta$ und Torsions-Widerstandsmoment $W_T = M/\max\tau$*

Querschnitt	J_T	W_T
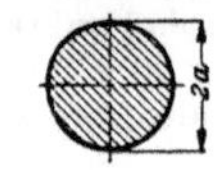	$\frac{\pi a^4}{2}$	$\frac{\pi a^3}{2}$
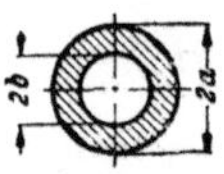	$\frac{\pi}{2}(a^4 - b^4)$	$\frac{\pi}{2}\frac{a^4 - b^4}{a}$
	$\sim 2\pi a^3\delta$	$\sim 2\pi a^2$
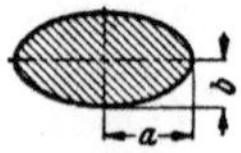	$\pi\frac{a^3 b^3}{a^2 + b^2}$	$\frac{\pi a b^2}{2}$
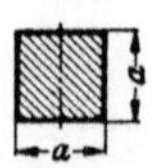	$\frac{a^4}{7{,}11}$	$\frac{a^3}{4{,}81}$
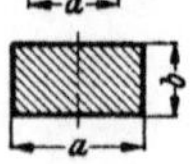	$\frac{ab^3}{3}\left(1 - 0{,}630\frac{b}{a} + 0{,}052\frac{b^5}{a^5} + \cdots\right)$	$\frac{ab^2}{3}\left(1 - 0{,}630\frac{b}{a} + 0{,}250\frac{b^2}{a^2}\right)$
	$\frac{a^4}{46{,}2}$	$\frac{a^3}{20}$

Für ungefähr kreisförmige Querschnitte ist $J_T \approx \frac{F^4}{40\, I_p}$, wobei F den Querschnitt, I_p das polare Trägheitsmoment bezeichnet.

4. Seifenhautgleichnis

Eine gute Hilfe zur anschaulichen Abschätzung von Torsionsspannungen, aber auch ein Verfahren zu ihrer tatsächlichen Ermittlung bietet die Analogie zwischen der Spannungsfunktion F des Torsionsproblems und der Ausbiegung einer belasteten Seifenhaut.

In eine ebene Behälterwand sei eine Öffnung eingeschnitten, die dem Querschnitt des Torsionsstabes kongruent ist. Überspannt man sie mit einer Seifenhaut und erzeugt man in dem Behälter einen kleinen Überdruck p, so wölbt sich die Seifenhaut etwas nach außen, und die Ausbiegung $\xi(y, z)$ genügt der Differentialgleichung

$$\frac{\partial^2 \xi}{\partial y^2} + \frac{\partial^2 \xi}{\partial z^2} = \frac{p}{N},$$

wenn man unter N die durch die Kapillarkräfte erzeugte Spannung der Haut (Dimension: Kraft je Längeneinheit) versteht. Diese Gleichung stimmt mit Gl. (53) überein, und auch die Randbedingung $\xi = 0$ ist dieselbe wie bei der Spannungsfunktion. Man kann sich also durch das Seifenhautexperiment die Spannungsfunktion $F(y, z)$ beschaffen und damit die Torsionsaufgabe lösen. Der Spannung τ entspricht dabei die Neigung der Seifenhaut gegen die y-z-Ebene, und die steilste Stelle ist diejenige, an der der tordierte Stab die größte Schubspannung hat.

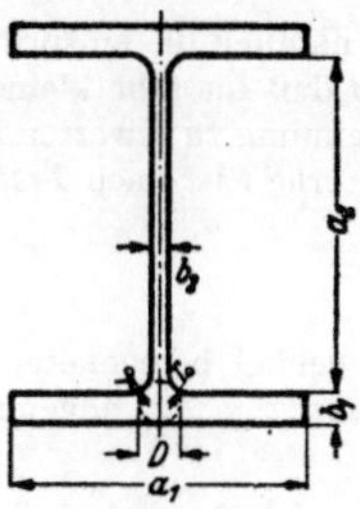

Abb. 48

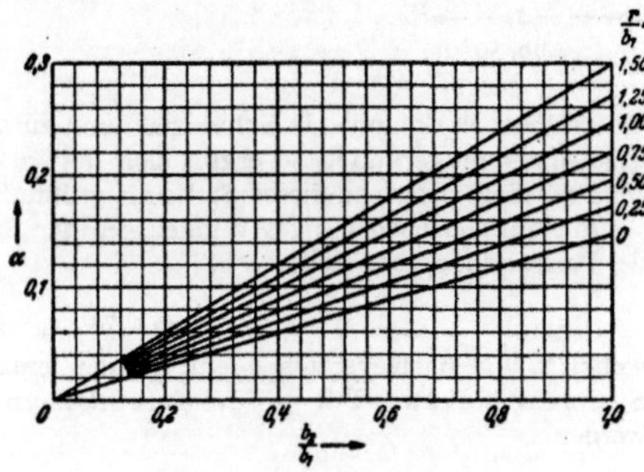

Abb. 49

Das Seifenhautgleichnis ist besonders geeignet zur Gewinnung von Näherungsformeln für dünnwandige Querschnitte (I, L usw.). Zerlegt man z. B. einen I-Querschnitt nach Abb. 48 in drei Rechtecke und macht mit jedem von ihnen getrennt den Seifenhautversuch, so ist die Summe der Inhalte der drei Spannungsbügel nur wenig kleiner als der des wirklichen Spannungshügels. Es ist also, wenn b_1 und b_2 klein sind, angenähert:

$$J_T = 2\, J_{T1} + J_{T2},$$

wobei J_{T1} und J_{T2} die Steifigkeitskonstanten der Teilrechtecke sind, die nach Tabelle 1 berechnet werden können. Eine bessere Näherung erhält man, wenn man für der Steg $J_{T2} = a_2 b_2^3/3$ setzt, ihn also als Stück eines sehr langen Rechtecks behandelt. Einen noch genaueren Wert erhält man nach *Trayer* & *March*[1] aus

$$J_T = 2\, J_{T1} + \frac{1}{3}\, a_2 b_2^3 + 2\, \alpha D^4,$$

wobei D den Durchmesser des größten nach Abb. 48 einbeschriebenen Kreises be-

[1] Nat. Advis. Comm. Aeronautics, Rep. 334.

zeichnet und α aus Abb. 49 entnommen werden kann. Für einen T-Querschnitt erhält man entsprechend

$$J_T = J_{T1} + J_{T2} + \alpha D^4,$$

wobei J_{T2} die Hälfte des nach Tabelle 1 für $a = 2a_2$, $b = b_2$ berechneten Wertes ist.

Für L-Querschnitte (Abb. 50) ist entsprechend

$$J_T = J_{T1} + J_{T2} + \beta D^4,$$

wobei J_{T1} für den dickeren Schenkel unmittelbar aus Tabelle 1 entnommen wird, während J_{T2} für den dünneren Schenkel wieder wie beim T-Querschnitt zu bilden und β aus Abb. 51 zu entnehmen ist.

Zur Berechnung der Spannungen verteilt man das Torsionsmoment M auf die Teilrechtecke: Flanschanteil $M_1 = M \cdot J_{T1}/J_T$, Steganteil $M_2 = M \cdot J_{T2}/J_T$ und berechnet die Schubspannung in der Mitte der Langseite jedes Rechteckes nach Tabelle 1. Die größte dieser Spannungen braucht noch nicht die größte im

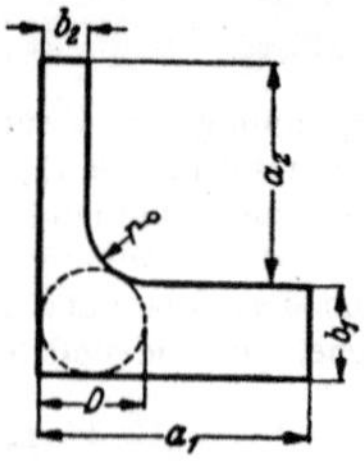

Abb. 50

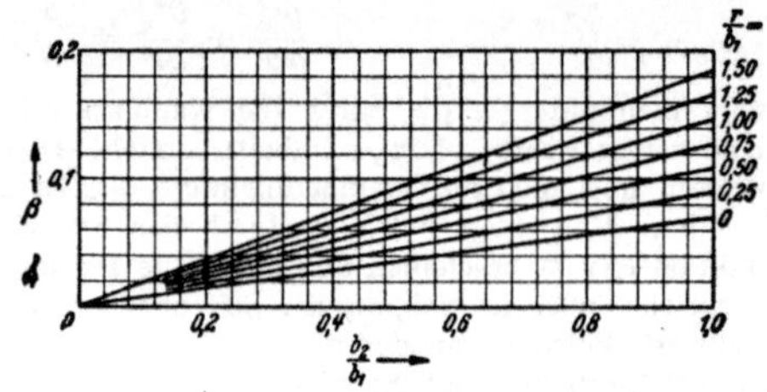

Abb. 51

Querschnitt vorkommende Schubspannung zu sein. Ist nämlich die einspringende Ecke nicht ausgerundet, so ergibt sich dort $\tau = \infty$, so daß für sehr kleine Ausrundungshalbmesser an dieser Stelle die größte Schubspannung zu erwarten ist.

Für ein gleichschenkliges Winkeleisen der Schenkelstärke t ist nach *Trefftz*[1] in der Ausrundung vom Radius r:

$$_{\max}\tau = 1{,}74 \cdot \tau_0 \cdot \sqrt[3]{t/r},$$

wobei τ_0 die nach vorstehendem für den einzelnen Schenkel berechnete größte Spannung bedeutet. Für größere Ausrundungsradien kann $\tau = 2\,\tau_0$ angenommen werden

5. Dünnwandige Hohlquerschnitte (Bredtsche Formeln)

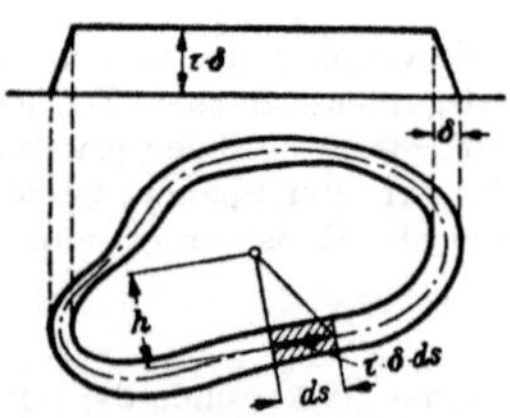

Abb. 52

Für dünnwandige Hohlquerschnitte ist der Spannungshügel ein Tafelberg, bestehend aus einer über dem Hohlraum liegenden Ebene und einer diese umgebenden, über dem eigentlichen Querschnitt liegenden Böschungsfläche, die um so steiler sein muß, je dünner die Wandstärke des Querschnitts an der betreffenden Stelle ist (Abb. 52). Über die Wanddicke verteilen sich die Schubspannungen in diesem Fall ziemlich gleichmäßig und sind demnach der Wandstärke t umgekehrt proportional, d. h. der *Schubfluß* $T = \tau t$ ändert sich längs des Querschnittsumfangs nicht.

Ein Flächenelement $t \cdot ds$ liefert zum Torsionsmoment den Beitrag

$$dM = t \cdot ds \cdot \tau \cdot h,$$

und das ganze Moment ist also

$$M = \tau t \cdot \oint h\, ds = \tau t \cdot 2 F_R, \tag{56}$$

[1] Z. angew. Math. Mech. 2 (1922), S. 263—267.

wobei F_R die Fläche ist, die von der in Abb. 52 strichpunktierten Mittellinie umschlossen wird. Damit ergibt sich

$$_{\max}\tau = \frac{M}{2\,F_R\,_{\min}t} \tag{57}$$

(1. *Bredt*sche Formel).

Die Torsionssteifigkeit findet man am einfachsten, indem man die Formänderungsarbeit einmal durch Torsionsmoment und Verwindung, zum anderen durch die Schubspannungen ausdrückt. Für ein Stabelement von der Länge 1 erhält man so

$$\frac{1}{2}\,M\vartheta = \frac{1}{2\,G}\oint \tau^2 t\,ds$$

und durch Einsetzen von τ nach Gl. (56):

$$M\vartheta = \frac{1}{G}\,\frac{M^2}{4\,F_R^2}\oint\frac{ds}{t},$$

also durch Vergleich mit Gl. (49):

$$G\,J_T = G\,\frac{4\,F_R^2}{\oint\frac{ds}{t}}. \tag{58}$$

Ist die Wandstärke auf dem ganzen Umfang konstant und die Länge des Umfangs $\oint ds = U$, so ist einfacher (2. *Bredt*sche Formel)

$$G\,J_T = G\,\frac{4\,F_R^2\,t}{U}. \tag{58'}$$

B. Wölbkrafttorsion

1. Grundbegriffe, Differentialgleichung

Die Verschiebungskomponente u, Gl. (48b), beschreibt eine Verwölbung der Querschnitte aus ihrer Ebene heraus. Wenn das Torsionsmoment konstant ist, so ist diese Verwölbung in allen Querschnitten dieselbe, und es treten keine Längsspannungen σ_x auf.

Die freie Ausbildung der von der *St. Venant*schen Theorie geforderten Verwölbung ist in vielen Fällen nicht möglich. Wenn sich das Torsionsmoment in einem Querschnitt sprunghaft ändert, so ergeben sich auf beiden Seiten verschieden große Verwölbungen unter Verletzung der Kontinuität der Formänderung. Ein Stabende kann so eingespannt sein, daß dort eine Verwölbung völlig unmöglich ist. In solchen Fällen bedarf die *St. Venant*sche Theorie einer Korrektur. Es treten zusätzliche Längsspannungen σ_x und Schubflüsse T (Schubspannungen T/t) im Stabe auf, die im Querschnitt an der Störungsstelle ein Maximum haben und mit wachsendem Abstande davon exponentiell abklingen. Für Vollstäbe und Rohre ist die Theorie reichlich verwickelt, und die Störspannungen klingen so rasch ab, daß sich ihre Ermittlung meist nicht lohnt. Für dünnwandige Stäbe mit offenem Profil ist die Wölbkraftkorrektur von großer Bedeutung und kann verhältnismäßig einfach berechnet werden.

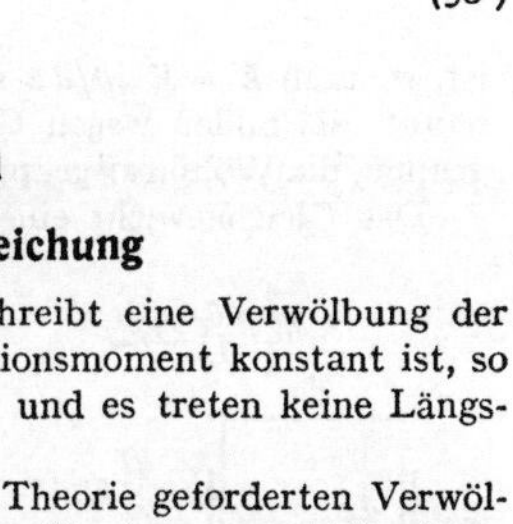

Abb. 53

Abb. 53 zeigt die Schnittlinie der Wandmittelfläche mit einer Querschnittsebene (Skelettlinie des Querschnitts). O ist der Drehpunkt für die relative Drehung zweier Nachbarquerschnitte. Wenn deren Abstand $d\,x$ ist, so ist der Drehwinkel $\vartheta\,d\,x$, und ein Punkt der Skelettlinie erfährt die Verschiebung $r\vartheta\,d\,x$. Sie hat die Komponente $r_t\vartheta\,d\,x$ in Richtung der Skelett-Tangente, und die Schubverzerrung eines Elements der Wandmittelfläche ist daher (mit $u = \varphi\vartheta$):

$$\gamma = \vartheta\,(r_t + d\varphi/ds).$$

Da die Schubspannung in der Wandmittelfläche null ist, so muß $\gamma = 0$ sein, und daher ist

$$\varphi = -\int_0^s r_t\,ds. \tag{59}$$

Diese Formel enthält drei willkürliche Parameter: den Nullpunkt der Umfangskoordinate s und die Koordinaten des Drehpunktes O, von denen r_t abhängt. Der Nullpunkt für s kann so gewählt werden, daß die Verwölbung den Mittelwert null hat:

$$\int \varphi\,dF = \int \varphi\,t\,ds = 0, \tag{60a}$$

und die beiden Koordinaten von O können so bestimmt werden, daß auch die Momente der Verwölbung null sind:

$$\int \varphi y t\,ds = \int \varphi z t\,ds = 0. \tag{60b, c}$$

Es läßt sich zeigen, daß der so bestimmte spezielle Drehpunkt mit dem auf S. 216 auf anderem Wege definierten Schubmittelpunkt identisch ist.

Wenn die durch diese Formeln beschriebene Verwölbung ganz oder teilweise behindert ist, so müssen Längsspannungen σ_x auftreten. Eine eingehende Untersuchung zeigt, daß sie der Wölbfunktion φ proportional angenommen werden können: $\sigma_x = k\varphi$, wobei φ nur von s, k nur von x abhängt. Da nach dem *Hooke*schen Gesetz

$$\sigma_x = E\,\partial u/\partial x = E\varphi\,d\vartheta/dx \tag{61}$$

ist, so muß $k = E\,d\vartheta/dx$ sein. Die Spannungen σ_x werden Wölbspannungen genannt. Sie bilden wegen Gl. (60a—c) in jedem Querschnitt eine Gleichgewichtsgruppe, die Wölbkraftgruppe.

Das Gleichgewicht eines Wandelements erfordert, daß in Längs- und Querschnitten Schubflüsse T vorhanden sind (Abb. 54), und daß

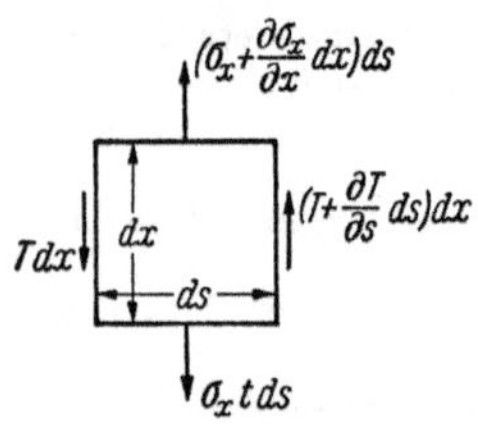

Abb. 54

$$\frac{\partial T}{\partial s} + t\,\frac{\partial \sigma_x}{\partial x} = 0$$

ist. Daraus folgt

$$T = -E\,\frac{d^2\vartheta}{dx^2}\int_{s_1}^{s} \varphi'\,t'\,ds',$$

wobei die Akzente gesetzt sind, um zwischen der Integrationsvariabeln s' (und den von ihr abhängigen Größen) und der oberen Integrationsgrenze s zu unterscheiden. Da an den Längskanten des Stabes keine äußeren Kräfte angreifen, so muß an den Enden der Skelettlinie $T = 0$ sein. Für $s = s_1$ ist das durch die Wahl der unteren Integrationsgrenze erreicht, und für $s = s_2$ ist es dann durch Gl. (60a) sichergestellt.

Es läßt sich zeigen, daß die Schubspannungen T/t im Querschnitt keine Resultierende (d. h. keine Querkraft) haben, aber sie liefern einen Beitrag zum Torsionsmoment:

$$M_2 = \int_{s_1}^{s_2} r_t T\,ds = -E\,\frac{d^2\vartheta}{dx^2}\int_{s_1}^{s_2} r_t\left(\int_{s_1}^{s}\varphi' t'\,ds'\right)ds.$$

Das Doppelintegral läßt sich durch partielle Integration umformen:

$$M_2 = -E\,\frac{d^2\vartheta}{dx^2}\left\{\left[\int_{s_1}^{s} r_t'\,ds' \cdot \int_{s_1}^{s}\varphi' t'\,ds'\right]_{s_1}^{s_2} - \int_{s_1}^{s_2}\left(\int_{s_1}^{s} r_t'\,ds'\right)\varphi\,t\,ds\right\}.$$

In der eckigen Klammer ist das zweite Integral an beiden Grenzen null, und im zweiten Term ist das innere Integral wegen Gl. (59) gleich $\varphi_0 - \varphi$, wo φ_0 eine leicht angebbare Konstante ist. Man hat also

$$M_2 = E\,\frac{d^2\vartheta}{dx^2}\int\limits_{s_1}^{s_2}(\varphi_0 - \varphi)\,\varphi\,t\,ds = -\,E\,\frac{d^2\vartheta}{dx^2}\int\limits_{s_1}^{s_2}\varphi^2\,t\,ds.$$

Das letzte Integral ist eine Querschnittskonstante, das Wölbintegral

$$\Gamma = \int\limits_{s_1}^{s_2}\varphi^2\,t\,ds. \tag{62}$$

Das gesamte Torsionsmoment setzt sich aus zwei Anteilen zusammen, dem Beitrag der *St. Venant*schen Torsionsspannungen, $M_1 = G\,J_T\,\vartheta$, und dem Beitrag M_2 der Wölbkräfte:

$$M = G\,J_T\,\vartheta - E\,\Gamma\,\frac{d^2\vartheta}{dx^2}. \tag{63}$$

Da M als Funktion von x bekannt ist, so ist diese Beziehung eine Differentialgleichung für die Verwindung ϑ. Wenn man sie gelöst hat, kann man M_1 und M_2 und damit alle Spannungen und Formänderungen berechnen.

2. Lösung, Anwendungen

Wenn das Torsionsmoment M konstant ist, so ist die vollständige Lösung der Gl. (63):

$$\vartheta = c_1 e^{\alpha x} + c_2 e^{-\alpha x} + \frac{M}{G\,J_T} \quad \text{mit } \alpha^2 = \frac{G\,J_T}{E\,\Gamma}.$$

Die Integrationskonstanten c_1, c_2 müssen aus zwei Randbedingungen bestimmt werden.

a) Wölbstarr eingespanntes Ende $x = 0$ (Abb. 45). Es ist dort $u \equiv 0$ und daher nach Gl. (48b) $\vartheta = 0$. Wenn der Stab sehr lang ist ($\alpha\,l \gg 1$), so ist $c_1 = 0$ und $c_2 = -M/G\,J_T$. Für kürzere Stäbe wird die Wölbstörung durch die Verhältnisse am rechten Ende beeinflußt. Wenn dort die Verwölbung unbehindert ist, so ist dort $\sigma_x \equiv 0$ und nach Gl. (61) $d\vartheta/dx = 0$. Es ergibt sich dann

$$c_1 = -\,\frac{M}{G\,J_T}\,\frac{e^{-\alpha l}}{2\,\mathrm{Cosh}\,\alpha\,l}, \quad c_2 = -\,\frac{M}{G\,J_T}\,\frac{e^{\alpha l}}{2\,\mathrm{Cosh}\,\alpha\,l}.$$

b) Symmetrische Torsionsbelastung nach Abb. 55. Die linke Stabhälfte hat das Torsionsmoment $-\overline{M}/2$, die rechte $+\overline{M}/2$. Bei freier Torsion würden sich die rechts und links der Stabmitte liegenden Querschnitte in entgegengesetztem Sinne verwölben, also nach der Formänderung nicht zusammenpassen. Es muß daher an der Stelle $x = 0$ das gesamte Torsionsmoment durch Wölbkrafttorsion übertragen werden, und daher ist dort $M_1 = 0$, also $\vartheta = 0$. In diesem Querschnitt wirkt eine Wölbkraftgruppe, die dafür sorgt, daß der Querschnitt eben bleibt, obgleich sich die weiter von der Stabmitte entfernten Querschnitte verwölben. Fordert man ferner, daß an den Stabenden die Wölbspannungen $\sigma_x \equiv 0$ sind, so hat man eine zweite Randbedingung für jede Stabhälfte und erhält für die rechte Hälfte

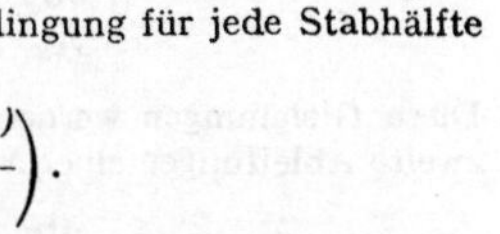

Abb. 55

$$\vartheta = \frac{\overline{M}}{2\,G\,J_T}\left(1 - \frac{e^{\alpha x} + e^{\alpha(l-x)}}{1 + e^{\alpha l}}\right).$$

c) Äußeres Moment $\overline{M}$ an beliebiger Stelle (Abb. 56). In diesem Falle muß man die Lösung ϑ für die beiden Teile des Stabes gesondert anschreiben mit insgesamt 4 Konstanten c_1, c_2, c_3, c_4. Außerdem sind die Torsionsmomente $-M_a$, M_b

unbekannt. Man verfügt über 6 Gleichungen: Kontinuität von ϑ (für u) und von $d\vartheta/dx$ (für σ_x) an der Laststelle, je eine Bedingung an jedem Stabende (etwa wölbstarre Einspannung, $\vartheta = 0$, oder unbehinderte Verwölbung, $d\vartheta/dx = 0$), die Momentengleichung $M_a + M_b = \overline{M}$ und die Bedingung, daß sich die Endquerschnitte nicht gegeneinander verdrehen: $\int \vartheta\, dx = 0$.

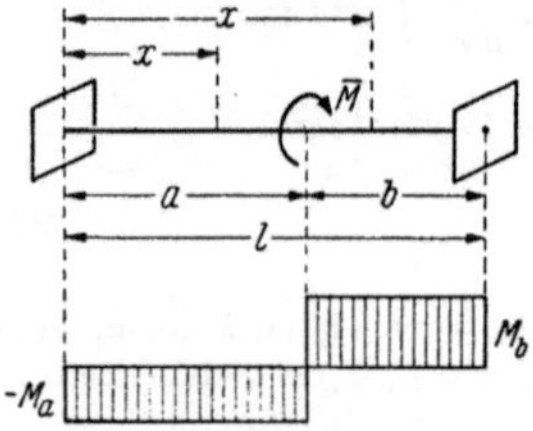

Abb. 56

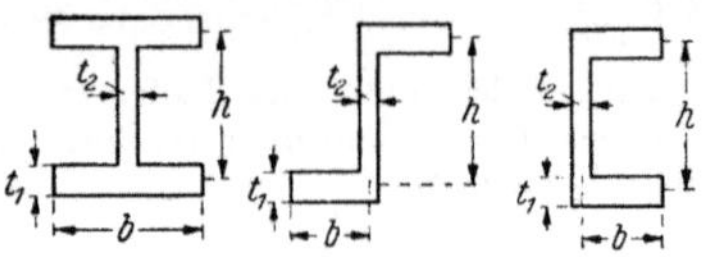

Abb. 57a—c

3. Formeln für das Wölbintegral

b) I-Querschnitt Abb. 57a:

$$\Gamma = \frac{1}{24}\, b^3 h^2 t_1, \tag{64a}$$

b) ˥_-Querschnitt Abb. 57b:

$$\Gamma = \frac{1}{48}\, b^3 h^2 t_1, \tag{64b}$$

c) [-Querschnitt Abb. 57c:

$$\Gamma = \frac{1}{12}\, b^3 h^2 t_1 \cdot \frac{3\,b\,t_1 + 2\,h\,t_2}{6\,b\,t_1 + h\,t_2}, \tag{64c}$$

d) ∟-Winkelquerschnitt.

$$\Gamma = 0.$$

V. Zweidimensionale Probleme

A. Grundlagen

Wird eine dünne Scheibe nur durch Kräfte belastet, die in ihrer Ebene (der x-y-Ebene) liegen, so ist $\sigma_z = \tau_{zx} = \tau_{zy} = 0$, und die Spannungen σ_x, σ_y, τ_{xy} verteilen sich gleichmäßig über die Scheibendicke: In der Scheibe herrscht ein ebener Spannungszustand. Infolge der Querdehnung erfährt die Scheibe in Richtung ihrer Dicke eine Dehnung ε_z, die von Punkt zu Punkt verschieden sein kann.

Wird ein unendlich langes Prisma durch Kräfte belastet, die auf der Richtung der Erzeugenden (der z-Richtung) senkrecht stehen und längs einer Erzeugenden überall dieselbe Größe haben, so ist die Dehnung $\varepsilon_z = 0$ oder doch mindestens von den Koordinaten x, y der Querschnittsebene unabhängig. In einem solchen Körper herrscht ein ebener Formänderungszustand. Dasselbe gilt natürlich auch für ein endliches, aber genügend langes Prisma, wenn man sich auf den von seinen Enden hinreichend weit entfernten Mittelteil beschränkt.

In beiden Fällen handelt es sich um zweidimensionale Elastizitätsprobleme, deren Differentialgleichungen im folgenden aufgestellt werden sollen.

1. Ebener Spannungszustand

Die Gleichgewichtsbedingungen Gl. (7) liefern in diesem Falle, wenn man auch noch die Massenkräfte $X = Y = 0$ setzt,

$$\frac{\partial \sigma_x}{\partial x} + \frac{\partial \tau_{xy}}{\partial y} = 0, \qquad \frac{\partial \tau_{xy}}{\partial x} + \frac{\partial \sigma_y}{\partial y} = 0.$$

Diese Gleichungen werden identisch erfüllt, wenn man die drei Spannungen als zweite Ableitungen einer *Spannungsfunktion* $F(x, y)$ ansetzt:

$$\sigma_x = \frac{\partial^2 F}{\partial y^2}, \qquad \sigma_y = \frac{\partial^2 F}{\partial x^2}, \qquad \tau_{xy} = -\frac{\partial^2 F}{\partial x\, \partial y}. \tag{65}$$

Eine Differentialgleichung für F folgt aus einer Verträglichkeitsbedingung, der ersten Gl. (5). Nach Einsetzen der Spannungen aus dem *Hooke*schen Gesetz Gl. (8) und Erweitern mit E ergibt sich daraus

$$\frac{\partial^2 \sigma_x}{\partial y^2} - \mu \frac{\partial^2 \sigma_y}{\partial y^2} + \frac{\partial^2 \sigma_y}{\partial x^2} - \mu \frac{\partial^2 \sigma_x}{\partial x^2} - 2(1+\mu) \frac{\partial^2 \tau_{xy}}{\partial x \partial y} = 0$$

und nach Einführung der Spannungsfunktion F:

$$\frac{\partial^4 F}{\partial x^4} + 2 \frac{\partial^4 F}{\partial x^2 \partial y^2} + \frac{\partial^4 F}{\partial y^4} = 0, \tag{66}$$

oder kürzer $\Delta\Delta F = 0$, wenn man mit Δ den zweidimensionalen *Laplace*schen Operator bezeichnet.

Hat man die Lösung $F(x, y)$ gefunden, so folgen die Spannungen nach Gl. (65) und die Verzerrungen nach Gl. (8), S. 191 mit $\sigma_z = 0$ zu

$$E\varepsilon_x = \sigma_x - \mu\sigma_y, \qquad E\varepsilon_y = \sigma_y - \mu\sigma_x, \qquad G\gamma_{xy} = \tau_{xy}.$$

Die Verschiebungen u, v sind daraus nach Gl. (3) und (4) durch Quadraturen zu gewinnen.

In Rücksicht auf die Anwendung der Formeln zur Berechnung von Eisenbetonkonstruktionen empfiehlt es sich oft, statt der Spannungen σ_x, σ_y, τ_{xy} deren Produkte mit der Scheibendicke t anzugeben, die Längskräfte $N_x = \sigma_x t$, $N_y = \sigma_y t$ und die Schubkraft $N_{xy} = \tau_{xy} t$, für die natürlich genau dieselben Beziehungen gelten und aus denen dann die Spannungen nach den für Verbundquerschnitte gültigen Gesetzen zu bestimmen sind.

2. Ebener Formänderungszustand

In diesem Falle ist zwar $\sigma_z \neq 0$, aber von z unabhängig, und wieder $\tau_{zx} = \tau_{zy} = 0$, so daß die Gleichgewichtsbedingungen dieselben bleiben. In die Kontinuitätsgleichung tritt σ_z ein:

$$\frac{\partial^2 \sigma_x}{\partial y^2} - \mu \frac{\partial^2 \sigma_y}{\partial y^2} - \mu \frac{\partial^2 \sigma_z}{\partial y^2} + \frac{\partial^2 \sigma_y}{\partial x^2} - \mu \frac{\partial^2 \sigma_x}{\partial x^2} - \mu \frac{\partial^2 \sigma_z}{\partial x^2} - 2(1+\mu) \frac{\partial^2 \tau_{xy}}{\partial x \partial y} = 0,$$

läßt sich aber leicht eliminieren, denn aus $\varepsilon_z = \text{const}$ folgt nach dem *Hooke*schen Gesetz Gl. (8c):

$$\frac{\partial^2 \sigma_z}{\partial x^2} = \mu \frac{\partial^2 \sigma_x}{\partial x^2} + \mu \frac{\partial^2 \sigma_y}{\partial x z}$$

und entsprechend für die Ableitung nach y. Setzt man das ein und geht wieder auf die Spannungsfunktion über, so erhält man dieselbe Differentialgleichung (66) wie oben. Bei der Berechnung der Verzerrungen ist aber jetzt σ_z mit in Rechnung zu stellen:

$$E\varepsilon_x = \sigma_x - \mu\sigma_y - \mu\sigma_z,$$

wobei $\sigma_z = E\,\varepsilon_z + \mu(\sigma_x + \sigma_y)$ ist und ε aus der Bedingung

$$\int \sigma_z \, dx \, dy = 0$$

folgt. Für die Verschiebungen gelten wieder Gln. (3).

3. Polarkoordinaten

In Polarkoordinaten r, φ heißt die Differentialgleichung der Spannungsfunktion

$$\Delta\Delta F = \left(\frac{\partial^2}{\partial r^2} + \frac{1}{r}\frac{\partial}{\partial r} + \frac{1}{r^2}\frac{\partial^2}{\partial \varphi^2}\right)^2 F = 0, \tag{67}$$

und die Spannungskomponenten sind

$$\left.\begin{aligned} \sigma_r &= \frac{1}{r}\frac{\partial F}{\partial r} + \frac{1}{r^2}\frac{\partial^2 F}{\partial \varphi^2}, \\ \sigma_\varphi &= \frac{\partial^2 F}{\partial r^2}, \qquad \tau_{r\varphi} = -\frac{\partial}{\partial r}\left(\frac{1}{r}\frac{\partial F}{\partial \varphi}\right). \end{aligned}\right\} \tag{68}$$

4. Massenkräfte

Die für den ebenen Spannungs- oder Formänderungszustand abgeleiteten Formeln gelten nur für den Fall, daß die Belastung ausschließlich am Rande der Scheibe angreift. Für Massenkräfte sind sie zu erweitern. Wirkt z. B. das Eigengewicht (spez. Gew. γ) in Richtung der negativen y-Achse, so heißt die zweite Gleichgewichtsbedingung

$$\frac{\partial \tau_{xy}}{\partial x} + \frac{\partial \sigma_y}{\partial y} = \gamma,$$

in (65) ist

$$\tau_{xy} = -\frac{\partial^2 F}{\partial x \partial y} + \gamma x$$

zu setzen, und die Differentialgleichung für F bleibt dieselbe.

B. Anwendungen

1. Keil und Halbraum

Für eine durch zwei Halbgerade begrenzte, unendliche, keilförmige Scheibe (Abb. 58) ist bei Belastung mit einer Kraft P in der Symmetrieachse (bezogen auf die Einheit der Scheibendicke):

$$F = \frac{P}{\alpha + \sin\alpha}\, x \arctan\frac{y}{x} = \frac{P}{\alpha + \sin\alpha}\, r\varphi\cos\varphi,$$

$$\sigma_x = -\frac{2P}{\alpha + \sin\alpha}\frac{x^2 y}{(x^2+y^2)^2}, \quad \sigma_r = -\frac{2P}{\alpha + \sin\alpha}\frac{\sin\varphi}{r},$$

$$\sigma_y = -\frac{2P}{\alpha + \sin\alpha}\frac{y^3}{(x^2+y^2)^2},$$

$$\tau_{xy} = -\frac{2P}{\alpha + \sin\alpha}\frac{x y^2}{(x^2+y^2)^2}, \quad \sigma_\varphi = \tau_{r\varphi} = 0.$$

Für eine waagrechte Belastung Q ist

$$F = -\frac{Q}{\alpha - \sin\alpha}\, y \arctan\frac{y}{x} = \frac{Q}{\alpha - \sin\alpha}\, r\varphi\sin\varphi,$$

$$\sigma_x = -\frac{2Q}{\alpha - \sin\alpha}\frac{x^3}{(x^2+y^2)^2}, \quad \sigma_r = -\frac{2Q}{\alpha - \sin\alpha}\frac{\cos\varphi}{r}.$$

$$\sigma_y = -\frac{2Q}{\alpha - \sin\alpha}\frac{x y^2}{(x^2+y^2)^2},$$

$$\tau_{xy} = -\frac{2Q}{\alpha - \sin\alpha}\frac{x^2 y}{(x^2+y^2)^2}, \quad \sigma_\varphi = \tau_{r\varphi} = 0.$$

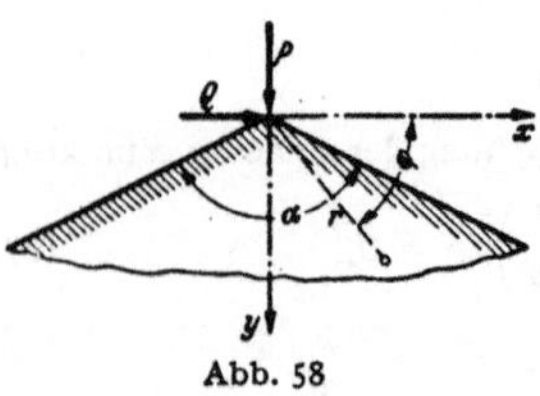

Abb. 58

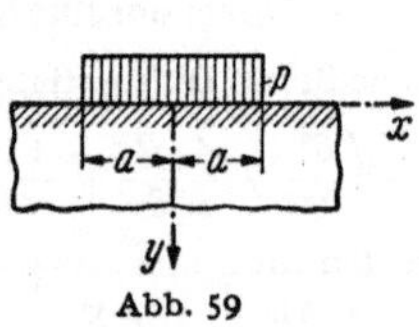

Abb. 59

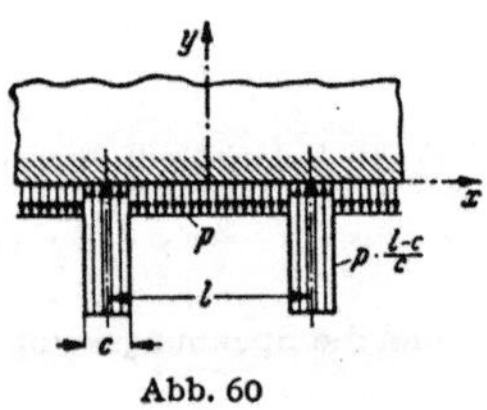

Abb. 60

Für $\alpha = \pi$ erhält man aus diesen Formeln den Spannungszustand einer am Rande durch eine Einzelkraft belasteten Halbebene. Durch Integration über solche Einzellasten folgt daraus die Lösung für eine Streckenlast (Abb. 59):

$$F = -\frac{p}{2\pi}\left[[(x-a)^2+y^2]\operatorname{arc\,tg}\frac{y}{x-a} - [(x+a)^2+y^2]\operatorname{arc\,tg}\frac{y}{x+a}\right],$$

$$\sigma_x = -\frac{p}{\pi}\left[\operatorname{arc\,tg}\frac{2ay}{x^2+y^2-a^2} + \frac{2a(x^2-y^2-a^2)}{[(x-a)^2+y^2][(x+a)^2+y^2]}\right],$$

$$\sigma_y = -\frac{p}{\pi}\left[\operatorname{arc\,tg}\frac{2ay}{x^2+y^2-a^2} - \frac{2a(x^2-y^2-a^2)}{[(x-a)^2+y^2][(x+a)^2+y^2]}\right],$$

$$\tau_{xy} = -\frac{p}{\pi}\frac{4axy^2}{[(x-a)^2+y^2][(x+a)^2+y^2]}.$$

2. Periodische Belastung der Halbebene

Die Halbebene erstreckt sich in Richtung positiver y. Die Belastung nach Abb. 60 wiederholt sich beiderseits bis ins Unendliche mit der Periode l.

$$F = -\frac{pl^3}{2\pi^3 c}\sum_{n=1}^{\infty}\frac{1}{n^3}\sin\frac{n\pi(l-c)}{l}\left(1+\frac{2n\pi y}{l}\right)e^{-2n\pi y/l}\cos\frac{2n\pi x}{l},$$

$$\sigma_x = \frac{2pl}{\pi c}\sum_{n=1}^{\infty}\frac{1}{n}\sin\frac{n\pi(l-c)}{l}\left(1-\frac{2n\pi y}{l}\right)e^{-2n\pi y/l}\cos\frac{2n\pi x}{l},$$

$$\sigma_y = \frac{2pl}{\pi c}\sum_{n=1}^{\infty}\frac{1}{n}\sin\frac{n\pi(l-c)}{l}\left(1+\frac{2n\pi y}{l}\right)e^{-2n\pi y/l}\cos\frac{2n\pi x}{l},$$

$$\tau_{xy} = \frac{4py}{c}\sum_{n=1}^{\infty}\sin\frac{n\pi(l-c)}{l}e^{-2n\pi y/l}\sin\frac{2n\pi x}{l}.$$

Sonderfall: Punktweise Stützung (einfache Berechnung der Spannungen im Felde, falsche Ergebnisse und schlecht konvergente Reihen in der Nähe der Stützpunkte):

$$\sigma_x = -2p\sum_{n=1}^{\infty}(-1)^n\left((1-\frac{2n\pi y}{l}\right)e^{-2n\pi y/l}\cos\frac{2n\pi x}{l},$$

$$\sigma_y = -2p\sum_{n=1}^{\infty}(-1)^n\left(1+\frac{2n\pi y}{l}\right)e^{-2n\pi y/l}\cos\frac{2n\pi x}{l},$$

$$\tau_{xy} = -\frac{4\pi py}{l}\sum_{n=1}^{\infty}(-1)^n n e^{-2n\pi y/l}\sin\frac{2n\pi x}{l}.$$

Die vorstehenden Formeln sind vor allem zur Berechnung der Scheibenspannungen in Silowänden bestimmt. Die Anwendung auf solche Scheiben endlicher Ausdehnung unterliegt folgenden Einschränkungen:

1. In Richtung y klingen die Spannungen exponentiell ab. Für $h = l$ (Abb. 61) und $n = 1$ ist der Dämpfungsfaktor $e^{-2n\pi h/l} \approx 0{,}0019$ und für $h = 1{,}5\,l$ ist er $\approx 0{,}00008$. Für Wände dieser Höhe hat die obere Begrenzung keinen Einfluß mehr auf die wesentlichen Spannungen am unteren Rande. Für niedrigere Wände sind die unten angegebenen genaueren Formeln zu verwenden.

2. Die Wand möge nach rechts hin durch die Stützenvertikale $x = l/2$ begrenzt sein. Dann ist im Gegensatz zu den hier angegebenen Formeln auf diesem Rande die Spannung $\sigma_x = 0$. Damit diese Randbedingung erfüllt wird, ist also noch eine zusätzliche waagrechte Belastung dieses Randes anzubringen, die keine Gleichgewichtsgruppe ist und deren Spannungen sich daher nicht auf die Nähe dieses Randes beschränken. Ihre Ermittlung für eine Scheibe auf vielen Stützen ist mühsam. Ihr Einfluß ist jedoch wenigstens schätzungsweise zu berücksichtigen.

3. Wände endlicher Höhe

Belastung am unteren Rande nach Abb. 60:

$$\sigma_x = p \sum_{n=1}^{\infty} [A_n (\operatorname{Sinh} n\eta + n\eta \operatorname{Cosh} n\eta) - B_n (2 \operatorname{Cosh} n\eta + n\eta \operatorname{Sinh} n\eta)] \cos n\xi,$$

$$\sigma_y = p \sum_{n=1}^{\infty} [A_n (\operatorname{Sinh} n\eta - n\eta \operatorname{Cosh} n\eta) + B_n n\eta \operatorname{Sinh} n\eta] \cos n\xi,$$

$$\tau_{xy} = p \sum_{n=1}^{\infty} [A_n n\eta \operatorname{Sinh} n\eta - B_n (\operatorname{Sinh} n\eta + n\eta \operatorname{Cosh} n\eta)] \sin n\xi$$

mit $\xi = 2\pi x/l, \qquad \eta = 2\pi y/l, \qquad \alpha = 2\pi h/l,$

$$A_n = \frac{2l}{n\pi c} \frac{\operatorname{Sinh} n\alpha + n\alpha \operatorname{Cosh} n\alpha}{\operatorname{Sinh}^2 n\alpha - n^2\alpha^2} \sin \frac{n\pi (l-c)}{l},$$

$$B_n = \frac{2l}{n\pi c} \frac{n\alpha \operatorname{Sinh} n\alpha}{\operatorname{Sinh}^2 n\alpha - n^2\alpha^2} \sin \frac{n\pi (l-c)}{l}.$$

Abwechselnd positive und negative Belastung nach Abb. 62: Es gelten dieselben Formeln für die Spannungen, aber mit

$$\xi = \pi x/l, \qquad \eta = \pi y/l, \qquad \alpha = \pi h/l,$$

$$A_n = \frac{4}{n\pi} \frac{\operatorname{Sinh} n\alpha + n\alpha \operatorname{Cosh} n\alpha}{\operatorname{Sinh}^2 n\alpha - n^2\alpha^2} \sin \frac{n\pi}{2},$$

$$B_n = \frac{4}{n\pi} \frac{n\alpha \operatorname{Sinh} n\alpha}{\operatorname{Sinh}^2 n\alpha - n^2\alpha^2} \sin \frac{n\pi}{2}.$$

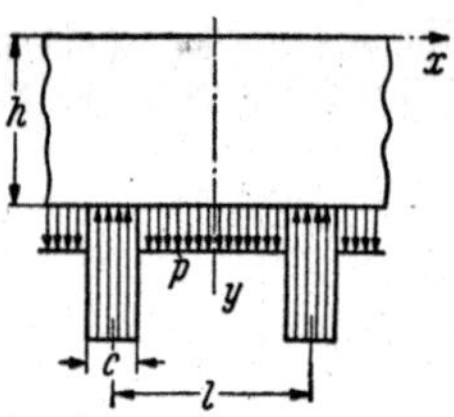

Abb. 61

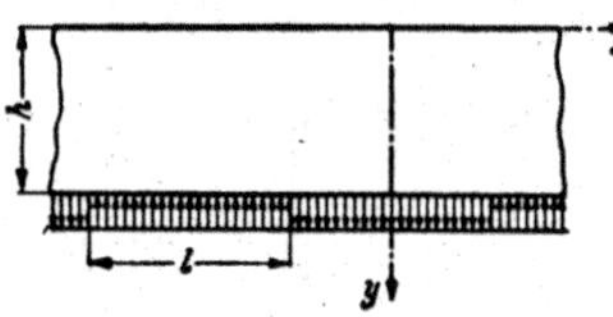

Abb. 62

Andere Belastungen: Durch Überlagerung der beiden Lastfälle lassen sich andere bilden, z. B. Belastung des unteren Randes in jedem zweiten Felde. Die durch das Eigengewicht (spez. Gew. γ) der Wand erzeugten Spannungen ergeben sich durch Überlagerung mit der trivialen Lösung $\sigma_x = \tau_{xy} = 0$, $\sigma_y = -\gamma (h - y)$. Belastung des oberen Randes ist durch einfache Koordinatentransformation zu gewinnen.

Auch für diese Lösungen gilt die oben unter 2. gemachte Bemerkung.

4. Kreisscheibe

Für die am Rande belastete Kreisscheibe läßt sich eine einfache Lösung angeben, die auch zur Beurteilung des Spannungszustandes in nicht genau kreisförmigen Bereichen nützlich sein kann. Sie heißt in Polarkoordinaten r, φ:

$$F = B_0 r^2 + B_1 r^3 \cos\varphi + D_1 r^3 \sin\varphi$$
$$+ \sum_{n=2}^{\infty} [(A_n + B_n r^2) r^n \cos n\varphi + (C_n + D_n r^2) r^n \sin n\varphi],$$

$$\sigma_r = 2\,B_0 + 2\,B_1 r\cos\varphi + 2\,D_1 r\sin\varphi$$
$$- \sum_{n=2}^{\infty} [(n\,(n-1)\,A_n + (n-2)\,(n+1)\,B_n r^2)\,r^{n-2}\cos n\varphi$$
$$+ (n\,(n-1)\,C_n + (n-2)\,(n+1)\,D_n r^2)\,r^{n-2}\sin n\varphi],$$
$$\sigma_\varphi = 2\,B_0 + 6\,B_1 r\cos\varphi + 6\,D_1 r\sin\varphi$$
$$+ \sum_{n=2}^{\infty} [(n\,(n-1)\,A_n + (n+2)\,(n+1)\,B_n r^2)\,r^{n-2}\cos n\varphi$$
$$+ (n\,(n-1)\,C_n + (n+2)\,(n+1)\,D_n r^2)\,r^{n-2}\sin n\varphi],$$
$$\tau_{r\varphi} = 2\,B_1 r\sin\varphi - 2\,D_1 r\cos\varphi$$
$$+ \sum_{n=2}^{\infty} n\,[((n-1)\,A_n + (n+1)\,B_n r^2)\,r^{n-2}\sin n\varphi$$
$$- ((n-1)\,C_n + (n+1)\,D_n r^2)\,r^{n-2}\cos n\varphi].$$

Zur Bestimmung der Konstanten A_n, B_n, C_n, D_n entwickele man die gegebene Randbelastung als Funktion von φ in eine *Fourier*-Reihe und vergleiche die Koeffizienten.

5. Gewichtsstaumauer

Belastung durch Wasserdruck auf die lotrechte Wasserseite (Abb. 63, $\xi = h\,x/b$):

$$F = \frac{1}{6}\,\gamma_w\,(y^3 - 3\,\xi^2 y - 2\,\xi^3 + 3\,h\,\xi^2 - 3\,h\,y^2)$$

$$\sigma_x = -\gamma\,(h-y), \qquad \sigma_y = \frac{\gamma\,h^2}{b^2}\,(h - y - 2\,\xi), \qquad \tau_{xy} = \gamma\,\frac{h}{b}\,\xi.$$

Belastung durch Eigengewicht, spez. Gew. des Betons γ_b:

$$F = \frac{\gamma_b h}{6\,b}\,x^3 - \frac{1}{2}\,\gamma\,x^2\,(h-y)$$

$$\sigma_x = \tau_{xy} = 0, \qquad \sigma_y = \gamma_b\,(\xi - h + y).$$

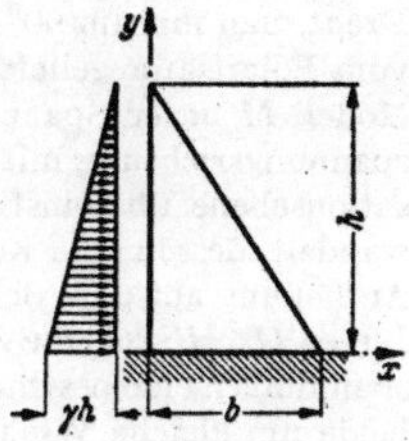

Abb. 63

Diese Formeln gelten nur für eine *vollkommen* wasserdichte Wasserseite. Kann Porenwasser eindringen, so ändern sich die inneren Kräfte beträchtlich. Näheres darüber findet man bei *F. Tölke*: Ing.-Arch. *2* (1932), S. 291–320.

C. Spannungstrajektorien

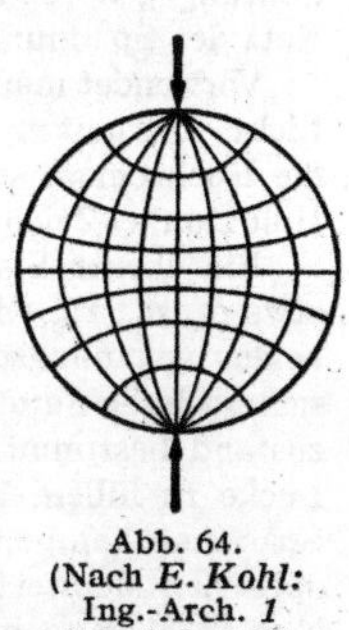
Abb. 64. (Nach *E. Kohl*: Ing.-Arch. *1* (1930) S. 216)

Rechnet man nach Gl. (17) für jeden Punkt einer Scheibe die Richtung der beiden Hauptspannungen aus, so kann man Kurven zeichnen, die überall diese Richtungen zu Tangenten haben: die Hauptspannungstrajektorien. Es sind zwei Kurvenscharen, die sich überall unter rechten Winkeln schneiden und die Richtungen angeben, in denen die an der Scheibe angreifenden Kräfte weitergeleitet werden. Sie sind daher ein gutes, wenn auch meist mühsam zu gewinnendes Mittel zur Veranschaulichung ebener Spannungszustände. So zeigt z. B. Abb. 64 die Trajektorien für die Walze eines Brückenlagers und läßt deutlich erkennen, daß und warum in der Mitte waagrechte Zugspannungen auftreten müssen: Die Druckspannungen laufen längs der lotrechten Trajektorienschar vom einen Lastangriffspunkt zum andern, und die durch diese Trajektorien gebildeten Druckgewölbe müssen durch ungefähr radiale Kräfte zusammengehalten werden.

Außer zur Veranschaulichung des Spannungszustandes braucht man die Trajektorien bei Stahlbetonkonstruktionen als Grundlage für die Anordnung der Bewehrung.

D. Spannungsoptik

Viele isotrope, durchsichtige Stoffe (Glas, Bakelit, Zelluloid) haben die Eigenschaft, durch elastische Deformation optisch anisotrop zu werden. Darunter ist zu verstehen, daß ein hindurchgehender polarisierter Lichtstrahl je nach der Orientierung seiner Schwingungsebene zu den Hauptspannungsrichtungen in verschiedener Weise beeinflußt wird.

Trifft insbesondere linear polarisiertes Licht auf eine ebene Scheibe aus einem solchen Stoff, so verläßt es diese nur dann in demselben Polarisationszustand, wenn seine Schwingungsebene mit einer Hauptspannungsrichtung übereinstimmt, während es andernfalls in elliptisch polarisiertes Licht verwandelt wird. Diese Erscheinung läßt sich zur Ausmessung ebener Spannungszustände nutzbar machen. Abb. 65 zeigt die Versuchsanordnung. Das von der Lichtquelle L kommende und durch eine Kondensorlinse K gesammelte Licht wird durch den Polarisator P (bestehend aus zwei Kalkspatprismen, die so geschnitten und verkittet sind, daß sie nur Licht von einer Schwingungsrichtung durchlassen) geleitet und dann durch eine Linse parallel gerichtet. So trifft es das aus einem der genannten Stoffe hergestellte Modell des Bauteils, dessen ebener Spannungszustand ausgemessen werden soll, geht dann durch eine Sammellinse und den Analysator A, der ebenso wie der Polarisator gebaut ist, und fällt schließlich auf einen Schirm, der so eingestellt wird, daß die letzte Linse auf ihm ein scharfes Bild des Modells zeichnet.

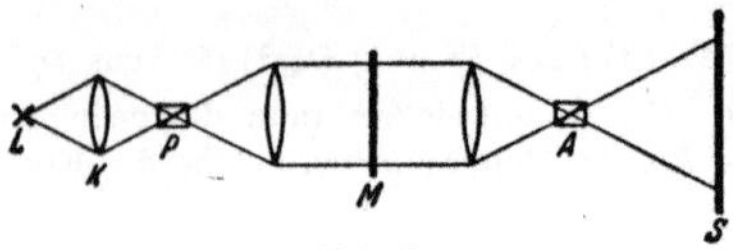

Abb. 65

Stellt man den Analysator so ein, daß seine Schwingungsebene mit der des Polarisators übereinstimmt, so geht das polarisierte Licht ungehindert hindurch. Dreht man ihn um 90° um die optische Achse der Apparatur, so absorbiert er alles vom Polarisator gelieferte Licht, und der Schirm wird dunkel. Setzt man nun das Modell M unter Spannung, so wird in allen Punkten, in denen nicht eine Hauptspannungsrichtung mit der durch die Stellung des Polarisators bestimmten Polarisationsebene übereinstimmt, der Lichtstrahl in einen elliptisch polarisierten verwandelt, dessen eine Komponente vom Analysator durchgelassen wird und zu einer Aufhellung auf dem Schirm führt. Man erhält also in dem Bild des Modells dunkle Linien (*Isoklinen*), die zu allen den Stellen des Modells gehören, in denen die Hauptspannungen eine bestimmte Richtung haben. Dreht man Polarisator und Analysator beide um gleiche Winkel weiter, so erhält man die zu einer andern Hauptachsenrichtung gehörende Isoklinenschar. Aus den Isoklinen läßt sich zeichnerisch das Netz der Spannungstrajektorien entwickeln.

Verwendet man statt linear polarisierten Lichts einfarbiges, zirkular polarisiertes Licht, so erhält man an Stelle der Isoklinen Linien gleicher Hauptspannungsdifferenz, die Isochromen, so genannt, weil sie bei Verwendung von weißem Licht nicht als Hell-Dunkel-Zeichnung, sondern als Linien in Regenbogenfarben erscheinen.

Ein ebener Spannungszustand hat in jedem Punkte drei Bestimmungsstücke, etwa σ_x, σ_y, τ_{xy} oder Richtung, Summe und Differenz der Hauptspannungen. Die beiden spannungsoptischen Versuche liefern zwei Bestimmungsstücke. Kann man sich noch die Summe der Hauptspannungen beschaffen, so hat man den Spannungszustand bestimmt. Es sind verschiedene Verfahren entwickelt worden, um diese Lücke zu füllen. Eines davon ist dieses: Auf dem Rande sind in der Regel zwei Spannungskomponenten bekannt, und man kann aus ihnen und den spannungsoptischen Meßwerten die Summe der Hauptspannungen, d. h. $\sigma_x + \sigma_y$, berechnen. Nun ist aber nach Gl. (65) $\sigma_x + \sigma_y = \Delta F$ und nach (66) $\Delta\,(\sigma_x + \sigma_y) = 0$. Da die Randwerte gegeben sind, kann man die Differentialgleichung (etwa mit Hilfe des Relaxationsverfahrens, s. S. 246) lösen und verfügt dann über das dritte Bestimmungsstück, das zur völligen Beherrschung des Spannungszustandes nötig ist.

Die Anwendung des spannungsoptischen Verfahrens empfiehlt sich vor allem für die Lösung ebener Spannungsprobleme mit komplizierter Berandung, deren analytische Untersuchung erhebliche Mühe macht. Ein besonderer Vorteil liegt in der Augenfälligkeit der Stellen größter Beanspruchung im Isochromenbild, und es ist oft möglich, sich auf eine Auswertung der größten Schubspannung (d. h. der Hauptspannungsdifferenz) an diesen Stellen zu beschränken.

Im Laufe der letzten 15 Jahre ist es gelungen, die ziemlich kleinen Kristall-Polarisatoren durch Polarisatorfilme von beträchtlicher Größe zu ersetzen. Die Versuchsanordnung wird dadurch billiger und handlicher, und es ist möglich, größere Modelle zu verwenden; Versuche dieser Art sind aber dem Einwande ausgesetzt, daß ein nichtparalleles Lichtbündel benutzt wird und daß daher die Ergebnisse, besonders in den äußeren Teilen des Gesichtsfeldes, nicht völlig zuverlässig sind.

Die optische Ausmessung räumlicher Spannungszustände ist durch besondere Kunstgriffe möglich, erfordert aber eine umfangreiche Versuchsausrüstung und geschultes Personal.

E. Faltwerke

1. Definition und Kräftezerlegung

Als Faltwerk bezeichnet man ein räumliches Tragwerk, das aus zwei oder mehr ebenen Scheiben in Form eines Prismas oder eines schlanken Pyramidenstumpfes zusammengesetzt ist (Abb. 66). Während eine einzelne Scheibe nur dann einen ebenen Spannungszustand erfährt, wenn alle an ihr angreifenden Kräfte in ihrer Ebene liegen, vermögen die zu einem Faltwerk vereinigten Scheiben in den Faltwerkkanten Lasten von ganz beliebiger Richtung aufzunehmen, da man diese stets in zwei Komponenten zerlegen kann, die in die Ebenen der beiden angrenzenden Scheiben fallen und von diesen durch je ein ebenes Spannungssystem nach ihren Stützpunkten abgetragen werden.

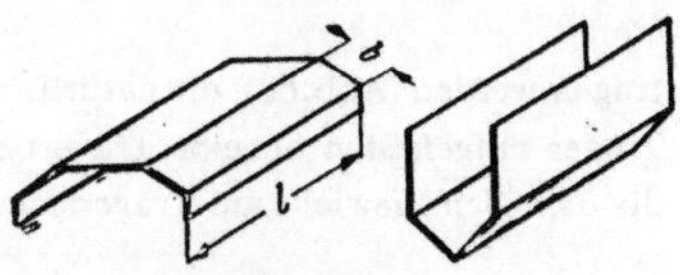

Abb. 66

Handelt es sich insbesondere um ein prismatisches Faltwerk mit waagrechten Kanten und lotrechten Lasten (Abb. 67), so ergibt die Kräftezerlegung der an der Kante m angreifenden Kräfte P_m:

$$S_{m,m} = -P_m \frac{\cos\alpha_{m+1}}{\sin\gamma_m}, \quad S_{m,m+1} = P_m \frac{\cos\alpha_m}{\sin\gamma_m},$$

wobei α_m die Neigung der m-ten Scheibe gegen die Waagrechte bezeichnet und $\gamma_m = \alpha_{m+1} - \alpha_m$ ist. Die Scheibe m empfängt an ihren Kanten $m-1$ und m die Lasten $S_{m-1,m}$ und $S_{m,m}$.

2. Membrantheorie

Zu einer einfachen Berechnung des Spannungszustandes von Faltwerken kommt man dann, wenn die einzelnen Scheiben schlanke Träger sind, d. h., wenn ihre Höhe h_m klein gegen die gemeinsame Stützweite l der an ihren Enden gestützten Scheiben ist. Dann kann man an jeder Scheibe die an den beiden Kanten angreifenden Lasten zusammenfassen:

$$S_m = S_{m-1,m} + S_{m,m}$$

und die strenge Untersuchung des ebenen Spannungszustandes durch die aus der Balkenbiegelehre übernommene Annahme ersetzen, daß die zu den Kanten parallelen Spannungen σ_x sich in jeder Scheibe nach einem linearen Gesetz über die Höhe h_m verteilen. Zu ihrer Berechnung führt man zweckmäßig für die als Balken aufgefaßte Scheibe eine Trägerquerkraft Q_m und ein Trägermoment M_m ein, die z. B. für eine über die ganze Stützweite konstante Belastung S_m die Werte

$$\mathsf{Q}_m^{(0)} = -S_m x, \quad \mathsf{M}_m^{(0)} = S_m \frac{l^2 - 4x^2}{8} \tag{69}$$

haben.

An Stelle der Spannungen σ_x und τ_{xy} führt man ähnlich wie bei den Scheiben auch hier die Längskraft $N_x = \sigma_x t$ und die Schubkraft $N_{xy} = \tau_{xy} t$ ein (Abb. 67). Auf die N_x überträgt sich das lineare Verteilungsgesetz natürlich nur, wenn die Scheibenstärke $t = t_m$ innerhalb jeder Scheibe konstant ist, und liefert dann

$$N_{xm}^{(0)} = \mathsf{M}_m^{(0)} \cdot \frac{12\, y_m}{h_m^3}. \quad (70)$$

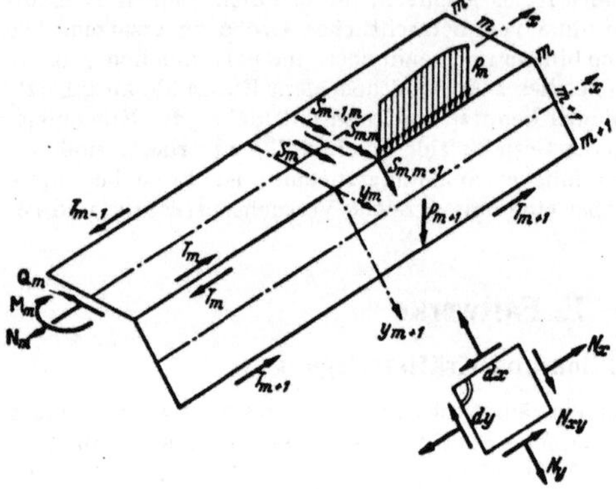

Abb. 67

Aus der Längskraft folgt die Längsdehnung

$$\varepsilon_x = N_{xm}/E\, t_m.$$

Berechnet man sie für eine Faltwerkskante, so erhält man in jeder der dort zusammentreffenden Scheiben einen anderen Wert. Das ist wegen des Zusammenhanges des Tragwerks unzulässig, und es müssen deshalb längs jeder Kante m noch zusätzliche Schubkräfte $N_{xy} = T_m$ zwischen den dort zusammenstoßenden Scheiben übertragen werden (Abb. 68), die natürlich mit x veränderlich sind. Sie erzeugen in der als Träger aufgefaßten Scheibe Trägerlängskräfte $\mathsf{N}_m^{(1)}$ und Trägermomente $\mathsf{M}_m^{(1)}$, für die das Gleichgewicht am Trägerelement (Abb. 69) die Beziehungen liefert:

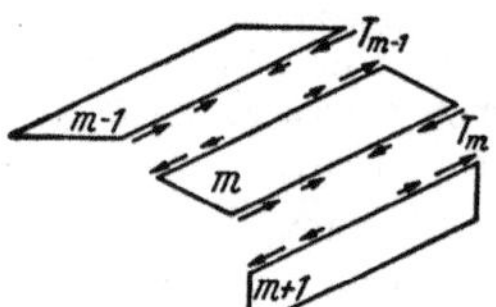

Abb. 68

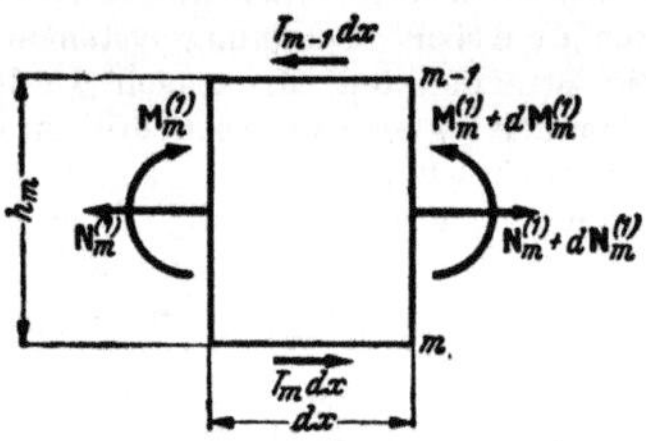

Abb. 69

$$\frac{d\,\mathsf{N}_m^{(1)}}{d\,x} = T_{m-1} - T_m,$$
$$\frac{d\,\mathsf{M}_m^{(1)}}{d\,x} = -\frac{1}{2}\, h_m\,(T_{m-1} + T_m). \quad (71)$$

Zu ihnen gehören zusätzliche Scheibenlängskräfte

$$N_{xm}^{(1)} = \frac{\mathsf{N}_m^{(1)}}{h_m} + \mathsf{M}_m^{(1)} \cdot \frac{12\, y_m}{h_m^3}. \quad (72)$$

Stellt man noch die Gleichung auf, daß für die Kante m die mit $y_m = +{}^1/_2\, h_m$ berechnete Dehnung $\varepsilon_x = \left(N_{xm}^{(0)} + N_{xm}^{(1)}\right)/E\, t_m$ der Scheibe m mit der für $y_{m+1} = -{}^1/_2\, h_{m+1}$ berechneten Dehnung ε_x der Scheibe $m+1$ übereinstimmen muß und führt in diese Gleichung (die man dazu nach x differenzieren muß) die Beziehungen (71) ein, so erhält man eine Gleichung zur Berechnung der Kantenschübe T_m, die als Dreischübegleichung bezeichnet wird:

$$\frac{T_{m-1}}{t_m\, h_m} + T_m\left(\frac{2}{t_m\, h_m} + \frac{2}{t_{m+1}\, h_{m+1}}\right) + \frac{T_{m+1}}{t_{m+1}\, h_{m+1}} = \frac{3\,\mathsf{Q}_m^{(0)}}{t_m\, h_m^2} + \frac{3\,\mathsf{Q}_{m+1}^{(0)}}{t_{m+1}\, h_{m+1}^2}. \quad (73)$$

Sie muß von den von x abhängigen Unbekannten $T_m(x)$ für jeden Wert x erfüllt werden. Eine entsprechende Gleichung läßt sich für jede Kante aufstellen, in der zwei Faltwerkscheiben zusammenhängen.

Sind die Lasten S_m in x-Richtung konstant, so sind die T_m ebenso wie die Trägerquerkraft in x linear, also $T'_m = d\,T_m/d\,x$ konstant, und man erhält durch Differenzieren von Gl. (73) ein System dreigliedriger Gleichungen mit konstanten Unbekannten:

$$\frac{T'_{m-1}}{t_m\, h_m} + T'_m\left(\frac{2}{t_m\, h_m} + \frac{2}{t_{m+1}\, h_{m+1}}\right) + \frac{T'_{m+1}}{t_{m+1}\, h_{m+1}} = \frac{3\,S_m}{t_m\, h_m^2} + \frac{3\,S_{m+1}}{t_{m+1}\, h_{m+1}^2}, \quad (74)$$

die nach den im Kapitel Baustatik angegebenen Methoden behandelt werden können.

3. Ergänzungen

Die im vorstehenden kurz skizzierte *Membrantheorie* der Faltwerke bedarf mancher Ergänzungen:

An den Angriffspunkten von Einzelkräften weicht der Spannungszustand merklich von der vorausgesetzten linearen Verteilung der σ_x ab. Dort ist eine genauere Untersuchung mit den unter V A, B dargestellten Mitteln nötig.

Greifen die Lasten nicht an den Kanten an, sondern sind, wie z. B. das Eigengewicht, über die Faltwerkfläche verteilt, so müssen sie zunächst durch Biegespannungen nach den Kanten abgetragen werden, wobei man einen normal zu den Kanten aus dem Faltwerk herausgeschnittenen Streifen als gebrochenen Stabzug behandeln kann, der in den Eckpunkten gestützt ist. Die Stützkräfte liefern die Trägerquerkräfte Q_m der Scheiben, und infolge der zu diesen gehörenden Scheibendurchbiegung ist diese Stützung elastisch nachgiebig.

Ähnliche Biegespannungen (Plattenspannungen) entstehen aber auch dann schon, wenn nur Kantenlasten wirken, und zwar infolge der Deformation, die jede Scheibe in ihrer eigenen Ebene erfährt und die zu einer Verletzung der Zusammenhangsbedingung an den Kanten führt, wenn man nicht durch eine Verbiegung der Scheiben aus ihrer Ebene heraus für die Wahrung des Zusammenhangs sorgt. Damit dabei die Winkel der Prismenkanten nicht geändert werden, ist eine Biegung der Scheiben nötig. Diese Biegespannungen können ähnlich wie bei den entsprechend gelagerten Zylinderschalen (Zeiss-Dywidag-Tonnen), mit denen die Faltwerke in ihrem Spannungszustand Ähnlichkeit aufweisen, zu einer wesentlichen Umlagerung der Membranspannungen führen, so daß ihre sehr mühsame Nachrechnung nötig wird. Näheres findet man an den folgenden Stellen:

E. Gruber: Int. Ver. Brücken- u. Hochbau Abh. *1* (1932) S. 225. — *G. Grüning*: Ing.-Arch. *3* (1932) S. 319. — *R. Ohlig*: Ing.-Arch. *6* (1935) S. 346. Zusammenfassende Darstellung bei *W. Flügge*: Statik und Dynamik der Schalen, Berlin 1934, S. 178.

VI. Platten

A. Schnittkräfte, Differentialgleichung

1. Grundbegriffe

Unter einer *Platte* versteht man in der Festigkeitslehre nicht jeden plattenartigen Körper schlechthin, sondern nur solche, für die

1. die Fläche, die an jeder Stelle die Plattendicke halbiert, eine Ebene ist („Mittelebene"),

2. die Plattendicke gegenüber den Abmessungen der Platte in ihrer Mittelebene klein ist,

3. die Lasten keine Komponente parallel zu dieser Mittelebene haben.

Erfüllen die Lasten die dritte Bedingung nicht, so kann man sie stets aufspalten in einen Teil, der sie erfüllt, und eine Belastung, die ausschließlich in der Mittelebene wirkt und für die die Platte als Scheibe nach Teil V zu berechnen ist.

Zur geometrischen Festlegung der Plattenpunkte benutzt man ein ebenes Koordinatensystem x, y in der Mittelebene und den Abstand z des Punktes von der Mittelebene. Bezeichnet t die Plattendicke, so haben die beiden Plattenoberflächen die Gleichung $z = \pm t/2$, wobei t konstant oder auch eine gegebene Funktion von x, y sein kann (Platte veränderlicher Dicke).

2. Schnittkräfte

Abb. 70 zeigt ein Plattenelement. Die längs seiner (waagrechten) Ränder $dx \cdot t$ und $dy \cdot t$ angreifenden Spannungen σ_x, τ_{xy} und σ_y, τ_{xy} lassen sich ebenso wie die Spannungen im gebogenen und tordierten Stab zu Momenten zusammenfassen:

$$M_x = \int_{-t/2}^{+t/2} \sigma_x z\, dz, \quad M_y = \int_{-t/2}^{+t/2} \sigma_y z\, dz,$$
$$M_{xy} = M_{yx} = \int_{-t/2}^{+t/2} \tau_{xy} z\, dz. \tag{75 a—c}$$

M_x und M_y heißen Biegemomente, M_{xy} Drillmoment. Sie sind Momente je Längeneinheit eines Schnittes $x = \text{const}$ oder $y = \text{const}$, haben also die Dimension Moment je Längeneinheit (mkg/m, cmkg/m).

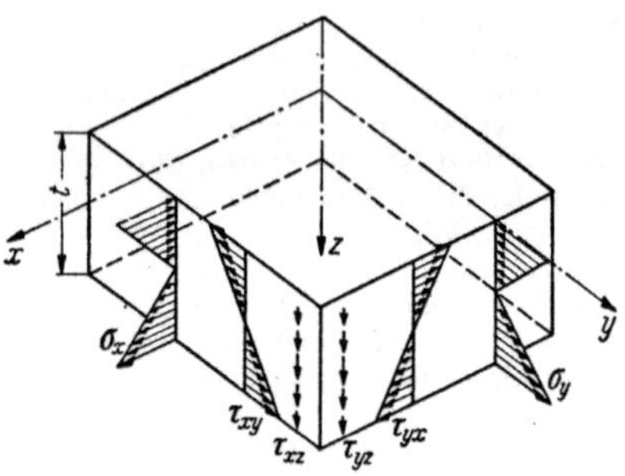

Abb. 70

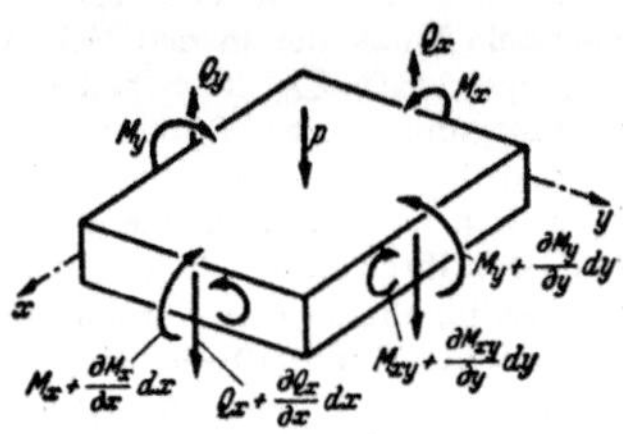

Abb. 71

Die lotrechten Schubspannungen τ_{xz}, τ_{yz} werden entsprechend zu Querkräften zusammengefaßt:

$$Q_x = \int_{-t/2}^{+t/2} \tau_{xz}\, dz, \quad Q_y = \int_{-t/2}^{+t/2} \tau_{yz}\, dz. \tag{75 d, e}$$

Zwischen diesen *Schnittkräften* und der Belastung $p\, dx\, dy$ bestehen folgende Gleichgewichtsbedingungen (Abb. 71):

Lotrechte Kräfte:

$$\frac{\partial Q_x}{\partial x} + \frac{\partial Q_y}{\partial y} + p = 0, \tag{76 a}$$

Momente in der x-z-Ebene:

$$\frac{\partial M_x}{\partial x} + \frac{\partial M_{xy}}{\partial y} - Q_x = 0, \tag{76 b}$$

Momente in der y-z-Ebene:

$$\frac{\partial M_y}{\partial y} + \frac{\partial M_{xy}}{\partial x} - Q_y = 0. \tag{76 c}$$

Mit Hilfe der beiden Momentengleichungen kann man in der Kräftegleichung die Querkräfte durch die Biege- und Drillmomente ausdrücken:

$$\frac{\partial^2 M_x}{\partial x^2} + 2\frac{\partial^2 M_{xy}}{\partial x \partial y} + \frac{\partial^2 M_y}{\partial y^2} = -p. \tag{77}$$

3. Formänderungen

Die drei verfügbaren Gleichgewichtsbedingungen reichen zur Bestimmung von 3 Momenten und 2 Querkräften nicht aus. Es ist deshalb nötig, auf die Formänderungen der Platte einzugehen. Die Verschiebungen eines Punktes x, y, z in Richtung der Koordinatenachsen seien u, v, w. Über diese Verschiebungen werden in Analogie zur Theorie gebogener Stäbe folgende Annahmen gemacht, die sich mit der Kleinheit der Plattenstärke im Vergleich mit den sonstigen Abmessungen der Platte begründen lassen:

1. Die Zusammendrückung der Platte in Richtung der Plattenstärke spielt keine Rolle. Es ist also w unabhängig von z.
2. Jede Normale auf der Plattenmittelebene bleibt bei der Formänderung gerade und steht auch auf der verbogenen Mittelfläche (der „Biegefläche") wieder senkrecht.
3. Die Normalspannung σ_z in Richtung der Plattendicke kann vernachlässigt werden.

Aus diesen Annahmen folgt nach Abb. 72:

$$u = -z\frac{\partial w}{\partial x}, \quad v = -z\frac{\partial w}{\partial y},$$

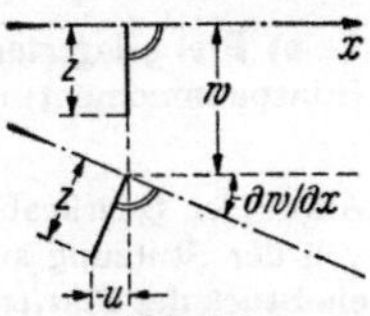

Abb. 72

daraus nach Gl. (3) und (4) die Verzerrungen:

$$\varepsilon_x = \frac{\partial u}{\partial x} = -z\frac{\partial^2 w}{\partial x^2}, \quad \varepsilon_y = \frac{\partial v}{\partial y} = -z\frac{\partial^2 w}{\partial y^2},$$

$$\gamma_{xy} = \frac{\partial u}{\partial y} + \frac{\partial v}{\partial x} = -2z\frac{\partial^2 w}{\partial x \partial y},$$

und aus diesen durch Einsetzen in das *Hooke*sche Gesetz Gl. (8) mit $\sigma_z = 0$ die Spannungen:

$$\begin{aligned} \sigma_x &= -\frac{Ez}{1-\mu^2}\left(\frac{\partial^2 w}{\partial x^2} + \mu\frac{\partial^2 w}{\partial y^2}\right), \\ \sigma_y &= -\frac{Ez}{1-\mu^2}\left(\frac{\partial^2 w}{\partial y^2} + \mu\frac{\partial^2 w}{\partial x^2}\right), \\ \tau_{xy} &= -2zG\frac{\partial^2 w}{\partial x \partial y} = -\frac{Ez}{1+\mu}\frac{\partial^2 w}{\partial x \partial y}. \end{aligned} \tag{78}$$

Wie diese Gleichungen zeigen, sind die Biegungs- und Drillungsspannungen linear über die Plattendicke verteilt und in der Mittelebene $= 0$. Sie können also, wenn die Biege- und Drillmomente gegeben sind, aus ihnen ähnlich wie die Biegespannungen in einem Stab rechteckigen Querschnitts berechnet werden.

4. Differentialgleichung

Setzt man die Spannungen nach Gl. (78) in die Definitionsgleichungen (75 a—c) der Momente ein, so kann man die Integration nach z ausführen und erhält:

$$\begin{aligned} M_x &= -K\left(\frac{\partial^2 w}{\partial x^2} + \mu\frac{\partial^2 w}{\partial y^2}\right), \\ M_y &= -K\left(\frac{\partial^2 w}{\partial y^2} + \mu\frac{\partial^2 w}{\partial x^2}\right), \\ M_{xy} &= -K(1-\mu)\frac{\partial^2 w}{\partial x \partial y}. \end{aligned} \tag{79a—c}$$

Die Größe $K = Et^3/12\,(1-\mu^2)$ wird als Biegesteifigkeit der Platte bezeichnet. Sie ist das Gegenstück zur Biegesteifigkeit EI des Balkens.

Durch Einsetzen von Gl. (79) in die Bedingungen des Momentengleichgewichts am Plattenelement erhält man entsprechende Darstellungen für die Querkräfte:

$$Q_x = -K \frac{\partial}{\partial x}\left(\frac{\partial^2 w}{\partial x^2} + \frac{\partial^2 w}{\partial y^2}\right),$$
$$Q_y = -K \frac{\partial}{\partial y}\left(\frac{\partial^2 w}{\partial x^2} + \frac{\partial^2 w}{\partial y^2}\right). \tag{80}$$

Durch die Gl. (79) sind die Momente durch die einzige Unbekannte w ausgedrückt. Führt man Gl. (79) in die Gleichgewichtsbedingung (77) ein, so geht diese in eine Differentialgleichung für w über, die die grundlegende Differentialgleichung der Plattenbiegung ist:

$$\Delta\Delta w \equiv \frac{\partial^4 w}{\partial x^4} + 2\frac{\partial^4 w}{\partial x^2 \partial y^2} + \frac{\partial^4 w}{\partial y^4} = \frac{p}{K}. \tag{81}$$

5. Randbedingungen

Als Randbedingungen kommen im wesentlichen folgende in Frage:

a) Eingespannter Rand. Die Durchbiegung und die Neigung der Biegefläche in Richtung normal zum Rand sind null, also z. B. für einen Rand $x = \text{const}$ (d. h. parallel zur y-Achse)

$$w = 0, \qquad \partial w/\partial x = 0.$$

b) Frei gelagerter Rand. Außer der Durchbiegung ist hier das Biegemoment (Einspannmoment) null, also für den Rand $x = \text{const}$

$$w = 0, \qquad M_x = 0.$$

Außer der Querkraft ist auch das Drillmoment M_{xy} von null verschieden und muß von der Stützung aufgenommen werden. Wie das geschieht, zeigt Abb. 73, in der ein Stück des Plattenrandes $x = \text{const}$ dargestellt ist, auf dem zwei Längenelemente dy abgegrenzt sind. An ihnen greifen die in Abb. 73a gezeichneten Drillmomente an. Ersetzt man jedes von ihnen durch ein Kräftepaar mit dem Hebelarm dy, so sind die Kräfte im linken Element je gleich M_{xy} (etwa in mkg/m = kg), im rechten um ein Differential größer, und an der Grenze der beiden Elemente heben sich die dort wirkenden Kräfte bis auf den Überschuß $(\partial M_{xy}/\partial y)\, dy$ gegeneinander weg, der über die Länge dy zu verteilen ist und dann einen Zuschlag zur Randquerkraft bildet. Die durch Randquerkraft Q_x und Randdrillmoment M_{xy} auf die Unterstützung ausgeübte Kraft je Längeneinheit ist also einfach eine lotrechte Belastung der Größe

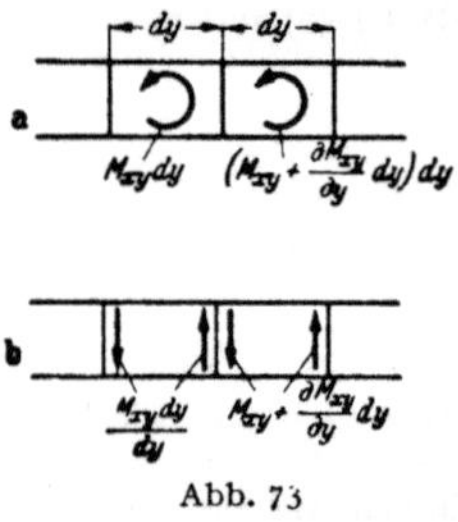

Abb. 73

$$V_x = Q_x + \frac{\partial M_{xy}}{\partial y}. \tag{82}$$

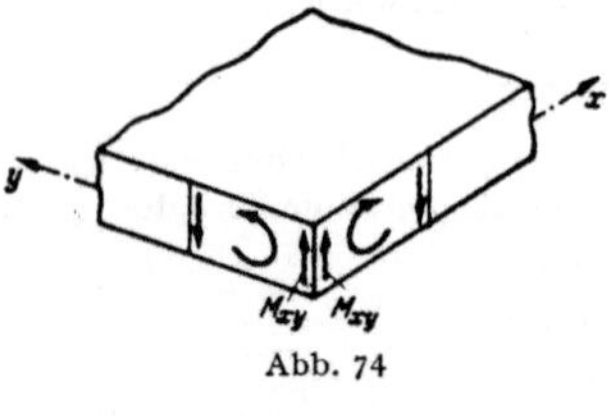

Abb. 74

Die Kraft V_x (Dimension: Kraft je Längeneinheit, kg/m) ist die Stützkraft der Platte, die also nicht gleich dem Randwert der Querkraft ist, sondern einen zweiten Anteil, die *Kirchhoffsche Ersatzscherkraft*, enthält.

An einer Plattenecke (Abb. 74) heben sich die beiden in Abb. 73b gezeichneten Kräfte M_{xy} im allgemeinen nicht bis auf ein Differential gegeneinander weg. Insbesondere haben nach dem Gesetz der paarweisen Gleichheit der Schubspannungen an einer rechtwinkligen Ecke die Drillmomente der anschließenden Randelemente entgegengesetzten Drehsinn, so daß sich die beiden Ersatzkräfte M_{xy} zu einer Einzelkraft von der Größe $2M_{xy}$ addieren. Solche Einzelkräfte treten in den Ecken rechteckiger, frei gelagerter Platten stets auf, und für ihre Aufnahme ist besondere Sorge zu tragen.

c) Kräftefreier Rand. Ist ein Plattenrand nicht unterstützt, so müssen das Biegemoment und die Stützkraft null sein, also z. B. für einen Rand $x = \text{const}$

$$M_x = 0, \qquad V_x = 0.$$

B. Kreisplatten

1. Kreisplatten konstanter Dicke

In Polarkoordinaten r, φ heißt die Plattengleichung

$$\Delta\Delta w = \left(\frac{\partial^2}{\partial r^2} + \frac{1}{r}\frac{\partial}{\partial r} + \frac{1}{r^2}\frac{\partial^2}{\partial \varphi^2}\right)^2 w = \frac{p}{K}. \tag{83}$$

Sind Belastung und Stützung drehsymmetrisch, so fällt die Ableitung nach φ fort. Für diesen Fall heißt die vollständige Lösung

$$w = w_0(r) + C_1 + C_2 r^2 + C_3 \ln r + C_4 r^2 \ln r. \tag{84}$$

Dabei ist $w_0(r)$ die inhomogene Lösung, also z. B. für $p = \text{const}$

$$w_0(r) = \frac{p\, r^4}{64\, K}$$

oder für $p = p_0 r/a$:

$$w_0(r) = \frac{p_0\, r^5}{225\, K a}.$$

Die Integrationskonstanten C_1 bis C_4 sind aus den Randbedingungen zu bestimmen. C_3 ist nur bei Ringplatten von null verschieden, C_4 außerdem, wenn an einer vollen Platte eine Einzellast P im Mittelpunkt angreift, und hat dann den Wert $C_4 = \mathsf{P}/8\pi K$.

Für die Schnittkräfte ergeben sich im drehsymmetrischen Fall durch Umrechnung von Gl. (79) folgende Formeln:

$$M_r = -K\left(\frac{d^2 w}{dr^2} + \frac{\mu}{r}\frac{dw}{dr}\right), \quad M_\varphi = -K\left(\mu\frac{d^2 w}{dr^2} + \frac{1}{r}\frac{dw}{dr}\right)$$

$$Q_r = -K\frac{d}{dr}\left(\frac{d^2 w}{dr^2} + \frac{1}{r}\frac{dw}{dr}\right). \tag{85a—c}$$

Für die wichtigsten Lastfälle von vollen, auf dem Randkreis $r = a$ *eingespannten* Platten sind im folgenden fertige Formeln für Durchbiegung und Schnittkräfte zusammengestellt:

Vollast p:

$$w = \frac{p}{64\, K}(a^2 - r^2)^2$$

$$M_r = \frac{p}{16}\left[(1+\mu)\, a^2 - (3+\mu)\, r^2\right]$$

$$M_\varphi = \frac{p}{16}\left[(1+\mu)\, a^2 - (1+3\mu)\, r^2\right]$$

$$Q_r = -\frac{p\, r}{2}.$$

Radial anwachsende Last nach Abb. 75:

$$w = \frac{p_0}{450\, K a}\left[3a^3(a^2 - r^2) - 2r^2(a^3 - r^3)\right]$$

$$M_r = \frac{p_0}{45\, a}\left[(1+\mu)\, a^3 - (4+\mu)\, r^3\right]$$

$$M_\varphi = \frac{p_0}{45\, a}\left[(1+\mu)\, a^3 - (1+4\mu)\, r^3\right]$$

$$Q_r = -\frac{p_0\, r^2}{3\, a}.$$

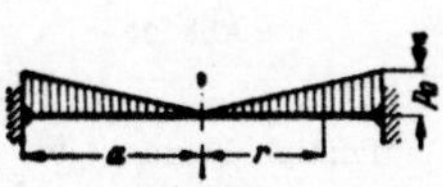

Abb. 75

Einzelkraft P *im Mittelpunkt*:

$$w = \frac{\mathsf{P}}{16\,\pi K}\left((a^2 - r^2) + 2\,r^2 \ln \frac{r}{a}\right)$$

$$M_r = -\frac{\mathsf{P}}{4\,\pi}\left(1 + (1+\mu)\ln\frac{r}{a}\right)$$

$$M_\varphi = -\frac{\mathsf{P}}{4\,\pi}\left(\mu + (1+\mu)\ln\frac{r}{a}\right)$$

$$Q_r = -\frac{\mathsf{P}}{2\,\pi\,r}$$

Gleichmäßige Belastung p in einem Kreis vom Radius $b < a$ (Abb. 76):

für $r < b$:

$$w = \frac{p}{64\,K}\left[4\,a^2 b^2 - 3\,b^4 - 2\,\frac{b^4 r^2}{a^2} + r^4 + 4\,b^2\,(b^2 + 2\,r^2)\ln\frac{b}{a}\right]$$

$$M_r = \frac{p}{16}\left[(1+\mu)\frac{b^4}{a^2} - (3+\mu)\,r^2 - 4\,(1+\mu)\,b^2\ln\frac{b}{a}\right]$$

$$M = \frac{p}{16}\left[(1+\mu)\frac{b^4}{a^2} - (1+3\,\mu)\,r^2 - 4\,(1+\mu)\,b^2\ln\frac{b}{a}\right]$$

$$Q_r = -\frac{p\,r}{2}$$

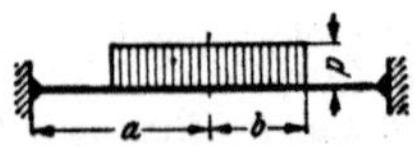

Abb. 76

für $r > b$:

$$w = \frac{p}{32\,K}\left[\left(2\,b^2 + \frac{b^4}{a^2}\right)(a^2 - r^2) + 2\,b^2\,(b^2 + 2\,r^2)\ln\frac{r}{a}\right]$$

$$M_r = -\frac{p}{16}\left[4\,b^2 - (1+\mu)\frac{b^4}{a^2} - (1+\mu)\frac{b^4}{r^2} + 4\,(1+\mu)\,b^2\ln\frac{r}{a}\right]$$

$$M_\varphi = -\frac{p}{16}\left[4\,\mu b^2 - (1+\mu)\frac{b^4}{a^2} + (1-\mu)\frac{b^4}{r^2} + 4\,(1+\mu)\,b^2\ln\frac{r}{a}\right]$$

$$Q_r = -\frac{p\,b^2}{2\,r}.$$

Durch Superposition lassen sich aus diesen Formeln die Lösungen für weitere Lastfälle finden. Aus der zuletzt aufgeführten Teilbelastung gewinnt man durch Differenzieren nach b mit $p\,db \to P$ eine Linienbelastung P auf dem Kreise $r = b$.

Formeln für die am Rande $r = a$ *frei gelagerte* Platte gewinnt man durch Überlagerung der vorstehenden Formeln mit denjenigen für die freie, längs des Randes durch Momente $M_r = \mathsf{M}$ belastete Platte (Abb. 77):

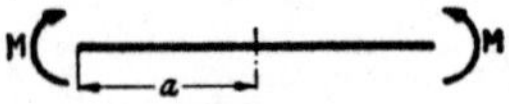

Abb. 77

$$w = \frac{\mathsf{M}}{2\,(1+\mu)\,K}(a^2 - r^2)$$

$$M_r = M_\varphi = \mathsf{M}$$

$$Q_r = 0.$$

Fertige Formeln für zahlreiche Fälle, insbesondere auch für Ringplatten verschiedener Lagerung, findet man bei *K. Beyer*: Die Statik im Eisenbetonbau, 2. Aufl., Bd. 2, S. 652. Neudruck Berlin 1948.

Überlagert man bei der frei gelagerten Platte noch eine Linienbelastung $-P$ von geeigneter Größe auf dem Kreise $r = b$, so kann man Formeln erhalten für eine Platte, die bei $r = b$ drehbar gestützt ist und bei $r = a$ einen kräftefreien Rand hat.

Sind alle Lasten proportional dem Abstand vom Durchmesser $\varphi = \pi/2$, so heißt die vollständige Lösung:

$$w(r, \varphi) = [w_0(r) + C_1 r^3 + C_2 r + C_3 r \ln r + C_4 r^{-1}] \cos \varphi. \tag{86}$$

Die Partikularlösung $w_0(r) \cos \varphi$ heißt z. B. für eine Belastung

$$p = p_0 \frac{x}{a} = p_0 \frac{r}{a} \cos \varphi,$$

die in Verbindung mit einer konstanten Last zum Aufbau einer hydrostatischen Belastung dienen kann,

$$w_0(r) \cos \varphi = \frac{p_0 r^5}{192\, K a} \cos \varphi.$$

Einige Beispiele für die Anwendung dieser Formeln (Platte mit Wasserdruck, Gründungsplatte, Punktmoment) findet man bei *W. Flügge*: Bauingenieur *10* (1929) S. 221 und bei *K. Beyer*: Die Statik im Eisenbetonbau, 2. Aufl., 2. Bd., S. 670. Berlin 1948.

2. Kreisplatten veränderlicher Dicke

Von den bisher benutzten Formeln gelten auch für die Kreisplatte veränderlicher Dicke: die Gleichgewichtsbedingungen (76) und das Elastizitätsgesetz Gl. (79), (85a, b). Die Gleichgewichtsbedingungen lauten in Polarkoordinaten unter Voraussetzung eines drehsymmetrischen Spannungszustandes (Abb. 78):

Lotrechte Kräfte:

$$\frac{d}{dr}(r Q_r) = -p r,$$

Momente in der Meridianebene:

$$\frac{d}{dr}(r M_r) - M_\varphi = r Q_r.$$

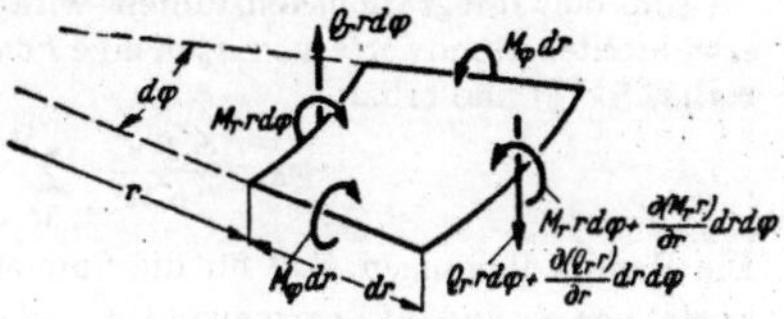

Abb. 78

Drückt man nach Gl. (85a, b) in der Momentengleichung die beiden Biegemomente durch w aus, so erhält man, wenn man Ableitungen nach r durch einen Strich bezeichnet:

$$r Q_r = -K(r w''' + w'' - w'/r) - K'(r w'' + \mu w'),$$

und aus dem Gleichgewicht der lotrechten Kräfte folgt damit die Differentialgleichung

$$K(r w''' + w'' - w'/r) + K'(r w'' + \mu w') = \int p r\, dr + C.$$

Die Gleichung läßt sich noch etwas vereinfachen, wenn man die Neigung der Biegefläche $\psi = w'$ als Unbekannte einführt:

$$\psi'' + \left(\frac{1}{r} + \frac{K'}{K}\right)\psi' - \frac{1}{r}\left(\frac{1}{r} - \mu \frac{K'}{K}\right)\psi = \frac{1}{K r}\left[\int p r\, dr + C\right].$$

Für $K = \text{const}$ kommt man wieder auf die schon angegebenen Lösungen. Für einige Fälle von technischem Interesse findet man Lösungen bei *R. Gran Olsson*: Ing.-Arch. *8* (1937) S. 81; *9* (1938) S. 108; *10* (1939) S. 14. Für beliebig veränderliche Plattenstärke kann die Gleichung, da sie nur Ableitungen nach einer Koordinate enthält, verhältnismäßig einfach durch numerische Integration gelöst werden. Auf der rechten Seite ist $\int p r\, dr = \frac{1}{2\pi} \times$ der innerhalb des Kreises vom Radius r befindlichen Last. Die Konstante C dient zur Erfüllung einer Randbedingung.

C. Rechteckplatten

1. Lösung durch Reihenentwicklung

In vielen Fällen läßt sich leicht eine Partikularlösung angeben, die die Randbedingungen auf zwei gegenüberliegenden Seiten erfüllt. Ist z. B. die Rechteckplatte (Abb. 79) voll belastet und an den Kanten $y = 0$, $y = b$ frei gelagert, so ist

$$w = w_0 = \frac{p}{24\,K}\,(y^4 - 2\,b\,y^3 + b^3 y)$$

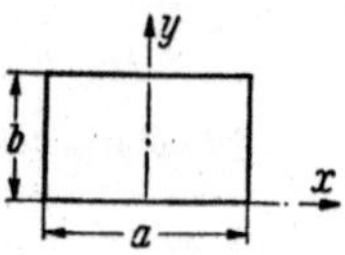

Abb. 79

eine solche Partikularlösung. An den Rändern $x = \pm a/2$ erfüllt sie zwar die Einspannbedingung $\partial w/\partial x = 0$, aber die Durchbiegung w und auch das Moment M_x sind von null verschieden. Um dort sinnvolle Randbedingungen zu erfüllen, muß man eine geeignete Lösung der homogenen Gleichung $\Delta\Delta w = 0$ überlagern, die die schon erfüllten Bedingungen auf den beiden anderen Seiten nicht verletzt. Eine solche Lösung ist

$$w = \sum_{n=1}^{\infty} X_n(x)\,\sin\frac{n\,\pi\,y}{b} \tag{87}$$

mit

$$X_n = (A_n + B_n x)\,e^{n\pi x/b} + (C_n + D_n x)\,e^{-n\pi x/b}$$

oder

$$X_n = \left(A_n' + B_n' x\right)\operatorname{Cosh}\frac{n\,\pi\,x}{b} + \left(C_n' + D_n' x\right)\operatorname{Sinh}\frac{n\,\pi\,x}{b}\,.$$

In dem betrachteten Beispiel ist die zweite Form von X_n vorteilhafter, denn man sieht sofort, daß wegen der Symmetrie der Platte zur y-Achse $B_n' = C_n' = 0$ sein muß.

Um die Integrationskonstanten wirklich zu bestimmen, muß man die unerwünschten Randwerte von w_0 in eine *Fourier*-Reihe entwickeln (s. Abschn. *Mathematik*, S. 78) und erhält

$$w_0 = \frac{4\,p\,b^4}{K\,\pi^5}\sum_{1,\,3,\,\ldots}^{\infty}\frac{1}{n^5}\,\sin\frac{n\,\pi\,y}{b}\,.$$

Die Randbedingungen, daß für die Summe von w_0 und w nach Gl. (87) die Randwerte von w und M_x verschwinden, liefert für jedes n zwei Gleichungen für A_n' und D_n' und führt zu der Lösung

$$w = \frac{p\,b^4}{K}\left\{\frac{1}{24}\left(\frac{y^4}{b^4} - \frac{2\,y^3}{b^3} + \frac{y}{b}\right) - \frac{2}{\pi^5}\sum_{1,\,3,\,\ldots}^{\infty}\frac{1}{n^5\operatorname{Cosh}\alpha_n}\,\cdot\right.$$

$$\left.\cdot\left[(2 + \alpha_n\operatorname{Tgh}\alpha_n)\operatorname{Cosh}\frac{n\,\pi\,x}{b} + \frac{n\,\pi\,x}{b}\operatorname{Sinh}\frac{n\,\pi\,x}{b}\right]\sin\frac{n\,\pi\,y}{b}\right\}.$$

Hier und in allen folgenden Formeln ist $\alpha_n = n\,\pi\,a/2b$. Durch Differenzieren können aus der Lösung w leicht die Formeln für die Biege- und Drillmomente und für die Querkräfte gewonnen werden. Es empfiehlt sich nicht, in diesen Formeln den algebraischen Teil durch seine *Fourier*-Darstellung zu ersetzen, da das die Konvergenz der Reihen merklich verschlechtern würde.

Das Lösungsverfahren läßt sich anwenden auf beliebige Randbedingungen an den Rändern $x = \text{const}$ und auf Belastungen, die mit y veränderlich sind, aber nicht von x abhängen. Es ist aber wesentlich an die Voraussetzung freier Lagerung der Ränder $y = \text{const}$ gebunden. Im folgenden sind einige Ergebnisse angeführt (Bezeichnungen nach Abb. 79).

Vollast p, Ränder $x = \pm a/2$ eingespannt:

$$w = \frac{p\,b^4}{K}\left\{\frac{1}{24}\left(\frac{y^4}{b^4} - \frac{2\,y^3}{b^3} + \frac{y}{b}\right) - \frac{4}{\pi^5}\sum_{1,\,3,\,\ldots}^{\infty}\frac{\operatorname{Sinh}\alpha_n}{n^5\,(\alpha_n + \operatorname{Cosh}\alpha_n\operatorname{Sinh}\alpha_n)}\,\cdot\right.$$

$$\left.\cdot\left[(1 + \alpha_n\operatorname{Ctgh}\alpha_n)\operatorname{Cosh}\frac{n\,\pi\,x}{b} - \frac{n\,\pi\,x}{b}\operatorname{Sinh}\frac{n\,\pi\,x}{b}\right]\sin\frac{n\,\pi\,y}{b}\right\}.$$

Hydrostatische Belastung $p = p_0 y/b$, alle Ränder frei gelagert:

$$w = \frac{p_0 b^4}{K}\left\{\frac{1}{360}\left(\frac{3y^5}{b^5} - \frac{10y^3}{b^3} + \frac{7y}{b}\right) + \frac{1}{\pi^5}\sum_{1,2,..}^{\infty}\frac{(-1)^n}{n^5 \operatorname{Cosh}\alpha_n}\cdot\right.$$
$$\left.\cdot\left[(2 + \alpha_n \operatorname{Tgh}\alpha_n)\operatorname{Cosh}\frac{n\pi x}{b} - \frac{n\pi x}{b}\operatorname{Sinh}\frac{n\pi x}{b}\right]\sin\frac{n\pi y}{b}\right\}.$$

Linienlast P längs der Mittellinie $y = b/2$, alle Ränder frei gelagert:

$$w = w_0 - \frac{P b^3}{K\pi^4}\sum_{1,3,..}^{\infty}\frac{(-1)^{(n-1)/2}}{n^4 \operatorname{Cosh}\alpha_n}\left[(2 + \alpha_n \operatorname{Tgh}\alpha_n)\operatorname{Cosh}\frac{n\pi x}{b} - \right.$$
$$\left. - \frac{n\pi x}{b}\operatorname{Sinh}\frac{n\pi x}{b}\right]\sin\frac{n\pi y}{b},$$

wobei die Partikularlösung w_0 die Balkendurchbiegung ist, also für $y \leqq b/2$:

$$w_0 = \frac{P b^3}{48 K}\left(\frac{3y}{b} - \frac{4y^3}{b^3}\right)$$

und symmetrisch entsprechend für $y \geqq b/2$.

In vielen Fällen, insbesondere auch dann, wenn die beiden Ränder $x = \pm a/2$ verschiedene Randbedingungen haben, werden die allgemeinen Formeln recht verwickelt, und es ist dann besser, beizeiten die Zahlenwerte des Einzelfalles einzuführen. Für solche Plattenaufgaben ist es nützlich, gebrauchsfertige Formeln für die Randbelastungen zur Hand zu haben, wie z. B. die folgenden, die sich auf symmetrische Fälle beziehen:

Platte ringsum frei gelagert, Ränder $x = \pm a/2$ durch Biegemomente $M_x = E_n \sin n\pi y/b$ belastet:

$$w = \frac{b^2}{2\pi^2 K}\frac{E_n}{n^2 \operatorname{Cosh}\alpha_n}\left[\alpha_n \operatorname{Tgh}\alpha_n \operatorname{Cosh}\frac{n\pi x}{b} - \frac{n\pi x}{b}\operatorname{Sinh}\frac{n\pi x}{b}\right]\cdot\sin\frac{n\pi y}{b} \quad (88)$$

Ränder $y = 0$, $y = b$ frei gelagert, Ränder $x = \pm a/2$ nicht unterstützt und durch Querkräfte so belastet, daß dort die Durchbiegung $w = W_n \sin n\pi y/b$ entsteht:

$$w = \frac{W_n}{\operatorname{Cosh}\alpha_n}\left[\left(1 + \frac{1-\mu}{2}\alpha_n \operatorname{Tgh}\alpha_n\right)\operatorname{Cosh}\frac{n\pi x}{b} - \right.$$
$$\left. - \frac{1-\mu}{2}\frac{n\pi x}{b}\operatorname{Sinh}\frac{n\pi x}{b}\right]\sin\frac{n\pi y}{b}. \quad (89)$$

Die Randlast, die diese Durchbiegung erzeugt, hat die Größe

$$P = \frac{(1-\mu)K\pi^3}{2b^3}\frac{W_n n^3}{\operatorname{Cosh}^2\alpha_n}\left[(3+\mu)\operatorname{Cosh}\alpha_n \operatorname{Sinh}\alpha_n - (1-\mu)\alpha_n\right]\cos\frac{n\pi y}{b}.$$

Es ist nicht unbedingt nötig, daß die benutzte Partikularlösung eine einfache Balkenformel ist. Für eine Platte mit einer Einzellast P in der Mitte (Abb. 80) geht man aus von der Lösung

$$w = w_0 = \frac{\mathsf{P}}{16\pi K}(x^2 + y^2)\ln\frac{x^2 + y^2}{a^2}, \quad (90)$$

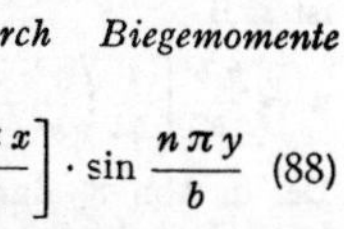

Abb. 80

die die Singularität an der Lastangriffsstelle richtig wiedergibt, bestimmt die zugehörigen Werte der Durchbiegung und des Biegemoments auf den Plattenrändern und unterwirft sie der (numerischen) harmonischen Analyse. Man kann dann die Durchbiegung w und das Moment M_x auf den Rändern $x = \pm a/2$ mit Hilfe der Lösungen Gl. (88), (89) zum Verschwinden bringen. Um auch die beiden anderen Ränder in Ordnung zu bringen, vertauscht man in Gl. (88), (89) x und y, a und b. Abb. 81 enthält einige Zahlenergebnisse. Es ist bemerkenswert, daß in diesem Falle die Größe der Biege- und Drillmomente von der Plattenspannweite unabhängig ist.

In allen diesen Formeln ist die Konvergenz der *Fourier*-Reihen um so besser, je größer das Seitenverhältnis a/b ist. Ist $a/b > 4$, so verhält sich der mittlere Teil der Platte wie eine Schar nebeneinander gelegter Balken, jedoch mit dem Unterschied, daß außer den Momenten M_y auch Momente $M_x = \mu M_y$ auftreten, s. Gl. (79). An den Enden des Plattenstreifens tritt eine Störung auf, die von der

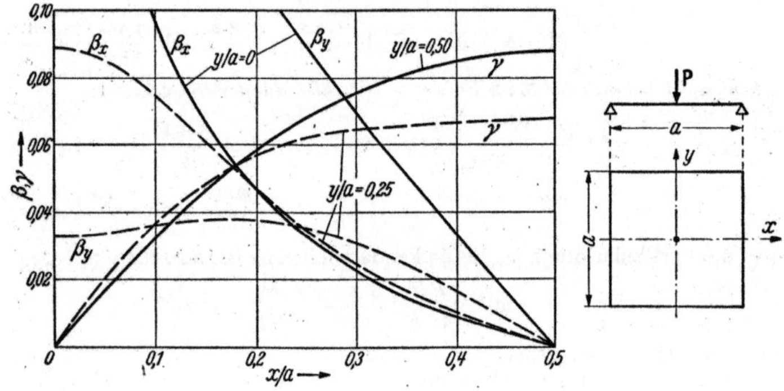

Abb. 81. Momente der frei aufliegenden quadratischen Platte unter Einzellast.
$M_x = \beta_x \mathsf{P}$, $M_y = \beta_y \mathsf{P}$, $M_{xy} = \gamma \mathsf{P}$

Länge a unabhängig ist. Für das Ende einer langen Platte mit Vollast p (Abb. 82) ist z. B.

$$w = \frac{p\, b^4}{K}\left[\frac{1}{24}\left(\frac{y^4}{b^4} - \frac{2\, y^3}{b^3} + \frac{y}{b}\right) - \frac{4}{\pi^5} \sum_{1,3,\ldots}^{\infty} \frac{1}{n^5}\left(1 + \frac{n\,\pi\, x}{2\, b}\right) e^{-n\pi x/b} \cdot \sin\frac{n\,\pi\, y}{b}\right]. \quad (91)$$

Der in Abb. 83 dargestellte Fall einer in Richtung der Spannweite b angeordneten Linienlast der Intensität P (Kraft je Längeneinheit) läßt sich mit der homogenen Lösung (87) allein beschreiben. Der Spannungszustand ist symmetrisch zur y-Achse. Für die rechte Seite $x \geqq 0$ gilt:

$$w = \frac{P\, b^2}{K\, \pi^4} \sum_{1,3,\ldots}^{\infty} \frac{1}{n^4}\left(1 + \frac{n\,\pi\, x}{b}\right) e^{-n\pi x/b} \sin\frac{n\,\pi\, y}{b}. \quad (92)$$

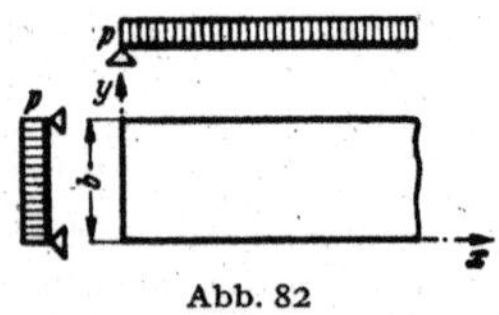

Abb. 82

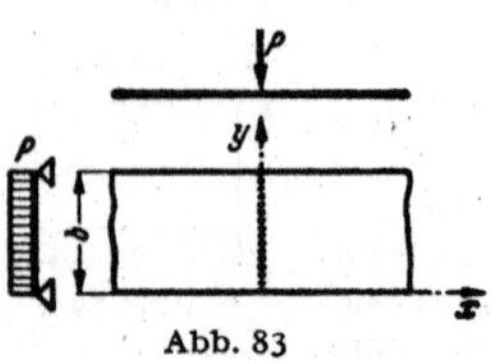

Abb. 83

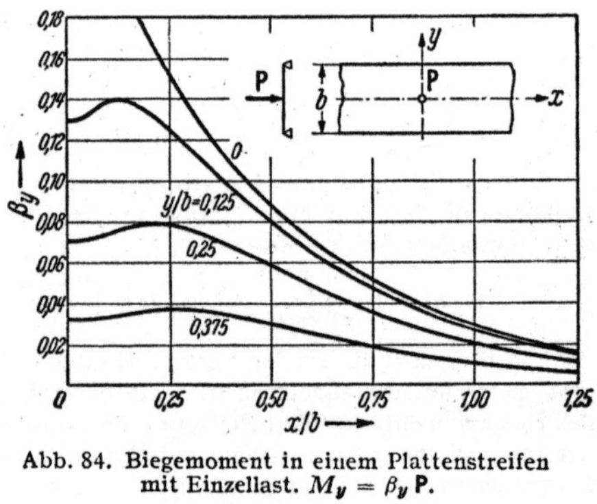

Abb. 84. Biegemoment in einem Plattenstreifen mit Einzellast. $M_y = \beta_y \mathsf{P}$.

Zahlenmaterial für einen anderen Belastungsfall des Plattenstreifens gibt Abb. 84. Weitere Lösungen dieser Art bei *A. Nádai*: Elastische Platten, Berlin 1925, S. 65f., und bei *S. Timoshenko*: Theory of Plates and Shells, New York 1940, S. 167ff. Ein reiches Zahlenmaterial findet sich bei *V. Lewe:* Pilzdecken, Berlin 1926, S. 42f. Verzichtet man auf die Angabe der Momentenverteilung und beschränkt

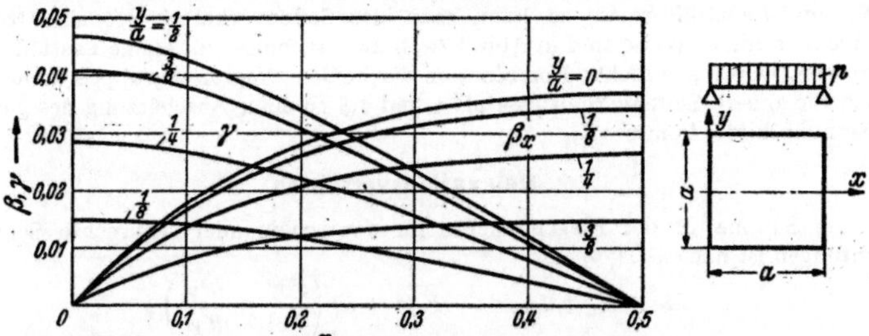

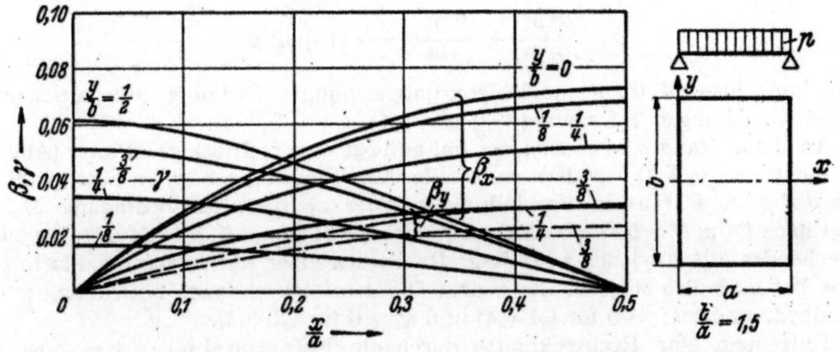

Abb. 85 und 86. **Momente frei aufliegender Platten unter gleichmäßiger Vollast.**
$M_x = \beta_x pa$, $M_y = \beta_y pa$, $M_{xy} = pa$; $= 0$.

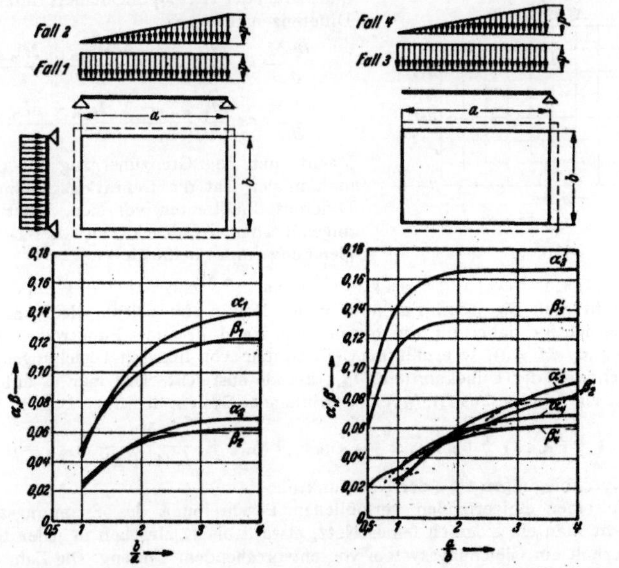

Abb. 87. **Größte Durchbiegung $_{\max}w$ und größtes Moment $_{\max}M$ in allseitig oder dreiseitig frei aufgelagerten Rechteckplatten**

$_{\max}w = \alpha \dfrac{pa^4}{Et^3} = \alpha' \dfrac{pb^4}{Et^3}$, $_{\max}M = \beta pa^2 = \beta' pb^2$. (Aus *I. A. Wojlaszak:* J. appl. Mech. 3 (1936) S. 71)

sich auf die Größtwerte, so kann man das Seitenverhältnis a/b als Abszisse wählen. In dieser Weise sind in Abb. 87a, b die Ergebnisse für einige Lastfälle aufgetragen. Durch geschickte Kombination der beiden Diagrammgruppen kann man auch für andere Seitenverhältnisse als 1 und 1,5 zu einer Abschätzung des ganzen Spannungsbildes kommen.

2. Relaxationsverfahren

Die Summe M der Biegemomente für zwei zueinander senkrechte Schnittrichtungen ist nach Gl. (79)

$$M = M_x + M_y = -K(1+\mu)\left(\frac{\partial^2 w}{\partial x^2} + \frac{\partial^2 w}{\partial y^2}\right), \tag{93}$$

und wenn man das in die Plattengleichung (81) einsetzt, so folgt daraus

$$\frac{\partial^2 M}{\partial x^2} + \frac{\partial^2 M}{\partial y^2} = -(1+\mu)\,p. \tag{94}$$

Man kann also Gl. (81), eine Differentialgleichung 4. Ordnung, aufspalten in die beiden Gleichungen 2. Ordnung (93) und (94).

An einem Rand $x = \text{const}$ einer frei aufliegenden rechteckigen Platte (Abb. 79) ist nicht nur $w = 0$, sondern auch alle Ableitungen nach y, insbesondere also $\partial^2 w/\partial y^2 = 0$. Daraus in Verbindung mit der zweiten Randbedingung $M_x = 0$ folgt nach (79a) $\partial^2 w/\partial x^2 = 0$ und dann nach (79b) $M_y = 0$, also $M = 0$, und Entsprechendes gilt für jedes *geradlinige* Randstück einer frei gelagerten Platte. Für diese hat man also zu jeder der beiden Differentialgleichungen 2. Ordnung je eine Randbedingung, $M = 0$ für Gl. (94) und $w = 0$ für Gl. (93).

Teilt man eine Rechteckplatte durch ein Netz von Linien $x = \text{const}$ und $y = \text{const}$ in eine große Zahl kleiner Quadrate, und beziffert man die Netzpunkte nach Abb. 88, so kann man die Differentialquotienten der Gl. (94) angenähert durch endliche Differenzen ersetzen:

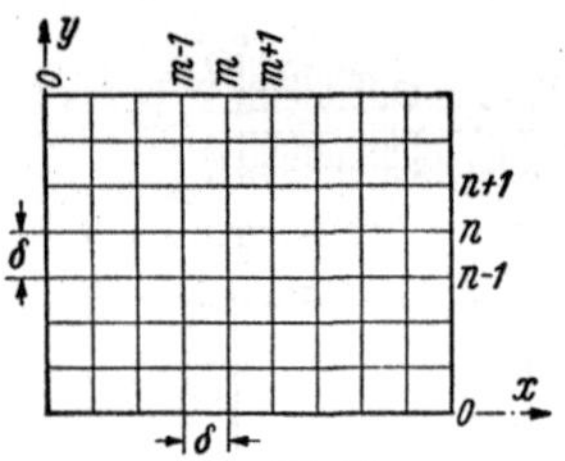

Abb. 88

$$\frac{\partial^2 M}{\partial x^2} \approx \frac{M_{m-1,n} - 2M_{m,n} + M_{m+1,n}}{\delta^2},$$

$$\frac{\partial^2 M}{\partial y^2} \approx \frac{M_{m,n-1} - 2M_{m,n} + M_{m,n+1}}{\delta^2}.$$

Macht man den Grenzübergang $\delta \to 0$, so hat man in der Tat die Definitionsgleichungen der Differentialquotienten vor sich. Setzt man die angenäherten Ausdrücke in die Differentialgleichung ein, so heißt diese:

$$M_{m-1,n} + M_{m,n-1} + M_{m,n+1} + M_{m+1,n} - 4M_{m,n} + (1+\mu)\,\delta^2 p_{m,n} = 0. \tag{95}$$

Schreibt man für jeden Punkt m, n des Netzes eine solche Gleichung auf und berücksichtigt dabei für die neben dem Rand liegende Punktreihe die Randbedingung $M = 0$, so erhält man ein System von linearen Gleichungen, das zur Berechnung der Unbekannten $M_{m,n}$ gerade ausreicht. Hat man es aufgelöst, so liefert ein zweites, aus Gl. (93) zu gewinnendes System derselben Bauart

$$w_{m-1,n} + w_{m,n-1} + w_{m,n+1} + w_{m+1,n} - 4w_{m,n} + \frac{\delta^2}{K(1+\mu)} M_{m,n} = 0 \tag{96}$$

die Durchbiegungen $w_{m,n}$ der Netzpunkte.

Zu einer einigermaßen verläßlichen Beschreibung des Spannungszustandes braucht man ein ziemlich feines Netz, etwa 8 bis 12 Maschen in jeder Richtung, und erhält ein Gleichungssystem von entsprechendem Umfang. Die Zahl der Gleichungen vermindert sich merklich, wenn man vorhandene Symmetrie der Belastung ausnutzt oder die Lasten in symmetrische und antimetrische Gruppen zerlegt, aber die Rechenarbeit bleibt trotzdem beträchtlich, wenn man die Gleichungssätze in der üblichen Form eliminieren will. Sie vermindert sich sehr wesentlich, wenn man zur Gleichungsauflösung das von *R. V. Southwell* entwickelte Relaxationsverfahren benutzt.

Dazu muß man sich zunächst möglichst gute Näherungswerte für die Unbekannten $M_{m,n}$ beschaffen. Wenn man diese in Gl. (95) einsetzt, wird sie nicht exakt erfüllt sein, sondern es wird ein Residuum

$$R_{m,n} = M_{m-1,n} + M_{m,n-1} + M_{m,n+1} + M_{m+1,n} - 4\,M_{m,n} + (1+\mu)\,\delta^2\,p_{m,n} \qquad (95')$$

entstehen, das eigentlich null sein sollte. Man legt sich nun eine Tabelle an, die die Näherungswerte und die aus ihnen berechneten Residuen enthält und aus der hier ein Ausschnitt angedeutet ist. Jedes Feld der Tabelle entspricht einem Netzpunkt der Platte, und die Felder haben dieselbe gegenseitige Lage wie die Netzpunkte. An den mit M bezeichneten Stellen werden die irgendwie beschafften Ausgangswerte eingetragen, an den mit R bezeichneten Stellen die nach Gl. (95′) aus ihnen und der Last berechneten Residuen. Aus den Zahlen in der Tabelle sieht man, wo die Residuen am größten sind, wo also eine Verbesserung der M-Werte am nötigsten ist. Man greift eine solche Stelle heraus. Würde man dort M um 1 erhöhen, so würde nach Gl. (95′) das Residuum an dieser Stelle um 4 kleiner werden, während die Residuen in den vier Nachbarfeldern (links, rechts, oben, unten) je um 1 größer würden. Man wählt nun einen solchen (positiven oder negativen) Zuwachs für M, daß das zugehörige Residuum genau oder nahezu null wird. Diesen *Zuwachs* notiert man unter dem Ausgangswert M, und die fünf ***berichtigten Residuen*** werden unter den nunmehr ungültig werdenden R-Werten notiert. Man hat so stets eine vollkommene Übersicht über den jeweiligen Stand der Residuen, während man sich das Aufaddieren der M-Werte zunächst ersparen kann. Nachdem so der erste Schritt getan ist, fährt man in derselben Weise fort, den Angriff stets gegen das größte noch vorhandene Residuum richtend, bis man sie alle unter eine von den Genauigkeitsansprüchen abhängende niedrige Schranke herabgedrückt hat. Da jeder Relaxationsschritt den Zustand in den Nachbarfeldern stört, muß man jedes Feld mehrfach bearbeiten (10- oder auch 20mal oder öfter); da aber alle Rechenoperationen so einfach sind, daß man sie im Kopf ausführen kann, kommt man trotzdem sehr schnell zum Ziel. Da bei der großen Zahl der Operationen Rechenfehler unvermeidlich sind, empfiehlt es sich, von Zeit zu Zeit durch Aufaddieren der Zuwachse die gültigen M-Werte festzustellen und die Residuen nachzuprüfen. Findet man eine Unstimmigkeit, so ist es zwecklos, nach der Ursache zu suchen. Man berichtigt die falschen Residuen und fährt fort.

M	*R*	*M*	*R*	*M*	*R*
—	—	—	—	—	—
—	—	—	—	—	—
—	—		—		—
	—		—		
M	*R*	*M*	*R*	*M*	*R*
—	—	—	—	—	—
—	—	—	—	—	—
—	—	—	—		—
	—		—		—
	—		—		—
M	*R*	*M*	*R*	*M*	*R*
—	—	—	—	—	—
—	—	—	—	—	—
—	—	—	—		—
	—		—		—
	—		—		

Die für das Relaxationsverfahren nötige Rechenarbeit hängt wesentlich von der Güte der benutzten Ausgangswerte ab. Es empfiehlt sich folgendes Vorgehen: Man beginnt die Rechnung mit einem sehr groben Netz (4 bis 6 Unbekannte) und führt darin die Relaxation sorgfältig durch. Das Ergebnis benutzt man als Ausgangswerte in einem feineren Netz, in dem man Werte für die neu hinzukommenden Punkte interpoliert. Man wiederholt nun die Relaxation in diesem Netz, und wenn dessen Feinheit noch nicht ausreichend erscheint, geht man nochmals zu einem feineren Netz über.

Wenn man Gl. (95) in dieser Weise gelöst hat, behandelt man (96) in derselben Weise.

Aus den Ergebnissen können die Schnittkräfte berechnet werden, indem man in den Gl. (79) und (80) ebenfalls die Differentialquotienten durch Differenzquotienten ersetzt:

$$(M_x)_{m,n} \approx -K\left(\frac{w_{m-1,n} - 2\,w_{m,n} + w_{m+1,n}}{\delta^2} + \mu\,\frac{w_{m,n-1} - 2\,w_{m,n} + w_{m,n+1}}{\delta^2}\right)$$

$$(M_{xy})_{m,n} \approx -K\,(1-\mu)\,\frac{w_{m-1,n-1} - w_{m-1,n+1} - w_{m+1,n-1} + w_{m+1,n+1}}{4\,\delta^2}\,,$$

$$(Q_x)_{m,n} \approx \frac{1}{1+\mu}\,\frac{M_{m+1,n} - M_{m-1,n}}{2\,\delta}\,.$$

Wenn ein Teil des Plattenrandes eingespannt oder kräftefrei ist, so kann man die Gln. (93), (94) nicht benutzen, da man für (94) keine Randbedingung hat. Man muß dann auf die Differentialgleichung (81) zurückgreifen und sie durch eine Differenzengleichung ersetzen. Jede Änderung eines Wertes w beeinflußt dann 13 Residuen, und die Rechnung ist wesentlich mühsamer.

Über Einzelheiten des Relaxationsverfahrens, Behandlung von Symmetrieachsen, Mittel zur Beschleunigung der Rechnung, Verwendung von Dreiecksnetzen, s. *R. V. Southwell*: Relaxation Methods in Theoretical Physics, Oxford 1946.

3. Faustformeln

Für einige im Stahlbetonhochbau immer wiederkehrende Fälle, für die ein besonders dringendes Bedürfnis nach sehr einfachen Formeln besteht, sind die nach verschiedenen Methoden gewonnenen Rechenerfahrungen in den amtlichen Eisenbetonbestimmungen zu Faustformeln zusammengefaßt. Sie sind im Laufe der Zeit entsprechend der fortschreitenden Erfahrung mancher Entwicklung unterworfen gewesen und mögen in der jeweils gültigen Fassung der Bestimmungen nachgeschlagen werden.

4. Einflußflächen

Eine Platte beliebiger Gestalt und Lagerung (Abb. 89) sei im Punkt *1* (Lastpunkt) durch eine Einzelkraft P belastet. Die Durchbiegung im Meßpunkt *2* ist proportional zu P, also etwa $w_2\,\mathsf{P}$. Läßt man umgekehrt die Last P in *2* angreifen, und mißt man die Durchbiegung $w_1\,\mathsf{P}$ in *1*, so ist nach dem Reziprozitätssatz (*Maxwell, Betti*) $w_1 = w_2$. Hält man den Lastpunkt *1* fest und läßt den Meßpunkt *2* über die Platte wandern, und trägt man in jedem Meßpunkt die dortige Durchbiegung w_2 als Ordinate auf, so erhält man die Biegefläche der Platte für eine Einheitslast im Punkt *1*. Da aber jede Ordinate w_2 dieser Fläche auch die Durchbiegung w_1 darstellt, die der Punkt *1* unter einer in *2* angreifenden, wandernden Einheitslast erfährt, so ist dieselbe Fläche auch die Einflußfläche für die Durchbiegung des Punktes *1*. Diese Einflußordinaten haben die Dimension einer Durchbiegung je Lasteinheit (cm/kg).

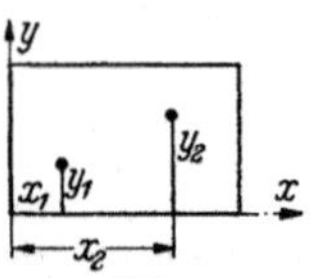

Abb. 89

Die zweite Ableitung $(\partial^2 w/\partial x^2)_1$ im Punkt *1* ist definiert als der Grenzwert

$$\left(\frac{\partial^2 w}{\partial x^2}\right)_1 = \lim_{\delta \to 0} \frac{w_1' - 2\,w_1 + w_1''}{\delta^2}\,,$$

wobei w_1' und w_1'' die Durchbiegungen zweier Nachbarpunkte *1'* und *1''* mit den Abszissen $x_1 - \delta$ und $x_1 + \delta$ sind, alle verursacht durch dieselbe Einheitslast im Punkte *2*. Nach dem Reziprozitätssatz können die Größen w_1'/δ^2, $-2w_1/\delta^2$, w_1''/δ^2 auch gedeutet werden als Durchbiegungen des Punktes *2*, wenn man in den Punkten *1'*, *1*, *1''* Lasten der Größe $1/\delta^2$, $-2/\delta^2$, $1/\delta^2$ anbringt. Damit w_2 die Einflußordinate für die Krümmung $(\partial^2 w/\partial x^2)_1$ wird, muß man mit dieser in der Umgebung des Punktes *1* angebrachten Lastgruppe den Grenzübergang $\delta \to 0$ machen. Die Lasten rücken dabei in einen Punkt zusammen und werden wie δ^{-2} unendlich groß, und die Durchbiegung w_2 strebt einem endlichen Grenzwert zu. Dieser Grenzwert hat, wie es sein muß, die Dimension einer Krümmung je Lasteinheit $(L^{-1}K^{-1})$; denn für eine Einheitslast hat die Durchbiegung die Dimension $L K^{-1}$, für eine fiktive Last $(1/\delta^2)$ von der Dimension L^{-2} also die Dimension $L K^{-1} \cdot L^{-2} = L^{-1} K^{-1}$.

Wenn $\mu = 0$ ist, stellt die so gewonnene Einflußfläche bis auf einen Faktor $-K$ das Biegemoment M_x im Punkt *1* dar. Ist $\mu > 0$, so hat man noch den Anteil der Krümmung $\partial^2 w/\partial y^2$ angemessen zu berücksichtigen.

Zur praktischen Berechnung solcher Einflußflächen geht man von Gl. (90) aus, die — zunächst ohne Berücksichtigung der speziellen Randbedingungen — die Durchbiegung einer Platte unter einer Einzellast darstellt. Schreibt man diese Lösung für Lasten in drei Nachbarpunkten auf und macht dann den angegebenen Grenzübergang, so erhält man für $x_1 = y_1 = 0$ die folgende Partikularlösung:

$$w = \frac{1}{8\pi K}\left[1 + \frac{2x^2}{x^2+y^2} + \ln\frac{x^2+y^2}{a^2}\right],$$

in der man noch den Summanden 1 aus der eckigen Klammer streichen kann, da er zur Singularität nichts beiträgt. Zu dieser Partikularlösung muß man, wie es auf S. 242 gezeigt worden ist, reguläre Lösungen hinzufügen, um die gegebenen Randbedingungen zu erfüllen. Zur Darstellung des regulären Anteils kann man entweder die Reihe Gl. (87) oder das Relaxationsverfahren verwenden.

In der Umgebung des Bezugspunktes der Einflußfläche wird die Ordinate unendlich groß. Wenn man die Einflußfläche durch Höhenschichtlinien oder Profile darstellen will, ist es deshalb nötig, eine nicht zu große Umgebung der singulären Stelle von dieser Darstellung auszuschließen und dafür das Integral $\int w\,dx\,dy$ anzuschreiben.

Eine zusammenfassende Darstellung der Einflußflächen von Platten findet man bei *K. Girkmann*: Flächentragwerke, 2. Aufl., Wien 1948, S. 225. — Weitere Einzelheiten bei *E. Bittner*: Momententafeln und Einflußflächen für kreuzweise bewehrte Eisenbetonplatten, Wien 1938. — *H. Olsen* u. *F. Reinitzhuber*: Die zweiseitig gelagerte Platte, 2 Bde. Berlin 1950, 1951. — *A. Pucher*: Einflußfelder elastischer Platten, Berlin 1951.

VII. Schalen

Unter Schalen versteht man plattenartige Bauteile, deren Mittelfläche nicht eben, sondern merklich gewölbt ist. Sie zeigen ein von den Platten wesentlich abweichendes statisches Verhalten. Ihre Beanspruchung ist bei geeigneter Formgebung wesentlich geringer, ihre Steifigkeit entsprechend größer und ihre Berechnung meist einfacher.

Der Spannungszustand jeder Schale kann aus zwei Teilen aufgebaut werden: Membranspannungen und Biegespannungen. Membranspannungen sind ähnlich wie die Spannungen in ebenen Scheiben (s. Teil V), z. B. in einem Schnitt x = const die Längskraft $N_x = \sigma_x \cdot t$ und die Schubkraft $N_{xy} = \tau_{xy} \cdot t$, wobei t die Schalendicke ist. Die Biegespannungen entsprechen denen der Platten: Sie werden dargestellt durch Biegemomente M_x, Drillmomente M_{xy} und Querkräfte Q_x.

Die wesentlichen Eigenschaften der Schalen beruhen auf der Tatsache, daß in der Regel die Biegespannungen nach Größe und Wichtigkeit gegenüber den Membranspannungen stark zurücktreten, so daß man sie oft ganz vernachlässigen kann. Dann sind alle Spannungen gleichmäßig über die Schalenstärke verteilt und tangential zur Mittelfläche gerichtet. Rechnungen, die auf diese Annahmen gegründet sind, werden als Membrantheorie bezeichnet.

A. Membrantheorie drehsymmetrischer Schalen unter drehsymmetrischer Last

1. Allgemeine Beziehungen

Koordinatenlinien sind die Meridiane und Breitenkreise der Mittelfläche. Als Koordinaten dienen: das Azimut ϑ („geographische Länge") und die Neigung φ der Meridiantangente gegen die Breitenkreisebene (Abb. 90a). Schnittkräfte sind demnach: die Meridianlängskraft N_φ und die Ringlängskraft N_ϑ (Abb. 90b). Schubkräfte $N_{\varphi\vartheta}$ treten in drehsymmetrischen Spannungszuständen nicht auf. Die Lasten je Flächeneinheit werden wie folgt bezeichnet (Abb. 90b): Y tangential zum Meridian in Richtung wachsender φ, Z normal zur Schale, positiv nach innen.

Der Krümmungsradius des Meridians sei r_1. Er ist eine Funktion von φ, und durch die Gleichung $r_1 = r_1(\varphi)$ ist die Meridianform bestimmt. Sie kann als Meridiangleichung aufgefaßt werden und heißt z. B.

für einen Kreis $\quad r_1 = a = \text{const},$

für eine Parabel $\quad r_1 = a/\cos^3\varphi,$

für eine Ellipse $\quad r_1 = a^2 b^2 (a^2 \sin^2\varphi + b^2 \cos^2\varphi)^{-3/2}.$

Zur Berechnung der Meridianlängskraft N_φ betrachtet man das Gleichgewicht des oberhalb des Breitenkreises φ gelegenen Schalenteils (Abb. 91). Die Resultierende R der daran angreifenden Lasten Y und Z ist aus Symmetriegründen lotrecht. Ihre Größe ergibt sich durch Integration über die Schalenfläche von $\varphi' = 0$ bis $\varphi' = \varphi$: Die Fläche eines

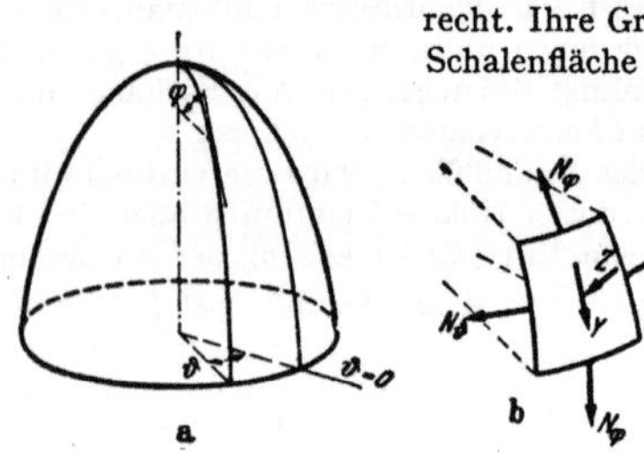

Abb. 90

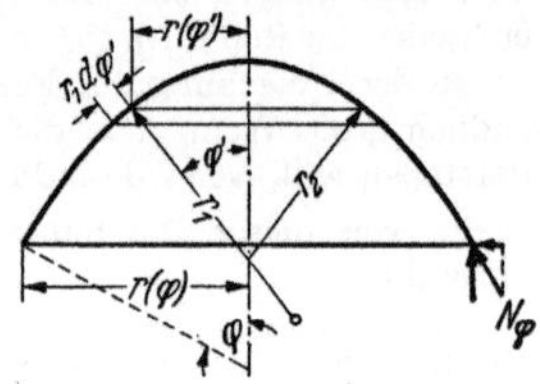

Abb. 91

Schalenelements ist $dF = r_1\, d\varphi' \cdot r\, d\vartheta$ und die lotrechte Komponente der Last daran $(Y \sin\varphi' + Z\cos\varphi')\, dF$. Für den ganzen zwischen den Breitenkreisen φ' und $\varphi' + d\varphi'$ liegenden ringförmigen Schalenteil ist also die resultierende Last

$$dR = 2\pi r\,(Y\sin\varphi' + Z\cos\varphi')\, r_1\, d\varphi',$$

und durch Integration nach φ' folgt daraus für den ganzen über dem Breitenkreis $\varphi' = \varphi$ liegenden Schalenteil

$$R = 2\pi \int_0^{\varphi} (Y\sin\varphi' + Z\cos\varphi')\, r_1 r\, d\varphi'. \tag{97}$$

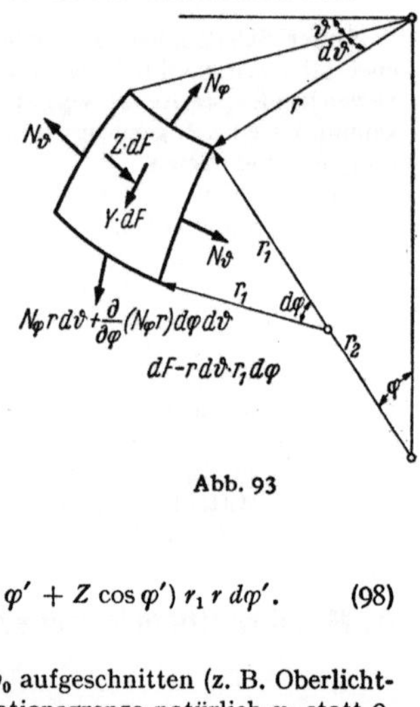

Abb. 93

Diese Last wird getragen durch die lotrechte Komponente der auf diesem Breitenkreis angreifenden Meridianlängskräfte von der Größe $2\pi r \cdot N_\varphi \sin\varphi$, und daraus folgt durch Gleichsetzen die Meridianlängskraft:

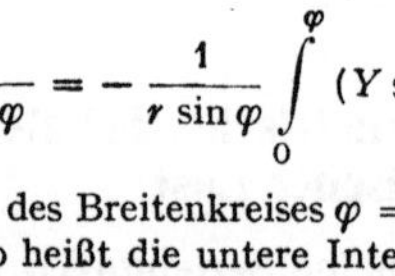

Abb. 92

$$N_\varphi = -\frac{R}{2\pi r \sin\varphi} = -\frac{1}{r\sin\varphi}\int_0^{\varphi} (Y\sin\varphi' + Z\cos\varphi')\, r_1\, r\, d\varphi'. \tag{98}$$

Ist die Schale oben längs des Breitenkreises $\varphi = \varphi_0$ aufgeschnitten (z. B. Oberlichtöffnung einer Kuppel), so heißt die untere Integrationsgrenze natürlich φ_0 statt 0. Greift an dem dadurch geschaffenen Schalenrand eine Belastung R_0 an, so ist diese außerdem zu R hinzuzufügen (Abb. 92).

Zur Bestimmung von N_ϑ betrachtet man das Gleichgewicht des Schalenelements gegenüber den zur Schale normalen Kräften (Abb. 93). Die Lasten liefern hierzu den Beitrag $Z r_1\, d\varphi\, r\, d\vartheta$. Die beiden Kräfte $N_\varphi \cdot r\, d\vartheta$, die beide in der Meridianebene liegen, bilden dort miteinander den kleinen Winkel $d\varphi$ und haben also eine nach innen gerichtete Resultierende $N_\varphi r\, d\vartheta \cdot d\varphi$, und entsprechend haben auch die beiden in der Breitenkreisebene liegenden Kräfte $N_\vartheta \cdot r_1\, d\varphi$, die dort den

Winkel $d\vartheta$ einschließen, eine Resultierende $N_\vartheta\, r_1\, d\varphi \cdot d\vartheta$, die ebenfalls in der Breitenkreisebene liegt, mit der Schalennormalen also den Winkel $\frac{\pi}{2} - \varphi$ bildet, so daß für die aufzustellende Gleichgewichtsbedingung nur ihre Komponente $N_\vartheta\, r_1\, d\varphi\, d\vartheta \cdot \sin\varphi$ in Frage kommt. Die Bedingung heißt also

$$N_\varphi\, r\, d\vartheta\, d\varphi + N_\vartheta\, r_1\, d\varphi\, d\vartheta \sin\varphi + Z\, r_1\, d\varphi\, r\, d\vartheta = 0$$

oder, wenn man mit $r\, r_1\, d\vartheta\, d\varphi$ durchdividiert:

$$\frac{N_\varphi}{r_1} + \frac{N_\vartheta}{r_2} = -Z. \tag{99}$$

Dabei bezeichnet $r_2 = r/\sin\varphi$ den zweiten Hauptkrümmungsradius der Schale.

2. Kugelschale

Ist die Meridianform durch $r_1 = r_1(\varphi)$ analytisch gegeben und sind auch die Lasten $Y(\varphi)$ und $Z(\varphi)$ formelmäßig dargestellt, so lassen sich die Schnittkräfte der Schale stets durch eine Integration bestimmen, die geschlossen oder nach der *Simpson*regel auszuführen ist. Für eine Kugelschale vom Radius a sind im folgenden die Schnittkräfte zu einigen Belastungsfällen zusammengestellt:

Eigengewicht für konstante Wandstärke: $p = \gamma \cdot t$, γ = spez. Gewicht des Baustoffs:

$$N_\varphi = -\frac{p\, a}{1 + \cos\varphi},$$

$$N_\vartheta = p\, a\left(\frac{1}{1 + \cos\varphi} - \cos\varphi\right).$$

„*Schneelast*", konstant $= p$ je Einheit der Grundrißfläche:

$$N_\varphi = -\frac{p\, a}{2},$$

$$N_\vartheta = -\frac{p\, a}{2}\cos 2\varphi.$$

Gleichmäßiger Innendruck: $Y = 0$, $Z = -p$

$$N_\varphi = N_\vartheta = \frac{p\, a}{2}.$$

Hydrostatischer Druck: $Y = 0$, $Z = a\gamma\cos\varphi$

$$N_\varphi = -a^2\gamma\,\frac{1 - \cos^3\varphi}{3\sin^2\varphi},$$

$$N_\vartheta = a^2\gamma\left(\frac{1 - \cos^3\varphi}{3\sin^2\varphi} - \cos\varphi\right).$$

Lotrechte Einzelkraft P *im Scheitel* (Abb. 94):

$$N_\varphi = -N_\vartheta = -\frac{P}{2\pi a \sin^2\varphi}.$$

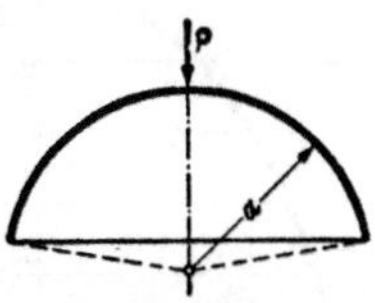

Abb. 94

Diese letzte Formel, die für $\varphi = 0$ unendliche Schnittkräfte liefert, gilt erst in einiger Entfernung vom Kraftangriffspunkt. In der unmittelbaren Umgebung der Laststelle, auch wenn diese einen endlichen, aber kleinen Durchmesser hat, werden die Kräfte im wesentlichen durch Biegung übertragen.

Formeln für oben offene Schalen können aus den vorstehenden erhalten werden, indem man zu der vorhandenen Belastung eine fiktive Scheitellast P hinzufügt und deren Größe so bemißt, daß insgesamt am oberen Schalenrand $\varphi = \varphi_0$ die Meridianlängskraft $N_\varphi = 0$ oder gleich dem durch die dort angreifenden äußeren Kräfte vorgeschriebenen Wert wird.

Über die Spannungen in der Nähe der Schalenränder s. S. 253 u. 254.

3. Kegelschale

Für die Kegelschale ist die Meridianneigung φ als Koordinate unbrauchbar, weil sie für alle Punkte denselben Wert hat. Man führt statt dessen den längs der Erzeugenden gemessenen Abstand s von der Kegelspitze ein (Abb. 95). Die Meridianlängskraft heißt dann entsprechend N_s. Das nötige Formelwerk läßt sich aus dem unter 1. angegebenen durch einen Grenzübergang gewinnen. Aus Gl. (98) wird dabei

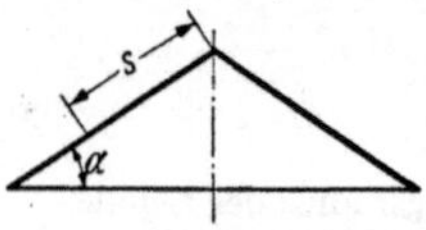

Abb. 95

$$N_s = -\frac{1}{s}\int_0^s (Y + Z \operatorname{ctg}\alpha)\, s'\, ds'$$

und aus Gl. (99)

$$N_\vartheta = -r_2 Z = -Z s \operatorname{ctg}\alpha .$$

Für die wichtigsten Lastfälle ergeben sich folgende Formeln:

Eigengewicht p je Flächeneinheit der Schale oder

Schneelast $p/\cos\alpha$ je Flächeneinheit des Grundrisses:

$$N_s = -\frac{p\,s}{2\sin\alpha}, \qquad N_\vartheta = -p\,s\cos\alpha \operatorname{ctg}\alpha .$$

Gleichmäßiger Innendruck: $Y = 0,\ Z = -p$,

$$N_s = \frac{p\,s}{2}\operatorname{ctg}\alpha, \qquad N_\vartheta = p\,s \operatorname{ctg}\alpha .$$

Hydrostatischer Außendruck: $Y = 0,\ Z = \gamma s \sin\alpha$,

$$N_s = -\frac{1}{3}\gamma s^2 \cos\alpha, \qquad N_\vartheta = -\gamma s^2 \cos\alpha .$$

Einzelkraft P *im Scheitel*:

$$N_s = -\frac{\mathsf{P}}{2\pi s \sin\alpha\cos\alpha}, \qquad N_\vartheta = 0 .$$

4. Zeichnerisches Verfahren für beliebige Meridianform

Ist die Meridiankurve nicht formelmäßig, sondern etwa durch eine Zeichnung gegeben, so ist die Bestimmung der Krümmungsradien zu mühsam und zu ungenau. In diesem Falle bedient man sich zweckmäßig eines zeichnerischen Verfahrens (Abb. 96).

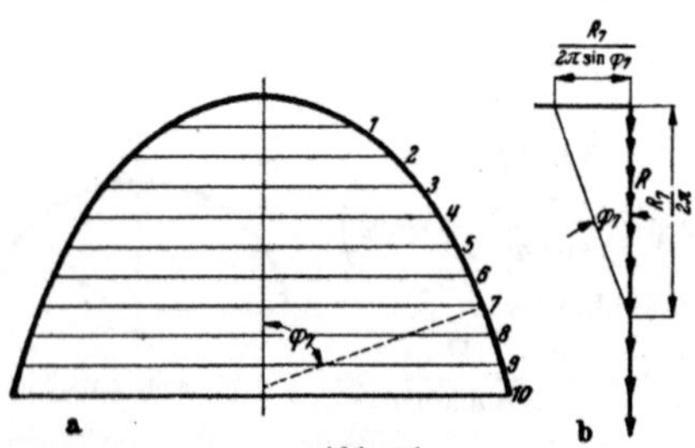

Abb. 96

Die Schale wird durch eine größere Anzahl von Breitenkreisebenen $\varphi = \text{const}$ zerlegt und die Gewichte ΔR der zwischen diesen Ebenen liegenden Ringzonen ausgerechnet und zweckmäßig gleich durch 2π dividiert. Diese Kräfte $\Delta R/2\pi$ werden in einem Kräfteplan senkrecht aneinandergereiht (Abb. 96b). Zieht man dann z. B. durch den Teilpunkt 7 eine Parallele zur Meridiantangente im Meridianpunkt 7, so wird auf dieser von einer Waagrechten durch den oberen Endpunkt der R-Geraden die Strecke $R_1/2\pi \sin\varphi_7$ abgeschnitten, aus der nach Gl. (98) durch Division mit dem entsprechenden r die zugehörige Meridiankraft gefunden wird.

Zur Bestimmung der Ringkräfte dient die Gleichgewichtsbedingung der waagrechten Kräfte am Schalenelement. Sie heißt (Abb. 93), wenn nur lotrechte Lasten wirken,

$$\frac{\partial}{\partial\varphi}(N_\varphi r \cos\varphi)\, d\varphi\, d\vartheta = N_\vartheta\, r_1\, d\vartheta\, d\varphi .$$

Ersetzt man hierin $d\varphi$ durch die endliche Differenz $\Delta\varphi$, die der Zonenteilung der Schale entspricht, und schreibt für $r_1\,d\varphi$ das Meridianelement Δs, so wird daraus

$$N_\vartheta \Delta s = \frac{\partial}{\partial\varphi}(N_\varphi r\cos\varphi)\cdot\Delta\varphi = \frac{\partial}{\partial\varphi}\left(-\frac{R}{2\pi}\operatorname{ctg}\varphi\right)\cdot\Delta\varphi.$$

In der Klammer rechts stehen die Vektoren auf der waagrechten Geraden des Kräfteplans. Die ganze rechte Seite stellt also die Abschnitte zwischen den einzelnen Teilpunkten dieser Geraden dar. Um sie hinreichend genau ablesen zu können, muß der Kräfteplan sorgfältig und in hinreichend großem Maßstabe gezeichnet werden.

5. Zug- und Druckringe

Jede drehsymmetrische Schale wird durch einen oder zwei Breitenkreise begrenzt (Abb. 97). Sie kann an diesen Rändern grundsätzlich nur solche Lasten und Stützkräfte aufnehmen, die die Richtung der Meridiantangente haben. Haben die äußeren Kräfte eine andere Richtung, wie z. B. die Auflast P oder die Stützkräfte S des in Abb. 97 gezeichneten Behälterbodens, so sind diese Kräfte in der dort angegebenen Weise nach Breitenkreisradius und Meridiantangente in Komponenten zu zerlegen. Die Komponente $P/\sin\varphi_o$ oder $S/\sin\varphi_u$ ist gleich der dort wirkenden Meridiankraft N_φ, während zur Aufnahme der waagrechten Kraft $P\operatorname{ctg}\varphi_o$ oder $S\operatorname{ctg}\varphi_u$ ein Zugring oder Druckring nötig ist, in dem diese von allen Seiten radial wirkende Belastung eine Längskraft $+Pr_o\operatorname{ctg}\varphi_o$ oder $-Sr_u\operatorname{ctg}\varphi_u$ erzeugt. Solche Ringe müssen außer an Schalenrändern auch überall da angebracht werden, wo die Meridiankurve einen Knick hat. Sie sind stets Ursache einer Störung des Membranspannungszustandes (s. unter B.).

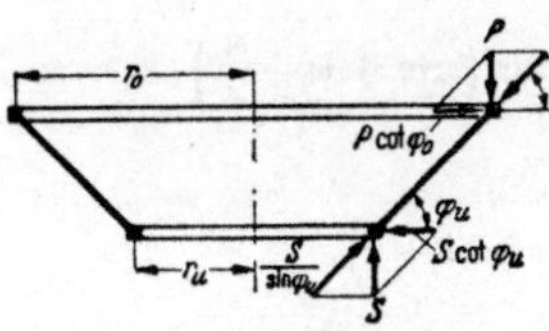

Abb. 97

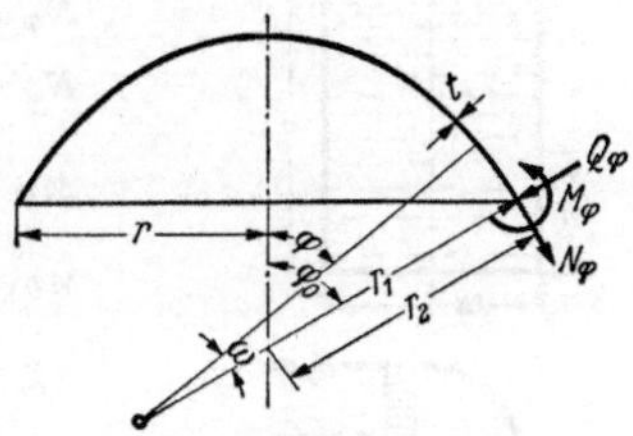

Abb. 98

B. Biegespannungen in drehsymmetrischen Schalen

Die Formeln der Membrantheorie enthalten nicht genug Integrationskonstante, um damit alle vernünftigerweise zu fordernden Randbedingungen zu erfüllen. Insbesondere ist es bei drehsymmetrischen Schalen nicht möglich, durch geeignete Wahl der Integrationskonstanten dafür zu sorgen, daß die Ringdehnung $\varepsilon_\vartheta = N_\vartheta/Et$ der Schale längs ihres Randes mit der Dehnung eines dort mit ihr fest verbundenen anderen Bauteils (Zug- oder Druckring, starre Unterlage) übereinstimmt. Dasselbe gilt für Schalen, bei denen sich an einem Breitenkreis die Meridiankrümmung, die Schalenstärke oder die Last je Flächeneinheit sprunghaft ändert. Auch wenn eine Schale an einem unversteiften Rande durch Randkräfte belastet ist, die eine Komponente in Richtung der Schalennormalen haben (z. B. die Belastung P in Abb. 97, wenn man sich den dort gezeichneten Ring wegdenkt), ist es nicht möglich, diese Lasten durch Membrankräfte allein aufzunehmen. In allen diesen Fällen spielen Querkräfte und Biegemomente (Abb. 98) im Kräftespiel der Schale eine wesentliche Rolle, die in der statischen Berechnung einen Ausdruck finden muß.

Die genaue Berechnung der biegesteifen Schale ist, abgesehen vom einfachen Sonderfall der Zylinderschale (s. S. 254) eine äußerst mühsame Aufgabe. Für dünnwandige Schalen ist es möglich, eine einfache und recht brauchbare Näherungstheorie aufzustellen, die auf der aus der strengen Theorie gewonnenen Erfahrung beruht, daß sich die Biegespannungen auf eine nicht sehr breite Zone längs des Randes beschränken und mit wachsendem Abstand vom Rand schnell abklingen. Dadurch sind weitgehende Vernachlässigungen in der strengen Differentialgleichung möglich, die sich dadurch vereinfacht zu[1]

$$\frac{d^4 Q_\varphi}{d\varphi^4} + 4\varkappa^4 Q_\varphi = 0 \tag{100}$$

mit

$$\varkappa = \sqrt[4]{3(1-\mu^2)}\,\frac{r_1}{\sqrt{r_2 t}}.$$

Ersetzt man $\varkappa$ innerhalb der allein interessierenden Randzone durch einen konstanten Mittelwert, und das ist fast immer möglich, so hat die Gleichung die Lösung

$$Q_\varphi = e^{+\varkappa\varphi}(a_1 \cos\varkappa\varphi + b_1 \sin\varkappa\varphi) + e^{-\varkappa\varphi}(a_2 \cos\varkappa\varphi + b_2 \sin\varkappa\varphi),$$

in der a_1, b_1, a_2, b_2 Integrationskonstanten sind. Da die Lösung nur in der Nähe des Schalenrandes $\varphi = \varphi_0$ interessiert, führt man zweckmäßig den Winkelabstand $\omega = \varphi_0 - \varphi$ oder $\omega = \varphi - \varphi_0$ von diesem Rand als Koordinate ein und erhält damit durch Umformung der oben angegebenen Lösung

$$Q_\varphi = e^{-\varkappa\omega}(A \cos\varkappa\omega + B \sin\varkappa\omega) = C\,e^{-\varkappa\omega}\sin(\varkappa\omega + \psi). \tag{101}$$

Dabei erscheinen nur noch zwei Integrationskonstanten A, B oder C, ψ, da der zweite Teil der Lösung, der den Faktor $e^{+\varkappa\omega}$ enthält und demnach mit wachsendem ω nicht abklingt, außer Betracht bleiben kann.

Zu Gl. (101) gehören folgende Werte für die Schnittkräfte und für die Drehung χ der Meridiantangente:

$$N_\varphi = -Q_\varphi \operatorname{ctg}\varphi,$$

$$N_\vartheta = -C\varkappa\sqrt{2}\,e^{-\varkappa\omega}\sin\left(\varkappa\omega + \psi - \frac{\pi}{4}\right),$$

$$M_\varphi = C\frac{a}{\varkappa\sqrt{2}}\,e^{-\varkappa\omega}\sin\left(\varkappa\omega + \psi + \frac{\pi}{4}\right),$$

$$M_\vartheta = \mu M_\varphi,$$

$$\chi = C\frac{2\varkappa^2}{Et}\,e^{-\varkappa\omega}\cos(\varkappa\omega + \psi).$$

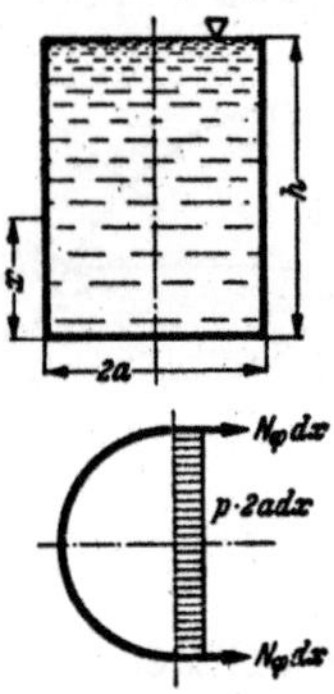

Abb. 99

C. Biegespannungen in kreiszylindrischen Behältern

Ein zylindrischer Wasserbehälter der Höhe h sei mit Wasser gefüllt (Abb. 99). In der Höhe x über dem Boden ist dann der Wasserdruck $p = \gamma(h - x)$. Schneidet man in dieser Höhe durch zwei waagrechte Schnitte im Abstand dx einen Ring aus dem Behälter heraus und trennt diesen durch einen Durchmesser in zwei Hälften, so ergibt das Gleichgewicht der einen von ihnen die Membranringkraft $N_\varphi = pa$. Hat der Behälter an dieser Stelle die Wandstärke t, so ist die Ringdehnung $\varepsilon_\varphi = N_\varphi/Et$ und daher die Vergrößerung des Behälterradius (Durchbiegung)

$$w = \varepsilon_\varphi a = \frac{N_\varphi a}{Et} = \frac{\gamma a^2}{Et}(h - x).$$

Am unteren Rande $x = 0$ ist also

$$w = \frac{\gamma a^2}{Et}h, \qquad w' = \frac{dw}{dx} = -\frac{\gamma a^2}{Et}.$$

[1] Die Gleichungen sind in der Literatur mehrfach behandelt worden. Die Herleitung der strengen Gleichungen findet man bei *H. Reissner*: Müller-Breslau-Festschrift, Leipzig 1912, S. 181, *E. Meißner*: Phys. Z. *14* (1913) S. 343 und Vjschr. naturforsch. Ges. Zürich *60* (1915) S. 23, — die Näherungstheorie bei *J. W. Geckeler*: Forsch.-Arb. Ingwes. H. 276, Berlin 1926. — Zusammenfassende Darstellung bei *W. Flügge*: Statik und Dynamik der Schalen, Berlin 1934.

Beides ist in der Regel mit den Randbedingungen nicht verträglich, da die Formänderung der Behälterwand durch die Verbindung mit dem Behälterboden behindert wird. Dabei werden vom Boden her Querkräfte Q_{x0} und Momente M_{x0} (Abb. 100) in die Zylinderwand eingeleitet, deren Größe so zu bemessen ist, daß sie im Zusammenwirken mit den eben berechneten Membrankräften in der Schale dieselbe Randdeformation erzeugen wie im Boden.

Abb. 101 zeigt ein Schalenelement $dx \cdot a\,d\varphi$ mit den daran wirkenden Kräften Das Gleichgewicht in Richtung der Schalennormalen gibt

$$dQ_x\, a\, d\varphi + N_\varphi\, dx\, d\varphi = p a\, d\varphi\, dx,$$

also, wenn man mit $dx\, d\varphi$ durchdividiert,

$$a Q_x' + N_\varphi = p a,$$

und das Gleichgewicht der Momente um eine waagrechte Zylindertangente ergibt

$$\frac{d M_x}{d x} = M_x' = Q_x.$$

Durch Elimination der Querkraft Q_x folgt aus diesen beiden Gleichungen

$$a M_x'' + N_\varphi = p a. \tag{102}$$

In dieser Gleichung können die beiden unbekannten Schnittkräfte durch die Durchbiegung w ausgedrückt werden. Für N_φ wurde schon gefunden $N_\varphi = E t w / a$, und das Moment ist proportional der Meridiankrümmung w'', also $M_x = K w''$, wobei wie bei den Platten $K = E t^3 / 12\,(1 - \mu^2)$ die Biegesteifigkeit der Schale ist, die

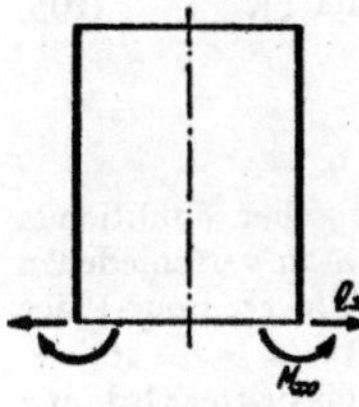

Abb. 100

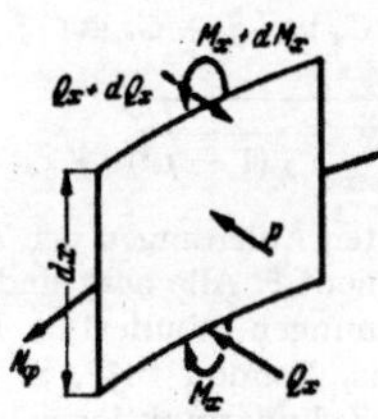

Abb. 101

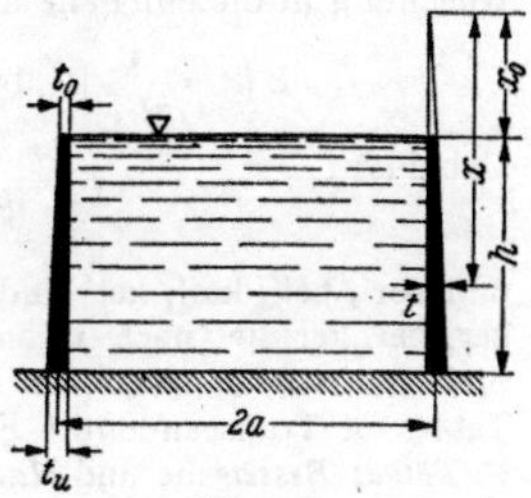

Abb. 102

mit x veränderlich sein kann. Setzt man die Schnittkräfte in Gl. (102) ein, so erhält man die Differentialgleichung der Behältertheorie:

$$(K w'')'' + \frac{E t}{a^2} w = p = \gamma (h - x). \tag{103}$$

Für Behälter konstanter Wandstärke heißt die Lösung

$$E w = \frac{\gamma a^2}{t} (h - x) + C_1 \operatorname{Cosh} \lambda x \cos \lambda x + C_2 \operatorname{Cosh} \lambda x \sin \lambda x + C_3 \operatorname{Sinh} \lambda x \cos \lambda x + C_4 \operatorname{Sinh} \lambda x \sin \lambda x \tag{104}$$

mit $\lambda^4 = 3(1 - \mu^2)/a^2 t^2$. Ist λh groß (etwa > 3), so faßt man die Hyperbelfunktionen zweckmäßig zu Exponentialfunktionen zusammen und schreibt

$$E w = \frac{\gamma a^2}{t} (h - x) + e^{-\lambda x} (A_1 \cos \lambda x + B_1 \sin \lambda x) + e^{-\lambda (h - x)} (A_2 \cos \lambda (h - x) + B_2 \sin \lambda (h - x)). \tag{104}$$

Man kann dann unabhängig voneinander A_1, B_1 aus den Randbedingungen am unteren, A_2, B_2 aus denen am oberen Behälterrand bestimmen, wobei man in der Regel $A_2 = B_2 = 0$ erhält. Die zu Gl. (104) gehörenden Schnittkräfte erhält man, indem man den Gang der Rechnung rückwärts verfolgt und überall Gl. (104) einsetzt; also z. B. für $A_2 = B_2 = 0$:

$$N_\varphi = \gamma a (h - x) + \frac{t}{a} e^{-\lambda x} (A_1 \cos \lambda x + B_1 \sin \lambda x),$$

$$M_x = \frac{t^2}{2a\sqrt{3(1-\mu^2)}} e^{-\lambda x} (A_1 \sin \lambda x - B_1 \cos \lambda x),$$

$$Q_x = \frac{t^2 \lambda}{2a\sqrt{3(1-\mu^2)}} e^{-\lambda x} ((B_1 - A_1) \sin \lambda x + (A_1 + B_1) \cos \lambda x).$$

Ist der Behälter in eine dicke Bodenplatte eingespannt, die als starr betrachtet werden kann, so sind die Konstanten A_1, B_1 aus der Forderung zu bestimmen, daß für $x = 0$, $w = 0$ und $w' = 0$ wird, und man erhält:

$$A_1 = -\frac{\gamma a^2}{t} h, \quad B_1 = \frac{\gamma a^2}{t} \left(\frac{1}{\lambda} - h \right).$$

Ist der Behälterboden eine biegsame Platte oder eine Schale, so sind die längs des Randkreises zwischen Boden und Zylinderwand übertragenen Querkräfte Q_x und Einspannmomente M_x nach den Methoden der Theorie statisch unbestimmter Systeme aus den Forderungen zu bestimmen, daß M_x und w' für beide Teile übereinstimmen müssen.

Ist die Wandstärke des Behälters linear veränderlich, so wählt man als Koordinatennullpunkt zweckmäßig diejenige oberhalb des oberen Behälterrandes liegende Stelle, für die sich extrapoliert $t = 0$ ergibt, und kann dann schreiben $t = \alpha x$ mit $\alpha = (t_u - t_o)/h$ (Abb. 102). In der Differentialgleichung (103) ist dann auf der rechten Seite zu setzen $p = \gamma (x - x_0)$. Durch einige Umformungen läßt sich die Gleichung in diesem Falle auf eine *Bessel*sche zurückführen, deren Lösung heißt:

$$E w = \frac{1}{\sqrt{x}} [C_1 \operatorname{ber}' \xi + C_2 \operatorname{bei}' \xi + C_3 \operatorname{ker}' \xi + C_4 \operatorname{kei}' \xi]. \tag{105}$$

Dabei ist

$$\xi = \sqrt{\frac{8}{a\alpha} \sqrt{3(1-\mu^2)}} \cdot \sqrt{x},$$

und ber′, bei′, ker′, kei′ sind die ersten Ableitungen der *Thomson*schen Funktionen ber, bei, ker, kei nach ihrem Argument ξ. Alle acht finden sich an verschiedenen Stellen unter verschiedenen Bezeichnungen tabuliert, z. B. *W. Flügge:* Four-Place Tables of Transcendental Functions, London 1953, S. 68–83 ($x = 0$–10). — *F. Tölke: Bessel*sche und *Hankel*sche Zylinderfunktionen nullter bis dritter Ordnung vom Argument $r\sqrt{i}$, Stuttgart 1936 ($x = 0$–21). In folgenden Büchern haben die Funktionen ker, kei, ker′, kei′, einen zusätzlichen Faktor $2/\pi$: *F. Schleicher:* Kreisplatten auf elastischer Unterlage, Berlin 1926. — *K. Hayashi:* Fünfstellige Funktionentafeln, Berlin 1930, Tab. 21. — *E. Jahnke* u. *F. Emde:* Funktionentafeln, Leipzig 1938, S. 246.

Die Funktionen ber, bei, ber′, bei′ werden mit wachsendem Argument schnell kleiner, während ker, kei, ker′, kei′ sich umgekehrt verhalten. Ist nur der untere Behälterrand in seiner Formänderung behindert und die Wanddicke nicht zu groß, so kann man die zweite Funktionengruppe in der Lösung vernachlässigen und erhält dann zu (105) folgende Formeln für die Schnittkräfte:

$$N_\varphi = \frac{\alpha}{a} \sqrt{x} \, (C_1 \operatorname{ber}' \xi + C_2 \operatorname{bei}' \xi),$$

$$M_x = \frac{\alpha^3}{48(1-\mu^2)} \sqrt{x} \, [C_1 (-\xi^2 \operatorname{bei}' \xi + 4\xi \operatorname{bei} \xi + 8 \operatorname{ber}' \xi) + C_2 (\xi^2 \operatorname{ber}' \xi - 4\xi \operatorname{ber} \xi + 8 \operatorname{bei}' \xi)],$$

$$Q_x = -\frac{\alpha^2}{4a\sqrt{3(1-\mu^2)}} \sqrt{x} \, [C_1 (\xi \operatorname{ber} \xi - 2 \operatorname{bei}' \xi) + C_2 (\xi \operatorname{bei} \xi + 2 \operatorname{ber}' \xi)].$$

Zur Berücksichtigung der Sohleneinspannung braucht man

$$E w' = -\frac{1}{2x\sqrt{x}} [C_1 (\xi \operatorname{bei} \xi + 2 \operatorname{ber}' \xi) - C_2 (\xi \operatorname{ber} \xi - 2 \operatorname{bei}' \xi)].$$

Für Argumente $\xi > 10$ (bei bescheidenen Ansprüchen auch schon etwas früher) kann man die *Thomson*schen Funktionen durch folgende Näherungsausdrücke ersetzen, die den Gebrauch besonderer Tabellen unnötig machen:

$$\operatorname{ber}\xi \approx \frac{1}{\sqrt{2\pi\xi}}\, e^{\xi/\sqrt{2}} \cos\left(\frac{\xi}{\sqrt{2}} - \frac{\pi}{8}\right),$$

$$\operatorname{bei}\xi \approx \frac{1}{\sqrt{2\pi\xi}}\, e^{\xi/\sqrt{2}} \sin\left(\frac{\xi}{\sqrt{2}} - \frac{\pi}{8}\right),$$

$$\operatorname{ber}'\xi \approx \frac{1}{\sqrt{2\pi\xi}}\, e^{\xi/\sqrt{2}} \cos\left(\frac{\xi}{\sqrt{2}} + \frac{\pi}{8}\right),$$

$$\operatorname{bei}'\xi \approx \frac{1}{\sqrt{2\pi\xi}}\, e^{\xi/\sqrt{2}} \sin\left(\frac{\xi}{\sqrt{2}} + \frac{\pi}{8}\right).$$

Baustatik

Von

Dr.-Ing. **E. Kohl**

o. Professor an der Technischen Hochschule Braunschweig

I. Grundlagen der Statik

A. Zusammensetzung und Zerlegung von Kräften. Gleichgewicht

1. Kraft, Moment, Kräftepaar

Eine Kraft ist zeichnerisch eindeutig bestimmt durch die Größe der Kraft, dargestellt durch eine Strecke, die Wirkungslinie der Kraft und den Richtungssinn der Kraft, angegeben durch einen Pfeil. In der Rechnung müssen bekannt sein: die Größe der Kraft, die Koordinaten eines Punktes der Wirkungslinie und die Winkel, die die Wirkungslinie mit den Koordinatenachsen bildet. Jede Kraft darf in ihrer Wirkungslinie verschoben werden, es sei denn, daß es sich um die Ermittlung der inneren statischen Größen, der Schnittgrößen, handelt. In diesem Fall muß auch der Angriffspunkt der Kraft gegeben sein.

Unter dem statischen Moment oder Drehmoment einer Kraft um einen bestimmten Punkt oder eine bestimmte Achse versteht man das Produkt aus der Kraft und dem lotrechten Abstand der Kraft von dem Drehpunkt bzw. der Drehachse. Es ist üblich, in der Ebene das rechts, also im Uhrzeigersinn drehende Moment positiv zu bezeichnen. Die Festsetzung ist willkürlich.

Unter einem Kräftepaar versteht man das Moment Pa zweier gleich großer Kräfte P entgegengesetzter Richtung in zwei parallelen Wirkungslinien im Abstande a. Jedes Drehmoment kann durch ein Kräftepaar ersetzt werden. Momente dürfen in ihrer Wirkungsebene und in dazu parallele Ebenen, d. h. als freie Vektoren parallel und in ihrer Richtungslinie verschoben werden, es sei denn, daß es sich um die Ermittlung der Schnittgrößen handelt. Die Zusammensetzung und Zerlegung von Momenten erfolgt daher wie die von Kräften, deren Wirkungslinien sich in einem Punkte schneiden.

2. Kräfte in der Ebene

Die Zusammensetzung von Kräften, deren *Wirkungslinien sich in einem Punkte schneiden*, erfolgt zeichnerisch durch das Parallelogramm der Kräfte oder das neben dem Lageplan gezeichnete Krafteck (Abb. 1 a, b). Die Mittelkraft oder Resultierende $\mathfrak{R}$ ist der Wirkung der Einzelkräfte statisch gleichwertig und wird gefunden in der Verbindungslinie des Anfangspunktes A der ersten mit dem Endpunkt E der letzten Kraft, wobei die Kräfte $\mathfrak{P}_i$ in beliebiger Folge aneinandergereiht werden dürfen. Die geometrische oder vektorielle Additionergibt $\mathfrak{R} = \Sigma\, \mathfrak{P}_i$.

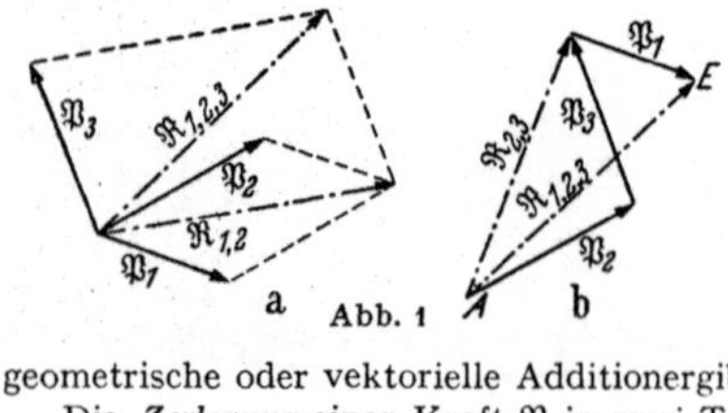

Abb. 1

Die *Zerlegung* einer Kraft $\mathfrak{P}$ in zwei Teilkräfte oder Komponenten $\mathfrak{K}_1$ und $\mathfrak{K}_2$, die der Wirkung von $\mathfrak{P}$ statisch gleichwertig sind, erfolgt bei gegebenen Wirkungslinien *1* und *2*, die sich auf der Wirkungslinie von $\mathfrak{P}$ schneiden müssen, durch Ziehen der Parallelen zu den Wirkungslinien *1* und *2* (Abb. 2). Besondere Bedeutung haben bei rechnerischer Behandlung die Komponenten in zwei zueinander normalen Wirkungslinien nach Abb. 2, $P_x = P \cos\alpha$, $P_y = P \sin\alpha$.

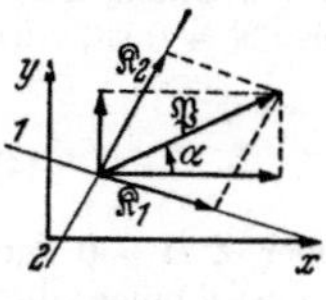

Abb. 2

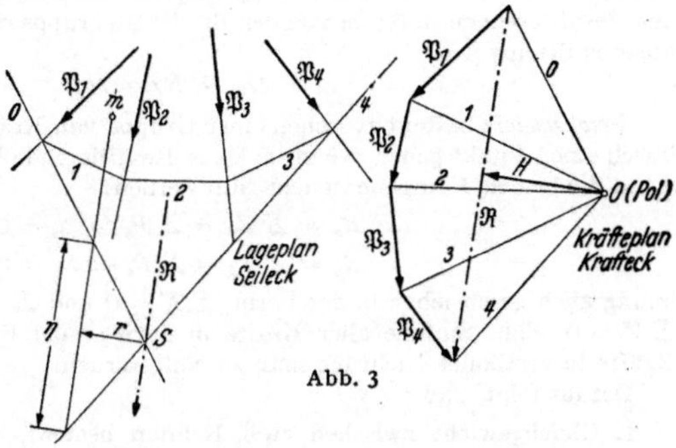

Abb. 3

Die Zusammensetzung von *Kräften in beliebiger Lage* geschieht entweder durch das Parallelogramm der Kräfte, indem, ausgehend von zwei Kräften, die übrigen nacheinander zu der Resultierenden der bereits zusammengesetzten Kräfte geometrisch addiert werden, oder besser nach Abb. 3 mit Hilfe des Kraft- und Seilecks, die auch die zeichnerische Zusammensetzung von *Parallelkräften* ermöglichen. Es genügt, im Lageplan nur die Wirkungslinien der Kräfte zu zeichnen. Das *Krafteck* gibt die Resultierende nach Größe und Richtung, $\mathfrak{R} = \Sigma\, \mathfrak{P}_i$. Ihre Wirkungslinie geht durch den Schnittpunkt *S* des ersten und letzten Seilstrahles im Lageplan. Die Polstrahlen des Kraftecks und die dazu parallelen Seilstrahlen im Seileck sind als Kräfte aufzufassen. Die Kräfte, die im Krafteck ein Dreieck umschließen, schneiden sich im Lageplan in einem Punkt. Der Schnittpunkt zweier beliebiger Seilstrahlen liegt auf der Wirkungslinie der Resultierenden der von diesen beiden Seilstrahlen bzw. den entsprechenden Polstrahlen eingeschlossenen Kräftegruppe.

Die *Rechnung* (Abb. 4) ergibt mit den Komponenten $X_i = P_i \cos\alpha_i$ und $Y_i = P_i \sin\alpha_i$ die Größe der Resultierenden zu

$$R = \sqrt{R_x^2 + R_y^2}\,, \tag{1}$$

mit $R_x = \Sigma\, P_i \cos\alpha_i = \Sigma\, X_i$ und $R_y = \Sigma\, P_i \sin\alpha_i = \Sigma\, Y_i$. Die Richtung der Resultierenden ist gegeben durch

$$\cos\alpha = R_x/R \text{ oder } \sin\alpha = R_y/R \text{ oder } \operatorname{tg}\alpha = R_y/R_x.$$

Schneiden sich die Wirkungslinien der gegebenen Kräfte in einem Punkt, so geht auch die Resultierende durch diesen Punkt. Bei beliebiger Lage der Kräfte in der Ebene ergeben diese i. a. ein Drehmoment um den Koordinatennullpunkt 0. Da das Moment einer Kraft um einen bestimmten Punkt durch die Momente der Komponenten ersetzt werden kann und das Moment einer Gruppe von Kräften gleich dem Moment ihrer Resultierenden ist, wird

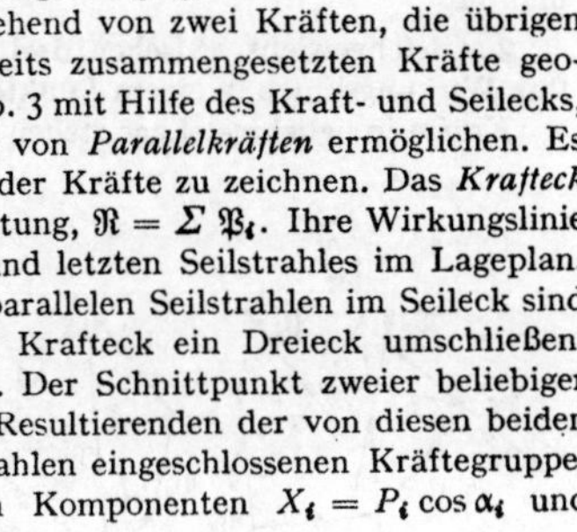

Abb. 4

$$M_R = R r = \Sigma\, M_i = R_x y - R_y x = \Sigma\, X_i y_i - \Sigma\, Y_i x_i, \tag{2}$$

und die Koordinaten eines Punktes der Wirkungslinie von *R* ergeben sich daraus zu

$$x = \frac{\Sigma\, Y_i x_i}{R_y}, \quad y = \frac{\Sigma\, X_i y_i}{R_x}.$$

Die Schnittpunkte der Resultierenden mit den Koordinatenachsen sind

$$x_0 = -(R_x y - R_y x)/R_y, \quad y_0 = (R_x y - R_y x)/R_x.$$

Aus Abb. 3 ergibt sich das Drehmoment einer Gruppe von Kräften um den Punkt m in dem Produkt aus der Polweite H und dem Abschnitt η, der auf der Parallelen zur Resultierenden durch m von den die Kräftegruppe einschließenden Seilstrahlen abgeschnitten wird:

$$M_m = Rr = H\eta. \tag{3}$$

Gleichgewicht besteht zwischen einer Gruppe von Kräften, deren Wirkungslinien durch einen Punkt gehen, wenn sie keine Resultierende haben, also $\mathfrak{R} = 0$ ist, oder wenn die beiden Komponenten zu Null werden:

$$\left.\begin{aligned} R_x &= \Sigma X_i = \Sigma P_i \cos\alpha_i = 0, \\ R_y &= \Sigma Y_i = \Sigma P_i \sin\alpha_i = 0, \end{aligned}\right\} \tag{4}$$

häufig auch geschrieben in der Form $\Sigma X = 0$ und $\Sigma Y = 0$ oder $\Sigma H = 0$ und $\Sigma V = 0$, d. h. Summe aller Kräfte in horizontaler Richtung und Summe aller Kräfte in vertikaler Richtung muß zu Null werden.

Daraus folgt, daß

1. Gleichgewicht zwischen zwei Kräften besteht, wenn ihre Wirkungslinien zusammenfallen, wenn sie gleiche Größe und entgegengesetzte Richtung haben, und daß

2. Gleichgewicht zwischen drei Kräften nur dann bestehen kann, wenn sich ihre Wirkungslinien in einem Punkte schneiden.

Kräfte in beliebiger Lage stehen im Gleichgewicht, wenn im Krafteck $\mathfrak{R} = 0$ ist, d. h. Anfangspunkt A und Endpunkt E des Kraftecks (Abb. 1b u. 5) müssen zusammenfallen (schließendes Krafteck), und wenn gleichzeitig im Seileck $M = 0$ ist, d. h. die äußeren die Kräftegruppe einschließenden Seilstrahlen müssen zusammenfallen (schließendes Seileck). Ist die zweite Bedingung nicht gleichzeitig erfüllt, so führt die Zusammensetzung zu einem resultierenden Kräftepaar von bestimmter Größe, z. B. $M = P_4 a$ nach Abb. 5.

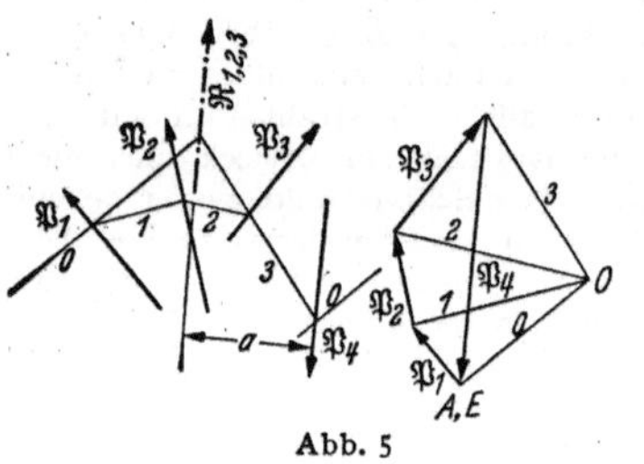

Abb. 5

Rechnerisch ist außer $R_x = 0$ und $R_y = 0$ weiterhin die Bedingung zu erfüllen, daß das Moment der Kräftegruppe oder das ihrer Resultierenden zu Null wird, also

$$\Sigma M_i = \Sigma P_i \cos\alpha_i\, y_i - \Sigma P_i \sin\alpha_i\, x_i = R_x y - R_y x = 0. \tag{5}$$

Die drei Gleichgewichtsbedingungen $\Sigma X = 0$, $\Sigma Y = 0$ und $\Sigma M = 0$ können auch ersetzt werden durch drei Momentengleichungen $\Sigma M = 0$ in bezug auf drei nicht auf einer Graden liegende Punkte der Ebene, wobei zwei Bezugspunkte in verschiedenen Richtungen in ∞ gewählt werden dürfen.

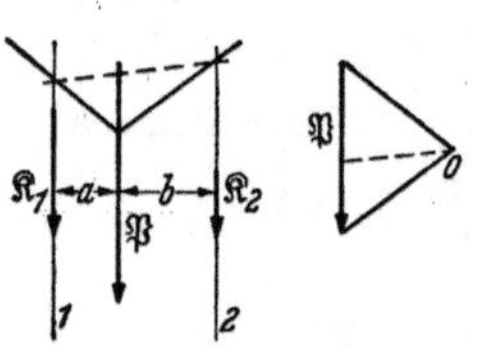

Abb. 6

Die Zerlegung einer Kraft in zwei Teilkräfte in parallelen Wirkungslinien erfolgt zeichnerisch mittels Kraft- und Seileck oder rechnerisch durch die Bedingungen (Abb. 6)

$$K_1 = \frac{P b}{a + b}, \quad K_2 = \frac{P a}{a + b}, \quad K_1 + K_2 = P.$$

Sollen die Kräfte in den Wirkungslinien *1* und *2* mit der gegebenen Kraft im Gleichgewicht stehen, so ergeben sich die Kräfte K_1 und K_2 in gleicher Größe mit umgekehrter Richtung.

Die Zerlegung einer Kraft $\mathfrak{P}$ in drei Komponenten $\mathfrak{K}_1$, $\mathfrak{K}_2$, $\mathfrak{K}_3$ mit gegebenen Wirkungslinien *1*, *2*, *3* ist eindeutig nur möglich, wenn die Wirkungslinien sich nicht in einem Punkte schneiden. Die Lösung erfolgt graphisch nach Abb. 7 oder rechnerisch durch Aufstellen der Momentengleichungen um die Schnittpunkte der Wirkungslinien

$$K_1 r_1 = P r_a \quad \text{(a)}$$
$$K_2 r_2 = P r_b \quad \text{(b)}$$
$$K_3 r_3 = P r_c. \quad \text{(c)}$$

Soll Gleichgewicht zwischen P und den drei Kräften K_1, K_2, K_3 bestehen, so muß der Pfeilsinn im Krafteck umlaufen. Die Gleichgewichtsbedingungen $M_a = 0$, $M_b = 0$, $M_c = 0$ führen zu denselben Kraftgrößen, aber mit umgekehrten Richtungen.

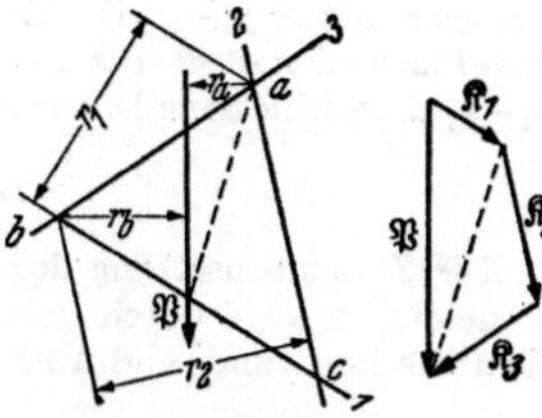

Abb. 7

3. Schwerpunkt und Trägheitsmoment ebener Flächen

Die zeichnerische Zusammensetzung von Parallelkräften mit Hilfe von Kraft- und Seileck kann benutzt werden, um Schwerpunkte und Trägheitsmomente ebener Flächen zu bestimmen. Dazu wird die gegebene Fläche F in Teilflächen ΔF_i zerlegt, deren Schwerpunkte leicht zu ermitteln sind (Abb. 8). Diese Teilflächen, als Kräfte aufgefaßt, werden in ihren Schwerpunkten als Parallelkräfte in zwei zueinander senkrechten Richtungen wirkend angenommen. Im Krafteck wird der Pol zweckmäßig so gewählt, daß die äußeren Seilstrahlen einen Winkel von 45° mit den Kraftrichtungen bilden, so daß die Polweite $H = F/2$ wird. Bei lotrechten Parallelkräften ergibt sich die Lage der Mittelkraft, hier die Lage der Schwerlinie $y-y$, durch den Schnittpunkt S_1 der äußeren Seilstrahlen, und für waagrechte Kraftrichtung wird gleicherweise S_2 als Punkt der Schwerlinie $x-x$ gefunden, indem die Seilstrahlen $1'$ bis $5'$ normal zu den entsprechenden Strahlen des Kraftecks gezogen werden. Durch den Schnittpunkt beider Schwerlinien ist der Schwerpunkt S der Fläche bestimmt.

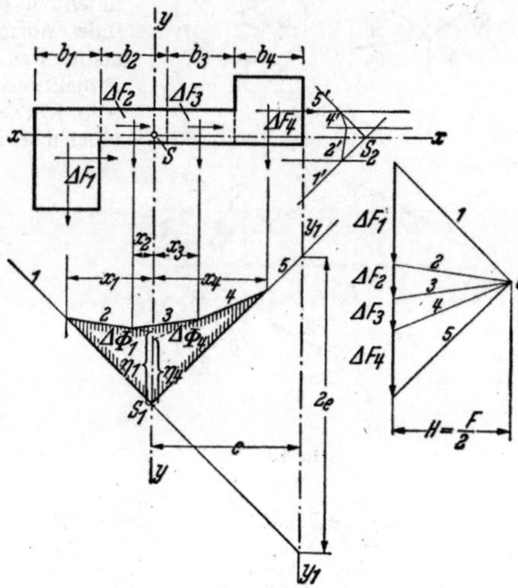

Abb. 8

Die von den Seilstrahlen eingeschlossene schraffierte Fläche Φ setzt sich aus Teilflächen $\Delta\Phi_i$ zusammen, deren Inhalt $\Delta\Phi_i = 1/2 \cdot \eta_i \cdot x_i$ ist (Abb. 8). Aus der Ähnlichkeit der von den Polstrahlen im Krafteck und den Seilstrahlen im Lageplan eingeschlossenen Dreiecke folgt $\eta_i = \Delta F_i\, x_i/H$ und damit $\Phi = \Sigma \Delta \Phi_i = 1/2\,\mathrm{H} \cdot \Sigma \Delta F_i x_i^2$. Die Summe stellt angenähert das Flächenträgheitsmoment I_y in bezug auf die y-Achse dar, so daß sich mit $H = F/2$

$$I_y \approx F \cdot \Phi$$

ergibt. Der Fehler, der darin liegt, daß das Trägheitsmoment der Teilflächen ΔF_i für ihre Schwerlinie vernachlässigt ist, kann leicht abgeschätzt werden. Bei der Breite b_i der Teilfläche ΔF_i wird

$$I_y = F \cdot \Phi + \Sigma \Delta F_i b_i^2/12$$

und bei gleichen Breiten $b_i = b$

$$I_y = F \cdot \Phi + b^2/12\, \Sigma\, \Delta F_i = F\,(\Phi + b^2/12).$$

Für eine Achse $y_1 - y_1$ ist das Trägheitsmoment $I_1 = I_y + F e^2 \approx F(\Phi + e^2)$. Zu dem Flächeninhalt Φ tritt die von den äußeren Seilstrahlen *1* und *5* und der Achse $y_1 - y_1$ eingeschlossene Dreiecksfläche mit dem Inhalt e^2.

4. Kräfte im Raum

Die Zusammensetzung der Kräfte, deren Wirkungslinien sich in einem Punkte schneiden, erfolgt durch geometrische Addition, $\mathfrak{R} = \Sigma\, \mathfrak{P}_i$, zeichnerisch durch Krafteck im Grund- und Aufriß. Aus den beiden Projektionen ist die wahre Größe zu bestimmen (Abb. 9).

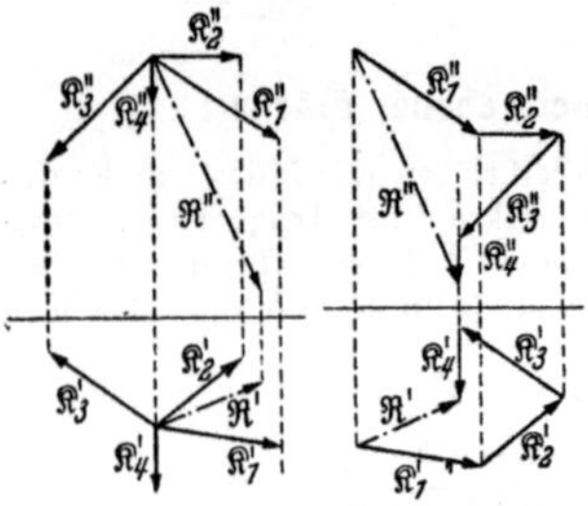

Abb. 9

Werden in drei Wirkungslinien, die nicht in einer Ebene liegen dürfen, die Kräfte gesucht, die einer gegebenen Kraft statisch gleichwertig sind oder mit ihr im Gleichgewicht stehen, so ist die Lösung durch Zeichnung des Kraftecks im Grund- und Aufriß in der üblichen Weise nur möglich, wenn in einer Projektion zwei Wirkungslinien zusammenfallen oder eine Wirkungslinie normal zu einer Projektionsebene steht, was durch entsprechende Wahl der Projektionsebenen erreicht werden kann, Abb. 10 (Zerlegung in Seitenkräfte), Abb. 10a (Gleichgewicht).

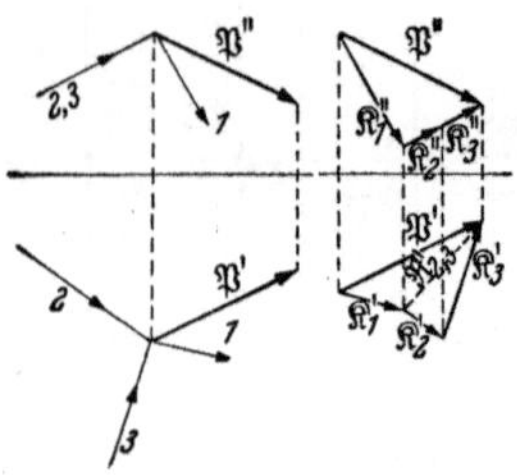

Abb. 10

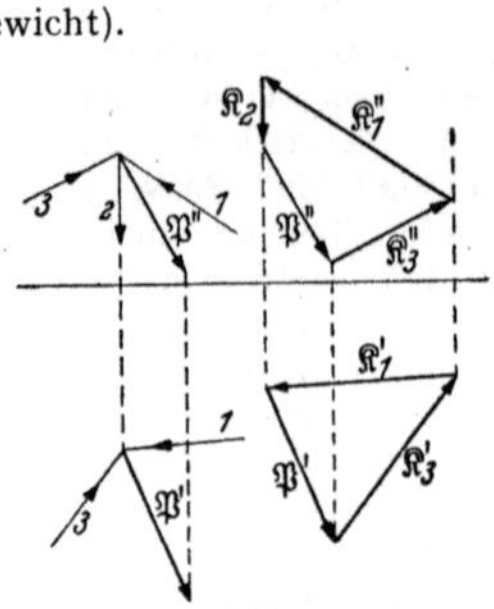

Abb. 10a

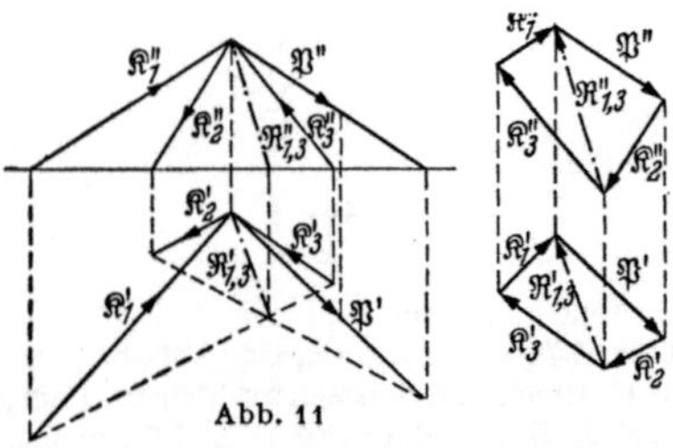

Abb. 11

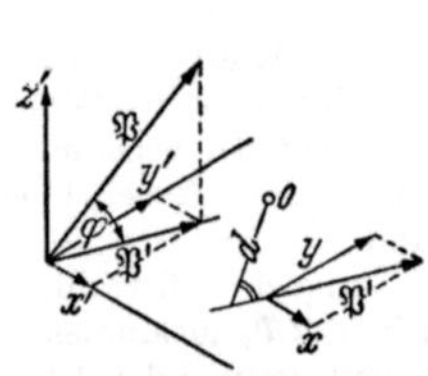

Abb. 12

Nach *Culmann* (Abb. 11) wird die Resultierende zweier Kräfte benutzt, die in die Schnittgerade zweier Ebenen fällt, die durch je zwei Wirkungslinien bestimmt sind. Zunächst wird die Zerlegung von $\mathfrak{P}$ parallel zu $\mathfrak{R}_2$ und $\mathfrak{R}_{1,3}$ und weiter die von $\mathfrak{R}_{1,3}$ nach $\mathfrak{R}_1$ und $\mathfrak{R}_3$ vorgenommen.

Das Abbildungsverfahren von *Mayor-Mises* ermöglicht, mit der Zeichnung des Kraftecks in der Grundrißebene allein auszukommen. Jedem Raumvektor mit den Komponenten X', Y', Z' (Abb. 12) wird eine Kraft oder ein Stab (ein „Träger") in der Grundrißebene umkehrbar eindeutig derart zugeordnet, daß $X = X'$, $Y = Y'$ und der Abstand d des Trägers von einem willkürlich wählbaren Punkt 0

$$d = \pm \frac{c\,Z'}{\sqrt{X'^2 + Y'^2}} = \pm\, c \operatorname{tg} \varphi$$

ist, wobei c eine willkürliche Konstante, φ der Neigungswinkel der Wirkungslinie gegen die Horizontalebene und das Vorzeichen von d so zu wählen ist, daß der Drehsinn der in dem Träger wirkenden Kraft der Richtung von Z' entspricht. Bei gegebenen Größen X, Y und M wird $X' = X$, $Y' = Y$ und $Z' = M/c$. Zur Ermittlung der Lage der Träger im Grundriß, d. h. des Abstandes d von 0 parallel zu den Wirkungslinien, wird die beliebige Strecke c auf den Wirkungslinien vom Spurpunkt aus abgetragen und aus dem Aufriß der Abstand $d = c \cdot \operatorname{tg} \varphi$ entnommen (Abb. 13). Die Ermittlung der Kräfte ist damit auf die Zerlegung einer Kraft nach drei sich nicht in einem Punkte schneidenden Wirkungslinien in der Ebene (Abb. 7) zurückgeführt. Die in der Aufrißebene zu erfüllende Bedingung $P_z = \Sigma K_{iz}$ kann jetzt aus dem Grundriß entnommen werden, denn mit den lotrechten Komponenten $P_z = P' \operatorname{tg} \varphi_p$ und $K_{iz} = K_i' \operatorname{tg} \varphi_i$ ergibt sich nach Multiplikation mit c die Bedingung $P' d_p = K_1' d_1 + K_2' d_2 + K_3' d_3$, die besagt, daß das Moment der gegebenen Kraft der Summe der Momente der Einzelkräfte um den Punkt 0 gleich sein muß. Aus dem Kraftеck für die horizontale Projektion können die wahren Kraftgrößen durch Zeichnung oder Rechnung gefunden werden.

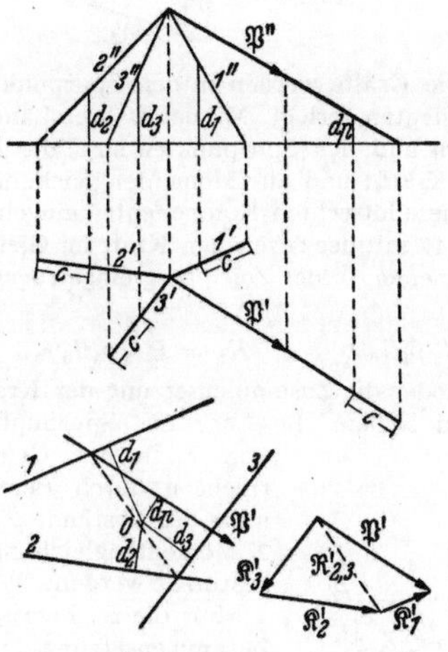

Abb. 13

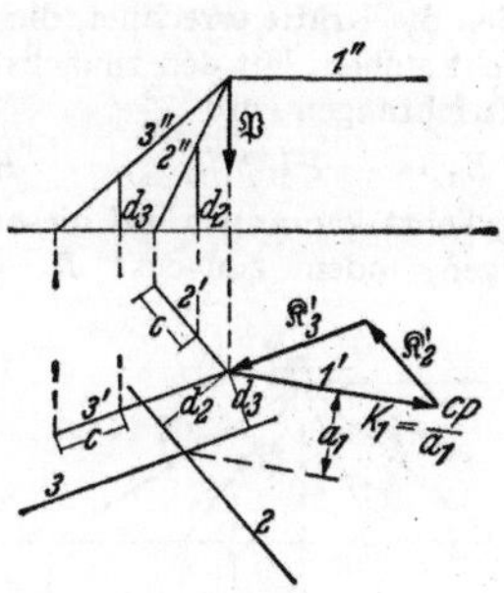

Abb. 14

Die Träger von parallel zur Grundrißebene verlaufenden Wirkungslinien gehen im Grundriß durch den Punkt O ($d = 0$, da $\varphi = 0$). Die Träger von lotrecht zur Grundrißebene stehenden Wirkungslinien liegen im Unendlichen, die Abbildung ergibt ein Kräftepaar $M = c \cdot Z'$ in der Grundrißebene.

Um die lotrechte Kraft $\mathfrak{P}$ in ihre Teilkräfte nach den gegebenen Wirkungslinien zu zerlegen (Abb. 14), ist zunächst eine der Unbekannten aus der Momentengleichung um den Schnittpunkt von zwei Trägern zu berechnen. So ergibt sich z. B. K_1 aus $K_1' a_1 = M = cZ'$ zu $K_1' = cZ'/a_1 = c P/a_1$, und die Ermittlung von K_2' und K_3' kann graphisch erfolgen.

In Abb. 15 ist die Wirkungslinie *3* lotrecht angenommen. Um die Kräfte zu finden, die mit $\mathfrak{P}$ im Gleichgewicht stehen, kann im Grundriß $\mathfrak{K}_1'$ und $\mathfrak{K}_2'$ sofort zeichnerisch bestimmt werden, während K_3 aus der Gleichgewichtsbedingung um den Schnittpunkt der Träger *1* und *2*, also aus $c K_3 + P'a = 0$ berechnet wird. Auch die Zusammensetzung von Kräften kann in dieser Weise durch Zeichnung eines Kraftecks in der Grundrißebene vorgenommen werden. Im Grundriß erscheint die Resultierende $\mathfrak{R}'$. Mit ihrem aus der Zeichnung zu entnehmenden Abstand $d_r = c \operatorname{tg} \varphi$ von 0 ist auch ihre Lage im Aufriß bestimmt (Abb. 16).

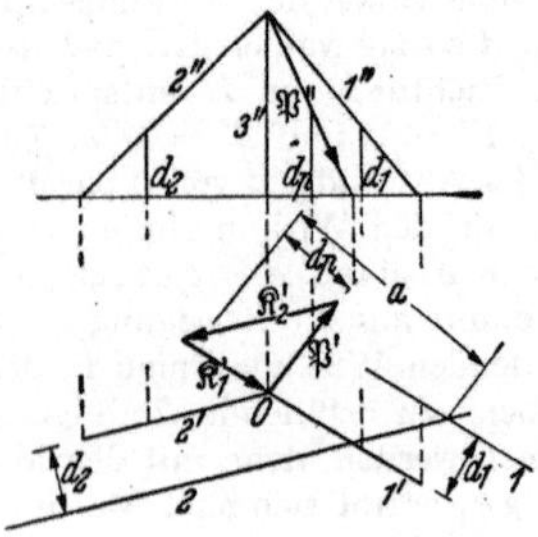

Abb. 15

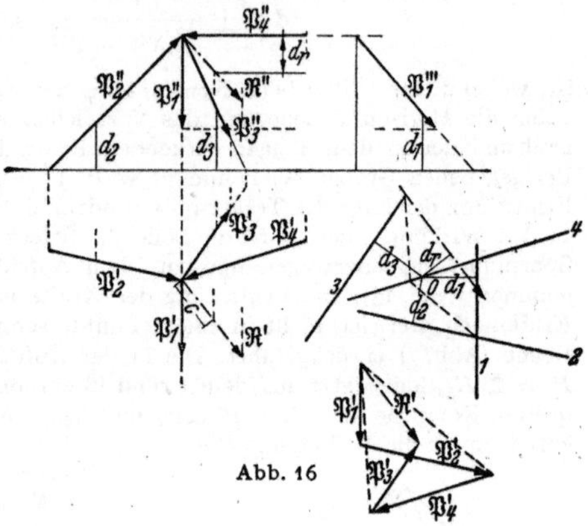

Abb. 16

Aufstellen von *Momentengleichungen.* Die Kräfte werden in den Spurpunkten in ihre waagrechten und lotrechten Komponenten zerlegt. Mit den wahren Längen $l_{1,2,3}$ und l_p der Wirkungslinien zwischen m und den Spurpunkten sind die lotrechten Komponenten $P_v = Ph/l_p$, $K_{iv} = K_i h/l_i$; und aus Momentengleichungen um $I-I$, $II-II$ und $III-III$, in die nur diese lotrechten Komponenten eingehen, werden die Kräfte errechnet, die nach Abb. 17 mit der gegebenen Kraft im Gleichgewicht stehen. Mit den zunächst angenommenen, in der Zeichnung eingetragenen Kraftrichtungen wird

$$K_1 = -P l_1 p_1/l_p r_1, \qquad K_2 = -P l_2 p_2/l_p r_2, \qquad K_3 = P l_3 p_3/l_p r_3.$$

Umgekehrt kann auch auf diesem Wege wieder die Zusammensetzung der Kräfte erfolgen, indem zunächst $R_v = \Sigma P_v$ und sodann die Lage des Spurpunktes von R in der Grundrißebene durch Berechnung der Abstände p aus 2 Momentengleichungen bestimmt werden.

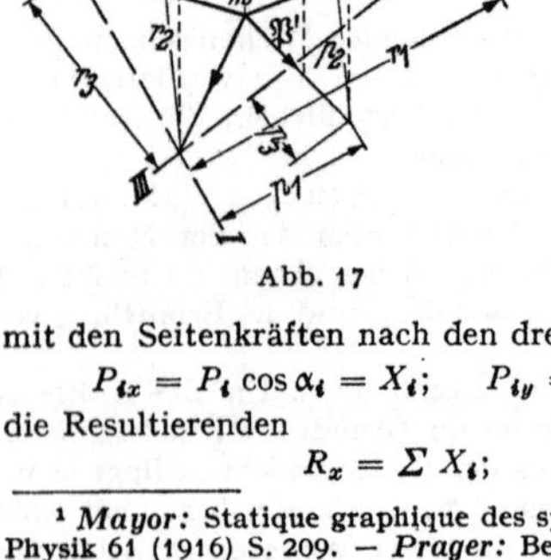

Abb. 17

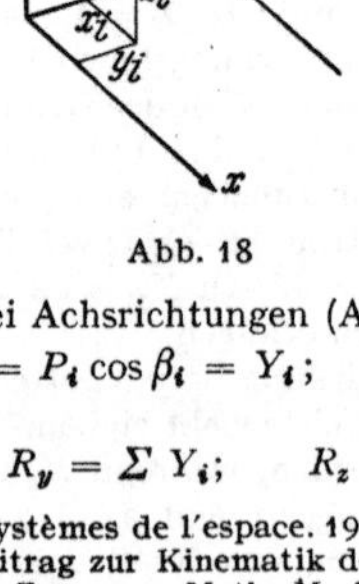

Abb. 18

Für die zeichnerische Zusammensetzung und Zerlegung von Kräften in beliebiger Lage ist i. a. die Darstellung in 3 Projektionsebenen erforderlich, doch kann man auch hier die von *Mayor, Mises* und *Prager* angegebenen Abbildungsverfahren benutzen[1].

Die *Rechnung* ergibt mit den Seitenkräften nach den drei Achsrichtungen (Abb. 18):

$$P_{ix} = P_i \cos \alpha_i = X_i; \qquad P_{iy} = P_i \cos \beta_i = Y_i; \qquad P_{iz} = P_i \cos \gamma_i = Z$$

die Resultierenden

$$R_x = \Sigma X_i; \qquad R_y = \Sigma Y_i; \qquad R_z = \Sigma Z_i \tag{6}$$

[1] *Mayor:* Statique graphique des systèmes de l'espace. 1910. — *v. Mises:* Z. f. Math. u. Physik 61 (1916) S. 209. — *Prager:* Beitrag zur Kinematik des Raumfachwerks. Z. angew. Math. Mech. 6 (1926) S. 341. — *Sauer:* Z. angew. Math. Mech. 20 (1940) S. 174. — *Dietz:* Ing. Arch. 16 (1947) S. 14.

und die resultierenden Momente um die Koordinatenachsen

$$\left.\begin{aligned} M_x &= \Sigma M_{ix} = \Sigma Z_i y_i - \Sigma Y_i z_i \\ M_y &= \Sigma M_{iy} = \Sigma X_i z_i - \Sigma Z_i x_i \\ M_z &= \Sigma M_{iz} = \Sigma Y_i x_i - \Sigma X_i y_i. \end{aligned}\right\} \quad (7)$$

Schneiden sich die Wirkungslinien von R_x, R_y, R_z in einem Punkt, so ist ihre Resultierende

$$R = \sqrt{R_x^2 + R_y^2 + R_z^2} \quad (8)$$

und deren Richtung bestimmt durch

$$\cos\alpha = R_x/R, \quad \cos\beta = R_y/R, \quad \cos\gamma = R_z/R. \quad (9)$$

Bei beliebiger Lage der Kräfte im Raum führt die Parallelverschiebung von R_x, R_y, R_z in den Koordinatennullpunkt 0 zur gleichen Resultierenden R nach Größe und Richtung und zu den von der Wahl des Punktes 0 abhängigen Versatzkräftepaaren M_x, M_y, M_z nach Gl. (7) mit dem resultierenden Moment

$$M = \sqrt{M_x^2 + M_y^2 + M_z^2}. \quad (10)$$

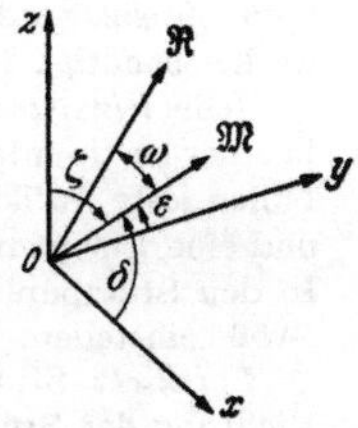

Abb. 19

Die Richtung des Momentenvektors $\mathfrak{M}$ (Abb. 19) ist bestimmt durch

$$\cos\delta = M_x/M, \quad \cos\varepsilon = M_y/M, \quad \cos\zeta = M_z/M. \quad (11)$$

Der Winkel ω, den Kraftvektor und Momentenvektor in 0 miteinander bilden, ist zu berechnen aus

$$\cos\omega = \cos\alpha\cos\delta + \cos\beta\cos\varepsilon + \cos\gamma\cos\zeta. \quad (12)$$

Wird der Momentenvektor in die Komponenten $M' = M\cos\omega$ und $M'' = M\sin\omega$ zerlegt, und werden nunmehr R und M' in der Wirkungsebene von M'' parallel um das Maß $r = M''/R$ verschoben, so ergibt sich die Lage der *Zentralachse*. In dieser ist die Kräftegruppe auf eine Resultieende R und ein um diese drehendes Moment M' zurückgeführt (Kraftschraube, Dyname).

Wird das resultierende Moment M in 0 durch ein Kräftepaar ersetzt, dessen durch 0 weisende Kraft mit R zusammengesetzt wird, so erhält man zwei windschief zueinander liegende Kräfte als Ergebnis der Zusammensetzung beliebiger Kräfte im Raum. Wird M durch das Kräftepaar $R\sin\omega\cdot r$ dargestellt, so kreuzen sich die Wirkungslinien der beiden Kräfte $R\cos\omega$ und $R\sin\omega$ rechtwinklig (Kraftkreuz).

Die Bedingungen für das *Gleichgewicht* von Kräften im Raum lauten

$$R_x = \Sigma X_i = 0, \qquad R_y = \Sigma Y_i = 0, \qquad R_z = \Sigma Z_i = 0, \quad (13)$$

wenn deren Wirkungslinien sich in einem Punkte schneiden. Dazu treten bei beliebiger Lage die Bedingungen

$$\left.\begin{aligned} M_x &= \Sigma Z_i y_i - \Sigma Y_i z_i = 0 \\ M_y &= \Sigma X_i z_i - \Sigma Z_i x_i = 0 \\ M_z &= \Sigma Y_i x_i - \Sigma X_i y_i = 0. \end{aligned}\right\} \quad (14)$$

An Stelle dieser 6 Bedingungen können auch 6 Momentengleichungen in bezug auf 6 Achsen in allgemeiner Lage so gewählt werden, daß es keine Gerade gibt, die alle 6 Achsen schneidet. Davon macht man zweckmäßig bei der Berechnung von Stabkräften in räumlichen Fachwerken und bei der Berechnung der Stützkräfte Gebrauch, um möglichst Gleichgewichtsbedingungen mit je einer Unbekannten zu erhalten.

B. Aufbau und Gliederung der Tragwerke. Stabilitätsbedingungen

5. Die Glieder des Tragwerkes. Innere und äußere Stabilität

Die Glieder eines Tragwerkes sind:

Einfache Stäbe, die nur Zug- oder Druckkräfte zu übertragen vermögen, deren Wirkungslinie mit der Stabachse zusammenfällt. Voraussetzung dazu ist, daß die

Stäbe in den Knotenpunkten durch reibungslose Gelenke miteinander verbunden sind, und daß die äußeren Lasten in den Knotenpunkten angreifen. Tragwerke, in denen nur einfache Stäbe vorkommen, werden als Fachwerke bezeichnet.

Biegesteife (im Raum *biege-* und *drillsteife*) *Stäbe*, die in der Lage sind, sowohl in die Stabachse fallende Kräfte als auch parallel und quer zur Stabachse wirkende Lasten in beliebiger Lage zu übertragen. Sie sind geeignet zur Aufnahme von Längskräften, Querkräften, Biege- und gegebenenfalls Drillmomenten. Sie können in den Knotenpunkten durch Gelenke oder biegefest bzw. biege- und drehfest durch steife Ecken miteinander verbunden sein.

Stützen und Einspannungen zur Festlegung des Tragwerkes gegen feste Punkte in der Ebene oder im Raum. Jede Stütze ist in der Lage, im gestützten Knotenpunkt eine Kraft in bestimmter Wirkungslinie zu übertragen. Jede Stütze kann durch einen einfachen Stab — Stützstab — ersetzt gedacht werden. Ist in dem gestützten Knotenpunkt — *Auflagerpunkt* — nur *eine* Stütze vorhanden, so liegt ein *bewegliches Lager* des ebenen Tragwerkes, ein *Flächenlager* des räumlichen Tragwerkes vor. Sind zwei Stützen vorhanden, so spricht man vom *festen Lager* des ebenen, vom *Linienlager* des räumlichen Tragwerkes. Das feste Lager des räumlichen Tragwerkes benötigt drei Stützen.

Jede *Einspannung* eines steifen Stabes ist in der Lage, ein Einspannmoment in einer bestimmten Ebene zu übertragen. Mit einer Einspannung ist in den meisten Fällen feste Auflagerung verbunden, so daß dann beim ebenen Tragwerk 2 Stützen und eine Einspannung, im Raum 3 Stützen und 3 Einspannungen vorhanden sind. In den Stützpunkten können sich Verschiebungen und Verdrehungen bestimmter Größe einstellen.

Elastische Stützung oder Einspannung liegt vor, wenn der Auflagerpunkt in Richtung der Stütze eine Verschiebung, in der Ebene der Einspannung eine Verdrehung erleidet, deren Größe mit der Stützkraft bzw. dem Einspannmoment veränderlich ist.

Die Anzahl der zur *Stabilität* eines Tragwerkes erforderlichen Glieder ergibt sich aus den Bedingungen für die innere und äußere Stabilität. *Innere Stabilität* liegt vor, wenn die Knotenpunkte eines Tragwerkes durch ausreichende Anzahl von Stäben so gegeneinander festgelegt sind, daß sie ihre gegenseitige Lage nur ändern können, wenn einzelne oder alle Stäbe Längenänderungen erfahren. Das innerlich stabile ebene Tragwerk wird als *starre Scheibe* bezeichnet. *Äußere oder vollkommene Stabilität* liegt vor, wenn die Knotenpunkte ihre gegenseitige Lage und ihre Lage gegen feste Punkte der Ebene bzw. des Raumes nur in dem Maße ändern können, wie Längenänderungen der Stäbe, Verschiebungen oder Verdrehungen der Auflagerpunkte eintreten. Zu den nachfolgenden notwendigen Bedingungen für innere und äußere Stabilität tritt stets als weitere Bedingung für die Brauchbarkeit eines Tragwerkes, daß die Lösung der Gleichgewichtsaufgabe eindeutige, endliche Werte für die Unbekannten liefert (Nennerdeterminante $\neq 0$).

6. Ebene Tragwerke

Bei einem Fachwerk mit s einfachen Stäben, a Stützen und k Knotenpunkten ist die Mindestzahl der für die innere Stabilität erforderlichen Stäbe und der für die äußere Stabilität erforderlichen Stäbe und Stützen

$$\left.\begin{aligned} s &= 2k - 3 \\ s + a &= 2k, \ (a \geqq 3). \end{aligned}\right\} \qquad (15)$$

Die erste Bedingung ist erfüllt, wenn das Tragwerk ausgehend von einem Stab durch zweistäbigen Anschluß weiterer Knotenpunkte gebildet wird, wobei die zum Anschluß eines Knotens dienenden Stäbe nicht in derselben Geraden liegen dürfen, *oder* wenn zwei in dieser Weise gebildete Fachwerkscheiben durch 3 sich nicht in einem Punkte schneidende Stäbe oder auch durch ein Gelenk und einen nicht durch dieses Gelenk hindurchgehenden Stab verbunden werden. Einzelne Stäbe des so gebildeten Fachwerks können entfernt und durch die gleiche Anzahl andere Knotenpunkte verbindende Stäbe oder auch durch die gleiche Anzahl von Stützen ersetzt werden. Im letzten Fall ist die Bedingung der inneren Stabilität nur noch für einzelne Scheiben des Tragwerks erfüllt (Tragwerke ohne innere Stabilität). Jedes Gelenk kann durch 2 Stäbe ersetzt werden.

Ein Tragwerk mit s_1 einfachen Stäben, s_2 biegesteifen Stäben, e steifen Ecken, a_1 Stützen, a_2 Einspannungen und k Knotenpunkten ist innerlich bzw. äußerlich stabil, wenn

$$\left.\begin{aligned} s_1 + s_2 + e &\geqq 2k - 3 \\ s_1 + s_2 + e + a_1 + a_2 &\geqq 2k, \; (a = a_1 + a_2 \geqq 3). \end{aligned}\right\} \qquad (16)$$

Jede steife Ecke kann durch einen einfachen Stab ersetzt werden. Sind in einem Knotenpunkt i Stäbe biegesteif miteinander verbunden, so ist $i-1$ die Anzahl der steifen Ecken in diesem Knotenpunkt. Steife Ecken können in einem biegefesten Stab in beliebiger Anzahl und an jeder Stelle angenommen werden; dabei erhöht sich entsprechend die Zahl der Knotenpunkte. Wenn Kragarme als Stäbe mitgezählt werden, ist das freie Stabende ein Knotenpunkt. Das Tragwerk nach Abb. 20 besitzt mit $s_1 = 9$, $s_2 = 7$, $e = 5$ (in Abb. beziffert) und $k = 12$ innere Stabilität. Werden die steifen Ecken *4* und *5* durch Gelenke und durch die gestrichelt eingetragenen einfachen Stäbe ersetzt, so wird $s_1 = 11$, $s_2 = 7$, $e = 3$, während die Zahl der Knotenpunkte unverändert bleibt.

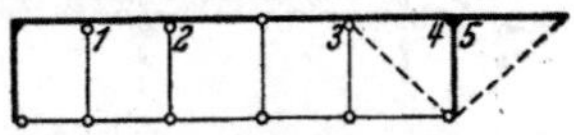

Abb. 20

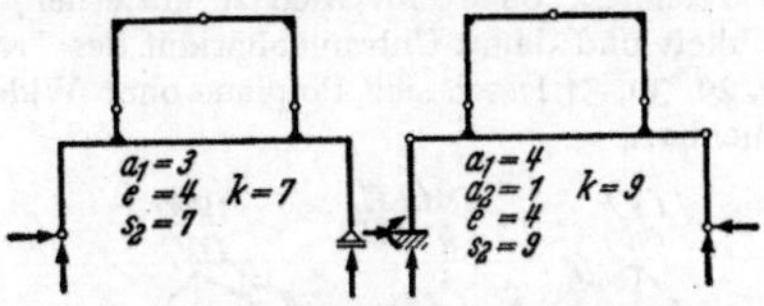

Abb. 21 a, b

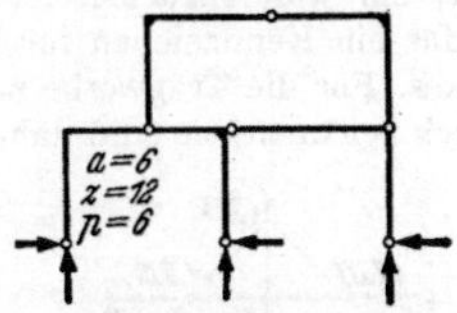

Abb. 24

Werden in einem Tragwerk mit der erforderlichen Mindestzahl an Stützungen einzelne Stäbe oder steife Ecken durch Stützen oder Einspannungen ersetzt, so verliert das Tragwerk die innere Stabilität, Abb. 21 a, b. Für derartige Tragwerke bestehen weitere Möglichkeiten, die Stabilitätsuntersuchung durchzuführen. Ist p die Anzahl der starren Scheiben in einem Tragwerk ohne innere Stabilität, wobei zu beachten ist, daß ein einzelner einfacher oder biegefester Stab die Bedingung der inneren Stabilität erfüllt, also als starre Scheibe aufgefaßt werden kann, und ist z die Anzahl der Zwischenreaktionen in den Gelenkpunkten, so verlangt die äußere Stabilität

$$a + z \geqq 3p. \qquad (17)$$

Die Anzahl der Zwischenreaktionen in Gelenken, in denen i Scheiben zusammentreffen, ist (Abb. 22, 23, 24)

$$z = 2(i-1).$$

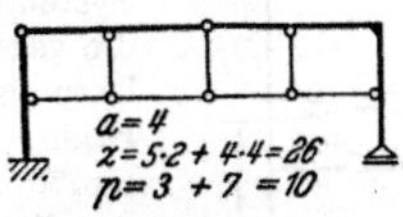

Abb. 22

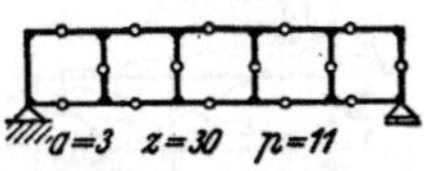

Abb. 23

Sind p Scheiben durch $p-1$ Gelenke fortlaufend miteinander verbunden, so daß in jedem Gelenk nur 2 Scheiben zusammentreffen, so erfordert die äußere Stabilität als Mindestzahl der Stützen

$$a = p + 2. \qquad (18)$$

Die Anordnung der Stützen ist jedoch nicht beliebig und muß gesondert untersucht werden. Um ein brauchbares Tragwerk zu erhalten, darf jede Scheibe — bei der Mindestzahl a — höchstens 3 Stützungen erhalten, und zwischen 2 Stützungen dürfen höchstens 2 Gelenke liegen. Die wichtigsten Tragwerke dieser Art sind die Gelenkträger (Gerberträger), Abb. 25, und der Dreigelenkbogen.

Sind an einem solchen Scheibenzug von p Scheiben mit $p-1$ Gelenken k_1 Knotenpunkte durch s_1 einfache Stäbe angeschlossen, so erhält man Stabbogen und Hängetragwerke nach Abb. 26, 27, 28, für die die Stabilitätsuntersuchung am einfachsten durchzuführen ist mit der Bedingung

$$s_1 + a \geqq p + 2 + 2\,k_1. \quad (19)$$

Abb. 25

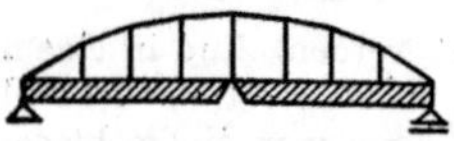

Abb. 26

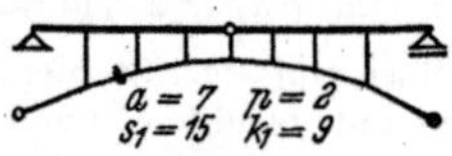

Abb. 27

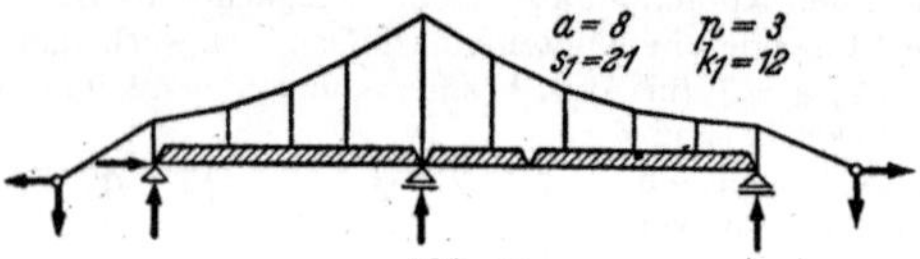

Abb. 28

Zur Prüfung der *Brauchbarkeit* eines Tragwerkes (Nennerdeterminante $\neq 0$) bedient man sich zweckmäßig kinematischer Methoden, des Polplanes oder des Geschwindigkeitsplanes (I, 13). Ein Polplan läßt sich i. a. nur zeichnen, wenn zur äußeren Stabilität ein Glied fehlt, d. h. eine zwangläufige kinematische Kette vorliegt. Läßt sich nun für ein Tragwerk, das den Stabilitätsbedingungen genügt, ein widerspruchsfreier Polplan zeichnen, ohne ein Glied zu entfernen, so ist das ein Kennzeichen für Beweglichkeit und damit Unbrauchbarkeit des Tragwerkes. Für die Tragwerke nach Abb. 29, 30, 31 lassen sich Polpläne ohne Widerspruch zeichnen, sie sind daher unbrauchbar.

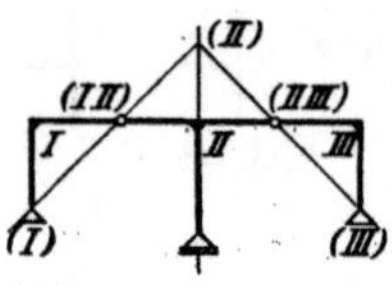

Abb. 29

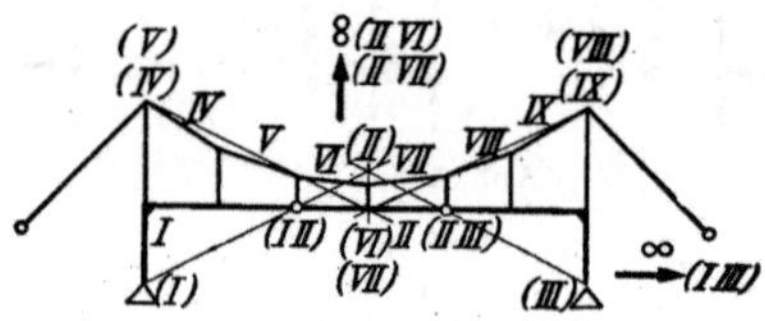

Abb. 31

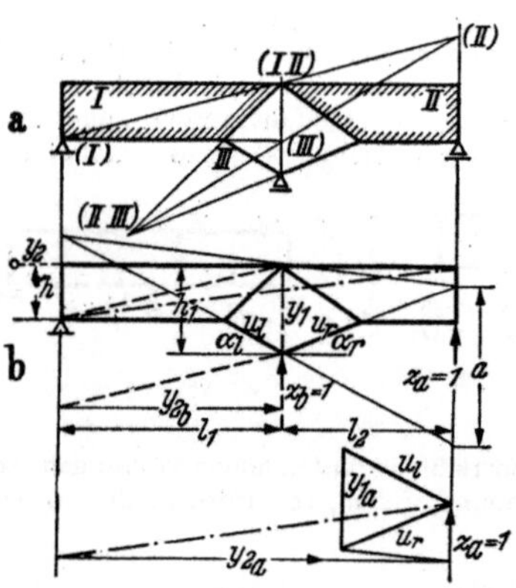

Abb. 30

Ein anderer Weg zur Prüfung soll an Hand des Tragwerkes nach Abb. 30 erläutert werden. Die beweglichen Lager werden entfernt und dafür die Ersatzstäbe Y_1 und Y_2 angeordnet. Dieses System wird nun getrennt untersucht für die gegebene Belastung und für die Belastungszustände $Z_a = 1$ und $Z_b = 1$. Ergibt sich für irgendeine statische Größe S aus der gegebenen Belastung der Wert S_0, in den Zuständen $Z_a = 1$ und $Z_b = 1$ der Wert S_a bzw. S_b, so folgt aus dem Superpositionsgesetz für gleichzeitige Wirkung der Belastung und Z_a, Z_b: $S = S_0 + S_a Z_a + S_b Z_b$. Eine solche Gleichung läßt sich auch für die Ersatzstäbe aufstellen, die aber in Wirklichkeit nicht vorhanden sind und daher auch keine Kraft aufnehmen können, so daß für die Berechnung von Z_a und Z_b zur Verfügung stehen:

$$Y_1 = Y_{10} + Y_{1a} Z_a + Y_{1b} Z_b = 0$$
$$Y_2 = Y_{20} + Y_{2a} Z_a + Y_{2b} Z_b = 0.$$

Die Nennerdeterminante dieser Gleichungen gibt Aufschluß über die Brauchbarkeit des Tragwerkes. Im vorliegenden Beispiel ergibt die Rechnung

$$Y_{1a} = -U_l \sin\alpha_l - U_r \sin\alpha_r = -1 \cdot l_2 (\operatorname{tg}\alpha_l + \operatorname{tg}\alpha_r)/h_1 = -a/h_1 = -(l_1 + l_2)/l_1;$$

$$Y_{1b} = -1; \qquad Y_{2a} = -(l_1 + l_2)/h; \qquad Y_{2b} = -l_1/h$$

in Übereinstimmung mit der zeichnerischen Ermittlung Abb. 30b.

Mit den gefundenen Werten wird die Nennerdeterminante

$$Y_{1a} \cdot Y_{2b} - Y_{2a} \cdot Y_{1b} = 0,$$

und damit ist die Unbrauchbarkeit erwiesen.

Der angegebene Rechnungsgang kann bei brauchbaren Tragwerken auch zur Lösung der Gleichgewichtsaufgabe beschritten werden, doch wird bei ebenen Tragwerken selten Gebrauch davon gemacht.

Die linke Seite der Stabilitätsbedingungen enthält die Zahl der erforderlichen Glieder. Sie darf nicht kleiner, kann aber größer sein als die rechte Seite der Gleichungen. Je nachdem die Zahl der vorhandenen Glieder kleiner, gleich oder größer ist als die erforderliche, ist das Tragwerk labil, statisch bestimmt oder statisch unbestimmt. Übersteigt die Anzahl der vorhandenen Glieder die Zahl der zur Stabilität notwendigen Glieder um n, so ist das Tragwerk n-fach statisch unbestimmt.

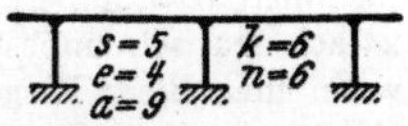

Abb. 32

Der Rahmen Abb. 32 ist 6fach statisch unbestimmt. Werden die Kragarme, die den Grad der statischen Unbestimmtheit nicht beeinflussen, als Stäbe mitgerechnet, so sind auch deren steifen Anschlußecken zu berücksichtigen und die freien Stabenden als Knoten mitzurechnen ($s = 7$, $e = 6$, $a = 9$, $k = 8$).

Bei Tragwerken dieser Art sind auch die Bedingungen

$$3s \geqq 3k - 3; \qquad 3s + a \geqq 3k, \qquad (a \geqq 3) \qquad (20)$$

zur Untersuchung der inneren bzw. äußeren Stabilität geeignet. Hierbei dürfen Kragarme *nicht* als Stäbe mitgerechnet werden. Häufig erhält man in solchen Fällen am schnellsten Aufschluß über den Grad der statischen Unbestimmtheit, indem man so viele biegesteife Stäbe schneidet oder statische Größen ausschließt, bis ein eindeutig stabiles, statisch bestimmtes Tragwerk übrigbleibt. Durch die in Abb. 33 angedeuteten 3 Schnitte würden je 3 Größen (Normalkraft, Querkraft und Biegemoment) ausgeschaltet.

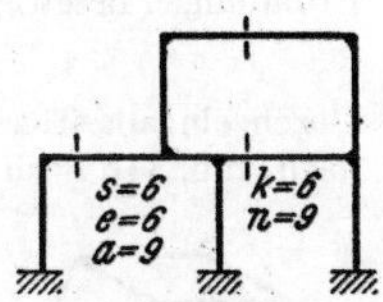

Abb. 33

Werden in einem n_0-fach statisch unbestimmten ebenen Fachwerk sämtliche Stäbe in den Knoten steif miteinander verbunden, so ist der Grad der Unbestimmtheit

$$n = n_0 + 2s - k. \qquad (21)$$

7. Räumliche Tragwerke

Für das Raumfachwerk ist die Mindestanzahl der Stützen $a = 6$, und es gelten für die innere bzw. äußere Stabilität die Bedingungen

$$s \geqq 3k - 6; \qquad s + a \geqq 3k, \qquad (a \geqq 6). \qquad (22)$$

Die Bedingung der inneren Stabilität ist erfüllt, wenn, ausgehend von einer Dreieckscheibe, weitere Knotenpunkte im Raum durch je 3 Stäbe angeschlossen werden, die nicht in einer Ebene liegen dürfen. Es entsteht auf diese Weise ein *Raumfachwerk einfachster Art*, dadurch gekennzeichnet, daß es stets einen Knotenpunkt besitzt, an dem nur 3 Stäbe zusammentreffen, und daß es nach Wegnahme dieses Knotens die gleiche Eigenschaft beibehält.

Sodann können räumliche Fachwerke gebildet werden, indem einzelne Dreieckscheiben derart miteinander verbunden werden, daß fortlaufend zwischen je 2 Scheiben 6 Stäbe so angeordnet werden, daß jeder Knotenpunkt mit 2 Stäben an die benachbarten Scheiben angeschlossen ist. Die Verbindung zweier Scheiben oder zweier innerlich stabiler Raumfachwerke kann auch durch ein Gelenk und 3 nicht durch dieses Gelenk hindurchgehende Stäbe bewirkt werden. Schließlich können 3 Dreieckscheiben auch durch 12 Stäbe, und zwar je 4 Stäbe zwischen je 2 Scheiben, verbunden werden.

In einem äußerlich stabilen Raumtragwerk können auch wieder einzelne Stäbe durch andere oder durch eine entsprechende Anzahl von Stützen oder Stützstäben ersetzt werden. In letzterem Fall verliert das Tragwerk die innere Stabilität. Neben der Erfüllung der Stabilitätsbedingung ist stets die Brauchbarkeit der gewählten Anordnung zu prüfen. Die Gleichgewichtsbedingungen müssen eine eindeutige Lösung für die Unbekannten ergeben. In Fachwerken, die nicht von der einfachsten Art sind, werden zur Untersuchung der Brauchbarkeit so viel Stäbe und Stützen entfernt und durch andere Stäbe und Stützstäbe ersetzt, daß ein Fachwerk einfachster Art mit 6 Stützen entsteht. Ergeben sich dann für die Ersatzstäbe eindeutige endliche Werte für jeden beliebigen Lastangriff, so ist das ursprüngliche Tragwerk brauchbar (vgl. I, 6).

Räumliche Tragwerke, in denen alle Stäbe in den Knotenpunkten biege- und drillfest miteinander verbunden sind, müssen den Bedingungen

$$6\,s \geqq 6\,(k-1); \qquad 6\,s + a \geqq 6\,k \tag{23}$$

für innere bzw. äußere Stabilität genügen. Das Tragwerk nach Abb. 34a ist danach 24fach statisch unbestimmt, wovon man sich wieder am schnellsten überzeugt, wenn man die 4 Riegel durchschneidet, so daß in jedem Schnitt 6 Unbekannte (1 Längskraft, 2 Querkräfte, 2 Biegemomente und 1 Drillmoment) ausgeschaltet werden. Werden durch Anordnung von Gelenken in einem Stab oder Anschluß f Bindungen beseitigt, so lauten die Bedingungen

$$6\,s - f \geqq 6\,(k-1); \qquad 6\,s - f + a \geqq 6\,k. \tag{24}$$

Durch ein allseitiges Gelenk werden 3 Bindungen beseitigt, so daß der Rahmen nach Abb. 34b noch 12fach statisch unbestimmt ist.

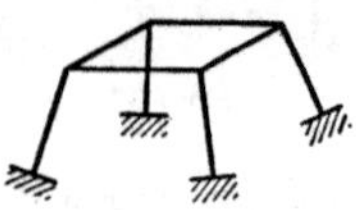

Abb. 34 a

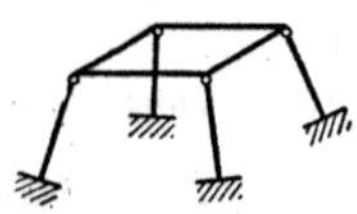

Abb. 34 b

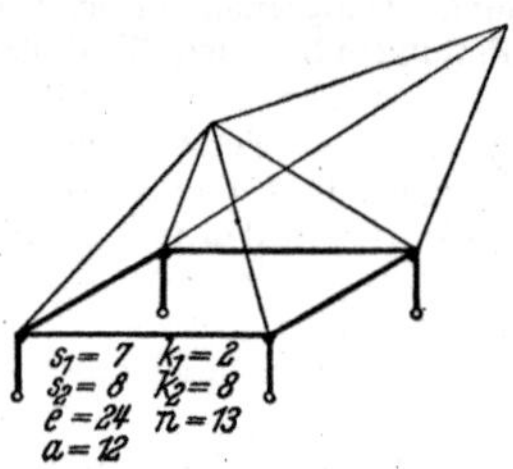

Abb. 35

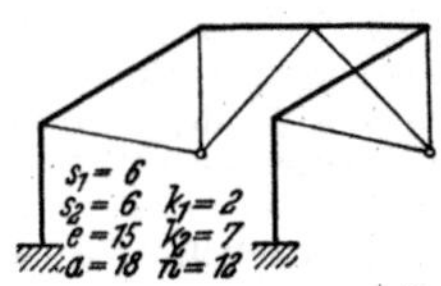

Abb. 36

Werden in einem n_0-fach statisch unbestimmten Raum*fachwerk* sämtliche Stäbe biege- und drillsteif ausgebildet und miteinander verbunden, so ist der Grad der Unbestimmtheit

$$n = n_0 + 5\,s - 3\,k. \tag{25}$$

Sind in einem räumlichen Tragwerk aus s_2 steifen Stäben und k_2 steifen Knotenpunkten k_1 Fachwerkknoten durch s_1 einfache Stäbe angeschlossen, so verlangt die äußere Stabilität

$$s_1 + 6\,s_2 + a \geqq 3\,k_1 + 6\,k_2. \tag{26}$$

Für die Tragwerke nach Abb. 35 und 36 ergibt sich danach $n = 13$ bzw. $n = 12$.

Die Stabilitätsbedingungen, die analog den für ebene Tragwerke gültigen, Gl. (16), aufgestellt werden können, lauten für das räumliche Tragwerk, wenn e die Anzahl der biegesteifen und drillsteifen Bindungen ist,

$$s_1 + e \geqq 3\,k - 6; \qquad s_1 + e + a \geqq 3\,k = 3\,k + n. \tag{27}$$

In einem Knotenpunkt, in dem i Stäbe biege- und drillsteif miteinander verbunden sind, ist $e = 3\,(i - 1)$. Das Tragwerk nach Abb. 37 ist ($e = 72$, $a = 54$ und $k = 18$) $n = 72$fach statisch unbestimmt. Werden in einer mittleren Reihe Pendelstützen angeordnet, so ist $s_1 = 3$, $s_2 = 18$, $e = 63$, $a = 45$, und der Grad der Unbestimmtheit verringert sich auf $n = 57$. Bei Anwendung der Gl. (26) ist $k_1 = 3$ und $k_2 = 15$. Für die Kuppel mit r Ringen (einschl. Kopf- und Fußring) und v Graten (Abb. 38) ist $e = 12\,v + 9\,v\,(r - 2) = 9\,rv - 6\,v$, $k = rv$ und somit nach Gl. (27)

$$n = 6\,v\,(r - 1) + a. \tag{28}$$

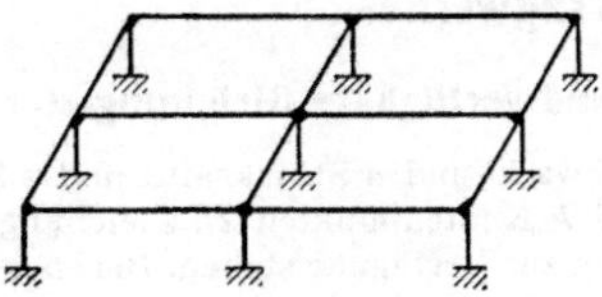

Abb. 37

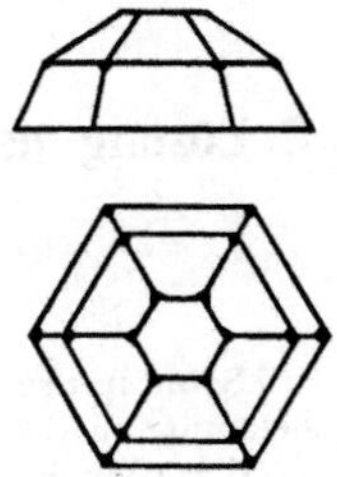

Abb. 38

Bei durchlaufenden Graten (ohne Kopfring) ist $e = 6\,v + 9\,v\,(r - 1) + 3\,(v - 1) = 9\,rv - 3$, $k = 1 + rv$ und somit

$$n = 6\,(rv - 1) + a. \tag{29}$$

8. Belastung und Widerstände. Aufgaben der Statik

Bei ebenen Tragwerken müssen die angreifenden äußeren Lasten in der Ebene des Tragwerkes wirken, bei räumlichen Tragwerken dürfen sie beliebige Lage haben. Für Fachwerke wird Lastangriff in den Knotenpunkten vorausgesetzt.

Durch die angreifenden Lasten werden Widerstände in den *äußeren Gliedern*, Stützkräfte C in den Stützen, Einspannmomente E in den Einspannungen hervorgerufen. Die Widerstände — Schnittgrößen — in den *inneren Gliedern* eines Tragwerkes sind: die Stabkräfte S in einfachen Stäben; in biege- und drillsteifen Stäben die Normal- oder Längskräfte N, die Biegemomente M, das Torsions- oder Drillmoment T und die Querkräfte Q.

Auch Temperaturänderungen und Nachgiebigkeit der Lager können Widerstände in den Gliedern eines Tragwerkes auslösen.

Die Widerstände (statische Größen) in äußeren und inneren Gliedern sind die Unbekannten der *Gleichgewichtsaufgabe.* Im Gleichgewichtszustand treten gegenüber der spannungslosen Anfangslage des Tragwerkes Verschiebungen der Knotenpunkte ein, die in den Eigenschaften des verwendeten Baustoffes begründet sind. Auch Temperaturänderungen und Nachgiebigkeit der Lager haben Knotenpunktverschiebungen zur Folge. Die Verschiebungskomponenten, $2k$ in der Ebene und $3k$ im Raum, sind die Unbekannten der *Formänderungsaufgabe.*

Die Bemessung der einzelnen Bauglieder und die Ermittlung der auftretenden Spannungen ist Aufgabe der Festigkeitslehre. Der verwendete Baustoff spielt bei der Berechnung der statischen Größen nur insofern eine Rolle, als die ständige Last davon abhängt. Lediglich, wenn es sich um den Einfluß von Lagerverschiebungen oder Temperaturänderungen (Schwinden, Kriechen) handelt, oder wenn Formänderungen zu berechnen sind, gehen weitere Baustoffeigenschaften in die Rechnung ein.

Tragwerke sind i. a. für verschiedene Belastungsfälle zu untersuchen, die nicht gleichzeitig aufzutreten brauchen (ständige Last, Nutzlast, Windlast, Schneelast). Unter der Voraussetzung, daß die elastischen Formänderungen so klein sind, daß sie gegenüber den Abmessungen des Systems vernachlässigt werden dürfen — und das trifft in der Regel zu —, gilt das *Superpositionsgesetz*, wonach alle Belastungsfälle und sonstigen Einflüsse getrennt untersucht und die so errechneten Werte für statische Größen oder geometrische Größen addiert werden dürfen.

Davon wird zweckmäßig und vorteilhaft auch bei der Berechnung symmetrischer Tragwerke unter unsymmetrischer Belastung Gebrauch gemacht, denn jede unsymmetrische Belastung läßt sich durch eine symmetrische und eine antisymmetrische ersetzen, wodurch sich erhebliche Vereinfachungen für die Rechnung ergeben können.

C. Lösung der Gleichgewichtsaufgabe des statisch bestimmten Tragwerkes

9. Unbekannte und verfügbare Gleichungen

Beim statisch bestimmten Fachwerk sind a Stützkräfte und s Stabkräfte unbekannt, zu deren Berechnung bei k Knotenpunkten $2k$ Gleichungen ($\Sigma X = 0$; $\Sigma Y = 0$) in der Ebene, $3k$ im Raum zur Verfügung stehen. Bei ebenen Tragwerken lassen sich die Unbekannten auf s_1 Stabkräfte in einfachen Stäben, s_2 Normalkräfte in biegefesten Stäben, e Biegemomente in den steifen Ecken, a_1 Stützkräfte und a_2 Einspannungen zurückführen. Die Querkräfte sind aus den Biegemomenten an den Stabenden und den zwischen den Knotenpunkten angreifenden äußeren Lasten zu ermitteln. In jedem Knotenpunkt, von dem i biegesteif angeschlossene Stäbe zu benachbarten Knoten ausgehen, genügt die Kenntnis von $i - 1$ Momenten — entsprechend der Anzahl der steifen Ecken —, da für jeden derartigen Knotenpunkt die Gleichgewichtsbedingung $\Sigma M = 0$ zur Berechnung eines noch unbekannten Momentes zur Verfügung steht. Es bleiben dann zur Berechnung der $s_1 + s_2 + e + a_1 + a_2$ Unbekannten noch $2k$ Gleichgewichtsbedingungen.

Bei räumlichen Tragwerken sind unbekannt: s_1 Stabkräfte in einfachen Stäben, $6s_2$ Größen in biegesteifen Stäben (Normalkraft, Drillmoment, 2 Biegemomente, 2 Querkräfte), a_1 Stützkräfte und a_2 Einspannungen. Zur Verfügung stehen $3k_1$ Gleichungen für reine Gelenkknoten und $6k_2$ Gleichungen für steife Knoten, woraus für statisch bestimmte Tragwerke die Beziehung $s_1 + 6s_2 + a_1 + a_2 = 3k_1 + 6k_2$ (Gl. 26) folgt. Von den an beiden Enden eines biege- und drillsteifen Stabes wirkenden je 6 Unbekannten (Abb. 39) genügt die Kenntnis der Hälfte, um die übrigen zu berechnen, da 6 Gleichgewichtsbedingungen für den Stab zur Verfügung stehen. Gehen von einem steifen Knotenpunkt i steif angeschlossene Stäbe zu benachbarten Knotenpunkten aus, so ist die Anzahl der unbekannten Anschlußmomente $3i$, doch lassen sich aus den Bedingungen $\Sigma M_x = 0$, $\Sigma M_y = 0$, $\Sigma M_z = 0$ an jedem Knoten 3 Momente berechnen, wenn $3i - 3$ bekannt sind. Dem entspricht die Anzahl e der steifen Anschlüsse in allen Knoten, $e = \Sigma(3i - 3) = 6s_2 - 3k_2$.

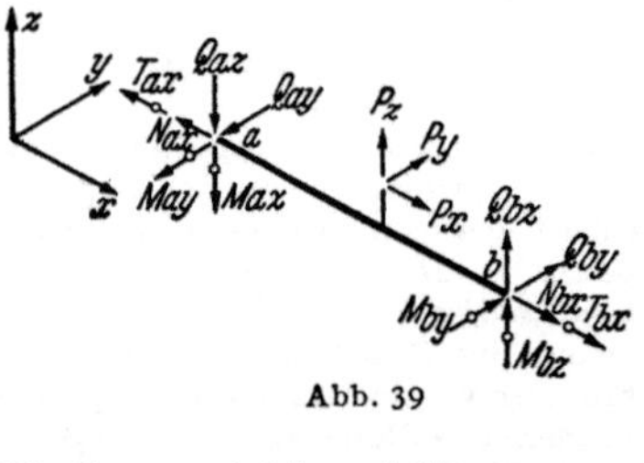

Abb. 39

Mit $6 s_2 = e + 3 k_2$ erhält man, nachdem über $3 k_2$ Gleichungen verfügt ist, $3(k_1 + k_2) = 3k$ Gleichgewichtsbedingungen für $s_1 + e + a_1 + a_2$ Unbekannte. Die Gleichgewichtsaufgabe beruht also auf der Lösung von $2k$ bzw. $3k$ Gleichungen. In der praktischen Durchführung der Rechnung wird angestrebt, und es läßt sich in den meisten Fällen auch erreichen, Gleichungen mit je *einer* Unbekannten aufzustellen. Bei statisch bestimmten Tragwerken lassen sich Stützkräfte und Einspannungen vorweg bestimmen. Liegt ein innerlich stabiles Tragwerk mit der Mindestzahl von Stützungen vor, so sind die Auflagerreaktionen aus den 3 bzw. 6 Gleichgewichtsbedingungen für die äußeren Kräfte zu ermitteln, wobei an Stelle der Bedingungen $\Sigma X = 0$, $\Sigma Y = 0$, $\Sigma Z = 0$ zweckmäßig auch Momentengleichungen $\Sigma M = 0$ für geeignete Punkte bzw. Achsen aufgestellt werden.

10. Gleichgewicht der äußeren Kräfte an ebenen Tragwerken

Für die in einem festen und einem beweglichen Lager gestützte Scheibe (Abb. 40) ergeben sich die Stützkräfte zeichnerisch durch ein Krafteck, da die Wirkungslinie von B senkrecht zur Lagerführung bekannt ist und die von K_a durch den Schnittpunkt von B und P gehen muß. Rechnerisch führen die Gleichungen $M_a = 0$, $H = 0$ und $M_b = 0$ der Reihe nach zur Bestimmung von B, C und A.

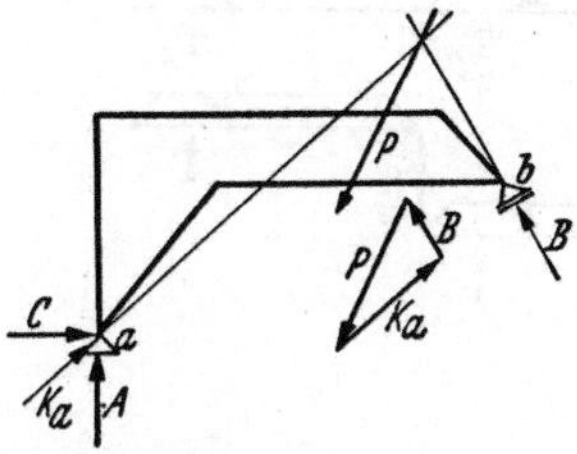

Abb. 40

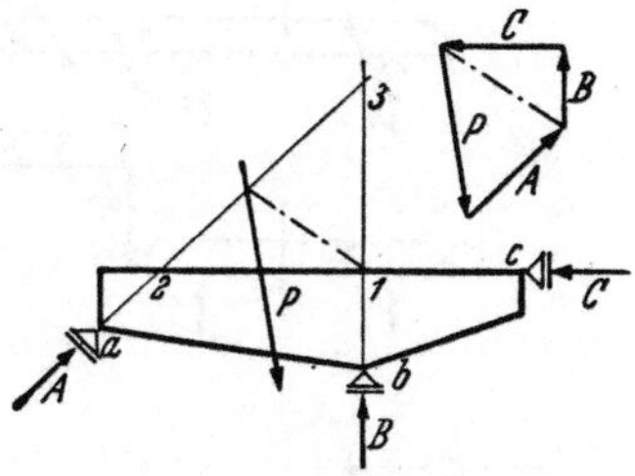

Abb. 41

Die Stützung einer Scheibe in drei beweglichen Lagern (Abb. 41) ist nur brauchbar, wenn sich die Wirkungslinien der Stützkräfte nicht in einem Punkte schneiden. Lösung zeichnerisch durch Krafteck oder rechnerisch durch Momentengleichungen für die Schnittpunkte je zweier Wirkungslinien der Stützkräfte.

Bei statisch bestimmten Tragwerken ohne innere Stabilität treten zu den 3 Gleichgewichtsbedingungen für die Gesamtheit der äußeren Kräfte die *Gelenkbedingungen*, durch die zum Ausdruck gebracht wird, daß in den Gelenken kein Biegemoment aufgenommen werden kann. Die Wirkungslinie der Stützkraft K_a des Dreigelenkrahmens, Abb. 42, muß daher durch den Gelenkpunkt g gehen, und an der rechten Scheibe kann Gleichgewicht nur bestehen, wenn die drei an ihr angreifenden Kräfte (P, K_b und Gelenkkraft $= K_a$) sich in einem Punkte schneiden. Um Gleichgewichtsbedingungen mit je einer Unbekannten zu erhalten, werden zweckmäßig die lotrechten Stützkräfte A und B und die in die Verbindungslinie der Stützpunkte fallenden, C und D, eingeführt. $M_b = 0$ und $M_a = 0$ ergeben A und B, die Gelenkbedingung $M_g = 0$ für die an der linken Scheibe angreifenden Kräfte ergibt C, für die rechte Scheibe D. (Kontrolle: $\Sigma H = 0$, $\Sigma V = 0$.) In gleicher Weise sind für den Rahmen nach Abb. 43 die Stützkräfte zu finden. Am schnellsten führt für die hier angenommene Belastung die Zeichnung zum Ziel. Rechnerisch ist zunächst der Dreigelenkrahmen $c g_2 d$ zu behandeln, sodann unter Beachtung der Zwischenreaktion G in c der Rahmen $a g_1 b$. Die Berechnung der Stützkräfte in a, b und d kann auch ohne Ermittlung der Zwischenreaktion in c vorgenommen werden, da 3 Gleichgewichtsbedingungen für die Gesamtheit der äußeren Kräfte und außerdem 3 Gelenkbedingungen zur Verfügung stehen.

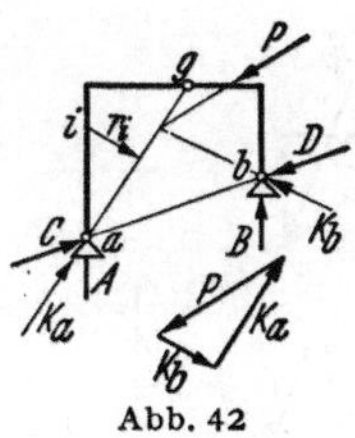

Abb. 42

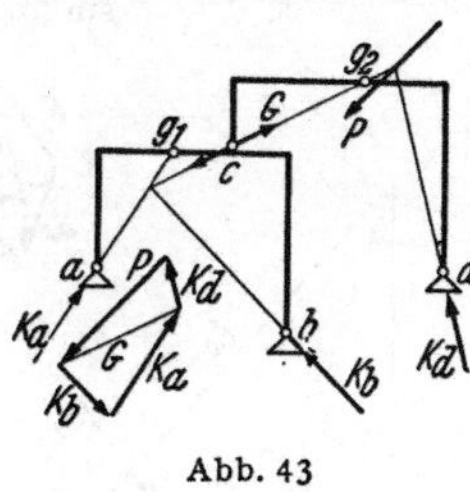

Abb. 43

Gelenkträger nach Abb. 44. Die waagrechten Komponenten der angreifenden Lasten werden im festen Lager aufgenommen, F ergibt sich aus $\Sigma H = 0$. Scheibe II stützt sich in g_1 und g_2 auf I bzw. III, und Scheibe IV in g_3 auf III. Die in den Gelenken zu übertragenden lotrechten Kräfte G_1, G_2 und G_3 sowie die Stützkraft E werden aus den Gleichgewichtsbedingungen für Scheibe II bzw. IV berechnet, und sodann sind nacheinander die Stützkräfte A, B, C und D zu finden.

Für den einseitig eingespannten Gelenkträger nach Abb. 45 ergibt das Gleichgewicht an der rechten Scheibe den Stützdruck B und die Gelenkkraft G, die mit P_1 zusammengesetzt zur Res. R führt. Das Gleichgewicht an der eingespannten Scheibe liefert aus dem Krafteck A und C und aus dem Lageplan das Einspannmoment zu $E = -Re = -Aa$.

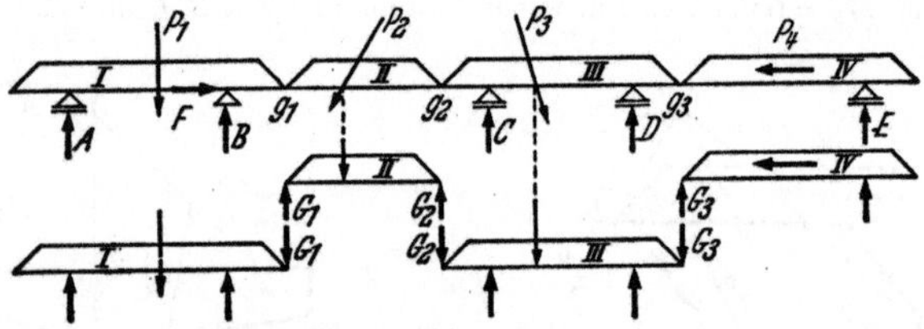

Abb. 44

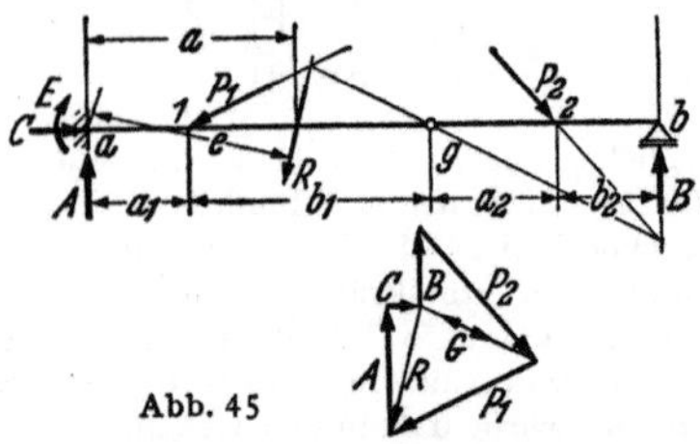

Abb. 45

Sind Fachwerkknoten durch einfache Stäbe an die Scheiben I und II angeschlossen (Abb. 46), so ist die Ermittlung der Stützkräfte nur bei gleichzeitiger Bestimmung der Stabkräfte S möglich. $\Sigma X = 0$ und $\Sigma Y = 0$ für die Fachwerkknoten führt zu

$$S_1 = S_2 \frac{\sin(\alpha_2 + \alpha_4)}{\sin(\alpha_1 + \alpha_4)} \qquad S_4 = S_2 \frac{\sin(\alpha_1 - \alpha_2)}{\sin(\alpha_1 + \alpha_4)}$$

$$S_3 = S_2 \frac{\sin(\alpha_5 - \alpha_2)}{\sin(\alpha_3 + \alpha_5)} \qquad S_5 = S_2 \frac{\sin(\alpha_2 + \alpha_3)}{\sin(\alpha_3 + \alpha_5)}$$

d. h. es lassen sich alle Stabkräfte durch *eine* Unbekannte — hier S_2 — ausdrücken, und für die Berechnung dieser Unbekannten und der 3 Stützkräfte A, B und C stehen nunmehr 3 Gleichgewichtsbedingungen und 1 Gelenkbedingung zur Verfügung (s. a. II, 32).

Graphische Lösung.

Scheibe I belastet: B, S_5 und G_1 müssen sich in einem Punkt schneiden. G_1 wird mit S_4 zum Schnitt gebracht und für die Resultierende dieser beiden Kräfte die Wirkungslinie L_1 unabhängig von der Belastung gefunden (Krafteck Abb. 46a mit willkürlich gewählter Größe S_2 gezeichnet). Durch den Schnittpunkt von L_1 mit der angreifenden Last P_1 muß auch die Resultierende aus A und C gehen. Damit ergibt sich das Krafteck nach Abb. 46b.

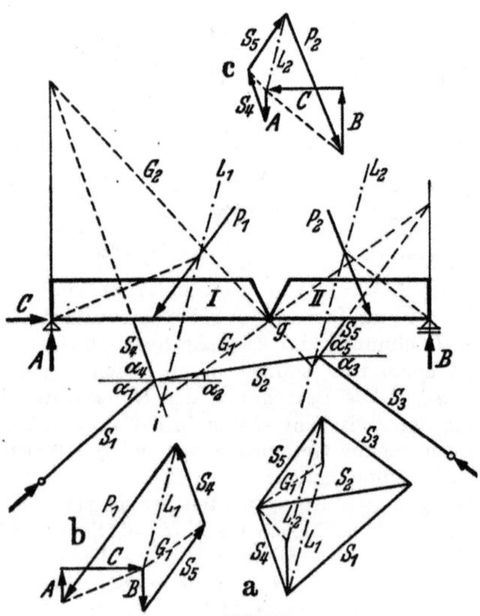

Abb. 46

Scheibe II belastet: Die Resultierende aller an I angreifenden Kräfte muß durch den Gelenkpunkt gehen ($M_g = 0$). Da die Wirkungslinie von C durch g weist, muß G_2 als Resultierende aus A und S_4 ebenfalls durch g hindurchgehen. G_2 wird mit S_5 zum Schnitt gebracht, und für die Resultierende dieser beiden Kräfte ergibt sich die Wirkungslinie L_2 unabhängig von der Belastung. Da nun L_2, P_2 und die Resultierende aus B und C sich in einem Punkt schneiden müssen, läßt sich die Kräfteermittlung nach Abb. 46c vornehmen.

11. Ermittlung der inneren statischen Größen

Stabkräfte S in einfachen Stäben werden in der Regel als Zugkräfte positiv, als Druckkräfte negativ bezeichnet. Entsprechend wird das Vorzeichen für die Normalkraft N im biegefesten Stab festgesetzt. Unter der Normalkraft N_i an der Stelle i des biegefesten Stabes wird die parallel zur Tangente an die Stabachse in i wirkende Seitenkraft der Resultierenden R aller auf einer Seite von i an der Scheibe angreifenden Kräfte verstanden. Die Querkraft Q_i ist die in i normal zur Stabachse wirkende Seitenkraft dieser Resultierenden, und das Biegemoment M_i ist das Moment dieser Resultierenden, $M_i = Ra$, oder der Normalkraft, $M_i = N_i e$ in bezug auf den Punkt i der Stabachse (Abb. 47). Die Ermittlung von N, Q und M erfolgt meist aus den Einzelkräften und deren Komponenten parallel und senkrecht zur Stabachse, ohne Bestimmung von R.

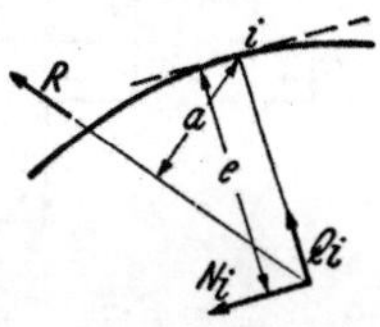

Abb. 47

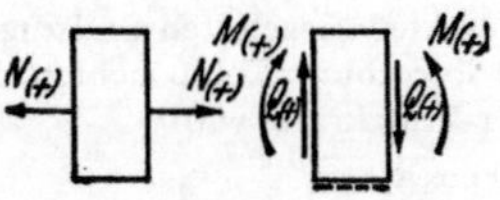

Abb. 48

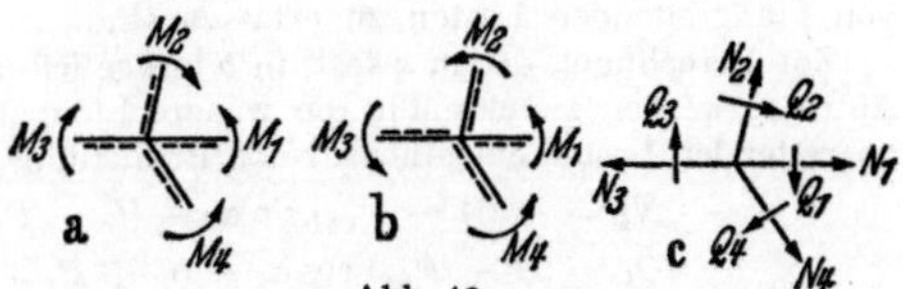

Abb. 49

Biegemomente und Querkräfte im Sinne der Abb. 48 erhalten positives Vorzeichen. Die Festsetzung ist willkürlich, doch muß für jeden Stab eine Regelung getroffen werden. Die Kennzeichnung erfolgt durch Strichelung auf der Stabseite, auf der bei positiven Biegemomenten Zugspannungen auftreten. Die Gleichgewichtsbedingung $\Sigma M = 0$ lautet bei Festlegung der Vorzeichen nach Abb. 49a: $M_1 - M_2 - M_3 + M_4 = 0$, und nach Abb. 49b: $M_1 + M_2 + M_3 + M_4 = 0$. Für $\Sigma X = 0$ und $\Sigma Y = 0$ ergeben sich in beiden Fällen dieselben Gleichungen, Abb. 49c.

Nach graphischer Bestimmung der Stützkräfte können Normalkraft, Biegemoment und Querkraft aus Krafteck und Lageplan entnommen werden. Z. B. ist für den Dreigelenkrahmen, Abb. 42, im linken Pfosten die lotrechte Komponente von K_a die Normalkraft (negativ), die waagrechte Komponente die Querkraft (negativ) und $M_i = K_a r_i$ (r_i im Maßstab der Zeichnung) das Biegemoment, negativ, wenn Momente, die am Innenrand Zugspannungen erzeugen, als positiv eingeführt werden.

Werden waagrechte bzw. lotrechte Kraftkomponenten durch den Index h bzw. v gekennzeichnet, so sind in dem Gelenkträger, Abb. 45, die Längskräfte

$$N_{2-b} = 0; \qquad N_{1-2} = +P_{2h}; \qquad N_{a-1} = -C = -P_{1h} + P_{2h};$$

die Biegemomente

$$M_2 = +B\,b_2 = G_v\,a_2; \qquad M_1 = E + A\,a_1 = -A\,(a - a_1) = -G_v\,b_1;$$

und die Querkräfte

$$Q_{a-1} = A; \qquad Q_{1-2} = A - P_{1v} = G_v; \qquad Q_{2-b} = -B.$$

Letztere können auch aus den Biegemomenten ermittelt werden, da die Ableitung des Biegemomentes die Querkraft ergibt:

$$(M_n - M_{n-1})/s_n = Q_n \text{ führt zu } Q_{1-2} = \frac{M_2 - M_1}{b_1 + a_2} = G_v.$$

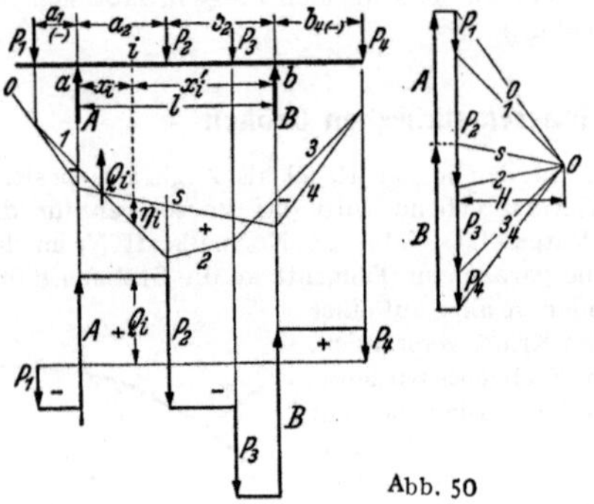

Abb. 50

Die Biegemomente können auch durch Kraft- und Seileck ermittelt werden (Abb. 50). Die äußeren Seilstrahlen *o* und *4* werden mit den Auflagerlotrechten zum Schnitt gebracht. Die Schnittpunkte ergeben die Schlußlinie *s*, und das Biegemoment an der Stelle *i* ist $M_i = H\,\eta_i$ (η_i im Maßstab der Zeichnung). Die Größe von Q_i ergibt sich aus der Querkraftfläche und ihre Lage im Schnittpunkt der die Kraftgruppe A und P_1 einschließenden Seilstrahlen *1* und *s*.

Analytische Lösung. Aus den Momentengleichungen um *b* und *a* wird

$A = \frac{1}{l}\,\Sigma\, P b$; $\quad B = \frac{1}{l}\,\Sigma\, P a$ gefunden und sodann $M_i = A\,x_i - \Sigma\, P_l\,(x_i - a)$ $= B\,x_i' - \Sigma\, P_r\,(x_i' - b)$ berechnet, wobei unter P_l und P_r die links bzw. rechts von i angreifenden Lasten zu erfassen sind.

Zur Berechnung des in *a* fest, in *b* beweglich gelagerten biegefesten Stabzuges, Abb. 51, werden zweckmäßig die waagrechten und lotrechten Komponenten der angreifenden Lasten eingeführt. Nach Ermittlung der Stützkräfte wird

$$\left.\begin{aligned} N_i &= -(A - P_{1y})\sin\alpha_i - (C + P_{1x})\cos\alpha_i \\ Q_i &= (A - P_{1y})\cos\alpha_i - (C + P_{1x})\sin\alpha_i \\ M_i &= A\,x_i - C\,y_i - P_{1y}\,(x_i - x_1) - P_{1x}\,(y_i - y_1). \end{aligned}\right\} \quad (30)$$

Die Querkraft läßt sich bei bereits bekannten Biegemomenten M_1 und M_2 am einfachsten wieder aus $Q_i = (M_2 - M_1)/s_2$ berechnen.

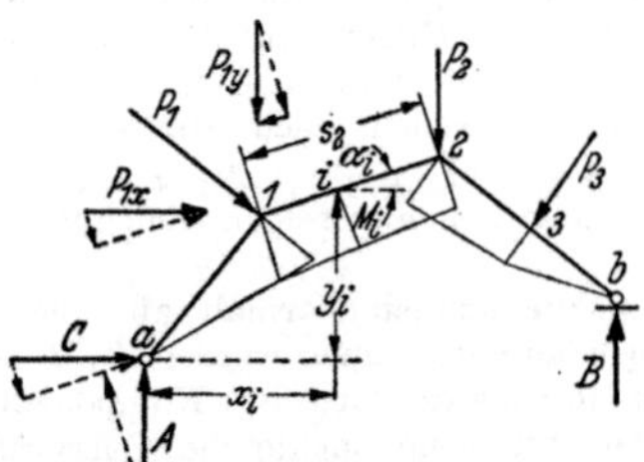

Abb. 51

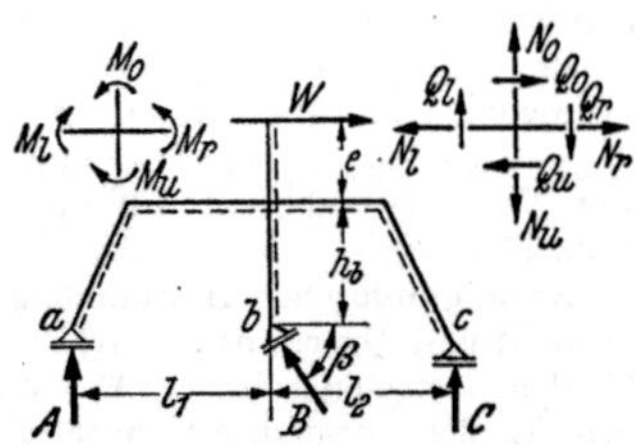

Abb. 52

Rahmentragwerk Abb. 52. Am Kreuzungspunkt von Riegel und Mittelstiel wird $M_l = +A\,l_1$; $\quad M_r = +C\,l_2$; $\quad M_o = -W e$; $\quad M_u = +B\cos\beta\cdot h_b$.

Ferner: $\quad Q_l = +A$; $\;Q_r = -C$; $\;Q_o = +W$; $\;Q_u = +B\cos\beta$

$$N_l = N_r = N_o = 0;\quad N_u = -B\sin\beta.$$

Das Gleichgewicht verlangt:

$$\left.\begin{aligned} M_l - M_r + M_u - M_o &= 0 \\ N_l - N_r + Q_u - Q_o &= 0 \\ Q_l - Q_r - N_u + N_o &= 0. \end{aligned}\right\} \quad (31)$$

An jedem Fachwerkknoten müssen die Bedingungen $\Sigma X = 0$, $\Sigma Y = 0$ erfüllt sein. Fachwerke, die in einfachster Weise durch zweistäbigen Anschluß von Knotenpunkten gebildet sind, haben stets mindestens einen Knotenpunkt, an dem nur 2 Stäbe zusammentreffen; nach Wegnahme des Knotens bleibt diese Eigenschaft erhalten. Die Berechnung der Stabkräfte läßt sich also durch fortlaufende Lösung von je 2 Gleichungen mit 2 Unbekannten durchführen.

Die Lösung erfolgt zeichnerisch mit Hilfe eines *Kräfteplanes* (*Cremona*plan) nach Abb. 53. Die äußeren Kräfte P_1 bis P_6 stehen im Gleichgewicht, und ausgehend von Punkt *1* werden von Knoten zu Knoten in der angegebenen Reihenfolge fortschreitend die Stabkräfte S_i ermittelt. Die Bezeichnung der Stabkräfte ist ebenfalls in der Reihenfolge ihrer Bestimmung gewählt. Für jeden Knotenpunkt ergibt sich ein Krafteck mit umlaufendem Pfeilsinn, dem die Vorzeichen der Stabkräfte zu entnehmen sind (in vorliegendem Beispiel erhalten sämtliche Stäbe Druck). Damit jeder Stab im Kräfteplan nur einmal erscheint, ist darauf zu achten, daß die Kräfteermittlung an jedem Knotenpunkt im gleichen Umfahrungssinn vorgenommen wird. Jedem Stab und jeder äußeren Kraft im Lageplan entspricht eine Parallele im Kräfteplan. Kräfte, die im Lageplan durch einen Punkt gehen, bilden im Kräfteplan ein geschlossenes Krafteck. Kräfte in Stäben, die im Lageplan ein Dreieck umschließen, schneiden sich im Kräfteplan in einem Punkt.

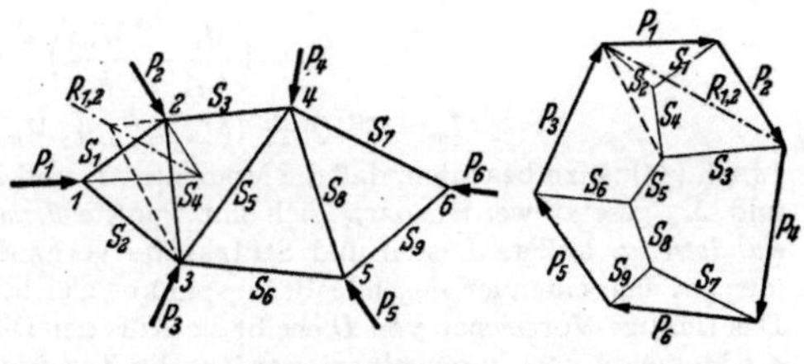

Abb. 53

Legt man einen Schnitt durch das Tragwerk, und bringt man an den Schnittstellen der Stäbe die in ihnen wirksamen Kräfte als äußere Kräfte an, so besteht für jeden Teil des Fachwerkes Gleichgewicht, z. B. schließendes Krafteck für $P_{1,2,3}$ und $S_{3,5,6}$ sowie für $P_{4,5,6}$ und $S_{3,5,6}$. Darauf beruht das Verfahren von *Culmann*, eine beliebige Stabkraft unabhängig von den übrigen graphisch zu bestimmen. Um z. B. S_3 zu ermitteln, werden die Kräfte P_1 und P_2, die links eines die Stäbe S_2, S_3 und S_4 treffenden Schnittes wirken, nach Lage, Größe und Richtung zunächst zu ihrer Resultierenden $R_{1,2}$ zusammengesetzt, die mit S_3 und der Resultierenden aus S_2 und S_4 im Gleichgewicht stehen muß (Abb. 53).

Für die *analytische* Lösung der Aufgabe kommt zur Aufstellung von Gleichungen mit je einer Unbekannten dem *Ritter*schen Verfahren die größte Bedeutung zu. Durch das Fachwerk wird ein Schnitt derart gelegt, daß 3 Stäbe getroffen werden. An jedem Fachwerkteil werden die Schnittkräfte als Zugkräfte vom Knotenpunkt weg- und zum Schnitt hinweisend angenommen. Für jeden Fachwerkteil gelten die Gleichgewichtsbedingungen. Der Schnittpunkt je zweier der geschnittenen Stäbe wird als Bezugspunkt i zur Berechnung der dritten Stabkraft S_i gewählt. Ist r_i der Abstand der Stabkraft S_i vom Bezugspunkt i, und ist M_i das Moment der angreifenden äußeren Lasten und Stützkräfte in bezug auf i, so ist jede Stabkraft aus

$$S_i = \pm M_i / r_i \tag{32}$$

zu berechnen. Nach Abb. 54 und 56 ergeben sich für die vom Schnitt getroffenen Stäbe die Stabkräfte

$$\left.\begin{aligned} O_n &= -M_n/r_n; \quad & U_{n-1} &= M_{n-1}/r_{n-1}; \\ D_n &= M_d/r_d; \quad & L_n &= M_v/r_v. \end{aligned}\right\} \tag{33}$$

Für D und L ergeben sich bei rechtssteigenden Diagonalen umgekehrte Vorzeichen.

Wird in den Gleichungen für die Gurtstäbe r durch die Trägerhöhe h ersetzt, so lauten die Gleichungen

$$O_n = -\frac{M_n o_n}{h_o \lambda_o}; \quad U_{n-1} = \frac{M_{n-1} u_{n-1}}{h_{n-1} \lambda_u}. \tag{34}$$

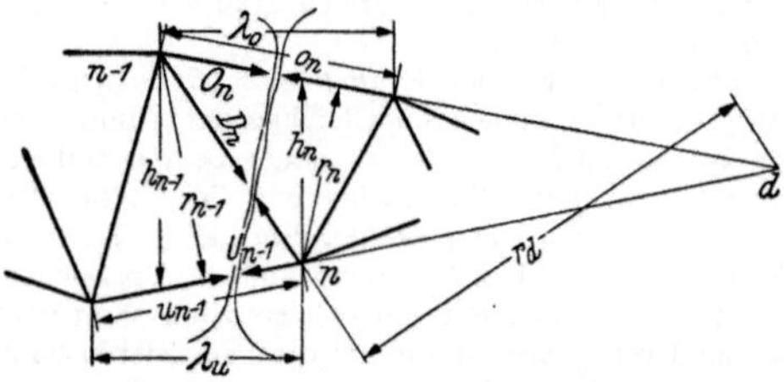

Abb 54

Die Bezugspunkte d und v sowie r_d und r_v müssen gerechnet werden, falls die Zeichnung keine ausreichende Genauigkeit ermöglicht. Zweckmäßiger werden jedoch zur Berechnung von D und L die nachstehenden Gleichungen benutzt, da in ihnen nur Punkte des Fachwerkes als Bezugspunkte vorkommen (Abb. 55, 56):

$$D = \left(\frac{M_u}{h_u} - \frac{M_{(o)}}{h_o}\right)\frac{d}{\lambda_d}. \tag{35}$$

$$L_n = \mp Q_l \pm (M_n \operatorname{tg}\beta_n + M_n' \operatorname{tg}\gamma_n)/h_n. \tag{36}$$

In Gl. (35) ist zu beachten, daß die Momente M_u und $M_{(o)}$, an deren Stelle auch $M_{(u)}$ und M_o gesetzt werden darf, sich auf Punkte *derselben* Gurtung beziehen. Sind ***nur lotrechte*** äußere Lasten und Stützkräfte vorhanden, so sind die Momente für lotrecht übereinander liegende Bezugspunkte gleich, $M_u = M_{(u)}$ und $M_{(o)} = M_o$. Das richtige Vorzeichen von D ergibt sich aus der Differenz in der Klammer, wenn *die* Momente positiv eingeführt werden, die Zug in der Gurtung erzeugen, die als untere angesehen wird. In der Gl. (36) für L gelten die oberen Vorzeichen für linkssteigende, die unteren für rechtssteigende Diagonalen. Sind nur lotrechte Lasten vorhanden, $M_n' = M_n$, so wird

$$L_n = \mp Q \pm \frac{M_n}{h_n}(\operatorname{tg}\beta_n + \operatorname{tg}\gamma_n). \tag{36a}$$

Bei Fachwerken mit parallelen Gurtungen können D und L unmittelbar aus der Querkraft gewonnen werden:

$$D = \underset{(-)}{+} Q/\sin\varphi; \qquad L = \underset{(+)}{-} Q \tag{37}$$

für links (rechts) steigende Diagonalen mit dem Neigungswinkel φ zur Gurtung. In Q sind alle links oder rechts vom Schnitt wirkenden Lasten zu erfassen.

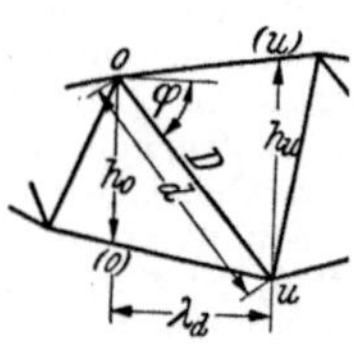

Abb. 55

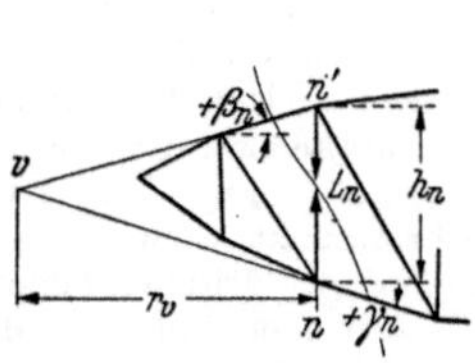

Abb. 56

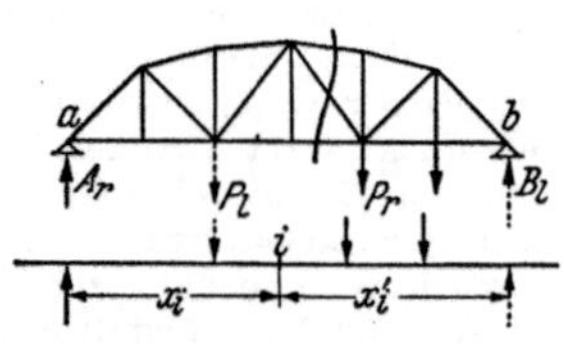

Abb. 57

Werden für den *Sonderfall nur lotrechter Lasten* die links des Schnittes bzw. links von i angreifenden Lasten mit P_l und die am rechten Teil wirkenden Lasten mit P_r bezeichnet (Abb. 57), und ergeben die Lasten P_r allein die Auflagerkraft A_r, die Lasten P_l allein die Auflagerkraft B_l, so ist das Biegemoment an der Stelle i

$$M_i = A_r M_i' + B_l M_i'' = A_r x_i + B_l x_i', \tag{38}$$

die Stabkraft S_i eines der vom Schnitt getroffenen Stäbe

$$S_i = A_r S_i' + B_l S_i''. \tag{39}$$

Allgemein ist irgendeine statische Größe Z_i zu berechnen aus

$$Z_i = A_r Z_i' + B_l Z_i'', \tag{40}$$

wenn unter Z_i', S_i', $M_i' = x_i$ der Wert der gesuchten Größe aus $A = 1$ und unter Z_i'', S_i'' und $M_i'' = x_i'$ der Wert der gesuchten Größe aus $B = 1$ verstanden wird. Die Werte Z' und Z'' gewinnen Bedeutung bei der Auftragung von Einflußlinien.

Eine weitere Möglichkeit zur Berechnung des Gleichgewichtszustandes ist durch das unter I, 6 erläuterte Ersatzstabverfahren gegeben.

12. Bewegliche Lasten. Einflußlinien

Wird ein Tragwerk auch durch bewegliche Lasten, Einzellasten in festem gegenseitigen Abstand (Lastenzug), beansprucht, so sind die Untersuchungen für die *ungünstigsten Laststellungen* durchzuführen. Für den einfachen Balken auf zwei Stützen kann die größte Querkraft maxQ_i dem *A-Polygon* entnommen werden, und das größte Biegemoment maxM_i ist mit Hilfe eines Seilecks zum Lastenzug zu finden, unter dem der Träger verschoben wird (II, 29).

Zur Ermittlung der Einflußlinie für eine statische oder geometrische Größe wird für eine über den Lastgurt des Tragwerkes wandernde Last $P_m = 1$ der zu jeder Laststellung m errechnete Wert η_m der gesuchten Größe unter der Last von einer Nullinie aus abgetragen. Die Verbindung der Endpunkte dieser Ordinaten ist die Einflußlinie. Die Einflußlinien für das Biegemoment M_i und die Querkraft Q_i an der Stelle i des in a und b gestützten Balkens erhält man durch die Geraden g_a und g_b, die auf den Auflagerlotrechten die Ordinaten $aa' = x_i$ ($= M_i'$ aus $A = 1$) und $bb' = x_i'$ ($= M_i''$ aus $B = 1$) bzw. $aa' = +1$ ($= Q_i'$ aus $A = 1$) und $bb' = -1$ ($= Q_i''$ aus $B = 1$) abschneiden (Abb. 58). Die Einflußlinie für A ergibt sich durch die Gerade g_b, die unter A die Ordinate $aa' = 1$ abschneidet.

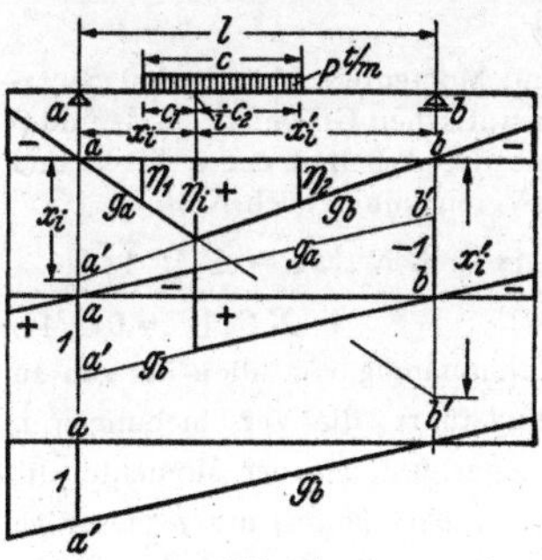

Abb. 58

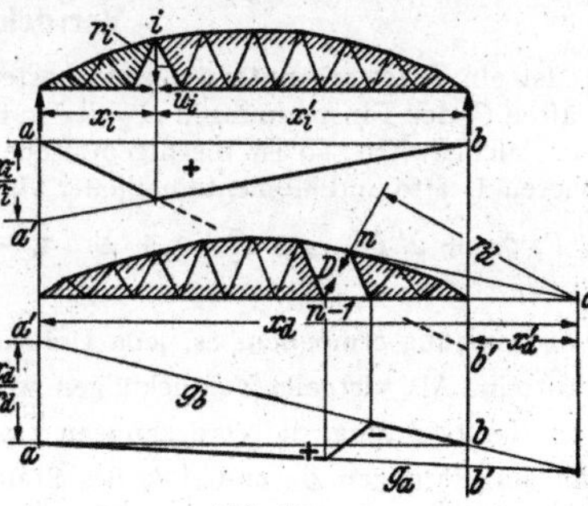

Abb. 59

Einflußlinie für U_i (Abb. 59):

aufzutragen unter A: $\quad aa' = +x_i/r_i \quad (= U_i' \text{ aus } A = 1)$

unter B: $\quad bb' = +x_i'/r_i \quad (= U_i'' \text{ aus } B = 1)$.

Einflußlinie für D (Abb. 59):

aufzutragen unter A: $\quad aa' = -x_d/r_d \quad (= D' \text{ aus } A = 1)$

unter B: $\quad bb' = +x_d'/r_d \quad (= D'' \text{ aus } B = 1)$.

Unter Ausschaltung des Bezugspunktes d ergeben sich nach Gl. (35) die Ordinaten

$$aa' = D_n' = \left(\frac{x_{n-1}}{h_{n-1}} - \frac{x_n}{h_n}\right)\frac{d_n}{\lambda_d}; \qquad bb' = D_n'' = \left(\frac{x_{n-1}'}{h_{n-1}} - \frac{x_n'}{h_n}\right)\frac{d_n}{\lambda_d}.$$

Für jede statische Größe eines statisch bestimmten Tragwerkes besteht die Einflußlinie aus einzelnen *Geraden*, welche starren Scheiben der zwangläufigen kinematischen Kette entsprechen, die durch Ausschaltung der gesuchten Größe entsteht (I, 13). Die Geraden schneiden sich auf den Lotrechten durch die Bezugspunkte bzw. durch die die Scheiben begrenzenden Feldpunkte. Die Einflußlinien für die durch Gleichgewichtsbedingungen allein nicht bestimmbaren Größen statisch unbestimmter Tragwerke und für Formänderungen werden als Biegelinien erhalten.

Die von der Nullinie, der Einflußlinie und zwei Ordinaten begrenzte Fläche wird als Einflußfläche bezeichnet. Die *Lastenscheide* (Nullpunkt der Einflußlinie) trennt positive und negative Beitragsflächen.

Da η_m den Einfluß einer wandernden Last $P_m = 1$ auf die gesuchte Größe Z darstellt, ist $P_m \eta_m$ der Einfluß von P_m, und eine Folge von Lasten P ergibt den Wert $Z = \Sigma\, P\eta$. Um die Grenzwerte $\max Z$ bzw. $\min Z$ zu erhalten, ist der Lastenzug so aufzustellen, daß die größten Lasten mit den größten Ordinaten zu multiplizieren sind. Wenn die ungünstigste Laststellung nicht einwandfrei zu erkennen ist, muß die Auswertung der Einflußlinie für verschiedene Laststellungen vergleichsweise vorgenommen werden.

Für Streckenlasten p t/m ist $Z = \int p\, dx\, \eta = pF$, wenn F den Inhalt der maßgebenden Einflußfläche bezeichnet. Bei begrenzter Streckenlast von der Länge c und geradlinigem Verlauf der Einflußlinie (Abb. 58) ist die Last so aufzustellen, daß $\eta_1 = \eta_2$ wird ($c_1 = c\, x_i/l$; $c_2 = c\, x_i'/l$). Die Auswertung ergibt $Z = pc(\eta_i + \eta_1)/2$. Bei mittelbarer Lastübertragung verläuft die Einflußlinie zwischen den Ordinaten η_n und η_{n+1} geradlinig, Abb. 60.

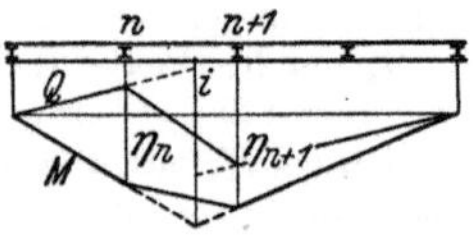

Abb. 60

13. Lösung der Gleichgewichtsaufgabe auf Grund des Prinzips der virtuellen Verrückungen

Ist ein Tragwerk unter äußeren Lasten P und Momenten M_a mit den Stützkräften C, den Einspannungen E und den inneren statischen Größen S, N, M und Q im Gleichgewicht, so ist die algebraische Summe der Arbeiten der äußeren und inneren Kräfte und Momente bei jeder virtuellen Verrückung gleich Null:

$$\Sigma\, P_m \bar{\delta}_m + \Sigma\, M_a \bar{\tau}_a + \Sigma\, C \bar{c} + \Sigma\, E \bar{\tau}_e - \Sigma\, S\, \overline{\Delta s} - \Sigma\, N\, \overline{\Delta ds} - \Sigma\, M\, \overline{\Delta \varphi} - \Sigma\, Q\, \overline{\Delta v} = 0. \quad (41)$$

Die Gleichung ermöglicht es, jede Unbekannte unabhängig von allen übrigen zu ermitteln. Als virtuelle Verrückungen werden eingeführt: die Verschiebungen $\bar{\delta}$, $\bar{c}$ in Kraftrichtung, die Verdrehungen $\bar{\tau}$ an den Angriffsstellen der Momente, die Längenänderungen $\overline{\Delta s}$ und $\overline{\Delta\, ds}$ des Stabes bzw. Stabelementes, die gegenseitige Drehung $\overline{\Delta\varphi}$ und Verschiebung $\overline{\Delta v}$ unmittelbar benachbarter Querschnitte biegefester Stäbe.

Die virtuellen Verrückungen sind willkürlich wählbar und vollkommen unabhängig von dem bestehenden Gleichgewichtszustand, jedoch an die Forderung gebunden, daß sie unendlich klein und mit den geometrischen Bedingungen des Systems verträglich sind.

Werden die virtuellen Verrückungen für die inneren Glieder sämtlich zu Null gewählt, so ergibt sich für das Gleichgewicht der an einem Tragwerk angreifenden äußeren Kräfte und Momente die Bedingung

$$\Sigma\, P_m \bar{\delta}_m + \Sigma\, M_a \bar{\tau}_a + \Sigma\, C \bar{c} + \Sigma\, E \bar{\tau}_e = 0. \quad (42)$$

Zur Berechnung einer äußeren statischen Größe Z_a (C oder E) wird die virtuelle Verrückung $\overline{\Delta a}$ ($\bar{c}$ oder $\bar{\tau}_e$) als Weg der gesuchten Größe gewählt. Zur Berechnung einer inneren statischen Größe Z_i (S, N, M oder Q) wird die virtuelle Verrückung $\overline{\Delta i}$

$(\overline{\Delta s}, \overline{\Delta ds}, \overline{\Delta \varphi}, \overline{\Delta v})$ – positiv entsprechend der Formänderung bei positivem Wert Z_i – als Weg der gesuchten Größe gewählt. Nach dieser Wahl sind sodann die mit ihr zwangläufig verbundenen Verrückungen $\overline{\delta}_m$ und $\overline{\tau}_a$ zu ermitteln und die gesuchten Größen aus

$$\left.\begin{aligned} Z_a &= -\frac{1}{\overline{\Delta a}}\left(\Sigma\, P_m \overline{\delta}_m + \Sigma\, M_a \overline{\tau}_a\right) \\ Z_i &= +\frac{1}{\overline{\Delta i}}\left(\Sigma\, P_m \overline{\delta}_m + \Sigma\, M_a \overline{\tau}_a\right) \end{aligned}\right\} \tag{43}$$

zu berechnen.

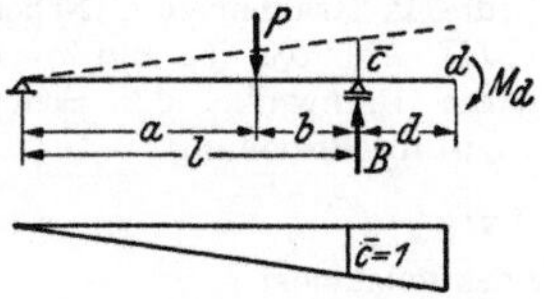

Abb. 61

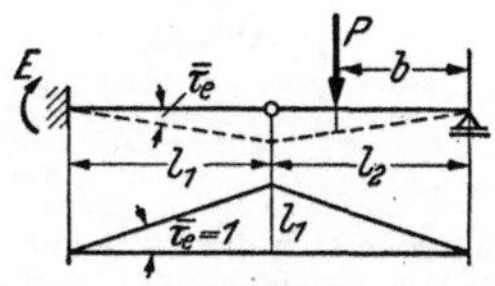

Abb. 62

Zur Berechnung der Stützkraft B (Abb. 61) wird $\overline{c}$ angenommen. Damit ist eine Hebung $\overline{\delta} = \overline{c}a/l$ des Angriffspunktes von P und eine Verdrehung $\overline{\tau} = \overline{c}/l$ des Endquerschnittes d verbunden, und es ergibt sich aus der Arbeit der äußeren Kräfte und Momente $B\overline{c} - P\overline{c}\,a/l - M_d\overline{c}/l = 0$ die Stützkraft $B = Pa/l + M_d/l$. Das Einspannmoment E (Abb. 62) wird nach Wahl von $\overline{\tau}_e$ aus $E\,\overline{\tau}_e + P\,\overline{\tau}_e l_1 b/l_2 = 0$ zu $E = -Pb\,l_1/l_2$ berechnet. Für den Balken mit Kragarm (Abb. 63) wird das Biegemoment an der Stelle i gefunden, indem in i unter Annahme eines Gelenkes die gegenseitige Drehung $\overline{\Delta\varphi_i}$ der Querschnitte beiderseits des Gelenkes gewählt wird. Zwangläufig damit verbunden ist die Senkung $\overline{\delta}_m = \overline{\Delta\varphi_i}\,x_i\,b/l$ und die Drehung $\overline{\tau}_d = \overline{\Delta\varphi_i}\,x_i/l$ des Endquerschnittes d, so daß $M_i = Pb\,x_i/l - M_d\,x_i/l$ wird.

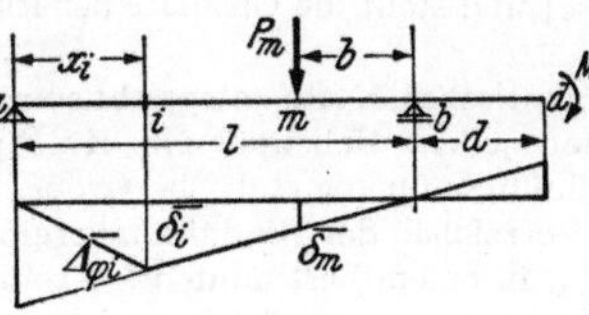

Abb. 63

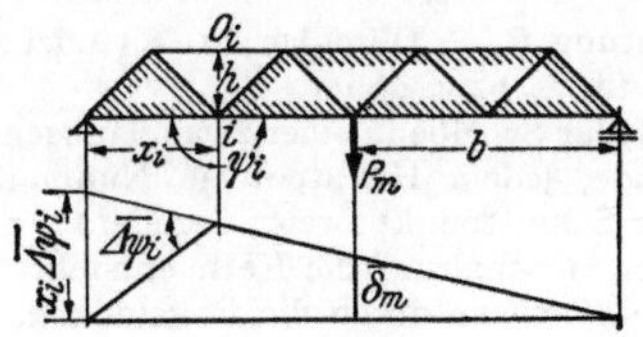

Abb. 64

Bei einer positiven Längenänderung $\overline{\Delta o_i}$ des Stabes O_i (Abb. 64) erfolgt mit einer Hebung von i eine gegenseitige Drehung der beiden schraffierten Scheiben um den Winkel $\overline{\Delta\psi_i} = \overline{\Delta o_i}/h$, und aus den Bewegungen der Scheiben ist auf die Verrückungen der Knotenpunkte zu schließen: $\overline{\delta}_m = \overline{\Delta\psi_i}\,x_i\,b/l$.

Polplan. Zur Ermittlung der Wege, auf denen die angreifenden Kräfte und Momente Arbeit leisten, werden zweckmäßig Pol- und Geschwindigkeitsplan benutzt. Durch die Beseitigung *eines* Gliedes in einem statisch bestimmten Tragwerk wird dieses zu einer zwangläufigen kinematischen Kette, und mit der willkürlichen Wahl *einer* virtuellen Verrückung dieser Kette ist die Bewegung der einzelnen Scheiben und damit die aller Punkte des Tragwerks nach Größe und Richtung bestimmt. Für jede Scheibe besteht ein *Hauptpol*, um den die Drehung ω der Scheibe erfolgt, und jeder Punkt einer Scheibe bewegt sich, da es sich um sehr kleine Verrückungen handelt, auf der Lotrechten zum Polstrahl r, der Verbindungslinie des Punktes mit dem Hauptpol, um das Maß $r \cdot \omega$. Ist eine Scheibe in einem festen

Lager gestützt, so kann die Drehung nur um diesen Auflagerpunkt, den Hauptpol der Scheibe, erfolgen. Ist eine Scheibe in einem beweglichen Lager gestützt, so liegt ihr Hauptpol auf der Lotrechten zur Führung dieses Lagers, Abb. 65. Zwischen zwei Scheiben besteht ein *Nebenpol*, um den die Relativbewegung beider Scheiben zueinander erfolgt. Er kann als gemeinsamer Punkt beider Scheiben angesehen werden und ist dadurch gekennzeichnet, daß sich für ihn als Punkt zweier Scheiben doch eine eindeutige Verrückung bestimmter Richtung und Größe ergibt. Ein Gelenkpunkt, in dem zwei Scheiben verbunden sind, ist ihr Nebenpol. Sind r_I und r_{II} die Polstrahlen zum Nebenpol (I, II), Abb. 65, 66, und ω_I und ω_{II} die Drehwinkel der Scheiben, so gilt die Beziehung

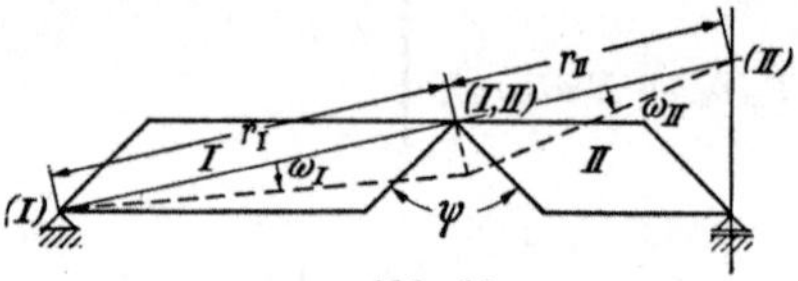

Abb. 65

$$r_I \omega_I = r_{II} \omega_{II}. \tag{44}$$

Daraus ergeben sich die Sätze zur Zeichnung des Polplanes:

1. Die Hauptpole zweier Scheiben und ihr Nebenpol liegen auf einer Geraden und
2. die drei Nebenpole dreier Scheiben liegen auf einer Geraden.

Sind zwei Scheiben durch zwei Stäbe miteinander verbunden, so liegt der Nebenpol im Schnittpunkt dieser Stäbe (imaginäres Gelenk), Abb. 66.

Werden in den Beispielen nach Abb. 61 bis 64 die virtuellen Verrückungen $\overline{\Delta a} = 1$ bzw. $\overline{\Delta i} = 1$ gewählt, so erkennt man in der mit ihnen zwangläufig verbundenen Lagenänderung der Scheiben — dargestellt durch je eine Gerade — die Einflußlinien für die gesuchten statischen Größen B, E, M_i und O_i.

Diese Erkenntnis wird bestätigt durch Gl. (43), wenn die äußere Belastung in einer wandernden Einzellast $P_m = 1$ besteht; es wird dann

$$\left.\begin{aligned} Z_a &= \eta_{am} = -1 \cdot \overline{\delta}_m \\ Z_i &= \eta_{im} = +1 \cdot \overline{\delta}_m . \end{aligned}\right\} \tag{45}$$

Darin ist $\overline{\delta_m}$ die Verschiebung der Knotenpunkte des Lastgurtes (positiv in Richtung $P_m = 1$) infolge $\overline{\Delta a} = 1$ oder $\overline{\Delta i} = 1$ und stellt die Ordinate der Einflußlinie für Z_a bzw. Z_i dar.

Jeder Scheibe in einer zwangläufigen kinematischen Kette entspricht somit eine Gerade, jedem Hauptpol ein Nullpunkt und jedem Nebenpol ein Knickpunkt (oder Schnittpunkt zweier Geraden) der Einflußlinie für die statische Größe, durch deren Ausschaltung die Kette entsteht. Das Vorzeichen der Einflußlinie ergibt sich am einfachsten durch die Feststellung, ob P_m in einem bestimmten Lastpunkt m bei der Bewegung der Scheibe, der der Punkt m angehört, eine positive oder negative Arbeit leistet, wobei Gl. (45) zu beachten ist. Liegt der Nebenpol zwischen den Hauptpolen, so kann auf das Vorzeichen aus der Änderung des ***unteren*** Randwinkels ψ (Abb. 64, 65) geschlossen werden. Einer Vergrößerung entspricht ein positives, einer Verkleinerung ein negatives Vorzeichen der Einflußlinie.

Bestimmung des Maßstabes der Einflußlinie:

1. Durch Berechnung einer Ordinate (in Abb. 66: $bb' = D'' = 1 \cdot r_{II}/r_d$).
2. Durch graphische Bestimmung einer Ordinate. In Abb. 66 sind die Ordinaten $aa' = D'$ aus $A = 1$ und $bb' = D''$ aus $B = 1$ zeichnerisch durch Zerlegung von „1" nach D und den Wirkungslinien $a_1 - (I, II)$ und $b_1 - (I, II)$ bestimmt.
3. Ermittlung der Ordinate „1", die im Abstand r vom Nebenpol zweier Scheiben zwischen den ihnen entsprechenden Geraden auf der Parallelen zur Lastrichtung abgeschnitten wird, da $r \Delta\psi = 1$, Abb. 66. Soll die Zeichnung der Einflußlinie in einem vorher festgelegten Maßstab erfolgen, so ist der Maßstab „1" im Abstande r vom Nebenpol als Ordinate aufzutragen. Die Verbindung ihres Endpunktes mit dem dem Nebenpol entsprechenden Punkt der Nullinie bestimmt dann auf den

Lotrechten durch die Hauptpole die maßgebenden Ordinaten. In Abb. 66 ist „1" im Abstand r_d vom Nebenpol (I, II) aufgetragen. Abb. 67 zeigt die Einflußlinie für einen Obergurtstab. Bei einer Längenänderung $\overline{\Delta s} = +1$ hebt sich der Nebenpol (II, III); dem entspricht eine negative Arbeit einer im Nebenpol stehenden Last $P = 1$ und eine negative Ordinate der Einflußlinie. Maßstab „1" im Abstande $r = h$ zwischen g_{II} und g_{III}.

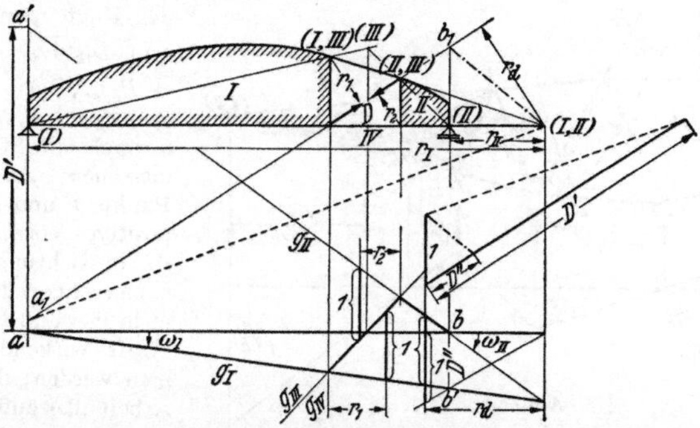

Abb. 66

Geschwindigkeitsplan. Handelt es sich um den Einfluß beliebig gerichteter Lasten auf irgendeine statische Größe, so wird zu ihrer Berechnung vorteilhaft der *Geschwindigkeitsplan* benutzt, in dem die *senkrechten* oder *gedrehten* Geschwindigkeiten der Punkte einer kinematischen Kette dargestellt werden. An Stelle der virtuellen Verschiebungen und Drehwinkel treten virtuelle Geschwindigkeiten und Winkelgeschwindigkeiten, wenn man erstere zur Darstellung in endlichen Größen durch das Zeitdifferential geteilt annimmt. Die Bewegung des Punktes i ist $ii'' = r_i \omega$ normal zum Polstrahl r_i (Abb. 68). Wird ii'' im Uhrzeigersinn um 90° gedreht, so fällt die senkrechte Geschwindigkeit ii' auf den Polstrahl. Die Parallele zu ik durch i' gibt die senkrechte Geschwindigkeit kk' auf r_k. Eine in i angreifende Last P_i leistet bei der Verrückung nach i'' die Arbeit $P_i \overline{\delta}_i$, die nach Abb. 68 durch $P_i e_i$, positiv bei Rechtsdrehung um i', ausgedrückt werden kann.

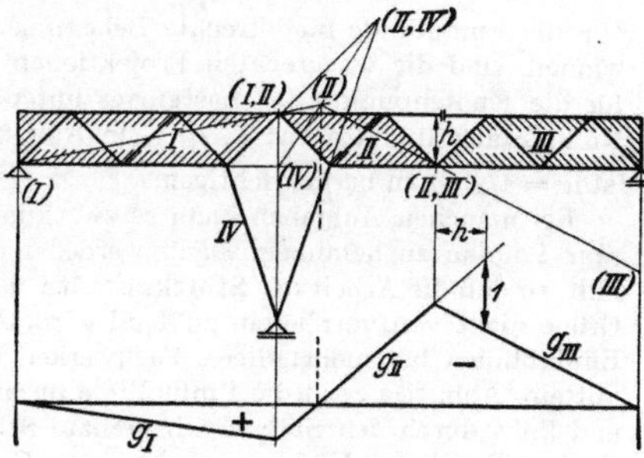

Abb. 67

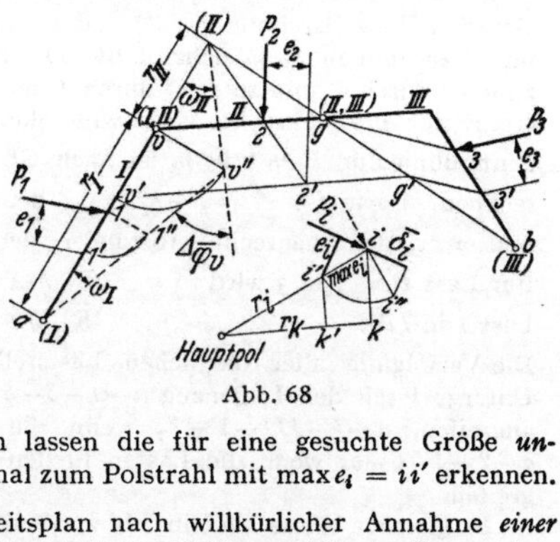

Abb. 68

Polplan und Geschwindigkeitsplan lassen die für eine gesuchte Größe *ungünstigste Lage* einer äußeren Last normal zum Polstrahl mit $\max e_i = ii'$ erkennen.

In Abb. 68 ist der Geschwindigkeitsplan nach willkürlicher Annahme *einer* senkrechten Geschwindigkeit für die kinematische Kette gezeichnet, die aus dem

Dreigelenkrahmen durch Einlegen eines Gelenkes in v entsteht. Das Biegemoment M_v ist zu berechnen aus $M_v \overline{\Delta \varphi_v} = P_1 e_1 - P_2 e_2 - P_3 e_3$. Darin ist $\overline{\Delta \varphi_v} = \omega_I + \omega_{II} = \frac{v\,v''}{r_I} + \frac{v\,v''}{r_{II}} = v\,v' \frac{r_I + r_{II}}{r_I \cdot r_{II}}$.

Die Stabkraft D_{ik} des in a fest, in b beweglich gestützten Trägers, Abb. 69, ergibt sich für die Lasten in den Knotenpunkten d und e aus $D_{ik} \overline{\Delta s_{ik}} = - P_d e_d + P_e e_e$. Darin ist $\overline{\Delta s_{ik}} = d_i + d_k$, d. h. gleich dem normal zum Stabe D_{ik} gemessenen Abstand der Punkte i' und k' und hat positives Vorzeichen, wenn $i'k'$ in Richtung ik gesehen nach rechts weist. D_{ik} kann auch in i und k als äußere Kraft wirkend angenommen werden; dann ist die Arbeit aller äußeren Kräfte

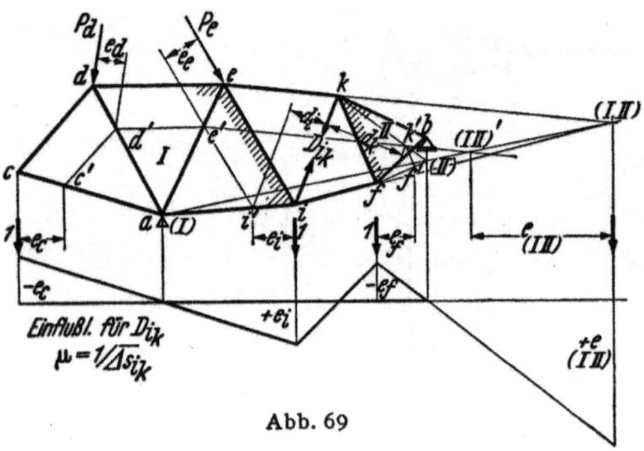

Abb. 69

$$- D_{ik} d_i - D_{ik} d_k - P_d e_d + P_e e_e = 0, \text{ also } D_{ik} = \frac{1}{d_i + d_k}(- P_d e_d + P_e e_e).$$

Um die Einflußlinie für lotrechte Belastung aus dem Geschwindigkeitsplan zu gewinnen, sind die waagrechten Projektionen e der senkrechten Geschwindigkeiten für die Knotenpunkte des Lastgurtes unter Beachtung der Vorzeichen von einer Nullinie aus aufzutragen: e_c, e_i, e_f in Abb. 69. Als Multiplikator der Einflußlinie ist $\mu = 1/\overline{\Delta s_{ik}}$ zu berücksichtigen.

Bei manchen Aufgaben kann es zweckmäßig sein, einen Geschwindigkeitsplan *ohne* Polplan zu benutzen. Dann werden i. a. nicht alle Auflagerbedingungen erfüllt, so daß die Arbeit der Stützkräfte bei der Berechnung einer inneren statischen Größe nicht von vornherein zu Null wird. Auf diesem Wege lassen sich z. B. die Einflußlinien bei mehrteiligen Fachwerken und bei Rautenfachwerken leicht ermitteln. Abb. 70a zeigt die Einflußlinie für einen Untergurtstab. Die in b gestützte und links durch den Stab V-*7* begrenzte Scheibe wird unbeweglich angenommen. Nach willkürlicher Wahl der senkrechten Geschwindigkeit $55'$ für Punkt *5* werden (ausgehend von dem Gelenkviereck $V-4-5-6-$ die senkrechten Geschwindigkeiten aller zweistäbig angeschlossenen Knotenpunkte bestimmt. $4'$ liegt auf der Geraden $V-4$ (Drehung um V) und auf der Parallelen zu $5-4$ durch $5'$, fällt also mit V zusammen. Desgleichen fällt $111'$ nach V. Sodann wird $3'$ auf den Parallelen zu $5-3$ durch $5'$ und zu $4-3$ durch $4'$ mit *4* zusammenfallend gefunden. Als letzte ergibt sich die senkrechte Geschwindigkeit des Stützpunktes a. Die Ordinate der Einflußlinie für $P = 1$ in m ist nach Gl. (41) aus $S \cdot \overline{\Delta s} = 1 \cdot \overline{\delta} m + A \overline{c}_a$ zu berechnen. Darin ist $\overline{\Delta s} = + h/2$; $\overline{\delta}_m$ der waagrechte Abstand e_m der Punkte m und m'; $\overline{c}_a$ der waagrechte Abstand e_a der Punkte a und a' und $A = 1 \cdot x'_m/l$.

Für Last $P = 1$ in *3* wird $\qquad S \cdot h/2 = c_a x'_3/l - 1 \cdot e_3$,

Last 1 in III: $\qquad S \cdot h/2 = c_a \cdot x'_3/l - 1 \cdot e_{III}$.

Die Verfolgung aller möglichen Laststellungen ergibt als Einflußlinie für den Untergurtstab den Linienzug $a-1-3-5-7-b$, wenn die Lasten am Untergurt angreifen, $a-I-III-V-b$, wenn die Lasten am Obergurt angreifen, und $a-2-4-6-b$, wenn die Lasten in den Kreuzungspunkten der Diagonalen angreifen.

In gleicher Weise sind in Abb. 70b die entsprechenden Einflußlinien für den Diagonalstab D nach willkürlicher Wahl von VV' gefunden. Die Zeichnung ergibt

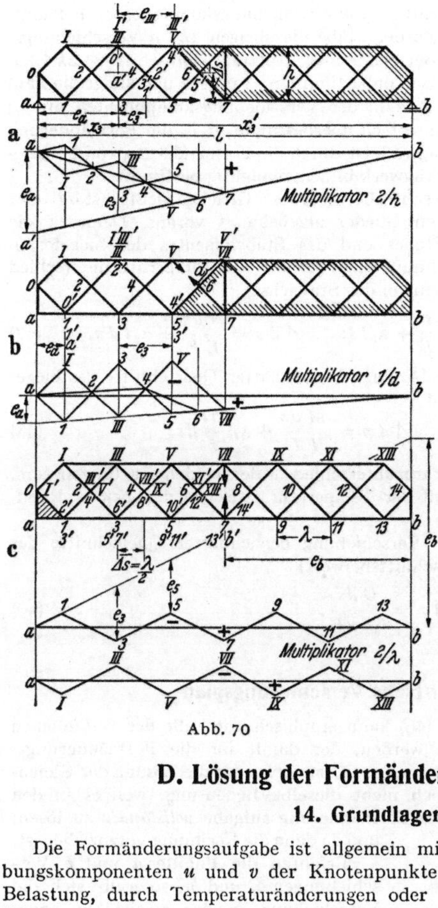

Abb. 70

für die virtuelle Stablängenänderung den Wert $\overline{\Delta s} = +d$ und als Multiplikator der Einflußlinien den reziproken Wert.

Zur Ermittlung der Einflußlinie für den mittleren Vertikalstab $\dot{L}_7$ ist der Geschwindigkeitsplan ausgehend von der Scheibe $a - o - 1$ mit willkürlicher Wahl $1\,1'$ gezeichnet, Abb. 70c. Für $\overline{\Delta s}$ ist der Zeichnung der Wert $+\lambda/2$ zu entnehmen. Wenn die Lasten nur in den Kreuzungspunkten der Diagonalen übertragen werden, ergeben sich sämtliche Ordinaten zu Null.

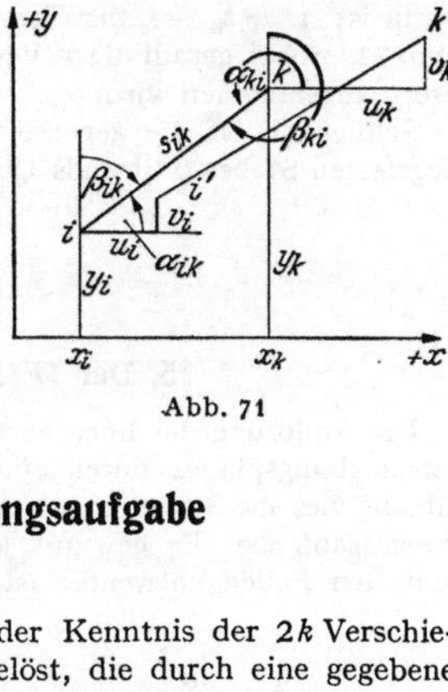

Abb. 71

D. Lösung der Formänderungsaufgabe

14. Grundlagen

Die Formänderungsaufgabe ist allgemein mit der Kenntnis der $2k$ Verschiebungskomponenten u und v der Knotenpunkte gelöst, die durch eine gegebene Belastung, durch Temperaturänderungen oder Nachgiebigkeit der Stützen und Einspannungen verursacht werden. Zwischen der Stablängenänderung Δs_{ik} eines die Punkte i und k verbindenden Stabes und den Verschiebungskomponenten seiner Endpunkte besteht die geometrische Beziehung (Abb. 71)

$$\Delta s_{ik} = (u_k - u_i) \cos \alpha_{ik} + (v_k - v_i) \cos \beta_{ik}. \tag{46}$$

Ebenso lassen sich geometrische Bedingungen für die Winkeländerung $\Delta \vartheta$ des von 2 Stäben gebildeten Winkels in Abhängigkeit von den Verschiebungskomponenten der 3 durch diese Stäbe festgelegten Knotenpunkte aufstellen. Nachgiebigkeit der Stützpunkte von gegebener oder von der Belastung abhängiger Größe kann gleichfalls durch die Verschiebungskomponenten der in Frage kommenden Stütz- und Knotenpunkte ausgedrückt werden.

Die Formänderungsgrößen Δs und $\Delta \vartheta$ sind von den in den Gliedern auftretenden inneren statischen Größen und von Temperaturänderungen abhängig. Werden sie durch diese ausgedrückt, so werden die geometrischen Bedingungen zu Elastizitätsbedingungen für die inneren Glieder, die zusammen mit den Auflagerbedingungen die Berechnung der Verschiebungskomponenten ermöglichen. Im Falle des statisch bestimmten Tragwerkes stimmt die Anzahl der verfügbaren Gleichungen mit der

Zahl der $2k$ Unbekannten u und v überein. Für das Fachwerk mit Stützenverschiebungen gegebener Größe (meist Null) sind a Verschiebungskomponenten bekannt, so daß aus s Elastizitätsbedingungen der Stäbe die übrigen $2k-a$ Verschiebungskomponenten zu ermitteln sind. Bei elastischer Stützung sind $s + a = 2k$ Gleichungen zu lösen. Beim n-fach statisch unbestimmten Tragwerk übersteigt die Zahl der verfügbaren Gleichungen die Anzahl der Verschiebungskomponenten um n; die Formänderungsaufgabe ist dann n-fach überbestimmt, d. h. die Formänderung in einem statisch unbestimmten Tragwerk ist durch die Formänderung von $2k$ Gliedern, die ein statisch bestimmtes Tragwerk bilden, eindeutig bestimmt.

Die Lösung der Formänderungsaufgabe setzt den Gleichgewichtszustand und die Querschnittsgrößen der inneren Glieder als bekannt voraus. Dann ist die Längenänderung des einfachen Stabes und des Stabelementes des biegefesten Stabes (mit α_t als Temperaturdehnungsziffer und t als Temperaturunterschied gegenüber der Aufstellungstemperatur in der Stabachse)

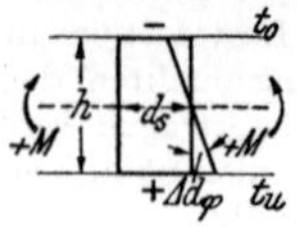

Abb. 72

$$\Delta s = \frac{S s}{E F} + \alpha_t t s; \qquad \Delta d s = \frac{N d s}{E F} + \alpha_t t d s. \tag{47}$$

Die gegenseitige Drehung benachbarter Querschnitte des biegefesten Stabes ist

$$\Delta d\varphi = \frac{M ds}{E I} + \alpha_t \frac{\Delta t}{h} ds. \tag{48}$$

Darin ist $\Delta t = t_u - t_o$ der Temperaturunterschied in den beiden Gurtungen gem. Abb. 72, wobei geradliniger Verlauf der Temperatur zwischen den beiden Randfasern angenommen wird.

Schließlich ist die gegenseitige Verschiebung benachbarter Querschnitte des biegefesten Stabes (mit $\varkappa$ als Querschnittsbeiwert)

$$\Delta v = \frac{Q ds}{G \cdot \varkappa F}. \tag{49}$$

15. Der *Williot*sche Verschiebungsplan

Die Auflösung der linearen Gl. (46) kann graphisch mit Hilfe des *Williot*schen Verschiebungsplanes durchgeführt werden, der damit für die Formänderungsaufgabe dieselbe Stellung einnimmt wie der *Cremona*plan für die Lösung der Gleichgewichtsaufgabe. Er gewinnt jedoch nicht dieselbe Bedeutung, weil es in den wenigsten Fällen notwendig ist, die Formänderungsaufgabe *vollständig* zu lösen, und da dann die Rechnung vorzuziehen ist.

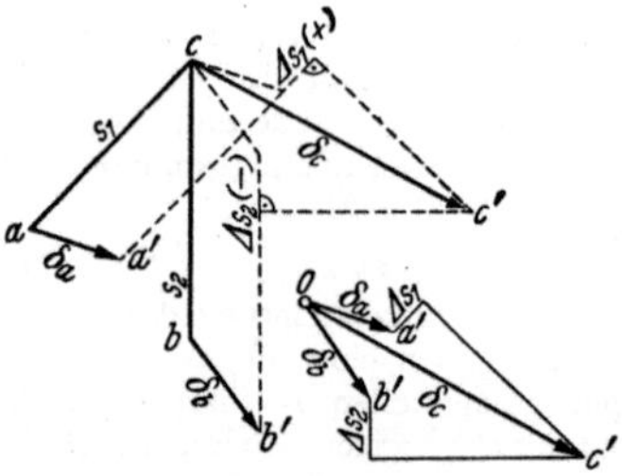

Abb. 73

Erfahren die Punkte a und b Verschiebungen δ_a und δ_b, so ergibt sich die Verschiebung δ_c des zweistäbig angeschlossenen Punktes c (Abb. 73) in cc', wobei c' im Schnittpunkt der mit $s_1 + \Delta s_1$ und $s_2 + \Delta s_2$ um a' und b' beschriebenen Kreise liegt, an deren Stelle wegen der Kleinheit der Formänderungen die Lote zu den Stabrichtungen gewählt werden dürfen. Da es praktisch nicht möglich ist, die Längenänderungen Δs im Maßstab der Stablängen aufzutragen, wird der Verschiebungsplan unabhängig davon dargestellt, indem man von einem Pol 0 ausgehend die Auftragung vornimmt, Abb. 73. Es ist darauf zu achten, daß die Längenänderungen Δs ihrem Vorzeichen entsprechend im Sinne einer Verlängerung oder Verkürzung der Stablänge angetragen werden.

Abb. 74 zeigt den Verschiebungsplan für einen Fachwerkträger. Die Längenänderungen Δs der einzelnen Stäbe sind im Systemnetz eingetragen. Der Auflager-

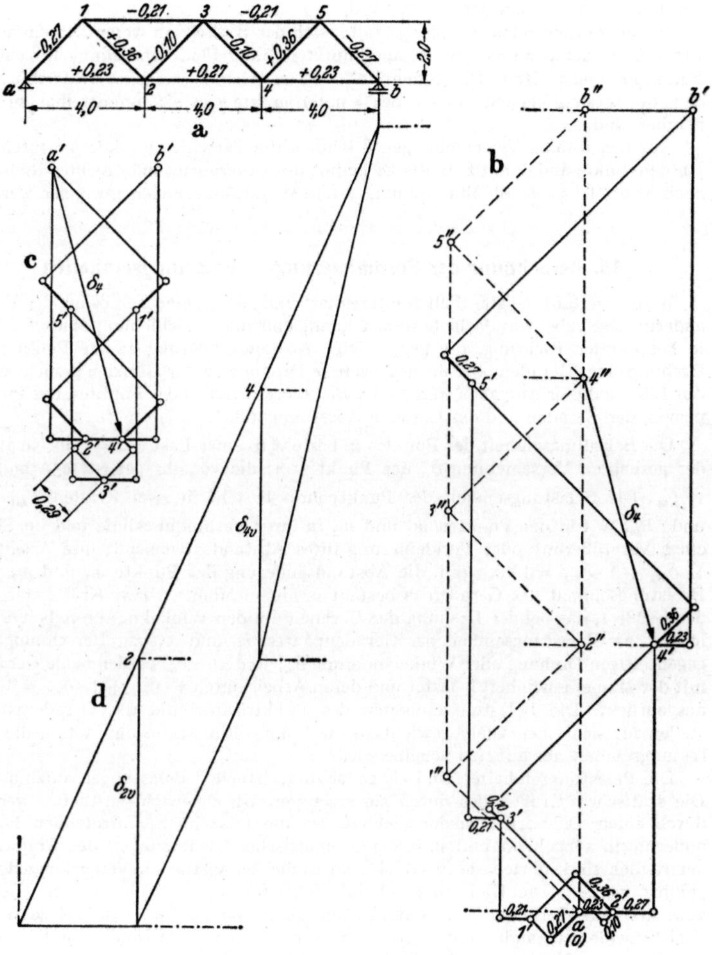

Abb. 74. Systemmaßstab 1 : 250
Formänderungen 2 : 1

punkt *a* als festes Lager verschiebt sich nicht. Es wird zunächst angenommen, daß Punkt *2* sich nur waagrecht um $\Delta s = +0{,}23$ cm verschiebt, Stab *o*−*2* also keine Drehung erfährt. Sodann werden der Reihe nach *1*′, *3*′, *4*′, *5*′, *b*′ bestimmt, womit sich die Verschiebungen *o1*′, *o3*′, *o4*′, *o5*′ und *ob*′ ergeben (Abb. 74b). Für den Punkt *b* ist die Auflagerbedingung nicht erfüllt, da *b* sich nur in horizontaler Richtung bewegen kann. Um diese Bedingung zu erfüllen, wird eine Drehung der Fachwerkscheibe um Punkt *a* notwendig, so daß *b* die lotrechte Verschiebung *b*′′*o* erfährt und als resultierende Verschiebung sich *b*′′*b*′ in horizontaler Richtung ergibt. Bei dieser Drehung der starren Scheibe erfahren alle Punkte *i* Verschiebungen normal zur Verbindungslinie *ai* und verhältnisgleich den Entfernungen von *a*.

Ihre Größe wird in $i''o$ gefunden, und die resultierenden Verschiebungen der Knotenpunkte ergeben sich in $i''i' = \delta_i$.

In dem vorliegenden Beispiel gestaltet sich der *Williot*plan wesentlich einfacher, wenn die vorhandene Symmetrie ausgenutzt und der Plan von dem auch nach der Formänderung horizontal liegenden Stab $2-4$ ausgehend gezeichnet wird (Abb. 74c), dem die totalen Verschiebungen der Knotenpunkte i in $a'i'$ unmittelbar zu entnehmen sind.

Aus den totalen Verschiebungen δ können die Verschiebungskomponenten der Knotenpunkte und damit z. B. die Biegelinie des Untergurtes in lotrechter Richtung nach Abb. 74d sowie alle Stabdrehungen und Winkeländerungen gewonnen werden.

16. Berechnung der Formänderungen. Belastungseinheiten

In den weitaus meisten Fällen interessiert und genügt eine Teillösung der Formänderungsaufgabe, die darin bestehen kann, daß die Verschiebung eines Punktes in bestimmter Richtung, die gegenseitige Abstandsänderung zweier Punkte, die Drehung einer Geraden oder die gegenseitige Drehung zweier Geraden gesucht wird. Zur Lösung dieser Aufgaben werden die *Belastungseinheiten* des Punktes, des Punktpaares, der Geraden und des Geradenpaares eingeführt.

Die Belastungseinheit des Punktes m besteht in einer Last $\overline{P}_m = 1$ in Richtung der gesuchten Verschiebung δ_m des Punktes m; die von ihr geleistete Arbeit ist $1 \cdot \delta_m$. Die Belastungseinheit des Punktpaares besteht in zwei Kräften $\overline{P}_{m1} = 1$ und $\overline{P}_{m2} = 1$ in den Punkten m_1 und m_2 in ihrer Verbindungslinie und im Sinne einer Vergrößerung oder Verkleinerung ihres Abstandes wirkend; ihre Arbeit ist $1 \cdot \delta_{m1} + 1 \cdot \delta_{m2} = 1 \cdot \delta_m$, d. i. die Abstandsänderung der Punkte m_1 und m_2. Die Belastungseinheit der Geraden m besteht in einem Moment bzw. Kräftepaar von der Größe 1, das bei der Drehung der Geraden um den Winkel δ_m die Arbeit $1 \cdot \delta_m$ leistet. Als Belastungseinheit des Geradenpaares, m_1 und m_2, zur Berechnung der gegenseitigen Drehung oder Winkeländerung $\delta_{m1} + \delta_{m2} = \delta_m$ werden beide Geraden mit der Momenteneinheit belastet und deren Arbeit durch $1 \cdot \delta_{m1} + 1 \cdot \delta_{m2} = 1 \cdot \delta_m$ ausgedrückt. Die Belastungseinheiten des Punktpaares und des Geradenpaares stellen für sich einen Gleichgewichtszustand ohne Stützkräfte dar, sofern die Belastungseinheit nur auf *eine* Scheibe wirkt.

Die Belastungseinheiten sind als gedachte „virtuelle" Belastungen aufzufassen. Die statischen Größen des durch sie erzeugten Gleichgewichtszustandes werden durch einen Querstrich gekennzeichnet. Da die tatsächlich auftretenden Formänderungen sehr klein und mit den geometrischen Bedingungen des Tragwerks verträglich sind, dürfen sie in Gl. (41) an Stelle der virtuellen Verrückungen eingeführt werden. Die Gleichung behält infolge der Unabhängigkeit von Gleichgewichts- und Verrückungszustand ihre Gültigkeit, wenn an Stelle des tatsächlichen Gleichgewichtszustandes ein „virtueller" infolge der Belastungseinheiten tritt. Damit nimmt Gl. (41) die folgende Form an (*Arbeitsgleichung*):

$$1 \cdot \delta_m = \Sigma\, \overline{S}\, \Delta s + \Sigma \int \overline{M}\, \Delta\, d\varphi + \Sigma \int \overline{N}\, \Delta\, ds + \Sigma \int \overline{Q}\, dv - \overline{L}. \qquad (50)$$

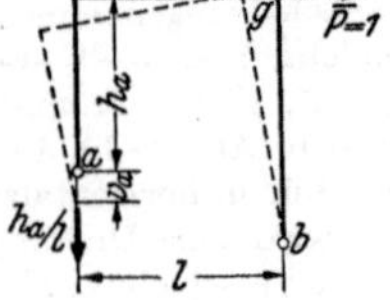

Abb. 75

Darin ist

$$\overline{L} = \Sigma\, \overline{C}\, c + \Sigma\, \overline{E}\, \tau_e \qquad (51)$$

die Arbeit der Stützkräfte und Einspannmomente des virtuellen Gleichgewichtszustandes auf den infolge Nachgiebigkeit der Auflagerpunkte gegebenen Wegen. Für den Rahmen Abb. 75 ist z. B. die waagrechte Verschiebung des Punktes g infolge einer Senkung des Stützpunktes a um das Maß v_a zu berechnen aus $1 \cdot \delta_g = -\overline{L} = -v_a h_a/l$. Bei statisch bestimmter Stützung ergibt sich diese Größe häufig auch aus einfachen geometrischen Überlegungen.

Die Anwendung der Gl. (50) zur Ermittlung der lotrechten Verschiebung des Punktes 4 (Abb. 74a) mit den Stabkräften $\overline{S}$ nach Abb. 76 zeigt die in nachstehender Tabelle durchgeführte Rechnung.

Stab	Δs (cm)	$\overline{S}$ (t)	$\overline{S}\,\Delta s$ +	$\overline{S}\,\Delta s$ −
U_1	+ 0,23	+ 0,333	0,077	
U_3	+ 0,27	+ 1,0	0,270	
U_5	+ 0,23	+ 0,666	0,153	
O_2	− 0,21	− 0,666	0,140	
O_4	− 0,21	− 1,333	0,280	
D_1	− 0,27	− 0,471	0,127	
D_2	+ 0,36	+ 0,471	0,170	
D_3	− 0,10	− 0,471	0,047	
D_4	− 0,10	+ 0,471		0,047
D_5	+ 0,36	+ 0,943	0,339	
D_6	− 0,27	− 0,943	0,254	

$\Sigma\,\overline{S}\,\Delta s =$ + 1,857 − 0,047
$\delta_4 = 1{,}81$ cm

Die Änderung des Winkels α_1 (Abb. 77) wird nach Einführung der Belastungseinheit des Geradenpaares mit den daraus sich ergebenden Stabkräften $\overline{S}_1 = +1/h_1$; $\overline{S}_2 = -\cos\alpha_3/h_1$; $\overline{S}_3 = -\cos\alpha_2/h_1$

$$\Delta\alpha_1 = (\Delta s_1 - \Delta s_2 \cos\alpha_3 - \Delta s_3 \cos\alpha_2)/h_1 . \qquad (52)$$

Angewandt auf das Beispiel Abb. 74 beträgt die Änderung des von den Stäben D_3 und D_4 miteinander gebildeten Winkels

$$\Delta\alpha = (0{,}27 + 2\cdot 0{,}10\cdot 0{,}5\sqrt{2})/200 = 0{,}002057 .$$

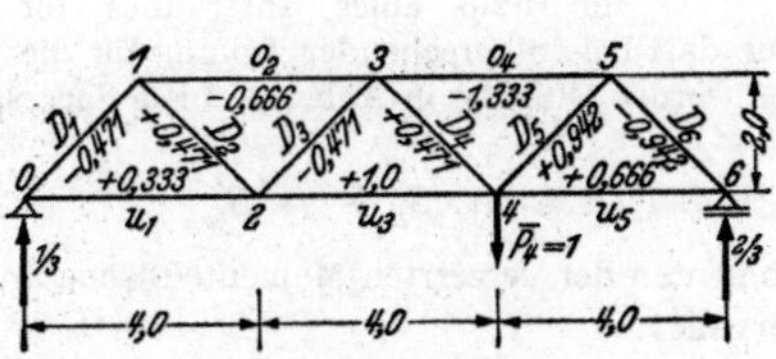

Abb. 76

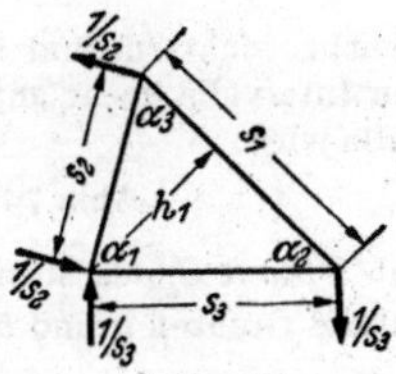

Abb. 77

Der Wert kann auch aus dem *Williot*plan aus der Verdrehung der beiden Stäbe gewonnen werden. Sind δ_i und δ_k die totalen Verschiebungen, so ist der Drehwinkel des Stabes s_{ik} gleich dem Quotienten aus der Differenz der normal zur Stabrichtung gemessenen Verschiebungskomponenten und der Stablänge s_{ik}. In Abb. 74c ist diese Differenz rd. 0,29 cm und somit die Stabdrehung $\dfrac{0{,}29}{200\sqrt{2}} = 0{,}001025$ für D_3 wie für D_4.

Werden an Stelle der Stablängenänderungen die Stabspannungen σ eingeführt, $\Delta s_i = \sigma_i \cdot s_i/E$, so wird

$$E\cdot\Delta\alpha_1 = (\sigma_1 - \sigma_2)\,\mathrm{ctg}\,\alpha_3 + (\sigma_1 - \sigma_3)\,\mathrm{ctg}\,\alpha_2 . \qquad (53)$$

Sind in einem Stabzuge nach Abb. 78 die Längenänderungen Δs_i der Stäbe s_i und die Winkeländerungen $\Delta\vartheta_i$ bekannt, so ist die Abstandsänderung der Punkte a und b zu berechnen aus

$$1\cdot\Delta l = \Sigma\,\Delta s_i \cos\varphi_i + \Sigma\, y_i\,\Delta\vartheta_i . \qquad (54)$$

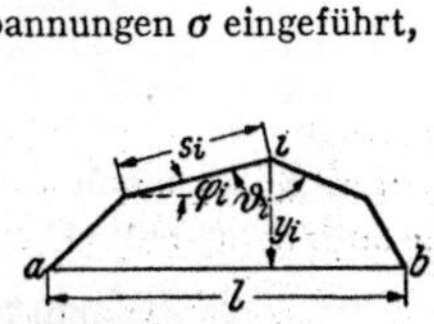

Abb. 78

Um die aus dem Gleichgewichtszustand ermittelten inneren statischen Größen unmittelbar benutzen zu können, werden die Formänderungsgrößen nach Gl. (47) bis (49) in Gl. (50) eingeführt; man erhält dann infolge Belastung bzw. Temperaturänderung

$$1\cdot\delta_m = \int\frac{M\overline{M}\,ds}{EI} + \int\frac{N\overline{N}\,ds}{EF} + \int\frac{Q\overline{Q}\,ds}{G\varkappa F} + \sum\frac{S\overline{S}\,s}{EF} \qquad (55)$$

$$1\cdot\delta_m = \alpha_t\Big(\int\overline{M}\;ds\,\Delta t/h + \int\overline{N}\;t\,ds + \Sigma\,\overline{S}\,ts\Big) . \qquad (56)$$

Der Einfluß der Querkraft Q darf in den meisten Fällen vernachlässigt werden; auch der Einfluß der Normalkräfte N bleibt häufig unberücksichtigt. Für die Berechnung empfiehlt es sich, die EF_c-fachen bzw. EI_c-fachen Werte der Formänderung zu ermitteln, indem für F_c und I_c größte oder häufiger vorkommende oder auch beliebige Querschnittswerte gewählt werden:

$$EF_c\delta_m = \Sigma S\overline{S}\, sF_c/F = \Sigma S\overline{S}\, s' \tag{57}$$

$$EI_c\delta_m = \int M\overline{M}\, ds\, I_c/I + \int N\overline{N}\, ds\, I_c/F + 2(1+\mu)\int Q\overline{Q}\, ds\, I_c/\varkappa F + \Sigma S\overline{S}\, sI_c/F. \tag{58}$$

Auswertung des Integrals $\int M\overline{M}\, ds\, I_c/I$.

Stab	s	F_c/F	s'	S	$\overline{S}$	$S\overline{S}s'$ +	$S\overline{S}s'$ −
1							
2							
.							
.							

$\Sigma\, S\overline{S}s' =$

Darin ist $2(1+\mu) = E/G$. Die Zahlenrechnung wird für das Fachwerk in einer Tabelle durchgeführt.

Bei veränderlichem Trägheitsmoment kann die *verzerrte* Momentenfläche $M I_c/I$ benutzt werden (Abb. 79a, b). Bei abgestuftem Trägheitsmoment wird das Integral zweckmäßig in Teilintegrale zerlegt, so daß das Verhältnis I_c/I innerhalb der einzelnen Intervalle konstant ist. Häufig ist auch der Momentenverlauf innerhalb eines Intervalles für *einen* Gleichgewichtszustand linear oder darf bei entsprechender Teilung für die einzelnen Intervalle linear angenommen werden. Für die in Abb. 79a bis e dargestellten Fälle wird:

$$\text{Abb. 79a:} \quad \int M\overline{M}\, ds\, I_c/I = a/s\cdot S_b' + b/s\cdot S_a' \tag{59}$$

mit S_a' und S_b' als statischen Momenten der verzerrten Momentenfläche in bezug auf die Grenzen a und b des Intervalles;

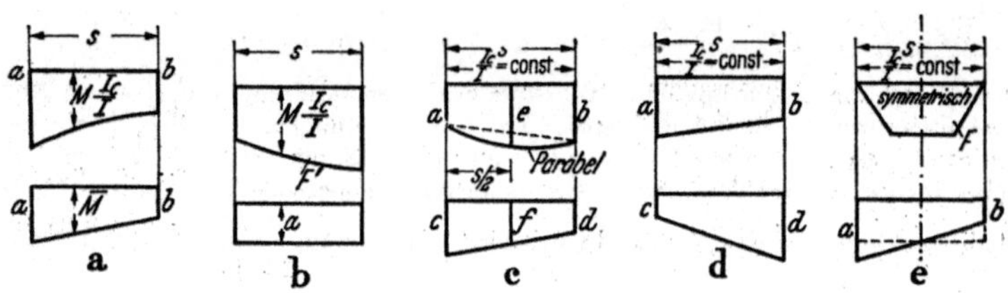

Abb. 79

$$\text{Abb. 79b:} \quad \int M\overline{M}\, ds\, I_c/I = a\cdot F' \tag{60}$$

mit F' als Inhalt der verzerrten Momentenfläche. Bei konstantem Trägheitsmoment innerhalb des Intervalles s wird mit $s\cdot I_c/I = s'$

$$\text{Abb. 79c:} \quad \frac{I_c}{I}\int M\overline{M}\, ds = \frac{s'}{6}(ac + 4ef + bd) \tag{61}$$

$$\text{Abb. 79d:} \quad \frac{I_c}{I}\int M\overline{M}\, ds = \frac{s'}{3}\left[ac + bd + \frac{1}{2}(ad + bc)\right] \tag{62}$$

$$\text{Abb. 79e:} \quad \frac{I_c}{I}\int M\overline{M}\, ds = \frac{I_c}{I}F\frac{a+b}{2} = F'\frac{a+b}{2}. \tag{63}$$

Liegt in einer der Momentenflächen Symmetrie, in der anderen Antisymmetrie vor, so wird das Integral zu Null. Davon wird häufig mit Vorteil zur Vereinfachung der Zahlenrechnung Gebrauch gemacht, wenn eine Momentenfläche einen symmetrischen und die andere einen unsymmetrischen Verlauf hat, da letztere sich stets in einen symmetrischen und einen antisymmetrischen Teil aufspalten läßt, Abb. 79e und Beispiel Abb. 80.

Für einige weitere häufiger vorkommende Kombinationen bei linearem und quadratischem Momentenverlauf kann die folgende Tabelle benutzt werden, die innerhalb des Intervalles s gleichbleibendes I voraussetzt.

Tabelle der Werte K zur Berechnung des Integrals

$$I_c/I \cdot \int M \overline{M}\, ds = s\, I_c/I \cdot K = s' \cdot K$$

	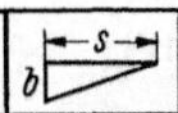		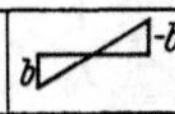	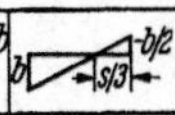	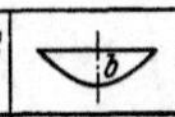	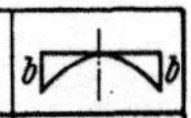
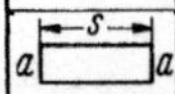	$\frac{ab}{2}$	$a\frac{(b+c)}{2}$	0	$\frac{ab}{4}$	$\frac{2ab}{3}$	$\frac{ab}{3}$
	$\frac{ab}{3}$	$a\frac{(2b+c)}{6}$	$\frac{ab}{6}$	$\frac{ab}{4}$	$\frac{ab}{3}$	$\frac{ab}{6}$
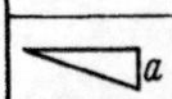	$\frac{ab}{6}$	$a\frac{(b+2c)}{6}$	$-\frac{ab}{6}$	0	$\frac{ab}{3}$	$\frac{ab}{6}$
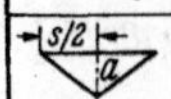	$\frac{ab}{4}$	$a\frac{(b+c)}{4}$	0	$\frac{ab}{8}$	$\frac{5ab}{12}$	$\frac{ab}{12}$
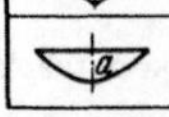	$\frac{ab}{3}$	$a\frac{(b+c)}{3}$	0	$\frac{ab}{6}$	$\frac{8ab}{15}$	$\frac{2ab}{15}$

	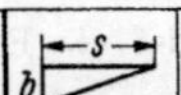					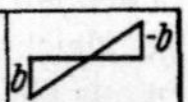
	$\frac{ab}{12}$	$\frac{ab}{4}$	$\frac{ab}{30}$	$\frac{ab}{5}$	$\frac{2ab}{15}$	$-\frac{ab}{6}$
	$\frac{ab}{4}$	$\frac{5ab}{12}$	$\frac{2ab}{15}$	$\frac{3ab}{10}$	$\frac{11ab}{30}$	$-\frac{ab}{6}$

Beispiel. Für den Träger nach Abb. 80 ist die Durchbiegung in Balkenmitte infolge einer Einzellast $P = 10$ t und gleichmäßig verteilter Belastung $p = 2$ t/m zu berechnen. Biegemomente nach Abb. 80 a, b infolge der einzuführenden Belastungseinheit nach Abb. 80 c.

Intervall	s'	$\int M \overline{M}\, ds'$	
0–2	2,8	$\frac{2,8}{3} \cdot 10 \cdot 1$	$= 9{,}333$
2–3	1,0	$\frac{1}{6}(10 \cdot 1 + 15 \cdot 1{,}5 + 25 \cdot 2{,}5)$	$= 15{,}833$
3–4	1,0	$1 \cdot 15 \cdot 3{,}5/2$	$= 26{,}25$
			$\Sigma = 51{,}416$

infolge $P = 10$ t: $EI_c\,\delta_m = 2 \cdot 51{,}416 = 102{,}83$

0–2	2,8	$\frac{2,8}{6}(4 \cdot 7 \cdot 0{,}5 + 12 \cdot 1)$	$= 12{,}133$
2–4	2,0	$\frac{2}{6}(12 \cdot 1 + 4 \cdot 15 \cdot 1{,}5 + 16 \cdot 2)$	$= 44{,}666$
			$\Sigma = 56{,}8$

infolge $p = 2$ t/m: $EI_c\,\delta_m = 2 \cdot 56{,}8 = 113{,}6$

Gesamtdurchbiegung $EI_c\,\delta_m = 216{,}43$.

Mit $E = 2100$ t/cm² und $I_c = 52000$ cm⁴ wird

$$\delta_m = \frac{216{,}43 \cdot 10^3}{2100 \cdot 52000 \cdot 10^4 \cdot 10^{-8}} = 19{,}9 \text{ mm}.$$

Sind die Momente M und $\overline{M}$ für die Stablänge $l = m\lambda$ als Funktionen von x gegeben, und ist das Trägheitsmoment stark wechselnd, so können die dabei auftretenden Integrale auch durch Summenbildung berechnet werden, wenn innerhalb der einzelnen Intervalle gleicher Größe λ konstantes I_n angenommen wird. Man erhält dann

$$\int_0^l dx \frac{I_c}{I} = \lambda \sum_{n=1}^{m} \frac{I_c}{I_n};$$

$$\int_0^l x\,dx \frac{I_c}{I} = \frac{\lambda^2}{2} \sum_{n=1}^{m} \frac{I_c}{I_n} [n^2 - (n-1)^2];$$

$$\int_0^l x^2\,dx \frac{I_c}{I} = \frac{\lambda^3}{3} \sum_{n=1}^{m} \frac{I_c}{I_n} [n^3 - (n-1)^3]$$

und allgemein

$$\int_0^l x^p\,dx \frac{I_c}{I} = \frac{\lambda^{p+1}}{p+1} \sum_{n=1}^{m} \frac{I_c}{I_n} \left[n^{p+1} - (n-1)^{p+1}\right]. \qquad (64)$$

Die Berechnung wird in Tabellen durchgeführt. Die Genauigkeit wächst mit der zu wählenden Felderzahl m.

Infolge gleichmäßiger Temperaturänderung um t° ist die Formänderung zu berechnen aus Gl. (56):

$$1\,\delta_m = \alpha_t\, t \left(\int \bar{N}\, ds + \Sigma\, \bar{S} s\right). \qquad (65)$$

Sie läßt sich leicht aus geometrischen Überlegungen gewinnen oder auch durch die Arbeit der Stützkräfte aus der einzuführenden Belastungseinheit ausdrücken, da alle Glieder eine gleichmäßige Längenänderung erfahren und die Knotenpunkte k in bezug auf ein beliebig zu wählendes Koordinatensystem die Verschiebungen $u_k = \alpha_t t x_k$; $v_k = \alpha_t t y_k$ erleiden.

Für den Träger Abb. 81 ist z. B. die lotrechte und waagrechte Verschiebung des Punktes c infolge gleichmäßiger Temperaturänderung:

$$\delta_v = -\alpha_t t\, y_b \frac{l_1 + l_2}{l_1}; \qquad \delta_h = \alpha_t t\,(l_1 + l_2).$$

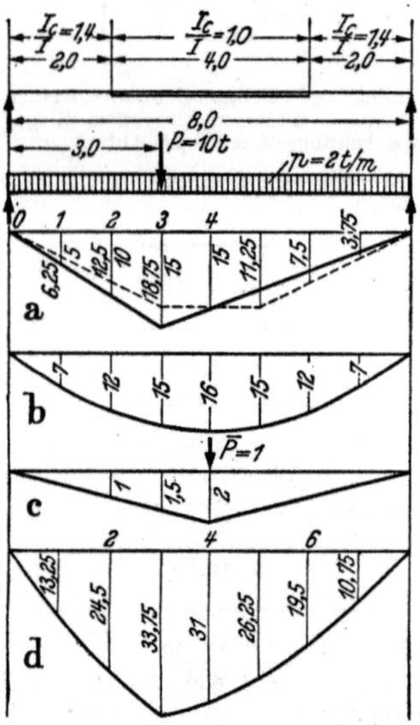

Abb. 80

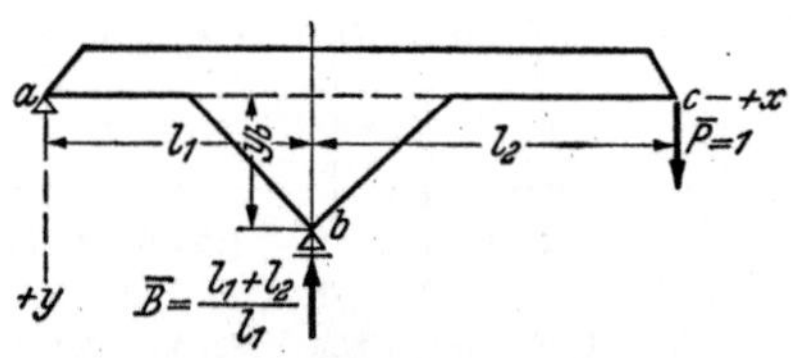

Abb. 81

17. Der Maxwellsche Satz. Einflußlinien für Formänderungen

Der *Maxwell*sche Satz von der „Gegenseitigkeit der Formänderungen" ist ein Sonderfall des *Betti*schen Satzes, wonach $\Sigma\, P_i \delta_k = \Sigma\, P_k \delta_i$; d. h. die Arbeit der Lasten eines Gleichgewichtszustandes P_i auf den durch den Gleichgewichtszustand P_k erzeugten Wegen ist gleich der Arbeit der Lasten P_k auf den durch P_i erzeugten Wegen. Treten an Stelle beliebiger Gleichgewichtszustände P_i und P_k die Gleichgewichtszustände zweier Belastungseinheiten i und k, so folgt daraus der *Maxwell*sche Satz

$$\delta_{ik} = \delta_{ki}, \tag{66}$$

d. h. der Weg der Belastungseinheit i infolge der Belastungseinheit k ist gleich dem Weg der Belastungseinheit k infolge der Belastungseinheit i. Der erste Zeiger gibt den Ort, der zweite die Ursache der Formänderung an.

Anwendung des *Maxwell*schen Satzes zur Berechnung von *Einflußlinien für Formänderungen*: Soll irgendeine Formänderung δ_i in Abhängigkeit von einer über den Lastgurt wandernden Last $P_m = 1$ angegeben, also die Einflußlinie δ_{im} berechnet werden, so ergibt sich, da $P_m = 1$ die Belastungseinheit des Punktes m darstellt, aus $\delta_{im} = \delta_{mi}$ diese Abhängigkeit in der Verschiebung des Punktes m der Lastgurtung in Richtung $P_m = 1$ infolge der Belastungseinheit i als Biegelinie des Lastgurtes. Diese Biegelinie infolge der Belastungseinheit i ist somit die gesuchte Einflußlinie.

18. Die Biegelinie

Werden die Verschiebungen der Knotenpunkte eines Stabzuges infolge einer gegebenen Belastung in bestimmter (meist lotrechter oder waagrechter) Richtung von einer Nullinie aus abgetragen, so erhält man in der Verbindungslinie der Endpunkte der Verschiebungsordinaten die Biegelinie des Stabzuges (Abb. 82). In der Biegelinie ergeben sich zwischen je zwei Polygonseiten bestimmte Winkel w_n, die als Winkeländerungen des Stabzuges zu berechnen sind; und zwar stellt w_n die Änderung des gestreckten Winkels ψ_n der in $n-1$, n und $n+1$ parallel und normal zur Verschiebungsrichtung gedachten starren Stäbe dar. Diese Winkeländerungen sind durch die Belastungseinheit des Geradenpaares zu ermitteln. Sie sind positiv bei einer Vergrößerung des nach der positiven Verschiebungsrichtung liegenden Winkels ψ_n. Sie werden als w-Gewichte bezeichnet, und die Biegelinie wird durch Zeichnung (Krafteck, Seileck) oder durch Rechnung in der Momentenlinie gefunden, die sich aus den w-Gewichten als gedachter Belastung des Tragwerkes unter Beachtung der Randbedingungen für die Formänderungen ergibt.

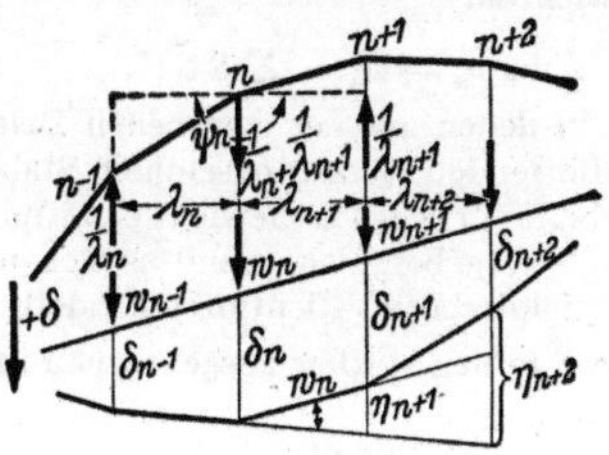

Abb. 82

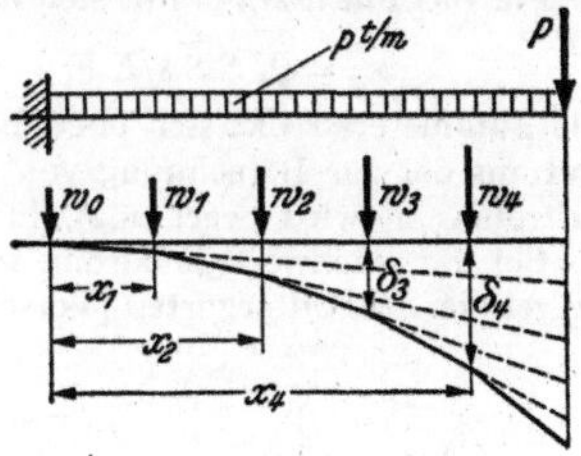

Abb. 83

Bei der Ermittlung der Ordinaten der Biegelinie kann es zweckmäßig sein, diese zunächst in bezug auf eine Nullinie durch zwei benachbarte Knotenpunkte durch die Ordinaten η zu berechnen und die wirkliche Nullinie nachträglich für die gegebenen Auflagerbedingungen zu bestimmen. In Abb. 82 ist $\eta_{n+1} = -w_n \lambda_{n+1}$ und $\eta_{n+2} = -w_n(\lambda_{n+1} + \lambda_{n+2}) - w_{n+1}\lambda_{n+2}$. Für den einseitig eingespannten Balken nach Abb. 83 ergeben sich die endgültigen Ordinaten der Biegelinie zu

$$\delta_r = -\sum_{n=0}^{r-1} w_n (x_r - x_n). \tag{67}$$

Bei der angenommenen Belastung sind die w-Gewichte negativ, die Ordinaten δ_r positiv. Bei einem Gelenkträger Abb. 84 bestehen verschiedene Möglichkeiten. Ausgehend von dem in a und b gestützten Balken kann die Biegelinie zunächst in diesem Teil ermittelt und dann über die Stützpunkte bis zu den Gelenken mit den w-Gewichten für Stützpunkte und Kragarme fortgesetzt werden. In bezug auf die Nullinien cg_1 bzw. dg_2 durch Endstützen und Gelenke werden die Biegeordinaten in den eingehängten Trägern berechnet und sodann unter Beachtung der Gelenkverschiebungen die tatsächlichen Durchbiegungen ermittelt. In diesem Fall erübrigt sich die Berechnung der w-Gewichte in den Gelenkpunkten. Sie erübrigt sich auch, wenn die Biegelinie zunächst für einen in den Gelenken gestützten Träger berechnet und danach die Nullinie durch die in a und b gegebenen Auflagerbedingungen für die Durchbiegung bestimmt wird. Nachteilig ist in diesem Fall, daß sich dann i. a. keine durchgehende waagrechte Nullinie ergibt. Werden auch die w-Gewichte in den Gelenken angesetzt, so kann der Balken von der Stützweite $l_1 + l_2 + l_3$ in c und d gestützt angenommen werden. Die Auflagerbedingungen in a und b müssen dann zwangläufig erfüllt werden, wodurch sich die Berechnung selbst kontrolliert (Zahlenbeispiel 2 und 3, S. 298). Werden schließlich die Biegelinien für die einzelnen Öffnungen l_1, l_2 und l_3 ermittelt, so werden die w-Gewichte in den Stützpunkten a und b nicht benötigt.

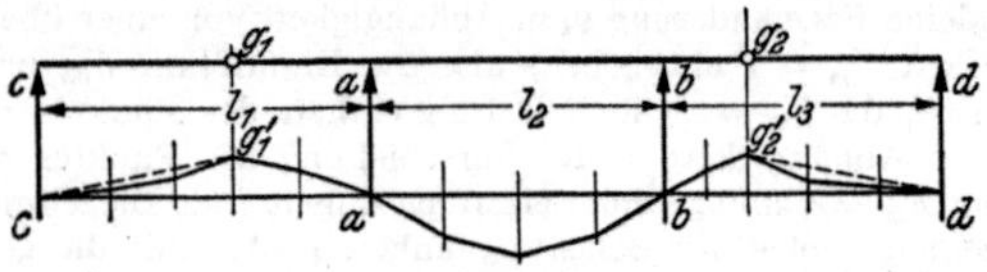

Abb. 84

Berechnung der w-Gewichte

Die einzuführende Belastungseinheit des Geradenpaares stellt einen Gleichgewichtszustand ohne Stützkräfte dar, sofern die von ihr belasteten Glieder ein und derselben Scheibe angehören, und erzeugt dann statische Größen $\bar{Z}$ nur in einer beschränkten Anzahl innerer Glieder. Bei der Berechnung des w-Gewichtes in einem Gelenk werden von der Belastungseinheit Glieder zweier Scheiben erfaßt, so daß Stützkräfte $\bar{C}$ und innere statische Größen $\bar{Z}$ in einer größeren Anzahl oder auch in allen äußeren und inneren Gliedern auftreten.

Für das *Fachwerk* ergibt sich das w-Gewicht zu

$$w_n = \Sigma\, S\, \bar{S}\, s/E\,F \qquad \text{oder} \qquad E\,F_c\,w_n = w_n' = \Sigma\, S\, \bar{S}\, s'. \tag{68}$$

Die Summe erstreckt sich über die Stäbe, in denen aus der gegebenen Belastung und aus der zur Berechnung von w_n einzuführenden Belastungseinheit Stabkräfte auftreten; sie wird zweckmäßig in einer Tabelle für jedes w-Gewicht ermittelt.

Bei der Fachwerkgliederung nach Abb. 85 ergeben sich, wenn es sich um die Biegelinie des Untergurtes (Verschiebung in lotrechter Richtung) handelt, Stabkräfte $\bar{S}$ in den stärker ausgezogenen Stäben:

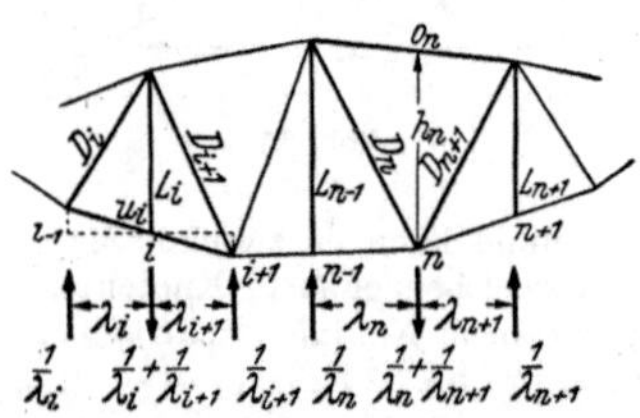

Abb. 85

$$\left.\begin{aligned} \bar{O}_n &= -\frac{1}{h_n}\,\frac{o_n}{\lambda_n + \lambda_{n+1}} \\ \bar{D}_n &= \frac{1}{h_n}\,\frac{d_n}{\lambda_n}\,; \qquad \bar{D}_{n+1} = \frac{1}{h_n}\,\frac{d_{n+1}}{\lambda_{n+1}} \\ \bar{L}_{n-1} &= -\frac{1}{\lambda_n}\,; \qquad \bar{L}_{n+1} = -\frac{1}{\lambda_{n+1}} \end{aligned}\right\} \tag{69}$$

$$\left.\begin{aligned} \bar{U}_i &= \frac{1}{h_i}\,\frac{u_i}{\lambda_i} \\ \bar{D}_i &= -\frac{1}{h_i}\,\frac{d_i}{\lambda_i}\,; \qquad \bar{D}_{i+1} = -\frac{1}{h_i}\,\frac{d_{i+1}}{\lambda_{i+1}} \\ \bar{L}_i &= \frac{1}{\lambda_i} + \frac{1}{\lambda_{i+1}}\,. \end{aligned}\right\} \tag{70}$$

Wird die Biegelinie des Diagonalzuges verlangt, so unterscheiden sich die w-Gewichte von denjenigen für die Biegelinie des Untergurtes nur dadurch, daß der Beitrag der Pfosten entfällt, da für sie $\overline{S} = 0$ wird, Abb. 86.

Beim reinen Strebenfachwerk treten infolge der Belastungseinheit zur Berechnung des w-Gewichtes in einem Untergurtknoten Stabkräfte $\overline{S}$ in den in Abb. 87 gekennzeichneten Stäben auf.

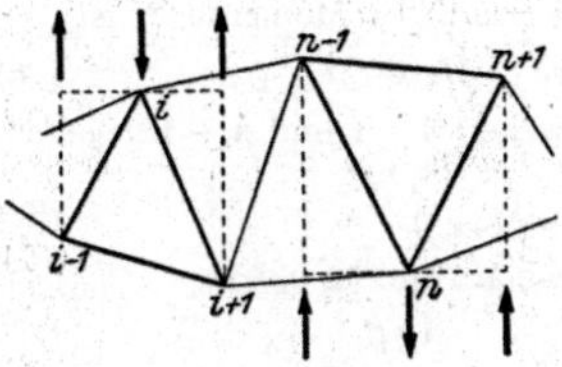

Abb. 86

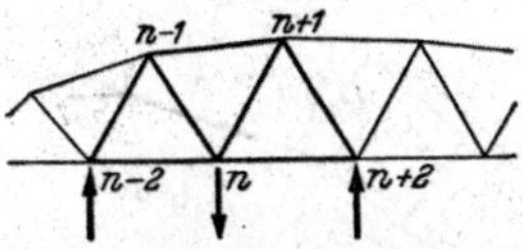

Abb. 87

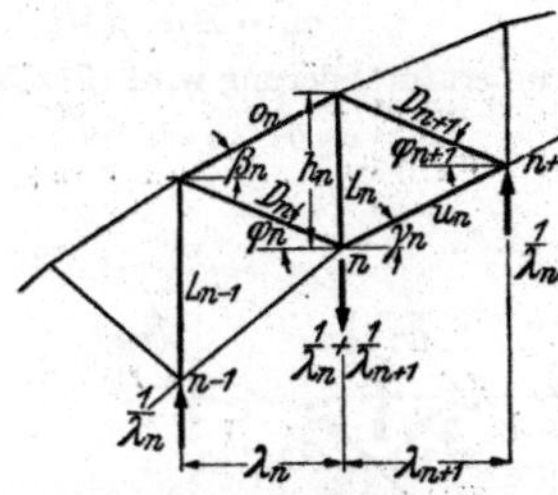

Abb. 88

Bei Gliederung nach Abb. 88 wird

$$\left.\begin{aligned}
\overline{O}_n &= -\frac{1}{h_n}\frac{o_n}{\lambda_n}; & \overline{U}_n &= \frac{1}{h_n}\frac{u_n}{\lambda_{n+1}}.\\
\overline{D}_n &= \frac{1}{h_n}\frac{d_n}{\lambda_n}; & \overline{D}_{n+1} &= -\frac{1}{h_n}\frac{d_{n+1}}{\lambda_{n+1}}\\
\overline{L}_{n-1} &= -\frac{1}{\lambda_n}; & L_n &= \frac{1}{h_n}(\operatorname{tg}\beta_n + \operatorname{tg}\varphi_{n+1}).
\end{aligned}\right\} \tag{71}$$

Bei Fachwerken mit Unterteilung ist der Einfluß der Belastungseinheit je nach Lage des Knotenpunktes unterschiedlich, Abb. 89, wenn in sämtlichen Untergurtknotenpunkten w-Gewichte berechnet werden. Beschränkt man sich auf die Hauptknoten, dann ergeben sich die Verhältnisse der Abb. 85.

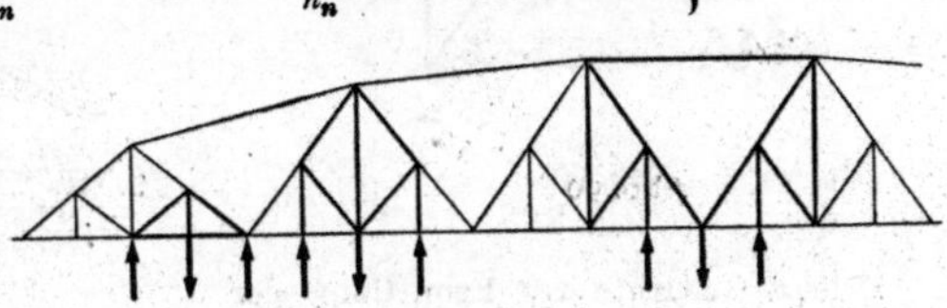
Abb. 89

Der Unterschied, der zwischen der Winkeländerung $\Delta\psi_n = w_n$ und der Änderung des Winkels ϑ_n besteht, ergibt sich nach Abb. 90 in der Beziehung

$$\Delta\psi_n = w_n = \Delta\vartheta_n - \frac{\Delta s_n}{s_n}\operatorname{tg}\beta_n - \frac{\Delta s_{n+1}}{s_{n+1}}\operatorname{tg}\beta_{n+1}. \tag{72}$$

Für das Tragwerk aus *biegesteifen* Stäben ist das w-Gewicht, sofern in n kein Gelenk vorhanden ist, bei Annahme quadratischen Verlaufes der Biegemomente M, mit den Bezeichnungen der Abb. 91 ($s' = s\,I_c/I$):

$$E\,I_c\,w = w_n' = \frac{s_n'}{6}\left(2\,M_{n-1/2} + M_n\right) + \frac{s_{n+1}'}{6}\left(M_n + 2\,M_{n+1/2}\right)$$
$$- N_n\operatorname{tg}\beta_n\,I_c/F_n + N_{n+1}\operatorname{tg}\beta_{n+1}\,I_c/F_{n+1}. \tag{73}$$

Darf $I_c/I_n = \cos\beta_n$, also $s_n' = \lambda_n$ und $s_{n+1}' = \lambda_{n+1}$ angenommen und der Einfluß der Normalkräfte vernachlässigt werden, so wird

$$w_n' = \frac{\lambda_n}{6}\left(2\,M_{n-1/2} + M_n\right) + \frac{\lambda_{n+1}}{6}\left(M_n + 2\,M_{n+1/2}\right). \tag{74}$$

Bei gleicher Feldteilung $\lambda_n = \lambda_{n+1} = \lambda$ wird

$$w_n' = \lambda/3 \cdot \left(M_{n-1/2} + M_n + M_{n+1/2}\right) . \tag{75}$$

Bei gerader und normal zur Verschiebungsrichtung liegender Stabachse gilt Gl. (73), wobei der Einfluß der Normalkräfte entfällt. Bei gleichbleibendem Trägheitsmoment $I_c/I = 1$, gilt Gl. (74) bzw. Gl. (75). Bei *linearem* Verlauf der Momente M ist

$$w_n' = \lambda_n'/6 \cdot (M_{n-1} + 2\,M_n) + \lambda_{n+1}'/6 \cdot (2\,M_n + M_{n+1}) . \tag{76}$$

Ist außerdem gleiche Teilung und konstantes I zwischen $n-1$ und $n+1$ gegeben, so wird

$$w_n' = \lambda'/6 \cdot (M_{n-1} + 4\,M_n + M_{n+1}) . \tag{77}$$

Infolge Temperaturänderung wird (Bezeichnungen nach Abb. 72 u. 91)

$$w_n = \alpha_t \Delta t/2h \cdot (s_n + s_{n+1}) - \alpha_t t\,(\mathrm{tg}\,\beta_n - \mathrm{tg}\,\beta_{n+1}) . \tag{78}$$

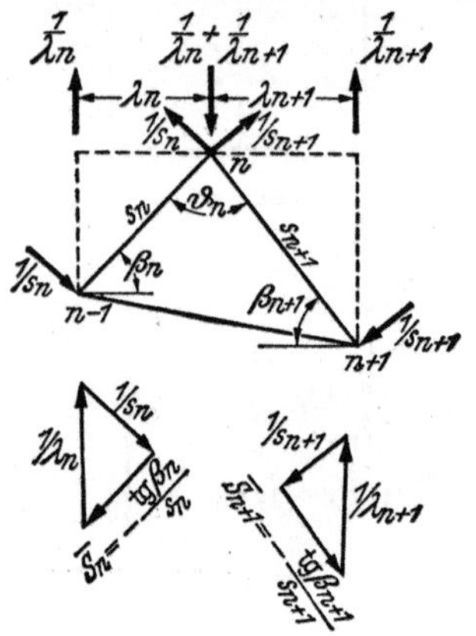

Abb. 90

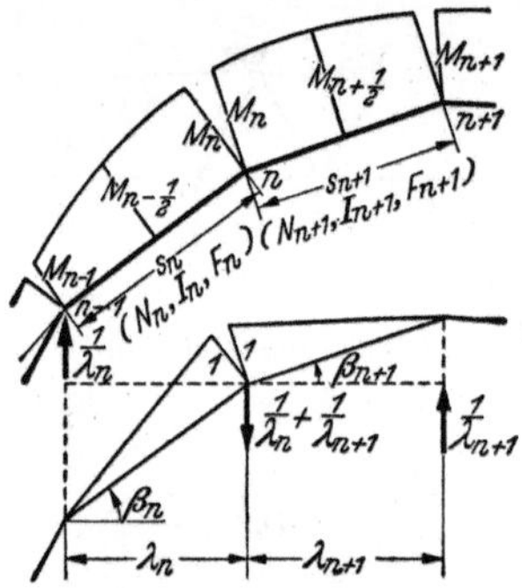

Abb. 91

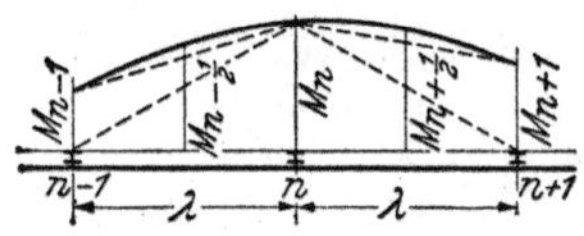

Abb. 92

Die w-Gewichte zur Ermittlung der Biegelinie als Belastung des Tragwerkes aufzufassen, ist in der Übereinstimmung der Beziehungen zwischen Biegelinie und Biegemoment einerseits, $EI\,d^2y/dx^2 = -M$, Biegemoment und Belastung andrerseits, $d^2M/dx^2 = -p$, begründet, woraus sich die Biegelinie nach *Mohr* aus der Belastung durch die (verzerrte) Momentenfläche ergibt. Der Ersatz der Momentenfläche durch „Einzellasten" liefert das der Biegelinie *um*schriebene Polygon. Die Berechnung mit w-Gewichten dagegen ergibt in deren Angriffspunkten die tatsächlichen Durchbiegungen und hat den weiteren Vorteil, daß die Schwerpunktsermittlung der einzelnen Flächenteile entfällt. Zum gleichen Ergebnis führt die Berechnung nach *Mohr*, wenn man die Belastung durch die Momentenfläche mittelbar in den Feldpunkten überträgt. Für Punkt n (Abb. 92) erhält man dann die Belastung

$$\frac{I_c}{I_n}\left[M_{n-1}\frac{\lambda}{2}\frac{1}{3} + M_n\frac{\lambda}{2}\frac{2}{3} + \left(M_{n-1/2} - \frac{M_n + M_{n-1}}{2}\right)\frac{2\lambda}{3}\frac{1}{2}\right]$$
$$+ \frac{I_c}{I_{n+1}}\left[M_n\frac{\lambda}{2}\frac{2}{3} + M_{n+1}\frac{\lambda}{2}\frac{1}{3} + \left(M_{n+1/2} - \frac{M_n + M_{n+1}}{2}\right)\frac{2\lambda}{3}\frac{1}{2}\right] .$$
$$= \frac{\lambda}{6}\left[\left(2\,M_{n-1/2} + M_n\right)\frac{I_c}{I_n} + \left(M_n + 2\,M_{n+1/2}\right)\frac{I_c}{I_{n+1}}\right] = w_n' \quad \text{nach Gl. (73).}$$

Sind zwei Scheiben in n durch ein Gelenk miteinander verbunden, Abb. 93, so ergibt der Gleichgewichtszustand infolge der zur Berechnung des w-Gewichtes w_g im Gelenk einzuführenden Belastungseinheit den Momentenverlauf $\overline{M}$ nach Abb. 93b. Dieser kann auch erzeugt werden durch die Belastungseinheit der gegenseitigen Drehung beider Scheiben und die Belastungseinheit zur Berechnung von w_n an *einer* Scheibe ohne Gelenk g. Wird die gegenseitige Drehung infolge gegebener Belastung mit τ_{go} bezeichnet, so ist das w-Gewicht im Gelenk

$$w_g = \tau_{go} + w_n, \qquad (79)$$

worin τ_{go} und w_n i. a. entgegengesetzte Vorzeichen haben.

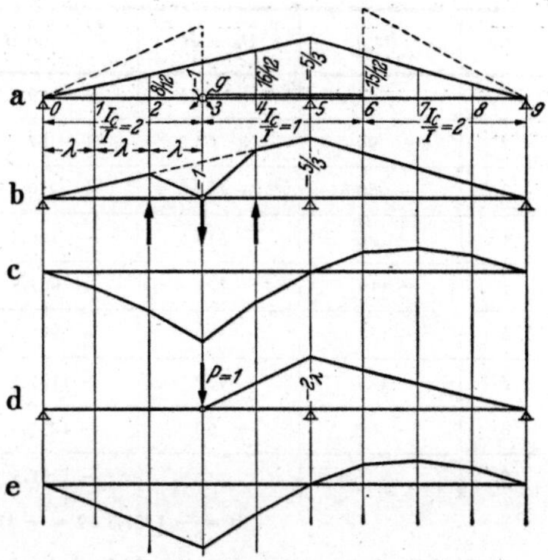

Abb. 93

Zahlenbeispiele: 1. Biegelinie für Träger und Belastung nach Abb. 80, Biegemomente nach Abb. 80d; w-Gewichte nach (Gl. 76).

$$w_2' = \frac{2\cdot 1{,}4}{6}(2\cdot 13{,}25 + 24{,}5) + \frac{2}{6}(24{,}5 + 2\cdot 33{,}75) = 54{,}46$$

$$w_4' = \frac{2}{3}(33{,}75 + 31 + 26{,}25) = 60{,}67$$

$$w_6' = \frac{2}{6}(2\cdot 26{,}25 + 19{,}5) + \frac{2\cdot 1{,}4}{6}(19{,}5 + 2\cdot 10{,}75) = 43{,}13.$$

Berechnung der Ordinaten in nachstehender Tabelle gem. II, 29.

n	w_n'	$Q_n + B$	$\frac{M_n}{\lambda} + nB$	$-nB$	$\frac{M_n}{\lambda}$	$EI_c\delta_n$
2	54,46	158,26	158,26	− 76,3	+ 82	164
4	60,67	103,80	262,06	− 152,6	+ 109,5	219
6	43,13	43,13	305,19	− 228,9	+ 76,3	153
8			305,19	− 305,2	0	0

$$2B = 305{,}19 : 4 = 76{,}3$$

Der Unterschied gegenüber der Berechnung für Punkt 4 Seite 291 ($EI_c\delta_m = 216{,}43$) beträgt rund 1%, so daß also die gewählte Teilung $\lambda = 2$ m bereits ausreichende Genauigkeit liefert.

2. Berechnung der Einflußlinie für die gegenseitige Drehung im Gelenk, Abb. 93a.

Für die w-Gewichte erhält man nach Gl. 76 die Werte (w') der nachstehenden Tabelle, Multiplikator: $\frac{\lambda}{72}$. Das w-Gewicht in 3 (ohne Gelenk) ist $w_3' = -\frac{\lambda}{72}(8\cdot 2 + 2\cdot 12\cdot 3 + 16) = -\frac{\lambda}{72}\cdot 104$. Ferner ist die gegenseitige Drehung in g infolge der gegebenen Belastung (Doppelmoment 1)

$$\tau_g' = \frac{5\lambda + 4\lambda}{3}\left(\frac{5}{3}\right)^2 + \frac{3\lambda}{3}\left(1 + \frac{15^2}{12^2}\right) = \frac{\lambda}{72}\cdot 784{,}5\,;$$

und somit wird $w_g' = \frac{\lambda}{72}(784{,}5 - 104) = +\frac{\lambda}{72}\,680{,}5$. Die Ordinaten der Einflußlinie,

Abb. 93c, ergeben sich aus der letzten Spalte der Tabelle mit dem Multiplikator $\frac{\lambda^2}{72 E I_c}$. Für den Stützpunkt 5 ist die an die Biegelinie zu stellende Bedingung $\delta_5 = 0$ zwangläufig erfüllt, wodurch die Richtigkeit der Rechnung ohne besondere Kontrolle bestätigt wird.

n	(w'_n)	$Q_n + B$	$\frac{M_n}{\lambda} + nB$	$-nB$	$\frac{M_n}{\lambda}$
1	− 48	+ 19,5	+ 19,5	+ 137,5	+ 157
2	− 96	+ 67,5	+ 87	+ 275	+ 362
3	+ 680,5	+ 163,5	+ 250,5	+ 412,5	+ 663
4	− 96	− 517	− 266,5	+ 550	+ 283,5
5	− 111	− 421	− 687,5	+ 687,5	0
6	− 130	− 310	− 997,5	+ 825	− 172,5
7	− 120	− 180	− 1177,5	+ 962,5	− 215
8	− 60	− 60	− 1237,5	+ 1100	− 137,5
9			− 1237,5	+ 1237,5	0

$$B = -1237{,}5 : 9 = -137{,}5$$

3. Einflußlinie für die lotrechte Verschiebung des Gelenkes.

Infolge der Belastung $P = 1$ (Abb. 93d) ist die Drehung im Gelenk $\tau'_g = 55{,}25 \cdot \lambda^2/6$, ferner $w'_s = -\lambda^2/6$, so daß sich $w'_g = 54{,}25\, \lambda^2/6$ ergibt. Die übrigen Werte (w'_n) in der zweiten Spalte (Multiplikator: $\lambda^2/6$). In der letzten Spalte werden die Ordinaten der Einflußlinie (Abb. 93e) erhalten, Multiplikator $\lambda^3/6\, E I_c$.

n	(w'_n)	$Q_n + B$	$\frac{M_n}{\lambda} + nB$	$-nB$	$\frac{M_n}{\lambda}$
1	0	+ 6,75	+ 6,75	+ 13,75	+ 20,5
2	0	+ 6,75	+ 13,5	+ 27,5	+ 41
3	+ 54,25	+ 6,75	+ 20,25	+ 41,25	+ 61,5
4	− 6	− 47,5	− 27,25	+ 55	+ 27,75
5	− 10,5	− 41,5	− 68,75	+ 68,75	0
6	− 13	− 31	− 99,75	+ 82,5	− 17,25
7	− 12	− 18	− 117,75	+ 96,25	− 21,50
8	− 6	− 6	− 123,75	+ 110	− 13,75
9			− 123,75	+ 123,75	0

$$B = -123{,}75 : 9 = -13{,}75$$

E. Statisch unbestimmte Tragwerke

19. Die allgemeine Lösung

Ein statisch unbestimmtes Tragwerk liegt vor, wenn die Zahl der vorhandenen Glieder die Anzahl der zur Stabilität *notwendigen* Glieder und damit die Zahl der verfügbaren Gleichgewichtsbedingungen übersteigt (I, 6 u. 7). Es ist weiter dadurch gekennzeichnet, daß die Formänderung nicht mehr frei erfolgen kann, sondern bei einem n-fach statisch unbestimmten Tragwerk n Bedingungen unterworfen ist. Darin ist es auch begründet, daß Temperaturänderungen und Stützenverschiebungen, die beim statisch bestimmten System nur den Formänderungszustand beeinflussen, in einem statisch unbestimmten Tragwerk auch Widerstände in inneren und äußeren Gliedern zur Folge haben können, so daß die Untersuchung i. a. für Belastung, Temperaturänderung und Nachgiebigkeit der Stützen und Einspannungen durchzuführen ist.

Ein *äußerlich* statisch unbestimmtes Tragwerk liegt vor, wenn nach Entfernen von n überzähligen *äußeren* Gliedern (Stützen, Einspannungen) ein brauchbares statisch bestimmtes System übrigbleibt. *Innerlich* n-fach statisch unbestimmt ist ein Tragwerk, aus dem nach Entfernen von n überzähligen *inneren* Gliedern ein statisch bestimmtes entsteht. Häufig liegt gleichzeitig innere und äußere Unbestimmtheit vor. Bei allen innerlich statisch unbestimmten Tragwerken haben *gleichmäßige* Temperaturänderungen keinen Einfluß auf den Gleichgewichtszustand.

Ist bei einem ebenen Tragwerk $s_1 + s_2 + e + a_1 + a_2 = 2k + n$ [Gl. (16)], so enthalten die $2k$ Gleichgewichtsbedingungen $2k+n$ unbekannte statische Größen in inneren und äußeren Gliedern, die $2k+n$ Elastizitäts- und Auflagerbedingungen [Gl. (46)] jedoch nur $2k$ unbekannte geometrische Größen (Verschiebungskomponenten der Knotenpunkte), so daß die Gesamtzahl der Unbekannten der Gleichgewichts- und Formänderungsaufgabe mit der Anzahl der insgesamt verfügbaren Gleichungen übereinstimmt. Für eine allgemeine Lösung dieser Gleichungen bestehen zwei Möglichkeiten.

1. Elimination der geometrischen Größen. Aus $2k$ Elastizitäts- und Auflagerbedingungen solcher Glieder, die ein stabiles, statisch bestimmtes System bilden, werden die $2k$ Verschiebungskomponenten u und v als Funktion der Formänderungsgrößen Δs, $\Delta\vartheta$ dargestellt und in die restlichen n Bedingungen eingesetzt. So erhält man n Gleichungen, die als Verträglichkeitsbedingungen bezeichnet werden und Beziehungen zwischen den Formänderungsgrößen (und gegebenenfalls Stützenverschiebungen) darstellen. Werden diese durch die sie verursachenden statischen Größen nach Gl. (47 bis 49) ausgedrückt, so werden durch diese n Gleichungen die statischen Größen in n überzähligen Gliedern, $X_1, X_2 \cdots X_i \cdots X_n$ als Funktionen der statischen Größen von $2k$ Gliedern eines statisch bestimmten Systems dargestellt. Somit lassen sich jetzt $2k$ Gleichgewichtsbedingungen aufstellen, in denen X_1 bis X_n durch die statischen Größen der notwendigen Glieder ausgedrückt sind. Ihre Lösung ergibt die gesuchten Werte in den notwendigen Gliedern und damit auch in den überzähligen. Der beschriebene Weg erstrebt unmittelbar die Bestimmung der statischen Größen und wird gewöhnlich als *Kraftgrößenverfahren* bezeichnet.

2. Elimination der statischen Größen. In einem statisch unbestimmten Tragwerk enthält die Formänderungsaufgabe stets weniger Unbekannte als die Gleichgewichtsaufgabe, so daß es naheliegt, zunächst die erstere zu lösen. Dazu werden die $2k$ Gleichgewichtsbedingungen auf Grund der Gl. (46),

z. B. $$S_{ik} = \frac{E F_{ik}}{s_{ik}} \left[(u_k - u_i)\cos\alpha_{ik} + (v_k - v_i)\cos\beta_{ik}\right]$$

in den Verschiebungskomponenten ausgedrückt und gelöst. Nach ihrer Berechnung lassen sich sodann die statischen Größen ermitteln. Die Lösung führt über die Formänderungsgrößen zu den statischen Größen und wird als *Formänderungsgrößenverfahren* oder *Deformationsmethode* bezeichnet.

In beiden Fällen ist somit die allgemeine Berechnung auf die Lösung eines Systems von $2k$ linearen Gleichungen zurückgeführt.

Für die praktische Berechnung erweisen sich in der Regel andere Wege als zweckmäßiger, indem man Bedingungsgleichungen für die statisch unbestimmten Größen X_i oder für Verschiebungsgrößen benutzt, wodurch die Aufstellung und Lösung der $2k$ Gleichgewichtsbedingungen auf dem oben angegebenen Wege entbehrlich wird.

20. Aufstellung der Elastizitätsgleichungen

Die Elastizitätsgleichungen für die statisch unbestimmten Größen X_i ($i = 1, 2, 3, \ldots n$) werden gewonnen, indem man die Formänderung eines statisch bestimmten *Hauptsystems* infolge der gegebenen Belastung, Temperaturänderung und Stützenverschiebung sowie infolge der gleichzeitigen Wirkung von X_1 bis X_n berechnet und sie den Bedingungen des statisch unbestimmten Systems unterwirft. Ist die Arbeit von $X_i = 1$ oder auch der Weg in i, und zwar positiv in Richtung $X_i = 1$ am statisch bestimmten Hauptsystem infolge gegebener Belastung δ_{io}, infolge von Temperaturänderungen δ_{it}, und δ_{ik} infolge $X_k = 1$ ($k = 1, 2, 3, \ldots n$), so lauten mit L_i [Gl. (51)] als Arbeit der Stützkräfte des Zustandes $X_i = 1$ bei gegebenen Stützenverschiebungen die n Elastizitätsgleichungen

$$X_1\delta_{i1} + X_2\delta_{i2} + X_3\delta_{i3} + \cdots + X_n\delta_{in} =$$

$$= \sum_{k=1}^{n} X_k\delta_{ik} = -\delta_{io} - \delta_{it} + L_i = B_i \quad (i = 1, 2, 3, \ldots n). \tag{80}$$

Darin sind die Beiwerte und Belastungsglieder (ohne Einfluß der Querkräfte) zu berechnen aus:

$$\left.\begin{aligned}
\delta_{ik} &= \delta_{ki} = \int \frac{M_i M_k\, ds}{EI} + \int \frac{N_i N_k\, ds}{EF} + \Sigma\, \frac{S_i S_k s}{EF} \\
\delta_{io} &= \int \frac{M_o M_i\, ds}{EI} + \int \frac{N_o N_i\, ds}{EF} + \Sigma\, \frac{S_o S_i s}{EF} \\
\delta_{it} &= \alpha_t \left[\int M_i \frac{\Delta t}{h}\, ds + \int N_i t\, ds + \Sigma\, S_i t s\right] \\
L_i &= \Sigma\, C_i c + \Sigma\, E_i \tau_e .
\end{aligned}\right\} \tag{81}$$

Der Zeiger o kennzeichnet den Gleichgewichtszustand des statisch bestimmten Hauptsystems infolge gegebener Belastung ($X = 0$); der Index i kennzeichnet die statischen Größen des Zustandes $X_i = 1$; k diejenigen des Zustandes $X_k = 1$.

Bei Tragwerken aus biegesteifen Stäben wird zweckmäßig mit den EI_c-fachen, bei Fachwerken mit den EF_c-fachen Werten gerechnet. Zur Ermittlung von Einflußlinien ist $B_i = -\delta_{im}$, d. h. gleich dem Weg in i infolge der wandernden Last 1, zu setzen. Da nach *Maxwell* $\delta_{im} = \delta_{mi}$, ist B_i die Biegelinie infolge $X_i = -1$. Nach Auflösung der Elastizitätsgleichungen, die für die verschiedenen Ursachen getrennt durchgeführt wird, werden die im statisch unbestimmten Tragwerk auftretenden Größen Z (Stützkräfte C, Einspannungen E, Momente M, Querkräfte Q, Normalkräfte N und Stabkräfte S) nach dem Superpositionsgesetz gefunden:

$$Z = Z_0 + \sum_{i=1}^{n} Z_i X_i . \tag{82}$$

Gleicherweise gilt für die Formänderungen des statisch unbestimmten Systems

$$\delta_r = \delta_{ro} + \sum_{1}^{n} \delta_{ri} X_i , \tag{83}$$

wenn δ_{ri} der Weg in r infolge $X_i = 1$ ist.

Die Elastizitätsgleichungen können auch durch Anwendung des Prinzips der virtuellen Verrückungen auf den tatsächlichen Formänderungszustand des statisch unbestimmten Tragwerkes und den Gleichgewichtszustand $X_i = 1$ gewonnen werden:

$$L_i - \int M_i \Delta\, d\varphi - \int N_i \Delta\, ds - \Sigma\, S_i \Delta s = 0; \tag{84}$$

daraus unter Beachtung der Gl. (47, 48)

$$L_i - \int \frac{M\, M_i\, ds}{EI} - \int \frac{N\, N_i\, ds}{EF} - \Sigma\, \frac{S S_i\, s}{EF} - \alpha_t \left[\int \frac{\Delta t}{h} M_i\, ds + \int N_i t\, ds \right.$$

$$\left. + \Sigma\, S_i t s\right] = 0$$

und nach Einführung der Gl. (82) wieder die Elastizitätsgleichung (80). Für die Wahl des Hauptsystems sind verschiedene Gesichtspunkte maßgebend, die manchmal nicht miteinander vereinbar sind: Es sind einfache Gleichgewichtszustände $X_i = 1$ anzustreben, so daß möglichst viele Beiwerte δ_{ik} zu Null werden; und andrerseits wird zweckmäßig ein Hauptsystem gewählt, das dem vorliegenden statisch unbestimmten Tragwerk nahe verwandt ist.

21. Auflösung der Elastizitätsgleichungen

In Matrixform geschrieben lauten die Elastizitätsgleichungen:

	X_1 (λ_{13})	X_2 (λ_{23})	X_3 (λ_{33})		X_i (λ_{i3})		X_n (λ_{n3})		
1	δ_{11}	δ_{12}	δ_{13}		δ_{1i}		δ_{1n}	B_1	0
2	δ_{21}	δ_{22}	δ_{23}		δ_{2i}		δ_{2n}	B_2	0
3	δ_{31}	δ_{32}	δ_{33}		δ_{3i}		δ_{3n}	B_3	1
i	δ_{i1}	δ_{i2}	δ_{i3}		δ_{ii}		δ_{in}	B_i	0
n	δ_{n1}	δ_{n2}	δ_{n3}		δ_{ni}		δ_{nn}	B_n	0

(85)

Die Lösung liefert die statisch unbestimmten Größen

$$X_i = \sum_{k=1}^{k=n} \lambda_{ik} B_k \quad (i = 1, 2, 3, \ldots n). \tag{86}$$

Die Vorzahlen λ_{ik} sind ebenso wie die Beiwerte der Elastizitätsgleichungen symmetrisch zur Diagonalen, $\lambda_{ik} = \lambda_{ki}$. Sie sind unabhängig von der Belastung, und λ_{ik} ist der Wert, den X_i annimmt, wenn $B_k = 1$, alle übrigen $B = 0$. Der Gleichungssatz zur Berechnung von λ_{ik} stimmt demnach überein mit dem der Elastizitätsgleichungen, wenn die Belastungsglieder entsprechend 0 oder 1 gesetzt werden, wie in der Matrix für $k = 3$ eingetragen ist.

a) Lösung durch Determinanten.

$$\lambda_{ik} = (-1)^{i+k} D_{ik}/D = (-1)^{k+i} D_{ki}/D. \tag{87}$$

D ist die Nennerdeterminante des Gleichungssystems; die Zählerdeterminante wird daraus durch Streichung der Spalte i und Zeile k oder der Zeile i und Spalte k gewonnen. Ihr Vorzeichen ergibt sich aus $(-1)^{i+k}$, je nachdem $i + k$ eine gerade oder ungerade Zahl ist. Die Lösung mit Determinanten ist nur bei niedrigem Grade statischer Unbestimmtheit zu empfehlen.

b) Elimination nach Gauß. Zur Berechnung der Vorzahlen λ durch den *Gauß*schen Algorithmus wird zunächst — wie anschließend an einem Satz von 4 Gleichungen durchgeführt — das Belastungsglied $B_n = 1$ gesetzt, alle übrigen $B_i = 0$. Aus diesem Gleichungssatz (a) für λ_{in} $(i = 1, 2, 3, \ldots n)$ wird nacheinander $\lambda_{1n}, \lambda_{2n}, \ldots \lambda_{n-1,n}$ eliminiert. Zur Bildung des Gleichungssatzes von $(n-1)$ Gleichungen wird stets die Gl. 1 der Reihe nach mit $\delta_{21}/\delta_{11}, \delta_{31}/\delta_{11}, \ldots \delta_{i1}/\delta_{11}, \delta_{n1}/\delta_{11}$ multipliziert und von Gl. 2, $3 \cdots n$ abgezogen, wodurch sich die Beiwerte des reduzierten Satzes ergeben:

(a)

Gl.	λ_{14}	λ_{24}	λ_{34}	λ_{44}		Quersumme
1	δ_{11}	δ_{12}	δ_{13}	δ_{14}	0	Q_1
2	δ_{21}	δ_{22}	δ_{23}	δ_{24}	0	Q_2
3	δ_{31}	δ_{32}	δ_{33}	δ_{34}	0	Q_3
4	δ_{41}	δ_{42}	δ_{43}	δ_{44}	1	Q_4

$$\delta_{ik}^{(1)} = \delta_{ik} - \delta_{1k}\,\delta_{i1}/\delta_{11}.$$

(1)

$2^{(1)}$	$\delta_{22}^{(1)}$	$\delta_{23}^{(1)}$	$\delta_{24}^{(1)}$	0	$Q_2^{(1)}$
$3^{(1)}$	$\delta_{32}^{(1)}$	$\delta_{33}^{(1)}$	$\delta_{34}^{(1)}$	0	$Q_3^{(1)}$
$4^{(1)}$	$\delta_{42}^{(1)}$	$\delta_{43}^{(1)}$	$\delta_{44}^{(1)}$	1	$Q_4^{(1)}$

$$\delta_{34}^{(1)} = \delta_{34} - \frac{\delta_{14}\,\delta_{31}}{\delta_{11}}$$

(2)

$3^{(2)}$	$\delta_{33}^{(2)}$	$\delta_{34}^{(2)}$	0	$Q_3^{(2)}$
$4^{(2)}$	$\delta_{43}^{(2)}$	$\delta_{44}^{(2)}$	1	$Q_4^{(2)}$

(3)

$4^{(3)}$	$\delta_{44}^{(3)}$	1	$Q_4^{(3)}$

Mit diesem und den folgenden Gleichungssätzen wird in gleicher Weise verfahren. So wird

$$\delta_{ik}^{(2)} = \delta_{ik}^{(1)} - \delta_{2k}^{(1)}\,\delta_{i2}^{(1)}/\delta_{22}^{(1)}$$

$$\delta_{ik}^{(3)} = \delta_{ik}^{(2)} - \delta_{3k}^{(2)}\,\delta_{i3}^{(2)}/\delta_{33}^{(2)} \quad \text{usw.}$$

Die Berechnung der Beiwerte der reduzierten Sätze (1), (2), (3) kann ganz schematisch vorgenommen werden, da die für ihre Berechnung in Betracht kommenden Beiwerte im vorangehenden Satz in den Ecken eines Rechteckes liegen, wie im Beispiel für $\delta_{34}^{(1)}$ durch starke Umrandung hervorgehoben ist. Zur Rechenkontrolle werden die Quersummen Q_i gebildet, für die reduzierten Sätze aus $Q_i^{(1)} = Q_i - Q_1\delta_{i1}/\delta_{11}$ usf. berechnet und durch die Quersummen der reduzierten Gleichungen bestätigt.

Nach Durchführung der Reduktion ergibt sich λ_{nn} aus dem letzten Satz zu $\lambda_{nn} = 1/\delta_{nn}^{(n-1)}$; und aus den ersten Gleichungen der vorangehenden Sätze werden nacheinander die Vorzahlen λ_{in} $(i = n-1,\ n-2, \ldots 1) = \lambda_{ni}$ berechnet. Die ersten Gleichungen der reduzierten Sätze dienen aber gleichzeitig zur Ermittlung aller übrigen Vorzahlen λ_{ik}, denn von den reduzierten Sätzen gelten die Gleichungen auch für λ_{ik} jeweils bis zu der Gleichung k, deren rechte Seite $B_k = 1$ gesetzt ist. Die ersten Gleichungen der reduzierten Sätze werden deshalb unter Ergänzung des Kopfes der Matrix und der Belastungsglieder 0 bzw. 1 in einem neuen Satz zusammengestellt. Für die weitere Rechnung ist es zweckmäßig, dabei sogleich in jeder Gleichung durch den Diagonalwert zu dividieren, so daß sich die Zahlenwerte $q_{1k} = \delta_{1k}/\delta_{11}$, $q_{2k} = \delta_{2k}^{(1)}/\delta_{22}^{(1)}$, $q_{3k} = \delta_{3k}^{(2)}/\delta_{33}^{(2)}$ usf. ergeben und auf der rechten Seite $q_1 = 1/\delta_{11}$, $q_2 = 1/\delta_{22}^{(1)}$, $q_3 = 1/\delta_{33}^{(2)}$ usf. zu setzen ist, Satz (b). Die Vorzahlen λ_{nn} bis λ_{11} können dann nach dem angegebenen Schema (c) berechnet werden.

(b)

	λ_{11}	λ_{21}	λ_{31}	λ_{41}				
	λ_{12}	λ_{22}	λ_{32}	λ_{42}				
	λ_{13}	λ_{23}	λ_{33}	λ_{43}				
Gl.	λ_{14}	λ_{24}	λ_{34}	λ_{44}				
1	1	q_{12}	q_{13}	q_{14}	0	0	0	q_1
$2^{(1)}$		1	q_{23}	q_{24}	0	0	q_2	
$3^{(2)}$			1	q_{34}	0	q_3		
$4^{(3)}$				1	q_4			

Da bei dieser Berechnung die bereits ermittelten λ-Werte übernommen werden, empfiehlt es sich, zur Kontrolle die Reduktion der Gleichungen auch in der umgekehrten Reihenfolge durchzuführen, also zunächst $B_1 = 1$ zu setzen und λ_{n1}, $\lambda_{n-1,1}, \ldots \lambda_{21}$ nacheinander zu eliminieren, so daß als erste Vorzahl λ_{11} erhalten wird.

Als weitere Kontrollen für die Vorzahlen können die Bedingungen

$$\left.\begin{aligned}\Sigma\,\lambda_{ik}\,\delta_{ik} &= 1\\ \Sigma\,\lambda_{ik}\,\delta_{hk} &= 0\end{aligned}\right\}\quad(88)$$

benutzt werden.

Dreigliedrige Elastizitätsgleichungen

Besondere Bedeutung kommt den dreigliedrigen Elastizitätsgleichungen zu, die dadurch gekennzeichnet sind, daß die erste und letzte Gleichung zwei, die übrigen Gleichungen drei aufeinander folgende Unbekannte enthalten. Die Matrix der Gleichungen für die Vorzahlen ist für $n = 5$ in Satz (a) angegeben. In den reduzierten Sätzen ändert sich stets nur der Diagonalwert der ersten Gleichung, so daß der aus den ersten Gleichungen der reduzierten Sätze zusammengestellte neue Gleichungssatz (b) unmittelbar angeschrieben werden kann. Es wird

(c)

	$+1$	$-q_{34}$	$-q_{24}$	$-q_{23}$	$-q_{14}$	$-q_{13}$	$-q_{12}$
λ_{44}	q_4						
λ_{34}		λ_{44}					
λ_{24}			λ_{44}	λ_{43}			
λ_{14}					λ_{44}	λ_{43}	λ_{42}
λ_{33}	q_3	λ_{34}					
λ_{23}			λ_{34}	λ_{33}			
λ_{13}					λ_{34}	λ_{33}	λ_{32}
λ_{22}	q_2		λ_{24}	λ_{23}			
λ_{12}					λ_{24}	λ_{23}	λ_{22}
λ_{11}	q_1				λ_{14}	λ_{13}	λ_{12}

$$\delta_{22}^{(1)} = \delta_{22} - \delta_{12}\,\delta_{21}/\delta_{11};$$
$$\delta_{33}^{(2)} = \delta_{33} - \delta_{23}\,\delta_{32}/\delta_{22}^{(1)} \quad \text{usw.,}$$

allgemein

$$\delta_{ii}^{(i-1)} = \delta_{ii} - \frac{\delta_{i-1,i}\,\delta_{i,i-1}}{\delta_{i-1,i-1}^{(i-2)}}.$$

Entsprechend ergibt sich der Gleichungssatz (c) bei Elimination in umgekehrter Reihenfolge.

Aus Satz (b) folgt

$$\lambda_{1k}\delta_{11} + \lambda_{2k}\delta_{12} = 0 \quad \text{für } k = 2, 3, 4, 5,$$

also $\lambda_{1k} = -\,\lambda_{2k}\,\delta_{12}/\delta_{11} = -\,\alpha_{12}\,\lambda_{2k}$ für $k = 2, 3, 4, 5$;

(a)

λ_{15}	λ_{25}	λ_{35}	λ_{45}	λ_{55}	
δ_{11}	δ_{12}				0
δ_{21}	δ_{22}	δ_{23}			0
	δ_{32}	δ_{33}	δ_{34}		0
		δ_{43}	δ_{44}	δ_{45}	0
			δ_{54}	δ_{55}	1

entsprechend

$$\lambda_{2k} = -\,\lambda_{3k}\,\delta_{23}/\delta_{22}^{(1)} = -\,\alpha_{23}\,\lambda_{3k} \quad \text{für } k = 3, 4, 5$$
$$\lambda_{3k} = -\,\lambda_{4k}\,\delta_{34}/\delta_{33}^{(2)} = -\,\alpha_{34}\,\lambda_{4k} \quad \text{für } k = 4, 5$$
$$\lambda_{4k} = -\,\lambda_{5k}\,\delta_{45}/\delta_{44}^{(3)} = -\,\alpha_{45}\,\lambda_{55} \quad \text{für } k = 5.$$

Die Vorzahlen λ_{ik} und $\lambda_{i+1,k}$ zweier aufeinander folgender Spalten stehen links (unterhalb) der Diagonalen in einem festen Verhältnis zueinander:

$$\lambda_{ik}/\lambda_{i+1,k} = -\,\alpha_{i,i+1}. \qquad (89)$$

(b)

λ_{1k}	λ_{2k}	λ_{3k}	λ_{4k}	λ_{5k}	$k=$ 5	4	3	2	1
δ_{11}	δ_{12}				0	0	0	0	1
	$\delta_{22}^{(1)}$	δ_{23}			0	0	0	1	
		$\delta_{33}^{(2)}$	δ_{34}		0	0	1		
			$\delta_{44}^{(3)}$	δ_{45}	0	1			
				$\delta_{55}^{(4)}$	1				

(c)

λ_{1k}	λ_{2k}	λ_{3k}	λ_{4k}	λ_{5k}	$k=$ 1	2	3	4	5
$\delta_{11}^{(2)}$					1				
δ_{21}	$\delta_{22}^{(3)}$				0	1			
	δ_{32}	$\delta_{33}^{(4)}$			0	0	1		
		δ_{43}	$\delta_{44}^{(5)}$		0	0	0	1	
			δ_{54}	δ_{55}	0	0	0	0	1

(d)

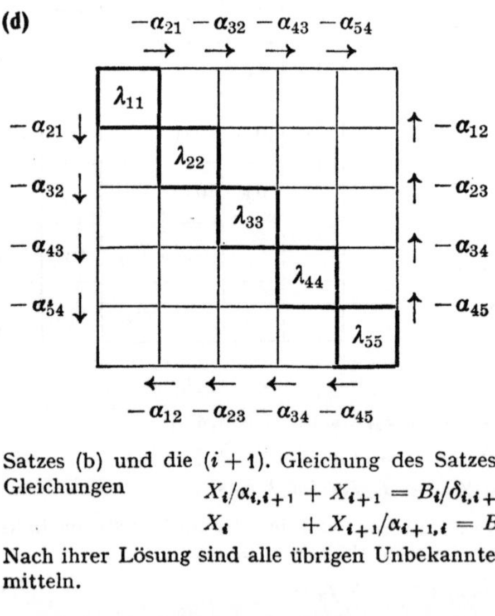

Dasselbe Verhältnis gilt wegen der Symmetrie zur Diagonalen zwischen aufeinander folgenden Zeilen rechts (oberhalb) der Diagonalen. Aus dem Satz (c) werden entsprechend die Festwerte

$$\alpha_{i+1,i} = -\lambda_{i+1,k}/\lambda_{ik} \qquad (89\text{a})$$

als Verhältnis zweier Spalten rechts bzw. zweier Zeilen links der Diagonale ermittelt. Mit ihrer Hilfe können nach Schema (d) sämtliche Vorzahlen λ bei einfacher Rechenkontrolle ermittelt werden, wenn die Diagonalwerte bekannt sind. Letztere ergeben sich aus Satz (b), beginnend mit λ_{55}, zu

$$\lambda_{ii} = \frac{1}{\delta_{ii}^{(i-1)}} + \lambda_{i+1,i+1}\,\alpha_{i,i+1}^2 \qquad (90)$$

oder aus Satz (c), beginnend mit λ_{11}, zu

$$\lambda_{ii} = \frac{1}{\delta_{ii}^{(i+1)}} + \lambda_{i-1,i-1}\,\alpha_{i,i-1}^2 \qquad (90\text{a})$$

oder schließlich auch aus

$$\lambda_{ii} = \lambda_{i+1,i+1}\,\frac{\alpha_{i,i+1}}{\alpha_{i+1,i}}. \qquad (91)$$

(Zahlenbeispiel für den Durchlaufbalken: II, 36.)

Die Verhältniszahlen $\alpha_{i,i+1}$ und $\alpha_{i+1,i}$ bestimmen i. a. die Lage des linken bzw. rechten Momenten*festpunktes* eines biegefesten Stabes zwischen den Knotenpunkten i und $i+1$. Ist nur dieser Stab belastet, sind also sämtliche Belastungsglieder $B = 0$ mit Ausnahme von B_i und B_{i+1}, so ergeben die i. Gleichung des Satzes (b) und die $(i+1)$. Gleichung des Satzes (c) für X_i und X_{i+1} die beiden Gleichungen

$$\left.\begin{aligned} X_i/\alpha_{i,i+1} + X_{i+1} &= B_i/\delta_{i,i+1} \\ X_i + X_{i+1}/\alpha_{i+1,i} &= B_{i+1}/\delta_{i+1,i}. \end{aligned}\right\} \qquad (92)$$

Nach ihrer Lösung sind alle übrigen Unbekannten X mit Hilfe der α-Werte zu ermitteln.

c) Lösung durch Iteration. Die Lösung der Elastizitätsgleichungen durch Iteration kann in Betracht kommen, wenn für die Unbekannten gute Näherungswerte vorliegen, die sich aus $X_i = B_i/\delta_{ii}$ ergeben können, sofern die Diagonalwerte wesentlich größer als die übrigen Beiwerte δ_{ik} sind. Gute Näherungswerte für die statisch unbestimmten Größen liegen i. a. auch dann vor, wenn etwa durch Änderung von Querschnittsgrößen eine Wiederholung der Rechnung erforderlich wird.

22. Momentenfestpunkte

Die Lage der Momentenfestpunkte $F_{i-1,i}$ und $F_{i,i-1}$ (Abb. 94) ergibt sich bei dreigliedrigen Elastizitätsgleichungen mit den leicht und schnell zu ermittelnden Verhältnis- oder Fortleitungszahlen α durch die Abschnitte

$$\frac{\alpha l}{1+\alpha} = \frac{l}{1+1/\alpha} \quad \text{und} \quad \frac{l}{1+\alpha} = \frac{l/\alpha}{1+1/\alpha}. \tag{93}$$

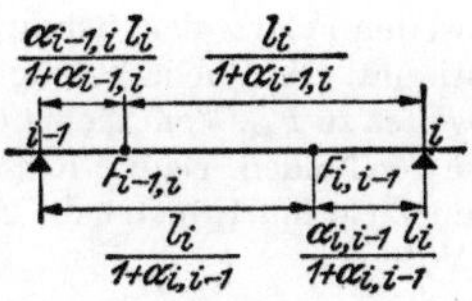

Abb. 94

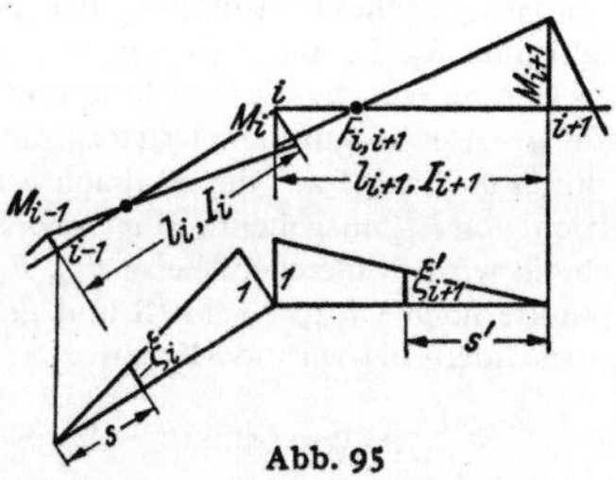

Abb. 95

Eine Rekursionsformel für α wird (Abb. 95) aus der Bedingung gewonnen, daß die gegenseitige Drehung der Stabquerschnitte in i zu Null werden muß. Bei Annahme konstanten Trägheitsmomentes zwischen je zwei Knotenpunkten, $l'_i = l_i I_c/I_i$, folgt mit $M_i = -\alpha_{i,i+1} M_{i+1}$ und $M_{i-1} = \alpha_{i-1,i}\,\alpha_{i,i+1} M_{i+1}$ aus
$M_{i+1}(-2l'_i\alpha_{i,i+1} + l'_i\alpha_{i,i+1}\alpha_{i-1,i} - 2l'_{i+1}\alpha_{i,i+1} + l'_{i+1}) = 0$

$$1/\alpha_{i,i+1} = 2 + (2 - \alpha_{i-1,i})\, l'_i/l'_{i+1}$$

und entsprechend

$$1/\alpha_{i,i-1} = 2 + (2 - \alpha_{i+1,i})\, l'_{i+1}/l'_i. \tag{94}$$

In den Endfeldern ist mit $\alpha = 0$ bei gelenkiger Lagerung und $\alpha = 0{,}5$ bei eingespannten Stabenden zu beginnen.

Zur *Kontrolle* der α-Werte kann bei *zwei*stäbigen Knotenpunkten nachstehende Gleichung benutzt werden:

$$l'_i\left(\frac{1}{\alpha_{i,i-1}} - \alpha_{i-1,i}\right) = l'_{i+1}\left(\frac{1}{\alpha_{i,i+1}} - \alpha_{i+1,i}\right). \tag{95}$$

Ist das Trägheitsmoment auch zwischen den Knotenpunkten veränderlich, so sei mit $\frac{s}{l_i} = \xi_i$ und $\frac{s'}{l_i} = \xi'_i$ (Abb. 95)

$$\int_0^1 \xi_i\, d\xi_i\, \frac{I_c}{I} = c_{1,i}; \quad \int_0^1 \xi'_i\, d\xi'_i\, \frac{I_c}{I} = c'_{1,i}; \quad \int_0^1 \xi_i \xi'_i\, d\xi_i\, \frac{I_c}{I} = c_{2,i} \tag{96}$$

eingeführt. Dann muß in Punkt i die Formänderungsbedingung

$$-\alpha_{i,i+1} c_{1,i} l_i + \alpha_{i,i+1}\alpha_{i-1,i} c_{2,i} l_i - \alpha_{i,i+1} c'_{1,i+1} l_{i+1} + c_{2,i+1} l_{i+1} = 0$$

erfüllt sein, woraus folgt

$$\frac{1}{\alpha_{i,i+1}} = \frac{c'_{1,i+1}}{c_{2,i+1}} + \frac{l_i}{l_{i+1}}\left(\frac{c_{1,i}}{c_{2,i+1}} - \alpha_{i-1,i}\,\frac{c_{2,i}}{c_{2,i+1}}\right)$$

und entsprechend wird (97)

$$\frac{1}{\alpha_{i,i-1}} = \frac{c_{1,i}}{c_{2,i}} + \frac{l_{i+1}}{l_i}\left(\frac{c'_{1,i+1}}{c_{2,i}} - \alpha_{i+1,i}\,\frac{c_{2,i+1}}{c_{2,i}}\right).$$

Für veränderliches Trägheitsmoment bei Ausbildung von ein- oder zweiseitig angeordneten geraden oder parabolischen Vouten an den Stützen durchlaufender Balken oder Rahmen können die c-Werte nach Gl. (96) unmittelbar oder durch einfache Umrechnungen Zahlentafeln und graphischen Darstellungen entnommen werden, die für verschiedene Voutenlängen und verschiedene Verhältnisse der Trägheitsmomente aufgestellt worden sind. Die Grenzwerte für stabweise konstantes I, $c_1 = c'_1 = {}^1/_3 \cdot I_c/I$ und $c_2 = {}^1/_6 \cdot I_c/I$, ergeben wieder die Gl. (94).

Bei durchweg konstantem Trägheitsmoment ergibt sich für Durchlaufträger eine einfache graphische Bestimmung der Festpunkte F mit Hilfe der verschränkten Drittelslinien L_1, L_2 und L_3 nach Abb. 96. Ausgehend von Punkt 0 wird eine beliebige Gerade mit der Drittelslinie und L_1 in a und b zum Schnitt gebracht. Die Gerade $a - 1$ gibt auf der Drittelslinie des zweiten Feldes den Schnittpunkt c, und durch $b - c$ wird auf der Stabachse F_{12} bestimmt. Die Wiederholung der Konstruktion, von F_{12} ausgehend, führt zu F_{23} und weiter zu F_{34}. Vom rechten Auflager ausgehend wird in gleicher Weise F_{32}, F_{21} und F_{10} gefunden. Da die Rechnung der Festpunkte nach Gl. (94) schnell und genau zum Ziele führt, bietet die Zeichnung — insbesondere bei veränderlichem I — keine Vorteile.

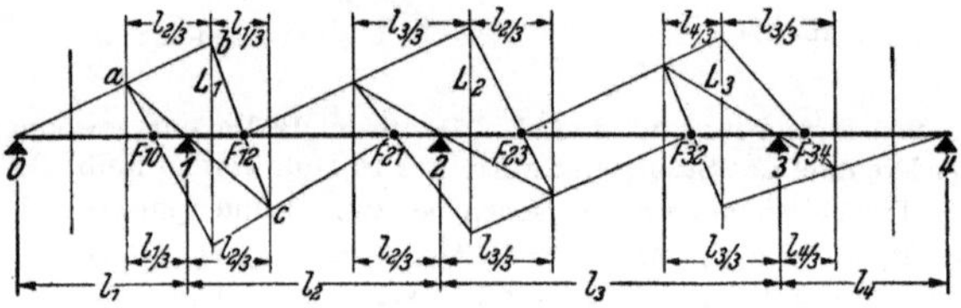

Abb. 96

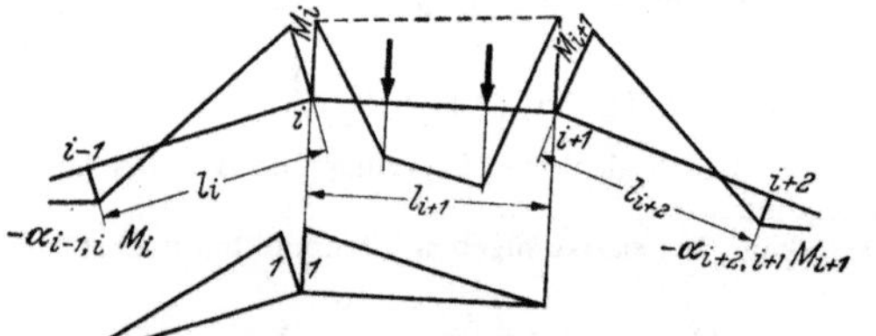

Abb. 97

Erleiden die Knotenpunkte eines Stabzuges aus biegefesten Stäben keine Verschiebungen und ist lediglich der Stab zwischen i und $i+1$ belastet, so lassen sich für die Momente M_i und M_{i+1} (unter Vernachlässigung des Einflusses der Normal- und Querkräfte) zwei Gleichungen aufstellen, die sich aus den Formänderungsbedingungen des statisch unbestimmten Tragwerkes für die gegenseitige Drehung der Stabenden ergeben (Abb. 97). Aus

$$M_i c_{1,i}\, l_i - \alpha_{i-1,i}\, M_i\, c_{2,i}\, l_i + M_i c'_{1,i+1}\, l_{i+1} + M_{i+1} c_{2,i+1}\, l_{i+1} + S'_{i+1}/l_{i+1} = 0,$$

worin S'_{i+1} das statische Moment der verzerrten Momentenfläche des belasteten Stabes in bezug auf Punkt $i+1$ ist, folgt

$$M_i\,(c_{1,i}\, l_i + c'_{1,i+1}\, l_{i+1} - \alpha_{i-1,i}\, c_{2,i}\, l_i) + M_{i+1} c_{2,i+1}\, l_{i+1} = -\, S'_{i+1}/l_{i+1}.$$

Die Division durch $c_{2,i+1}\, l_{i+1}$ führt zu

$$M_i\left[\frac{c'_{1,i+1}}{c_{2,i+1}} + \frac{l_i}{l_{i+1}}\left(\frac{c_{1,i}}{c_{2,i+1}} - \alpha_{i-1,i}\,\frac{c_{2,i}}{c_{2,i+1}}\right)\right] + M_{i+1} = -\,\frac{S'_{i+1}}{c_{2,i+1}\, l^2_{i+1}}$$

und entsprechend wird

$$M_i + M_{i+1}\left[\frac{c_{1,i+1}}{c_{2,i+1}} + \frac{l_{i+2}}{l_{i+1}}\left(\frac{c'_{1,i+2}}{c_{2,i+1}} - \alpha_{i+2,i+1}\frac{c_{2,i+2}}{c_{2,i+1}}\right)\right] = -\frac{S'_i}{c_{2,i+1}\,l^2_{i+1}}.$$

Unter Beachtung der Gl. (97) erhält man

$$\left.\begin{aligned}\frac{M_i}{\alpha_{i,i+1}} + M_{i+1} &= -\frac{S'_{i+1}}{c_{2,i+1}\,l^2_{i+1}}\\ M_i + \frac{M_{i+1}}{\alpha_{i+1,i}} &= -\frac{S'_i}{c_{2,i+1}\,l^2_{i+1}}\end{aligned}\right\}\qquad(98)$$

in Übereinstimmung mit Gl. 92, denn es ist

$EI_c\delta_{i,i+1} = c_{2,i+1}l_{i+1}$; $EI_cB_i = -EI_c\delta_{i0} = -S'_{i+1}/l_{i+1}$ und $EI_cB_{i+1} = -S'_i/l_{i+1}$.

Für stabweise konstantes I folgt daraus mit $c_{2,i+1} = \dfrac{1}{6}\dfrac{I_c}{I}$

$$\left.\begin{aligned}\frac{M_i}{\alpha_{i,i+1}} + M_{i+1} &= -\frac{6\,S_{i+1}}{l^2_{i+1}}\\ M_i + \frac{M_{i+1}}{\alpha_{i+1,i}} &= -\frac{6\,S_i}{l^2_{i+1}}.\end{aligned}\right\}\qquad(99)$$

(Für S_i, S_{i+1} siehe Tafelwerte unter I, 28.)

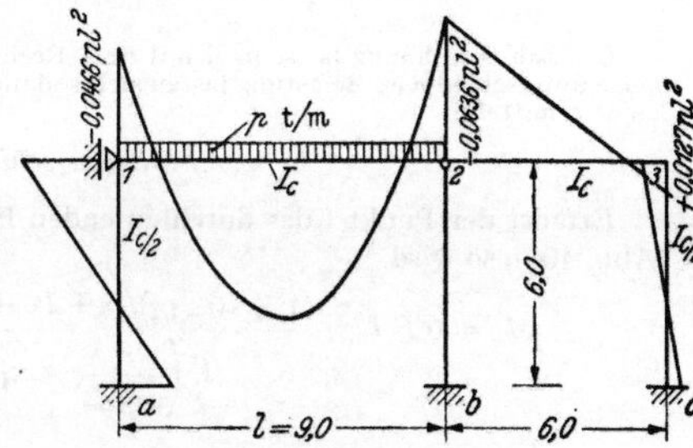

Abb. 98

Beispiel. 1. Rahmen nach Abb. 98. Riegel 1 bis 2 belastet durch p t/m.

$\alpha_{a1} = 0{,}5 \qquad 1/\alpha_{12} = 2 + (2 - 0{,}5)\,12/9 = 4\,, \qquad \alpha_{12} = 0{,}25$

$\alpha_{c3} = 0{,}5 \qquad 1/\alpha_{32} = 2 + (2 - 0{,}5)\,12/6 = 5\,, \qquad \alpha_{32} = 0{,}2$

$1/\alpha_{21} = 2 + (2 - 0{,}2)\;6/9 = 3{,}2$

$$6\,S_1/l^2 = 6\,S_2/l^2 = pl^2/4$$

$$4\,M_1 + M_2 = -\,0{,}25\,pl^2$$

$$M_1 + 3{,}2\,M_2 = -\,0{,}25\,pl^2$$

Lösung: $M_1 = -\,0{,}0466\,pl^2,\ M_2 = -\,0{,}0636\,pl^2$

und weiter $M_3 = +\,0{,}2\cdot 0{,}0636\,pl^2 = +\,0{,}0127\,pl^2.$

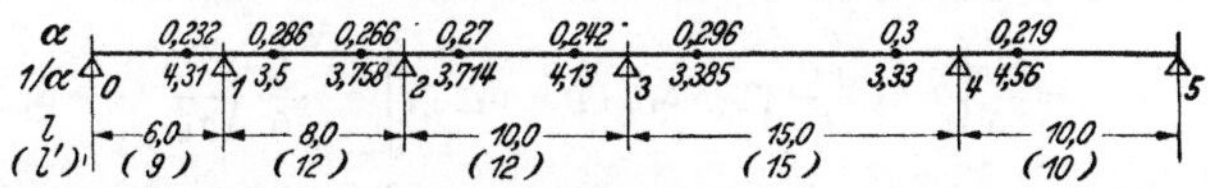

Abb. 99

2. Durchlaufträger nach Abb. 99.

Zunächst werden die Werte $1/\alpha$ und α vom linken bzw. rechten Trägerende ausgehend berechnet und in die Abbildung links und rechts der Stützpunkte eingetragen [Kontrolle nach Gl. (95)]. Die Belastung der einzelnen Öffnungen mit $p = 1$ t/m ergibt nach Gl. 99 nacheinander die Stützmomente für die Einzelbelastungen; z. B.

Feld 1 belastet: $4{,}31\,M_1 = -\,6^2/4;\ M_1 = -\,2{,}09$ mt

Feld 2 belastet: $3{,}5\ \ M_1 + M_2 = -\,16$

$M_1 + 3{,}758\,M_2 = -\,16$

daraus $M_1 = -\,3{,}63$ mt und $M_2 = -\,3{,}29$ mt.

Die gleicherweise errechneten Werte der Stützmomente für alle Einzelfeldbelastungen werden wie nachfolgend in eine Tabelle eingetragen (Fettdruck) und an Hand der Skizze oder nach Eintragung der in Betracht kommenden α-Werte am Kopf der Tabelle weitergeleitet.

	M_1	M_2	M_3	M_4
Belastung mit 1 t/m in	→ 0,266	→ 0,242	→ 0,3	
	← 0,286	← 0,27	← 0,296	
Feld 1	**— 2,09**	+ 0,556	— 0,135	+ 0,04
2	**— 3,63**	**— 3,29**	+ 0,795	— 0,239
3	+ 1,56	**— 5,45**	**— 4,73**	+ 1,42
4	— 0,983	+ 3,44	**— 12,75**	**— 13,05**
5	+ 0,125	— 0,437	+ 1,62	**— 5,475**

Die Zahlenrechnung ist schnell mit dem Rechenschieber durchzuführen, und für feldweise unterschiedliche Belastung lassen sich sodann auch die Größtwerte der Stützmomente leicht ermitteln.

Stützenverschiebungen

Erfährt der Punkt i des durchlaufenden Balkens eine lotrechte Verschiebung v_i (Abb. 100), so wird

$$M_i = 6\,E\,I_c\,v_i\,\frac{(1+\alpha_{i-1,i})/l_i + (1+\alpha_{i+1,i})/l_{i+1}}{l_i'\left(\frac{1}{\alpha_{i,i-1}} - \alpha_{i-1,i}\right)}. \tag{100}$$

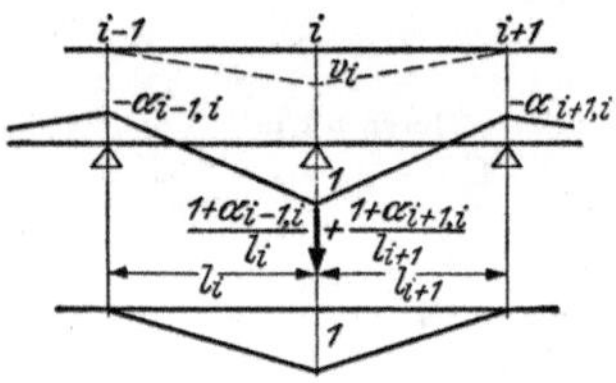

Abb. 100

Der Zähler ergibt sich aus der Arbeit der Stützkraft des Zustandes $M_i = +1$ am $n-1$-fach statisch unbestimmten System auf dem Wege v_i, und der Nenner aus der gegenseitigen Drehung in i infolge $M_i = +1$. Diese Drehung beträgt

$$E\,I_c \cdot \delta_{ii}^{(n-1)} = \frac{l_i'}{3} - \frac{l_i'\,\alpha_{i-1,i}}{6} + \frac{l_{i+1}'}{3} - \frac{l_{i+1}'\,\alpha_{i+1,i}}{6}$$

$$= \frac{l_i'}{6}\left[2 + \frac{l_{i+1}'}{l_i'}(2-\alpha_{i+1,i}) - \alpha_{i-1,i}\right] = \frac{l_i'}{6}\left(\frac{1}{\alpha_{i,i-1}} - \alpha_{i-1,i}\right)$$

oder

$$= \frac{l_{i+1}'}{6}\left[2 + \frac{l_i'}{l_{i+1}'}(2-\alpha_{i-1,i}) - \alpha_{i+1,i}\right] = \frac{l_{i+1}'}{6}\left(\frac{1}{\alpha_{i,i+1}} - \alpha_{i+1,i}\right).$$

Damit wird

$$M_i = 6\,E\,I_c\,v_i\left[\frac{1+1/\alpha_{i-1,i}}{l_i\,l_i'\left(\frac{1}{\alpha_{i,i-1}}\cdot\frac{1}{\alpha_{i-1,i}} - 1\right)} + \frac{1+1/\alpha_{i+1,i}}{l_{i+1}\,l_{i+1}'\left(\frac{1}{\alpha_{i,i+1}}\cdot\frac{1}{\alpha_{i+1,i}} - 1\right)}\right]. \tag{101}$$

Aus der Bedingung, daß in $i-1$ keine gegenseitige Drehung der Querschnitte auftritt, folgt

$$M_{i-1}\left[\frac{l_{i-1}'}{3} - \frac{l_{i-1}'\,\alpha_{i-2,i-1}}{6} + \frac{l_i'}{3}\right] + M_i\,\frac{l_i'}{6} + \frac{E\,I_c\,v_i}{l_i} = 0,$$

$$\left.\begin{aligned} &\text{daraus} && M_{i-1} = -\alpha_{i-1,i}\left(M_i + \frac{6\,E I_c v_i}{l_i l_i'}\right) \\ &\text{und entsprechend} && M_{i+1} = -\alpha_{i+1,i}\left(M_i + \frac{6\,E I_c v_i}{l_{i+1} l_{i+1}'}\right). \end{aligned}\right\} \quad (102)$$

Daraus die übrigen Stützmomente durch Weiterleitung.

Beispiel. Senkung der Stütze 2 (Abb. 99) um das Maß v_2.

$$M_2 = 6\,E I_c v_2 \left[\frac{1 + 3{,}5}{8 \cdot 12\,(3{,}5 \cdot 3{,}758 - 1)} + \frac{1 + 4{,}13}{10 \cdot 12\,(3{,}714 \cdot 4{,}13 - 1)}\right]$$

$$M_2 = 0{,}0409\,E I_c v_2$$

$$M_1 = -0{,}286\left(0{,}0409 + \frac{6}{8 \cdot 12}\right) E I_c v_2 = -0{,}0296\,E I_c v_2$$

$$M_3 = -0{,}242\left(0{,}0409 + \frac{6}{10 \cdot 12}\right) E I_c v_2 = -0{,}022\,E I_c v_2$$

$$M_4 = +0{,}3 \quad 0{,}022\,E I_c v_2 = +0{,}0066\,E I_c v_2.$$

(E in t/m², I in m⁴, v_2 in m)

Stabzug mit mehrstäbigen Knotenpunkten

Zweigen von den unverschieblichen Knotenpunkten a und b eines Stabes von der Länge l und dem Trägheitsmoment I biegefest angeschlossene Stäbe zu weiteren Knotenpunkten gleicher Eigenschaft ab, und werden diese Stäbe nach ihren Endpunkten mit i bzw. k (die Längen mit l_i bzw. l_k) bezeichnet, so ergibt sich für die gegenseitige Drehung in a mit den Bezeichnungen nach Abb. 101

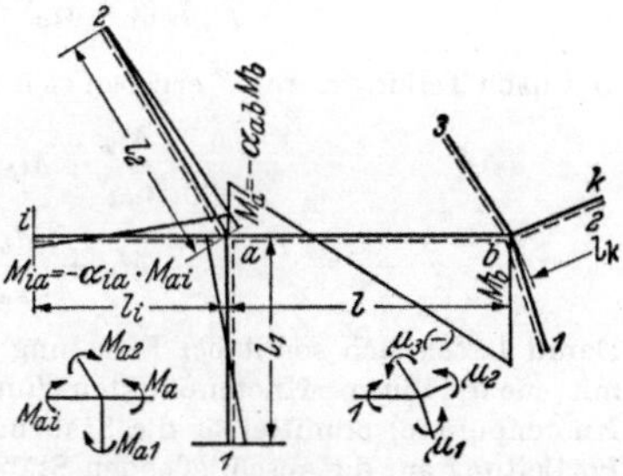

Abb. 101

$$\frac{l' M_b}{6}(1 - 2\,\alpha_{ab}) + \frac{l_i' M_{ai}}{6}(2 - \alpha_{ia}) = 0,$$

worin für i jeder der angeschlossenen Stäbe gewählt werden kann. Somit ist

$$M_{a1}\, l_1'\,(2 - \alpha_{1a}) = M_{a2}\, l_2'\,(2 - \alpha_{2a}) = \ldots = M_{ai}\, l_i'\,(2 - \alpha_{ia}),$$

und aus der Gleichgewichtsbedingung $\Sigma M = 0$ für Knotenpunkt a folgt

$$M_a - M_{ai}\, l_i'\,(2 - \alpha_{ia}) \sum_i \frac{1}{l_i'(2 - \alpha_{ia})} = M_a - \frac{M_{ai}}{\mu_i} = 0 \quad (103)$$

mit

$$\frac{1}{\mu_i} = l_i'\,(2 - \alpha_{ia}) \sum_i \frac{1}{l_i'(2 - \alpha_{ia})}. \quad (104)$$

Die Momenten*verteilungszahlen* μ_i geben an, in welcher Weise sich ein Moment M_a auf die abzweigenden Stäbe verteilt. Weiter erhält man mit $M_{ai} = \mu_i M_a = -\mu_i \cdot \alpha_{ab} M_b$ die Gleichung

$$M_b\,[l'\,(2 - \alpha_{ab}) - \mu_i \alpha_{ab}\,(2 - \alpha_{ia})] = 0$$

und daraus als Rekursionsformel für die Weiterleitungszahlen

$$\left.\begin{aligned} &1/\alpha_{ab} = 2 + \frac{1}{l' \sum\limits_i \frac{1}{l_i'(2 - \alpha_{ia})}} \\ &\text{und entsprechend} \\ &1/\alpha_{ba} = 2 + \frac{1}{l' \sum\limits_k \frac{1}{l_k'(2 - \alpha_{kb})}}. \end{aligned}\right\} \quad (105)$$

Die Werte α_{ia} und α_{kb} sind ihrerseits in den Knotenpunkten i und k nach diesen Formeln aus den in i und k abzweigenden Stäben zu errechnen.

Ist nur der Stab zwischen a und b belastet, und wird Unverschieblichkeit der Knotenpunkte vorausgesetzt, so folgt aus der Formänderungsbedingung in a mit S_b' und S_a' als statischen Momenten der verzerrten Momentenflächen des belasteten Stabes in bezug auf b und a:

$$\frac{l_i'}{6} M_{ai} (2 - \alpha_{ia}) + \frac{l'}{6} (2 M_a + M_b) + \frac{S_b'}{l} = 0$$

$$\frac{l_k'}{6} M_{bk} (2 - \alpha_{kb}) + \frac{l'}{6} (2 M_b + M_a) + \frac{S_a'}{l} = 0.$$

Mit $M_{ai} = \mu_i M_a$, $M_{bk} = \mu_k M_b$ erhält man unter Beachtung der Gl. (104)

$$M_a \left(\frac{1}{\sum\limits_i \frac{1}{l_i' (2 - \alpha_{ia})}} + 2 l' \right) + M_b l' = - \frac{6 S_b'}{l}$$

und nach Teilung durch l' ergeben sich für die Momente M_a und M_b wieder

$$\left.\begin{aligned} \frac{M_a}{\alpha_{ab}} + M_b &= - \frac{6 S_b}{l^2} \\ M_a + \frac{M_b}{\alpha_{ba}} &= - \frac{6 S_a}{l^2}. \end{aligned}\right\} \tag{106}$$

Damit lassen sich somit bei Belastung eines beliebigen Stabes in einem Stabzug mit mehrstäbigen Knotenpunkten (unter der Voraussetzung unverschieblicher Knotenpunkte) unmittelbar die Stabendmomente berechnen. Die Verteilung bzw. Fortleitung auf die anschließenden Stäbe erfolgt mit Hilfe der μ- und α-Werte, die sofort erkennen lassen, wann die Rechnung abgebrochen werden darf. Auch Einflußlinien lassen sich auf diesem Wege ermitteln. Auf der rechten Seite der Gleichungen ist dann lediglich für S_b/l die Biegelinie δ_{ma} infolge $M_a = 1$ und für S_a/l die Biegelinie δ_{mb} infolge $M_b = 1$ zu setzen.

Veränderlichem Trägheitsmoment kann nach Gl. (96) Rechnung getragen werden. Man erhält dann in Gl. (106) auf der rechten Seite die Belastungsglieder $-\frac{S_b'}{c_2 l^2}$ und $-\frac{S_a'}{c_2 l^2}$ entsprechend Gl. (98).

Das Vorzeichen der Biegemomente für die einzelnen Stäbe kann nach I, 11 beliebig festgelegt werden und wird hier auch für die Stabendmomente oder Knotenmomente beibehalten. Bei der Vorzeichenfestsetzung nach Abb. 101 ergibt ein zu verteilendes positives Moment M_a durchweg positive Momente M_{ai}, und ein positives Moment M_b ergibt positive Momente M_{b1}, M_{b2} und ein negatives Moment M_{b3}, was durch entsprechende Knotenskizzen klargestellt wird. Wenn Verwechslungen vorkommen können, werden die Stabendmomente mit zwei Zeigern geschrieben.

Nach Gl. (104) werden die *absoluten* Beträge der Verteilungszahlen μ_i berechnet, für die die Bedingung $\Sigma \mu_i = 1$ erfüllt sein muß. Zur Berechnung von μ_i oder als Kontrolle ergibt sich aus Gl. (104) und (105) noch die folgende einfachere Beziehung

$$\mu_i = \frac{l' \left(\frac{1}{\alpha_{ab}} - 2 \right)}{l_i' (2 - \alpha_{ia})}. \tag{107}$$

Beispiel. Das Rahmentragwerk (Abb. 102) soll für eine Belastung $p = 1$ t/m des Riegels $a-b$ berechnet werden, und es soll der Einfluß der Stützung in den Punkten 1, 2 und 3 (Gelenke oder Einspannung) untersucht werden. Das Ergebnis der sehr schnell durchgeführten Rechnung ist in nachstehender Übersicht wiedergegeben.

	Stützung		$1/\alpha_{ab} = 1/\alpha_{ba}$	$M_a = M_b$	Verteilungszahlen			I = konst. $M_a = M_b$
	Gelenk in	Einspannung in			μ_1	μ_2	μ_3	
1	1, 2, 3		2,92	− 2,30	0,308	0,462	0,230	− 2,56
2	2, 3	1	2,84	− 2,34	0,372	0,419	0,209	− 2,59
3	1 3	2	2,8	− 2,37	0,267	0,533	0,2	− 2,59
4	2	1 3	2,78	− 2,38	0,348	0,319	0,261	− 2,64
5		1, 2, 3	2,69	− 2,44	0,308	0,462	0,230	− 2,65

Dem Ergebnis ist zu entnehmen, daß der Einspannungsgrad entfernter liegender Knotenpunkte auf die Momente M_a und M_b nur von untergeordneter Bedeutung ist. Der größte Unterschied zwischen den Grenzen gelenkiger Lagerung und fester Einspannung in den Punkten 1, 2 und 3 beträgt hier nur rd. 6%. Der Einfluß ist noch geringer bei durchweg konstantem I für alle Stäbe, wie der letzten Spalte zu entnehmen ist. Von größerem Einfluß ist jedoch der Einspannungsgrad auf die Verteilungszahlen μ.

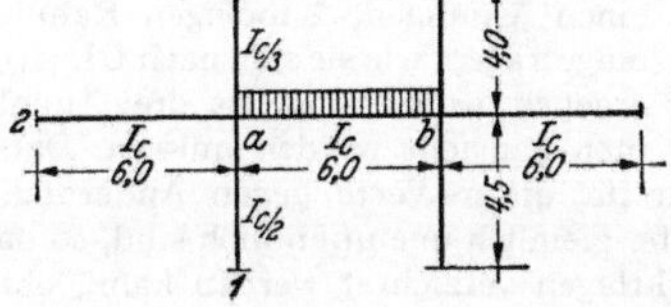

Abb. 102

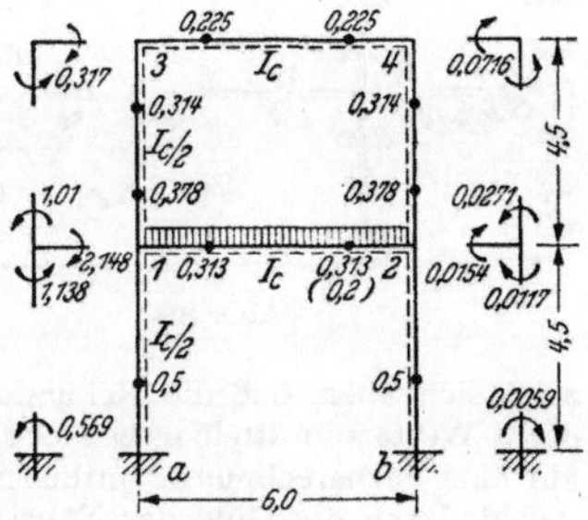

Abb. 103

Geschlossene Stabzüge

Bei geschlossenen Stabzügen wie Stockwerkrahmen u. dgl. sind zur Berechnung der α-Werte zunächst Schätzungen für einen oder auch für mehrere dieser Werte zu treffen. Es zeigt sich aber, daß selbst bei einer groben Fehlschätzung die Rechnung nicht wiederholt zu werden braucht.

Beispiel. Zweistieliger Stockwerkrahmen (Abb. 103).
Bei fester Einspannung ist $\alpha_{a1} = \alpha_{b2} = 0{,}5$. Die Berechnung von α_{13} ist nicht möglich, ohne α_{21} zu kennen, und α_{12} kann nur berechnet werden, wenn α_{31} bekannt ist. Es wird (absichtlich schlecht) geschätzt: $\alpha_{21} = \alpha_{12} = 0{,}2$. Sodann werden der Reihe nach berechnet $\alpha_{13} = 0{,}375$; $\alpha_{34} = 0{,}225 = \alpha_{43}$; $\alpha_{42} = 0{,}314$. Nunmehr ergibt sich der vorher geschätzte Wert zu $\alpha_{21} = 0{,}313$ (gegenüber 0,2). Die Wiederholung der Rechnung führt zu dem verbesserten Wert $\alpha_{13} = 0{,}378$ gegenüber 0,375, und somit erübrigt sich eine Korrektur weiterer Werte.

Bei offenen Stabzügen ergeben sich für M_a und M_b nach Gl. (106) die endgültigen Werte, während sie bei geschlossenen Stabzügen durch die weitergeleiteten umlaufenden Momente eine kleine Änderung erfahren, die aber praktisch in den meisten Fällen vernachlässigt werden darf.

Ist in Abb. 103 der Riegel *1*—*2* mit $p = 1$ t/m belastet, so wird nach Gl. (106): $M_1 = M_2 = -2{,}148$. Die Verteilungszahlen in Punkt *1* und *2* sind nach Gl. (107) $6\,(3{,}19 - 2)/9 \cdot 1{,}5 = 0{,}53$ für den unteren Stiel und $6\,(3{,}19 - 2)/9 \cdot 1{,}686 = 0{,}47$ für den oberen Stiel. Es wird $M_{13} = +0{,}47 \cdot 2{,}148 = +1{,}01$, und die Weiterleitung führt zu $M_{31} = -0{,}314 \cdot 1{,}01 = -0{,}317$, $M_{43} = +0{,}225 \cdot 0{,}317 = +0{,}0716$, $M_{24} = -0{,}378 \cdot 0{,}0716 = -0{,}0271$. Dieses Moment ist in Punkt *2* zu verteilen auf Riegel und unteren Stiel. Mit den Verteilungszahlen $9\,(2{,}64 - 2)/6\,(2 - 0{,}313) = 0{,}57$ und 0,43 beträgt die Korrektur für M_2 nur $+\,0{,}57 \cdot 0{,}0271 = +\,0{,}0154$

und von $M_2 = -2{,}148$ über M_4, M_3, M_1 kommend $-0{,}313 \cdot 0{,}0154 = -0{,}0048$, so daß sich im Endergebnis $M_1 = M_2 = -2{,}148 + 0{,}0154 - 0{,}0048 = -2{,}138$ statt $-2{,}148$ einstellt.

Die Größe der Korrektur läßt sich auch leicht vorweg abschätzen. Wird als Mittel für die Verteilungszahlen 0,5 und für die Weiterleitungszahlen ungünstig gerechnet 0,4 angenommen, so beträgt die Korrektur $0{,}5 \cdot 0{,}4^3 \cdot 0{,}5\,(1 - 0{,}4) = 0{,}0096$, d. h. höchstens 1% des Ausgangsmomentes. Die übrigen Momente sind nach einem Umlauf und Abrundung in der zweiten Dezimalstelle: $M_a = M_b = +0{,}57$, $M_{1a} = M_{1b} = -1{,}15$, $M_{13} = M_{24} = +0{,}98$, $M_3 = M_4 = -0{,}25$.

Aus der Berechnung geht hervor, daß bei geschlossenen Stabzügen die tatsächliche Festpunktlage von der vorweg ermittelten abweicht. Diese Abweichungen wirken sich, wenn auch nur geringfügig, in den Verteilungszahlen μ aus, so daß eine genaue Lösung auf diesem Wege nur durch weitergehende Iteration erreicht werden kann. Nur in Sonderfällen, wie für den symmetrischen Stockwerkrahmen bei symmetrischer Riegelbelastung (II, 43), lassen sich die endgültigen Festpunktlagen vorweg bestimmen. Immerhin bietet dieser Weg bei unsymmetrischen Tragwerken doch eine Möglichkeit, sehr schnell gute Näherungswerte für die Einspannmomente belasteter Riegel zu erhalten, die in vielen Fällen kaum einer Korrektur bedürfen, es sei denn, daß der Einfluß der Knotenverschiebung beachtet werden muß. In Abb. 104 sind die Festpunktlagen für einen 3stieligen, 2stöckigen Rahmen eingetragen, wie sie sich nach Gl. (105) ergeben, wobei zunächst drei Annahmen gemacht werden müssen. Dabei zeigt sich aber, daß die Rekursionsformeln für die α-Werte gegen Änderungen der α-Werte unmittelbar benachbarter Stäbe ziemlich unempfindlich sind, so daß auf eine Vorberechnung sämtlicher Festpunktlagen verzichtet werden kann, ohne daß dadurch die Güte der Näherungslösung stark beeinträchtigt wird.

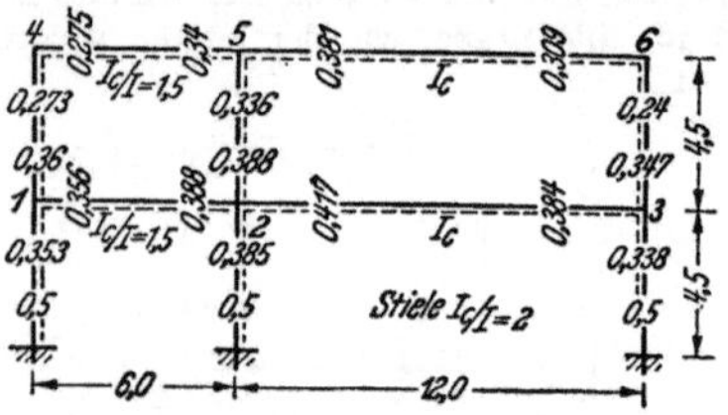

Abb. 104

Sofern die Verhältnisse I_c/I nicht sehr stark unterschiedlich sind, kann an 2stäbigen Knotenpunkten $\alpha = 0{,}25$ bis 0,3, an 3stäbigen $\alpha = 0{,}35$ und an 4stäbigen $\alpha = 0{,}4$ roh geschätzt werden. Sollen z. B. die Einspannmomente M_{23} und M_{32} für eine Belastung $p = 1$ t/m des Riegels $2-3$ ermittelt werden, so ist nur die folgende Rechnung durchzuführen: Es wird geschätzt $\alpha_{52} = \alpha_{12} = 0{,}35$ und $\alpha_{63} = 0{,}3$ (absichtlich zu groß!). Damit wird

$$\frac{1}{\alpha_{23}} = 2 + \frac{1}{12\left(\frac{1}{9 \cdot 1{,}5} + \frac{1}{9 \cdot 1{,}65} + \frac{1}{9 \cdot 1{,}65}\right)} = 2{,}4;$$

$$\frac{1}{\alpha_{32}} = 2 + \frac{1}{12\left(\frac{1}{9 \cdot 1{,}5} + \frac{1}{9 \cdot 1{,}7}\right)} = 2{,}6; \quad \text{also } \alpha_{23} = 0{,}417,\ \alpha_{32} = 0{,}385,$$

so daß sich also praktische Übereinstimmung mit den Festpunktzahlen nach Abb. 104 ergibt. Für die Momente erhält man aus den Gl. (106)

$$2{,}4\,M_{23} + M_{32} = -36$$
$$M_{23} + 2{,}6\,M_{32} = -36$$

das Ergebnis $M_{23} = -11$ mt und $M_{32} = -9{,}6$ mt.

Die Berechnung hat den Vorteil, daß eine systematische Einrechnung sämtlicher α-Werte entbehrlich ist und die Berechnung der Momente bei jedem beliebigen Stab begonnen werden kann, indem dessen Festwerte mit geschätzten Werten der benachbarten Stäbe bestimmt werden. Wenn man sich weiter darauf beschränkt, die Verteilung und Weiterleitung bis zu den benachbarten oder übernächsten Knotenpunkten durchzuführen, führt die Berechnung schnell zum Ziel.

Verteilung eines äußeren Momentes

Wirkt auf einen Knotenpunkt i, von dem mehrere biegesteif angeschlossene Stäbe zu Knotenpunkten k abzweigen, ein äußeres Moment M_a, so verlangt das Gleichgewicht $M_a - \Sigma M_{ik} = 0$. Als äußeres Moment auf den Knoten i wirkend ist in diesem Sinne auch das für volle Einspannung errechnete Einspannmoment eines elastisch eingespannten Stabes aufzufassen. Wird

$$M_{ik} = \mu_{ik} M_a \tag{108}$$

gesetzt, so folgt $M_a (1 - \Sigma \mu_{ik}) = 0$ und somit $\Sigma \mu_{ik} = 1$, worin wieder die absoluten Beträge der Verteilungszahlen μ einzusetzen sind. Das Vorzeichen der Biegemomente kann wieder beliebig festgelegt werden. Die Verteilungszahlen ergeben sich entsprechend Gl. (104) zu

$$\mu_{ik} = \frac{\dfrac{1}{l'_k (2 - \alpha_{ki})}}{\sum\limits_k \dfrac{1}{l'_k (2 - \alpha_{ki})}}. \tag{109}$$

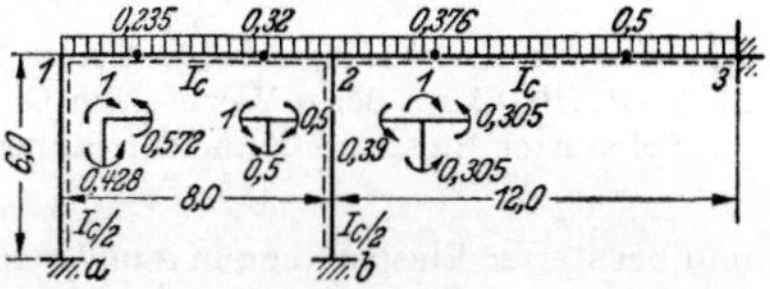

Abb. 105

Dabei ist nur darauf zu achten, daß sich Σ jetzt über *alle* Stäbe erstreckt, die in i biegefest angeschlossen sind. Dagegen ist Gl. (107) für diesen Fall *nicht* anwendbar.

Beispiel. Rahmen nach Abb. 105. Riegel belastet mit $p = 1$ t/m. Für beiderseits volle Einspannung wird $M_1 = M_{21} = -5{,}333$ mt und $M_{23} = M_3 = -12$ mt, so daß in Punkt 2 ein äußeres Moment $M_a = 6{,}667$ mt zu verteilen ist. Die für die Verteilung und Weiterleitung in Betracht kommenden Zahlen sind in Abb. 105 eingetragen. Die Berechnung erfolgt in nachstehender Tabelle.

	M_1	M_{21}	M_{2b}	M_{23}	M_3
M aus voller Einspannung	− 5,333	− 5,333		− 12,0	− 12,0
Verteilung in 1 und Weiterleitung	0,572 · 5,333 = + 3,05	0,32 · 3,05 = − 0,977			
Verteilung von M_{21} und Weiterleitung			0,5 · 0,977 = − 0,489	0,5 · 0,977 = − 0,489	0,5 · 0,489 = + 0,244
Verteilung M_a in 2 und Weiterleitung	0,235 · 2,6 = + 0,612	0,39 · 6,667 = − 2,6	0,305 · 6,667 = + 2,035	0,305 · 6,667 = + 2,035	0,5 · 2,035 = − 1,018
Ergebnis:	− 1,67	− 8,91	+ 1,546	− 10,454	− 12,774

Verschiebungen der Knotenpunkte

Erfährt der Punkt b (Abb. 101) eine Verschiebung Δ normal zur Stabachse — positiv im Sinne einer Rechtsdrehung des Stabes $a-b$ —, und ändert sich die gegenseitige Lage der Knotenpunkte im übrigen nicht, so ist auf der rechten Seite der Gl. (106) die Verdrehung der Endquerschnitte a und b infolge dieser Verschiebung einzuführen:

$$\left.\begin{aligned} \frac{M_a}{\alpha_{ab}} + M_b &= -\frac{6EI\Delta}{l^2} = -\frac{6EI_c\Delta}{ll'} \\ M_a + \frac{M_b}{\alpha_{ba}} &= +\frac{6EI\Delta}{l^2} = +\frac{6EI_c\Delta}{ll'}. \end{aligned}\right\} \tag{110}$$

Die Lösung ergibt

$$\left.\begin{aligned} M_a &= -\frac{1+\dfrac{1}{\alpha_{ba}}}{\dfrac{1}{\alpha_{ab}}\cdot\dfrac{1}{\alpha_{ba}}-1}\,\frac{6\,E\,I_c\,\Delta}{l\,l'} \\ M_b &= +\frac{1+\dfrac{1}{\alpha_{ab}}}{\dfrac{1}{\alpha_{ab}}\cdot\dfrac{1}{\alpha_{ba}}-1}\,\frac{6\,E\,I_c\,\Delta}{l\,l'}. \end{aligned}\right\} \quad (111)$$

Die Stabendmomente stehen in einem festen Verhältnis zueinander:

$$\frac{M_a}{M_b} = -\frac{1+\dfrac{1}{\alpha_{ba}}}{1+\dfrac{1}{\alpha_{ab}}}. \quad (112)$$

Die Weiterleitung auf die anschließenden Stäbe erfolgt wieder mit Hilfe der α-Werte nach Gl. (105) bzw. der μ-Werte nach Gl. (107) für die Verteilung.

Bei starrer Einspannung beider Stabenden wird mit $\alpha_{ab} = \alpha_{ba} = 0{,}5$

$$M_a = -M_b = -6\,E\,I\,\Delta/l^2, \quad (113)$$

und bei starrer Einspannung in a und gelenkigem Anschluß in b wird mit $\alpha_{ab} = 0{,}5$ und $\alpha_{ba} = 0$

$$M_a = -3\,E\,I\,\Delta/l^2. \quad (114)$$

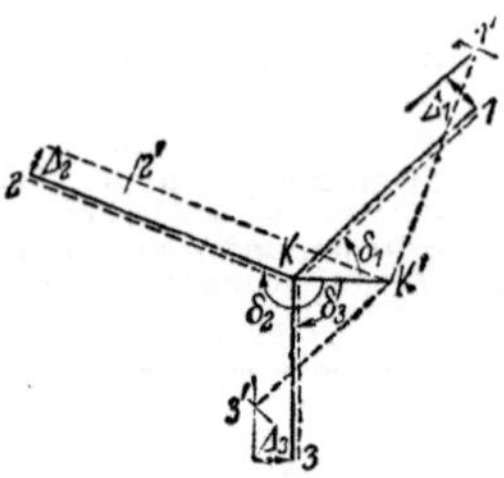

Abb. 106

Bei elastischer Einspannung in a und gelenkigem Anschluß in b wird mit $\alpha_{ba} = 0$

$$M_a = -\alpha_{ab}\,6\,E\,I_c\,\Delta/l\,l'. \quad (115)$$

Erfährt der Knotenpunkt k eine Verschiebung Δk in beliebiger Richtung, wobei die Verschiebungen der Punkte $1, 2, 3, i$ normal zur Stabachse $\Delta 1, \Delta 2, \Delta 3, \Delta i$ betragen (Abb. 106) und positiv im Sinne einer Vergrößerung des Winkels δ eingeführt werden, so wird mit den Verteilungszahlen μ_2, μ_3, μ_i, die sich aus $M_{k1} = 1$ unter Berücksichtigung des Vorzeichens ergeben,

$$M_{k1} = \frac{6\,E\,I_c\left[\dfrac{1+\alpha_{1k}}{l_1}(\Delta k\sin\delta_1 + \Delta 1) + \sum' \dfrac{\mu_i\,(1+\alpha_{ik})}{l_i}(\Delta k\sin\delta_i + \Delta i)\right]}{l_1'\left(\dfrac{1}{\alpha_{k1}} - \alpha_{1k}\right)}. \quad (116)$$

Der Zähler wird als Arbeit der Stützkräfte des Zustandes $M_{k1} = 1$ gewonnen, und der Nenner ergibt sich aus der gegenseitigen Drehung der Endquerschnitte in k infolge $M_{k1} = 1$:

$$\frac{l_1'}{6}(2-\alpha_{1k}) + \frac{l_i'}{6}\mu_i\,(2-\alpha_{ik}) = \frac{l_1'}{6}\left(\frac{1}{\alpha_{k1}} - \alpha_{1k}\right),$$

wenn nach Gl. (107) $\mu_i = \dfrac{l_1'\left(\dfrac{1}{\alpha_{k1}} - 2\right)}{l_i'\,(2-\alpha_{ik})}$ eingesetzt wird.

Beispiel. Für den durchlaufenden Rahmen Abb. 107 ist der Einfluß einer lotrechten Senkung v des Punktes c zu ermitteln. Die nach Gl. (105) berechneten Festwerte $1/\alpha$ und α sind in der Skizze eingetragen. Sodann werden die Verteilungszahlen μ nach Gl. (107) ermittelt. Die Verteilung in Punkt 2 ergibt

$$\text{aus } M_{21} = 1:\ \mu_{23} = \frac{12\cdot 0{,}885}{16\cdot 1{,}608} = 0{,}412;\quad \mu_{2b} = \frac{12\cdot 0{,}885}{9\cdot 2} = 0{,}588$$

$$\text{aus } M_{23} = 1: \mu_{21} = \frac{16 \cdot 0{,}594}{12 \cdot 1{,}68} = 0{,}472; \quad \mu_{2b} = \frac{16 \cdot 0{,}594}{9 \cdot 2} = 0{,}528\ (-)$$

$$\text{aus } M_{2b} = 1: \mu_{21} = \frac{9 \cdot 1{,}26}{12 \cdot 1{,}68} = 0{,}56; \quad \mu_{23} = \frac{9 \cdot 1{,}26}{16 \cdot 1{,}608} = 0{,}44\ (-).$$

Verteilung in Punkt 3:

$$\text{aus } M_{32} = 1: \mu_{34} = 0{,}513; \qquad \mu_{3c} = 0{,}487\ (-)$$
$$\text{aus } M_{34} = 1: \mu_{32} = 0{,}41; \qquad \mu_{3c} = 0{,}59$$
$$\text{aus } M_{3c} = 1: \mu_{32} = 0{,}397\ (-); \qquad \mu_{34} = 0{,}603.$$

Die Vorzeichen, mit denen die μ-Werte in die weitere Rechnung eingehen, sind den Gleichgewichtsskizzen zu entnehmen; die negativen Werte werden durch (−) gekennzeichnet.

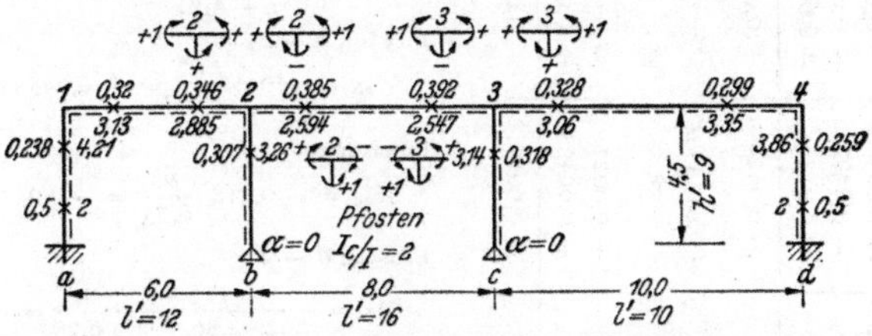

Abb. 107

Nunmehr erfolgt die Berechnung der Momente nach Gl. (116), $EI_c v = v'$ gesetzt:

$$M_{32} = \frac{6\, v'}{16\,(2{,}547 - 0{,}385)}\left(\frac{1 + 0{,}385}{8} + \frac{1 + 0{,}299}{10} \cdot 0.513\right) = +\ 0{,}0415\, v'$$

$$M_{34} = \frac{6\, v'}{10\,(3{,}06 - 0{,}299)}\left(\frac{1 + 0{,}299}{10} + \frac{1 + 0{,}385}{8} \cdot 0{,}41\right) = +\ 0{,}0436\, v'$$

$$M_{3c} = \frac{6\, v'}{9 \cdot 3{,}14}\left(-\frac{1 + 0{,}385}{8} \cdot 0{,}397 + \frac{1 + 0{,}299}{10} \cdot 0{,}603\right) = +\ 0{,}0021\, v'.$$

Kontrolle: $M_{32} + M_{3c} - M_{34} = 0.$

Sodann ist nach Gl. (102) zu berechnen

$$M_{23} = -\ 0{,}385\left(M_{32} + \frac{6\, v'}{8 \cdot 16}\right) = -\ 0{,}034\, v'$$

$$M_4 = -\ 0{,}299\left(M_{34} + \frac{6\, v'}{10 \cdot 10}\right) = -\ 0{,}031\, v'.$$

Die Verteilung und Weiterleitung ergibt

$$M_{2b} = -\ 0{,}528\, M_{23} = +\ 0{,}018\, v'$$
$$M_{21} = +\ 0{,}472\, M_{23} = -\ 0{,}016\, v'$$
$$M_1 = -\ 0{,}32\ \ M_{21} = +\ 0{,}00512\, v'$$
$$M_a = -\ 0{,}5\ \ M_1 = -\ 0{,}00256\, v'$$
$$M_d = -\ 0{,}5\ \ M_4 = +\ 0{,}0155\, v'.$$

Aus dem Momentenverlauf in den Pfosten ergeben sich die waagerechten Querkräfte:

$$Q_{a1} = (0{,}00512 + 0{,}00256) : 4{,}5 = +\ 0{,}00171\, v' \text{ nach links}$$
$$Q_{b2} = -\ 0{,}018 : 4{,}5 = -\ 0{,}004\, v' \text{ nach rechts}$$
$$Q_{c3} = 0{,}0021 : 4{,}5 = +\ 0{,}000467\, v' \text{ nach links}$$
$$Q_{d4} = (0{,}0155 + 0{,}031) : 4{,}5 = +\ 0{,}01033\, v' \text{ nach links}$$

und somit $\Sigma Q = +\ 0{,}00851\, v'$. Das Gleichgewicht erfordert eine in Höhe des Riegels nach rechts wirkende Festhaltekraft gleicher Größe. Da diese nicht vorhanden ist, verschiebt sich der Riegel nach links um ein bestimmtes Maß u.

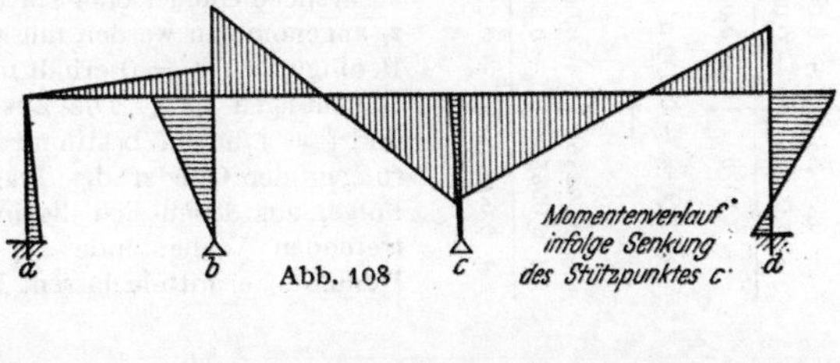

Abb. 108

M_a	M_1	M_{21}	M_{23}	M_{2b}	M_{32}	M_{34}	M_{3c}	M_4	M_d	
+ 0,104	**— 0,06**	+ 0,0208	+ 0,0086	+ 0,0122	— 0,00336	— 0,00172	+ 0,00164	+ 0,00052	+ 0,00026	$\cdot u'$
+ 0,00408	— 0,00816	+ 0,0255	— 0,02	**+ 0,0455**	+ 0,00784	+ 0,00402	— 0,00382	— 0,00114	+ 0,00057	$\cdot u'$
— 0,00055	+ 0,00109	— 0,0034	— 0,0072	+ 0,0038	+ 0,0187	— 0,0285	**— 0,0472**	+ 0,00852	— 0,00426	$\cdot u'$
+ 0,00025	— 0,00051	+ 0,0016	+ 0,0033	— 0,0017	— 0,0086	— 0,0216	— 0,013	**+ 0,066**	— 0,107	$\cdot u'$
+ 0,1078	— 0,0676	+ 0,0445	— 0,0153	+ 0,0598	+ 0,0146	— 0,0478	— 0,0624	+ 0,0739	— 0,1104	$\cdot u'$
$Q = -0{,}039\,u'$ →				$-0{,}0133\,u'$ →			$-0{,}01385\,u'$ →	$-0{,}041\,u'$ →		
— 0,00256	+ 0,00512	— 0,016	— 0,034	+ 0,018	+ 0,0415	+ 0,0436	+ 0,0021	— 0,031	+ 0,0155	$\cdot v'$
+ 0,00856	— 0,00537	+ 0,00354	— 0,0012	+ 0,00475	+ 0,00116	— 0,0038	— 0,00495	+ 0,00586	— 0,0088	$\cdot v'$
+ 0,006	— 0,00025	— 0,0125	— 0,0352	+ 0,0228	+ 0,0427	+ 0,0398	— 0,0029	— 0,0251	+ 0,0067	$\cdot v'$

Der Einfluß dieser Horizontalverschiebung wird gesondert verfolgt. Für die einzelnen Pfosten ergeben sich nach Gl. (111), (112) und (115) die Stabendmomente. Mit $\dfrac{6\,E I_c u}{h h'} = \dfrac{6\,E I_c u}{4{,}5 \cdot 9} = \dfrac{u'}{6{,}75}$ wird für

Pfosten a — 1:

$$M_a = + \frac{1 + 4{,}21}{2 \cdot 4{,}21 - 1} \cdot \frac{u'}{6{,}75} = + 0{,}104\,u'$$

$$M_1 = - \frac{1 + 2}{1 + 4{,}21} \cdot M_a = - 0{,}06\,u'$$

Pfosten b — 2:

$$M_{2b} = 0{,}307 \cdot \frac{u'}{6{,}75} = + 0{,}0455\,u'$$

Pfosten c — 3:

$$M_{3c} = - 0{,}318\,\frac{u'}{6{,}75} = - 0{,}0472\,u'$$

Pfosten d — 4:

$$M_d = - \frac{1 + 3{,}86}{2 \cdot 3{,}86 - 1} \cdot \frac{u'}{6{,}75} = - 0{,}107\,u'$$

$$M_4 = - \frac{3}{4{,}86} \cdot M_d = + 0{,}066\,u'.$$

Die für die Momente M_1, M_{2b}, M_{3c} und M_4 vorzunehmende Weiterleitung und Verteilung ist tabellarisch durchgeführt. Aus den Momenten für die Pfosten erhält man jetzt $\Sigma Q = - 0{,}10715\,u'$, und das Gleichgewicht verlangt eine in Riegelhöhe nach links wirkende äußere Last gleicher Größe. Wird diese der oben errechneten Festhaltekraft gleich gesetzt, so folgt $u' = \dfrac{0{,}00851}{0{,}10751}\,v' = 0{,}0795\,v'$.

Nunmehr werden die Momente aus waagrechter Verschiebung des Riegels infolge $u' = 0{,}0795\,v'$ berechnet und in den letzten Zeilen der Tabelle denjenigen aus lotrechter Verschiebung allein überlagert. Den endgültigen Momentenverlauf zeigt Abb. 108.

23. Formänderungen als Unbekannte

Bei der Einführung von n Formänderungsgrößen (Knotenverschiebungen, Drehwinkeln) als Unbekannte — allgemein mit ζ bezeichnet —, werden die Bedingungsgleichungen für diese aus Gleichgewichtsbedingungen gewonnen. Der Zustand $\zeta = 0$ stellt hier das Hauptsystem dar, das i. a. von höherem Grade statisch unbestimmt ist als das zu berechnende, da zu seiner Verwirklichung zusätzliche Glieder oder statische Größen z_i angenommen werden müssen. Aus den Bedingungen $z_i = 0$ erhält man dann die Gleichungen für ζ. Die Zustände $\zeta = 0$ und $\zeta = 1$ haben bestimmte Formänderungen der Glieder des Tragwerkes zur Folge, aus denen sich die in ihnen auftretenden Widerstände Z_0, Z_i (Kräfte, Momente) ermitteln lassen. Diese stellen

i. a. keine Gleichgewichtszustände dar, und es sind zusätzliche statische Größen notwendig, um die Bedingungen $\Sigma X = 0$, $\Sigma Y = 0$ und $\Sigma M = 0$ an jedem Knotenpunkt zu erfüllen. Diese Zusatzgrößen sind die Beiwerte der Bedingungsgleichungen für die n Unbekannten ζ_1 bis ζ_n.

Sind z_{io}, z_{it} und z_{is} im Zustand $\zeta = 0$ die Zusatzgrößen in Richtung $\zeta_i = +1$ für gegebene Belastung, Temperaturänderung und Stützenverschiebung und z_{ik} diejenigen infolge $\zeta_k = +1$, so muß bei gleichzeitiger Wirkung der äußeren Ursachen und für die dabei auftretenden Formänderungen ζ die Zusatzgröße z_i zu Null werden.

$$z_i = 0 = z_{io} + z_{it} + z_{is} + z_{i1}\zeta_1 + z_{i2}\zeta_2 + \cdots + z_{in}\zeta_n$$

oder allgemein

$$\sum_{k=1}^{k=n} \zeta_k z_{ik} = -z_{io} - z_{it} - z_{is} \quad (i = 1 \text{ bis } n). \tag{117}$$

Da z_{ik} die statische Größe infolge $\zeta_k = +1$ ist und somit $z_{ik} = 1$ den Weg $+1/z_{ik}$ in k und entsprechend $z_{ki} = 1$ den Weg $+1/z_{ki}$ in i erzeugt, und da diese Wege nach *Maxwell* einander gleich sind, so ist auch $z_{ik} = z_{ki}$, d. h. die Beiwerte sind symmetrisch zur Diagonalen.

Nach Lösung der linearen Gleichungen für ζ_i ist jede statische Größe des unbestimmten Tragwerkes zu berechnen aus

$$Z = Z_o + \Sigma Z_i \zeta_i, \tag{118}$$

worin Z_o und Z_i den Zuständen $\zeta = 0$ und $\zeta_i = +1$ entsprechen. Die Gl. (117) können auch aus dem Prinzip der virtuellen Verrückungen für den tatsächlichen Gleichgewichtszustand und die Formänderungszustände $\zeta_i = +1$ abgeleitet werden.

Für die Berechnung von statisch unbestimmten Fachwerken scheidet der bezeichnete Weg wegen der großen Zahl der Knotenpunkte i. a. aus, während er bei der Berechnung von Rahmentragwerken zweckmäßig beschritten wird, wenn der Einfluß der Längskräfte auf den Formänderungszustand vernachlässigt werden darf, was in der Regel der Fall ist. Als Unbekannte werden dann Knotendrehwinkel φ und Stabdrehwinkel ϑ eingeführt. Nach den Bezeichnungen der Abb. 109 sind die Knotendrehwinkel φ_{ik} und φ_{ki} im Uhrzeigersinn, die Stabdrehwinkel ϑ im entgegengesetzten Sinn positiv angenommen. Es ist üblich, die Stabendmomente im Uhrzeigersinn und damit die auf den Knotenpunkt wirkenden Momente entgegengesetzt positiv einzuführen.

Die Stabendmomente des Stabes $i-k$ ergeben sich als Funktionen der Belastung des Stabes und der Drehwinkel zu

$$\left.\begin{aligned} M_{ik} &= M_{ik}^0 + \frac{2}{l'}\,(2\varphi_{ik}' + \varphi_{ki}' + 3\vartheta') \\ M_{ki} &= M_{ki}^0 + \frac{2}{l'}\,(2\varphi_{ki}' + \varphi_{ik}' + 3\vartheta'), \end{aligned}\right\} \tag{119}$$

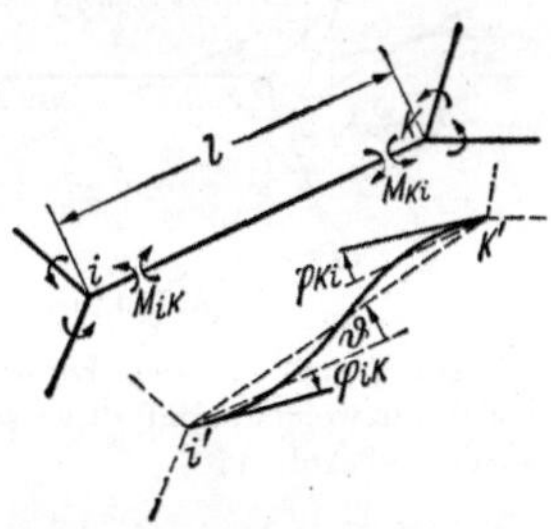

Abb. 109

wenn mit den EI_c-fachen Werten der Formänderung, $EI_c\varphi = \varphi'$, $EI_c\vartheta = \vartheta'$ gerechnet und wieder $lI_c/I = l'$ eingeführt wird. In diesen Gleichungen sind

$$M_{ik}^0 = -\frac{2}{l^2}\,(2S_k - S_i) \qquad \text{und} \qquad M_{ki}^0 = \frac{2}{l^2}\,(2S_i - S_k) \tag{120}$$

die Einspannmomente des in i und k voll eingespannten Stabes (Zustand $\varphi = 0$, $\vartheta = 0$) für die gegebene Belastung mit S_i und S_k als statischen Momenten der M_0-Flächen des einfachen Balkens. Dem Zustand $\varphi_{ik}' = +1$, $\varphi_{ki} = 0$, $\vartheta = 0$ entsprechen die Momente $M_{ik} = 4/l'$ und $M_{ki} = 2/l'$ und dem Zustand $\vartheta' = +1$, $\varphi = 0$ die Momente $M_{ik} = M_{ki} = 6/l'$.

Ist ein von i ausgehender Stab am anderen Ende k gelenkig angeschlossen, $M_{ki} = 0$, so ist M^0_{ik} das Einspannmoment des einseitig eingespannten Stabes, und für den Zustand $\varphi'_{ik} = +1, \vartheta = 0$ ergibt sich $\varphi'_{ki} = -0{,}5$ und $M_{ik} = +3/l'$.

Die Bedingungsgleichungen für die Unbekannten φ und ϑ ergeben sich aus der Gleichgewichtsbedingung $\Sigma M = 0$ für den Knotenpunkt i, da alle von i ausgehenden Stäbe in i der gleichen Knotendrehung φ_i unterliegen, zu

$$\varphi'_i\left(\Sigma \frac{4}{l'} + \sum_g \frac{3}{l'}\right) + \Sigma \frac{2}{l'} \varphi'_{ki} + \Sigma \frac{6}{l'} \vartheta' + \Sigma M^0_{ik} + M_a = 0. \qquad (121)$$

Darin erstreckt sich $\sum_g$ über alle Stäbe, die in i biegefest und am anderen Ende gelenkig angeschlossen sind; und M_a bedeutet ein auf den Knoten i unmittelbar wirkendes äußeres Moment.

Häufig liegt der Fall vor oder darf angenommen werden, daß die Knotenpunkte eines biegefesten Stabzuges nur Drehungen, aber keine Verschiebungen erfahren, so daß mit $\vartheta = 0$ für die Stabdrehwinkel das entsprechende Glied in Gl. (121) entfällt. Die Auflösung der Gleichungen erfolgt gemäß I, 21 mittels Determinanten, durch den *Gauß*schen Algorithmus oder durch Iteration.

Ergeben sich für einen Stabzug bei unverschieblich angenommenen Knotenpunkten dreigliedrige Bedingungsgleichungen für die Knotendrehwinkel φ, so bestehen zwischen je zwei Spalten bzw. Zeilen der Matrix für die Vorzahlen λ feste Verhältnisse, durch die die *Drehwinkelfestpunkte* bestimmt werden:

$$\frac{\lambda_{ik}}{\lambda_{i+1,k}} = -\beta_{i,i+1}; \qquad \frac{\lambda_{i+1,k}}{\lambda_{ik}} = -\beta_{i+1,i}. \qquad (122)$$

24. Drehwinkelfestpunkte

Die Drehwinkelfestpunkte haben bei der Rechnung mit Drehwinkeln als Unbekannten die gleiche Bedeutung wie die Momentenfestpunkte im Kraftgrößenverfahren. Für jeden Knotenpunkt ergibt sich für eine bestimmte Belastung ein eindeutiger Drehwinkel, und die Endquerschnitte aller in einem Knoten biegefest angeschlossenen Stäbe erfahren die gleiche Drehung. Es entfällt somit hier die Verteilungszahl, wodurch sich ein Vorteil gegenüber der Rechnung mit Momentenfestpunkten ergeben kann. Im übrigen führt eine ganz analoge Entwicklung zu einer Rekursionsformel für die Verhältnis- oder Weiterleitungszahl β. Sie wird aus der Bedingung $\Sigma M = 0$ an dem betrachteten Knotenpunkt gewonnen und soll gleich für den Knotenpunkt abgeleitet werden, von dem mehr als zwei Stäbe abzweigen. Bei unverschieblichen Knotenpunkten ist nach Gl. (119) mit Bezug auf Abb. 110

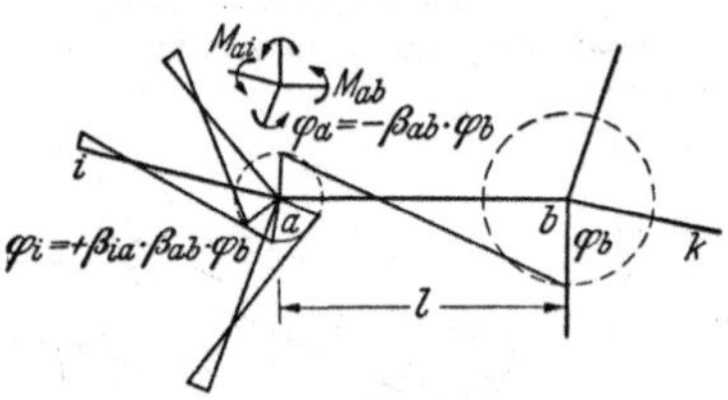

Abb. 110

$$M_{ab} = \frac{2}{l'}(2\varphi'_a + \varphi'_b) = \frac{2}{l'}\varphi'_b(-2\beta_{ab} + 1)$$

$$M_{ai} = \frac{2}{l'_i}(2\varphi'_a + \varphi'_i) = \frac{2}{l'_i}\varphi_b(-2\beta_{ab} + \beta_{ia}\beta_{ab}).$$

Die Bedingung $\Sigma M = 0$ für Knotenpunkt a liefert die Gleichung

$$\frac{-2\beta_{ab} + 1}{l'} + \sum_i{}' \frac{1}{l'_i}(-2\beta_{ab} + \beta_{ia}\beta_{ab}) = 0,$$

und daraus erhält man

$$\frac{1}{\beta_{ab}} = 2 + l' \sum_i{}' \frac{2 - \beta_{ia}}{l'_i}. \qquad (123)$$

Für den Sonderfall des zweistäbigen Knotenpunktes i wird (Abb. 111)

$$\frac{1}{\beta_{i,i+1}} = 2 + \frac{l'_{i+1}}{l'_i}\,(2 - \beta_{i-1,i}), \qquad (124)$$

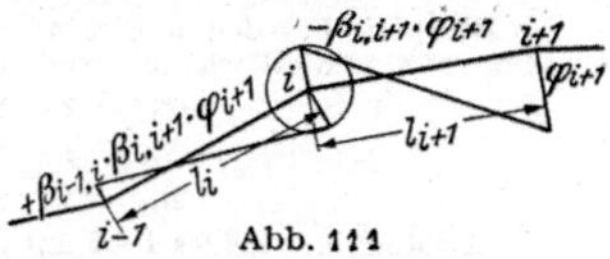

Abb. 111

und als Kontrolle gilt dann

$$\frac{l'_i}{\dfrac{1}{\beta_{i,i-1}} - \beta_{i-1,i}} = \frac{l'_{i+1}}{\dfrac{1}{\beta_{i,i+1}} - \beta_{i+1,i}}. \qquad (125)$$

Ganz analog Gl. (106) für M_a und M_b lassen sich nun auch zwei Gleichungen für die Drehwinkel φ_a und φ_b gewinnen. Wird wieder der Stab von der Länge l zwischen a und b belastet, das Tragwerk im übrigen unbelastet angenommen, so wird nach Gl. (119)

$$M_{ab} = \frac{2}{l'}\,(2\,\varphi'_a + \varphi'_b) - \frac{2}{l'\cdot l}\,(2\,S'_b - S'_a)$$

$$M_{ai} = \frac{2}{l'_i}\,(2\,\varphi'_a + \varphi'_i) \quad \text{und} \quad \Sigma M_{ai} = \varphi'_a \sum_i \frac{2}{l'_i}\,(2 - \beta_{ia}).$$

Die Bedingung $M_{ab} + \Sigma M_{ai} = 0$ führt zu

$$\varphi'_a\left[\frac{4}{l'} + \sum_i \frac{2}{l'_i}\,(2 - \beta_{ia})\right] + \varphi'_b\,\frac{2}{l'} = \frac{2}{l'\cdot l}\,(2\,S'_b - S'_a).$$

Entsprechend wird

$$\varphi'_a\,\frac{2}{l'} + \varphi'_b\left[\frac{4}{l'} + \sum_k \frac{2}{l'_k}\,(2 - \beta_{kb})\right] = \frac{2}{l'\cdot l}\,(S'_b - 2\,S'_a).$$

Die Multiplikation der Gleichungen mit $l'/2$ führt zu der endgültigen Form

$$\left.\begin{aligned} \frac{\varphi'_a}{\beta_{ab}} + \varphi'_b &= \frac{1}{l}\,(2\,S'_b - S'_a) \\ \varphi'_a + \frac{\varphi'_b}{\beta_{ba}} &= \frac{1}{l}\,(S'_b - 2\,S'_a). \end{aligned}\right\} \qquad (126)$$

Die Berechnung der Drehwinkelverhältnisse beginnt an den Stützpunkten des Tragwerkes. Bei fester Einspannung ist $\beta = 0$, bei gelenkiger Stützung ist $\beta = 0{,}5$.

Beziehungen zwischen α und β

Zwischen den Verhältniszahlen α für Momente und β für Drehwinkel mit gleichem Index bestehen einfache Beziehungen:

$$\beta = \frac{1 - 2\alpha}{2 - \alpha}, \qquad \alpha = \frac{1 - 2\beta}{2 - \beta}. \qquad (127)$$

Ist e_M der Abstand des Momentenfestpunktes und e_D der Abstand des Drehwinkelfestpunktes von Stabmitte, so ist das Produkt

$$e_M\,e_D = \text{const} = l^2/12. \qquad (128)$$

Die Bezeichnung der Verhältniszahl β als Fortleitungszahl deckt sich nicht vollinhaltlich mit der gleichen Bezeichnung für die Verhältnisse α. Während hier durch Rechnung oder Zeichnung unmittelbar an jeder Stelle des Stabes das Biegemoment angegeben werden kann und im Festpunkt das Moment zu Null wird, gibt β tatsächlich nur die Verhältnisse der Knotendrehwinkel an. Die Größe des Drehwinkels an beliebiger Stelle des Stabes kann daraus nicht ohne weiteres angegeben werden, und er ist insbesondere im Drehwinkelfestpunkt *nicht* Null.

Beispiel. Für den in Abb. 112 dargestellten Rahmen mit gleichen Abmessungen wie Abb. 105 sind die Drehwinkelverhältnisse

$$1/\beta_{12} = 2 + 8 \cdot 2/12 = 3{,}33; \qquad \beta_{12} = 0{,}3$$
$$1/\beta_{23} = 2 + 12\,(1{,}7/8 + 2/12) = 6{,}55; \qquad \beta_{23} = 0{,}1525$$
$$1/\beta_{21} = 2 + 8\,(2/12 + 2/12) = 4{,}667; \qquad \beta_{21} = 0{,}214.$$

Belastung des Feldes **1**—**2** mit $p = 1$ t/m. Nach Gl. (126)

$$3{,}33\,\varphi_1' + \varphi_2' = +\,l^3/24 = +\,64/3$$
$$\varphi_1' + 4{,}667\,\varphi_2' = -\,64/3$$
$$\varphi_1' = +\,8{,}3; \quad \varphi_2' = -\,6{,}35.$$

Belastung des Feldes **2**—**3**: $\varphi_3' = 0$; $\varphi_2' = 11$.

Daraus ergeben sich die endgültigen Drehwinkel bei Belastung beider Felder zu

$$\varphi_1' = +\,8{,}3 - 0{,}3 \cdot 11 = +\,5$$
$$\varphi_2' = -\,6{,}35 + 11 = +\,4{,}65$$

und nach Gl. (119) die Momente

$$M_1 = -\,5{,}333 + (2 \cdot 5 + 4{,}65) \cdot 2/8 = -\,1{,}67; \quad M_{21} = +\,5{,}333 + (2 \cdot 4{,}65 + 5) \cdot 2/8 = +\,8{,}92$$
$$M_{2b} = 2 \cdot 4{,}65 \cdot 2/12 = +\,1{,}55; \quad M_{23} = -\,12 + 2 \cdot 4{,}65 \cdot 2/12 = -\,10{,}45$$
$$M_3 = +\,12 + 4{,}65 \cdot 2/12 = +\,12{,}77$$

in Übereinstimmung mit der früheren Rechnung zu Abb. 105.

Die Unterschiede in den Vorzeichen von M_{21} und M_3 sind in der verschiedenen Vorzeichenfestsetzung begründet.

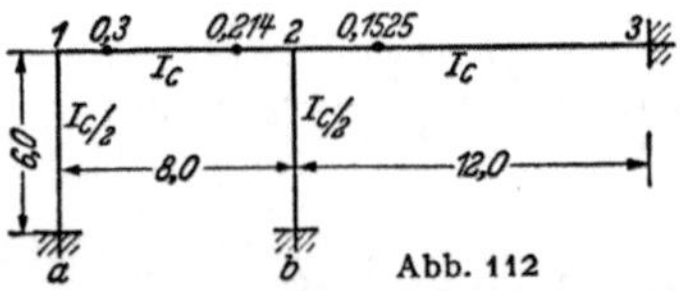

Abb. 112

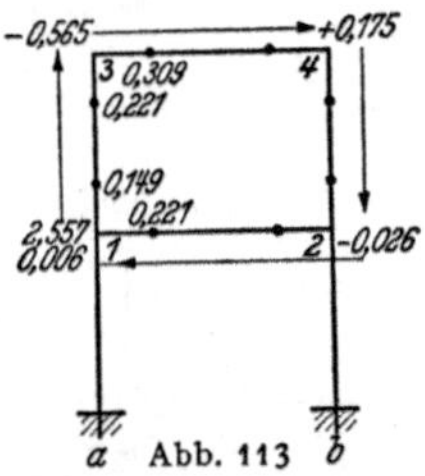

Abb. 113

Für den Stockwerkrahmen Abb. 103 ergeben sich die in Abb. 113 eingetragenen Drehwinkelverhältnisse. Da für die Belastung des unteren Riegels infolge Symmetrie $\varphi_2 = -\,\varphi_1$ ist, wird φ_1' aus $3{,}5\,\varphi_1' = l^3/24 = 9$ ermittelt zu $\varphi_1' = 2{,}557$. Die endgültigen Drehwinkel werden durch Eintragung in die Systemskizze oder in einer Zahlentafel ermittelt. In Abb. 113 sind die Drehwinkel eingeschrieben, die sich aus $\varphi_1' = 2{,}557$ rechtsherum laufend für 3, 4, 2, 1 ergeben. Aus $\varphi_2' = -\,2{,}557$ errechnet man die entsprechenden Werte mit umgekehrtem Vorzeichen über 4, 3, 1, 2 linksherum, und die tatsächlichen Drehwinkel sind

$$\varphi_1' = +\,2{,}557 + 0{,}006 + 0{,}026 = +\,2{,}589 = -\,\varphi_2'$$
$$\varphi_3' = -\,0{,}565 - 0{,}175 = -\,0{,}74 = -\,\varphi_4'.$$

Daraus die Momente nach Gl. (119) in Übereinstimmung mit der früheren Rechnung (Abb. 103).

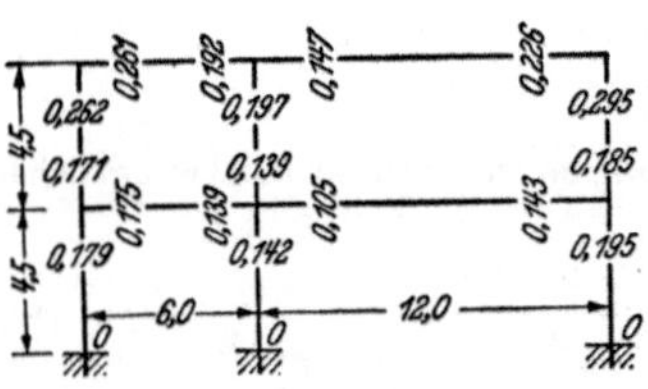

Abb. 114

Für geschlossene Stabzüge stellen sich somit etwas abweichende Drehwinkelfestpunkte ein, wie es sich auch für die Momentenfestpunkte ergeben hatte. In Sonderfällen kann auch hier wieder die endgültige Lage vorweg bestimmt werden (Beispiel unter II, 43). Abb. 114 gibt die β-Werte für den Rahmen mit den gleichen Abmessungen und Verhältnissen der Abb. 104. Die Lage der Festwerte kann roh geschätzt werden zu $\beta = 0{,}25$ bei zweistäbigen, $\beta = 0{,}2$ bei dreistäbigen und $\beta = 0{,}15$ bei vierstäbigen Knotenpunkten. Die β-Werte eines bestimmten Stabes sind ebenso unempfindlich gegen Änderungen in den Festwerten der Nachbarstäbe, wie es bei den α-Werten der Fall ist, so daß die dort angegebene Näherungsrechnung hier sinngemäß durchgeführt werden kann.

Verschiebungen der Knotenpunkte

Erfährt der Punkt b eine Verschiebung Δ normal zur Stabachse a—b — im Sinne einer Linksdrehung des Stabes (ϑ positiv) —, so wird mit Bezug auf Abb. 110, wenn sich die gegenseitige Lage der Knotenpunkte im übrigen nicht ändert,

$$M_{ab} = 2/l' \cdot (2\varphi_a' + \varphi_b' + 3\vartheta')$$

$$M_{ai} = 2/l_i' \cdot (2\varphi_a' + \varphi_i') = 2/l_i' \cdot (2 - \beta_{ia})\varphi_a',$$

und $M_{ab} + \Sigma M_{ai} = 0$ führt zu

$$2/l' \cdot (2\varphi_a' + \varphi_b') + \varphi_a' \Sigma 2/l_i' \cdot (2 - \beta_{ia}) + 6\vartheta'/l' = 0,$$

woraus sich nach entsprechender Zusammenfassung ergibt

$$\left.\begin{aligned} \varphi_a/\beta_{ab} + \varphi_b &= -3\vartheta = -3\Delta/l \\ \text{und entsprechend} \qquad \varphi_a + \varphi_b/\beta_{ba} &= -3\vartheta = -3\Delta/l. \end{aligned}\right\} \qquad (129)$$

Sonderfälle: 1. Volle Einspannung in a und b: $\varphi_a = \varphi_b = 0$

$$M_{ab} = 6EI\Delta/l^2 = M_{ba}. \qquad (130)$$

2. Volle Einspannung in a, Gelenk in b: $\varphi_a = 0$, $\beta_{ab} = 0$, $\beta_{ba} = 0{,}5$

$$\varphi_b = -\beta_{ba} \cdot 3\Delta/l = -1{,}5\Delta/l$$

$$M_{ab} = 3EI \cdot \Delta/l^2, \qquad M_{ba} = 0. \qquad (131)$$

3. Elastische Einspannung in a, Gelenk in b: $\beta_{ba} = 0{,}5$

$$\varphi_a = -\frac{3\Delta}{l}\,\frac{\beta_{ab}}{2-\beta_{ab}}; \qquad \varphi_b = -\frac{3\Delta}{l}\,\frac{1-\beta_{ab}}{2-\beta_{ab}}$$

$$M_{ab} = \frac{6EI_c \cdot \Delta}{l \cdot l'}\,\frac{1-2\beta_{ab}}{2-\beta_{ab}}; \qquad M_{ba} = 0. \qquad (132)$$

Unterschiede gegenüber den unter 22. [Gl. (113) bis (115)] ermittelten Momenten ergeben sich in den Vorzeichen dadurch, daß hier die Stabendmomente im Uhrzeigersinn drehend positiv sind, und daß ϑ bei Linksdrehung des Stabes positiv eingeführt ist.

25. Ausgleichsrechnungen

Momentenausgleich nach Cross. Den Ausgleichsrechnungen liegen die aus dem Kraftgrößen- oder Formänderungsgrößenverfahren gewonnenen Erkenntnisse über die Verteilung eines an einem Knotenpunkt angreifenden äußeren Momentes auf die im Knotenpunkt biegefest verbundenen Stäbe zugrunde. Die Knotenpunkte des Tragwerkes werden zunächst unverschieblich und unverdrehbar angenommen, so daß sich unter Belastungen für die einzelnen Stäbe an deren Enden die Einspannmomente für volle Einspannung ergeben. Da für die in einem Punkt i zusammentreffenden Stäbe die Summe der Einspannmomente der Gleichgewichtsbedingung $\Sigma M = 0$ i. a. nicht genügen wird, ist zu deren Erfüllung ein äußeres Moment M_a anzunehmen, und dieses ist nun entsprechend den Steifigkeiten der von i ausgehenden Stäbe auf diese zu verteilen.

Aus Gl. (121) folgt unter der genannten Voraussetzung ($\varphi = 0$, $\vartheta = 0$)

$$M_a = -\Sigma M_{ik}^0,$$

und sofern nunmehr eine Drehung des Knotens i allein zugelassen wird,

$$\varphi_i'\left(\Sigma\, 4/l' + \sum_g 3/l'\right) = \Sigma M_{ik}^0$$

und damit aus Gl. (119)

$$M_{ik} = \Sigma M_{ik}^0 \frac{4/l'}{\Sigma 4/l' + \sum_g 3/l'}. \qquad (133)$$

(Bei gelenkigem Anschluß in k ist der Zähler $3/l'$ statt $4/l'$.)

Sodann wird entsprechend der Annahme $\varphi_{ki} = 0$ das Moment $M_{ki} = 0{,}5\, M_{ik}$ gefunden. Da bei den üblichen Ausgleichsrechnungen die Verteilung und Weiterleitung unter der Voraussetzung starrer Einspannungen der anderen Stabenden vorgenommen wird, ist der Ausgleich an den einzelnen Punkten nacheinander so lange fortzusetzen, bis an allen Knoten die Bedingung $\Sigma M = 0$ mit hinreichender Genauigkeit erfüllt ist.

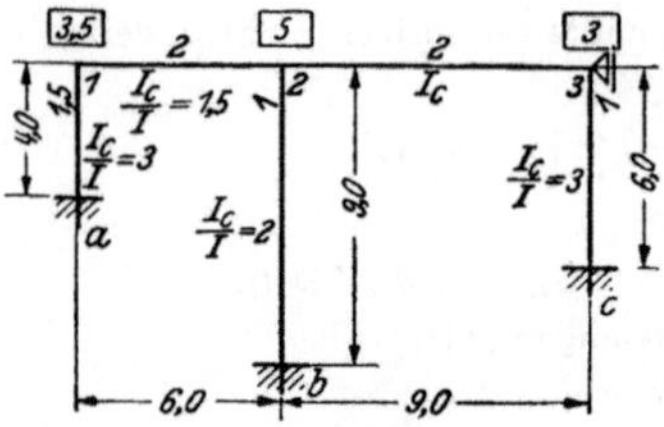

Abb. 115

Beispiel. Belastung des Riegels des in Abb. 115 dargestellten Rahmens mit $p = 1$ t/m. Für volle Einspannung der Riegel ergeben sich die Momente $M_{12} = -M_{21} = -3$ mt und $M_{23} = -M_{32} = -6{,}75$ mt. Zur Berechnung der Verhältniswerte in Gl. (133) wird $18/l'$ statt $4/l'$ gewählt, wodurch sich die in Abb. 115 eingetragenen Zahlen ergeben: $18/12 = 1{,}5$ für Stab $a-1$; $18/9 = 2$ für Stab $1-2$ und $1{,}5 + 2 = 3{,}5$ für Knoten 1. Die Verteilungszahlen sind am Knoten 1: 1,5/3,5 und 2/3,5; am Knoten 2: 2/5, 1/5, 2/5 und am Knoten 3: 2/3 und 1/3. Der Ausgleich wird in nachstehender Tabelle vorgenommen, wobei zur besseren Übersicht das Ergebnis nach jedem Ausgleich eingetragen ist. Die Fußpunkte sind nicht aufgeführt, da sich für sie die Einspannmomente am Schluß der Rechnung aus den Kopfmomenten ergeben ($M_u = 0{,}5\, M_o$).

Riegel 2 — 3 belastet

in Pkt.	auszugl. Moment	Punkt 1		Punkt 2			Punkt 3	
		M_{1a}	M_{12}	M_{21}	M_{2b}	M_{23}	M_{32}	M_{3c}
3	+ 6,75					− 6,75 − 2,25	+ 6,75 − 4,50	− 2,25
2	− 9,00		+ 1,80	+ 3,60	+ 1,80	− 9,00 + 3,60	+ 2,25 + 1,80	
1 u. 3	+ 1,80	− 0,77	− 1,03	− 0,52		− 5,40 − 0,60	+ 4,05 − 1,20	− 0,60
2	− 1,12		+ 0,77 + 0,224	+ 3,08 + 0,448	+ 0,224	− 6,00 + 0,448	+ 2,85 + 0,224	− 2,85
1 u. 3	+ 0,244	− 0,096	+ 0,994 − 0,128	+ 3,528 − 0,064	+ 2,024	− 5,552 − 0,074	+ 3,074 − 0,150	− 0,074
2	− 0,138	− 0,866	+ 0,866 + 0,027	+ 3,464 + 0,055	+ 0,028	− 5,626 + 0,055	+ 2,924 + 0,027	− 2,924
1 u. 3	+ 0,027	− 0,012	+ 0,893 − 0,015	+ 3,519 − 0,007	+ 2,052	− 5,571 − 0,009	+ 2,951 − 0,018	− 0,009
	Ergebnis	− 0,878	+ 0,878	+ 3,512	+ 2,052	− 5,580	+ 2,933	− 2,933

Gleichmäßige Vollast 1 t/m

in Pkt.	auszugl. Moment	M_{1a}	M_{12}	M_{21}	M_{2b}	M_{23}	M_{32}	M_{3c}
3	+ 6,75		− 3,00	+ 3,00		− 6,75 − 2,25	+ 6,75 − 4,50	− 2,25
2	− 6,0		+ 1,20	+ 2,40	+ 1,20	− 9,00 + 2,40	+ 2,25 + 1,20	
1	− 1,80	+ 0,77	− 1,80 + 1,03	+ 5,40 + 0,52		− 6,60	+ 3,45	
3	+ 1,20		− 0,77	+ 5,92		− 0,40	− 0,80	− 0,40
2	+ 0,12		− 0,024	− 0,048	− 0,024	− 7,00 − 0,048	+ 2,65 − 0,024	− 2,65
1 u. 3	− 0,024	+ 0,01	− 0,794 + 0,014	+ 5,872 + 0,007	+ 1,176	− 7,048 + 0,008	+ 2,626 + 0,016	+ 0,008
	Ergebnis	+ 0,78	− 0,78	+ 5,879	+ 1,176	− 7,04	+ 2,642	− 2,642

Zum gleichen Ergebnis für die Verteilung des Momentes M_a führt auch Gl. (109):

$$\mu_{ik} = \frac{1}{l'_k\,(2 - \alpha_{ki})} \bigg/ \sum \frac{1}{l'_k\,(2 - \alpha_{ki})},$$

wenn hierin $\alpha_{ki} = 0{,}5$ bzw. $\alpha_{ki} = 0$ für die in k biegefest bzw. gelenkig angeschlossenen Stäbe eingesetzt wird. Die Verteilung nach Gl. (109) unmittelbar hat den Vorteil, daß die elastische Einspannung der Stabenden von vornherein berücksichtigt wird und damit die Iteration entfällt [Beispiel zu Abb. 105].

Drehwinkelausgleich

Da sich nach Gl. (119) die Momente M_{ik} berechnen lassen, sobald die Drehwinkel φ für eine bestimmte Belastung bekannt sind, können auch zunächst diese Drehwinkel durch Ausgleichsrechnung ermittelt werden. Die Rechnung nimmt ihren Ausgang wieder in der Ermittlung der Einspannmomente der einzelnen Stäbe für volle Einspannung und Berechnung von $\Sigma\, M_i^0$. Sodann werden die Drehwinkel φ_i unter der Annahme $\varphi = 0$ für alle übrigen Knotenpunkte berechnet aus

$$\varphi'_i = \frac{-\Sigma\, M_i^0}{\Sigma \frac{4}{l'} + \sum\limits_g \frac{3}{l'}}; \qquad \varphi'_k = \frac{-\Sigma\, M_k^0}{\Sigma \frac{4}{l'} + \sum\limits_g \frac{3}{l'}}, \tag{134}$$

wobei sich die Summen jeweils über die von i bzw. k ausgehenden Stäbe erstrecken. Wird nun der Knoten i unter dem Drehwinkel φ_i festgehalten und der Nachbarknoten k drehbar angenommen, so ergibt sich für diesen die Drehung wieder entsprechend Gl. (121) aus $\varphi'_k \left(\Sigma \frac{4}{l'} + \sum\limits_g \frac{3}{l'}\right) + \varphi_i \frac{2}{l'_{ik}} = 0$ zu

$$\varphi'_k = -\,\varphi'_i \,\frac{2/l'_{ik}}{\Sigma \frac{4}{l'} + \sum\limits_g \frac{3}{l'}}. \tag{135}$$

Auch hier ist der Ausgleich durch Iteration bis zu der gewünschten Genauigkeit durchzuführen. Aus Einspannmomenten und endgültigen Drehwinkeln werden sodann die Momente nach Gl. (119) berechnet.

Der Drehwinkelausgleich hat bei Rahmentragwerken gegenüber dem unmittelbaren Momentenausgleich den Vorteil, daß die Verteilung an jedem Knoten entfällt und nur die Weiterleitung der Drehwinkel auf die Nachbarknoten durchzuführen ist. Zum gleichen Ergebnis führen hier die Gl. (119) und (120). Mit $\varphi_i = \varphi_k = 0$, $\vartheta = 0$ wird

$$M_{ik} = M_{ik}^0 = -\frac{2}{l^2}\,(2\,S_k - S_i),$$

und mit $\beta = 0$ bei eingespannten, $\beta = 0{,}5$ bei gelenkigen Stabenden wird nach Gl. (123)

$$\frac{1}{\beta_{ki}} = l'_{ik}\left(\Sigma \frac{2}{l'} + \sum\limits_g \frac{1{,}5}{l'}\right),$$

worin sich die Summen über *alle* von k ausgehenden Stäbe erstrecken. Damit wird

$$\varphi'_k = -\,\beta_{ki}\,\varphi'_i = -\,\varphi'_i\,\frac{1/l'_{ik}}{\Sigma \frac{2}{l'} + \sum\limits_g \frac{1{,}5}{l'}}$$

in Übereinstimmung mit Gl. (135).

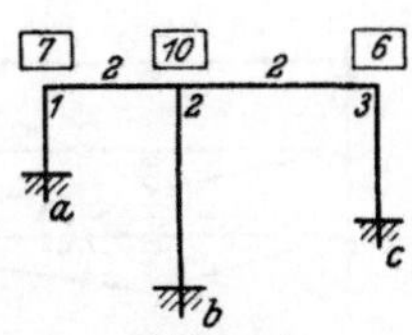

Abb. 116

Beispiel. Unter Zugrundelegung der gleichen Verhältnisse wie in Abb. 115 ergeben sich (mit dem Multiplikator 9) die in Abb. 116 eingetragenen Werte $18/l'$ für die Stäbe 1—2 und 2—3 und $9\,\Sigma\, 4/l'$ für die Knotenpunkte. Für Punkt 1: $9\,(4/12 + 4/9) = 7$.

Gleichmäßige Vollast 1 t/m. Einspannmomente 3 bzw. 6,75 mt. Nach Gl (134) ist

$$\varphi_1' = 9 \cdot \frac{3}{7} = +\,3{,}86; \quad \varphi_2' = 9\,\frac{-\,3 + 6{,}75}{10} = +\,3{,}375; \quad \varphi_3' = 9\,\frac{-\,6{,}75}{6} = -\,10{,}125.$$

Der Drehwinkelausgleich erfolgt wieder in einer Tabelle:

	2/7 ← —		— → 2/6		
	φ_1' — → 2/10		φ_2' 2/10 ← —		φ_3'
	+ 3,86		+ 3,375		− 10,125
		(− 3,86 + 10,125) 2/10 =	+ 1,253		
− 4,628 · 2/7 =	− 1,32		+ 4,628	− 4,628 · 2/6 =	− 1,54
		(+ 1,32 + 1,54) 2/10 =	+ 0,572		
− 0,572 · 2/7 =	− 0,163			− 0,572 · 2/6 =	− 0,19
		(+ 0,163 + 0,19) 2/10 =	+ 0,071		
− 0,071 · 2/7 =	− 0,02			− 0,071 · 2/6 =	− 0,024
		(+ 0,02 + 0,024) 2/10 =	+ 0,009		
− 0,009 · 2/7	− 0,002			− 0,009 · 2/6 =	− 0,003
	$\varphi_1' = +\,2{,}355$		$\varphi_2' = +\,5{,}282$		$\varphi_3' = -\,11{,}882$

Aus den Drehwinkeln ergeben sich die Momente in Übereinstimmung mit dem Momentenausgleich.

$$M_{12} = -\,3 + (2 \cdot 2{,}355 + 5{,}282) \cdot 2/9 = -\,0{,}78 \text{ mt}$$
$$M_{a1} = 2{,}355 \cdot 2/12 = +\,0{,}39 \text{ mt} = -\,M_{12}/2$$
$$M_{21} = +\,3 + (2{,}355 + 2 \cdot 5{,}282) = 5{,}88 \text{ mt}$$
$$M_{23} = -\,6{,}75 + (2 \cdot 5{,}282 - 11{,}882) = -\,7{,}044 \text{ mt}$$
$$M_{32} = +\,6{,}75 + (5{,}282 - 2 \cdot 11{,}882) = +\,2{,}64 \text{ mt}$$
$$M_{2b} = +\,2 \cdot 5{,}282 \cdot 2/18 = +\,1{,}175 \text{ mt.}$$

Werden die β-Werte nach Gl. (123) benutzt und auch die Drehwinkel sogleich unter Berücksichtigung der elastischen Einspannung nach Gl. (126) berechnet, so entfällt wieder die Iteration.

26. Elastizitätsgleichungen gegenseitiger Unabhängigkeit Orthogonalisierung der Gleichgewichtszustände

Die unmittelbare Auflösung eines Systems linearer Gleichungen (I, 21) für die statisch unbestimmten Größen X bzw. Formänderungsgrößen ζ läßt sich durch Aufstellung von Elastizitätsgleichungen gegenseitiger Unabhängigkeit umgehen. Sie sind dadurch gekennzeichnet, daß sämtliche Beiwerte mit ungleichen Zeigern i, k zu Null werden, so daß man n Gleichungen mit je einer Unbekannten erhält. Das Ziel kann durch geeignete Wahl des Hauptsystems erreicht werden. Wird z. B. zur Berechnung des über 3 Felder durchlaufenden Balkens ein Gelenkträger als Hauptsystem eingeführt (Abb. 117), so kann die Lage des Gelenkes aus der Bedingung $\delta_{12} = 0$ bestimmt werden. Der angedeutete Weg ist auch bei mehrfach statisch unbestimmten Tragwerken möglich, führt aber i. a. zu einem neuen Gleichungssatz zur Festlegung des Hauptsystems.

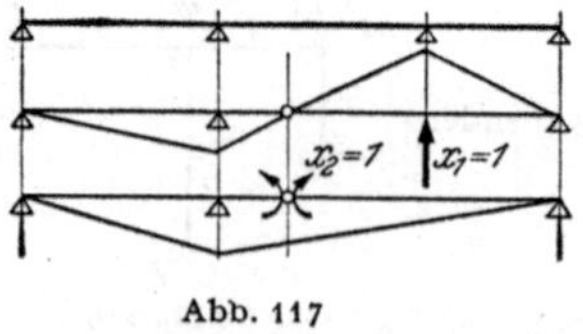

Abb. 117

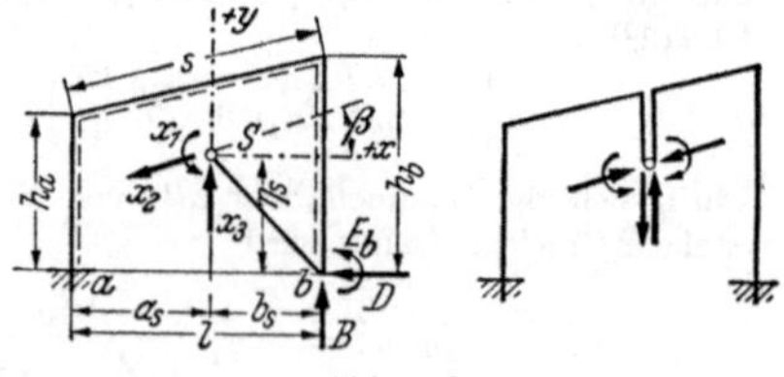

Abb. 118

Die Einführung des *elastischen Schwerpunktes* gestattet bei 2- und 3fach statisch unbestimmten Rahmen, voneinander unabhängige Elastizitätsgleichungen aufzustellen, wenn die Unbekannten im elastischen Schwerpunkt wirkend angenommen werden. Das Auflager b des eingespannten Rahmens (Abb. 118) wird entfernt oder

der Riegel wird durchschnitten, und an den Enden *starrer* Stäbe, die b bzw. die Schnittstelle mit dem elastischen Schwerpunkt S verbinden, werden ein Moment X_1 und die Kräfte X_2 und X_3 wirkend angenommen. Die Lage des elastischen Schwerpunktes und die Wirkungslinien von X_2 und X_3 werden aus den Bedingungen $\delta_{ik} = 0$ ermittelt, dabei kann noch die Wirkungslinie *einer* Kraft gewählt werden. Es sei X_3 lotrecht angenommen, X_2 unter einem noch zu bestimmenden Winkel β gegen die Waagrechte geneigt. Die Zustände $X_i = 1$, Abb. 119, führen dann zu den folgenden Beiwerten und Bedingungen. Aus $E I_c \delta_{11} = \int ds \frac{I_c}{I}$ erhält man mit $ds \frac{I_c}{I} = dg$, dem *elastischen Gewicht* des Stabelementes, und $\int dg = G$, dem elastischen Gewicht des ganzen Rahmens,

$$E I_c \delta_{11} = G. \tag{136}$$

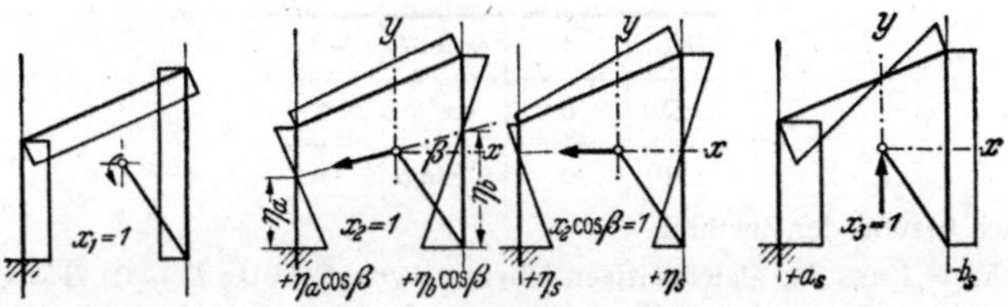

Abb. 119

Bei stabweise konstantem Trägheitsmoment ist

$$G = h'_a + h'_b + s'. \tag{137}$$

Die Bedingung $E I_c \delta_{13} = -\int x\, ds \frac{I_c}{I} = -\int x\, dg = 0$ kann nur erfüllt werden, wenn y eine Schwerpunktsachse ist. Die Abstände a_S und b_S werden aus der Kombination der Zustände $X_1 = 1$ und $X_3 = 1$ gewonnen; sie können auch sofort aus dem statischen Moment der elastischen Gewichte in bezug auf h_a bzw. h_b ermittelt werden:

$$a_S = \frac{(2 h'_b + s')\, l}{2 G}; \quad b_S = \frac{(2 h'_a + s')\, l}{2 G}. \tag{138}$$

Die Bedingung $E I_c \delta_{12} = \int dg\, (y \cos\beta - x \sin\beta) = \cos\beta \int y\, dg - \sin\beta \int x\, dg = 0$ wird erfüllt, wenn auch die x-Achse durch den elastischen Schwerpunkt gelegt wird. Der Abstand η_S ergibt sich aus der Kombination der Zustände $X_1 = 1$ und $X_2 \cos\beta = 1$ oder aus dem statischen Moment in bezug auf die Waagrechte durch die Fußpunkte:

$$\eta_S = \frac{h'_a h_a + h'_b h_b + s' (h_a + h_b)}{2 G} = \frac{h_a (h'_a + s') + h_b (h'_b + s')}{2 G}. \tag{139}$$

Schließlich führt die Bedingung

$$E I_c \delta_{23} = \int x (y \cos\beta - x \sin\beta)\, dg = \cos\beta \int x y\, dg - \sin\beta \int x^2\, dg = 0$$

zur Bestimmung des Winkels β:

$$\operatorname{tg}\beta = \frac{\int x y\, dg}{\int x^2\, dg} = \frac{Z_{xy}}{T_y} \tag{140}$$

mit Z_{xy} als Zentrifugalmoment und T_y als Trägheitsmoment der elastischen Gewichte. Durch den Winkel β wird die y zugeordnete Achse bestimmt. Die Berechnung von Z_{xy} erfolgt nach Ermittlung der Abstände a_S, b_S, η_S aus der Kombination der M-Flächen, $X_2 \cos\beta = 1$ und $X_3 = 1$. Ebenso werden $T_x = \int y^2\, dg$

und $T_y = \int x^2\,dg$ aus diesen Zuständen zahlenmäßig ermittelt. Dann ist

$$E I_c \delta_{22} = \int dg\,(y\cos\beta - x\sin\beta)^2 = \cos^2\beta\, T_x + \sin^2\beta\, T_y - 2\sin\beta\cos\beta\, Z_{xy}$$
$$= \cos^2\beta\, T_x - \sin^2\beta\, T_y. \quad (141)$$

$$E I_c \delta_{33} = T_y. \quad (142)$$

Nach Berechnung der Belastungsglieder aus der Kombination der M_0-Flächen des in a eingespannten Stabzuges mit den Zuständen $X_i = 1$ erhält man

$$X_1 = -\frac{E I_c \delta_{10}}{G}; \quad X_2 = -\frac{E I_c \delta_{20}}{\cos^2\beta\, T_x - \sin^2\beta\, T_y}; \quad X_3 = -\frac{E I_c \delta_{30}}{T_y} \quad (143)$$

und damit die statischen Größen des Tragwerkes.

Zwischen den als statisch Unbestimmte gewählten Stützreaktionen E_b, D und B und den in die Rechnung eingeführten Unbekannten X_i bestehen die Beziehungen

	X_1	X_2	X_3
E_b	1	$\eta_b \cos\beta$	$-b_s$
D	0	$\cos\beta$	0
B	0	$-\sin\beta$	1

(144)

Demnach besteht der Zustand

$X_1 = 1$ aus der gleichzeitigen Wirkung von $E_b = 1$; $D = 0$; $B = 0$
$X_2 = 1$: $E_b = \eta_b \cos\beta$; $D = \cos\beta$; $B = -\sin\beta$
$X_3 = 1$: $E_b = -b_s$; $D = 0$; $B = 1$.

Daraus ist ersichtlich, daß die Berechnung mit Hilfe des elastischen Schwerpunktes auf die nachfolgend behandelte Einführung von Gruppen statisch unbestimmter Größen hinausläuft. Die Berechnung unter Benutzung des elastischen Schwerpunktes bietet Vorteile bei symmetrischen Tragwerken. Anwendung unter II, 39, 41.

Einführung statisch unbestimmter Hauptsysteme

Wird zur Berechnung eines n-fach statisch unbestimmten Tragwerkes ein ν-fach statisch unbestimmtes Hauptsystem zugrunde gelegt, so lassen sich $n-\nu$ Elastizitätsgleichungen aufstellen, die sich von den Gl. (80) nur dadurch unterscheiden, daß die Beiwerte $\delta_{ik}^{(\nu)}$ ebenso wie die Belastungsglieder $\delta_{io}^{(\nu)}$ als Formänderungen des ν-fach statisch unbestimmten Systems zu ermitteln sind. Ebenso behalten die Gl. (82) ihre Gültigkeit, wenn darin die statischen Größen $Z_0^{(\nu)}$, $Z_i^{(\nu)}$ eingeführt werden. Die Formänderung in einem ν-fach statisch unbestimmten System ist ν-fach überbestimmt (I, 14), und ihre Berechnung gestaltet sich dadurch besonders einfach, daß von den beiden zu kombinierenden Gleichgewichtszuständen stets einer in einem statisch bestimmten System gewählt werden darf, welches in dem ν-fach statisch unbestimmten enthalten ist. Die Wahl ist im übrigen beliebig und wird von Fall zu Fall so getroffen, daß sich möglichst einfache Zahlenrechnungen ergeben.

Bedeutung gewinnt die Einführung statisch unbestimmter Hauptsysteme in diesem Sinne allerdings nur dann, wenn die Gleichgewichtszustände des ν-fach statisch unbestimmten Systems sowohl für die angreifenden äußeren Lasten als auch für die Zustände $X_i = 1$ auf Grund vorliegender Formeln leicht berechnet werden können, oder wenn das bereits vollständig berechnete ν-fach statisch unbestimmte Tragwerk durch nachträgliche Anordnung zusätzlicher äußerer oder innerer Glieder von höherem Grade statisch unbestimmt wird.

Liegt ein n-fach statisch unbestimmtes Tragwerk vor, so kann jede statische Größe Z als statisch Unbestimmte X_n eines $(n-1)$-fach statisch unbestimmten Systems aufgefaßt und aus

$$Z = X_n = -\frac{\delta_{no}^{(n-1)}}{\delta_{nn}^{(n-1)}} \quad (145)$$

berechnet werden. Von dieser Erkenntnis kann häufig bei der Ableitung von allgemein gültigen Gleichungen Gebrauch gemacht werden. So sind u. a. die Gl. (100) und (116) auf diesem Wege gewonnen worden.

Die Einflußlinie für die beliebige statische Größe Z ergibt sich sinngemäß aus

$$\eta_Z = \eta_{X_n} = -\frac{\delta_{mn}^{(n-1)}}{\delta_{nn}^{(n-1)}} \tag{146}$$

und wird damit als die Biegelinie mit dem Multiplikator $-1/\delta_{nn}^{(n-1)}$ erkannt, die sich für das durch Ausschalten von Z entstehende $(n-1)$-fach statisch unbestimmte Tragwerk bei Belastung durch $Z = 1$ ergibt.

Elastizitätsgleichungen gegenseitiger Unabhängigkeit lassen sich nun ohne weiteres dadurch erreichen, daß man, ausgehend von einem statisch bestimmten Hauptsystem, stufenweise über das 1fach, 2fach, ... $(n-1)$-fach statisch unbestimmte System zum n-fach statisch unbestimmten fortschreitet. Die auf diese Weise durchzuführende Rechnung ist aber unübersichtlich und nicht zu empfehlen. Es ergeben sich der Reihe nach die statisch unbestimmten Größen

$$X_1^{(1)} = -\frac{\delta_{10}^{(0)}}{\delta_{11}^{(0)}}; \quad X_2^{(2)} = -\frac{\delta_{20}^{(1)}}{\delta_{22}^{(1)}}; \quad X_i^{(i)} = -\frac{\delta_{io}^{(i-1)}}{\delta_{ii}^{(i-1)}}; \quad X_n^{(n)} = -\frac{\delta_{no}^{(n-1)}}{\delta_{nn}^{(n-1)}}.$$

Lediglich $X_n^{(n)}$ stellt den endgültigen Wert dar, während alle $X_i^{(i)}$ wieder durch $X_{i+1}^{(i+1)}$ bis $X_n^{(n)}$ beeinflußt werden. Der Zustand $X_2^{(2)} = 1$ des einfach statisch unbestimmten Systems ergibt für $X_1^{(2)}$ einen ganz bestimmten Wert y_{12}, der Zustand $X_3^{(3)} = 1$ des zweifach statisch unbestimmten Systems ergibt Werte y_{13} und y_{23} für $X_1^{(3)}$ und $X_2^{(3)}$ usf. Sie sind zu berechnen aus

$$y_{12} = -\frac{\delta_{12}^{(0)}}{\delta_{11}^{(0)}}; \quad y_{13} = -\frac{\delta_{13}^{(1)}}{\delta_{22}^{(1)}}; \quad y_{23} = -\frac{\delta_{23}^{(1)}}{\delta_{22}^{(1)}}.$$

Jeder Zustand $X_i^{(i)} = 1$ ist also gekennzeichnet durch die gleichzeitige Wirkung einer Gruppe statisch unbestimmter Größen in 1 bis $i-1$, und der angedeutete Weg läßt erkennen, daß die Lösung sich grundsätzlich vollkommen deckt mit der im folgenden Abschnitt behandelten Einführung von Gruppen statisch unbestimmter Größen. Die Größen $X_i^{(i)}$ sind identisch den dort eingeführten Größen Y_i, und die Werte y_{ik} kehren als Matrixkonstante wieder.

Einführung von Gruppen statisch unbestimmter Größen (*Lastgruppenverfahren*)

Zu Elastizitätsgleichungen gegenseitiger Unabhängigkeit führt ganz allgemein eine lineare Transformation des ursprünglichen Gleichungssystems von n Gleichungen mit n Unbekannten, indem die Unbekannten X (bzw. ζ beim Formänderungsgrößenverfahren) als lineare Funktionen neuer unbekannter Gruppenzustände Y angesetzt werden:

$$X_i = \sum_{k=1}^{k=n} y_{ik} Y_k \quad (i = 1 \text{ bis } n) \tag{147}$$

oder als Matrix geschrieben:

	Y_1	Y_2	Y_3		Y_k		Y_n
X_1	y_{11}	y_{12}	y_{13}		y_{1k}		y_{1n}
X_2	y_{21}	y_{22}	y_{23}		y_{2k}		y_{2n}
X_3	y_{31}	y_{32}	y_{33}		y_{3k}		y_{3n}
X_i	y_{i1}	y_{i2}	y_{i3}		y_{ik}		y_{in}
X_n	y_{n1}	y_{n2}	y_{n3}		y_{nk}		y_{nn}

(147)

An Stelle der Einzelwirkungen $X_i = 1$ werden Gruppenzustände $Y_k = 1$ eingeführt, die durch die gleichzeitige Wirkung von $X_1 = y_{1k}$, $X_2 = y_{2k}, \ldots,$ $X_i = y_{ik}, \ldots, X_n = y_{nk}$ gekennzeichnet und so zu bestimmen sind, daß $Y_i = 1$ und $Y_k = 1$ *orthogonale* Gleichgewichtszustände (Selbstspannungszustände) darstellen, d. h. daß die Arbeit μ_{ik} der Einzelwirkungen des Zustandes $Y_i = 1$ auf den in 1 bis n durch $Y_k = 1$ erzeugten Wegen (gleich der Arbeit μ_{ki} der Einzelwirkungen des Zustandes $Y_k = 1$ auf den Wegen infolge $Y_i = 1$) zu Null wird.

Ist wieder δ_{ik} $(= \delta_{ki})$ der Weg in i infolge $X_k = 1$ und bezeichnet ϑ_{ik} den Weg in i, erzeugt durch $Y_k = 1$, wobei also der erste Zeiger auf die Einzelwirkung, der zweite auf die Gruppe hinweist, so ist

$$\vartheta_{ik} = y_{1k}\delta_{1i} + y_{2k}\delta_{2i} + y_{3k}\delta_{3i} \cdots + y_{nk}\delta_{ni} = \sum_{r=1}^{r=n} y_{rk}\delta_{ri}. \tag{148}$$

Der Wert ϑ_{ik} kann auch als Arbeit der Einzelwirkungen des Zustandes $Y_k = 1$ auf den durch $X_i = 1$ in 1 bis n erzeugten Wegen gedeutet werden. Die Zeiger sind *nicht* vertauschbar, $\vartheta_{ik} \neq \vartheta_{ki}$.

Die Bedingungen für das Verschwinden der Arbeiten, $\mu_{ik} = \mu_{ki} = 0$, lauten nach Einführen der ϑ-Werte

$$\Sigma\, y_{rk}\vartheta_{ri} = y_{1k}\vartheta_{1i} + y_{2k}\vartheta_{2i} + y_{3k}\vartheta_{3i} \cdots + y_{nk}\vartheta_{ni} = 0 \tag{149}$$

$$\Sigma\, y_{ri}\vartheta_{rk} = y_{1i}\vartheta_{1k} + y_{2i}\vartheta_{2k} + y_{3i}\vartheta_{3k} \cdots + y_{ni}\vartheta_{nk} = 0\,. \tag{150}$$

Sind schließlich μ_{k0}, μ_{kt}, μ_{ks} die Arbeiten der Gruppe $Y_k = 1$ auf den durch Belastung, Temperatur und Stützenverschiebungen in 1 bis n erzeugten Wegen am statisch bestimmten Hauptsystem, so sind diese zu berechnen aus

$$\left.\begin{aligned} &\mu_{k0} = y_{1k}\delta_{10} + y_{2k}\delta_{20} \cdots + y_{nk}\delta_{n0} = \sum_{r=1}^{r=n} y_{rk}\delta_{r0} \\ &\mu_{kt} = \sum_{r=1}^{r=n} y_{rk}\delta_{rt}; \qquad \mu_{ks} = \sum_{r=1}^{r=n} y_{rk}\delta_{rs} = -L_k \\ &\text{mit } L_k = \Sigma\, C_k c + \Sigma\, E_k \tau_e \end{aligned}\right\} \tag{151}$$

als Arbeit der Stützreaktionen C_k und E_k des Zustandes $Y_k = 1$ bei eintretenden Stützenverschiebungen bzw. -verdrehungen.

Durch die lineare Transformation erhält man n Gleichungen, in denen insgesamt n^2 Beiwerte μ und wegen der Symmetrie zur Diagonalen $(n^2 - n)/2$ Beiwerte μ_{ik} mit ungleichen Zeigern vorkommen. Die Konstanten der Matrix (147), d. h. die Einzelwirkungen in den Zuständen $Y_k = 1$, sind nun aus den Gl. (149) so zu bestimmen, daß sämtliche μ-Werte mit ungleichen Zeigern zu Null werden. Da deren Zahl nur $(n^2 - n)/2$ beträgt, daher auch nur diese Zahl von Gleichungen $\mu_{ki} = 0$ zur Verfügung steht, müssen von den n^2 Konstanten der Matrix $(n^2 + n)/2$, also sämtliche Werte in und unterhalb der Diagonalen, vorweg gewählt werden. Sofern nicht zur Ausnutzung vorliegender Symmetrie des Tragwerkes eine andere Festsetzung zweckmäßig ist, werden die Diagonalwerte $y_{kk} = 1$ und sämtliche Werte unterhalb der Diagonalen zu Null gewählt. In diesem Fall führen die Bedingungen $\mu_{ki} = 0$, Gl. (149), zu dem in nachstehender Tabelle für ein 5fach statisch unbestimmtes Tragwerk angegebenen Aufbau der Matrix, aus dem das Bildungsgesetz zu erkennen ist, so daß die Matrix auch bei höherem Grade statischer Unbestimmtheit sofort angeschrieben werden kann, Gl. (152).

Der hier angegebene Aufbau der Matrix zeigt die Verwandtschaft mit der Bildung eines Systems orthogonaler Funktionen. Die darin enthaltenen Konstanten k_{ik} sind zu berechnen aus

$$k_{ik} = -\vartheta_{ki}/\vartheta_{ii}, \qquad k > i, \tag{153}$$

wobei zur Berechnung der ϑ-Werte nach Gl. (148) die δ-Werte übernommen werden können, sofern nicht die Zustände $Y_i = 1$ unmittelbar benutzt werden. Die Rechnung beginnt mit $k_{12} = -\vartheta_{21}/\vartheta_{11}$, sodann wird $k_{23} = -\vartheta_{32}/\vartheta_{22}$, $k_{13} = -\vartheta_{31}/\vartheta_{11}$ berechnet usf.

Die Unbekannten Y_k sind nach Ermittlung der Belastungsglieder (Gl. 151) zu berechnen aus

$$Y_k = \frac{-\mu_{k0} - \mu_{ki} + L_k}{\mu_{kk}}, \qquad (154)$$

worin noch (s. unten) $\mu_{kk} = \vartheta_{kk}$ gesetzt werden darf.

Die statisch unbestimmten Einzelwirkungen ergeben sich [nach Gl. (147)] zu

$$X_i = y_{ii} Y_i + y_{i,i+1} Y_{i+1} + \cdots + y_{in} Y_n = \sum_{k=i}^{k=n} y_{ik} Y_k. \qquad (155)$$

Eine Vereinfachung der Berechnung für die ϑ- und μ-Werte, gegebenenfalls auch als Kontrolle zu benutzen, ergibt sich aus der Tatsache, daß die Zustände $Y_k = 1$ Gleichgewichtszustände des $(k-1)$-fach statisch unbestimmten Systems darstellen, wie aus den Gl. (150) zu folgern ist. Für den Zustand $Y_k = 1$ ist danach

$$\mu_{1k} = 1 \cdot \vartheta_{1k} = 0$$

$$\mu_{2k} = y_{12}\vartheta_{1k} + 1\vartheta_{2k} = 0, \text{ somit } \vartheta_{2k} = 0$$

$$\mu_{3k} = y_{13}\vartheta_{1k} + y_{23}\vartheta_{2k} + 1 \cdot \vartheta_{3k} = 0, \text{ somit } \vartheta_{3k} = 0$$

und allgemein:

$$\mu_{ik} = y_{1i}\vartheta_{1k} + y_{2i}\vartheta_{2k} + \cdots 1 \cdot \vartheta_{ik} = 0, \text{ somit}$$

$$\vartheta_{ik} = 0 \text{ für alle Werte } i < k, \qquad (156)$$

d. h. die Wege in 1 bis $k-1$ ergeben sich im Zustand $Y_k = 1$ zu Null, und für den Nenner erhält man

$$\mu_{kk} = \vartheta_{kk}. \qquad (157)$$

Zur Berechnung der ϑ-Werte sowie der Belastungsglieder als Formänderungen statisch unbestimmter Systeme ist es somit möglich, die Belastungseinheiten $X_k = 1$ bzw. die gegebene Belastung an geeignet gewählten statisch bestimmten Systemen anzubringen, die lediglich bezüglich der Größen k bis n an das ursprüngliche Hauptsystem gebunden sind. Aus der Tatsache, daß $Y_k = 1$ den Gleichgewichtszustand des $(k-1)$-fach statisch unbestimmten Systems darstellt, ist weiter zu schließen, daß die Matrixkonstanten dieses Zustandes die Einzelwirkungen X_1 bis X_{k-1} infolge $y_{kk} = 1$ sind und als solche berechnet werden können. So ergibt sich z. B., wenn $X_4 = y_{44} = 1$ als äußere Belastung des 3fach statisch unbestimmten Systems angesehen wird, nach Gl. (154)

$$Y_1 = -\frac{\mu_{14}}{\mu_{11}} = -\frac{\mu_{41}}{\mu_{11}} = -\frac{\vartheta_{41}}{\vartheta_{11}} = k_{14}$$

$$Y_2 = -\frac{\mu_{24}}{\mu_{22}} = -\frac{\mu_{42}}{\mu_{22}} = -\frac{\vartheta_{42}}{\vartheta_{22}} = k_{24}$$

und entsprechend $Y_3 = k_{34}$.

Mit diesen Werten als Kopf der Matrix erhält man die Konstanten der Gruppe Y_4 nach dem Aufbau der Matrix (152).

	k_{14}	k_{24}	k_{34}	
X_1	1	y_{12}	y_{13}	$y_{14} = k_{14} + y_{12}k_{24} + y_{13}k_{34}$
X_2	0	1	y_{23}	$y_{24} = k_{24} + y_{23}k_{34}$
X_3	0	0	1	$y_{34} = k_{34}$

(152)

	Y_1	Y_2	Y_3	Y_4	Y_5
X_1	$y_{11} = 1$	$y_{12} = k_{12}$	$y_{13} = k_{13} + y_{12}k_{23}$	$y_{14} = k_{14} + y_{12}k_{24} + y_{13}k_{34}$	$y_{15} = k_{15} + y_{12}k_{25} + y_{13}k_{35} + y_{14}k_{45}$
X_2	0	$y_{22} = 1$	$y_{23} = k_{23}$	$y_{24} = k_{24} + y_{23}k_{34}$	$y_{25} = k_{25} + y_{23}k_{35} + y_{24}k_{45}$
X_3	0	0	$y_{33} = 1$	$y_{34} = k_{34}$	$y_{35} = k_{35} + y_{34}k_{45}$
X_4	0	0	0	$y_{44} = 1$	$y_{45} = k_{45}$
X_5	0	0	0	0	$y_{55} = 1$

Ist die Berechnung nach Gl. (154) und (155) für die gegebenen Ursachen durchgeführt, so ist jede statische Größe Z wieder nach Gl. (82) zu berechnen:

$$Z = Z_0 + \sum_1^n Z_i X_i$$

oder auch aus

$$Z = Z_0 + Z_1 Y_1 + Z_2 Y_2 \cdots + Z_n Y_n = Z_0 + \sum_1^n Z_i Y_i, \tag{158}$$

wenn für Z_i der Wert von Z im Zustand $Y_i = 1$ eingesetzt wird.

Zur Ermittlung von Einflußlinien ist im Zähler der Gl. (154) $\mu_{km} = \mu_{mk}$ an Stelle von μ_{k0} einzusetzen, also die Biegelinie des Lastgurtes infolge $Y_k = 1$ zu berechnen, woraus dann die Einflußlinie für Y_k folgt und die für die Einzelwirkungen X und die übrigen statischen Größen Z nach Gl. (155) bzw. Gl. (82) oder (158) abzuleiten sind.

Zahlenbeispiel. Berechnung des in Abb. 120 dargestellten unsymmetrischen Rahmens. Gleichgewichtszustände $X_i = 1$ nach Abb. 121.

Beiwerte der El. Gl.: $\delta'_{11} = +\,8{,}417$; $\delta'_{22} = +\,9{,}0$; $\delta'_{33} = +\,3{,}917$
$\delta'_{12} = +\,4{,}5$; $\delta'_{13} = -\,0{,}667$; $\delta'_{23} = -\,3{,}0$.

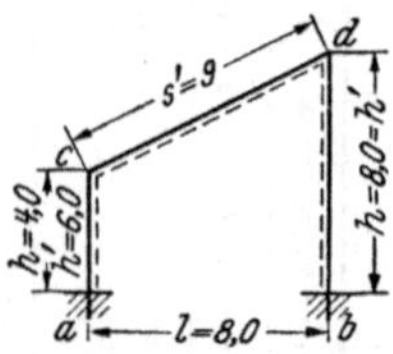

Abb. 120

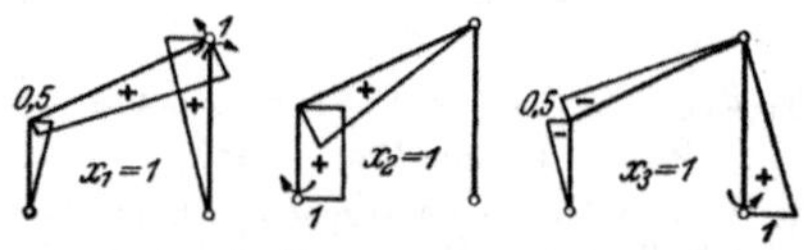

Abb. 121

Konstante der Matrix: (Rechenschiebergenauigkeit)

$$k_{12} = -\frac{\vartheta_{21}}{\vartheta_{11}} = -\frac{\delta'_{21}}{\delta'_{11}} = -\,0{,}535 = y_{12}$$

$$k_{23} = -\frac{\vartheta_{32}}{\vartheta_{22}} = -\frac{y_{12}\,\delta'_{13} + 1\cdot\delta'_{23}}{y_{12}\,\delta'_{12} + 1\cdot\delta'_{22}} = +\frac{2{,}644}{6{,}6} = +\,0{,}401 = y_{23}$$

$$k_{13} = -\frac{\vartheta_{31}}{\vartheta_{11}} = -\frac{\delta'_{31}}{\delta'_{11}} = +\,0{,}0793;\; y_{13} = k_{13} + y_{12}\,k_{23} = -\,0{,}135.$$

Der Zustand $Y_1 = 1$ ist identisch $X_1 = 1$; die Gleichgewichtszustände $Y_2 = 1$ und $Y_3 = 1$ ergeben den Momentenverlauf Abb. 122.

Die Nennerwerte sind

$$\vartheta'_{11} = 8{,}417;\quad \vartheta'_{22} = 6{,}6;\quad \vartheta'_{33} = 2{,}804.$$

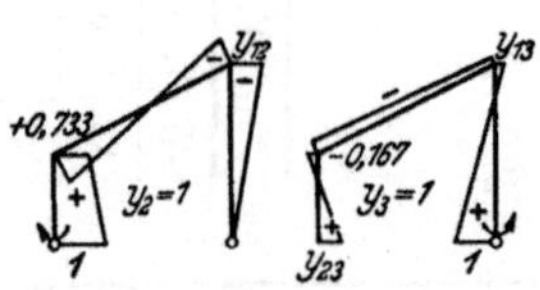

Abb. 122

Matrix

	Y_1	Y_2	Y_3
X_1	1	− 0,535	− 0,135
X_2	0	1	+ 0,401
X_3	0	0	1

Anstatt die δ-Werte zu benutzen, können die ϑ-Werte zur Berechnung von k_{23} auch durch Kombination der entsprechenden Gleichgewichtszustände ($X_3 = 1$ mit $Y_2 = 1$ und $X_2 = 1$ mit $Y_2 = 1$) ermittelt werden. Gleicherweise bestehen verschiedene Möglichkeiten zur Berechnung von ϑ_{33}; darunter auch die der Wahl eines anderen statisch bestimmten Systems für $X_3 = 1$, welches z. B. durch Schließen des Gelenkes in d und Annahme eines waagrecht beweglichen Lagers in a gebildet werden kann.

Eine waagrechte Last W in c, M_0-Fläche nach Abb. 123, ergibt

$$\delta'_{10} = +16\,\mathrm{W};\quad \delta'_{20} = +24\,\mathrm{W};\quad \delta'_{30} = -10\,\mathrm{W}$$
$$\mu'_{10} = +16\,\mathrm{W};\quad \mu'_{20} = +15{,}45\,\mathrm{W};\quad \mu'_{30} = -2{,}54\,\mathrm{W}.$$

μ_{30} kann auch wieder durch Einführen eines anderen statisch bestimmten Systems, Abb. 123, berechnet werden, so daß sich die Integration nur über den linken Pfosten erstreckt. Die weitere Rechnung ergibt:

$Y_1 = -1{,}9\,\mathrm{W}$ $\quad Y_2 = -2{,}34\,\mathrm{W}$ $\quad Y_3 = +0{,}91\,\mathrm{W}$
$X_1 = -0{,}772\,\mathrm{W}$ $\quad X_2 = -1{,}975\,\mathrm{W}$ $\quad X_3 = +0{,}91\,\mathrm{W}$

und schließlich nach Gl. (82) oder (158): $M_c = +1{,}184\,\mathrm{W}$.

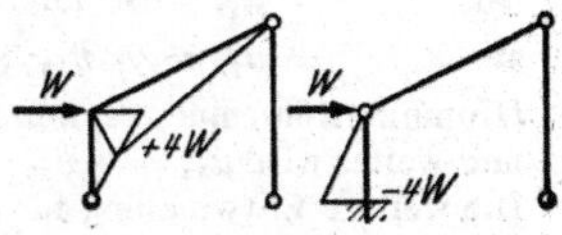

Abb. 123

Orthogonalisierung bei symmetrischen Tragwerken. Besondere Bedeutung gewinnt die Einführung von Gruppen statisch unbestimmter Größen, wenn symmetrische Tragwerke zu berechnen sind. Ein allgemein gültiges Bildungsgesetz für die Matrix läßt sich dann nicht angeben; vielmehr muß diese von Fall zu Fall sich dem zu berechnenden Tragwerk anpassen, wobei darauf zu achten ist, daß nur symmetrische und antisymmetrische Gruppenzustände auftreten. Das ist stets dadurch zu erreichen, daß die Konstanten unterhalb der Diagonalen *nicht* sämtlich zu Null gewählt werden.

Werden X_1 in der Symmetrieachse, X_2 und X_3 bzw. X_4 und X_5 symmetrisch gewählt, Abb. 124 u. 125, so gilt für alle 3- und 5fach statisch unbestimmten Systeme die Matrix (159)

	Y_1	Y_2	Y_3	Y_4	Y_5
X_1	1	y_{12}	0	y_{14}	0
X_2	0	1	-1	$y_{24} = y_{34}$	$y_{25} = -y_{35}$
X_3	0	1	1	y_{34}	y_{35}
X_4	0	0	0	1	-1
X_5	0	0	0	1	1

(159)

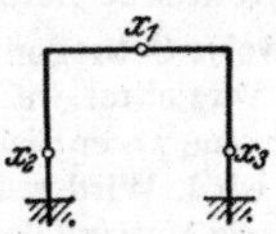

Abb. 124

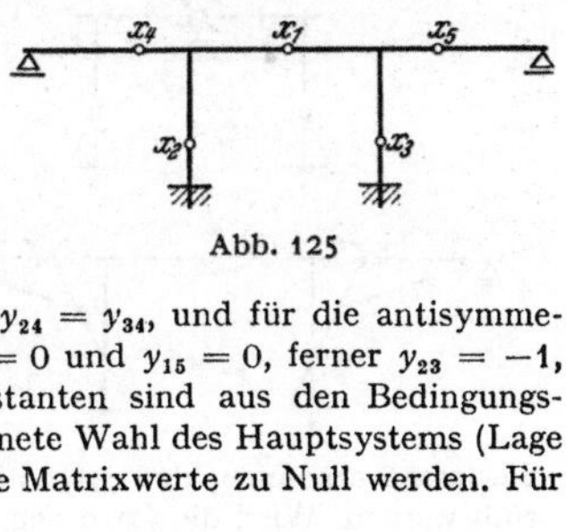

Abb. 125

Für den symmetrischen Zustand $Y_4 = 1$ wird $y_{24} = y_{34}$, und für die antisymmetrischen Zustände $Y_3 = 1$ und $Y_5 = 1$ ist $y_{13} = 0$ und $y_{15} = 0$, ferner $y_{23} = -1$, $y_{45} = -1$ und $y_{25} = -y_{35}$. Die übrigen Konstanten sind aus den Bedingungsgleichungen $\mu_{ki} = 0$ zu bestimmen. Durch geeignete Wahl des Hauptsystems (Lage der Gelenke) kann erreicht werden, daß weitere Matrixwerte zu Null werden. Für y_{12} lautet die Bedingung

$$\mu_{21} = y_{12}\vartheta_{11} + 1\cdot\vartheta_{21} + 1\cdot\vartheta_{31} = 0, \quad \text{so daß sich}$$

$$y_{12} = -\frac{\vartheta_{21} + \vartheta_{31}}{\vartheta_{11}}$$

ergibt. Der Zähler ist zu berechnen durch Kombination der Momentenflächen, die sich aus der gleichzeitigen Wirkung von $X_2 = 1$, $X_3 = 1$ einerseits und $Y_1 = 1$ andererseits ergeben. Aus $\mu_{12} = 0$ folgt $\vartheta_{12} = 0$, und damit wird

$$\mu_{22} = \vartheta_{22} + \vartheta_{32} \quad (\text{zu kombinieren } X_2 = 1,\ X_3 = 1 \text{ mit } Y_2 = 1).$$

Die Gruppe Y_3 ist zu bestimmen aus

$$\mu_{32} = y_{13}\vartheta_{12} + y_{23}\vartheta_{22} + 1\cdot\vartheta_{32} = 0$$
$$\mu_{31} = y_{13}\vartheta_{11} + y_{23}\vartheta_{21} + 1\cdot\vartheta_{31} = 0,$$

so daß sich auf Grund der Symmetrie

$$y_{23} = -\frac{\vartheta_{32}}{\vartheta_{22}} = -1 \quad \text{und} \quad y_{13} = \frac{\vartheta_{21} - \vartheta_{31}}{\vartheta_{11}} = 0 \text{ ergeben.}$$

Aus $\mu_{13} = 0$ folgt $\vartheta_{13} = 0$,

aus $\mu_{23} = y_{12}\vartheta_{13} + 1 \cdot \vartheta_{23} + 1 \cdot \vartheta_{33} = 0$ folgt $\vartheta_{23} + \vartheta_{33} = 0$

(Kombination eines symmetrischen mit einem antisymmetrischen Zustand!), und weiter wird $\mu_{33} = -\vartheta_{23} + \vartheta_{33}$ (kombiniert $X_2 = -1$, $X_3 = +1$ mit $Y_3 = +1$). Die weitere Entwicklung für die Zustände $Y_4 = 1$ und $Y_5 = 1$ ergibt

$$y_{24} = y_{34} = -\frac{\vartheta_{42} + \vartheta_{52}}{\vartheta_{22} + \vartheta_{32}}; \quad y_{14} = -\frac{\vartheta_{41} + \vartheta_{51}}{\vartheta_{11}} + y_{12} \cdot y_{24}$$

$$\vartheta_{14} = \vartheta_{24} = \vartheta_{34} = 0; \quad \mu_{44} = \vartheta_{44} + \vartheta_{54}$$

$$y_{35} = -\frac{\vartheta_{43} - \vartheta_{53}}{\vartheta_{23} - \vartheta_{33}}$$

$$\vartheta_{15} = \vartheta_{25} = \vartheta_{35} = 0; \quad \mu_{55} = -\vartheta_{45} + \vartheta_{55}.$$

Die Gruppenzustände $Y_k = 1$ erweisen sich als Gleichgewichtszustände in einem $(k-1)$- bzw. $(k-2)$-fach statisch unbestimmten System, wie aus den Werten $\vartheta_{ik} = 0$ zu schließen ist. Die angreifenden Lasten werden ebenfalls in symmetrische und antisymmetrische Belastung umgeordnet, so daß *un*symmetrische Gleichgewichtszustände ganz zu vermeiden sind, und darin liegt ein besonderer Vorteil für die praktische Berechnung.

Teilweise Orthogonalisierung. Es kann auch auf eine vollkommene Orthogonalisierung verzichtet werden, so daß die Berechnung der Matrixkonstanten entfällt und doch eine wesentliche Vereinfachung für die Auflösung der Elastizitätsgleichungen erreicht wird. Wird z. B. für den 5fach statisch unbestimmten Rahmen, Abb. 125, die folgende Matrix (a) gewählt, so ergeben sich die Gleichgewichtszustände Abb. 126.

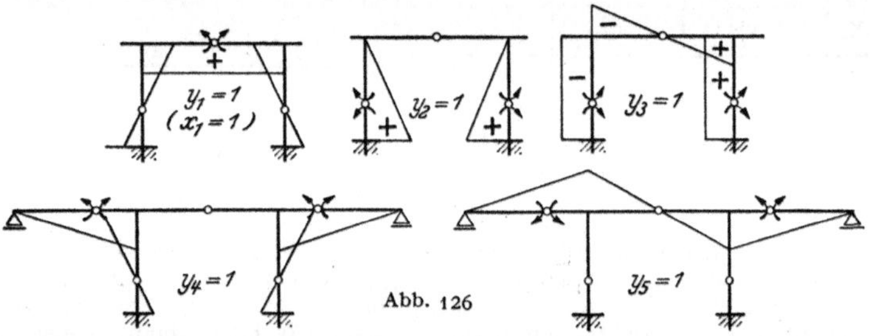

Abb. 126

Sie lassen erkennen, daß jetzt nicht alle Beiwerte μ_{ik} mit ungleichen Zeigern zu Null werden. Wird die Lage der Gelenke *2* und *3* so gewählt, daß $\mu_{12} = \mu_{24} = 0$, so sind $\mu_{14} = \mu_{41}$ und $\mu_{35} = \mu_{53}$ von Null verschieden. Man erhält für die Unbekannten Y das folgende Gleichungssystem (b), aus dem Y_2 unmittelbar, Y_1 und Y_4 bzw. Y_3 und Y_5 aus je zwei Gleichungen mit zwei Unbekannten gefunden werden.

(a)

	Y_1	Y_2	Y_3	Y_4	Y_5
X_1	1	0	0	0	0
X_2	0	1	−1	0	0
X_3	0	1	1	0	0
X_4	0	0	0	1	−1
X_5	0	0	0	1	1

(b)

Y_1	Y_2	Y_3	Y_4	Y_5	
μ_{11}	0	0	μ_{14}	0	$-\mu_{10}$
0	μ_{22}	0	0	0	$-\mu_{20}$
0	0	μ_{33}	0	μ_{35}	$-\mu_{30}$
μ_{41}	0	0	μ_{44}	0	$-\mu_{40}$
0	0	μ_{53}	0	μ_{55}	$-\mu_{50}$

Formänderungen als Unbekannte. Der hier für das Kraftgrößenverfahren durchgeführte Rechnungsgang läßt sich sinngemäß auf das Formänderungsgrößenverfahren übertragen. Wird mit den Bedingungsgleichungen für Formänderungen als Unbekannten [I, 23, Gl. (117)] eine lineare Transformation vorgenommen, so ergeben sich die Konstanten der Matrix als Gruppen von Formänderungen, die gleichzeitig auftreten und aus Gleichgewichtsbedingungen so zu bestimmen sind, daß die Zusatzkräfte und -momente z_{ik} mit ungleichen Zeigern zu Null werden.

Schlußbemerkungen zur Orthogonalisierung. Wenn in den Ausführungen dieses Abschnittes mit der Orthogonalisierung stets Selbstspannungszustände in statisch *un*bestimmten Systemen verbunden sind, so ist das doch keineswegs als zwangsläufige Folge der Orthogonalisierung anzusehen. Der von *H. Reissner* zur Berechnung von Fachwerken zyklischer Symmetrie gegebene Ansatz, der auch für die Berechnung von Trägerrosten Anwendung findet, benutzt ebenfalls orthogonale Gleichgewichtszustände, die sich aber keineswegs als solche statisch unbestimmter Tragwerke erweisen. Werden z. B. für den über vier gleiche Öffnungen durchlaufenden Balken von der Gesamtlänge l die Stützmomente gruppenweise als statisch unbestimmte Größen durch den Ansatz

$$y_{ik} = \sin k\pi \frac{i\lambda}{l} \tag{160}$$

eingeführt, so ergeben sich mit $i\lambda/l = 1/4,\ 1/2,\ 3/4$ die nachstehende Matrix und die Gleichgewichtszustände nach Abb. 127.

$\frac{1}{2}\sqrt{2}$	1	$\frac{1}{2}\sqrt{2}$
1	0	-1
$\frac{1}{2}\sqrt{2}$	-1	$\frac{1}{2}\sqrt{2}$

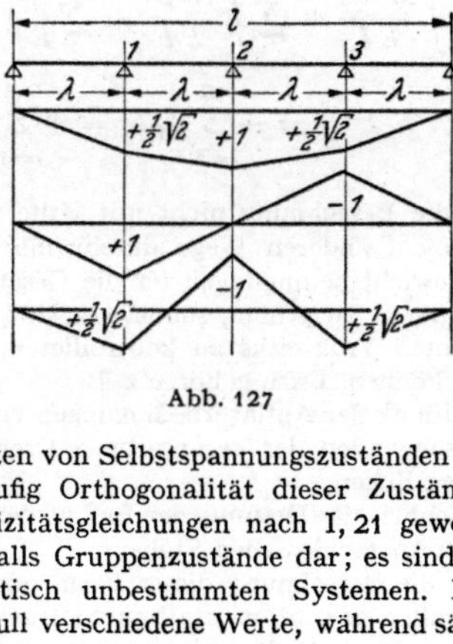

Abb. 127

Andrerseits ist auch mit dem Auftreten von Selbstspannungszuständen statisch unbestimmter Systeme nicht zwangsläufig Orthogonalität dieser Zustände verbunden. Die bei der Lösung der Elastizitätsgleichungen nach I, 21 gewonnenen Vorzahlen λ_{ik} jeder Spalte stellen ebenfalls Gruppenzustände dar; es sind Selbstspannungszustände in $(n-1)$-fach statisch unbestimmten Systemen. Für die Arbeiten μ_{ik} ergeben sich jedoch von Null verschiedene Werte, während sämtliche ϑ_{ik} mit ungleichen Zeigern zu Null werden.

27. Rechenkontrollen für statisch unbestimmte Tragwerke

Es ist zu empfehlen, bei Aufstellung einer statischen Berechnung jede sich zu einer unabhängigen Kontrolle bietende Gelegenheit zu benutzen.

Bei der Berechnung innerlich statisch unbestimmter und solcher Tragwerke, bei denen gleichmäßige Temperaturänderungen keinen Einfluß auf den Gleichgewichtszustand haben, können die Stabkräfte S_i und die Normalkräfte N_i des Zustandes $X_i = 1$ durch die Bedingung

$$\Sigma S_i s + \Sigma \int N_i \, ds = 0 \tag{161}$$

überprüft werden.

Die Einflußlinien statisch unbestimmter Größen werden über die Biegelinien gewonnen, in denen die Beiwerte der Elastizitätsgleichungen wiederkehren, so daß auch hier eine unabhängige Kontrolle möglich ist.

Eine Prüfung der Endergebnisse für feststehende Belastung, Temperaturänderungen und Stützenverschiebungen kann mit den folgenden Bedingungen durchgeführt werden.

a) Gleichgewichtszustand infolge Belastung:

$$\sum\int\frac{M^2\,ds}{EI}+\sum\int\frac{N^2\,ds}{EF}+\sum\frac{S^2\,s}{EF}=\sum\int\frac{M M_0\,ds}{EI}+\sum\int\frac{N N_0\,ds}{EF}$$

$$+\sum\frac{S S_0\,s}{EF}=\sum\int\frac{M_0^2\,ds}{EI}+\sum\int\frac{N_0^2\,ds}{EF}+\sum\frac{S_0^2\,s}{EF}+\sum_{i=1}^{n}X_i\,\delta_{i0}. \tag{162}$$

Sind Elastizitätsgleichungen gegenseitiger Unabhängigkeit benutzt worden, so ist $+\Sigma X_i\delta_{i0}$ durch $-\Sigma Y_i^2\mu_{ii}$ zu ersetzen.

b) Gleichgewichtszustand infolge Temperaturänderungen:

$$\alpha_t\left(\sum\int M\,\frac{\Delta t}{h}\,ds+\Sigma\int N t\,ds+\Sigma S t s\right)=+\sum_{i=1}^{n}X_i\,\delta_{it}=-\sum_{i=1}^{n}Y_i^2\mu_{ii}. \tag{163}$$

c) Gleichgewichtszustand infolge von Stützenverschiebungen:

$$\sum\int\frac{M^2\,ds}{EI}+\sum\int\frac{N^2\,ds}{EF}+\sum\frac{S^2 s}{EF}=+\sum_{i=1}^{n}X_i\,L_i=+\sum_{i=1}^{n}Y_i^2\mu_{ii}. \tag{164}$$

$$\Sigma\,C c=+\sum_{i=1}^{n}X_i\,L_i=+\sum_{i=1}^{n}Y_i^2\mu_{ii}\quad\text{mit}\quad L_i=\Sigma\,C_i c. \tag{165}$$

Ist die Berechnung nicht mit Hilfe von Elastizitätsgleichungen, sondern auf irgendeinem anderen Wege durchgeführt, so sind zur Kontrolle nicht nur die Gleichgewichtsbedingungen für die Gesamtheit der äußeren Kräfte und an jedem Knotenpunkt zu prüfen, sondern es sind solche Formänderungen des statisch unbestimmten Tragwerks zu kontrollieren, über die bestimmte Aussagen gemacht werden können. Dazu gehören z. B.

Erfüllung der Auflagerbedingungen von festen Stützen und Einspannungen,

Verschwinden der gegenseitigen Drehung der Querschnitte biegefester Stäbe in steifen Ecken,

Gleichheit der Drehung der Endquerschnitte aller in einem steifen Knotenpunkt biegefest angeschlossenen Stäbe.

Für die Berechnung dieser Formänderungen sind die Belastungseinheiten an zweckmäßig gewählten statisch bestimmten Systemen, die in den vorliegenden unbestimmten enthalten sind, anzubringen, so daß sich die Kontrollen sehr schnell durchführen lassen.

28. Tabellen für einfache, einseitig und beiderseits eingespannte Balken

Die Tabellen können benutzt werden, um die in den vorstehenden Abschnitten wiederholt vorkommenden statischen Momente S der M_0-Flächen einfacher Balken und die beim Formänderungsgrößenverfahren und bei Ausgleichsrechnungen benötigten Einspannmomente einseitig und beiderseits eingespannter Balken für einige häufiger vorkommende Belastungsfälle zu entnehmen. Weitere Lastfälle können daraus durch Superposition gebildet werden. Zwischen den statischen Momenten S und dem Inhalt F_0 der Momentenfläche des einfachen Balkens besteht die Beziehung: $S_a + S_b = F_0 l$, bei symmetrischer Belastung: $2S = F_0 l$.

Tabelle 1. *Einfache Balken auf zwei Stützen*

Belastungsfall	Stützkräfte	Biegemomente	Formänderungen	Statische Momente der M_o-Flächen	Gl.
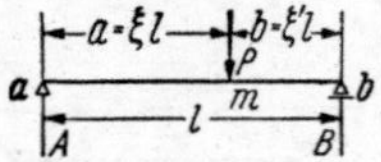	$A = P\frac{b}{l}$ $B = P\frac{a}{l}$	$M_m = P\frac{ab}{l}$	$y_m = \frac{Pl^3}{3EI}\xi^2\xi'^2$	$S_a = \frac{Pl^3}{6}(\xi - \xi^3)$ $S_b = \frac{Pl^3}{6}(\xi' - \xi'^3)$	(166)
$a = b = l/2$	$A = B = \frac{P}{2}$	$M_m = P\frac{l}{4}$	$y_m = \frac{Pl^3}{48EI}$	$S_a = S_b = \frac{Pl^3}{16}$	(167)
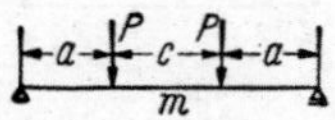 $a = \xi \cdot l$	$A = B = P$	$M_m = Pa$	$y_m = \frac{Pl^3}{24EI}(3\xi - 4\xi^3)$	$S_a = S_b = \frac{Pl^3}{2}(\xi - \xi^2)$ $= \frac{Pl^3}{2}\xi \cdot \xi'$	(168)
$a = l/3$	$A = B = P$	$M_m = Pa$	$y_m = 0{,}0355\frac{Pl^3}{EI}$	$S_a = S_b = \frac{Pl^3}{9}$	(169)
$a = l/4$	$A = B = P$	$M_m = Pa$	$y_m = 0{,}0286\frac{Pl^3}{EI}$	$S_a = S_b = \frac{3Pl^3}{32}$	(170)
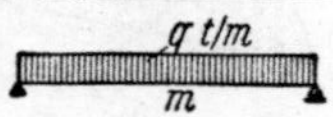	$A = B = \frac{ql}{2}$	$M_m = \frac{ql^2}{8}$	$y_m = \frac{5ql^4}{384EI}$	$S_a = S_b = \frac{ql^4}{24}$	(171)
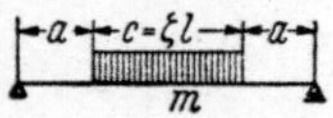	$A = B = \frac{qc}{2}$	$M_m = \frac{qcl}{8}(2 - \zeta)$	$y_m = \frac{qcl^3}{384EI}(8 - 4\zeta^2 + \zeta^3)$	$S_a = S_b = \frac{qcl^3}{48}(3 - \zeta^2)$	(172)
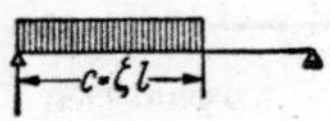	$A = \frac{qc}{2}(2 - \zeta)$ $B = \frac{qc}{2} \cdot \zeta$	$\max M = \frac{A^2}{2q}$ $x = \frac{c}{2}(2 - \zeta)$		$S_a = \frac{qc^2l^2}{12}\left(1 - \frac{1}{2}\zeta^2\right)$ $S_b = \frac{qc^2l^2}{6}\left(1 - \frac{1}{2}\zeta\right)^2$	(173)

Tabelle 1. (Fortsetzung)

Belastungsfall	Stützkräfte	Biegemomente	Formänderungen	Statische Momente der M_o-Flächen	Gl.
$c = l/2$	$A = \frac{3}{8}\, ql$ $B = \frac{1}{8}\, ql$	$\max M = \frac{9}{128}\, ql^2$		$S_a = \frac{7}{384}\, ql^4$ $S_b = \frac{9}{384}\, ql^4$	(174)
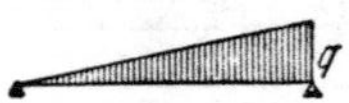	$A = \frac{ql}{6}$ $B = \frac{ql}{3}$	$\max M = 0{,}064\, ql^2$ $x = 0{,}577\, l$	$\max y = 0{,}00652\, \frac{ql^4}{EI}$ $x = 0{,}519\, l$	$S_a = \frac{8}{360}\, ql^4$ $S_b = \frac{7}{360}\, ql^4$	(175)
	$A = -B = +\frac{M_b}{l}$		$y_m = \frac{M_b l^2}{6\,EI}(\xi - \xi^3)$ $\max y = 0{,}064\, \frac{M_b l^2}{EI}$	$S_a = \frac{l^2}{3}\, M_b$ $S_b = \frac{l^2}{6}\, M_b$	(176)
	$A = -B$ $= \frac{M_b - M_a}{l}$			$S_a = \frac{l^2}{6}(M_a + 2\, M_b)$ $S_b = \frac{l^2}{6}(2\, M_a + M_b)$	(177)
	$A = B = \frac{ql}{4}$	$M_m = \frac{ql^2}{12}$	$y_m = \frac{ql^4}{120\, EI}$	$S_a = S_b = \frac{5}{192}\, ql^4$	(178)
	$A = B$ $= \frac{q\,(l - a)}{2}$	M_m $= \frac{ql^2}{8}\left[1 - \frac{4}{3}\left(\frac{a}{l}\right)^2\right]$	$y_m = \frac{5}{384}\, \frac{ql^4}{EI} \cdot$ $\cdot \left[1 - \frac{8}{5}\left(\frac{a}{l}\right)^2 + \frac{16}{25}\left(\frac{a}{l}\right)^4\right]$	$S_a = S_b =$ $\frac{ql^4}{24}\left[1 - 2\left(\frac{a}{l}\right)^2 + \left(\frac{a}{l}\right)^3\right]$	(179)

ξ	0,1	0,2	0,3	0,4	0,5	0,6	0,7	0,8	0,9
$\xi - \xi^3$	0,099	0,192	0,273	0,336	0,375	0,384	0,357	0,288	0,171

Tabelle 2. *Einseitig eingespannte Balken*

Belastungsfall	Stützkräfte	Einspannmomente	Gl.
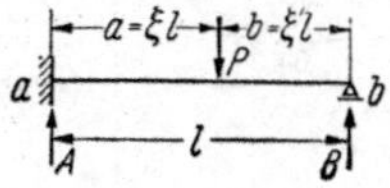	$A = \frac{P}{2}\,\xi'(3 - \xi'^2)$ $B = \frac{P}{2}\,\xi^2(3 - \xi)$	$M_a = -\frac{Pl}{2}(\xi' - \xi'^3)$ $= -\frac{Pab}{2\,l^2}(l + b)$	(180)
$a = b = l/2$	$A = \frac{11}{16}P;\ B = \frac{5}{16}P$	$M_a = -\frac{3}{16}Pl$	(181)
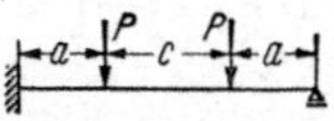	$A = P - \frac{M_a}{l}$ $B = P + \frac{M_a}{l}$	$M_a = -1{,}5\,Pa\left(1 - \frac{a}{l}\right)$	(182)
$a = l/3$	$A = \frac{4}{3}P;\ B = \frac{2}{3}P$	$M_a = -\frac{Pl}{3}$	(183)
$a = l/4$	$A = \frac{41}{32}P;\ B = \frac{23}{32}P$	$M_a = -\frac{9}{32}Pl$	(184)
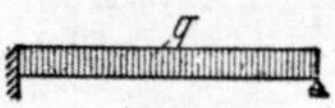	$A = \frac{5}{8}ql;\ B = \frac{3}{8}ql$	$M_a = -\frac{ql^2}{8}$	(185)
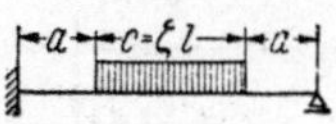	$A = \frac{qc}{2} - \frac{M_a}{l}$ $B = \frac{qc}{2} + \frac{M_a}{l}$	$M_a = -\frac{qcl}{16}(3 - \zeta^2)$	(186)
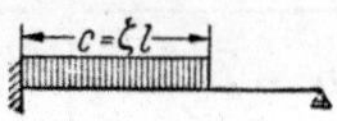	$A = qc - B$ $B = \frac{qc^2}{2\,l} + \frac{M_a}{l}$	$M_a = -\frac{qc^2}{8}(2 - \zeta)^2$	(187)
$c = l/2$	$A = \frac{57}{128}ql$ $B = \frac{7}{128}ql$	$M_a = -\frac{9}{128}ql^2$	(188)
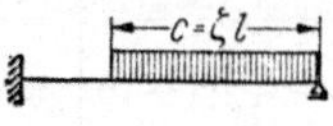	$A = \frac{qc^2}{2\,l} - \frac{M_a}{l}$ $B = qc - A$	$M_a = -\frac{qc^2}{8}(2 - \zeta^2)$	(189)
$c = l/2$	$A = \frac{23}{128}ql$ $B = \frac{41}{128}ql$	$M_a = -\frac{7}{128}ql^2$	(190)
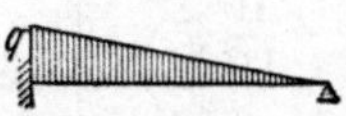	$A = \frac{2}{5}ql$ $B = \frac{1}{10}ql$	$M_a = -\frac{1}{15}ql^2$	(191)
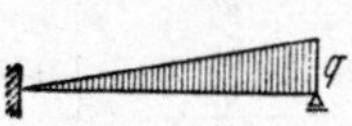	$A = \frac{9}{40}ql$ $B = \frac{11}{40}ql$	$M_a = -\frac{7}{120}ql^2$	(192)

Tabelle 2 (Fortsetzung)

Belastungsfall	Stützkräfte	Einspannmomente	Gl.
	$A = \frac{21}{64}\,ql$ $B = \frac{11}{64}\,ql$	$M_a = -\frac{5}{64}\,ql^2$	(193)
	$A = \frac{q\,(l-a)}{2} - \frac{M_a}{l}$ $B = \frac{q\,(l-a)}{2} + \frac{M_a}{l}$	$M_a = -\frac{ql^2}{8}\left[1 - 2\left(\frac{a}{l}\right)^2 + \left(\frac{a}{l}\right)^3\right]$	(194)

Tabelle 3. *Beiderseits eingespannte Balken*

Belastungsfall	Stützkräfte	Einspannmomente	Gl.
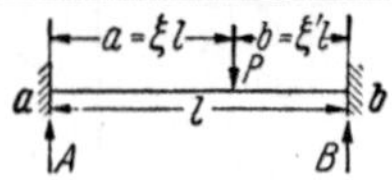	$A = P\,\xi'^2\,(1 + 2\,\xi)$ $B = P\,\xi^2\,(1 + 2\,\xi')$	$M_a = -\frac{Pab^2}{l^2} = -Pa\,\xi'^2$ $M_b = -\frac{Pa^2b}{l^2} = -Pb\,\xi^2$	(195)
$a = b = l/2$	$A = B = \frac{P}{2}$	$M_a = M_b = -\frac{Pl}{8}$	(196)
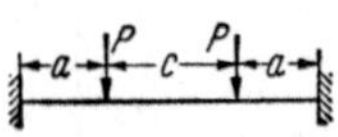	$A = B = P$	$M_a = M_b = -Pa\left(1 - \frac{a}{l}\right)$	(197)
$a = l/3$	$A = B = P$	$M_a = M_b = -\frac{2}{9}\,Pl$	(198)
$a = l/4$	$A = B = P$	$M_a = M_b = -\frac{3}{16}\,Pl$	(199)
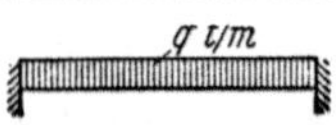	$A = B = \frac{ql}{2}$	$M_a = M_b = -\frac{ql^2}{12}$	(200)
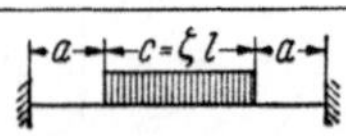	$A = B = \frac{qc}{2}$	$M_a = M_b = -\frac{qcl}{24}(3 - \zeta^2)$	(201)
	$A = qc - B$ $B = \frac{qc}{2}\,\zeta^2\,(2 - \zeta)$	$M_a = -\frac{qc^2}{6}(3 - 4\zeta + 1{,}5\,\zeta^2)$ $M_b = -\frac{qc^2}{3}(\zeta - 0{,}75\,\zeta^2)$	(202)
$c = l/2$	$A = \frac{13}{32}\,ql;\quad B = \frac{3}{32}\,ql$	$M_a = -\frac{11}{192}\,ql^2$ $M_b = -\frac{5}{192}\,ql^2$	(203)
	$A = \frac{7}{20}\,ql$ $B = \frac{3}{20}\,ql$	$M_a = -\frac{ql^2}{20}$ $M_b = -\frac{ql^2}{30}$	(204)

Tabelle 3 (Fortsetzung)

Belastungsfall	Stützkräfte	Einspannmomente	Gl.
	$A = B = \frac{ql}{4}$	$M_a = M_b = -\frac{5}{96}ql^2$	(205)
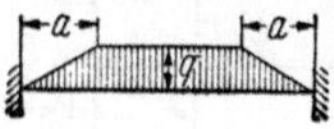	$A = B = \frac{q(l-a)}{2}$	$M_b = M_b = -\frac{ql^2}{12}\left[1 - 2\left(\frac{a}{l}\right)^2 + \left(\frac{a}{l}\right)^3\right]$	(206)

II. Anwendungen

A. Statisch bestimmte Tragwerke

29. Der einfache Balken

Für einige häufiger vorkommende Belastungsfälle enthält Tabelle 1 (I, 28) Angaben über Stützkräfte, Biegemomente, Formänderungen und Belastungsglieder.

Belastung durch ruhende Einzellasten. Bei symmetrischer Belastung (Abb. 128, 129) erfolgt die Berechnung am einfachsten durch zwei Additionsreihen in Tabellenform. Auf Grund der Beziehungen zwischen Belastung, Querkraft und Moment

$$Q_n = Q_{n+1} + P_n \quad \text{und} \quad \frac{M_{n+1}}{\lambda} = \frac{M_n}{\lambda} + Q_{n+1} \tag{207}$$

wird, ausgehend von der Querkraft in Balkenmitte, zunächst die Querkraft in Feld n und sodann mit M_1/λ beginnend das Biegemoment für die Feldpunkte bestimmt.

zu Abb. 128

Pkt. Feld n	P_n	Q_n	M_n/λ	M_n
1	6	↑ 10	→ 10	10 λ
2	4	4	↓ 14	14 λ
3		0		

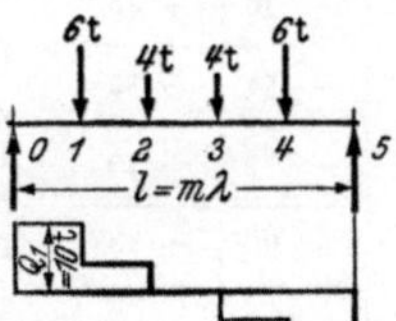

Abb. 128

zu Abb. 129

P_n	Q_n	M_n/λ	M_n
10	↑ 24	→ 24	24 λ
7	14	38	38 λ
14	7	↓ 45	45 λ

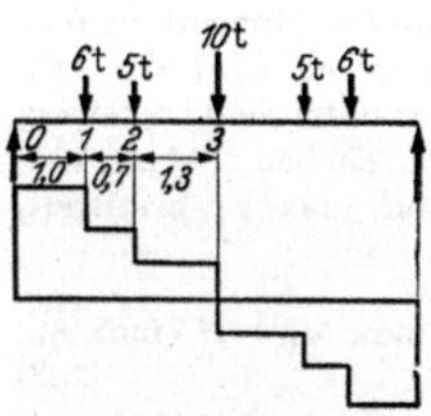

Abb. 130

Zu Abb. 130

n	λn	P_n	Q_n	$Q_n \lambda_n$	M_n
1	1,0	6	↑ 16	16	→ 16
2	0,7	5	10	7	23
3	1,3	10	5	6,5	↓ 29,5

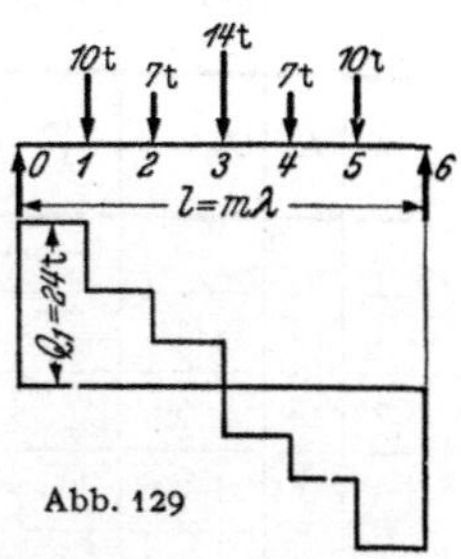

Abb. 129

Bei ungleichen Lastabständen (Abb. 130) werden die Querkräfte zunächst mit λ_n multipliziert und sodann $M_{n+1} = M_n + Q_{n+1}\lambda_{n+1}$ berechnet.

Liegt unsymmetrische Belastung bei gleichen Lastabständen vor, so sind (Abb. 131) die nachstehenden Tabellen zur Berechnung geeignet.

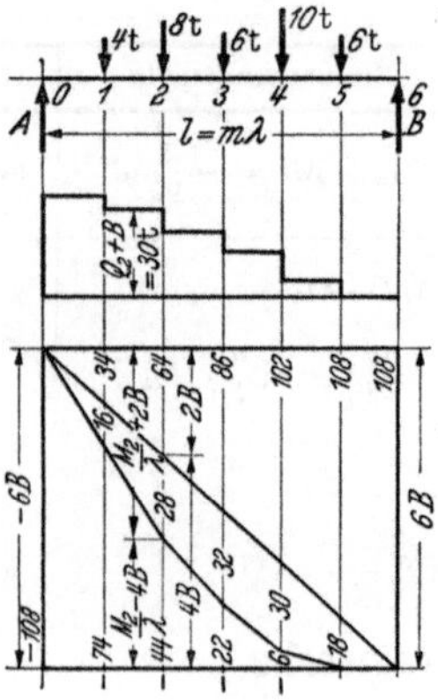

Abb. 131

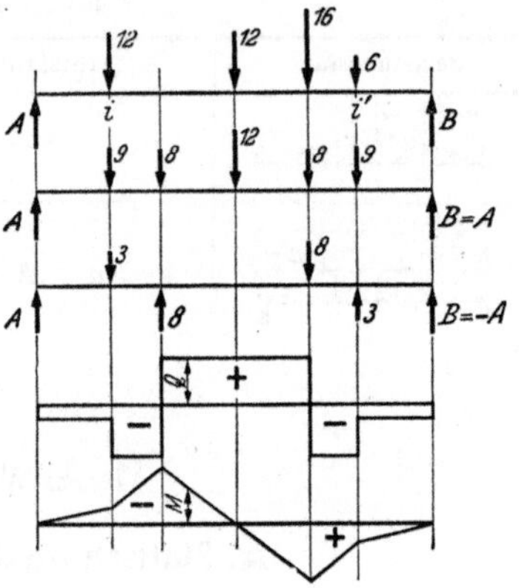

Abb. 132

Jede unsymmetrische Belastung läßt sich nach Abb. 132 durch Überlagerung einer symmetrischen und einer antisymmetrischen Belastung ersetzen (*Lastenumordnung*), was für die Berechnung sehr häufig von Vorteil ist. An Stelle der Lasten P_i und $P_{i'}$ treten im symmetrischen Lastfall $(P_i + P_{i'})/2$ in i und i', im antisymmetrischen Lastfall $(P_i - P_{i'})/2$ in i und $-(P_i - P_{i'})/2$ in i'. Querkräfte und Momente für antisymmetrische Belastung können nach Ermittlung der Auflagerkräfte ebenfalls tabellarisch ermittelt werden.

Zu Abb. 131

n	P_n	$Q_n + B$	$\frac{M_n}{\lambda} + nB$	$-nB$	M_n/λ
1	4	34	34	− 18	+ 16
2	8	30	64	− 36	+ 28
3	6	22	86	− 54	+ 32
4	10	16	102	− 72	+ 30
5	6	6	108	− 90	+ 18
6		0	108	− 108	

$m B = 108, \; B = 108 : 6 = 18$

n	P_n	$Q_n + B$	$\frac{M_n}{\lambda} + (n - m)\,B$	$(m - n)\,B$	M_n/λ
0			$-m \cdot B = -108$	+ 108	0
1	4	34	− 74	+ 90	+ 16
2	8	30	− 44	+ 72	+ 28
3	6	22	− 22	+ 54	+ 32
4	10	16	− 6	+ 36	+ 30
5	6	6	0	+ 18	+ 18
6	0	0		0	

Bewegliche Lasten. Lastenzug. Das Biegemoment an der Stelle i wird zeichnerisch mit Hilfe von Kraft- und Seileck zum Lastenzug gewonnen. Für den schweren Lastenzug „S (1950)" der Deutschen Bundesbahn kann das Seileck nach Abb. 133 gezeichnet werden. Um die ungünstigste Laststellung für das Moment in i zu erhalten, wird der Träger unter dem Lastenzug verschoben (Abb. 134) und max η_i ermittelt, woraus

$$\max M_i = H \cdot \max \eta_i \qquad (208)$$

zu berechnen ist.

Die größte Querkraft in Punkt i ergibt sich, wenn der Lastenzug bis zum Punkt i vorgefahren ist. Sie kann dem

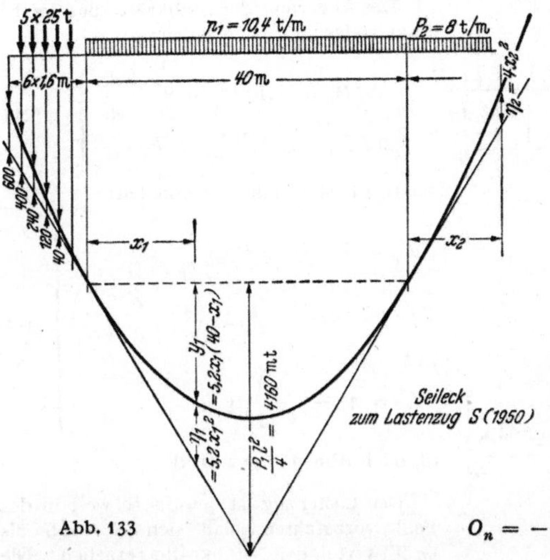

Abb. 133

A-Polygon nach Abb. 135 entnommen werden:

$$\max Q_i = \frac{1}{l} \Sigma P_i b_i. \tag{209}$$

Das A-Polygon ist das Seileck, das mit der Polweite $H = l$ zum Lastenzug gezeichnet wird, wenn dessen erste Last über dem Lager b steht.

Für den Fachwerkträger, Abb. 136, ergeben sich aus den Größtwerten der Biegemomente für die Bezugspunkte die größten Stabkräfte in den Gurtstäben (infolge Verkehrslast). Nach Gl. (34) wird

$$\left. \begin{aligned} O_n &= -\frac{H \cdot \max\eta_n}{h_n} \frac{o_n}{\lambda} \\ U_n &= +\frac{H \cdot \max\eta_n}{h_n}. \end{aligned} \right\} \tag{210}$$

Fährt der Lastenzug vom rechten Auflager b bis zur *Grundstellung* n vor, so ist nach Gl. (39)

$$D_n = A_n D'_n \quad \text{und} \quad L_{n-1} = A_n L'_{n-1}, \tag{211}$$

wenn

$$D'_n = \left(\frac{n\lambda}{h_n} - \frac{(n-1)\lambda}{h_{n-1}}\right)\frac{d_n}{\lambda} = \left(\frac{n}{h_n} - \frac{n-1}{h_{n-1}}\right) d_n \tag{212}$$

und

$$L'_{n-1} = \mp 1 \pm \frac{(n-1)\lambda}{h_{n-1}} \operatorname{tg} \beta_{n-1} \tag{213}$$

die Stabkräfte aus $A = 1$ sind.

In der Grundstellung treten i. a. in den Füllungsgliedern nicht die Größtwerte der Stabkräfte auf. Fährt der Lastenzug über die Grundstellung hinaus, so daß die 2. oder 3. oder eine der nachfolgenden Lasten in n steht, so wird durch die Fahrbahn ein Anteil P'_{n-1} der im Felde n stehenden Lasten auf den Knotenpunkt $n-1$ übertragen, während gleichzeitig die Auflagerkraft auf $A_n + \Delta A_n$ anwächst.

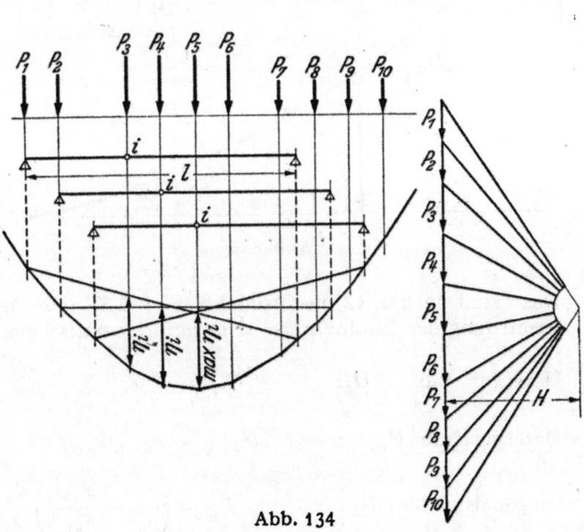

Abb. 134

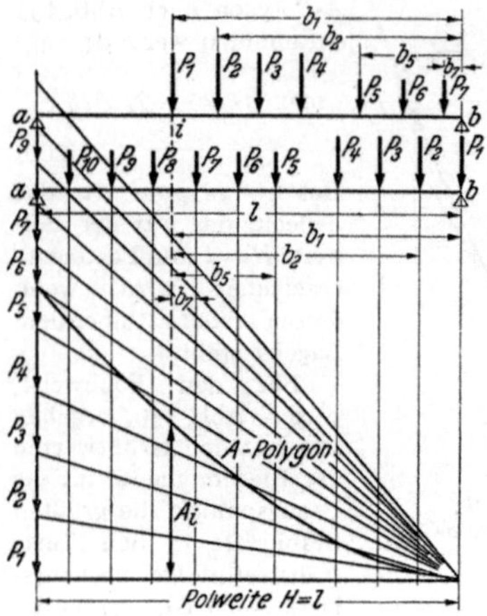

Abb. 135

Die Änderung der Stabkräfte beträgt bei links steigenden Diagonalen:

$$\left.\begin{aligned} \Delta D_n &= \Delta A_n D'_n - P'_{n-1}\frac{d_n}{h_n} \\ \Delta L_{n-1} &= \Delta A_n L'_{n-1} + P'_{n-1}; \end{aligned}\right\} \quad (214)$$

bei rechts steigenden Diagonalen:

$$\left.\begin{aligned} \Delta D_r &= \Delta A_r D'_r + P'_{r-1}\frac{d_r}{h_r} \\ \Delta L_r &= \Delta A_r L'_r - P'_{r-1}\left(1 - \frac{\lambda \operatorname{tg}\beta_r}{h_r}\right) \\ &\text{mit} \\ L'_r &= 1 - \frac{r\lambda}{h_r}\operatorname{tg}\beta_r. \end{aligned}\right\} \quad (215)$$

(β_r nach Abb. 136 negativ!)

Der Lastenzug ist jeweils so weit in das Feld vorzufahren, daß sich $S + \Delta S$ als Größtwerte der Stabkräfte ergeben. Die Anteile P'_{n-1} sind aus den im Felde n stehenden Lasten zu berechnen oder können einem zur Stützweite λ gezeichneten A-Polygon entnommen werden.

Sind Zwischenpfosten und -diagonalen angeordnet (Abb. 137, linke Systemhälfte), so lassen sich entsprechende Gleichungen aufstellen, um die aus dem Seileck bzw. A-Polygon zum Lastenzug gewonnenen Werte zu benutzen. Dabei sind die durch die Zwischenpfosten übertragenen Lasten zu berücksichtigen. Auf die Größe von O und L haben die zusätzlichen Stäbe nach Abb. 137 keinen Einfluß.

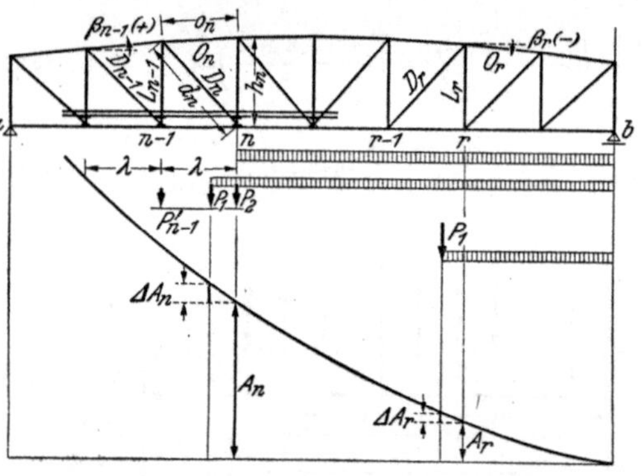

Abb. 136

Einflußlinien. Die Grenzwerte der Stabkräfte werden i. a. einfacher durch Auswertung der Einflußlinien gefunden, die in Abb. 137 für einige Stäbe des Fachwerkes ohne und mit Zwischensystem aufgetragen sind. Dazu sind nach I, 12 die Ordinaten S' und S'' in a und b zu berechnen, sofern die Ermittlung der Einflußlinien nicht auf kinematischem Wege nach I, 13 erfolgt.

Untergurtstab U_r: $\quad U''_r = x'_r/h_r$

Untergurtstab U_{n-1}: $\quad U'_{n-1} = x_{n-1}/h_{n-1}$

Diagonalstab D_n: $\quad D'_n = \left(\frac{x_n}{h_n} - \frac{x_{n-1}}{h_{n-1}}\right)\frac{d_n}{\lambda}; \quad D''_n = \left(\frac{x'_n}{h_n} - \frac{x'_{n-1}}{h_{n-1}}\right)\frac{d_n}{\lambda}$

Lotrechte L_{n-1}:
$$L'_{n-1} = -1 + \frac{x_{n-1}}{h_{n-1}} \operatorname{tg} \beta_{n-1}$$
$$L''_{n-1} = +1 + \frac{x'_{n-1}}{h_{n-1}} \operatorname{tg} \beta_{n-1}.$$

In den Einflußlinien für U und D (untere Hälfte) macht sich der Einfluß der Zwischenglieder insofern bemerkbar, als die Einflußgeraden g_a bis zum Zwischenpunkt Gültigkeit haben. Die zusätzlichen Dreiecksflächen sind die Einflußflächen für U und D des in $n-1$ und n gestützten Zwischensystems.

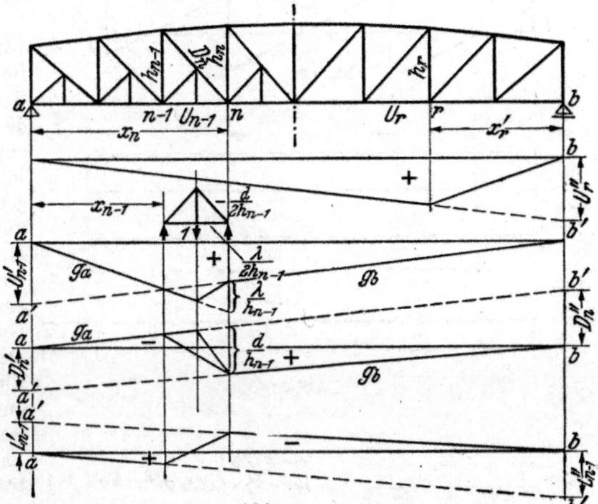

Abb. 137

30. Der Gelenkträger

Anordnung der Stützen und Gelenke nach I, 6, Gl. (18).

Ruhende Belastung. Die Stütz- und Gelenkkräfte werden zunächst aus den Gleichgewichts- und Gelenkbedingungen ermittelt. Sodann lassen sich für die einzelnen Scheiben des Gelenkträgers Biegemomente und Querkräfte wie beim einfachen Balken bzw. Balken mit Kragarmen bestimmen. Abb. 138 zeigt das Ergebnis für die Belastung der drei Scheiben durch Einzellasten. Über die Gelenke hinweg verläuft die Querkraftlinie konstant, die Momentenlinie ohne Knick, sofern keine Einzellast im Gelenkpunkt steht.

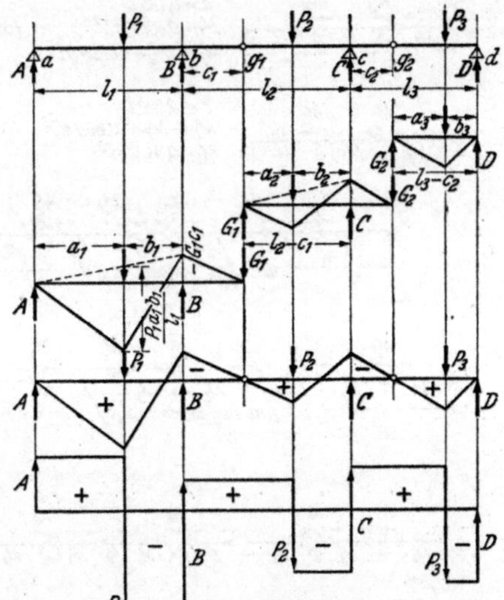

Abb. 138

Für über den ganzen Träger gleichmäßig verteilte Belastung g ergeben sich nach den Verhältnissen der Stützweiten und der Gelenklage u. U. stark unterschiedliche Werte zwischen den Stützmomenten und maximalen Feldmomenten, Abb. 139. Wird bei Gelenkträgern über mehr als zwei Öffnungen (Abb. 140) bei gleichen Stützweiten l der Mittelfelder die Stützweite in den Endfeldern $l_1 = 0{,}8535\,l$ und die Gelenklage $c = 0{,}1465\,l$ gewählt, so sind unter gleichmäßig verteilter Last die Grenzwerte der Stütz- und Feldmomente einander gleich, $M = 0{,}0625\,g\,l^2$. Haben auch die Endfelder die Stützweite l, so ist für sie $_{\max}M = 0{,}0957\,g\,l^2$.

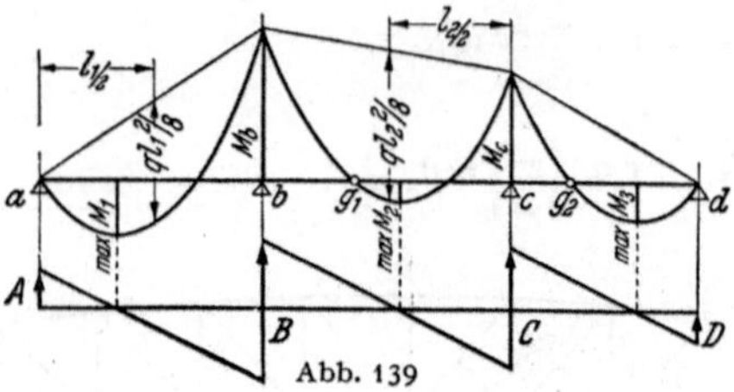

Abb. 139

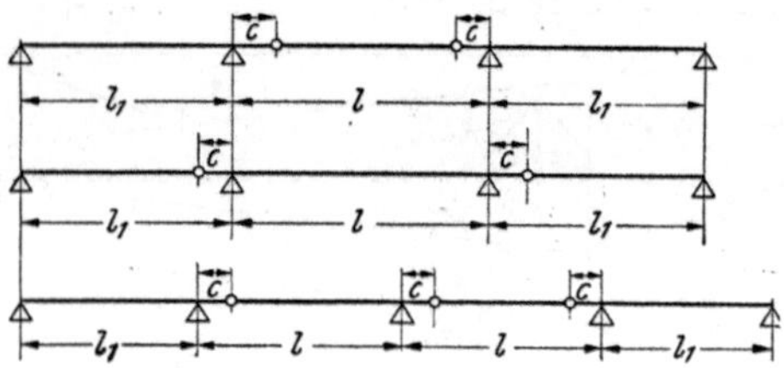

Abb. 140

Ferner gelten bei durchweg gleichen Stützweiten, jedoch Gelenklagen nach Abb. 141 bis 146 die zu den Systemen angegebenen Werte der Biegemomente für gleichmäßig verteilte Vollast.

Einflußlinien. Nach Abb. 147 stimmen die Einflußlinien für M_i und Q_i zwischen den Stützen a und b mit denen des einfachen Balkens überein. Der weitere Verlauf ist in den anschließenden Öffnungen durch die Lage der Stützen und Gelenke bestimmt, die Haupt- und Nebenpole der Kette darstellen, die durch Ausschalten der statischen Größen in i entstehen. In gleicher Weise werden die Einflußlinien für M_r und Q_r, ausgehend von dem in g_1 und c gestützten Balken, gefunden. Lasten, die auf dem Kragträger zwischen a und g_1 stehen, haben auf Moment und Querkraft in r keinen Einfluß. Die Einflußlinien für Moment und Querkraft in Punkten der Kragarme (k und v) ergeben sich am einfachsten durch Berechnung ihrer Ordinaten für die Laststellung 1 im Gelenkpunkt.

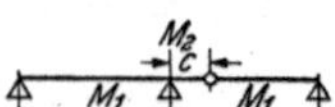

$c = 0{,}1716\,l$
$M_1 = -M_2 = 0{,}0858\,ql^2$

Abb. 141

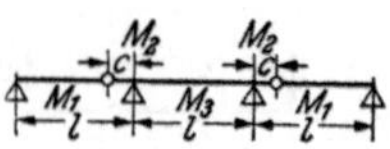

$c = 0{,}125\,l$
$M_1 = 0{,}0957\,ql^2$
$M_3 = -M_2 = 0{,}0625\,ql^2$

Abb. 142

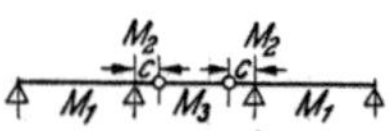

$c = 0{,}220\,l$
$M_1 = -M_2 = 0{,}0858\,ql^2$
$M_3 = 0{,}0392\,ql^2$

Abb. 143

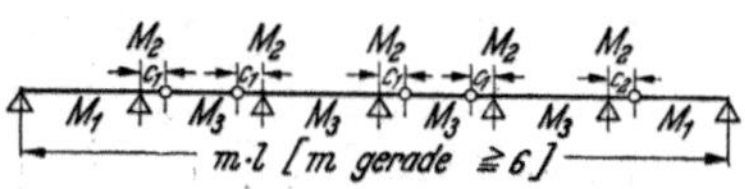

$c_1 = 0{,}1465\,l,\quad c_2 = 0{,}125\,l$
$M_1 = 0{,}0957\,ql^2$
$M_3 = -M_2 = 0{,}0625\,ql^2$

Abb. 144

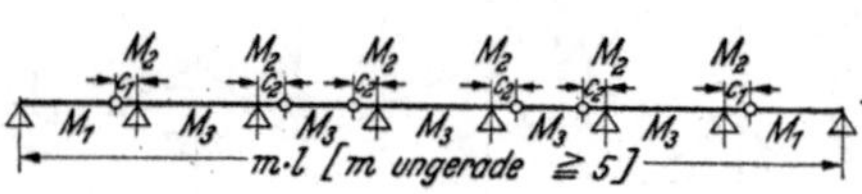

$c_1 = 0{,}125\,l$
$c_2 = 0{,}1465\,l$
$M_1 = 0{,}0957\,ql^2$
$M_3 = -M_2 = 0{,}0625\,ql^2$

Abb. 145

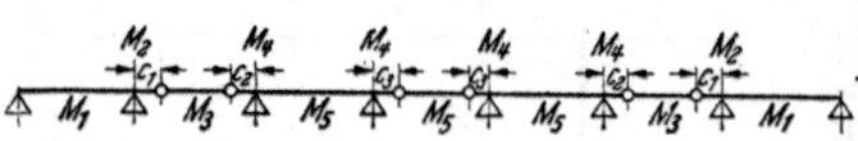

$c_1 = 0{,}2035\,l$
$c_2 = 0{,}157\,l$
$c_3 = 0{,}1465\,l$
$M_1 = -M_2 = 0{,}0858\,ql^2$
$M_3 = 0{,}0511\,ql^2$
$M_5 = -M_4 = 0{,}0625\,ql^2$

Abb. 146

Abb. 141 — 146

In Abb. 148 sind die Einflußlinien einiger Stäbe eines Fachwerkgelenkträgers dargestellt. Für O_6, L_6 und D_7 werden wieder die Ordinaten $aa' = S'$ aus $A = 1$ bzw. $bb' = S''$ aus $B = 1$ berechnet und aufgetragen. Die Berechnung der Ordinaten

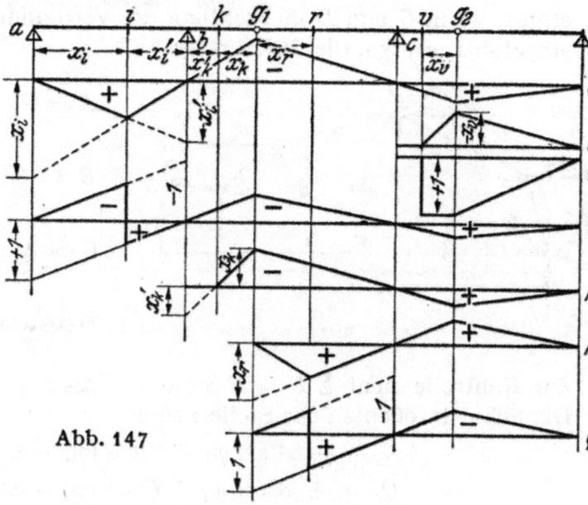

Abb. 147

für L und D kann nach Gl. (33) unter Benutzung der Bezugspunkte v und d oder besser nach Gl. (35, 36) erfolgen.

Für U_7 wird die Ordinate in g zu $U_7 = -\dfrac{c}{h_7 \cos\gamma}$ berechnet. D_9 ergibt sich unter Benutzung des Schnittpunktes e der Gurtungen durch die Ordinate $bb' = x_e/r_e$ aus $B = 1$ oder durch Berechnung der Ordinaten für Last 1 in den Feldpunkten 9 und g. Die Einflußlinie für L_7 wird aus den Gleichgewichtsbedingungen für den Auflagerpunkt b gefunden:

$$B + L_7 + U_l \sin\gamma_l + U_r \sin\gamma_r = 0$$

und

$$U_l \cos\gamma_l - U_r \cos\gamma_r = 0.$$

Sie ergibt sich daraus durch Überlagerung der Einflußlinien für die Stützkraft B mit denjenigen für U_l und U_r, und die Ordinate im Gelenkpunkt ist, wenn

$$U_l \cos\gamma_l = U_r \cos\gamma_r = -\frac{c}{h_7}$$

eingeführt wird,

$$L_7 = -B + \frac{c}{h_7}(\operatorname{tg}\gamma_l + \operatorname{tg}\gamma_r).$$

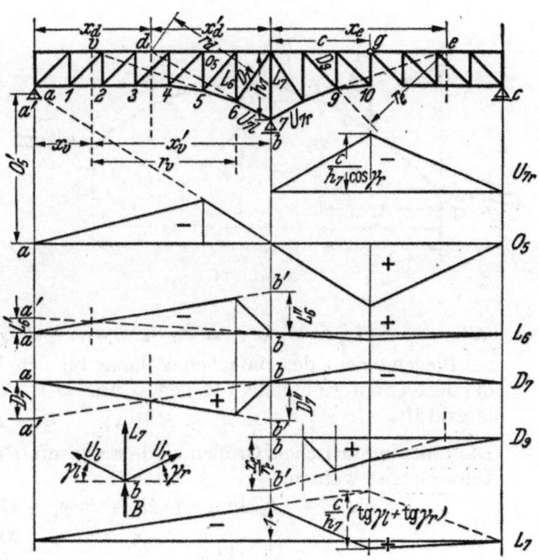

Abb. 148

31. Der Dreigelenkbogen

Für beliebige Belastung des Dreigelenkbogens können die Stützkräfte graphisch ermittelt werden. Die nach Abb. 149 auf die linke Scheibe wirkende Resultierende R_1 der angreifenden Lasten steht im Gleichgewicht mit den Stützkräften K_{b1}, deren Wirkungslinie durch den Gelenkpunkt g gehen muß, und K_{a1}. In gleicher Weise sind K_{a2} und K_{b2} infolge R_2 zu finden. Die gleichzeitige Wirkung von R_1 und R_2 führt nach Parallelverschiebung und Zusammensetzung der Kräfte zu den endgültigen Stützkräften K_a, K_b und dem Gelenkdruck G.

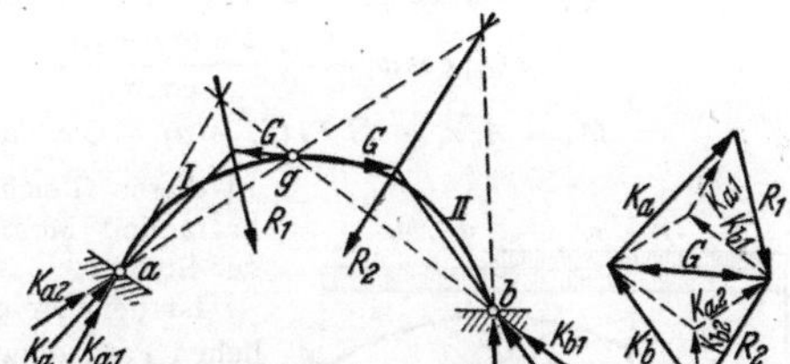

Abb. 149

Bei analytischer Lösung wird die Berechnung zweckmäßig für waagrechte und lotrechte Lasten getrennt durchgeführt. Die waagrechte Belastung nach Abb. 150

ergibt, wenn C und D in Richtung der Verbindungslinie der Stützpunkte a und b eingeführt werden, die Stützkräfte

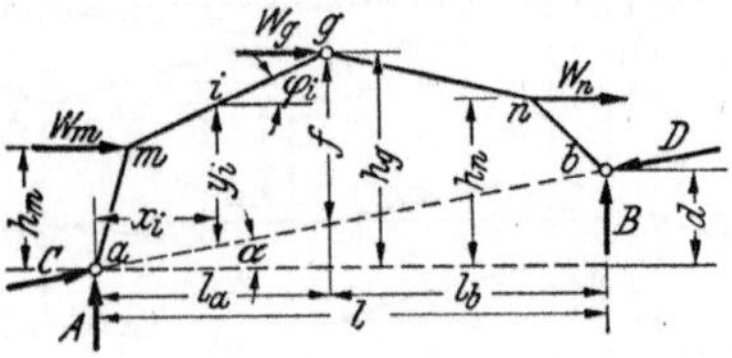

Abb. 150

$$\left.\begin{aligned} A &= -\frac{1}{l}\,\Sigma\, W\,(h-d);\\ B &= +\frac{1}{l}\,\Sigma\, W h\\ C\cos\alpha &= \frac{1}{f}\,[A\cdot l_a - W_m(h_g-h_m)]\\ D\cos\alpha &= \frac{1}{f}\,[B\cdot l_b + W_n(h_g-h_n)]. \end{aligned}\right\}\qquad(216)$$

Zur Kontrolle dient $\Sigma H = C\cos\alpha - D\cos\alpha + \Sigma W = 0$.
Die Schnittgrößen an der Stelle i sind

$$\left.\begin{aligned} N_i &= -A\sin\varphi_i - C\cos(\varphi_i-\alpha) - W_m\cos\varphi_i\\ Q_i &= +A\cos\varphi_i - C\sin(\varphi_i-\alpha) - W_m\sin\varphi_i\\ M_i &= A\,x_i - C\cos\alpha\cdot y_i - W_m\,(h_i-h_m). \end{aligned}\right\}\qquad(217)$$

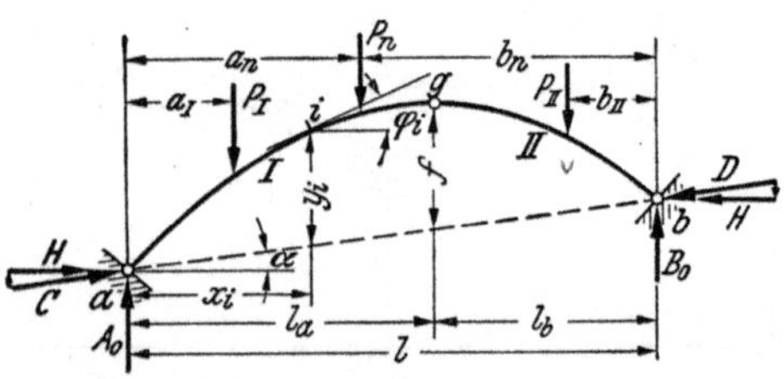

Abb. 151

Lotrechte Belastung des Dreigelenkbogens nach Abb. 151 ergibt die Stützkräfte A_0 und B_0 entsprechend denen des einfachen Balkens von der Stützweite l:

$$\left.\begin{aligned} A_0 &= 1/l\cdot\Sigma\, P_n b_n\\ B_0 &= 1/l\cdot\Sigma\, P_n a_n \end{aligned}\right\}\qquad(218)$$

und den Horizontalschub

$$C\cos\alpha = D\cos\alpha = H = M_{og}/f \qquad(219)$$

mit $\quad M_{og} = A_0 l_a - \Sigma\, P_I\,(l_a - a_I) = B_0 l_b - \Sigma\, P_{II}\,(l_b - b_{II})$

als Biegemoment des einfachen Balkens für den Punkt g. Unter Berücksichtigung der lotrechten Komponenten von C und D sind die endgültigen lotrechten Auflagerkräfte

$$A = A_0 + H\,\mathrm{tg}\,\alpha;\qquad B = B_0 - H\,\mathrm{tg}\,\alpha. \qquad(220)$$

Die inneren statischen Größen sind, wenn mit P_l links von i stehende Lasten gekennzeichnet werden,

$$\begin{aligned} N_i &= -A_0\sin\varphi_i + \Sigma\, P_l\sin\varphi_i - C\cos(\varphi_i-\alpha)\\ &= -Q_{oi}\sin\varphi_i - H\,\frac{\cos(\varphi_i-\alpha)}{\cos\alpha} \end{aligned}\qquad(221)$$

$$\begin{aligned} Q_i &= A_0\cos\varphi_i - \Sigma\, P_l\cos\varphi_i - C\sin(\varphi_i-\alpha)\\ &= Q_{oi}\cos\varphi_i - H\,\frac{\sin(\varphi_i-\alpha)}{\cos\alpha} \end{aligned}\qquad(222)$$

$$M_i = A_0 x_i - \Sigma\, P_l\,(x_i - a) - C\cos\alpha\cdot y_i = M_{oi} - H y_i. \qquad(223)$$

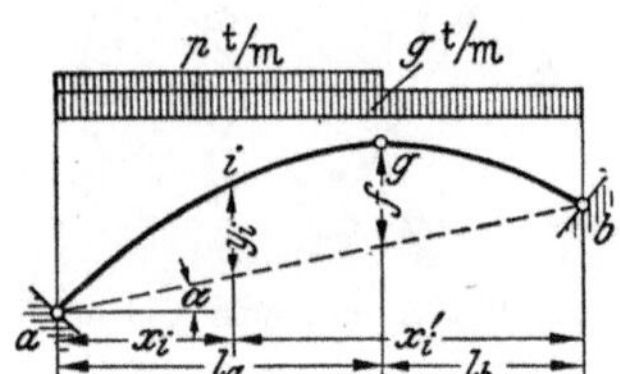

Abb. 152

In diesen Gleichungen sind Q_{oi} und M_{oi} Querkraft und Moment des einfachen Balkens an der Stelle i.

Ist der Dreigelenkbogen nach einer gewöhnlichen Parabel gekrümmt, $y_i = f\,x_i x_i'/l_a l_b$, so ist bei gleichmäßig verteilter Vollast g t/m (Abb. 152) $M_i = 0$ und $Q_i = 0$. Bei halbseitiger Belastung p t/m (von a bis g) wird

$$\left.\begin{aligned} A_0 &= p\,l_a\,(l_a + 2\,l_b)/2\,l;\qquad B_0 = p\,l_a^2/2\,l;\\ H &= p\,l_a^2 l_b/2\,l\,f \end{aligned}\right\}\qquad(224)$$

und man erhält als Momente

auf der belasteten Seite: $$M = \frac{p l_b}{2l} x (l_a - x)$$

für $x = l_a/2$: $${}_{\max}M = \frac{p l^2}{8} \frac{l_b}{l} \left(\frac{l_a}{l}\right)^2 \tag{225}$$

auf der unbelasteten Seite: $$M_x = -\frac{p l_a}{2l} x' (l_b - x')$$

für $x' = l_b/2$: $${}_{\min}M = -\frac{p l^2}{8} \frac{l_a}{l} \left(\frac{l_b}{l}\right)^2. \tag{226}$$

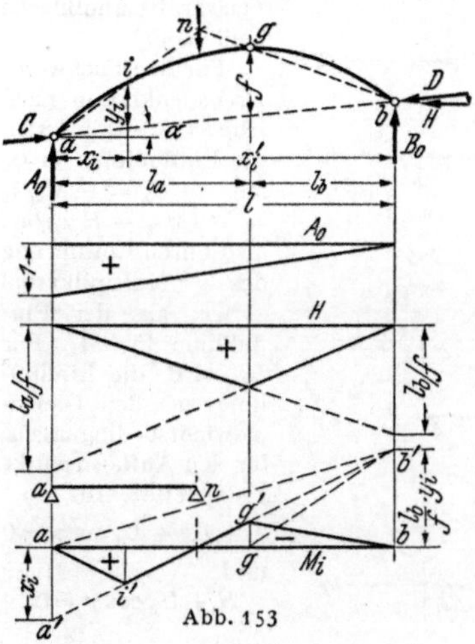

Abb. 153

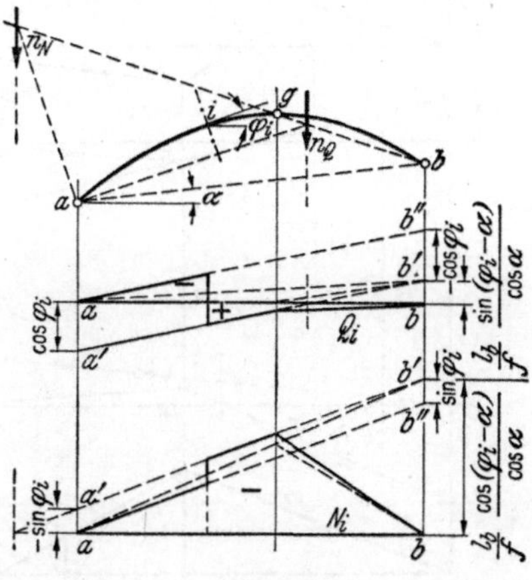

Abb. 154

Einflußlinien. Die Einflußlinien für die Stützkräfte A_0 und B_0 stimmen mit denen des einfachen Balkens überein. Für den Horizontalschub H ergibt sich die Einflußlinie nach Gl. (219) aus derjenigen für das Moment M_{0g} des einfachen Balkens, Abb. 153. Für die inneren statischen Größen lassen sich die Einflußlinien ebenfalls aus denen des einfachen Balkens durch die nach den Gl. (221) bis (223) vorzunehmenden Überlagerungen gewinnen.

Die Einflußlinie für das Biegemoment M_i setzt sich danach zusammen aus denjenigen für M_{0i} und H, wenn letztere mit $-y_i$ multipliziert wird. Dementsprechend wird aufgetragen $aa' = x_i$ und $bb' = -\frac{l_b}{f} y_i$. In bezug auf die Gerade ab' als Nullinie erscheinen beide Einflußlinien bereits überlagert, und die Differenz gibt die endgültige Einflußlinie für M_i in dem Linienzug $ai'g'b$. Die Lastenscheide, der Nullpunkt der Einflußlinie, der dem Hauptpol der Scheibe ig entspricht, ergibt sich durch den Schnittpunkt der Geraden ai und bg und kann ebenfalls zur Auftragung der Einflußlinie benutzt werden, indem ein *stellvertretender Balken* von der Stützweite $a-n$ eingeführt wird. Folgt der Bogen einer gewöhnlichen Parabel, so muß, da gleichmäßig verteilte Vollast keine Biegemomente erzeugt, der Gesamtinhalt der Einflußfläche Null sein:

$$\frac{x_i x_i'}{l} \frac{l}{2} - \frac{l_b}{f} y_i \frac{l_a}{l} \frac{l}{2} = \frac{x_i x_i'}{2} - \frac{l_a l_b f}{2 f l_a l_b} x_i x_i' = 0.$$

In Abb. 154 sind die Einflußlinien für Q_i und N_i durch entsprechende Überlagerung derjenigen für Q_{0i} und H gewonnen. In bezug auf ab' als Nullinie treten auch hier wieder beide Einflußlinien als solche des einfachen Balkens in Erscheinung. Zur Auftragung können hier die Schnittpunkte n_Q und n_N der Geraden bg mit der Parallelen bzw. Normalen zur Tangentenneigung φ_i durch a benutzt werden oder auch zur Kontrolle dienen. Bei parabelförmigem Dreigelenkbogen muß der Gesamtinhalt der Querkrafteinflußfläche Null sein.

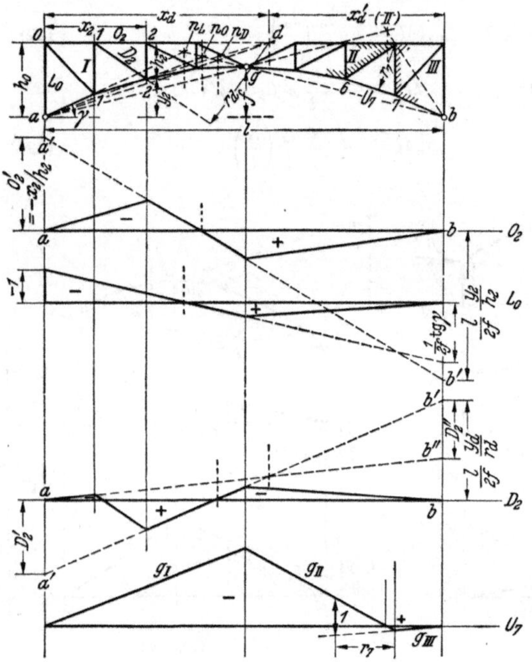

Abb. 155

Für den Fachwerk-Dreigelenkbogen nach Abb. 155 ergibt sich die Einflußlinie für O_2 aus $O_2 = -M_2/h_2 = -(M_{02} - H y_2)/h_2$, also durch Einführung des Multiplikators $-1/h_2$ aus der Einflußlinie für M_2. Für L_0 wird die Einflußlinie aus den Gleichgewichtsbedingungen für den Auflagerpunkt a abgeleitet. Aus

$$A + L_0 + U_0 \sin\gamma = 0$$

und

$$H + U_0 \cos\gamma = 0$$

folgt

$$L = -A + H \operatorname{tg}\gamma.$$

Im linken Auflager ist demnach -1 und in b die Ordinate $l/2f \cdot \operatorname{tg}\gamma$ aufzutragen.

Die Stabkraft D_2 ergibt sich aus $D_2 = M_d/r_d = (M_{0d} - H y_d)/r_d$. Zur Auftragung der Einflußlinien werden die Ordinaten in a und b berechnet zu

$$aa' = D_2' = \frac{x_d}{r_d} \quad \text{oder} \quad D_2' = \left(\frac{2}{h_2} - \frac{1}{h_1}\right) d_2$$

$$b'b'' = D_2'' = \frac{x_d'}{r_d} \quad \text{oder} \quad D_2'' = \left(\frac{6}{h_2} - \frac{7}{h_1}\right) d_2$$

$$bb' = \frac{l}{2f}\,\frac{h_0}{r_d} \quad \text{oder} \quad bb' = \frac{l}{2f}\left(\frac{h_0}{h_2} - \frac{h_0}{h_1}\right)\frac{d_2}{\lambda}.$$

Nullpunkte der Einflußlinien sind durch die Schnittpunkte n_O, n_L und n_D zu bestimmen, die in den entsprechenden Polplänen Hauptpole darstellen. Es sind die Schnittpunkte der Geraden bg mit $a2$, $a1$ und ad. Liegen die Untergurtknoten auf einer gewöhnlichen Parabel, und ist das Gelenk g im Untergurt angeordnet, so müssen die Flächeninhalte sämtlicher Einflußlinien für O und D zu Null werden ($F_+ = F_-$), womit ebenfalls wieder eine Kontrolle durchgeführt werden kann. Die Einflußlinie für U_7 ist hier ohne Berechnung der Ordinaten aus dem Polplan gewonnen.

32. Stabbogen- und Hängetragwerke

Lotrechte Belastung. Für die in Abb. 156a bis f dargestellten statisch bestimmten Stabbogen- und Hängetragwerke und Dreigelenkbogen mit Zugband sind die lotrechten Stützkräfte für lotrechte Belastung der starren Scheiben nach Gl. (218) zu bestimmen, wenn in den Systemen *a* und *d*

$$A + K_l'' = A_0, \qquad B + K_r'' = B_0 \tag{227}$$

und in den übrigen Systemen $A = A_0$, $B = B_0$ gesetzt wird. Die Stützkräfte A und B sind sodann für System *a* und *d* zu berechnen aus

$$\left.\begin{aligned} A &= A_0 - K_l'' = A_0 - H\,(\operatorname{tg}\alpha_l - \operatorname{tg}\delta) \\ B &= B_0 - K_r'' = B_0 - H\,(\operatorname{tg}\alpha_r + \operatorname{tg}\delta). \end{aligned}\right\} \tag{228}$$

Ferner wird für die Systeme *a, d, e, f* die waagrechte Stützkraft $C = 0$ und für System *b* wird $E = 0$.

Der Horizontalschub bzw. Horizontalzug H in *a* bis *d* sowie die Horizontalkomponente der Bogenkraft in *e* und die Kraft im Zugband in *f* sind nach Gl. (219) zu berechnen aus $H = \pm M_{og}/f$. Die nachstehende Tabelle enthält eine Zusammenstellung der Stützkräfte und der Stabkräfte S_n und Z_n für die einzelnen Systeme.

System	Stützkräfte aus lotrechter Belastung		Stabkräfte S_n und Z_n	Gl.
a	$A + K_l'' = A_0$ $B + K_r'' = B_0$	$C = 0$ $K_l' \cos\delta = K_r' \cos\delta = H$ $H = M_{og}/f$	$S_n = -H/\cos\alpha_n$ $Z_n = -H\,(\operatorname{tg}\alpha_n - \operatorname{tg}\alpha_{n+1})$	(229)
b	$A = A_0$ $B = B_0$	$E = 0$ $C \cos\delta = D \cos\delta = H$ $H = M_{og}/f$	wie bei System *a*	(230)
c	$A = A_0$ $B = B_0$	$C \cos\delta = D \cos\delta = H$ $H = M_{og}/f$	wie bei System *a*	(231)
d	wie *a*	wie *a*	$S_n = +H/\cos\alpha_n$ $Z_n = +H\,(\operatorname{tg}\alpha_n - \operatorname{tg}\alpha_{n+1})$	(232)
e	$A = A_0$ $B = B_0$	$C = 0$ Horizontalkomponente der Stabbogenkraft: $H = -M_{og}/f$	$S_n = H/\cos\alpha_n$ (Druck) $Z_n = -H\,(\operatorname{tg}\alpha_n - \operatorname{tg}\alpha_{n+1})$ (Zug)	(233)
f	$A = A_0$ $B = B_0$	$C = 0$ Kraft im Zugband: $H = M_{og}/f$	$Z_n = G_n + P_n$	(234)

Waagrechte Belastung. Greift an den Scheiben eine waagrechte Kraft W im Abstande c vom Gelenkpunkt g an (Abb. 156a bis e), so sind die dadurch erzeugten Stützkräfte:

System *a* und *d*:

$$\left.\begin{aligned} &A + K_l'' = -(B + K_r'') = -Wc/l; \quad C = -W \\ &K_l' \cos\delta = K_r' \cos\delta = H = \frac{Wc}{f}\,\frac{l_b}{l} \end{aligned}\right\} \tag{235}$$

System *b*:

$$\left.\begin{aligned} &A = -B = -Wc/l; \qquad E = W \\ &C \cos\delta = D \cos\delta = H = \frac{Wc}{f}\,\frac{l_b}{l} \end{aligned}\right\} \tag{236}$$

System *c*:

$$\left.\begin{aligned} &A = -\frac{W\,(c + h_b)}{l}; \qquad B = +\frac{W\,(c + h_a)}{l} \\ &C \cos\delta = H_a = (A l_a + Wc)/f \\ &D \cos\delta = H_b = B l_b/f \end{aligned}\right\} \tag{237}$$

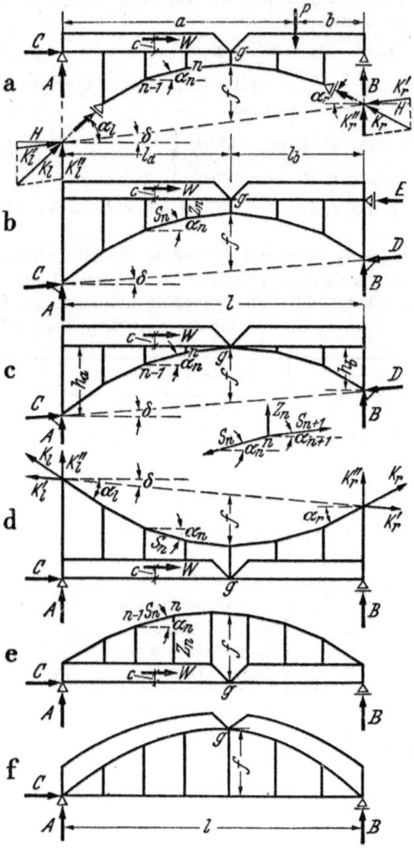

Abb. 156

System *e*:

$$\left.\begin{aligned} A &= -B = -Wc/l \\ C &= -W \\ H &= -\frac{W\,c\,l_b}{f\;\;l}. \end{aligned}\right\} \qquad (238)$$

Einflußlinien. Auf Grund der Verwandtschaft mit dem gewöhnlichen Dreigelenkbogen ergeben sich auch entsprechende Einflußlinien für die Schnittgrößen. Für den Stabbogen mit unten liegendem Versteifungsträger (*Langer*-Balken) sind in Abb. 157 die Einflußlinien für U_2, D_4 und L_4 aufgetragen.

Die Stabkraft U_2 ist aus dem Biegemoment für den Bezugspunkt *2* im Obergurt zu berechnen:

$$U_2 = M_2/h = (M_{02} + H\,y_2)/h$$
$$= (M_{02} - M_{0g}\,y_2/f)/h. \qquad (239)$$

Somit sind die Ordinaten $aa' = U_2'$ und $bb' = -\frac{l}{2f}\frac{y_2}{h}$ aufzutragen.

Für D_4 liefert $\Sigma V = 0$ die Bedingung $Q_{04} - D_4 \sin\varphi + H \operatorname{tg}\alpha_4 = 0$ und

$$D_4 = \frac{Q_{04}}{\sin\varphi} - \frac{M_{0g}}{f}\frac{\operatorname{tg}\alpha_4}{\sin\varphi}. \qquad (240)$$

Es ist aufzutragen:

$$aa' = D_4' = \frac{1}{\sin\varphi};$$

$$bb' = -\frac{l}{2f}\frac{\operatorname{tg}\alpha_4}{\sin\varphi}$$

$$b'b'' = D_4'' = -\frac{1}{\sin\varphi}.$$

Ebenfalls aus der Bedingung $\Sigma V = 0$ folgt (Lastangriff am Untergurt)

$$Q_{05} + L_4 + H \operatorname{tg}\alpha_4 = 0 \text{ und damit}$$

$$L_4 = -Q_{05} + \frac{M_{0g}}{f}\cdot \operatorname{tg}\alpha_4, \qquad (241)$$

und für die Einflußlinie sind die Ordinaten $aa' = -1$, $bb' = +\frac{l}{2f}\operatorname{tg}\alpha_4$ und $b'b'' = +1$ aufzutragen.

Greifen die Lasten am Obergurt an, so ist die Einflußlinie für Q_{04} zu überlagern; es gilt dann die punktierte Linie im Feld *3–4*. Die Nullpunkte der Einflußlinien können auch wieder durch Zeichnen der Polpläne nach I, 13 bestimmt werden.

Für die Systeme *a* bis *d* ergeben sich die Einflußlinien in gleicher Weise. Die Einflußlinien für Gurtstäbe und Diagonalen dieser Systeme sind wieder dadurch gekennzeichnet, daß die positiven und negativen Flächeninhalte gleiche Größe haben, sofern die Punkte der Gelenkketten auf einer gewöhnlichen Parabel liegen. Beim *Langer*-Balken trifft das nur für *U* und *D* und nur dann zu, wenn das Gelenk im Obergurt liegt.

Liegen bei vollwandigem Versteifungsträger (Abb. 158) die Knotenpunkte des Stabbogens auf einer gewöhnlichen Parabel und das Gelenk in der Trägerachse, so wird für gleichmäßig verteilte Vollast g t/m das Biegemoment $M = 0$ in den Anschlußpunkten der Hängestangen und $M = g\lambda^2/8$ in Feldmitte.

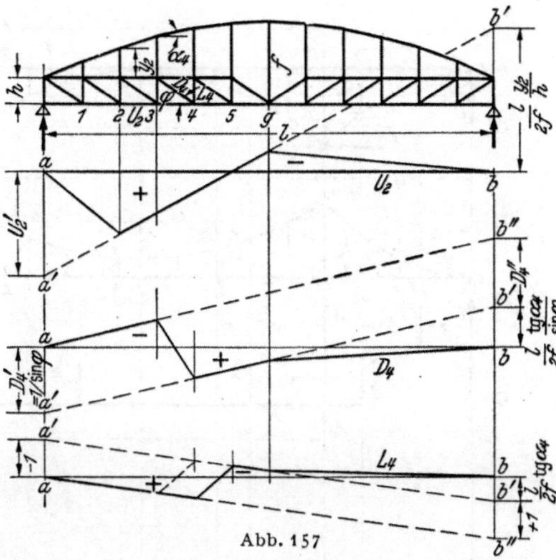

Abb. 157

Die Bemessung des Versteifungsträgers muß für Normalkraft und Biegemoment erfolgen:

$$\sigma_0 = \frac{N}{F} - \frac{M}{W_0};$$

$$\sigma_u = \frac{N}{F} + \frac{M}{W_u}.$$

In solchen Fällen kann auch mit den Kernpunktmomenten M_{uk} und M_{ok} gerechnet werden, deren Einflußlinien unter derjenigen für das Biegemoment in der Stabachse aufgetragen sind. Die Randspannungen sind dann

$$\sigma_0 = -\frac{M_{uk}}{W_0} \quad \text{und} \quad \sigma_u = +\frac{M_{ok}}{W_u} \tag{242}$$

$$\text{mit } M_{uk} = M_0 + H\,y_u \text{ und } M_{0k} = M_0 + H\,y_0. \tag{243}$$

(M_0 = Biegemoment für den einfachen Balken in der Stabachse.)

Stabbogen- und Hängetragwerke über 3 Öffnungen. Abb. 159.

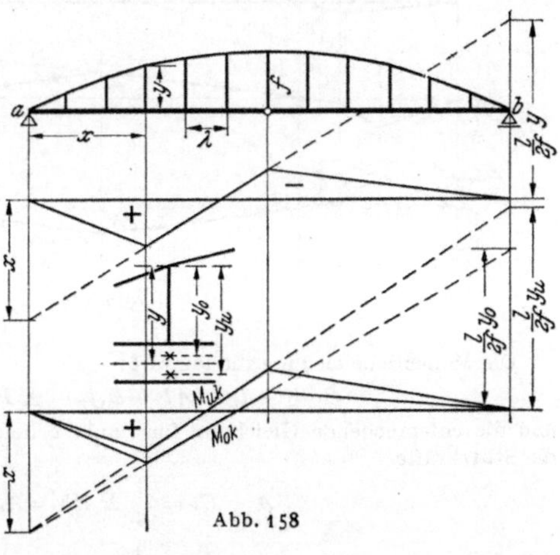

Abb. 158

Zur Ermittlung der Stützkräfte werden die lotrechten Lasten der Scheiben I und IV durch ihre auf Stützpunkte und Gelenke entfallenden Teilkräfte

$$\frac{P_I\,b}{l_1 - c} = C_0; \quad \frac{P_I\,a}{l_1 - c} = G_1;$$

$$\frac{P_{IV}\,a}{l_1 - c} = D_0; \quad \frac{P_{IV}\,b}{l_1 - c} = G_2 \tag{244}$$

ersetzt. Aus den Gelenkbedingungen für g_1 und g_2 ergeben sich die Stützkräfte

$$C = C_0 + C_1 \quad \text{und} \quad D = D_0 + D_1, \tag{245}$$

und bei der angenommenen Symmetrie wird

$$C_1 = D_1 = \pm \frac{H \cdot \eta_1}{l_1 - c}, \tag{246}$$

worin hier wie in den folgenden Gleichungen das obere Vorzeichen für den Stabbogen, das untere für das Hängetragwerk gilt.

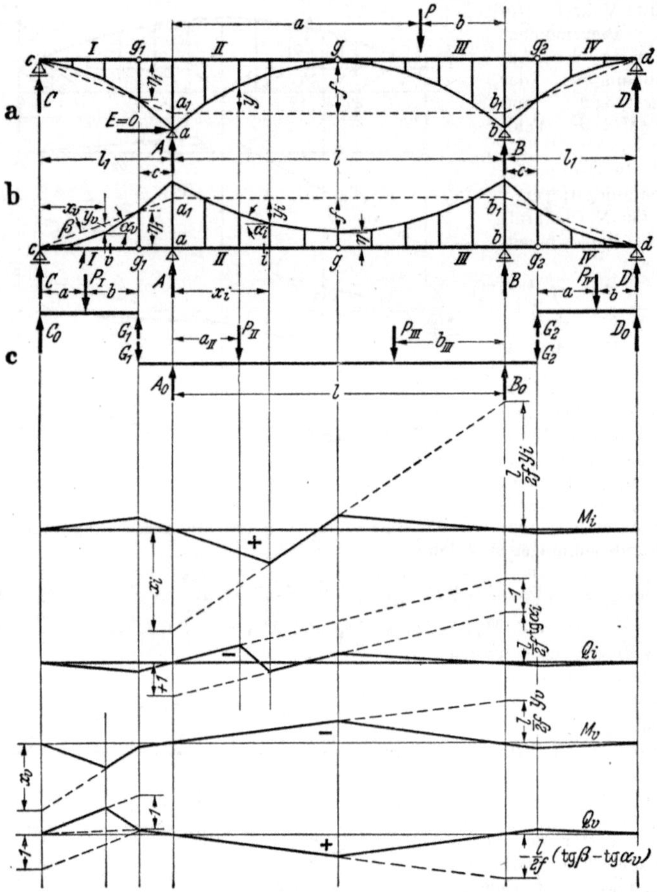

Abb. 159

Die Momentengleichung für Punkt b:

$$C_1 (l_1 + l) + A l - D_1 l_1 - \Sigma P b = 0$$

und die entsprechende Gleichung für Punkt a liefern wegen Gleichheit $C_1 = D_1$ die Stützkräfte

$$\left.\begin{aligned} A + C_1 &= \frac{1}{l} \Sigma P b = A_0 \\ B + D_1 &= \frac{1}{l} \Sigma P a = B_0 \end{aligned}\right\} \qquad (247)$$

als Stützkräfte des Balkens auf zwei Stützen mit Kragarmen, belastet durch die lotrechten Lasten der Scheiben II und III einschließlich der Gelenkkräfte G_1 und G_2, die in $\Sigma P b$ und $\Sigma P a$ mit zu erfassen sind, Abb. 159c.

Die Gelenkbedingung für das Mittelgelenk g lautet:

$$C_1\left(l_1 + \frac{l}{2}\right) + A\,\frac{l}{2} - \Sigma P_{II}\left(\frac{l}{2} - a_{II}\right) \mp H\eta = 0.$$

(In der Summe ist wieder G_1 zu erfassen; das Glied $H \cdot \eta$ entfällt beim Bogen, da dieser in g an den Versteifungsträger anschließt, $\eta = 0$.)

Die Gelenkbedingung führt über

$$(A + C_1)\,\frac{l}{2} - \Sigma P_{II}\left(\frac{l}{2} - a_{II}\right) \pm H\left(\frac{\eta_1 l_1}{l_1 - c} - \eta\right) = 0$$

zu

$$H = \mp \frac{M_{0g}}{f}, \tag{248}$$

worin unter M_{0g} das Biegemoment aus der gegebenen lotrechten Belastung an der Stelle g des in a und b gestützten Kragträgers zu verstehen und als Pfeil der Wert

$$f = \frac{\eta_1 l_1}{l_1 - c} - \eta \tag{249}$$

anzusprechen ist.

Für die Biegemomente an beliebiger Stelle i erhält man

$$M_i = M_{0i} - \frac{M_{0g}}{f}\,y_i, \tag{250}$$

worin y_i auf den Linienzug $c - a_1 - b_1 - d$ zu beziehen und M_{0i} das Biegemoment aus lotrechter Belastung für den Gelenkträger (ohne Mittelgelenk) ist.

Für die Querkraft Q_i der Mittelöffnung wird entsprechend

$$Q_i = Q_{0i} - \frac{M_{0g}}{f}\,\mathrm{tg}\,\alpha_i \tag{251}$$

und für einen Punkt i der Seitenöffnung

$$Q_i = Q_{0i} - \frac{M_{0g}}{f}\,(\mathrm{tg}\,\beta - \mathrm{tg}\,\alpha_i). \tag{252}$$

Daraus sind wieder die Einflußlinien für Biegemomente und Querkräfte zu entwickeln, wie sie in Abb. 159 für einen Punkt i der Mittelöffnung und einen Punkt v der Seitenöffnung des Hängebrückensystems wiedergegeben sind.

33. Rahmentragwerke

Abb. 160 zeigt den Momentenverlauf in einem Dreigelenkrahmen mit Kragarmen und eingehängten Trägern unter gleichmäßig verteilter Vollast. Die Einflußlinie für das Eckmoment M_e ergibt sich aus $M_e = -Hh + M_k$ durch Überlagerung der Einflußlinien für den Horizontalschub H (mit $-h$ als Multiplikator) und für das Biegemoment M_k im Kragarm.

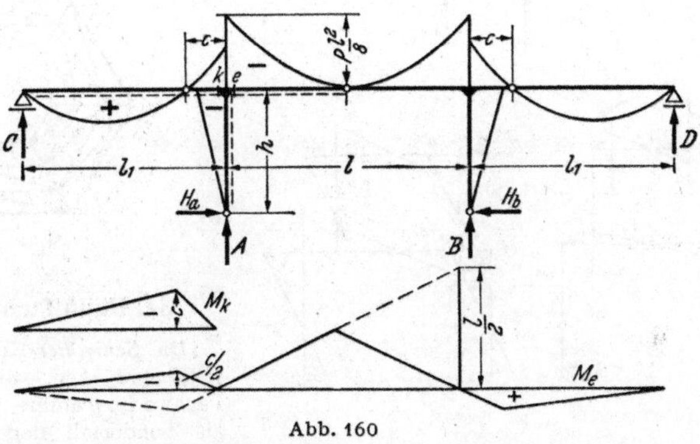

Abb. 160

Bei unsymmetrischer Belastung symmetrischer Tragwerke wird häufig durch Umordnung der gegebenen Belastung eine Vereinfachung der Berechnung dadurch erzielt, daß ein symmetrischer und ein antisymmetrischer Gleichgewichtszustand entsteht, Abb. 161. Insbesondere gilt das für Rahmentragwerke nach Abb. 162 und 163, für die die Momentenflächen infolge einer Einzellast an beliebiger Stelle des oberen Riegels dargestellt sind.

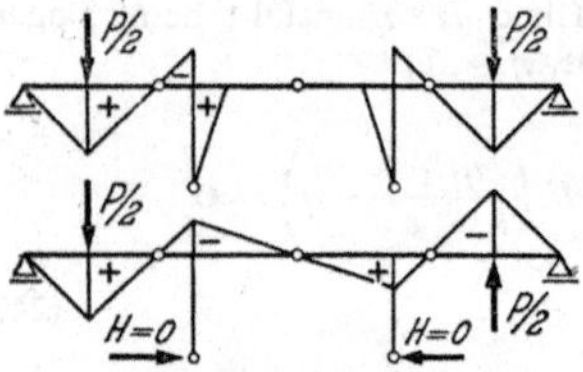

Abb. 161

Eine waagrechte Belastung in Riegelhöhe ergibt einen antisymmetrischen Gleichgewichtszustand. Da die waagrechte Riegelbelastung auch als virtuelle Belastung zur Berechnung der waagrechten Verschiebung des Riegels angesehen werden kann, ist aus den Momentenflächen sofort zu erkennen, nach welcher Seite hin diese Verschiebung bei *lotrechter* Riegelbelastung erfolgt. Sie ergibt sich durch Kombination der antisymmetrischen Gleichgewichtszustände, erfolgt in den Fällen der Abb. 162 und 163 also nach rechts.

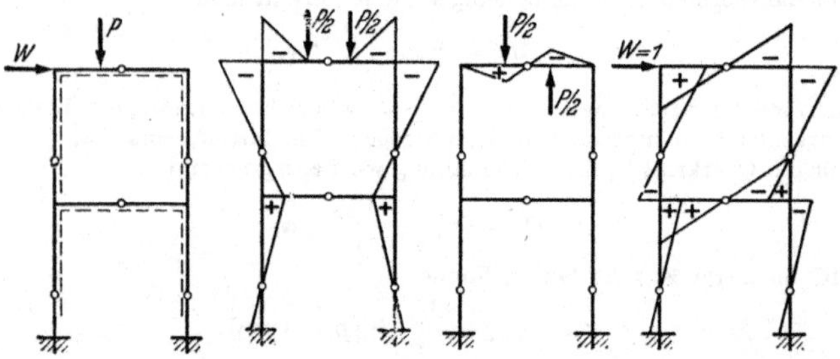

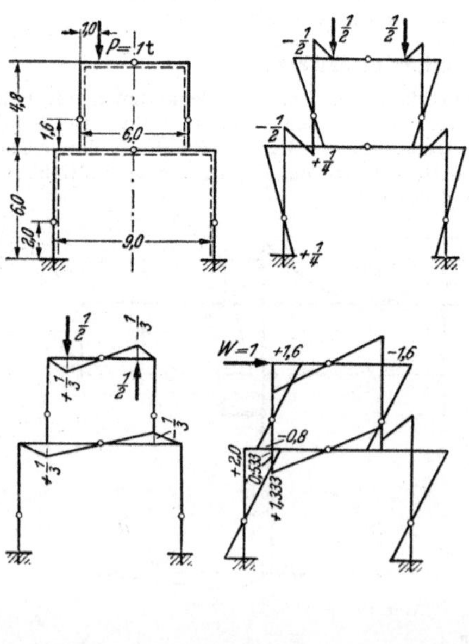

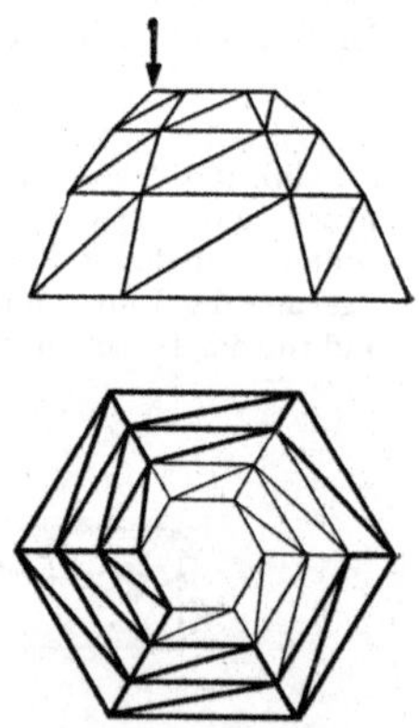

Abb. 164

34. Raumfachwerke

Die *Schwedler*-Kuppel (Abb. 164) und die abgestumpfte Fachwerkpyramide (Abb. 165) als Sonderfall der *Schwedler*-

Kuppel, wenn die Gratstäbe ohne Knick durchlaufen, sind bei m Stockwerken und n Seiten aus $m \cdot n$ Gratstäben S, $(m+1)\,n$ Ringstäben R und $m \cdot n$ Diagonalstäben D gebildet. Mit der Zahl der Knotenpunkte $k = (m+1)\,n$ sind die Tragwerke statisch bestimmt, wenn die Zahl der Stützungen $a = 3\,k - s = 2\,n$ beträgt und in jedem Fußpunkt ein Linienlager mit lotrechter und waagrechter Stützung angeordnet wird. Falls die untersten Ringstäbe fortfallen, ist in jedem Fußpunkt ein festes Lager mit drei Stützungen erforderlich. Die Anordnung der waagrechten Stützungen ist (nach I, 7, 13) auf ihre Brauchbarkeit zu untersuchen. Die in Abb. 166 gewählte Lagerführung ist unbrauchbar, da sich ein Polplan ohne Widerspruch zeichnen läßt. Wird der Geschwindigkeitsplan zur Untersuchung benutzt, so ergibt sich aus der Annahme *11'* die senkrechte Geschwindigkeit aller Stützpunkte lotrecht zu ihrer Lagerführung, und die Verrückung selbst fällt somit in die Lagerführung.

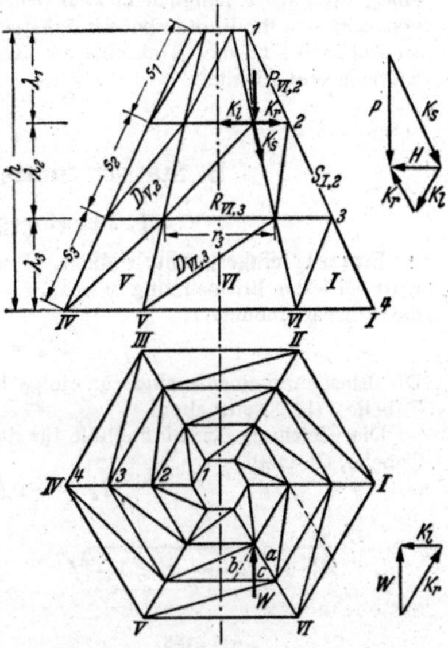

Abb. 165

Die durch die Grat- und Ringstäbe gebildeten Trapeze können auch durch einen K-Verband ausgesteift werden. Die dadurch hinzukommenden Knotenpunkte sind dann als ebene zu betrachten, und Lasten dürfen nur in den Hauptknoten übertragen werden. In den Knotenpunkten angreifende lotrechte Lasten P werden in ihre Komponenten $K_s = Ps/\lambda$ in Richtung des Gratstabes und die waagrechten Komponenten $H = Pa/\lambda$ zerlegt. Letztere werden weiter zerlegt in die mit den Ringstäben zusammenfallenden Komponenten $K_l = Hc/a = Pc/\lambda$ und $K_r = Hb/a = Pb/\lambda$. Gleicherweise werden die Komponenten K_l und K_r beliebiger waagrechter Lasten W ermittelt, so daß sich für die ebenen Scheiben der Fachwerkpyramide das in Abb. 167 skizzierte Belastungsbild ergibt. Die in Richtung der Gratstäbe fallenden Komponenten K_s sind darin nicht eingetragen.

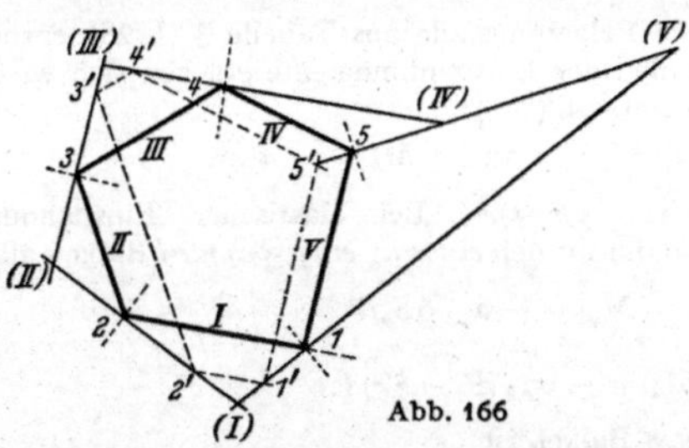
Abb. 166

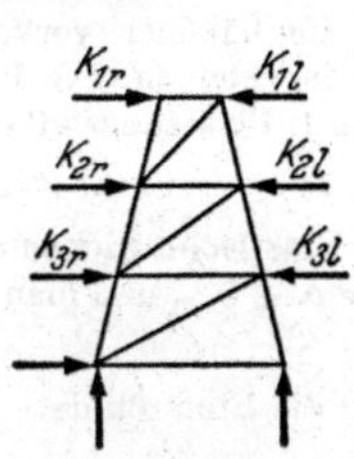

Abb. 167

Bei zyklischer Symmetrie von Tragwerk und Belastung P sind die Lasten $K_l = K_r$, somit die Diagonalen spannungslos, und die Stabkräfte sind

in den Gratstäben: $$S_1 = -P_1 s/\lambda; \qquad S_2 = -(P_1 + P_2)\,s/\lambda; \qquad S_3 = -(P_1 + P_2 + P_3)\,s/\lambda; \tag{253}$$

in den Ringstäben: $$R_i = -P_i b/\lambda. \tag{254}$$

Die Berechnung der *Schwedler*-Kuppel ist in gleicher Weise durchführbar, wenn jedes Stockwerk als Fachwerkpyramide aufgefaßt wird. Außer den angreifenden Lasten P und W sind dann die in dem darüberliegenden Stockwerk berechneten Stabkräfte S und D mit ihren in Richtung der Grat- und Ringstäbe fallenden Komponenten als äußere Lasten anzusetzen. Während bei der Fachwerkpyramide eine Einzellast P lediglich in zwei benachbarten Scheiben Stabkräfte hervorruft, erstreckt sich ihr Einfluß bei der *Schwedler*-Kuppel auf eine weit größere Stabzahl. In Abb. 164 sind die durch eine am Kopfring angreifende Last P beanspruchten Stäbe gekennzeichnet.

B. Statisch unbestimmte Tragwerke

35. Der eingespannte Balken

Einseitig eingespannte Balken. (I = const), Abb. 168. Nach I, 22, Gl. (106) wird bei fester Einspannung in a, $\alpha_{ab} = 0{,}5$, und freier Auflagerung in b, $M_b = 0$, das Einspannmoment

$$M_a = -3\,S_b/l^2. \tag{255}$$

Die Einspannmomente sind für einige häufiger vorkommende Belastungsfälle in Tabelle 2 (I, 28) enthalten.

Die Gleichung der Einflußlinie für das Einspannmoment ergibt sich aus dieser Tabelle, Gl. (180),

$$M_a = -0{,}5\,(\xi' - \xi'^3)\,l. \tag{256}$$

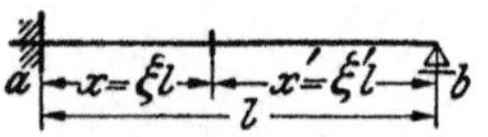

Abb. 168

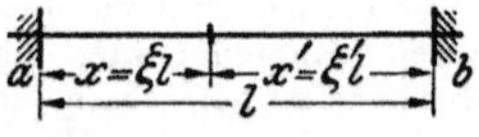

Abb. 169

Beiderseits eingespannte Balken. (I = const), Abb. 169. Bei fester Einspannung in a und b erhält man nach I, 22, Gl. (106), mit $\alpha_{ab} = \alpha_{ba} = 0{,}5$ die beiden Gleichungen

$$2\,M_a + M_b = -6\,S_b/l^2 \quad \text{und} \quad M_a + 2\,M_b = -6\,S_a/l^2.$$

Die Lösung ergibt allgemein die Einspannmomente

$$M_a = -\frac{2}{l^2}\,(2\,S_b - S_a) \quad \text{und} \quad M_b = -\frac{2}{l^2}\,(2\,S_a - S_b), \tag{257}$$

die für häufiger vorkommende Belastungsfälle aus Tabelle 3 (I, 28) entnommen werden können. Die Einflußlinien der Einspannmomente ergeben sich wieder aus dem 1. Belastungsfall dieser Tafel, Gl. (195):

$$M_a = -x\cdot\xi'^2 \quad \text{und} \quad M_b = -x'\xi^2. \tag{258}$$

Elastische Einspannung. (I = const). Bei elastischer Einspannung ist $0 < \alpha < 0{,}5$, und man erhält dann für den *einseitig eingespannten* Balken allgemein

$$M_a = -\alpha_{ab}\,6\,S_b/l^2 \tag{259}$$

und die Einflußlinie

$$M_a = -\alpha_{ab}\,(\xi' - \xi'^3)\,l. \tag{260}$$

Für den *beiderseits eingespannten* Balken ist allgemein

$$M_a = -\frac{\dfrac{6}{l^2}\left(\dfrac{S_b}{\alpha_{ba}} - S_a\right)}{\dfrac{1}{\alpha_{ab}}\cdot\dfrac{1}{\alpha_{ba}} - 1}, \qquad M_b = -\frac{\dfrac{6}{l^2}\left(\dfrac{S_a}{\alpha_{ab}} - S_b\right)}{\dfrac{1}{\alpha_{ab}}\cdot\dfrac{1}{\alpha_{ba}} - 1}, \tag{261}$$

bei symmetrischer Einspannung, $\alpha_{ab} = \alpha_{ba} = \alpha$, und symmetrischer Belastung, $S_a = S_b = S$,

$$M_a = M_b = -\frac{6\,S}{l^2\left(\frac{1}{\alpha}+1\right)} = \frac{-3\,F_0}{l\left(\frac{1}{\alpha}+1\right)}. \tag{261 a}$$

Einflußlinien:

$$\left.\begin{aligned} M_a &= -\frac{\frac{1}{\alpha_{ba}}(\xi'-\xi'^3)-(\xi-\xi^3)}{\frac{1}{\alpha_{ab}}\cdot\frac{1}{\alpha_{ba}}-1}\cdot l \\ M_b &= -\frac{\frac{1}{\alpha_{ab}}(\xi-\xi^3)-(\xi'-\xi'^3)}{\frac{1}{\alpha_{ab}}\cdot\frac{1}{\alpha_{ba}}-1}\cdot l\,. \end{aligned}\right\} \tag{262}$$

Veränderliches Trägheitsmoment I. Ist das Trägheitsmoment auf der Länge l veränderlich, so gelten nach I, 22 die Gl. (98):

$$\left.\begin{aligned} \frac{M_a}{\alpha_{ab}} + M_b &= -\frac{S_b'}{c_2\,l^2} \\ M_a + \frac{M_b}{\alpha_{ba}} &= -\frac{S_a'}{c_2\,l^2} \end{aligned}\right\} \tag{263}$$

mit $\frac{1}{\alpha_{ab}} = \frac{c_1'}{c_2}$; $\frac{1}{\alpha_{ba}} = \frac{c_1}{c_2}$ nach Gl. (96, 97).

36. Der durchlaufende Balken auf festen Stützen

Balken auf 3 Stützen. Als statisch unbestimmte Größe X_1 wird das Stützmoment (Abb. 170) oder die Stützkraft der Mittelstütze (Abb. 173) gewählt und aus

$$X_1 = -\frac{\delta_{10}+\delta_{1t}-L_1}{\delta_{11}} \tag{264}$$

berechnet. Die Einflußlinie für X_1 ist die mit $-1/\delta_{11}$ multiplizierte Biegelinie δ_{m1} des Lastgurtes infolge $X_1 = +1$, die nach I, 18 zu ermitteln ist. Die Ordinaten der Einflußlinie für X_1 ergeben sich somit zu

$$\eta_{X_1} = -\frac{\delta_{m1}}{\delta_{11}} \tag{265}$$

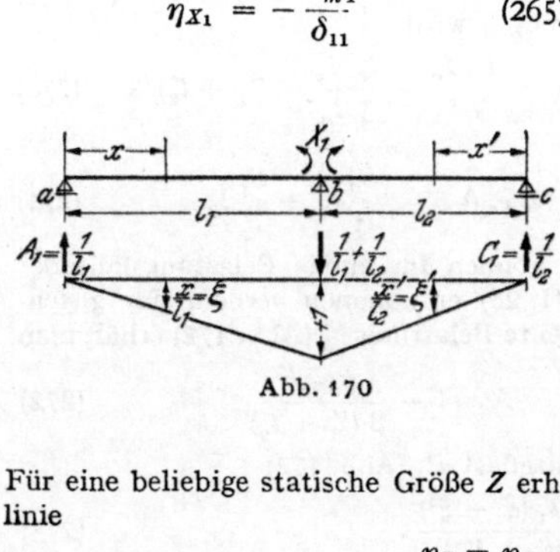

Abb. 170

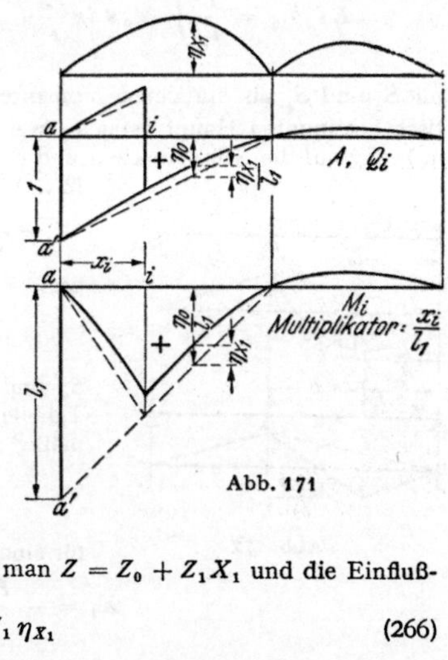

Abb. 171

Für eine beliebige statische Größe Z erhält man $Z = Z_0 + Z_1 X_1$ und die Einflußlinie

$$\eta_Z = \eta_{Z_0} + Z_1\,\eta_{X_1} \tag{266}$$

1. durch Berechnung sämtlicher Ordinaten in einer Tabelle und Auftragung,

2. durch Auftragung der Einflußlinie für Z_0 und Überlagerung der Ordinaten $Z_1 \eta_{X_1}$, wobei deren Auftragung zweckmäßig von dem geknickten Linienzug der Z_0-Linie zur Nullinie hin erfolgt, um die endgültige Einflußlinie in bezug auf eine waagrechte Nullinie zu erhalten, Abb. 171, A, Q_i,

3. aus $\eta_Z = |Z_1| \left(\frac{\eta_{Z_0}}{|Z_1|} \pm \eta_{X_1}\right)$, indem die Ordinaten der Einflußlinie für Z_0 durch den absoluten Wert von Z_1 (infolge $X_1 = +1$) dividiert und aufgetragen werden; dieser Einflußlinie ist η_{X_1} zu überlagern (dabei gilt das negative Vorzeichen bei negativem Wert Z_1). In diesem Fall ist bei der Auswertung der Multiplikator $|Z_1|$ zu beachten, Abb. 171: M_i, und Abb. 173: U_3, U_5, D_4. Als Ordinate aa' ist dann für alle Einflußlinien in Öffnung *1* der Wert

$$aa' = \frac{\eta_{Z_0}}{|Z_1|} = \frac{Z'}{|A_1|\,Z'} = \frac{1}{|A_1|} \text{ aufzutragen.}$$

Wird nach Abb. 170 das Stützmoment als statisch unbestimmte Größe eingeführt, so sind die im Zustand $X_1 = +1$ auftretenden Stützkräfte:

$$A_1 = +1/l_1, \quad B_1 = -(1/l_1 + 1/l_2), \quad C_1 = +1/l_2$$

die Biegemomente und Querkräfte:

im Feld 1: $\quad M_1 = +x/l_1, \quad Q_1 = +1/l_1,$

im Feld 2: $\quad M_1 = +x'/l_2, \quad Q_1 = -1/l_2.$

Die statischen Größen $Z = Z_0 + Z_1 X_1$ des unbestimmten Tragwerkes sind

$$\left.\begin{aligned} &A = A_0 + X_1/l_1, \quad B = B_0 - (1/l_1 + 1/l_2)\,X_1, \quad C = C_0 + X_1/l_2 \\ &\text{Feld 1:} \quad Q = Q_0 + X_1/l_1, \qquad M = M_0 + X_1 x/l_1 \\ &\text{Feld 2:} \quad Q = Q_0 - X_1/l_2, \qquad M = M_0 + X_1 x'/l_2. \end{aligned}\right\} \tag{267}$$

Für beliebig veränderliches Trägheitsmoment wird

$$E I_c \delta_{11} = \frac{1}{l_1^2} \int_0^{l_1} x^2\,dx\,\frac{I_c}{I} + \frac{1}{l_2^2} \int_0^{l_2} x'^2\,dx'\,\frac{I_c}{I} \tag{268}$$

und infolge gegebener Belastung

$$E I_c \delta_{10} = \frac{1}{l_1} \int_0^{l_1} M_0 x\,dx\,\frac{I_c}{I} + \frac{1}{l_2} \int_0^{l_2} M_0 x'\,dx'\,\frac{I_c}{I} = \frac{1}{l_1} S_a' + \frac{1}{l_2} S_c' \tag{269}$$

mit S_a' und S_c' als statischen Momenten der verzerrten Momentenflächen des statisch bestimmten Hauptsystems (zwei einfache Balken mit den Stützweiten l_1, l_2) in bezug auf die Stützpunkte *a* und *c*. Bei konstantem I_1 in der Öffnung l_1 und I_2 in der Öffnung l_2 wird

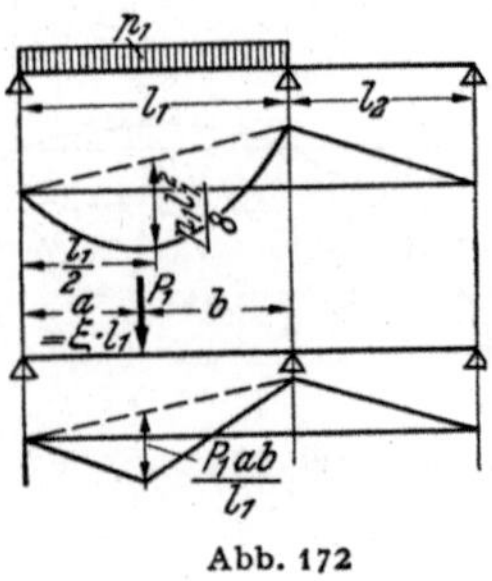

Abb. 172

$$E I_c \delta_{11} = \frac{l_1}{3} \frac{I_c}{I_1} + \frac{l_2}{3} \frac{I_c}{I_2} = (l_1' + l_2')/3 \tag{270}$$

und

$$E I_c \delta_{10} = \frac{S_a}{l_1^2} l_1' + \frac{S_c}{l_2^2} l_2' \tag{271}$$

S_a und S_c können für einige Belastungsfälle der Tabelle 1 (I, 28) entnommen werden. Für gleichmäßig verteilte Belastung p_1 (Abb. 172) erhält man

$$X_1 = -\frac{p_1 l_1^2 l_1'}{8\,(l_1' + l_2')}, \tag{272}$$

für eine Einzellast P_1 (Abb. 172)

$$X_1 = -\frac{P_1 l_1 l_1' (\xi - \xi^3)}{2\,(l_1' + l_2')}. \tag{273}$$

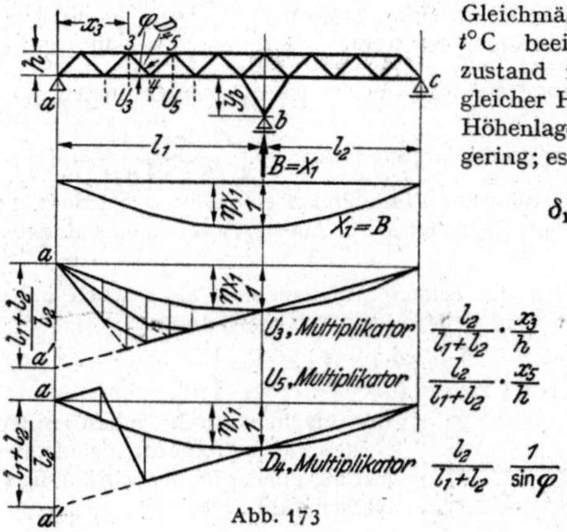

Abb. 173

Gleichmäßige Temperaturänderungen um $t°$C beeinflussen den Gleichgewichtszustand nicht, sofern alle Stützen in gleicher Höhe liegen. Auch bei ungleicher Höhenlage (Abb. 173) ist der Einfluß i. a. gering; es wird

$$\delta_{1t} = \left(\frac{1}{l_1} + \frac{1}{l_2}\right) \alpha_t t y_b . \tag{274}$$

Ungleichmäßige Temperaturänderung $\Delta t = t_u - t_0$ (I, 14, 16) ergibt bei konstanter Trägerhöhe h das Stützmoment

$$X_1 = -\frac{3 E I_c (l_1 + l_2)}{2\,(l'_1 + l'_2)} \alpha_t \frac{\Delta t}{h} . \tag{275}$$

Senkungen v_a, v_b, v_c der Stützen ergeben das Stützmoment

$$X_1 = \frac{3\,E I_c}{l'_1 + l'_2} \left[-\frac{v_a}{l_1} + v_b \left(\frac{1}{l_1} + \frac{1}{l_2}\right) - \frac{v_c}{l_2} \right] . \tag{276}$$

Unter der Voraussetzung konstanter Trägheitsmomente I_1 und I_2 sind die Biegelinien infolge $X_1 = 1$ (Abb. 175)

$$\left.\begin{aligned} &\text{in der Öffnung } 1: \quad E I_c \delta m_1 = \frac{l_1 l'_1}{6} (\xi - \xi^3) \\ &\text{in der Öffnung } 2: \quad E I_c \delta m_1 = \frac{l_2 l'_2}{6} (\xi' - \xi'^3) , \end{aligned}\right\} \tag{277}$$

und man erhält die Ordinaten der Einflußlinie für X_1

$$\left.\begin{aligned} &\text{in der Öffnung } 1: \quad \eta_{X_1} = -\frac{\xi - \xi^3}{2\,(1 + l'_2/l'_1)} l_1 \\ &\text{in der Öffnung } 2: \quad \eta_{X_1} = -\frac{\xi' - \xi'^3}{2\,(1 + l'_1/l'_2)} l_2 . \end{aligned}\right\} \tag{278}$$

Nach Ermittlung der Einflußlinien für X_1 werden die weiteren Einflußlinien nach den oben angegebenen Überlagerungen gewonnen, Abb. 171.

Wird für das Fachwerk nach Abb. 173 die Stützkraft B als statisch unbestimmte Größe X_1 gewählt, so ergibt der Zustand $X_1 = 1$ die Stützkräfte $A_1 = -\frac{l_2}{l_1 + l_2}$ und $C_1 = -\frac{l_1}{l_1 + l_2}$, ferner die Stabkräfte S_1. Die Verschiebung des Punktes b ist

$$\left.\begin{aligned} &\text{im Zustand } X_1 = 1: && E F_c \delta_{11} = \Sigma\, S_1^2 s \frac{F_c}{F} \\ &\text{infolge gegebener Belastung:} && E F_c \delta_{10} = \Sigma\, S_0 S_1 s \frac{F_c}{F} \\ &\text{infolge Temperaturänderung:} && \delta_{1t} = \alpha_t \; \Sigma\, S_1 t s \\ &\text{bei gleichmäßiger Temperaturänderung:} && \delta_{1t} = \alpha_t\, t\, \Sigma\, S_1 s = -\alpha_t t y_b \\ &\text{infolge von Stützensenkungen:} && L_1 = v_a \frac{l_2}{l_1 + l_2} - v_b + v_c \frac{l_1}{l_1 + l_2} . \end{aligned}\right\} \tag{279}$$

In der Biegelinie des Lastgurtes für $X_1 = 1$ erscheint im Stützpunkt b die Ordinate δ_{11}, so daß deren Berechnung sich erübrigt oder als Kontrolle benutzt werden kann. Bei der Auftragung der Einflußlinien ist η_{X_1} den Ordinaten $\frac{\eta_0}{|S_1|}$ überlagert, so daß für alle Stabkräfte der Öffnung 1 $aa' = \frac{S'}{|A_1| S'} = \frac{1}{|A_1|} = \frac{l_1 + l_2}{l_2}$ aufzutragen ist. Für die Auswertung der Einflußlinien empfiehlt sich jedoch die Auftragung der Ordinaten η_{X_1} (entsprechend M_i in Abb. 171) von dem geknickten Linienzug zur Nullinie hin.

Balken auf 4 Stützen. Sofern die beiden Stützmomente als statisch unbestimmte Größen gewählt werden, sind in den Elastizitätsgleichungen

$$\left.\begin{aligned} X_1\delta_{11} + X_2\delta_{12} &= -\delta_{10} - \delta_{1t} + L_1 = B_1 \\ X_1\delta_{21} + X_2\delta_{22} &= -\delta_{20} - \delta_{2t} + L_2 = B_2 \end{aligned}\right\} \qquad (280)$$

des 2fach statisch unbestimmten Systems die Beiwerte und Belastungsglieder für den vollwandigen Balken (Abb. 174):

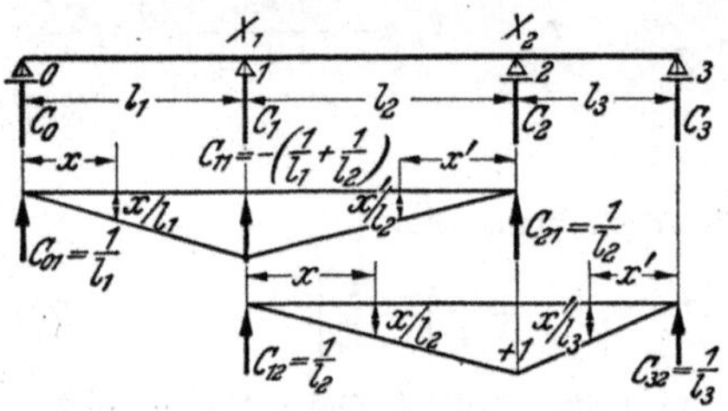

Abb. 174

$$\left.\begin{aligned} EI_c\,\delta_{11} &= c_{11} l_1 + c'_{12} l_2 \\ EI_c\,\delta_{22} &= c_{12} l_2 + c'_{13} l_3 \\ EI_c\,\delta_{12} &= EI_c\,\delta_{21} = c_{22}\, l_2 \end{aligned}\right\} \qquad (281)$$

(c nach Gl. 96)

$$\left.\begin{aligned} EI_c\delta_{10} &= \frac{S'_0}{l_1} + \frac{S'_2}{l_2} \\ EI_c\delta_{20} &= \frac{S'_1}{l_2} + \frac{S'_3}{l_3} \end{aligned}\right\} \qquad (282)$$

$$\left.\begin{aligned} \delta_{1t} &= \alpha_t \frac{\Delta t}{h} \frac{l_1 + l_2}{2} \\ \delta_{2t} &= \alpha_t \frac{\Delta t}{h} \frac{l_2 + l_3}{2} \end{aligned}\right\} \text{ bei konstanter Trägerhöhe } h \qquad (283)$$

$$\left.\begin{aligned} L_1 &= -\frac{v_0}{l_1} + v_1\left(\frac{1}{l_1} + \frac{1}{l_2}\right) - \frac{v_2}{l_2} \\ L_2 &= -\frac{v_1}{l_2} + v_2\left(\frac{1}{l_2} + \frac{1}{l_3}\right) - \frac{v_3}{l_3}. \end{aligned}\right\} \qquad (284)$$

Für den Fachwerkträger werden ebenfalls die Stützmomente oder aber, insbesondere bei waagrechter Gurtung, die Stabkräfte der Gurtstäbe über den Mittelstützen als statisch unbestimmte Größen eingeführt. Sodann sind zu berechnen:

$$EF_c\delta_{11} = \Sigma\, S_1^2 sF_c/F; \quad EF_c\delta_{22} = \Sigma\, S_2^2 sF_c/F; \quad EF_c\delta_{12} = \Sigma\, S_1 S_2 sF_c/F \qquad (285)$$

$$EF_c\delta_{10} = \Sigma\, S_0 S_1 sF_c/F; \quad EF_c\delta_{20} = \Sigma\, S_0 S_2 sF_c/F \qquad (286)$$

$$\delta_{1t} = \alpha_t\, \Sigma\, S_1 ts; \qquad \delta_{2t} = \alpha_t\, \Sigma\, S_2 ts \qquad (287)$$

$$\left.\begin{aligned} L_1 &= C_{0,1}\, v_0 + C_{1,1}\, v_1 + C_{2,1}\, v_2 \\ L_2 &= C_{1,2}\, v_1 + C_{2,2}\, v_2 + C_{3,2}\, v_3\,. \end{aligned}\right\} \qquad (288)$$

Die Lösung der Elastizitätsgleichungen führt mit der Nennerdeterminante $D = \delta_{11}\,\delta_{22} - \delta_{12}^2$ zu den Unbekannten

$$X_1 = \frac{\delta_{22}}{D} B_1 - \frac{\delta_{12}}{D} B_2; \qquad X_2 = -\frac{\delta_{12}}{D} B_1 + \frac{\delta_{11}}{D} B_2 \qquad (289)$$

und zu den weiter zur Bemessung benötigten statischen Größen

$$Z = Z_0 + Z_1 X_1 + Z_2 X_2\,. \qquad (290)$$

Die Größen Z_1 und Z_2 der Zustände $X_1 = 1$ und $X_2 = 1$ sind für Stützkräfte und Momente des Vollwandbalkens der Abb. 174 zu entnehmen.

Zur Ermittlung der Einflußlinien treten an Stelle von δ_{10} und δ_{20} die Biegelinien δ_{m1} und δ_{m2}. Sie sind nach I, 18 mit Hilfe der w-Gewichte zu berechnen und ergeben sich bei feldweise konstantem Trägheitsmoment für die einzelnen Öffnungen nach Gl. (277). Abb. 175 gibt für diesen Fall die EI_c-fachen Ordinaten der Biegelinien in den Zehntelpunkten an. Die Ordinaten der Einflußlinien für X_1 und X_2 sind

$$\eta_{X_1} = -\delta_{m1}\frac{\delta_{22}}{D} + \delta_{m2}\frac{\delta_{12}}{D}; \qquad \eta_{X_2} = \delta_{m1}\frac{\delta_{12}}{D} - \delta_{m2}\frac{\delta_{11}}{D}, \tag{291}$$

und für Z erhält man die Einflußlinien durch Überlagerung:

$$\eta_Z = \eta_{Z_0} + Z_1\eta_{X_1} + Z_2\eta_{X_2}. \tag{292}$$

Die Berechnung wird in Tabellen durchgeführt.

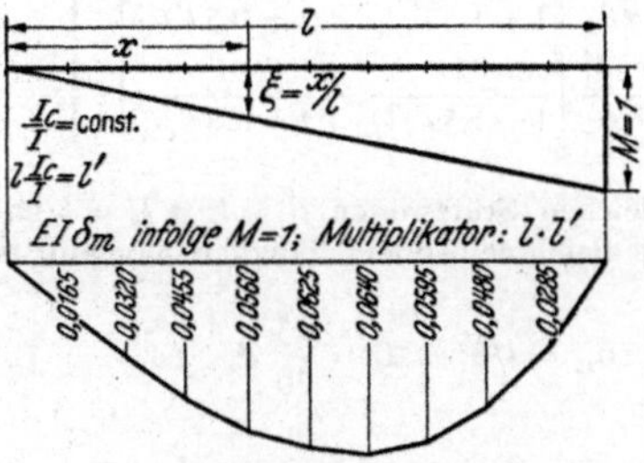

Abb. 175

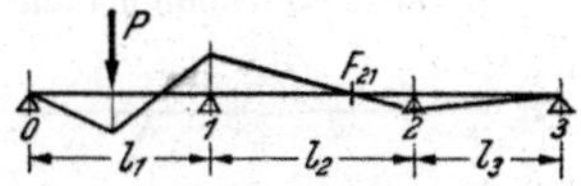

Abb. 176

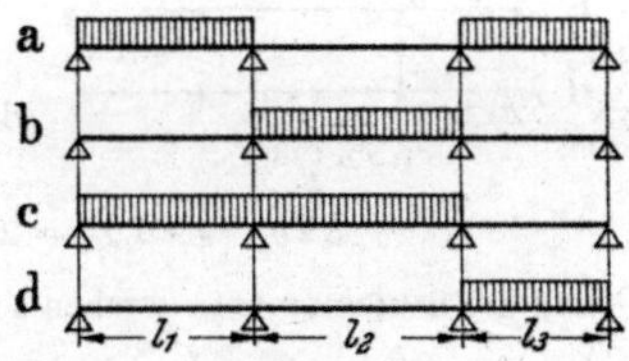

Abb. 177

Sonderfälle. Ist nur die linke Seitenöffnung belastet, $\delta_{20} = 0$, so wird $X_2 = -X_1\frac{\delta_{12}}{\delta_{22}} = -\alpha_{21}X_1$, und entsprechend ist bei Belastung der rechten Seitenöffnung $X_1 = -X_2\frac{\delta_{12}}{\delta_{11}} = -\alpha_{12}X_2$. Durch α_{12} und α_{21} werden die Festpunkte (I, 21, 22) in der Mittelöffnung bestimmt, Abb. 176.

Für feldweise Streckenlast (p t/m), Abb. 177, ergibt Lastfall a ${}_{\max}M$ in den Seitenöffnungen, ${}_{\min}M$ in der Mittelöffnung sowie die größten Stützkräfte der Außenstützen, Lastfall b ${}_{\max}M$ der Mittelöffnung und ${}_{\min}M$ der Seitenöffnungen, Lastfall c das größte negative Stützmoment mit der größten Stützkraft und Lastfall d den größten positiven Wert des gleichen Stützmomentes.

Für feldweise konstantes Trägheitsmoment wird

$$EI_c\delta_{11} = \frac{l_1' + l_2'}{3}; \qquad EI_c\delta_{22} = \frac{l_2' + l_3'}{3}; \qquad EI_c\delta_{12} = \frac{l_2'}{6} \tag{293}$$

$$EI_c\delta_{10} = \frac{S_0 l_1'}{l_1^2} + \frac{S_2 l_2'}{l_2^2}; \qquad EI_c\delta_{20} = \frac{S_1 l_2'}{l_2^2} + \frac{S_3 l_3'}{l_3^2}. \tag{294}$$

Die statischen Momente der Momentenflächen in bezug auf die Stützpunkte können für die dort angegebenen Belastungsfälle der Tabelle 1 (I, 28) entnommen werden.

Bei vorliegender Symmetrie, $l_1 = l_3$, Abb. 178, wird $\delta_{11} = \delta_{22}$.

Symmetrische Belastung: $B_1 = B_2 = B$

$$X_1 = X_2 = B\frac{\delta_{11} - \delta_{12}}{D} = \frac{B}{\delta_{11} + \delta_{12}}. \tag{295}$$

Antisymmetrische Belastung: $B_1 = -B_2 = B$

$$X_1 = -X_2 = B\frac{\delta_{11} + \delta_{12}}{D} = \frac{B}{\delta_{11} - \delta_{12}} \tag{296}$$

Bei Symmetrie, $l_1 = l_3$, und feldweise konstantem Trägheitsmoment I_1 und I wird

$$E I_c \delta_{11} = E I_c \delta_{22} = \frac{l_1' + l'}{3}; \qquad E I_c \delta_{12} = \frac{l'}{6}. \tag{297}$$

Für die Belastungsfälle der Abb. 178 wird:

a) Mittelöffnung belastet mit p t/m: $$X_1 = X_2 = -\frac{1}{1{,}5 + l_1'/l'}\,\frac{p l^2}{8} \tag{298}$$

b) Seitenöffnungen belastet mit p_1 t/m: $$X_1 = X_2 = -\frac{1}{1 + 1{,}5\, l'/l_1'}\,\frac{p_1 l_1^2}{8} \tag{299}$$

c) linke Seitenöffnung mit p_1 belastet, rechte Seitenöffnung mit $-p_1$ belastet: $$X_1 = -X_2 = -\frac{1}{1 + 0{,}5\, l'/l_1'}\,\frac{p_1 l_1^2}{8} \tag{300}$$

d) linke Seitenöffnung allein belastet mit p_1 t/m:

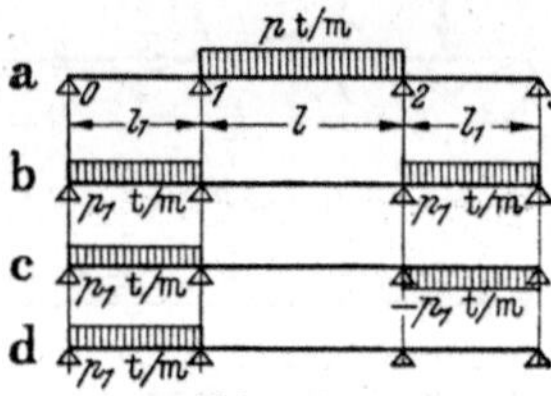

Abb. 178

$$\left.\begin{aligned} X_1 &= -\frac{p_1 l_1^2}{16}\left[\frac{1}{1 + 1{,}5\, l'/l_1'} + \frac{1}{1 + 0{,}5\, l'/l_1'}\right] \\ X_2 &= -\frac{p_1 l_1^2}{16}\left[\frac{1}{1 + 1{,}5\, l'/l_1'} - \frac{1}{1 + 0{,}5\, l'/l_1'}\right]. \end{aligned}\right\} \tag{301}$$

Bei gleichen Stützweiten $l_1 = l_2 = l_3 = l$ und durchweg gleichbleibendem Trägheitsmoment ist

$$E I \delta_{11} = E I \delta_{22} = 2l/3; \quad E I \delta_{12} = l/6; \quad D = \frac{15}{36} l^2,$$

und die Stützmomente ergeben sich zu

$$X_1 = \frac{2}{5\,l}(4\,B_1 - B_2); \qquad X_2 = \frac{2}{5\,l}(-B_1 + 4\,B_2). \tag{302}$$

Für Streckenlasten p_1, p_2 und p_3 (Abb. 179) erhält man

$$X_1 = -\frac{l^2}{60}(4\,p_1 + 3\,p_2 - p_3); \qquad X_2 = -\frac{l^2}{60}(-p_1 + 3\,p_2 + 4\,p_3) \tag{303}$$

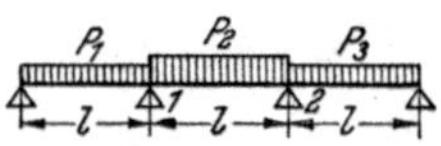

Abb. 179

und bei durchweg gleicher Belastung p t/m

$$X_1 = X_2 = -\frac{p\,l^2}{10}. \tag{304}$$

Balken mit n Zwischenstützen. Für den durchlaufenden Balken mit n Zwischenstützen (Abb. 181) ergeben sich für die Stützmomente X_1 bis X_n dreigliedrige Elastizitätsgleichungen (I, 21)

$$X_{i-1}\,\delta_{i,i-1} + X_i\,\delta_{i,i} + X_{i+1}\,\delta_{i,i+1} = B_i = -\delta_{i0} - \delta_{it} + L_i \tag{305}$$

mit den Beiwerten (c_1, c_1' und c_2 nach Gl. 96)

$$\left.\begin{aligned} E I_c \delta_{i,i-1} &= c_{2,i}\, l_i \\ E I_c \delta_{i,i} &= c_{1,i}\, l_i + c_{1,i+1}'\, l_{i+1} \\ E I_c \delta_{i,i+1} &= c_{2,i+1}\, l_{i+1} \end{aligned}\right\} \tag{306}$$

und den Belastungsgliedern B_i

$$E I_c \delta_{i0} = \frac{S_{i-1}'}{l_i} + \frac{S_{i+1}'}{l_{i+1}} \tag{307}$$

$$\delta_{it} = \alpha_t \frac{\Delta t}{h}\,\frac{l_i + l_{i+1}}{2} \quad \text{(bei konstanter Trägerhöhe } h\text{)} \tag{308}$$

$$L_i = C_{i-1,i}\, v_{i-1} + C_{ii} v_i + C_{i+1,i}\, v_{i+1} = -\frac{v_{i-1}}{l_i} + v_i\left(\frac{1}{l_i} + \frac{1}{l_{i+1}}\right) - \frac{v_{i+1}}{l_{i+1}}. \tag{309}$$

Bei Fachwerkbalken sind die Beiwerte und Belastungsglieder nach Gl. (81) zu berechnen.

Die Auflösung der dreigliedrigen Elastizitätsgleichung nach I, 21 führt zu den Vorzahlen λ_{ii}, λ_{ik} und den Verhältniszahlen $\alpha_{i-1,i}$ und $\alpha_{i,i-1}$, durch die die Momentenfestpunkte festgelegt werden. Die Lösung ergibt die Stützmomente

$$X_i = \lambda_{i1} B_1 + \lambda_{i2} B_2 + \lambda_{i3} B_3 + \cdots + \lambda_{ii} B_i + \cdots + \lambda_{in} B_n. \tag{310}$$

Bei Belastung einzelner Öffnungen wird mit Vorteil von den Festpunkten nach Gl. (92 bzw. 98) Gebrauch gemacht.

Für feldweise konstantes Trägheitsmoment I_i der Öffnung i wird mit $l_i \dfrac{I_c}{I_i} = l'_i$

$$E I_c \delta_{i,i-1} = l'_i/6; \qquad E I_c \delta_{i,i} = \frac{l'_i + l'_{i+1}}{3}; \qquad E I_c \delta_{i,i+1} = l'_{i+1}/6 \tag{311}$$

$$E I_c \delta_{i0} = \frac{S_{i-1}}{l_i}\frac{I_c}{I_i} + \frac{S_{i+1}}{l_{i+1}}\frac{I_c}{I_{i+1}} = \frac{S_{i-1}}{l_i^2} l'_i + \frac{S_{i+1}}{l_{i+1}^2} l'_{i+1}, \tag{312}$$

und die Elastizitätsgleichungen lauten dann

$$l'_i X_{i-1} + 2(l'_i + l'_{i+1}) X_i + l'_{i+1} X_{i+1} = 6 B_i$$

$$= -\frac{6 S_{i-1}}{l_i^2} l'_i - \frac{6 S_{i+1}}{l_{i+1}^2} l'_{i+1} - 6 E I_c \delta_{it} + 6 E I_c L_i. \tag{313}$$

Zahlenbeispiel. Die Aufstellung und Auflösung dieser Gleichungen ist für den Durchlaufbalken der Abb. 180 (s. a. Abb. 99 mit Zahlenrechnung) nachstehend durchgeführt. Sämtliche Werte wurden mit dem Rechenschieber ermittelt.

Beiwerte der El.-Gl.

$2(l'_1 + l'_2) = 2(9 + 12) = 42; \quad l'_2 = 12$

$2(l'_2 + l'_3) = 2(12 + 12) = 48; \quad l'_3 = 12$

$2(l'_3 + l'_4) = 2(12 + 15) = 54; \quad l'_4 = 15$

$2(l'_4 + l'_5) = 2(15 + 10) = 50$

Gleichungssatz a [I, 21]

	1	2	3	4		Q
1	42	12			0	54
2	12	48	12		0	72
3		12	54	15	0	81
4			15	50	1	66

Berechnung des reduzierten Gleichungssatzes b mit Kontrolle der Quersummen Q.

$48 - 12^2/42 = 44{,}57; \quad 72 - 54 \cdot 12/42 = 56{,}57$

$54 - 12^2/44{,}57 = 50{,}77; \quad 81 - 56{,}57 \cdot 12/44{,}57 = 65{,}7$

$50 - 15^2/50{,}77 = 45{,}57; \quad 66 - 65{,}77 \cdot 15/50{,}77 = 46{,}57$

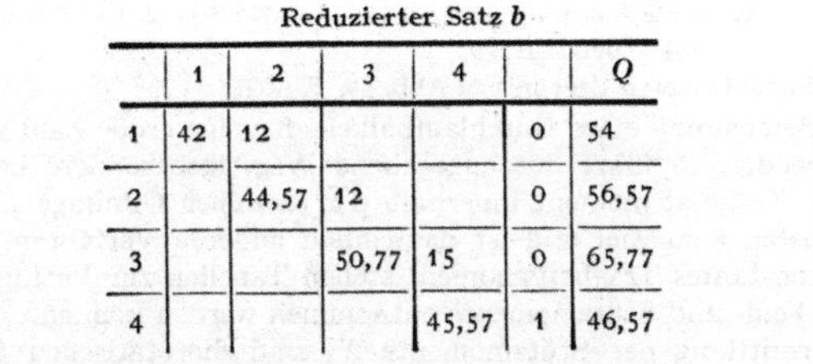

Abb. 180

Reduzierter Satz b

	1	2	3	4		Q
1	42	12			0	54
2		44,57	12		0	56,57
3			50,77	15	0	65,77
4				45,57	1	46,57

Berechnung der Festwerte α und Diagonalwerte λ_{ii} aus Satz b:

$\lambda_{44} = \dfrac{1}{45{,}57} = 0{,}0219 \qquad \alpha_{34} = 15/50{,}77 = 0{,}295$

$\lambda_{33} = \dfrac{1}{50{,}77} + 0{,}0219 \cdot 0{,}295^2 = 0{,}0216 \qquad \alpha_{23} = 12/44{,}57 = 0{,}269$

$$\lambda_{22} = \frac{1}{44,57} + 0,0216 \cdot 0,269^2 = 0,02396 \qquad \alpha_{12} = 12/42 = 0,286$$

$$\lambda_{11} = \frac{1}{42} + 0,02396 \cdot 0,286^2 = 0,02576$$

Reduzierter Satz c

38,8					1
12	45,09				0
	12	49,5			0
		15	50		0

Durch Reduktion in umgekehrter Reihenfolge (Satz c) werden gefunden:

$$\alpha_{21} = 12/45,09 = 0,266$$
$$\alpha_{32} = 12/49,5 = 0,242$$
$$\alpha_{43} = 15/50 = 0,3$$

und es wird $\lambda_{11} = \frac{1}{38,8} = 0,02576$ bestätigt.

Berechnung der Vorzahlen λ_{ik} aus den Diagonalwerten mit Hilfe der Festwerte α.

$-0,266 \rightarrow \qquad -0,242 \rightarrow \qquad -0,3 \rightarrow$

0,02576	− 0,00685	0,00166	− 0,0005
− 0,00685	0,02396	− 0,0058	0,00175
0,00166	− 0,0058	0,0216	− 0,0065
− 0,0005	0,00175	− 0,0065	0,0219

$\leftarrow -0,286 \qquad \leftarrow -0,269 \qquad \leftarrow -0,295$

Belastung der Öffnung l_3 mit $p = 1$ t/m gibt $B_1 = B_4 = 0$; $6\,B_2 = 6\,B_3 = -\frac{6\,p l_3^2}{24} l_3'$ $= -\frac{10^2}{4} \cdot 12 = -300$ und die Stützmomente

$$X_1 = -300\,(-0,00685 + 0,00166) = +1,557\,\text{mt}$$
$$X_2 = -300\,(0,02396 - 0,0058) = -5,448\,\text{mt}$$
$$X_3 = -300\,(-0,0058 + 0,0216) = -4,74\,\text{mt}$$
$$X_4 = -300\,(0,00175 - 0,0065) = +1,425\,\text{mt}$$

in Übereinstimmung mit dem früheren Ergebnis, S. 308.

Senkung der Stütze 2 um v_2:

$$L_1 = -\frac{1}{l_2} v_2 = -0,125\,v_2$$

$$L_2 = \left(\frac{1}{l_2} + \frac{1}{l_3}\right) v_2 = +0,225\,v_2$$

$$L_3 = -\frac{1}{l_3} v_2 = -0,1\,v_2$$

somit z. B. $X_2 = 6\,E I_c v_2\,(+0,00685 \cdot 0,125 + 0,02396 \cdot 0,225 + 0,0058 \cdot 0,1)$
$= +0,04095\,E I_c v_2$

$X_4 = 6\,E I_c v_2\,(+0,0005 \cdot 0,125 + 0,00175 \cdot 0,225 + 0,0065 \cdot 0,1)$
$= +0,00664\,E I_c v_2$

entsprechend dem früheren Ergebnis zu Abb. 99, S. 309.

Ist die Berechnung eines Durchlaufbalkens für eine große Zahl von Belastungsfällen notwendig, so führt der angegebene Weg, insbesondere bei beliebig veränderlichem Trägheitsmoment innerhalb der einzelnen Öffnungen, am schnellsten und einfachsten zum Ziel und ist dann allen anderen Verfahren überlegen. Für durchweg konstantes Trägheitsmoment stehen Tabellen zur Verfügung, denen die maximalen Feld- und Stützmomente entnommen werden können.

Nach Ermittlung der Stützmomente X_i sind die statischen Größen für die Öffnung i:

$$C_i = C_{i,0} + C_{i,i-1} X_{i-1} + C_{i,i} X_i + C_{i,i+1} X_{i+1}$$

$$= C_{i,0} + \frac{1}{l_i} X_{i-1} - \left(\frac{1}{l_i} + \frac{1}{l_{i+1}}\right) X_i + \frac{1}{l_{i+1}} X_{i+1} \qquad (314)$$

$$Q_m = Q_{m,0} - 1/l_i \cdot X_{i-1} + 1/l_i \cdot X_i = Q_{m,0} + (X_i - X_{i-1})/l_i \tag{315}$$

$$M_m = M_{m,0} + x'_m/l_i \cdot X_{i-1} + x_m/l_i \cdot X_i. \tag{316}$$

Einflußlinien. An Stelle der Belastungsglieder δ_{i0} ist $\delta_{im} = \delta_{mi}$, d. h. die Biegelinie infolge $X_i = 1$, einzuführen, die sich jeweils über zwei aufeinander folgende Öffnungen i und $i+1$ erstreckt und bei feldweise konstantem Trägheitsmoment nach Gl. (277), Abb. 175, zu berechnen ist.

Die Ordinaten der Einflußlinie für X_i

$$\eta_{Xi} = -\lambda_{i1}\delta_{m1} - \lambda_{i2}\delta_{m2} - \lambda_{i3}\delta_{m3} - \cdots - \lambda_{in}\delta_{mn} \tag{317}$$

werden in einer Tabelle berechnet.

Die Einflußlinie für X_i ergibt sich nach vorstehender Gleichung auch als Biegelinie des mit den Stützmomenten $X_1 = -\lambda_{i1}$, $X_2 = -\lambda_{i2}$, $X_i = -\lambda_{ii}$, $X_n = -\lambda_{in}$ belasteten Balkens, Abb. 181c, doch ist für die Rechnung i. a. der erstgenannte Weg vorzuziehen.

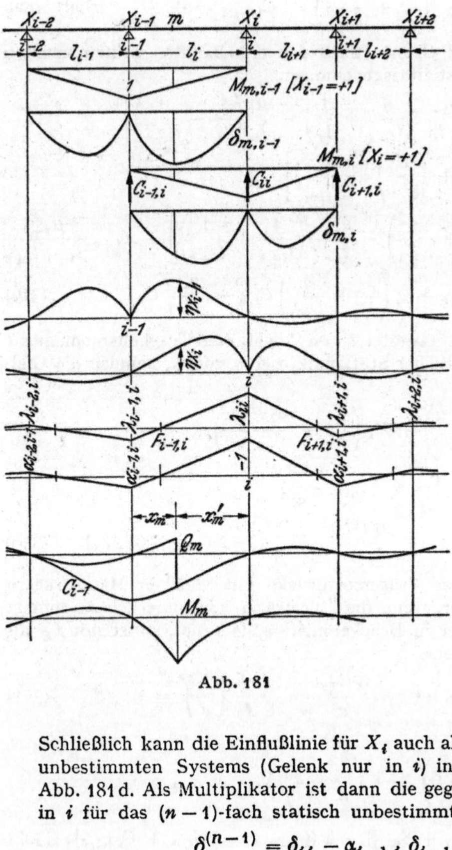

Abb. 181

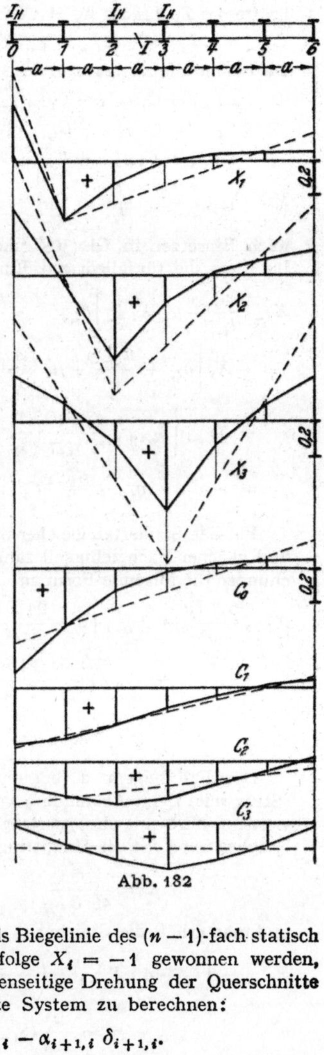

Abb. 182

Schließlich kann die Einflußlinie für X_i auch als Biegelinie des $(n-1)$-fach statisch unbestimmten Systems (Gelenk nur in i) infolge $X_i = -1$ gewonnen werden, Abb. 181d. Als Multiplikator ist dann die gegenseitige Drehung der Querschnitte in i für das $(n-1)$-fach statisch unbestimmte System zu berechnen:

$$\delta_{ii}^{(n-1)} = \delta_{ii} - \alpha_{i-1,i}\,\delta_{i-1,i} - \alpha_{i+1,i}\,\delta_{i+1,i}.$$

Den Verlauf der Einflußlinie für X_i zeigt Abb. 181b. Die Einflußlinien für Stützkräfte, Querkräfte und Biegemomente sind auf Grund der Gl. (314) bis (316) durch entsprechende Überlagerung derjenigen am statisch bestimmten Hauptsystem mit denen der Stützmomente zu berechnen. Abb. 181e und f zeigen den Verlauf der Einflußlinien für die Stützkraft C_{i-1} und für Querkraft und Moment in einem Punkt m der Öffnung i.

37. Der durchlaufende Balken auf elastischen Stützen

Die Nachgiebigkeit des Stützpunktes i ist von der Auflagerkraft C_i abhängig, $v_i = \mu_i C_i$, so daß μ_i die Senkung infolge $C_i = +1$ ist. Für die Arbeit der Stützkräfte des Zustandes $X_i = 1$ erhält man nach Gl. (309)

$$L_i = -(\mu_{i-1} C_{i-1} C_{i-1,i} + \mu_i C_i C_{ii} + \mu_{i+1} C_{i+1} C_{i+1,i}) \qquad (318)$$

Darin sind die Stützkräfte des statisch unbestimmten Systems

$$\begin{aligned} C_{i-1} &= C_{i-1,0} + C_{i-1,i-2} X_{i-2} + C_{i-1,i-1} X_{i-1} + C_{i-1,i} X_i \\ C_i &= C_{i,0} + C_{i,i-1} X_{i-1} + C_{ii} X_i + C_{i,i+1} X_{i+1} \\ C_{i+1} &= C_{i+1,0} + C_{i+1,i} X_i + C_{i+1,i+1} X_{i+1} + C_{i+1,i+2} X_{i+2}. \end{aligned}$$

Mit $C_{i-1,i} = +\frac{1}{l_i}$; $C_{ii} = -\left(\frac{1}{l_i} + \frac{1}{l_{i+1}}\right)$; $C_{i+1,i} = +\frac{1}{l_{i+1}}$ erhält man nach Einsetzen in Gl. (305) und Ordnen nach den unbekannten Stützmomenten für diese die fünfgliedrigen Elastizitätsgleichungen

$$\begin{aligned} X_{i-2} \frac{\mu_{i-1}}{l_{i-1} l_i} &+ X_{i-1}\left[\delta_{i,i-1} - \frac{\mu_{i-1}}{l_i}\left(\frac{1}{l_{i-1}} + \frac{1}{l_i}\right) - \frac{\mu_i}{l_i}\left(\frac{1}{l_i} + \frac{1}{l_{i+1}}\right)\right] \\ &+ X_i\left[\delta_{ii} + \frac{\mu_{i-1}}{l_i^2} + \mu_i\left(\frac{1}{l_i} + \frac{1}{l_{i+1}}\right)^2 + \frac{\mu_{i+1}}{l_{i+1}^2}\right] \\ &+ X_{i+1}\left[\delta_{i,i+1} - \frac{\mu_i}{l_{i+1}}\left(\frac{1}{l_i} + \frac{1}{l_{i+1}}\right) - \frac{\mu_{i+1}}{l_{i+1}}\left(\frac{1}{l_{i+1}} + \frac{1}{l_{i+2}}\right)\right] + X_{i+2} \frac{\mu_{i+1}}{l_{i+1} l_{i+2}} \\ &= -\delta_{i0} - \delta_{it} - \frac{\mu_{i-1}}{l_i} C_{i-1,0} + \mu_i\left(\frac{1}{l_i} + \frac{1}{l_{i+1}}\right) C_{i,0} - \frac{\mu_{i+1}}{l_{i+1}} C_{i+1,0}. \end{aligned} \qquad (319)$$

Für den Sonderfall gleicher Stützweiten $l = a$, konstanten Trägheitsmomentes I und gleicher Nachgiebigkeit sämtlicher Stützpunkte, $\mu = \text{const.}$, nehmen die Gleichungen die folgende Form an:

$$\begin{aligned} X_{i-2} \frac{6EI\mu}{a^2} &+ X_{i-1}\left(a - \frac{24EI\mu}{a^2}\right) + X_i\left(4a + \frac{36EI\mu}{a^2}\right) \\ &+ X_{i+1}\left(a - \frac{24EI\mu}{a^2}\right) + X_{i+2} \frac{6EI\mu}{a^2} \\ &= -\frac{6}{a}(S_{i-1} + S_{i+1}) - \frac{6EI\mu}{a}(C_{i-1,0} - 2C_{i,0} + C_{i+1,0}). \end{aligned} \qquad (320)$$

Der Fall liegt u. a. bei einer Trägerrostbrücke mit gleichen Hauptträgern (Stützweite l) im Abstande a vor, wenn die Querträger kontinuierlich ausgeführt werden. Wird nur ein Querträger in Brückenmitte angeordnet, so ist mit I_H als Trägheitsmoment des Hauptträgers

$$\mu = \frac{l^3}{48EI_H} \quad \text{oder} \quad \frac{6EI\mu}{a^3} = \frac{1}{8}\frac{I}{I_H}\left(\frac{l}{a}\right)^3 = k, \qquad (321)$$

und man erhält die Gleichung

$$\begin{aligned} X_{i-2} + \left(\frac{1}{k} - 4\right) X_{i-1} + \left(\frac{4}{k} + 6\right) X_i + \left(\frac{1}{k} - 4\right) X_{i+1} + X_{i+2} \\ = -\frac{6}{a^2 k}(S_{i-1} + S_{i+1}) - a(C_{i-1,0} - 2C_{i,0} + C_{i+1,0}). \end{aligned} \qquad (322)$$

Der Zahlenwert $1/k$ bietet einen Anhaltspunkt zur Beurteilung der lastverteilenden Wirkung des Querträgers. Bei Annahme starrer Querträger, $I = \infty$, wird $1/k = 0$, und je kleiner der Abstand a der Hauptträger im Verhältnis zu ihrer Stützweite l ist, um so mehr nähert sich die Lastverteilung der starrer Querträger.

Für die Verhältnisse $I_H/I = 5$, $a/l = 1/10$, damit $1/k = 0{,}04$ sind die Einflußlinien für Stützmomente und Stützkräfte eines sieben Hauptträger zu einem Trägerrost verbindenden Querträgers in Abb. 182, S. 365 wiedergegeben. Dabei ist angenommen, daß der Querträger selbst nicht belastet ist und die Lasten durch die Fahrbahn unmittelbar auf die Hauptträger übertragen werden, so daß das entsprechende Belastungsglied in Gl. (322) fortfällt. Sie lassen erkennen, daß schon der verhältnismäßig kleine Zahlenwert $1/k = 0{,}04$ erhebliche Abweichungen von dem gestrichelt eingetragenen Verlauf bei starrer Querverbindung zur Folge hat.

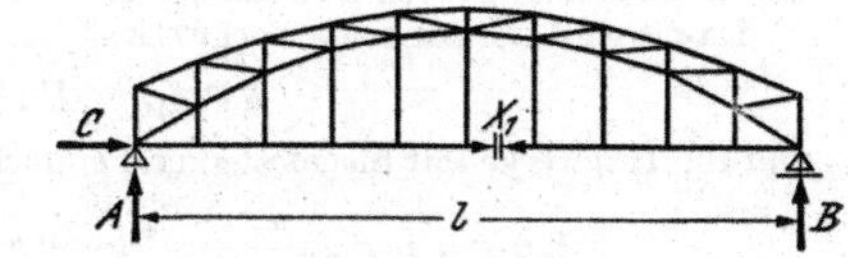

Abb. 183

38. Der Zweigelenkbogen und -rahmen

a) Zweigelenkbogen. Zur Berechnung des Zweigelenkbogens mit festen Kämpfern oder mit Zugband wird durch Entfernen einer waagrechten Stützung bzw. durch Schneiden des Zugbandes der einfache Balken (Abb. 183, 184) und durch Annahme eines Scheitelgelenkes der Dreigelenkbogen mit festen Kämpfern bzw. mit Zugband als statisch bestimmtes Hauptsystem gewählt. Als statisch unbestimmte Größe X_1 wird der Horizontalschub oder Horizontalzug bzw. das Moment im Scheitel eingeführt. Entsprechende Wahl der statisch unbestimmten Größe wird bei Stabbogentragwerken nach Abb. 185, 186 getroffen, und die Berechnung ist grundsätzlich in gleicher Weise durchzuführen. X_1 ist zu berechnen aus

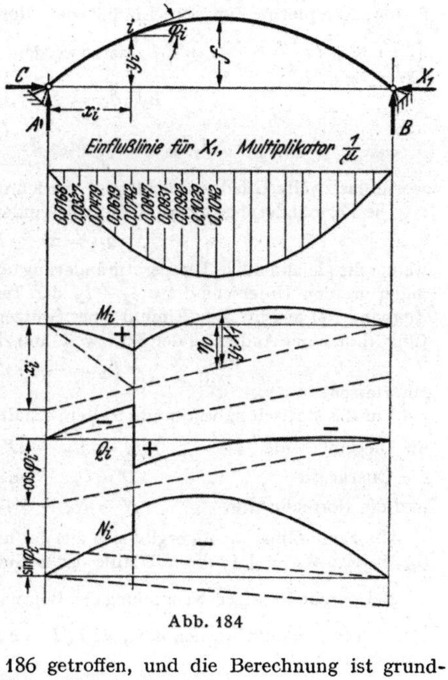

Abb. 184

$$X_1 = \frac{-\delta_{10} - \delta_{1t} + L_1}{\delta_{11}}. \qquad (323)$$

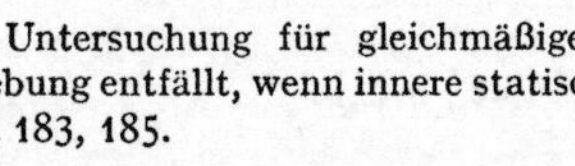

Abb. 185

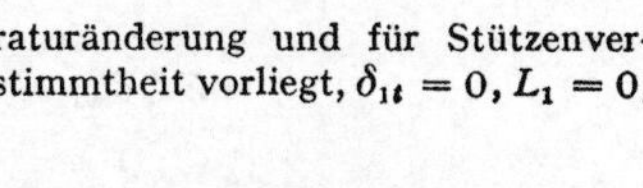

Abb. 186

Die Untersuchung für gleichmäßige Temperaturänderung und für Stützenverschiebung entfällt, wenn innere statische Unbestimmtheit vorliegt, $\delta_{1t} = 0$, $L_1 = 0$, Abb. 183, 185.

Ist X_1 der Horizontalschub bzw. die Horizontalkomponente der Kraft im Zugband, so treten im Zustand $X_1 = 1$ auf:

$$\left.\begin{array}{ll}\text{die Biegemomente} & M_1 = -1 \cdot y \\ \text{die Normalkräfte} & N_1 = -1 \cdot \cos\varphi \\ \text{die Querkräfte} & Q_1 = -1 \cdot \sin\varphi\end{array}\right\} \qquad (324)$$

und in einfachen Stäben die Stabkräfte S_1.

Damit wird für das reine Fachwerk

$$E F_c \delta_{11} = \Sigma S_1^2 s F_c/F \qquad (325)$$

und für Tragwerke mit biegefesten und einfachen Stäben

$$E I_c \delta_{11} = \int y^2 ds \frac{I_c}{I} + \frac{I_c}{F_c}\int \cos^2\varphi\, ds \frac{F_c}{F} + \frac{I_c}{F_c} \Sigma S_1^2\, s F_c/F. \qquad (326)$$

Darin entfällt das letzte Glied für den vollwandigen Zweigelenkbogen mit festen Kämpfern. Für den Einfluß der Normalkräfte darf bei flachen Bögen $\frac{I_c}{F_c}\int \cos^2\varphi\, ds \frac{F_c}{F} = \frac{I_c}{F_c} l = i_c^2\, l$ gesetzt werden. Weiter wird

$$E F_c \delta_{10} = \Sigma S_0 S_1 s F_c/F \qquad (327)$$

bzw. $$E I_c \delta_{10} = -\int M_0 y\, ds \frac{I_c}{I} - \frac{I_c}{F_c}\int N_0 \cos\varphi\, ds \frac{F_c}{F}, \qquad (328)$$

worin das zweite Glied vernachlässigt werden darf.

Die Formänderung infolge Temperaturänderung ist

$$\delta_{1t} = \alpha_t \cdot t \cdot l, \qquad (329)$$

wenn t die gleichmäßige Temperaturänderung oder bei ungleichmäßiger Temperaturänderung den Unterschied $t = t_Z - t_B$ der Temperatur zwischen Bogen (t_B) und Zugband (t_Z) angibt. Der Einfluß einer Stützenverschiebung in waagrechter Richtung, d. h. einer Änderung der Stützweite um Δl, ist durch

$$L_1 = -1 \cdot \Delta l \qquad (330)$$

zu erfassen.

Für das statisch unbestimmte System erhält man

$$\left.\begin{array}{ll}\text{die Biegemomente} & M = M_0 - y X_1, \\ \text{die Querkräfte} & Q = Q_0 - \sin\varphi X_1 \\ \text{und die Normalkräfte} & N = N_0 - \cos\varphi X_1.\end{array}\right\} \qquad (331)$$

Die Einflußlinie für X_1 ergibt sich aus der mit $-1/\delta_{11}$ multiplizierten Biegelinie δ_{m1} infolge $X_1 = +1$, die mit Hilfe der w-Gewichte nach I, 18 bestimmt wird.

Bei parabelförmiger Krümmung der Bogenachse, $y = 4f \frac{x}{l} \frac{l-x}{l}$, wird, wenn $I_c/I = \cos\varphi$ gesetzt werden darf, $ds\, I_c/I = dx$, und man erhält (mit F_z als Zugbandquerschnitt)

$$E I_c \delta_{11} = \frac{8}{15} f^2 l + \frac{I_c}{F_c} l + \frac{I_c}{F_z} l. \qquad (332)$$

Die Ordinaten der Biegelinie ergeben sich in diesem Fall aus der Belastung durch die Momentenfläche infolge $X_1 = +1$. Aus

$$E I_c \delta_{m1} = -\frac{1}{3} f l x_m + \int_0^{x_m} y\, dx\, (x_m - x)$$

erhält man mit $\frac{x_m}{l} = \xi_m$ die Biegelinie

$$E I_c \delta_{m1} = -\frac{f l^2}{3} (\xi_m - 2\xi_m^3 + \xi_m^4). \qquad (333)$$

Die Ordinaten der Einflußlinie für X_1 sind (Abb. 184)

$$\left.\begin{aligned} \eta_{X_1} &= -\frac{E I_c \delta_{m1}}{E I_c \delta_{11}} = +\frac{1}{\mu}\cdot\frac{1}{3}\left(\xi_m - 2\xi_m^3 + \xi_m^4\right) \\ \text{mit } \mu &= \frac{E I_c \delta_{11}}{f l^2} = \frac{8}{15}\,\frac{f}{l} + \frac{1}{f\,l}\left(\frac{I_c}{F_c} + \frac{I_c}{F_z}\right). \end{aligned}\right\} \tag{334}$$

Nach Ermittlung der Einflußlinie für X_1 ergeben sich die Einflußlinien für irgendeine statische Größe Z des unbestimmten Systems wieder aus $Z = Z_0 + Z_1 X_1$ durch entsprechende Überlagerung. In Abb. 184 sind die Einflußlinien für Biegemoment, Querkraft und Normalkraft in i wiedergegeben.

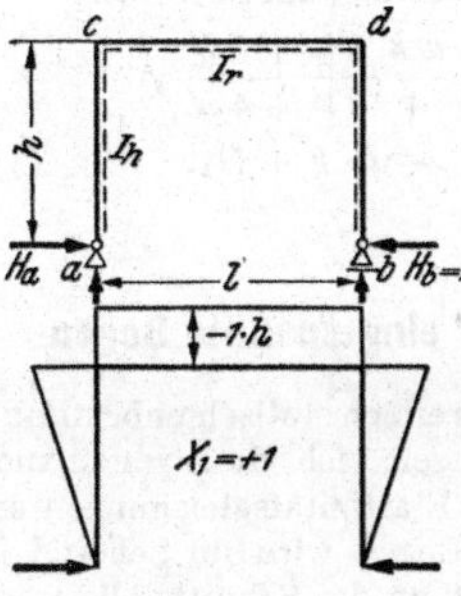

Abb. 187

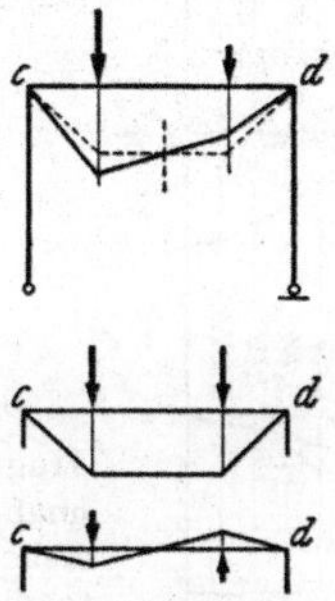

Abb. 188

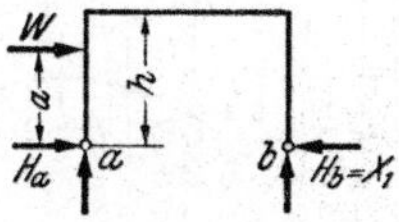

Abb. 189

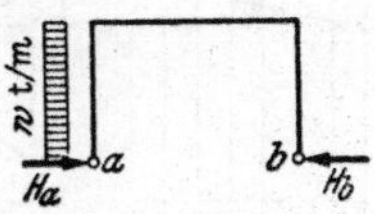

Abb. 190

b) Zweigelenkrahmen. Für den zweistieligen Rahmen mit Fußgelenken (Abb. 187) ist bei konstanten Trägheitsmomenten I_r des Riegels, I_h des Pfostens $(l I_c/I_r = l',\; h I_c/I_h = h')$

$$E I_c \delta_{11} = \delta'_{11} = \left(l' + \frac{2}{3}\,h'\right) h^2,$$

und für lotrechte Riegelbelastung wird

$$E I_c \delta_{10} = \delta'_{10} = -F_0 \cdot \frac{I_c}{I_r}\cdot h = -F'_0 \cdot h,$$

somit der Horizontalschub

$$H_a = H_b = X_1 = F'_0 \cdot h/\delta'_{11} \tag{335}$$

und das Eckmoment

$$M_c = M_d = -\frac{F'_0}{l' + \frac{2}{3}\,h'}. \tag{336}$$

Wird die unsymmetrische Riegelbelastung durch symmetrische und antisymmetrische Belastung ersetzt, so ist der Rahmen für letztere statisch bestimmt, $X_1 = 0$, Abb. 188. Die Eckmomente werden durch die symmetrische Teilbelastung allein bestimmt. Der Riegel kann für diese auch als elastisch eingespannter Balken nach Gl. (106) oder Gl. (261 a) berechnet werden. Da $M_c = M_d$ ist, erhält man mit

$$\frac{1}{\alpha_{cd}} = \frac{1}{\alpha_{dc}} = 2 + 2\,h'/l'$$

für das Eckmoment die Gleichung

$$M_c\,(1/\alpha_{cd} + 1) = M_c\,(3 + 2\,h'/l') = -6\,S/l^2. \tag{337}$$

Die statischen Momente S können der Tabelle 1 (I, 28) entnommen werden. Wird $2S = F_0\,l$ eingeführt, so ergibt sich wieder M_c nach Gl. (336).

Für eine waagrechte Einzellast W im Abstande a vom Fußpunkt (Abb. 189) wird

$$\left.\begin{aligned} H_b &= X_1 = \frac{W a}{2h}\,\frac{3(l'+h') - a'a/h}{3l' + 2h'} \\ H_a &= -W + H_b \end{aligned}\right\} \quad (338)$$

für $a = h$: $\quad -H_a = H_b = W/2.$

Bei gleichmäßig verteilter Belastung w t/m des Pfostens (Abb. 190) wird

$$H_b = \frac{w\,h}{4}\,\frac{6l' + 5h'}{6l' + 4h'},$$

$$H_a = -w \cdot h + H_b. \quad (339)$$

39. Der eingespannte Bogen

Für das dreifach statisch unbestimmte Tragwerk lassen sich drei voneinander unabhängige Elastizitätsgleichungen aufstellen. Der Bogen wird im Scheitel geschnitten, und an der Schnittstelle treten das Biegemoment X_1, die Normalkraft X_2 und die Querkraft X_3 als statisch unbestimmte Größen auf (Abb. 191). Bei symmetrischem Tragwerk sind die Gleichgewichtszustände X_1 und X_2 symmetrisch, X_3 antisymmetrisch. Infolgedessen werden $\delta_{13} = 0$, $\delta_{23} = 0$. Um auch δ_{12} zum Verschwinden zu bringen, wird die waagrechte Kraft X_2 um ein Maß z_0 parallel verschoben, wodurch im Scheitel das Versatzmoment $-X_2 z_0$ entsteht. Die Größe von z_0 wird aus der Forderung $\delta_{12} = 0$ bestimmt. Für den Bogen ergeben die Zustände $X_1 = 1$, $X_2 = 1$ und $X_3 = 1$ die statischen Größen

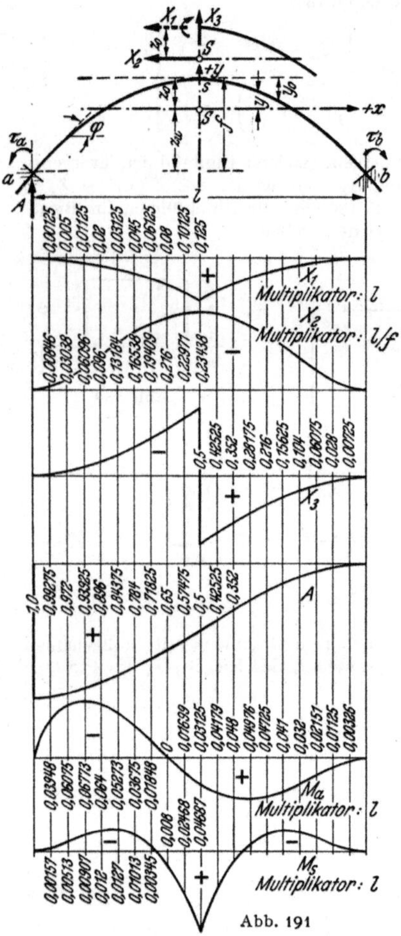

Abb. 191

$$\left.\begin{array}{llll} X_1 = 1: & M_1 = 1; & N_1 = 0; & Q_1 = 0 \\ X_2 = 1: & M_2 = 1 \cdot y; & N_2 = 1 \cdot \cos\varphi; & Q_2 = 1 \cdot \sin\varphi \\ X_3 = 1: & M_3 = 1 \cdot x; & N_3 = 1 \cdot \sin\varphi; & Q_3 = 1 \cdot \cos\varphi. \end{array}\right\} \quad (340)$$

Die Bedingung $\delta_{12} = 0$ führt zu

$$\int_{-l/2}^{+l/2} M_1 M_2 \, ds \, \frac{I_c}{I} = \int_{-l/2}^{+l/2} y \, ds \, \frac{I_c}{I} = 0.$$

Wird $ds\, I_c/I = dg$ als „elastisches Gewicht" des Stabelementes eingeführt, so ist die Forderung $\delta'_{12} = \int y\, dg = 0$ zu erfüllen, d. h. das statische Moment der elastischen Gewichte in bezug auf die x-Achse muß zu Null werden. Mit dem elastischen Gewicht des Stabes $G = \int dg$ wird aus der Momentengleichung für die waagrechte Scheitelachse

$$G z_0 = \int y_0 \, dg$$

die Lage des „elastischen Schwerpunktes" in

$$z_0 = \frac{\int y_0 \, dg}{G} \tag{341}$$

gefunden (I, 26). Die Berechnung der Integrale erfolgt bei veränderlichem Trägheitsmoment nach Aufteilung in eine ausreichende Anzahl von Intervallen durch Summenbildung.

Die statisch unbestimmten Größen sind zu berechnen aus

$$X_i = (-\delta_{i0} - \delta_{it} + L_i)/\delta_{ii}, \qquad i = 1, 2, 3. \tag{342}$$

Die Nennerwerte ergeben sich zu

$$\left.\begin{aligned} E I_c \delta_{11} &= \delta'_{11} = \int dg = G \\ E I_c \delta_{22} &= \delta'_{22} = \int y^2 \, dg + \frac{I_c}{F_c} \int \cos^2 \varphi \, ds \frac{F_c}{F} \\ E I_c \delta_{33} &= \delta'_{33} = \int x^2 \, dg + \frac{I_c}{F_c} \int \sin^2 \varphi \, ds \, \frac{F_c}{F}. \end{aligned}\right\} \tag{343}$$

In δ'_{22} und δ'_{33} sind die ersten Integrale als Momente zweiter Ordnung der elastischen Gewichte in bezug auf die x- und y-Achse zu deuten.

Für die Zähler erhält man infolge gegebener Belastung mit den Momenten M_0 und Normalkräften N_0 der einseitig eingespannten Bogenhälften

$$\left.\begin{aligned} E I_c \delta_{10} &= \delta'_{10} = \int M_0 \, dg \\ E I_c \delta_{20} &= \delta'_{20} = \int y M_0 \, dg + \frac{I_c}{F_c} \int N_0 \cos \varphi \, ds \frac{F_c}{F} \\ E I_c \delta_{30} &= \delta'_{30} = \int x M_0 \, dg + \frac{I_c}{F_c} \int N_0 \sin \varphi \, ds \, \frac{F_c}{F} \end{aligned}\right\} \tag{344}$$

($\delta'_{30} = 0$ für symmetrische Belastung bei symmetrischem Bogen).

Danach ist δ'_{10} als Summe der M_0-fachen elastischen Gewichte zu berechnen, und in δ'_{20} und δ'_{30} treten die statischen Momente der M_0-fachen elastischen Gewichte in bezug auf die Koordinatenachsen auf. Der Einfluß der Normalkräfte, vor allem in δ'_{30} und δ'_{33}, darf meist vernachlässigt werden.

Infolge gleichmäßiger Temperaturänderung um $t°$ wird

$$\delta_{1t} = 0; \qquad \delta_{2t} = \alpha_t t l; \qquad \delta_{3t} = 0. \tag{345}$$

Waagrechte Stützenverschiebungen, die eine Änderung der Stützweite um Δl zur Folge haben, ergeben die Arbeiten

$$L_1 = 0; \qquad L_2 = 1 \cdot \Delta l; \qquad L_3 = 0. \tag{346}$$

Für ungleichmäßige lotrechte Setzungen $\Delta v = v_a - v_b$ wird

$$L_1 = 0; \qquad L_2 = 0; \qquad L_3 = -1 \cdot \Delta v \tag{347}$$

und für Verdrehungen der Widerlager, τ_a und τ_b (Abb. 191),

$$L_1 = -1\,(\tau_a + \tau_b); \qquad L_2 = +z_u\,(\tau_a + \tau_b); \qquad L_3 = \frac{l}{2}\,(\tau_a - \tau_b). \tag{348}$$

Einflußlinien für die statisch unbestimmten Größen ergeben sich aus den Biegelinien für die Gleichgewichtszustände $X_i = -1$ ($i = 1, 2, 3$) mit Hilfe der w-Gewichte nach I, 18.

Sonderfall. Ist der Bogen nach einer gewöhnlichen Parabel gekrümmt und darf $I_c/I = \cos\varphi$, somit $ds\, I_c/I = dx$ gesetzt werden, so wird $G = \int dx = l$

und aus $G z_0 = \int y_0 \, d x$ folgt

$$\left.\begin{aligned} z_0 &= f/3, \\ y &= f/3 - 4f(x/l)^2. \end{aligned}\right\} \tag{349}$$

Unter Vernachlässigung der Normalkräfte ist

$$\delta'_{11} = l; \qquad \delta'_{22} = \frac{4}{45} f^2 l; \qquad \delta'_{33} = \frac{l^3}{12}. \tag{350}$$

Die Biegelinien infolge $X_i = 1$ $(i = 1, 2, 3)$ lassen sich in geschlossener Form aufstellen. Es wird mit $x_m/l = \xi_m$

$$\left.\begin{aligned} E I_c \delta_{m1} &= \int_{x_m}^{l/2} (x - x_m)\, d x = l^2 \left[\frac{1}{8} - \frac{1}{2}(\xi_m - \xi_m^2)\right] \\ E I_c \delta_{m2} &= \int_{x_m}^{l/2} y\,(x - x_m)\, d x = \frac{f\, l^2}{3}\left[-\frac{1}{16} + \frac{1}{2}\xi_m^2 - \xi_m^4\right] \\ E I_c \delta_{m3} &= \int_{x_m}^{l/2} x\,(x - x_m)\, d x = \frac{l^3}{6}\left[\frac{1}{4} - \frac{3}{4}\xi_m + \xi_m^3\right]. \end{aligned}\right\} \tag{351}$$

Die Ordinaten der Einflußlinien für die statisch unbestimmten Größen sind

$$\eta_{X_1} = l\left[\frac{1}{8} - \frac{1}{2}(\xi_m - \xi_m^2)\right]$$

$$\eta_{X_2} = \frac{l}{f}\,\frac{15}{4}\left[-\frac{1}{16} + \frac{1}{2}\xi_m^2 - \xi_m^4\right] \tag{352}$$

η_{X_2} gibt die Einflußlinie für den Horizontalschub.

$$\eta_{X_3} = \frac{1}{2} - \frac{3}{2}\xi_m + 2\xi_m^3.$$

In Abb. 191 sind diese Einflußlinien wiedergegeben, ebenso diejenigen für

$$\left.\begin{aligned} &\text{die lotrechte Stützkraft:} && A = A_0 + X_3, \\ &\text{das Einspannmoment:} && M_a = M_0 + X_1 - \frac{2}{3} f X_2 - \frac{l}{2} X_3, \\ &\text{das Scheitelmoment:} && M_s = X_1 + \frac{f}{3} X_2. \end{aligned}\right\} \tag{353}$$

40. Der eingespannte Rahmen

Um Elastizitätsgleichungen gegenseitiger Unabhängigkeit zu erhalten, kann wie beim eingespannten Bogen der elastische Schwerpunkt benutzt werden. Ferner besteht die Möglichkeit, Gruppenzustände einzuführen. Die Rechnung gestaltet sich besonders einfach, wenn das statisch bestimmte Hauptsystem durch Annahme von Gelenken in Riegelmitte und bei konstantem Trägheitsmoment I_h in den Drittelpunkten der Pfosten gebildet wird, Abb. 192. Ist I_h nicht auf die ganze Höhe konstant, so ist die Lage der Gelenke aus der Bedingung $y_{12} = 0$ zu ermitteln. Für die Gruppenbildung ergibt sich die nachstehende Matrix [I, 26, Gl. (159)]:

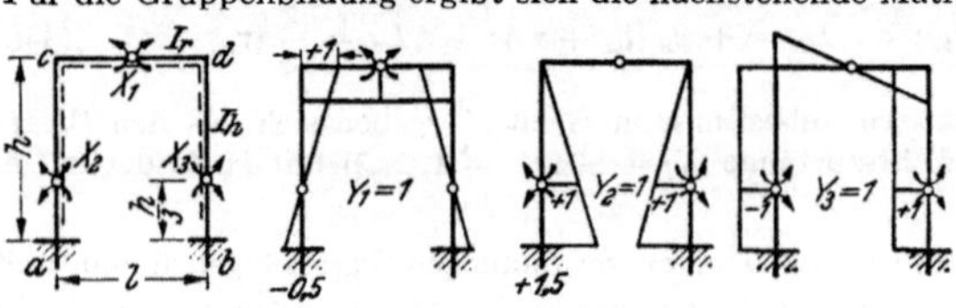

Abb. 192

(354)

	Y_1	Y_2	Y_3
X_1	1	0	0
X_2	0	1	−1
X_3	0	1	1

Die Gruppenzustände $Y_i = 1$ ($i = 1, 2, 3$) sind in Abb. 192 dargestellt. Die Werte Y_i ergeben sich aus $Y_i = -\dfrac{\mu_{i0}}{\mu_{ii}}$.

Für die Nenner erhält man bei konstantem I_r des Riegels, I_h der Pfosten und bei Vernachlässigung des Einflusses der Normalkräfte auf die Formänderungen

$$E I_c \mu_{11} = \mu'_{11} = l' + h'/2;\; E I_c \mu_{22} = \mu'_{22} = 1{,}5\,h';\; E I_c \mu_{33} = \mu'_{33} = 2\,h' + l'/3. \quad (355)$$

Die Zähler ergeben sich aus den Kombinationen der M_0-Flächen des Hauptsystems aus gegebener Belastung mit den Momenten M_i infolge $Y_i = 1$.

Bei *lotrechter* Riegelbelastung empfiehlt sich wieder die Aufspaltung in symmetrische und antisymmetrische Gleichgewichtszustände, denn für symmetrische lotrechte Riegelbelastung wird $\mu_{30} = 0$ und bei Lage der Gelenke in $h/3$ stets auch $\mu_{20} = 0$, so daß die Berechnung auf die eines einfach statisch unbestimmten Systems zurückgeführt ist. Es wird

$$Y_1 = -\frac{\mu'_{10}}{\mu'_{11}}; \qquad Y_2 = 0; \qquad Y_3 = 0$$

und damit

$$X_1 = Y_1; \qquad X_2 = 0; \qquad X_3 = 0. \quad (356)$$

Für antisymmetrische Belastung wird stets $\mu_{10} = 0$ und $\mu_{20} = 0$, und die Lösung ergibt

$$Y_1 = 0; \qquad Y_2 = 0; \qquad Y_3 = -\frac{\mu'_{30}}{\mu'_{33}}$$

und damit

$$X_1 = 0; \qquad X_2 = -Y_3; \qquad X_3 = +Y_3. \quad (357)$$

Beispiele: 1. Gleichmäßig verteilte Last p t/m des Riegels nach Abb. 193 ergibt die in Abb. 194 dargestellten Biegemomente M_0. Mit $\mu'_{10} = -\dfrac{pl^2}{8}\left(\dfrac{l'}{3} + \dfrac{h'}{2}\right)$ wird das Moment in Riegelmitte

$$X_1 = Y_1 = \frac{pl^2}{24}\,\frac{2\,l' + 3\,h'}{2\,l' + h'}; \quad (358)$$

für die Eckmomente erhält man

$$M_c = M_d = -\frac{pl^2}{8} + Y_1 = -\frac{pl^2}{12}\,\frac{2\,l'}{2\,l' + h'}; \quad (359)$$

die Einspannmomente sind $M_a = -M_c/2 = M_b = -M_d/2$.

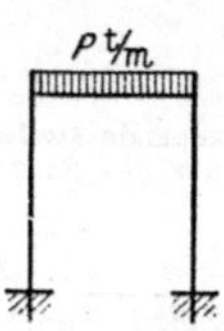

Abb. 193

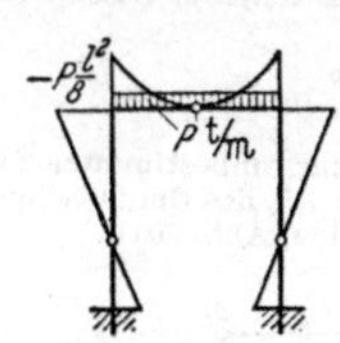

Abb. 194

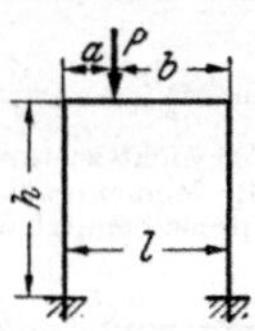

Abb. 195

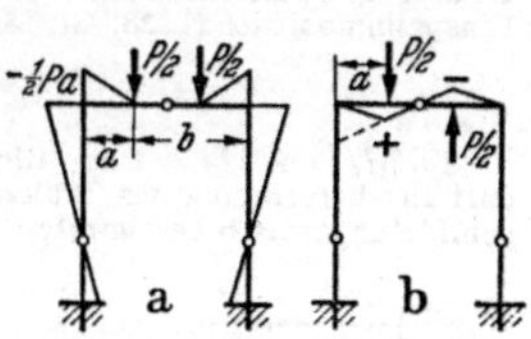

Abb. 196

2. Belastung durch Einzellast P (Abb. 195).
Die symmetrische Teilbelastung, Abb. 196a, liefert

$$\mu'_{10} = -\frac{Pa}{2}\left(a' + \frac{h'}{2}\right)$$

$$Y_1 = X_1 = \frac{Pa}{2}\,\frac{2\,a' + h'}{2\,l' + h'}; \; X_2 = 0; \; X_3 = 0$$

$$M'_c = M'_d = -\frac{Pab}{l}\,\frac{l'}{2\,l' + h'}$$

$$M'_a = M'_b = +\frac{Pab}{2\,l}\,\frac{l'}{2l' + h'}. \quad (360)$$

Die antisymmetrische Belastung (Abb. 196 b) liefert:

$$\left.\begin{aligned} \mu'_{30} &= -\frac{l'}{6}\,\frac{Pab}{l}\left(2\,\frac{b}{l}-1\right) \\ Y_1 &= 0;\; Y_2 = 0;\; Y_3 = \frac{Pab}{l}\left(\frac{b}{l}-\frac{1}{2}\right)\frac{l'}{l'+6\,h'} \\ M''_c &= M''_a = -\,Y_3;\; M''_d = M''_b = Y_3. \end{aligned}\right\} \qquad (361)$$

Die Überlagerung ergibt für die Einzellast P nach Abb. 195 die Eck- und Fußmomente

$$\left.\begin{aligned} M_c &= M'_c + M''_c;\quad M_d = M'_d + M''_d \\ M_a &= M'_a + M''_a;\quad M_b = M'_b + M''_b. \end{aligned}\right\} \qquad (362)$$

3. Waagrechte Belastung durch Einzellast W in Riegelhöhe, Abb. 197, liefert eine antisymmetrische M_0-Fläche (Abb. 198). Es wird

$$\mu'_{10} = 0;\; \mu'_{20} = 0;\; \mu'_{30} = -\frac{Wh}{6}\left(\frac{2}{3}\,l' + h'\right)$$

$$Y_3 = \frac{Wh}{6}\,\frac{2\,l' + 3\,h'}{l' + 6\,h'}$$

$$\left.\begin{aligned} M_c &= -\,M_d = \frac{Wh}{2}\,\frac{3\,h'}{l'+6\,h'} \\ M_a &= -\,M_b = -\,\frac{Wh}{2}\,\frac{l'+3\,h'}{l'+6\,h'}. \end{aligned}\right\} \qquad (363)$$

Die Berechnung des Rahmens unter Verwendung eines *statisch unbestimmten* Hauptsystems führt ebenfalls schnell zum Ziel, wenn die Aufteilung in symmetrische und antisymmetrische Belastung vorgenommen wird. Für erstere ist $M_c = M_d$ und für letztere $M_c = -\,M_d$. Werden in c und d Gelenke angenommen, so ergeben die Gleichgewichtszustände $M_c = 1$, $M_d = 1$ und $M_c = 1$, $M_d = -\,1$ für das einfach statisch unbestimmte System den Momentenverlauf nach Abb. 199.

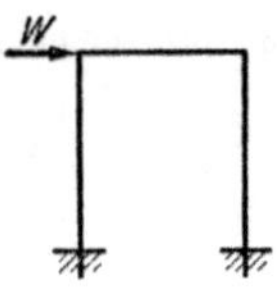

Abb. 197

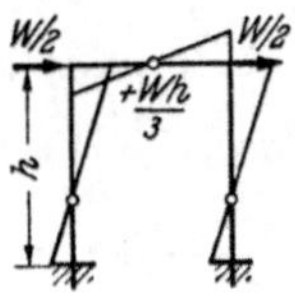

Abb. 198

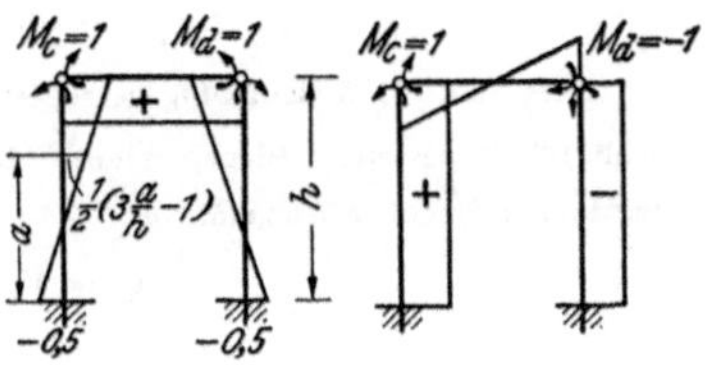

Abb. 199

4. Die waagrechte Belastung durch eine Einzellast W im Abstand a, Abb. 200, wird in die Belastungen nach Abb. 201 und 202 aufgespalten. Die symmetrische Belastung gibt die Einspannmomente (I, 28. Gl. 180)

$$M_a^{(1)} = M_b^{(1)} = -\,\frac{W}{4}\,\frac{a\,b}{h^2}\,(h+b)\,.$$

Da $M_c = 1$, $M_d = 1$ den Gleichgewichtszustand eines unbestimmten Systems darstellen, darf zur Berechnung des Zählers die Momentenfläche M_0 des durch Schneiden des Riegels gebildeten statisch bestimmten Systems benutzt werden, Abb. 201 b.

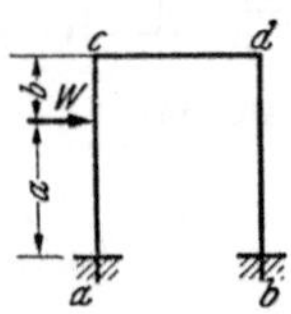

Abb. 200

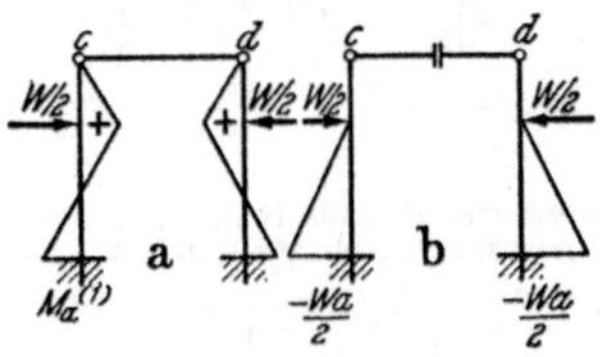

Abb. 201

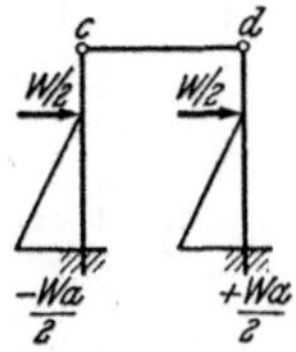

Abb. 202

Es wird dann für die symmetrische Belastung

$$\left.\begin{aligned} M'_c &= M'_d = -\,\frac{Wb}{2}\left(\frac{a}{h}\right)^2\frac{h'}{2\,l'+h'} \\ M'_a &= M'_b = -\,\frac{Wb}{2}\,\frac{a}{h}\left[1 - \frac{a}{h}\,\frac{l'+h'}{2\,l'+h'}\right]. \end{aligned}\right\} \qquad (364)$$

Für die antisymmetrische Belastung wird

$$\left.\begin{aligned} M''_c &= -M''_d = \frac{3\,Wa}{2}\,\frac{a}{h}\,\frac{h'}{l'+6h'} \\ M''_a &= -M''_b = -\frac{Wa}{2}\left[1-3\frac{a}{h}\,\frac{h'}{l'+6h'}\right]. \end{aligned}\right\} \tag{365}$$

Die Überlagerung entsprechend Gl. 362 gibt die endgültigen Biegemomente $M = M' + M''$ für die Belastung nach Abb. 200.

Werden *Momentenfestpunkte* für die Berechnung benutzt, so erfolgt die Berechnung nach I, 22. Die Lage der Festpunkte im Riegel ist für konstantes I_r und I_h gegeben durch

$$\frac{1}{\alpha_{cd}} = \frac{1}{\alpha_{dc}} = 2 + (2 - 0{,}5)\,h'/l'.$$

Bei symmetrischer Riegelbelastung wird $M_c = M_d$, und man erhält für den beiderseits elastisch eingespannten Stab

$$M_c\,(3 + 1{,}5\,h'/l') = -6\,S/l^2.$$

Dazu werden wieder die Werte S der Tabelle 1 (I, 28) benutzt. Mit dem Flächeninhalt F_0' der verzerrten Momentenfläche des einfachen Balkens, $2S = F_0\,l$, erhält man

$$M_c = M_d = -\frac{F_0\,l\,l'}{l^2\,(l' + 0{,}5\,h')} = -\frac{F_0'}{l' + 0{,}5\,h'}, \tag{366}$$

und die Einspannmomente ($\alpha_{ac} = \alpha_{bd} = 0{,}5$) sind $M_a = M_b = -0{,}5\,M_c$.

5. Zahlenbeispiel für die Belastung durch eine Einzellast W in halber Höhe des Pfostens; $I_r = I_h =$ konst., $h = l$, Abb. 203. Lage der Festpunkte: $\alpha_{ac} = \alpha_{bd} = 0{,}5$; $\frac{1}{\alpha_{cd}} = \frac{1}{\alpha_{dc}} = 2 + 1{,}5 = 3{,}5$; $\alpha_{cd} = \alpha_{dc} = 0{,}286$; $\frac{1}{\alpha_{ca}} = \frac{1}{\alpha_{db}} = 2 + (2 - 0{,}286) = 3{,}714$; $\alpha_{ca} = \alpha_{db} = 0{,}269$.

Für den linken Pfosten erhält man nach Gl. 106

$$2\,M_a + M_c = -6\,S_c/l^2 = -6\,Wh/16$$
$$M_a + 3{,}714\,M_c = -6\,Wh/16.$$

Die Lösung ergibt $M_c = -0{,}0584$ Wh; $M_a = -0{,}158$ Wh; die Weiterleitung von M_c liefert $M_d = 0{,}286 \cdot 0{,}0584$ Wh $= 0{,}0167$ Wh und $M_b = -0{,}5 \cdot 0{,}0167$ Wh $= -0{,}00835$ Wh.

Dabei sind die Knotenpunkte c und d zunächst unverschieblich angenommen. Der in Abb. 203a dargestellte Momentenverlauf ergibt einen Horizontalschub $H_b = (-0{,}00835 - 0{,}0167)$ W $= -0{,}025$ W, und der Horizontalschub in a ergibt sich aus der Momentengleichung um c zu $H_a = -0{,}6$ W. Das Gleichgewicht erfordert eine in Höhe des Riegels nach links wirkende äußere Festhaltekraft $H = W\,(1 + 0{,}025 - 0{,}6) = 0{,}425$ W. Da diese nicht vorhanden ist, verschiebt sich der Riegel nach rechts um ein gewisses Maß Δ. Statt dessen kann auch eine Verschiebung der Stützpunkte a und b um das Maß Δ nach links angenommen werden. Bei einer solchen Verschiebung des Fußpunktes a erhält man nach Gl. 111

$$M_a = -\frac{1 + 3{,}714}{2 \cdot 3{,}714 - 1}\,\frac{6\,EI\Delta}{h^2} = -4{,}4\,EI\Delta/h^2 = -4{,}4\,\Delta^*$$

$$M_c = +\frac{1+2}{6{,}428}\,\frac{6\,EI\Delta}{h^2} = +2{,}8\,EI\Delta/h^2 = +2{,}8\,\Delta^*.$$

Die Weiterleitung von M_c gibt $M_d = -0{,}286\,M_c = -0{,}8\,\Delta^*$ und $M_b = -0{,}5\,M_d = +0{,}4\,\Delta^*$.

Bei einer Verschiebung des Punktes b erhält man entsprechend die Momente $M_b = +4{,}4\,\Delta^*$; $M_d = -2{,}8\,\Delta^*$; $M_c = +0{,}8\,\Delta^*$; $M_a = -0{,}4\,\Delta^*$, so daß bei gleichzeitiger Verschiebung beider Stützpunkte nach links bzw. des Riegels nach rechts um das Maß Δ sich der in Abb. 203b gezeichnete Momentenverlauf ergibt. Diesem sind die waagrechten Stützkräfte $H_a = -8{,}4\,\Delta^*/h$, $H_b = +8{,}4\,\Delta^*/h$ zu entnehmen, und der Gleichgewichtszustand ist nur denkbar bei einer gleichzeitig in Riegelhöhe nach rechts wirkenden äußeren Kraft $H = 16{,}8\,\Delta^*/h$. Da eine äußere Kraft in Riegelhöhe nicht vorhanden ist, folgt aus der Bedingung $H = 0{,}425\,W - 16{,}8\,\Delta^*/h = 0$ für die tatsächlich auftretende Verschiebung

$$\Delta^* = EI\Delta/h^2 = 0{,}425\,W \cdot h/16{,}8 = 0{,}0253\,Wh$$

mit den Momenten $M_a = -M_b = -0{,}0253 \cdot 4{,}8\,Wh = -0{,}121\,Wh$ und $M_c = -M_d = 0{,}0253 \cdot 3{,}6\,Wh = 0{,}091\,Wh$.

Die endgültigen Momente für die in halber Höhe angreifende Last W sind somit:

$$\begin{aligned} M_a &= (-0{,}158 \quad\; - 0{,}121)\ \text{Wh} = -0{,}279\ \text{Wh} \\ M_b &= (-0{,}00835 + 0{,}121)\ \text{Wh} = +0{,}113\ \text{Wh} \\ M_c &= (-0{,}0584 \;\, + 0{,}091)\ \text{Wh} = +0{,}0326\ \text{Wh} \\ M_d &= (+0{,}0167 \;\; - 0{,}091)\ \text{Wh} = -0{,}0743\ \text{Wh}. \end{aligned}$$

Der zweite Teil der Aufgabe — Einfluß der Riegelverschiebung auf den Momentenverlauf — gestaltet sich für den vorliegenden Fall wesentlich einfacher, wenn von Gl. 363 Gebrauch gemacht wird. Für eine nach rechts gerichtete Kraft von 0,425 W werden

$M_a = -M_b = -0{,}425\ \text{Wh} \cdot 4/14 = -0{,}121$ Wh und
$M_c = -M_d = 0{,}425\ \text{Wh} \cdot 3/14 = 0{,}091$ Wh unmittelbar berechnet.

6. Gleichmäßig verteilte Belastung des Pfostens, Abb. 204, ergibt bei unverschieblichen Knotenpunkten für M_a und M_c die Gleichungen

$$2\,M_a + M_c = -\,6\,S/l^2 = -\,wh^2/4$$
$$M_a + 3{,}714\,M_c = -\,6\,S/l^2 = -\,wh^2/4.$$

Lösung: $M_a = -\,0{,}1055\ wh^2$; $M_c = -\,0{,}0389\ wh^2$ und durch Weiterleitung von M_c: $M_d = +\,0{,}0111\ wh^2$; $M_b = -\,0{,}00555\ wh^2$. Der Momentenverlauf ergibt die in Abb. 204 eingetragenen Stützkräfte und erfordert eine waagrechte Riegelbelastung von 0,45 wh. Es sind also die Momente infolge einer nach rechts gerichteten Last von 0,45 wh zu überlagern, die sich nach einem der vorstehenden Rechnungsgänge ergeben zu:

$$M_a = -\,M_b = -\,0{,}128\ wh^2;\quad M_c = -\,M_d = 0{,}0965\ wh^2.$$

Nach Überlagerung sind die endgültigen Momente:

$$M_a = (-\,0{,}1055\ \ -0{,}128\ )\ wh^2 = -\,0{,}2335\ wh^2$$
$$M_b = (-\,0{,}00555 + 0{,}128\ )\ wh^2 = +\,0{,}1224\ wh^2$$
$$M_c = (-\,0{,}0389\ \ +0{,}0965)\ wh^2 = +\,0{,}0576\ wh^2$$
$$M_d = (+\,0{,}0111\ \ -0{,}0965)\ wh^2 = -\,0{,}0854\ wh^2.$$

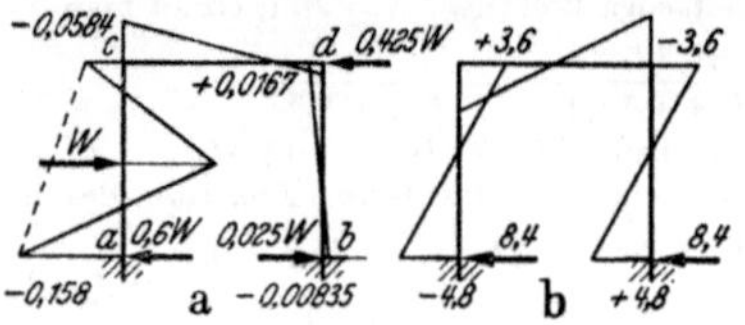

Abb. 203

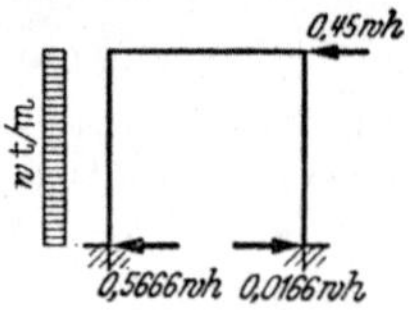

Abb. 204

41. Der geschlossene Rahmen

Die Schnittgrößen in Riegelmitte — Biegemoment X_1, Normalkraft X_2 und Querkraft X_3 — werden im elastischen Schwerpunkt wirkend angenommen, so daß voneinander unabhängige Elastizitätsgleichungen erhalten werden (I, 26). Die Zustände $X_i = 1$ ergeben bei konstantem I_0 bzw. I_u für die Riegel, I_h für die Pfosten die Lage des elastischen Schwerpunktes durch die Abstände

$$z_0 = (l'_0 + h')\,h/G;\qquad z_u = (l'_u + h')\,h/G \tag{367}$$

und die Beiwerte

$$\left.\begin{aligned} E\,I_c\,\delta_{11} &= \delta'_{11} = l'_0 + l'_u + 2\,h' = G\\ E\,I_c\,\delta_{22} &= \delta'_{22} = G\,z_0\,z_u - h^2 h'/3 = T_x\\ E\,I_c\,\delta_{33} &= \delta'_{33} = (l'_0 + l'_u + 6\,h')\,l^2/_{12} = T_y\,. \end{aligned}\right\} \tag{368}$$

Ist das Trägheitsmoment im Riegel $a-b$ (Querträger) veränderlich (Abb. 205), so ist für l'_u zu setzen:

$$l'_u = l_1 I_c/I_1 + l_2 I_c/I_2 + l_3 I_c/I_3 = l'_1 + l'_2 + l'_3\,.$$

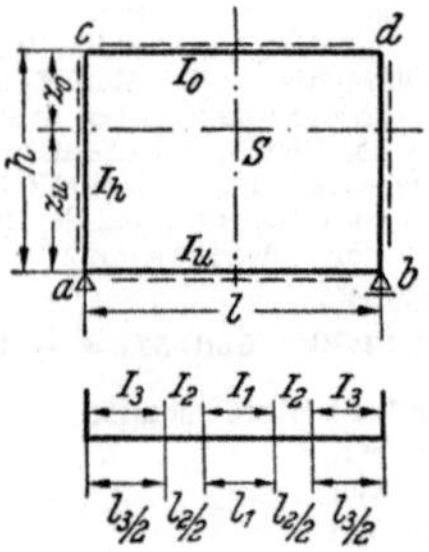

Abb. 205

Die Normalkräfte sind:

	$X_1 = 1$	$X_2 = 1$	$X_3 = 1$
oberer Riegel	$N_1 = 0$	$N_2 = +1$	$N_3 = 0$
unterer Riegel	$N_1 = 0$	$N_2 = -1$	$N_3 = 0$
linker Pfosten	$N_1 = 0$	$N_2 = 0$	$N_3 = -1$
rechter Pfosten	$N_1 = 0$	$N_2 = 0$	$N_3 = +1$

Lotrechte Belastung des unteren Riegels:

Symmetrische Belastung ergibt mit F'_0 als Inhalt der verzerrten M_0-Fläche (Abb. 206)

$$\delta'_{10} = -\,F'_0;\qquad \delta'_{20} = -\,F'_0 z_u;\qquad \delta'_{30} = 0.$$

Damit wird

$$X_1 = -\,\frac{F'_0}{G};\qquad X_2 = -\,\frac{F'_0\,z_u}{T_x};\qquad X_3 = 0, \tag{369}$$

und für die Eckmomente erhält man

$$M_a = M_b = -F'_0\left(\frac{1}{G}+\frac{z_u^2}{T_x}\right); \qquad M_c = M_d = -F'_0\left(\frac{1}{G}-\frac{z_0\, z_u}{T_x}\right). \tag{370}$$

Sie stehen zueinander in einem von der Belastung unabhängigen festen Verhältnis

$$\frac{M_a}{M_c} = -\frac{3\,l'_0 + 2\,h'}{h'}. \tag{371}$$

Aus antisymmetrischer lotrechter Riegelbelastung wird

$$\left.\begin{aligned} X_1 &= 0; \qquad X_2 = 0; \qquad X_3 = -\frac{\delta'_{30}}{T_y} \\ M_a &= -M_b = X_3; \qquad M_c = -M_d = X_3. \end{aligned}\right\} \tag{372}$$

Eine in Höhe des oberen Riegels angreifende waagrechte Last W kann je zur Hälfte auf die Punkte c und d verteilt werden, so daß die M_0-Fläche antisymmetrisch wird, Abb. 206.

$$X_1 = 0; \qquad X_2 = 0; \qquad X_3 = -\frac{W\,h}{l}\,\frac{l'_u + 3\,h'}{l'_0 + l'_u + 6\,h'} \tag{373}$$

$$M_a = -M_b = \frac{W\,h}{2}\,\frac{l'_0 + 3\,h'}{l'_0 + l'_u + 6\,h'}; \quad M_c = -M_d = -\frac{W\,h}{2}\,\frac{l'_u + 3\,h'}{l'_0 + l'_u + 6\,h'} \tag{374}$$

$$\frac{M_a}{M_c} = -\frac{l'_0 + 3\,h'}{l'_u + 3\,h'}. \tag{375}$$

Die in c angreifende Last W erzeugt im oberen Riegel die Normalkraft $X_2 = -W/2$.

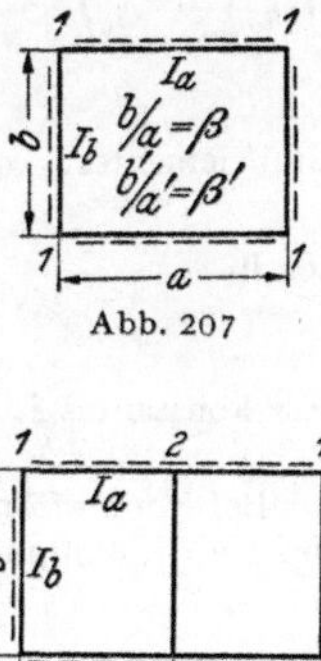

Abb. 207

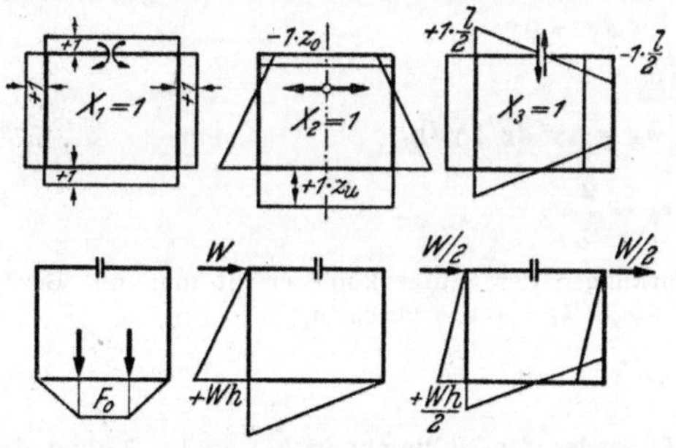

Abb. 206

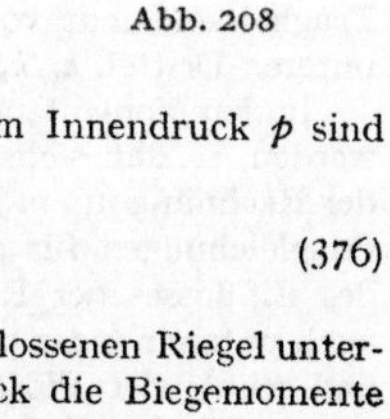

Abb. 208

Für den Behälterrahmen (Abb. 207) unter gleichmäßigem Innendruck p sind die Eckmomente

$$M_1 = -\frac{p a^2}{12}\,\frac{1 + \beta'\beta^2}{1 + \beta'}. \tag{376}$$

Wird der Rahmen durch einen gelenkig oder biegefest angeschlossenen Riegel unterteilt (Abb. 208), so ergeben sich für gleichmäßigen Innendruck die Biegemomente

$$M_1 = -\frac{p a^2}{12}\,\frac{1 + 2\beta'\beta^2}{1 + 2\beta'}; \qquad M_2 = -\frac{p a^2}{12}\,\frac{1 + 3\beta' - \beta'\beta^2}{1 + 2\beta'}. \tag{377}$$

42. Der durchlaufende Rahmen

Der über m Felder durchlaufende Rahmen (Abb. 209) ist bei eingespannten Stielen $3m$-fach, bei gelenkiger Stützung $(2m-1)$-fach statisch unbestimmt. Für die Berechnung empfiehlt es sich, die Unbestimmtheit um einen Grad dadurch zu erhöhen, daß der Riegel zunächst waagrecht unverschieblich gestützt und sodann eine Stützenverschiebung von solcher Größe angenommen wird, daß die waagrechte Stützkraft R des Riegels sich zu Null ergibt. (Einfluß der Normalkräfte auf die Formänderung wird vernachlässigt.)

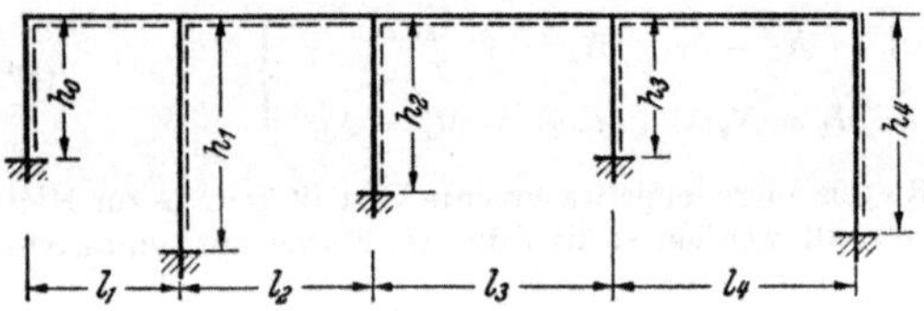

Abb. 209

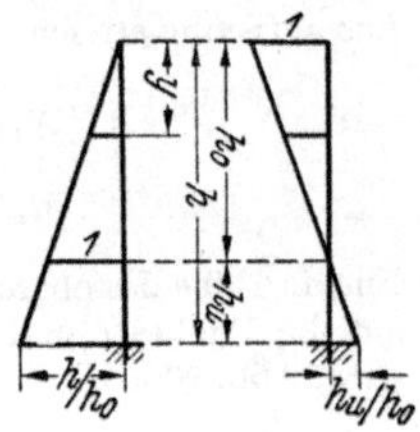

Abb. 210

Bei eingespannten Stützenfüßen wird dadurch erreicht, daß lotrechte Riegelbelastung in den Pfosten Momentennullpunkte ergibt, deren Lage, gekennzeichnet durch die Abschnitte h_0 und h_u, vorweg bestimmt werden kann. Bei beliebig veränderlichem Trägheitsmoment der Pfosten ist die Lage nach Abb. 210 bestimmt durch

$$\int_0^h \frac{y}{h_0}\left(1-\frac{y}{h_0}\right) dy\,\frac{I_c}{I} = 0 \quad \text{oder mit} \quad dy\,\frac{I_c}{I} = dg,$$ dem elastischen Gewicht des Stabelementes, $$h_0 \int_0^h y\,dg - \int_0^h y^2\,dg = 0;$$

somit

$$h_0 = \int y^2\,dg \Big/ \int y\,dg. \tag{378}$$

Für konstantes I_h ergibt sich $h_0 = \frac{2}{3}\,h$.

Bei voutenförmigen Verstärkungen der Stützenköpfe erhält man mit Bezug auf die Gl. (96) aus $c_1\,h^2\,h_u/h_0^2 - c_2 h^2/h_0 = 0$ das Verhältnis

$$h_0/h_u = c_1/c_2 \quad \text{und} \quad h_u = h\,\frac{c_2}{c_1+c_2}, \tag{379}$$

woraus sich bei konstantem I_h wieder der Nullpunkt in $h/3$ ergibt. Nimmt das Trägheitsmoment vom Stützenkopf zum Fuß hin ab, so liegt der Nullpunkt im unteren Drittel, $h_0/h_u > 2$.

In den Momentennullpunkten können nun von vornherein Gelenke angenommen werden, so daß sich der Grad der statischen Unbestimmtheit für den ersten Teil der Rechnung um $m+1$ ermäßigt. Ein weiterer Vorteil liegt darin, daß die Elastizitätsgleichungen für die Biegemomente an diesen Gelenkstellen (zur Berechnung des Einflusses der Riegelverschiebung Δr) von der ersten Gleichungsgruppe und auch untereinander unabhängig sind. Für die Biegemomente, die unmittelbar links und rechts der Pfosten als statisch unbestimmte Größen eingeführt werden, ergeben sich dreigliedrige Elastizitätsgleichungen. Die Beiwerte sind auf Grund der in Abb. 211 z. T. wiedergegebenen Zustände $X_i = 1$ zu berechnen. Damit ergibt sich die Matrix der Elastizitätsgleichungen für den über 3 Öffnungen durchlaufenden

Rahmen mit eingespannten Stielen bei stabweise konstantem I, wenn sämtliche Beiwerte mit 6 multipliziert werden und $R_i E I_e \Delta r = L_i'$ gesetzt wird, Gl. (380).

X_1 bis X_6 sind die Stabendmomente der Riegel; X_7 bis X_{10} die Momente in den Drittelpunkten der Pfosten. Die Belastungsglieder für Belastung des Riegels zwischen den Gelenken $i-1$ und i ergeben sich aus

$$\delta_{i-1,0}' = \frac{l' S_i}{l^2}, \qquad \delta_{i0}' = \frac{l' S_{i-1}}{l^2}$$

mit Hilfe der Tabelle 1 (I, 28). L_i wird als Arbeit der waagrechten Stützkräfte R_i der Zustände $X_i = 1$ bei der Riegelverschiebung Δr berechnet; sie ergibt sich auch aus einfachen geometrischen Bedingungen.

Sind die Stützenfüße gelenkig gelagert, so entfällt die zweite Gruppe der Elastizitätsgleichungen, und in der ersten Gruppe ist in den Beiwerten überall $2h'$ statt $1{,}5\,h'$ zu schreiben.

Nach Lösung der dreigliedrigen Elastizitätsgleichungen (I, 21) und Berechnung der Biegemomente für das Tragwerk mit unverschieblichem Riegel wird die waagrechte Stützkraft

$$R_I = \sum_1^6 R_i X_i \qquad (381)$$

ermittelt. Sodann sind X_1 bis X_{10} (bzw. X_1 bis X_6 bei gelenkiger Stützung) infolge einer angenommenen Riegelver-

I. Gruppe						II. Gruppe				Belastungsglied Bi	
X_1	X_2	X_3	X_4	X_5	X_6	X_7	X_8	X_9	X_{10}	Riegelbelastung	Riegelverschiebung
$2l_1' + 1{,}5\,h_0'$	l_1'									$-6\,\delta_{10}'$	$6\,L_1'$
l_1'	$2l_1' + 1{,}5\,h_1'$	$-1{,}5\,h_1'$								$-6\,\delta_{20}'$	$6\,L_2'$
	$-1{,}5\,h_1'$	$2l_2' + 1{,}5\,h_1'$	l_2'							$-6\,\delta_{30}'$	$6\,L_3'$
		l_2'	$2l_2' + 1{,}5\,h_2'$	$-1{,}5\,h_2'$						$-6\,\delta_{40}'$	$6\,L_4'$
			$-1{,}5\,h_2'$	$2l_3' + 1{,}5\,h_2'$	l_3'					$-6\,\delta_{50}'$	$6\,L_5'$
				l_3'	$2l_3' + 1{,}5\,h_3'$					$-6\,\delta_{60}'$	$6\,L_6'$
						$4{,}5\,h_0'$					$6\,L_7'$
							$4{,}5\,h_1'$				$6\,L_8'$
								$4{,}5\,h_2'$			$6\,L_9'$
									$4{,}5\,h_3'$		$6\,L_{10}'$

(380)

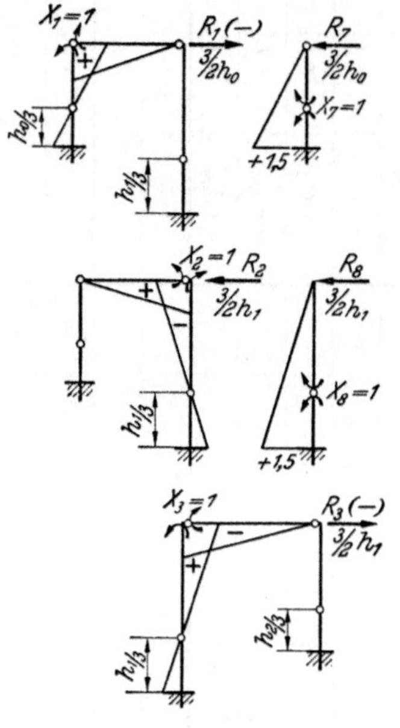

Abb. 211

schiebung Δr zu berechnen aus:

$$\left.\begin{aligned} X_i &= 6\,E I_c \Delta r \sum_{k=1}^{k=6} \lambda_{ik} R_k \\ &X_7 \text{ bis } X_{10} \text{ aus der II. Gruppe:} \\ X_i &= \frac{6\,E I_c \Delta r R_i}{4{,}5\,h'} \quad (i = 7 \text{ bis } 10). \end{aligned}\right\} \tag{382}$$

Damit ergibt sich auch die Stützkraft

$$R_{II} = \sum_{1}^{10} R_i X_i = c \cdot \Delta r' \tag{383}$$

als Funktion von $\Delta r' = E I_c \Delta r$. Die Bedingung

$$R = R_I + R_{II} = 0 \tag{384}$$

für gegebene Belastung und Riegelverschiebung ergibt die Größe von $\Delta r'$, und damit läßt sich deren Einfluß auf den Momentenverlauf bestimmen.

Waagrechte Last W in Riegelhöhe. Die Gleichsetzung von $R_{II} = c \cdot \Delta r' = W$ ergibt $\Delta r' = W/c$, und nach Einsetzen in Gl. (382) sind die statisch unbestimmten Größen X_1 bis X_{10} unmittelbar zu berechnen.

Stützenverschiebung. Mit den Arbeiten L_i der Stützkräfte der Zustände $X_i = 1$ wird die Berechnung zunächst wieder für unverschieblichen Riegel durchgeführt, die Festhaltekraft R_I ermittelt und sodann die durch die waagrechte Riegelverschiebung ($R = 0$) erforderliche Korrektur vorgenommen.

Einflußlinien. Als Belastungsglied ist $B_i = -6\,\delta'_{mi}$ einzuführen. Die damit nach Lösung der dreigliedrigen Elastizitätsgleichungen gewonnenen Einflußlinien für die statisch unbestimmten Größen X_1 bis X_6 bedürfen wieder einer Korrektur. Zu jeder Laststellung der wandernden Last 1 gehört eine bestimmte waagrechte Stützkraft R und eine bestimmte Riegelverschiebung $\Delta r'$. Es wird daher die Einflußlinie für $R_I = \sum_{1}^{6} R_i X_i$ oder sogleich diejenige für $\Delta r' = -R_I/c$ berechnet, danach nach Gl. (382) die Korrektur für X_1 bis X_6 vorgenommen und weiter X_7 bis X_{10} gefunden. Die Einflußlinie für $\Delta r'$ kann unmittelbar als Biegelinie infolge der waagrechten Riegelbelastung $1 \cdot E I_c$ berechnet werden. Sie ergibt sich für das anschließend behandelte Zahlenbeispiel als Biegelinie zu dem in Abb. 213 dargestellten Momentenverlauf mit

$$W = -1 \cdot E I_c.$$

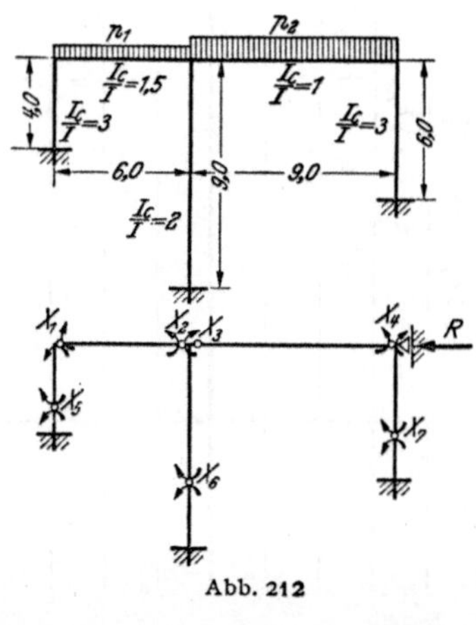

Abb. 212

Beispiel. Für den in Abb. 212 in den Abmessungen und Verhältnissen der Trägheitsmomente dargestellten Rahmen über 2 Öffnungen ergibt sich folgende Zahlenrechnung für die Riegelbelastungen p_1 und p_2:

Matrix der Elastizitätsgleichungen

X_1	X_2	X_3	X_4	X_5	X_6	X_7	p_1	p_2	$EI_c \cdot \Delta r = \Delta r'$
36	9						$-81\,p_1$		$+2{,}25\,\Delta r'$
9	45	-27					$-81\,p_1$		$-\Delta r'$
	-27	45	9					$-182{,}25\,p_2$	$+\Delta r'$
		9	45					$-182{,}25\,p_2$	$-1{,}5\,\Delta r'$
				54					$-2{,}25\,\Delta r'$
					81				$-\Delta r'$
						81			$-1{,}5\,\Delta r'$

Lösung der dreigliedrigen Elastizitätsgleichungen nach I, 21:

	B_1	B_2	B_3	B_4
X_1	+ 0,030193	− 0,009662	− 0,006039	+ 0,001208
X_2	− 0,009662	+ 0,038648	+ 0,024155	− 0,004831
X_3	− 0,006039	+ 0,024155	+ 0,038245	− 0,007649
X_4	+ 0,001208	− 0,004831	− 0,007649	+ 0,023752

Feld 1 belastet, $B_1 = B_2 = -81\,p_1$, $B_3 = B_4 = 0$

Feld 2 belastet, $B_1 = B_2 = 0$, $\quad B_3 = B_4 = -182{,}25\,p_2$

$$X_1 = -1{,}663\,p_1 + 0{,}880\,p_2$$
$$X_2 = -2{,}348\,p_1 - 3{,}522\,p_2$$
$$X_3 = -1{,}467\,p_1 - 5{,}576\,p_2$$
$$X_4 = +0{,}293\,p_1 - 2{,}935\,p_2 .$$

Kopfmoment im mittleren Stiel aus $\Sigma M = 0: +0{,}881\,p_1 - 2{,}054\,p_2$ (in Übereinstimmung mit den unter I, 25 durchgeführten Ausgleichsrechnungen).

Riegelverschiebung:

$$X_1 = +0{,}06973\,\Delta r'$$
$$X_2 = -0{,}02898\,\Delta r'$$
$$X_3 = +0{,}012\quad \Delta r'$$
$$X_4 = -0{,}03576\,\Delta r'$$
$$X_5 = -0{,}04166\,\Delta r'$$
$$X_6 = -0{,}01235\,\Delta r'$$
$$X_7 = -0{,}01852\,\Delta r'.$$

Waagrechte Stützkraft:

$$\text{infolge } p_1: \quad R_I = \sum_1^4 R_i X_i = +0{,}55\,p_1$$

$$\text{infolge } p_2: \quad R_I = -\quad 0{,}7254\,p_2$$

$$\text{infolge } \Delta r: \quad R_{II} = \sum_1^7 R_i X_i = c \cdot \Delta r' = -0{,}06426\,\Delta r'.$$

Die Bedingung $R = 0$ liefert für

Lastfall p_1: $0{,}55\,p_1 - 0{,}06426\,\Delta r' = 0$, somit $\Delta r' = +8{,}559\,p_1$

Lastfall p_2: $-0{,}7254\,p_2 - 0{,}06426\,\Delta r' = 0$, somit $\Delta r' = -11{,}289\,p_2$,

und damit ergeben sich die Korrekturen infolge Riegelverschiebung zu

$$X_1 = +0{,}597\,p_1 - 0{,}787\,p_2$$
$$X_2 = -0{,}248\,p_1 + 0{,}327\,p_2$$
$$X_3 = +0{,}103\,p_1 - 0{,}135\,p_3$$
$$X_4 = -0{,}306\,p_1 + 0{,}404\,p_2 .$$

Die Momente in den Drittelpunkten der Stützen sind

$$X_5 = -0{,}356\,p_1 + 0{,}470\,p_2$$
$$X_6 = -0{,}106\,p_1 + 0{,}140\,p_2$$
$$X_7 = -0{,}159\,p_1 + 0{,}209\,p_2.$$

Das Ergebnis zeigt den teilweise recht erheblichen Einfluß der Riegelverschiebung auf den Momentenverlauf. Auch bei gleichmäßig verteilter Vollast, $p_1 = p_2 = p$, darf die Riegelverschiebung im allgemeinen nicht unbeachtet bleiben. Im vorliegenden Fall ergäbe sich ein Fehler von $\dfrac{0{,}19}{0{,}783 + 0{,}19}$ = rund 20% in X_1.

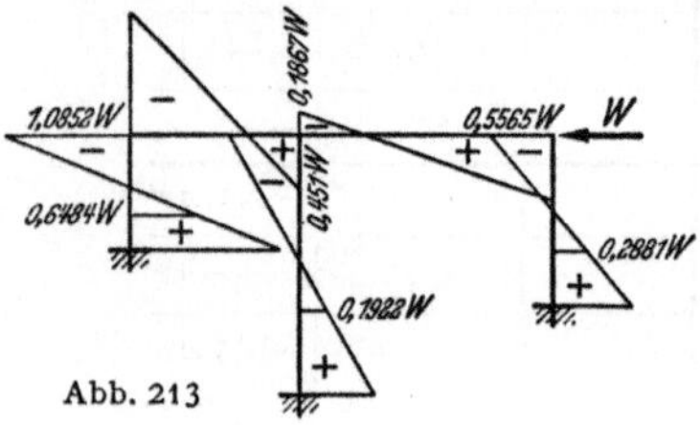

Abb. 213

Greift in Höhe des Riegels eine waagrechte Last W an, Abb. 213, so folgt aus $R_{II} = -0{,}06426\,\Delta r' = W$ die Riegelverschiebung $\Delta r' = -15{,}562\,W$, und der Momentenverlauf ist bestimmt durch

$$X_1 = -1{,}0852\,W \qquad X_5 = +0{,}6484\,W$$
$$X_2 = +0{,}451\,W \qquad X_6 = +0{,}1922\,W$$
$$X_3 = -0{,}1867\,W \qquad X_7 = +0{,}2881\,W.$$
$$X_4 = +0{,}5565\,W$$

Senkung der mittleren Stütze um v (in m); $EI_c v = v'$:
$L_1' = -v'/6$; $L_2' = +v'/6$; $L_3' = +v'/9$; $L_4' = -v'/9$; $L_5 = L_6 = L_7 = 0$.
In der Lösung der dreigliedrigen Elastizitätsgleichungen sind die sechsfachen Werte, $Bi = 6\,L_i'$ einzusetzen. Es wird

$$X_1 = -0{,}04467\,v'$$
$$X_2 = +0{,}06762\,v'$$
$$X_3 = +0{,}06078\,v'$$
$$X_4 = -0{,}02700\,v'$$

und die Festhaltekraft $R_I = \Sigma R_i X_i = -\frac{3}{8} X_1 + \frac{1}{6} X_2 - \frac{1}{6} X_3 + \frac{1}{4} X_4$
$= +0{,}01114\,v'$.

$$R = 0 \text{ führt zu } 0{,}01114\,v' - 0{,}06426\,\Delta r' = 0$$

und
$$\Delta r' = +0{,}1734\,v'.$$

Somit ergeben sich die endgültigen Momente infolge der angenommenen Stützensenkung zu

$$X_1 = (-0{,}04467 + 0{,}01209)\,v' = -0{,}03258\,v' \qquad X_5 = -0{,}00722\,v'$$
$$X_2 = (+0{,}06762 - 0{,}00503)\,v' = +0{,}06259\,v' \qquad X_6 = -0{,}00214\,v'$$
$$X_3 = (+0{,}06078 + 0{,}00208)\,v' = +0{,}06286\,v' \qquad X_7 = -0{,}00321\,v'.$$
$$X_4 = (-0{,}027 \quad -0{,}0062\;)\,v' = -0{,}0332\,v'$$

43. Der Stockwerkrahmen

Eine wesentliche Vereinfachung der Berechnung wird wieder durch Aufspaltung unsymmetrischer Belastungen in symmetrische und antisymmetrische Belastungen erreicht. Für beide Fällen lassen sich dann dreigliedrige Elastizitätsgleichungen aufstellen. Für symmetrische Lastfälle wird auch die Berechnung mit Hilfe von Momenten- bzw. Drehwinkelfestpunkten angegeben.

a) Symmetrische Belastung

1. Elastizitätsgleichungen. Zur Bildung des Hauptsystems werden in den Stielen unter- und oberhalb der Riegel Gelenke angenommen und die Stabendmomente als statisch unbestimmte Größen eingeführt, Abb. 214. Die Berechnung des bei m Stockwerken $3m$-fach statisch unbestimmten Systems wird dadurch auf die Lösung von $2m-1$ Elastizitätsgleichungen zurückgeführt. Zur Stabilität des gewählten Hauptsystems sind allerdings waagrechte Stützungen erforderlich, doch treten in diesen bei symmetrischer Belastung keine Stützkräfte auf. Aus den symmetrischen Gleichgewichtszuständen $M = 1$, die für M_{10} und M_{23} in Abb. 214 dargestellt sind, ergeben sich die Beiwerte der Elastizitätsgleichungen nachstehender Matrix, wenn stabweise konstantes Trägheitsmoment angenommen wird.

M_{10}	M_{12}	M_{21}	M_{23}	M_3	*Bi* bei Belastung der Riegel 1	2	3
$l_1' + h_1'/2$	$-l_1'$				$-F_{10}'$	0	0
$-l_1'$	$l_1'+2h_2'/3$	$h_2'/3$			$+F_{10}'$	0	0
	$h_2'/3$	$l_2'+2h_2'/3$	$-l_2'$		0	$-F_{20}'$	0
		$-l_2'$	$l_2'+2h_3'/3$	$h_3'/3$	0	$+F_{20}'$	0
			$h_3'/3$	$l_3'+2h_3'/3$	0	0	$-F_{30}'$

(385)

Bei gelenkiger Stützung ist für den Diagonalwert der ersten Gleichung $l_1' + 2h_1'/3$ zu setzen. Als Belastungsglieder ergeben sich die Flächeninhalte F_0' der verzerrten Momentenflächen der als einfache Balken belasteten Riegel. Auflösung der Elastizitätsgleichungen nach I, 21. Die Riegelendmomente M_n sind aus der Gleichgewichtsbedingung

$$M_{n,n-1} - M_{n,n+1} - M_n = 0 \tag{386}$$

zu ermitteln.

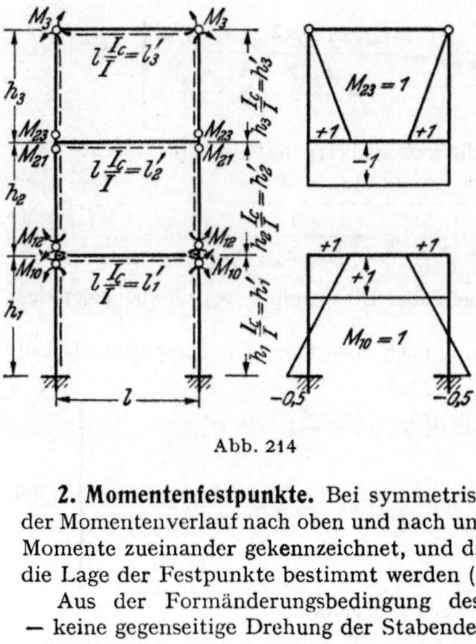

Abb. 214

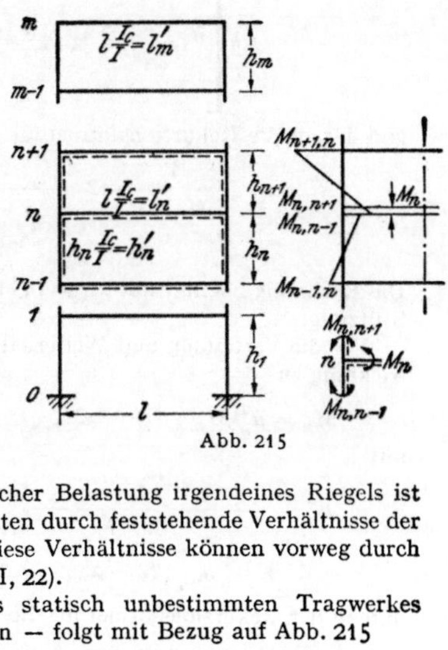

Abb. 215

2. Momentenfestpunkte. Bei symmetrischer Belastung irgendeines Riegels ist der Momentenverlauf nach oben und nach unten durch feststehende Verhältnisse der Momente zueinander gekennzeichnet, und diese Verhältnisse können vorweg durch die Lage der Festpunkte bestimmt werden (I, 22).

Aus der Formänderungsbedingung des statisch unbestimmten Tragwerkes — keine gegenseitige Drehung der Stabenden — folgt mit Bezug auf Abb. 215

$$M_{n+1,n}\frac{2h_{n+1}'}{6} - M_{n,n+1}\frac{2h_{n+1}'}{3} + M_{n,n-1}\frac{2h_n'}{3} - M_{n-1,n}\frac{2h_n'}{6} = 0$$

oder auch

$$M_{n+1,n}\frac{2h_{n+1}'}{6} - M_{n,n+1}\frac{2h_{n+1}'}{3} - M_n l_n' = 0.$$

Mit $\left|\frac{M_{n,n+1}}{M_{n+1,n}}\right| = \alpha_{n,n+1}$ und $\left|\frac{M_{n-1,n}}{M_{n,n-1}}\right| = \alpha_{n-1,n}$

lauten die Gleichungen

$$M_{n+1,n}h_{n+1}'(1-2\alpha_{n,n+1}) + M_{n,n-1}h_n'(2-\alpha_{n-1,n}) = 0$$
$$M_{n+1,n}h_{n+1}'(1-2\alpha_{n,n+1}) - M_n 3l_n' = 0,$$

somit $$M_n = -M_{n,n-1}\,\frac{h'_n(2-\alpha_{n-1,n})}{3\,l'_n}.$$

Aus $\Sigma M = M_{n,n+1} + M_n - M_{n,n-1} = 0$ folgt sodann

$$M_{n,n+1} + M_n\left[1 + \frac{3\,l'_n}{h'_n\,(2-\alpha_{n-1,n})}\right] = 0$$

$$\text{und}\quad M_{n,n+1} - M_{n,n-1}\left[1 + \frac{h'_n\,(2-\alpha_{n-1,n})}{3\,l'_n}\right] = 0,$$

und für die Verteilung des Momentes $M_{n,n+1}$ auf Riegel und unteren Pfosten erhält man

$$\left.\begin{aligned} &M_n = -\mu^0_n\,M_{n,n+1}; \qquad M_{n,n-1} = \mu^0_{n,n-1}\,M_{n,n+1} \\ &\text{mit}\quad \mu^0_n = \frac{1}{1 + \dfrac{3\,l'_n}{h'_n\,(2-\alpha_{n-1,n})}}; \qquad \mu^0_{n,n-1} = \frac{1}{1 + \dfrac{h'_n\,(2-\alpha_{n-1,n})}{3\,l'_n}}. \end{aligned}\right\} \tag{387}$$

Weiterhin folgt aus den Ausgangsgleichungen nunmehr

$$M_{n+1,n}\left[h'_{n+1} - 2\,h'_{n+1}\,\alpha_{n,n+1} - \frac{\alpha_{n,n+1}\,h'_n\,(2-\alpha_{n-1,n})}{1 + \dfrac{h'_n\,(2-\alpha_{n-1,n})}{3\,l'_n}}\right] = 0$$

und daraus die Rekursionsformel für die *unteren* Festpunkte in den Pfosten:

$$\frac{1}{\alpha_{n,n+1}} = 2 + \frac{1}{h'_{n+1}\left[\dfrac{1}{3\,l'_n} + \dfrac{1}{h'_n\,(2-\alpha_{n-1,n})}\right]}. \tag{388}$$

Die Rechnung beginnt mit $\alpha_{01} = 0{,}5$ bei voller Einspannung, $\alpha_{01} = 0$ bei gelenkiger Stützung.

Für die Verteilung und Weiterleitung nach oben führt eine entsprechende Entwicklung zu

$$\left.\begin{aligned} &M_n = \mu^u_n\,M_{n,n-1}; \qquad M_{n,n+1} = \mu^u_{n,n+1}\,M_{n,n-1} \\ &\text{mit} \\ &\mu^u_n = \frac{1}{1 + \dfrac{3\,l'_n}{h'_{n+1}\,(2-\alpha_{n+1,n})}}; \qquad \mu^u_{n,n+1} = \frac{1}{1 + \dfrac{h'_{n+1}\,(2-\alpha_{n+1,n})}{3\,l'_n}} \end{aligned}\right\} \tag{389}$$

und zu der Rekursionsformel für die *oberen* Festpunkte

$$\frac{1}{\alpha_{n,n-1}} = 2 + \frac{1}{h'_n\left[\dfrac{1}{3\,l'_n} + \dfrac{1}{h'_{n+1}\,(2-\alpha_{n+1,n})}\right]}. \tag{390}$$

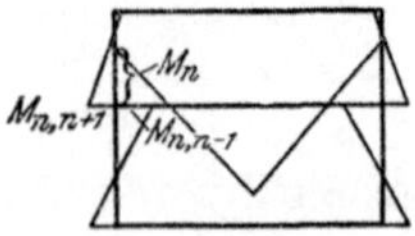

Abb. 216

Die Rechnung beginnt beim obersten Stockwerk mit

$$\frac{1}{\alpha_{m,m-1}} = 2 + \frac{3\,l'_m}{h'_m}. \tag{391}$$

Für die Verteilung des Riegelendmomentes M_n auf den Stiel findet man mit Bezug auf Abb. 216 aus

$$M_{n,n+1}\left(\frac{h'_{n+1}}{3} - \frac{\alpha_{n+1,n}\,h'_{n+1}}{6}\right) + M_{n,n-1}\left(\frac{h'_n}{3} - \frac{\alpha_{n-1,n}\,h'_n}{6}\right) = 0\,.$$

unter Hinzuziehung der Gleichgewichtsbedingung $\Sigma M = 0$ für den Knotenpunkt n:

$$\left.\begin{aligned} &M_{n,n-1} = \mu^r_{n,n-1} M_n; \qquad M_{n,n+1} = -\mu^r_{n,n+1} M_n \\ &\text{mit} \\ &\mu^r_{n,n-1} = \frac{1}{1 + \dfrac{h'_n (2-\alpha_{n-1,n})}{h'_{n+1}(2-\alpha_{n+1,n})}}; \qquad \mu^r_{n,n+1} = \frac{1}{1 + \dfrac{h'_{n+1} (2-\alpha_{n+1,n})}{h'_n(2-\alpha_{n-1,n})}}. \end{aligned}\right\} \tag{392}$$

Bei jeder Verteilung ist

$$\Sigma \mu = 1. \tag{393}$$

Auf die hier gefundenen Rekursionsformeln für die Festpunktwerte α und die Verteilungszahlen μ kann auch unmittelbar aus den Gl. (105) und (104) geschlossen werden. Da sich für *unbelastete* Riegel konstanter Momentenverlauf ergibt, so entspricht diesem ein Momentenfestpunkt im Unendlichen oder ein Wert $\alpha_n = -1$.

Die Lage der Festpunkte in den Riegeln ergibt sich aus der in I, 22 allgemein abgeleiteten Gl. (105) durch

$$\frac{1}{\alpha_n} = 2 + \frac{1}{l'_n\left[\dfrac{1}{h'_n(2-\alpha_{n-1,n})} + \dfrac{1}{h'_{n+1}(2-\alpha_{n+1,n})}\right]}, \tag{394}$$

und für den obersten Riegel m wird

$$\frac{1}{\alpha_m} = 2 + \frac{h'_m}{l'_m}(2-\alpha_{m-1,m}). \tag{395}$$

Ermittlung des Riegelendmomentes M_n bei belastetem Riegel n:

Für den elastisch eingespannten Stab ergibt sich infolge Symmetrie in Tragwerk und Belastung

$$M_n\left(\frac{1}{\alpha_n} + 1\right) = -6\,S_n/l^2 = -3\,F_{n0}/l,$$

somit

$$M_n = -3\,F_{n0}/l\,(1 + 1/\alpha_n), \tag{396}$$

worin F_{n0} der Inhalt der M_0-Fläche des Riegels als Balken auf 2 Stützen ist.

Beispiel. Rahmen mit 4 Stockwerken nach Abb. 217. (Die Zahlenrechnung wurde mit dem Rechenschieber durchgeführt.)

1. Ermittlung der Momentenfestpunkte.

Untere Festpunkte der Stiele nach Gl. 388:

$$\alpha_{01} = 0{,}5; \qquad \frac{1}{\alpha_{12}} = 2 + \frac{1}{6\left(\dfrac{1}{3\cdot 9} + \dfrac{1}{6\cdot 1{,}5}\right)} = 3{,}125$$

$$\alpha_{12} = 0{,}32; \qquad \frac{1}{\alpha_{23}} = 2 + \frac{1}{9\left(\dfrac{1}{3\cdot 9} + \dfrac{1}{6\cdot 1{,}68}\right)} = 2{,}816$$

$$\alpha_{23} = 0{,}355; \qquad \frac{1}{\alpha_{34}} = 2 + \frac{1}{9\left(\dfrac{1}{3\cdot 18} + \dfrac{1}{9\cdot 1{,}645}\right)} = 3{,}29$$

$$\alpha_{34} = 0{,}304.$$

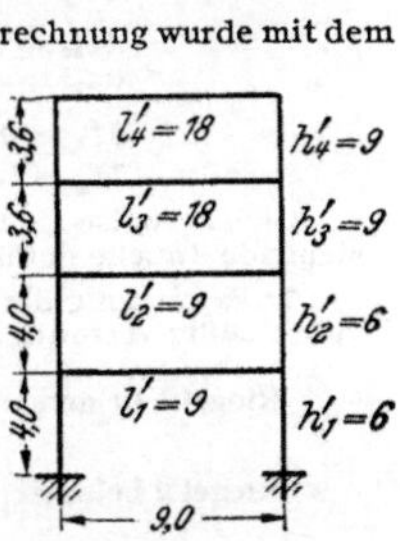

Abb. 217

Entsprechend ergibt sich für die oberen Festpunkte nach Gl. 390 und 391

$$\alpha_{43} = 0{,}125; \quad \alpha_{32} = 0{,}292; \quad \alpha_{21} = 0{,}276; \quad \alpha_{10} = 0{,}308$$

und für die Riegel nach Gl. 394, 395

$$1/\alpha_1 = 2{,}535; \quad 1/\alpha_2 = 2{,}677; \quad 1/\alpha_3 = 2{,}439; \quad 1/\alpha_4 = 2{,}848$$

2. Ermittlung der „Einflußzahlen" für $M_n = 1$.

Für das Riegelendmoment $M_n = 1$ wird die Verteilung bzw. Weiterleitung vorgenommen. Das Ergebnis wird in eine Skizze eingetragen (in Abb. 218 für $M_1 = 1$ und $M_2 = 1$) oder in einer Tabelle zusammengestellt.

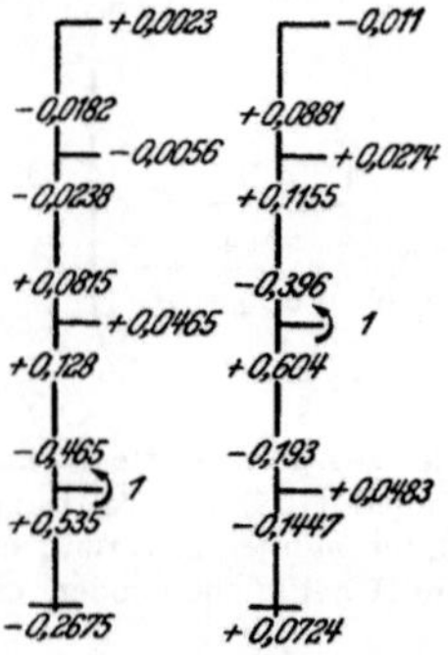

Abb. 218

Infolge $M_1 = 1$ wird nach Gl. 392:

$$M_{10} = M_1 \frac{1}{1 + \frac{6 \cdot 1{,}5}{6 \cdot 1{,}724}} = 0{,}535; \quad M_{01} = -0{,}2675$$

$$M_{12} = -M_1 \frac{1}{1 + \frac{6 \cdot 1{,}724}{6 \cdot 1{,}5}} = -0{,}465$$

$$M_{21} = -\alpha_{21} \cdot M_{12} = +0{,}128.$$

Verteilung nach Gl. 389:

$$M_2 = M_{12} \frac{1}{1 + \frac{3 \cdot 9}{9 \cdot 1{,}708}} = 0{,}363\, M_{12} = +0{,}0465$$

$$M_{23} = M_{12} \frac{1}{1 + \frac{9 \cdot 1{,}708}{3 \cdot 9}} = 0{,}637\, M_{12} = +0{,}0815$$

$$M_{32} = -\alpha_{32} \cdot M_{23} = -0{,}0238$$

$$M_3 = M_{32} \frac{1}{1 + \frac{3 \cdot 18}{9 \cdot 1{,}875}} = 0{,}238\, M_{32} = -0{,}0056$$

$$M_{34} = M_{32} \frac{1}{1 + \frac{9 \cdot 1{,}875}{3 \cdot 18}} = 0{,}762\, M_{32} = -0{,}0182$$

$$M_4 = -\alpha_{43} \cdot M_{34} = +0{,}00228.$$

Infolge $M_2 = 1$ wird:

$$M_{21} = M_2 \frac{1}{1 + \frac{6 \cdot 1{,}68}{9 \cdot 1{,}708}} = 0{,}604$$

$$M_{23} = -M_2 \frac{1}{1 + \frac{9 \cdot 1{,}708}{6 \cdot 1{,}68}} = -0{,}396$$

$$M_{12} = -\alpha_{12} \cdot M_{21} = -0{,}193$$

nach Gl. 387: $M_1 = -M_{12} \frac{1}{1 + \frac{3 \cdot 9}{6 \cdot 1{,}5}} = -0{,}25\, M_{12} = +0{,}0483$

$$M_{10} = M_{12} \frac{1}{1 + \frac{6 \cdot 1{,}5}{3 \cdot 9}} = 0{,}75\, M_{12} = -0{,}1447; \quad M_{01} = +0{,}0724$$

$$M_{32} = -\alpha_{32} \cdot M_{23} = +0{,}1155.$$

Verteilung unter Benutzung der bereits bei $M_1 = 1$ berechneten μ-Werte:

$M_3 = 0{,}238\, M_{32} = +0{,}0274$; $\quad M_{34} = 0{,}762\, M_{32} = +0{,}0881$

$M_4 = -\alpha_{43} \cdot M_{34} = -0{,}011.$

Gleicherweise sind die Einflußzahlen für $M_3 = 1$ und $M_4 = 1$ zu berechnen. Die umstehende Tabelle enthält sämtliche Einflußzahlen.

3. Ermittlung der Einspannmomente (Stabendmomente) M_n der belasteten Riegel für gleichmäßig verteilte Belastung p_n t/m nach Gl. 396:

Riegel 1 belastet: $M_1 = -\frac{3\, p_1\, l^2 \cdot 2\, l}{8 \cdot 3\, l\, (1 + 1/\alpha_1)} = -\frac{p_1 \cdot l^2 \cdot 2}{8\,(1 + 2{,}535)} = -0{,}566\, \frac{p_1\, l^2}{8}$

Riegel 2 belastet: $M_2 = -\frac{2}{1 + 2{,}677}\, \frac{p_2 l^2}{8} = -0{,}545\, \frac{p_2 l^2}{8}$

Riegel 3 belastet: $M_3 = -\frac{2}{1 + 2{,}439}\, \frac{p_3 l^2}{8} = -0{,}583\, \frac{p_3 l^2}{8}$

Riegel 4 belastet: $M_4 = -\frac{2}{1 + 2{,}848}\, \frac{p_4 l^2}{8} = -0{,}52\, \frac{p_4 l^2}{8}.$

4. Ermittlung der für die Bemessung maßgebenden Biegemomente.

Der Tafel der Einflußzahlen ist zu entnehmen, welche Riegel gleichzeitig zu belasten sind, um die Grenzwerte der Biegemomente zu ermitteln. So ergibt sich z. B. für das Einspannmoment der Stiele

$$\max M_{01} = (+\,0{,}2675 \cdot 0{,}566\, p_1 + 0{,}0163 \cdot 0{,}583\, p_3)\, l^2/8 = +\,(0{,}151\, p_1 + 0{,}0095\, p_3)\, l^2/8$$

$$\min M_{01} = (-\,0{,}0724 \cdot 0{,}545\, p_2 - 0{,}0074 \cdot 0{,}52\, p_4)\, l^2/8 = -\,(0{,}0394\, p_2 + 0{,}00384\, p_4)\, l^2/8$$

Momente	Einflußzahlen für			
	$M_1 = 1$	$M_2 = 1$	$M_3 = 1$	$M_4 = 1$
M_4	+ 0,0023	− 0,011	+ 0,0595	1
M_{34}	− 0,0182	+ 0,0881	− 0,476	− 0,304
M_3	− 0,0056	+ 0,0274	1	+ 0,0655
M_{32}	− 0,0238	+ 0,1155	+ 0,524	− 0,2385
M_{23}	+ 0,0815	− 0,396	− 0,186	+ 0,0846
M_2	+ 0,0465	1	+ 0,0505	− 0,0229
M_{21}	+ 0,128	+ 0,604	− 0,1355	+ 0,0617
M_{12}	− 0,465	− 0,193	+ 0,0434	− 0,0197
M_1	1	+ 0,0483	− 0,0108	+ 0,0049
M_{10}	+ 0,535	− 0,1447	+ 0,0326	− 0,0148
M_{01}	− 0,2675	+ 0,0724	− 0,0163	+ 0,0074

Im Knotenpunkt 2 wird

$$\max M_2 = +\,0{,}0229 \cdot 0{,}52\, p_4\, l^2/8 = +\,0{,}0119\, p_4\, l^2/8$$

$$\min M_2 = -\,(0{,}0465 \cdot 0{,}566\, p_1 + 0{,}545\, p_2 + 0{,}0505 \quad 0{,}583\, p_3)\, l^2/8$$

$$= -\,(0{,}0263\, p_1 + 0{,}545\, p_2 + 0{,}0294\, p_3)\, l^2/8,$$

und das Feldmoment in Riegelmitte ist

$$\max M_{2F} = \frac{p_2 l^2}{8} - 0{,}545\,\frac{p_2 l^2}{8} + 0{,}0229 \cdot 0{,}52\,\frac{p_4 l^2}{8} = +\,(0{,}455\, p_2 + 0{,}0119\, p_4)\, l^2/8$$

$$\min M_{2F} = -\,(0{,}0465 \cdot 0{,}566\, p_1 + 0{,}0505 \cdot 0{,}583\, p_3)\, l^2/8 = -\,(0{,}0263\, p_1 + 0{,}0294\, p_3)\, l^2/8.$$

3. Drehwinkelfestpunkte. Die Rechnung mit Drehwinkelfestpunkten (I, 24) durchzuführen hat den Vorteil, daß die Momentenverteilung bei mehrstäbigen Knotenpunkten entfällt, und den Nachteil, daß die Momente nicht sofort gewonnen werden, sondern nach Gl. (119) aus den Drehwinkeln berechnet werden müssen.

Für den symmetrischen Stockwerkrahmen unter symmetrischer Belastung erhält man (Abb. 219) für die Stabendmomente

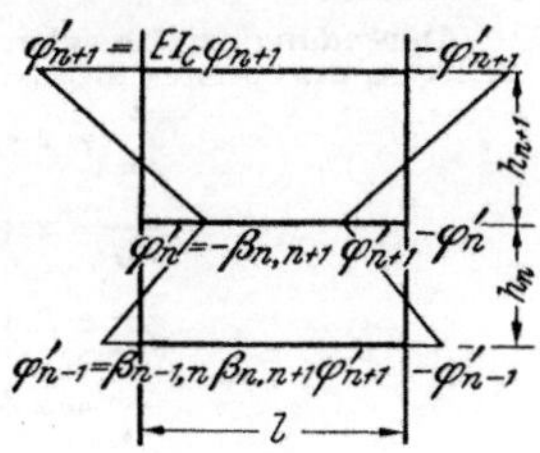

Abb. 219

$$M_n = \frac{2}{l'_n}(2\varphi'_n - \varphi'_n) = \frac{2\varphi'_n}{l'_n} = -\,2\varphi'_{n+1}\,\frac{\beta_{n,n+1}}{l'_n}$$

$$M_{n,n+1} = \frac{2}{h'_{n+1}}(2\varphi'_n + \varphi'_{n+1}) = 2\varphi'_{n+1}\left(\frac{1}{h'_{n+1}} - \frac{2\beta_{n,n+1}}{h'_{n+1}}\right)$$

$$M_{n,n-1} = \frac{2}{h'_n}(2\varphi'_n + \varphi'_{n-1}) = 2\varphi'_{n+1}\left(-\,\frac{2\beta_{n,n+1}}{h'_n} + \frac{\beta_{n,n+1}\,\beta_{n-1,n}}{h'_n}\right).$$

Die Addition, $\Sigma M = M_n + M_{n,n+1} + M_{n,n-1} = 0$, und Multiplikation der so erhaltenen Gleichung mit $h'_{n+1}/\beta_{n,n+1}$ führt zur Rekursionsformel für die *unteren* Drehwinkelfestpunkte in den Stielen:

$$\frac{1}{\beta_{n,n+1}} = 2 + \frac{h'_{n+1}}{l'_n} + \frac{h'_{n+1}}{h'_n}(2 - \beta_{n-1,n}). \qquad (397)$$

Die Rechnung beginnt mit $\beta_{01} = 0$ bei voller Einspannung, $\beta_{01} = 0{,}5$ bei gelenkiger Stützung.

Für die *oberen* Festpunkte gilt entsprechend

$$\frac{1}{\beta_{n,n-1}} = 2 + \frac{h'_n}{l'_n} + \frac{h'_n}{h'_{n+1}}(2 - \beta_{n+1,n}). \tag{398}$$

Die Rechnung beginnt beim obersten Stockwerk mit

$$1/\beta_{m,m-1} = 2 + h'_m/l'_m. \tag{399}$$

Die Lage der Festpunkte in den Riegeln erhält man aus

$$\frac{1}{\beta_n} = 2 + l'_n\left(\frac{2 - \beta_{n-1,n}}{h'_n} + \frac{2 - \beta_{n+1,n}}{h'_{n+1}}\right), \tag{400}$$

und für den obersten Riegel ist

$$1/\beta_m = 2 + l'_m(2 - \beta_{m-1,m})/h'_m. \tag{401}$$

Auf die Gleichungen für die Drehwinkelfestpunkte kann auch aus Gl. (123) geschlossen werden. Da sich für die Endpunkte *unbelasteter* Riegel Drehwinkel gleicher Größe mit entgegengesetzten Vorzeichen ergeben, so entspricht dem die Lage des Drehwinkelfestpunktes in Riegelmitte, also der Wert $\beta = 1$.

Die Berechnung des Knotendrehwinkels φ'_n bei Belastung des Riegels n erfolgt nach I, 24, Gl. (126):

$$\varphi'_n\left(\frac{1}{\beta_n} - 1\right) = \frac{S'_n}{l} = \frac{F'_{n0}}{2},$$

somit

$$\varphi'_n = \frac{F'_{n0}}{2\left(\frac{1}{\beta_n} - 1\right)} \tag{402}$$

mit F'_{n0} als Inhalt der verzerrten M_0-Fläche des belasteten Riegels als Balken auf 2 Stützen.

Anwendung auf das unter 3. (S. 386) behandelte Beispiel zur Berechnung von M_4 bei Belastung des obersten Riegels:

$$\frac{1}{\beta_{12}} = 2 + \frac{6}{9} + \frac{6}{6}\cdot 2 = 4{,}667; \qquad \beta_{12} = 0{,}214$$

$$\frac{1}{\beta_{23}} = 2 + \frac{9}{9} + \frac{9}{6}\cdot 1{,}786 = 5{,}68; \; \beta_{23} = 0{,}176$$

$$\frac{1}{\beta_{34}} = 2 + \frac{9}{18} + \frac{9}{9}\cdot 1{,}824 = 4{,}324; \; \beta_{34} = 0{,}232$$

$$\frac{1}{\beta_4} = 2 + \frac{18}{9}\cdot 1{,}768 = 5{,}536;$$

$$F'_{40} = \frac{p_4 l^2}{8}\cdot\frac{2}{3}l' = \frac{p_4 l^2}{8}\cdot 12; \quad \varphi'_4 = \frac{F'_{40}}{2\cdot 4{,}536} = 1{,}32\,\frac{p_4 l^2}{8};$$

$$\varphi'_3 = -\beta_{34}\cdot\varphi'_4 = -0{,}307\,\frac{p_4 l^2}{8}.$$

Damit

$$M_4 = -\frac{p_4 l^2}{12} + \frac{2}{18}\frac{p_4 l^2}{8}\cdot 1{,}32 = -0{,}52\,\frac{p_4 l^2}{8}$$

und zur Kontrolle

$$M_{43} = \frac{2}{9}\frac{p_4 l^2}{8}(2\cdot 1{,}32 - 0{,}307) = +0{,}52\,\frac{p_4 l^2}{8}$$

in Übereinstimmung mit dem früheren Ergebnis.

b) *Antisymmetrische Belastung*

Bei antisymmetrischer Belastung stellen sich in Riegelmitte Momentennullpunkte ein, so daß hier von vornherein ein Gelenk angenommen werden darf. Zur Bildung des statisch bestimmten Hauptsystems werden ferner Gelenke in den Fußpunkten der Stiele eines jeden Stockwerkes angenommen. Die hier auftretenden Momente sind in jedem Stockwerk mit entgegengesetzten Vorzeichen einander gleich, so daß sich bei m Stockwerken m statisch unbestimmte Größen ergeben. Der Momentenverlauf in den Pfosten ist durch die Querkraft in jedem Stockwerk bestimmt, die sich hälftig auf beide Stiele verteilt. Ist keine Querkraft vorhanden, z. B. bei antisymmetrischer Riegelbelastung, so verläuft das Biegemoment im Stiel eines jeden Stockwerks konstant. Aus den Gleichgewichtszuständen $M_{n,\,n+1} = 1$ (in Abb. 220 angegeben für $M_{01} = 1$ und $M_{12} = 1$) ergeben sich die in nachstehender Matrix eingetragenen Beiwerte der dreigliedrigen Elastizitätsgleichungen.

M_{01}	M_{12}	M_{23}	M_{34}	
$\frac{l'_1}{3} + 2\,h'_1$	$-\frac{l'_1}{3}$			$-\delta'_{10}$
$-\frac{l'_1}{3}$	$\frac{l'_1 + l'_2}{3} + 2\,h'_2$	$-\frac{l'_2}{3}$		$-\delta'_{20}$
	$-\frac{l'_2}{3}$	$\frac{l'_2 + l'_3}{3} + 2\,h'_3$	$-\frac{l'_3}{3}$	$-\delta'_{30}$
		$-\frac{l'_3}{3}$	$\frac{l'_3 + l'_4}{3} + 2\,h'_4$	$-\delta'_{40}$

(403)

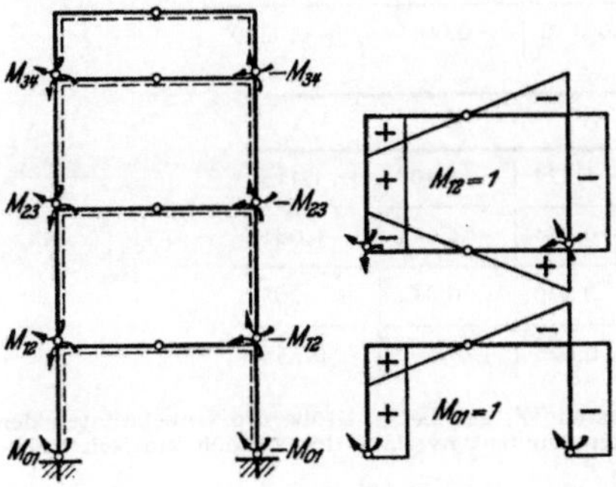

Abb. 220

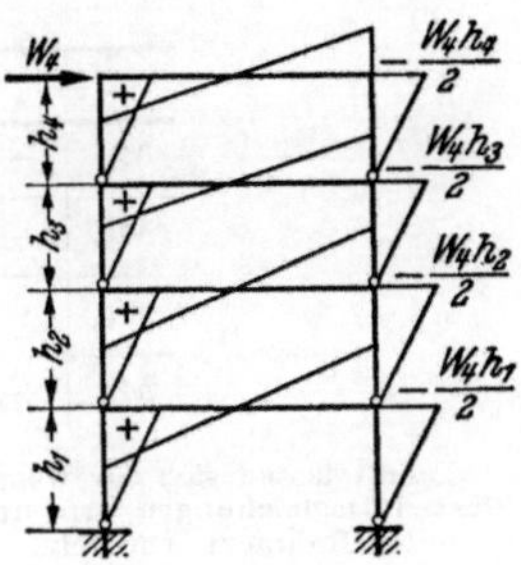

Abb. 221

Beispiel. Der unter a) 2. berechnete Stockwerkrahmen (Abb. 217) ist für die in Riegelhöhe angreifenden waagrechten Lasten W_1 bis W_4 zu untersuchen.

Die Belastungsglieder sind infolge W_4 (Abb. 221):

$$\delta'_{10} = \frac{W_4 h_1}{2}\left[\frac{l'_1}{3} + h'_1\right] = 18 W_4$$

$$\delta'_{20} = \frac{W_4 h_2}{2}\left[\frac{l'_2}{3} + h'_2\right] - \frac{W_4 h_1}{2}\,\frac{l'_1}{3} = 12\, W_4$$

$$\delta'_{30} = \frac{W_4 h_3}{2}\left[\frac{l'_3}{3} + h'_3\right] - \frac{W_4 h_2}{2}\,\frac{l'_2}{3} = 21\, W_4$$

$$\delta'_{40} = \frac{W_4 h_4}{2}\left[\frac{l'_4}{3} + h'_4\right] - \frac{W_4 h_3}{2}\,\frac{l'_3}{3} = 16{,}2\, W_4.$$

Entsprechend ergeben sich

infolge W_3: $\delta'_{10} = 18\, W_3$; $\delta'_{20} = 12\, W_3$; $\delta'_{30} = 21\, W_3$; $\delta'_{40} = -10{,}8\, W_3$

infolge W_2: $\delta'_{10} = 18\, W_2$; $\delta'_{20} = 12\, W_2$; $\delta'_{30} = -6\, W_2$; $\delta'_{40} = 0$

infolge W_1: $\delta'_{10} = 18\, W_1$; $\delta'_{20} = -6\, W_1$; $\delta'_{30} = \delta'_{40} = 0.$

Somit lauten nach Berechnung der Beiwerte nach Gl. (403) die dreigliedrigen Elastizitätsgleichungen

M_{01}	M_{12}	M_{23}	M_{34}	W_1	W_2	W_3	W_4
15	− 3			− 18	− 18	− 18	− 18
− 3	18	− 3		+ 6	− 12	− 12	− 12
	− 3	27	− 6	0	+ 6	− 21	− 21
		− 6	30	0	0	+ 10,8	− 16,2

und ihre Lösung ergibt

	− 18 W_1	+ 6 W_1	0	0
	− 18 W_2	− 12 W_2	+ 6 W_2	0
	− 18 W_3	− 12 W_3	− 21 W_3	+ 10,8 W_3
	− 18 W_4	− 12 W_4	− 21 W_4	− 16,2 W_4
M_{01}	+ 0,069	+ 0,01175	+ 0,00136	+ 0,00027
M_{12}	+ 0,01175	+ 0,0587	+ 0,0069	+ 0,00136
M_{23}	+ 0,00136	+ 0,0069	+ 0,0395	+ 0,0079
M_{34}	+ 0,00027	+ 0,00136	+ 0,0079	+ 0,0349

	W_1	W_2	W_3	W_4
M_{01}	− 1,172	− 1,374	− 1,408	− 1,415
M_{12}	+ 0,141	− 0,874	− 1,044	− 1,081
M_{23}	+ 0,017	+ 0,130	− 0,852	− 1,065
M_{34}	+ 0,003	+ 0,026	+ 0,190	− 0,753

Damit lassen sich für waagrechte Lasten W_i gegebener Größe die Unbekannten der Elastizitätsgleichungen errechnen und der Momentenverlauf des 12-fach statisch unbestimmten Rahmens ermitteln.

Baustoffe und ihre Eigenschaften

Von

Dr.-Ing. E. h. **Otto Graf**

o. Professor an der Technischen Hochschule Stuttgart

Wer technisch und wirtschaftlich zweckmäßig bauen will, muß beim Entwurf des Bauwerks zunächst klarstellen, wie lange das Bauwerk im Gebrauch sein soll, welche Beanspruchungen der Baugrund erträgt, welche Belastungen auftreten, welche Tragfähigkeit nötig ist usw., auch welche Erfordernisse für das Aussehen des Bauwerks bestehen, damit die geeigneten Werkstoffe vor Baubeginn gewählt und bestimmt werden können. Zu dieser Entscheidung gehört eine weitgehende Kenntnis der Eigenschaften der Baustoffe.

I. Die Bauhölzer

A. Die meist verwendeten Hölzer

Zu tragenden Bauteilen werden die Nadelhölzer verwendet, also Tanne (Weißtanne), Fichte (Rottanne), Kiefer und Lärche. Zu Treppen, Fußböden und dgl. sind Eiche und Buche besonders geeignet. Für den Innenausbau können alle deutschen Hölzer benutzt werden (außer den genannten auch Ulme, Ahorn u. a. m.).

B. Unterscheidung der Hölzer

Das Holzgefüge, die Farbe des Holzes, der Wuchs des Stammes und der Äste, die Rinde, das Blatt und die Nadeln geben Merkmale der Holzarten. Der Techniker unterscheidet nach dem Aufbau des Holzes (Kern, Splint, Jahrringbreite, Anteil des Spätholzes, Beschaffenheit des Frühholzes), nach der Festigkeit der Hölzer, nach der Bearbeitbarkeit, nach dem Aussehen und nach dem Wuchs im ganzen (also u. a. nach der Ästigkeit), auch nach der Haltbarkeit der Hölzer unter den jeweils obwaltenden Verhältnissen.

Einige Beispiele sollen die Mannigfaltigkeit der Eigenschaften der Hölzer andeuten. Sehr weitringige Tannen- und Kiefernhölzer (Nadelhölzer) haben verhältnismäßig weniger Spätholz als solche mit engeren Jahrringen; sie sind weniger fest, leichter zu bearbeiten usw. Buchenholz (Laubholz) ist mit breiten Jahresringen meist erheblich widerstandsfähiger als mit schmalen. Geradfaserige, astarme Hölzer sind technisch viel wertvoller als krumm gewachsene, stark ästige usw. Gutes Kiefernholz widersteht den Angriffen durch die Witterung länger als Buchenholz.

C. Gefüge der Hölzer

Im Querschnitt der Baumstämme sind die Jahrringe meist deutlich erkennbar. Jeder Ring des deutschen Holzes ist in der Regel in einem Jahr gewachsen. Abb. 1 zeigt das Grenzgebiet von zwei Jahrringen von Kiefernholz bei starker Vergrößerung. Der Ring beginnt mit weiten, dünnwandigen Zellen, bei gewöhnlicher Betrachtung hell erscheinend (Frühholz); er endigt mit dunkel erscheinenden, weil engen und dickwandigen Zellen (Spätholz).

Nach Abb. 1 ist ohne weiteres zu erwarten, daß die Hölzer unter sonst gleichen Verhältnissen mit Zunahme des Anteils des Spätholzes tragfähiger und schwerer zu bearbeiten sind.

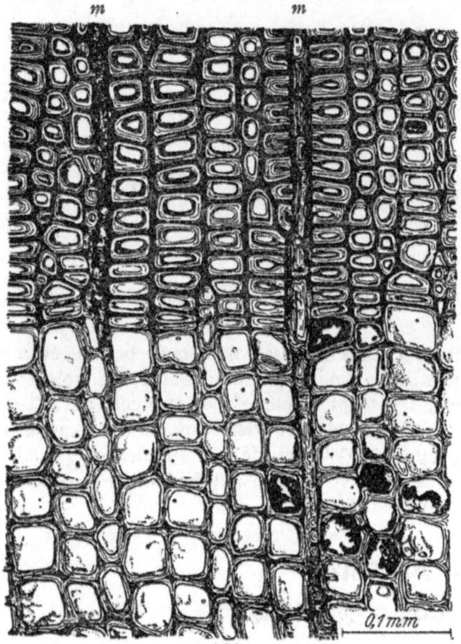

Abb. 1

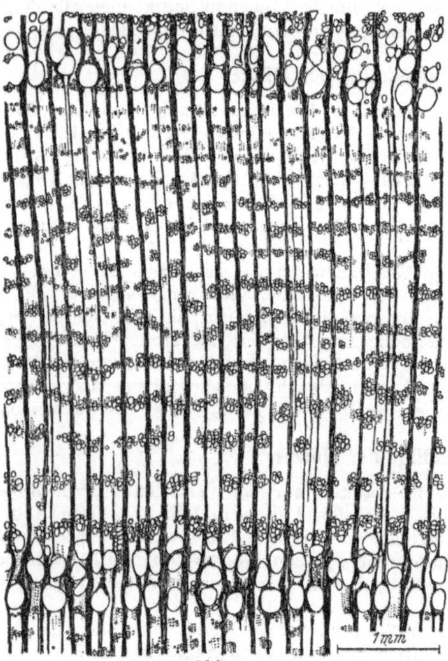

Abb. 2

Abb. 1 ist kennzeichnend für Nadelhölzer. Bei den *Laubhölzern* unterscheidet man *ringporige* nach Abb. 2 (Eschenholz) und *zerstreutporige* nach Abb. 3 (Buchenholz); mit wachsendem Anteil der weiten Poren geht die Tragfähigkeit zurück.

Abb. 1 bis 3 zeigen außer den bis jetzt erwähnten Zellen, die als Röhren gleichlaufend der Stammachse liegen, noch Markstrahlen *m*, die vom Stammkern radial nach außen verlaufen. Die Zahl und die Dicke der Markstrahlen beeinflussen den Widerstand der Hölzer quer zur Stammachse.

Die Breite der Jahrringe ist in jedem Stamm und noch mehr von Stamm zu Stamm sehr verschieden. Nach statistischen Aufzeichnungen beträgt die Ringbreite von Kiefernholz, welches ein besonders hohes Gewicht besitzt, etwa 1 bis 2 mm. Es ist aber nicht angängig, Kiefernholz mit engeren und weiteren Ringen als geringerwertig zu bezeichnen, weil die Festigkeit nur bei sehr schmalen und bei außerordentlich breiten Jahresringen allgemein kleiner ist, im übrigen mit der Ringbreite oft nur wenig veränderlich scheint[1].

D. Zurichtung der Hölzer

Das gefällte Holz muß im Sommer sogleich entsaftet (durch Liegenlassen mit der Krone) oder ins Wasser oder noch besser ins Sägewerk gebracht, bald zugeschnitten und schließlich sorgfältig gestapelt werden. Winterfällung ist zweckmäßig, weil dann die Abfuhr und das Schneiden ohne Eile erfolgen können.

Für die Sortierung des Rundholzes gilt die Holzmeßanweisung (Homa). Dabei wird nach Stärkeklassen (Klasse 1a unter 15 cm Mitteldurchmesser

[1] *Trendelenburg:* Das Holz als Rohstoff. München 1939 u. a. S. 282. — Weiteres bei *Kollmann:* Technologie des Holzes und der Holzwerkstoffe. 2. Aufl., Berlin 1951, S. 726ff.

ohne Rinde, Klasse 1b 15 bis 19 cm, Klasse 2a 20 bis 24 cm usw.) und nach Güteklassen unterschieden.

Im Sägewerk werden Bretter, Bohlen, Balken und Dachlatten nach DIN 4070, 4071, 4072 und 4073 geschnitten. Für die Stapelung der Hölzer vgl. Merkhefte 6 und 8 der Deutschen Gesellschaft für Holzforschung, 1949 und 1950.

E. Festigkeit der Hölzer

Die Prüfung auf Festigkeit geschieht hauptsächlich durch Druck-, Zug- und Biegebelastung sowie durch Scherung (für Bauhölzer im allgemeinen), dann durch Schlag (für Geräteholz), durch Spalten (für die Beurteilung ausländischer Hölzer wertvoll) und durch Abnützung (Holz für Fußböden, Treppen usw.).

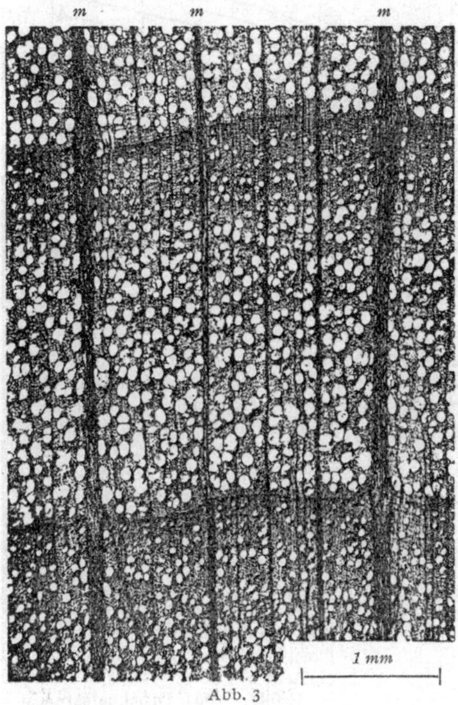

Abb. 3

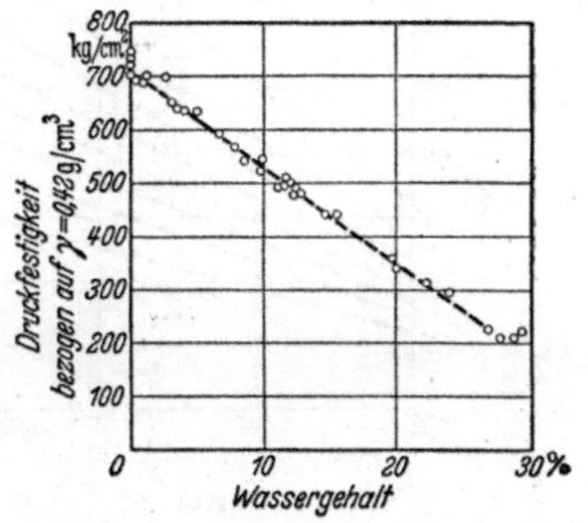

Abb. 4

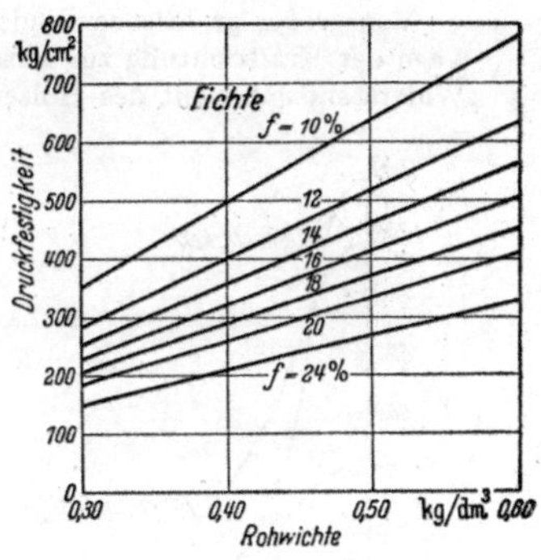

Abb. 5

Die Festigkeit der Hölzer ist in hohem Maß vom Feuchtigkeitsgehalt des Werkstoffes abhängig, ferner von der Dichte der Hölzer, außerdem von der Lage der Kraftrichtung zur Faserrichtung, damit auch von dem Faserverlauf und von der Ästigkeit der Hölzer. Auch die Temperatur des Holzes ist von Bedeutung.

1. Druckfestigkeit. Die Veränderlichkeit der Druckfestigkeit von Nadelholz mit dessen Feuchtigkeitsgehalt ist aus Abb. 4 ersichtlich. Die Druckfestigkeit nimmt hiernach mit wachsendem Feuchtigkeitsgehalt ab, bis der Feuchtigkeitsgehalt etwa 25 bis 30% beträgt. Dann sind die Holzfasern mit Wasser gesättigt; weiter aufgenommenes Wasser liegt in den Hohlräumen der Hölzer und beeinflußt die Festigkeit der Hölzer nicht.

Das natürlich und das künstlich getrocknete Holz behält die Eigenschaft, Wasser aufzunehmen oder abzugeben. Deshalb ist auch die Festigkeit der Hölzer von den

Bedingungen abhängig, welche jeweils für den Feuchtigkeitsgehalt der Hölzer maßgebend sind.

Sodann ist wichtig, daß die Druckfestigkeit – jede Holzart für sich betrachtet – in einfacher Beziehung zum Gewicht der Hölzer steht. Beispielsweise zeigt Abb. 5 für Fichtenholz mit $f = 10$ bis 24% Feuchtigkeit, daß die Druckfestigkeit stets mit dem Raumgewicht wächst. Abb. 6 gibt für Kiefernholz, Abb. 7 für Buchenholz in einfacher Weise an, wie die Festigkeit mit dem Raumgewicht steigt.

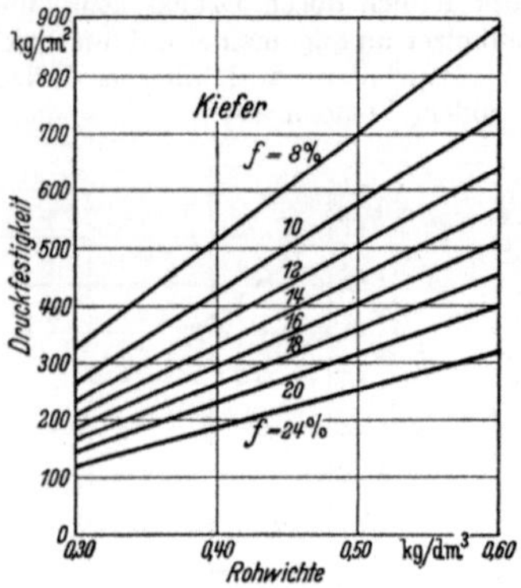

Abb. 6

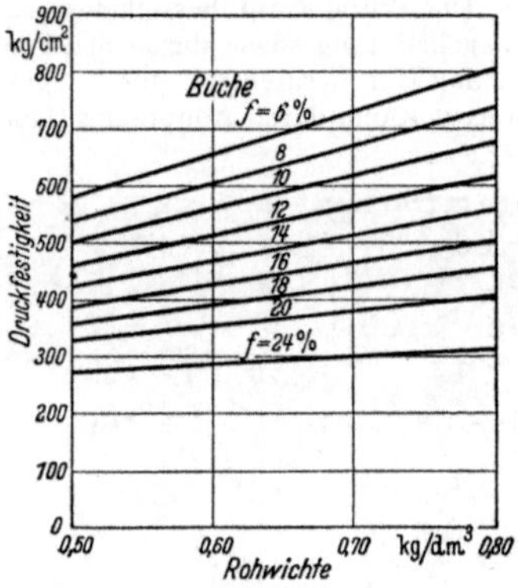

Abb. 7

Von großer praktischer Bedeutung ist die Abhängigkeit der Festigkeit von der Lage der Kraftrichtung zur Faserrichtung. Schon Abb. 1 bis 3 deuten an, daß die Widerstandsfähigkeit des Holzes in hohem Maß von der Richtung abhängig sein muß, in welcher die Beanspruchung stattfindet, weil das Holz ein Röhrenbündel ist. Abb. 8 gültig für Tannenholz, gibt hierzu in dem gestrichelten Linienzug Aufschluß. Bei 15° Neigung der Kraftrichtung gegen die Fasern wurde die Druckfestigkeit zu rd. $^7/_{10}$, bei 45° zu rd. $^1/_4$ der Druckfestigkeit ermittelt, die sich bei Belastung gleichlaufend der Stammachse einstellt[1].

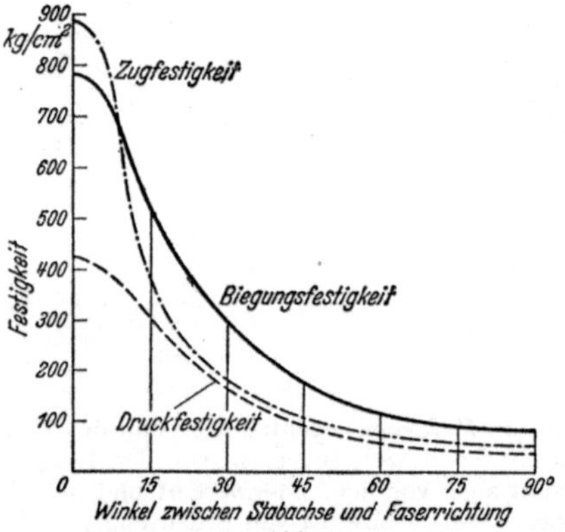

Abb. 8

Erfolgt die Druckbelastung gleichlaufend den Fasern, so tritt an der Grenze der Widerstandsfähigkeit in der Regel örtliches Ausknicken auf.

Bei Belastung quer zur Faser kann meist von einer eigentlichen Druckfestigkeit nicht gesprochen werden. Nach Erreichen einer gewissen Last wächst die Zusammendrückung so rasch, daß damit die Verwendbarkeit zu Bauteilen begrenzt erscheint; bei Belastung quer zur Faser ist also die Größe der Formänderung für die Größe der zulässigen Anstrengung maßgebend[2].

---

[1] Ferner: Bauing. 11 (1930) S. 277.
[2] *Rothmund:* Bauplanung und Bautechnik 3 (1949) S. 393.

Hinsichtlich der Widerstandsfähigkeit von Sattelhölzern (bei Stempelbelastung u. dgl.) ergaben Versuche, daß eine weitgehende Teilnahme des Nachbarholzes in der Faserrichtung[1] stattfindet. Um gleiche Zusammendrückung des Holzes hervorzurufen, mußte die Pressung auf die Einheit der Lastfläche bei 44 mm breiten Lastflächen das $3^1/_2$fache derjenigen betragen, die bei 180 mm breiter Lastfläche anzuwenden war; bei der letzteren erreichte die Pressung das Doppelte der Belastung, die zu gleicher Zusammendrückung eines Holzwürfels quer zur Faser nötig war.

Äste, Verwachsungen usw. sind von Unregelmäßigkeiten im Verlauf der Fasern begleitet. Nach dem zu Abb. 8 Gesagten ist zu erwarten, daß die Widerstandsfähigkeit des gesägten Holzes gleichlaufend zur Stammachse beim Vorhandensein von Ästen, Verwachsungen u. dgl. geringer ist als bei astfreiem, geradwüchsigem Holz sonst gleicher Beschaffenheit.

Diese Verhältnisse bringen die Forderung, bei Angabe der Festigkeiten der Hölzer stets zu bemerken, ob es sich um astfreies, geradfaseriges Holz oder um Holz mit bestimmten anderen Eigenschaften handelt. Beispielsweise wissen wir vom deutschen Kiefernholz, daß astfreies, geradfaseriges Holz mit rd. 20% Wassergehalt im Mittel die Druckfestigkeit etwa zu rd. 300 kg/cm² liefert. Wenn jedoch solches Holz mit dem im Hochbau üblichen Maß astig ist, dazu die Fasern stellenweise erheblich geneigt zur Stabrichtung verlaufen, so wird die Druckfestigkeit kleiner; die Druckfestigkeit geht dabei in Hölzern, wie sie praktisch zur Zeit noch verwendet und angetroffen werden, erheblich unter rd. 200 kg/cm² zurück.

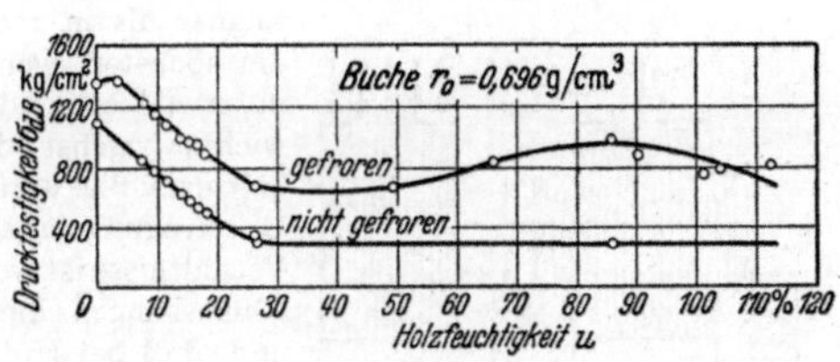

Abb. 9

Für den Holzhausbau kommt in Europa nur astiges Holz zur Verwendung. Demgemäß sind bei der Beurteilung der Widerstandsfähigkeit der Bauelemente auch die Festigkeiten des astigen, nicht immer geradfaserigen Holzes maßgebend; auch die zulässigen Anstrengungen der Bauhölzer müssen auf eine zugehörige zulässige Ästigkeit und auf eine zulässige Abweichung des Faserverlaufs von der Stabachse abgestimmt sei, vgl. unter J.

Mit zunehmender Temperatur sinkt die Druckfestigkeit der Hölzer, sie fand sich für gedarrte Fichte

bei	−160	0	+160°
zu etwa	1150	850	500 kg/cm².

Praktisch wichtig ist die Druckfestigkeit von gefrorenem Holz bei verschiedener Holzfeuchtigkeit, vgl. Abb. 9[2].

2. Zugfestigkeit. Der Einfluß der Feuchtigkeit ist im praktischen Bereich bei der Zugfestigkeit viel weniger ausgeprägt als bei der Druckfestigkeit. Dagegen ist die Zugfestigkeit von der Lage der Kraftrichtung zur Faserrichtung mehr abhängig als die Druckfestigkeit. Im Falle der Abb. 8 ist die Zugfestigkeit bei 15° Neigung der Kraftrichtung gegen die Fasern zu weniger als der Hälfte der Zugfestigkeit ermittelt worden, die bei gerade gewachsenem Holz gleichlaufend der Stammachse auftrat. Äste, Verwachsungen usw. sind deshalb für die Zugfestigkeit von besonders großer Bedeutung.

Die Zugfestigkeit der gerade gewachsenen Hölzer ist bedeutend größer als die Druckfestigkeit[3]; doch ist von Baugliedern aus trockenem Nadelholz – auch beim Vorhandensein kleiner Äste – nicht vorauszusetzen, daß die Zugfestigkeit im Bereich der Laschenverbindungen usw. über 250 kg/cm² liegt; oft wird sie kleiner sein[4].

---

[1] *Graf:* Bauing. 2 (1921) S. 498; ferner 10 (1929) S. 438.
[2] Nach *Kollmann:* Forschungsarbeiten aus dem Ingenieurwesen, Heft 403, Berlin 1940.
[3] Vgl. u. a. *Baumann-Lang:* Das Holz als Baustoff, 2. Aufl., S. 33. Berlin 1927.
[4] Mitt. Fachaussch. Holzfragen, Heft 20, 22 u. 24 Berlin. 1938 u. 1939.

3. Biegefestigkeit. Hier gilt sinngemäß das unter 1. und 2. Gesagte. Da die Druckfestigkeit kleiner ist als die Zugfestigkeit, muß das Holz im Balken zuerst auf der Druckseite nachgeben. Dabei treten örtliche Ausbiegungen der gedrückten Röhrenbündel auf; die Nachgiebigkeit des Holzes der Druckzone wird damit viel größer, die Nullinie des Balkens wandert infolgedessen gegen die Zugseite, die Einsenkung wächst rasch; schließlich bricht das Holz in der Zugzone. Mit dem beschriebenen Vorgang wird die Verteilung der inneren Kräfte erheblich anders, als die gewöhnliche Rechnung voraussetzt; die in üblicher Weise berechnete Biegefestigkeit wird größer als die Druckfestigkeit und kleiner als die Zugfestigkeit.

Balken mit klaffenden Schwindrissen sind weniger tragfähig als rißfreie Balken[1].

4. Scherfestigkeit. Die Scherfestigkeit wird an Körpern nach Abb. 10 ermittelt. Dabei handelt es sich um Proben, bei denen die Kraft gleichlaufend oder nahezu gleichlaufend den Fasern übertragen wird. Quer zur Faser gibt es keine Scherfestigkeit; bei Belastung der Hölzer quer zur Faser ist praktisch der Druckwiderstand maßgebend.

Die Scherfestigkeit von deutschem Bauholz beträgt für Körper nach Abb. 10 rd. 50 bis 120 kg/cm². Die Größe ist vornehmlich vom Feuchtigkeitsgehalt abhängig. Die Scherfestigkeit ist in Flächen, die tangential zum Stammquerschnitt liegen, kleiner als in radial gelegenen Flächen; sie wird am höchsten, wenn die Scherfläche die Jahresringe unter 45° schneidet. Mit Steigerung des Raumgewichts wächst die Scherfestigkeit, jedoch verhältnismäßig weniger als die Druckfestigkeit. Bei Übertragung der angegebenen Zahlen auf praktische Verhältnisse ist weiter zu beachten, daß mit größeren Abmessungen kleinere Scherfestigkeiten auftreten und daß bei Holzverbindungen stets Kräfte quer zur Scherrichtung wirken. Wenn es sich um oftmals wiederholte Belastungen handelt, sind noch kleinere Werte angezeigt[2].

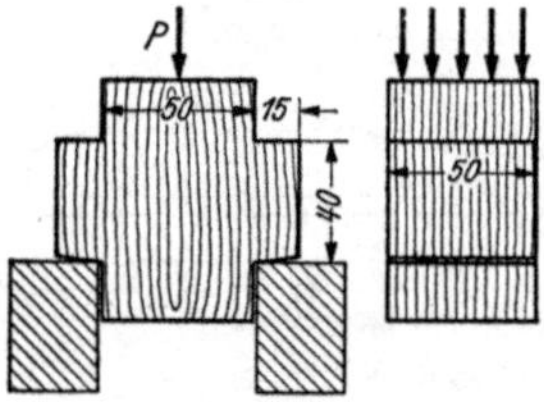

Abb. 10

5. Schlagbiegefestigkeit. Die Schlagbiegefestigkeit wird als die Arbeit ermittelt, welche zum Brechen eines Stabes nach DIN 52189 nötig ist. Diese Schlagbiegefestigkeit liegt in weiten Grenzen, z. B. für deutsches Kiefernholz zwischen 0,1 und rd. 1,5 mkg/cm²; sie wurde bei rd. 16% Feuchtigkeit höher ermittelt als bei 9% und bei 24% Feuchtigkeit. Im allgemeinen nimmt die Schlagbiegefestigkeit mit der Rohwichte des Holzes zu. Brauchbare Beziehungen der Schlagbiegefestigkeit zur gewöhnlichen Biegefestigkeit oder Zugfestigkeit liegen bis jetzt nicht vor.

6. Spaltfestigkeit. Über die Spaltfestigkeit der Hölzer vgl. *Stoy:* Z. VDI (1935) S. 1443 und *Keylwerth:* Holz als Roh- und Werkstoff 9 (1951) S. 1.

7. Abnützung. Die Prüfung geschah früher durch fortlaufendes Abschleifen oder durch Beanspruchung mit dem Sandstrahl; beide Verfahren sind unvollkommen. Zweckmäßig erscheint das Stuttgarter Verfahren, das überdies zur Prüfung anderer Beläge geeignet ist[3].

Mit Zunahme des Anteils des Spätholzes und damit des Gewichts der Hölzer steigt der Abnutzwiderstand. Der Widerstand ist am größten auf den Stirnflächen; bei Beanspruchung quer zur Faser ist der Widerstand am größten, wenn die Jahrringe an der Tragfläche senkrecht oder nur wenig davon abweichend auslaufen[4]. Deshalb sind Fußbodenbretter mit sogenannten stehenden Jahrringen wertvoller als solche, in denen die Jahrringe flach auslaufen; überdies wird die Abnützung der Bretter mit flach auslaufenden Jahrringen ungleich.

---

[1] *Graf:* Holz als Roh- und Werkstoff 4 (1941) S. 347.
[2] *Graf* u. *Egner:* Holz als Rohstoff 1 (1938) S. 384, ferner *Graf:* Heft 20 der Mitt. Fachaussch. Holzfragen. Berlin 1938. Außerdem Handbuch der Werkstoffprüfung, Bd. III, S. 83 u. f.
[3] *Egner:* Die Bauwirtschaft 5 (1951), Heft 25, S. 11, sowie Heft 27, S. 17.
[4] Masch.-Bau 8 (1929) S. 647, ferner Heft 4 der Mitt. Fachaussch. Holzfragen 1932, S. 8.

F. Elastizität der Hölzer. Knickfestigkeit

Der Elastizitätsmodul der Federung liegt bei Zug- oder Druck- oder Biegeanstrengung innerhalb der zulässigen Anstrengungen und auch noch erheblich darüber hinaus für Tanne, Fichte, Kiefer, Lärche, Eiche und Buche zwischen rd. 60000 und 170000, meist zwischen etwa 90000 und 120000 kg/cm². Dazu kommen die bleibenden Formänderungen, welche bei Holz lange Zeit wachsen, und bei Hölzern, die auf Biegung beansprucht sind (selbstverständlich auch bei außermittig belasteten Druckgliedern) oft deutlich in Erscheinung treten. Der vorsichtige Baumeister sorgt, daß bleibende Formänderungen nach Möglichkeit vermieden werden, sei es wegen des Aussehens, noch mehr wegen der Änderung der Anstrengungen mit wachsender Ausbiegung (z. B. bei Stützen, auch in Fachwerken).

Der Elastizitätsmodul der Federung, welcher bei zulässiger Druckbelastung quer zur Faser auftritt, liegt zwischen rd. 700 und 10000 kg/cm². Dabei treten stets verhältnismäßig große bleibende Zusammendrückungen auf.

Für die *Knickfestigkeit* der Hölzer ist zu beachten, daß schlanke, geradfaserige Stäbe aus gleichartigem Holz den Gesetzen von *Euler* folgen. Wenn die Holzstäbe über den Querschnitt oder über die Länge hinweg nicht gleichartig sind (also z. B. im Querschnitt verschieden großen Anteil des Spätholzes aufweisen oder der Länge nach krumme Fasern enthalten oder astig sind), so muß sinngemäß der Knickwiderstand kleiner bleiben, als die übliche Rechnuug angibt.

Für gegliederte Stäbe ist zu beachten, daß das Zusammenwirken der Stäbe von der Art der Querverbindung abhängt; Leimverbindungen wirken besser als Schrauben- oder Nagelverbindungen[1]. Vgl. auch DIN 1052 und 1074.

G. Dauerfestigkeit der Hölzer

Die Festigkeiten S. 393 bis 396 gelten, wenn die Belastung allmählich steigend in wenigen Minuten aufgebracht wird. Wenn die Belastung sehr lange oder dauernd wirkt und wenn ein Bruch nicht eintreten soll, muß die Belastung erheblich unter den in gewöhnlicher Weise ermittelten Festigkeiten bleiben.

Bei lang dauernder ruhender Last auf Holzbalken ist die Last, welche eben nicht mehr zum Bruch führt, gleich etwa $^2/_5$ der gewöhnlichen Biegefestigkeit zu setzen. Unter oftmals wiederholter Belastung ist die Verhältniszahl noch kleiner, beispielsweise unter oftmals wiederkehrender und abwechselnd entgegengesetzt wirkender Biegebelastung etwa $^1/_5$[2]. Bei Holzverbindungen ist zu beachten, daß die Scherfestigkeit der Hölzer bei oftmals wiederholter Belastung rd. $^3/_5$ der Werte beträgt, die beim gewöhnlichen Versuch auftreten[3].

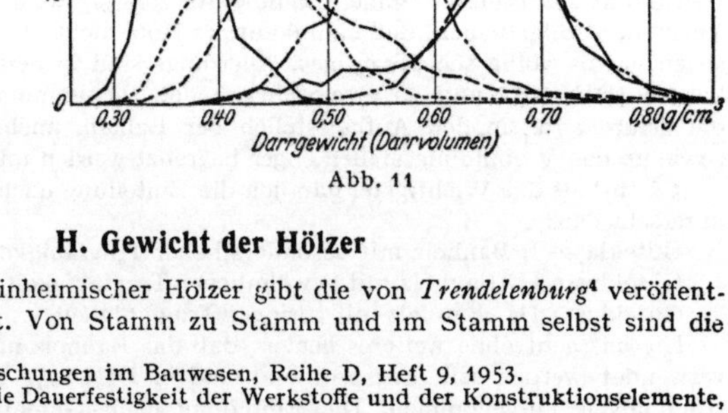

Abb. 11

H. Gewicht der Hölzer

Über die Gewichte einheimischer Hölzer gibt die von *Trendelenburg*[4] veröffentlichte Abb. 11 Auskunft. Von Stamm zu Stamm und im Stamm selbst sind die

[1] Fortschritte und Forschungen im Bauwesen, Reihe D, Heft 9, 1953.
[2] Weiteres bei *Graf:* Die Dauerfestigkeit der Werkstoffe und der Konstruktionselemente, 1929.
[3] *Graf:* Mitt. Fachaussch. Holzfragen, Heft 22, Berlin 1938.
[4] *Trendelenburg:* Z. VDI 79 (1935) S. 85.

Holzgewichte erheblich verschieden. Deshalb hat der Ingenieur in wichtigen Fällen jedes einzelne gesägte Holz zu beurteilen.

In Abb. 11 handelt es sich um Darrgewichte. Zur Bestimmung des Gewichts der Hölzer im Gebrauchszustand ist die jeweils zu erwartende Ausgleichfeuchtigkeit zu beachten[1].

J. Auslese der Hölzer

Wenn das Holz zuverlässig und möglichst weitgehend genutzt werden soll, ist eine Auslese von Stück zu Stück nötig. Maßgebend sind hierfür DIN 4074 und DIN 1052. Hierzu sei folgendes bemerkt:

§ 2 enthält eindeutige Angaben über die *Feuchtigkeit des Holzes*. Es werden unterschieden:

1. Frisches Bauholz, ohne Begrenzung der Feuchtigkeit.
2. Halbtrockenes Bauholz, bei Hölzern mit Querschnitten über 200 cm² höchstens 35%, sonst höchstens 30 bis 35% Feuchtigkeit.
3. Trockenes Bauholz, höchstens 20% Feuchtigkeit.

Damit soll älteren unbestimmten Geflogenheiten über den zu gewährleistenden Feuchtigkeitszustand ein Ende gemacht werden. Man kann aus einer Angabe nach 1., 2. oder 3. ohne weiteres erkennen, um was es sich handelt. Damit kommt überdies zum Ausdruck, daß das Holz der drei Feuchtigkeitsklassen technisch verschiedenwertig ist.

Wichtig ist sodann § 4, in dem die *Schnittklassen* festgelegt sind. Es werden hiernach unterschieden:

Schnittklasse A, scharfkantiges Bauholz.
Schnittklasse B, fehlkantiges Bauholz.
Schnittklasse C, sägegestreiftes Bauholz.

Die zugehörigen Bedingungen finden sich in der folgenden Tab. 1.

Tabelle 1

Schnittklasse	Zulässige Lage und Breite der Baumkante	
	Zahl der Fehlkanten in jedem Querschnitt	Größte zulässige Breite als Bruchteil der größten Querschnittsabmessung (schräg gemessen)
A. Scharfkantiges Bauholz	2	$^1/_8$
B. Fehlkantiges Bauholz	4	$^1/_3$, wobei in jedem Querschnitt mindestens $^1/_3$ jeder Querschnittsseite frei von Baumkante sein muß
C. Sägegestreiftes Bauholz	Dieses Bauholz muß an allen vier Seiten durchlaufend von der Säge gestreift sein.	

Diese Bestimmungen erleichtern die Ausnützung des Bauholzes wesentlich, weil damit für Bauholz immer Baumkante zulässig wird. Dies ist angängig, weil Versuche gezeigt haben, daß baumkantiges Holz nicht als weniger tragfähig anzusehen ist als völlig scharfkantiges. Allerdings sind in den Vorschriften für Holzbauten (DIN 1052 und 1074) einschränkende Bestimmungen aufgenommen, weil die Baumkante an den Auflagestellen der Balken, auch an den Versatzstellen, sowie an den Verbindungsstellen enger begrenzt werden muß.

§ 5 enthält das Wichtigste, nämlich die Einteilung nach *Güteklassen*. Es werden unterschieden:

Güteklasse I, Bauholz mit besonders hoher Tragfähigkeit.
Güteklasse II, Bauholz mit gewöhnlicher Tragfähigkeit.
Güteklasse III, Bauholz mit geringer Tragfähigkeit.

Hieraus geht ohne weiteres hervor, daß das Bauholz nach seiner Tragfähigkeit verwendet werden soll. Entsprechend sind in DIN 1052 gestaffelte zulässige Anstrengungen aufgenommen. Die Einteilung nach Güteklassen ist von Angaben

[1] *Graf* u. *Egner*: Beton und Eisen 26 (1937) S. 378 u. 391.

über die Beschaffenheit der Hölzer begleitet, damit unnötige Forderungen unterbunden werden und damit das Erforderliche eindeutig festgelegt ist. Zum Beispiel soll das *gewöhnliche Bauholz der Güteklasse II entsprechen* und folgende Eigenschaften aufweisen:

a) *Allgemeine Beschaffenheit.* Unzulässig: braune Streifen, Bohrlöcher, Ringschäle.

Unzulässig: braune Streifen, Bohrlöcher, Ringschäle.

Zulässig: Blitzrisse und Frostrisse in mäßiger Ausdehnung, ferner Rotfäule und Weißfäule bei trockenem Holz und bei Verwendung im Trockenen in der Breite bie zur Größe der zugelassenen Äste, außerdem bei Verwendung im Trockenen: Bläue und harte rote Streifen, Wurm- und Käferfraß an der Oberfläche.

b) *Schnittklasse.* Im allgemeinen mindestens fehlkantig, bei Holz für gegliederte Bauteile im Bereich der Anschlußmittel scharfkantig. Weiteres in DIN 1052 und DIN 1074.

c) Sodann folgen die Bedingungen über die *Maßhaltigkeit.* Aus ungenauem Einschnitt herrührende Abweichungen von den vereinbarten Querschnittsmaßen nach unten sind im halbtrockenen Zustand zulässig bis zu 3% bei 10% der Menge.

d) Das Holz darf halbtrocken eingebaut werden, aber so, daß es bald auf den trockenen Zustand für dauernd zurückgehen kann.

e) Der Durchmesser des einzelnen Astes darf bis $^1/_3$ der Breite der Querschnittsseite messen, an der er sitzt, jedoch nicht über 7 cm. Die Summe der Astdurchmesser auf 15 cm Länge darf auf jeder Fläche bis $^2/_3$ der Breite ausmachen.

f) Die größte Neigung der Faser zu den Längskanten sollte gemessen nach den Schwindrissen nicht über 1 : 5 sein und wenn die Schwindrisse fehlen, gemessen nach den angeschnittenen Jahresringen, 1 : 8 nicht übersteigen.

K. Bestimmung der Feuchtigkeit der Hölzer

Nach den Angaben unter F und J ist die Menge der Feuchtigkeit der Hölzer von erheblichem Einfluß auf ihre Festigkeit. Auch die Maße der Hölzer sind davon abhängig, wie unter L gezeigt wird. Deshalb ist die Feststellung des Feuchtigkeitsgehalts wichtig. Dies geschieht am zuverlässigsten nach DIN 52183. Wenn eine Verletzung des Holzes durch die Entnahme einer normengemäßen Probe nicht statthaft ist, kann die Feuchtigkeit an Bohrspänen ermittelt werden oder durch Bestimmung der Luftfeuchtigkeit in Bohrlöchern oder durch Ermittlung des elektrischen Widerstands.

L. Schwinden und Quellen der Hölzer

Das Holz hat die – oft sehr unangenehme – Eigenschaft, daß es beim Trocknen seinen Raum verkleinert, also schwindet. Das Schwinden beginnt, sobald der Feuchtigkeitsgehalt des Holzes zur Fasersättigung, die bei rd. 25 bis 30% Wassergehalt liegt, nicht mehr ausreicht; mit weiter abnehmendem Feuchtigkeitsgehalt verringert sich der Rauminhalt des Holzes.

Der jeweilige Endzustand ist abhängig von dem Feuchtigkeitsgehalt der umgebenden Luft und der Temperatur derselben, weil das Holz hygroskopisch ist; das Holz kann an die umgebende Luft Wasser abgeben oder von dieser aufnehmen, bis jeweils das sogenannte hygroskopische Gleichgewicht erreicht ist.

Abb. 12 zeigt die Beziehungen zwischen der Holzfeuchtigkeit und der relativen Luftfeuchtigkeit bei 20° C Lufttemperatur. Diese Beziehungen lassen sich durch künstliche Trocknung der Hölzer mehr oder weniger beeinflussen, derart, daß die Aufnahme und Abgabe des Wassers langsamer erfolgt und die aufnehmbare Wassermenge sinkt[1].

Das Schwinden des Holzes ist nach den drei Hauptrichtungen verschieden; es ist tangential zu den Jahresringen am größten, kleiner (etwa halb so groß) in radialer

[1] *Graf* u. *Egner:* Mitt. Fachaussch. Holzfragen Heft 1, 2, 10 u. 19 1932, 1934 u. 1937, ferner Dissertation *Egner*, Stuttgart 1934 (Heft 2 der Forschungsberichte Holz des Fachausschusses für Holzfragen), ferner *Egner*, im Sonderheft zur Hauptversammlung des VDI 1936, S. 13 usw.

Richtung, weitaus am kleinsten und praktisch unerheblich gleichlaufend den Fasern. Gleichlaufend und eben geschnittene Stücke aus grünem Holz verformen sich im Querschnitt durch das Trocknen gemäß Abb. 13; hier ist zu erkennen, daß das Maß des Querschnitts eines Balkens in der einen Diagonale (ungefähr tangential zu den Jahresringen) um 208 — 189 = 19 mm kleiner geworden, in der anderen (ungefähr radial zu den Jahresringen) nur um 208 — 201 = 7 mm zurückgegangen ist. Dementsprechend muß bei der Bestellung von Hölzern angegeben werden, ob die Maße für grünes oder trockenes Holz gelten; auch sollte vereinbart sein, welcher Feuchtigkeitsgehalt einzuhalten ist, wenn das Holz getrocknet geliefert werden soll.

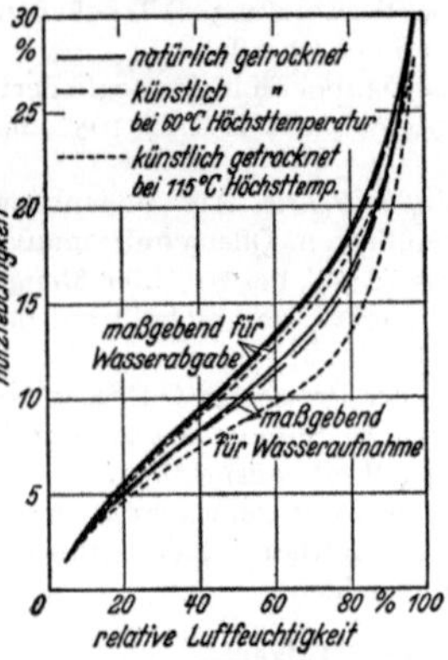

Abb. 12

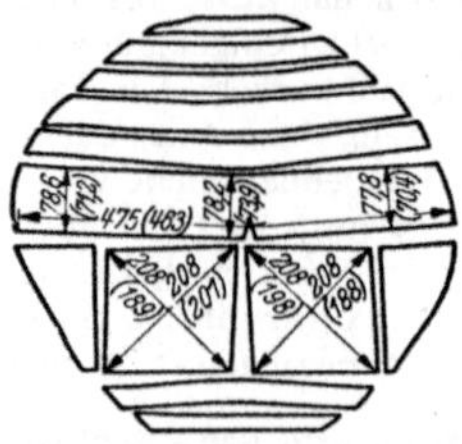

Abb. 13

Um die Raumänderungen der Hölzer im Gebrauch einzuschränken, werden die Änderungen quer zur Faser durch Aufleimen von Holz mit quer gerichteten Fasern gehindert. Die Aufteilung der Hölzer wird dabei in mannigfacher Art ausgeführt (Sperrholz als Tischlerplatten und Furnierplatten; Schichthölzer; vgl. DIN 4076). Außerdem lassen sich die Raumänderungen mehr oder minder verringern durch Behandlung des Holzes mit Stoffen, welche die Wasseraufnahme hindern, ebenso durch bituminöse und andere Anstriche.

M. Schutz der Hölzer gegen Fäulnis und gegen Insekten[1]

Die Pflege des Holzes gegen den Befall durch Pilze muß schon im Wald beginnen; alle Lagerplätze sind von Abfällen sauber zu halten; die Lagerhölzer sollten mit Schutzmitteln getränkt sein. Im Wald ist der Befall durch Pilze am geringsten im Winter; deshalb wir die Fällung im Herbst und Winter empfohlen[2].

Holz, das lange Zeit feucht bleibt und dabei mittlere Temperaturen behält z. B. in Holzdecken über oft benutzten Waschküchen, Balken und Vertäfelungen an feuchtem Mauerwerk u. a. m.), kann von holzzerstörenden Pilzen befallen werden. Man muß durch bauliche Maßnahmen, Freihalten der Balkenköpfe, dichtes Dach, Schutz gegen aufsteigendes Wasser u. a. m.) sorgen, daß durch bewegte Luft, die fortdauernd vorhanden sein sollte, das Holz bald trocken wird und trocken bleibt, weil trockenes Holz von pflanzlichen Schädlingen nicht befallen wird.

Wenn das Holz gegen Pilzbefall zuverlässig geschützt werden soll, so kann mit ein-, besser zweimaligen Anstrichen mit Karbolineum bestimmter Beschaffenheit, Xylamon, noch besser durch Tränkung mit geeigneten Stoffen (z. B. Fluornatrium, Dinitrophenol) geholfen werden.

Soll das Eindringen des Wassers durch deckende Anstriche (Anstrichhaut) verhindert werden, so ist zu beachten, daß solche Anstriche nur auf trockenem Holz genügend dauerhaft werden und daß nur allseitige gut erhaltene Anstriche geeignet sind; unter rissigen Anstrichen ist das Holz nicht geschützt, unter Umständen mehr der Zerstörung ausgesetzt, als wenn die Anstriche überhaupt fehlen.

Holz, das der Witterung ausgesetzt ist, wie z. B. als Schwellen der Eisenbahn oder als Masten der Post oder als Bauholz in offenen Türmen, kann nur durch rechtzeitige Tränkung auf lange Zeit gut geschützt werden[3].

[1] Merkheft 1 des Fachaussch. Holzfragen, 2. Aufl., 1950, sowie Fortschritte und Forschungen im Bauwesen, Reihe D, Heft 11.

[2] Vgl. auch *Gäumann:* Mitt. der schweiz. Anstalt für das forstliche Versuchswesen 19, Heft 2, S. 382.

[3] *Mahlke-Troschel:* Handbuch der Holzkonservierung, 3. Aufl., 1950.

Ferner ist der Schutz gegen Schädlinge zu beachten, die trockenes Bauholz zerstören. In Deutschland ist zur Zeit die Bekämpfung des Hausbocks wichtig.

N. Schutz der Hölzer gegen Feuer

Beim Schutz der Hölzer gegen Feuer handelt es sich

a) um das Fernhalten der Temperatur vom Holz, damit die Verkohlung der Hölzer nicht einsetzt oder verzögert auftritt. Dazu muß das Holz mit Stoffen, welche die Wärmeleitung verzögern, umkleidet werden (dicke Mörtelschichten; Massen, welche beim Auftreten von Flammen Schaumkohle bilden usw.).

b) Weiter handelt es sich um den Schutz gegen Entflammung und damit gegen das Weitertragen der Flammen. Dies geschieht durch Tränken oder Anstreichen mit Stoffen, welche das Entflammen der Holzgase hindern. Die Verkohlung des Holzes an der Feuerstelle wird damit nicht oder nur unerheblich gehindert. Unter den vielen Flammschutzmitteln, die im Handel angeboten werden, sind nur wenige zu empfehlen und auch diese nur unter der Voraussetzung, daß sie in den Mengen aufgebracht werden, die nach eindeutigen Versuchen nötig erscheinen[1].

Die Beurteilung der Maßnahmen gegen die Zerstörung durch Feuer geschieht nach DIN 4102.

O. Chemische Widerstandsfähigkeit der Hölzer

Hierzu sei auf die zusammenfassende Darstellung von *Mörath*[2] verwiesen. Hiernach steigt die Widerstandsfähigkeit des Holzes gegen chemische Angriffe mit dem Trockengewicht des Holzes; sie ist bei den Nadelhölzern erheblich größer als bei den Laubhölzern.

P. Leichtbauplatten. Faserplatten

Aus Holzwolle und Holzfasern lassen sich mit Bindemitteln (z. B. Zement, Gips, Magnesiamörtel, Kunstharz), in Sonderfällen auch ohne zusätzliche Bindemittel, Platten bestimmter Beschaffenheit herstellen. Das Raumgewicht der fertigen Platten wird sehr verschieden gewählt; es ist groß, wenn die Platten zu Fußböden, Verpackungen, Möbeln u. a. gebraucht werden, andererseits oft sehr klein, wenn nach dem Trocknen der Platten ein Werkstoff entsteht, der zur Dämmung von Wärme geeignet ist (rd. 250 bis 500 kg/m^3). Die Festigkeit der leichten Platten muß für den Transport, auch für mäßige Beanspruchungen im Gebrauch ausreichen. Weiteres vgl. bei *Mörath* und *Kollmann*, Mitt. Fachaussch. Holzfragen, Heft 7, 1934, sowie in DIN 4076.

Die Beurteilung der Leichtbauplatten aus Holzwolle geschieht nach DIN 1101; dort sind die zulässigen Abmessungen, Gewichte, Biegefestigkeiten und Wärmeleitzahlen angegeben.

Q. Vorschriften für Holz und Holzkonstruktionen

Wegen der Prüfung der Hölzer vgl. DIN 52180 bis 52192.

Für die Berechnung der Tragwerke aus Holz sind DIN 1055 (Belastungen und Beanspruchungen im Hochbau), sodann die Bestimmungen für die Ausführung von Bauwerken aus Holz im Hochbau (DIN 1052) und die Berechnungs- und Entwurfsgrundlagen für hölzerne Brücken (DIN 1074) zu beachten, schließlich DIN 4112 (Berechnungsgrundlagen für fliegende Bauten).

II. Die natürlichen Bausteine

A. Zur allgemeinen Beurteilung

Mit den in Deutschland vorkommenden Steinen lassen sich alle technischen Aufgaben lösen, die im Hoch- und Tiefbau mit Natursteinen zur Zeit in Betracht kommen. Die deutschen Steine stehen in großer Mannigfaltigkeit zur Verfügung.

---

[1] Ferner *Graf* u. *Kaufmann:* Z. VDI 1937, S. 531. — *Metz:* Holz 1 (1938) S. 217. — *Metz:* Holzschutz gegen Feuer, VDI-Verlag 1939. — *Storch:* Holz als Roh- und Werkstoff 9 (1951) S 168.

[2] *Mörath:* Mitt. Fachaussch. Holzfragen 1933, Heft 5.

Es ist Sache der Ingenieure und Architekten, die jeweils geeigneten zu wählen; bei der Auslese von Bausteinen zu besonders wichtigen Bauten darf nicht vergessen werden, daß die Materialprüfung in Zusammenarbeit mit den Geologen und Mineralogen wertvolle Hilfe bietet.

Der Geologe unterscheidet die Gesteine nach Erstarrungsgesteinen, dabei nach Tiefengesteinen und Ergußgesteinen (z. B. Granit, Diorit, Gabbro, Porphyr, Diabas, Basalt), ferner nach Absetzgesteinen oder Schichtgesteinen (z. B. Sandstein, Jurakalk, Konglomerate), dann nach Umwandlungsgesteinen oder metamorphen Gesteinen (z. B. Gneis, Schiefer); der Mineraloge verfolgt das Gefüge der Steine (Art und Form der Kristallite, Größe und Umprägung derselben, Verwitterungszustand, Bindung u. a. m.)[1]. Der Ingenieur urteilt nach Farbe, Farbverteilung, Gefüge, Art der Gewinnung der Steine, Bearbeitbarkeit, Ausbeute, Wetterbeständigkeit und Festigkeit der Steine[2].

B. Gefüge und chemische Zusammensetzung der Gesteine

Gefüge und Zusammensetzung der Steine sind zu beachten, wenn der Werkstoff wetterbeständig sein soll oder wenn der Stein zu besonderen Aufgaben, wie beispielsweise in der chemischen Industrie, zu wählen ist. Dicht gelagerte und gut verzahnte, mäßig große Kristallite sind unter anderem Kennzeichen eines guten Granits; Granit mit viel blätterigem Glimmer und angewittertem Feldspat ist für wichtige Bauten nicht geeignet. Sandsteine aus Quarzkörnern fast gleicher Größe mit Zwischenräumen, die nur zu einem bescheidenen Teil Bindemittel enthalten, lassen mehr Wasser eintreten als Steine, die ein dichtes Mineralgefüge haben oder mit wenig Bindemittel dicht gefügt sind. Die Zusammensetzung des Bindemittels der Sandsteine ist überdies von wesentlicher Bedeutung für die Widerstandsfähigkeit gegen den chemischen Angriff, der in den Städten zu erwarten ist[3]. Vgl. auch unter G.

C. Festigkeit der Gesteine

Die Prüfung auf Festigkeit geschieht durch Druckbelastung (für Bausteine), selten durch Zugbelastung (weil die Herstellung der Proben umständlich ist und weil für die Übertragung der Zugfestigkeit auf praktische Verhältnisse Erfahrungen fehlen), durch Biegebelastung (für Gestein zu hochwertigem Beton und für Bausteine), gelegentlich auch durch Scherbelastung (für Bausteine zu Ingenieurbauten), durch Schlag (für Pflastersteine), schließlich auf Abnützung (für Pflastersteine, für Gesteine zu Betonstraßen, Gehwegplatten usw.).

1. Druckfestigkeit. Für die Druckfestigkeit der Gesteine, ermittelt nach DIN 52105 an Würfeln von mindestens 4 cm Kantenlänge, fanden sich im Institut für Bauforschung an der Technischen Hochschule Stuttgart folgende Grenzwerte für Proben aus Bausteinen:

mit	Granit	von	837	bis	rd.	3000	kg/cm^2
,,	Diorit	,,	1718	,,	,,	2900	,,
,,	Porphyr	,,	1773	,,	,,	4900	,,
,,	Basalt	,,	1116	,,	,,	4200	,,
,,	Quarzit	,,	2740	,,	,,	4400	,,
,,	Keupersandstein	,,	324	,,	,,	1500	,,
,,	Buntsandstein	,,	460	,,	,,	2100	,,
,,	Travertin	,,	133	,,	,,	800	,,
,,	Muschelkalkstein	,,	272	,,	,,	2900	,,
,,	Jurakalkstein	,,	672	,,	,,	3000	,,

Weitere Angaben finden sich in DIN 52100. Dort sind Richtzahlen angegeben, welche die mittleren Verhältnisse treffen sollen. Tab. 2 enthält einen Teil dieser Richtzahlen[4]). DIN 52100 fordert ferner für verschiedene Bauaufgaben Mindestwerte unter Bezug auf die Richtzahlen; beispielsweise muß die Druckfestigkeit für

---

[1] *Krüger:* Mineraltechnik für Bauingenieure, 1929; *Ramdohr: Klockmanns* Lehrbuch der Mineralogie, 11. Aufl. 1936.

[2] Vgl. auch Handbuch der Werkstoffprüfung, Bd. III, Berlin 1941 (2. Aufl. in Vorbereitung).

[3] Ausführlich in *Graf:* Bauschäden und ihre Verhütung, Stuttgart 1954.

[4] *Graf* u. *Weise:* Fortschritte und Forschungen im Bauwesen, Reihe A, Heft 14, S. 20

Tabelle 2. *Richtzahlen für die Auswahl und Bewertung von Natursteinen*

Gesteinsgruppen	1 Rohwichte (Raumgewicht) DIN 52102	2 Wasseraufnahme DIN 52103 Gewichts-%	2 Wasseraufnahme DIN 52103 „scheinbare Porosität" Raum-%	3 Druckfestigkeit des trockenen Gesteins DIN 52105 kg/cm²	4 Biege-zugfestigkeit nach DIN 52112 kg/cm²	5 Schlag-festigkeit DIN 52107 Anzahl der Schläge bis zur Zerstörung	6 Abnutzung durch Schleifen DIN 51108 Verlust auf 50 cm² cm³
A. Erstarrungsgesteine							
1. Granit, Syenit	2,60 bis 2,80	0,2 bis 0,5	0,4 bis 1,4	1600 bis 2400	100 bis 200	10 bis 12	5 bis 8 (1.–3.)
2. Diorit, Gabbro	2,80 bis 3,00	0,2 bis 0,4	0,5 bis 1,2	1700 bis 3000	100 bis 220	10 bis 15	
3. Quarzporphyr, Keratophyr, Porphyrit, Andesit	2,55 bis 2,80	0,2 bis 0,7	0,4 bis 1,8	1800 bis 3000	150 bis 200	11 bis 13	
4. Basalt, Melaphyr	2,95 bis 3,00	0,1 bis 0,3	0,2 bis 0,8	2500 bis 4000	150 bis 250	12 bis 17	5 bis 8,5
Basaltlava	2,20 bis 2,35	4 bis 10	9 bis 24	800 bis 1500	80 bis 120	4 bis 5	12 bis 15
5. Diabas	2,80 bis 2,90	0,1 bis 0,4	0,3 bis 1,0	1800 bis 2500	150 bis 250	11 bis 16	5 bis 8
B. Schichtgesteine							
6. Kieselige Gesteine							
a) Gangquarz, Quarzit, Grauwacke	2,60 bis 2,65 (a, b)	0,2 bis 0,5 (a, b)	0,4 bis 1,3 (a, b)	1500 bis 3000	130 bis 250	10 bis 15	7 bis 8 (a, b)
b) quarzitische Sandsteine				1200 bis 2000	120 bis 200	8 bis 10	
c) sonstige Quarzsandsteine	2,00 bis 2,65	0,2 bis 9	0,5 bis 24	300 bis 1800	30 bis 150	5 bis 10	10 bis 14
7. Kalksteine							
a) Dichte (feste) Kalke und Dolomite (einschl. Marmore)	2,65 bis 2,85	0,2 bis 0,6	0,4 bis 1,8	800 bis 1800	60 bis 150	8 bis 10	15 bis 40
b) sonstige Kalksteine einschl. Kalkkonglomerate	1,70 bis 2,60	0,2 bis 10	0,5 bis 25	200 bis 900	50 bis 80	—	—
c) Travertin	2,40 bis 2,50	2 bis 5	4 bis 10	200 bis 600	40 bis 100	—	—
8. Vulkanische Tuffsteine	1,80 bis 2,00	6 bis 15	12 bis 30	200 bis 300	20 bis 60	—	—
C. Metamorphe Gesteine							
9. a) Gneise, Granulit	2,65 bis 3,00	0,1 bis 0,6	0,3 bis 1,8	1600 bis 2800	—	6 bis 12	4 bis 10
b) Amphibolit	2,70 bis 3,10	0,1 bis 0,4	0,3 bis 1,2	1700 bis 2800	—	10 bis 16	6 bis 12
c) Serpentin	2,60 bis 2,75	0,1 bis 0,7	0,3 bis 1,8	1400 bis 2500	—	6 bis 15	8 bis 18
d) Dachschiefer	2,70 bis 2,80	0,5 bis 0,6	1,4 bis 1,8	—	500 bis 800	—	—

Straßenbausteine zu Reichsstraßen mindestens in der oberen Hälfte der Richtzahlen liegen und mindestens 2000 kg/cm² betragen. Für den Hochbau ist eine Beschränkung der Festigkeit in der Regel nicht nötig.

Durch Wasserlagerung tritt in der Regel eine Abnahme der Druckfestigkeit ein. Weiteres unter G.

2. Die Biegefestigkeit von gesägten Gesteinsprismen ist in Stuttgart ermittelt worden

für Granit	zu 113	bis	313	kg/cm²
„ Porphyr	„ 378	„	443	„
„ Diabas	„ 394	„	435	„
„ Basalt	„ 232	„	307	„
„ Quarzit	„ 163	„	196	„
„ Muschelkalkstein	„ 33	„	106	„
„ Jurakalkstein	„ 159	„	214	„
„ Sandstein	„ 59	„	121	„

Der Verfasser empfiehlt, zu Beton, der hohe Biegefestigkeit erlangen soll, nur Gestein zu verwenden, das die Biegefestigkeit zu mindestens 100 kg/cm² liefert. Weiteres vgl. in Tab. 2.

3. Schlagfestigkeit. Die Prüfung geschieht nach DIN 52107 an Würfeln mit 4,0 cm Kantenlänge. Man mißt die Arbeit, welche zur Zerstörung eines Gesteinswürfels unter bestimmten Bedingungen aufzuwenden ist. In Stuttgart sind unter anderem folgende Grenzwerte gefunden worden:

für Basalt	342	bis	2862 cmkg/cm³,	18	bis	53	Schläge bis zur Zerstörung,
„ Porphyr	105	„	1332 „	10	„	36	„ „ „ „ ,
„ Granit	56	„	930 „	7	„	30	„ „ „ „ ,
„ Jurakalkstein	86	„	462 „	9	„	21	„ „ „ „ .

Für Schotter zum Gleisunterbau vgl. DIN 52109. Weiteres in Tab. 2.

4. Der Abnützwiderstand wird zweckmäßig durch Abschleifen nach DIN 52108 festgestellt. In Stuttgart sind bis jetzt u. a. folgende Grenzwerte entstanden:

Basalt	von 0,10	bis	0,16 cm,	d. s.	5,0	bis	8,0	cm³
Porphyr	„ 0,07	„	0,15 „	„	3,5	„	7,5	„
Granit	„ 0,09	„	0,20 „	„	4,5	„	10,0	„
Jurakalkstein und dichter Muschelkalk	„ 0,24	„	0,94 „	„	12,0	„	47,0	„

Hervorzuheben ist hier, daß die Druckfestigkeit und der Abnützungswiderstand nicht in regelmäßiger Beziehung stehen; es kann nicht ohne weiteres erwartet werden, daß ein Gestein mit guter Druckfestigkeit auch einen guten Abnützungswiderstand aufweist.

Für Gestein zu Betonstraßen wird nach der Anweisung für den Bau von Betonfahrdecken verlangt, daß die Abnützung höchstens 0,2 cm (10 cm³) auf 50 cm² betrage. Außerdem ist es angezeigt, für Pflastersteine und für Steine zu Betonstraßen auch die Abnützung des nassen Gesteins unter Zufuhr von Wasser zu bestimmen, weil dabei größere Unterschiede der Abnützung auftreten und weil die Erfahrung lehrt, daß damit die Beurteilung für praktische Verhältnisse besser gelingt als mit der üblichen Prüfung des trockenen Gesteins[1].

D. Druckfestigkeit des Mauerwerks

Die Erkenntnisse über die Festigkeit von Mauerwerk aus natürlichen Steinen sind noch nicht so weitgehend entwickelt, daß eine allgemein gültige Angabe über die Druckfestigkeit großer Pfeiler oder Gewölbe angängig ist, insbesondere weil die bis jetzt geprüften Mauerstücke meist sehr klein und anders hergestellt sind als das Mauerwerk der Pfeiler und Brücken. Die Mauerwerksfestigkeit hängt von der Beschaffenheit der Druckflächen der Steine, von der Größe und Regelmäßigkeit der Fugenhöhe, von der Zahl der senkrechten Fugen usw. ab, auch von der Beschaffenheit des Mörtels, nicht zuletzt von der mehr oder minder gleichmäßigen Füllung der Fugen mit Mörtel[2]. Mauerwerk für Wasserbauten muß dichte Fugen erhalten und

[1] Bautenschutz 6 (1935) S. 36 f., ferner Betonstraße 12 (1937) S. 25.

[2] *Schächterle:* Bauingenieur 19 (1938) S. 445 f. — *Graf:* Die Baustoffe, 2. Aufl., S. 53, Stuttgart 1950.

in den der Witterung ausgesetzten Teilen frostbeständig sein. Fugenmörtel in Gewölben wird zweckmäßig mit Stabrüttlern verdichtet.

Die Vorschrift für massive Brücken (DIN 1075) enthält u. a. folgendes: die Würfelfestigkeit des Mauerwerks aus derselben Steinart und demselben Mörtel, wie sie im Bauwerk verarbeitet werden, soll nach 28tägiger Erhärtung betragen: für Quadermauerwerk mindestens 200 kg/cm², für Klinkermauerwerk 150 kg/cm², für Mauerwerk aus Hartbrandsteinen 80 kg/cm². Im übrigen vgl. III, A, 3.

E. Elastizität der Gesteine

Die Elastizität der Bausteine liegt in weiten Grenzen. Der Elastizitätsmodul der Federung reicht bei Basalt bis rd. 1000000 kg/cm²; er geht mit Sandstein herunter[1] bis etwa 40000 kg/cm². Bims ist noch nachgiebiger.

Die bleibenden Formänderungen sind bei den Steinen mit hohem Elastizitätsmodul sehr klein; sie können andererseits bei Granit und Sandstein verhältnismäßig groß werden. Bei Sandstein ist der Elastizitätsmodul überdies vom Feuchtigkeitsgehalt abhängig. Durch oftmalige Belastung innerhalb der jetzt zulässigen Anstrengungen ändert sich der Elastizitätsmodul der Federung praktisch unerheblich.

F. Wasseraufnahme und Wasserabgabe. Wasserdurchlässigkeit. Schwinden und Quellen

Bei der Auslese der Steine, auch aus Vorkommen gleicher Art, kann es nötig werden, die Wasseraufnahme und Wasserabgabe nach Größe und Geschwindigkeit vergleichsweise zu verfolgen. Die größere Aufnahme und die langsamere Abgabe kennzeichnen dabei in der Regel den geringerwertigen Stein. Vgl. auch Tab. 2, S. 403.

Die Wasserdurchlässigkeit ist u. a. zu beachten, wenn es sich um Steine handelt, die zu Platten für Außenverkleidungen von Gebäuden bestimmt sind.

Bemerkenswert ist auch, daß gewisse Gesteine bei der Wasseraufnahme quellen und beim Trocknen schwinden, also mit der Änderung des Wassergehaltes Raumänderungen erfahren[2]. Allerdings sind diese Raumänderungen meist unerheblich.

G. Wetterbeständigkeit der Gesteine

Für Gesteine, welche der Witterung ausgesetzt werden, sollte ganz allgemein verlangt werden, daß sie die Frostprobe nach DIN 52104 bestehen, d h. daß sie im wassersatten Zustand bei 25maligem Gefrieren und Wiederauftauen ohne sichtbaren Schaden bleiben (vgl. auch C, 1). Wenn die Steine im bruchfeuchten Zustand verbaut werden, ist Vorsicht angezeigt; dann ist die Frostprobe mit dem bruchfeuchten Stein nötig. Weiterhin ist für Gesteine zu Außenmauern, Denkmälern usw. zu verlangen, daß sie eine hinreichende Witterungsbeständigkeit zeigen, d. h., daß sie den zusätzlichen Beanspruchungen, welche Sonnenbestrahlung, Wechsel von Durchfeuchtung und Austrocknen, Ablagerungen aus der Luft usw. mit sich bringen, lange widerstehen. Bei der Auswahl der Steine ist der Rat erfahrener Fachleute einzuholen. Dazu sei vorläufig auf die Richtlinien des deutschen Verbandes für die Materialprüfungen der Technik verwiesen (DIN 52100, 52101 und 52106), ferner auf Bd. III des Handbuchs der Werkstoffprüfung[3].

Bei der Gestaltung der Bausteine ist zu beachten, daß das Regenwasser, auch das Spritzwasser, zum schnellen Abfließen veranlaßt werden soll, damit das Wasser tunlichst wenig Gelegenheit hat, in den Stein und in die Mauerfugen einzudringen. Mit Vorsprüngen gestaltete und rauh bearbeitete Werksteine geben mehr Gelegen-

[1] Näheres vgl. *Graf:* Bautechn. 4 (1926) S. 492. — *Graf:* Dauerfestigkeit der Werkstoffe und der Konstruktionselemente, S. 101. Berlin 1929. — *Sänger u. Stöcke:* Der Straßenbau 1931, S. 311. — *Schächterle:* Bauingenieur 19 (1938) S. 446.

[2] Vgl. Entwurf und Berechnung von Eisenbetonbauten Bd. 1, S. 47, ferner die Schriftenreihe der Forschungsgesellschaft für das Straßenwesen Heft 10 (1937) S. 20.

[3] Vgl. den Kommentar in Fortschritte und Forschungen im Bauwesen, Reihe A, Heft 5, S. 1 bis 12.

heit zu Ablagerungen von Ruß, Schnee, Wasser usw. und damit zu Angriffen als glatte Flächen. Polierte Flächen sind der Ansiedlung von Staub, Ruß, niedrigen Pflanzen am wenigsten ausgesetzt; sie bringen das Wasser und schädliche Lösungen zum raschen Abfluß. Die Art der Bearbeitung beeinflußt deshalb die Haltbarkeit der Gesteine, welche der Witterung ausgesetzt sind.

Schichtige und schieferige Gesteine müssen lagerhaft bearbeitet werden, d. h. die Schichten müssen waagrecht versetzt werden. Andernfalls dringen Wasser und damit angreifende Stoffe zu den schwachen Schichten und den Spaltflächen; Schäden sind dann eher zu erwarten als bei sachgemäßer Verwendung.

Aus dem Baugrund kann Flüssigkeit u. a. durch Kapillarkräfte und Diffusion aufsteigen; gewisse Salze können dabei Steine und Mörtel angreifen; in der Verdunstungszone der aufsteigenden Wässer kristallisieren die Salze aus und verursachen innere Pressungen, die unter bestimmten Verhältnissen zu Zerstörungen führen. Auch hier handelt es sich darum, das Eindringen des Wassers in das Gestein zu hindern, in diesem Fall durch Abdichtung gegen den Baugrund.

Viel erörtert wird die Wahl der Mörtel zu Natursteinmauerwerk mit Rücksicht auf die Beständigkeit des Mauerwerks. Wenn das Mauerwerk nicht der Witterung ausgesetzt wird und trocken bleibt, kann die Wahl der Mörtel lediglich mit Rücksicht auf die Verarbeitbarkeit des Mörtels, seine Festigkeit und sein Aussehen geschehen. Im Freien ist zu berücksichtigen, daß das eindringende Regenwasser Bestandteile des Mörtels aufnimmt, beim Trocknen des Mauerwerks nach außen bringt und dort ablagert, auch in den Naturstein (z. B. Sandstein) tragen kann. Wird ein poröses Sandsteinmauerwerk durch dichte Fugen unterteilt, so reichert das Wasser, wenn es eindringen kann, über den dichten Fugen Salze an, was zu erhöhter Beanspruchung des Gesteins führt.

Weiter ist allgemein zu fordern, daß die Fugen möglichst eng gewählt werden. Der Mörtel soll in seiner Dichte den Eigenschaften des Gesteins (Dichte, Festigkeit) angepaßt sein (magere oder fette Mörtel, gleichkörnige oder gemischtkörnige Sande)[1].

H. Verhalten der Natursteine bei hoher Temperatur

Die Gesteine erfahren wie alle Werkstoffe durch Änderung der Temperatur mehr oder minder große Raumänderungen, die u. a. bei Kalksteinen viel kleiner sind als bei quarzitischen Steinen. Unter gewöhnlichen Verhältnissen sind diese Raumänderungen von untergeordneter Bedeutung, wenn bei der Verwendung der Steine auf die Raumänderungen Rücksicht genommen wird. Schwierigkeiten können bei Dachgesimsen, Belagplatten auf Brückenmauern usw. auftreten. In Bauteilen, die bei sehr hohen Temperaturen gebraucht werden, ist es angezeigt, Gesteine zu wählen, die bei 500 bis 1000° kleine und stetige Ausdehnungen zeigen, z. B. Stückschlacke, gesinterten Ton.

J. Sand und Kies, Brechsand und Schotter

Bei der Beurteilung des Gesteins, das zu Beton verwendet werden soll, ist selbstverständlich zunächst klarzustellen, welche Festigkeit der Beton erlangen muß, ob er wetterbeständig sein soll usw. Für Bauten, die lange Zeit in gutem Zustand bleiben sollen, sind Gesteine zu verlangen, die eine Druckfestigkeit von mindestens 600 kg/cm² aufweisen. Für Beton hoher Festigkeit sind die Forderungen zu beachten, welche für die Betonstraßen der Reichsautobahnen aufgestellt sind: Gestein zum Oberbeton muß eine Druckfestigkeit von mindestens 1500 kg/cm², Gestein zum Unterbeton eine solche Festigkeit von mindestens 800 kg/cm² aufweisen. Bei Gestein zu Straßenbeton, Gehwegplatten ist außerdem der Abnützwiderstand zu begrenzen.

Schwieriger ist die Beurteilung der Haltbarkeit der Zuschlagstoffe, wenn es sich um Gerölle von Gesteinen sehr verschiedener Art und um Gemenge mit angewitterten oder überhaupt nicht wetterfesten Teilen handelt. Dazu sind Verfahren

[1] Weiteres vgl. *Schaffer:* The weathering of natural building stones, London 1932. — *Kieslinger:* Zerstörungen an Steinbauten. Leipzig 1932. — *Rathgen u. Koch:* Merkblatt für Steinschutz, 1939.

entwickelt, die die Güte der Zuschlagstoffe für wetterbeständigen Beton beurteilen lassen. Will man beispielsweise ein bestimmtes Kiesgemenge auf seine Eignung prüfen, so kann man die weniger gut erscheinenden Stücke in einfacher Weise durch Auslesen nach Augenschein absondern und ihre Menge bestimmen. Ein Teil der abgesonderten Stücke wird durch 25- oder 50maligen Wechsel von Gefrieren und Auftauen oder durch Tränken mit Natriumsulfat und nachfolgendes Trocknen beansprucht. Dieser Teil und der andere nicht behandelte werden mäßig gekollert oder gepocht. Wenn das Gestein, das dem Frostversuch oder dem Kristalldruck des Natriumsulfats ausgesetzt war, beim Kollern oder Pochen viel mehr abgenutzt wird als der andere Teil der gleichen Gesteinsprobe, so ist Vorsicht geboten. Vgl. Handbuch der Werkstoffprüfung, Bd. III, S. 176 u.f.

Bei der Beurteilung der Betonzuschläge ist weiterhin die Kornform zu beachten, vgl. S. 426, ferner Beton u. Eisen (1939) S. 178 bis 180.

K. Vorschriften für natürliche Steine

Die Prüfung der natürlichen Gesteine erfolgt nach DIN 52100 bis 52112.

Forderungen an die Beschaffenheit finden sich in DIN 1055 (Belastungen und Beanspruchungen im Hochbau), in DIN 1968 (Teil V der technischen Vorschriften für Bauleistungen, Steinmetzarbeiten), ferner in DIN 1075 für Gesteine zu massiven Brücken und in DIN 1045 für Gesteine zu Beton für Stahlbeton- und Betonbauten. Im besondern ist DIN 4226 (Betonzuschlagstoffe) zu beachten.

Ferner sei auf DIN 481 (Maßnormen für Kleinpflastersteine und Mosaikpflastersteine), DIN 482 (Maßnormen für Bordschwellen und Bordsteine aus Naturstein), und auf DIN 484 (Maßnormen für Bürgersteigplatten aus Naturstein) verwiesen.

III. Die gebrannten Steine

(Mauerziegel, Dachziegel, Straßenklinker, Steinzeugwaren usw.)

Aus Ton oder tonigen Massen werden seit alter Zeit Bausteine, Rohrstücke, Gefäße usw. geformt; durch langsames Erwärmen auf hohe Temperaturen und durch langsames Abkühlen werden aus den Formlingen mehr oder minder feste Körper. Entsprechend der Mannigfaltigkeit der Tonvorkommen können die gebrannten Steine in sehr verschiedener Beschaffenheit hergestellt werden.

A. Mauerziegel (Gebrannte Mauersteine)

Die Prüfung und Beurteilung der Mauerziegel[1] geschieht nach DIN 105.

1. Gefüge. Äußeres Aussehen. Maße. Die Rohmassen erhalten manchmal Zusätze von Sand, Ziegelbruch, getrocknetem Tonmehl usw., damit die Steine möglichst rißfrei und maßgerecht werden.

Manche Tonvorkommen enthalten Kalk in ziemlich großen Klumpen. Auch wenn die Kalkmenge im ganzen erfahrungsgemäß nicht zu groß ist, muß für ausreichende Verteilung und Zerkleinerung des Kalkes gesorgt werden, weil der Kalk nach dem Brennen des Ziegels durch allmählich zutretendes Wasser löscht und weil damit Raumvergrößerungen eingeleitet werden, die im Stein gehemmt sind und deshalb Absprengungen hervorrufen, wenn das Kalkklümpchen zu groß geblieben ist.

Das äußere Aussehen der Mauerziegel (Farbe usw.) ist von der Zusammensetzung des Tons und vom Brand in hohem Maße abhängig; im Bedarfsfall muß die Bestellung nach Mustern geschehen.

Wichtig ist, daß die Mauerziegel mit tunlichst geringen Abweichungen von den Sollmaßen geliefert werden, da andernfalls mit Fugen sehr verschiedener Höhe und Breite gearbeitet werden muß, wodurch die Festigkeit des Mauerwerks bedeutend beeinflußt wird. DIN 105 verlangt dazu: Abweichungen von den normengemäßen Abmessungen der Mauerziegel sind bis zu $\pm$ 4% zulässig.

---

[1] Vgl. auch IV, K (Kalksandsteine) und VII, X (zementgebundene Mauersteine).

Die Ziegelmaße sind so abgestimmt, daß beim Versetzen der Ziegel mit 12 mm hohen Lager- und 10 mm weiten Stoßfugen das Grundmaß 250 mm entsteht. Die Ziegellänge beträgt stets 240 mm, die Ziegelbreite 115 und 240 mm, die Ziegelhöhe 52, 71, 113, 155, 175 und 238 mm. Das Regelmaß der Vollziegel ist 240 × 115 × 71 mm, der Lochziegel 240 × 115 × 113 mm. Vgl. DIN 105, Tafel 1.

2. Festigkeit der Mauerziegel. Die Prüfung auf Festigkeit geschieht in Deutschland fast ausschließlich durch Druckbelastung, weil die Mauerziegel stets zu Bauteilen verwendet werden sollen, die ihre Lasten unter Druck aufnehmen. In den Vereinigten Staaten von Nordamerika wird außerdem die Prüfung durch Biegebelastung gepflegt, um den Hersteller zu zwingen, tunlichst rißfreie Steine zu machen[1].

Zu DIN 105 sind nach der folgenden Tabelle 3 15 Mauerziegelarten aufgeführt, die in 3 Gruppen nach den Rohwichten 1,2 und 1,4 und 1,6 und über 1,6 kg/dm³ geteilt sind. Tab. 3 enthält dazu die genormten Kurzzeichen, die obere Grenze der Rohwichte, die Mindestfestigkeit, auch die Bedingungen für die Frostbeständigkeit. Für 3 Ziegelarten sind überdies Kennzeichen gefordert, vgl. letzte Spalte der Tab. 3.

Für Ringziegel nach DIN 1058 sollen folgende mittlere Druckfestigkeiten nachgewiesen werden:

350 kg/cm² bei Ringklinkern,
250 kg/cm² bei Ringhartbrandziegeln und
150 kg/cm² bei Ringmauerziegeln.

Das zugehörige Prüfverfahren ist in DIN 1058 beschrieben.

3. Druckfestigkeit des Mauerwerks. Bei Verwendung verschiedener Mauersteine wird unter sonst gleichen Verhältnissen die Druckfestigkeit des Mauerwerks mit größerer Steinfestigkeit höher ermittelt. Mit Zunahme der Fugenhöhe nimmt die Widerstandsfähigkeit des Mauerwerks ab. Durch unregelmäßige Fugenhöhe wird die Druckfestigkeit des Mauerwerks in besonderem Maße beeinträchtigt, weshalb regelmäßige Gestalt und genaue Einhaltung der Maße der Mauersteine wichtig ist. Mit Zunahme des Mauerquerschnitts geht die Druckfestigkeit zurück[2].

Die Beziehungen zwischen Steinfestigkeit, Mörtelfestigkeit und Mauerwerksfestigkeit sind — für Mauerwerk aus künstlichen Mauersteinen, mit regelmäßiger Fugenhöhe und mit gutem Verband — in der Gleichung, welche über Tab. 4 steht, zusammengefaßt worden[3]. Diese Zusammenstellung enthält die Mauerwerksfestigkeiten, welche nach der Gleichung unter verschiedenen Verhältnissen zu erwarten sind. Das Verhältnis der Mauerwerksfestigkeit zur zulässigen Belastung beträgt hiernach 2,7 bis 4,8. In bezug auf die Höhe der Verhältniszahl ist zu beachten, daß sie die unvermeidlichen Zusatzspannungen durch rechnerisch nicht berücksichtigte, außermittige Belastungen, auch Mängel der Ausführung usw. zu decken hat; ferner ist zu beachten, daß die Widerstandsfähigkeit gegen dauernde Belastung kleiner ist als beim üblichen Bruchversuch. Die in Tab. 4 eingeführte Größe $e = 10$ kg/cm² gilt für gut ausgeführtes Mauerwerk. Weist das Mauerwerk Ausführungsmängel auf, so muß e kleiner, unter Umständen negativ eingeführt werden.

Bei Pfeilern, welche die Last durch Auflagerplatten aufnehmen, ist zu beachten, daß das Mauerwerk, welches außerhalb der Druckplatte liegt, nur in untergeordnetem Maße an der Kraftübertragung teilnimmt[4]; die Kraftverteilung unter der Druckplatte hängt in hohem Maße von der Dicke der Druckplatte ab[5].

4. Druckelastizität der Mauerziegel und des Mauerwerks. Die Elastizität von gebrannten Mauerziegeln liegt in weiten Grenzen. Wir fanden den Elastizitätsmodul herunter bis zu $E =$ rd. 100000 kg/cm² bei Steinen mit rd. 300 kg/cm² Druckfestigkeit, bei andern Steinen noch erheblich tiefer. Für Klinker ist E bis 450000 kg/cm² festgestellt worden.

---

[1] Handbuch für Werkstoffprüfung, Bd. III S. 253 u. f.
[2] Fortschritte und Forschungen im Bauwesen, Reihe D, Heft 8.
[3] Fortschritte und Forschungen im Bauwesen, Reihe D, Heft 8.
[4] Bautechn. 4 (1926) S. 229.
[5] Forsch.-Arb. Ing.-Wes. Heft 232, S. 30.

Tabelle 3. *Mauerziegelarten*[1], *Eigenschaften und Kennzeichnung*

	1	2	3	4	5	6	7
		Steinrohwichte		Druckfestigkeit			
Folge	Bezeichnung (Kurzzeichen)	Mittelwert höchstens kg/dm³	größter Einzelwert kg/dm³	Mittelwert mindestens kg/cm²	kleinster Einzelwert kg/cm²	Frostbeständigkeit	Kennzeichen
1	Ziegelarten mit der Steinrohwichte 1,2 kg/dm³ (Mindest-Ziegelvolumen = 3000 cm³ = 1½ NF = 2 DF)						
1.1	Porenziegel PMz 1,2/60	1,2	1,3	60	50	nicht gefordert	nicht gefordert
1.2	Langlochziegel LLz 1,2/60	1,2	1,3	60	50	nicht gefordert	nicht gefordert
1.3	Hochlochziegel A oder B HLz A 1,2/100 HLz B 1,2/100	1,2	1,3	100	80	nicht gefordert	nicht gefordert
1.4	Hochlochziegel A oder B HLz A 1,2/150 HLz B 1,2/150	1,2	1,3	150	120	nicht gefordert	gefordert
2	Ziegelarten mit der Steinrohwichte 1,4 kg/dm³						
2.1	Porenziegel PMz 1,4/100	1,4	1,5	100	80	nicht gefordert	nicht gefordert
2.2	Langlochziegel LLz 1,4/100	1,4	1,5	100	80	nicht gefordert	nicht gefordert
2.3	Hochlochziegel A oder B HLz A 1,4/100 HLz B 1,4/100	1,4	1,5	100	80	nicht gefordert	nicht gefordert
2.4	Hochlochziegel A oder B HLz A 1,4/150 HLz B 1,4/150	1,4	1,5	150	120	nicht gefordert	gefordert
2.5	Vormauer-Hochlochziegel VHLz 1,4/150	1,4	1,5	150	120	gefordert	nicht gefordert
3	Sonstige Ziegelarten						
3.1	Hochlochklinker KHLz 350	1,6	1,7	350	300	gefordert	nicht gefordert
3.2	Vollziegel Mz 100	1,8	1,9	100	80	nicht ge ordert	nicht gefordert
3.3	Vollziegel Mz 150	1.8	1,9	150	120	nicht gefordert	gefordert
3.4	Vormauerziegel VMz 150	1,8	1,9	150	120	gefordert	nicht gefordert
3.5	Vormauerziegel VMz 250	1,8	1,9	250	200	gefordert	nicht gefordert
		Mittelwert mindestens	kleinster Einzelwert				
3.6	Hochbauklinker KMz 350	1,8	1,8	350	300	gefordert	nicht gefordert

[1] Schornstein-Mauerziegel müssen DIN 1057, Kanalklinker DIN 4051, Tunnelklinker z. B. den AIB-Vorschriften der Deutschen Bundesbahn entsprechen. Sonstige Tief- und Straßenbauklinker sind noch nicht genormt.

Tabelle 4
Voraussichtliche Mauerfestigkeit.
Mauerdicke 38 cm; Höhe zu kleinster Querschnittsabmessung $= h/b = 7$;
$e = 10$ kg/cm²

$$K_m = \frac{k_s\left(4 + \frac{1}{10} k_m\right)}{16 + 3\frac{h}{b}} + e$$

Steinfestigkeit	Mit der Mörtelfestigkeit k_m =								
	5 kg/cm² Mörtelgruppe I (Kalkmörtel)			25 kg/cm² Mörtelgruppe II (Kalk- u. Kalkzementmörtel)			100 kg/cm² Mörtelgruppe III (Zementmörtel)		
k_s kg/cm²	K_m kg/cm²	zul σ kg/cm²	K_m:zul σ	K_m kg/cm²	zul σ kg/cm²	K_m:zul σ	K_m kg/cm²	zul σ kg/cm²	K_m:zul σ
25	13	3	4,3	14	5	2,8	19	6	3,2
50	16	4	4,0	19	7	2,7	29	10	2,9
100	22	6	3,7	28	9	3,1	48	12	4,0
150	28	8	3,5	36	12	3,0	67	16	4,2
250	40	10	4,0	54	16	3,4	105	22	4,8
350	53	—	—	71	22	3,2	142	30	4,7

Für die Elastizität des Mauerwerks ist die Nachgiebigkeit der Mörtel wesentlich; Kalkmörtel ist viel nachgiebiger als Zementmörtel.

Der Elastizitätsmodul von Mauerwerk ging bei den bisher in Stuttgart ausgeführten Versuchen unter zulässigen Lasten herab bis $E =$ rd. 4000 (mit Kalkmörtel), und hinauf bis rd. 160000 (mit Zementmörtel). Diese Zahlen fanden sich an Beton- und Ziegelmauerwerk mit 1 bis 1,2 cm Fugenhöhe. Bei größeren Fugenhöhen ist mit größeren Dehnungszahlen zu rechnen.

5. Wasseraufnahme und Wasserabgabe der Mauerziegel. Nach DIN 105, Ausgabe 1941, sollen Mauerklinker nicht mehr als 6%, Hartbrandziegel nicht mehr als 12%, andere Ziegel (Vormauerziegel, Mauerziegel MZ 150 und MZ 100) mindestens 8% Wasser aufnehmen. Diese Begrenzung ist in der Fassung von 1952 nicht mehr enthalten.

6. Schwinden und Quellen der Mauerziegel. Bei Mauerziegeln kann das Schwinden und Quellen größer als bei Natursteinen werden. Beispielsweise fanden wir bei Mauerziegeln mit geringer Festigkeit ein Aufquellen bis 0,19 mm/m.

7. Wärmeausdehnung, Wärmeleitfähigkeit. Gut gebrannte Ziegel zeigen im Vergleich mit manchen Natursteinen (z. B. Granit) eine verhältnismäßig geringe und stetige Wärmeausdehnung[1].

Die Wärmeleitfähigkeit der Ziegel kann naturgemäß sehr verschieden ausfallen; dichte schwere Klinker aus gesintertem Ton leiten die Wärme weit rascher als porige, leichte Ziegel; deshalb sind die Mauerziegel in der letzten Fassung von DIN 105 nach der Rohwichte unterschieden. Nach DIN 4108 sind gemäß dieser Normung für die drei Wärmedämmgebiete die in Tab. 5 genannten Wanddicken nötig. Man kann also im Wärmedämmgebiet II mit den leichtesten Ziegeln 24 cm dicke Außenwände bauen.

8. Über den Schutz von Mauerwerk gegen Feuer. Wenn Mauerwerk hoher Temperatur ausgesetzt wird, so ist damit zu rechnen, daß die Tragfähigkeit bei Temperaturen über 300° erheblich sinkt[2]. Schäden entstehen besonders beim Löschen durch das Abschrecken der heißen Steine. Mauerwerk mit Putzschichten wird dementsprechend wesentlich widerstandsfähiger, weil die Erwärmung und die Abkühlung durch die Putzschichten gehemmt wird. Nach Versuchen von

[1] Näheres Heft 60 des dtsch. Ausschusses für Eisenbeton, 1929.
[2] *Busch:* Diss. Techn. Hochschule Stuttgart 1936.

Kristen[1] sind dabei Kalkmörtel mit 10% Gips besonders geeignet. Vor dem Aufbringen der Putzmörtel sind die Fugen auszukratzen[2].

9. Wetterbeständigkeit der Mauerziegel. Hierzu wird in DIN 105 verlangt, daß wassersatte Mauerklinker, Vormauerziegel *VMz* 250 und *VMz* 150, auch Hochlochklinker *KHLz* 350 und Vormauerhochlochziegel *VHLz* 1,4/150 nach 25-maligem Gefrieren und Wiederauftauen keinerlei Abblätterungen aufweisen, vgl. Tab. 3, Spalte 6. Darüber hinaus ist zu empfehlen, für Mauerteile, die im Winter oft durchnäßt werden und die oft gefrieren und auftauen (Haussockel, Dachaufbauten u. a. m.), Vormauerziegel oder Klinker zu verwenden.

10. Verhalten gegen chemischen Angriff. Gut gebrannte Mauerziegel, insbesondere Vormauerziegel und Klinker, besitzen eine hohe Widerstandsfähigkeit gegen Abwässer, Grundwässer u. dgl. Betonbauwerke werden deshalb mit Mauerwerk aus gebrannten Steinen gegen den Zutritt von angreifenden Wässern geschützt. Selbstverständlich ist ein dauerhafter Schutz durch das Ziegelmauerwerk nur zu erwarten, wenn die Ziegel rißfrei und hinreichend undurchlässig, der Mauermörtel genügend widerstandsfähig und die Fugen dicht sind.

Tabelle 5
Nach DIN 4108 sind in den einzelnen Wärmedämmgebieten den Ziegelarten der Tabelle 4 folgende Außenwand-Mindestdicken zugeordnet (Maße in mm)

Wärmedämmgebiet	Ziegel mit Steinrohwichte 1,2 kg/dm³	Ziegel mit Steinrohwichte 1,4 kg/dm³	Sonstige Ziegelarten (außer Hochbauklinker)
I	240	240	300
II	240	300	365
III	300	365	365

11. Ausblühungen. Nach DIN 105 sollen Vormauerziegel und Hochbauklinker frei von Salzen sein, die das Aussehen der Mauerflächen dauernd beeinträchtigen.

12. Vorschriften für Mauerziegel und Mauerwerk. Die Prüfung der Mauerziegel geschieht nach DIN 105. Weiter sei auf DIN 1058 (Normen für Ringziegel) sowie auf DIN 1056 und 1057 (Bestimmungen für freistehende Schornsteine) verwiesen.

Wegen Mauerwerk vgl. DIN 1053 (Mauerwerk, Berechnung und Ausführung).

B. Dachziegel

Die Dachziegel werden hergestellt

a) als Strangziegel, vom geraden ebenen Tonstrang als ebene Ziegel mit Nase (Biberschwänze nach DIN 453, Pfannen nach DIN 454), ferner in ähnlicher Fertigung als Strangfalzziegel oder

b) als Preßziegel (aus Tonstücken gepreßte Falzziegel, Falzpfannen usw).

Die Beurteilung der Dachziegel hat nach DIN 453, 454, 456 und 52250 zu geschehen. Bei der Anwendung, insbesondere bei der Wahl der Dachneigung, muß ferner auf die örtlichen Erfahrungen Rücksicht genommen werden.

1. Gefüge. Äußeres Aussehen. Maße. Zu Dachziegeln sind sorgfältig aufbereitete Ziegeltone nötig. Das Bruchgefüge soll gleichmäßig feinporig sein. Die Oberfläche der Ziegel soll tunlichst glatt sein, damit das Ansetzen von Moosen gehindert wird und das Wasser rasch abfließt. Die örtlichen Erfahrungen sind zu beachten.

Wegen des Aussehens werden die oberen Flächen der Ziegel nicht selten mit farbigen Tonschichten (Engoben) versehen; diese sollen mit dem Ziegel dauerhaft verbunden sein.

---

[1] *Kristen:* Tonind.-Ztg. 59 (1935) S. 1209.

[2] Weiteres u. a. bei *Menzel:* Proc. Amer. Concrete Inst. 29 (1933) S. 113 (Versuche mit Mauerwerk aus Betonsteinen), ferner Fortschritte und Forschungen im Bauwesen, Reihe B, Heft 4, sowie Reihe D, Heft Baulicher Feuerschutz.

Die Dachziegel sollen ferner regelmäßige Gestalt und regelmäßige Abmessungen aufweisen derart, daß in den Fugen ein genügender Schluß des Daches stattfindet (vgl. DIN 456). Es ist nicht nötig, bei manchen Ziegeln sogar unzweckmäßig, daß die Ziegel scharf geschlossen aufliegen; durch die Lücken, welche bei üblicher Beschaffenheit der Dachziegel entstehen, muß eine so weitgehende Lüftung der Dachräume möglich sein, daß Schwitzwasser, auch das Wasser, welches durch die Ziegel tritt, bald von der durchströmenden Luft weggetragen wird. Biberschwänze erhalten deshalb oft Längsrillen oder Längsrippen.

2. Festigkeit der Dachziegel. Die Ziegel müssen wegen ihrer Beanspruchung beim Transport und im Dach, auch beim Begehen des Daches eine hinreichende Biegefestigkeit aufweisen. Dazu wird in DIN 456 und 52250 verlangt, daß bei Belastung der Ziegel in der Mitte und bei einem Abstand der Auflager von 25 cm eine Mindestlast getragen wird; diese soll bei Biberschwänzen im Mittel aus 5 Versuchen mindestens 50 kg betragen.

3. Wasserdurchlässigkeit. DIN 456 und 52250 verlangen, daß die Ziegel unter einer Wassersäule von 5 cm im Mittel nicht früher als nach 2 Stunden, im Einzelfall frühestens nach $1^1/_2$ Stunden Wassertropfen abfallen lassen. Dabei ist vorausgesetzt, daß die Ziegel entsprechend den örtlichen Erfahrungen verlegt werden. Weiter ist zu beachten, daß die Durchlässigkeit vieler Ziegel, vor allem der süddeutschen Ziegel, im Laufe der Zeit erheblich zurückgeht[1].

4. Wetterbeständigkeit der Dachziegel. Die Dachziegel müssen die übliche Frostprüfung bestehen (vgl. DIN 456). Außer durch oftmaliges Gefrieren der nassen Ziegel treten Schäden auf durch das Auskristallisieren wasserlöslicher Salze, die im Ziegel von vornherein enthalten sind oder die aus Ablagerungen kommen, die, durch das Regenwasser gelöst, in die Ziegel eingedrungen sind. Zur Verhütung solcher Schäden sind die in Betracht kommenden wasserlöslichen Salze im Ziegel zu begrenzen; auch sind die Ziegel so herzustellen und so steil zu verlegen, daß Ablagerungen aus den Hausfeuerungen tunlichst unterbleiben. Die Erfahrung lehrt, daß Ziegel, welche auf wenig geneigten Dächern verlegt werden, eher Schäden aufweisen als gleiche Ziegel auf steilen Dächern.

C. Straßenklinker

Hier gilt sinngemäß das unter A 1, 2, 9 und 10 Gesagte. Für die Pflasterung öffentlicher Straßen, auch für Fußbodenbeläge in chemischen Fabriken werden gebrannte Steine mit hohen Festigkeiten bei Druck- und Biegebelastung, mit hohem Abnutzungswiderstand, mit regelmäßigen Maßen, ohne grobe Brandrisse usw. angeboten. Die Abweichungen von den Sollmaßen sind in engen Grenzen zu halten, damit die Fugenweite tunlichst gleich und eng, die Fahrbahn möglichst eben wird[2].

D. Dränrohre

Die Dränrohre werden zur Entwässerung von Kulturland gebraucht. Dazu gehört u. a. eine genügend glatte Rohrwand und eine für die Verlegung und für den Gebrauch ausreichende Festigkeit. Über die erforderliche Beschaffenheit und über die zur Zeit geltenden Prüfvorschriften gibt DIN 1180 Auskunft.

E. Tonhohlplatten

Vgl. DIN 278 und 52501.

F. Lochziegel für Stahlsteindecken und Stahlbetonrippendecken

Diese werden in mannigfaltigen Formen angeboten; zweckmäßig sind die in DIN 4159 und 4160 angegebenen.

---

[1] Bautenschutz 6 (1935) S. 46, ferner Tonind.-Ztg. 60 (1936) S. 298.
[2] *Krüger:* Fortschritte und Forschungen im Bauwesen, Reihe B, Heft 3, S. 111 bis 127.

G. Kabelschutzhauben

Hierzu sei auf DIN 279 verwiesen.

H. Steinzeugrohre

Die Steinzeugrohre werden aus dicht sinternden Tonen gefertigt. Meist erhalten die Rohre eine Salzglasur. Die Festigkeit des Steinzeugs wird bei sorgfältiger Herstellung sehr hoch (Biegefestigkeit mehr als 200 kg/cm^2, Druckfestigkeit über 2000 kg/cm^2). Für das Bauwesen ist die hohe Widerstandsfähigkeit des Steinzeugs gegen chemische Angriffe wertvoll; daher kommt die Verwendung der Steinzeugrohre zu Abwasserleitungen, zu Einrichtungen der chemischen Industrie usw.

Die Steinzeugrohre werden gerade und im Querschnitt kreisrund (5 bis 100 cm Durchmesser), auch eiförmig oder elliptisch, ferner als Formstücke in mannigfaltiger Gestalt geliefert.

Die Prüfung der Steinzeugrohre erfolgt nach DIN 52150.

J. Platten aus Steinzeug

Zur Auskleidung von Rohren und Betonrohren, die angreifenden Flüssigkeiten ausgesetzt sind und deshalb geschützt werden sollen, dienen Sohlschalen (gewölbte Platten) oder ebene Platten aus Steinzeug. Auch zu Boden- und Wandbelägen werden solche Platten benutzt, wenn die zugehörigen Flächen dem Angriff von Säuren ausgesetzt sind. Wichtig ist dabei die dichte Füllung der Fugen mit geeigneten Stoffen (Bitumen, Wasserglaskitt, fetter Zementmörtel usw., je nach der Aufgabe, die erledigt werden muß).

Ebene gesinterte Steinzeugplatten (Bodenfliesen) sind in Räumen mit starkem Fußgängerverkehr und auch unter Wagenverkehr brauchbar, wenn die Räder Luftbereifung haben. In Schlachthöfen, Verkaufsräumen für Lebensmittel usw. sind als Wandbelag gesinterte und glasierte Platten angezeigt, weil sie im Verkehr und im Frost besonders widerstandsfähig, auch leicht zu reinigen sind. Die Farbgebung kann praktisch beliebig stattfinden.

Die Wandbelagplatten (Wandfliesen) sind meist weiße oder gelbliche, unterhalb der Sintertemperatur gebrannte, mit Glasur versehene Steingutplatten; sie sind in der Regel nicht wetterbeständig. Für Räume, die in Frost kommen, sind frostsichere Platten zu verlangen.

Das Versetzen der Wandplatten muß unter Beachtung der Anleitungen geschehen, welche von der Fliesenberatungsstelle herausgegeben sind. Im übrigen vgl. DIN 1399 und 1400 sowie DIN 18154.

IV. Die Kalke und die Kalkmörtel

A. Einteilung, Bezeichnung und Zusammensetzung der Kalke

Die Kalke werden zu Mauermörteln und Putzmörteln verwendet. Diese sollen schwer entmischbar, auch leicht und zuverlässig verarbeitbar sein, nach dem Erhärten gegen Wasserdurchgang und Wärme dämmen, dabei wasserdampfdurchlässig sein.

Die Zusammensetzung und die Eigenschaften der Kalke sind außerordentlich mannigfaltig. Die Kalke beginnen in der zur Zeit geltenden Abgrenzung mit dem reinen Weißkalk und reichen bis zum Naturzement. Nach DIN E 1060 (1952) werden unterschieden:

a) Kalke, die an der Luft erhärten (Luftkalke), und zwar
1. Weißkalk,
2. Dolomitkalk und
3. Karbidkalk;
b) Kalke, die nach anfänglicher Erhärtung an der Luft unter Wasser erhärten (hydraulisch erhärtende Kalke)
1. Wasserkalk,
2. hydraulischer Kalk HK 25,
3. hochhydraulischer Kalk HK 50 und
4. Romankalk.

Weißkalk wird aus möglichst reinem, kohlensaurem Kalk hergestellt; er zeigt nach dem Löschen zu Kalkteig weiße oder leicht getönte Färbung.

Dolomitkalk wird aus dolomitischen Kalkgesteinen erzeugt; er zeigt im allgemeinen etwas trägeres Löschen; er soll rein weiß oder leicht getönt sein.

Karbidkalk fällt bei der Acetylen-Gewinnung an.

Hydraulisch erhärtende Kalke enthalten lösliche reaktionsfähige Kieselsäure, Tonerde und Eisenoxyd.

Romankalk ist ein hochhydraulischer Kalk mit frühzeitigem Erstarrungsbeginn.

Die Luftkalke kommen in den Handel als Stückkalk (ungelöschter stückiger Branntkalk), als gemahlener Branntkalk (ungelöschter gemahlener Kalk), als Kalkbrei, Kalkteig (eingesumpfter Kalk) und als Löschkalk (pulverförmig gelöschter Kalk).

Die hydraulisch erhärtenden Kalke kommen stets pulverförmig in den Handel; sie sind nur teilweise löschfähig. Romankalk löscht nicht ab.

Pulverförmig gelöschter Kalk darf zur Vermeidung der Klumpenbildung ungelöschte Bestandteile (CaO und MgO) enthalten. Diese Bedingung ist für die Verarbeitung sehr wichtig, weil der Löschkalk vor dem Verarbeiten beim Anmachen nachlöschen muß, wenn Mängel in Wandputzen vermieden werden sollen. Die Kalkwerke haben deshalb Verarbeitungsvorschriften zu geben. Die Festigkeitseigenschaften werden nur für die hydraulisch erhärtenden Kalke geprüft, und zwar wie beim Zement mit genormten Mörteln. Näheres in DIN 1060.

B. Verarbeitbarkeit der Kalke und der Kalkmörtel

Die Kalkmörtel, insbesondere die Weißkalkmörtel, sind beim Verarbeiten im Vergleich mit den Zementmörteln bei gleichem Mischungsverhältnis viel klebriger. Deshalb erfordert Kalkmörtel zur Erlangung eines an der Wand verarbeitbaren Putzmörtels oder eines zu flotter Arbeit geeigneten Mauermörtels weniger Bindemittel als Zementmörtel. Magere Zementmörtel werden durch Beigabe von Kalk besser verarbeitbar gemacht.

Alle Mörtel können durch langes Mischen in schnellaufenden Mischern weniger entmischbar und besser verarbeitbar gemacht werden.

Kalkmörtel halten das Mischwasser länger als Zementmörtel; trockene Mauersteine entziehen das Wasser dem Zementmörtel rascher als dem Kalkmörtel. Diese Eigenschaften sind bei Kalken verschiedener Herkunft verschieden ausgeprägt.

Der Gehalt der Kalkmörtel an Bindemitteln wird praktisch in erster Linie mit Rücksicht auf die Verarbeitbarkeit der Mörtel bestimmt. Klare, gleichkörnige Sande erfordern dabei mehr Kalk als lehmige, gemischtkörnige. Deshalb und wegen der dazu nötigen größeren Anmachwassermenge zeigen Kalkmörtel mit lehmigen Sanden nicht selten zu geringe Festigkeit.

C. Festigkeitseigenschaften der Kalkmörtel

Die Luftkalke liefern im Baumörtel Würfeldruckfestigkeiten von wenigen kg/cm^2, oft etwa 3 bis 6 kg/cm^2 in Alter von 4 Wochen. Die hydraulisch erhärtenden Kalke geben mit ordentlich gekörnten Mörteln Würfeldruckfestigkeiten von etwa 20 kg/cm^2 und mehr.

1. Einfluß der Zusammensetzung der Sande. Die Zusammensetzung der Sande beeinflußt die Größe der Druckfestigkeit, der Zugfestigkeit und der Biegefestigkeit in bedeutendem Maße. Gemischtkörnige Sande, welche nach den Erkenntnissen zusammengesetzt sind, die mit Zementmörtel gewonnen wurden (vgl. unter VII, D, 4, S. 426 usw.), liefern mit Wasserkalken höhere Festigkeiten als gleichkörnige Sande. Nach den gleichen Untersuchungen sind die groben Sande den feinen überlegen[1].

2. Einfluß von tonigen Beimengungen im Sand. Bei der Herstellung von Mörteln sind Sande beliebt, welche erhebliche Mengen Ton oder Lehm enthalten,

[1] *Graf:* Die Baustoffe, 2. Aufl., S. 76/79.

weil mit solchen Sanden weniger Kalk nötig ist, um die Mörtel geschmeidig und leicht verarbeitbar zu machen. Der Verfasser ist der Auffassung, daß gute Mörtelsande, z. B. für Außenputze, nicht mehr als 5% abschlämmbare Bestandteile enthalten sollten.

3. Einfluß der Kalkmenge. Die Kalkmenge wird unter praktischen Verhältnissen selten mit Rücksicht auf die nötige Festigkeit gewählt; in der Regel wird so viel Kalk beigegeben, bis der Mörtel die zum Verarbeiten erforderliche Schmeidigkeit besitzt. Selbstverständlich gehen die Festigkeiten mit abnehmendem Kalkgehalt zurück. Die örtlichen Erfahrungen sind zu beachten.

4. Einfluß der Menge des Anmachwassers. Der Wassergehalt der Mörtel ist von bedeutendem Einfluß auf alle Festigkeiten. Mit zunehmendem Wassergehalt sinken die Festigkeiten.

5. Festigkeit der sog. verlängerten Zementmörtel. Der Kalkzusatz im Zementmörtel bewirkt oft keine wesentliche Festigkeitserhöhung; er hat meist den Zweck, den Zementmörtel mauergerecht, also schmeidig zu machen. Dementsprechend ist der Kalkzusatz auf das für die Verarbeitung nötige Maß zu beschränken. Im übrigen sei auf Bd. 984 der Sammlung Göschen, 4. Aufl., S. 81 verwiesen.

6. Einfluß des Alters. Zur Steigerung der Festigkeit mit dem Alter gehört bei allen Mörteln, auch bei Luftkalkmörteln, dauernd etwas Feuchtigkeit. Wird der Mörtel frühzeitig durch scharfe künstliche Trocknung entwässert, so wird die Entwicklung der Festigkeit gehemmt.

7. Plattenfestigkeit. Die Festigkeit aller Mörtel ist von der Form und Größe der Probekörper abhängig. Deshalb sind unter anderem die in üblicher Weise mit Würfeln ermittelten Druckfestigkeiten nicht ohne weiteres auf die Festigkeiten der Mörtel im Mauerwerk übertragbar. Abb. 14 zeigt dazu, daß die Festigkeit von 2 cm hohen Platten aus Kalkmörtel zum mehr als Achtfachen der Würfelfestigkeit gefunden wurde.

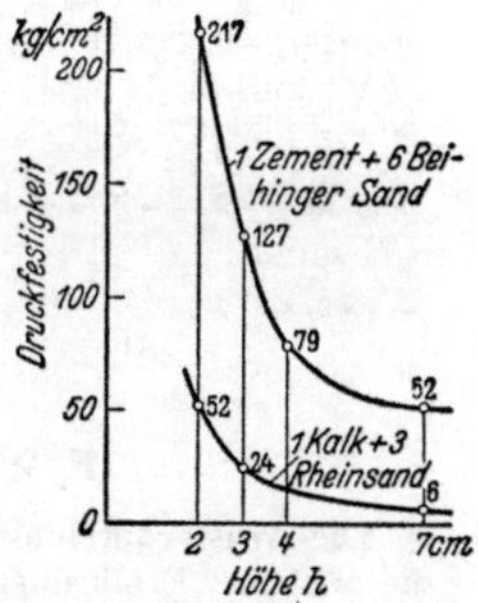

Abb. 14

D. Schwinden und Quellen der Kalkmörtel

Wenn Kalkbrei oder Kalkmörtel austrocknet und erstarrt, so ist meist eine mehr oder minder ausgeprägte Raumverkleinerung zu beobachten. Die anfängliche Raumverminderung des Mörtels vor dem Erstarren, also des noch stark nachgiebigen Mörtels, nennt man Schrumpfen. Die Raumverminderung des erhärteten Mörtels durch Austrocknen wird als Schwinden bezeichnet. Wenn der frisch aufgebrachte Kalkmörtel durch Wind und Sonne oder trockenen Untergrund rasch austrocknet, entstehen Schrumpfrisse. Wenn das Schwinden des erhärteten Mörtels behindert wird, entstehen Zugspannungen im Mörtel, unter ungünstigen Umständen Schwindrisse.

Die Raumänderungen durch das Schrumpfen und durch das Schwinden sind bei den verschiedenen Kalken verschieden; sie sind auch abhängig von der Zusammensetzung des Mörtels; fette Mörtel schwinden mehr als magere; Mörtel, die viel Anmachwasser brauchen, schwinden mehr als solche mit weniger Anmachwasser. Das Schwindmaß wird groß in trockenen Räumen, die im Winter geheizt werden; es bleibt viel kleiner für Mörtel, die der Witterung ausgesetzt sind; auch im Freien treten Unterschiede auf, weil die Witterungsverhältnisse den Grad des Austrocknens der Kalkmörtel beeinflussen[1].

[1] Tonind.-Ztg. 59 (1935) S. 1138 und 1139.

E. Raumbeständigkeit der Kalkmörtel

Wenn wir von Raumbeständigkeit sprechen, so handelt es sich nicht um die Raumänderungen, die unter D besprochen wurden, sondern um zusätzliche Raumänderungen, die den Bestand der Kalkmörtel gefährden. Man hat dabei zwei Bedingungen zu unterscheiden. Die erste betrifft die Bereitstellung von Kalk, der genügend gelöscht ist, damit Zerstörungen, wie sie in Abb. 15 zu sehen sind, nicht stattfinden. Eine solche Nachprüfung kann kurzfristig stattfinden. Vgl. auch DIN 1060.

Aus solchen Erfahrungen ist zu fordern, daß Kalk nicht fabrikfrisch verwendet wird und daß der angemachte Kalkmörtel genügend lange in der Pfanne liegen muß, damit die im Sackkalk unvermeidlichen ungelöschten Teile nachlöschen, ehe der Mörtel verarbeitet wird.

Abb. 15

Weiterhin kommt die Prüfung der Raumbeständigkeit in dem Sinne in Betracht, wie wir sie bei der Prüfung der Zemente verfolgen. Dabei will man erkennen, ob die Zusammensetzung der Kalke derart ist, daß im Laufe längerer Zeit Rißbildungen, Verkrümmungen und sonstige unzulässige Raumänderungen nicht eintreten. Bei den Luftkalken ist dieser Nachweis entbehrlich, bei den hochhydraulischen Kalken und den Romankalken ist er erwünscht.

F. Wasserdurchlässigkeit der Kalkmörtel

Die Wasserdurchlässigkeit der Mörtel ist noch wenig erkundet[1]. Man muß die örtlichen Erfahrungen beachten. Vielfach werden dem Mörtel für Außenputze sog. wasserabweisende Stoffe zugesetzt. Bei der Wahl solcher Mittel ist Vorsicht geboten; ihre dauernde Wirksamkeit sollte einwandfrei vor allem auch durch gleichzeitige Prüfung gleicher Mörtel ohne Zusatz nachgewiesen sein, ehe sie zur Anwendung kommen.

G. Wetterbeständigkeit der Kalkmörtel

Die Zerstörung der Außenputze aus Kalkmörtel beginnt an Orten, die oft vom Wasser getroffen werden und an denen das Abfließen des Wassers gehemmt ist (an den Wänden über vorstehenden Gesimsen usw.), überdies die Mörtel in feuchtem Zustand oftmals gefrieren und auftauen. Deshalb kann der Putz durch weit vorstehende Dächer geschützt werden. Wird auf den Schutz der Putze durch das Dach verzichtet, so ist ein Putz mit hydraulischem Kalk zu empfehlen.

H. Verhalten der Kalkmörtel im Feuer

Putzmörtel sind wertvolle Hilfsmittel zum Schutz von Bauteilen aus Holz, Stahl, Beton usw. gegen die Einwirkung hoher Temperaturen, da damit die Erwärmung der tragenden Bauteile gehemmt wird.

J. Kalk als Zusatz im Beton

Mit fetten Kalken kann die Verarbeitbarkeit des Betons verbessert, auch die Durchlässigkeit verringert werden, wenn dem Sand die staubfeinen Teile fehlen. Dabei kann auch eine kleine Steigerung der Festigkeiten eintreten. Das vorstehende gilt, wenn der Kalkzusatz bis rd. 5% des Sandgehalts beträgt.

---

[1] Bautenschutz 5 (1934) S. 135.

K. Kalksandsteine

Kalksandsteine sind Mauersteine, die aus Quarzsand und gebranntem Kalk nach innigem Mischen in Formen gepreßt, dann unter Dampfdruck erhärtet sind.

Nach DIN 106 müssen lufttrockene Kalksandsteine bei zehn Versuchen eine Druckfestigkeit von mindestens 150 kg/cm² aufweisen; die Einzelwerte dürfen nicht unter 120 kg/cm² liegen.

DIN 106 enthält ferner Forderungen über die Abmessungen der Steine, über ihre Wasseraufnahmefähigkeit und über ihre Frostbeständigkeit.

In neuerer Zeit werden Hohlblöcke auch als Kalksandsteine geliefert; ihre Eigenschaften sind nach DIN 18151 oder nach besonderer Zulassung zu verbürgen.

M. Vorschriften über Kalkmörtel

Maßgebend sind zuerst die Bestimmungen über die bei Hochbauten anzunehmenden Belastungen und über die zulässigen Belastungen der Baustoffe (DIN 1055 und 1053), sodann die technischen Vorschriften für Bauleistungen, aufgestellt vom Verdingungsausschuß (Maurerarbeiten DIN 1963; Putz- und Stuckarbeiten DIN 1964; Estrich- und Fliesenarbeiten DIN 1965; Dachdeckerarbeiten DIN 1971).

V. Die Gipse und die Gipsmörtel

A. Einteilung und Bezeichnung der Gipse

Die Baugipse werden im Bauwesen vorwiegend zu Innenputzen (als Stuckgips, Putzgips, Hartputzgips), ferner zu Bodenbelägen (als Estrichgips) verwendet.

Alle Baugipse entstehen durch teilweises oder vollständiges Austreiben des im natürlichen Gipsstein enthaltenen Kristallwassers[1]. Dazu wird der Gips vor oder während oder nach dem Brennen in einer oder mehreren Stufen gemahlen. Durch Beigabe von Wasser erstarrt der Baugips nach kurzer oder auch längerer Zeit unter Wiederaufnahme von Kristallwasser. Der Versteifungsbeginn kann durch Beigaben beeinflußt werden.

Nach DIN 1168 werden folgende Baugipse unterschieden:

a) Stuckgips, bei verhältnismäßig niederer Temperatur entwässert, geeignet zu Stuck-, Form- und Rabitzarbeiten, zu Glättputzen und zu Gipsbaukörpern.

b) Putzgips, im allgemeinen bei höherer Temperatur als der Stuckgips hergestellt; er soll langsamer als der Stuckgips versteifen. Dieser Gips wird hauptsächlich zu Putzarbeiten verwendet.

c) Hartputzgips, mit besonderem Herstellverfahren erzeugt, soll höhere Festigkeiten als die Stuck- und Putzgipse geben.

d) Estrichgips wird durch Erhitzen auf hohe Temperaturen völlig entwässert; er versteift langsam und erreicht verhältnismäßig hohe Festigkeiten; er wird zu Estrichen, bisweilen auch zu Putzen, Baukörpern usw. verwendet.

e) Marmorgips ist doppelt gebrannter, meist mit Alaun getränkter Gips, zu besonderen Putzarbeiten geeignet, auch zu Fugenmörtel für Wandplatten.

B. Verarbeitung der Gipse

Die üblichen Stuck- und Putzgipse versteifen wenige Minuten nach dem Anmachen mit Wasser. Deshalb werden die Gipsmörtel in verhältnismäßig kleinen Mengen mit reichlicher Wasserzugabe rasch angerührt und mit dem bald einsetzenden Andicken rasch angeworfen, verrieben und geglättet. Dieses Arbeitsverfahren ist anstrengend und technisch mangelhaft, weil der beim Verarbeiten versteifende

[1] Über die Vorgänge, die dabei wesentlich sind, vgl. *Kruis* und *Späth:* Tonind.-Ztg. 75 (1951), S. 341, ferner S. 395.

Gips durch das Verreiben und Glätten an seiner Festigkeitsentwicklung verliert. Man kann u. a. durch Zusätze erreichen, daß das Andicken des Gipsmörtels verzögert und damit die Verarbeitung ohne Hast möglich wird; dadurch kann der Wasserzusatz viel kleiner bleiben; die Festigkeit steigt bedeutend. Dieser Umstand gestattet überdies eine starke Magerung der Mörtel mit Sand.

C. Festigkeitseigenschaften

Die Gipse werden nach DIN 1168 geprüft. Als Versuchskörper dienen Prismen mit den Abmessungen 4 cm × 4 cm × 16 cm, die aus Gipsbrei ohne Sand gefertigt werden. Dabei ist wichtig, daß trockene Proben viel höhere Festigkeiten liefern als solche, die noch Feuchtigkeit enthalten. Die Druckfestigkeit der trockenen Proben fand sich zum Mehrfachen der Festigkeit, die im Alter von 24 Stunden nach Lagerung in feuchter Luft vorhanden ist. Wie bei den Kalk- und Zementmörteln erscheint neben den Gipseigenschaften der Wassergehalt des frischen Mörtels für die spätere Festigkeit entscheidend[1].

DIN 1168 enthält vorläufige Forderungen für die Festigkeit der Stuck- und Putzgipse. Die Normung der Estrichgipse ist in der Vorbereitung.

D. Baukörper aus Gips

Hier ist auf die aus Stuckgips gegossenen Gipsdielen zu Trennwänden, Deckenverschalungen, Dachverschalungen usw. zu verweisen. Vgl. DIN 18163. Auch Bausteine werden aus Stuckgips, meist unter Zugabe von Schlacke, Bims usw. gefertigt.

E. Vorschriften über Gipsmörtel

Hier ist z. Z. nur DIN 1964, Putz- und Stuckarbeiten, zu nennen.

VI. Die Zemente

A. Allgemeines

Die Zemente sind hydraulische Bindemittel, d. h. sie erstarren einige Zeit nach dem Anmachen mit Wasser und erhärten allmählich zu einem steinartigen Gebilde sowohl bei Lagerung unter Wasser als an der Luft, in letzterem Fall nur dann vollwertig, wenn der Mörtel beim Erhärten, namentlich in den ersten Tagen, feucht gehalten wird.

Das deutlich meßbare Erstarren soll — auch im Hochsommer — erst nach ordentlicher Verarbeitung des Zements beginnen. Nach den Normen soll der Erstarrungsbeginn frühestens 1 Stunde nach dem Anmachen des Zementbreis festzustellen sein. Im Straßenbau soll der Erstarrungsbeginn tunlichst nicht vor 2 Stunden eintreten. Das Erstarrungsende, mit dem der Zement durch die Prüfnadel nur noch kleine Eindrücke erfährt, soll bei 18 bis 21° C ausreichend spät, in der Regel nicht vor 4 Stunden und nicht später als nach etwa 12 Stunden eintreten. Beim Arbeiten in niederen Temperaturen ist ein möglichst geringes Zurückbleiben der Erhärtung gegenüber den Verhältnissen bei gewöhnlicher Temperatur erwünscht; bei hohen Temperaturen soll umgekehrt die Beschleunigung begrenzt sein. Nach dem Erstarren soll die Festigkeit im Hochbau möglichst rasch ansteigen, so daß die Festigkeit des Betons in möglichst kurzer Zeit nahe an die Endfestigkeit herankommt.

Der Zementstein soll raumbeständig sein; die Festigkeit soll im Laufe der Zeit nicht zurückgehen, sei es wegen der Beschaffenheit des Zements an sich, sei es infolge Einwirkung von Frost, Flüssigkeiten usw. Schwindrisse im Mörtel und Beton sollen bei sachgemäßer Arbeit vermieden werden können.

---

[1] Weiteres bei *Graf:* Die Baustoffe, 2. Aufl., Stuttgart 1950, S. 121 u. f., ferner bei *Albrecht:* Fortschritte und Forschungen im Bauwesen, 1953, Reihe D, Heft 15.

Inwieweit diese Forderungen erfüllbar sind, hängt von den örtlichen Verhältnissen und dem Stand der Zementtechnik ab.

In Deutschland werden zur Zeit fünf genormte Zementarten, nämlich Portlandzement, Eisenportlandzement, Hochofenzement, Sulfathüttenzement und Traßzement verwendet.

Der Portlandzement ist im § 2 der deutschen Zementnormen (DIN 1164) beschrieben. U. a. ist gesagt:

„Portlandzement wird durch Feinmahlen von Portlandzementklinker erhalten. Portlandzementklinker besteht aus hochbasischen Verbindungen von Kalk mit Kieselsäure (Trikalziumsilikat, Dikalziumsilikat) und hochbasischen Verbindungen von Kalk mit Tonerde, Eisenoxyd, Manganoxyd sowie geringen Mengen Magnesia. Er wird hergestellt durch Brennen bis mindestens zur Sinterung der feingemahlenen und innig gemischten Rohstoffe."

Ferner sind der Magnesiagehalt, der Gehalt an Schwefelsäureanhydrid und der Glühverlust begrenzt. Hieraus erhellt, daß die Zusammensetzung und die Herstellungsart bestimmten Anforderungen genügen müssen, im Gegensatz zu den Verhältnissen bei den Naturzementen.

Der Eisenportlandzement ist ein hydraulisches Bindemittel, das aus mindestens 70% Portlandzement und höchstens 30% granulierter basischer Hochofenschlacke besteht. Der Hochofenzement ist ein hydraulisches Bindemittel, das aus 15 bis 69% Portlandzement und dementsprechend 85 bis 31% basischer Hochofenschlacke besteht. Der Portlandzement und die Hochofenschlacke werden im Fabrikbetrieb miteinander fein gemahlen und hierbei innig gemischt.

Sulfathüttenzement nach DIN 4210 besteht aus mindestens 80% feingemahlener, schnellgekühlter, basischer Hochofenschlacke und feingemahlenem Kalziumsulfat (mindestens 3% SO_3 im fertigen Zement). Dazu dürfen bis zu 4% Erregerstoffe (z. B. Portlandzement) verwendet werden.

Traßzement nach DIN 1167, in der Regel aus 30 Gewichtsteilen normengemäßem Traß und 70 Gewichtsteilen Portlandzement, ist zu Bauteilen geeignet, die beim Gebrauch feucht bleiben, also vorzugsweise zu Wasserbauten und Fundamenten.

Zum Stahlbetonbau und zum Brückenbau dürfen nur die genormten Zemente und hochwertige Tonerdezemente verwendet werden. (Vgl. DIN 1045, § 5, Ziffer 3). Außerdem sind nur Zemente zu benutzen, welche bei der Herstellung unter Normenüberwachung stehen und dementsprechend auf der Verpackung das Normenüberwachungszeichen tragen.

Für Sonderaufgaben (z. B. für schwerbelastete Betonstraßen) sind nur ausgewählte Normenzemente angezeigt.

Wenn es sich ausnahmsweise darum handelt, hochfesten Beton in besonders kurzer Zeit zu erhalten (z. B. für Pfähle), so kommt Tonerdezement in Betracht. Dieser ist nicht genormt, jedoch trotzdem für Stahlbeton zugelassen, da wegen des höheren Preises des Tonerdenzements und wegen des in solchen Fällen unerläßlichen Nachweises der Betonfestigkeit kein Anlaß zu Mißbräuchen vorliegt. Auch müssen für den Tonerdezement Nachweise vorliegen, daß er in den jeweils maßgebenden Eigenschaften den Normenzementen Z 425 nicht nachsteht[1].

B. Chemische Zusammensetzung der Zemente

Tab. 6 enthält Angaben über die chemische Zusammensetzung der deutschen Zemente. Man sieht daraus, daß der Kalkgehalt im Eisenportlandzement allgemein kleiner ist als im Portlandzement; bei dem Hochofenzement ist der Kalkgehalt noch kleiner. Auch sonst sind deutliche Merkmale für die Unterscheidung dieser drei Normenzemente vorhanden. Von den Tonerdezementen wird in Deutschland zur Zeit nur eine Marke hergestellt; die Angaben in der Tab. 6 beziehen sich auf diesen Zement.

[1] Beton u. Eisen 33 (1934) S. 156, sowie *Graf:* Die Eigenschaften des Betons, Berlin 1949, S. 12, 25 und 117.

Tabelle 6. *Analysen von Handelszementen* (*Grenzwerte*)

1	2	3	4	5
Bestandteil	Portlandzement	Eisenportlandzement	Hochofenzement	Tonerdezement
SiO_2	18 bis 24	20,5 bis 26,5	25,5 bis 31,5	4 bis 8,5
Al_2O_3	4 bis 8	6 bis 10,5	8 bis 17	42 bis 50
Fe_2O_3[1]	0,5 bis 6	1,5 bis 3,5	0,5 bis 2,5	0,3 bis 1,5
CaO	60 bis 68	54,5 bis 62	41,5 bis 55	39 bis 44
MgO	1 bis 5	1,5 bis 5	1,5 bis 7	0,5 bis 2,5

Die Auffassungen über die zweckmäßigste Zusammensetzung der Zemente, sei es für den allgemeinen Bedarf oder für bestimmte Bauaufgaben, sind in Deutschland in lebhafter Entwicklung. Die chemische Analyse allein gibt keinen vollen Aufschluß. Dem Verbraucher zeigt sie, wenn besondere Vereinbarungen nicht vorliegen, ob die Normen oder andere zusätzliche Bedingungen eingehalten sind und ob der Zement eine Zusammensetzung aufweist, die in den üblichen Grenzen liegt oder davon abweicht.

Mit sehr geringem F_e -Gehalt entstehen weiße Portlandzemente.

C. Gefüge des Zementklinkers

Zur Beurteilung des Zements wird in neuerer Zeit mehr und mehr die Aufteilung nach den genormten Klinkermineralien herangezogen, wobei[2] man sich bewußt ist, daß diese Bestandteile weder im reinen Zustand, noch in der berechneten Menge im technischen Klinker wirklich vorzukommen brauchen. Rechnungsmäßig setzt sich ein Portlandzement danach aus etwa 40 bis 90% $CaO \cdot SiO_2$, 5 bis 50% $2CaO \cdot SiO_2$, 0 bis 15% $3CaO \cdot Al_2O_3$ und 5 bis 15% $4CaO \cdot Al_2O_3 \cdot Fe_2O_3$ zusammen. Das Gefüge des unter technischen Bedingungen erbrannten Portlandzements besteht nach unseren heutigen Kenntnissen aus Mischkristallen mit den Gittern von $3CaO \cdot SiO_3$, $\beta-$ und α' $-2CaO \cdot SiO_2$, $3CaO \cdot Al_2O_3$ und Kristallen der Mischungsreihe von $m \cdot (2CaO \cdot Al_2O_3) + (2CaO \cdot Fe_2O_3)$, wobei als aluminatreichster Mischkristall die Verbindung $6CaO \cdot 2Al_2O_3 \cdot Fe_2O_3$ angesehen wird.

Der technische Klinker ist infolge der sehr langsam verlaufenden Silikatreaktionen nach dem Brennvorgang meist noch nicht im Gleichgewichtszustand. Es können z. B. Glasphasen, die aus der glasig erstarrten Restschmelze des bei Sintertemperatur teilweise flüssigen Klinkers entstanden sind, noch etwas freien Kalk enthalten.

Man weiß heute, daß hoher rechnerischer Gehalt an $3CaO \cdot SiO_2$ hohe Anfangsfestigkeiten, an $\beta-2CaO \cdot SiO_2$ eine stetige Nacherhärtung ergeben, sofern sie im Gefüge vorhanden sind. Viel $3CaO \cdot Al_2O_3$ ergibt eine höhere Hydratationswärme und geringere Sulfatbeständigkeit als geringer Gehalt an dieser Verbindung unter sonst gleichen Bedingungen.

D. Feinheit der Mahlung der Zemente

Nach den Zementnormen sollen die in DIN 1164 beschriebenen Zemente auf dem Sieb 0,09 (DIN 1171) mit 4900 Maschen auf 1 cm^2 höchstens 20% Rückstand hinterlassen, Traßzement nach DIN 1167 nur 8%.

Die Mahlfeinheit nimmt unter sonst gleichen Verhältnissen erheblichen Einfluß auf die Festigkeitseigenschaften der Mörtel und des Betons[3]. Auch das Schwinden und Quellen der Mörtel wird durch die Mahlung des Zements geändert. Es hat sich ferner gezeigt, daß die gut gebrannten Portlandzemente nach feiner Mahlung Mörtel liefern, die geringere Wasserdurchlässigkeit aufweisen als Mörtel mit

[1] FeO bei Hochofenzement und Tonerdezement.
[2] Nach Mitteilungen von Herrn Dr. *Keil*, Düsseldorf.
[3] Entwurf und Berechnung von Eisenbetonbauten, Bd. 1, Stuttgart 1926, S. 10 u. 11.

gleichen Zementen gröberer Mahlung. Nicht zuletzt wird die Verarbeitbarkeit durch die Mahlfeinheit des Zements beeinflußt.

Wenn man den Einfluß der Mahlung der Zemente tiefgehend verfolgen will, ist die gesamte Kornverteilung der Zemente zu untersuchen; die übliche Trennung auf Sieben ist nicht ausreichend.

E. Raummetergewicht der Zemente

Das Raummetergewicht der Zemente ist in hohem Maße von der Art des Einfüllens abhängig, außerdem für verschiedene Zemente verschieden, u. a. bei feiner gemahlenen Zementen im allgemeinen kleiner. Weiter ist das Raummetergewicht von der Größe und Gestalt der Meßgeräte abhängig.

Diese Verhältnisse gaben schon vor langer Zeit Anlaß, zu empfehlen, den Zementgehalt des Betons nach Gewicht, und zwar in Kilogramm für 1 m^3 fertigen Beton zu bemessen, vgl. DIN 1045, § 8, 2. Wenn anders verfahren wird, so sind große Schwankungen des Zementgehalts des fertigen Betons zu erwarten.

F. Erstarrungsbeginn. Erstarrungsende

Der Erstarrungsbeginn von normal bindendem Zement soll bei 18 bis 21° nicht früher als 1 Stunde nach dem Anmachen eintreten. Für Sonderaufgaben (z. B. für den Betonstraßenbau) wird eine längere Zeitspanne verlangt.

Die Art der Bestimmung des Erstarrungsbeginns ist in DIN 1164, § 24 ausführlich beschrieben. Zur vorläufigen Bestimmung des Erstarrungsbeginns dient die Beobachtung der Erstarrung von Zementkuchen durch Eindrücken einer Bleistifthülse, vgl. DIN 1164, § 24a.

Wenn die Erhärtung des Zements vor der Verarbeitung des Betons beginnt, kann die Entfaltung der Festigkeitseigenschaften des Zements beeinträchtigt werden. Um solchen Vorkommnissen zu begegnen, empfiehlt es sich, aus eingehenden Zementlieferungen fortlaufend Proben zu entnehmen und, wie soeben beschrieben, behelfsmäßig an Kuchen zu prüfen. Diese Prüfung vor der Verarbeitung des Zements auszuführen, ist nach den Lieferungsbedingungen des Deutschen Zementbunds eine Pflicht des Käufers.

Der Abbindeversuch soll nach den Normen bei 18 bis 21° mittlerer Temperatur des Zements, des Wassers und der Luft vorgenommen werden, was bei Beurteilung von Ergebnissen aus solchen Versuchen für die Bauausführung wichtig ist, weil mit Abnahme der Temperaturen die Bindezeit länger, mit Zunahme der Temperatur kürzer wird. In Sonderfällen (Betonstraßenbau) erfolgt die Prüfung im Sommer zusätzlich bei 30 bis 35° C.

Für Sonderfälle (Dichtung im fließenden Wasser, Bauen bei tiefen Temperatur u. a. m.) werden schnellbindende Zemente gefordert. Die *Beschleunigung des Abbindens* kann durch Zusätze (Calciumchlorid, Tricosal, Sika u. a.) veranlaßt werden. Dabei ist es nötig, vor der Anwendung von Zusätzen durch Versuche die geeigneten Zemente und Zusatzmengen zu erkunden, wobei die Temperaturen wirken sollen, welche bei der beabsichtigten Anwendung zu erwarten sind[1].

G. Festigkeitseigenschaften

1. Druckfestigkeit nach DIN 1164[2]. Dazu wird weich angemachter Mörtel aus 1 Gewichtsteil Zement, 1 Gewichtsteil Normensand I (fein), 2 Gewichtsteilen Normensand II (grob) und 0,6 Gewichtsteilen Wasser benutzt. Die Prüfkörper sind Prismen mit den Maßen 4 cm × 4 cm × 16 cm, an denen die Biegefestigkeit bestimmt wird (Auflagerentfernung 10 cm, eine Last in der Mitte); die dabei entstehenden Reststücke werden zur Feststellung der Druckfestigkeit verwendet (Größe der Druckfläche $6{,}25 \times 4 = 25\ cm^2$).

[1] Zement 14 (1925) S. 213, sowie Beton u. Eisen 26 (1927) S. 244.
[2] *Graf:* Die Eigenschaften des Betons, Berlin 1950, S. 5.

Die Druckfestigkeit der Prüfmörtel soll nach Wasserlagerung betragen

im Alter von	1	3	7	28 Tagen
für die Güteklasse 1 (Z 225)	—	—	110	225 kg/cm²
für die Güteklasse 2 (Z 325)	—	150	225	325 kg/cm²
für die Güteklasse 3 (Z 425)	100	300	360	425 kg/cm²

Diese Mindestwerte werden mit Z 225 und Z 325 oft erheblich übertroffen.

Die Druckfestigkeit der Prüfmörtel ist unter sonst gleichen Verhältnissen für die Druckfestigkeit des Betons maßgebend, vgl. Abb. 16.

2. Biegezugfestigkeit nach DIN 1164. Die Biegezugfestigkeit fand sich bei 28 Tage alten Prismen nach Wasserlagerung zu 50 bis 120 kg/cm²[1]; sie soll betragen

im Alter von	1	3	7	28 Tagen
für Z 225	—	—	25	50 kg/cm²
für Z 325	—	30	40	60 kg/cm²
für Z 425	25	50	60	70 kg/cm²

3. Biegezugfestigkeit der Prismen zu 1. und 2. während des Austrocknens und während des Durchfeuchtens. Man weiß seit langer Zeit, daß die Biegefestigkeit der Zementmörtel beim Austrocknen vorübergehend zurückgeht, u. a. weil das Schwinden allmählich von außen her einsetzt und damit zuerst am Rande des Querschnitts Schwindspannungen (Zugspannungen) auftreten, welche den Widerstand gegen äußere Kräfte verringern. Die dabei auftretende Einbuße der Biegezugfestigkeit ist in erheblichem Maß vom Zement abhängig. Die Größe der Einbuße ist unter sonst gleichen Umständen ein praktisch wertvolles Kennzeichen der Güte der Zemente für Zementwaren, Betonstraßen usw.[2].

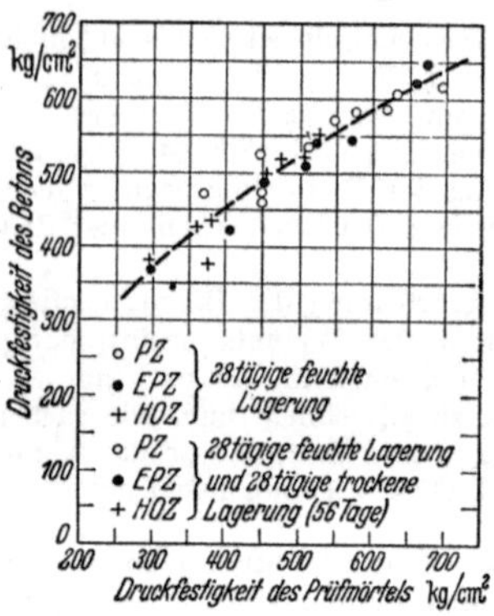

Abb. 16

Auch beim Durchfeuchten trockener Prismen kann ein Festigkeitsabfall eintreten[3].

4. Zunahme der Festigkeit mit dem Alter. Für den Zementverbraucher ist es nicht selten wichtig zu wissen, ob der Zement über die für 28 Tage gewährleisteten Zahlen hinaus im Laufe der Zeit erhebliche Steigerungen der Festigkeiten liefern wird. Dieses Mehr wird in der Regel mit feiner gemahlenem Zement verhältnismäßig kleiner als mit gröber gemahlenem.

H. Schwinden und Quellen beim Abbinden des Zements und später

Mit hohem Wasserzusatz angemachter Zementbrei, wie er im Beton für Stahlbetonbauten nötig ist, schrumpft beim Abbinden, allerdings ohne dabei auf eingebettete Eisen bemerkenswerte Kräfte auszuüben. Die Größe des Schrumpfens ist abhängig vom Zement, der Menge des Anmachwassers, der Temperatur des Betons usw. Bei warmem, trockenem, windigem Wetter sind auf Bauteilen verschiedener Art Schrumpfrisse beobachtet worden, meist bei Verwendung frischer Zemente.

Nach dem Abbinden *schwindet* der Zement, wenn Austrocknen stattfinden kann; der abgebundene Zement quillt, wenn er feucht gehalten wird. Das Maß des Schwindens und Quellens, welches verschiedene Zemente unter sonst gleichen Verhältnissen erfahren, unterscheidet sich erheblich. Dabei ist die chemische Zusammensetzung des Zements, sein Herstellungsgang usw. beteiligt. Zur vergleichsweisen einheitlichen Feststellung des Schwindmaßes dient das in DIN 1164, § 26, angegebene Verfahren. Allerdings muß dazu bemerkt werden, daß damit noch kein vergleichender Aufschluß über das Schwinden des Betons oder gar der Schwindspannungen gegeben ist[4].

[1] Zement 25 (1936) S. 549.
[2] *Graf:* Z. VDI 80 (1936) S. 1129, sowie Zement 25 (1936) S. 555.
[3] Forschungsarbeiten aus dem Straßenwesen Bd. 27, 1940, S. 25.
[4] Vgl. Tagungsberichte der Zementindustrie, Heft 3 (1950) S. 55 bis 63.

J. Raumbeständigkeit der erhärteten Zemente

Zemente mit zu hohem Kalkgehalt oder mit zuviel Magnesia oder mit sehr viel Gips sind nicht raumbeständig, d. h. der erhärtete Zement zerfällt im Laufe der Zeit.

Die Feststellung der technischen Raumbeständigkeit erfolgt nach den Zementnormen mit Kuchen aus Zementbrei (Durchmesser 8 bis 10 cm, Dicke in der Mitte 1 bis 1,5 cm). Die Kuchen sollen 1 Tag in feuchter Luft, 27 Tage unter Wasser aufbewahrt werden. Kuchen, deren untere Fläche (auf ebenen Glasplatten, am besten auf Spiegelglas herzustellen) im Alter von 28 Tagen oder früher Verkrümmungen aufweisen oder gar Kantenrisse, Netzrisse, Abblätterungen usw. zeigen, gelten nicht als raumbeständig.

Die soeben beschriebene Prüfung der Raumbeständigkeit der Zemente kann bei Bauausführungen in der Regel nicht abgewartet werden. Es sind deshalb noch andere Prüfverfahren entstanden, die in kürzerer Zeit Aufschluß bringen sollen. Normengemäß hergestellte Kuchen sind nach dem Abbinden, 24 Stunden nach dem Anmachen, in einem mit Leitungswasser frisch gefüllten Behälter auf besondere Unterlagen zu legen; dann ist das Wasser in etwa 15 Minuten zum Sieden zu bringen. Nach zweistündigem Kochen dürfen die Kuchen weder Risse noch Verkrümmungen zeigen, auch sonstige Anzeichen des Zerfalls nicht erkennen lassen.

K. Anlieferungszustand der Zemente. Lagerbeständigkeit der Zemente

1. Warme Zemente. Sehr oft wird die Frage gestellt, ob warme Zemente (z. B. mit Temperaturen von 30 bis 80°) schlechter seien als Zemente mit 10 bis 30° C. An sich scheint die Temperatur des Zements von untergeordneter Bedeutung, wenn die Verarbeitung sachgemäß geschieht, d. h. wenn der frische Beton gewöhnliche Temperatur (höchstens 25°C) aufweist. Wichtiger ist, ob der warme Zement, der als frisch gemahlener Zement ankommt, aus frischen Klinkern entstanden ist, die nicht gekühlt und abgelagert waren, oder ob die Temperatur des Zements lediglich beim Mahlen entstanden ist. Auf alle Fälle wird empfohlen, bei wichtigen Bauten Zemente zu verwenden, die mindestens 1 Woche gelagert sind.

2. Gleichmäßigkeit. Wesentliche Merkmale für die Güte der Zemente sind die Gleichmäßigkeit der Eigenschaften des Erzeugnisses während langer Zeit und die fortdauernde allmähliche Steigerung seiner Güte.

3. Lagerbeständigkeit. Versuche mit Portlandzement, Eisenportlandzement und Hochofenzement, auch mit Tonerdezement, haben gezeigt, daß — soweit es sich um Zemente aus neuerer Zeit handelt, die den heutigen guten Handelszementen entsprechen — trockene Lagerung (Lagerung im Silo der Zementfabrik, Lagerung in Sackstapeln in trockenen Räumen), auch mehrmonatige Lagerung in einzelnen Säcken in trockenen Arbeitsräumen auf die Festigkeitseigenschaften der Zemente ohne wesentlichen Einfluß bleibt. Hat längere Lagerung in Sackstapeln stattgefunden und ist der Zement dabei knollig geworden, so ist Nachprüfung des Zements angezeigt.

Erfolgt die Lagerung in Schuppen, so ist eine sorgfältige Verwahrung gegen Regen und Wind unerläßlich. Soll die Lagerung im Schuppen mehrere Monate dauern, so sind die Säcke allseitig, also auch nach unten, mit Dachpappe u. dgl. zu schützen. Noch besser ist die Verwendung von Säcken aus bituminiertem Papier oder von festen Behältern.

L. Verhalten der Zemente gegen chemische Angriffe[1]

Fast alle Säuren (Schwefelsäure, Salzsäure, Essigsäure usw.), viele Lösungen von Salzen, namentlich die Sulfate, dann Magnesiumchlorid, Ammoniumsalze, tierische und pflanzliche Fette u. a. m. greifen den erhärteten Zement an. Dabei ist zu beachten, daß das Verhalten verschiedener Zemente gegenüber verschiedenen angreifenden Flüssigkeiten nicht gleichwertig ist, auch nicht allgemein von der Zementsorte abhängt, in wichtigen Fällen von der Zementmarke bedingt ist. Weiteres unter VII P.

[1] *Graf:* Bauschäden und ihre Verhütung. Stuttgart 1954.

M. Vorschriften für die Lieferung, Abnahme und Verwendung der Zemente

In erster Linie sind die deutschen Normen für Portlandzement, Eisenportlandzement und Hochofenzement (DIN 1164) zu beachten, auch DIN 1167 (Traßzement) und DIN 4210 (Sulfathüttenzement), dann DIN 1045, 1046, 1047, das sind die Teile A, B und C der Bestimmungen des deutschen Ausschusses für Stahlbeton, schließlich die Teile N und O der genannten Bestimmungen, die für Betonbauten in angreifenden Wässern gelten.

VII. Zementmörtel und Beton

A. Allgemeines

Die Zusammensetzung des Zementmörtels oder des Betons einer Säule, einer Eisenbetondecke, eines Betonwerksteins, einer Gehwegplatte, eines Brückenbogens, einer Betonstraße, wird in der Regel als zweckmäßig angesehen, wenn der Bauteil hinreichend dauerhaft und zweckentsprechend mit einem Mindestaufwand an Stoff und Arbeit erstellt wird. Was als dauerhaft und zweckmäßig anzusehen ist, muß von Fall zu Fall vereinbart werden; bevor ein Bauwerk begonnen wird, ist deshalb festzulegen, welche Eigenschaften für den Mörtel und für den Beton im ganzen oder in einzelnen Baugliedern zu fordern sind: Druckfestigkeit, Biegefestigkeit, Wetterbeständigkeit, Wasserundurchlässigkeit bei einem bestimmten Wasserdruck, Widerstand gegen Abnützung durch gewisse Fahrzeuge usw., Rostschutz des einbetonierten Eisens unter bestimmten örtlichen Verhältnissen usw. In den Bauvorschriften sind hierzu mancherlei Anleitungen, auch viele zahlenmäßige Begrenzungen gegeben. Darüber hinaus ist es geboten, durch Überlegung zu prüfen, ob damit das Erforderliche geschieht oder ob zusätzliche Maßnahmen angezeigt sind.

Der Bauausführende hat die Aufgabe, die zahlenmäßig geforderten Eigenschaften zu gewährleisten. Die Betoneigenschaften lassen sich weitgehend beherrschen, wenn man die heute vorhandenen Erkenntnisse benutzt.

B. Über die Bedingungen für die Herstellung von Beton mit bestimmten, gleichmäßigen Eigenschaften

Wenn die Druckfestigkeit eines Bauteils im Alter von 28 Tagen 400 kg/cm² sein soll oder wenn für den Beton einer Betonfahrdecke gefordert wird, daß seine Biegefestigkeit im Alter von 28 Tagen 45 kg/cm² sein muß, so sollen diese Grenzwerte an keiner Stelle unterschritten werden; der untere Grenzwert kann nahe dem Sollwert liegen. Je enger die Grenzen bei der Bauausführung zustande kommen, um so besser beherrscht der Bauausführende seine Aufgabe. Es ist überaus mangelhaft, wenn die Sollwerte an einzelnen, wenn auch wenigen Stellen, weit unterschritten werden, im übrigen oft viel höher liegen. Auf einer technisch gut geleiteten Baustelle wird der Werkstoff Beton in den notwendigen Grenzen beherrscht; dazu gehört eine zuverlässige Vorbereitung der Baustoffe Sand, Kies usw. in Korngruppen, die sich bei einzelnen Lieferungen nur unerheblich unterscheiden; ferner sind Meßeinrichtungen nötig, welche die Zusammensetzung des Betons mit kleinen Fehlern besorgen (dies geschieht am besten durch Wiegen der Bestandteile bei der Entnahme aus großen Behältern); die Verarbeitung des Betons muß durch die ganze Masse gleichwertig erfolgen. Vgl. dazu die Bestimmungen A bis D des Deutschen Ausschusses für Stahlbeton (DIN 1045 bis 1048), die Vorschriften für massive Brücken (DIN 1075), ferner die Vorschriften über Belastungen und Beanspruchungen im Hochbau (DIN 1055), sowie Bautechnik 19 (1941), S. 178. Ferner sei auf die Richtlinien der Forschungsgesellschaft für das Straßenwesen verwiesen.

C. Eignungsprüfung

Wer die Lieferung von Beton mit bestimmten Eigenschaften gewährleisten will, hat vor der Bauausführung festzustellen, wie der Beton zusammengesetzt und verarbeitet werden muß. Fehlen geeignete Unterlagen, so muß eine Eignungsprüfung gemacht werden.

Der Zweck der Eignungsprüfung ist, *vor* Baubeginn aus den in Betracht kommenden Baustoffen (Zement, Sand, Kies usw.) einen gut verarbeitbaren Beton mit den jeweils verlangten Eigenschaften zu entwickeln. Es ist deshalb nötig, die Eignungsprüfung so zeitig wie möglich durchzuführen.

Selbstverständlich ist zu sorgen, daß die Bedingungen, die sich aus der Eignungsprüfung ergeben, bei der Bauausführung streng beachtet werden. Dementsprechend ist bei der Eignungsprüfung auch zu erkunden, ob die Lieferung der gewählten Stoffe gemäß der Probe möglich, ob die geplante Verarbeitung des Betons eingehalten werden kann, u. a. m.

Der Gang der vornehmlich in Stuttgart entwickelten Eignungsprüfung ist in der Anweisung für den Bau der Betonfahrbahndecken, Ausgabe 1939, S. 61f. beschrieben. Weiteres vgl. unter U, S. 441.

D. Die Druckfestigkeit des Zementmörtels und des Betons

Die Größe der Druckfestigkeit ist in hohem Maße abhängig von den Eigenschaften des Zements, vom Zementgehalt, von der Menge und der Beschaffenheit des Sands und der groben Zuschläge, vom Wassergehalt des Betons zur Zeit der Verarbeitung, von der Art der Verarbeitung, von der Behandlung beim Abbinden und später.

Tabelle 7. *Einfluß der Menge der Zuschläge unter Beibehaltung des Mörtels*

1	2	3	4
Reihe	Bezeichnung nach früher landesüblicher Art	Zusammensetzung des Betons	Würfelfestigkeit des Betons im Alter von 28 Tagen
1	1 : 2	140 kg Zement, 200 l Rheinsand	360
2	1 : 3	140 kg Zement, 200 l Rheinsand, 100 l Kalksteinschotter (Jura)	379
3	1 : 4	140 kg Zement, 200 l Rheinsand, 200 l Kalksteinschotter	399
4	1 : 6	140 kg Zement, 200 l Rheinsand, 400 l Kalksteinschotter	405

1. Zement. Die Druckfestigkeit des Zementmörtels und des Betons steht nach den bisherigen Beobachtungen hinreichend in unmittelbarer Beziehung zur Druckfestigkeit des Prüfmörtels nach DIN 1164[1] (vgl. unter VI, S. 422).

2. Zementgehalt[2]. Die Druckfestigkeit steigt nach Abb. 16a mit Zunahme des Zementgehaltes, sofern der Anteil des Mörtels im Beton gleichbleibt, der Anteil des Zements im Mörtel wächst und die Steife des Betons unverändert gehalten wird. Wird der Mörtel beibehalten und nur die Menge der Zuschläge vergrößert oder verkleinert, so ändert sich die Festigkeit nur unerheblich, solange der Mörtel ausreicht, die groben Stücke zu umschließen, vgl. Tab. 7.

Tabelle 7a. *Einfluß der Menge des Sandes im Beton*

Weich angemachter Beton. Alter: 28 Tage. Lagerung: 7 Tage unter feuchten Tüchern, dann trocken.

Sand : Kies Gewichtsteile)	Druckfestigkeit kg/cm²	Zement in 1 m³ Beton kg	Rohwichte kg/dm³
Beton aus hochwertigem Portlandzement und Kiessand vom Rhein			
1 : 2	259	276	2,32
2 : 3	237	273	2,30
1 : 1	222	272	2,26
3 : 2	159	272	2,20

[1] Beton u. Eisen 38 (1939) S. 163.

[2] Aus besonderen Gründen (z. B. Rostschutz der Stahleinlagen oder Wasserdurchlässigkeit des Betons) kann eine untere Grenze des Zementgehalts nötig sein, die höher liegt als der für die Festigkeit erforderliche Zementgehalt.

3. Mischungsverhältnis im allgemeinen. Mörtelgehalt des Betons.

Maßgebend für die Druckfestigkeit des Betons ist die Mörtelfestigkeit, wie die Tab. 7 und 7a nachweisen. Diese Feststellung ist selbstverständlich nur gültig wenn die Zuschlagstoffe größere Festigkeit als der Mörtel aufweisen und insoweit die Masse des Mörtels ausreicht, um die groben Stücke allseitig zu umschließen.

Da die Mörtelfestigkeit für die Betonfestigkeit entscheidend ist, muß die noch nicht überall aufgegebene Bezeichnung des Mischungsverhältnisses, die Sand und Zuschläge zusammenfaßt (z. B. Tab. 7, Spalte 2), als irreführend bezeichnet werden.

Wird der Zement nach Raumteilen bemessen, so ist mit erheblichen Schwankungen des Zementgehalts der Mischungen zu rechnen[1]. Vgl. auch unter VI, E.

4. Kornzusammensetzung und Kornform des Sandes. Weitgehende Ausnützung der Bindemittel wird erreicht, wenn die Kornzusammensetzung des Mörtels im Beton etwa den Verhältnissen entspricht, die in Abb. 17 zeichnerisch dargestellt sind. An Abb. 17 gilt der ausgezogene Linienzug für Flußsande und

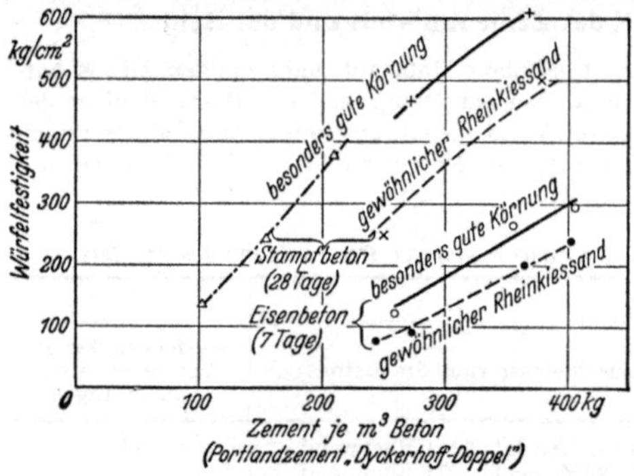

Abb. 16a

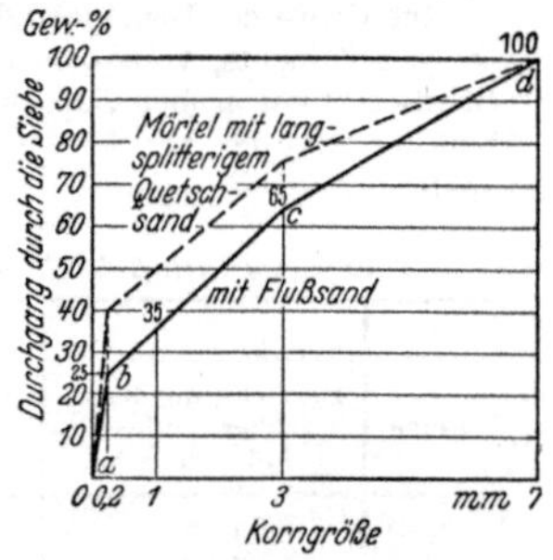

Abb. 17

Moränesande. Er besagt, daß vom gesamten Mörtel 25% durch das Sieb mit 0,2 mm Maschenweite (900 Maschen auf 1 cm²) fallen sollen; durch das Sieb mit 1 mm Lochdurchmesser sollen 35% und durch das Sieb mit 3 mm Lochdurchmesser 65% gehen. Die obere Grenze des Mörtels ist durch das Sieb mit 7 mm Lochdurchmesser gegeben. Liegt der Linienzug der Mörtel mit Flußsanden und Moränensanden über oder unter *a b c d*, so wird die Festigkeit kleiner als bei einer Kornzusammensetzung nach dem ausgezogenen Linienzug.

Für Mörtel mit Quetschsanden gilt der obere gestrichelte Linienzug der Abb. 17. Hiernach müssen Mörtel mit Quetschsanden mehr feine Teile enthalten, um unter sonst gleichen Verhältnissen die beste Ausnützung des Bindemittels zu erlangen. Ferner ist zu beachten, daß Mörtel mit natürlichen Sanden besser verarbeitbar sind als Mörtel mit Quetschsanden. Deshalb wird beispielsweise für die Betonfahrdecken der Autobahnen verlangt, daß die Sande, welche durch das Sieb mit 3 mm Lochdurchmesser fallen, tunlichst natürliche Sande sind.

Die Sieblinie nach Abb. 17 kann auch zur Beurteilung der Wirkung von Traß, Quarzmehl usw. herangezogen werden, soweit es sich um die Druck- und Biegefestigkeit handelt. Eine Steigerung der Festigkeit durch den Zusatz von Steinmehlen ist zu erwarten, solange die Sieblinie der Flußsandmörtel mit den feinen Teilen unter dem Linienzug *a b c d* der Abb. 17 liegt[2].

5. Einfluß der Beschaffenheit von Kies und Schotter. Die Stufung der Korngrößen der Zuschläge, die auf dem Sieb mit 7 mm Lochdurchmesser liegenbleiben, hat untergeordnete Bedeutung.

---

[1] Bauing. 7 (1926) S. 398f., sowie *Graf:* Die Eigenschaften des Betons. Berlin 1950, S. 52, sowie S. 220.

[2] *Graf:* Die Eigenschaften des Betons. Berlin 1950, S. 83.

Lose geschütteter Kies, 7/30 mm, weist rund 40 bis 45% Hohlräume auf, lose geschütteter Schotter 45 bis 60%. Infolgedessen muß Schotterbeton mehr Mörtel enthalten als Kiesbeton, wenn die groben Steine eben noch allseitig vom Mörtel umhüllt werden sollen. Die Oberflächenbeschaffenheit und die Form der groben Stücke beeinflussen die Verarbeitbarkeit des Betons; Beton mit glattem Rollkies läßt sich leichter, zuverlässiger einbringen als Beton mit rauhem, langsplitterigem Schotter.

Für Beton, der besonders gute Eigenschaften aufweisen soll, z. B. für Straßenbeton, ist die Verwendung flacher, langer Stücke auszuschließen. Das Verhältnis der Länge zur Breite und Dicke der Körner ist noch gut, wenn im Mittel aus Messungen an mindestens 50 Stücken die Verhältniszahlen 1 : 0,6 : 0,25 nicht unterschritten werden[1]. Näheres über die Messung der Kornform in DIN 51991.

Die Festigkeit des Betons wird unter sonst gleichen Umständen mit glatten Kiesen kleiner als mit rauhen, kantigen Stücken; jedoch kann beim Kiesbeton der Wasserzusatz kleiner gewählt werden, weil er leichter verarbeitbar ist; dadurch wird der Unterschied der Festigkeiten, soweit er auf die Oberflächenbeschaffenheit der groben Stücke zurückzuführen ist, meist unbedeutend[2].

6. Brauchbare und besonders gute Kornzusammensetzung des Betons. Unsere Versuche ergaben, daß eine besonders hohe Ausnützung des Bindemittels, auch in anderer Hinsicht besonders hohe Eigenschaften erreicht werden, wenn die Zusammensetzung der Mörtel gemäß der mit Abb. 17 beschriebenen Linie *a b c d* gewählt wird.

Für die praktische Anwendung ist hervorzuheben, daß die Mörtel nach dem Linienzug *a b c d* nur mit besonderer Sorgfalt verarbeitet werden können, weshalb solche Mörtel in erster Linie für Zementwarenfabriken, auf Baustellen nur für Rüttelbeton gewählt werden. Mörtel, deren Sieblinie unter dem Linienzug *a b c d* liegt, können zur Zeit nicht empfohlen werden. Praktisch ist vielmehr vorzuschlagen, daß wegen der unvermeidlichen Schwankungen, die bei der Anlieferung und bei der Verarbeitung auftreten, etwas feinere Körnungen vorzusehen sind, also Körnungen, deren Sieblinien etwas über *a b c d* liegen. Dementsprechend wird in den Bestimmungen des deutschen Ausschusses für Stahlbeton verfahren. Dort ist für die Sande der groben Mörtel eine Grenze gewählt, die nach Abzug des Zementanteils und unter Annahme des für Stahlbeton vorgeschriebenen Mindestgehalts an Zement über *a b c d* der Abb. 17 liegt.

Die Stufung der Körnung des Kieses ist in der Regel von untergeordneter Bedeutung. Zu grobe Stücke sind bei Eisenbeton auszuscheiden, weil sonst die Einbettung der Eisen ungenügend werden kann.

Nachdem die Körnung des Sandes erkundet war, welche zur Erlangung höchster Festigkeiten in Betracht kommt, auch der Einfluß der Menge und der Art der groben Zuschläge bekannt war, mußte noch festgestellt werden, wie das Gemenge aus Sand und Kies beschaffen sein soll, wenn damit höchste Festigkeiten erlangt werden sollen. Es zeigte sich dazu u. a., daß der Anteil der Bestandteile des Betons, welche durch das 7-mm-Rundlochsieb fallen, unter praktischen Verhältnissen für Stahlbeton bis auf etwa 45% des Gewichts des trockenen Gesamtgemenges heruntergehen kann, wenn sorgfältige Verarbeitung stattfindet. Damit ist allgemein die Grenze der Körnung gegeben, welche für Stahlbeton nach dem früher Gesagten nicht unterschritten werden darf. Sinngemäß ist für andere Bauaufgaben zu verfahren.

Nach Festlegung der einen Grenze der zulässigen Körnung des Betonmaterials — in unserem Fall der gröbsten Körnung für Stahlbeton — war die andere Grenze zu suchen, welche die zulässige Körnung in der Richtung festlegt, daß die zu feinen Sande und die Kiessande mit zu wenig Kies ausgeschaltet werden. Die Körnungen, welche von den feinkörnigen Kiessanden als noch zulässig zu bezeichnen sind, sind auf die Erkenntnisse über das Verhalten von Bauwerken abgestimmt, die mit

---

[1] Die Straße 3 (1936) S. 53 und Richtlinien für Fahrbahndecken, Ausgabe 1936 oder 1939.
[2] Heft 10 der Schriftenreihe der Forschungsgesellschaft für das Straßenwesen, Berlin 1937, sowie Betonstraße 12 (1937) S. 25 u. f.

feinkörnigen Mischungen hergestellt sind, weiterhin auf die Möglichkeiten, welche in technischer und wirtschaftlicher Beziehung die Beschaffung von Sand und Kies bedingen. Mangelhafte Kiessande sind bis zu einer gewissen Grenze brauchbar, wenn der Zementgehalt reichlich gewählt wird.

Der Deutsche Ausschuß für Stahlbeton hat die in Abb. 18 und 19 ersichtlichen Grenzen für Sand und Kiessand gewählt, wobei der Mindestgehalt an Zement 270 kg/m³ betragen muß, wenn besonders gute Körnung vorhanden ist, dagegen 300 kg/m³, wenn nur brauchbare Körnung vorliegt, beides, wenn der Bauteil der Witterung ausgesetzt ist.

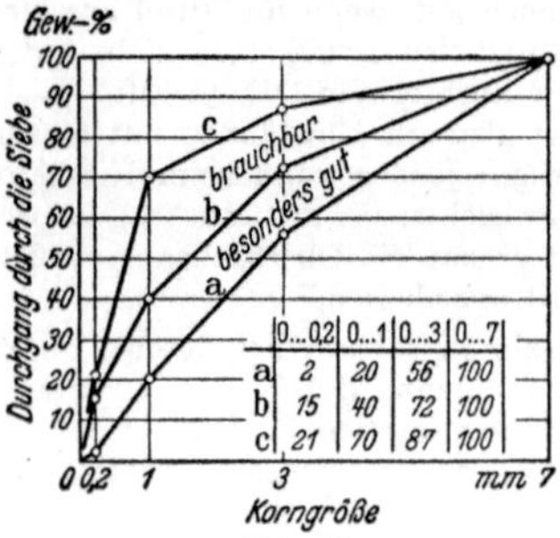

Abb. 18

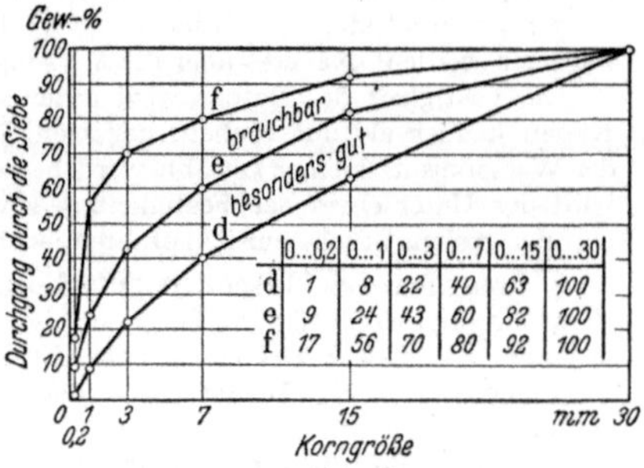

Abb. 19

DIN 1045 verlangt für B 160 und B 225, daß die Zuschlagstoffe in zwei Korngruppen (unter 7 und über 7 mm) angeliefert werden. Für B 300 und Beton höherer Festigkeit sind die Zuschlagstoffe getrennt nach den 3 Körnungen 0 bis 3 mm, 3 bis 7 mm und über 7 mm zuzugeben, die Sieblinie des gesamten Gemenges sowie die des Sandanteils im Gemenge müssen im Bereich der *besonders guten* Körnung gewählt werden.

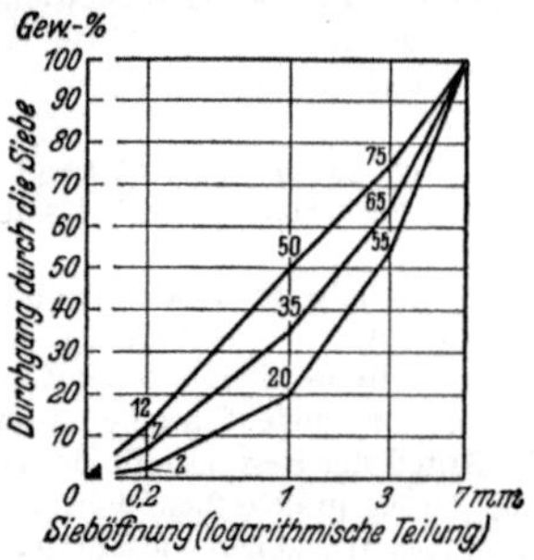

Abb. 20

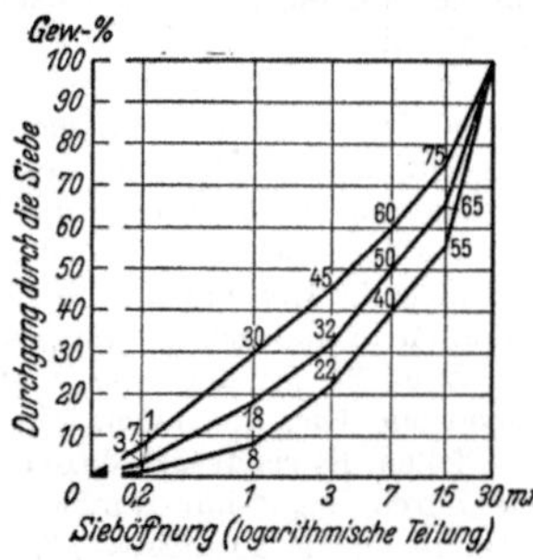

Abb. 21

In der Anweisung für den Bau von Betonfahrdecken der Autobahnen sind die in Abb. 20 und 21 ersichtlichen Grenzen gefordert, wobei der Zementgehalt mindestens 300 kg/m³ betragen soll. Ferner soll der Sand in 2 Kornstufen (0 bis 3 und 3 bis 7mm) angeliefert werden. Für die groben Stücke ist eine Trennung bei 15 mm empfohlen. Die Sieblinien dürfen unter den untersten Linien der Abb. 20 und 21 liegen, wenn nachgewiesen ist, daß die zur Verdichtung geeigneten Geräte (z. B. kräftige Rüttler) vorhanden sind.

7. Einfluß des Wassergehaltes des frisch verarbeiteten Betons. Die Druckfestigkeit des Betons ist in hohem Maße von der Größe des Wasserzusatzes abhängig. Das Mindestmaß des Wasserzusatzes wird beim erdfeuchten Beton gewählt, der ein Höchstmaß der Festigkeit gibt, wenn er beim Stampfen, Rütteln usw. zum deutlichen „Schwitzen" gebracht wird, d. h., wenn sich beim Verdichten eine dünne Schicht aus Zementschlempe gebildet hat. Bei weiterer Steigerung des Wasserzusatzes nimmt die Druckfestigkeit ab. Dabei ist in erster Linie die Beziehung w zwischen Wassergewicht und Zementgewicht maßgebend, derart, daß aus der Größe der Verhältniszahl w (Wasserzementwert) auf die voraussichtliche Mindestdruckfestigkeit geschlossen werden kann. Es ist durch viele Versuche bekannt[1], daß die Betonfestigkeit $K = Kn : (x \cdot w^2)$, worin Kn die Normenfestigkeit des Zements (nach DIN 1164) und w das Verhältnis des Gewichts des Anmachewassers zum Zementgewicht ist. x ist eine Erfahrungszahl, die bei besonders gut zusammengesetztem Beton und gutem Zement bis auf rd. 3 zurückgeht, bei feinkörnigem Beton und weniger geeigneten Zementen auf rd. 5 steigt. Es ist also zweckmäßig, die Zusammensetzung des Betons so zu wählen, daß die Verhältniszahl w möglichst klein wird, wozu unter sonst gleichen Verhältnissen eine besonders gute Kornzusammensetzung gehört, und außerdem Zuschlagstoffe, die sich gegenseitig mit möglichst geringer Hemmung einordnen. Das letztere ist bei Moränesand und Moränekies eher der Fall als bei Flußsand und Flußkies, und bei diesen wieder leichter als bei gebrochenem Gestein.

8. Einfluß von Lehm und Ton. Der Einfluß der Lehme, die im Sand und Kies als Staub fein verteilt sind, kann in vielen Fällen nach der Sieblinie in Abb. 17 beurteilt werden. Fette Tone haben die Festigkeit der Mörtel bereits mit geringen Anteilen erheblich beeinträchtigt.

Nach den Bestimmungen des deutschen Ausschusses für Stahlbeton, Teil A, § 5, kann die Menge der abschlämmbaren Stoffe bis 3 Gewichtsprozente des Zuschlags betragen. Weiteres in DIN 4226.

9. Organische Bestandteile im Sand, Kies usw. Hierzu vgl. DIN 4226, § 5, Ziffer 2.

10. Beschaffenheit des Anmachwassers. Wasser aus Trinkwasserleitungen ist immer verwendbar. Daneben sind fast alle in der Natur vorkommenden und nicht verschmutzten Wässer geeignet[2].

11. Zusätze zur Verbesserung der Verarbeitbarkeit und der Wetterbeständigkeit. Nach den Richtlinien für die Prüfung von Betonzusatzmitteln sind hier zu unterscheiden:

a) Betonverflüssiger, die den Wasseranspruch vermindern und dadurch die Druckfestigkeit des Betons erhöhen,

b) luftporenbildende Zusatzstoffe, die die Druckfestigkeit senken, aber zusätzlich 2% feine Luftporen bilden, mit denen der Widerstand gegen oftmaliges Gefrieren und Auftauen erheblich gesteigert wird,

c) luftporenbildende Betonverflüssiger, die den Einfluß der Betonverflüssiger a) und der Luftporenbildner b) vereinigen, also eine Festigkeitserhöhung und mehr feine Poren bringen.

Man weiß dazu außerdem, daß mit Stoffen der Gruppen b) und c) auch der Widerstand des Betons gegen Auftausalze erhöht werden kann.

12. Messen der Bestandteile des Betons. Das Raummetergewicht des Zements ist in hohem Maß von der Mahlfeinheit des Zements sowie von der Art des Füllens des Meßbehälters, auch von dessen Maßen abhängig. Deshalb ist der Zement nach Gewicht zu messen.

Das Messen der Zuschlagstoffe sollte, wegen der Verschiedenheit ihrer Wichte, streng genommen nach Masse geschehen. Überdies ist das Raummetergewicht der Sande erheblich von ihrem Wassergehalt abhängig. Deshalb ist bei der Herstellung von Beton, der regelmäßige und hochwertige Eigenschaften erlangen soll, das Messen der Zuschlagstoffe nach Gewicht nötig[3].

Jede Mischmaschine soll eine Wassermeßeinrichtung haben, die das Wasser mit ± 3% nach Raummaß messen läßt[3].

---

[1] *Graf:* Die Eigenschaften des Betons, Berlin 1950, S. 58.
[2] *Graf:* Die Eigenschaften des Betons. Berlin 1950, S. 53. — [3] S. 220 u. 221.

13. Mischen und Verarbeiten des Betons. Stampfbeton. Rüttelbeton. Weicher Beton. Gußbeton. Pumpbeton. Spritzbeton. α) *Mischen.* Die Bewegung des Mischguts in der Mischtrommel sollte mindestens 45 sec dauern; längere Mischdauer steigert die Festigkeit in der Regel nicht bedeutend. Wichtig ist ferner, daß die Mischtrommeln nach jedem Arbeitsgang ohne weiteres rasch und ganz entleert werden können. Überdies soll die Meßeinrichtung für das Wasser in jeder Lage zuverlässig arbeiten. Näheres in den Güterichtlinien für Betonmischer, herausgegeben von der Forschungsgesellschaft für das Straßenwesen 1953.

Bei größeren Entfernungen zwischen Mischmaschine und Verarbeitungsstelle kann Nachmischen des Betons nötig werden, wenn die Förderung des Betons mit Rollwagen und Aufzügen geschieht.

β) *Verarbeiten.* Der Beton soll gut verarbeitbar sein, d. h. es soll mit den vorgesehenen Hilfsmitteln ohne sonderliche Sorgfalt möglich sein, die Formen gut zu füllen und den Beton ausreichend und gleichmäßig zu verdichten. Dazu gehört aber, daß die Zusammensetzung des frischen Betons beim Einbringen ohne besondere Maßnahmen in allen Teilen erhalten bleibt[1].

γ) *Stampfbeton.* Stampfbeton ist nur anzuwenden, wenn die erforderliche Sorgfalt und Regelmäßigkeit beim Stampfen gewährleistet werden kann und wenn zur Erlangung hoher Festigkeit die Anwendung von Stampfbeton erforderlich wird. Die Stampfschichten sind regelmäßig und so nieder zu halten, daß der Beton über den jeweils aufgerauhten Stampfflächen hinreichend verdichtet wird. Mit Maschinenstampfern können Schichten bis rd. 25 cm Höhe zuverlässig verdichtet werden; doch muß dazu durch Leistungsversuche bekannt sein, wie lange auf 1 m^2 zu arbeiten ist[2].

δ) *Rüttelbeton*[3]. Durch die Rütteleinrichtung sollen die Körner des Betons in rasch verlaufende kleine Bewegungen versetzt werden; die damit hervorgerufenen Beschleunigungen sind für die Rüttelwirkung wesentlich; die Reibung ist dabei u. a. abhängig von der Beschaffenheit und der Menge des Zementbreis oder des Breis aus Gesteinsteilen (Ton, Traß u. a. m.).

Der Zustand des Betons beim Rütteln ist anschaulich zu verfolgen, wenn ein Eisenstab in steifen Beton (Stampfbeton) eingeführt wird. Während des Rüttelns sinkt der Stab mit leichtem Druck, oft unter seinem Eigengewicht ein. Wird der Rüttler abgestellt, so kann der Stab nur mit starken Schlägen eingeführt werden.

Mit den zur Zeit bekannten Geräten ist es möglich, Beton gut zu verarbeiten, der erdfeucht oder etwas weicher ist. Solcher Beton und jeder weicher angemachte Beton erhält durch das Rütteln ein größeres Raumgewicht als durch Stampfen, Stochern u. dgl. Jedoch wird die Festigkeit durch das Rütteln nur ausgeprägt größer, wenn es sich um erdfeucht angemachten Beton handelt. Bei weicherem Beton (Beton mit höherem Anteil des Wassers im Zementbrei) tritt die Steigerung der Festigkeit durch das Rütteln zurück. In dem weich angemachten Beton wird der Zementbrei deutlich wahrnehmbar entmischt; unter den großen Steinstücken des Betons sammelt sich — an den Bruchstücken mit dem Auge erkennbar — ein wasserreicher, feinkörniger Mörtel. Der festigkeitserhöhende Einfluß des Rüttelns ist demgemäß auf steif angemachten Beton beschränkt. Wesentlich ist, daß der Rüttelbeton steifer sein kann als der in alter Weise verarbeitete Stampfbeton.

Dabei ist nicht zu vergessen, daß bei weich angemachtem Beton durch Rütteln eine gute Füllung der Formen, eine geschlossene Oberfläche des Betonkörpers und eine gute Umhüllung der Eiseneinlagen leichter bewerkstelligt werden kann als mit anderen Verarbeitungsverfahren.

Weiteres in DIN 4235, Richtlinien für die Verwendung von Innenrüttlern.

ε) *Weich angemachter Beton* läßt sich einfacher verarbeiten als Stampf- und Rüttelbeton. Er kommt für Stahlbeton mit wenig Eiseneinlagen, auch für Massenbauten, wirtschaftlich in Betracht.

---

[1] *Graf:* Bautechnik 19 (1941) S. 181.
[2] Schriftenreihe der Forschungsgesellschaft für das Straßenwesen, Heft 1 1936.
[3] *Graf:* Die Eigenschaften des Betons, S. 240.

ζ) *Gußbeton* soll in Rinnen als zäher Strom fließen oder aus Kübeln als zähe Masse fallen derart, daß eine nennenswerte Entmischung nicht stattfindet. Diese Bedingung kann nicht voll erfüllt werden. Reicht der Zementgehalt nicht aus, um die für den Transport geeignete Beschaffenheit des Betons zu erlangen, oder hat der Zementbrei nicht die für solchen Beton erwünschte Klebrigkeit, so kann der Beton durch Zusetzen von Traß oder Kalk zähe gemacht werden. Doch ist vor der Anwendung solcher Zusätze klarzustellen, ob und in welchen Mengen sie unter den jeweiligen örtlichen Verhältnissen zweckdienlich sind.

η) *Pumpbeton* kann mit dem Ausbreitmaß $g = 35$ cm und mehr gefördert werden; der Sandgehalt kann dabei bis auf 50% beschränkt bleiben, wenn Kiessand benutzt wird. Fetter Beton ist leichter zu pumpen als zementarmer (Zementgehalt mindestens 200 kg/m³). Pumpbeton hat den wichtigen Vorzug, daß die Betonmischung von der Mischmaschine bis zum Rohrende völlig erhalten bleibt.

ϑ) *Spritzbeton.* Es handelt sich dabei in der Regel um feinkörnigen Beton, der am besten an Wänden aber auch an Decken und Sohlgewölben anzubringen ist. Er wird mit Preßluft gegen die Betonflächen oder Felswände geschleudert. Der Wasserzusatz ist durch die Art der Verarbeitung begrenzt, weil zu trockene Mörtel abfallen, zu nasse Mörtel abgleiten. Die Festigkeiten erlangen auch mit verhältnismäßig feinem Sand hohe Werte; die Wasserundurchlässigkeit ist selbst gegen hohe Drucke befriedigend. Näheres in Heft 65 des Deutschen Ausschusses für Eisenbeton, insbesondere S. 46.

14. Nachbehandlung des Betons. Zementmörtel und Beton müssen nach der Herstellung und während der Erhärtung möglichst lange feucht gehalten werden. Das Feuchthalten sollte sich unter gewöhnlichen Verhältnissen auf mindestens 1 Woche erstrecken. Der Einfluß sachgemäßer Behandlung wird häufig unterschätzt[1]; sie ist vor allem zu pflegen, wenn Schrumpfrisse oder Schwindrisse zu vermeiden sind.

Beim Abdecken sind Strohmatten od. dgl. zu bevorzugen, da mit diesen auch noch eine erhebliche Hemmung des Wärmedurchgangs erreicht wird, auch der Einfluß des Wechsels der Lufttemperatur zurückgehalten wird.

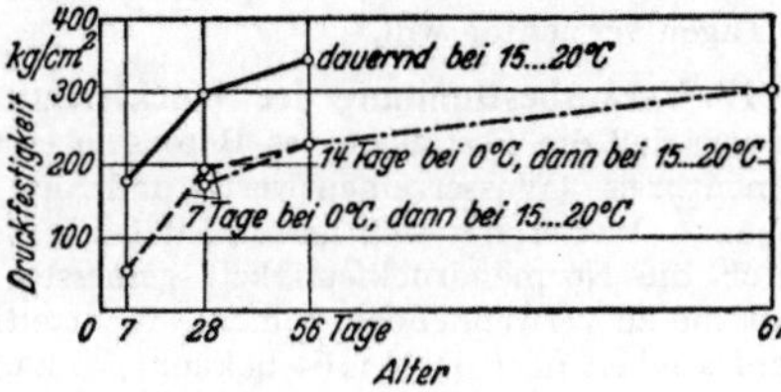

Abb. 22

Über den Einfluß der Behandlung unter Dampfdruck vgl. W, Seite 442. Dieses Verfahren kommt für hochwertige Betonwaren in Betracht.

15. Einfluß der Temperatur. Bei Bauausführungen in der kalten Jahreszeit sollte der Beton so behandelt werden, daß der Frost erst einwirken kann, wenn die Erhärtung so weit vorgeschritten ist, daß die Druckfestigkeit mindestens 100 kg/cm² beträgt. Ist ein solches Vorgehen nicht ohne weiteres zu gewährleisten, so kann in erster Linie durch Erhöhung des Zementzusatzes das Erforderliche erreicht werden. Guter Tonerdezement ist für Frostarbeiten besonders geeignet, wenn es sich um Bauwerke mit kleinen Abmessungen handelt. Frostschutzmittel sind nur mit Vorsicht zu gebrauchen. Wechsel von Gefrieren und Auftauen sind dem jungen Beton schädlich. Wird der Beton in wassergetränktem Zustand wiederholtem Gefrieren und Auftauen oftmals ausgesetzt (z. B. in Wasserbauten), so ist Zerstörung zu erwarten, wenn der Beton bei Beginn des Gefrierens weniger als etwa 150 kg/cm² Druckfestigkeit aufweist.

Abb. 22 läßt erkennen, daß die Druckfestigkeit durch anfänglich niedere Temperatur dauernd zurückgehalten wird.

Bei hoher Temperatur der Luft und der Baustoffe muß der Beton dauernd feucht gehalten werden. Wenn es sich dabei um massige Bauteile handelt, sollte das Feuchthalten weniger durch Berieselung, eher durch dichtes Abdecken ge-

[1] Entwurf und Berechnung von Eisenbetonbauten, Bd. 1, Stuttgart 1926, S. 32.

schehen, damit die Temperaturunterschiede zwischen innen und außen nicht unnötig erhöht werden.

Die Druckfestigkeit des Betons wird durch hohe Temperaturen (bis rd. 60° C) in ihrer Entwicklung beschleunigt, sofern der Beton feucht gehalten wird. Bei Verwendung von Tonerdezement ist Vorsicht geboten, weil Beton mit Tonerdezement durch Temperaturen über etwa 35° C geringwertig werden kann[1].

Über die Erhärtung unter Dampfdruck vgl. unter W, S. 442.

16. Veränderlichkeit der Druckfestigkeit des Betons mit steigendem Alter. Die bis jetzt vorliegenden Ergebnisse von Beton mit Portlandzement lassen erkennen, daß bis zum Alter von 19 Jahren die Druckfestigkeit von feucht gehaltenem Beton dauernd gestiegen ist [Zement 22 (1933) S. 527]. Wird der Beton vom 7. Tag an trocken gelagert, was den Verhältnissen in vielen Bauwerken entsprechen dürfte, so ist eine nennenswerte Zunahme der Druckfestigkeit etwa nach Verlauf des ersten Jahres in der Regel nicht mehr zu erwarten; für Beton, welcher der Witterung derart ausgesetzt ist, daß er vom Regen getroffen wird, kann eine lang anhaltende Steigerung der Festigkeit eintreten[2].

Die amtlichen Vorschriften beziehen sich in erster Linie auf die Druckfestigkeit von 28 Tagen alten Würfeln. Der Zeitraum von 4 Wochen ist meist viel zu lang für die Feststellung der Druckfestigkeit zu Abnahmeproben. Es ist oft nötig, kurzfristige Proben anzuwenden, was angängig ist, wenn bei der Vorbereitung des Baus die Beziehungen zwischen Druckfestigkeit für 3 und 7 und 28 Tage alte Proben festgelegt sind.

Die Bestimmungen des deutschen Ausschusses für Stahlbeton verlangen dazu, daß die Druckfestigkeit nach 7 Tagen mindestens $^7/_{10}$ der Festigkeit sein soll, die für 28 Tage gewährleistet ist, wenn man auf die Bestimmung der Festigkeit nach 28 Tagen verzichten will.

17. Vorausbestimmung der Druckfestigkeit. Aus zahlreichen Versuchen geht hervor, daß die Festigkeit des Betons in erster Linie von der Beschaffenheit des Zementbreis (Wasserzementwert) und des daraus entstehenden Zementsteins abhängt. Weiter hat sich gezeigt, daß die Zementeigenschaften in groben Zügen durch die Normendruckfestigkeit gemessen werden können. Es ist also nötig, über die zu verwendenden Zemente rechtzeitig Aufschluß zu suchen. Ist die Normenfestigkeit nach DIN 1164 bekannt, so kann beim Anmachen des Betons sofort angegeben werden, welche Mindestdruckfestigkeit voraussichtlich entsteht. Hierfür hat der Verfasser die unter 7 genannte Beziehung aufgestellt. Damit ist zu erkennen, ob die gewählte Mischung die gewünschte Festigkeit voraussichtlich liefern wird. Allerdings ist immer im Auge zu behalten, daß es sich dabei nur um vorläufige Ermittlungen handeln kann, wenn die Zeit zu ausführlichen Eignungsprüfungen fehlt.

Die Versuche zur Ermittlung der voraussichtlichen Festigkeit sind mit Siebversuchen zu verbinden, um festzustellen, ob die Kornzusammensetzung derjenigen nahekommt, die wünschenswert ist (Abb. 18 und 19) bzw. um zu erfahren, welche Verbesserungen wünschenswert und möglich erscheinen. Zur Durchführung der Siebversuche sind Siebsätze bereitzuhalten.

Bei allen diesen Untersuchungen muß von vornherein eine bestimmte Steife gewählt werden (Stampfbeton, Rüttelbeton, weicher Beton, Gußbeton). Diese wird für Stampfbeton und Rüttelbeton mit dem Eindringversuch, für weichen Beton und Gußbeton mit dem Ausbreitversuch gemessen.

18. Über die Biegedruckfestigkeit des Betons vgl. Handbuch für Eisenbetonbau, 4. Aufl., 1. Band, S. 120 bis 127.

19. Die Bruchstauchung des Betons (Verkürzung bis zur Rißbildung) vgl. Heft 77 und 114 des Deutschen Ausschusses für Stahlbeton.

---

[1] *Graf:* Beton u. Eisen 34 (1935) S. 89; 35 (1936) S. 18.
[2] *Graf:* Z. VDI 77 (1933) S. 816.

E. Die Zugfestigkeit des Betons

Die Zugfestigkeit K_z ist in hohem Maße von der Größe des Querschnitts der Probekörper abhängig[1]. Mit Zunahme des Querschnitts der Zugkörper ist die Zugfestigkeit kleiner ausgefallen.

Von großer Bedeutung für die Größe der Widerstandsfähigkeit des Betons gegen äußere Zugkräfte ist sodann der Zustand, in dem der Probekörper zur Zeit der Prüfung sich befindet, sowie die Behandlung, die der Körper erfahren hat. (Näheres unter F und unter H, 1.)

Für Prismen mit 400 cm^2 Querschnitt fanden sich mit üblichen Stahlbetonmischungen nach feuchter Lagerung im Alter bis rd. 3 Monate Zugfestigkeiten von etwa $K_z = 12$ bis 20 kg/cm^2. Sondermischungen (für Rohre u. dgl.) lieferten bis rd. 40 kg/cm^2 und mehr, wenn die Dicke der Proben der praktischen Verwendung entsprach[2]. Für Spritzbeton (Torkret, baumäßig hergestellt) ergab sich bis zu 36 kg/cm^2.

Die Verlängerung des Betons bis zum Bruch, gemessen in Millimeter auf 1 m, ist vergleichsweise zu 0,07 bis 0,13 mm/m ermittelt worden.

F. Die Biegezugfestigkeit des Betons

Die in der üblichen Weise berechnete Biegefestigkeit von Betonbalken mit rechteckigem Querschnitt ist größer als die Zugfestigkeit gleicher Körper, in erster Linie, weil die Dehnungszahl des Betons rascher wächst als die Belastung, so daß die in der üblichen Rechnung vorausgesetzte Spannungsverteilung nicht zustande kommt. Sodann ist wesentlich, daß die größte Zugspannung beim auf Biegung beanspruchten Balken nur in der Grenzebene der Zugzone auftritt, bei Belastung in der Mitte des Balkens sogar nur an der äußeren Kante *eines* Querschnitts, während beim Zugversuch mit prismatischen Körpern die rechnerische Spannung über die ganze Versuchsstrecke im vollen Material als Mindestwert vorausgesetzt ist. Das Verhältnis zwischen Zugfestigkeit und Biegezugfestigkeit (diese durch Belastung des Balkens in der Mitte festgestellt) fand sich bei Stuttgarter Versuchen zu 1,6 bis 2,7.

Die Größe der Biegefestigkeit ist bei 28 Tage alten Körpern aus weich oder flüssig angemachtem Beton zu 20 bis 60 kg/cm^2 ermittelt worden; Stampfbetonbalken, auch Spritzbetonproben, ferner Mörtelproben lieferten höhere Werte bis rd. 80 kg/cm^2 und vereinzelt auch mehr. Die Biegefestigkeit wächst mit dem Alter erheblich. Ausführliche Angaben in Graf, die Eigenschaften des Betons, S. 137 usw.

Wie die Zugfestigkeit hängt auch die Biegefestigkeit in hohem Maß vom Feuchtigkeitszustand des Betons ab[3]. Unter anderem ergaben mehrere Monate alte Torkretproben nach anfänglich feuchter, dann trockener Lagerung $K_b = 32$ kg/cm^2. Für gleiche Platten, die noch 8 Tage unter Wasser lagerten, ist K_b zu 63 kg/cm^2 festgestellt worden. Weiteres vgl. unter H, 1.

Über die Dehnungsfähigkeit des Betons im bewehrten Balken vgl. Handbuch für Eisenbetonbau, Bd. 1, 4. Aufl., S. 37f.

G. Die Elastizität des Betons

Beim Bimsbeton geht E erheblich unter 100000 herab; bei hochwertigem Stampfbeton steigt E bis auf etwa 500000; unter besonderen Verhältnissen treten noch höhere Werte E auf. Dementsprechend liegt das Verhältnis n des Elastizitätsmoduls des Stahls zu demjenigen des Betons unter zulässigen Anstrengungen zwischen etwa 20 und 4. Mit Gasbeton ist n bis zu 200 beobachtet worden.

---

[1] *Graf:* Druckfestigkeit von Zementmörtel, Beton, Eisenbeton und Mauerwerk, S. 84f. Stuttgart 1921.

[2] *Wright:* Magazine of Concrete Research, 1952, Heft 11, S. 67.

[3] *Graf:* Die Druckfestigkeit von Zementmörtel, Beton, Eisenbeton und Mauerwerk, S. 94. Stuttgart 1921; ferner Z. VDI 80 (1936) S. 1129, außerdem Beton u. Eisen 38 (1939) S. 166.

Für die Dehnungszahl der gesamten Zusammendrückungen gilt in groben Zügen:

$$E = \frac{1\,000\,000}{1{,}7 + \frac{1}{K} \cdot 360},$$

worin K die Würfelfestigkeit des Betons bedeutet.

Die Elastizität des Betons hängt vom Feuchtigkeitszustand des Betons, vom Alter des Betons, von den Eigenschaften des Gesteins, vom Wasserzusatz des frischen Betons usf. ab.

Die angegebenen Werte von E gelten nur, wenn die Lasten kurzfristig wirken; die Formänderungen des Betons sind von der Dauer und von der Art der Belastung abhängig. Bei sehr langer Dauer der Last wachsen die Formänderungen bedeutend; dazu sei noch auf S. 435 verwiesen.

H. Schwinden und Quellen. Kriechen

1. Schwinden und Quellen. Schwindrisse. Schwindspannungen. Werden feucht gehaltene Betonkörper dem Austrocknen ausgesetzt, so beginnt das Austrocknen an der Oberfläche; dieses schreitet, abhängig von der Porenbeschaffenheit des Mörtels, den Eigenschaften des Zements, des Sands, des Schotters usw., dem Feuchtigkeitszustand und der Temperatur der Luft, der Bewegung der Luft, mehr oder minder rasch von außen nach innen vor. Der Beton kann außen nahezu lufttrocken sein, während der Kern noch feucht ist. Die trockene Schicht will sich verkürzen, der feuchte Kern nicht oder doch weniger. Infolgedessen entstehen in einem solchen Betonkörper Zugspannungen an den Außenflächen, Druckspannungen im Kern.

Überschreiten die Zugspannungen die Zugfestigkeit des Betons, so entstehen Risse (Schwindrisse), die von außen nach innen mehr oder minder tief eindringen und in erster Linie an Stellen mit geringer Festigkeit (Stampffugen usw). hervortreten. Mit fortschreitendem Austrocknen wird auch der Kern allmählich zum Schwinden gebracht, die Zugspannungen an den Außenflächen treten zurück, die Schwindrisse schließen sich wieder, so daß sie oft mit bloßem Auge nicht mehr wahrnehmbar sind. Das Austrocknen dauert jedoch in der Regel sehr lange, schon bei Prismen mit 400 cm² Querschnitt unter gewöhnlichen Verhältnissen mindestens mehrere Monate.

Die Wirkung der Schwindspannungen läßt sich anschaulich an Zugkörpern von 5 cm² Querschnitt verfolgen, wenn diese zunächst unter Wasser lagern und dann an der Luft austrocknen. So ergab sich die Zugfestigkeit bei 28 Tage alten Körpern nach Wasserlagerung zu 34,5 kg/cm², bei der folgenden Luftlagerung

nach	14 Stunden	zu 32,1 kg/cm²,
„	24	„ 26,3 kg/cm²,
„	2 Tagen	„ 21,5 kg/cm²,
„	3 „	„ 24,5 kg/cm².
„	6 „	„ 34,4 kg/cm².

Wie ersichtlich, führte das Austrocknen zu erheblicher vorübergehender Verminderung der Widerstandsfähigkeit gegen äußere Kräfte.

Bei der Beurteilung dieser Vorgänge ist im Auge zu behalten, daß Mörtel und Beton zum größeren Teil aus Naturgestein, zum kleineren Teil zunächst aus Zementbrei bestehen, der sich mehr oder minder rasch zu einem neuen Gestein wandelt. Viele Natursteine haben zwar wie der erhärtete Zementbrei die Eigenschaft, bei Änderung des Feuchtigkeitszustandes den Rauminhalt zu ändern; doch führt der Zement unter sonst gleichen Verhältnissen weit größere Raumänderungen aus als die meist verwendeten Natursteine. Infolgedessen wird im Beton das Schwinden und Quellen des Zements durch die eingebetteten Steine gehindert, um so mehr, je weniger nachgiebig das Gestein ist; es entstehen erhebliche innere Spannungen durch das verschiedene Verhalten des Naturgesteins und des Zements.

Wird das Schwinden und Quellen des Mörtels und des Betons durch äußere Kräfte (Reibung, Zusammenhang mit anderen Bauteilen usw). gehindert, so treten zu den bisher genannten inneren Spannungen noch diejenigen, die der Hinderung der Längenänderung durch die äußeren Kräfte entsprechen.

Die Größe des Schwindens des Betons ist abhängig vom Zement, vom Zementgehalt, von der Menge des Anmachwassers, von der Kornzusammensetzung und der Elastizität des Gesteins, vom Alter und namentlich von der Behandlung und dem Klima, weiterhin wesentlich von der Größe des Betonkörpers.

2. Längenänderungen des Betons in Säulen und Balken, die lang dauernder Belastung unterworfen sind. Kriechen des Betons. Säulen, die während 3 Jahren in einem trocknen Kellerraum unter zulässiger Last standen und die aus Beton gewöhnlicher Beschaffenheit hergestellt waren, haben sich gemäß Abb. 23 fortdauernd viel mehr verkürzt als gleiche, jedoch unbelastete Säulen[1]. Diese langsam

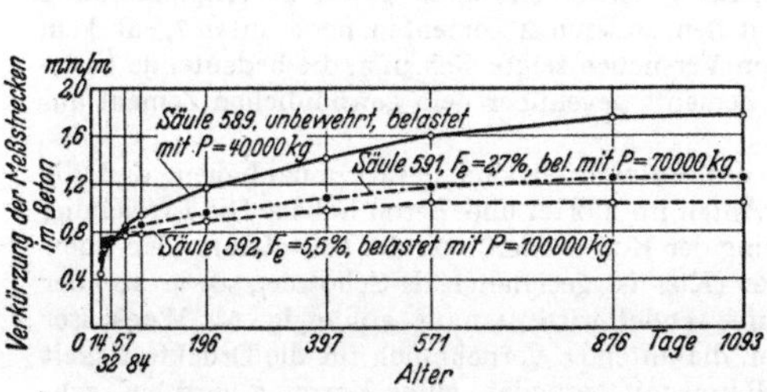

Abb. 23

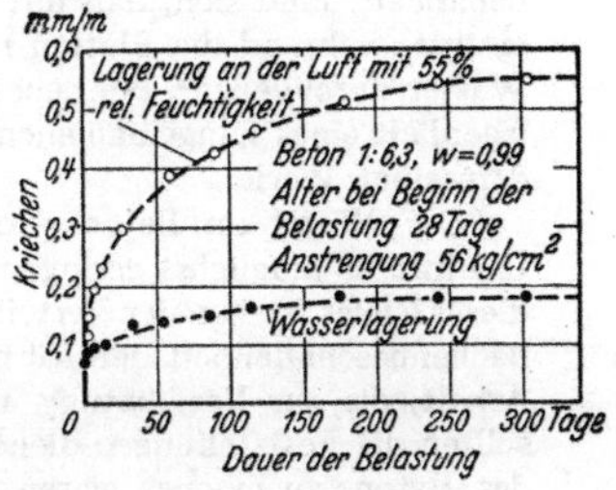

Abb. 24

verlaufenden Formänderungen des Betons, welche über das Schwindmaß des nicht beanspruchten Betons hinausgehen, werden als „Kriechen" bezeichnet. Das Kriechmaß ist abhängig von der Zusammensetzung des Betons, von der Größe und Dauer der Belastung, vom Feuchtigkeitszustand des Betons. Feuchter Beton kriecht viel weniger als trockener, vgl. Abb. 24. Lange Zeit ohne Lastwirkung ausgetrockneter Beton kriecht bei Belastung nur unerheblich.

Das Kriechen tritt bei Zugbelastung in ähnlichem Maß auf wie bei Druckbelastung vgl. Abb. 25[2].

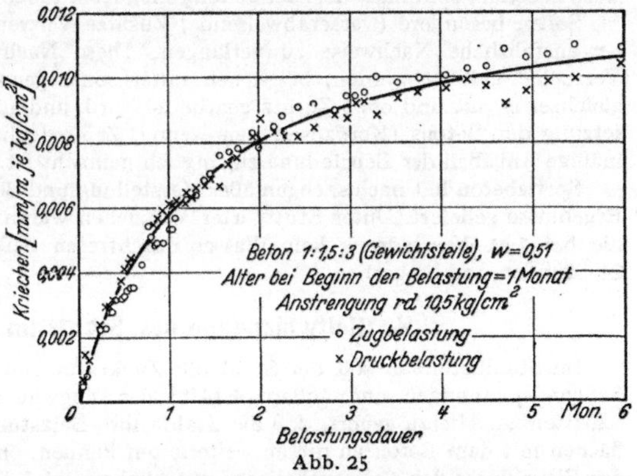

Abb. 25

Das Kriechen des Betons, d. h. das fortdauernde Nachgeben des Betons unter Last hat zur Folge, daß im Stahlbeton eine Zunahme des Lastanteils des Stahls eintritt, die bei stark bewehrten Säulen zu einer weitgehenden Entlastung des Betons führen kann. Weiter hilft das Kriechen des Betons, daß Risse in der Zugzone von Balken nicht oder nicht so zahlreich auftreten wie allgemein angenommen wird, wenn die Belastungen in langer Zeit zustande kommen.

Weiteres in DIN 4227.

---

[1] Deutscher Ausschuß für Eisenbeton Heft 82, sowie *Mörsch:* Der Eisenbetonbau, 5. Aufl., Bd. 2, S. 442 u. f.

[2] Die Abb. 24 und 25 sind nach Versuchen von *Glanville* gezeichnet, vgl. Structural Engineer (1933) S. 57.

J. Wasserdurchlässigkeit[1]

Die Erlangung technisch wasserdichter Behälter, Rohre usw. hängt in erster Linie von der Sorgfalt und Umsicht der bei der Herstellung Beteiligten ab. Gleichartige Beschaffenheit des Betons, Einfüllen des Betons in regelmäßigen Schichten verhältnismäßig geringer Höhe, ausreichende und gleichmäßige Bearbeitung des Betons nach dem Einbringen sind nicht weniger wichtig als die zweckmäßige Zusammensetzung des Betons.

Unter sonst gleichen Verhältnissen wird mit verschiedenen Zementen sehr verschiedene Wasserdurchlässigkeit erlangt. Vor langer Zeit hat Verf. Vergleiche mit 4 Zementen angestellt; an 6 cm dicken Betonplatten aus 1 Raumteil Zement, 2 Raumteilen Neckarsand und 3 Raumteilen Neckarfeinkies, 4 Wochen feucht behandelt, fand sich, daß mit 2 Zementen bereits unter $p = 1$ at Tropfenbildung eintrat, während die Platten mit den anderen 2 Zementen noch unter 7,5 at kein Wasser durchließen[2]. Bei neueren Versuchen zeigte sich u. a. die bedeutende Überlegenheit eines feingemahlenen Zements gegenüber dem gewöhnlichen Zement aus demselben Werk.

Der Mörtel im Beton und der Putzmörtel sind derart aufzubauen, daß die Hohlräume möglichst geringen Anteil im Mörtel und Beton haben. Die Erreichung dieses Zieles ist von der Verteilung der Korngrößen, von der Gestalt und der Oberflächenbeschaffenheit der Körner (Kies ist geeigneter als Schotter), sowie von der Arbeit, die zur Verdichtung aufgewendet wird, u. a. m. abhängig. Als Wegweiser sollten die Feststellungen dienen, die unter D. vornehmlich für die Druckfestigkeit des Betons zu machen waren. Beton mit besonders guter Körnung wird bei sachgemäßer Verarbeitung praktisch wasserundurchlässig, wenn 240 kg Zement zu jedem m³ Beton verbraucht werden; besonders geeignet ist dabei Rüttelbeton, wenn er etwas weicher als erdfeucht angemacht wird. Flüssig angemachter Beton wird durchlässiger als weich angemachter.

Sehr wichtig ist die Behandlung des Betons. Bauteile die wasserundurchlässig werden sollen, sind nach der Herstellung möglichst lange feucht zu halten.

Sollen besondere (wasserabweisende) Zusätze verwendet werden, so sind vorher ausführliche Nachweise zu verlangen. Diese Nachweise können nur durch Versuche[3] geführt werden, bei denen unter sonst genau gleichen Verhältnissen gleichzeitig mit und ohne Zusatz gearbeitet wird, und für welche die Zusammensetzung des Betons (Kornzusammensetzung, Zementgehalt, Steife) durch zahlenmäßige Angaben der Beurteilung zugänglich gemacht ist.

Spritzbeton hat nach sachgemäßer Herstellung und Behandlung besonders gute Ergebnisse geliefert. Unter Stuttgarter Versuchen waren 2 bis 3 cm dicke Platten, die bei 7 at Wasserdruck kein Wasser durchtreten ließen (Dauer der Belastung 24 Stunden und länger).

K. Gleitwiderstand des Stahls im Beton

Im Stahlbetonbau soll der Stahl die Zugkräfte voll aufnehmen, wenn durch Schwindspannungen und äußere Kräfte der Zugwiderstand des Betons überschritten ist. Hierzu gehört, daß die Stähle ihre Belastung durch die Berührungsflächen mit dem Beton an diesen weiterleiten können, ohne daß die Verankerung der Eisen unter den Gebrauchslasten aufgehoben wird. Diese Verankerung wird erreicht durch den Gleitwiderstand τ_1 des Stahls im Beton und gesichert durch Haken an den Stabenden. Über die Größe des Gleitwiderstandes ist ausführlich im Handbuch für Eisenbetonbau, Bd. 1, 4. Aufl., S. 54, Berlin 1929, berichtet; sie ist abhängig von der Oberflächenbeschaffenheit des Stahls, von der Stablänge,

[1] Entwurf und Berechnung von Eisenbetonbauten, Bd. 1, S. 41 f.; ferner *Walz:* Die heutigen Erkenntnisse über die Wasserdurchlässigkeit des Mörtels und des Betons, Berlin 1931, sowie *Graf:* Heft 65 des Dtsch. Ausschusses für Eisenbeton, 1931; ferner *Graf* u. *Walz:* Bautechn. 14 (1937) S. 321.

[2] Bauing. 4 (1923) S. 221.

[3] Richtlinien für die Prüfung auf Wasserdurchlässigkeit, herausgeg. vom Dtsch. Ausschuß für Eisenbeton 1935, ferner Richtlinien für die Zulassung von Betonzusatzmitteln, 1953.

von der Zusammensetzung des Betons, vom Alter des Betons, von der Behandlung desselben usw.
In neuerer Zeit gelangen die quergerippten Betonstähle zur Verwendung, die bei geeigneter Gestaltung ohne Haken benutzt werden[1].

L. Widerstand des Zementmörtels und des Betons gegen Abnützung[2]

Mörtel nach Abb. 18 sind auch hier besonders gut; wegen der Kornzusammensetzung ist allgemein nach den Richtlinien zu verfahren, die unter D. für die Druckfestigkeit gegeben sind. Weiterhin ist die Verwendung von Gestein zu empfehlen, das hohen Widerstand gegen Abnützung und Schlag bietet. Zusätze, die widerstandsfähiger sind als gute Hartgesteine, erhöhen den Abnutzwiderstand des Betons, falls sie geeignete Korngrößen und Kornformen aufweisen. Stoffe, die durch Streichen oder Tränken des erhärteten Betons diesem zugeführt werden und dann mit dem Kalk des Zements höherwertige Verbindungen eingehen (Fluate), wirken in gleicher Richtung, in der Regel aber nur in einer sehr dünnen Außenschicht. Feuchter Beton wird rascher abgenützt als trockener Beton; die Feuchtigkeit unterstützt eben das Abschleifen[3]. Für Straßenbeton vgl. die Anweisung für den Bau von Betonfahrbahndecken der Autobahnen, Ausgabe 1939.

M. Wetterbeständigkeit des Betons

Wenn man die Bedingungen für die Herstellung von wetterbeständigem Beton aufstellen will, kann man zunächst von Erfahrungen an älteren Bauwerken ausgehen; die so gesammelten Erkenntnisse sind durch systematische Versuche zu vertiefen. Dabei zeigt sich vor allem, daß folgendes zu beachten ist:

a) Wie ist die Wahl des Gesteins durchzuführen?
b) Welcher Zementgehalt des Betons ist nötig?
c) Welche Körnung und Kornbeschaffenheit des Betons ist anzustreben?
d) Welche Festigkeit des Betons ist erforderlich?
e) Welche Steife des Betons ist zweckmäßig?
f) Ist Spritzputz als Wetterschutz geeignet?
g) Inwieweit ist die Gestaltung des Bauwerks zu beachten?

Zu a) Bei der Wahl des Gesteins tritt nicht selten aus wirtschaftlichen Gründen eine Bedrängnis auf, sei es, daß Steine benutzt werden sollen, die als Brechsand und Schotter langsplittrig oder plattig fallen und damit eine schlechte Verarbeitung und auch eine Verminderung der Eigenschaften des Betons hervorrufen, oder sei es, daß es sich um Gestein handelt, das eine ungenügende Witterungsbeständigkeit hat. Hier muß streng gefordert werden, daß auf alle Fälle für den außenliegenden Beton nur Gestein mit guter Wetterbeständigkeit verwendet wird. Weiteres unter II, G.

Zu b) Der Beton muß an den Außenflächen genügend wasserundurchlässig sein. Man kann dazu die Feststellungen über den Einfluß der Kornzusammensetzung des Betons auf die Wasserdurchlässigkeit benutzen und dann entscheiden, welche Zementmenge nötig ist (vgl. unter J[4]). Man fand, daß mit Kiessanden bei guter Körnung 240 kg, mit sperrigem Beton etwa 300 kg Zement in 1 m^3 Beton ausreichen, um hohen Anforderungen zu genügen, wenn der Beton weich eingebracht wird und gute Verarbeitung stattfindet. Man darf aber dabei die alte Erfahrung nicht außer acht lassen, daß die Zemente selbst einen außerordentlich großen Einfluß auf die Durchlässigkeit des Betons ausüben. Es bleibt also nichts anderes übrig, als von Fall zu Fall neben dem Einfluß der Beschaffenheit der Gesteinsteile

---

[1] Deutscher Ausschuß für Eisenbeton Heft 93, 1939, sowie Die Bauwirtschaft 6 (1952) S. 657.
[2] *Kleinlogel-Hundeshagen-Graf:* Einflüsse auf Beton, 3. Aufl. S. 10f. Berlin 1930, sowie Entwurf und Berechnung von Eisenbetonbauten, Bd. 1, S. 60f. (Stuttgart 1926); ferner *Graf:* Heft 10 der Schriftenreihe der Forschungsgesellschaft für das Straßenwesen, 1937.
[3] Schriftenreihe der Forschungsgesellschaft für das Straßenwesen, 1937, Heft 10.
[4] Deutscher Ausschuß für Eisenbeton Heft 65, 1931; ferner *Walz:* Die heutigen Erkenntnisse über die Wasserdurchlässigkeit des Mörtels und des Betons, 1931.

des Betons auch die *Geeignetheit des einzelnen Zements* besonders zu verfolgen. Andernfalls ist der Zementgehalt höher zu wählen.

Zu c) In bezug auf die *Kornbeschaffenheit des Zuschlagmaterials* ist auf Grund von Versuchen und nach der Erfahrung zu empfehlen, in erster Linie mit natürlichem Kiesvorkommen zu arbeiten, weil damit die Verarbeitbarkeit des Betons die bessere wird.

Zu d) Die Frage, welche sich auf die *notwendige Festigkeit* des Betons bezieht, ist wesentlich schwieriger zu beantworten als die schon besprochenen. Deshalb sind bislang alle Vorschläge auf begrenzte Verhältnisse abgestellt. Man weiß, daß die Festigkeit des Betons, welche aus den Beanspruchungen durch die Belastung des Bauwerks entspringt, oft eine verhältnismäßig bescheidene sein könnte; oft aber ist die zu fordernde Festigkeit anderen Bedingungen, vor allem der Witterungsbeständigkeit unterworfen. Wir haben zu dieser Aufgabe wiederholt Untersuchungen ausgeführt[1], die zeigen, welche Festigkeit der Beton aufweisen muß, wenn er gegen oftmaliges Gefrieren und Wiederauftauen lange widerstandsfähig sein soll. Aus diesen und anderen Versuchen entnahm der Verfasser, daß der Beton im deutschen Klima vor der Einwirkung oftmaligen Gefrierens und Wiederauftauens eine Mindestdruckfestigkeit von 150 kg/cm² aufweisen sollte. Wird der Beton außen bearbeitet, also rauh gemacht und in den Außenschichten angerissen, so sind höhere Festigkeiten angezeigt; vorgeschlagen wird, hierfür mindestens 250 kg/cm² vorzusehen.

Zu e) Wegen der *Steife des Betons* besteht jetzt allgemein die Auffassung, daß mit *Gußbeton Vorsicht* geboten ist, weil dieser durch seinen hohen Wasserzusatz Absonderungen begünstigt, die zur Folge haben, daß auf jeder Gießschicht mehr oder minder ausgeprägt eine Schicht aus feinkörnigem, wasserreichem Mörtel erscheint. Dieser Mörtel hat geringere Festigkeit, höhere Wasseraufnahmefähigkeit usw. als der darunterliegende Beton. Deshalb tritt die Verwitterung in erster Linie bei den abgesonderten Schichten auf. Durch Arbeitsunterbrechungen oder andere ähnlich wirkende Maßnahmen entstehen weitere Mängel. Wenn man Beton herstellen will, welcher die soeben beschriebenen Mängel nicht zeigt, so ergibt sich weiter, daß die an diesen Mängeln beteiligte Entmischung des Betons von den Eigenschaften des Zements, von der Zusammensetzung des Betons in seinen feinsten Teilen, auch von der Art des Transports und des Einbringens des Betons abhängt. Zur Zeit ist Rüttelbeton zu empfehlen.

Zu f) Wenn Anlaß vorliegt, den Beton von Staumauern, überhaupt von Wasserbauten gegen die Einwirkung der Witterung besonders zu schützen, so kennt man als einfachstes Verfahren das Aufbringen eines Spritzputzes aus Zementmörtel (Torkret). Es hat sich gezeigt, daß schon mit verhältnismäßig feinen Sanden Spritzputze mit sehr hoher Festigkeit hergestellt werden können. Auch erweisen sich die Putze gegen hohen Wasserdruck undurchlässig. Doch hat sich auch gezeigt, daß das Aufbringen von Spritzputz nicht in Betracht kommt, wenn der Unterbeton verhältnismäßig geringe Festigkeit hat; beispielsweise traten erhebliche Schäden auf, wenn der Unterbeton nur eine Druckfestigkeit von 90 kg/cm² aufwies. Es scheint, daß die Druckfestigkeit des Betons, an dem der Putz haften soll, nach rd. 3 Monaten mindestens 150 kg/cm² betragen sollte.

Zu g) Wenn man über die Witterungsbeständigkeit von Beton spricht, so ist zu bedenken, daß neben den örtlichen Verhältnissen und den bereits besprochenen Bedingungen auch die Gestalt des Bauwerks Einfluß nimmt. Wenn beispielsweise die Außenfläche abgetreppt gestaltet ist, bleibt mehr Schnee und mehr Eis längere Zeit auf einem erheblichen Teil des Betons als wenn die Mauer mit glatten Flächen versehen ist. Es kann die Durchfeuchtung längere Zeit stattfinden, deshalb auch öfteres Gefrieren und Wiederauftauen in durchfeuchtetem Zustand. Man sollte genau so wie bei der Gestaltung der Hochbauten darauf achten, daß die Durchfeuchtung der Mauer durch Wasser und Schnee tunlichst gehindert wird.

---

[1] Deutscher Ausschuß für Eisenbeton, Heft 65 1931, sowie Beton und Eisen 38 (1939) S. 178.

Wird der Beton bearbeitet, so ist zu beachten, daß damit die Wasserdurchlässigkeit in der Regel größer wird und daß die an der Außenfläche liegenden groben Gesteinstücke mit dem Werkzeug des Steinhauers zertrümmert werden. Enthält der bearbeitete Beton Stahleinlagen, so erscheint besondere Vorsicht geboten, damit der Beton genügende Schutzwirkung für den Stahl behält.

N. Schutz der Stahleinlagen gegen Rost[1]

Die Erfahrungen über den Schutz des Stahls im Beton stehen in ausreichender Übereinstimmung mit dem, was in den Bestimmungen des Deutschen Ausschusses für Stahlbeton gefordert ist, vor allem, daß unter gewöhnlichen Verhältnissen bei guter Bauausführung 2 cm Betondeckung für Bauwerke im Freien ausreichend sind. Unsere Versuche zeigen, daß dabei die sorgfältige Verarbeitung des Betons wichtiger ist als die Größe des Zementgehalts.

Entspricht der Beton nicht den Regeln guter Bauausführung, so ist auch in gewöhnlichen Hochbauten früher oder später mit Rostschäden zu rechnen. Beispielsweise ist erdfeucht angemachter Stampfbeton unzweckmäßig, weil er durchlässiger wird als weich angemachter Beton.

Liegen außerordentliche Verhältnisse vor, derart, daß mit dem Auftreten von Stoffen zu rechnen ist, die Rosten des Eisens in mehr oder minder hohem Maße begünstigen, z. B. in Zinkhütten, in gewissen Fällen auch den Beton angreifen, z. B. an manchen Bauwerken der Eisenbahn, so ist die Betondeckung größer zu wählen; wenn die Flächen bearbeitet werden sollen, ist für besonders dicke Betondeckung zu sorgen. Unter Umständen muß durch Anstriche oder Schutztafeln besonderer Schutz angestrebt werden. Weiteres vgl. DIN 1045, § 14.

O. Verhalten von Zementmörtel und Beton bei oftmaligem Erwärmen und Abkühlen

Es ist seit langer Zeit bekannt, daß die Festigkeit von jungem Beton durch allmähliches Erwärmen mit Dampf oder durch Lagerung in allmählich erhitztem Wasser, gefolgt von langsamem Abkühlen, rasch erhöht werden kann, so daß z. B. durch eine eintägige Behandlung Festigkeiten entstehen, die bei gewöhnlicher Behandlung erst nach Wochen auftreten. Die Wirkung ist vom Zement und von der Art der Zuschlagstoffe abhängig; sie ist überdies bei magerem Beton viel mehr ausgeprägt als bei fettem Beton.

Wird die Erwärmung und Abkühlung in weiten Grenzen, z. B. von 20 bis 90° ausgeführt, so entstehen im Betonkörper erhebliche Spannungen, wenn die Erwärmung und Abkühlung rasch vorgenommen wird. Es ist dann besonders bei oftmaliger Wiederholung mit dem Entstehen von Rissen zu rechnen, die von außen nach innen dringen und die Festigkeit des Betons verringern. Verschiedene Zemente verhalten sich dabei verschieden, weshalb für die praktische Anwendung sorgfältige Auswahl des Zements empfohlen wird[2].

P. Widerstandsfähigkeit des Betons gegen chemische Angriffe

Der Einfluß der Bindemittel ist unter S. 423 kurz erörtert.

Viel wichtiger als die Wahl des Bindemittels ist in vielen Fällen der Aufbau, die Herstellung und die Behandlung des Betons sowie die mechanische Festigkeit, welche der Beton den aus chemischen und mechanischen Vorgängen entspringenden Kräften entgegengesetzt. Auch die Kapillarität des Betons ist zu beachten. Den Wässern, die einen Abbau des Bindemittels mehr oder weniger rasch bewirken können, muß der Zugang zum Bindemittel tunlichst verwehrt werden. Dazu gehört Beton mit möglichster Beschränkung der Hohlräume, den Richtlinien entsprechend, die S. 436 dargelegt sind. Bei den Arbeitsfugen, Schütt-

---

[1] Handbuch für Eisenbetonbau, 4. Aufl., Bd. 1, S. 230f. Berlin 1929; ferner bei *Mörsch:* Der Eisenbetonbau, 6. Aufl., Bd. 1, S. 43f. Stuttgart 1923.

[2] *Graf:* Deutscher Ausschuß für Eisenbeton Heft 62, S. 32; ferner *Dawley:* J. Amer. Concrete Inst. 7 (1936) S. 609.

flächen usw. ist besondere Sorgfalt des Einbringens, Verdichtens usw. angezeigt, damit der Beton überall ausreichend dicht wird. Überdies ist fetter Beton viel widerstandsfähiger als magerer. Weiter ist die angreifende Flüssigkeit möglichst lange fernzuhalten, sei es, daß der Beton zunächst an der Luft erhärtet und erst nach längerer Erhärtungsdauer dem Angriff ausgesetzt wird, oder sei es, daß der Beton mit Anstrichen versehen wird, die wenigstens eine gewisse Zeit den Zutritt zum Beton ganz oder im wesentlichen verhindern (z. B. Bitumenanstriche gegen die Wässer der Gasfabriken, Margalit gegen Öle usw.). Sodann sind ruhende Flüssigkeiten weniger gefährlich als ihren Spiegel oft ändernde, fließende, sich fortwährend erneuernde oder gar solche, die mit mechanischer Abnützung wirken (z. B. Wellenschlag) oder schließlich abwechselnd warm und kalt sind.

Anleitungen finden sich in den Richtlinien für die Ausführung von Bauwerken aus Beton in betonschädlichen Wässern und Böden, aufgestellt im Deutschen Ausschuß für Stahlbeton 1953.

Q. Wärmedurchlässigkeit des Betons

Die Wärmeleitzahl des Betons ist von den Eigenschaften des Gesteins und des Zements, vom Zementgehalt, von der Menge des Anmachwassers, vom Feuchtigkeitsgehalt des Betons und auch von der Höhe der Temperatur abhängig. Bei unseren Versuchen[1] fand sich die Wärmeleitzahl λ bei 10° C für 10 cm dicke Platten aus scharf getrocknetem Beton zu 0,6 bis 1 kcal/mh° C, für Platten aus Beton, der im Wasser lag, zu 1 bis 2 kcal/mh° C. Dickere Platten lieferten größere Wärmeleitzahlen; der Höchstwert betrug 2,05 kcal/mh° C. Für Leichtbeton vgl. unter W.

R. Wärmeausdehnung des Betons

Diese ist in hohem Maß vom Zuschlagstoff, dann vom Feuchtigkeitszustand des Betons, auch vom Zement abhängig. Die bisher bekannten Grenzwerte betragen für 0 bis 40° rd. 6 bis rd. $13 \cdot 10^{-6}$ m/m je Grad[2].

S. Verhalten von Beton im Feuer[3]

Für Bauwerke, die im Feuer möglichst widerstandsfähig sein sollen, ist erwünscht, daß die Festigkeit des Betons mit steigender Temperatur nur langsam abnimmt und daß der Werkstoff im Feuer allmählich wachsende, nicht plötzliche Raumänderungen erfährt. Wenig geeignet sind Quarzgesteine, besser Basalt; Kalkstein gilt im Beton als gut, auch Hochofenschlacke, Ziegelbruch als besonders geeignet.

Die Deckung der Eiseneinlagen sollte in feuergefährlichen Betrieben reichlich gewählt werden, damit die Erwärmung der Eiseneinlagen verzögert wird. Besonders geeignet sind dazu u. a. Putze aus Kalkzementmörtel, die mit leichtem Drahtgewebe bewehrt werden.

T. Widerstand gegen oftmalige Belastung

Der Begriff Dauerfestigkeit ist hier allgemein benutzt; für die technische Anwendung ist jeweils die Art der Dauerfestigkeit (Druck, Zug, Wechsel zwischen Druck und Zug, Biegung, Schub, Scherung, Knickung) und die Art der Beanspruchung (nur ruhend, nur oftmals wiederholt, teilweise ruhend und teilweise oftmals wiederholt usw.) anzugeben.

1. Dauerdruckfestigkeit des Betons. Die im folgenden mitgeteilten Zahlen gelten für Beton, der bei der Prüfung älter als $^1/_2$ Jahr war und nach anfänglicher feuchter Behandlung in Arbeitsräumen aufbewahrt war.

α) *Dauerdruckfestigkeit bei ruhender Belastung.* Nach den bisherigen Versuchen ist zu erwarten, daß der Widerstand gegen lang dauernde Belastung mindestens $^3/_4$ der Festigkeit beträgt, die beim gewöhnlichen Druckversuch auftritt.

[1] Dtsch. Ausschusses für Eisenbeton, Heft 74, S. 15.
[2] *Graf:* Z. VDI 1952, S. 403.
[3] Fortschritte und Forschungen im Bauwesen, Reihe B, Heft 4.

β) *Dauerdruckfestigkeit bei oftmals wiederholter Belastung* (Ursprungfestigkeit)[1] Die Ursprungdruckfestigkeit von Betonsäulen mit verschiedener Zusammensetzung, insbesondere mit verschiedenem Zementgehalt und mit verschiedener Körnung fand sich mindestens zum 0,5fachen der Prismenfestigkeit aus dem gewöhnlichen Bruchversuch. Die Zusammensetzung des Betons blieb von geringer Bedeutung. Dabei traten rd. 260 Lastspiele in der Minute auf; die Gesamtzahl der Lastspiele, für welche die Ursprungfestigkeit ermittelt wurde, betrug 2 Millionen. Mit zunehmender Zahl der minutlichen Lastspiele (geprüft wurde mit 10 bis 450 Lastwechseln in der Minute) ist die Zahl der Wiederholungen, welche zum Bruche führte, größer geworden.

γ) *Dauerdruckfestigkeit bei gleichzeitiger Wirkung von ruhenden und von oftmals wiederkehrenden Lasten.* Wenn zu den oftmals wiederkehrenden Lasten ruhende Lasten hinzutraten, so nahm die Schwingungsweite der bewegten Lasten, die 2 Millionen Mal ertragen wurde, mit Steigerung der ruhenden Lasten ab. Beispielsweise zeigt Abb. 26, daß die Schwingungsweite S betrug

bei der ruhenden Last $\sigma_u = 6$ kg/cm² $S = 109$ kg/cm²,
„ „ „ „ $\sigma_u = 118$ kg/cm² $S = 39$ kg/cm²,
„ „ „ „ $\sigma_u = 157$ kg/cm² $S = 8$ kg/cm².

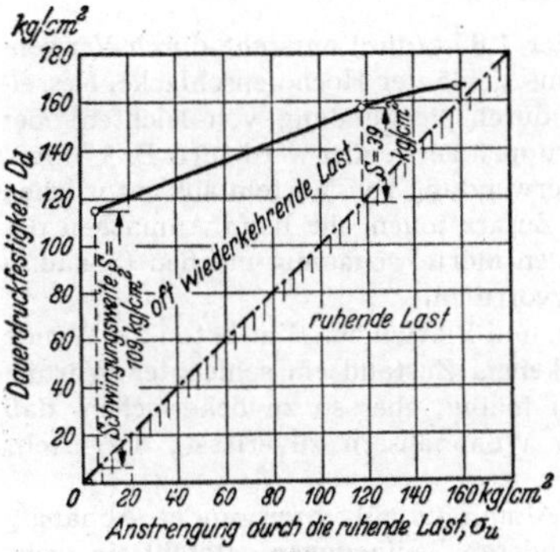

Abb. 26

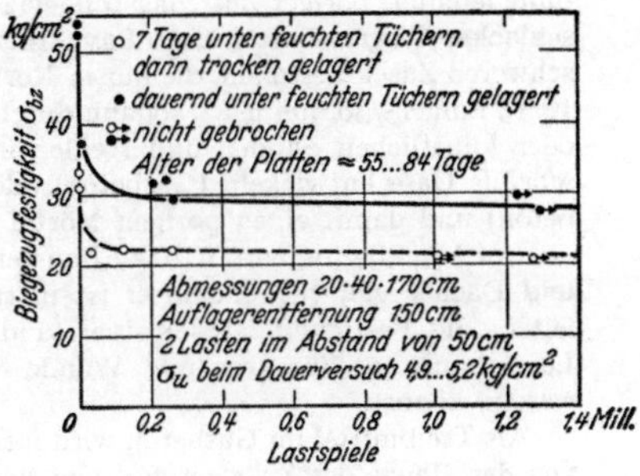

Abb. 27

2. Dauerbiegefestigkeit des Betons. Ältere Versuche zeigen, daß die Dauerbiegefestigkeit bei Ursprungsbelastung zu mindestens ½ der in üblicher Weise ermittelten Biegefestigkeit zu erwarten ist[2].

Eigene Versuche, wiedergegeben in Abb. 27, ergaben für Balken, die dauernd feucht gehalten waren, die Dauerbiegefestigkeit bei Ursprungsbelastung zu 28 kg/cm², die gewöhnliche Biegefestigkeit zu 53 kg/cm², entsprechend den Verhältniszahlen 0,53 : 1. Balken, die nach anfänglich feuchter Behandlung trocken gelagert hatten, lieferten die Dauerbiegefestigkeit bei Ursprungsbelastung zu nur 21 kg/cm², die gewöhnliche Biegefestigkeit zu 32 kg/cm², d. i. 0,66 : 1. Weitere Versuche mit Beton verschiedener Zusammensetzung zeigten allgemein, daß die Dauerbiegefestigkeit rd. ³/₅ der gewöhnlichen Biegefestigkeit beträgt[3].

3. Gleitwiderstand bei oftmals wiederholter Belastung. Vgl. hierzu Beton und Eisen 38 (1939), S. 182; sowie Fortschritte und Forschungen im Bauwesen, Reihe A, Heft 10, S. 9 u. f.

U. Stoffbedarf

Der Bedarf an Zement, Sand, Kies usw. für 1 m³ fertigen Beton wird auf Grund der unter C. beschriebenen Eignungsprüfung ermittelt. Das Weitere läßt sich nach

[1] *Graf:* „Die Dauerfestigkeit der Werkstoffe und der Konstruktionselemente", Berlin 1929, S. 116; ferner *Hatt* u. *Mills:* Bulletin 34 of the Purdue University, 1928; *Graf* und *Brenner:* Hefte 76 und 83 des Deutschen Ausschusses für Stahlbeton, 1934 und 1936.

[2] *Graf:* Die Dauerfestigkeit der Werkstoffe und der Konstruktionselemente, S. 117.

[3] Straßenbautagung München 1938, S. 173; *Graf:* Die Eigenschaften des Betons, S. 158.

Erfahrungswerten feststellen, vgl. Graf, die Eigenschaften des Betons, S. 218 bis 301, insbesondere S. 301.

V. Überwachung der Herstellung des Betons am Bauwerk

Der Werkstoff Beton entsteht beim Bauen. Man muß demgemäß beim Bauen fortlaufend feststellen, ob die gewollten Eigenschaften zustande kommen. Es muß also eine *Bauüberwachung* einsetzen; diese hat in erster Linie vorbeugend zu wirken durch sorgfältige Abnahme der eingehenden Baustoffe, durch fortlaufende Kontrolle des Messens, des Mischens, des Verarbeitens und der Behandlung des Betons. Durch die Nachprüfung der tatsächlich erlangten Eigenschaften des Betons entsteht ein Beweis für die gute Handhabung der Bauüberwachung.

Eine gute Bauüberwachung geschah beim Bau der Betonfahrdecken der Autobahnen. In den zugehörigen Richtlinien ist eine umfassende Anweisung für die Bauüberwachung gegeben.

Die Nachprüfung des Zementgehalts von erhärtetem Beton geschieht durch chemische Untersuchung nach DIN 52170.

W. Leichtbeton

Leichtbeton (Beton mit Gewichten unter 1,8 kg/dm³) entsteht durch Verwendung leichter, poriger Zuschlagstoffe wie Bims, geblähter Hochofenschlacke, Kesselschlacke, Ziegelschotter und Lavakrotze, durch Verwendung von leichten oder schweren Zuschlagstoffen, die nur in Korngruppen verwendet werden (z. B. 3/7 mm, 10/15 mm, 15/30 mm usf.), sodann durch Verwendung von Mörteln aus natürlichen oder künstlichen Sanden und Mehlen mit Zusatzstoffen, die beim Anmachen des Mörtels Gase entwickeln (Gasbeton) oder den Mörtel schaumig machen (Schaumbeton) und damit einen porigen Mörtel hervorrufen.

Der Leichtbeton wird u. a. zu Bausteinen und Platten aus Bimsbeton für Wände und Dächer viel verwendet; er ist in trockenem Zustand ein schlechter Wärmeleiter; die Festigkeit ist selbstverständlich mäßig, aber so zu beherrschen, daß Leichtbausteine für tragende Wände von Wohnhäusern zuverlässig hergestellt werden können.

Als Treibmittel im Gasbeton wird meist Aluminiumpulver verwendet. Abhängig von der Menge des Zusatzstoffes und von anderen Bedingungen entsteht ein mehr oder minder poriger Mörtel, mit einem Trockengewicht von etwa 300 kg/m³ aufwärts.

1. *Rohwichte des Leichtbetons*[1]. Mit Naturbims lassen sich die Rohwichten, bezogen auf den bei 105° getrockneten Zustand, mit 0,7 kg/dm³ und mehr gewährleisten, beginnend mit Druckfestigkeiten von 20 kg/cm². Für Schüttbeton[2] entstanden

mit	Kesselschlacke	Ziegelsplitt	Muschelkalk	Rheinkies
der Korngruppe	0/30 mm	15/30 mm	15/30 mm	15/25 mm
Rohwichten bis	1,05	1,5	1,7	1,7 kg/dm³.

Die zu erwartende Rohwichte liegt nahe der Summe des Schüttgewichts der Zuschlagstoffe und des Zementgewichts.

Gasbeton mit Rohwichten über 800 kg/m³ ist in der Regel technisch unzweckmäßig.

2. *Druckfestigkeit des Leichtbetons.* Schüttbeton[3] läßt sich mit Festigkeiten bis 80 kg/cm² ohne außerordentliche Maßnahmen verbürgen, mit Kiesen auch noch bis 120 kg/cm². Eignungsversuche sind stets erforderlich. Gestampfter oder gerüttelter Beton zu Mauer- und Deckensteinen wird durch die Steingewichte und durch die Steinfestigkeiten beurteilt.

Porenbeton (Gasbeton und Schaumbeton) nach DIN 4164 sind für tragendes Mauerwerk nur nach Härtung unter Dampfdruck geeignet[4]. Hohe Festigkeiten

[1] *Graf:* Die Eigenschaften des Betons. Berlin 1950, S. 261.
[2] Fortschritte und Forschungen im Bauwesen, Reihe C, Heft 2.
[3] Fortschritte und Forschungen im Bauwesen, Reihe C, Heft 2.
[4] *Graf:* Gasbeton, Schaumbeton, Leichtkalkbeton. Stuttgart 1949, S. 71 u. f.

und kleine Rohwichten sind u. a. mit Quarzmehlen oder sorgfältig geschwelten Ölschiefern nach Beigabe von ausgewählten Kalken entstanden. Bei günstigen Rohstoffen lassen sich Rohwichten von 0,6 kg/dm^3 mit Druckfestigkeiten von 50 kg/cm^2 verbürgen.

3. *Biegefestigkeit.* Das Verhältnis der Biegefestigkeit zur Druckfestigkeit fand sich im praktischen Bereich verhältnismäßig groß[1], es nimmt mit steigender Festigkeit ab.

4. Das *Schwindmaß* ist hauptsächlich von der Nachgiebigkeit der Zuschlagstoffe sowie von der Menge und Beschaffenheit des Zementsteins abhängig; es ist größer als bei Kiesbeton usf.

Ziegelsplittbeton als Schüttbeton[2] (W_{28} = 39 kg/cm^2) zeigte im Laufe eines Jahres ein Gesamtschwindmaß von rd. 0,65 mm/m.

Frisch gelieferte Schwemmsteine aus Naturbims hatten sich in 14 Monaten um rd. 0,8 mm/m verkürzt[3]. Proben von Gasbeton und Schaumbeton, die an der Luft erhärteten, brachten noch viel größere Schwindmasse, oft über 2 mm/m.

Im gespannten Dampf erhärteter Leichtbeton schwindet viel weniger als der an der Luft erhärtete. Unter günstigen Verhältnissen blieb das Schwindmaß unter 0,2 mm/m[4].

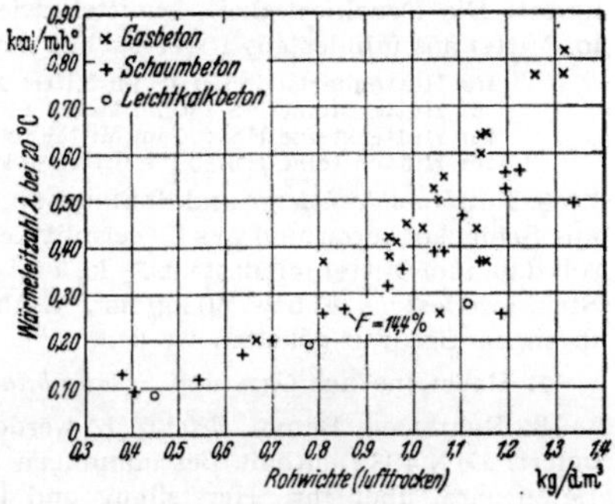

Abb. 28

Nicht zu vergessen ist, daß jeder Beton, also auch der Leichtbeton, bei Durchfeuchtung durch Regen und Schmelzwasser quillt und bei späterem erneutem Trocknen wieder schwindet.

5. Die *Wärmeleitzahl* des Leichtbetons nimmt mit der Rohwichte ab und wird unter sonst gleichen Umständen um so kleiner, je kleiner und gleichmäßiger die Luftporen ausgefallen sind. Mit lufttrockenem Schüttbeton[5] betrug

bei der Rohwichte	0,9	1,2	1,6	kg/dm^3
λ etwa	0,4	0,5 bis 0,6	0,7 bis 0,9	kcal/mh°

Für lufttrockenen Gasbeton gibt Abb. 28 Auskunft.

6. Durch den guten Wärmeschutz des Leichtbetons entsteht auch ein guter *Feuerschutz* bei Ummantelungen, Brandmauern usf. Mauern aus Ziegelsplittbeton und aus Gasbeton blieben im Feuer tragfähig.

X. Mauersteine und Formsteine aus Beton

1. *Allgemeines.* Der Mauerstein aus Beton wird in mannigfaltiger Gestalt und Größe angeboten, vgl. DIN 18152 und DIN 18151. Wesentlich ist dabei die Rohwichte des Betons wegen der Wärmeleitfähigkeit des Betons und wegen des Gewichts der Steine, sodann die Druckfestigkeit der Steine und ihre Maßhaltigkeit. Maßgebend für die Anwendung ist DIN 1053. Hergestellt werden die Steine aus Naturbims, Hüttenbims, Kesselschlacke, Ziegelsplitt, Sinterbims, Tuff, Lavaschlacke und Blähton, auch aus Gas- und Schaumbeton gemäß DIN 4164. Die folgenden Beispiele sind kennzeichnend.

2. *Schwemmsteine*, aus Naturbims und Zement, sind nach DIN 18152 leichte, hochporige Mauersteine; sie werden in zwei Güteklassen als V 25 und V 50 (mittlere Druckfestigkeit 25 und 50 kg/cm^2) mit den Höchstrohwichten 0,8 und 1,0 kg/dm^3 geliefert.

---

[1] *Graf:* Gasbeton, Schaumbeton, Leichtkalkbeton, S. 40 u. f.
[2] Fortschritte und Forschungen im Bauwesen, Reihe C, Heft 2, S. 27.
[3] Fortschritte und Forschungen im Bauwesen, Reihe B, Heft 1, S. 20 u. f.
[4] *Graf:* Gasbeton, Schaumbeton und Leichtkalkbeton, S. 42 u. f.
[5] Fortschritte und Forschungen im Bauwesen, Reihe C, Heft 2, S. 28 u. f.

3. *Hüttenschwemmsteine* nach DIN 18152; sie werden in der Regel aus geschäumter Hochofenschlacke (Hüttenbims) und Zement hergestellt.

Die Mindestfestigkeiten sind die gleichen wie bei den Schwemmsteinen unter 2.; das Gewicht darf etwas größer sein.

4. *Schlackensteine* nach DIN 18152 aus aufbereiteten Verbrennungsrückständen, mit hydraulischen Bindemitteln. Die mittlere Druckfestigkeit soll wie unter 2. gestaffelt sein.

5. *Hüttensteine* nach DIN 398 werden aus gekörnter Hochofenschlacke und Kalk, Schlackenmehl und Zement hergestellt und mit kohlensäurereichen Abgasen gehärtet. Die Druckfestigkeit, ermittelt wie bei den gebrannten Mauersteinen, soll im Mittel aus mindestens 10 Versuchen betragen

für Hüttenhartsteine HHS im Mittel 250 kg/cm², mindestens 200 kg/cm²,
für Hüttensteine HS 150 im Mittel 150 kg/cm², mindestens 120 kg/cm²,
für Hüttensteine HS 100 im Mittel 100 kg/cm², mindestens 80 kg/cm²,
für Hüttensteine HS 50 im Mittel 50 kg/cm², mindestens 40 kg/cm².

6. Für *Hohlblocksteine* und *T*-Steine aus Naturbimsbeton, aus Hüttenbimsbeton, aus Schlackenbeton und aus Ziegelsplittbeton gilt DIN 18151. Die Druckfestigkeit soll dabei im Mittel mindestens 25 kg/cm² oder 50 kg/cm² erreichen, beim einzelnen Stein mindestens 20 bzw. 40 kg/cm². Wichtig ist hier im besonderen, daß die Maße in engen Grenzen gehalten werden.

7. Bausteine aus *Gas- und Schaumbeton* nach DIN 4165.

8. Rohre aus Beton. *Betonrohre* werden nach DIN 4032 in 2 Güteklassen geliefert. DIN 4032 enthält Bestimmungen über die Formen und Abmessungen der Betonrohre, über ihre Herstellung und über ihre Eigenschaften, auch über die Wasserdurchlässigkeit und über die Mindesttragkraft in Abhängigkeit von der Größe und der Art der Rohre. Das zugehörige Prüfverfahren ist in DIN 52150 angegeben. DIN 4033 enthält Leitsätze für die Ausführung von Betonrohrleitungen. Wegen der Beurteilung der Tragkraft gebrochener Rohre an Hand der Beschaffenheit der Bruchstücke vgl. *Weise*: Zement 1936, S. 506.

Die Lieferung und Prüfung der *Stahlbetonrohre* soll nach DIN 4035 erfolgen. Die Bedingungen für die Lieferung und Prüfung von *Stahlbetondruckrohren* sind in DIN 4036 enthalten. Maßgebend sind die Scheiteldruckfestigkeit und der Widerstand der Rohre und ihrer Verbindungen gegen Innendruck; unter dem Prüfdruck dürfen bei Beachtung der Prüfvorschriften keine Risse auftreten und das Rohr soll dicht erscheinen. DIN 4037 enthält Richtlinien für die Abnahme von Stahlbetondruckrohrleitungen.

9. Wegen *Kabelformstücken* aus Beton vgl. DIN 457 und 1049 sowie Techn. Vorschriften der Bundespost.

10. *Gehwegplatten* aus Beton. Über die Maße und über die Güteeigenschaften, auch über die Prüfung der Gehwegplatten (Bürgersteigplatten) vgl. DIN 485. Es gibt 2 Güteklassen; diese unterscheiden sich nach der Biegefestigkeit und nach dem Abnutzwiderstand des Betons.

11. *Bordsteine* und *Bordschwellen* aus Beton. Hierzu sei auf DIN 483 verwiesen. Maßgebend sind die Bruchlast bei Biegebelastung und der Abnutzwiderstand. In DIN 483 sind 2 Güteklassen und mehrere Ausführungsarten beschrieben.

12. *Betondachsteine* nach DIN 1115 bis 1118.

13. *Deckensteine.* Vgl. DIN 4158, sowie DIN 4225 unter 16. 23, ferner DIN 4233, Ziffer 3.

14. *Werksteine* aus Beton. Dauerhafte Werksteine aus Beton entstehen, wenn bei der Zusammensetzung, Herstellung und Behandlung des Betons all das beachtet wird, was unter *D* bis *R* für hochwertigen Beton gesagt ist. Bei mangelhaften Steinen hat der Verfasser vor allem gefunden, daß die Körnung zu fein war, wodurch Beton mit hohem Schwindmaß und geringer Zugfestigkeit entstand. Weiter sei empfohlen, Stahleinlagen überall mindestens 3 cm mit hochwertigem, sorgfältig verdichtetem Beton zu decken, wenn der Werkstein freistehend der Witterung ausgesetzt ist.

Y. Asbestzement

Aus Zement und Asbest werden 0,4 bis 2 cm dicke, ebene oder gewellte Tafeln, auch Rohre, meist unter starker Pressung des frischen Mörtels, gefertigt. Die Biegefestigkeit soll bei ungepreßten, über 12 mm dicken Platten mindestens 130 kg/cm², bei gepreßten, höchstens 8 mm dicken Platten nicht unter 220 kg/cm² betragen, wenn die Biegefestigkit gleichlaufend zu den Fasern ermittelt wird. Über die Maße der üblichen Platten und über ihre Mindesteigenschaften vgl. DIN 274.

VIII. Traß, Ziegelmehl, granulierte Hochofenschlacke

Weil hydraulische Bindemittel beim Zutritt von Wasser chemische Wandlungen erfahren, bietet die Natur keine fertigen Bindemittel. Doch gibt es natürliche Gesteine und Ablagerungen vulkanischen Ursprungs, auch künstliche Stoffe, die nach Feinmahlung und nach Vermengung mit Kalk ein hydraulisches Bindemittel werden. Ein solches Erhärtungsvermögen wird vor allem bei der Verwendung von Traß[1], Ziegelmehl und schnell gekühlter Hochofenschlacke nutzbar gemacht. Traß ist feingemahlener Tuffstein, der aus vulkanischen Auswurfmassen stammt.

Tabelle 8. *Mörtel aus Kalk und Puzzolanen*

1	2	3	4	5
Zusammensetzung des Mörtels in Gewichtsteilen	Druckfestigkeit kg/cm² (Rohwichte g/cm³) im Alter von			
	28 Tagen	6 Monaten	1 Jahr	2 Jahren
1 Ziegelmehl, 1,4 Weißkalk N, 1,5 Rheinsand	61 (2,06)	225 (2,03)	298 (2,04)	369 (2,05)
1 rhein. Traß, 1,4 Weißkalk N, 1,5 Rheinsand	104 (2,00)	199 (2,00)	223 (2,00)	263 (2,02)

Tab. 8 zeigt, daß Mörtel aus Ziegelmehl oder aus Traß mit Weißkalk bedeutende Festigkeiten erlangen, allerdings weit langsamer als Zementmörtel erhärten, so daß ihre Verwendung in der heutigen Bautechnik nur selten in Betracht kommt. Auch ist zu beachten, daß die Erhärtung dieser Mörtel in niederen Temperaturen mehr beeinträchtigt wird als die Erhärtung der Zementmörtel.

Bei der Herstellung von undurchlässigem Beton hat sich Traß als Zusatz bewährt, sofern damit die Kornzusammensetzung des Betons verbessert wurde. Tab. 8a zeigt dazu, daß diese Verbesserung der Körnung weniger bei fetten als bei mageren Mischungen möglich ist. Die Zahlenreihen der Tab. 8a sind außerdem

Tabelle 8a. *Weich angemachter Mörtel aus Portlandzement, Traßmehl (0 bis 1 mm) und Neckarsand (0 bis 7 mm)*

Zusammensetzung in Gewichtsteilen	Von 100 g trockenem Mörtel fielen durch das Sieb mit				Druckfestigkeit in kg/cm² für 42 Tage alte Würfel
	900 Maschen auf 1 cm²	1 mm	3 mm	7 mm	
		Lochdurchmesser			
1 Zement, 3 Sand	29,0	69,7	87,3	100	502
1 Zement, 0,3 Traß, 3 Sand . . .	32,9	71,8	88,2	100	500
1 Zement, 0,6 Traß, 3 Sand . . .	36,2	73,7	89,0	100	468
1 Zement, 6 Sand	18,9	65,4	85,5	100	172
1 Zement, 0,3 Traß, 6 Sand . . .	21,6	66,8	86,1	100	237
1 Zement, 0,6 Traß, 6 Sand . . .	24,1	68,1	86,7	100	253

[1] *Graf:* Versuche über den Einfluß von Traßmehl und anderen Steinmehlen in Zementmörtel und Beton, Heft 261 der Forschungsarbeiten auf dem Gebiete des Ingenieurwesens 1922.

nach den Angaben der Abb. 17 zu beurteilen, wonach eine Festigkeitssteigerung durch mehlfeine Zusätze (Teile bis 0,2 mm) in Betracht kommt, wenn der Anteil der feinen Teile im Mörtel mit Flußsand unter etwa 25% liegt. Der Zusatz von fein gemahlenem Traß bewirkt außerdem klebrige Beschaffenheit des Betons, was bei der Verarbeitung des Betons wertvoll ist.

Für die Prüfung von Traß gilt DIN 51043.

Die Ausnutzung der hydraulischen Eigenschaften schnell gekühlter Hochofenschlacken ist durch die Herstellung von Hochofenzement und Eisenportlandzement technisch und wirtschaftlich wertvoll geworden. Der rheinische Traß wird im Traßzement nutzbar gemacht (vgl. DIN 1167, sowie unter VI, A).

IX. Magnesiamörtel

Wird gebrannter Magnesit (Magnesiumoxyd) mit einer Magnesiumchloridlösung angerührt, so erhärtet die Masse bei geeigneter Zusammensetzung bis zu sehr hohen Festigkeiten. Beispielsweise betrug die Druckfestigkeit eines Mörtels aus 1 kg Magnesia, 4 kg Neckarsand und 600 cm^3 Chlormagnesiumlauge von 21° Baumé, in einem trockenen Raum aufbewahrt, nach 2 Tagen 260 kg/cm^2, nach 3 Monaten 590 kg/cm^2. Bei Wasserlagerung nach dem 1. Tag stieg die Festigkeit in 4 Wochen bis 260 kg/cm^2; nach 3 Monaten war sie kleiner; sie betrug noch 157 kg/cm^2.

Als Zuschlagstoffe werden sehr häufig Holzsägespäne und Holzmehl verwendet; damit entsteht das sog. Steinholz.

Der Magnesiamörtel ist mehr hygroskopisch als andere Baustoffe; er ist deshalb nur für lufttrockene Räume zu empfehlen. Das überschüssige Magnesiumchlorid darf nicht mit Eisen in Berührung kommen, da sonst rasch verlaufende Rostschäden auftreten. Deshalb müssen Stahlbetondecken, die mit Steinholz bedeckt werden, aus dichtem Beton bestehen oder mit einem dichten Zementmörtel geschützt sein. Stählerne Träger, Wasserleitungsrohre, Kabel u. dgl., die durch Steinholzböden geführt werden oder darunter liegen, sollen mit dichtem Zementmörtel oder besser mit bituminösen Stoffen so umkleidet sein, daß sie vom Steinholz nirgends berührt und beeinflußt werden. Mit Steinholz belegte Stahlbetondecken, die im und nach dem Krieg lange Zeit dem Regen ausgesetzt waren, erfuhren schwere Rostschäden.

Für die Prüfung und Abnahme von Magnesia gilt DIN 273. Die Prüfung von Steinholz geschieht nach DIN 272.

Wegen der Ausführung von Steinholzböden vgl. die Technischen Vorschriften für Bauleistungen, aufgestellt vom Reichsverdingungsausschuß, unter II b, Estrich- und Fliesenarbeiten, DIN 1965.

X. Stahl

A. Zur Herstellung des Stahls

Durch Schmelzen von Eisenerzen mit Brennstoffen unter Beigabe von Zuschlägen, meist Kalkstein, sowie unter Einführung erhitzter gepreßter Luft in den Hochofen wird *Roheisen* gewonnen. Das Roheisen hat mehr als 1,7% Kohlenstoff; es läßt sich nicht schmieden, walzen, hämmern und pressen; es läßt sich also nicht verformen. Aus dem Roheisen wird durch Windfrischen im basischen Konverter oder aus Schrott und Roheisen im Herdofen (Siemens-Martin-Ofen) das *schmiedbare Eisen* hergestellt[1]. Es läßt sich durch Walzen, Pressen und Schmieden in allerlei Formen überführen.

Alles schmiedbare Eisen wird *Stahl* (Flußstahl und Schweißstahl) genannt.

B. Allgemeines zur Beurteilung der Eigenschaften der Stähle für das Bauwesen

Die Eigenschaften der Stähle, die für den Gebrauch im Bauwerk wichtig sind, müssen nach dem Transport, nach der Verarbeitung und nach dem Einbau in dem erforderlichen Maß vorhanden sein; die hohe Formbarkeit, welche dem ge-

[1] VDI-Richtlinien 12-2028. Einsatz unlegierter Stähle der verschiedenen Einschmelzungsverfahren. VDI-Verlag 1952.

wöhnlichen Stahl eigen ist, darf durch das Richten und Biegen, durch das Nieten usw. nur so weit verbraucht werden, daß die Eigenschaften, die das eingebaute Material haben muß, noch ausreichend vorhanden sind. Die Dehnung, die der Werkstoff bei der Abnahmeprüfung aufweisen soll, ist deshalb zuerst für die Verarbeitung nötig; umgekehrt muß die Verarbeitung so geleitet werden, daß die Formbarkeit des Werkstoffs ausreicht und daß keine Beeinträchtigung der später erforderlichen Eigenschaften auftritt. Die zugehörigen Grenzen entspringen aus Erfahrung und Versuch. Praktisch wertvoll ist in Grenzfällen, daß kalt verformter Stahl durch Glühen seine Formbarkeit wieder erlangt.

Wenn Stähle hoher Festigkeit zur Verwendung kommen (u. a. zu Spannbetontragwerken, Schienen, Drahtseilen), so ist wesentlich, daß solche Stähle zwar viel tragfähiger, aber viel weniger formbar sind als der gewöhnliche Stahl.

Die Größe der zulässigen Anstrengungen des Stahls im Bauwerk richtet sich — abgesehen von den derzeit geltenden Vorschriften — nach der Größe der damit auftretenden bleibenden Formänderungen und nach der Tragfähigkeit bei der in Betracht kommenden Art der Belastung (ruhend, oftmals wiederkehrend). Weiter ist zu beachten, ob die in die Rechnung gestellten Lasten oft oder selten auftreten. Ferner ist wichtig, ob die Instandhaltung des Bauwerks so ausgeführt werden kann, daß die Stahlteile nicht oder nur unerheblich rosten usw. Schließlich ist zu bemerken, daß die Tragkraft bei Knickbelastung unmittelbar von der Elastizität des Stahls abhängt.

C. Die Stähle für das Bauwesen

Im deutschen Stahlbau wird zur Zeit in der Hauptsache gewöhnlicher Flußstahl verwendet, und zwar

a) in Handelsgüte als St 00.12 nach DIN 1612,
b) als Handelsbaustahl nach DIN 1050,
c) in Normalgüte als St 37.12 nach DIN 1612,
d) als Nietstahl St 34 13 nach DIN 1613,
e) als Schraubenstahl St 38.13 nach DIN 1613, sodann
f) als Baustahl St 52 und
g) als Nietstahl St 44 nach den Vorschriften der Deutschen Bundesbahn;

dazu kommen

h) Stahlbleche St 00.21 und 00.22, ferner
i) Stahlbleche aus St 37.21 und 37.22, alle nach DIN 1621 und 1622.

Für den Stahlbetonbau werden geliefert

k) Betonstähle I, II, III und IV nach DIN 1045, § 5, Ziffer 6.
l) Sonderbetonstähle I, II, III und IV nach DIN 1045, § 5, Ziffer 6,
m) Querrippenstähle III und IV,
n) Betonstähle für Stahlbeton mit vorgespannter Bewehrung.

Eine Zusammenfassung der Forderungen nach den angegebenen Normen findet sich in Tab. 9. Weiteres im Stahlbau-Handbuch 1952, S. 212 u. f.

Der Stahl zu Rohren für Gas- und Wasserleitungen, zu Schienen für Eisenbahnen, zu Drähten für Tragseile usw. unterliegt besonderen Bedingungen. Hierzu sei u. a. auf DIN 1628 (geschweißte Flußstahlrohre und Formstücke), DIN 1629 (nahtlose Flußstahlrohre), DIN 1631 (Vignolschienen und Zungenschienen) und DIN 1632 (Stahlschwellen) verwiesen.

Für geschmiedeten Stahl zu Gelenken, Auflagerteilen u. a. m. ist DIN 17200 zu beachten. Für Schweißdrähte gilt DIN 1913.

Weiteres vgl. unter E sowie H.

D. Stahl als Handelsware

Die unter C genannten Stahlsorten werden in verschiedenen Formen und Abmessungen nach Maßnormen oder in Sonderfällen nach besonderen Vereinbarungen geliefert. Man unterscheidet nach DIN 1612 *Formstahl* (I- und [-Stahl mit 80 mm Höhe und mehr, auch Breitflanschträger, Belagstahl), *Stabstahl* (I- und [-Stahl unter 80 mm Höhe. Z-Stahl, Winkelstahl, ⊥-Stahl, Rundstahl, Quadratstahl, Sechskantstahl, Halbrundstahl usw., ferner Flachstahl von 12 bis 150 mm Breite und mehr als 5 mm Dicke), sodann *Breitflachstahl* von über 150 mm Breite und mindestens 3 mm Dicke. Bei der Lieferung und Abnahme der Ware sind außer

Tabelle 9. *Die Stähle für das Bauwesen* (Weitere Einzelheiten finden sich in den angegebenen Normen)

Reihe	Werkstoff	Nach DIN	Benennung (Güte)	Zugversuch nach DIN 50146				Faltversuch nach DIN 1605		Bemerkungen
				Streckgrenze mindestens	Zugfestigkeit	Bruchdehnung (%)		α = Biegewinkel D = Dorndurchmesser a = Probendicke		
						am kurzen Normal- oder kurzen Proportionalstab	am langen Normal- oder langen Proportionalstab			
				kg/mm²	kg/mm²			α	D	
a	St 00.12	1612	Handelsgüte	—	bis 50	—	—	90° kalt und warm	4a kalt und warm	Im allgemeinen schmelzschweißbar bei Form- und Stabstahl bis 25 mm Dicke. Schmelzschweißbarkeit wird aber nicht gewährleistet
aa	Handelsbaustahl	1050	—	—	34 bis 50	22	18	180°	2a	
b	St 37.12	1612	Normalgüte	—	37 bis 45	25	20	180°	0,5a	Schmelzschweißbarkeit siehe DIN 1612
c	St 34.12	1612	Sondergüte	—	34 bis 42	30	25	Die Probe muß sich, ohne Anrisse auf der Zugseite zu zeigen, kalt zusammenbiegen lassen, bis die Schenkel flach aneinander liegen		Schmelzschweißbarkeit gewährleistet, gut feuerschweißbar
d	St 42.12	1612	Sondergüte	—	42 bis 50	24	20	bis 20 mm Dicke 180° über 20 mm Dicke 180°	a 2a	Im allgemeinen schmelzschweißbar, aber ohne Gewährleistung. Gegebenenfalls sind besondere Vereinbarungen zutreffen
e	St 34.13	1613	Sondergüte, weicher Schraubenstahl	—	34 bis 42	25	20	Die Probe muß sich, ohne Anrisse auf der Zugseite zu zeigen, kalt zusammenschlagen lassen, bis die Schenkel flach aneinander liegen.		Stauchversuch nach DIN 1613 muß erfüllt werden
f	St 38.13	1613	Schraubenstahl	—	38 bis 45	25	20	180°	0,5 a	—

g	St 52	Werkstoffdicke, mm ≦16	Lieferbedingungen der Deutschen Bundesbahn	Baustahl St 52	36	52 bis 62	längs 24	quer 21	Diese Werte dürfen um 20 % unter den für $l_0 = 5d$ vorgeschriebenen Mindestwerten liegen	180°	längs 2a	quer 3a	St 52 ist in SM-Güte herzustellen. Höchster Anteil im Werkstoff aus ganzem Querschnitt: 0,20 % C 0,55 % Si 1,5 % Mn 0,05 % S 0,05 % P
		> 16 ≦ 30			35	52 bis 62	22	19		180°	2a	3a	
		> 30 ≦ 50			34	52 bis 62	22	19		180°	2a	3a	
		> 50			nach besonderer Vereinbarung								
		Bolzenstahl		Bolzenstahl und Bolzen	36	52 bis 62	24		Wie bei St 52 mit Dicken von 16 bis 50 mm	180°	2a	—	
h	St 44			Nietstahl	—	44 bis 52	27			180°	a	—	bis 0,18 % C bis 0,80 % Mn
i	St 00.21		1621	Gewöhnliche Bleche	Für gewöhnliche Bleche, sogenannte Handelsware, wie z. B auch gewöhnliche Behälterbleche, werden keine Gütezahlen gewährleistet. Eine Abnahmeprüfung findet nicht statt								
k	St 37.21		1621	Baublech I	—	37 bis 45	—		Dicke in mm 5…10: 18 | über 10: 20	180°	2a		—
l	St 42.21		1621	Baublech II	—	42 bis 50	—		16 | 20	180°	2a		—
m	Betonstahl	I	1045	Betonstahl I	22	34 bis 50	—		18	130°	2a		—
					Durchmesser in mm: ≦ 18 | > 18	≦ 18 | > 18	—		≦ 18 | > 18				
n		IIa	1045	Betonstahl II (naturhart)	36 | 34	50 bis 62 | 50 bis 64	—		20 | 18	180°	2a		—
		IIb	1045	Sonderbetonstahl II (kaltgereckt)	36 | 34	≧ 50	—		14	180°	2a		
o		IIIa	1045	Betonstahl III (naturhart)	42 | 40	≧ 50	—		18	180°	2a		—
		IIIb	1045	Sonderbetonstahl III (kaltgereckt)	42 | 40	≧ 50	—		8	180°	2a		
p		IVa	1045	Betonstahl IV (naturhart)	50	—	—		16	180°	2a		—
		IVb	1045	Sonderbetonstahl IV (kaltgereckt)	50	—	—		8	180°	2a		

der Güte die in den Normen festgelegten Abmessungen, auch die zulässigen Gewichts- und Maßabweichungen zu beachten.

Eine Zusammenfassung der in Betracht kommenden Maßnormen und der sonstigen Bestimmungen, auch der Aufstellungen über Sonderwaren, findet sich in dem Buch „Stahl im Hochbau", ferner im Stahlbau-Handbuch. Die Betonstähle II bis IV sind nach Bedarf mit Marken gezeichnet, welche die Herkunft und die Güteklasse erkennen lassen.

E. Allgemeine Bemerkungen über die Auswahl und über die Eignungsprüfung der Stähle im Bauwesen. Probenahme

Unter C und D ist gezeigt, daß im Stahlbau und im Stahlbetonbau Stähle verschiedener Benennung verwendet werden. Diese Stähle haben verschiedene Beschaffenheit und damit verschiedene Eigenschaften, wie aus Tab. 9 hervorgeht. Demgemäß sind auch die zulässigen Anstrengungen verschieden.

Allgemein ist folgendes zu beachten.

Zuerst wünscht der Stahlverbraucher, daß die Stähle bestimmter Art mit möglichst gleichmäßigen Eigenschaften geliefert werden. Vereinzelte geringwertige Stäbe können für die Tragfähigkeit des Bauwerks maßgebend werden; deshalb ist wie bei anderen Baustoffen zu sorgen, daß für die erforderlichen Eigenschaften Mindestwerte vereinbart und daß diese Mindestwerte eingehalten werden. Mindestwerte sind nötig für die Formbarkeit des Stahls und für seine Fließgrenze, teilweise auch für die Dauerfestigkeit.

Die geltenden Grenzmaße der Formbarkeit sind erfahrungsgemäße Kennwerte. Der Baustoff St 37 soll sich beim normengemäßen Zugversuch um mindestens 20% dehnen lassen, weil eine solche Verformbarkeit für das übliche Richten, Biegen und Nieten erwünscht ist und weil man weiß, daß ein ordentlich hergestellter St 37 eben die genannte Mindestdehnung besitzt. Weiter ist bekannt, daß Stähle mit hoher Festigkeit eine mäßige Verformbarkeit aufweisen. Dementsprechend sind sie beim Richten, Biegen usw. vorsichtiger zu behandeln. Beispielsweise besitzen die Drähte für die Tragseile zu Hängebrücken sehr hohe Festigkeiten, jedoch nur kleines Formänderungsvermögen; sie werden deshalb beim Transport und Einbau sorgfältig vor erheblichen bleibenden Verformungen bewahrt.

Die Forderung nach bestimmten Mindestwerten der Fließgrenze ist nötig, weil die Tragwerke nur brauchbar bleiben, wenn die bleibenden Verformungen des eingebauten Stahls sehr klein bleiben, vgl. unter H. Allerdings wird die Höhe der Fließgrenze für die gewöhnlichen Baustähle noch nicht gewährleistet[1]; sie kann erfahrungsgemäß in bestimmten Grenzen erwartet werden, vgl. unter H.

Die Dauerfestigkeit der Stähle ist vor allem für die Stähle hoher Festigkeit zu bestimmen, wenn es sich um Bauwerke oder Bauteile handelt, die oftmals wiederholter Belastung unterworfen sind. Hierzu wird unter N das Nähere gesagt.

Bei der Auswahl der Stähle ist weiterhin von Fall zu Fall zu entscheiden, ob die Schweißbarkeit (vgl. S) wichtig ist, ob der Widerstand gegen Korrosion besonders beachtet werden muß (vgl. unter V) u. a. m.

Vor der Eignungsprüfung und selbstverständlich auch vor der darauf abgestellten *Abnahmeprüfung* ist die Art der *Probenahme* und die *Art der Behandlung und Verarbeitung der Probe* festzulegen. Auch die Größe und Gestalt der Probe selbst ist von Bedeutung. Beispielsweise ist bei Stücken mit großen Querschnittsabmessungen zu erwarten, daß der Werkstoff im Kern mehr oder minder andere Eigenschaften hat als in den Randzonen. Bei der Beurteilung des Widerstands gegen oftmalige Belastung kann die Beschaffenheit der Walzhaut wichtig sein (vgl. später unter N). Bei Formstahl und Blechen ist die Walzrichtung von Bedeutung.

Glühen der Probe kommt nur in Betracht, wenn der Werkstoff zum Bauteil ebenfalls geglüht wird. Das Abtrennen der Proben mit der Schere ist unzweckmäßig. Das Abschmelzen kann stattfinden, wenn die Schmelzzone später weggehobelt oder abgefräst wird.

[1] Vereinbarungen sind zu erwarten.

F. Über die chemische Zusammensetzung der Stähle für das Bauwesen

Das technische Eisen ist kein reines Eisen, sondern eine Legierung aus den Elementen Eisen und Kohlenstoff, meist mit Mangan, Silizium, Phosphor, Schwefel und Kupfer, seltener Aluminium, Chrom, Nickel, Molybdän usw. Die wichtigste Beimengung ist der Kohlenstoff. Die Streckgrenze und die Zugfestigkeit des Flußstahls wachsen mit Zunahme des Kohlenstoffgehaltes, bis etwa 0,9% Kohlenstoff erreicht sind; die Bruchdehnung und vor allem die Querschnittsverminderung nehmen mit wachsendem Kohlenstoffgehalt ab. Stahl mit hohem Kohlenstoffgehalt ist deshalb beim Richten, Biegen, Hämmern usw. sorgfältiger zu behandeln als gewöhnlicher Stahl mit wenig Kohlenstoff. Mit wachsendem Kohlenstoffgehalt ändert sich die Härtbarkeit des Stahls, vgl. unter G.

Die Baustähle aus St 37.12 enthalten in der Regel 0,08 bis 0,15% C, ferner bis etwa 0,5% Mn und bis rd. 0,3% Si. Der Gehalt an P und S muß nieder sein; er beträgt bei P bis etwa 0,09%, bei S meist 0,03 bis 0,05%. Das Kupfer liegt in der Regel über 0,2%, in Deutschland selten über 0,3%[1].

Für St 52 wird in den Lieferbedingungen der Deutschen Bundesbahn verlangt: Der C-Gehalt soll nicht größer als 0,20% sein. Der Si-Gehalt soll 0,55% und der Mn-Gehalt 1,5% nicht überschreiten. Der Schwefel- und Phosphorgehalt soll höchstens je 0,05% betragen.

Die chemische Zusammensetzung des St 52 ist wegen des Verhaltens der Stähle beim Schweißen begrenzt worden.

Bei der Beurteilung der Ergebnisse chemischer Analysen ist zu unterscheiden, ob es sich um Schmelzanalysen oder um Analysen aus dem Walzgut handelt; für letztere ist wichtig, ob die Angabe für Proben gilt, die aus dem gesamten Querschnitt eines oder mehrerer Stücke stammen oder die örtlich (im Kern, am Rand, an einem Ende) entnommen sind.

G. Das Gefüge des Stahls. Härten, Anlassen, Glühen[2]

Wie alle Metalle kristallisiert das Eisen, und zwar im regulären System. Die dabei auftretenden Kristalle zerfallen bei langsamer Abkühlung, wobei die Zerfalltemperatur und die dabei auftretenden Phasen von der chemischen Zusammensetzung des Eisens abhängig sind, beim handelsüblichen Stahl in erster Linie vom Kohlenstoffgehalt. Das Gefüge ist außerdem abhängig von der Wärmebehandlung, die der Stahl bis zu seiner endgültigen Gestaltung erfahren hat, sowie von der Art der Verarbeitung. Durch Beobachtung des Gefüges lassen sich Aufschlüsse über die vorausgegangene sachgemäße oder unsachgemäße Behandlung des Stahls gewinnen, was für die Klarstellung von Schadenfällen, für den Nachweis guter oder schlechter Behandlung des Stahls usw. wichtig ist.

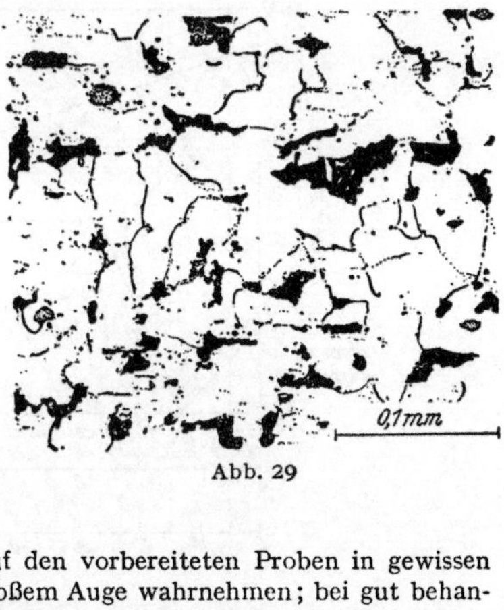

Abb. 29

Die Betrachtung des Gefüges geschieht an ebenen, sorgfältig bearbeiteten, geschliffenen und polierten und in der Regel geätzten Flächen.

Die Körner des Stahls können wir auf den vorbereiteten Proben in gewissen Fällen (z. B. im überhitzten Stahl) mit bloßem Auge wahrnehmen; bei gut behandeltem Stahl sind die Körner aber so klein, daß das unbewaffnete Auge die Korn-

[1] *Daeves* u. *Schulz:* Bautechn. 15 (1937) S. 4.
[2] VDI-Richtlinien 12-2028, Ausgabe 1952, sowie Werkstoffhandbuch Stahl und Eisen.

grenzen nicht mehr erkennt. Es sind dann mehr oder minder starke Vergrößerungen nötig.

Abb. 29 zeigt das Gefüge von langsam abgekühltem Stahl mit etwa 0,1% Kohlenstoff (Zugfestigkeit σ_B = rd. 35 kg/mm²); Abb. 30 gehört zu langsam abgekühltem Stahl mit etwa 0,3% Kohlenstoff (σ_B = 52 kg/mm²). Die hellen Körner sind kohlenstofffrei und bestehen im wesentlichen aus reinem Eisen (deshalb Ferrit genannt); die dunklen Stellen zeigen unter starker Vergrößerung ein streifiges Aussehen (Perlit). Im Mikroskop läßt sich dann erkennen, daß die dunklen Flecken der Abb. 29 und 30 aus härteren und weicheren Schichten zusammengesetzt sind; die härteren Schichten sind Eisenkarbid (Fe_3C), Zementit genannt, in weicherem Ferrit eingebettet. Die dunklen Flecken der Abb. 29 und 30 enthalten somit in den harten Eisenkarbidplättchen den Kohlenstoff; der Anteil der Eisenkarbidplättchen an den dunklen Flächen ist stets der gleiche, weshalb die dunklen Inseln stets den gleichen Kohlenstoffgehalt haben (etwa 0,9%). Durch Feststellung des Anteils der dunkeln Inseln im Gefügebild wird demnach ein Aufschluß über den Kohlenstoffgehalt des Stahls gewonnen.

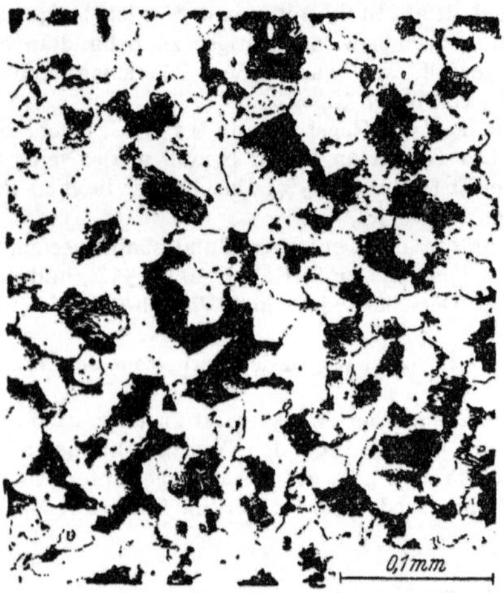

Abb. 30

Die Gefügebilder Abb. 29 und 30 treten nur nach langsamer Abkühlung auf. Die bei hoher Temperatur entstehenden Mischkristalle zerfallen bei allmählicher Abkühlung. Erfolgt die Abkühlung durch plötzliches Abschrecken des heißen Stahls, so wird der Verfall der Kristalle mehr oder minder verhindert. Erfolgt

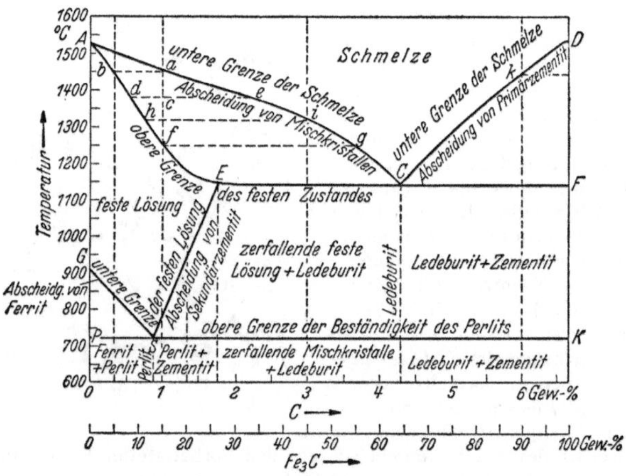

Abb. 31

das Abschrecken bevor die Umwandlung der festen Lösung begonnen hat (vgl. in Abb. 31 das Gebiet *A G S E*), so wird die feste Lösung, die nur bei hohen Temperaturen bestehen möchte, bei Zimmertemperatur festgehalten. Wir haben dann im plötzlich abgekühlten Stahl nicht Material mit fleckenweise verteiltem Kohlenstoff, sondern mit gleichmäßig verteiltem Kohlenstoff. In diesem Zustand weist der Stahl weit höhere Streckgrenze und Zugfestigkeit, allerdings auch weit geringere Verformbarkeit auf als langsam gekühlter Stahl gleicher chemischer Zusammensetzung; man nennt solchen Stahl „gehärtet". Die Härtung kann mit allen im Baubetrieb verwendeten Stählen ausgeführt werden. Die Härtungsfähigkeit wächst im praktisch wichtigsten Bereich mit dem Kohlenstoffgehalt.

Die Wirkung des Abschreckens ist selbstverständlich an der Oberfläche am schärfsten und nimmt nach innen zu ab, was bei der Anwendung des Stahls von erheblicher Bedeutung ist (z. B. beim Härten von Laufflächen auf Maschinenteilen usw.). Gehärteter Stahl enthält hohe innere Spannungen.

Bei Temperaturen unterhalb 700°, schon bei 100° deutlich wahrnehmbar, werden die beim Härten hervorgerufenen inneren Spannungen gemildert; die Festigkeit geht dabei zurück, die Dehnbarkeit wächst. Geschweißte Tragteile werden bei rd. 650° praktisch „spannungsfrei geglüht". Durch Wiedererwärmen des gehärteten Stahls auf Temperaturen, die im Umwandlungsgebiet liegen (nach Abb. 31 über rd. 700°), kann ein teilweiser Zerfall der festen Lösung bewirkt werden; damit geht die Festigkeit bedeutend zurück, die Schmeidigkeit des Materials wächst dabei rasch. Durch Erwärmung des gehärteten Stahls auf Temperaturen über die obere Umwandlungstemperatur (über *GSE* in Abb. 31) und langsames Abkühlen wird der Zustand nach Abb. 29 und 30 erreicht, also die untere Grenze der Zugfestigkeit und höchste Schmeidigkeit hergestellt. Solches Material wird „geglüht" genannt.

Erfolgt das Glühen zu lange und auf zu hoher Temperatur (Überhitzen), so bildet sich grobes Korn; das grobe Korn ist nicht erwünscht, weil es die Eigenschaften des Stahls herabsetzt. Durch sachgemäße Behandlung kann feineres Korn wieder hervorgerufen werden.

Im „verbrannten" Eisen — auf zu hohe Temperatur erhitzt — haben sich an den Korngrenzen Oxydationsschichten gebildet, die durch Glühen nicht mehr entfernt werden können, weshalb verbranntes Eisen dauernd geschädigt ist.

Ein umfassendes Bild der Vorgänge im Stahl beim Erwärmen und Abkühlen gibt das Zustandsschaubild Abb. 31; es gibt über die Verhältnisse Auskunft, die bei der Vermengung von Eisen und Kohlenstoff möglich sind, wenn der Kohlenstoff im Zementit auftritt.

H. Das Verhalten der Stähle beim gewöhnlichen Zugversuch

1. Die gewöhnlichen Baustähle, welche im Walzzustand verbraucht werden

(St 00.12; Handelsbaustahl; St 37; St 52; Betonstähle I bis IV).

Beim Zugversuch kann zunächst der Elastizitätsmodul E aus den gesamten und aus den federnden Verlängerungen ermittelt werden. In der Regel wird der Elastizitätsmodul E der federnden Verlängerungen verwendet; er beträgt $E =$ rd. 2100000 kg/cm².

Die bleibenden Verlängerungen beginnen schon unter sehr kleinen Spannungen[1], sie sind aber für die Verhältnisse des Bauwesens innerhalb der zur Zeit geltenden zulässigen Anstrengungen ohne wesentliche Bedeutung, in vielen Fällen (z. B. bei Stahl für Schweißverbindungen) sogar erwünscht, weil damit örtliche Überlastungen gemindert werden.

Unter Belastungen, die bei Handelsbaustahl St 37 und Betonstahl I meist über 2400 kg/cm² liegen, bei Stäben mit kleinen Querschnitten erheblich höher sein können, bei großen Qerschnitten ausnahmsweise bis etwa 1800 kg/cm² heruntergehen können, beginnt der gewöhnliche Stahl zu fließen; es treten große bleibende Formänderungen und Fließlinien[2] auf. Abb. 32 zeigt im Verlauf der Dehnungslinie

[1] *Graf:* Die Dauerfestigkeit der Werkstoffe und der Konstruktionselemente. Berlin 1929, S. 27.

[2] Sind auf einem Stahlstab Fließlinien zu erkennen, so ist damit festzustellen, daß der Stahl an der betreffenden Stelle über die Fließgrenze hinaus beansprucht wurde. Die Fließlinien verlaufen dabei unter rd. 45° zur Zug- oder Druckrichtung.

des Stahls das Überschreiten der Fließgrenze (bei Zugbelastung auch Streckgrenze genannt).

Wenn die Streckgrenze der Bewehrung der Zugzone von Stahlbetonbalken überschritten wird, erfährt der Stahl eine bedeutende Verlängerung; dabei öffnen sich Risse in der Zugzone der Balken erheblich. Über den klaffenden Rissen wird der Beton allmählich zerdrückt. Damit ist die Widerstandsfähigkeit des Balkens erschöpft.

Wird in der Zugzone eines Stahlträgers die Streckgrenze überschritten, so entstehen so große Einsenkungen, daß der Träger als Deckenträger, als Fahrbahnträger u. dgl. nicht mehr brauchbar ist.

Bei Stählen mit hohem Kohlenstoffgehalt, bei gehärteten Stählen, allgemein bei den Nichteisenmetallen tritt die durch Abb. 32 gekennzeichnete Fließgrenze nicht auf; die bleibenden Verlängerungen nehmen allgemein zu; die ausgeprägte Fließgrenze fehlt. In solchen Fällen wird die Fließgrenze in der Regel gleich der Belastung gesetzt, mit der eine bleibende Verlängerung von 0,2% entstanden ist (vgl. DIN 1602 und DIN 50144). Für besondere Aufgaben sind größere und kleinere Grenzwerte in Anwendung.

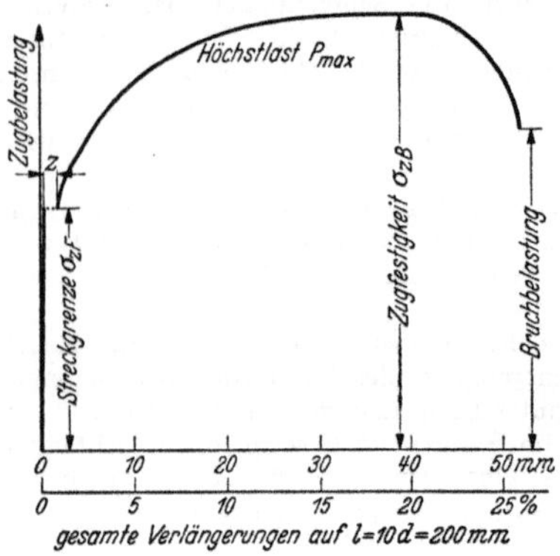

Abb. 32

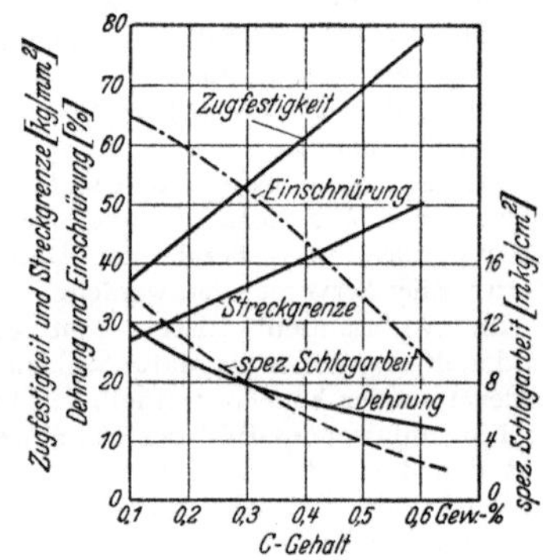

Abb. 33

Bei der Fortsetzung des Zugversuchs nach dem Überschreiten der Fließgrenze des Stahls wächst der Zugwiderstand in der Regel bedeutend unter großer Verlängerung des Probestabs; die dabei gemäß Abb. 32 auftretende Höchstlast wird auf die ursprüngliche Größe des Querschnitts des Probestabs bezogen und Zugfestigkeit genannt. Nach dem Überschreiten der Höchstlast beginnt eine örtliche Querschnittsverminderung. Der Widerstand, als Gesamtlast gemessen, sinkt dabei; die Beanspruchung des jeweils vorhandenen kleinsten Querschnitts steigt aber bis zum Schluß des Versuchs, der mit dem Bruch des Stabs sein Ende findet. Die Größe der Querschnittsverminderung an der Bruchstelle beträgt bei St 37.12 in der Regel über 60%; bei Stählen hoher Festigkeit ist sie kleiner. Die Bruchfläche liegt im Kern senkrecht zur Zugrichtung (Trennbruch), außen unter etwa 45° dazu (Gleitbruch). Bei zähem Stahl ist der Anteil des Trennbruchs klein, bei sprödem Stahl groß.

Wie schon unter E bemerkt ist, wird zur Zeit für die Fließgrenze von St 00, St 37 und Handelsbaustahl ein Mindestwert nicht gewährleistet. Im Bauwesen sind nur für die Fließgrenze von St 52 und von Betonstahl I bis IV Grenzwerte festgelegt.

Die Deutsche Bundesbahn verlangt für St 52 die in Tab. 9 angegebenen Mindestwerte der Fließgrenze, also bei Dicken bis 16 mm mindestens 36 kg/mm², bei Dicken bis 30 mm mindestens 35 kg/mm² und bei Dicken bis 50 mm mindestens 34 kg/mm².

Über den Einfluß des Kohlenstoffgehalts des Stahls auf seine Festigkeitseigenschaften vgl. Abb. 33.

2. Kaltgereckte Stähle. In jedem Stahlstab, der gerichtet oder gebogen wird, entsteht örtlich kalt gereckter Stahl. Der Stahl wird dabei örtlich über die Fließgrenze beansprucht; im gereckten Teil ist die Fließgrenze erhöht; ein Teil der Verformbarkeit ist örtlich verbraucht.

Wenn ein Stab aus gewöhnlichem Stahl der Zugbelastung unterworfen wird, bis die Fließgrenze überschritten ist, so zeigt sich bei erneuter Belastung des Stabs, daß die Fließgrenze höher liegt als beim ersten Versuch; sie findet sich mindestens bis zu der Belastung gehoben, die der Stahl beim ersten Versuch zuletzt getragen hat; in der Regel liegt die Fließgrenze beim zweiten Versuch noch höher, wobei das Mehr von der Zeit abhängt, die zwischen dem ersten und dem zweiten Versuch verstrichen ist. Folgende Zahlen[1] lassen weiter erkennen, daß bei langer Dauer der Ruhe nach der ersten Reckung die Fließgrenze bedeutend erhöht wurde. 25 mm dicke Rundstäbe wurden nach Überschreitung der Fließgrenze, die bei rd. 10700 kg lag, während 2 Minuten mit $P = 13800$ kg belastet, dann entlastet; nach 70 Minuten bis 9 Monaten ist die Fließgrenze erneut festgestellt worden. Es fand sich

Fließgrenze bei der ersten Belastung	10540	10890	10690 kg
Fließgrenze beim zweiten Versuch			
70 Minuten nach dem ersten Versuch	14080	—	—
5 Monate nach dem ersten Versuch	—	16450	— kg
9 Monate nach dem ersten Versuch	—	—	16790 kg
Verhältnis zur Reckbelastung 13800 kg	1,02	1,19	1,22

Da sich außerdem bei der Kaltreckung der Querschnitt entsprechend der Dehnung des Stabs verringert, so liefert Stahl, der vor dem Versuch erhebliche Kaltreckung erfahren hat, bedeutend höhere Fließgrenze und Zugfestigkeit als der nichtgereckte Stahl, selbstverständlich auch geringeren Widerstand gegen Schlagbeanspruchung. Dieser Einfluß der Reckung erlangt u. a. bei wiederholt kalt gebogenem Stahl (Abbrucheisen usw.) wesentliche Bedeutung, nicht zuletzt wenn Stahl verarbeitet wird, der Abscheren, Stanzen erfahren hat.

Der Einfluß der Kaltverformung kann durch sachgemäßes Ausglühen wieder beseitigt werden. Anlassen von kaltbearbeitetem Stahl bewirkt unter bestimmten Verhältnissen bedeutende Kornvergrößerung und große Sprödigkeit[2]. Kaltverformung kann im Gefügebild nachgewiesen werden.

Der Einfluß der Kaltreckung wird bei der Erzeugung der Betonstähle II b, III b und IV b (Torstahl, Baustahlgewebe usf.), sowie der Drähte für Spannbetonbewehrungen und für Seile zu Hängebrücken genutzt. Zur Zeit werden solche Drähte mit Zugfestigkeiten bis etwa 200 kg/mm² geliefert; dabei beträgt die 0,2%-Dehngrenze bis etwa 160 kg/mm². Die Bruchdehnung bleibt dabei klein, was bei der Verwendung aufmerksam zu beachten ist.

J. Verhalten der Stähle beim Druckversuch

Was unter H über die Elastizität und über die Fließgrenze des Flußstahls bei Zugbeanspruchung gesagt wurde, gilt sinngemäß auch bei Druckbeanspruchung. Die Höhe der Fließgrenze des Baustahls (bei Druck Quetschgrenze genannt) erscheint beim Druckversuch und Zugversuch nicht wesentlich verschieden. Jedoch ist bei Druckbeanspruchung eine Erhöhung der Belastung über die Fließgrenze hinaus nur bei sehr kurzen Körpern möglich. Wird in einer Stütze die Fließgrenze erreicht, so ist in der Regel auch die Höchstlast erreicht.

Bei schlanken Stäben gelten die Gesetze der Knickung. Dabei sind vor allem die zugehörigen Voraussetzungen zu beachten, sei es in bezug auf die Lagerung und Einspannung der Stabenden oder sei es wegen der Abweichungen der Stabachse von der Sollage[3].

---

[1] Deutscher Ausschuß für Eisenbeton, Heft 48, 1921, S. 16.

[2] *R. Baumann:* Z. VDI 59 (1915) S. 628.

[3] *Graf:* Bauingenieur 7 (1926) S. 277; — *Rein:* Berichte des Ausschusses für Versuche im Stahlbau, Heft B 4. Berlin 1930.

K. Verhalten der Stähle beim Biegeversuch

In bezug auf die Fließgrenze des Stahls (äußerlich durch große Einsenkung des Trägers oder durch Fließlinien erkennbar) ist wichtig, daß die Fließgrenze beim Biegeversuch eher bei etwas niedereren als höheren Anstrengungen auftritt als beim Zugversuch mit dem Prüfstab[1].

Nach dem Überschreiten der Fließgrenze des Stahls in der Zugzone der Träger kann die Belastung der Träger gesteigert werden, wenn die Träger gegen Kippen und Verdrehen hinreichend gesichert sind[2].

L. Die Prüfung der Festigkeit des Stahls im fertigen Bauwerk. Kugeldruckversuch.

Wenn an einem fertigen Bauteil nachträglich festgestellt werden soll, ob es sich um Handelsbaustahl oder um St 52 handelt, und wenn die Entnahme von Probestäben für Zugversuche vermieden werden soll, so kommt der Kugeldruckversuch oder der Kugelschlagversuch in Betracht[3]. Der Kugeldruckversuch ist genormt, vgl. DIN 50351. Zwischen der Größe der Oberfläche des Kugeleindrucks, der unter bestimmten Verhältnissen hervorgerufen wird, und der Zugfestigkeit des Stahls, bestehen Beziehungen, die eine annähernde Ermittlung der Festigkeit des Stahls ermöglichen.

M. Faltversuch mit Stahl

In den Vorschriften wird für alle Baustähle der Faltversuch als Abnahmeversuch gefordert, vgl. Tab. 9, S. 448. U. a. soll sich Nietstahl St 34.13 kalt zusammenschlagen lassen, bis die Schenkel aufeinanderliegen, ohne daß Risse auf der Zugseite sichtbar werden.

Bei Stählen mit Rostnarben ist Vorsicht geboten, da scharf ausgeprägte Rostnarben den Widerstand gegen Biegung vermindern; erforderlichenfalls muß solcher Stahl warm gebogen werden. Ferner dürfen vor dem Biegen Marken durch Meißelhiebe u. dgl. nicht angebracht werden, da solche Einkerbungen den Widerstand gegen Biegung verringern. In gleicher Weise wirken die Falten, die beim Biegen an der inneren Seite der Haken entstehen, wenn die Haken wieder zurückgebogen werden.

Hier sei aufmerksam gemacht, daß das Zurückbiegen des Betonstahls nicht immer möglich ist, namentlich wenn der Stahl nach der ersten Verformung längere Zeit gelagert hat (Altern des Stahls), vgl. unter Q.

N. Über die Dauerfestigkeit des Stahls[4]

Die beim gewöhnlichen Zugversuch oder beim Druckversuch oder beim Biegeversuch festgestellten Festigkeitseigenschaften geben nach den vorliegenden Erfahrungen Aufschluß über das Verhalten des Stahls bei ruhenden Lasten, wobei zu beachten ist, daß die Fließgrenze bei lang dauernder ruhender Last etwas kleiner ausfällt als beim gewöhnlichen Bruchversuch. Treten zu den ruhenden Lasten oftmals wiederkehrende Lasten hinzu (z. B. in Brücken, Kranbahnen, Fahrzeugen) oder wirken überhaupt nur oftmals wiederkehrende Lasten (z. B. im Gestänge von Pressen), so kann der Werkstoff nur nach dem Verhalten unter Bedingungen beurteilt werden, die den praktischen nahekommen. Deshalb werden die Stähle für Bauteile, die vorwiegend durch Verkehrslasten beansprucht werden, unter oftmals wiederkehrender Last geprüft.

Die Dauerfestigkeit hat für die praktisch wichtigsten Belastungsfälle Sonderbezeichnungen erhalten. Dazu gilt DIN 50100. Die „Schwellfestigkeit" entsteht

---

[1] *Graf:* Der Bauingenieur 23 (1942) S. 40 u. 41.

[2] *Graf:* Leichte Fahrbahnkonstruktionen, Stahlbau 10 (1937) S. 126, sowie Heft 9 der Berichte des Dtsch. Ausschusses für Stahlbau, Ausgabe B.

[3] Werkstoffhandbuch, Stahl u. Eisen, Blatt C 1. Wegen weiterer Mittel zur Erkennung von Werkstoffverwechslungen vgl. im letztgenannten Buch Blatt V 51.

[4] *Graf:* Die Dauerfestigkeit der Werkstoffe und der Konstruktionselemente. Berlin 1929.

bei oftmaligem Lastwechsel zwischen Null und einem oberen Grenzwert; diese ist für Zug, Druck, Biegung und Verdrehung besonders zu ermitteln. Weiter wird die „Wechselfestigkeit" hervorgehoben; dabei wechselt die Anstrengung zwischen gleich großen Zug- und Druckkräften; sie kann bei Zug-Druckversuchen, auch bei Biegeversuchen ermittelt werden, je nach den praktischen Erfordernissen.

Meist treten ruhende Lasten und bewegte Lasten gleichzeitig auf.

Die folgenden Beispiele sollen die Sachlage allgemein erläutern. Die in Abb. 34 dargestellten Stäbe stammen vom gleichen Werkstoff, entnommen aus einer Stange. Der untere Stab ist durch allmähliche Belastung langsam verbogen worden; er ließ sich falten. Der obere Stab wurde oftmals wiederkehrender Last unterworfen, und zwar bei Anstrengungen, die weit unterhalb denen liegen, die zum ersten Stab gehörten. Nach einiger Zeit ist der obere Körper gebrochen, ohne daß in der Nähe der Rißflächen bleibende Verformungen zu erkennen waren.

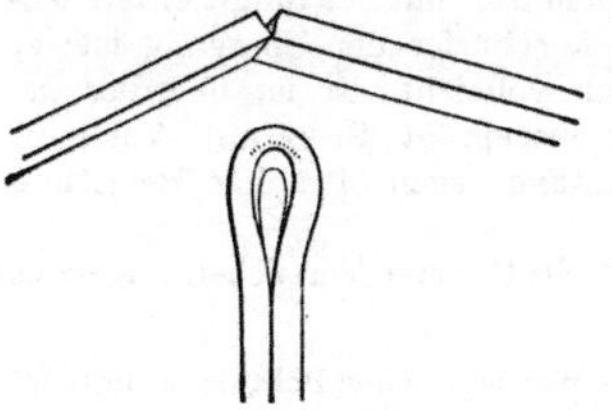

Abb. 34

Hiernach ist das Verhalten der Werkstoffe

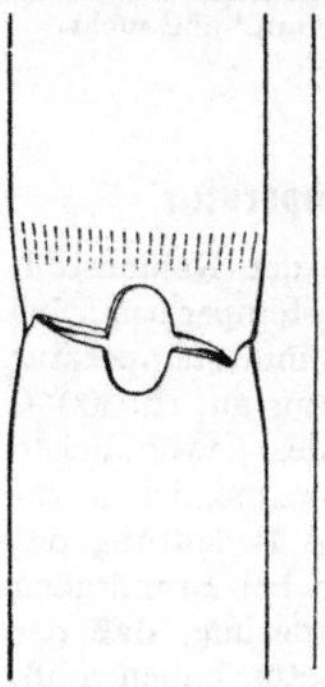

Abb. 35

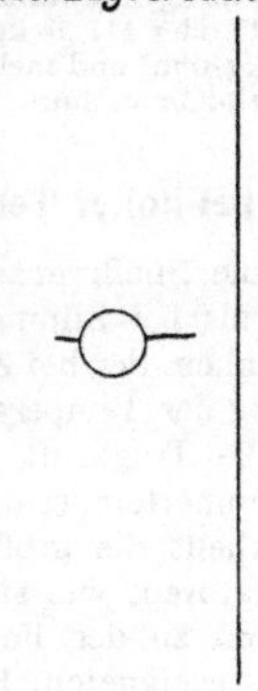

Abb. 36

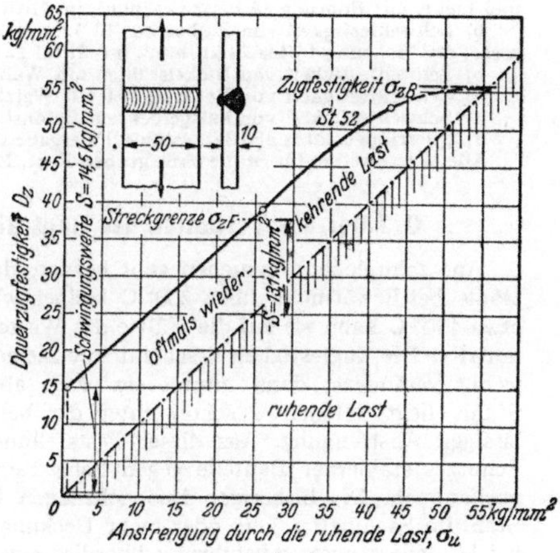

Abb. 37

beim Bruch wesentlich von der Art der Belastung abhängig. Das gewählte Beispiel, das bei Biegebeanspruchung gewonnen wurde, ist allgemein kennzeichnend. Abb. 35 und 36 zeigen Beispiele von Zugversuchen; Abb. 35 gilt für den gewöhnlichen Zerreißversuch, Abb. 36 für den Schwellversuch bei Zugbelastung.

Im Einklang mit diesen äußeren Feststellungen steht die Beobachtung, daß die Festigkeiten, die bei ruhender Belastung maßgebend sind, und die Festigkeiten, die bei oftmals wiederkehrender Last entscheidend werden, sehr verschieden groß sind, demnach jede für sich ermittelt werden muß. Dabei ist weiter wichtig, daß diese Festigkeiten bei Stahl kombiniert werden können derart, daß innerhalb weiter Grenzen zu den ruhenden Belastungen jeweils der Widerstand gegen oftmals wiederkehrende Lasten hinzutreten kann, ohne daß sich der Widerstand gegen oftmals wiederkehrende Lasten entscheidend ändert, wie das in Abb. 37, gültig für eine Stumpfschweißung, zu erkennen ist. Man hat also die zulässige Anstrengung sowohl für ruhende Last als auch für bewegte Lasten getrennt zu wählen, und man kann außerdem diese zulässigen Lasten zusammensetzen derart, daß nur die Summe einen gewissen Grenzwert nicht überschreitet. Dieser Grenzwert liegt naturgemäß nahe der Streckgrenze des Werkstoffs[1].

[1] *Graf:* Stahl u. Eisen 53 (1933) S. 1219.

Für die Anwendungen dieser Feststellungen ist wichtig, daß abweichend vom Verhalten beim gewöhnlichen Zerreißversuch das Bauglied mit Bohrungen und anderen Querschnittsänderungen besonders zu beurteilen ist. Die Widerstandsfähigkeit gegen oftmals wiederkehrende Lasten ist u. a. beim Stab mit Bohrungen weit kleiner als beim Stab ohne Bohrungen, weil am Lochrand Spannungsschwellen auftreten. Die Spannung am Lochrand bleibt, wenn sie durch oftmals wiederkehrende Lasten hervorgerufen wird, stets erheblich größer als die mittlere Anstrengung. Die Folge ist, daß unter oftmals wiederkehrenden Lasten Bauglieder mit Bohrungen weit kleinere Festigkeiten liefern als ohne Bohrungen[1].

Dieser Einfluß der Veränderlichkeit der Querschnitte und der damit entstehenden Spannungsschwellen ist um so bedeutender, je schärfer der Übergang ist; er wird geringer, je allmählicher der Übergang sich vollzieht. Er ist überdies bei Stählen höherer Festigkeit im allgemeinen mehr ausgeprägt. St 52 mit Walzhaut und Bohrungen liefert nur wenig höheren Widerstand gegen oftmalige Belastung als St 37 unter den gleichen Bedingungen.

Im einzelnen sei aus den zur Zeit vorliegenden Stuttgarter Versuchen folgendes mitgeteilt.

a) Schwellfestigkeit (Zug) von Stäben aus St 37 mit Walzhaut, ohne Bohrung 25 kg/mm² und mehr, mit Bohrung 16 bis 22 kg/mm², im Mittel 19 kg/mm².

b) Schwellfestigkeit von Stäben aus St 52, mit Walzhaut, ohne Bohrung 26 kg/mm² und mehr, mit Bohrung 15 bis 24 kg/mm², im Mittel 22 kg/mm².

c) Schwellfestigkeit von Nickelstählen mit Walzhaut, mit Bohrung 19 bis 25 kg/mm².

d) Schwellfestigkeit von Betonstahl I mit Walzhaut 22 kg/mm² und mehr².

e) Schwellfestigkeit von kaltgerecktem Betonstahl II oder III 24 kg/mm² und mehr.

f) Querrippenstähle als Betonstähle IV ergaben 19 kg/mm² und mehr.

Alle Werte gelten für Stäbe ohne groben Rost, Meißelniebe u. dgl.

O. Über das Verhalten der Baustähle bei hoher Temperatur

Aus zahlreichen Versuchen geht hervor, daß die Fließgrenze der Kohlenstoffstähle bei Erwärmung über 200° C kleiner wird als bei Zimmertemperatur; bei etwa 400° C kann sie auf die Hälfte des Wertes sinken, der bei Zimmertemperatur auftritt. Die Zugfestigkeit erscheint mit Steigerung der Temperatur auf rd. 300° C wenig verändert; dann nimmt sie rasch ab. Die Tragkraft des gewöhnlichen Stahls liegt bei 500° C schon unter der bei Zimmertemperatur möglichen zulässigen Anstrengung. Aus dieser Feststellung erhellt die große Bedeutung des Schutzes stählerner Bauteile gegen hohe Temperaturen, wie sie bei Brandfällen vorkommen. Die bisherigen Beobachtungen führen zu der Forderung, daß der Stahl im Stahlbeton 3 cm oder mehr Deckung aus geeignetem Beton haben muß, bei besonders guter Ausführung überdies einen porigen, mit Geflecht bewehrten Putz, wenn Brandschäden mit besonderer Aufmerksamkeit begegnet werden soll[3].

Bei Temperaturen von 100 bis 300° C ist der gewöhnliche Stahl oft weniger formbar als bei Zimmertemperatur oder gar bei hohen Temperaturen. Das Schmieden und Warmpressen des gewöhnlichen Stahls beginnt deshalb in hellglühendem Zustand, also bei Temperaturen, die weit über 300° C, in der Regel zwischen 900 und 1200° C liegen.

P. Über das Verhalten der Stähle bei niederer Temperatur

Bei Temperaturen unter 0° bleibt die Fließgrenze und Zugfestigkeit, auch die Dauerfestigkeit größer als bei Zimmertemperatur. Die zulässigen Anstrengungen können deshalb bei niederen Temperaturen beibehalten werden.

Ist zu erwarten, daß Gewaltbeanspruchungen auftreten (Stöße auf Schienen u. a. m.), so ist zu berücksichtigen, daß die Kerbzähigkeit der Kohlenstoffstähle bei niederen Temperaturen bedeutend abfällt.

---

[1] Versuche im Stahlbau, Heft B 5. Berlin 1935.

[2] Näheres in Beton u. Eisen 38 (1939) S. 180.

[3] Fortschritte und Forschungen im Bauwesen, Reihe B, Heft Baulicher Feuerschutz, sowie DIN 4102, Blatt 1 und 2.

Q. Kerbempfindlichkeit

Spannungsschwellen durch Kerben als Bohrungen, Einschnitte, Schweißnahtlücken, eingeschlagene Marken usf. vermindern die Widerstandsfähigkeit der Bauelemente aus Metallen, in besonderem Maß, wenn scharfe Kerben vorhanden sind, wenn die Tragwerke tiefen Temperaturen ausgesetzt werden und wenn der Werkstoff eine besonders ausgeprägte Kerbempfindlichkeit besitzt. Scharfe Kerben lassen sich an den Oberflächen bei der Herstellung der Tragwerke durch sachgemäße Gestaltung und gute Ausführung verhüten, sie sind jedoch innerlich nicht immer zu verhindern. Beispielsweise muß man bei Schweißverbindungen damit rechnen, daß im Übergang einer Kehlnaht zum Grundwerkstoff viele sehr feine und sehr kurze Querrißchen entstehen, die bei der späteren Belastung der Verbindung als Kerben wirken. Deshalb sollen die Stähle für Schweißverbindungen beschränkt kerbempfindlich sein.

Bei Stählen mit sehr hoher Festigkeit (für Spannbeton, Seile usf.) ist besonderer Schutz gegen Korrosion, Verletzungen u. a. m. nötig, weil solche Stähle eine hohe Kerbempfindlichkeit haben können.

Die Prüfung der Kerbempfindlichkeit geschieht entweder mit gekerbten Zugstäben[1] oder — zur Zeit in der Regel — an einseitig gekerbten Prismen, die mit einem Pendelhammer auf Biegung gebrochen werden[2], vgl. DIN 50115. Die Ergebnisse sind von der Probengröße, Probenbreite, Kerbschärfe und Kerbtiefe abhängig, auch die Prüfgeschwindigkeit, Prüftemperatur, Behandlung der Proben usf. nehmen Einfluß.

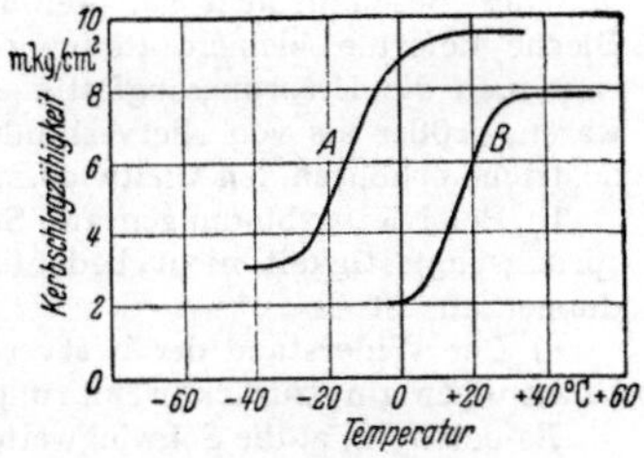

Abb. 38

Beim Vergleich verschiedener Stähle ist mit einheitlicher Probeform und bei gleichem Prüfvorgang wesentlich, daß die Kerbschlagzähigkeit bei sinkender Temperatur von einer Hochlage in eine Tieflage fällt und daß der Temperaturbereich dieses Niedergangs der Kerbschlagzähigkeit mit verschiedenen Stählen verschieden liegt, vgl. Abb. 38. Mit Stahl A geht die Kerbschlagzähigkeit bei viel tieferer Temperatur in die Tieflage als mit Stahl B; außerdem blieb der Stahl A in der Tieflage widerstandsfähiger als der Stahl B.

R. Auswahl und Behandlung des Stahls zu Nietverbindungen. Tragfähigkeit der Nietverbindungen

1. Nietstahl. Die Niete wird stets aus besonders bildsamem Stahl hergestellt, vgl. Tab. 9. Die Zugfestigkeit und die Scherfestigkeit des Stahls der geschlagenen Niete ist größer als im Lieferzustand.

2. Zweckmäßige Behandlung der Niete beim Nieten. Klemspannungen der Niete. Die fertig geschlagene Niete soll hohe Klemmspannungen enthalten; beim Gebrauch der Nietverbindung sollen möglichst kleine Verschiebungen auftreten. Aus unseren Versuchen geht hervor, daß die Niete auf die ganze Länge kurzzeitig weißglühend zu erwärmen sind; das Abklopfen des Zunders und das Einziehen der Niete, auch das Schlagen soll tunlichst schnell geschehen[3]. Die höchstmögliche Klemmspannung (sie liegt an der Fließgrenze des Nietstahls) entsteht unter praktischen Verhältnissen nur mit langen Nieten, mit 80 mm und mehr Länge. Mit abnehmender Schaftlänge und mit zunehmender Zahl der zu klemmenden Bleche, nimmt die Klemmkraft unter sonst gleichen Verhältnissen ab.

---

[1] *Kuntze:* im Handbuch der Werkstoffprüfung, Bd. II, S. 276, ferner Stahlbau 21 (1952) S. 159.

[2] *Mailänder:* im Handbuch des Werkstoffprüfung, Bd. II, S. 154.

[3] *Graf:* Heft 12 Berichte d. Ausschusses für Stahlbau, S. 14, insbesondere S. 41. Berlin 1941; Bauingenieur 25 (1950) S. 123.

Die Verschiebungen beim Gebrauch der Nietverbindungen können außer durch die Reibungskräfte, welche von den Klemmspannungen abhängen, durch Begrenzung des Spielraums der Niete im Nietloch zurückgehalten werden. In besonders wichtigen Fällen sind gedrehte Niete vorzusehen[1].

3. Die Tragfähigkeit und die Formänderung der Nietverbindungen sind abhängig von der Anstrengung des Stahls im Lochquerschnitt (Zuganstrengung), von der Größe des Lochwanddrucks (Verformung des Nietlochs; Lochwanddruck abhängig von der Reibung in der Nietverbindung), von dem Abstand des Nietlochs vom Stabende (Ausbiegen und Ausscheren des Werkstoffs zwischen Niet und Stabende), von der Scherfestigkeit der Niete, von dem Biegewiderstand der Niete (hauptsächlich bei oftmals wiederholter Belastung) und von der Anordnung der Niete.

Beim gewöhnlichen Zerreißversuch und beim Dauerversuch erwiesen sich die Voraussetzungen der zur Zeit üblichen Rechnung, nämlich $\sigma : \sigma_l : \tau = 1 : 2{,}5 : 0{,}8$ mit St 37 und $1 : 2 : 0{,}8$ mit St 52 als ausreichend zweckmäßig.

Die Höchstlast einer sachgemäß hergestellten Nietverbindung wird beim gewöhnlichen Zerreißversuch meist von der Zugfestigkeit des Werkstoffs bestimmt. Bei oftmals wiederholter Belastung ist überdies folgendes zu beachten.

a) Die Reibung in den Nietverbindungen ist außer von der Klemmkraft noch von der Beschaffenheit der Reibungsflächen abhängig. Mit Mennige gestrichene Bleche lieferten kleinere Reibung als ungestrichene entfettete Bleche. Deshalb war auch die Ursprungszugfestigkeit von Nietverbindungen, die nicht gestrichen waren, größer als von Nietverbindungen, die Anstriche erhalten hatten. Siluminanstriche erhöhten den Gleitwiderstand.

b) Bei Nietverbindungen aus St 37 war der Einfluß des Anstrichs auf die Ursprungszugfestigkeit nicht bedeutend und erheblich kleiner als bei Nietverbindungen aus St 52.

c) Der Widerstand der Nietverbindungen gegen oftmals wiederkehrende Zugbelastungen ging zurück, wenn ruhende Lasten hinzutraten.

Es betrug u. a. die Schwingweite

	wenn die ruhende Last $\sigma_u = 0{,}5$ kg/mm² war	wenn die Last zu ²/₃ ruhend war
bei einfachen Laschenverbindungen, Bleche aus St 37 und Niete aus St 34, $\sigma : \sigma_l : \tau = 1 : 2{,}5 : 0{,}9$	21	8,1 kg/mm²,
bei zweireihigen Laschenverbindungen, Bleche aus St 52 und Niete aus St 44, $\sigma : \sigma_l : \tau = 1 : 1{,}9 : 0{,}8$	15,1	8,5 kg/mm².

d) Die Schwingweite, die beim oftmaligen Wechsel zwischen Zug- und Druckbelastung ertragen wurde, war weit größer als bei oftmals wiederholter Zugbelastung.

e) Durch Änderung der Zahl der minutlich auftretenden Lastwechsel von rd. 10 auf rd. 350, auch durch Einschaltung von großen Ruhepausen, ist bis jetzt ein nur unerheblicher Einfluß auf die Größe der Ursprungszugfestigkeit von Nietverbindungen gefunden worden.

f) Die Schwellfestigkeit, die mit Millionen Lastwechseln auftrat, fand sich bei symmetrisch gebauten, zweireihigen oder dreireihigen Nietverbindungen, welche den zur Zeit geltenden Bedingungen entsprechen ($\sigma : \sigma_l : \tau = 1 : 2{,}5 : 0{,}8$ bei St 37 und Niete St 34 bzw. $1 : 2 : 0{,}8$ für St 52 und Niete St 44) und die ohne Zwischenanstrich geblieben sind, überdies nur aus Flachstählen bestanden, zu mindestens 15 kg/mm².

Weiteres in Heft B 5 der Berichte des Ausschusses für Versuche im Stahlbau, Stahlbau 9 (1936) S. 185, Heft 12 des Deutschen Ausschusses für Stahlbau und Bauingenieur 25 (1950) S. 123.

---

[1] *Graf:* Heft 12 Berichte d. Ausschusses für Stahlbau, S. 14, insbesondere S. 41. Berlin 1941; Bauingenieur 25 (1950) S. 123.

S. Schweißen. Zweckmäßige Gestalt der Schweißverbindungen[1]. Festigkeit der Schweißverbindungen. Prüfen der Schweißstellen

1. Allgemeines. Beim Schweißen soll eine metallische Verbindung entstehen. Der Werkstoff an der Schweißstelle — also der Zusatzwerkstoff und der Grundwerkstoff, der erhitzt worden ist — soll im Gebrauch ebenso widerstandsfähig sein wie der unveränderte Grundwerkstoff. Dabei wird für das Bauwesen in der Regel vorausgesetzt, daß die Schweißstelle bei ihrer Herstellung die endgültige Gestalt erhält und nach der Herstellung eine Kaltverformung nicht erfährt, auch Glühen und Schmieden der Schweißstelle nicht stattfindet.

2. Arten des Schweißens. In der Regel unterscheidet man

α) Preßschweißung (Hammerschweißung, elektrische Widerstandsschweißung als Stumpf-, Punkt- und Nahtschweißung, Thermit-Preßschweißung);

β) Schmelzschweißung (Gasschmelzschweißung, Lichtbogenschweißung, Thermit-Gießschweißung).

3. Beim **Preßschweißen** werden zwei vorgearbeitete Flächen derart vereinigt, daß die zu den Verbindungsflächen gehörigen Stab- oder Blechenden im Schmiedefeuer oder in der Wassergasflamme oder durch niedergespannten elektrischen Strom bis zum Teigigwerden erhitzt, dann durch Handarbeit mit Druck und Schlag oder durch Maschinen mit Druck allein verbunden werden.

Gelangen in die Verbindungsstelle Oxyde, Schlacken und andere nichtmetallische Stoffe, so wird die Verbindung durch solche Einflüsse mehr oder minder unterbrochen. Gute Handschweißungen sind nur von erfahrenen, geübten, gewissenhaften Handwerkern zu erwarten. Im Baubetrieb ist zur Zeit für Handschweißungen vorauszusetzen, daß die Schweißstelle nur selten fehlerfrei wird.

Gute Ergebnisse werden mit der *Abbrennstumpfschweißung* unter Erhitzen durch niedergespannten elektrischen Strom erzielt. Die Anwendung beschränkt sich im Bauwesen auf Stücke mit gedrungenen Querschnitten (Rundeisen, Quadrateisen, Schienen usw. mit Querschnitten bis etwa 400 cm^2). Beim Erhitzen wird der Abstand der Stabenden oftmals gewechselt; an den Stirnflächen der Stäbe wird der Stahl auf eine geringe Tiefe flüssig. Beim Zusammenstoßen der Stabenden tritt flüssiger Stahl als sog. Schweißbart aus. Dieser muß am ganzen Umfang der Schweißstelle auftreten. Fehlt der Schweißbart irgendwo, so ist ein örtlicher Fehler möglich.

Die *Punktschweißung* wird zum Verbinden von Blechen und Flacheisen für Baubeschläge, Apparate, kleine Tragwerke usw. benutzt[2]. Der Stromdurchgang geschieht senkrecht zur Blechebene mit Elektroden, die auch zum Pressen des örtlich erhitzten Stahls benutzt werden.

Die *Nahtschweißung* ist eine fortlaufende Punktschweißung.

Die *Thermitpreßschweißung* ist ein Sonderverfahren für Schienenschweißung. Die Erhitzung der Schweißstelle geschieht mit heftig oxydierendem Aluminium.

4. Beim **Schmelzschweißen** wird die Lücke zwischen zwei vorgearbeiteten Flächen (Stumpfnaht) oder die Kehle von aneinanderliegenden Stücken (Flankenkehlnähte, Stirnkehlnähte) durch Anschmelzen von Zusatzwerkstoff geschlossen. Wichtig ist, im besonderen bei Stumpfnähten, daß die Schmelzflächen von Oxyden, Öl usw. tunlichst frei gehalten werden, damit die metallische Verbindung ohne Hindernis zustande kommt.

Über die zweckmäßige Zurichtung der Schweißlücke vgl. u. a. DIN 4100 (Schweißen im Hochbau), DIN 4101 (geschweißte Straßenbrücken), sowie die Vorschriften der Deutschen Bundesbahn für geschweißte Eisenbahnbrücken.

Das Schmelzen geschieht entweder mit einer Gasflamme (vorzugsweise unter Verwendung von Acetylen und Sauerstoff), oder mit dem elektrischen Lichtbogen (Spannung im Lichtbogen 15 bis 35 Volt, Stromstärke bis 300 Ampere und mehr,

---

[1] *Graf:* Bauingenieur 19 (1938) S. 519.
[2] *Graf:* Z. VDI 91 (1949) S. 137.

abhängig von der Dicke der zu verschweißenden Teile, von der Beschaffenheit des Zusatzwerkstoffes usw.).

Die Auslese der Stähle geschieht zweckmäßig mit dem Nutschweißbiegeversuch nach Abb. 39. Die Probe wird im Anlieferungszustand mit einer Halbkreisnut von 8 mm Breite versehen. In diese Nut wird eine Schweißraupe gelegt. Dann folgt die Biegeprüfung nach Abb. 39. Dabei sollen sich die Risse in der Schweißraupe nur wenig in den Grundwerkstoff fortsetzen, Abb. 40. Brüche nach Abb. 41 erfolgen bei ungeeignetem Werkstoff. Am einfachsten ist die Forderung eines Biegewinkels, der mindestens entstehen muß, z. B. 40° bei 50 mm dicken Breitflachstählen[1].

5. Die Beschaffenheit und die Eigenschaften der Schweißstäbe sind durch DIN 1913, ferner durch die Vorschriften für die geschweißten Brücken der Deutschen Bundesbahn eingegrenzt.

Allgemein ist wichtig, daß das Schweißgut, wenn es nach der Behandlungsvorschrift des Lieferwerks verarbeitet ist, porenarm und praktisch ohne Schlackeneinschlüsse erscheint. Außerdem soll das Schweißgut bildsam sein. Die Güte des Schweißguts ist außer von der Zusammensetzung des Schweißstabs und des Grundwerkstoffs wesentlich abhängig von den Maßnahmen, welche den Zugang des Stickstoffs zum Werkstoff hindern; vor allem kann durch dicke Umhüllungen geholfen werden.

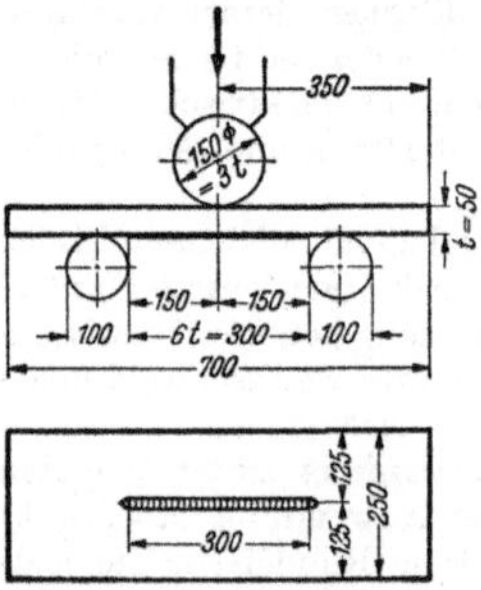

Abb. 39

6. Bei **Schweißverbindungen, die oftmals wiederkehrenden Lasten ausgesetzt sind,** hat die Gestalt und die innere Beschaffenheit der Verbindung große Bedeutung. Es ist vor allem zu sorgen, daß die Spannungsschwellen, welche durch Querschnittsänderungen oder durch Fehler in der Verschmelzung entstehen, klein werden oder überhaupt vermieden werden[2].

Stumpfnähte nach Abb. 42 waren dementsprechend gegen oftmals wiederkehrende Zuglasten weit weniger widerstandsfähig als solche nach Abb. 43. Für die Stumpfnaht nach Abb. 42 betrug die Ursprungsfestigkeit nur 10 kg/mm², während gut hergestellte Stumpfnähte nach Abb. 43 etwa 18 kg/mm² lieferten.

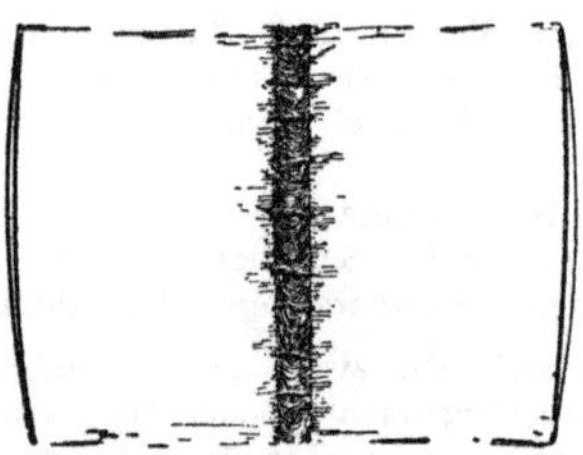
Abb. 40

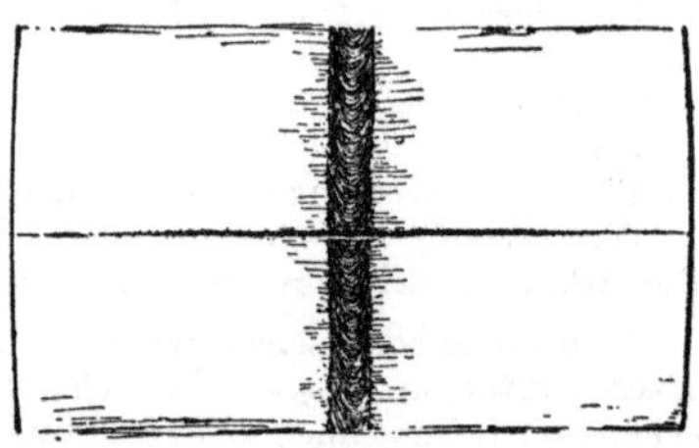
Abb. 41

Verbindungen mit Flankenkehlnähten brachen unter oftmals wiederkehrenden Zuglasten stets am Anfang der Schweißnaht, weil dort eine hohe Spannungsschwelle maßgebend ist. Man kann zwar durch Nacharbeiten des Übergangs die Spannungsschwelle etwas niedriger machen. Doch liefern Verbindungen mit Flankenkehlnähten stets viel kleinere Dauerzugfestigkeiten als Stumpfnähte.

Die Laschenverbindung nach Abb. 44 brach an einem Stirnende der Lasche, weil hier eine plötzliche Querschnittsänderung und damit eine hohe Spannungs-

---

[1] Wegen anderer Prüfverfahren vgl. unter Q, S. 459; *Grosse:* Schweißen und Schneiden 5 (1953), Sonderheft, S. 36.

[2] Dauerfestigkeitsversuche mit Schweißverbindungen, Berlin 1935, S. 18.

schwelle maßgebend ist. Laschenverbindungen, die guten Stumpfnähten nahe kommen sollen, müssen tunlichst breite rechteckige Laschen erhalten. Die Laschen sind an den Stirnenden mit Kehlnähten anzuschließen; der Übergang von der Blechfläche zur Stirnnaht ist durch Schleifen sorgfältig auszurunden [Stahlbau 10 (1937) S. 9]. Dasselbe gilt beim Anschluß von Gurtverstärkungen.

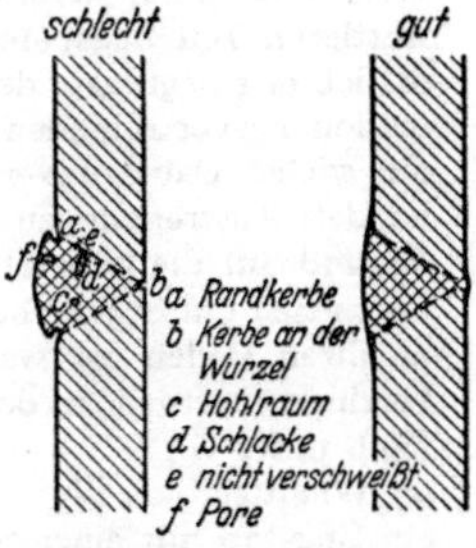

Abb. 42 Abb. 43

Der Kreuzstoß nach Form *a* in Abb. 45 war weit weniger tragfähig gegenüber oftmals wiederkehrenden Zuglasten als die Form *c*, weil bei der Form *c* die innere Lücke viel kleiner hergestellt war als bei der Form *a*.

Bei Trägern, die vorwiegend bewegte Lasten aufnehmen sollen, dürfen die Versteifungsbleche des Stegs am Zuggurt nicht angeschweißt werden, da sonst an der Anschweißstelle eine grobe Unstetigkeit im Kraftfluß der Zugzone eintritt und deshalb hier der Bruch des Zugflanschs beginnt.

7. Festigkeit der Schweißverbindungen. In guten Stumpfnähten, auch in normengemäß bemessenen Verbindungen mit Kehlnähten ist beim Zerreißversuch die Festigkeit des Grundwerkstoffs maßgebend.

Unter oftmals wiederkehrender Zugbelastung (Ursprungbelastung) tragen gute Stumpfnähte $\sigma_0 = 18\ \mathrm{kg/mm^2}$ mindestens 2 Millionen Mal; mit sauberen, längs abgeschliffenen Nähten sind höhere Werte entstanden.

Im übrigen sei auf die Darlegungen in Autog. Metallbearb. 27 (1934) S. 1 verwiesen. Über die Güteforderungen an die Schweißungen des Stahlbaus vgl. DIN 4100 (Hochbau), DIN 4101 (Straßenbrücken) und die Vorschriften der Deutschen Bundesbahn für geschweißte Eisenbahnbrücken.

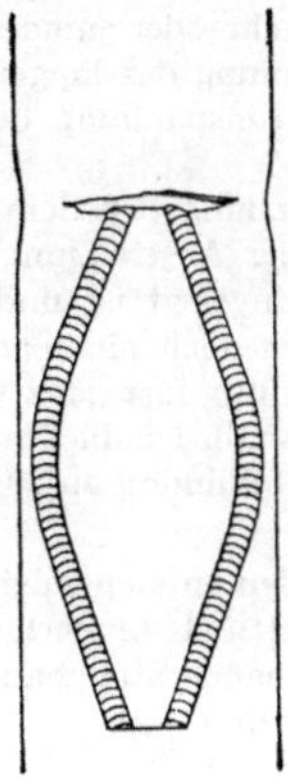
Abb. 44

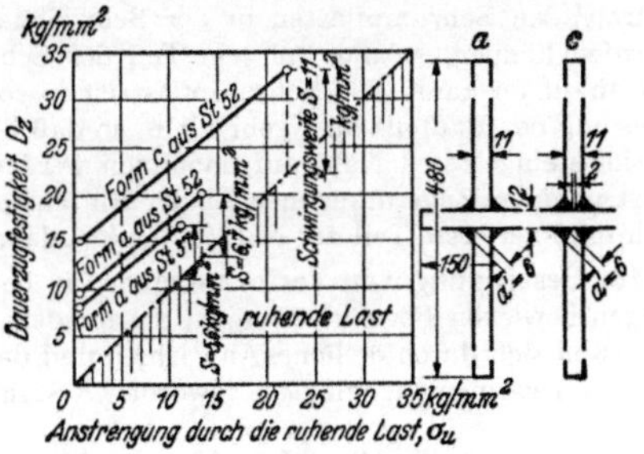

Abb. 45

8. Prüfen der Schweißverbindungen. Dies kann geschehen

α) ohne Zerstörung nach dem Aussehen der Naht, auch durch Anschleifen derselben und durch Prüfung des Gefüges an der angeschliffenen Stelle, durch magnetische Prüfung mit dem Feilspäneverfahren oder mit der Schwingspule, mit Röntgenstrahlen, mit Gammastrahlen und durch Probebelastungen,

β) mit teilweiser oder völliger Zerstörung durch den Bohrversuch, durch Herstellung von Querschnitten und Längsschnitten, durch den Faltversuch, durch den Zerreißversuch, durch den Dauerversuch usw.

Weiteres vgl. in DIN 4100 und 4101, sowie in den Vorschriften für geschweißte Eisenbahnbrücken.

9. Anstrengungen und Formänderungen, welche beim Schweißen entstehen. Man weiß u. a., daß durch die Vorgänge beim Schweißen in Stumpfnähten und in Kehlnähten örtlich hohe Anstrengungen auftreten, die bis zur Fließgrenze reichen[1]. Diese Anstrengungen verteilen sich in Stumpfnähten, die in einem Zug geschweißt sind, derart, daß am Rand quer zur Naht Druckanstrengungen, im mittleren Teil Zugspannungen auftreten[2]. Die höchsten Anstrengungen herrschen örtlich eng begrenzt; deshalb sind nur kleine bleibende Änderungen nötig, um die örtlich hervortretenden Anstrengungen bedeutend zu mindern. Man kann auch aus vielen Dauerzugversuchen abschätzen, daß die durch das Schweißen entstehenden Anstrengungen (Eigenspannungen) jedenfalls insolange ohne bedeutenden Einfluß auf die Widerstandsfähigkeit der gut hergestellten Verbindungen bleiben, als es sich um Stücke handelt, die als Zugstäbe gestaltet sind und beim Schweißen an ihren Enden frei waren. Nachträglich können die Spannungen durch Glühen verringert werden; in der Regel genügt das „Spannungsfreiglühen" bei rd. 650° C. (Vgl. unter G.)

Wichtiger als die Eigenspannungen dürfte folgende Erscheinung sein. Wird ein Zugstab mit einer Stumpfnaht hergestellt, so treten in der Naht parallel der Stabkraft Verkürzungen auf, weil das in die Schweißlücke geschmolzene Material beim Erstarren und Abkühlen schrumpft; die Schrumpfmaße wachsen mit der Breite der Schweißlücke, damit auch mit der Größe des Öffnungswinkels[3]. Sind die Zugstäbe an den Enden eingespannt, so wird das Schrumpfen der Schweißnaht mehr oder minder gehindert; außerdem machen sich dabei die Raumänderungen bemerkbar, welche durch Erwärmen und Abkühlen des neben der Schweißnaht liegenden Werkstoffs auftreten. Damit treten zu den schon erwähnten Eigenspannungen der Naht noch äußere Belastungen. Diese äußeren Belastungen (Schrumpflasten) werden am größten, wenn die Stablängen sehr kurz sind und wenn die Einspannung unnachgiebig ist. Das Schrumpfmaß muß dann mit einer kurzen Stablänge aufgehalten werden. Ist der Stab lang und die Einspannung mehr oder minder nachgiebig, so wird die Schrumpflast infolge der größeren Dehnung des langen Stabs und wegen der Formänderung der Bauteile, welche die Einspannung bewirken sollen, gemindert.

Überdies ist zu beachten, daß die während der Herstellung der Schweißung auftretenden Schrumpflasten in der Schweißnaht sehr hohe Anstrengungen hervorrufen können, solange nur ein Teil der Schweißnaht eingelegt ist und dieser Teil abkühlen kann. Die Schrumpflast ist in solchen Fällen noch nicht groß, die Federung des Bauteils aber sehr klein, so daß die Schrumpfung fast ganz von der teilweise eingelegten Naht aufgenommen werden muß. Deshalb ist die Naht tunlichst in einem Zuge unter möglichster Hintanstellung der Abkühlung auszuführen; auch muß der erste Teil der Naht besonders dehnbar sein[4].

10. Beseitigung von Verformungen. Die beim Schweißen entstehenden Spannungen bewirken Formänderungen, die für den Gebrauch oftmals hinderlich sind. Sie lassen sich durch örtliches Anwärmen und daraus entstehende Stauchungen des durch Vorwärmen nachgiebiger gewordenen Stahls beseitigen[5].

T. Über den Abnutzwiderstand des Stahls

Es handelt sich hier in erster Linie um den Widerstand gegen mechanischen Verschleiß, wie er an den Schienen der Eisenbahnen, an den Auflagern von Holzschwellen auf Stahlträgern, an undichten Stellen von Rohrleitungen, an eisernen Treppen, eisernen Fahrbahnbelägen u. dgl. vorkommt. Dabei ist selten der mechanische Verschleiß allein maßgebend; daneben tritt der Verlust durch Korrosion auf. Immer ist die Größe der Belastung wesentlich, die den mechanischen Verschleiß hervorruft; ebenso ist die Beschaffenheit der Werkstoffe wichtig, die sich beim Verschleiß berühren.

---

[1] *Graf:* Stahlbau 5 (1932) S. 181, sodann 6 (1933) S. 93, sowie Z. VDI 78 (1934) S. 1426.
[2] *Bierett:* Z. VDI 78 (1934) S. 709. — *Klöppel:* Stahlbaukalender 1937, S. 411f.
[3] *Lottmann:* Z. VDI 74 (1930) S. 1340 — *Malisius:* Elektroschweißung 7 (1936) S. 1.
[4] *Klöppel:* Stahlbaukalender 1938 und 1939, sowie *Graf:* Heft 11 des Deutschen Ausschusses für Stahlbau, 1940.
[5] *R. Pfeiffer:* Schweißen und Schneiden, Sonderheft Dezember (1952) S. 39.

Die Abnützung hängt ferner ab von der Art der relativen Bewegung der Gleitkörper[1].

Der Widerstand des Stahls gegen Verschleiß steigt unter sonst gleichen Verhältnissen mit seiner Festigkeit. Der Verschleiß kann ferner durch hohe Gleichmäßigkeit des Werkstoffs begrenzt werden.

U. Wärmeausdehnung. Wärmeleitung

Die Wärmeausdehnungszahl des Kohlenstoffstahls beträgt bei 0 bis 100° C rd. $12 \cdot 10^{-6}$. Näheres im Werkstoffhandbuch Stahl u. Eisen unter B, 15.

V. Über die Korrosion des Stahls[2]

Es handelt sich hier um das Verhalten des Stahls bei Zutritt von Wasser und wässerigen Lösungen, wie sie an Bauwerken auftreten (Regenwasser vermengt mit den durch die Luft herangebrachten Bestandteilen von Verbrennungsrückständen der Feuerungen, mit Abfällen, die auf der Straße zu finden sind, mit Ladegütern usw.). Bei Rohrleitungen im Erdreich bringt das umgebende Wasser mannigfache Bestandteile des Bodens; außerdem kann der Angriff der Wässer durch vagabundierende Ströme unterstützt werden. Vgl. auch unter IX, S. 446.

Die Korrosion erfolgt entweder durch einen ziemlich gleichmäßigen Rostangriff auf großen Flächen oder durch örtliche Anfressungen (Lochfraß). Der örtliche Angriff wird unter aufliegenden Fremdkörpern, ansetzenden Gasblasen und bei Anwesenheit von vagabundierenden Strömen festgestellt.

Der Schutz gegen Korrosion geschieht

a) durch Legieren des Stahls mit Kupfer, Nickel, Chrom usw; für das Bauwesen kommt zur Zeit nur die Beigabe von Kupfer in Betracht[3];

b) durch metallische Überzüge mit Kupfer, Blei, Zink, Kadmium, auch Aluminium, Chrom und Zinn;

c) durch Erzeugung einer künstlichen Phosphatschicht (vgl. u. a. Z. V.D.I. 1937, S. 488) oder andere Veränderungen der Oberfläche;

d) durch Anstriche und andere nichtmetallische Überzüge, wie Anstriche mit Leinölfarben, mit Bitumen, auch Belegen mit bituminösen Pasten, mit Kunststoffen, mit Gummi, mit Glasuren, auch mit Zement usf.;

e) durch Vorkehrungen, die eine geregelte Führung der im Erdboden fließenden elektrischen Ströme bewirken, wenn Anlagen vorhanden sind, welche die Erde als Leiter verwenden.

Wenn irgend möglich, ist zu sorgen, daß der Walzzunder vor dem Aufbringen der Anstriche entfernt wird; ferner ist wichtig, daß die angreifenden Wässer von den Bauteilen tunlichst rasch abfließen, und daß die naß gewordenen Flächen bald trocknen können. Die Schutzschichten sollen möglichst lange Zeit wasserdicht sein.

XI. Stahlguß

Als Stahlguß wird jeder Stahl bezeichnet, der im Siemens-Martinofen oder in der Birne erschmolzen und in Formen gegossen ist. Er wird im Bauwesen u. a. zu Widerlagern, zu Formstücken für Hochdruckleitungen, zu Zahnrädern und andern Teilen der Baumaschinen verwendet.

Die Gütevorschriften für Stahlguß finden sich in DIN 1681. Die Eigenschaften von praktisch fehlerfreiem und geglühtem Stahlguß liegen nahe denen des gewalzten Stahls. Beispielsweise wird für GS–38.1 verlangt: Streckgrenze 18 kg/mm², Zugfestigkeit 38 kg/mm², Bruchdehnung 25%.

---

[1] *Wellinger:* Z. Metallkunde 40 (1949) S. 361.

[2] *Daeves:* Stahl und Eisen (1940) S. 1181.

[3] *Daeves:* Die Weiterentwicklung witterungsbeständiger Stähle. Mitt. der Eisen- u. Kohleforschung G. m. b. H. 1 (1935) S. 1f.

XII. Grauguß[1]

A. Allgemeines zur Beurteilung der Eigenschaften des Graugusses

Der Grauguß, früher Gußeisen genannt, ist nicht schmiedbar. Man kann ihn deshalb nach dem Gießen nicht mehr verformen.

Im Bauwesen wird „normaler Grauguß" gebraucht, und zwar zu Säulen, Fenstern, Unterlagsplatten, Abflußrohren, Abflußformstücken, Sinkkästen u. dgl. DIN 1691 enthält Gütevorschriften für normalen und hochwertigen Grauguß, sowie für Sondergrauguß.

B. Chemische Zusammensetzung und Gefüge des Graugusses

Der Grauguß enthält in der Regel etwa 2 bis 4% C, 0,5 bis 3% Si, 0,4 bis 1,2% Mn, bis 1% P und bis 0,12% S, in Sonderfällen auch N_2, Cr, Cu usw[2].

Der Kohlenstoff tritt in gebundener Form (als Karbid) und in freier Form (als Graphit) auf.

Im Gefügebild vom normalen Grauguß sind in der Regel Ferrit, etwas Perlit und mehr oder minder starke Graphitblätter zu sehen; außerdem treten die Verunreinigungen (Phosphor u. a.) in Erscheinung. Bei gutem Maschinenguß ist der Anteil des Perlits größer, bei besonders gutem Maschinenguß verschwindet der Ferrit, man sieht Perlit und feine kurze, gleichmäßig verteilte Graphitblätter, vgl. Abb. 46.

Abb. 46

Wie beim Stahl wird das Gefüge in hohem Maße von der Behandlung des Werkstoffs beim Gießen und Abkühlen beeinflußt. Bei rascher Abkühlung unterbleibt die Ausscheidung des Graphits; es entsteht das weiße Gußeisen, in dem der gesamte Kohlenstoff gebunden ist; die Festigkeit wird dabei sehr hoch; allerdings ist solches Gußeisen außerordentlich spröde. Der hochbeanspruchte Grauguß soll den gebundenen Kohlenstoff nur als Perlit, am besten als streifigen Perlit enthalten; damit ist der gebundene Kohlenstoff auf 0,86% begrenzt; der übrige Kohlenstoff soll frei sein (Graphit), vgl. Abb. 46.

C. Über das Verhalten des gewöhnlichen Graugusses beim Zugversuch, Druckversuch und Biegeversuch

1. Der gewöhnliche Grauguß ist weit nachgiebiger als der Stahl. Diese größere Nachgiebigkeit entsteht durch die eingelagerten Graphitblätter. Der *Elastizitätsmodul* der Federung liegt bei langsam abgekühltem Grauguß etwa zwischen $E = 500000$ und 1000000 kg/cm²; er reicht für hochwertigen Grauguß bis etwa 1400000 kg/cm². Der Elastizitätsmodul wird mit steigender Belastung kleiner. Die bleibenden Verlängerungen sind innerhalb der zulässigen Anstrengungen verhältnismäßig größer als bei Stahl[3].

Die Zugfestigkeit ist abhängig von der Dicke der Bauteile; dementsprechend sind in DIN 1691 gestaffelte Festigkeitswerte gefordert.

2. Bei *Druckbeanspruchung* wird der Elastizitätsmodul unter sonst gleichen Verhältnissen größer als bei Zugbelastung, weil die Graphitblätter den Druckwiderstand weniger beeinflussen. Die Druckfestigkeit des Graugusses ist bedeutend größer als die Quetschgrenze des St 37. Mit bearbeiteten Zylindern, deren Höhe

[1] *Wittmesser:* Stahl und Eisen 70 (1950) S. 813. — *Graf:* Die Baustoffe, 2. Aufl., S. 128.
[2] Werkstoffhandbuch Stahl und Eisen unter L 11.
[3] *Bach-Baumann:* Elastizität und Festigkeit, 9. Aufl., Berlin 1924, S. 19.

etwa das 2fache des Durchmessers beträgt, sind Druckfestigkeiten zu 6000 kg/cm² und mehr ermittelt worden. Dieser Umstand gab wiederholt Anlaß, zu Stahlbetondruckgliedern (Säulen, Brückenbogen) Gußeisen zu verwenden; demgegenüber ist bemerkt worden, daß der Elastizitätsmodul des Graugusses viel kleiner ist als beim Stahl und daß deshalb seine Anteilnahme unter zulässigen Lasten zu klein sei; andererseits ist zu beachten, daß die Tragfähigkeit von bewehrten Druckgliedern aus der Summe der Tragfähigkeit des Betons und der Eiseneinlage gebildet wird.

3. Die *Biegefestigkeit* des Gußeisens ist größer als seine Zugfestigkeit. Das Mehr der Biegefestigkeit ist abhängig von der Querschnittsform, auch von der Zusammensetzung des Gußeisens usw. Weiteres in DIN 1691.

D. Über die Dauerfestigkeit des Graugusses

Der Widerstand des Graugusses gegen oftmals wiederholte Belastung, ermittelt an fein bearbeiteten Proben, ist viel kleiner als bei Stahl. Jedoch ist der Einfluß von Spannungsschwellen viel geringer, weil der Grauguß selbst durch die Graphitblätter innerlich viele Spannungsschwellen aufweist[1].

Im übrigen vgl. S. 457.

E. Über das Verhalten des Graugusses bei hoher Temperatur

Versuche im Laboratorium und Beobachtungen bei Brandfällen zeigten, daß die in gewöhnlicher Weise ermittelte Festigkeit des Graugusses bei Temperaturen bis 500° C wenig beeinflußt wird. Vgl. dazu S. 458.

Über die Wärmeausdehnung des Graugusses vgl. im Werkstoffhandbuch Stahl u. Eisen unter B, 15 und L, 11.

F. Über den Widerstand des Graugusses gegen Korrosion

Grauguß ist im Freien beständiger als Stahl. Durch hohe Siliziumzusätze kann der Grauguß säurebeständig gemacht werden.

XIII. Schwere Nichteisenmetalle

Zu den schweren Nichteisenmetallen, die im Bauwesen Verwendung finden, gehören Blei, Kadmium, Nickel, Kupfer, Zink und Zinn.

A. Blei

Das Blei wird als Rohr zu Leitungen für besondere Flüssigkeiten, als Gießblei und Bleiwolle zum Dichten der Muffenverbindungen von Rohrleitungen, als dünnes Blech zwischen Bitumen zum Abdichten von Bauwerken, als Platte zur Aufnahme und Verteilung großer Lasten in den Gelenken von Brücken usw., sodann als Bleimennige für den Rostschutz des Stahls verwendet.

In neuerer Zeit ist das Blei für die Aufgaben des Bauingenieurs mehr und mehr zurückgetreten. Bleirohre zu Wasserleitungen sind durch eiserne Rohre ersetzt worden[2]; an die Stelle der Bleiwolle sind andere Stoffe getreten; statt den Bleigelenken werden in Brücken die besseren Stahlgelenke verwendet. Die Bleimennige ist an vielen Stellen mit Eisenoxyd getauscht worden.

B. Kadmium

Dieses Metall wird zum Oberflächenschutz des Stahls benutzt.

C. Nickel

Das Nickel wird zunächst als Zusatz des Stahls verwendet. Für die Stähle, die im Bauwesen verlangt werden, ist der Nickelzusatz nicht nötig. Unsere Ver-

---

[1] Vgl. *Graf:* Die Dauerfestigkeit der Werkstoffe und der Konstruktionselemente, S. 90. Berlin 1929; ferner *Thum:* Die Gießerei, 1934, S. 41.

[2] Bleirohre dürfen überdies nicht mit Kalk- oder Zementmörtel in Berührung kommen.

suche zeigen dazu u. a., daß Nickelstähle, die bis etwa 2,5% Ni enthalten, auch in bezug auf die Dauerfestigkeit dem St 52 nicht überlegen sind.

Überzüge aus Nickel dienen als Oberflächenschutz für Stahl und andere Metalle. Im Bauwesen sind Nickelüberzüge nur in seltenen Sonderfällen nötig.

D. Kupfer

Das Kupfer als Zusatz des Stahls erhöht dessen Widerstand gegen Rosten, vgl. X, S. 465.

0,1 bis 0,5 mm dicke Bleche, gerade besäumt und gestreckt, werden zum Abdecken von Dächern, zum Dichten von Brücken, Tunneln usw., zum Verschließen von Bauwerken gegen Grundwasser usw. verwendet. Das Verlegen der dünnen Kupferbleche geschieht auf Bitumen; bei verschlossenen Dichtungen wird die fertig verlegte Metalldichtung überdies mit Bitumen gedeckt.

Das Kupferblech ist oft zu Fugendichtungen von Brücken, Tunneln, Staumauern benutzt. Unsere Untersuchungen über die zweckmäßige Form der Fugenbleche zeigten, daß glatte, über die Länge der Fuge ohne Stoß durchgehende Bleche erwünscht sind, weil Lötstellen und Bördel viel weniger nachgiebig und weniger widerstandsfähig sind als das Blech. Das Fugenblech ist so zu formen, daß der kleinste Halbmesser über 10 mm, besser erheblich mehr mißt. Die üblichen Schleppbleche über den Fugen sind so zu verlegen, daß sie ohne erheblichen Widerstand gleiten können; andernfalls reißen sie ab.

Die Legierungen des Kupfers (Messing, Bronze) sind im Bauwesen mehr und mehr zurückgetreten. Das Messing wird zu Abschlußteilen der Wasserleitungen verwendet. Über die Benennung der Legierungen des Kupfers und ihre Eigenschaften vgl. DIN 1705 und 1709. Über den Rohstoff Kupfer s. DIN 1708.

E. Zink

Das Zink wird oft zum Schutz des Stahls gegen Rosten als Überzug desselben verwendet, besonders für eiserne Wasserleitungsrohre, Behälter u. a. m., in Sonderfällen auch für Stahlbauteile.

Viel Zinkblech wird zu Dächern, Dachrinnen, Abfallrohren, Gesimsabdeckungen u. a. m. verwendet.

An der Luft und im Wasser ist das Zink sehr widerstandsfähig, weil es sich mit einer festhaftenden dichten Schicht aus Zinkkarbonat überzieht. Alle stärkeren Säuren und Alkalien greifen aber an; es ist deshalb in Großstädten die Verlegung von Dachrinnen, Dachblechen usw. besonders sorgsam auszuführen, derart, daß die Wässer stets restlos abfließen können.

Die Wärmeausdehnung des Zinks ist besonders groß und u. a. viel größer als beim Mauerwerk; deshalb reißt der Putz über den Enden der Zinkbleche der Fensterbänke oft ab.

XIV. Leichtmetalle, im besonderen das Aluminium und seine Legierungen

A. Allgemeines über die Leichtmetalle[1]

Zu den Leichtmetallen gehören Lithium, Kalium, Natrium, Rubidium, Kalzium, Magnesium[2], Beryllium, Caesium, Strontium und Aluminium, ferner ihre technischen Legierungen, die ein Raumgewicht von etwa 3,8 g/cm³ oder weniger besitzen. Das Grenzgewicht ist in Deutschland noch nicht genormt.

Für das Bauwesen sind von den genannten Leichtmetallen zur Zeit für Tragwerke nur das Aluminium und seine Legierungen von Bedeutung. Das Raumgewicht des Aluminiums und seiner Abkömmlinge beträgt rd. 2,7 g/cm³ (gegenüber 7,8 g/cm³ beim Stahl). Die Verarbeitbarkeit, die Beständigkeit und die Festigkeit der Alu-

[1] *Zeerleder:* Technologie des Aluminiums, 5. Aufl., sowie Aluminiumtaschenbuch, 10. Aufl.

[2] *Beck:* Magnesium und seine Legierungen. Berlin 1939.

miniumlegierungen ist soweit entwickelt, daß damit wertvolle Tragwerke (Flugzeuge, Fahrzeuge, Brücken usw.) zuverlässig und dauerhaft gebaut werden; zu Dächern, Fensterblechen, Abfallrohren, zu Geländern, Beschlägen usw. auch zu Dichtungen werden Aluminiumlegierungen verschiedener Art benutzt.

Bei der Verarbeitung der vergüteten und verfestigten Leichtmetalle muß mehr Vorsicht walten als beim gewöhnlichen Stahl. Beim Biegen sind große Ausrundungshalbmesser zu wählen. Das Anreißen soll nicht mit der Reißnadel, sondern mit dem Bleistift geschehen. Zum Richten sind Hämmer aus Holz, Hartgummi oder Leichtmetall zweckmäßig. Beim Nieten ist besonders zu achten, daß die Bleche ohne Kerben bleiben.

Beim Erwärmen von Aluminium und Aluminiumlegierungen ist u. a. zu beachten, daß diese Metalle bis zum Schmelzpunkt keine Glühfarben zeigen. Die ungefähre Bestimmung der Temperatur kann mit einfachen Mitteln geschehen, z. B. durch Auflegen von Zucker, Seife und Beobachten der Verfärbung dieser Stoffe, ferner durch Reiben mit Tannen- oder Fichtenholz. Näheres im Aluminium-Taschenbuch.

B. Leichtmetalle für das Bauwesen

Das Reinaluminium ist für Dächer, Blitzableiter und Verkleidungen geeignet, die besonders beständig sein müssen, es ist wetterfest; seine Festigkeit ist aber für tragende Bauteile zu klein. Über die Eigenschaften des Reinaluminiums vgl. DIN 1712.

Für hochbeanspruchte Teile kommen nur Aluminiumlegierungen in Betracht. Vgl. u. a. *Weiss*, Bauingenieur 28 (1953), S. 193. Über ihre Zusammensetzung gibt DIN 1725 Auskunft.

C. Gefüge der Aluminiumlegierungen[1]

a) Wie bei anderen Metallen hat das reine Metall, also hier das reine Aluminium, kleinere Festigkeiten als die Legierung. Dazu kommt, daß das reine Aluminium u. a. mit schneidenden Werkzeugen schlecht verarbeitbar ist.

Durch Zusätze, vor allem Kupfer, Magnesium, Silizium, Mangan, Eisen, Nickel u. a., können die Eigenschaften des Aluminiums technisch verbessert werden, sei es, daß das Gefüge beim Erstarren feiner wird, daß die Verarbeitbarkeit günstiger wird, daß die Festigkeit steigt oder daß das Verhalten in Flüssigkeiten verbessert wird.

b) Die Vorgänge, welche mit den wichtigsten Zusätzen im Werkstoff auftreten, werden für die Legierung mit Kupfer ungefähr wie folgt erklärt.

Schmelzen aus Aluminium und Kupfer, technisch üblich bis rd. 5% Kupfer, beginnen bei rd. 670 bis 620° C zu erstarren. Bei weiterem Sinken der Temperatur kann das Kupfer aus der festen Lösung soweit ausscheiden, daß schließlich bei Zimmertemperatur noch 0,3% Kupfer gelöst sind. Bei sehr langsamer Abkühlung entstehen verhältnismäßig große Ansammlungen von $CuAl_2$. Man nimmt an, daß in guten Legierungen die Ausscheidungen nur mit ihren Anfängen auftreten oder nur vorbereitet sind. Überdies wird der auf 500 bis 520° C erhitzte Werkstoff mit kaltem Wasser abgeschreckt. Damit wird die Ausscheidung des $CuAl_2$ unterbunden. Durch erneutes Erwärmen auf 100 bis 200° C wird eine sehr feine Ausscheidung des $CuAl_2$ langsam in Bewegung gesetzt. Die Dauer dieser Erwärmung, welche zu der erwünschten inneren Änderung erforderlich ist, wurde durch Versuch und Erfahrung festgelegt; sie wird durch erneutes Abkühlen begrenzt.

c) Die Entwicklung der Festigkeit durch Führung der Ausscheidungen wird *Aushärtung* genannt.

Dabei wird der gründlich durchgeknetete Werkstoff zunächst auf mindestens 480° C erwärmt und dann schroff abgekühlt. Bei den weiteren Maßnahmen sind zwei Gruppen zu unterscheiden, nämlich Legierungen, die durch Lagern bei Raumtemperatur härten (natürliche Alterung der Gattung Al-Cu-Mg) und Legierungen, die zur Härtung auf 80 bis 160° C angelassen werden (künstliche Alterung der Gattungen Al-Cu usw.).

---

[1] *Zeerleder:* Technologie des Aluminiums, 5. Aufl., S. 17.

D. Über die Festigkeit des Aluminiums und seiner Legierungen, insbesondere beim Zugversuch

1. Allgemeines. Der Elastizitätsmodul der federnden Formänderungen der vergüteten Aluminiumlegierungen beträgt $E = \text{rd. } 700000 \text{ kg/cm}^2$. Die Formänderungen der besonders festen Leichtmetalle sind also dreimal so groß als diejenigen des Stahls.

Die Leichtmetalle zeigen die ausgeprägte Fließgrenze, wie sie vom gewöhnlichen Stahl bekannt ist, nicht. Vielmehr wachsen die bleibenden Formänderungen allmählich mit steigender Last, im Vergleich mit den gesamten Formänderungen verhältnismäßig größer werdend. Als Fließgrenze (Streckgrenze) wird diejenige Last bezeichnet, bei der die bleibende Verlängerung 0,2% beträgt, vgl. DIN 1602.

Allgemein wichtig ist ferner, daß die Widerstandsfähigkeit von Stäben aus Aluminium und Aluminiumlegierungen mehr als beim Stahl von der Größe des Querschnitts abhängt.

2. Festigkeitseigenschaften von Reinaluminium. Man unterscheidet Reinaluminium in 4 Reinheitsgraden nach DIN 1712.

Je nach der Vorbehandlung (geglüht, mehr oder minder gewalzt) beträgt die Zugfestigkeit von Aluminiumblech 7 bis 14 kg/mm², die Bruchdehnung rd. 20 bis 2%.

3. Festigkeitseigenschaften der Aluminiumlegierungen für hochbeanspruchte Tragwerke. Eine umfassende Übersicht gibt das Aluminium-Taschenbuch.

Hiernach soll die Zugfestigkeit der weichen Al-Cu-Mg-Legierungen 18 bis 24 kg/mm² betragen, im ausgehärteten und kaltverfestigten Zustand sollen sie bis 58 kg/mm² liefern, im ausgehärteten, aber nach der Aushärtung nicht kalt verfestigten Zustand bis 48 kg/mm².

Die Bruchdehnungen der Legierungen mit höchster Festigkeit sind zu mindestens 2% verlangt. Solche Metalle sind bei der Verarbeitung vorsichtig zu behandeln.

4. Dauerfestigkeit von Aluminiumlegierungen bei oftmals wiederkehrender Zugbelastung.

Eigene Untersuchungen mit Flachstäben aus gewalztem und ausgehärtetem Werkstoff lieferten folgendes[1]:

α) Beim Zerreißversuch war $\sigma_{0,2} = 30{,}5 \text{ kg/mm}^2$, $\sigma_B = 42{,}6 \text{ kg/mm}^2$.

β) Die Ursprungszugfestigkeit von Vollstäben 80 mm · 10 mm fand sich für 2 Millionen Lastspiele zu 11,5 kg/mm².

γ) Die Ursprungszugfestigkeit von Flachstäben 112 mm · 10 mm, mit einer Bohrung von 16,4 mm Durchmesser, betrug für 2 Millionen Lastspiele 6,5 kg/mm².

Das Verhältnis der Ursprungszugfestigkeit zur Streckgrenze $\sigma_{0,2}$ war also beim Vollstab $11{,}5 : 30{,}5 = 0{,}38$, somit erheblich kleiner als beim Stahl (vgl. unter X, N). Der Einfluß der Bohrung auf die Ursprungszugfestigkeit war bedeutend und überdies größer als bei St 52 mit Walzhaut.

E. Nietverbindungen mit Aluminiumlegierungen

Die Nieten werden stets kalt geschlagen, weil warm geschlagene Nieten zu geringe Festigkeit haben und weil die warme Niete den Werkstoff am Nietloch ausglüht. Die Nieten werden in der Regel aus der Legierung Al-Cu-Mg gefertigt. Dabei ist zu beachten, daß der Werkstoff im frisch abgeschreckten Zustand zu verwenden ist.

Die Scherfestigkeit der Niete beträgt rd. $^6/_{10}$ bis $^8/_{10}$ der Zugfestigkeit; sie ist verhältnismäßig kleiner als bei Stahlnieten.

Über Dauerversuche mit Nietverbindungen vgl. Stahlbau 8 (1935) S. 132. Über die Berechnung der Nietverbindungen vgl. Aluminium-Taschenbuch.

F. Über das Schweißen von Aluminiumverbindungen

Das Schweißen der Aluminiumlegierungen geschieht bei dünnen Blechen vorzugsweise mit der Gasflamme aus Sauerstoff und Acetylen (Gasschmelzschwei-

[1] Stahlbau 8 (1935) S. 132.

ßung), bei dicken Blechen auch mit dem elektrischen Lichtbogen (Lichtbogenschweißung)[1].

Zur Auflösung der Oxydschicht des Werkstoffs und zur Verhinderung ihrer Neubildung beim Schweißen sind Flußmittel nötig.

G. Wärmeausdehnung. Wärmeleitung

Das Aluminium und die Aluminiumlegierungen haben eine hohe Wärmeausdehnungszahl; sie beträgt bei Reinaluminium rd. $24 \cdot 10^{-6}$; bei den Legierungen, die für das Bauwesen Bedeutung haben, wird sie zu rd. $23 \cdot 10^{-6}$ angegeben.

Die Wärmeleitzahl beträgt beim Reinaluminium rd. 0,5 cal/cm · sec · ° C. Bei den Legierungen ist sie kleiner.

H. Wetterbeständigkeit der Aluminiumverbindungen

Das Reinaluminium und kupferfreie Legierungen sind bei guter Beschaffenheit wetterbeständig, wenn eine dichte und festhaftende, ungestörte Oxydhaut vorhanden ist. Die Oxydhaut kann künstlich verstärkt werden; auch kann damit ein guter Haftgrund für Anstriche entstehen, welche das Metall bei mangelhafter Oxydhaut oder gegen zusätzliche Angriffe schützen können. Das letztere ist u. a. bei der Verwendung der Aluminiumlegierungen zu Abdichtungen wichtig, bei denen das Leichtmetall durch Bitumen gegen angreifende Stoffe geschützt werden muß.

Alle Leichtmetalle müssen von Bauteilen aus Stahl, Bronze, Beton, Holz, Mauerwerk usw. durch geeignete Zwischenanstriche (z. B. Bitumen) oder Beilagen getrennt gehalten werden. Dies gilt selbstverständlich auch für Schrauben.

XV. Bauglas[2]

A. Allgemeines

Die Gläser lassen sich aus Sauerstoffverbindungen der meisten Elemente aufbauen. Die Zusammensetzung muß dabei derart sein, daß beim Abkühlen aus dem Schmelzfluß keinerlei Ausscheidung, also vor allem keine Kristallisation stattfindet, damit das fertige Glas gleichmäßige Lichtdurchlässigkeit aufweist oder, wie man kurz sagt, glasig bleibt.

B. Zusammensetzung der Gläser für das Bauwesen

In der Regel handelt es sich um Gläser mit rd. 70 bis 76% SiO_2, 10 bis 18% Na_2O, 5 bis 15% CaO, wenig Tonerde, Eisen usw.

C. Handelsgläser für das Bauwesen

Es werden geliefert:

a) Fensterglas nach DIN 1249 als Fensterglas 1. und 2. Sorte. Die Glassorten werden nach der Häufigkeit der Fehler, die als Blasen, Wellen, Streifen, Schlieren, Kratzer usw. auftreten, unterschieden. Die handelsüblichen Dicken sind 2, 3 und 3,8 mm, mit festgelegten Toleranzen.

b) *Gußglas* in Tafeln als Rohglas (etwa 4 bis 40 mm dick), Drahtglas (in der Regel 6 bis 10 mm dick) und Ornamentglas, ferner Gußglas als Glasbausteine für Wände und Dächer, auch für Stahlbetondecken.

c) *Spiegelglas*, d. i. geschliffenes und poliertes Tafelglas (in Dicken bis etwa 25 mm).

d) Sondergläser, als Sicherheitsgläser bezeichnet, im Bauwesen selten, für Kraftfahrzeuge oft angewandt, entweder durch besondere Behandlung mit Druckvorspannungen in der Außenschicht (Hartglas) oder aus 2 Spiegelgläsern mit

---

[1] *Graf:* Schweißen und Schneiden 1 (1949) S. 183.

[2] *König, Reis* u. *Simon:* Flachglas. Leipzig 1934. — *Jebsen-Marwedel:* Tafelglas in Stichworten.

einer gut haftenden durchsichtigen und nachgiebigen Zwischenschicht (Mehrschichtenglas).

e) Sondergläser, welche die ultravioletten Strahlen mehr durchlassen als die gewöhnlichen Gläser, für Krankenhäuser usw. an sonnigen hochgelegenen Orten.

D. Festigkeitseigenschaften der Gläser

1. Der *Elastizitätsmodul* der unter A bis C genannten Gläser beträgt rd. 700000 kg/cm². Die Gläser sind nur elastisch verformbar; bleibende Dehnungen treten nicht auf.

2. Die *Biegefestigkeit* ist in hohem Maße von der Größe der Proben (Dicke, Spannweite, Breite) sowie von der Beschaffenheit der Kanten abhängig[1]. Beispielsweise lieferten 40 cm breite Proben bei 75 cm Auflagerentfernung nur etwa die Hälfte der Biegefestigkeiten, die mit 10 cm breiten Proben bei 15 cm Auflagerentfernung entstand.

Mit 20 cm breiten Proben wurden bei 30 cm Auflagerentfernung folgende Biegefestigkeit als Mittel aus vielen Versuchen festgestellt:

bei Fensterglas rd. 450 kg/cm²,
bei Rohglas rd. 400 kg/cm²,
bei Spiegelglas rd. 400 kg/cm²,
bei Drahtglas rd. 350 kg/cm²,

je mit üblicher Dicke.

Unter lang dauernder Last fiel die Biegefestigkeit nur etwa halb so groß aus als beim üblichen rasch ausgeführten Bruchversuch.

3. Der *Druckwiderstand der Gläser* ist sehr groß. Die Würfelfestigkeit beträgt 4500 kg/cm² und mehr. Es ist deshalb nicht schwierig, Stahlbetontragwerke zu bauen, die in der Druckzone dicke Gläser aufnehmen[2].

E. Wärmedurchlässigkeit. Wärmedehnung

Die Wärmedurchlässigkeit beträgt rd. 0,7 kcal/m st° C; sie ist also verhältnismäßig hoch; außerdem wird der Baustoff in Fenstern nur in dünnen Schichten benutzt. Hier ist durch Einschaltung von Luftschichten zu helfen.

Die lineare Wärmeausdehnung der Fenstergläser ist wesentlich kleiner als bei Eisen und Holz. Deshalb müssen die Gläser in die Fensterrahmen mit Spielraum eingesetzt werden, um die Änderungen der Abmessungen der Fenster, die mit Temperaturänderungen auftreten, nicht zu hindern.

F. Lichtdurchlässigkeit

Der Verlust an Absorption und Streuung ist beim Klarglas klein, soweit es sich um sichtbare Strahlen handelt. Da es aber schwierig ist, völlig farbloses Glas herzustellen, so ist die Lichtdurchlässigkeit in der Regel etwas beschränkt, überdies nicht für alle Strahlen gleich. Gewöhnliche Gläser, im Querschnitt mehr oder minder grün erscheinend, lassen die grünen Strahlen besser durch als andere; rote und blaue Strahlen werden oft erheblich absorbiert.

Absichtliche Färbung ermöglicht die Ausschaltung bestimmter Strahlen (Schutzgläser für Kraftwagenführer beim Fahren gegen die Sonne, Schutzbrillen für Bergsteiger u. a. m.).

XVI. Bitumen, Teer und verwandte Stoffe

A. Allgemeines

Als Bitumen werden die natürlich vorkommenden sowie die durch einfache Destillation hergestellten flüssigen oder festen, schmelzbaren und löslichen Kohlenwasserstoffgemische bezeichnet.

---

[1] Ausführlicher in Glastechn. Ber. 13 (1935) S. 233f.

[2] *Graf:* Glastechn. Ber. 4 (1926) S. 332f.

Verwandte Stoffe sind die Teere und Peche. Die Teere (Holzteer, Braunkohlenteer, Steinkohlenteer, Wassergasteer usw.) werden durch destruktive Destillation organischer Naturstoffe gewonnen und durch Destillation in Teeröle und Pech zerlegt.

Die Zusammensetzung der Bitumen, Teere und Peche ist naturgemäß außerordentlich mannigfaltig, überdies durch die Art der Aufbereitung wesentlich beeinflußt.

Bitumen und Teer werden verwendet: als Bindemittel, als Vergußmasse, zu Dachpappen, als Anstrich und Deckschicht zum Abdichten gegen Wasser, zum Isolieren gegen elektrischen Strom u. a. m.

Die Beurteilung der Bitumen und der Teere erfolgt nach DIN 1995 und 1996, wenn die Stoffe im Straßenbau benützt werden sollen. Wenn es sich um Dichtungsmassen handelt, ist die Vorschrift der Deutschen Bundesbahn für die Abdichtung von Ingenieurbauwerken (AIB) zu beachten. Für Dachpappen u. dgl. vgl. außerdem DIN DVM 52117 bis 52119, 52121 bis 52129, 52136 bis 52140. Für Fugenvergußmassen zu Betonstraßen sind die Richtlinien der Direktion der Autobahnen zu beachten. Im ganzen sei vor allem auf die Schriften der Forschungsgesellschaft für das Straßenwesen verwiesen.

B. Für das Bauwesen wichtige Eigenschaften der mit Bitumen und Teer hergestellten Baustoffe

Die Verwendung der Stoffe geschieht selten unmittelbar, oft vermengt mit Steinmehlen oder anderen Stoffen (um den Formwiderstand zu erhöhen oder das Fließen bei hoher Temperatur zu hindern), oder mit flüssigen Erdölrückständen gemischt, oder als Emulsion (u. a. um die Verarbeitung zu erleichtern).

Man erwartet im allgemeinen folgende Eigenschaften:

a) hohe Beständigkeit gegen Wasser und nötigenfalls gegen andere Flüssigkeiten,

b) in vielen Fällen hohe Wetterbeständigkeit.

c) gute Verarbeitbarkeit,

d) gutes Deckvermögen beim Auftragen,

e) Wasserundurchlässigkeit (auf geeigneten Unterlagen),

f) hohe Formbarkeit, oft bei niederen Temperaturen, auch hinreichenden Formwiderstand bei den jeweils höchsten Temperaturen,

g) große Haftfähigkeit an anderen Stoffen und gutes Anbinden an gleiche oder verwandte Stoffe.

Bitumen und Teere werden wegen der Vielfältigkeit der natürlichen Ausgangstoffe in mannigfaltiger Beschaffenheit geboten; außerdem können sie durch die Weiterverarbeitung den jeweiligen Bedürfnissen weitgehend angepaßt werden.

Beim Auftragen der Massen ist in der Regel zu beachten, daß der Untergrund sauber und möglichst trocken sein muß. Nötigenfalls sind besondere Vorkehrungen für das Trockenhalten des Untergrunds zu treffen. Auf feuchten Flächen sind Voranstriche mit Emulsion möglich. Beim Aufbringen von Kaltanstrichen ist zu beachten, daß auch bei geeigneter Unterlage mit 1 oder 2 Anstrichen in der Regel noch keine undurchlässige Schicht entsteht; praktisch sind mindestens 3 Anstriche zu empfehlen. Werden dicke Dichtungsschichten in waagrechter Lage unter oder in Bauwerken eingebracht, so ist zu beachten, daß sich diese Schichten durch die Auflast zusammendrücken und daß die Zusammendrückungen mit steigender Temperatur wachsen. Bei den Schichten, die nicht in waagrechter Lage liegen oder bei Bauwerken, die über Sperrschichten waagrechten Kräften ausgesetzt sind, ist zu beachten, daß die Reibung — sie ist abhängig von der Temperatur — verhältnismäßig klein werden kann. Schließlich müssen die Sperrschichten fortdauernd so belastet sein, daß sie an den Tragkörper gepreßt werden; die Anordnung ist so zu wählen, daß die Sperrschichten nicht verschoben oder abgerissen werden können.

XVII. Kunststoffe[1]

Die Kunststoffe enthalten als wesentliche Rohstoffe Kunstharze. Diese werden mit mannigfaltigen Eigenschaften nach zwei Gruppen unterschieden:

a) Härtbare Kunstharze, die während oder nach der plastischen Verarbeitung eine chemische Veränderung erfahren und dann nicht mehr plastisch verformbar, meist auch praktisch unlöslich sind (Duroplaste),

b) Thermoplastische Kunstharze, die bei Erwärmung (auf etwa 60 bis 100°) wieder plastisch fließbar werden (Thermoplaste).

Im Bauwesen finden u. a. Anwendung:

Platten und Bahnen aus Polyvinylchlorid oder Dispersionen aus Polyvinylacetat mit mineralischen Füllstoffen zu Fußbodenbelägen, erstere geklebt, letztere gespachtelt.

Bestandteile von elektrischen und sanitären Einrichtungen aus verschiedenartigen Kunststoffen.

Wärmedämmstoffe aus aufgeschäumten Kondensationsprodukten von Harnstoff und Formaldeyhd,

Folien aus Polyisobutylen zu Dichtungen für Brücken, Tunnel, Fenster usf.,

Leime (Kleber) zu wasser- und pilzbeständigen Holzverbindungen.

Die Rohwichte der Kunststoffe beträgt im allgemeinen 1,05 bis 1,4 kg/dm³, bei aufgeschäumten Stoffen bis herunter zu etwa 0,015 kg/dm³. Die Biegefestigkeit, ermittelt nach DIN 53451, reicht bis etwa 1600 kg/cm².

1. Folien aus Polyisobutylen (Oppanol, Dynagen). Diese Folien entstehen durch Kneten und Walzen des Grundstoffes mit Füllern als 1 m breite Bahnen bei 1 und 1,5 und 2 und mehr mm Dicke. Die Rohwichte beträgt etwa 1,65 kg/dm³. Es handelt sich um einen wertvollen, beständigen, undurchlässigen, sehr dehnfähigen Dämmstoff gegen Regenwässer, Grundwässer und Abwässer. Die Bahnen lassen sich in einfacher Art zuverlässig verkleben. Um die Dehnfähigkeit weitgehend nutzen zu können, werden die Folien in Bitumen verlegt und gedeckt; bei Fugen ist eine Stützung vorzusehen, damit die Folie nicht in die Fugen gepreßt wird.

2. Kleber (Leime). Über den heutigen Stand der Entwicklung berichtete *Egner* im Holzbau-Taschenbuch, 4. Auflage 1952, S. 135 u.f. Für tragende Bauteile sind härtbare Kunstharzleime nötig; die Eignung ist zunächst nach der Art der Verwendung zu beurteilen (Lagenleime für Sperrholz, Schichtholz usf., Montageleime für tragende Bauteile zu Hochbauten, Faser- und Span-Kunstharzleime zu Faser- und Spanplatten), dann nach den Anforderungen an den Feuchtigkeitszustand des Holzes, nach der Art der Einwirkung des Leims auf das Holz, nach der Art der Verarbeitung, nach der Empfindlichkeit durch Abweichungen von erprobten Verarbeitungsregeln, nach der Trockenfestigkeit über lange Dauer, nach der Einwirkung von feuchter Luft bei hoher Temperatur, nach dem Einfluß von Holzschutzmitteln auf die vorausgehende oder folgende Leimung usf.

Zur Herstellung von geleimten Tragwerken gehört Erfahrung, begleitet von peinlicher Sorgfalt bei der Vorbereitung und Ausführung der Leimungen. Auch hierzu finden sich wertvolle Anleitungen im Holzbau-Taschenbuch, 4. Aufl., S. 146. Vgl. auch DIN 1052, § 16, d.

XVIII. Oberflächenschutz, insbesondere gegen die Einflüsse der Witterung (Anstriche, chemische Oberflächenbehandlung usw.)

Hier handelt es sich um den Schutz von Baustoffen gegen die Wirkung von Regenwasser, Grundwasser, Schwitzwasser usw., z. B. von Holz durch Anstriche gegen das Eindringen von Wasser, damit die Feuchtigkeit des Holzes und sein Rauminhalt möglichst wenig veränderlich sind oder von Stahl durch Anstriche, damit das Wasser vom Stahl ferngehalten wird, weil er sonst rostet usw.

---

[1] *Sächtling* u. *Zebrowski:* Kunststofftaschenbuch, 9. Ausgabe, 1952.

Ganz allgemein ist zu beachten, daß die Werkstoffe vor dem Aufbringen der Schutzmittel zweckmäßig vorbereitet werden müssen, daß sie vor allem trocken und sauber gemacht sind, im übrigen nach den Bedingungen behandelt werden, welche der Lieferer der Schutzmittel verlangt. Verarbeitbarkeit, Haftung und Verformbarkeit der Anstriche sind ebenso wichtig. Das wichtigste ist die Erlangung lückenloser Überzüge und ihre Erhaltung während langer Zeit.

Weiter ist vor der Wahl des Anstrichs festzustellen, ob der Schutz im Freien (u. a. unter häufiger Sonnenbestrahlung) oder unter anderen einfacheren oder schwierigeren Verhältnissen (u. a. im Wasserbau) erfolgen soll. Schließlich ist wesentlich, ob der Bauteil sachgemäß gestaltet ist; das auftretende Wasser muß, wenn irgend möglich, rasch und möglichst vollkommen abfließen.

A. Feuchtigkeitsabweisender Oberflächenschutz für Holz

1. Allgemeines. Der einfachste und meist durchgeführte Schutz des Holzes gegen das Eindringen von Wasser ist der deckende Anstrich. Allerdings sind die Anstriche unter der Einwirkung von Sonne, Wasser und Eis zeitlich verhältnismäßig eng begrenzt wirksam. Mangelhaft gewordene Anstriche halten das Wasser am Holz oft mehr zurück, als wenn das Holz ungeschützt ist. Da sachgemäß eingebautes, nicht gestrichenes harzreiches Holz sehr lange brauchbar bleibt, so ist von vornherein zu entscheiden, ob eine gute Unterhaltung des Anstrichs vorausgesetzt werden darf oder ob der Anstrich entfallen kann.

Weiter ist technisch wichtig, daß die Anstriche hinreichend haften, auch fest werden, genügend dehnbar sind (damit sie den Raumänderungen des Holzes folgen ohne zu reißen), sich möglichst wasserundurchlässig erweisen und wenn nötig, lange den Witterungseinflüssen standhalten.

Bei Innenanstrichen ist auf die Erhaltung des Aussehens, das Verhalten beim Reinigen usf. zu achten.

2. Arten der Anstriche für Holz. Zur Zeit sind zwei Gruppen von Anstrichmitteln hervorzuheben, nämlich

a) solche, die durch Verdunstung des Lösungsmittels einen Anstrichfilm bilden (z. B. Zellulosederivate, Asphaltlacke, Vinylharze),

b) solche, die sich durch Aufnahme von Sauerstoff aus der Luft verfestigen und damit trocknen (vor allem die trocknenden Öle, Lösungen und Harze in trocknenden Ölen, trocknende Phthalsäureharze u. a. m.).

Eine Anleitung für die Auswahl der Außen- und Innenanstriche zum Wohnungsbau geben die Richtlinien für Anstriche, herausgegeben von der Forschungsgemeinschaft Bauen und Wohnen in Stuttgart 1954.

B. Oberflächenschutz für Natursteine

Der wichtigste Oberflächenschutz der Steine wird durch sorgfältige Bearbeitung und Gestaltung der Oberfläche der Bausteine und Bauwerke erreicht; an glatten, senkrechten Flächen sind Ablagerungen von Staub usw. praktisch verhindert; Wasser dringt an solchen Flächen weit weniger ein als in rauhen und geneigten oder waagrechten Flächen.

Wenn man weiß, daß Steine im Laufe der Zeit schadhaft werden und ein Schutz zweckmäßig ist, so ist dieser möglichst bald, also am noch gesunden Stein, anzuwenden.

Leinöl kann das Eindringen von Wasser in Sandsteine hindern, wenn es auf den trockenen Stein gebracht wird und wenn der Anstrich rechtzeitig erneuert wird. Ölemulsionen sollen ähnlich helfen. Kaliwasserglas wird für kalkhaltige Steine empfohlen. Silikatfluoride sind bei Kalksteinen bedingt anwendbar. Für Marmor werden Wachs-Xylol-Lösungen angewandt. In allen Fällen ist vor der Anwendung zu prüfen, inwieweit das Schutzmittel die Farbe des Steins ändert und ob diese Änderung zulässig erscheint. Weiteres vgl. unter II, G.

C. Oberflächenschutz für Mauerwerk

Wenn Mauerwerk wegen mangelhafter Mauerung oder wegen anderen Einwirkungen (undichte Fugen, erfrorener Mörtel, grobe Brandrisse der Ziegel) wasserdurchlässig ist, so kann durch einen guten Außenputz geholfen werden.

Treten Ausblühungen auf, so sind diese in der Regel unbedenklich und im Laufe der Zeit aufhörend, wenn es sich um Salze aus den Ziegeln handelt. Anders ist es, wenn organische Stoffe (Jauche, Salze der Gartenerde) mit dem Mauerwerk in Berührung kommen; dann ist mit fortschreitender Zerstörung des Fugenmörtels und des Putzes zu rechnen. Der Zerstörung wird Einhalt getan, wenn den schädlichen Stoffen der Eintritt verwehrt wird; dazu wird eine Dichtung mit Bitumen eingebracht. Vorher sind die beschädigten Teile zu entfernen; hierauf wird mit Wasser reichlich gespült und getrocknet, erst dann gedichtet.

D. Oberflächenschutz für Beton

Vgl. dazu unter S. 49 und 50.

E. Oberflächenschutz für Stahl

Der unmittelbare Oberflächenschutz des Stahls erfolgt im Bauwesen a) durch metallische Überzüge, b) durch chemische Oberflächenbehandlung, c) durch Anstriche, d) durch Emaillieren.

Die *metallischen Überzüge* entstehen durch Tauchen des Stahlstücks in ein Bad des Überzugmetalls (Blei, Zink[1], Zinn), durch Erhitzen des Stahlstücks in einem Pulver des Überzugmetalls, wobei Diffusion entritt (mit Aluminium und Zink), durch Aufbringen eines Metalls auf den Stahl, z. B. von Chrom, Nickel, Kadmium, Zink, Zinn usw. aus einer Metallsalzlösung mit niedergespanntem elektrischem Strom, durch Aufwalzen von schützenden Metallblechen auf Stahlbleche, Stahlbänder usw. (plattierte Bleche). Auch das Auftragen der Metalle durch Spritzen nach *Schoop* ist hier zu nennen (z. B. Bleiüberzüge für die chemische Industrie). Vgl. DIN 4115.

Bei der *chemischen Oberflächenbehandlung* soll an der Oberfläche des Stahls eine rostverhindernde Schicht entstehen; die Behandlung geschieht an Bauteilen durch Phosphatieren. Wenn ein besonders guter Schutz durch Deckanstriche beabsichtigt ist, so bilden die chemisch behandelten Oberflächen einen guten Haftgrund.

Als *Anstriche* werden in erster Linie trocknende Öle (Bleimennige, Eisenmennige usw.) als Grundanstriche verwendet. Auf diese Rostverhinderer werden zum Schutz gegen die Witterung und für die Erlangung des gewünschten Aussehens ein, besser zwei Deckanstriche aufgebracht[2]. Hierzu sind die Vorschriften der Deutschen Bundesbahn, ferner DIN 4115 zu beachten. Weiter sind zu nennen: Anstriche mit Kunstharzen, Chlorkautschuk (gegen Säuren und Alkalien), mit Lacken sehr verschiedener Art, mit Metallfarben, mit Bitumen, nicht zuletzt mit Gemischen aus Bitumen und Teer.

Beim *Emaillieren* wird eine glasartige Masse auf das Eisen geschmolzen (Schutz gegen Säuren).

F. Oberflächenschutz für Aluminium und Aluminiumlegierungen

Auch hier erfolgt der Oberflächenschutz a) durch metallische Überzüge, b) durch chemische Oberflächenbehandlung, c) durch Anstriche.

Besonders wichtig und praktisch wertvoll ist die chemische Behandlung durch elektrische Oxydation des Aluminiums (Eloxieren) oder durch Eintauchen in heiße Chromatlösungen (modifiziertes *Bauer-Vogel*-Verfahren) oder in anderer Weise. Weiteres im Aluminium-Taschenbuch.

---

[1] Im Zinkbad wird der Stahl erwärmt. Dabei kann im kaltbearbeiteten (kaltgebogenen, kaltgehämmerten) Stahl eine ausgeprägte Alterung auftreten; damit wird die Formbarkeit des Stahls bei gewöhnlicher Temperatur bedeutend vermindert.

[2] *Lindermayer:* Z. VDI 77 (1933) S. 386 (Versuche der Reichsbahn). — *Ackermann:* Bautechn. 15 (1937) S. 110 (Anstriche für Wehrkonstruktionen).

Baukonstruktionen des Hochbaus[1]

Von Regierungsbaumeister Leopold Sautter, Stuttgart

Allgemeine Anforderungen und Grundlagen. Für die Anforderungen an Bauteile und Bauarten des Hochbaus sind zur Zeit folgende Grundlagen maßgebend:

1. DIN 4172 „*Maßordnung* im Hochbau". Hier werden die grundlegenden Baurichtzahlen für die Bemaßung und Maßstufung der Baustoffe, Bauteile und Gebäude gegeben. Die Maßordnung im Hochbau gehört zu den „Pflichtnormen", deren Anwendung für alle Bauten vorgeschrieben ist, die ganz oder teilweise mit öffentlichen Mitteln errichtet werden. Da die Hersteller von Ziegeln und Steinen und vielen anderen Baustoffen die Abmessungen ihrer Erzeugnisse auf die Maßordnung im Hochbau DIN 4172 bzw. auf die davon abgeleiteten Normenblätter (bei allen Mauerziegeln z. B. DIN 105 von 1952) umgestellt haben, ergibt sich zwangsläufig, daß auch alle anderen Hochbauten sich mehr oder weniger nach der Maßordnung richten müssen, um wirtschaftlich günstig ausgeführt werden zu können. Weiteres bei *H. Frommhold* u. *S. Hasenjäger* [*5*] und *L. Sautter* [*16*].

2. DIN 4117 „*Abdichtung* von Hochbauten *gegen Erdfeuchtigkeit*" und DIN 4031 „*Wasserdruckhaltende Dichtungen* für Bauwerke". Hier werden die Grundsätze des Schutzes gegen Erdfeuchtigkeit und Wasserdruck mit Ausführungsbeispielen behandelt. Auch bei vielen Hochbauten ist es zweckmäßig, die entsprechenden Bestimmungen der AIB (Vorläufige Anweisung für die Abdichtung von Ingenieur-Bauwerken) der Deutschen Bundesbahn zu beachten. (Weiteres bei *L. Sautter* [*19*].)

3. DIN 4108 „*Wärmeschutz* im Hochbau". Dieses Normblatt enthält grundsätzliche Angaben über den Wärmeschutz und Tafeln über die für die drei Wärmedämmgebiete Deutschlands geeigneten Wand-, Decken- und Dach-Bauarten und ihre Dicken mit Berechnungsbeispielen. Weiteres bei *J. S. Cammerer* [*3*] und *L. Sautter* [*19*].

4. DIN 4109 „*Schallschutz* im Hochbau". Zu diesem Normblatt liegt ein Beiblatt im Entwurf vor, das die neuesten Erkenntnisse der Schallforschung berücksichtigt. Ausführlichere Angaben, die größtenteils für *alle* Räume zum längeren Aufenthalt von Menschen dienen, in dem Merkheft „Schallschutz im Wohnungsbau", herausgegeben vom Forschungsbeirat beim Bundesministerium für Wohnungsbau. Siehe *L. Sautter* u. *H. Brandt* [*18*].

5. DIN 4102 „*Widerstandsfähigkeit* von Baustoffen und Bauteilen *gegen Feuer* und Wärme". Dieses Normblatt enthält die Begriffsbestimmungen für „brennbare", „schwer entflammbare" und „nicht brennbare" Baustoffe und für „feuerhemmende", „feuerbeständige" und „hochfeuerbeständige" Bauteile mit der Einreihung der einzelnen Baustoffe und Bauteile in diese Begriffe und den Prüfverfahren. Hierher gehört auch die Verordnung über die „*Hebung der baulichen Feuersicherheit*" vom 20. August 1943 (Reichsgesetzblatt 1943, Teil I, Nr. 79, S. 497).

6. DIN 1055 „*Lastannahmen* für Bauten". Dieses Normblatt enthält in 5 Blättern die Rechenwerte für die Gewichte von Bau- und Lagerstoffen, Erdarten und Schüttgütern, für die Eigengewichte von Bauteilen, für die Gewichte von Verkehrslasten, Windlast und Schneelast.

7. DIN 4110 „Technische Bestimmungen für Zulassung neuer *Bauarten*". Dieses Blatt unterscheidet 6 Gruppen von Bauarten usw. im Inhalt entsprechend den hier dargestellten Gruppen 1 (einschließlich Wandbeläge), 2, 3 und 4, außerdem Feuerschutzmittel. Einige Bestimmungen dieses Blattes sind durch neuere Normblätter überholt, besonders durch DIN 4108 (s. 3.) und das Beiblatt zu DIN 4109 (s. 4.). Deshalb wird eine Neubearbeitung von DIN 4110 vorbereitet.

Die unter 2 bis 7 angeführten Normblätter sind Blätter des „Ausschusses für Einheitliche Technische Baubestimmungen (ETB) und damit Richtlinien für die Baupolizei. Weiteres bei *H. Gottsch* und *S. Hasenjäger* [*6*] und *L. Sautter* [*16*].

Im Fachnormenausschuß Bauwesen (FN Bau) ist 1952/53 eine neue Arbeitsgruppe „Industriebau" gebildet worden, die die Bearbeitung zahlreicher Normblätter plant.

---

[1] Ausführliche Angaben über Baustoffe und Bauteile bei *L. Sautter* [*16*], über Hochbaukonstruktionen allgemein bei *W. Büning* [*2*], bei *U. Haacke* [*7*], bei *R. John* [*10*] und bei *S. Mohr* [*11*].

I. Wände im Hochbau[1]

A. Allgemeine Anforderungen an Wände

1. Anforderungen aus der Maßordnung im Hochbau und Einteilung der Wände

Mit Rücksicht auf die Maßordnung im Hochbau[2] ist zwischen Wand-Bauarten mit Fugen (Mauerwerk usw.) und solchen ohne Fugen (Schüttbeton usw.) zu unterscheiden.

Bei Bauarten ohne Fugen entsprechen die Längen und Dicken der Wände und ebenso die lichten Breiten und Höhen der Fenster- und Tür-Öffnungen den Baurichtzahlen nach DIN 4172.

Bei Bauarten mit Fugen ist bei den Längen und Dicken der Wände jeweils die Dicke einer Stoßfuge von den Baurichtzahlen abzuziehen, um das (tatsächlich vorhandene) Nennmaß zu erhalten. Ist zum Beispiel das Baurichtmaß der Wandlänge 10,00 m, so ist das Nennmaß — also die tatsächliche Wandlänge — 9,99 m, wenn die Dicke der Stoßfugen 1 cm beträgt. Ebenso ist bei gleicher Fugendicke das Nennmaß der Wanddicke zum Beispiel 24 cm, wenn das Baurichtmaß 25 cm sein soll.

Bei Öffnungen (und lichten Raummaßen) ist dagegen bei Bauarten mit Fugen dem Baurichtmaß jeweils eine Fugendicke zuzuzählen, um das Nennmaß zu erhalten. Soll zum Beispiel die lichte Breite einer Fenster-Rohbauöffnung das Baurichtmaß 1,50 m haben, so ist das Nennmaß 1,51 m. Da die Lagerfugen von Ziegelmauerwerk im allgemeinen 1,2 cm dick sind, ist bei der Öffnungshöhe dieses Maß zuzuzählen.

Die Baurichtzahlen für Rohbauöffnungen in den Wänden für Fenster und die verschiedenen Anschlagsarten enthält DIN 18050 und für Türen DIN 18100. Beide Normblätter sind Pflichtnormen. Die Wände können nach ihrer Bauart, nach ihrem Zweck und nach ihren Baustoffen eingeteilt werden.

a) Wandbauarten

1. Geschichtete Wände (Trockenmauerwerk und Zyklopenmauerwerk). Nur für Garten- und Schwergewichts-Mauern (Stützmauern). Auch Blockwände sind geschichtete Wände
2. Gegossene und gestampfte Wände
3. Gemauerte Wände
4. Wände aus Platten
5. Gerippewände
6. Wände in Rahmenbauart
7. Wände in Tafelbauart
8. Wände in Verbundbauarten

b) Wandarten nach dem Zweck

1. Gründung
2. Kellerwände
3. Außenwände von Gebäuden
4. Innenwände in Gebäuden
5. Wände in und auf Dächern usw.

c) Einteilung der Wände nach dem Baustoff

1. Wände aus Natursteinen
2. Wände aus Beton und aus mit Bindemitteln gefertigten Steinen
3. Wände aus Ziegeln
4. Wände aus Glas (Flachgläsern, Glasbausteinen und Glasbeton)
5. Wände aus Stahl
6. Wände aus Holz

2. Anforderungen an den Feuchtigkeitsschutz von Wänden

Der Schutz von Wänden gegen *Erdfeuchtigkeit* richtet sich nach DIN 4117 (S. 477), soweit es sich um waagrechte Pappschichten und Anstriche lotrechter Flächen mit Mitteln auf Bitumen- oder Teerpech-Grundlage handelt. Außerdem können auch Putze aus Zementmörtel mit Dichtungsmitteln angewendet werden.

Der Schutz gegen *Grundwasser* (Wasserdruck) richtet sich nach DIN 4117, Abschn. 3 und nach DIN 4031 (s. S. 477), soweit es sich um Abdichtungen aus

---

[1] *L. Sautter* [*16*], Teil 2, Abteilung 21.

[2] *H. Frommhold* u. *S. Hasenjäger* [*5*].

Sperrpappen auf Bitumen- oder Teerpech-Grundlage handelt. Abdichtungen mit Dichtungsbahnen aus Jutegewebe oder mit Bleifolie richten sich nach der AIB (s. S. 477). Außerdem können für besonders wichtige und schwierige Fälle Abdichtungen aus Kunststoffbahnen auf Polyisobutylengrundlage (Dynagen und Oppanol) verwendet werden. Die Fugen dieser Kunststoffbahnen werden wasserdicht verschweißt.

Der Schutz von Außenwänden, die nicht aus Natursteinen, Vormauerziegeln, Verkleidungen mit gebrannten Platten, Glasplatten oder Leichtmetallblechen bestehen, gegen *Schlagregen* und andere Wetterfeuchtigkeit kann durch wasserdichten Putz (mit Zusatz von Dichtungsmitteln), durch farblose Sperranstriche oder (am wirksamsten) durch Wandbeschlag mit Dachschiefer, Asbestbetonplatten, Dachziegeln, Holzschindeln oder Verbretterungen bewirkt werden.

3. Anforderungen an den Wärmeschutz von Wänden[1]

Für Räume zum dauernden Aufenthalt von Menschen genügt zur Erhaltung der Gesundheit der Mindestwärmeschutz nach DIN 4108 (s. S. 477), der im allgemeinen die untere Grenze des Wärmeschutzes auf die Vermeidung der Tauwasserbildung an der Innenseite der Außenwände gründet. Mit diesem „Mindestwärmeschutz" ist aber noch nicht die Wirtschaftlichkeit des Heizbetriebes gewährleistet. Dafür ist ein verbesserter — eben ein wirtschaftlicher — Wärmeschutz notwendig, der sich aus den Baukosten für die betreffende Wand und dem Kohlenverbrauch für einen längeren Zeitraum (von etwa 30 oder 60 Jahren) errechnen läßt.

Der als zweckmäßig oder besonders wirtschaftlich ermittelte Wärmeschutz für Außenwände muß an *allen* Stellen der Wände, also auch in Fensternischen, an Fensterstürzen, in Fensterleibungen, an Ringankern usw. vorhanden sein, ebenso bei senkrechten Wänden in ausgebauten Dachgeschossen, die Aufenthaltsräume gegen die Dachhaut oder gegen Bodenräume usw. abschließen.

Wände mit innerer Dämmschicht (aus Dämm-Platten oder -Matten oder auch aus Holzvertäfelung) sind wegen der geringeren Wärmespeicherung und wegen des geringeren Wärmeentzuges der Wärmeabstrahlung des Menschen auch gesundheitlich anderen Bauarten (zum Beispiel aus Leichtbeton oder Leichtsteinen) überlegen.

Sehr wichtig ist die hochwertige Abdämmung von Heizkörpernischen und von wasserführenden Leitungen in Außenwänden. Hinter Heizkörpern ist oft die Auskleidung der Wandoberfläche mit Aluminiumfolie zweckmäßig, um die Wärmestrahlung des Heizkörpers nach der Außenwand in den Raum zurück zu strahlen.

4. Anforderungen an den Schallschutz von Wänden

Der nach DIN 4109 für Wohnungstrennwände geforderte Luftschallschutz von 48 db kann auch als Mindestschutz für wichtige Bürotrennwände angesehen werden. Besser ist es, etwa 50 db zu erreichen, wozu die Sollkurve für Wände nach DIN 52210 um 2 db höher anzusetzen ist.

Bei dichten Wänden wird der Schall ausschließlich durch Biegeschwingungen übertragen. Die Wände werden durch den auftreffenden Schall zu Schwingungen angeregt und die Luft wird auf der der Schallquelle abgelegenen Wandseite durch die schwingende Wand wieder in Schwingungen versetzt. Im schalltechnischen Sinn unterscheidet man dabei Einfachwände und Mehrfachwände.

Einfachwände im schalltechnischen Sinn sind Wände aus einer Schicht oder mehreren Schichten, die starr miteinander verbunden sind. Die einzelnen Schichten können auch aus verschiedenen Baustoffen bestehen. Die Schalldämmzahl von Einfachwänden ist im wesentlichen abhängig von: a) Masse (Gewicht je Quadratmeter); b) Biegesteifigkeit (genauer: Verhältnis Biegesteifigkeit zu Masse); c) Luftdurchlässigkeit. Wenn die Forderung auf Luftundurchlässigkeit erfüllt ist — das

[1] Einzelheiten in *L. Sautter* [19].

ist bei rissefreien, einwandfrei verputzten Wänden stets der Fall —, so gilt zuerst das Massegesetz: „Die Luftschalldämmung einer Wand ist um so besser, je größer das Flächengewicht (kg/m²) ist" (*Berger*sches Gesetz). Für den Mindestschallschutz von 48 db ist ein Mindestgewicht der Einfachwand von 350 kg/m² erforderlich, für 50 db etwa 480 kg/m². Nach DIN 52210 wird neuerdings für den Luftschallschutz eine „Sollkurve" für die zulässigen Mindest-Schallpegel-Unterschiede in db zwischen Senderaum und Empfangsraum über den gesamten Tonhöhebereich vorgeschrieben. Alle mit der Sollkurve gleichlaufenden Meßwerte erfüllen die Mindestforderungen. Alle über der Sollkurve liegenden Meßwerte zeigen eine bessere Schalldämmung an.

Die Zusammensetzung von Mörtel und Putz beeinflußt merkbar die Schalldämmung von Wänden. Die Schalldämmung einer verputzten Wand ist stets besser als die einer unverputzten Wand, weil durch den Putz ein dichterer Abschluß der Wandoberfläche bewirkt wird. Doch tritt diese Verbesserung der Schalldämmung schon bei einseitigem Verputz auf. Bei Wänden aus porigen Baustoffen, also Naturbimsbetonsteinen, Schlackenbetonsteinen usw. ist der Putz schalltechnisch besonders wichtig. Denn hier verhindert der Putz den unmittelbaren Schalldurchgang durch die Poren.

Mehrfachwände im schalltechnischen Sinn bestehen aus zwei oder mehreren Wandschichten, die miteinander nicht in starrer Verbindung stehen und die im allgemeinen durch Luftschichten voneinander getrennt sind. Nur in den Fällen, in denen eine besonders biegeweiche und trotzdem möglichst schwere Teilwand — zum Beispiel eine einseitig verputzte Holzwolle-Leichtbauplatte, mit Abstand (möglichst nicht unter 3 cm) — vor eine Massivwand von etwa 10 cm oder größerer Dicke gesetzt wird, können die Teilwände ohne wesentliche Verschlechterung der Schalldämmung miteinander verbunden sein, zum Beispiel durch ein weitmaschiges Lattengerüst. Die Luftschalldämmung von Doppelwänden steigt, ausreichende Hohlraumdämpfung vorausgesetzt, bei Vergrößerung des Abstandes an. Besonders geeignet sind: a) Zwei Schalen aus 5 cm dicken Holzwolle-Leichtbauplatten, freistehend errichtet, Mindestabstand der Schalen 3 bis 5 cm. Gesamtgewicht der Wand: etwa 90 kg/m². — b) Außenseitige Verkleidung zweier völlig voneinander getrennter Holzfachwerke mit mindestens 3,5 cm dicken Holzwolle-Leichtbauplatten. — Doppelschalige Leichtwände aus getrennten, gleich schweren steifen Schalen sind ungeeignet.

Die Schalldämmung einer Wand ist nur dann wirksam, wenn sie nicht durch Öffnungen unterbrochen wird, weil sonst der Luftschall unmittelbar durch die Öffnungen weitergeleitet wird. Kleine Öffnungen, deren Durchmesser gleich groß oder kleiner ist als die Wellenlänge des auftreffenden Schalls, wirken im anschließenden Raum wie eine neue Schallquelle[1].

5. Anforderungen an den Feuerschutz von Wänden

In DIN 4102 (s. S. 477), Blatt 2, sind dargestellt: Feuerhemmende Wände unter B IV c und feuerbeständige Wände unter B V a.

6. Anforderungen an die Standfestigkeit usw.[2]

Die Anforderungen an die Standfestigkeit von Wänden enthält: DIN 1053 „*Berechnungsgrundlagen* für Bauteile aus künstlichen und natürlichen Steinen". Dieses Blatt liegt in einer Neufassung vom Dezember 1952 vor, in die die bisherigen Grundsätze für die Ausführung von Mauerwerk aus Leichtbetonsteinen (nach DIN 4156) und aus Lochziegeln (Runderlaß vom 4. 2. 1941) eingearbeitet sind. Neu aufgenommen sind Vorschriften für Wände mit durchgehenden Luftschichten (d. h — für „Schalenbauart", nicht für „Hohlmauerwerk"), bewehrtes Mauerwerk, Gewölbe und gewölbte Kappen. Bei den jetzt üblichen geringen Wanddicken muß

---

[1] Einzelheiten Beiblatt zu DIN 4109 und in *L. Sautter* u. *H. Brandt* [*18*].

[2] *H. Gottsch* u. *S. Hasenjäger* [*6*].

auf die Sicherung der Standfestigkeit der Bauwerke (→ DIN 1053, Abschn. 2) und bei der hohen Ausnutzung der Festigkeitseigenschaften der Wandbaustoffe (vgl. DIN 1053, Abschn. 8) auf die Güte der verwendeten Steine und Ziegel sowie des Mörtels und auf ihre richtige Verarbeitung (Verbände) besonders geachtet werden.

Die *Lastannahmen* für Hoch- und Ingenieurbauten enthält DIN 1055, wobei für die Verkehrslasten von Ingenieurbauten noch Sondervorschriften gelten können (z.B. für Kranlasten nach DIN 120). – Bei *Sturz- oder Abfang-Trägern* unter Wänden wird nur das Gewicht desjenigen Wandteils als Belastung in die Berechnung eingesetzt, der durch ein gleichseitiges Dreieck über dem Träger umschlossen wird. Dies gilt, wenn sich neben und oberhalb des Trägers und der Belastungsflächen eine Gewölbewirkung ausbilden kann, wenn also dort keine störenden Öffnungen liegen. Gleichmäßig verteilte Deckenlasten oberhalb des Belastungsdreiecks bleiben bei der Bemessung der Träger unberücksichtigt. Gleichmäßig verteilte Deckenlasten, die innerhalb des Belastungsdreiecks auf das Mauerwerk wirken (z. B. Deckenplatten und Balkendecken mit Balkenabständen $\leq$ 1,25 m), werden nur auf der Strecke als Belastung eingesetzt, in der sie innerhalb des Dreiecks liegen. Für Einzellasten (z. B. von Unterzügen) innerhalb oder in der Nähe des Belastungsdreiecks darf eine Lastverteilung von 60° angenommen werden. Außerhalb des Belastungsdreiecks brauchen Einzellasten nur berücksichtigt werden, wenn sie noch innerhalb der Stützweite des Trägers und unterhalb einer Waagrechten angreifen, die 25 cm über der Dreieckspitze liegt. Solchen Einzellasten muß das Gewicht des in Abb. 1 waagrecht geschrafften Mauerwerks zugeschlagen werden.

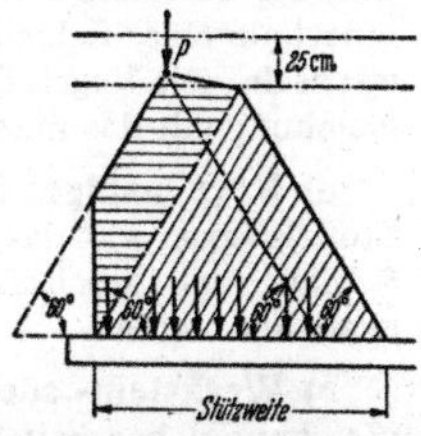

Abb. 1

DIN 4106 „*Mauerdicken* der Wohnbauten und statisch ähnlicher Bauten". Dieses Normblatt ist neu auf die Baurichtzahlen der Maßordnung (DIN 4172) umgearbeitet, damit man die neuen Wanddicken ohne rechnerischen Hinweis ablesen kann.

B. Gründung von Wänden des Hochbaus

Über die allgemeinen Grundlagen für Entwurf und Berechnung und für die Herstellung von Gründungen siehe den Abschn. *Grundbau.* Weitere Angaben in DIN 1054 „Richtlinien für die zulässige Belastung des Baugrundes und der Pfahlgründungen"[1].

C. Kellerwände von Gebäuden

Kellerwände müssen sowohl gegen aufsteigende als auch gegen seitlich andringende Feuchtigkeit geschützt werden (s. S. 478 u. 479). Je nach den örtlichen Gegebenheiten können die Wände aus Natursteinen (besonders als Bruchstein-Mauerwerk), aus Stampfbeton (zwischen Schalungen, verlorenen Betonplatten-Schalungen oder Schalungssteinen), Kalksandsteinen, Schwerbetonsteinen oder Ziegeln hergestellt werden.

D. Außenwände von Gebäuden

1. Außenwände aus Natursteinen

In der Feinheit der Ausführung und der Erscheinung sich steigernd sind zu unterscheiden:

a) Bruchstein-Mauerwerk aus bruchrauhen, selbst an den Lagerflächen kaum bearbeiteten, sehr verschieden großen Steinen. Das Mauerwerk muß in seiner

---

[1] Näheres über Gründungen usw. bei *M. Singer* [23] u. bei *B. Wedler* u. *V. Luetkens* [26].

ganzen Dicke und in Absätzen von höchstens 1,50 m Abstand rechtwinklig abgeglichen werden. Bruchstein-Mauerwerk als Zyklopenmauerwerk sollte nur für Stützmauern verwendet werden.

b) Hammerrechtes Schichten-Mauerwerk mit ebenfalls sehr verschieden großen Steinen, deren Lager- und Stoß-Flächen auf mindestens 12 cm Tiefe bearbeitet sind und die ungefähr rechtwinklig zueinander stehen. Dabei wechseln die Schichthöhen innerhalb einer Schicht und in den verschiedenen Schichten. Für die Abgleichung gilt das unter a) Gesagte.

c) Unregelmäßiges Schichten-Mauerwerk mit weniger verschieden großen Steinen, deren Lager- und Stoß-Flächen auf mindestens 15 cm Tiefe bearbeitet sind und die zueinander und zur Oberfläche senkrecht stehen. Die Schichthöhe darf innerhalb einer Schicht und in den verschiedenen Schichten in mäßigen Grenzen wechseln. Die Fugen der Sichtfläche dürfen höchstens 3 cm breit sein. Für die Abgleichung gilt das unter a) Gesagte.

d) Regelmäßiges Schichten-Mauerwerk. Für die Bearbeitung der Lager- und Stoß-Flächen gilt das unter c) Gesagte. Doch darf die Steinhöhe innerhalb einer Schicht nicht wechseln, und jede Schicht muß senkrecht zur Kraftrichtung ausgeglichen werden.

e) Werkstein- oder Quader-Mauerwerk, bei dem die Steine genau nach Angabe (Zeichnung) bearbeitet werden und die Lager- und Stoß-Flächen in ganzer Tiefe bearbeitet sein müssen.

f) Verblend- oder Misch-Mauerwerk, das ist Naturstein-Platten-Mauerwerk mit Hintermauerung aus Kalksandsteinen, Leichtbetonsteinen oder Ziegeln (Vollziegeln und Lochziegeln). Dabei muß jede dritte Natursteinschicht nur aus Bindern bestehen, die in die Tiefe mindestens 24 cm messen und mindestens 10 cm in die Hintermauerung eingreifen. Die Dicke der Natursteinplatten soll $\geqq 1/_3$ ihrer Höhe, mindestens aber 11,5 cm sein.

2. Außenwände aus Beton und mit Bindemitteln gefertigten Steinen usw.

a) Außenwände aus Schwerbeton. Außenwände aus Schwerbeton werden bei Hochbauten selten angewendet, sofern die Wände Räume zum dauernden Aufenthalt von Menschen umschließen sollen. Soweit sie beim Industriebau gefordert werden, sind sie im Abschn. *Massivbau* behandelt. Nur bei Verbundbauarten mit Kalk-Leichtbetonplatten wird neuerdings Schwerbeton auch im Hochbau verwendet.

b) Außenwände aus Stahlbetongerippe. Die grundsätzlichen Fragen der Planung und Ausführung von Stahlbetongerippen für den Hochbau sind im Abschn. *Massivbau* behandelt. Die Gerippewände werden meist mit Leichtbetonsteinen (s. unter e) oder Lochziegeln (s. S. 483) ausgefacht. Ist an den Stahlbetonstützen usw. der Wärmedurchlaß zu groß, so muß hier noch eine besondere Wärmedämmung aus Leichtbetonplatten, Holzwolle-Leichtbauplatten, Holzfaser-Dämmplatten, Korkplatten, Torfplatten oder ähnlichen Dämmstoffen vorgesehen werden.

c) Außenwände aus Leichtbeton. Für geschüttete Leichtbetonwände für Wohn- und andere Aufenthalts-Räume gilt DIN 4232. Dieses Normblatt enthält Richtlinien für die Ausführung, also für Bereitung, Verarbeitung, Nachbehandlung und Oberflächenbehandlung des Betons, weiter für Maßnahmen gegen Schwind- und Setz-Risse, für Tür- und Fenster-Stürze usw. Dabei werden Leichtbetone mit 20, 30, 50 und 80 kg/cm² Würfelfestigkeit W_{28} angewendet. Als porige Zuschläge werden Naturbims, porige Lavaschlacke, Hüttenbims, porige Hochofenschlacke, Kesselschlacke und besonders häufig Ziegelsplitt verwendet. Bei den drei letztgenannten Stoffen muß der Beton als Einkornbeton aufgebaut werden, um eine genügende Haufwerksporigkeit neben der hier nicht ausreichenden Korneigenporigkeit zu erreichen. Der Feinsandanteil muß also möglichst gering bleiben. Das Größtkorn soll bei Wanddicken $\leqq$ 30 cm 30 mm betragen, bei $>$30 cm 50 mm. Etwa in Höhe jeder Geschoßdecke müssen 2 durchlaufende Rundstähle (Ringanker) eingelegt werden. Bei Gebäudelängen $\leqq$ 10 m sollen sie einen Durchmesser von 10 mm, bei $\leqq$ 18 m 12 mm und $\leqq$ 35 m 14 mm haben. Im allgemeinen werden für die Ausführung der Wände Gitterschalungen verwendet.

d) Außenwände aus Kalksandsteinen und Hüttensteinen[1]. Die Ausführung von Wänden aus Kalksand-Vollsteinen und Kalksand-Lochsteinen nach DIN 106 und Hüttensteinen entspricht vollkommen der von Vollziegeln (s. unten) bzw. Hochlochziegeln (s. unten). Die Ausführung von Wänden aus Kalksand-Hohlblöcken entspricht der Ausführung von Wänden aus Hohlblocksteinen mit porigen Zuschlägen.

e) Außenwände aus Leichtbeton-Steinen[1]. Die Ausführung von Wänden aus Leichtbeton-*Vollsteinen* mit porigen Zuschlägen nach DIN 18152 entspricht der von Wänden aus Hochlochziegeln (s. unten).

Für Wände aus Leichtbeton-*Hohlblöcken* mit porigen Zuschlagstoffen nach DIN 18151 wird zweckmäßig ein Versatzplan angefertigt, denn die Vorteile dieser großen Steine kommen nur dann zur vollen Auswirkung, wenn die Steine am Bau nicht behauen werden müssen. Bei Wänden mit einer (Baurichtmaß-) Dicke von 25 cm (Nennmaß also 24 cm) können die Hohlblöcke selbst auch als Ecksteine verwendet werden, wenn die Vertiefung an den Hohlblockköpfen nicht stört. Im allgemeinen werden gesonderte Ecksteine und Anschlagsteine verwendet. Wenn Zwischenwände aus Hohlblöcken in die Außenwände einbinden sollen, so muß auf eine sorgfältige Ausfachung der verbleibenden Zwischenräume mit Leichtbeton-Vollsteinen geachtet werden. Dann wird der Gesamtverband nicht gestört, und es ist auch kein Verhau nötig.

Auch für Wände aus Vollsteinen aus Porenbeton (Gas- oder Schaum-Beton), die ja ebenfalls große Abmessungen haben, wird zweckmäßig ein Versatzplan angefertigt. Anschlagsteine usw. können nach Bedarf aus den üblichen Porenbetonblöcken zurechtgesägt werden.

3. Außenwände aus Ziegeln[1]

a) Außenwände aus Vollziegeln. Für sichtbar bleibendes Ziegelmauerwerk (Backsteinbau) wird im allgemeinen der (niedrige) Vollziegel B nach DIN 105 verwendet, da er flächige Schichten mit besonders guter Wirkung ergibt. Nur für dieses Rohziegelmauerwerk hat die Wahl der Verbände wirkliche Bedeutung:

1. Der *Blockverband:* Binder- und Läufer-Schichten wechseln regelmäßig, die Stoßfugen aller Läuferschichten liegen lotrecht übereinander.
2. Der *Kreuzverband:* Wie unter 1., doch jede zweite Läuferschicht ist um einen halben Stein versetzt.
3. Der *Gotische oder Polnische Verband:* In jeder Schicht wechseln Binder und Läufer regelmäßig ab. Besonders gute Wirkung.
4. Der *Flämische oder Holländische Verband:* Binderschichten wechseln regelmäßig mit gotischen Schichten (nach 3. ebenfalls besonders gute Wirkung).
5. Der *Märkische oder Wendische Verband:* Wie unter 3., doch wechseln zwei Läufer mit einem Binder in jeder Schicht. Die Schichten können gegeneinander verschoben werden.

Vollziegelmauerwerk, das verputzt werden soll, wird im allgemeinen aus Vollziegeln A nach DIN 105 im Blockverband oder im Kreuzverband ausgeführt.

b) Außenwände aus Hochlochziegeln. Da die Hochlochziegel nach DIN 105 in der Grundfläche den Vollziegeln gleichen (nur die Höhe ist größer) und Hochlochziegelwände im allgemeinen verputzt werden, so werden diese Wände meist auch im Blockverband oder im Kreuzverband gemauert.

c) Außenwände aus Langlochziegeln. Wände aus Langlochziegeln nach DIN 105 werden bei Ziegeln, deren Breite der Wanddicke entspricht, im Läuferverband (Überdeckung $^1/_2$ Stein) vermauert. Bei Mauerwerk mit versetzten Stoß-

---

[1] *A. Behringer* u. *F. Rek* [*1*]. — *F. Hess* [*9*].

fugen (1 Reihe breite und 1 Reihe schmale Langlochziegel nebeneinander in einer Schicht) beträgt die Überdeckung $^1/_4$ Stein. Alle Langlochziegelverbände benötigen als Eck- und Anschlag-Steine gleich hohe Hochlochziegel, um die Längslöcher wärmetechnisch richtig abzuschließen.

4. Außenwände aus Glasbausteinen

Meist werden nur *Teile* von Außenwänden aus Glasbausteinen hergestellt. Es gibt viele Fälle, in denen man durch Wandöffnungen oder Wände überhaupt nur Tageslicht hereinlassen will, ohne daß zugleich — wie beim Fenster — eine Öffnungsmöglichkeit und eine Durchsicht vorhanden sein muß. Für diese Fälle werden am besten Glasbausteine als Verschluß der Wandöffnung oder als Wand überhaupt verwendet. Die Glasbausteinwände gewähren gegenüber Fenstern eine Reihe wichtiger Vorteile: höheren Wärmeschutz, höheren Schallschutz, Feuerbeständigkeit, bei manchen Glasbausteinarten bessere Lichtverteilung (Lichtstreuung), höhere Druckbelastung, Ersparung von Holz oder Stahl (gegenüber Holzfenstern oder Stahlfenstern) und auch geringere Kosten der Ausführung.

Grundsätzlich werden Glasbausteine in selbsttragenden Wänden verarbeitet. Sie dürfen nicht statisch belastet werden. Bei gepreßten Glasbausteinen soll die Größe des einzelnen Glasfeldes im allgemeinen 10 bis 12 m^2 nicht übersteigen. Bei größeren Flächen sind Zwischenverstärkungen erforderlich.

Überall dort, wo die Glassteinflächen an Mauerflächen, Holzstiele oder Stahlträger anstoßen, müssen Dehnfugen vorgesehen werden, die nicht mit Mörtel ausgefüllt werden dürfen. Bei manchen Steinen kann auch ein besonderer Betonausgleichrahmen um die Glassteinfläche vorgesehen werden, der etwa 30 mm breit sichtbar bleibt.

Zwischen der oberen Kante der Glassteinwände und dem darüberliegenden Stahlbetonsturz oder Stahlträger muß Raum für die Durchbiegung des Sturzes bleiben. Die Dehnfugen zwischen den Glassteinen und den anderen Baustoffen bzw. zwischen dem Betonausgleichrahmen und den anderen Baustoffen sollen mit Bitumenjute, Asphaltfilzpappe, geteerten Hanfstricken, wasserabweisend getränkten Holzfaserplatten oder mit Glaswollestreifen, die mit Bitumenemulsion getränkt sind, ausgefüllt werden. An den Seiten sind die Dehnfugen stets mit einem nachgiebig bleibenden Kitt abzudichten. Bei Flächen von über 8 m Breite oder 8 m Höhe müssen Zwischendehnfugen vorgesehen werden. Zwischen der untersten Schicht der Glassteinwände und dem darunter befindlichen Mauerwerk oder Beton wird am besten eine Bitumenpappe als Feuchtigkeitssperrschicht eingeschaltet.

Bei Glassteinflächen, die höchstens 1 m breit und 3 m hoch sind (bzw. bei geringerer Breite höchstens 3 m^2 groß sind), genügt es, wenn man die Versteifungseinlagen (Bandstähle oder Streckmetallstreifen) noch in das angrenzende Mauerwerk eingreifen läßt, so daß hierdurch eine Verankerung erzielt wird. Bei größeren Flächen (bis 12 m^2) müssen die Glassteinflächen entweder in Mauerschlitze verlegt werden, oder sie werden an Anschläge des Mauerwerks verlegt und auf der anderen Seite mit Metallwinkeln gehalten, oder sie werden einseitig mit Zementputz und andererseits mit Metallwinkeln gehalten.

Bei Flächen über 12 m^2 Größe sind Zwischenverstärkungen notwendig. Senkrechte von außen nicht sichtbare Zwischenverstärkungen können aus Beton oder U-Stahl bestehen. Sichtbare senkrechte und waagrechte Zwischenverstärkungen auch aus I-Stahl.

5. Außenwände aus Stahlgerippe

Die grundsätzlichen Fragen des Stahlgerippebaus sind im Abschn. ***Stahlhochbau*** behandelt. Das Stahlgerippe wird im allgemeinen mit Leichtbetonsteinen (s. S. 483) oder Lochziegeln (s. S. 483) ummantelt und ausgefacht. Je nach dem Zweck des Baues und den dadurch bedingten Anforderungen an die Wände kann an der Innenseite der Stahlgerippeteile noch eine zusätzliche Wärmedämmung notwendig sein, die meist aus Kork- oder Torf-Platten hergestellt wird.

6. Außenwände aus Holz

Holzwände können entweder Blockwände, Gerippewände (Holzfachwerk), Rahmen- oder Tafel-Wände (z. B. bei Baracken) sein. Da sie heute für den Hochbau, besonders für den des Ingenieurs, kaum eine Rolle spielen, sind sie hier nicht näher behandelt. Es sei auch auf den Abschn. *Holzbau* S. 503 verwiesen.

E. Innenwände

Bei den Innenwänden ist zwischen tragenden und Trenn- (Zwischen-) Wänden zu unterscheiden. Die tragenden (belasteten) Innenwände entsprechen in ihrem Aufbau den Außenwänden. Nur wird von ihnen — mit Ausnahme der Treppenhauswände und mancher Wohnungstrennwände — kein besonderer Wärmeschutz gefordert.

Bei den unbelasteten Innenwänden sind drei Gruppen zu unterscheiden:

1. Unbelastete unterstützte Innenwände, die in voller Länge auf darunter befindlichen Wänden oder Unterzügen errichtet werden.
2. Unbelastete „freitragende" Innenwände, die keine Unterstützung in voller Länge, sondern nur an den Enden haben.
3. Versetzbare Innenwände, die in ihrer Lage beliebig verändert werden können.

Für leichte unbelastete Innenwände der Gruppen 1 und 2 gilt DIN 4103 „*Leichte Trennwände*". Hier werden Richtlinien für die Ausführung von Steinwänden Stahlsteinwänden, Glassteinwänden, Drahtputzwänden (Rabitzwänden), Anwurfwänden, Stahlbetonwänden, Plattenwänden und Gerippewänden gegeben.

Innenwände aus Metall werden im allgemeinen nur in Sonderfällen als Stahlplattenwände in Fabrikbetrieben oder als Bleiplattenwände für Röntgenräume benutzt. Dagegen trifft man häufiger versetzbare Innenwände aus Metallrahmen mit beiderseitigem Belag aus Blech, Faserbetonplatten oder Holzfaserhartplatten an. Oft haben diese Wände noch eine Glaswolle-, Schlackenwolle- oder Steinwolle-Füllung. Die Metallrahmenwände werden oft auch ganz oder teilweise verglast. Sie behalten als versetzbare Wände besonders gut ihre genaue Form, bieten im allgemeinen aber nur einen geringen Schallschutz.

Innenwände aus Holz werden meist als Holzrahmenwände — häufig mit Verglasung — oder als Tafelwände ausgeführt. Schiebewände sind als Tafel- oder als Falt-Wände ausgebildet. Im allgemeinen sind diese Ausführungen einzelnen Herstellern geschützt.

II. Treppen[1]

A. Allgemeine Anforderungen an Treppen

1. Anforderungen aus der Maßordnung und Einteilung der Treppen

Nach DIN 4172 „Maßordnung im Hochbau" wurde unmittelbar DIN 4174 „Geschoßhöhen und Treppensteigungen" aufgestellt. Dieses Blatt kommt aber hauptsächlich für den sozialen Wohnungsbau in Betracht. Die Treppen für Industriebauten werden erst von der S. 477 erwähnten FNBau-Arbeitsgruppe „Industriebau" genormt werden.

Die Treppen können nach ihren Grundrißformen, nach der Art ihrer Verwendung und nach ihren Baustoffen eingeteilt werden:

a) Treppenformen (Einteilung nach der Grundrißform).

Die wichtigsten Treppenformen sind:

1. Gerade (einläufige) Treppen. Das sind solche Treppen, die ihre Richtung nicht ändern. Sie können je nach den zwischengeschalteten Absätzen (Podesten) einarmig sein, also ohne Absatz, oder zweiarmig, dreiarmig usw.

---

[1] Näheres bei *L. Sautter* [*16*], Teil 2, Abteilung 22, u. bei *F. Schuster* [*22*].

2. Gebrochene (zweiläufige und mehrläufige) Treppen. Bei gebrochenen Treppen wird die Laufrichtung der Treppen geändert. Hier ist die einfachste Form die zweiarmige rechtwinklig gebrochene Treppe, bei der der obere Arm von einem quadratischen Absatz (Podest) im rechten Winkel zur Laufrichtung des unteren Armes weiterläuft. — Die häufigste Form der Treppen überhaupt ist die zweiarmig gebrochene Treppe mit gegenläufigen Armen. Hier ist die Laufrichtung des oberen Armes um 180° gegenüber der Laufrichtung des unteren Armes gedreht. Der Absatz (Podest) muß also über doppelt so breit als die Treppenbreite sein. — Auch bei den gebrochenen Treppen gibt es drei- und vierarmige mit quadratischen Eckpodesten.

3. Treppen mit Wendelstufen. Um Platz zu sparen, können an die Stelle eines Podestes ganz oder teilweise Wendelstufen (gezogene Stufen) treten. — Auch die gegenläufige Treppe nach 2. kann durch Wendelstufen verkürzt werden.

4. Treppen mit Schwingstufen. An Stelle der häufig nicht bequem zu gehenden Wendelstufen können auch, wenn es sich nur um wenige zu verziehende Stufen handelt, Schwingstufen treten, bei denen lediglich das letzte Stück an der Lichtwange von der geraden Kante abgebogen (geschwungen) ist.

5. Wendeltreppen. Bei Wendeltreppen sind sämtliche Stufen keilförmig gezogen.

b) Treppenarten (Einteilung nach dem Zweck):

1. Garten- und Frei-Treppen.
2. Kellertreppen.
3. Treppen an der Außenseite von Außenwänden (in Höhe der Geschosse).
4. Geschoßtreppen (Innentreppen).
5. Dachbodentreppen (insbesondere bewegliche Treppen).

c) Einteilung der Treppen nach dem Baustoff

Nach dem Baustoff werden die Treppen eingeteilt:

1. Natursteintreppen. Hauptsächlich als Garten- und Frei-Treppen und als Geschoßtreppen in großen Gebäuden wie Schulen usw.
2. Betontreppen. Besonders als nicht brennbare Innentreppen (Kellertreppen und Geschoßtreppen).
3. Ziegeltreppen. Besonders als Garten- und Frei-Treppen und Kellertreppen.
4. Glastreppen. Treppen aus Sicherheitsglas (z. B. in Ausstellungsständen) und Glasstahlbeton.
5. Stahltreppen. Teilweise im Wohnungsbau (als Stahlblechtreppen) und im Fabrikbau benützt.
6. Holztreppen. Besonders in Einfamilienhäusern und kleineren Wohnhäusern.

2. Die Steigungsverhältnisse der Treppen

Bei den Steigungsverhältnissen, also bei dem Verhältnis von Auftritt (a) zur Steigung (s), müssen bei *allen* Treppen, die ja immer für Menschen bestimmt sind, drei Umstände beachtet werden:

1. das menschliche Schrittmaß mit der Formel $a + 2s = 63$ cm,
2. die Sicherheit beim Begehen mit der Formel $a + s = 46$ cm,
3. die Bequemlichkeit (geringe Ermüdung) beim Begehen mit der Formel $a - s = 12$ cm (hauptsächlich für das Aufwärtsgehen).

Trägt man die Ergebnisse dieser 3 Formeln für die möglichen Treppen-Steigungsverhältnisse in einer Kurventafel auf, so treffen sich alle Kurven bei dem *einen* Steigungsverhältnis von 17/29 cm, das also das weitaus günstigste ist und den geringsten Kraftaufwand erfordert.

Wo sich das Steigungsverhältnis 17/29 cm nicht ermöglichen läßt, hängt es von dem Zweck der Treppe ab, ob nach der Bequemlichkeits- oder nach der Sicherheits-Formel zu rechnen ist:

a) Treppen, die mehr nach unten begangen werden (z. B. in Gebäuden mit Aufzügen oder Fahrtreppen), sollten in jedem Falle nach der Sicherheitsformel berechnet werden.

b) Treppen, die dauernd und mehrmals am Tage von den *gleichen* Bewohnern *eines* Hauses oder Angehörigen *eines* Betriebes benutzt werden, sollten nach der Sicherheitsformel berechnet werden, da der Mensch beim Begehen einer gewohnten Treppe leichter strauchelt, weil er ihr nicht mehr die erforderliche Aufmerksamkeit schenkt.

c) Treppen, die von vielen, aber stets *verschiedenen* Menschen benutzt werden, sollten nach der Bequemlichkeitsformel berechnet werden, da der Mensch beim Begehen einer ungewohnten Treppe mehr auf seinen Weg achtet und deshalb weniger leicht strauchelt.

d) Treppen im *Freien* sollten stets nach der Sicherheitsformel berechnet werden, weil die durch Witterungseinflüsse bedingten Veränderungen im Zustand der Stufen stets eine gewisse Gefahr bedeuten. Man wird hier allerdings stets die Stufenhöhe nicht zu groß wählen und damit zugleich der Bequemlichkeit Rechnung tragen.

3. Unfallverhütungsvorschriften für Treppen und Rampen

Zur Verhütung von Unfällen auf Treppen und Rampen ist besonders zu beachten:

Geländer, Fußleisten usw. Treppen mit 5 und mehr Steigungen müssen bei einer Laufbreite bis zu 1,25 m auf wenigstens einer Seite, bei einer Laufbreite von 1,25 m bis 2,50 m auf beiden Seiten feste Handleisten haben. Laufbreiten von mehr als 2,50 m sind durch Zwischengeländer so zu unterteilen, daß die Breite zwischen zwei Handleisten nicht mehr als 2,50 m beträgt.

Treppen und Rampen müssen an ihren freien Seiten, wenn sie höher als 1,00 m über dem Boden liegen, feste Geländer zum Schutz gegen Abstürzen von Menschen haben.

Aufgesattelte Treppen müssen an ihren freien Seiten mindestens 5 cm hohe Fußleisten haben.

Durchgehende oder bis auf Treppen-Lauf oder -Podest herabreichende Fensteröffnungen sind nach der Treppe hin durch Geländer zu sichern.

Verhütung von Wasseransammlungen und Glatteis. Die Auftritte von Freitreppen müssen ein Gefälle von wenigstens 1% nach der Stufenkante hin haben.

Die Auftritte von Stufenrampen müssen ein Gefälle von wenigstens 2% nach der Stufenkante hin haben.

Außen-Treppen und -Rampen sind gegen das Auftreten von Glatteis oder anderer großer Glätte zu sichern.

Stoßschienen und Stufenbeläge. Stoßschienen an den Stufenkanten müssen satt aufliegen und sicher befestigt sein. Sie dürfen über die Auftrittfläche nicht vorstehen.

Stufenbeläge müssen fest mit der Treppe verbunden sein und dürfen keine Unebenheiten oder Beschädigungen aufweisen.

Rutschen und Schrägaufzüge. Die Benutzung eines Teiles der Treppen- oder Rampen-Laufbreite als Unterbau für Schrägaufzüge oder Warenrutschen ist verboten.

Treppen und Rampen müssen von Rutschen oder Aufzugbahnen durch feste Wände oder Verschläge von mindestens 1800 mm Höhe getrennt sein.

4. Baupolizeiliche Vorschriften

Da eine einheitliche deutsche Bauordnung erst in Vorbereitung ist, sind die baupolizeilichen Vorschriften über Anlage, Abmessungen und Bauarten der Treppen für die verschiedenen Gebäudearten in den einzelnen deutschen Ländern und sogar in den Städten sehr verschieden. Die Normung versucht auch hier Ordnung zu schaffen. So enthält DIN 18065, Blatt 1 (Entwurf 1952), einheitliche Angaben für die von DIN 4174 abgeleiteten Rohbau-Richtmaße von Treppen in Einfamilien- und Mehrfamilien-Häusern.

DIN 1055 „Belastungsannahmen im Hochbau" enthält in Blatt 3 auch die Verkehrslasten für Treppen.

In Gebäuden mit Umfassungswänden aus nichtbrennbaren Baustoffen müssen die Geschoßtreppen in Kellern und in den Vollgeschossen aus nichtbrennbaren Baustoffen hergestellt werden. Die Treppen müssen mindestens feuerhemmend sein.

In Gebäuden mit Umfassungswänden aus nichtbrennbaren Baustoffen müssen Treppenhäuser, Fahrstuhlschächte und alle anderen Räume, soweit sie von unten her in das Dachgeschoß oder in den freien Dachraum hineinragen, mit feuerbeständigen Wänden umschlossen und einschließlich ihrer Dachschrägen mit feuerbeständigen Decken versehen werden. Öffnungen zwischen diesen Räumen und dem freien Dachraum müssen mit feuerbeständigen Verschlüssen versehen werden.

In DIN 4102 „Widerstandsfähigkeit von Baustoffen und Bauteilen gegen Feuer und Wärme", Blatt 2, sind die feuerhemmenden und feuerbeständigen Treppen aufgeführt.

B. Freitreppen

Die einfachste Form einer Freitreppe ist eine vor die Eingangstür gelegte Stufe oder Platte, die nicht zu schmal ausgebildet werden darf, damit ein vor der Tür Wartender noch gut darauf Platz hat und damit man auch beim Öffnen der Tür von innen nicht sofort an der Stufenkante steht.

Die nächste einfache Form sind 2 Stufen, wobei die untere Stufe am besten dreiseitig um die obere Platte herumgeführt wird. Dies gilt auch für mehrstufige Freitreppen. Die beiden zweistufigen Formen zeigt für Natursteine DIN 1135.

Schon diese einfachen Treppen müssen gut unterstützt werden, damit sie nicht abreißen oder sich schief legen. Am besten geschieht die Unterstützung durch Auskragungen des Kellermauerwerks, die „Sporen".

Bei größeren Höhenunterschieden zwischen Erdboden und Erdgeschoß-Oberkante und beschränkten Platzverhältnissen legt man die Freitreppen einseitig oder doppelseitig quer an die Gebäudewand. Natürlich muß dann die Außenseite der Treppe oder der Treppen durch Geländer geschützt werden.

Die Freitreppen werden aus Natursteinen (z. B. nach DIN 1134), aus Betonwerksteinen (z. B. nach DIN 489) oder aus Klinkern (in Rollschicht) hergestellt.

C. Geschoßtreppen

1. Geschoßtreppen aus Natursteinen

Geschoßtreppen aus Natursteinen werden hauptsächlich in 4 Bauarten ausgeführt:

1. Freitragende Werksteinstufen zwischen Wangenmauern, Gurtbögen oder Wangenträgern. Die häufigste Bauart.
2. Werksteinstufen auf schrägen Stahlbetonplatten.
3. Werksteinstufen auf gemauerten Gewölben.
4. Freitragende Werksteintreppen mit ausgekragten Stufen.

Für Treppen eignen sich die festen Naturgesteine, wie Granit, Syenit, Basalt, dichte Kalksteine, quarzitische Sandsteine und Marmor (als Belag).

2. Geschoßtreppen aus Beton

Bei den Betontreppen sind 4 Hauptbauarten mit zahlreichen Unterarten zu unterscheiden:

1. Treppen aus Stampfbeton (z. B. für Kellertreppen).
2. Treppen aus Stahlbeton.
   a) Laufplattentreppen zwischen Wangenmauern oder Wangenträgern.
   b) Laufplattentreppen zwischen Podestbalken.
   c) Laufplattentreppen zwischen Podestplatten.
   d) Treppen mit ausgekragten (freitragenden) Laufplatten.
   e) Laufgewölbe-Treppen.
   f) Treppen mit doppelt gekrümmten Platten und Wangen.
   g) Wendeltreppen (Turmtreppen).
3. Treppen aus schrägen Stahlsteindecken. Meist zwischen Stahlträgern.
4. Treppen aus Betonfertigteilen.
   a) Treppen aus Betonstufen zwischen Wangenmauern oder Wangenträgern mit am Ort betonierten Wangen.
   b) Treppen aus Betonstufen mit Fertigteilwangen und meist abwandelbarem Steigungsverhältnis.
   c) Treppen aus freitragenden (ausgekragten) Betonstufen.
   d) Betonstufen-Wendeltreppen.

Alle Betonstufen, die keinen Belag aus anderen Stoffen (Marmor, Betonwerkstein, Klinkerplatten, Eichenholz, Linoleum, Gummi, Mipolam usw.) erhalten, werden auf der Trittfläche mit Hartbetonstoffen für vorwiegend schleifende Beanspruchung nach DIN 1100 gehärtet.

Treppenstufen und Podestplatten aus Beton sind nach DIN 489 genormt. Die Norm behandelt aber nur Stufen mit vollem Querschnitt. Es gibt außerdem Fertigstufen mit hohlem Querschnitt und L-förmige Winkelstufen mit ausspringender oder einspringender Ecke. Da DIN 4174 für den Wohnungsbau gleichmäßige Sprünge der Geschoßhöhen um je 25 cm vorsieht, konnte dort keine einheitliche Steigung für die Treppenstufen festgelegt werden. Sie schwankt vielmehr um etwa 1 cm. Diese Schwankung kann durch die meist in geringen Grenzen veränderbaren Stahlschalungen ausgeglichen werden oder durch Stufen mit veränderbarem Steigungsverhältnis (z. B. Aptus-Treppe, Mainzer Treppe usw.). Werden bei größeren Stockwerkshöhen die Sprünge auf je 50 cm festgelegt, dann kann auch die Treppenstufensteigung einheitlich auf die Baurichtzahl von 1/6 m (= 16,7 cm) festgelegt werden, die dem Bestmaß von 17 cm sehr nahekommt.

3. Geschoßtreppen aus Ziegeln

Gemauerte Treppen kommen im allgemeinen nur für Kellertreppen und ähnliche Treppen in Betracht. Treppen als schräge Stahlsteindecken mit Deckenziegeln nach DIN 4159 siehe in der Aufstellung S. 488.

4. Geschoßtreppen aus Glasstahlbeton

Geschoßtreppen aus Glasstahlbeton werden nur in den Fällen ausgeführt, in denen eine Lichtzuführung durch die Treppe nach einem darunter befindlichen Raum notwendig erscheint. Sie werden nach den Bestimmungen von DIN 4229 „Tragwerke aus Glasstahlbeton" ausgeführt.

5. Geschoßtreppen aus Stahl

Die hauptsächlichsten Bauarten der Stahltreppen sind:

1. Treppen aus Stahlträgern mit Natursteinstufen.
2. Treppen aus Stahlträgern mit Beton oder Betonsteinen.
   a) Stahlträger mit Kappengewölben aus Betonsteinen (Kalksandsteinen, Hüttensteinen usw.).
   b) Stahlträger mit Betonlaufplatten.
   c) Stahlträger mit Trägerwellblech und Betonauffütterung.
   d) Stahlträger mit Stahlsteindecken.
   e) Stahlträger mit Betonhohldielen.
   f) Stahlträger mit Betonfertigteil-Stufen.
3. Treppen aus Stahlträgern mit Ziegeln.
   a) Stahlträger mit Vollziegel-Gewölbekappen.
   b) Stahlträger mit Tonhohlplatten (Hourdis).
   c) Stahlträger mit Trägerwellblech und Ziegelaufmauerung.
4. Treppen aus Stahlträgern mit Verbundstufen.
   a) Stahlwangen mit stufenförmig angeordneten, aufgenieteten Stahlplatten und Aufsetzstufen aus anderen Stoffen.
   b) Treppen aus gepreßtem Stahlblech mit aufgesetzten Holzstufen.
5. Treppen ganz aus Stahl.
   a) Stahlwangen mit Riffelblechstufen.
   b) Stahlwangen mit Gitterroststufen.
   c) Wendeltreppen aus gußeisernen Formstücken.

Die unter 1—4 genannten Treppen werden vielfach im Wohnungsbau verwendet, die anderen besonders im Industriebau. Über die grundsätzlichen Fragen der Ausbildung der Stahltreppen siehe den Abschn. *Stahlhochbau.*

6. Geschoßtreppen aus Holz

Nach der Stufenausführung und der Verbindung der Stufen mit den Wangen unterscheidet man 5 Bauarten von Holztreppen:

1. Blocktreppen.
2. Eingeschobene (oder eingeschnittene)Treppen.
3. Halbgestemmte Treppen.
4. Eingestemmte (ganzgestemmte) Treppen.
5. Aufgesattelte (aufgesetzte) Treppen.

Die Blocktreppen mit Stufen aus Kanthölzern von dreieckigem Querschnitt haben heute fast nur noch geschichtliche Bedeutung.

Eingeschobene Treppen sind leichte, gerade, einläufige Treppen, die besonders für Treppen zu Dächern, Scheunen, Kellern usw. verwendet werden. Bei ihnen werden die Schlitze für die allein vorhandenen Trittstufen in die Wangen 20 bis 30 mm tief eingeschnitten. Die Trittstufen selbst sind 30 bis 50 mm dick.

Die halbgestemmte Treppe ist aus der eingeschobenen Treppe entwickelt. Sie hat ebenfalls nur Trittstufen. Nur werden bei ihr die Stufenschlitze in die Wangen eingestemmt.

Die wichtigste, für Geschoßtreppen fast ausschließlich verwendete Holztreppe ist die *eingestemmte* oder ganzgestemmte Treppe, bei der die Tritt- und Setz-Stufen 18 bis 20 mm tief in beide Wangen eingestemmt sind. Die Dicke der Lichtwange beträgt je nach Wangenlänge und Treppenbreite 45 bis 70 mm, die Dicke der Wandwange 36 bis 60 mm.

Die *aufgesattelte* oder aufgesetzte Treppe ist ein Mittelding zwischen der Blocktreppe und der ganzgestemmten Treppe. Die Wandwangen der aufgesattelten Treppe entsprechen im allgemeinen denen der eingestemmten Treppe. Es werden also dort Schlitze für Tritt- und Setz-Stufen eingestemmt. Die Lichtwangen sind dagegen nach dem Steigungsverhältnis der Treppe zahnförmig ausgeschnitten, so daß die Trittstufen auf sie aufgesattelt werden können. Die Setzstufen laufen dabei entweder bis zur Außenseite der Lichtwange durch, so daß also ihr Hirnholz sichtbar bleibt, oder sie werden auf Gehrung mit den senkrechten Kanten der Lichtwange bündig geschnitten. Die Tragfähigkeit der Lichtwange bei aufgesattelten Treppen ist natürlich geringer als die der Lichtwange bei eingestemmten Treppen.

D. Dachbodentreppen

Für Fälle, in denen die Geschoßtreppe nicht zum Dachboden durchgeführt werden kann oder braucht (S. 487, letzter Absatz), können oft hochschiebbare Bodentreppen aus Leichtmetall oder Holz verwendet werden, die alle geschützte Bauarten haben.

III. Gebäudedecken[1]

A. Allgemeine Anforderungen an Gebäudedecken

1. Einteilung der Decken

Die Geschoßdecken können nach ihrer Bauart oder nach dem Baustoff unterteilt werden.

Bauarten von Decken. Die wichtigsten grundsätzlichen Deckenbauarten sind:

1. Gewölbe, 2. Plattendecken, 3. Balkendecken, 4. Unter- oder Schutz-Decken.

Einteilung der Decken nach dem Baustoff.

1. Natursteingewölbe, 2. Decken aus Beton und aus mit Bindemitteln gefertigten Steinen, 3. Ziegeldecken, 4. Glasstahlbeton und Glasdecken, 5. Stahldecken, 6. Holzdecken.

2. Anforderungen an den Feuchtigkeitsschutz von Decken[2]

Der Schutz von Decken unter nichtunterkellerten Räumen gegen Erdfeuchtigkeit richtet sich nach DIN 4117, Abschn. 2.2 (s. S. 477), soweit es sich um Pappsperrschichten handelt. Außerdem können auch Beton-Estriche mit Sperrzusätzen verwendet werden.

Der Schutz gegen *Grundwasser* (Wasserdruck) richtet sich nach DIN 4117, Abschn. 3, und nach DIN 4031 (s. S. 477), soweit es sich um Abdichtungen aus

[1] *L. Sautter* [*16*], Teil 2, Abteilung 23.
[2] *L. Sautter* [*19*].

Sperrpappen auf Bitumen- oder Teerpech-Grundlage handelt. Abdichtungen mit Dichtungsbahnen aus Jutegewebe oder mit Blei- oder Aluminium-Folie richten sich nach der AIB (s. S. 477). Für besonders wichtige und schwierige Fälle werden Abdichtungen aus Kunststoffbahnen auf Polyisobutylen-Grundlage (Dynagen und Oppanol) verwendet, deren Fugen wasserdicht verschweißt werden.

Gegen *Gebrauchswasser* von oben werden die Decken im allgemeinen durch verklebte Pappsperrschichten unter der Fußboden-Gehschicht (wie DIN 4117, Abschn. 2.2 und 3) geschützt.

3. Anforderungen an den Wärmeschutz von Decken[1]

Für beheizte Räume genügen als Mindestwärmeschutz die Werte von DIN 4108 (s. S. 477). Dort finden sich auch Angaben für Decken unter nicht ausgebauten Steildächern und über offenen Durchfahrten, deren Wärmeschutz natürlich höher sein muß als der von Geschoßdecken.

Sollen auf den Decken Heizkessel oder andere große Wärme erzeugende Geräte aufgestellt werden, so ist es häufig notwendig, die Tragdecke durch Wärmedämmschichten vor zu großer Erwärmung und der damit verbundenen Wärmedehnung zu schützen. Näheres darüber S. 495 beim Wärmeschutz der Flachdächer.

4. Anforderungen an den Schallschutz von Decken[2]

Bei Decken ist nicht nur der Luftschallschutz wie bei den Wänden, sondern auch der Trittschallschutz zu berücksichtigen.

Luftschall wird zwischen zwei übereinander liegenden Räumen zunächst durch die Decke, aber auch entlang der Wände übertragen. Die Luftschalldämmung der Decke kann also nur so weit verbessert werden, als dies die Schall-Längsleitung der Wände zuläßt. Deshalb können in Geschoßwohnhäusern im allgemeinen keine Luftschalldämmzahlen der Decken erreicht werden, die im Mittel merkbar über 50 db liegen. Die Luftschalldämmung von Decken entspricht grundsätzlich der der Wände. Unter einer Einfachdecke oder einschaligen Decke im schalltechnischen Sinn ist also eine starr in sich zusammenhängende Decke zu verstehen. Ihre mittlere Schalldämmung hängt von ihrem Flächengewicht ab. Eine Doppeldecke oder zweischalige Decke im schalltechnischen Sinn muß dagegen entweder aus zwei übereinander liegenden, voneinander möglichst unabhängigen Teildecken bestehen oder aus Tragdecke mit biegeweicher Unterdecke, bei der die Verbindungen nur in ziemlich großen Abständen von mindestens 50 cm — besser mehr — über Balken, Träger, Rippen usw. vorhanden sind. Die Schalldämmung einer solchen Doppeldecke hängt — wie bei den Doppelwänden — außer vom Gewicht auch von der Dicke des Luftpolsters zwischen den beiden Teildecken ab.

Auch bei Decken ist — wie bei Wänden — die ausreichende Dämmwirkung davon abhängig, daß keine Undichtigkeiten einen unmittelbaren Schalldurchgang ermöglichen.

Auch für die Luftschalldämmung von Decken ist neuerdings in DIN 52210 eine „Sollkurve" für die zulässigen *Mindest*-Schallpegelunterschiede zwischen Senderaum und Empfangsraum über den gesamten Tonhöhebereich vorgeschrieben. Alle mit der Sollkurve gleichlaufenden oder darüber liegenden Meßwerte sind günstig.

Trittschall wird besonders lästig in dem unter der Decke liegenden Raum empfunden. Deshalb muß der Trittschalldurchlaß nach unten besonders verhindert werden, damit er weder als Körperschall durch die Decke hindurchgeht und als Luftschall wieder abgestrahlt wird, noch daß er zunächst von der Decke in die Wände gelangt, dort als Körperschall nach unten weitergeleitet und im unteren Raum von den Wänden als Luftschall abgestrahlt wird.

Nach DIN 4109 (s. S. 477) und DIN 4110 (s. S. 477) sollte bisher der Trittschalldurchlaß einer Decke nicht mehr als 85 phon betragen. Da aber mit der Norm-

---

[1] *L. Sautter* [*19*].
[2] *L. Sautter* u. *H. Brandt* [*18*].

Trittlautstärke in Phon die Trittschalldämmung einer Decke nicht eindeutig angegeben werden kann, wurde in DIN 52210 der Norm-Trittschallpegel eingeführt und für ihn auch über dem ganzen Tonhöhenbereich eine „Sollkurve" festgelegt, die die zulässigen *Höchst*werte des Norm-Trittschallpegels angibt. Während also bei der *Luftschall*dämmung von Wänden und Decken die günstigen Werte ***über*** der jeweiligen Sollkurve liegen sollen, müssen sie bei der *Trittschall*dämmung ***unter*** der Sollkurve liegen.

Bei Stahlbetondecken und ähnlichen Volldecken ist stets ein zusätzlicher Trittschallschutz nötig. Weiche Zwischenlagen (Körperschalldämmschichten) in den Decken dämmen gut gegen Trittschallübertragung. Dabei ist es besonders wichtig, daß diese Zwischenlagen an den Wänden bis zur Oberkante der Fußbodengehschicht hochgeführt werden, um einen Übergang des als Körperschall weitergeleiteten Trittschalls in die angrenzenden Wände zu vermeiden. Die Fußbodengehschicht muß also gewissermaßen in einer Wanne aus weichem Dämmstoff „schwimmen". Unzweckmäßig sind dagegen weiche Unterlagen unter den Deckenauflagern in den Wänden, weil dadurch die Standsicherheit des Baues ungünstig beeinflußt werden kann und eine Trittschalldämmung im allgemeinen dadurch nicht erreicht wird.

Einzelheiten über den Luftschall- und Trittschall-Schutz von Decken enthält das neue Beiblatt zu DIN 4109 und die in der Fußnote[1] S. 480 genannte Schrift.

5. Anforderungen an den Feuerschutz von Decken

In DIN 4102 (s. S. 477), Blatt 2, sind dargestellt: Feuerhemmende Decken unter B IVd und feuerbeständige Decken unter B Vc.

6. Anforderungen an die Tragfähigkeit von Decken

Die *Eigengewichte* von Decken enthält DIN 1055, Blatt 2, Abschn. B, die *Verkehrslasten* DIN 1055, Blatt 3. Soweit sich bei neuen Decken-Bauarten die zulässige Belastung nicht an Hand von statischen Berechnungen nach den bestehenden Bestimmungen (insbesondere DIN 1055) einwandfrei beurteilen läßt, ist die Bruchfestigkeit der betreffenden Decke durch Probebelastungen festzustellen.

B. Natursteingewölbe[1]

Natursteingewölbe werden nur noch bei besonders prächtigen Bauten und dann meist als Tonnengewölbe ausgeführt. Sie werden aus keilförmig bearbeiteten Werksteinen gebildet.

C. Decken aus Beton und aus mit Bindemitteln gefertigten Steinen[2]

Die wichtigsten Decken-Bauarten dieser Gruppe sind:

1. Ebene auf Schalung ausgeführte Stahlbetondecken.
   a) Stahlbetonplatten-Decken nach DIN 1045, §§ 22 und 23.
   b) Pilzdecken nach DIN 1045, § 26.
   c) Stahlsteindecken nach DIN 1046.
2. Stahlbetonrippen-Decken nach DIN 1045, § 24 (auf Schalung hergestellt).
   a) Rippendecken ohne Füllkörper.
   b) Rippendecken mit Füllkörpern nach DIN 4158, DIN 4160 usw.
3. Balken- und Plattenbalken-Decken nach DIN 1045, § 25 (auf Schalung hergestellt).
4. Gewölbe aus Beton oder künstlichen Steinen.
5. Decken aus tragenden plattenförmigen Fertigteilen zwischen Betonbalken nach DIN 4225.
   a) Decken aus Stahlbeton-Vollplatten und -Balken.
   b) Decken aus Stahlbeton-Hohldielen nach DIN 4028 und -Balken.
   c) Decken aus Tonhohlplatten (Hourdis) nach DIN 278 und Betonbalken.

---

[1] *F. Hess* [9].
[2] *R. v. Halasz* [8].

6. Decken aus Fertigbalken mit Zwischenbaukörpern nach DIN 4225.
7. Decken nur aus tragenden balkenförmigen oder plattenbalkenförmigen Fertigbauteilen nach DIN 4225.
   a) Decken aus Stahlbeton-Vollbalken.
   b) Decken aus Stahlbeton-Tragbalken, -Hohlbalken und -Fachwerkträgern.
   c) Decken aus Lochziegel-Balken.

Näheres über die Berechnung und Ausbildung der Betondecken im Abschn. „Massivbau" unter V: „Die Stahlbeton-Tragwerke des Hochbaues" und in den vorgenannten Normenblättern.

D. Ziegeldecken

Die wichtigsten Decken-Bauarten aus Ziegeln sind:

1. Stahlsteindecken (s. C 1 c), 2. Rippendecken mit Ziegelfüllkörpern (s. C 2 b). 3. Decken aus Ziegelbalken, 4. Ziegelgewölbe.

Näheres über die Berechnung und Ausbildung von 1 bis 3 in DIN 1046.

E. Decken mit Glas

Die wichtigsten Decken-Bauarten mit Glas sind:

1. Glasstahlbeton-Decken, 2. Glassteindecken in Gußeisenrahmen, 3. Glasunterdecken.

Die Grundsätze für die Ausführung von Decken aus Glasstahlbeton enthält DIN 4229. Die Decken dürfen nur als Oberlichter und als Abdeckung von Lichtschächten usw. mit einer Verkehrslast von $\leqq 500\,kg/m^2$ verwendet werden, nicht aber für Geschoß- oder Hofkeller-Decken.

F. Stahldecken

Die wichtigsten Decken-Bauarten mit Stahl sind:

1. Stahlträgerdecken aus I-Profilen nach DIN 1025, 2. Stahlleichtträger-Decken, 3. Stahlblechdecken.

Als Ausfachung der Decken 1 bis 3 kommen fast alle S. 492 u. 493 dargestellten Bauarten mit Beton in Frage, wobei nur an die Stelle der (Ort- oder Fertig-) Betonbalken die Stahlträger treten.

Näheres über die Grundlagen für Tragwerke aus Stahl im Abschn. *Stahlhochbau*.

G. Holzdecken

Die wichtigsten heutigen Decken-Bauarten mit Holz sind:

1. Vollbalkendecken; a) Einschubdecken, b) Decken mit Leichtstein-Ausrollungen, c) Blindbodendecken mit Schalldämmschicht, d) Halbmassive Decken.
2. Bohlendecken.
3. Doppelbalkendecken.

Bei den Einschubdecken werden als Einschub neben Schwarten auch Bimsbauplatten, Gipsdielen, Holzwolle-Leichtbauplatten usw. verwendet. — Die halbmassiven Decken erhalten entweder eine schlaffe Ziegeldrahtgewebe-Auflage, die mit Beton ausgedrückt wird, oder eine Auflage aus Stahlbeton-Hohldielen nach DIN 4028. — Die Bohlendecken und I-Balken-Decken sollen hauptsächlich der Holzersparnis dienen, die Balken-Doppeldecken einem erhöhten Luftschall- und Trittschall-Schutz.

DIN 104, Blatt 1 (Januar 1952) „Holzbalkendecken. Balken auf zwei Stützen. Berechnung" enthält neben den Berechnungsgrundlagen und einem Zahlenbeispiel eine Zahlentafel der Stützweiten für freiliegende Einfeldbalken und eine Kurventafel der zulässigen Stützweiten für die einzelnen Balkenquerschnitte. Weiteres über Holztragwerke siehe im Abschn. *Holzbau* S. 503.

H. Schutz- und Unter-Decken

Die wichtigsten Unter- (Schutz-) Decken sind:

1. Putz- und Rabitz-Unterdecken.
   a) Unterdecken auf Ziegeldrahtgewebe.
   b) Unterdecken auf reinen Metallputzmatten.
   c) Unterdecken auf Holzstabgeweben.
   d) Unterdecken auf dünnen Holzwolleplatten.
   e) Unterdecken auf Schilfrohrgeweben.
2. Glas-Unterdecken.
   a) Glas-Unterdecken mit Betonsprossen.
   b) Glas-Unterdecken mit Metallsprossen.
   c) Glas-Unterdecken mit Holzsprossen.
3. Metall-Unterdecken.
   a) Schutzdecken aus Drahtgeweben.
   b) Schutzdecken aus Baustahlgeweben.
   c) Schutzdecken aus Streckmetall.
   d) Schutzdecken aus gelochten Blechen.
4. Holz-Unterdecken.
   a) Unterdecken aus Brettern.
   b) Unterdecken aus Holzlatten.
   c) Unterdecken aus Holzgeflecht.
   d) Unterdecken aus unverputzten Holzwolleplatten.
   e) Unterdecken aus Holzspanplatten.
   f) Unterdecken aus Holzfaser-Schallschluckplatten.

Die Unterdecken — insbesondere die Putz- und Rabitz-Unterdecken — können zur Verbesserung der Luftschall- und Trittschall-Dämmung der Tragdecken dienen oder zur Erhöhung der Wärmedämmung oder endlich auch als Schutzdecken unter Glasdächern. Dies kommt aber heute nur noch selten vor, weil die Glasdächer meist mit Drahtglas, Welldrahtglas oder Wellplexiglas ausgeführt werden, die alle keine zusätzliche Schutzdecke erfordern.

IV. Dachtragwerke[1]

A. Allgemeine Anforderungen an Dachtragwerke und ihre Einteilung

1. Einteilung der Dachtragwerke

Die Einteilung der wichtigsten Dachtragwerke für Gebäude ist:

a) Bauarten von Dächern

1. Steildächer. a) Gemauerte unbewehrte (auch gewölbte) Dachstühle, b) Dachstühle aus 2 gegeneinander abgestützten Betondecken, c) Reine Balken- oder Träger-Dächer, d) Schalendächer, e) Dächer mit plattenförmigen Tragwerken, f) Dächer mit Traggerüst aus Rohren.

2. Flachdächer (Dachdecken). Die Unterteilung entspricht größtenteils den Decken (s. S. 492 u. 493).

b) Einteilung der Dächer nach ihren Baustoffen

1. Dächer aus Steinen oder großen Hohlblöcken, 2. Dächer aus Beton, 3. Dächer aus Ziegeln, 4. Glasdächer, 5. Stahldachstühle, 6. Holzdachstühle.

2. Witterungsschutz von Dächern

Der Witterungsschutz von Dächern muß nach Steil- und Flach-Dächern gegliedert werden:

a) Witterungsschutz von Steildächern

Bei Steildächern übernehmen die Dachdeckungen (Dachhäute) den Witterungsschutz. Es sind in der Hauptsache:

1. Naturstein-Dachdeckungen. a) Dachdeckungen aus Granitplatten, Kalksteinplatten, Sandsteinplatten (besonders aus Wesersandstein); b) Schiefer- Dachdeckungen (aus Tonschiefer, Glimmerschiefer, Urtonschiefer, Chloritschiefer).

[1] Näheres bei *L. Sautter* [*16*], Teil 2, Abteilung 23 u. 24.

2. Beton-Dachdeckungen. a) Deckungen mit Betondachsteinen, b) Deckungen mit Stahlbetonplatten, c) Deckungen mit Asbestbeton- (Asbestzement-) Platten nach DIN 274 (insbesondere Asbestbeton-Dachplatten und Asbestbeton-Wellplatten).

3. Ziegel-Dachdeckungen. a) Dachdeckungen mit Biberschwänzen nach DIN 453, b) Dachdeckungen mit S-Pfannen (Hohlpfannen), c) Deckungen mit Strangfalzziegeln, d) Deckungen mit Falzziegeln, e) Deckungen mit Falzpfannen, f) Deckungen mit Mönch- und Nonne-Ziegeln und Wellenziegeln.

4. Glas-Deckungen. a) Glasbeton-Deckungen, b) Flachglas-Deckungen auf Beton-, Metall- und Holz-Sprossen, c) Glas-Dachstein-Deckungen (entsprechend den Dachziegeln) d) Flachglas-Deckungen ohne Sprossen.

5. Metall-Deckungen. a) Deckungen aus verzinkten Stahlblechen (Stehfalzblechen, Stahldachpfannen und Wellblechen), b) Kupfer-Deckungen, c) Zink-Deckungen, d) Blei-Deckungen, e) Aluminium-Deckungen (auch als Klebe- und Roll-Deckung).

6. Deckungen aus Holz und anderen pflanzlichen Baustoffen. a) Brett-Deckungen, b) Holzschindel-Deckungen, c) Stroh-Deckungen, d) Schilfrohr- (Reth-) Deckungen.

7. Kunststoff-Dachdeckungen. a) Deckungen mit schmiegsamen Kunststoff-Belägen (Dynagen und Oppanol), b) Deckungen mit Wellplexiglas.

8. Pappe-Deckungen. a) Einlagige Pappe-Deckungen, b) Zweilagige Pappe-Deckungen, c) Drei- und mehrlagige Pappe-Deckungen.

b) Witterungsschutz von Flachdächern

Der Witterungsschutz von begehbaren Flachdächern entspricht — je nach ihrer Ausführung — dem Schutz der Decken gegen Gebrauchswasser (s. S. 491). Es werden also unter der Gehschicht Klebedichtungen aus Pappen, Dichtungsbahnen aus Bitumen und Jutegewebe, oft noch mit Aluminium- oder Blei-Einlage, Dichtungsbahnen aus Polyisobutylen (Dynagen, Oppanol) oder Gußasphaltdichtungen vorgesehen.

Flachdächer, die nicht begangen werden sollen (mit Ausnahme von Dachdeckern), erhalten im allgemeinen Dachhäute aus Metall, aus Kunststoffen oder aus Dachpappe.

3. Anforderungen an den Wärmeschutz von Dächern[1]

Bei Gebäuden mit nicht ausgebauten Steildächern, bei denen die obersten Geschoßdecken einen Wärmeschutz nach DIN 4108 erhalten (s. S. 477), ist ein besonderer Wärmeschutz der Dächer meist nicht notwendig. Bei ausgebauten Steildächern muß der Mindest-Wärmeschutz der Dachschrägen und der Zwischendecke über dem ausgebauten Raum (oder des Spitzbodens) nach DIN 4108 sichergestellt werden. Dies gilt auch für Flachdächer, wenn unter ihnen keine besondere wärmegedämmte Decke angeordnet wird.

Bei flachen Dächern ist der Wärmeschutz besonders sorgfältig auszuführen, weil hier Dachhautträger und Dämmträger eins sind. Je nach dem Zweck des Raumes unter dem Flachdach muß geprüft werden, ob die Dämmschicht unter oder über der tragenden Dachdecke anzubringen ist. Die obere Dämmschicht schützt die Tragdecke vor zu starker Erwärmung durch die Sonnenbestrahlung und die damit verbundene Wärmedehnung. Die untere Anbringung der Dämmschicht kann zur Verhütung von Tauwasserbildung notwendig sein.

4. Anforderungen an die Tragfähigkeit von Dächern

Die *Eigengewichte* von Leichtsteindachdecken aus Lochziegeln (z. B. nach DIN 4159) und der Dachdeckungen enthält DIN 1055, Blatt 2, Abschn. Bb1 und C, die *Windlasten* DIN 1055, Blatt 4, und die Schneelast DIN 1055 Blatt 5. Für neue Dach-Bauarten gilt sinngemäß das S. 492 unter A 6 Gesagte.

B. Gemauerte unbewehrte Dachstühle aus großen Beton-Hohlblöcken

In Lübeck ist von Bauingenieur *Trautsch* eine Dachbauart aus großen unbewehrten Beton-Hohlblöcken entwickelt worden, die für viele Zwecke sehr wirtschaftlich ist. Näheres durch den Montagebau Trautsch Lübeck.

[1] *L. Sautter* [19].

C. Stahlbeton-Dachstühle (Steildächer)

Die wichtigsten Stahlbeton-Steildachbauarten sind:

1. Ebenflächige auf Schalung ausgeführte Stahlbeton-Steildächer (auch aus schräggestellten Stahlsteindecken).
2. Stahlbetonrippen-Steildächer.
3. Stahlbeton-Balkendächer (auf Schalung hergestellt).
4. Gewölbte Stahlbeton-Dächer.
   a) Stahlbeton-Bogendächer.
   b) Stahlbeton-Schalen-Sägedächer.
   c) Stahlbeton-Kuppeln (und -Zeltdächer).
5. Steildächer aus tragenden plattenförmigen Fertigteilen zwischen Betonbalken.
   a) Dächer aus Beton-Vollplatten und -Balken (auch aus Spannbeton oder Stahlsaitenbeton).
   b) Dächer mit Beton-Hohlplatten und -Balken.
   c) Dächer mit Tonhohlplatten (Hourdis) und Betonbalken.
6. Steildächer aus balkenförmigen oder plattenbalkenförmigen Fertigteilen.
7. Steildächer aus gitterförmigen Stahlbeton-Fertigteilen.

Näheres über die Berechnung und Ausbildung der Beton-Steildachstühle im Abschn. „Massivbau" unter V: „Die Stahlbeton-Tragwerke des Hochbaues."

D. Stahlbeton-Flachdächer

Die Stahlbeton-Flachdächer entsprechen in den Bauarten des eigentlichen Tragwerkes den Stahlbetondecken (s. S. 492 u. 493). Es kommt nur der Witterungsschutz (s. S. 494) und meist auch ein besonders hochwertiger Wärmeschutz (s. S. 495) hinzu.

E. Glasdächer

Glasdächer (geneigte und flache), bei denen die Glasteile statisch mitwirken, sind Tragwerke aus Glasstahlbeton (s. S. 493). Bei allen anderen „Glasdächern" bildet Glas die Deckung auf Sprossen usw.

F. Stahl-Dachtragwerke

Die wichtigsten Bauarten der Stahl-Dachtragwerke sind:

a) Satteldach-Binder aus Walzprofilen, Leichtträgern oder Stahlrohren, b) Pultdach-Binder, c) Sägedach-Binder, d) Bogen-Binder, e) Stahl-Rahmenbinder, f) Stahl-Hallenbinder, g) Räumliche Tragwerke (Kuppeln usw.) aus Stahl.

Die Bauarten können ebenfalls aus Walzträgern, Leichtträgern oder Stahlrohren gebaut werden. Näheres im Abschn. *Stahlhochbau* Flachdächer mit Stahltragwerken entsprechen den Stahldecken (s. S. 493).

G. Holz-Dachstühle[1]

Die wichtigsten Bauarten von Holz-Dachstühlen sind:

1. Sparren- und Kehlbalken-Dächer. a) Einfache Sparrendächer, b) Kehlbalkendächer ohne Stuhl, b) Kehlbalkendächer mit Stühlen, d) Kehlbalkendächer mit Hängewerk, e) Kehlbalken-Drempeldächer, f) Mansarddächer, g) Kehlbalken-Scheunendächer.

2. Pfettendächer. a) Pfetten-Pultdächer, b) Pfettendächer mit Mittelwand, c) Pfettendächer mit Stuhl ohne Streben, d) Pfettendächer mit Hängewerken, e) Pfettendächer mit Drempel, f) Pfetten-Mansarddächer, g) Pfetten-Scheunendächer, h) Pfetten-Saaldächer.

3. Pultdächer. a) Pultdächer mit Sparren oder Kehlbalken, b) Pultdächer mit Pfetten.

4. Gebogene Holzdachstühle. a) Bohlenbinder-Dächer, b) Bogenlamellen-Dächer (Zollinger-Dächer).

5. Spardachstühle nach der Bauart der Zimmermannsdächer.

6. Spardachstühle mit neuartiger Bauart.

7. Hallendächer. a) Vollwand-Binder, b) Fachwerk-Binder.

Flachdach-Tragwerke aus Holz entsprechen entweder den Holzbalkendecken (s. S. 493) oder den Dachstuhlbauarten.

Näheres über Tragwerke aus Holz s. Abschn. *Holzbau* S. 503.

---

[1] *L. Sautter* u. *R. v. Halasz* [17]. — *B. Wedler* [27].

V. Fenster und Türen[1]

A. Anforderungen an Fenster und Türen

1. Anforderungen nach der Maßordnung im Hochbau

Aus der „Maßordnung im Hochbau" (DIN 4172) sind für den Wohnungsbau die Rohbaurichtmaße für Öffnungen von ein-, zwei-, drei- und vierflügligen Fenstern (DIN 18050) und für Öffnungen von ein- und zweiflügligen Türen (DIN 18100) abgeleitet, die auch für viele andere Gebäudearten angewendet werden können (s. S. 477). Für den Industriebau wird die vorher (siehe S. 477) genannte Arbeitsgruppe die nötigen Erweiterungen und Ergänzungen erarbeiten.

2. Anforderungen an den Witterungsschutz von Außen-Fenstern und -Türen

Für den Witterungsschutz von Fenstern und Außentüren bestehen keine allgemeinen oder Normen-Vorschriften. Es ist natürlich erforderlich, daß Regenwasser — auch von Schlagregen — vom Eindringen in die Falze durch geeignete Bauarten abgehalten werden muß. Mindestens ebenso wichtig ist, daß das Eindringen kalter Luft — besonders bei Windanfall — durch die Fugen verhindert wird, nicht nur um „Zug" zu vermeiden, sondern weil sonst die Wärmeverluste des Hauses beträchtlich gesteigert würden (s. unten). Luftdurchlässige Fugen beeinträchtigen auch den Schallschutz oder heben ihn sogar ganz auf (s. unten).

3. Anforderungen an den Wärmeschutz von Fenstern und Türen[2]

Während bei den Wänden, Decken und Dächern die Wärmeverluste in der Hauptsache durch Wärmeleitung verursacht werden, wird der Hauptteil der Wärmeverluste bei Fenstern durch die Luftdurchlässigkeit der Fugen hervorgerufen. Durch 1 m² eines Eindachfensters geht stündlich rund 5mal soviel Wärme verloren als durch 1 m² einer 1¹/₂Stein dicken, beiderseits verputzten Vollziegelwand. Deshalb sollten grundsätzlich Einfachfenster überhaupt vermieden werden. Die Wirtschaftlichkeitsberechnung zeigt, daß schon für das Kältegebiet I Doppelfenster wirtschaftlich sind, erst recht für die kälteren Gebiete. Dabei sind Kastendoppelfenster aus Holz Verbundfenstern aus Holz stets überlegen. Ausnahmen sind bei Arbeitsräumen zulässig, wenn dies bei der Art ihrer Benutzung unbedenklich ist. Außentüren als Türfenster sollten ebenfalls doppelt ausgeführt werden.

Da der Hauptteil der Wärmeverluste bei Fenstern durch die Luftdurchlässigkeit der Fugen hervorgerufen wird, muß auf die Dichtung der Fugen besonders geachtet werden. Läden — sowohl Klappläden wie Rolläden — verringern wesentlich den Wärmedurchgang durchs Fenster.

Bei Fabrikbauten und in allen anderen Fällen, in denen die Fenster nur zur Tageslichtbeleuchtung dienen sollen, aber nicht zum Lüften, werden die üblichen Fenster viel besser und wirtschaftlicher durch Glassteinwände ersetzt. Wenn nötig, können in solche Wände immer noch Lüftungsflügel eingesetzt werden. Durch 1 m² einer Glassteinwand geht fast nur ein Drittel der Wärme verloren gegenüber 1 m² eines Einfachfensters und noch nicht das Doppelte gegenüber 1 m² einer beiderseits verputzten 1¹/₂ Stein dicken Vollziegelwand.

4. Anforderungen an den Schallschutz von Türen und Fenstern[3]

Bei Fenstern und Türen ist es besonders wichtig, daß der Schall nicht durch die Fugen, also durch Luftdurchlässigkeit, übertragen wird. Alle Schalldämm-

---

[1] *L. Sautter* [*16*], Teil 2, Abschnitt 25. — *O. Völckers* [25].
[2] *L. Sautter* [*19*].
[3] *L. Sautter* u. *H. Brandt* [*18*].

Maßnahmen bei Türen und Fenstern, die eine Verringerung der Schallübertragung durch Biegeschwingungen erzielen sollen, sind völlig sinnlos, wenn die Tür oder das Fenster nicht dicht schließt.

Schalltechnisch sind Türen und Fenster wie Wände zu betrachten. Bei Einfachtüren und Einfachfenstern wächst also die Schalldämmung mit dem Gewicht an, bei Doppeltüren und Doppelfenstern mit dem Gewicht und der Dicke des Luftpolsters.

Bei Außenwänden wird die Schalldämmung durch die Fenster bestimmt. Maßnahmen zur Verbesserung des Schallschutzes von Außenwänden müssen daher an den Fenstern beginnen. Zuerst ist auf ein dichtes Schließen der Fenster zu achten. Bei höheren Ansprüchen sind Doppelfenster einzubauen.

Der Abstand der Glasscheiben von Doppelfenstern ist schalltechnisch bei etwa 8—12 cm am günstigsten. Zweckmäßig werden auch die Rahmen unabhängig voneinander ausgeführt. Der Einbau einer Randdämpfung vergrößert die Schalldämmung. Eine Abdeckung der Schallschluckstoffe durch dünne gelochte oder geschlitzte Platten ist möglich.

Wenn von Innenwänden eine gute Schalldämmung gefordert wird, haben die Verbesserungsmaßnahmen an den Türen zu beginnen. Aufwendungen zur Verbesserung des Schallschutzes einer Wand, in der sich eine Tür befindet, lohnen sich erfahrungsgemäß nur dann, wenn die Dämmung der geschlossenen Tür allein höchstens um 8 db geringer ist als die der entsprechenden Wand ohne Tür.

Meist haben Verbesserungen der Anschlagdichtungen am Rande, besonders an der Schwelle, mit Filz- oder Moosgummi-Streifen bereits eine merkliche Wirkung. Bei größeren Ansprüchen ist außerdem das Gewicht der Türblätter zu erhöhen ohne gleichzeitige Vergrößerung der Biegesteifigkeit. Dies kann zum Beispiel durch Verwendung von dicken schweren Platten mit eingesägten Rillen oder durch Anbringen von sich gegenseitig nicht berührenden Massen auf der gesamten Fläche geschehen.

Wirkungsvoll ist der Einbau von Doppeltüren, die dann beide gut schließen müssen und nicht zu leicht sein dürfen. Die oftmals vorhandenen, nicht dicht schließenden leichten Polstertüren sind schalltechnisch ohne Wirkung. Türen mit besonders guter Schalldämmung erfordern einen höheren, gleichmäßigen Schließdruck auf die Dichtungsstreifen. Ein anderes Verfahren, den Schalldurchgang durch Türspalte zu verhindern, läßt sich mit gutem Erfolg nur bei dickeren Türen anwenden. Dabei werden die Seitenflächen der Tür und des Anschlages mit Schallschluckstoffen ausgekleidet. Größere Dämmwirkungen als durch Doppeltüren lassen sich durch Einbau eines Schallfangs (entsprechend einem Windfang) erzielen.

B. Metall-Fenster und -Türen

Metall-Fenster und -Türen bestehen aus Stahl oder Leichtmetall (Aluminumlegierungen).

Die Einteilung der Metallfenster ist im wesentlichen:

1. Drehflügelfenster
   a) Einfachfenster
   b) Verbundfenster
2. Kippflügelfenster
3. Klappflügelfenster
4. Wendeflügelfenster
5. Schwingflügelfenster
6. Schiebe- und Falt-Fenster
   a) Senkrecht-Schiebefenster
   b) Waagrecht-Schiebe- und -Faltfenster.

Die Einteilung der Metalltüren ist:

1. Drehflügeltüren (Schlagtüren)
   a) Glatte Türen
   b) Glastüren
   c) Gittertüren
2. Pendeltüren
3. Klapptüren (Falltüren).
4. Wendeflügeltüren (Drehtüren).
5. Schwingflügel- und Schwebeflügel-Türen.
6. Schiebe- und Falt-Türen.

Einzelheiten über Stahl-Fenster und -Türen bei *H. Dürr* [*4*], bei *G. Schneck* [*20* u. *21*] und bei *W. Wickop* [*28*].

C. Holz-Fenster und -Türen

Die Einteilung der Holzfenster entspricht der der Metallfenster (siehe B.). Die Einteilung der Holztüren ist:

1. Drehflügeltüren (Flügeltüren). a) Lattentüren, b) Brettertüren, c) Aufgedoppelte Türen, d) Gestemmte Füllungstüren, e) Glatte abgesperrte Türen.
2. Pendeltüren.
3. Klapp- (Fall-) Türen.
4. Wendeflügel- (Dreh-) Türen.
5. Schwingflügel- und Schwebe-Türen.
6. Schiebe- und Falt-Türen. a) Senkrecht-Schiebetüren, b) Waagrecht-Schiebetüren, c) Falttüren.

Einzelheiten über Holz-Fenster und -Türen bei *U. Haacke* [*7*], bei *U. Reitmayer* [*12* u. *13*], bei *H. Rettig* [*14* u. *15*], bei *A. G. Schneck* [*20* u. *21*], bei *F. Spannagel* [*24*] und bei *W. Wickop* [*28*].

D. Glastüren

Neben Türfenstern aus Stahl, Leichtmetall oder Holz und Glastüren mit Stahl-, Leichtmetall- oder Holz-Rahmen, die hier unter B und C mit aufgezählt sind, gibt es auch Ganzglastüren aus vorgespanntem Sicherheitsglas. Einzelheiten bei *L. Sautter* [*16*] Teil 2 Abschnitt 25. 264. 4.

VI. Fußböden[1]

A. Allgemeine Anforderungen an Fußböden und ihre Einteilung

1. Die Einteilung der Fußböden

Die Einteilung der Fußböden wird am übersichtlichsten, wenn man die Herstellungsart der Fußböden und zugleich Art und Formen der Fußbodenbaustoffe berücksichtigt. Danach ergibt sich die folgende Gliederung:

1. Pflaster, 2. Estriche, 3. Fliesenböden, 4. Böden aus kleinflächigen Platten, 5. Böden aus großflächigen Platten, 6. Holz- und Kork-Fußböden, 7. Böden aus Belagsbahnen, 8. Kunststoff-Spachtelböden.

2. Anforderungen an die Dauerhaftigkeit und den Feuchtigkeitsschutz von Fußböden[2]

Mindestforderungen an die Druckfestigkeit, Biegezugfestigkeit und Verschleißfestigkeit (Abriebfestigkeit) sind für Hartbetonbeläge in DIN 1100 angegeben. Diese Werte kann man allgemein als Anforderungen an schwer beanspruchte Industrie-Fußböden gelten lassen. In DIN 272 sind entsprechende Mindestwerte für Steinholz angegeben, die allgemein für leicht beanspruchte Industrieböden und für Fußböden in Wohn- und Geschäfts-Häusern gelten können. — Über den Feuchtigkeitsschutz s. S. 477.

3. Anforderungen an den Wärmeschutz von Fußböden[2]

Die Wärmedämmung ist nicht vom Fußboden allein, sondern von der Gesamtbauart der Decke abhängig (s. S. 491, A 3). Dagegen ist der Wärmeentzug (die Wärme*ab*leitung) durch den Fußboden aus dem darauf stehenden oder gehenden Menschen wichtig.

---

[1] Näheres siehe bei *L. Sautter* [*16*], Teil 2, Abteilung 26.
[2] *L. Sautter* [*19*].

4. Anforderungen an den Schallschutz von Fußböden[1]

Auch bei der Schalldämmung ist die Gesamtbauart der Decke entscheidend (s. S. 491, A 4). Hier hat aber der Fußboden — besonders wenn er als schwimmender Estrich oder schwimmender Holzfußboden ausgebildet wird — einen erheblich größeren Einfluß.

5. Anforderungen an den Feuerschutz von Fußböden

Bei der Umgebung von Feuerstätten, bei Fußböden in Steildächern und häufig auch in Werkstätten und Werkhallen müssen feuerhemmende oder feuerbeständige Fußböden verlangt werden. Näheres in DIN 4102, Blatt 2.

6. Anforderungen an den Elt-Widerstand von Fußböden

Die Gefährdung eines Menschen durch Berührung spannungführender Teile ist auch im Bereich der Niederspannungen bis 250 Volt verhältnismäßig groß. Die Gefährdung steigt an, je leitfähiger der Fußboden ist, auf dem der Mensch steht. Nach den Vorschriften des Verbandes Deutscher Elektrotechniker (VDE) sind alle Fußböden gefährlich, die einen Widerstand < 7730 Ohm aufweisen. Dies gilt besonders für feuchte oder nasse Fußböden.

B. Pflaster

Die Pflaster sind im Abschn. *Straßenbau* behandelt.

C. Estriche

Einteilung der Estriche. Die wichtigsten Estriche sind:

1. Terrazzo-Böden, 2. Beton-Estriche, 3. Ton-Estriche, 4. Mosaik-Fußböden, 5. Gips-Estriche, 6. Steinholz-Böden, 7. Lehm-Estriche, 8. Asphalt-Estriche.

Terrazzo-Böden. Terrazzo-Böden sind dauerhaft, wasserundurchlässig und stauben nicht. Für die Natursteinkörnungen zu Terrazzo und für seine Ausführung enthält DIN 1965 „Technische Vorschriften für Estrich- und Fliesen-Arbeiten" nähere Angaben.

Beton-Estriche. Über gewöhnliche Beton-Estriche (früher „Zement-Estriche" genannt) enthält DIN 1965 nähere Angaben, über Hartbeton-Estriche DIN 1100. Auch aus Leichtbeton — sowohl mit porigen Leichtzuschlägen wie auch als Schaumbeton — werden neuerdings Estriche hergestellt, die besonders als Unterböden für Spachtelbeläge (s. S. 502) dienen.

Ton-Estriche. Ton-Estriche werden aus Ziegelsplitt mit Kalk-, Zement- oder Magnesit-Bindung hergestellt. Sie haben einen geringeren Wärmeentzug als die Beton-Estriche.

Mosaik-Fußböden. Der Mosaik-Fußboden ist die prächtigste und edelste Estrich-Art, für den als Werkstoffe Marmor, Tonstifte oder Trübglas verwendet werden. Da er vom Hersteller sehr viel künstlerisches Einfühlvermögen verlangt, führen ihn nur sehr wenige Werkstätten aus.

Gips-Estriche. Gips-Estriche sind feuerhemmend. Ihre Ausführung ist in DIN 1965 behandelt. Sie werden meist aus dem hochgebrannten Estrichgips einlagig auf Sandbett oder zweilagig als „Trocken"-Estrich ausgeführt. Auch natürlicher Anhydrit wird für Gips-Estriche verwendet.

Steinholz-Böden. Steinholzböden sind in Eigenschaften und Ausführung nach DIN 272 genormt. Man unterscheidet einlagige „Industrie- oder Stampf-Böden", zweilagige „Steinholz-Fußböden" für Wohn- und Geschäfts-Räume und einlagige Unterböden für Parkett (S. 501), Bahnenbeläge (S. 501) usw.

---

[1] *L. Sautter* u. *H. Brandt* [*18*].

Lehm-Estriche. Über Lehm-Estriche — besonders für Speicher, Scheunen usw. — enthält DIN 1965 nähere Angaben.

Asphalt-Estriche. Gußasphalt-Estriche werden sowohl als unmittelbar begehbare Fußböden wie auch als Unterböden für Parkett (s. unter G), Bahnenbeläge (s. unter H), Spachtelböden (S. 502 I) usw. ausgeführt. Sie sind staubfrei, wasserdicht, federnd und vor allem: sofort nach der Herstellung begehbar, dies gilt auch für „schwimmende" Estriche (s. S. 500, A 4).

D. Fliesen-Fußböden

Fliesenfußböden werden aus Steinzeugfliesen hergestellt. Sie sind praktisch unbegrenzt haltbar, leicht zu reinigen und stauben nicht. Näheres im „Fliesentaschenbuch 1952 und 1953" und in DIN 1965.

E. Fußböden aus kleinflächigen Platten

Fußböden aus kleinflächigen Platten (bis etwa $^1/_4\,m^2$ Fläche) werden aus Naturstein-, Beton-, Klinker-, Glas-, Stahl-, Steinholz- und Asphalt-Platten meist mit Zementmörtel verlegt. Kunststoffplatten (aus Kunstharz, auch mit Bitumen und Asbest) werden aufgeklebt. Sie entsprechen in ihren Eigenschaften den aus den gleichen Roh- und Werk-Stoffen hergestellten Estrichen (S. 500, C) oder Bahnenbelägen (s. unter H).

F. Fußböden aus großflächigen Platten

Für Fußböden aus großflächigen Platten kommen — neben Riffelblechen aus Stahl und Leichtmetall — hauptsächlich Holzfaser-Hartplatten in Betracht, die meist mit Kaltleim aufgeklebt werden. Sie haben ähnliche Eigenschaften wie die Bahnenbeläge (s. unter H) und werden auch für die gleichen Zwecke verwendet.

G. Holz- und Kork-Fußböden

Der Holzfußboden ist der älteste und — außer den Teppichbelägen und Korkfußböden — fußwärmste Fußboden. Es sind zu unterscheiden:

1. Dielenfußböden aus Fußbodenbrettern nach DIN 1969.
2. Stab- und Tafel-Parkett nach DIN 280.
3. Parkettdielen und Mosaik-Parkett.

Richtig verlegte Parkettböden gewähren meist auch gute Trittschalldämmung (s. S. 491, A 4). Parkettdielen und Mosaikparkett sind neue billigere Formen von Parkett. Zur einfachen Pflege wird Parkett neuerdings mit Kunstharzen „versiegelt".

Korkfußböden sind sehr fußwarm, schalldämpfend und wasserundurchlässig. Sie werden mit Sonderleimen aufgeklebt.

H. Fußböden aus Belagsbahnen

Als wichtigste Bahnenbeläge sind zu unterscheiden:

1. Böden aus bedruckten Wollfilzpappen (z. B. Balatum und Stragula).
2. Böden aus teppichartigen Bespannstoffen.
3. Böden aus Linoleum.
4. Böden aus Gummi.
5. Böden aus tuchartigen Kunststoffen (Igelit).
6. Böden aus Polyvinylchlorid-Tafeln und -Bahnen (z. B. Guttasyn, Mipolam usw.).

Während die Beläge unter 1. und 2. lose aufgelegt und (bei 2.) nur an den Rändern gespannt werden, werden alle anderen Bahnenbeläge durch Kleben der Bahnen hergestellt. Die wenigen Fugen und — mit Ausnahme der Bespannböden — die Staubfreiheit, Abwaschbarkeit und die mehr oder weniger große Federung zeichnen die Bahnenbeläge besonders aus.

I. Kunststoff-Spachtelböden

Kunststoff-Spachtelmassen bestehen aus Kunstharzen (meist Polyvinylacetat) und Begleitstoffen. Die Beläge werden auf glatte und ebene Unterböden in mindestens 3 Schichten aufgespachtelt. Sie müssen nach 28 Tagen Lufttrocknung eine Mindestdicke von 2 mm haben. Schichten von weniger als 2 mm werden nicht mehr als Beläge, sondern als Überzüge oder Anstriche bezeichnet.

Literatur.

[1] *A. Behringer* u. *F. Rek:* Das Maurerbuch. Ravensburg 1948. — [2] *W. Büning:* Die neue Bauanatomie. Berlin 1947. — [3] *J. S. Cammerer:* Der Wärme- und Kälteschutz in der Industrie, 3. Aufl. Berlin 1951. — [4] *H. R. Dürr:* Das Stahlfenster in der Bauwirtschaft. Berlin 1940. — [5] *H. Frommhold* u. *S. Hasenjäger:* Wohnungs-Bau-Normen. 2. Aufl. Düsseldorf 1953. — [6] *H. Gottsch* u. *S. Hasenjäger:* Technische Baubestimmungen. 3. Aufl. Köln 1953. — [7] *U. Haacke:* Normteile für den Wohnungsbau, Landesbauformen für Schleswig-Holstein. Kiel 1951. — [8] *R. von Halasz:* Stahlbeton im Wohnungs- und Siedlungsbau. Berlin 1950. — [9] *F. Hess:* Steinverbände und Gewölbebau aus künstlichen Steinen. München 1948. — [10] *R. John:* Hochbaukonstruktionen. Wien 1952. — [11] *S. Mohr:* Der Hochbau. 2. Aufl. Wien 1950. — [12] *U. Reitmayer:* Holzfenster in handwerklicher Konstruktion. Stuttgart 1942. — [13] *U Reitmayer:* Holztüren in handwerklicher Konstruktion. Stuttgart 1942. — [14] *H. Rettig:* Die Fenster der Kleinwohnung. München 1950. — [15] *H. Rettig:* Die Türen der Kleinwohnung. München 1950. — [16] *L. Sautter:* Das Große ABC des Bauens, Teil 1: Baustoffe, Teil 2: Bauteile. Braunschweig 1953. — [17] *L. Sautter* u. *R. von Halasz:* Holzsparende günstige Dachhölzer-Querschnitte für den Wohnungsbau. 2. Aufl. Berlin 1944. — [18] *L. Sautter* u. *H. Brandt:* Schallschutz im Wohnungsbau, Bautechn. Merkhefte für den Wohnungsbau des Beirats für Bauforschung beim Bundesministerium für Wohnungsbau, H. 5. Berlin 1953. — [19] *L. Sautter:* Wärmeschutz und Feuchtigkeitsschutz im Hochbau. Berlin 1948. — [20] *A. G. Schneck:* Fenster aus Holz und Metall. Stuttgart 1942. — [21] *A. G. Schneck:* Türen aus Holz und Metall. Stuttgart 1942. — [22] *F. Schuster:* Treppen aus Stein, Holz und Eisen. Stuttgart 1943. [23] *M. Singer:* Der Baugrund. Wien 1952. — [24] *F. Spannagel:* Die Bauschreinerei. Türen und Tore. Band I. Ravensburg 1949. — [25] *O. Völckers:* Bauen mit Glas. Stuttgart 1948. — [26] *B. Wedler* u. *V. Luetkens:* Bauten im Bergsenkungsgebiet. Berlin 1948. — [27] *B. Wedler:* Hölzerne Hausdächer. Berlin 1947. — [28] *W. Wickop:* Fenster, Türen, Tore aus Holz und Eisen. Berlin 1949.

Holzbau

Von

Dr.-Ing. **W. STOY**

Professor an der Techn. Hochschule Braunschweig

Deutsche Normen und Bestimmungen

DIN 436 Vierkantscheiben für Holzverbindungen.
DIN 440 Rundscheiben für Holzverbindungen.
DIN 1052 Holzbauwerke. Berechnung und Ausführung. Dez. 1940.
DIN 1074 Holzbrücken. Berechnung und Ausführung. Aug. 1941.
DIN 1151 Drahtstifte, rund, Flachkopf, Senkkopf.
DIN 1969 Technische Vorschriften für Bauleistungen (VOB). Zimmererarbeiten.
DIN 4070 Holzabmessungen, Kantholz, Balken, Dachlatten. Nov. 1938.
DIN 4071 Holzabmessungen, Bretter und Bohlen. Nov. 1938.
DIN 4072 Holzabmessungen, Spundung von gehobelten und rauhen Brettern. Nov. 1938.
DIN 4074 Bauholz — Gütebedingungen — März 1939.
Homa = Holzmeßanweisung. Verordnung über die Aushaltung, Messung und Sortenbildung des Holzes in den deutschen Forsten vom 1. Okt. 1936.

Als Bauholz wird in Deutschland fast nur einheimisches Nadelholz verwandt, in der Hauptsache Fichte (Rottanne), Kiefer (Föhre, Forle) und Tanne (Weißtanne), seltener Lärche (als Bauholz meist zu teuer). Dabei ist die Fichte das wesentlichste Bauholz in den Gebirgsgegenden Deutschlands, in Süddeutschland und auch in Westdeutschland, während die Kiefer das fast ausschließlich verwandte Bauholz des deutschen Ostens und Nordens ist. Die Lärche, die bezüglich Widerstandsfähigkeit gegen Fäulnis der Eiche gleichkommt und die bezüglich Druckfestigkeit in der Faserrichtung und Biegungsfestigkeit das hochwertigste Nadelholz darstellt, findet, als ausgesprochener Baum des Hochgebirges, besonders dort in größerem Maße Verwendung. Unsere Vorfahren haben als Bauholz in der Hauptsache Rundholz bezw. bebeiltes Holz verwandt. Mit Einführung der maschinell angetriebenen Säge, Ende des 19. Jahrhunderts, trat das Kantholz wegen seiner leichteren Bearbeitbarkeit und Anpassungsfähigkeit immer mehr in den Vordergrund. Rundholz wurde nur noch für Gerüste, Joche usw. verwandt. Die Gütebedingungen für Bauholz in DIN 4074 beziehen sich demzufolge auch nur auf Schnittholz. In neuerer Zeit kommt dem Rundholz wieder eine größere Bedeutung zu, zumal Versuche ergeben haben, daß seine Festigkeiten erheblich höher liegen als die des Schnittholzes. Neuartige Anschlußmittel und Konstruktionen erlauben es, Rundholzstangen in Tragwerke so einzubauen, wie sie der Wald uns liefert. Von den Laubhölzern hat nur Eiche gewisse Bedeutung für Bauteile, an die bezüglich Festigkeit (besonders Druck quer zur Faser) und Wetterbeständigkeit sehr hohe Anforderungen gestellt werden.

I. Die Grundlagen der Festigkeitsberechnung[1]

A. Allgemeines

Das Holz ist ein Naturerzeugnis und nach seinem anatomischen Aufbau kein homogener Baustoff. Es ist zu vergleichen mit einem Röhrenbündel, bei dem die einzelnen Röhren parallel zum Herz des Stammes ringförmig angeordnet sind (Jahrringe) und deren Querschnitt und Wanddicke jeweils verschieden sind (Frühholz — Spätholz). Die Festigkeiten des Holzes sind von den Wachstumsverhältnissen ab-

[1] Siehe Literatur [*1*], [*7*], [*8*], [*3*], S. 558.

hängig und werden ferner weitgehend beeinflußt durch Holzkrankheiten und Wuchsfehler, das Alter des Holzes bei Fällung und Benutzung, besonders durch den Feuchtigkeitsgehalt. Es schwankt nicht nur die Durchschnittsfestigkeit der einzelnen Stämme eines Bestandes, sie nimmt auch bei dem gleichen Stamm vom Stammende nach dem Zopfende zu ab. Innerhalb eines Querschnittes bilden die jüngsten unter der Rinde liegenden Jahresringe (jedenfalls bei Fichtenholz, das im Kulturwalde gewachsen ist) das beste und härteste Holz. Eine Ausnahme macht nur das Holz, das in seiner Jugend im Urwald sehr langsam gewachsen ist. Eine Beeinflussung der Holzeigenschaften durch den Forstmann ist nur im beschränkten Maße möglich. Der Verbraucher ist kaum in der Lage, die Festigkeitseigenschaften mit einfachen Mitteln nennenswert zu verändern.

B. Festigkeitszahlen und zulässige Beanspruchungen

1. Druckfestigkeit

a) In der Faserrichtung. Bei der Prüfung von Probekörpern, die meist quadratischen — seltener kreisförmigen — Querschnitt haben, tritt die Zerstörung dadurch ein, daß die Zellwände der Fasern in die Hohlräume ausknicken, ohne daß vorher eine deutlich erkennbare Querdehnung festzustellen ist. Dieses Ausknicken nimmt von da aus seinen Anfang, wo irgendeine geringe Unregelmäßigkeit im Aufbau — äußerlich meist nicht zu erkennen — vorhanden ist oder geht von der oberen oder unteren Druckfläche aus.

In DIN 1052 Tafel 2 ist die zulässige Druckspannung für Nadelholz — ohne Unterschied ob Fichte, Kiefer oder Tanne — zu 85 kg/cm², für Lärchenholz zu 90 kg/cm² festgelegt. Für Laubholz — Eiche und Buche — gelten 100 kg/cm². Im allgemeinen ist zwar die mittlere Druckfestigkeit — wenigstens für Eiche — nicht größer als für Nadelholz, aber trotzdem erscheint dieser Wert berechtigt, weil Laubholz praktisch nur in kleinen Stücken im Bauwesen zur Verwendung gelangt, wodurch Holz mit groben Ästen und unregelmäßigem Wuchs ausgeschaltet werden kann. Eiche wird in der Regel überschätzt. Junge Eiche (bis zu 30 Jahren alt) scheint — nach *Baumann* — weit zäher und fester zu sein als Holz von älter gewordenen Bäumen. Für Güteklasse I ist für Nadelholz 110 kg/cm², für Lärchenholz 115 kg/cm² und für Eiche und Buche 120 kg/cm² zulässig. Für Güteklasse III sind die Werte für Nadelholz auf 60 kg/cm² und für Eiche und Buche auf 70 kg/cm² festgelegt.

b) Druckfestigkeit quer zur Faserrichtung. Quer zur Faser ergeben sich ganz andere Zerstörungserscheinungen als bei Druck längs zur Faser. Die Querdruckfestigkeit ist in der Hauptsache die Festigkeit des lockeren Frühholzanteils am Jahrring. Das Spätholz, das den Wert der Längsdruckfestigkeit bestimmt, besitzt bei Querdruck eine lastverteilende Funktion. Beim Versuch bleibt die Kraftanzeige stets auf ihrem höchsten Stande stehen. Hier unterscheiden sich Laubholz und Nadelholz ganz erheblich. Bei voll belastetem Querschnitt (Würfelproben) ist die Druckfestigkeit quer zur Faser bei Nadelholz etwa $^1/_7$ bis $^1/_{10}$ der längs zur Faser, bei Laubholz aber $^1/_3$ bis $^1/_5$. Von erheblichem Einfluß ist auch der Winkel zwischen Druckrichtung und Jahrring. Die höchsten Werte ergeben sich bei Belastung tangential zu den Jahrringen (Winkel 0°), geringere radial (90°) und die geringsten dazwischen bei etwa 45°. Die harten Spätholzringe bilden mehr oder weniger Gleitebenen, auf denen der Probekörper gewissermaßen abrutscht. Bei Laubhölzern ist dieser Unterschied weniger ausgeprägt. Praktisch hat man mit Mittelwerten zu rechnen, da in ein und derselben Druckfläche der eine Teil radial, der andere tangential belastet zu werden pflegt. Bei der Festlegung der zulässigen Spannungen quer zur Faser ist die zul. Größe der Formänderung entscheidend, um so mehr als die Druckfestigkeit quer zur Faser kein eindeutiger Begriff ist. Ein Bruch tritt nicht auf; die Zellwände legen sich aufeinander, nachdem sie ausgeknickt sind, ohne jedoch zu zerreißen. Es tritt dann eine deutlich ausgeprägte Wiederverfestigung auf. Bei den in DIN 1052 zugelassenen Spannungen von 20 bezw. 25 kg/cm² für Nadelholz muß man mit Zusammenpressungen von 1 bis 2 mm bezw. 2 bis 3 mm auf 20 cm Länge rechnen. Bei

Lehrgerüsten massiver Brücken sind nach DIN 1074 allgemein nur 20 kg/cm² zulässig. Hier konnten auch die umfangreichen praktischen Erfahrungen mit berücksichtigt werden. Die zulässigen Spannungen schräg zur Faser sind in DIN 1052 Tafel 3 für Holz der Güteklasse II zwischen 20 bezw. 25 kg/cm² und 85 kg/cm² für Nadelholz und zwischen 30 bezw. 40 kg/cm² und 100 kg/cm² für Eiche und Buche interpoliert nach der Formel:

$$_{\text{zul}}\sigma_d \sphericalangle = {}_{\text{zul}}\sigma_d \parallel - {}_{\text{zul}}(\sigma_d \parallel - {}_{\text{zul}}\sigma_d \perp) \sin\alpha$$

2. Zugfestigkeit

Weit weniger als die Druckfestigkeit ist die Zugfestigkeit erforscht. Das mag zum Teil daran liegen, daß die Herstellung und Prüfung entsprechender Probekörper zeitraubend und teuer ist. Bei der Zugfestigkeit tritt die Unregelmäßigkeit im Bau des Holzes auffallend in Erscheinung. Entsprechend der Druckfestigkeit ist neben der Breite der Jahrringe der Anteil des Spätholzes von ausschlaggebender Bedeutung. Das Frühholz reißt früher als das Spätholz, so daß die Festigkeiten der Frühholz- und Spätholzzonen sich nicht addieren lassen. Ein gutes Kennzeichen für hohe Zugfestigkeit ist ein langfaseriger Bruch, während geringwertiges Holz ziemlich kurz abreißt. Der Einfluß der Ästigkeit und der Wuchsfehler tritt stärker in Erscheinung als bei der Druckfestigkeit. Jede Krümmung oder Welligkeit, die z. B. durch benachbarte, aber am Stab nicht mehr vorhandene Äste verursacht wird, genügt, um die Bruchfestigkeit bis auf $^1/_4$ herabzusetzen [8]. Die Feuchtigkeit wirkt sich nicht so stark aus wie bei der Druckfestigkeit; das hängt vermutlich mit der geringeren Feuchtigkeitsaufnahme des dichteren Spätholzes zusammen. Wird jedoch der Feuchtigkeitsgehalt von etwa 10% unterschritten, so geht die Zugfestigkeit wieder zurück[1]. Die von den einzelnen Forschern gefundenen Mittelwerte der Zugfestigkeit schwanken innerhalb sehr weiter Grenzen. DIN 1052 Tafel 2 läßt für Nadelholz der Güteklasse II 85 kg/cm² zu. Es ist jedoch empfehlenswert, bei Zugquerschnitten nicht bis an die Grenze zu gehen. Reißt z. B. der Untergurt eines Fachwerkbalkenträgers, so ist damit durchweg der Einsturz des ganzen Bauwerkes verbunden; knickt dagegen der Obergurt aus, so hat dies im Anfang meist nur eine starke Verformung des ganzen Binders zur Folge. Verschwächungen durch Versatz, Bolzen- und Dübellöcher sind zu berücksichtigen, solche, durch die eine Außermittigkeit des Kraftangriffes hervorgerufen wird, besonders zu beachten. Der Zuschlag zum nutzbaren Querschnitt beträgt 25 bis 50%; der untere Wert gilt für größere, der obere für kleinere Querschnitte.

In Zuggliedern sind die schwächsten Stellen an den Knotenpunkten, wo die größte Schwächung durch Dübeleinschnitte usw. vorliegt. Hier treten besonders in den Laschen Biegebeanspruchungen auf, die im allgemeinen rechnerisch nicht erfaßt werden. *Graf* hat festgestellt [1], daß unter Umständen in den äußeren Fasern der Laschen Druckspannungen herrschen. Setzt man der Einfachheit halber nur Zugbeanspruchungen voraus, so ist es nach *Graf* zweifelhaft, ob mit Laschen aus Bauholz — ob Güteklasse I oder II — Zugfestigkeiten über 220 kg/cm² erreichbar sind. Bei den bisher üblichen Dübelverbindungen wird die Zerstörung im allgemeinen eingeleitet durch Überwindung der Scherfestigkeit; es folgen dann örtliche Zugbrüche. In den Mittelhölzern großer Laschenverbindungen wurden höhere Zugfestigkeiten erreicht. Die Dicke der Laschen zusammen muß erheblich größer gemacht werden als die Dicke der Mittelhölzer, d. h. die zulässige Zuganstrengung der Laschen ist kleiner als im Mittelholz zu wählen. Nach DIN 1052 sind die Laschen bei Annahme gleichmäßig verteilter Spannungen für die 1,5fache Zugkraft zu bemessen.

Als zulässige Spannung der Güteklasse I ist für Nadelholz 105 kg/cm², für Eiche und Buche 110 kg/cm² zugelassen; die Verwendung von Holz der Güteklasse III ist für Zugstäbe ausgeschlossen.

Die Zugfestigkeit normal zur Faser ist bei Nadelholz nur etwa 2 bis 5% derjenigen längs der Faser, bei Eichenholz 10 bis 20%. Ihr kommt keine praktische

---

[1] Ähnliche Beobachtungen sind auch bei der Scher- und Spaltfestigkeit gemacht worden.

Bedeutung zu, da eine Zugspannung normal zur Faser mit Rücksicht auf die zu erwartenden Schwindrisse nicht zulässig erscheint. Bisweilen liegen auch *scheinbare* Zugspannungen schräg zur Faser vor, die sich aber in Wirklichkeit in örtliche Druckspannungen umsetzen und daher belanglos sind (Abb. 1).

3. Biegefestigkeit

Die Voraussetzungen der *Navier*schen Biegeformel treffen mit guter Annäherung bei Holz nur bei geringen Belastungen zu. Bei größerer Beanspruchung verschieben sich die Verhältnisse derartig, daß die wirkliche Druckspannung am Rande unter der errechneten bleibt, bei der Zugspannung sich aber das entgegengesetzte Bild zeigt. Die wirkliche Nullinie wandert nach der Zugseite (Abb. 2). Die beim Bruch errechnete Biegefestigkeit ist etwa 1,4 bis 2mal so groß wie die Druckfestigkeit und mit wenigen Ausnahmen niedriger als die Zugfestigkeit. Äste und Wuchsfehler in der Nähe der größten Momente und der größten Randspannungen verursachen Abminderungen bis zu 50%. Auch der Einfluß der Feuchtigkeit ist beträchtlich und verändert die Biegefestigkeit ähnlich wie die Zugfestigkeit. Beim Bruch knicken zuerst die äußersten Druckfasern in feinen wellenförmigen Linien aus oder bilden Falten. Die Höhe des wirksamen Querschnittes verringert sich, und dann tritt die Zerstörung durch Zerreißen der Zugfasern ein. Daß die Astlage eine erhebliche Rolle spielt, ist verständlich, besonders wenn es sich um angeschnittene Äste in der Zugzone handelt. Hervorzuheben ist, daß die Biegefestigkeit bei lang andauernder ruhender Last etwa die Hälfte der in üblicher Weise ermittelten Biegefestigkeit beträgt. Kehrt die Last ganz oder teilweise oftmals wieder, so sinkt die Tragfähigkeit noch weiter, abhängig von dem Anteil der bewegten Last an der Gesamtlast. Die zulässige Biegungsbeanspruchung für Nadelholz der Güteklasse III beträgt 70 kg/cm², für Güteklasse II und I sind 100 bezw. 130 kg/cm² festgelegt. Für durchlaufende Träger ohne Gelenke der beiden letzteren Klassen ist eine um 10 kg/cm² höhere Beanspruchung vorgesehen, weil diese Träger eine höhere Sicherheit bieten. In vielen Fällen ist bei auf Biegung beanspruchten Balken nicht die Biegespannung für die Bemessung maßgebend, sondern die zulässige Durchbiegung. Diese darf z. B. bei Deckenbalken unter der ständigen Last und der Nutzlast $^1/_{300}$ der Stützweite nicht überschreiten. Bei einem frei aufliegenden Balken mit gleichmäßig verteilter Last darf dann das Verhältnis der Stützweite zur Querschnittshöhe bei einer zulässigen Biegungsspannung von 100 kg/cm² höchstens 16 sein. Für kurze, schwer belastete Balken und zusammengesetzte Querschnitte ist aber unter Umständen die Schubspannung von ausschlaggebender Bedeutung. Bei der *Durchbiegung* spielt die Größe des *Elastizitätsmoduls* eine Rolle, ebenso bei der Knickfestigkeit und bei der Berechnung statisch unbestimmter Konstruktionen. Die Größe schwankt entsprechend der Güte des Holzes (Raumgewicht) innerhalb weiter Grenzen. Mit Rücksicht auf die Unregelmäßigkeit im Wachstum des Holzes erscheint der in DIN 1052 angegebene Wert $E = 100000$ kg/cm² für Nadelholz zutreffend, um so mehr als die *Tetmajer*schen Knickversuche für $\lambda = 100$ bei diesem Zahlenwert eine gute Übereinstimmung mit der *Euler*schen Knickformel zeigen. Der Elastizitätsmodul normal zur Faserrichtung ist in DIN 1052 zu 3000 kg/cm² für Nadelholz und zu 6000 kg/cm² für Eiche und Buche festgelegt.

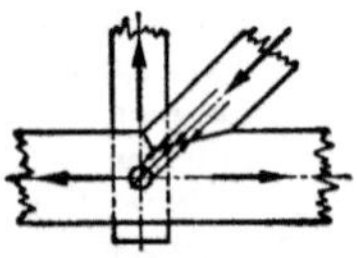

Abb. 1.

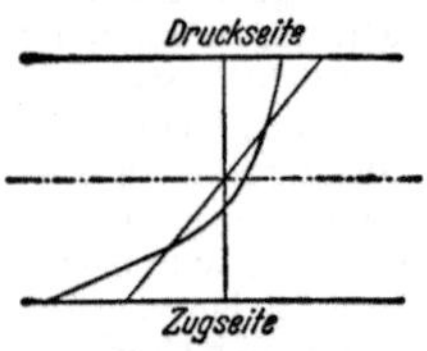

Abb. 2. Spannungsverteilung bei Biegung

4. Scherfestigkeit

Die Scherfestigkeit des Holzes ist gering. Der Feuchtigkeitsgehalt spielt eine ähnliche Rolle wie bei der Zugfestigkeit. Die Scherfestigkeitswerte können durch Rissigkeit des Holzes stark streuen. In DIN 1052 werden für Nadelholz 9 kg/cm² gleichmäßig für alle drei Güteklassen als obere Grenze festgelegt. Für Eiche und Buche sind die Höchstwerte 10 kg/cm² bei Güteklasse II und III bezw. 12 kg/cm² bei Güteklasse I. Ergeben sich bei Zugrundelegung dieser Spannungen sehr kurze Vorholzlängen, so empfiehlt es sich, die Spannungen nicht auszunutzen. Bei kurzen Vorholzlängen ist die Gefahr sehr groß, daß sich Schwindrisse in der Abscherebene bilden und damit die Tragfähigkeit unter Umständen gänzlich aufheben.

5. Knickfestigkeit

Werden Stäbe auf Druck beansprucht, so hat Berechnung auf Knicken zu erfolgen. Von besonderer Wichtigkeit ist die richtige Wahl der Knicklänge. Die Stäbe müssen durch Verbände gegen seitliches Ausweichen gesichert sein. Ist dieses nicht ausreichend der Fall, so ist eine größere Knicklänge in Rechnung zu stellen. Besonders verwiesen sei hier auf Druckgurte, die im Untergurt liegen. Auch leichte, gering belastete Gerüste sind oft gefährdet. Haben sich doch in vergangenen Jahren bereits folgenschwere Einstürze ereignet, bei denen der Zusammenbruch durch die ungenügende räumliche Aussteifung verursacht war. Für $\lambda < 100$ gilt die lineare Knickspannungslinie nach *Tetmajer*. Für $\lambda \geqq 100$ hat die *Euler*-Formel Gültigkeit.

In DIN 1052 ist für $\lambda = 0$ bis 100 — der Bereich, der am meisten vorkommt — die Sicherheitszahl ν unverändert 3,5. Bei halbtrockenem Bauholz ist die Sicherheit natürlich nicht unwesentlich geringer. Von $\lambda = 100$ bis 200 steigt sie von 3,5 auf 4,5 an. Dividiert man σ_k durch die Sicherheit ν, so erhält man ${}_{\text{zul}}\sigma_d$, und dividiert man andererseits ${}_{\text{zul}}\sigma$ durch ${}_{\text{zul}}\sigma_d$, so ergibt sich der sog. ω-Wert. Die in DIN 1052 Tafel 4 angegebenen ω-Zahlen gelten für Nadelholz und Laubholz aller drei Güteklassen.

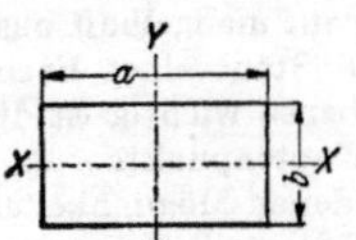

Abb. 3

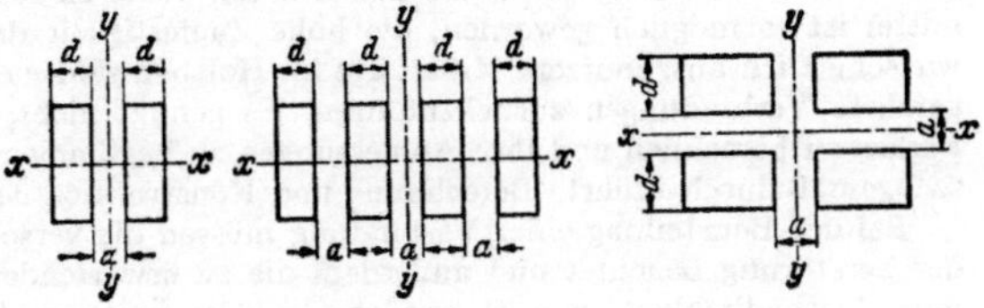

Abb. 4 a—c

Bei *mehrteiligen Druckstäben* erfolgt die Berechnung für das Ausknicken um die Stoffachse (x-Achse, Abb. 4a und 4b) wie bei Vollstäben, wobei als Breite des Gesamtstabes die Summe der Breiten der Einzelstäbe $\Sigma\, d$ gesetzt wird. Für das Ausknicken um die stofffreie Achse (y-Achse, Abb. 4a, 4b und 4c und x-Achse, Abb. 4c) kann nicht mit einem vollkommenen Zusammenwirken der Einzelquerschnitte gerechnet werden, weil die Querverbindungen in den Holzstäben nachgiebig sind. In DIN 1052 wird zur Zeit als maßgebendes Trägheitsmoment noch das angesehen, welches entsteht, wenn die Einzelquerschnitte zusammengeschoben werden und der Zuwachs an Trägheitsmoment infolge der Spreizung nur mit einem Bruchteil $= 1/4$ eingesetzt wird. Spreizungen $a > 2\,d$ dürfen nicht in Rechnung gestellt werden (Abb. 4a, 4b, 4c). Das kleinste Trägheitsmoment des Einzelstabes I_1 in cm⁴ muß mindestens sein $I_1 = 10 \cdot S \cdot s_K^2/n$. Hierbei ist: S die größte Druckkraft des Gesamtstabes in t, s_K die Knicklänge des Gesamtstabes in m, n die Zahl der Einzelstäbe. Während DIN 1052 nur eine einzige Beziehung zur Berechnung von I_w angibt, haben neuere Versuche[1] gezeigt, daß die Größe des wirksamen Trägheitsmomentes sowohl von der Art der Querverbindungen als auch vom Verbindungsmittel abhängt. Es wird angestrebt, die Knickberechnung mehrteiliger Druckstäbe auf der Formel $I_w = \Sigma\, I_1 + \Sigma\, F_1 \cdot u^2$ aufzubauen, wobei $\Sigma\, I_1$ voll wirksam ist, während $\Sigma\, F \cdot u^2$ entsprechend der Wirksamkeit der Querverbindungen nur teilweise eingesetzt werden kann. Bedeutet γ den durch Versuch zu ermittelnden Ab-

[1] *Möhler*: Baupl. u. Bautechnik Berlin 2 (1948) S. 41.

minderungsfaktor, so geht die Formel über in: $I_w = \Sigma\, I_1 + \gamma\, \Sigma\, F_1 u^2$. Für den zweiteiligen Querschnitt nach Abb. 4a ist

$$I_w = 2\,(I_1 + \gamma F u^2)$$
$$I_1 = h d^3/12 = F d^2/12$$
$$u = d/2 + \alpha d/2 = (1 + \alpha)\, d/2$$
$$\alpha = a/d$$
$$I_w = 2 I_1\, [1 + 3\gamma\,(1 + \alpha)^2] = 2 I_1\, \xi.$$

Für verschiedene Querverbindungen wurden die γ- und ξ- Werte bereits ermittelt[1]. Für die Bemessung der Querverbindungen wird auf Grund der vorstehenden Versuche für $\lambda = 60$ bis 100 eine über die ganze Stablänge gleichbleibende Querkraft $Q = 1{,}6\, F$ in kg (F = Stabquerschnitt in cm²) angegeben. Solange die DIN 1052 keine anderen Zahlen angeben, sollte man die Querverbindungen nach diesen Angaben bemessen.

Im allgemeinen wird man gegliederte Druckstäbe nur da verwenden, wo es die Anschlüsse erfordern bzw. wo Vollquerschnitte in den verlangten Abmessungen nicht zu beschaffen sind. Um dem Vollquerschnitt wieder möglichst nahezukommen, sind durchgehende Längsverbindungen stets zu empfehlen.

II. Die Holzverbindungen

Den zimmermannsmäßigen Holzverbindungen — Druckstoß, Zapfen, Versatz, Überschneidung usw. —, die sich durch Jahrhunderte bewährt haben, sind in neuerer Zeit Verbindungen an die Seite getreten, bei denen große Zugkräfte — auch quer zur Faser — übertragen werden können. Mit Hilfe entsprechender Verbindungsmittel ist es möglich geworden, die hohe Zugfestigkeit des Holzes einigermaßen wirtschaftlich auszunutzen. Mißerfolge im Holzbau sind meist auf mangelhaft ausgeführte Verbindungen zurückzuführen. Es genügt nicht, die Stäbe eines Fachwerkes zu berechnen und ihre Abmessungen zu bestimmen, ebenso wichtig ist die sachgemäß durchgeführte Berechnung und Konstruktion der Knotenpunkte.

Bei der Beurteilung einer Verbindung müssen die verschiedenen Möglichkeiten der Zerstörung beachtet und außerdem die zu erwartenden Formänderungen auf ihre Unschädlichkeit geprüft werden. Im Gegensatz zu Stahlbeton- und Stahlbauten, deren Anschlüsse praktisch starr ausgebildet werden können, muß bei Holz in der Regel mit kleinen Nachgiebigkeiten der Verbindungen gerechnet werden.

A. Die Verbindungsmittel

Die Zahl der neuartigen Verbindungsmittel — *Leim, Dübel aus Hartholz, Leichtmetall, Gußeisen und Stahl* —, die nach dem ersten Weltkriege auf den Markt gekommen sind, ist verhältnismäßig groß. Eine ganze Reihe von ihnen ist trotz guter Eignung aus wirtschaftlichen Gründen wieder verschwunden. Eine Berechnung der Tragfähigkeit der Verbindungsmittel — gemäß DIN 1052 — führt mit Rücksicht auf die Unsicherheit in den Annahmen zu keinen brauchbaren Ergebnissen. Maßgebend sind in erster Linie Festigkeitsversuche, und zwar unter Verhältnissen, die der Wirklichkeit entsprechen. Dabei müssen nicht einzelne Versuche, sondern ganze Reihen unter den verschiedensten Bedingungen durchgeführt werden. Für den Vergleich der Güte der einzelnen Verbindungsmittel ist das Last-Verschiebungsschaubild maßgebend (Abb. 5). Dabei sind 2 Punkte zu beachten, 1. die Höchstlast und 2. die Verschiebung unter der Gebrauchslast = der zulässigen Last (einem bestimmten Bruchteil der Höchstlast). Als Gebrauchslast, d. h. als die Last, bis zu der das Verbindungsmittel unter gewöhnlichen Umständen beansprucht werden darf, ist nach DIN 1052 ein Drittel der mittleren Versuchshöchstlast anzusehen. Dabei darf die Verschiebung eine bestimmte Grenze nicht überschreiten. Diese ist in DIN 1052 zu 1,5 mm festgelegt.

---

[1] *Möhler*: Baupl. u. Bautechnik Berlin 2 (1948) S. 41.

Abb. 5 stellt die Versuchsergebnisse der gleichen Verbindungsmittel dar; bei a) Holz in lufttrockenem Zustand; bei b) ist feuchtes Holz mit etwa 25% Feuchtigkeit verwandt; die Prüfung erfolgte, nachdem das Holz bis auf 15% nachgetrocknet war.

Bislang war es üblich, die Tragfähigkeit von Holzverbindungen durch den einfachen Druckversuch festzustellen (Abb. 6). Die damit gewonnenen Aufschlüsse konnten den Konstrukteur aber nicht befriedigen, weil die Formänderung der Laschen durch die Reibung an der unteren Druckplatte gehindert und außerdem die Verformung der Laschen anders gerichtet ist als beim Zugversuch. Infolgedessen sind die neueren Versuche nur als Zugversuche durchgeführt, und zwar vergleichend in der üblichen Weise als Zerreißversuche bis zum Bruch mit stufenweise gesteigerter Belastung und als Dauerversuche. Bei Dauer- oder Schwingversuch wurde die Belastung P_0 festgestellt, die 500000mal aufgebracht werden konnte, ohne daß eine Zerstörung stattfand. Als eines der wesentlichsten Ergebnisse ist die Feststellung zu verzeichnen, daß durch Verkleinerung von $_{zul}\tau$ sowohl beim Zerreißversuch wie beim Schwingversuch eine bedeutende Steigerung der Tragkraft entsteht. Verlangt man, daß die zulässige Scheranstrengung ungefähr die Hälfte der beim Bruch auftretenden Scherfestigkeit ist, so müßte nach *Graf* $_{zul}\tau$ auf 10 kg/cm², wenn es sich um ruhende Lasten handelt, und auf 6 kg/cm², wenn oftmals wiederkehrende Lasten zu übertragen sind, festgelegt werden. Unter den gewählten Verhältnissen betrug P_0 bei oftmals wiederholter Belastung mindestens das 0,66fache und höchstens das 0,78fache von $_{max}P$ beim Zerreißversuch.

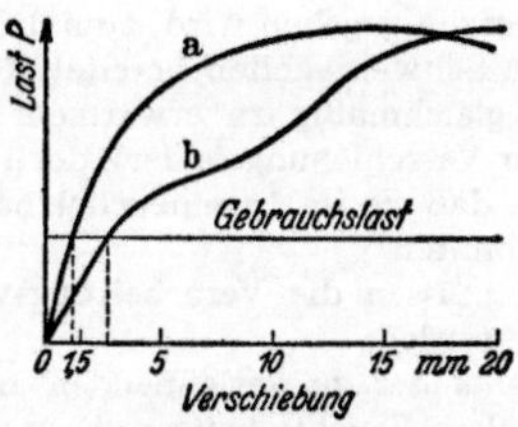

Abb. 5

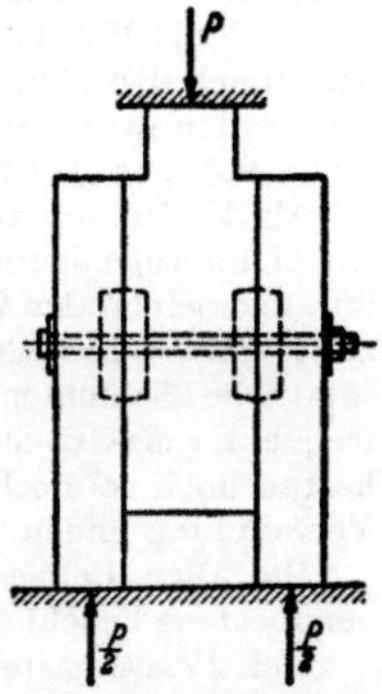

Abb. 6

Die zulässige Anstrengung kann nahe den Dauerfestigkeiten gewählt werden — *Graf* schlägt etwa $^4/_5$ vor —, wenn der Werkstoff und die Herstellung der Verbindung ebensogut gewählt werden wie beim Versuch. Die gebräuchlichsten Dübel sind auf Grund der neuesten Erkenntnisse nach einem einheitlichen Plane geprüft worden. Ihre zulässigen Belastungen, einschließlich der zugehörigen Holz- und Bolzenabmessungen usw., sind in DIN 1052 festgelegt.

1. Flächenfeste Verbindungen

Bei den flächenfesten Verbindungen dient *Leim* als Verbindungsmittel; er ist insofern als ideales Verbindungsmittel anzusprechen, als er mehr oder weniger den Zustand wiederherstellt, in dem das Holz vor dem Zersägen war. Auch findet unter der Belastung an den Verbindungsstellen nur eine geringfügige Verschiebung statt. Bei Fachwerken allerdings wird dieser Vorteil zum Nachteil. Flächenfeste Verbindungen erzeugen in fachwerkartigen Tragwerken große Nebenspannungen, so daß auch der Leimbauweise hier bislang kein größerer Erfolg beschieden war, wenn man von den patentierten Lösungen absieht (Bauart Krauth und Dreieckstrebenbauweise), die Gitterträger geringerer Höhe mit eingeleimten Diagonalen verwenden [*4*]. Anders liegen die Verhältnisse bei Vollwandtragwerken. Die Tragfähigkeit wird durch die große Steifheit der Leimverbindung gesteigert, so daß der Leimbau sich auf diesem Gebiet durchzusetzen vermochte.

Wenn trotzdem in den letzten Jahren Rückschläge zu verzeichnen waren, so war das in den meisten Fällen eine Folge des sträflichen Leichtsinnes, mit dem einzelne Unternehmer geleimte Konstruktionen ausgeführt haben. In DIN 1052 sind aus diesem Grunde eingehende, scharfe Bestimmungen aufgenommen.

Die einwandfreie Herstellung von Leimverbindungen erfordert große Erfahrung, besondere Vorrichtungen und zuverlässige Facharbeiter. Die Güte der Ausführung ist, ähnlich wie beim Schweißen, nur schwer nachzuprüfen.

Im Holzbau werden heute zwei *Leimarten* verwendet[1]:

1. Kaseinleime (nur noch in geringerem Maße).
2. Kunstharzleime.

Im Holzbau haben davon Bedeutung:

a) In der Gruppe der Karbamidharzleime: Kauritleim W und Kauritleim WHK.
b) In der Gruppe der Phenolharzleime: Stabax A, Leimharz P 600 L, Tegocoll.
c) In der Gruppe der Melaminharzleime: Pressal Ka 29, Melocol H.
d) In der Gruppe der Polyurethanharzleime: Polystal-Leim.

Die weiter bekannten Glutinleime, Blutalbuminleime und Stärkeleime scheiden wegen fehlender oder zu geringer Schimmel- und Wasserfestigkeit aus.

Auch die Kaseinleime als organische Bindemittel genügen wegen der Gefahr der Schimmelpilzbildung den Anforderungen des Ingenieurholzbaues oft nicht mehr. Sie werden durch die Kunstharzleime, die nicht der Schimmelbildung unterliegen, mehr und mehr verdrängt.

Als *Verleimungsverfahren* unterscheidet man das Kalt- und das Heißverfahren, wobei im Ingenieurholzbau dem Kaltverfahren aus wirtschaftlichen Erwägungen im allgemeinen der Vorzug gegeben wird, zumal die Heißverleimung dicker Hölzer z. Zt. noch erhebliche Schwierigkeiten bereitet. Neuere Verfahren[2] erlauben zwar, sämtliche Schichten gleichmäßig zu erwärmen (z. B. unter Verwendung hochfrequenter elektrischer Verschiebungsfelder), doch sind auch hierbei die Fertigungskosten noch so hoch, daß sie im Ingenieurholzbau auf breiterer Basis noch keine Verwendung finden konnten.

Bei allen Leimen müssen die Verarbeitungsvorschriften der Herstellerfirmen genauestens beachtet werden.

Der *Feuchtigkeitsgrad* der zu verleimenden Bauteile sollte immer so gewählt werden, daß er etwa dem Feuchtigkeitsgrad entspricht, auf den sich das Holz im Bauwerk einstellt.

Die Leimflächen müssen bei fast allen Leimen so bearbeitet werden, daß sie gut aufeinanderpassen und keine Leimnester entstehen können. Die Arbeitsungenauigkeit soll dabei unter 0,25 mm liegen, da sonst die Leimfestigkeit und Fugenbeständigkeit wesentlich abnimmt. Lediglich bei den Leimen, die mit einem Füllmittel versetzt sind oder versetzt werden können, dürfen größere Paßungenauigkeiten in den Leimflächen vorhanden sein, z. B. bei dem Kauritleim WHK und dem Melocol H. Das Auftragen der Leime erfolgt im Holzbau meist mit Pinsel oder Spachtel, wobei Holzspachtel mit Gummistreifen bevorzugt werden sollen.

Das Zusammenheften der zu verleimenden Werkstücke erfolgt durch Schraubenbolzen, Nägel und Schraubenzwingen. Zur Kraftübertragung dürfen Nägel nicht mit herangezogen werden, da ein Zusammenwirken von Verleimung und Vernagelung wegen der größeren Nachgiebigkeit der Nägel nicht gewährleistet ist.

Zur Erzeugung des zur Verleimung notwendigen Preßdruckes werden Spindelschrauben oder hydraulische Pressen, u. U. auch Nägel, Schrauben- oder Keilzwingen benutzt. Nägel oder im Werkstück verbleibende Bolzen haben den Vorteil, daß sie bei Fehlleimungen das Klaffen und Aufreißen der Leimfugen verhindern.

Bei der Querschnittswahl verleimter Tragwerke ist es nötig, darauf zu achten, daß Nebenkräfte — vor allen Dingen quer zur Leimfuge —, die durch Wuchsunregelmäßigkeiten oder Nachtrocknen verursacht werden können, sich weitgehend aufheben.

Für Leimkonstruktionen werden folgende Querschnitte verwendet:

1. I-Querschnitt mit Vollholzstegen (Abb. 7), bei denen sich die Einzelteile aus einem Stamm herstellen lassen. Der Stamm wird zweckmäßig in drei Teile ge-

---

[1] Über die Leimarten vgl. Abschn. *Baustoffe* S. 48 sowie [*11*] S. 532.

[2] *Vin Zeluft*: Scientific American, June 1947, S. 252 und *K. Egner*: Bautechnik 18 (1940) S. 435.

schnitten. Aus den beiden Seitenteilen werden die Gurte hergestellt, die Kernseite kommt dabei nach außen. Der Steg wird aus dem Mittelteil genommen, im Kern aufgetrennt und Splintseite gegen Splintseite wieder zu einem Querschnitt zusammengeleimt. Die Kernseiten des Steges werden dann gegen die Splintseiten der Gurte geleimt.

Verwendet werden diese Querschnitte für Sparren, Pfetten und Deckenbalken.

2. Rechteckquerschnitte, die aus Brettern von 18 bis 20 mm Dicke zusammengesetzt sind (Abb. 8), und

3. I-Querschnitte nach *Hetzer* (Abb. 9) werden für Bogenbinder verwandt. Zur Sicherung gegen Fehlleimungen werden Bolzen durch die Querschnittsachse gezogen.

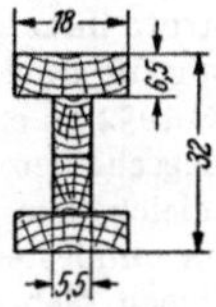

Abb. 7

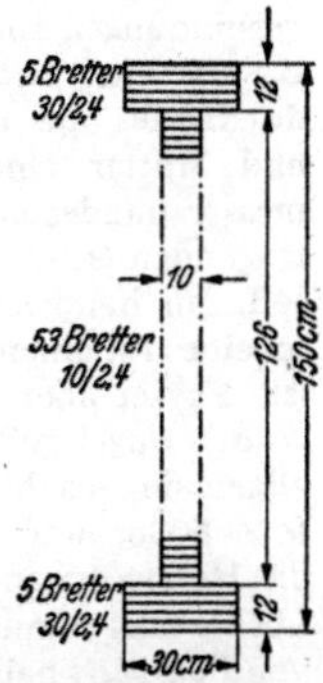

Abb. 9

4. Quadratische Querschnitte (Abb. 10) aus vier Vollhölzern werden Splint gegen Splint geleimt. Sie finden Verwendung für Stützen und Wandstiele.

5. I- oder Kastenquerschnitte (Abb. 11 und Abb. 12) mit Stegen aus kreuzweise unter 45° verleimten Brettern werden verwendet für Unterzüge, Träger und Rahmenbinder auch größerer Stützweite.

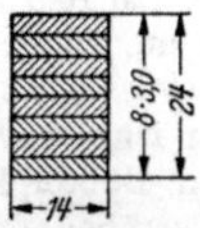

Abb. 8

6. I- oder Kastenquerschnitte mit Stegen aus Sperrholz, Homogenholz oder Holzfaser-Hartplatten (Abb. 13). Verwendung wie unter 5. Besondere Beachtung verdienen hier bei Aussteifungen, die ein Ausbeulen der Stege verhindern, was vor allen Dingen bei den vorwiegend auf Druck beanspruchten Rahmenstielen sehr wichtig ist.

Bei geleimten Bauteilen muß jedes Holz einen Brennstempel tragen, der Aufschluß über die Herstellerfirma gibt.

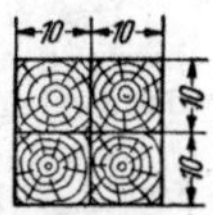

Abb. 10

Die zulässigen Spannungen für die Festigkeitsberechnung der Leimverbindungen sind DIN 1052 zu entnehmen.

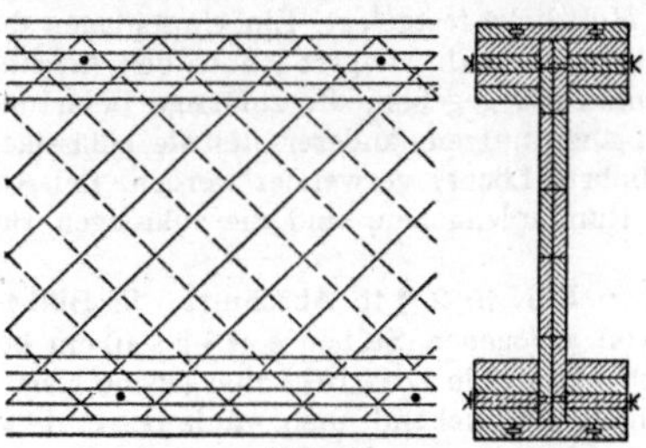
Abb. 11

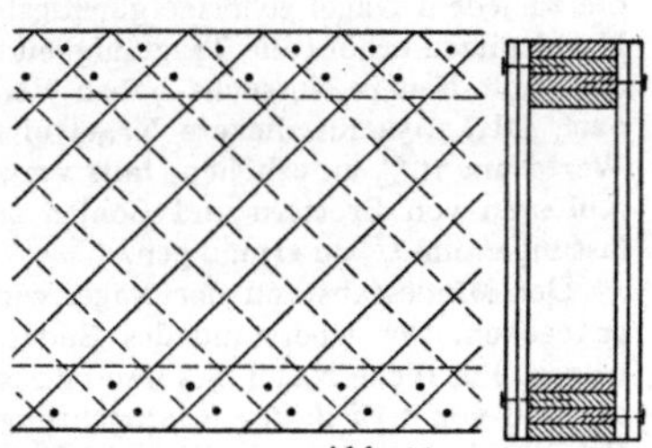
Abb. 12

2. Punktförmige Verbindungen

a) Verbindungsmittel mit vorwiegender Biegungsbeanspruchung

α) Bolzen, Stahlstifte, Nägel. Die einfachsten und seit alters gebräuchlichsten Verbindungsmittel sind *Schraubenbolzen* und *Nägel* verschiedenster Form. Die Kraftübertragung erfolgt nicht wie beim Leimen in ganzer Fläche, sondern in einzelnen Punkten mit einer gewissen Tiefenwirkung.

α_1) *Schraubenbolzen* werden nach DIN 1613 aus Schraubenstahl St 38.13 mit einer Zugfestigkeit von 38 bis 45 kg/mm² und einer Streckgrenze von etwa 25 kg/mm² hergestellt. Die Bolzen werden in vorgebohrte Löcher mit einem Spielraum von 1 bis 2 mm eingezogen. Die Tragfähig-

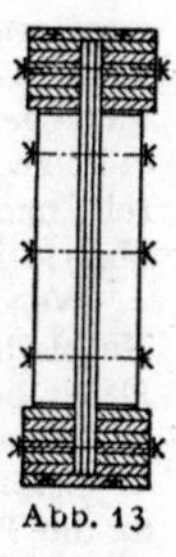
Abb. 13

keit ist abhängig von der Lochleibungsfestigkeit des Holzes und der Steifigkeit des Bolzens selbst. Auf eine Mitwirkung der Reibung in den Berührungsflächen der Hölzer kann mit Rücksicht auf das Schwinden des Holzes nicht dauernd gerechnet werden. Der Lochwanddruck ist nicht gleichmäßig über die ganze Länge des Verbindungsmittels verteilt, sondern konzentriert sich nach den Rändern.

Da die Schraubenbolzen mit einem gewissen Spielraum in den Löchern sitzen, ist eine Anfangsverschiebung schon bei geringen Lasten unvermeidlich. Bolzenverbindungen sind trotz ihrer großen Verbreitung wenig vorteilhaft. Die zulässige Last ist für Kraftangriff in der Faserrichtung, unabhängig von der Güteklasse des Holzes, aus DIN 1052 zu entnehmen. Es ist darauf zu achten, daß unter Kopf und Mutter Unterlegscheiben vorhanden sind, deren Seitenlänge bzw. Durchmesser mindestens gleich dem 3,5fachen Bolzendurchmesser und deren Dicke bei tragenden Schrauben mindestens 5 mm, bei Heftschrauben mindestens 4 mm sein soll. Im handwerklichen Gebrauch erhält nur die Mutter eine dünne Unterlegscheibe mit einem Durchmesser gleich der Mutter, wie sie im Maschinenbau üblich ist. Es sei aber ausdrücklich darauf hingewiesen, daß dieser Brauch falsch ist.

α_2) *Nägel* gehören zu den ältesten Holzverbindungsmitteln [*10*]. Sie bestehen allgemein aus blankem, rundem Thomasflußstahldraht mit einer Festigkeit von 60 – 80 kg/mm². Nägel werden meist gewaltsam in das Holz eingeschlagen, wobei die Holzfasern in der Hauptsache zur Seite gequetscht werden. Ein Vorbohren der Löcher mit dünnerem Bohrer kommt nur bei dickeren Nägeln in Frage. Versuche von *Fonrobert* haben ergeben, daß sich sehr lange Nägel mit einer Ramme eintreiben lassen, während nach Angabe eines russischen Holzbaubuches lange Nägel mit einer sogenannten Nagelkanone eingeschossen werden können.

Das Wesen der Vernagelung liegt in der mehr oder weniger flächenfesten Verbindung mit beschränkter Tiefenwirkung. Somit steht die Vernagelung zwischen der Verleimung und der Verbolzung [*10*].

Tragfähigkeit bei Belastung der Nägel quer zur Achsrichtung. Als zulässige Höchstlast ${}_{\text{zul}}P$ bezeichnet man $^1/_3$ der erreichten Höchstlast P_B oder die Last, bei der eine Verschiebung von 1,5 mm eingetreten ist. In der Regel liegt die Verschiebung weit unter dem Wert von 1,5 mm. Die Faserrichtung ist ohne Einfluß auf die Tragfähigkeit. In DIN 1052 Tafel 6 und 7 ist die Tragfähigkeit der Nägel sowie die zu jedem Nagel gehörige günstigste Holzdicke festgelegt. Ein Umschlagen der Nagelspitzen erhöht die Tragfähigkeit nicht merklich, steigert jedoch den Arbeitsaufwand. Neuere Versuche haben Veranlassung gegeben, die zulässige Belastung nach DIN 1052 für dickere Nägel nicht auszunutzen, andererseits die zulässigen Werte um 10% zu erhöhen, falls vorgebohrte Löcher verwendet werden. Bei Anschlüssen von Brettern und Bohlen an Rundholzflächen, sind die zulässigen Belastungen um $^1/_3$ zu ermäßigen.

Der Mindestabstand der Nägel wird in DIN 1052 § 16 Abschnitt 6 in Bild 14 angegeben. Der Überstand des Endes von gezogenen Stäben soll 5 bis 10 cm betragen. Für dicke Nägel (5,5 mm und mehr) ist der in DIN 1052 angegebene Nagelabstand von 10 d in der Kraftrichtung nicht ausreichend, man wähle besser 14 d. Bei Nägeln von 4,6 mm Dicke aufwärts sollte man als Mindestabstand vom belasteten Rand statt 12 d besser die 1,5fache Brettdicke vorsehen.

Verhalten der Nägel bei dynamischer Belastung. Infolge oftmals wiederholter dynamischer Belastung (Brücken und Kranbahnen) werden Nägel weitaus ungünstiger als durch statische Lasten beansprucht. Unter dynamischer Last, die z. B. zwischen $^1/_5$ bis $^3/_2$ der sonst zulässigen Belastung schwankt, brechen sie bereits nach wenigen Hunderttausend Lastwechseln, gewöhnlich an mehreren Stellen, ohne sich merklich verformt zu haben.

Wegen der durch Rosten sich noch vergrößernden Kerbempfindlichkeit der Nagelschäfte ist bei Behelfsbrücken, ganz besonders aber bei Brücken, die für die Dauer bestimmt sind, die Tragfähigkeit der Nägel so vorsichtig wie nur möglich zu bemessen.

Belastung der Nägel in ihrer Achsrichtung. Hier ist besondere Vorsicht geboten, da die Tragkraft (Haftkraft) gering ist. Zulässige Belastung siehe DIN 1052 § 16.

In vielen Fällen werden die Nägel zur Sicherung von Bauteilen gegen Abheben nicht ausreichen, man muß dann auf andere Verbindungsmittel zurückgreifen.

Spalten des Holzes und Schwächung des Holzquerschnittes. Kernbretter spalten beim Nageln leichter als Seitenbretter und werden zweckmäßig ausgeschieden. Verwachsene Äste mindern die Spaltgefahr. Gefrorenes Holz ist vor dem Zusammennageln unbedingt aufzutauen. Der Holzquerschnitt wird bei der Nagelung weniger geschwächt als bei der Bohrung, doch empfiehlt es sich, bei Zugstäben die Schwächung des Holzquerschnittes durch die vordersten Nägel zu berücksichtigen.

α_3) *Stahlstifte* (ohne Kopf und Spitze) werden in vorgebohrte Löcher eingetrieben und nehmen eine Zwischenstellung zwischen Bolzen und Nagel ein. Sie haben eine Festigkeit von etwa 70 kg/mm²; ihre Dicke schwankt entsprechend der Holzdicke zwischen 8 und 17 mm (letztere für Kanthölzer $^{14}/_{14}$). Die Tragfähigkeit hängt ab von der Lochleibungsfestigkeit des Holzes und der Steifigkeit der Stifte. Stahlstifte werden in der Hauptsache für größere Brettpakete verwendet, bei denen sich Nägel mit den üblichen Werkzeugen nicht mehr eintreiben lassen.

β) Bauweise Cabröl (Rohrdübel). Die Holzbauweise *Cabröl* verwandte 1918 und 1919 stählerne Rohrdübel. Seitdem stellt man die Dübel aus gepflegtem Hartholz (Eiche und Buche) her, seit etwa 1924 für Großbauten und stark belastete Konstruktionen aus Bongossiholz (Ostafrika). Der Durchmesser der zylindrischen Dübel beträgt 40, 50, 60, 70 und 80 mm; sie werden meistens als Biegedübel, seltener als Scherdübel verwandt.

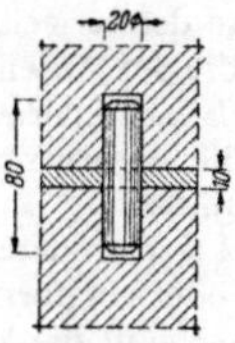

Abb. 14

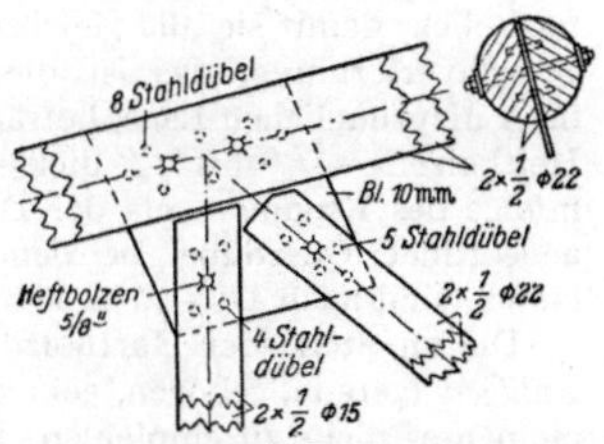

Abb. 15

Die *Biegedübel* werden quer zu den zu verbindenden Hölzern verlegt und hauptsächlich auf Biegung beansprucht. In die äußeren Hölzer greifen sie nur in einer Tiefe = Dübeldurchmesser ein. Man unterscheidet Volldübel und in der Mittelachse gebohrte Dübel, die nicht ganz zutreffend „Rohrdübel" heißen. Die Biegedübel sind stets zweischnittig bzw. vierschnittig. Die Tragfähigkeit der Biegedübel aus inländischem Hartholz ist auf Grund von Versuchen bei etwa dreifacher Sicherheit $P_{(\text{kg})} = 70\,d^2_{(\text{cm}^2)}$; d ist der Dübeldurchmesser. Der Leibungsdruck darf 40 kg/cm² nicht überschreiten. Mit dieser Formel rechnet man bei allen Hartholzarten. Aus Stahl werden Biegedübel in Form eines zylindrischen Prismas von 20 mm Durchmesser und 80 mm Höhe hergestellt, Tragkraft 1120 kg (Abb. 14). Diese eignen sich gut für den Anschluß von Hölzern an Knotenbleche, besonders auch bei Rundholzkonstruktionen, bei denen Halbhölzer an die Knotenbleche angeschlossen werden (Abb. 15).

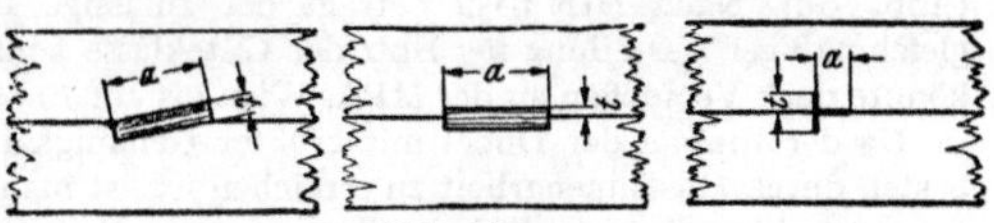

Abb. 16 a—c

Die *Scherdübel* aus Hartholz, mit gleichen Abmessungen wie die Biegedübel, werden wie rechteckige Zimmermannsdübel verwandt. Sie werden in die fertig verschraubte Konstruktion nach erfolgter Vorbohrung eingesetzt. Scherdübel wählt man, wenn größere Kräfte auf kleinere Anschlußflächen übertragen werden müssen.

Ein zweischnittiger Biegedübel von 60 mm Ø aus deutschem Hartholz trägt $P = 70 \cdot 6^2 = 2520$ kg. Bei gleicher Anschlußfläche kann ein Scherdübelpaar angeordnet werden, das bei 20 cm Gurthöhe 4800 kg übertragen kann.

Die Dübellöcher werden mittels Schlangenbohrer hergestellt, wobei — wie bei allen Einfräsdübeln — eine schwache Vorbohrung als Lehre dient. Sind zur Kraftaufnahme an einem Knotenpunkt oder einer Stoßstelle mehrere Dübel erforderlich, so erhält etwa jeder zweite Dübel einen durchgehenden Schraubenbolzen.

Ferner werden Scherdübel in allen Fällen verwandt, bei denen fertig zusammengesetzte und verschraubte Konstruktionen zu verbinden sind. Dies trifft insbesondere bei mehrteiligen Säulen zu.

b) *Verbindungsmittel mit vorwiegender Druckbeanspruchung (Dübel).*

Wesentlich günstiger als bei reinen Bolzenverbindungen ist die Kraftübertragung bei Dübeln. Als Grundform sind die seit Jahrhunderten bekannten rechteckigen *Zimmermannsdübel* als gute Verbindungsmittel anzusehen. Sie werden hergestellt aus Eiche, daneben auch aus Esche, Lärche oder geeignetem Metall.

Nach DIN 1052, Ziffer 70, sind die Holzdübel, für die nur trockenes Holz verwendet werden darf, so einzulegen, daß ihre Fasern und die der Balken gleichgerichtet sind. Beträgt die Länge a mindestens das 5fache der Einschnittiefe t, so ist die zulässige Beanspruchung der Hirnholzfläche — gleichmäßige Verteilung angenommen — für Holz der Güteklasse I und II 85 kg/cm². *Zahndübel* (Abb. 16a) sind bei Wechselbelastung nicht verwendbar, da bei Umkehrung des Kraftflusses die Neigung entgegengesetzt sein mußte. In Deutschland verbreiteter ist der *Längsdübel.* Liegen mehrere Dübel hintereinander, so ist eine hohe Arbeitsgenauigkeit erforderlich, damit sie alle gleichzeitig und gleichmäßig zur Mitarbeit gelangen. Die Stauchverformung, das ist die Verschiebung der belasteten Fläche gegenüber ihrer ursprünglichen Lage, beträgt an der Kriechgrenze nur 0,2 bis 0,4 mm [*8*]. Die Heftbolzen — $^1/_2''$ bis $^5/_8''$ dick —, die das Auseinandertreiben der Holzverbindung infolge des Kippmoments der Dübel verhindern sollen, werden seitlich der Dübel angeordnet. Querdübel, bei denen die Fasern senkrecht zu denen der Balken verlaufen, sind nach DIN 1052 nicht zulässig.

Die an Stelle der Hartholzdübel verwendeten hochkant gestellten *Bandeiseneinlagen* (gerade, gebogen, geknickt oder ringförmig) sind wegen ihres hohen Kippmomentes nicht zu empfehlen; besser sind die kleinen Profile der *hochstegigen* ⊣*-Stähle,* die nach dem Zusammenbau der Hölzer von der Seite her eingetrieben werden (Abb. 16c). Nach DIN 1052 beträgt der zulässige Leibungsdruck bei Annahme gleichmäßiger Verteilung für Holz der Güteklasse I und II 40 kg/cm². Dieser Wert könnte nach Versuchen an der MPA. Wien bis auf 70 kg/cm² erhöht werden.

Da der Einbau der Dübel mit größter Genauigkeit erfolgen muß und dies am besten durch Maschinenarbeit zu erreichen ist, ist man in neuerer Zeit zur Verwendung von kreisförmigen Dübeln übergegangen. Beispielsweise können die Nuten der Ringdübel auf $^1/_{10}$ mm genau geschnitten werden. Die zu verbindenden Hölzer werden auf der Zulage zusammengelegt und an all den Stellen, wo Dübel angeordnet werden sollen, Löcher in einem Arbeitsgang gebohrt. Nachdem die Hölzer auseinandergenommen sind, bilden diese Löcher für den gleich starken Zapfen des Fräsers die Führung.

Vorteilhaft sind alle mit Anlauf versehenen Dübelformen bzw. alle Ringdübel, die einen Schlitz haben und infolgedessen mit einer gewissen Spannung in die Ausfräsungen eingebaut werden können. Denn oft liegt zwischen Verzimmerung und endgültigem Zusammenbau ein Zeitraum von einigen Wochen; dann sind die ursprünglich kreisrunden bzw. kreisringförmigen Ausfräsungen durch das Schwinden leicht elliptisch geworden. Der Einbau läßt sich trotzdem ohne Beschädigung der Lochleibung vornehmen bzw. ohne daß von vornherein ein gewisses Spiel der Verbindung vorhanden ist. DIN 1052 enthält die zur Berechnung und konstruktiven Ausbildung der zugelassenen Dübelverbindungen erforderlichen Unterlagen.

Die neuzeitlichen Verbinder lassen sich in 3 Gruppen einteilen:

1. *Volle Scheiben,* die je zur Hälfte in ausgefräste Löcher der zu verbindenden Hölzer eingelegt werden;

2. *Ringe,* die in vorgearbeitete Nuten verlegt werden;

3. *Platten oder Ringe mit Zähnen,* die in die zu verbindenden Holzflächen mit Gewalt eingetrieben werden.

Dübel der Gruppe 1

a) Doppelkegeldübel der Firma Karl Kübler AG., Stuttgart. Sie bestehen entweder aus Gußeisen oder aus Eichenholz — diese in 2 Größen. Die Gußdübel — auch Eierdübel genannt — sind die ältere Form; sie werden nur noch selten neben den Eichenholzdübeln verwandt; sie lassen sich aber wegen ihres kleineren Durchmessers mit leichteren Handbohrmaschinen an der Baustelle einarbeiten. Sie sind wegen ihrer größeren Höhe und des damit verbundenen größeren Kippmomentes bei gleicher Belastung je cm² Stirnfläche etwas nachgiebiger.

b) Krallenscheibendübel System Greim. Die Krallenscheiben, so genannt wegen der auf dem Scheibenumfang befindlichen keilförmigen Krallen (Zähne), bestehen aus Temperguß und werden in 2 Größen von 55 und 80 mm Ø hergestellt. Die eine Krallenplatte hat eine Nabe und greift mit dieser in die gegenüberliegende Platte bzw. einen Flachstahl ein. Bei der Ausführung werden zuerst die 6 mm tiefe Aussparung für die Krallenplatte und die 3 mm tiefe Rundrille für den Zahnansatz ausgefräst. Dann werden die Krallenplatten mit einem Aufsatzhammer,

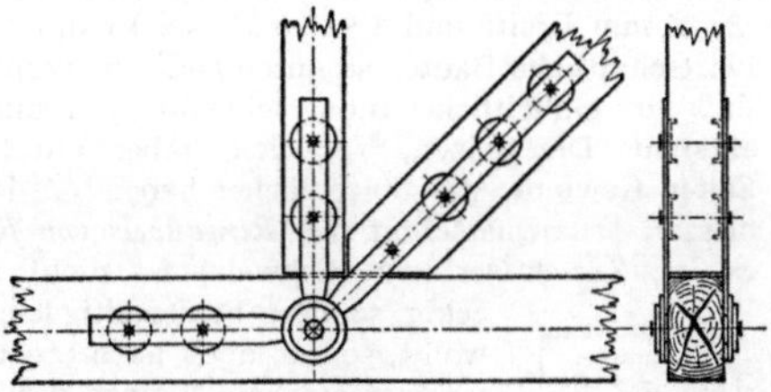

Abb. 17

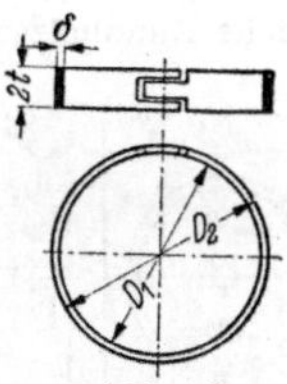

Abb. 18

der ein Loch für die Nabe besitzt, mittels Vorschlaghammer eingetrieben, bis die Scheibenoberkante mit der Oberfläche des Holzes bündig liegt. Der Zusammenhalt der Verbindungen wird durch Heftbolzen Ø 13 mm sichergestellt.

Bei Funkmasten wird meist Bronze, auch für die Bolzen und Unterlegscheiben verwendet.

Die Siemens-Bauunion ist bei ihrer Holzbauweise noch einen Schritt weitergegangen und hat außer den Verbindungsmitteln, den Krallenscheiben, zur Übertragung der Kräfte in den Knotenpunkten Stahlgelenke eingeschaltet.

Die *Stahlgelenkverbindung* (Abb. 17) besteht aus dem Haltering, dem Verschlußkörper (wegen seiner Form auch Pilz genannt) und den Hakenlaschen; sie wird in 2 Größen hergestellt mit einem äußeren Ringdurchmesser von 10,5 bzw. 15 cm und einer Tragkraft von 12 bzw. 24 t.

Die Vorteile dieser Gelenkbauweise sind u. a.:

1. Die Stabanschlüsse werden zentrisch in das Gelenk der Knotenpunkte geleitet (Vermeidung von Nebenspannungen).

2. Das Holz wird nur in der Faserrichtung beansprucht (Ausschaltung von Druck- und Zugbeanspruchung quer zur Faser).

3. Die Füllungsstäbe stehen nicht über die Gurte vor.

Bei dieser baulich einfachen und klaren Ausbildung der Knotenpunkte besteht aber andererseits die Gefahr, daß beim Versagen eines Druck- oder Zugstabes der ganze Binder nachgibt und unter Umständen abgestützt werden muß, während solche Vorkommnisse bei steif ausgebildeten Knotenpunkten meist harmlos sind. Mit Rücksicht auf die erheblichen Kosten für die Gelenkverbindung, die zum Teil aus hochwertigem Stahl besteht, erscheint die Bauweise weniger geeignet für Dauerbauten als vielmehr für vorübergehende Bauten, wie z. B. Betonierungsbrücken, Notbrücken, weitgespannte Transportkrane usw.

Dübel der Gruppe 2

a) Ringdübel von *Tuchscherer, Schüller, Heß, Rigling, Locher, Appel.* Sie bestehen im allgemeinen aus offenen oder geschlitzten Ringen, weil diese schmiegsamer sind und beim Schwinden des Holzes eine zuverlässigere Kraftübertragung auf den Holzkern und die Nutenwandung gewährleisten.

Der *Ringdübel von Tuchscherer* (Abb. 18) wird hergestellt aus Flußstahl, Durchmesser 10 bis 30 cm, Breite 2 bis 6 cm und Dicke 0,4 bis 1,2 cm. $\delta/t = 0{,}4$; $D_1/t = 10$; Schraubenbolzen $\varnothing = 1/8\,D$ (und $\geqq 16$ mm für $D \geqq 10$ cm) [*8*]. Das eine Ende ist mit einem ausgearbeiteten Zahn versehen, der in eine Lücke des anderen Flachstahlendes eingreift, nach Art von Nut und Feder. Diese Schlitzung des Ringes soll seine Wirkung unabhängig machen von dem Schwinden des Holzes bzw. ungenauer Arbeit. Im allgemeinen kommt man bei einem Anschluß eines Füllungsstabes mit einem Ringpaar aus. Der *Schüller-Ringdübel* (Abb. 19), der ähnliche Abmessungen hat, wird aus 2 halbkreisförmig gekrümmten Flachstählen gebildet, deren Enden gradlinig in radialer Richtung abgebogen sind, im übrigen aber gleichgerichtet liegen. Die Dübelenden sind am Außenholz sichtbar, wodurch jederzeit die Lage des Dübels nachprüfbar ist.

Abb. 20 zeigt den federnd gesperrten *Ringdübel* von *Heß*. Er besteht ebenfalls aus Flußstahl und wird beim Einbau nach außen gequetscht. Er wird nur in einer Größe hergestellt mit 54 mm $\varnothing$, 22 mm Breite und 3,5 mm Dicke. Er dient dazu, schwache Rundhölzer für landwirtschaftliche Bauten so miteinander zu verbinden, daß ein einheitliches unverschiebbares Raumwerk entsteht. Die Bolzen, $^3/_8''$ dick, haben auf beiden Seiten Gewinde; die Bolzenlöcher haben $^5/_8''$ Durchmesser. Der Querschnit des *Ringdübels von Rigling & Co.*, Zürich-Oerlikon (Schweiz) ist nicht rechteckig, sondern beiderseitig leicht gewölbt, so daß auch nach mehr oder weniger starkem Kippen der Ringe keine besonders großen Kantenpressungen am Rande der Übertragungsflächen entstehen können. Außerdem hat die Form den Vorteil, daß die Dübel fest in die Nuten eingepreßt werden können und dadurch nach Belastung keinen großen Schlupf zeigen. Der Dübel ist außerdem aufgeschlitzt, was seine Wirkung vom Schwinden des Holzes unabhängig machen soll. Die Durchmesser der Dübel schwanken zwischen 6 und 30 cm. Die Höhe des Ringes beträgt rd. 0,25 D, die Dicke beim kleinsten Dübel 5 mm und beim größten 16 mm. Verbindungen mit Dübeln bis 24 cm $\varnothing$ sollen sich gut bewährt haben. Größere Dübel wurden bislang nicht ausgeführt.

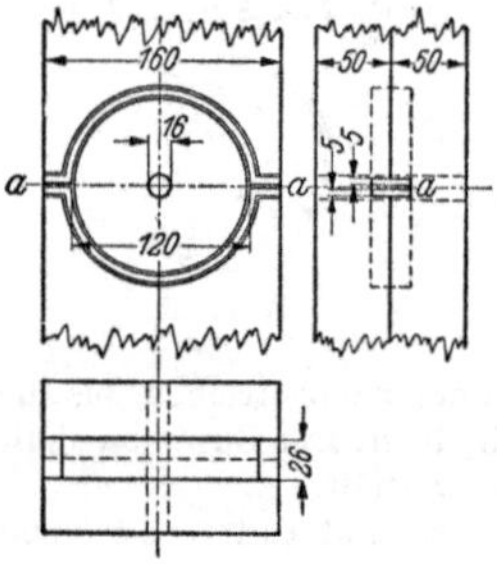

Abb. 19

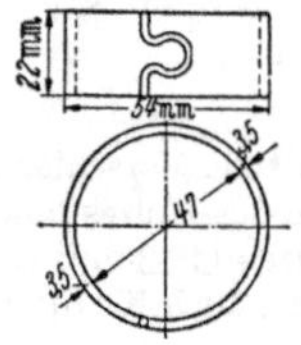

Abb. 20

Der *Ringdübel der Firma Locher & Co.*, Zürich (Abb. 21) besteht aus Grauguß; er hat zylindrische Außenfläche und 2 konische Innenflächen und ist unter einem Winkel von etwa 30° zur Umfangsrichtung geschlitzt. Die Nuten in den zu verbindenden Hölzern werden mit einem etwas größeren Durchmesser als der des Dübelringes ausgefräst. Infolgedessen wird dieser beim Einsetzen geöffnet und erhält eine gewisse Vorspannung. Beim Schwinden des Holzes wird er zusammengedrückt, die beiden Ringenden schieben sich gegeneinander oder unter Umständen übereinander, ohne daß im Ring Zwangsspannungen entstehen. Beim Quellen des Holzes wird dieser wieder geöffnet. Konstruktionen mit derartigen Ringdübeln sind praktisch genommen unabhängig vom Schwinden und Quellen des Holzes. Der Durchmesser schwankt zwischen 8 und 28 cm (meist gebraucht 10 bis 22 cm), die Breite entsprechend zwischen 3 und 5 cm. Das Verhältnis der Bruchlasten // zur Faser: 45°: $\perp$ zur Faser beträgt im Mittel 1:0,75:0,6.

Ähnliche Ringe verwendet *Otto Appel*, Berlin. Die sogenannten *Ringkeildübel* aus Gußeisen oder Stahl bzw. Silumin (eine besonders gegen Säuren, Salze und Rauchgase widerstandsfähige Aluminiumlegierung) haben keil- oder rautenförmigen bzw. ovalen Querschnitt. Eine Abart sind die *Rippendübel* von *Appel* (Abb. 22); die untere Ringhälfte erhält nach 2 Enden starr verbundene Längsstege bzw. Rippen die mit dreieckförmigen Flachplatten in T-Form versteift sind. Dadurch ist eine erhebliche Kraftübertragung quer zur Holzfaser ermöglicht.

Die Ringdübel sind vor Rost gesichert, da die Ringnut für Wasser schwer zugänglich ist, sich außerdem aber durch Austeeren oder einfaches Ölen wasserdicht machen läßt.

Der *Ringdübel, Bauart Hartl,* besteht aus einer ringförmig gebogenen Hartholzplatte, so daß die Holzfasern in annähernd konzentrischen Kreisen verlaufen. Der Querschnitt der Ringe kann rechteckig oder sechseckig sein. Durchgeführte Versuche haben die gute Tragfähigkeit der Hartholzdübel System Hartl gezeigt [*11*]. Seine Vorteile sind:

1. Stahl wird nur für die Verbindungsbolzen gebraucht.
2. Geringere Höhe gegenüber Scheibendübeln, da durch die offene Ringform zwei Leibungsflächen anliegen und daher ein geringerer Eingriff notwendig wird.

Es bleibt weiteren Versuchen überlassen, die endgültige Tragfähigkeit festzulegen.

Es ist nicht angängig, mehrere Ringdübel konzentrisch anzuordnen.

Eine Verbindung von Scheiben- und Ringdübel bilden **b) die Teller- und Stufendübel** von Cristoph & Unmack. Der *Tellerdübel* (Abb. 23) ist ein steifer Ring aus Temperguß mit T-Querschnitt. Flansch (konisch gestaltet) und Steg liegen beiderseits in maschinell hergestellten ringförmigen Nuten der zu verbindenden Hölzer. Durch den lotrechten Steg des T-Querschnittes wird der Ring am Verkanten gehindert. Das angreifende Kräfte-

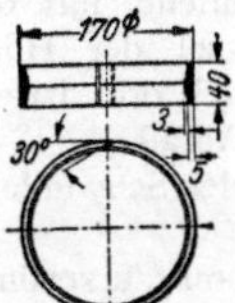

Abb. 21

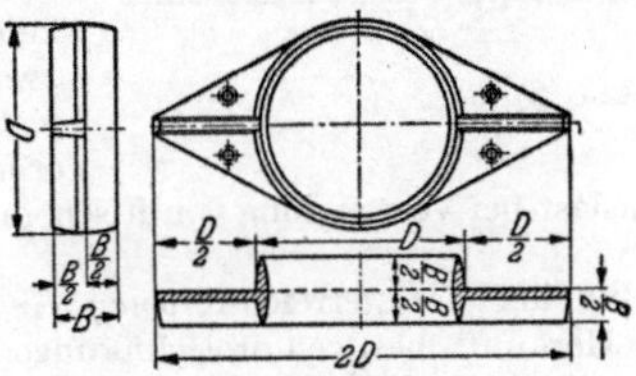

Abb. 22

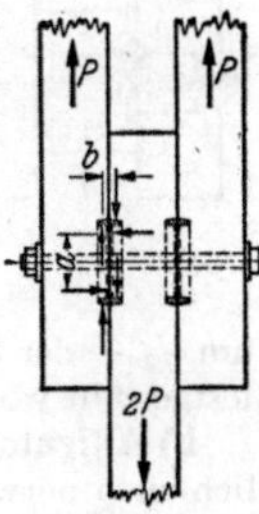

Abb. 23

paar am Dübel mit kleinem Hebelarm wird im Gleichgewicht gehalten durch das Kräftepaar der Gegendrücke des Ringes auf die Ausfräsungsflächen. Hierdurch ergibt sich unter hohen Belastungen ein besonders geringes Maß von Verschiebungen. Die meist verwandten Durchmesser der Tellerdübel liegen zwischen 6 und 20 cm mit Zwischenstufen von 2 cm und Bolzen, steigend von $^1/_2''$ auf $^5/_8''$.

Der *Stufendübel* (Abb. 24), ebenfalls aus Gußeisen, hat ⅃-förmigen Querschnitt. Der größere Ring steckt in einem Gurtholz, der kleinere in einem Diagonalholz. Der Dübel dient zum Anschluß von großen Diagonalkräften an die Gurtungen von Fachwerken. Es ergeben sich hierbei kleinere Diagonalquerschnitte für den Anschluß. Die meist verwandten Durchmesser sind $^8/_{12}$, $^{10}/_{14}$ und $^{12}/_{16}$.

Dübel der Gruppe 3[1]

Die *Preßdübel* — teilweise norwegischer Herkunft — sind Platten oder Ringe mit Zähnen, die in die zu verbindenden Holzflächen mit Gewalt eingetrieben werden.

a) Bulldogplatten. Sie werden aus Siemens-Martin-Sonderstahl mit Kupferzusatz aus einem Stück gepreßt; die Bleche — rund, quadratisch oder oval — 1,25 bis 1,7 mm dick, haben gezahnte Ränder, die Zähne abwechselnd nach beiden Seiten um 100° aufgebogen. Diese geringe Schrägstellung der Zähne bewirkt, daß sich das Blech nach beiden Seiten in das Holz sperrt, wenn dieses schwindet.

Abmessungen: 50, 62, 75, 95, 117, 140, 165 mm ⌀, 100/100, 130/130 mm².

Für Anschlüsse an Stahl, Beton usw. werden die runden Bulldogverbinder einseitig gezahnt geliefert. Bei den quadratischen Platten sind die äußeren Zähne im

[1] Abbildungen u. Tragfähigkeitsangaben s. DIN 1052.

rechten Winkel zu den Zähnen des inneren Randes angeordnet. Dieser Umstand und die staffelförmige Zahnausbildung entlang der Ränder bezweckt die Herbeiführung einer günstigen Druck- und Scherkraftverteilung über die Holzfläche.

Die zulässige Last ist nicht nur abhängig von der Größe des Dübels, sondern auch von der Dicke des verwendeten Schraubenbolzens, die zwischen $^1/_2''$ bis $1''$ schwankt. Beim Einbau werden nach Aufeinanderlegen der zu verbindenden Hölzer zuerst die Schraubenlöcher ausgebohrt, und zwar um etwa 3 mm weiter — nach Angabe der Erzeuger — als der Schraubendurchmesser beträgt. Dann werden die Hölzer auseinandergenommen, die Dübel, geführt am durchgezogenen *Spezialbolzen* aus Spezialstahl, mit Unterlegscheiben eingelegt und die Spezialbolzen mit langen Schraubenschlüsseln zugezogen, wodurch die Dübel sich ins Holz einpressen. Die zum Einpressen nötige Kraft ist nicht gering; sie beträgt für Fichte und Kiefer beispielsweise bei 95 mm Ø etwa 3,3 t, bei 10/10 cm² etwa 4,0 t. Nach vollzogenem Einpressen werden die Bolzen durch die endgültigen Schrauben ersetzt, deren Muttern, wenigstens durch einige Tage hindurch, ständig nachgezogen werden sollen, da die Verbindung sehr stark federt.

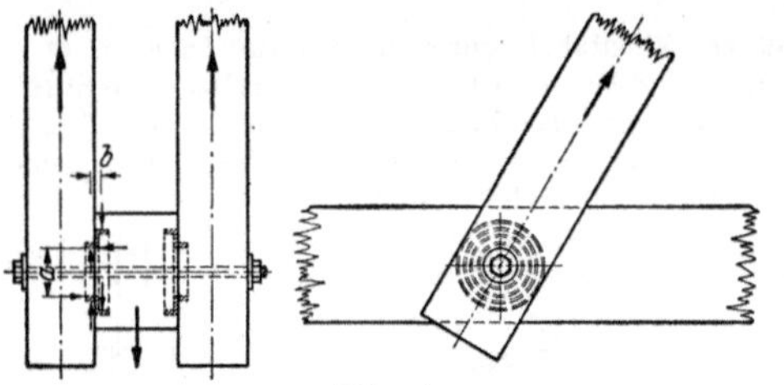

Abb. 24

Nach amerikanischen Versuchen ist die Tragfähigkeit gleichlaufend mit der zweiten Wurzel der Holzfestigkeit. Auch dort ist ein erheblicher Abfall — etwa um $^1/_3$ — der Gebrauchslast bei Verwendung von frischem Holz infolge Schwindens festgestellt worden.

b) Alligator-Zahnringdübel, in Österreich *Kromag-Ringdübel* genannt, ursprünglich auch norwegischer Herkunft, besitzen dreieckförmige Zähne, die zur Erhöhung der Tragkraft etwas gewölbt sind. Die Alligator-Zahnringdübel werden in folgenden Abmessungen geliefert: die kleinen Dübel: 55 und 70 mm Ø mit rd. 19 mm Zahnhöhe, für $^1/_2''$ bzw. $^5/_8''$ Schraubenbolzen; die mittleren Dübel: 95 und 115 mm Ø mit rd. 24 mm Zahnhöhe, für $^3/_4''$ bzw. $^7/_8''$ Schraubenbolzen; die großen Dübel: 125 mm Ø mit rd. 29 mm Zahnhöhe, für $1''$ Schraubenbolzen. Bezüglich des Einbaues gilt das, was für Bulldogplatten gesagt ist. Die zum Einpressen benötigte Kraft beträgt für Fichte und Kiefer 2,5 bis 11 t, für Harthölzer 13,5 bis 16 t. Die Dübelerzeuger empfehlen, die Berührungsflächen der Hölzer an und beiderseits der Dübelstellen vor dem Einbau mit Teeröl zu streichen und auch die Bolzen und Unterlegscheiben in heißen Teer zu tauchen.

Die Dübel sind durch Verzinkung oder durch ein gleichwertiges metallisches bzw. organisches Verfahren gegen Rost geschützt. Für Behelfsbauten werden sie auch mit einem einfachen Oberflächenschutz (lackiert) geliefert (für Dauerbauten unzulässig). Bei besonderer Beanspruchung z. B. durch Meerwasser werden sie mit einem säurefesten Überzug versehen. Es wird empfohlen, die Dübelgrößen 70 und 95 zu bevorzugen und größere Kräfte durch zweireihige Anordnung oder versetzt aufzunehmen, wodurch auch dem Werfen der Hölzer vorgebeugt wird.

c) Geka-Holzverbinder haben sich gut bewährt. Sie bestehen aus ringförmigen Tempergußplatten von 3 bis 4 mm Dicke und 50, 65, 80, 95 und 115 mm Außendurchmesser. Die auf beiden Seiten angegossenen Dorne haben gleichbleibende Höhe (Entfernung Spitze zu Spitze der Gegenseite 26 mm). Die Dicke der Schraubenbolzen beträgt je nach dem Außendurchmesser der Verbinder $^1/_2''$ bis $1''$. Beim Einbau lassen sie sich mit einem schweren Hammer so weit ins Holz eintreiben, bis die ringförmige Platte auf dem Holz aufliegt; das schadet den Spitzen durchaus nicht, selbst wenn sie etwas abgestumpft werden. Durch scharfes Anziehen der Schraubenbolzen lassen sich auch die ringförmigen Platten noch ins Holz einpressen.

Bei hartem Holz, z. B. bei Kiefernkernholz, tut man jedoch gut, für die ringförmige Platte eine geringe Ausnehmung auszufräsen. Gekadübel werden für Anschlüsse von Holz an Stahl in den Größen 80, 95 und 115 mm auch mit einseitiger Zahnung geliefert.

Die *Pfrommer Krallenplatte* besteht aus einem Bandstahl von 90 · 1,5 mm; die Bandeinheit ist ein Dübel von 90 mm Länge mit neun Löchern. Jedes Loch entsteht durch Auspressen von vier Zähnen, von denen zwei auf jeder Seite stehen. Es ist nicht nötig, zu jedem Dübel oder Dübelpaar einen Klemmbolzen zu nehmen. Statt der Bolzen verwendet man vorteilhaft auch Nägel. Die Krallenplatte nähert sich der Wirkungsweise des Leimes durch Beanspruchung der ganzen zu verbindenden Fläche.

Beim Gebrauch aller Preßdübel ist es ratsam, die Einbauanweisung der Dübelerzeuger genau zu beachten.

Außer den hier beschriebenen Dübeln gibt es noch eine Reihe anderer, die aber keine wesentlichen Abweichungen zeigen.

Ebenso wie bei den Ringdübeln ist es auch bei den Einpreßdübeln nicht angängig, mehrere ineinander zu legen. Neuere Versuche haben die Unzulässigkeit einer solchen Maßnahme ergeben.

Bei allen Dübelverbindungen müssen die Schraubenbolzen nachgezogen werden, soweit das Schwinden des Holzes dieses erforderlich macht.

Zusammenwirken verschiedener Verbindungsmittel. Das Zusammenwirken verschiedener Verbindungsmittel hängt davon ab, ob die Nachgiebigkeit der verschiedenen Verbindungsmittel etwa gleich groß ist. Bei Versatzung und Dübeln wird dies einigermaßen der Fall sein. Mit Rücksicht auf die hierbei herrschende Unsicherheit ist nach DIN 1052 beim Zusammenwirken verschiedener Verbindungsmittel für dasjenige die volle Spannung zugelassen, das nach der Rechnung den größeren Teil der Kraft zu übertragen hat, und bei den anderen ist eine Abminderung von $^1/_3$ vorzunehmen, d. h. sie sind für die 1,5fache Last zu bemessen.

Bei Bolzenverbindungen kann ein Zusammenwirken mit anderen Verbindungen nicht vorausgesetzt werden, ebenso nicht bei Leimverbindungen, so daß hier nur ein Verbindungsmittel für die Lastübertragung in Ansatz gebracht werden darf.

An sonstigen Verbindungsmitteln werden noch verwandt: Bänder, Klammern und Dollen.

Stählerne Bänder dienen zur Übertragung von Zugkräften oder zur Sicherung von Balken gegen Verschiebung; sie werden als gerade Flachstähle oder entsprechend geschmiedete Winkelbänder ausgeführt. Sie werden mit Nägeln, Holzschrauben oder bei größeren Kräften mit Schraubenbolzen befestigt.

Klammern (Abb. 25) kommen an Stelle von Schraubenbolzen und Bändern besonders bei vorübergehenden Bauten und Gerüsten zur Anwendung; sie werden hergestellt aus Flachstahl 26 · 8,270 mm lang, Spitzen 85 mm lang bzw. 26 · 10 oder 30 · 8,300 mm lang, Spitzen 90 bis 100 mm lang. Sie werden in weißglühendem Zustande maschinell gebogen und mit der Hand nachgeschmiedet; an der inneren Ecke erhalten sie eine Verstärkung, um ein Abbrechen unmöglich zu machen. Bei Rundstahl erscheinen 16 bis 18 mm Ø am zweckmäßigsten; bei größerer Dicke leidet bei vollem Einschlagen die Tragfähigkeit der Verbindung infolge des Spaltens des Holzes. Als Längen sind 250 und 400 mm empfehlenswert, als Spitzenlänge 90 mm [*11*]. Die zulässige Belastung für die voll eingeschlagene Klammer Ø 16 mm beträgt 450 kg, für die halb eingeschlagene 200 kg [*2*][1]. Bei Klammern, die dauernd sitzen bleiben sollen, ist ein Anliegen des Rückens am Holz erwünscht, weil dann die Verformungen am geringsten werden. Für Gerüstbauten, bei denen die Klammern

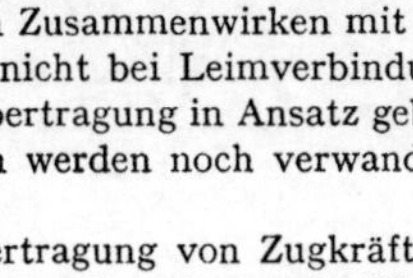

Abb. 25

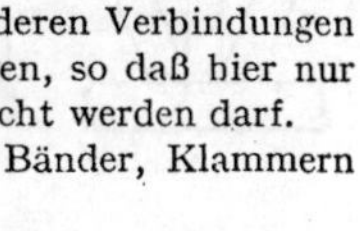
Abb. 26

[1] *Fonrobert*: Bauplanung u. Bautechnik 1 (1947) S. 19.

oft gelöst werden müssen, sind die Nasenrüstklammern „Kapi“ (Abb. 26) beliebt, da sie sich durch einen Hebeldruck mit dem Nageleisen an den beiderseitigen Nasen leicht lösen lassen.

Dollen (Dorne) sollen das Verschieben von einem Holz auf dem anderen verhüten; sie sind entweder zylindrische Stahlstifte von 3 bis 4 cm Dicke und etwa 10 cm Länge, die zum Eintreiben in die etwas enger gebohrten Löcher an den Enden verjüngt sind oder eichene ausgespaltene Holzstückchen von 3 cm Dicke und etwa 11 cm Länge.

Holznägel bei Zapfenverbindungen sind nur im Holzhausbau von Bedeutung; sie dienen in erster Linie zur Unterstützung beim Richten; eine nennenswerte Tragfähigkeit besitzen sie nicht, da das geringe Vorholz beim Zapfen vielfach schon beim Eintreiben der Holznägel ausgeschert ist. Zimmermeister *Kreß*, Tübingen-Lustnau, hat in neuerer Zeit gedrehte Holznägel aus Buchenholz (20 mm Ø) in Vorschlag gebracht, die in Löcher von 19,5 mm Ø eingetrieben werden. Versuche damit zur Deckung von Zug- und Druckstößen sind durchaus befriedigend ausgefallen.

B. Holzverbindungen [9]

1. Druckstoß

Stößt Hirnholz auf Hirnholz und ist die Stoßstelle gegen seitliches Ausweichen gesichert oder stößt Hirnholz auf Langholz, so genügt es, in den Stoßflächen Dollen einzubauen oder außen Klammern anzubringen, um ein seitliches Verschieben zu verhindern. Verwendet man kleine Zapfen, so sind die Zapfenlöcher von der Druckfläche abzuziehen (Abb. 27 und 28). Daher läßt man bei Fachwerken die lotrechten Ständer

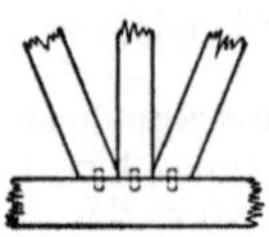

Abb. 27

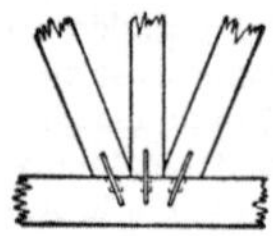

Abb. 28

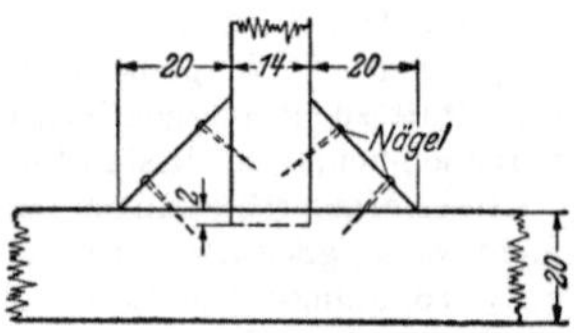

Abb. 29.
Druckstoß mit seitlichen Knaggen

— besonders wenn sie nicht mit den Gurten bündig liegen — in voller Fläche etwa 2 cm in die Gurte ein und sichert sie durch angenagelte dreieckige Holzstücke (Abb. 29). Wird die zulässige Druckfestigkeit quer zur Faser überschritten, so

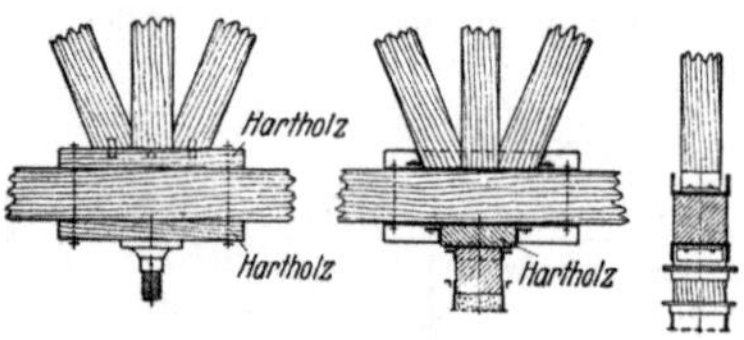

Abb. 30

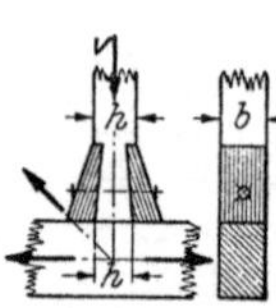

Abb. 31

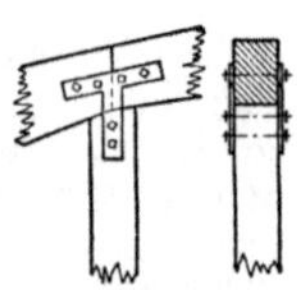

Abb. 32

schaltet man Hartholz- oder [-Stahlstücke ein (Abb. 30). Bei einzelnen Ständern kann man auch eine Verbreiterung der Druckfläche durch Anbringung von Aufschieblingen erreichen (Abb. 31) [7]. Abb. 32 zeigt die Verbindung eines Pfostens mit einteiligen Kranzhölzern, die über diesem gestoßen sind. Um eine einigermaßen steife Verbindung zu erreichen, müssen -förmige Stahlbänder angeordnet werden. Werden Stützen aus Rund- oder Kantholz gestoßen (aufgepfropft) und treten an der Stoßstelle Biege- oder Knickbeanspruchungen auf, so sind diese durch seitliche Laschen aus Holz oder Stahl unter Benutzung von Nägeln oder Schraubenbolzen als Verbindungsmittel aufzunehmen (Abb. 33). Oft ist es zweckmäßig, den Stoß durch eine Rohrhülse zu decken. Um ein Ineinanderschieben der Holzfasern an der Stoßstelle zu verhindern, bringt man vor dem Aufsetzen des oberen Stützenteiles eine Zwischenschicht ein aus gut gestampftem, schwachfeuchtem Zementmörtel. Vielfach werden an den Stoßstellen Einlagen aus dünnem Stahlblech vorgeschrieben. Ihr Wert ist bezüglich der Bruchfestigkeit umstritten; auf die Verschiebung wirken sie nur nachteilig.

Verlaufen die Hölzer waagrecht oder stoßen sie unter einem Winkel zusammen, so sind sie gegen Verschiebung durch Klammern oder Flachstahlbänder, gegen Ver-

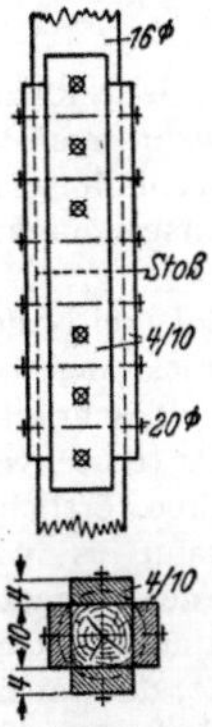

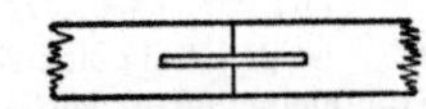

Abb. 34. Druckstoß eines waagerechten Kantenholzes

Abb. 35

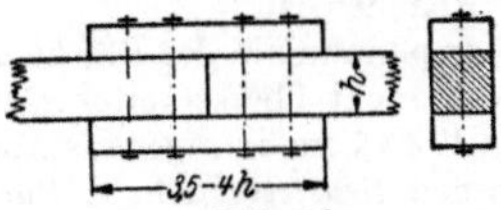

Abb. 36

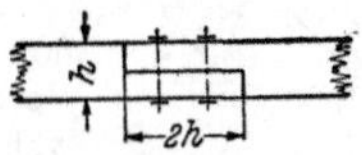

Abb. 37

Abb. 33

drehung durch eingepaßte Eckklötze zu sichern (Abb. 34 und 35). Bei Lehrgerüsten wird der Stoß der Schwellen durch angeschraubte doppelte Holzlaschen gebildet. Diese Anordnung kann auch Biegemomente aufnehmen (Abb. 36).

Das *gerade* bzw. *schräge Blatt* findet dann Anwendung, wenn die Stoßstelle unterstützt und für die einzelnen Hölzer keine genügende Auflagerungsfläche vorhanden ist (z. B. Stoß von Dachpfetten über den Dachbindern) (Abb. 37 und 38). Um größere Zugkräfte übertragen zu können, ordnet man bisweilen in den Berührungsflächen Dübel an.

2. Zapfen

Der Zapfen dient nur zur Sicherung der gegenseitigen Lage zweier Hölzer, Beispiel Abb. 28. Beim Aufstellen soll er die Hölzer in ihrer Lage festhalten. Abb. 39 zeigt die Verbindung von Pfosten und Streben mit zweiteiligen Kranzhölzern im Lehrgerüstbau. Unter Kopf und Mutter sind 8/8 bis 10/10 cm große und 8 bis 10 mm dicke Unterlegscheiben bzw. Flachstähle von entsprechender Breite und Dicke angebracht. Die Schrauben sind so fest anzuziehen, daß die Zugfestigkeit ihres Schaftes ausgenutzt wird, um in den Berührungsflächen der Hölzer durch die starke Pressung möglichst große Reibungskräfte zu übertragen. Dadurch entstehen steife Knotenpunkte.

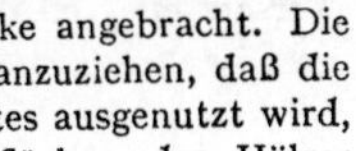

Abb. 38

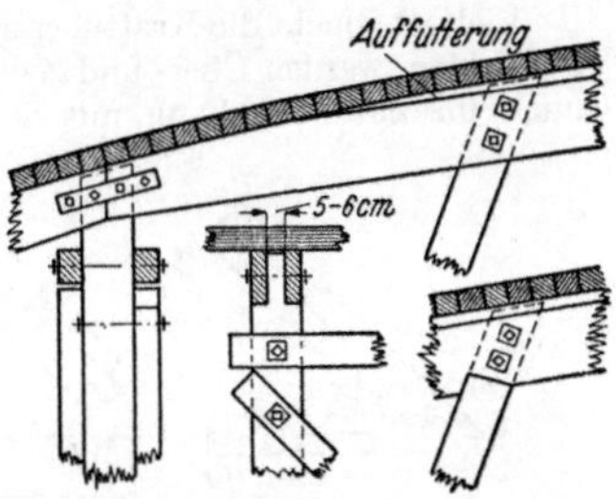

Abb. 39

Sind Dachsparren nicht durch eine Firstpfette unterstützt, so verbindet man sie durch Scher- oder Schlitzzapfen (Abb. 40). Vereinzelt werden auch Zapfen senkrecht zu ihrer Richtung auf Biegung beansprucht, z. B. als Brustzapfen bei Wechseln in Gebälken (Abb. 41). Um das Zapfenloch muß genügend Holz stehenbleiben, damit Risse vermieden werden.

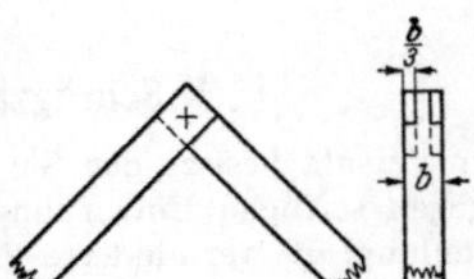

Abb. 40

Abb. 41

3. Versatz [2]

Der Versatz dient zum druckfesten Anschluß schräg zusammenlaufender Stäbe. Die übliche Ausführung ist der *Stirnversatz*, wobei die Stirn $a-b$ den Anschlußwinkel halbiert und der $\sphericalangle\, bac$ meist $\geqq 90°$ ist (Abb. 42). Man erhält dadurch die günstigsten Spannungsverhältnisse für Strebe und Schwelle. Nach DIN 1052 soll höchstens sein für

$$\left.\begin{array}{l}\alpha \leqq 50°,\ \text{Einschnittiefe}\ t = {}^1/_4\,\text{h}\\ \alpha \geqq 60°,\ \text{Einschnittiefe}\ t = {}^1/_6\,\text{h}\end{array}\right\}\ \begin{array}{l}\text{Vorholzlänge}\\ v = 8t.\end{array}$$

Zwischen den Winkeln von 50° und 60° ist gradlinig einzuschalten. Ist α kleiner als 50°, so wird die Ausnützung des Stabquerschnittes verbessert, wenn man den doppelten Versatz anwendet (Abb. 43). Das Mißtrauen gegen diese Verbindungsart ist gerechtfertigt, weil die notwendige Arbeitsgenauigkeit oft nicht vorhanden ist.

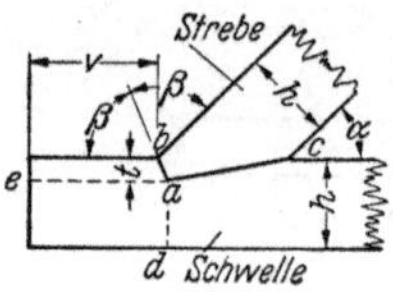

Abb. 42

Die Scherspannung in der Fläche $a-e$ soll bei Nadelholz 9 kg/cm² nicht überschreiten. Die Mindestlänge des Vorholzes sollte 15 cm betragen. Ist die Länge beschränkt, wählt man den *Brustversatz* bzw. *Rückversatz* (Fersenversatz) (Abb. 44). Infolge Verdrehung der Stäbe, örtlicher Verdrückungen und Schwindvorgängen kann es vorkommen, daß die Kraft nur durch die Stirn des Versatzes geht und daß sich die Fuge am Rücken öffnet; die Folge davon ist außermittige Beanspruchung der Strebe. Diese ist am geringsten beim Brustversatz, der nahezu wie ein Gelenk wirkt und bei Stabverdrehungen die Ausbildung großer Außermittigkeiten ausschließt. Beim

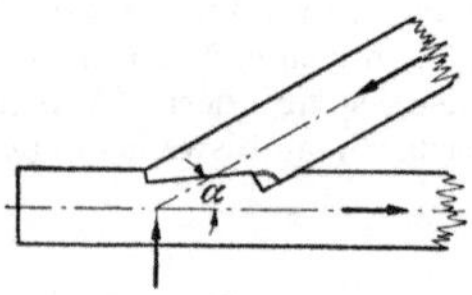
Abb. 43

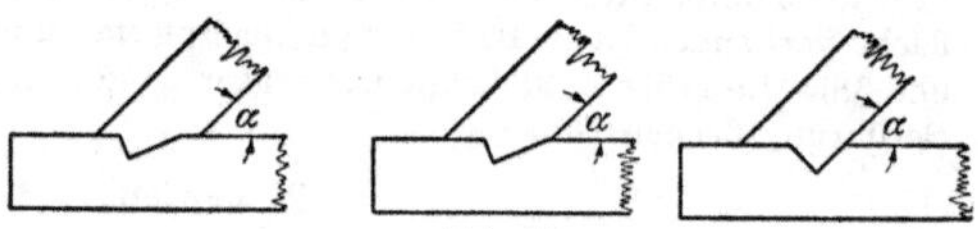
Abb. 44

Rückversatz liegt die Gefahr vor, daß der Zahn aussplittert (besonders bei Schwindrissen) und dann die Strebe ausrutscht.

Vielfach macht die Kraftübertragung Schwierigkeiten; um zu *tiefe* Einschnitte zu vermeiden, werden Über- und Zwischenhölzer angeordnet (Abb. 45). Bisweilen wird auch im Zusammenhang mit dem Versatz ein Teil der Kraft durch beiderseits angenagelte Laschen übertragen; dadurch erhält der Knotenpunkt eine gewisse Steifigkeit gegen seitliche Kräfte. Ein dreifacher Versatz ist nicht zu empfehlen, da die gleichmäßige und gleichzeitige Kraftübertragung in den drei Stirnflächen ausgeschlossen ist.

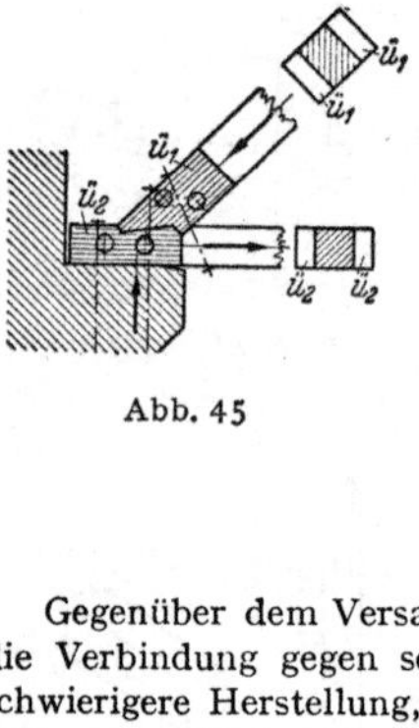
Abb. 45

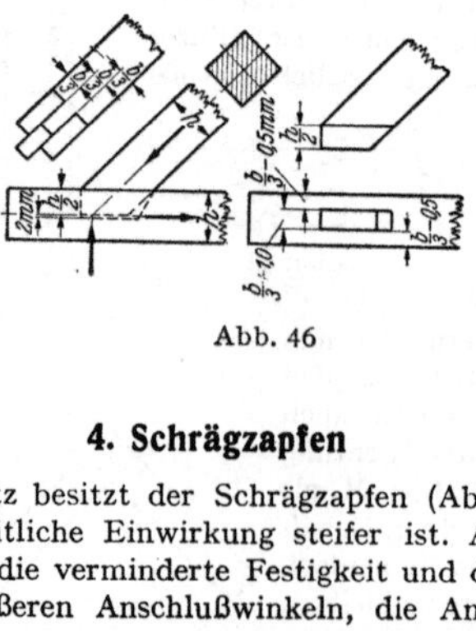
Abb. 46

4. Schrägzapfen

Gegenüber dem Versatz besitzt der Schrägzapfen (Abb. 46) den Vorteil, daß die Verbindung gegen seitliche Einwirkung steifer ist. Andererseits lassen die schwierigere Herstellung, die verminderte Festigkeit und die erhöhte Verformbarkeit, namentlich bei größeren Anschlußwinkeln, die Anwendung nicht ratsam erscheinen.

5. Zugstoß

Zur Deckung von Zugstößen werden Laschen aus Holz oder Stahl verwandt; letztere sind meistens teurer, aber wegen des besseren Aussehens und der erhöhten Sicherheit bei großen Kräften zweckmäßiger. Abb. 47 zeigt den Stoß eines zweiteiligen Zugstabes mit drei Holzlaschen und Dübelanschluß. Stahllaschen werden angeschlossen durch 1. Bolzen allein, die nach DIN 1052 Tafel 5 zu berechnen sind, 2. Dübel (Druckstücke, Stollen) mit Bolzen (Abb. 48), 3. Dübel, die mit den Stahllaschen durch Vernietung oder Verschweißung verbunden sind bzw. mit nabenförmigem Ansatz in ein Laschenloch eingreifen, in Verbindung mit Heftbolzen, 4. Holzschrauben. Jedes Holz des Stoßes ist nach einer Schablone einzeln zu bohren. Die Genauigkeit der Handbohrung ist unzureichend.

Abb. 47

Bei geleimten Konstruktionen kann man die üblichen Laschen nicht verwenden. Hier kommen in erster Linie Verbindungen durch Schäften in Betracht. Das Schäftungsverhältnis der zu verbindenden Stücke zur Länge, über die sich die

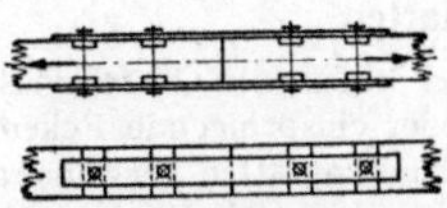
Abb. 48

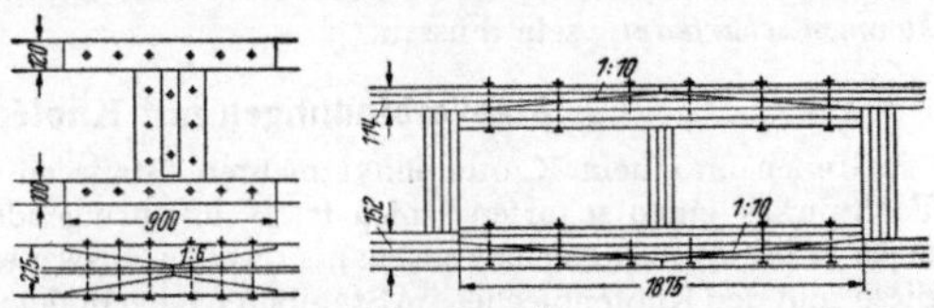

Abb. 49 a – b

Schäftung erstreckt, sollte mindestens 1 : 5 bis 1 : 8 betragen. Ferner wähle man die Querschnittsabmessungen der zu verbindenden Teile möglichst klein. Abb. 49 zeigt zwei Schäftungen bei Montagestößen. Die Schraubenbolzen erzeugen den notwendigen Preßdruck für die Leimung. Neuerdings verwendet man zur Längsverbindung von Hölzern auch die Keilschäftzinkung (Abb. 50a und 50b), zu der besondere Maschinen erforderlich sind [*11*].

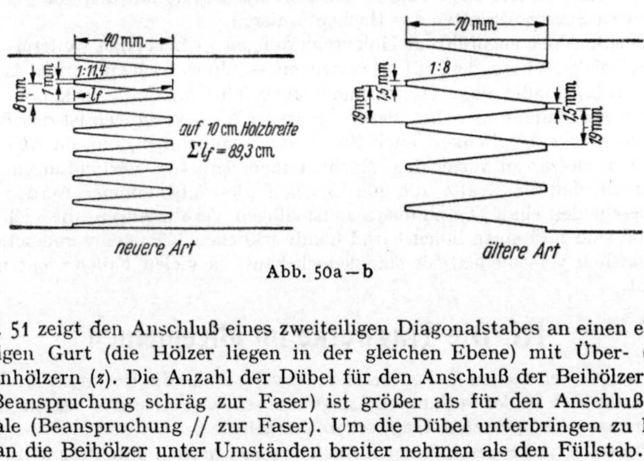

Abb. 50a – b

Abb. 51 zeigt den Anschluß eines zweiteiligen Diagonalstabes an einen ebenfalls zweiteiligen Gurt (die Hölzer liegen in der gleichen Ebene) mit Über- (*ü*) und Zwischenhölzern (*z*). Die Anzahl der Dübel für den Anschluß der Beihölzer an den Gurt (Beanspruchung schräg zur Faser) ist größer als für den Anschluß an die Diagonale (Beanspruchung // zur Faser). Um die Dübel unterbringen zu können, muß man die Beihölzer unter Umständen breiter nehmen als den Füllstab. Im allgemeinen schließt man im Holzbau die Füllungsstäbe *unmittelbar* an die Gurte an.

Nach DIN 1052 sind Außenlaschen bei Annahme gleichmäßig verteilter Spannungen für die 1,5fache Zugkraft zu bemessen. Empfehlenswert ist, die Laschenenden durch Heftschrauben oder Nägel gegen Werfen und Verziehen zu sichern.

6. Überschneidung

Bei der Überschneidung werden Zugstäbe (meist zweiteilig) an einen Gurt unmittelbar angeschlossen. Die Stäbe werden so weit ausgeschnitten (Zangen), daß sie

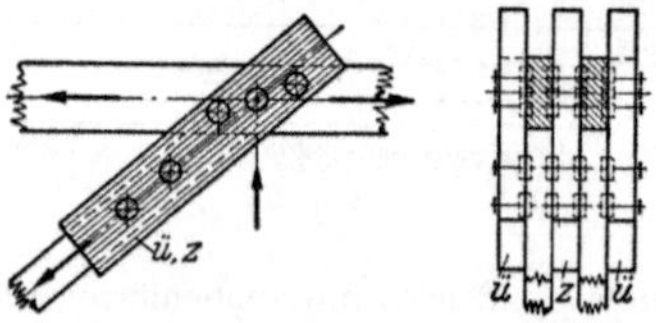

Abb. 51

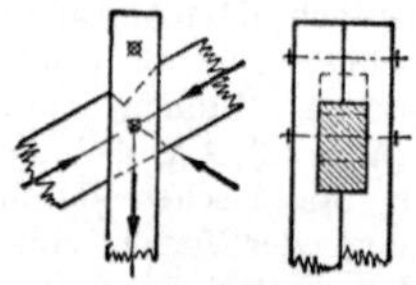

Abb. 52

ihre Kraft senkrecht oder schräg (mit Versatz) an den Gurt abgeben (Abb. 52). Auch kann ein einteiliger Zugstab im Zwischenraum eines zweiteiligen Gurtes liegen. Die Überschneidung kann als unmittelbare Stabverbindung nur bei kleinen Stabkräften angewandt werden, für deren Aufnahme aus konstruktiven Gründen meist überbemessene Stabquerschnitte vorhanden sind. Zu beachten ist, daß die Hölzer *vollkommen scharfkantig* sein müssen.

7. Stabverbindungen mit Knotenplatten

Greifen an einem Knotenpunkt mehrere Stäbe an oder bilden die Gurte eines Fachwerkes einen scharfen Knick (z. B. ausspringende oder einspringende Ecken eines Drei- oder Zweigelenkbogens), so werden bisweilen Knotenplatten verwandt; diese sind den Knotenblechen im Stahlbau nachgebildet; sie sind wirtschaftlich nicht immer vertretbar. Stählerne Knotenplatten kommen zusammen mit stählernen Runddübeln (Abb. 14) von 20 mm Dicke und 80 mm Länge bei schwer belasteten Brücken mit großer Stützweite und niedriger Bauhöhe, die sich sonst mit fortschreitender Holzaustrocknung stark durchbiegen, zur Anwendung. Vielfach werden Knotenplatten aus Sperrholz verwandt; sie bestehen aus Fichtenholz-Brettern, die kreuzweise in 3 bis 6 Lagen mit Kauritleim unter hohem Druck verleimt werden und sind 20 bis 26 mm dick. Es ist anzunehmen, daß bei der Güte der Kunstharzverleimung damit bessere Erfahrungen gemacht werden als mit den vor Jahrzehnten verwandten Sperrholzplatten aus Buchenfurnieren.

Außer den hier angeführten Holzverbindungen -- bezüglich weiterer einwandfreier Beispiele sei besonders auf [*9*] verwiesen — gibt es noch eine große Anzahl, die nur handwerksmäßig vom Zimmermann ausgeführt werden. Verkämmung, Verblattung, Aufklauung usw. Bei diesen „*zünftigen*" Verbindungen ist das Bestreben vorhanden, nach Möglichkeit auch Zugkräfte aufzunehmen, um ein Auseinandergleiten der Hölzer zu vermeiden. Rechnet man derartige Verbindungen nach, so findet man, daß die Kräfte, die günstigsten Falles aufgenommen werden können, recht bescheiden sind. Die zimmermannsmäßigen Verbindungen, die vielfach sehr kunstvoll sind und einen hohen Grad handwerklichen Könnens voraussetzen, sind landschaftlich verschieden. Sie sind jedoch heute in vielen Fällen nicht mehr angebracht.

III. Die Tragwerke im allgemeinen

Bei schwereren Lasten und größerer Stützweite ergibt die Rechnung Balkenquerschnitte, die sich in der verlangten Länge nur schwer beschaffen lassen. Man muß dann zu zusammengesetzten Tragwerken übergehen.

Die unter A und B beschriebenen Ausführungen werden durchweg handwerklich hergestellt. Die Verwendung neuzeitlicher Verbindungsmittel ist jedoch zweckmäßig.

A. Der verdübelte Balken

Es werden 2, im Brückenbau bisweilen 3 Balken aufeinandergelegt und durch Dübel und Bolzen miteinander verbunden. Von der Wirksamkeit der Dübel, dem Feuchtigkeitsgrad des Holzes und der Güte der Arbeit hängt es ab, inwieweit der Querschnitt die Tragfähigkeit eines entsprechenden vollen Querschnittes erreicht. Ganz wird das nie der Fall sein. Nach DIN 1052 ist das Widerstandsmoment anzunehmen: Bei 2 Lagen zu $W = 0{,}85 \cdot bh^2/6$, bei 3 Lagen zu $W = 0{,}7 \cdot bh^2/6$. In DIN 1074 sind diese Beiwerte für Brücken auf 0,8 bzw. 0,6 herabgesetzt. Zur Berechnung der *Durchbiegung* ist nach DIN 1052 und DIN 1074 das Trägheitsmoment anzunehmen: Bei 2 Lagen zu $I = 0{,}6 \cdot bh^3/12$, bei 3 Lagen zu $I = 0{,}3 \cdot bh^3/12$. Das Kippmoment ist durch Schraubenbolzen aufzunehmen. Diese sind entsprechend dem Schwinden des Holzes nachzuziehen.

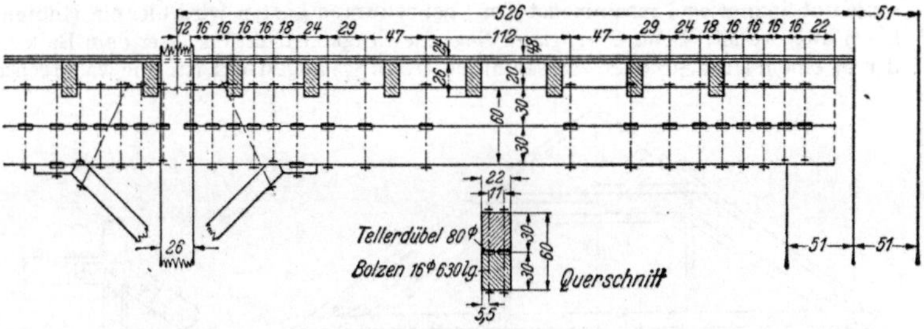

Abb. 53

Bei rechteckigen Zimmermannsdübeln, die durchweg aus Eichenholz hergestellt werden, beträgt die zweckmäßige Einschnittiefe $^1/_8$ bis $^1/_{10}$ der Höhe der Einzelbalken; die Fasern der Dübel und der Balken müssen gleichgerichtet sein.

Um das Durchhängen zu verhindern, gibt man dem verdübelten Balken vor seinem Zusammenbau nach der Mitte hin eine Überhöhung oder Sprengung. Die Balken werden miteinander verbolzt und die Dübellöcher in einem Arbeitsgang mit einer Kettenstemmaschine hergestellt. Abb. 53 zeigt einen Dübelbalken als Deckenunterzug im Sackspeicher der Schachtanlage Hattorf. Dübelbalken werden bis 15 m Stützweite ausgeführt.

Verdübelte Balken sollten nur ausnahmsweise verwendet werden, denn sie zeigen in allen Ausführungsformen einen hohen Arbeitsaufwand und Baustoffverbrauch neben einer verhältnismäßig geringen Tragfähigkeit. Es kommt darauf an, die unter der Belastung eintretenden Verformungen so klein wie möglich zu halten. *Fonrobert* empfiehlt, die Verbindungsmittel nicht für die auftretende Last zu bemessen, sondern für die Last, die ein Vollbalken mit gleichem Querschnitt tragen könnte.

Bei Bauten für *vorübergehende Zwecke* kann man sich auch mit verklammerten oder verbolzten Balken begnügen. Es ist darauf zu achten, daß der Feuchtigkeitsgehalt des Holzes erhalten bleibt. Um die Reibung in den Berührungsflächen zu erhöhen, ist es zweckmäßig, sie mit scharfem Sand oder Splitt zu bestreuen und dann erst die Bolzen kräftig anzuziehen.

B. Hängewerk, Sprengwerk, Hängesprengwerk

Reicht der normale Balkenquerschnitt nicht aus und ist in der Ebene des Balkens oberhalb bzw. unterhalb Platz vorhanden, wie z. B. bei Dachstühlen, Brücken, Gerüsten usw., so besteht die Möglichkeit der Anordnung eines *Hängewerkes* bzw. *Sprengwerkes* oder eines *vereinigten Hänge- und Sprengwerkes*. Je nach der Zahl der Aufhänge- bzw. Unterstützungspunkte unterscheidet man *einfache* und *doppelte* Hänge- bzw. Sprengwerke. In dem einfachen Hängewerk Abb. 54 wird rechnerisch die halbe Last, die gleichmäßig verteilt auf den waagrechten *Spann-* oder *Streckbalken* kommt, in der Mitte durch die *Hängesäule* oder den *Hängepfosten* über die beiden *Streben* in die Auflager übertragen. Abb. 54a zeigt den Anschluß der Hängesäule an den Streckbalken. In Abb. 55 ist ein doppeltes Hängewerk als tragende Konstruktion für ein Dach dargestellt (links *Kehlbalkendach*, rechts *Pfettendach*). Der waagrechte Stab zwischen den beiden Hängesäulen heißt *Spann-* oder *Brust-*riegel. Abb. 55a zeigt den Knotenpunkt, an dem Strebe, Hängesäule unf Spannriegel zusammenstoßen; bei schweren Lasten wird hier ein Knotenblech angeordnet. Beim *Sprengwerk* liegt die Tragkonstruktion unter dem Balken, der in einem (Abb.56) oder zwei Punkten (Abb. 57) abgestützt ist. Die waagrechte

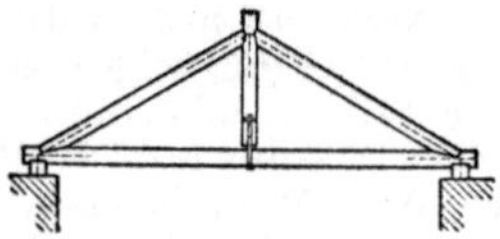

Abb. 54

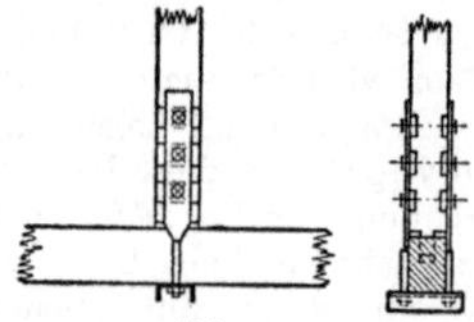

Abb- 54a

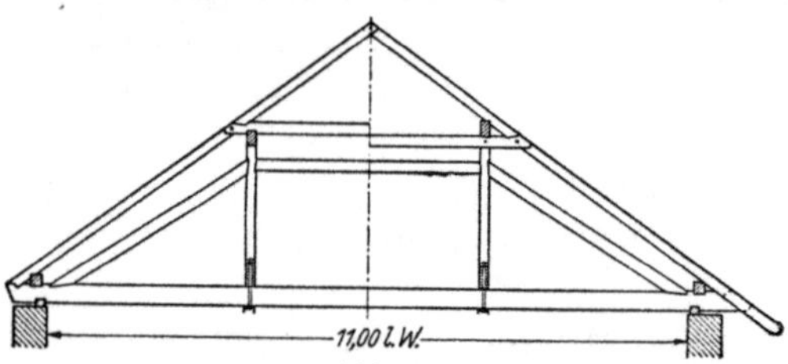

Abb. 55

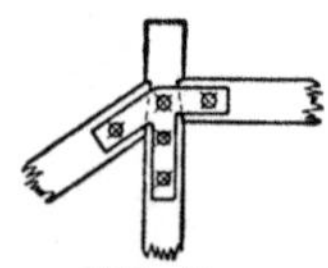

Abb. 55a

Seitenkraft (Schub) muß hier vom Widerlager aufgenommen werden. Der Spannriegel in Abb. 57 ist zur Verstärkung des Balkens mit diesem verdübelt und verbolzt. Abb. 58 zeigt das *Hängesprengwerk*, das eine Vereinigung von Hänge- und Sprengwerk darstellt. Damit die Streben ungestoßen durchgehen können, muß der Streckbalken zweiteilig angeordnet werden.

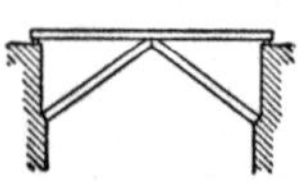

Abb. 56

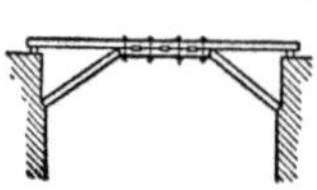

Abb. 57

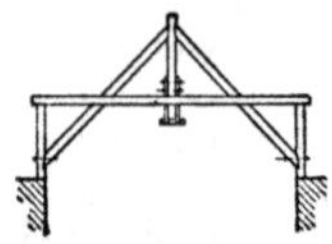

Abb. 58

C. Die neueren, ingenieurmäßig durchgebildeten Tragwerke

[*9, 10, 11*]

Der *Ingenieurholzbau* ist ein wichtiges Anwendungsgebiet des Holzbaues geworden, Ausstellungs- und Festhallen, Tribünen, Türme, Fabrikhallen, Flugzeughallen, Lokomotivheizhäuser, Wagenschuppen, Lagerhallen werden von oft erheblichen Spannweiten in Holz errichtet. Die Widerstandsfähigkeit des Baustoffes Holz hat sich gegenüber den Angriffen von Rauchgasen und chemischen Einflüssen bewährt. Unsere Vorfahren haben schon Holzbauwerke von bewunderswertem Umfang und erstaunlichen Abmessungen errichtet. Der Wandel, der gegenüber früher eingetreten ist, besteht in der Hauptsache darin, daß an Stelle der äußerst verwickelten und undurchsichtigen statisch unbestimmten Systeme heute klare, statisch bestimmte Tragwerke gewählt werden, bei denen sich die einzelnen Stabkräfte mit ziemlicher Sicherheit ermitteln lassen. Als statisch unbestimmte Systeme kommen nur der durchlaufende Träger, der Zweigelenkbogen und der Rahmen in Frage.

Das zu Ingenieurholzbauten verwendete Holz muß gesund, möglichst trocken und engringig sein; es darf keine Erscheinungen von Drehwüchsigkeit zeigen. Für Zugstäbe, besonders für Zuglaschen ist möglichst astarmes, hochwertiges Holz zu wählen. Schwierigkeiten bestehen nicht in der Wahl der Querschnitte, sondern in der konstruktiven Durchbildung der Knotenpunkte.

1. Vollwandbinder

a) Balkenbinder. Vollwandbalken, die den I-Querschnitten des Stahlbaues nachgebildet sind, kommen in verdübelter, verleimter oder vernagelter Form vor. Die obere Grenze der Spannweite beträgt etwa 15 m. Als Bauhöhe ist ähnlich wie bei Stahlkonstruktionen $^1/_8$ bis $^1/_{12}$ der Spannweite erwünscht. In der einfachsten Form besteht der Steg aus einer hochkant gestellten Bohle, die mit den Gurten (meist auch Bohlen) durch Dübel und Bolzen (Abb. 59) bzw. durch Vernagelung und Verleimung (Abb. 7) verbunden ist. Aussteifungsvertikalen aus Kanthölzern, die zwischen die Gurte gesetzt werden, sollte man bei diesen Trägern vermeiden, da sie beim Schwinden des Holzes eine Verringerung der Höhe verhindern und zum Aufreißen des Steges führen können. In neuerer Zeit werden als Stege auch kunstharzverleimte Sperrholzplatten, Homogenholzplatten oder Hartfaserplatten benutzt (Abb. 13), die mit den zweiteiligen Gurthölzern ebenfalls verleimt werden. Abb. 60 zeigt einen frei aufliegenden Träger von 14,04 m Stützweite. Die Stöße des Steges sind durch aufgeleimte Sperrplattenstücke gedeckt. Die Stege sind gegen Ausbeulen durch Kantholzaussteifungen gesichert. Zur Verleimung wurde Kauritleim benutzt. Das Anpressen der zu verleimenden Werkstücke geschah durch Schrauben, die nach dem Erhärten des Leimes zur Sicherheit in der Konstruktion verblieben. Derartige Binder lassen sich auch gut als statisch unbestimmte Systeme verwenden [*4*] S. 140. Billiger in der Herstellung sind genagelte Vollwandbinder. Der Steg besteht aus 2 Lagen Brettern von 24 bis 40 mm Dicke, die kreuzweise miteinander vernagelt werden. Der Anschluß an die ebenfalls meist zweiteiligen Gurthölzer erfolgt durch Dübel und Bolzen oder auch durch Nägel. Bei Vorhandensein mehrerer Gurtbretter nehmen die Verschiebungen dieser gegenüber dem Steg zu, je weiter sie vom Steg entfernt sind. Bei waagrechten Gurtbrettern, die ausführungstechnisch jedoch weniger beliebt sind, wird die Verschiebung wesentlich durch die Verschiebung der lotrechten Gurtbretter beeinflußt. Die Berechnung dieser Binder erfolgt nach DIN 1052 § 15c. Die Durchbiegung unter der Gebrauchslast ist gering. Wird die Belastung bis zum Bruch erhöht, so nehmen die Durchbiegungen stark zu und erreichen vor dem Bruch einen erheblichen Betrag. Dieses Verhalten macht die Überlastung dieser Konstruktion sichtbar, so daß eine Entlastung herbeigeführt werden kann, ehe es zu spät ist. Der Druckgurt ist auf Knicken zu untersuchen. Abb. 61 zeigt ein Beispiel aus den russischen Normen [*10*].

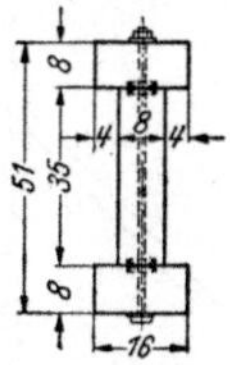

Abb. 59

Weniger steif sind die *Hohlträger* (Abb. 62). Obergurt und Untergurt bestehen aus je einem Kantholz, dem man bequem eine entsprechende Überhöhung geben kann. Das Holz für die Gurte ist so auszuwählen, daß im mittleren Drittel des Balkens, namentlich des Zuggurtes, stärkere Äste und Asthäufungen vermieden werden. Am Auflager wird zweckmäßigerweise eine schräge Druckstrebe, die mit Versatz in den Unter- und Obergurt eingreift, angeordnet; sie verbessert, wenn auch nicht wesentlich, die Steifigkeit des Trägers. Das Trägheits- und Widerstandsmoment ist unter Ausschluß der Stegquerschnitte zu ermitteln, der Bemessung ist ein abgemindertes Widerstandsmoment $W = 0{,}8\,W$ zugrunde zu legen. Bei Ermittlung der Durchbiegung ist das volle Trägheitsmoment, aber ein Elastizitätsmodul $E = 65000$ kg/cm² einzuführen. Für die Zugdiagonalen ist unbedingt trockenes Holz zu verwenden; sie sind, ähnlich wie Fußbodenbretter, möglichst ohne Fugen aufzunageln. Diese schließen sich zwar unter der Last von der Mitte beginnend bis zum Auflager, aber gleichzeitig ist damit eine starke Durchbiegung verbunden [*10*, *2*]. Geleimte Vollwandbalkenbinder, nach *Hetzer* (Abb. 9), werden nur noch selten verwandt.

b) Bogenbinder. Querschnitte nach Abb. 9 wurden jedoch in neuerer Zeit wiederholt zur Herstellung von vollwandigen Bogen- und Rahmenbindern — Zweigelenkbogen, Dreigelenkbogen mit und ohne Zugband — verwandt. Eine Abminderung des Trägheits- und Widerstandsmomentes ist bei geleimten Querschnitten nicht notwendig. Die Vorspannung, die durch das Biegen der zu verleimenden Bretter entsteht, hat keinen deutlichen Einfluß auf die Tragfähigkeit der Konstruktion. Abb. 63 zeigt einen Binder für den Salzlagerspeicher Doesburg (Holland). Stützweite 54,00 m, Binderentfernung 5,40 m.

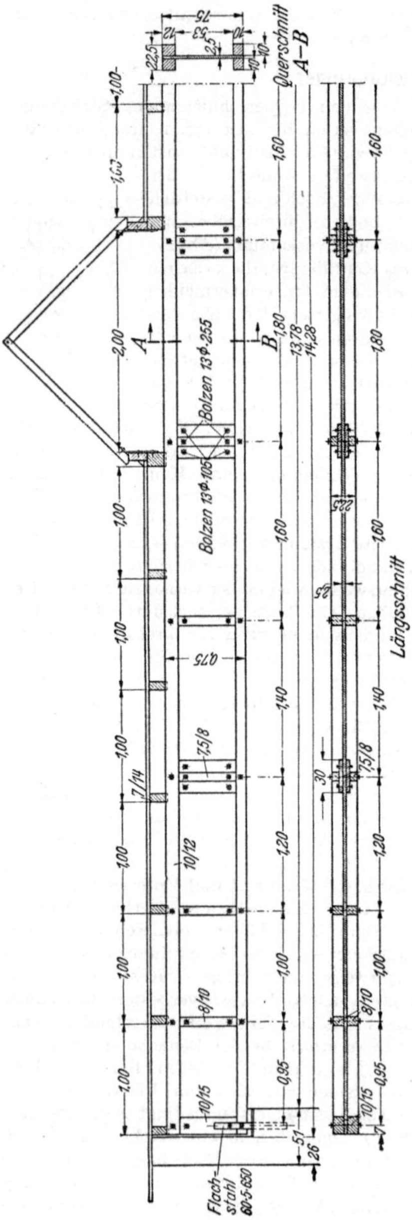

Abb. 60

Abb. 64 zeigt einen leichten Dreigelenkrahmenbinder in geleimter Ausführung. Der Steg besteht aus Bohlen von 18 bis 20 cm Breite und 5 cm Dicke, die nach sorgfältiger Trocknung untereinander und mit dem Ober- und Untergurt mit Kauritleim *W* in Verbindung mit Kalthärter gelb verleimt wurden. Für Räume mit größeren Feuchtigkeitsschwankungen werden besser Querschnitte nach Abb. 11 bzw. Abb. 13 verwendet. Die Rahmenecke kann auch ohne Verwendung von Stahl ausgeführt werden [*4*].

Genagelte Bogenbinder, bei denen der Steg aus zwei sich rechtwinklig kreuzenden Bretterscharen besteht, an die als Gurte mehrere hochkante Bretter entsprechend der Bogenform angenagelt werden, sind sehr wirtschaftlich. Es besteht die Möglichkeit, auch bei größten Spannweiten mit verhältnismäßig schwachen und kurzen Hölzern auszukommen; Versuche haben ergeben, daß von der dem Steg zunächst liegenden Lamelle etwa 80%, von der nächsten 60%, dann 40% und von der vierten nur mehr 20% des Trägheitsmomentes in Rechnung zu stellen sind. Das Trägheitsmoment des Steges selbst ist zu vernachlässigen, das der Decklamellen (ein oder zwei, die die Gurte in waagrechter Richtung abschließen) etwa mit dem arithmetischen Mittel der seitlichen Lamellen anzunehmen. [*11*].

2. Fachwerkbinder

Die neuzeitlichen Holzfachwerkkonstruktionen sind meist den Formen und Systemen des Stahlbaues nachgebildet, obwohl diese für den Holzbau nicht immer

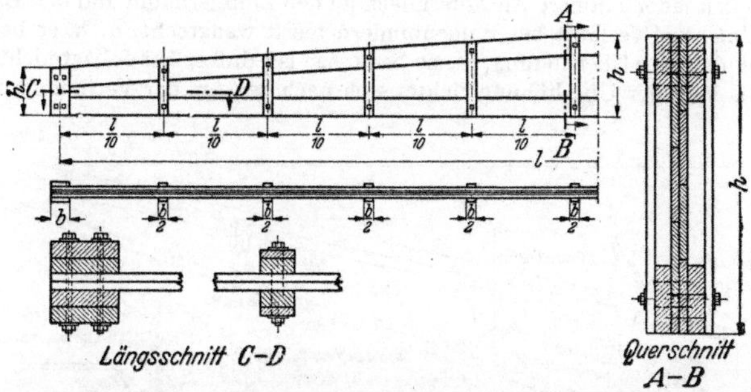

Abb. 61

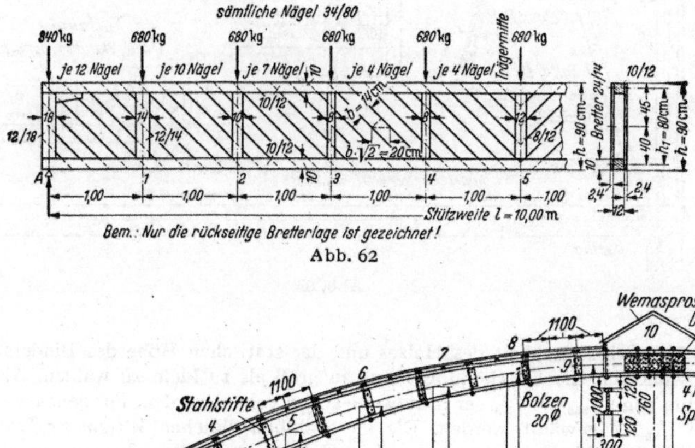

Abb. 62

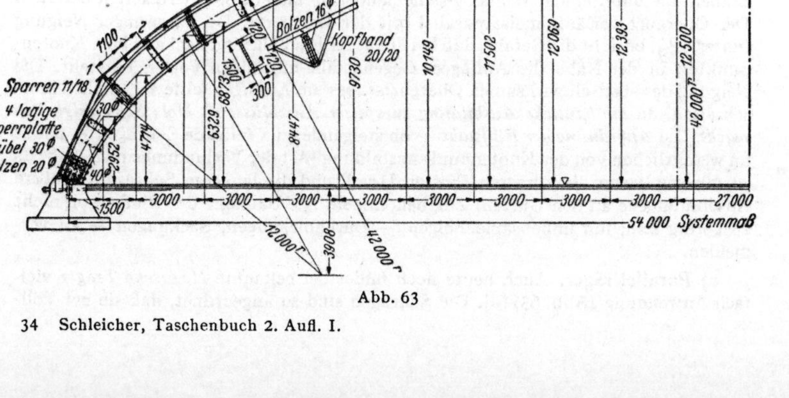

Abb. 63

geeignet sind. Tragwerke aus Holz werden so gestaltet, daß sie in den Nebenanschlüssen möglichst kleine Kräfte aufweisen. Die Nebenspannungen haben nicht die Bedeutung wie im Stahlbau. Stäbe mit kleineren Kräften brauchen oft nicht zentrisch angeschlossen zu werden, namentlich wenn sich dadurch konstruktive Vereinfachungen ergeben. In der Anwendung innerlich statisch unbestimmter Systeme stehen dem Holzbau vielleicht noch Möglichkeiten offen. Fachwerke sind den Vollwandträgern wirtschaftlich überlegen, wenn genügend Bauhöhe vorhanden ist. Sie stellen jedoch höhere Anforderungen an den Zimmermann und den Baustoff.

Der *Untergurt* verläuft bei Balkenbindern meist waagrecht, d. h. er bekommt beim Abbinden eine Überhöhung, die so bemessen ist, daß er bei Vollast nicht durchhängt. Das Maß der Überhöhung richtet sich nach der Art der Verbindungsmittel,

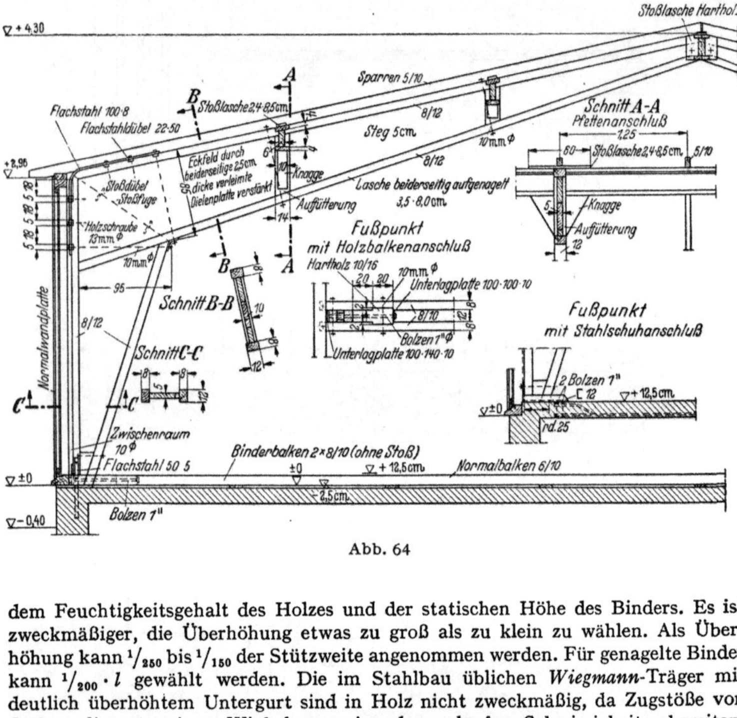

Abb. 64

dem Feuchtigkeitsgehalt des Holzes und der statischen Höhe des Binders. Es ist zweckmäßiger, die Überhöhung etwas zu groß als zu klein zu wählen. Als Überhöhung kann $^1/_{250}$ bis $^1/_{150}$ der Stützweite angenommen werden. Für genagelte Binder kann $^1/_{200} \cdot l$ gewählt werden. Die im Stahlbau üblichen *Wiegmann*-Träger mit deutlich überhöhtem Untergurt sind in Holz nicht zweckmäßig, da Zugstöße von Stäben, die unter einem Winkel gegeneinander verlaufen, Schwierigkeiten bereiten. Der Obergurt verläuft meist parallel mit der Dachhaut. Bei zu geringer Neigung (unter 6 %) besteht die Gefahr, daß bei niedriger Bauhöhe und nachgiebigen Knotenpunkten in der Nähe des Auflagers Gegengefälle mit üblen Folgen entsteht. Die Neigung des statisch wirksamen Obergurtstabes am Auflager sollte 1 : 3 nicht unterschreiten, da *die bauliche Ausbildung zu spitzer Anschlüsse in Holz Schwierigkeiten macht.* Die *Anordnung der Füllstäbe* — ob steigende oder fallende Schrägen — hängt im wesentlichen von der Knotenpunktausbildung (Art der Verbindungsmittel) ab. Es ist günstig, wenn die kürzeren Pfosten Druck und die längeren Schrägen (größere Anschlußfläche an den Gurten) Zug bekommen. Die Bauhöhe der Binder soll nicht zu gering sein, um unliebsame Folgen — Durchbiegungen, Sackungen — zu vermeiden.

a) Parallelträger. Auch heute noch findet der bekannte *Howesche Träger* vielfach Anwendung (Abb. 65) [3]. Die Schrägen sind so angeordnet, daß sie bei Vollbelastung Druck erhalten, während die Vertikalen gezogen sind. Diese bestehen aus Rundstahl mit beiderseitigen Muttern (Abb. 65 rechts). Bei Senkung infolge Schwinden des Holzes oder ungenauer Arbeit können diese nachgezogen werden. Bei kleineren

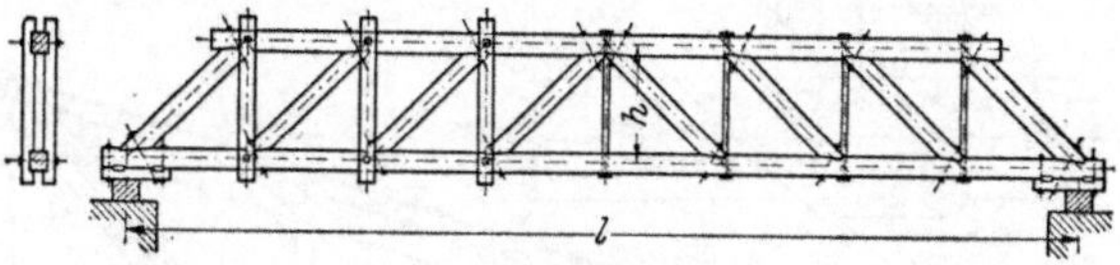

Abb. 65

Spannweiten und geringer Belastung können die Vertikalen auch als Zangen ausgebildet werden (Abb. 65 links). Als Bauhöhe empfiehlt sich ähnlich wie bei Vollwandträgern $^1/_8$ bis $^1/_{12}$ der Stützweite, bei größeren Stützweiten und schwerer Belastung geht man bis auf $^1/_6$ herauf[1].

b) Pultdachbinder. Abb. 66 und 67 zeigen Systeme für Pultdachbinder bei kleiner und mittlerer Spannweite und geringer Belastung.

c) Dreiecksbinder. Dreiecksbinder (Abb. 68 bis 72) sind für kleinere und mittlere Spannweiten eine der wirtschaftlichsten und verbreitetsten Binderformen in Holz. In

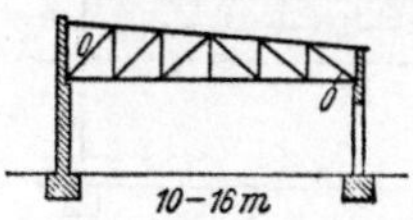

Abb. 66

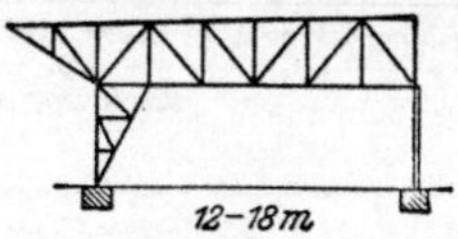

Abb. 67

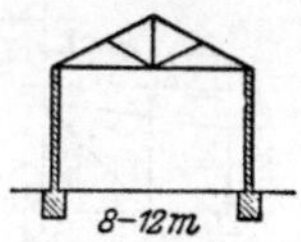

Abb. 68

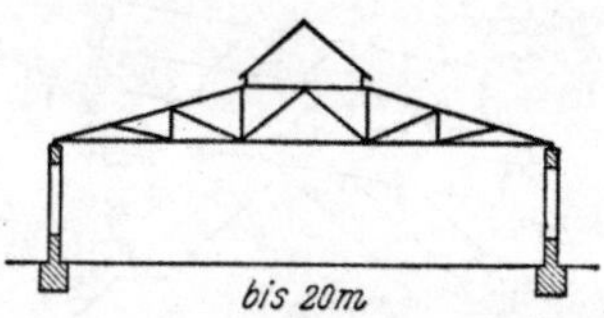

Abb. 69

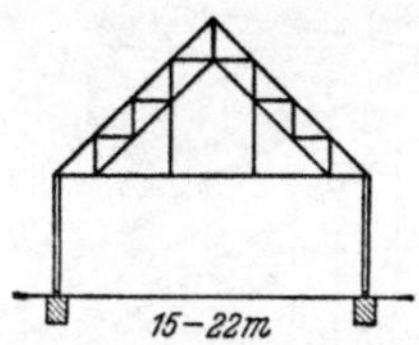

Abb. 70

den Gurten treten die größten Kräfte nicht in der Mitte, sondern am Auflager auf. Daß die Füllstäbe auch bei unsymmetrischer Last nur Zug bzw. Druck, keine Wechselspannungen erhalten, vereinfacht gerade bei Holz die Ausbildung der Knotenpunkte sehr. Ausreichende Neigung des Obergurtes ist sowohl aus wirtschaftlichen Gründen als auch zur Vermeidung von größeren Durchbiegungen zu fordern. Die Bauhöhe der Träger sollte in der Mitte mindestens $^1/_6$ der Spannweite betragen. Abb. 72 zeigt den Binder der Stadthalle in Holzminden. Für größere Stützweiten werden Dreiecksbinder mit angehobener Traufe ausgeführt (Abb. 73).

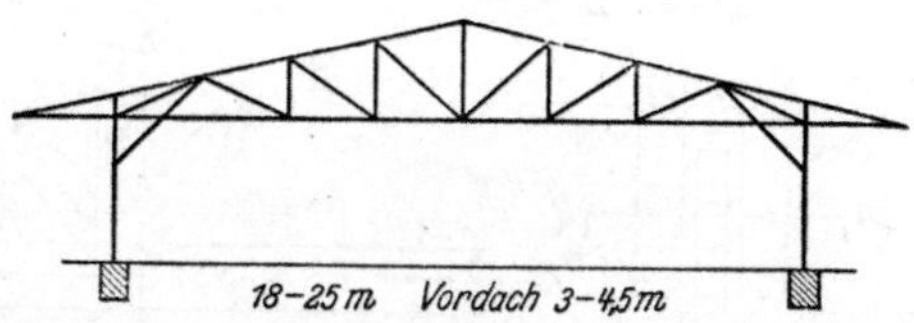

Abb. 71

d) Mansardbinder. Mansardbinder (Abb. 74 bis 76), für Spannweiten von 15 bis 35 m, haben sich als sehr wirtschaftlich erwiesen. Als Systemhöhe empfiehlt sich

[1] *F. Fonrobert:* Dtsch. Bauztg. 72 (1938) S. B 295

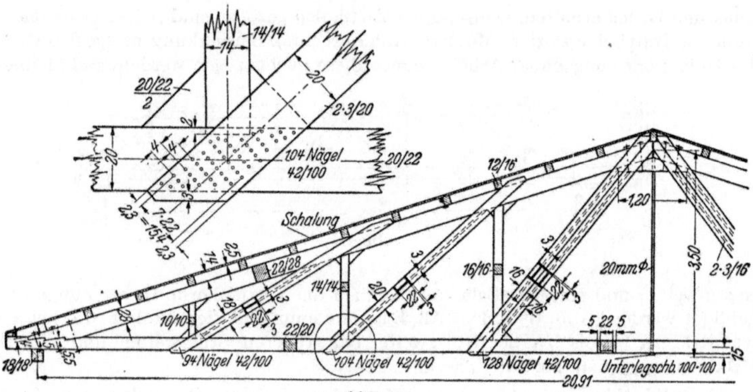
14/14
14
20/22
2
20
2·3/20
104 Nägel
42/100
20/22
12/16
1,20
Schalung
22/28
14/14
16/16
20mm⌀
3,50
2·3/16
10/10
22/20
5 22 5
18/18
94 Nägel 42/100
104 Nägel 42/100
128 Nägel 42/100
Unterlegschb. 100·100
20,91

Abb. 72

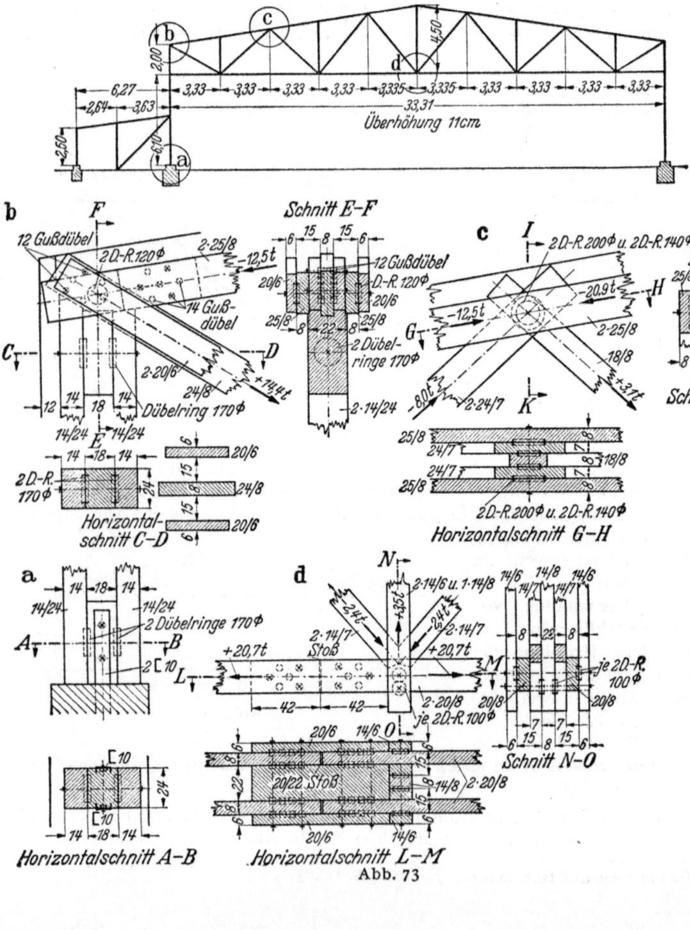
b
c
d
a
4,50
2,00
6,27
3,33
3,335
2,64
3,63
33,31
Überhöhung 11cm
2,50
6,10
F
12 Gußdübel
2D-R.120⌀
2·25/8
-12,5t
14 Guß-
dübel
C
D
2·20/6
24/8
+14,4t
Dübelring 170⌀
14/24
E
Schnitt E-F
D-R. 120⌀
20/6
25/8
2 Dübel-
ringe 170⌀
2·14/24
2D-R.
170⌀
Horizontal-
schnitt C-D
I
2D-R.200⌀ u. 2D-R.140⌀
-20,9t
H
G
-12,5t
18/8
+3,1t
-8,0t
2·24/7
K
24/7
18/8
Schnitt I-K
Horizontalschnitt G-H
14/24
2 Dübelringe 170⌀
A
B
2 [10
N
2·14/6 u. 1·14/8
2,4t
+3,5t
2·14/7
2·14/7
Stoß
+20,7t
L
M
2·20/8
je 2D-R.100⌀
14/6
14/8
14/7
je 2D-R.
100⌀
20/8
Schnitt N-O
20/6
14/6
O
20/22 Stoß
14/8
2·20/8
Horizontalschnitt A-B
Horizontalschnitt L-M

Abb. 73

$^1/_8$ bis $^1/_6$ der Spannweite. Als Eindeckung kommen in Frage: gewellte Asbestfaserplatten und Dachpappen [11] S. 91. Die Neigung des flachen Dachteils ist auch hier mit mindestens 6% anzunehmen. Abb. 76 zeigt die Netzlinie der Binder der Werk-

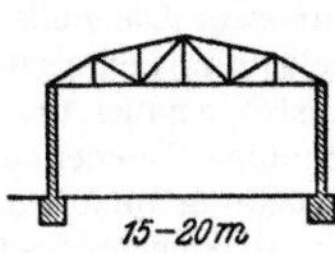

Abb. 74

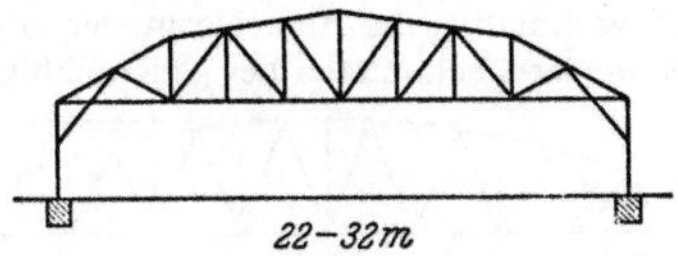

Abb. 75

Abb. 72 bis 75. Bindersysteme für Dreieckbinder von 8 bis 25 m Stützweite

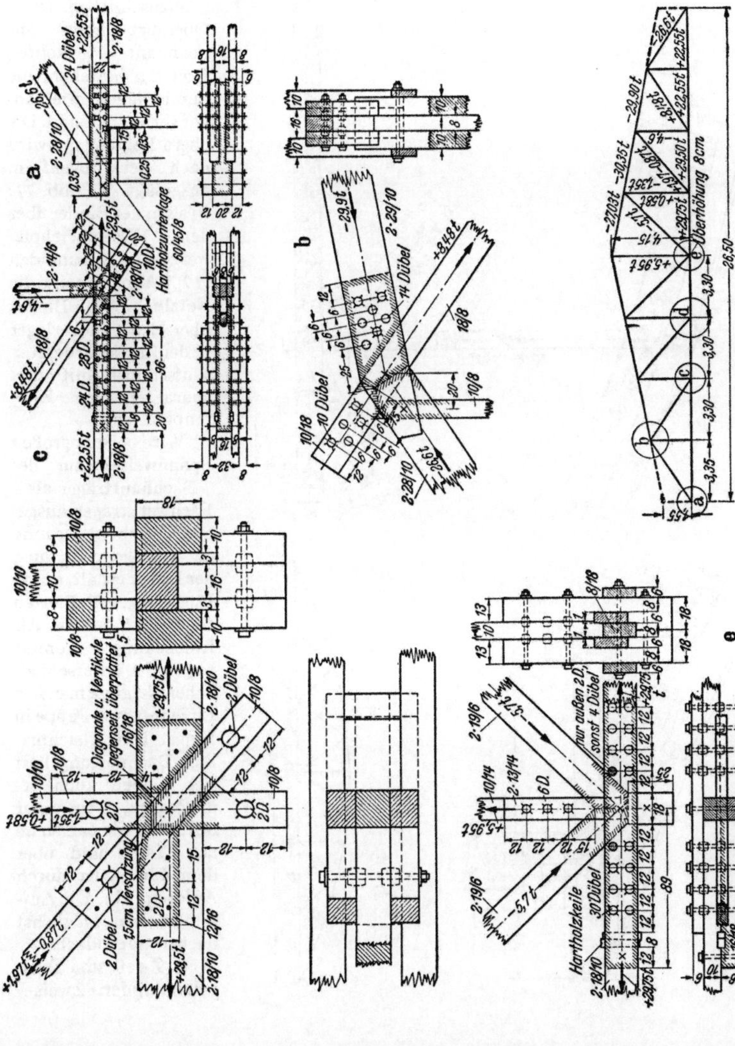

Abb. 76. Binder der Werkstättenanlage München-Ost

stättenanlage München-Ost mit einigen bemerkenswerten Knotenpunkten — Bauweise *Kübler* — Stützweite 26,50 m, Binderentfernung 7,00 m.

e) Parabel- und Bogenbinder. Bei Dächern von hohem Eigengewicht und flacher Neigung, also kleinem Windanfall und ungefähr gleichmäßig verteilter Schneelast, ist es zweckmäßig, die Binderform der Stützlinie anzupassen. Die Füllstäbe von Parabelbindern bekommen bei gleichmäßig verteilter Belastung rechnerisch keine Last. Sie haben die Aufgabe, zufällige Unebenheiten der Belastung aufzunehmen und ein Ausknicken des Obergurtes in der Binderebene zu verhindern. Die Füllstäbe sind stets auf Zug *und* Druck anzuschließen. Der Obergurt kann aus hochkant gestellten Brettern bestehen, die durch Nägel miteinander verbunden sind. Die obere Begrenzung wird nach der Bogenform ausgesägt. (Abb. 77: System der Binder über den Wesersperrholzwerken in Holzminden [*10*].) Abb. 78 zeigt die Netzlinie der Binder über dem Zuckerlager der Zuckersiederei Gutschdorf mit drei charakterischen Knotenpunkten.

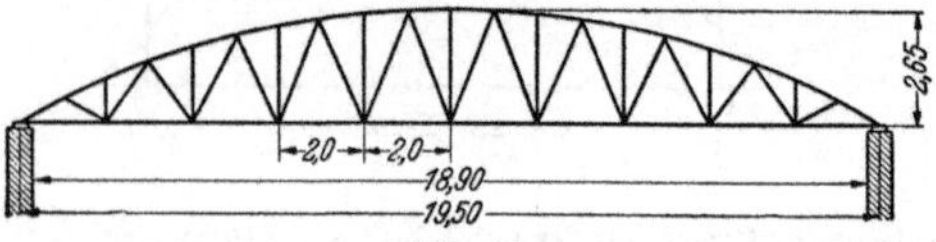

Abb. 77

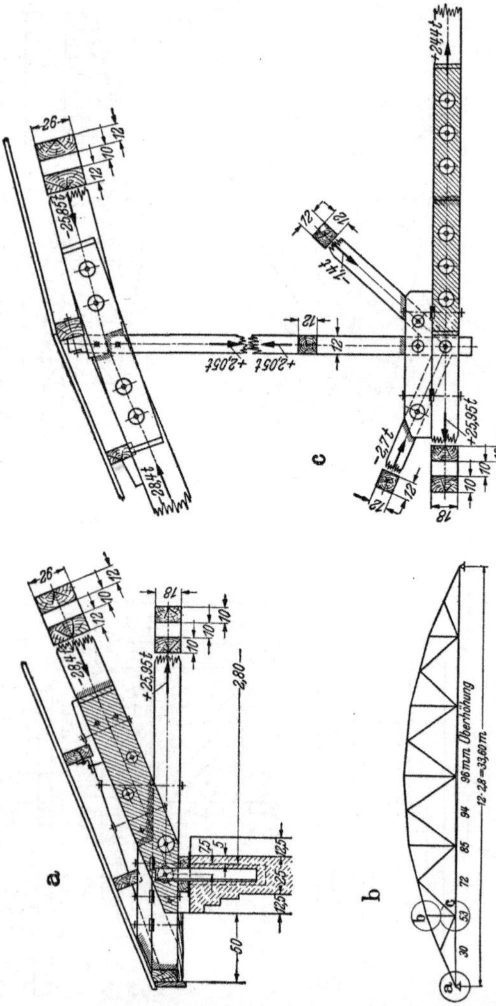

Abb. 78

Wird bei sehr großen Spannweiten nur der Dachhautträger als Fachwerkträger ausgebildet (Abb. 79), so muß der Bogenuntergurt, der Druck erhält, durch Bügen gegen die Pfetten abgestützt werden. Als Eindeckung kommt wegen der unterschiedlichen Neigung in erster Linie teerfreie Pappe in Frage. Eine gleichmäßige Dachneigung läßt sich jedoch auch ermöglichen, entweder mittels Stichsparren an der Traufe und über dem First oder durch Aufdrempeln, d. h. Aufsetzen eines möglichst flachen Satteldaches.

f) Zwei- und Dreigelenkbinder. Zweigelenkrahmen Abb. 80 und 81. Die biegungsfeste Ausbildung in den Ecken bereitet gewisse Schwierigkeiten, die sich am leichtesten durch Verwendung von kunstharzverleimten Knotenplatten überwinden lassen. In den Füllstäben treten Wechelspan-

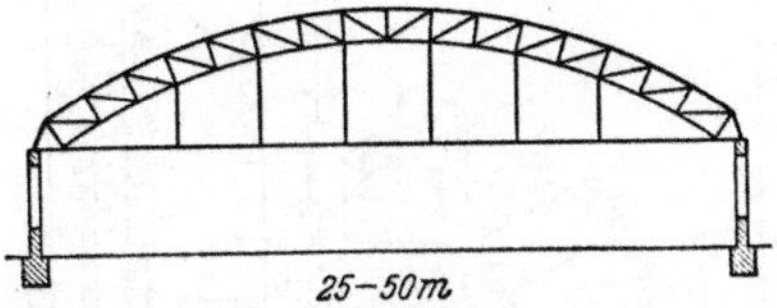

Abb. 79

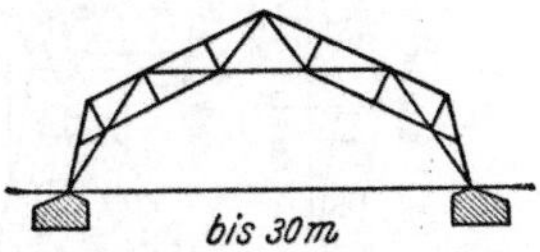

Abb. 80

nungen auf, dadurch wird die Knotenausbildung ungünstig. Für einhüftige Rahmen gilt dasselbe. Abb. 82 zeigt den Zweigelenkfachwerkrahmen für einen Bootsschuppen (Binderabstand 5,60 m). Fürschwer belastete Knotenpunkte wurden kauritverleimte Knotenplatten verwendet.

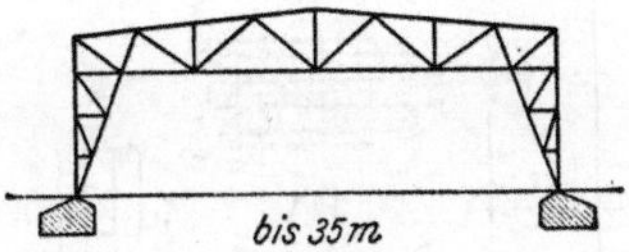

Abb. 81

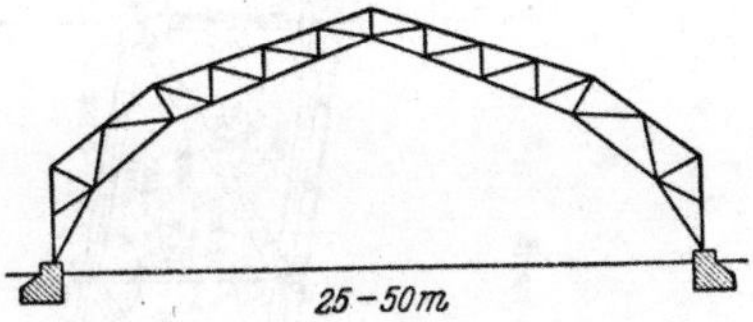

Abb. 83

Dreigelenkbinder Abb. 83. Auf die Ausbildung eines regelrechten Gelenkes, wie es im Stahlbau üblich ist, wird meist verzichtet; es genügt eine gewisse Beweglichkeit. Auch hier ist zu beachten, daß die inneren Gurtungen durchweg Druck erhalten, daß sie also durch Bügen gegen die Pfetten gegen Ausweichen aus der Binderebene gesichert werden müssen. Die erforderliche Aussteifung kann auch durch Gitterpfetten erzielt werden. Es empfiehlt sich — besonders bei großen Spannweiten —, die Binderachse etwa der Stützlinie anzupassen. Dreigelenkbinder werden bei großen und größten Spannweiten bevorzugt, da sie hier wirtschaftlich sind und sich gut gestalten lassen[1].

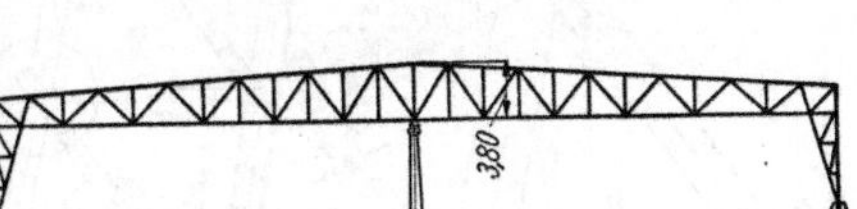

Abb. 84

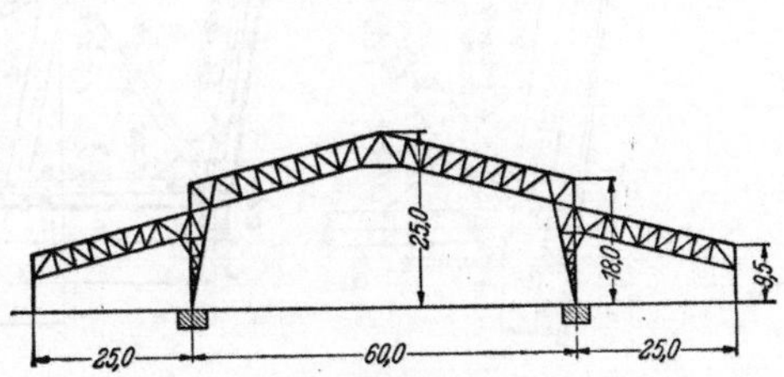

Abb. 85

g) Mehrschiffige Hallen.

Abb. 84, 85 und 86 zeigen bewährte Typen mehrschiff. Hallen. Abb. 86 stellt den Binder der Sängerfesthalle in Wien dar. Als Anschlußmittel wurden Ringdübel Bauart Schüller verwendet.

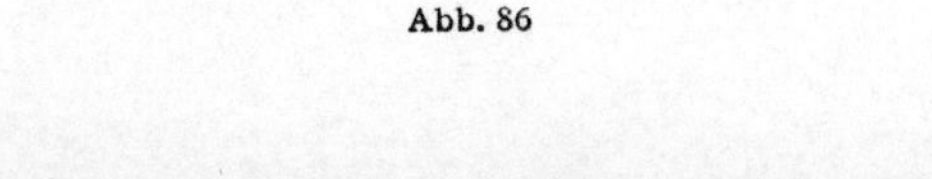

Abb. 86

[1] Beispiele [*11*] S. 97 und 100

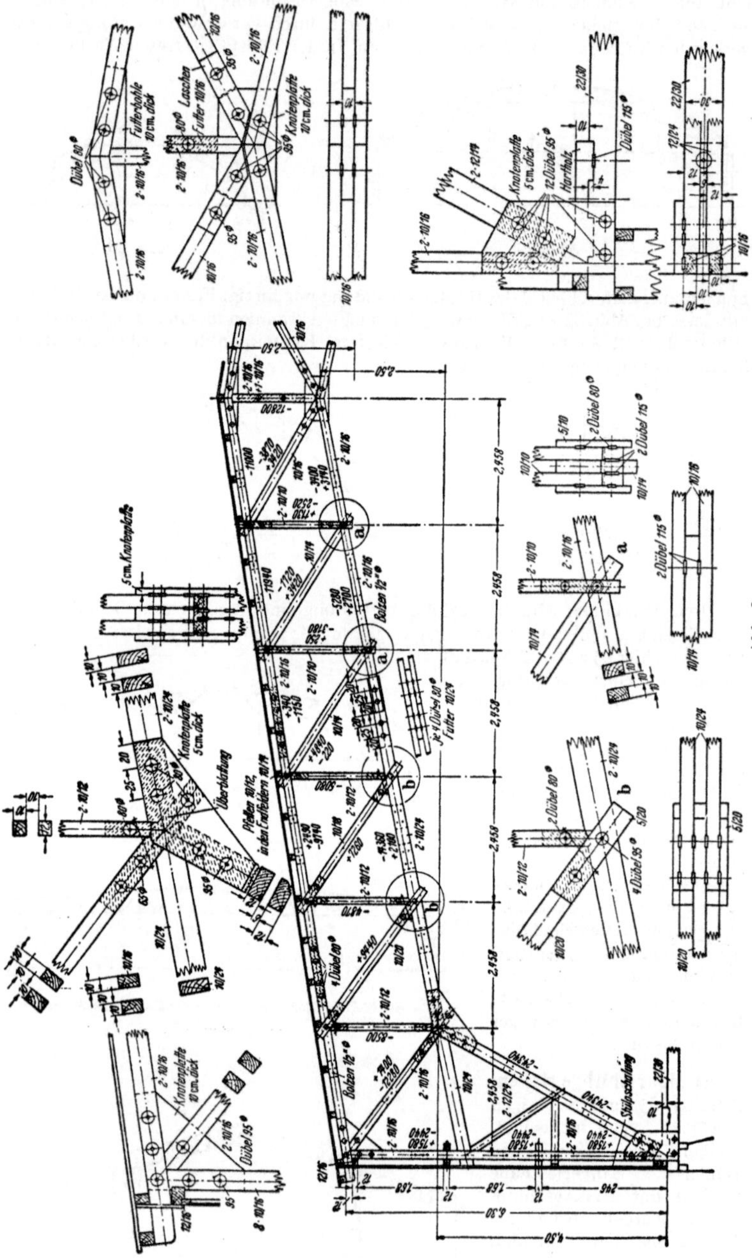

Abb. 82

IV. Türme, Gerüste, Tribünen

Holz kommt als Baustoff für Beobachtungs-, Aussichts-, Kirchtürme und auch Türme für industrielle Anlagen in Frage. Bei Dauerbauten wird die Standfestigkeit meist dadurch erzielt, daß die Stiele in den Fundamenten eingespannt werden. Bei Bauten für vorübergehende Zwecke erfolgt oft eine Abspannung durch Drahtseile nach mindestens drei Richtungen. Der Grundriß ist meist quadratisch oder rechteckig. Dreieckige Grundrisse können unter Umständen wirtschaftlicher sein [*12*]. Bei Türmen, die nicht verschalt sind, ist besonderer Wert darauf zu legen, daß sich in den Knotenpunkten kein Wasser oder Schmutz ansammeln und die Luft alle

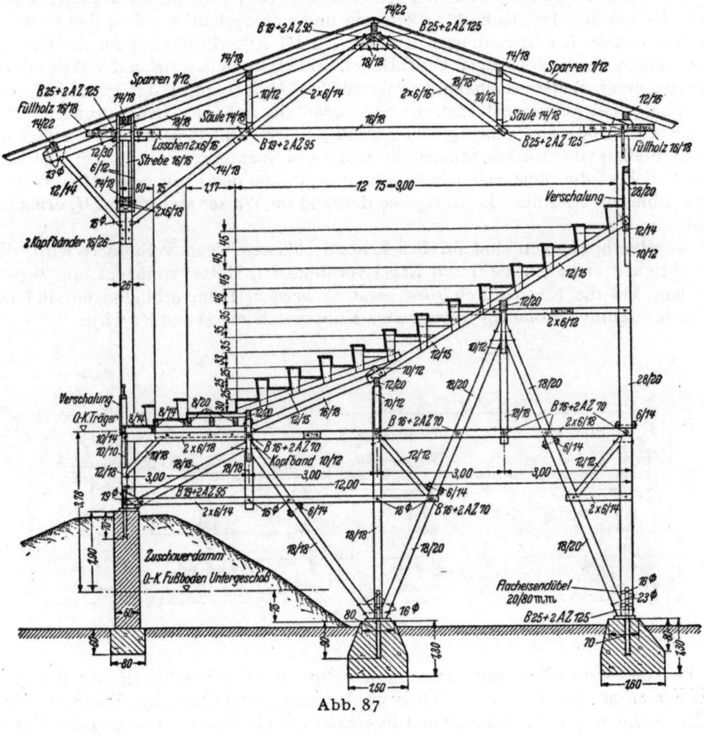

Abb. 87

Teile bestreichen kann. Für Dauerbauten ist nur imprägniertes Holz zu verwenden. Die Imprägnierung erreicht aber nur dann ihren Zweck vollständig, wenn sie nach dem Abbund, aber vor dem Zusammenbau vorgenommen wird[1]. Für die Stiele ist die Benutzung von Rundholz trotz der schwierigen Anschlüsse empfehlenswert.

Weiterhin wird Holz vorteilhaft für Gerüste und Tribünen verwandt[1]. Abb. 87 zeigt eine Tribüne in Leipzig. Als Verbindungsmittel wurden Alligator-Zahnringdübel verwendet.

Dienen Tribünen nur vorübergehenden Zwecken, so werden sie durchweg nicht eingedeckt. Es ist trotzdem darauf zu achten, daß sie mit aller Sorgfalt durchkonstruiert und vor allem die notwendigen Längs- und Querverbände angeordnet werden. Damit das Holz nach dem Abbruch wieder verwendet werden kann, sollen die Knoten so durchgebildet werden, daß möglichst wenig Verschnitt entsteht.

[1] Beispiele [*11*] S. 102ff.

V. Brücken

Im Brückenbau spielte früher das Holz neben dem Stein die wichtigste Rolle. Soweit es sich um Dauerlösungen handelt, haben sich die Verhältnisse wesentlich geändert. Infolge der ständigen Zunahme der Achsdrücke und der dynamischen Beanspruchungen ist dieses Gebiet des Bauwesens dem Holzbau fast restlos verloren gegangen. Nur noch kleinere Brücken für Nebenstraßen und Brücken für industrielle Anlagen werden aus Holz hergestellt. Außerdem findet das Holz im Behelfsbrückenbau bevorzugt Verwendung. Daher seien im folgenden Holzbrücken als Dauerlösung und Behelfsbrücken voneinander unterschieden[1].

Für Brücken darf nur Holz der Güteklasse II oder I verwandt werden; es muß beim Einbau mindestens halbtrocken sein und so eingebaut werden, daß es weiter trocknen kann. Die Spannungen der Tafel 2 DIN 1052 dürfen nur für die Bauteile angewendet werden, die gegen Feuchtigkeit und Nässe in ausreichender Weise durch Überdachung, Seitenverschalung, wasserdichte Abdeckung u. dgl. geschützt sind. Tränkung und Schutzanstriche, die gegebenenfalls nach der Bearbeitung und vor dem Zusammenbau aufzubringen sind, genügen hierfür allein nicht. Bei so behandelten Bauteilen von Brücken müssen die zulässigen Spannungen um $^1/_6$, bei Bauteilen von Brücken, die ohne Schutzbehandlung und ohne den oben genannten Wetterschutz bleiben oder die wie Stützjoche dauernd im Wasser stehen, um $^1/_3$ ermäßigt werden.

Nagelverbindungen sind im Brückenbau zulässig, wenn verhindert wird, daß Feuchtigkeit zwischen die durch Nägel verbundenen Hölzer eindringt, um zu vermeiden, daß die Nägel durch Rost zerstört werden. Leimverbindungen sind nur zulässig, wenn vollkommen wasserfester Kunstharzleim verwendet wird.

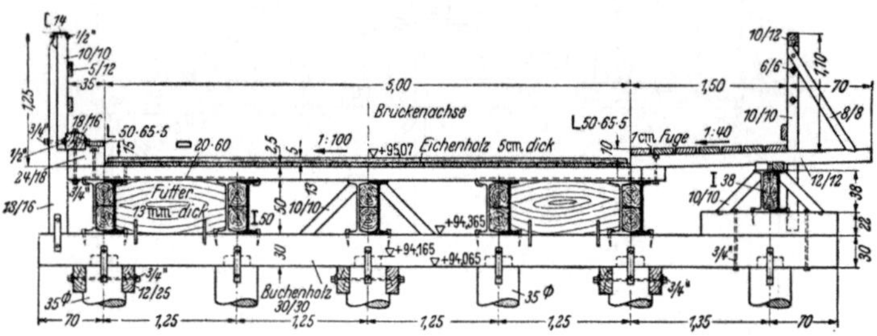

Abb. 88

Bei Behelfsbrücken verwendet man heute meist gemischte Konstruktionen, indem man als Hauptträger I-Stähle wählt, während alle anderen Teile des *Überbaues — Querträger, Längsträger* und *Fahrbahntafel* (*Bohlenbelag*) — und der Unterbau (Joche) aus Holz bestehen. Abb. 88 stellt den Querschnitt durch die Fahrbahntafel der Notbrücke über die Weser in Höxter dar. Je nach dem Zweck und der Art der Brücke können die Längsträger, bisweilen auch die Querträger fehlen. Die Fahrbahntafel ruht dann unmittelbar auf den Hauptträgern. In den letzten Jahren sind derartige Brücken als Fußgängerstege vielfach zur Ausführung gekommen. Abb. 89 zeigt die Schutzbrücke für eine Drahtseilbahnanlage.

VI. Baugerüste

Unbestritten ist die Verwendung des Holzes bei Bauten für vorübergehende Zwecke, *Baugerüste* oder *Rüstungen*, die mehr oder weniger kurze Zeit zu stehen haben und deshalb auch keine besonderen Schutzmaßnahmen hinsichtlich Lebens-

[1] Beispiele [*11*].

dauer verlangen. Im eigentlichen Hochbau spielen die Gerüste eine untergeordnete Rolle; sie werden daher gewöhnlich nicht vorher entworfen und berechnet, sondern beim Bau selbst je nach den örtlichen Verhältnissen errichtet, wobei jedoch die Knicksicherheit und die räumliche Aussteifung zu beachten sind.

Im Brücken- und Ingenieurhochbau kommt dagegen den Gerüsten besondere Bedeutung zu. Für Lehr- und Schalgerüste, Aufstellungs- und Hilfsgerüste ist mit derselben Sorgfalt zu rechnen und zu konstruieren wie bei dem eigentlichen Bauwerk selbst. Die vielen bedauerlichen Einstürze haben zu den Vorschriften über die Standsicherheit von Schalungs- und Lehrgerüsten in DIN 1045 § 12 geführt: „*Alle Schalungs- und Lehrgerüste müssen in der Längs- und Querrichtung so ausgesteift werden, daß die waagrechten Kräfte sicher in den Erdboden geleitet werden können.*" Als Aussteifung sind Dreieckverbände zu bevorzugen. Stützen sollen möglichst wenig auf Biegung beansprucht werden. Es sei ausdrücklich darauf hingewiesen, daß auch dann waagrechte Kräfte entstehen können, wenn planmäßig nur lotrechte Lasten wirken.

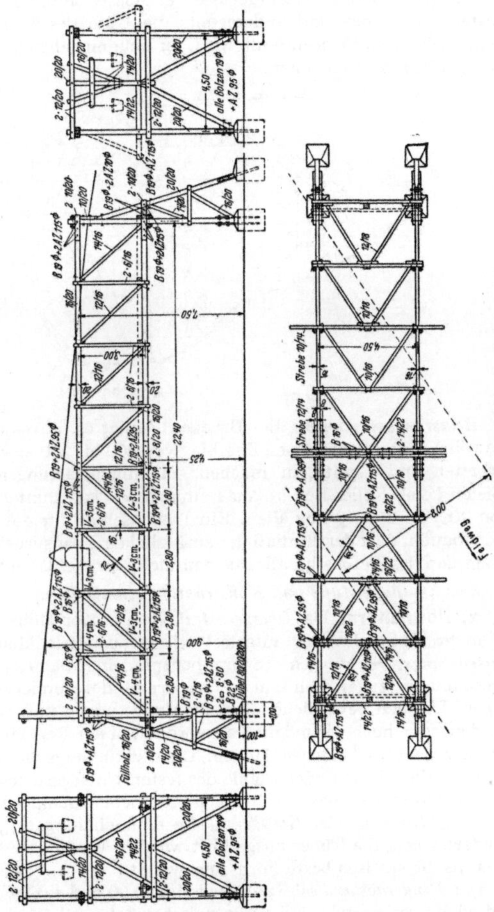

Abb. 89. Schutzbrücke für eine Drahtseilbahnanlage in Liebertwolkwitz

A. Lehr- und Schalgerüste

Lehr- und Schalgerüste haben die Aufgabe, die Last der noch nicht erhärteten Beton-, Stahlbeton- oder Steinkonstruktionen zu tragen und beim Bauvorgang als Lehre zu dienen.

1. Lehrgerüste für Wölbbrücken [11]

Im allgemeinen sind zwei Typen von Lehrgerüsten zu unterscheiden: a) das unterstützte und b) das freitragende Lehrgerüst.

a) Unterstützte Lehrgerüste: Hier sind zwei Formen möglich, die Normalform und die Fächerform (Abb. 90). Lehrgerüste sind so zu bauen, daß sie sich unter der aufzubringenden Gewölbelast möglichst wenig verformen. Auf Biegung beanspruchte Teile sind einzuschränken und quer zur Faser beanspruchte Bauelemente möglichst zu vermeiden.

Man verwende weitgehend Rundhölzer. Als Verbindungsmittel dienen bei dünneren Hölzern Bolzen Ø 16 mm mit Unterlegscheiben 60/60/6, bei dickeren Hölzern Bolzen 20 mm Ø mit Unterlegscheiben 80/80/8. Zwecks Wiederverwendbarkeit des Holzes sind Verkämmungen, Verblattungen, Überschneidungen usw. zu unterlassen.

Da die Kosten der Lehrgerüste bei Massivbauten 10 bis 30% der Gesamtbaukosten ausmachen und andererseits die Güte des Bauwerkes von der Güte des Lehrgerüstes stark beeinflußt wird, ist eine eingehende Festigkeitsberechnung des Lehrgerüstes vorzunehmen.

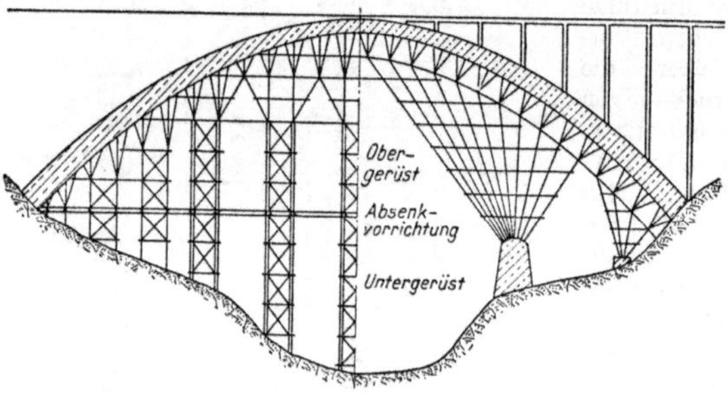

Abb. 90

Belastungsannahmen: Bei Brücken genügt es, allgemein zum Eigengewicht der Gewölbe ohne Aufbau einen Zuschlag von 200 bis 250 kg/m² für die Belastung durch Arbeiter und Geräte zu machen. Zuschlagbelastungen durch Erschütterungen spielen keine Rolle. Bei großen Betonmassen kann unter Umständen der Zuschlag von 200 bis 250 kg wegfallen. Ein Lastzuschlag für das Untergerüst entfällt. Bei Hochbauten darf der Einfluß der zusätzlichen Beanspruchung durch Abkippen und Stampfen des Betons im allgemeinen nicht vernachlässigt werden.

Zweckmäßige Maße und Konstruktionseinzelheiten:

α) Normalform. Das *Obergerüst*, das bei großer Höhe (mehr als 10 m) bisweilen in mehrere Stockwerke aufgelöst wird, muß absenkbar sein und ruht auf den *Ausrüstungsvorrichtungen* (Schraubenspindeln, Sandtöpfe, Bügelhölzer, Keile). Diese müssen zugänglich sein und außerhalb des Bereiches des Sommerhochwassers liegen. Um den beweglichen Teil in Abmessungen und Gewicht niedrig zu halten, werden sie so hoch wie möglich angeordnet, in der Regel in Höhe des Kämpfers, sehr oft in zwei verschiedenen Höhen. Die Ausrüstungsvorrichtungen übertragen ihre Last auf die Pfosten oder Pfähle des festen Untergerüstes.

Das Obergerüst besteht aus mehreren nebeneinander liegenden parallelen Tragwänden, *Bindern* oder *Gespärren*, die die Schalung tragen. Von den zahlreichen Binderformen, die früher ausgeführt wurden, wird heute fast nur noch das *Strebenwerk* als die statisch beste Form angewandt.

Der *Binderabstand* schwankt zwischen 0,90 und 4,00 m, liegt aber zweckmäßigerweise bei querliegender Schalung zwischen 1,40 und 1,60 m. Durch die Schwelle, die im allgemeinen etwa in Kämpferhöhe angeordnet wird, ist die Pfeilhöhe des Obergerüstes festgelegt. Die *Knotenpunktentfernung* der Schwelle macht man etwa gleich der Pfeilhöhe des oberen Stockwerkes. Dieses Maß bleibt in den mittleren $^2/_3$ bis $^3/_4$ der Schwellenlänge unverändert und nimmt gegen den Kämpfer hin ab. Bei schwach belasteten Gerüsten und geringer Pfeilhöhe wird die Knotenpunktentfernung größer und umgekehrt bei stark belasteten Gerüsten und großer Pfeilhöhe kleiner als die Pfeilhöhe gemacht. Man kommt damit zu Entfernungen von 4 bis 8 m.

Als *Schalung* oder *Belag* werden Schalriegel von 5 bis 10 cm Dicke verwandt, die von Binder zu Binder frei tragen müssen. Dicken von 12 bis 14 cm (Türstockholz) kommen nur bei Binderentfernungen von 2,00 m bzw. hohen Stahlbetonbogenrippen vor. Bei größerem Binderabstand (2 bis 4 m) legt man besser Querhölzer 16/16 im Abstand von 60–80 cm auf die Binder und nagelt 24 mm dicke Schalbretter in Längsrichtung auf. Diese Ausführung ist bis zu einem Krümmungshalbmesser von 15 m möglich. Die versteifende Wirkung der Schalung ist geringer. Es muß deshalb mehr Sorgfalt auf die Ausbildung der Windverbände gelegt werden.

Kranzhölzer haben im allgemeinen eine Knotenpunktentfernung von $^1/_3$ der Knotenpunktentfernung der Schwelle. Sie ruhen unmittelbar auf den Pfosten oder Ständern und Streben. Zweiteilige Kranzhölzer (Abb. 39) sind zweckmäßiger als einteilige (Abb. 32). Bei ersteren entfällt der Druck senkrecht zur Faser. Man kann sich auf die Reibungskräfte der fest angezogenen Verschraubung verlassen. Die zu verbindenden Hölzer sollen nicht dicker als 15 cm, besser 4 bis 8 cm, sein. Es sind Schrauben Ø 20 mm mit Unterlagscheiben 80/80/8 zu wählen. Bei Verwendung nicht genügend ausgetrockneten Holzes besteht die Gefahr, daß durch Schwinden eine Lockerung der Bolzen eintritt. Es ist erforderlich, daß die Bolzen zunächst täglich, später nach Bedarf angezogen werden. Ist mit einem einseitigen Strebenschub zu rechnen, so kann dieser zweckmäßig durch eingebaute Alligator-Zahn-

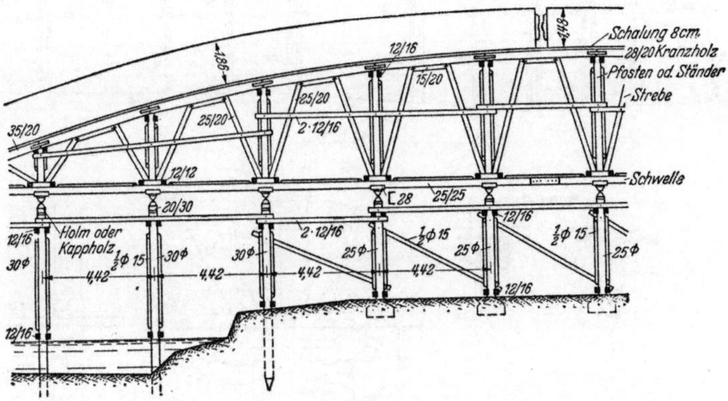

Abb. 91

ringdübel aufgenommen werden. Ebenso gut sind die bei verdübelten Balken üblichen Hartholz- oder Geka-Dübel. Will man den Spannriegel in Weichholz ausführen, so ist die in Abb. 93b angewandte Konstruktion empfehlenswert. Meistens können sogar die Druckverteilungsstähle zwischen Strebe und Kantholz wegfallen, wenn entgegen der üblichen Gewohnheit das dicke Stammende der Strebe nach oben unter das Kranzholz gelegt wird und dadurch eine große Auflagerfläche entsteht.

Sobald die Pressung zwischen Pfosten und Kranzholz das zulässige Maß quer zur Faser von 20 kg/cm² überschreitet, sind besondere Sattelhölzer aus Hartholz einzuschalten. Es ist falsch, zwischen Kranzholz und Pfosten eine Pfette anzuordnen und auf diese entsprechend den Gepflogenheiten des Hochbaues die Kranzhölzer aufzuklauen. An Stelle dieses unnötig eingefügten Holzes, das quer zur Faser gedrückt wird, ordnet man besser Zangen an, um den Querverband herzustellen.

Abb. 91 zeigt die Verwendung einteiliger Kranzhölzer in einem Lehrgerüst. Im Lehrgerüst Abb. 92 wurden im mittleren Drittel zweiteilige Kranzhölzer angeordnet; in den seitlichen Dritteln sind statt der Kranzhölzer 2 [-Stähle eingebaut. In diesem Falle wird das mittlere Drittel zwischen den Strebenanschlüssen mit Holz ausgefüttert. Ebenso wird der über den [-Stählen liegende segmentförmige Teil aus Holz hergestellt. In gleicher Weise ist bei Verwendung von Bohlen bzw. Kanthölzern zur Herstellung der Bogenform eine Auffütterung notwendig, wenn man allzubreite Hölzer und unwirtschaftlichen Verschnitt vermeiden will.

Die *Pfosten und Streben* sind auf Knicken zu berechnen. Werden sie durch Längszangen elastisch gehalten, so wird oft die Knicklänge auf 0,8 l ermäßigt, was jedoch für praktische Bedürfnisse nicht immer empfehlenswert ist. Die Pfosten werden wegen des einfacheren Abbindens meist aus Kantholz hergestellt. Von günstigerer Tragfähigkeit ist Rundholz. Damit die Zangen gut anliegen, sind die Rundhölzer an den Berührungsstellen mit dem Beil abzuflächen. Wird ein Stoß der Pfosten erforderlich, so ist bei durch Laschen gesicherten Stößen ein gemeinsamer Sägeschnitt der aneinander gestoßenen Hölzer auf dem Werkplatz zu empfehlen, wenn man nicht den Stoß mittels Rohrhülse und Zwischenschicht von mehreren cm Zementmörtel vorzieht.

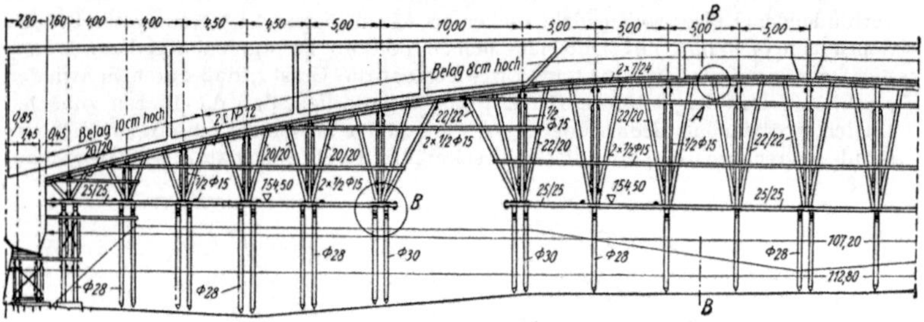

Abb. 92

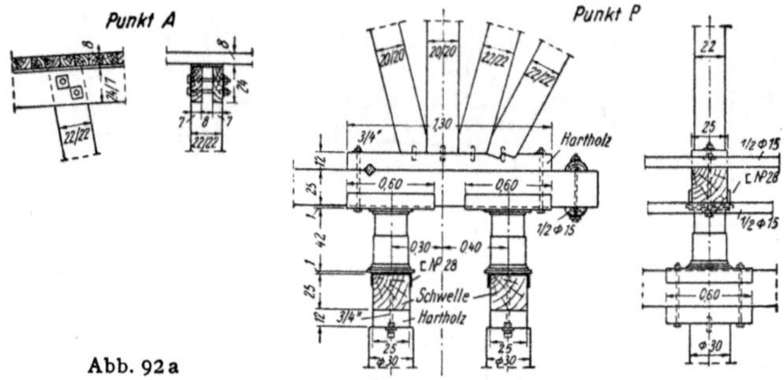

Abb. 92a

Die *Schwelle*, die meist aus einem Kantholz besteht, läuft in der Regel in ganzer Länge durch, doch kommen auch Fälle vor, wo sie zur Freihaltung einer Öffnung für Schiffahrt oder Eisenbahnverkehr unterbrochen ist. Sie wird etwa alle 10 bis 12 m stumpf gestoßen unter Verwendung von doppelten Holzlaschen und Schraubenbolzen (Abb. 36). Gewöhnlich werden zur Druckverteilung unter den Pfosten und Streben und über den Ausrüstungsvorrichtungen Hartholz- oder [-Stahlstücke angeordnet (Abb. 30). Bisweilen werden die Schwellen auch *zweiteilig* als Zangen ausgeführt; dann wird an den Knotenpunkten zwischen den Pfosten und Streben und den Ausrüstungsvorrichtungen ein Hartholz eingeschaltet, das mit der Schwelle verschraubt wird (Abb. 94).

Längs- und *Querverband* sind beim Lehrgerüstbau von größter Wichtigkeit. Die Abmessungen der Zangen und Kreuze (vielfach Halbrundhölzer), die die Verbände bilden, lassen sich nicht rechnerisch erfassen; ihr Querschnitt steht meist in einem gewissen Verhältnis zu dem der Pfosten und Streben und wird bedingt durch das Gefühl des entwerfenden Ingenieurs auf Grund der praktischen Erfahrung. Einen gewissen Anhalt bietet schon die Tatsache, daß der Holzaufwand für Längs- und Querverband etwa 20% des Gesamtholzaufwandes ausmacht.

Für den *Längsverband* in der Binderebene genügt bei einer Pfeilhöhe bis etwa 7,50 m 1 Zange in halber Höhe der längsten Streben, bei größerer Höhe werden 2, bisweilen sogar 3 Zangen angeordnet. Bei ganz niedriger Pfeilhöhe bis etwa 3 m kann man ganz darauf verzichten. *Querverbände* werden in der Ebene der Pfosten angeordnet. Diese werden oben unmittelbar unter den Kranzhölzern durch waagrechte Querzangen verbunden, die bisweilen auch an den Pfostenfüßen angebracht werden. Ferner sind Querkreuze erforderlich, so daß unverschiebliche Vierecke entstehen. Für das Richten sind außerdem noch Querzangen vorzusehen, die neben jedem Knotenpunkt die Schwellen miteinander verbinden. Dadurch werden diese in ihren richtigen Abständen gehalten und gegen Umkanten geschützt. Die Gewölbeschalung macht einen oberen waagrechten Windverband entbehrlich. Am Untergurt des Obergerüstes bzw. am Obergurt des Untergerüstes (bisweilen an beiden) werden meist Windstreben angeordnet, denen aber keine große Bedeutung zukommt.

Das *feste Untergerüst* besteht aus Jochen von gerammten Pfählen oder von Pfosten, die auf Betonfundamenten aufstehen. Abb. 91 zeigt beide Ausführungen. Auf den Köpfen der gerammten Pfähle (Abb. 91 links) ist ein Querholm oder Kappholz angeordnet, auf dem die Ausrüstungsvorrichtungen stehen. Der Querverband wird gebildet durch Querzangen in Höhe des Niedrigwassers und durch Querkreuze. Bei Anordnung eines Querholmes können die oberen Querzangen wegfallen. Als Längsverband dienen nur Längszangen, die unmittelbar unter dem Querholm angebracht sind. Weitere Längskreuze sind nicht möglich, um nicht den Abfluß des Sommerhochwassers zu hindern. Ist der Untergrund genügend fest, so werden die Pfosten unmittelbar auf durchgehende Betonfundamente stumpf aufgesetzt (Abb. 91 rechts). Die Einschaltung einer Schwelle, wie sie im Hochbau üblich ist, ist falsch. Die Ausrüstungsvorrichtungen werden gleichfalls unmittelbar auf das Hirnholz der Pfosten gesetzt. Querzangen an Kopf und Fuß sichern den richtigen Abstand der Pfosten beim Aufstellen. Ebenso wie bei den Pfahljochen werden Längszangen und außer den Querkreuzen noch Längskreuze angebracht, da für diese hier kein Hinderungsgrund besteht.

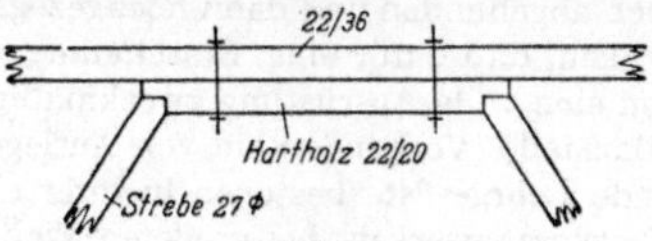

93 a

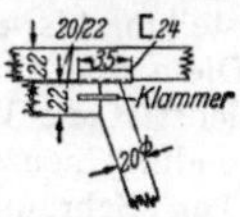

Abb. 93 b

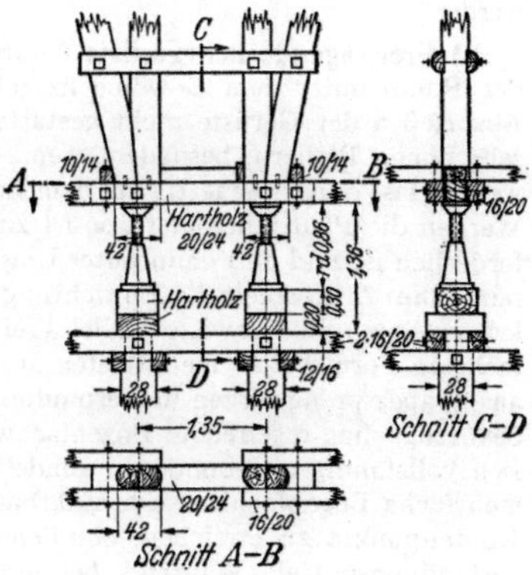

Abb. 94

Bei *hohem Unterbau* werden je zwei benachbarte Pfostenjoche durch Längs- und Querzangen und Kreuze zu einem Gerüst- oder Turmpfeiler zusammengefaßt. Die Entfernung der Angriffspunkte der Zangen beträgt etwa 4 bis 6 m, so daß annähernd quadratische Felder entstehen. Werden die Pfosten über 10 bis 12 m lang, so müssen sie gestoßen werden. Der Stoß, der in der Regel stumpf unter Verwendung von hölzernen oder stählernen Laschen ausgeführt wird, liegt unmittelbar über dem Kreuzungspunkt der Zangen.

Dem Lehrgerüst ist eine *Überhöhung* zu geben, damit nach dem Ausrüsten und nach vollendeter Schwindung die Stützlinie für Eigengewicht mit der errechneten Stützlinie zusammenfällt. Auf den Einfluß der Zusammendrückung des Bogens und der Widerlager, der Verkürzung des Bogens infolge Temperaturabfall und

Schwinden, ferner infolge des Zusammenpressens der Berührungsflächen der Gelenke und der Arbeitsfugen in dem Gewölbe usw. soll nicht eingegangen werden. Die Zusammendrückung des Lehrgerüstes während der Zeit des Betonierens und vor Schließen der Schlußlamelle setzt sich zusammen aus der elastischen Verformung des Holzes, die sich mit $E = 100000$ kg/cm² berechnen läßt(sie kann zu rd. $^1/_2$ mm je m Gerüstpfosten angenommen werden), aus der Zusammendrückung der Hölzer, die nach Erfahrung für jede Auflagerfuge mit 2 mm eingesetzt werden kann und aus der Zusammendrückung des Sandes in den Sandtöpfen. Diese beträgt 4 mm bei einer Last bis zu 20 t und 6 mm bis zu 30 t.

β) Fächerform: Fächerförmige Lehrgerüste werden meistens dann angeordnet, wenn die Freihaltung von Verkehrswegen, Wasserläufen usw. erforderlich wird (Abb. 90 rechts)[1].

Die fächerförmig angeordneten Streben werden häufig auf einem Betonsattel abgestützt, der seinerseits auf den Ausrüstungsvorrichtungen steht. Montage kann in freiem Vorbau von beiden Widerlagern aus erfolgen. Differenzen in der Höhenlage der beiden Hälften im Scheitel können durch Anziehen der Zugbänder behoben werden.

b) Freitragende Lehrgerüste. Freitragende Lehrgerüste sind zweckmäßig, wenn der Raum unter dem Gewölbe freigehalten werden muß oder der Erdboden ein Absprießen der Gerüste nicht gestattet. Sie können auch wirtschaftlich sein bei sehr hohen Pfeilern, besonders wenn sie wiederholt benutzt werden können. Sie werden fast durchweg fertig auf dem Erdboden abgebunden und dann hochgezogen. Werden die Pfeiler betoniert, so ist zu bedenken, daß dafür eine Einschalung erforderlich ist und daß dann unter Umständen eine volle Ausrüstung zweckmäßiger sein kann. Auch spielt die Einrichtung der Baustelle (Vorhandensein von Auslegerkranen usw.) eine gewisse Rolle. Freitragende Lehrgerüste bestehen in ihrer einfachsten Form bei kleinen Weiten aus Dreiecksprengwerken, bei größeren Weiten aus Trapezsprengwerken in Verbindung mit Dreiecksprengwerken. In neuerer Zeit bevorzugt man regelrechte Bogenfachwerke, deren Herstellung bisweilen in zwei in sich vollständig abgebundenen Binderhälften erfolgt. Diese sind als einfache oder mehrfache Bogenfachwerke ausführbar. Um eine möglichst starre Verbindung der Knotenpunkte zu erreichen, empfiehlt sich die Verwendung neuzeitlicher Holzverbindungsmittel. Während bei einfachen Fachwerken Schraubenbolzen und Knotenbleche oder Dübelkonstruktionen für die Durchbildung der Knotenpunkte notwendig werden, lassen sich mehrfache Fachwerke oder Gittertragwerke pfostenlos mit mehrfachen Diagonalen auch als genagelte Binder ausführen. Ihr Vorzug ist einfacher Zusammenbau; der Abbau ist weniger einfach und der Rückgewinnungswert des Holzes gering.

In Abb. 96 sind nach *Caquot* die 5 bis 10 cm breiten Fugen zwischen den Hirnhölzern mit weich eingebrachtem Beton mit 500 kg Zement/m³ ausgegossen, so daß die kraftübertragenden widerstandsfähigen Fasern der beiden gestoßenen Hölzer, die im Schnitt nicht unmittelbar aufeinander passen, ihre Kraft durch den gleichmäßig widerstandsfähigen Beton übertragen können.

Bei Fachwerkbogen ist es zweckmäßig, mit Rücksicht auf wechselnde Stabbeanspruchungen alle Diagonalen zug- und drucksicher auszubilden. Mehrteilige Fachwerke sind einteiligen vorzuziehen. Die Ausführung des Gewölbes in mehreren Ringen zwecks Entlastung des Lehrgerüstes gewinnt bei freitragenden Gerüsten an Bedeutung. Für diese verwende man dasselbe Bogensystem wie für das Gewölbe. Damit entsprechen die während der einzelnen Ringbelastungen entstehenden Formänderungen des Gerüstes und der Verbundkonstruktion zwischen Gerüst und Ringen immer denjenigen des endgültigen Brückengewölbes. Zur Übertragung der Schubkräfte zwischen dem Lehrgerüst und dem ersten Betonring des Gewölbes genügt oft schon die Haftfestigkeit zwischen Beton und Holz, die durch rauhe oder leicht gefaste Schalung noch erhöht werden kann. Das Ausrüsten ist bei Dreigelenkbogen verhältnismäßig einfach. Hier können in den Scheitel- oder auch Kämpfergelenken

[1] Beispiel [*11*] S. 153.

Pressen angeordnet werden, welche nach Ausbau der Gelenkkonstruktion entlastet werden, so daß eine allmähliche Senkung des Scheitels eintritt.

Abb. 95 zeigt das Lehrgerüst für die Fischerhäusle-Brücke bei Wiesensteig der Autobahn Stuttgart–Ulm, Abb. 97 einen Ausschnitt aus dem freitragenden Lehr-

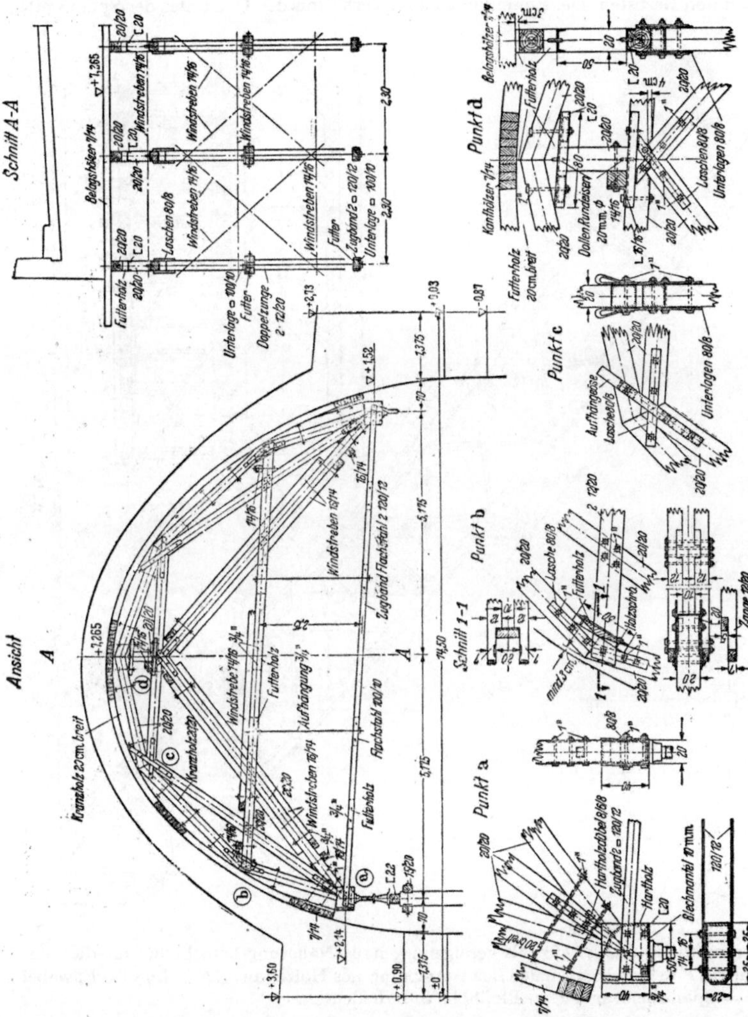

Abb. 95

gerüst der neuen Aarebrücke in Bern. Das Gerüst wurde in freiem Vorbau mit provisorischem Montageturm erstellt. Der Lehrgerüstbogen ist als eingespannter Fachwerkbogen berechnet. Die Stabanschlüsse erfolgten durch Ringdübel. Der Bogen wurde in verschiedenen Ringen betoniert, im ersten Stadium der Boden des Kastens mit den Vouten der Wände; nach seiner Erhärtung wurde dieser Betonquerschnitt mit dem Holzbogen als verbundener Querschnitt aufgefaßt und zum

Tragen der beiden weiteren Bogenringe mit herangezogen. Zur Übertragung der Schubkräfte zwischen Holz und Beton genügte die rauhe Schalung (Haftfestigkeit 0,6 kg/cm²). Für das Ausrüsten wurden im Scheitel und Kämpfer hydraulische Pressen vorgesehen.

Die Formänderungen freitragender Gerüste sind erheblich größer als bei unterstützten Gerüsten. Die Einsenkung ist im Verhältnis des Quadrates der Spannweite

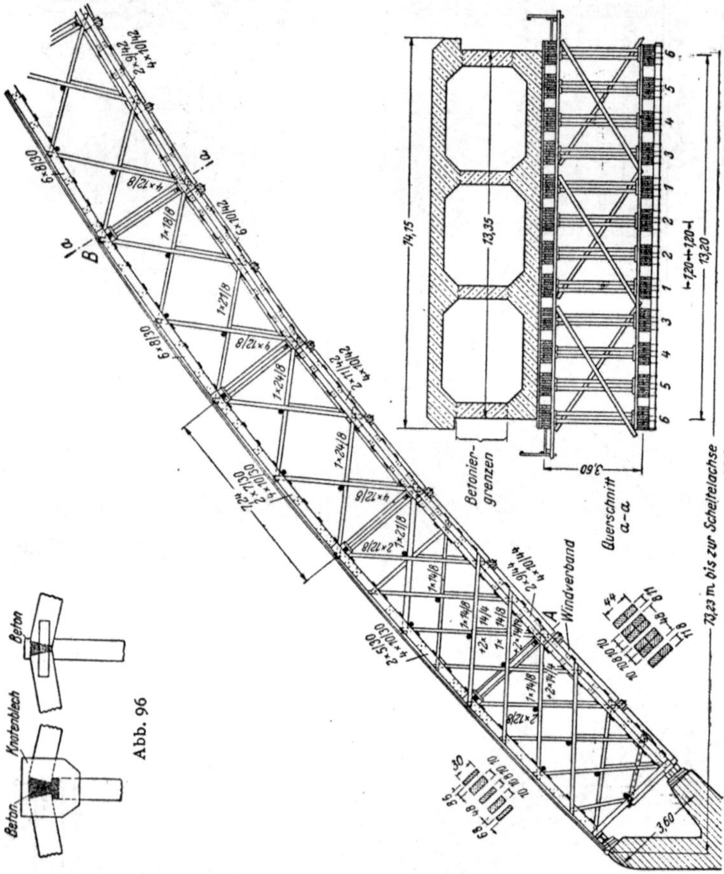

Abb. 96

Abb. 97

veränderlich. *Caquot* gibt als genügend genaue Näherungsberechnung für die Senkung ΔF in cm bei normaler Beanspruchung des Holzes an: $\Delta F = L^2/5000\, F$, wobei L = Spannweite und F = Pfeilhöhe in m bedeuten.

2. Schalgerüste für ebene Stahlbetonkonstruktionen

Schalgerüste kommen im Stahlbetonhochbau und bei Stahlbetonbalken- und Rahmenbrücken zur Anwendung. Sie bestehen aus der *Schalung* im engeren Sinne und der *Rüstung* oder *Stützung*. Die Schalung wird hergestellt durch Bretter aus Nadelholz, 24 bis 30 mm dick; sie soll den Unterflächen der Decken, den Balken, Säulen, Rahmenstielen und Wänden die erforderliche Form geben. Sie muß daher imstande sein, den seitlichen Druck des frisch eingebrachten Betons aufzunehmen und das Betongewicht unter Berücksichtigung der Last des Arbeitsbetriebes auf die Stützung zu übertragen. Die Dicke der Schalung ist abhängig von der Belastung, der Anordnung der Laschen und der Entfernung der stüzenden Kanthölzer. Im allgemeinen ist es zweckmäßig – auch mit Rücksicht auf den Holzverlust beim Ausschalen –, die Dicke nicht zu gering zu wählen und bei großen Betonabmessungen über 30 mm hinauszugehen. Bei Verwendung von frischem Schalholz muß man infolge des Schwindens mit der Entstehung von zu großen Fugen rechnen, während bei zu trockenem Holze das Quellen sich unangenehm bemerkbar macht. Bei der Herstellung der Schalung muß auf das Ausschalen Rücksicht genommen werden. Säulen, Rahmenstiele, Balkenseiten können früher ausgeschalt werden als die Balkenböden und Decken. Dabei müssen unter diesen einige Stützen, sog. *Notstützen*, noch länger stehen bleiben; an diesen und den darüber liegenden Schalbrettern darf nicht gerührt werden. Bisweilen ist gehobelte Schalung empfehlenswert, wenn die sichtbaren Betonteile keine Nachbehandlung erfahren sollen. Die Herstellung erfolgt in Form von Schaltafeln, die an Ort und Stelle zu Schalkästen zusammengebaut werden. Als Verbindungsmittel dienen Nägel – seltener Kopfschrauben –, Schraubenbolzen und vor allem Rödeldraht (geglühter Stahldraht von etwa 2 mm Dicke). Die Ausführung erfolgt rein handwerksmäßig. In vielen Fällen ist es auch für den Schalungsbau vorteilhaft, wenn man die Einteilung der Tafeln usw. nicht dem weniger geübten Bauführer und Polier oder gar Zimmermann überläßt. Eine einfache Zeichnung auf Grund von praktischen Überlegungen kann hier manchen wirtschaftlichen Vorteil bringen.

Das *Stützgerüst* besteht in der einfachsten Form aus Rundholzständern, unter denen Hartholzkeile als Ausrüstungsvorrichtung angeordnet und die durch Verstrebungen (Latten, schmale Bretter, Schwarten, dünne Halbrundhölzer) gegeneinander abgesteift sind. Die Querschnitte der für die Verstrebung verwandten Hölzer sollen zu den Lasten in vernünftigem Verhältnis stehen. Bei großer Höhe und schweren Lasten ist das Gerüst bisweilen unterteilt; dann liegen die Ausrüstungsvorrichtungen zwischen Ober- und Untergerüst.

Abb. 98 zeigt einen Ausschnitt aus dem Schalgerüst einer Autobahnbrücke. Da die Bodenpressung unter dem Stampfbetonfundament zu hoch wurde, ist dieses auf 9 gerammten Pfählen Ø 22 gegründet. Zweckmäßigerweise hätte man das Sprengwerk bis unter die Absenkvorrichtungen gehen lassen sollen. Die Verwendung sog. *Beißbleche*, wie sie in diesem Beispiel vorkommen, hat sich nicht bewährt. Ihre Druckübertragung ist sehr beschränkt, weil sie sich kugelförmig durchbiegen, wenn sie den Druck auf größere Flächen übertragen sollen.

In Abb. 99 ist die Einrüstung eines *Schalenbaues* dargestellt.

B. Aufstellgerüste

Während Stahlbrücken kleinerer Stützweiten (etwa bis 30 m) meistens vollständig zusammengebaut durch Schwenkkrane oder Eisenbahnkrane eingelegt werden, ist beim Bau größerer Brücken ein besonderes Aufstellgerüst erforderlich, da die Brücke in Einzelteilen zur Baustelle kommt und dort zusammengesetzt werden muß. Diese Gerüste sind je nach den örtlichen Verhältnissen, der Art der Brücke sowie den zur Verfügung stehenden Geräten und Gerüstteilen verschieden. Als Baustoff kommt Holz oder Stahl in Frage. Holz hat den Vorteil besserer Anpassungsfähigkeit an Geländeunebenheiten, geringerer Vorarbeiten, schnellerer Aufstellung und besserer Wiederverwendbarkeit. Stählerne Gerüste sind bei großen Lasten, insbesondere wenn sie in einem Punkt konzentriert auftreten, bei hohen Aufbaugerüsten sowie bei beengten Platzverhältnissen zweckmäßig. In den meisten Fällen wird unter der zu erstellenden Brücke ein durchlaufendes *festes Holzgerüst* angeordnet, bestehend aus Pfosten bzw. Pfählen aus Rundholz, der Ausfachung (Kreuze, Zangen und Holme) aus Kantholz und der Gerüstabdeckung aus Bohlenbelag auf Kanthölzern und stählernen Unterzügen.

Bei gutem Baugrund werden *Pfosten* aus wirtschaftlichen Gründen Pfählen vorgezogen. Die Pfosten setzen sich auf hölzerne Schwellroste oder Hilfsfundamente aus Beton, die die Lasten auf das Erdreich übertragen. Um bei großen Auflasten die Beanspruchung der Schwellen auf Druck und Biegung gering zu halten, sind meist mehrere Lagen von Schwellen kreuzweise übereinander anzuordnen (Abb. 100).

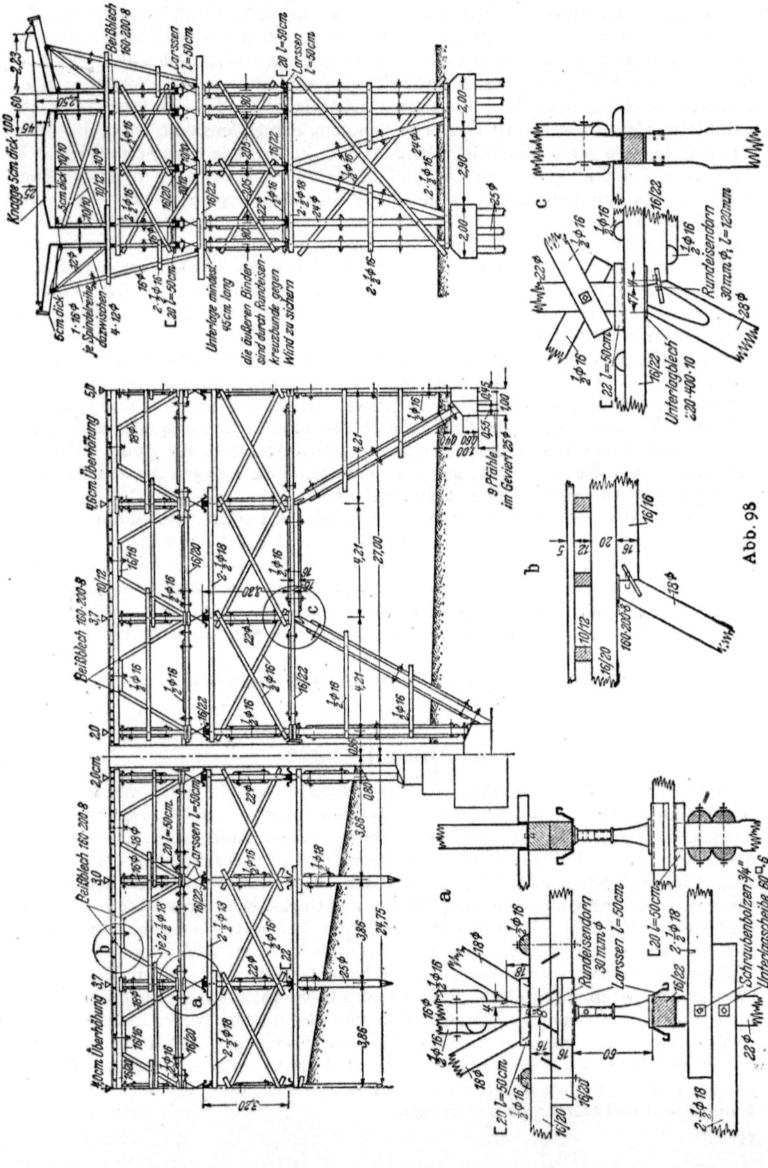

Abb. 98

Wenn mit Rücksicht auf die geringe Tragfähigkeit der obersten Bodenschichten die Gründung tiefer in die Erde gelegt werden muß, sind Hilfsfundamente zweckmäßiger als Schwellroste. Bei schlechtem Baugrund sowie in Flüssen werden an Stelle der Pfosten *Pfähle* gerammt.

Die einzelnen Pfosten bzw. Pfähle werden in Brückenquerrichtung durch kräftige Ausfachung miteinander verbunden. Die so entstandenen Wände sind dann in der

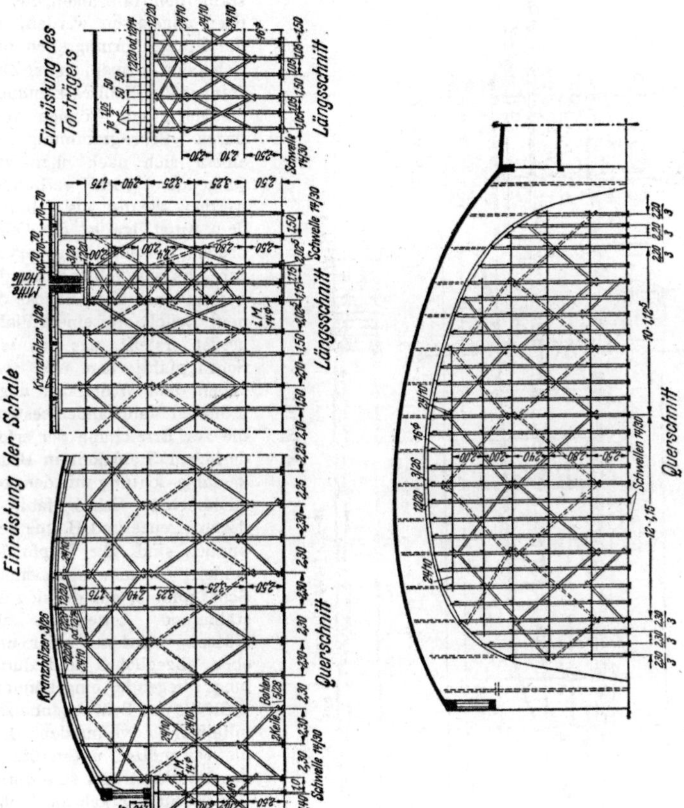

Abb. 99

Lage, die in der Brückenquerrichtung auftretenden Wind- oder Wasserkräfte aufzunehmen. Meist werden je zwei Pfahl- bzw. Pfostenwände durch hölzerne Verbände, die in der Brückenlängsrichtung angeordnet sind, zu *räumlichen Jochen* verbunden, wodurch gleichzeitig die Knicklänge der Pfähle bzw. Pfosten nach beiden Achsen hin verkürzt wird. Die Pfahlköpfe werden durch querliegende Hölzer oder Stahlträger miteinander verkoppelt, auf denen die meist stählernen Längsträger liegen, die ihrerseits die Bohlen bzw. Vierkanthölzer der Gerüstabdeckung, die Kranbahn usw. tragen. Abb. 101, Aufstellgerüst einer Straßenbrücke.

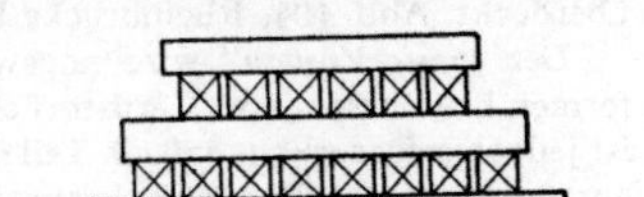

Abb. 100

Bei Pfahlgerüsten, die im Wasser stehen, werden die Pfähle unterhalb des Wasserspiegels durch stählerne Zugstangen miteinander verbunden, die kreuzweise angeordnet die Horizontalkräfte übernehmen. Als Zugstangen werden meist Rundstähle verwendet, an deren oberem Ende, noch über dem Wasserspiegel liegend, ein Spannschloß, am unteren Ende eine Kette oder Festklemmkonstruktion befestigt ist. Im allgemeinen besteht die Festklemmkonstruktion aus zwei durch Schrauben miteinander verbundenen stählernen Halbringen, die von oben abgelassen werden, um die Pfähle herumgreifen und sich beim Anspannen der Zugstangen am Pfahl festklemmen.

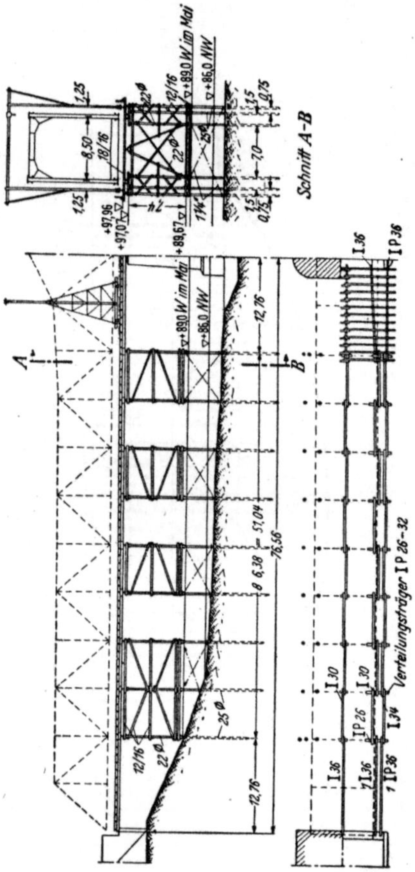

Abb. 101

Die Pfähle können auch durch Schrägrammung zu einem sich nach oben verjüngenden Joch verbunden werden, wie dies aus Abb. 102, dem Aufstellgerüst der Oderbrücke bei Pommerzig, hervorgeht. Es wurde hier neben der vorhandenen alten Brücke die neue Brücke auf einem Pfahlgerüst erstellt, das aus vier Schrägpfahljochen und zwei neben dem Widerlager angeordneten Pfahlwänden besteht, die zur Erreichung der erforderlichen Steifigkeit in Brückenlängsrichtung mit dem benachbarten Schrägpfahljoch durch Kreuze und Holme verbunden sind. Die Köpfe der beiden zusammenstoßenden Schrägpfähle, auf die sich die stählernen Unterzüge abstützen, wurden sauber und eben abgeglichen und durch längs liegende eingekämmte [-Stähle und Schraubenbolzen miteinander verbunden. Die die Querhölzer unterstützenden Überlagsträger sind durch Verspannung gegen die Pfahlköpfe festgelegt, wie aus den Einzelheiten der Abb. 102 ersichtlich ist.

Bei großen Knotenlasten werden auch mehrere Pfähle ziemlich dicht nebeneinander gestellt und die so erhaltenen Pfahlgruppen zu Jochen vereinigt (Abb. 103).

Erforderliche *Durchfahrtsöffnungen* in einem Gerüst werden durch besondere Tragkonstruktionen, bei größeren Spannweiten durch stählerne Gerüstbrücken überdeckt. Abb. 104, Rheinbrücke bei Wesel.

Der „*freie Vorbau*" wird angewandt, wenn die Erstellung fester Gerüstplattformen bzw. besonderer Gerüstbrücken nicht möglich oder zu kostspielig ist. Dabei ist jedoch erforderlich, daß ein Teil des Überbaues bereits erstellt ist und von diesem aus mittels eines Freivorbaukranes weiter gebaut wird, wobei der bereits erstellte Teil als Gegengewicht dient. Ist ein genügendes Gegengewicht nicht vorhanden, so müssen künstliche Verankerungen bzw. Gegengewichte geschaffen werden. Der

Freivorbau wird insbesondere bei Talbrücken angeordnet, die als durchlaufende Träger zur Überbrückung von Talmulden dienen. Der „echte" Freivorbau arbeitet ohne jegliche Hilfsgerüste und baut die stählernen Träger von Pfeiler zu Pfeiler frei vor. Bei „unechtem" Freivorbau werden noch Gerüstjoche zwischengeschaltet, auf die die einzelnen Brückenteile mittels Freivorbaukränen aufgelegt werden. Abb. 105 zeigt ein solches Freivorbaugerüst. Die dabei erforderlichen Gerüstjoche können wieder aufgesetzt oder gerammt sein und werden meist der Höhe nach in verschiedene aufeinander gesetzte Geschosse unterteilt. Sind die Gerüstjoche sehr hoch, so müssen sie, bevor die Brückenlast aufgebracht wird, gegen Windkräfte seitlich durch Seilverspannung abgefangen werden.

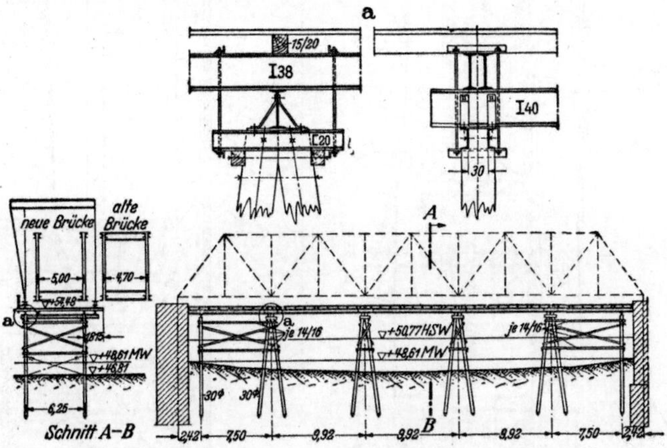

Abb. 102

Beim Bau von Bogenbrücken sind außer den Gerüstplattformen noch besondere *Obergerüste* erforderlich, auf die die Bogenteile zunächst abgesetzt werden. Die Obergerüste haben außer der Knotenlast der daraufliegenden Bogenteile noch die Niet- und Schweißgerüste zu tragen, die als Arbeitsgerüste zum Verdornen, Verschrauben, Aufreiben, Vernieten und Verschweißen der Konstruktionsteile dienen. Zum Höhenausgleich werden zwischen der abzustützenden Bogenkonstruktion und dem Obergerüst Kopfschrauben oder Pressen zwischengeschaltet. Abb. 106, Autobahnbrücke am Kaiserberg bei Duisburg. Müssen Brückenauswechslungen unter Vermeidung langer Verkehrsunterbrechungen in kurzen Betriebspausen vorgenommen werden, so werden die neuen Überbauten auf besonderen Aufstellgerüsten parallel zum alten Überbau fertig erstellt und auf *Verschiebegerüsten* unter Kupplung des neuen und alten Überbaues in einer Betriebspause seitlich eingeschoben. Dazu werden die Überbauten auf Rollwagen aufgesetzt, die ihrerseits auf stählernen Verschiebebahnträgern laufen. Die Verschiebebahnträger werden unter Beachtung der großen konzentrierten Lasten meist durch Pfahlbündel abgestützt. In Abb. 104 ist der Querschnitt einer solchen Verschiebebahnabstützung am Ende der Überbauten gezeigt.

Ein *Längsverschieben* der Brücke wird dann angewendet werden, wenn mit Rücksicht auf die vorhandene Örtlichkeit der Überbau auf dem festen Lande gegebenenfalls unter Vermeidung jeglicher Gerüste erstellt werden kann. Beim Längsverschieben der Brücke läuft das hintere Brückenende meist auf Rollenwagen über eine Verschiebebahn. Das vordere Brückenende wird entweder auf ein Ponton gesetzt und zum anderen Ufer geschwommen, oder es wird mit einem Verlängerungsschnabel versehen, so daß das Schnabelende bereits das jenseitige Ufer erreicht, ehe der Schwerpunkt der Brücke über die äußerste Unterstützung des diesseitigen

Ufers hinwegrollt. Um dies zu erreichen, sind meist außer dem vorübergehend angesetzten Schnabelende noch besondere Hilfsjoche in der Nähe des Ausgangsufers sowie das Aufbringen von Ballast zur Vermeidung eines Kippens erforderlich. Sind die Schiffahrts- und Strömungsverhältnisse so ungünstig, daß die Errichtung

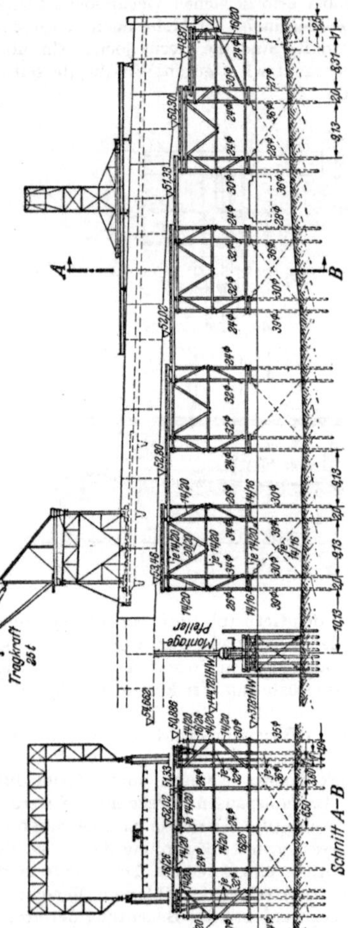

Abb. 103

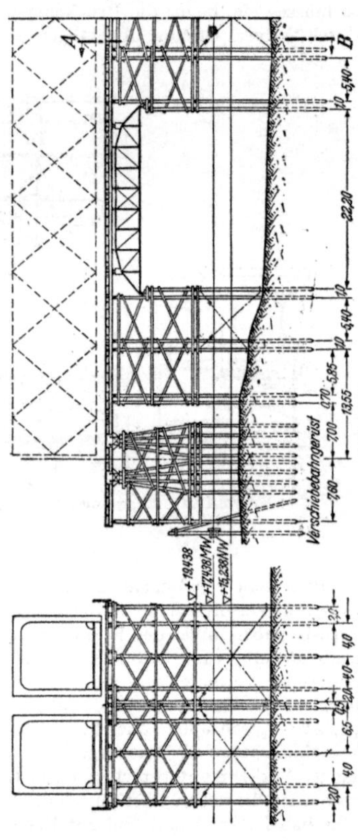

Abb. 104

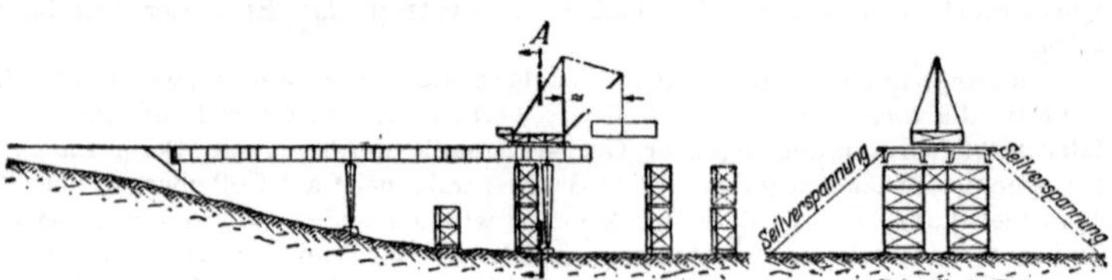

Abb. 105

von festen Gerüsten unmöglich wird, kann man den Überbau anderen Orts auf einem festen Gerüst in der Nähe des Ufers im Bereich des schiffbaren Wassers zusammenbauen. Das Gerüst enthält entsprechende Aussparungen, die durch stählerne Träger überdeckt werden (Abb. 104). Nach deren Entfernung werden Prähme unter die Brücke gefahren, die Brücke durch Auspumpen des in den Kähnen befindlichen Ballastwassers angehoben und verschwommen. Sehr große Sorgfalt erfordert dabei der Bau der auf den Pontons aufzustellenden *Schiffsgerüste*, insbesondere der im

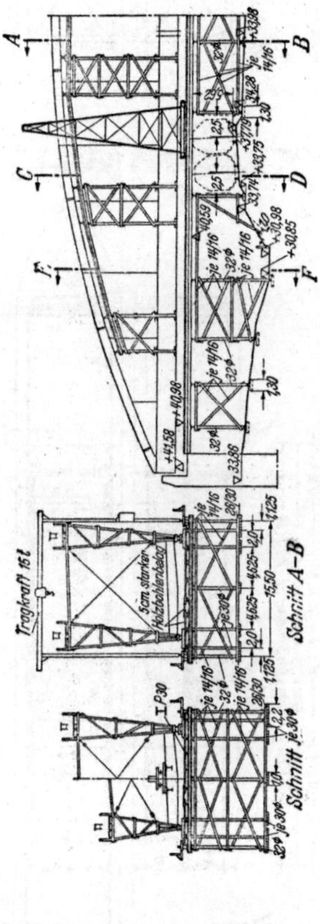

Abb. 106

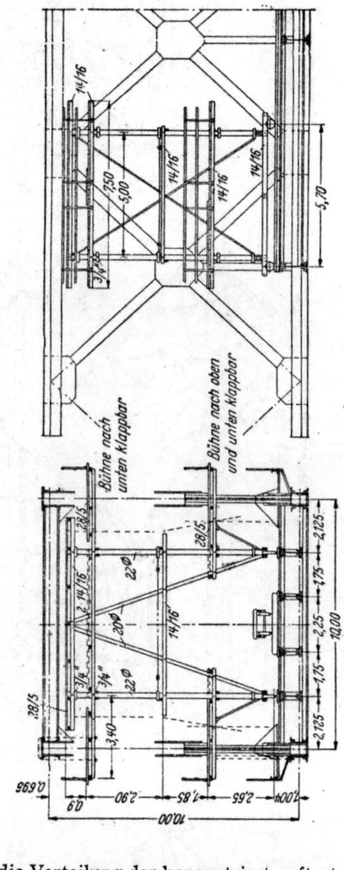

Abb. 108

Prahm liegenden Längsausrüstung, die die Verteilung der konzentriert auftretenden Lasten derart in Prahmlängsrichtung vornehmen muß, daß die Beanspruchung der Prähme innerhalb der zulässigen Grenzen bleibt. Bei großen Lasten können dabei auch zwei Prähme angeordnet werden; die beiden Prähme sind durch Träger und Gerüstquerwände entsprechend miteinander zu koppeln. Zur Erhöhung der seitlichen Stabilität können die Prähme noch mit Drahtseilen nach dem Überbau hin abgefangen werden. Abb. 107 zeigt das Schiffsgerüst beim Bau der Eisenbahnbrücke über den Rhein bei Wesel. Das vordere und hintere Ende jedes Prahmes wurde durch eine wasserdichte Schottwand abgeschlossen, und es wurden somit Behälter zum Fassen des Ballastwassers geschaffen. Man beachte bei dem dargestellten Beispiel die zahlreichen Verbände und Ausfachungen, die insbesondere mit

Rücksicht auf unvorhergesehene Kräfte, wie Schiffsstoß, Seitenströmung, Wellenschlag usw. erforderlich sind.

Außer den erwähnten Hauptrüstungen sind bei den meisten Bauwerken noch *Hilfsgerüste* erforderlich. Geschieht z. B. der Antransport der Stahlkonstruktions-

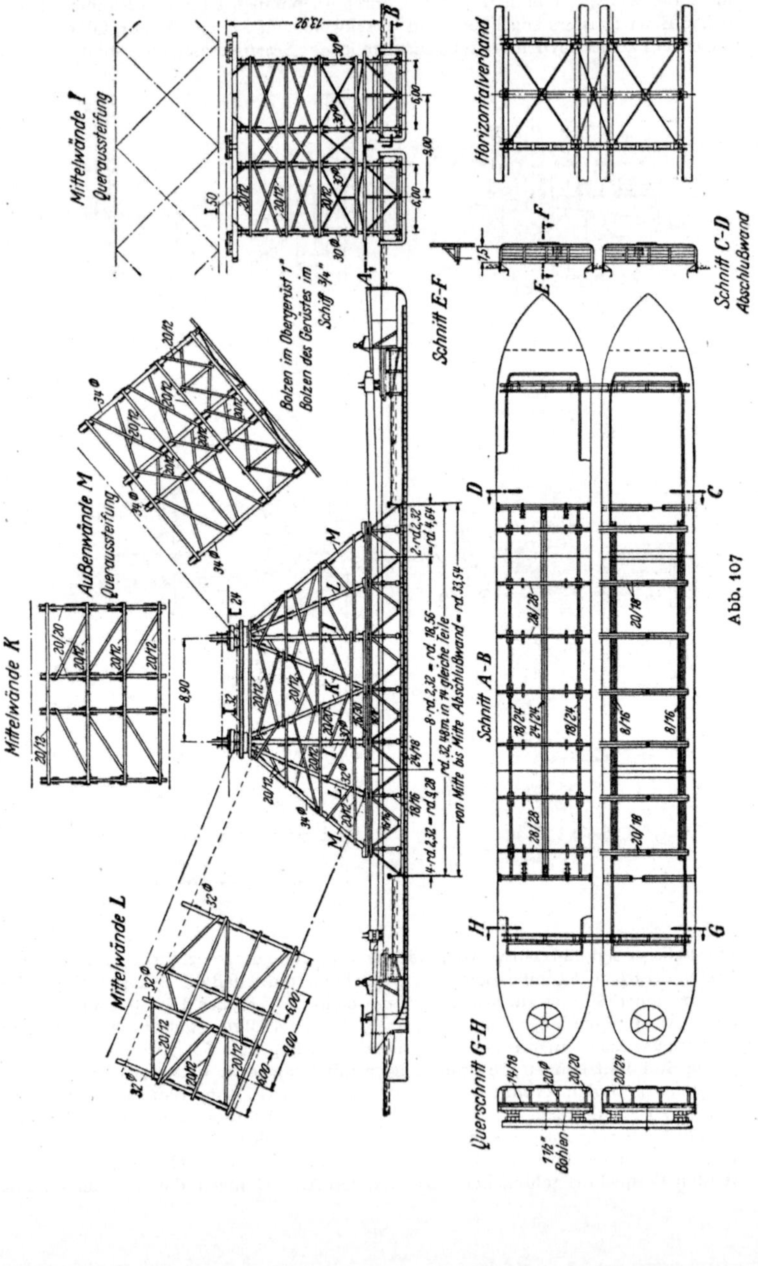

Abb. 107

teile auf dem Wasserwege, so wird die Entladung der Schiffe oder Schuten durch Schwenkkrane oder Portalkrane bisweilen von einem besonderen Entladegerüst aus vorgenommen, das gleichzeitig als Gerüstplattform zum Absetzen der einzelnen Stücke dienen kann.

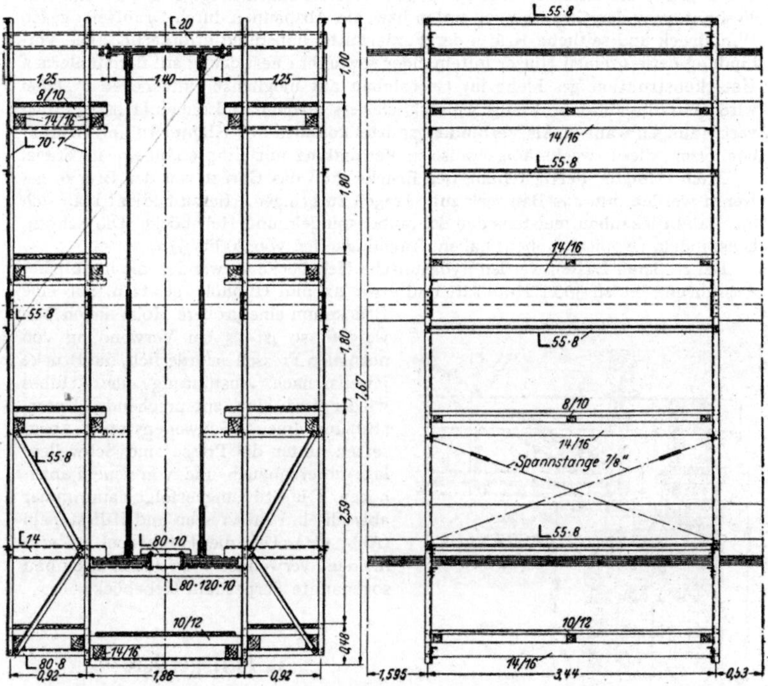

Abb. 109

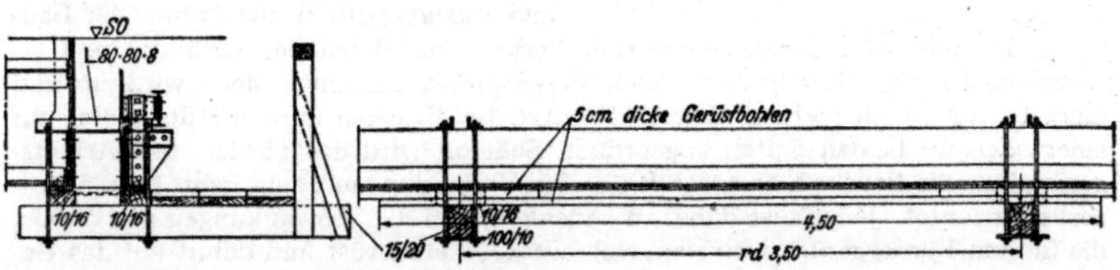

Abb. 110

Zur Ausführung der Niet- und Schweißarbeiten werden Hilfsgerüste benötigt, die fahrbar oder verschiebbar den Arbeitsboden zum Vernieten und Verschweißen der einzelnen Konstruktionsteile bilden.

Abb. 108 zeigt ein fahrbares Nietgerüst mit klappbaren Arbeitsbühnen beim Bau der Rheinbrücke Ludwigshafen—Mannheim. Bei vorhandenen Obergerüsten werden die Hilfsgerüste in einfacher Weise mit der unterstützenden Konstruktion vereinigt (Abb. 106). Abb. 109 zeigt die Hängerüstung für den Freivorbau der Versteifungsträger der Straßenbrücke über den Rhein in Köln-Mühlheim. Derartige

Hängerüstungen werden auch an zu verstärkende oder zu erweiternde Brücken oftmals aufgehängt; sie können z. B. in einfacher Weise an bestehende Gurte gemäß Abb. 110 angeklemmt werden.

Im Gegensatz zu den Lehr- und Schalgerüsten spielen bei den Aufstellgerüsten und auch bei den Hilfsgerüsten geringe Formänderungen der Knotenpunkte und Setzungen keine Rolle. Dagegen sind gute Aussteifungen längs und quer und eine Verbreiterung der Gerüste nach unten bzw. ein Abspannen durch Drahtseile gegen Winddruck und seitliche Kräfte der Fördermittel unbedingt erforderlich. Die Verbindung der einzelnen Hölzer miteinander sowie ihre Festlegung auf der stählernen Unterkonstruktion geschieht im Gerüstebau auf möglichst einfache Art. Dabei wird man die Hölzer so wenig wie möglich verschneiden und die einfachsten Holzverbindungen wählen. Als Verbindungsmittel kommen nur Klammern und Schraubenbolzen, diese zweckmäßigerweise in Verbindung mit Einpreßdübeln, in Frage.

Nach erfolgter Fertigstellung der Brücke muß das Gerüst von der Brücke getrennt werden, um das Bauwerk zum Tragen zu bringen. Hierzu bedient man sich im Stahlbrückenbau meistens der Schraubenspindeln und Hebeböcke. Die Schraubenspindeln (Kopfschrauben) haben Tragfähigkeiten von 20 bis 35 t.

Bei größeren Lasten werden hydraulische Hebeböcke verwendet, die in üblicher Ausführung bis zu 300 t Hubkraft und etwa 200 mm Hubhöhe besitzen. Soll eine Brücke um eine größere Höhe angehoben werden, so ist es bei Verwendung von normalen Pressen erforderlich, die Brücke jeweils nach Ausführung eines Hubes wieder auf eine entsprechende Unterstützung (meist Schwellenstapel) abzusetzen, unter die Presse eine Schwellenlage unterzubauen und von neuem anzuheben. Die Stützung erfolgt dann immer abwechselnd auf Pressen und Hilfsstapeln (Abb. 111). Um die Hilfsstapel zu vermeiden, verwendet man im Brückenbau sogenannte Perpetuum-Hebeböcke.

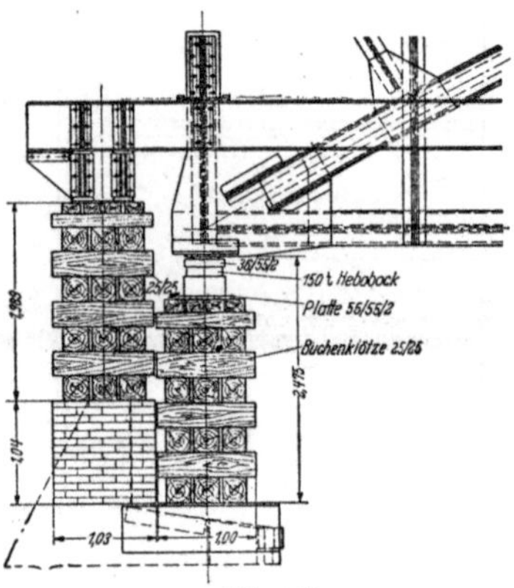

Abb. 111

C. Hilfsgerüste

Die Verwendung von Hilfsgerüsten ist im gesamten Bauwesen sehr mannigfaltig. Sie dienen als *Fördergerüste* (*Fahr-* und *Aufzugsgerüste*) zur Anfuhr der Baustoffe, Bauteile und Geräte sowie zum Verkehr zur Baustelle überhaupt und als *Arbeitsgerüste* (bei Steinbrücken auch *Versetzgerüste* genannt). Meist wird ein und dasselbe Gerüst für mehrere Zwecke benutzt. Bei Brücken werden Hilfsgerüste auf einer oder auf beiden Seiten angeordnet. Sehr oft wird das Förder- und Arbeitsgerüst über die Brücke hinweggeführt und in Verbindung mit dem Lehr- bzw. Schalgerüst errichtet. Jedoch ist dabei zu bedenken, daß die Schwankungen und Stöße, die in dem Fördergerüst auftreten, sich auf das Lehrgerüst und damit auf das Gewölbe übertragen. Die Ausbildung der Fördergerüste erfolgt bei schwerem Lokomotivbetrieb ähnlich wie bei den Gerüstbrücken. Bei Erdtransport finden vielfach I-Stähle als Hauptträger Verwendung.

Bei kleinen Stützweiten stützt man das Fördergerüst über den Gewölbpfeilern ab und überbrückt die Öffnung zwischen diesem freitragend (fliegendes Gerüst).

Abb. 112 zeigt einen Ausschnitt aus dem Arbeitsgerüst der Brücke über das Waschmühltal der Autobahn Saarbrücken-Mannheim. Auf der einen Seite befindet sich der Aufzug und der Transportsteg für Steine, auf der anderen Seite (in der Zeichnung nicht dargestellt) der für Beton. Der Aufbau der Gerüste für die Pfeiler erfolgt stufenweise.

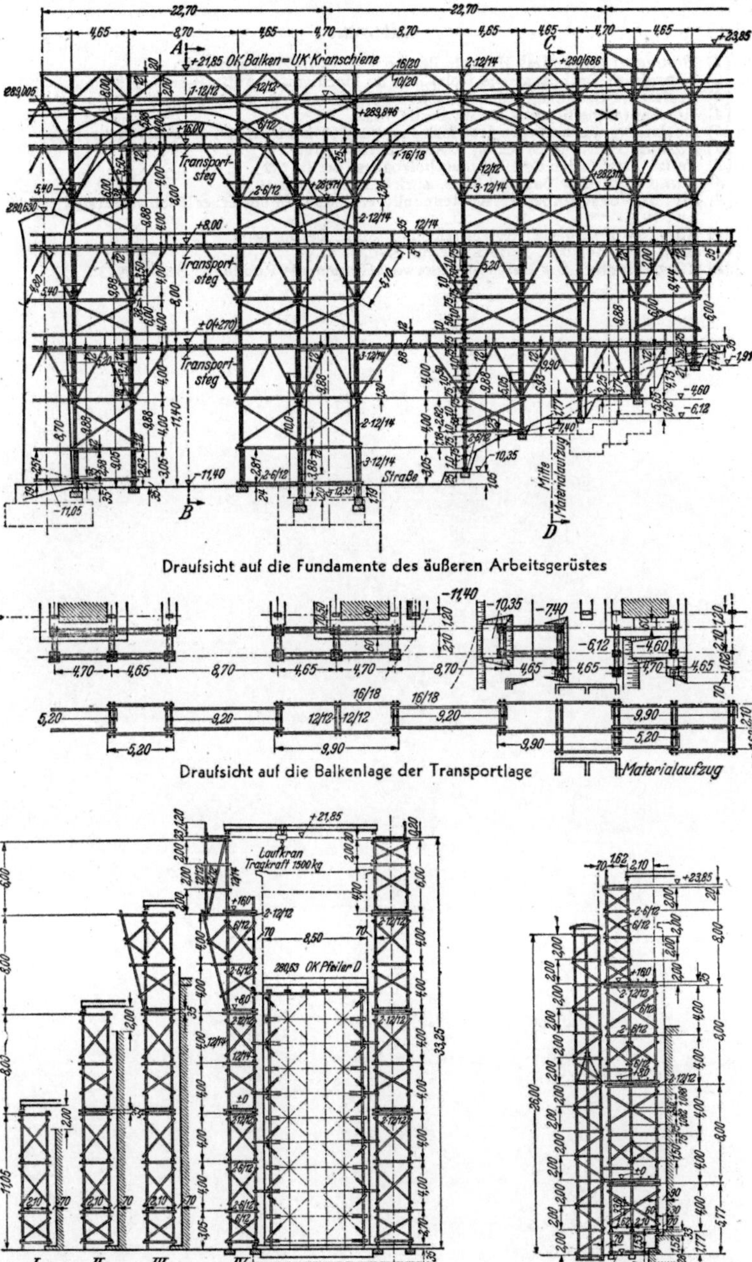
+21,85 OK Balken = UK Kranschiene
Transportsteg
Transportsteg
Transportsteg
Straße
Mitte Materialaufzug
Draufsicht auf die Fundamente des äußeren Arbeitsgerüstes
Draufsicht auf die Balkenlage der Transportlage
Materialaufzug
Laufkran Tragkraft 1500 kg
280,63 OK Pfeiler D
I
II
III
IV
stufenweiser Aufbau der Gerüste für die Herstellung der Pfeiler
Querschnitt A–B
Querschnitt C–D

Abb. 112

Literatur

[1] *Baumann-Lang*: Das Holz als Baustoff, 2. Aufl., München 1927.
[2] *Fonrobert*: Grundzüge des Holzbaues im Hochbau, 5. Aufl., Berlin 1948.
[3] *Gesteschi*: Grundlagen des Holzbaues, 3. Aufl., Berlin 1930.
[4] Holzbautaschenbuch, 4. Aufl., Berlin 1952.
[5] *Kollmann*: Technologie des Holzes und der Holzwerkstoffe, 2. Aufl., Berlin 1951.
[6] *Laskus*: Hölzerne Brücken, 4. Aufl., Berlin 1942.
[7] *Seitz*: Grundlagen des Ingenieurholzbaues, Berlin 1925.
[8] *Staudacher*: Der Baustoff Holz, Zürich und Leipzig 1936.
[9] *Stoiloff*: Gestaltung der Knotenpunktverbindungen hölzerner Fachwerkträger, Stuttgart 1935.
[10] *Stoy* und *Fonrobert*: Holznagelbau, 6. Aufl., Berlin 1948.
[11] *Stoy*: Der Holzbau, 5. Aufl., Berlin 1950.
[12] *Zimmermann*: Der Bau von Feuerwachtürmen aus Rundholz, Berlin 1943.

GPSR Compliance

The European Union's (EU) General Product Safety Regulation (GPSR) is a set of rules that requires consumer products to be safe and our obligations to ensure this.

If you have any concerns about our products, you can contact us on ProductSafety@springernature.com

In case Publisher is established outside the EU, the EU authorized representative is:

Springer Nature Customer Service Center GmbH
Europaplatz 3
69115 Heidelberg, Germany

Batch number: 10704701

Printed by Printforce, the Netherlands

Taschenbuch für
Bauingenieure

Mit Beiträgen von

A. Agatz, Bremen · **P. Böss**, Karlsruhe · **E. Czitary**, Wien · **F. Dischinger †**, Berlin **W. Flügge**, Palo Alto/Cal. (USA) · **G. Garbotz**, Aachen · **J. Göderitz**, Braunschweig **O. Graf**, Stuttgart · **K. Hetzel**, München · **K. Hilfer**, Münster/W. · **E. Kohl**, Braunschweig · **E. Lackner**, Bremen · **G. Lehmann**, Hannover · **R. Lutz**, Bremen · **E. Marquardt**, Stuttgart · **E. Massute**, Hannover · **A. Mehmel**, Darmstadt · **W. Müller** Aachen · **H. Petermann**, Bremen · **C. Pirath**, Stuttgart · **W. Rosemann**, Gronau (Hann.) · **L. Sautter**, Stuttgart · **F. Schleicher**, Dortmund · **J. Schlums**, Hannover **W. Stoy**, Braunschweig · **F. Stüssi**, Zürich **F. Tölke**, Stuttgart · **A. Vierling** Hannover · **F. W. Waltking †**, Düsseldorf · **P. Werkmeister †**, Dresden · **H. P. Witt** Dortmund · **H. Wittmann**, Karlsruhe

Herausgegeben von

Professor Dr.-Ing. **Ferdinand Schleicher**

Dortmund

Zweite völlig neubearbeitete Auflage

Mit 2740 Abbildungen

In zwei Bänden

Erster Band

Springer-Verlag Berlin Heidelberg GmbH

1955

ISBN 978-3-642-88349-1 ISBN 978-3-642-88348-4 (eBook)
DOI 10.1007/978-3-642-88348-4

Ursprünglich erschienen bei Springer-Verlag OHG., Berlin/Göttingen/Heidelberg 1955
Softcover reprint of the hardcover 1st edition 1955

Vorwort zur zweiten Auflage

Das „Taschenbuch für Bauingenieure" erschien erstmals im Frühjahr 1943, eine spanische Übersetzung „Manual del Ingeniero Constructor", Barcelona, Verlag Editorial Labor, S. A., im Jahre 1948.

Die Vorarbeiten für eine verbesserte Neuauflage wurden noch während des Weltkrieges aufgenommen, mußten aber 1945 unterbrochen werden und mehrere Jahre ruhen. Ein „Berichtigter Neudruck", der Ende 1949 erschien und ebenfalls bald vergriffen war, sollte die Lücke füllen, bis es möglich wäre, diese „zweite völlig neubearbeitete Auflage" vorzulegen.

Der Umfang des Taschenbuchs ist trotz der vielen unten erwähnten Neuerungen nur geringfügig angewachsen, nämlich von XXIII u. 1942 Seiten in der ersten Auflage auf jetzt XX u. 1087 S. in Bd. I, und XIX u. 1159 S. in Bd. II. Dies war nur möglich durch Weglassung von überholten Ausführungen, durch Verminderung der Wiederholungen sowie durch straffere Fassung.

Die Unterteilung des Taschenbuches in zwei Bände kommt einem vielfach geäußerten Wunsch entgegen.

Die an die einzelnen Abschnitte gestellten Anforderungen schwanken stark mit den besonderen Interessen des betr. Lesers. Auch subjektive Einflüsse sind nicht zu vermeiden, bei den Bearbeitern wie beim Herausgeber. Ich hoffe aber, daß ein Mittelwert getroffen wurde, der die meisten Wünsche erfüllt. Die in der ersten Auflage vorhandene Ungleichmäßigkeit in der Behandlung der einzelnen Beiträge konnte jedenfalls erheblich vermindert werden, wenn auch noch nicht alle Wünsche nach dieser Richtung erfüllt sein mögen.

Das Trägheitsmoment von Querschnittsflächen ist durchweg mit I (nicht J) bezeichnet worden, so wie es in der Weltliteratur und auch in der älteren deutschen Fachliteratur üblich ist. Nicht zuletzt durch die Benutzung der Schreibmaschine hat sich eingebürgert, daß I und J häufig verwechselt werden. Nach einem Hinweis von *W. Flügge* wurde deshalb darauf geachtet, daß in der Neuauflage des Taschenbuchs für das Flächenträgheitsmoment nur I gesetzt wurde. Man schreibt ja auch nicht Jgel (statt Igel) oder Iäger (statt Jäger).

Vielfache Unterhaltungen wurden über die Frage geführt, ob es richtig sei, Tabellen (z. B. Profiltabellen, Dimensionierungstabellen für den Stahlbetonbau u. dgl.) sowie Normblätter und Richtlinien aufzunehmen. Es stellte sich heraus, daß noch immer gilt, was darüber im Vorwort zur ersten Auflage gesagt wurde: Die dadurch erreichten Vorteile erscheinen nicht groß genug, um die entsprechende starke Umfangsmehrung sowie die damit verbundene Verteuerung des Taschenbuchs in Kauf zu nehmen. Lediglich im Abschnitt „*Mathematik*" wurde eine Reihe von Zahlentabellen neu aufgenommen. Diese haben eine neuartige Form erhalten, sie dürften trotz wesentlich kleineren Umfanges praktisch dasselbe leisten wie die üblichen Tabellen.

Die Neuauflage des Taschenbuches spiegelt die starke Entwicklung wieder, welche viele der behandelten Fachgebiete im letzten Jahrzehnt genommen haben. Auch diesmal wurden deshalb wieder Theorien und Überlegungen mitberücksichtigt, die noch nicht als abgeschlossen gelten können.

Von den Verbesserungsvorschlägen zur ersten Auflage, die dankenswerterweise in Buchbesprechungen und Briefen gemacht wurden, konnte ein sehr großer Teil berücksichtigt werden. Anregungen und Kritik jeglicher Art werden auch zur zweiten Auflage sehr willkommen sein.

Alle Beiträge sind gründlich überarbeitet und auf den heutigen Stand gebracht. *Neue Abschnitte* sind:

Technische Hydromechanik (*P. Böss*, Karlsruhe). Hier sind alle einschlägigen Betrachtungen zusammengefaßt, die früher über mehrere Beiträge verstreut waren.

Baukonstruktionen des Hochbaus (*L. Sautter*, Stuttgart).

Stabilitätsfälle (Grundlagen von Knicken, Kippen, Beulen) (*F. Schleicher*, Dortmund).

Ausgewählte Kapitel aus der *Theorie des Brückenbaus* (*F. Stüssi*, Zürich). Die Ausführungen dieses Abschnittes liegen sozusagen zwischen der Baustatik und dem praktischen Brückenbau.

Schwingungen in der Bautechnik (*F. W. Waltking* †, Düsseldorf).

Stahlhochbau, einschl. Industriebau (*H. P. Witt*, Dortmund).

Neu als Mitarbeiter am Taschenbuch für Bauingenieure wurden die folgenden Herren gewonnen:

E. Czitary: Bahnen besonderer Bauart.

G. Garbotz: Erdbau (zusammen mit *W. Müller*).

K. Hetzel: Tunnel- und Stollenbau.

K. Hilfer: Binnenverkehrswasserbau.

E. Kohl: Baustatik.

E. Lackner: Grundbau (zusammen mit *A. Agatz*).

G. Lehmann: Vermessungswesen (Neubearbeitung des Beitrages von *P. Werkmeister* †).

R. Lutz: Seeverkehrswasserbau (zusammen mit *A. Agatz*).

E. Massute: Oberbau und Gleisverbindungen.

A. Mehmel: Massivbau (Ergänzung und Überarbeitung des Beitrages von *F. Dischinger* †).

L. Sautter: Baukonstruktionen des Hochbaus.

J. Schlums: Grundlagen der Straßenverkehrsplanung, sowie *Straßenbau und Straßenverkehrstechnik.*

F. Stüssi: Ausgewählte Kapitel aus der Theorie des Brückenbaus.

F. W. Waltking †: *Schwingungen in der Bautechnik.*

H. P. Witt: Stahlhochbau.

An dieser Stelle ist ferner der verstorbenen Mitarbeiter zu gedenken. Es ist der Tod der folgenden Herren zu beklagen, die an der ersten Auflage des Taschenbuches für Bauingenieure mitarbeiteten:

Prof. Dr.-Ing. *K. Beyer*, Dresden, Bearbeiter des Abschnittes *Baustatik.*

Reichsbahndirektor Dr.-Ing. *A. Bloß*, Dresden, Bearbeiter des Abschnittes *Oberbau.*

Prof. Dr.-Ing. *F. Dischinger*, Berlin, Bearbeiter des Abschnittes *Massivbau.*

Prof. Dr.-Ing. *P. Werkmeister*, Dresden, Bearbeiter des Abschnittes *Vermessungskunde.*

Prof. Dr.-Ing. *R. Winkel*, Braunschweig, Bearbeiter des Abschnittes *Mechanik flüssiger Körper.*

Während der Drucklegung der zweiten Auflage verstarb ferner Herr

Prof. Dr.-Ing. *F. W. Waltking*, Düsseldorf, Bearbeiter des neuen Abschnittes *Schwingungen in der Bautechnik.*

Die Verdienste all dieser Herren um das Taschenbuch für Bauingenieure sollen unvergessen bleiben.

Drei weitere Herren, die an der ersten Auflage des Taschenbuchs für Bauingenieure mitgearbeitet hatten, sind zurückgetreten. Den Herren

Landesrat *Niemeyer*, Brackwede,

Ministerialrat i. R. *Paxmann*, Königswinter,

Prof. Dr.-Ing. *K. Risch*, Hannover,

gilt mein herzlicher Dank für das freundliche Interesse, das sie auch der neuen Auflage des Taschenbuchs entgegenbrachten.

Verbesserungen zu Band I

S. XVII, Beitrag WALTKING:

statt Schwingungen in der Baustatik

lies Schwingungen in der Bautechnik

S. 222, Abb. 52: statt Wandstärke δ **lies** t

S. 223, letzte Zeile: **lies** Verschiebung $r\vartheta\, dx$

S. 224, Abb. 54: In dem obersten Glied ist der Faktor t zu ergänzen.

S. 278, Gl. (36): statt M'_n **lies** $M_{n'}$

S. 290: Die Überschrift über der Tabelle „Auswertung des Integrals. . . “ gehört als Überschrift zu dem rechts neben der Tabelle beginnenden Abschnitt „Bei veränderlichem Trägheitsmoment . . . “

S. 372, Gl. (349): statt $(x/2)^2$ **lies** $(x/l)^2$

Dank der Aufopferung und den Bemühungen aller Mitarbeiter ist es gelungen, das gestellte Programm voll zu erfüllen und dem Taschenbuch für Bauingenieure eine neue Gestalt zu geben, in der es den Benutzern hoffentlich wieder recht nützlich sein wird. Es ist mir daher eine angenehme Pflicht, all den auf der Titelseite genannten Mitarbeitern dieser Auflage für ihre Beiträge bestens zu danken. Mein Dank gilt ferner dem Springer-Verlag, der das Buch „friedensgemäß" ausgestattet hat.

Dortmund, den 23. Juni 1954 **F. Schleicher.**

Aus dem Vorwort zur ersten Auflage

Über die Zielsetzung des „Taschenbuches für Bauingenieure" und einige der darin befolgten Richtlinien gibt der folgende Auszug aus dem Vorwort zur ersten Auflage 1943 Auskunft:

„Die Herausgabe eines neuen Taschenbuches für Bauingenieure bedarf keiner besonderen Begründung: Seit längerer Zeit fehlte ein handliches Hilfsmittel, ein Band, der mit Beiträgen aus allen Teilgebieten eine Gesamtübersicht über den Bereich des Bauingenieurwesens bietet.

Das Taschenbuch soll zur Einführung der studierenden Jugend wie der Praxis des Bauingenieurwesens als Nachschlagewerk zur Unterrichtung über einzelne Fragen nützlich sein.

Da im letzten Jahrzehnt auf manchen Gebieten des Bauingenieurwesens besonders große Fortschritte zu verzeichnen sind, war vor allem auf die Darstellung der Grundlagen Gewicht zu legen.

Es ist nicht die Aufgabe eines „Taschenbuches", die Hand- und Lehrbücher ganz zu ersetzen. Man wird nicht erwarten, alle Sonderfragen behandelt zu finden, die nur einen verhältnismäßig kleinen Kreis von Fachleuten interessieren. Der „Spezialist" verfügt über verschiedene zusätzliche Hilfsmittel, Tabellenwerke usw., auf die jeweils im Text verwiesen ist.

Von geringfügigen Ausnahmen abgesehen, sind daher keine Tabellen usw. aufgenommen worden. Diese stehen in einer Reihe von Büchern mit so reichhaltigem Inhalt und vielseitiger Verwendbarkeit zur Verfügung, daß man für die praktische Arbeit unbedingt darauf zurückgreifen wird. Auch der ausführliche Abdruck der Vorschriften, behördlichen Bestimmungen, DIN-Normblätter usw. auf dem Gebiete des Bauingenieurwesens konnte nicht in Frage kommen, es wäre dafür eine sehr beträchtliche Vergrößerung des Gesamtumfanges erforderlich gewesen. Kurze Auszüge besitzen nur einen beschränkten Wert, auch sind die einzelnen Bestimmungen dauernd in der Fortentwicklung begriffen, so daß der Text teilweise zu schnell überholt würde.

Berlin, 1943. **F. Schleicher.**

Inhaltsverzeichnis

Erster Band

Mathematik

Von Professor Dr. phil. W. ROSEMANN, Gronau i. Hann. Seite

Mechanik starrer Körper

Von Professor Dr.-Ing. Docteur ès Sciences h. c. **F. Tölke**, Stuttgart

Festigkeitslehre und Elastizitätstheorie

Von Dr.-Ing. W. FLÜGGE, Professor an der Stanford University, Palo Alto, Cal. (USA)

Baustatik

Von Dr.-Ing. **E. Kohl**, o. Professor an der Technischen Hochschule Braunschweig

Baustoffe und ihre Eigenschaften

Von Dr.-Ing. E. h. **Otto Graf**

o. Professor an der Technischen Hochschule Stuttgart

Baukonstruktionen des Hochbaus

Von Regierungsbaumeister L. SAUTTER, Stuttgart

Holzbau

Von Dr.-Ing. habil. **W. Stoy**, Professor an der Techn. Hochschule Braunschweig

Stahlbau

Von Professor Dr.-Ing. **Ferd. Schleicher**, Dortmund

Stahlhochbau

Von Dr.-Ing. **H. P. Witt**, Dortmund

Massivbau

Von Dr.-Ing., Dr.-Ing. E. h., Dr.-Ing. E. h., Dr. techn. h. c. **F. Dischinger** † weiland o. Professor an der Techn. Universität Berlin. Ergänzt und überarbeitet von Dr.-Ing. **A. Mehmel**, o. Professor an der Techn. Hochschule Darmstadt

Ausgewählte Kapitel aus der Theorie des Brückenbaues

Von Dr. sc. techn. **F. Stüssi**, o. Professor an der Eidgen. Techn. Hochschule Zürich

Stabilitätsfälle

(Grundlagen von Knicken, Kippen, Beulen)

Von Professor Dr.-Ing. **FERD. SCHLEICHER**, Dortmund

Schwingungen in der Baustatik

Von Professor Dr.-Ing. **F. W. WALTKING** †, Düsseldorf

Inhaltsübersicht zum zweiten Band

Stahlbau

Von

Professor Dr.-Ing. **Ferd. Schleicher**

Dortmund

Einleitung

Stahlbau. Den Konstruktionen des Stahlbaus ist gemeinsam, daß sie in der Hauptsache aus gewalztem Flußstahl bestehen. Die Verbindung erfolgt mittels Nieten, Schrauben oder Schweißung. Hierher gehören die Stahlkonstruktionen in Stahlbrückenbau, Stahlhochbau, Industrie- und Bergbau, Stahlwasserbau, bei Masten, Türmen, Behältern usw., im weiteren Sinne auch Kranbau, Schiffbau, Kesselbau, Apparatebau usw. Das Schwergewicht der folgenden Ausführungen liegt bei der Behandlung der Grundlagen. Ausführlicher dargestellt sind die Gebiete des Stahlbrückenbaus, des Stahlhochbaus und der sogenannten Verbundträger.

Auf dem Gebiet des Stahlbaus sind zahlreiche behördliche Bestimmungen und DIN-Normblätter zu beachten, deren Inhalt laufend weiterentwickelt wird. Für die praktische Arbeit muß jeweils deren neueste Ausgabe benutzt werden. Man entnehme diese Vorschriften z. B. aus der Loseblattsammlung *Gottsch-Hasenjäger*: Technische Baubestimmungen. 3. Aufl., Köln 1953. Stahlbau-Handbuch, Bremen-Horn 1952. Vgl. auch Taschenbuch: Stahl im Hochbau, 12. Aufl., Düsseldorf 1953.

Geschichtliches. „Die Geschichte des Eisenbaus ist bis in die neueste Zeit die Geschichte der eisernen Brücken" (*Grüning*). Zur Geschichte des Stahlbrückenbaus vgl. *G. C. Mehrtens*: Eisenbrückenbau, 3 Bde., Leipzig 1908, 1920 und 1932.

Die Tragglieder der ersten eisernen Brücken waren aus Gußeisen. Erste eiserne Straßenbrücke 1779 in England, 1796 die erste eiserne Brücke Deutschlands. Es folgt die Zeit des Schweißeisens, bis etwa 1895. Unzählige Bauwerke aus Schweißeisen sind noch im Betrieb. Bei Umbauten und Verstärkungen solcher älteren Bauwerke sind die besonderen Eigenschaften des Schweißeisens zu berücksichtigen.

Etwa seit 1895 herrscht Flußeisen, nach heutigem Sprachgebrauch als (weicher) Flußstahl bezeichnet. Zu diesem normalen Baustahl traten ab 1900 die Nickelstähle und höher gekohlten Stähle und in neuerer Zeit weitere hochwertige Baustähle, 1923 der Hochbaustahl St 48 und 1925 der Siliziumbaustahl St Si, der zum Baustahl St 52 weiter entwickelt wurde.

I. Grundlagen*

A. Werkstoffe

Baustahl. Hauptbaustoff deutscher Stahlbauten sind gewalzte Profile aus Baustahl der Güten St 37 und St 52, vgl. Abschn. *Baustoffe*, S. 446. Über deren Herstellung vgl. Gemeinfaßliche Darstellung des Eisenhüttenwesens, 16. Aufl., Düsseldorf 1953, über ihre Eigenschaften *K. Daeves*: Werkstoff-Handb. Stahl u. Eisen, 3. Aufl., Düsseldorf 1953.

St 37. Für Ingenieurbauwerke wird hauptsächlich Flußstahl in Normalgüte St 37 verwendet. In gewissen Fällen kommen auch Handelsbaustahl und St 00 in Betracht, deren Eigenschaften im allgemeinen mit denen von St 37 übereinstimmen, bei denen jedoch die vom Walzwerk zu gewährleistenden Anforderungen weniger streng sind, vgl. Tabelle S. 448. Die zulässigen Spannungen sind daher für St 00 niedriger festgesetzt als bei Handelsbaustahl und St 37. Für Stahlbrücken

* Die Fußnoten sind jeweils über die einzelnen Kapitel I, II usw. fortlaufend beziffert.

kommt praktisch nur Walzmaterial in Güte St 37 und St 52 in Frage, die bei der Abnahme im Lieferwerk sorgfältigen Kontrollen unterworfen werden, vgl. S. 450. Walzmaterial für geschweißte Stahlbauten ist hinsichtlich seiner Schweißbarbeit besonders zu prüfen, worüber Sondervorschriften bestehen. Die zulässigen Spannungen verschiedener Werkstoffe werden im allgemeinen proportional zur Fließgrenze σ_F festgelegt. Daher die Entwicklung von Stahlsorten mit höherer Festigkeit σ_B und höherer Fließgrenze σ_F, so daß für gleich große Kräfte nur kleinere Stabquerschnitte notwendig sind.

St 48, ein hochgekohlter Flußstahl, wurde von 1923 ab eingeführt. Die zulässige Spannung war 1,3mal so groß wie für St 37. St 48 ist wegen Schwierigkeiten bei Herstellung und Bearbeitung verlassen worden.

St 52. Ab 1925 Siliziumstahl St Si mit etwa 0,8 bis 1,2% Si und 0,08 bis 0,18% C und ab 1929 der hochwertige Baustahl St 52, vgl. S. 447. Flußstahl St 52 wurde zunächst in zahlreichen Sorten von sehr unterschiedlicher Zusammensetzung hergestellt. Von den älteren Sorten St 52 waren manche nur ungenügend zur Schmelzschweißung geeignet, weshalb heute für die Zusammensetzung verhältnismäßig enge Grenzen vorgeschrieben sind. Der durch besondere metallurgische Behandlung hergestellte HSB 50 (**H**ochfester **S**chweiß-unempfindlicher **B**austahl) entspricht hinsichtlich seiner mechanischen Eigenschaften St 52[1].

St 52 bietet gegenüber St 37 den Vorteil einer um die Hälfte höheren Fließgrenze, so daß er entsprechend höher belastet werden kann. Er gestattet mit viel kleinerer Querschnittsfläche der tragenden Teile auszukommen und bringt bei oft erheblicher Verminderung des Eigengewichtes Ersparnisse an Stahlgewicht und Kosten. Durch den St 52 sind erst viele Bauten möglich gemacht worden, die ohne ihn nicht auf gleich elegante und wirtschaftliche Weise auszuführen waren.

Bei St 37 wird neuerdings versucht, den nur beschränkt verfügbaren Siemens-Martin-Stahl durch in der Thomasbirne erblasene Sonderstähle zu ersetzen. Bei ihnen ist durch besondere metallurgische Maßnahmen der N-Gehalt auf den gleichen niedrigen Wert gebracht, wie er im Siemens-Martin-Stahl vorliegt.

Ferner zeichnet sich die Weiterentwicklung zu Stahlsorten mit noch höheren Fließgrenzen ab[2]. Wegen des größeren C-Gehaltes sind diese neuen Stahlsorten jedoch nicht ohne weiteres auch für geschweißte Konstruktionen brauchbar. Erwähnt seien schweißbare Sonderstähle (legiert) für den Rohrleitungsbau sowie Bleche mit hochliegender Warmfließgrenze für Kessel, den Apparatebau usw. Eine Übersicht der Stähle für den Ingenieurbau s. *E. H. Schulz* u. *R. Kühnel:* Bauingenieur 28 (1953) S. 189.

Leichtmetalle finden auch im Bauwesen ein immer umfangreicheres Anwendungsgebiet. Die Festigkeitszahlen der in Betracht kommenden Aluminiumlegierungen erreichen etwa die Werte für St 52. Für Bauwerke, bei denen kleines Eigengewicht notwendig ist, können Aluminiumlegierungen trotz ihres hohen Preises sogar wirtschaftliche Vorteile bieten, beträgt ihr Raumgewicht doch nur etwa 1/3 des Wertes für Stahl. Mit einem weiteren Vordringen der Leichtmetalle im Bauwesen ist zu rechnen, unbeschadet der Bestrebungen des sogenannten Leichtbaus, d. h. der Ausführung von Tragwerken mit einem möglichst geringen Aufwand von Werkstoff.

Bauwerke aus Leichtmetallen werden nach den gleichen Grundsätzen gestaltet und ähnlich ausgeführt wie Stahlbauten. Über die Eigenschaften der Leichtmetalle vgl. Abschnitt *Baustoffe*, S. 468. Für viele Zwecke ist nachteilig, daß der Elastizitätsmodul der Leichtmetalle nur etwa 1/3 des Wertes für Baustahl beträgt.

Erste große Anwendung von Leichtmetall im Brückenbau beim Umbau einer Straßenbrücke in Pittsburgh, Pa., wo man eine Fahrbahntafel und einen Fahrbahnrost aus einer hochwertigen Aluminiumlegierung ($\sigma_B = 4{,}2\ \mathrm{t/cm^2}$, $\sigma_F = 3{,}5\ \mathrm{t/cm^2}$, 12% Bruchdehnung) einbaute. Wegen des viel geringeren Eigengewichts der neuen Fahrbahnkonstruktion konnte das alte Haupttragwerk der Brücke weiter benutzt werden. Weitere Beispiele von Aluminiumkonstruktionen im Brückenbau vgl. *F. Schleicher*: Bauingenieur 24 (1949) S. 28. — *K. H. Seegers*: Bauingenieur 25 (1950) S. 392 u. 27 (1952) S. 101. — *F. Kleineberg:* Bauingenieur 26 (1951) S. 153. — Im Hochbau s. *F. Kleineberg*: Bauingenieur 26 (1951) S. 393. — Im Kranbau s. *F. Schleicher*: Bauingenieur 24 (1949) S. 30. — Erste deutsche Aluminiumbrücke vgl. *E. Beyer* u. *F. Tussing:* Bauingenieur 28 (1953) S. 341. — *E. Geilinger:* Stahlbau-Bericht, Zürich, 8 (1953) Nr. 24.

---

[1] *E. H. Schulz:* Bauingenieur 25 (1950) S. 39.
[2] *O. Erdmann:* Forschungshefte Stahlbau H. 7, Berlin 1950.

B. Walzwerkserzeugnisse

Walzwerkserzeugnisse bilden das hauptsächlichste Ausgangsmaterial des Stahlbaus. Die für den Stahlbau wichtigsten genormten Walzprofile sind nachstehend aufgeführt. Einzelheiten vgl. Taschenbuch Stahl im Hochbau, 12. Aufl. Düsseldorf 1953.

1. Formstahl

I-Stahl (Abb. 1 a), $h = 8$ bis 60 cm hoch. Außer den sog. Normalprofilen stehen an ebenfalls genormten Profilen noch zur Verfügung der Fachwerkbau-I-Stahl (IF 14) sowie drei Wagenbau-I-Stähle (IW).

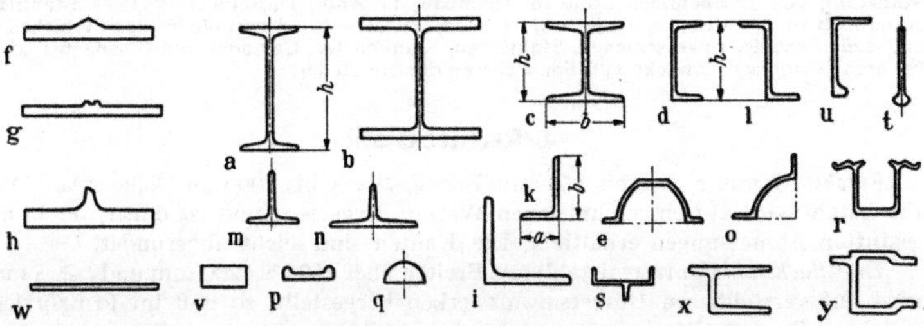

Abb. 1. Walzprofile

IP-Stahl, breit- und parallelflanschig (Abb. 1 b), $h = 10$ bis 100 cm.

I-Stahl, breitflanschig, mit 9% Neigung der inneren Flanschflächen (Abb. 1 c), $h = b = 10$ bis 18 cm. IP-Stahl wird auch mit verschiedenen Abweichungen in den Querschnittsabmessungen gewalzt, z. B. als Leichtbauprofile, dünnstegig, mit dünnen Flanschen und Steg, Profile mit verstärktem Querschnitt.

[-Stahl (Abb. 1 d), $h = 8$ bis 40 cm. Außerdem eine Reihe von Schiffbau-[-Stählen ([S) mit besonders starkem Steg und Flansch. Weitere [-förmige Sonderprofile für den Wagenbau ([W), Fachwerkbau ([F).

Weitere I- und [-Profile für den Stahlskelettbau nach DIN 1031.

⋂-Stahl (Belagstahl, Abb. 1 e) mit 43 bis 110 mm Höhe.

Neben die gewalzten Formstähle treten in immer stärkerem Maße Leichtträger, die auf kaltem Wege aus warmgewalztem Bandstahl gebogen (gebördelt) werden. Auch die gebördelten Bleche seien erwähnt.

2. Sonderwalzprofile für geschweißte Bauteile

⊥-Stahl, aus den verschiedenen I- und IP-Profilen erzeugt durch Teilung in Stegmitte oder Flanschnähe.

Wulstflachstahl der Ilseder Hütte, nach Dörnen (Abb. 1 f).

Nasenprofile der Dortmund-Hoerder Hüttenunion (Abb. 1 g).

Krupp-St-Profile (Abb. 1 h).

3. Stabstahl

L-Stahl, gleichschenklig (Abb. 1 i) mit $a = b = 15$ bis 200 mm Schenkellänge.

L-Stahl, ungleichschenklig (Abb. 1 k), mit verschiedenen Verhältnissen der Schenkelbreiten a/b. Beispiele für Winkel mit $a = 75$ mm Schenkelbreite:

L 75 · 75 · 7, L 90 · 75 · 7, L 100 · 75 · 7, L 130 · 75 · 8, L 150 · 75 · 9.

Ꞁ-Stahl (Abb. 1 l), $h = 3$ bis 20 cm.

⊥-Stahl. Hochstegiger ⊥-Stahl mit $b : h = 1 : 1$ (Abb. 1 m) und $h = 1{,}5$ bis 14 cm Höhe. Breitfüßiger ⊥-Stahl mit $b : h = 2 : 1$ (Abb. 1 n) und $b = 6$ bis 20 cm breit.

Zum Stabstahl werden auch alle I- und [-Profile von weniger als 80 mm Höhe gezählt.

Stabstahl wird noch mit vielen anderen Querschnittsformen gewalzt: Quadratisch, kreisförmig (Rundstahl) und sechseckig (Sechskantstahl), ferner Quadrantstahl (Abb. 1o), Hespenstahl (Abb. 1p), Halbrundstahl (Abb. 1q), Sprosseneisen (Abb. 1r), Anschlageisen (Abb. 1s), Spezialprofile für den Stahlfensterbau (Abb. 1x und y) und viele andere.

Hauptsächlich im Schiffbau werden gebraucht: Flach-Wulststahl ⌡ (Abb. 1t) mit 130 bis 300 mm Höhe, Winkel-Wulststahl ⌡ (Abb. 1u), begrenzt durch die Abmessungen ⌡ 115 · 65 · 7 und ⌡ 380 · 100 · 18.

Tabellen über Abmessungen und statische Werte der Querschnitte von Formstahl und Stabstahl, vgl. Taschenbuch Stahl im Hochbau, 12. Aufl., Düsseldorf 1953 — Stahlbau-Handbuch 1952 — die einschlägigen DIN-Normblätter. — Sonderprofile für den Stahlskelettbau, Leichtprofile, Ankerschienen, Stahltüren, Stahlfenster, Geländer und Glasdächer sowie für architektonische Zwecke vgl. Sonderlisten der Hersteller.

4. Rechteckstahl

Flachstahl mit $b = 8$ bis 150 mm Breite, $t = 3$ bis 100 mm Dicke (Abb. 1v). Flachstahl wird auf eingeschnittenen Walzen hergestellt und ist daher nur in abgestuften Abmessungen erhältlich. Die Kanten sind leicht abgerundet.

Breitflachstahl (Universalstahl) mit Breiten über 150 bis 1200 mm und $t \geqq 5$ mm, wird auf verstellbaren Universalwalzwerken hergestellt, so daß im Prinzip jede beliebige Querschnittsabmessung erhältlich ist (Abb. 1w).

Bandstahl, warm gewalzt, 10 bis 500 mm breit und $t = 0{,}75$ bis 5 mm dick, Breitbandstahl bis 1250 mm Breite.

5. Bleche

a) *Ebene Bleche.*

Grobbleche mit $t \geqq 5$ mm Dicke. Die größte Blechlänge ist abhängig von Blechbreite und Dicke t.

Mittelbleche mit $3 \leqq t < 5$ mm.

Feinbleche dünner als 3 mm.

Außer den normalen Blechen mit glatter Oberfläche werden auch Bleche mit nicht ebener Oberfläche geliefert:

Riffelbleche mit waffelförmigen Rippen.

Warzenbleche mit einzelnen runden Erhöhungen.

Raupenbleche mit länglichen Erhöhungen.

Waffelbleche. Das waffelförmige Muster wird bei Blechdicken bis 5 mm vertieft eingepreßt.

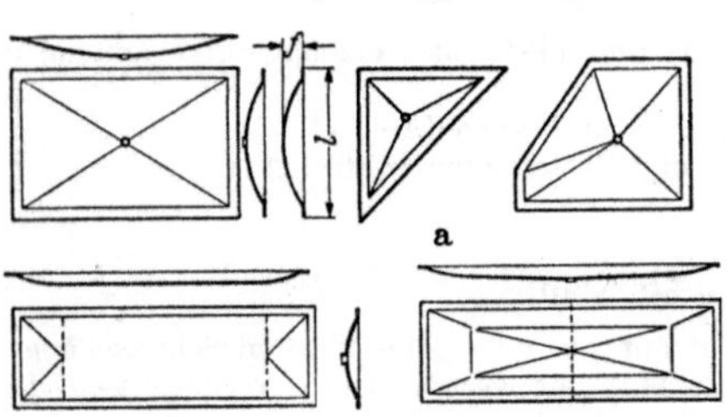

Abb. 2

b) *Gewölbte Bleche.*

Buckelbleche (Abb. 2a) sind nach beiden Richtungen gewölbt, werden im warmen Zustand in ihre Form gepreßt. Stich meist $f = l/8$ bis $l/15$. Grundrißform beliebig. Die Auflagerung erfolgt überall auf der gleichen Höhe.

Tonnenbleche (Abb. 2b). Der mittlere Teil ist eine Zylinderfläche, meist von $f = l/8$ bis $l/15$ Stich. Tonnenbleche werden an den Enden meist wie Buckelbleche geformt, so daß ebenfalls eine ebene Randauflagerung entsteht.

Buckel- und Tonnenbleche erhalten zur Entwässerung an der tiefsten Stelle ein Loch. Blechdicken 4 bis 10 mm. Buckelbleche für Leichtfahrbahnen von

Straßenbrücken wurden bis etwa 4 · 7 m Größe ausgeführt, bei nur $^1/_{25}$ bis $^1/_{30}$ Stich.

Wellbleche verschiedener Form: Flach-Wellblech (Abb. 3a), Träger-Wellblech (Abb. 3b).

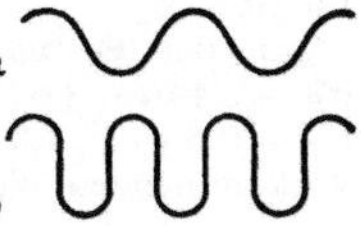

Abb. 3

6. Sonstige Werkstoffe

Stahlformguß. Bauteile von verwickelter Gestalt, z. B. Brückenlager, erhalten ihre endgültige Form durch Gießen in Formen. Die Eigenschaften von *Stahlguß* GS 52.1 entsprechen etwa denen von St 52 (mind. 5,2 t/cm² Zugfestigkeit, σ_F mind. 2,5 t/cm²). (Bem.: Stahlformguß wird neuerdings immer mehr durch geschweißte Konstruktionen ersetzt.)

Vergütungsstahl (geschmiedeter Stahl) C 35 wird für Auflagerrollen, Gelenke und andere örtlich hochbelastete Bauteile verwendet. $\sigma_B = 5{,}0$ bis 6,0 und σ_F mind. 2,5 t/cm²).

Grauguß GG 14, 18 und 22 für Auflager usw. mit mind. 1,1 bis 2,6 t/cm² Zugfestigkeit und 2,4 bis 4,4 t/cm² Biegefestigkeit. Vgl. DIN 1691.

C. Anstrengung, Sicherheit und zulässige Spannungen

1. Elastische Eigenschaften

Die elastischen Eigenschaften von Baustahl werden durch den Zugversuch festgestellt. Vgl. Abschnitte *Festigkeitslehre* S. 195 und *Baustoffe* S. 454.

Die *Proportionalitätsgrenze* σ_P ist die Spannung, bis zu der zwischen Spannung und gesamter Formänderung Proportionalität besteht. Sie wird zwar in der Werkstoffprüfung nicht mehr angewendet, der Begriff σ_P ist jedoch für statische Betrachtungen usw. nicht entbehrlich. σ_P schwankt in ziemlich weiten Grenzen, sie kann bei St 37 zu 1,8 bis 2,2 t/cm² angenommen werden, bei St 52 zu 2,5 bis 3,8 t/cm².

Da Baustahl dem *Hooke*schen Gerade-Linien-Gesetz bis zu ziemlich hohen Spannungen und in guter Annäherung genügt, besteht im Bereich der Gebrauchslasten gute Übereinstimmung zwischen den (selbstverständlich mit genügend genau zutreffenden Annahmen) theoretisch ermittelten Werten und den tatsächlich vorhandenen Spannungen und Formänderungen. Die durch Niete und andere Verbindungsmittel bedingten Spannungsspitzen haben keinen nennenswerten Einfluß auf die Formänderungen des Tragwerks.

Die Formänderungen von Baustahl sind, solange die *Elastizitätsgrenze* σ_E nicht erreicht wird, praktisch elastisch, sie gehen bei Entlastung wieder zurück. Die Höhe der Elastizitätsgrenze σ_E ist von der Genauigkeit abhängig, mit der die bleibenden Formänderungen gemessen werden. Nach DIN 1602 (Werkstoffprüfung: Begriffe) gilt als Elastizitätsgrenze die Spannung, bei der die bleibende Dehnung je nach Vereinbarung 0,003 bis 0,01 % der Meßlänge beträgt, z. B. $\sigma_{0,01}$. Für die meisten Überlegungen des Stahlbaus ist es ausreichend, wenn man σ_E und σ_P zusammenlegt.

Erst bei Annäherung an die *Fließgrenze* σ_F (für Zugspannungen auch *Streckgrenze*, für Druckspannungen *Quetschgrenze* genannt) treten erhebliche bleibende Formänderungen auf. An der Fließgrenze σ_F ergeben sich stark zunehmende Formänderungen bei gleichbleibender oder gar etwas zurückgehender Spannung. Die Fließgrenze von Baustahl ist meist deutlich ausgeprägt, die Dehnung an der Fließgrenze erreicht 2% der Meßlänge und mehr. Bis an die Fließgrenze belastete Bauwerke würden daher meist schon durch die zugehörigen großen, überwiegend bleibenden Formänderungen unbrauchbar. So würde z. B. eine Brücke bei großer Durchbiegung für schnellfahrende Lasten gefährlich. In anderen Fällen, z. B. bei einem durch Druckkräfte belasteten Stab, wachsen die zusätzlichen Biegespannungen schnell mit den Formänderungen an, so daß mit dem Erreichen der Fließgrenze die Gefahr des Zusammenbruchs bestehen kann.

Die deutschen Werkstoffnormen verlangen für St 37 derzeit noch keinen Mindestwert der Fließgrenze. Nach Versuchen ist für St 37 im Allg. $\sigma_F = 2{,}2$ bis $3{,}4$ t/cm², für St 52 $\sigma_F = 3{,}5$ bzw. $= 4{,}2$ t/cm². Vgl. Abschn. *Baustoffe*, Tabelle 9, S. 448.

In den Festigkeitsuntersuchungen rechnet man meist mit den Mittelwerten $\sigma_F = 2{,}4$ bzw. $3{,}6$ t/cm². DIN 4114 (Stabilitätsfälle) rechnet mit den Mittelwerten $\sigma_P = 0{,}8\ \sigma_F = 1{,}92$ bzw. $2{,}88$ t/cm². Statistische Untersuchung über die praktisch vorkommenden Werte vgl. *A. Kollmar:* Stahlbau 22 (1953) S. 30.

2. Sicherheit bei ruhender Belastung

Von *statischer* oder *ruhender Beanspruchung* spricht man, wenn die Belastung so langsam aufgebracht wird, daß nennenswerte Schwingungen und Erschütterungen des Tragwerkes vermieden werden. Die Spannungen wachsen dann langsam bis zum Höchstwert an, der hinsichtlich seiner Sicherheit beurteilt werden soll. Die ruhende Belastung wird dabei stillschweigend als einmalig vorausgesetzt. Bei veränderlicher oder oft wiederholter Be- und Entlastung gelten andere Zusammenhänge. Vgl. S. 575.

Vergleicht man die in einem Bauteil vorhandene Normalspannung σ nur mit der Zugfestigkeit σ_B, so ist die *Bruchsicherheit* $\nu_B = \sigma_B/\sigma$ kein brauchbares Maß für die vorstehend erwähnten Gefahren. Es kann nicht erwartet werden, daß die Erschöpfung der Tragfähigkeit erst eintritt, wenn alle Lasten oder Spannungen auf die ν_B-fache Größe angewachsen sind. In einem zusammengesetzten Tragwerk treten nämlich bei steigender Belastung immer stärkere Unterschiede zwischen den üblichen Berechnungsmethoden und der wirklichen Kräfteverteilung auf, sobald an einzelnen Stellen die Elastizitätsgrenze überschritten wird. Es ergeben sich Kräfteumlagerungen, die die schwächsten Stellen entlasten. Auf der anderen Seite zeigen sich ungünstige Einflüsse, z. B. durch die zusätzliche Biegung von Druckstäben oder die Ausbiegung von Stegblechen.

Die größte von einem Tragwerk ertragene Belastung (*Traglast*) hängt deshalb von der Gesamtheit aller Umstände ab, nicht nur von der Tragfähigkeit der einzelnen (für sich betrachteten) Bauglieder. Bezeichnet σ_R die im Tragwerk tatsächlich erreichbare Höchstspannung (*Traglastspannung*), so ist $\nu_R = \sigma_R/\sigma$ die *Tragsicherheit*.

Die Tragsicherheit von ganzen Stahltragwerken ist allerdings in praktischen Fällen sehr schwer zu ermitteln. Die Höhe der Beanspruchung wird deshalb im Stahlbau heute in der Regel mit der Fließgrenze verglichen. Größere bleibende Formänderungen und die damit verbundenen Nachteile sollen dabei durch einen genügenden Abstand der in den einzelnen Baugliedern auftretenden Spannungen von der Fließgrenze ausgeschlossen werden.

Die Untersuchung der Tragsicherheit des Gesamttragwerkes entfällt in der Regel als zu umständlich und zu schwierig; die heute üblichen Bemessungsverfahren betrachten im wesentlichen nur die einzelnen Bauglieder für sich, die gemäß den Idealisierungen der Berechnung belastet sind.

Liegt ein einfacher, sog. einachsiger Spannungszustand σ vor, wie z. B. in den Stäben eines idealen Fachwerks, so ist die *Sicherheit gegen Fließen* $\nu_F = \sigma_F/\sigma$, d. h. Belastung und Spannungen können bis auf das ν_F-fache vergrößert werden, bevor wesentliche bleibende Dehnungen eintreten. In genieteten und geschraubten Konstruktionen sind dabei, wie schon unter 1 erwähnt, nicht die Spannungsspitzen maßgebend, sondern die durchschnittlichen Spannungen.

Für Stahlbauten aus St 37 durfte die größte Zug- oder Biegespannung bisher i. a. den Wert ${}_{\text{zul}}\sigma' = 1{,}4$ t/cm² erreichen. Für $\sigma_F = 2{,}4$ t/cm² ist die Sicherheit gegen Fließen $\nu_F' = 2{,}4/1{,}4 = 1{,}71$. Bei Belastung durch Haupt- und Zusatzkräfte ist ${}_{\text{zul}}\sigma'' = 1{,}6$ t/cm², was $\nu_F'' = 2{,}4/1{,}6 = 1{,}5$ entspricht. Vgl. Bemerkung S. 567.

Die Sicherheitszahl ν_F wird im Einzelfall um so kleiner sein können, je zuverlässiger alle in Betracht kommenden Belastungen zu erfassen sind und je genauer es gelingt, die tatsächlichen Spannungsverhältnisse durch die Festigkeitsberechnung darzustellen. Die Sicherheit $\nu_F > 1$ muß jedenfalls groß genug sein, um die Unsicherheiten aller Rechnungsannahmen, die Streuung in den Baustoffeigenschaften usw. auszugleichen. Vgl. auch die „Bemerkungen zum Begriff der Sicherheit“ S. 582.

3. Fließbedingung bei ruhender Belastung

Es erhebt sich die Frage, welche verschiedenen Spannungszustände hinsichtlich der Fließgefahr untereinander gleichwertig sind. Vgl. Abschn. *Festigkeitslehre* S. 200. Die *Fließbedingung* verknüpft die Spannungskomponenten, deren gleichzeitige Wirkung den Baustoff zum Fließen bringt[3,4].

a) Fließbedingung nach der Hypothese der konstanten Gestaltänderungsarbeit. Diese ist für Baustahl gut brauchbar. Danach kann die *Vergleichsspannung*

$$\sigma_V = \sqrt{\tfrac{1}{2}\left\{(\sigma_x-\sigma_y)^2+(\sigma_y-\sigma_z)^2+(\sigma_z-\sigma_x)^2\right\}+3\left\{\tau_{xy}^2+\tau_{yz}^2+\tau_{zx}^2\right\}} \tag{1}$$

als *Maß für die Höhe der Beanspruchung* (= *Anstrengung*) durch den allgemeinen Spannungszustand mit den Komponenten $\sigma_x, \sigma_y, \sigma_z, \tau_{xy}, \tau_{yz}, \tau_{zx}$ benutzt werden. Die Anstrengung durch zwei verschiedene Spannungszustände ist gleich hoch, wenn die Vergleichsspannungen σ_V gleich groß sind. Die Sicherheit gegen Fließen ist $\nu_F = \sigma_F/\sigma_V$. Fließen tritt ein, wenn $\sigma_V = \sigma_F$ ist (*Fließbedingung*). Näheres und Versuchsergebnisse s. *F. Schleicher*[3].

Wie *M. Roš* und *A. Eichinger*[4] gezeigt haben, erhält man die gleiche Fließbedingung auch mittels einer Verallgemeinerung der *Mohr*schen Hypothese der größten Schubspannung, wobei die nur von den Hauptschubspannungen τ_{12}, τ_{23}, τ_{31} abhängige *resultierende Verschiebung* das Maß für die Anstrengung darstellt. Der Wert der zugehörigen Vergleichsspannung

$$\sigma_V = \sqrt{2\,(\tau_{12}^2+\tau_{23}^2+\tau_{31}^2)} \tag{2}$$

stimmt mit Gl. (1) überein, da zwischen den Hauptspannungen $\sigma_1, \sigma_2, \sigma_3$ und den Hauptschubspannungen $\tau_{12}, \tau_{23}, \tau_{31}$ die Beziehungen bestehen

$$2\tau_{23} = \sigma_3 - \sigma_2,\quad 2\tau_{13} = \sigma_3 - \sigma_1,\quad 2\tau_{12} = \sigma_2 - \sigma_1.$$

Von der Höhe der mittleren Normalspannung

$$\sigma_m = 1/3 \cdot (\sigma_x + \sigma_y + \sigma_z)$$

hängt die Vergleichsspannung σ_V nicht ab. Überlagert man dem gegebenen Spannungszustand noch einen allseitig gleichen Zug oder Druck $\sigma_x' = \sigma_y' = \sigma_z'$, so wird an σ_V nichts geändert, und damit gemäß der Fließbedingung $\sigma_V = \sigma_F$ für Baustahl auch nichts an der Fließgefahr. Insbesondere ist σ_V für den Spannungszustand

$$(\sigma_x - \sigma_m),\ (\sigma_y - \sigma_m),\ (\sigma_z - \sigma_m),\ \tau_{xy},\ \tau_{yz},\ \tau_{zx},$$

der sich ohne Raumdehnung ($e = \varepsilon_x + \varepsilon_y + \varepsilon_z = 0$) auswirkt, ebenso groß wie für den ursprünglichen Spannungszustand mit $e \neq 0$.

Für den *ebenen Spannungszustand* vereinfacht sich der Ausdruck für die Vergleichsspannung in

$$\sigma_V = \sqrt{\sigma_x^2 - \sigma_x\sigma_y + \sigma_y^2 + 3\tau_{xy}^2}. \tag{3}$$

Für reinen Schub ist danach das Maß der Anstrengung $\sigma_V = 1{,}73\,\tau$ und die Fließbedingung $\tau_F = 0{,}58\,\sigma_F$. Bei gleich großer Belastung nach zwei Richtungen $\sigma_1 = \sigma_2$ ist $\sigma_V = \sigma_1$, die Fließspannung wird also durch die gleichgroße Spannung in der zweiten Richtung nicht vermindert. Bei entgegengesetztem Vorzeichen der beiden Hauptspannungen tritt dagegen eine Abminderung ein, der Grenzfall entspricht der reinen Schubbelastung.

b) Versuchsergebnisse. Die Versuchswerte von *M. Roš* u. *A. Eichinger*[4] liegen in dem Bereich $-1/3 < \sigma_m/\sigma_F < +2/3$, sie entsprechen gut der Fließbedingung $\sigma_V = \sigma_F$, die größte Abweichung vom Mittelwert beträgt 3 v.H. In diesem Bereich

---

[3] *F. Schleicher:* Bauingenieur 9 (1928) S. 253.

[4] *M. Roš* u. *A. Eichinger*: Versuche zur Klärung der Frage der Bruchgefahr, III. Metalle. Eidgen. Mat.Prüf.Anst. Ber. Nr. 34. Zürich 1929.

war ein Einfluß von σ_m nicht festzustellen. Die Versuche bestätigen insbesondere auch das Verhältnis $\tau_F/\sigma_F = 0{,}58$.

Die Fließbedingung $\sigma_V = \sigma_F$ kommt für Baustahl den wirklichen Zusammenhängen bei statischer Belastung mindestens sehr nahe, jedenfalls viel besser als die anderen Fließbedingungen. Abb. 4 zeigt die σ-ε-Linien (für Zug und Druck) sowie die τ-γ-Linie (bei reinem Schub) nach Versuchen von *M. Roš* und *A. Eichinger*[5] mit dünnwandigen Hohlzylindern aus Flußstahl. Der Verlauf der drei Kurven ist durchaus gleichartig. Die Fließgrenze bei reinem Schub beträgt 0,57 des Mittelwertes der Fließgrenzen für Zug und Druck.

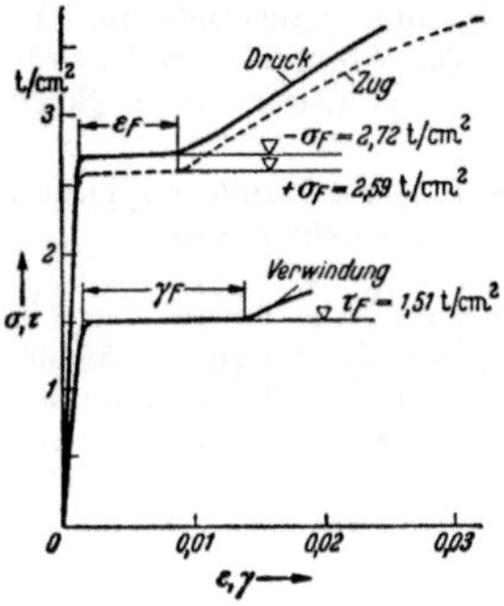

Abb. 4. (Nach Versuchen von *M. Roš* und *A. Eichinger*[5])

c) Ältere Fließbedingungen. Übersicht der älteren Fließbedingungen s. *F. Schleicher*[6].

Schubspannungshypothese. Danach soll allein die größte Schubspannung für den Fließbeginn maßgebend sein. Für reine Schubbeanspruchung würde $\tau_F = 0{,}5\,\sigma_F$ folgen, was den Versuchen widerspricht, die im Mittel eine um 15% höhere Verhältniszahl τ_F/σ_F ergeben haben.

Hauptspannungshypothese. Die größte der drei Hauptspannungen σ_1 gibt für sich allein keinen brauchbaren Maßstab für die Höhe der Fließgefahr, wie man für das Beispiel des reinen Schubs unmittelbar erkennt.

Hauptdehnungshypothese. Nach dieser soll allein die größte Dehnung ε_1 für die Fließgefahr ausschlaggebend sein. Die zugehörige Vergleichsspannung $\sigma_V = E \cdot \varepsilon_1$ ist im älteren Schrifttum bezeichnet als *Ersatzspannung, ideelle Hauptspannung oder maßgebende Spannung.* Z. B. für den ebenen Spannungszustand $\sigma_x = \sigma$, $\sigma_y = 0$, $\tau_{xy} = \tau$ wird die „ideelle Spannung" (mit $\mu = 0{,}3$)

$$\sigma_V = 0{,}35\,\sigma + 0{,}65\,\sqrt{\sigma^2 + 4\tau^2}\,.$$

Für den Grenzfall der reinen Schubbelastung erhält man danach $\tau_F/\sigma_F = 0{,}77$, welcher Wert weit über den Versuchsergebnissen liegt: Die Hauptdehnungshypothese ist als Maß für die Höhe der Fließgefahr unbrauchbar.

Bemerkung. Für dehnbaren Baustahl unter ruhender Belastung ist die Hypothese der konstanten Gestaltänderungsarbeit nach Obigem ein gutes Maß für die Fließgefahr. Für den *Bruchzustand* gelten andere Bedingungen[7]. Für den Fall wechselnder Belastung lassen sich die Zusammenhänge noch nicht genauer übersehen; sie werden noch komplizierter, wenn Kerbspannungszustände vorhanden sind.

4. Zulässige Spannungen bei ruhender Belastung

Die Stäbe von Stahlfachwerk sind überwiegend durch „Längsspannungen" (angenähert einachsige Spannungszustände) beansprucht, während die quergerichteten Normalspannungen und die Schubspannungen vergleichsweise unbedeutend sind. Um bei solcher sog. einfacher Zug- oder Druckbelastung eine verlangte Sicherheit ν_F gegen Fließen zu bekommen, darf die größte auftretende Längsspannung den Wert ${}_{\text{zul}}\sigma = \sigma_F/\nu_F$ nicht überschreiten. Bei der *Bemessung des Querschnitts* wird die *zulässige Spannung* ${}_{\text{zul}}\sigma$ als größte Zugspannung zugrunde gelegt. Umgekehrt ist beim *Spannungsnachweis* für den Querschnitt zu zeigen, daß ${}_{\max}\sigma \leqq {}_{\text{zul}}\sigma$ bleibt.

---

[5] *M. Roš* u. *A. Eichinger*: Versuche zur Klärung der Frage der Bruchgefahr. Eidgen. Mat.Prüf.Anst. Ber. Nr. 14, Zürich 1926, Abb. 13 und 22.

[6] *F. Schleicher*: Z. angew. Math. Mech .6 (1926) S. 199.

[7] Zusammenfassende Darstellungen betr. Bruchbedingungen *M. Roš* u. *A. Eichinger*: Die Bruchgefahr fester Körper bei ruhender — statischer — Beanspruchung. Bericht Nr. 172 Eidgen. Materialprüfungs- und Versuchsanstalt, Zürich 1949. — *A. Nadai*: Theory of flow and fracture of solids. New York 1950.

Für St 37 war nach deutschen Vorschriften bisher ${}_{zul}\sigma' = 1{,}4\ \mathrm{t/cm^2}$ zugrunde zu legen, bei Berücksichtigung aller Belastungskräfte ${}_{zul}\sigma'' = 1{,}6\ \mathrm{t/cm^2}$. Diese Werte sind unter Annahme einer Fließgrenze $\sigma_F \geqq 2{,}4\ \mathrm{t/cm^2}$ festgesetzt. Für Baustähle mit höherer Fließgrenze werden die zulässigen Spannungen im Verhältnis der Fließgrenzen erhöht. Für St 52 mit $\sigma_F \geqq 3{,}6\ \mathrm{t/cm^2}$ sind die entsprechenden Werte ${}_{zul}\sigma = 3{,}6/2{,}4 \cdot 1{,}4 = 2{,}1$ bzw. $2{,}4\ \mathrm{t/cm^2}$.

Bei Belastung allein durch Schub schreibt die neue BE (= Berechnungsgrundlagen für stählerne Eisenbahnbrücken, Ausgabe 1951) der Deutschen Bundesbahn den Wert vor ${}_{zul}\tau = 0{,}577 \cdot {}_{zul}\sigma$, entsprechend 0,810 bzw. 0,920 t/cm² für St 37 und 1,21 bzw. 1,38 t/cm² für St 52.

Für Biegebelastung wird sinngemäß verfahren, d. h. es wird bei der Bemessung in vielen Fällen nur die Längsspannung σ berücksichtigt, während besonders bei kleineren Trägern τ unbeachtet bleibt. Bei größeren Schubspannungen muß jedoch daneben auch die Vergleichsspannung σ_V nach Gl. 3 berücksichtigt werden.

In vollwandigen Trägern durften die Normal- und die Schubspannungen nach den älteren Vorschriften je für sich die obigen Werte ${}_{zul}\sigma$ und ${}_{zul}\tau$ erreichen; bei vollwandigen Biegeträgern treten aber Normalspannungen σ und Schubspannungen τ gleichzeitig auf. Wenn die Bemessung, wie früher allgemein üblich war, nur für ${}_{max}\sigma$ bzw. für ${}_{max}\tau$ durchgeführt wird, so kann die Fließsicherheit leicht auf ein unzulässiges Maß absinken.

1. Beispiel. Dem früher zulässigen Wert ${}_{zul}\tau = 0{,}8 \cdot 1{,}4 = 1{,}12\ \mathrm{t/cm^2}$ entspricht unter der Annahme $\sigma_F = 2{,}4\ \mathrm{t/cm^2}$ wegen $\tau_F = 0{,}577 \cdot 2{,}4 = 1{,}39\ \mathrm{t/cm^2}$ nur eine Fließsicherheit bei reinem Schub von $\nu_F = 1{,}39/1{,}12 = 1{,}24$, gegenüber $\nu_F = 2{,}4/1{,}4 = 1{,}71$ bei Zugbelastung.

2. Beispiel. Bei gleichzeitiger Ausnutzung beider zulässigen Spannungen ${}_{zul}\sigma = 1{,}4$ und ${}_{zul}\tau = 1{,}12\ \mathrm{t/cm^2}$ würde schon die Vergleichsspannung nur für Hauptkräfte die Fließgrenze erreichen, nämlich $\sigma_V = 2{,}39\ \mathrm{t/cm^2}$ entsprechend $\nu_F = 1{,}0$.

Da die Schubspannungen bei Trägern mit schweren Gurtungen an den Rändern des Stegbleches nur wenig unter dem Mittelwert $\tau_m = Q/bt$ bleiben, konnte man danach den Zahlen des 2. Beispiels nahe kommen, ohne daß gegen den Wortlaut der Bestimmungen verstoßen wurde.

Um eine gleichmäßige Fließsicherheit zu erhalten, muß man also die Anstrengung nach der Vergleichsspannung σ_V mit heranziehen. In der BE (1951), § 40.4, ist ein mittlerer Weg gegangen, indem $\sigma_V \leqq 1{,}25 \cdot {}_{zul}\sigma$ gefordert ist. Damit wird zwar nicht für alle Fälle gleichgroße Fließsicherheit erreicht, es sind aber wenigstens die ungünstigsten Kombinationen ausgeschlossen.

Bemerkung. Es war bisher üblich, die zulässigen Spannungen bei Zug- und Druckbelastung gleich groß anzunehmen. Die Belastungsfälle $\sigma \lesseqgtr 0$ unterscheiden sich aber erheblich.

Bei *Druck* treten für $\sigma = -\sigma_F$ i. a. bereits endliche Verformungen ein, weil σ bei dem üblichen Bemessungsverfahren (σ berechnet ohne Nietlochabzug) jeweils der durchschnittlichen Spannung entspricht. Dazu kommt, daß σ_F die oberste Grenze darstellt, unter der z. B. in Druckstäben noch stabiles Gleichgewicht möglich ist.

Bei *Zug* dagegen wird die Sicherheit gegen Fließen bei dem üblichen Bemessungsverfahren (*mit* Berücksichtigung des Nietlochabzuges) merklich unterschätzt. Die wirkliche Fließsicherheit ist je nach dem Nietlochabzug größer als der Rechnungswert σ_F/σ_m. Dazu kommt noch der sog. Verfestigungsbereich der σ-ε-Linie, d. h. i. a. noch ein starkes Ansteigen von σ, bevor σ_B erreicht wird.

Die Tragspannung von zugbelasteten Stäben ist also unter gleichen Umständen erheblich größer als die von Druckstäben usw., deren Tragfähigkeit mit dem Erreichen der Fließgrenze i. a. erschöpft ist.

Es ist daher wohl berechtigt, wenn die neueste Entwicklung darauf hinzielt, die zulässigen Spannungen bei Zugbelastung im Vergleich zu denen bei Druck zu erhöhen.

Der Deutsche Ausschuß für Stahlbau schlägt deshalb vor, für Zugspannungen unter ruhender Belastung künftig zuzulassen

$${}_{zul}\sigma = 1{,}60\ \mathrm{t/cm^2} \text{ für St 37 bzw. } 2{,}40\ \mathrm{t/cm^2} \text{ für St 52},$$

während die zulässigen Spannungen für Druckbelastungen unverändert bleiben sollen.

Bei schwellender und wechselnder Belastung haben die Spannungsspitzen Einfluß auf die sog. Dauerfestigkeit. Die zulässigen Spannungen sind entsprechend veränderlich festgesetzt.

D. Spannungsausgleich und Tragfähigkeit bei ruhender Belastung

1. Tragfähigkeit

Die Abmessungen von Stahltragwerken werden so bestimmt, daß erhebliche bleibende Formänderungen ausgeschlossen sind. Die *Tragfähigkeit* ist jedoch in vielen Fällen noch keineswegs erschöpft, wenn die größte Anstrengung die Fließgrenze erreicht. Die Formänderungen nehmen dann lediglich sehr viel schneller zu als die Spannungen.

Als Grenze der Gültigkeit des *Hooke*schen Gesetzes bei allgemeinen Spannungszuständen kann für Baustahl $\sigma_V = \sigma_P$ angenommen werden (d. h. die gleiche Abhängigkeit wie für den Eintritt des Fließens) und die Elastizitätsgrenze σ_E in genügender Annäherung als mit σ_P zusammenfallend. Für Anstrengungen $\sigma_V > \sigma_E$ kann man die gesamte Formänderung in zwei Teile zerlegen, die beide aus dem verallgemeinerten *Hooke*schen Gesetz ermittelt werden können: Der elastische Teil mit dem Elastizitätsmodul E und der Querzahl μ (für Baustahl i. M. $\mu = 0{,}3$), der bleibende Teil mit einem von der Anstrengung σ_V bzw. der bleibenden Verzerrung abhängigen Plastizitätsmodul D und $\mu = 0{,}5$. Der bleibende Anteil der Formänderungen, der in erster Annäherung gleich der Abweichung vom *Hooke*schen Gesetz angenommen werden kann, erfolgt danach ohne Volumdehnung.

Bei ***homogenen Spannungszuständen***, die an allen Stellen gleich sind, ergeben sich mit Überschreitung der Proportionalitätsgrenze keine Änderungen, außer daß die gesamten Verzerrungen schneller ansteigen als die Spannungen. Die nach der Entlastung verbleibenden unelastischen Verzerrungen sind nach der klassischen Auffassung ebenfalls homogen, und es bleiben daher in einem ***einzelnen*** Stab oder Bauteil auch keine Spannungen zurück.

Anders bei den ***nichthomogenen Spannungszuständen***, die sich mit der Stelle ändern. Hier ändert sich die Spannungsverteilung mit der Form der Spannungs-Dehnungslinie $\varepsilon = \varepsilon(\sigma)$ und der Belastungshöhe, sobald σ_P überschritten ist. Da die zugehörigen plastischen Verzerrungen nicht homogen sind, verbleibt nach dem Fortfall der äußeren Belastungskräfte immer ein Eigenspannungszustand.

2. Spannungsausgleich bei Biegung

Im Falle der Biegung eines Balkens gilt die geradlinige Spannungsverteilung gemäß der *Navier*schen Hypothese, solange die Randspannung $\sigma = M/W$ die P-Grenze nicht überschreitet. Nun haben Versuche und theoretische Überlegungen gezeigt, daß die Längsdehnungen ε auch bei beliebiger Form der Spannungsdehnungslinie $\varepsilon = \varepsilon(\sigma)$ ***linear*** verlaufen. Wenigstens gilt dies für kleine Verbiegungen. Die Querschnitte bleiben daher, wenn man von der Schubverzerrung absieht, auch über der P-Grenze eben. Aus der Bedingung linearer Dehnung läßt sich aber für gegebene σ–ε-Linie leicht die Verteilung der σ über den Querschnitt entnehmen.

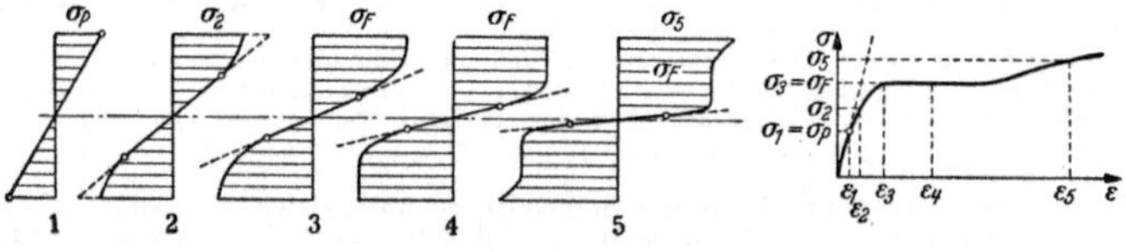

Abb. 5. Spannungsausgleich bei Biegung.

Die über σ_P liegenden Spannungen können nur langsamer anwachsen als die Dehnungen ε. Die größten Spannungen bleiben hinter den Werten zurück, die man bei Voraussetzung einer unbeschränkten Gültigkeit des *Hooke*schen Gesetzes errechnen würde, d. h. mit Überschreitung der P-Grenze tritt ein *Spannungsausgleich* ein. Die Verteilung der Biegespannungen ist in Abb. 5 für die angegebene σ–ε-Linie und für verschiedene Werte der Randdehnung dargestellt. Der Proportionalitätsbereich (in allen Spannungslinien durch Kreise bezeichnet) wird danach mit zunehmender Randdehnung immer kleiner. Die Randspannung ist dabei zunächst durch σ_F begrenzt. Erst nach sehr erheblichen Formänderungen wird die größte Spannung über σ_F ansteigen, so daß die Wirkung der *Verfestigung* des Baustahls sichtbar wird (Fall 5).

Die gegenseitige Verdrehung zweier benachbarter Querschnitte kann dabei ein vielfaches des Wertes bei elastischer Biegung erreichen, sie verhält sich für die fünf Randdehnungen in Abb. 5 wie 1 : 2 : 4 : 8 : 20. Da sich die bleibende Verbiegung auf den Stabteilen mit den Biegespannungen $\sigma > \sigma_E$ beschränkt, ist der Balken nach der Entlastung nicht etwa über die ganze Länge stetig gekrümmt, sondern (je nach der Länge des Fließbereiches) nur im mittleren Teil geknickt.

Die sog. *Plastizitätstheorie* baut auf den vorstehend erwähnten Hypothesen auf, wobei in der Regel nur die Längsspannungen σ betrachtet werden. Die Mechanik des Fließvorganges ist aber offenbar nicht ganz so einfach, wie hierbei vorausgesetzt wird. Theoretische Überlegungen ebenso wie röntgenographische Spannungsmessungen weisen darauf hin, daß unter gewissen Voraussetzungen auch beim gewöhnlichen Zugversuch nach plastischer Reckung eine über den Querschnitt ungleichmäßige Spannungsverteilung eintreten kann. Auch für die plastische Biegung könnte ähnliches gelten, da die Längsspannung in der Randfaser nicht an der Fließgrenze bleibt. Weil nämlich auch hohe quergerichtete Spannungen auftreten, genügt zwar der räumliche Spannungszustand an jeder Stelle der Fließbedingung, der Betrag der Längsspannungen kann jedoch weit unter dem Wert der Fließgrenze bei einfacher Zugbelastung liegen.

Damit ist es zweifelhaft geworden, ob die Vorstellungen, wie sie bisher für das Traglastverfahren zugrunde gelegt wurden, für alle Fälle ausreichen. Die nach plastischen Verformungen verbleibenden räumlichen Eigenspannungszustände können sich vor allem bei wechselnder Belastung auswirken und zu vorzeitigen Dauerbrüchen führen[7,8,9].

3. Ausgleich von Spannungsspitzen

In einem *Zugstab mit Lochung* entspricht die Verteilung der Längsspannungen über den Querschnitt durch die Mitte des Loches etwa der Linie 2 in Abb. 6. Die *Spannungsspitze* ${}_{\max}\sigma$ hängt von dem Verhältnis d/b ab. Sie ist meist etwa ${}_{\max}\sigma = 2$ bis $3\sigma_m$, wenn $\sigma_m = S/F_m$ den Durchschnittswert der Zugspannungen in dem durch das Loch auf $F_m = t\,(b - d)$ verschwächten Querschnitt (sog. maßgebender Querschnitt) bezeichnet. Abb. 6 gilt, solange der Spannungszustand die P-Grenze nicht überschreitet. Für langsam ansteigende Belastungen $S > S_P$ sind an der Bohrung nur kleinere Spannungen notwendig als nach dem Geradeliniengesetz, um eine bestimmte Dehnung zu erzwingen. An den am stärksten gespannten Stellen werden die Spannungen dann nicht mehr proportional S weiterwachsen, sondern langsamer. In der Grenze ergibt sich über dem ganzen Querschnitt 2 — 2 eine angenäherte gleichmäßige Verteilung der Längsspannungen $\sigma_m = \sigma_F$. Die Quer- und Schubspannungen werden dabei nicht beachtet.

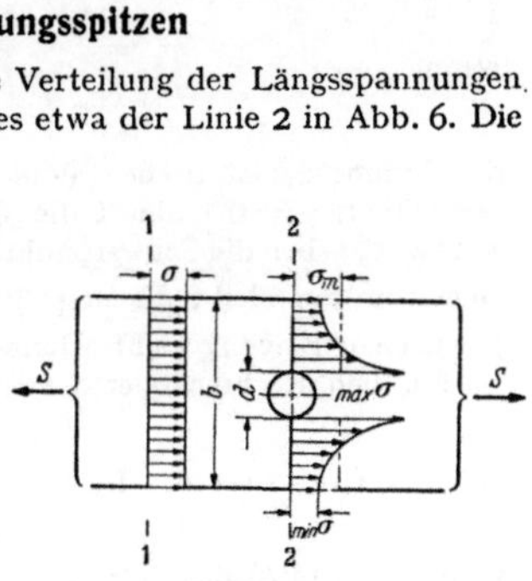

Abb. 6

Die Tragfähigkeit des Stabes nach vollem Spannungsausgleich hängt praktisch nur von F_m ab, da die Spannungsspitzen durch die plastischen Dehnungen abgebaut sind. Die Bruchlast beträgt angenähert $S_B = \sigma_B F_m$.

Die Stabkraft $S_F' = \sigma_F F_m$ belastet zwar den ganzen verschwächten Querschnitt bis an die Fließgrenze, die Spannung im unverschwächten Stab $\sigma = S_F'/F$ bleibt

[8] *F. Schleicher:* Der Bauingenieur 25 (1950) S. 229.
[9] *F. Schleicher:* Abh. Stahlbau, Heft 10, Bremen-Horn 1951, S. 118.

aber im Verhältnis der Querschnittsflächen F_m/F unter σ_F. Da Fließerscheinungen nur in einem engbegrenzten Gebiet eintreten, bleibt die Gesamtdehnung des Stabes noch gering. Eine starke Verlängerung tritt erst ein, wenn sich die Stabkraft $S_F'' = \sigma_F F$ nähert, d. h. wenn die Fließgrenze auch im unverschwächten Stabquerschnitt erreicht wird.

Die Erscheinungen des *Spannungsausgleiches* bei langsam wachsender Stabkraft erweisen die Berechtigung des im Stahlbau für ruhende Belastungen üblichen Gebrauches, die Spannungsspitzen bei der Bemessung unberücksichtigt zu lassen und nur die *durchschnittliche Spannung* $\sigma_m = S/F_m$ *im verschwächten Querschnitt* F_m mit dem zulässigen Wert zu vergleichen. *Für die Spannungsverteilung werden im Stahlbau die einfachsten Annahmen zugrunde gelegt, in der Regel bei Voraussetzung unbegrenzter Gültigkeit des Hookeschen Gesetzes.* Spannungsspitzen werden in der Regel nicht berücksichtigt.

4. Plastizitätstheorie

Eine angenäherte Berechnung der Spannungen und Formänderungen bei Biegung im plastischen Bereich ist möglich, wenn man gewisse Vereinfachungen vornimmt. Dabei wird meist der sog. *idealplastische Werkstoff* mit σ–ε-Linie gemäß Abb. 7 zugrunde gelegt. Dafür ist $\sigma_P = \sigma_F$, und ein Verfestigungsbereich ist nicht vorhanden. Sobald (Abb. 7c) im ganzen Querschnitt die Fließgrenze erreicht ist, kann das Biegemoment offenbar nicht weiter anwachsen. Der Grenzwert bei „voll plastiziertem Querschnitt“ ist

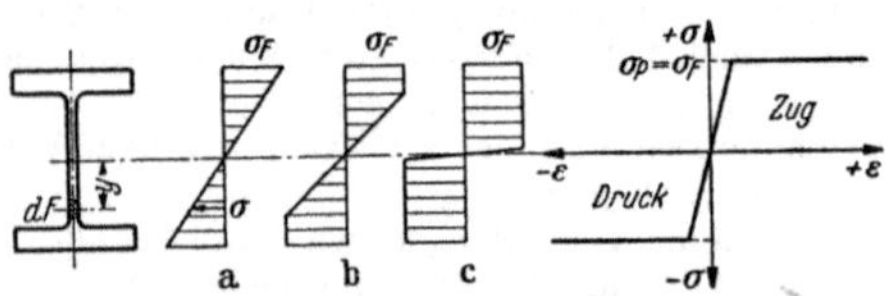

Abb. 7. Spannungsverteilung bei plastischer Biegung

$$M_F = \int |y|\, \sigma_F dF = \sigma_F \cdot 2S,$$

wenn

$$2S = \int |y|\, dF = (y_1 + y_2)\, F/2$$

die Summe der statischen Momente der beiden Hälften des Balkenquerschnittes bezeichnet. $y = 0$ halbiert die Querschnittsfläche F, so daß $F_1 = F_2 = F/2$ ist, y_1 bzw. y_2 geben die Schwerpunkte der Teilflächen F_1 bzw. F_2. Bei unsymmetrischen Querschnitten bleibt die ursprüngliche Nullinie, für die $\int \bar{y}\, dF = 0$ gilt, bei der plastischen Biegung nicht erhalten.

Für den Rechteckquerschnitt ist

$$2S = bh/2 \cdot h/2 = bh^2/4$$

und der Grenzwert des Biegemomentes

$$M_F = 1{,}5\, W \sigma_F,$$

wenn $W = bh^2/6$ das übliche Widerstandsmoment bedeutet.

Auch die Größe der plastischen Formänderungen kann auf entsprechende Weise abgeschätzt werden. Die Hypothese der eben bleibenden Querschnitte ist Grundlage aller bisherigen theoretischen Arbeiten über die plastische Biegung. Einige Versuchsergebnisse[10] deuten allerdings darauf hin, daß diese Annahme für größere plastische Verzerrungen vielleicht nicht mehr allgemein zutrifft. Die beobachteten Abweichungen sind zu erklären, wenn man die Vorgänge beim Fließen berücksichtigt. Baustahl ist nämlich nur in erster Annäherung homogen und isotrop, er ist in Wirklichkeit ein Haufwerk von Kristallen. Das Fließen erfolgt bei langsam ansteigender Belastung nicht etwa gleichmäßig, sondern „quantenhaft“ in einzelnen Schichten der Teilkristalle.

---

[10] *G. Grüning:* Stahlbau 9 (1936) S. 19. – *F. Stüssi* u. *C. F. Kollbrunner:* Bautechn. 13 (1935) S. 266.

C. F. Kollbrunner hat sprungweises Fließen auch bei Biegeversuchen durch Beobachtung des zeitlichen Verlaufes der Formänderungen feststellen können[11]. Es ist also damit zu rechnen, daß sich das schichtweise Fließen auch in Änderungen der Spannungsverteilung äußert.

Nach Versuchen scheint es so, als ob die Fließgrenze in Spannungsspitzen und bei inhomogenen Spannungszuständen höher läge als z. B. in einem prismatischen Zugstab (sog. *Fließgrenzenerhöhung*). Die in kleinen, eng begrenzten Gebieten eintretenden bleibenden Formänderungen waren aber früher kaum zuverlässig zu messen. Eine Bestimmung der absoluten Spannungshöhe wurde erst durch die Röntgen-Rückstrahlungsmessungen möglich. Danach liegt kein Anhalt für eine Fließgrenzenerhöhung vor, so daß die zugehörigen Theorien nicht länger zu halten sind. Vgl. *F. Schleicher:* Bauingenieur 24 (1949) S. 119, sowie *M. Roš* und *A. Eichinger*[7], S. 119.

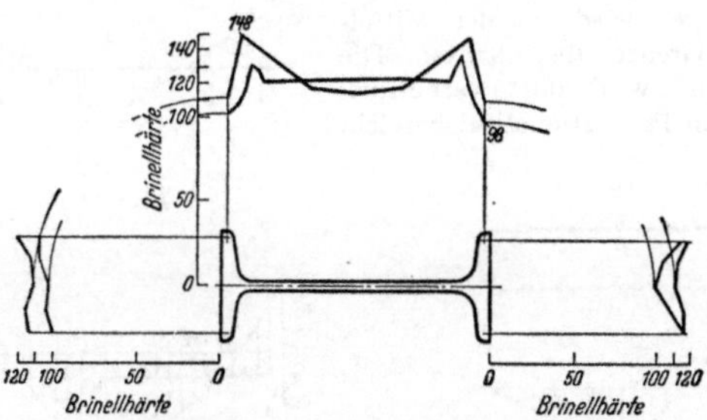

Abb. 8. (Nach *M. Roš* und *J. Brunner*[12])

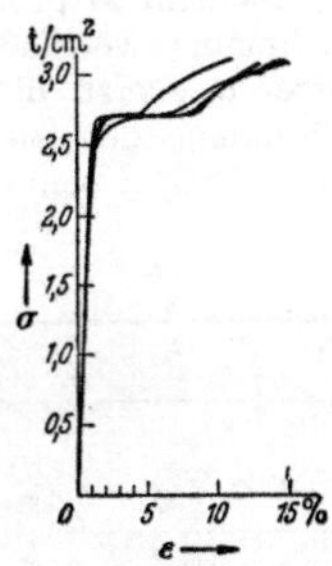

Abb. 9

Im übrigen darf niemals außer acht gelassen werden, daß die Festigkeitseigenschaften von Baustahl selbst an den einzelnen Querschnitten des gleichen Walzprofiles in erheblichem Maß streuen. Abb. 8 zeigt als Beispiel die Veränderlichkeit der *Brinell*schen Härte H für zwei Querschnitte eines Walzträgers I 32. Die Härtezahlen, die etwa der Zugfestigkeit σ_B proportional sind, schwanken hier zwischen $H = 86$ und 148. Auch in der Stablängsrichtung wurde eine entsprechende Schwankung festgestellt auf 3 m Länge zwischen $H = 106$ und 116. Abb. 9 zeigt für den gleichen Träger noch die σ–ε-Linien, von Proben, die an den vier Flanschkanten entnommen wurden[12].

Diese Beispiele zeigen, in wie hohem Maße die Eigenschaften von Baustahl schwanken können. Gewiß können die Unterschiede durch sorgfältige Auswahl und Behandlung des Baustoffes, insbesondere durch Normalglühen, erheblich vermindert werden. Da sich die Schwankungen aber auch bei Versuchsmaterial nicht ganz ausschließen lassen, bedarf es großer Vorsicht bei allen Schlußfolgerungen.

Bei dem für die Stahlbauten der Praxis verwendeten Walzgut wird man immer mit größeren Unterschieden in den Eigenschaften rechnen müssen. Es wird sich dabei empfehlen, *als Vergleichswert die untere Fließgrenze* zu benutzen.

5. Traglastverfahren

Bei den unter 2 und 3 betrachteten Beispielen tritt mit steigender Belastung ein Ausgleich der Spannungen im Querschnitt ein. Die Spannungen werden dabei von den am höchsten gespannten Teilen des Querschnittes zu den weniger hochbelasteten *umgelagert.* Solange die Formänderungen nicht so groß werden, daß sie bei der Aufstellung der Gleichgewichtsbedingungen beachtet werden müssen, kann dieser Vorgang in statisch bestimmten Tragwerken nichts an der Größe der Schnittkräfte S, M usw. ändern. Anders bei statisch unbestimmten Stahltragwerken.

---

[11] *C. F. Kollbrunner:* Abh. Intern. Ver. Brückenbau Hochbau 3 (1935) S. 222.

[12] *M. Roš* u. *J. Brunner*: Die Knicksicherheit von an beiden Enden gelenkig gelagerten Stäben aus Konstruktionsstahl. Bericht der Gruppe VI der T. K. V. S. B., Zürich 1926.

Die Berechnungen der klassischen Baustatik setzen die Gültigkeit des *Hooke*schen Gesetzes voraus, so daß die Formänderungen der Belastung bzw. den Schnittkräften proportional sind. Unter Voraussetzung dieser Proportionalität werden die Elastizitätsgleichungen aufgestellt (Abschnitt *Baustatik*) und daraus die zu jeder Belastung gehörigen Schnittkräfte des statisch unbestimmten Tragwerkes ermittelt. Die Elastizitätsgleichungen und die mit ihrer Hilfe berechneten Größen werden aber ungültig, sobald die P-Grenze überschritten wird. Bei statisch unbestimmten Tragwerken tritt daher neben dem Spannungsausgleich in den einzelnen Querschnitten noch eine *Umlagerung der Kräfte* im Gesamttragwerk ein.

a) Durchlaufende Balken und Stabwerke. Für einen durchlaufenden Balken von konstantem Querschnitt (Abb. 10) ergibt sich bei Voraussetzung des *Hooke*schen Gesetzes die in a) dargestellte Momentenlinie. Die Biegespannungen sind dem Biegemoment M proportional. Werden beide Lasten gleichmäßig vergrößert, so wird an der Mittelstütze B zuerst die P-Grenze überschritten. Die Krümmung der Biegelinie wird dort verhältnismäßig schärfer sein als im Proportionalitätsbereich.

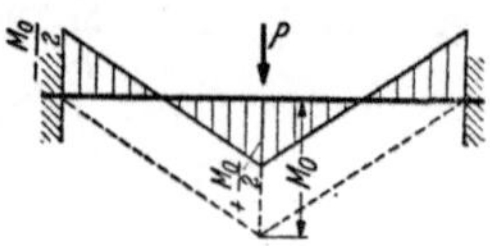

Abb. 11

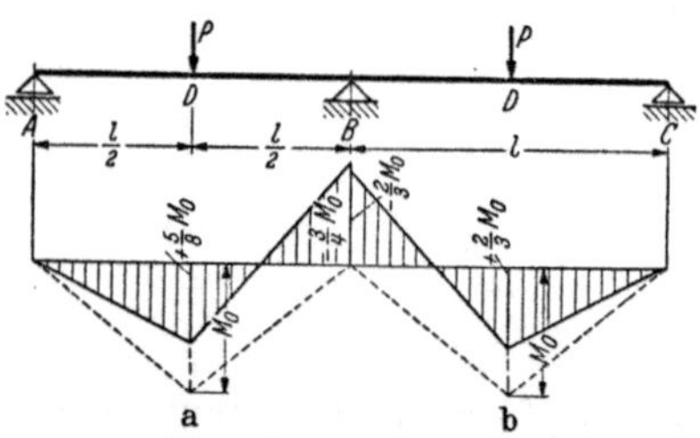

Abb. 10. Biegemomente a) vor, b) Grenzzustand nach der Kräfteumlagerung

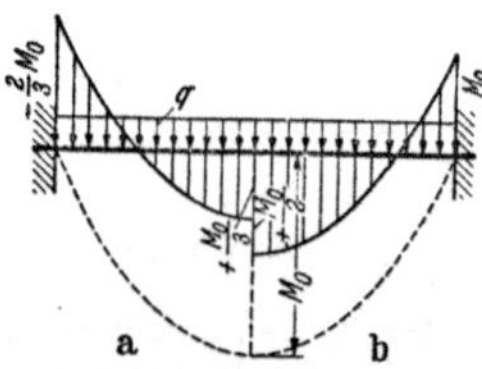

Abb. 12. Biegemomente a) vor, b) nach dem Momentenausgleich

Wenn die Plastizierung über einen größeren Teil des Querschnittes fortschreitet, ist die Krümmung sogar ein vielfaches davon. Es erfolgt eine Umlagerung der Kräfte, sobald die höchste Anstrengung die P-Grenze überschreitet. Die bis an die Fließgrenze beanspruchten Teile des Balkens wirken ähnlich wie ein unvollkommenes Gelenk, wobei allerdings das Biegemoment $M_{BF} = \sigma_F \cdot 2S$ dauernd übertragen wird. Für idealplastischen Baustahl kann der Grenzwert M_{BF} des Stützmomentes nach 4 ermittelt werden.

Jede weitere Laststeigerung ist mit einer Vergrößerung der bleibenden Verbiegung des Balkens, insbesondere über der Mittelstütze verbunden, was nach der Entlastung als „Überhöhung" des Balkens sichtbar wird. Die Grenze der Tragfähigkeit wird erreicht, wenn auch im Feld das Grenzmoment M_{DF} erreicht ist. Bei gleichgroßen Biegemomenten über der Stütze und im Feld $M_{DF} = M_{BF}$ ist eine weitere Umlagerung der Kräfte beim Balken konstanter Biegesteifigkeit nicht mehr möglich, da sich die voll plastizierten Querschnitte über der Stütze und im Feld gegen weitere Laststeigerung wie ideale Gelenke verhalten, so daß Labilität eintritt. Dieser Grenzfall des *vollen Momentenausgleiches* ist in Abb. 10b dargestellt.

Beim beiderseits eingespannten Balken mit konstantem symmetrischem Querschnitt mit Einzellast (Abb. 11) ist ein Momentenausgleich von Anfang an vorhanden. Bei Überschreitung der P-Grenze tritt keine Änderung der Momentenverteilung ein. Im Falle einer gleichmäßig verteilten Belastung dagegen (Abb. 12) bringt der Momentenausgleich eine Verkleinerung des Einspannmomentes von $-2/3 \cdot M_0$ auf $-1/2 \cdot M_0$.

Ähnliche Zusammenhänge gelten für andere statisch unbestimmte Tragwerke. In allen diesen Fällen verbleiben nach der Entlastung Eigenspannungszustände, die von Art und Höhe der vorhergegangenen Belastungen abhängen. Bei Aufbringen einer anderen genügend hohen Belastung wird der frühere Eigenspannungszustand ganz oder teilweise abgebaut, wobei sich je nach dem neuen Zustand u. U. neue Fließgelenke ergeben. Die Traglast kann also jeweils nur für einen bestimmten Belastungsfall angegeben werden. Die Fließgelenke und Fließbereiche ändern sich im allgemeinen mit dem Belastungsfall. Das Traglastverfahren kann deshalb zwar bei ruhender Belastung Anwendung finden, es ist jedoch nicht als Bemessungsgrundlage geeignet, wenn es sich um bewegliche oder veränderliche Belastungen handelt.

Literatur: *H. Maier-Leibnitz*: Bautechn. *6* (1928) S. 11 u. *7* (1929) S. 313, ferner Stahlbau *9* (1936) S. 153. — *C. F. Kollbrunner* u. *F. Stüssi*: Bautechn. *13* (1935) S. 264.

b) Fachwerke. Bei innerlich statisch unbestimmten Fachwerken liegen ähnliche Zusammenhänge vor wie bei Stabwerken, nur treten hier die bleibenden Dehnungen der einzelnen Stäbe an die Stelle der plastischen Verbiegungen, und der Grenzwert der Stabkraft S_F an die Stelle des Biegemomentes M_F. Die mit den biegesteifen Knoten verbundenen Nebenspannungen können bei der Abschätzung der Tragfähigkeit in erster Annäherung vernachlässigt werden. Plastizierte Querschnitte wirken ähnlich wie Gelenke, so daß die statische Wirkung des Tragwerkes unter Traglast der eines idealen Fachwerkes mit Knotengelenken nahekommt.

Eine eingehende theoretische Untersuchung über die Tragfähigkeit von Fachwerken hat *M. Grüning*[13] gegeben. *M. Grüning* untersucht für den Fall der wiederholten Beanspruchung durch immer dieselbe Belastung die Formänderung und das Spiel der Kräfte in einem statisch unbestimmten Fachwerk bei Beanspruchungen, welche die Elastizitätsgrenze überschreiten. Es sind dann die Erscheinungen der Dauerfestigkeit zu beachten und für den Grenzwert der Stabkräfte in den einzelnen Stäben ist die *Dauerfestigkeit* einzusetzen. In einem n-fach statisch unbestimmten Fachwerk kann unter einer gegebenen Belastung die kritische Stabkraft in n überzähligen Stäben eintreten, ohne daß die Tragfähigkeit erschöpft ist, vorausgesetzt, daß das statisch bestimmte Grundsystem stabil ist. Das stabile System kann die mit einer gewissen weiteren Laststeigerung verbundene Vergrößerung der Stabkräfte aufnehmen. Einen kritischen Zustand des Gesamttragwerkes, entsprechend einer zwangläufigen kinematischen Kette, hat man erst dann, wenn die kritische Stabkraft auch in einem Stab des stabilen Fachwerkes, also in insgesamt $(n + 1)$ Stäben gleichzeitig erreicht wird. *M. Grüning* zeigt, daß die Sicherheit eines Stabes in einem statisch unbestimmten Tragwerk nicht in bestimmter Beziehung zu der Höhe der Spannungen steht. Es kann nur die Sicherheit der ganzen Gruppe von Stäben angegeben werden, die voneinander abhängig sind, sich gegenseitig entlasten usw. Der kritische Spannungszustand, der beliebig oft ohne Bruch ertragen werden kann, ist im Gegensatz zur Elastizitätstheorie des Fachwerkes nur *Gleichgewichtsbedingungen* unterworfen.

Versuche zur Plastizitätstheorie der Fachwerke haben die theoretischen Überlegungen im wesentlichen bestätigt. *G. Grüning* und *E. Kohl*[14] machten aufmerksam, daß trotz der Richtigkeit der Theorie praktisch ein größerer Kräfteausgleich nur selten auftritt, da die Spannungen wegen der vorgeschriebenen Sicherheit die Fließgrenze nicht erreichen. Die für die Dauerfestigkeit maßgebenden Spannungsgrenzen sind also ganz andere als z. B. nach vollem Momentenausgleich. Für die praktische Anwendung der Plastizitätstheorie kommt weiter hinzu, daß in vielen Fällen die Dauerfestigkeit der Stöße und Anschlüsse ausschlaggebend ist und nicht die des eigentlichen Stabes. Für den Kräfteausgleich kommen übrigens nur Zugstäbe in Betracht. Druckstäbe haben, weil für Knickung bemessen, immer größere Sicherheit gegen Fließen. Ihre kritische Belastung S_F darf nicht erreicht werden, weil sonst mit ihrem Ausknicken und mit einer Erschöpfung ihrer Tragfähigkeit zu rechnen wäre.

---

[13] *M. Grüning*: Die Tragfähigkeit statisch unbestimmter Tragwerke aus Stahl bei beliebig häufig wiederholter Belastung. Berlin 1926.

[14] *G. Grüning* u. *E. Kohl*: Bauingenieur 14 (1933) S. 67.

Bei Tragwerken mit oftmals wiederholter Belastung, für welche die Erscheinungen der Dauerfestigkeit zu beachten sind, bestehen somit erhebliche Bedenken gegen die Berücksichtigung des Kräfteausgleiches bei der Bemessung. Von praktischer Bedeutung ist dagegen die Schlußfolgerung über den Einfluß der *Stützenverschiebungen.* Da die Arbeitsfestigkeit der einzelnen Bauteile nur von den Spannungsgrenzen abhängt, nicht aber von der Größe der gesamten Formänderungen, haben Stützverschiebungen keinen Einfluß auf die Tragfähigkeit.

c) Wechselnde Belastung. Vorstehendes gilt für ruhende Belastung bzw. für oftmalige Wiederholung desselben Belastungszustandes. In beiden Fällen kommt der Kräfteausgleich zur Geltung. Die Tragfähigkeit von statisch unbestimmten Fachwerken und Stabwerken ist höher, als man nach der elementaren Elastizitätstheorie erwarten würde.

Die Voraussetzung eines konstanten Lastfalles trifft aber nur selten zu. Bei Brückentragwerken z. B. hat man *veränderliche Lastzustände.* Ein Bauwerk kann aber zwei Grenzlastfälle je für sich gut aushalten und trotzdem durch den immerwährenden Wechsel zwischen den beiden Belastungen zu Bruch gehen, da allmählich die Dauerfestigkeit erschöpft wird. Dies gilt auch für Wärmeänderungen, da sie sich beliebig oft wiederholen können. Wärmespannungen sind daher, im Gegensatz zu den Stützenverschiebungen, bei der Bemessung innerhalb der zulässigen Spannungsgrenze zu berücksichtigen.

Die im praktischen Stahlbau üblichen vereinfachenden Annahmen über die Kräfteaufnahmen und Spannungsverteilung in den einzelnen Bauteilen sind nach Vorstehendem unter gewöhnlichen Verhältnissen gerechtfertigt. Dies gilt insbesondere auch für die Vernachlässigung von örtlichen Spannungsspitzen.

Gegen eine beschränkte Anwendung des Traglastverfahrens bei festem Belastungszustand bestehen keine Bedenken. Die Anwendung des Traglastverfahrens bei (dynamischer) Dauerbelastung kann dagegen nicht empfohlen werden. Damit ist das Traglastverfahren auf den Fall überwiegend ruhender Belastungen, insbesondere auf die *Tragwerke des Hochbaus,* beschränkt. In anderen Fällen, bei denen *Ermüdungserscheinungen* zu fürchten sind, wird man erhebliche plastische Formänderungen ausschließen und die Elastizitätstheorie zugrunde legen müssen. Ein genügend großer Abstand von der Fließgrenze ist dabei anzustreben. Die Zähigkeit des Baustahls bietet dann eine gewisse zusätzliche Sicherheit.

Literatur: 2. Int. Kongreß Brückenbau u. Hochbau, Berlin. Vorbericht, Berlin 1936, Schlußbericht, Berlin 1938.

E. Wechselnde Beanspruchung

1. Kaltreckung und Altern

In Abb. 13 ist die Spannungsdehnungslinie für einen Rundstab aufgetragen, der abwechselnden Zug- und Druckspannungen unterworfen wurde. Die einzelnen Belastungsvorgänge sind ihrer Reihenfolge entsprechend durch Ziffern bezeichnet. Die bei der Entlastung zurückgehenden elastischen Dehnungen verlaufen auch nach großen Streckungen (und Stauchungen) proportional den Spannungen. Bei Spannungsumkehr verschwindet die *P*-Grenze jedoch fast völlig. Die elastischen Eigenschaften von kalt gerecktem Baustahl stimmen somit nicht mit den ursprünglichen Werten (des Baustahls im sog. jungfräulichen Zustand) überein. Je nach der Vorbehandlung (Vorgeschichte) können sich ganz erhebliche Unterschiede ergeben.

Dazu kommen noch die Erscheinungen des *Alterns.* Mit diesem Namen faßt man alle Veränderungen der Eigenschaften zusammen, die sich im Laufe der Zeit, und zwar ohne äußere Einwirkungen, von selbst einstellen. Das *Reckaltern* kann nach bleibender Kaltverformung, z. B. auch nach jedem Zugversuch, beobachtet werden. Lagert man bleibend gedehnte Probekörper einige Zeit ohne Belastung bei Raumtemperatur, so steigt die Streckgrenze, in geringerem Maße auch die Zugfestigkeit, über den ursprünglichen Wert an, während Bruchdehnung und Einschnürung abnehmen (*Bauschinger-Effekt,* Abb. 14a). Es tritt auch eine Versprödung des Werkstoffes ein (sog. Alterungssprödigkeit). Der Vorgang des Alterns erstreckt sich über Tage, selbst Monate, er wird aber auf wenige Stunden oder nur Minuten zusammengedrängt, wenn man den Baustahl auf etwa 300° C erwärmt. Zu erwähnen ist noch, daß das Reckaltern bereits gleichzeitig mit der Reckung eintritt, wenn diese bei 200–400° C, d. h. im Gebiete der Blauwärme stattfindet[15]. Die Bearbeitung von Baustahl im Bereiche der Blauwärme ist daher zu vermeiden.

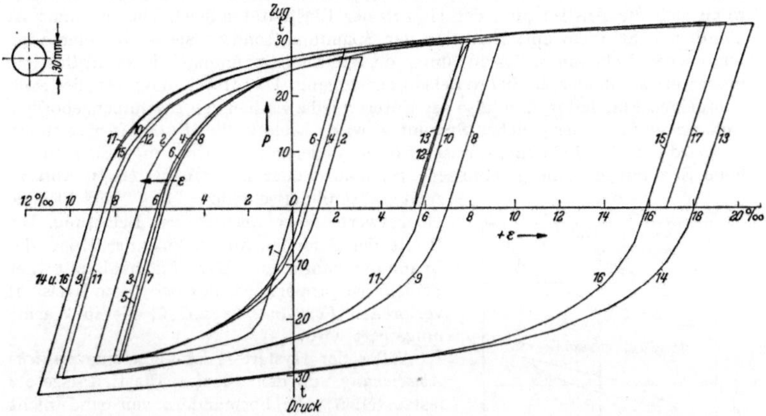

Abb. 13. (Nach *M. Roš* und *A. Eichinger:* EMPA-Bericht 34, Zürich 1929, Abb. 128)

Für die Praxis ist wichtig, daß die Wirkungen der Kaltreckung durch normalisierendes *Glühen* wieder beseitigt werden können (Abb. 14b). Einzelheiten über kaltgereckte Stähle vgl. Abschn. *Baustoffe*, S. 455.

Die für das Verhalten der Tragwerke bestimmenden Eigenschaften, insbesondere E, σ_F und σ_B, sind praktisch unveränderlich, solange bleibende Verformungen ausgeschlossen sind, wie es ja durch unsere Bemessungsverfahren angestrebt wird. Dabei ist natürlich vorausgesetzt, daß auch während der Bearbeitung und Aufstellung der Stahlbauteile keine Kaltreckung eintritt. Gewisse andere Arbeitsvorgänge (z. B. Kröpfen) werden für tragende Bauteile in glühendem Zustande ausgeführt, um die mit der Kaltverformung verbundenen Nachteile zu vermeiden.

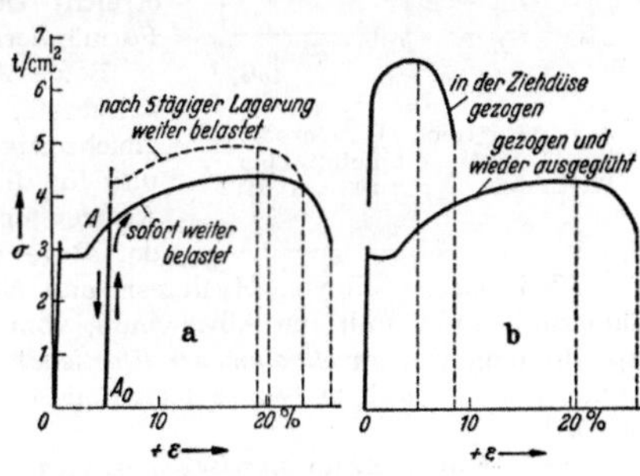

Abb. 14. a) Dehnungslinie eines zweimal belasteten Stabes (*Bauschinger*-Effekt), b) Dehnungslinie eines kalt gezogenen Stahls. (Nach *R. Baumann* u. *O. Schwarz:* Abb. 194, S. 358 des Handb. der physikal. u. techn. Mechanik, Bd. 4, 2. Hälfte, Leipzig 1931)

2. Nachwirkung und Hysteresis

Für einen vollkommen elastischen (idealen) Baustoff besteht eine eindeutig umkehrbare Zuordnung zwischen Spannungs- und Verzerrungszustand, so daß zu bestimmten Spannungen immer die gleichen Verzerrungen gehören und umgekehrt. Bei gegebenem *Elastizitätsgesetz* hängen die Formänderungen dann nicht von der

[15] *K. Daeves*: Werkstoffhandbuch Stahl u. Eisen, 3. Aufl., Düsseldorf 1953, S. C 11 und T 8.

seit Aufbringen der Belastung verflossenen Zeit ab, auch nicht von dem *Wege*, auf dem belastet wird.

Die *Abweichungen vom rein elastischen Verhalten* lassen sich mit *H. Fromm* in zwei Stufen der Näherung beschreiben: Im *elastischen Bereich* sind die Abweichungen vom Elastizitätsgesetz klein, sie können in erster Annäherung vernachlässigt werden. Sie sind aber durch genaue Messungen festzustellen, besonders wenn sich die Anstrengung der Grenze der Elastizität nähert. Die Dehnung ist nämlich nicht allein eine Funktion der Spannung, sondern sie ist bei einem geschlossenen Belastungskreislauf unter der gleichen Spannung bei der Entlastung immer etwas kleiner als beim Belastungsvorgang. Die Abweichung von der vollkommenen Elastizität, d. h. also der Unterschied zwischen den zusammengehörigen Dehnungen unter der gleichen Spannung, wird als elastische *Hysteresis* bezeichnet.

Wird derselbe Belastungskreislauf öfter wiederholt, so erhält man für nicht zu hohe Spannungen eine geschlossene *Hysteresis-* oder *Dämpfungsschleife*. Abb. 15 zeigt Dämpfungsschleifen für verschiedene Höchstwerte einer wechselnden Belastung. Die Breite der Schleifen nimmt mit der Höhe der Spannung stark zu. Der Flächeninhalt der Schleife ist proportional der bei jedem Kreislauf verlorenen *Formänderungsarbeit*, die in Wärme umgesetzt wird.

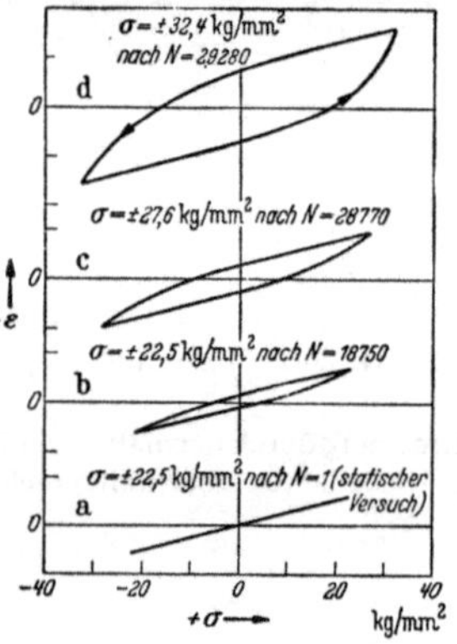

Abb. 15. (Nach *W. Herold*: Wechselfestigkeit metallischer Werkstoffe, Wien 1934, S. 91)

Außer der Hysteresis ist auch eine ***zeitliche Abweichung*** von dem idealen Elastizitätsgesetz festzustellen: Die Formänderungen sind nicht nur mit der Höhe der Spannungen, sondern auch mit der Zeit veränderlich, sie hängen von der Belastungsgeschwindigkeit und dem Belastungswege ab. Ihr Endbetrag wird erst einige Zeit nach Eintritt des betr. Spannungszustandes erreicht. Der von der Zeit abhängige Anteil der Formänderungen heißt *Nachwirkung*.

Beide Abweichungen vom idealen Elastizitätsgesetz, Hysteresis und Nachwirkung, treten gleichzeitig auf. Sie sind bei den Baustahlsorten und für die in Stahlbauwerken vorkommenden Anstrengungen und bei Raumtemperaturen in der Regel ohne praktische Bedeutung.

Wird der Anteil von Hysteresis und Nachwirkung an der gesamten Formänderung und damit die Abweichung vom idealen Elastizitätsgesetz größer, so spricht man von *unvollkommener Elastizität*. Diese liegt bei Baustahl bereits vor, wenn die auf übliche Weise festgesetzte technische Elastizitätsgrenze erreicht wird.

Für Spannungen im *plastischen Bereich* sind beide Einflüsse zusammen von der Größenordnung des elastischen Anteils der Formänderungen. Die gesamte Formänderung kann dann nur für die erste Belastung aus dem Formänderungsgesetz entnommen werden, und auch das nur dann, wenn der Vorgang des Fließens zügig, ohne Unterbrechung und Ruhepause, durchgeführt wird.

Für den allgemeinen Fall ist es nicht einmal mehr in erster Annäherung möglich, die gesamten Formänderungen allein aus dem Formänderungsgesetz zu entnehmen. Wie Abb. 13 und 14a zeigen, werden die Zusammenhänge ziemlich verwickelt. Es ist dann eben die ganze Vorgeschichte des Baustoffes von Bedeutung mit den Einflüssen des Alterns nach der Kaltreckung, des *Bauschinger*-Effektes, der Nachwirkung usw.

Man kann auch für große Formänderungen geschlossene Dehnungsschleifen erhalten (Linienzug 14, 15, 16 in Abb. 13). Die mehrfache Wiederholung eines Belastungskreislaufes mit derartig großen plastischen Formänderungen führt jedoch schnell zur Zermürbung des Baustoffes, es tritt bald ein *Dauerbruch* ein.

In diesem Zusammenhang wäre noch die *Dauerstandfestigkeit* zu erwähnen, d. i. jene Spannung, unter der die Dehnung bei langdauernder ruhender Belastung im Laufe der Zeit eben noch zum Stillstand kommt (*K. Daeves*[15] S. C 44). Bei Spannungen über der Dauerstandfestigkeit nehmen die Dehnungen immer weiter zu, bis schließlich der Bruch eintritt. Die Dauerstandfestigkeit von Baustahl unterscheidet sich zwar bei normalen Temperaturen nur wenig von der Zerreißfestigkeit, sie nimmt aber mit zunehmender Temperatur schnell ab. Für höhere Temperaturen tritt eine fast konstante Dehngeschwindigkeit ein, so daß der Bruch nur eine Frage der Zeit ist.

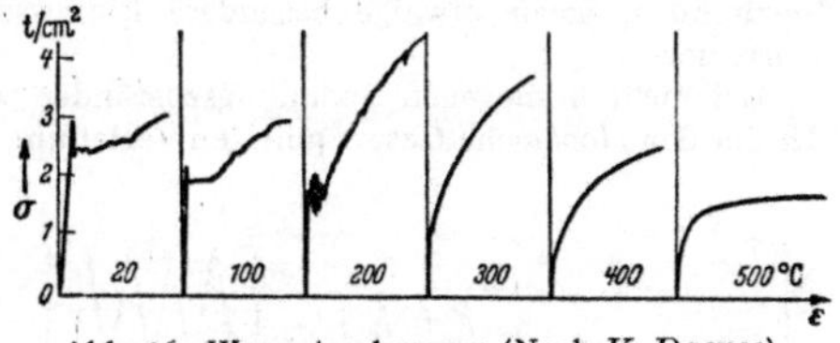

Abb. 16. Warmstreckgrenze (Nach *K. Daeves*)

Wirken auf tragende Stahlteile Temperaturen oberhalb 500° C während längerer Zeit ein, dann sind große Formänderungen und meist auch die Erschöpfung der Tragfähigkeit nicht zu verhindern. Wo Brände in Frage kommen, müssen daher Stahlteile eine *feuerbeständige Ummantelung* erhalten. Der Zeitraum, der bis zur gefährlich werdenden Erhitzung vergeht, wird durch die Ummantelung auf ein vielfaches verlängert, so daß in der Zwischenzeit eine wirksame Brandbekämpfung einsetzen kann.

Abb. 16 zeigt die $\sigma-\varepsilon$-Linien für einen weichen Flußstahl bei höheren Temperaturen. Die *Warmstreckgrenze* ist auf entsprechende Weise bestimmt wie σ_F, für höhere Temperaturen wird sie jedoch unsicher, weil sich die Formänderungen über sehr lange Zeit erstrecken. Die Fließgrenze sinkt nach Abb. 16 jedenfalls sehr stark ab. (*K. Daeves*[15], S. C 44.)

3. Dauerfestigkeit und Lebensdauer

Die meisten Stahlbauwerke sind durch veränderliche Kräfte gespannt, wobei die Anstrengungen teilweise schnell und in weiten Grenzen schwanken. Bei oftmaliger Wiederholung eines Spannungszustandes kann der Bruch erfahrungsgemäß bereits bei viel kleineren Spannungen eintreten, als sie notwendig sind, um die Tragfähigkeit durch eine einmalige, langsam ansteigende Belastung zu erschöpfen. Bei geringer Zahl der Belastungen liegt die ertragene Spannung zwar nur wenig unter der Dauerstandfestigkeit. Mit steigender Zahl der Lastspiele nimmt die ertragene Spannung dagegen stark ab, um sich schließlich einem Grenzwert zu nähern, der dann unbegrenzt oft ertragen wird.

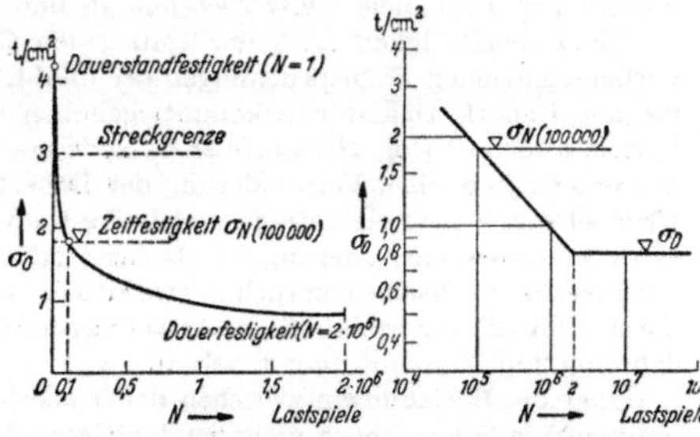

Abb. 17. *Wöhler*-Linie. Links in gewöhnlicher, rechts in logarithmischer Darstellung

Es muß somit unterschieden werden, ob die Belastungsfälle selten oder oft auftreten. Die Spannungsgröße, die beliebig oft noch ohne Bruch und ohne unzulässige Verformung ertragen werden kann, heißt *Dauerfestigkeit.*

Die Abhängigkeit der Bruchspannung von der Zahl N der ertragenen Lastspiele wird durch die *Wöhler-Linie* oder *Zeitfestigkeitskurve* gegeben. In Abb. 17 fällt auf, daß die Zeitfestigkeit bei den ersten 10^5 Lastspielen am stärksten abfällt. Im Stahlbau wird der Dauerversuch meist bei $2 \cdot 10^6$ Lastspielen abgebrochen, d. h. man ersetzt die Dauerfestigkeit σ_D angenähert durch die Zeitfestigkeit $\sigma_D\,(2 \cdot 10^6)$. Der weitere Spannungsabfall für $N > 2 \cdot 10^6$ ist bei Baustahl in der Regel nicht mehr groß.

Die bei der *Dauerbelastung* benutzten Größen und Begriffe sind durch Abb. 18 erläutert. Es heißen σ_o Oberspannung, σ_u Unterspannung, σ_m Mittelspannung und σ_a Spannungsausschlag. Man spricht von *Wechselfestigkeit*, wenn $\sigma_m = 0$ ist (Abb. 18a), von *Schwellfestigkeit* (früher Ursprungsfestigkeit genannt), wenn $\sigma_u = 0$ ist (Abb. 18b). In allen anderen Fällen der Dauerfestigkeit müssen jeweils die Grenzen des Spannungswechsels σ_0 und σ_u angegeben werden, z. B. $\sigma_D = 11 \pm 10$ kg/mm² oder σ_D $(\sigma_u = 1) = 21$ kg/mm². Ferner ist die Art der Beanspruchung anzugeben, z. B. als Dauerfestigkeit bei Zug, Druck, Biegung oder Verdrehung, sowie etwaige besondere Einflüsse, wie z. B. Kerbwirkungen oder Korrosion.

Bei nicht homogenen Spannungszuständen werden die Spannungswerte nach der für das *Hooke*sche Gesetz gültigen Verteilung berechnet. Die Erscheinungen des Spannungsausgleiches können bei Wechselbelastung offenbar keine Rolle spielen, da sonst bei jeder Belastung neue bleibende Dehnungen auftreten würden. Der Einfluß von Eigenspannungen (z. B. aus dem Walzvorgang oder aus Spannungsumlagerungen bei früherer Überbelastung) und der Verfestigung durch Kaltreckung ist jedoch noch nicht völlig geklärt.

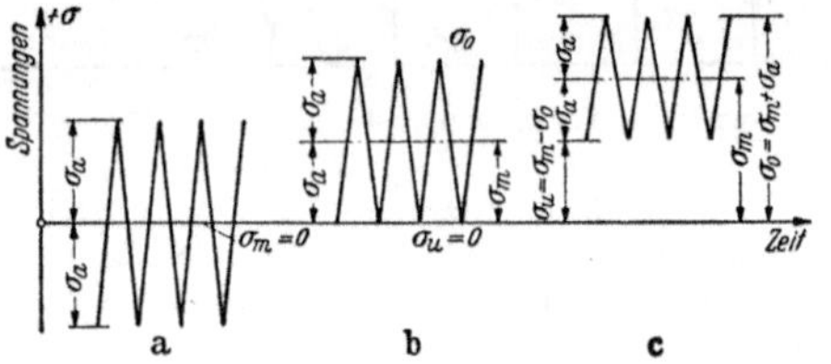

Abb. 18.

Für die einfachen Belastungsfälle (Zug, Druck, Biegung und Verdrillung) liegen reiche Versuchsergebnisse vor, die allerdings schwer miteinander zu vergleichen sind, weil die Einzelheiten der Versuchsdurchführung, Größe und Bearbeitung der Proben, ja selbst die Bauweise der verwendeten Versuchsmaschinen von Einfluß sind, von den Unterschieden in den Eigenschaften von Baustahl verschiedener Zusammensetzung und Behandlung ganz abgesehen. Bei Frequenzen bis zu etwa 5000/Min. ist der Einfluß der Geschwindigkeit, mit der die Lastwechsel erfolgen, nicht bedeutend. Für Dauerversuche mit Elementen des Stahlbaus ist die Zahl der minutlichen Lastspiele meist zwischen 10 und 600 gewählt worden.

Die Dauerfestigkeit ist keine festliegende Grenze, sondern sie wird durch die vorhergegangenen Beanspruchungen beeinflußt. Sie kann durch Wechselbelastung, die der Dauerfestigkeit nahekommt, gehoben werden, besonders wenn die Lastfrequenz hoch ist (sog. *Hochtrainieren*), andererseits kann wechselnde Überbelastung mit einer erheblichen Verminderung der Dauerfestigkeit verbunden sein. Einzelne Überbelastungen sowie geringe und kurze schwingende Überbelastungen scheinen keine nennenswerte Änderung der Dauerfestigkeit mit sich zu bringen. Durch länger andauernde Wechselbeanspruchung werden die statischen Eigenschaften ähnlich wie durch Kaltreckung beeinflußt, und zwar werden σ_F und σ_B gehoben, während Bruchdehnung und Einschnürung abnehmen.

Über die Beziehungen zwischen den Dauerfestigkeiten für die einzelnen Spannungszustände kann noch nichts endgültiges ausgesagt werden. Die im Schrifttum angegebenen Verhältniswerte der einzelnen Dauerfestigkeitsgrößen untereinander sowie zu Bruchfestigkeit und Fließgrenze gelten meist für kleine polierte Proben und dürfen nicht ohne weiteres auf die durch Spannungsspitzen und Kerbe bestimmten Verhältnisse des Stahlbaus angewendet werden. Es ist zu beachten, daß es sich in der Praxis fast immer um inhomogene oder um gestörte Spannungszustände handelt.

Über die Bedingungen des *Dauerbruches bei allgemeinen Spannungszuständen*, entsprechend der Fließ- oder der Bruchbedingung bei ruhender Anstrengung, besteht noch keine Klarheit. Die Zusammenhänge lassen sich nicht auf einfache Weise darstellen, schon deshalb nicht, weil sich die Werte für die Dauerfestigkeiten bei Zug- und Druckbelastungen stark unterscheiden. Die modernste und ausführlichste Darstellung ist die von *M. Roš* und *A. Eichinger*[16]. Danach gilt bei homogenen mehrachsigen Spannungszuständen und wenigstens für die Ursprungsfestigkeit am besten die *Coulomb-Mohr*sche Hypothese. Die Werte der Schwellschubfestigkeit sind bei Flußstahl 0,7 bis 0,8 der Schwellzugfestigkeit, die Schwelldruckfestigkeit bei glatten Stäben mindestens das 1,6fache, bei gelochten Stäben dagegen nur das 1,1- bis 1,2-fache der Schwellzugfestigkeit. Bei inhomogenen Spannungszuständen können nach *M. Roš* und *A. Eichinger*[16], S. 86, Spannungsumlagerungen und Eigenspannungszustände wirksam werden, durch die das Gebiet der höheren Dauerdruckfestigkeit ausgenutzt wird.

Nach anderen Autoren scheint es so, als ob z. B. die Abhängigkeiten für Stäbe mit Kerben durch die Gestaltänderungshypothese dargestellt werden können, während wieder andere Versuchswerte zum Teil beträchtlich über der betr. Grenzkurve liegen, vgl. *W. Sawert*: Z. VDI. 87 (1943) S. 609.

Im ganzen ist es heute trotz des sehr reichen Versuchsmaterials noch nicht möglich, für die Bemessung von Stahlbauteilen unter Dauerbelastung einfache Regeln zu geben.

Soweit heute zu übersehen ist, sind die Zusammenhänge für statische Belastung und für Dauerbelastung nicht in allen Fällen auf gleiche Weise darzustellen. Während die statische Fließgefahr bei Baustahl durch die Gestaltänderungshypothese gut beurteilt werden kann, gilt z. B. für die Grenzfälle des spröden Trennungsbruches die Normalspannungshypothese (${}_{\max}\sigma$ = konst.) oder für den des reinen Gleitungsbruches die *Guest-Mohr*sche Hypothese (${}_{\max}\tau$ = konst.). Es ist also nicht überraschend, daß für die Bedingungen des Dauerbruches eine einfache Darstellung nicht möglich ist. Solange weitere Aufschlüsse fehlen, dürfte es für die Zwecke des Stahlbaus in erster Annäherung zulässig sein, für den Maßstab der Anstrengung bei Dauerbelastung durch allgemeine Spannungszustände grundsätzlich den gleichen Zusammenhang anzunehmen wie für die Fließbedingung. Die Gleichungen können dabei etwa so erweitert werden, wie dies in den (schweizer) EMPA-Formeln geschehen ist[17].

Kerbwirkungen. Die Dauerversuche haben gezeigt, daß es bei wechselnder Anstrengung wichtig ist, die Spannungsspitzen klein zu halten und Kerben möglichst zu vermeiden. Die Höhe der Dauerfestigkeit hängt stark von den örtlichen Spannungsspitzen ab, und die Beschaffenheit der untersuchten Proben, vor allem deren Oberfläche, ist von erheblichem Einfluß. *Kerben* und *Einschlüsse*, z. B. Schlacken, haben häufig eine starke Verminderung der Dauerfestigkeit zur Folge. Sie sind in der Regel der *Ausgangspunkt der Dauerbrüche*, die schon durch ihr Aussehen von gewöhnlichen Brüchen (*Gewaltbrüchen*) zu unterscheiden sind. Hauptkennzeichen der Dauerbrüche ist, daß sie ohne stärkere Verformung eintreten.

Die in Stahlbauwerken unvermeidlichen Spannungsspitzen, z. B. an Nietbohrungen oder an den Enden von Schweißnähten, wirken sich stark aus. Die Dauerfestigkeit ist daher in den Bauwerken immer niedriger als die von Proben des eingebauten Baustahles, besonders wenn die Oberfläche der Versuchskörper glatt bearbeitet ist.

Bei Belastungen, die oberhalb der Dauerfestigkeit liegen, tritt der Bruch ein, sobald eine gewisse Anzahl der Lastspiele erreicht ist, die aus der *Wöhler*-Linie entnommen werden kann. Der Zahl der ertragenen Belastungen ist bei gegebener Frequenz eine bestimmte *Lebensdauer* zugeordnet. Umgekehrt bezeichnet man die Höchstspannung als *Zeitfestigkeit*, die eine bestimmte Zeit lang bzw. Anzahl N von Lastspielen ertragen werden kann (Abb. 17).

Bei der Ermittlung der Dauerfestigkeit wie der Lebensdauer sind Versuche vorausgesetzt, die *ohne Unterbrechung* durchgeführt werden. Stahlbauwerke sind aber nicht einem regelmäßigen Lastwechsel unterworfen, wie manche Maschinen. Zwischen den einzelnen Belastungen liegen bei Brücken u. dgl. Pausen, während

---

[16] *M. Roš* u. *A. Eichinger:* Die Bruchgefahr fester Körper bei wiederholter Beanspruchung — Ermüdung — Metalle. Bericht Nr. 173, Eidgen. Mat. Prüf. Anst. Zürich 1950.

[17] *M. Roš:* Die Festigkeit und Sicherheit der Schweißverbindungen. EMPA, Bericht 156, Zürich 1946.

welcher nur eine ruhende Belastung wirkt. Für die Tragwerke des Stahlbaues fehlt noch nähere Kenntnis über den *Einfluß der Ruhepausen auf die Lebensdauer* bzw. auf die Höhe der Dauerfestigkeit. Es ist jedoch wahrscheinlich, daß dieser nicht groß sein dürfte.

Einer Lastspielzahl von $N = 2$ Mio. entspricht z. B. bei einer eingleisigen Eisenbahnstrecke mit täglich 25 Zügen eine Zeit von 220 Jahren. Die ideellen Lastenzüge treten nicht jedesmal auf, so daß die Spannungen bei den meisten Belastungen unter der zulässigen Grenze bleiben. Bei den Hauptträgern von zweigleisigen Brücken liegen noch günstigere Verhältnisse vor, da die größten Spannungen nur auftreten, wenn beide Gleise belastet sind. Ähnliches gilt auch für Straßenbrücken. Viel ungünstiger ist die Belastung der Fahrbahnkonstruktion, wo die größten Spannungen unter einzelnen Fahrzeugen auftreten können, also viel häufiger als bei den Hauptträgern.

Wenn also im Stahlbau für die Bemessung die auf 2 Mio. Lastspiel abgestellten Zeit- bzw. Dauerfestigkeiten zugrunde gelegt werden, so enthält diese Festsetzung offenbar noch eine zusätzliche Reserve. Die *Lebensdauer der Stahlbauwerke* wird auch bei stark befahrenen Eisenbahnbrücken im allgemeinen nicht durch die Erscheinungen der Dauerfestigkeit begrenzt, sondern durch andere Umstände, wie Erhöhung der Verkehrslasten, Rostverlust bei unzureichender Unterhaltung u. dgl. mehr. Dauerbrüche sind im Stahlbrückenbau, von gewissen Fehlschlägen bei der Entwicklung von neuen Bauweisen abgesehen, nur an einzelnen, meist unzweckmäßig gestalteten Bauteilen beobachtet worden, die wie z. B. die Anschlüsse der Fahrbahnlängsträger von Eisenbahnbrücken auf besonders ungünstige Art beansprucht wurden.

F. Bemessung und Spannungsnachweis bei wechselnder Beanspruchung

Für Stahlbauwerke unter ruhenden Belastungen ist meist die Fließgrenze maßgebend. Die Überlegungen von Abschnitt C sind noch nach zwei Richtungen zu erweitern: Die Belastungen z. B. von Brücken sind nicht sämtlich ruhend, sondern sie wirken teilweise *dynamisch*, ferner können für die Tragfähigkeit bei oft wechselnder Belastung nach Abschnitt *E* auch die Erscheinungen des Dauerbruches maßgebend sein. Die Zusammenhänge werden für Eisenbahnbrücken näher betrachtet, wo diese Einflüsse besonders deutlich auftreten.

1. Schwingwirkungen

Die im Stahlbau übliche „statische Auffassung" geht von dem Spannungszustand aus, der zu einer bestimmten Stellung (je nach Art, Größe und Verteilung der als ruhend betrachteten Belastung) gehört. Die Nutzbelastung einer Eisenbahnbrücke erfolgt in Form eines *Lastenzuges*. Die zugehörigen Formänderungen und Spannungen können im Fall der ruhenden Belastung nach den Methoden der Baustatik berechnet werden. Die Spannungen sind aber nur in erster Annäherung allein eine Funktion der Laststellung. Da der Lastenzug nicht stillsteht, sondern mit einer gewissen Geschwindigkeit über die Brücke fährt, geraten das Tragwerk und seine Einzelteile in *Schwingungen*, die von einer Reihe von Einflüssen abhängen und die auch noch einige Zeit fortdauern, wenn der Lastenzug die Brücke bereits verlassen hat. Spannungen und Formänderungen sind somit nicht nur eine Funktion der Laststellung, sondern sie hängen auch vom zeitlichen Verlauf dieser Schwingungen ab.

Wir bezeichnen mit K_0 die Schnittkraft oder Spannung an irgendeiner Stelle für eine bestimmte Laststellung bei ruhender Belastung. Der wirkliche Wert ist wegen der Schwingwirkungen K_t. Der Größtwert von $\varphi = K_t/K_0$ heißt *Schwingbeiwert* (oder *Stoßzahl*). Durch φ wird im Stahlbau die *Gesamtheit der dynamischen Wirkungen* summarisch abgegolten, mit Ausnahme der Fliehkräfte, die besonders berücksichtigt werden.

Die Gesamtheit der dynamischen Wirkungen ergibt ein verwickeltes Bild. Die größten, unter Berücksichtigung der Schwankungen auftretenden Spannungen bzw. die Schwingbeiwerte, hängen ab: Von Zustand und Bauart des Gleises und der Fahrzeuge, der Belastungsgeschwindigkeit, der Bauart des Stahltragwerkes, von der trägen Masse und den dynamischen Eigenschaften des Haupttragwerkes wie seiner Einzelteile. Der dynamische Zuschlag $(\varphi - 1)$ auf die entsprechende ruhende Belastung ist daher für die einzelnen Teile der Brücke verschieden. Er kann besonders groß werden, wenn die Eigenfrequenz das Aufschaukeln erleichtert, vgl. Abschn. *Schwingungen.*

Die deutschen Vorschriften für den Bau von Eisenbahn- und Straßenbrücken sehen Schwingbeiwerte φ vor, die mit wachsender Stützweite l der betr. Tragwerksteile abnehmen. Dadurch wird dem Einfluß der größeren Masse der weiter gestützten Tragwerke im Verhältnis zu den Belastungskräften Rechnung getragen.

2. Zulässige Spannungen bei wechselnder Belastung

Wenn sich die Anstrengung eines Bauteiles oftmals ändert, so kann die Zeitfestigkeit ausschlaggebend sein, d. h. die Tragfähigkeit kann nach einer bestimmten Anzahl der Belastungen durch einen Dauerbruch erschöpft werden. Bei der Bemessung wird so verfahren, als ob immer nur der Belastungszustand eintritt, der die maßgebenden Spannungen verursacht. Die für eine derartige *Dauerbelastung zulässigen Spannungen* $_{\text{zul}}\sigma_D$ sind in Anlehnung an die Ergebnisse von Dauerversuchen und auf Grund der Erfahrung mit Einrechnung eines kleinen Sicherheitsabschlages festgelegt. Abb. 19 zeigt die nach BE § 25 für Eisenbahnbrücken vorgeschriebenen Werte $_{\text{zul}}\sigma_D$ als Funktion der unteren Grenze $_{\min}\sigma$ des Spannungsintervalls. Man beachte den Unterschied in den Werten $_{\text{zul}}\sigma_D$, je nachdem die Grundspannung eine Zug- oder eine Druckspannung ist.

Damit die vorhandenen Spannungen nicht mit den je nach der Grundspannung $_{\min}\sigma$ veränderlichen Werten $_{\text{zul}}\sigma_D$ verglichen werden müssen, wurde in den Vorschriften eine „Gedachte Spannung" $\gamma\sigma$ eingeführt. $_{\max}\sigma$ wird also beim Spannungsnachweis mit dem γ-fachen Wert eingesetzt. Mit γ sind nach BE nur die Spannungen aus den Hauptlasten zu vervielfachen, $\gamma_{\max}\sigma \leqq {}_{\text{zul}}\sigma_H$. Bei den übrigen Spannungen sind nach dieser Vorschrift keine Dauerbeanspruchungen zu berücksichtigen.

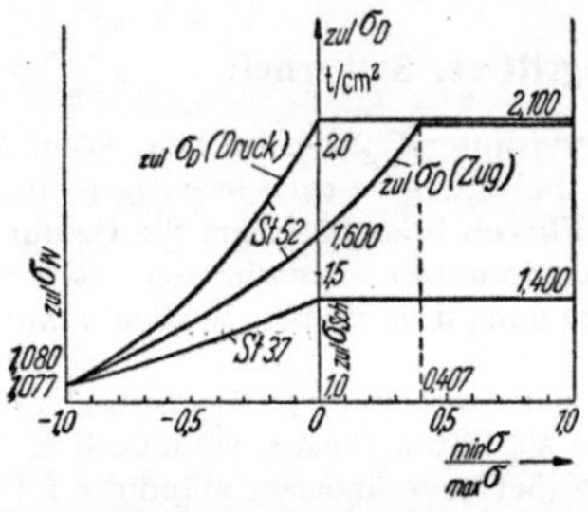

Abb. 19. Zulässige Dauerbeanspruchung $_{\text{zul}}\sigma_D$ bei Belastung durch Hauptkräfte (BE, Ausgabe 1951, § 25)

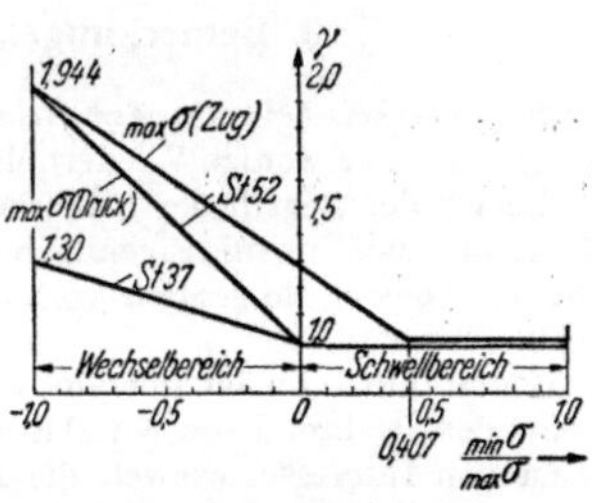

Abb. 20. Beiwerte γ (BE, Ausgabe 1951, § 25)

Die Beiwerte γ sind den Dauerfestigkeiten σ_D entsprechend für St 37 und St 52 verschieden festgesetzt. Bezieht man die Veränderlichkeit von γ auf das Verhältnis $_{\min}\sigma/_{\max}\sigma$ der Grenzen des Spannungsintervalls, so erhält man Abb. 20.

Bei *geschweißten Stahlbauten* ergeben sich für die verschiedenen Verbindungen und Bauteile sehr unterschiedliche Dauerfestigkeiten, so daß für sie in den „Vorläufigen Vorschriften für geschweißte vollwandige Eisenbahnbrücken" der Deutschen Bundesbahn jeweils besondere zulässige Dauerbeanspruchungen festgesetzt sind. Abb. 21 gibt Beispiele der sog. *Spannungshäuschen* $_{\text{zul}}\sigma_D$, die als Funktion der Grundspannung σ_u aufgetragen sind.

Um auch für diese vielen unübersichtlichen Fälle einen einheitlichen Spannungsnachweis führen zu können, wurde die *Formzahl* α eingeführt. Die Formzahlen sind so gewählt, daß ${}_{\text{zul}}\sigma_D \cdot \gamma/\alpha = {}_{\text{zul}}\sigma$ ist. Z. B. für einen geschweißten Träger mit ${}_{\max}M_I$ ist die tatsächliche zulässige Biegespannung ${}_{\text{zul}}\sigma_D$ aus dem betr. Spannungshäuschen zu entnehmen. Multipliziert man die tatsächliche Spannung mit γ/α, so erhält man eine Rechnungsgröße

$$\sigma_I = \frac{\gamma}{\alpha} \cdot \frac{{}_{\max}M_I}{W_m},$$

die zusammen mit den sonstigen Spannungsanteilen unter ${}_{\text{zul}}\sigma$ bleiben muß. Beim Spannungsvergleich können jeweils die Rechnungswerte $(\sigma_I + \sigma_{II})$ bzw. $(\sigma_I + \sigma_{II} + \sigma_{III})$ mit den gewöhnlichen zulässigen Spannungen verglichen werden.

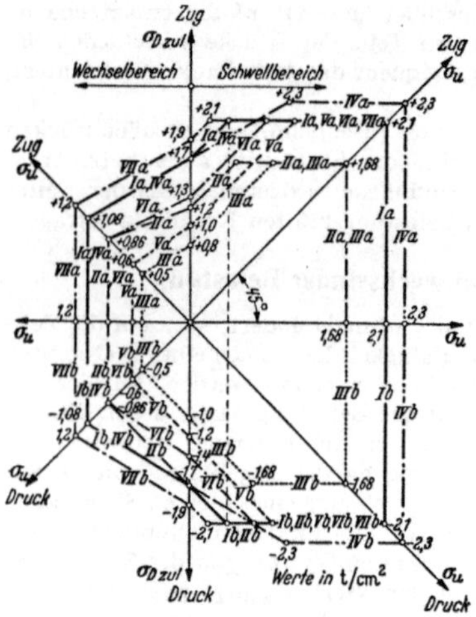

Abb. 21. Spannungshäuschen ${}_{\text{zul}}\sigma_D$ bei geschweißten Brücken aus St 52

Eine Neuregelung der Vorschriften der Bundesbahn, die eine grundsätzliche Umgestaltung der zulässigen Spannungen, besonders in geschweißten Stahlbauten bringen wird, steht unmittelbar bevor. Es ist beabsichtigt, die Bemessung mit dem Dauerfestigkeitsbeiwert γ und der Formzahl α aufzugeben und künftig mit den (je nach den Spannungsgrenzen veränderlichen) Werten ${}_{\text{zul}}\sigma_D$ zu rechnen.

Für die einzelnen Gebiete des Stahlbaus sind besondere Vorschriften erlassen, die sich teilweise erheblich voneinander unterscheiden. Die einzelnen Anwendungsgebiete und Fälle müssen daher genau unterschieden werden.

3. Bemerkungen zum Begriff der Sicherheit

Die *Sicherheit bei ruhender Belastung* wurde unter C 2 besprochen. Wenn einmalige oder nur wenige Wiederholungen der Belastung zu berücksichtigen sind, so ist danach der Begriff der Sicherheit gegen Fließen brauchbar, um die Gefahr des Eintretens von unzulässigen großen Formänderungen abzuschätzen. $\nu_F = \sigma_F/\sigma$ gibt an, wieviel die *gesamte* vorhandene Spannung σ vergrößert werden kann, bis Fließen eintritt.

Bei Stahlbauten ist nur ein Teil der Lasten (sog. ständige Belastung) immer vorhanden, während die Nutzlasten und die sog. Zusatzkräfte veränderlich sind. Es ist von Interesse, wieweit die Nutzlast p (bei unveränderter ständiger Last g) gesteigert werden kann, bis die Fließgrenze erreicht ist. Die Sicherheitszahl ν_{Fp} ist im Verhältnis zu $\nu_{F\,(g+p)}$ um so höher, je größer der Anteil der ständigen Last an den Gesamtspannungen ist. Für die Sicherheit gegen Bruch ν_B gilt entsprechendes. Wenn im Stahlbau von „Sicherheit" schlechthin die Rede ist, dient immer die rechnerische Höchstspannung als Vergleichswert, ohne Rücksicht auf deren Zusammensetzung aus ständiger Last und Nutzlast.

Die Tragfähigkeit wird in manchen Fällen auch durch Stabilitätserscheinungen erschöpft (Knicken, Kippen, Beulen). Für die Knicksicherheitszahl ν_K ist die Hohe von ν_F und ν_B ohne unmittelbare Bedeutung. Die Knicksicherheiten wären sinngemäß ebenfalls nach der veränderlichen Belastung zu unterscheiden, praktisch wird ν_K jedoch auf die Gesamtspannung bezogen, ohne Rücksicht darauf, wie sie sich zusammensetzt.

Die auf übliche Weise errechneten Sicherheitszahlen unterscheiden sich mehr oder weniger von der tatsächlichen Sicherheit, sobald die Spannungen nicht mehr proportional mit den Belastungen ansteigen, d. h. wenn Spannungsausgleich im Querschnitt oder Kräfteumlagerung im System eintritt.

Beim Spannungsnachweis müssen notwendigerweise Vereinfachungen gemacht werden, gewisse Einflüsse (z. B. Nebenspannungen infolge der steifen Knotenpunktsverbindungen in Fachwerkträgern oder die meisten der sog. Zusatzkräfte) werden grundsätzlich nicht berücksichtigt. Man darf daher nicht erwarten, daß Fließen erst eintritt, wenn die Belastungen auf das 1,71-fache jener Größen angewachsen sind, die für die Bemessung zugrunde gelegt wurden. In einem Fachwerkträger wird das Fließen an einzelnen Stellen infolge der Nebenspannungen erheblich früher eintreten, so daß die Biegespannungen abgebaut werden. Die zugehörigen Formänderungen des Gesamttragwerkes sind zunächst belanglos. Erst wenn die Fließgrenze bei weiterer Laststeigerung in ganzen Stabquerschnitten erreicht ist, können die Formänderungen eine erhebliche Größe erreichen. Man erkennt, daß dem Fließen an den Stellen von Spannungsspitzen und in ganzen Stabquerschnitten sehr verschiedenes Gewicht beizumessen ist.

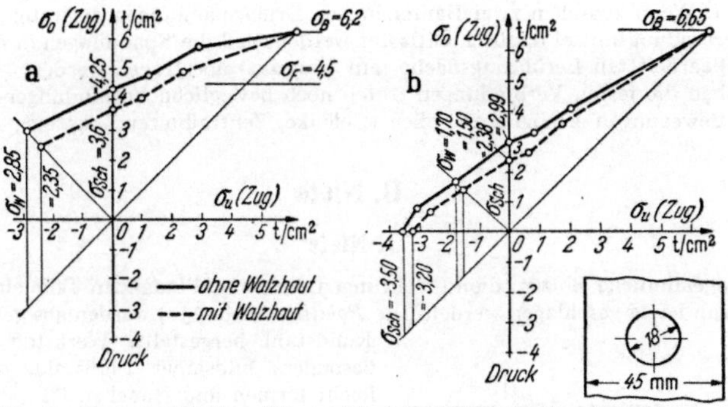

Abb. 22. Dauerfestigkeit σ_D ($N = 1$ Mio.) für St 52, a) voller Stab, b) gelocht

Bei *wechselnder Belastung* treten zu den „statischen Sicherheiten" noch die entsprechenden Begriffe der Sicherheit gegen Dauerbruch. Die *Sicherheit gegen Dauerbruch* $\nu_D = \sigma_D/\sigma$ kann an Hand der Abhängigkeit $\sigma_D = \sigma_D(\sigma_u)$ geschätzt werden.

Abb. 22 zeigt als Beispiel, in der Darstellung entsprechend dem Spannungshäuschen (Abb. 21), die Dauerfestigkeit σ_D von St 52, jeweils für Proben mit und ohne Walzhaut, und zwar nach Versuchen von *M. Roš* und *A. Eichinger*[16].

Die Dauerversuche Abb. 22 sind mit gleichbleibender Frequenz und ohne Ruhepausen von Anfang bis zum Bruch mit Spannungsausschlägen konstanter Größe durchgeführt. Die Sicherheiten ν_D wären daher als Vergleichszahlen brauchbar, wenn bei jeder Belastung immer die gleiche Spannung erreicht würde. Z. B. in Brücken wird aber die Höchstspannung nur beim Zusammentreffen aller ungünstigen Umstände erreicht, von dem Einfluß der Ruhepausen zwischen den einzelnen Belastungen ganz abgesehen. Anderseits kann die rechnungsmäßige Höchstspannung infolge der bei der Bemessung nicht berücksichtigten Einflüsse sowie infolge der Unsicherheit aller Rechnungsannahmen gelegentlich etwas überschritten werden. Zuverlässige Angaben über die Zeitfestigkeit bzw. Lebensdauer einzelner Bauteile sind im Bauwesen in der Regel nicht möglich.

Aus der *Wöhler*-Linie (Abb. 17) ergibt sich, daß bereits für eine verhältnismäßig geringe Ermäßigung der Oberspannung eine erhebliche Verlängerung der Lebensdauer N eintritt. Es ist also verständlich, daß sich im Stahlbau Sicherheiten ν_D als ausreichend erwiesen haben, die nur wenig über eins liegen. Auf die aus den *Dauer-*

versuchen abgeleiteten Regeln für die bauliche Gestaltung muß überall entsprechend Rücksicht genommen werden, wenn die Meinungen bezüglich der Übertragung der Dauerversuche auf die Praxis des Stahlbaues auch noch nicht für alle Fälle einheitlich sein mögen.

Über die Begriffe der Sicherheit bei Ingenieurbauten vgl. *G. Merkle*: Bauingenieur 27 (1952) S. 61.

II. Verbindungsmittel

A. Allgemeines

Stahlbauten werden aus gewalzten Profilen zu Stäben, Balken, Behältern, Flächentragwerken usw. zusammengesetzt. Die Verbindungen sind *unlösbar* (Nietung und Schweißung) oder *lösbar* (Schrauben und Bolzen, für Bauzustände auch Dorne). Durch sie müssen die einzelnen Walzprofile so miteinander verbunden werden, daß *einheitlich wirkende Bauteile* entstehen, was nur der Fall ist, wenn die zwischen den einzelnen Teilen auftretenden Spannungen sicher übertragen werden können. Wenn zwischen zwei Bauteilen nur Druckspannungen auftreten, können die Verbindungsmittel dadurch entlastet werden, daß die Spannungen in der sorgfältig bearbeiteten Berührungsfläche (auf Kontakt) übertragen werden.

Neben die festen Verbindungen treten noch bewegliche Verbindungen, die gewisse Bewegungen ermöglichen sollen (Gelenke, Zentralbolzen, Auszüge, Auflager usw.).

B. Niete

1. Niete

sind nagelähnliche Bolzen, die in Bohrungen der zu verbindenden Teile eingeführt und dann fertig geschlagen werden. Die *Rohniete* (Abb. 23a) werden aus gewalztem Rundstahl hergestellt. Werkstoff ist ein besonders bildsamer Flußstahl, der sich leicht formen und stauchen läßt, und zwar wird in Bauteilen aus St 37 Nietstahl St 34 verwendet, in Konstruktionen aus St 52 Nietstahl St 44. Über Nietstahl und über die Tragfähigkeit der Nietverbindungen vgl. Abschn. *Baustoffe* S. 588 sowie S. 596.

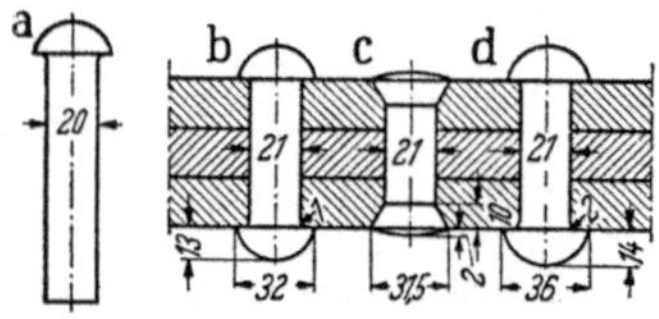

Abb. 23. a) Rohniet DIN 124, b) Halbrundniet DIN 124, c) Senkniet DIN 302, d) Halbrundniet für den Kesselbau DIN 123

Für den Stahlbau kommen folgende Nietformen in Betracht:

Halbrundniete nach DIN 124 (Abb. 23a und b).

Senkniete nach DIN 302 (Abb. 23c).

Halbrundniete für den Kesselbau nach DIN 123 (Abb. 23d).

Weitaus am häufigsten werden Halbrundniete in den durch DIN 124 festgelegten Abmessungen verwendet, Sinnbilder hierfür Abb. 24. Bei Senknieten kann nur einer der beiden Köpfe versenkt sein oder auch beide. Die zugehörigen Zusatz-Sinnbilder in Abb. 25. Die normalen Zeichen gelten für Niete, die in der Werkstätte geschlagen werden. Sinnbilder für auf Baustellen zu schlagende Niete und für solche, bei denen auch das Nietloch erst auf Baustelle gebohrt wird, Abb. 25.

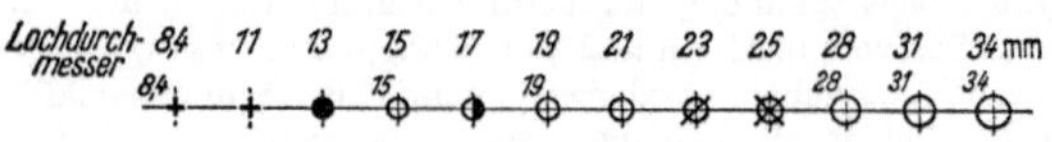

Abb. 24. Sinnbilder für Halbrundniete

Stahlbauniete werden im hellrotglühenden Zustand geschlagen. Schlagen im kalten Zustande nur bei Nieten von kleinem Durchmesser bis etwa 8 mm Durchmesser und geringer Länge. Beim Nieten wird der am Rohniet bereits vorhandene *Setzkopf* durch ein Werkzeug (Gegenhalter oder Vorhalter) gut gehalten. Der zweite Nietkopf (*Schließkopf*) wird durch den Döpper des meist mit Preßluft betriebenen Niethammers erst geformt, nachdem der Nietschaft voll ausgestaucht ist. In der Werkstatt werden neben der Preßlufthammer-Nietung auch Nietmaschinen benutzt, das sind Kniehebelpressen, die großen Schließdruck ausüben können. Handnietung findet im normalen Stahlbau kaum noch Anwendung, Ausnahme bei kleinen Nieten in dünnwandigen Konstruktionen.

Für die Güte der Niete ist wichtig, daß der Nietschaft die Bohrung voll ausfüllt. Da der Durchmesser der Rohniete nach DIN 124 um 1 mm kleiner ist als der der Fertigniete, muß der Nietschaft zuerst durch Hämmern bzw. Druck gestaucht werden, bevor der Schließkopf geformt werden darf. Die Schaftlänge der verwendeten Rohniete muß daher außer dem Inhalt des Schließkopfes auch noch einen Zuschlag für das Ausstauchen enthalten.

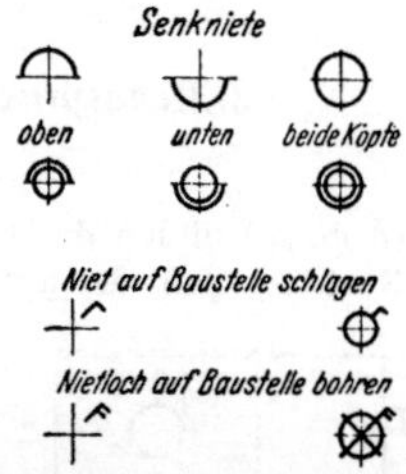

Abb. 25. Zusatz-Sinnbilder

Halbrundniete bilden das hauptsächlichste Verbindungsmittel des Stahlbaues, sie werden bei Klemmlängen bis $s = 6{,}5d$ und darüber benutzt, für größere Längen gedrehte Niete oder auch konische Bolzen (Beispiel *Frankenthal* $s = 8{,}8d$), Senkniete nur in besonderen Fällen.

Bei Nieten mit mehr als $s = 4\,d$ Klemmlänge verlangt die Deutsche Bundesbahn die *Anwendung besonderer Nietverfahren.* Dafür kommen in Betracht:

Das Schlagen von Nieten, die am Schaftende dunkler, d. h. um etwa 100° C weniger heiß und damit härter sind, als der Setzkopf (*Wärmeunterschied* durch Anwendung besonderer Zweikammer-Nieterwärmungsöfen),

Vorstauchen der Niete mit *Hülsenzangen*, die den überstehenden Schaft umschließen und eine Verbreiterung des Schaftendes verhindern, solange der Schaft vorgestaucht wird,

Nietung mit *Stauchkopf*, der ebenso wie die Hülsenzange noch durch eine besondere Hilfskraft gehalten werden mußte, so daß daraus

der *Stauchhammer* entwickelt wurde, der den Stauchkopf mit dem gewöhnlichen Preßluft-Niethammer verbindet.

Verwendung von besonders angefertigten Nieten mit einem dickeren gedrehten Schaft.

Einzelheiten vgl. *K. Schaechterle:* Stahlbau 6 (1933) S. 177 u. 127. Nietversuche vgl. *O. Graf:* Versuche mit Nietverbindungen. Ber. D. Ausschuß f. Stahlbau, Heft 10, Berlin 1941 und *O. Graf:* Bauingenieur 25 (1950) S. 123.

In allen Fällen soll zunächst die Bohrung ausgestaucht werden, bevor der Schließkopf geformt wird. Mit den heutigen verbesserten Verfahren können auch lange Niete $s = 9 - 10d$ zuverlässig hergestellt werden. Die guten Ergebnisse mit den neueren Nietverfahren sind der Grund, weshalb die konischen Bolzen immer stärker in den Hintergrund treten.

Im deutschen Stahlbau wurden die Löcher für Niete in tragenden Bauteilen bisher fast ausnahmslos *gebohrt*, wobei der Lochrand lediglich abgegratet wird. Die Bohrungen in den einzelnen Teilen müssen gut aufeinander passen, sie dürfen nicht gegeneinander versetzt sein. Können Bohrungen in den zusammengehörigen Teilen nicht gemeinsam gebohrt werden, so werden die Löcher um 1 bis 3 mm kleiner gebohrt und erst auf den vollen Durchmesser aufgebohrt oder *aufgerieben*, wenn die Teile zusammengebaut sind. Bei dynamisch beanspruchten Nieten werden die äußeren Nietlochränder gebrochen, so daß eine 1 bis 2 mm breite Kegelfläche entsteht. Hierdurch werden die Spannungsspitzen an den Nietköpfen vermindert, was sich in einer Hebung der Dauerfestigkeit auswirkt.

Durch das *Stanzen der Nietlöcher* kann der Werkstoff an den Lochrändern beschädigt werden, oft ergeben sich auch Anrisse. Stäbe mit gestanzten Löchern wiesen nach älteren Versuchen bei statischer Belastung eine kleinere Bruchlast auf als entsprechende Stäbe mit gebohrten Löchern. Die TVSt[1] sowie DIN 1000, Bedingungen für Lieferungen und Leistungen, verbieten daher das Stanzen der Löcher in tragenden Teilen. Da die Lochränder bei größeren Plattendicken durch das Stanzen verdrückt werden, müssen gestanzte Löcher nachgearbeitet werden.

Eine ganz andere Beurteilung des Stanzens ergibt sich, wenn moderne Werkzeuge benutzt werden und lediglich sehr große Materialdicken ausgeschlossen werden. In den Stahlkonstruktionen des Auslandes werden nämlich gestanzte Löcher in größerem Umfang benutzt, ohne daß sich aus diesem Grunde besondere Nachteile ergeben hätten. In vielen Ländern können bis zu bestimmten Blechdicken und ohne Nachreiben alle Löcher gestanzt werden, Nachreiben oder gebohrte Löcher werden nur für besondere Fälle oder für sehr große Blechstärken verlangt.

2. Beanspruchung und Festigkeit einzelner Niete (statisch)

a) Scherverbindungen

(Abb. 26) bilden das hauptsächlichste Anwendungsgebiet der Niete im Stahlbau. Nach der Zahl der auf Abscheren beanspruchten Schnitte des Nietschaftes unterscheidet man ein-, zwei- und mehrschnittige Verbindungen (Abb. 27).

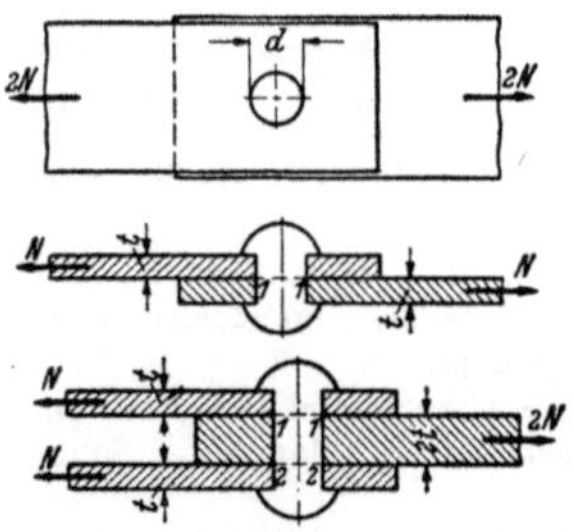

Abb. 26

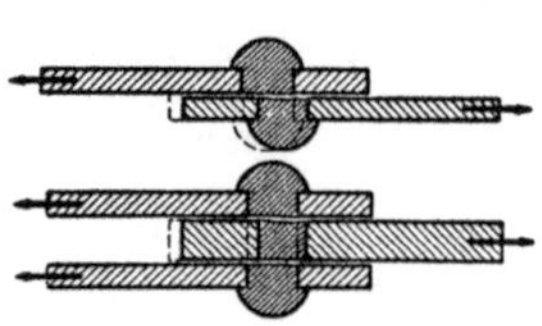

Abb. 27. Ein- und zweischnittige Nietverbindung

Der Spannungszustand in Scherverbindungen ist ziemlich verwickelt. Es ist ein räumlicher Spannungszustand vorhanden, der durch das übliche Berechnungsverfahren nur in grober Annäherung beschrieben werden kann. Die im Stahlbau übliche Bemessungsweise mittels durchschnittlichen Spannungen ist jedoch erfahrungsgemäß genügend sicher.

Zweischnittige Nietverbindungen. Bei der in Abb. 28 dargestellten Verbindung ist ein symmetrischer Spannungszustand vorhanden. Die Pressungen zwischen Nietschaft und Lochleibung sind auch von der Dicke des Nietes und den Abmessungen der verbundenen Teile abhängig, ihre Verteilung entspricht Abb. 28a. Für die praktische Berechnung von Nietverbindungen wird eine gleichmäßige Verteilung der Spannungen über die Dicke der Platten angenommen (Abb. 28b).

Die Verteilung der Spannungen über den Umfang des Nietschaftes zeigt Abb. 28c. Für die Bemessung wird mit einer gleichmäßigen Verteilung über den Durchmesser (nicht über die Abwicklung der Lochleibung!) nach Abb. 28d gerechnet.

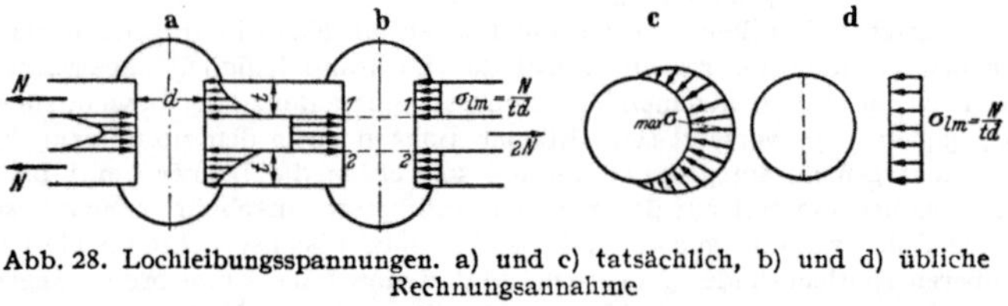

Abb. 28. Lochleibungsspannungen. a) und c) tatsächlich, b) und d) übliche Rechnungsannahme

Der Durchschnittswert $\sigma_{lm} = N/td$ der auf den Durchmesser bezogenen Pressung heißt *Lochleibungsspannung*. Die von den Nietschäften übertragene Querkraft

[1] *TVSt* = Technische Vorschriften für Stahlbauwerke, Dienstvorschrift 827 der Deutschen Bundesbahn, 10. Aufl. 1950.

ist in den Schnitten 1 und 2 im wesentlichen durch *Schubspannungen* aufzunehmen. Für die Bemessung rechnet man mit dem Mittelwert, der sog. *Scherspannung* $\tau_m = \frac{N}{\pi\, d^2/4}$, wenn N die auf einen Schnitt entfallende Kraft ist.

Für einschnittige Nietverbindungen gilt ähnliches wie für zweischnittige Verbindungen, jedoch ist der Spannungszustand hier unsymmetrisch. Die Verteilung der Lochleibungsspannungen über die Länge des Nietschaftes ist in Abb. 29 dargestellt, Verteilung über den Umfang wie Abb. 28. Bemessung mit den Durchschnittswerten der auf die ebene Projektion der Lochleibungsfläche bezogenen Lochleibungsspannung $\sigma_{lm} = N/td$ und der Scherspannung in Schnitt 1

$$\tau_m = \frac{N}{\pi\, d^2/4}.$$

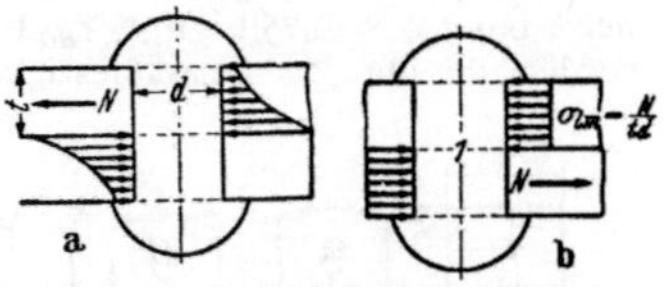

Abb. 29. Lochleibungsspannungen a) tatsächlich, b) übliche Rechnungsannahme

Die in den Nieten auftretende *Biegung* wird nicht berücksichtigt, die Biegung der Nietschäfte ist jedoch z. B. Hauptursache der ungleichmäßigen Verteilung der Pressungen über die Dicke t.

Die Biegespannungen in den Nieten einschnittiger Verbindungen sind erheblich größer als in zweischnittigen Verbindungen. Auch in den verbundenen Platten tritt Biegung auf, da deren Schwerachsen nicht zusammenfallen. Einschnittige Verbindungen sind daher höher beansprucht als symmetrische Verbindungen. Insbesondere müssen die Einspannmomente an den Nietköpfen größer sein, so daß diese bei Dauerbeanspruchung mehr gefährdet sind.

Für das Verhalten von Nietverbindungen ist die *Reibung* in den Berührungsflächen von erheblicher Bedeutung. Beim Abkühlen der heiß geschlagenen Niete entstehen hohe Zugspannungen im Nietschaft, so daß die vernieteten Teile festgeklemmt werden. Die Zugspannungen im Nietschaft erreichen die Fließgrenze, und zwar fast unabhängig von dem Nietverfahren. Bei einem Reibungskoeffizienten von $\mu = 0{,}2$ entspricht die Haftreibung in jeder Berührungsfläche dafür $R = 0{,}2 \cdot 2{,}4 = 0{,}48$ t/cm² Schaftquerschnitt, das ist rd. 0,4 der zulässigen Scherbeanspruchung. Nur bei kurzen Nieten sinkt die Klemmspannung stark ab.

Der Einfluß der Reibungskräfte auf das Verhalten einer Nietverbindung ist besonders merklich, wenn die Schwankungen nur einen Teil der Gesamtspannung ausmachen. Das Gleiten in der Nietverbindung wird dann durch die Reibung hinausgeschoben, für kleine Spannungsschwankungen verhindert. Der Gleitwiderstand kann andererseits durch Stöße und Erschütterungen vermindert werden. Für die Tragfähigkeit der Verbindungen tritt der Einfluß der Reibung dagegen zurück, die Reibung wird daher bei dem im Stahlbau üblichen Bemessungsverfahren für Nietverbindungen vernachlässigt.

Bemerkung über sog. hochfeste Schraubenverbindungen

Eine neue, von USA ausgehende Entwicklung beschreitet den entgegengesetzten Weg. Schrauben hoher Zugfestigkeit ermöglichen es, eine große Klemmkraft auszuüben, deren Größe beim Anspannen durch besondere Vorrichtungen nach Wunsch eingestellt werden kann. Nach vorliegenden Versuchen gelingt es, die gesamte Scherkraft in einer Verbindung allein durch Reibung zu übertragen, ohne daß der Schaft der Schrauben an der Leibung anliegt. — *Literatur.* T. R. *Higgins:* Steel Constr. Dig. 8 (1951) Nr. 3, S. 3. — T. R. *Higgins* u. *Ruble:* Civil Engng. 22 (1952) S. 176. — T. R. *Higgins* Engng. News-Rec. 148 (1951) H. v. 2. Aug. 1951, S. 35. — J. S. *Davey:* Am. Soc. Tool Eng. 1952. — *Munse, Wright* u. *Newmark:* Am. Soc. Civ. Eng. Chicago 1952.

b) *Übliche Nietberechnung*

Die übliche Nietberechnung beschränkt sich bei Scherverbindungen darauf, nachzuweisen, daß die Durchschnittswerte für Scherspannung τ_m und Lochleibungsspannung σ_{lm} gewisse aus Versuchen und Erfahrung bekannte Grenzen nicht überschreitet.

Die *Scherfestigkeit* hängt in erster Linie von dem Werkstoff der Niete ab. Bei der Beurteilung von Versuchswerten ist zu beachten, daß der Werkstoff der Niete von dem der verbundenen Platten verschieden ist und die Festigkeit des Nietmaterials durch das Schlagen der Niete erhöht wird. Die Zunahme hängt vom Nietvorgang ab und ist längs des Schaftes veränderlich. Es darf auch nicht die aus Scherversuchen mit einzelnen Rohnieten entnommene Scherfestigkeit gleich der Festigkeit in der Verbindung gesetzt werden. Letztere beträgt etwa 1,2 von der des Nietmaterials.

Die Scherfestigkeit τ_{BO} von einzelnen Nieten im Anlieferungszustand ist $\tau_{BO} = 0{,}65$ bis $0{,}8\,\sigma_{BO}$, während die Scherfestigkeit τ_{BV} in Nietverbindungen meist bei $\tau_{BV} = 0{,}75$ bis $0{,}95\,\tau_{BO}$ liegt. Es sind jedoch auch Werte τ_{BV} beobachtet worden, die über der Zerreißfestigkeit σ_{BO} der Rohniete liegen.

Abb. 30

Die *Lochleibungsfestigkeit* ist als Höchstwert der Belastung nicht so deutlich ausgeprägt wie die Scherfestigkeit. Wenn der Randabstand e nicht zu groß ist, reißen die Niete aus, Abb. 30 zeigt Bruchbilder. Die für das Abscheren der überstehenden Plattenenden notwendige Lochleibungsspannung kann bei $e < 2{,}5\,d$ durch die Formel $\sigma_{lR} = \sigma_B \cdot e/d$ dargestellt werden. Die Breite b ist ohne merklichen Einfluß auf die Lochleibungsfestigkeit, σ_B ist die Zugfestigkeit der verbundenen Platten.

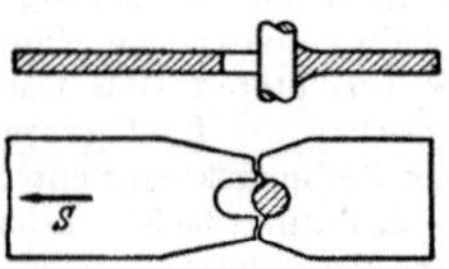

Abb. 31

Bei größeren Randabständen stellt sich ein anderes Bruchbild ein. Wenn die Lochleibungsspannung größer wird als etwa $\sigma_{lm} = 1{,}6 \cdot \sigma_B$ (für St 37 etwa $\sigma_{lm} = 6$ bis $6{,}5$ t/cm²), so ergeben sich starke Fließerscheinungen am Lochrand. Die Platten werden an den Bohrungen gestaucht und die Bohrungen selbst oval verzerrt (Abb. 31). Die Tragfähigkeit ist durch örtliche Zerstörung begrenzt, und der Bruch tritt, ebenso wie bei einem Zugstab mit einer Bohrung durch *Zerreißen* in dem verschwächten Querschnitt ein.

Aus Versuchen und Erfahrung wurden *zulässige Werte für Scherspannungen* $_{zul}\tau$ und *Lochleibungsdruck* $_{zul}\sigma_l$ festgelegt. Es hat sich als zweckmäßig herausgestellt, sie nicht auf die Festigkeitseigenschaften des Nietmaterials zu beziehen, sondern auf die der verbundenen Teile. Bezeichnet $_{zul}\sigma$ die für die Platten zulässige Spannung, dann ist nach der BE der Deutschen Bundesbahn bei Belastung durch Hauptkräfte für Niete aus St 37 (bzw. St 52):

$$_{zul}\tau = 0{,}8 \cdot {_{zul}\sigma} = 0{,}8 \cdot 1{,}400 = 1{,}12\ (1{,}68)\ \text{t/cm}^2$$
$$_{zul}\sigma_l = 2{,}0 \cdot {_{zul}\sigma} = 2{,}0 \cdot 1{,}400 = 2{,}80\ (4{,}20)\ \text{t/cm}^2.$$

Die Auffassungen über den zulässigen Lochleibungsdruck haben im Laufe der Zeit erhebliche Änderungen erfahren. So sah eine frühere Ausgabe der BE $_{zul}\sigma_l = 2{,}5\ {_{zul}\sigma}$ vor, der heute besonders für St 52 und oft wechselnde Belastung als zu hoch betrachtet wird. In den anderen Stahlbaubestimmungen oder für Schrauben gelten z. T. abweichende Zahlen.

Um die für die Nietberechnung benutzten Durchschnittswerte τ_m und σ_{lm} nicht mit den verschiedenen dafür zulässigen Grenzen vergleichen, d. h. $\tau_m \leqq {_{zul}\tau}$ und $\sigma_{lm} \leqq {_{zul}\sigma_l}$ nachweisen zu müssen, ist das Berechnungsverfahren der *umgerechneten Flächen* eingeführt. Für ein einschnittiges Niet ist danach

$$F_s = 0{,}8\,\frac{\pi d^2}{4},\ \text{allgemein}\ \frac{_{zul}\tau}{_{zul}\sigma} \cdot \frac{\pi d^2}{4}\,;\quad F_l = 2{,}0\,t d,\ \text{allgemein}\ \frac{_{zul}\sigma_l}{_{zul}\sigma} \cdot t d.$$

Für die umgerechneten Scherflächen F_s und Lochleibungsflächen F_l gibt es Tabellen, vgl. BE, Tafel 37,3 und Stahlbau-Handbuch. Maßgebend ist der Durchmesser des geschlagenen Nietes.

Bezeichnet N den auf ein Niet bzw. einen Schnitt entfallenden Kraftanteil, so müssen die Rechnungswerte

$$\tau = \frac{N}{F_s} \leqq {}_{\text{zul}}\sigma \quad \text{und} \quad \sigma_l = \frac{N}{F_l} \leqq {}_{\text{zul}}\sigma$$

unter der für die vernieteten Teile zulässigen Spannung ${}_{\text{zul}}\sigma$ bleiben. Die Durchschnittswerte τ_m bzw. σ_{lm} brauchen nicht ermittelt zu werden.

Für die Bemessung der Verbindung ist jeweils der größere der beiden Rechnungswerte ausschlaggebend. Die beiden Rechnungswerte werden für einschnittige Verbindungen gleich groß, $\tau = \sigma_l$, wenn $F_s = F_l$ ist, woraus man die Grenzdicke $t' = \pi/4 \cdot {}_{\text{zul}}\tau/{}_{\text{zul}}\sigma$ erhält. Für zweischnittige Verbindungen ist die Grenzdicke $t'' = 2t'$. Für Verbindungen mit Plattendicken $t > t'$ bzw. $t > t''$ ist die Scherspannung, bei $t < t'$ bzw. t'' die Lochleibungsspannung ausschlaggebend. Für die in der BE (1951) zugrunde gelegten Werte ist

$$t' = 0{,}314\,d, \; t'' = 0{,}628\,d.$$

Zum Beispiel für geschlagene Niete von $d = 21$ bzw. 23 und 25 mm Durchmesser sind die Grenzdicken $t' = 6{,}6$ bzw. 7,2 und 7,8 mm.

Die in den Bestimmungen zugrunde gelegte Verhältniszahl ${}_{\text{zul}}\tau/{}_{\text{zul}}\sigma = 0{,}8$ für Nietverbindungen berechtigt nicht zu Rückschlüssen auf die Fließgrenze oder Bruchspannung. Der in Nietverbindungen vorhandene Spannungszustand ist, wie erwähnt, verwickelt, so daß die durchschnittliche Scherspannung τ_m für sich allein kein Maß für die Anstrengung geben kann.

c) Längsspannungen

Bei der üblichen Nietberechnung werden die im Nietschaft auftretenden Biege- und Zugspannungen nicht berücksichtigt. Die ersteren werden durch geeignete Gestaltung der Verbindungen klein gehalten. Verbindungen, bei denen wesentliche Kräfte nur durch Zugspannungen in den Nieten aufgenommen werden können, werden im Stahlbau vermieden. Die Verbindungen werden bei größeren Kräften so gestaltet, daß Scherverbindungen entstehen; kann dies nicht erreicht werden, so werden die Niete durch Schrauben ersetzt. Es verbleiben also weniger wichtige Verbindungen mit kleineren Zugkräften und die, allerdings sehr zahlreichen Fälle, bei denen die Zugkräfte als Zusatzspannungen auftreten, z. B. infolge der elastischen Verformung der räumlichen Tragwerke. Beispiele vgl. Trägeranschlüsse S. 618 u. 689.

Die Zugfestigkeit von Nieten hängt nicht wesentlich von der Vorspannung aus dem Nietvorgang ab, diese verschwindet erst, wenn die zusätzliche Zugbelastung eine gleichgroße Längsdehnung erzeugt. Die Zugfestigkeit von Halbrundnieten stimmt im wesentlichen mit der Zugfestigkeit der Nietschäfte überein, sie ist in vielen Fällen auch durch den Widerstand der Nietköpfe gegen Abreißen begrenzt.

Sind die Niete, wie dies meist der Fall ist, gleichzeitig auch durch Scherkräfte und Biegespannungen belastet, so vermindert sich die ertragene Zugkraft. Nach Versuchen von *Young* und *Dunbar* kann die zulässige Längsbelastung für Niete mit Zug und Scherbelastung bei Nietstahl St 34 zu

$${}_{\text{zul}}\sigma = 1{,}480 - 0{,}220\,d - 0{,}475\,(N/Z)^2 \text{ in t/cm}^2$$

angenommen werden (d = Nietdurchmesser in cm, N = Scherkraft und Z = Zugbelastung des Nietes, Gültigkeitsbereich $0 < N/Z < 0{,}85$). Vorstehende Zahlen gelten für ruhende Belastung.

Zugverbindungen sind mit hohen zusätzlichen Spannungen in den vernieteten Teilen verbunden. Z. B. sind einseitige Anschlüsse nach Abb. 32a nur wenig tragfähig. Die hohen Biegespannungen an der Wurzel der Anschlußwinkel bei „W", deren Größe leicht abzuschätzen ist, führen bald zu bleibenden Verbiegungen. Die

Zugspannungen in den Nieten „F" sind dabei noch verhältnismäßig niedrig, wenn die Verbindung bereits durch übermäßige Verformung (Abb. 32b) unbrauchbar geworden ist. Auch die Biegespannungen in den Nieten erreichen wegen der Einspannung an den Nietköpfen erhebliche Größen.

Auch symmetrische Anschlüsse (Abb. 32c) sind gegen Zugbelastung verhältnismäßig weich. Die Tragfähigkeit ist aber überraschend groß, da mit wachsenden Verformungen (Abb. 32d) in steigendem Maße eine entlastende Kräfteumlagerung eintritt. Bei Versuchen trat teilweise Abreißen des Winkels bei „W" ein.

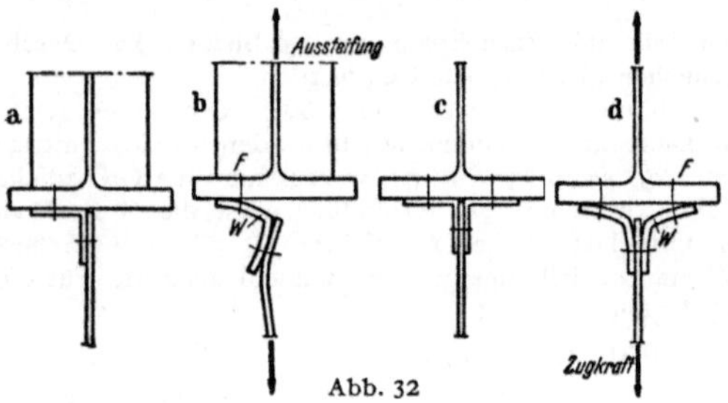

Abb. 32

Die Zugbelastung von Nieten ist wohl nicht ganz so ungünstig zu beurteilen, wie dies oft geschieht. Auch Verbindungen mit gezogenen Nieten erreichen große Tragfähigkeit bei geringen Formänderungen, wenn man dafür sorgt, daß die zusätzlichen Spannungen in den verbundenen Teilen wie in den Anschlußwinkeln usw. begrenzt werden.

In Verbindungen mit größeren Zugkräften werden die Niete fast immer durch Schrauben ersetzt, bei denen höhere Zugspannungen zugelassen sind. Die mit den zusätzlichen Spannungen verbundenen Nachteile treten auch bei der Verwendung von Schrauben grundsätzlich ebenso auf. Schrauben sind übrigens bei Dauerbelastung im Gewinde in ähnlicher Weise gefährdet wie Nietköpfe.

3. Nietregeln

Nietdurchmesser. Die Rücksicht auf einfache Arbeit in der Werkstatt und auf der Baustelle fordert, daß in einem Stahlbauwerk nur wenige Nietdurchmesser d verwendet werden. In vielen Fällen ist es möglich, mit zwei Nietdurchmessern auszukommen, je nach der kleinsten Dicke der verbundenen Walzprofile mit einem größeren für tragende Bauteile (meist $d = 21$ bis 25 mm, selten 28 mm) und einem kleineren ($d = 11$ bis 17 mm) für die Verwendung in den anderen Gliedern. Regeldurchmesser und Größtdurchmesser für Niete in Stab- und Formstahl vgl. DIN 996 bis 998.

Nietteilung. Der gegenseitige Abstand der Niete e (von Mitte zu Mitte Bohrung gemessen) ist nach unten hin begrenzt durch die Rücksicht auf das leichte Schlagen der Niete, die Spannungsspitzen und die Abminderung der Festigkeit durch die Bohrungen. Der größte Nietabstand ist begrenzt, da die Fugen wegen der Rostgefahr nicht klaffen und die Platten bei Druckbelastung nicht knicken dürfen.

Der größte Nietabstand richtet sich nach dem Verwendungszweck und der Dicke t der dünnsten außenliegenden Teile. Es werden unterschieden: *Kraftniete*, die für die Wirksamkeit des Tragwerkes wesentliche Kräfte aufzunehmen haben, und *Heftniete*, die im wesentlichen nur dazu dienen, die einzelnen Profile zusammenzuhalten. Die für Eisenbahnbrücken und andere Stahlbauwerke üblichen Nietabstände unterscheiden sich in gewissen Grenzen, vgl. Tabelle 1.

Der *Endabstand* e_1 (in der Kraftrichtung) darf mit Rücksicht auf die Widerstandsfähigkeit gegen Lochleibungspressungen nicht zu klein werden (vgl. Abb. 31). Auch der *Randabstand* e_2 (quer zur Kraftrichtung) muß groß genug sein, um das Ausreißen der Niete auszuschließen.

In Stößen und Anschlüssen werden die Niete grundsätzlich so *dicht* gesetzt wie zulässig, um in den Verbindungen möglichst große Reibungskräfte zu erzielen, um Laschen und Knotenbleche klein zu halten (nicht nur zwecks Baustoffersparnis,

Tabelle 1. *Nietabstände*

	Eisenbahnbrücken	Straßenbrücken und andere Stahlbauten
Gegenseitiger Abstand e:		
Kleinstabstand	3,5 *d*	3 *d*
Größtabstand für Kraftniete	6 *d* bzw.	12 *t*
Größtabstand für Heftniete in Druckstäben	7 *d* bzw.	15 *t*
Größtabstand für Heftniete in Zugstäben	10 *d* bzw.	20 *t*
Größtabstände für wasserdichte Nietung z. B. in Buckelblechen	5 *d* bzw.	10 *t*
Endabstand e_1 (in der Kraftrichtung):		
Kleinstwert	2 *d*	2 *d*
Größtwert	3 *d* bzw.	6 *t*
Randabstand e_2 (quer zur Kraftrichtung):		
Kleinstwert	1,5 *d*	1,5 *d*
Größtwert	3 *d* bzw.	6 *t*

sondern auch um die Nebenspannungen infolge der steifen Knotenpunktsverbindungen zu vermindern), schließlich um die Baustellenarbeit zu erleichtern. Im übrigen wird der Nietabstand möglichst *groß* gewählt, um an der Zahl der Niete und Bohrungen zu sparen, soweit nicht die Festigkeitsberechnung entgegensteht (vgl. die Halsniete von Biegeträgern, S. 610).

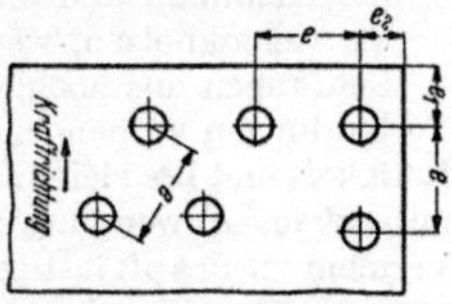

Abb. 33

Nietanordnung. Die Niete werden meist in regelmäßigem Nietbild verteilt und in geraden Linien hintereinander gesetzt, sog. *Nietrißlinien*. Bei breiteren Querschnitten sind mehrere Nietreihen notwendig (Abb. 33), wobei Tabelle 1 einzuhalten ist. Für die inneren Heftniete von breiten Zugstäben kann *e* bis zum doppelten des Wertes nach Tabelle 1 vergrößert werden.

Bei Stab- und Profilstahl werden die Niete in Nietrißlinien angeordnet, die durch DIN 996 und 997 festgelegt sind (Abb. 34). Z. B. erhalten Winkel bis 100 mm Schenkelbreite einreihige, breitere in zwei Reihen versetzte Nietung. Die *Wurzelmaße w* (bei L, [, ⅂) bzw. *Streichmaße* (bei ⊥, I, IP) müssen mit Rücksicht auf einfache zeichnerische Darstellung und Werkstattarbeit eingehalten werden.

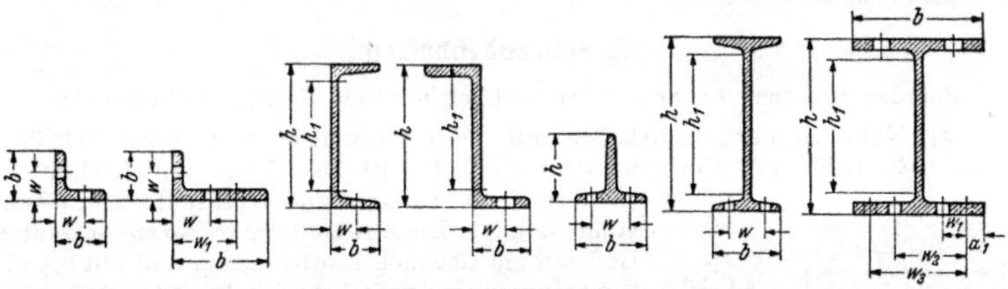

Abb. 34. Wurzelmaße und Streichmaße

Abweichungen werden notwendig, wenn Profile zu vernieten sind, deren Nietrißlinien nicht zusammenfallen. In solchen Fällen ist die Lage der Nietrißlinie genau anzugeben.

Niete in verschiedenen Ebenen müssen so weit auseinanderliegen bzw. versetzt werden, daß sie gut geschlagen werden können. DIN 998 und 999 enthalten die kleinsten Abstände, bei denen dies für Winkelstahl noch möglich ist.

In den Stegen von [, ⅂, I, können die Nietrißlinien frei gewählt werden. Die Niete müssen jedoch so weit vom Beginn der Ausrundungen entfernt sein, daß beim Schlagen der Niete für den Döpper Platz bleibt (Maße h_1 für die Länge des geraden Steges in Abb. 34). Der Nietabstand g_1 kann also (Abb. 35) bei *eingepaßten* Laschen und Aussteifungen kleiner sein (und die Breite der Laschen entsprechend größer bzw. die Aussteifungen länger) als der Abstand g_2 für den Fall, daß deren Kanten die Ausrundungen nicht erreichen. Stegverlaschung von I- und IP-Profilen vgl. Stahl im Hochbau, 12. Aufl., S. 36 und 533.

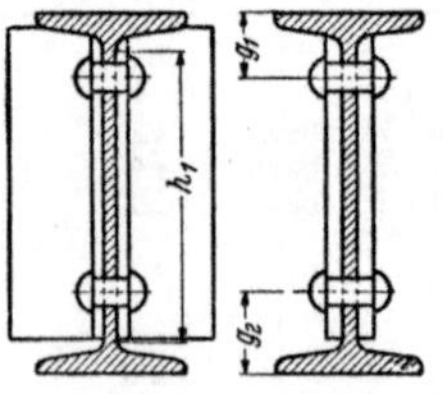

Abb. 35. Eingepaßte (oben) und nichteingepaßte (unten) Aussteifungen

C. Schrauben und Bolzen

1. Allgemeines

Schrauben und Bolzen werden im Stahlbau als Verbindungsmittel angewendet, wenn

die Verbindung lösbar sein muß,

Werkstoff (z. B. Stahlformguß), Gestalt oder Abmessungen der zu verbindenden Teile eine Nietung ausschließen,

die Raumverhältnisse einwandfreie Nietung unmöglich machen;

Nieten, wie auf manchen Hochbau-Baustellen, verhältnismäßig zu teuer sind oder keine Preßluft-Nieteinrichtung vorhanden ist;

in den Verbindungen größere Zugkräfte aufzunehmen sind;

die Klemmdicke das für Nietung zulässige Maß überschreitet;

als Gelenkbolzen, wenn eine gegenseitige Drehung möglich sein soll.

Schrauben aus hochfestem Material (vgl. Bemerkung S. 587) sollen die in den Verbindungen vorhandenen Kräfte durch die Reibung übertragen, während Scherfestigkeit und Lochleibungsspannungen in den Schäften der Bolzen nicht wesentlich mitwirken. Anwendung zunächst im Stahlhochbau. Vorteile: schnelle Montage, Vermeidung des oft lästigen Geräusches der Niethämmer, unter gewissen Umständen auch Kostenersparnisse.

Im Stahlbau werden Schrauben mit *metrischem Gewinde* benutzt, daneben wird noch das *Whitworth-Gewinde* angewendet, vgl. Bd. II, Abschn. *Maschinenkunde*. Die Regeln für die Anwendung von Schrauben entsprechen denen für Niete gleichen Lochdurchmessers d_1. Der kleinste Abstand darf jedoch $e = 3{,}5\, d_1$, besser $4\, d_1$, nicht unterschreiten. Die übrigen Abstände sowie Wurzelmaße und Streichlinien wie bei Nieten. Schrauben in verschiedenen Ebenen müssen wegen des größeren Platzbedarfes für Schraubenmuttern und Schraubenschlüssel weiter gegeneinander versetzt sein als Niete.

2. Schraubenbolzen

Für den Stahlbau kommen hauptsächlich folgende Formen in Betracht:

a) Rohe Sechskantschrauben mit Sechskantmutter und rohen Scheiben DIN 1050 (Abb. 36). Gewindedurchmesser $d = 10$ bis 33 mm mit Lochdurchmessern $d_1 = 11$ bis 34 mm. Werkstoff: Schraubenstahl St 38.13. Diese *rohen* oder *schwarzen Schrauben* sind nur im Gewinde bearbeitet, so daß mit 0,5 bis 2 mm Spielraum zwischen Schaft und Bohrung zu rechnen ist. Anwendung besonders im Stahlhochbau und für untergeordnete Verbindungen, besonders wenn die Kräfte nicht groß sind. Da geschraubte Verbindungen oft erhebliches Spiel aufweisen, ist bei größeren Kräften Vorsicht notwendig. Die Kräfteverteilung in statisch unbestimmten Tragwerken kann durch Bewegungen in geschraubten Stoßverbindungen beträchtlich verändert werden.

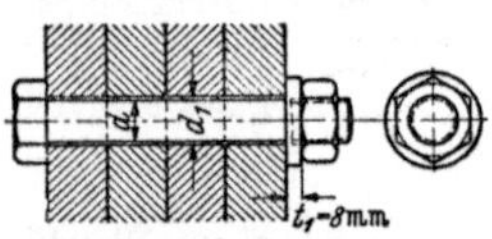

Abb. 36. Schraubenbolzen

b) Paßschrauben (gedrehte zylindrische Bolzen, blanke Schrauben). Ihre Abmessungen entsprechen den rohen Sechskantschrauben, jedoch haben sie genau zylindrisch bearbeiteten Schaft, so daß sie die Bohrung gut ausfüllen. Werkstoff

St 38 oder St 52. Paßschrauben treten an die Stelle der rohen Schrauben, wenn größere Kräfte zu übertragen sind oder die Bewegungen in den Verbindungen klein gehalten werden müssen.

c) Konische Bolzen haben einen kegelförmig abgedrehten Schaft (Abb. 37a). Der Neigungswinkel der Mantellinie gegen die Bolzenachse beträgt 1 : 100 bis 1 : 200. Die zylindrisch vorgebohrten Löcher werden mit konischen Reibahlen kegelförmig aufgerieben. Die eingeschliffenen Bolzen werden leicht eingetrieben und die Schraubenmuttern angezogen. Sie besitzen keinen Kopf, da sie sonst nicht zuverlässig eingeschliffen werden könnten. Bei großen Klemmlängen ist die Wirkung der normalen konischen Bolzen nach Abb. 37a manchmal nicht mehr ausreichend, um das Klaffen der äußersten Platten zu verhindern. Eine Verbesserung hierin bringt die Bolzenform Abb. 37b.

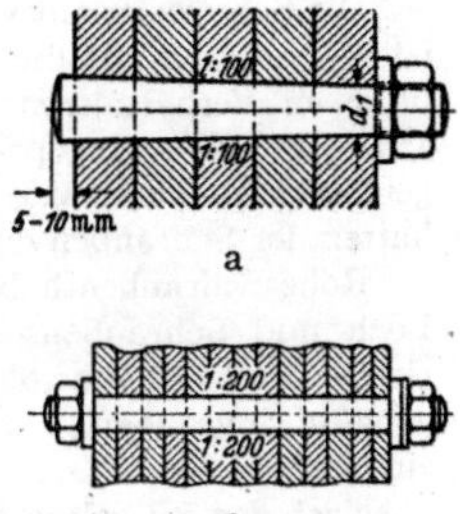

Abb. 37. a) normaler konischer Bolzen, b) Bolzen nach *Haupt*

Das Aufreiben der konischen Bolzen erfordert große Sorgfalt und ist teuer. Gut eingeschliffene konische Bolzen kommen als Verbindungsmittel bei sehr großen Klemmdicken in Betracht, für welche Nietung nicht ausgeführt werden darf. Anwendung bei Vollwandtragwerken mit ihren dicken Paketen von Gurtplatten. Das Anwendungsgebiet der konischen Bolzen ist viel kleiner geworden, seit auch Klemmlängen von 8 bis 10 *d* durch besondere Nietverfahren bewältigt werden können.

d) Unterlagsscheiben. Schraubenbolzen werden mit Unterlagsscheiben verwendet. Die rohen runden Scheiben nach DIN 1050 sind $t_1 = 8$ mm dick, sie werden aus Flußstahl gestanzt, gescheuert und entgratet. Für Walzträger mit schrägen Flanschen werden Vierkantscheiben mit 8% bzw. 14% Neigung verwendet (Abb. 38).

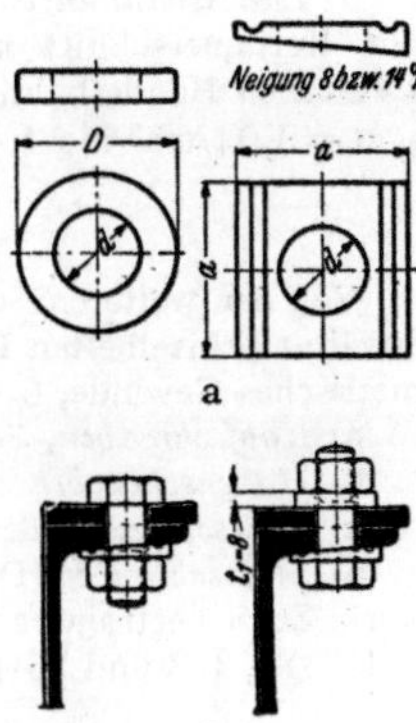

Abb. 38. Unterlagsscheiben

e) Sinnbilder. Die Sinnbilder für Schraubenbolzen nach DIN 407 sind in Abb. 39 gegeben. Die Tabelle enthält auch die für die Zugfestigkeit der Schrauben maßgebenden Kernquerschnitte.

Gewindedurchmesser	M10	M12	M14	M16	M18	M20	M22	M24	M27	M30	
Sinnbild (Draufsicht)	11		15		19				28	31	
Bohrung mm	11	13	15	17	19	21	23	25	28	31	Sinnbild (Ansicht für alle Durchmesser)
Kernquerschnitt cm²	0,51	0,74	1,02	1,41	1,71	2,20	2,76	3,17	4,19	5,09	

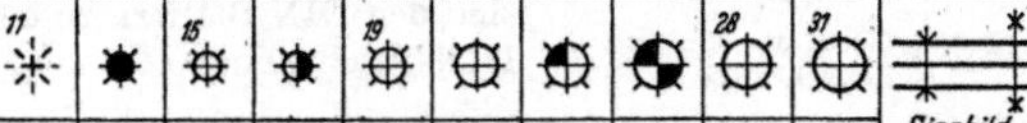

Abb. 39. Sinnbilder für Schrauben

f) Statische Beanspruchung einzelner Schraubenbolzen. α) *Scherverbindungen.* Der Spannungszustand in geschraubten Verbindungen ist ähnlich wie in genieteten Verbindungen. Für die Bemessung wird wie bei Nieten mit den Durchschnittswerten der *Scherspannung* τ_m und der Lochleibungsspannung σ_{lm} gerechnet. Man erkennt, daß die Lochleibungspressungen stark anwachsen, wenn das Gewinde in die Bohrung reicht, was daher vermieden wird.

Der *Reibungswiderstand* in normalen Schraubverbindungen ist geringer als in genieteten Stößen, da beim Anziehen der Schraubenmuttern nur verhältnismäßig kleine Klemmkräfte erreicht werden können. Durch zu scharfes Anziehen werden die Gewinde gefährdet. (Hinweis auf die neuerdings aufkommenden „hochfesten Schrauben", welche den Reibungswiderstand in den Verbindungen für deren Verhalten ausschlaggebend machen.)

Die Scherfestigkeit von eingepaßten zylindrischen Bolzen und konischen Bolzen ist ebenso groß wie die von Nieten. Beim statischen Zerreißversuch ist unter den üblichen Verhältnissen auch hinsichtlich der Lochleibungsfestigkeit kein Unterschied zwischen eingepaßten Bolzen und Nieten festzustellen. Der verhältnismäßig geringere Reibungswiderstand ist aber Ursache für erheblich abweichendes Verhalten der Schraubenverbindungen bei Dauerbelastung.

Rohe Schrauben haben in Scherverbindungen wegen des Spielraumes zwischen Loch und Schraubenschaft eine bis zu 20% geringere Festigkeit. Aus diesem Grund sind die für rohe Schrauben zulässigen Spannungen kleiner als für eingepaßte Schrauben. Für die Bemessung ist der tatsächliche Schaftdurchmesser *d* einzusetzen.

Nach der BE gelten für eingepaßte Schrauben die gleichen Werte wie für Niete, nämlich ${}_{zul}\tau = 0{,}8 \cdot {}_{zul}\sigma$ bzw. ${}_{zul}\sigma_l = 2 \cdot {}_{zul}\sigma$, für rohe Schrauben dagegen nur 0,7 bzw. 1,5 ${}_{zul}\sigma$. Für die anderen Anwendungsgebiete des Stahlbaus gelten teilweise abweichende Zahlen.

β) *Längsspannungen.* Für die Zugfestigkeit der Schrauben ist im wesentlichen der Kernquerschnitt maßgebend (Abb. 39). Z. B. in den Stahlbauwerken der Deutschen Bundesbahn darf die Zugspannung bei Schrauben aus St 38 den Wert ${}_{zul}\sigma = 1{,}0$ t/cm² nicht überschreiten.

3. Weitere Schraubenformen

Von den weiteren Schraubenformen, die im Stahlbau Anwendung finden, seien erwähnt (Einzelheiten DIN-Taschenbuch 10, Schrauben-Muttern und Zubehör für metrisches Gewinde, 6. Aufl., Berlin 1948, sowie Abschn. *Maschinenkunde.*

a) *Kopfschrauben, Stiftschrauben,* rohe *Senkschrauben* mit Nase.

b) *Hakenschrauben* und *Klemmplatten* (Abb. 40).

c) *Holzschrauben* der verschiedenen Formen.

d) *Steinschrauben* (DIN 529) für die Verankerung von Stahlbauteilen auf Mauerwerk. Zur Übertragung von größeren Auflagerzugkräften dienen *Hammerschrauben* (DIN 186, 188 und 261) und *Ankerschrauben* (DIN 797) mit zugänglichen Ankerplatten, Beispiel Abschnitt *Maschinenkunde,* Abb. 18.

e) *Spannschlösser* (DIN 1478 bis 1480).

Über die *Sicherung* von Schrauben durch Gegenmuttern, Feder- und Stellringe, Splinte vgl. Abschnitt *Maschinenkunde.* Einzelheiten sind den DIN-Blättern zu entnehmen. Vgl. auch DIN-Taschenbuch 10.

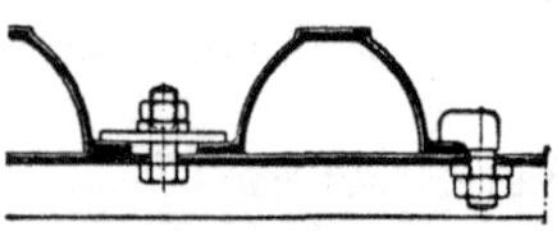

Abb. 40. Klemmplatte und Hakenschraube

4. Gelenkbolzen

ergeben eine zug- und druckfeste Verbindung, bei der sich die verbundenen Bauteile drehen können. Anwendung für die Gelenke von Gerberträgern (Gerber-

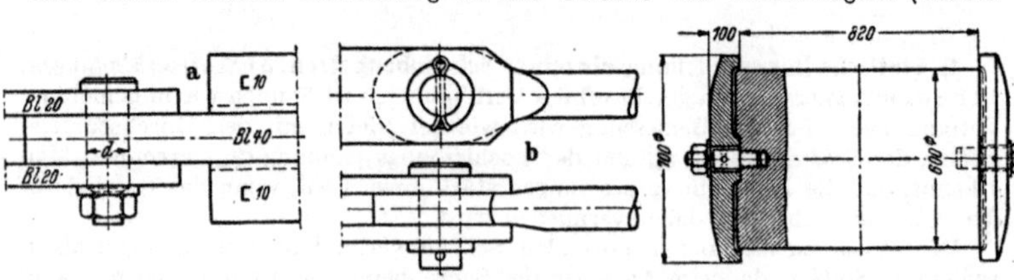

Abb. 41. Gelenkbolzen. a) mit Schraubenbolzen, b) Bolzen mit Splint, c) Gelenkbolzen einer Hängebrücke (alte Rheinbrücke Köln-Deutz)

pfetten DIN 1009), Hängegurte von Kettenhängebrücken, gelenkige Anschlüsse von Zugstangen u. dgl. Fachwerke mit gelenkigen Knotenpunktsverbindungen, sog. *Gelenkbolzenbrücken*, werden kaum mehr gebaut. Die großen, an Gelenkbolzen auftretenden Reibungskräfte verhindern Bewegungen, solange die gegenseitige Drehung nur durch größere Momente erzwungen wird. Die Gelenkbolzen in allen Knoten von Fachwerkbrücken wurden wieder verlassen, da der Zweck einer besseren Annäherung an die Voraussetzungen der statischen Berechnung trotz erheblichen Aufwands und Inkaufnahme anderer Nachteile doch nicht erreicht wurde.

Der Spannungszustand in Gelenkbolzen ist im wesentlichen wie bei Nietverbindungen. Die Bolzen werden daher sinngemäß für die mittlere Scherspannung τ_m und die durchschnittliche Lochleibungsspannung σ_{lm} bemessen. Da sich die Bolzen leicht drehen sollen, wird σ_{lm} jedoch kleiner gehalten, meist $\sigma_{lm} = 1{,}0-1{,}3 \cdot {}_{zul}\sigma$.

Die *Biegespannungen* in den Gelenkbolzen sind meist belanglos, sie können aber erhebliche Größe erreichen, wenn die verbundenen Querschnitte stark konzentriert sind. Genauere Berechnung vgl. *F. Bleich*: Theorie und Berechnung der eisernen Brücken. Berlin 1924, S. 325, Beispiele s. Abb. 41 und Abb. 42.

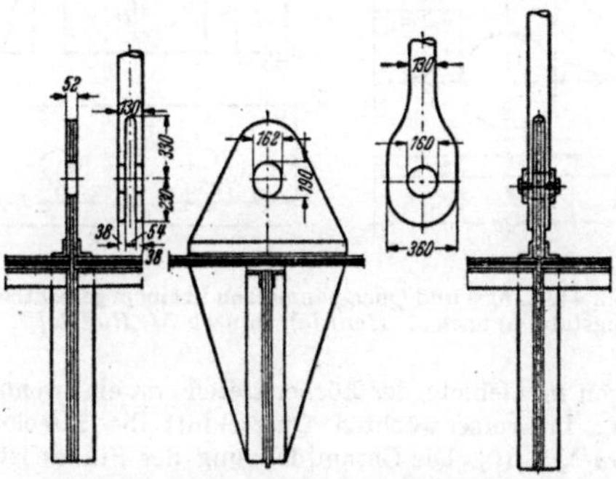

Abb. 42. Gelenkige Aufhängung (alte Rheinbrücke Köln-Mülheim)

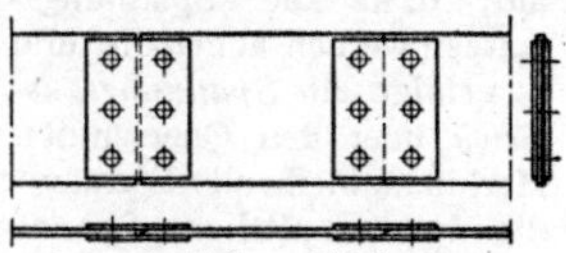

Abb. 43

III. Niet- und Schraubenverbindungen

Stoß heißen Verbindungen, die der Verlängerung oder Vergrößerung dienen. Stöße werden z. B. notwendig, weil die zur Verfügung stehenden Walzlängen oder Blechgrößen nicht ausreichen, bei der Aufstellung sind sie nötig zur Begrenzung von Abmessung und Gewicht der zu transportierenden Einzelstücke. Die zur Überbrückung der Stoßlücken benutzten Platten usw. werden *Laschen* genannt. Alle übrigen Verbindungen, insbesondere solche zwischen Fachwerkstäben verschiedener Richtung und Trägern in verschiedenen Ebenen, werden als *Anschluß* bezeichnet.

Bei den üblichen Stoßverbindungen werden Laschen und Stoßniete für die volle Kraft so bemessen. Beim *Normalstoß* wird demgemäß nicht verlangt, daß sich die Stoßflächen berühren. Zeichnerische Darstellung gemäß Abb. 43a. Der *Paßstoß* oder *Kontaktstoß* ist dagegen praktisch dicht, die genau bearbeiteten Stoßflächen berühren sich (Abb. 43b).

A. Zug- und Druckstäbe

Hauptanwendungsgebiet der Zug- und Druckstäbe (das sind gerade Stäbe, die überwiegend durch Normalkräfte belastet sind) bilden die *Fachwerke*. Die Betrachtungen dieses Abschnittes lassen die Knickgefahr bei Druckstäben außer acht (vgl. S. 672 und Abschn. *Stabilitätsfälle*). Es wird zunächst die statische Festigkeit betrachtet, über die Dauerfestigkeit vgl. S. 605.

1. Lochabzug in Zugstäben

a) Tragfähigkeit. Der Spannungszustand in einem Zugstab wird durch die Löcher örtlich erheblich geändert. Im Proportionalitätsbereich entspricht die Spannungsverteilung über den verschwächten Querschnitt Abb. 44. Größte Längsspannungen im Rechteckstab mit Loch nach *A. Hennig*[1]

$$_{\max}\sigma = \sigma_m \left\{3 - 2\left(\frac{d}{b}\right) + 0{,}8\left(\frac{d}{b}\right)^2\right\}$$

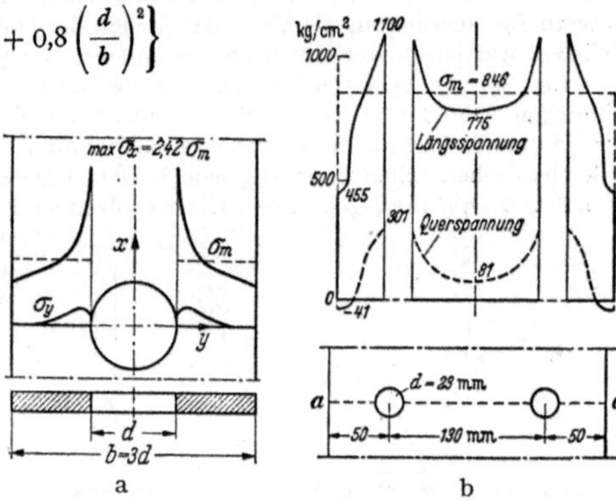

Abb. 44. Längs- und Querspannungen in einem gelochten Zugstab; a) nach *A. Hennig*[1], b) nach *M. Rudeloff*[3].

(Abb. 44a). Für den Grenzfall $d/b = 0$ sehr breiter Platten folgt daraus $_{\max}\sigma = 3\,\sigma_m$ und für den in Abb. 44a dargestellten Fall $d/b = 1/3$ $_{\max}\sigma = 2{,}42\,\sigma_m$.

Außer den Längsspannungen sind auch Querspannungen und Schubspannungen vorhanden (Abb. 44)[2–4]. Höchste Beanspruchung an der Lochleibung. Dort treten zuerst bleibende Formänderungen auf, d. h. die Spannungsspitzen werden abgebaut, und es erfolgt ein *Spannungsausgleich* über den Querschnitt. Merkliche bleibende Formänderungen im Gebiete der Löcher treten erst ein, wenn die durchschnittliche Spannung σ_m im verschwächten Querschnitt die Streckgrenze σ_{F0} überschreitet (vgl. *O. Graf*[5], S. 19). Die Gesamtdehnung des Stabes ist für $S'_F = F_m \cdot \sigma_F$ nur unerheblich größer als im Stab ohne Löcher (F_m die Fläche des schwächsten Querschnittes = *Nutzquerschnitt* oder *maßgebender Querschnitt*); sie wächst erst stark an, wenn die Fließgrenze im unverschwächten Stab erreicht wird, d. h. für etwa $S''_F = F \cdot \sigma_F$.

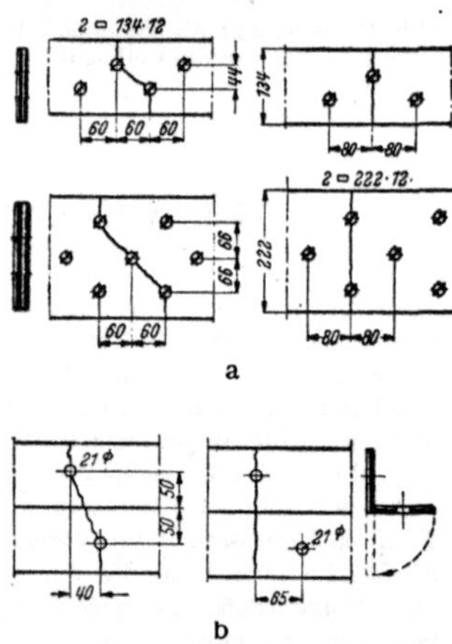

Abb. 45. Bruchbilder von Zugstäben

Der Bruch erfolgt beim Zugversuch mit genieteten Stäben immer in verschwächten Querschnitten. Die Bruchlast ist bei den üblichen Verhältnissen genügend genau $S_B = F_n \cdot \sigma_B$. Zerreißversuche an Zugstäben mit offenen Bohrungen ergaben die *Bruchbilder* Abb. 45. Durch großen Abstand zwischen den versetzten Nieten wurde die Zerreißfestigkeit gehoben, und es ist bemerkenswert, daß die auf den maßgebenden Querschnitt F_m bezogene Bruchspannung σ_{B7} im Stab bei großem Nietabstand sogar höher liegt als der Wert σ_{B0} im normengemäßen

---

[1] *A. Hennig:* Forsch. Ing.-Wes. 4 (1933) S. 53.

[2] *G. Bierett:* Ein Beitrag zur Frage der Spannungsstörungen in Bolzenverbindungen. Sonderheft XV der Mitt. dtsch. Mat.-Prüf.-Anst. Berlin 1931.

[3] *M. Rudeloff:* Der Einfluß der Nietlöcher auf die Längenänderung von Zugstäben und die Spanungsverteilung in ihnen. Ber. Ausschuß Versuche im Eisenbau, Ausgabe A, Heft 1, Berlin 1915, S. 31.

[4] *M. Rudeloff:* Versuche mit Nietverbindungen und Brückenteilen, Berlin 1912.

[5] *O. Graf:* Dauerversuche mit Nietverbindungen. Ber. D. Ausschuß Stahlbau. Ausgabe B, Heft 5, Berlin 1935.

Probestab. Für Flachstahl St 37 wurden *Bruchspannung* bzw. *Fließgrenze* zu

$$\sigma_{BV} = 1{,}00 - 1{,}18\,\sigma_{BO}$$
$$\sigma_{FV} = 0{,}90 - 1{,}13\,\sigma_{FO}$$

und für Winkelstahl gleich

$$\sigma_{BV} = 0{,}94 - 1{,}05\,\sigma_{BO}$$
$$\sigma_{FV} = 0{,}95 - 1{,}17\,\sigma_{FO}$$

gefunden. In beiden Fällen gelten die Größtwerte für die größeren Nietabstände. Kein merklicher Unterschied, ob die Löcher offen waren oder durch Niete ausgefüllt.

Bei *Versuchen mit Nietverbindungen* von *O. Graf*[5] wiesen Laschenstöße mit einer Nietreihe kleinere Festigkeit auf als Stöße mit mehreren Nietreihen hintereinander. Die durchschnittliche Bruchspannung σ_B im Nutzquerschnitt war danach:

σ_{BV}/σ_{BO}	St 37	St 52 bzw. St Si
Einreihige Vernietung . . .	0,82 bis 0,91	0,72 bis 0,89
Mehrreihige Vernietung. . .	1,12 bis 1,23	0,98 bis 1,09

Auch bei amerikanischen Zugversuchen mit großen genieteten Plattenstößen wurde $\sigma_{BV} \geqq \sigma_{BO}$ gefunden, vgl. *W. Schmid*[6], S. 146.

Die Festigkeit des Werkstoffes σ_{BO} kann also bei den Verbindungen mit mindestens zwei Nietreihen hintereinander voll ausgenutzt werden.

b) Bemessungsverfahren für Zugstäbe. Nach dem üblichen Bemessungsverfahren muß die durchschnittliche Zugspannung

$$\sigma_n = S/F_m \leqq {}_{\text{zul}}\sigma$$

bleiben, und zwar in allen maßgebenden Querschnitten F_m, gegebenenfalls (z. B. in Stößen und Anschlüssen) unter Beachtung der veränderlichen Stabkraft S.

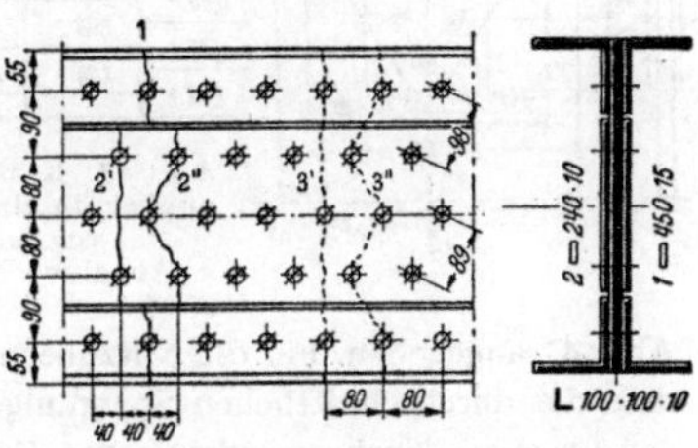

Abb. 46. Ermittlung des Lochabzuges

Der *Lochabzug* wird für den geraden Schnitt mit der größten Zahl von Löchern bestimmt, es sei denn, daß ein gebrochener Schnitt mit mehr Löchern einen kleineren Wert F_m ergibt (Abb. 45). Für Walzprofile wird F_m sinngemäß in der Abwicklung berechnet. Kleinste Nietabstände, bei denen in Winkelstahl nur ein bzw. bei breiteren Winkelschenkeln nur zwei Löcher abgezogen werden müssen, vgl. DIN 998 und 999.

Für *zusammengesetzte Querschnitte* sinngemäß. Es ist der kleinste Bruchquerschnitt F_m zu suchen, wobei der maßgebende Schnitt in den einzelnen Teilen des Querschnittes nicht gleich zu verlaufen braucht. Für Abb. 46 werden die Werte F_m für einige Bruchlinien verglichen. Die Feststellung, welche Schnitte für die Breitflachstähle maßgebend sind, erfolgt am einfachsten durch Betrachtung der maßgebenden Breite b_m:

Im Schnitt 2′ ist: $b_m = 240 - 2 \cdot 23 = 194$ mm.

Im Schnitt 2″ ist: $b_m = 40 + 2 \cdot 89 + 40 - 3 \cdot 23 = 189$ mm.

Im Schnitt 3′ ist: $b_m = 450 - 3 \cdot 23 = 381$ mm.

Im Schnitt 3″ ist: $b_m = 55 + 98 + 2 \cdot 89 + 98 + 55 - 5 \cdot 23 = 369$ mm.

In beiden Fällen ist also der gebrochene Linienzug 2″ bzw. 3″ maßgebend.

---

[6] *W. Schmid:* Bauingenieur 22 (1941) S. 143.

Unter Benutzung von $F_m = t\, b_m$ erhält man:

	F (cm²)	ΔF	F_m (cm²)
4 L 100 · 100 · 10	$F = 76{,}8$	$\Delta F = 4 \cdot 1{,}0 \cdot 2{,}3 = 9{,}2$	$F_m = 67{,}6$
2 ▭ 240 · 10	$F = 48{,}0$	$\Delta F = 3\ \varnothing\ 23$	$F_m = 37{,}8$
1 ▭ 450 · 15	$F = 67{,}5$	$\Delta F = 5\ \varnothing\ 23$	$F_m = 55{,}4$
	$F = 192{,}3$ cm²	$\Delta F = 31{,}5$ cm² (16%)	$F_m = 160{,}8$ cm²

Weitere Löcher in den abstehenden Winkelschenkeln sind gegebenenfalls zu berücksichtigen.

Die Verhältniszahl F_m/F liegt in der Regel zwischen 0,8 und 0,9, d. h. der Lochabzug $\Delta F = F - F_n$ ist 20 bis 10% des vollen Stabquerschnittes F. Da die Zugstäbe meist mit gleichbleibendem Querschnitt über ihre ganze Länge durchgehen, bedeutet der Lochabzug einen Verlust von gleicher Größe. Bei großen Bauwerken fällt ΔF stark „ins Gewicht", so daß es sich wohl verlohnt, unter verschiedenen Möglichkeiten die mit dem kleineren Lochabzug zu suchen.

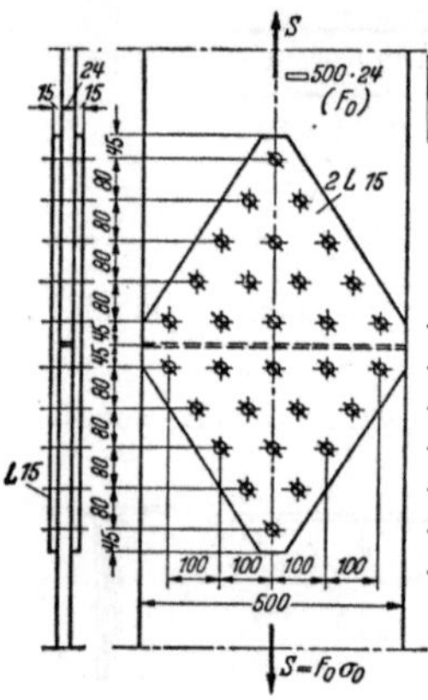

Kraft im Stab S'	Spannung σ'_n in den verschwächten Stabquerschnitten	Spannung σ''_n in den verschwächten Laschenquerschnitten	Kraft in der Lasche $S'' = S - S'$
0,00 S			1,00 S
	0,43 σ_0	1,04 σ_0	
0,33 „			0,67 „
	0,74 „	0,87 „	
0,60 „			0,40 „
	0,93 „	0,69 „	
0,80 „			0,20 „
	1,02 „	0,52 „	
0,93 „			0,07 „
	1,05 „	0,36 „	
1,00 „			0,00 „

Abb. 47. Kräfte und Spannungen in einem Stoß mit Dreiecklasche, Annahme $N_i = S/15$

Der Lochabzug ist am größten in Stößen und Anschlüssen, wo die Niete so dicht als zulässig gesetzt werden. Daher das Bestreben, die Querschnittsverschwächung durch geeignete Formgebung klein zu halten. Unter Annahme gleichmäßiger Verteilung der Stabkraft S auf alle Niete der Stoßverbindung sind die Restschnittkräfte S' in den einzelnen Abschnitten von Abb. 47 angegeben. Für die Nutzquerschnitte F'_m (mit ein oder mehr Löchern) erhält man die durchschnittlichen Spannungen $\sigma'_m = S'/F'_m$ im Stab und $\sigma''_m = S''/F''_m$ in den Laschen. Nach amerikanischen Großversuchen wird die Wirksamkeit der keilförmigen Nietanordnung indessen durch vorstehende Abschätzung überschätzt, vgl. *W. Schmid*[6], S. 143. Die Berechnung von Nietverbindungen nach Abb. 47 ist zwar allgemein üblich, sie sollte aber als wenig zutreffend besser nicht benutzt werden. Auf der anderen Seite ergeben sich bei der üblichen Berechnungsweise merkliche (unbeabsichtigte) Reserven, weil der Einfluß des Lochabzuges besonders bei statischer Belastung überschätzt wird.

c) Formänderungen. Die elastische Dehnung von Zugstäben mit Löchern ist, wie erwähnt, kaum größer als die von vergleichbaren vollen Stäben. Auch die Gesamtdehnung der Stöße ist im allgemeinen etwa ebenso groß wie die der gestoßenen Platten. Es reicht daher z. B. für Formänderungsberechnungen von Stahltragwerken aus, wenn die elastischen Dehnungen mit den Werten E und F der unverschwächten Stäbe ermittelt werden. Die Sicherheit gegen Fließen ist bei Stäben mit Lochverschwächungen größer als z. B. in Druckstäben.

2. Verteilung der Nietkräfte.

Die Verteilung der Stabkraft S auf die einzelnen Niete einer Verbindung hängt von deren elastischen Eigenschaften ab, sie ist „statisch unbestimmt". Im Falle der Abb. 48 hängt die Verteilung $N_1, N_2, \ldots$ von der Formänderung der Niete und der verbundenen Platten ab, sie ändert sich mit dem Verhältnis $F_{\text{Laschen}}/F_{\text{Stab}}$. Für $F_{\text{Stab}} \neq F_{\text{Laschen}}$ sind die äußersten Nietkräfte nicht mehr gleichgroß (Abb. 50a). Mit abnehmendem Verhältnis $F_{\text{Laschen}}/F_{\text{Stab}}$ wird N_n kleiner, N_1 nähert sich in der Grenze $N_1 = S$. Verbindungen zwischen Platten sehr verschiedener Dicke (Abb. 50b) sind wegen der Überbelastung des ersten Nietes unzweckmäßig.

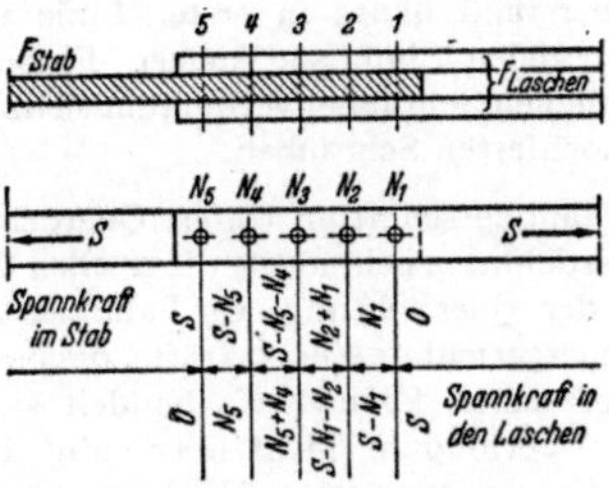

Abb. 48

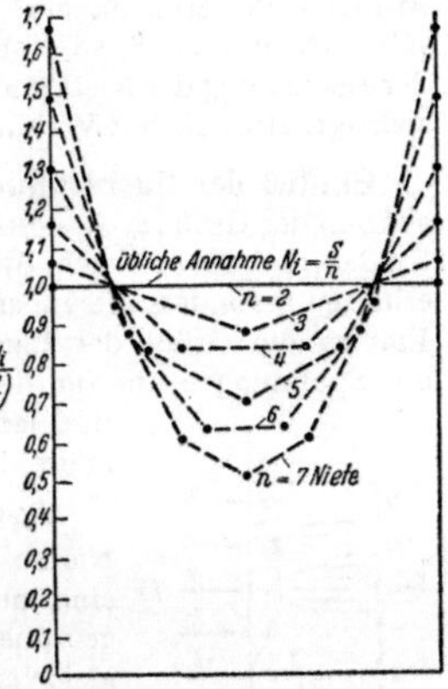

Abb. 49. Nietbelastung nach *A. Herlwig* und *H. Petermann*[1] ($F_{\text{Stab}} = F_{\text{Laschen}}$)

Abb. 49 setzt elastische Formänderungen voraus. Die theoretische Verteilung der Nietkräfte wird durch die Versuchsergebnisse bestätigt. Von besonderem Interesse sind die beiden Grenzfälle (vgl. *A. Herlwig* und *H. Petermann*[1]):

α) *Platten und Laschen starr*, nur die Niete elastisch (Abb. 51a). Sodann erfahren alle Niete die gleiche Verbiegung, alle Nietkräfte müssen gleich sein, $N_1 = N_2 = \cdots = S/n$.

β) *Niete starr*, nur Platten und Laschen elastisch (Abb. 51b). Da die Dehnungen in Stab und Laschen zwischen dem ersten und dem letzten Niet gleichgroß sein müssen, folgt $N_2 = N_3 = \cdots = N_n - 1 = 0$, ausgenommen $N_1 = \varkappa_1 S$ und $N_n = (1 - \varkappa_1) S$, wobei $F_{\text{Stab}} = \varkappa_1 (F_{\text{Stab}} + F_{\text{Laschen}})$ ist.

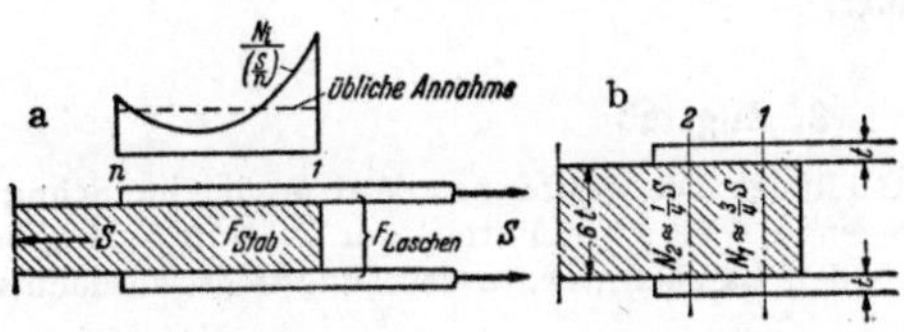

Abb. 50. Nietbelastung für $F_{\text{Stab}} > F_{\text{Laschen}}$

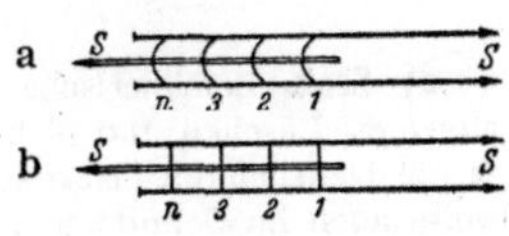

Abb. 51

Die wirkliche Kräfteverteilung liegt zwischen diesen Grenzfällen. Mit steigender Belastung tritt zuerst in den äußersten Nieten eine bleibende Formänderung ein, die am stärksten belasteten Niete werden entlastet und die Kräfteverteilung wird immer gleichmäßiger. Nach Eintritt größerer Formänderungen nähert sich die Kräfteverteilung dem Fall α), d. h. Nietkräfte sind alle etwa gleichgroß, falls das Abscheren der Niete maßgebend ist.

Bruchlast. Das Nietverfahren ist fast ohne Einfluß auf τ_{BV}. Die Scherfestigkeit τ_{BV} der Verbindung ist praktisch unabhängig von der Zahl der Niete, ihrer Verteilung, ebenso von der Gestalt der Nietverbindung, die Bruchlast entspricht in guter Annäherung einer gleichmäßigen Belastung aller Niete. Die gleichen Feststellungen gelten übrigens auch für gewöhnliche Schraubenverbindungen, woraus zu entnehmen ist, daß der Gleitwiderstand dafür keinen wesentlichen Einfluß auf die Tragfähigkeit hat.

[1] *A. Herlwig* u. *H. Petermann:* Stahlbau 2 (1929) S. 289.

Bemessung. Im Stahlbau wird in zentrisch belasteten Stäben mit gleichmäßiger Verteilung gerechnet, d. h. je Niet $N = S/n$. Da jedoch bei langen Stößen die ersten Niete schon früh überlastet sind, werden mehr als etwa 6 Niete hintereinander nach Möglichkeit vermieden.

Gleitwiderstand. Das Gleiten in den Stößen tritt schon bei verhältnismäßig geringen Belastungen ein. Der Gleitwiderstand hängt in erster Linie von der *Klemmkraft* (vgl. S. 585) ab, die sich mit vielen Einflüssen ändert. Er bleibt bei der Bemessung der Niet- und der bisher üblichen Schraubenverbindungen unberücksichtigt. Hinweis auf Verbindungen mit hochfesten Schrauben.

Einfluß der Querdehnung. In den Stabquerschnitten treten Querdehnungen auf von der Größe $\varepsilon_q = -\mu\varepsilon_l$. Ist die Querdehnung behindert, wie in allen längeren Stößen, so ergeben sich Spannungen in der Querrichtung. Im Falle der Abb. 43 erhalten besonders die äußersten Nieten quergerichtete Zusatzkräfte, die bei dicken Platten die Größe der Längsbelastung erreichen können. Es handelt sich zwar um Spannungen, die für den Bestand der Verbindung nicht notwendig sind. Sie sind jedoch Ursache für das vorzeitige Abscheren der „Eckniete" (vgl. *W. Schmid*[6], S. 149).

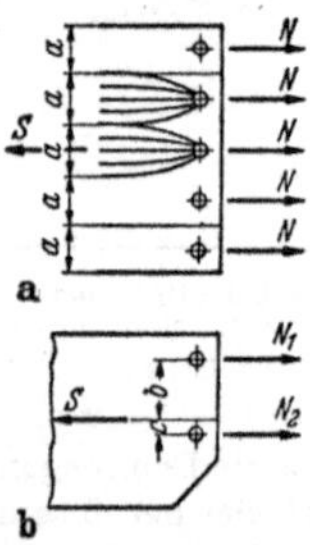

a

b

Abb. 52

Verteilung der Nietkräfte nach der Breite. Bei gleichen Nietabständen quer zur Kraftrichtung (Abb. 52a) sind den einzelnen Nieten gleich breite Streifen a des Querschnittes zugeordnet, die Nietkräfte $N = a\,t\,\sigma$ daher in erster Annäherung gleich groß. Die Verteilung bei ungleichmäßigen Nietabständen ist statisch unbestimmt, für Abb. 52b erfolgt sie nach dem Hebelgesetz.

Die für eine Verbindung erforderlichen Niete müssen so verteilt werden, daß die Spannungen „ohne Umwege" aufgenommen werden können. Unregelmäßigkeiten im Nietbild können mit erheblichen Spannungsspitzen verbunden sein: Bei der üblichen Annahme gleich großer Nietkräfte ist vorausgesetzt, daß die Verteilung der Nietzahl den Spannungen gemäß erfolgt.

3. Zugstab

a) Stoß. Zeichnerische Darstellung: Die gestoßenen Walzprofile im Schnitt angelegt, Laschen und nicht tragende Teile (z. B. Futter) nur im Umriß. Nur wo es die Deutlichkeit erfordert, werden Laschen usw. in der Draufsicht, ausnahmsweise auch im Schnitt schraffiert.

Stoß mit symmetrischen Laschen (Abb. 48 und 50). Die Stabkraft S muß an der Stoßstelle von den Laschen allein getragen werden, also

$$S/F_{m\,\text{Laschen}} \leqq \text{zul}\,\sigma.$$

Die Stoßniete sind ebenfalls für S zu bemessen, da sie die ganze Kraft von dem gestoßenen Stab in die Laschen überleiten müssen. Bezeichnet F'_s die gesamte Scherfläche in allen mitwirkenden Nietschnitten und F'_l die gesamte Lochleibungsfläche in dem Stab oder — falls dies die kleineren Werte sind — in den beiden Laschen, so müssen die durchschnittlichen Spannungen den Bedingungen genügen

$$\tau_m = S/F'_s \leqq \text{zul}\,\tau \quad \text{und} \quad \sigma_{lm} = S/F'_l \leqq \text{zul}\,\sigma_l.$$

Abb. 53

Stöße mit einseitiger Lasche sind mit erheblichen zusätzlichen Biegespannungen in den verbundenen Platten, Laschen und Nieten verbunden. Einseitige Stoßdeckung wird wegen der großen Formänderungen (Abb. 53) nur angewendet, wenn der Stab biegesteif oder seitlich gehalten ist, so daß er nicht ausbiegen kann.

Mittelbarer Stoß. Wenn die Laschen nicht unmittelbar auf den gestoßenen Platten liegen können, erhalten Niete und Platten erheblich größere Biegespannungen. Daher wird die Nietzahl n' je nach der Zahl m der Zwischenlagen größer gewählt als bei unmittelbarer Stoßdeckung n, z. B. nach GE zu $n' = n\,(1 + 3{,}0\,m)$.

Abb. 54

L-*Stoß.* Als Lasche kommt in vielen Fällen das gleiche Profil in Frage (Abb. 54a). Wenn die überstehenden Schenkel der Winkellaschen stören, z. B. bei Gefahr von Wassersammlung, wird entweder der überstehende Teil abgearbeitet (Abb. 54b) oder ein Laschenwinkel von geringerer Schenkelbreite und entsprechend größerer Dicke benutzt (Abb. 54c). In allen drei Fällen muß am Laschenwinkel die Winkelkante abgearbeitet werden, damit sie in die Rundung des gestoßenen Winkels paßt. Stoßdeckung mit zwei getrennten Flachstahllaschen Abb. 54d bis g.

Beim Stoßen von Formstählen **[**, **I**, **IP** muß Steg und Flansch für sich mit getrennten Laschen gedeckt werden. Die einzelnen Teillaschen sind so zu wählen, daß ihre Querschnittsfläche den von ihnen gedeckten Streifen entspricht. Für **[** 30 (Abb. 55a) sind die Flächenanteile:

Steg	$F_m = (30{,}0 - 3 \cdot 1{,}9)\,1{,}0 = 24{,}3\ \text{cm}^2$,
Steglaschen	$F_m = (23{,}0 - 3 \cdot 1{,}9)\,1{,}6 = 27{,}7\ \text{cm}^2$,
Flansch	$F_m = (9{,}0 - 1{,}9)\,1{,}6 = 11{,}4\ \text{cm}^2$,
Flanschlaschen	$F_m = (11{,}5 - 1{,}9)\,1{,}2 = 11{,}5\ \text{cm}^2$.

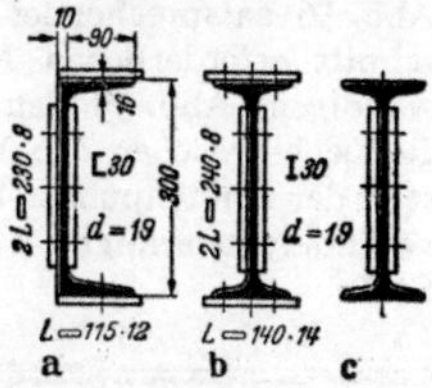

Abb. 55

Die volle Stoßdeckung für einen **I** 30 zeigt Abb. 55b. Die Steglaschen sind zusammen erheblich dicker als der Steg, da 8 mm Mindestdicke eingehalten ist. Wollte man den ganzen Trägerquerschnitt nur durch Steglaschen decken (Abb. 55c), würde Überbeanspruchung des Steges eintreten. Stoßdeckung nach Abb. 55c höchstens ausnahmsweise und nur für kleine Kräfte.

Stufenstoß. Mit Rücksicht auf Dicke der Laschen und Häufung der Niete ist es in vielen Fällen unzweckmäßig, den ganzen Querschnitt an einer Stelle zu unter-

Abb. 56. Symmetrischer Stufenstoß

brechen. Eine Teilung des Stoßes wird notwendig, wenn die Klemmdicke wegen der dickeren Laschen sonst zu groß würde. Einen Ausweg zeigt Abb. 56a. In diesem symmetrischen Stufenstoß ist jede Stoßfuge durch die darüberliegende eingelegte Platte,

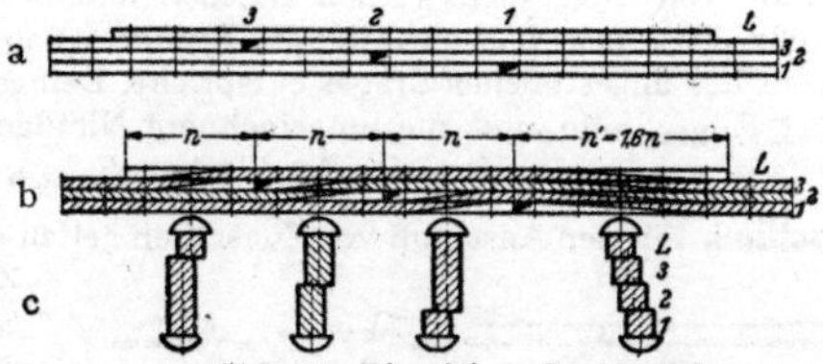

Abb. 57. Einseitiger Stufenstoß

die Fugen in der dritten Schicht durch eine aufgelegte Lasche gedeckt. Bei gleicher Plattendicke ist die Nietzahl n je Stoßabschnitt gleichgroß. Abb. 56b zeigt den Weg der Kräfte. Die einzelnen Niete sind nur in einem Schnitt auf Abscheren belastet. Der *einseitige Stufenstoß* (Abb. 57) ist in der linken Hälfte wie bei

Abb. 56, rechts hat man mittelbare Stoßdeckung, außerdem sind dort die Niete in drei Schnitten auf Abscheren beansprucht, daher $n' = (1 + 2 \cdot 0{,}3)\, n = 1{,}6\, n$.

Bei *zusammengesetzten Querschnitten* werden die Laschen so verteilt, daß örtliche Spannungserhöhungen vermieden werden, daher die einzelnen Laschenflächen gemäß der Fläche der damit gedeckten Querschnittsteile, möglichst unter Erhaltung der Schwerpunktslage. Abweichende Verteilungen der Laschenflächen sind mit Änderungen der Spannungsverteilung verbunden. Die Gesamtfläche der Laschen muß natürlich

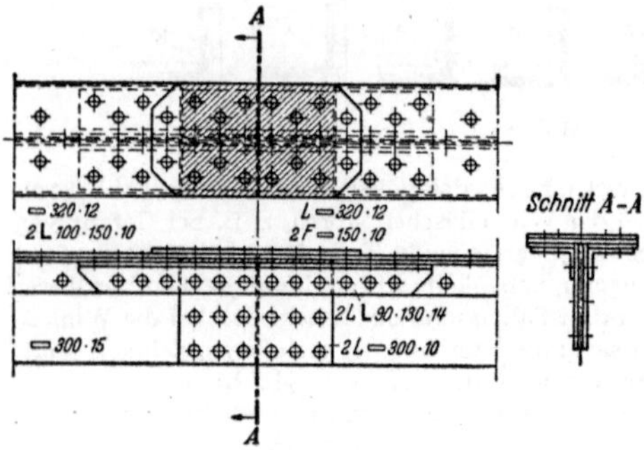

Abb. 58

$$F_{m\,\text{Laschen}} \geqq F_{m\,\text{Stab}}$$

sein. Der Verlauf der Kräfte ist eingehend zu verfolgen, um Überbelastung von Nieten und Laschen zu vermeiden. Es empfiehlt sich, ein der Abb. 56 entsprechendes Schema aufzustellen unter Beachtung der in jedem Abschnitt erforderlichen Nietzahl n bzw. n'. Abb. 58 zeigt den Stoß eines einwandigen, Abb. 59 den eines zweiteiligen Stabes mit 4 Stegblechen und einem Beiblech zwischen den Winkeln. In Fachwerkträgern sind die Stabkräfte beiderseits der Knotenpunkte im allgemeinen verschieden. Die notwendige Querschnittsveränderung erfolgt oft zweckmäßig in einem neben dem Knotenpunkt liegenden Stoß.

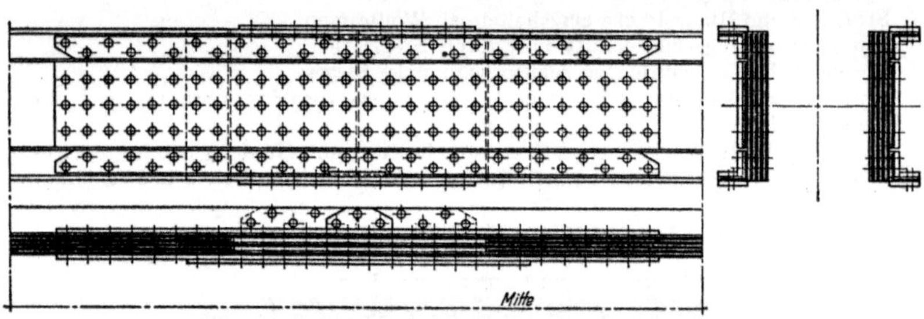

Abb. 59

Beim Stoß von Zugstäben werden Laschen und Stoßnieten (ohne Rücksicht auf die Größe der tatsächlich auftretenden Stabkraft) so stark gewählt, wie es der Tragfähigkeit des ungestoßenen Stabes entspricht. Demgemäß muß die Nutzfläche $F_{m\,\text{Laschen}} \geqq F_{m\,\text{Stab}}$ sein und die umgerechnete Nietfläche F_s bzw. $F_l \geqq F_m$. Da ${}_{\text{zul}}\sigma$ herausfällt, genügt der Vergleich der Flächen $F_{m\,\text{Stab}}$ mit F_s, F_l und $F_{m\,\text{Laschen}}$.

b) Anschluß. Für den Anschluß von Zugstäben gelten grundsätzlich die gleichen Zusammenhänge wie beim Stoß. Versuche zeigten den großen Vorteil symmetrischer Krafteinleitung. Bei einseitigem Anschluß ergibt sich starke Verbiegung

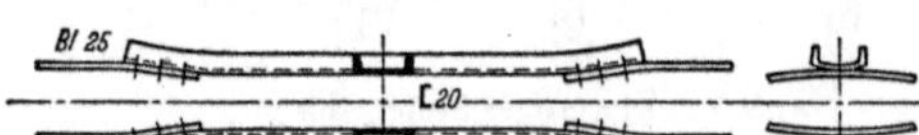

Abb. 60

in der Längs- und Querrichtung (Abb. 60). Trotz der erheblichen zusätzlichen Biegespannungen können auch einseitig angeschlossene ∟- und [-Stäbe fast ganz ausgenutzt werden. Die Tragfähigkeit eines Anschlusses kann bis auf die Hälfte absinken, wenn man nicht für einen Ausgleich der zusätzlichen Biegemomente sorgt. Zweiteilige Zugstäbe bedürfen der gleichen sorgfältigen Versteifung durch Schotten bzw. Bindebleche wie Druckstäbe (vgl. S. 672). In erster Linie sind die Knotenbleche gegen querbiegende Anschlußkräfte zu sichern.

Die Tragfähigkeit eines Anschlusses kann durch das Ausreißen im Knotenblech (Abb. 61 a) begrenzt sein. Grobe Abschätzung ist an Hand der Fläche F_{mA} der eingezeichneten Bruchlinie möglich: $S_{BA} \approx F_{mA} \cdot \sigma_{BO}$. Bei unsymmetrischer Bruchlinie (Abb. 61 b) wird dabei mit Rücksicht auf die Außermittigkeit nicht die ganze Bruchfläche eingesetzt, sondern nur $2 \cdot F_m (a - b)$.

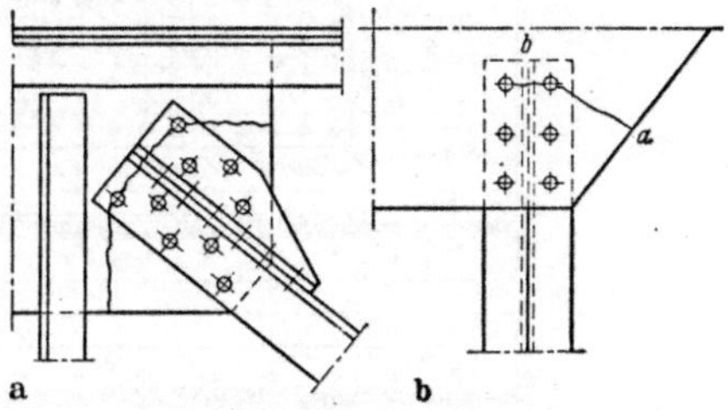

Abb. 61

Als Stoßdeckung sollen Knotenbleche nicht benutzt werden, dafür sind besondere Laschen vorzusehen. Knotenbleche von Fachwerken vgl. S. 674. Der Anschluß an Knotenbleche wird erleichtert, wenn ein möglichst großer Teil des Stabquerschnittes in die Ebene des Knotenbleches fällt.

Anschluß mit Beiwinkel. Bei größeren Stabquerschnitten ist eine große Zahl von Anschlußnieten notwendig, Beispiel Abb. 62.

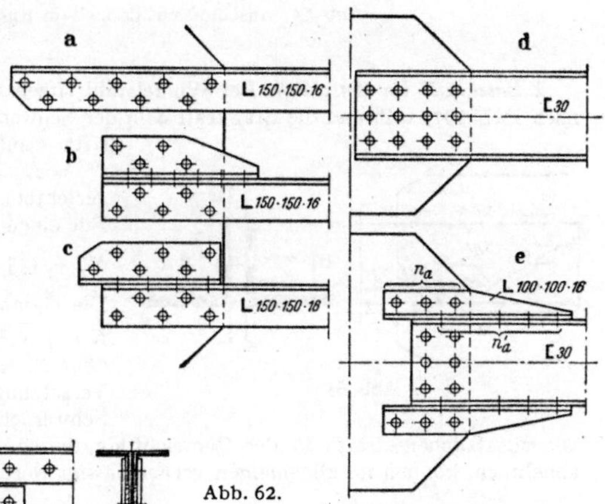

Abb. 62.

Anschlüsse ohne und mit Beiwinkel

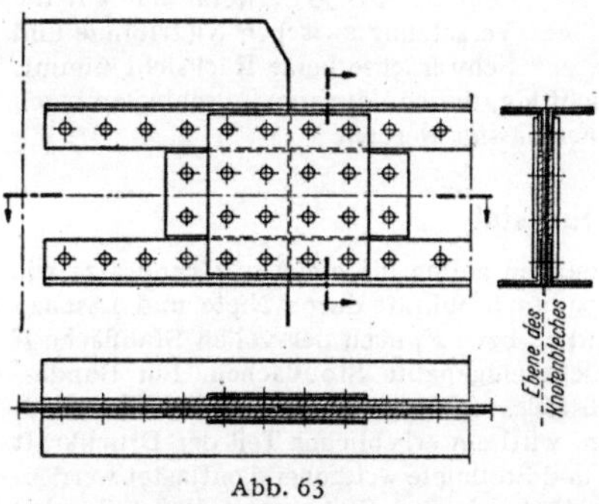

Abb. 63

Solche langen Anschlüsse sind wegen der ungleichmäßigen Verteilung der Nietkräfte, aber auch wegen der zu großen Knotenbleche unerwünscht. Die Anschlußlänge kann verkürzt werden, wenn die abstehenden Schenkel durch besondere *Anschlußwinkel* oder *Beiwinkel* angeschlossen werden. Da die Verbindungen erst nach einer gewissen Formänderung voll wirksam sind, werden die abstehenden Flansche *oder* die anliegenden Schenkel der Beiwinkel mit größerer Nietanzahl verbunden, als dies ihrem Kraftanteil entspricht (Abb. 62b und c). Regel ist $n_a = 1,5\, n_a$.

Zusammengesetzte Querschnitte. Bei Abb. 63 können die Winkel über das Knotenblech geschoben und leicht angeschlossen werden. Der Steg hat die gleiche Dicke wie das Knotenblech und wird verlascht. Bei Stäben mit mehreren Platten bietet oft die Verwendung mehrfacher Knotenbleche Vorteile (Abb. 64). Die Quersteifung im Anschluß wird am einfachsten erreicht, wenn der Steg des Stabes möglichst weit zwischen die Knotenbleche geführt wird. Bei zusammengesetzten Querschnitten ist es notwendig, die Kraft auf ihrem Wege im Anschluß genau zu verfolgen. Die Anschlußniete sind den Flächenanteilen entsprechend zu verteilen.

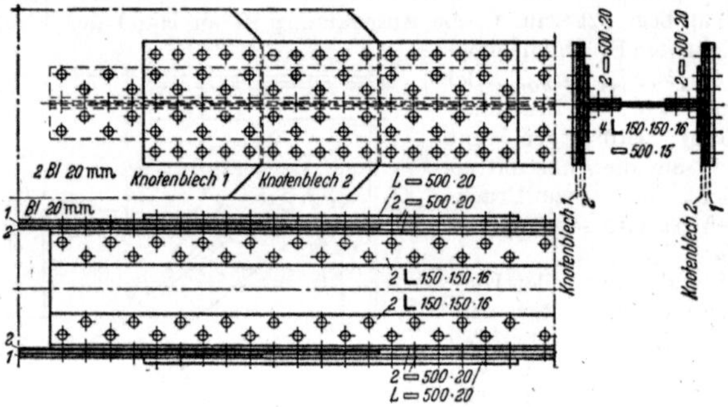

Abb. 64. Anschluß mit doppeltem Knotenblech

Zusatzkräfte im Anschluß. Bei Winkelstahl sitzen die Niete in den Rißlinien nach DIN 997, während die Stabkraft S in der Schwerachse angreift. Bei Abb. 65 tritt außer der Scherbelastung $N_1' = N_2' = S/2$ noch eine quergerichtete Nietkraft $N_1'' = N_2''$ auf. Für einen L 100 · 100 · 10 ist

$$N_1'' = (55 - 28{,}2)/100 \cdot S = 0{,}27\, S.$$

Die Gesamtbelastung eines Nietes ist $N = \sqrt{N_1'^2 + N_1''^2} = 0{,}57\, S$, gegenüber $N' = 0{,}50\, S$, wenn man auf die Versetzung zwischen Nietrißlinie und Schwerachse keine Rücksicht nimmt. Die zusätzlichen Kräfte in der Querrichtung, die bei längeren Anschlüssen rasch abnehmen, können im allgemeinen vernachlässigt werden.

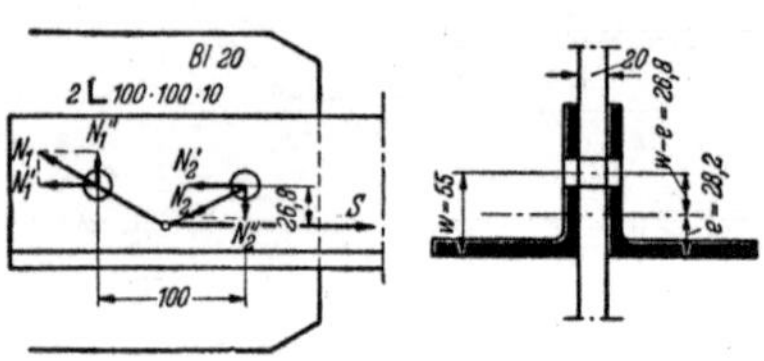

Abb. 65

4. Druckstab

Für Stoß und Anschluß von Druckstäben gelten die gleichen Grundsätze wie für Zugstäbe, auch für sie wird die gesamte Stabkraft durch Niete und Laschen übertragen, d. h. es werden F_{Laschen} und F_s bzw. F_l nach der vollen Stabfläche F bemessen. Die Regel sind normale, nicht eingepaßte Stoßflächen. Für Bundesbahnbrücken werden grundsätzlich Paßstöße verlangt. Sobald sich aber die Endflächen der verbundenen Teile berühren, wird ein erheblicher Teil der Druckkraft *auf Kontakt* übertragen, so daß Laschen und Stoßniete weitgehend entlastet werden. Versuche[8] haben gezeigt, daß die Tragfähigkeit von Stäben mit Paßstößen bei mittiger Belastung nicht vom Laschenquerschnitt oder der Zahl der Stoßniete abhängt. Auch bei geringen Biegespannungen (außermittiger Druck bis zur Kernweite) bleibt die Tragfähigkeit praktisch unvermindert.

Von der Möglichkeit mit schwächeren Stoßdeckungen auszukommen als nach der oben erwähnten Regel wird im Stahlhochbau bei nur auf Druck belasteten durch-

---

[8] *G. Bierett* u. *G. Grüning:* Knickfestigkeit von gestoßenen Stützen mit plangefrästen Stoßflächen usw. Ber. D. Ausschuß Stahlbau Heft 6, Berlin 1936.

laufenden Stützen Gebrauch gemacht. Nach DIN 1050 § 11,3 brauchen Laschen und Niete nur für die halbe Stützenlast bemessen zu werden, wenn ein Paßstoß ausgeführt wird und der Stoß in den äußeren Viertelteilen der Knicklänge liegt. Im Brückenbau ist die Verminderung von Stoßlaschen und Stoßnieten bisher auf wenige Fälle beschränkt geblieben.

Die *Tragfähigkeit von Druckstäben* ist, soweit nicht schon früher Stabilitätsfälle eintreten, spätestens mit dem Erreichen der Fließgrenze erschöpft, da dann große Formänderungen auftreten und der Stab seitlich ausweicht (Knickung). Die mit Nieten ausgefüllten Löcher haben dabei keinen feststellbaren Einfluß auf das Verhalten des Stabes.

5. Dauerfestigkeit von Nietverbindungen

Für die Dauerfestigkeit von Nietverbindungen sind in erster Linie die Spannungsspitzen bestimmend, die an den Löchern auftreten.

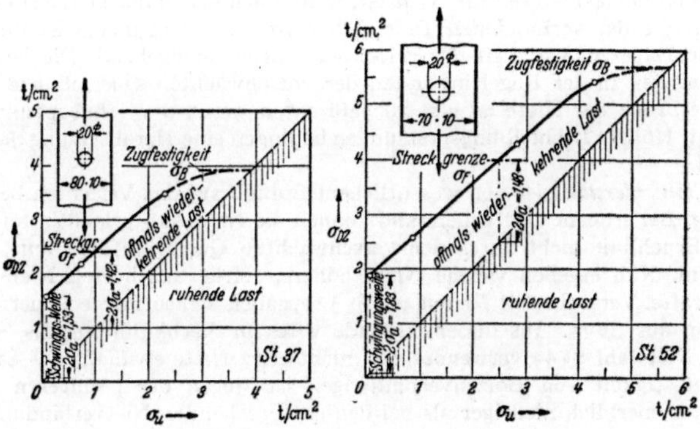

Abb. 66. Dauerzugfestigkeit σ_{Dz} (links St 37, rechts St 52) nach *O. Graf*[8]

Die Dauerfestigkeit wird bereits durch die Löcher allein wesentlich vermindert. *Stäbe mit offenen Löchern* brechen beim Dauerzugversuch in den verschwächten Querschnitten, und zwar beginnt der Dauerbruch mit Anrissen am Lochrand, die sich immer weiter über den Querschnitt ausdehnen. Auf glatte Löcher ist daher Wert zu legen. Abb. 66 zeigt die Dauerzugfestigkeit von Flachstäben mit Bohrung aus St 37 und St 52, und zwar für verschiedene Vorspannungen. Vgl. *O. Graf*[5], S. 18. Bei größeren Vorbelastungen σ_u ertragen beide Werkstoffe Dauerzugfestigkeiten σ_{Dz} über der Fließgrenze. Der Spannungsausschlag ist für beide Werkstoffe etwa gleich groß. Die Vorzüge von St 52 können somit erst nutzbar gemacht werden, wenn eine höhere Vorbelastung σ_u vorhanden ist. Fließgrenze σ_F und Zerreißfestigkeit σ_B gestatten keinen Rückschluß auf die Dauerfestigkeit.

Die Beschaffenheit der Oberfläche ist von großem Einfluß auf die Dauerfestigkeit. Bei stark rissiger Walzhaut nimmt die Dauerfestigkeit beträchtlich ab, durch allseitige Bearbeitung der Proben kann sie unter Umständen erheblich gehoben werden.

Bei der Gestaltung ist anzustreben, daß die *Dauerfestigkeit der Nietverbindungen* wenigstens nicht wesentlich kleiner ist als die von Stäben mit offenen Löchern. Die nach den heutigen Grundsätzen hergestellten Verbindungen entsprechen angenähert dieser Forderung. Im Durchschnitt der „Gemeinschaftsversuche"[9] war die Dauerfestigkeit σ_{Dz} bei $\sigma_u = 0{,}2$ t/cm², die Schwellzugfestigkeit σ_{Uz} und deren

[8] *K. Klöppel:* Stahlbau 9 (1936) S. 102, vgl. auch Stahlbau 8 (1935) S. 29.

Verhältnis zur statischen Zerreißfestigkeit σ_B gleichartiger Proben:

(Werte in t/cm²)	St 37			St 52		
	σ_{Dz} ($\varrho_u = 0{,}2$)	σ_{Uz}	$\frac{\sigma_{Uz}}{\sigma_B}$	σ_{Dz} ($\sigma_u = 0{,}2$)	σ_{Uz}	$\frac{\sigma_{Uz}}{\sigma_B}$
Vollstab	2,75	>2,55	>0,63	3,13	>2,93	>0,51
Gelochter Stab	2,10	2,05	0,49	2,30	2,20	0,35
Zweireihige Nietverbindung	1,71	1,60	0,36	1,87	1,75	0,28

Die Verteilung der Nietkräfte beim Dauerversuch und ihr Einfluß ist noch nicht näher bekannt, insbesondere wissen wir wenig über Stöße mit großer Nietzahl. Eine Abschätzung der Dauerfestigkeit von Nietverbindungen und anderen gekerbten Stäben dürfte vielleicht unter Benutzung des sog. Spannungsgefälles möglich sein[10]. Es würde dadurch auch erklärt, daß Nietverbindungen mit keilförmiger Nietanordnung die kleinste Lebensdauer besitzen, vgl. Abb. 47.

Die *Widerstandsfähigkeit der Niete* ist, wenn nach der üblichen Regel bemessen, größer als die der verbundenen Teile. Für $\sigma : \sigma_l : \tau = 1 : 2{,}0 : 0{,}8$ ist im wesentlichen die Dauerzugfestigkeit der gelochten Platten maßgebend. Die Nietverbindungen werden in der Regel im ersten der verschwächten Querschnitte zerstört. Ein Dauerbruch der Niete ist erst zu befürchten, wenn die Schubspannung über $0{,}8\,\sigma$ liegt. Höhere Lochleibungspressungen bedingen eine Herabsetzung der Dauerfestigkeit.

Der *Gleitwiderstand* ist von wesentlichem Einfluß auf das Verhalten bei Dauerbelastung. Bei großem Gleitwiderstand können die Niete so stark entlastet werden, daß die Bruchlinie nicht durch den verschwächten Querschnitt verläuft, sondern *vor* diesem. Nun ergeben weiche Niete höhere, solche aus harten Nieten kleine Klemmkräfte. Versuche mit Nieten aus St 52 ergaben viel geringere Dauerfestigkeit als Nieten aus St 44. Aus diesem Grunde wird für Verbindungen aus St 52 der weichere Nietstahl St 44 verwendet und nicht etwa Niete ebenfalls aus St 52. Die Dauerzugfestigkeit von Bolzenverbindungen ist wegen der geringeren Klemmspannungen merklich niedriger als bei den entsprechenden Nietverbindungen.

Im Stahlbau war es früher allgemein üblich, die Berührungsflächen vor dem Vernieten mit einem Grundanstrich aus Bleimennige zu versehen. Ein solcher Anstrich wirkt jahrelang wie eine Schmierung, so daß der Gleitwiderstand stark vermindert wird. Verbindungen ohne Zwischenanstrich werden durch die größere Reibung in höherem Maße entlastet als bei Verbindungen mit Zwischenanstrich. Bei Verbindungen aus St 52 und Nieten St 44 mit Zwischenanstrich ist der Spannungsausschlag bis ein Drittel kleiner als ohne Zwischenanstrich. Bei Verbindungen aus St 37 ist der Einfluß des Zwischenanstriches zwar erheblich geringer als bei St 52, aber noch deutlich zu erkennen. Vgl. *O. Graf*[5], S. 25. Auf Grund dieser Versuchsergebnisse wird bei dynamisch beanspruchten Fachwerkhauptträgern aus St 52 kein *Zwischenanstrich* ausgeführt (Technische Vorschriften für Stahlbauwerke, abgekürzt TVSt, der Deutschen Bundesbahn, 10. Aufl., 1950, S. 10). Eine Vergrößerung der Reibung in den Berührungsflächen tritt ein, wenn man die Niete möglichst dicht setzt und ihre Anzahl nicht zu knapp bemißt.

Vorstehendes bezieht sich auf Dauerversuche mit Zugspannungen. Die *Schwelldruckfestigkeit* σ_{Ud} von Stäben mit Bohrung und Walzhaut ist nach *O. Graf*[11] erheblich größer als die Schwellzugfestigkeit σ_{Uz}, nämlich

$$\sigma_{Ud} = 2{,}7 \text{ t/cm}^2 \text{ für einen St 37 von } \sigma_{FO} = 2{,}75 \text{ t/cm}^2 \text{ und}$$
$$\sigma_{Ud} = 2{,}9 \text{ t/cm}^2 \text{ für einen St 60 von } \sigma_{FO} = 4{,}03 \text{ t/cm}^2.$$

Der Bruch wurde bei oftmals wiederholter Druckbelastung durch Querrisse herbeigeführt, die von der Lochleibung ausgingen und durch die Zugspannungen verursacht sind, welche bei jeder Entlastung infolge der bleibenden Stauchungen

[10] *O. Steinhardt* u. *K. Möhler:* Bautechnik 26 (1949) S. 265.
[11] *O. Graf:* Stahlbau 7 (1934) S. 9.

auftreten, so daß die Spannung an der Lochleibung in Wirklichkeit zwischen Druck und Zug wechselt.

Für *wechselnde Zug- und Druckbeanspruchung* von Nietverbindungen gelten grundsätzlich ähnliche Zusammenhänge wie für schwellende Belastung. Bemerkenswert ist[12], daß der Spannungsausschlag bei Wechselbelastung etwa 1,5mal so groß ist (Abb. 67), daß aber die Niete bei dieser Belastung offenbar mehr gefährdet sind als bei schwellender Belastung.

Es bleiben noch viele Fragen zu klären, insbesondere auch wie weit die Dauerversuche im Laboratorium auf die Stahlbauwerke der Praxis übertragen werden können. Die vorstehend besprochenen Versuche bilden zusammen mit noch anderen die Grundlage für das *γ-Verfahren* für die Berücksichtigung der Erscheinung des Dauerbruches bei der Bemessung.

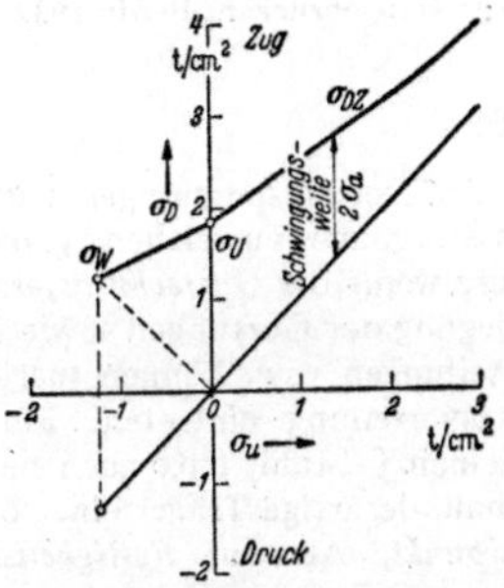

Abb. 67. Dauerzugfestigkeit σ_{Dz} (N = 0,5 Mio.) von Nietverbindungen aus St 52, schematisch nach Versuchen von *O. Graf*

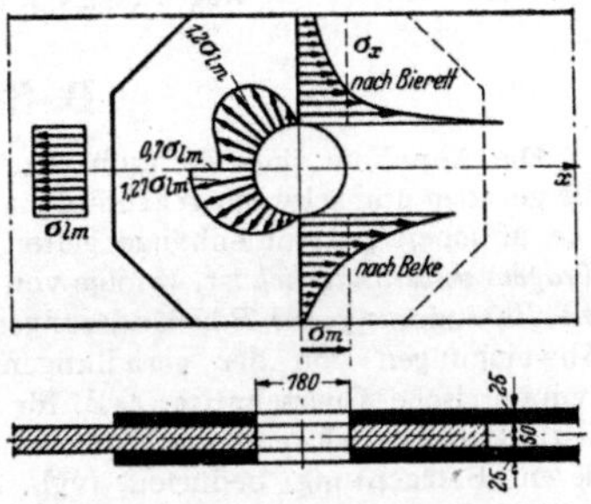

Abb. 68. Spannungen in einem verstärkten Augenstab nach den Messungen von *G. Bierett*, zum Vergleich die theoretischen Werte nach *J. Beke*

6. Augenstäbe

sind Zugstäbe, mit großen Bohrungen (Augen) für die Aufnahme von Gelenkbolzen. Die Augen gewährleisten zentrische Belastung, wenn man von den in den Bolzengelenken auftretenden Reibungskräften absieht.

a) Augenstäbe aus Breitflachstahl. Der Spannungszustand an den Lochleibungen ist ähnlich wie bei Nieten. Da die großen Bohrungen eine starke Querschnittsschwächung bedingen, werden bei Augenstäben aus Flachstahl zum Ausgleich meist Verstärkungen aufgenietet, die in Anlehnung an die unter b) gegebenen Erfahrungswerte bemessen werden. Genaue experimentelle Untersuchung eines verstärkten Augenstabes bei *G. Bierett*[2]. Die Meßergebnisse dürfen nicht ohne weiteres auf andere Augenstäbe übertragen werden.

Für die Verteilung der Lochleibungspressungen wird oft die Annahme $\sigma_\varphi = \sigma_0 \cos\varphi$ benutzt, die aber den Meßergebnissen von *Bierett* auch nicht angenähert gerecht wird. Auch bei den Längszugspannungen im Augenquerschnitt ergeben sich erhebliche Unterschiede gegenüber theoretischen Untersuchungen, die (wie z. B. *J. Beke*) eine Pressungsverteilung nach dem Cosinus-Gesetz zugrunde legen. Polarisationsoptische Spannungsuntersuchungen am Nietloch s. *A. Hennig*[1].

b) Augenstäbe im engeren Sinne besitzen am Auge eine Querschnittsvergrößerung, und zwar entweder nur in der Breite oder nach Breite und Dicke (Abb. 69). Sie werden nur ausnahmsweise aus vollem Breitflachstahl gearbeitet, meist wird der Kopf der Augenstäbe im glühenden Zustand angestaucht. Die empfohlene und

---

[12] *O. Graf:* Zweiter Kongr. Internat. Ver. Brückenbau u. Hochbau, Vorbericht, Berlin 1936, S. 1010 und Stahlbau 9 (1936) S. 185.

ausgeführte Form von (in der Dicke nicht verstärkten) Augenstäben schwankt in weiten Grenzen:

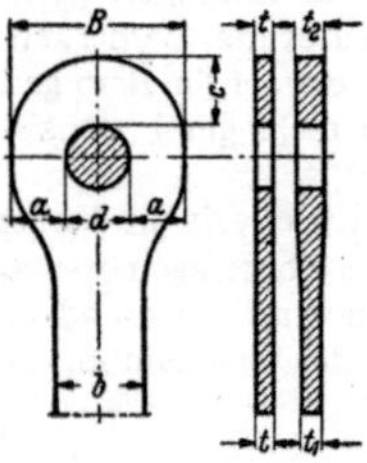

Abb. 69

$$a = 0{,}55 \text{ bis } 0{,}75\,b,$$
$$c = 0{,}665 \text{ bis } 0{,}75\,b,$$
$$d = 0{,}6 \text{ bis } 1{,}2\,b,$$
$$B = 1{,}7 \text{ bis } 2{,}5\,b.$$

Auf Grund amerikanischer Versuche empfiehlt *J. Melan*[13] die Maße $c = 0{,}75\,b$ und $d = b$, was ${}_{zul}\sigma_l = 1{,}0\,{}_{zul}\sigma$ entspricht. Die Zerreißfestigkeit der Augenstäbe betrug im Mittel $\sigma_{BA} = 0{,}91\,\sigma_{BO}$.

Über *Gelenkbolzen* s. S. 594. Zur *Berechnung der Augenstäbe* vgl. *F. Bleich*: Theorie und Berechnung der Eisernen Brücken, Berlin 1924, S. 255. — Über die amerikanischen *Normen* für Augenstäbe vgl. *C. M. Bohny*: Hängebrücken, Berlin 1932, S. 52.

B. Biegeträger

Die Annahme einer geradlinigen Verteilung der Normalspannungen trifft für die geraden und schwach gekrümmten Träger des Stahlbaues ausreichend genau zu. Die üblichen Zusammenhänge gelten jedoch nur, wenn die *Querschnittsform des Trägers unveränderlich* ist. Infolge von Querverbiegung der Gurtungen sowie durch die Behinderung der Formänderungen an Aussteifungen usw. können merkliche Abweichungen von der geradlinigen Spannungsverteilung eintreten. Für unsymmetrische Querschnitte, z. B. für einen einzelnen [-Stahl, tritt auch bei Belastung in der Schwerebene Verdrillung ein, weshalb derartige Träger einer besonderen Betrachtung bedürfen (vgl. *Schubmittelpunkt*, Abschn. *Festigkeitslehre*, S. 216).

Die *Tragfähigkeit von Biegeträgern* wird in fast allen Fällen durch seitliches Ausweichen des gedrückten Gurtes (*Kippen*) begrenzt. Dies tritt spätestens ein, wenn die Fließgrenze nach dem Spannungsausgleich überall im gedrückten Flansch erreicht ist. Nur bei starken seitlichen Abstützungen kann die ertragene Randspannung bis in den Verfestigungsbereich des Baustahles gehoben werden. Bei der Abschätzung der Tragfähigkeit ist die wirkliche Spannungsverteilung zu berücksichtigen. Mit der Annahme geradliniger Spannungsverteilung würde man die Tragfähigkeit unterschätzen. Die Labilitätserscheinungen sind besonders zu untersuchen.

1. Lochabzug in Biegeträgern

Auf der Zugseite der Biegeträger wirkt die Querschnittsverschwächung wie bei Zugstäben (Zerreißen des Zuggurtes im verschwächten Querschnitt). Für den Lochabzug gelten sinngemäß die gleichen Regeln wie beim Zugstab.

Da die mit Nieten ausgefüllten Löcher auf der Druckseite des Trägers in Spannungsverteilung und Formänderungen kaum festzustellen sind und die Tragfähigkeit meist durch seitliches Ausweichen des Druckgurtes begrenzt ist, hat die Größe der Querschnittsverschwächung bei Trägern mit symmetrischen Querschnitten keinen merklichen Einfluß auf die Traglast. Es wurde daher schon von *F. Hartmann*[14] die Frage aufgeworfen, ob es bei symmetrischen Biegeträgern notwendig sei, überhaupt einen Lochabzug zu berücksichtigen. Bei unsymmetrischen Querschnitten (Druckseite stärker) kann der Lochabzug auf der Zugseite für die Tragfähigkeit maßgebend werden. Unter oftmals wiederholter Belastung haben Löcher erheblichen Einfluß, selbst wenn sie in größerem Abstand von der Randfaser liegen (vgl. Dauerfestigkeit von Biegeträgern, S. 605 und 615).

Die Lochverschwächungen wurden bisher in *beiden Gurtungen* des Trägers voll berücksichtigt. Es bahnt sich jedoch, ähnlich wie bei den Zugstäben, ein Wandel

[13] *J. Melan:* Konstruktion der Hängebrücken. Handbuch der Ingenieurwissenschaften, II. Teil, Bd. 6, 4. Aufl., Leipzig 1925, S. 249.
[14] *F. Hartmann:* Stahlbau 12 (1939) S. 25.

in der Auffassung an: Die BE (Ausgabe 1951) § 28, 1 fordert nur noch den Abzug von $0{,}75\cdot\Delta I$, wobei ΔI das Trägheitsmoment der Verschwächungen in den Gurten ist. Der so erhaltene Wert für das sog. *maßgebende* Trägheitsmoment $I_m = I - 0{,}75\,\Delta I$ und das Widerstandsmoment W_m sind nicht zu verwechseln mit den Werten für *vollen* Lochabzug I_n und W_n des schwächsten Querschnittes F_n, wie sie nach älterer Auffassung für die Biegeberechnung zugrunde gelegt wurden.

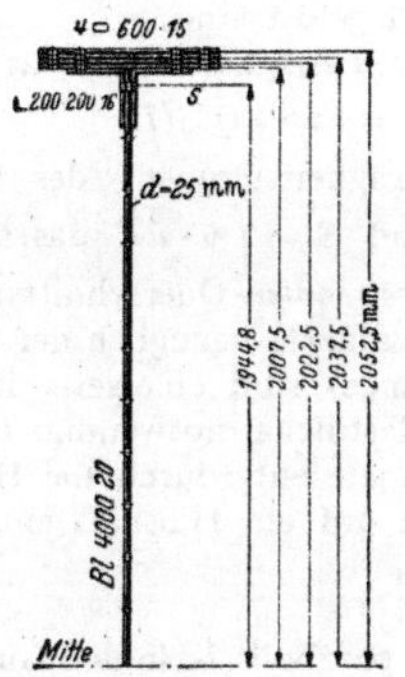

Abb. 70

Beispiel zur Ermittlung von I, I_n und W_n bei *vollem Nietabzug* für Abb. 70 s. Tabelle. Bei nur teilweiser Berücksichtigung von ΔI ist sinngemäß zu verfahren. Im Steg werden für eine lotrechte Nietreihe 0,15 der Stegblechdicke t abgezogen, das heißt, wir rechnen mit der verschwächten Blechdicke $t_n = 0{,}85\,t$. In den Gurtungen sind mindestens je zwei Bohrungen abzuziehen. Ist die Versetzung zwischen Kopf- und Halsniete $e_1 < 2\,d$, so sind außerdem die Halsnieten zu berücksichtigen.

Tabellen vgl. *P. Krugmann:* Trägheits- und Widerstandsmomente von Blechträgern. Berlin 1932. — Tabellen für zusammengesetzte Querschnitte vgl. Taschenbuch Stahl im Hochbau.

Spannungsnachweis für den Fall, daß nur Biegemomente wirken:

$$\sigma_m = M/W_m \leqq {}_{\text{zul}}\sigma.$$

Ermittlung von I, I_n und W_n für den Biegeträger Abb. 70 (voller Lochabzug)

Profil (Abzug) Alle Nieten d = 25 mm.	F	ΔF	Vollquerschnitt I (Teil)		I (Gesamt)	Nutzbarer Querschnitt ΔI (Teil)		I_n (Teil)	I_n (Gesamt)	Gurtplatten	W_n (Gesamt)
	cm²	cm²	cm⁴	Faktor 10^6		cm⁴		Faktor 10^6			cm³
Bl 4000 · 20 (15%)	800,0	120,0	$\frac{2{,}0\cdot 400^3}{12}$	10,667	10,667	$0{,}15\cdot 10667000$	1,600	9,067	9,067	0/0	45300
4 L 200 · 200 · 16 (je 2 Ø 25)	247,2	32,0	$247{,}2\cdot 194{,}48^2 + 4\cdot 2340$	9,359	20,026	$16{,}0\cdot(199{,}2^2 + 194{,}0^2)$	1,237	8,122	17,189	0/0	85900
2 ═ 600 · 15 (je 4 Ø 25)	180,0	30,0	$180{,}0\cdot 200{,}75^2$	7,254	27,280	$30{,}0\cdot 200{,}75^2$	1,209	6,045	23,234	1/1	115300
2 ═ 600 · 15 (je 4 Ø 25)	180,0	30,0	$180{,}0\cdot 202{,}25^2$	7,363	34,643	$30{,}0\cdot 202{,}25^2$	1,227	6,136	29,370	2/2	144700
2 ═ 600 · 15 (je 4 Ø 25)	180,0	30,0	$180{,}0\cdot 203{,}75^2$	7,473	42,116	$30{,}0\cdot 203{,}75^2$	1,245	6,228	35,598	3/3	174000
2 ═ 600 · 15 (je 4 Ø 25)	180,0	30,0	$180{,}0\cdot 205{,}25^2$	7,583	49,699	$30{,}0\cdot 205{,}25^2$	1,264	6,319	41,917	4/4	203500
Gesamt	1767,2	272,0		49,699			7,782	41,917			

Der vorstehende Wert ist die Spannung in der Randfaser e_r. Die BE (Ausgabe 1951) § 22,2 verlangt abweichend davon den Nachweis der Normalspannung nicht für die Randfaser des Gesamtquerschnittes, sondern nur für eine mittlere *Gurtfaser* (Schwerlinienabstand e_g)

$$\sigma_g = \sigma_m \cdot e_g/e_r \leqq {}_{\text{zul}}\sigma.$$

Damit wird nach einem Vorschlag von *E. Kohl* die Steigerung der Tragfähigkeit bei Plastizierung des Gurtquerschnittes berücksichtigt.

Eine Neuregelung der Bundesbahn-Vorschriften über die Größe des bei der Bemessung zu berücksichtigenden Nietlochabzuges und des Spannungsnachweises steht bevor.

2. Halsniete und Kopfniete

Bei Biegung treten neben Normalspannungen (Biegespannungen im engeren Sinn) auch Schubspannungen auf, die bei parallelgurtigen Trägern der Querkraft Q proportional sind. Bei zusammengesetzten Querschnitten werden die Schubspannungen in den Berührungsflächen zwischen den einzelnen Walzprofilen von den Verbindungsnieten aufgenommen. Vgl. Abb. 71 für den Fall, daß die *Halsniete* gelöst sind.

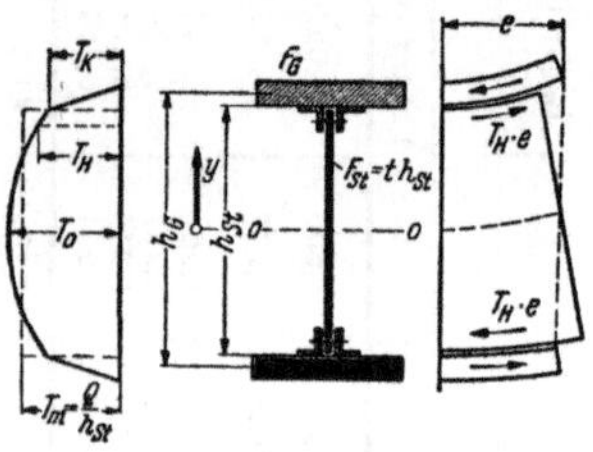

Abb. 71. Schubkräfte bei Biegung (Dübelwirkung)

Nach Abschn. *Festigkeitslehre* S. 215 ist:

$$T = b\tau = Q\,S/I, \qquad (1)$$

worin I das Trägheitsmoment des Gesamtquerschnittes und $S = \int y \cdot dF$ das statische Moment des *abgetrennten* Querschnittsteiles F_G (in Abb. 71 schraffiert) bezüglich der Schwerachse $y = 0$ ist. Die Schubkräfte T (in t/cm Länge) sind einerseits im Stegblech aufzunehmen, wofür eine bestimmte Mindestdicke notwendig ist, und andererseits, wenn man von den Reibungskräften absieht, durch die Halsniete zwischen Stegblech und Gurt zu übertragen. Die auf ein Halsniet entfallende Kraft ist

$$N_H = T_H e = Q e \cdot S_H/I.$$

Die Verteilung der Schubkräfte T über den Steg ist parabolisch, in den Gurtungen etwa linear. Bei Biegeträgern mit schweren Gurtungen unterscheidet sich T im Steg wenig von dem Durchschnittswert T_m, der oft für die erste Abschätzung ausreicht.

Nietteilung. Da die Nietkraft den Wert ${}_{\text{zul}}N = F_s\,{}_{\text{zul}}\sigma$ bzw. $F_l''\,{}_{\text{zul}}\sigma$ nicht überschreiten darf, ist eine größte Nietteilung von ${}_{\max}e = {}_{\text{zul}}N/T_H$ möglich. Für das Beispiel Abb. 70 erhält man $T_H = 0{,}782\ T_m$, $T_0 = 1{,}104\ T_m$.

Mit $Q = 900$ t, $T_m = 900/400 = 2{,}25$ t/cm und bei $d = 25$ mm (zweischnittig), also $F_s = 8{,}49$ cm², folgt für St 52 mit ${}_{\text{zul}}N = 7{,}85 \cdot 2{,}1 = 16{,}5$ t eine größte Nietteilung ${}_{\max}e = 16{,}5/(0{,}782 \cdot 2{,}25) = 9{,}4$ cm. Dieser Nietabstand muß in Stößen verringert werden. Ist er kleiner als die aus baulichen Gründen geforderten Mindestabstände (vgl. S. 591), müssen die Niete versetzt oder in zwei Reihen angeordnet werden.

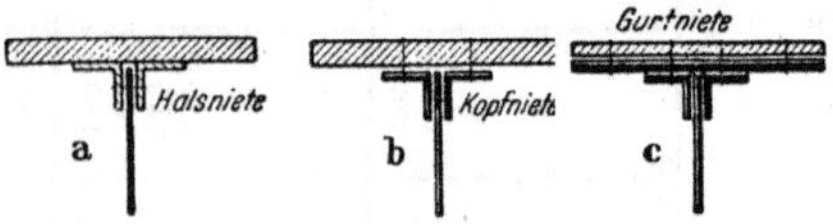

Abb. 72

Die **Kopfniete** (Abb. 72b) haben zusammen eine Verdübelungskraft $T_K < T_H$ aufzunehmen. Die Verdübelungskraft zwischen den einzelnen Gurtplatten ist noch kleiner und verteilt sich bei Abb. 72c auch auf eine größere Nietzahl.

Über Träger mit veränderlicher Höhe vgl. *F. Bleich*: Stahlhochbauten, Bd. 1, Berlin 1932, S. 88.

3. Stoß der Biegeträger

a) Ein Längsstoß des Stegbleches wird erforderlich, wenn die Stegblechhöhe größer ist als die Breite der zur Verfügung stehenden Bleche. Er kann auch mit Rücksicht auf Herstellung und Transport notwendig sein.

Laschen und Stoßniete im Längsstoß eines Biegeträgers haben die gleiche Kraft T_L aufzunehmen, wie sie das ungestoßene Stegblech in der Längsfuge hätte. Da die Lochverschwächung in den Laschen ebenso groß ist wie im Stegblech, müssen die Dicken sein

$$t_{\text{Laschen}} \geqq t_{\text{Steg}}.$$

Auf ein Niet entfällt (Abb. 73) bei einreihiger bzw. versetzter Nietung $N_L = T_L e'$ und bei zweireihiger Nietung $N_L = T_L e''/2$. Die Laschen sind gezwungen, die Längsdehnung des Stegbleches mitzumachen. Sie erfahren etwa dieselbe Längsspannung σ_L wie das Stegblech. An den Laschenenden müssen dabei große zusätzliche Belastungen der Niete auftreten, mit der Größenordnung $S_L = \sigma_L F_{\text{Laschen}}$. Umgekehrt wird das Stegblech und der Träger durch Längslaschen entlastet. Eine Berücksichtigung der Laschen bei W_m ist jedoch nur gerechtfertigt, wenn die Längslaschen jeweils an ihren Enden gestoßen werden.

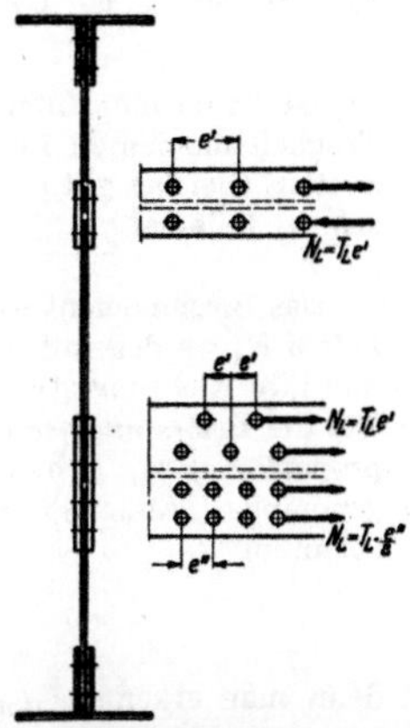

Abb. 73. Längsstoß des Stegbleches

b) Querstoß bei Biegebelastung. Ein Querstoß kann auf verschiedene Weise durch Laschen gedeckt werden. Abb. 74 zeigt mehrere Möglichkeiten für einen *Werkstattstoß*, bei dem nur das Stegblech gestoßen ist. Bei Laschen nur zwischen den Gurtwinkeln (Abb. 74a) bleiben die Blechstreifen unter den Gurtwinkeln ungedeckt. Winkel und Niete werden dann in der Gegend des Stegblechstoßes erheblich höher belastet. Diese Art des Stoßes ist daher auf untergeordnete Verbindungen mit geringen Kräften zu beschränken. Vollständige Stoßdeckung ist immer vorzuziehen. Besondere Laschen auf den stehenden Winkelschenkeln nehmen die Längsspannungen dieses Streifens auf, beteiligen sich aber nur mangelhaft an der Aufnahme der Querkraft. Eine gewisse Verbesserung hierin bringt Abb. 74c. Bei großen Kräften sind Laschen über die

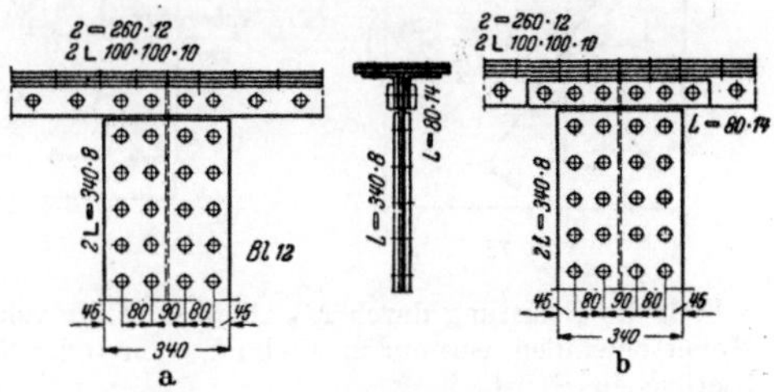

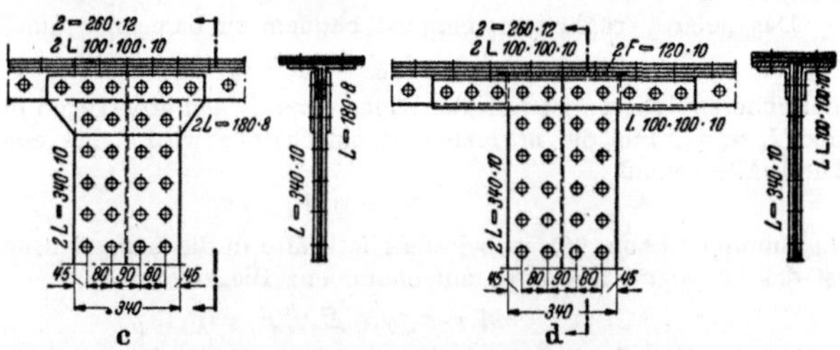

Abb. 74. Querstoß (Werkstattstoß) des Stegbleches

ganze Stegblechhöhe anzustreben (Abb. 74d), was aber voraussetzt, daß die Gurtwinkel unterbrochen werden. Die Laschen erhalten die Dicke der Winkelschenkel, bei großen Winkeldicken werden Ausgleichsfutter benutzt, um an der überflüssigen Laschendicke zu sparen. Die Winkel werden durch Laschenwinkel oder durch je zwei Flachstähle gestoßen, ferner werden auf die Länge der Steglaschen zwei Futter notwendig, um die waagrechte Lücke auszufüllen.

Auf das Stegblech entfällt das Biegemoment

$$M_{St} = M \cdot I_{m\,St}/I_m,$$

das von den beiden Laschen aufzunehmen ist. Es muß also sein

$$W_{m\,\text{Laschen}} \geqq M_{St}/{}_{\text{zul}}\sigma.$$

Es ist kaum ein Unterschied, ob man die Momentenanteile M_{St} usw. mit den Trägheitsmomenten für den vollen oder für den verschwächten Querschnitt ermittelt. Gleiches gilt für die übliche Forderung, daß für jeden der gestoßenen Querschnittsteile sei

$$I_{1\,\text{Laschen}} \geqq I_1.$$

Das Biegemoment sucht Laschen und Steg gegeneinander zu drehen. Die Nietkräfte N_i werden mit dem Abstand r_i vom gemeinsamen Drehpunkt 0 zunehmen und ihre Richtung etwa der Relativbewegung von Steg und Laschen entsprechen. Für die *Bemessung der Verlaschungen* wird die Nietspannung in erster Annäherung proportional r_i, d. h. $N_i = \sigma_1 F_i\, r_i/r_1$, und die Kraftrichtung normal zu r_i angenommen (Abb. 75). Sodann ist das Biegemoment M_0 bzw. die größte Nietspannung σ_1

$$M_0 = \frac{\sigma_1}{r_1} \Sigma\, r_i^2 F_i = \sigma_1 W_{N\,\text{pol}}, \tag{2}$$

denn man erkennt $I_{N\,\text{pol}} = \Sigma\, r_i^2 F_i$ als das *polare Trägheitsmoment der Nietgruppe* bezüglich $r = 0$ und $W_{N\,\text{pol}} = I_{N\,\text{pol}}/r_1$ als das zugehörige *polare Widerstandsmoment*.

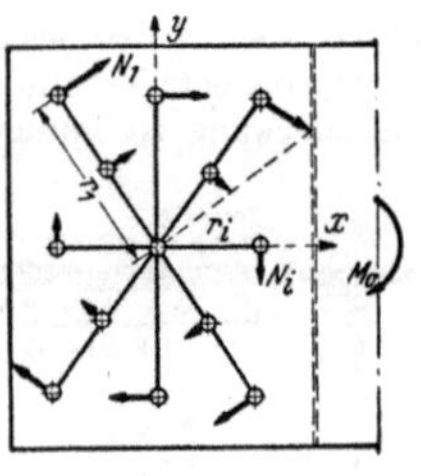

Abb. 75

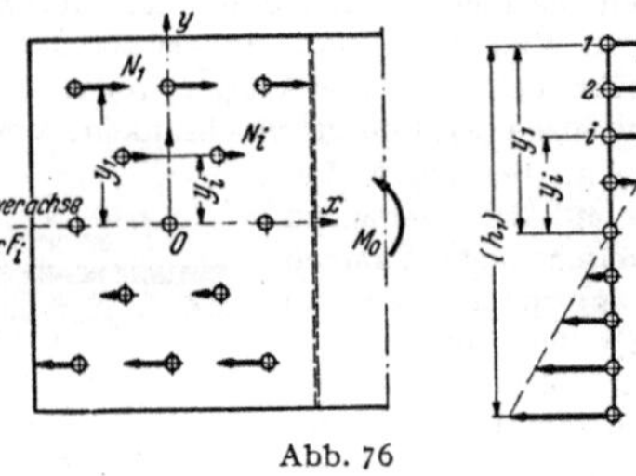

Abb. 76

Für die Belastung durch M_0 allein muß die vektorielle Summe der Nietkräfte N_i verschwinden, was nur möglich ist, wenn 0 der *Schwerpunkt* der umgerechneten Nietflächen F_i ist.

Das polare Trägheitsmoment ist bequem zu berechnen aus

$$I_{\text{pol}} = I_x + I_y.$$

Bei höheren Trägern ist nun die Länge der Laschen groß gegen ihre (halbe) Breite und $I_y \ll I_x$. Für die normalen Stegblechstöße wird daher eine Verteilung der Nietkräfte gemäß

$$N_i = \sigma_1 F_i\, y_i/y_1$$

angenommen (Abb. 76), wobei alle Nietkräfte in die Längsrichtung fallen. Sodann ist das von der Nietgruppe aufgenommene Biegemoment

$$M = \sigma_1/y_1 \cdot \Sigma\, y_i^2 F_i = \sigma_1 W_N, \tag{3}$$

weil $I_N = \Sigma\, y_i^2 F_i$ das *axiale Trägheitsmoment der Nietgruppe* und $W_N = I_N/y_1$ das zugehörige *Widerstandsmoment* bedeutet. Die Bedingung $\Sigma N_i = 0$ liefert $\Sigma y_i F_i = 0$, d. h. $y = 0$ ist die *Schwerachse der Nietgruppe*. Die größte Nietspannung ist

$$\sigma_1 = M_{St}/W_N$$

und die zugehörige Nietkraft $N_1 = F_1 \sigma_1$. Der Spannungsnachweis bei Belastung durch ein Biegemoment fordert

$$W_{\text{Nietgruppe}} \geqq W_{m\,\text{Stegbl}},$$

womit auch

$$I_{\text{Nietgruppe}} \geqq I_{m\,\text{Stegbl}}$$

folgt.

Wir schreiben noch in anderer Form (mit $h_1 = 2\,y_1$)

$$N_1 = f\,\frac{M_{St}}{h_1}. \tag{4}$$

Die Verhältniszahlen $f = \dfrac{h_1 F_1}{W_N}$ bzw. $f = \dfrac{h_1^2}{2\,\Sigma\,y_i^2}$ für den Regelfall $F_i = F_1$ gleich großer Nietdurchmesser hängen von Nietbild und Nietzahl ab, sie sind für regelmäßige Nietgruppen in Tabellen berechnet.

Vgl. Taschenbuch Stahl im Hochbau, 12. Aufl., S. 448.

Die Stoßberechnung mit $I_N$pol und $W_N$pol kommt nur für Steglaschen von niedrigen Trägern sowie für gedrungene biegesteife Anschlüsse in Betracht. Zum Beispiel für den in Abb. 77 dargestellten Stoß eines Trägers IP 30 ist für die Nietgruppe im Steg (in cm)

$$I_N\text{pol} = 277\,F_l \quad \text{gegen} \quad I_N = 196\,F_l$$

$$W_N\text{pol} = 33{,}6\,F_l \quad \text{gegen} \quad W_N = 28{,}0\,F_l,$$

wenn F_l die umgerechnete Nietfläche für ein Niet bezeichnet.

Die bei Herleitung dieser Beziehungen gemachten Annahmen sind unbedenklich für gleich große Nietabstände und Nietdurchmesser. Man kann dann jedem Niet in erster Annäherung (sinngemäß Abb. 52) die auf den zugehörigen Streifen et entfallende Kraft $N = et\sigma$ zuordnen. Diese Zuordnung wird aber unbrauchbar, und die Gleichungen sind nur noch grobe Annäherung, wenn die beiden Voraussetzungen nicht zutreffen.

Die Annahme von Nietkräften N_i proportional der Entfernung vom Drehpunkt erscheint wahrscheinlich, solange die Formänderungen der Niete und Lochleibungen im Proportionalbereich bleiben, für größere Belastungen ist mit einem Spannungsausgleich in der Nietgruppe zu rechnen. Ein Grenzwert für die *Tragfähigkeit der Nietgruppe* wird erhalten, wenn man annimmt, daß (genügend steife Laschen vorausgesetzt) alle Niete gleichzeitig die Bruchlast N_B erreichen. Bei der Berechnung von $M_B = N_B\,\Sigma r_i$ ist zu beachten, daß dann $r = 0$ im allgemeinen nicht mehr der Schwerpunkt der Nietgruppe ist.

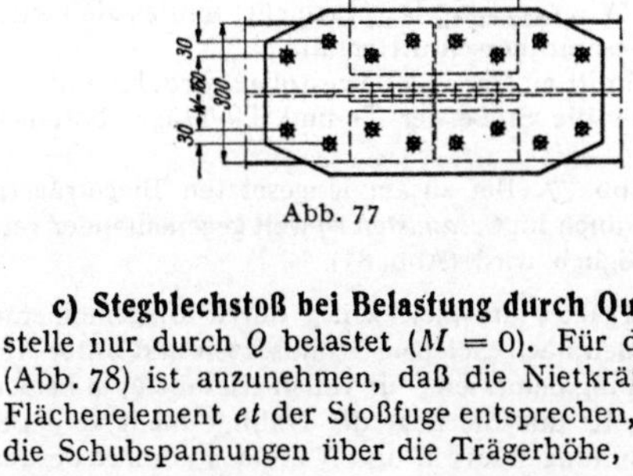

Abb. 77

Abb. 78. Stegblechstoß mit Querkraftsverteilung

c) Stegblechstoß bei Belastung durch Querkraft. Der Träger sei an der Stoßstelle nur durch Q belastet ($M = 0$). Für den Stoß mit gleichen Nietabständen (Abb. 78) ist anzunehmen, daß die Nietkräfte N_{iQ} angenähert dem zugehörigen Flächenelement et der Stoßfuge entsprechen, d. h. die Nietkräfte verteilen sich wie die Schubspannungen über die Trägerhöhe,

$$N_{iQ} = et\,\tau_i = e\,T_i.$$

Für die Bemessung rechnet man jedoch meist mit gleichmäßiger Verteilung auf alle n-Niete $N_{iQ} = Q/n$. Dabei wird die Kraft N_{1Q} etwas überschätzt, die an der Nullinie zu klein erhalten. Bei der Verteilung der Querkraft werden zweckmäßig nur die Niete in den Steglaschen berücksichtigt, nicht aber die in den schmalen Laschenstreifen auf den Schenkeln der Gurtwinkel.

Die *größte Nietbelastung* durch M und Q zusammen ist nach Abb. 79 gleich

$$N_1 = \sqrt{N_{1M}^2 + N_{1Q}^2},$$

welcher Wert mit $_{\text{zul}}N$ zu vergleichen ist. Weitere Belastung können die Stoßniete erhalten, soweit sie gleichzeitig dem Winkelstoß dienen.

Abb. 80 zeigt den *Werkstattstoß* des Stegbleches (Gurtwinkel und Gurtplatten sind an anderer Stelle gestoßen).

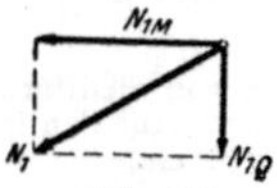

Abb. 79

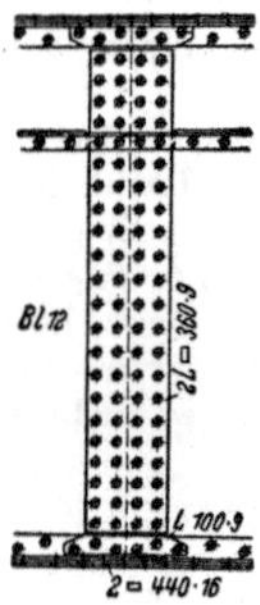

Abb. 80. Werkstattstoß eines Stegbleches

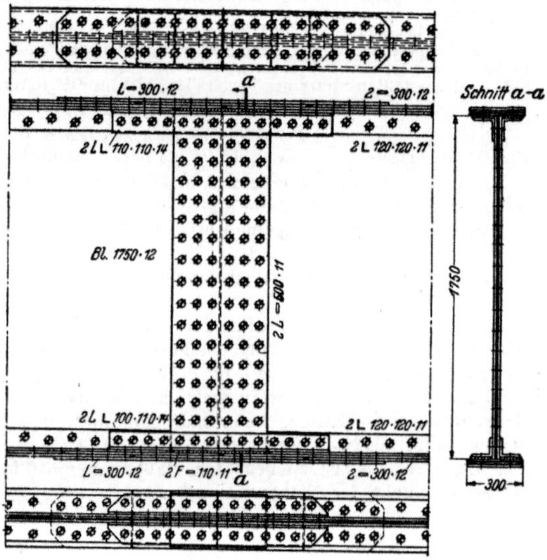

Abb. 81. Gesamtstoß

d) Winkel- und Gurtplattenstoß von zusammengesetzten Biegeträgern werden nach den gleichen Grundsätzen gestaltet wie die Stöße von Zug- und Druckstäben. Mit Erfüllung der für die einzelnen Querschnittsteile „i" üblichen Forderung $I_{mi\,\text{Laschen}} \geqq I_{mi}$ ist im allgemeinen $W_{mi\,\text{Laschen}} \geqq W_{mi}$ erreicht, und es sind auch die gleichen Bedingungen für den Gesamtquerschnitt erfüllt.

Der Fall, daß der gesamte Querschnitt an einer Stelle gestoßen wird, kommt fast nur für Walzprofile in Betracht. Für die Stöße der I- und IP-Träger bestehen Regelausführungen[15].

Beispiel: Stoß eines IP 30 in Abb. 77. Bei zusammengesetzten Biegeträgern werden die Stoßfugen der Einzelteile auch im *Gesamtstoß* so weit gegeneinander versetzt, daß leichtere Stoßdeckung möglich wird (Abb. 81).

e) Biegung mit Normalkraft. Träger, die gleichzeitig durch Biegemomente und Normalkräfte belastet sind, werden nach gleichen Grundsätzen und unter Annahme geradliniger Spannungsverteilung bemessen. Für vollen Nietabzug in beiden Gurtungen ist der nutzbare Querschnitt und die Lage der Nullinie nicht vom Belastungsfall abhängig, so daß die Spannungen aus M und N einfach addiert werden können. Die Belastung der Stoßniete erhält man durch Überlagerung der Kräfte für die Teilbelastungsfälle M bzw. N. Dazu kommen die Nietkräfte aus der Quer-

---

[15] Taschenbuch Stahl im Hochbau, 12. Aufl., S. 532.

kraft, so daß die gesamte Belastung eines Nietes wird

$$N = \sqrt{(N_M + N_N)^2 + N_Q^2}.$$

In den Halsnieten ist in der Längsrichtung noch N_H zu berücksichtigen und gegebenenfalls die Belastung aus dem Winkelstoß. Eine zutreffende Ermittlung der Nietspannungen setzt voraus, daß der Kräfteweg genau verfolgt wird.

4. Dauerfestigkeit von Biegeträgern

Die Dauerfestigkeit von Biegeträgern bei oftmals wiederholter Belastung kann nach Dauerzugversuchen abgeschätzt werden. Dauerversuche von *O. Graf* mit Trägern I 12 aus St 37 unter schwellender Biegebelastung ergaben für Träger ohne Bohrung eine ähnlich hohe Dauerfestigkeit wie ungebohrte Zugstäbe unter schwellender Belastung. Träger mit Bohrungen in der Zugzone brechen im verschwächten Querschnitt, ihre Schwellfestigkeit ist fast ebenso groß wie $\sigma_{l\,s}$ bei Zugstäben mit Bohrungen. Bohrungen im Steg hatten kleineren Einfluß, doch begann auch da der Dauerbruch, trotz der dort viel kleineren Spannungen, an den Bohrungen.

Die Streuung der Ergebnisse von Dauerbiegeversuchen ist besonders groß, so daß hier davon abgesehen wird, Zahlenwerte anzugeben. Über deutsche Dauerbiegeversuche an größeren Trägern mit 5 bis 10 m Stützweite vgl. *H. Bühler* und *E. H. Schulz:* Stahlbau 21 (1952) S. 30. Über amerikan. Versuche vgl. den Bericht von *A. Erker:* Schweißen u. Schneiden 4 (1952) S. 112.

5. Gekrümmte Biegeträger

Bei stärker gekrümmten Biegeträgern trifft die Annahme einer geradlinigen Verteilung der Normalspannungen nicht mehr zu. Nach der elementaren Biegetheorie für gekrümmte Stäbe von *W. Winkler* (1858) ergibt sich eine *hyperbolische Verteilung der Biegespannungen* (vgl. Abschn. *Festigkeitslehre,* S. 214). Beispiel Abb. 82. Die Normalspannungen sind danach jeweils über die ganze Querschnittsbreite konstant. Die Spannungen an der inneren Seite der Krümmung sind dabei größer, die an der äußeren Seite kleiner als nach der *Navier*schen Theorie der Biegung. Die Nullinie fällt nicht

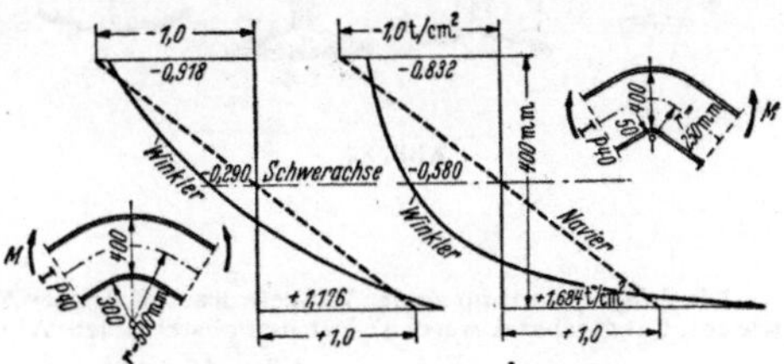

Abb. 82. Tangentiale Normalspannungen in einem IP 40 (*F. Bleich:* Stahlhochbauten, 2. Bd., Berlin 1933, S. 643.)

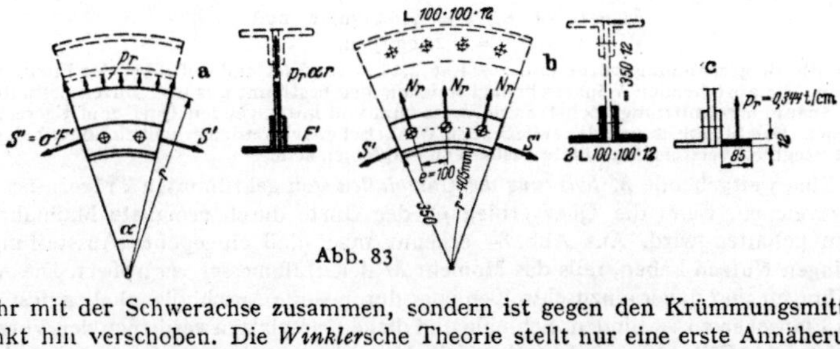

Abb. 83

mehr mit der Schwerachse zusammen, sondern ist gegen den Krümmungsmittelpunkt hin verschoben. Die *Winkler*sche Theorie stellt nur eine erste Annäherung dar. Auch bei reiner Biegung ($N = Q = O$) müssen neben den Längsspannungen noch Normalspannungen in radialer Richtung auftreten. Das in Abb. 83a dargestellte Element sei aus einem Kreisträger ausgeschnitten, auf den ein konstantes Biegemoment wirkt. Die tangentialen Normalspannungen in den radialen Schnittkräften mit dem Gesamtbetrag $S' = \sigma' F'$ fordern aus Gleichgewichtsgründen radiale Kräfte in der Kreisschnittfläche von der Größe

$$p_r = \sigma_r t = S'/r.$$

Diese sog. *Ablenkungskräfte* belasten den Steg, sie müssen bei zusammengesetzten Trägern (Abb. 83b) von den Halsnieten aufgenommen werden. Die radiale Belastung der Niete ist $\quad N_r = e p_r = S' \cdot e/r.$

Zahlenbeispiel. Für die in Abb. 83b angegebenen Maße folgt mit $\sigma' = 1{,}2\ \text{t/cm}^2$: Stabkraft $S' = 2 \cdot 22{,}7 \cdot 1{,}2 = 54{,}5$ t. Nietkraft $N_r = 54{,}5 \cdot 100/405 = 13{,}44$ t. Umgerechnete Nietfläche $F_l = 1{,}2 \cdot 2{,}3 \cdot 2 = 5{,}52\ \text{cm}^2$.

Die radiale Nietspannung $\sigma = 13{,}44/5{,}52 = 2{,}44\ \text{t/cm}^2$ überschreitet also sogar die für St 52 zulässige Grenze.

Ähnliche Betrachtungen hinsichtlich der Halsniete sind immer durchzuführen, wenn ein Gurt gekrümmt ist, auch bei veränderlicher Höhe eines Trägers mit gerader Achse.

Bei den streifenförmigen Querschnitten des Stahlbaues ist die Voraussetzung einer unveränderlichen Querschnittsform nicht ohne weiteres erfüllt. Unter der Wirkung der radialen Spannungen tritt eine Querverbiegung der Gurtplatten ein, so daß deren Dehnungen und Längsspannungen am Rand kleiner als in der Stegebene sind. Formänderungen für einen unversteiften I-Querschnitt und für beide Vorzeichen des Biegemoments in Abb. 84. Die Querverbiegung führt bei breiten und dünnen Gurtplatten in den äußeren Querschnittsteilen bis zur völligen Entlastung und Spannungsumkehr. Voll wirksam ist nur ein Teil der Flansche[16]. Beispiel für Spannungsverteilung Abb. 85.

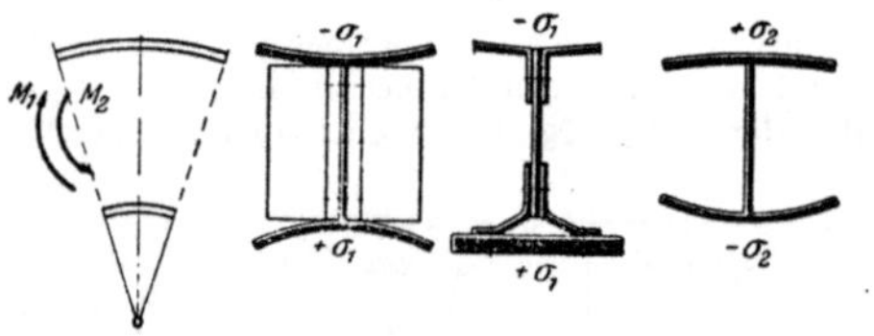

Abb. 84

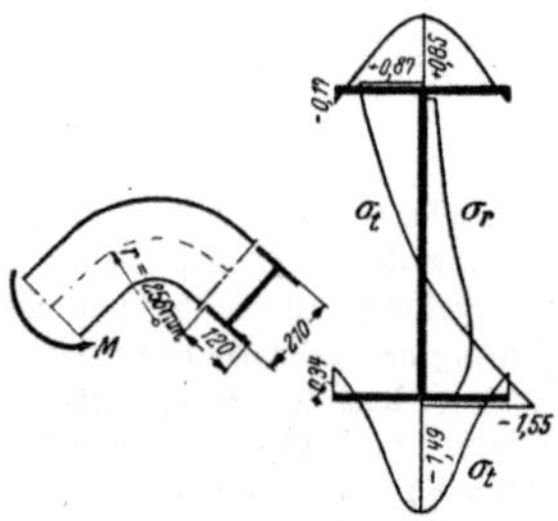

Abb. 85. Tangentiale und radiale Normalspannungen in einer Rahmenecke nach *H. Kayser* und *A. Herzog*

Die *Biegespannung* an der Winkelwurzel infolge der Ablenkungskräfte kann für Abb. 83b wie folgt abgeschätzt werden: Für den abstehenden Winkelschenkel ist

$$F' = 8{,}5 \cdot 1{,}2 = 10{,}2\ \text{cm}^2,$$
$$S' = 10{,}2 \cdot 1{,}2 = 12{,}2\ \text{t},\ r = 35{,}6\ \text{cm},$$
$$p_r = 12{,}2/35{,}6 = 0{,}344\ \text{t/cm}.$$

Das Biegemoment an der Winkelwurzel ist

$$M = 0{,}344 \cdot 8{,}5/2 = 1{,}46\ \text{t cm/cm und}$$
$$W = 1 \quad 1{,}2^2/6 = 0{,}24\ \text{cm}^3/\text{cm},$$

d. h. die Biegespannung würde mit $\sigma = 1{,}46/0{,}24$ = rund 6 t/cm² weit über der Fließgrenze liegen. Die abstehenden Winkelschenkel weichen also bestimmt aus und dürfen deshalb bei der Spannungsermittlung höchstens teilweise zum voll mittragenden Querschnitt gerechnet werden. Das Stegblech und die anliegenden Winkelschenkel werden erheblich höher belastet, eine Stegblechverstärkung dürfte deshalb zu empfehlen sein.

Eine weitgehende *Mitwirkung der Gurtplatten* von gekrümmten Trägern ist nur zu erreichen, wenn die Querverbiegung der Gurte durch geeignete Maßnahmen klein gehalten wird. Aus Abb. 84 erkennt man, daß eingepaßte Aussteifungen geringen Nutzen haben, falls das Moment M den Halbmesser vergrößert. Die Aussteifungen sind daher einzuschweißen oder durch steife Anschlußwinkel zugfest mit den Flanschen zu verbinden. Schmale und dicke Gurtplatten verdienen den Vorzug.

In vielen Fällen kann jedenfalls auf die Mitwirkung des ganzen Gurtquerschnittes nicht gerechnet werden. In gleichem Maße wie sich die äußeren Streifen der Gurt-

[16] *Mitwirkende Breite* bei gekrümmten Trägern vgl. *H. Bleich:* Stahlbau 6 (1933) S. 3 und *F. Bleich:* Stahlhochbauten, 2. Bd., Berlin 1933, S. 645.

platten durch Querverbiegung selbst entlasten, tritt eine Mehrbelastung des Steges ein. Bei gekrümmten Stäben mit verhältnismäßig scharfer Krümmung wird meist der größte Teil des Biegemoments durch den Steg und seine Verstärkungen aufgenommen werden müssen. Im Gegensatz zu den Erscheinungen des Kräfteausgleiches bei örtlichen Spannungsspitzen ist jede Verminderung der Spannungen in den Flanschen mit einer weiteren Erhöhung der Spannungen im Steg verbunden.

Biegetheorie gekrümmter Stäbe: G. Lindner: Z. angew. Math. Mech. 14 (1934) S. 43. — *H. E. Kayser:* Diss. T. H. Darmstadt 1938. — *O. Steinhardt:* Diss. T. H. Darmstadt 1938. — *H. Kayser* u. *A. Herzog:* Stahlbau 12 (1939) S. 13.

Versuche mit Rahmenecken: A. Hawranek: Der Stahlskelettbau, Berlin 1931, S. 87. — *H. Kayser* u. *A. Herzog:* Bautechnik 14 (1936) S. 314. — *G. Grüning:* Bauingenieur 18 (1937) S. 158 u. 19 (1938) S. 208.

Die *bauliche Gestaltung* von stetig gekrümmten stählernen Vollwandträgern unterscheidet sich, solange die Krümmung schwach ist, nicht grundsätzlich von der gerader Träger mit gleichen Schnittkräften. Für kleine Kräfte werden oft I- und [-Profile hochkant gebogen, bei veränderlicher Trägerhöhe zusammengesetzte Querschnitte aus entsprechend geformtem Stegblech und gebogenen Winkeln und Gurtplatten benutzt.

Starke Krümmung im Sinne der vorstehenden Betrachtungen besitzen die *Rahmenecken.* Bei polygonalen Stabzügen und in Rahmenecken werden fast immer Stöße notwendig. Die Träger werden dann entweder an der Knickstelle gestoßen, oder es werden mit Vorteil sogar zwei Stöße ausgeführt, und zwar beiderseits des Knickpunktes (vgl. S. 622).

6. Stützung und Anschluß von Biegeträgern

Von der großen Mannigfaltigkeit sind nachstehend nur einige häufig vorkommende Ausführungen besprochen. Für die Beurteilung sind jeweils die Zusatzkräfte zu beachten, die sich aus den Abweichungen von der mehr oder weniger idealisierten Festigkeitsberechnung ergeben.

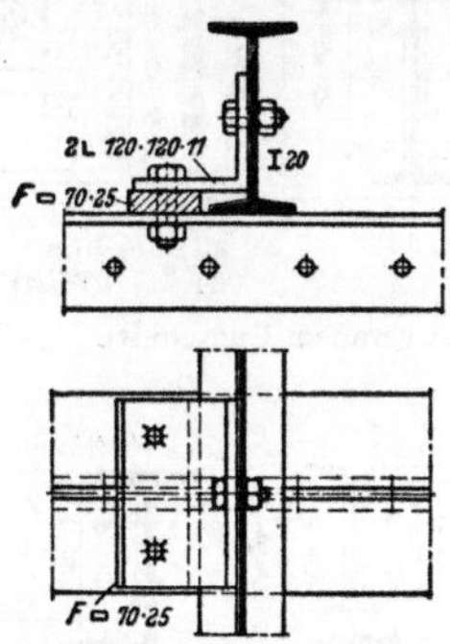

Abb. 86. Pfettenbefestigung nach DIN 1008

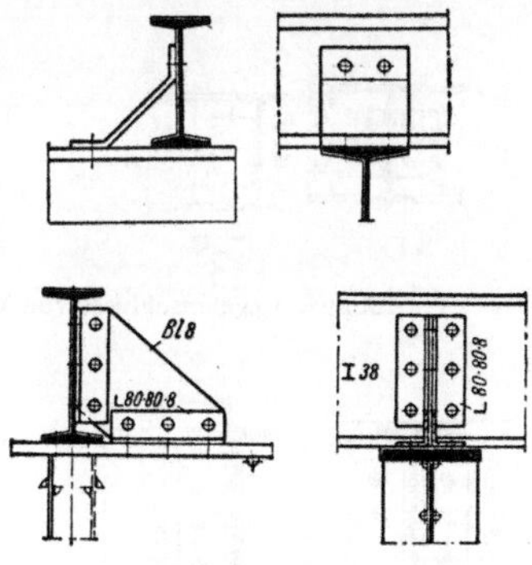

Abb. 88

a) Einfache Auflagerung. Stützung in festen und beweglichen *Lagern* s. S. 707, in Gelenken s. S. 711.

Die *einfache Auflagerung* eines Biegeträgers auf dem Obergurt eines anderen Bauteiles kommt in Betracht, wenn große Bauhöhe zur Verfügung steht. Regelfall ist die feste Verbindung mit Nieten oder Schrauben. Wenn Bohrungen im unteren Flansch vermieden werden sollen, wird der Träger durch Hakenschrauben oder Klemmplatten (Abb. 40) festgeklemmt. Abb. 86 zeigt die Regelauflagerung von durchlaufenden I-Pfetten im Hochbau, die ebenfalls Bohrungen in den schmalen I-Flanschen vermeidet. Die Träger sind gegebenenfalls gegen Kippen sowie gegen quergerichtete Kräfte zu sichern (Abb. 87 und 88). Im Brückenbau werden die

Träger oft paarweise gekuppelt (Abb. 89), feste Lagerung eines Längsträgers auf einem Querträger s. Abb. 90. Die Träger sind bei größeren Auflagerkräften durch eingepaßte Winkel oder eingeschweißte Profile (Abb. 88 bis 90) auszusteifen. Bei zusammengesetzten Trägern soll die Belastung unmittelbar in den Steg eingeleitet werden. Das Stegblech muß bündig mit den Gurtwinkeln liegen, um zusätzliche Scherbelastung der Halsniete zu vermeiden.

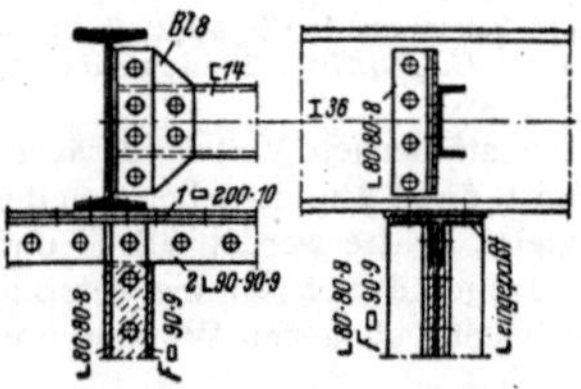

Abb. 89

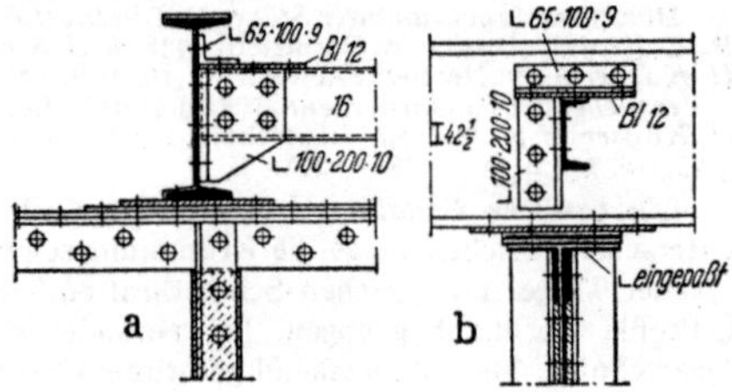

Abb. 90

Zusatzkräfte. Bei Belastung dreht sich der Träger über dem Auflager. Da der Widerstand des stützenden Trägers gegen Drillung im allgemeinen gering ist, wird sein steif verbundener Obergurt wechselnd gebogen, so daß die Gefahr von Dauerbrüchen besteht. Die Zusatzkräfte können durch ein *Zentrierstück* vermindert werden, das den Auflagerdruck mittig in den Stützträgern einleitet.

b) Steganschluß. Abb. 91 und 92 zeigen Verbindungen von I-Trägern, wie sie im Stahlhochbau als *Regelanschlüsse* benutzt werden. Die *Ausklinkung* erhält eine große Abrundung, um das Einreißen des Trägersteges zu vermeiden.

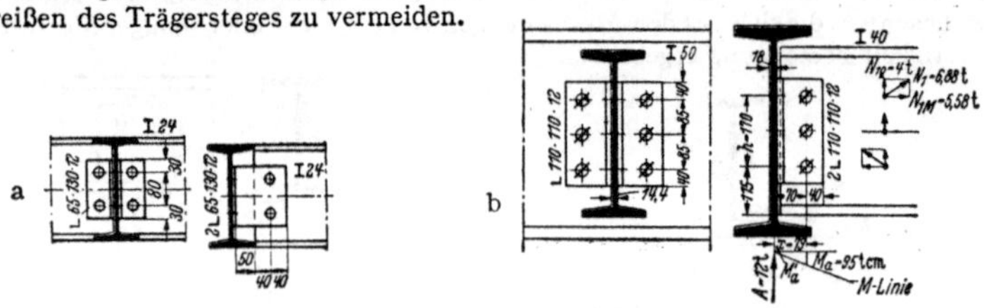

Abb. 91. Regelanschlüsse von I-Trägern mit geradem Endschnitt

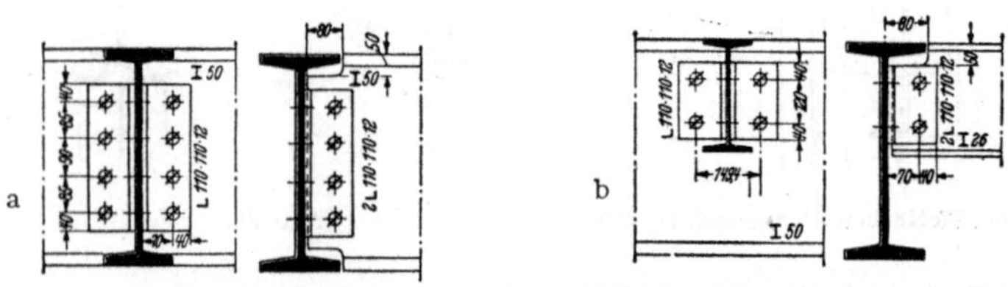

Abb. 92. Regelanschlüsse mit ausgeklinkten I-Trägerenden

Die Anschlußwinkel wirken wie eine Fortsetzung des Trägers (vgl. besonders Abb. 91 a). Sie müssen in ihrem Anschluß an den Trägersteg außer der Querkraft $Q = A$ auch ein *Anschlußmoment Ma* aufnehmen. Unter der Annahme, daß sie in Stegmitte des Stützträgers gelenkig gelagert sind, erhält man für Abb. 91 b folgende Werte:

$$M_a = A\,x = 12 \cdot 7{,}9 = 95 \text{ tcm},$$
$$N_{1M} = f \cdot M_a/h_1 \quad = 1{,}00 \cdot 95/17 = 5{,}58 \text{ t, da } f = 1{,}00 \text{ ist;}$$
$$N_{1Q} = A/3 = 4 \text{ t.}$$

Die größte Gesamtbelastung ist $N_1 = \sqrt{5{,}58^2 + 4^2} = 6{,}88$ t. Die Nietbelastung aus dem Anschlußmoment ist hier größer als aus der Auflagerkraft. Trotzdem bleiben die zusätzlichen Nietkräfte infolge des Anschlußmomentes im Stahlhochbau meist unberücksichtigt, und es ist üblich, den Anschluß nur für die Belastung aus der Auflagerkraft zu bemessen. Die Niete zwischen Anschlußwinkel und Stützträger haben nach der erwähnten Rechnungsannahme nur ein viel kleineres Anschlußmoment M'_a aufzunehmen.

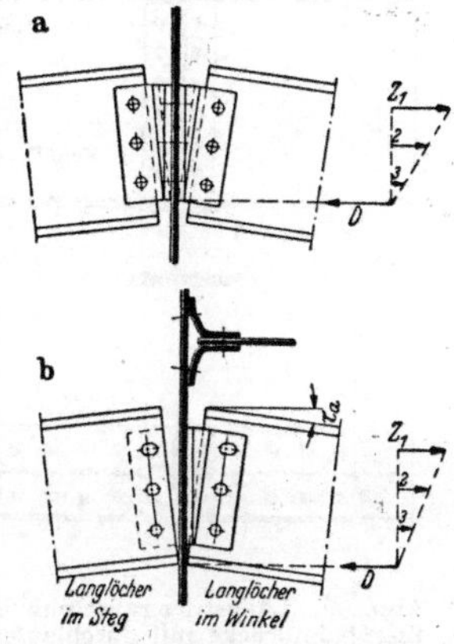

Abb. 93

Zusatzkräfte. Die so angeschlossenen Träger werden in der Regel als gelenkig gestützte Balken berechnet. Die elastische Durchbiegung kann aber nicht frei erfolgen, so daß *Zwängungskräfte* auftreten. Wenn der Widerstand des Stützträgers gegen Drehung gering ist, wird er der Endtangentendrehung entsprechend verformt. Erhebliche Zusatzkräfte treten dagegen auf, wenn die freie Drehung des Stützträgers gehindert ist oder wenn auf der zweiten Seite ebenfalls ein Trägeranschluß vorhanden ist. Bei steigender Belastung treten zuerst im Anschluß bleibende Verformungen ein, wobei die Bohrungen im Steg länglich verformt und die Anschlußwinkel abgebogen werden. Die Niete bzw. Schrauben im Stützträger werden auf Zug belastet. Der Anschlußwinkel (Abb. 93a) bzw. der Untergurt des Trägers (Abb. 93b) legt sich gegen den Stützträger, so daß die Druckkräfte D aus dem Einspannmoment unmittelbar übertragen werden können, die Zugkräfte Z_i sind etwa proportional dem Abstand vom Drehpunkt.

Die elastische Einspannung durch den Steganschluß bringt eine gewisse Erhöhung der Tragfähigkeit. Die beschriebenen Formänderungen sind zwar bei überwiegend ruhender Belastung unbedenklich. Bei oftmals wechselnder Belastung, wie z. B. bei älteren Brücken, bilden derartige Anschlüsse dagegen den Ausgangspunkt für Dauerbrüche. Die Anschlüsse werden daher bei größeren Kräften und veränderlicher Belastung für die Einspannmomente bemessen.

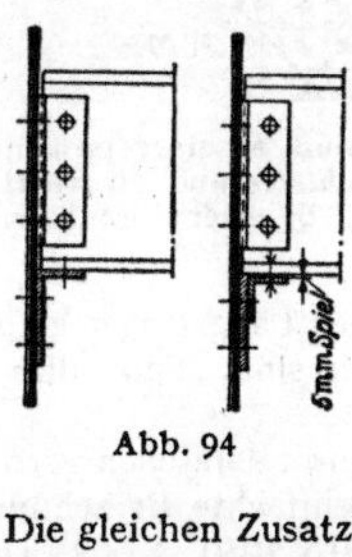

Abb. 94

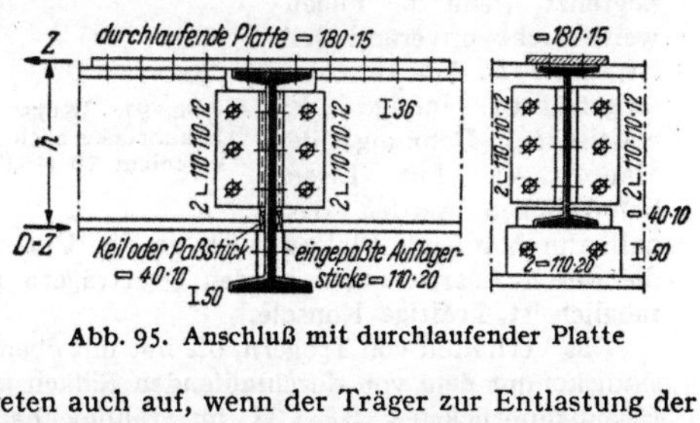

Abb. 95. Anschluß mit durchlaufender Platte

Die gleichen Zusatzkräfte treten auch auf, wenn der Träger zur Entlastung der Anschlußbolzen durch Flachstähle, Winkel oder kleine Konsole unterstützt wird (Abb. 94). Das Einspannmoment kann vermieden werden, wenn der Steg nicht fest mit den Anschlußwinkeln verbunden wird. *Langlöcher* im Steg geben den Schrauben Spiel, so daß sie die Durchbiegung nicht behindern, oder Steg überhaupt ohne Bohrung und nur mit seitlicher Führung durch die Winkel. Bewegliche Anschlüsse s. S. 713.

c) Biegesteife Verbindungen werden ausgeführt, wenn eine Verbindung ohne Winkeländerung notwendig ist (durchlaufende Träger, steife Rahmenecken) oder wenn bei wechselnder Belastung (besonders in Eisenbahnbrücken) die Gefahr des Dauerbruches besteht.

α) *Durchlaufende Platten.* Sind in derselben Ebene liegende Träger anzuschließen, so werden die beiden oberen Gurte mit einer *durchlaufenden Platte* oder *Kontinuitätslasche* verbunden. Vgl. BE § 33 (Abb. 95 bis 97). Die Anschlußniete werden so von den Zugkräften entlastet und die großen Formänderungen vermieden. Laschen und ihre Anschlußniete werden bei Brücken für die Zugkraft $Z = M/h$ bemessen, die notwendig ist, um das Stützmoment M durch ein Kräftepaar $Z = D$ mit dem Hebelarm h aufzunehmen (Abb. 95). Im Hochbau werden Laschen und Verbindungsmittel entsprechend dem maßgebenden Querschnitt F_m des Zugflansches gewählt. Die Druckkraft D wird

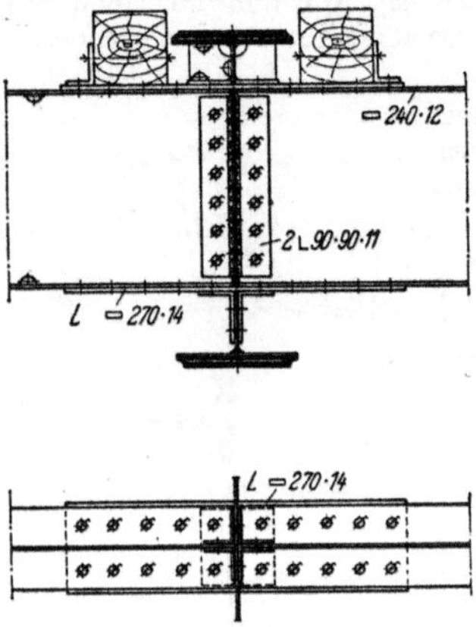

Abb. 96. Längsträgeranschluß einer Eisenbahnbrücke mit durchlaufender Zug- und Drucklasche

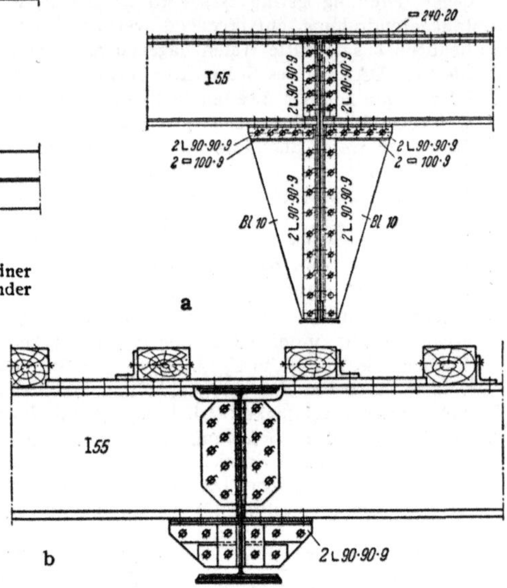

Abb. 97. Längsträgeranschluß a) einer großen Autobahnbrücke nach *K. Schaechterle* und *R. Riedl:* Bauingenieur 20 (1939) S. 586, b) einer Eisenbahnbrücke

allein im unteren Flansch übertragen, wobei die satte Berührung durch *Paßstücke* oder *Keile* sichergestellt wird. Die Wirksamkeit dieser Maßregeln ist jedoch begrenzt, wenn die Fugenweite nicht unveränderlich ist, wie z. B. bei Brückenlängsträgern infolge der elastischen Dehnung der Hauptträger. Für Eisenbahnbrücken werden deshalb durchlaufende Platten auch an den Untergurten der Längsträger gefordert, die durch Aussparungen in den Querträgern zu führen sind. Falls dies nicht möglich ist, kräftige Konsole.

Das Verhalten von Trägern, die nur mit oberen Kontinuitätslaschen verbunden sind, kommt dem von durchlaufenden Balken *nahe.* Vereinfachte Berechnung bei Eisenbahnbrücken s. BE § 33; im Stahlhochbau nach DIN 1050, § 13,3. Die Berechnung nach der baustatischen Theorie der *durchlaufenden Balken* setzt voraus, daß die „Kontinuität" auch wirklich sichergestellt ist, d. h. es müssen dann auch Durchbindelaschen auf der Druckseite der Träger bzw. biegesteife Stöße nach S. 610 ausgeführt werden.

β) *Biegesteife Anschlüsse.* Für Beispiel Abb. 98 ist bezüglich der Anschlußmitte

$$M = 0{,}45 \cdot 135 = 60{,}75 \text{ tcm}.$$

Die Nietkräfte sind

$$N_1' = 60{,}75/20 = 3{,}04 \text{ t}, \quad N_1'' = 0{,}45/3 = 0{,}15, \quad N_1''' = 0{,}24/3 = 0{,}08 \text{ t}$$

und die Gesamtbelastung der drei Niete

$$N_1 = \sqrt{(3{,}04 + 0{,}15)^2 + 0{,}08^2} = 3{,}19\ \text{t},$$

$N_2 = \sqrt{0{,}15^2 + 0{,}08^2} =$ ~~0,17 t,~~

$$N_3 = \sqrt{(3{,}04 - 0{,}15)^2 + 0{,}08^2} = 2{,}89\ \text{t}.$$

Ähnliche Anschlüsse finden wir bei den vollwandigen Fußwegkonsolen der Straßenbrücken. Bei kleineren Momenten wird ihr Stegblech nur zweischnittig zwischen den Aussteifungswinkeln des Hauptträgers angeschlossen. Das eingeleitete Moment wird durch die Aussteifungen über die ganze Höhe des Hauptträgers verteilt bzw. als Kräftepaar in dessen Gurtungen eingeleitet. Bei größeren Konsolen werden entweder liegende Eckbleche benutzt, welche die Zugkraft an die obere Hauptträgergurtung abgeben oder Zuglaschen, die durch Schlitze im Hauptträger eine Verbindung mit dem Querträger herstellen.

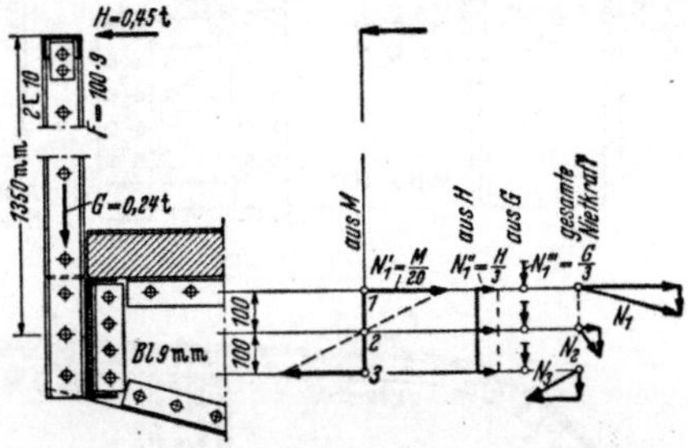

Abb. 98. Biegesteifer Anschluß eines Geländerpfostens

Die bei den Zug- und Druckstäben besprochenen Anschlüsse (Abb. 62 und 63) sind in der Ebene des Knotenbleches biegesteif. Anschlüsse an zwei Knotenbleche (Abb. 64) sind nach beiden Richtungen biegesteif.

Zur Vermeidung von örtlichen Überbeanspruchungen ist für Anschlüsse wie in Stößen zu fordern, daß in jedem Schnitte das Trägheitsmoment bzw. Widerstandsmoment des angeschlossenen Trägers vorhanden ist. Jeder einzelne Querschnittsteil wird mit einer seiner Nutzfläche entsprechenden Nietzahl angeschlossen.

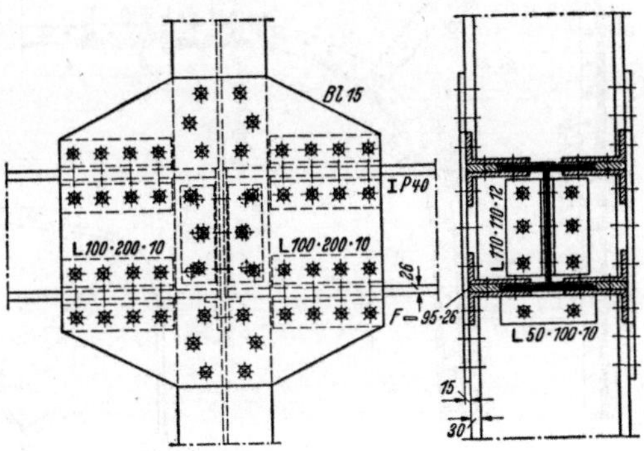

Abb. 99

γ) Biegesteife Ecken. Von biegesteifen Verbindungen zwischen Stäben verschiedener Richtung nur einige grundsätzliche Ausführungsarten. Weitere Einzelheiten über die steifen Ecken in Brückenquerschnitten, s. S. 690, in Rahmentragwerken s. S. 683, die Stöße in Fachwerkträgern mit polygonalem Gurt s. S. 675. Vgl. ferner Abschn. *Stahlhochbau.*

Biegesteife Ecken zwischen Stützen und Unterzügen des Stahlhochbaues sind so zu gestalten, daß der Winkel unveränderlich ist und keine örtlichen Spannungsüberschreitungen eintreten. Die zusätzlichen Kräfte bedürfen sorgfältigster Verfolgung, wenn nicht die beabsichtigte Wirkung unter Umständen erheblich beeinträchtigt werden soll.

Zuverlässige Eckverbindungen entstehen z. B. nach Abb. 99 mit Eckblechen oder nach Abb. 100 durch Aufnahme des Einspannmomentes als Kräftepaar $D = M/b$ in den Flanschen der Stütze. Im letzteren Fall Paßstücke, Keile oder

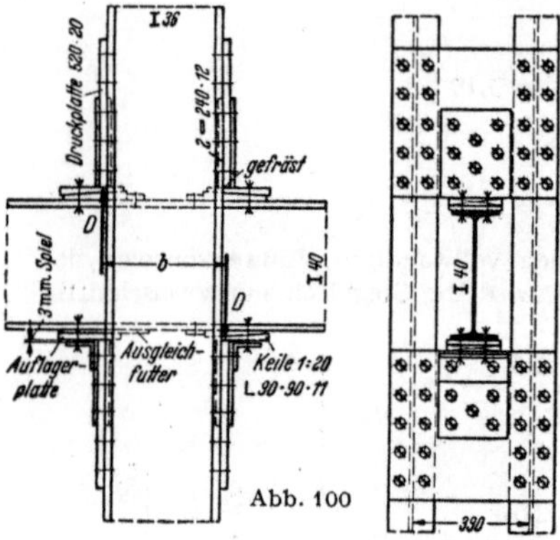

Abb. 100

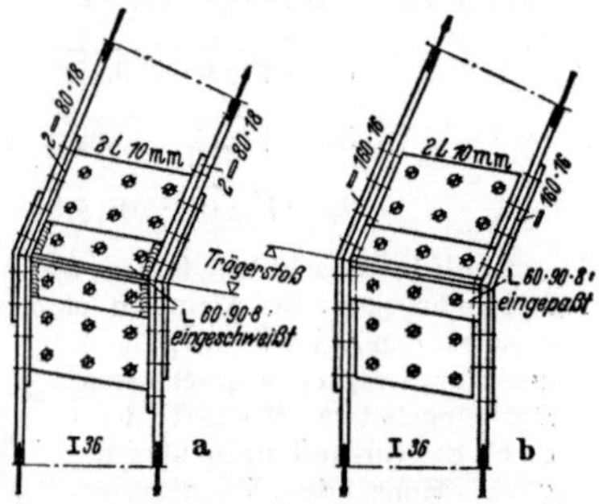

Abb. 101. Rahmenecken (nach *F. Bleich:* Stahlhochbauten, 2. Bd., Berlin 1933, S. 663)

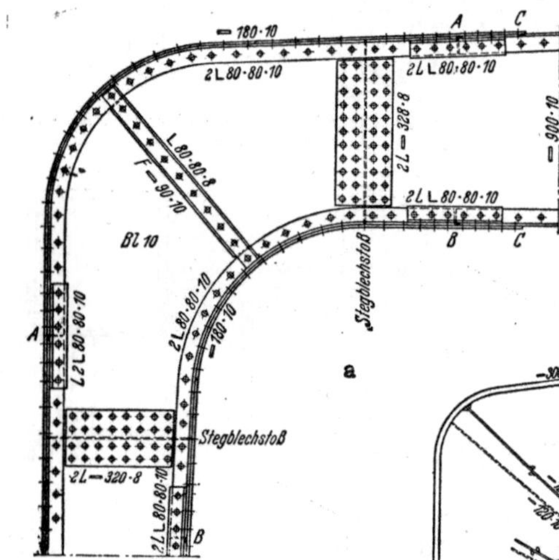

festgeschweißte Anschlüsse, damit sich die Druckflächen immer berühren und nicht erst nach gewissen Formänderungen wirksam werden. In Abb. 100 ist zwischen Auflagerwinkeln und Auflagerplatten 3 mm Spiel vorhanden, damit nur die Druckplatte belastet wird.

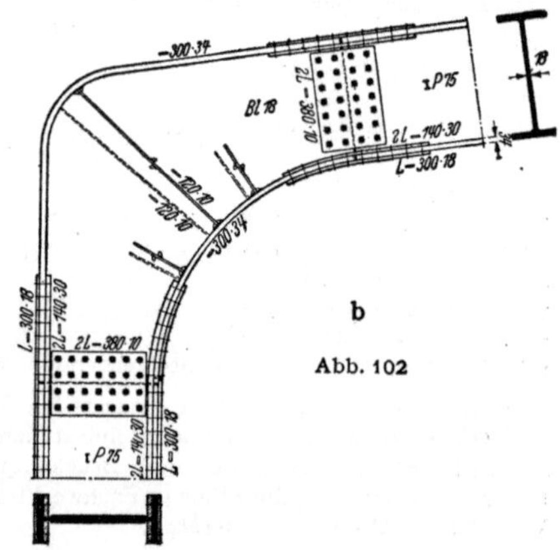

Abb. 102

δ) *Rahmenecken.* Bei Rahmenecken treten ebenfalls die Schwierigkeiten auf, die bei den stetig gekrümmten biegesteifen Stäben (S. 615) besprochen wurden. Der Krümmungshalbmesser ist möglichst groß zu wählen, das Stegblech wird in der Krümmung zweckmäßig verstärkt.

Bei polygonalen Rahmen kann der Stoß bei kleinem Winkelunterschied in den Knickpunkt gelegt werden, die verbundenen Stäbe werden in der gleichen Weise verlascht wie Zug- und Druckstäbe. Die Ablenkungskräfte sind an der Knickstelle konzentriert und müssen durch Aussteifungen aufgenommen werden. In Abb. 101 beachte man den Unterschied in Stoßdeckung und Aussteifung, je nach der Richtung des Biegemomentes und der Ablenkungskräfte.

Bei großen Kräften und erheblichem Winkelunterschied vermeidet man, daß der Stoß in den stark gekrümmten Teil des Rahmens zu liegen kommt. Stöße *neben* der Rahmenecke gestatten bessere bauliche Gestaltung und erleichtern die Herstellung. Beispiele mit genieteten Gesamtstößen beiderseits des Knickpunktes geben Abb. 102a (die Stöße *A* bzw. *B* der Winkel sind gegen den des Stegbleches versetzt, die Verstärkungsplatte endet bei *C*, wo sie nicht mehr notwendig ist) und Abb. 102b,

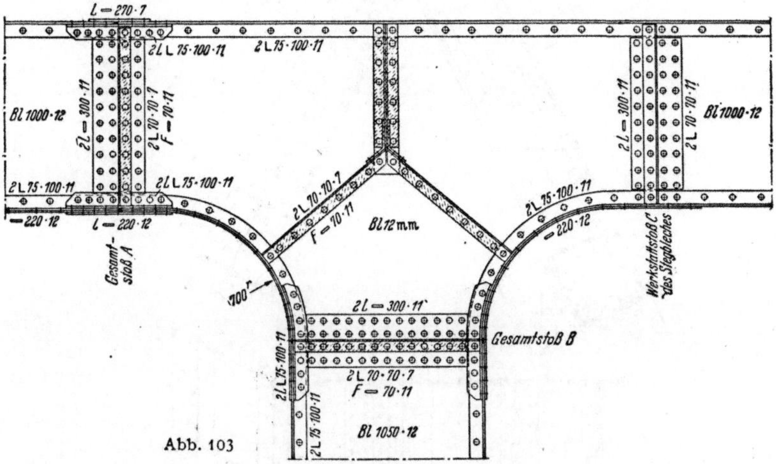

Abb. 103

bei der die Ecke aus einem geschweißten Stück besteht. Schließlich zeigt Abb. 103 die biegesteife Verbindung einer Rahmenstütze mit dem durchlaufenden Riegel. Der Gestamtstoß links (*A*) ist so weit nach außen geschoben, daß die Winkellaschen gerade bleiben, beim Stoß im Stiel (*B*) war dies nicht möglich, weil sonst der Abfall bei den Stegblechen zu groß wurde. Der Stoß liegt am Ende der Krümmung, die Blechkante des Stieles ist gerade, die kurzen Laschenwinkel sind gebogen. Im rechten Riegel ist lediglich ein Werkstattstoß des Stegbleches (*C*) vorhanden, die oberen Gurtwinkel laufen bis zum Stoß *A* durch, die unteren Gurtwinkel und die Verstärkungsplatte sind gebogen und enden am Stoß *B*. In der Krümmung sind die abstehenden Schenkel der ∟ 80 · 120 · 12 durch eine Gurtplatte ▭ 260 · 10 verstärkt. *Bemerkung.* Bei Rahmenecken erhält der innere bzw. untere Gurt in der Regel Druckspannungen, so daß oft eine besondere Sicherung gegen seitliches Ausweichen notwendig wird. Bei Abb. 103 kann z. B. leicht ein Kippen der Riegel eintreten (mit S-förmiger Biegelinie des Untergurtes und unter Verdrehung des Stieles), weil der Untergurt sozusagen unterbrochen ist.

Schwierige Eckverbindungen ergeben sich z. B. in den Endportalen von Brücken (Abb. 104), besonders wenn die Anschlüsse schief sind. In Abb. 104 ist der Parallelogramm-Querschnitt (vgl. Schnitt $A-B$) des Querrahmens mit 2 Eckblechen 10 mm verbunden, die ihrerseits an die Enddiagonale des Hauptträgers angeschlossen sind. Vgl. *O. Berr* und *Stoltenburg:* Bauingenieur 29 (1954) H. 10 u. 12.

d) Steife Anschlüsse. Bei den bisher besprochenen Anschlüssen standen die Stege aufeinander normal. Ist der Winkel dagegen kein rechter, so werden die Anschlußwinkel (Abb. 105) zu- bzw. aufgebogen, bei sehr spitzen Winkeln werden keilförmige Futter verwendet (Abb. 106). Durchlaufende Laschen und Auflagerstücke, gegebenenfalls wie bei geraden Anschlüssen. Gebogene Anschlußbleche (Abb. 107) sind mit großer Außermittigkeit und erheblichen Zusatzkräften verbunden. Die Herstellung von schiefen Anschlüssen wird erleichtert, wenn angeschweißte Anschlußplatten benutzt werden (Abb. 108).

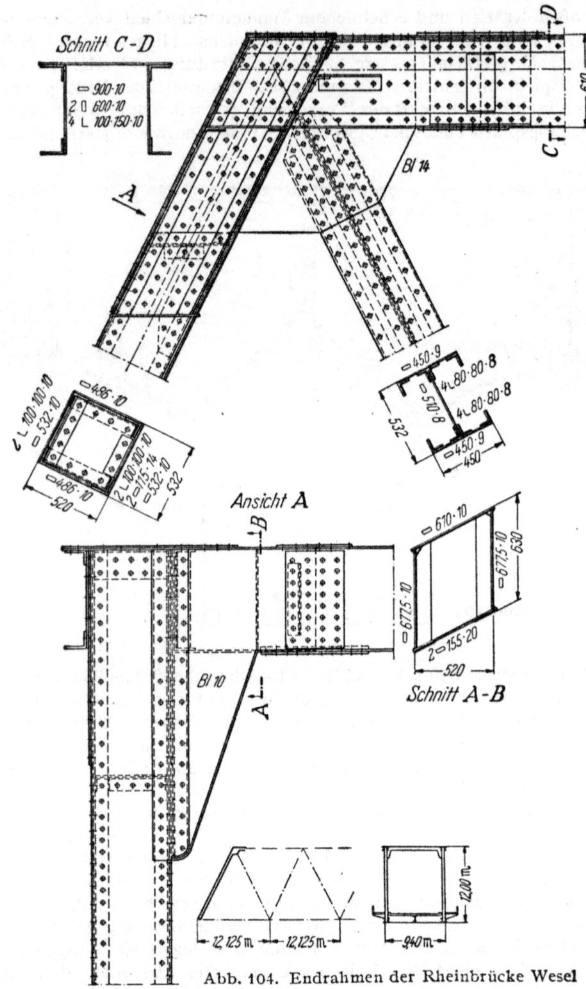

Abb. 104. Endrahmen der Rheinbrücke Wesel

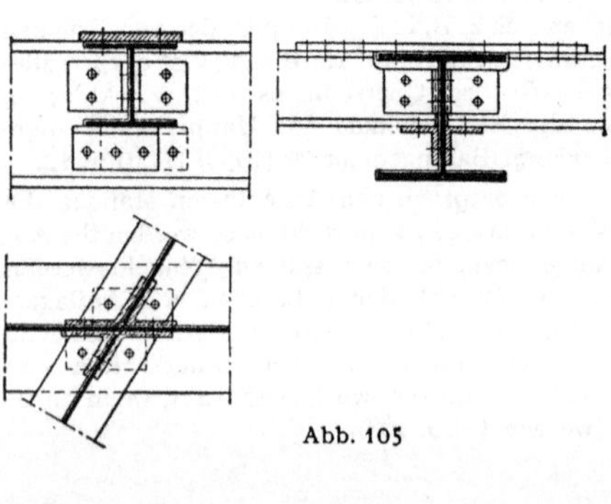

Abb. 105

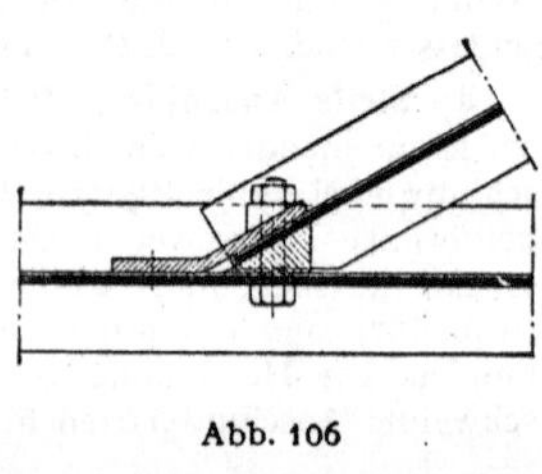

Abb. 106

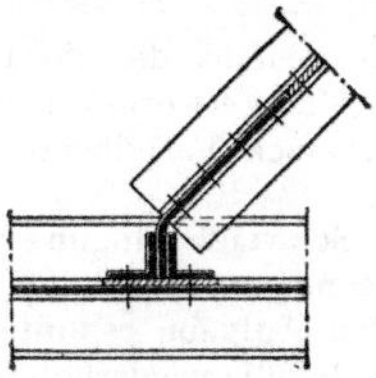

Abb. 107

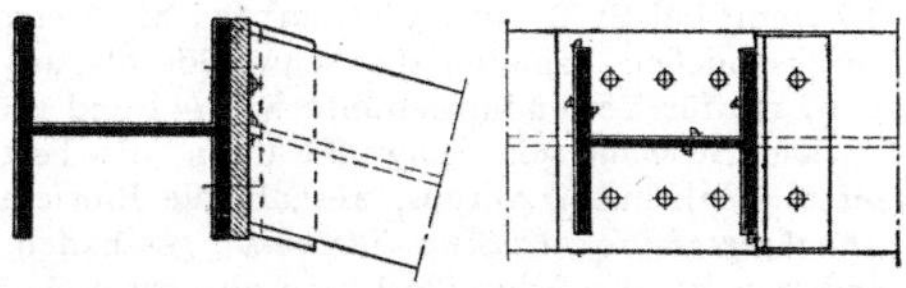

Abb. 108

IV. Schweißtechnik

A. Grundlagen der Schweißtechnik

Schweißen ist das Vereinigen von Metallen gleicher oder gleichartiger Zusammensetzung unter Einwirkung von Wärme mit oder ohne Zuführung eines gleichen oder gleichartigen Metalles.

Bemerkung. Beim *Löten* wird nicht ein gleichartiges Metall benutzt, sondern als Zusatz- oder Verbindungswerkstoff dient ein anderes Metall von viel niedrigerem Schmelzpunkt. Der Grundwerkstoff kommt dabei nicht zum Schmelzen, im Gegensatz zum Schweißen. Die mit den hohen Wärmegraden verknüpften Einflüsse treten daher beim Löten zurück. Die *Lötverbindungen* sind allerdings auch viel weniger fest als Schweißverbindungen, so daß sie im Bauwesen für tragende Teile kaum in Frage kommen.

Mittels Schweißung werden die Teile unlösbar miteinander verbunden, so daß ein einheitliches Ganzes entsteht. Gute Schweißung setzt eine innige Verbindung voraus, die nur erreicht wird, wenn auch der Grundwerkstoff an den Schweißstellen mitgeschmolzen wird (*Einbrandzone*). Über die Schweißverfahren vgl. Abschn. *Baustoffe*, S. 461 sowie DIN E 1910. Neuere Entwicklung s. *R. Kühnel: Bautechnik* 31 (1951) S. 9.

Literatur über die Grundlagen der Schweißtechnik: D. Du Rietz u. *H. Koch:* Praktisches Handbuch der Lichtbogenschweißung, 3. Aufl., Braunschweig 1948. — *P. Schimpke* u. *H. A. Horn:* Praktisches Handbuch der gesamten Schweißtechnik, 1. Bd.: Gasschweiß- und Schneidtechnik, 4. Aufl., Berlin 1948, 2. Bd.: Elektrische Schweißtechnik, 5. Aufl., Berlin 1950. 3. Bd. (mit *R. Hänchen*): Berechnen und Entwerfen der Schweißkonstruktionen, Berlin 1952. — *E. Sudasch:* Schweißtechnik, München 1950. — *K. L. Zeyen* u. *W. Lohmann:* Schweißen der Eisenwerkstoffe. 2. Aufl., Düsseldorf 1948.

Für eine erste Einführung seien empfohlen *P. Schimpke:* Die neueren Schweißverfahren, 7. Aufl. Berlin 1950 (= Werkstattbücher Heft 13). — *E. Klosse:* Lichtbogenschweißen, 4. Aufl. Berlin 1950 (= Werkstattbücher Heft 43). — *R. Hesse:* Prakt. Regeln für den Elektroschweißer. 3. Aufl. Berlin 1949 (= Werkstattbücher Heft 74).

1. Lichtbogenschweißung

Für den Stahlbau kommt in erster Line die *Elektroschmelzschweißung* in Betracht, bei der die notwendige Wärme durch einen elektrischen Lichtbogen geliefert wird. Über die verschiedenen Arten der *Lichtbogenschweißung* (Handschweißung, halbautomatische und vollautomatische Schweißverfahren, sowie über die Sonderverfahren) vgl. Literatur. Der Lichtbogen wird zwischen dem Werkstück und dem sog. *Schweißdraht* als Elektrode gezogen, der dabei abschmilzt und den *Zusatzstoff* liefert. Nach dem Verwendungszweck werden unterschieden: *Drähte für Verbindungsschweißungen* und *Drähte für Auftragsschweißungen*, ferner nach Beschaffenheit und Herstellungsverfahren: *nackte Drähte*, *Seelendrähte* mit einem nichtmetallischen Kern aus schlackenbildenden Stoffen; *umhüllte Schweißdrähte* mit Umhüllungen aus sehr verschiedenartig zusammengesetzten Stoffen, die eine starke Gasentwicklung aufweisen. Der Gasmantel hat die Aufgabe, den Lichtbogen von der Luft abzuschließen und die Verbrennung der Legierungsbestandteile des Stahles (*C*, *Si*, *Mn*) sowie die Aufnahme von Luftstickstoff zu verhindern. In gleicher Richtung wirkt die sich bildende Schlacke.

Die richtige Wahl des *Zusatzwerkstoffes* (Schweißdrahtes) ist von größtem Einfluß auf die Eigenschaften der Schweißverbindung. Die Schweißdrähte werden ausgewählt nach der Nennfestigkeit des verschweißten Grundwerkstoffes, wobei die Zugfestigkeit der normgemäß ausgeführten Proben mindestens die Werte 3,7 t/cm² bei St 37 bzw. 5,2 t/cm² bei St 52 erreichen muß. Um Verwechslungen auszuschließen, erhalten die Schweißdrähte an einem Ende einen Farbüberzug, z. B. rot für Verbindungsdrähte E 37/42 und grün für E 52.

Die Auswahl von Schweißdrähten, die Festlegung der Schweißbedingungen setzt Sachkenntnis voraus, weshalb die Einrichtung der besonders ausgebildeten „*Fachingenieure für Schweißtechnik*" geschaffen wurde, deren Aufgabe es unter anderem ist, die Schweißarbeiten zu überwachen und die regelmäßig wiederholten Schweißerprüfungen abzunehmen. Die Schweißarbeiten selbst dürfen nur von geübten und nach besonderen Vorschriften geprüften Schweißern ausgeführt werden.

Einzelheiten über die Vorgänge im Lichtbogen, über die Schweißstromerzeuger und deren Betrieb sowie über die Eigenschaften und Auswahl der Zusatzwerkstoffe sind aus der Literatur S. 625 zu entnehmen.

2. Gasschmelzschweißung und Brennschneiden

Bei der Gasschmelzschweißung wird die erforderliche Wärme durch Verbrennung von Gas erzeugt, so daß Grund- und Zusatzwerkstoff zum Schmelzen kommen. Die *Azetylen-Sauerstoff-Schweißung*, bei der eine Hitze von etwa 3100° C erreicht wird, tritt im Gebiete des Stahlbaues stark gegenüber der Lichtbogenschweißung zurück.

Wichtiger ist das *Brennschneiden*. Der *Schneidbrenner* besitzt außer der Heizdüse, die ebenso wie beim Schweißen arbeitet, noch eine zweite sog. Schneiddüse für den Schneidsauerstoff. Der durch die Heizflamme erhitzte Stahl wird durch den scharfen Sauerstoffstrahl verbrannt und fortgeblasen. Das Brennschneiden, bei dem die Gasflamme von Hand oder maschinell geführt wird, liefert glatte Schnittflächen, die für viele Zwecke des Stahlbaues bereits ohne weitere Bearbeitung ausreichen. Es ist bis zu größten Dicken ausführbar und wegen seiner vielseitigen und bequemen Anwendung eines der wichtigsten Bearbeitungsverfahren des Stahlbaues. Für das Brennschneiden kann auch Wasserstoff- oder Leuchtgas zusammen mit Sauerstoff benutzt werden. Einzelheiten s. Literatur S. 625.

3. Schweißbarkeit

Die Eignung zur Verwendung in geschweißten Verbindungen steht noch keinesfalls fest, wenn sich die betreffende Baustahlsorte etwa bereits in genieteten Bauwerken bewährt hat. Für die Beurteilung von Schweißverbindungen ist zu beachten, daß sich die Zusammensetzung des Zusatzwerkstoffes wie des Grundwerkstoffes beim Schweißvorgang erheblich ändern kann. Große Bedeutung hat auch die Änderung des *Gefüges*. Zwischen dem erschmolzenen Schweißgut und dem unveränderten Grundwerkstoff gibt es, je nach dem Grade der Wärmeeinwirkung, Zonen verschiedenen Gefüges und entsprechend unterschiedlicher Eigenschaften. Das Schweißgut erhält ein ähnliches Gefüge wie Stahlguß. An die Schweiße schließt sich ein Gebiet, in dem auch der Grundwerkstoff erschmolzen wurde (*Einbrandzone*) und in dem die *Bindung* zwischen Schweißzone und Grundwerkstoff erfolgt. Die benachbarte Zone des Grundwerkstoffes wird ebenfalls noch stark erhitzt, jedoch wird hier der Schmelzpunkt nicht mehr erreicht. In dieser *Überhitzungszone* treten starke Änderungen des Gefüges ein, so daß sie oft für die Eigenschaften der ganzen Schweißverbindung ausschlaggebend ist. An die Überhitzungszone schließen sich Gebiete, in denen ein Glühen stattfindet, und schließlich alle Zwischenstufen bis zum unveränderten Werkstoff. Wegen der schnellen Abkühlung ist der Schweißvorgang dem Abschrecken zu vergleichen. Es ergeben sich daher *Härtungserscheinungen*, die das Auftreten von Rissen in den verhältnismäßig spröden Schweißzonen fördern können.

Der gewöhnliche Flußstahl St 37 stellte der Verschweißung im allgemeinen keine besonderen Hindernisse entgegen, dagegen traten bei hochwertigem Baustahl St 52 erhebliche Schwierigkeiten auf. Die letzte Entwicklung von gut schweißbaren Baustählen St 52 ging denn auch von einigen Unfällen aus, bei denen Risse auftraten, so daß an den betreffenden Bauwerken umfangreiche Ausbesserungsarbeiten notwendig wurden[1]. Die Frage der Schweißbarkeit von St 52 wurde seither eingehend untersucht, so daß die meisten Fragen geklärt werden konnten.

Unter *Schweißnahtrissigkeit* versteht man das Auftreten von Rissen in der Schweißnaht, die unmittelbar nach der Schweißung noch bei hoher Temperatur oder vielleicht auch erst bei der Abkühlung im Gebiet der Blauwärme (bei etwa 300° C) entstehen. Die Schweißnahtrissigkeit ist in hohem Maße eine Eigenschaft der Elektroden, sie tritt fast nur bei dick umhüllten Schweißdrähten auf, wie sie gerade für den Stahlbau wichtig sind. Die *Schweißempfindlichkeit* ist dagegen eine Eigenschaft des Grundwerkstoffes, nämlich das Auftreten von Rissen, die bei bestimmten Schweißbedingungen von den Härtungszonen ausgehen und sich weit in die verschweißten Teile erstrecken können.

Das Auftreten von Rissen setzt voraus, daß zwei Voraussetzungen zusammentreffen, nämlich hohe *Spannungen*, sei es infolge des Schweißvorganges oder aus äußeren Ursachen, und eine *Versprödung* des Werkstoffes, so daß dieser keiner erheblichen Verformung fähig ist.

St 37 erweist sich im allgemeinen selbst gegen gewaltsame Behandlung als ziemlich unempfindlich, vorausgesetzt, daß stärkere Verunreinigungen an P und S fehlen. Bei ihm wird durch das *Abschrecken*, d. h. durch plötzliche Abkühlung, zwar Festigkeit und Fließgrenze etwas gehoben, es tritt aber keine merkliche Versprödung ein, Dehnung und Zähigkeit bleiben erhalten. Anders die älteren Sorten St 52, bei denen schroffe Abkühlung eine starke *Härtung* und *Versprödung* bedingte und deren Zugfestigkeit durch Abschrecken z. T. auf das doppelte des ursprünglichen Wertes und mehr erhöht werden konnte, während die Dehnung auf einen Bruchteil absank. Für die Härtung ist aber die Zusammensetzung der Schweiße und des Grundwerkstoffes von ausschlaggebender Bedeutung. Deshalb wurde in den Lieferbedingungen die chemische Zusammensetzung von St 52, soweit er für geschweißte Bauwerke bestimmt ist, in enge Grenzen eingeschlossen, während sie früher im wesentlichen frei war und nur Mindestwerte für die Festigkeit usw. gefordert wurden. Für geschweißte Bauwerke wird St 52 heute meist als sog. Feinkornstahl erschmolzen. Walzmaterial mit größeren Dicken wird in normalgeglühtem Zustand verwendet.

Besondere Erwähnung verdient das Schweißen von dickeren Profilen aus St 37. Hier hat sich zwar der Siemens-Martin-Stahl als besonders gut schweißbar erwiesen, bei gewöhnlichem Thomas-Stahl ergeben sich dagegen öfter Schwierigkeiten beim Schweißen an größeren Materialdicken. Eine gewisse Abhilfe schaffen hier das Glühen der Werkstoffe vor der Verarbeitung sowie die Verwendung der nach Sonderverfahren erblasenen Stähle.

Zweckmäßig ist es, sehr große Materialdicken möglichst zu vermeiden.

Die Werkstoffnormen befinden sich derzeit in Neubearbeitung. Eine Einigung ist, nicht zuletzt wegen der schwer zu lösenden Frage der „Schweißbarkeit", bisher noch nicht erzielt worden. Die beabsichtigte Verwendung des Baustahls in geschweißten Bauwerken ist dem Lieferwerk mitzuteilen.

Außer den metallurgischen Änderungen in Zusammensetzung und Gefüge der Werkstoffe sind auch die physikalischen Vorgänge wichtig, die mit den großen bei der Schweißung zugeführten Wärmemengen und den hohen dabei erreichten Wärmegraden zusammenhängen. Die Erwärmung erfolgt ja nicht gleichmäßig, sondern nur in eng begrenzten Gebieten. Die mit ihr verbundene Wärmedehnung wird durch die *innere Verspannung* der erhitzten Zonen im nicht erwärmten Werkstoff behindert. Dazu kommt die *äußere Verspannung*, weil die Teile beim Schweißen festgeklemmt werden müssen (dem gleichen Zweck dienen Heftschweißungen und vorläufige Verbindungen). Es ergeben sich daher bei der Erhitzung plastische Stauchungen. Bei der Abkühlung schwindet die Schweißnaht und ihre Umgebung am stärksten (*Schrumpfung*). Bei der Abkühlung müssen wegen der behinderten Dehnung

---

[1] *O. Kommerell:* Erläuterungen, I. Teil: Hochbauten, 5. Aufl. Berlin 1940. — *O. Graf:* Versuche und Feststellungen zur Entwicklung der geschweißten Brücken. Ber. D. Ausschuß Stahlbau, Heft 11, Berlin 1940.

Zwängungspannungen (*Schrumpfspannungen*) eintreten. Schrumpfung und Verwerfung, ferner Schweißspannungen sind ebenso unvermeidlich wie Gefügeänderungen in der Schweißzone, sie können nur durch entsprechende Maßnahmen beim Schweißen bzw. Nachbehandlung sowie Auswahl geeigneter Werkstoffe auf ein erträgliches Maß vermindert werden.

Durch *Vorwärmen* der zu verschweißenden Teile auf 200 bis 300° C kann die Abkühlung wesentlich verlangsamt werden. Infolge Verminderung der Abschreckwirkung erreicht man bessere Gefügeausbildung, die Härtung bleibt geringer. Anwärmen während des Schweißens ist auch geeignet, die inneren Verspannungen zu vermindern und die Spitzen der Schweißspannungen zu verkleinern. Von den weiteren Maßnahmen sei erwähnt das *nachträgliche Erwärmen* sowie das *Hämmern* der Schweißzonen, ferner die Anwendung von *Spannvorrichtungen*[2], welche die Bauteile während der Schweißarbeiten zur Erleichterung der Schrumpfung gegeneinander drücken. Der Einfluß der verschiedenen Maßnahmen auf die Güte der Schweißnaht ist im einzelnen Falle schwer abzuschätzen. Da die Wärmemaßnahmen zum Teil empfindlich und oft neue Wärmespannungen, Verwerfungen oder andere Nachteile kaum zu vermeiden sind, konnten sie bisher nur begrenzte Bedeutung erlangen.

Das sicherste Mittel zur Beseitigung der Härtungserscheinungen und Gefügeänderungen sowie zum Abbau der Schweißspannungen wäre das *Normalglühen* der fertigen Stahlbauteile bei etwa 920° C. Die Rißgefahr kann dadurch praktisch beseitigt werden. Dabei ist natürlich vorausgesetzt, daß die unmittelbar nach dem Schweißen auftretenden Schweißnahtrisse vor dem Normalglühen aufgesucht und gegebenenfalls ausgebessert werden. Im Stahlbau kann Normalglühen nur in Sonderfällen ausgeführt werden, es scheitert an den großen Abmessungen der Bauteile sowie an den hohen Kosten. Ein Nachteil ist auch, daß Normalglühen oft mit Verformungen verbunden ist, die Nacharbeiten notwendig machen. Die gleichen Einschränkungen gelten für das sog. *Spannungsfreiglühen* bei etwa 600° C, das zwar die Schweißspannungen beseitigt, nicht aber Gefügeänderungen und Aufhärtung in der Schweißzone.

Da Spannungsfreiglühen und Normalglühen der fertigen Schweißverbindungen in der Regel ausscheiden, muß man mit den oben erwähnten Maßnahmen auskommen. Bei der Ausführung der Schweißverbindungen müssen also außer der Verwendung geeigneter Werkstoffe auch entsprechend ausgearbeitete Schweißbedingungen sowie zweckmäßige Gestaltung von Querschnitten und Verbindungen Voraussetzung sein. Die Vorwärmung wird zur Beschränkung der Härtungserscheinungen oft gute Dienste leisten können. Das Idealziel ist, in der Schweiße gleiche Eigenschaften zu erreichen wie im verschweißten Werkstoff, schädliche Veränderungen in der Überhitzungszone auszuschließen und die Verbindungen frei von schädlichen Spannungen herzustellen. Nur dann besteht die Möglichkeit, den Grundwerkstoff ganz ausnutzen zu können.

Über den Erfolg von Wärmemaßnahmen vgl. die Literatur S. 625.

4. Schweißnähte

Einteilung nach DIN 1911, Sinnbilder für Zeichnungen DIN 1912. Für den Stahlbau kommen in Betracht die *Stoßnaht* oder *Stumpfnaht*, bei der die vorbereiteten Endflächen gegeneinander stoßen und die *Kehlnaht*, deren im allgemeinen nicht weiter vorbereitete Flächen meist rechtwinklig aufeinanderstehen (Abb. 109). Weiter werden gelegentlich auch *Loch-* und *Schlitznähte* verwendet.

Nach der Form der Stumpfnaht unterscheidet man *V-*, *X-* und *U-* (*Tulpen-* oder *Kelch-*) *Nähte*. Die Auswahl der Nahtform erfolgt mit Rücksicht auf leichte Herstellung und möglichst kleinen Inhalt der Schweißnaht. *V*-Nähte bilden die Regel bei kleinen Plattendicken und wenn nur von einer Seite geschweißt werden

---

[2] *G. Bierett:* Untersuchungen zur Ermittlung günstiger Herstellungsbedingungen für die Baustellenstöße geschweißter Brückenträger. Berichte D. Ausschuß Stahlbau, Heft 10, Berlin 1940, S. 8.

kann, X-Nähte werden bei Dicken über etwa 12 mm ausgeführt, wenn von beiden Seiten geschweißt werden kann, Tulpennähte für Dicken über etwa 20 mm. Die Schweißkanten werden mittels des Schweißbrenners oder durch spanabhebende Bearbeitung vorbereitet. Stumpfnähte sind in der Regel überwölbt, flache Nähte werden — falls nötig — durch nachträgliche Bearbeitung der Oberfläche hergestellt. Gute Schweißnähte müssen einwandfreien Einbrand aufweisen, so daß überall metallische Verbindung vorhanden ist. Aus diesem Grunde werden die *Wurzeln* der Nähte in tragenden Verbindungen, wenn irgend möglich *nachgeschweißt*. Schweißnähte dürfen keine größeren Einschlüsse von Schlacken oder Gasen (Poren) aufweisen.

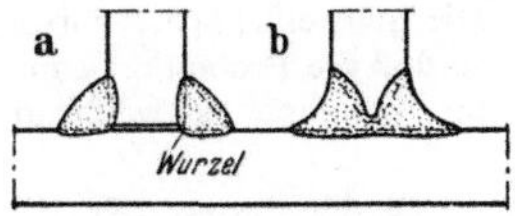

Abb. 110. Kehlnähte

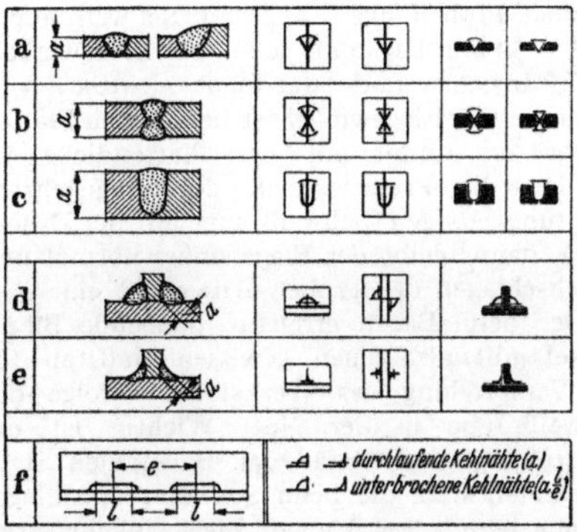

Abb. 109. Schweißnähte: Arten und Sinnbilder

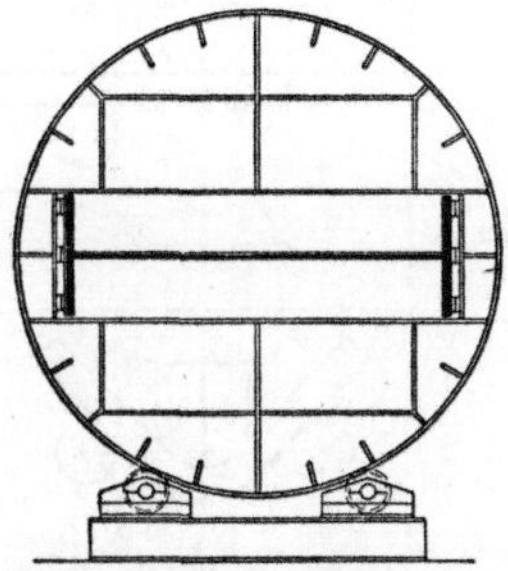

Abb. 111. Drehvorrichtung

Bei Kehlnähten werden *überwölbte* (*volle*) und *hohle* (*leichte*) *Nähte* unterschieden, ferner nach Lage und Beanspruchung *Stirn-* und *Flankenkehlnähte*. Kehlnähte können meist nicht ganz durchgeschweißt werden. Der Einbrand muß aber sicher bis in die Wurzel reichen (Abb. 110a). Es verbleibt in der Regel ein Luftspalt zwischen den verbundenen Teilen, der sich stark auf die Spannungsverteilung auswirkt. Muß die Kehlnaht durchgeschweißt werden, so wird die Kante V-förmig vorbereitet (Abb. 110b).

Ausführung der Schweißnähte. Die Oberfläche der Schweißraupen fällt je nach der Geschicklichkeit des Schweißers und den Schweißbedingungen mehr oder weniger uneben aus. Größere Einbrandkerben im Grundwerkstoff längs der Schweißnaht müssen sorgfältig vermieden werden, ebenso die *Endkrater*.

Mit Rücksicht auf das bequeme Ziehen der Schweißnähte wird die Waagrechtschweißung (in der sog. Wannenlage) angestrebt. Die *Überkopfschweißung* ist schwieriger auszuführen und setzt Geschick und Erfahrung voraus. Es werden daher besondere Einrichtungen benutzt, um die Bauteile jeweils in die für die Schweißung vorteilhafte Lage zu bringen (Abb. 111). Mit geeigneten Elektroden können von geübten Schweißern jedoch auch Überkopfnähte mit einwandfreier Bindung und zuverlässig geschweißt werden, so daß man von der Benutzung der Drehvorrichtungen Abstand nehmen kann. Bei unvorsichtiger Bewegung können die unfertigen Schweißnähte nämlich leicht durch Verwindungsbeanspruchung beschädigt werden.

5. Prüfung von Werkstoffen und Schweißarbeiten.

a) Allgemeines. Da die Güte der Schweißverbindungen von einer Reihe von Umständen abhängt, nicht zuletzt von Geschicklichkeit und Zuverlässigkeit der Facharbeiter, ist genaue Überwachung und Prüfung aller Schweißarbeiten notwendig. Von den Prüfungen seien erwähnt die zur Feststellung der Schweißeignung der Werkstoffe und Schweißdrähte, der Vergleich der Schweißbedingungen und Schweißverfahren für einen gegebenen Fall, die Abnahmeprüfungen, die Schweißnahtprüfungen an fertigen Verbindungen. Zur Feststellung der Gefügeänderungen dienen metallographische *Schliffbilder*.

b) Die Schweißraupenbiegeprobe nach *O. Kommerell* hat größte Bedeutung erlangt. Es ist dies ein Biegefaltversuch mit einem Balken von Rechteckquerschnitt (Abb. 112), auf dem in der Zugfaser eine halbkreisförmig ausgearbeitete Längsnut mit einer Schweißdrahtlage und bei Zimmertemperatur wieder zugeschweißt wird. Die Schweißraupe verursacht eine starke Verminderung der Verformungsfähigkeit, so daß die Proben oft ganz *spröde* und plötzlich brechen (*Durchschlagen*). Baustahlproben ohne Schweißraupe lassen sich ohne weiteres bis 180° biegen, dagegen brachen Proben aus St 52 mit Schweißraupen bei $t = 50$ mm Dicke oft schon bei Biegewinkeln von 5 bis 20°, und zwar ohne sichtbare Verformung. Der Biegewinkel ist bei dünnen Platten größer, er nimmt mit der Plattendicke ab. Werden die Proben nach der umgekehrten Richtung gebogen (Schweißraupe auf der Druckseite), dann bleibt der Biegewinkel normal und Durchschlagen der Proben tritt nicht ein.

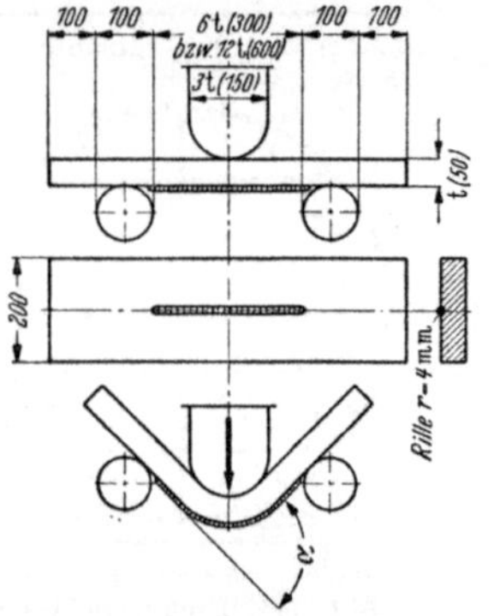

Abb. 112. Schweißraupenbiegeprobe nach *O. Kommerell*

Der beim Bruch erreichte bleibende Biegewinkel gibt also einen gewissen Maßstab für die Versprödung des Werkstoffes infolge der Schweißraupe in der Nut. Wichtig ist die Feststellung, daß Unfälle an Baustählen St 52 eingetreten sind, die beim Schweißraupenbiegeversuch bereits bei kleinen Biegewinkeln gerissen sind. Für St 37 gelten ähnliche Zusammenhänge, jedoch ist die Versprödung nicht so stark[3].

Da dicke Platten nach Schweißraupenbiegeproben viel schlechtere Verformungsfähigkeit aufweisen als dünne Platten, wurde in den Vorschriften eine Beschränkung der Dicke der zu verschweißenden Platten aufgenommen. Die größte Dicke ist für Brücken zu 50 mm, in Straßenbrücken aus St 37 zu 70 mm festgesetzt. Einzelheiten vgl. die neueste Ausgabe der technischen Lieferbedingungen der Deutschen Bundesbahn sowie die einschlägigen DIN-Blätter.

Da die Versprödung mit der Plattendicke zunimmt, wurde z. B. bei I-förmigen Vollwandträgern empfohlen, die Schweißnähte in den Steg zu legen, d. h. an eine Stelle, wo nur die geringere Stegdicke zu verschweißen ist. Verwendung von Sonderprofilen (halbe I-Profile, ⊥-Profile, Breitflachstähle mit hohem Stegansatz, Nasenprofile u. dgl.).

Die *Schweißeignung* eines Baustahls darf aber nicht allein nach der auftretenden Schweißhärtung beurteilt werden. Es besteht kein einfacher Zusammenhang zwischen dem Biegewinkel beim Bruch und der Härte in der Schweißraupe bzw. in der Übergangszone des Grundwerkstoffes. Innerhalb der jetzt für St 52 vorgeschriebenen Grenzen scheint auch die Zusammensetzung des Werkstoffes nicht ausschlaggebend. Mindestens ebenso wichtig ist die *metallurgische Behandlung* (für Baustahl in geschweißten Bauwerken *besondere Erschmelzungsart* — beruhigter Stahl oder windgefrischte HPN-Stähle — und bei dickeren Platten Normalglühen).

Proben mit zwei Schweißraupen an den Kanten ertragen größere Biegewinkel bis zum Bruch als Proben mit nur einer Schweißraupe in der Mitte. Die mit dem Schweißen verbundenen Spannungszustände sind also von erheblichem Einfluß.

[3] *O. Graf:* Versuche und Feststellungen zur Entwicklung der geschweißten Brücken. Berichte D. Ausschuß Stahlbau, Heft 11, Berlin 1940, S. 83.

Dies folgt auch aus der Beobachtung, daß der Biegewinkel größer ausfällt, wenn man die Breite der Proben nach der Schweißung durch Abhobeln verkleinert. Nach dem Schweißen spannungsfreigeglühte Proben schlagen nicht mehr spröde durch.

Da räumliche Spannungszustände die Verformungsfähigkeit erheblich vermindern können, ist anzunehmen, daß die Schweißspannungen in erheblichem Maße bei dem Auftreten von Rissen mitbeteiligt sind. Ein Beispiel für die Verminderung der Verformungsfähigkeit durch einen Kerbspannungszustand beim Zugversuch mit dehnbarem Werkstoff zeigt Abb. 113. Die Schweißspannungen dürfen aber auch nicht allein für den Eintritt der spröden Trennbrüche bei der Schweißraupenbiegeprobe verantwortlich gemacht werden, wie man aus Versuchen von *K. Klöppel* [Stahlbaukalender 6 (1940) S. 405] mit ähnlichen, ebenfalls gekerbten Biegeproben, jedoch ohne Schweißung, erkennt. Auch dabei traten im Anlieferungszustand des Werkstoffes spröde Trennbrüche ein, dagegen nicht mehr nach Normalglühen.

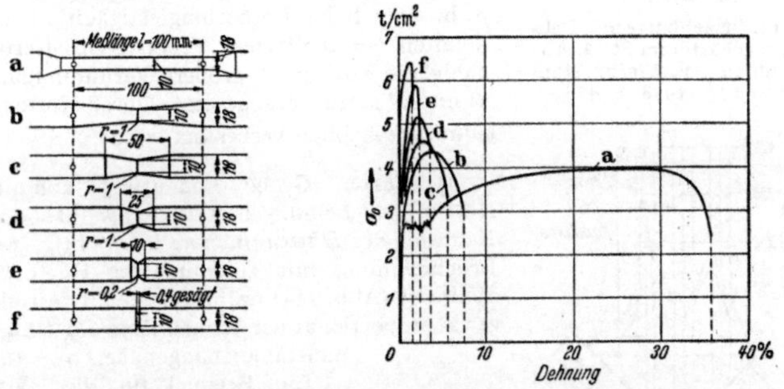

Abb. 113. Formänderung bei Kerbspannungszuständen. Nach *P. Ludwik* u. *R. Scheu:* Stahl u. Eisen 43 (1923) S. 999. (Die Spannung σ_0 ist jeweils auf den schwächsten Kreisquerschnitt mit 10 mm Durchmesser bezogen)

Die Schweißraupenbiegeprobe ist derzeit noch der wichtigste Versuch für die Prüfung der Schweißeignung im weitesten Sinne. Es gilt heute im allgemeinen als ausreichend, wenn bei St 52 unter Biegewinkeln $< 45°$ kein Bruch auftritt, wobei Anrisse nicht beanstandet werden. Bei Winkeln zwischen 45° und 60° dürfen nur Verformungsbrüche oder gemischte Brüche auftreten, nicht aber spröde Trennbrüche.

Die Schweißraupenbiegeprobe hat den Nachteil, daß sie verhältnismäßig kompliziert ist und zu hohe Kosten verursacht. Neben ihr werden besonders im Ausland die verschiedensten Proben zur Beurteilung der „Schweißbarkeit" einer Stahlsorte herangezogen. Zunehmende Bedeutung gewinnen nicht zuletzt wegen ihrer Einfachheit die Kerbschlagproben an gealtertem Werkstoff (= kalt gereckt und dann angelassen).

c) Kerbzähigkeit. Bei der Schweißraupenbiegeprobe zeigen sich meist zuerst in der Schweißraupe Risse, die sich in manchen Fällen sehr rasch über den ganzen Querschnitt ausbreiten, so daß mit lautem Knall ein spröder Bruch eintritt. Der Grundwerkstoff muß imstande sein, die beim spröden Reißen der Schweißnähte plötzlich auftretende Belastung aufzunehmen. Bei der Entlastung der gerissenen Schweißzone werden die benachbarten Teile des Grundwerkstoffes plötzlich hoch gespannt, wobei an den Rissen *Kerbspannungszustände* auftreten. Es ist zu fordern, daß sich ein Riß in der Schweißzone nicht rasch auch über den Grundwerkstoff ausbreitet, sondern der Riß darf nur langsam fortschreiten. Der Grundwerkstoff muß zäh genug sein, diese plötzliche Belastung abzufangen, und zwar muß diese Fähigkeit auch bei den nur selten vorkommenden tiefen Temperaturen in ausreichendem Maße erhalten bleiben.

Ein Maß der Fähigkeit zur Aufnahme plötzlich einwirkender Kerbspannungszustände ist die *Kerbschlagzähigkeit*. Der *Kerbschlagbiegeversuch*, besonders an Proben mit feiner Kerbe (Risse!), vor allem an gealtertem Material und bei tieferen Temperaturen, ermöglicht ähnliche Schlüsse wie die Schweißraupenbiegeprobe. Von den Kerbschlagproben mit besonders geformten Kerben sei nur die nach *G. Schnadt* erwähnt[4].

Die Kerbschlagzähigkeit ist, wie auch andere mechanische Eigenschaften, in starkem Maße von der Prüftemperatur abhängig, die deshalb immer anzugeben ist. Bei tiefen Temperaturen, z. B. unterhalb 0° C, kann sie auf einen Bruchteil des Wertes bei + 20° C absinken. Die Lage dieses Steilabfalles ist für die Beurteilung eines Werkstoffes wichtig. Näheres vgl. *R. Mailänder* in[5] S. 165 und Abschn. *Baustoffe*, S. 459. Für geschweißte Stahlbauwerke wird heute Material von guter *Alterungsbeständigkeit* verlangt, d. h. eine hohe Kerbschlagfestigkeit an kalt gedehnten (= gealterten) Proben. Die Kerbschlagzähigkeit wird durch größere Verunreinigungen an *P* und *N* stark herabgesetzt. Durch Normalglühen kann sie erheblich verbessert werden.

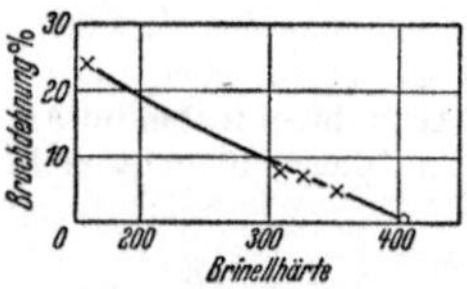

Abb. 114. Brinellhärte und Dehnung bei gehärtetem St 52. Aus *G. Bierett* u. *W. Stein:* Stahl u. Eisen 58 (1938) S. 428

d) Härte. Große Bedeutung kommt den Härtungserscheinungen in der Schweißzone zu. Die Kenntnis der *Härteaufnahme* ist wichtig, weil die Bruchdehnung mit zunehmender Härte schnell abnimmt (Abb. 114), während die Zugfestigkeit σ_B etwa proportional der Brinellhärte H_B steigt. Für Baustähle ist angenähert $\sigma_B = 0{,}36\, H_B$.

Ein Beispiel für die Härte der Hauptkehlnaht eines geschweißten I-Trägers zeigt Abb. 115. In der Übergangszone sind innerhalb sehr kleiner Abstände große Härteunterschiede vorhanden. Der Härteverlauf hängt mit der Gefügeausbildung zusammen. Die σ-ε-Linie wird durch Härtung ähnlich verändert wie durch Kerbspannungszustände, vgl. Abb. 113.

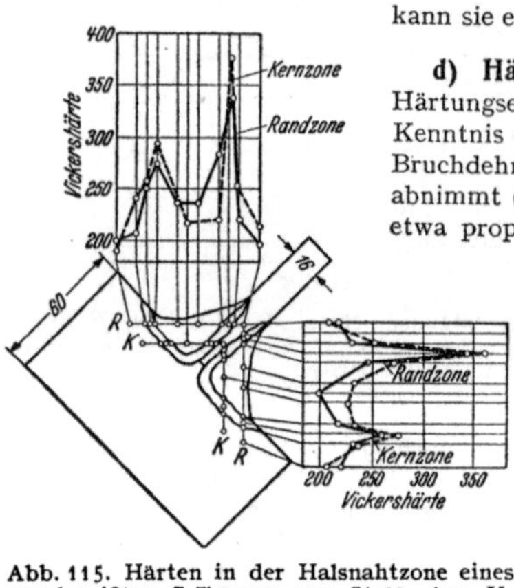

Abb. 115. Härten in der Halsnahtzone eines geschweißten I-Trägers aus St 52. Aus *K. Albers:* Stahlbau 12 (1939) S. 97

e) Zerstörungsfreie Prüfung von fertigen Schweißverbindungen. α) *Durchstrahlung.* Für die Untersuchung der Schweißnähte ist die Durchstrahlung mit Röntgenstrahlen brauchbar und allgemein üblich. Bei geringen zu durchstrahlenden Dicken kann das Röntgenbild auch unmittelbar auf einem Schirm sichtbar gemacht werden. An Stelle von Röntgenstrahlen kann auch die Gammastrahlung von radioaktiven Substanzen benutzt werden. Letztere haben im Vergleich zu der umfangreichen Röntgenapparatur den Vorteil, daß die kleinen radioaktiven Präparate sehr einfach zu handhaben sind. Sie bedürfen keinerlei Wartung, haben aber begrenzte Lebensdauer.

Das Röntgenbild (auf Film oder Röntgen-Negativpapier) gestattet, auf die Güte der Schweißnaht zu schließen. Einschlüsse von Schlacken oder Poren, sowie Fehler in der Bindung und Risse können so festgestellt und gegebenenfalls beseitigt werden. Die Deutung der Röntgenbilder erfordert Übung, eine zuverlässige Erkennung

[4] *N. Grosse:* Stahl u. Eisen 70 (1950) S. 1196. — *K. Daeves:* Werkstoff-Handb. Stahl und Eisen, Düsseldorf 1953, S. D 1.

[5] *E. Siebel:* Handbuch der Werkstoffprüfung. 2. Bd.: Die Prüfung der metallischen Werkstoffe, Berlin 1939.

der Fehlstellen aus den im Röntgenbild auftretenden Unregelmäßigkeiten ist nicht immer leicht.

β) *Magnetische Durchflutung.* Wichtig sind auch die magnetischen Prüfverfahren. Dabei wird in dem zu prüfenden Stahlteil ein magnetisches Feld erzeugt, wobei sich aufgebrachtes Eisenpulver dem Feld entsprechend einstellt. Aus etwaigen Unregelmäßigkeiten im magnetischen Feld sind Risse zu erkennen. Das Verfahren ist besonders für das Aufsuchen von Oberflächenrissen leistungsfähig, aber verhältnismäßig unempfindlich gegen Schlackeneinschlüsse und Poren, sowie gegen Risse, die im Inneren von dickeren Platten liegen.

γ) *Ultraschallprüfung.* Ultrakurze Schallwellen werden nicht nur an den Begrenzungsflächen reflektiert, sondern auch an Trennflächen im Inneren, wie z. B. an Rissen oder Dopplungen. Der Weg der Schallwellen kann auf einem Schirm, ohne den Umweg über einen Film oder dgl., sichtbar gemacht werden. Bei entsprechender Eichung des Gerätes ist es möglich, die Tiefe etwaiger Fehlstellen unmittelbar abzulesen.

Einzelheiten über die *Prüfung von Schweißungen* vgl. die Literatur S. 625, zu e) insbesondere *O. Vaupel:* Zerstörungsfreie Werkstoffprüfung mit Röntgen- und Gamma-Strahlen. Frankfurt/M. 1944. — *M. Widemann:* Röntgen-Werkstoffprüfung. Berlin-Zehlendorf 1944. — *R. Glocker:* Materialprüfung mit Röntgenstrahlen. 3. Aufl. Berlin 1949. — Vgl. auch die einschlägigen Vorschriften.

Prüfung durch Ultraschall

L. Bergmann: Der Ultraschall. Stuttgart 1954. — *L. Bergmann:* Z. VDI, 92 (1950) S. 711. — *H.* u. *J. Krautkrämer:* Z. VDI, 93 (1951) S. 349. — *A. Lutsch:* Arch. Eisenhüttenw. 23 (1952) S. 57 u. Z. VDI, 96 (1954) S. 773. — *H.* u. *E. Krainer:* Arch. Eisenhüttenw. 24 (1953) S. 229. — *H. Krächter, H.* u. *J. Krautkrämer:* Schweißen u. Schneiden 5 (1953) S. 305. — *A. Michalski:* Stahl und Eisen 74 (1954) S. 26.

B. Festigkeit und Berechnung der Schweißverbindungen

Die Festigkeitseigenschaften der Schweißverbindungen hängen nach *A* nicht nur von Schweiße und Grundwerkstoff ab, sondern fast noch mehr von den Überhitzungszonen, in denen metallurgische Veränderungen eintreten. Dazu kommen die von den Schweißbedingungen abhängigen Schrumpfvorgänge und Schweißspannungszustände. Das Verhalten der Schweißverbindungen ist also durch vielerlei Einflüsse bestimmt. Das Ideal einer Schweißverbindung, deren Festigkeitseigenschaften nur von der Gestalt und dem verschweißten Grundwerkstoff abhängt, nicht aber von der Art der Herstellung, kann im allgemeinen nur bei Stumpfnähten erreicht werden.

1. Statische Belastung

a) Stumpfnähte. Der infolge einer äußeren Belastung in der Stumpfnaht auftretende Spannungszustand unterscheidet sich in erster Annäherung nicht von dem eines einheitlichen Körpers. Wenn man von der Überhöhung der Schweißraupe und den kleinen Einbrandkerben absieht, wird die „Stetigkeit des Kraftflusses" durch die Stoßnaht nicht gestört. Bei guter Schweißung und zweckmäßig ausgewähltem Zusatzwerkstoff bereitet es daher bei St 37 wie bei St 52 keine Schwierigkeiten, die Nennfestigkeit des Grundwerkstoffes zu erreichen.

b) Stirnkehlnähte. Werden Verbindungen nach Abb. 116 belastet, so liegt angenähert ein ebener Spannungszustand vor, der sich mit Abmessungen und Form der Kehlnaht ändert. Beispiel nach Messungen in Abb. 117. Die Verbindung Abb. 116c bricht je nach Güte und Form der Schweißnaht entweder durch Abreißen in der schrägen Schnittfläche *C* oder in der Fläche *A* oder durch Abscheren bei *B*. Für die praktische Bemessung wird die Beanspruchung der Schweißnaht gemäß Abb. 116d mittels eines *Durchschnittswertes der Spannungen* $\varrho = S/al$ *abgeschätzt,* die gleichmäßig über die *schräge Schnittfläche* $(a \cdot l)$ verteilt werden (l = Länge der Schweißnaht ohne Endkrater, theoretische Schweißnahtdicke = a. Die Überhöhung der Schweißnaht wird nicht berücksichtigt)[6].

[6] Statt der Größe a wird in manchen Ländern die Seitenlänge h des eingeschriebenen Dreieckes zur Berechnung einer durchschnittlichen Spannung benutzt. Die betreffenden Spannungswerte sind bei symmetrischen Nähten gleich $\varrho/\sqrt{2}$.

Die statische Festigkeit σ_{BO} des Grundwerkstoffes kann in Verbindungen nach Abb. 116 voll ausgenutzt werden. Der Bruch erfolgt im allgemeinen am Rande der Schweißzone. Der Kreuzstoß (Abb. 116b) ist (trotz der erheblichen zusätzlichen Spannungen, die infolge des nicht verschweißten Schlitzes zwischen den verbundenen Platten auftreten) im allgemeinen nur unerheblich schwächer als die Laschenverbindung (Abb. 116a). Seine Tragfähigkeit wird noch gehoben, wenn man die Plattenenden V-förmig vorbereitet, so daß eine vollständige Verschweißung an der Wurzel der Verbindungsfläche möglich ist. Die Festigkeit ϱ_{BV} von Stirnkehlnähten ist mit der Dicke a der Schweißnaht veränderlich[7].

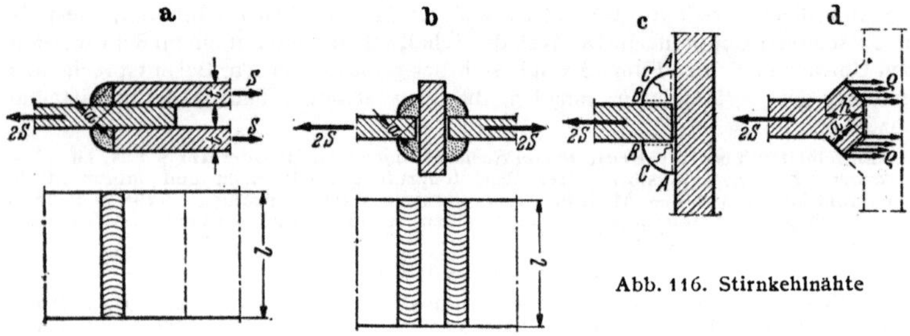

Abb. 116. Stirnkehlnähte

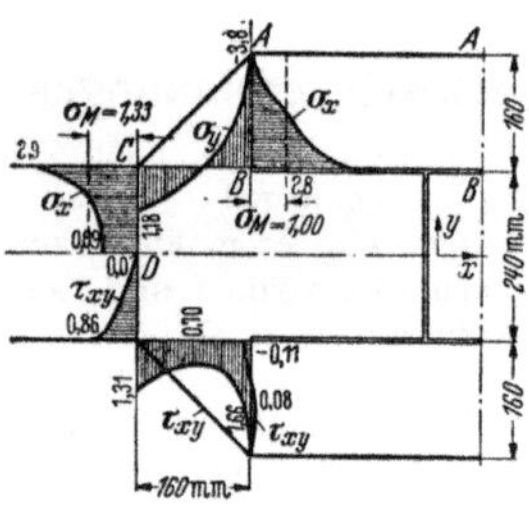

Abb. 117. Spannungszustand in Stirnkehlnähten eines Laschenstoßes nach *G. Bierett* und *G. Grüning:* Stahlbau 6 (1933) S. 170

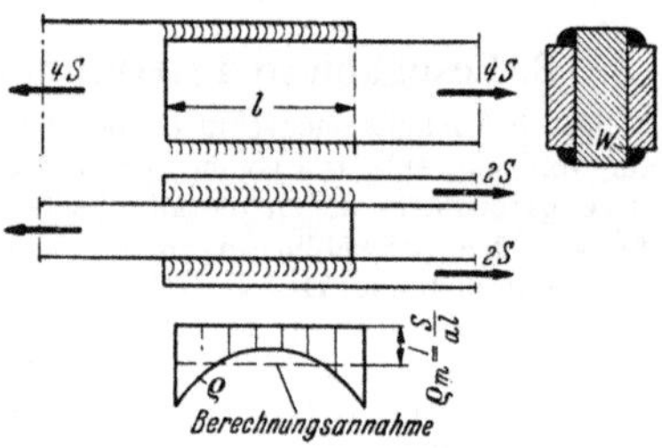

Abb. 118. Flankenkehlnaht

c) Flankenkehlnähte (Abb. 118) sind überwiegend auf Abscheren beansprucht. Die Schubkräfte sind nicht gleichmäßig über die Länge l verteilt, sondern ähnlich wie bei den Nietkräften. Die Spannungspitze am Ende wird um so höher, je breiter die verbundenen Platten sind. Da die Ungleichmäßigkeit der Schubkräfte mit l zunimmt, ist die Länge in Anschlüssen nach DIN 4100 auf ${}_{\max}l = 40\,a$ begrenzt. Die Spannungspitzen an den Kehlnahtenden äußern sich vor allem beim Dauerversuch, wo der Bruch immer an den Endkratern beginnt. Für die Bemessung wird auch hier mit dem Durchschnittswert der Schubspannung im schrägen Schnitt $\varrho_m = S/al$ gerechnet. Die Spannungspitzen werden bei der Bemessung nicht berücksichtigt, ebenso wie bei Nietverbindungen auf die ungleichmäßige Verteilung der Nietkräfte keine Rücksicht genommen wird.

Die statische Scherfestigkeit ϱ_B von Flankenkehlnähten kann bei kurzen Nähten die Nennfestigkeit des Grundwerkstoffes erreichen; ϱ_B ist bei dickeren Nähten kleiner als bei dünnen Flankenkehlnähten.

[7] Dauerfestigkeitsversuche mit Schweißverbindungen (sog. *Kuratoriumsbericht*), Berlin 1935. — *M. Roš* u. *A. Eichinger:* Festigkeit geschweißter Verbindungen. Bericht Nr. 86 der EMPA, Zürich 1935.

Bei den *Kehlnähten* liegt nach vorstehendem ein viel ungünstigerer Kraftfluß vor als bei Stumpfnähten. In beiden Fällen von Kehlnahtverbindungen treten auch bei mittiger Belastung Verwölbungen der Querschnitte auf.

d) Stirn- und Flankenkehlnähte wirken zusammen. Die Bruchlast von Verbindungen, in denen Stirn- und Flankenkehlnähte zusammenwirken, entspricht in erster Annäherung der Summe der Festigkeiten der einzelnen Nähte. In Laschenverbindungen nach Abb. 119 kann bei statischer Belastung angenähert die Tragfähigkeit des ungestoßenen Stabes erreicht werden.

e) Stumpfstöße mit Laschen. Bei überwiegend ruhender Belastung kann die Bruchlast einer nicht befriedigend ausgeführten oder an der Wurzel unzugänglichen Stumpfnaht durch zusätzliche Laschen bis zur Festigkeit des Grundwerkstoffes gehoben werden. Bei guten Stumpfnähten bringen die Laschen jedoch keine Verbesserung, die Nennfestigkeit des Grundwerkstoffes wird auch ohne Laschen erreicht. Gute Stumpfstöße verdienen im allgemeinen unbedingt den Vorzug.

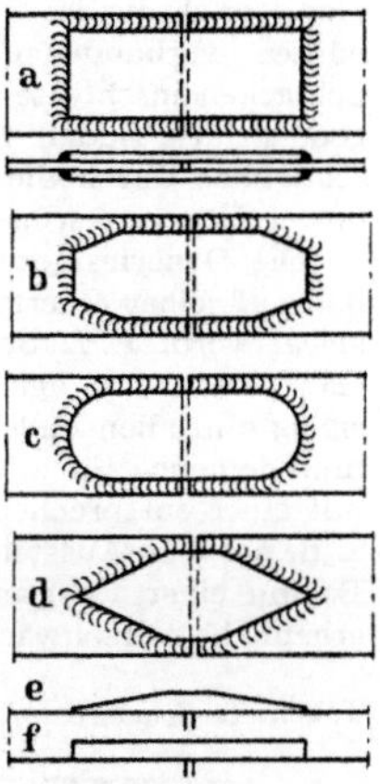

Abb. 119. Stoßverbindungen mit Laschen

f) Bemessung von Schweißnähten. α) *Stoß und Anschluß für Normalkräfte.* Die Beanspruchung bei Belastung durch eine Normalkraft P wird für die Fälle **a** bis **d** nach dem Rechnungswert $\varrho = P/\Sigma(al)$ abgeschätzt, also gleichmäßig verteilt über die sämtlichen Schnittflächen al der Schweißnähte angenommen. Dieser Rechnungswert ist mit den in den Bestimmungen festgelegten zulässigen Werten $_{\text{zul}}\varrho$ zu vergleichen.

β) *Stoß und Anschluß für Auflagerkraft A.* Ist nur die Auflagerkraft (Querkraft) A zu übertragen, so wird der Durchschnittswert $\varrho_2 = A/\Sigma(al)$ ermittelt, wobei jedoch nur jene Schweißnähte berücksichtigt werden, die wesentlich bei der Aufnahme der Schubspannungen mitwirken (bei Biegeträgern nur die Nähte im Steg).

γ) *Stoß und Anschluß für ein Biegemoment M.* Es wird angenommen, daß sich die Biegespannungen geradlinig über die Anschlußfläche der Schweißnähte verteilen. Die größte Schweißnahtbeanspruchung ist dann $\varrho_1 = M/W$, wenn W das Widerstandsmoment der sämtlichen Anschlußnähte mit den einzelnen Schnittflächen (al) bedeutet.

δ) *Bei Belastung mit A und M* wird für die Bemessung die sog. „Gesamtspannung“ $\varrho = \sqrt{\varrho_1^2 + \varrho_2^2}$ zugrunde gelegt, die sich ergibt, wenn man die auf die Elemente der Schnittflächen wirkenden Rechnungsspannungen ϱ_1 und ϱ_2 vektoriell zusammensetzt. Die so erhaltene Gesamtspannung ϱ muß z. B. nach DIN 4100 mit dem Wert $_{\text{zul}}\varrho$ für den Fall der Beanspruchung durch Abscheren verglichen werden.

Beim Stoß der Stegbleche von vollwandigen Trägern sind Stumpfstöße anzustreben, wofür die mittlere Schubspannung ϱ_2 wie die größten Biegespannungen ϱ_1 unter den betreffenden zulässigen Grenzen bleiben müssen. Bei gleichzeitiger Wirkung von Biegemomenten und Querkraft wird eine Vergleichsspannung als Maß der Beanspruchung benutzt. Die Einzelheiten des Spannungsnachweises, die sich für die einzelnen Teilgebiete des Stahlbaues unterscheiden, sind aus den einschlägigen Bestimmungen zu entnehmen.

Für die Spannungsverteilung in geschweißten Verbindungen werden somit sinngemäß die gleichen einfachen Annahmen gemacht wie bei Nietverbindungen. Die Schweißnähte müssen imstande sein, die im zugehörigen Querschnittsanteil vorhandenen Kräfte ohne örtliche Überanstrengung aufzunehmen. Abweichungen davon können unter Umständen erheblich Schäden verursachen, da die Schweißung

Verbindungen herstellt, deren Formänderungsfähigkeit verhältnismäßig kleiner ist als in genieteten Stahlbauten.

Über die *Theorie der Schweißverbindungen* gibt es ein umfangreiches Schrifttum, vgl. die Übersicht von *K. Girkmann:* Stahlbau 13 (1940) S. 123 u. 137.

2. Dauerfestigkeit

a) Die Dauerfestigkeit von Schweißverbindungen ist im allgemeinen erheblich niedriger als die des Grundwerkstoffes. Sie wird bestimmt durch die an den Schweißnähten vorhandenen *Kerben* (Einbrandkerben, Schweißnahtrisse, Poren und Schlackeneinschlüsse), die *Spannungsspitzen* an plötzlichen Querschnittsänderungen, an den Enden von Kehlnähten sowie die aus den Schweißspannungen, und schließlich durch die *Versprödung* des Werkstoffes, dessen Verformungsfähigkeit in der Übergangszone beeinträchtigt ist.

Die Dauerfestigkeit eines Stabes wird bereits dadurch grundlegend geändert, daß auf seiner Oberfläche — ohne sonstige Änderungen — eine Schweißnaht aufgelegt wird. *E. H. Schulz* und *H. Buchholtz*[8] erhielten bei Versuchen mit Proben ▭ 70 · 12 die in den Tabellen 1 und 2 wiedergegebenen Werte. Der Dauerbruch erfolgte in allen Fällen an Endkratern bzw. an querliegenden Schweißraupen. Man muß demnach für jede Schweißnaht (nicht nur in Stößen und Anschlüssen) bereits mit einer entsprechenden Verminderung der Dauerfestigkeit rechnen, auch wenn z. B. nur eine Aussteifung oder eine Verstärkungslasche aufgeschweißt wird. Jeder Beginn einer Längsnaht und jede querverlaufende Schweißraupe bedeutet eine erhebliche Verschwächung, sobald dynamische Belastung in Betracht kommt.

Tabelle 1. *Schwellzugfestigkeit* σ_{U_z} *verschieden geformter Proben aus St 52 mit Walzhaut* (Aus *E. H. Schulz* und *H. Buchholtz*[8])

		σ_{U_z}	t/cm²	%
	1	Glatter Stab	2,8	100
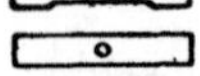	2	Stab mit offener Bohrung	2,2	78
	3	Stab mit Niet	1,8	64
	4	Einseitige Querraupe	2,1	75
	5	Doppelseitige Querraupe	1,1	39
	6	Einseitige Längsraupe	1,2	43
	7	Doppelseitige Längsraupe	1,1	39
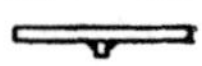	8	Einseitig aufgeschweißte Querversteifung	1,8	64
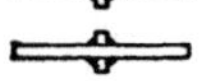	9	Doppelseitige aufgeschweißte Querversteifungen.	1,0	36
	10	Stab mit einseitig aufgeschweißter Lasche	0,95	34
	11	Stab mit einseitig aufgeschweißter Lasche	0,9	32

Die Schwellzugfestigkeit von geschweißten Laschenverbindungen (Tabelle 2) liegt noch niedriger, während die Stumpfstöße ohne Laschen weitaus am besten abschneiden. Wie weitere Versuche gezeigt haben, stellt die „Verstärkung" von Stumpfnähten durch beiderseits aufgelegte Laschen keine Verbesserung dar, sondern diese haben bei normalen Kehlnähten sogar eine beträchtliche Verringerung der Dauerfestigkeit zur Folge. Bemerkenswert sind die Versuche von *G. Bierett* und *G. Grüning:* Stahlbau 6 (1933) S. 172 mit Laschen- und Kreuzproben, die aus dem vollen Blech herausgearbeitet, also ohne Schweißung hergestellt wurden. Der Dauerbruch erfolgte in gleicher Weise und bei Spannungen der gleichen Größenordnung wie bei den entsprechenden geschweißten Verbindungen. Die niedrige Dauerfestigkeit derartiger Verbindungen ist also durch die geometrische Gestalt bedingt. Plötzliche Querschnittsänderungen, Schweißkerben usw., sollen daher bei

[8] *E. H. Schulz* u. *H. Buchholz:* Abh. Internat. Ver. Brückenbau u. Hochbau 2 (1933 bis 1934) S. 389, sowie Stahl u. Eisen 53 (1933) S. 549.

dauerbelasteten Verbindungen vermieden werden, allmähliche Übergänge sind anzustreben. Im Falle überwiegend ruhender Belastung allerdings spielt die Form der Verbindung ebenso wie die Oberflächenbeschaffenheit der Schweißnähte nur eine geringe Rolle.

Für die Entwicklung der geschweißten Bauweise erlangten die 1930 bis 1934 durchgeführten Versuche des *Kuratoriums für Dauerfestigkeitsversuche*[7] besondere Bedeutung. Die im folgenden genannten Zahlenwerte sollen die durchschnittlichen Festigkeitsverhältnisse beschreiben bzw. die durch gewisse Maßnahmen erreichbaren Verbesserungen kennzeichnen. *Lichtbogen-* und *Gasschmelzschweißungen* ergeben hinsichtlich der Dauerfestigkeit *etwa gleichwertige Verbindungen.*

Tabelle 2. *Schwellzugfestigkeit σ_{Uz} verschiedener Verbindungen aus St 52 mit Walzhaut* (Aus *E. H. Schulz* und *H. Buchholtz*[8], S. 390)

		σ_{Uz}	t/cm²	%
1			1,5	10
2	Doppellaschenverbindungen			
3				
4			0,7	47
5				
6	Kreuzstoß		0,6	40
7			1,3	87
8				
9	Stumpfstoßverbindungen		1,35	90
10				
11			1,5	100

b) Stumpfnahtverbindungen. Aus den Kuratoriumsversuchen hat *O. Kommerell* die Tabelle 3 abgeleitet.

Tabelle 3. *Schwellzugfestigkeit σ_{Uz} von Stumpfnahtverbindungen aus St 37 (Kuratoriumsversuche)* (Nach *O. Kommerell*[9], S. 240)

1	Rohe Stumpfnaht, Wurzel nicht nachgeschweißt	1,3 t/cm²
2	Rohe Stumpfnaht, Wurzel nachgeschweißt	1,8 t/cm²
3	Rohe Stumpfnaht, unter 45°, Wurzel nachgeschweißt	2,2 t/cm²
4	Bearbeitete Stumpfnaht (normal zur Längsrichtung), Wurzel nachgeschweißt, Schweißnaht mit glatter Oberfläche	2,4 t/cm²

Diese Zahlen können verglichen werden mit mittleren Schwellzugfestigkeiten $\sigma_{Uz} = 2{,}9$ t/cm² der ungeschweißten Flachstäbe und $\sigma_{Uz} = 1{,}9$ t/cm² für Stäbe mit Bohrung. Die Ursprungsfestigkeit von guten Stumpfstoßverbindungen ist also etwa ebenso groß wie die von Flachstäben mit Bohrung. Den Einfluß der Kerben ersieht man aus Abb. 120. Die Wurzel der Nähte ist möglichst nachzuschweißen, stark überhöhte Schweißraupen sind zu vermeiden. Innere Fehlstellen (Einschlüsse oder Bindungsfehler) können bei der Stumpfnaht mittels Röntgendurchstrahlung leicht aufgefunden und gegebenenfalls beseitigt werden. Auch große Poren sind zu vermeiden, da diese als Kerben wirken.

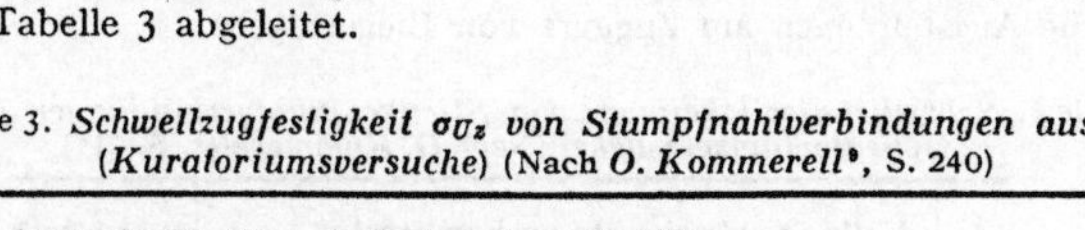

Abb. 120. Einfluß der Schweißnahtform auf die Dauerfestigkeit. Nach *O. Graf*: Kuratoriumsbericht S. 19

Bei Stumpfnähten bringt die *Bearbeitung der Schweißnähte* eine erhebliche Verbesserung. In Frage kommt Abhobeln der Schweißraupe oder Anschleifen der Über-

---

[9] *O. Kommerell:* Abh. Internat. Ver. Brückenbau u. Hochbau 3 (1935) S. 240.

gänge zwecks Beseitigung aller Einbrandkerben. Durch Abarbeiten der Schweißraupe konnte σ_{Uz} bis auf 2,4 t/cm² gehoben werden (Tabelle 3, Zeile 4).

Der ertragene Spannungsausschlag verändert sich zunächst nur wenig, wenn eine Vorbelastung vorhanden ist. Abb. 121 zeigt die Dauerzugfestigkeit einer Stumpfnahtverbindung aus St 52 für verschiedene Vorspannungen. Darin sind auch Streckgrenze und Bruchfestigkeit angegeben, die bei ruhender Belastung Grenzwerte darstellen.

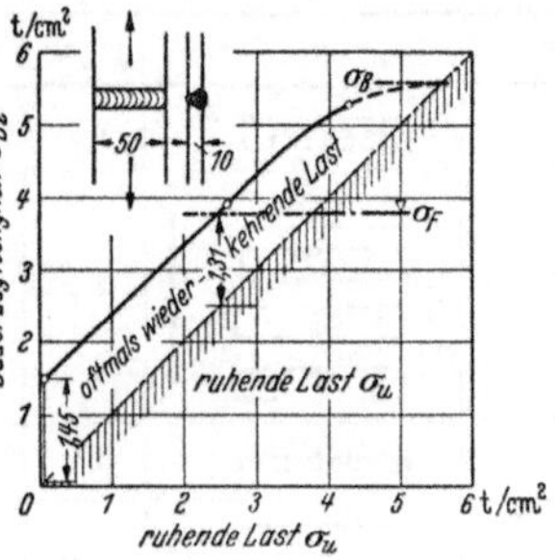

Abb. 121. Nach *O. Graf:* Kuratoriumsbericht, S. 27

Die *Schwelldruckfestigkeit* von Stumpfnähten ist bei St 37 erheblich größer als die Schwellzugfestigkeit, sie liegt meist nahe an der Fließgrenze und hat daher für die Bemessung nur geringe Bedeutung.

c) Stirnkehlnahtverbindungen. Für die Schwellzugfestigkeit von Kehlnahtverbindungen hat *O. Kommerell* aus den Kuratoriumsversuchen die Tabelle 4 abgeleitet. Die Dauerfestigkeit der Stirnkehlverbindungen ist durch den ungünstigen Spannungszustand beeinträchtigt. Die Werte für leichte Kehlnähte liegen höher als die für volle Nähte.

Normal zur Kraftrichtung verlaufende Kehlnähte sind danach in gezogenen Querschnittsteilen nach Möglichkeit zu vermeiden. Auch der ungestoßen durchlaufende Querschnitt ist bereits durch die aufgelegten Schweißnähte gefährdet, und zwar ist Bruch in der Übergangszone zu befürchten. Vgl. Angaben unter a). Beispiel die Aussteifungen am Zuggurt von Biegeträgern.

Tabelle 4. *Schwellzugfestigkeit σ_{Uz} von Stirnkehlnahtverbindungen aus St 37* (*Kuratoriumsversuche*) (Nach *O. Kommerell*[9], S. 241)

1	Volle Stirnkehlnähte im Laschenstoß . .	0,83 t/cm²
2	Leichte Stirnkehlnähte im Laschenstoß .	1,03 t/cm²
3	Volle Stirnkehlnähte im Kreuzstoß . . .	0,65 t/cm²
4	Leichte Stirnkehlnähte im Kreuzstoß .	0,85 t/cm²

Bemerkung. Die Werte σ_{Uz} sind auf die Spannung in der gestoßenen Platte bezogen, sie sind nicht mit der mittleren Spannung ϱ in den Kehlnähten zu verwechseln.

Form und Oberflächenbeschaffenheit der Schweißnähte sind wichtiger als die Wahl des Zusatzwerkstoffes. Hohle Kehlnähte mit allmählichem Übergang verdienen den Vorzug, wenn es sich um dynamisch beanspruchte Bauteile handelt. Einbrandkerben am Übergang sind zu beseitigen. Wichtig ist, daß die Dauerzugfestigkeit von Kreuzstoßverbindungen erheblich gehoben werden kann, wenn die Wurzel ganz verschweißt wird, was ein V-förmiges Zuspitzen der Kanten voraussetzt.

d) Flankenkehlnähte erweisen sich regelmäßig widerstandsfähiger als die verbundenen Bauteile. Der Dauerbruch solcher Verbindungen beginnt am Anfang der Kehlnähte. Leichte Nähte sind nach Tabelle 5 besser als volle Kehlnähte. Die Dauerfestigkeit kann durch allmähliche Übergänge bzw. Bearbeitung der Schweißnahtenden verbessert werden. Gutes Verschweißen an der Wurzel ist wichtig.

Tabelle 5. *Schwellzugfestigkeit σ_{Uz} von Laschenstößen aus St 37 mit Flankenkehlnähten* (*Kuratoriumsversuche*) (Nach *O. Kommerell*[9], S. 241)

1	Volle Flankenkehlnähte (roh)	0,8 t/cm²
2	Volle Nähte mit angefrästen Nahtenden .	0,9 t/cm²
3	Leichte Flankenkehlnähte (roh)	1,1 t/cm²
4	Leichte Nähte mit angefrästen Nahtenden	1,2 t/cm²

Bemerkung. Die Werte sind auf die Spannungen in der gestoßenen Platte bezogen, da hier die Dauerfestigkeit des durch die Schweißung gekerbten Stabes maßgebend ist, und nicht etwa die der Schweißnähte.

Die Höhe (der auf den Stabquerschnitt bezogenen) Schwellzugfestigkeit von Flankenkehlnahtverbindungen ändert sich etwas mit Form und Breite der verbundenen Stäbe sowie mit der Länge der Kehlnaht. Zusammengesetzte Querschnitte, deren Einzelteile mit ununterbrochenen Flankenkehlnähten verbunden sind, haben etwa die gleiche Schwellzugfestigkeit wie Stumpfnähte. Ein *Dauerbruch durch Abscheren der Flankenkehlnaht* kommt erst in Betracht, wenn die durchschnittliche Schubspannung ϱ in der Kehlnaht größer ist als die Zugspannung σ im Stab bzw. in den Laschen.

e) Laschenstöße. Die Dauerfestigkeit von Laschenstößen entspricht im wesentlichen den unter c) und d) besprochenen Zusammenhängen. Beim Zusammenwirken von Flanken- und Stirnkehlnähten gelten ähnliche Zusammenhänge, das heißt, es kommt mehr auf die Form der Schweißnähte und die Spannungsschwellen an den Laschenenden an, als auf die durchschnittliche Beanspruchung in den Schweißnähten (Tabelle 2). Die gewöhnlichen Laschenstöße tragen nur einen Bruchteil der Dauerlast des Stabes ohne Schweißung.

O. Graf[10] stellte fest, daß jede besondere Formgebung der Laschenenden unzweckmäßig bzw. entbehrlich ist. Die besten Laschenverbindungen entstehen bei Laschen konstanter Breite und Dicke sowie bei Verschweißung mit starken Stirnkehlnähten, die am Übergang ausgeschliffen werden. Die Schwellzugfestigkeit konnte so von 1,2 t/cm² für rohe Schweißnähte auf 1,7 t/cm² gehoben werden, so daß sie etwa ebenso hoch liegt wie die Dauerfestigkeit guter Stumpfnähte.

f) Weitere Belastungsfälle. Die vorliegenden Versuche beziehen sich zum größten Teil auf die *Schwellzugfestigkeit von St 37*. Ähnliche Ergebnisse wurden bei Biegeversuchen gefunden. Die *Schwellbiegefestigkeit* wird durch eingeschweißte Aussteifungen ebenfalls herabgesetzt. Bei Versuchen von *E. H. Schulz* und *H. Buchholtz*[8], S. 395, ergab sich die Schwellbiegefestigkeit für geschweißte Träger aus St 52 bei zweckmäßiger Bauweise jedoch ebenso hoch wie für genietete Träger.

Die Dauerfestigkeit von geschweißten Verbindungen aus St 52 liegt, wie im Falle genieteter Stöße und Anschlüsse, im Bereich der Schwellzug- und Wechselfestigkeit im allgemeinen nur wenig höher als bei gleichartigen Verbindungen aus St 37. Das ertragene Spannungsintervall nimmt jedoch nur wenig ab, wenn eine größere Vorspannung wirkt. Die Vorteile von St 52 können daher im Fall dynamischer Belastung voll ausgenutzt werden, wenn es sich um Bauglieder mit größerer ständiger Belastung handelt.

Über die Dauerfestigkeit im Falle gleichzeitiger Wirkung mehrerer Spannungskomponenten (*allgemeine Spannungszustände*) vergleiche die Vorschläge von *M. Roš* und *A. Eichinger*[11].

g) Bemessung. Hauptsächlichste Grundlage der heutigen Vorschriften für geschweißte Brücken sind die sog. *Spannungshäuschen*[12]. Beispiel Abb. 21.

Der *Spannungsnachweis für geschweißte Eisenbahnbrücken* erfolgt (S. 582) durch den Vergleich der mit γ/α vervielfachten Spannungen mit dem gewöhnlichen zulässigen Spannungswert $_{\text{zul}}\sigma$. Die Aufgabe ist also zurückgeführt auf die Ermittlung der *Formzahl* α. Mit dem Beiwert γ zur Berücksichtigung der Dauerbeanspruchung und der Formzahl α kann der Spannungsnachweis formal wie für den Fall ruhender Belastung geführt werden. Die Formzahlen sind in Abhängigkeit vom Belastungsfall aus den „Vorläufigen Vorschriften" zu entnehmen. Von den vielen Fällen, die danach unterschieden werden müssen, seien erwähnt: Für Stumpfnähte gelten verschiedene Werte, je nachdem ob das Nachschweißen der Wurzel möglich ist oder nicht. Für die Hauptnähte, die bei vollwandigen Trägern Gur-

---

[10] *O. Graf:* Versuche über den Einfluß der Gestalt der Enden von aufgeschweißten Laschen in Zuggliedern und von aufgeschweißten Gurtverstärkungen an Trägern. Berichte D. Ausschuß Stahlbau, Heft 8, Berlin 1937.

[11] *M. Roš:* Die Festigkeit und Sicherheit der Schweißverbindungen. EMPA, Bericht Nr. 156. Zürich 1946. — *M. Roš* und *A. Eichinger:* Die Bruchgefahr fester Körper. EMPA, Bericht Nr. 173, Zürich 1950.

[12] Vorläufige Vorschriften für geschweißte, vollwandige Eisenbahnbrücken der Deutschen Bundesbahn. Ausgabe 1951, auszugsweise im Stahlbau-Handbuch 1952, S. 414.

tungen und Steg verbinden, sowie für die Kehlnähte beim biegesteifen Anschluß eines Trägers wird die Hauptspannung als Maß der Beanspruchung benutzt. Die Verminderung der Dauerfestigkeit der Träger bei querverlaufenden Stirnkehlnähten und am Beginn von Flankenkehlnähten wird ebenfalls durch einen Wert $\alpha < 1$ berücksichtigt, wobei α größer ist, wenn die Schweißnahtenden bearbeitet werden. Die Werte γ/α sind dabei für St 37 im allgemeinen erheblich kleiner als für Bauteile aus St 52.

Bei der Bemessung von geschweißten Straßenbrücken und anderen Stahlbauwerken, die überwiegend ruhend belastet sind, wird auf die Dauerfestigkeit keine Rücksicht genommen. Für die Schweißnähte selbst müssen die durchschnittlichen Spannungen ϱ unter gewissen zulässigen Werten bleiben.

Auf Schrumpfungen und Schrumpfspannungen wird bei der Bemessung der Stahlbauten keine Rücksicht genommen. Die Bestimmungen sehen keinerlei Vergünstigung vor für den Fall, daß die Schweißverbindung durch Vorwärmen oder durch Nachbehandlung verbessert wird. Trotzdem ist selbstverständlich alles zu tun, um verformungsfähige und kerbunempfindliche Schweißverbindungen mit geringen Schrumpfspannungen zu erhalten[13]. Die aus den Versuchen zu ziehenden Schlußfolgerungen für die bauliche Gestaltung und Ausführung der Schweißarbeiten sind in den einschlägigen Vorschriften niedergelegt und sorgfältig zu beachten.

C. Schrumpfung und Schrumpfspannungen

1. Allgemeines

Mit den hohen, beim Schweißen auftretenden Wärmegraden sind große Dehnungen, auch plastische Veränderungen, verbunden, da die Fließgrenze bei hohen Temperaturen stark absinkt. Für die Erläuterung dieser Vorgänge ist ein Modell nützlich, das *Du Rietz-Koch* beschrieben haben. Erhitzt man in dem Stahlrahmen (Abb. 122a) nur die mittlere Rippe, so verformt sich das Ganze zunächst gemäß Abb. 122b, wobei in dem Rahmen elastische Spannkräfte auftreten. Bei einer Temperatur von etwa 700° C wird die mittlere Rippe durch die elastischen Spannkräfte fast ohne Widerstand gestaucht. Dabei stellt sich angenähert wieder die ursprüngliche Form ein (Abb. 122c), wenn der Vorgang schnell genug vor sich geht, so daß die Erwärmung des übrigen Rahmens durch die Wärmeleitung gering bleibt. Bei der Abkühlung wird ein Teil der Schwindung der mittleren Rippe wieder plastisch sein. Da der Verformungswiderstand jedoch mit dem Temperaturabfall schnell wächst, treten bald große Spannungen auf, und der Rahmen wird etwa die Form Abb. 122d annehmen. Wie weit sich die Schrumpfung beim Erkalten auswirken kann, hängt von dem Widerstand des Rahmens (*Verspannung*) ab. Soweit sich die Schrumpfung nicht frei auswirken kann, müssen entsprechende Spannungszustände eintreten (*Schwind-*, *Schweiß-* oder *Schrumpfspannungen*). Schrumpfungen wie Schrumpfspannungen hängen also außer von dem Grad der Erhitzung, deren zeitlichem Verlauf (Wärmeleitung!) und der örtlichen Ausbreitung der Erhitzung auch von der Verspannung ab. Die Schrumpfungen sind am größten und die Schrumpfungsspannungen am kleinsten, wenn die Verspannung gering ist. Das Umgekehrte gilt bei starker Verspannung.

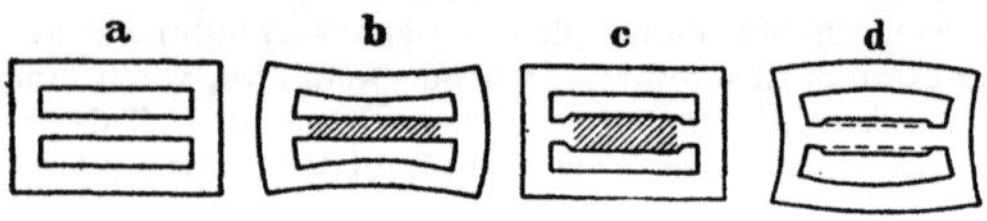

Abb. 122. Modell des Schrumpfvorganges

---

[13] *G. Bierett:* Untersuchungen zur Ermittlung günstiger Herstellungsbedingungen für die Baustellenstöße geschweißter Brückenträger. Berichte D. Ausschuß Stahlbau, Heft 10, Berlin 1940.

Betrachtet man zwei Bleche, die mit einer Stumpfnaht verbunden werden, so gelten grundsätzlich die gleichen Zusammenhänge. Die Schweißnaht und ihre Umgebung wird bei der Erhitzung nach allen Richtungen der Blechebene gestaucht, beide ziehen sich beim Abkühlen nach allen Richtungen zusammen. Es muß also außer der Längsschrumpfung der Schweißnaht auch eine Querschrumpfung auftreten und Schrumpfspannungen müssen in beiden Richtungen wirken.

Schrumpfung und Schrumpfspannungen sind je nach den Wärmeeigenschaften (spezifische Wärme, Wärmeleitfähigkeit, Wärmeausdehnungszahl) sowie den mechanischen Eigenschaften des Werkstoffes (Streckgrenze, Verformungsfähigkeit und Festigkeit) verschieden. Alle diese Eigenschaften sind nicht unveränderlich, sondern stark von der Temperatur abhängig. Das Gesamtproblem ist also ziemlich verwickelt, zumal noch die metallurgischen Einflüsse hinzukommen. Die Gefügeumwandlungen sind ebenfalls mit Volumänderungen verbunden. Bei schneller Abkühlung (Abschreckung), wie sie bei der Schweißung in Frage kommt, können diese Volumveränderungen großen Einfluß auf Schrumpfungen und Schrumpfspannungen haben.

Eine umfassende Darstellung über Schrumpfungen und Schrumpfspannungen verdanken wir *G. Bierett*[14]. Auf diese Veröffentlichung sei zur Ergänzung und Vertiefung der nachstehenden kurzen Ausführungen verwiesen.

2. Schrumpfung

a) Längsschrumpfung der Schweißnähte. Die Temperatur fällt von der Schweißnaht nach außen hin sehr schnell ab. Die plastischen Stauchungen beschränken sich daher auf einen verhältnismäßig schmalen Bereich, dessen Breite von den Schweißbedingungen und den Wärmeeigenschaften abhängt (Abb. 123).

Die Längsschrumpfung beträgt meist 0,0003 bis 0,001 der Schweißnahtlänge, sie ist nur ein Bruchteil der gesamten linearen Schwindung des Schweißgutes, die von etwa 650° C abwärts fast 0,01 beträgt. Es müssen also bei der Abkühlung erhebliche plastische Dehnungen eintreten. Nur ein geringer Teil der Dehnung ist elastisch. Die Schrumpfspannungen längs und quer zur Schweißnaht erreichen in der Regel die Fließgrenze des Grundwerkstoffes.

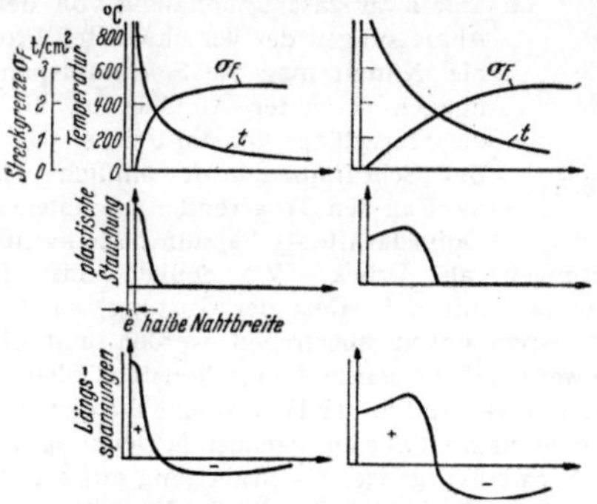

Abb. 123. Temperatur, Stauchung und Schrumpfspannungen bei schmalen und breiten Erhitzungszonen. Nach *G. Bierett*[14], S. 139

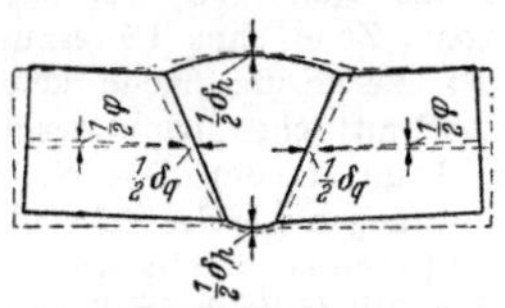

Abb. 124. Schrumpfung einer V-Naht

b) Querschrumpfung der Schweißnähte. Die mittlere Querschrumpfung von Stumpfnähten wächst mit dem Querschnitt der Schweißnaht, sie beträgt etwa 1 bis 3 mm. Ohne jede Verspannung würde die Schweißnaht, gleichmäßigen Wärmezustand vorausgesetzt, nach allen Richtungen des Raumes im gleichen Verhältnis schwinden. Da aber die Schwindung in der Dickenrichtung durch den Widerstand des angrenzenden Grundwerkstoffes behindert wird, ist die Schwindung in der Dickenrichtung kleiner als in der Plattenebene, es überwiegt die Schrumpfung in der Längsrichtung der Naht und quer dazu. Besonders bei unsymmetrischen

[14] *K. Klöppel* u. *C. Stieler*: Schweißtechnik im Stahlbau, Berlin 1939, Beitrag *G. Bierett*: Schrumpfung und Spannung, S. 128.

Schweißnähten tritt also auch eine Winkeländerung zwischen den verbundenen Teilen ein (*Winkelschrumpfung*, Abb. 124). Die Winkelschrumpfung in Stumpfnähten kann bei freier Lagerung die Größenordnung $\varphi = 10°$ erreichen.

Ähnliche Zusammenhänge bestehen bei Kehlnähten. Wichtig ist die bei Kehlnähten auftretende *Querverbiegung* (Abb. 125) infolge der plastischen Stauchung der Schweißzone. Da sie auf eine geringe Breite beschränkt ist, findet nicht eine stetige Querbiegung, sondern mehr ein Abknicken über den Kehlnähten statt. Diese Verwerfung kann durch entsprechendes Vorbiegen der zu verschweißenden Teile unschädlich gemacht werden. Nach dem gleichen Prinzip der plastischen Stauchung bei einseitiger Erhitzung erfolgt das *Richten bzw. Biegen mit der Schweißflamme* sowie die Verminderung von Querbiegung und Verwerfung durch Anwendung entsprechender Reihenfolge der einzelnen Schweißnahtlagen (sog. *Schweißfolge*).

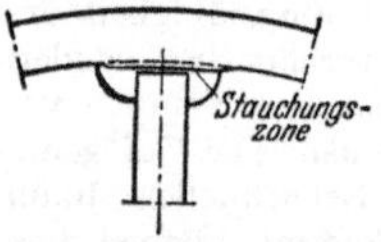

Abb. 125. Querbiegung bei Kehlnahtschweißung

Eine *Verbiegung* tritt ein, wenn zwei Profile mittels längsverlaufender Kehlnähte verschweißt werden. Zum Beispiel beim Aufschweißen einer einseitigen Verstärkungsplatte auf einen I-Träger treten hohe Schrumpfzugspannungen auf, deren Gesamtsumme über die ganze Schweißzone man als *Schrumpfzugkraft* bezeichnet und die durch eine gleichgroße Reaktionsdruckkraft im Gleichgewicht gehalten wird. Durch die Reaktionsdruckkraft wird die Gurtung elastisch zusammengedrückt, so daß sich etwa die in Abb. 126 angedeutete Verbiegung ergibt. Die gesamte *Schrumpfzugkraft* erreicht beträchtliche Größe. *D. Fuchs*[15] fand sie zu rd. 20 t für eine Kehlnaht von $a = 4$ mm Dicke, und zwar fast unabhängig von den Abmessungen der verschweißten Profile. Nimmt man die Schrumpfspannungen in erster Annäherung über die Trägerlänge konstant an, so wirkt die Schrumpfzugkraft ähnlich wie zwei an den Trägerenden angreifende Doppelkräfte $\pm P_S$, auf die Schweißzone als Zug und auf die Gurtungen als Druck. Wir denken uns die gezogene Zone ohne Längszusammenhang mit dem Rest der Gurtung, so daß in der Berührungsfläche keine Schubspannungen übertragen werden und die durchschnittliche Spannungsgröße jeweils auf die ganze Länge konstant bleiben kann. Dann erzeugt dieser Selbstspannungszustand in der Hauptsache die gleichen Verformungen wie der Schweißspannungszustand. Die entsprechende Dehnung der Schweißzone ist bereits während des Schweißvorganges als Stauchung aufgezehrt worden. Mit Hilfe des Selbstspannungszustandes kann man also die Durchbiegung abschätzen. Da das auf den Restträger (ohne die gezogene Schweißzone) wirkende Biegemoment angenähert konstant ist, folgt die Durchbiegung zu etwa $f = P_S\, e l^2/8EI$. Für Abb. 126 wäre bei zwei $a = 4$ mm dicken Kehlnähten $P_S = 40$ t einzusetzen. Die Verwerfung kann bei einseitigen Schweißungen so große Werte erreichen, daß sie berücksichtigt werden muß.

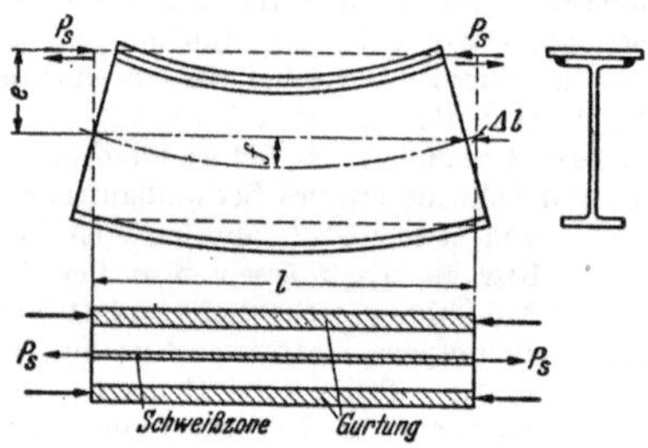

Abb. 126. Verwerfung eines I-Trägers beim Aufschweißen einer Gurtplatte

3. Schrumpfspannungen

a) Spannungs- und Verformungszustand bei der Abkühlung von Schweißnähten wechselt ständig. Uns interessieren eigentlich nur Spannungszustände, die in der fertigen Schweißverbindung verbleiben (Eigen- oder Schweißspannungen im engeren Sinne).

[15] *D. Fuchs:* Geschweißte Träger. Z. d. Dortm. Union 5 (1938) Nr. 6, S. 4.

Schrumpfungen und Schrumpfspannungen treten bei jedem Schweißvorgang auf, auch schon bei einer starken ungleichmäßigen Erhitzung der Stahlteile, und zwar selbst dann, wenn die freie Bewegung von außen her in keiner Weise behindert wird. Über einen bemerkenswerten Versuch zur Messung der Schrumpfung allein durch Erhitzen berichtet *A. Dörnen*[16]. Ein Rundstahl von 70 mm Dicke und 1000 mm Länge wurde 63mal bis auf hellrot erhitzt und anschließend sich selbst zum langsamen Abkühlen überlassen. Er ist dabei allmählich um 26 mm kürzer geworden.

Der sog. *natürliche Schweißspannungszustand* ist in Abb. 127 für den Idealfall der gleichzeitigen Verschweißung auf die ganze Länge einer Stumpfnaht dargestellt. Da keine äußeren Belastungen wirken, muß die Gesamtheit der Spannungen über eine *beliebig* geführte Schnittfläche (Ersatzkraft wie Moment) gleichwertig Null sein. Wichtig ist, daß nach Abb. 127 an den Enden der Stumpfnaht in der *Querrichtung Druckspannungen* auftreten.

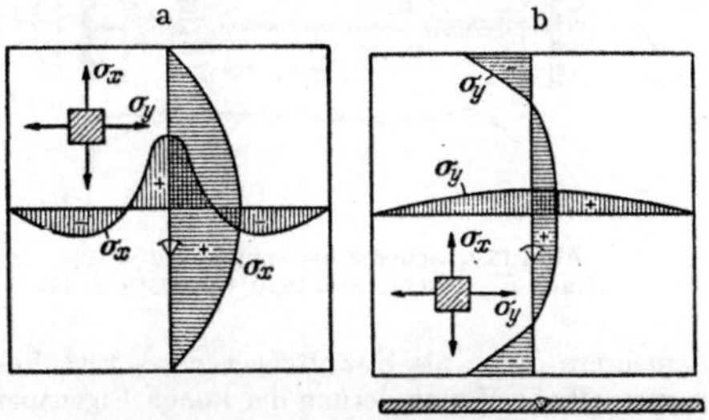

Abb. 127. Natürlicher Schrumpfspannungszustand in einer Stumpfnahtschweißung

Das Idealbild ändert sich mehr oder weniger mit den Schweißbedingungen und der Art der Verspannung. Der Spannungszustand hängt auch in hohem Maße von der Reihenfolge der Ausführung der einzelnen Schweißnahtlagen usw. (*Schweißfolge*) ab. Wir unterscheiden mit *G. Bierett äußere Verspannungen*, d. i. die Festklemmung und Heftschweißung der Einzelteile zur Verhinderung des Verwerfens usw., und die *innere Verspannung*, die sich einstellt, sobald die Schweißnähte teilweise hergestellt sind, so daß sich die zu verschweißenden Bauteile nicht mehr frei gegeneinander bewegen können. Bei der Schweißung im Stahlbau wirken meist beide gleichzeitig. Die Schweißspannungen ändern sich mit der beim Schweißen zugeführten *Wärmemenge*, mit der Geschwindigkeit, mit der dies geschieht, sowie den Bedingungen, unter denen sie wieder abgeleitet wird. Wichtig ist die Anwendung gut durchdachter Schweißfolgen.

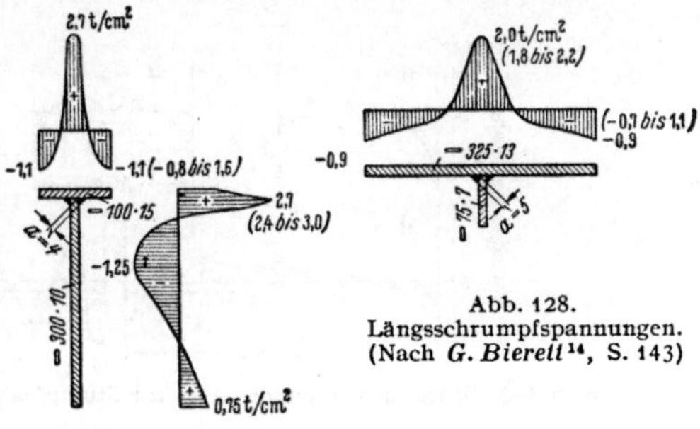

Abb. 128. Längsschrumpfspannungen. (Nach *G. Bierett*[14], S. 143)

Der Spannungszustand in den Schweißzonen ist im allgemeinen ein räumlicher, da die Schrumpfung nach allen Richtungen behindert ist. Bei Stumpfnähten kann zwar die Hauptspannung in der Dickenrichtung zurücktreten, bei Kehlnähten ist dagegen oft mit Zugspannungen gleicher Größenordnung in allen drei Richtungen zu rechnen, was im Hinblick auf die Rissegefahr von Bedeutung ist. Maßnahmen zur Verminderung der Schweißspannungen und der Rissegefahr s. S. 628.

b) Beispiele. Die Schweißspannungen hängen von den sämtlichen Schweißbedingungen ab. Die Beispiele dürfen daher nicht ohne weiteres auf andere Fälle übertragen werden.

Die *Längsschrumpfspannungen* in zwei leichten T-Querschnitten gibt Abb. 128. Bei hohen *Vollwandbalken* sind in den Halsnahtzonen hohe Schrumpfspannungen

[16] *A. Dörnen:* 2. Kongreß Intern. Ver. Brückenbau u. Hochbau, Berlin 1936, Schlußbericht, S. 367.

vorhanden, während die Reaktionsdruckspannungen im Stegblech und den Gurtplatten niedrig bleiben. Abb. 129 gibt die Längsschrumpfspannungen in einem Vollwandträger aus St 52. Die Spannungen wurden durch Zerlegung des Trägers bestimmt, Abb. 129 gibt also nur die durchschnittliche Spannungsgröße in den herausgeschnittenen Streifen von $1 \cdot 2\,\text{cm}^2$ Querschnitt. Die Spannungsspitzen in engbegrenzten Gebieten, die durch dieses Verfahren nicht erfaßt werden können, dürften $3{,}6\,\text{t/cm}^2$ noch überschreiten. Bei der symmetrischen Abarbeitung der Gurtplatten von 440 mm auf 200 mm Breite wurden in der Umgebung der Schweißzone Spannungsänderungen um mehr als $1\,\text{t/cm}^2$ beobachtet. Die Träger waren übrigens schon mehrere Jahre als Hauptträger einer Eisenbahnbrücke in Betrieb gewesen. Eine wesentliche Verminderung der hohen Eigenspannungen im Betriebe kann offenbar nicht eingetreten sein.

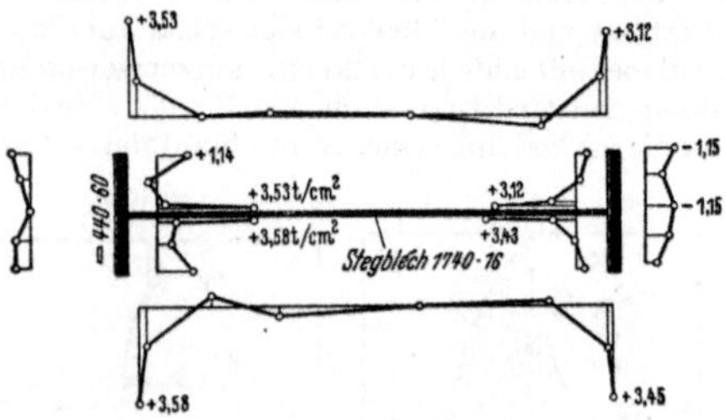

Abb. 129. Schrumpfspannungen (St 52). (Nach *K. Albers:* Stahlbau 12 (1939) S. 98)

In der Nähe von Stößen kommen noch die aus der Stoßschweißung folgenden Spannungen hinzu, so daß der gesamte Spannungszustand ziemlich unübersichtlich wird. Näheres *O. Graf*[17] und *G. Bierett*[2].

Die Schrumpfspannungen quer zur Schweißnaht sind nach den Messungen von der gleichen Größenordnung wie die Längsspannungen. Höhe und Verteilung der Schrumpfspannungen hängt in hohem Maße von der *Schweißfolge* ab (Abb. 130).

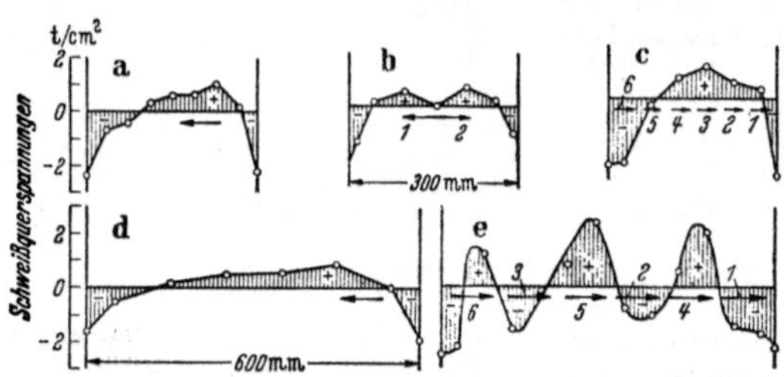

Abb. 130. Schrumpfspannungen quer zur Stumpfnaht (St 37). (Nach *G. Bierett*)

Man beachte den großen Einfluß der *Pilgerschrittschweißung* in Abb. 130c und e. Der genauen Festlegung des Schweißvorganges ist daher größte Sorgfalt zuzuwenden, wie überhaupt alle Vorbereitungen für die Ausführung von Schweißarbeiten weit eingehender geplant werden müssen, als dies etwa für genietete Stahlbauwerke notwendig ist.

4. Einfluß der Schweißspannungen auf das Verhalten der Schweißverbindungen

Sind Schweißnaht und Überhitzungszone ausreichend verformbar, so wird bei statischer Belastung im allgemeinen ein plastischer Spannungsausgleich eintreten und die statische Festigkeit nicht wesentlich beeinflußt. Je nach dem in der Schweißnaht vorhandenen Spannungszustand kann das Fließen im Vergleich zu der von

[17] *O. Graf:* Versuche und Feststellungen zur Entwicklung der geschweißten Brücken. Berichte D. Ausschuß, Stahlbau, Heft 11, Berlin 1940.

Eigenspannungen freien Verbindung früher oder später eintreten. Der Schweißspannungszustand kann jedoch in gewissen Fällen auch dem plastischen Spannungsausgleich entgegenwirken und so mittelbar eine Beeinträchtigung der Festigkeit zur Folge haben.

Der Einfluß der Schweißspannungen auf die Höhe der Stabilitätsgrenze dürfte im allgemeinen nicht größer sein als der von Walzspannungen. In manchen Fällen können die Schweißspannungen aber wohl auch schon für verhältnismäßig kleine Belastungen merklichen Einfluß auf die Größe der Formänderungen haben.

Es ist noch nicht ganz zu übersehen, welche *Rolle die Schweißspannungen bei Dauerbelastung* spielen. Bei den Baustählen scheint die Dauerfestigkeit durch sie im allgemeinen nicht wesentlich vermindert zu werden, ihr Einfluß tritt meist stark zurück gegenüber den Kerbwirkungen aus der Form der Verbindungen und der Beschaffenheit der Schweißnähte.

V. Schweißverbindungen

A. Zur Entwicklung der Schweißtechnik im Stahlbau

Die Anwendung der Schweißtechnik im Stahlbau ist noch verhältnismäßig jung. Sie beginnt in Deutschland etwa mit dem Jahre 1925. Eine stürmische Entwicklung führte bald zu großen Erfolgen. Diese wurde zwar vorübergehend durch einige Rückschläge bei der Schweißung von St 52 aufgehalten.

Gestalt und Einzelheiten der geschweißten Bauwerke wurden zunächst an die bei genieteten Verbindungen üblichen Formen angelehnt. Man erkannte aber bald, daß die Schweißung die Anwendung neuer Regeln für bauliche Gestaltung fordert. Diese neuen Grundsätze haben sich großenteils aus den Dauerversuchen ergeben, die in großer Zahl und mit Schweißverbindungen jeglicher Art durchgeführt wurden.

Planung und Ausführung von geschweißten Stahlbauten setzen in hohem Maße voraus, daß die Beteiligten mit den Eigenschaften der Schweißverbindungen und den Auswirkungen aller Maßnahmen genau vertraut sind. Daher auch die Einrichtung der *Fachingenieure für Schweißtechnik*, die auf den Gebieten der Statik, des Stahlbaus und der Schweißtechnik gründliche Kenntnisse und praktische Erfahrungen besitzen müssen.

Von den bedeutendsten geschweißten *Vollwandbalken* seien erwähnt die Eisenbahnbrücke über den Strelasund (54 m Stützweite, Baustoff St 37, erbaut 1936) und die Autobahnbrücke bei Rüdersdorf-Kalkberge (66,7 m größte Stützweite, St 52, 1936). Die neuen großen Brücken haben genietete Baustellenstöße.

An *versteiften Stabbogen* sind zu nennen die Brücke am Kaiserberg bei Duisburg (Spannweite 103 m, St 52, 1935) und die Lechbrücke der Autobahn bei Augsburg-Gersthofen (Stützweite 93,5 m, St 37, 1937).

Von *Bogenbrücken* sind die Zweigelenkbogen auf der Autobahn bei Dessau mit 45,5 m Stützweite erwähnenswert. Die *Zweigelenkrahmen* der 1936 erbauten Unterführung der Hardenbergstraße in Berlin-Charlottenburg haben 50 m Spannweite, St 52.

Geschweißte Fachwerkbrücken sind verhältnismäßig wenig ausgeführt worden. Beispiele die Straßenbrücken in Pilsen (CSR) mit $l = 49$ m (1931) und bei Györ (Ungarn) mit $l = 53$ m (1934). Größere „ganz geschweißte" Eisenbahnbrücken sind nicht bekannt. Erst in neuester Zeit baut man auch Eisenbahnbrücken aus geschweißten Elementen, jedoch mit genieteten Baustellenstößen. Beispiele: Elbebrücke Lauenburg $l = 105$ m (1951) und Rheinbrücke Mainz-Wiesbaden $l = 120$ m (im Bau).

Eine besondere Entwicklung nahmen die geschweißten Brücken in Belgien, wo zahlreiche *Rahmenträger* (*Vierendeelträger*) gebaut wurden. Die Stützweite dieser Straßenbrücken beträgt bis zu 90 m.

Die hauptsächlichsten Vorteile der Schweißtechnik im Stahlbau sind: Die Ersparnis an Baustahl (wegen des Fortfalls der Bohrungen für Niete usw. sowie durch die leichtere bauliche Gestaltung) ist besonders groß im Hochbau und bei überwiegend ruhender Belastung. Bei Eisenbahnbrücken wird die Baustoffersparnis teilweise wieder ausgeglichen, weil die Formzahlen $\alpha < 1$ zur Berücksichtigung der Dauerfestigkeit einer Spannungsermäßigung gleichkommen. Die Anwendung der Schweißtechnik ermöglicht in gewissen Fällen erhebliche wirtschaftliche Vorteile. Sie gestattet Bauformen auszuführen, die in genieteter Bauweise nur schwer auf befriedigende Weise herzustellen sind (z. B. verwickelte Rahmenecken). Die Ausführung von schiefen Anschlüssen bietet kaum zusätzliche Schwierigkeiten, ja es werden heute in vielen Fällen Bauglieder geschweißt, die früher nur aus Stahlguß herzustellen waren. Die schnelle Entwicklung wurde schließlich noch dadurch begünstigt, daß die geschweißten Stahlbauten in ästhetischer Hinsicht besonders befriedigen.

B. Vollwandige Balken

1. Trägerquerschnitte

Eine Übersicht geben Abb. 131 und 132. Abb. 131a zeigt einen Träger IP 45, mit aufgeschweißten Gurtplatten verstärkt. Aus Breitflachstahl und Blechen können Querschnitte beliebiger Tragfähigkeit zusammengesetzt werden (Abb. 131b

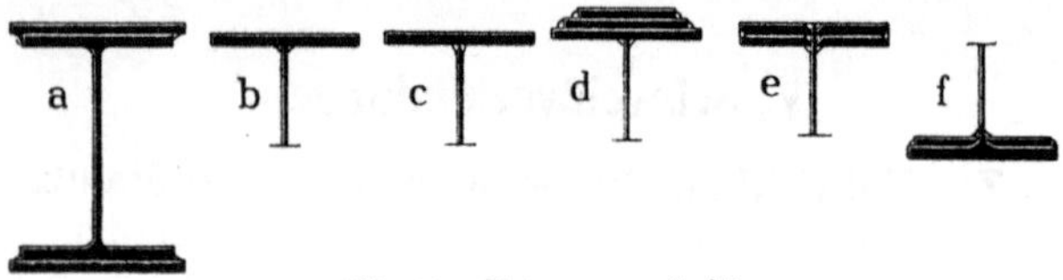

Abb. 131. Trägerquerschnitte

bis e). Die offene Fuge zwischen den Kehlnähten ist durch Anschärfen des Stegbleches zu vermeiden (Abb. 131c). Geschweißte I-Träger mit *Sonderprofilen:* Das *Nasenprofil* der *Dortmund-Hörder Hüttenunion* (Abb. 132a), der *Wulstflachstahl* nach *Dörnen* (Abb. 132b), das *Kruppsche St-Profil* (Abb. 132d) sowie die durch *Teilung* von IP-*Trägern* erzeugten Profile (Abb. 132e). Der Querschnitt der Träger kann dem erforderlichen Widerstandsmoment durch zusätzliche Gurtplatten angepaßt werden. Die Querschnitte Abb. 132d bis f haben den Vorteil, daß die Schweißnaht als Stumpfstoß in den Bereich der kleineren Stegdicke zu liegen kommt. Die Nähte können hier besonders leicht mit Röntgenstrahlen untersucht werden. Der Wulstflachstahl (Abb. 132b) erlangte während der Entwicklungszeit besondere Bedeutung, er wird jedoch für neue Stahlbauten kaum mehr verwendet.

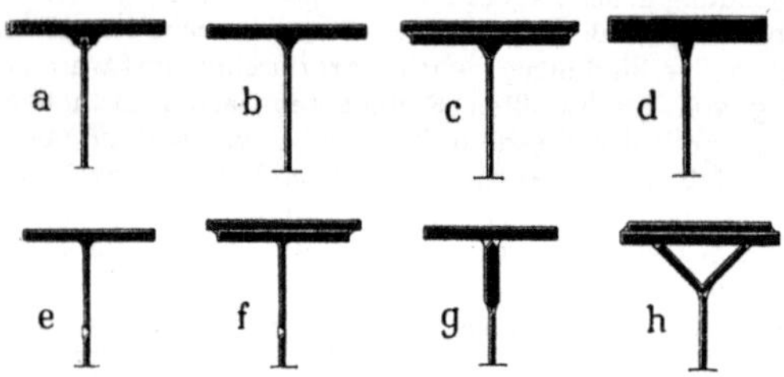

Abb. 132. Trägerquerschnitte mit Sonderprofilen

2. Gurtstöße

Da man Stumpfstößen zunächst geringeres Vertrauen entgegenbrachte als Flankenkehlnähten und Kehlnähte gegen Ausführungsfehler weniger empfindlich sind, wurden bei den Gurtplatten *Laschenstöße* der verschiedensten Formen ausgeführt, meist über stumpf verschweißten Platten. *Stumpfstöße* konnten nach den ersten behördlichen Bestimmungen nur verhältnismäßig niedrig belastet werden. Weil danach die Stumpfnaht für die Bemessung allein maßgebend war, wurden verschiedene Wege gegangen, um die in der statischen Berechnung einzusetzende „wirksame Schweißnahtfläche" $(a \cdot l)$ zu vergrößern. Beispiel Abb. 133. Hierher gehört auch die 45° schräge Stumpfnaht, welche die Länge gegenüber dem geraden Stoß um

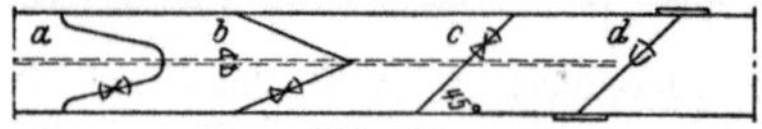

Abb. 133

40% vergrößert, also bei $_{zul}\varrho = 0{,}7 \cdot {}_{zul}\sigma$ gerade noch die Ausnutzung der sonst üblichen zulässigen Spannung ermöglichte. Zur Entlastung der Stumpfnähte in den Gurten wurden verschiedene Maßnahmen ausgeführt, z. B. die Verstärkung des Stegbleches im Bereich des Gurtstoßes und die sog. Briefmarken, das sind kleine hochkant stehende Flachstahllaschen (Abb. 133d).

Mit der Kenntnis der Dauerfestigkeitseigenschaften wechselten die Anschauungen über die Stumpfstöße. Die Vorl. Vorschriften für geschweißte vollwandige Eisenbahnbrücken (Ausgabe 1935) ließen in den Gurtplatten bereits Stumpfstöße ohne Laschendeckung zu, in Zuggurten wurden zunächst noch schräge Nähte verlangt. Unter ruhender Belastung sind normale Nähte ebenso tragfähig wie schräge Stumpfnähte, mit beiden wird die Nennfestigkeit des Grundwerkstoffes erreicht. Die schräge Schweißnaht brachte jedoch eine gewisse Erhöhung der Dauerfestigkeit. Nach dem Kuratoriumsbericht ist die Schwellzugfestigkeit von Verbindungen aus St 37 mit rohen Stumpfnähten bei schrägem Stoß (45°) größer als bei normalem Stoß (Tabelle 3 auf S. 637, Zeile 3). Für Nähte I. Güte (an der Wurzel nachgeschweißt und bearbeitet) wird durch die Bearbeitung noch höhere Dauerfestigkeit erreicht (Tabelle 3, Zeile 4). Da bei der Ausführung der schrägen Stumpfstöße leicht störende Verwerfungen eintreten, zieht man den geraden Stoß vor, der bereits eine ebenso hohe Schwellzugfestigkeit besitzt wie genietete Verbindungen. Heute ist der normale Stoß als vollwertig anerkannt. Gezogene Gurtplatten ohne Laschen und mit normaler Fuge stumpf gestoßen, sind die natürliche Lösung, die dem Wesen der Schweißverbindungen voll gerecht wird. Bei der Bemessung ist natürlich die Formzahl α zu berücksichtigen. Soweit α noch eine Spannungsermäßigung gegenüber den ungestoßenen Gurtplatten voraussetzt, ist naheliegend, die Stöße an Stellen zu legen, wo die zulässige Spannung nicht ausgenutzt ist.

3. Stegblechstoß

Bei den Stegblechstößen verlief die Entwicklung im großen und ganzen entsprechend. *Laschenstöße* wurden in den verschiedensten Formen ausgeführt. Der Kreuzstoß hat im Brückenbau keine größere Bedeutung erlangt, er hat sich jedoch im Hochbau bewährt.

Da *gerade Stumpfstöße* wegen der geringen zulässigen Spannungen unwirtschaftlich waren, erfand man (als Ausweg gegenüber den Vorschriften!) die Stöße mit vergrößerter Schweißnahtlänge (z. B. Stöße mit eingesetzten verstärkten Laschen, plötzliche Querschnittsvergrößerungen mit erheblichen Spannungsstörungen). Der Schwalbenschwanzstumpfstoß unterschied sich nur noch durch die größere Nahtlänge von der natürlichen Lösung.

Heute hat der gerade Stumpfstoß des Stegbleches, ohne jede Verstärkung, jedoch in bester Ausführung, den ihm zukommenden Platz erobert. Auch Eisenbahnbrücken dürfen so ausgeführt werden.

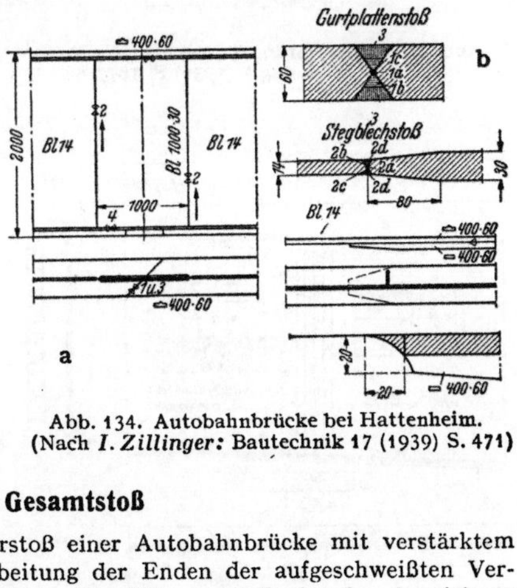

Abb. 134. Autobahnbrücke bei Hattenheim. (Nach *I. Zillinger:* Bautechnik 17 (1939) S. 471)

4. Gesamtstoß

Abb. 134 zeigt den Hauptträgerstoß einer Autobahnbrücke mit verstärktem Steg, mit Angaben über die Bearbeitung der Enden der aufgeschweißten Verstärkungsplatte sowie der Schweißnähte. Die Ziffern und Buchstaben bezeichnen die Reihenfolge der Schweißung.

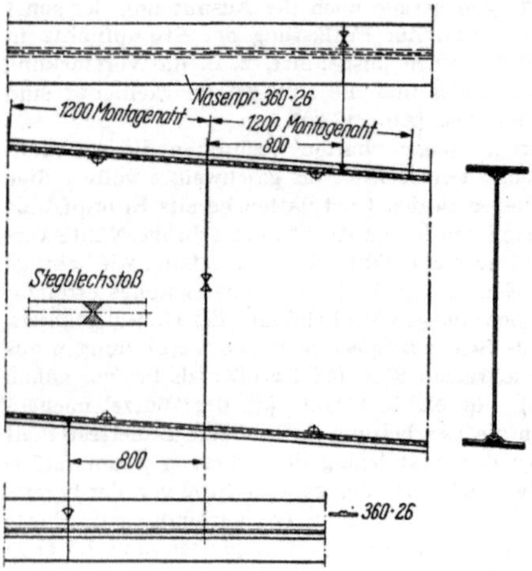

Abb. 135. Moderner Stoß einer Autobahnbrücke (Gurte normal gestoßen). 1937

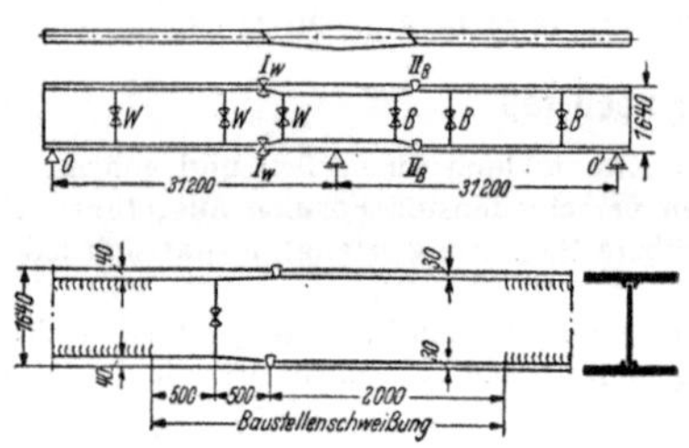

Abb. 136. Stoßanordnung. Nach *K. Schmidt:* Elektroschweißung 7 (1936) S. 187/188

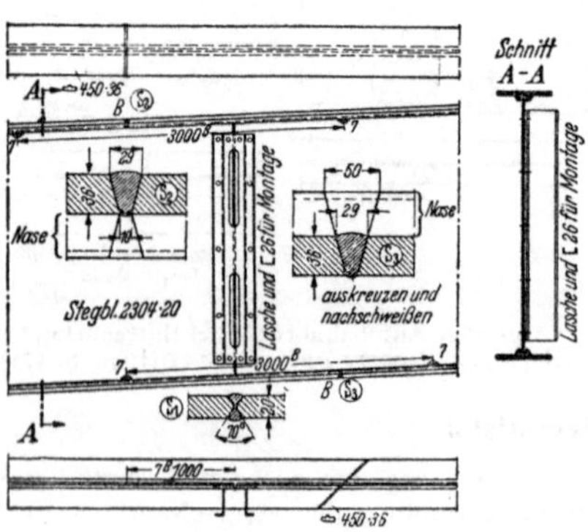

Abb. 137. Fensterlaschen. (Nach *V. Hasselblad* u. *D. Fuchs:* Bautechnik 17 (1939) S. 361)

Abb. 135 gibt den Stoß einer Autobahnbrücke. Diese Stoßverbindung unterscheidet sich bei bester Ausführung äußerlich und auch in ihrer Wirkungsweise nicht mehr von dem ungestoßenen Träger, lediglich die Dauerfestigkeit ist vielleicht etwas niedriger.

Die Stoßausbildung hängt davon ab, ob es sich um Werkstatt- oder Baustellenstöße handelt. Da in der Werkstatt bessere Hilfsmittel zur Verfügung stehen, wird man die Baustellenschweißung möglichst einschränken. Abb. 136 zeigt die Aufteilung eines 63 m langen Balkens. Die Träger wurden in Stücken von 38 bzw. 25 m Länge zur Baustelle angeliefert, wo nur die mit „B" bezeichneten Stöße geschweißt wurden. Die Baustellenstöße sind als Tulpenstöße ausgeführt, um Überkopfschweißung zu vermeiden.

Zur Vermeidung von *Baustellenstößen* sind Träger bis 63 m Länge und 105 t Gewicht in der Werkstatt fertig geschweißt und als Ganzes mit der Eisenbahn zur Baustelle gefahren worden. In Dreh- und Wälzvorrichtungen sind Träger mit mehr als 100 m Länge auf der Baustelle geschweißt worden.

Es sind auch durchlaufende Vollwandbalken bei öffnungsweisem Vorbau ohne Gerüst geschweißt worden, so z. B. bei der Straßenbrücke über den Götaälv bei Gotenburg (Schweden), mit Öffnungen bis 42 m. Die Trägerstücke wurden durch einen Schwimmkran eingesetzt und nach Einbau aller Teile verschweißt. Die Hauptträger waren dabei durch *Fensterlaschen* (Abbildung 137) verschraubt. Durch die Aussparungen in den Laschen kann auch der größte Teil der Stegblechnaht geschweißt werden, bevor die Laschen abgenommen werden müssen. Abb. 137 enthält ferner Angaben über die Vorbereitung der Tulpennähte für die Nasenprofile in Ober- und Untergurt.

5. Aussteifungen

Geschweißte Vollwandtragwerke bedürfen sorgfältiger Aussteifung gegen Ausbeulung des Stegbleches und Kippen der Gurtungen, außerdem sind die Verwerfungen beim Schweißen klein zu halten. Für die *Stegblechversteifung* wurden seither verhältnismäßig enge lotrechte Steifen bevorzugt, die jedoch als Versteifung viel weniger wirksam sind, als Längssteifen oder ein Rost von Längs- und Quersteifen. Da die Dauerfestigkeit durch Einbrand von beiden Seiten vermindert wird, werden die Schweißnähte auf den beiden Seiten des Stegbleches etwa nach Abb. 138 versetzt. Die Aussteifungen werden meist schon vor der Herstellung der Hauptnähte auf das Stegblech aufgeschweißt. Bei unsymmetrischen Steifen tritt eine oft störend große Stegblechverbiegung ein, die zu besonderen Maßnahmen zwingt. Unterbrochene Heftnähte ergeben zwar kleinere Verformung, sind aber in dynamisch belasteten Bauteilen nachteilig.

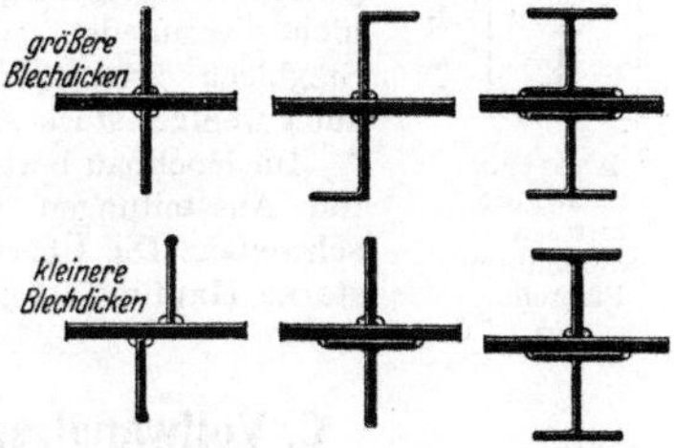

Abb. 138. Stegblechaussteifungen

Die Schrumpfspannungen an lotrechten Aussteifungen sind von *O. Graf*[1] verfolgt worden. Bei dem untersuchten Arbeitsgang (erst wurden die Steifen festgeschweißt, dann die Hauptnähte) traten in Steifen und den benachbarten Stegblechstreifen erhebliche Schrumpfspannungen auf. Liegen die Aussteifungen schon vor dem Ziehen der Hauptnähte an den Gurtungen an, dann wird die Schrumpfung der Gurtplatten behindert. In den Gurtplatten ergaben sich dabei in der Längsrichtung wellenförmige Verbiegungen bis 2 mm, in der Querrichtung um etwa 0,25 mm (Abb. 139). In den Gurtplatten müssen somit ganz erhebliche Biege-

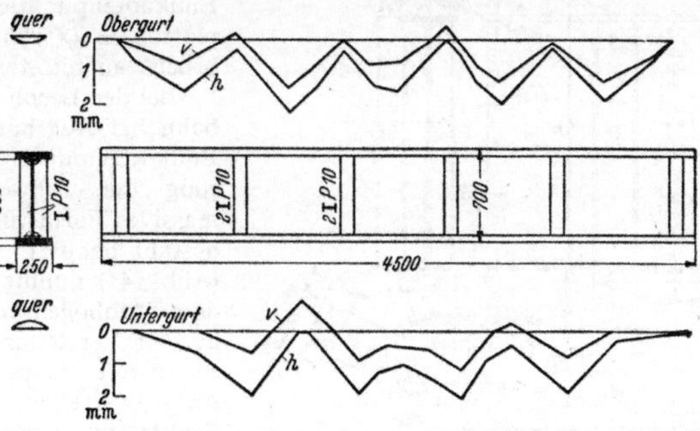

Abb. 139. Verformung der Gurte beim Schweißen (nach *O. Graf*)

spannungen nach beiden Richtungen vorhanden sein. Die Aussteifungen haben Druckspannungen von der Größenordnung der Fließgrenze erfahren. Die Tragfähigkeit beim Biegeversuch wurde durch diesen ungünstigen Spannungszustand nicht merklich geändert, es wurden (rechnerische) Randbiegespannungen von 5,0 bis 5,4 t/cm² erreicht. Die Tragfähigkeit war durch die starken eintretenden Verformungen begrenzt und nicht etwa durch die Zugfestigkeit des Untergurtes. War beim Schweißen der Hauptnähte zwischen den Enden der Aussteifung und den Gurtungen dagegen genügend Spielraum vorhanden, so erreichten die Schrumpfspannungen in den Steifen nur viel kleinere Werte.

---

[1] *O. Graf:* Versuche und Feststellungen zur Entwicklung der geschweißten Brücken. Berichte D. Ausschuß Stahlbau, Heft 11. Berlin 1940.

Entsprechend dem Ergebnis der Dauerversuche fordern die Vorschriften bei Brücken nachträglich scharf *eingepaßte Plättchen* zwischen Steife und Gurt, die an der Steife durch Heftschweißung gesichert werden. Aussteifungen und Anschlüsse werden so ausgeschnitten, daß die Hauptnaht frei bleibt (Abb. 140). Ähnliche Ausschnitte werden ausgeführt, um Überschneidungen von Schweißnähten zu vermeiden. Eine gewisse Schwächung des Trägers wird auch nach Abb. 140 nicht vermieden, da die querverlaufenden Kehlnähte am Stegblech grundsätzlich ebenfalls als Kerben wirken, wenn auch weniger stark als Nähte am Gurt.

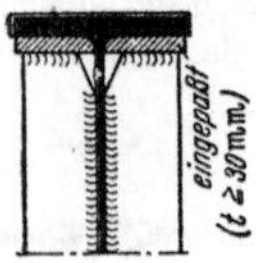

Abb. 140. Aussteifung mit scharf eingepaßten Plättchen

Im Hochbau bestehen in den meisten Fällen keine Bedenken, die Aussteifungen unmittelbar mit den Gurtungen zu verschweißen. Die Überschneidung der Schweißnähte und deren zu starke Häufung ist jedoch auch hier besser zu vermeiden.

C. Vollwandtragwerke und Rahmen

1. Bogen und Stabbogen

Die Bogentragwerke bieten gegenüber geraden Vollwandträgern wenig Besonderes. Dagegen gehören die Anschlüsse der zweiwandigen Stabbogen an die einwandigen Versteifungsbalken, wie sie bei den zwei größten geschweißten Brücken der Autobahn ausgeführt wurden, mit zu den interessantesten Konstruktionen, die bisher geschweißt wurden. Bei der Autobahnbrücke am Kaiserberg bei Duisburg (103 m Stützweite) sind an den Endknotenpunkten in den Gurtplatten ▭ 600 · 70 mehrere Trennbrüche aufgetreten.

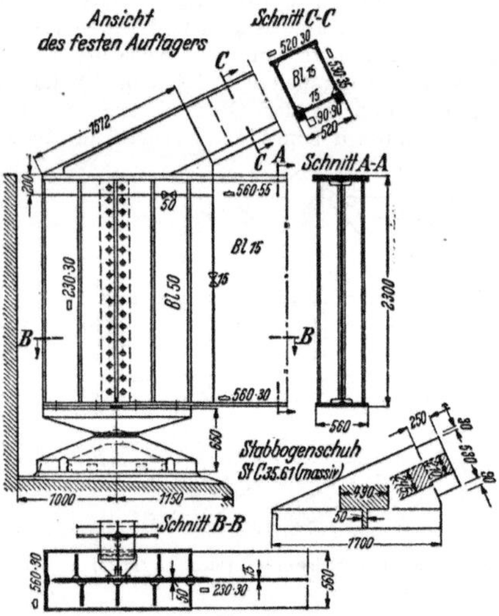

Abb. 141. (Nach *R. Burger:* Bautechnik 16 (1938) S. 23)

Bei der Lechbrücke der Autobahn bei Augsburg ist an dem Endknotenpunkt zur Erleichterung der Schweißarbeiten ein massives Formstück aus Schmiedestahl benutzt worden. Dieses (Abb. 141) nimmt die Kräfte aus dem Stabbogen auf und leitet sie in den Versteifungsbalken über. Es ist mit einem 50 mm starken Ansatz versehen, der durch einen Schlitz im Obergurt des Versteifungsbalkens reicht und mit dem auf 50 mm Dicke verstärkten Stegblech verschweißt ist.

2. Rahmentragwerke

Bei Rahmenecken werden die Vorteile der geschweißten Bauweise, die auch verwickelte Formen ohne besondere Schwierigkeiten auszuführen gestattet, am besten sichtbar. Beispiele von Rahmen vgl. Abschn. *Stahlhochbau.*

Eine Rahmenecke mit großer Belastung ist in Abb. 142 dargestellt. Die Konstruktion weist geschweißte Werkstattstöße auf. Baustellenstöße sind mit Paßschrauben verbunden. Abb. 143 zeigt den Querschnitt eines Rahmenstieles, der nach beiden Richtungen biegesteif ist.

Im Stahlskelettbau, der in großem Umfang I- und IP-Träger verwendet, werden biegesteife Verbindungen auf einfachste Weise hergestellt. Beispiele s. Abschn. *Stahlhochbau*. Die Flansche der biegesteif verbundenen Träger müssen

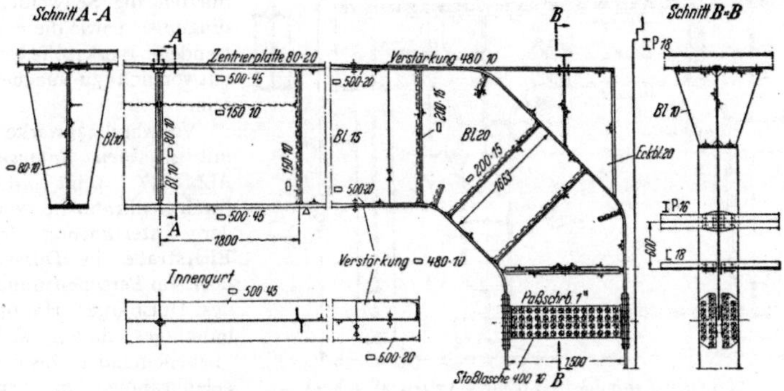

Abb. 142. (Nach *G. Knipp:* Bauingenieur 20 (1939) S. 191)

ausgesteift werden. Zur Vereinfachung werden derartige Rahmenecken meist in der Werkstatt fertig geschweißt und die Unterzüge in der Gegend des Momentennullpunktes mit einem geschraubten Stoß verbunden.

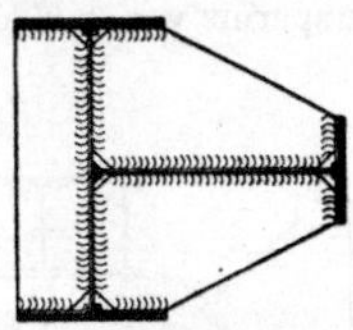

Abb. 143

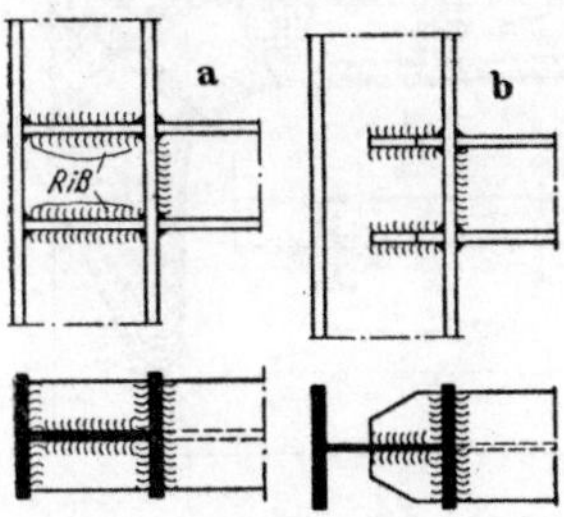

Abb. 144. Nach *K. Klöppel:* Stahlbaukalender 9 (1940) S. 428

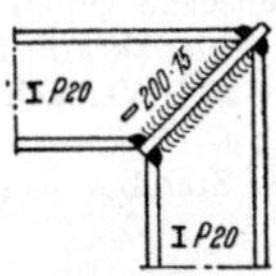

Abb. 145

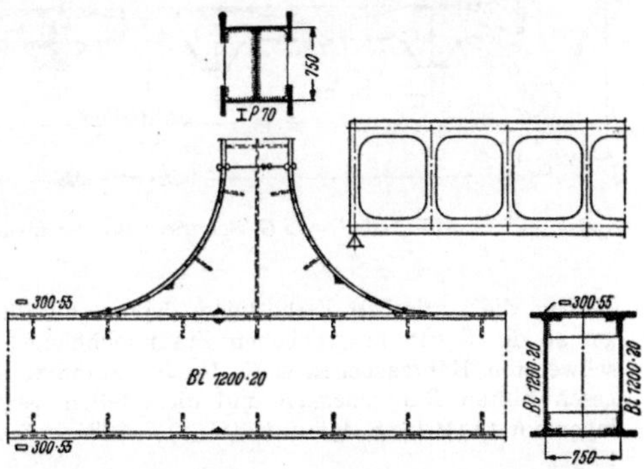

Abb. 146. Knotenpunkt einer belgischen Rahmenträgerbrücke

Beim Einschweißen der Aussteifungen zwischen den Flanschen der verbundenen Träger treten hohe Schrumpfspannungen auf, die manchmal zu Rissen geführt haben. Die Schrumpfspannungen werden erheblich vermindert, wenn statt der vollen Stege (Abb. 144a) nur Eckbleche (Abb. 144b) eingeschweißt werden.

Den *Kreuzstoß* eines kleinen Stützrahmens zeigt Abb. 145. Die Träger IP 20 sind an der Rahmenecke mittels eines Flachstahles ▭ 200 · 15 kreuzförmig gestoßen.

Weitere Beispiele von Rahmenecken vgl. Abschn. *Stahlhochbau*.

Ein Beispiel von den Rahmenträgerbrücken in Belgien, wo Vierendeelträger bis zu Stützweiten von 90 m geschweißt wurden, zeigt Abb. 146.

Die verwickelten Knotenpunkte lassen sich mittels Schweißverbindungen verhältnismäßig leicht herstellen. Für die bei einigen Rahmenträgerbrücken eingetretenen Rückschläge dürften die Schweißbedingungen sowie die verwendeten Werkstoffe verantwortlich zu machen sein.

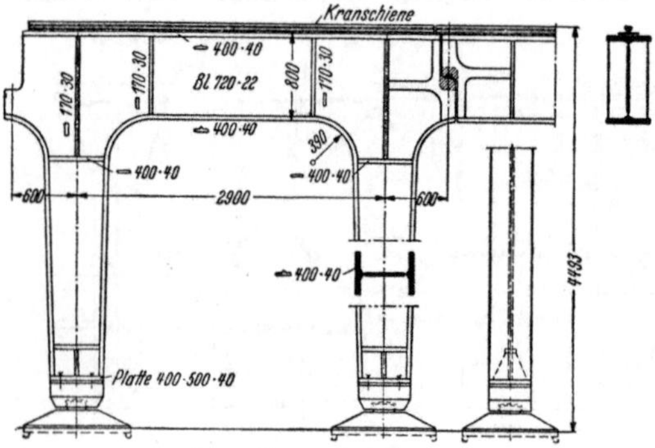

Abb. 147. (Nach *Leopold:* Bautechnik 12 (1934) S. 609)

Vollwandtragwerke mit *schweren Rahmen.* Abb. 147 zeigt die Zweigelenkrahmen von der Unterführung der Ellerstraße in Düsseldorf. Im Personentunnel des Duisburger Hauptbahnhofes finden sich nebeneinander Zweigelenkrahmen in verschiedenen Bauweisen. Die ersten Rahmen wurden genietet, die späteren geschweißt, was eine Stahlersparnis von 26% des Gesamtgewichtes ermöglichte (Abb. 148).

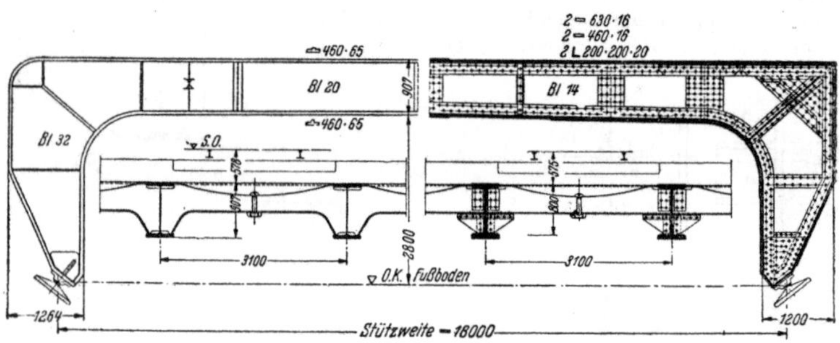

Abb. 148. (Nach *G. Schaper:* Bauingenieur 18 (1937) S. 568)

Für die statischen Verhältnisse der geschweißten Rahmenecken gelten sinngemäß die S. 615 besprochenen Zusammenhänge. Über die Ablenkkräfte in geschweißten Rahmenecken s. *G. Unold:* Stahlbau 4 (1931) S. 248. Versuche mit geschweißten Rahmenecken und biegesteifen Verbindungen: *G. Grüning:* Bauingenieur 18 (1937) S. 158 u. 19 (1938) S. 208. — *F. Munzinger*: Stahlbau 10 (1937) S. 52.

3. Biegesteife Längsträgeranschlüsse

Rahmenähnliche biegesteife Anschlüsse wurden bereits unter 2. besprochen. Im Fahrbahnrost von Brücken kann durch Anwendung geschweißter Verbindungen oft eine große Vereinfachung erreicht werden.

Die *Dauerfestigkeit von Längsträgeranschlüssen* usw. bei Biegebelastung wird durch Versuche von *O. Graf* beleuchtet (Abb. 149). Danach besitzt der Anschluß mit Stumpfnaht auf der Zugseite eine höhere Schwellbiegefestigkeit σ_{Ub} als die Verbindung, bei der der Zugflansch mit Kehlnähten angeschlossen ist. Zur Berechnung und Gestaltung geschweißter Trägeranschlüsse vgl. *K. H. Effertz:* Schweißen u. Schneiden 4 (1952) S. 58 u. 80.

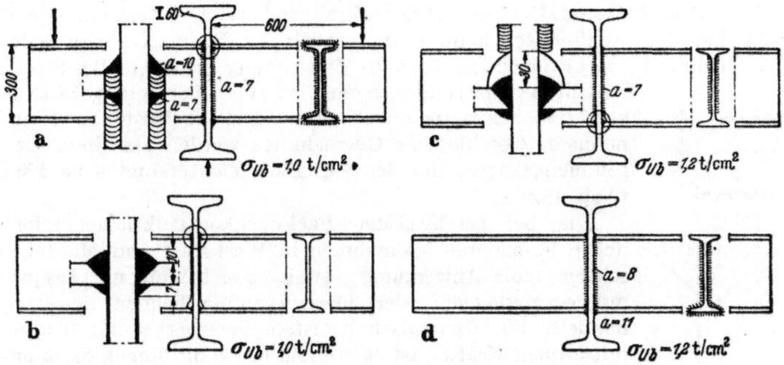

Abb. 149. (Aus *O. Graf:* Bauingenieur 19 (1938) S. 530)

D. Fachwerke

1. Geschweißte Fachwerkkonstruktionen

Die Entwicklung der geschweißten Fachwerke ist im Vergleich zu den geschweißten Vollwandtragwerken noch zurückgeblieben. Die älteren Fachwerke waren in Querschnittsformen und Anschlüssen noch den genieteten Konstruktionen nachgebildet (Abb. 150). Dies ist unzweckmäßig, die besonderen Eigenschaften der Schweißverbindungen müssen bereits bei der Auswahl der Stabquerschnitte beachtet werden. Von Bedeutung ist auch die im Verhältnis zu genieteten Knotenpunkten größere Steifigkeit aller Verbindungen. Eine neue schweißgerechte Bauweise der Fachwerktragwerke ist erst in den letzten Jahren zu erkennen.

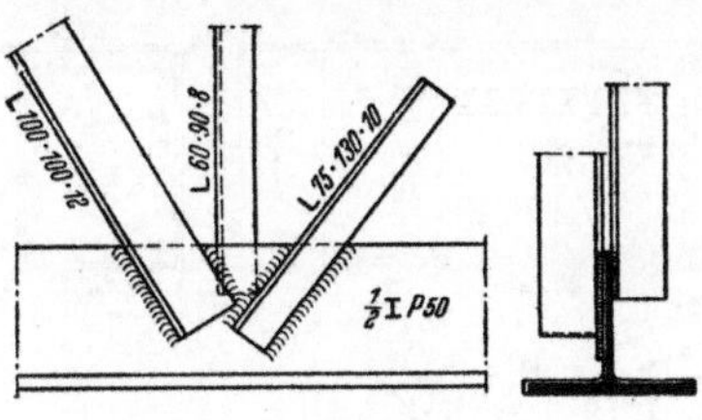

Abb. 150

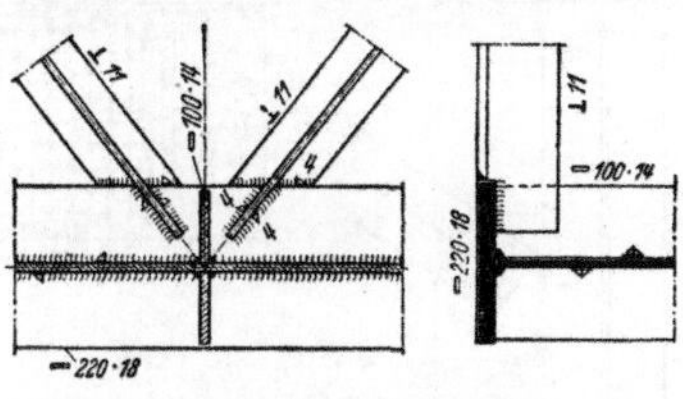

Abb. 151. (Nach *H. Willenzellner:* Bauingenieur 17 (1936) S. 138)

Bei kleinen Kräften lassen sich geschweißte Anschlüsse sehr einfach ausführen. Zum Beispiel die Stäbe ⊥ 11 des Windverbandes in einem Signalsteg (Abb. 151) sind mit dem abstehenden Schenkel über die Gurtplatten des Hauptträgers geführt und mit Kehlnähten angeschweißt, der liegende Schenkel ist schief ausgeschnitten (ausgeklinkt) und stumpf gegen die Gurtplatte gestoßen.

Die Anschlüsse der Diagonalstäbe in den Knotenpunkten des Fachwerkes sind bei größeren Kräften und besonders auf der Baustelle schwierig auszuführen. Da hierbei in erster Linie Kehlnahtverbindungen in Frage kommen, ist die Dauerfestigkeit verhältnismäßig gering. Größere praktische Bedeutung haben vollständig, d. h. auch in den Knotenpunkten geschweißte Fachwerke daher nur für einige Sondergebiete des Stahlbaus erreicht. So z. B. für Dachbinder, für dynamisch nicht hoch belastete Krane usw.

Für die Querschnittsbildung kommen in erster Linie Flachstähle und Bleche in Betracht. Bei geschweißter Konstruktion sind Hohlquerschnitte ohne besondere Schwierigkeit herzustellen, die bei Druckstäben und wegen ihrer großen Torsionssteifigkeit vorteilhaft sind. Der Sonderfall des kreisrunden Rohres verdient besondere Erwähnung. Geschweißte Rohrkonstruktionen haben z. B. im Kranbau oder für leichte Hochbaukonstruktionen ausgedehnte Verwendung gefunden. Bei Stoß und Anschluß von Hohlquerschnitten sind allerdings gewisse konstruktive Schwierigkeiten und zusätzliche Kosten in Kauf zu nehmen. Geschlossene Querschnitte werden am Ende oft zusammengezogen, um den Anschluß leichter nieten zu können (Abb. 152).

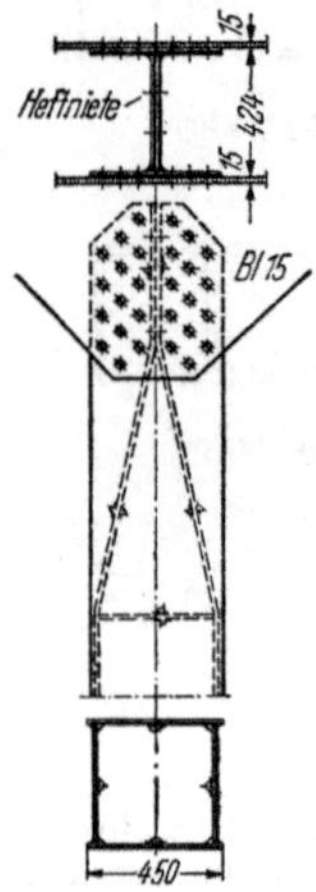

Abb. 152

Die bei geschweißten Fachwerkkonstruktionen erforderlichen besonderen Maßnahmen in Werkstatt und Montage erschweren die Anwendung, soweit es sich nicht um Tragwerke mit geringfügigen oder überwiegend ruhenden Belastungen handelt. Für dynamisch belastete Fachwerke und für solche mit großen Kräften ist es deshalb heute die Regel, daß nur die Einzelglieder geschweißt werden, deren Verbindung untereinander jedoch mit Nietung oder Schraubung erfolgt. Damit sind vor allem auch die Schwierigkeiten bei der Aufstellung beseitigt, und Fachwerke aus geschweißten Gliedern können nach den gleichen Verfahren montiert werden wie solche aus genieteten Stäben.

Die Knotenbleche, welche zugleich die Diagonalen aufnehmen, werden auf übliche Weise mit den Stegen der Gurte vernietet oder auch mit diesen stumpf verschweißt (Abb. 153a). Letztere Anordnung hat den Nachteil „beginnender Kehlnähte", die für die Dauerfestigkeit des Trägers nachteilig sind.

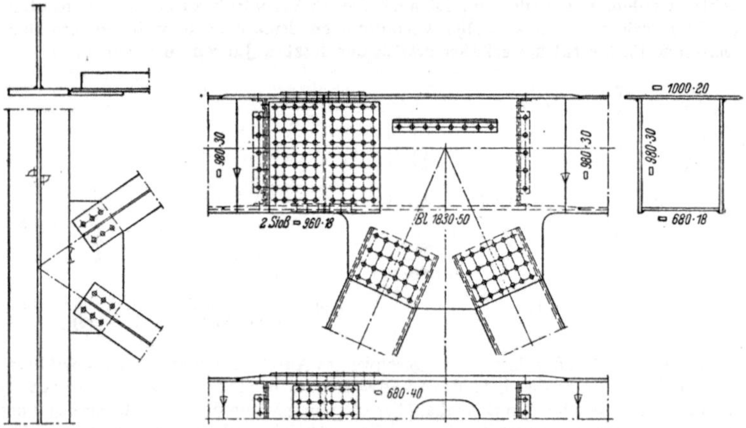

a b

Abb. 153. Knotenbleche a) Windverband, b) Eisenbahnbrücke über den Rhein bei Mainz (Kaiserbrücke), 1954

Ein entscheidender Schritt gegen die schweißgerechte Gestaltung von Fachwerkbrücken ist bei der Eisenbahnbrücke über den Rhein bei Mainz (Kaiserbrücke) getan (1954 noch im Bau). Dort sind die auf 50 mm verstärkten Knotenbleche mittels Stumpfnähten in die Stege der 30 mm dicken Gurtungen eingesetzt. Die Übergänge sind allmählich, die Formgebung ist aus der schematischen Abb. 153b zu ersehen. Die Stöße der Gurtstäbe liegen neben den Knotenpunkten.

Literatur über geschweißte Fachwerke. S. Bryla: Bauingenieur 10 (1929) S. 878. — *W. Boos:* Stahlbau 2 (1929) S. 308. — *F. Fallus:* Stahlbau 5 (1932) S. 142. — *H. Gottfeldt:* Bauingenieur 15 (1934) S. 200. — *H. Schmuckler:* Elektroschweißung 5 (1934) S. 101 und Bauingenieur 16 (1935) S. 258. — *H. Wittenzellner:* Bauingenieur 17 (1936) S. 137. — *J. Lengyel:* Stahlbau 10 (1937) S. 157. — Vorbericht (Berlin 1936) und Schlußbericht (Berlin 1938) zum 2. Kongreß internat. Ver. Brückenbau u. Hochbau. — *P. Schimpke, H. A. Horn* u. *R. Hänchen*: Prakt. Handbuch der gesamten Schweißtechnik, 3. Bd., Berlin 1952. — *B. Sahling* u. *K. Latzin:* Die Schweißtechnik des Bauingenieurs. 2. Aufl. Braunschweig 1952. — *K. Lange:* Schweißen und Schneiden 4 (1952) S. 181. — *E. Bahke:* Schweißen und Schneiden 4 (1952) S. 67.

2. Verstärkung durch Schweißung

Die nachträgliche Verstärkung von Stahltragwerken zählt zu den schwierigsten Arbeiten, besonders wenn sie am belasteten Tragwerk zu leisten ist. Bei genieteten Verbindungen ist die Anpassung der Verstärkungen, das Bohren auf der Baustelle und die Verbindung mit den vorhandenen Teilen zeitraubend und teuer. Da die Schweißung ohne langwierige Vorbereitungen sowie ohne Lösung der vorhandenen Verbindungsmittel möglich ist, war es naheliegend, die Verstärkung der Querschnitte und Anschlüsse von Fachwerken mittels Schweißung zu versuchen.

Das *Zusammenwirken von Nietung und Schweißung* bei der Aufnahme der Stabkräfte wurde zwar eingehend theoretisch und in Laboratoriumsversuchen untersucht. Bei der praktischen Ausführung ergaben sich jedoch, zum Teil erst nach längerem Betrieb, Risse und Dauerbrüche. Ursachen dieser Schwierigkeiten waren die Kerbwirkungen durch den Einbrand und die plötzlichen Querschnittsänderungen, manche der auftretenden Risse wurden auch durch die hohen Schrumpfspannungen veranlaßt. Über die Erfahrungen bei der Verstärkung genieteter Brücken hat *O. Kommerell*[2] berichtet. Danach ist die Verstärkung mittels Schweißung mit großer Vorsicht auszuführen und im allgemeinen nur ein Notbehelf, um die Lebensdauer der Brücke für kurze Zeit zu verlängern.

E. Schweißung und Nietung

Eine Zeitlang war es geradezu verpönt, Schweißung und Nietung nebeneinander zu verwenden. Besonderer Beachtung erfreuten sich die „vollkommen geschweißten Bauwerke", in denen Niete und Schrauben ganz vermieden waren. Heute werden Schweißung und Nietung wieder nebeneinander im gleichen Bauwerk verwendet. Es ist in vielen Fällen zweckmäßig, nur die Verbindungen in der Werkstätte zu schweißen, sie auf der Baustelle dagegen zu nieten. Zu vermeiden ist die Anwendung beider Verbindungsarten im gleichen Stoß, da wegen der mit dem Schweißen verbundenen Schrumpfungen und des Gleitens der Niete keine klare Kräfteverteilung zu erreichen ist.

VI. Stahlbrücken

Literatur: Lehrbücher: *G. Schaper/K. Brückner* u. *E. Ernst:* Stählerne Brücken, 7. Aufl., Band I, Teil 1, Berlin 1949. — *M. Grüning:* Der Eisenbau I, Berlin 1929 (= Handbibliothek für Bauingenieure, Teil IV, 4. Bd.). — *J. Melan:* Der Brückenbau, 3. Bd.,- 1. Hälfte, 3. Aufl., Leipzig 1927; 3. Bd., 2. Hälfte, 2. Aufl., Leipzig 1923. — *F. Hartmann/E. Melan:* Stahlbrücken, Wien 1951. — *Zur Geschichte des Stahlbrückenbaus* vgl. *G. C. Mehrtens:* Eisenbrückenbau, 1. Bd., Leipzig 1908; 2. Bd., Leipzig 1920; 3. Bd., Leipzig 1923. — *J. A. L. Waddell:* Bridge Engineering. 2 Bde., New York 1925. — *G. A. Hool* u. *W. S. Kinne:* Movable and long-span steel bridges. 2. Aufl. New York 1943. — *F. Hartmann:* Stahlbrücken, Wien 1951 (= *E. Melan:* Der Brückenbau, 3. Bd.). — Für die *Theorie der Stahlbrücken* sind grundlegend: *F. Engesser:* Die Zusatzkräfte und Nebenspannungen eiserner Fachwerkbrücken. Bd. I: Die Zusatzkräfte, Berlin 1892. Bd. II: Die Nebenspannungen, Berlin 1893. — *F. Bleich:* Theorie und Berechnung der eisernen Brücken, Berlin 1924.

Vorschriften auf dem Gebiet des Stahlbrückenbaus.
Vorschriften der Deutschen Bundesbahn:
Berechnungsgrundlagen für stählerne Eisenbahnbrücken, abgekürzt BE,
Grundsätze für die bauliche Durchbildung stählerner Eisenbahnbrücken = GE,

---

[2] *O. Kommerell:* Vorbericht 2. Kongreß Internat. Ver. Brückenbau u. Hochbau, Berlin 1936, S. 625.

Vorläufige Vorschriften für geschweißte, vollwandige Eisenbahnbrücken = Vorl. Vorschr., Technische Vorschriften für Stahlbauwerke = TVSt, Anleitung für die Bauüberwachung von Stahlbauwerken auf der Baustelle = A St Bau, Technische Lieferbedingungen für die verschiedenen Werkstoffe.

Vorschriften für stählerne Straßenbrücken:
Richtlinien für den Ausbau der Landstraßen (III. Querschnittsgestaltung) = RAL,
DIN 1072, Straßen- und Wegbrücken, Lastannahmen.
DIN 1073, Berechnungsgrundlagen für stählerne Straßenbrücken,
DIN 1079, Stählerne Straßenbrücken, Grundsätze für die bauliche Durchbildung,
DIN 4101, Vorschriften für geschweißte, vollwandige, stählerne Straßenbrücken,
DIN 1078, Verbundträger Straßenbrücken,
DIN 1076, Richtlinien für die Überwachung und Prüfung stählerner Straßenbrücken,
DIN 1000, Stahlbauwerke, Bedingungen für Lieferungen und Leistungen.

Werkstoffnormen: Übersicht in DIN 1600 (Stahl und Eisen, Übersicht, Markenbezeichnung). Vgl. DIN-Taschenbuch 4, Teil A: Werkstoffnormen, Stahl und Eisen, 18. Aufl. Berlin 1952. — *Stahlbau-Handbuch 1952* — Taschenbuch *Stahl im Hochbau*, 12. Aufl. Düsseldorf 1953.

Für die Bearbeitung von Stahlbauentwürfen müssen jeweils die neuesten Vorschriften benutzt werden. Auszüge aus den verschiedenen Bestimmungen enthält das *Stahlbau-Handbuch*, eine umfassende und in kurzen Zeitabständen ergänzte Loseblattsammlung ist *H. Gottsch-S. Hasenjäger:* Technische Baubestimmungen, 3. Aufl. Köln 1952.

A. Grundlagen

1. Einteilung der Brücken

Diese erfolgt nach dem Verkehrswege, den sie tragen, in Fußgängerstege, Straßen- und Autobahnbrücken, Eisenbahnbrücken, Kanalbrücken sowie Brücken für besondere Zwecke. Das überbrückte Verkehrshindernis ist bestimmend für die

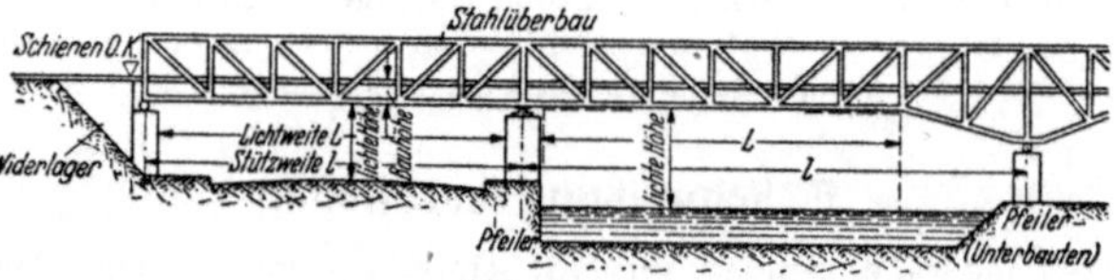

Abb. 154

Lichtweite L und damit auch für die *Stützweite l* sowie für die *lichte Höhe*. Die Stahlüberbauten sind in der Regel fest, nur wenn die lichte Höhe über dem Schiffahrtsweg nicht ausreicht, oder andere Gründe entgegenstehen, werden *bewegliche Brücken* gebaut, bei denen die Schiffahrtsöffnung freigegeben werden kann. Weitere Unterscheidungsmerkmale ergeben sich aus dem statischen System des Haupttragwerkes (Balken-, Bogen-, Hängebrücken) sowie aus der Gestalt des Brückengrundrisses (gerade und schiefe Brücken). Brücken in der Krümmung werden meist gerade ausgeführt (Abb. 155c), neuerdings oft auch mit gekrümmten Hauptträgern (Abb. 155d).

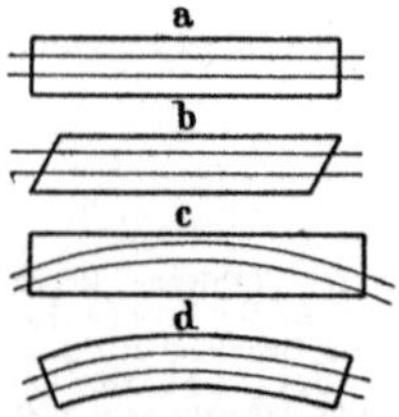

Abb. 155. a) Gerade Brücke, b) links schief, c) gerade Brücke in der Krümmung, d) Brücke mit gekrümmten Hauptträgern

2. Die hauptsächlichsten Tragglieder

Die wichtigsten Teile einer Stahlbrücke s. Abb. 156. Die Verkehrslast wird durch die *Fahrbahntafel* getragen, die sich mittels des *Fahrbahnrostes* (Längs- und Querträger) auf die *Hauptträger* stützt. Lager und Stützen geben die Auflagerkräfte an die *Unterbauten* (Pfeiler und Widerlager) ab.

Der Stahlbrückenbau benutzt überwiegend *ebene Tragwerke*, die größere Kräfte nur in der (i. a. lotrechten) Tragwerksebene aufnehmen können. Um auch quergerichtete Kräfte aufnehmen zu können, die Gestalt des Tragwerkes zu sichern und die elastische Stabilität der gedrückten Teile zu gewährleisten, sind *Verbände* notwendig: *Windverbände* zur Aufnahme der waagrechten Kräfte, *Querverbände* zur

Übertragung der waagrechten Kräfte nach dem Windverband, *Bremsverbände* zur Aufnahme der längsgerichteten Fahrzeugkräfte und deren Überleitung in den Windverband bzw. in die Hauptträger, *Schlingerverbände* zur Aufnahme der quergerichteten Fahrzeugkräfte. Zur Stützung der oberen Windverbände werden *End-*

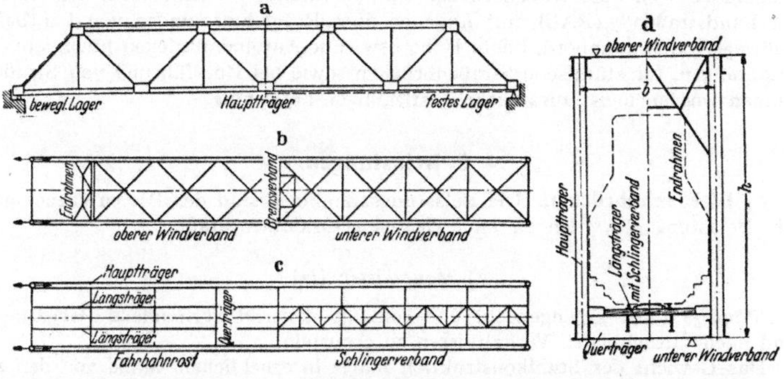

Abb. 156

rahmen oder *Portale* benutzt. Einzelne Teile können gelegentlich entfallen, so z. B. die Verbände in der Höhe der Fahrbahntafel, wenn letztere geeignet ist, die waagrechten Kräfte aufzunehmen.

Bei neuen Brücken wird häufig die Fahrbahntafel mitbenutzt, um die Kräfte des Haupttragwerkes oder der Querträger aufzunehmen. Es werden in zunehmendem Maß auch torsionsfeste Träger benutzt, die beliebig gerichtete Lasten aufnehmen können.

3. Anordnung der Brücken

Nach der Höhenlage der Fahrbahn werden unterschieden
Deckbrücken = Brücken mit obenliegender Fahrbahn (Abb. 157a),
Trogbrücken = offene Brücken mit versenkter Fahrbahn (Abb. 157b),
Geschlossene Brücken = solche mit untenliegender Fahrbahn (Abb. 157c).

Bei der Gestaltung des Brückenquerschnittes kommt es in erster Linie auf die zur Verfügung stehende *Bauhöhe* (gemessen zwischen Fahrbahnmitte bzw. Schienenoberkante und Unterkante Stahlkonstruktion) an. Die erforderliche Bauhöhe hängt von Querschnittsanordnung und Fahrbahntafel ab, sie wächst mit dem Hauptträgerabstand. Die Bauhöhe darf nicht zu klein sein, weil sonst der Stahlverbrauch ansteigt und die Durchbiegung störende Größe erreichen könnte.

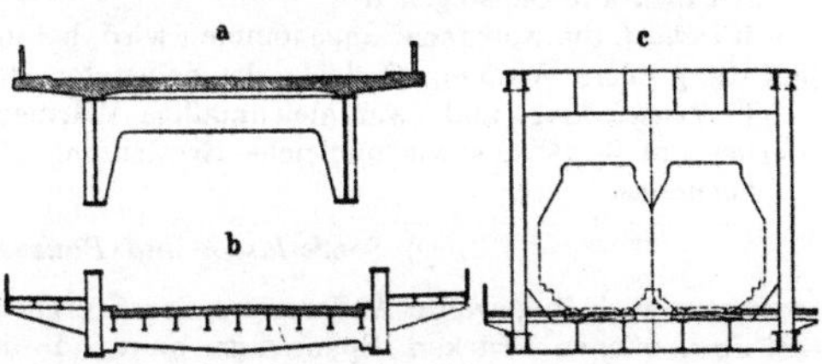

Abb. 157

Beim wirtschaftlichen Vergleich verschiedener Möglichkeiten sind nicht nur die Kosten der Brücke und ihrer Unterbauten zu beachten, sondern auch die anschließenden Erddämme. Es gibt Fälle, daß sich erhebliche Mehraufwendungen bei der eigentlichen Brücke lohnen, um an den Erddämmen, Grunderwerbskosten usw. zu sparen. Anderseits ist eine ausreichende Bauhöhe schon beim Vorentwurf des Verkehrsweges sicherzustellen.

4. Brückenbreite

Für den Brückenquerschnitt ist der je nach dem Verkehrsweg freizuhaltende *lichte Raum* bestimmend. „Vorschriften für die Umgrenzung des lichten Raumes bei Eisenbahnbrücken", auszugsweise Taschenbuch Stahl im Hochbau, 12. Aufl., Düsseldorf 1953. Für Straßenbrücken vgl. „Vorläufige Richtlinien für den Ausbau der Landstraßen", (RAL), mit Angaben über Regelabmessungen von Fahrbahn, Fußwegen, Schrammbord, lichte Höhe usw. Für Autobahnbrücken besondere Bestimmungen, für städtische Straßenbrücken sowie bei Überführung von Straßenbahnen werden meist zusätzliche Festlegungen notwendig.

5. Belastungen

a) Eisenbahnbrücken. Die Belastungsannahmen sind der BE zu entnehmen. Die Belastungen werden zu zwei Gruppen zusammengefaßt.

α) *Hauptlasten* (*H*)

Ständige Last. Eigengewicht und sonstige dauernd vorhandene Belastungen sind nach tatsächlichen Verhältnissen zu ermitteln.

Das Gewicht der Stahlkonstruktion hängt in erheblichem Maße von den zugrunde gelegten Bestimmungen ab (z. B. Verkehrslast, Stoßzuschlag, zulässige Spannungen, Knicksicherheit, konstruktive Forderungen und Richtlinien für die bauliche Gestaltung).

Lastenzüge. Schwerer Lastenzug „S (1950)" mit 5 Achslasten von je 25 t und Meterlasten von 10,4 bzw. 8 t/m bzw. 1 t/m. Leichter Lastenzug „L (1950)" entweder 75% von S (1950) oder 3 Achslasten von je 20 t. Die dynamischen Einflüsse werden durch die Schwingbeiwerte φ erfaßt (vgl. S. 580).

Fliehkraft für Brücken, deren Gleise in Bögen liegen.

β) *Zusatzlasten* (*Z*)

Diese zweite Gruppe umfaßt:

Seitenstoß von 6 t Größe zur Berücksichtigung des waagrechten Stoßes der Fahrzeuge.

Reibungswiderstände der Lager.

Belastung durch Bremsen und Anfahren, die zu $^1/_8$ der belastenden Achsdrucke anzunehmen ist.

Trägheitswirkungen bei beweglichen Brücken.

Nutzlast auf Gehstegen usw.

Windlast, die waagrecht angenommen wird, bei unbelasteter Brücke 250 kg/m², auf die größere Windangriffsfläche der belasteten Brücke 125 kg/m².

Wärmewirkung, und zwar gleichmäßige Wärmeänderungen des ganzen Tragwerkes um $\pm$ 35° C sowie ungleiche Erwärmung (Temperaturunterschied) 15° C.

Schneelast.

γ) *Sonderlasten und Bauzustände*

darunter auch ungewollte Änderungen der Stützbedingungen. Bem.: *Seitenkräfte* bei oben offenen Brücken. Spannungs- bzw. Stabilitätsnachweis nach DIN 4114.

b) Straßen- und Wegbrücken. Lastannahmen nach DIN 1072. Hauptlasten und Zusatzlasten im wesentlichen wie bei Eisenbahnbrücken, jedoch Regelfahrzeuge, je nach der Bedeutung der Straße, in sechs Brückenklassen.

Regelfahrzeuge. Die Brückenklasse wird nach dem Gewicht des Fahrzeugs bezeichnet: 60, 45, 30, 12, 6 bzw. 3 t; dazu gleichmäßig verteilte Belastung (sog. *Menschengedränge*) 0,5 t/m² bis auf 0,2 t/m² abnehmend. Die Verkehrslasten der Hauptspur werden mit einem *Schwingbeiwert* φ vervielfacht, dessen Größe mit der Stützweite abnimmt.

Autobahnbrücken werden nach Klasse (60) bemessen.

6. Spannungsnachweis

Außer dem Schwingbeiwert φ ist beim Spannungsnachweis von Bauteilen mit wechselnder oder schwellender Beanspruchung in Eisenbahnbrücken noch der Beiwert γ und bei geschweißten Bauwerken auch die Formzahl α zu berücksichtigen (vgl. S. 581 und 639).

Die zulässige Spannung betrug bei Belastung durch Hauptkräfte bisher i. a. $_{\text{zul}}\sigma = 1{,}4\ \text{t/cm}^2$ für Bauteile aus St 37 bzw. $2{,}4\ \text{t/cm}^2$ für St 52, bei Belastung durch Haupt- und Zusatzkräfte $_{\text{zul}}\sigma = 1{,}6$ bzw. $2{,}4\ \text{t/cm}^2$. Für die Verbände sind nur kleinere Spannungen zulässig, nämlich 1,0 bzw. $1{,}5\ \text{t/cm}^2$ in Eisenbahnbrücken und 1,2 bzw. $1{,}8\ \text{t/cm}^2$ in Straßenbrücken. Einzelheiten sind den betreffenden Vorschriften zu entnehmen. Eine Änderung der zulässigen Zugspannungen steht bevor.

7. Elastische Stabilität

Für gedrückte Bauteile ist außer dem Spannungsnachweis auch der Nachweis einer ausreichenden Stabilität zu führen. Über Begriff und theoretische Untersuchung der *Knickung* von Druckstäben, der *Beulung* von Platten usw. vgl. Abschn. *Stabilitätsfälle.* Man vgl. auch DIN 4114, *Stabilitätsfälle* (Knickung, Kippung, Beulung).

Der *Stabilitätsnachweis von Druckstäben* kann nach DIN 4114 formal wie ein Spannungsnachweis behandelt werden. Für diesen Zweck wird die vorhandene Druckspannung $\sigma = S/F$ mit der *Knickzahl* ω vervielfacht, die je nach Baustahlsorte und Stabschlankheit λ aus einer Tabelle zu entnehmen ist. In den Knickzahlen $\omega = {}_{\text{zul}}\sigma/{}_{\text{zul}}\sigma_d$ sind die gewünschten Knicksicherheiten bereits mit eingerechnet. Der Nachweis beschränkt sich auf den Vergleich des rechnungsmäßigen Spannungswertes $\sigma_\omega = \omega\sigma$ mit $_{\text{zul}}\sigma$, d. h. es muß sein $\sigma_\omega = \omega \cdot S/F \leqq {}_{\text{zul}}\sigma$.

Der sorgfältigen und eingehenden Stabilitätsuntersuchung der Ingenieurbauwerke und ihrer Glieder kommt sehr große Bedeutung zu, sind doch die meisten Bauunfälle auf ungenügende Stabilität zurückzuführen.

B. Hauptträger von festen Brücken

1. Allgemeines

Stahlbrücken besitzen meist zwei oder mehr ebene Hauptträger, die in der Regel in lotrechten Ebenen liegen und durch Fahrbahnrost und Verbände zu einem räumlichen Tragwerk verbunden werden. Der Hauptträgerabstand ergibt sich bei geschlossenen und Trogbrücken aus der notwendigen Brückenbreite, bei Deckbrücken kann er frei gewählt werden. Kleiner Hauptträgerabstand ist im allgemeinen wirtschaftlich, nach unten hin sind jedoch Grenzen gezogen, weil bei zu kleinem Abstand die Gefahr des *Kippens* der ganzen Brücke (infolge der waagrechten Belastung durch Winddruck bzw. Fliehkräfte) vorliegt. Bei weit gespannten Brücken muß der Hauptträgerabstand daher manchmal über das mit Rücksicht auf die Brückenbreite erforderliche Maß vergrößert werden, dem gleichen Ziel dienen schräge Hauptträgwände.

Mehr als zwei Hauptträger kommen in Betracht, wenn die Brückenbreite im Verhältnis zur Stützweite groß ist oder wenn die Bauhöhe besonders klein gehalten werden soll. Um bei Teilbelastung der Fahrbahn alle Hauptträger zur Mitwirkung heranzuziehen, werden *lastverteilende Querverbände* ausgeführt, die stark genug sind, eine gleichmäßige Durchbiegung des ganzen Querschnittes zu erzwingen. Bei diesen sog. *Trägerrosten* werden die Lasten auf ganz andere Weise nach der Querrichtung verteilt als bei den klassischen Brücken mit nur zwei Hauptträgern (Abb. 255).

Bei Belastung an beliebiger Stelle des Brückenquerschnittes werden je nach der Steifigkeit der Querträger immer alle Hauptträger zur Mitwirkung gezwungen, z. B. auch wenn die Last genau auf einem der Längsträger steht. Bei der klassischen Querschnittsanordnung mit nur zwei Hauptträgern bleibt der zweite Träger nach der üblichen Berechnungsmethode dagegen ohne Spannungen, wenn die Last auf dem ersten Träger steht; sonst wird dabei Verteilung nach dem Hebelgesetz angenommen. Beispiele Abb. 252.

Dem gleichen Ziel dienen *torsionssteife Tragwerke* (Kastenquerschnitte usw.). Da die Torsionssteifigkeit von solchen geschlossenen (räumlichen) Tragwerken sehr groß ist, wird die Lastverteilung im Vergleich zu den gewöhnlichen (ebenen) Tragwerken ganz grundlegend verändert. Voraussetzung ist, daß die Querschnittsform unter Torsionsbelastung sichergestellt ist.

Der Dreigurtträger (Abb. 158a) hat den Vorteil, daß die Kräfte in den beiden Untergurten gleich groß ausfallen, einerlei wo die lotrechte Belastung angreift, in Querschnittsmitte oder auf einer der Konsolen. Konstruktion vgl. Abb. 191.

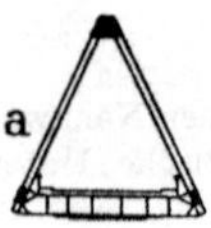

Der Grenzfall ist die sog. *Mittelträgerbrücke*, bei der nur eine einzige Tragwand vorhanden ist. Beispiel Hängebrücke, Abb. 158e, wo das Kippen der Fahrbahn unter einseitiger Belastung durch einen torsionssteifen Kasten verhindert wird. Querschnitt einer derartigen Stabbogenbrücke vgl. Abb. 197. ***Literatur:*** *W. Haupt*: Bautechnik 25 (1948) S. 25 u. 60.

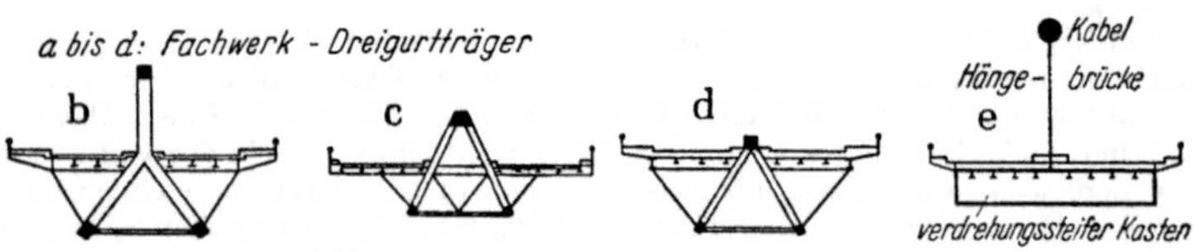

Abb. 158 Querschnitte von Dreigurtbrücken und Mittelträgerbrücken

Bei der Bemessung ist auch Sorge zu tragen, daß die Tragwerke nicht zu weich werden, d. h. keine zu großen Durchbiegungen erleiden. Die *Durchbiegungen* infolge der ständigen Last sind in diesem Zusammenhang ohne Bedeutung, weil es möglich ist, sie beim Bau zu „überhöhen". Von der Durchbiegung aus Verkehrsbelastung wird nur ein Teil, z. B. 1/4 überhöht, d. h. die *Überhöhung* wird so bemessen, daß die planmäßige Bahnneigung erst vorhanden ist, wenn außer der ständigen Last 1/4 der ruhenden Verkehrslast wirkt.

Bei Straßenbrücken soll die Durchbiegung $l/500$ nicht überschreiten. Die Erfahrung zeigt, daß es auf ${}_{\max}f_p$ bei Straßenbrücken nur wenig ankommt. Eine Vollbelastung, wie sie für die Errechnung von ${}_{\max}f_p$ angenommen wird, kommt im fließenden Verkehr niemals vor, sie ist höchstens für ruhende Belastung denkbar.

Mehr als auf die Durchbiegung der Hauptträger kommt es bei Straßenbrücken darauf an, daß die Fahrbahntafel, die ja unmittelbar belastet wird, möglichst steif ausgebildet wird. Bei weichen Brücken ist auf die Querneigung der Fahrbahn zu achten, die eintritt, wenn sich die Hauptträger nicht gleich stark durchbiegen. Die rechnungsmäßige Querneigung kann leicht den Wert 1 : 30 erreichen.

2. Vollwandbalken

a) Allgemeines. Die ersten großen Balkenbrücken waren Vollwandtragwerke. Die Britanniabrücke über die Menaistraße (1850) besitzt Öffnungen mit etwa 140 m Stützweite. Bei den Modellversuchen zur Vorbereitung dieser Brücke erkannte man bereits, daß die hauptsächlichsten Schwierigkeiten beim Bau der vollwandigen Träger mit dem Stabilitätsproblem zusammenhängen.

Über die geschichtliche Entwicklung s. *G. C. Mehrtens*: Eisenbrückenbau, Bd. 1, Leipzig 1908, S. 523. Die Vollwandbalken wurden mit der Entwicklung der Fachwerke verdrängt, sie fanden um 1900 nur noch für kleine Stützweiten bis etwa 25 m Anwendung. Die neue Entwicklung beginnt mit Einführung der hochwertigen

Baustähle, vgl. *F. Schleicher*: Bauingenieur 16 (1935) S. 172. Heute werden vollwandige Balken wieder für Stützweiten bis über 200 m gebaut. Außer der einfachen Bauart sind dabei auch ästhetische Gesichtspunkte bestimmend. Von den bedeutendsten der modernen Vollwandbalkenbrücken seien genannt: Autobahnbrücke über die Elbe bei Dessau mit $l = 125$ m. Vgl. *K. Schaechterle* und *R. Riedl*: Bauingenieur 20 (1939) S. 579. — Rheinbrücke Köln-Deutz, $l = 184$ m; vgl. Bautechnik 26 (1949) S. 193 — Rheinbrücke Bonn $l = 196$ m — Rheinbrücke Düsseldorf-Neuß Hohlkasten mit $l = 206$ m; vgl. *K. Schaechterle* und *L. Wintergerst:* Bauingenieur 27 (1952) S. 1.

Alle vorstehend genannten Brücken sind Straßenbrücken. Aber auch Eisenbahnbrücken sind bis zu beträchtlicher Größe als vollwandige Balken gebaut worden. Zum Beispiel haben die geschweißten Träger der Eisenbahnbrücke über den Strelasund 54 m Stützweite.

b) Kleinste Spannweiten werden mit einfachen Walzträgern I oder IP überbrückt. Geringste Bauhöhe für Eisenbahnbrücken mit *Zwillingsträgern* (Abb. 159), Anwendung besonders für vorläufige Unterstützungen.

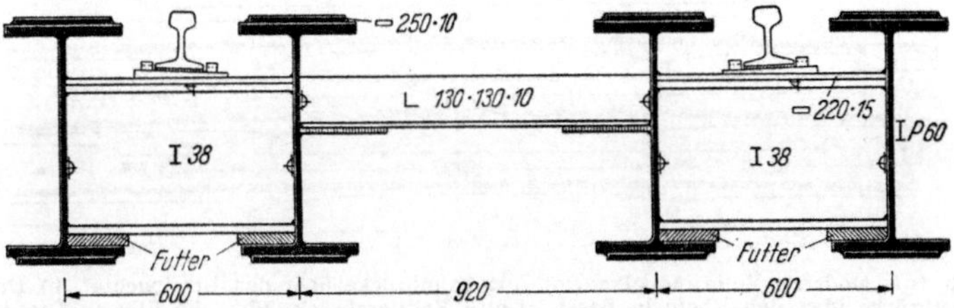

Abb. 159. Zwillingsträger

Einbetonierte Träger (I, IP oder geschweißt) für kleine Straßenbrücken, Bahnsteigunterführungen u. dgl. Die Träger brauchen nur an den Auflagerpunkten ausgesteift zu werden und sind durch Schraubenbolzen (Stehbolzen) verbunden. Gute Verbindung mit dem umhüllenden Beton ist notwendig.

Es ist naheliegend, den Beton mit zum Tragen heranzuziehen. Dies geschieht bei der sog. *Verbund-Bauweise*, bei der eine schubfeste Verbindung zwischen Beton und Stahlträger hergestellt wird. Bei geeigneter Konstruktion übernimmt der Beton die Druckspannungen, während die Zugspannungen dem Stahlteil des Verbundquerschnittes oder besonderen Zuggliedern zugewiesen werden. Vgl. Kap. VII, *Verbundträger*, S. 715.

c) Trägerform. Bei größeren Stützweiten l werden zusammengesetzte Träger benutzt, wobei eine Höhe von $l/10$ bis $l/15$ anzustreben ist. Bei Straßenbrücken tritt der Einfluß der Verkehrslast stärker zurück, man kann daher mit kleinerer Stegblechhöhe auskommen. Bei Autobahnbrücken haben sich für durchlaufende Balken Stegblechhöhen von $l/20$ bis $l/25$ als ausreichend erwiesen.

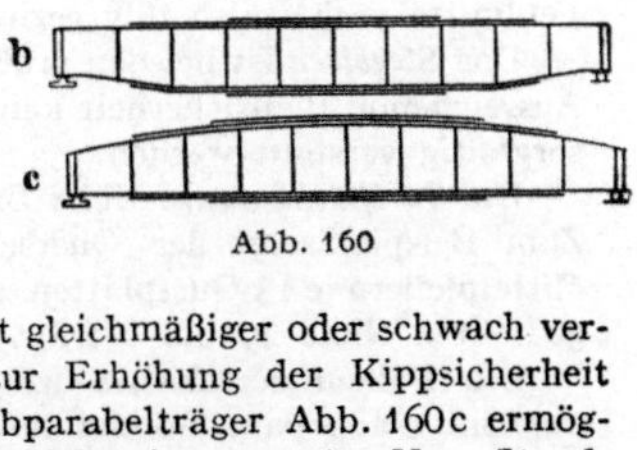

Abb. 160

Besonders geringe Höhen sind möglich bei Trägerrosten und torsionssteifen Kastenquerschnitten sowie bei Anwendung der Verbund-Bauweise.

Bei einfachen Balken in der Regel Träger mit gleichmäßiger oder schwach veränderlicher Höhe, bei kleineren Stützweiten zur Erhöhung der Kippsicherheit manchmal die Trägerform Abb. 160b. Der Halbparabelträger Abb. 160c ermöglicht bessere Werkstoffausnutzung und damit Gewichtseinsparungen. Vom Standpunkt der einfachen Werkarbeit ist der Träger mit parallelen Gurtungen erwünscht.

Durchlaufende und Gerberbalken erhalten oft Öffnungen verschiedener Weite; was statisch und aus schönheitlichen Gründen vorteilhaft ist. Bei Abb. 161 b nimmt die Stegblechhöhe stetig nach der Mitte zu, beide Umrißlinien verlaufen parabolisch. Trägerumrisse, die sich der Linie der größten Biegemomente eng anlehnen, sind unschön. Die Vergrößerung der Stegblechhöhe an Zwischenstützen (Vouten) bringt zwar erhebliche Vermehrung des Widerstandsmomentes, ist aber schwer auf befriedigende Weise auszuführen.

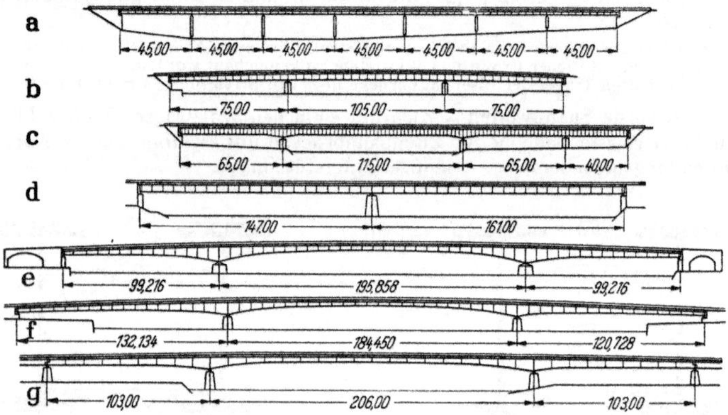

Abb. 161. Moderne Vollwandbalken. a) Autobahnbrücke über das Urselbachtal, b) Dreirosenbrücke über den Rhein in Basel, c) alte Kaditzerbrücke über die Elbe in Dresden, d) Rheinbrücke Frankenthal (1950), e) Rheinbrücke Bonn (1949), f) Rheinbrücke Köln-Deutz (1948), g) Rheinbrücke Düsseldorf-Neuß (1951)

d) Gestaltung. Über die Bemessung von Vollwandtragwerken vgl. S. 581. Allgemeingültige Regeln für die wirtschaftliche Gestaltung können nicht gegeben werden. Der tatsächliche Stahlaufwand hängt nicht nur von dem theoretischen Querschnitt des Trägers ab, sondern auch von Laschen, Futtern und Aussteifungen (*Bauzuschlag* oder *Konstruktionszuschlag*). Es ist auch meist nicht möglich, die Trägerhöhe allein nach dem kleinsten Baustoffaufwand zu wählen, sondern diese ist durch die Verkehrsbedingungen, die zur Verfügung stehende Bauhöhe und durch ästhetische Rücksichten in gewisse Grenzen eingeschlossen.

Für die Hauptträger von Balkenbrücken werden *einwandige Träger* (mit einem Stegblech) bevorzugt; bei großen Kräften *zweiwandige Träger* (mit zwei Stegblechen), weil mit ihnen eine größere Stabilität erreicht werden kann. Auf gute Zugänglichkeit für die Unterhaltungsarbeiten ist zu achten. Beispiele Abb. 162.

Für die Trägerformen Abb. 161 e bis g ist kennzeichnend, daß sich die Verteilung der Biegemomente wegen der großen Unterschiede in der Biegesteifigkeit stark von jener beim durchlaufenden Balken mit konstantem I unterscheidet. Die Momente an den Stützen sind um vieles größer, für letzteren Fall, während die in Feldmitte verhältnismäßig geringfügig sind.

Das *Stegblech* ist bei den großen modernen Vollwandbalken 10 bis 20 mm dick. Ausreichende Beulsicherheit kann dabei nur erzielt werden, wenn die Blechwände sorgfältig versteift werden.

Die *Gurtfläche* einwandiger Balkenträger erreicht die Größenordnung 2500 cm². Zum Beispiel zeigt der Querschnitt der Frankenthaler Rheinbrücke über den Mittelpfeilern je 13 Gurtplatten ▭ 1200 · 18, die größte Klemmdicke der zylindrisch gedrehten Niete 29 mm beträgt hier 256 mm.

Die Balkenquerschnitte werden in der Regel den aufzunehmenden Biegemomenten angepaßt. Sobald die Widerstandsmomente W_m bekannt sind, kann für jeden Querschnitt ${}_{\text{zul}}M = W_m \cdot {}_{\text{zul}}\sigma$ berechnet werden. Bei Eisenbahnbrücken sind die Momente für den Lastfall H gemäß $M_\gamma = \gamma \cdot M_H$ zur Berücksichtigung der

Dauerbeanspruchung mit dem Beiwert γ zu vervielfachen. Bei geschweißten Eisenbahnbrücken ist außerdem die Formzahl α zu berücksichtigen.

Die erforderliche Länge der einzelnen Gurtplatten bzw. deren Dicke wird aus der *Momentendeckungslinie* (Abb. 163) entnommen. Bei geschweißten Brücken wurde die Gurtplattendicke zur Vermeidung von Stößen öfter mit dem Größtwert über die ganze Trägerlänge durchgeführt.

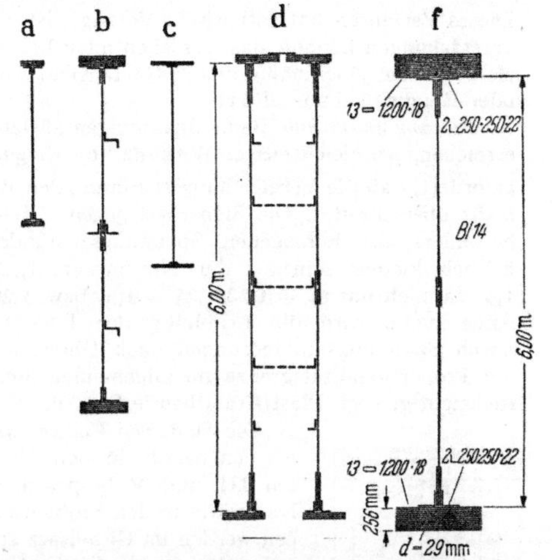

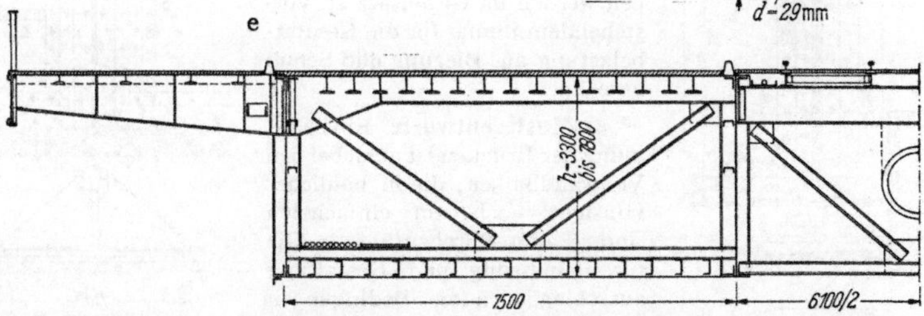

Abb. 162. Querschnitte von Vollwandbalken. a) für 25 m Stützweite, b) Dreirosenbrücke Basel ($l = 105$ m), c) Strelasundbrücke ($l = 54$ m), d) alte Rheinbrücke Köln-Mülheim (Hängebrücke, $l = 315$ m), e) Rheinbrücke Düsseldorf-Neuß ($l = 206$ m), f) Rheinbrücke Frankenthal ($l = 161$ m)

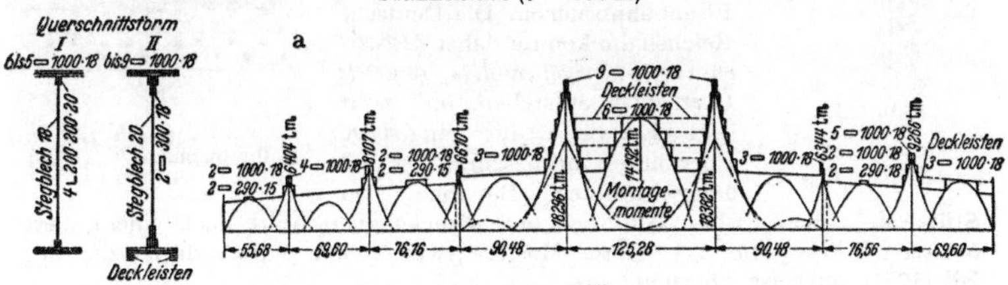

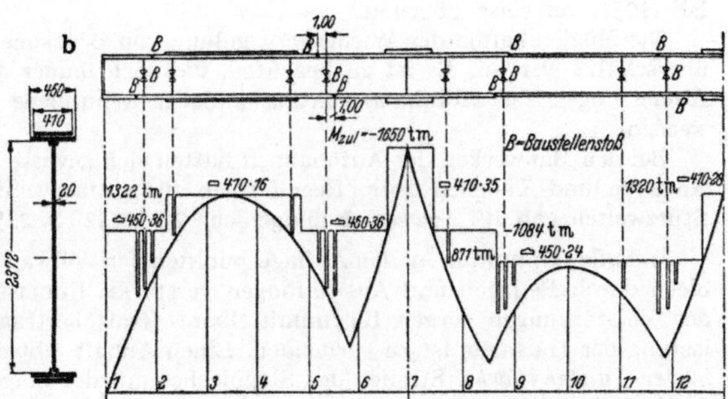

Abb. 163.
a) Momentendeckungslinie für einen genieteten Vollwandbalken. (Nach *K. Schaechterle* u. *R. Riedl:* Bauingenieur 20 (1939) S. 584.)
b) Momentendeckungslinie für einen geschweißten Vollwandbalken. (Nach *V. Hasselblad* u. *D. Fuchs:* Bautechnik 17 (1939) S. 360)

Dieses Verfahren hat ästhetische Vorzüge, ist aber unwirtschaftlich. Kurze Gurtverstärkungen können das Aussehen auch bei genieteten Trägern stören. Zur Erzielung einer gleichmäßig dicken Gurtansicht werden daher manchmal Deckleisten oder Randwinkel ausgeführt.

Biegung und Schub. Beide Spannungen dürfen je für sich die zulässigen Grenzen erreichen, bei gleichzeitiger Wirkung von Biegung und Schub wird jedoch in BE gefordert, daß die Vergleichungsspannung den Wert $\sigma_V = \sqrt{\sigma^2 + 3\,\tau^2} = 1{,}25 \cdot {}_{\text{zul}}\sigma$ nicht überschreitet. Die Sicherheit gegen Erreichen der Fließgrenze kann daher besonders bei homogenen Spannungszuständen erheblich kleiner sein als der Normalwert 1,72 bzw. 1,5, nämlich nur $v_F = 1{,}72/1{,}25 = 1{,}37$ bzw. 1,20fach. Andererseits wird die Erhöhung der Tragfähigkeit durch Spannungsumlagerungen nach Überschreitung der Proportionalitätsgrenze im allgemeinen nicht berücksichtigt (vgl. Plastizitätstheorie S. 570).

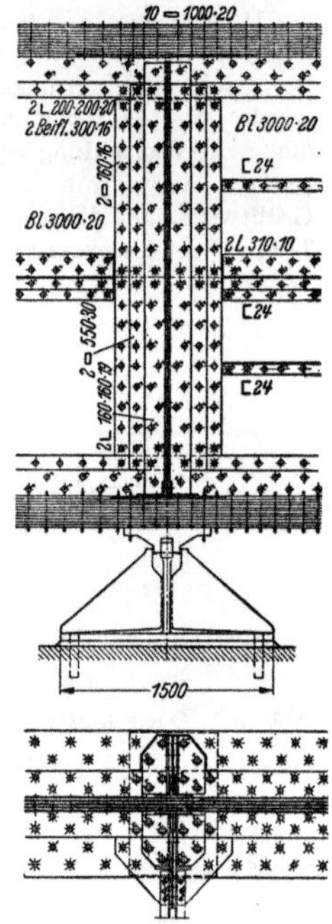

Abb. 165. (Nach *E. Kohl:* Bauingenieur 19 (1938) S. 546)

Die *Stöße von Vollwandträgern* wurden bereits in den Abschnitten III und V besprochen. Die Nietkräfte in den Stoßverbindungen werden im Gegensatz zu Vorstehendem immer für die Gesamtbelastung aus Biegung und Schub berechnet.

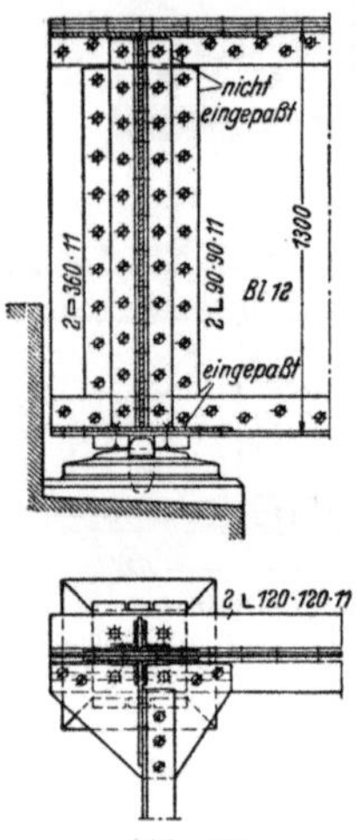

Abb. 164

e) Musterentwürfe. Eine Normung der Brücken ist auch bei den Vollwandbalken, die in baulicher Hinsicht noch am einfachsten sind, kaum durchzuführen. Die für Bemessung und Gestaltung ausschlaggebenden Bedingungen wechseln dafür in zu weiten Grenzen. Am günstigsten liegen die Verhältnisse dafür noch bei den Eisenbahnbrücken. Die Deutsche Reichsbahn konnte daher *Musterentwürfe für vollwandige, genietete Überbauten* aufstellen, und zwar sind Entwürfe für eingleisige Überbauten mit beschränkter und unbeschränkter Bauhöhe bei Stützweiten von 10 bis 25 m bekannt. Brückenquerschnitt nach einem dieser Musterentwürfe Abb. 233. Diese Musterentwürfe sind jedoch durch die neue BE (1951) teilweise überholt.

Die Möglichkeiten der Wiederverwendung von Brückenentwürfen dürfen nicht überschätzt werden. Es ist zu beachten, daß sich immer auch Einzelheiten und Abmessungen der Stahlkonstruktion ändern, wenn neue Vorschriften erlassen werden.

Bei den Bauwerken der Autobahnen hatten sich gewisse Typen herausgebildet. Angaben und Tabellen betr. Regelformen für einfache Straßenbrücken kleiner Stützweiten gab *W. Tischer:* Bauingenieur 27 (1952) S. 225.

f) Auflagerpunkte. An den Auflagerpunkten der Vollwandbalken wird das Stegblech durch Beilagen und Aussteifungen verstärkt. Einpassen und Einschweißen der Verstärkungen sorgen für unmittelbare Kraftübertragung. Zusätzliche Belastung der Halsniete ist zu vermeiden. Einen Anhalt gibt die mittlere Spannung in der *Aufstandfläche* (Streifen des Stegbleches mit den eingepaßten Beilagen und Steifen). Gegebenenfalls Stabilitätsnachweis für die Auflagerpfosten. Abb. 164 zeigt den Endpunkt eines kleinen Vollwandbalkens, Abb. 165 die Verstärkung an der Zwischenstütze eines schweren durchlaufenden Trägers.

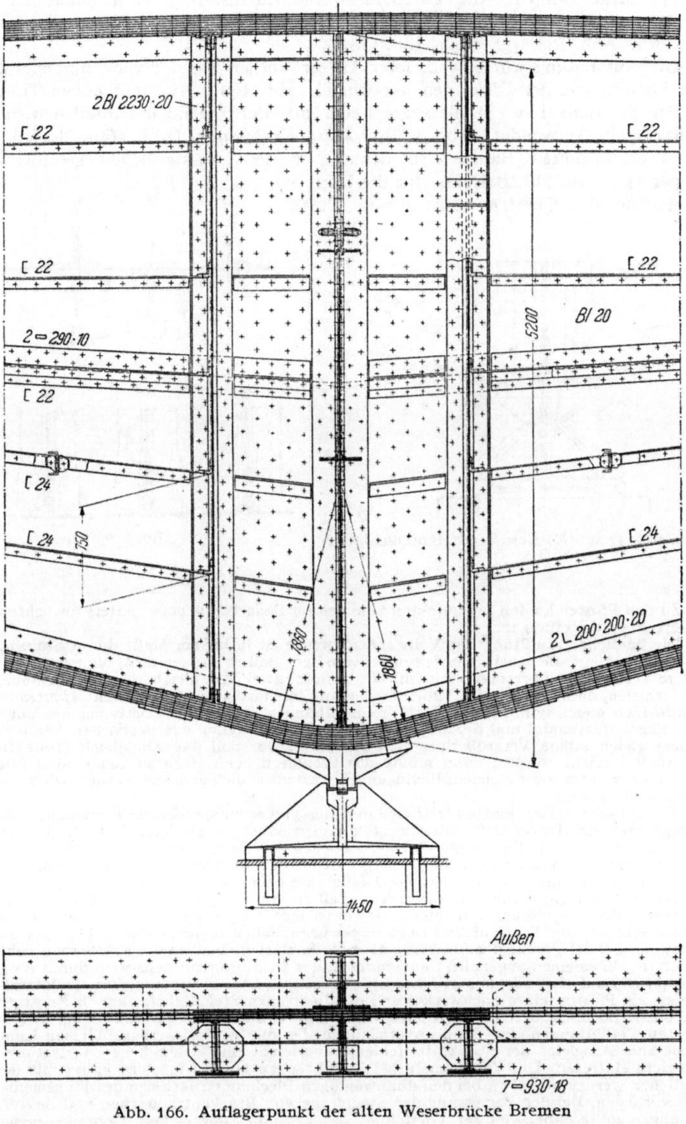

Abb. 166. Auflagerpunkt der alten Weserbrücke Bremen

Bei stetig gekrümmtem Untergurt ist die zusätzliche Belastung der Halsniete durch die Ablenkungskräfte zu beachten (vgl. III B 5, S. 615). Ist die Höhe des Hauptträgers an der Zwischenstütze voutenförmig, so tritt am Auflager ein Knick in der Gurtung ein. Abb. 166 zeigt einen Stützpunkt mit durchlaufenden Gurtplatten.

Die Ausführung mit unterbrochenen Gurtplatten (Abb. 167), die stumpf gegen den Lagerkörper bzw. Keile stoßen, ist weniger empfehlenswert.

g) Aussteifungen. Alle Lastpunkte sind auszusteifen. Brückenhauptträger erhalten mindestens Aussteifungen an den Querträgern. Querschnitt dieser *Hauptpfosten* s. Abb. 168, vgl. auch Abb. 138.

Die Aussteifungswinkel genieteter Träger werden meist gerade durchgeführt, mit Futtern von der Dicke der Gurtwinkel (Abb. 169a). Bei sehr hohen Trägern werden die Winkel zur Stahlersparnis gekröpft. Bei tragenden Bauteilen wird die *Keilkröpfung* verwendet (Abb. 169b), *kurze Kröpfungen* (Abb. 169c) dürfen nur in untergeordneten Baugliedern benutzt werden. Aussteifungen geschweißter Träger vgl. Abb. 140. Beispiele für die Hauptpfosten bei den Querträgeranschlüssen S. 690.

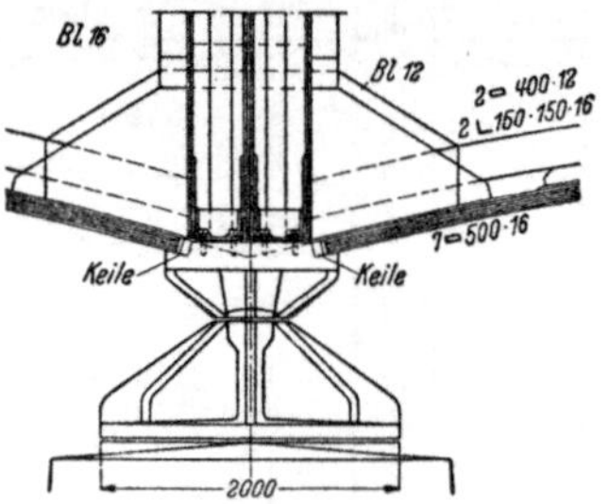

Abb. 167. (Nach *K. Bernhard:* Bauingenieur 6 (1925) S. 876)

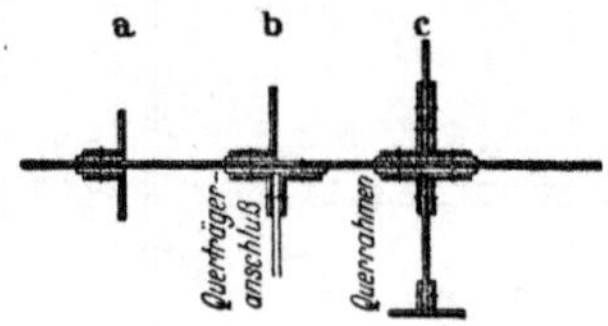

Abb. 168

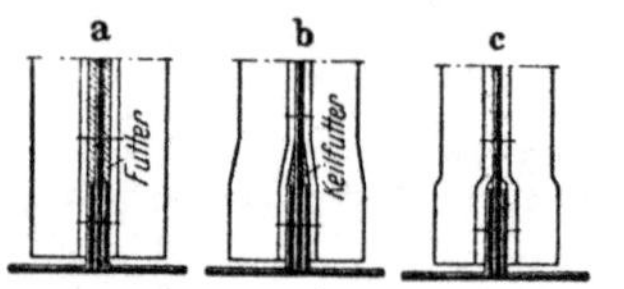

Abb. 169

Zu den Pfosten an den Lastpunkten kommen im Bedarfsfalle noch weitere lotrechte und waagrechte Aussteifungen.

Die bauliche Gestaltung der Vollwandtragwerke ist in hohem Maße durch Stabilitätsprobleme bedingt. Bewährte Bauweisen vollwandiger Balken können nicht ohne weiteres auf andere Verhältnisse übertragen werden. Will man für zwei Fälle gleich hohe Beulspannungen usw. erzielen, dann müßten im Falle der Beulung im elastischen Bereich alle *Abmessungsverhältnisse* gleich sein. Die Stabilitätsgrenzen hängen nämlich bei elastischer Beulung nur vom Elastizitätsmodul und der Gestalt ab, und die Bedingung der elastischen Ähnlichkeit fordert gleichmäßige Vergrößerung aller Abmessungen. Soll dagegen gleich große Beulsicherheit erreicht werden, dann müßte das Stegblech bei 1,5fach so hohen Spannungen (St 52), aber unter sonst gleichen Bedingungen 1,22mal so dick gemacht werden, wie bei dem Vergleichsbauwerk.

Nur bei sehr dicken Platten tritt eine der Fließgrenze entsprechende Hebung der Stabilitätsgrenzen ein. Unversteifte Stegbleche kommen daher bei größeren Vollwandkonstruktionen kaum in Frage. Die Stegblechfelder zwischen den Hauptpfosten bedürfen fast immer einer zusätzlichen Versteifung. In der Regel ist dabei anzustreben, daß die Beulspannung durch die Versteifungen in die Nähe der Fließgrenze gehoben wird.

Von Brückentragwerken ist zu fordern, daß sie die vorkommenden Belastungen ohne Ausbeulen des Stegbleches aufnehmen. Gewiß ist ihre Tragfähigkeit mit der Beulung noch nicht erschöpft, die Tragfähigkeit liegt in gewissen Fällen sogar erheblich über der Beulbelastung. Bei Steigerung der Belastung über die Beulgrenze bleiben die Kräfte im Stegblech jedoch im allgemeinen angenähert unverändert, der Belastungszuwachs wird durch *Kräfteumlagerung* auf ein anderes statisches System aufgenommen. Dabei wirken die lotrechten Steifen als Pfosten eines Fachwerkes und die diagonalen Stegblechstreifen als Zugstreben. Erhebliche Abweichungen der Spannungsverteilung von den bei der Bemessung zugrunde gelegten Verhältnissen sind dann unvermeidlich. Da die bei Fachwerken üblichen Knotenbleche zum Ausgleich der Stabkräfte fehlen, kann leicht eine bedenkliche Überlastung der Halsniete eintreten. Die Verhältnisse bei Stahlbrücken können insofern kaum mit denen verglichen werden, die etwa bei den dünnwandigen Blechkonstruktionen des Flugzeugbaues usw. vorliegen. Bei der Bemessung der Stegbleche von Brückentragwerken und ihrer Aussteifungen sollte daher von der Vorstellung des Ersatzfachwerkes kein Gebrauch gemacht werden. Aussteifungen und Stegblech sind so zu bemessen, daß ein Ausbeulen unter den vorkommenden Belastungen nicht möglich ist. Für die Steifen sind (abgesehen von Auflagerverstärkungen usw.) die Beulbedingungen des versteiften Stegbleches maßgebend, und nicht Überlegungen, die aus dem Ersatzfachwerk hergeleitet werden.

Steifen in der Längsrichtung der Träger sind viel wirksamer als Pfosten. *Längssteifen* erfahren jedoch die gleiche Formänderung und Normalspannung wie die zugehörigen Stegblechstreifen. Diagonale Aussteifungen der Blechfelder sind verhältnismäßig wenig wirksam und außerdem unschön. Vgl. *W. Burchard:* Ing.-Arch. 8 (1937) S. 332.

Bei der Versteifung der Stegbleche ist darauf zu achten, daß die Aussteifungen in hohem Maße für das Aussehen der Vollwandbalken bestimmend sind. Unregelmäßigkeiten in der Aussteifung stören das Bild selbst noch aus großer Entfernung. Aus diesem Grunde ist es zweckmäßig, auf der Außenseite nur eine bestimmte Steifenart zu zeigen und diese regelmäßig über die ganze Brückenlänge beizubehalten, während die an manchen Stellen notwendigen zusätzlichen Versteifungen unsichtbar (nur auf der Innenseite) angebracht werden. Über den Einfluß der Stabilität der Stegbleche auf die Gestaltung vollwandiger Balkenbrücken vgl. *F. Schleicher*: Vorbericht 2. Kongreß Internat. Ver. Brückenbau u. Hochbau, Berlin 1936, S. 1391.

h) Vollwandbalken mit gekrümmten Hauptträgern werden manchmal ausgeführt, wenn Eisenbahngleise oder Autobahn in der Krümmung liegen. Bei großen Krümmungshalbmessern bietet die Konstruktion keinerlei Schwierigkeiten, bei schärferen Krümmungen wird die Ausführung schwieriger. Bei stetig gekrümmten Trägern sind auch Drillmomente aufzunehmen, in der Hauptsache werden die gegenüber einem ebenen Tragwerk zusätzlichen Kräfte durch Verbände aufgenommen, falls nicht der Hauptträger selbst (z. B. als Hohlkasten) torsionssteif ist.

Zur Berechnung von Brücken mit gekrümmten Hauptträgern vgl. *J. Wanke:* Zur Berechnung stählerner Brücken mit gekrümmten, auf konzentrischen Kreisen liegenden Hauptträgern (= Forsch. Stahlbau, Heft 3) Berlin 1941. — Beispiele von ausgeführten Brücken mit gekrümmten Hauptträgern: *W. Bachmann:* Bauingenieur 18 (1937) S. 82 u. 415. — *F. Zimirski:* Bautechn. 17 (1939) S. 242. — *I. Zillinger:* Bautechn. 17 (1939) S. 473.

In den meisten Fällen werden bei Brücken in der Krümmung einzelne gerade Brücken ausgeführt, die für jede Öffnung in die Richtung der Sehne gelegt werden. Über die Berechnung von geraden Brücken in Gleiskrümmungen vgl. *F. Bleich:* Theorie und Berechnung der eisernen Brücken, Berlin 1924, S. 381 u. 406. — *J. Karig:* Bautechn. 2 (1924) S. 640 und 5 (1927) S. 29.

3. Fachwerkbalkenbrücken

a) Allgemeines. Vorläufer der Fachwerkbalken sind ab 1845 Brücken mit Hauptträgern aus *engmaschigem Gitterwerk*, d. h. mit zwei oder mehr sich kreuzenden Scharen von schmalen Flacheisenstäben. Bedeutendstes Beispiel dafür ist die 1857 fertiggestellte Weichselbrücke bei Dirschau mit 131 m Stützweite. Die Entwicklung der Fachwerkträger verläuft parallel zur Ausbildung der Baustatik. Einzelheiten s. *G. C. Mehrtens*: Eisenbrückenbau, Bd. 1, Leipzig 1908.

Die heutigen Fachwerke bestehen aus zug- und druckfesten Stäben, die in den Knotenpunkten steif miteinander verbunden werden. Gelenkige Knotenverbindungen werden nur in Ausnahmefällen ausgeführt.

Wenn man von kleinen Stützweiten absieht, sind Fachwerke immer wirtschaftlicher als Vollwandbalken. Da die einzelnen Stabquerschnitte nach den betr. Kräften bemessen werden, ist der Werkstoff gut ausgenutzt. Für kleine und mittlere Stützweiten sind die Fachwerkbalken stark durch die Vollwandtragwerke zurückgedrängt. Unter den Autobahnbrücken mit weniger als 100 m Stützweite befinden sich nur wenige Fachwerkbalken. Bei Eisenbahnbrücken werden Fachwerke schon bei Stützweiten über etwa 50 m gebaut. Für größere Stützweiten (100 bis 250 m) kommen Fachwerkbalken in erster Linie in Betracht.

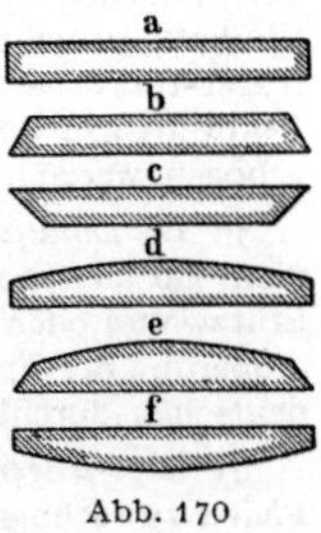

Abb. 170

b) Trägerform und Ausfachung. α) *Umriß einfacher Balken.* Bei kleinen und mittleren Fachwerkbrücken bilden Balken mit parallelen Gurten die Regel (*Parallelträger*). Diese sind wirtschaftlich, wenn die *Netzhöhe h* des statischen Systems etwa $l/7$ bis $l/9$ der Stützweite l ist. Bei Brücken mit untenliegender Fahrbahn sind *Trapezträger* (Abb. 170b) vorteilhaft. Große Balken erhalten polygonal gekrümmte Gurte, so daß die äußeren Pfosten und Streben kürzer werden, was merkliche Baustoffersparnisse bringen kann (*Halbparabelträger* Abb. 170 d und f). Stetig gekrümmte Gurte sind mit zusätzlichen Biegespannungen verbunden, die bei der Bemessung berücksichtigt werden müssen.

β) *Ausfachung.* Pfostenfachwerke mit gekreuzten Streben sind veraltet und kommen für Brückenhauptträger kaum mehr in Frage (Abb. 171). Für Windverbände werden sie noch öfter benutzt, obwohl auch da statisch klare Systeme vorzuziehen sind.

Die *mehrfachen Fachwerke* (Abb. 171 b, c und ähnliches) kommen für Neubauten nicht mehr in Frage. Von den *zweiteiligen Fachwerken* (bei denen sich die Querkraft auf zwei Strebenzüge verteilt) ist wichtig das *K-Fachwerk* (Abb. 171 d), vor allem für Windverbände, ferner das *Rautenfachwerk* (Abb. 171 e bis g), das in neuerer Zeit auch für Brückenhauptträger wieder benutzt wurde. Bemerkenswert ist ferner, daß hochgradig statisch unbestimmte Fachwerke für zwei neue derzeit in Bau befindliche Eisenbahnbrücken (Rheinbrücken Urmitz und Mainz) benutzt werden (Abb. 171 h).

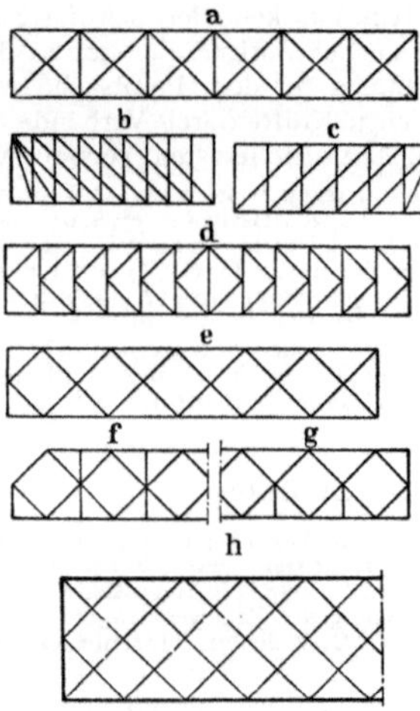

Abb. 171

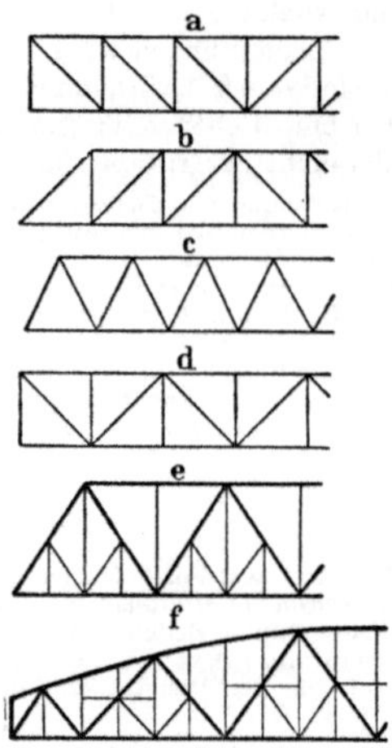

Abb. 172

Als Ausfachung für neue Brückenträger werden meist *einfache Dreieckfachwerke* (Abb. 172 a bis d) benutzt, die zweistäbig aufgebaut werden können. Fachwerke mit großen Feldweiten werden unterteilt, d. h. sie erhalten Hilfsstäbe z. B. nach Abb. 172 e und f (sog. Zwischenfachwerk).

Bei der Auswahl der Fachwerksysteme ist besonders auf die *Feldweite* (= Stützweite der Längsträger und meist 5 bis 10 m), die Knicklänge der Druckstäbe und auf einfachen Anschluß der Streben in den Knotenpunkten (keine zu spitzen Winkel!) zu achten. Die Anzahl der Felder ist meist 6 bis 10, beträgt die Längsträgerstützweite mehr als etwa 10 m, wird das Fachwerk unterteilt. Noch größere Feldweiten in Sonderfällen, wobei durch die Fahrbahnlasten die Gurte zusätzlich gebogen werden.

γ) *Durchlaufende Balken* sind vorteilhaft, wenn die Stützweitenverhältnisse nicht gar zu ungewöhnlich sind. Die Trägerhöhe ist konstant (etwa $^1/_{10}$ der größten Stützweite) oder wenig veränderlich. Für größere Stützweiten lohnt sich die Vergrößerung der Trägerhöhe über den Stützen. Abb. 173 zeigt Beispiele von neueren deutschen durchlaufenden Fachwerkbalkenbrücken.

δ) *Gerberträger* werden vor allem ausgeführt, wenn mit größeren Setzungen der Pfeiler zu rechnen ist. Da sie statisch bestimmt sind, entstehen in ihnen bei Stützbewegungen und Wärmeänderungen keine Kräfte. Dem Einfluß der Stützsenkungen auf durchlaufende Balken mißt man heute allerdings nicht mehr so hohes Gewicht bei wie früher, da die Spannungsspitzen plastisch abgebaut werden können. Man vermeidet gerne Gerberträger mit ihren Gelenken, die gewissermaßen Fremdkörper in der Konstruktion darstellen und außerdem teuer sind. Häufig werden dagegen

Gerberbalken bei durchlaufenden Balken als *Montagesystem* benutzt, d. h. das Tragwerk wirkt während der Aufstellung als Gerberbalken, und der durchlaufende Balken wird (durch Schließen der Gelenke) erst gegen Ende der Aufstellungsarbeiten

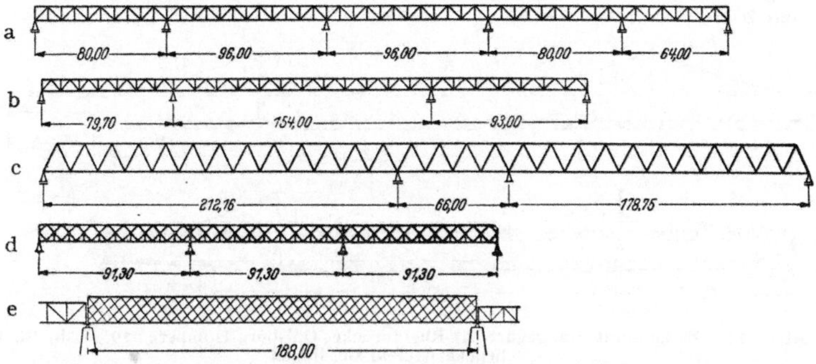

Abb. 173. Durchlaufende Fachwerkbalken. a) Alte Autobahnbrücke über das Werratal bei Hann.-Münden, b) Elbebrücke der Autobahn bei Magdeburg, c) Rheinbrücke Neuwied-Weißenthurm, d) alte Rheinbrücke Mannheim-Ludwigshafen, e) Rheinbrücke Engers-Urmitz

hergestellt. In solchen Fällen wird die ständige Last dauernd von dem Gerbersystem getragen, und nur die sonstigen Belastungen von dem durchlaufenden Balken, es ist aber auch möglich, die Kräfteverteilung des durchlaufenden Balkens gleichfalls für die ständige Last herbeizuführen.

Abb. 174. Gerberbalken. a) Brücke über den Kleinen Belt, b) alte Rheinbrücke Duisburg-Hochfeld, c) Hochbrücke über den Nord-Ostsee-Kanal bei Holtenau, d) alte Rheinbrücke Düsseldorf-Neuß

Trägerformen, die sich dem Verlauf der Biegemomente in starkem Maße anpassen, wirken unschön. Durchlaufende und Gerberbalken sind auch bei verschiedener Höhenlage des Trägers in den einzelnen Öffnungen möglich (*Stufenträger* Abb. 174b und c).

Grenzfall der Gerberbalken sind die *Balken mit Hängegurt* (Abb. 175). Schließlich begegnen wir durchlaufenden und Gerberbalken als *Versteifungsbalken von Hängebrücken* und *Stabbogen*. Ähnliche Tragwerke ergeben sich, wenn ein Bogentragwerk biegesteif mit den Balken der Nachbaröffnung verbunden wird (Abb. 196 und 203).

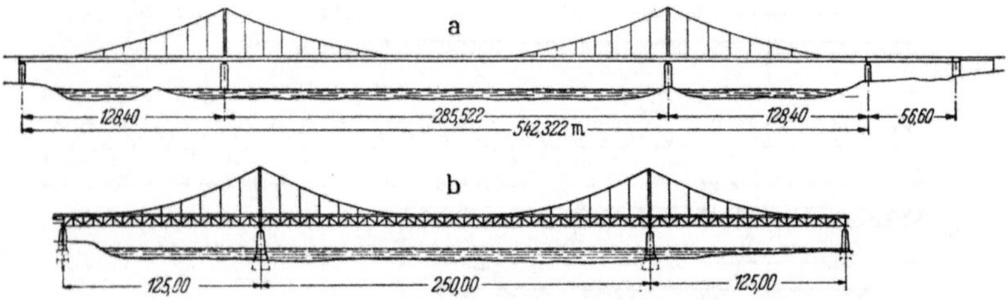

Abb. 175. Balken mit Hängegurt. a) Rheinbrücke Duisburg-Homberg (1954), b) Rheinbrücke Krefeld-Uerdingen

Von den bedeutendsten Fachwerkbalkenbrücken seien genannt: die Rheinbrücken Neuwied (212 m größte Stützweite), Krefeld-Uerdingen (250 m), die Brücke über den Firth of Forth in Schottland (521 m) sowie die Brücke über den Lorenzstrom bei Quebec in Kanada (549 m).

c) Berechnung und Bemessung der Fachwerktragwerke. Fachwerke werden in der Regel unter der Annahme berechnet, daß die Stäbe in den Knotenpunkten durch reibungsfreie Gelenke verbunden sind und daß Belastungen nur in den Knotenpunkten wirken. Dieser Voraussetzung entsprechend werden Querträger nur in den Knotenpunkten gelagert, unmittelbare Belastung der Stäbe wird vermieden. Da die Querbiegung durch Eigengewicht und Windkräfte meist belanglos ist, sind die geraden Stäbe nur durch Normalkraft beansprucht, falls die Stabachsen genau durch die theoretischen Knotenpunkte gehen. Sind ausnahmsweise wesentliche Querbelastungen vorhanden, so müssen die Biegespannungen bei der Bemessung berücksichtigt werden. Eine Stützung der Querträger auf die Gurtstäbe kann bei großen Brücken in Betracht kommen, wenn eine Unterteilung des Fachwerkes (z. B. aus ästhetischen Gründen) vermieden werden soll.

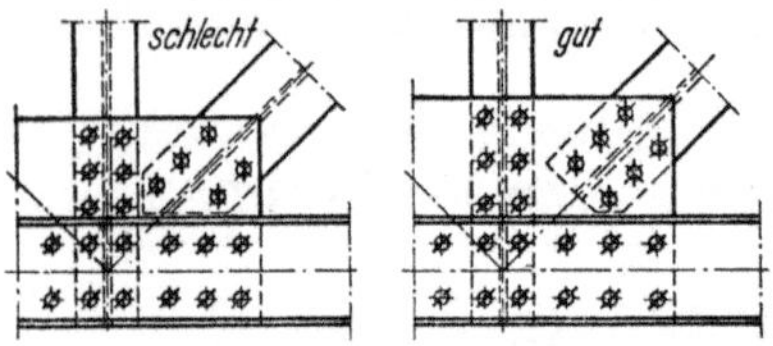

Abb. 176. Anschluß eines symmetr. Stabes.

Der Nietanschluß der Stäbe am Knotenblech muß symmetrisch sein bzw. der Kräfteverteilung entsprechen. Wird z. B. ein symmetrischer Stabquerschnitt (oder Stabteil) unsymmetrisch angenietet, so wird der Stab zusätzlich gebogen. Anschlüsse wie Abb. 176 sind deshalb besser zu vermeiden, gegebenenfalls sind Eckabschnitte auszuführen.

In den modernen Fachwerken werden alle Stäbe steif ausgeführt, auch die nur durch Zugkräfte belasteten. Eine Ausnahme bilden die *Zugbänder* von Bogentragwerken usw. Höhe und Breite des Stabquerschnittes ergeben sich je nach der Stabkraft und Stablänge (Knicken). Mit Rücksicht auf die *Nebenspannungen* infolge der fest vernieteten Knotenpunkte sind gedrungene Querschnittsformen, d. h. schlanke Stäbe, anzustreben.

Für die Gurtstäbe wird meist ein sog. *Grundquerschnitt* (der kleinsten Fläche entsprechend) gewählt, der über die ganze Trägerlänge beibehalten wird. Die für größere Stabkräfte notwendigen *Beilagen* sind so zu verteilen, daß die Höhenlage der Stabachse nicht geändert wird. Die *Gurtstöße*, an denen auch die Veränderungen im Querschnitt erfolgen, liegen meist außerhalb der Knotenbleche. Für alle Querschnittsteile sind besondere Laschen zu benutzen. Die Knotenbleche werden nicht mit zur Stoßdeckung herangezogen, damit sie für ihre eigentliche Aufgabe freibleiben, die Stabkräfte der Wandstäbe aufzunehmen und auszugleichen. Die Querschnitte der Wandstäbe sind so auszuwählen, daß diese leicht an die Knotenbleche angeschlossen werden können, was der Fall ist, wenn ein möglichst großer Teil der Querschnittsfläche in der Ebene der Knotenbleche liegt.

Bei zwei- und mehrteiligen Querschnitten müssen die einzelnen Teile durch *Bindebleche* oder *Vergitterungen* und *Querschotte* in ihrem gegenseitigen Abstand festgehalten werden. Dies gilt auch für Zugstäbe und hutförmige (unten offene) Querschnitte. Bei Druckstäben ist dabei nicht nur auf das Knicken des ganzen Stabes, sondern auch auf das Beulen der Stege und Gurtplatten zu achten.

Fachwerktragwerke sind so zu gestalten, daß die Voraussetzungen der Berechnung möglichst eingehalten und zusätzliche Kräfte (von den sog. *Nebenspannungen* infolge der steifen Knotenpunktsverbindungen abgesehen) vermieden werden. Die Stabachsen sollen sich in den theoretischen Knotenpunkten schneiden. Bei den Gurten lassen sich kleine Unterschiede in der Höhenlage der Schwerachsen bei veränderlichen Querschnittsflächen allerdings nicht ganz vermeiden.

d) Stabquerschnitte.

Die Auswahl der Querschnitte erfolgt nach der Stabkraft, bei Druckstäben ist auch die Knicklänge von Einfluß. Die einzelnen Querschnitte müssen so aufeinander abgestimmt werden, daß sie sich unter Beachtung der unter c erwähnten Regeln leicht miteinander verbinden, lassen. Z. B. mit der Wahl des Gurtquerschnittes sind auch bereits viele Bedingungen für die Füllstäbe gegeben. Es ist daher zweckmäßig, bei der Bemessung mit dem Druckgurt zu beginnen. Sodann kommt es auf die gedrückten Wandstäbe an, besonders wenn diese schlank sind. Die Bemessung der Zugstäbe bereitet keine Schwierigkeiten.

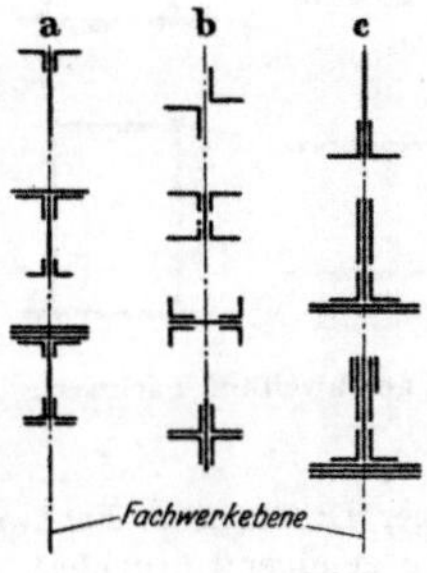

Abb. 177. Einwandige Stabquerschnitte. a) Obergurt, b) Wandstäbe, c) Untergurt

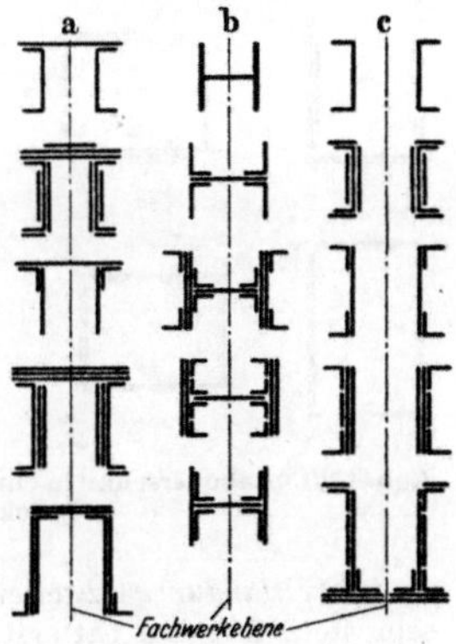

Abb. 178. Zweiwandige Stabquerschnitte. a) Obergurt, b) Wandstäbe, c) Untergurt

Querschnitte aus einzelnen Winkeln sind mit großen Biegespannungen verbunden, weil ein zentrischer Stabanschluß nicht möglich ist. Sie kommen daher nur für Fußgängerstege u. dgl. in Betracht. Kleinere Brücken erhalten meist *einwandige* Querschnitte (Abb. 177).

Für größere Brücken werden *zweiwandige Querschnitte* verwendet. Höhe H und Breite B des *Druckgurtes* sind so groß anzustreben, daß die für die Knicklast maßgebende Stabschlankheit nicht größer wird als etwa $\lambda_i = 50$ bis 60. Größere Schlankheiten ermöglichen nur unwirtschaftlich kleine Druckspannungen. Die zweckmäßige Obergurthöhe hängt daher in erster Linie von der Feldweite a des Fachwerkes bzw. von der Knicklänge des Druckgurtes ab, sie ist von der Größenordnung $H = a/10$ bis $a/20$.

Zweiwandige *Obergurte* erhalten eine durchgehende Deckplatte (Abb. 178a), die unteren Flansche sind gegen seitliches Ausweichen zu sichern. Der *Untergurt* wird als zweiteiliger Stab gestaltet (Abb. 178c). Die Höhe der *Wandstäbe* (Abb. 178b) richtet sich nach den Gurten, und zwar wird der Querschnitt möglichst so eingerichtet, daß er an den Knotenpunkten einfach zwischen die Knotenbleche geschoben werden kann, bzw. daß die Verstärkungsplatten stumpf gegen die Knotenbleche stoßen. (Beispiel Abb. 185 u. 186). Bei den *Pfosten* wird auf den Anschluß der Querträger Rücksicht genommen (Abb. 214 bis 216), wobei I-Querschnitte am besten geeignet sind.

Abb. 179 zeigt die zusammengehörigen Stabquerschnitte einer Fachwerkbrücke mit geschweißten Stäben, aber vernieteten Knotenpunkten und Baustellenstößen. Z. B. bei der im Bau befindlichen Eisenbahn-Rheinbrücke Mainz-Wiesbaden sollen alle Diagonalen der Hauptträger wie der Windverbände aus Kästen bestehen.

Wenn die Gurte nicht gerade verlaufen, sollte der größte Teil der Fläche in den Stegen untergebracht werden, weil bei den abstehenden Querschnittsteilen nicht immer mit voller Mitwirkung gerechnet werden kann (Ablenkungskräfte S. 615).

Druckstäbe erhalten nach Möglichkeit einen durchgehenden Steg zwischen den beiden Querschnittshälften. Wird ein *zweiteiliger Druckstab* ausgeführt, so müssen die Querverbindungen imstande sein, die beim Knicken auftretende Querkraft aufzunehmen.

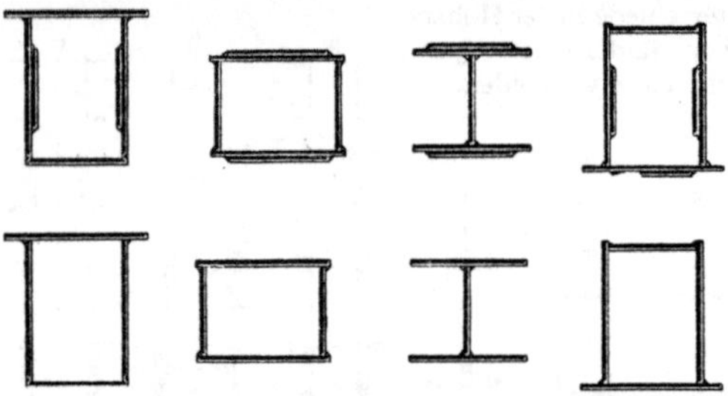

Abb. 179. Stabquerschnitte einer geschweißten Fachwerkbrücke

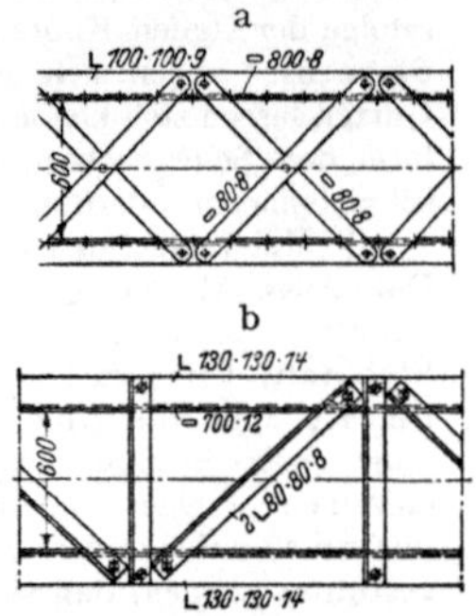

Abb. 180. Gitterstäbe

Querverbindungen zweiteiliger Druckstäbe: Fachwerkartige *Vergitterungen* sind sehr steif, falls die Gitterstäbe genügend druckfest sind. Bei Vergitterungen aus Flachstahl (Abb. 180a) ist diese Voraussetzung nicht erfüllt, diese können nur eine geringe Druckkraft aufnehmen, so daß sie leicht ausbiegen. Es ist daher zu fordern, daß die Vergitterungen steif (aus Winkelstahl) ausgebildet werden (Abb. 180b).

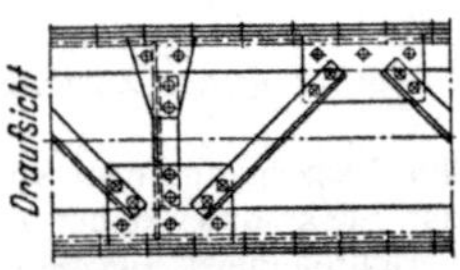

Abb. 181. Vergitterung

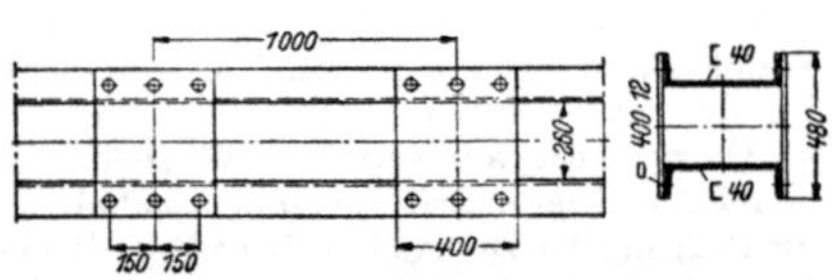

Abb. 182. Rahmenstab

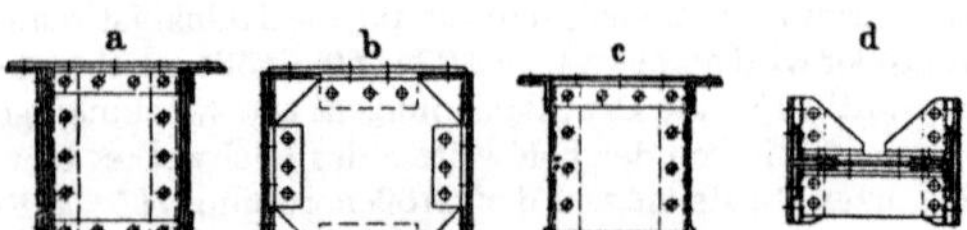

Abb. 183. Querschotte

Für die Tragfähigkeit der Vergitterungen ist in der Regel der Anschluß maßgebend, weil an jedem Stabende nur für ein Niet Platz ist. Bei größeren Kräften sind kleine Knotenbleche (Abb. 181) notwendig, was die Konstruktion verteuert. Es werden deshalb neuerdings *Bindebleche* (Schnallen) als Querverbindung zweiteiliger Druckstäbe bevorzugt (Abb. 182).

Vergitterungen bzw. Bindebleche allein genügen noch nicht, um die Querschnittsform zweiteiliger Stäbe zu sichern. Es werden daher noch *Querschotte* und

Querrahmen (Abb. 183a u. b) ausgeführt. Solche Querverbindungen sind auch bei einteiligen Stäben mit offenem Querschnitt notwendig (Abb. 183c u. d). Bei der Konstruktion ist darauf zu achten, daß keine Wasseransammlungen (*Wassersäcke*) möglich sind. Wo diese nicht durch geeignete Formgebung (Abb. 183d) ausgeschlossen werden können, sind an der tiefsten Stelle Bohrungen (*Wasserlöcher*) vorzusehen.

Die Querverbindungen sind also notwendig, um die Stabhälften zu einheitlicher Wirkung zu verbinden. Aber auch mehrteilige Zugstäbe werden in größeren Abständen durch Bindebleche versteift.

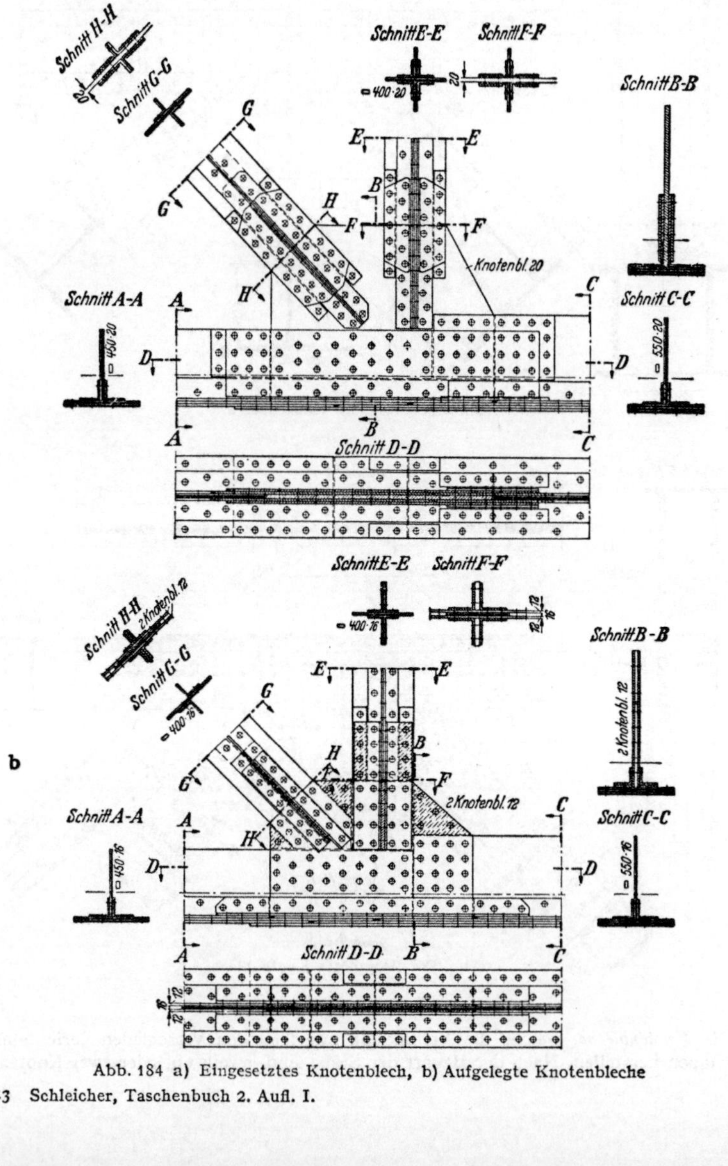

Abb. 184 a) Eingesetztes Knotenblech, b) Aufgelegte Knotenbleche

e) Knotenpunkte. An den Knotenpunkten des Fachwerkes werden die äußeren Belastungen eingeleitet und die Stabkräfte ausgeglichen. Dieser Aufgabe dienen

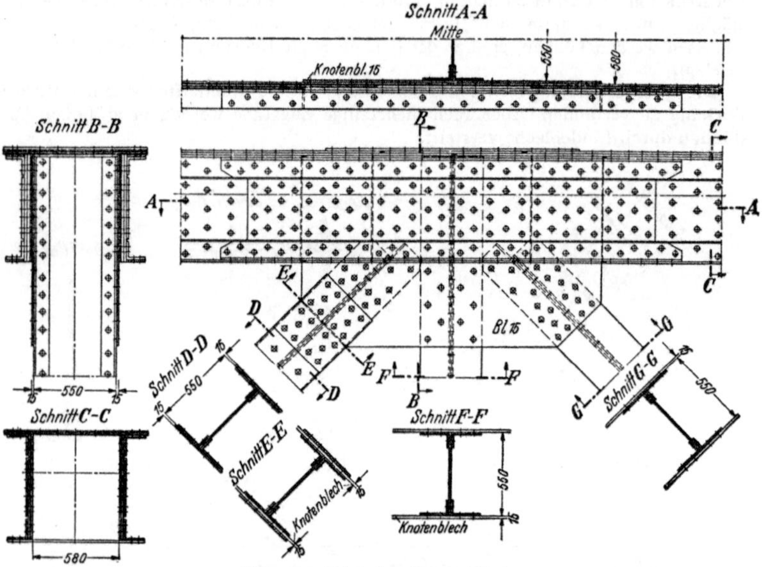

Abb. 185. Einfaches Knotenblech

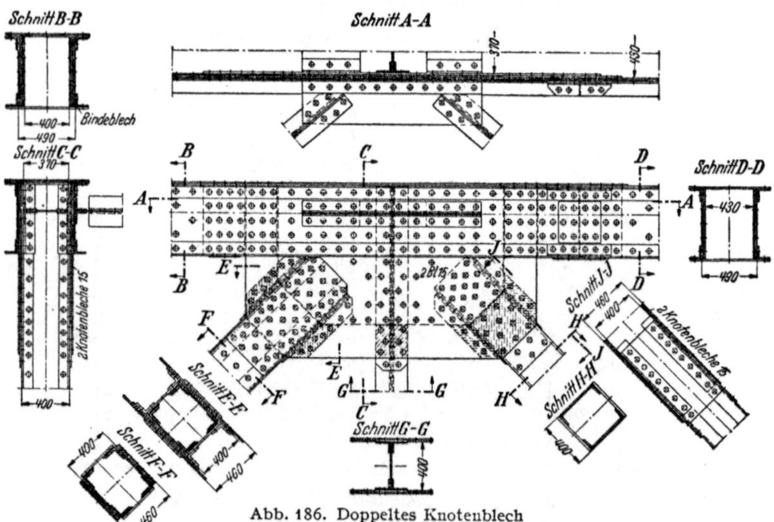

Abb. 186. Doppeltes Knotenblech

die *Knotenbleche*, welche die Verbindung zwischen den verschieden gerichteten Stäben herstellen. Nach der Bauart der Stäbe sind jeweils ein oder zwei Knotenbleche notwendig. Der unmittelbare Anschluß der Wandstäbe an den Steg der Gurtung kommt höchstens für kleine Kräfte in Frage. Er wird heute kaum mehr benutzt, da die bereits durch ihre Längskraft ausgenutzten Gurtstäbe durch die mit dem Strebenanschluß usw. verbundenen zusätzlichen Spannungen leicht überlastet werden.

Die Knotenbleche werden entweder in der Ebene des Steges eingesetzt (Regelfall bei einwandigen Stäben) oder auf den Steg aufgelegt. Beim *eingesetzten Knotenblech* (Abb. 184a) wird der Steg unterbrochen und durch das Knotenblech ersetzt. Damit der Kraftanteil des unterbrochenen Steges nicht durch das Knotenblech aufgenommen werden muß, werden die Laschen über das Knotenblech weggeführt.

Aufgelegte Knotenbleche (Abbildung 184b) vermeiden die Unterbrechung des Steges. Bei geraden Gurten kann der Stab über den Knotenpunkt durchlaufen und unabhängig von ihm im Feld gestoßen werden. Bei einwandigen Querschnitten sind zur Herstellung symmetrischer Anschlüsse zwei Knotenbleche notwendig.

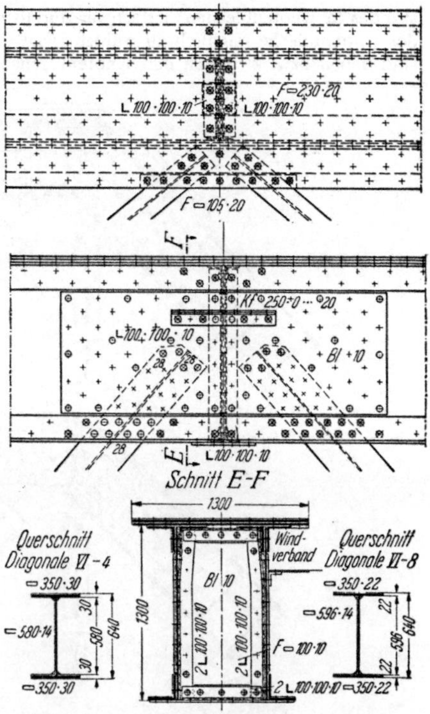

Abb. 187. Obergurtknoten der Rheinbrücke Engers-Urmitz (1954. Hauptträgersystem vgl. Abb. 173e)

Bei zweiwandigen Querschnitten meist aufgelegte Knotenbleche als einfachste Lösung (Abb. 185). Sind in Gurt und Streben mehrere Stegplatten vorhanden, so können *mehrfache Knotenbleche* (Abb. 186) vorteilhaft sein.

Streben und Pfosten geben ihre Stabkraft an die Knotenbleche ab, in denen die Kräfte teilweise ausgeglichen werden. Die Restkraft entspricht dem Unterschied der Gurtkräfte, sie ist von den Nieten zwischen Knotenblech und Gurt aufzunehmen. Liegt das Knotenblech erheblich außermittig bezüglich der Gurtachse, so ist bei der Bemessung der Verbindungsniete auch das Versetzungsmoment zu berücksichtigen.

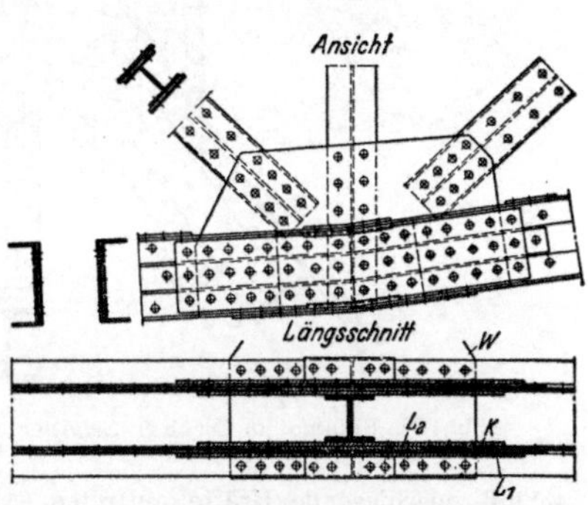

Abb. 188. (Nach *G. Schaper:* Feste stählerne Brücken, 6. Aufl., Berlin 1934, S. 99)

Die Abmessungen der Knotenbleche ergeben sich aus der Größe der Stabkräfte. Die Knotenbleche sind aus wirtschaftlichen Gründen wie mit Rücksicht auf die Nebenspannungen klein zu halten. Anschluß der Stäbe und Abschätzung der Spannungen im Knotenblech s. Abb. 61. Eine genauere Berechnung des Spannungszustandes in Knotenblechen[1] ist schwer durchzuführen. Es empfiehlt sich, die Dicke der Knotenbleche reichlich zu wählen. Querverbindungen bei zweiteiligen Stäben sind neben bzw. zwischen den Knotenblechen besonders notwendig, weil am An-

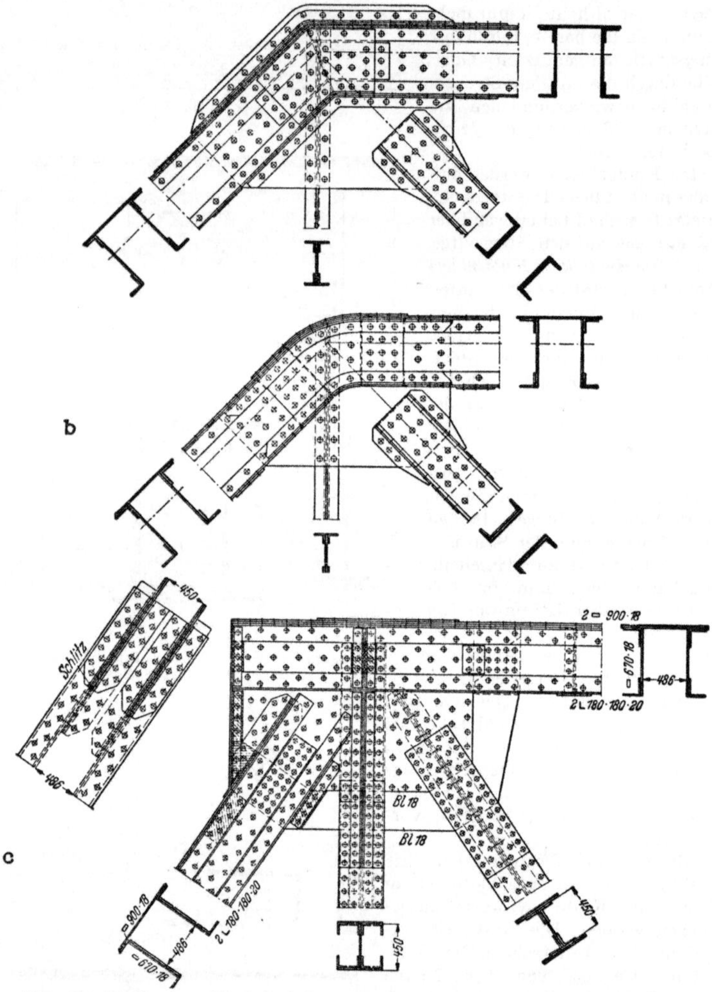

Abb. 189. Endknoten. (Nach *G. Schaper:* Feste stählerne Brücken, S. 116 u. 117)

schluß querbiegende Kräfte auftreten (Abb. 53). Die Wandstäbe werden daher möglichst weit zwischen die Knotenbleche geführt, wodurch oft besondere Querschotte gespart werden.

Bei mehrfachen Fachwerken, wie sie neuerdings wieder Anwendung finden, sind die Strebenkräfte verhältnismäßig klein, so daß die Diagonalen – ohne Verwendung

---

[1] *Th. Wyss:* Die Kraftfelder in festen elastischen Körpern, Berlin 1926, sowie Beitrag zur Spannungsuntersuchung eiserner Fachwerke (= Forsch. Ing.-Wes. Heft 262), Berlin 1923.

von sichtbaren Knotenblechen — direkt an die Gurtungen angeschlossen werden können (Abb. 187). Die Beilagen im Steg sollen den Kräfteausgleich erleichtern und örtliche Überlastung vermeiden.

Bei *polygonaler Gurtung* wird an den Knotenpunkten jeweils ein teilweiser oder ganzer Stoß notwendig. Bei kleinen Winkelunterschieden genügt es, die Stege zu stoßen, während Gurtplatten und Gurtwinkel geknickt bzw. gebogen werden können. Das Biegen der Stegplatten in ihrer Ebene (hochkant) ist schwierig, das Herausschneiden der gebogenen Platten aus breiteren Blechen scheidet als zu kostspielig aus. Bei mäßigen Winkelunterschieden wird der Steg meist *auf Gehrung*, d. h. in der Winkelhalbierenden, geschnitten.

In dem Beispiel Abb. 188 bezeichnet „K" das aufgelegte Knotenblech, „W" das zugleich als Bindeblech dienende Knotenblech des Windverbandes. Der Steg ist zweimal gestoßen, die beiderseits des Knickpunktes liegenden Stoßfugen sind durch eine gemeinsame Lasche L_1 gedeckt. Das eingesetzte Futter zwischen den beiden Stegstößen dient zugleich als Lasche L_2 für die anliegenden Schenkel der Gurtwinkel, die auf Gehrung geschnitten sind. Die abstehenden Winkelschenkel sind durch besondere Laschen gedeckt. Die Stegblechbeilage ist im rechten Feld nicht notwendig. Sie wäre nur soweit über den Systempunkt zu verlängern, daß sie ihrer Fläche entsprechend angeschlossen ist. Sie dient aber zugleich als Futter für die Lasche L_1 und wird daher vorgebunden.

Bei größerem Winkelunterschied zwischen den benachbarten Gurtstäben soll ein möglichst großer Teil des Querschnittes in die Fachwerkebene gelegt werden, um den Stoß zu erleichtern und den Anteil der abstehenden Querschnittsteile gering zu halten. Dabei sind oft Stöße *beiderseits* des Knotenbleches zweckmäßig, weil dann der Winkelunterschied durch ein besonderes, stetig gekrümmtes Gurtstück hergestellt werden kann. Da kurze Stücke leichter genau zu biegen sind als lange, ist es für die Werkarbeit vorteilhaft, daß sich die Krümmung auf die kurzen Knotenstücke beschränkt.

Beispiel Endknoten Abb. 189b, wo nur die Laschen und das eingesetzte Stück im Steg gekrümmt, die eigentlichen Gurtstäbe gerade sind. Eine Ausführung des gleichen Endknotens mit Gehrungsschnitt zeigt Abb. 189a. Dabei ist ein Knotenblech benutzt, das über die Gurtplatte vorsteht. Das setzt voraus, daß die Gurtplatten entweder geschlitzt sind oder vor dem Knotenblech enden und mit den an ihre Stelle tretenden drei Streifen verlascht werden. Die Anschlußwinkel werden so bemessen, daß sie die Kraft in den abstehenden Querschnittsteilen in das Knotenblech überleiten können. Stege und anliegende Winkelschenkel werden durch entsprechend geformte Laschen gedeckt. Laschen mit einspringenden Ecken sind jedoch immer gefährdet, weshalb sie gerne vermieden werden. Würde man den Stoß der Gurtplatten nur durch Flachstahllaschen decken wollen, die in der Winkelhalbierenden geknickt sind, so bestünde wegen der großen an der Knickstelle konzentrierten Ablenkungskräfte keine Gewähr für die ausreichende Mitwirkung der Gurtplatten. Vgl. die Betrachtungen über gekrümmte Biegeträger S. 615 und Abb. 84.

Weitere Lösung für den Endknotenpunkt eines Trapezträgers Abb. 189c. Hier ist auch der Gurtstab voll an das doppelte Knotenblech angeschlossen. Die Knotenbleche sind höher belastet als in den Fällen *a* und *b*, wo sie nur die Ablenkungskraft aufzunehmen haben. Die Deckplatte der Endstrebe ist mit Schlitzen für die Knotenbleche versehen und mit vier zusätzlichen Winkeln an diese angeschlossen. Die Konstruktion ist an der Stirnfläche durch eine lotrechte Platte abgedeckt.

Bei den vorstehenden Abbildungen ist zur Vereinfachung keine Rücksicht genommen auf die Anschlüsse der Querträger, Windverbände, Querrahmen usw. Diese sind in praktischen Fällen entsprechend zu ergänzen.

Besonderer Erwähnung bedürfen die *Endknotenpunkte im Untergurt*, bei denen Form und Größe der Knotenbleche durch den Anschluß der Querträger bestimmt wird. Zwischen beiden Knotenblechen ist wegen der Einspannmomente aus dem Querträger eine besonders steife Verbindung erforderlich (Abb. 190). Die Abb. 191 zeigt einen Obergurt der sog. Dreigurtbrücke bei Düren. Vgl. Querschnitt Abb. 158a.

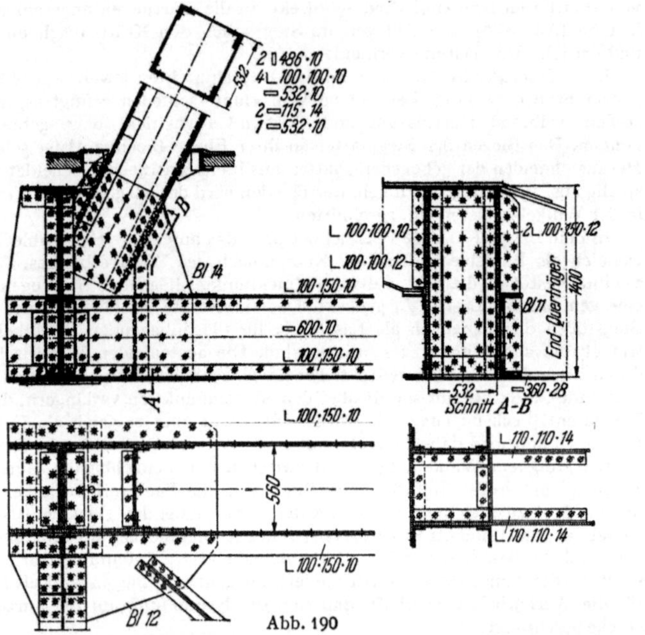

Abb. 190

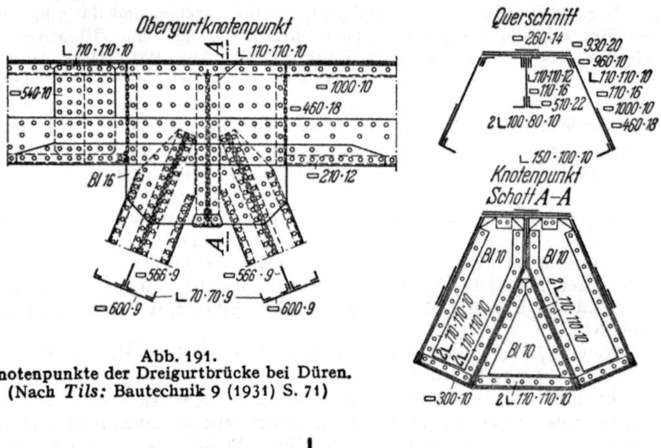

Abb. 191.
Knotenpunkte der Dreigurtbrücke bei Düren.
(Nach *Tils:* Bautechnik 9 (1931) S. 71)

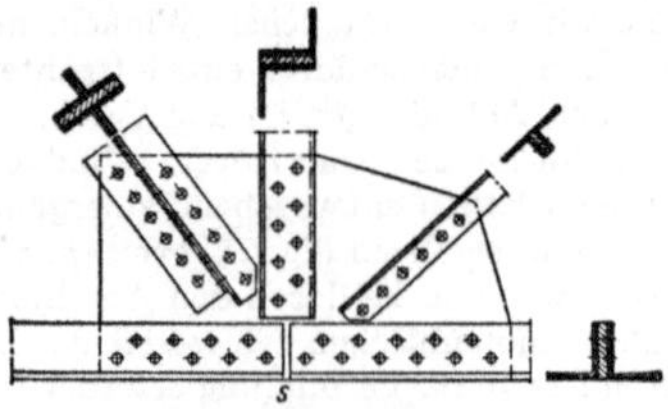

Abb. 192

Die Knotenbleche erhalten möglichst zwei parallele Kanten, so daß sie mit geringem Abfall hergestellt werden können. Rechteckform ist anzustreben, Knotenbleche mit einspringenden Ecken sind möglichst zu vermeiden, sonst mit großem Halbmesser auszurunden (vgl. Abb. 153b).

Zu schwache Knotenbleche, besonders solche, die zugleich als Stoßlaschen dienten, waren Ursache von Unfällen. Knotenbleche dürfen deshalb bei den Gurtstößen nicht mit als Stoßdeckung herangezogen werden, die Stoßfugen sollen auf andere Weise gedeckt werden. Knotenpunkte nach Abb. 192, bei denen der Untergurt nur durch das Knotenblech gestoßen ist, sind zu vermeiden.

f) Gelenkbolzenbrücken mit gelenkigen Verbindungen in allen Knotenpunkten wurden ursprünglich gebaut, um die Nebenspannungen zu vermeiden oder wenigstens stark zu vermindern. Dieses Ziel wurde wegen der großen Reibung in den Gelenken nicht erreicht. Wegen der einfachen Baustellenarbeit hatten die Gelenkbolzenbrücken besonders in Nordamerika weite Verbreitung gefunden. Fachwerke mit Gelenkbolzenverbindungen sind jedoch viel weniger steif als solche mit genieteten Knoten, was sich vor allem bei Unglücksfällen zeigte. Die Bolzenverbindungen wurden daher auch in Amerika immer mehr verlassen, die Regel bilden heute auch dort steif vernietete Knoten.

Über *Gelenkbolzenbrücken* vgl. *G. Ch. Mehrtens:* Eisenbrückenbau, Bd. 3, Leipzig 1923, § 6, S. 198. — *J. Melan:* Der Brückenbau, Bd. 3, 1. Hälfte, 3. Aufl. Leipzig 1927, S. 449. — *W. Burchard:* Bauingenieur 18 (1937) S. 452. — *Gelenke* von Gerberbalken usw. s. S. 711, über *Bolzen* S. 594.

g) Nebenspannungen. Da die einzelnen Fachwerkstäbe verschiedene Dehnungen erleiden, ändern sich die Dreieckwinkel des idealen Gelenkfachwerkes. Wegen der steif vernieteten Knoten müssen also in den Stäben Biegemomente auftreten[2]. Für die angenäherte Berechnung der Nebenspannungen eignet sich das Verfahren von *O. Mohr*, das für einfache Dreieckfachwerke zuverlässig ist, aber für Fachwerke mit Unterteilung sowie für mehrteilige Fachwerke der Verbesserung bedarf[3].

Die Nebenspannungen wachsen mit der Stabhöhe. Schweizer Messungen[4] gaben für s/e (= Stablänge/Schwerpunktsabstand der gefährdeten Faser) = 10, 20, 50 ein Verhältnis der Nebenspannung/Grundspannung im Mittel von 0,20, 0,10, 0,55 bzw. von 0,30, 0,25, 0,10 im Höchstwert. Die Nebenspannungen bleiben also bei schlanken Stäben in erträglichen Grenzen. Ihre Bedeutung darf auch bei gedrungenen Stäben nicht überschätzt werden. Bei überwiegend ruhender Belastung sind sie ohne merklichen Einfluß auf die Tragfähigkeit, weil die Spannungsspitzen an der Fließgrenze abgebaut werden. Der Einfluß auf die Dauerfestigkeit ist noch nicht ganz geklärt, es ist aber anzunehmen, daß er für die Regelfälle nicht erheblich ist.

Das Verhalten von zweiteiligen Fachwerken wird durch die steifen Knotenverbindungen wesentlich geändert. Die Nebenspannungen sind der Grund, daß sich z. B. das Rautenfachwerk mit steifen Knotenverbindungen viel günstiger verhält als nach der üblichen Fachwerktheorie zu erwarten wäre. Die Wirkung der steifen Knoten ist meist groß genug, daß auf besondere „Stabilisierungsstäbe" verzichtet werden kann. Andererseits haben die Nebenspannungen die Belastung von Stäben zur Folge, die nach der üblichen Fachwerktheorie unbelastet sind.

h) Stabilitätsfragen. Bei den Fachwerktragwerken ist außer dem Knicken der einzelnen Druckstäbe noch die *Fachwerkknickung* zu beachten. Diese ist besonders wichtig für offene Brücken, bei denen der Druckgurt in der Querrichtung nur durch die *Rahmensteifigkeit* der Wandstäbe gehalten ist. Vgl. Abschn. *Stabilitätsfälle.*

---

[2] *F. Engesser:* Die Zusatzkräfte und Nebenspannungen eiserner Fachwerkbrücken, II. Die Nebenspannungen, Berlin 1893. — *O. Mohr:* Technische Mechanik, 3. Aufl. Berlin 1928, S. 475. — *F. Bleich:* Theorie und Berechnung der eisernen Brücken, Berlin 1924, S. 470.

[3] *El-Demirdash:* Biegespannungen in Dreieck-Fachwerken mit und ohne Hilfssystem (= Mitt. Inst. f. Baustatik, Techn. Hochschule Zürich, Heft 3), Zürich 1931.

[4] Nebenspannungen infolge vernieteter Knotenpunkts-Verbindungen eiserner Fachwerk-Brücken. Verband Schweiz. Brücken- und Eisenhochbaufabriken, Zürich, Juni 1922. — Gleichnamiger Bericht von *M. Roš:* Zürich 1926, u. Schweiz. Bauztg. 80 (1922) S. 168

4. Bogenbrücken

a) Allgemeines. Wir unterscheiden eigentliche Bogenbrücken mit einem *biegesteifen Bogen*, der beliebige Schnittkräfte aufnehmen kann, und Stabbogenbrücken, bei denen erst durch den Versteifungsbalken ein unverschiebliches Tragwerk entsteht. Der versteifte *Stabbogen* (oder *Langersche Balken*) wird unter Annahme gelenkiger Verbindungen berechnet und in erster Annäherung nur durch Normalkräfte beansprucht. Die Biegemomente übernimmt der *Versteifungsbalken*, der bei hochliegendem Stabbogen zugleich als Zugband dient. Bei steifem Stabbogen wird

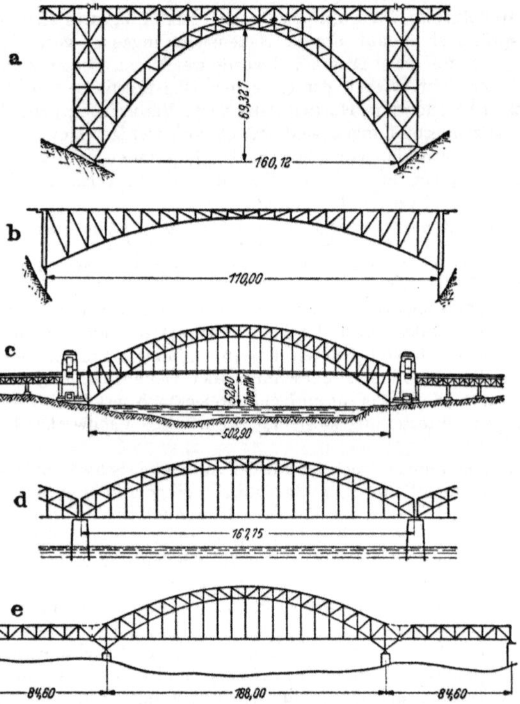

Abb. 193. Fachwerkbogen. a) Wupperbrücke bei Müngsten, b) Angerschluchtbrücke der Tauernbahn, c) Brücke über den Hafen von Sydney (Australien), d) Rheinbrücke Köln (Hohenzollernbrücke), e) alte Rheinbrücke Engers-Neuwied

es notwendig, die in ihm auftretenden Biegemomente zu berücksichtigen. Es kommt dabei hauptsächlich auf das Verhältnis der Trägheitsmomente von Stabbogen und Versteifungsbalken an. Für steife Bogen gilt sinngemäß das gleiche, wenn der Biegewiderstand der durchgehenden Fahrbahnträger groß ist.

Bogen- und Stabbogentragwerke sind bei größeren Weiten wirtschaftlicher als Balkenbrücken, da gleichmäßige Vollbelastung allein durch den Stützlinienbogen aufgenommen werden kann. Biegemomente treten, von Zusatzkräften abgesehen, nur für teilweise Belastung auf, sie bleiben also bei einem Bogentragwerk viel kleiner als bei einem Balken.

Literatur: G. C. Mehrtens: Eisenbrückenbau, Bd. 1, Leipzig 1908. — *J. Melan:* Der Brückenbau, Bd. 3, 2. Hälfte, Eiserne Brücken, II. Teil, 2. Aufl. Leipzig 1923, S. 72. — *G. Schaper:* Feste stählerne Brücken, 6. Aufl. Berlin 1934, S. 148. — Eine Darstellung der Bogenbrücken, ferner Angaben über ausgeführte Bauwerke enthält der Stahlbaukalender 8 (1942) S. 358 bis 377 sowie 9 (1943) S. 345 bis 365.

b) Bogentragwerke. Eingespannte Stahlbogen werden seltener ausgeführt, weil sich der Kämpfereinspannung gewisse Schwierigkeiten entgegenstellten. Am häufigsten sind Zweigelenkbogen. Dreigelenkbogen haben den Vorteil, daß in ihnen bei Stützpunktbewegungen und Wärmeänderungen keine Kräfte auftreten. Sie werden besonders bei kleinem Pfeilverhältnis f/l und unzuverlässigem Untergrund angewendet.

Steife Bogen werden als Fachwerk (Abb. 193) oder vollwandig (Abb. 194) ausgeführt. Die Bogentragwerke liegen unter oder über der Fahrbahn, die Zwischenlage wird aus ästhetischen Gründen vermieden. Hochliegende Bogen erhalten *Zugbänder* zur Aufnahme des Bogenschubs. Wenn der Bogen mit den Balken der anschließenden Öffnungen biegesteif verbunden wird (Abb. 193c u. e), kann man die Schnittkräfte in weiten Grenzen beeinflussen.

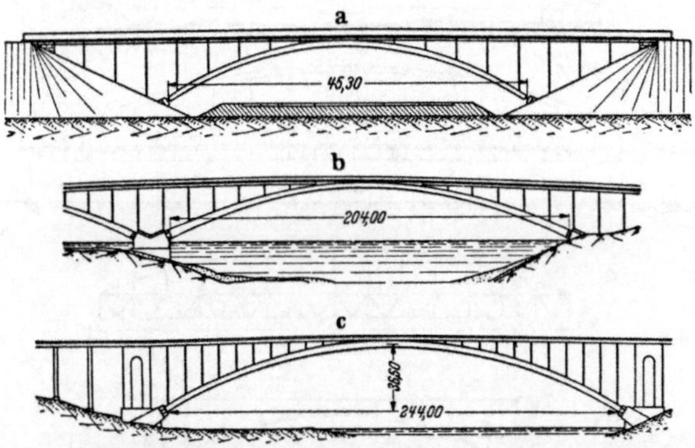

Abb. 194. Vollwandige Bogen. a) Bogenbrücke über die Autobahn bei Dessau, b) Mälarseebrücke Stockholm, c) Henry Hudson-Brücke New York

Die größten Bogenbrücken sind die Bayonnebrücke, New York, mit 504 m Stützweite und die Brücke über den Hafen von Sydney, Australien, mit $l = 503$ m. Von den deutschen Bogenbrücken seien genannt die Rheinbrücken Köln (Hohenzollernbrücke, Abb. 193d) mit $l = 168$ m, Engers-Neuwied (Abb. 193e) mit $l = 188$, sowie die Wupperbrücke bei Müngsten (Abb. 193a) mit eingespannten Bogen von $l = 160$ m.

Für die Gestaltung der *Fachwerkbogen* gelten die bei den Fachwerkbalken besprochenen Grundsätze.

Vollwandige Bogen werden neuerdings, besonders aus ästhetischen Gründen, den Fachwerkbogen oft vorgezogen. Sie werden mit stetiger Krümmung ausgeführt, mit Pfeilverhältnissen bis etwa $f/l = 1/15$, Stegblechhöhe $l/40$ bis $l/80$. Für die Querschnittsgestaltung ist die Stabilität des Bogens und die Beulsicherheit der Stegbleche wichtig. Vollwandige Bogen erhalten zweckmäßig zweiwandigen Querschnitt (Abb. 195), der leichter auszusteifen und quer zur Tragwerksebene steifer ist.

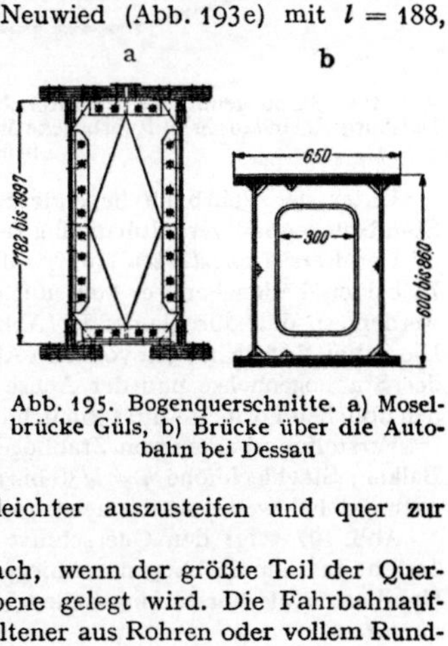

Abb. 195. Bogenquerschnitte. a) Moselbrücke Güls, b) Brücke über die Autobahn bei Dessau

Der Zugbandanschluß gestaltet sich einfach, wenn der größte Teil der Querschnittsfläche des Zugbandes in die Bogenebene gelegt wird. Die Fahrbahnaufhängungen sind meist steif (I-Querschnitt), seltener aus Rohren oder vollem Rundstahl.

Auflagerung der Bogen und Rahmen Abb. 198 bis 200, 273 u. 278.

Bei flachen, echten Bogenbrücken (ohne Zugband) hängen die Schnittkräfte erheblich von der Verformung ab, weshalb die Berechnung nach der genaueren *Verformungstheorie* notwendig werden kann.

Literatur: *B. Fritz:* Theorie und Berechnung vollwandiger Bogenträger bei Berücksichtigung des Einflusses der Systemverformung. Berlin 1934. — *F. Dischinger:* Bauingenieur 18 (1937) S. 487.

c) Stabbogen können verhältnismäßig leicht gehalten werden, weil sie nur zwischen den Knotenpunkten des oberen Verbandes knickfest sein müssen. Beispiele (Abb. 196): Alte Elbebrücke bei Dömitz ($l = 154$ m), die geschweißte Brücke über die Autobahn am Kaiserberg bei Duisburg ($l = 103$ m), sowie die Rheinbrücke Duisburg-Rheinhausen (Abb. 196b) mit $l = 255$ m.

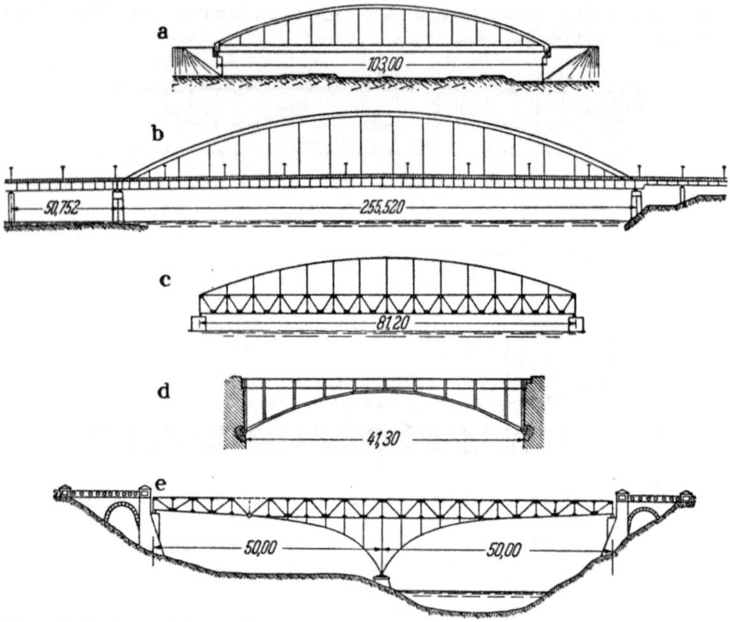

Abb. 196. Stabbogenbrücke. a) Autobahnbrücke am Kaiserberg Duisburg, b) Rheinbrücke Duisburg-Rheinhausen, c) Ruhrbrücke Mülheim, d) Neißebrücke bei Rosenthal, e) Stößenseebrücke bei Spandau

Unter der Fahrbahn liegende Stabbogen (*Sprengwerke*) (Abb. 196d) sind im Stahlbrückenbau verhältnismäßig selten.

Der *Versteifungsbalken* kann vollwandig oder als Fachwerk ausgeführt werden. In beiden Fällen kann er steif mit den Balken der Nachbaröffnungen verbunden werden, so daß durchlaufende (Abb. 196b) oder Gerberbalkensysteme entstehen. Die Schnittkräfte hängen von dem Abstand e ab, den die Auflagerlotrechte zwischen der Stabbogenachse und der Achse des Versteifungsbalkens herausschneidet. Bei den üblichen Formen Abb. 196a u. b tritt ein Anschlußmoment von der Größe He auf.

Versteifungsbalken von Stabbogen können erheblich niedriger sein als einfache Balken, Stegblechhöhe $h = l/30$ bis $l/50$. Die Steghöhe der Stabbogen richtet sich nach der Feldweite, sie ist meist $l/100$ bis $l/200$.

Abb. 197 zeigt den Querschnitt durch eine Mittelträgerbrücke. Das Tragwerk besteht aus dem Stabbogen mit biegesteifen Aufhängungen und einem geschlossenen Hohlkasten als Versteifungsbalken, der die Biege- und die Torsionsmomente aufnimmt.

Darstellung betr. Brücken mit versteiftem Stabbogen, ferner Angaben über ausgeführte Stabbogenbrücken enthält der Stahlbaukalender 9 (1943) S. 366 bis 372.

d) Rahmenbrücken. Zwei- und Dreigelenkrahmen mit oder ohne Zugband werden benutzt, wenn der lichte Raum über die ganze Breite der Öffnung freizuhalten ist. Infolge der Rahmenwirkung kann man mit geringerer Trägerhöhe auskommen als bei einem Balken. Beispiele Abb. 198.

Ausbildung von *Rahmenecken* siehe S. 622. Die Beispiele Abb. 102 bis 103 beziehen sich auf Rahmenecken mit stetig gekrümmtem Innenflansch. Es wird jedoch manchmal gewünscht, daß auch die innere Rahmenecke scharf geformt wird. In Abb. 199 greifen die Stegblechbeilagen von Riegel und Stiel gabelartig übereinander, der Innenflansch des Stieles ist (mit

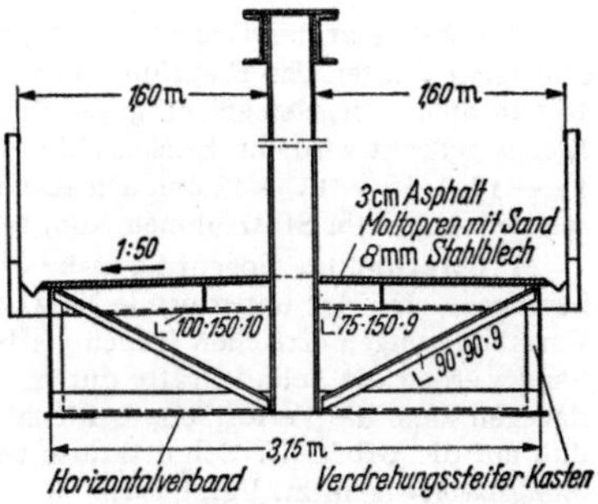

Abb. 197. Querschnitt der Mittelträgerbrücke (Stabbogen $l = 62$ m) über den Rhein-Herne-Kanal in Wanne-Eickel

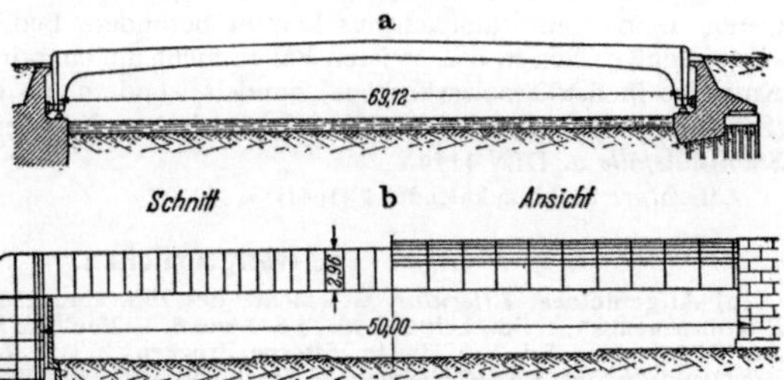

Abb. 198.
Rahmenbrücken.
a) Wilhelmsbrücke über den Neckar in Stuttgart-Cannstatt, b) Unterführung am Bahnhof Zoologischer Garten Berlin

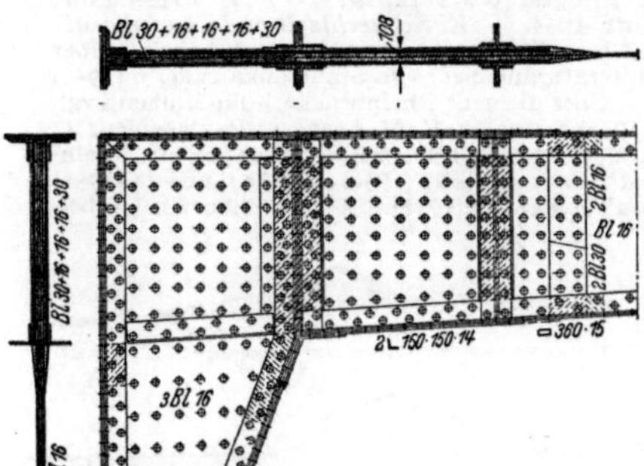

Abb. 199. (Nach *W. Maelzer:* Bautechn. **9** (1931) S. 463)

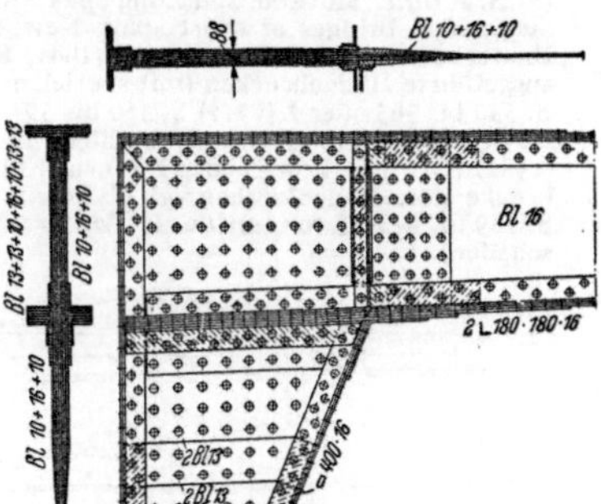

Abb. 200. (Nach *G. Schaper:* Feste stählerne Brücken, 6. Aufl., S. 170)

keilgekröpften Winkeln und geschlitzten Gurtplatten) bis zur Oberkante des Rahmens über das verstärkte Stegblech durchgeführt. Im Riegelanschluß wird das Eckmoment nur durch die Bleche von zusammen 30 + 16 + 30 mm Dicke aufgenommen.

Abb. 200 zeigt das Gegenbeispiel. Hier sind die gekröpften Winkel und die geschlitzten Platten des Riegeluntergurts über den Stiel durchgeführt, während das 16 mm dicke Riegelstegblech gegen den Stiel stößt und durch zwei 10 mm starke Bleche gedeckt wird. Im Stielanschluß wird das Eckmoment nur durch Bleche von 13 + 13 + 16 + 13 + 13 mm Dicke übertragen. Weitere Beispiele von Brückenrahmen Abb. 148, Stützrahmen Abb. 147.

e) Berechnung. Bogentragwerke werden gewöhnlich unter der Voraussetzung berechnet, daß das unverformte Netz zugrunde gelegt werden darf. Die elastischen Formänderungen erreichen jedoch oft beträchtliche Größe. Bei angehängtem Zugband werden die Schnittkräfte durch die Verformung nicht wesentlich verändert, dagegen kann die Verformung bei (echten) Bogen und Stabbogen erheblichen Einfluß auf die Größe der Schnittkräfte besitzen. Es wird dann die genauere *Verformungstheorie* benutzt. Vgl. hierzu

B. Fritz: Theorie und Berechnung vollwandiger Bogenträger, Berlin 1934, sowie Bauingenieur 16 (1935) S. 188. — *F. Dischinger:* Bauingenieur 18 (1937) S. 487 und 20 (1939) S. 53. — Abschn. *Brückenbau.*

Bogen haben Druckkräfte aufzunehmen, zu denen erhebliche Biegemomente treten. Dem Stabilitätsnachweis kommt besondere Bedeutung zu. Es ist zu beachten, daß es sich in den meisten Fällen nicht um ein reines *Stabilitätsproblem* (des Knickens in der Tragwerksebene) handelt, sondern um ein *Gleichgewichtsproblem* (Spannungsaufgabe) im Bereich der plastischen Formänderungen. Vgl. Abschn. *Stabilitätsfälle* u. DIN 4114.

Literatur: Stahlbaukalender 7 (1941) S. 357.

5. Hängebrücken

a) Allgemeines. *Literatur.* Geschichte des Hängebrückenbaus vgl. *G. C. Mehrtens:* Eisenbrückenbau, 1. Bd., Leipzig 1908, § 6, 7 und 8. — Bauliche Einzelheiten vgl. *J. Melan:* Der Brückenbau, Bd. 3, 2. Hälfte, Eiserne Brücken, 2. Teil, 2. Aufl., Leipzig 1923, sowie Konstruktion der Hängebrücken (= Handbuch der Ing.-Wiss., 2. Teil, Bd. 6, Kap. 2), 4. Aufl., Leipzig 1925. — *C. M. Bohny:* Hängebrücken, Berlin 1932. — *G. A. Hool* and *W. S. Kinne:* Movable and Long-span Steel Bridges. New York, 1923. — *F. H. Frankland:* Suspension bridges of short span. New York 1934. — *K. Schaechterle* u. *F. Leonhardt:* Bautechn. 18 (1940) S. 377 u. 19 (1941) S. 73. — Statik, Konstruktion und Angaben über ausgeführte Hängebrücken (mit speziellen Literaturangaben) vgl. Stahlbaukalender 6 (1940) S. 330 bis 365 oder 7 (1941) S. 360 bis 394. — Über die neue Rheinbrücke Köln-Mülheim vgl. *K. Schüßler* u. W. *Pelikan:* Stahlbau 10 (1951) S. 141. — *K. H. Seegers:* Bauingenieur 27 (1952) S. 123. — Festschrift: Die neue Köln-Mülheimer Brücke 1951. — Über die alte Rheinbrücke Köln-Rodenkirchen vgl. *F. Leonhardt:* Bautechnik 27 (1950) S. 225 uf. und 28 (1951) S. 169 uf. — *F. Leonhardt* u. *H. Maier:* Bauingenieur 26 (1951) S. 44, 72, 132 u. 201 (Kabelschellen).

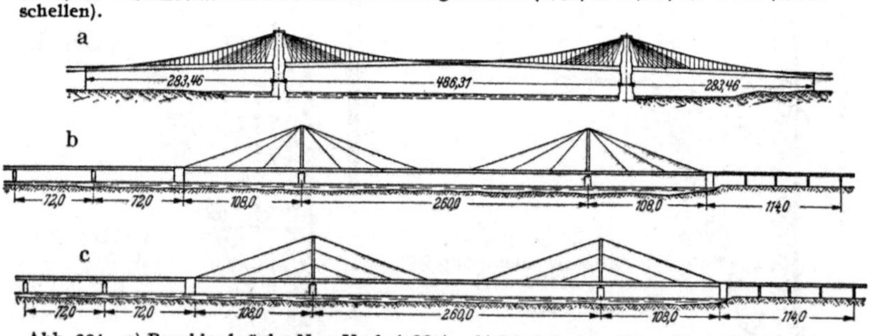

Abb. 201. a) Brooklynbrücke New York (1883), b) Rheinbrücke Düsseldorf (Nordbrücke), Ausschreibungsentwurf, c) desgl. im Bau

Die ältesten Hängebrücken waren unversteift, so daß sich der Hängegurt bei jeder Belastung in eine neue Gleichgewichtsform einstellte. Zur Versteifung wurden später *Schrägseile* benutzt, teilweise in großer Zahl, die jedoch sehr nachgiebig und daher wenig wirksam sind.

Fachwerkhängebrücken, die in sich steif sind, wurden selten ausgeführt. Versteifte *Hängebrücken mit Schrägseilen* (Abb. 201) wurden aus ästhetischen Gründen und wegen ihrer statischen Nachteile für Neubauten kaum mehr verwendet. Sie stehen jedoch neuerdings wieder zur Diskussion, vgl. *F. Dischinger*: Bauingenieur 24 (1949) S. 65 oder die Ausschreibung zur Nordbrücke Düsseldorf (Abb. 201b und c).

Die modernen Hängebrücken erhalten einen *Versteifungsbalken*, der die Durchbiegung unter konzentrierter Belastung beschränkt und ausgleicht. Die am weitesten gespannten Hängebrücken sind die über das Goldene Tor bei San Francisco (Abb. 202a) mit 1280 m Stützweite und die Washingtonbrücke über den Hudson

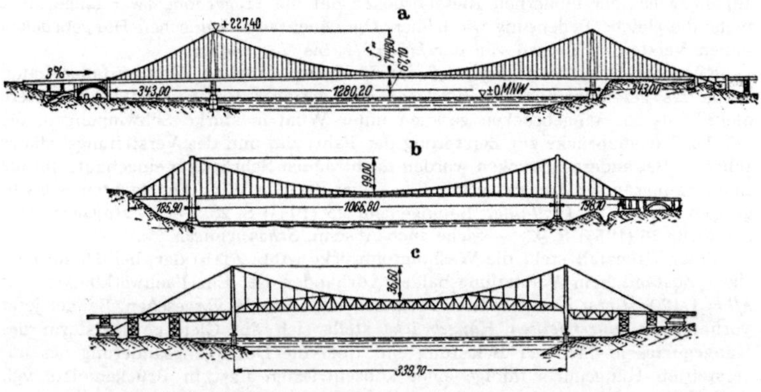

Abb. 202. Amerikanische Hängebrücken. a) Brücke über das Goldene Tor San Francisco (1937), b) Washingtonbrücke New York (1931), c) Florianopolisbrücke in Brasilien (1926)

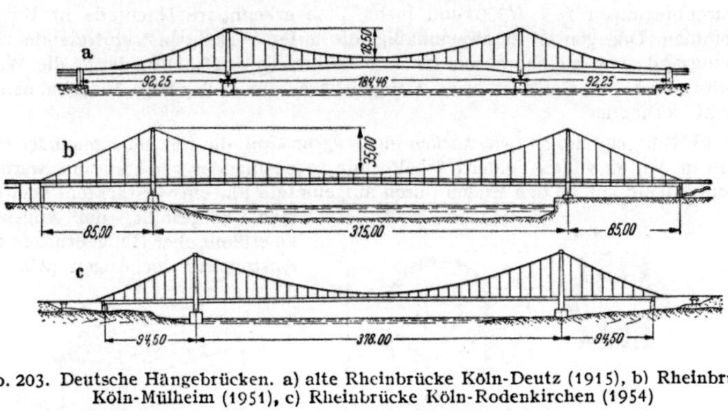

Abb. 203. Deutsche Hängebrücken. a) alte Rheinbrücke Köln-Deutz (1915), b) Rheinbrücke Köln-Mülheim (1951), c) Rheinbrücke Köln-Rodenkirchen (1954)

bei New York (Abb. 202b) mit $l = 1067$ m. Echte Hängebrücken (Hängegurt in Fundamenten verankert) sind auch die Rheinbrücken Köln-Mülheim (1951) mit $l = 315$ m (Abb. 203b) und die Autobahnbrücke bei Köln-Rodenkirchen (Abb. 203c) mit $l = 378$ m.

Im Gegensatz dazu waren die alten Rheinbrücken in Köln-Mülheim mit $l = 315$ m (1929) und Köln-Deutz (Abb. 203a) mit $l = 184$ m (1915) in sich verankerte Hängebrücken, bei denen die waagrechte Komponente des Seilzuges von Versteifungsbalken aufgenommen wurde, so daß die Endfundamente im wesentlichen nur durch den lotrechten Ankerzug belastet waren.

Der *Versteifungsbalken* ist ein Vollwand- und Fachwerkträger mit konstanter Höhe oder geringer Vergrößerung der Höhe an den Zwischenstützen. Der Obergurt des Versteifungsbalkens kann bei Kettenbrücken teilweise mit dem Hängegurt zusammenfallen (Abb. 202c). Es kommen alle Bauweisen in Betracht, mit besonderen Balken für jede Öffnung, wie Gerbersysteme und durchlaufende Träger.

Das *Pfeilverhältnis* des Hängegurtes wird meist zu $f/l = 1/9$ bis $1/11$ gewählt, es sind jedoch auch wesentlich kleinere Werte ausgeführt.

In der Anfangszeit sind an unversteiften Hängebrücken und an Brücken mit unzureichender Versteifung viele Schäden eingetreten. Man hielt daher lange an verhältnismäßig hohen Versteifungsbalken ($h = l/25$ bis $l/50$) fest. Bei dem großen Eigengewicht der modernen Riesenbrücken hat die Trägerhöhe zwar lange nicht mehr die gleiche Bedeutung wie früher. Die neuen amerikanischen Hängebrücken haben Versteifungsbalken von nur $h/l = {}^1/_{60}$ bis ${}^1/_{200}$ Höhe.

Rückschläge haben gezeigt, daß die Steifigkeit dabei zu klein ausfallen kann, besonders bei niedrigem Eigengewicht und geringer Brückenbreite *b*. Mehrere amerikanische Hängebrücken gerieten unter Wind in starke Schwingungen, die bei der Tacomabrücke zur Zerstörung der Fahrbahn und des Versteifungsbalkens führten. Bei anderen Brücken wurden nachträglich Schrägseile eingebaut, um die Schwingungsausschläge zu vermindern. Über die von Wind angefachten Schwingungen vgl. *F. W. Waltking:* Bauingenieur 28 (1953) S. 28. — *A. Hoyden:* Bauingenieur 28 (1953) S. 92. – Siehe auch Abschn. *Schwingungen.*

Einen Grenzfall stellt die Washingtonbrücke (Abb. 202b) dar, bei der im heutigen Zustand kein Versteifungsbalken vorhanden ist. Ein Fachwerkbalken mit $h/l = 1/120$ ist erst für die spätere zweigeschossige Brücke vorgesehen. Bei der jetzt vorhandenen *unversteiften Hängebrücke* stellt sich die Gleichgewichtsform des Hängegurtes je nach der Belastung ein. Über die Durchgangsänderung des unversteiften Hängegurts infolge einer konzentrierten Last in Brückenmitte vgl. *F. Schleicher*: Bauingenieur 12 (1931) S. 813 und 13 (1932) S. 127.

Die Durchbiegung unter Verkehrslast ist auch bei stark versteiften Hängebrücken verhältnismäßig groß. Bei Straßenhängebrücken werden rechnerische Durchbiegungen $f_p = l/300$ und mehr ohne erkennbare Nachteile in Kauf genommen. Dagegen ist es zweckmäßig, die unter Verkehrslast eintretende Krümmungsänderung zu begrenzen (z. B. gemäß $1/\Delta\varrho = 2500$ m), desgl. die Winkelunterschiede an Gelenken usw. Hängebrücken für vollspurige Eisenbahnen sind nicht vorhanden.

b) Hängegurte. α) *Gelenkketten aus Augenstäben*, die frei nebeneinander stehen und in den einzelnen Feldern gabelförmig gegeneinander versetzt sind, werden in Deutschland aus an den Enden durch aufgenietete Platten verstärktem Breitflachstahl hergestellt, die Augenstäbe amerikanischer Hängebrücken durch Anstauchen der Augen (Abb. 204).

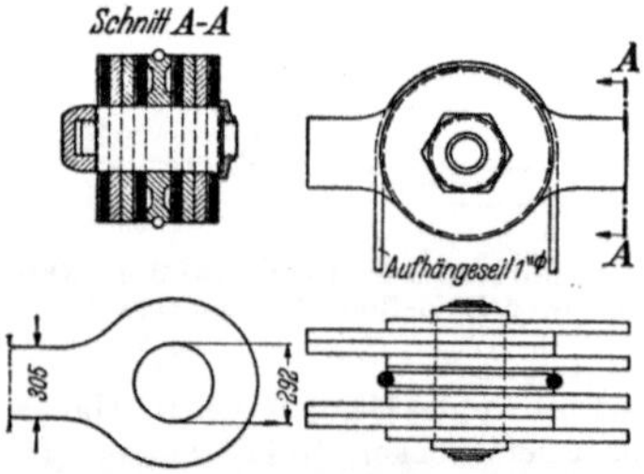

Abb. 204. Kette der Florianopolisbrücke. (Nach *C.M.Bohny*: Hängebrücken, Berlin 1932, S. 76)

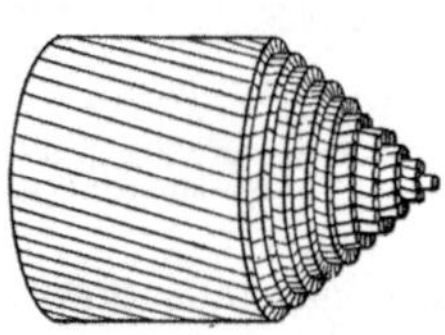

Abb. 205. Voll verschlossenes Drahtseil

Die Kette der Rheinbrücke Köln-Deutz bestand aus Nickelstahl von 5,5 bis 6,5 t/cm² Zugfestigkeit. Bei den kleineren amerikanischen Hängebrücken sind die Ketten aus normalem Flußstahl, in manchen Fällen auch aus legiertem oder gehärtetem Stahl, wobei man sich mit Bruchdehnungen von 5 bis 8% begnügt.

Kettenglieder und Bolzen müssen mit großer Genauigkeit bearbeitet werden. Einzelheiten über *Augenstäbe* s. S. 607, über *Gelenkbolzen* S. 594.

β) Kabel aus Spiralseilen. Vgl. Bd. II, Abschn. *Maschinenkunde.* Für Brückenkabel werden fabrikmäßig hergestellte Spiralseile aus Runddrähten oder verschlossene Seile benutzt (Abb. 205). Letztere sind praktisch frei von Drillwirkungen.

Verschlossene Seile werden aus blanken Drähten geschlagen. Die inneren Drahtlagen erhalten einen Schutz aus Bleimennige, die Oberfläche der Einzelseile einen Schutzanstrich. Die sechseckigen Kabelbündel der alten Rheinbrücke Köln-Mülheim blieben seinerzeit ohne besonderen Schutz, bei der neuen Rheinbrücke Köln-Mülheim wurden die Rillen an den beiden schrägen oberen Begrenzungsflächen des Sechseckes durch eine wetterbeständige Kittmasse geschlossen, vgl. *K. Schüßler* und *W. Pelikan:* Der Stahlbau 20 (1951) S. 147. Bei amerikanischen Brücken wurden die äußeren Zwickel mit Aluminium- bzw. Zinkformstücken oder Hartholz ausgefüllt und der ganze Querschnitt mit weichem Draht umwickelt, so daß die Außenfläche der Seilbündel wie bei den Paralleldrahtkabeln unterhalten werden kann. Die *Runddraht-Spiralseile* amerikanischer Hängebrücken bestehen meist aus feuerverzinkten Drähten, die teilweise in gleicher Weise ummantelt wurden.

Kaltgezogene Brückendrähte haben Zugfestigkeiten zwischen 12 und 20 t/cm², bei 3 bis 5% Bruchdehnung auf $l = 35$ bis $50\,d$ Meßlänge. Die Dauerfestigkeit der Drähte kann bei ungünstigem Zustand der Oberfläche der kaltgezogenen Drähte stark abfallen. Der Elastizitätsmodul von kaltgezogenem Stahldraht schwankt merklich mit der Zusammensetzung des Werkstoffes (insbesondere mit dem C-Gehalt) und auch mit dem Herstellungsverfahren (insbesondere mit der Querschnittsabnahme beim Ziehen). Für das in Deutschland übliche Drahtmaterial kann meist $E = 1950$ t/cm² angenommen werden. Die Zugfestigkeit des fertigen Seiles ist kleiner als die Summe der Festigkeiten der einzelnen Drähte. Die Verhältniszahl der Festigkeiten hängt von der Bauart der Seile ab. Die hohe Festigkeit der Seile ermöglicht zulässige Spannungen von 5 t/cm² und mehr, so daß der Kabelquerschnitt klein bleiben kann.

Die *Dehnung der Spiralseile* hängt von dem Drahtmaterial sowie von Bauweise und Herstellung der Seile ab. Über den scheinbaren Elastizitätsmodul vgl. *F. Schleicher:* Bauingenieur 24 (1949) S. 52. Die elastische Dehnung beträgt bei den üblichen zulässigen Spannungen $\varepsilon_{\text{elast}} = 0{,}003$ bis $0{,}004$. Da sich Drahtseile bei der ersten Belastung bis zur Größenordnung $\varepsilon_{\text{bleib}} = 0{,}001$ bleibend dehnen, wurden die Seile vor der Verwendung in einigen Fällen mit großen Spannungen vorgereckt. Der Nutzen der Vorreckung ist jedoch begrenzt, da ein erheblicher Teil der „bleibenden Dehnung“ infolge der Auflockerung des Seilgefüges beim Einbau der Seile wieder zurückfedert.

γ) Paralleldrahtkabel bestehen aus unverseilt nebeneinanderliegenden Drähten. Die galvanischverzinkten Runddrähte sind 4 bis 5 mm dick, in kreisförmigen Querschnitt zusammengepreßt und mit Draht umwickelt. Die Oberfläche des Kabels kann den üblichen Schutzanstrich erhalten.

Zugfestigkeit und Bruchdehnung wie unter β), der Elastizitätsmodul des Kabel ist gleich dem der Einzeldrähte, d. h. im Mittel etwa 1950 t/cm². Die Drähte werden in Längen von 500 bis 750 m gezogen und durch kleine Spannschlösser verbunden. Die Festigkeit der Stoßstellen liegt nur wenig (0,95) unter der des ungestoßenen Drahtes, so daß die Minderung für das Gesamtkabel belanglos ist. Die Drähte werden in vielen Kilometern Länge zur Baustelle gebracht und dort mittels eines sinnreichen Verfahrens (*Luftspinnen*) eingebaut.

c) Verankerung. Augenstabketten werden mit Bolzen an den im Verankerungsfundament einbetonierten Trägern angeschlossen.

Spiralseile erhalten an den Enden *Seilköpfe* (Abb. 206), in denen der Drahtbesen nach sorgfältiger Reinigung mit Weißmetall vergossen wird. Sachgemäß vergossene Seilköpfe erreichen die gleiche Festigkeit wie das Seil. Über die Verankerung von Drahtseilen vgl. *F. Schleicher:* Bauingenieur 24 (1949) S. 144.

Paralleldrahtkabel werden in *Litzenschuhen* verankert, wobei immer mehrere hundert Drähte zusammengefaßt werden (Abb. 207).

a

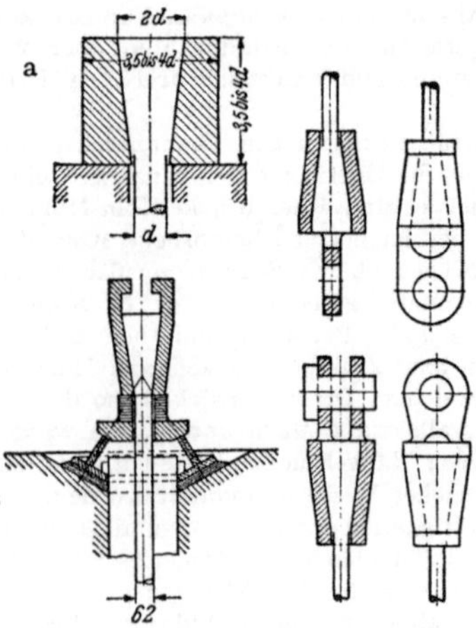

c

Abb. 206. Seilköpfe. a) Einfacher Seilkopf, b) Amerikanische Seilköpfe, c) Seilkopf der neuen Rheinbrücke Köln-Mülheim

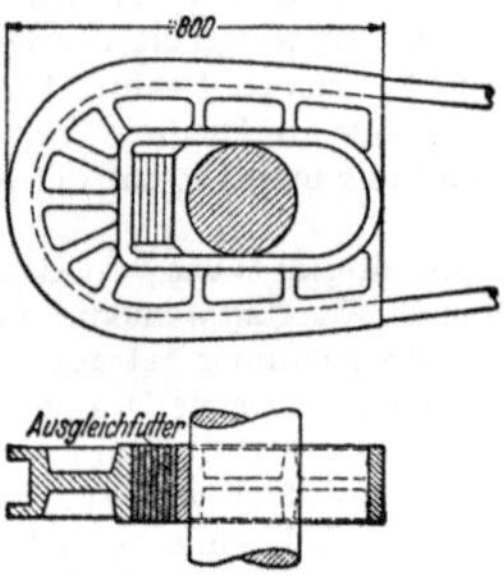

Abb. 207. Litzenschuh-Verankerung eines Paralleldrahtkabels. (Nach *C. M. Bohny:* Hängebrücken, S. 78)

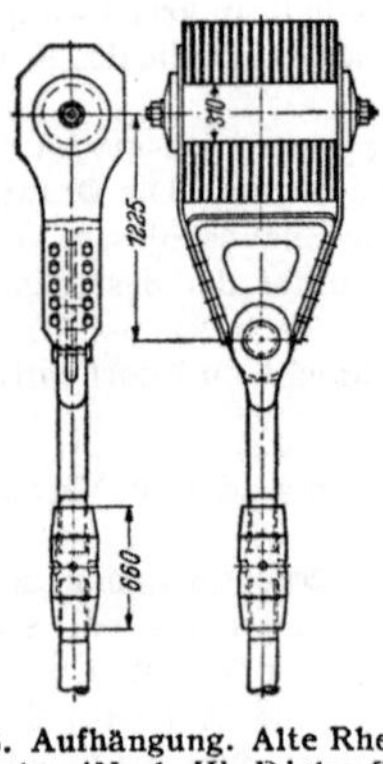

Abb. 208. Aufhängung. Alte Rheinbrücke Köln-Deutz. (Nach *W. Dietz:* Z. VDI 64 (1920) S. 669)

d) Aufhängung und Kabelschellen.

Für die Aufhängung werden Rundstäbe, ausnahmsweise Rohre oder Drahtseile benutzt (Abb. 208 und 210). Litzenseilkabel werden bei geschlossenem Seilbündel durch Kabelschellen zusammengefaßt (Abb. 209). Bei aufgelöstem Kabelbündel werden die Aufhängungen so eingerichtet, daß einzelne Seile gegebenen-

a

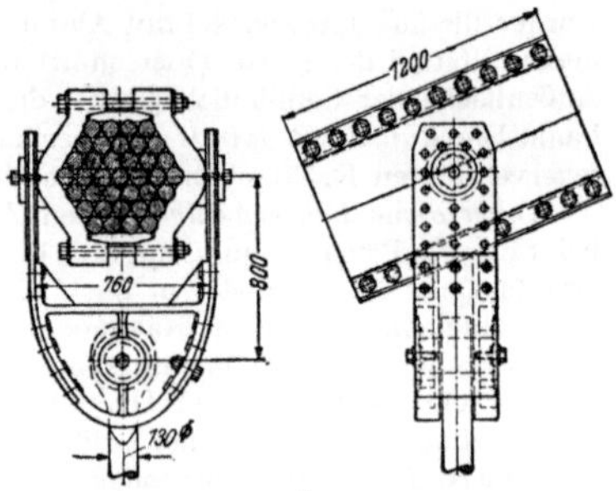

b

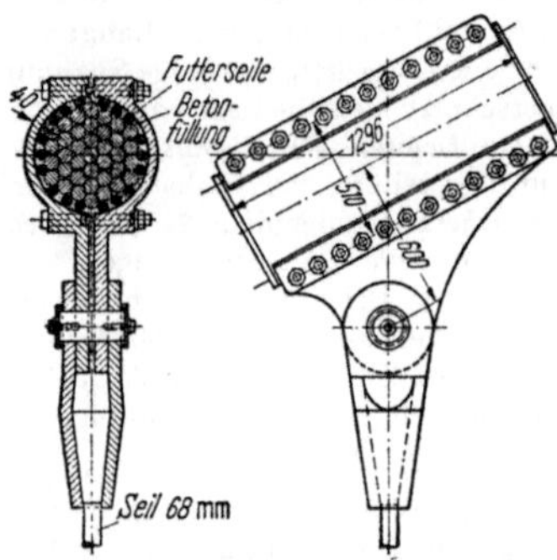

Abb. 209. Kabelschellen der Rheinbrücke Köln-Mülheim. a) alte Brücke (1929), b) neue Brücke (1951)

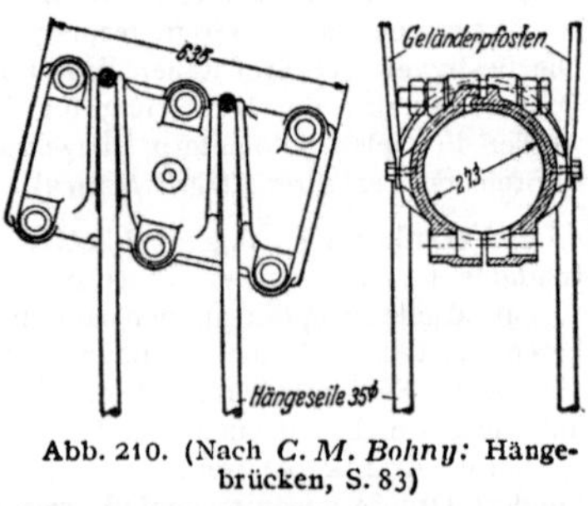

Abb. 210. (Nach *C. M. Bohny:* Hängebrücken, S. 83)

falls durch neue ersetzt werden können. Kabelschellen und Aufhängung bei einem Paralleldrahtkabel der normalen amerikanischen Bauart s. Abb. 210.

Die Kabelschellen werden mit großem Druck aufgepreßt, damit das Seil- bzw. Drahtbündel dicht schließt. Vgl. *F. Leonhardt* und *H. Maier:* Bauingenieur 26 (1951) S. 44. Mit dem Versteifungsbalken werden Hängestangen mittels Augen und Bolzen verbunden (Beispiel Abb. 42). Kleine Durchmesser können über Gewinde auf Muttern aufgelagert werden. Hängeseile werden an den Seilköpfen aufgelagert, wobei geringe Längenunterschiede durch Futter ausgeglichen werden.

e) Türme (Pylone). Die Türme der Hängebrücken sind am Fuß gelenkig gelagert oder (wie in Amerika allgemein üblich) eingespannt. Die Hängegurte werden fest mit den Türmen verbunden. Bewegliche Auflagerung wird nur erforderlich, wenn Türme vorhanden sind, denen die bei festen Stützpunkten auftretenden waagrechten Kräfte nicht zugemutet werden dürfen.

Für große Hängebrücken verdienen am Fuße eingespannte Stahltürme den Vorzug. Im letzteren Falle können zuerst die Türme aufgestellt, dann Hängegurte und Aufhängungen eingebaut und schließlich der Versteifungsbalken angehängt werden. Bei echten Hängebrücken sind dabei keine Aufstellgerüste notwendig. Demgegenüber erfordern die in sich verankerten Hängebrücken umfangreiche Gerüste, weil das Tragwerk erst wirksam wird, wenn auch der Versteifungsbalken geschlossen ist.

Für die Bemessung der Türme ist ausschlaggebend, daß große Druckkräfte sowie die waagrechte Belastung durch Winddruck auf den Hängegurt aufzunehmen sind. Die Biegespannungen bei ungleichen Seilzügen bleiben bei zweckmäßiger Gestaltung in erträglichen Grenzen.

f) Berechnung. Bei echten Hängebrücken sind die Formänderungen von erheblichem Einfluß auf die Größe der Schnittkräfte. Sie sind nach der *Verformungstheorie* zu berechnen, vgl. dazu: *F. Dischinger:* Bauingenieur 18 (1937) S. 377. — Stahlbau-Handbuch 1948, S. 196. — Abschn. *Schwingungen* und *Brückenbau.*

C. Fahrbahnrost und Fahrbahntafel

Mit Rücksicht auf Verkehr und Unterhaltung ist erwünscht, daß sich die *Fahrbahn* auf der Brücke möglichst nicht von den anschließenden Strecken unterscheidet. Abweichungen werden bei begrenzter Bauhöhe und bei weitgespannten Brücken infolge großen Eigengewichts notwendig. Da die Fahrbahn selbst keine genügende Eigensteifigkeit besitzt, muß sie flächenhaft gestützt werden und auch einen widerstandsfähigen seitlichen Abschluß erhalten. Diese sog. *Fahrbahntafel* wird durch den *Fahrbahnrost* getragen, der im allgemeinen aus Längs- und Querträgern besteht.

1. Querträger

Die Querträger übertragen die Verkehrslasten auf die Hauptträger. Sie bilden gleichzeitig ein wichtiges Glied der Verbände. Sie liegen auch bei schiefen Brücken normal zu den Hauptträgern, so daß ihre Stützweite gleich dem Hauptträgerabstand ist, schiefe Querträger finden sich nur in Ausnahmefällen als Endquerträger von schiefen Brücken usw.

Die Querträger sind gewöhnlich vollwandig, bei kleinen Weiten einfache Walzträger. Ihre Höhe ist zweckmäßig 1/6 bis 1/8 der Stützweite, bei großen Brücken und engliegenden Querträgern (besonders bei mitwirkender Fahrbahntafel) kann die Höhe bis auf etwa $l/20$ absinken. Die Querträger werden in der Regel als einfache Balken berechnet, aber steif mit den Hauptträgern verbunden, so daß im Brückenquerschnitt offene bzw. geschlossene Rahmen entstehen. Es treten daher Einspannmomente auf, die besonders bei den Anschlüssen zu beachten sind. Bei oben offenen Brücken müssen die Querträger und ihre Anschlüsse eine ausreichende Rahmensteifigkeit besitzen. Je nach dem Profil des Querträgers und den aufzunehmenden Kräften ergeben sich bei vollwandigen Hauptträgern verschiedene Anschlüsse mit einfachen Ecken (Abb. 211) oder untergesetzten Konsolen (Abb. 212) bzw. mittels eingesetzten und mit dem Querträgersteg verlaschten Eckblechen (Abb. 213).

Ist der Hauptträgerabstand kleiner als die Brückenbreite, so werden Konsole notwendig, die mit Rücksicht auf das Kragmoment nur an den Querträgerpunkten ausgeführt werden können. Vollwandige Konsole werden aus ästhetischen Gründen bevorzugt, für die Gestaltung ist in den meisten Fällen der (für das Einspannmoment zu bemessende) Anschluß ausschlaggebend.

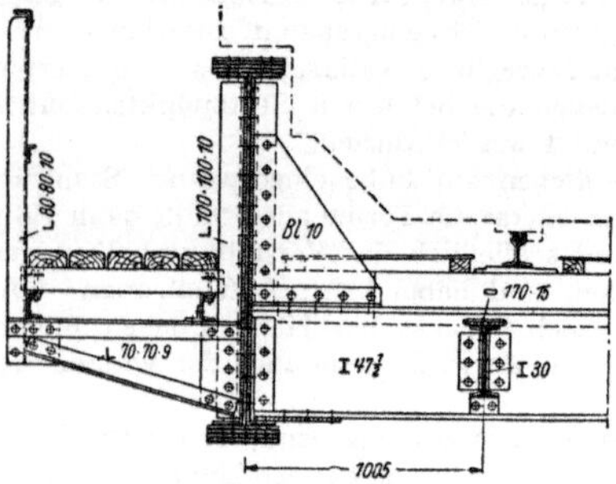

Abb. 211

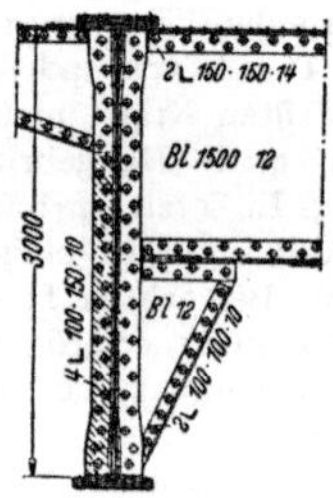

Abb. 212

Der Anschluß vollwandiger Querträger an einen Fachwerkhauptträger ist einfach, wenn an den Knotenpunkten Pfosten vorhanden sind. Schwierigkeiten bereiten dann lediglich die Knotenbleche, die über die Gurte vorstehen.

Bei untenliegender Fahrbahn erfolgt der Anschluß nur mit einfachen Anschlußwinkeln bzw. mit Eckblechen, die in den Querträger (Abb. 214) bzw. bei Pfosten mit zusammengesetztem I-Querschnitt in dessen Steg eingebunden sind (Abb. 215). Die Anordnung Abb. 216, bei der das Eckblech in Pfosten und Querträger eingebunden wird, ist besonders widerstandsfähig, weil das Eckmoment nur durch Scherverbindungen übertragen wird. Bei den anderen Verbindungen ist nicht zu vermeiden, daß die Niete teilweise auf Zug belastet und die Anschlußwinkel abgebogen werden. Die Anschlüsse Abb. 214 und 215 erfahren daher unter Eckmomenten erheblich größere Formänderungen als der nach Abb. 216.

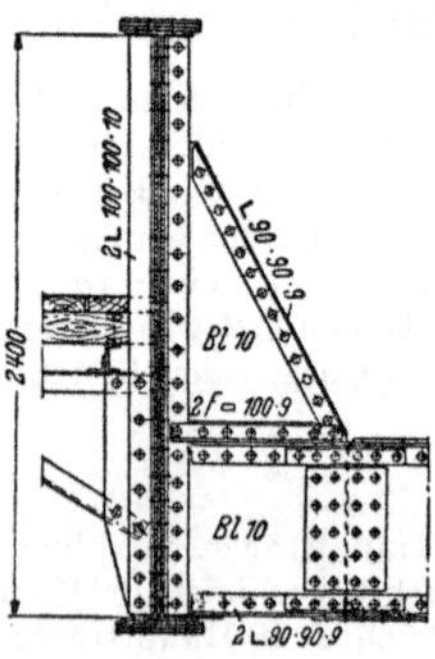

Abb. 213

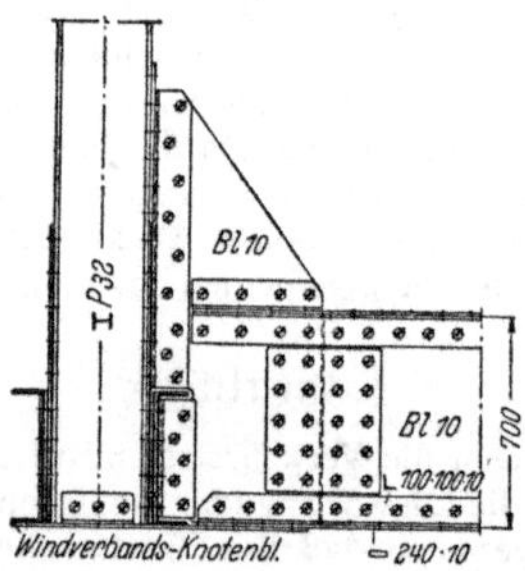

Abb. 214

Ist an dem Knotenpunkt kein Pfosten vorhanden, so müssen die Knotenbleche versteift werden, damit das Anschlußmoment ohne örtliche Überbelastung in die Streben eingeleitet wird.

Für andere Fahrbahnlagen ergeben sich ähnliche Lösungen. Die Auflagerung der Querträger *auf* den Hauptträgern ist nur bei ausreichender Bauhöhe möglich. Vollwandige Hauptträger müssen dann an der Laststelle ausgesteift werden.

In vielen Fällen müssen die Querträger mit Öffnungen für Entwässerungsrinnen und andere Leitungen versehen werden. Die Ausschnitte sind an den Ecken auszurunden und soweit notwendig durch Randverstärkungen zu ersetzen. Weitere Beispiele von vollwandigen Querträgern s. S. 693 und 704.

Steife Verbindungen zwischen Querträger und Hauptträger bilden die Regel. Bei Fahrbahn oben werden die Querträger zur Verminderung der mit den Formänderungen verbundenen Zusatzkräfte manchmal auch beweglich aufgelagert.

Fachwerkartige Querträger kommen nur für großen Hauptträgerabstand in Betracht und wenn verhältnismäßig große Höhe zur Verfügung steht. Sie werden öfter für die *lastverteilenden Querverspannungen* benutzt, die bei Brücken mit mehreren Hauptträgern (*Rostbrücken*) notwendig sind, um auch bei Teilbelastung alle Hauptträger zur Mitwirkung zu zwingen. Beispiel Abb. 255.

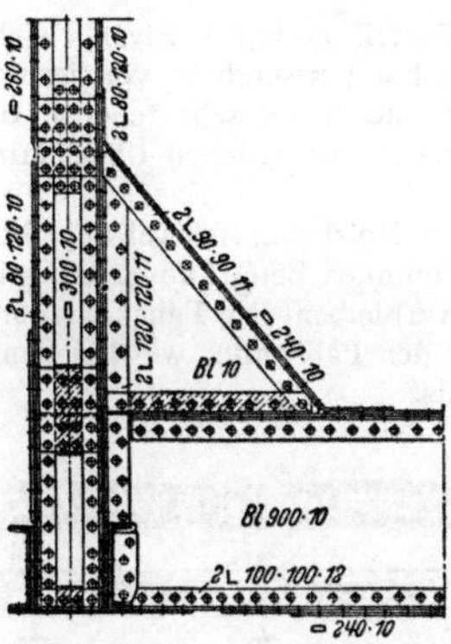

Abb. 215

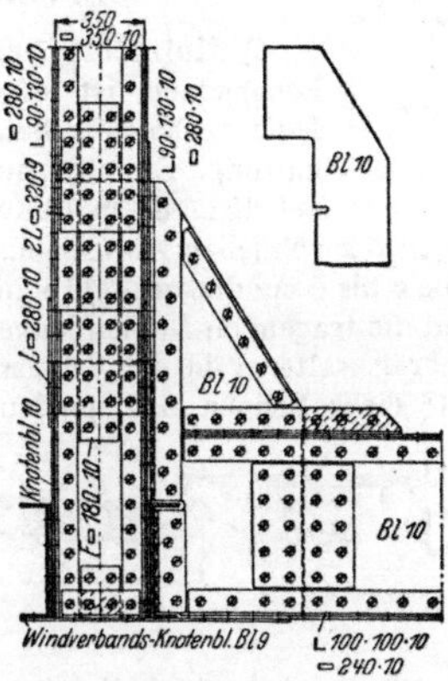

Abb. 216

2. Längsträger

Es werden Fahrbahn- und Fußweglängsträger unterschieden. Der äußerste Träger, der oft mit dem Brückengeländer verbunden wird, heißt Randlängsträger. Anzahl und Abstand der Längsträger richtet sich nach der Fahrbahntafel.

Als Längsträger werden Walzträger oder zusammengesetzte I-Balken benutzt. Ihre Stützweite beträgt bis etwa 12 m. Da die Längsträger den Wirkungen der Verkehrslast am unmittelbarsten ausgesetzt sind, ist große Biegesteifigkeit besonders wichtig. Bei Eisenbahnbrücken wird für sie eine Höhe von 1/8 bis 1/10 der Feldweite angestrebt. Längsträger aus hochwertigem Baustahl sind meist wegen der größeren Durchbiegung unzweckmäßig.

Für Stützung und Anschluß der Längsträger gelten die Ausführungen S. 617. Liegen die Längsträger *über* den Querträgern, so können sie über mehrere Felder durchlaufen. Die Sicherung gegen Kräfte in der Querrichtung (Kippen) ist hier besonders wichtig, Beispiele Abb. 87 bis 90. Der Stoß wird in die Nähe des Momentennullpunktes gelegt, auch wenn er entsprechend dem vollen Querschnitt verlascht wird.

Sind die Längsträger versenkt, d. h. liegen sie *zwischen* den Querträgern, so wird für jedes Feld ein besonderer Träger notwendig, dessen Steganschluß, gegebenenfalls zusammen mit den Stützkonsolen, für die Auflagerkraft bemessen wird, während die durchlaufenden Platten das Stützmoment aufnehmen. Bauliche Einzelheiten vgl. S. 620, Beispiele von Längsträgeranschlüssen Abb. 95 bis 97.

Bei vielen älteren Brücken ist der Längsträgeranschluß nach Abb. 217 ausgeführt. Der eine Anschlußwinkel liegt zwischen den Flanschen des Walzträgers, während der zweite über die ganze Querträgerhöhe durchgeführt ist, wofür der Trägerflansch *ausgeklinkt* werden muß. Durchlaufende Platten sind nicht vor-

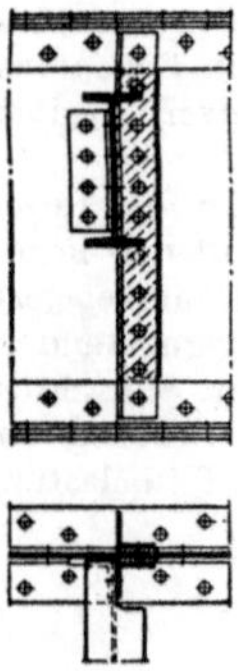

Abb. 217

handen. Solche Anschlüsse erleiden hohe zusätzliche Spannungen, an ihnen sind in vielen Fällen Dauerbrüche und von den Ausklinkungen ausgehende Risse eingetreten. Derartige Anschlüsse sind daher bei Eisenbahnbrücken nicht mehr zugelassen. Können Ausklinkungen nicht vermieden werden, so erhalten sie große Ausrundungen, um die Gefahr des Einreißens zu vermindern.

Bei durchlaufenden Platten an beiden Flanschen des Längsträgers, wie sie für Eisenbahnbrücken heute die Regel bilden, wird das Stützmoment einwandfrei übertragen. Im Querträger verbleiben nur die Zusatzkräfte infolge der Verwindung, die er bei unsymmetrischer Belastung erfährt.

3. Fahrbahntafel von Straßenbrücken

a) Holzbelag hat den Vorteil geringen Eigengewichts, seine Lebensdauer ist jedoch auch bei Verwendung von imprägniertem Holz verhältnismäßig gering und daher sehr teuer in der Unterhaltung. Er wird nur benutzt in beweglichen Überbauten und in behelfsmäßigen Bauwerken.

Wegen der schnellen Abnutzung wird der Holzbelag in zwei Schichten unterteilt. Die 4 bis 6 cm dicken Fahrbohlen können nach Bedarf ausgewechselt werden, während die tragenden Bohlen längere Zeit verbleiben. Die Fahrbohlen liegen quer oder schräg, seltener in der Längsrichtung der Fahrbahn, wie bei dem Beispiel Abb. 218 einer Brücke mit Straßenbahngleis.

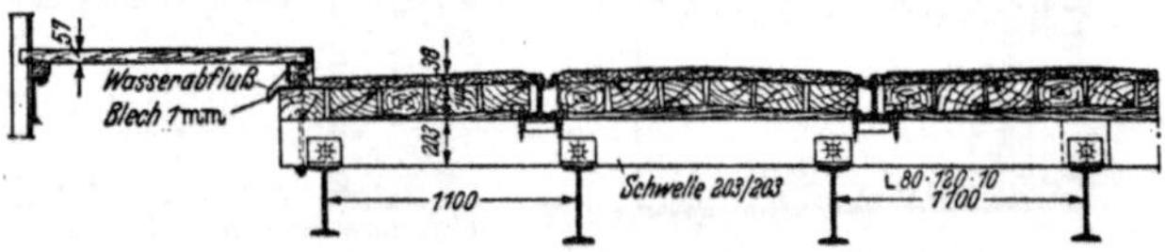

Abb. 218. Fahrbahn der Lidingöbrücke. (Nach *M. Grüning:* Der Eisenbau I, S. 157)

b) Belagstahl kann bei schlechter Abdichtung schnell verrosten (die Flanken sind nur 3 bis 5 mm dick), weshalb er im allgemeinen nicht mehr verwendet wird. Befestigt wurden Belagstähle mit Hakenschrauben oder Klemmplatten (Abb. 40). Abb. 219 zeigt eine Belagstahlfahrbahn mit Holzpflaster.

c) Buckel- und Tonnenbleche (vgl. S. 562) wurden bis zu erheblichen Abmessungen angewendet, vgl. f und g. Auf die Blechränder, die wasserdicht vernietet oder verschweißt werden, wirkt ein erheblicher waagrechter Zug, für dessen Aufnahme

Abb. 219

Abb. 220

besondere Maßnahmen notwendig sind. Buckel- und Tonnenbleche wurden bei Straßenbrücken mit Leichtbeton oder Asphaltbeton ausgefüllt. Die Buckelbleche haben Bohrungen an der tiefsten Stelle. Die Ausführungen dieser Art sind fast alle umgebaut worden, da die Füllung trotz besonderer Maßnahmen zerbricht.

Die vier Ränder der Buckelbleche müssen auf gleicher Höhe liegen. Auflagerung nach Abb. 220c ist unzulässig, weil die Winkel abgebogen würden. Bei genieteten Trägern ist daher immer eine Gurtplatte vorzusehen, also Auflagerung nach Abb. 220d oder e, wenn die Querträger Gurtplatten verschiedener Länge besitzen. Die durchlaufenden Platten an den Längsträgerstößen sind auch bei Hängeblechfahrbahnen notwendig, die Laschen können über die Buckelbleche gelegt werden.

Die unregelmäßigen Fahrbahnfelder an den Enden von schiefen Brücken sind bei Buckelblechen ohne Schwierigkeiten auszuführen (Abb. 2).

d) Stahlbetonplatten über stählernen Längsträgern sind wegen ihrer Einfachheit die heute am häufigsten benutzte Fahrbahntafel, und zwar in der Querrichtung als durchlaufende Platten bewehrt, oder als kreuzweise bewehrte Platten bis etwa 8 · 8 m Größe. Ihre Anwendung setzt voraus, daß die Längsträgerdurchbiegung begrenzt ist. Bei weichem Fahrbahnrost müssen die Stützsenkungen bei ihrer Bemessung berücksichtigt werden. Straßenbahngleise können darin eingebaut werden, die dafür notwendige Wanne muß besonders entwässert werden (Abb. 221). Vorteilhaft ist die Bauweise mit kreuzweise bewehrten Stahlbetonplatten besonders bei kleinem Hauptträgerabstand (bis etwa 8 m), weil dann die Längsträger entfallen können (Abb. 222).

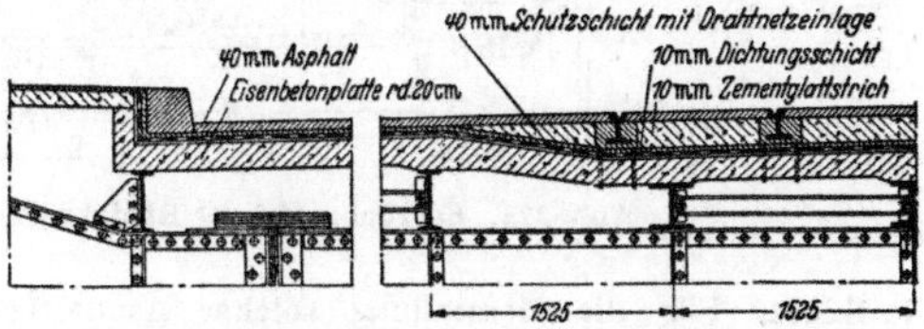

Abb. 221. Fahrbahn der Dreirosenbrücke Basel. (Nach *E. Graf:* Bauingenieur 16 (1935) S. 71)

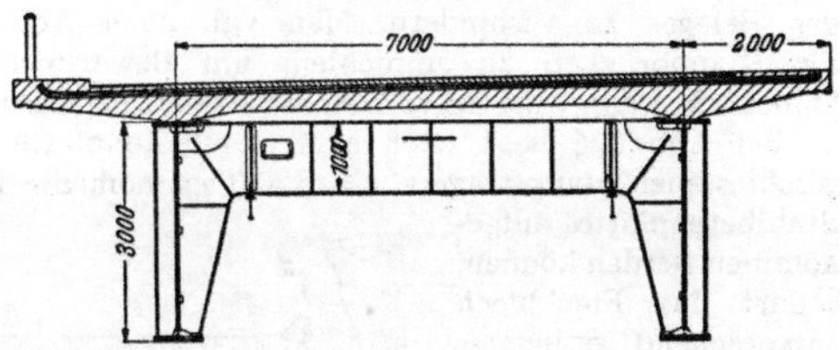

Abb. 222. Querschnitt der Autobahnbrücke bei Kalkberge

Fahrbahnplatten aus Rüttelbeton sind praktisch wasserdicht, so daß eine besondere Dichtungsschicht entfallen kann. Direkt befahrene Stahlbetonplatten werden häufig nach einer oder nach zwei Richtungen vorgespannt, um sie unter Verkehrslast rissefrei zu halten. Es werden jedoch auch nach beiden Richtungen vorgespannte Stahlbetonplatten ausgeführt mit besonderer Dichtungsschicht und Asphaltbelag. Über Fahrbahnplatten, die zur Aufnahme der Kräfte des Haupttragsystems usw. herangezogen werden, vgl. Kap. VII, *Verbundträger,* S. 715.

e) Weitere Bauarten von Fahrbahntafeln vgl. *K. Schaechterle:* Bautechnik 12 (1934) S. 479 und 564 sowie 25 (1948) S. 110.

Viele ältere Fahrbahntafeln wiegen 1 t/m². Die Fahrbahntafel allein wiegt also das 2- bis 3fache der Verkehrslast. Man erkennt darin den großen Einfluß des Eigengewichtes der Fahrbahn auf die Gesamtbelastung der Hauptträger.

Die *Leichtfahrbahnen* gestatten mit kleinerer Bauhöhe auszukommen, sie ermöglichen schlanke und zugleich wirtschaftliche Bauwerke. Die Entwicklung neuer Fahrbahntafeln mit geringem Eigengewicht ist noch in vollem Flusse.

f) Flachgespannte Buckelbleche wurden in Autobahnbrücken bei Durchhängen von 1/25 bis 1/30 und mit Größen von etwa 4 · 7 m und darüber eingebaut. Die Buckel wurden mit Asphalt oder mit hochwertigem Beton ausgefüllt. Flachgespannte Buckelbleche mit Magerbetonfüllung usw. haben sich aber nicht bewährt. Die Formänderungen unter Verkehrsbelastung sind zu groß, so daß die Fahrbahndecke zerstört wird. Gegebenenfalls ist die Füllung mit einer biegesteifen Stahlbetonkonstruktion vorzuziehen.

Fahrbahnen mit Buckelblechen, die nach oben gewölbt sind (Abb. 223), haben kleineres Gewicht als die Anordnung mit hängenden Buckelblechen. Sie haben weiter den Vorteil höherer Betonquerschnitte im Bereich der negativen Biegemomente, so daß die Zugspannungen im Beton besser aufgenommen werden können.

g) Versteifte Flachbleche werden in verschiedenen Bauweisen ausgeführt. Sie sind, von den offenen Rosten abgesehen, die leichtesten Fahrbahntafeln. Eigengewicht 0,2 bis 0,3 t/m². Als Fahrbahnbelag wird dabei in der Regel ein Asphaltbelag von 4 bis 6 cm Dicke ausgeführt, der auf dem Flachblech mehr oder weniger

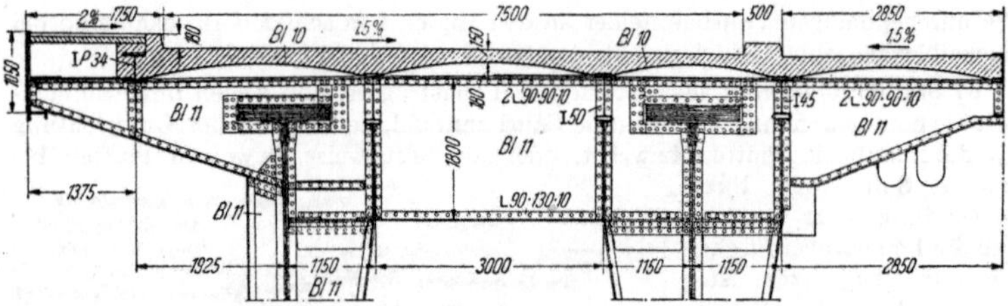

Abb. 223. Fahrbahntafel der Rheinbrücke Frankenthal

festklebt. Für die Herstellung solcher Asphaltbeläge sind besondere Fachkenntnisse erforderlich. In einigen Fällen sind Einlagen (Drahtnetz, Streckmetall oder Baustahlgewebe) mit der Blechdecke verschweißt worden, um die Ablösung des Belages zu verhindern. Man vgl. auch Abb. 225. Solche Einlagen sind für Klappbrücken zu empfehlen, um Bewegungen auszuschließen. Sie sind hinderlich, wenn Ausbesserungen des Asphaltbelages notwendig werden.

Bei Abb. 226 liegt noch eine Stahlbetonplatte über dem Blechkasten des geschlossenen Hauptträgers. Da die Biegemomente infolge Verkehrslast von der Stahlbetonplatte aufgenommen werden können, bedarf das Flachblech entsprechend geringerer Versteifungen als etwa Abb. 224. Andererseits lassen sich bei dieser Ausführung Risse in der Stahlbetonplatte aus der Verbundwirkung mit der Stahlkonstruktion sowie aus Schwinden kaum vermeiden.

Über neue deutsche Flachblechfahrbahnen vgl. *K. H. Seegers:* Bauingenieur 25 (1950) S. 404. — *K. H. Seegers:* Über Spannungen in Asphaltbelägen auf ebenen Stahlblechen bei Straßenbrücken. Diss. TH Karlsruhe 1952.

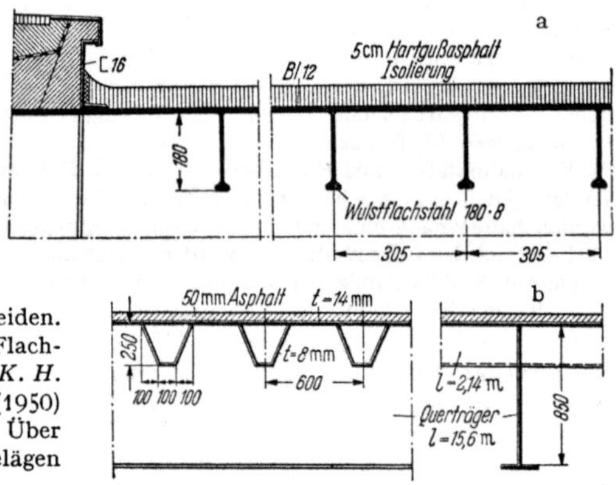

Abb. 224. Fahrbahntafeln der Rheinbrücken a) Köln-Mülheim (1951), b) Duisburg-Homberg (1954)

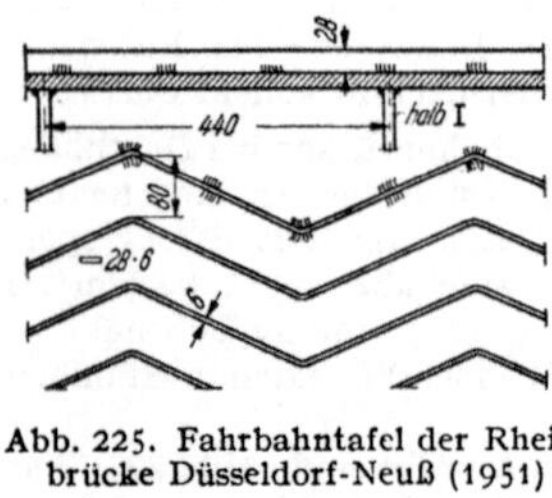

Abb. 225. Fahrbahntafel der Rheinbrücke Düsseldorf-Neuß (1951)

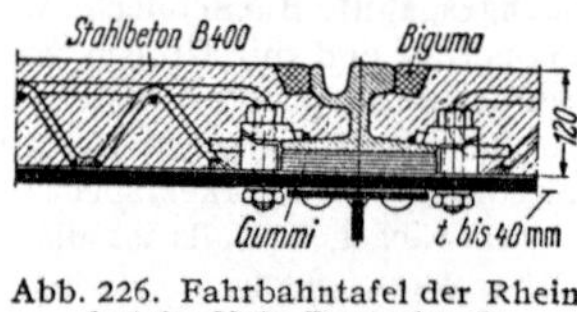

Abb. 226. Fahrbahntafel der Rheinbrücke Köln-Deutz (1948)

Amerikanische Fahrbahntafeln mit versteiften Flachblechen haben Asphaltbelag von nur 25 bis 38 mm Dicke. Aber auch versteifte Stahlbleche ohne Belag sind dort gelegentlich als Fahrbahn mit Erfolg angewandt.

Bemerkenswert ist die Fahrbahn der Smithfield Brücke in Pittsburgh, Pa., die beim Umbau eine neue Fahrbahnkonstruktion aus einer hochwertigen ***Aluminium-***

legierung erhalten hat (Abb. 227). Die Leichtfahrbahn ergab gegenüber dem früheren Zustand eine so erhebliche Gewichtsersparnis, daß die alten Hauptträger trotz größerer Verkehrslasten weiter benutzt werden konnten. Vgl. *J. Hoppe:* Bauingenieur 15 (1934) S. 476.

h) Gewellte Blechtafeln. Flächentragwerke aus verschieden geformten, gewalzten oder abgekanteten Profilen zusammengenietet oder verschweißt. Die Zwischenräume werden mit Asphalt oder Beton ausgefüllt, die zugleich bei geringer Überdeckung der Blechtafeln die Fahrbahn geben (Abb. 228). Solche Tafeln sind quer zu den Wellen verhältnismäßig weich, so daß sich diese Konstruktion nicht in allen Fällen bewährt hat.

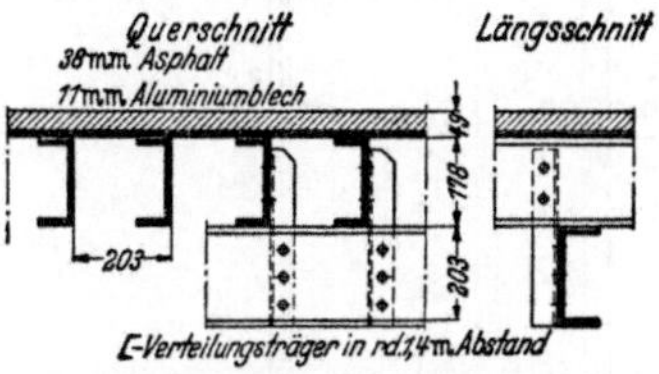

Abb. 227

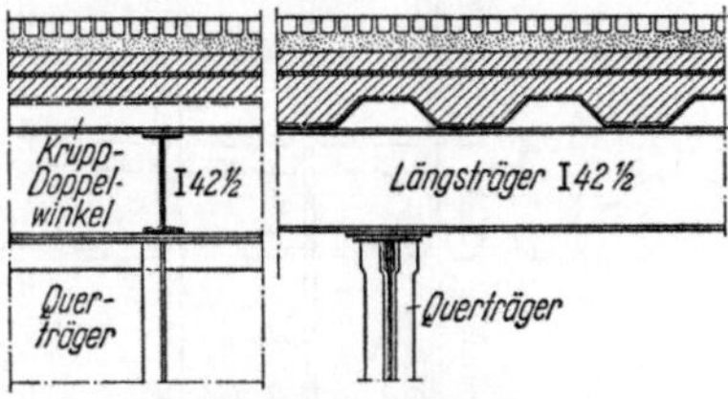

Abb. 228. Fahrbahntafel der Rheinbrücke Krefeld-Uerdingen

i) Fahrbahntafeln aus offenen und vergossenen Rosten. In USA haben Roste verschiedener Bauweisen weite Verbreitung gefunden. Abb. 229a zeigt eine Fahrbahntafel aus dicht nebeneinanderliegenden ⊥-Profilen. Flachstähle ▭ 25 · 4,5, die in Schlitze der ⊥ $7^1/_2$ eingepreßt sind, verbinden die nebeneinanderliegenden Stäbe. ⊥-Profile werden auch mit Zwischenräumen verlegt und ebenso mit Beton vergossen (Abb. 229b). Einen schweren 108 mm hohen I-Trägerrost mit Betonfüllung zeigt Abb. 230. Als verlorene Betonschalung werden 1 mm dicke Bleche eingelegt. Das Eigengewicht ist 0,2 bis 0,4 t/m². Die Roste werden ohne besondere Verschleißschicht befahren, können aber auch eine dünne Überdeckung erhalten.

Über die Bewährung der vergossenen Roste liegen noch keine ausreichenden Ergebnisse vor. In manchen Fällen sollen Ablösungen zwischen Rost und Füllung aufgetreten sein.

Netzförmig vernietete Stahlroste Abb. 231 bestehen aus geraden Flachstählen ▭ 60 · 5, zwischen denen gebogene Stäbe ▭ 35 · 5 festgenietet sind. In Abb. 231 ist auch die Stoßverbindung zwischen den einzelnen fabrikmäßig hergestellten Rosttafeln angegeben. Die offenen Roste wiegen nur etwa 0,1 t/m².

Offene Roste, denen man eine Reihe von Vorteilen nachrühmt, sind zweckmäßig auf reinen Autostraßen und auf beweglichen Brücken, ferner auf großen Hängebrücken, um die aerodynamischen Eigenschaften zu verbessern. Sie sind nicht brauchbar bei Fußgängerverkehr (Damenschuhe).

b

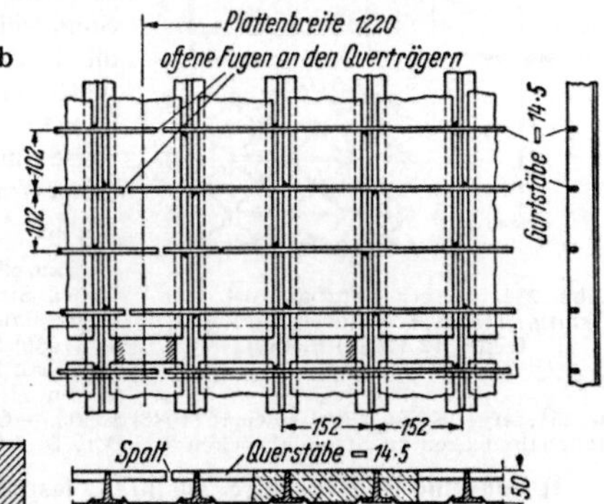

a

Abb. 229. Amerikanische Fahrbahnroste (T-Tri-Lok)

Auch die Benutzung von Fahrbahnen mit offenen Rosten durch Pferde und Rindvieh ist ohne Schwierigkeiten möglich, sie dürfen jedoch nicht von Kleintieren begangen werden. Auch netzförmig vernietete Roste können durch Betonfüllung geschlossen werden. Einzelheiten über amerikanische Fahrbahnroste vgl. *F. Schleicher:* Bauingenieur 25 (1950) S. 429. – *H. Fröhlich:* Bauingenieur 27 (1952) S. 281.

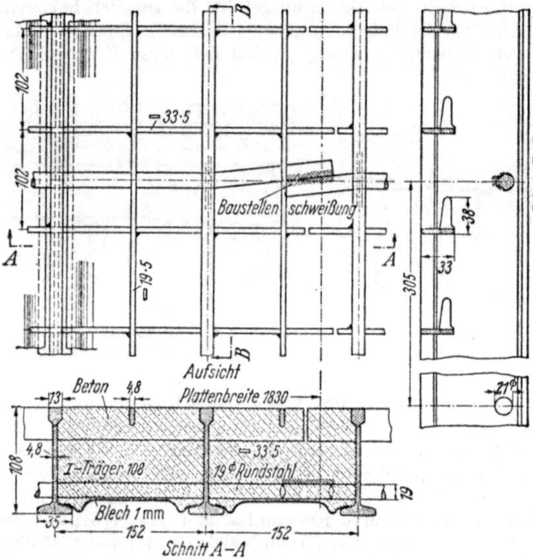

Abb. 230. I-Trägerrost mit Betonfüllung. (Nach *H. Fröhlich:* Bauingenieur 27 (1952) S. 285)

k) Für Tragfähigkeit und Bemessung der Fahrbahntafeln von Straßenbrücken sind die Radlasten der Fahrzeuge (nach DIN 1072 bis zu 10 t Raddruck) maßgebend.

Die Radlasten werden durch die Überdeckung der Fahrbahntafel sowie durch die Steifigkeit der Fahrbahndecke verteilt. Über die lastverteilende Wirkung der Fahrbahnplatte vgl. DIN 1073. Für die Leichtfahrbahnen ist eine zutreffende Berechnung teilweise nur schwer durchzuführen. Es werden daher Versuchs- und Erfahrungswerte herangezogen.

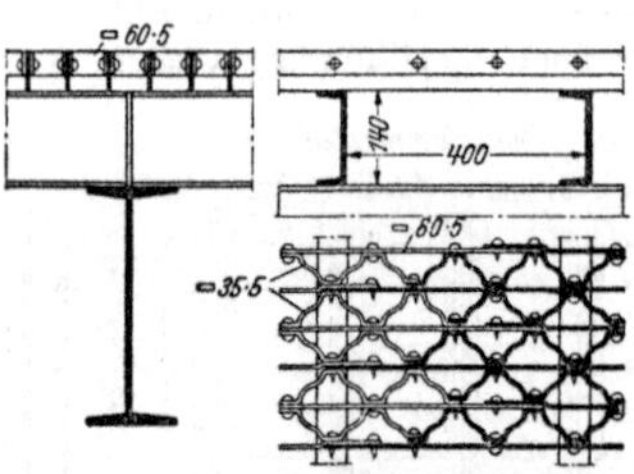

Abb. 231. Offener Fahrbahnrost von *Irving*. (Nach *K. Schaechterle:* Bautechn. 12 (1934) S. 483)

Einzelheiten über die Fahrbahntafeln auf stählernen Straßenbrücken vgl. weiter: *K. Schaechterle*: Bautechn. 12 (1934) S. 479 und 564, ferner 14 (1936) S. 501 und 25 (1948) S. 110. – *O. Graf:* Stahlbau 10 (1937) S. 110 u. 123. – *K. Schaechterle* u. *F. Leonhardt:* Bautechn. 14 (1936) S. 245 u. 261, ferner S. 626 u. 659, sowie 16 (1938) S. 306. – *O. Graf:* Aus Untersuchungen mit Leichtfahrbahndecken zu Straßenbrücken (= Ber. D. Ausschuß Stahlbau, Heft 9), Berlin 1938.

l) Fuß- und Radfahrwege. Da ihre Belastung gering ist, können dafür besonders leichte Bauweisen gewählt werden. Außer den besprochenen Fahrbahntafeln kommen besonders Fertigbetonplatten aus Leichtbeton (mit oder ohne Überdeckung durch eine dünne Asphaltschicht) in Betracht.

4. Fahrbahntafel von Eisenbahnbrücken

a) Offene Fahrbahn ohne Durchführung des Schotterbettes wird ausgeführt bei begrenzter Bauhöhe und bei größeren Stützweiten, das heißt, wenn das Eigengewicht zu hoch würde. Nur bei besonders geringer Bauhöhe werden die Schienen unmittelbar auf die Längsträger bzw. Hauptträger aufgelagert. Diese Bauweise hat den Nachteil starker Stoßwirkungen, ferner tritt oft eine Lockerung der Verbindungsmittel ein. Beispiel Zwillingsträger Abb. 159.

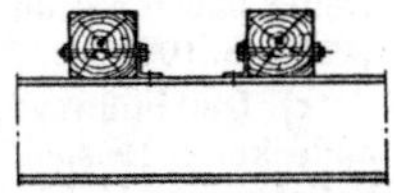

Abb. 232

Zur Verminderung der Stoßwirkungen werden, wenn das Schotterbett nicht übergeführt werden kann, wenigstens Querschwellen vorgesehen, in der Regel aus Hartholz, seltener Stahlschwellen. Die Schwellen werden auf den Längsträgern, bei Brücken bis etwa 1,8 m Hauptträgerabstand unmittelbar auf den Hauptträgern aufgelagert und mit Schwellenwinkeln gegen Verschiebungen gesichert (Abb. 232). Es werden jedoch auch verschiebliche Schwellenauflagerungen ausgeführt. Bei dem Regelabstand der Längsträger von 1,50 m werden die Schwellen nicht gebogen. Bei größerem Trägerabstand werden *Zentrierwinkel* benutzt, um mittige Längsträgerbelastung sicherzustellen.

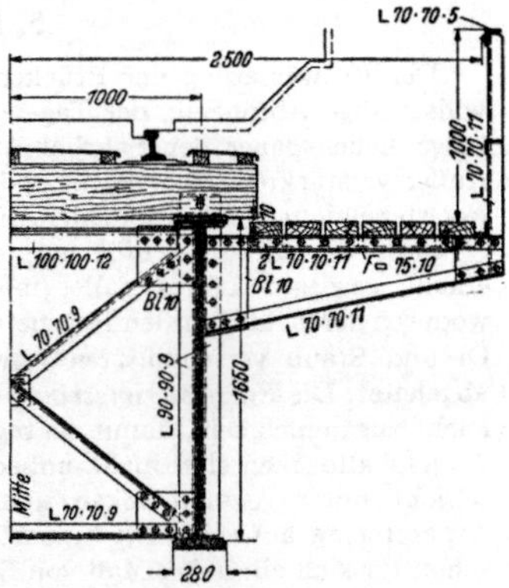

Abb. 233. Musterentwurf der Deutschen Reichsbahn

Da Brücken begehbar sein müssen, erhalten offene Fahrbahnen eine *Abdeckung* aus Holzbohlen oder Stahlbetonplatten. Die Abdeckung wird oft mit einem Schutz gegen Entgleisung verbunden. Wegen der Feuergefährlichkeit des Holzbelages und der Holzschwellen wird oft eine Abdeckung mit Waffelblech ausgeführt (Abb. 233). Die Konstruktion ist so eingerichtet, daß die Schwellen bequem ausgewechselt werden können.

b) Geschlossene Fahrbahn, d. h. der normale Eisenbahnoberbau mit Schotterbett ist auch auf den Brücken erwünscht. Sie erfordert allerdings größere Bauhöhe als Brücken mit offener Fahrbahn. Das Mehrgewicht der Schotterbettung von rd. 3 t/m² gilt erst bei größeren Stützweiten als ausschlaggebendes Hindernis.

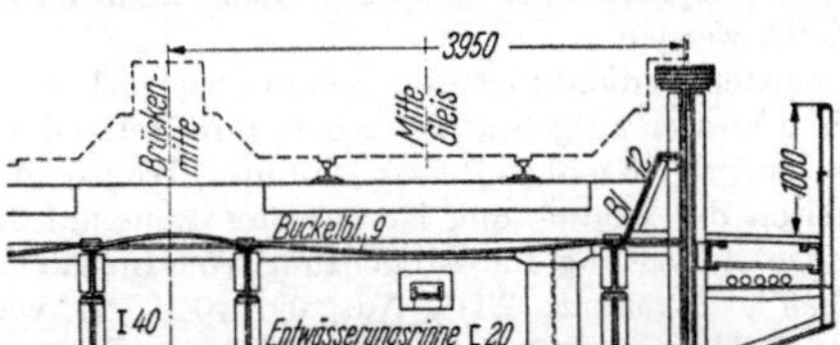

Abb. 234

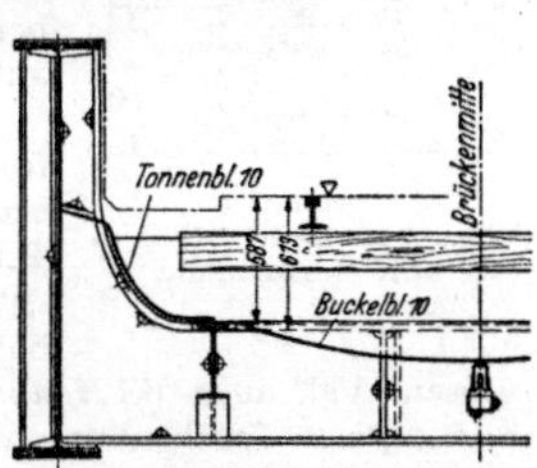

Abb. 235. (Nach *C. Usinger* u. *Ewald:* Bautechn. 12 (1934) S. 427)

Für geschlossene Fahrbahnen werden in erster Linie Buckelbleche verwendet. Abb. 234 zeigt den Querschnitt einer zweigleisigen Brücke, Abb. 235 ein eingleisiges geschweißtes Bauwerk. Der seitliche Abschluß (bei Abb. 234 gekantete Bleche, bei Abb. 235 Tonnenbleche) vermindert nicht nur das Eigengewicht, sondern läßt auch die Hauptträger zugänglich.

Auf Stahlbetonplatten werden Eisenbahnschienen nicht direkt, sondern unter Zwischenschaltung vulkanisierter Gummiplatten aufgelagert. Vgl. *E. Ernst:* Bautechnik 29 (1952) S. 131.

Die Straßenbahnschienen auf der Flachblechfahrbahn der Rheinbrücke Köln-Deutz haben ebenfalls Gummiunterlagen erhalten; s. *F. Leonhardt:* Bautechnik 26 (1949) S. 198.

c) Die Fußwege von Eisenbahnbrücken erhalten meist eine einfache Holzabdeckung. Beispiel Abb. 233 und 234. Wegen der Brandgefahr wird auf Eisenbahnbrücken Holzbelag jedoch am besten ganz vermieden, auch auf den Fußwegen.

5. Entwässerung

Der Entwässerung der Brücken ist größte Sorgfalt zu widmen. Schnelle und vollständige Abführung der Tagewässer ist die wichtigste Voraussetzung für eine lange Lebensdauer der Fahrbahntafel, unter Umständen des ganzen Bauwerks. Außer verstärktem Rostangriff und erhöhten Unterhaltungskosten sind an Stellen mit stehendem Wasser vor allem Frostschäden zu fürchten.

Falls die Gradientenführung dies ermöglicht, sollten Straßenbrücken mit einem gewissen Längsgefälle (möglichst nicht unter 1%) angeordnet werden, wodurch der Zulauf zu den Regeneinläufen von selbst sichergestellt wird. Die durch Öl und Staub verschmutzten Abwässer werden aufgefangen und durch Rinnen abgeleitet. Die *Entwässerungsrinnen* müssen genügendes Längsgefälle besitzen und leicht zugänglich sein, damit sie regelmäßig gereinigt werden können.

Asphaltdecken sind nicht unbedingt dicht. Von einer besonderen Dichtungsschicht unter Asphaltdecken kann deshalb nur abgesehen werden, wenn der Asphaltbelag auf einer mit Innenrüttlern verdichteten Stahlbetonplatte liegt, die schon für sich ein hohes Maß von Dichtigkeit besitzt. Ist die Fahrbahndecke nicht ausreichend dicht, so daß ein Teil der Tagewässer durch sie versickert, werden *Dichtungsschichten* (*Isolierungen*) vorgesehen. Dafür kommen auf Stahlbrücken in Betracht *Aufstriche aus Asphaltbitumen* bzw. Teer u. dgl., *Dichtungsbahnen* aus bituminösen Dichtungsmassen mit festen Einlagen aus Wollfilzpappe oder Jutegewebe sowie *Dichtungsbahnen mit metallischen Folien* aus Kupfer oder Aluminium.

Die Dichtungsschichten sind nicht geeignet, unmittelbare Belastung aufzunehmen. Sie müssen vor mechanischen Verletzungen geschützt werden und erhalten daher eine *Schutzabdeckung*, z. B. eine mindestens 5 cm dicke Betonschicht mit Drahtnetzeinlage. Die Schutzabdeckung wird an den tiefsten Stellen entwässert. Auf Dichtungsbahnen mit Metallfolie kann der Asphaltbelag bei entsprechender Vorsicht auch unmittelbar aufgebracht werden.

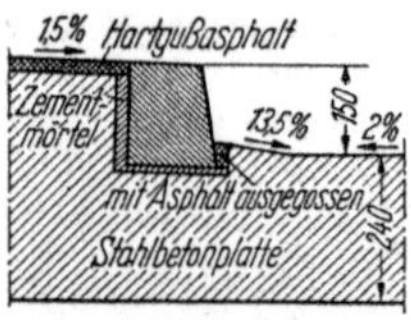

Abb. 236. Bordstein der Stadthafenbrücke Dortmund

Die meisten Abdichtungen können nur bei trockenem, frostfreiem Wetter aufgebracht werden, ihre Herstellung setzt besondere Fachkenntnisse voraus. Wegen der Einzelheiten der Abdichtung ist in erster Linie auf die „Vorläufige Anweisung für Abdichtung von Ingenieurbauwerken“, abgekürzt AIB, Ausgabe 1949, zu verweisen. Vgl. auch *W. Haußmann:* Bauingenieur 20 (1939) S. 359, sowie *Bitumen und Asphalt* Taschenbuch. Wiesbaden 1954.

Beispiele. Stahlbetonplatte mit Asphaltbelag, darunter Dichtungsbahnen, vgl. Abb. 221. Dichtungsbahnen über Belagstahl, darüber eine Mörtelschutzschicht mit Drahtnetzeinlage Abb. 219. Die Dichtungsbahnen werden (s. Abb. 221 und 237) hinter dem Bordstein hochgezogen und unter dem Asphalt der Fußwege verklebt, so daß kein Wasser zwischen Randlängsträger und Dichtung gelangen kann. Schwierigkeiten bereitet die Durchführung der Dichtungsschicht unter Straßenbahngleisen, da dort für die Fahrbahn größere Höhe notwendig ist. Vorgespannte Stahlbetonplatten, die direkt befahren werden, sind praktisch wasserdicht. Beispiel Abb. 236.

Die *Wassereinläufe* am Bordstein sind besonders sorgfältig abzudichten. Abb. 237a zeigt einen gußeisernen Regeneinlaufkasten, wie sie in Entfernungen von etwa 25 m ausgeführt werden, gelegentlich wird auch ein auf die ganze Länge durchlaufender Entwässerungsschlitz ausgeführt.

Die *Buckelbleche von Eisenbahnbrücken* werden an der tiefsten Stelle einzeln entwässert, Tropftüllen vgl. auch Abb. 235 u. 238.

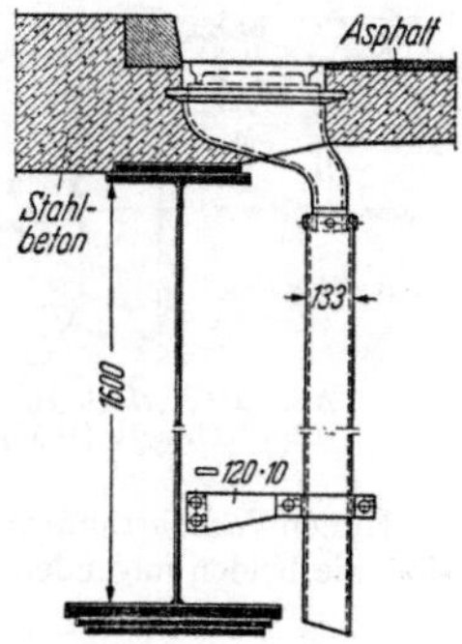

a

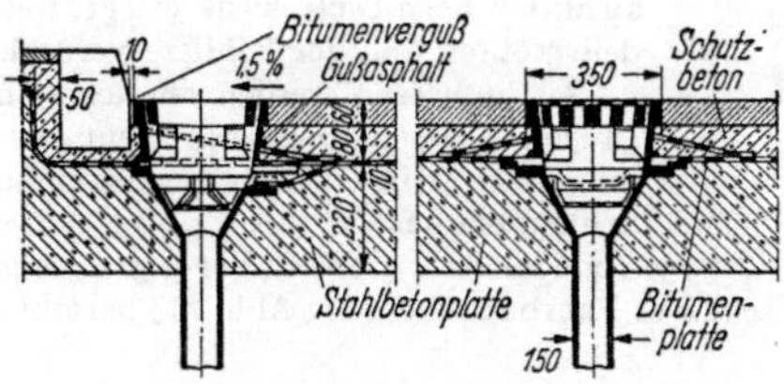

Abb. 237. a) (Nach *H. Oeser:* Bautechn. 16 (1938) S. 302), b) Entwässerung der Lippebrücke Wesel

6. Fahrbahnabschluß und Fahrbahnübergang

a b

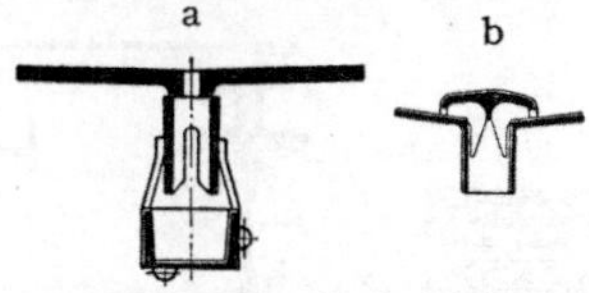

Abb. 238. Tropftüllen

Die Länge eines Überbaus ändert sich mit der Temperatur, aber auch mit der Formänderung bei Belastung. Damit diese Bewegungen ohne Zwängungskräfte möglich sind, muß am Ende jedes Überbaus eine Lücke in der Fahrbahn vorgesehen werden. Beiderseits jeder Lücke sind *Fahrbahnabschlüsse* nötig, um die Fahrbahndecke usw. zu begrenzen, die Lücke in der Fahrbahn wird durch einen *Fahrbahnübergang* überbrückt.

Bei Eisenbahnbrücken mit offener Fahrbahn wird das Schotterbett durch einen Fahrbahnabschluß (Abb. 239) begrenzt. Das Gleis kann bei kleineren Brücken ohne Schienenstoß durchlaufen, bei langen Bauwerken werden an den Enden weichenzungenähnliche *Schienenauszüge* eingebaut.

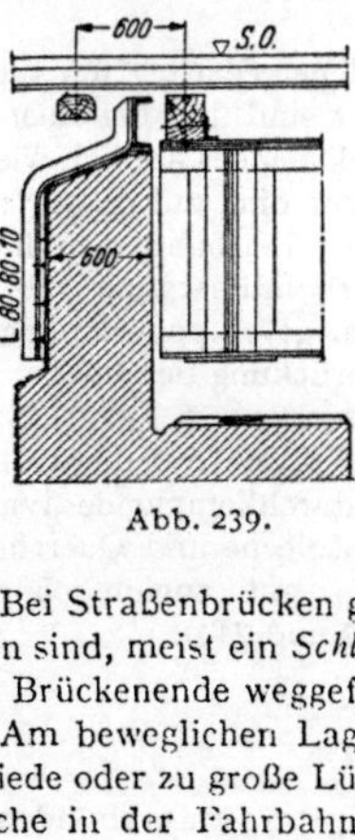

Abb. 239.

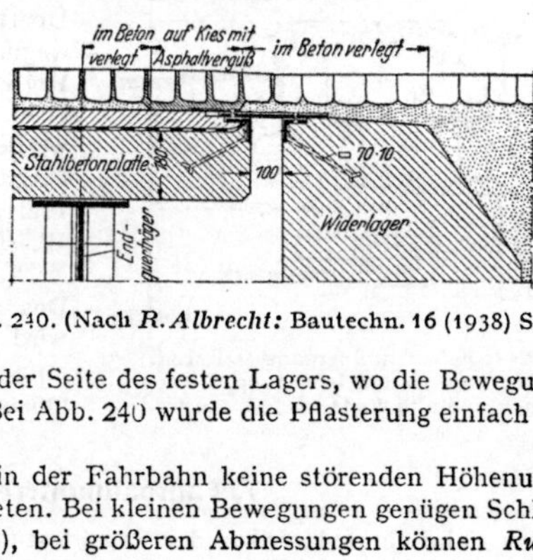

Abb. 240. (Nach *R. Albrecht:* Bautechn. 16 (1938) S. 447)

Bei Straßenbrücken genügt auf der Seite des festen Lagers, wo die Bewegungen klein sind, meist ein *Schleppblech.* Bei Abb. 240 wurde die Pflasterung einfach über das Brückenende weggeführt.

Am beweglichen Lager dürfen in der Fahrbahn keine störenden Höhenunterschiede oder zu große Lücken auftreten. Bei kleinen Bewegungen genügen Schleppbleche in der Fahrbahn (Abb. 241), bei größeren Abmessungen können *Rutschplatten* benutzt werden.

Für größere Bewegungen wurden vielfach *Fingerkonstruktionen* verwendet (Abb. 242), die gabelförmig ineinandergreifen. Sie ergeben einen Fahrbahnübergang ohne Höhenunterschiede. Die Bauweise ist auch für größere Bewegungen brauchbar. Ein Nachteil der Fingerkonstruktionen sind die offenen Schlitze, die bei Verschmutzung bzw. Eisbildung zu Schäden führen können. Bei langen Brücken wurden über die Fingerkonstruktion noch Gleitbleche gelegt, welche den größten Teil der Schlitze verdecken.

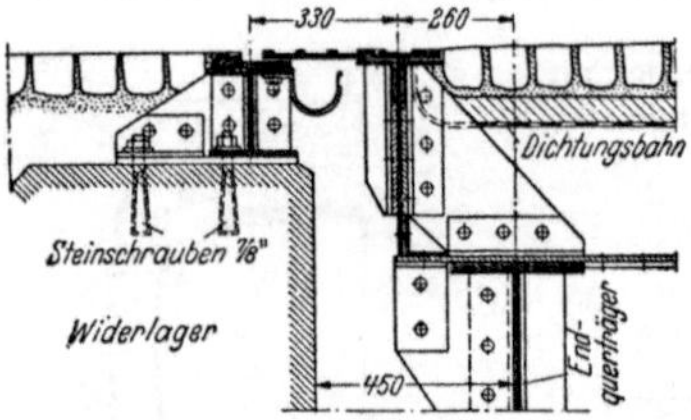

Abb. 241. (Nach *R. Albrecht:* Bautechn. 16 (1938) S. 447)

An Fußwegen werden ähnliche Übergänge vorgesehen, jedoch genügen da wegen der geringen Lasten meist einfache Schleppbleche.

Hohen Verkehrsanforderungen genügen und auch für große Bewegungen geeignet sind die beiden folgenden Bauweisen. Der Fahrbahnübergang Abb. 243 besteht aus

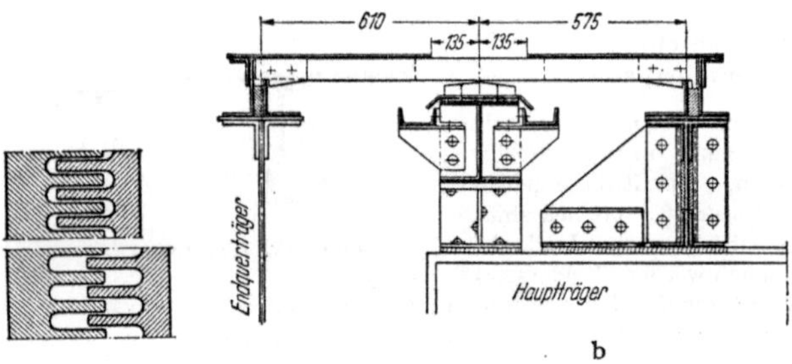

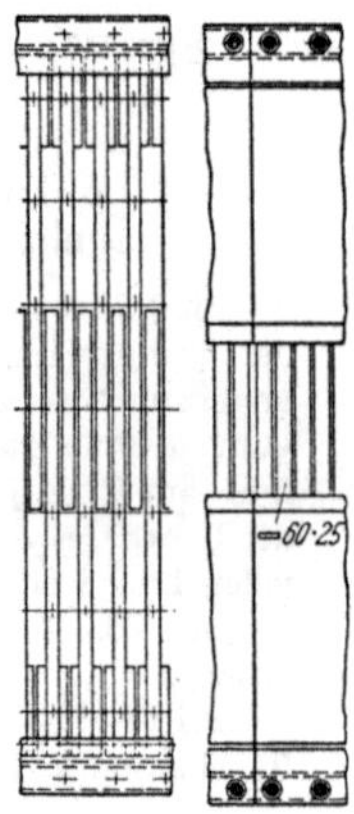

Abb. 242. Fingerkonstruktion. a) schematisch, b) Elbebrücke Dömitz (Gesamtbewegung von 252 mm)

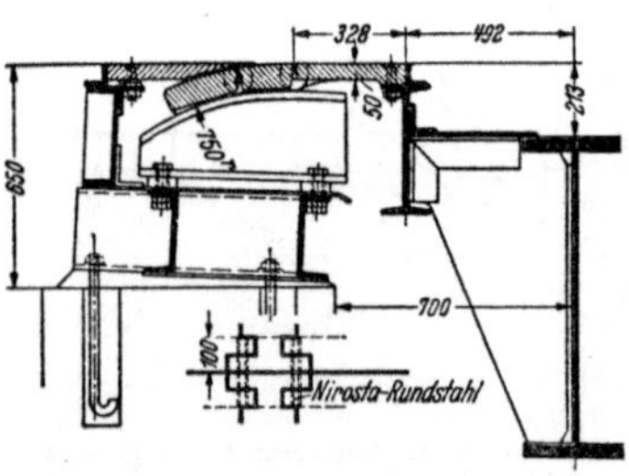

Abb. 243. Fahrbahnübergang (DEMAG) für 260 mm Gesamtbewegung. (Nach *G. Blick:* Stahlbau 11 (1938) S. 183)

gelenkig verbundenen Gleitplatten, die am Überbau befestigt sind und bei einer Bewegung des Brückenendes ähnlich wie ein Rollverschluß über eine auf dem Widerlager befestigte Gleitbahn geschoben werden. Der Fahrbahnübergang Abb. 244 benutzt eine einzige, kippbar gelagerte Platte zur Überbrückung der Lücke; vgl. *W. Haupt:* Bautechnik 21 (1943) S. 70.

Fahrbahnübergänge sind nicht dicht. Das an ihnen durchkommende Wasser wird durch Tropfbleche und Querrinnen aufgefangen, die gut zugänglich sein müssen (Abb. 242 und 244).

7. Fahrbahnunterbrechungen

Der Fahrbahnrost wird in der Regel fest mit den Hauptträgern verbunden, er ist also gezwungen, deren Formänderungen mitzumachen.

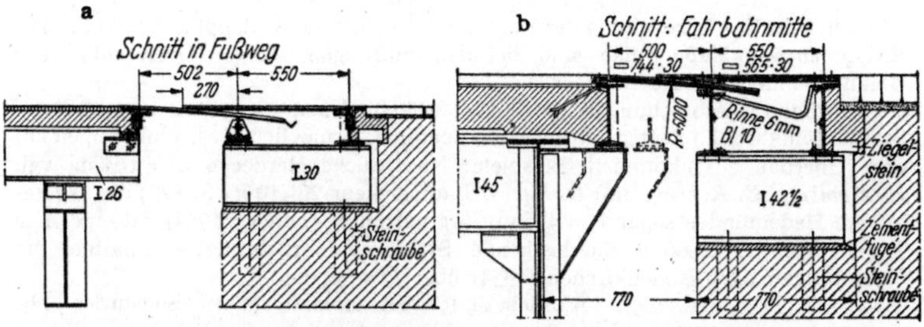

Abb. 244. Fahrbahnübergang (Bauweise *W. Haupt* der Dortmunder Union Brückenbau-AG.) für 450 mm Gesamtbewegung. a) im Fußweg, b) in der Fahrbahn

In neuerer Zeit wird vielfach Fahrbahnplatte und Fahrbahnrost zusammen mit den Hauptträgern als gemeinsamer Tragkörper ausgeführt und entsprechend berechnet, insbesondere bei Verbundträgern und Brücken mit ebenem Deckblech.

Geschieht dies nicht, so werden, um die Zwängungskräfte im Fahrbahnrost (gemäß Abb. 245) zu vermindern, bei längeren Überbauten in Abständen von etwa 40 bis 80 m *Fahrbahnunterbrechungen* ausgeführt. Das sind Fugen, die durch die ganze Fahrbahntafel gehen, so daß sich die benachbarten Fahrbahnabschnitte unabhängig voneinander verformen können. Abb. 246a zeigt die Fahrbahnunterbrechung einer Autobahnbrücke. Der Längsträger ist über dem Querträger unterbrochen, seine linke Seite fest, die rechte auf einer Gleitplatte beweglich. An der Fuge treten kleine Bewegungen auf, entsprechend der Hauptträgerdehnung infolge der Verkehrslast sowie etwaigen Wärmeunterschieden. Die Fuge ist mit einem gewölbten Kupferblech gedichtet und mit Asphalt vergossen.

Ausbildung und Dichtung der Querfugen in der alten Rheinbrücke Köln-Rodenkirchen zeigt Abb. 246b. Die rechte Stahlbetonfahrbahnplatte ist beweglich gelagert, die Vergußmasse wurde durch ein verzinktes Stahlblech gehalten.

Bei Pflasterfahrbahn kann die Fuge mit einem Blech überdeckt und die Fahrbahndecke über die Unterbrechung durchgeführt werden (Abb. 240).

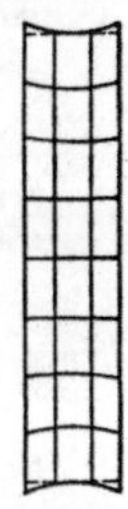

Abb. 245

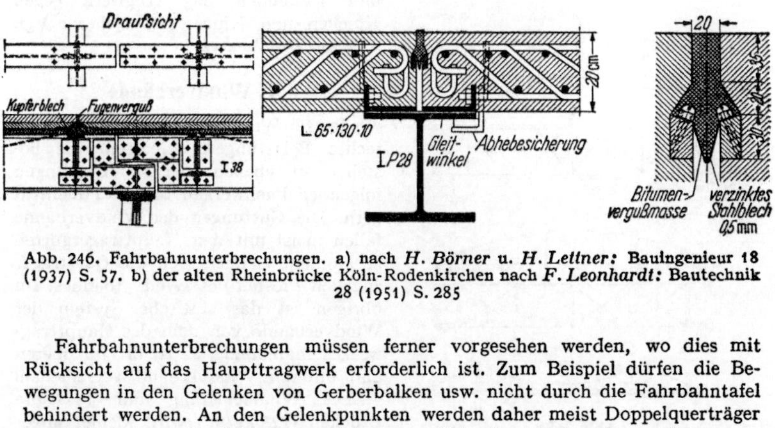

Abb. 246. Fahrbahnunterbrechungen. a) nach *H. Börner* u. *H. Leitner:* Bauingenieur 18 (1937) S. 57. b) der alten Rheinbrücke Köln-Rodenkirchen nach *F. Leonhardt:* Bautechnik 28 (1951) S. 285

Fahrbahnunterbrechungen müssen ferner vorgesehen werden, wo dies mit Rücksicht auf das Haupttragwerk erforderlich ist. Zum Beispiel dürfen die Bewegungen in den Gelenken von Gerberbalken usw. nicht durch die Fahrbahntafel behindert werden. An den Gelenkpunkten werden daher meist Doppelquerträger ausgeführt, um die Längsträgerstränge unabhängig voneinander auflagern zu können. Für die Überdeckung der Fuge genügen einfache Schleppbleche (Abb. 247). Entsprechende Maßnahmen sind bei den Fußweglängsträgern notwendig, das Geländer muß unterbrochen werden.

Fahrbahnunterbrechungen sind aus verschiedenen Gründen unerwünscht. Stahlbetonfahrbahnplatten mit Längsvorspannung ermöglichen es, ohne Fugen auf dem Überbau auszukommen. Beispiele: Ruhrbrücke Herdecke $L = 161$ m, vgl. *H. Homberg, E. Köhling* und *D. Fuchs:* Bauingenieur 26 (1951) S. 129; die Werrabrücke Hedemünden sogar $L = 416$ m. Der Sulzbach-Viadukt (1954) hat eine ohne Fugen über $L = 366$ m durchgehende Stahlbetonfahrbahnplatte erhalten, die Rheinbrücke Köln-Rodenkirchen (1954) über $L = 567$ m.

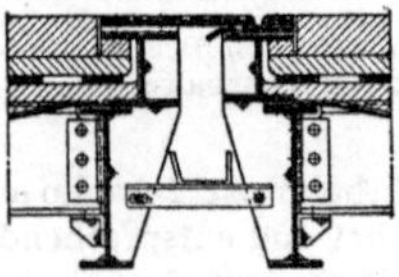

Abb. 247. Fahrbahnunterbrechung im Gelenkpunkt. (Nach *G. Worch:* Bauingenieur 18 (1937) S. 252)

Ähnliches gilt für Eisenbahnbrücken. So wurden z. B. die Längsträger bei unten liegender Fahrbahn auch in über mehrere Öffnungen durchlaufenden Balken in allen Anschlüssen fest vernietet, so daß sie über die ganze Brückenlänge durchgehen. Die Längsträger werden durch waagrechte Scheiben gezwungen, die durchschnittliche Formänderung der Hauptträger mitzumachen. Der Hauptträgeruntergurt wird dabei durch den Fahrbahnrost entlastet, während in den Längsträgern große Normalkräfte auftreten. *C. Popp:* Zur genaueren Berechnung der Fahrbahn-Längsträger stählerner Brücken (= Forsch. Stahlbau H. 10), Berlin 1954.

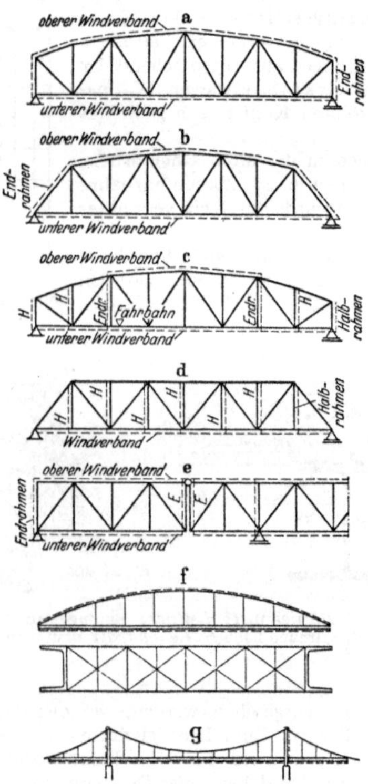

Abb. 248. Anordnung der Windverbände

D. Verbände

Vollwandige Stahltragwerke besitzen quer zur Trägerebene geringe Steifigkeit, ebene Fachwerke sind mit den für die Berechnung angenommenen Kugelgelenken in den Knotenpunkten quer zur Fachwerkebene sogar hochgradig verschieblich. Windverbände und Querrahmen sind daher zunächst einmal erforderlich, um unverschiebliche Raumtragwerke zu schaffen. Sie haben ferner die Belastungen quer zu den Tragwänden aufzunehmen und schließlich das Tragwerk gegen Knicken und Kippen zu sichern. Vgl. Abschn. *Brückenbau.*

1. Windverbände

werden für Winddruck und andere waagrechte Belastungen bemessen. Sie bestehen aus ebenen oder den Gurtungen folgenden Fachwerken oder Rahmenträgern. Die Gurtungen der Windverbände fallen meist mit den Hauptträgergurten zusammen. Vielfach sind die Querträger zugleich Pfosten des Windverbandes. Im übrigen ist das statische System der Windverbände von dem des Haupttragwerkes unabhängig, es ist oft für oberen und unteren Windverband verschieden.

Die Windbelastung auf belastete Brücken (125 kg/m²) wird kleiner angenommen als die auf unbelastete Brücken

(250 kg/m²). Einzelheiten über die bei der Berechnung einzusetzenden *Windangriffsflächen* sind den Vorschriften zu entnehmen.

Fachwerkbrücken erhalten, wenn der Brückenquerschnitt dies zuläßt, möglichst zwei Windverbände zwischen den beiden Hauptträgergurten. Vgl. Systemskizzen Abb. 248, in denen die Wind- und Querverbände durch gestrichelte Linien angedeutet sind. Der obere Windverband muß in *Endrahmen* gestützt werden (Abb. 248a und b). Reicht die lichte Höhe über der Fahrbahn nicht aus, um einen oberen Windverband auszuführen, so kommt Abb. 248c in Betracht, bei der sich ein kürzerer oberer Verband auf Endrahmen stützt, während die äußeren Knotenpunkte des Obergurtes durch (oben offene) Halbrahmen gehalten werden. Sind schließlich alle Knotenpunkte des zweiten Gurtes ausreichend durch Querrahmen gehalten, so kann der zweite Windverband entfallen (Abb. 248d).

Zahl und Art der Querverbände muß ausreichen, um ein im Raum verschiebliches Tragwerk zu schaffen. Bei Fachwerken ist üblich, die Unverschieblichkeit auch für den Fall von Kugelgelenkverbindungen sicherzustellen. Vollwandige

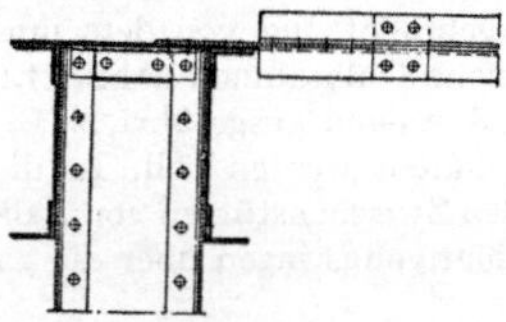

Abb. 249

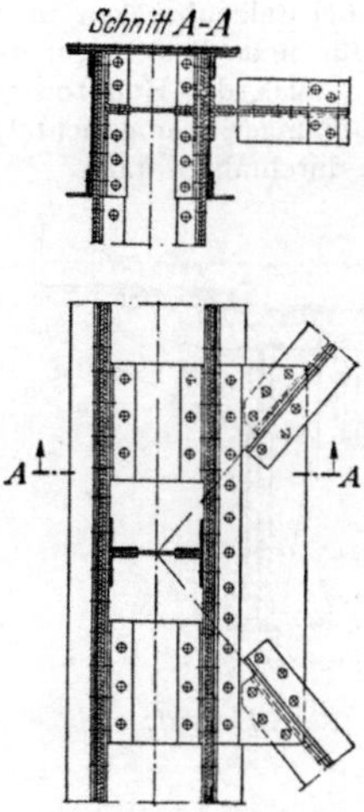

Abb. 250

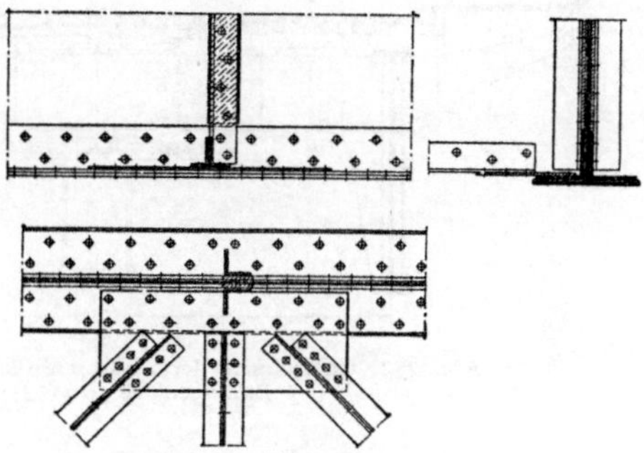

Abb. 251

Balkenbrücken erhalten meist nur einen Windverband. Bogen und Stabbogen werden, abgesehen von kleineren Bauwerken, durch besondere Wind- und Knickverbände gesichert. An Gelenkpunkten usw. der Haupttragwerke müssen Windverbände so geführt werden, daß eine Beeinträchtigung der Gelenkwirkung vermieden wird (Abb. 248e).

Breite Fahrbahntafeln aus Blechen oder Stahlbeton sind in ihrer Ebene sehr steif. Für nicht zu große Stützweiten kann bei ihnen ein besonderer Windverband entfallen, da dessen Funktionen von der Fahrbahntafel übernommen werden können. Die quergerichteten Kräfte müssen während der Montage auf andere Weise aufgenommen werden.

Für die Wahl der Ausfachung ist ausschlaggebend, daß die Kräfte im allgemeinen gering, die Knickschlankheiten der Stäbe groß sind. Fachwerke mit kleinen Stablängen (z. B. K- und Rautenfachwerke) verdienen also den Vorzug. In manchen Fällen kann der Windverband zur Verminderung der Knicklänge am Farbahnrost aufgehängt werden. Für Verbände über der Fahrbahn sind Rautenfachwerke ohne Pfosten beliebt, in seltenen Fällen werden Rahmenträger mit biegesteifen Stäben und Anschlüssen benutzt.

Die Höhenlage der Windverbände ist weitgehend durch bauliche Rücksichten bestimmt (Abb. 249). Soweit möglich werden jedoch auch hier, wenigstens bei größeren Kräften außermittige Anschlüsse vermieden und der Windverband so gestaltet, daß sich die Stabachsen in den Hauptträgerebenen schneiden (Abb. 250). Weitere Beispiele für den Anschluß von Windverbänden s. Abb. 153a, 214 u. 216.

Der Anschluß im Untergurt eines Vollwandtragwerkes kann nach Abb. 251 erfolgen. Besondere Bedeutung haben die Windverbände bei den neuerdings oft ausgeführten torsionsfesten Brückenquerschnitten (Torsionsverband). Bei breiten geschlossenen Kastenträgern entfallen besondere Windverbände.

2. Querrahmen

Brücken mit obenliegender Fahrbahn können durch leichte Fachwerkrahmen (Abb. 233) versteift werden. Rahmenartige Querverbände lassen sich mit den Hauptaussteifungen der Vollwandbalken verbinden. Bei Abb. 252 sind viele Leitungen auf dem Zugband des Zweigelenkrahmens bzw. auf Rosten unter dem Querträger untergebracht und von dem mittleren Fußsteg aus zugänglich.

Unten offene Halbrahmen (Abb. 212 und 222) werden bei Balkenbrücken ohne unteren Windverband ausgeführt, z. B. wenn der Raum für einen Besichtigungswagen freigehalten werden soll. In diesem Falle werden auch die Hauptquerrahmen an den Zwischenstützen von Balken über mehrere Öffnungen so eingerichtet, daß *ein* Besichtigungswagen über die ganze Brückenlänge durchfahren kann.

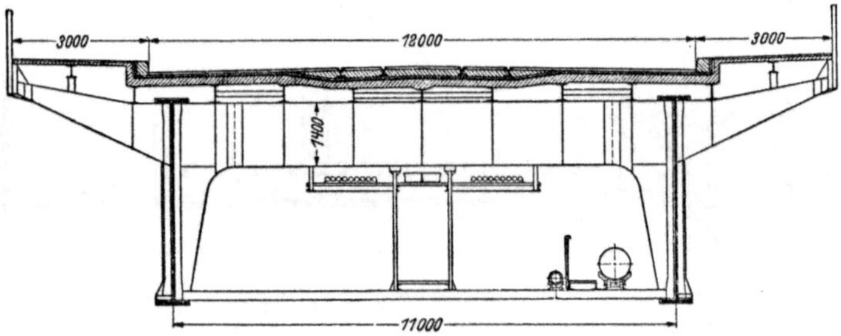

Abb. 252. Querschnitt der Dreirosenbrücke Basel. (Nach *E. Graf:* Bauingenieur 16 (1935) S. 71)

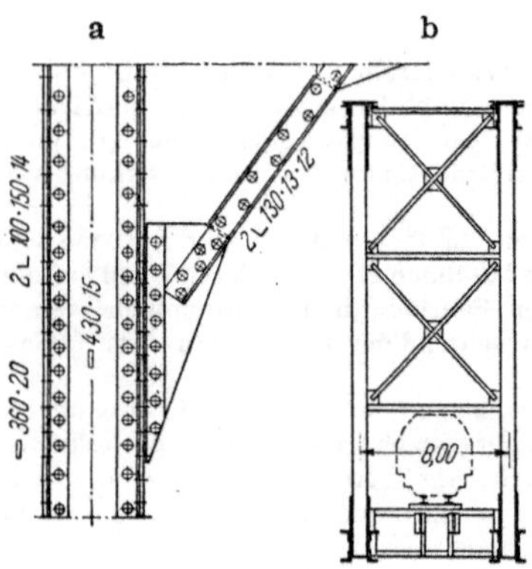

Abb. 253

Bei *Brücken mit untenliegender Fahrbahn* sind die Querverbände durch das freizuhaltende Lichtraumprofil mit bestimmt. Trogbrücken mit oben offenen Halbrahmen s. Abb. 211 und 213, Fachwerkquerrahmen s. Abb. 156d. Besonders wichtig sind die Querverbände bei hohen Fachwerkbrücken, wo sie die freie Länge der Pfosten verkürzen und die steifen Eckverbindungen entlasten (Abb. 253). Die Portale von weitgespannten Brücken haben sehr große Kräfte aufzunehmen. Für ihre Gestaltung sind weitgehend ästhetische Überlegungen bestimmend. Beispiele Abb. 254.

Vollwandige Querrahmen werden heute für kleine und mittlere Abmessungen bevorzugt (Beispiel Abb. 157c).

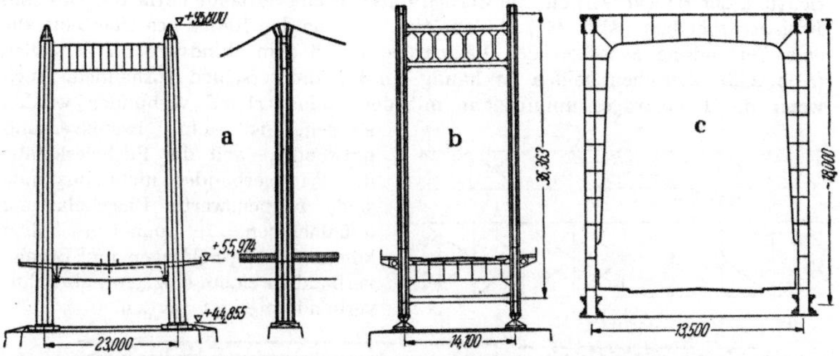

Abb. 254. Portale der Rheinbrücken a Köln-Mülheim, b Krefeld-Uerdingen, c Neuwied

Lastverteilende Querrahmen (Abb. 255) sind bei Rostbrücken notwendig, um auch bei Streifenbelastung alle Hauptträger zur Mitwirkung zu zwingen. Verbände bedürfen ferner einer eingehenden statischen Untersuchung, wenn es sich um eine Eisenbahnbrücke mit Fliehkräften handelt oder wenn die Hauptträger im Grundriß gekrümmt sind.

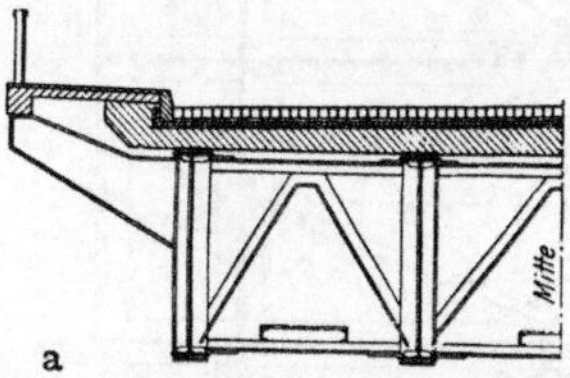

3. Schlingerverband

Ein Schlingerverband zwischen den Längsträgern von Eisenbahnbrücken (Abb. 156c) ist bei offener Fahrbahn notwendig, um die von den

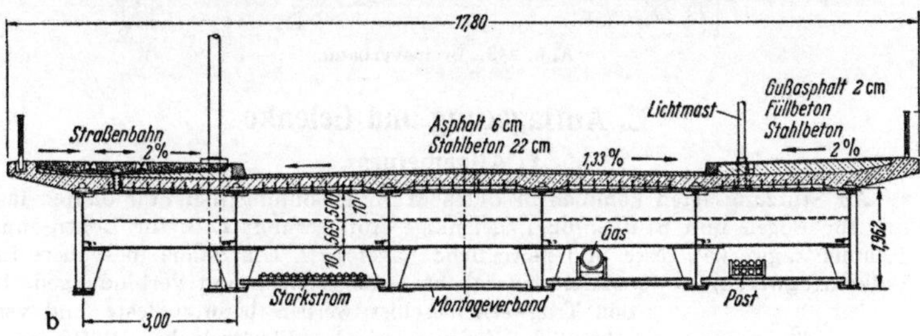

Abb. 255. Querschnitt und lastverteilende Querträger a schematisch, b der Ruhrbrücke Herdecke

Fahrzeugen ausgeübten Seitenkräfte aufzunehmen. I-Längsträger sind in der Querrichtung verhältnismäßig wenig steif, es ist daher erwünscht, daß der Schlingerverband zugleich ihre Kipplast vergrößert (Abb. 256).

4. Bremsverband

Die Querträger sind nicht imstande, die Kräfte aufzunehmen, die beim Bremsen und Anfahren der Fahrzeuge in der Längs-

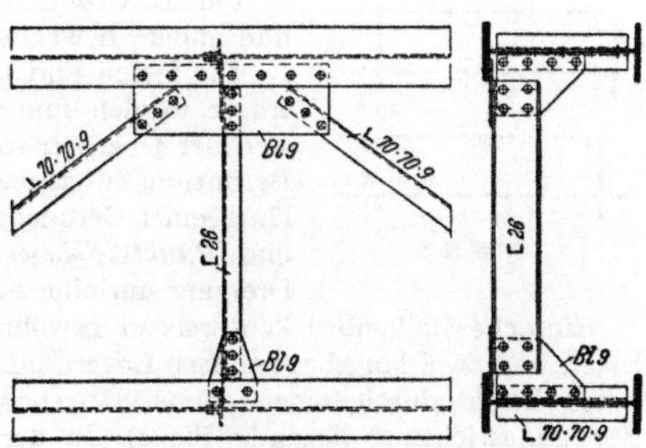

Abb. 256. Schlingerverband

richtung der Brücke wirken. Sie werden durch Bremsverbände entlastet. Das sind Fachwerkscheiben (Abb. 257) in der Mitte oder an den Enden des Überbaus, die eine Verbindung zwischen den Längsträgern und dem Windverband herstellen (Abb. 258). Zwischen beiden ist häufig ein Höhenunterschied vorhanden. Auch wenn die Längsträger unmittelbar mit dem Windverband verbunden werden können, ist ein Bremsverband notwendig, weil die Fachwerkstäbe des Windverbandes nicht imstande sind, nennenswerte Biegebelastung aufzunehmen. In manchen Fällen können Wind-, Schlinger- und Bremsverband zu einem einzigen Fahrbahnverband vereinigt werden.

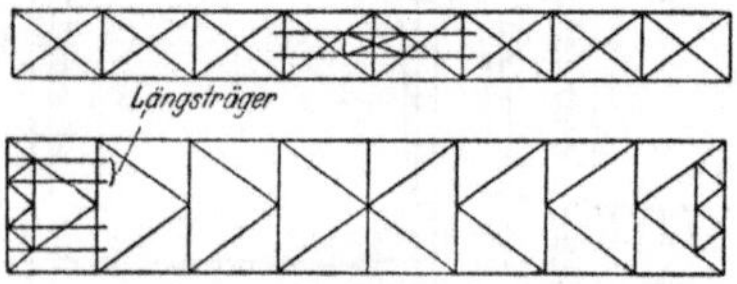

Abb. 257

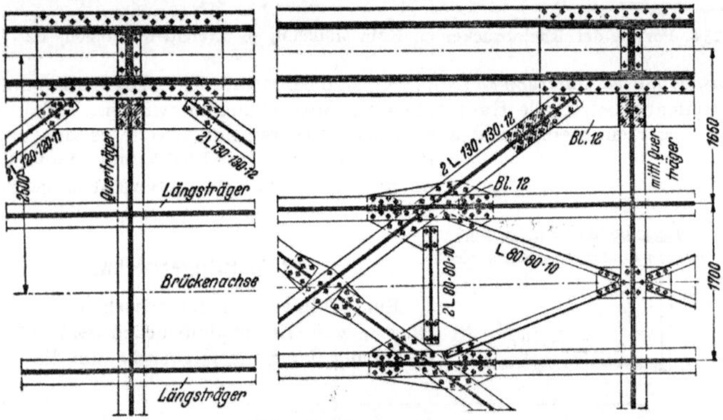

Abb. 258. Bremsverband

E. Auflagerung und Gelenke

1. Allgemeines

An Stützungsarten kommen in Betracht: Einspannung (bei Stahlbauten fast nur für Bogen und Stützenfüße), gelenkige Auflagerung (z. B. für Bogen- und Rahmentragwerke), feste und bewegliche Lager bzw. Stützstäbe (besonders für Balkentragwerke) sowie andere bewegliche Auflagerungen und Verbindungen. In den Tragwerken selbst werden benutzt feste und verschiebliche Zwischengelenke, Flachgelenke (Blattfedern), Wechselgelenke (deren Wirkungsweise sich mit der Bewegungsrichtung ändert oder die nur Drehungen von begrenzter Größe zulassen), Auszüge, Langlochanschlüsse und andere bewegliche Verbindungen.

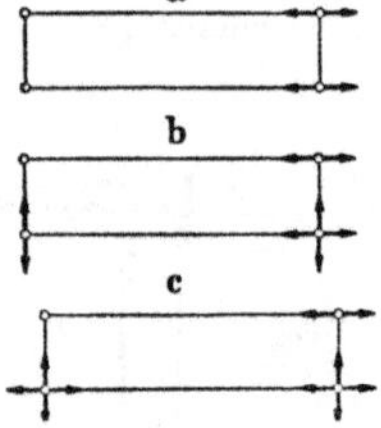

Abb. 259

Die festen und beweglichen Lager der Brückenhauptträger werden immer als *Kipplager* eingerichtet, so daß sich der Überbau frei drehen kann. Je nach der Art der Berührung unterscheidet man *Linienkipplager* (Berührung längs einer Geraden, d. h. Drehung nur um die Kipplinie) und *Punktkipplager* (Berührung in einem Punkt, so daß Drehung um eine beliebige Achse möglich ist).

Einfache Balkenbrücken werden gewöhnlich nach Abb. 259a, d. h. mit zwei festen und zwei längsbeweglichen Lagern ausgestattet (in Abb. 259 ist bezeichnet: festes Lager durch einen Kreis, längsbewegliches Lager durch zwei in der Bewegungsrichtung liegende Pfeile). In der Querrichtung sind die Lager nicht beweglich. Bei Wärmeänderungen oder Durchbiegungen der Endrahmen treten also Zwängungskräfte auf. Bei der Ausführung der Brückenlager wird zwar bei Anschlägen, Führungsleisten usw. ein kleiner Spielraum vorgesehen, um auch Querdehnungen zu ermöglichen. Diese Maßnahmen werden jedoch erst wirksam, wenn die Reibung überwunden ist. Bei breiten Brücken werden die Lager daher auch nach Abb. 259b gewählt, d. h. mit nur einem festen, zwei einfach und einem doppelt beweglichen Lager.

Die waagrechte Ausbiegung des Windverbandes ist bei den Lageranordnungen a und b behindert, der Verband wird durch die Lager eingespannt. Dadurch ändert sich die Kräfteverteilung im Verband und auf die festen Lager wirken auch erhebliche zusätzliche Kräfte in der Längsrichtung.

Die Zwängungsspannungen, die beträchtliche Größe erreichen können, werden meist in Kauf genommen. Ist es in besonderen Fällen erwünscht, die Zwängungskräfte zu vermindern, so ist Lageranordnung Abb. 259c zu wählen. Sie hat allerdings den Nachteil, daß zwei allseitig bewegliche Lager notwendig sind, und daß die Bremskräfte nur in dem einen Lager aufgenommen werden.

Für die Gestaltung der Stützkonstruktion ist wichtig, daß die Pressungen auf die Unterbauten nur verhältnismäßig klein sein dürfen, weshalb die Lager an der Grundfläche verbreitert werden. Der Auflagerdruck wurde bei den alten Brücken durch Auflagerquader aus Naturstein verteilt. Da diese Quader oft gelockert und zerstört wurden, werden jetzt in der Regel alle Lager mit einer über die ganze Pfeilerlänge durchgehenden *Auflagerbank* aus Stahlbeton verbunden.

2. Feste Lager

Die festen Brückenlager haben außer dem lotrechten Auflagerdruck auch die waagrechten Kräfte in der Längs- und Querrichtung aufzunehmen. Die festen Lager von Eisenbahnbrücken werden nach Möglichkeit so gesetzt, daß die Bremskräfte den Überbau auf Druck belasten, fest sind also im allgemeinen die unteren Lager bei Brücken im Gefälle bzw. die vorderen Lager bei eingleisigen Brücken vor Bahnhöfen.

In dem *festen Linienkipplager* Abb. 260 umfaßt die ebene *Kipplatte* (oben) die zylindrische Wälzfläche der *Grundplatte* (unten), so daß Abgleiten in der Längsrichtung der Brücke unmöglich ist. Seitliche Ansätze (*Knaggen*) an der Grundplatte verhindern Querverschiebungen, schließlich ist das ganze Lager durch einbetonierte Rundstähle (*Dollen*) auf dem Unterbau festgehalten.

Zwischen Hauptträger und Lagerkörper wird eine Auflagerplatte eingelegt. Die *Kipplatte* wird durch Schrauben, seitliche Leisten und zylindrische Zapfen, die in Aussparungen der Auflagerplatte eingreifen, fest mit dem Überbau verbunden. Die Aussteifungen des Hauptträgers werden an den Lagerpunkten eingepaßt oder eingeschweißt, um die Auflagerkraft über eine größere „Aufstandfläche" zu verteilen.

Da der Auflagerdruck bei Balken in erster Linie durch den Steg des Querschnitts und seine Verstärkungen übertragen wird, wird die obere Fläche der Kipplatte allein im mittleren Teil bearbeitet, bei zweiwandigen Hauptträgerquerschnitten in zwei Streifen. Größere waagrechte Kräfte können nur durch besondere Maßnahmen (z. B. Zapfen) aufgenommen werden. Die Grundplatte wird bei größeren Abmessungen rippenförmig aufgelöst (Abb. 261).

Beim *festen Zylinderzapfen-Kipplager* ist zwischen Kipplatte und Grundplatte ein Zapfen eingelegt (Abb. 26). Zapfenlager haben den Nachteil, daß in ihnen gleitende Reibung zu überwinden ist, während z. B. in Linienkipplagern die viel kleinere rollende Reibung auftritt. Sie erfordern auch eine größere Bauhöhe als letztere.

Zwei kreuzförmig übereinanderliegende Linienkipplager ermöglichen Kippen um eine beliebige waagrechte Achse.

Bei *Punktkipplagern* ist nur die eine oder auch beide Berührungsflächen kugelförmig bearbeitet. Abb. 263 zeigt ein festes Kugelkipplager mit ebener Kipplatte.

Bei allen Lagern ist durch Vorsprünge und Knaggen dafür zu sorgen, daß die Kipplatte nicht unter der Einwirkung der waagrechten Kräfte oder der Erschütterungen allmählich von der Grundplatte abrutscht. Es darf auch nicht damit gerechnet werden, daß zwischen Grundplatte des Lagers und Unterbau größere Haftspannungen übertragen werden. Wenn eine Verbreiterung der Grundfläche nicht ausreicht, um das Kippen des Lagers auszuschließen, muß das Lager verankert werden. Beispiel Bautechnik 16 (1938) S. 269.

Bei Drehung des Überbaues um den Winkel α wälzt sich eine ebene Kipplatte auf der Grundplatte (Halbmesser r) um den Weg $a = r\alpha$ ab.

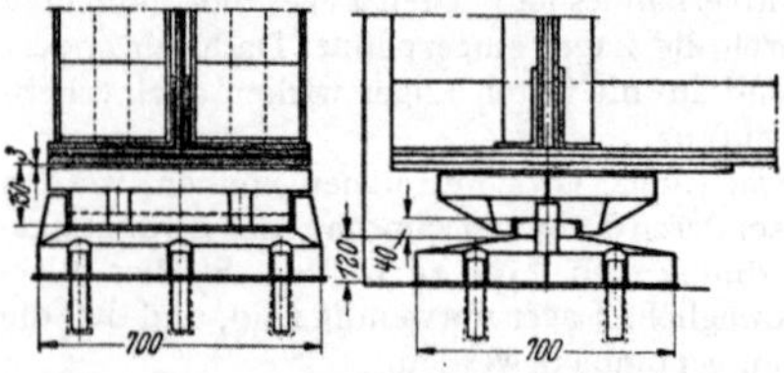

Abb. 260. (Nach *H. Börner* u. *H. Leitner:* Bauingenieur 18 (1937) S. 58)

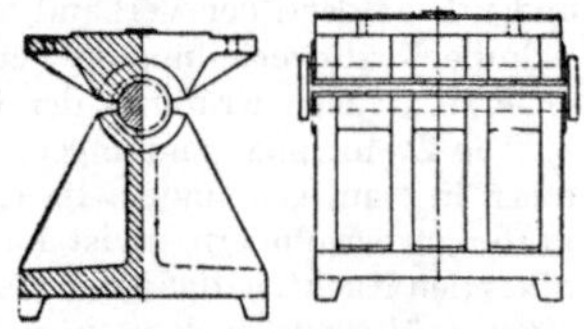

Abb. 262. Zapfen-Kipplager

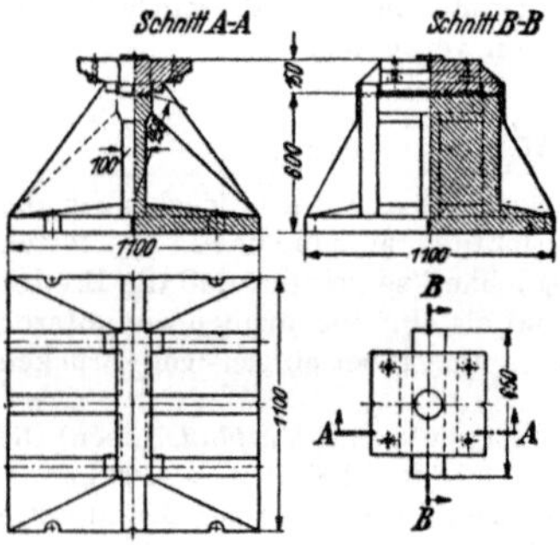

Abb. 261. (Nach *G. Worch:* Bauingenieur 18 (1937) S. 308)

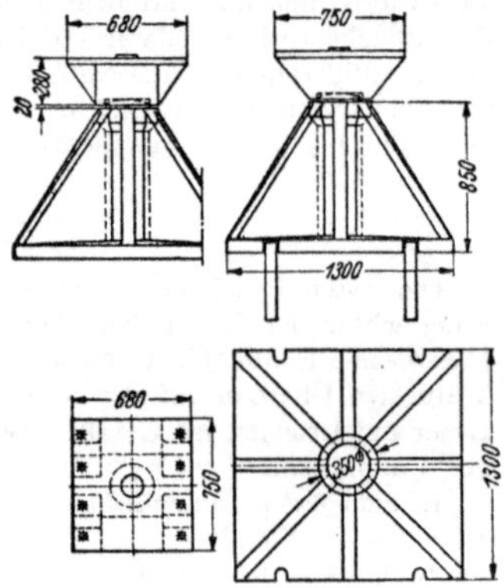

Abb. 263. (Nach *K. Schreiner:* Bauingenieur 18 (1937) S. 685)

3. Bewegliche Lager

Es werden Rollen, Stelzen, Pendel oder Kugeln benutzt, bei denen nur rollende Reibung zu überwinden ist. Gleitlager kommen wegen der erheblichen Reibungswiderstände für die Haupttragwerke von Stahlbrücken nicht in Betracht, über ihre Benutzung in Fahrbahnrosten vgl. Abbildung 247.

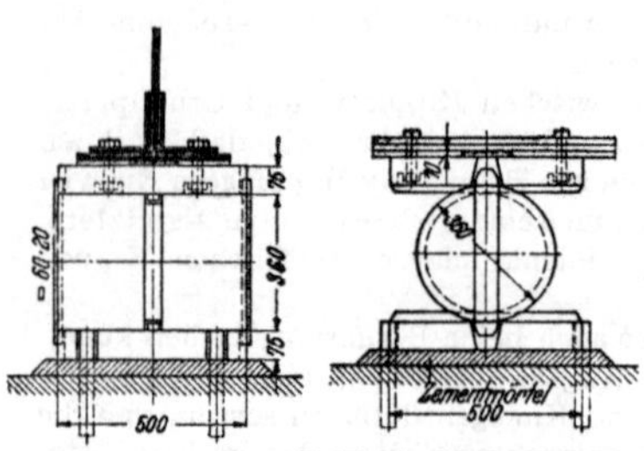

Abb. 264. (Nach *F. Zimirski:* Bautechn. 16 (1938) S. 506)

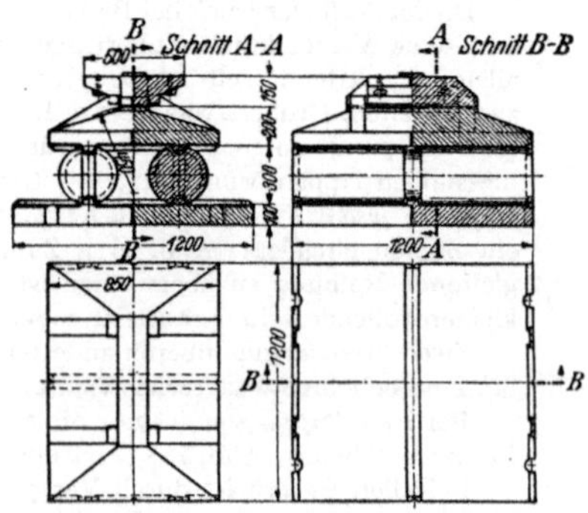

Abb. 265. (Nach *G. Worch:* Bauingenieur 18 (1937) S. 309)

Für Drucke bis etwa 100 t können Lager mit einer Rolle (*Einrollenlager* Abb. 264), für größere Kräfte bis etwa 500 t solche mit zwei Rollen (*Zweirollenlager* Abb. 265) benutzt werden. Die Rollenlager bestehen aus *Grundplatte*, *Rollen*, *Sattelplatte* und *Kipplatte*. Bei dem Einrollenlager kann die besondere Kippvorrichtung entfallen.

Als Sicherung gegen seitliche Verschiebungen erhalten Grund- und Sattelplatten *Führungsleisten*, die Rollen entsprechende Rillen. Um mehrere Rollen in der Längsrichtung in ihrem gegenseitigen Abstand zu halten, werden *Verzahnungen* benutzt (Abb. 264 und 265). Maßnahmen gegen unzulässige Verschiebungen an Grund- und Kipplatte wie bei festen Lagern.

Wird der Überbau um das Maß *a* gegen die Grundplatte verschoben, so ist der Weg der Rolle nach Abb. 266 nur die Hälfte. Der Angriffspunkt des Auflagerdruckes wandert auf Grund- und Sattelplatte je um das Maß $a/2$. Da für den Rollenweg bei Brückenlagern im allgemeinen nur ein Bruchteil des Walzenumfanges notwendig ist, können statt der vollen Zylinderrollen *Stelzen* (Abb. 266) benutzt werden. Stelzen benötigen weniger Platz als Rollen gleichen Durchmessers, die Lagerkörper fallen also kleiner aus, sodaß entsprechende Baustoffersparnisse eintreten.

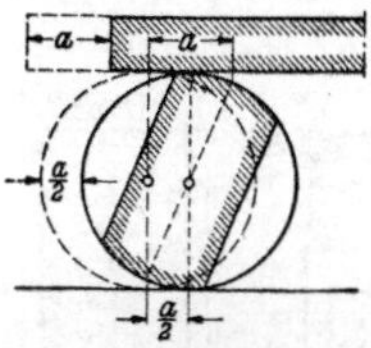

Abb. 266

Die *allseitig beweglichen Lager* Abb. 267 bestehen im wesentlichen aus zwei übereinanderliegenden Rollenlagern.

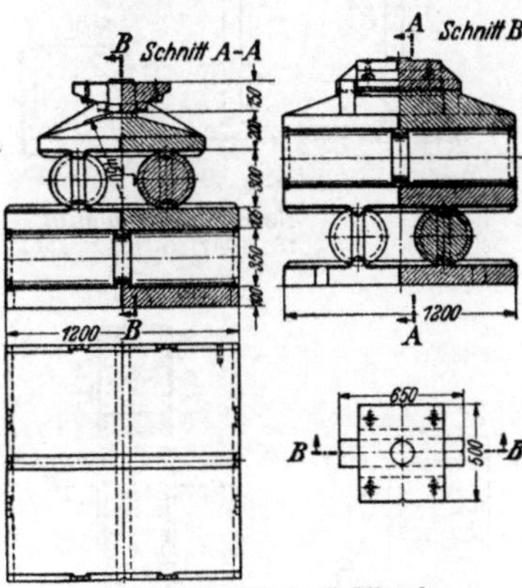

Abb. 267. (Nach *G. Worch:* Bauingenieur 18 (1937) S. 309)

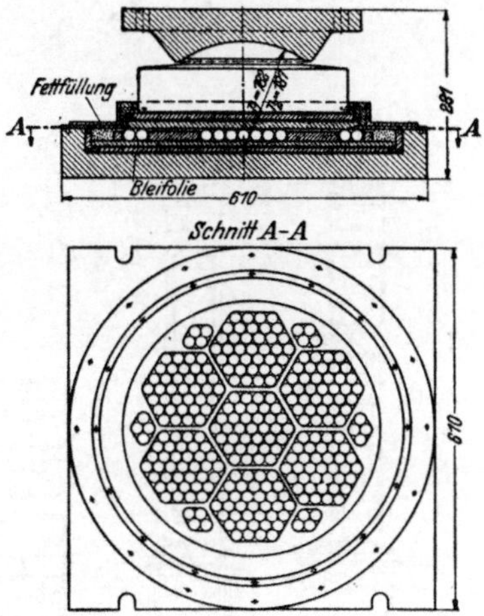

Abb. 268. (Nach *I. Zillinger:* Bautechn. 17 (1939) S. 501)

Bei den Beispielen ist die Grundfläche des Lagers glatt. Die 20 bis 40 mm starke Fuge kann dann leicht mit Zementmörtel unterstopft werden. Das Vergießen mit Hartblei kommt heute nur noch ausnahmsweise in Betracht, weil Blei nicht unter allen Umständen dauerhaft ist.

Statt der Auflagerdollen wurden die Grundplatten früher mit angegossenen Knaggen versehen. Die Ansätze an den Ecken der massiven Platten bedingen große Gußspannungen, die leicht zum Abbrechen der Ansätze führen. Grundplatten mit glatter Untersicht und Dollen verdienen den Vorzug. Ähnliche Schwierigkeiten sind bei angegossenen Verzahnungen eingetreten, die außerdem die Bearbeitung der Rollflächen unnötig erschweren. Führungsplatten vermeiden die Nachteile der angegossenen Verzahnungen. Für die Gestaltung der Lager ist die Möglichkeit einer einfachen Bearbeitung auschlaggebend.

Für feste und bewegliche Lager mit Auflagerdrucken bis 300 t Normalblattentwürfe DIN E 1037 bis 1040.

Die beweglichen Lager der Bauart *Schönhöfer* benutzen viele kleine Stahlkugeln, die durch Rahmen geführt sind. Die Lager sind gekapselt und mit Kugelfett gefüllt. Abb. 268 zeigt ein allseitig bewegliches Lager. Vgl. *R. Schönhöfer:* Neugestaltungen auf dem Gebiete des Auflagerbaues und auf verwandten Gebieten. Düsseldorf 1952.

4. Pendelstützen und Stützrahmen

Bei größerem Höhenunterschied zwischen Überbau und Untergrund können statt beweglicher Lager auf massiven Pfeilern auch Pendelstützen oder gelenkig gelagerte Stützrahmen benutzt werden. Beispiele: Unterführungen von städtischen Straßen und Eisenbahngleisen. Pendelrahmen wurden z. B. bei mehreren Talübergängen der Autobahn ausgeführt. Über Stützstäbe, die biegesteif mit dem Überbau verbunden sind, vgl. Rahmenecken S. 624 und Rahmentragwerke S. 683.

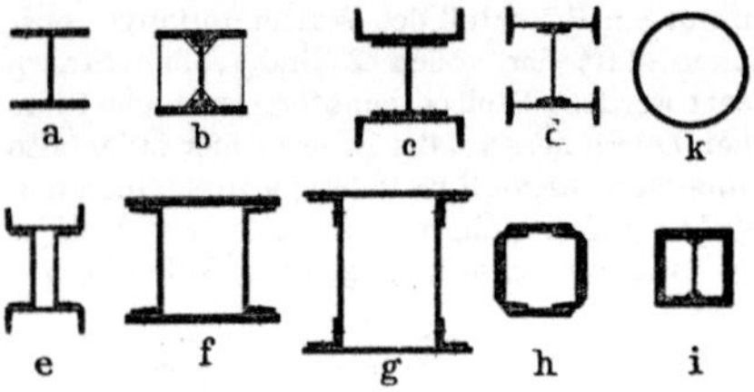

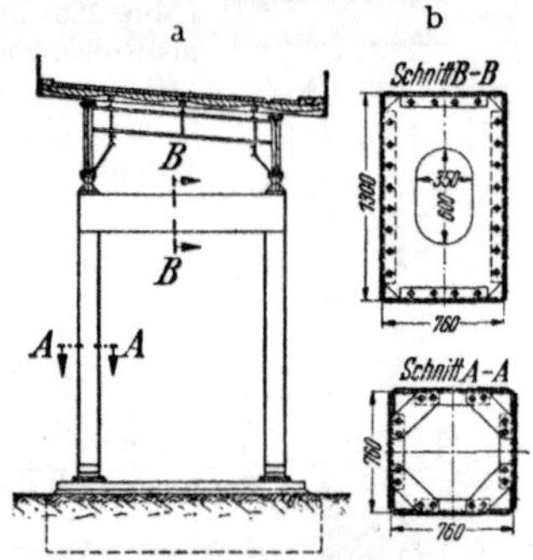

Nach *W. Bachmann:* 18 (1937) S. 383 u. 386)

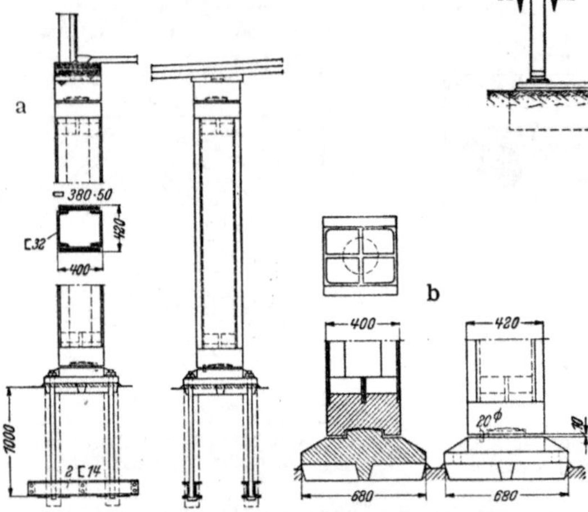

Abb. 270. (Nach *I. Zillinger:* Bautechn. 17 (1939) S. 503)

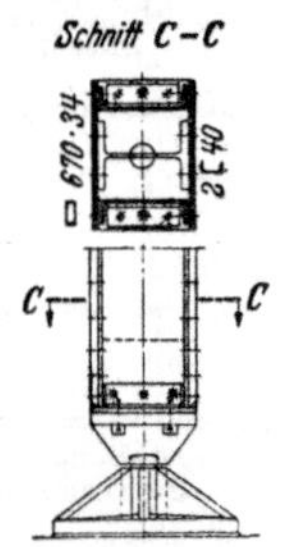

Abb. 272. (Nach *W. Bachmann:* Bauingenieur 18 (1937) S. 354)

Für Stützstäbe werden offene oder geschlossene Querschnitte gewählt. Vgl. Abb. 269 bis 272. Der Kreisringquerschnitt wird für Stützen in der Gestalt von Stahlrohren häufig angewendet. Die früher viel benutzten gußeisernen Hohlstützen kommen dagegen kaum mehr in Betracht.

Stützen mit geschlossenen Querschnitten müssen an unzugänglichen Innenflächen dauerhaften Rostschutzanstrich erhalten, kleinere Hohlstützen werden ausbetoniert. Stützen mit großem Querschnitt werden begehbar eingerichtet, d. h. mit Steigleitern ausgerüstet (Abb. 271).

a) Pendelstützen sind an beiden Enden, meist in Punktkipplagern, gelenkig gelagert. Gedrungene Gelenkkörper mit schmaler Gelenkfuge werden bevorzugt und nur bei großen Kräften greift man zu rippenförmig aufgelösten Gelenkkörpern.

Die Gelenkfuge kann mit einer elastischen Zwischenlage ausgefüllt werden, so daß die fertigen Gelenke kaum mehr zu erkennen sind (Abb. 270). Die Fußplatten sind verankert, damit auch waagrechte Kräfte aufgenommen werden können.

Pendelstützen können, auch mit Linienkipplagern, keine nennenswerten waagrechten Kräfte übertragen. Der Windverband muß daher imstande sein, die waagrechten Kräfte bis zu den Endlagern zu leiten. Einzelstützen kommen deshalb nicht in Betracht, bei längeren Brücken baut man Stützrahmen, die den Windverband auch in den Zwischenpunkten halten.

b) Stützrahmen. Die Stiele von Stützrahmen stehen zur Vermeidung von Biegemomenten aus den lotrechten Brückenlasten in der Regel in den Hauptträgerebenen.

Pendelrahmen haben gegenüber Einzelstützen den Vorteil, in der Querrichtung steif zu sein, so daß sie auch die Windverbände stützen. Abb. 271 zeigt den Pendelrahmen einer Autobahnbrücke. Stiele und Riegel sind begehbar. Abb. 272 zeigt rippenförmig aufgelöste Gelenkkörper. Weitere Beispiele Abb. 147 u. 148. Eine ausführliche Darstellung gibt *G. Schaper:* Stahlbau 10 (1937) S. 161. Vgl. auch *F. W. Waltking:* Bautechnik 28 (1951) S. 35.

5. Gelenke

Die *Gelenke von Bogentragwerken* haben keine großen Querkräfte, sondern überwiegend Normalkräfte zu übertragen (Abb. 199). Es genügt daher meist Sicherung durch Zapfen und Dollen. Die Fußgelenke von leichten Rahmen werden oft wie die von Pendelstützen ausgeführt, bei größeren Schubkräften werden die Grundplatten schräg gestellt, so daß die mittlere Auflagerkraft normal zum Lager wirkt. Beispiele Abb. 199, 200 und 148.

Bei großem Schub oder stärker wechselnder Richtung der Auflagerkraft Lagerung nach Abb. 273 (Abb. 198). Für die lotrechte bzw. waagrechte Komponente der Auflagerkraft ist hier je ein besonderes Rollenlager vorhanden.

Gelenke in Vollwandbalken am einfachsten nach Abb. 274. Die Stegbleche sind im Gelenkbereich verstärkt, und es sind zwei Querträger nebeneinander vorhanden. Windverband und Fahrbahn dürfen die Gelenk-

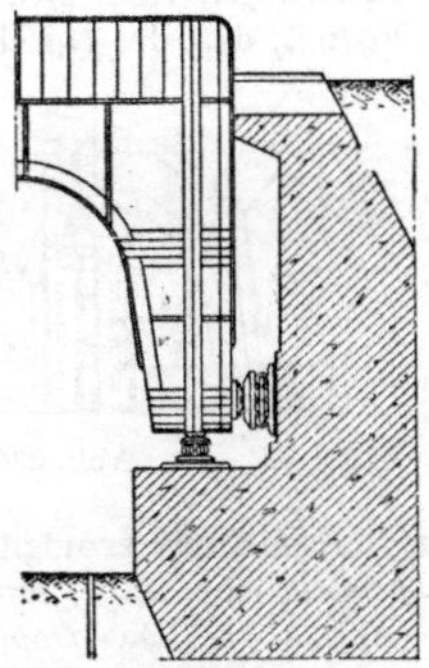

Abb. 273
(Nach *E. Burkhardt:* Bauingenieur 12 (1931) S. 369)

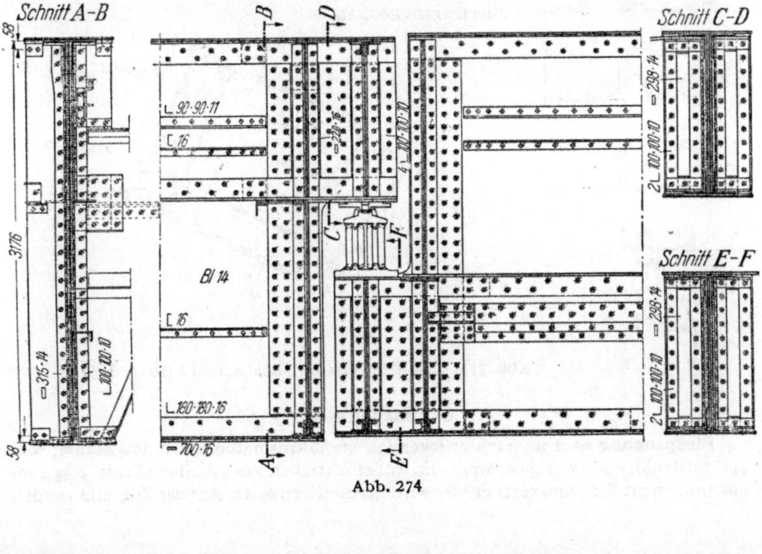

Abb. 274

wirkung nicht beeinträchtigen. Grundsätzlich gleiche Anordnung bei beweglichen Gelenken, Beispiel bei *H. Börner* und *H. Leitner:* Bauingenieur 18 (1937) S. 56.

Gelenke in Fachwerkbalken. Die *festen Gelenke* sind auf Konsolen gestützte Kipplager (entsprechend dem beweglichen Gelenk Abb. 276) oder Bolzengelenke, bei denen die Gelenkkraft von den verstärkten Knotenblechen auf den Gelenkbolzen übertragen wird (Abb. 275). Zwischengelegte Messingbleche verhindern das Festrosten in der Gelenkfuge.

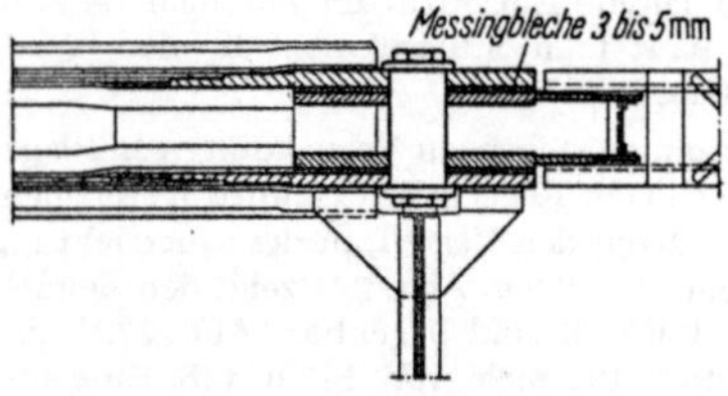

Abb. 275

Bewegliche Gelenke in längeren Gerberbalken, um die an den Fahrbahnübergängen auftretende Bewegung zu unterteilen. Bei Abb. 276 erhält ein Teil der Fachwerkstäbe zusätzliche Biegespannungen, auch stören die großen Gelenkknotenbleche. Das *Pendellager* Abb. 276, auch als bewegliches Brückenlager brauchbar, hat den Vorteil, daß der Durchmesser des Rollkreises beliebig groß gewählt werden kann.

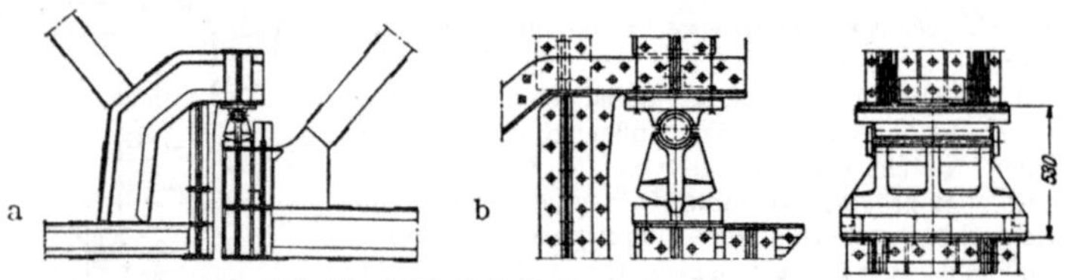

Abb. 276. (Nach *M. Roloff:* Bautechn. 6 (1928) S. 783)

Pendelstäbe ermöglichen eine zentrische Belastung der Fachwerkstäbe. *Druckpendel* (Abb. 277a) sind als Pendelstützen einfacher auszuführen als *Zugpendel* (Abb. 277b). Das *Doppelpendel* (Abb. 277c) liegt innerhalb des zweiteiligen Endpfostens (Querschnitt Abb. 277d), so daß das Gelenk von außen kaum zu erkennen ist. Die im Umriß fehlenden Fachwerkstäbe werden in der Regel als *Blindstäbe* eingefügt, d. h. sie erhalten Langlochanschluß mit Spiel, so daß sie keine Stabkraft übertragen können.

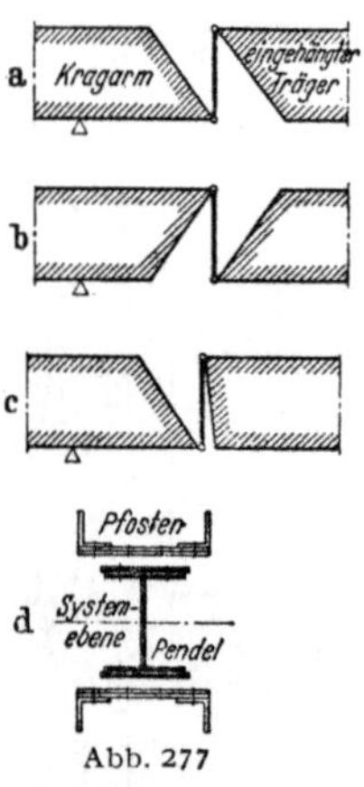

Abb. 277

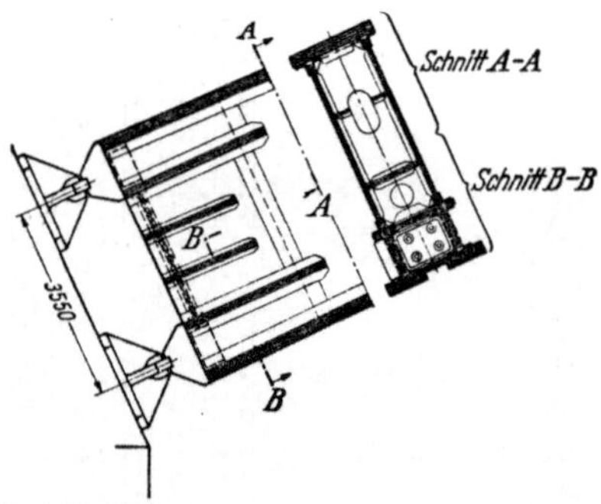

Abb. 278. (Nach *E. Nilsson:* Bautechn. 12 (1934) S. 511 u. 513)

6. Einspannung

Einspannung wird im Stahlbrückenbau verhältnismäßig selten ausgeführt, weil sie konstruktiv schwierig ist, wenn die Außermittigkeit e der Auflagerkraft (e = Einspannmoment/Normalkraft) größer wird als die Kernweite. Auf der Zugseite werden dann Verankerungen notwendig, die nicht immer auf befriedigende Weise zu gestalten sind.

Bei der Mälarseebrücke Stockholm (Abb. 278) erfolgt die Einspannung durch Auflagerung in beiden Gurten des vollwandigen Bogens, d. h. das Einspannmoment wird durch ein Kräftepaar ersetzt. Auf ähnliche Weise können Fachwerkbogen durch Verankerung beider Bogengurte eingespannt werden.

7. Bewegliche Anschlüsse

An Fahrbahnunterbrechungen treten nur kleine Bewegungen auf. Abb. 279 zeigt den beweglichen Anschluß eines Längsträgers zwischen Anschlußwinkeln, er ist in *Langlöchern* verschraubt. Für größere Kräfte ist Langlochanschluß unzweckmäßig. Es ist dann besser, den Auflagerdruck durch ein *Gleitlager* zu übertragen und den Längsträger nur seitlich zu führen (Abb. 280). Man erkennt das Schleppblech der Fahrbahnunterbrechung sowie die Winkel, welche die Asphaltdecke an der Fuge begrenzen. Normaler Längsträgeranschluß der gleichen Brücke s. Abb. 97a.

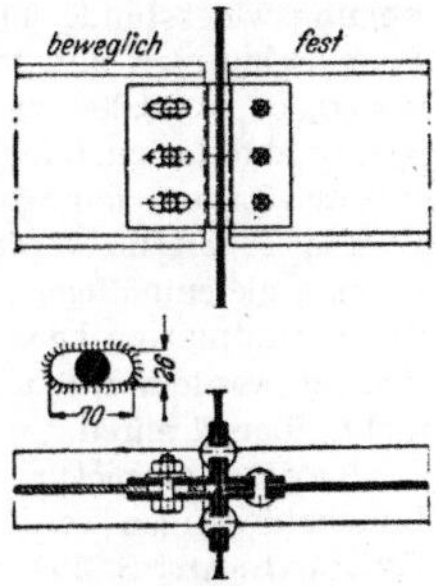

Abb. 279. Langlochanschluß

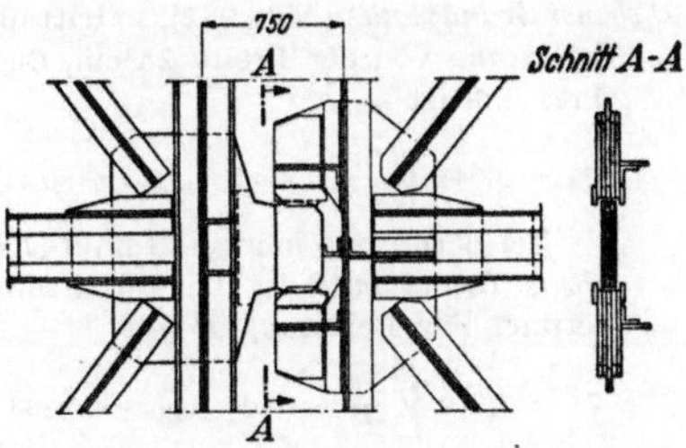

Abb. 281. (Nach *M. Roloff:* Bautechn. 6 (1928) S. 783)

Bei Haupttragwerken darf die Gelenkwirkung nicht durch die Windverbände behindert werden. Je nach Höhenlage und statischem System sind in diesem feste oder bewegliche Gelenke erforderlich. Läuft der Verband über Hauptträgergelenke durch, so braucht er nur die gegenseitige Drehung zu ermöglichen und es können *Flachgelenke* oder Blattfedern benutzt werden, d. h. Knotenbleche in Gelenkhöhe, die beiderseits des Gelenkes fest vernietet sind und bei Gelenkbewegung gebogen werden.

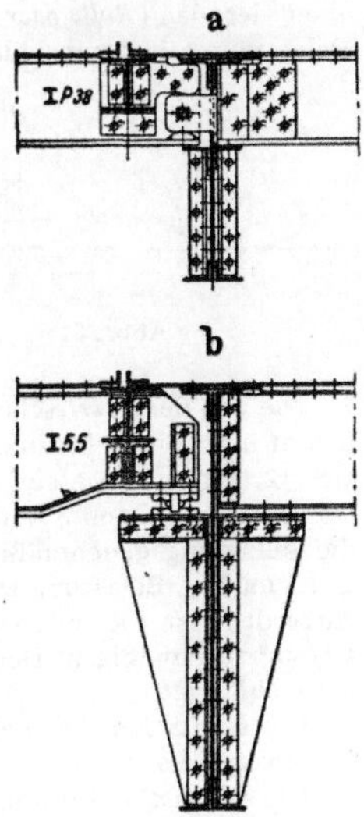

Abb. 280
(Nach *K. Schaechterle* u. *R. Riedl:* Bauingenieur 20 (1939) S. 586)

Ein festes Windverbandgelenk kann am einfachsten als Bolzengelenk zwischen Knotenblechen gestaltet werden, ein längsbewegliches Gelenk als Auszug (Abb. 281) oder mittels eines Bolzens, der in einem Langloch gleitet. Bei Abb. 281 gleitet der Ansatz des linken Teiles in einer Führung. Da die Gleitflächen abgerundet sind, wird nur eine Querkraft übertragen, nicht aber ein Einspannmoment. Nach dem gleichen Prinzip werden bewegliche *Windverbandslager* gebaut, welche die Hauptträgerlager von quer gerichteten Kräften entlasten.

8. Bemessung der Lager und Gelenke

Werkstoff der Lager und Gelenke ist in der Hauptsache Stahlguß GS 52.1, bei Rollen und Stelzen Vergütungsstahl C 35. Bei der Gestaltung sind gießtechnische Rücksichten sowie die leichte Bearbeitung bestimmend. Große Dickenunterschiede, kleine Ansätze u. dgl. müssen wegen der Gußspannungen vermieden werden. Die Lager sind zwecks Kostenersparnis sowie Verkürzung der Lieferfrist so zu gestalten, daß vorhandene Gußformen benutzt werden können. In großem Umfange werden auch geschweißte Lager benutzt, die aus Walzmaterial zusammengesetzt sind.

Lager und Gelenke werden mit großer Genauigkeit bearbeitet, damit die Bewegungswiderstände klein sind. Der *Rollwiderstand* neuer und gut erhaltener Brückenlager ist entsprechend gering. Bei neuen Lagern ist mit Reibungswerten $\mu = 0{,}001$ bis $0{,}005$ zu rechnen, der nach den Bestimmungen einzusetzende Wert 0,03 wird dafür auch nicht angenähert erreicht. In schlecht unterhaltenen oder überlasteten Lagern kann die Reibung dagegen leicht diese Größe überschreiten.

Die Lagerteile werden mit den einfachsten Annahmen berechnet, wie Voraussetzung gleichmäßiger Lastverteilung über Lagerbreite bzw. Grundfläche usw. Bei den Grundplatten beweglicher Lager muß jedoch der Rollweg (Abb. 26) berücksichtigt werden. Die Kantenpressung in der Lagerfuge darf den zulässigen Wert nicht überschreiten.

Berührungsproblem. Die Pressungen in den Berührungsflächen der Punkt- und Linienstützungen werden nach den Formeln von *H. Hertz* berechnet, vgl. Abschn. *Festigkeitslehre*, S. 203. Die unten stehenden Gleichungen gelten, wenn die beiden sich berührenden Körper aus gleichem Werkstoff sind ($E_1 = E_2$ bzw. $\mu_1 = \mu_2 = 0{,}3$).

Berührt ein langer Zylinder eine ebene Platte im unbelasteten Zustand längs einer Geraden (*Rolle oder Stelze auf ebener Grundplatte*) (Abb. 282), so tritt unter der Belastung p je Längeneinheit eine Abplattung von der Breite $2a$ ein, die größte Pressung ist ${}_{\max}\sigma$.

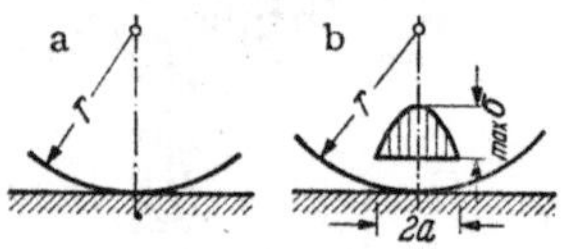

Abb. 282

$$2a = 3{,}045 \sqrt{\frac{p\,r_1}{E}} \quad \text{und} \quad {}_{\max}\sigma = 0{,}418 \sqrt{\frac{p\,E}{r_1}}$$

Bei Berührung in einem Punkt (*Kugel auf ebener Grundplatte*) ist die Abplattung kreisförmig. Für Belastung P gilt

$$2a = 2{,}219 \sqrt[3]{\frac{P\,r_1}{E}} \quad \text{und} \quad {}_{\max}\sigma = 0{,}388 \sqrt[3]{\frac{P\,E^2}{r_1^2}}$$

Die aus den *Hertz*schen Formeln berechneten Pressungen müssen bei Brückenlagern usw. für Belastung H kleiner bleiben als 6,5 (für St 37) bzw. 8,5 (Stahlguß GS 52.1) bzw. 9,5 t/cm² (Vergütungsstahl C 35), für Belastung HZ sind die zulässigen Pressungen 8 bzw. 11 bzw. 12 t/cm². Bei beweglichen Brückenlagern wird die Belastung gleichmäßig auf alle Rollen verteilt angenommen. Um eine zu ungleichmäßige Belastung zu vermeiden, werden nur gerade Rollenzahlen ausgeführt. Außerdem ist die zulässige Pressung bei Lagern mit mehr als zwei Rollen um 1 t/cm² zu ermäßigen. Der Einfluß der endlichen Rollenlängen wird als unerheblich vernachlässigt.

Die *Hertz*schen Formeln gelten dagegen nicht für sehr kurze (schneidenförmige) Rollen und Pendel.

Die *Hertz*sche Lösung des Berührungsproblems kann für die Bemessung zugrunde gelegt werden, obwohl die zulässigen Pressungen weit über den Festigkeitszahlen der betreffenden Werkstoffe liegen. Da die hochbelasteten Gebiete allseitig von weniger gespanntem Werkstoff umgeben sind, werden diese hohen Spannungen ohne wesentliche bleibende Verformung ertragen.

Über die Bemessung der Gelenkbolzen vgl. S. 594.

Da ein Anheben der Brücke für Ausbesserungsarbeiten notwendig werden kann, ist es zweckmäßig, die Lager oder die Endquerträger der Brücke so zu bemessen und einzurichten, daß der ganze Überbau mit hydraulischen Pressen angehoben werden kann. Für diesen Zweck genügen unerhebliche Mehraufwendungen, während sonst jedes Anheben schwierig ist.

Über Lager vgl. *A. Kollmar:* Auflager und Gelenke, Berlin 1919. — *F. Bleich:* Theorie und Berechnung der eisernen Brücken, Berlin 1924, § 24. — *F. Hartmann:* Stahlbrücken, Wien 1951, S. 712. — Über die Herstellung von Stahlformguß vgl.: Das Gießereiwesen in gemeinfaßlicher Darstellung. Herausgegeben von der Wirtschaftsgruppe Gießerei-Industrie, Düsseldorf 1941.

F. Bewegliche Brücken

An Wasserstraßen kann die für die Schiffahrt notwendige Durchfahrtshöhe oft nicht erreicht werden. Man kann dabei mit einer Brücke in geringer Höhe über der Wasserstraße auskommen, wenn ein beweglicher Überbau eingerichtet wird, so daß die Durchfahrt für die Schiffahrt zeitweise freigemacht werden kann, unter gleichzeitiger Unterbrechung des über die Brücke führenden Verkehrsweges.

Je nach der Art der Bewegung können folgende hauptsächliche Bauarten von *beweglichen Brücken* unterschieden werden:

Hubbrücken,	Schiffbrücken (schwimmende Brücken)
Klappbrücken,	Fähr-, Lande- u. Anlegebrücken,
Drehbrücken,	Schwebefähren.
Rollbrücken,	

Über das Gebiet der beweglichen Brücken, die vom Bauingenieur in Zusammenarbeit mit Maschinenbauer und Elektrotechniker bearbeitet werden, stehen an umfassenden Darstellungen zur Verfügung: *A. Hawranek:* Bewegliche Brücken, Berlin 1936. — *L. Hotopp:* Bewegliche Brücken, I. Teil: Die Klappbrücken, Hannover 1913. II. Teil: Die Dreh-, Hub- und Rollbrücken, Brückenfähren, Hannover 1926. — *W. Dietz:* Bewegliche Brücken (= Handbuch der Ing.-Wiss., 2. Bd., 4. Abt.), 3. Aufl., Leipzig 1907.

VII. Verbundträger

Vorbemerkung. Für die 2. Auflage des „Taschenbuches für Bauingenieure" war ein besonderer *Abschnitt Verbundträger* geplant, der jedoch nicht rechtzeitig fertig wurde. Um die Herstellung des Taschenbuches nicht zu verzögern, mußte auf einen besonderen Abschnitt Verbundträger verzichtet werden.

Das nachfolgende Kapitel VII enthält die Grundlagen für die Konstruktion von Verbundtragwerken. Für das vertiefte Studium dieses wichtigen Teilgebietes sind entsprechende Literaturhinweise gegeben. Ausführungen zur Theorie der Verbundtragwerke sind nicht aufgenommen.

1. Einleitung

In mancherlei Baukonstruktionen werden Stahlbetonplatten auf Stahlträgern verwendet, z. B. als Fahrbahnplatten von Brücken auf I-Längs- und Querträgern oder als Deckenplatten im Hochbau auf I-Unterzügen. Die Bemessung solcher Systeme erfolgte früher allgemein unter der Annahme, daß sich die beiden Elemente frei gegeneinander bewegen können und daß die Biegemomente in Richtung der Hauptstützweite allein von den Stahlträgern übernommen werden. Die Betonplatte überträgt zwar die Belastungen auf die Stahlträger, nimmt aber an deren Schnittkräften selbst nicht teil (Abb. 283). Beispiele für solche Konstruktionen im Brückenbau vgl. Abb. 222 (S. 693), im Hochbau Abschn. *Stahlhochbau* Abb. 28 (S. 742).

Abb. 283. Verbundträger: System (schematisch)

Die Betonplatten erhalten zwar bei dieser Bauweise in regelmäßigen Abschnitten Querfugen, um das Schwinden des Stahlbetons zu ermöglichen und wilde Risse zu vermeiden, sowie um die Zwängungsspannungen zu vermindern. Die Erfahrung zeigt jedoch, daß sich die wirklichen Kräfte in solchem System stark von den Werten unterscheiden, die man bei dieser Berechnungsweise erhält. In der Berührungsfläche zwischen Stahlbetonplatte und Stahlträger treten große Gleitwiderstände auf (nämlich die Haftung zwischen Beton und Stahl, und nach der Ablösung die Reibung), so daß die beiden Elemente immer mehr oder weniger stark zusammenwirken.

Diese unbeabsichtigte Verbundwirkung äußert sich u. a. darin, daß die Durchbiegungen derartiger Konstruktionen viel kleiner sind als nach der vereinfachten Berechnung ohne Verbundwirkung. Auch die Spannungen im Stahlträger werden erheblich beeinflußt.

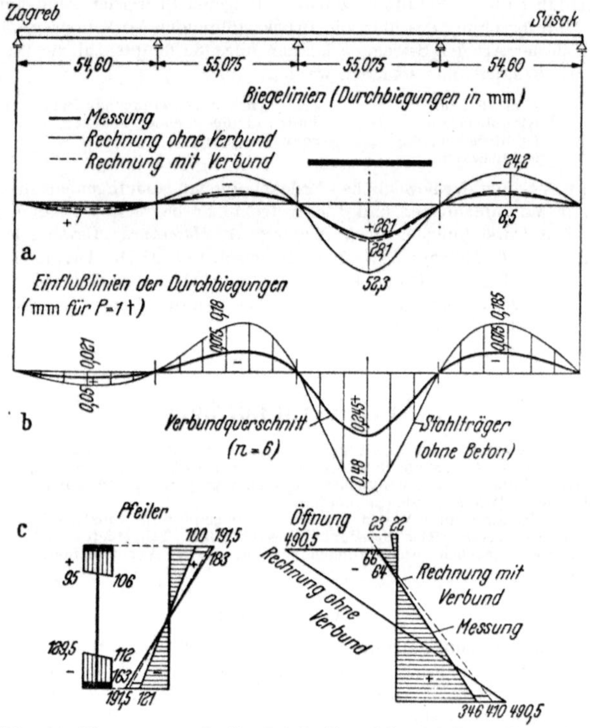

Abb. 284. Messungen an der Savebrücke Zagreb (nach [2, 3]): a Biegelinien, b Einflußlinien, c Normalspannungen

Ein Nachteil der unbeabsichtigten Verbundwirkung ist, daß an den Fugen der Betonplatte ein Kerbspannungszustand auftritt. Die längs der Berührungsfläche übertragenen Schubspannungen steigen an der Plattenfuge stark an, ähnlich wie die Schubspannungen an den Enden von Kehlnähten. Da sich die Höhenlage der Nullinie an der Fuge praktisch nicht ändert, können dort auch die Normalspannungen im Stahlträger erheblich über dem Rechnungswert für gleichmäßigen Verbund liegen. Von diesen Kerben aus kann eine immer weiter fortschreitende Überwindung der Haftspannungen auftreten (Ablösung). Fugen in der Fahrbahnplatte erfüllen also ihren Zweck nur mangelhaft und sind außerdem unzweckmäßig.

Der erhebliche Einfluß der Verbundwirkung auf die elastischen Eigenschaften und auf die Tragfähigkeit ist seit langem bekannt. Hinsichtlich des Zusammenwirkens von biegesteifen Stahlträgern und Stahlbeton sei auch an die Bauweise von *J. Melan* erinnert, die Stahlkonstruktionen als Schalungsgerüst benutzt, die einbetoniert werden.

Auf dem Pariser Kongreß 1932 der IVBH war den Verbundkonstruktionen bereits eine besondere Verhandlung gewidmet[1]. In der Schweiz setzte die planmäßige Ausnützung der Verbundwirkung bereits seit 1914 ein. Für den Fahrbahnrost von Straßenbrücken nennt

[1] 1. Kongreß der Int. Ver. Brückenbau u. Hochbau, Paris 1932. Vorbericht S. 586–657, Schlußbericht S. 516–595.

F. Stüssi[2] Beispiele aus den zwanziger Jahren. Ein größeres Bauwerk in Verbundbauweise ist die Savebrücke Zagreb (erbaut 1938/1939), vgl. *J. Erega:* Bauingenieur 22 (1941) S. 1. Abb. 284 zeigt Meßergebnisse von der Probebelastung dieses über 4 Öffnungen durchlaufenden Balkens[3]. Zum Vergleich sind die Rechnungswerte angegeben, wenn die Fahrbahnplatte nicht mitwirkt. Abb. 284c zeigt auch, wieweit die Nullinie durch die Verbundwirkung gehoben wird.

Die erste bewußte Anwendung der *Verbundbauweise im Hochbau* dürfte in Deutschland 1933 bei Deckenkonstruktionen der IG-Farben erfolgt sein. Vgl. *K. Zendler:* Bauingenieur 25 (1950) S. 88 und Abh. Stahlbau H. 10, Bremen-Horn 1951, S. 87. Grundlegende Versuche von *H. Meier-Leibnitz:* Bautechnik 19 (1941) S. 265. Für die letzte Entwicklung waren zwei Arbeitstagungen „Stahlverbund-Bauweise" in Hannover 1949 und 1950 von großer Bedeutung, worüber die zwei Sonderhefte des Bauingenieur 25 (1950) H. 3 und H. 8 berichten.

2. Verbundträger

Die Verbundwirkung setzt voraus, daß die Schubkräfte in der Berührungsfläche zwischen Stahlträger und Betonplatte (Verdübelungskräfte) zuverlässig übertragen werden können. Der Regelfall ist, daß die Betonplatte unmittelbar auf dem Obergurt des Stahlträgers aufliegt und daß keine Relativverschiebung eintritt. Für diesen sog. *starren Verbund* werden besondere Verbundmittel (Dübel, Bügel, Verbundanker) benutzt, die einbetoniert werden.

Wir betrachten den Fall eines Verbundträgers mit einer ohne Querfugen durchlaufenden Stahlbetonplatte. Wirkt eine Teilbelastung (z. B. das Biegemoment ΔM) nur während kurzer Zeit, so daß das Kriechen ohne Einfluß ist, so können die zugehörigen Spannungs- und Formänderungen $\Delta\sigma$ bzw. $\Delta\varepsilon$ nach der elementaren Festigkeitslehre berechnet werden, ähnlich wie dies im Stahlbetonbau üblich ist.

Die Spannungen im Stahl und im Beton verhalten sich für eine gegebene Dehnung wie die Elastizitätsmoduli

$$\sigma_{st}/\sigma_b = E_{st}/E_b = n. \tag{1}$$

Über die für die Berechnung zu benutzenden Bezeichnungen vgl. DIN 1078: Verbundträger-Straßenbrücken, und DIN 4239: Verbundträger-Hochbau. Die ideellen Querschnittsgrößen F_i und I_i der Verbundquerschnitte werden nach DIN 1078 und 4239 unter Einführung der Verhältniszahl n auf den Baustahl (E_{st}) bezogen.

Ist eine Belastung langandauernd (sog. *Dauerlasten*), so kommen die Formänderungen des Betons aus Schwinden und Kriechen hinzu. Bezeichnet $\varepsilon_0 = \sigma/E_0$ die Dehnung unter Kurzzeitbelastung im Zeitpunkt $t = 0$, so steigt die Dehnung bei Dauerbelastung durch das Kriechen bis zum Zeitpunkt t auf den Wert $\varepsilon_t = \varepsilon_0\,(1 + \varphi_t)$ an. Die Formänderungen aus Kriechen werden also unter gleichen Verhältnissen proportional zu den Spannungen angenommen. Man sagt deshalb auch, daß für die Formänderungen durch Kriechen das *Hooke*sche Gesetz gilt.

Das *Kriechmaß* φ_t hängt von der Zeit ab, es nähert sich dem Endwert φ_E nach einer Exponentialfunktion, d. h. es kann gesetzt werden

$$\varphi_t = \varphi_E\left(1 - e^{-\alpha t}\right). \tag{2}$$

Der Endwert φ_E ist nach $t = 3$ bis 5 Jahren erreicht, nach dieser Zeit findet praktisch kein Kriechen mehr statt.

Wird die Belastung erst im Zeitpunkt t_a aufgebracht, so ist die Formänderung aus Kriechen nur noch

$$\varepsilon_0\left\{E_0/E_{0,\,ta} + \varphi_t - \varphi_{ta}\right\}. \tag{3}$$

Ihre Größe $\varepsilon_t = \sigma/E_t$ kann mit Hilfe des ideellen Kriechmoduls

$$E_t = E_0/\left\{E_0/E_{0,\,ta} + \varphi_t - \varphi_{ta}\right\} \tag{4}$$

berechnet werden.

An die Stelle der *Bernoulli-Navier*schen Biegegleichung usw. treten Differentialbeziehungen, d. h. die Spannungsverteilung ist aus der Differentialgleichung für das Kriechen zu ermitteln. Durch das Kriechen nehmen die Spannungen im Beton ab, während sie im Stahlträger entsprechend zunehmen. Das Maß der Umlagerung

---

[2] Träger in Verbundbauweise: EMPA-Bericht Nr. 149, Zürich 1944.

[3] *F. Schleicher:* Bauingenieur 25 (1950) S. 101.

hängt außer von den Querschnittswerten auch von den elastischen Größen und vom Zeitpunkt der Belastung ab.

Für praktische Zwecke genügt die angenäherte Berechnung der Verbundtragwerke unter vereinfachenden Annahmen mittels der Formeln von *H. Fröhlich*[4] oder der Näherungsformeln von *B. Fritz*[5]. Dabei wird vernachlässigt, daß der Elastizitätsmodul des Betons für die federnden Formänderungen mit dem Alter von E_0 auf $E_0(1 + \psi_t)$ ansteigt. Die so erhaltenen Annäherungen sind ausreichend genau für die Abschätzung der im Laufe der Zeit eintretenden Kräfteumlagerung.

Das Kriechmaß schwankt je nach den klimatischen Verhältnissen in weiten Grenzen, so daß es keinen rechten Sinn hat, den Genauigkeitsgrad der Berechnungen zu übertreiben.

Ähnliche Folgen wie das Kriechen hat das *Schwinden* des Betons. Das Endschwindmaß ε_s hängt von dem Beton und seiner Herstellung ab, ferner von den klimatischen Verhältnissen. Der Verlauf des Schwindens wird als affin zum Kriechen angenommen.

Über die für die Berechnung von Verbundbauwerken zugrunde zu legenden Kriech- und Schwindmaße vgl. DIN 1078 und DIN 4227: Spannbeton. Einzelheiten über Kriechen und Schwinden vgl. Abschn. *Massivbau*.

Literatur zur Theorie der Verbundquerschnitte

K. Sattler: Theorie der Verbundkonstruktionen, Berlin 1953. — *F. Dischinger:* Bauingenieur 24 (1949) S. 321. — *H. Fröhlich:* Bauingenieur 24 (1949) S. 300 und 25 (1950) S. 80. — *R. Busemann:* Bauingenieur 25 (1950) S. 418. — *K. Sattler:* Beton- und Stahlbetonbau 49 (1954) S. 8 sowie Bautechnik 30 (1953) S. 153 u. 31 (1954) S. 72. — *R. Heilig:* Stahlbau 22 (1953) S. 85.

Über Temperatureinflüsse vgl. *K. Hirschfeld:* Bauingenieur 25 (1950) S. 305.

Die *Bemessung* der Verbundtragwerke erfolgt nach den Regeln von DIN 1078 für Straßenbrücken und 4239 für den Hochbau, bei Vorspannung DIN 4227. Die zulässige Spannung im Beton z. B. von Straßenbrücken darf dabei je nach der Güteklasse des Betons auf Druck 100 bis 150 kg/cm², auf Zug z. B. an der Unterseite 30 bis 45 kg/cm² nicht überschreiten. Man erkennt ohne weiteres, daß man in Verbundträgern zu unsymmetrischen Stahlträgerquerschnitten kommt, wenn man wirtschaftlich konstruieren will. Bei sehr breiten Betonplatten ist die mitwirkende Plattenbreite zu beachten. Gegebenenfalls sind am Ende besondere Maßnahmen zur Kraftverteilung vorzusehen.

Die Betonplatten in Verbundbrücken müssen höchsten Anforderungen genügen, im wesentlichen so wie sie an Betonstraßen gestellt werden.

Über Regelformen für Verbundträger in Straßenbrücken kleiner Stützweite vgl. *W. Tischer:* Bauingenieur 27 (1952) S. 225.

Im Hochbau kann die Berechnung von Verbundträgern nach DIN 4239 vereinfacht werden. Danach kann unter gewissen Voraussetzungen auf den Nachweis von Schwinden und Kriechen verzichtet werden, d. h. es werden dann nur die Spannungen unter der Belastung berücksichtigt.

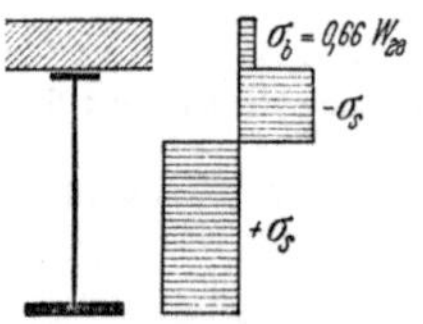

Abb. 285. Tragmoment eines Verbundträgers

Die Querschnitte der Verbundträger sind nicht nur für die Gebrauchslasten zu berechnen, sondern es ist auch die Sicherheit gegen kritische Verformungen zu beachten. Sie können eingeleitet werden

1. durch Versagen der Verdübelung (Bruch der Schubsicherungen oder örtliche Zerstörung des Betons),
2. durch Fließen des Stahlträgers (Plastizierung),
3. durch Zerquetschen des Betons (Prismenfestigkeit).

Für die *Traglast des Verbundquerschnittes*[6] sind in den Vorschriften gewisse Mindestsicherheiten verlangt. Die Grenzlasten nach 2. und 3. hängen nur vom

---

[4] *H. Fröhlich:* Bauingenieur 24 (1949) S. 300 und 25 (1950) S. 80.
[5] *B. Fritz:* Bautechnik 27 (1950) S. 37.
[6] *F. Dischinger:* Bauingenieur 24 (1949) S. 328. — *K. Sattler:* Bautechnik 30 (1953) S. 153. — Sowie *H. Fröhlich*[4] S. 81.

Querschnitt und den mechanischen Eigenschaften ab, nicht aber vom Eigenspannungszustand des Tragwerkes (d. h. nicht von Vorspannung oder von der Spannungsverteilung über die Querschnitte). Abb. 285 zeigt die Spannungsverteilung in einem Verbundträger im plastizierten Zustand, wie er natürlich nur erreicht werden kann, wenn die Verbundmittel hierfür ausreichen.

Auch die Grundlagen für die Abschätzung der Dauerfestigkeit der Verbundträger sind bekannt, aber wohl noch nicht umfassend genug, um die Lebensdauer in konkreten Fällen zuverlässig abschätzen zu können.

3. Die Verbundmittel

Aufgabe der Verbundmittel ist es, die gesamten Schubkräfte in der Berührungsfläche zwischen Beton und Stahlträger für alle auftretenden Belastungen zuverlässig zu übertragen und ein Gleiten zu verhindern. Außerdem haben sie die schrägen Hauptzugkräfte zu übertragen, falls die entsprechenden Hauptzugspannungen dem Beton als zu groß nicht zugemutet werden können. Vgl. *A. Mehmel:* Bauingenieur 29 (1954) S. 157.

Die Größe der Kräfte ist nach der elementaren Biegetheorie zu berechnen. Bei der Bemessung der Verbundmittel wird in der Regel von Haftung und Reibung ganz abgesehen.

Für Verbundmittel[7] kommen in Frage:

a) *Verbundanker.* Das sind Rundstähle oder Flachstähle, die auf den Obergurt des Stahlträgers aufgeschweißt sind, und die ähnlich wirken wie die abgebogenen Schubeisen in Stahlbetonbalken. Sie sind als einfache schräge Haken oder Schleifen (Bügel), lotrecht stehend oder schräg liegend ausgebildet. Verbundanker sind jeweils nur in einer Richtung wirksam und sie versagen, wenn die resultierende Schubkraft ihr Vorzeichen wechselt.

b) *Dübel,* welche an der Oberfläche des Stahlträgers befestigt sind und eine Aufnahme der Schubkräfte auch bei Umkehr der Kräfterichtung ermöglichen.

Hier ist zu unterscheiden, ob die Dübel in der Richtung der Schubkraft weich oder starr sind. Weiche Dübel erfahren erhebliche Formänderungen und verteilen die Schubkräfte nur ungleichmäßig über ihre Fläche. Starre Dübel ergeben bessere Kräfteverteilung bei geringerer Verformung.

Im Brückenbau werden in Deutschland meist starre Dübel zusammen mit Verbundankern verwendet. Die starren Dübel können die Schubkräfte nach beiden Richtungen aufnehmen, während die Bügel oder Anker das Ablösen der Betonplatte verhindern sollen. Die Verbundanker können auf dem Dübel aufgeschweißt sein oder aber direkt auf dem Stahlträger. Im Bereich wechselnder Schubbelastung sind sie in beiden Richtungen vorzusehen. Im Hochbau überwiegt die Anwendung von Hafteisen, die wesentlich billiger sind als steife Dübel.

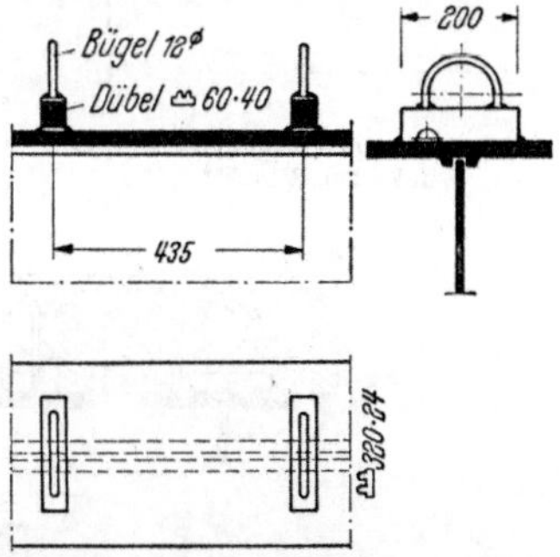

Abb. 286. Ruhrbrücke Herdecke (nach [8])

c) *Spiralbewehrung,* die auf dem Stahlträger liegt und an den Berührungsstellen angeschweißt wird. Spiralförmig gebogener Rundstahl als Verbundmittel ist im Ausland vielfach benutzt worden, hat sich aber in Deutschland nicht einbürgern können. Die Spiralen sind für größere Verdübelungskräfte unzweckmäßig. Ähnliches gilt für wellenförmig gebogenen Rundstahl.

Als Beispiele von Verbundmitteln aus dem *Brückenbau* zeigen Abb. 286 die Dübel der Ruhrbrücke bei Herdecke[8] (Dübel 60.40 mit lotrecht stehenden Bügeln

[7] *W. Klingenberg:* Bauingenieur 25 (1950) S. 77.
[8] *H. Homberg, E. Köhling* u. *D. Fuchs:* Bauingenieur 26 (1951) S. 129.

aus ⌀ 12, die zur Vermeidung weiterer Schweißkerben oben auf die Dübel aufgeschweißt sind); Abb. 287 die Schubsicherung der Querträger der Sulzbachtal-

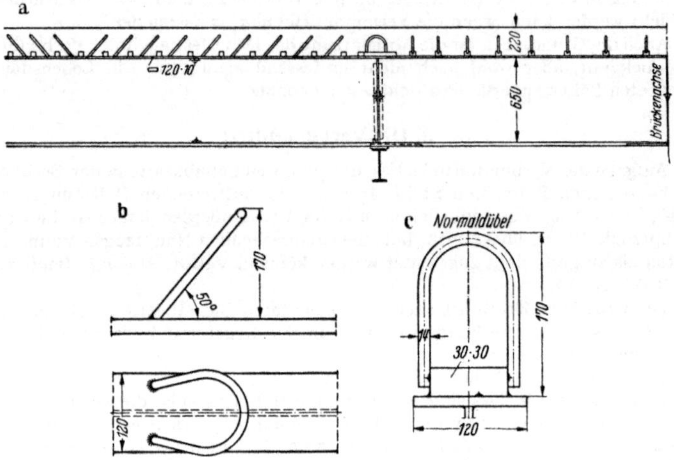

Abb. 287. Querträger der Sulzbachtalbrücke (nach [9])

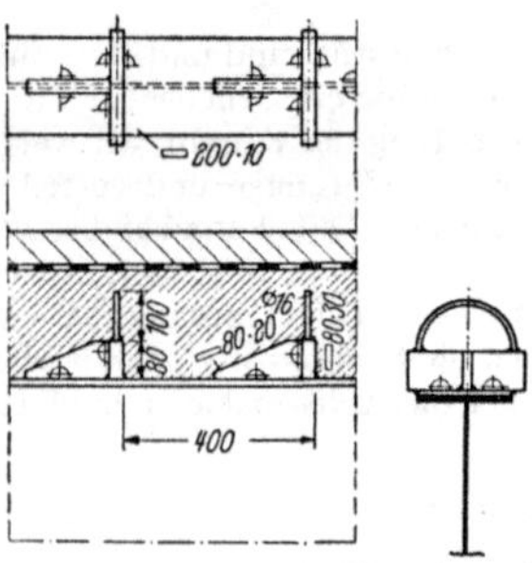

Abb. 288. Querträger der Lippebrücke bei Wesel[10]

brücke[9], je nach der Größe der Querkraft bestehend aus Dübeln mit seitlich angeschweißten Bügeln bzw. Dübeln und direkt auf den Obergurt aufgeschweißten schrägen Schleifen; Abb. 288 zeigt die Dübel und Bügel der Querträger der Lippebrücke bei Wesel[10]. Die Dübel sind hier aus Flachstählen zusammengeschweißt. Da die Gurtplatten verhältnismäßig schmal sind, standen die Dübel über, so daß sie auch von unten her angeschweißt werden konnten.

Bei langen Dübeln werden die Bügelenden auch nach Abb. 289a auf verschiedenen Stirnseiten der Dübel angeschweißt. Abb. 289b zeigt eine Anordnung mit schrägen Schleifen.

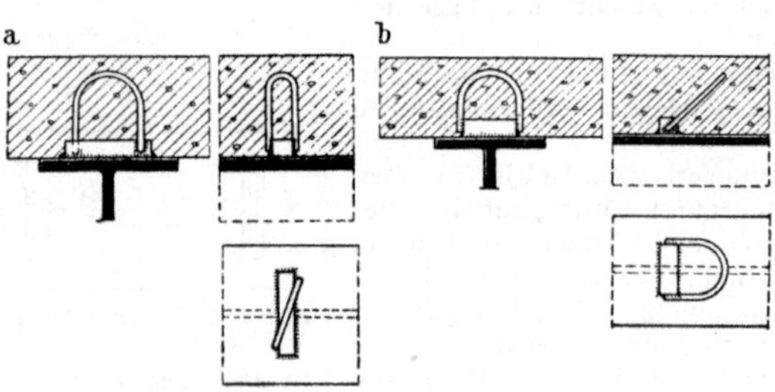

Abb. 289

[9] *Th. Hummel* u. *Rombold:* Bauingenieur 29 (1954) S. 171.
[10] *O. Berr* u. *R. Fleig:* Bauingenieur 27 (1952) S. 426.

Im *Hochbau* werden ebenfalls steife Dübel und Verbundanker oder Verbundanker allein verwendet. Aber auch weiche Dübel, wie z. B. aufgenietete Winkelstähle, haben Anwendung gefunden. Aus wirtschaftlichen Gründen überwiegt jedoch die Anwendung von Verbundankern, die stumpf an dem Stahlträger aufgeschweißt werden (Abb. 290a) oder auch mit einem abgebogenen Ende aufliegen (Abb. 290b). Abb. 290c zeigt die entsprechende Anordnung mit versetzten Haken.

Die Abb. 291 zeigt Schubsicherungen, wie sie in DIN 4239 angegeben sind, und zwar a) mit einem versteiften Winkel als Dübel und b) mit einem I-Träger-Abschnitt.

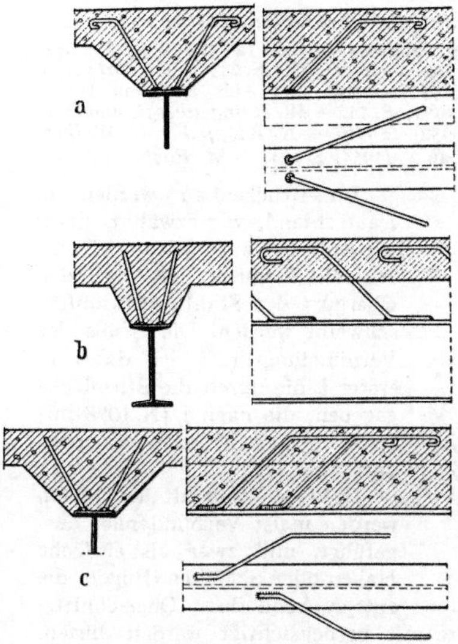

Abb. 290. Verbundanker

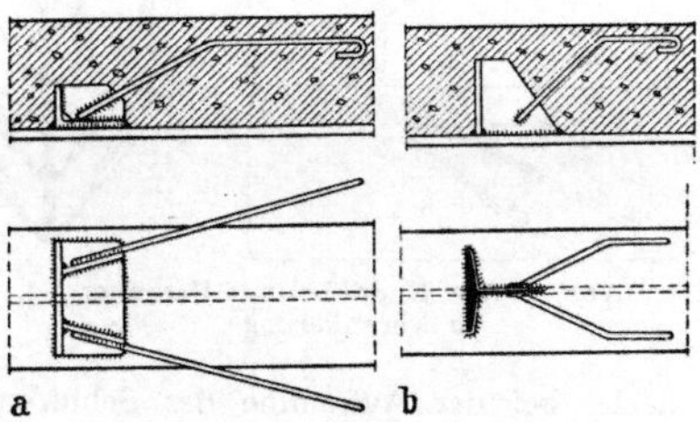

Abb. 291. (nach DIN 4239)

Abb. 292 zeigt die Regelausführung eines Deckenträgers im Hochbau, und zwar a) den Verbundträger mit I-Träger, b) mit ⊥-Träger, wie er durch Trennen der I-Profile entsteht. An den Trägerenden werden immer besonders kräftige Enddübel angeordnet, für die in DIN 4239 die in Abb. 293 dargestellte Ausführung empfohlen wird. Die schrägen Anker sollen dazu dienen, die Schwind- und Temperaturspannungen in die Betonplatte einzuleiten.

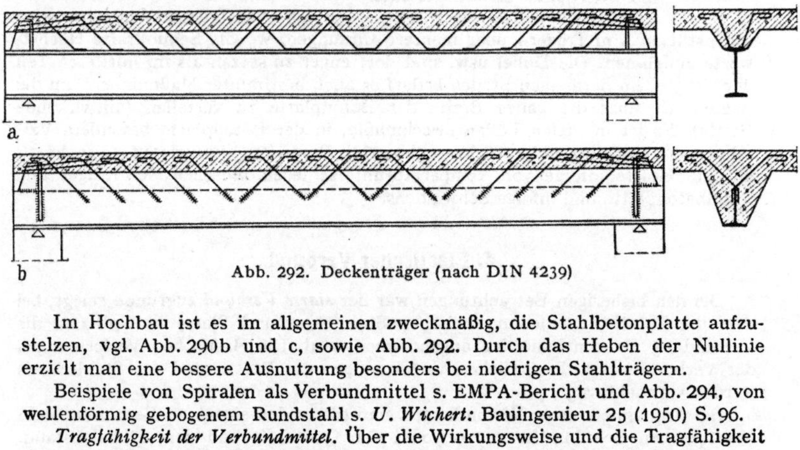

Abb. 292. Deckenträger (nach DIN 4239)

Im Hochbau ist es im allgemeinen zweckmäßig, die Stahlbetonplatte aufzustelzen, vgl. Abb. 290b und c, sowie Abb. 292. Durch das Heben der Nullinie erzielt man eine bessere Ausnutzung besonders bei niedrigen Stahlträgern.

Beispiele von Spiralen als Verbundmittel s. EMPA-Bericht und Abb. 294, von wellenförmig gebogenem Rundstahl s. *U. Wichert:* Bauingenieur 25 (1950) S. 96.

Tragfähigkeit der Verbundmittel. Über die Wirkungsweise und die Tragfähigkeit der verschiedenen Verbundmittel unter statischer und unter Dauerbelastung liegen umfangreiche Versuche vor. Der beabsichtigte Zweck kann danach auf die verschiedenste Weise erreicht werden. Für die Beurteilung ist jeweils der Verwendungszweck, wie die Art der Belastungen zu beachten.

Literatur über Verbundmittel

A. Albrecht: Schweiz. Bauztg. 125 (1945) Nr. 2—4. — *D. Fuchs:* Bauingenieur 25 (1950) S. 289. — *O. Graf:* Bauingenieur 25 (1950) S. 297 und Abh. Stahlbau H. 10, Bremen-Horn 1951, S. 74. — *W. Klingenberg*[1] und Bauingenieur 27 (1952) S. 186. — *K. Klöppel* u. *H. Weihermüller:* Stahlbau 23 (1954) S. 121. — *M. Roš*[2].

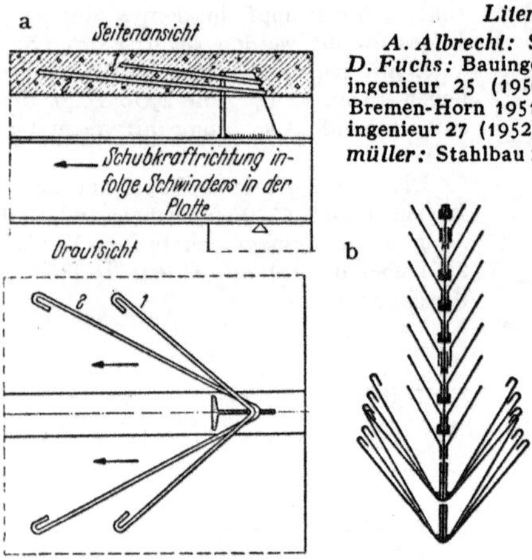

Abb. 293. a Enddübel mit Verankerung, b Verankerung

Im Brückenbau werden in Deutschland, wie erwähnt, überwiegend steife Dübel aus Rechteckstahl benutzt, die auf den Obergurt des Stahlträgers aufgeschweißt werden. Die Größe der Verdübelungskraft ist dabei in erster Linie durch die Stirnfläche gegeben, die nach DIN 1078 mit 80 bis 130 kg/cm² gedrückt werden darf.

In Verbindung mit den Dübeln werden meist Verbundanker ausgeführt, und zwar als einfache Haken oder Schleifen (Bügel), die entsprechend ihrer Querschnittsfläche bei der Aufnahme der Schubkräfte mit berücksichtigt werden dürfen.

Die Bemessung der Verbundmittel erfolgt nach elementaren Grundsätzen. Die einzelnen Verbindungsmittel haben jeweils die Schubkraft aufzunehmen, die ihrem Abstand entspricht. Über die Berechnung der Schubsicherungen vgl. DIN 1078 und 4239. Die Kippmomente sind bei der Bemessung der Dübelanschlußnähte zu beachten.

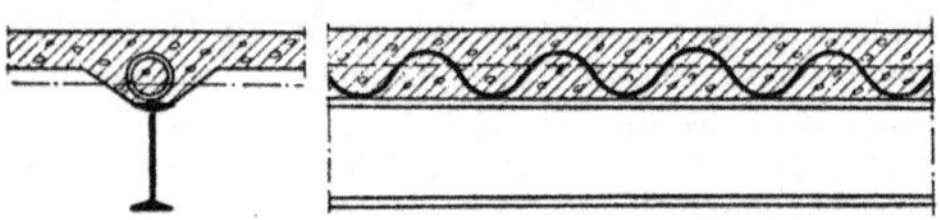

Abb. 294. Spirale als Verbundmittel

Besonders gefährdet sind natürlich die Verbundmittel an Trägerenden und Zwischenstützen von Trägern über mehrere Öffnungen, wo die Schubkräfte Höchstwerte annehmen. Die Dübel usw. sind dort enger zu setzen als im mittleren Teil der Träger. An derartigen Stellen bedarf es auch bestimmter Maßnahmen, um die Schubkraft über die ganze Breite der Betonplatte zu verteilen (mitwirkende Breite). Es ist in vielen Fällen zweckmäßig, in der Betonplatte besondere Verteilungskonstruktionen vorzusehen (Abb. 293). Besonders hingewiesen sei nochmals auf die Kräfte infolge von Temperaturunterschieden zwischen Stahlträger und Stahlbetonplatte und infolge Schwindens.

4. Elastischer Verbund

Bei den bisherigen Betrachtungen war der *starre Verbund* zugrunde gelegt, bei dem die Relativverschiebung zwischen Stahlträger und Platte zu Null und die Verbindung als kontinuierlich angenommen wird. Die elastischen Verformungen der Verbundmittel, die örtlichen Verformungen des Betons und des Stahlträgers werden vernachlässigt.

Bei Annahme starrer Verbindungen sind die in den einzelnen Verbundmitteln übertragenen Schubkräfte proportional der Querkraft und dem Dübelabstand. Diese Rechnungswerte werden aber wegen der elastischen Nachgiebigkeit der

Elemente der Schubsicherung nicht ganz erreicht. Wenn nun in gewissen Bereichen größere Relativverschiebungen zwischen Stahlträger und Betonplatte auftreten, so ergeben sich merkliche Kräfteumlagerungen. Der Beton kann sich teilweise der Mitwirkung als Druckplatte des Verbundträgers entziehen, wodurch die Größtwerte im Verlaufe der Schubkraft weitgehend gemildert werden können.

Verbindet man Stahlträger und Betonplatte nicht unmittelbar miteinander, wie es bei den bisherigen Beispielen der Fall war, sondern indirekt mit Hilfe eines besonderen *Schubverbandes*, so können die Relativverschiebungen nicht mehr ohne weiteres vernachlässigt werden. Abb. 295 gibt das Beispiel eines solchen Tragwerkes mit elastischem Verbund, wie er ähnlich z. B. bei der neuen Rheinbrücke Köln-Rodenkirchen Anwendung gefunden hat.

Abb. 296 zeigt die Wirkung des elastischen Verbundes am durchlaufenden Träger, und zwar unter einer Einzellast bzw. bei Vollast. Die Verschiebung ψ, die

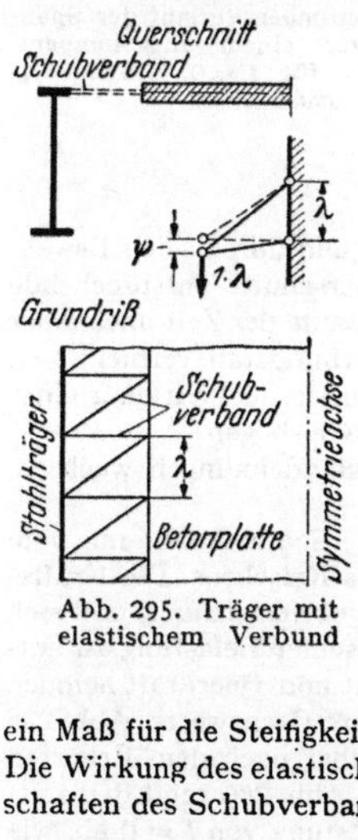

Abb. 295. Träger mit elastischem Verbund

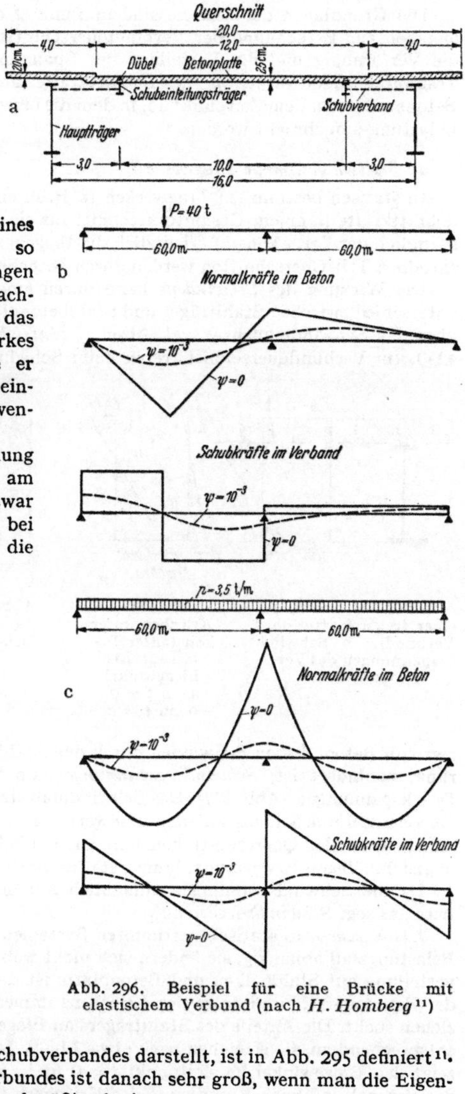

Abb. 296. Beispiel für eine Brücke mit elastischem Verbund (nach *H. Homberg*[11])

ein Maß für die Steifigkeit des Schubverbandes darstellt, ist in Abb. 295 definiert[11]. Die Wirkung des elastischen Verbundes ist danach sehr groß, wenn man die Eigenschaften des Schubverbandes zweckmäßig abstimmt.

---

[11] *H. Homberg:* Bauingenieur 27 (1952) S. 213. — *R. Hellig:* Stahlbau 22 (1953) S. 104. — *A. Hoischen:* Bauingenieur 29 (1954) S. 241.

5. Berechnung der Verbundtragwerke

Im allgemeinen ist es aus wirtschaftlichen Gründen zweckmäßig, die Plattendicke möglichst klein zu wählen, unter Einhaltung gewisser Mindestwerte, die in den Vorschriften angegeben sind.

Die Grundlagen der Theorie sind in Punkt 2 angedeutet, wo auch Literaturangaben zur Berechnung der Verbundquerschnitte zu finden sind. Danach hängt die Verformung und die Verteilung der Spannungen, in statisch unbestimmten Tragwerken auch die Größe der Schnittkräfte, außer von den Eigenschaften des Betons auch von dem Zeitpunkt ab, in dem die einzelnen Komponenten der äußeren Belastung aufgebracht werden.

a) Statisch bestimmte Tragwerke

In statisch bestimmten Tragwerken (z. B. in einem einfachen Balken) sind die Schnittkräfte in einem Gesamtquerschnitt für einen gegebenen Belastungszustand bezüglich der Zeit t konstant, lediglich die Biegemomente und Normalkräfte in den einzelnen Teil-Querschnitten werden durch Kriechen und Schwinden verändert.

Die Wirkung des *Schwindens* kann durch einen entsprechenden Temperaturunterschied zwischen Stahlträger und Stahlbetonplatte dargestellt werden. Näheres über das Schwindmaß usw. vgl. Abschn. *Massivbau*, sowie DIN 1078, 4227 und 4239. Im Verbundquerschnitt treten beim Schwinden Eigenspannungen auf, und

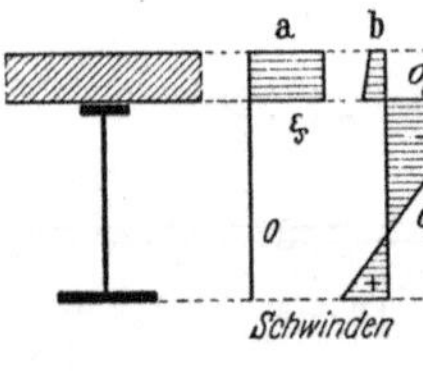

Abb. 297. a Schwinden einer freien Platte (ohne Verbund), b Schwindspannungen des Verbundträgers

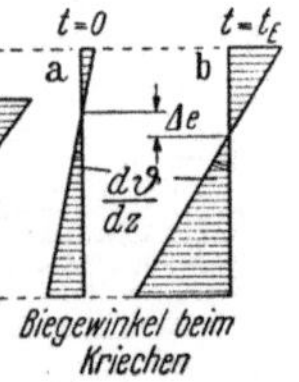

Abb. 298. Kriechen unter konstanter Belastung M: Biegewinkel a in $t = 0$, b in $t = a$

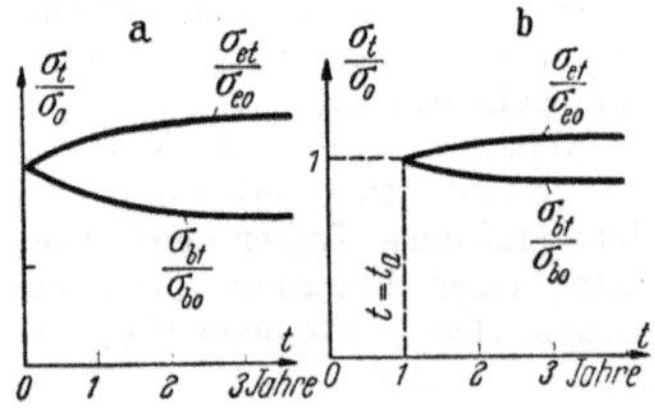

Abb. 299. Zeitlicher Verlauf der Spannungen unter einem Biegemoment. Belastung a für $t = 0$, b $t = t_a$. Schematisch

zwar im Beton, dessen Schwinden durch den Stahlträger (und durch seine Bewehrung) behindert ist, *Schwindzugspannungen*, im Stahlquerschnitt entsprechende Druckspannungen (Abb. 297). Das Schwindmaß steigt im Laufe der Zeit nach einer Exponentialfunktion bis auf den Endwert. Ein freier Verbundstab verbiegt sich dabei, wenn der Querschnitt konstant ist, ähnlich wie unter der Wirkung einer ungleichmäßigen Erwärmung, immer stärker nach einem Kreisbogen.

Da die Schwindspannungen allmählich mit den Schwinddehnungen wachsen, tritt das sog. *Schwindkriechen* auf.

Lastkriechen. In statisch bestimmten Systemen sind die Schnittkräfte nur vom Belastungsfall abhängig, sie ändern sich nicht während des Kriechens. Die Kräfteverteilung auf Stahlbalken und Betonplatte ist dadurch gekennzeichnet, daß sich der Betonquerschnitt infolge des Kriechens immer mehr seiner Belastung zu entziehen sucht. Die Anteile des Stahlträgers an Biegemoment und Querkraft nehmen entsprechend zu, sie erreichen nach etwa 3 bis 5 Jahren ihre Grenzwerte. Abb. 298 zeigt den Biegewinkel im Zeitpunkt $t = 0$ (d. h. unmittelbar nach dem Erhärten des Betons) und nach Beendigung des Kriechens ($t = t_E$). Abb. 299 zeigt den zeitlichen Verlauf der Spannungen, und zwar sowohl für Belastung von $t = 0$ ab, wie für Belastung, die erst im Zeitpunkt $t = a$ aufgebracht wurde.

Für das Kriechen wird bei dem üblichen Ansatz das *Hooke*'sche Gesetz zugrunde gelegt und für den zeitlichen Verlauf das Abklingen nach dem Exponentialgesetz

Gl. (2) (vgl. den Abschn. *Massivbau*). Verformungen und Spannungen in einem bestimmten Zeitpunkt t können bei den üblichen Rechnungsannahmen durch lineare Superposition der Werte für die zugehörigen Einzelzustände bestimmt werden.

Je nach dem statischen System, in dem das Eigengewicht der Stahlbetonplatte aufgenommen wird, unterscheidet man

Verbundwirkung nur für Verkehrlasten: Die ständige Last wird ganz oder überwiegend vom Stahlträger allein getragen, und erst Belastungen der fertigen Konstruktion wirken auf das Verbundsystem und

Verbundwirkung für Eigengewicht und Verkehrslasten: Die gesamte ständige Last und die Verkehrslast wirken auf das Verbundsystem.

Der *erste Fall* liegt z. B. vor, wenn man den Stahlträger als Schalungsträger benutzt, ohne daß dieser in der Öffnung so gestützt ist (Abb. 300a), daß er während des Baues keine oder nur geringe Verformungen erleidet. Das Gewicht des Betons (sowie der Schalung usw.) ist dann vom Stahlträger allein zu tragen. Eine Verbundwirkung (Abb. 300b) ist erst vorhanden, wenn der Beton ausreichend erhärtet ist, der Verbundträger darf also nach dem Betonieren nicht zu früh belastet werden, wenn Schäden und übergroßes Kriechen vermieden werden sollen.

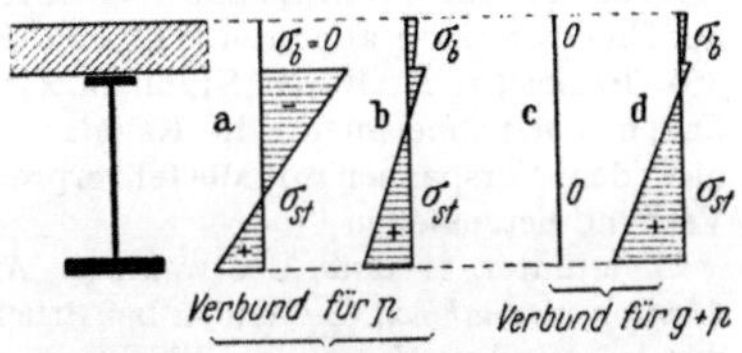

Abb. 300. Verbundwirkung nur für Verkehrslasten: Spannungsverteilung a für Eigengewicht g, b für Verkehrslast p. Verbundwirkung für Eigengewicht und Verkehrslasten: Spannungsverteilung unter ständiger Belastung g, c vor dem Ausrüsten, d nach dem Freisetzen

Der *zweite Fall*, bei dem auch das Eigengewicht der Betonplatte von dem Verbundsystem getragen wird (Abb. 300c), setzt voraus, daß der Stahlträger während des Betonierens laufend bzw. in genügend vielen Punkten unterstützt ist, so daß in ihm während des Betonierens keine nennenswerten Biegespannungen auftreten. Die Zwischenstützen in der Öffnung dürfen erst entfernt werden, wenn der Beton ausreichend erhärtet ist. Die Spannungsverteilung nach dem Freisetzen entspricht Abb. 300d. Eine nachträgliche Verformung des Verbundbalkens ergibt sich, wenn man von Temperaturdifferenzen absieht, bei Abb. 300a nur infolge des Schwindens, bei Abb. 300d aus Schwinden und Kriechen.

Zwischen den beiden Grenzfällen des vollen Verbunds und des Verbunds nur für Verkehrsbelastung gibt es alle möglichen Zwischenstufen. Man kann die Spannungsverteilung weiter dadurch in weiten Grenzen verschieben, daß der Stahlträger vor dem Betonieren eine entgegengesetzte Vorspannung durch Biegung oder durch Normalkräfte erhält.

Die Rechnungswerte (einschließlich E_0) werden im allgemeinen auf die Betonfestigkeit W_{28} bezogen. Erfolgt die Belastung früher als nach $t = 28$ Tagen, so kann eine entsprechende Korrektur stattfinden.

Bei großen Brücken dauert es oft längere Zeit, bis die gesamte Betonplatte betoniert ist. In solchen Fällen muß u. U. ein genauer Betonierplan aufgestellt werden, wobei die einzelnen Belastungszustände zu untersuchen sind. Es ist auch durch geeignete Maßnahmen dafür zu sorgen, daß der Beton nicht schon während des Erhärtens Schaden erleidet.

b) Vorspannung

In einfachen Balken treten mäßige Zugspannungen im Beton nur infolge Schwindens und Temperaturdifferenz auf. Hohe Zugspannungen, die über der Rissefestigkeit liegen, ergeben sich bei Balken mit Kragarmen, durchlaufenden Balken und anderen Tragwerken.

Wenn der Beton im Bereiche negativer Momente reißt, wird der Verbund unwirksam. Es ist daher nützlich, in der Betonplatte schon sehr frühzeitig eine kleine Druckspannung zu haben, um das Auftreten von Schwindrissen mit Sicherheit zu verhindern. Die Verminderung der Zugspannungen in den Betonplatten von Verbundträgern ist möglich[12]

1. durch entsprechende negative Vorbelastung des Stahlträgers (Zugvorspannung in der oberen Faser). Die Reihenfolge, in der betoniert wird, bedarf sorgfältiger Überlegung.

2. Heben und Senken der Stützen von durchlaufenden Trägern erzeugt bei geeignetem Vorgehen Druckspannungen in der Betonplatte des Verbundträgers. Bei längeren Brücken sind dabei große Überhöhungen erforderlich und bis zur Größenordnung von 5 m ausgeführt worden. Wird z. B. ein Verbundträger von konstanter Höhe und Biegesteifigkeit nach einem Kreisbogen überhöht hergestellt, so ergeben sich beim Absenken auf die Endlage Biegemomente und Biegespannungen konstanter Größe im Verbundquerschnitt.

3. durch Vorspannung. Es kommen alle bewährten Vorspannverfahren in Betracht, von denen der Beton-Kalender 43 (1954) II, S. 278, mehr als 14 verschiedene Methoden aufzählt. Die Vorspannelemente können frei liegen oder im Beton eingebettet sein. Frei liegende Elemente, wie Drahtseile, können sich dem Verlauf der Biegemomente anpassen. Vgl. *F. Dischinger:* Bauingenieur 24 (1949) S. 321 und 364. Beispiel s. *H. Wenk:* Stahlbau 23 (1954) S. 129. Am häufigsten Anwendung finden Vorspannelemente in Kanälen oder Aussparungen im Beton verlegt, die nach dem Vorspannen mit Mörtel verpreßt werden, um Rostschutz zu gewinnen und Verbund herzustellen.

Die unter 1. und 2. erwähnten Arbeitsvorgänge heißen *Vorspannen durch Montagemaßnahmen.* Sie finden bei Brücken meist zusammen mit der Vorspannung durch besondere Vorspannglieder Anwendung.

Der einfachste Fall ist der, daß die lose Betonplatte vorgespannt und erst nachträglich mit dem Stahlträger verbunden wird. Dieses Verfahren hat den Vorteil einer relativ kleineren Vorspannkraft, weil der Druckgurt des Stahlträgers nicht mit vorgespannt werden muß. Letzterer erhält Biegemomente nur infolge des Kriechens und Schwindens der Betonplatte, bleibt aber beim Vorspannen selbst noch gerade. Die nachträgliche Verbindung erfordert aber umständlichere Konstruktionen als bei Betonieren direkt auf dem Stahlträger, nämlich entweder Gleitplatten (mit erheblicher Reibung und Überkopfschweißung am vorgespannten Bauwerk, Gefahr einer Beschädigung des Betons) oder Rollen (die nachträglich festgelegt werden müssen). Zur anfänglich beweglichen Auflagerung der Betonplatten gibt es eine große Anzahl von Vorschlägen, aber kaum wirtschaftlich vertretbare Ausführungen.

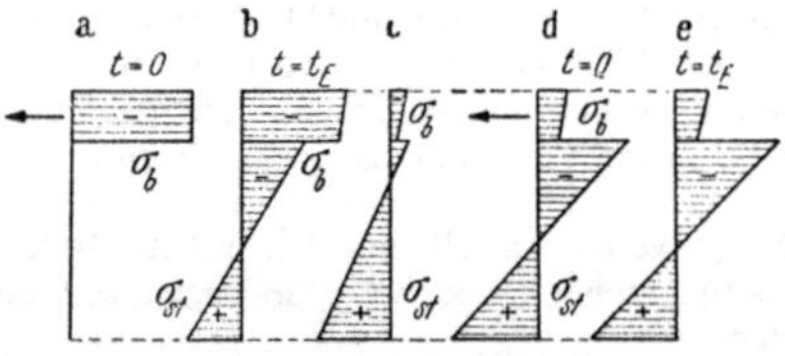

Abb. 301. Vorspannen der freien Betonplatte mit nachträglicher Herstellung des Verbunds.
a Spannungsverteilung für $t = 0$,
b für $t = t_E$,
c Kurzzeitbelastung des Verbundträgers.
Vorspannung am Verbundträger.
d Spannungsverteilung für $t = 0$,
e für $t = t_E$.

Abb. 301 a zeigt die Spannungsverteilung für diesen Fall bei der Vorspannung ($t = 0$), Abb. 301 b den Endzustand nach Beendigung des Kriechens ($t = t_E$) und Abbildung 301 c die Biegespannungen für Kurzzeitbelastung mit $M (t = a)$.

Erfolgt das Vorspannen der Betonplatte, wie es heute die Regel darstellt, erst am fertigen Verbundträger, so muß der Stahlträger mitgespannt werden. Die Vorspannkraft ist unter sonst gleichen Umständen etwas größer, und die Spannungsverteilung unterscheidet sich wesentlich vom ersten Fall. Abb. 301 d zeigt die Spannungsverteilung $t = 0$ in dem Fall der Vorspannung der Betonplatte im Verbund.

---

[12] *W. Klingenberg:* Stand der Entwicklung der Verbund-Bauweise. D. A. f. Stahlbau, Bad Pyrmont 1949.

Man unterscheidet *beschränkte Vorspannung* (wenn noch gewisse Zugspannungen im Beton auftreten) und *volle Vorspannung* (wenn diese so hoch getrieben wird, daß unter den vorkommenden Belastungen keine Betonzugspannungen mehr auftreten).

An den Stellen, wo sich die Druckspannungen aus Vorspannung mit denen aus den Lasten addieren, kann der Gesamtbetrag auf eine unzulässige Höhe ansteigen. In solchen Fällen empfiehlt es sich, lediglich die größten Zugspannungen durch örtliche Vorspannung unschädlich zu machen, indem eine Längsvorspannung mittels besonderer Spannglieder, die zahlenmäßig abgestuft in dem unter Zugspannungen stehenden Bereich der Fahrbahnplatte eingelegt werden.

c) *Statisch unbestimmte Tragwerke*

Wegen der Berechnung von statisch unbestimmten Verbund-Tragwerken sei auf die Literatur verwiesen. Man vergleiche in erster Linie *K. Sattler:* Theorie der Verbundkonstruktionen, Berlin 1953. — Ferner *Sonderheft Verbundbauweise:* Bauingenieur 25 (1950) H. 8. — *K. Klöppel:* Stahlbau 20 (1951) S. 17 u. 59. — *K. Sattler:* Bautechnik 31 (1954) S. 72. — *G. Nitsiotas:* Ing.-Archiv 22 (1954) H. 5.

Durchlaufende Träger und ähnliche Stabwerke haben auch negative Biegemomente aufzunehmen, denen in der Stahlbetonplatte oft hohe Zugspannungen entsprechen. Risse sind aber, besonders in Brücken, mit Rücksicht auf die Lebensdauer des Verbundtragwerkes, wie mit Rücksicht auf die Kerbwirkungen an den Rissen unerwünscht.

Bei den Betonplatten der Straßenbrücken geht die Entwicklung zu den unmittelbar befahrenen Fahrbahnplatten. Solche Stahlbetonplatten ohne weiteren Belag müssen frei von Rissen bleiben, was erreicht werden kann, wenn man sie gegebenenfalls in beiden Richtungen vorspannt.

Statisch unbestimmte Tragwerke werden für kurzandauernde Belastungszustände (*Verkehrsbelastung*) nach den üblichen Methoden der Baustatik für unveränderliche Systeme berechnet, unter Annahme von Verhältniszahlen $n = 5$ bis 7, je nach der Betonfestigkeit. Die zugehörigen Schnittkräfte und Formänderungen sind hierbei die gleichen wie in einem ideal elastischen System.

Unter Dauerbeanspruchungen aus ständiger Last und besonders für die meist hohen Vorspannungen tritt immer starkes Kriechen ein. Dieses führt allmählich zu einer erheblichen Spannungsumlagerung im Querschnitt und muß deshalb bei der Festigkeitsberechnung berücksichtigt werden. Als (ungünstige) Annäherung genügt es oft, zur Berücksichtigung des Kriechens unter den Dauerlasten mit einem entsprechend größeren Wert n zu rechnen. Für die in den Vorschriften angegebenen Verhältnisse kann n bis auf den Wert 35 ansteigen.

Die Zugkräfte in den Vorspanngliedern lassen dabei, je nach der Ausführung, erheblich nach. Bei der Festsetzung der anfänglichen Vorspannkraft wird dieser Abfall nach DIN 4227 mit 700 bis 2200 kg/cm² je nach Spannstahlgüte eingerechnet, wenn man nicht vorzieht, später noch einmal nachzuspannen.

Bei der Festlegung der Vorspannkraft ist die *Reibung* von gekrümmten Vorspanngliedern mit zu beachten. Vgl. Abschn. *Massivbau.*

Die Überhöhung von Verbundbrücken ist während der Bauzustände sorgfältig einzuhalten. Der fertige Verbundträger ist sehr steif, so daß nachträgliche Korrekturen der Höhenlage im allgemeinen kaum mehr möglich sind. Einige ausgeführte Brücken weisen erhebliche ungewollte Höhendifferenzen auf. Die endgültige Gradiente wird wegen des Kriechens erst nach mehreren Jahren erreicht, sie bleibt in gewissen Grenzen unsicher, weil das Kriech- und Schwindmaß wegen der nicht vorauszusehenden klimatischen Verhältnisse merklich schwanken kann.

Rechenbeispiel: Eine Übersicht der Spannungsdiagramme bei der Ruhrbrücke Herdecke, d. i. ein über 3 Öffnungen durchlaufender Balken von 161 m Länge, vgl. *H. Homberg* usw.[8].

6. Schluß

In den letzten Jahren wurden Stahlbeton-Fahrbahntafeln auf Verbundbrücken mit großen Längen ohne Fugen oder Unterbrechungen ausgeführt, so z. B. die Autobahnbrücke über die Werra bei Hedemünden ($L = 416$ m), die Sulzbachtalbrücke ($L = 366$ m) und die Rheinbrücke Rodenkirchen ($L = 567$ m).

Besonders erwähnenswert ist die Rheinbrücke Koblenz-Pfaffendorf ($L = 356$ m), vgl. *E. Wahl:* Bauingenieur 29 (1953) S. 264. Dort sind die 14,70 m weit gespannten Querträger in Verbund mit der Fahrbahnplatte, die ganze Fahrbahntafel ist jedoch in den zweiwandigen Hauptträgern auf hohen Pendelstützen frei beweglich gelagert. Die Fahrbahnplatte ist hier nicht vorgespannt. Derartige Konstruktionen mit dauernd frei beweglicher Fahrbahntafel, die auch ohne Zwängungsspannungen in der Betonplatte vorgespannt werden könnte, sind jedoch verhältnismäßig kompliziert, so daß sie sich geringer Beliebtheit erfreuen.

Ähnliches gilt auch für die Zwischenlösung, bei der die Fahrbahnplatte nur während des Betonier- und Vorspannvorganges beweglich ist, nach einiger Zeit aber fest mit dem Stahlträger verbunden wird. Für diesen Zweck kann die Platte auf Rollen gelagert werden (s. *F. Dischinger:* Bauingenieur 24 (1949) S. 326) oder aber auf Gleitplatten (s. *D. Fuchs:* Bauingenieur 25 (1950) S. 289). Beim nachträglichen Festschweißen der Fahrbahntafel besteht die Gefahr, daß der Beton beschädigt wird.

Die Gesamtheit der bei solchen Verbundbrücken zur Verminderung der Betonzugspannungen benutzten Maßnahmen ist meist ziemlich verwickelt, so daß die Festigkeitsberechnungen, besonders bei statisch unbestimmten Systemen, recht umfangreich ausfallen. Die Kosten für die Entwurfsbearbeitung der Verbundbrücken werden dadurch unverhältnismäßig hoch: Sie betragen oft rund die Hälfte der Aufwendungen für das Walzmaterial. Die so erhaltenen Bauwerke weisen aber eine fugen- und rissefreie Fahrbahn auf, die direkt befahren werden kann, und die wirklichen Zusammenhänge sind besser erfaßt als durch die klassische Berechnungsart.

Die Anwendung der Verbundbauweise ist nicht etwa auf vollwandige Balken beschränkt, sondern ebenso auch bei Versteifungsbalken von Stabbogen, Hängebrücken usw., sowie bei Fachwerkträgern mit oben oder unten liegender Fahrbahn möglich.

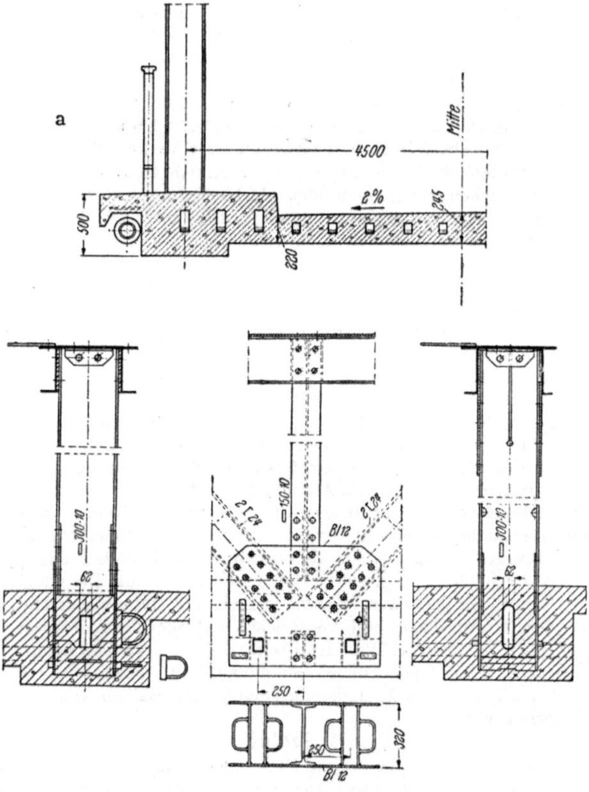

Abb. 302. Gahlener Brücke (Wasser- und Schiffahrtsdirektion Münster 1953). a Querschnitt, b Untergurtknoten, links am Hauptknoten, rechts am Hängepfosten

Fachwerkbrücken. In der Fahrbahnplatte treten bei untenliegender Fahrbahn hohe Zugspannungen auf, da sie die Dehnungen des Hauptträger-Zuggurtes mehr oder weniger mitmachen muß. Sie bedarf einer entsprechenden Längsvorspannung, wenn keine Risse auftreten sollen.

Man kann auch den Untergurt der Fachwerkbrücke in Verbund mit der Fahrbahnplatte herstellen. Die Betonplatte hat in solchen Fällen eine starke Längsvorspannung, die mit zur Aufnahme der Untergurtzugkräfte herangezogen werden kann. Werden die Enden der Fahrbahnplatte mit entsprechenden „Querscheiben" versehen und starr mit den Hauptträgerenden verbunden, so erfährt die Fahrbahnkonstruktion die gleiche Längenänderung wie der Untergurt. Die vorgespannte Fahrbahnplatte wirkt dabei quasi als Zuggurt der Fachwerkbrücke. Der Untergurt des Stahlträgers kann daher entsprechend schwächer gehalten werden.

Der Grenzfall, bei dem das Stahlfachwerk überhaupt keinen Untergurt mehr besitzt und bei dem dessen Aufgabe ganz von einer in beiden Richtungen vorgespannten Stahlbetonplatte übernommen wird, ist in Abb. 302 dargestellt. Um zusätzliche Biegemomente zu vermeiden, muß der Schwerpunkt der Stahlbeton-Fahrbahnplatte in der Höhe der Hauptträgerknoten liegen. Die Aussparungen für die Vorspannelemente in der Längsrichtung sind im Brückenquerschnitt zu erkennen, Abb. 302b zeigt Kanäle in der Tragwand von 62 · 180 mm Querschnitt. Der Stahlträger (ohne Untergurt) wurde auf einem Gerüst zusammengebaut, dann wurde eingeschalt und betoniert. Freigesetzt wurde der Träger erst nach ausreichender Erhärtung und Vorspannung des Betons. Weitere Einzelheiten sind aus Abb. 302b zu entnehmen.

Über Fahrbahnplatten in Höhe des Obergurtes vergleiche man die Vorschläge von *Steinhardt:* Bauingenieur 25 (1950) S. 93, sowie Bautechnik 28 (1951) S. 9.

VIII. Sonstige Teilgebiete des Stahlbaues

Von den sonstigen Anwendungsgebieten des Stahlbaus ist der *Stahlhochbau* (S. 731) in einem besonderen Abschnitt dieses Taschenbuches behandelt. Von weiteren Teilgebieten soll hier jeweils nur eine kleine *Auswahl* von Veröffentlichungen angegeben werden, die den Weg zu einem besonderen Studium weisen können.

A. Stahlwasserbau

Das Gebiet der beweglichen Wehrverschlüsse, Schleusen und Docktore, Schwimmdocks, Schiffshebewerke usw. hat eine große Entwicklung genommen. Allgemeines hierzu vgl. die Abschnitte *Flußbau, Stauanlagen, Wasserkraftanlagen, Binnenverkehrs- und Seeverkehrswasserbau.*

Schrifttum: H. Kulka: Der Eisenwasserbau, Bd. I: Theorie und Konstruktion der beweglichen Wehre, Berlin 1928. — *Th. Becher:* Bauingenieur 6 (1925) S. 723 u. 754. — *Natermann:* Bautechn. 8 (1930) S. 795. — *P. Cicin:* Bauingenieur 12 (1931) S. 414 u. 15 (1934) S. 23 u. 47. — *Müller, Witte* u. *Odenkirchen:* Bautechn. 11 (1933) S. 323. — *F. Hartung:* Bauingenieur 27 (1952) S. 201. — *H. Press:* Stauanlagen und Wasserkraftwerke. 2. Teil: Wehre. Berlin 1954.

B. Weitere Teilgebiete des Stahlbaues

Krane und Kranbahnen, Abraumförderbrücken, Drehscheiben und Schiebebühnen, Behälter für Gase und Flüssigkeiten, Hochofenanlagen, Gerüste für Maschinen, Kessel usw., Kühltürme, Druckrohrleitungen, Apparate für die chemische Industrie usw. können hier nur erwähnt werden.

C. Werkarbeit und Aufstellung von Stahlbauten

Das zweckmäßige und wirtschaftliche Entwerfen von Stahlbauten setzt voraus, daß der Ingenieur die Möglichkeiten der Bearbeitung sowie die zur Verfügung stehenden Werkstatteinrichtungen kennt. Gleiches gilt für die Aufstellung der Stahlbauten, die je nach den örtlichen Verhältnissen in weiten Grenzen wechseln kann. Die Rücksicht auf die Aufstellung ist für die Konstruktion mehr oder weniger bestimmend. Die Montagemöglichkeiten können nicht nur für die Baustellenstöße und die Querschnittsabmessungen, sondern auch für die Wahl des Haupttragsystems ausschlaggebend sein.

Über *Werkarbeit und Aufstellung* vgl. den Abschn. *Maschinenkunde* sowie *Dencer-Mitzkat:* Amerikanischer Eisenbau in Büro und Werkstatt, Berlin 1928. — *E. Schellewald:* Die Montage von Stahlbauten, Berlin 1938. — Montage mit Schwimmkranen s. *J. Weber:* Stahlbau 20 (1951) S. 54. — *R. Brüning* u. *A. Grünzig:* Stahlbauarbeiten, 3. Aufl., Leipzig 1952. — *Korrosionsschutz im Stahlbau* (= Veröffentl. D. Stahlbau-Verband H. 1/54, Köln 1954).

Über die *Aufstellgerüste*, die meist aus Holz gebaut werden, vgl. den Abschn. *Holzbau*, S. 547, sowie *W. Stoy:* Der Holzbau, 5. Aufl., Berlin 1950. — *H. Kirchner-Müllenhoff:* Rüstungsbau, 2. Aufl., Berlin 1951.

Über Werkarbeit und Aufstellung von Stahlbauten vgl. außerdem die Aufsätze in den Fachzeitschriften.

Stahlhochbau

Von

Dr.-Ing. **H. P. Witt**

Dortmund

I. Allgemeines

A. Entwerfen von Stahlhochbauten

Die Stahlkonstruktion ist fast immer eine Gerippekonstruktion. Sie muß aus einzelnen Stäben zur Tragkonstruktion entwickelt werden. Im allgemeinen ist sie so zu entwerfen, daß sie sämtliche am Gebäude angreifenden Kräfte allein aufnehmen und bis zu den Fundamenten übertragen kann.

Meistens werden die Bauten in der Querrichtung durch Scheiben ausgesteift[1], während in der Längsrichtung die Scheiben durch Kreuzverbände oder Portale am Umkippen verhindert werden.

Es ist darauf zu achten, daß die Verbände die Kräfte auch tatsächlich bis ins Fundament führen. Also wäre es falsch, einen Dachverband an der Traufe enden zu lassen (ohne die Fortführung der Kräfte zu bedenken), wie es falsch ist, eine Längswandaussteifung auszuführen, die nicht über das Dach durchläuft. Mit Rücksicht auf die Wärmeausdehnung des Stahls scheint es zweckmäßig zu sein, den Verband in die Mitte der Halle zu legen, damit für die Dehnung nur die halbe Hallenlänge in Frage kommt (Abb. 1). Die Anordnung nur eines Verbandes in der Hallenmitte hat aber den Nachteil, daß die Kräfte aus der Windbelastung durch die Pfetten auf den Verband übertragen werden.

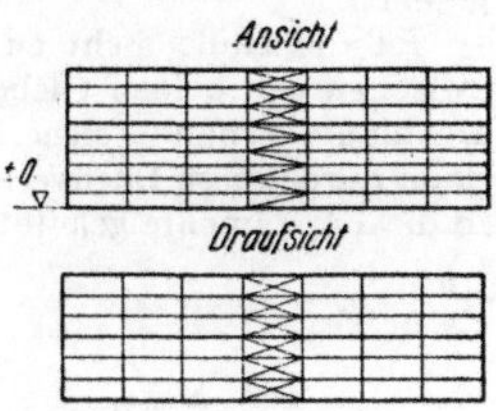

Abb. 1

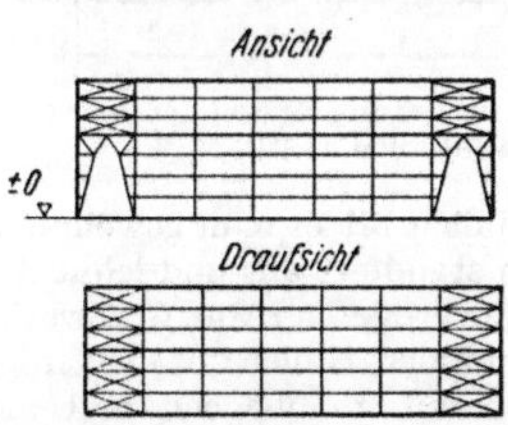

Abb. 2

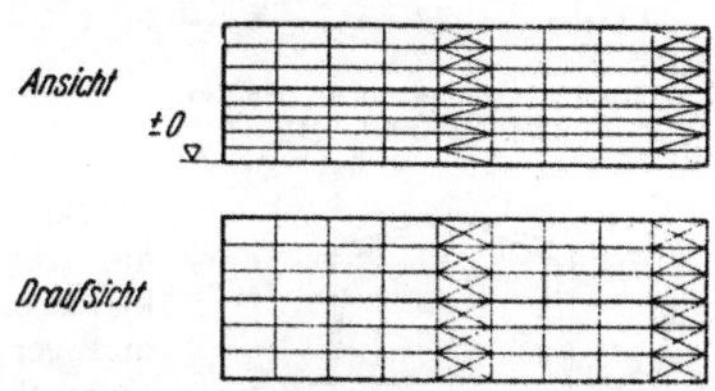

Abb. 3

Die seitlich schlanken Pfetten erhalten dadurch ungünstige Druckkräfte. Da außerdem meistens die Halle von einem Ende aus montiert wird und man am Anfang der Montage ein räumlich feststehendes Feld braucht, legt man die Verbände in die beiden Endfelder (Abb. 2). Die dadurch entstehenden Wärmespannungen nimmt man bei den Hallen bis zu etwa 100 m Länge in Kauf, ohne sie im allgemeinen zu berücksichtigen. Zumindest wird man — falls der Hauptverband in Hallenmitte

---

[1] Ausbildung der Scheiben oder Binder s. S. 720.

bestehen bleiben soll – einen Montagehilfsverband in das zuerst zu montierende Feld legen (Abb. 3). Bei ausreichender Stützenfußbreite können die Stützen für die geringen Windlasten auf die noch nicht verkleidete Stahlkonstruktion als eingespannt gelten. Es kann also unter Umständen der Hilfsverband in den Wänden fortfallen. Der Vorteil, daß der Verband in den Wänden die lotrechte Montage der Stützen sicherstellt, geht allerdings dann verloren.

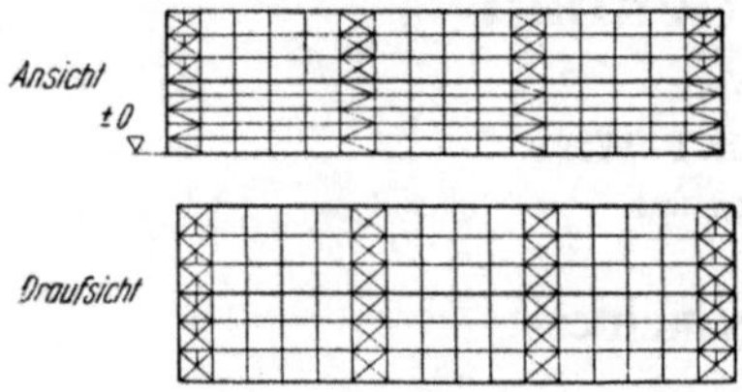

Abb. 4

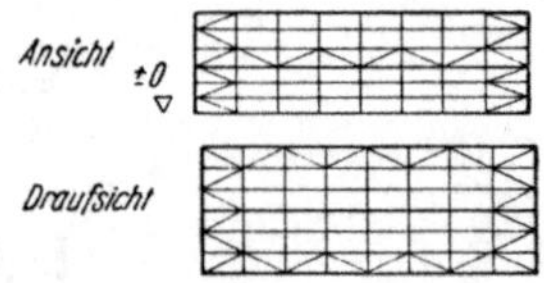

Abb. 5

Es empfiehlt sich, bei größerer Felderzahl mehrere Dachverbände anzuordnen, (etwa jedes 5. Feld) (Abb. 4). Durch Dachverbände in den Endfeldern läßt sich die Knicklänge der Pfetten für die Windbelastung auf die Giebelwand herabmindern. Bei Hallen über 100 m Länge ordnet man zweckmäßig mehrere für sich allein stehende Abschnitte an und trennt sie durch eine Dehnfuge. Im Bergsenkungsgebiet werden die einzelnen Abschnitte kürzer, und zwar bis herab zu 30 m Länge vorgesehen.

Ist die Halle nicht zu langgestreckt, wird man manchmal auf Querscheiben zwischen den beiden Giebelwänden verzichten und die Stabilität der Halle durch Dachlängsverbände sichern (Abb. 5). Der Winddruck auf die Längswände wird dann durch diese Dachverbände auf die Giebelwände und in ihnen durch Verbände in die Fundamente geleitet.

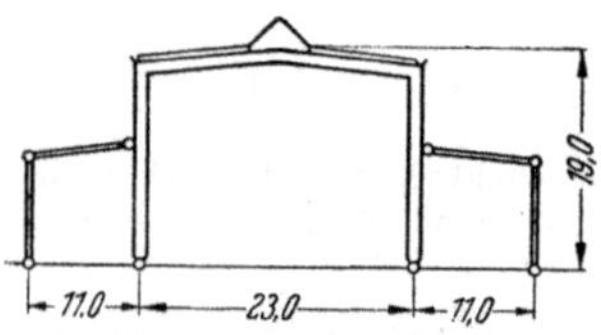

Abb. 6. Nordseewerke Emden, Schweißereihalle (1951)

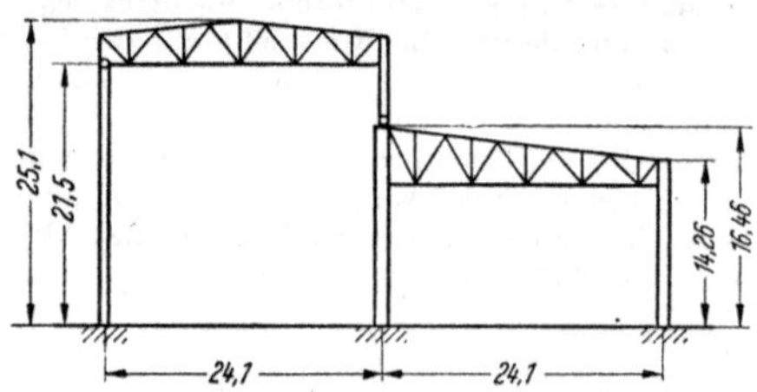

Abb. 7. Werkserweiterung Maschinenfabrik Grevenbroich (1950)

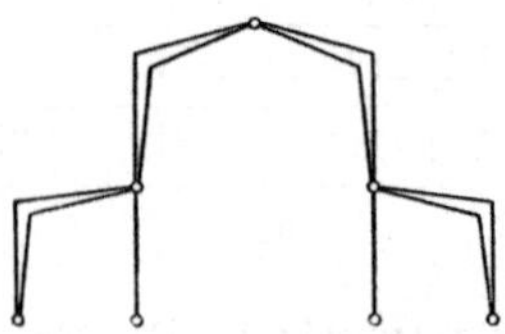
Abb. 8. Entwurf einer Speisehalle

Bei mehrschiffigen Hallen bildet man gewöhnlich die größte Halle in sich standfest aus und lehnt die kleineren Hallen gegen die größeren (Abb. 6). Zweckmäßiger ist es aber wohl immer, Hallen mit kleinerem Querschnitt für sich stabil zu machen und die größere Halle an die kleineren abzustützen (Abb. 7) und (Abb. 8).

Liegt eine Halle mit kreisförmigem Grundriß vor, so empfiehlt es sich, den Schub der Binder durch einen Kreisring aufzunehmen. Bei gleichmäßig verteilter Belastung bildet der Ring eine Gleichgewichtsfigur. Es treten in ihm in diesem Falle nur Längskräfte, aber keine Momente auf (Abb. 9).

Ist der Grundriß der Halle elliptisch, gibt es verschiedene Möglichkeiten. Hierzu 4 Beispiele:

a) Man kann die Ellipse wie ein Rechteck überdachen, die Binder also teilweise aus der Halle hinausragen lassen (Abb. 10).

b) Man paßt die Binderstützweiten der Ellipse an, erhält also parallel gestellte Binder verschiedener Stützweite (Abb. 11).

c) Man nimmt den Schub aus den Bindern als Druck in der Laterne und als Zug im Außenring auf und dimensioniert die Ausgleichringe für die auftretenden Momente (Abb. 12).

d) Man kann normal zum Umfang stehende Binder im Fundament einspannen und zur Mitte der Halle auskragen lassen (Abb. 13).

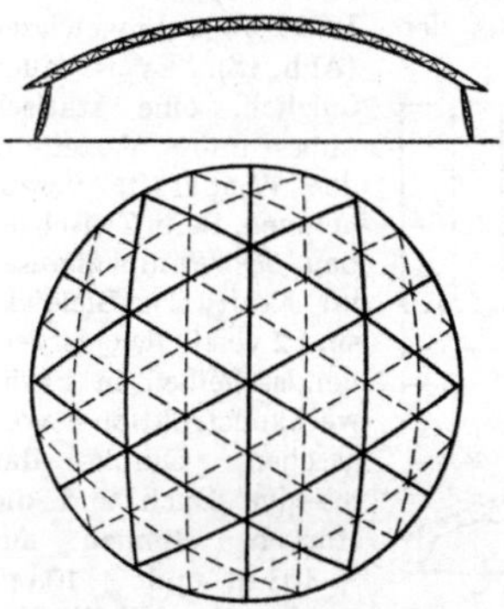

Abb. 9
Dome of Discovery, London (1951)

a

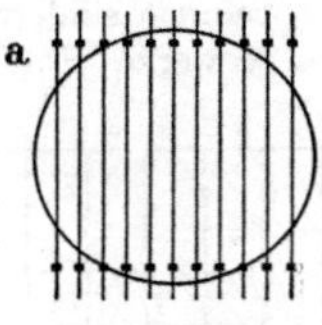

Abb. 10
Halle in Alambama USA

b

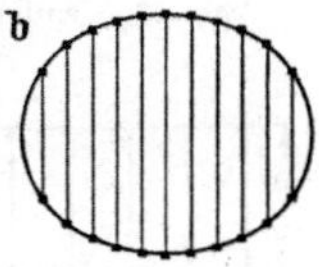

Abb. 11

c

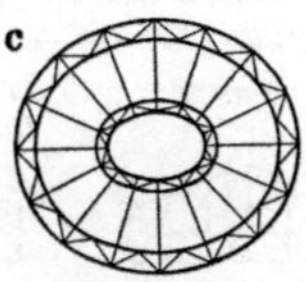

Abb. 12

d

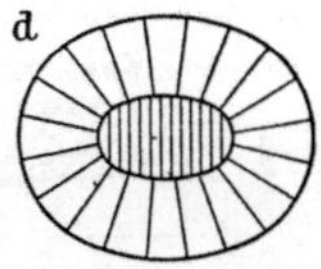

Abb. 13
Westfalenhalle in Dortmund, Baujahr 1951

Liegt ein Grundriß vor, bei dem man an ein Rechteck zwei Polygone anschließt, kann man den mittleren Teil rechteckig überdachen, während man in den Polygonen Halbbinder radial stellt. Die Halbbinder stützen sich dann auf die Außenmauer und auf die Mitte des letzten Normalbinders ab (Abb. 14).

Bei allen bisherigen Bauten ist Hallenbau, also eingeschossige Bauweise, vorausgesetzt. Liegen Lager-, Wohn- oder Bürohäuser vor, ist der Bau also mehrgeschossig, so lassen sich die Bühnen zur Aussteifung des Gebäudes heranziehen. Sie ersetzen daher in vielen Fällen einen Windverband.

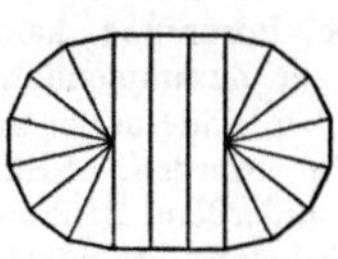

Antwerpener Sportpalast von Nobels-Peelmann, St. Nicolas-Waes

Abb. 14

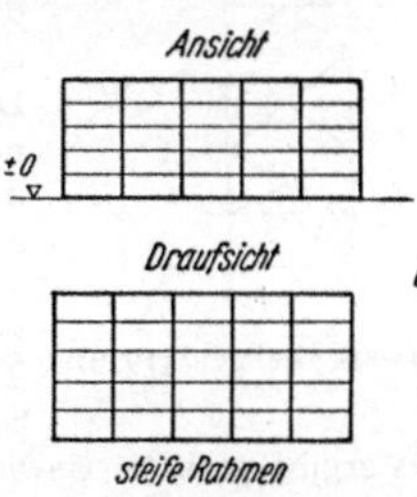

Abb. 15

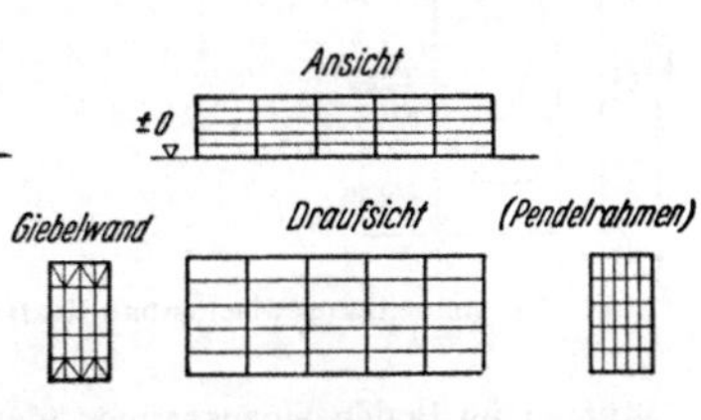

Abb. 16

Man kann, wie es bei eingeschossigen Hallen häufig geschieht, mehrere gleiche Vertikalscheiben nebeneinander stellen (Abb. 15). Da sich aber im Innern der Gebäude lotrechte Fachwerkwände nicht überall anbringen lassen, benutzt man zweckmäßig die Bühnen zur Aussteifung, die den Winddruck auf einzelne kräftige lotrechte Scheiben übertragen. Manchmal genügt es, nur die Giebelwände steif auszubilden (Abb. 16). Bei längeren Gebäuden aber wird man mehrere vertikale Windscheiben anordnen und die Zwischenkonstruktion nur für lotrechte Lasten dimensionieren. Die Hauptscheiben liegen dann in den Trennwänden des Gebäudes. Es wird oft möglich sein, dort steife Fachwerkverbände anzuordnen, so daß es nicht nötig ist, auf schwerere und trotzdem weniger steife Rahmen zurückzugreifen (Abb. 17). Häufig lassen sich auch die Treppenhäuser als lotrechte Windscheiben verwenden. Als Beispiel einer einschiffigen Halle, bei der die Giebelwände und nur ein Portalrahmen Windkräfte in ihren Ebenen aufnehmen können, alle anderen Binder aber Pendelrahmen sind, wird auf den Lagerschuppen der Nordseewerke Emden aus dem Jahre 1952 hingewiesen (Abb. 18). Es ist auch möglich, eine statisch unbestimmte Verteilung der Windkräfte vorzunehmen. Beim Zwischenbau des Pumpenhauses im Kraftwerk Bielefeld sind 2 vertikale Querverbandsscheiben in Fachwerkkonstruktion vorgesehen. Durch das massive Dach und die starken Bühnen auf + 103 m und + 108 m werden die Windkräfte auf diese Fachwerke geleitet. Außerdem können aber auch die Zwischenrahmen waagrechte Kräfte aufnehmen (Abb. 19).

Abb. 17. Pendelrahmen

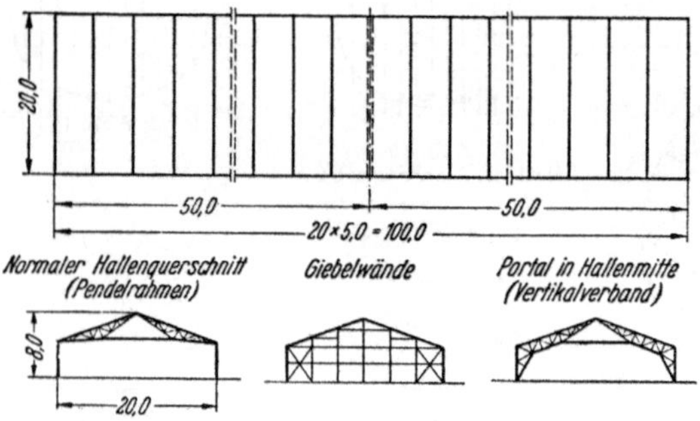

Abb. 18. Lagerschuppen, Nordseewerke Emden (1952)

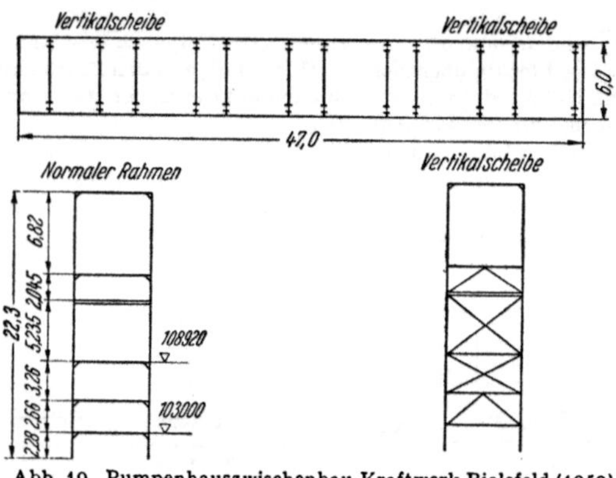

Abb. 19. Pumpenhauszwischenbau Kraftwerk Bielefeld (1950)

B. Binderformen[2]

Binder oder Scheiben müssen in ihrer Ebene die Unverschieblichkeit des Bauwerks sichern. Diese Forderung kann nur im Zusammenhang mit den Binderauflagern erfüllt werden. Siehe I.A., außerdem: Baukonstruktionen Stahldach-Tragwerke, S. 496. Es besteht die Möglichkeit, Stützen im Boden einzuspannen (das ergibt geringes Gewicht der Stahlkonstruktion, aber große Fundamente) und Stützen gelenkig[3] aufzulagern (dann erhält man kleinere Fundamente, aber größeres Stahlgewicht). Spannt man Stützen ein, kann man bei den Bindern mit Balken auskommen (Abb. 20). Die Balken können an beiden Stützenenden fest angeschlossen sein; dann entstehen Temperaturspannungen im System. Diese bleiben gewöhnlich unbeachtet. Man kann die Binder aber auch auf einer Stütze verschieblich lagern, was konstruktiv bedeutend unbequemer ist und die Steifigkeit der Konstruktion verringert (Abb. 21).

[2] *W. Schibler:* Fachwerk-Systeme, Stahlbau-Bericht. Zürich 1952, Heft 24.

[3] *Schönhöfer:* Neugestaltungen auf dem Gebiet des Auflagerbaues und auf verwandten Gebieten. Düsseldorf 1952.

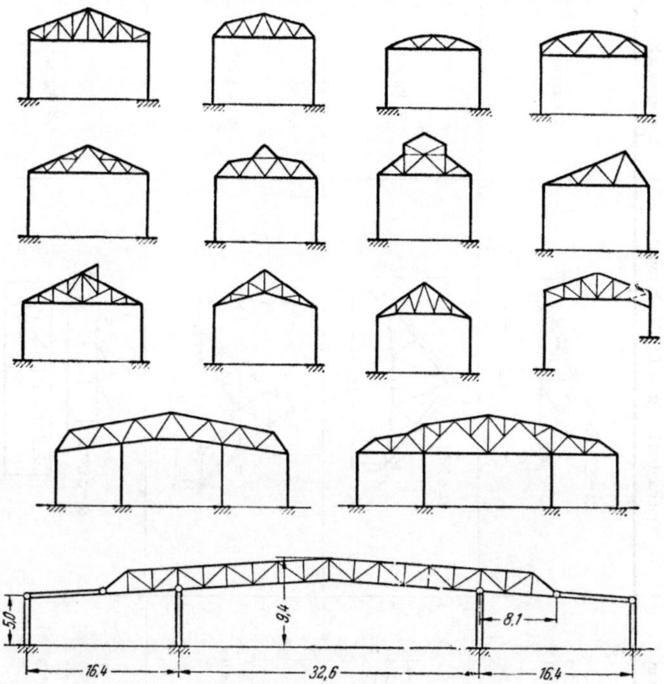

Abb. 20. Lagerschuppen, Hafenbauamt Bremen, Baujahr 1948

Fester Anschluß an beiden Stützen wird daher bevorzugt. Eine Ausnahme bilden Bauten, bei denen große Verschiebungen der Fundamente erwartet werden müssen, statisch bestimmte Lagerung also angebracht ist (Bergsenkungsgebiet). Es können sämtliche Stützen oder nur ein Teil der Stützen eingespannt sein (Abb. 22).

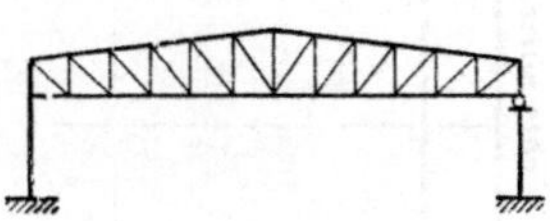

Abb. 21

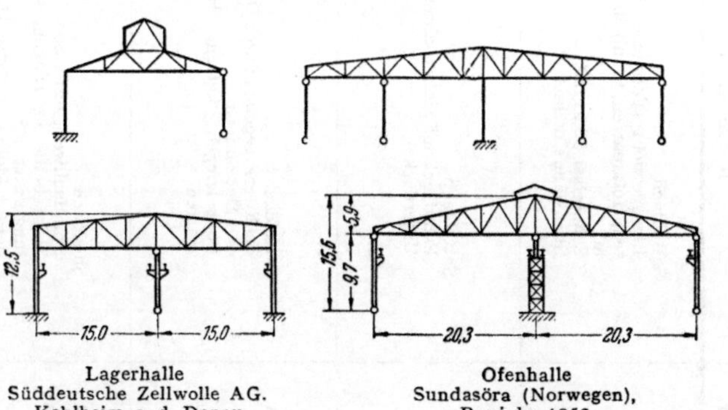

Lagerhalle
Süddeutsche Zellwolle AG.
Kehlheim a. d. Donau,
Baujahr 1950

Ofenhalle
Sundasöra (Norwegen),
Baujahr 1953

Abb. 22

Tabelle der Gewichte einzelner ausgeführter Stahlkonstruktionen (Abb. 25)

Nr.	Konstruktion	Maße in m	Querschnitt (a = Binderabstand)	Eigengewicht
1	Satteldach Eigengewicht (Falzziegel, Latten, Holzsparren, Stahl) 80 kg/m² Schneelast 80 kg/m² Stirnwände massiv	$b = 12{,}0$ $l = 45{,}4$	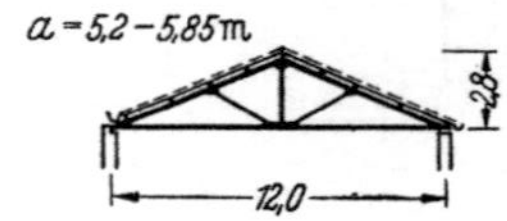	20 kg/m²
2	Satteldach Falzziegel auf Holzschalung Unterdecke	$b = 12{,}3$ $l = 22{,}4$	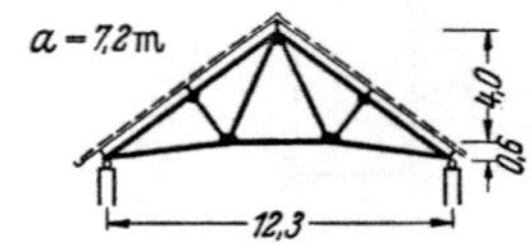	30 kg/m²
3	Satteldach Fachwerk, gegeben durch Dach- und Deckenform Doppelziegel, Latten, Holzsparren	$b = 16{,}7$ $l = 38{,}0$	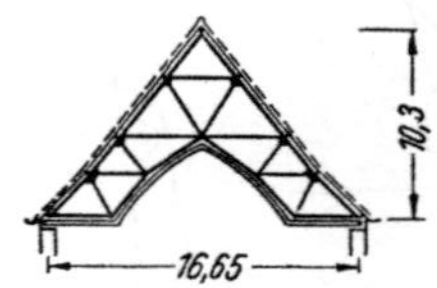	61 kg/m²
4	Sheddach Stahlfachwerk unter 60° Holzscheibe in Diagonalschalung unter 30° darauf Aluman 0,7 mm Unterdecke Stützen: Vollwand	$b = 27{,}5$ $l = 88{,}3$	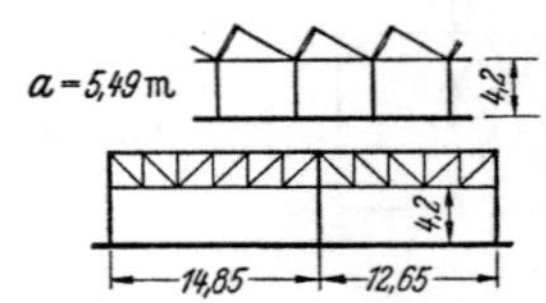	20 kg/m²

Tabelle (*Fortsetzung*)

5	Fachwerk Eigengewicht (einfache Ziegel auf Holzschalung und Stahl) 80 kg/m² Schneelast: 100 kg/m² Stützen: Vollwand	b = 30,8 l = 28,3	a = 4,7 m 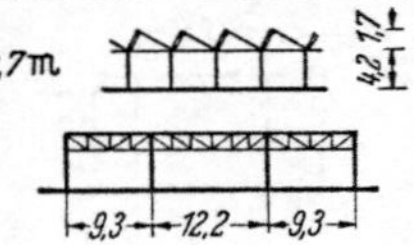	35 kg/m²
6	Satteldach Zweigelenkrahmen, vollständig geschweißt Wellcternit auf 8 cm Leichtbauplatten Laufkran 2 t Nutzlast	b = 13,2 l = 57,7	a = 5,2 m 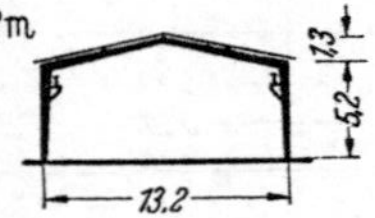	56 kg/m² 9,8 kg/m³
7	Flachdach Zweigelenkrahmen mit Längsraupenoberlicht Kiesklebedach mit Gipsdielen-Unterdecke Laufkran 25/3,5 t Nutzlast beiderseitiger Konsolkran 3 t Nutzlast	b = 20,0 l = 64,2	a = 6,0 m 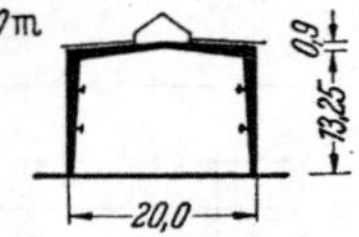	180 kg/m² 13 kg/m³
8	Satteldach Wellcternit Laufkran 10 t Nutzlast	b = 29,5 l = 73,0	a = 8,0 m 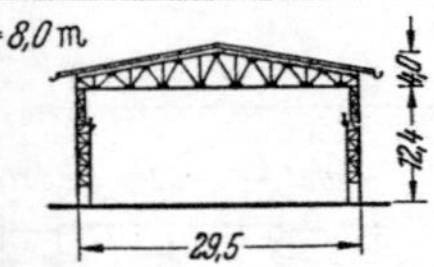	102 kg/m² 6,7 kg/m³
9	Flachdach mit Längsraupenoberlicht im Mittelschiff Eigengewicht (Kiesklebedach, Stahl) 80 kg/m² Schneelast 100 kg/m² Laufkran: Mittelschiff 20 t Nutzlast, Seitenschiff je 1,5 t Nutzlast	b = 31,0 l = 50,2	a = 6,3 m 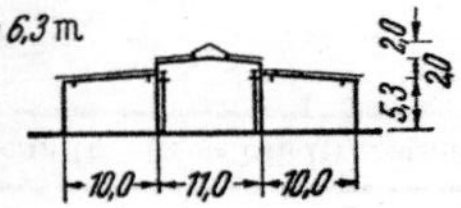	50 kg/m² 8,0 kg/m³

Tabelle (*Fortsetzung*)

Nr.	Konstruktion	Maße in m	Querschnitt (a = Binderabstand)	Eigengewicht
10	Wölbdach mit seitlichen Flachdächern Längsraupe und Pultoberlichter Zweigelenkrahmen mit beiderseitiger Auskragung Eternit, Durotekt auf Schalung und Holzsparren Unterkonstruktion massiv	b = 71,5 l = 106,0	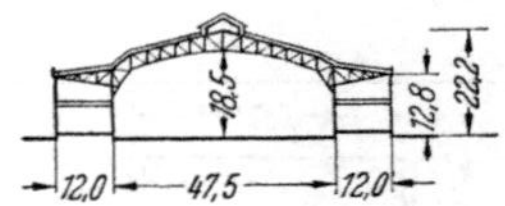	45 kg/m² 4,6 kg/m³
11	Bogendach, Dreigelenkbogen Holzsparren, 5 cm Leichtbauplatten Wellaluman auf Holzlatten Seitenbauten massiv Schiebetore 10,4 m hoch	b = 75,0 l = 65 0	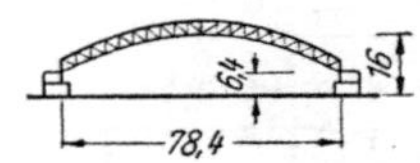	35 kg/m²
12	Flachdach, allseitig abgewalmt Holzsparren, Aluman 0,7 mm auf Holzschalung Außenwände massiv 2 Felder 84 × 12,6 m Schiebetore 15 m hoch	b = 62,5 l = 170,0	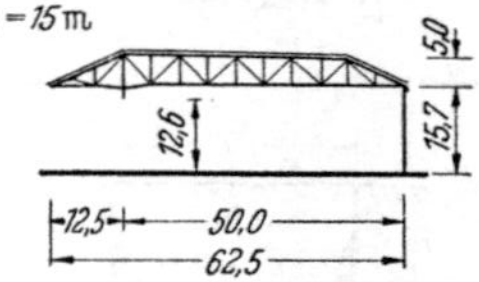	60 kg/m²
13	Verbundkonstruktion 2. Stock: p = 100 kg/m² 1. Stock: p = 800 kg/m² Erdgeschoß: p = 800kg/m²	b = 11,57 l = 63,82	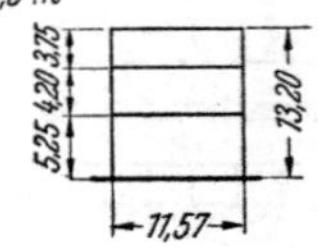	15 kg/m³

Tabelle (*Fortsetzung*)

14	2. Stock: $p = 100$ kg/m² 1. Stock: $p = 300$ kg/m² Erdgeschoß: $p = 500$ kg/m²	$b = 7,7$ $l = 28,0$	$a = 7,0$ m 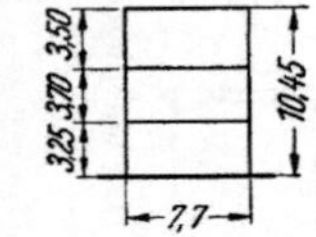	17 kg/m³
15	Stahlbetondecke 4. Stock: 3. Stock: 2. Stock: 1. Stock: Erdgeschoß: Keller: } $p = 700$ kg/m²	$b = 21,1$ $l = 25,55$	$a = 6,66$ m und 5,55 m 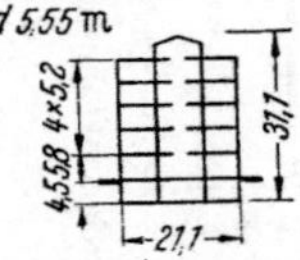	23 kg/m³
16	Geschäfts-, Büro- und Wohnhochhaus Dachgeschoß: 9. Stock: 8. Stock: 7. Stock: 6. Stock: 5. Stock: 4. Stock: 3. Stock: 2. Stock: } $p = 150$ kg/m² 1. Stock: $p = 500$ kg/m² Erdgeschoß: $p = 500$ kg/m²	$b = 11,0$ $l = 72,0$	$a = 4$ m 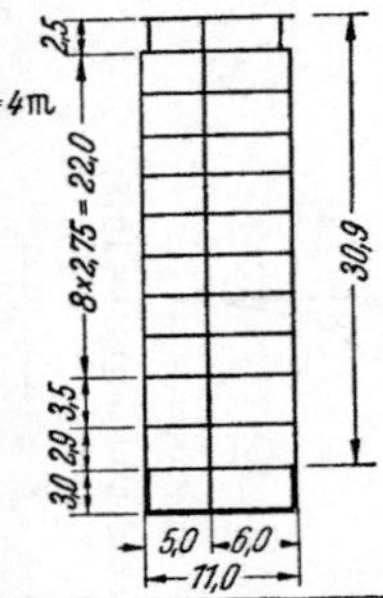	20 kg/m³
17	Reihenwohnhaus in Stahlskelett 3. Stock: 2. Stock: 1. Stock: Erdgeschoß: } $p = 150$ kg/m²	$b = 9,0$ $l = 51,0$	$a = 3,5$ m 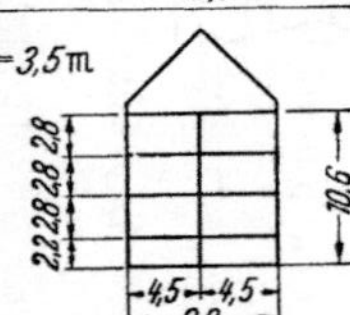	13 kg/m³

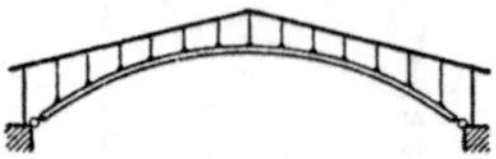

Zweigelenkbogen mit aufgeständertem Dach

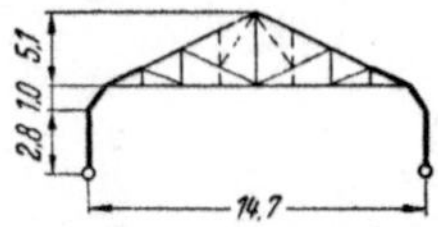

Textilfabrik Maier, Schloß Holten (1947)

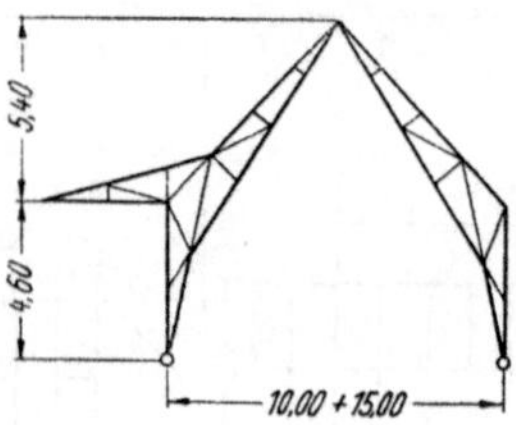

Lagerhallen und Scheunen (1945—1948)

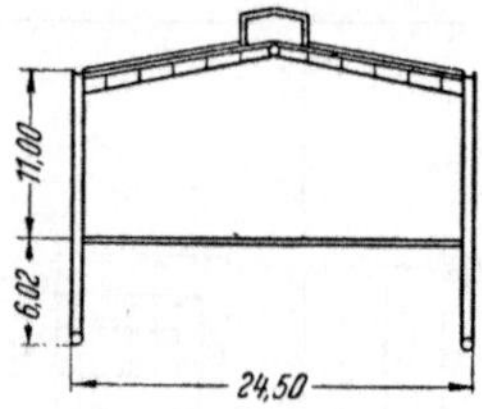

Dreigelenkrahmen für Maschinenhaus

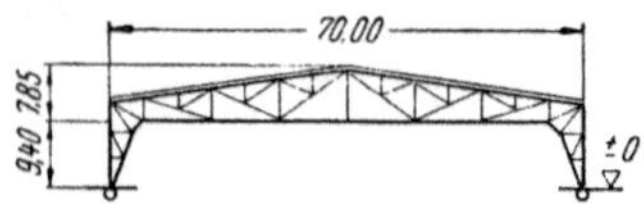

Flugzeughalle Luftfahrtministerium Paris (1932)

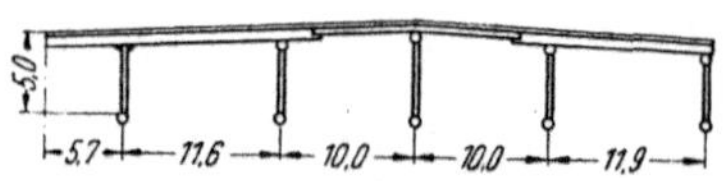

Neubau Continental Hannover (1946)

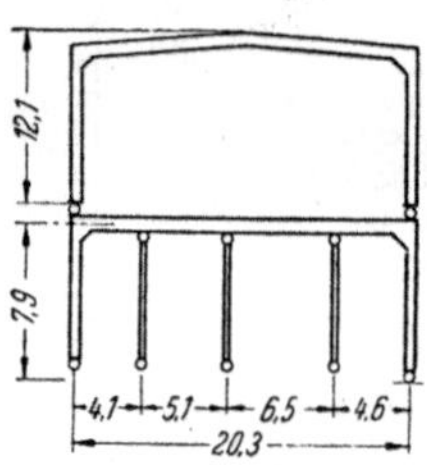

Maschinenhaus Kraftwerk Bielefeld (1952)

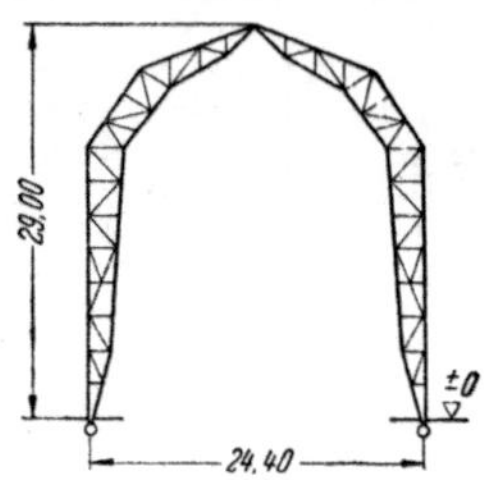

Halle in Lemgo (1938)

Abb. 23

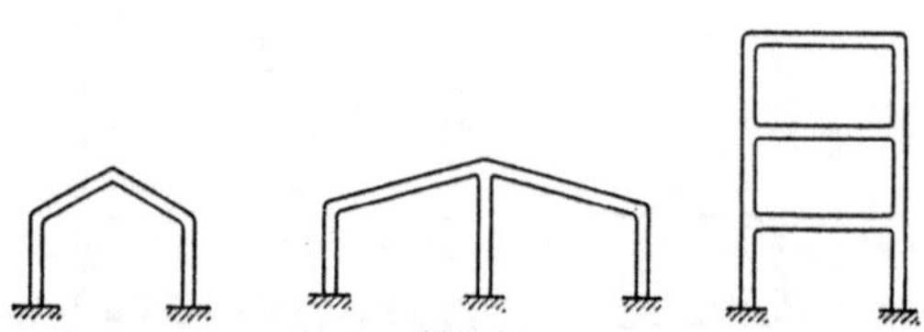

Abb. 24

Lagert man alle Stützen gelenkig in den Fundamenten, muß man Bögen oder Rahmen anordnen (Abb. 23). Es ist auch möglich, diese Bögen und Rahmenformen bei eingespannten Stützen zu verwenden. Besonders bei Vollwandkonstruktionen, bei denen der Abstand der Gurtungen gering ist, empfiehlt es sich, die Stützen einzuspannen, um geringere Momente in den Querschnitten zu erhalten (Abb. 24).

Sämtliche Binderformen können sowohl als Fachwerk wie als Vollwandkonstruktion genietet oder geschweißt ausgeführt werden.

C. Belastungsannahmen

Über die ständigen und über die veränderlichen Lasten siehe Abschn. „*Baukonstruktionen*".

In vorstehend aufgeführter Tabelle sind die Gewichte einzelner ausgeführter Stahlkonstruktionen angegeben, nach denen man das Stahlgewicht ähnlicher Bauten abschätzen kann[4] (Abb. 25, S. 736).

D. Konstruktive Einzelheiten

1. Stützen. Da Stützen vorwiegend auf Druck beansprucht werden, müssen sie einen sperrigen Querschnitt erhalten. Werden sie außer durch die Normalkraft durch ein überwiegend nach einer Seite wirkendes Moment belastet, bildet man den Querschnitt zweckmäßig unsymmetrisch aus. Die Kräfte, die von der Stütze auf die Fußplatte übertragen werden, lassen sich durch Nietung oder Schweißung anschließen. Die Verbindungsmittel sind so stark zu bemessen, daß sie Längskräfte und Momente voll aufnehmen können. Nur in Ausnahmefällen wird man die Stützen am Fußende fräsen. Dann genügt es, in den Querschnittsteilen, soweit sie Druck erhalten, 25% der Kräfte durch die Verbindungsmittel aufzunehmen. Treten durch die Wirkung der Momente in einzelnen Stützengliedern Zugkräfte auf, so sind diese natürlich durch Nietung oder Schweißung voll anzuschließen.

Stützenstöße werden nach ähnlichen Gesichtspunkten konstruiert, also entweder volle Kraftübertragung — oder Fräsen der Enden beider Stützenabschnitte und hier 50%iger Anschluß der Druckteile sowie voller Anschluß der Zugteile des Querschnittes. Von den Vorteilen des geringeren Kraftanschlusses beim Fräsen der Endquerschnitte darf man nur Gebrauch machen, wenn der Stoß in den äußeren Vierteln der Stützenlänge liegt, s. DIN 4114, Punkt 6.43 und DIN 1050 § 11, 3d.

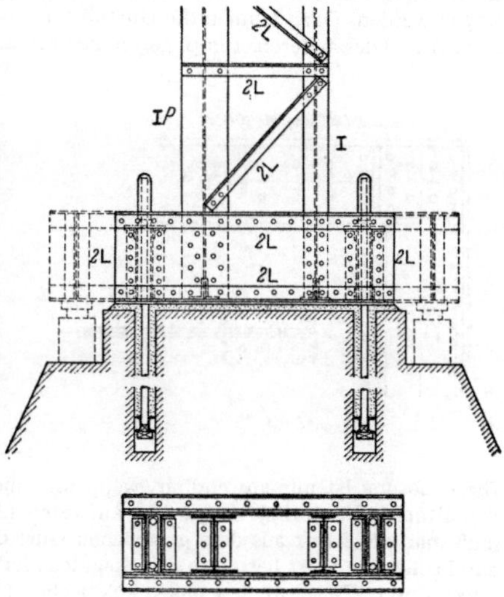

Abb. 26. Stützenfuß

Die Stützen werden verankert, um die in ihnen enthaltenden Momente auf die Fundamente zu übertragen, aber auch, um sie während der Montage einzuspannen. Die Verankerung erfolgt durch Rundstähle mit unterem Hammerkopf und Gewinde nebst Mutter am oberen Ende. Bei kleineren Kräften wird der Hammerkopf durch Umbiegen der Ankerenden ersetzt. Der Hammerkopf preßt sich gewöhnlich gegen die unteren Flansche zweier]-Stähle, wobei er gegen Verdrehen nach dem Anziehen zu sichern ist; umgebogene Anker umfassen einen Winkel, Einkerbungen am oberen Schaftende der Ankerschrauben geben die Lage des Hammerkopfes bzw. die Richtung der Umbiegung auch nach dem Vergießen der Ankerlöcher an.

Bei der Montage wird die Verankerung der Stützen zweckmäßig so durchgeführt, daß zunächst die Ankerbarren oder Ankerwinkel einbetoniert werden, dann die Stützen gestellt und zuletzt die Anker eingezogen werden können. Um abge-

[4] *M. E Halder:* Stahlbau-Bericht. Zürich 1951, Heft 20 und 21.

sunkene Stützen heben oder gekippte Stützen wieder aufzurichten, sieht man in besonders wichtigen Fällen Nischen im Fundament vor (Abb. 26), in die sich noch nach Jahren Pressen zum Anheben und Ausrichten einbauen lassen. Die mit Gewinde versehenen oberen Ankerenden müssen daher am Schluß der Montage erheblich über den Stützenfuß hinausragen, damit sich die Stützen beim Anheben entsprechend unterfuttern lassen. Der obere Teil der Anker wird zum Schutz des Gewindes mit einem Rohr, das oben wasserdicht verschweißt ist, abgedeckt. Hält man ein späteres Ausrichten für nicht erforderlich, kann man beim Betonieren der Fundamente zunächst Nischen aussparen, die später ausgegossen werden. Dadurch ist es möglich, wenigstens am Ende der Montage ein einfaches Anheben und Ausrichten auch sehr schwerer Stützen vorzunehmen.

2. Rahmen. Werden Stützen mit Unterzügen biegesteif verbunden, entstehen Rahmen. Außerdem werden Rahmen auch in waagrecht- oder schrägliegenden Ebenen angeordnet. Es ist besonders darauf zu achten, daß die durch die statische Berechnung ermittelten Eckmomente von den Unterzügen in die Stützen übertragen werden. Dazu können die Gurtungen des einen Konstruktionsgliedes durchgeführt und des anderen stumpf gegen die vorhandenen Gurtungen gestoßen werden.

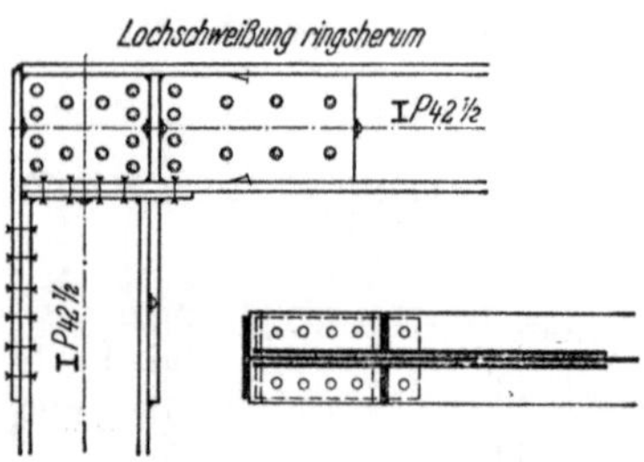

Abb. 27

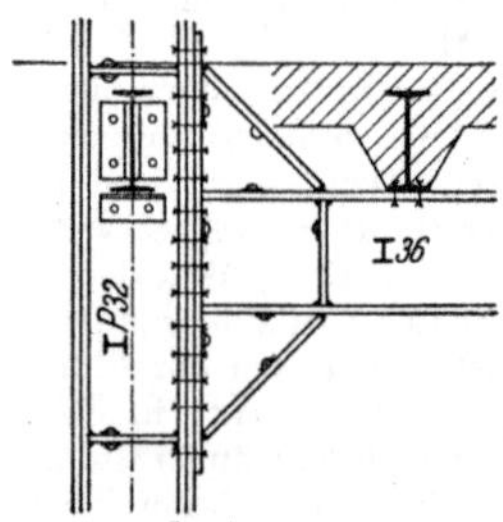

Abb. 28

Diese Lösung ist nur anwendbar, wenn im Innern des Rahmens Druck- oder nur verhältnismäßig geringe Zugkräfte auftreten (Abb. 27). Bei größeren Zugkräften muß man die Kraft aus dem gestoßenen Gurt durch eine seitliche Lasche um den durchgehenden Gurt herum in das Stegblech leiten. Außerdem kann man Rahmenecken durch Einschweißen eines Eckbleches (Abb. 28) oder durch bogenförmige Überführung der Gurtungen ausbilden. Es ist in der Konstruktion zu berücksichtigen, daß die gebogenen Gurtungen radiale Kräfte an die Stegbleche abgeben. Daher sind nicht nur die Stegbleche an den Rundungen auszusteifen, sondern die Gurtungen außerdem gegen Abbiegen zu sichern.

3. Kranbahnen. Kranbahnträger werden entweder als Walz-, Blech- oder Fachwerkträger mit biegungsfestem Obergurt ausgeführt. Der Obergurt der Träger muß genügend Seitensteifigkeit besitzen, um seitliche Stöße des Kranes aufzunehmen. Schon bei mittelschweren Kranen wird man daher einen Horizontalträger anordnen, der die Seitenkräfte auf die Stützen überträgt. Liegen ausgesprochen schwere Krane vor, ordnet man parallel zum Kranbahnträger einen Nebenträger an, dessen Obergurt gleichzeitig Gurtung des Horizontalträgers ist. Er trägt gegebenenfalls den Laufsteg.

Bei der Abmessung der Halsniete des Kranbahnobergurtes ist darauf zu achten, daß die Niete nicht nur die Schubkräfte zwischen Gurtung und Steg, sondern auch die direkte Übertragung der lotrechten Kranlasten auf das Stegblech übernehmen. Zu ihrer Entlastung läßt man daher im Obergurt das Stegblech $^1/_2$ mm über die Gurtwinkel hinausragen. Bei geschweißten Trägern muß man entsprechend auf Kontaktwirkung zwischen Stegblech und Gurtplatte durch Hobeln der Stegblechkante und Richten des Gurtes Wert legen, damit die Halsnähte nicht abgeschert werden können. Um den Übergang vom Obergurt zum Steg von den Seitenkräften zu entlasten, sind die Stegblechaussteifungen am Obergurt einzuspannen.

Als Kranschienen verwendet man am besten die hierzu entwickelten Profile DIN 536 oder auch Vierkantstähle. Auf Eisenbahnschienen soll man nur im Notfalle zurückgreifen. Da die Kranschienen, um die Abnutzung gering zu halten, aus hochfesten Stählen hergestellt werden, empfiehlt sich das Aufschweißen der Schienen nicht. Ebenso soll man bei häufig benutzten Kranen das Aufnieten der Schienen vermeiden, weil dadurch, wie auch beim Anschweißen, das Auswechseln erschwert wird. Bewährt hat sich ein Anklemmen der Schienen, das eine gewisse Beweglichkeit in der Längsrichtung gestattet. Natürlich müssen die Schienen mindestens am Ende der Kranbahn blockiert werden (Abb. 29).

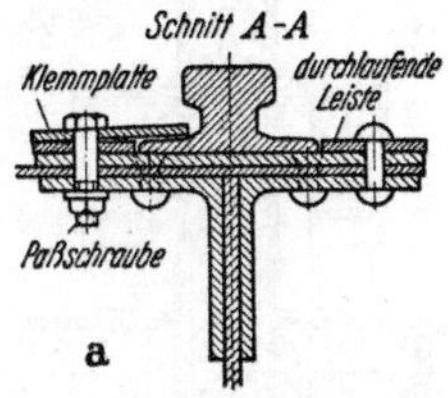

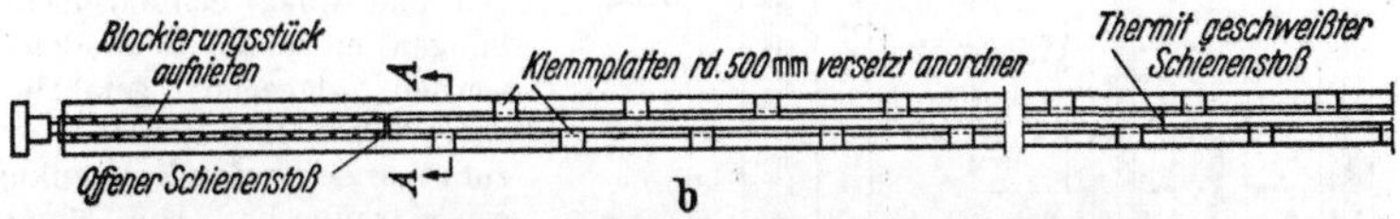

Abb. 29. Kranschienenbefestigung mittels Klemmplatten

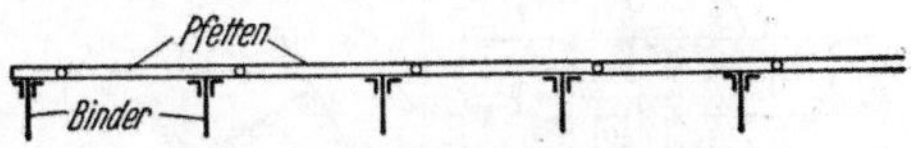

Abb. 30. Holländische Pfetten

4. Pfetten. Am bequemsten ist es, die Pfetten von Binder zu Binder zu spannen und den Stoß an den Bindern ungedeckt zu lassen. Bei der Montage der Stahlkonstruktion wird dann jeder Binder von vornherein gegen Umkippen gesichert. Werden die Pfetten als Gerberträger ausgebildet, ergeben sich kleinere Pfettenquerschnitte. Es müssen aber bei der Errichtung des Bauwerkes fortlaufend stets zwei Binder aufgestellt werden, ehe man Pfetten auflegen und sie damit seitlich sichern kann. Ein Ausweg ist die Wahl holländischer Pfettenanordnung, bei der mit Ausnahme des zuerst zu montierenden Feldes in jedem Feld ein Gelenk vorhanden ist (Abb. 30). Diese Lösung verbindet den Montagevorteil der einfachen Balkenpfetten mit dem Gewichtsvorteil der Gerberkonstruktion. Wählt man als Pfetten durchlaufende Balken auf mehreren Stützen, legt man die Stöße in Momentennullpunkte für gleichmäßige Belastung; jedoch nach Möglichkeit nicht mehr als einen Stoß in ein Feld. Es empfiehlt sich, als Pfetten keine Profile mit schmaleren Flanschen, als die I 14 besitzen, zu verwenden, es sei denn, daß durchlaufende Dacheindeckung, z. B. Zomakdach, vorliegt. Bei einzelnen Platten besteht sonst die Gefahr des Abrutschens.

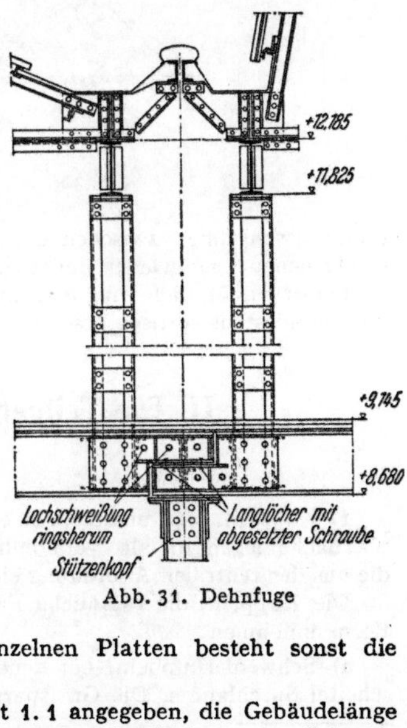

Abb. 31. Dehnfuge

5. Dehnfugen. Erfordert, wie im Abschnitt 1.1 angegeben, die Gebäudelänge die Anordnung von Dehnfugen, so müssen diese quer durch das ganze Gebäude einschließlich der Dacheindeckung durchgeführt werden. Abb. 31 zeigt eine der-

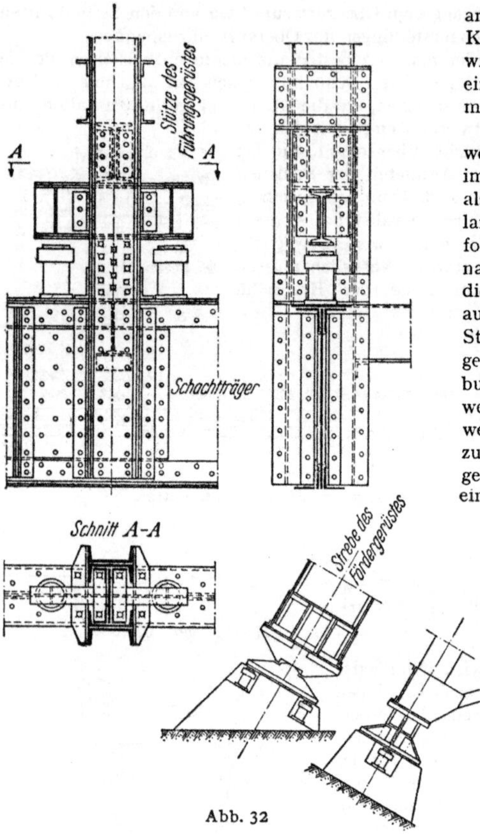

Abb. 32

artige Konstruktion für Stützen, Kranbahn und Dacheindeckung, wie sie im Jahre 1953 bei einem Gebäude in Pakistan montiert ist.

6. Bergsenkungen[5]. In Bergwerksgebieten können Gebäude im Laufe von Jahrzehnten mehr als 10 m absinken. Solange dies langsam und gleichmäßig erfolgt — das ist in der Regel nahezu der Fall — wirken sich die Senkungen nicht ungünstig auf Stahlkonstruktionen aus. Stark ungleichmäßige Setzungen und waagerechte Verschiebungen einzelner Gebäudeteile werden dagegen gefährlich, wenn man keine Vorkehrungen zum Ausgleich der Bergsenkungen getroffen hat. Abb. 32 zeigt eine Konstruktion, die es ermöglicht, die Stützen eines Führungsgerüstes und die dazugehörige Strebe anzuheben. Das Fördergerüst kann also nach dem Einbau von Pressen durch Drehen und Heben in seine alte Lage zurückgebracht werden. Mit dem Schachtträger ist ein Stützenstumpf fest vernietet, der die Fußenden des Führungsgerüstes teleskopartig umschließt. Vor dem Anheben werden die Verbindungsschrauben zwischen diesen beiden Teilen gelöst und nach dem Anheben in der neuen Lage wieder eingezogen.

Selbstverständlich wird man in Senkungsgebieten statisch bestimmte Systeme oder mindestens statisch bestimmte Lagerung bevorzugen.

II. Die Teilgebiete des Stahlhochbaus

A. Hallen

1. Kuppeln. Man unterscheidet Kuppeln, bei denen alle Stäbe auf der Kuppeloberfläche liegen, die also vollkommen räumliche Systeme darstellen, und Kuppeln, die aus der zentralen Anordnung einzelner ebener Binder entstehen[6].

Die Kuppeln, die räumliche Fachwerke sind, können unter anderem folgende Form annehmen:

a) Schwedlerkuppeln, bei denen Gratsparren in Richtung auf den Kuppelscheitel durchlaufen. Die Gratsparren sind durch waagerechte Ringe miteinander

[5] *Wedler* u. *Luetkens:* Bauten im Bergsenkungsgebiet. Berlin 1948.
[6] *M. Förster:* Die Eisenkonstruktionen der Ingenieurhochbauten. Leipzig 1909.

verbunden. Die Trapeze aus Gratsparren und Ringstäben sind durch Diagonale ausgesteift[7] (Abb. 33).

b) Netzwerkkuppeln, bei denen die Oberfläche aus einem Dreiecksnetz besteht, zentral gerichtete Sparrenstäbe fehlen, aber herumlaufende Ringe (meistens in waagrechten Ebenen liegend) mit gleicher Eckenzahl verhanden sind (Abb. 34). Baut man eine derartige Kuppel über ein regelmäßiges Vieleck von gerader Seitenzahl auf, so ist das Fachwerk labil, ohne besondere Stabilisierung also unbrauchbar.

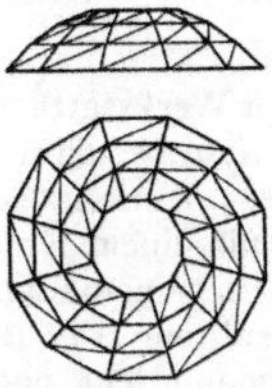

Abb. 33

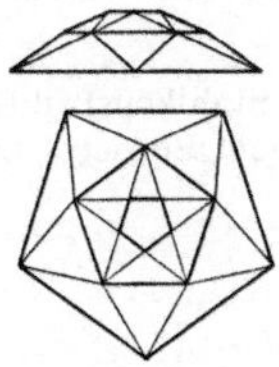

Abb. 34

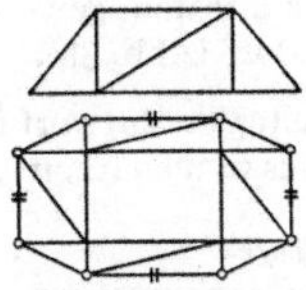

Reichstagskuppel (1890)

Abb. 35

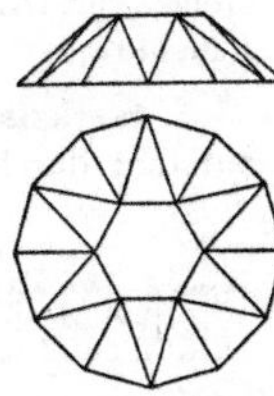

Abb. 36

c) Zimmermannsche Kuppeln, bei denen, wie bei den Schwedler- und Netzwerkkuppeln, horizontale Ringe vorhanden sind, die Zahl der Ecken dieser Ringe aber stufenweise mit steigender Höhe der Ringe auf die Hälfte abnehmen. Eine Ecke des oberen Ringes wird stets mit den beiden entsprechenden Ecken des unteren Ringes verbunden. Die übrigbleibenden Rechteck- oder Trapezfelder werden mit Diagonalen ausgesteift. Ein Vorteil der Zimmermannschen Kuppeln gegenüber den Schwedler- und Netzwerkkuppeln ist, daß an den Ecken des Unterbaues nur lotrechte Kräfte auftreten und die waagrechten Stützdrücke (aus der Windbelastung) in der Mitte der Mauern in ihrer Längsrichtung aufgenommen werden (Abb. 35).

d) Schlinksche- oder Scheibenkuppeln, bei denen, wie bei den Netzwerken, sämtliche Kuppelflächen Dreiecke sind, die Stützungsart aber die gleiche wie bei der Zimmermannschen Kuppel ist (Abb. 36).

e) Zeltdächer, bei denen die Sparren gradlinig verlaufen (Abb. 37).

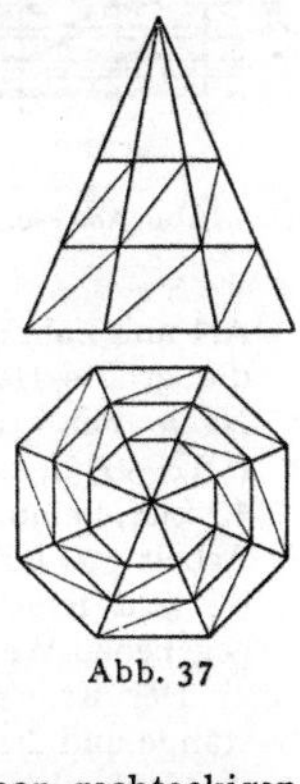

Abb. 37

2. Sporthallen[8]. Die Konstruktion der Sporthallen richtet sich nach der Form der Arena und nach der Anordnung der Sitzplätze. Damit die Zuschauer freie Sicht über den ganzen Innenraum haben, müssen Stützen vermieden werden. Die Zuschauerplätze lassen sich in mehreren Galerien übereinander anordnen, wie es z. B. beim Antwerpener Sportpalast und bei der Dortmunder Westfalenhalle geschehen ist. Bei anderen großen Hallen hat man sich mit eingeschossiger Anordnung der Sitzplätze begnügt. (Sporthallen in Zürich-Oerlikon und in Montgomery, Alabama USA). Alle vier erwähnten Hallen haben ovalen Grundriß.

3. Ausstellungshallen[9]. Bei Ausstellungshallen bevorzugt man rechteckigen Grundriß, weil die Binderanordnung dann am einfachsten ist. Innenstützen können gesetzt werden. Jedoch ist man in der Aufteilung des Raumes freier, wenn die Hallen keine Stützen enthalten.

---

[7] *E. M. Hünnebeck:* Stahl u. Eisen 71 (1951) S. 449.
Schrifttum: Zimmermann: Zentralblatt Bauverwaltungen 1901, S. 201 u. 209. Neue Formen u. Berechnungsweise f. Kuppeln und sonstige Dachbauten. Berlin 1901. — *W. Schlink:* Technische Statik. Berlin 1948. — *S. Woinowsky-Krieger:* Bautechn. 29 (1952) S. 333.

[8] *H. P. Witt:* Bauing. 27 (1952) S. 109. — Die Westfalenhalle in Dortmund. Abhandlungen aus dem Stahlbau, Heft 12, Hannover 1952.

[9] *K. Klöppel:* Stahlbau 11 (1938) S. 195.

Eine ungewöhnliche, aber sehr interessante Ausstellungshalle ist der Dome of Discovery in London (Abb. 9). Ein geschweißter stählerner Ring von 104 m Ø ruht auf 48 schräggestellten geschweißten Stahlrohrstützen. Der Ring ist Auflagerkonstruktion für ein Aluminiumdach, das aus Dreigurtbindern, Rippen und glatten Blechen besteht.

4. Bahnhofshallen. Während man früher eine größere Anzahl Geleise durch weitgespannte Binder ohne Zwischenstützen überdeckte (Hbf. Hamburg, Zweigelenkbögen von 73 m Spannweite), sieht man jetzt Einzelüberdachung der Bahnsteige vor. Am bekanntesten geworden sind die Überdachungen der Bahnhöfe Duisburg und Düsseldorf (Abb. 38).

5. Werkstatthallen. Der Entwurf für die Stahlkonstruktion einer Werkstatthalle entsteht durch die Zusammenarbeit von einem Betriebsfachmann (am besten dem späteren Werkstattleiter), mit einem Kranbauer und einem Stahlkonstrukteur. Der Betriebsmann legt nach seinem Maschinen- und Arbeitsplan die Grundrißabmessungen und die einzuhaltenden Stützenentfernungen fest. Wandausbildung, Dacheindeckung und die Art der Fundamente werden von ihm nach den Beratungen mit einem Baufachmann vorgeschrieben. Ferner gibt er die Anordnung der Geleise im Innern der Halle und damit die Lage und Abmessung der Tore und Türen, die Art und Zahl der Krane, ihre Nutzlasten und die Häufigkeit ihrer Belastungen sowie die größte Höhe der Lasthaken und die nötige Beleuchtungsstärke der Halle an. Nach den Leitsätzen der Deutschen Lichttechnischen Gesellschaft, DLTG (DIN 5035), beträgt die empfohlene mittlere Beleuchtungsstärke bei grober Arbeit 40 Lux, bei mittelfeiner Arbeit 80 Lux, bei feiner Arbeit 150 Lux und bei sehr feiner Arbeit 300 Lux. Die Beleuchtungsstärke an der Arbeitsstelle muß bei mittelfeiner bis sehr feiner Arbeit das 2- bis 15-fache der für die Allgemeinbeleuchtung angegebenen Werte betragen.

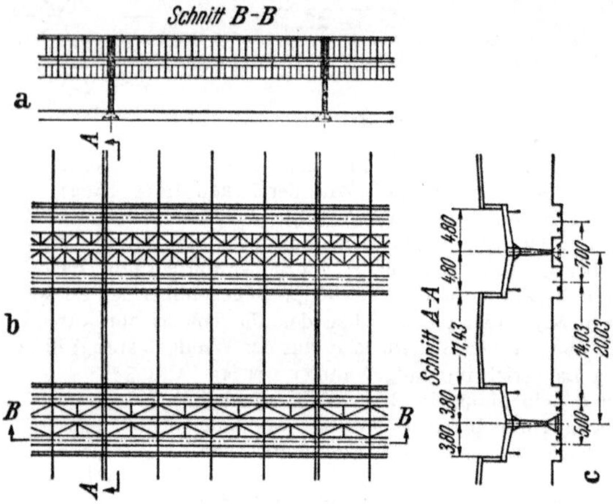

Abb. 38a—c. Bahnsteighalle Hauptbahnhof Düsseldorf

Der Kranbauer ermittelt die Eigengewichte der Katzen und Krane, die Radstände und die ungünstigsten Raddrücke. Außerdem gibt er dem Stahlkonstrukteur die Höhenkoten der Krankonstruktionen, die Höhe der Kranlaufstege und der Kranbahnschienen sowie die seitlichen Überstände der Krane über die Mitte des Kranbahnträgers an. (Bei Entwürfen, die Angebotszwecken dienen, genügen die Angaben, die der Stahlkonstrukteur in Taschenbüchern über Krangewichte und Abmessungen findet.) Zwischen der Oberkante der Führerhauskrane und der Stahlkonstruktion ist ein freier Spielraum von mindestens 500 mm erforderlich. Über der Laufbühne auf dem Kran muß eine lichte Höhe von mindestens 1800 mm vorhanden sein. Oberhalb, unterhalb oder neben der Kranbahn ist ein Laufsteg anzuordnen, von dem aus der Kran ohne Quetschgefahr betreten werden kann. Wird die Kranbahn als Laufsteg ausgebildet, so muß im Bereich dieses Laufsteges zwischen den am weitesten ausladenden Teilen des Kranes und den festen Gebäudeteilen ein Spielraum von mindestens 400 mm bleiben. Durchgänge durch die Gebäudesäulen neben der Kranbahn sollen mindestens 500 mm im Lichten breit und 1800 mm hoch sein[10].

Auf Grund der Angaben des Betriebsmannes und des Kranbauers legt der Stahlkonstrukteur die Tragkonstruktion der Halle fest. Neben den allgemeinen Richtlinien für das Entwerfen von Stahlbauten sind bei der Planung von Werkstatthallen zusätzlich folgende Gesichtspunkte zu beachten:

Die Wände und das Dach dürfen möglichst dem unmittelbaren Einfluß der Kranlasten und der Kranstöße nicht ausgesetzt werden. Ist daher zum Beispiel die Binderteilung enger als die Stützenentfernung, so sind die Binder nicht auf die Kranbahnträger abzustützen, sondern auf besondere Binderunterzüge zu legen. Werden beide Träger vereint, erleidet die Dacheindeckung bei jeder Kranfahrt eine lotrechte Bewegung, die leicht zu Undichtigkeiten führen kann. Ebenso ist es fehlerhaft, wenn der Horizontalträger, der die Seitenkräfte aus dem Kran auf die Stützen überträgt, gleichzeitig Windriegel ist, weil dann das Mauerwerk durch die Seitenstöße des Kranes gelockert wird. Dagegen bestehen keine Bedenken, die Bremsportale der Kranbahn gleichzeitig zur Aufnahme der auf die Giebelwände wirkenden Windkräfte vorzusehen.

Um die erforderliche Leistung des Kranfahrmotors klein zu halten, sind die Kranträger möglichst steif auszubilden und gegebenenfalls so zu überhöhen, daß die Kranschiene beim Befahren durch den vollbelasteten Kran ein waagrechte Lage einnimmt. Besonders bei schlechtem Baugrund ist es zweckmäßig, auf bequeme Ausrichtmöglichkeit der Kranbahn Rücksicht zu nehmen (vor allen Dingen in waagrechter Richtung).

In Werkstätten mit rauhem Betrieb empfiehlt es sich, die Fenster hoch anzuordnen, damit sie geschützt sind.

6. Shedhallen[11]. Shedhallen werden in erster Linie dann gebaut, wenn man auf gleichmäßige Beleuchtung und auf die Vermeidung direkten Sonnenlichts im Innern der Halle Wert legt. Dieser Gesichtspunkt spielt besonders bei den Bearbeitungs- und Lagerhallen der Textilindustrie eine entscheidende Rolle.

Die Shed- oder Sägebauten erhalten eine Glasfläche mit 60°–90° Neigung und eine massive Dachfläche, die unter einem Winkel von etwa 30° verläuft. Die Glas-

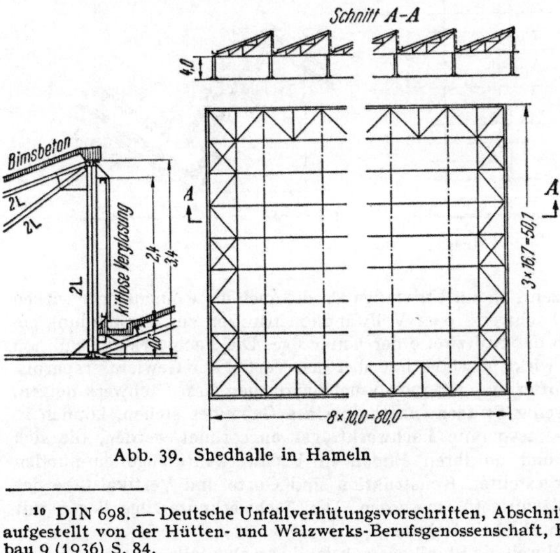

Abb. 39. Shedhalle in Hameln

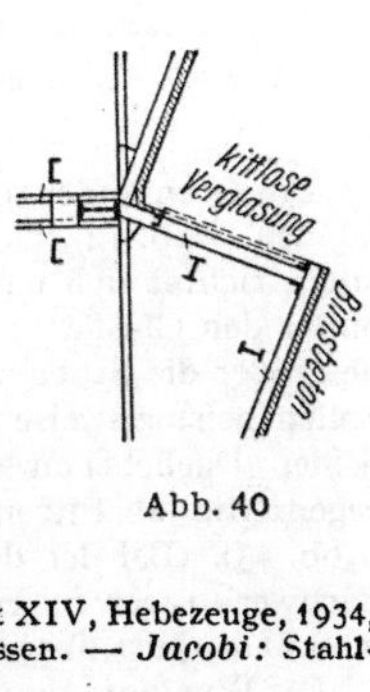

Abb. 40

[10] DIN 698. — Deutsche Unfallverhütungsvorschriften, Abschnitt XIV, Hebezeuge, 1934, aufgestellt von der Hütten- und Walzwerks-Berufsgenossenschaft, Essen. — *Jacobi:* Stahlbau 9 (1936) S. 84.

[11] *O. Sudergath:* Bauing. 21 (1940) S. 33 u. 92. — *G. Limpert:* Stahlbau-Bericht, Zürich 1952. Heft 12.

fläche ist nach der der Sonne abgewandten Seite, auf der nördlichen Halbkugel also nach Norden, gerichtet. Durch Anordnung einer doppelten Verglasung in den Oberlichtern werden Schwitzwasserbildung und Tropfen an den Glasscheiben vermieden.

Beim Entwurf einer Sägedachkonstruktion sind eine Reihe von verschiedenen Gesichtspunkten zu beachten, deren Berücksichtigung durch Besprechungen mit dem Bauherrn zu klären ist:

a) Die Dachhaut kann aus Bimsdielen oder Dachziegel auf Holzschalung mit untergenagelten Heraklithplatten bestehen.

b) Die Sägedachbinder können als Fachwerkkonstruktion (Abb. 39), als Dreigelenkrahmen (Abb. 40) bzw. Zweigelenkrahmen mit Zugband (Abb. 41) oder durch gegenseitige Abstützung der Dachträger ausgeführt werden (Abb. 42). Die Ausbildung der Sägedachbinder als Fachwerkkonstruktion hat den Vorteil des geringsten Stahlgewichtes, aber den Nachteil, daß sich z. B. in der Textilindustrie auf den vielen Einzelstäben Wollfasern ablagern.

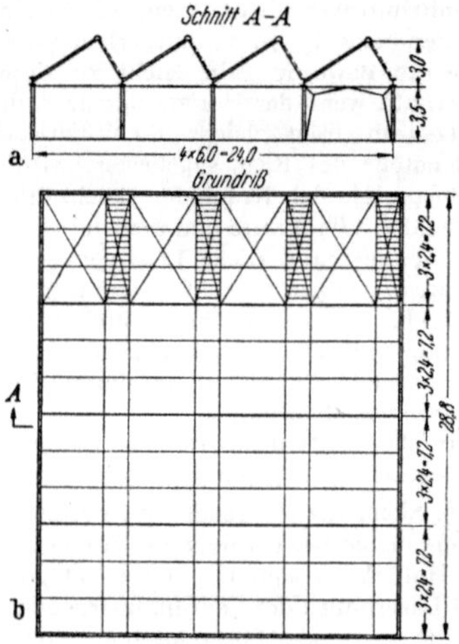

Abb. 42a—b

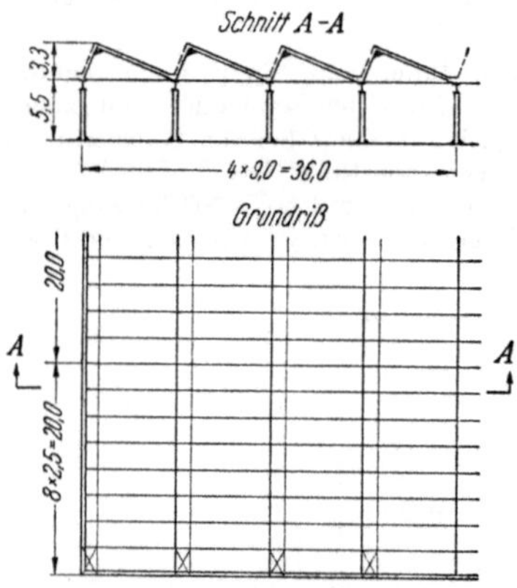

Abb. 41. Paketzustellamt Leipzig

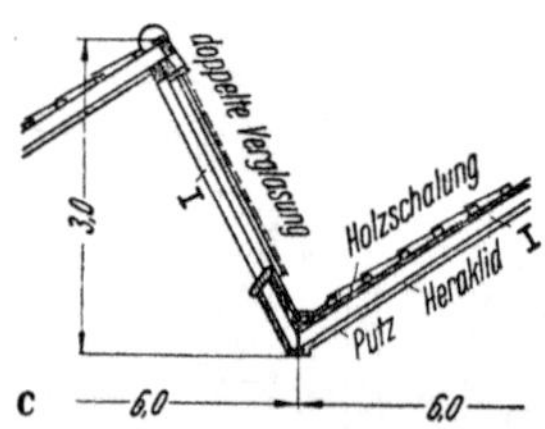

Abb. 42c

Die Dachbinder setzen sich auf Unterzüge ab, die auch als Rinnenträger wirken können (Abb. 42). Ob Fachwerk- oder Vollwandkonstruktion zur Verwendung gelangt, richtet sich nach der Stützweite der Unterzüge. Die Fachwerkkonstruktion hinter den Glasflächen wirkt unschön, hat aber den Vorteil der Gewichtsersparnis. Je größer die Stützenentfernung ist, um so mehr wird man zum Fachwerk neigen. Sollen beispielsweise wenig Stützen innerhalb eines Gebäudes stehen, können in beiden Dachebenen weitgespannte Fachwerkträger angeordnet werden, die sich gegenseitig abstützen und an ihren Enden in Fachwerkunterzüge einmünden (Abb. 43). (Bei der dargestellten Konstruktion sind Gurte und Vertikalstäbe der Fachwerkträger in Holz ausgeführt worden. Die Fachwerkunterzüge liegen mit ihrem Obergurt über der Dacheindeckung.)

Die Windaufnahme durch die Stahlkonstruktion kann ebenfalls auf verschiedene Art erfolgen:

a) Bei dem Gebäude (Abb. 39) werden die Windstärke in beiden Gebäuderichtungen durch *horizontal* angeordnete Wind*träger* auf die am Fuße eingespannten Stützen übertragen.

b) Die Abb. 40 zeigt eine Halle, bei der die Sägedachbinder, aus I-Normalprofilen ausgebildet, sich auf Unterzüge aus Walzträgern absetzen. Die von den Sägedachbindern abgegebenen Horizontalkräfte werden durch die *Horizontalsteifigkeit* der *Unterzüge* auf die am Fuße eingespannten Stützen weitergeleitet und von diesen aufgenommen. In der Längsrichtung sind die Unterzüge mit den *Stützenköpfen biegungssteif* verbunden, so daß auch hier eine einwandfreie Windaufnahme erfolgt.

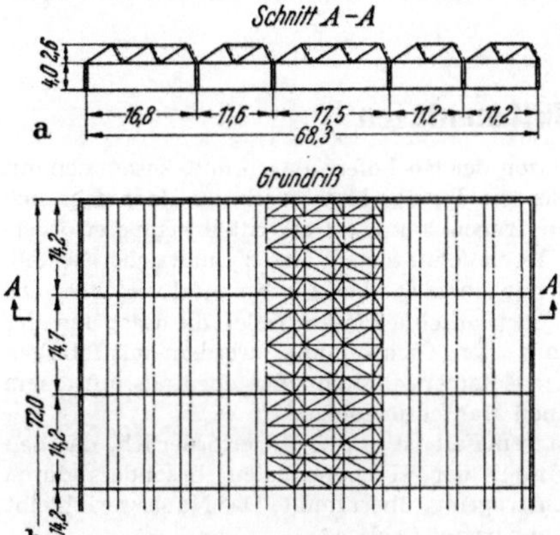

Weberei-Erweiterung in Rheine

Abb. 43a–b

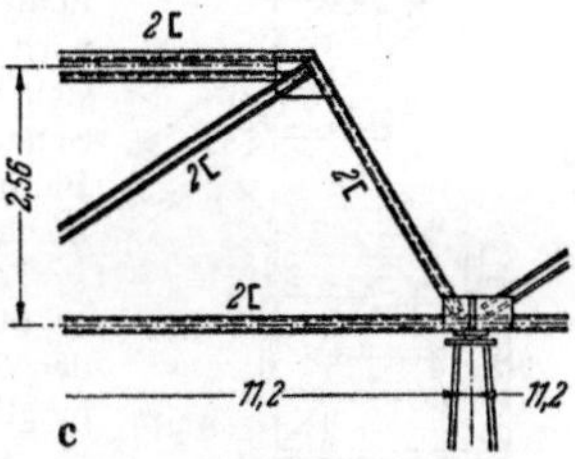

Abb. 43c

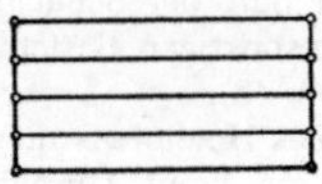

Abb. 44

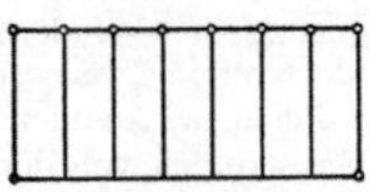

Abb. 45

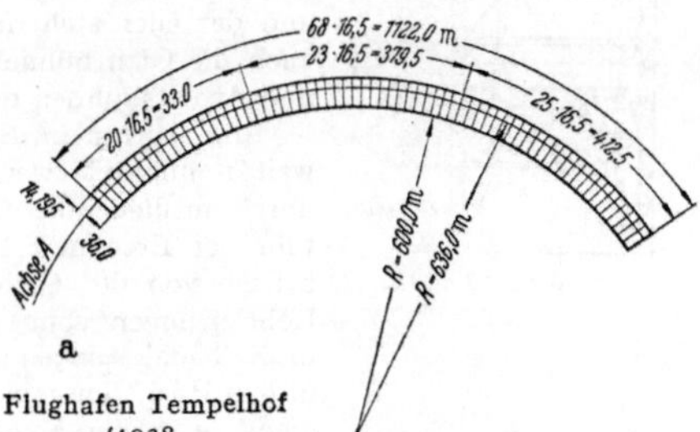

Flughafen Tempelhof (1938

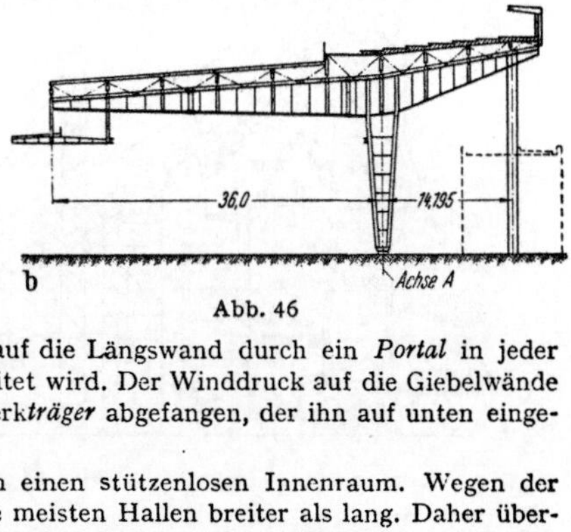

Abb. 46

c) Bei dem durch die Abb. 43 dargestellten Gebäude werden die auf die Sheds wirkenden Windkräfte durch *schrägliegende* Fachwerk*träger* in beiden Richtungen auf die am Fuße eingespannten Stützen überführt.

d) Die Abb. 42 zeigt ein Gebäude, bei dem der Winddruck auf die Längswand durch ein *Portal* in jeder Stützenreihe in die Fundamente geleitet wird. Der Winddruck auf die Giebelwände wird durch einen *räumlichen* Fachwerk*träger* abgefangen, der ihn auf unten eingespannte Stützen überträgt.

7. Flugzeughallen. Sie erfordern einen stützenlosen Innenraum. Wegen der großen Breite der Flugzeuge sind die meisten Hallen breiter als lang. Daher überbrücken die Binder entweder den Grundriß in der größeren Stützweite (Abb. 44), oder man ordnet einen Torbinder an und spannt zwischen ihm und der Rückwand der Halle mehrere kleinere Längsbinder (Abb. 45). Die Öffnung zum Einrollen der Flugzeuge wird durch Falt-, Schub- oder Rolltore geschlossen. Es empfiehlt sich, auf der Rückseite und den Schmalseiten des Gebäudes Ausbesserungs- und Lagerräume anzuschließen. — Beim Flughafen Tempelhof hat man einen sehr langgestreckten, bogenförmigen Hallengrundriß gewählt. Die Nebengebäude sind an der Außenseite angebaut. Sie dienen gleichzeitig zur Belastung der Zuganker der weit auskragend konstruierten Dachbinder (Abb. 46).

B. Hüttenanlagen

1. Hochöfen[12]. Die Stahlkonstruktion der Hochofenanlagen muß zusammen mit einem Hüttenfachmann entworfen werden. Da das Mauerwerk des Hochofens sich nicht allein tragen kann, ist ein Stahlgerippe erforderlich. Der Hochofenunterteil, das zylindrische Gestell, wird stets mit einem starken Blechmantel versehen. Die sich nach oben anschließenden Teile, die Rast und der Schacht mit der Gichtöffnung, werden mit starken Bandagen zusammengehalten oder ebenfalls mit einem geschlossenen Mantel umgeben.

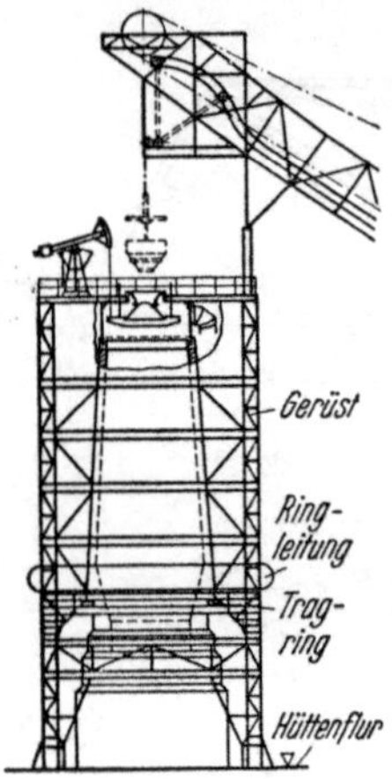

Abb. 47

Im ersteren Fall ist ein *Gerüst* erforderlich, das den größten Anteil der Hochofenlasten, besonders durch den Schachttragring, übernimmt. Das Mauerwerk bleibt möglichst unbelastet (Abb. 47).

Ist der ganze Hochofen dagegen mit einem starken *steifen Panzer* umgeben, so wird das Gerüst entbehrlich und der Ofen steht frei. Daher muß der Schachtmantel auch die Gichtbühne sowie die sonstigen Besichtigungs- und Arbeitsbühnen tragen (Abb. 48).

Alle Stützen im Bereich eines Hochofens müssen soweit ummantelt werden, wie sie beim Durchbrennen durch ausfließendes Roheisen bedroht sind. — Die Zufuhr der Erze und Kohlen erfolgt durch eine Schrägbrücke von der Gicht aus. Die Frischluft wird durch Rohrleitungen vom Gebläsehaus zu den Winderhitzern in die Ringleitungen und von dort durch Zweigleitungen in den Hochofen geblasen. Die sich entwickelnden Hochofengase werden abgefangen. Sie strömen von der Gicht

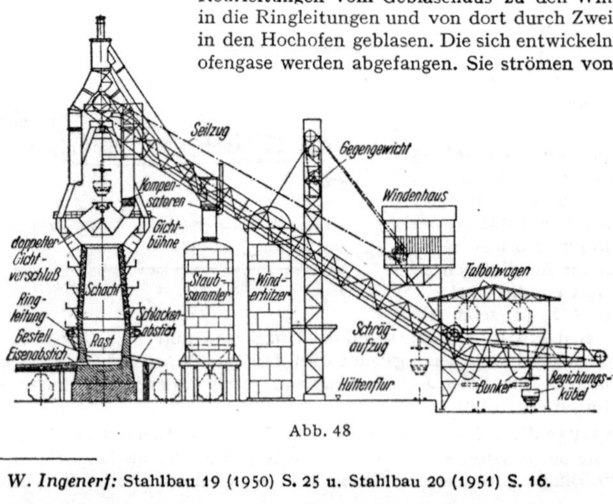

Abb. 48

[12] *W. Ingenerf:* Stahlbau 19 (1950) S. 25 u. Stahlbau 20 (1951) S. 16.

durch Schrägrohre in die Staubsammler und dann durch die Gaswäschen zur Gasreinigung und zum Hochofengasbehälter.

Neben den Eigengewichtslasten und dem Windangriff treten gleichmäßige und auch sehr ungleichmäßige Temperaturänderungen als angreifende Kräfte auf.

2. Hüttenbauten[13]. Die Ofen-, Gießerei-, Walzwerks-, Schmiede- und Bearbeitungshallen auf den Hütten zählen zu den schwersten Stahlkonstruktionen. Der Verwendungszweck dieser Hallen, insbesondere die Ofen- und Maschineneinbauten, bedingen erhebliche Stützenabstände. Die zu transportierenden schweren Teile erfordern zahlreiche kräftige Krane, die zuweilen sogar auf zwei übereinanderliegende Kranbahnen laufen. Das Eigengewicht der Stahlkonstruktionen übersteigt daher in manchen Fällen 500 kg/m². Die erforderlichen ungewöhnlich schweren Krane üben im rauhen Betrieb sehr große Seitenkräfte aus. Es genügt daher im allgemeinen nicht, die Laufstegabdeckung allein als waagrechte Versteifung des Kranbahnträgers anzusehen. Vielmehr empfiehlt es sich, ein besonderes waagrechtes Fachwerk für Horizontalträger anzuordnen. Wird dieses gespart, besteht die Gefahr, daß die Abdeckung durch die Schubkräfte einreißt. Sind gelochte Bleche gewählt, wird man einem Fachwerk entsprechende Streifen ungelocht lassen.

Für besonders gute Entlüftung, die z. B. durch auskragende seitlich offene Dachoberlichter oder durch offene Mauerung (Gittermauerwerk) der Umfassungswände erfolgen kann, ist zu sorgen.

C. Dampfkraftwerke

Kraftwerksbauten zum Schutze der Dampfkessel, Kraftmaschinen, Generatoren, Speisewasserpumpen und -behälter, Krane, Förderanlagen für Kohle, Entstaubungsanlagen, Filter, Gebläse, Rohrleitungen, Schaltanlagen und Trafos werden meistens in Stahl errichtet, da diese Bauweise auch nach erfolgter Ausführung anpassungsfähig bleibt. Beim Entwurf der Stahlbauten muß genaueste und weitgehendste Vorplanung der Kessel, Maschinenanlagen, Rohrleitungen, Förderanlagen usw. erfolgen, um alle anfallenden Lasten richtig aufnehmen zu können und um spätere Änderungen an den Bauten auf ein unvermeidliches Mindestmaß zu beschränken (Abb. 49).

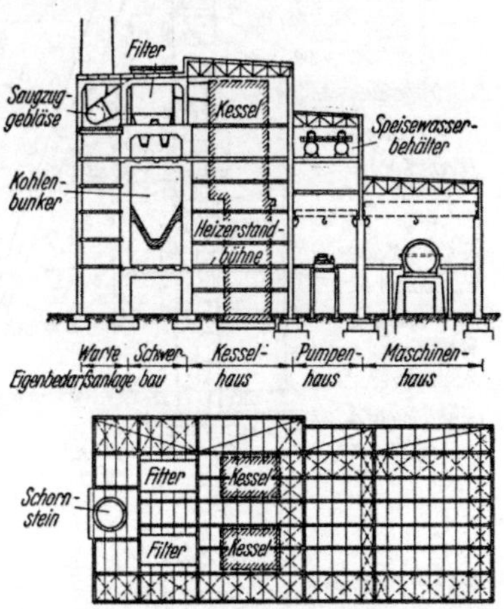

Abb. 49

Beim Kesselhaus ist besonders auf die Vermeidung unzulässiger Temperaturspannungen zu achten. Werden z. B. Bühnen auf Kesselgerüsten gelagert, so müssen sie wegen der Wärmeausdehnung der Kessel beweglich angeschlossen werden. In waagrechter Richtung wird ein Spielraum bis zu 80 mm zwischen Kessel und Bühnenteilen gewählt[14]. — Der Bunkerbau dient zur Aufnahme der Kohlenbunker und Kohlenförderbänder und wird oft abweichend von den übrigen Bauten in Beton ausgeführt. In der Regel übernimmt der Schwerbau alle horizontalen Kräfte aus Wind, Kranschüben usw., die senkrecht zu seiner Längsachse auftreten. — Im Pumpenhaus sind die Speisewasserpumpen eingebaut, die entweder auf eigenen Fundamenten aus Beton oder Stahl aufgelagert sind oder von der Stahlkonstruktion getragen werden. Der Pumpenflur wird zweckmäßig so angeordnet, daß ein Eisen-

[13] *E. Ackermann:* Bautechn. 26 (1949) S. 16.
[14] DIN 2939 Laufbühnen für Dampfkessel.

bahngeleis in den „Pumpenhauskeller“ gelegt werden kann. Im obersten Geschoß werden vielfach die Speisewasserbehälter und die Vorwärmeanlage untergebracht. — Die Turbinen des Maschinenhauses werden, um die Schwingungen von der Stahlkonstruktion fernzuhalten, fast ausschließlich auf eigenen Fundamenten (Stahl oder Beton) gelagert. Unter den meist in Fachwerkkonstruktion ausgeführten Bindern wird, ebenso wie im Pumpenhaus, eine massive Unterdecke zur Vermeidung von Schwitzwasser angebracht. — In der Warte wird vielfach schallschluckendes Material eingebaut. Besondere Maßnahmen sind für die gute Ausleuchtung (durch künstliches oder natürliches Licht) erforderlich. — Zu den Nebenbauten einer Dampfkraftzentrale gehören Kesselgerüste und Kühltürme.

D. Bergwerksanlagen

Für die Bergwerksanlagen über Tage verwendet man Fachausdrücke, von denen die wichtigsten durch (Abb. 50) erläutert sind.

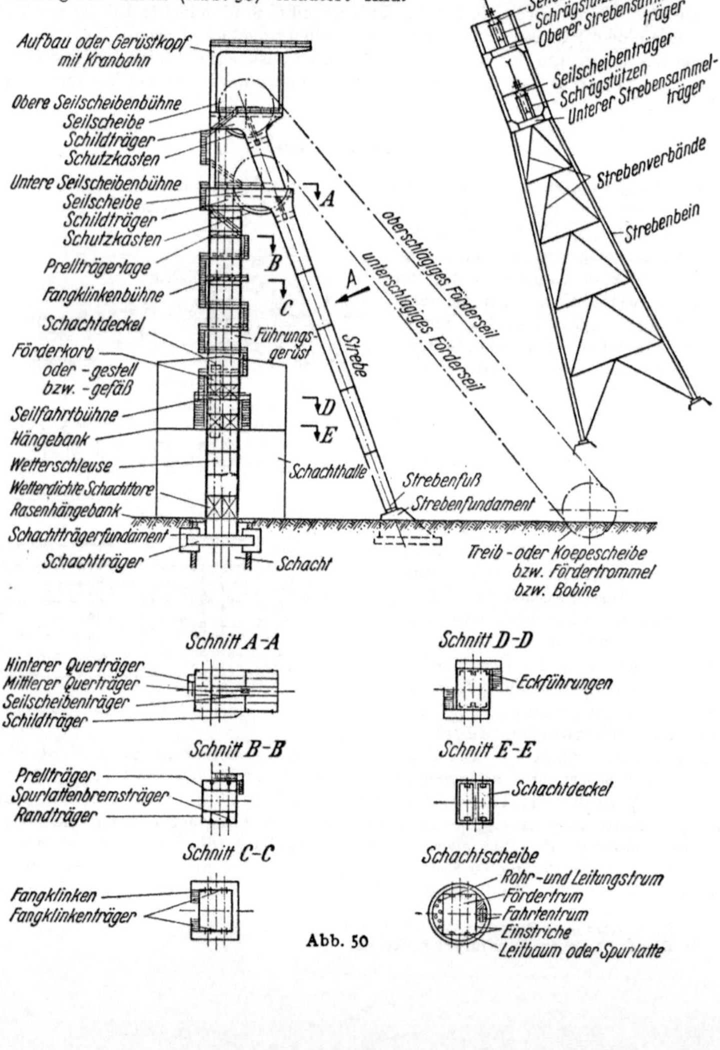

Abb. 50

Das Kernstück eines Fördergerüstes ist das Führungsgerüst. Die Höhe des Führungsgerüstes ergibt sich aus der Höhe der Seilfahrtsbühne über dem Gelände, aus der Länge des Förderkorbes, aus dem Übertreibweg, aus der Höhe der Prellträger und aus dem Fallweg zwischen den Prellträgern und den Fallklinken. — Die Berechnung eines Fördergerüstes[15] erfolgt zur Hauptsache aus der Seilbruchlast. Kein Teil der Stahlkonstruktion darf beim Zerreißen des Förderseils die Streck- oder Quetschgrenze überschreiten oder ausknicken. Das Gerüst soll auch dann — ohne wesentliche Verformungen zu erleiden — stehenbleiben, wenn das Förderseil reißt.

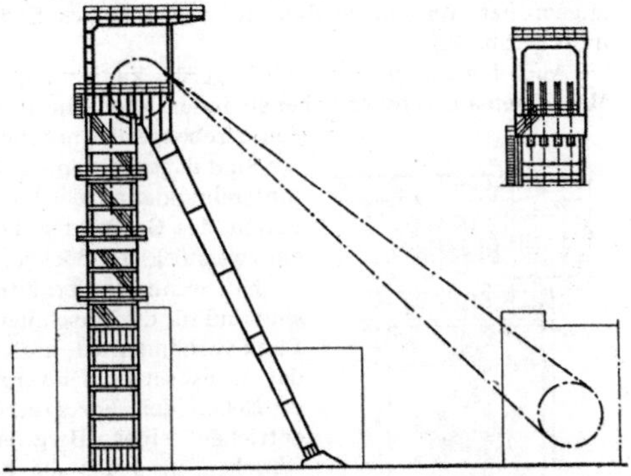

Abb. 51

Es haben sich im Laufe der Jahre bestimmte Formen von Fördergerüsten entwickelt, die sich aus der Lage der Antriebsmaschinen zum Führungsgerüst ergeben.

Liegen bei einer einfachen Förderung, also bei einer Förderung, bei der nur ein aufgehender und ein abgehender Korb vorhanden ist, die Förderkörbe von der Maschine aus betrachtet nebeneinander, so können auch die beiden Seilscheiben auf einer Bühne nebeneinander liegen und es entsteht ein einstöckiges Strebengerüst (Abb. 51 zeigt 4 Seilscheiben nebeneinander).

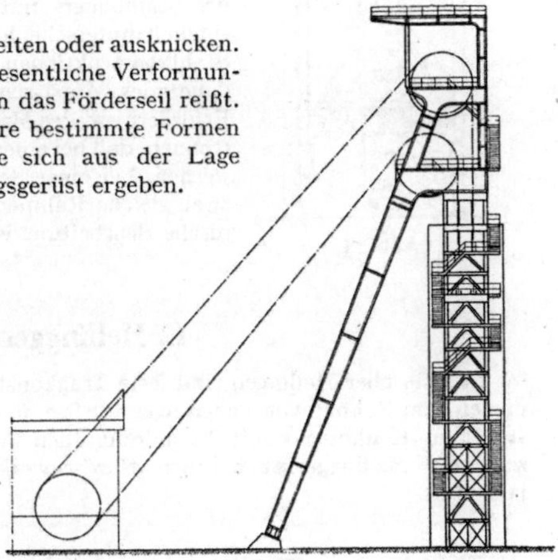

Abb. 52

Liegen dagegen die Förderkörbe hintereinander, müssen die Seilscheiben übereinander

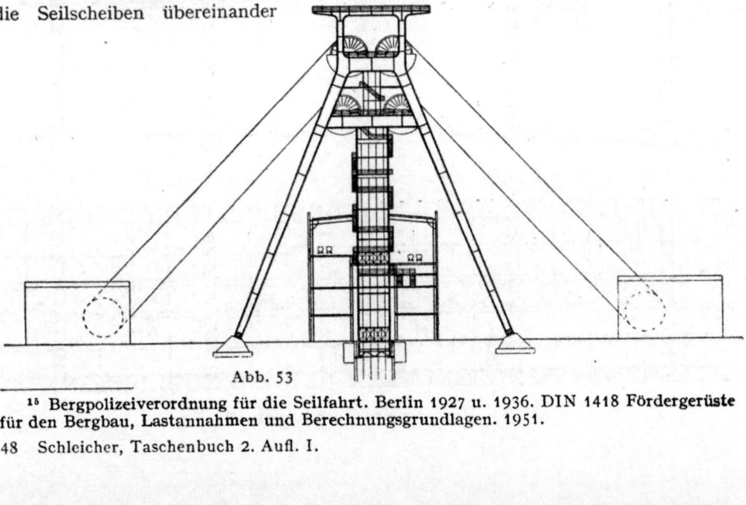

Abb. 53

[15] Bergpolizeiverordnung für die Seilfahrt. Berlin 1927 u. 1936. DIN 1418 Fördergerüste für den Bergbau, Lastannahmen und Berechnungsgrundlagen. 1951.

angeordnet werden, so daß ein zweistöckiges Strebengerüst ausgebildet werden muß (Abb. 52).

Auch bei einem Doppelfördergerüst kann man, falls die 4 Förderkörbe von den Maschinen aus gesehen nebeneinander liegen, die 4 Seilscheiben auf einem einstöckigen Strebengerüst nebeneinander anordnen (Abb. 51).

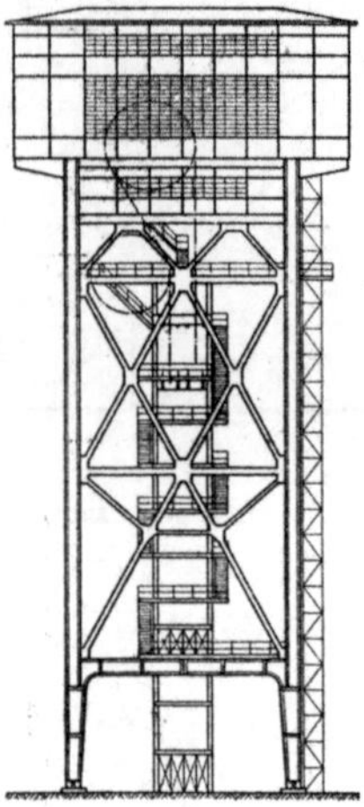

Abb. 54

Sind dagegen von der Maschine aus die 4 Förderkörbe hintereinander angeordnet, wird man 2 auf verschiedenen Seiten des Gerüstes stehende Maschinen anbringen und ein zweistöckiges Bockgerüst konstruieren (Abb. 53).

Nur wenn die Verhältnisse auf der Zeche sehr beengt sind und für die Maschinenhäuser neben dem Gerüst kein Platz vorhanden ist, muß man die Antriebsmaschine auf das Gerüst setzen. Dies ergibt einen Förderturm (Abb. 54).

Neben den Fördergerüsten gehören zu den Tagesbetrieben einer Bergwerksanlage Schachthallen und Wäschen, in denen die Kohlen verarbeitet werden. Die Planungen dieser Anlagen erfordern die Zusammenarbeit des Stahlbauers mit einer Aufbereitungsfirma. Grundsätzlich unterscheiden sich diese Bauten von anderen Stahlkonstruktionen nicht, aber sie bedingen ein dauerndes Anpassen aller Konstruktionsteile an die Erfordernisse des Maschinenbaus. Man kann z. B. damit rechnen, daß bei einer Werkstatthalle alle Rahmen gleich werden, bei einer Schachthalle oder einer Wäsche sind zwei gleiche Rahmen schon eine Seltenheit. Die technische Bearbeitung ist daher sehr umfangreich.

E. Hellinggerüste

Gerüste über Hellingen sind feste Tragkonstruktionen für Hängedrehkräne. Sie dienen zum Rohbau von Fahrzeugen für See- und Flußschiffahrt. Die Hellinggerüste stehen in Konkurrenz mit Turmdrehkränen und Kabelkrananlagen. Die Abb. 55 zeigt ein Hellinggerüst bei den Nordseewerken Emden. Gewicht 3000 t, Baujahr 1912.

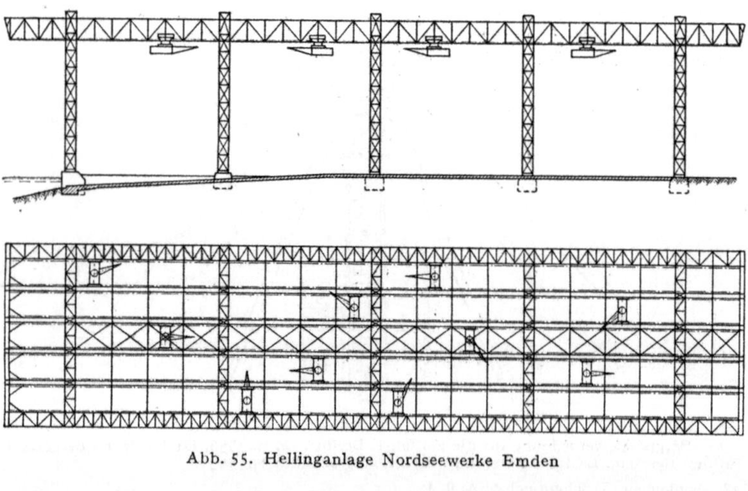

Abb. 55. Hellinganlage Nordseewerke Emden

F. Stahlskelettbauten

Ein Stahlskelettbau ist ein Geschoßbau mit vielen Stockwerken, dessen Stützen, Unterzüge und Deckenträger aus Stahl hergestellt werden und allein die Lasten aus den Eigengewichten der übrigen Baustoffe wie auch die Nutzlasten übernehmen und in die Fundamente übertragen. Die Außen- und Innenwände haben nur eine raumabschließende Aufgabe. — Zusätzlich zu den Eigenlasten und Verkehrslasten nimmt das Stahlskelett auch die auf das Gebäude entfallenden Windlasten auf, und zwar sowohl den Wind auf die Giebelwände als auch auf die Längswände.

Das Stahlskelett ist im allgemeinen so aufgebaut, daß Stützen und Deckenunterzüge — letztere auch Riegel genannt — zusammen den Rahmenbinder darstellen. Die Rahmenbinder stehen in möglichst gleichmäßigem Abstand quer zum Gebäude und sind durch die Längsträger verbunden. Sie können zwei- und mehrstielig sein. Der Anschluß der Riegel an die Stützen kann in Form von Steifknoten oder Gelenkknoten erfolgen. Bei einem Steifknoten verändern die zusammenlaufenden Stäbe bei Belastung nicht ihre Winkel zueinander, während jedoch der ganze Knoten eine Verdrehung und Verschiebung erhalten kann. Der Riegel überträgt hierbei sein Endmoment auf die anschließenden übrigen Stäbe. Wird er nur durch eine Schraubenverbindung am Steg angeschlossen, gilt dieser Anschluß als gelenkig, auch wenn die Gelenkwirkung nicht vollkommen erreicht wird.

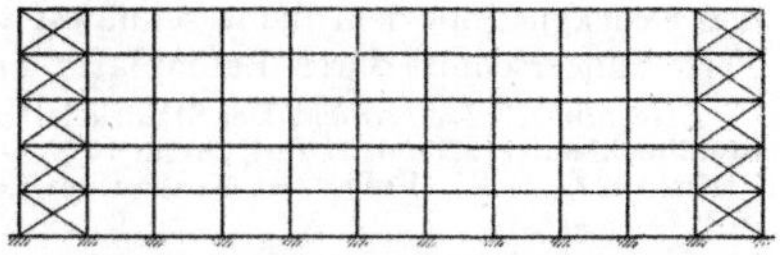

Abb. 56. Versteifung in Längsrichtung

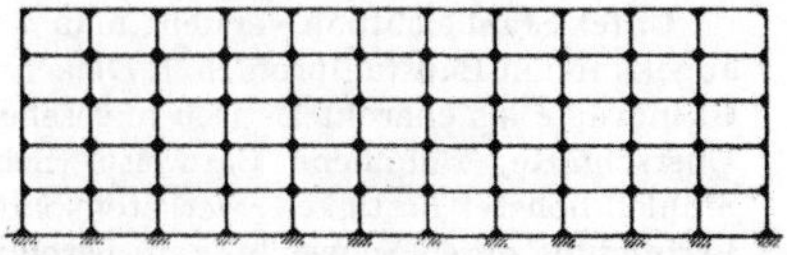

Abb. 57

Zur *Längs*versteifung der Bauten legt man Vertikalverbände in die fensterlosen Felder (Abb. 56) oder verbindet sämtliche Längsriegel der Außenwände biegungssteif mit den Stützen, so daß eine Rahmenkonstruktion mit vielen Knoten entsteht (Abb. 57).

Von ausschlaggebender Bedeutung für die Wirtschaftlichkeit wie für die Zweckmäßigkeit der Ausführung ist die Wahl der Baustoffe für die Decken, Innen- und Außenwände. Die Ausbaustoffe müssen wärme- und schalldämmend wirken, leicht und widerstandsfähig gegen Witterungseinflüsse sein sowie die Stahlteile gegen Feuer, Rost und Schwitzwasser schützen. Auf die Vermeidung von Kältebrücken ist besonders zu achten, d. h. die Stahlteile dürfen nicht gleichzeitig den äußeren und inneren Temperatureinflüssen unterworfen sein. Die Decken werden zweckmäßig aus Beton mit einfacher oder kreuzweiser Bewehrung oder aus Betonfertigteilen hergestellt.

Die Anwendungsmöglichkeiten der Stahlskelettbauweise sind sehr mannigfaltig. Vorteilhaft wird sie angewandt bei der Errichtung von Hoch- und Geschäftshäusern, großen Hotelgebäuden und vielen Industrieanlagen. — Der Stahlskelettbau hat verschiedene Vorzüge gegenüber anderen Bauweisen. Die hohe Festigkeit des Stahls gibt den tragenden Bauteilen verhältnismäßig geringe Abmessungen. Da hier die Wände nicht zum Tragen von Lasten herangezogen werden, können sie in allen Geschossen gleich stark ausgebildet werden; man gewinnt dadurch nutzbaren Raum. Die statischen Verhältnisse sind sehr klar, mithin große Sicherheit des Gebäudes. Die Bauzeit für die Errichtung des Stahlskeletts ist kurz, die Montage kann bei jeder Witterung durchgeführt werden.

Stahlskelettkonstruktionen gestatten eine gute Anpassungsfähigkeit an gegebene Verhältnisse. Änderungen an der Konstruktion können noch während der Montage bzw. sogar nach Inbetriebnahme des Gebäudes leicht ausgeführt werden, ohne die Sicherheit des Gebäudes zu beeinträchtigen. Senkungen des Baugeländes werden leicht durch Hebung der Stützen ohne Unterbrechung des Betriebes innerhalb des Gebäudes ausgeglichen.

Durch die bei der Stahlskelettbauweise zur Anwendung kommenden leichten Ausbaustoffe für Decken und Wände und durch das geringe Gewicht der Tragkonstruktion wird das Eigengewicht des Gebäudes verhältnismäßig leicht. Damit fallen auch die Kosten für die Gründungsarbeiten geringer aus. Stahlskelettgebäude können leicht abgebrochen werden, wobei man die Stahlteile z. T. wieder anderweitig verwerten kann; mindestens bleibt aber der Schrottwert erhalten.

Im Verhältnis zu anderen Bauweisen ist der Stahlskelettbau um so wirtschaftlicher, je höher das Gebäude ist, je schlechter sein Baugrund und je größer die Nutzlasten und geforderten Stützenabstände.

Steht für die Decken eine reichliche Konstruktionshöhe zur Verfügung, kann man durch Anwendung der Verbundbauweise an der Stahlkonstruktion sparen. Es lassen sich die Walzträger um 1 bis 2 Profilnummern herabdrücken, wenn man den Druckgurt mit dem Beton schubfest verbindet. Die Momente werden dann im Verbundquerschnitt durch Betonplatte und Stahlträger gemeinsam aufgenommen.

Literatur. A. Hawranek: Der Stahlskelettbau. Berlin 1931. — *A. Gregor:* Der praktische Stahlhochbau. II. Band, 2. Teil, Berlin 1931. — *F. Bleich:* Stahlhochbauten. I. u. II. Band. Berlin 1932. — *W. Weiß:* Der Neubau des Lever-Hauses in New-York. Bauing. 27 (1952) S. 371.

G. Stahlleichtbau[16]

Unter Stahlleichtbau versteht man Stahlkonstruktionen aus kaltgezogenen und abgekanteten Baustahlprofilen in Dicken von 1,5 bis 3 mm. Für sie können folgende Grundsätze als charakteristisch angesehen werden: Dünnwandigkeit, daher kleine Querschnitte, räumliche Bauweise (Schalen, Zellen, Rohre), Verwendung von Stählen höherer Festigkeit, werkstoffsparende Formung (Kanten, Ziehen, Pressen), Verbindung durch Schweißung, insbesondere durch Punktschweißung.

Diese Eigenarten des Stahlleichtbaus erfordern eine weitgehende Festigkeitsberechnung mit der Erfassung der wirklichen Spannungsverhältnisse, bei der die Lastgrößen, die Lasthäufigkeit, die Werkstoffsicherheiten, die Gestalt des Tragwerkes und die Form des einzelnen Baugliedes berücksichtigt werden müssen.

Die wirtschaftliche Ausnutzung des Werkstoffes erfordert bei allen gedrückten Baugliedern eine weiträumige Verteilung des Werkstoffes im Querschnitt. Dieses bedingt die Anordnung vorwiegend am Umfang der Querschnittsfläche, damit ein großes Trägheits- und Widerstandsmoment entsteht. Die Weiträumigkeit findet seine Begrenzung durch etwaige Formverluste und durch die Gefahr lokaler Instabilitäten, z. B. Ausbeulen, Knicken oder Kipperscheinungen einzelner Querschnittsteile. Zur Verhinderung der Drehknickgefahr ist es ratsam, symmetrische oder noch besser doppelsymmetrische Querschnittsformen anzuwenden. Die Konstruktion muß außerdem so gestaltet sein, daß sie nicht nur durch zusammenhängende Außenflächen einen kontinuierlichen Schubfluß ermöglicht, sondern auch einen gegen Biegewirkung möglichst stabilen Querschnitt besitzt. — Bei den geringen Werkstoffdicken im Stahlleichtbau ist die Konstruktion gegen Schwächung des Querschnittes empfindlicher als eine normale Bauweise. Der Korrosionsschutz hat also im Leichtbau größte Bedeutung.

Nach den bisherigen Erfahrungen ist die Korrosion von der Atmosphäre wie folgt abhängig:

Angriffs-atmosphäre	Korrosions-geschwindigkeit in 1/1000 mm/Jahr
Landluft	4— 60
Stadtluft	30— 60
Industrieluft	40—160
Meeresluft	64—160

wobei die unterschiedlichen Werte bei gleicher Atmosphäre vor allen Dingen durch den Rostzustand bedingt sind, und zwar verlangsamt

[16] Stahlleichtbau, Abhandlung aus dem Stahlbau Heft 4, Bremen-Horn 1950. — DIN 4115, Stahlleichtbau und Stahlrohrbau im Hochbau, Richtlinien f. d. Zulassung, Ausführung, Bemessung. — *R. Kappus:* Stahlbau 22 (1953) S. 6. — *H. Lindenberger:* Stahlbau 22 (1953) S. 14.

festhaftender dichter Rost den weiteren Zutritt der Atmosphäre und verringert dadurch die Angriffsgeschwindigkeit. Zum Schutz gegen die Korrosion können Stahlteile mit Farbanstrichen oder mit metallischen Schutzüberzügen versehen werden. Der Farbanstrich muß durch ein oder zwei Grundanstriche und durch ein oder zwei Deckanstriche erfolgen. Dabei soll der Grundanstrich das Metall, der Deckanstrich den Grundanstrich schützen. Bei den aufeinanderfolgenden Anstrichen muß eine Steigerung des Ölgehaltes bis zur äußersten Deckfarbe erfolgen, damit die Farben gut aufeinander haften. Lacke aus Kunstharzen haben bei einem Zusatz von fetten Ölen eine gute Haltbarkeit ergeben. Als metallischer Schutzüberzug kommt das Tauchen in einem Metallbad, der Niederschlag durch Elektrolyse oder ein Spritzverfahren in Frage.

Vor dem *Farbanstrich* ist der Walzzunder durch Beizen, Sandstrahlen oder Abrosten zu entfernen. Vor einem *metallischen Schutzüberzug* muß die Oberfläche metallisch blank sein, was durch Beizen oder Sandstrahlen erreicht werden kann. Vor dem *Aufspritzen* muß die Stahloberfläche durch Sandstrahlen stark aufgerauht werden.

H. Rohrbau[7, 16, 17]

Für einen auf Druck beanspruchten Stab, der nach allen Seiten gleichmäßige Absteifung besitzt, ist ein Rohr der günstigste Querschnitt. Außerdem kann bei ihm die Dünnwandigkeit am weitesten getrieben werden. Bei allen anderen Querschnittsformen ist der Wanddicke durch örtliche Instabilitäten weit früher als bei kreiszylindrischen Rohren eine Grenze gesetzt. Sie sind insbesondere unempfindlich gegen die Gefahr der Drehknickung, gegen die andere Leichtkonstruktionen sehr empfindlich sind. Diesen statischen Vorteilen der Rohre stehen ihre ungünstige Form bei Biegebeanspruchung und die Schwierigkeit der Anschlußausbildung stärkerer winklig aufeinanderstoßender Querschnitte entgegen.

Rohre können entweder aus Blechen gebogen und mit geschweißter Längsnaht versehen oder nahtlos gewalzt hergestellt werden (zur Zeit bis 622 mm Außendurchmesser). In beiden Fällen ist wegen der schwierigen Herstellung der Preis für Rohre höher als für Profilstäbe. Aus diesem Grunde können die Rohrkonstruktionen nur bei entsprechender Werkstoffersparnis wettbewerbsfähig sein. — Rohrquerschnitte werden besonders als Geschoßstützen von Gebäuden angewendet, sofern sie nur durch Normalkräfte beansprucht werden. Auch in Unterführungen und Untergrundbauten ist das Rohr als Stützenquerschnitt sehr geeignet. Zur Zeit werden sie außerdem in Rohrgerüsten sehr häufig verwendet[18].

Um die Innenkorrosion auszuschalten, sind bei allen Stößen und Anschlüssen und an den Rohrenden vollkommen dicht schließende Schweißnähte anzuordnen.

I. Maste und Türme

Maste und Türme sind hohe und schlanke Bauten mit verhältnismäßig geringen Nutzlasten, für die der Stahl ein besonders geeigneter Baustoff ist.

1. Lichtmaste. Um eine möglichst große Fläche, besonders im Gelände der Eisenbahn und Zechen, gleichmäßig zu beleuchten, werden 25 bis 40 m hohe Maste ausgeführt. Sie erhalten oben eine Plattform, über welcher die einzelnen Leuchtkörper angebracht werden. Mit Rücksicht auf Reparaturmöglichkeit an den Leuchtkörpern wird eine Steigeleiter vorgesehen (Abb. 58). Für die Eckstiele, Diagonalen und Horizontalen werden Winkelprofile verwendet. Sie werden wie Hochbauten berechnet.

2. Maste für Obusleitungen. Aus der Art der Verspannung der Tragseile ergibt sich die Forderung nach gleicher Biegesteifigkeit über alle horizontalen Achsen. Soweit man diese Maste in Stahl anfertigt, werden sie als Quadratmaste oder als

---

[17] *Geilinger:* Stahlbau-Bericht. Zürich 1951, Heft 18.
[18] DIN 4411 Leitergerüste (Gerüstleitern und Einzelteile). — DIN 4420 Gerüstordnung.

konisch zulaufende Sechskant- oder als abgestufte Rohrmaste ausgeführt. Je nach ihrer Höhe wählt man 8 bis 10 mm starkes Stahlblech. Berechnung nach Hochbauvorschriften.

3. Fahrleitungsmaste für Eisenbahnen. Die bei der Elektrifizierung der Eisenbahnen erforderlichen Fahrleitungs-Aufsetzmaste haben eine Höhe von etwa 8—16 m. Die Höhe ist abhängig von der Spannweite und somit von dem Durchhang der Tragseile, welche teils rechtwinklig, teils schräg zu der Stromschiene gespannt werden (Abb. 58). Der am Fuß rechteckige, am Kopf quadratische Querschnitt muß möglichst klein gehalten werden. Vorteilhaft werden die Diagonalwinkel ohne Knotenblech mit zwei Nieten an die Eckwinkel angeschlossen. Erforderliche Stöße bei den Eckwinkeln werden verlascht. Bei einer Kopfbreite von 350 mm beträgt die Breitenzunahme nach unten über die x-Achse 30 bis 60 mm je m Masthöhe und über die y-Achse 20 bis 40 mm je m.

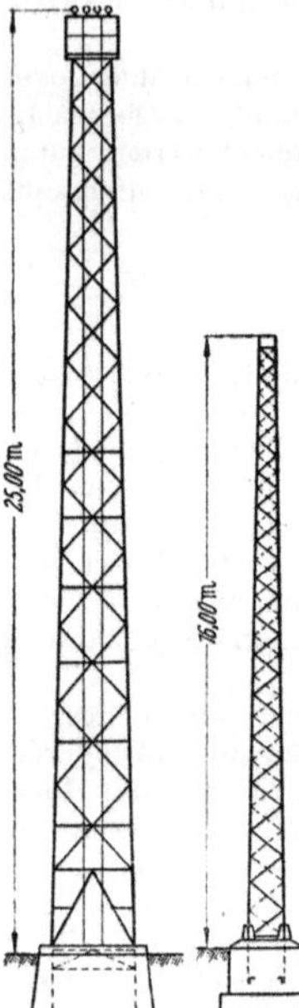

Lichtmast, Gew. 3,44 t — Fahrleitungs-Aufsetzmast, Gew. 1,63 t

Abb. 58

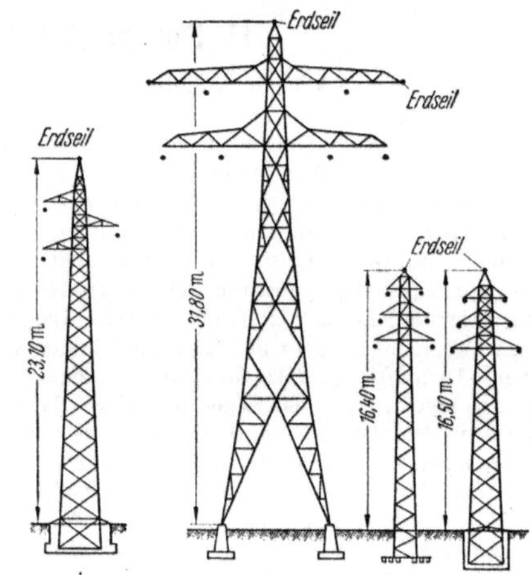

Tragmast 110 kV, Gew. 1,65 t — Tragmast 110 kV, Gew. 7,10 t — Tragmast 30 kV, Gew. 1,25 t — Abspannmast 30 kV, Gew. 2,30 t

Abb. 59

Jeder Eckstiel wird mit einer Fußplatte versehen und der Mast auf ein gemeinsames Fundament für alle vier Stiele aufgesetzt. Die Verbindung erfolgt durch einbetonierte Ankerschrauben. — Für die Berechnung sind VDE-Vorschrift 0115 in Verbindung mit der „Vorschrift für den Bau von Fahrleitungen" der Deutschen Bundesbahn maßgebend.

4. Freileitungsmaste werden bei wichtigen Hochspannungsfreileitungen fast ausschließlich als Stahlmaste ausgeführt. Ihre Höhe ist abhängig von der freien Spannweite, der Anordnung der Traversen, dem Material und der zulässigen Beanspruchung, der zu verlegenden Strom- und Blitzschutzleiter, sowie der Geländebeschaffenheit. Eine weitere Rolle spielt dabei die Anzahl der zur Verlegung gelangenden Drehstromsysteme.

Nach dem Verwendungszweck werden unterschieden:

a) Tragmaste, zum Tragen der Leitungen in gerader Strecke (Abb. 59).

b) Winkelmaste in Winkelpunkten zur Aufnahme der Horizontalkomponenten der Leitungszüge.

c) Abspannmaste zur Schaffung von Festpunkten in der geraden Strecke (Abb. 59).

d) Endmaste zur Aufnahme der gesamten einseitigen Leitungszüge.

e) Kreuzungsmaste, die bei bruchsicherer Kreuzung mit Fernmeldeleitungen der Bundespost, mit Eisenbahnen des allgemeinen Verkehrs und mit Wasserstraßen aufzustellen sind.

f) Abzweig- und Verteilungsmaste, die zum Abzweigen oder Verteilen von Leitungen nach verschiedenen Richtungen dienen.

Der eigentliche Mast (Schaft) erhält fast immer einen quadratischen Querschnitt und wird in einzelnen Schüssen angefertigt. Für die Eckstiele und Diagonalen werden Winkelprofile verwendet. In einzelnen Ländern, besonders in der Schweiz, kommen auch Rohrprofile zur Ausführung. — Zur Erhöhung der Knicksteifigkeit werden teilweise die Eckstiele nach der Montage mit Beton ausgegossen. Die Verbindung der Diagonalen mit den Eckstielen erfolgt, soweit es konstruktiv möglich ist, ohne Knotenbleche mit *einem* Niet. Die Stöße der Eckstiele können geschaftet werden, wobei der Eckwinkel des oberen in den Eckwinkel des unteren Schusses eingepaßt und durch Schrauben ohne zusätzliche Stoßlaschen verbunden wird.

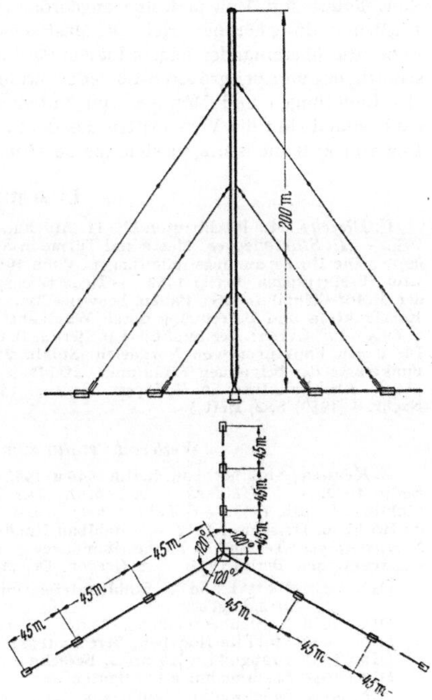

Abb. 60. Abgespannter Stahlantennenmast

Kleinere Maste, insbesondere Tragmaste, werden auf Holzschwellen etwa 1,5 bis 2,5 m unter Geländeoberkante durch Fußtraversen verankert. Höhere Maste werden in Deutschland fast ausschließlich in *ein* Betonfundament (Blockfundament) eingesetzt. Lediglich bei geringer Tragfähigkeit des Untergrundes sowie bei Leitungen hoher Spannung (ab 220 kV) werden die Eckstiele der Maste soweit gespreizt, daß vier Einzelfundamente erforderlich werden. In allen Ländern, in denen die Bodenpreise sehr gering sind, ist dies sogar die allgemein übliche Form. Für kleinere Traversen werden Winkelprofile, für größere [-Profile verwendet, welche durch schräge Zugstäbe aus Flach- oder Winkelstahl gehalten werden. — Für die Berechnung ist die VDE-Vorschrift 0210 zu beachten.

5. Antennenmaste und Funktürme. Im Funkwesen unterscheidet man zwischen freistehenden Funktürmen und abgespannten Antennenmasten. Die Funktürme sind immer Antennenstützpunkte, die zum Tragen der Antennen dienen und dadurch Spitzenzüge erhalten. Die Maste dagegen können als „selbststrahlende Antennenmaste", die die Funktion einer Antenne übernehmen oder als Antennenstützpunkte zur Ausführung kommen (Abb. 60).

Die Maste werden einfach oder mehrfach übereinander abgespannt. Sie können quadratischen (vierwandigen) oder dreiseitigen Querschnitt haben und werden meistens in Gitterkonstruktion ausgeführt. Für Eckstiele und Diagonalen verwendet man meistens Winkelstähle. Jedoch sind vielfach auch kleinere Gittermaste aus Rundstahl ausgeführt, deren Ecken durch besonders ausgebildete patentierte Kugeln gehalten werden. Bei kleineren Antennenstützpunkten und vor allem bei selbststrahlenden Antennenmasten wird vielfach ein Rohrquerschnitt gewählt, der je nach der Höhe der Maste 700 bis über 1000 mm Durchmesser erhält.

Die Maste und Türme stehen unten auf Steatit-Druckkörper-Isolatoren und müssen hierfür ein besonderes Stahlgußlager erhalten. Die Abspannseile (auch Pardunen genannt) aus drallfreien (paralleldrähtigen oder vollverschlossenen) Drahtseilen werden ebenfalls sowohl am Mast wie auch an den Fundamenten und manchmal noch in Seilmitte durch Porzellan-Isolatorenkörper gegen das Erdreich isoliert. Im Innern der Masten, bei kleineren Querschnitten auch an den Außenwänden, sind Steigeleitern mit Ruhepodesten angeordnet. Die Podeste werden zugleich für die Queraussteifung herangezogen. Die Masten spannt man vorteilhaft nach drei Seiten, wobei die übereinander angeordneten Pardunen bei kleineren Höhen ein gemeinschaftliches und bei größeren für jede Pardune ein eigenes Fundament erhalten. — Bei Lieferungen und Montage von Antennenmasten und Funktürmen in Westdeutschland sind die Vorschriften aus dem „Pflichtenheft der Bundespost für den Bau von Antennenstützpunkten" zu beachten.

Literatur

F. Bleich: Stahlhochbauten II, 11. Abschn., Leitungsmaste und Funktürme. Berlin 1933. — *P. Sturzenegger:* Maste und Türme in Stahl. Berlin 1929. — *Girkmann-Köningshofer:* Die Hochspannungsfreileitungen. Wien 1952. — *W. Taenzer:* Stahlmaste für Starkstrom-Freileitungen. Berlin 1952. — Neue Hochspannungs-Leitungsmaste. Nach Mitteilung der Motor-Columbus AG., Baden. Schweiz. Bzt. (1948) S. 547. — *A. Junge:* Studien über Konstruktion und Berechnung durch Windkabel versteifter Funktürme. Bauing. 7 (1925) S. 696. — *F. Czech:* Der Funkturm in Berlin. Bauing. 7 (1925) S. 233 u. 260. — *F. Herbst:* Die neuen Funktürme von Norddeich. Stahlb. 21 (1929) S. 169. — *F. Utesch:* Die neuen Funkmaste des belgischen Rundfunks. Stahlbau 21 (1952) S. 148. — *K. Massányi:* Der 314 m hohe Funkturm in Budapest. Bauing. 15 (1934) S. 259. — *E. Evermann:* VDI-Nachr. 4 (1950) S. 2, Heft 5.

Weitere Literatur zum Stahlhochbau

C. Kersten: Stahlhochbau. Berlin 1949 u. 1952. — *H. Maier-Leibnitz:* Der Industriebau. Berlin 1932. — *E. Heideck* u. *O. Leppin:* Der Industriebau. Berlin 1933. — *O. Henkel:* Stahlbau. Leipzig 1933. — *Göbel-Henkel:* Grundzüge des Stahlbaues. Leipzig 1939. — Stahl im Hochbau. Düsseldorf 1947. — Stahlbau-Handbuch. Bremen-Horn 1952. — *G. Gottsch* u. *S. Hasenjäger:* Technische Baubestimmungen. 3. Aufl., Köln 1952. — *L. Geusen:* Die Eisenkonstruktionen. Berlin 1925. — *A. Gregor:* Der praktische Stahlhochbau. Berlin 1932.

DIN 120 Blatt 1 und 2, Stahlbauteile von Kranen und Kranbahnen, Berechnungsgrundlagen.
DIN 1000 Normalbedingungen für die Lieferung von Stahlbauwerken.
DIN 1050 Stahl im Hochbau, Berechnungsgrundlagen.
DIN 1051 Grauguß im Hochbau, Berechnungsgrundlagen.
DIN 1055 Lastannahmen für Bauten.
DIN 4100 Geschweißte Stahlhochbauten, Vorschriften.
DIN 4111 Blatt 1, Stählerne Bohrtürme für Tiefbohrungen. Stählerne Fördertürme für Erdölgewinnung. Berechnungsgrundlagen.
DIN 4112 Fliegende Bauten, Berechnungsgrundlagen.
DIN 4119 Berechnungsgrundlagen für oberirdische Tankbauwerke aus Stahl.
DIN 57210 Starkstrom-Freileitungen, Vorschriften für den Bau.

Massivbau

von

Dr.-Ing., Dr.-Ing. E. h., Dr.-Ing. E. h., Dr. techn. h. c.

Franz Dischinger †

weiland o. Professor an der Technischen Universität Berlin

Ergänzt und überarbeitet

von

Dr.-Ing. **Alfred Mehmel**

o. Professor an der Technischen Hochschule Darmstadt

Während die Steinbauten ebenso alt sind wie die Kulturgeschichte der Menschheit und zahlreiche Betonbauten schon von den alten Römern errichtet wurden, wurde der Stahlbeton in das Bauwesen erst in den beiden letzten Jahrzehnten des vorigen Jahrhunderts eingeführt. Die große Bedeutung des Baustoffes Stahlbeton geht schon aus der Tatsache hervor, daß er sich in kürzester Zeit auf allen Gebieten des Bauwesens durchsetzte. Infolge des monolithischen Zusammenhangs des Stahlbetons wurden mit seiner Einführung eine Menge neuer statischer Probleme aufgeworfen, die in wenigen Jahrzehnten weitgehend gelöst wurden und zu einer Befruchtung des ganzen Bauingenieurwesens beitrugen. Es sei nur verwiesen auf die modernen Berechnungsmethoden der vielfach statisch unbestimmten Rahmentragwerke, die Theorie der Platten, die Theorie der wandartigen hohen Träger, die Theorie der Schalentragwerke, die dem weitgespannten massiven Hallenbau ganz neue Entwicklungsmöglichkeiten gegeben haben, die Theorie der plastischen Verformungen der Stahlbetonkonstruktionen u. a. m.

Große Verdienste um die Entwicklung des Stahlbetons hat sich der Deutsche Betonverein erworben. Auf dessen Veranlassung wurde 1906 in engster Zusammenarbeit mit den Behörden und den wirtschaftlichen Vereinigungen der Deutsche Ausschuß für Stahlbeton gegründet, der große Mittel für die Durchführung von Versuchen zur Verfügung stellte, welche an den verschiedenen Materialprüfungsanstalten durchgeführt wurden, und deren Ergebnisse in den zahlreichen Forschungsheften des Deutschen Ausschusses für Stahlbeton veröffentlicht sind. Die Versuche dienten als Grundlage für die Deutschen Stahlbetonbestimmungen, die in den DIN 1045 – 1048 zusammengefaßt sind, und die für die Ausführungen in Stahlbeton verpflichtend sind.

Diese Bestimmungen werden als bekannt vorausgesetzt. Das gleiche gilt auch für die übrigen Bestimmungen wie z. B. die DIN 1075 (Berechnungsgrundlagen Massivbrücken), die DIN 4225 (Richtlinien für Herstellung und Anwendung von Fertigbauteilen aus Stahlbeton), die DIN 4227 (Richtlinien für Bemessung aus Ausführung von Spannbeton) u. a. m.

I. Die grundlegenden Eigenschaften des Betons und des Stahlbetons

A. Die Grundlagen der Verbundwirkung

Der Beton besitzt eine im Verhältnis zur Druckfestigkeit nur geringe Schubfestigkeit und eine noch geringere Zugfestigkeit. Deshalb wird i. W. die Zugfestigkeit des Betons bei der Bemessung außer acht gelassen, und die Zugkräfte werden grundsätzlich von den Stahleinlagen, die Druckkräfte von dem Beton aufgenommen. Die Tragfähigkeit der auf Biegung beanspruchten Stahlbetonkonstruktion beruht also auf den einander ergänzenden Wirkungen der Werkstoffe Beton und Stahl. Nach Abb. 1a kann der auf Biegung beanspruchte Balken als ein System von Druck- und Zuggewölben, die sich gegenseitig das Gleichgewicht halten, aufgefaßt werden. Dementsprechend müßte man z. B. bei einem Balken die Spannungstrajektorien ermitteln, und die Zugeisen, gekrümmt nach dem Verlauf der Zugtrajektorien, einlegen. Viele Versuche zeigen aber, daß man die gleiche Tragfähigkeit auch durch eine Kombination von geraden und aufgebogenen Zugeisen in Verbindung mit den Bügeln erreicht (Abb. 1b).

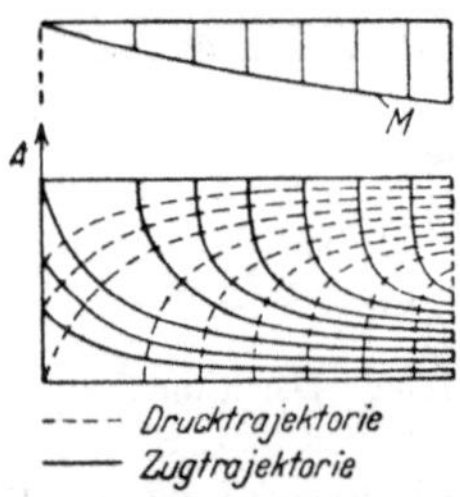

Abb. 1a

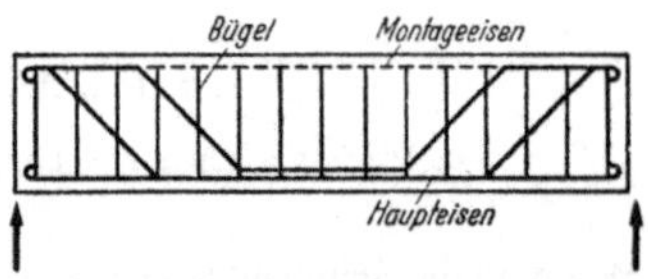

Abb. 1b

Das Zusammenwirken des Betons mit den Stahleinlagen setzt eine ausreichende Haftfestigkeit, d. h. einen unverschieblichen Zusammenhang dieser beiden Teile des Verbundkörpers voraus. Die Grundlage hierfür ist eine Art Klebewirkung zwischen Beton und Stahl. Hierzu tritt in gleichem Sinne wirkend eine Reibungskraft, weil sich der Beton beim Abbinden und Erhärten durch Schwinden verkürzt und als Folge hiervon die Eisen durch den Beton in radialer Richtung gedrückt werden; freilich gilt dies nur für austrocknenden Beton, der jedoch gegenüber den ständig im Wasser befindlichen Konstruktionen weit überwiegt. Schließlich kommt noch der durch die Unebenheiten der Walzhaut entstehende Gleitwiderstand hinzu; Versuche zeigen, daß geglättete Eisen einen wesentlich geringeren Gleitwiderstand aufweisen.

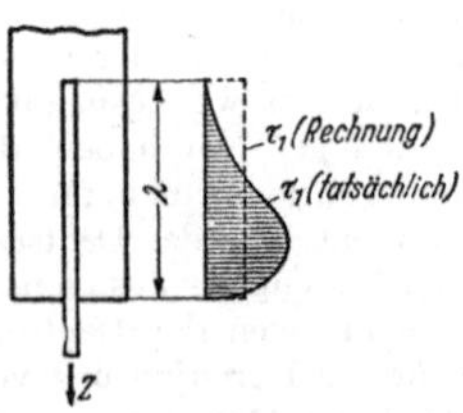

Abb. 2

Sehr wesentlich für das Zusammenwirken von Beton und Eisen ist weiter, daß beide Werkstoffe fast die gleichen Wärmedehnungszahlen haben. Wäre dies nicht der Fall, dann würde ein Teil der Haftfestigkeit schon in Anspruch genommen werden, um die verschiedenartigen Längenänderungen der beiden Werkstoffe bei Temperaturänderungen zu verhindern.

Die Haftfestigkeit nimmt mit der Betongüte zu. Da die Zugkräfte in den Eisen mit der Querschnittsfläche $\pi d^2/4$, die Haftflächen dagegen nur mit dem Umfang πd anwachsen, erfordern dicke Eisen eine entsprechend größere Haftlänge. Dabei verteilen sich die Haftspannungen nicht gleichmäßig auf die Haftlänge, sondern annähernd nach Abb. 2, so daß die Größtwerte der Haftspannungen wesentlich größer als die aus einer gleichmäßig verteilten Haftung berechneten Spannungen sind.

Oftmals sich wiederholende Beanspruchungen setzen die Haftfestigkeit herab. Hierdurch entsteht die Gefahr, daß sich im Bereich der großen Haftspannungen Beton und Stahl voneinander trennen, d. h., daß die Kurve der Haftspannungen (Abb. 2) an das Stahlende heranrückt. (Näheres s. z. B. *E. Mörsch* [*1*] I/1, S. 95). Als zusätzliche Sicherung werden deshalb die Stahleinlagen mit Haken versehen, und zwar bei der Zugbewehrung in Form von Rund- oder Spitzhaken (Abb. 3a), während bei Druckeisen rechwinklige Abbiegungen (Abb. 3b) genügen. Die notwendige Haftlänge ergibt sich, wenn über die ganze Haftlänge die Haftspannung konstant mit dem Wert der mittleren Haftspannung eingesetzt wird, aus der Gleichgewichtsbedingung $Z = F_e \cdot \sigma_e = U \cdot \lambda \cdot \tau_1$, wenn U der Umfang des Eisens ist.

$$\lambda = F_e \sigma_e / U \tau_1$$

Bei Rundstählen wird

$$\lambda = \frac{\pi d^2 \cdot \sigma_e}{4 \cdot \pi \cdot d \cdot \tau_1} = \frac{\sigma_e \cdot d}{4 \cdot \tau_1} \tag{1}$$

DIN 1045 läßt für die mittlere Haftspannung Werte zwischen 4–8 kg/cm² je nach Betongüte zu.

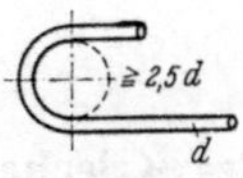

Abb. 3a

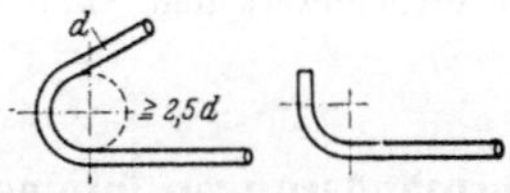

Abb. 3b

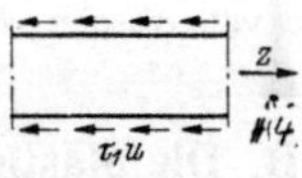

Abb. 4

Hieraus folgt z. B. für St I mit $\sigma_e = 1400$ kg/cm², eine Betongüte B 225 mit der hierfür in DIN 1045 als zulässig angegebenen Haftspannung $\tau_1 = 6$ kg/cm² eine erforderliche Haftlänge von

$$\lambda = 1400/(6 \cdot 4) \cdot d = 58 d$$

oder für St II mit $\sigma_e = 1800$ kg/cm² und eine Betongüte B 225 mit $\tau_1 = 6$ kg/cm²

$$\lambda = 1800/(6 \cdot 4) \cdot d = 75 d$$

Bei einer zusätzlichen Sicherung der Bewehrungsstähle durch Haken begnügen sich die Bestimmungen mit $^2/_3$ der oben errechneten Werte.

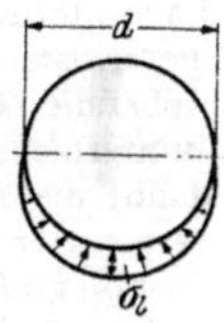

Abb. 5

Ändern die Zugeisen ihre Richtung, so sind damit Umlenkkräfte verbunden, die auf den Beton als Lochleibungskräfte wirken und bestimmte Grenzen nicht überschreiten dürfen. Die Lochleibungskräfte p seien parabelförmig über den halben Rundstahlumfang verteilt. Dann ist $p = 2/3 \cdot \sigma_l \pi d/2$ und

$$Z = p \cdot r = 2/3 \cdot \sigma_l \pi d/2 \cdot r = \sigma_e \cdot \pi d^2/4 \qquad r = 3/4 \cdot \sigma/\sigma_l \cdot d \tag{2}$$

Gl. (2) zeigt, daß mit zunehmender Stahlspannung σ_e entweder die Krümmungsradien größer zu wählen sind, wenn man die Betonspannungen unverändert lassen will, oder daß man eine Erhöhung der Betonspannungen in Kauf nehmen, d. h. die Betongüte erhöhen muß, wenn die Krümmungsradien unverändert bleiben sollen. Dies bedeutet, daß i. d. R. die Verwendung höherer Stahlgüten die Verwendung höherer Betongüten erfordert.

DIN 1045 schreibt $r \geqq 10 d$ vor. Mit $\sigma_e = 1400$ bzw. 1800 bzw. 2000 kg/cm² ergibt dies

$$\sigma_l = 105 \text{ kg/cm}^2 \text{ bzw. } 135 \text{ kg/cm}^2 \text{ bzw. } 150 \text{ kg/cm}^2$$

In Betonbalken darf St II nur mit mindestens B 160, St III und IV nur mit mindestens B 225 zusammen verarbeitet werden.

Bei den Haken können, da die Stahlkraft über die vorgesehene Haftlänge bereits abgetragen sein soll, kleinere Krümmungshalbmesser verwendet werden, nämlich $2r \geqq 2{,}5 d$ bzw. $\geqq 5 d$ bei St I bzw. St II und III. Bei sehr starken Eisen besteht die Gefahr, daß durch die großen Verankerungskräfte der Beton an den

Haken gesprengt wird. Es empfiehlt sich deshalb, eine Spiralumwicklung der Haken anzuordnen (Abb. 6), die die Querdehnung des Betons behindert und dadurch die Tragfähigkeit erhöht.

Eine weitere wesentliche Grundlage des Stahlbetons ist die Rostsicherheit der Eisen. Diese wird gewährleistet durch deren dichte Umschließung mit einer Haut aus Zement. Das Vorhandensein und die Erhaltung dieser Schutzhaut ist ein unbedingtes Erfordernis (Verwendung weicher Betone bzw. erdfeuchter Betone mittels Rüttler).

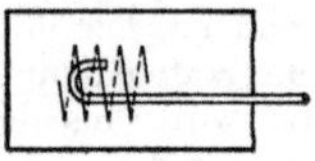

Abb. 6

Risse im Beton gefährden den Bestand der Eisen, weil dadurch rostbildende Gase oder Flüssigkeiten an die Eisen gelangen können. Die feinen Haarrisse, die sich bei den auf Biegung beanspruchten Stahlbetonkonstruktionen auch bei Einhaltung der zulässigen Eisenspannungen ergeben, weil der Beton eine wesentlich geringere Dehnfähigkeit als das Eisen besitzt, beschädigen jedoch die das Eisen schützende Zementhaut nicht. Sobald man aber mit für das Eisen schädlichen Gasen oder Flüssigkeiten zu rechnen hat, sollte die Betonüberdeckung der Eisen über das vorgeschriebene Mindestmaß hinaus erhöht werden.

Über die Eigenschaften der Verbundwerkstoffe Stahl, Zement und Zuschlagstoffe vgl. Abschn. *Baustoffe*.

B. Die plastischen Formänderungen infolge des Kriechens und Schwindens des Betons

1. Das Schwinden und Quellen des Betons

Mit dem Abbinden und Erhärten des Zements verkürzt sich der Beton infolge der Austrocknung. Die Verkürzung ist am größten in der ersten Zeit des Erhärtungsvorganges und wird mit Fortschreiten der Erhärtung ständig kleiner. Der Beton schwindet so lange, bis ein Gleichgewicht zwischen der Luftfeuchtigkeit und der Betonfeuchtigkeit eingetreten ist. Bei einer Lagerung des Betonkörpers im Laboratorium mit gleichbleibender Luftfeuchtigkeit verläuft die Schwindung wie die meisten mit der Zeit abgedämpften Vorgänge nach einer $(1 - e^{-t})$-Kurve, wobei die Zeit mit t bezeichnet wird. Bei den Bauten im Freien dagegen ist in den Wintermonaten mit ihrer hohen relativen Luftfeuchtigkeit die Austrocknung und damit die Schwindung gering, um dafür aber im Frühjahr und im Sommer bei vermehrter Austrocknung wieder stärker anzuwachsen.

Von großem Einfluß auf die Schwindung sind die Temperaturen beim Abbinden und im Anfang der Erhärtung des Betons. Dieser Einfluß ist besonders groß bei Verwendung von hochwertigem Zement mit seiner großen Wärmeentwicklung und beim Betonieren von großen Betonblöcken, wobei der Wärmeabfluß behindert ist. Um das Aufstauen der Wärme abzumindern, baut man bei Großbauwerken wie z. B. Talsperren Kühleinrichtungen ein und erreicht damit niedrigere und gleichmäßigere Temperaturen.

Ihren Größtwert erreicht die Schwindung erst nach mehreren Jahren und sie ist um so größer, je höher der Zementgehalt des Betons ist und je mehr der Zement selbst zum Schwinden neigt. Das Schwinden wird weiterhin vergrößert durch höheren Wasserzusatz und durch eine ungünstige Körnung der Zuschlagstoffe, auch ist die Wasseransaugefähigkeit der Zuschläge von Einfluß. Das Größtmaß der Schwindung kann ungefähr mit 0,5 mm je m, also mit $50 \cdot 10^{-5}$ angegeben werden.

Die Bewehrung setzt dem Schwinden des Betons elastischen Widerstand entgegen; dadurch wird das Schwindmaß herabgesetzt und es entstehen Druckspannungen im Stahl und Zugspannungen im Beton (Eigenspannungen). Sie werden in der Regel rechnerisch nicht weiter verfolgt, da ohnedies mit gerissenem Beton gerechnet wird. Außerdem entstehen durch das Schwinden bei statisch unbestimmten Tragwerken, wie Bögen und Rahmen, an den Lagern Zwängungskräfte wie bei gleichmäßiger Abkühlung, und damit werden zusätzliche Schnittkräfte hervorgerufen (Systemspannungen).

Beseitigen kann man die Schwindung nicht, aber man kann diesen Vorgang verzögern durch Feuchthalten des Betons während der ersten Wochen oder Monate der Erhärtung, wodurch die Austrocknung hingehalten wird. Während der Berieselung gewinnt der Beton eine erhöhte Festigkeit, vor allem eine größere Zugfestigkeit, und kann damit den durch die Schwindung bedingten, aber jetzt zeitlich später auftretenden zusätzlichen Spannungen leichter widerstehen. Nach den Stahlbetonbestimmungen ist bei den statisch unbestimmten Tragwerken der Einfluß des Schwindens auf die statisch unbestimmten Größen durch Annahme eines zusätzlichen Temperaturabfalls Rechnung zu tragen. Dieser ist festgelegt bei Rahmen und rahmenartigen Tragwerken zu 15°, bei Gewölben mit wenigstens 0,5% Gesamtbewehrung zu 15°, mit weniger als 0,5%, aber mehr als 0,1% Bewehrung zu 20°. Bei unbewehrten Gewölben dagegen müssen 25° angesetzt werden. Hierbei ist vorausgesetzt, daß durch die Art des Betonierens (z. B. in Lamellen) dafür gesorgt wird, daß ein Teil der Schwindung schon erledigt ist, bevor die einzelnen Lamellen miteinander verbunden werden. Denn die Gesamtschwindung kann (s. o.) wesentlich größer als die angegebenen Werte sein. Des weiteren ist bei der Festlegung der der Schwindung zugrunde gelegten Temperaturabfälle berücksichtigt, daß die Bewehrung sich der Schwindung widersetzt und sie dadurch verringert.

Während der Beton an der Luft austrocknet und sich dadurch verkürzt, ist der Vorgang bei Beton, der sich im Wasser befindet, entgegengesetzt, er verlängert sich durch zusätzliche Wasseraufnahme. Wir bezeichnen diesen Vorgang mit Quellen des Betons.

2. Das Kriechen des Betons

Ein unter Dauerlast stehender Beton verkürzt sich im Zeitpunkt des Aufbringens der Last entsprechend den elastischen Dehnmaßen, jedoch tritt dann im Gegensatz zum Stahl kein Beharrungszustand ein, sondern der Beton verkürzt sich im Laufe der Zeit immer weiter, er fließt. Dieser plastische Vorgang, der mit Kriechen des Betons bezeichnet wird, erstreckt sich ebenso wie das Schwinden auf mehrere Jahre, um dann erst allmählich in den Beharrungszustand überzugehen. Für den mit der Zeit abklingenden Vorgang des Kriechens ist bei gleichbleibender Luftfeuchtigkeit ebenso wie für das Schwinden eine $(1 - e^{-t})$-Linie maßgebend.

Das Maß des Kriechens ist, wie die Versuche von *Glanville* [2] und *Davis* [3] gezeigt haben, von verschiedenen Faktoren abhängig.

α) Von dem Alter des Betons, in dem die Dauerlast aufgebracht wird. Je länger die Schonzeit des Betons ist, um so geringer ist das Kriechen. Will man demnach das Kriechmaß herabsetzen, so muß die Ausrüstung des Bauwerkes, d. h. das Aufbringen der Dauerlast in einem möglichst späten Zeitpunkt nach dem Abbinden erfolgen.

β) Je magerer der Beton ist, um so mehr Hohlräume besitzt er, und um so größer wird das Kriechmaß.

γ) Auch die relative Luftfeuchtigkeit und die Außentemperatur sind von Einfluß. Bei Bauten in feuchten Flußtälern sind die Kriechwirkungen viel geringer als in Gegenden von geringer Luftfeuchtigkeit. In der Nähe des Meeres, wo während des ganzen Jahres die relative Luftfeuchtigkeit sehr groß ist, sind die Kriechwirkungen verschwindend gering.

δ) Außerdem ist das Kriechmaß von dem Zementgehalt, der Betonfestigkeit und der mineralogischen Zusammensetzung der Zuschlagstoffe abhängig.

Das Kriechmaß kann bei mageren Mischungen, kleiner Schonzeit und geringer Luftfeuchtigkeit etwa bis zum fünffachen Wert der elastischen Verkürzungen anwachsen.

Die wichtigste Erkenntnis, die auf Grund der Versuche festgestellt wurde, ist die Tatsache, daß für die Kriecherscheinungen das *Hooke*sche Gesetz maßgebend ist, d. h. daß die Formänderungen infolge des Kriechens proportional den Dauerspannungen sind. Die Abb. 7 zeigt den typischen Verlauf der mit der Zeit abklingenden Kriechlinien, aber auch die Gültigkeit des *Hooke*schen Gesetzes, da die Kriechlinien für 21, 42 und 63 kg/cm² Druck zueinander affin sind (*Hooke*sches Gesetz).

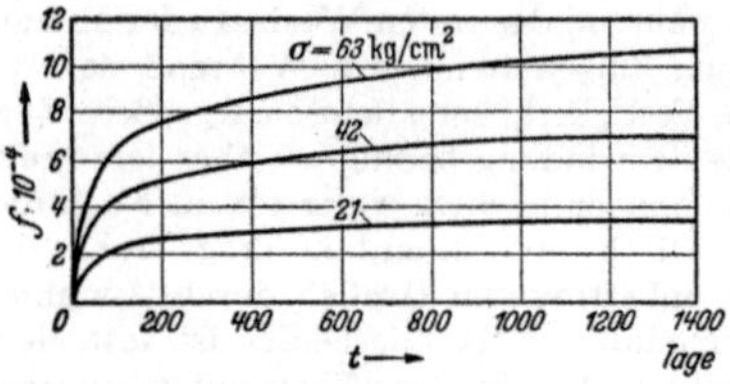

Abb. 7

Den federnden Modul, der beim Ausrüsten des Tragwerkes im Zeitpunkt $t = 0$ vorhanden ist, bezeichnen wir mit E_0. Mit dem Fortschreiten der Zeit nimmt dieser Modul zu.

$$E_b(t) = E_0(1 + \psi(t))$$

Über $\psi(t)$, d. h. das Gesetz nach dem $E(t)$ gegen E_0 zunimmt, werden wir noch verfügen.

Beim Ausrüsten des Tragwerkes zur Zeit $t = 0$ ergeben sich für das Element ds infolge der Schnittkräfte N und M folgende Formänderungen

$$\varepsilon_{el} \cdot ds = N/E_0F \cdot ds, \quad \gamma_{el} \cdot ds = M/E_0I \cdot ds$$

Die Formänderungen, die durch Kriechen in einem Zeitdifferential dt vor sich gehen, sind

$$d\varepsilon_k = N/E_0F \cdot d\varphi$$

$$d\gamma_k = M/E_0I \cdot d\varphi$$

worin $\varphi(t)$ die Kriechfunktion bedeutet.

Infolge des Kriechens in der Zeit von $t = 0$ bis $t = t$ wird für das Element ds

$$\varepsilon_k \cdot ds = \frac{N}{E_0F}\, ds \int_{t=0}^{t=t} d\varphi, \quad \gamma_k \cdot ds = \frac{M}{E_0I} \cdot ds \int_{t=0}^{t=t} d\varphi$$

Für den Zeitpunkt $t = t$ ergeben sich also die Gesamtformänderungen

$$(\varepsilon_{el} + \varepsilon_k) \cdot ds = \frac{N}{E_0F}\, ds\,(1 + \int_{t=0}^{t=t} d\varphi) = \varepsilon_{el} \cdot ds\,(1 + \int_{t=0}^{t=t} d\varphi)$$

$$(\gamma_{el} + \gamma_k) \cdot ds = \frac{M}{E_0I}\, ds\,(1 + \int_{t=0}^{t=t} d\varphi) = \gamma_{el} \cdot ds\,(1 + \int_{t=0}^{t=t} d\varphi)$$

Die Kurve $1 + \int_{t=0}^{t=t} d\varphi = 1 + \varphi(t)$ ist in Abb. 8 aufgetragen.

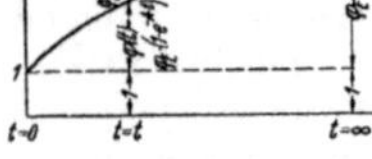

Abb. 8

Bedeutet φ_E das Endkriechmaß, so kann man $\varphi(t)$ als Differenz

$$\varphi(t) = \varphi_E - \varphi_E \cdot e^{-A \cdot t} = \varphi_E \cdot (1 - e^{-A \cdot t})$$

auffassen, worin A ein Parameter ist, der den Verlauf der $\varphi(t)$-Kurve kennzeichnet.

Schreiben wir $N/F = \sigma_b$ und setzen $ds = 1$, so erhalten wir mit

$$\varepsilon_k = \frac{\sigma_b}{E_0} \cdot \int_{t=0}^{t=t} d\varphi = \frac{\sigma_b}{E_0} \cdot \varphi(t) = \sigma_b \cdot \alpha_k$$

folgende Definition:

die Zahl $\int\limits_{t=0}^{t=t} d\varphi = \varphi(t)$ dividiert durch den federnden Modul E_0 bedeutet die Kriechverkürzung des Betonelementes von der Länge eins, belastet mit der Spannung $\sigma_b = 1$ innerhalb der Zeit von $t = 0$ bis $t = t$, oder:

die Zahl $\int\limits_{t=0}^{t=t} d\varphi = \varphi(t)$ ist die Zahl, die ausdrückt, wieviel mal größer als die elastische Formänderung zur Zeit der Ausrüstung $t = 0$ (Modul E_0!) die Formänderung durch Kriechen in der Zeit $t = 0$ bis $t = t$ unter dem gleichen Kraftangriff wird.

Bringt man zur Zeit $t = t_1$ eine weitere Dauerlast mit den dadurch verursachten Kräften $\overline{N}$ und $\overline{M}$ auf, so ermitteln wir deren elastische Formänderungen mittels des zur Zeit t_1 gültigen Moduls E_{t_1}, während für das Kriechmaß $\int\limits_{t=t_1}^{t=t} d\varphi = \varphi(t) - \varphi(t_1)$ die obige Definition gilt, wonach die Kriechverkürzung in der Zeit von t_1 bis t das $[\varphi(t) - \varphi(t_1)]$ fache der unter der gleichen Kraftwirkung zur Zeit $t = 0$ (Modul E_0!) eingetretenen elastischen Verkürzung beträgt. Für eine zur Zeit t_1 aufgebrachte und bis t wirkende Kraft $\overline{N}$ bzw. $\overline{M}$ wird also:

$$(\varepsilon_{el} + \varepsilon_k) \cdot ds = \frac{\overline{N}}{E_{t_1} \cdot F} \cdot ds + \frac{\overline{N}}{E_0 \cdot F}\, ds \int\limits_{t=t_1}^{t=t} d\varphi$$

$$(\varepsilon_{el} + \varepsilon_k) \cdot ds = \frac{\overline{N}}{E_0 \cdot F}\, ds \left(\frac{E_0}{E_{t_1}} + \varphi(t) - \varphi(t_1)\right)$$

$$(\gamma_{el} + \gamma_k) \cdot ds = \frac{\overline{M}}{E_{t_1} \cdot I}\, ds + \frac{\overline{M}}{E_0 \cdot I}\, ds \int\limits_{t=t_1}^{t=t} d\varphi$$

$$= \frac{\overline{M}}{E_0 \cdot I}\, ds \left(\frac{E_0}{E_{t_1}} + \varphi(t) - \varphi(t_1)\right)$$

Wir wollen nochmals festhalten, daß bei der Ermittlung des Kriechens stets der Modul E_0 eingesetzt wird, gleichgültig wann die Dauerlast aufgebracht ist, während bei der Ermittlung der elastischen Formänderungen der Modul E_{t_1} eingesetzt wird, der zur Zeit t_1 des Aufbringens der Dauerlast gültig ist. Es erscheint unnötig, und wir verzichten deshalb darauf, dies physikalisch zu begründen; wir betrachten diese Regelung als eine Konvention.

C. Besondere Eigenschaften des Betons und Stahlbetons

1. Die Wärmeleitzahl des Betons

Die Wärmeleitzahl gibt an, wieviel Kalorien durch einen Körper von 1 m Dicke je Quadratmeter bei 1° Temperaturunterschied je Stunde hindurchfließen. Die nachstehenden Zahlen zeigen, daß Beton ein guter Wärmeleiter bzw. sehr wenig wärmedämmend ist. Die Wärmeleitzahlen betragen für

Bruchsteinmauerwerk	1,30
Beton	rd. 1,10
Ziegelmauerwerk	rd. 0,75
Bimsbeton	0,40
Korkplatten	0,04
Luft	0,14—0,20

Da die Wärmedämmung des Betons nicht gut ist, müssen u. U. bei Stahlbetonbauten besondere Isolierungen vorgesehen werden, um den Wärmefluß zu hindern. Bei vielen Fabrikbauten, insbesondere bei Spinnereien und in der chemischen Industrie, muß durch eine Außenisolierung verhindert werden, daß zu großer Wärmeabfall eintritt, durch den Schwitzwasser entsteht.

2. Verhalten des Betons gegen Elektrizität

Bei Stampfbeton ohne Stahleinlagen ist durch elektrischen Strom keine Verminderung der Festigkeit zu erwarten. Bei Stahlbeton dagegen muß man vorsichtig sein. Wechselstrom ist nicht gefährlich, wohl aber hochgespannter Gleichstrom. Hier bildet sich infolge der Elektrolyse Rost an den Eisen, der zur Absprengung des Betons führen kann. Deshalb ist der Beton vor Feuchtigkeit zu schützen, da sie die Grundlage für die Leitfähigkeit und die Rostbildung ist.

3. Verhalten des Betons gegenüber chemischen Einwirkungen

Dies ist ein so umfangreiches Sondergebiet, daß im Rahmen dieser kurzen Ausführungen auf die Sonderliteratur verwiesen werden muß [*4*] [*5*].

Basen sind ungefährlich; sie greifen den Zement nicht an, da sie verwandt sind.

Säuren lösen den Zementstein auf, indem sie zunächst den Basenüberschuß Kalk angreifen und im weiteren Verlauf des Prozesses die schwache Säure Kieselsäure verdrängen und sich mit der starken Base Kalk vereinigen.

Salze wirken unter bestimmten Verhältnissen ähnlich zerstörend wie Säuren. Auf manche Salze wirkt der Zement aufspaltend, indem der Basenrest des Zements sich mit dem Säurerest des Salzes vereinigt. Diese Aufspaltung tritt dann ein, wenn die Base des Salzes schwächer ist als die Base des Zements (Kalk); z. B. sind Magnesiumsulfat, Magnesiumchlorid, Magnesiumnitrat, Eisensulfat, Eisenchlorid, Eisennitrat, Aluminiumsulfat, Aluminiumchlorid, Aluminiumnitrat aggressiv, da MgO, Fe_2O_3, Al_2O_3 sehr schwache Basen sind, die der Base Kalk weichen müssen. „Der Kalk überwältigt die schwachen Basen und nimmt ihnen den Säurerest weg" [*4*]. Besonders unangenehm sind diese Reaktionen, wenn die neu gebildeten Salze, wie das Kalzium Aluminium-Sulfat mehr Raum beanspruchen als die ursprüngliche Verbindung. (Schädliche Wirkung des Meerwassers!) Hervorragend gefährdet ist die Grenze zwischen Luft und aggressiver Flüssigkeit. (Anreicherung der aggressiven Salze durch Verdunstung.)

Bei Bauten im Meerwasser ist es zweckmäßig, fertige Betonblöcke zu versetzen, die längere Zeit an der Luft erhärten konnten, so daß nur geringe Mengen freien Kalkes vorhanden sind. Außerdem wird dann der freie Kalk in der Nähe der Oberflächen noch durch die Kohlensäure der Luft gebunden. Wesentlich ist es auch, einen möglichst dichten Beton herzustellen. Pflicht jedes Ingenieurs muß es sein, sich vor Baubeginn durch Wasseranalysen zu überzeugen, ob nicht bei dauernder Berührung und Durchfließung des Betons im Grundwasser Schädigungen hervorgerufen werden können.

II. Die Grundformen des Stahlbetons und die Bemessung der Stahlbetonquerschnitte

A. Die Grundformen des Stahlbetons

Die wesentlichen Konstruktionsteile des Stahlbetons sind die Platten, die Balken, die Plattenbalken, die einfach und spiral bewehrten Säulen, die Rahmen, die Gewölbe und die Tragwerke mit räumlicher Kräftewirkung wie Schalen und Faltwerke.

Bei den Platten unterscheiden wir die in einer Richtung bewehrten, die kreuzweis bewehrten Platten sowie die trägerlosen Pilzdecken.

Der Träger wird sowohl im Hochbau wie auch im Brückenbau möglichst als durchlaufender Träger verwendet. Bei Brückenbauten berücksichtigt man auch die Veränderlichkeit der Trägheitsmomente. Durch eine Verstärkung der Träger an den Stützen durch kräftige Balkenschrägen werden die Biegemomente von den Feld- nach den Stützenquerschnitten umgelagert. Infolge der verminderten Feldmomente können die Träger leichter gehalten werden, wodurch sich wiederum eine Verminderung der Biegemomente in allen Querschnitten ergibt.

Der Gerberträger wirkt zwar bezüglich der Eigengewichtsmomente ganz ähnlich wie der Durchlaufträger, nicht aber bezüglich der Momente aus Verkehrslast, die bei dem Gerberträger wesentlich größer sind. Auch sind die Gelenkpunkte des Gerberträgers immer schwache Stellen, weil hier für die Kraftübertragung aus Schub weniger als die halbe Trägerhöhe zur Verfügung steht. Man sollte deshalb, wenn irgend möglich, dem Durchlaufträger den Vorzug geben.

Eine für den monolithischen Stahlbeton besonders günstige Trägerart ist der Plattenbalken, der sich von den T-Trägern des Stahlbaues durch seine zweidimensionale Kräftewirkung unterscheidet; denn im Stahlbetonbau wirkt die Platte in Richtung des Balkens als Druckgurt des Plattenbalkens und senkrecht dazu trägt sie von Träger zu Träger als Platte, wodurch sie doppelt ausgenutzt wird.

Die Säulen werden mit einfacher Bügelbewehrung und mit Spiralbewehrung ausgeführt. Die letzteren besitzen eine höhere Tragfähigkeit, weil infolge der Umschließung des Betons mit Ringen oder Spiralen die Querdehnung verhindert wird und jede Behinderung der Querdehnung eine Erhöhung der Tragfähigkeit bedingt. Das einfachste Beispiel hierfür ist die Druckwasserpresse, bei der das durch einen Stahlzylinder an der Querdehnung verhinderte Wasser zum Tragen gezwungen wird. Gegenüber Biegemomenten dagegen kann die Spirale nichts nützen. Deshalb sind spiralbewehrte Säulen nur dann am Platze, wenn die Biegemomente gegenüber den Normalkräften, d. h. die Exzentrizität der Druckkraft, klein sind. Des weiteren verliert die Spiralbewehrung ihre Bedeutung, wenn es sich um schlanke Säulen handelt, bei denen mit hohen Knickzuschlägen zu rechnen ist. Der Knickgefahr wird in den deutschen Bestimmungen nicht durch eine Herabsetzung der Spannungen, sondern durch eine Erhöhung der Druckkraft Rechnung getragen. Dieser Zuschlag wächst aber mit der Schlankheit der Säule sehr rasch an. Durch Verwendung von Spiralbewehrungen könnte man also mit Rücksicht auf die statische Belastung wohl einen geringeren Säulenquerschnitt erhalten; aber da infolge der damit erzielten größeren Schlankheit ein höherer Knickzuschlag in Rechnung zu stellen ist, geht dieser Vorteil wiederum verloren.

Verbindet man bei einem Durchlaufträger die Säulen fest mit dem Balken, so erhält man vielfach statisch unbestimmte Rahmentragwerke, die infolge kräftigerer Einspannung der Balken günstigere Feldmomente aufweisen als die Durchlaufträger. Diesen günstigeren Biegemomenten infolge der Belastung stehen aber die zusätzlichen Momente entgegen, die sich aus den Zwängungen infolge Temperaturänderungen und Schwindwirkungen ergeben, und die besonders an den äußeren Rahmenstielen nicht unerheblich sein können. Man kann diese Zwängungsspannungen vermindern, wenn man die Randsäulen gelenkig an den Balken anschließt.

Bei den Brückengewölben unterscheiden wir solche ohne Scheitelgelenke, das sind die eingespannten und die Zweigelenkbogen, und solche mit Scheitelgelenken, die Eingelenk- und die Dreigelenkbogen (vgl. V. A. 1).

Sowohl bei den Rahmen wie auch bei den Gewölben sollten die Gelenke möglichst vermieden bzw. ihre Zahl eingeschränkt werden, um den Vorteil des monolithischen Zusammenhanges des Stahlbetons voll auszunutzen, insbesondere, da die Untersuchungen über die Einwirkung des Kriechens zeigen, daß die auf Grund der üblichen Elastizitätstheorie ermittelten Zwängungsspannungen der statisch unbestimmten Gewölbe infolge Temperaturänderung und Schwinden durch die plastischen Wirkungen des Kriechens stark zurückgehen.

Gewölbe in Form von Zweigelenkbogen mit Zugbändern wurden früher auch im Hallenbau vielfach verwendet. Ihre Spannweite war aber infolge der großen

Biegemomente, die sich bei diesen Dächern bei einseitiger Schnee- und Windbelastung ergeben, begrenzt. Heute sind an deren Stelle die Schalenträger getreten, die eine räumliche Kräftewirkung aufweisen. Sie bestehen aus zylindrischen Schalen, die an den Enden durch Binderscheiben ausgesteift sind. Hierdurch wird im Gegensatz zu den ebenen Gewölben, die nur eine Trägerwirkung in Richtung des Gewölbes besitzen, zusätzlich noch eine Trägerwirkung in Richtung der Erzeugenden erzielt (Abb. 9). Die räumliche Kräftewirkung gestattet es, ein derartiges Gewölbe auf den den Schalengrundriß begrenzenden Säulen zu lagern.

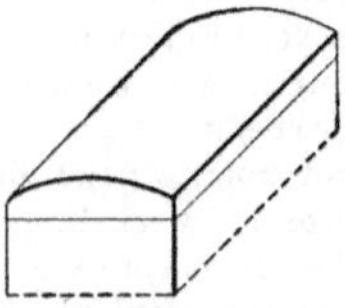

Abb. 9. Schalenträger

Die Faltwerke beruhen auf der gleichen Wirkungsweise, nur ist bei ihnen die gekrümmte Querschnittslinie der Schale durch ein Vieleck ersetzt, und damit tritt an Stelle des Zylinders ein aus Scheiben zusammengesetztes Prisma.

Bei den Kuppeln, die sowohl als doppelt gekrümmte Schalen, wie auch als Vieleckskuppeln, die aus einfach gekrümmten Zylinderschalen zusammengesetzt sind, ausgeführt werden, macht sich die räumliche Kräftewirkung so günstig bemerkbar, daß der Massivbau auch bei Spannweiten von 200—300 m gegenüber den leichteren Stahlkonstruktionen wettbewerbsfähig ist.

B. Bemessung der Säulen auf mittigen Druck und Knickung

Die Berechnung auf mittigen Druck

Sowohl bei den Säulen mit einfacher Bügelbewehrung wie auch bei den spiralbewehrten Säulen gilt, wie durch Versuche bewiesen wurde, das Additionsgesetz, d. h. die Tragfähigkeit des Verbundkörpers setzt sich zusammen aus der Tragfähigkeit der Beton- und Eisenquerschnitte.

a) Die Säulen mit einfacher Bügelbewehrung

Im Augenblick des Aufbringens der Belastung verteilt sich die Kraft auf Beton und Stahl entsprechend den Elastizitätsmoduli von Beton und Stahl. Da $E_e = nE_b$ ist, ist: ${}_{\text{zul}}P = \sigma_b (F_b + nF_e)$. Sobald aber die Beanspruchung des Stahls an der Fließgrenze angelangt ist, müssen die weiteren Belastungssteigerungen von dem Beton allein aufgenommen werden. Die Bruchlast der Säule ist dann entsprechend dem Additionsgesetz gegeben durch

$$P_b = K_b F_b + \sigma_s F_e. \tag{3}$$

Hierbei sind K_b die Prismenfestigkeit des Betons und σ_S die Fließgrenze des Stahles, F_b und F_e sind die Querschnittsflächen des Betons und des Stahles.

Bei dreifacher Sicherheit ergibt sich die zulässige Belastung zu

$${}_{\text{zul}}P = \frac{K_b}{3}\left(F_b + \frac{\sigma_s}{K_b} F_e\right) = \frac{K_b}{3} F_i. \tag{3a}$$

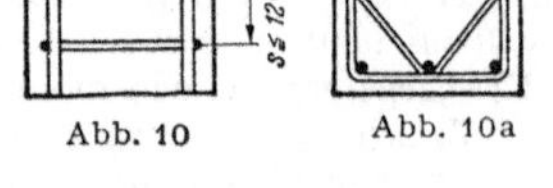

Abb. 10 Abb. 10a

Darin ist $F_i = F_b + \sigma_s/K_b \cdot F_e$ der ideelle, aus Beton und Eisen zusammengesetzte Querschnitt der Säule.

Außer den Längseisen werden Umschließungsbügel eingelegt, um das Ausknicken der Längseisen zu verhindern (Abb. 10). Aus diesem Grunde ist der Bügelabstand s festgelegt mit $s \leqq 12\,\Phi \leqq d$, wo Φ den Durchmesser der Längseisen und d die kleinere Querschnittsabmessung der Säule bedeuten. Auch die Zwischeneisen sind durch Ausknicken gefährdet, so daß diese durch Zwischenbügel gehalten werden müssen (Abb. 10a), da der Biegewiderstand der Umschließungsbügel hierzu nicht ausreicht.

Für die Bauausführung bringen die Bügel den Vorteil, daß die Stützenbewehrung als Ganzes eingebracht werden kann. Eine Erhöhung der Tragfähigkeit der Stütze, weil etwa die Bügel die Querdehnung des Betons behindern, kann nicht in Rechnung gesetzt werden — auch wenn die Bügel in Spiralform ausgeführt werden —, weil, wie bemerkt, bei rechteckiger Grundrißanordnung der Bügel deren Biegewiderstand in Anspruch genommen würde, dieser aber zu gering ist, weshalb es auch nutzlos ist, rechteckige Umschnürungsbügel auszuführen.

b) *Säulen mit Spiralbewehrung* (Abb. 11)

Durch die endlose Spirale wird die Querdehnung des Betons wirksam behindert, wodurch die Tragfähigkeit der Säule gesteigert wird. Die Wirkung der Spirale soll an einem mit Wasser gefüllten Zylinder mit der Höhe $h = 1$ gezeigt werden (Abb. 11a). Der Druck auf das Wasser je Flächeneinheit wird mit p bezeichnet. Hieraus ergibt sich in dem Stahlzylinder eine Zugkraft in Größe von $Z = pD/2$. Der Widerstand des umschnürten Stahlzylinders ist erschöpft, wenn die Fließgrenze σ'_S erreicht ist. Bezeichnen wir die Querschnittsfläche der Zylinderwandung mit F_q, dann ist $pD/2 = F_q \sigma'_S$ bzw. $p = 2F_q\sigma'_S/D$. Somit ist die gesamte Tragfähigkeit gegeben durch: $P = \pi D^2/4 \cdot p = \pi D/2 \cdot F_q \sigma'_S$. Nun ist $\pi D F_q = F_S$ die gesamte Eisenmenge der Umschnürung bei 1 m Höhe des Zylinders, und damit ist die Tragfähigkeit: $P = 1/2 \cdot F_S \sigma'_S$. Dieses für den Wasserzylinder gewonnene Ergebnis kann auf die umschnürte Betonsäule übertragen werden.

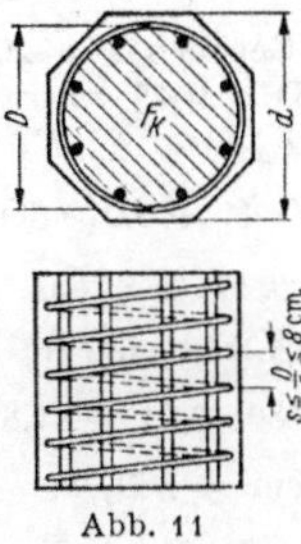

Abb. 11

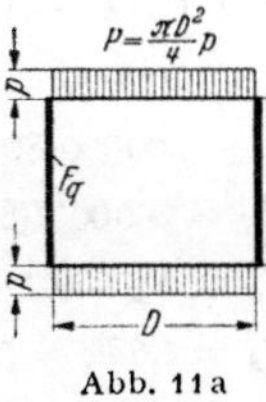

Abb. 11a

Bei einer Längsspannung σ_b, der eine Längsdehnung ε und eine Querdehnung $-\mu\varepsilon$ entsprechen, ergibt sich ein Druck auf die Umschnürung von $\sigma_q = \mu\sigma_b$. Bei der umschnürten Betonsäule ist demnach der Seitendruck μ-mal so groß wie bei dem Wasserzylinder, und infolgedessen ist eine $1/\mu$-fach größere Last notwendig, um die Umschnürung bis zur Streckgrenze zu beanspruchen. Demnach beträgt die zusätzliche Tragkraft infolge der Umschnürung und der damit behinderten Querdehnung

$$\Delta P = 1/2\mu \cdot F_S \sigma'_s, \tag{4}$$

wobei F_S die gesamte Eisenmenge der Umschnürung je 1 m Höhe ist. Es ist

$$F_S = \pi D f/s, \tag{4a}$$

dabei bedeutet f den Querschnitt des Spiraleisens und s die Ganghöhe.

Die Größe μ ist durch Versuche festgestellt. Man kann für den Bruchzustand etwa mit $\mu = 1/5$, für den Bereich der Gebrauchsspannungen etwa mit $\mu = 1/10$ rechnen.

Mit $\mu = 1/5$ ergibt sich die zusätzliche Tragkraft der Säule infolge der Spiralbewehrung zu

$$\Delta P = 2{,}5\, F_S \sigma_s. \tag{4b}$$

Die gesamte Bruchlast der spiralbewehrten Säule beträgt demnach

$$P_B = K_b F_K + \sigma_s F_e + 2{,}5\, \sigma'_s F_S. \tag{5}$$

Da nur der Kern umschnürt ist, muß gegenüber Gl. (3) der Betonquerschnitt F_b durch den Kernquerschnitt F_K ersetzt werden. Die zulässige Last beträgt

$$\text{zul} P = \frac{K_b}{3}\left(F_K + \frac{\sigma_s}{K_b} F_e + 2{,}5 \frac{\sigma'_s}{K_b} F_S\right) = \frac{K_b}{3} F_{iS}. \tag{5a}$$

Die außerhalb der Spirale liegende dünne äußere Betonschale muß gegen Zerdrücken bzw. Abplatzen geschützt werden. Hierfür wird eine nur 1,5fache Sicherheit verlangt. Bei Vernachlässigung der Spirale ergibt sich bei 1,5facher Sicherheit $_{\text{zul}}P = \frac{1}{1,5} K_b F_i$. Andererseits beträgt bei Berücksichtigung der Spirale die zulässige Last $_{\text{zul}}P = {}^1/_3 \cdot K_b F_{is}$. Aus $K_b F_i/1,5 \geqq K_b F_{is}/3$ folgt die Bedingung:

$$F_{is} \leqq 2 F_i. \tag{5b}$$

Da die Spiraleisen dreifach wirksamer sind als die Längseisen, muß eine Gewähr dafür, daß im Verhältnis zu der Spirale nicht zu wenig Längseisen angeordnet werden, gegeben werden. Die Sicherung hierfür ist

$$F_e \geqq F_S/3. \tag{5c}$$

Bezüglich der allgemeinen Bestimmungen und der zulässigen Beanspruchungen wird auf die Stahlbetonbestimmungen verwiesen.

Zahlenbeispiel. Gegeben $P = 200\,t$. Es ist eine spiralbewehrte Säule bei Erfüllung des § 27,2 DIN 1045 zu berechnen. Zur Verwendung kommen B 300 und BST II. $F_e = 1\%$, $F_S = 2,6\%$, $K_b = 240$ kg/cm². Nach Gl. (5a) ist

$$200000 = 80\,F_K\,(1 + 0,01 \cdot 3600/240 + 2,5 \cdot 0,026 \cdot 3600/240)$$

$$200000/80 = F_K \cdot 2,12 = F_{iS}.$$

$F_K = 200000/(80 \cdot 2,12) = 1180\text{ cm}^2 = \pi D^2/4, \quad D = 40\text{ cm}, \quad d = 45\text{ cm},$

$F_e = F_K \cdot 0,01 = 1180 \cdot 0,01 = 11,8\text{ cm}^2.$

$F_S = 2,6\,F_e = 30,7\text{ cm}^2 = \pi D f/s.$

Gewählt für die Spirale Stahl ∅ 14 mm mit $f = 1,54$ cm², demnach Ganghöhe $s = \pi\,40 \cdot 1,54/30,7 = 6,3$ cm.

Kontrolle für das Abplatzen der Schale: $F_{iS} = F_K \cdot 2,12 = 1180 \cdot 2,12 = 2500\text{ cm}^2$. Für die achteckige Säule ist: $F_b = n \operatorname{tg} \pi/n \cdot d^2/4 = 8 \cdot 0,414 \cdot 45^2/4 = 1675\text{ cm}^2$ (für $n \to \infty$ $n \operatorname{tg} \pi/n = \pi$) $F_i = F_b + \sigma_s/K_b \cdot F_e = 1675 + 15 \cdot 11,8 = 1852\text{ cm}^2$. Demnach ist $F_{iS} > 2 \cdot F_i$.

c) *Die Berechnung der Säulen auf Knickung*

Wegen der Knickgefahr müßten die zulässigen Spannungen bei Säulen auf $_{\text{zul}}\sigma_K = {}_{\text{zul}}\sigma_b/\omega$, wo $_{\text{zul}}\sigma_K$ die zulässige Knickspannung ist, herabgesetzt werden. Jedoch ermäßigt man nicht die Spannungen, sondern erhöht die Belastungen von P auf ωP und macht den Faktor ω abhängig vom Schlankheitsgrad der Säule $\lambda = h_S/i$, wobei h_S die Höhe der Säule und $i = \sqrt{\min I/F}$ der kleinste Trägheitsradius sind.

Die ω-Werte sind in den nachstehenden Tabellen angegeben. Bei den rechteckigen und den umschnürten Säulen ist ω als eine Funktion von $h_S/\min d$ angegeben.

Knickzahlen für Säulen mit beliebigem Querschnitt und einfacher Bügelbewehrung.

$\lambda = h_S : i =$	50	70	85	105	120	140
$\omega =$	1,00	1,08	1,32	1,72	2,28	3,00

Knickzahlen für quadratische und rechteckige Säulen mit einfacher Bügelbewehrung.

$h_S : d =$	15	20	25	30	35	40
$\omega =$	1,00	1,08	1,32	1,72	2,28	3,00

Knickzahlen für umschnürte Säulen.

$h_S : D =$	10	15	20	25
$\omega =$	1,00	1,17	1,50	2,00

Bei der ersten Tafel bleiben bei der Berechnung von $i = \sqrt{I/F}$ die Eiseneinlagen außer Betracht. Zwischenwerte sind überall geradlinig einzuschalten.

Die geringste Dicke der Säulen ist festgelegt mit $d = 20$ cm. Nur ausnahmsweise darf mit Genehmigung der Baupolizei z. B. bei Fenstersäulen diese Mindeststärke unterschritten werden. Hierbei ist für h_g stets die volle Stockwerkshöhe, sonst die Länge der Netzlinie in Rechnung zu stellen. Diese Bestimmung setzt voraus, daß der Kopf der Säule gegen seitliches Verschieben gesichert ist, weil andernfalls die Knicklast (Traglast) zurückgeht. Ein typisches Beispiel dafür ist der Rahmen nach Abb. 12a bzw. 12b.

Bei dem Rahmen mit Fußeinspannung (Abb. 12a) kann die freie Knicklänge l_K, wie die eingezeichnete Knicklinie zeigt, bei sehr weichem Riegel auf $l_K = 2\,h$ ansteigen, und nur bei unendlich starrem Riegel im Verhältnis zum Ständer wird $l_K = h$. Noch viel ungünstiger liegen die Verhältnisse bei dem Rahmen mit Fußgelenken. Hier wird bei unendlich steifem Riegel, wie die Abb. 12b zeigt, $l_K = 2\,h$, und je kleiner das Verhältnis der Trägheitsmomente von Riegel zu Ständer, um so größer wird die freie Knicklänge l_K im Verhältnis zu h. Bei sehr weichem Riegel wird das Tragwerk instabil.

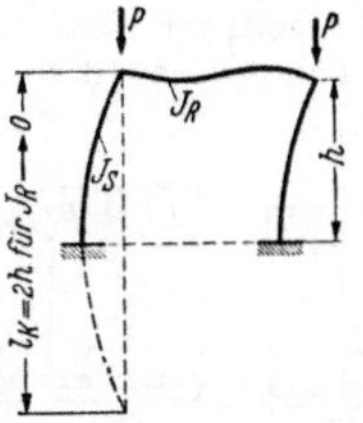

Abb. 12a

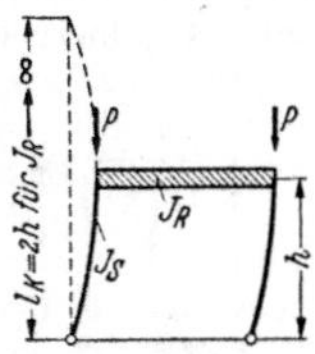

Abb. 12b

C. Bemessung der Stahlbetonquerschnitte auf reinen Zug

Reiner Zug tritt z. B. in folgenden Konstruktionsgliedern auf: Zugbänder und Hängestangen, Füllungsstäbe von Stahlbetonfachwerkträgern, Zugringe von Kuppeln, Druckwasserrohre, Flüssigkeitsbehälter in Form von Rotationsschalen.

Für die Bemessung ist immer maßgebend, daß die gesamte Zugkraft von den Eisen allein aufgenommen werden muß, $F_e\,\sigma_e = Z$. Bei Flüssigkeitsbehältern ist aber noch Vorsorge zu treffen, daß in dem Beton keine Haarrisse auftreten, d. h. die Betonzugspannungen müssen unter der Betonzugfestigkeit liegen. Zu der Gleichung

$$Z = F_e\,\sigma_e$$

tritt daher noch die weitere Gleichung

$$Z = (F_b + nF_e)\,\sigma_z,$$

wobei σ_z die zulässige Beanspruchung des Betons auf Zug ist. Aus der Verbindung der beiden Gleichungen folgt

$$Z = F_e\,\sigma_e = (F_b + nF_e)\,\sigma_z \quad \text{bzw.} \quad F_e/F_b \cdot \sigma_e = (1 + n \cdot F_e/F_b)\,\sigma_z.$$

Den Bewehrungsprozentsatz F_e/F_b bezeichnen wir mit μ und erhalten damit die nachstehende Beziehung zwischen σ_e und σ_z.

$$\sigma_e = \frac{1 + n\mu}{\mu}\,\sigma_z. \tag{6}$$

Nachstehend ist diese Gleichung für eine zulässige Betonzugspannung $\sigma_z = 10$ kg/cm² und $n = 15$ ausgewertet.

$\mu = F_e/F_b =$	1,00	1,25	1,50	2,00	2,50	3,00 %
$\sigma_e =$	1150	950	815	650	520	485 kg/cm².

Je höher der Bewehrungsprozentsatz ist, um so geringer muß die Eisenspannung σ_e gehalten werden, um durch die Begrenzung der zulässigen Betonzugspannung mit $\sigma_z = 10$ kg/cm² den Beton vor Haarrissen zu sichern.

Beispiel: Stahlbetonrohr, lichter Durchmesser $d' = 200$ cm bei 3 at. Innendruck.

Wir wählen $\sigma_e = 950$ kg/cm², $\mu = 1{,}25$%. Die Zugkraft ist $Z = p d'/2 = 300$ kg je lfd. cm. $F_e = Z/\sigma_e = 300/950 = 0{,}316$ cm² je lfd. cm bzw. $F_e = 31{,}6$ cm² je lfd. m. $\mu \cdot d = F_e$ oder $0{,}0125\,d = 0{,}316$ cm², $d = 0{,}316/0{,}0125 = 25{,}3$ cm.

D. Bemessung der Stahlbetonquerschnitte auf Biegung

1. Allgemeine Grundlagen der Biegetheorie

Bei der Belastung eines auf Biegung beanspruchten Stahlbetonbalkens mit einer ansteigenden Last ergeben sich je nach Größe der Last verschiedene Spannungszustände. Bei geringer Last erhält man ein Spannungsdiagramm nach Abb. 13a; hierbei kann wegen der geringen Spannungen der Elastizitätsmodul sowohl für den Druck- als auch für den Zugbereich als konstant angesehen werden, woraus in Verbindung mit der *Bernoulli*schen Hypothese sich eine geradlinige Spannungsverteilung ergibt (Stadium Ia). Steigert man die Belastung, so wird zunächst der Modul für Zug stark zurückgehen, während der Modul für Druck noch annähernd konstant ist. Als Folge daraus ergibt sich in diesem Stadium Ib für den Druckbereich eine fast geradlinige Spannungsverteilung, im Zugbereich aber ein starker Abfall der Spannungen gegenüber dem geradlinigen Spannungsverlauf (Abb. 13b). Dieser Zustand bleibt erhalten, bis in der Zugzone infolge Überschreitens der Biegezugfestigkeit des Betons Risse auftreten.

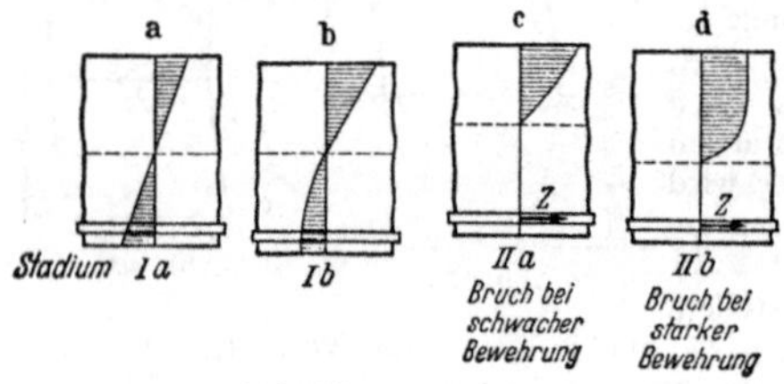

Abb. 13

Bei vollständig gerissener Zugzone sprechen wir vom Stadium II, bei dem die Biegezugkräfte durch die Eisen allein aufgenommen werden. Beim Stadium II kann der Biegebruch entweder durch Erreichen der Fließgrenze der Zugbewehrungen oder durch Überwindung der Druckfestigkeit des Betons erfolgen. Welcher Fall für den Bruch maßgebend ist, hängt vor allem von der Stärke und der Fließgrenze der Bewehrung ab.

Bei schwacher Bewehrung erfolgt das Fließen der Eisen schon bei Betondruckspannungen, die im Verhältnis zur Druckfestigkeit des Betons gering sind, so daß trotz der Veränderlichkeit des Druckmoduls der Verlauf der Druckspannungen nur wenig von dem Geradliniengesetz abweicht und näherungsweise noch mit einem geradlinigen Verlauf gerechnet werden kann. Diesen Zustand bezeichnen wir mit dem Stadium IIa (Abb. 13c).

Bei starker Bewehrung der Zugzone wird der Biegebruch durch Überschreiten der Betondruckfestigkeit herbeigeführt. Da in dem Bereich der hohen Druckspannungen der Modul für Druck sehr stark abfällt, ergeben sich für den Druckbereich sehr starke Abweichungen vom Geradliniengesetz (Abb. 13d).

Bei der Bemessung der Stahlbetonquerschnitte gehen wir von folgenden Voraussetzungen aus:

a) Die Dehnungen sind proportional dem Abstand von der Nullinie (*Bernoulli*sche Hypothese).

b) Eine Mitwirkung der Betonzugzone wird nicht in Rechnung gestellt. Die Biegezugkräfte müssen durch die Eiseneinlagen allein aufgenommen werden.

c) Unabhängig davon, ob der Bruch durch Erreichen der Streckgrenze der Eisen nach Stadium IIa, bei dem die Verteilung der Druckspannungen noch einigermaßen geradlinig ist, oder nach Stadium IIb durch Überschreiten der Druckfestigkeit des Betons erfolgt, rechnen wir mit einer geradlinigen Spannungsverteilung. Diese Rechnung liefert wegen der Krümmung des Druckdiagramms zu ungünstige Druckspannungen. Die Nachrechnung durchgeführter Versuche ergibt Werte der Biegedruckfestigkeit, die etwa 1,3 bis 1,7 mal zu hoch sind.

d) Da bei den Verbundkörpern das Eisen die gleichen Dehnungen wie der Beton hat, sind die Eisenspannungen $n = E_e/E_b$ mal größer als die des Betons. Wir berücksichtigen dies, indem wir in dem geradlinigen Spannungsdiagramm der

Abb. 14 die Spannungen der Zugeisen mit σ_e/n, die der Druckeisen mit σ_e'/n einzeichnen. Da wir vom Bruchzustand ausgehen, bei dem die Zahl n sehr stark anwächst, ist diese in den deutschen Bestimmungen mit $n = 15$ festgelegt. Man kann sich auch die Eisenquerschnitte durch n-fach vergrößerte Betonquerschnitte ersetzt denken, weil die Eisenspannungen n-fach größer sind als die benachbarten Betonspannungen.

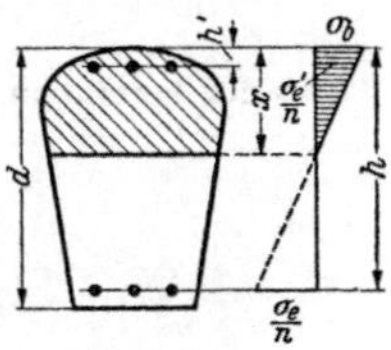

Abb. 14

e) Wenn mehrere Zugeiseneinlagen übereinander liegen, so hat im Bereich der Gebrauchsspannungen jede Lage eine andere Spannung. Trotzdem rechnen wir mit der Schwerpunktspannung, die bis zu 5% niedriger als die der untersten Lage sein darf. Diese Tatsache ist aber belanglos, weil der Balken im Stadium IIa erst dann bricht, wenn alle Lagen bis zur Streckgrenze, d. h. durch gleiche Spannungen beansprucht sind.

f) Während für die Bemessung der Stahlbetonquerschnitte immer das Stadium II mit gerissener Zugzone maßgebend ist, ist in manchen Fällen eine Nachrechnung nach Stadium I bei Berücksichtigung der Betonzugspannungen notwendig, wenn zur Vermeidung von Haarrissen diese begrenzt werden sollen. In diesem Fall rechnet man trotz der nach einer Kurve verlaufenden Betonzugspannungen des Stadiums Ib mit einer geradlinigen Spannungsverteilung nach Stadium Ia über die ganze Querschnittshöhe. Hierbei ergeben sich größere Biegezugspannungen, als sie tatsächlich vorhanden sind. Die scheinbare Festigkeit nennen wir die Biegezugfestigkeit, die rd. 1,3 bis 1,9mal größer ist als die wahre Festigkeit.

Bei gegebenen Spannungen σ_b des Betons und σ_e des Eisens folgt die Lage der neutralen Achse nach Abb. 14 aus

$$x = h \frac{\sigma_b}{\sigma_b + \sigma e/n} = h \frac{n\sigma_b}{n\sigma_b + \sigma_e} = s h. \tag{7}$$

Diese Gleichung ist unabhängig von der Querschnittsform des Balkens, und der Faktor s ist dimensionslos.

Für die Ermittlung der inneren Kräfte stehen uns zwei Gleichgewichtsbedingungen zur Verfügung.

α) Das Moment der inneren Kräfte ist gleich dem Moment der äußeren Kräfte. Dabei haben wir freie Wahl bezüglich der Achse, auf welche wir das Moment der inneren Kräfte beziehen, z. B. kann diese die Schwerachse der Zugeiseneinlage sein.

β) Die Summe der inneren Kräfte muß gleich Null sein, d. h. die Druckkraft des Betons einschließlich der Druckkraft der Druckeisen muß gleich der Biegezugkraft der Zugeisen sein. Diese zweite Bedingung können wir auch dadurch ersetzen, daß wir das Moment der inneren Kräfte ein zweites Mal, und zwar um den Schwerpunkt der Druckkräfte aufstellen und dem äußeren Moment gleichsetzen.

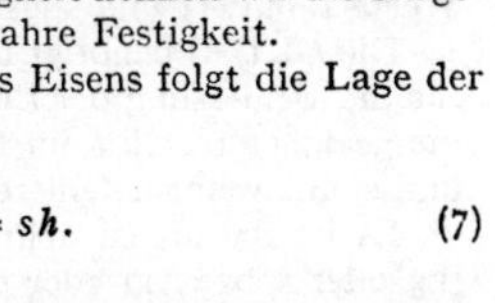

Abb. 15

2. Bemessungsverfahren für den Rechteckquerschnitt

a) *Bemessungsverfahren für den einfach bewehrten Rechteckquerschnitt* (Abb. 15)

Aus dem Moment um den Schwerpunkt der Zugeisen folgt bei Berücksichtigung, daß $x = sh$ ist

$$M = {}^1/_2 \cdot \sigma_b x b \cdot z = {}^1/_2 \cdot \sigma_b x b (h - x/3) = {}^1/_2\, s\,(1 - s/3)\, \sigma_b \cdot b h^2$$

$$h = \sqrt{\frac{2}{s\,(1 - s/3)\,\sigma_b}} \cdot \sqrt{\frac{M}{b}} = r \sqrt{\frac{M}{b}}\,. \tag{7a}$$

Aus dem Drehmoment um den Schwerpunkt der Druckkräfte folgt

$$M = F_e \sigma_e z = F_e \sigma_e (h - x/3) = F_e \sigma_e h (1 - s/3)$$

$$F_e = \frac{1}{\sigma_e (1 - s/3)} \frac{M}{h} = k \frac{M}{h}. \tag{7b}$$

Aus der Vereinigung der Gl. (7a) und (7b) folgt noch eine weitere Gleichung für F_e:

$$M = F_e \sigma_e h (1 - s/3) = F_e \sigma_e (1 - s/3)\, r \sqrt{\frac{M}{b}} \tag{7c}$$

$$F_e = \frac{1}{\sigma_e (1 - s/3)\, r} \sqrt{Mb} = t \sqrt{Mb}.$$

Eine dritte Gleichung für F_e erhalten wir aus der Verbindung der Gl. (7c) mit der Gl. (7a)

$$F_e = t \cdot \sqrt{Mb} = tb \sqrt{M/b} = t/r\, bh = \mu bh, \tag{7d}$$

wobei μ den Bewehrungsprozentsatz bedeutet. Des weiteren ist

$$z = (h - x/3) = h (1 - s/3) = uh. \tag{7e}$$

Die Faktoren u, r, k, t und μ sind alle Funktionen von $s = x/h$ und den Randspannungen σ_b und σ_e. Sie sind für die praktisch vorkommenden σ_b- und σ_e-Werte tabuliert und sind in vielen Taschenbüchern usf. zu finden.

Die Gl. (7d) benötigt man für die Spannungsnachprüfung, die Gl. (7b) und (7c) für die Bemessung der Eiseneinlagen. Hiervon ist aber die Gleichung $F_e = k\, M/h$ die geeignetere, da k im Gegensatz zu t sich nur wenig mit der Spannung ändert und somit weniger fehlerempfindlich ist.

Es ist darauf zu achten, welche Maßeinheiten den Tabellen zugrunde liegen (kg oder t bzw. m oder cm).

α) Zahlenbeispiel für einen Rechtecksquerschnitt. Gegeben: $M = 10$ tm, $b = 0{,}24$ m, $\sigma_b/\sigma_e = 80/1400$, gesucht h und F_e (freie Bemessung).

$$h = r \sqrt{M/b} = 8{,}0 \sqrt{10/0{,}24} = 51{,}6 \text{ cm}, \quad d = 55 \text{ cm},$$

$$F_e = k\, M/h = 84 \cdot 10/51{,}6 = 16{,}3 \text{ cm}^2.$$

β) Zahlenbeispiel. Gegeben: $M = 15$ tm, $d = 70$ cm, $b = 25$ cm, $\sigma_{e\,zul} = 1400$ kg/cm², gesucht σ_b und F_e (gebundene Bemessung, da der Betonquerschnitt gegeben ist) $h = d - 4 = 66$ cm. Man löst Gl. (7a) nach r auf und erhält

$$r = h / \sqrt{\frac{M}{b}} = 66 / \sqrt{\frac{15}{0{,}25}} = 8{,}5.$$

Aus der Tabelle folgt für dieses $r = 8{,}5$, $\sigma_b = 73$ kg/cm², $k = 84$, dafür ergibt sich

$$F_e = 84 \cdot 15/66 = 19{,}1 \text{ cm}^2.$$

Aus der Gl. (7) folgt das Tragmoment eines Rechteckquerschnitts zu

$$M_b = \left(\frac{h}{r}\right)^2 b \tag{8}$$

und aus $M = 1/2 \cdot \sigma_b xbz = \sigma_b W_b$ das Widerstandsmoment zur Berechnung der Betonspannungen

$$W_b = 1/2 \cdot bxz. \tag{8a}$$

Das Widerstandsmoment zur Berechnung der Eiseneinlagen folgt aus:

$$M = F_e \sigma_e z = \sigma_e W_e$$

$$W_e = F_e z. \tag{8b}$$

b) Die Spannungsnachprüfung für den einfach bewehrten Rechtecksquerschnitt

In diesem Falle sind b, h, F_e und M gegeben. Gesucht sind σ_b und σ_e.

α) Nachprüfung der Spannungen ohne Anwendung von Tabellen. Aus der Gleichgewichtsbedingung $N = 0$ folgt, daß die neutrale Achse auch im Stadium IIa die Schwerachse des „wirksamen Querschnitts", d. h. der gedrückten Betonfläche und der n-fachen Bewehrungsfläche ist. Der Abstand der Nullinie von der Oberkante des Rechtecks ergibt sich somit aus der Gleichung (s. hierzu Abb. 15)

$$b\,x\,\frac{x}{2} = n\,F_e\,(h - x) \quad \text{bzw.} \quad x = \frac{nF_e}{b}\left(-1 + \sqrt{1 + \frac{2bh}{nF_e}}\right) \quad \text{und} \quad z = h - \frac{x}{3}.$$

Die Spannungen folgen wiederum aus

$$\sigma_b = \frac{M}{W_b} = \frac{2M}{b\,x\,z}, \quad \sigma_e = \frac{M}{W_e} = \frac{M}{F_e z}$$

entsprechend den Gl. (8a) und (8b).

β) Nachprüfung der Spannungen mit Hilfe von Tabellen unter Verwendung der Gl. (7b). Zahlenbeispiel. Gegeben: $M = 27$ tm, $h = 100$ cm, $b = 0{,}30$ m, $F_e = 22{,}6$ cm², gesucht σ_e und σ_b.

$$\mu = F_e/F_b = 22{,}6/(100 \cdot 30) = 0{,}00754 = 0{,}754\,\%.$$

Zu diesem Wert μ entnimmt man der Tabelle den Wert $s = 0{,}376$. Hiermit ist $x = 0{,}376 \cdot 100 = 37{,}6$ cm und $z = uh = 0{,}875 \cdot 100 = 87{,}5$ cm. Die Spannungen ergeben sich zu:

$$\sigma_b = \frac{M}{W_b} = \frac{2700000}{1/2 \cdot 30 \cdot 37{,}6 \cdot 87{,}5} = 54{,}7\ \text{kg}^2/\text{cm}^2, \sigma_e = \frac{M}{W_e} = \frac{2700000}{22{,}6 \cdot 87{,}5} = 1365\ \text{kg/cm}^2.$$

c) Nachprüfung der Betonzugspannungen der Rechteckquerschnitte nach Stadium Ia (Abb. 16)

Diese Nachprüfung ist erforderlich bei Baugliedern, bei denen Haarrisse im Beton vermieden werden sollen. Die Berechnung ist dieselbe wie bei den homogenen Eisen- und Holzquerschnitten. Die Lage der neutralen Achse folgt als Schwerachse des Betonquerschnittes, vermehrt um die n-fache Bewehrungsfläche aus:

$$x\,(bd + nF_e) = \frac{bd^2}{2} + nF_e h \quad \text{bzw.} \quad x = \frac{bd^2/2 + nF_e h}{bd + nF_e}$$

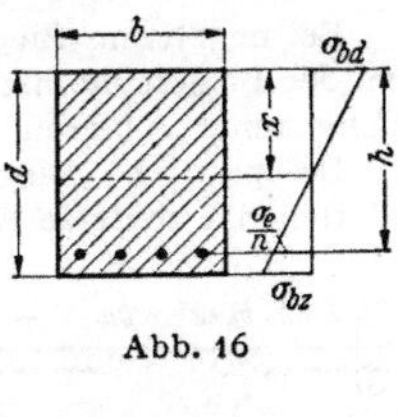

Abb. 16

Alsdann berechnet man das Trägheitsmoment:

$$I = bd^3/12 + bd\,(x - d/2)^2 + nF_e\,(h - x)^2.$$

Die Spannungen folgen dann aus

$$\sigma_{bd} = \frac{M}{I}\,x, \quad \sigma_{bz} = \frac{M}{I}\,(d - x), \quad \sigma_e = n\,\frac{M}{I}\,(h - x).$$

Bei mitwirkender Betonzugzone ist $x > d/2$.

Zahlenbeispiel. Gegeben sind $M = 9$ tm, $d = 85$ cm, $h = 81$ cm, $b = 30$ cm, $F_e = 16{,}44$ cm², gesucht σ_{bd}, σ_{bz}, σ_e.

$$x\,(30 \cdot 85 + 15 \cdot 16{,}44) = 30 \cdot 85^2/2 + 15 \cdot 16{,}44 \cdot 81, \quad x = 45{,}9\ \text{cm}.$$

$$I = 30 \cdot 85^3/12 + 30 \cdot 85\,(45{,}9 - 42{,}5)^2 + 15 \cdot 16{,}44\,(81 - 54{,}9)^2$$
$$= 1\,866\,500\ \text{cm}^4 = 0{,}01866\ \text{m}^4.$$

$$\sigma_{ld} = 9/0{,}01866 \cdot 0{,}459 = 221\ \text{t/m}^2 = 22{,}1\ \text{kg/cm}^2.$$

$$\sigma_{bs} = 9/0{,}01866 \cdot (0{,}85 - 0{,}459) = 189\ \text{t/m}^2 = 18{,}9\ \text{kg/cm}^2.$$

$$\sigma_e = 15 \cdot 9/0{,}01866 \cdot (0{,}81 - 0{,}459) = 2250\ \text{t/m}^2 = 225\ \text{kg/cm}^2.$$

d) Bemessung der doppelt bewehrten Rechteckquerschnitte (Abb. 17)

Ist die Konstruktionshöhe des Stahlbetonbalkens beschränkt, so daß ohne besondere Maßnahmen die zulässige Betonbeanspruchung überschritten würde, so wird zur Entlastung des Betons eine Druckbewehrung eingelegt. Ohne Berücksichtigung der Druckeisen kann der Querschnitt gemäß Gl. (8) ein Moment $M_b = (h/r)^2 \cdot b$ aufnehmen, welchem eine Zugbewehrung von $F_e = k\,M_b/h$ entspricht.

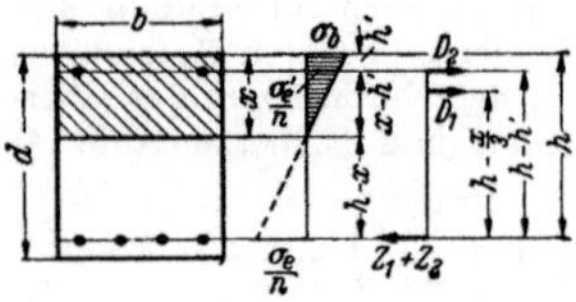

Abb. 17

Das noch übrigbleibende Restmoment $\Delta M = M - M_b$ muß dann durch Druckeisen aufgenommen werden, denen eine zusätzliche Zugbewehrung F_{e2} zugeordnet ist. Die letztere folgt aus:

$$F_{e2} = \Delta M/\sigma_e\,(h - h'),$$

wobei $h - h'$ der Abstand der beiden Eiseneinlagen ist. Die Druckbewehrung F_e' zur Aufnahme des Restmoments ergibt sich aus der Forderung, daß die neutrale Achse des Verbundquerschnittes erhalten bleibt, d. h. das statische Moment der zusätzlichen Zug- und Druckbewehrung bezogen auf die neutrale Achse muß gleich Null sein.

$$F_e'\,(x - h') = F_{e2}\,(h - x), \quad F_e' = F_{e2}\,(h - x)\,/\,(x - h').$$

Somit erhalten wir folgende Gleichungen

$$M_b = (h/r)^2\,b, \quad \Delta M = M - M_b, \tag{9}$$

$$F_e = F_{e1} + F_{e2} = k\,M_b/h + \Delta M/\sigma_e\,(h - h'), \tag{9a}$$

$$F_e' = F_{e2}\,(h - x)/(x - h'). \tag{9b}$$

Wir hätten die Größe der Druckbewehrung auch aus der Gleichgewichtsbedingung Druckkraft = Zugkraft, $F_{e2}\,\sigma_e = F_e'\,\sigma_e'$ ermitteln können.

Zahlenbeispiel. Gegeben $M = 12{,}5$ tm, $b = 0{,}25$ m, $h = 48$ cm, $h' = 4$ cm, $\sigma_b/\sigma_e = 80/1400$, gesucht sind F_e und F_e'.

$M_b = (h/r)^2\,b = (48/8{,}0)^2 \cdot 0{,}25 = 9{,}0$ tm, $\quad \Delta M = 12{,}5 - 9{,}0 = 3{,}5$ tm,

$F_e = 84 \cdot 9{,}0/48 + 3{,}5/1{,}4\,(0{,}48 - 0{,}04) = 15{,}8 + 5{,}7 = 21{,}5\ \text{cm}^2$,

$x = s\,h = 0{,}46 \cdot 48 = 22$ cm.

$F_e' = 5{,}7\,(48 - 22{,}0)\,/\,(22{,}0 - 4{,}0) = 8{,}3\ \text{cm}^2$.

3. Bemessungsverfahren für den Plattenbalkenquerschnitt

Bei negativem Biegemoment liegt die Platte in der Zugzone und darf deshalb bei der Bemessung nicht in Rechnung gestellt werden, so daß in diesem Falle das Bemessungsverfahren für Rechteckquerschnitte maßgebend ist.

Bei positiven Biegemomenten kann bei im Verhältnis zur Steghöhe dicken Platten die neutrale Achse innerhalb der Platte liegen, so daß hier ebenfalls das Berechnungsverfahren der Rechteckquerschnitte maßgebend ist. Zu erörtern bleibt nur der Fall, in dem bei positiven Momenten die neutrale Achse unterhalb der Platte liegt.

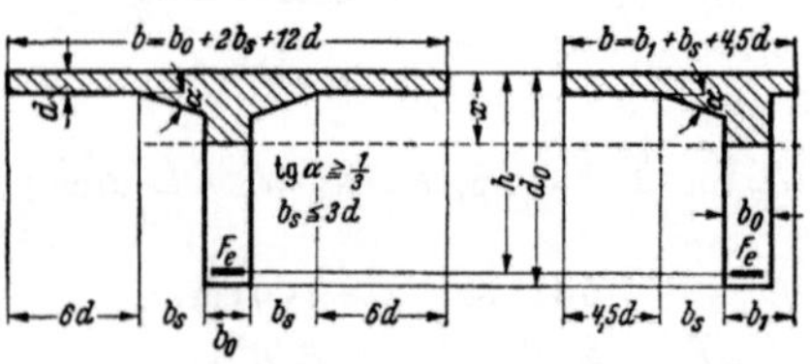

Abb. 18 Abb. 18a

Bei den Plattenbalken des Hochbaues ist es unwirtschaftlich, die zulässigen Druckspannungen des Betons auszunutzen. Man würde damit sehr geringe Konstruktionshöhen bei sehr starken Eiseneinlagen erhalten. Bei Nebenträgern sollten deshalb nur Betondruckspannungen von 20—30 kg/cm² und bei Hauptträgern solche von 25—35 kg/cm² in Rechnung gestellt werden. Da die Druckspannungen des Betons nicht ausgenützt werden können, kann man ohne weiteres auch die Druckspannungen in den Stegen vernachlässigen und durch Zuweisung der gesamten Biegedruckkraft an die Platte zu einem einfachen Bemessungsverfahren gelangen.

Nach den deutschen Bestimmungen ist die mitwirkende Breite der Platte bei den beiderseitigen Plattenbalken der Abb. 18 mit $b = b_0 + 2b_s + 12d$, beim einseitigen Plattenbalken nach Abb. 18a mit $b = b_0 + b_s + 4{,}5d$ anzunehmen.

a) Bemessung der Plattenbalken bei Vernachlässigung der Stegspannungen ohne Ausnutzung der zulässigen Betondruckspannungen

Liegt die neutrale Achse in wesentlichem Abstand unterhalb der Platte, so ergibt sich nach Abb. 19 mit genügender Genauigkeit

$$Z = -D = M/z \cong M/(h - d/2). \quad (10)$$

Liegt die Nullinie dagegen in der Nähe der Plattenunterkante, so ist

$$Z = -D = M/z \cong M/(h - d/3). \quad (10a)$$

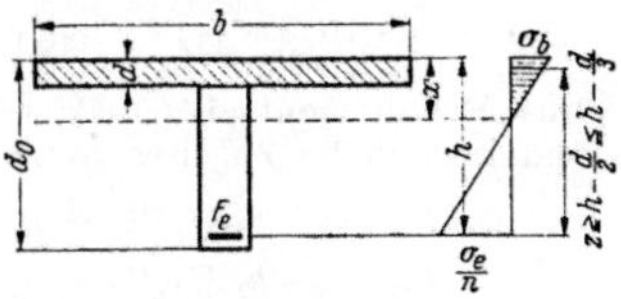

Abb. 19

Die gemittelte Druckspannung der Platte folgt aus:

$$\sigma_{bm} = D/bd. \quad (10b)$$

Zahlenbeispiel. Plattenbalken des Hochbaues, gegeben $M = 50$ tm, $b_0 = 0{,}30$ m, $d = 0{,}11$ m, $b_s = 0{,}20$ m, $\sigma_e = 1400$ kg/cm², gesucht h und F_e (freie Bemessung). Wir rechnen mit einer gemittelten Druckspannung von 20 kg/cm². Es ist $b = b_0 + 2b_s + 12d = 0{,}30 + 0{,}40 + 1{,}32 = 2{,}02$ m. Die Druckkraft ist: $D = bd\sigma_{bm} = 202 \cdot 11 \cdot 20 \cong 44\,500$ kg $= 44{,}5$ t. Da $D = M/(h - d/2)$ ist, ergibt sich $h - d/2 = 50/44{,}5 = 1{,}125$ m. $h = 112{,}5 + 5{,}5 = 119$ cm, $d_0 \cong 1{,}26$ m. $F_e = Z/\sigma_e = 44{,}5/1{,}4 = 31{,}8$ cm².

Die Ermittlung der größten Betondruckspannung σ_b am oberen Rande der Platte ist an sich entbehrlich, da σ_{bm} nur 20 kg/cm² groß ist. Zur Berechnung von σ_b benötigt man die Lage der neutralen Faser

$$x - \frac{d}{2} = \left(h - \frac{d}{2}\right) \frac{\sigma_{bm}}{\sigma_{bm} + \frac{\sigma_e}{n}} = 1{,}125 \frac{20}{20 + 93} = 0{,}199 \text{ m},$$

$$x = 0{,}199 + 0{,}055 = 0{,}254 \text{ m},$$

$$\sigma_b = \sigma_{bm} \frac{x}{x - d/2} = 20 \frac{0{,}254}{0{,}199} = 25{,}5 \text{ kg/cm}^2.$$

Mörsch [*1*] hat für den Plattenbalken bei Vernachlässigung der Stegspannungen Tabellen entwickelt, die in ihrem Aufbau denen der Rechteckbalken entsprechen.

b) Bemessung der Plattenbalken bei Berücksichtigung der Stegspannungen

Bei den weitgespannten Stahlbetonbrücken ist es notwendig, die zulässigen Randspannungen und auch die Druckspannungen des Steges auszunützen. Um das Eigengewicht der Brücke möglichst gering zu halten, wird man die Trägerhöhe durch Druckeisen, die zugleich als Montageeisen dienen, noch weiter vermindern.

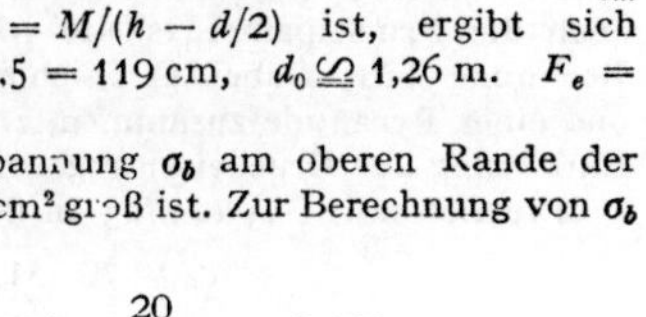

Abb. 20

Wenn man den Plattenbalkenquerschnitt als Differenz zweier Rechteckquerschnitte darstellt, kann das Tragmoment des Betonquerschnittes nach Gl. (8) als Differenz der Tragmomente der beiden Rechtecke dargestellt werden (Abb. 20).

$$M_b = M_{b1} - M_{b2} = (h_1/r_1)^2\, b - (h_2/r_2)^2\, (b - b_0), \tag{11}$$

wobei die Faktoren r_1 und r_2 den Tabellen des Rechteckquerschnitts zu entnehmen sind und den Randspannungen σ_b bzw. σ_b' entsprechen. Dieses Verfahren wird an Hand eines Beispiels erläutert.

Gegeben: $d_0 = 2{,}00$ m, $h = 1{,}90$ m, $d = 0{,}20$ m, $b_0 = 0{,}40$ m, $b = 2{,}00$ m = Trägerabstand, $M = 600$ tm, $\sigma_b/\sigma_e = 70/1400$. Gesucht sind F_e und F_e'.

Es ist $x = s\,h = 0{,}43 \cdot 190 = 81{,}5$ cm. Die Druckspannung am unteren Rande der Platte beträgt: $\sigma_b' = \sigma_b\,(x - d)/x = 70 \cdot 61{,}5/81{,}5 = 53$ kg/cm². Gemäß der Tabelle für den Rechteckquerschnitt entsprechen den Spannungen $\sigma_b = 70$ kg/cm² und $\sigma_b' = 53$ kg/cm² die Werte $r_1 = 8{,}8$ und $r_2 = 10{,}9$. Demnach beträgt das Betontragmoment nach Gl. (11):

$$M_b = (190/8{,}8)^2\, 2{,}00 - [(190 - 20)/10{,}9]^2\, (2{,}0 - 0{,}4) = 930 - 389 = 541 \text{ tm}.$$

Das Restmoment $\Delta M = M - M_b = 600 - 541 = 59$ tm ist durch Druckeisen und zusätzliche Zugeisen aufzunehmen. Die gesamte Zugbewehrung folgt aus:

$$\begin{aligned} F_{e1} &= k_1\, M_{b1}/h_1 = 83 \cdot 930/190 &&= 406 \text{ cm}^2\\ F_{e2} &= -k_2\, M_{b2}/h_2 = -81 \cdot 389/170 &&= -185 \text{ cm}^2\\ F_{e3} &= \Delta M/\sigma_e\,(h - h') = 59/(1{,}4 \cdot 1{,}85) &&= 23 \text{ cm}^2\\ \hline & && F_e = 244 \text{ cm}^2. \end{aligned}$$

Die Druckbewehrung beträgt entsprechend den Überlegungen, die beim Rechteckquerschnitt angestellt wurden und auch hier Gültigkeit haben:

$$F_e' = F_{e3}\,(h - x)/(x - h') = 23\,(190 - 81{,}5)/(81{,}5 - 5) = 33 \text{ cm}^2.$$

Die Größe dieser Druckbewehrung kann man noch vermindern, wenn man auch die Druckspannungskeile von etwa vorhandenen Vouten an der Platte in Rechnung stellt. Dabei setzt sich der Spannungskeil der Vouten aus einem Prisma und einer Pyramide zusammen, z. B. würde sich bei Vouten 30 · 10 nachstehende Entlastung der Druckeisen ergeben.

Die Betondruckspannung an der Unterseite der Voute beträgt

$$\sigma_b = 70 \cdot 51{,}5/81{,}5 = 44 \text{ kg/cm}^2.$$

Die Druckkraft im Keil ist:

$$D = 2 \cdot 30 \cdot 10/2 \cdot 44 + 2 \cdot 30 \cdot 10/2 \cdot (53 - 44)/3 = 13200 + 900 = 14100 \text{ kg}.$$

Das Moment dieser Druckkraft um die Zugeisen beträgt $M = 14{,}1 \cdot 1{,}67 + 0{,}90 \cdot 1{,}68 = 25{,}0$ tm. Jetzt bleibt noch ein Restmoment von nur $59 - 25{,}0 = 34$ tm, dem eine Zugbewehrung von 13,3 cm² und eine Druckbewehrung von 19,0 cm² entspricht. Die gesamte Zug- bzw. Druckbewehrung beträgt nun:

$$F_e = 406 - 185 + 14{,}1/1{,}4 + 13{,}3 = 244{,}4 \text{ cm}^2, \quad F_e' = 19{,}0 \text{ cm}^2,$$

woraus eine Ersparnis von 13,6 cm² folgt.

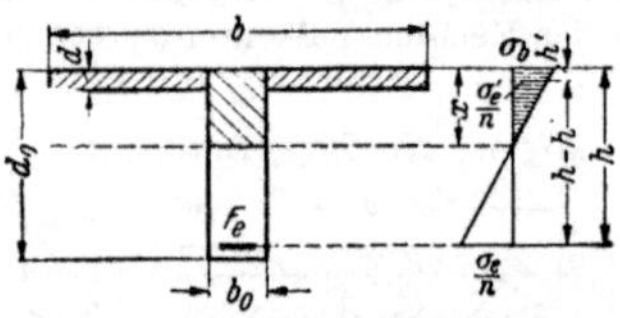

Abb. 20a

Wenn die Druckplatte im Verhältnis zur Trägerhöhe sehr dünn ist, kann die Berechnung des Betontragmomentes als Differenz nach Gl. (11) zu Ungenauigkeiten führen. In diesem Fall stellt man das Tragmoment besser als Summe der Tragmomente des Steges und der Platte dar (Abb. 20a).

$$M_b = M_{b1} + M_{b2} = (h/r)^2\, b_0 + (b - b_0)\, d\,(h - d/2)\, \sigma_{bm}, \tag{11a}$$

wobei σ_{bm} die gemittelte Druckspannung der Platte ist.

Zahlenbeispiel. Gegeben sind $d_0 = 1{,}50$ m, $h = 1{,}40$ m, $b_0 = 0{,}40$ m, $d = 0{,}07$ m, $\sigma_b/\sigma_e = 70/1400$. Gesucht sind das Tragmoment und F_e.

Mitwirkende Breite: $b = 0{,}40 + 12 \cdot 0{,}07 = 1{,}24$ m.

Neutrale Faser für $\sigma_b/\sigma_e = 70/1400$: $x = s\,h = 0{,}43 \cdot 1{,}4 = 0{,}60$ m.

Gemittelte Druckspannung der Platte:

$$\sigma_{bm} = \sigma_b (x - d/2)/x = 70 \frac{56{,}5}{60} = 66 \text{ kg/cm}^2 = 660 \text{ t/m}^2.$$

Tragmoment: $M_b = (140/8{,}8)^2 \cdot 0{,}40 + 0{,}84 \cdot 0{,}07 \cdot 1{,}365 \cdot 660 = 101 + 53 = 154$ tm.

Zugeisen: $F_e = k\, M_{b1}/h + M_{b2}/(\sigma_e \cdot z) = 83 \cdot 101/140 + 53/(1{,}4 \cdot 1{,}365) = 88 \text{ cm}^2.$

Die Ungenauigkeit, die bei dieser Berechnung durch Einführung der Plattenmitte an Stelle des Schwerpunktes des Spannungstrapezes vorliegt, ist bei dünnen Platten ganz bedeutungslos.

c) *Der einseitige Plattenbalken*

Bei einem einseitigen Plattenbalken nach Abb. 21, der durch ein in der vertikalen Ebene und normal zum Balkenquerschnitt wirkendes äußeres Moment beansprucht wird, muß aus Gleichgewichtsgründen das Moment der inneren Kräfte in einer zu der des äußeren Momentes parallelen Ebene wirken; d. h. die Resultierende D aller Druckspannungen muß lotrecht über der resultierenden Zugkraft Z der Eisen liegen. Nullinie und Kraftlinie (Momentenspur) sind konjugierte Achsen. Wir erhalten (Abb. 21) einen durch eine schräge Nullinie begrenzten Spannungskeil mit dem Inhalt

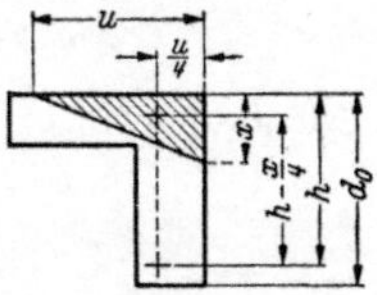

Abb. 21

$$D_b = \frac{u\,x\,\sigma_b}{2 \cdot 3}. \tag{12a}$$

Das Moment der inneren Kräfte wird

$$M_b = D_b \cdot (h - x/4). \tag{12b}$$

Die schräge Lage der Nullinie bedeutet, daß jeder Balkenpunkt neben der vertikalen Durchbiegung auch eine horizontale Verschiebung erfährt, da die Gesamtverschiebung senkrecht zur Nullinie erfolgen muß; d. h. der Querschnitt wird durch zweiachsige (schiefe) Biegung beansprucht.

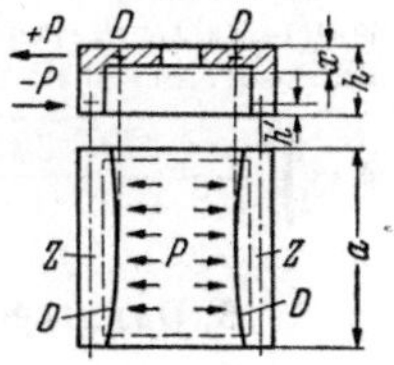

Abb. 22

In der Regel wird der Plattenbalken durch das anschließende Deckenfeld (Platte) und durch Nebenbalken (Querträger) so verspannt, daß sich die Horizontalverschiebung nicht einstellen kann, womit eine horizontal liegende Nullinie nach Abb. 22 erzwungen wird. Die dazu erforderlichen Festhaltekräfte p wirken in der Platte über die Balkenlänge verteilt als Druckkraft und im Steg der Querträger — jeweils für den Bereich des Querträgerabstandes a zusammengefaßt — als Zugkraft.

Die äußere vertikale Last und die Festhaltekräfte der Nachbarkonstruktion wirken zusammen auf den Balken als schräge, zur horizontalen Nullinie konjugiert gerichtete Kraft. Die Kraftrichtung fällt mit der Verbindungslinie der Druck- und Zugkraftschwerpunkte D und Z zusammen, da Betondruckkraft und Eisenzugkraft ein Kräftepaar bilden müssen, dessen Ebene zu der des äußeren Momentes parallel ist. Infolge des Kräftepaares p entsteht im Balken neben dem Biegemoment aus der vertikalen äußeren Last noch ein Torsionsmoment, das von dem Wert 0 in der Mitte zwischen zwei Querträgern auf den Wert $p \cdot (h - h')\, a/2$ unmittelbar neben dem Querträger anwächst und als Biegemoment in die Querträger eingeleitet wird.

Die genauere Ermittlung der mitwirkenden Plattenbreite ist im Abschnitt IV. B. 2 behandelt.

4. Bemessungsverfahren für den Dreiecksquerschnitt

Der Dreiecksquerschnitt ist für Silobauten von Bedeutung. Bei beliebiger Form des Druckquerschnittes muß die Größe der Druckkraft und ihr Abstand von der neutralen Faser x_0 durch Integration festgestellt werden, womit dann der Hebelarm z der inneren Kräfte gegeben ist.

$$D = \int_0^x \sigma_b b' \, d x_1, \qquad x_0 = \frac{1}{D} \int_0^x \sigma_b' b' \, x_1 \, d x_1. \tag{13}$$

Hieraus $z = h - x + x_0$. Da im vorliegenden Fall der Druckquerschnitt und auch das Spannungsdiagramm dreieckige Form haben, verläuft $\sigma_b' b'$ nach einer Parabel mit dem Pfeil $f = \frac{\sigma_b}{2} \frac{b}{2}$. Die Größe der Druckkraft beträgt also:

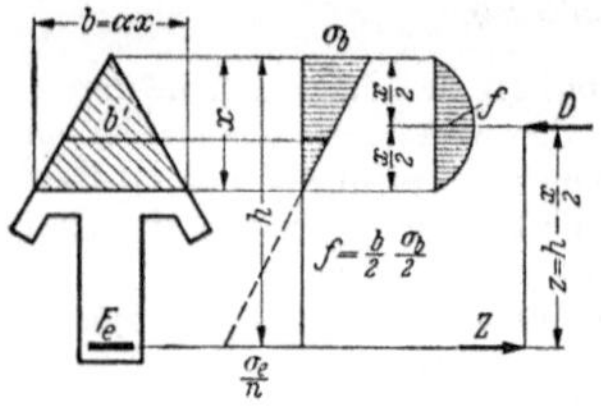

Abb. 23

$$D = 2/3 \cdot f\, x = 1/6 \cdot \sigma_b\, b\, x \tag{14}$$

und der Schwerpunkt liegt bei $x/2$. Demnach ist

$$z = h - x/2. \tag{14a}$$

Aus der Beziehung, daß das äußere Moment gleich dem inneren sein muß, folgt:

$$M = D z = 1/6 \cdot \sigma_b b\, x\, (h - x/2)$$

und für $x = s h$ und $b = \alpha x$ ist:

$$\sigma_b = \frac{6 M}{h^3 \alpha s^2 (1 - s/2)}. \tag{14b}$$

Hieraus folgt:

$$h = \sqrt[3]{\frac{6 M}{\alpha s^2 (1 - s/2)\, \sigma_b}}, \tag{14c}$$

$$F_e = \frac{M}{\sigma_e z} = \frac{M}{\sigma_e (1 - s/2)\, h}. \tag{14d}$$

Zahlenbeispiel. Gegeben sind $M = 300$ tm, $\alpha = 0{,}8$, $\sigma_b/\sigma_e = 80/1400$ kg/cm² = 800/14000 t/m², gesucht sind h und F_e. Für $\sigma_b/\sigma_e = 80/1400$ ist $s = 0{,}46$ und daraus ergibt sich:

$$h = \sqrt[3]{\frac{300 \cdot 6}{0{,}8 \cdot 0{,}46^2 (1 - 0{,}46/2) \cdot 800}} = 2{,}58\,\text{m}, \quad F_e = \frac{300}{1{,}4 \cdot 2{,}58\,(1 - 0{,}46/2)} = 108\,\text{cm}^2.$$

5. Das graphische Verfahren für die Spannungsnachprüfung und die Bemessung

a) Zugrundelegung des Stadiums II mit gerissener Zugzone (Abb. 24)

Man teilt den Druckquerschnitt in eine Anzahl Flächenstreifen mit den Betonflächen F_1, F_2, F_3 usw. und den Druckeisenflächen $n F_e'$ ein und zeichnet damit das Seilpolygon $A D$. Den Zugeisen entspricht nur die eine Fläche $n F_e$. Hiermit zeichnet man das Seilpolygon $B D$ mit derselben Polweite H. Durch den Schnittpunkt der beiden Seilzüge wird die Schwerlinie und damit die neutrale Achse gekennzeichnet, denn $a H$ ist das statische Moment sowohl der Flächenteile oberhalb wie auch unterhalb der neutralen Achse.

Das Trägheitsmoment des Querschnittes ist nach *Mohr* gegeben durch

$$I = \text{Fläche } A\,B\,D \cdot 2\,H. \tag{15}$$

Die Betonrandspannung σ_b und die Zugeisen-Schwerpunktsspannung folgen aus

$$\sigma_b = M/I \cdot x, \qquad \sigma_e = n\, M/I \cdot (h - x). \tag{15a}$$

Das gleiche Verfahren läßt sich entsprechend Abb. 24a auch für die Bemessung bei gegebenen Spannungen σ_b und σ_e benutzen. Bei gegebenen Randspannungen

(z. B. $\sigma_b = 80\ \text{kg/cm}^2$, $\sigma_e/n = 1400/15 = 93{,}33$) entsprechen den Trägerhöhen h_1, h_2, h_3 die neutralen Achsen x_1, x_2, x_3 und die Trägheitsmomente $I_1 = 2\,H \cdot A\,B_1 D_1$, $I_2 = 2\,\text{H} \cdot A\,B_2 D_2$, $I_3 = 2\,H \cdot A\,B_3 D_3$ und die Werte $\frac{I_1}{x_1}$, $\frac{I_2}{x_2}$ und $\frac{I_3}{x_3}$. Zwischen den Lösungen ist so zu interpolieren, daß gemäß Gl. (15a) $\frac{I}{x} = \frac{M}{\sigma_b}$ wird, womit die Trägerhöhe bei gegebenen Randspannungen gefunden ist.

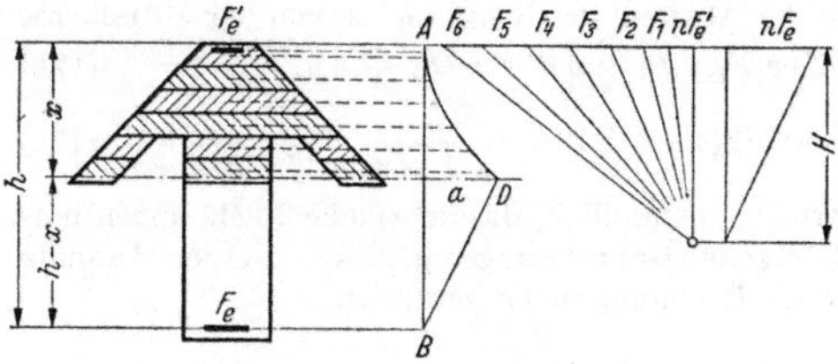

Abb. 24

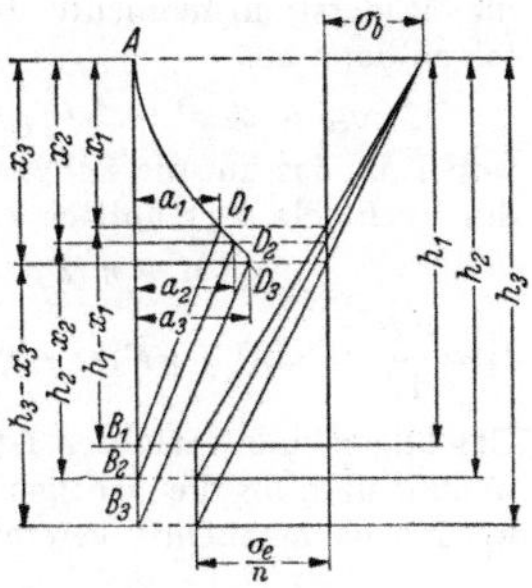

Abb. 24a

b) Bei Zugrundelegen des Stadiums I bei Mitwirken der Zugzone

Hier ist nur die Spannungsnachprüfung möglich. Das Verfahren ist in Abb. 25 dargestellt, es entspricht vollständig dem für Stadium II, nur sind auch die Betonstreifen der Zugzone mit zu berücksichtigen. Aus diesem Grunde benötigt man nur ein Seilpolygon, wobei die Schwerachse (neutrale Faser) durch den Schnitt des ersten und letzten Seilstrahles gegeben ist. Die Gleichungen für die Spannungsermittlung sind dieselben wie Gl. (15) und (15a).

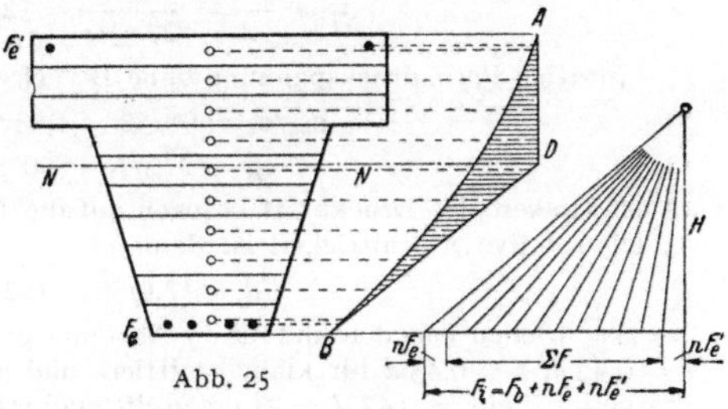

Abb. 25

E. Die Bemessung der Stahlbetonquerschnitte auf außermittigen Druck und Zug

Da bei außermittigem Druck die Bruchsicherheit fast immer von der Stärke der Zugbewehrung abhängig ist, sollte diese im Verhältnis zur Druckbewehrung möglichst kräftig gehalten werden.

1. Die Bemessung bei außermittigem Druck nach Stadium I bei geringer Exzentrizität

Nach den deutschen Bestimmungen darf bei außermittigem Druck der Querschnitt als homogen angesehen werden, solange die hierbei berechnete Betonzugspannung σ_{bz} nicht größer als $^1/_4$ der gleichzeitig im Querschnitt auftretenden Betondruckspannung σ_{bd} ist (s. Abb. 26).

Die Bewehrung am geringer beanspruchten Rande soll $\geqq 0{,}4 \cdot 10^{-2} \cdot F_b$ sein (DIN 1045, § 27).

Abb. 26

a) Das allgemeine Verfahren der Spannungsnachprüfung

Der ideelle Querschnitt ist

$$F_i = Fb + n\,(F_e + F_e'). \tag{17}$$

Es sind in bekannter Weise der Schwerpunkt, das Trägheitsmoment I_i und hieraus die Widerstandsmomente W_{io} und W_{iu} zu bestimmen. Die Randspannungen folgen dann aus

$$\sigma_{bd} = \sigma_0 = -N/F_i - M_s/W_{io}, \quad \sigma_{bz} = \sigma_u = -N/F_i + M_s/W_{iu}, \tag{17a}$$

wobei M_s das auf die Schwerachse bezogene Biegemoment ist. Für den Sonderfall des Rechteckquerschnittes wird der Abstand der Schwerachse von der Mittelachse

$$\eta = n\,(F_e - F_e')\,e/F_i, \quad F_i = b\,d + n\,(F_e + F_e'). \tag{17b}$$

$$I_i = \frac{b\,d^3}{12} + b\,d\eta^2 + nF_e\,(e-\eta)^2 + nF_e'\,(e+\eta)^2,\ W_{io} = \frac{I_i}{d/2+\eta},\ W_{iu} = \frac{I_i}{d/2-\eta}. \tag{17c}$$

Das allgemeine Verfahren ist etwas umständlich, da mehrfache Rechnungen notwendig sind, bis die richtigen Querschnittsabmessungen gefunden werden. Deshalb werden nachstehende vereinfachte Rechnungsarten gebracht.

b) Das Bemessungsverfahren für symmetrisch bewehrte Rechtecksquerschnitte nach Pucher [8].

Beispiel. Gegeben sind $N = 70$ t, $M_m = 9$ tm (Mittenmoment), $d = 50$ cm, $b = 27$ cm, $\sigma_{bd} = {}_{\max}\sigma = 90$ kg/cm², gesucht sind F_e und F_e' (gebundene Bemessung). Man ermittelt hierzu:

$$\sigma_0 = \frac{N}{b\,d} = \frac{70000}{27\cdot 50} = 52\ \text{kg/cm}^2$$

(mittige Betondruckspannung ohne Berücksichtigung der Eiseneinlagen).

$$\sigma_{bd}/\sigma_0 = 90/52 = 1{,}73,$$

$$c_m = M_m/N = 900/70 = 12{,}9\ \text{cm}$$

(Ausmittigkeit der Druckkraft bezogen auf die Querschnittsmitte).

Die relative Ausmittigkeit ist dann

$$c/d = 12{,}9/50 = 0{,}257.$$

Die graphischen Tabellen sind für die Abstände der Druck- und Zugeisen $e = 0{,}38\,d$, $e = 0{,}42\,d$, $e = 0{,}45\,d$ für kleine, mittlere und große Rechtecksquerschnitte ausgearbeitet. Bei $e = 0{,}42\,d = 21$ cm greift man mit $c/d = 0{,}26$ und ${}_{\max}\sigma/\sigma_0 = 1{,}73$ die Bewehrungsprozentsätze $\mu = \mu' = 0{,}010$ bei einem Verhältnis von $\sigma_{bz}\ \sigma_{bd} = 0{,}11$ ab. Hiermit werden $F_e = F_e' = 0{,}010\cdot 50\cdot 27 = 13{,}5$ cm², $\sigma_{bz} = 0{,}11\cdot\sigma_{bd} = 0{,}11\cdot 90 = 10$ kg/cm². Mit den Tafeln von *Pucher* kann man auch bei gegebener Bewehrung und äußeren Kräften M, N die Spannungen ermitteln, indem man im Schnittpunkt der Kennlinie $\mu = \mu'$ mit der Ordinate c/d die Spannungsverhältnisse σ_{bo}/σ_0 und σ_{bz}/σ_0 abliest.

c) Für unsymmetrische Bewehrung ist es schwer, Bemessungstafeln herzustellen, weil hierbei zu viel Freiwerte vorhanden sind

Man sollte hohe Druckbewehrungen im Verhältnis zu den Zugbewehrungen nicht benutzen und in diesem Falle besser die Betonquerschnitte vergrößern, weil solche Querschnitte keine hinreichende Sicherheit gegenüber Bruch besitzen. Zum Beispiel kann bei einem Skelettbau eine Endsäule der unteren Stockwerke durch Überlastung des anschließenden Balkens wesentlich erhöhte Biegemomente erhalten, während die Normalkraft, die im überwiegenden Maße durch die Last der oberen Geschosse bedingt ist, sich kaum ändert. Schon bei einer Steigerung des Momentes um 50—100% kann dann infolge der schwachen Zugbewehrung der Bruch ausgelöst werden. Die Zugbewehrung muß deshalb immer in einem vernünftigen Verhältnis zur Druckbewehrung stehen ($F_e' \leqq 2\,F_e$ bis $3\,F_e$).

2. Bemessung bei außermittigem Zug bei geringer Ausmittigkeit (Abb. 27)

Solange die Zugkraft noch innerhalb der Zug- und Druckeiseneinlagen liegt, verteilt sich die Zugkraft nach dem Hebelgesetz auf die beiden Eiseneinlagen F_e und F'_e, die danach zu bemessen sind. Der Betonquerschnitt ist nur auf Zug beansprucht und bleibt deshalb ganz außer Betracht.

Handelt es sich um eine Konstruktion, bei welcher Haarrisse im Beton verhindert werden müssen, so ist in einer Zusatzberechnung unter Zugrundelegen des Stadiums I nachzuweisen, daß die Betonzugspannungen aus Zug und Biegung in den zulässigen Grenzen bleiben.

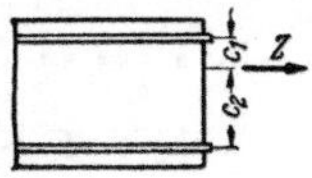

Abb. 27

3. Das allgemeine Verfahren der Bemessung nach Stadium II für große Außermittigkeiten bei Druck und Zug

Die Bemessung für außermittigen Druck oder Zug läßt sich ohne weiteres auf die Bemessung von reiner Biegung zurückführen, wenn wir entsprechend der Abb. 28 das für die beliebige Achse $m - m$ ermittelte Moment, durch das auf den Schwerpunkt der Zugeiseneinlage bezogene Moment $M_e = M_m + Nc$ ersetzen und damit die Normalkraft in Höhe der Zugeiseneinlage angreifen lassen. In der Gleichgewichtsbedingung der Momente um den Schwerpunkt der Zugbewehrung fällt nun die Normalkraft N heraus. Wir erhalten

$$M_e = D_b z + D_e (h - h'), \tag{18}$$

wobei D_b die Druckkraft des Betons und D_e die der Druckeisen ist. Diese Momentengleichung stimmt vollständig mit der für reine Biegung überein, infolgedessen ist die Bemessung auch dieselbe wie für reine Biegung, aus der sich die Zugbewehrungen F_{e1} und F_{e2} ergeben, die den Druckkräften D_b und D_e das Gleichgewicht halten.

$$F_{e1}\,\sigma_e = D_b, \qquad F_{e2}\,\sigma_e = D_e.$$

Aus der Bedingung Summe aller Normalkräfte gleich Null folgt jedoch

$$D_b + D_e - Z = N. \tag{18a}$$

$$F_e = F_{e1} + F_{e2} - \frac{N}{\sigma_e}. \tag{18b}$$

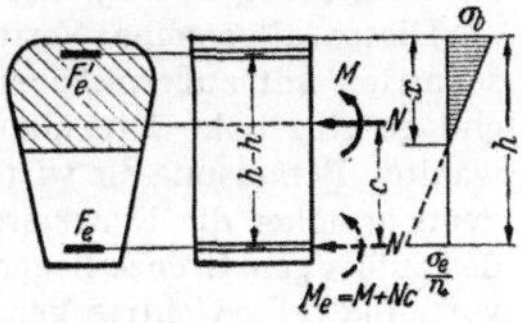

Abb. 28

Das Bemessungsverfahren bei außermittigem Druck oder Zug ist damit auf das Bemessungsverfahren auf reine Biegung zurückgeführt. Aus dem Mittenmoment M_m und der Normalkraft N ermittelt man das Moment M_e um die Zugbewehrung und führt hierfür die Bemessung wie für reine Biegung durch. Von der hieraus bestimmten Zugeiseneinlage ist der Betrag N/σ_e abzuziehen. Für den Fall, daß N eine Zugkraft, d. h. negativ ist, ist die Zugbewehrung um N/σ_e zu vermehren. Dieses Verfahren gilt für alle Querschnittsformen.

a) *Zahlenbeispiel für außermittigen Druck, Rechteckquerschnitt* (Abb. 29)

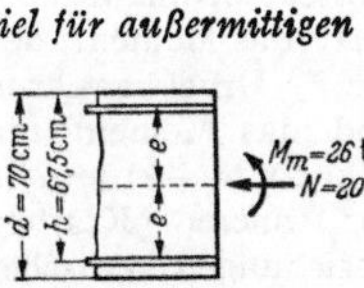

Abb. 29

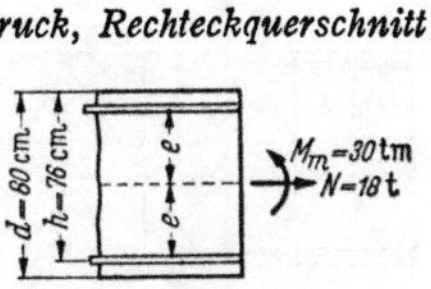

Abb. 29a

Gegeben sind $M_m = 26$ tm, $N = 20$ t (Druck), $b = 30$ cm, $d = 70$ cm, $\sigma_b/\sigma_e = 90/1400$, $h = 67{,}5$ cm, $e = e' = 32{,}5$ cm, gesucht sind F_e und F'_e.

$$M_e = M_m + Ne = 26 + 20 \cdot 0{,}325 = 32{,}5 \text{ tm}.$$

Das Betontragmoment ist: $M_b = (h/r)^2\, b = (67{,}5/7{,}4)^2 \cdot 0{,}3 = 25{,}0$ tm

$$F_{e1} = k\,M/h = 85 \cdot 25/67{,}5 = 31{,}5 \text{ cm}^2$$

$$\varDelta M = 32{,}5 - 25{,}0 = 7{,}5 \text{ tm}$$

$$F_{e2} = \frac{\varDelta M}{(h - h')\,\sigma_e} = \frac{7{,}5}{0{,}65 \cdot 1{,}4} = 8{,}25 \text{ cm}^2$$

$$x = s\,h = 0{,}49 \cdot 67{,}5 = 33 \text{ cm}$$

$$F_e' = F_{e2}\,\frac{h - x}{x - h'} = 8{,}25\,\frac{67{,}5 - 33}{33 - 2{,}5} = 9{,}3 \text{ cm}^2$$

$$F_e = F_{e1} + F_{e2} - N/\sigma = 31{,}5 + 8{,}25 - 20/1{,}4 = 25{,}45 \text{ cm}^2.$$

Wenn die Druckbewehrung im Verhältnis zur Zugbewehrung wesentlich größer geworden wäre, so müßte man die Spannung der Zugeisen unter $\sigma_e = 1400$ kg/cm² wählen und würde damit eine geringere Gesamtbewehrung $F_e + F_e'$ erhalten. Bezüglich der wirtschaftlichsten Zugeisenspannung σ_e siehe die späteren Ausführungen.

b) *Zahlenbeispiel für außermittigen Zug, Rechteckquerschnitt* (Abb. 29a)

Gegeben sind $M_m = 30$ tm, $N = 18$ t (Zug), $b = 0{,}35$ m, $d = 0{,}80$ m, $h = 0{,}76$ m, $e = e' = 0{,}36$ m, $\sigma_b/\sigma_e = 90/1400$ kg/cm², gesucht sind F_e und F_e'.

$$M_e = 30 - 18 \cdot 0{,}36 = 23{,}5 \text{ tm},$$

$$r = h\Big/\sqrt{\frac{M}{b}} = 76\Big/\sqrt{\frac{23{,}50}{0{,}35}} = 9{,}25, \qquad \sigma_b/\sigma_e = 65{,}5/1400,$$

$$F_e = k\,M_e/h + N/\sigma_e = 82{,}8 \cdot 23{,}5/0{,}76 + 18/1{,}4 = 25{,}6 + 12{,}9 = 38{,}50 \text{ cm}^2.$$

In gleicher Weise wird auch die Bemessung der Plattenbalkenquerschnitte für außermittigen Zug oder Druck auf die Bemessung für Biegung zurückgeführt.

Dieses allgemeine Verfahren ist immer anwendbar, nur bei Rechteckquerschnitten mit außermittigem Druck, bei denen man im Verhältnis zur Zugeiseneinlage eine hohe Druckbewehrung erhält, gibt es keinen Überblick, ob der gewählten Bemessung die wirtschaftlichste Zugeisenspannung zugrunde gelegt wurde; denn je höher die Druckeiseneinlage ist, um so wirtschaftlicher ist es, eine unter der zulässigen Grenze liegende Spannung σ_e zu verwenden. In diesem Falle ist es vorteilhaft, die richtige Verteilung der Gesamtbewehrung auf den Zug- und Druckquerschnitt mittels der Tafeln von *Mörsch*, die in verbesserter Form von *Pucher* und *Koepcke* im Bauingenieur 19 (1938) S. 131 veröffentlicht wurden, nachzuprüfen.

Dagegen kann bei außermittigem Zug immer das allgemeine Verfahren angewandt werden.

4. Die Tafeln von Mörsch für die Bemessung von Rechteckquerschnitten bei außermittigem Druck und Zug

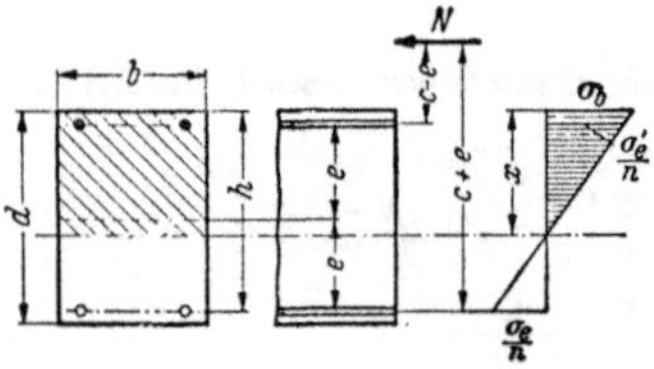

Abb. 30

Mörsch [1] geht von den Gleichgewichtsbedingungen der Momente aus. Er setzt das Moment der äußeren Kraft um die Druckbewehrung $M_e' = N\,(c - e)$ und das Moment um die Zugbewehrung $M_e = N\,(c + e)$ jeweils gleich dem Moment der inneren Kräfte und erhält damit Beziehungen zwischen den Bewehrungsprozentsätzen $\mu = F_e/b\,d$ und $\mu' = F_e'/b\,d$, den Parametern $\varrho = M_e/\sigma_b b d^2$, $\varrho' = M_e'/\sigma_b b d^2$ und σ_e/σ_b, die für die Festwerte $e/d = 0{,}38$, $0{,}42$ und $0{,}45$ in drei Tafeln aufgetragen sind. Dabei ist die Tafel mit $e/d = 0{,}38$ für Rechteckquerschnitte mit kleiner Höhe, die mit $e/d = 0{,}42$ für solche mit mittlerer Höhe, die mit $e/d = 0{,}45$ für solche mit großer Höhe bestimmt.

Zahlenbeispiel. Gegeben sind $M_m = 20{,}6$ tm, $N = 74{,}5$ t (Druck), $b = 33$ cm, $d = 70$ cm, $e = e' = 0{,}45\,d = 31{,}5$ cm, $\sigma_b/\sigma_e = 90/1400$, gesucht F_e und F_e'. Die Biegemomente bezogen auf die Schwerpunkte der Zug- und Druckbewehrung betragen

$$M_e = M_m + Ne = 20{,}6 + 74{,}5 \cdot 0{,}315 = 44{,}1 \text{ tm}.$$
$$M_e' = M_m - Ne = 20{,}6 - 74{,}5 \cdot 0{,}315 = -2{,}9 \text{ tm}.$$
$$\sigma_b b d^2 = 900 \cdot 0{,}33 \cdot 0{,}70^2 = 146 \text{ tm}.$$

Aus der Tafel $\frac{e}{d} = 0{,}45$ ergeben sich für diese Werte von ϱ und ϱ' eine große Anzahl von Lösungen für μ und μ' bei verschiedenen Verhältnissen von σ_e/σ_b. Eingeschränkt werden die Lösungen nur durch die Bedingung, daß $\sigma_e \leqq 1400$ kg/cm² bzw. $\frac{\sigma_e}{\sigma_b} \leqq \frac{1400}{90} = 15{,}6$ sein sollen. Die wirtschaftlichste Lösung ergibt sich bei dem kleinsten Abstand der μ- und μ'-Kurve bei

$$\sigma_e/\sigma_b = 10 \text{ zu } \mu = 0{,}22\%,\ \mu' = 0{,}68\%,\ \mu + \mu' = 0{,}90\%,\ \sigma_e = 10 \cdot 90 = 900 \text{ kg/cm}^2.$$

Dies ist aber nicht die zweckmäßigste Bewehrung, weil die Druckbewehrung dreimal stärker ist als die Zugbewehrung und der Querschnitt infolgedessen entsprechend den früheren Darlegungen keine hohe Bruchsicherheit gegenüber einer Steigerung des Biegemoments bei annähernd gleichbleibender Normalkraft besitzt. Es ist besser, wir gehen auf $\sigma_e/\sigma_b = 8$ zurück und erhalten:

$$\sigma_e/\sigma_b = 8,\ \mu = 0{,}40\%,\ \mu' = 0{,}56\%,\ \mu + \mu' = 0{,}96\%,\ \sigma_e = 8 \cdot 90 = 720 \text{ kg/cm}^2.$$

Durch die geringe Erhöhung der Gesamtbewehrung ist ein wesentlich günstigeres Verhältnis von Zug- zu Druckbewehrung und damit eine höhere Bruchsicherheit erreicht worden. Dieses Zahlenbeispiel zeigt auch, daß in diesem Falle das allgemeine Bemessungsverfahren nicht zum Ziel geführt hätte, weil keine Zahlentafeln für derartig niedrige Eisenspannungen von $\sigma_e = 720$ kg/cm² zur Verfügung stehen und außerdem mehrere Durchrechnungen notwendig geworden wären.

Die Bemessung auf außermittigen Zug ist die gleiche wie auf außermittigen Druck. An Stelle der obigen Gleichungen für M_e und M_e' treten die Gleichungen

$$M_e = M_m - Ne \quad \text{und} \quad M_e' = M_m + Ne.$$

5. Die graphische Spannungsnachprüfung bei außermittigem Druck oder Zug bei Stahlbetonquerschnitten von beliebigem Querschnitt

Spangenberg hat hierfür ein graphisches Verfahren veröffentlicht, Bauingenieur 6 (1925) S. 366, worauf hier verwiesen wird.

F. Spannungsnachweis und Bemessung bei schiefer Biegung mit und ohne Längskraft

Wenn die Resultierende der äußeren Kräfte nicht mit einer der Symmetrieebenen des Querschnittes zusammenfällt, oder wenn der Querschnitt keine Symmetrieachsen hat, so ist nicht nur die Lage, sondern auch die Richtung der neutralen Achse zu bestimmen. Dieser Fall kommt im Stahlbeton auch bei Rechteckquerschnitten vor, wenn Momente in der x- und y-Richtung auftreten. Da wir nach Stadium II mit gerissener Zugzone rechnen, ist es vor allem bei wichtigen Konstruktionsgliedern unzulässig, die aus M_x und M_y gesondert ermittelten Spannungsdiagramme wie bei einem homogenen Querschnitt (Stadium I) zu überlagern. Meistens werden sich hierbei zu geringe Betonspannungen ergeben.

Den Ursprung des Achsenkreuzes legt man am besten an die Stelle der höchsten Betonspannung, die wir mit σ_0 bezeichnen. Die Spannungsebene, die jetzt an Stelle des Spannungsdiagrammes tritt, ist bestimmt durch die Abschnitte u und v der neutralen Achse auf den Koordinatenachsen und durch die Spannung σ_0 im Ursprung (Abb. 31 und 31a)

Die Spannung in einem beliebigen Punkt $P\,(xy)$ ist gegeben durch

$$\sigma_b = \sigma_e/n = \sigma_0\,(1 - x/u - y/v). \tag{19}$$

Die drei Gleichgewichtsbedingungen lauten

$$\left|\begin{aligned} M_x &= N e_y = M_{bx} + n\,\Sigma F_{ei}\sigma_{ei}\,y_i \\ M_y &= N e_x = M_{by} + n\,\Sigma F_{ei}\sigma_{ei}\,x_i \\ N &= D_b + n\,\Sigma F_{ei}\sigma_{ei}. \end{aligned}\right. \tag{19a}$$

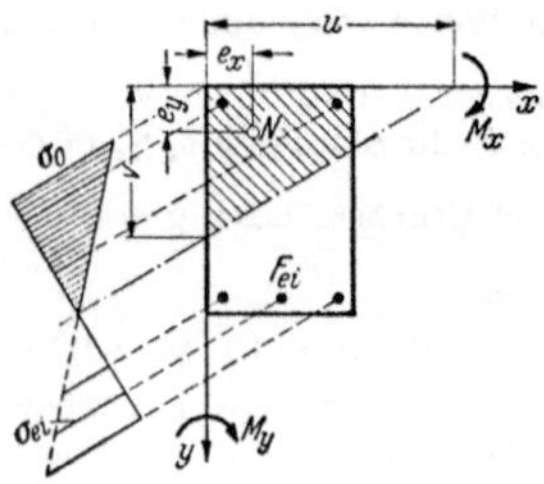

Abb. 31

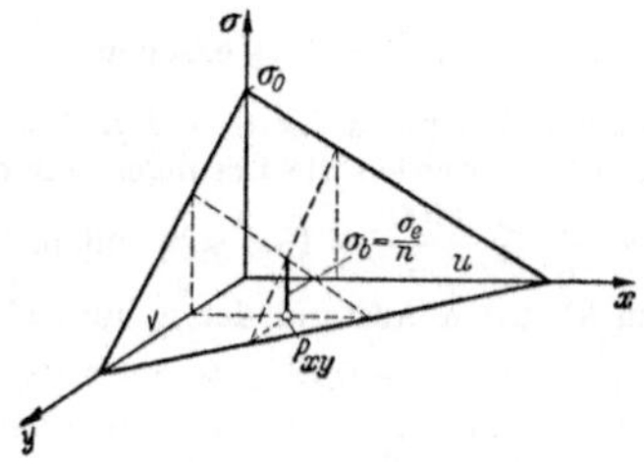

Abb. 31a

Hierbei bedeuten M_x und M_y die Momente der äußeren Kraft N um die x- bzw. y-Achse, D_b ist die Druckkraft des Betonkeiles, der sich als Pyramide oder als Differenz von Pyramiden darstellt, und M_{bx} und M_{by} sind die statischen Momente dieser Betondruckkraft um die Koordinatenachsen, $F_{ei}\sigma_{ei}$ sind die Kräfte des i-ten Eisens und $F_{ei}\sigma_{ei}\,y_i$ und $F_{ei}\sigma_{ei}\,x_i$ die statischen Momente der Kräfte der Eisen um die Koordinatenachsen.

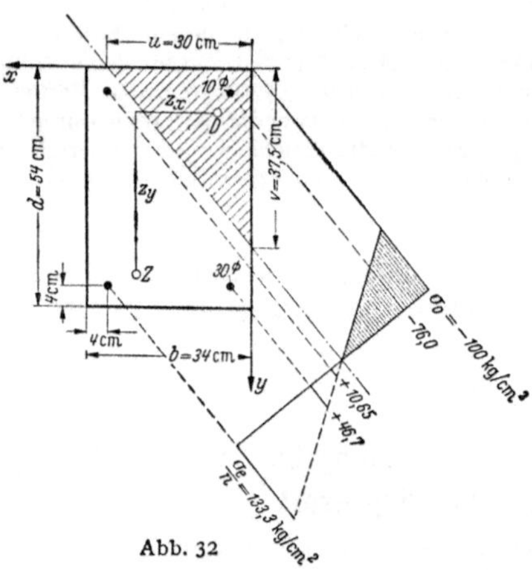

Abb. 32

Drückt man nun die Spannungen σ_{ei} der Gl. (19a) durch die Gl. (19) aus, so erhält man ein Gleichungssystem mindestens fünfter Ordnung, für welches eine geschlossene Lösung nicht möglich ist. Handelt es sich nur um eine Spannungsnachprüfung, so kommt man mittels Iteration rasch zum Ziele, wie *Pucher* [*9*] nachgewiesen hat, weitere Verfahren vgl. [*10*] [*11*].

Noch schwieriger aber ist die Bemessung, für die es keine feste Regel gibt. Man ist hier immer auf eine Schätzung angewiesen, deren Genauigkeit aber von großer Bedeutung ist, damit man den Spannungsnachweis nicht nochmals durchführen muß.

1. Beispiel für reine Biegung. Gegeben sind $M_x = 4{,}70$ tm, $M_y = \pm\,1{,}90$ tm, gesucht sind die Spannungen σ_b und σ_e.

Durch Versuchsrechnung wurde der Querschnitt mit $b = 0{,}34$ m und $d = 0{,}54$ m festgestellt, Eiseneinlagen unten 2 ∅ 30, oben 2 ∅ 10. $u = 30$ cm, $v = 37{,}5$ cm. Demnach: $\sigma_b = \sigma_e/n = \sigma_0\,(1 - x/30 - y/37{,}5)$. Wir führen nun den Spannungsnachweis und setzen vorerst $\sigma_0 = -100$ kg/cm² (Abb. 32).

Aus der Gleichung für $\sigma_b = \sigma_e/n$ ergeben sich folgende Eisenspannungen:

Eisen 1. $x = 30$ cm, $y = 50$ cm, $\dfrac{\sigma_e}{n} = -100\left(1 - \dfrac{30}{30} - \dfrac{50}{37{,}5}\right) = +133{,}3$ kg/cm²

Eisen 2. $x = 4$ cm, $y = 50$ cm, $\frac{\sigma_e}{n} = -100\left(1 - \frac{4}{30} - \frac{50}{37{,}5}\right) = +46{,}7\ \text{kg/cm}^2$

Eisen 3. $x = 30$ cm, $y = 4$ cm. $\frac{\sigma_e}{n} = -100\left(1 - \frac{30}{30} - \frac{4}{37{,}5}\right) = +10{,}65\ \text{kg/cm}^2$

Eisen 4. $x = 4$ cm, $y = 4$ cm. $\frac{\sigma_e}{n} = -100\left(1 - \frac{4}{30} - \frac{4}{37{,}5}\right) = -76{,}0\ \text{kg/cm}^2$.

Diese Spannungen σ_e/n sind in dem Spannungsdiagramm der Abb. 32 eingetragen. Die Betondruckkraft beträgt

$$D_b = -\frac{30 \cdot 37{,}5}{2}\frac{100}{3} = -18{,}75\ \text{t}$$

und die der Eisen ($\varnothing$ 30 = 7,07 cm², $\varnothing$ 10 = 0,79 cm²).

Eisen 1. $F_e\sigma_e =$	$133{,}3 \cdot 15 \cdot 7{,}07$	$=$	14,20 t
Eisen 2. $F_e\sigma_e =$	$46{,}7 \cdot 15 \cdot 7{,}07$	$=$	5,00 t
Eisen 3. $F_e\sigma_e =$	$10{,}65 \cdot 15 \cdot 0{,}79$	$=$	0,13 t
Eisen 4. $F_e\sigma_e =$	$-76{,}0 \cdot 15 \cdot 0{,}79$	$=$	−0,90 t
	$N = D_b + \Sigma F_{ei}\sigma_{ei}$	$\cong$	0,00

Wir berechnen nun die Momente, wobei zu beachten ist, daß der Schwerpunkt der Druckpyramide des Betons bei $u/4$ und $v/4$ liegt.

$$M_x = 14{,}20 \cdot 0{,}50 + 5{,}0 \cdot 5 + 0{,}13 \cdot 0{,}04 - 0{,}90 \cdot 0{,}04 - 18{,}75 \cdot 0{,}375/4 = 7{,}81\ \text{tm},$$
$$M_y = 14{,}20 \cdot 0{,}30 + 5{,}0 \cdot 0{,}04 + 0{,}13 \cdot 0{,}30 - 0{,}90 \cdot 0{,}04 - 18{,}75 \cdot 0{,}30/4 = 3{,}04\ \text{tm}.$$

Die tatsächliche Betonspannung im Koordinatenursprung folgt aus $\sigma_0 = -100 \cdot 4{,}70/7{,}81 = -100 \cdot 0{,}6 = 60\ \text{kg/cm}^2$.

Die größte Eisenspannung ergibt sich aus

$$\sigma_e = +133{,}3 \cdot 0{,}6 \cdot 15 = 1200\ \text{kg/cm}^2.$$

Auch die Momente stimmen gut mit den gegebenen überein.

$$M_x = 0{,}6 \cdot 7{,}81 = 4{,}70\ \text{tm},\quad M_y = 0{,}6 \cdot 3{,}04 = 1{,}82\ \text{tm}.$$

Damit ist der Spannungsnachweis geführt.

Die Abb. 32, in welcher die Hebelarme der inneren Kräfte eingezeichnet sind, gibt uns auch die notwendigen Hinweise, wie man vorzugehen hat, um zu einer überschlägigen Bemessung zu gelangen. Bei dem auf die neutrale Achse bezogenen Spannungsdiagramm ist das Verhältnis $\frac{x}{h} = s = \frac{\sigma_b}{\sigma_b + \sigma_e/n}$ nur abhängig von den gewählten Randspannungen σ_b und σ_e. Durch s bzw. die Randspannungen ist demnach die Lage der neutralen Achse im Verhältnis zu der schrägen Nutzhöhe festgelegt. Die Neigung der neutralen Achse dagegen wird durch das Verhältnis der Momente M_x/M_y, das dem Verhältnis der Hebelarme z_y/z_x proportional sein muß, bestimmt. Hierzu ist außerdem eine Einschätzung der Schwerpunkte der Druck- und Zugkräfte notwendig. Der Schwerpunkt D der Druckpyramide liegt bei $u/4$ und $v/4$, und er wird durch etwa vorhandene Druckeisen nur unwesentlich verlagert. Der Schwerpunkt Z der Eisenzugkräfte liegt sehr nahe an den von der neutralen Achse am weitesten entfernten Zugeisen, da dieses die größte Spannung hat. Nun ist durch Überschlag noch zu prüfen, ob die gesamte Betonfläche hinreichend ist oder vergrößert werden muß, und zwar aus $Dz_y = M_x$ bzw. $Dz_x = M_y$. Selbstverständlich erfordert die rasche Bemessung derartiger Querschnitte eine gewisse Erfahrung.

Sobald es sich jedoch um einen quadratischen Querschnitt mit symmetrischer Bewehrung und mit gleich großen Momenten M_x und M_y handelt, so ist die Neigung der neutralen Achse bekannt, sie liegt in Richtung der Diagonale. Unbekannt ist jetzt nur noch die Höhenlage der neutralen Achse, die als Schwerlinie der Beton- und Eisenquerschnitte ermittelt wird. Das Problem ist das gleiche wie bei dem Dreieckquerschnitt des Abschnittes C 4.

2. Beispiel. Gewinkelte Säule mit außermittigem Druck. Gegeben sind $N = 60$ t, $e_y = 7{,}5$ cm, $e_x = 20$ cm. Demnach betragen die Biegemomente bezogen auf die Koordinatenachsen $M_x = N e_y = 60 \cdot 0{,}075 = 4{,}5$ tm, $M_y = N e_x = 60 \cdot 0{,}2 = 12$ tm.

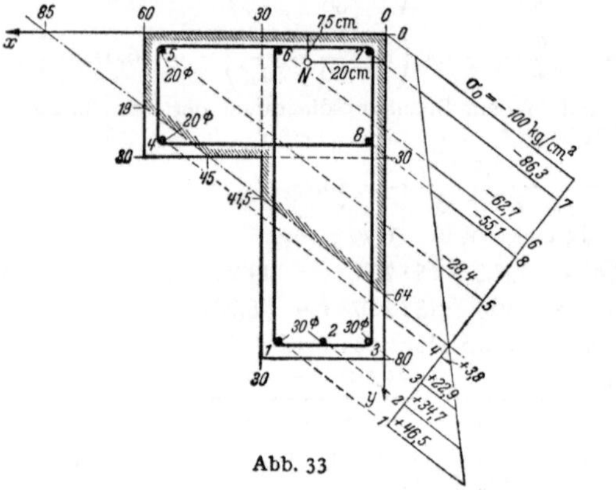

Abb. 33

Gesucht sind σ_b und σ_e (Abb. 33).

Durch Versuchsrechnung wurden die Abschnitte der neutralen Achse an der x- und y-Achse zu $u = 0{,}85$ m und $v = 0{,}64$ m festgestellt. Zum Nachweis der Richtigkeit werden die Gleichgewichtsbedingungen nachgeprüft und die Größtwerte der Spannungen festgestellt.

Die Spannungsfläche ist durch die Gleichung:

$$\sigma_b = \sigma_e/n = \sigma_0 (1 - x/85 - y/64)$$

dargestellt. Wir wählen $\sigma_0 = -100$ kg/cm². Das räumliche Spannungsdiagramm des Betons ergibt sich als Differenz einer größeren und zweier kleineren Pyramiden.

Pyramide I. Eckpunkt bei $x = 0$, $y = 0$, Eckspannung σ_0.

Pyramide II. Eckpunkt bei $x = 30$ cm, $y = 30$ cm. Eckspannung $\sigma = -17{,}8$ kg/cm².

Pyramide III. Eckpunkt bei $x = 60$ cm, $y = 0$. Eckspannung $\sigma = -29{,}5$ kg/cm².

Hieraus folgen die Betondruckkraft und ihre Momente bezüglich der x- und y-Achse zu

$$D_b = -\frac{85 \cdot 64}{2}\,\frac{100}{3} + \frac{15 \cdot 11{,}5}{2}\,\frac{17{,}8}{3} + \frac{25 \cdot 19}{2}\,\frac{29{,}5}{3}$$

$$= -90{,}85 + 0{,}51 + 2{,}34 = -88{,}00 \text{ t}$$

$$M_y = -90{,}85 \cdot 0{,}85/4 + 0{,}51 \cdot 0{,}34 + 2{,}34 \cdot 0{,}66 = -19{,}25 + 0{,}17 + 1{,}54 = -17{,}54 \text{ tm}$$

$$M_x = -90{,}85 \cdot 0{,}64/4 + 0{,}51 \cdot 0{,}33 + 2{,}34 \cdot 0{,}05 = -14{,}50 + 0{,}17 + 0{,}11 = -14{,}22 \text{ tm.}$$

Hierzu sind die Kräfte und Momente der acht Eisen zu addieren, wozu erst deren Spannungen zu ermitteln sind.

	∅ mm	F_e cm²	x cm	y cm	σ_e/n kg/cm²	$F_e \sigma_e$ t	$M_y = F_e \sigma_e x$ tm	$M_x = F_e x_e y$ tm
1	30	7,07	25	75	+46,5	+4,95	+1,24	+3,71
2	30	7,07	15	75	+34,7	+3,70	+0,55	+2,78
3	30	7,07	5	75	+22,9	+2,45	+0,12	+1,84
4	20	3,14	55	25	+ 3,8	+0,18	+0,10	+0,05
5	20	3,14	55	5	−28,4	−1,34	−0,74	−0,07
6	20	3,14	25	5	−62,7	−2,96	−0,74	−0,15
7	20	3,14	5	5	−86,3	−4,08	−0,20	−0,20
8	20	3,14	5	25	−55,1	−2,60	−0,13	−0,65
						$\Sigma = +0{,}90$ t	$\Sigma = +0{,}20$ tm	$\Sigma = +7{,}31$ tm

Bei einer Spannung von $\sigma_0 = -100$ kg/cm² im Nullpunkt nimmt der Querschnitt folgende Normalkräfte und Momente auf: $N = -88{,}00 + 0{,}90 = -87{,}10$ t, $M_y = -17{,}54 + 0{,}20 = -17{,}34$ tm, $M_x = -14{,}22 + 7{,}31 = -6{,}91$ tm.

Die tatsächliche Normalkraft beträgt $N = 60$ t. Infolgedessen müssen die Kräfte und Momente mit der Abminderungszahl $\alpha = 60/87{,}10 = 0{,}69$ multipliziert werden. Die Kräfte und Momente der inneren Kräfte um die x- bzw. y-Achse betragen demnach $N = -0{,}69 \cdot 87{,}10 = -60$ t, $M_y = -0{,}69 \cdot 17{,}34 = -11{,}95$ tm, $M_x = -0{,}69 \cdot 6{,}91 = -4{,}75$ tm in guter Übereinstimmung mit den gegebenen äußeren Kräften und Momenten, die entgegengesetzte Vorzeichen haben. Die größte Druckspannung beträgt $\sigma_b = \sigma_0 \alpha = -100 \cdot 0{,}69 = -69$ kg/cm², die größte Eisenspannung ist beim Eisen (1) $\sigma_e = 0{,}69 \cdot 15 \cdot 46{,}5 = +481$ kg/cm².

G. Die Bemessung für Schub, Scheren, Haftung und Verdrehen

Die Änderung der Biegenormalspannungen über die Länge der Träger bedingt in den achsparallelen und den dazu senkrechten Ebenen Schubspannungen τ_{xz} bzw. τ_{zx} (Abb. 34), die ihrerseits die Größe der Hauptspannungen (Abb. 35) in jedem Punkt beeinflussen. Für den zweiachsigen Spannungszustand des Balkens ergeben sich die Hauptspannungen zu

$$\sigma_{1,2} = (\sigma_x + \sigma_z)/2 \pm 1/2 \sqrt{(\sigma_x - \sigma_z)^2 + 4\tau_{xz}^2} \tag{20}$$

Die Spannungen σ_z sind sehr viel kleiner als die Spannungen σ_x; wir vernachlässigen sie und erhalten

$$\sigma_{1,2} = \sigma_x/2 \pm 1/2 \sqrt{\sigma_x^2 + 4\tau_{xz}^2} \tag{20a}$$

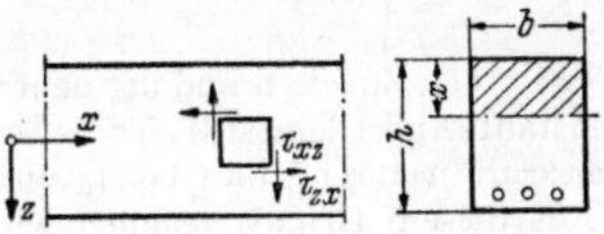

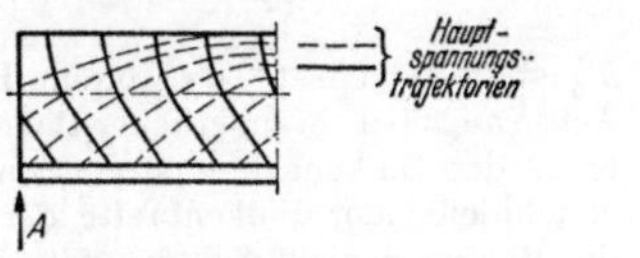

Abb. 35

Wir betrachten voraussetzungsgemäß einen Stahlbetonbalken im Gebrauchszustand als im Stadium II befindlich. Das bedeutet, daß in der Zugzone infolge vorhandener Haarrisse vom Beton keine Zugkräfte aufgenommen werden können ($\sigma_x = 0$). Der Beton der Zugzone muß jedoch die aus den oben erwähnten Gründen notwendigen Schubkräfte $\tau_{xz} \cdot dF$ bzw. $\tau_{zx} \cdot dF$ übertragen. In den achsparallelen Ebenen ist er dazu ohne weiteres in der Lage, da die Schubfestigkeit des Betons ungleich höher als seine Zugfestigkeit ist. Das gleiche gilt für die vertikalen Schnitte mit der Maßgabe, daß dort, wo Biegezugrisse vorhanden sind, die Schubfestigkeit des Betons ersetzt wird durch seinen Leibungs- und Scherwiderstand in den zickzackförmig verlaufenden Rissen. Wir erhalten für den Bereich zwischen Nullinie und Zugbewegung unter Berücksichtigung der Tatsache, daß dort $\sigma_x = 0$, für die Hauptzugspannungen den Wert

$$\sigma_1 = \tau \tag{20b}$$

Die daraus resultierenden Hauptzugkräfte werden der sogenannten Schubbewehrung zugewiesen, was unter 3. ausführlich dargelegt wird.

1. Die Schubspannungen bei gleichbleibender Konstruktionshöhe

Zur Ermittlung der Schubspannungen in der neutralen Achse des Balkens betrachten wir ein Element des Balkens von der Länge dx, das in der Höhe der neutralen Achse durchschnitten ist. An der linken Seite dieses Elementes greift die Druckkraft D_b, an der rechten dagegen $D_b + dD_b$ an (Abb. 36). Nun ist $D_b = M/z$, für gleichbleibenden Hebelarm z ist $dD_b = 1/z \cdot dM$. Aus dem Gleichgewicht der waagrecht wirkenden Kräfte erhält man: $\tau_0 b_0 dx = dD_b = dM/z$.

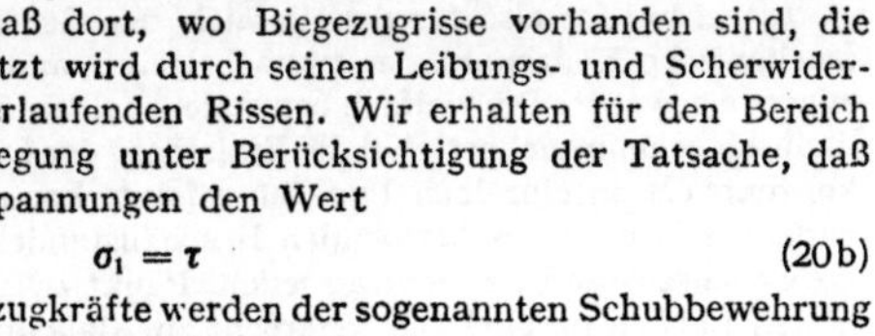

Abb. 36

Hieraus folgt die Schubspannung in der neutralen Faser, da $dM/dx = Q$ ist, zu:

$$\tau_0 = Q/b_0 z. \tag{21}$$

Diese Gleichung läßt sich auch aus der allgemeinen Gleichung der Schubspannung des homogenen Balkens $\tau = QS/Ib$ ableiten, denn für die neutrale Faser ist, wie leicht nachzuweisen, $I/S = z$, gleich dem Hebelarm der inneren Kräfte. Gl. (21) gilt nur für den Balken mit gleichbleibendem Hebelarm z der inneren Kräfte, denn bei veränderlichem z ist: $\frac{dD_b}{dx} = \frac{d}{dx}\left(\frac{M}{z}\right) = \frac{1}{z}\frac{dM}{dx} - \frac{M}{z^2}\frac{dz}{dx}$.

Entsprechend der obigen Gleichgewichtsbedingung $\tau_0 b_0 = \frac{dD_b}{dx} = \frac{Q}{z}$ ist $\tau_0 b_0 = \frac{Q}{z}$ die in der neutralen Achse auf die Längeneinheit wirkende waagrechte Schubkraft, durch welche die Druckzone des Balkens mit der Zugzone verdübelt wird. Wir nennen $\tau_0 b_0 = T_0' = \frac{dT_0}{dx}$ die (auf die Längeneinheit) bezogene Schubkraft. $T_0 = \int_{x_1}^{x_2} T_0'\,dx$ dagegen ist die Schubkraft für die Balkenlänge $x_2 - x_1$

$$\frac{dT_0}{dx} = T_0' = \frac{Q}{z}, \quad T_0 = \int_{x_1}^{x_2} Q/z\,dx = \int_{x_1}^{x_2} dM/z. \tag{22}$$

T_0' ist im Gegensatz zu τ_0 in dem Bereich zwischen den Zugeisen und der neutralen Achse auch bei veränderlicher Balkenbreite konstant. Außerdem ist sie für z = konst. längs der Balkenachse porportional der Querkraft, während dies bei τ_0 nur bei gleichbleibender Balkenbreite der Fall ist. Aus diesem Grunde rechnen wir für die Bemessung auf Schub nur mit der bezogenen Schubkraft T_0'.

Die Gl. (21) der Schubspannung selbst benötigen wir nur für den Nachweis, daß die amtlichen Bestimmungen, in denen die Höchstwerte von τ_0 begrenzt sind, eingehalten werden. Diese Begrenzung der Schubspannungen ist notwendig, um die eingangs erwähnte Übertragung der Schubkraft T_0' in den achsparallelen Balkenschnitten zwischen Nullinie und Zugbewehrung zu gewährleisten und um zu verhindern, daß durch die Hauptzugspannungen im Bereich der Gebrauchslasten selbst in der Nullinie Haarrisse auftreten. Sobald diese Höchstwerte überschritten werden, muß der Betonquerschnitt entsprechend vergrößert werden.

Insgesamt ist also für den Bereich der Gebrauchslasten im wesentlichen das mechanische Kontinuum des zweiachsigen Spannungszustandes auch in der Betonzugzone gewahrt. Die vielfach benutzte Analogie zum Fachwerkträger ([*1*] I/2 S. 34) dadurch gekennzeichnet, daß die Einleitung der Differenzkräfte nicht stetig, sondern konzentriert an einzelnen Punkten erfolgt, kann nur zur Erklärung des auch auf andere Weise zu beschreibenden Bruchzustandes herangezogen werden ([*55*]). Im Gebrauchszustand herrscht an jedem Punkt zwischen Nullinie und Zugbewehrung in den Ebenen parallel und senkrecht zur Balkenachse ein reiner Schubspannungszustand, in den dazu unter 45° geneigten Ebenen der Hauptspannungszustand mit gleich großen Zug- und Druckspannungen, so daß die Einleitung der Differenzkräfte zwischen Zug- und Druckzone stetig erfolgt.

Die auf die Längeneinheit bezogene Schubkraft T' in einem über der neutralen Achse gelegenen Schnitt ist gegeben durch:

$$T' = T_0' \cdot D_{b1}/D_b, \tag{22a}$$

wobei D_b die gesamte Betondruckkraft und D_{b1} der Anteil der Betondruckkraft oberhalb dieses Schnittes sind (Abb. 37d).

Die Gl. (22a) gibt uns auch einen Einblick darin, wie z. B. bei einem Plattenbalken die Schubkraft bzw. die Schubspannungen insbesondere im Bereich der Platte verlaufen. Die Größe der Schubkraft für den senkrechten Schnitt $a-a$ durch die Platte ist gekennzeichnet durch $T_0' \cdot D_{b1}/D_b$, wobei jetzt D_{b1} die Druckkraft in dem außerhalb des Schnittes liegenden schraffierten Plattenteil ist. Die Abb. 37a zeigt den Verlauf der Druckspannungen des Plattenbalkens in der Mittelfläche von Steg und Platte, die Abb. 37b dagegen den der Schubkraft. In der Abb. 37c ist der Verlauf von T' für einen einseitigen Plattenbalken dargestellt. Hieraus erkennen wir, daß auch in Druckplatten erhebliche Schubspannungen auftreten können.

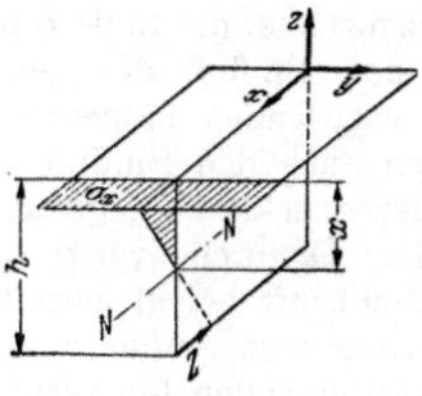

Abb. 37a

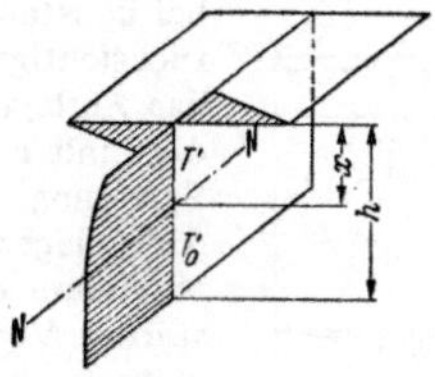

Abb. 37b

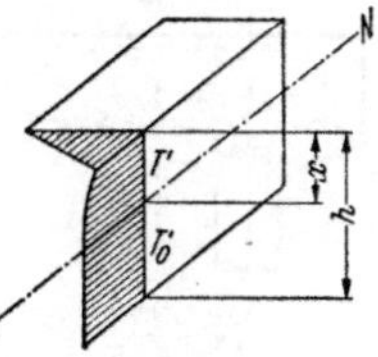

Abb. 37c

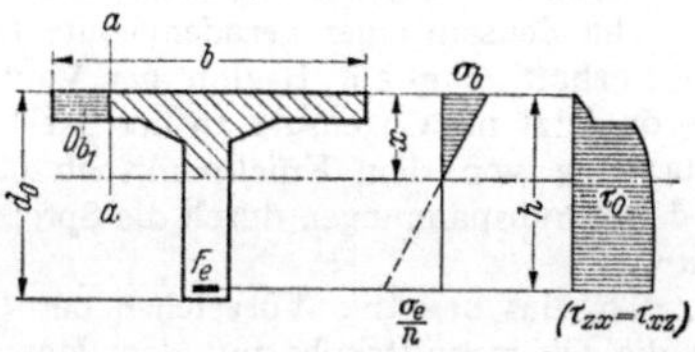

Abb. 37d

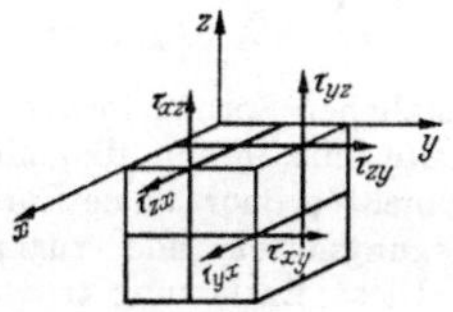

Abb. 37e

Im Gegensatz zu der (Gl. 22a) kann uns die Gleichung $\tau = \dfrac{QS}{Ib}$ keinen Aufschluß über diese Schubspannungen geben, denn diese Gleichung ist aus der Gleichgewichtsbedingung des Elementes, bezogen auf horizontale Schnitte, abgeleitet und kann uns deshalb auch nur die Größe der Schubspannungen in der x-Richtung der waagrechten Schnitte angeben, deren Verlauf bei veränderlicher Balkenbreite in der Abb. 37c angegeben ist und die im Bereich der Platte wesentlich kleiner sind als die der senkrechten Schnitte durch die Platte. Zur weiteren Klarlegung ist in der Abb. 37e ein Würfel aus der Platte herausgeschnitten, für den die verschiedenen Schubspannungen eingezeichnet sind. Die Schubspannungen $\tau_{zx} = \tau_{xz}$ entsprechen den Schubspannungen der Gleichung $\tau = QS/Ib$ bzw. der Abb. 37d, die Schubspannungen $\tau_{yx} = \tau_{xy}$ dagegen der Gl. (22a), aus der man die Schubspannungen erhält, wenn man T' durch die Breite des Steges bzw. die Dicke der Platte dividiert.

2. Die Schubspannungen bei veränderlicher Balkenhöhe

a) Bei reiner Biegung

Wenn ein durchlaufender Balken an den Zwischenstützen Vouten besitzt, so ergibt sich im Bereich dieser Schrägen eine wesentliche Entlastung bezüglich der Schubkraft $T'_0 = b_0\tau_0 = Q/z$, und zwar nicht nur weil der Hebelarm der inneren Kräfte ständig zunimmt, sondern vor allem, weil die schräg gerichtete Biegedruckkraft nach Abb. 38 einen Teil der Querkraft in Größe von D tg β übernimmt, so daß nur die verminderte Querkraft $Q - D$ tg β durch Schubspannungen übernommen werden muß. Nun kann man mit genügender Genauigkeit den Hebelarm der inneren Kräfte z proportional der Nutzhöhe h des Trägers setzen, womit tg $\beta = z/h \cdot$ tg α ist und man erhält, da D $= M/z$ ist, die Scheinquerkraft zu:

$$Q' = Q - M/z \cdot \text{tg}\,\beta = Q - M/h \cdot \text{tg}\,\alpha. \qquad (23)$$

Die Schubkraft in der neutralen Achse beträgt damit:

$$T'_0 = b_0\tau_0 = Q'/z = 1/z \cdot (Q - M/h \cdot \text{tg}\,\alpha) \ldots\ldots \qquad (23\text{a})$$

Die Schubkraft in beliebiger Höhe bzw. in der Platte eines Plattenbalkens ist durch die Gl. (22a) $T' = T'_0 \cdot D_{b1}/D_b$ gekennzeichnet. Die Abb. 39 zeigt diese sehr günstige und für den Bau weitgespannter Stahlbetonbalkenbrücken sehr wichtige Entlastung. Hierbei zeigt die Linie *a* den Verlauf der Schubkraft T'_0 bei konstanter Trägerhöhe, die Linie *b* berücksichtigt nur den Einfluß der gegen das Auflager hin wachsenden Trägerhöhe, die Linie *c* dagegen auch den Einfluß der Spreizung der Biegedruckkraft gegenüber der Biegezugkraft. Dadurch wird das Maximum der Schubkraft bei gleichzeitig starker Verminderung vom Auflager weg mehr nach dem Voutenbeginn hin verlegt. Als Folge davon ergeben sich leichtere Träger und größere Spannweiten. Bei Vorhandensein einer geraden Voute (Abb. 40) erhält man am Beginn der Voute einen plötzlichen Sprung in der T'_0-Linie, da jetzt im Gegensatz zu der parabolischen Voute mit ihrem allmählichen Übergang von dem Knickpunkt ab eine dem Moment proportionale Entlastung der Schubspannungen durch die Spreizung der Biegungsdruck- und -zugkräfte auftritt.

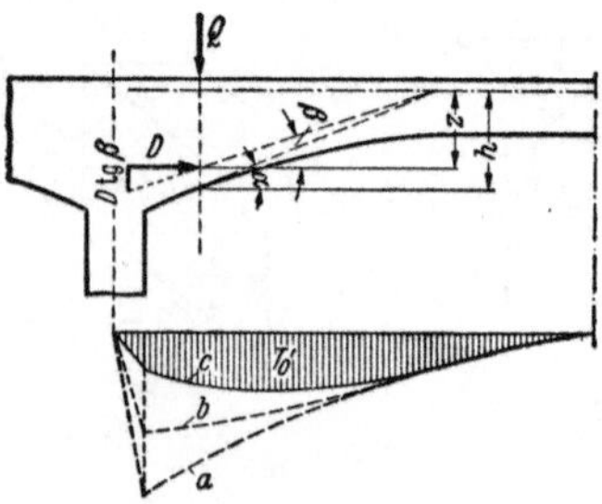

Abb. 38 u. 39

Diese Entlastung tritt nur ein, d. h. das negative Vorzeichen der Gl. (23a) bei $M/h \cdot \operatorname{tg} \alpha$ ist nur gültig, wenn die Querschnittshöhe mit dem Moment entsprechend den Abb. 38—41 wächst. Bei einer Voute nach Abb. 42 wechselt das Vorzeichen, und an die Stelle einer Entlastung tritt eine zusätzliche Vergrößerung der Querkraft bzw. der T'_0-Linie.

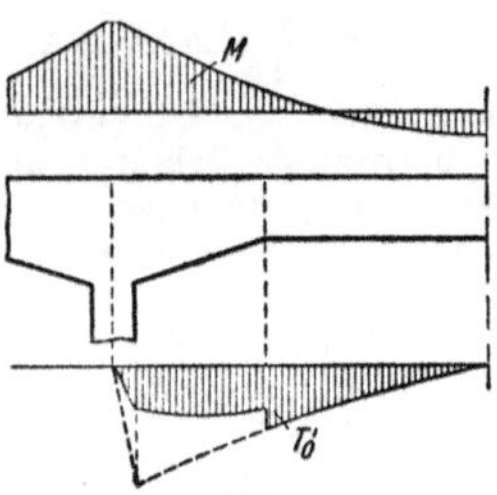

Abb. 40

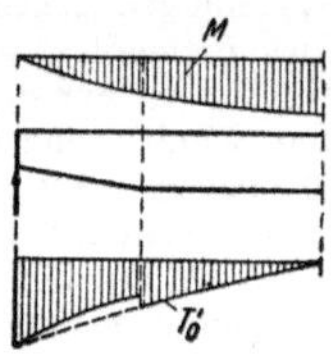

Abb. 41

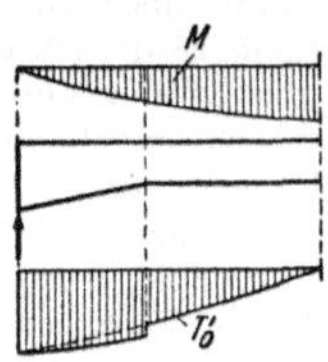

Abb. 42

Um die Gl. (23) und (23a) benutzen zu können, müßte für jeden Querschnitt das der größten Querkraft zugeordnete Moment berechnet werden. Bei den Hochbauten, bei denen nur mit feldweiser Vollbelastung zu rechnen ist, entspricht der maximalen Querkraftslinie auch die maximale Momentenlinie. In diesem Fall darf daher in der Gl. (23a) das größte Moment für jeden betrachteten Querschnitt angesetzt werden.

Sobald aber Einzellasten vorhanden sind, stimmt dies nicht mehr und man muß die den maximalen Querkräften entsprechenden Momenten ermitteln, man kann aber auch mit den nachstehenden, gegenüber Gl. (23) ungünstigeren Gleichungen rechnen.

$$T'_0 = \frac{1}{z}\left[Q - \frac{M_g}{h}\operatorname{tg}\alpha\right] \tag{23b}$$

am Anfang der Voute,

$$T'_0 = \frac{1}{z}\left[Q - \left(M_g + \frac{M_p}{2}\right)\frac{\operatorname{tg}\alpha}{h}\right] \tag{23c}$$

am Stützenquerschnitt.

b) Bei außermittiger Normalkraft

Gewöhnlich werden hierbei die für reine Biegung entwickelten Gl. (22) und (23) benützt, da die bisher für außermittige Normalkraft entwickelten Gl. ([*1*] I/1 S. 238) etwas umständlich sind. In sehr einfacher Weise erhält man die Schubspannungen aus folgender Überlegung. Bei der Bemessung für außermittige Normalkraft sollen sich entweder nach dem allgemeinen Verfahren oder nach den Tabellen von *Mörsch* (*Pucher*) für die zwei benachbarten um Δx entfernten Querschnitte 1 und 2 die Zugeiseneinlagen zu F_{e1} und F_{e2} und die zugehörigen Eisenspannungen zu σ_{e1} und σ_{e2} ergeben haben, woraus sich die Kräfte der Zugeiseneinlagen zu $Z_1 = F_{e1}\sigma_{e1}$ und $Z_2 = F_{e2}\sigma_{e2}$ ergeben. Die Differenz dieser beiden Zugkräfte $Z_1 - Z_2$ muß gleich der Schubkraft auf der Strecke Δx sein. $Z_1 - Z_2 = T'\Delta x = b_0 \tau_0 \Delta x$, wobei b_0 bei veränderlicher Querschnittsbreite die gemittelte Breite auf der Strecke Δx ist. Hieraus folgt die Schubkraft zu:

$$T' = b_0 \tau_0 = (Z_1 - Z_2)/\Delta x. \tag{23d}$$

Um den Größtwert von T' zu erhalten, muß naturgemäß auch die größtmögliche Differenz von $Z_1 - Z_2$ in Rechnung gestellt werden.

Bei dieser Berechnungsweise erhält man eine Schubbewehrung, die sich in Übereinstimmung mit der gewählten Biegebewehrung befindet, d. h. die beiden Bewehrungen sind miteinander verträglich. Dies ist nicht unwesentlich, denn bei der Bemessung auf außermittigen Druck gibt es bekanntlich unendlich viele Lösungen, die den Gleichgewichtsbedingungen genügen.

Für den Sonderfall der reinen Biegung wird bei dem Übergang von Δx zu dx:

$$T' = \frac{dZ}{dx} = \frac{d}{dx}\left(\frac{M}{z}\right) = \frac{1}{z}\frac{dM}{dx} - \frac{M}{z^2}\frac{dz}{dx}.$$

Nun ist $\frac{dz}{dx} = \operatorname{tg}\beta$ und $\frac{\operatorname{tg}\beta}{z} \cong \frac{\operatorname{tg}\alpha}{h}$ und damit $T' = \frac{Q - M/h \cdot \operatorname{tg}\alpha}{z}$, womit die Gl. (23d) wieder in die Gl. (23a) übergeführt ist.

3. Die Bemessung auf Schub

Man denkt sich in Höhe der Nullinie bzw. in jedem achsparallelen Schnitt zwischen Nullinie und Zugbewehrung einen Sägeschnitt gemäß Abb. 43 mit den Flankenlängen $dx/\sqrt{2}$ gelegt. Normal zu den Flankenflächen wirken die Hauptspannungen $\sigma_1 = -\sigma_2 = \tau_0$ und in dem Balkenelement von der Länge dx die entsprechenden Kräfte

$$\sigma_1 \cdot b \cdot dx/\sqrt{2} = \tau_0 \cdot b \cdot dx/\sqrt{2} = Q/z \cdot dx/\sqrt{2}$$

$$\sigma_2 \cdot b \cdot dx/\sqrt{2} = -\tau_0 \cdot b \cdot dx/\sqrt{2} = -Q/z \cdot dx/\sqrt{2}.$$

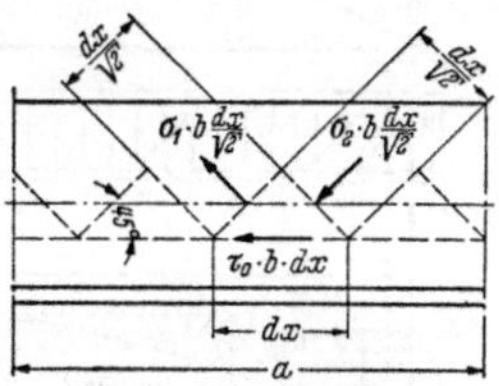

Abb. 43

Im achsparallelen Schnitt selbst wirkt die Schubspannung τ_0 und die entsprechende Kraft

$$\tau_0 \cdot b \cdot dx = Q/z \cdot dx.$$

Die Zugkraft $Q/z \cdot dx/\sqrt{2}$ wird einer Zugbewehrung, der sogenannten Schubbewehrung zugewiesen, die Druckkraft $-Q/z \cdot dx/\sqrt{2}$ und die Schubkraft $Q/z \cdot dx$ wird vom Beton übernommen.

Für eine Balkenstrecke $a = \int_{x_1}^{x_2} dx$ zwischen den Balkenpunkten x_1 und x_2 erhält man die Kräfte

$$Z_S \Big|_{x_1}^{x_2} = \int_{x_1}^{x_2} \frac{Q}{z}\frac{dx}{\sqrt{2}} = T_a/\sqrt{2} \tag{24a}$$

$$D_S \Big|_{x_1}^{x_2} = -\int_{x_1}^{x_2} \frac{Q}{z} \cdot \frac{dx}{\sqrt{2}} = -T_a/\sqrt{2} \tag{24b}$$

$$T \Big|_{x_1}^{x_2} = \int_{x_1}^{x_2} \frac{Q}{z}\, dx = T_a. \tag{24c}$$

Für den Bereich a ergibt sich damit eine unter 45° anzuordnende Schrägbewehrung von

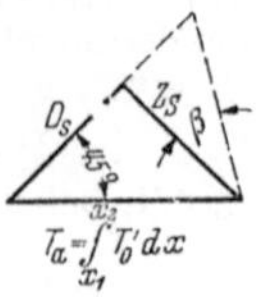

Abb. 44a

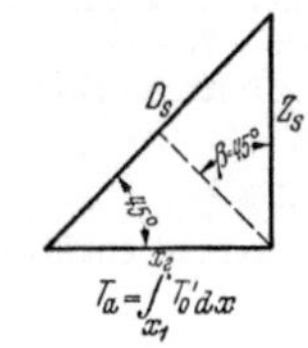

Abb. 44b

$$F_{es} = \frac{Z_s}{\sigma_e} = \frac{T_a}{\sqrt{2} \cdot \sigma_e}. \tag{25a}$$

Legt man die Eisen in eine um den Winkel β von 45° abweichende Richtung (Abb. 44a) so wird

$$F_{es} = \frac{Z_s}{\cos\beta \cdot \sigma_e} = \frac{T_a}{\sqrt{2} \cdot \cos\beta \cdot \sigma_e}. \tag{25b}$$

Bei der Verwendung von Bügeln (Abb. 44b) wird mit $\beta = 45°$ und $\cos\beta = 1/\sqrt{2}$

$$F_{eB} = Z_s \sqrt{2}/\sigma_e = T_a/\sigma_e. \tag{25c}$$

Da Bügel aus konstruktiven Gründen immer vorhanden sind (Verbindung von Druck- und Zugzone, Herstellung eines Bewehrungskorbes), wird man ihnen einen Teil der Hauptzugkraft zuweisen; dieser Anteil beträgt, bezogen auf die Einheit der Balkenlänge

$$T'_{0B} = f_{eB} \cdot \sigma_e/e, \tag{26}$$

wenn f_{eb} den Querschnitt eines zwei- oder mehrschnittigen Bügels und e den Bügelabstand bezeichnet. Die restliche, von den Schrägeisen aufzunehmende Hauptzugkraft beträgt dann

$$T'_{0s} = F_{es} \cdot \sqrt{2} \cdot \cos\beta \cdot \sigma_e. \tag{27}$$

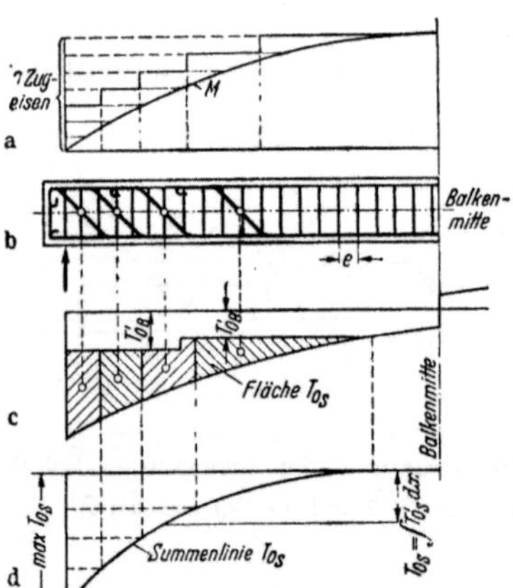

Abb. 45a – d

Dabei sind die Schrägeisen so anzuordnen, daß jeder unter 45° geführte Schnitt mindestens ein Schrägeisen trifft.

Die Abb. 45 zeigt die Aufteilung der Bügel und Schrägeisen für einen frei aufliegenden, mit dem Eigengewicht g und der Nutzlast p belasteten Balken. In Balkenmitte sind die Schubkräfte klein und werden durch die Bügel allein aufgenommen, Schrägeisen werden erst aufgebogen, wenn sie nach dem Momentendeckungsdiagramm Abb. 45a frei werden. Abb. 45c zeigt die T'_0-Linie, die der Querkraftlinie porportional ist, da der Balken gleichbleibende Höhe hat und z/h ungefähr konstant bleibt. Hiervon wird der Teil T_{0B} mit konstanter Höhe durch die Bügel gedeckt, die Restfläche T_{0S} dagegen durch Schrägeisen. Von den sieben Eisen der Zugzone sind vier aufgebogen. Um die richtige Stelle der Aufbiegungen zu finden, ist die Fläche T_{0S} in vier gleiche Flächen einzuteilen. Hierzu zeichnet man in Abbildung 45d die Integrallinie $T_{0S} = \int T'_{0S}\, dx$ und teilt max T_{0S} in vier gleiche Teile, bzw. man nimmt, wenn es sich um Eisen verschiedener Stärke handelt, die Teilung entsprechend den Querschnittsflächen vor. Auf diese Weise sind die Schwerpunkte der Einzelflächen und damit auch die Abbiegestellen in Höhe der neutralen Faser gefunden. Da diese in ihrer Höhenlage je nach den Beton- und Eisenspannungen wechselt, ist dafür entsprechend den deutschen Stahlbetonbestimmungen die Mittelachse des Balkens zu nehmen.

Für den Fall der Eigengewichtsbelastung ist bei konstanter Balkenhöhe die T'_0-Linie ebenso wie die Querkraftlinie eine Gerade, so daß bei gleich starken Schrägeisen die Einteilung in gleiche Flächenteile ohne Integralkurve mittels der bekannten Konstruktion der Abb. 46 erfolgen kann.

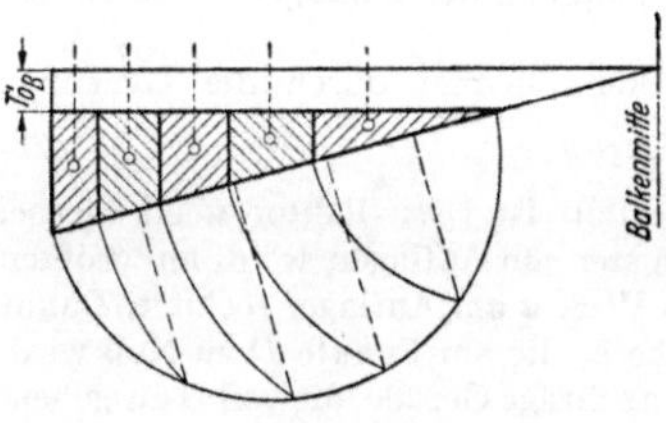

Abb. 46

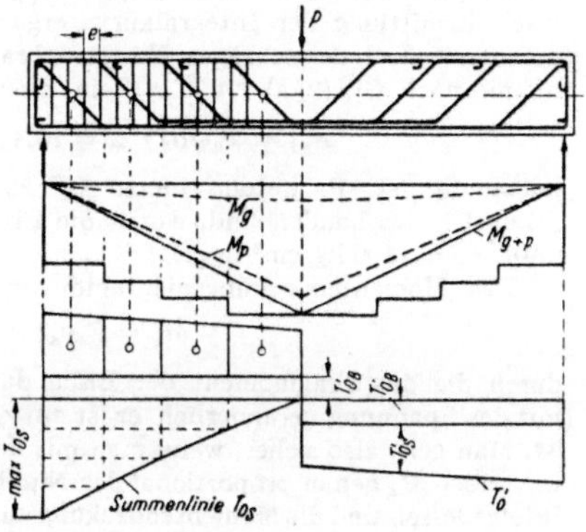

Abb. 47

In der Abb. 47 ist ein Balken dargestellt, der in der Mitte durch eine gegenüber dem Eigengewicht g stark überwiegende Einzellast beansprucht wird. Von den sieben Eisen der Zugzone brauchten nur drei Eisen aufgebogen werden, allerdings mußte in der Balkenmitte noch ein vierter Schubanker eingelegt werden, der für die Aufnahme der Biegezugkräfte nicht wirksam ist.

Von besonderem Interesse ist die Schubdeckung bei dem Kragbalken der Abb. 48, der durch eine große Einzeliast P bei geringem Eigengewicht belastet wird. Infolge der nach dem Auflager zunehmenden Trägerhöhe und der Entlastung durch die Spreizung der Biegedruck- und -zugkraft nimmt die Scheinquerkraft nach dem Auflager sehr rasch ab. Es tritt eine ähnliche Wirkung auf, wie wir sie schon bei dem durchlaufenden Träger der Abb. 38 festgestellt haben, jedoch ist diese Entlastung jetzt vielfach stärker.

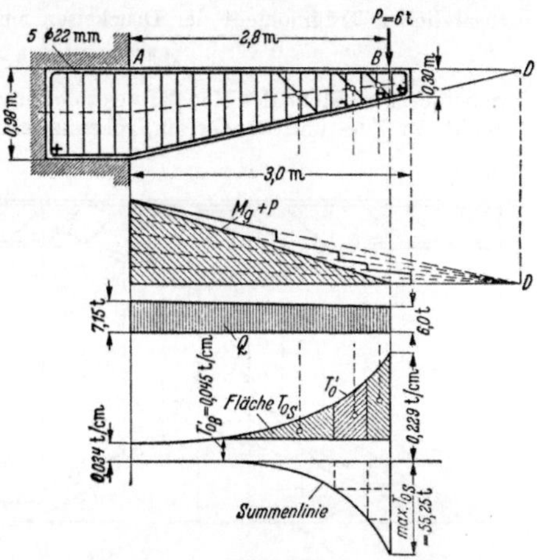

Abb. 48

Für $P = 6$ t ergibt sich am Auflager ein Nutzlastmoment von $M_P = -16{,}80$ tm, ein Eigengewichtsmoment von $M_g = -1{,}42$ tm, $M_{g+P} = -18{,}22$ tm. Zur Aufnahme dieses Momentes sind 5 ∅ 20 mit $F_e = 15{,}7\ \text{cm}^2$ notwendig. Des weiteren ist $Q_B = 6{,}0$ t, $Q_A = 7{,}15$ t. Damit ergibt sich die Schubkraft an der

Stelle B für $Q = 6$ t, $M = 0$ zu $T'_0 = Q/z = 6/26{,}2 = 0{,}229$ t/cm, am Auflager A für $Q = 7{,}15$ t, $M = 18{,}22$ tm zu

$$T'_0 = \frac{1}{z}\left(Q - \frac{M}{h}\,\operatorname{tg}\alpha\right) = \frac{1}{91{,}5}\left(7{,}15 - \frac{18{,}22}{0{,}935}\,\frac{0{,}68}{3{,}00}\right) = 0{,}034\ \text{t/cm}.$$

Der Verlauf der T'_0-Linie ist in Abb. 48 dargestellt, hierzu mußte T'_0 allerdings noch für zwei Zwischenpunkte bestimmt werden.

Es wurden zweischnittige Bügel $\varnothing$ 7 mm mit $f_B = 2 \cdot 0{,}38 = 0{,}76$ cm² verwendet, $e = 20$ cm. Nach Gl. (26) ist $T'_{0B} = f_B \sigma_e/e = 0{,}76 \cdot 1{,}4/20 = 0{,}053$ t/cm. Nach Ermittlung der Integralkurve ergab sich der von den Schrägeisen aufzunehmende Teil der schrägen Hauptzugkraft zu max $T_{0S} = 10{,}35$ t, zu deren Aufnahme nach Gl. (25a) für $\beta = 0$ ein Eisenquerschnitt von

$$F_{eS} = T_{0S}/\sigma_e\sqrt{2} = 10{,}35/1{,}4 \cdot 1{,}41 = 5{,}24\ \text{cm}^2$$

notwendig ist. Es werden hierzu 3 $\varnothing$ 20 mit 9,4 cm² abgebogen, da insgesamt 5 Zugeisen vorhanden sind, womit die Eisenspannung der Schrägeisen wesentlich unter $\sigma_e = 1400$ kg/cm² liegt.

Das Momentendeckungsdiagramm ist gekennzeichnet durch die Gleichung

$$M_e = F_e \sigma_e z = F_e \sigma_e u h, \tag{28}$$

durch die das Tragmoment der Eisen dargestellt ist. Der Faktor u ist hierbei mit der Spannung veränderlich, er ist am kleinsten am Auflager, wo σ_b am größten ist. Man geht also sicher, wenn man mit dem Wert u am Auflager rechnet. Damit wird aber M_e genau proportional der Nutzhöhe h, die am Punkte D zu Null wird. Infolgedessen sind die Momentendeckungslinien schräge Gerade, die von D ausgehen.

Derartige schräge Momentendeckungslinien ergeben sich immer bei durchlaufenden Trägern im Bereich der Vouten. Zeichnet man bei großen Brückenträgern auch die Deckungslinie der Druckeisen heraus, so muß man von dem zusätzlichen Tragmoment der Druckeisen ausgehen.

$$\Delta M'_e = F'_e \sigma'_e (h - h_1), \tag{28a}$$

wobei jetzt an Stelle des Hebelarmes z der etwas größere $h - h'$ tritt. Der Schnittpunkt der Zug- und Druckeisen, gekennzeichnet durch den Punkt D', fällt streng genommen nicht mit D zusammen. Siehe hierzu die Abb. 50, in welcher das maximale und minimale Moment und die zugehörigen Momentendeckungslinien für die Zugeisen über der Stütze und im Feld dargestellt sind.

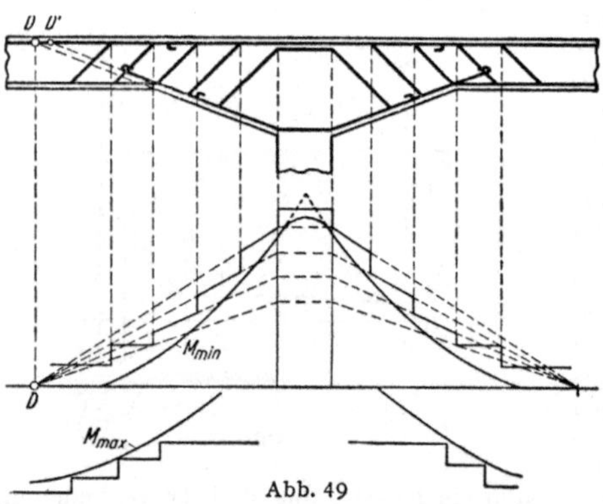

Abb. 49

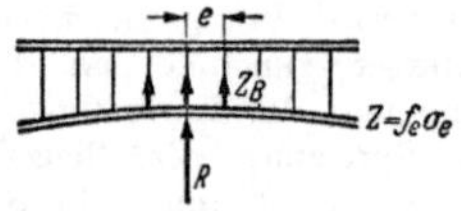

Abb. 50

Wenn die Zugeisen nach Abb. 50 gekrümmt sind, so werden die Bügel durch die Umlenkung der Zugkräfte der Hauptbewehrung auf Zug beansprucht. Aus der Gleichgewichtsbedingung in Richtung des Radius ergibt sich bei einem Abstand e der Bügel die Bügelkraft zu: $Z_B = Z/R \cdot e$, $Z_B = f_B \sigma_{eB1}$, $Z = F_e \sigma_e$, wobei Z die Kraft der Zugeisen und R den Krümmungsradius bedeuten, $\sigma_{B1} =$

$F_e \sigma_e / R \cdot e / f_B$. Hierzu kommt noch die Spannung aus der Schubkraft gemäß Gl. (26a)

$$\sigma_{eB2} = T'_{0B} \, e / f_B .$$

Die gesamte Spannung der Bügel beträgt hiermit

$$\sigma_{eB} = \frac{e}{f_B} \left(T'_{0B} + \frac{F_e \sigma_e}{R} \right). \tag{29}$$

Bei Balken und Platten mit geringen Schubkräften braucht der rechnerische Nachweis der Schubsicherung nicht geführt zu werden. Konstruktiv muß aber die Sicherung durch Schrägeisen bzw. Bügel vorhanden sein.

4. Eisenbedarf für die Schubdeckung

Bei einem durch sein Eigengewicht belasteten Balken, dessen Momentenmaximum durch die Abschnitte a und b der Abb. 51 gegeben ist, beträgt die gesamte Schubkraft auf der Strecke a

$$T_a = \int_0^a T'_0 \, dx = \int_0^a \frac{Q}{z} \, dx = \int_0^a \frac{dM}{z} = \frac{{}_{\max}M}{z} = {}_{\max}Z .$$

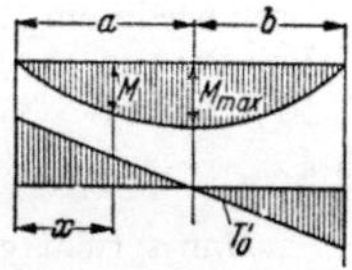

Abb. 51

Die Schubkraft für jeden Balkenteil a und b ist gleich der maximalen Zugkraft der Zugbewehrung. Das ist ein plausibles Resultat, weil $Z = M/z$ durch die Schubkraft T'_0 von 0 bis a erzeugt wird.

Wird die gesamte Schubbewehrung durch Bügel bewirkt, so ergibt sich nach Gl. (24a) die Zugkraft der gesamten Bügel auf der Strecke a bzw. b zu $Z_B = T_a$. Nun ist aber auch $T_a = {}_{\max}Z$, d. h. die Zugkräfte in allen Bügeln der Strecke a sind gleich der Zugkraft der Zugeisen, bzw. der gesamte Querschnitt der Bügel auf der Strecke a bzw. b muß gleich dem Eisenquerschnitt F_e der Zugeisen sein. Wird dagegen die Schubdeckung nur durch Schrägeisen unter 45° vorgenommen, so ist gemäß Gl. (24) die gesamte Zugkraft der Schrägeisen $Z_S = T_a / \sqrt{2}$, also muß der Eisenquerschnitt der Schrägeisen der Strecke a rd. 70% von F_e betragen. Mit 70% Aufbiegungen kann demnach die gesamte Schubdeckung vorgenommen werden. Da aber aus schon mehrfach erörterten Gründen Bügel mit Schrägeisen kombiniert sein müssen, genügt es, wenn ungefähr die Hälfte der Zugeisen aufgebogen werden. Die restlose Schubdeckung kann aus diesem Grunde niemals zu konstruktiven Schwierigkeiten führen. Dem 1,41 mal größeren Eisenquerschnitt der Bügel auf der Strecke a gegenüber Schrägeisen mit $\beta = 0$ entspricht aber eine 1,41 mal kleinere Länge, so daß die theoretische Eisenmenge für Bügel oder Schrägeisen die gleiche bleibt.

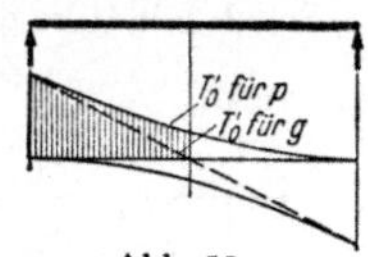

Abb. 52

Wie liegt aber der Fall, wenn an Stelle der Eigengewichtsbelastung g eine Nutzlast p tritt? An Stelle der geraden Linie der Querkraft, die bei gleichbleibender Trägerhöhe gleichlaufend mit T'_0 ist, tritt jetzt eine nach einer Parabel verlaufende Maximallinie Q bzw. T'_0 (Abb. 52). Die Fläche $\int_0^{l/2} T'_0 \, dx$ für p ist gegenüber der von g im Verhältnis 7:6 größer. Wir benötigen deshalb eine entsprechend dem angegebenen Verhältnis größere Schubbewehrung. Da aber mindestens der Wert T'_0 in Balkenmitte durch Bügel gedeckt werden muß, kommt man auch in diesem Falle zu einer vollen Schubdeckung, wenn rd. 50% der Zugeisen aufgebogen werden.

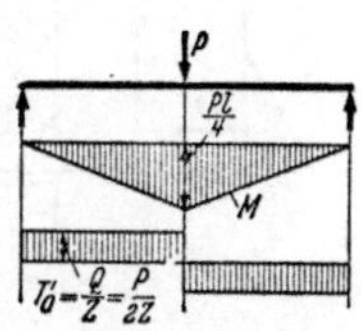

Abb. 53

Zu den gleichen Ergebnissen kommt man auch in dem Fall einer Einzellast in Feldmitte nach Abb. 53, wobei ${}_{\max}M = Pl/4$, $F_e = {}_{\max}M / z\sigma_e = Pl/4z\sigma_e$ sind.

Da $Q = P/2$ ist, ist $T'_0 = Q/z = P/2z$. Hieraus ergibt sich der Querschnitt der Schrägeisen bei $\beta = 0$ zu $F_{eS} = \frac{T'_0 l/2}{\sigma_e \sqrt{2}} = \frac{Pl}{4z\sigma_e} \frac{1}{\sqrt{2}}$. Bei voller Schubdeckung durch Schrägeisen ist es auch hier ausreichend, rd. 70% der Zugeisen und bei Berücksichtigung der Bügel rd. 50% aufzubiegen (s. hierzu auch Abb. 54).

Abschließend wird noch der Fall eines durchlaufenden Trägers ohne Vouten bei Eigengewichtsbelastung nach Abb. 54 betrachtet. Hier ergibt sich die Schubkraft auf den Strecken a und b zu:

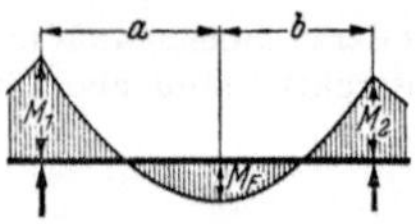

Abb. 54

$$T_a = \frac{M_1 + M_F}{z} \quad \text{bzw.} \quad T_b = \frac{M_2 + M_F}{z}$$

$$\text{und } F_{eS} = \frac{T_a}{\sigma_e \sqrt{2}} \quad \text{bzw.} \quad F_{eS} = \frac{T_b}{\sigma_e \sqrt{2}} \quad \text{für } \beta = 0.$$

Da in diesem Falle Schrägeisen von der Stütze nach unten und vom Feld nach oben abgebogen werden können, müssen bei voller Schubdeckung durch Schrägeisen wiederum 70% der Zugeisen im Feld und über der Stütze abgebogen werden. Bei Berücksichtigung der Bügel sinkt dieser Prozentsatz wieder auf ungefähr 50% herab.

5. Berechnung auf Scheren

Man spricht von Scheren, wenn der Hebelarm der äußeren Kräfte kleiner ist als der Hebelarm z der inneren Kräfte, wie dies z. B. bei der Konsole der Abb. 55 der Fall ist.

Die für die Strecke a auf die Längeneinheit bezogene konstante Schubkraft beträgt $T'_0 = Q/z$ bzw. $T_a = Q\,a/z$. Aus T_a folgt eine schräge Zugkraft

$$Z'_S = F_e \sigma_e = \frac{Q}{\cos\beta \sqrt{2}} \frac{a}{z}. \tag{30}$$

Zerlegt man dagegen die Querkraft nach Abb. 55 in eine Druckkraft D_s und eine Zugkraft Z'_S ebenfalls unter dem Winkel β, so ergibt sich aus der Scherung für $a > z$ eine gegenüber Gl. (30) größere Zugkraft.

$$Z'_S = F_e \sigma_e = Q/\cos\beta \sqrt{2}. \tag{30a}$$

Aus diesem Grunde ist für $a < z$ nach Gl. (30a) für Scheren zu rechnen. Tatsächlich besteht aber zwischen den beiden Untersuchungen auf Scheren und auf Schub mit Hilfe der Schubkraft gar kein Unterschied. Sobald man berücksichtigt, daß die Schubdeckung in allen waagrechten Schnitten auf die Höhe z und die Deckung gegenüber Scheren in allen senkrechten Schnitten auf die Breite a vorhanden sein muß, d. h. daß für alle parallelen Schnitte der gleiche Eisenquerschnitt notwendig ist, kommt man mit Gl. (30) wie (30a) immer auf die gleiche Eisenmenge, denn die schraffierte Fläche $z \cdot a$ der Abb. 55 muß gegenüber den schrägen Hauptspannungen, die aus den Schubspannungen $\tau_0 = Q/b_0 z$ folgen, gesichert werden. Ein Unterschied in der Eisendeckung kann sich nur ergeben, wenn entweder nicht alle waagrechten oder nicht alle senkrechten Schnitte der zu sichernden Fläche $z \cdot a$ gedeckt sind.

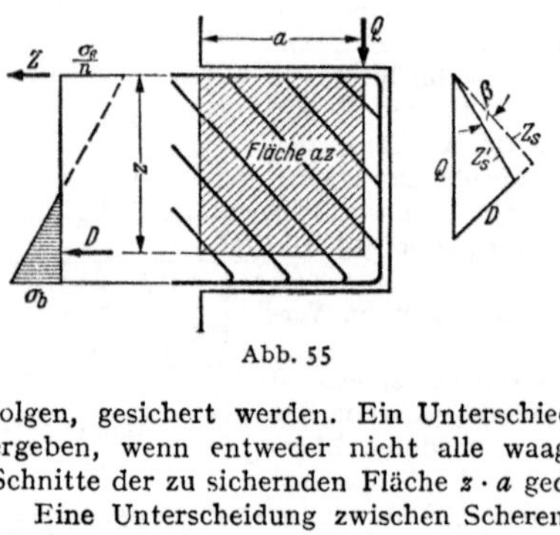

Abb. 55

Eine Unterscheidung zwischen Scheren und Schub ist daher unnötig. Es würde genügen, vorzuschreiben, daß die Schubsicherung in allen waagrechten Schnitten zwischen Biegezug- und Biegedruckkraft, d. h. auf die Höhe z vorhanden sein muß, ebenso wie sie bei Betrachtung der Scherung auch für alle senkrechten Schnitte notwendig ist. Eine Berechnung mittels der Schubkraft ist aber immer vorzuziehen, wenn man auch die Mitwirkung der Bügel in Rechnung stellen will.

3. Die Berechnung der Haftspannungen

Diese sind nach den deutschen Bestimmungen für Stahlbeton nur bei stärkeren Eisen als ∅ 26 mm nachzuweisen. Außerdem fällt dieser Nachweis weg, wenn die Eisen von der Zugzone nach der Druckzone abgebogen und dort durch kräftige Haken verankert werden.

Die Zunahme dZ der Zugkraft der Eisen auf der Strecke dx muß durch die Haftspannungen zwischen dem Beton und dem Eisen erfolgen. Es ist $Z = M/z$, womit bei gleichbleibender Balkenhöhe wegen $dZ = dM/z$, $dZ = \tau_1\, u\, dx = dM/z$ wird, wobei u der Umfang sämtlicher Zugeisen an dem untersuchten Querschnitt und τ_1 die Haftspannung ist. Aus dieser Bedingung folgt

$$\tau_1 = \frac{1}{u\,z}\,\frac{dM}{dx} = \frac{Q}{u\,z}. \tag{31}$$

Der Zusammenhang zwischen der Schubspannung bzw. der Schubkraft und der Haftspannung ist gegeben durch:

$$dZ = T_0'\,dx = \tau_0 b_0\,dx = \tau_1 u\,dx$$

$$\tau_1 = \tau_0\,\frac{b_0}{u} = \frac{T_0'}{u}. \tag{32}$$

Wenn die Schubsicherung nur durch Bügel erfolgen würde, so müßte an den unten liegenden Zugeisen eine Haftspannung in Größe der Gl. (31) auftreten, außerdem müßten in diesem Falle bei einem frei aufliegenden Träger diese Zugeisen bis an das Auflager durchgeführt werden, da es nicht zulässig ist, die Zugeisen in der Betonzugzone zu verankern. Bei durchlaufenden Trägern genügt es, die Zugeisen bis über die Momentennullpunkte hinaus zu verlängern.

Nehmen Schrägeisen und Bügel die gesamten schrägen Hauptzugkräfte auf, so ist es gemäß DIN 1045, § 21 gestattet, für die Berechnung der Haftspannungen an den geraden Zugeinlagen nur die halbe Querkraft einzusetzen. Diese Rechenannahme stützt sich im wesentlichen auf Versuchsergebnisse, kann aber auch durch theoretische Überlegungen erklärt werden ([*1*] I/2 S. 75).

7. Die Bemessung gegen Verdrehen

Wird ein Stab nur auf Verdrehen beansprucht, so wirkt in ihm ein reiner Schubspannungszustand, und die Spannungstrajektorien verlaufen unter 45° (Abb. 56). Bei wechselnden Momenten müßten zwei sich unter 90° schneidende Spiralen zur Aufnahme der schrägen Zugspannungen eingelegt werden.

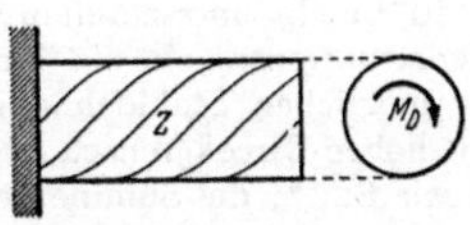

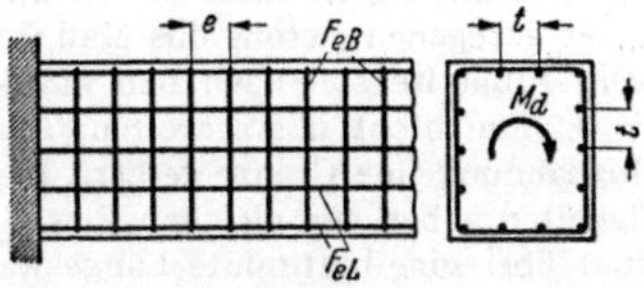

Abb. 56a

In gleicher Weise, wie bei den Balken die Schubsicherung nicht nur durch Schrägeisen, sondern auch durch Bügel, deren Richtung um $\beta = 45°$ von der Richtung der Spannungstrajektorien abweicht, möglich ist, so kann man auch bei Verdrehen die Sicherung durch Bügel in Verbindung mit Längseisen vornehmen. Diese Art der Bewehrung hat den Vorteil, daß sich die Eisen leicht verlegen lassen (Abb. 56a).

Die Ableitung der nachstehend angegebenen Gleichungen stammt von *Rausch* [12].

a) Die Bemessung der Spiralbewehrung.

Die gesamte Stärke der Spirale folgt aus

$$\Sigma F_{eS} = M \frac{U}{2\sqrt{2}\,\sigma_e F}. \tag{33}$$

Hierin bezeichnen: M das Drehmoment, U den Umfang des Bewehrungszylinders oder Prismas, F die von dem Bewehrungszylinder umschlossene Fläche des Betonzylinders oder Prismas.

b) Bemessung der Bewehrung mit Längseisen und Bügeln.

Für die Längseisen erhält man:

$$\Sigma F_{eZ} = M \cdot U/2\,\sigma_e F \tag{33a}$$

bzw. für ein Längseisen, wenn der Abstand der einzelnen Eisen mit t bezeichnet wird:

$$F_{eZ} = M\,t/2\,\sigma_e F. \tag{33b}$$

Für die Bügel, bezogen auf die Längeneinheit, ergibt sich

$$\Sigma F_{eB} = M/2\,\sigma_e F \tag{33c}$$

bzw. für einen Bügel bei einem Bügelabstand e:

$$F_{eB} = M\,e/2\,\sigma_e F. \tag{33d}$$

Sobald Schub und Verdrehen zusammentreffen, sind die Wirkungen aus beiden Arten der Beanspruchung zusammenzuzählen. Wenn z. B. der Randbalken eines Plattenbalkenquerschnittes nicht durch Querrippen am Verdrehen gehindert wird, so daß er das Einspannmoment der Platte durch Torsion nach den Auflagern übertragen muß, ergibt sich für die Außenseite des Balkens eine Entlastung, für die Innenseite dagegen eine gleich große Zusatzbelastung der Schubbewehrung, worauf bei ihrer Festlegung zu achten ist.

III. Grundlagen für die Berechnung vorgespannter Stahlbetonteile

Unter Vorspannungen versteht man Spannungen, die in gewollter Größe und Verteilung in einem Tragglied wirken, ohne daß äußere Lasten bzw. Auswirkungen von Temperatur, Schwinden und Widerlagerbewegungen vorhanden sind (Eigenspannungen). Beton- bzw. Stahlbetonquerschnitte werden grundsätzlich so vorgespannt, daß unter Gebrauchslast keine oder nur begrenzte Zugspannungen im Beton auftreten. Hierdurch werden erhebliche Verbesserungen und Vorteile gegenüber dem klassischen Stahlbetonbau erzielt (vgl. Abschnitt V. C.).

In nichtvorgespannten, auf Zug bzw. Biegezug beanspruchten Stahlbetonkonstruktionen treten Risse bereits unter Gebrauchslasten auf, da die Dehnfähigkeit des gezogenen Betons das Maß $0{,}15 \div 0{,}20 \cdot 10^{-3}$ nicht überschreiten dürfte.

Die Rißbreite soll nach den anerkannten Konstruktionsregeln ein Maß von etwa 0,2 mm nicht überschreiten. Damit ist der möglichen Stahldehnung bzw. Stahlspannung eine Grenze gesetzt. Die Stähle mit hohen Streckgrenzen und Zugfestigkeiten haben den gleichen Elastizitätsmodul wie St 37; die Summe der Rißbreiten über eine bestimmte Länge kann der gesamten Dehnung der Stahlfaser annähernd gleichgesetzt werden. Durch die Verbesserung des Verbundes, etwa mittels Verwendung von profilierten Stahloberflächen, kann man eine Vermehrung der Rissezahl durch die Verminderung des Rißabstandes und damit bei gleichbleibender Rißbreite eine Erhöhung der Stahlspannung erzielen. Aber auch bei diesem Verfahren sind Grenzen gesetzt, da bei zu kleinen Rißabständen die Verbundwirkung aufhören würde. Dies bedeutet, daß hochfeste Stähle im klassischen Stahlbetonbau nicht verwendet bzw. nicht ausgenutzt werden können. In vorgespannten Konstruktionen gibt es eine solche Begrenzung nicht.

Die vorgespannten Konstruktionen vermeiden Betonzugrisse; infolgedessen kann der gesamte Betonquerschnitt zum Tragen bzw. zur Ermittlung von Trägheits- und Widerstandsmomenten herangezogen werden, wodurch die Eigengewichte sinken. Dem Kampf gegen das Eigengewicht, den alle weitgespannten Massivkonstruktionen zu führen haben, ist ein entscheidender Erfolg gelungen, und man darf den Spannbeton als den wichtigsten Schritt in der Fortentwicklung des klassischen Stahlbetons betrachten. (Vgl. Abschnitt V. C. 1.)

Richtlinien für Bemessung und Ausführung von Spannbeton sind in DIN 4227 zusammengefaßt [*18*]. Hieraus sind die an die verwendeten Baustoffe zu stellenden Anforderungen, die zulässigen Beanspruchungen, die physikalischen Beiwerte des Kriechens und Schwindens u. a. m. zu entnehmen.

A. Die Grundbegriffe

Hinsichtlich der Herstellung unterscheiden wir Vorspannung mit Verbund, ohne Verbund und mit nachträglichem Verbund.

Bei Vorspannung mit Verbund werden die Eisen im Spannbett gespannt. Nach Einbringen und Erhärten des Betons wird die Verankerung gelöst. Infolge der elastischen Verformung des Betons entsteht ein Spannungsabfall im Vorspanneisen. (S. E. 1.) Die Lastfälle ständige Last g, Verkehrslast p, Kriechen und Schwinden φ wirken auf einen homogenen Verbundquerschnitt, in dem die Stahlspannungen jeweils den n-fachen Wert der Spannungen in der benachbarten Betonfaser besitzen.

Bei Vorspannung ohne Verbund kann die Vorspannbewehrung, sieht man von der Reibung ab, im Beton ungehindert gleiten (Abb. 57a). Das System wirkt wie ein Hängewerk (Abb. 57b), dessen Zuggurt durch die Vorspannbewehrung gebildet wird. Die Vorspannkraft läßt sich durch Herausziehen des Spannstahles aus der im Betonbalken befestigten Verankerung in jeder gewünschten Größe eintragen. (Ermittlung des Spannweges siehe unter E. 2.) Die Lastfälle g, p und φ wirken auf ein Hängewerksystem, dessen Grad der statischen Unbestimmtheit gleich der Zahl der Vorspannstränge ist. Die Stahlspannung ist, sieht man vom Reibungseinfluß ab, in jedem beliebigen Zeitpunkt über die gesamte Länge der Bewehrung gleich. Da die Steifigkeit des Betonbalkens wesentlich größer als die des „Zuggurtes" ist, muß bei einer Laststeigerung über den für die Vorspannung in Ansatz gebrachten Gebrauchszustand hinaus der Hauptanteil der Lastzunahme von der Biegungssteifigkeit des Balkens aufgenommen werden. Aus diesem Grunde ist bei gleichen Querschnittsgrößen die Bruchlast eines Balkens ohne Verbund stets kleiner als die eines solchen mit Verbund.

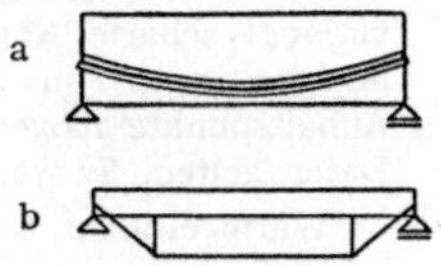

Abb. 57a u. b

Bei Vorspannung mit nachträglichem Verbund ist die Vorspannbewehrung zunächst ohne Verbindung mit dem Beton (verlegt in Blechröhren oder -kästen). Erst nach dem Anspannen werden die Hohlräume durch Injizieren von Zementschlämpe ausgefüllt. Man behält damit den Vorteil der Vorspannmöglichkeit gegen den erhärteten Beton und bekommt gleichzeitig für die Verkehrslast die günstige Verbundwirkung. Für den Lastfall v und g liegt Vorspannung ohne Verbund, für den Lastfall p und φ Vorspannung mit Verbund vor.

Hinsichtlich des Grades der Vorspannung unterscheiden wir volle und beschränkte Vorspannung.

Bei voller Vorspannung treten unter Gebrauchslast im allgemeinen keine Zugspannungen auf. Ausnahmen sind bei der Berücksichtigung einer wenig wahrscheinlichen Häufung ungünstiger Lastfälle infolge Lasten, die durch die Auswertung von Einflußlinien mit mehreren Beitragsflächen entstehen, und bei zweiachsiger Biegung zugelassen.

Bei beschränkter Vorspannung treten auch unter Gebrauchslast Zugspannungen auf, die in ihrer Größe aber so begrenzt sind, daß die Gefahr der Bildung von Haarrissen vermieden wird. Die diesen Zugspannungen entsprechenden Kräfte sind durch eine zusätzliche Bewehrung aufzunehmen.

Die Begriffe volle und beschränkte Vorspannung bedeuten nur eine Unterscheidung vorgespannter Bauteile hinsichtlich ihrer Qualität, wobei als Kriterium die Größe der auftretenden Betonzugspannung dient.

Hinsichtlich der zur Verwendung gelangenden Baustoffe ist zu den Ausführungen im Abschnitt *Baustoffe* noch einiges hinzuzufügen.

Bei vorgespannten Bauteilen werden die Querschnittsabmessungen und die Vorspannkraft so festgelegt, daß der Querschnitt unter der Gebrauchslast in allen seinen Teilen statisch wirksam ist. Für den Beton sind hohe zulässige Spannungen erwünscht, weil dadurch das Eigengewicht der Konstruktion sinkt und darüber hinaus die lokale Einleitung großer, konzentrierter Vorspannkräfte erleichtert wird. Hieraus ergibt sich die Forderung nach der Anwendung hoher Betongüten (B 300 — B 600). Diese Festigkeiten sollen nicht durch einen besonders hohen Zementgehalt, der ein Anwachsen des Schwindmaßes mit sich bringt, sondern durch einen niedrigen Wasserzementfaktor mit Verwendung wirksamer Verdichtungsgeräte erreicht werden. Der durch die plastischen Formänderungen verursachte Verlust an Vorspannkraft ist von der Höhe der Stahlspannung nahezu unabhängig und deshalb im Verhältnis zur Vorspannung um so geringer, je höher diese gewählt wird. Daraus ergibt sich die Verwendung hochfester Stähle.

Bei einer großen plastischen Verformungsfähigkeit des Stahles ist für die zulässige Beanspruchung die Fließgrenze (${}_{\text{zul}}\sigma_v = 0{,}75\,\sigma_{vs}$), bei einem kleinen plastischen Bereich die Bruchgrenze (${}_{\text{zul}}\sigma_v = 0{,}55\,\sigma_{vBr}$) maßgebend. Die vorgespannten Stähle können als warmgewalzte Stäbe oder Drähte, als kaltgezogene Drähte oder als vergütete Drähte hergestellt sein. Dünne kaltgezogene Drähte können zu Litzen und Seilen weiter verarbeitet sein. Die deutsche Bundesbahn verlangt scharfe Abnahmeprüfungen [*19*] auf Dauerbelastung, Kriechen, Zugfestigkeit nach Hin- und Herbiegen und Hin- und Herbiegen bis zum Bruch. Als Anhaltspunkte mögen für die einzelnen Stahlsorten die nachfolgend genannten Daten gelten. Es werden z. Z. hergestellt:

Warmgewalzte Stäbe und Drähte aus naturharten, legierten Stählen mit $\varnothing \leqq 32$ mm und einer Bruchgrenze bis etwa 120 kg/mm²;

kaltgezogene Drähte und kaltgewalzte Bänder aus Kohlenstoffstählen mit Querschnittsflächen bis etwa 0,2 cm,² und einer Bruchgrenze bis etwa 200 kg/mm²; die Bruchdehnung sinkt dann auf rund 4%;

vergütete Drähte aus legierten Stählen mit einer Bruchgrenze bis etwa 180 kg/mm², die durch Abschrecken von der Härtetemperatur im Ölbad und anschließendes Wiederanlassen vergütet sind; die Bruchdehnung beträgt rund 8%.

Zu den weiteren Ausführungen werden die folgenden Begriffe und Bezeichnungen verwendet:

Druckzone: Querschnittsteile, in denen ohne Berücksichtigung der Vorspannkräfte unter der gegebenen Belastung Druckspannungen entstehen.

Überdrückte Zugzone: Querschnittsteile, in denen die Zugspannungen, die ohne Berücksichtigung der Vorspannkräfte unter der gegebenen Belastung entstehen würden, durch die Vorspannung stark abgemindert oder ganz aufgehoben werden.

Vorspannglieder: Zugglieder aus hochwertigem Stahl, die zur Erzeugung der Vorspannkräfte dienen.

F_b, I_b	Fläche und Trägheitsmoment des Betonquerschnittes
F_{ev}	Vorspannbewehrung
F_i, I_i	Fläche und Trägheitsmoment des Verbundquerschnitts
n	Verhältnis der E-Moduli Stahl/Beton
a_{vs}	Abstand Schwerachse F_{ev}-Schwerachse F_b
a_{vi}	„ „ F_{ev}- „ F_i
e_i	„ „ F_b- „ F_i
a_{io}, a_{iu}	Randabstände von der „ F_i

$$F_i = F_b + (n - 1) \cdot F_{ev}$$

$$I_i = I_b + (n - 1) \cdot F_{ev} \cdot a_{vi} \cdot a_{vs}$$

σ_{bgo}, σ_{bgu} Betonrandspannungen für Lastfall g
σ_{bpo}, σ_{bpu} „ „ „ p
σ_{bvo}, σ_{bvu} „ „ „ v
$\sigma_{b\varphi o}$, $\sigma_{b\varphi u}$ „ „ „ φ (Kriechen)
σ_{bv} Betonspannung in Höhe der Spanngliedachse (Zeiger g, p, v, φ wie oben)
ε_b Betonstauchung
σ_v Stahlspannung der Spannbewehrung allgemein
ε_v Stahldehnung der Spannbewehrung allgemein
V Vorspannkraft des Spanngliedes

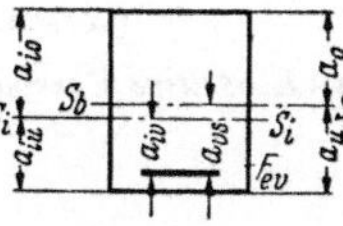

Abb. 58

Im einzelnen gelten

σ_{voo}, ε_{voo}, V_{oo} im Spannbett vor Lösen der Verankerung
σ_{vo}, ε_{vo}, V_o „ „ nach „ „ „ und bei Vorspannung mit nachträglichem Verbund
$\Delta\sigma_v$, ΔV Verlust an Stahlspannung (Vorspannkraft) infolge Kriechens und zeitabhängigen Schwindens
σ_I Hauptzugspannung
φ Kriechbeiwert
α_k Kriechmaß
α Völligkeitsgrad } der Betondruckzone im Bruchzustand
β Beiwert für den Schwerpunktabstand } der Betondruckzone im Bruchzustand

B. Der Einfluß der Reibung beim Vorspannen

Bei einem gekrümmt verlaufenden Spannglied wird die am Spanngliedende eingetragene Vorspannkraft V_o durch die beim Anspannen längs des Spanngliedes auftretenden, der Spannkraft entgegenwirkenden Reibungskräfte mit zunehmendem Umlenkwinkel verringert. Für Größe und Verlauf des Spannkraftverlustes ΔV ist die Differentialgleichung der Seilreibung maßgebend.

1. Differentialgleichung der Seilreibung

$$dS + dT = 0$$
$$dT = \mu \cdot dN = \mu \cdot S \cdot d\vartheta$$
$$\frac{dS}{d\vartheta} + \mu S = 0$$
$$S = C \cdot e^{-\mu\vartheta}$$

Für $\vartheta = 0$ ist $S = S_0$

d. h. $C = S_0$

$$S = S_0 \cdot e^{-\mu\vartheta}. \qquad (34)$$

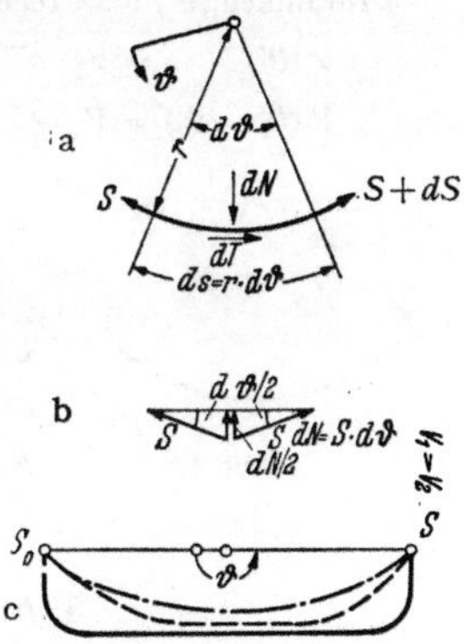

Abb. 59a–c

Aus Gl. (34) geht hervor, daß nicht die Form des Spanngliedes, sondern nur die Größe des Umlenkwinkels ϑ und des Reibungsbeiwertes μ Einfluß auf die Größe des Reibungsverlustes

$$\Delta S = \Delta V = V_0 \left(1 - e^{-\mu\vartheta}\right) \qquad (35)$$

ausüben (Abb. 59c).

$\left(1 - e^{-\mu\vartheta}\right) = f(\vartheta)$ als Reihe entwickelt lautet:

$$f(\vartheta) = f(o) + \vartheta \cdot f'(o) + \vartheta^2/_2 \cdot f''(o) + \ldots$$

Damit wird für kleine Werte von $\mu\vartheta$ $\quad 1 - e^{-\mu\vartheta} \approx \mu\vartheta$

$$\Delta V \approx V_0 \cdot \mu \cdot \vartheta \qquad (35\,\mathrm{a})$$
$$V \approx V_0 \cdot (1 - \mu\vartheta) \qquad (34\,\mathrm{a})$$

Der Reibungsbeiwert μ liegt je nach konstruktiver Ausbildung zwischen 0,06 (z. B. Gleitblech zwischen Spannglied und Blechumhüllung) und 0,15 und größer (z. B. Spanngliedrähte direktgleitend auf Bandblech).

2. Verschiedene Fälle der Ausführung der Vorspannung

(verschiedene Größenverhältnisse der Pressenkräfte)

a) Einseitige Vorspannung (Abb. 60)

Anspannkraft: V_0

$$V(\vartheta) = V_0 \cdot e^{-\mu\vartheta}$$

$$_{\min}V = V(\vartheta = \vartheta_0) = V_0\; e^{-\mu\vartheta_0}$$

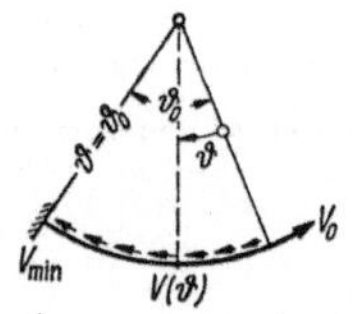

Abb. 60

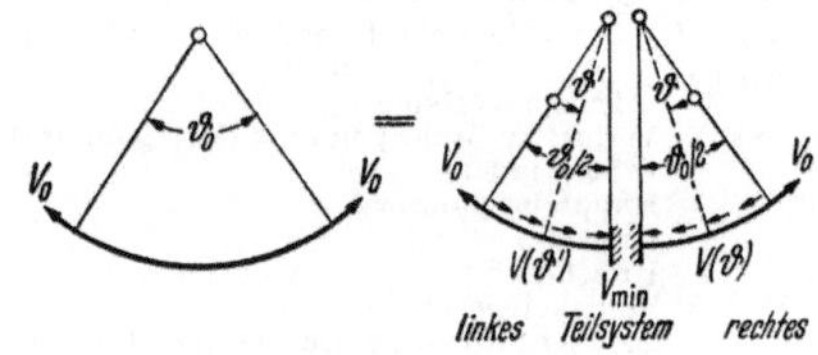

Abb. 61

b) Beiderseitige Vorspannung mit gleich großen Pressenkräften (Abb. 61)
Im linken (ϑ') bzw. rechten (ϑ) Teilsystem gilt:

$$V(\vartheta') = V_0 \cdot e^{-\mu\vartheta'} \qquad V(\vartheta) = V_0 \cdot e^{-\mu\vartheta}$$

$$V(\vartheta' = \vartheta_0/2) = V_0 \cdot e^{-\mu\vartheta_0/2} = {}_{\min}V = V(\vartheta = \vartheta_0/2) = V_0 \cdot e^{-\mu\vartheta_0/2}$$

c) Beiderseitige Vorspannung mit ungleich großen Pressenkräften ($V_1 \neq V_2$) (Abb. 62)
Im linken (ϑ') bzw. rechten (ϑ) Teilsystem gilt:

$$V(\vartheta') = V_1 \cdot e^{-\mu\vartheta'} \qquad V(\vartheta) = V_2 \cdot e^{-\mu\vartheta}$$

$$V(\vartheta' = \vartheta_1) = V_1 \cdot e^{-\mu\vartheta_1} = {}_{\min}V = V(\vartheta = \vartheta_0 - \vartheta_1) = V_2 \cdot e^{-\mu(\vartheta_0 - \vartheta_1)}$$

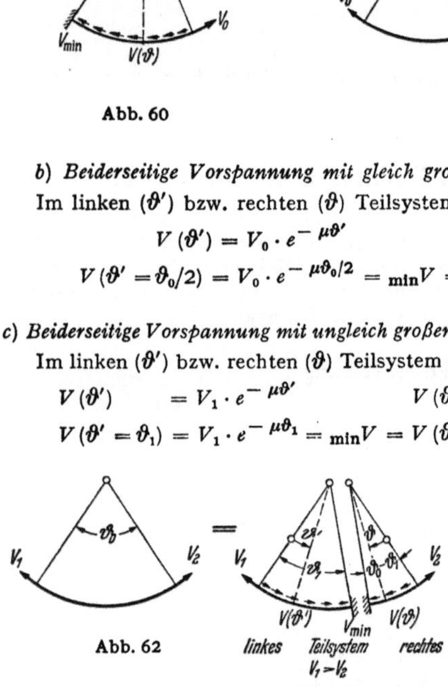

Abb. 62

Der Teilungswinkel ϑ_1 läßt sich aus der Forderung

$$V(\vartheta' = \vartheta_1) = V(\vartheta = \vartheta_0 - \vartheta_1) = {}_{\min}V$$

bestimmen.

$$\vartheta_1 = \frac{\vartheta_0}{2} + \frac{1}{2\mu} \ln \frac{V_1}{V_2}.$$

3. Ausgleich der Reibungsverluste

Neben besonderen konstruktiven Maßnahmen, die zum Ziel haben, den Reibungsbeiwert μ und damit den Vorspannverlust infolge Reibung ΔV auf ein Minimum zu reduzieren, kann man den Spannkraftverlust dadurch verringern, daß man an der Presse die Spannung zunächst um einen gewissen Betrag des zu erwartenden Reibungsverlustes überhöht und dann wieder nachläßt.

Spannt man mit V_0 an, so wird nach Gleichung (34a)

$$V \cong V_0 \cdot (1 - \mu\vartheta).$$

Daraus ergibt sich der Umlenkwinkel ϑ_1, bei dem die Vorspannkraft V_0 auf den zulässigen Wert $V_1 = F_e \cdot {}_{\text{zul}}\sigma_e$ abgesunken ist zu

$$\vartheta_1 = \frac{1}{\mu} \cdot \left(1 - \frac{V_1}{V_0}\right). \qquad (36)$$

Im Endquerschnitt beträgt die Spannkraft noch (Abb. 63)

$$V_E \cong V_0\,(1-\mu\vartheta_0) \qquad \Delta V_E = V_0 \cdot \mu\vartheta_0 .$$

Läßt man im Punkt 0 die Spannkraft V_0 auf V_0' nach, so bedeutet dies eine Umkehr der Spannrichtung, und es gilt:

$$V_0' = V_1 \cdot e^{-\mu\vartheta_1} = V_0 \cdot e^{-\mu\vartheta_1} \cdot e^{-\mu\vartheta_1} = V_0 \cdot e^{-2\mu\vartheta_1}$$

$$V_0' \cong V_0 \cdot (1-2\mu\vartheta_1). \tag{37}$$

Zwischen 0 und ϑ beträgt die Vorspannkraft:

$$V' = V_1 \cdot (1-\mu\vartheta') = V_0 \cdot (1-\mu\vartheta_1)\,(1-\mu\vartheta').$$

Die kurzfristig wirkende Kraft $V_0 = \sigma_{v0} \cdot F_{ev}$ darf den zulässigen Wert ${}_{\text{zul}}\sigma_v \cdot F_{ev}$ um 5% überschreiten.

a

b

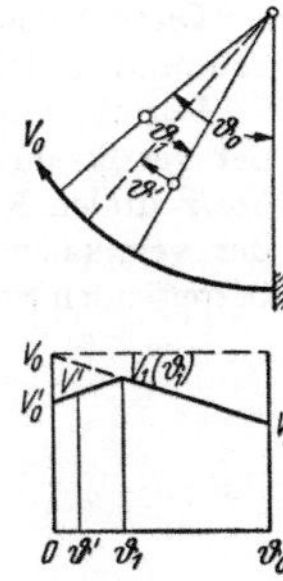

Abb. 63a u. b

C. Statische Deutung des Lastfalles Vorspannung

Der Lastfall „Vorspannung" hat einen Eigenspannungszustand zur Folge; das bedeutet, daß bei statisch bestimmten Systemen ähnlich wie bei Temperaturänderungen keine äußeren Reaktionen auftreten. Bei gekrümmter Führung des Spanngliedes entstehen im Bereich der Krümmung zwischen Beton und Spannglied Leibungsdrücke, durch die das Gleichgewicht der inneren Kräfte hergestellt wird (Abb. 64 und 65). Greift in $\vartheta = 0$ die Vorspannkraft V_0 an, so nimmt sie mit ϑ auf $V = V_0 e^{-\mu\vartheta}$ ab.

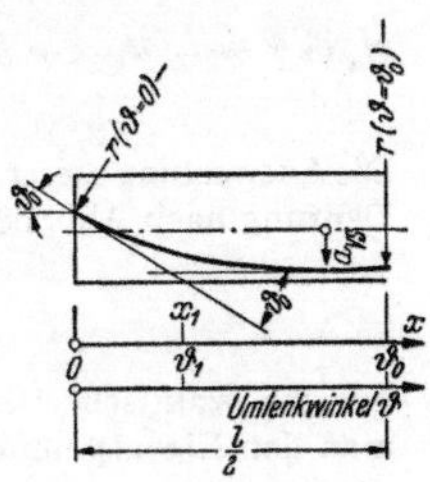

Abb. 64

In Abb. 65a sind die Kräfte eingetragen, die im Punkt (ϑ) am Spannglied angreifen. $L \cdot ds$ ist die im Beton auf dem Bogenstück $r \cdot d\vartheta = ds$ geweckte Reaktion der Lochleibungs- und $T \cdot ds$ die der Reibungskraft. Mit den Bezeichnungen dieser Abb. (ϑ_0 bezeichnet den gesamten Umlenkwinkel der Krümmung) gilt:

$$\vartheta = \vartheta_0 - \psi; \qquad -\vartheta = \psi - \vartheta_0 .$$

Die lotrechte Belastung des Betons aus L und T im Bereich der Bogenlänge 1 beträgt dann:

$$U_L = L\cos\psi + T \cdot \sin\psi .$$

Desgleichen beträgt die waagrechte Belastung

$$U_W = L \cdot \sin\psi - T \cdot \cos\psi .$$

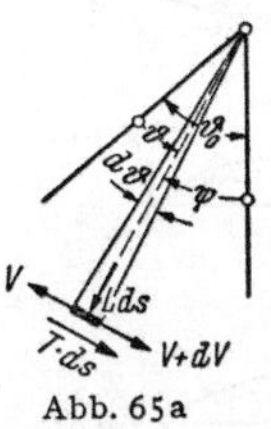

Abb. 65a

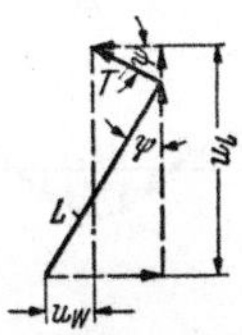

Abb. 65b

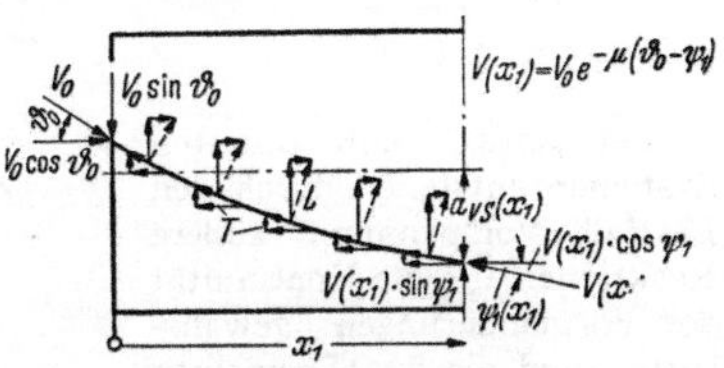

Abb. 65c

Unter Berücksichtigung der Werte

$$L = \frac{V}{r} = V_0/r \cdot e^{-\mu\vartheta}, \quad T = \mu\,L = \mu\,V_0/r \cdot e^{-\mu\vartheta} \text{ und}$$

$\vartheta = \vartheta_0 - \psi$ wird

$$U_L = V_0/r \cdot e^{-\mu(\vartheta_0-\psi)} \cdot [\cos\psi + \mu \cdot \sin\psi]$$

$$U_W = V_0/r \cdot e^{-\mu(\vartheta_0-\psi)} \cdot [\sin\psi - \mu \cdot \cos\psi].$$

Diese Ableitungen gelten jeweils für einen Balkenbereich mit einer Spanngliedkrümmung gleichen Vorzeichens.

Für einen beliebigen Schnitt ($x = x_1$, $\vartheta = \vartheta_1$, $\psi = \psi_1$) (Abb. 65c) ist die Summe der vertikalen bzw. der horizontalen Umlenkkräfte und der vertikalen bzw. der horizontalen Komponente der Ankerkraft auf der einen Seite des Schnittes gleich der vertikalen bzw. der horizontalen Komponente der Spanngliedkraft in dem betreffenden Schnitt:

$$V_0 \cdot \sin\vartheta_0 - \int\limits_{\psi=\vartheta_0}^{\psi-\psi_1} U_L\, ds = V_0 \cdot e^{-\mu(\vartheta_0 - \psi)} \cdot \sin\psi_1$$

$$V_0 \cdot \cos\vartheta_0 + \int\limits_{\psi=\vartheta_0}^{\psi=\psi_1} U_W \cdot ds = V_0 \cdot e^{-\mu(\vartheta_0 - \psi_1)} \cdot \cos\psi_1.$$

Bei statisch bestimmten Systemen wird dadurch ein Eigenspannungszustand bewirkt. Mit den Bezeichnungen der Abb. 64 und 65c gilt:

$$M_v(x_1) = V_0 (\sin\vartheta_0 \cdot x_1 + \cos\vartheta_0 \cdot a_{vs}(x_0)) - \int\limits_0^{x_1} U_L \frac{x_1 - x}{\cos\psi}\, dx + \int\limits_0^{x_1} U_W \frac{a_{vs}(x)}{\cos\psi}\, dx$$

$$N_v(x_1) = -V_0 \cdot \cos\vartheta_0 - \int\limits_0^{x_1} \frac{U_W}{\cos\psi}\, dx.$$

Die Auswertung dieser Gleichungen liefert das gleiche Ergebnis wie eine mechanische Deutung nach Abb. 66, nämlich:

$$\left.\begin{aligned} M_v(x_1) &= V(x_1) \cdot \cos\psi_1 \cdot a_{vs}(x_1) \\ N_v(x_1) &= -V(x_1) \cdot \cos\psi_1 \end{aligned}\right\} \qquad (38)$$

Für die praktische Berechnung, in der man i. d. R. $\cos\psi \approx 1$ setzen kann, erhält man den Eigenspannungszustand zu:

$$\begin{matrix}\sigma_{bvo} \\ \sigma_{bvu}\end{matrix} = \frac{N_v(x)}{F} \pm \frac{M_v(x)}{I_b} \cdot a_{o,u}. \qquad (39)$$

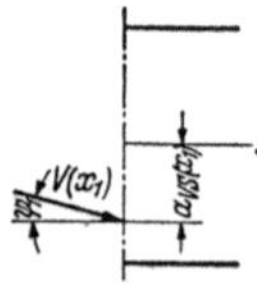

Abb. 66

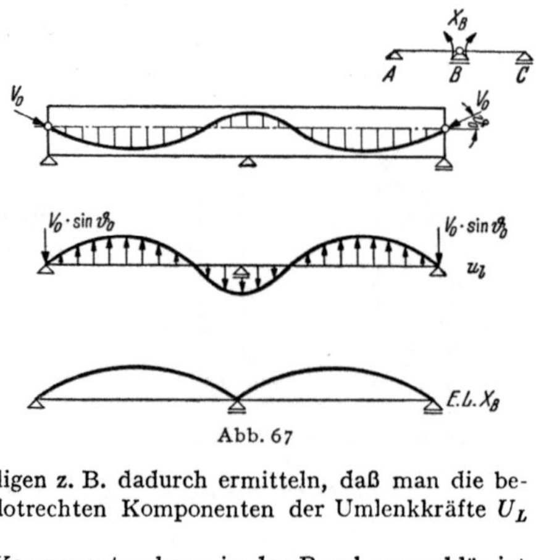

Abb. 67

Bei statisch unbestimmten Systemen entstehen durch den Lastfall „Vorspannung" äußere Reaktionen, die die Kontinuität der Formänderungen gewährleisten und die im allgemeinen Fall an jeder Stelle des Systems zusätzliche Momente, Normalkräfte und Querkräfte erzeugen. Man kann diese statisch Überzähligen z. B. dadurch ermitteln, daß man die betreffenden Einflußlinien mit den lotrechten Komponenten der Umlenkkräfte U_L auswertet.

Der Einfluß der waagrechten Komponenten kann in der Regel vernachlässigt werden.

Beispiel: Durchlaufträger über 2 Felder (Abb. 67).

Sind für die betreffende Berechnung keine Einflußlinien ermittelt, so kann man die statisch Überzähligen infolge Vorspannung auch als zusätzlichen Lastfall nach den üblichen Methoden der Statik ermitteln. Man bestimmt im statisch bestimmten Hauptsystem nach Gl. (38) die Momentenfläche infolge Vorspannung. Bei Vernachlässigung der Spanngliedneigung ($\cos\psi = 1$) und der Reibung ($V = \text{constant}$) ist diese Momentenfläche zu der von Balken- und Spanngliedachse umschriebenen Fläche (in Abb. 67a schraffiert) affin. Durch numerische oder graphische Integration erhält man die Belastungsglieder

$$\delta_{iv} = \int M_v \cdot M_i/EI \cdot dx.$$

D. Führung der Vorspannglieder [20] [24] [25]

Grundsätzlich wird das Spannglied so geführt, daß durch die Vorspannkraft Biegemomente entstehen, die denen aus äußerer Last entgegenwirken. Sind sie entgegengesetzt und gleich groß, so spricht man von „formtreuer Vorspannung". Dieser Idealfall ist mit genügend genauer Annäherung stets zu erreichen, wenn nur ein äußerer Belastungsfall gegeben ist. Als Beispiel sei ein mit g belasteter Balken auf zwei Stützen (Abb. 68) betrachtet (Kriechen nicht berücksichtigt).

$$M_g = gl^2/2 \cdot (\xi - \xi^2) \qquad \xi = \frac{x}{l}$$

$$M_v = V_0\,(1 - \mu\vartheta) \cdot \cos\psi \cdot a_{vs}.$$

In Balkenmitte gilt:

$$V_0\,(1 - \mu\vartheta_0) \cdot f = gl^2/8 \qquad V_0 = gl^2/8f\,(1 - \mu\vartheta_0).$$

An jeder Stelle x sollen die Biegespannungen infolge $(g + v)$ Null werden.

$$V_0\,(1 - \mu\vartheta) \cdot \cos\psi \cdot a_{vs} = gl^2/2 \cdot (\xi - \xi^2)$$

$$a_{vs} = \frac{\frac{gl^2}{2}\,(\xi - \xi^2)\,(1 - \mu\vartheta_0)\,8f}{(1 - \mu\vartheta)\cos\psi\, g l^2}$$

$$a_{vs} = 4 \cdot \frac{\xi - \xi^2}{\cos\psi} \cdot f \cdot \frac{1 - \mu\vartheta_0}{1 - \mu\vartheta}.$$

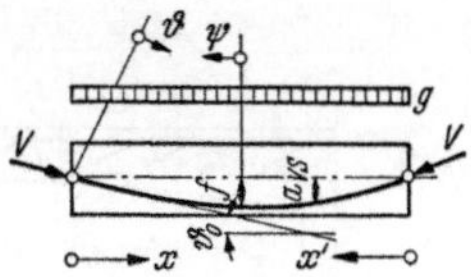

Abb. 68

ϑ und ψ sind mit genügender Genauigkeit aus der Parabel $a_{vs} = 4f\,(\xi - \xi^2)$ zu entnehmen.

Für die Spanngliedachse ergibt sich eine Parabel, wenn man von dem Faktor $1/\cos\psi$ absieht, den man genau genug gleich 1 setzen kann. Die Vorspannkraft V ist dann an jeder Stelle konstant (Reibung nicht berücksichtigt) und die Horizontalkomponente $H = V\cos\psi$ veränderlich im Gegensatz zum Seil (Abb. 69), wo H konstant und die Seilkraft S veränderlich ist.

$$H \cdot f = gl^2/8$$
$$H = gl^2/8f = \text{const}$$
$$S = H/\cos\vartheta \neq \text{const}$$

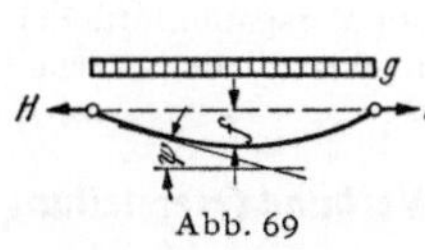

Abb. 69

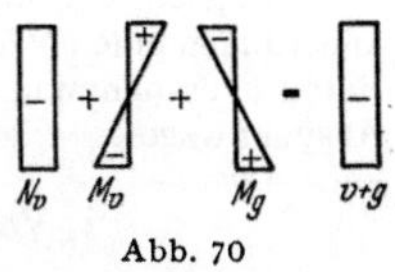

Abb. 70

Man erhält so als resultierende Spannung eine über die Querschnittshöhe konstante Druckspannung nach Abb. 70.

Treten mehrere äußere Lastfälle (z. B. g und p) auf, so erhält man bei formtreuer Vorspannung für g bei Auftreten von $(g + p)$ Biegespannungen (Abb. 71) und bei formtreuer Vorspannung für $(g + p)$ solche für den Lastfall g (Abb. 72).

Man wird dann die formtreue Vorspannung für eine gedachte Last q' ($g < q' < g + p$) anstreben. Die Vorspannkraft V_0 und der Abstand a_{vs} der Spanngliedachse von der Schwerachse des Balkens werden so bestimmt, daß mit einem Minimum an Vorspannbewehrung im Gebrauchszustand für den Lastfall $(v + g)$ die Randspannung der Druckzone einen Wert zwischen 0 und $_{\text{zul}}\sigma_{bz}$ annimmt (Abb. 73a) und für den Lastfall $(v + g + p + \varphi)$ die Randspannung der überdrückten Zugzone zu null (volle Vorspannung) bzw. $\leqq {}_{\text{zul}}\sigma_{bz}$ (beschränkte Vorspannung) wird (Abb. 73b).

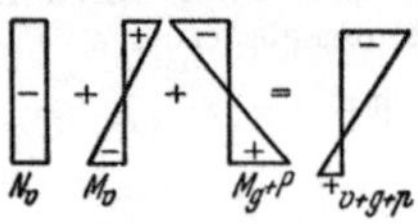

Abb. 71

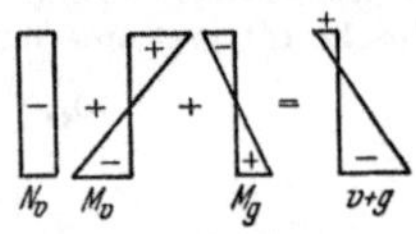

Abb. 72

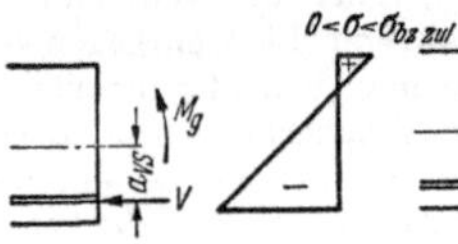

Abb. 73a

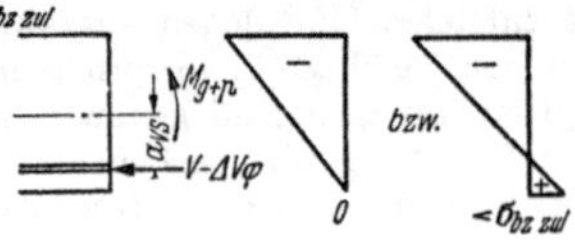

Abb. 73b

Grundsätzliche Führung der Spannglieder bei einigen vorgespannten Bauteilen:

Abb. 74

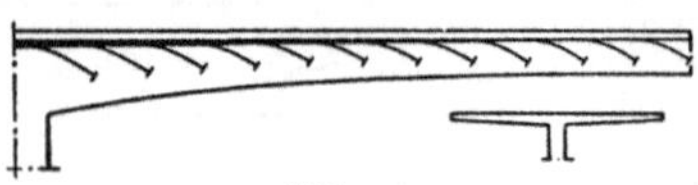

Abb. 75

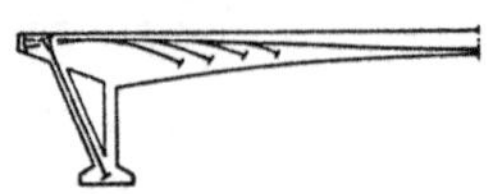

Abb. 76

Abb. 77

E. Einfluß der elastischen Formänderungen

Bei vollem Verbund (Herstellung im Spannbett) bewirken die elastischen Formänderungen einen Verlust an Vorspannkraft. Bei Anspannen gegen den erhärteten Beton (Vorspannung mit nachträglichem Verbund) beeinflussen sie die Größe des Anspannweges.

1. Voller Verbund (Herstellung im Spannbett)

Für die Ermittlung des Spannkraftverlustes ΔV_0 denkt man sich den Verbund zwischen Spannglied und Beton gelöst. Nach dem Lösen der Spannbettverankerung muß sich die Spanngliedkraft so einstellen, daß an jeder Stelle x die damit verbundenen Längenänderungen in der Stahl- und in der benachbarten Betonfaser gleich sind. Bezeichnet man mit δ'_{e1} bzw. δ'_{b1} die Längenänderung der Stahl- bzw. der ihr benachbarten Betonfaser auf die Länge $dx = 1$ infolge einer an der Stelle x im Spannglied wirkenden Kraft „1", so erhält man für diese Stelle die Spanngliedkraft nach (41). Die Beiwerte δ'_{e1} und δ'_{b1} sind für verschiedene Fälle nachfolgend abgeleitet. Zum gleichen Ergebnis gelangt man, wenn man die Spannbettkraft V_{00} auf den Verbundquerschnitt $F_i(I_i)$ wirken läßt. Man erhält dann für die Stahlspannung im Spannglied nach Lösen der Verankerung

$$\sigma_{v0} = \sigma_{v00} - n \cdot \sigma_{bvv} = \sigma_{v00} - n \cdot V_{00} \cdot \left(\frac{1}{F_i} + \frac{a_{vi}^2}{I_i}\right). \tag{40}$$

Für den allgemeinsten Fall eines gekrümmt verlaufenden Bewehrungsstranges folgt aus Abb. 78 wegen der Verträglichkeit der Formänderungen

$$V_{00} \cdot \delta'_{e1} = V_0 \cdot \delta'_{e1} + V_0 \cdot \delta'_{b1}$$

$$V_0 = V_{00}\,\delta'_{e1}/(\delta'_{e1} + \delta'_{b1}). \tag{41}$$

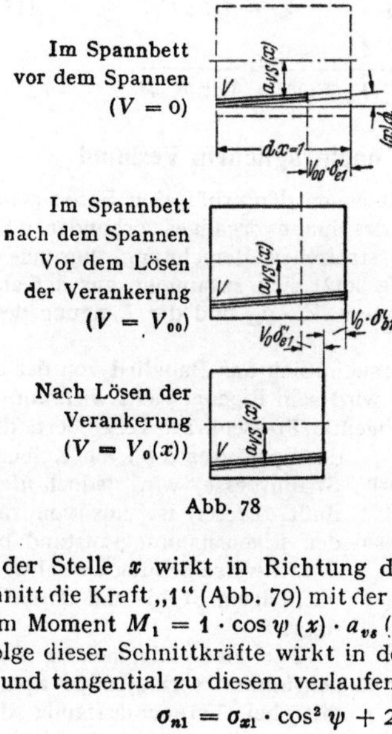

Abb. 78

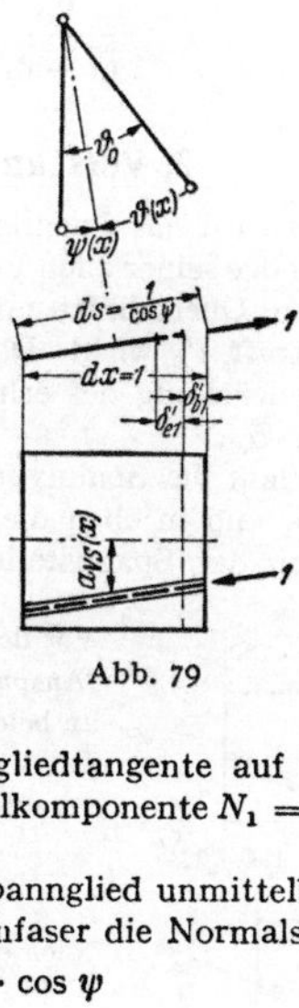

Abb. 79

An der Stelle x wirkt in Richtung der Spanngliedtangente auf den Betonquerschnitt die Kraft „1" (Abb. 79) mit der Horizontalkomponente $N_1 = 1 \cdot \cos\psi(x)$ und dem Moment $M_1 = 1 \cdot \cos\psi(x) \cdot a_{vs}(x)$.

Infolge dieser Schnittkräfte wirkt in der dem Spannglied unmittelbar benachbarten und tangential zu diesem verlaufenden Betonfaser die Normalspannung

$$\sigma_{n1} = \sigma_{x1} \cdot \cos^2\psi + 2\tau_1 \cdot \sin\psi \cdot \cos\psi \tag{42}$$

Es ist

$$\delta'_{b1} = \frac{\sigma_{n1}}{E_b}\,ds. \tag{43}$$

In den meisten praktischen Fällen kann man an Stelle von σ_{n1} genügend genau mit σ_{x1} rechnen.

$$\sigma_{x1} = \cos\psi\left(\frac{1}{F_b} + \frac{a_{vs}^2}{I_b}\right). \tag{42a}$$

Unter Verwendung der geometrischen Beziehung $ds = dx/\cos\psi = 1/\cos\psi$ erhält man:

$$\delta'_{b1} = 1/E_b F_b + a_{vs}^2/E_b I_b. \tag{43a}$$

An der Stelle x wirkt am Spannglied die Kraft „1" in Spanngliedrichtung. Damit wird:

$$\delta'_{e1} = \frac{1/\cos\psi}{E_e F_e}. \tag{44}$$

In der Grundgleichung (43) ist der Einfluß der Querdehnung nicht berücksichtigt, was bei der Größenordnung der senkrecht zu σ_{n1} wirkenden Spannung zulässig erscheint.

Bei Spannbettspannung (Fertigteile) liegt die Spannbewehrung in der Regel außermittig, aber parallel zur Stabachse (Abb. 80). Ausnahmen bilden z. B. nicht parallelgurtige Träger (Abb. 81).

Dann ist: $N_1 = 1$; $M_1 = 1 \cdot a_{vs}$ (a_{vs} = const)

$$\delta'_{b1} = 1/E_b F_b + a_{vs}^2/E_b I_b \tag{45}$$

$$\delta'_{e1} = 1/E_e F_e \tag{46}$$

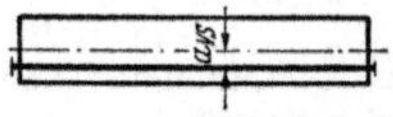

Abb. 80

Abb. 81

Liegt das Spannglied parallel und symmetrisch zur Stabachse, so ist:

$$M_1 = 0 \qquad N_1 = 1$$

$$\delta'_{b1} = 1/E_b F_b \qquad \delta'_{e1} = 1/E_e F_e. \qquad (45a)\ (46a)$$

$$\frac{\delta'_{e1}}{\delta'_{e1} + \delta'_{b1}} = \frac{1}{1 + E_e F_e/E_b F_b} = \frac{1}{1 + n\ \mu}. \tag{47}$$

2. Vorspannung mit nachträglichem Verbund

Hierbei wird das Spannglied soweit gegen den erhärteten Beton gelängt, daß dieses vermöge seiner nach Beendigung des Spannvorganges vorhandenen Spannung σ_{v0} auf den Querschnitt mit der der statischen Berechnung zugrunde gelegten Vorspannkraft V_0 wirkt. Der Dehnweg setzt sich zusammen aus der elastischen Zusammendrückung des erhärteten Betons $V_0 \cdot \delta_{b1}$ und der Längung des Spannstahles $V_0 \cdot \delta_{e1}$.

Im Verlauf des Spannvorganges versucht sich das Bauglied von der Schalung abzuheben, und in eben diesem Maße wird sein Eigengewicht wirksam. Dadurch wird die an der Spannstelle aufzubringende Pressenkraft vergrößert, die Größe des Spannweges (gleich Kolbenweg der Spannpresse) wird jedoch *nicht* beeinflußt. Dieser ist nur von der durch den Eigenspannungszustand bedingten Relativverschiebung zwischen den benachbarten Stahl- und Betonfasern bedingt.

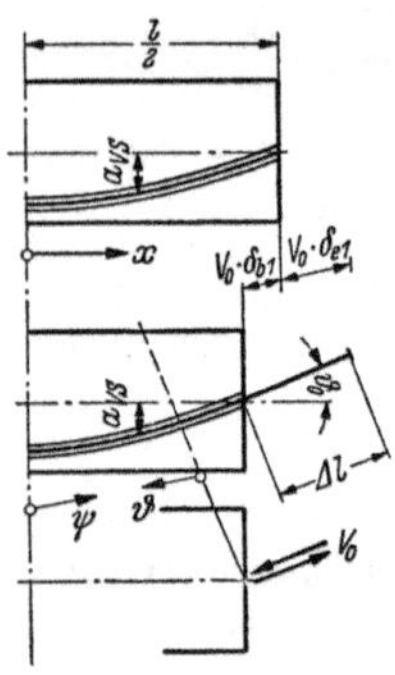

Vor dem Anspannen (Anspannen erfolgt an beiden Stabenden mit V_0, Symmetrie vorausgesetzt)

Nach dem Anspannen

Abb. 82

Für den allgemeinen Fall eines gekrümmt verlaufenden Spanngliedes gilt bei Vernachlässigung der beim Anspannen auftretenden Reibungsverluste (vgl. Abb. 82).

$$\Delta l = V_0 \cdot (\delta_{b1} + \delta_{e1}) \tag{48}$$

$$\delta_{b1} = \int_0^{l/2} a_{vs}^2/E_b I_b \cdot dx + \int_0^{l/2} dx/E_b F_b \tag{49}$$

$$\delta_{e1} = \int_s ds/E_e F_e. \tag{50}$$

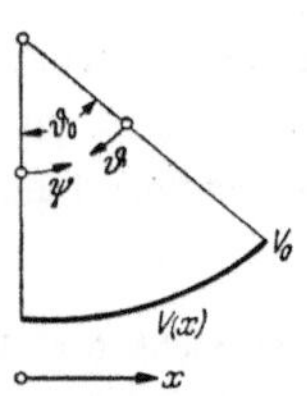

Abb. 83

Bei Anspannen an nur einem Stabende ist der Wert von Δl zu verdoppeln.

Berücksichtigt man die Reibung, so nimmt (vgl. Abb. 83) die an der Anspannstelle vorhandene Vorspannkraft V_0 bzw. „1" bis zur Stelle x ab auf den Wert

$$V(x) = V_0 \cdot e^{-\mu\vartheta} = V_0 \cdot e^{\mu(\psi - \vartheta_0)}$$

$$\text{bzw.} \qquad = 1 \cdot e^{\mu(\psi - \vartheta_0)}.$$

Da $e^{\mu(\psi - \vartheta_0)}$ eine Funktion von x ist, berücksichtigt man den Reibungseinfluß zweckmäßig in den Verschiebungsbeiwerten δ_{b1} und δ_{e1}. Man erhält so beim Anspannen an beiden Stabenden

$$\Delta l = V_0 \cdot (\overline{\delta}_{b1} + \overline{\delta}_{e1}) \tag{48a}$$

$$\overline{\delta}_{b1} = \int_0^{l/2} a_{vs}^2 \cdot e^{\mu(\psi - \vartheta_0)} \cdot dx/E_b I_b + \int_0^{l/2} e^{\mu(\psi - \vartheta_0)} \cdot dx/E_b F_b \tag{49a}$$

$$\overline{\delta}_{e1} = \int_0^{l/2} e^{\mu(\psi - \vartheta_0)}\, dx/E_e F_e \cos\psi. \tag{50a}$$

F. Der Einfluß der plastischen Formänderungen

Ursache, Größe und Folgen der plastischen Formänderungen sind in den Abschn. I. B. 2 und IV. C. ausführlich dargestellt. Es sei hier das Wesentliche noch einmal kurz zusammengefaßt:

Den plastischen oder nicht rückfedernden Formänderungen liegt als physikalische Ursache der Vorgang des Kriechens und Schwindens zugrunde. Der erstere entsteht unter der Einwirkung von Dauerlasten. Der letztere ist eine Begleiterscheinung des Erhärtungsvorganges; zur leichteren rechnerischen Erfassung nimmt man den Schwindverlauf affin zum Kriechverlauf an, der selbst eine Funktion der Zeit ist. Unter der durch Versuchsergebnisse gerechtfertigten Annahme, daß die Formänderung des Betons beim Kriechen verhältnisgleich der wirkenden (kriecherzeugenden) Spannung ist (erweitertes *Hooke*sches Gesetz), ergibt sich für die Verformung im Zeitpunkt t, wenn die Dauerlast bzw. die dadurch bewirkte kriecherzeugende Spannung σ im Zeitpunkt t_1 aufgebracht wurde (vgl. S. 766 und 767):

$$\varepsilon_{el} + \varepsilon_k = \frac{\sigma}{E_{t_1}} + \frac{\sigma}{E_0}(\varphi(t) - \varphi(t_1)) = \frac{\sigma}{E_0}\left(\frac{E_0}{E_{t_1}} + \varphi(t) - \varphi(t_1)\right) \tag{51a}$$

oder

$$\varepsilon_{el} + \varepsilon_k = \frac{\sigma}{E_{t_1}} + \sigma(\alpha_k(t) - \alpha_k(t_1)) = \sigma\left(\frac{1}{E_{t_1}} + \alpha_k(t) - \alpha_k(t_1)\right). \tag{51b}$$

Man drückt die plastische Verformung ε_k aus

a) als ein Vielfaches der mit E_0 errechneten elastischen, oder

b) verhältnisgleich der wirkenden, kriecherzeugenden Spannung.

Es bedeuten:

φ der Verhältnis der Kriechdehnung zur elastischen Dehnung, dimensionslos [*7*]

α_k die durch die Einheit der Spannung hervorgerufene, bezogene Längenänderung infolge Kriechens; Dimension cm²/kg [*1a*].

Zusammenhang $\varphi = E_0 \cdot \alpha_k$.

Für die meisten praktischen Fälle erhält man mit $E_b(t_1) = E_{t_1} = \text{const} = E_0$ ausreichend genaue Ergebnisse.

Die Zunahme des Kriechens im Zeitelement dt beträgt dann

$$d\,\varepsilon(t) = \varepsilon_{el} \cdot d\varphi = \sigma/E_0 \cdot d\varphi \text{ bzw. } = \sigma \cdot d\alpha_k.$$

Das Endkriechmaß φ_E ist von der Güte und der Nachbehandlung des verwendeten Betons, von dem Feuchtigkeitsgehalt der umgebenden Luft und von dem Betonalter beim Aufbringen der Dauerlast abhängig. Für unmittelbar nach dem Ausschalen belasteten Beton schwankt es zwischen 0,5 und 4.

Das Kriechen übt auf das Kräftespiel im Bauwerk eine Wirkung aus, die man, insoweit ähnlich dem Schwinden, in zwei Gruppen aufteilen kann, die Umlagerung der inneren Kräfte des Querschnitts bei gleichbleibenden äußeren Schnittkräften (primäre Kriech- und Schwindspannungen = Eigenspannungen) und die Entstehung zusätzlicher Auflagerreaktionen (sekundäre Kriech- und Schwindspannungen = Systemspannungen). Die letztere Wirkung ist nur in Bauteilen statisch unbestimmter Systeme möglich. Der dadurch bedingte Einfluß auf die Größe der Vorspannkraft und gegebenenfalls auch auf die Größe der statisch Unbestimmten muß untersucht werden.

1. Vorspannung ohne Verbund

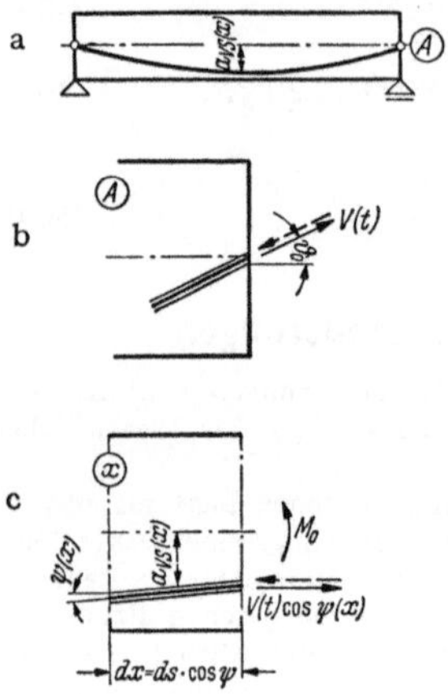

Abb. 84a—c

Im Zeitraum dt entsteht im Pkt. A (Abb. 84) tangential zur Spanngliedachse eine Verschiebung des Betonrandes infolge

① Kriechen unter der ständigen äußeren Last (M_0),
② Kriechen unter Spanngliedkraft $V(t)$,
③ Schwinden,
④ Änderung der Spannkraft $V(t)$ um dV,
⑤ Kriechen unter der Umlagerungskraft dV des Spanngliedrandes infolge
⑥ Änderung der Spanngliedkraft $V(t)$ um dV.

① bis ③ und ⑤ sind plastischen Ursprungs,
④ und ⑥ sind elastischen Ursprungs.

Die Verschiebungen im Pkt. A erhält man durch Summieren der Längenänderungen der benachbarten Beton- und der Stahlfasern längs des Spanngliedes. Verlängerungen (Zugspannungen) erhalten positives, Verkürzungen (Druckspannungen) erhalten negatives Vorzeichen; die Zuwächse infolge $d\sigma$ erhalten das gleiche Vorzeichen wie die ursprünglichen Formänderungen infolge σ.

Setzt man an Stelle von σ_n wieder σ_x (vgl. Gl. (42) bis (44)), ferner

$$ds = dx/\cos\psi; \quad E_b = E_0$$

$$\varepsilon_s(t) = c \cdot \varphi(t)/E_0 = c \cdot \alpha_k(t) \text{ bzw. } \varepsilon_s(t = \infty) = c \cdot \varphi_E/E_0 = c \cdot \alpha_{kE}$$

$$l_v = \text{Länge des Spanngliedes,}$$

dann muß wegen der Verträglichkeit der Formänderungen im Pkt. A in jedem Zeitelement dt sein:

$$\overbrace{d\varphi\int\frac{M_0 \cdot a_{vs}\,dx}{E_0 I_b \cdot \cos\psi}}^{①} \overbrace{- d\varphi\int\frac{V \cdot a_{vs}^2\,dx}{E_0 I_b} - d\varphi \cdot \int\frac{V\,dx}{E_0 F_b}}^{②} \overbrace{- \frac{l_v \cdot c\,d\varphi}{E_0}}^{③}$$

$$\underbrace{- dV\int\frac{a_{vs}^2\,dx}{E_0 I_b}}_{④} \underbrace{- dV\int\frac{dx}{E_0 F_b}}_{⑤} \underbrace{- dV\int\frac{ds}{E_e F_e}}_{⑥} = 0; \tag{52}$$

Der Ausdruck ⑤ wird klein von der Größe 2. Ordnung und fällt weg.

Der Beiwert c gibt an, wievielmal die Schwindverkürzung größer ist als die Kriechverformung infolge $\sigma = 1$ (Dimension kg/cm²). Da Affinität zwischen dem Verlauf des Schwindens und des Kriechens über die Zeit t angenommen wird, ist c über t konstant.

Für das Endschwindmaß ε_s wird ein Bereich zwischen 0 und $50 \cdot 10^{-5}$ angenommen.

$$\frac{dV}{d\varphi}\left[\int\frac{a_{vs}^2\,dx}{E_0 I_b} + \int\frac{dx}{E_0 F_b} + \int\frac{ds}{E_e F_e}\right] + V\left[\int\frac{a_{vs}^2\,dx}{E_0 I_e} + \int\frac{dx}{E_0 F_e}\right]$$

$$+ \frac{l_v \cdot c}{E_0} - \int\frac{M_0\,a_{vs} \cdot dx}{E_0 I_b \cdot \cos\psi} = 0;$$

$$\frac{dV}{d\varphi} + a \cdot V + b = 0; \quad \text{mit } a = \frac{B}{A} \text{ und } b = \frac{C}{A}$$

$$\frac{dV}{d\varphi} + a \cdot V + r \cdot a = 0; \quad \text{mit } r = \frac{b}{a} = \frac{C}{B}$$

Für die Differentialgl. $y' + y \cdot f(x) + g(x) = 0$
lautet die Lösung

$$y = e^{-\int f(x)\,dx} \cdot \left(C_1 - \int g(x) \cdot e^{\int f(x)\,dx} \cdot dx\right)$$

Wenn $\quad g(x) = r \cdot f(x),$
lautet die Lösung

$$y = e^{-\int f(x)\,dx}\left(C_1 - r \int f(x) \cdot e^{\int f(x)\,dx} \cdot dx\right.$$

$$\int f(x)\ e^{\int f(x)\,dx} \cdot dx = e^{\int f(x)\,dx}$$

$$f(x) = a$$

$$y = e^{-ax}\left(C_1 - r \cdot e^{ax}\right) = e^{-ax} C_1 - r$$

$$y = r \cdot \left(e^{-ax} C + 1\right)$$

$$V = r \cdot \left(e^{-a\varphi} C - 1\right).$$

Zur Zeit $t = 0$ ist $\varphi = 0$ und $V(t = 0) = V_0 = r \cdot (C - 1)$

$$C = V_0/r + 1$$

$$V = r \cdot \left[e^{-a\varphi} \cdot (V_0/r + 1) - 1\right] = e^{-a\varphi}(V_0 + r) - r \tag{53}$$

Der Verlust an Vorspannkraft infolge Kriechen und Schwinden:

$$\Delta V_\varphi = V_0 - V = V_0\left(1 - e^{-a\varphi}\right) - r \cdot e^{-a\varphi} + r$$

$$\Delta V_\varphi = (V_0 + r)\ \left(1 - e^{-a\varphi}\right). \tag{54}$$

$$\text{Legende: } a = \frac{\int a_{vs}^2\,dx/E_0 I_b + \int dx/E_0 F_b}{\int a_{vs}^2\,dx/E_0 I_b + \int dx/E_0 F_b + \int ds/E_e F_e}; \quad \text{wo} \int \frac{ds}{E_e F_e} = \frac{l_v}{E_e F_e}$$

$$r = \frac{l_v \cdot c/E_0 - \int M_0 \cdot a_{vs}\,dx/E_0 I_b \cdot \cos\psi}{\int a_{vs}^2\,dx/E_0 I_b + \int dx/E_0 F_b}; \quad \text{wo } c = \frac{\varepsilon_s \cdot E_0}{\varphi}. \tag{55}$$

Wenn $a\varphi$ ein kleiner Zahlenwert ist, was sehr oft zutrifft, so kann man $(1 - e^{-a\varphi}) \cong a\varphi$ setzen und erhält als Näherungswert:

$$\Delta V_\varphi \cong (V_0 + r) \cdot a\varphi. \tag{54a}$$

In der Regel bestimmt man die Koeffizienten a und r durch numerische Integration (z. B. nach der *Simpson*schen Regel).

2. Vorspannung mit Verbund

Bei Vorspannung ohne Verbund ist, sieht man vom Einfluß der Reibung ab, der Verlust an Vorspannkraft ebenso wie diese selbst über die ganze Länge konstant. Bei Vorspannung mit nachträglichem Verbund ist nur noch die Vorspannkraft V_0 an jeder Stelle des Spanngliedes gleich, während der Spannungsverlust über die Stablänge wechselt und in einzelnen Querschnitten wie nachfolgend gezeigt ermittelt werden kann.

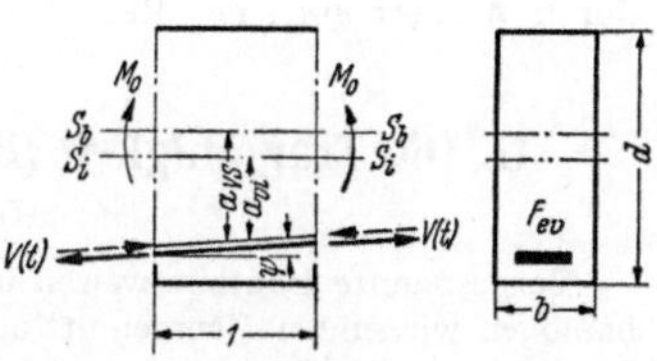

Abb. 85

Man ersetzt wieder die in der dem Spannglied benachbarten Betonfaser herrschende Spannung σ_n durch die Spannung σ_x.

Dafür erhält man im Zeitpunkt t (Abb. 85)

$$\sigma_b = -V(t)\cos\psi/F_b - V(t)\cos\psi \cdot a_{vs}^2/I_b + M_0 \cdot a_{vt}/I_t$$
$$\sigma_e = V(t)/F_e + n \cdot M_0 \cdot a_{vt}/I_t. \tag{56}$$

Die Verträglichkeit der Formänderungen der Stahl- und der Betonfaser in der Vorspannachse erfordert an jeder Stelle x

$$\overbrace{d\varphi \cdot \frac{M_0 \cdot a_{vi}}{E_0 I_i \cos\psi}}^{①} - \overbrace{d\varphi V\left(\frac{1}{E_0 F_b} + \frac{a_{vs}^2}{E_0 I_b}\right)}^{②} - \overbrace{\frac{c\, d\varphi}{E_0 \cos\psi}}^{③}$$
$$\underbrace{- dV\left(\frac{1}{E_0 F_b} + \frac{a_{vs}^2}{E_0 I_b}\right)}_{④} = \underbrace{dV \cdot \frac{1/\cos\psi}{E_e F_e}}_{⑥}, \tag{57}$$

wobei $V = V(t)$

$$\frac{dV}{d\varphi}\left(\frac{1}{E_0 F_b} + \frac{a_{vs}^2}{E_0 I_b} + \frac{1/\cos\psi}{E_e F_e}\right) + \frac{1}{E_0}\left(\frac{V}{F_b} + \frac{V \cdot a_{vs}^2}{I_b} - \frac{M_0 \cdot a_{vi}}{I_i \cdot \cos\psi}\right) + \frac{c}{E_0 \cdot \cos\psi} = 0;$$

$$\frac{dV}{d\varphi} + V \cdot \frac{1/E_0 F_b + a_{vs}^2/E_0 I_b}{1/E_0 F_b + a_{vs}^2/E_0 I_b + 1/\cos\psi\, E_e F_e}$$
$$- \frac{M_0 \cdot a_{vi}/E_0 I_i - c/E_0}{1/E_0 F_b + a_{vs}^2/E_0 I_b + 1/E_e F_e} \cdot \frac{1}{\cos\psi} = 0.$$

Die Lösung der Differentialgleichung erfolgt wie unter 1., Vorspannung ohne Verbund, angegeben und lautet:

$$V = c^{-a\varphi}(V_0 + r) - r; \tag{58}$$

$$\Delta V_\varphi = (V_0 + r) \cdot (1 - e^{-a\varphi}). \tag{59}$$

Darin bedeuten

$$a = \frac{1 + a_{vs}^2/i^2}{1 + \frac{a_{vs}^2}{i^2} + \frac{1/\cos\psi}{n \cdot \mu}} \qquad r = -\frac{M_0 \cdot a_{vi}\frac{F_b}{I_i} - c \cdot F_b}{1 + a_{vs}^2/i^2} \cdot \frac{1}{\cos\psi} \tag{60}$$

$$c = \varepsilon_s(t = \infty) \cdot E_0/\varphi_E$$

$$\Delta V_\varphi \cong (V_0 + r) \cdot a\varphi. \tag{59a}$$

3. Einfluß auf die statisch Unbestimmten

Einen Näherungswert für die statisch Unbestimmten nach Ablauf des Kriechens und Schwindens erhält man, wenn man die betreffenden Einflußlinien für die Belastung mit den lotrechten Komponenten der Umlenkkräfte (vgl. Abschn. C) auswertet. Dabei sind für die Umlenkkräfte an jeder Stelle die zu der durch das Kriechen abgebauten Vorspannkraft (Ermittlung nach C 1 und C 2) gehörenden Werte $U_{L\varphi}$ einzusetzen. Die vorhandene gegenseitige Beeinflussung von äußeren Schnittkräften und Spannungsabfall bleibt dabei unberücksichtigt, ein Fehler, den man durch Wiederholung des Rechenvorganges (Iteration) verringern kann.

G. Die Tragfähigkeit (Bruchlast) von Spannbetonbalken mit Verbund

Vorgespannte Bauteile weisen unter der Gebrauchslast $(v + \varphi + g + p)$ einen homogen wirkenden Querschnitt auf. Bei einem weiteren Anwachsen der äußeren Last nehmen die Spannungen nicht linear mit der Laststeigerung zu, da die Vorspannkraft konstant ist. Überschreitet dabei die Randspannung die Betonzugfestigkeit, so geht außerdem der Querschnitt aus dem homogenen Zustand I in den inhomogenen Zustand II mit gerissener Zugzone über. Man kann also die Sicherheit eines Bauteiles, d. h. das Verhältnis der Last, bei der das Versagen des Betons bzw. der Bewehrung eintritt, zur Gebrauchslast nicht mehr aus dem Abstand der Spannungen im Gebrauchszustand von den Bruchfestigkeiten der Baustoffe ersehen, da dies eine mit dem Anwachsen der äußeren Last lineare Zunahme der Spannungen voraussetzen würde. Es ist daher neben dem Spannungsnachweis im Gebrauchszustand die Tragfähigkeit des Bauteiles im Bruchzustand zu bestimmen. Die vorhandene Sicherheit ist dann durch das Verhältnis Bruchlast zu äußerer Last im Gebrauchszustand bestimmt. Die Vorschriften fordern einen Sicherheitsbeiwert von 1,75, wobei man bei den Festigkeitsnachweisen die Würfelfestigkeit des Betons nur mit $^2/_3$ ihres Wertes einsetzt, so daß man in bezug auf die geforderte Betondruckfestigkeit eine $1{,}75 \cdot 3/2$, d. h. eine rund 2,6fache Sicherheit erhält. Diese unterschiedliche Behandlung von Stahl und Beton hat ihre Ursache in der größeren Streuung der Betonfestigkeitswerte.

Die durch den Sicherheitsbeiwert von 1,75 gebildete Reserve soll in erster Linie die Unsicherheiten ausgleichen, die in den getroffenen Annahmen zur Ermittlung der Schnittkräfte und Spannungen, in der Möglichkeit von Ausführungsfehlern und in der Rechenungenauigkeit liegen u. ä. Erst in zweiter Linie soll sie etwaige Überlastungen decken, da die üblichen Lastannahmen schon nach den höchsten vorkommenden Lasten gewählt sind. Diese Überlegungen sehen eine Abminderung der Druckfestigkeit durch dauernde oder gar wechselnde Beanspruchungen (Dauerstandfestigkeit bzw. Wechselfestigkeit) nicht vor. Damit kann man sich bei der Berechnung vorgespannter Konstruktionen abfinden, da der Sicherheitsbeiwert $1 : 2/3$ gegen die Streuung der Betonfestigkeitswerte wegen der Sorgfalt, die bei der Ausführung vorgespannter Stahlbetonbauwerke vorausgesetzt werden darf, zu hoch erscheint und deshalb die nicht berücksichtigte Einwirkung dauernder oder wechselnder Belastung kompensiert.

Im Bereich der Gebrauchsspannungen geht man bei der Berechnung von einer linearen Spannungs-Dehnungs-Linie des Betons aus. Diese Vereinfachung ist im Bereich der Bruchspannungen nicht mehr anwendbar, da die Verformungen außerhalb des elastischen Bereiches vor sich gehen. Unter der Voraussetzung, daß die Querschnitte bis zum Bruch eben bleiben, d. h. daß die Dehnung jeder Faser direkt proportional ihrem Abstand von der Nullinie ist, was durch Versuchsergebnisse bestätigt wird [*15*], ergibt sich eine Verteilung der Druckspannungen nach Abb. 86b. Bei beliebiger Lage der *NL* ist die Verteilung der Druckspannungen über v eine der $\sigma - \varepsilon$-Linie des betreffenden Betons affine Kurve.

$$\varepsilon_v = \varepsilon_1 \cdot v$$
$$v = \varepsilon_v / \varepsilon_1 .$$

Der Affinitätsfaktor lautet $1/\varepsilon_1$.

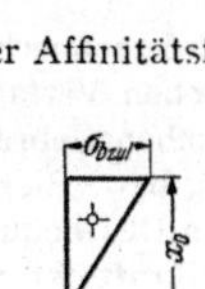

Abb. 86a

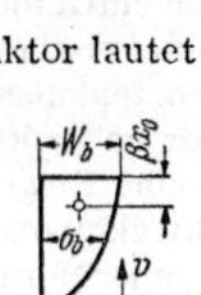

Abb. 86b

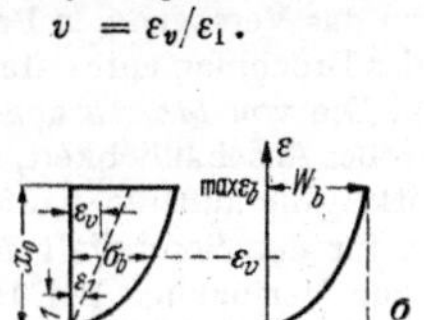

Abb. 87

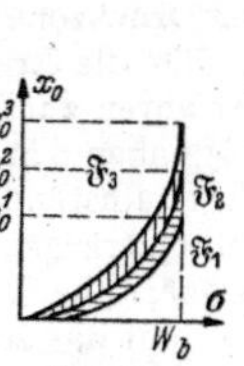

Abb. 88

Die Betondruckkraft ist größer als bei dreieckförmiger Verteilung der Spannungen. Bezeichnet α das Verhältnis der Druckspannungsfläche $\int_0^{x_0} \sigma \cdot dv$ zu dem umschriebenen Rechteck $W_b \cdot x_0$ und β das Verhältnis von Schwerpunktabstand dieser Fläche zu Nullinienabstand, so erhält man

die maximale Druckkraft $D = \alpha \cdot b \cdot x_0 \cdot W_b$ (60)

und den Schwerpunktabstand $\beta \cdot x_0$. (61)

Wegen der Affinität aller $\sigma_b - v$-Linien für ein und denselben Beton und annähernd auch für ein und dieselbe Betongüte ist der Völligkeitsgrad α und auch der Beiwert β konstant. Mit Abb. 88 gilt:

$$\frac{\mathfrak{F}_1}{W_b\, x_{01}\, b} = \frac{\mathfrak{F}_2}{W_b\, x_{02}\, b} = \frac{\mathfrak{F}_3}{W_b\, x_{03}\, b} = \text{const} = \alpha .$$

Mörsch hat auf Grund von Versuchsergebnissen [*15*] für Betone mit verschiedenen Prismenfestigkeiten K_b die $\sigma - \varepsilon$-Linien sowie Kurven der Beiwerte α und $(1-\beta)$ mitgeteilt (Abb. 89 und 90).

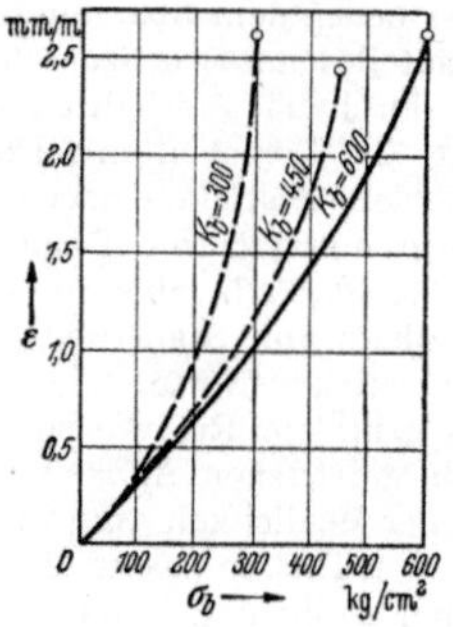

Abb. 89. Bis zum Bruch ausgedehnte $\sigma - \varepsilon$-Linie (nach [*15*])

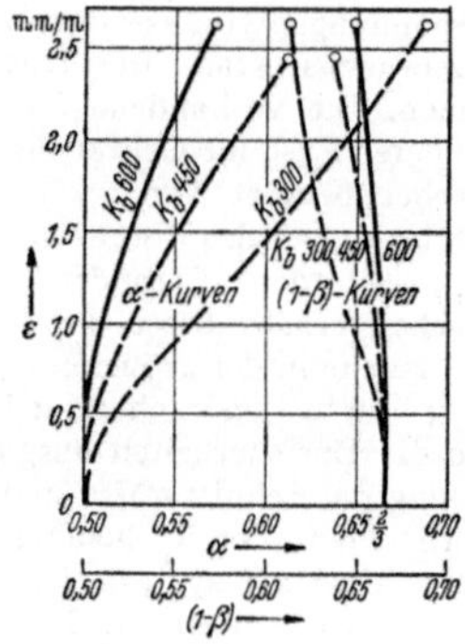

Abb. 90. Beiwerte α u. $(1-\beta)$ (nach [*15*])

Die in Abb. 86 bis 90 gezeigten $\sigma - \varepsilon$-Kurven, die ihre hohle Seite der ε-Achse zuweisen, sind in Kurzzeitversuchen ermittelt. Ob sie diesen Charakter im Langzeitversuch beibehalten, erscheint fraglich.

Mehmel [*19a*], *Treiber* [*19b*] haben bei häufig wiederholten Belastungen festgestellt, daß die $\sigma - \varepsilon$-Kurve ihre Krümmung umkehren und ihre hohle Seite der Spannungsachse zuweisen kann, d. h. es kann $\alpha < 0{,}5$ werden; über die Auswirkung auf die Ergebnisse des „n-freien" Bemessungsverfahrens vgl. [*19e*]. Ähnliche Beobachtungen bei druckbeanspruchtem Marmor teilt *Bach* [*19c*] mit. Zur Zeit wird durchweg in allen Ländern mit $\sigma - \varepsilon$-Kurven gerechnet, die ihre hohle Seite der ε-Achse zukehren, d. h. mit $\alpha > 0{,}5$ [*19d*].

In allen Fällen müssen die

geometrischen Bedingungen $\varepsilon_v = \varepsilon_1 \cdot v$ und die

statischen Bedingungen $D = Z$

$$M_a = M_i = D \cdot z, \quad \text{wo } z = h - \beta \cdot x_0 = Z \cdot z$$

erfüllt sein.

Der Bruch eines auf Biegung beanspruchten Balkens kann durch Versagen der Druckzone oder durch das Versagen der Bewehrung eintreten.

Für die Ermittlung des Bruchmomentes stehen zeichnerische und rechnerische Verfahren zur Verfügung. Die von *Mörsch* angegebenen zeichnerischen Verfahren [*15*] haben den Vorzug großer Anschaulichkeit, sind aber im praktischen Gebrauch etwas umständlich. Bewirken die äußeren Kräfte nur reine Biegung bzw. Biegung mit Querkraft, so stehen für den Sonderfall des Rechteckquerschnittes bequeme rechnerische Verfahren zur Verfügung. Bei Biegung mit Normalkraft ist man z. Z. auf das zeichnerische Verfahren angewiesen.

1. Zeichnerische Ermittlung

a) Beanspruchung durch reine Biegung

Man trägt am Druckrand die der Betonfestigkeit W_b entsprechende Bruchstauchung $_{\max}\varepsilon_b$ an (Abb. 91).

Die Versuchswerte für $_{\max}\varepsilon_b$ weisen eine sehr starke Streuung auf. Die „Richtlinien für vorgespannte Bauteile" [*18*] empfehlen einen max. Stauchungswert von 2‰ zugrunde zu legen.

Von $_{\max}\varepsilon_b$ ausgehend zeichnet man verschiedene ε-Gerade und erhält so für verschiedene Lagen der NL verschiedene $\bar{\varepsilon}_e$-Werte. Für jede NL errechnet man die

Druckkraft $D = \alpha \cdot b \cdot x_0 \cdot W_b$

und die Zugkraft $Z = \Sigma F_{ev} \cdot \sigma_e$

und trägt diese Werte in Höhe der betreffenden NL waagrecht ab. Die Verbindung der einzelnen Werte ergibt die Druck- und Zugkraftlinie (D- und Z-Linie).

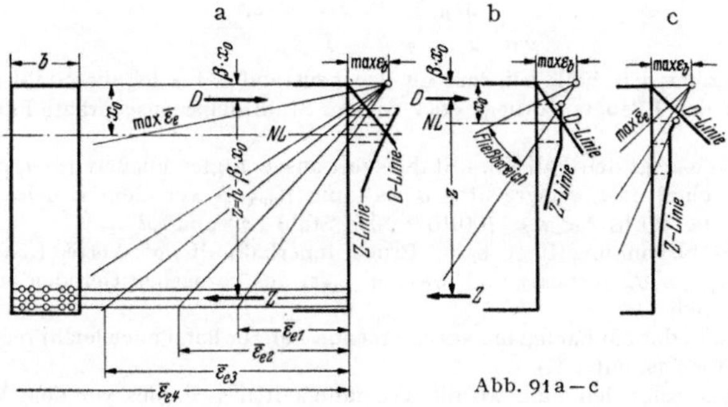

Abb. 91 a–c

Ist b konstant so bildet die Druckkraftlinie D eine Gerade. Ist b veränderlich, so sind die Beiwerte α und β nicht mehr zu verwenden, und man muß die Druckkraft unter unmittelbarer Verwendung der $\sigma_b - \varepsilon_b$-Linie abschnittsweise ermitteln.

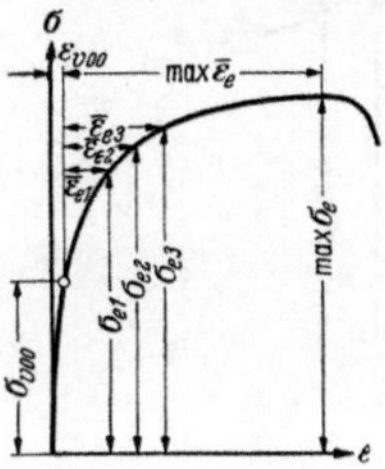

Abb. 92. $\sigma - \varepsilon$-Linie eines Stahles ohne Fließgrenze

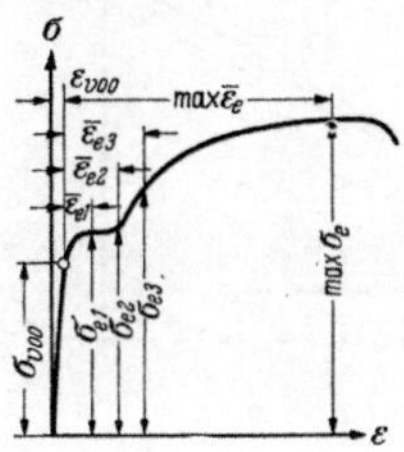

Abb. 93. $\sigma - \varepsilon$-Linie eines Stahles mit Fließgrenze

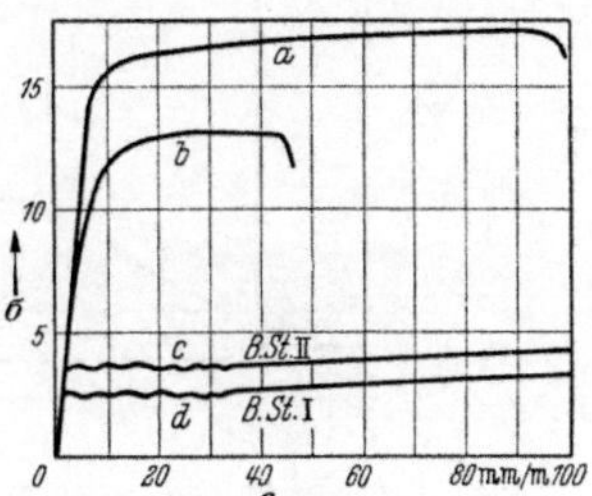

Abb. 94. $\sigma - \varepsilon$-Linien verschiedener Stähle

Die den einzelnen Stahldehnungen $\overline{\varepsilon}_{e1}$, $\overline{\varepsilon}_{e2}$ ... entsprechenden σ_e-Werte entnimmt man dem $\sigma - \varepsilon$-Diagramm des betreffenden Stahles. Dabei werden die Dehnungen $\overline{\varepsilon}_{e1}$, $\overline{\varepsilon}_{e2}$ ... von der Stelle in der $\sigma - \varepsilon$-Linie aus gerechnet, die dem Wert σ_{v00} entspricht, da die Betonfaser in der Höhe der Bewehrung spannungslos ist. Dies entspricht dem Zustand bei Herstellung im Spannbett vor Lösen der Verankerung.

Bei Vorspannung mit nachträglichem Verbund bestimmt sich der fiktive Spannungswert σ_{v00} wie folgt:

$$V_0 = F_{ev} \cdot \sigma_{v0}$$

$$V_{00} = F_{ev} \cdot \sigma_{v00}.$$

Es muß nach Abb. 95 sein

$$V_0 \cdot \delta'_{b1} = (V_{00} - V_0) \cdot \delta'_{e1}$$

$$V_{00} = V_0 (\delta'_{b1} + \delta'_{e1})/\delta'_{e1}. \qquad (62)$$

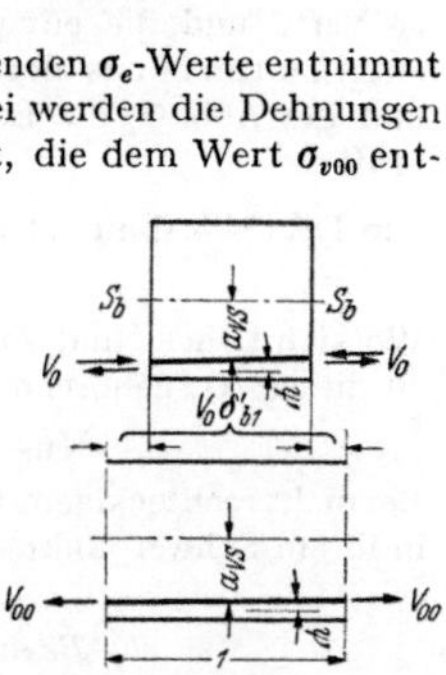

Abb. 95

Dabei ist

$$\left.\begin{aligned} \sigma_{v00} &= V_{00}/F_{ev} \\ \delta'_{b1} &= \frac{1}{E_b} \cdot \left(\frac{1}{F_b} + \frac{a_{vs}^2}{I_b}\right), \quad \delta'_{e1} = \frac{1}{E_e F_e} \cdot \frac{1}{\cos\psi}\, . \end{aligned}\right\} \qquad (63)$$

Die Lage der tatsächlichen NL ist durch den Schnittpunkt der D- und der Z-Linie gegeben ($\Sigma H = 0$). Das Bruchmoment ist dann

$$M_{\mathrm{Br}} = D \cdot z = Z \cdot z, \tag{64}$$

$$\text{wo} \quad z = h - \beta \cdot x_0. \tag{65}$$

Abb. 91 a zeigt den Fall, bei dem im Bruchzustand entweder die Stahlspannung unterhalb der Fließgrenze liegt oder wo der Stahl keine ausgeprägte Fließgrenze besitzt.

Abb. 91 b zeigt den Fall eines Stahles mit ausgeprägter Fließgrenze σ_s (Abb. 93) oder mit einer fast waagrechten $\sigma - \varepsilon$-Linie ($_{\max}\sigma_e$) vor dem Bruch. (Abb. 94 Stahl „a" bei $20.10^{-3} < \varepsilon < 100.10^{-3}$ oder Stahl „c" und „d".)

Die Stahlspannung liegt beim Bruch innerhalb dieser Werte ($Z = F_{ev} \cdot \sigma_s$ bzw. $= F_{ev} \cdot {}_{\max}\sigma_e = \text{const}$), und die von $_{\max}\varepsilon_b$ aus gezogenen Geraden begrenzen diesen Bereich.

Es ist dies der am häufigsten vorkommende Fall; er kann auch leicht rechnerisch erfaßt werden (s. unter G).

Abb. 91 c zeigt den Fall, wo die Tragfähigkeit des Stahles vor dem Versagen der Druckzone erschöpft ist. Für diesen Fall ist das Bruchmoment nach Abb. 96 zu bestimmen.

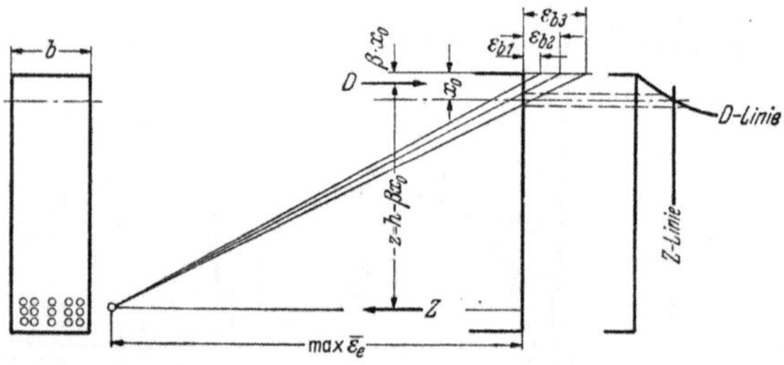

Abb. 96

Man geht von der Bruchspannung $_{\max}\sigma_e$ und der dazugehörigen Dehnung $_{\max}\bar{\varepsilon}_e$ aus und trägt die letztere in der Schwerachse der Bewehrungsstäbe auf. Davon ausgehend zeichnet man verschiedene ε-Gerade und erhält so verschiedene ε_b-Werte und die entsprechenden Nullinien. Zu jeder dieser Betonstauchungen entnimmt man aus der $\sigma - \varepsilon$-Linie des Betons den dazugehörigen Spannungswert und der Abb. 90 die Beiwerte α und β. Für jede NL ergibt sich dann die Druckkraft zu

$$D = \alpha \cdot b \cdot x_0 \cdot \sigma_b.$$

Die Druckkaftlinie ist hier keine Gerade mehr. Die Zugkraft ist für jede NL

$$Z = \Sigma F_{ev} \cdot {}_{\max}\sigma_e. \tag{66}$$

Wo sich Druck- und Zugkraftlinie schneiden, liegt die tatsächliche NL. Mit dem zu dieser NL gehörenden ε_b bestimmt man wie oben σ_b, α und β und erhält

$$M_{\mathrm{Br}} = Z \cdot z = \Sigma F_{ev} \cdot {}_{\max}\sigma_e \cdot (h - \beta \cdot x_0). \tag{67}$$

Bei nicht rechteckigem Querschnitt ermittelt man zu jeder ε-Geraden $\Sigma \Delta F \cdot \sigma_b = D$ in ihrem Schwerpunkt.

b) Beanspruchung durch außermittige Normalkraft

Bei einem exzentrisch gedrückten Querschnitt bleibt entweder die Außermittigkeit e konstant, und es ist der Größtwert von N zu bestimmen, der den Bruch herbeiführt, oder es bleibt N konstant, und es ist die größte Außermittigkeit zu bestimmen, bei der der Bruch eintritt.

α) e = konstant, gesucht $_{\max}N$ (rechteckiger Betondruckquerschnitt vorausgesetzt).

Man trägt wieder am gedrückten Rand ${}_{\max}\varepsilon_b$ ab, zeichnet mehrere ε-Gerade und bestimmt wie unter a) für jede Lage der NL die Druckkraft D und die Zugkraft Z. Letztere ermittelt man als Summe der Zugkräfte der einzelnen Bewehrungsstränge und läßt sie im Schwerpunkt der Gesamtbewehrung angreifen. Aus der statischen Bedingung $M_a = M_i$ ergibt sich mit den Bezeichnungen der Abb. 97

$$D \cdot e_d = Z \cdot e_z.$$

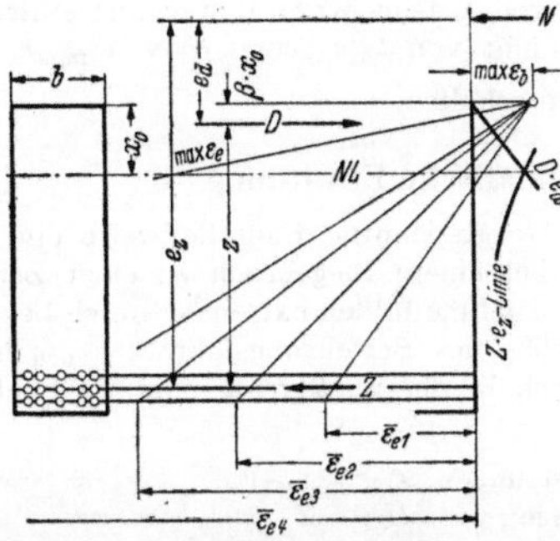

Abb. 97a

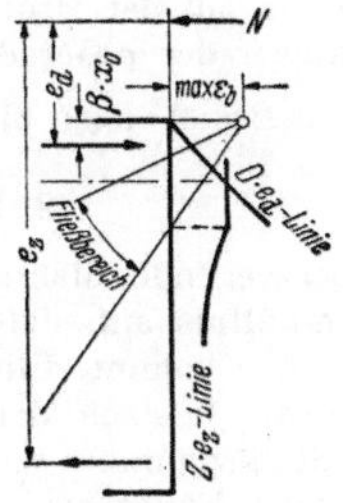

Abb. 97b

Man bildet für jede ε-Gerade diese Produkte und trägt sie in Höhe der betreffenden NL senkrecht zum Querschnitt auf. Aus dem Schnittpunkt der $D \cdot e_d$- und der $Z \cdot e_z$-Linie erhält man die tatsächliche Lage der NL (x_0). Man bestimmt dafür wie oben D und Z und erhält

$$_{\max}N = D - Z. \tag{68}$$

Abb. 97a zeigt wieder den Fall, bei dem sich die Bewehrung beim Bruch im elastischen Bereich befindet, und Abb. 97b den Fall, bei dem sie sich im Fließbereich befindet.

In beiden Fällen tritt der Bruch durch Versagen der Druckzone ein.

β) N = konstant, gesucht ${}_{\max}e$.

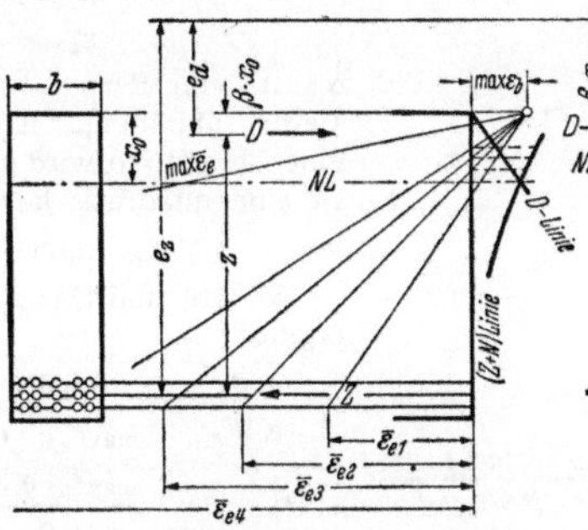

Abb. 98a

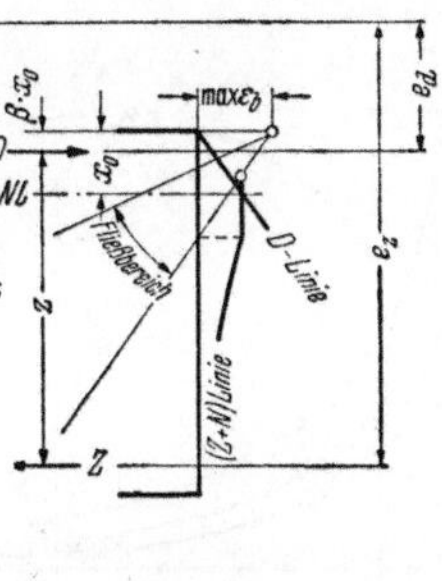

Abb. 98b

Man bestimmt wie unter b α) für verschiedene ε-Gerade D und Z. Da aus der Bedingung des statischen Gleichgewichts

$$N = D - Z \quad \text{oder} \quad D = Z + N$$

folgt, erhält man aus dem Schnittpunkt der D- und der $(Z + N)$-Linie die Lage der NL (x_0).

Dann ist nach Abb. 98

$$e_d = e_s - (h - \beta \cdot x_0).$$

Aus der Momentgleichung

$$Z \cdot e_z = D \cdot e_d \qquad e_z = {}_{\max}e_z$$

erhält man

$$Z \cdot {}_{\max}e_z = D \cdot e_z - D \cdot (h - \beta \cdot x_0)$$

$${}_{\max}e_z = D \cdot (h - \beta \cdot x_0)/(D - Z)$$

$${}_{\max}e_z = D \cdot (h - \beta \cdot x_0)/N. \tag{69}$$

Für den Fall, daß der Bruch durch Versagen der Bewehrung eintritt, hat man beim Auftragen der ε-Geraden nicht von ${}_{\max}\varepsilon_b$, sondern von ${}_{\max}\bar{\varepsilon}_e$ auszugehen. Alle anderen Beziehungen bleiben erhalten.

2. Rechnerische Ermittlung

Die überwiegende Mehrzahl vorgespannter Bauteile weist ein solches Bewehrungsverhältnis auf, daß es bei einem Biegebruch zu einer Zerstörung der Betondruckzone kommt. Eine Ausnahme bilden extrem schwach bewehrte Querschnitte [*19d*]. Je nach der Größe des Bewehrungsfaktors μ_{vorh} befindet sich dabei die Stahlspannung σ_e unterhalb der Fließgrenze oder im Fließbereich. Es müssen in allen Fällen die

geometrischen Bedingungen $\varepsilon = \varepsilon_1 \cdot v$

und die statischen Bedingungen $D = Z$

$$M_a = M_i = D \cdot z = Z \cdot z$$

erfüllt sein.

Mit der Abb. 91 erhält man die geometrische Bedingung

$${}_{\max}\varepsilon_b/({}_{\max}\varepsilon_b + \bar{\varepsilon}_e) \cdot h = x_0 = \xi \cdot h$$

und daraus

$$\xi = {}_{\max}\varepsilon_b/({}_{\max}\varepsilon_b + \bar{\varepsilon}_e). \tag{70}$$

Aus den statischen Bedingungen

$$D = \alpha \cdot b \cdot x_0 \cdot W_b = \alpha \cdot b \cdot \xi \cdot h \cdot W_b = Z = \sigma_e \cdot F_e = \mu \cdot b \cdot h \cdot \sigma_e$$

folgt

$$\xi = \mu\sigma_e/\alpha W_b \tag{71}$$

$$M_{\text{Br}} = D \cdot z = \alpha \cdot b \cdot h^2 \xi \cdot (1 - \beta \cdot \xi) \cdot b W_b \tag{72a}$$

$$M_{\text{Br}} = Z \cdot z = \mu \cdot b \cdot h^2 \cdot (1 - \beta \cdot \xi) \cdot \sigma_e. \tag{72b}$$

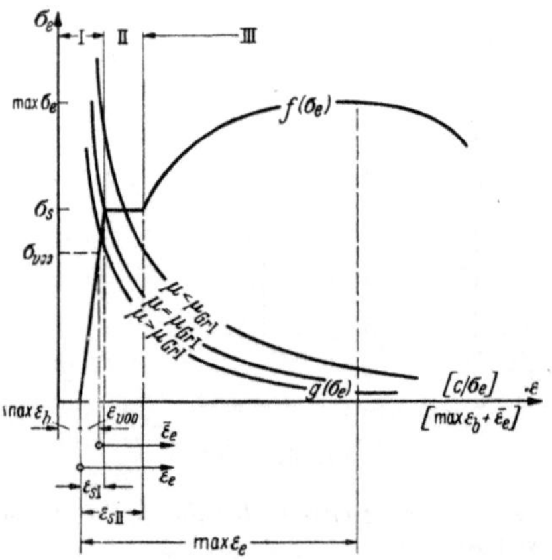

Abb. 99 (nach [*17*])

Dabei ist nach Abb. 92

$$\bar{\varepsilon}_e = \varepsilon_e - \varepsilon_{v00} = f(\sigma_e).$$

α ist von der $\sigma - \varepsilon$-Linie des Betons abhängig. Ist diese Linie eine Gerade, so wird $\alpha = 0{,}5$; ist sie eine quadratische Parabel, so wird $\alpha = 0{,}667$.

Gl. (70) und (71) gleichgesetzt ergibt

$$\frac{\mu\,\sigma_e}{\alpha\,W_b} = \frac{{}_{\max}\varepsilon_b}{{}_{\max}\varepsilon_b + \bar{\varepsilon}_e} \tag{73}$$

$${}_{\max}\varepsilon_b + \bar{\varepsilon}_e = \frac{{}_{\max}\varepsilon_b \cdot \alpha\,W_b}{\mu\,\sigma_e} = \frac{c}{\sigma_e}. \tag{73a}$$

In Abb. 99 sind die beiden Dehnungsfunktionen

$$({}_{\max}\varepsilon_b + \bar{\varepsilon}_e) = f(\sigma_e)$$

und

$$(c/\sigma_e) = g(\sigma_e)$$

aufgetragen. Bei einem Stahl mit deutlich ausgeprägter Streckgrenze hat die $f(\sigma_e)$-Linie den in Abb. 99 dargestellten Verlauf, bei dem sich für die Lage des Schnittpunktes beider Funktionen drei Bereiche ergeben [*17*].

Im einzelnen bedeutet die Lage des Schnittpunktes im

Bereich I, Stahl beim Bruch im Proportionalitätsbereich,
Bereich II, Stahl beim Bruch im Fließbereich,
Bereich III, Stahl beim Bruch im Verfestigungsbereich.

Den Bewehrungsgrenzwert μ_{GrI}, bei dem die (c/σ_e)-Linie bei sonst gleichem α, W_b und ${}_{\max}\varepsilon_b$ die $({}_{\max}\varepsilon_b + \bar{\varepsilon}_e)$-Linie an der Grenze zwischen Bereich I und II trifft, erhält man aus (73)

$$\mu_{\text{GrI}} = {}_{\max}\varepsilon_b/({}_{\max}\varepsilon_b + \bar{\varepsilon}_{sI}) \cdot \alpha \cdot W_b/\sigma_s. \tag{74}$$

a) Versagen der Druckzone

Ist $\mu_{\text{vorh}} < \mu_{\text{GrI}}$, so befindet sich der Stahl beim Bruch im Fließbereich II, und es wird nach (71) und (72)

$$M_{\text{Br}} = \mu_{\text{vorh}}\, b \cdot h^2 \left(1 - \beta \cdot \frac{\mu_{\text{vorh}}}{\alpha} \frac{\sigma_s}{W_b}\right) \cdot \sigma_s. \tag{75}$$

Da dieser Fall den Regelfall darstellt, ist in den Richtlinien für vorgespannte Bauteile [*18*] die folgende vereinfachte Berechnungsweise für die Bestimmung des Bruchmomentes angegeben:

Biegungsdruckkraft für ganz oder annähernd rechteckige Querschnitte:

$$D = 0{,}75 \cdot 2/3 \cdot W_b \cdot F_{bd} = 0{,}5 \cdot W_b \cdot b \cdot x_0 \tag{76a}$$

Biegungszugkraft $Z = F_{ev} \cdot \sigma_s$ (76b)

Innerer Hebelarm $z = h - 0{,}4 \cdot x_0$ (76c)

Bruchmoment $M_{\text{Br}} = Z \cdot z$ (76d)

Darin bedeuten 0,75 Völligkeitsbeiwert α

2/3 Abminderungsbeiwert

0,4 Beiwert β.

Aus der Beziehung $D = Z$ wird x_0 bestimmt und in (76c) eingesetzt.

Ist $\mu_{\text{vorh}} > \mu_{\text{GrI}}$, so befindet sich der Stahl beim Bruch im elastischen Bereiche I.

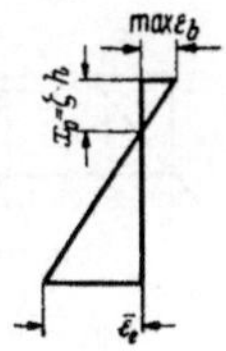

Abb. 100

Es ist

$$\varepsilon_e = \sigma_e/E_e \quad \text{und} \quad \bar{\varepsilon}_e = (\sigma_e - \sigma_{v00})/E_e.$$

Dann lautet Gl. (73a) (vgl. Abb. 100)

$${}_{\max}\varepsilon_b + (\sigma_e - \sigma_{v00})/E_e = {}_{\max}\varepsilon_b \cdot \alpha \cdot W_b/\mu \cdot \sigma_e;$$

$$\sigma_e^2 \cdot \mu/E_e + \sigma_e \cdot \mu \cdot {}_{\max}\varepsilon_b - \sigma_e \cdot \sigma_{v00} \cdot \mu/E_e - {}_{\max}\varepsilon_b \cdot \alpha \cdot W_b = 0$$

$$\sigma_e^2 + \sigma_e \cdot ({}_{\max}\varepsilon_b\, E_e - \sigma_{v00}) - {}_{\max}\varepsilon_b \cdot \alpha \cdot W_b \cdot E_e/\mu = 0$$

$$\sigma_e = -\frac{{}_{\max}\varepsilon_b\, E_e - \sigma_{v00}}{2} + \sqrt{\frac{({}_{\max}\varepsilon_b \cdot E_e - \sigma_{v00})^2}{4} + \frac{{}_{\max}\varepsilon_b \cdot \alpha \cdot W_b\, E_e}{\mu}}$$

$$\sigma_e = \frac{{}_{\max}\varepsilon_b\, E_e - \sigma_{v00}}{2} \cdot \left[\sqrt{1 + \frac{4\, {}_{\max}\varepsilon_b\, \alpha \cdot W_b \cdot E_e}{\mu\, ({}_{\max}\varepsilon_b\, E_e - \sigma_{v00})^2}} - 1\right] \tag{77}$$

Unter Verwendung von Gl. (71) und (72) wird dann

$$M_{\text{Br}} = F_e \cdot h \left(1 - \beta \frac{\mu_{\text{vorh}} \cdot \sigma_e}{\alpha \cdot W_b}\right) \sigma_e. \tag{78}$$

b) Versagen der Bewehrung

Ist $\mu_{\text{vorh}} < {}_{\max}\varepsilon_b/({}_{\max}\varepsilon_b + {}_{\max}\bar{\varepsilon}_e) \cdot \alpha \cdot W_b/{}_{\max}\sigma_e$, wo ${}_{\max}\sigma_e$ die Bruchspannung des Stahles ist, so bedeutet dies, daß der Stahl Bruch- und Dehnungsgrenze erreicht, ohne daß gleichzeitig auf der Betonseite ${}_{\max}\varepsilon_b$ und W_b eintritt. Es liegt dann der Fall eines extrem schwach bewehrten Balkens vor (Abb. 41).

H. Ermittlung der Hauptspannungen (Schubsicherung)

Für die Schubsicherung ist die Größe der schrägen Hauptzugspannungen zu bestimmen. Aus den unter G dargelegten Gründen hat die Ermittlung für den Gebrauchszustand (Lastfall $v + \varphi + g + p$) und für den Zustand (Lastfall $v + \varphi + 1{,}75\,(g + p)$) zu erfolgen. Überschreiten diese Spannungen einen bestimmten Wert, so ist die Aufnahme der diesen Spannungen entsprechenden schrägen Hauptzugkräfte nachzuweisen.

Zunächst ist festzustellen, ob für den betreffenden Lastfall Zustand I (homogener Querschnitt) oder Zustand II (gerissene Zugzone) vorliegt. In der Regel ist für den Lastfall $(v + \varphi + g + p)$ Zustand I und für den Lastfall $(v + \varphi + 1{,}75\,(g + p))$ Zustand II vorhanden.

1. Zustand I

Die Hauptzugspannung in einem beliebigen Punkt des Balkens ergibt sich zu

$$\sigma_I = 1/2\,(\sigma_x + \sigma_y) + 1/2\sqrt{(\sigma_x - \sigma_y)^2 + 4\,\tau^2}. \qquad (79)$$

In der Abb. 101 ist der Verlauf der Hauptzugspannung über die Querschnittshöhe bei voller (a) und bei beschränkter (b) Vorspannung aufgetragen. Für die Bemessung ist der in der Nullinie bzw. der im Bereich der Druckspannungen auftretende Maximalwert der schrägen Hauptzugspannung maßgebend. Die τ-Spannungen sind für einen durch Biegung und Normalkraft beanspruchten Querschnitt zu ermitteln.

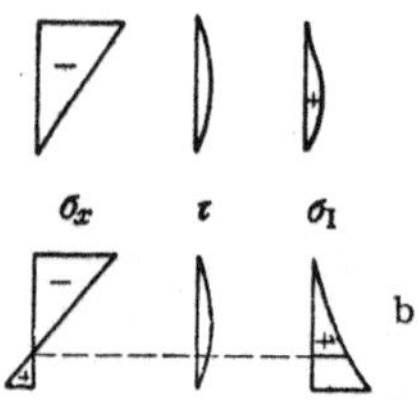

Abb. 101 a, b

a) Konstanter Querschnitt (Abb. 102)

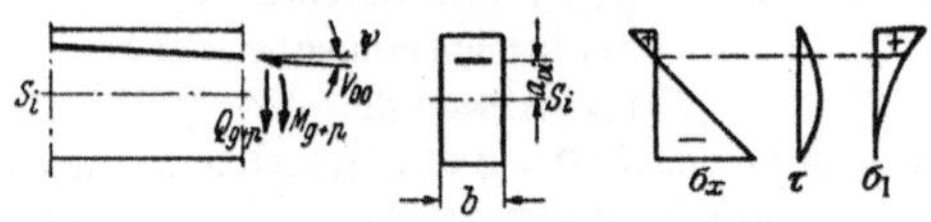

Abb. 102

$$Q' = Q_{g+p} - V_{00} \cdot \sin\psi \qquad \tau = Q' \cdot \mathfrak{S}/I_i \cdot b. \qquad (80)$$

b) Veränderlicher Querschnitt (Abb. 103)

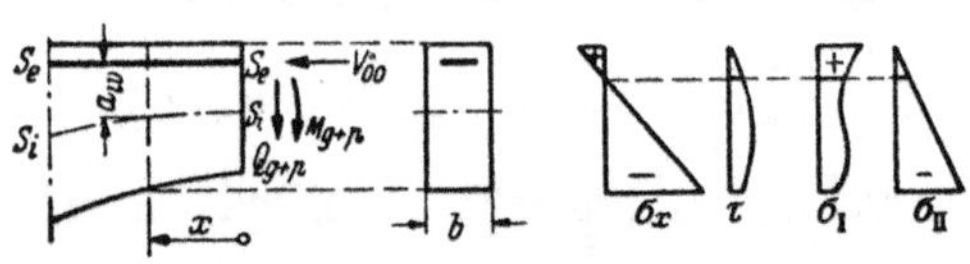

Abb. 103

$$I_i \text{ und } F_i = f(x) \text{ vgl. [1a] S. 695}$$

In der Abb. 104 müssen in der waagrechten Fuge I—I zwischen den senkrechten Schnitten an der Stelle (x) und $(x + dx)$ die gesamten Schubspannungen gleich der Zunahme der Normalspannungen von (x) nach $(x + dx)$ sein:

$$b \cdot \tau \cdot dx = \int_{y=a_I}^{y=a_0} d\sigma \cdot dF$$

$$N = V_{00} \cdot \cos\psi \quad Q' = Q_{g+p} - V_{00} \cdot \sin\psi$$

$$M = M_{g+p} - V_{00} \cdot \cos\psi \cdot a_{vi} \qquad \sigma = -N/F_i + M/I_i \cdot y$$

Da bei der Ermittlung der Spannung σ die ideellen Querschnittswerte F_i und I_i verwendet sind, muß als Vorspannkraft die Spannbettkraft V_{00} eingesetzt werden. (Ermittlung von V_{00} bei Vorspannung mit nachträglichem Verbund nach Gl. (62).)

Dabei sind M, y, F_i und I_i mit x veränderlich

$$d\sigma = +\frac{N\,dF_i}{F_i^2} + \frac{I_i(dM\cdot y + M\cdot dy) - M\cdot y\cdot dI_i}{I_i^2}.$$

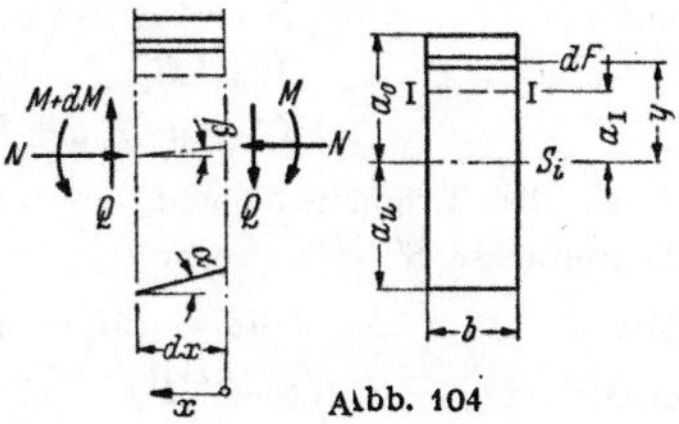

Abb. 104

Nach Abb. 104 ist: $dM = Q\cdot dx - N\cdot dx\cdot \operatorname{tg}\beta$; $dy = dx\cdot\operatorname{tg}\beta$

$$d\sigma = +\frac{N\,dF_i}{F_i^2} + \frac{Q\cdot dx\cdot y - N\cdot dx\cdot\operatorname{tg}\beta\cdot y}{I_i} - \frac{M\cdot dx\cdot\operatorname{tg}\beta}{I_i} - \frac{M\cdot y\cdot dI_i}{I_i^2}$$

$$b\cdot\tau = \frac{N\cdot dF_i}{F_i^2\,dx}\int\limits_{y=a_I}^{y=a_0} dF + \frac{Q - N\cdot\operatorname{tg}\beta}{I_i}\int\limits_{y=a_I}^{y=a_0} dF\cdot y - \frac{M\cdot\operatorname{tg}\beta}{I_i}\int\limits_{y=a_I}^{y=a_0} dF$$

$$- \frac{M\,dI_i}{I_i^2\,dx}\int\limits_{y=a_I}^{y=a_0} dF\cdot y$$

$$\left.\begin{aligned}&\int\limits_{a_I}^{a_0} dF = \mathfrak{F} = \text{Querschnittsfläche oberhalb Schnitt I–I}\\ &\int\limits_{a_I}^{a_0} dF\cdot y = \mathfrak{S} = \text{Statisches Moment von } \mathfrak{F} \text{ in bezug auf } S_i - S_i\end{aligned}\right\} \quad (81)$$

$$b\cdot\tau = \left[\left(\frac{Q - N\cdot\operatorname{tg}\beta}{I_i} - \frac{M}{I_i^2}\frac{dI_i}{dx}\right)\cdot\mathfrak{S} + \left(\frac{N}{F_i^2}\frac{dF_i}{dx} + \frac{M}{I_i}\cdot\operatorname{tg}\beta\right)\cdot\mathfrak{F}\right]. \quad (82)$$

Für den unteren Rand wird $\mathfrak{S} = 0$ und $\mathfrak{F} = F_i$.

2. Zustand II

In der Nullinie und darunter gilt: $\sigma_I = \tau_0$

Zunächst ist für den betreffenden Lastfall die Größe der Stahlspannung σ_{ev} in der Vorspannbewehrung zu bestimmen. Nur wenn diese unterhalb der Fließgrenze des Stahles bleibt, ist die Vorspannung noch wirksam. τ ist dann für einen durch Biegung und Normalkraft beanspruchten Querschnitt mit gerissener Zugzone zu ermitteln. Fällt die 1,75fache Last nahezu oder ganz mit der Bruchlast zusammen, so befindet sich in der Mehrzahl der Fälle (vgl. Abb. 91b) die Vorspannbewehrung im Fließbereich. Die damit verbundenen plastischen Formänderungen machen die durch elastische Dehnung erzeugte Vorspannkraft unwirksam, und τ ist für einen durch reine Biegung beanspruchten Querschnitt mit gerissener Zugzone zu ermitteln.

a) $$\sigma_{ev} < \sigma_s.$$

α) *Konstanter Querschnitt* (Abb. 105).

Es muß wieder sein: $b\cdot\tau\cdot dx = \int dF\cdot d\sigma$ (vgl. 1b).

Man bestimmt nach den üblichen Verfahren den Nullinienabstand x_0 (Kubische Gleichung). Streng betrachtet ändert sich x_0 beim Fortschreiten um dx.

Diese Änderung kann man vernachlässigen, und man erhält dann

$$\sigma = -N/F' + M/I' \cdot y$$

mit

$$N = V_{00} \cdot \cos \psi$$

$$M = M_{g+p} + V_{00} \cdot \cos \psi \cdot a_{vi}$$

$$F' = n \cdot F_{ev} + F_{b\,\text{Druckzone}} = \text{const}$$

I' ist das Trägheitsmoment des wirksamen Querschnitts in bezug auf dessen Schwerachse S'—S' = const.

Mit $\qquad d\sigma = dM/I' \cdot y \quad$ und $\quad dM = Q \cdot dx$

erhält man $\qquad \tau = Q \cdot \mathfrak{S}'/I'\,b \qquad \mathfrak{S}' = n \cdot F_{ev} \cdot (a_u + a_{vi} - x_0).$ (83)

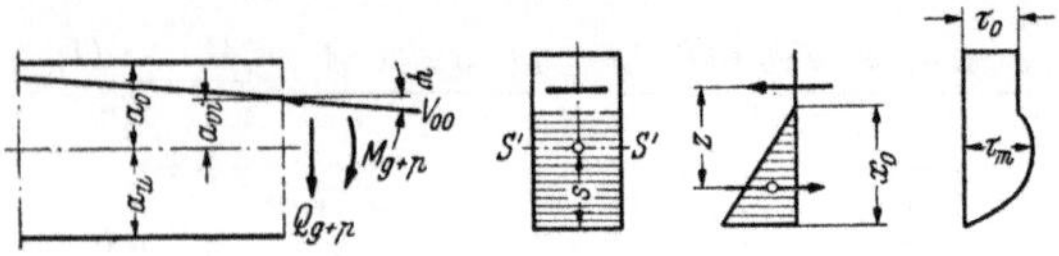

Abb 105

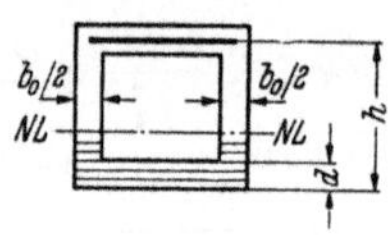

Abb. 106

Im Hinblick auf die Hauptzugspannung ist nur die Größe von τ_0 von Interesse, da bereits bei nur mäßiger Außermittigkeit $\sigma_I \lesssim |\tau_0|$ (τ_0 wird kleiner als bei reiner Biegung) [1].

Bei einem Kasten- oder I-Querschnitt nach Abb. 106 erhält man für τ_0 einen genügend genauen, u. U. zu großen Wert mit

$$\tau_0 = Q/b_0\,(h - d/2). \tag{84}$$

β) *Veränderlicher Querschnitt* (vgl. [1] S. 238).

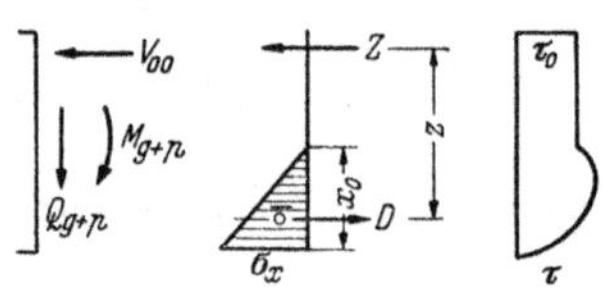

Abb. 107

Bei analoger Anwendung der unter 1a) und 2aα) gegebenen Ableitungen erhält man:

$$b \cdot \tau_0 = Q/z - N/z \cdot \operatorname{tg}\beta - M/z^2 \cdot \operatorname{tg}\beta \tag{85}$$

Bei einem Kasten- oder ähnlichen Querschnitt ist der Abstand des Druckschwerpunktes vom gedrückten Rand nahezu konstant, und man kann an Stelle von tg β genau genug tg α setzen.

b) $\qquad \sigma_{ev} \gtrsim \sigma_s$

Bezeichnet z_{Br} den Hebelarm der inneren Kräfte im Bruchzustand (vgl. G), dann erhält man bei konstantem Querschnitt

$$\sigma_I = \tau = Q/b\,z_{Br} \tag{86}$$

und bei veränderlichem Querschnitt

$$\sigma_I = \tau = \frac{1}{b \cdot z_{Br}} \cdot \left(Q - \frac{M \cdot \operatorname{tg}\alpha}{0{,}9\,h}\right). \tag{87}$$

I. Rechenbeispiel

Bei vorgespannten Bauteilen muß die Berechnung folgende Nachweise enthalten:

Nachweis der Einhaltung der zulässigen Spannungen unter Gebrauchslast.
Nachweis der Rißsicherheit.
Nachweis der Bruchsicherheit.

Im folgenden wird der Spannungsnachweis für den Schnitt $A-A$ des Kragarmes der Abb. 108 geführt. Es ist beschränkte Vorspannung mit nachträglichem Verbund gewählt. Die Vorspannbewehrung wird durch Rundstahl ∅ 26 aus St 90 (System Dywidag, vgl. V C 3) gebildet, als Beton ist B 450 vorgesehen. Die Vorspannung soll erfolgen, wenn die Würfelfestigkeit des Betons 85% der Würfelfestigkeit ($t = \infty$) erreicht hat.

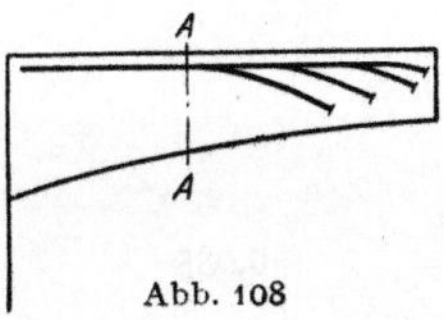

Abb. 108

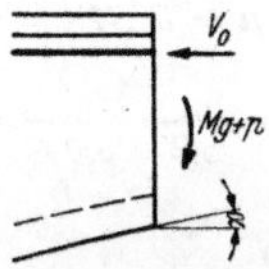

Abb. 109a

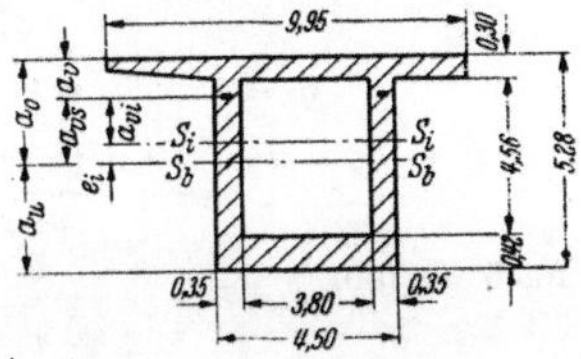

Abb. 109b

1. Querschnittswerte und Belastungsannahmen

$F_b = 7{,}94\ \text{m}^2 \qquad F_{ev} = 148\ \varnothing\ 26$
$I_b = 33{,}57\ \text{m}^4 \qquad \phantom{F_{ev}} = 785\ \text{cm}^2$
$a_0 = 2{,}30\ \text{m} \qquad a_v = 0{,}45\ \text{m}$
$a_u = 2{,}98\ \text{m} \qquad a_{vs} = 1{,}85\ \text{m}$
$M_g = 8650\ \text{mt} \qquad Q_g = 580\ \text{t}$
$M_p = 3840\ \text{mt} \qquad Q_p = 190\ \text{t}$
$E_b = 4 \cdot 10^6\ \text{t/m}^2 \qquad E_e = 21 \cdot 10^6\ \text{t/m}^2$
$n = 5{,}2$
$\varphi = 0{,}75 \cdot 2 = 1{,}5 \quad \varepsilon_s = 15 \cdot 10^{-5}$
$F_i = F_b + (n-1) \cdot F_{ev} = 7{,}94 + 4{,}2 \cdot 0{,}0785 = \quad 8{,}27\ \text{m}^2$
$e_i = (n-1) \cdot F_{ev} \cdot a_{vs}/F_i = 4{,}2 \cdot 0{,}0785 \cdot 1{,}85/8{,}27 = \quad 0{,}07\ \text{m}$
$a_{io} = 2{,}30 - 0{,}07 = \quad 2{,}23\ \text{m}$
$a_{iu} = 2{,}98 + 0{,}07 = \quad 3{,}05\ \text{m}$
$a_{vi} = 1{,}85 - 0{,}07 = \quad 1{,}78\ \text{m}$
$I_i = I_b + (n-1) \cdot F_{ev} \cdot a_{vi} \cdot a_{vs} = 33{,}57 + 0{,}33 \cdot 1{,}85 \cdot 1{,}78 = \quad 34{,}66\ \text{m}^4$

2. Nachweis der Spannungen unter Gebrauchslast

a) Normalspannungen

Lastfall g

$\sigma_{vg} \approx + n \cdot M_g \cdot a_{vi}/I_i = + 5{,}2 \cdot 8650 \cdot 1{,}78/34{,}66 = \quad + 2300\ \text{t/m}^2$
$\sigma_{bgo} = + M_g \cdot a_0/I_b = + 8650 \cdot 2{,}30/33{,}57 = \quad + 594\ \text{t/m}^2$
$\sigma_{bgu} = - M_g \cdot a_u/I_b = - 8650 \cdot 2{,}98/33{,}57 = \quad - 770\ \text{t/m}^2$

Lastfall p

$\sigma_{vp} = + n \cdot M_p \cdot a_{vi}/I_i = + 5{,}2 \cdot 3840 \cdot 1{,}78/34{,}66 = \quad + 1025\ \text{t/m}^2$
$\sigma_{bpo} = + M_p \cdot a_{io}/I_i = + 3840 \cdot 2{,}23/34{,}66 = \quad + 247\ \text{t/m}^2$
$\sigma_{bpu} = - M_p \cdot a_{iu}/I_i = - 3840 \cdot 3{,}05/34{,}66 = \quad - 338\ \text{t/m}^2$

Lastfall v

Da im Endzustand (Lastfall $g + v + p$) die zulässige Stahlspannung ($0{,}75\,\sigma_s$ bzw. $0{,}55\,\sigma_{Br}$) nicht überschritten werden darf, ergibt sich für die Vorspannung

$\sigma_{v0} \leqq {}_{zul}\sigma_v - \sigma_v - \sigma_v = 4{,}92 - 0{,}23 - 0{,}10 = 4{,}59$ t/cm²

Gewählt für den gesamten Kragarm $\sigma_{v0} =$ 4,58 t/cm²

$V_0 = F_{ev} \cdot \sigma_{v0} = 785 \cdot 4{,}58$ 3600 t

$M_{v0} = V_0 \cdot a_{vs} = 3600 \cdot 1{,}85 =$ 6660 mt

$\sigma_{bv0} = -V_0/F_b - M_{v0} \cdot a_0/I_b = -3600/7{,}94 - 6600 \cdot 2{,}3/33{,}57 = -910$ t/m²

$\sigma_{bvu} = -V_0/F_b + M_{v0} \cdot a_u/I_b = -453 + 457 \cdot 2{,}98/2{,}3 = +139$ t/m²

Lastfall φ (nach F. 2)

$$i^2 = I_b/F_b = 33{,}57/7{,}94 = 4{,}25 \quad a_{vs}^2 = 1{,}85^2 = 3{,}42$$

$$a_{vs}^2/i^2 = 3{,}42/4{,}25 = 0{,}806$$

$$\psi = 0:\quad \cos\psi = 1 \quad \mu = F_{ev}/F_b = 0{,}0785/7{,}94 = 0{,}0099$$

$$\frac{1/\cos\psi}{n \cdot \mu} = \frac{1}{5{,}2 \cdot 0{,}0099} = 19{,}42$$

nach Gl. (60)

$$a = \frac{1 + a_{vs}^2/i^2}{1 + a_{vs}^2/i^2 + 1/\cos\psi \cdot n \cdot \mu} = \frac{1{,}806}{21{,}226} = \quad 0{,}085$$

$$c = E_0 \cdot \varepsilon_s/\varphi = 4 \cdot 10^6 \cdot 15 \cdot 10^{-5}/1{,}5 = \quad 400\ \text{t/m}^2$$

$$c \cdot F_b = 400 \cdot 7{,}94 = \quad 3180\ \text{t}$$

$$M_b \cdot a_{vi} \cdot F_b/I_i = 8650 \cdot 1{,}78 \cdot 7{,}94/34{,}66 = \quad 3520\ \text{t}$$

$$r = -\frac{M_0 \cdot a_{vi} \cdot F_b/I_i - c \cdot F_b}{1 + a_{vs}^2/i^2} \cdot \frac{1}{\cos\psi} = -\frac{3520 - 3180}{1{,}806} = -\frac{340}{1{,}806} = -188$$

$$1 - e^{-a\varphi} \approx a \cdot \varphi = 0{,}085 \cdot 1{,}5 = \quad 0{,}127$$

nach Gl. (59)

$$\Delta V_\varphi = (V_0 + r) \cdot (1 - e^{-a\varphi}) = (3600 - 188) \cdot 0{,}127 = \quad 433\ \text{t}$$

$$M_{v\psi} = \Delta V_\varphi \cdot a_{vi} = 433 \cdot 1{,}78 \quad 770\ \text{mt}$$

$$\Delta\sigma_{i\varphi} = -\Delta V_\varphi/F_{ev} = -433/785 = \quad -0{,}55\ \text{t/cm}$$

$$\sigma_{b\varphi o} = +\Delta V_\varphi/F_i + M_{i\varphi} \cdot a_{io}/I_i = 433/8{,}27 + 770 \cdot 2{,}23/34{,}66 = \quad 102\ \text{t/m}^2$$

$$\sigma_{b\varphi u} = +\Delta V_\varphi/F_i - M_{i\varphi} \cdot a_{iu}/I_i = +52 - 50 \cdot 3{,}05/2{,}23 = \quad -16\ \text{t/m}^2$$

Zusammenstellung

Lastfall	σ_v (t/cm²)	σ_{bo} (t/m²)	σ_{bu} (t/m²)
$g + v$	+ 4,81	− 316	− 631
$g + v + \varphi$	+ 4,26	− 214	− 647
$g + v + p$	+ 4,91	− 69	− 969
$g + v + \varphi + p$	+ 4,36	+ 33	− 985

b) Bestimmung der Hauptzugspannungen

für den Lastfall $g + v + \varphi + p$ (nach H 1 b)

$$Q = Q_{g+p+v+\varphi} = 580 + 190 + 0 = \quad 770\ \text{t}$$

$$N = V_0 - \Delta V_\varphi = 3600 - 433 = \quad 3167\ \text{t}$$

$$M = M_{g+p+v+\varphi} = 8650 + 3840 - 6660 + 770 = \quad 6600\ \text{t}$$

Trägt man die Werte d, F_i und I_i über die Kragarmlänge auf, so erhält man:

$$\operatorname{tg}\beta \approx \operatorname{tg}\alpha = 0{,}14 \quad dF_i/dx = 0{,}11\ (\mathrm{m}) \quad dI_i/dx = 2{,}78\ (\mathrm{m}^3)$$

$$\frac{Q - N\cdot\operatorname{tg}\beta}{I_i} = \frac{770 - 3167\cdot 0{,}14}{34{,}66} = \frac{770 - 444}{34{,}66} = 9{,}40$$

$$-\frac{M}{I_i^2}\frac{dI_i}{dx} = -\frac{6600}{34{,}66^2}\cdot 2{,}78 = -15{,}30$$

$$-5{,}90$$

$$\frac{N}{F_i^2}\frac{dF_i}{dx} = \frac{3167}{8{,}27^2}\,0{,}11 = 5{,}10$$

$$\frac{M}{I_i}\operatorname{tg}\beta = \frac{6600}{34{,}66}\cdot 0{,}14 = 26{,}65$$

$$31{,}75$$

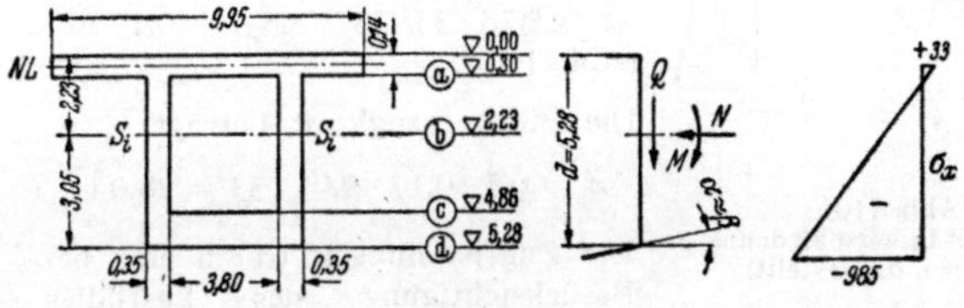

Abb. 110a

Nach Gl. (82)

$$b\cdot\tau = 31{,}75\cdot\mathfrak{F} - 5{,}90\cdot\mathfrak{S},$$

darin ist z. B.

$$\mathfrak{F}_a = F_i - F \ (\text{unterhalb Schnitt } a)$$

$$\mathfrak{S}_a = \Sigma F\ (\text{unterhalb Schnitt } a)\cdot s$$

$\mathfrak{F}_a = 8{,}27 - [3{,}80\cdot 0{,}42 + 0{,}7\,(5{,}28 - 0{,}30)]$
$= 8{,}27 - [1{,}60 + 3{,}50] = 8{,}27 - 5{,}10 =$ **3,17 m²**

$\mathfrak{F}_b = 8{,}27 - [1{,}60 + 0{,}7\,(5{,}28 - 2{,}23)]$
$= 8{,}27 - [1{,}60 + 2{,}14] = 8{,}27 - 3{,}74 =$ 4,53 m²

$\mathfrak{F}_c = 8{,}27 - 4{,}50\cdot 0{,}42 = 8{,}27 - 1{,}89 =$ 6,38 m²

$\mathfrak{F}_d = 8{,}27 - 0 =$ 8,27 m²

$\mathfrak{S}_a = 3{,}80\cdot 0{,}42\,(3{,}05 - 0{,}21) + 0{,}70\cdot 3{,}05^2/2 - 0{,}7\,(2{,}23 - 0{,}30)^2/2$
$= 4{,}43 + 3{,}25 - 1{,}30 =$ 6,38 m³

$\mathfrak{S}_b = 4{,}43 + 3{,}25 =$ 7,68 m³

$\mathfrak{S}_c = 7{,}68 - 0{,}7\,(4{,}86 - 2{,}13)^2/2 = 7{,}68 - 2{,}42 =$ 5,26 m³

$\mathfrak{S}_d =$ 0 m³

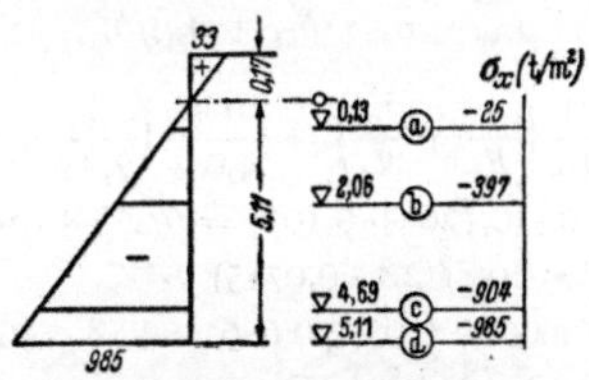

Abb. 110b

Schnitt	$\mathfrak{F}$	$31{,}75\cdot\mathfrak{F}$	$\mathfrak{S}$	$-5{,}90\,\mathfrak{S}$	$b\cdot\tau$	b	τ (t/m²)
a	3,17	101	6,38	− 38	63	9,95	6
						0,70	90
b	4,53	144	7,68	− 45	99	0,70	142
c	6,38	202	5,26	− 31	171	0,70	244
						4,50	38
d	8,27	263	0	0	263	4,50	58

nach Gl. (79)

$$\sigma_I = \sigma_x/2 + 1/2\cdot\sqrt{\sigma_x^2 + 4\,\tau^2}$$

	1	2	3	4	5	6	7	8
Schnitt	$\sigma_x/2$	$\sigma_x^2 \cdot 10^{-2}$	$\tau^2 \cdot 10^{-2}$	$4\tau^2 \cdot 10^{-2}$	$2+4$	$\sqrt{5}$	$1/2\sqrt{5}$	σ_I(t/m²)
a	− 13	6	0,36	1	7	26	13	0
	− 13	6	81,00	324	330	182	91	+ 78
b	− 199	1576	201,64	805	2381	488	244	+ 45
c	− 452	8172	595,36	2380	10552	1028	514	+ 62
	− 452	8172	14,44	58	8230	908	454	+ 2
d	− 493	9702	33,64	135	9837	992	496	+ 3

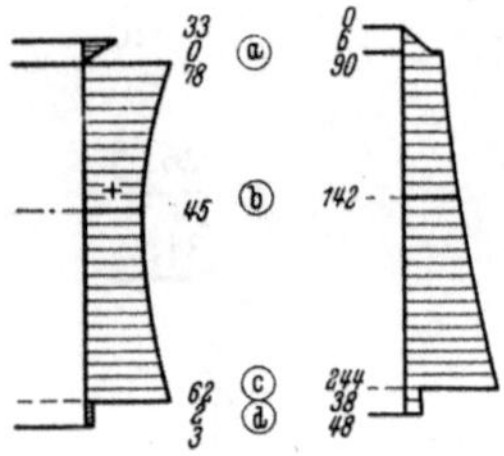

Abb. 110c
(σ_I u. τ sind in verschiedenen Maßstäben dargestellt)

Die Hauptzugspannungen werden also zahlenmäßig kleiner als die entsprechenden τ-Spannungen (Abb. 110c, links σ_I, rechts τ).

3. Nachweis der Rißsicherheit

$x = 5{,}28 \cdot 33/(33 + 985) = 0{,}17$ m (Abb. 110d).

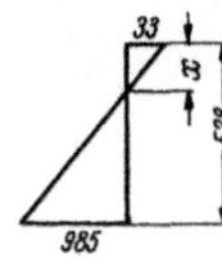

Abb. 110d

Die Biegungszugkraft beträgt

$$Z = 0{,}5 \quad 0{,}17 \cdot 9{,}95 \cdot 33 = 28{,}0 \text{ t}.$$

Die Zugspannungen treten erst bei Berücksichtigung des Lastfalles Kriechen auf. Die Reserve in der Spannbewehrung durch den Spannungsabfall $\Delta\sigma_{v\varphi}$ beträgt:

$$\Delta\sigma_{v\varphi} \cdot F_{ev} = 0{,}55 \cdot 785 = 430 \text{ t}.$$
$$430 > 28{,}0$$

4. Nachweis der Bruchsicherheit

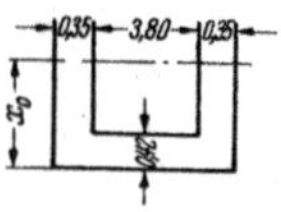

Abb. 110e

a) *Ermittlung des Bruchmomentes* (nach G. 2)

$$\mu_{\text{vorh}} = F_{ev}/F_b = 0{,}0785/7{,}94 = 0{,}0099,$$

nach Gl. (74) $\quad \mu_{\text{GrI}} = \dfrac{\max\varepsilon_b}{\max\varepsilon_b + \bar{\varepsilon}_{SI}} \cdot \dfrac{\alpha \cdot W_b}{\sigma_S}$

$$\sigma_S = 6500 \text{ kg/cm}^2 \qquad W_b = 450 \text{ kg/cm}^2$$
$$\max\varepsilon_b = 2 \cdot 10^{-3} \qquad \alpha = 0{,}75,$$

nach Gl. (62) $\quad \sigma_{v00} = \sigma_{v0} \cdot (\delta'_{b1} + \delta'_{e1})/\delta'_{e1},$

nach Gl. (63) $\quad \delta'_{b1} = \dfrac{1}{E_b}\left(\dfrac{1}{F_b} + \dfrac{a_{vs}^2}{I_b}\right) = \dfrac{10^{-6}}{4{,}0} \cdot \left(\dfrac{1}{7{,}94} + \dfrac{1{,}85^2}{33{,}57}\right)$

$$= 10^{-6}/4{,}0 \cdot (0{,}126 + 0{,}102) = 0{,}228/4 \cdot 10^{-6} = \quad 0{,}057 \cdot 10^{-6}$$
$$\delta'_{e1} = 1/E_eF_e = 10^{-7}/(2{,}1 \cdot 0{,}0785) = \quad 0{,}606 \cdot 10^{-6}$$
$$\sigma_{v00} = 4{,}58 \cdot (0{,}606 + 0{,}057)/0{,}606 = 4{,}58 \cdot 0{,}663/0{,}606 = \quad 5{,}00 \text{ t/cm}^2$$
$$V_{00} = F_{vv} \cdot \sigma_{v00} = 785 \cdot 5{,}0 = \quad 3925 \text{ t}$$
$$\bar{\varepsilon}_{sI} = 1/E_e \cdot (\sigma_s - \sigma_{v00}) = 1/2{,}1 \cdot (6{,}5 - 5{,}0) \cdot 10^{-3} = \quad 0{,}72 \cdot 10^{-3}$$
$$\mu_{\text{GrI}} = 2/(2 + 0{,}72) \cdot 0{,}75 \cdot 2/3 \cdot 450/6500 = \quad 0{,}025$$

$\mu_{\text{vorh}} = 0{,}01 < \mu_{\text{GrI}} = 0{,}038$, also Bewehrung im Fließbereich.

Unter Verwendung von Gl. (76) wird nach Abb. 110e

$$D_b = 0{,}5 \cdot W_b\,(x_0 \cdot 0{,}7 + 0{,}42 \cdot 3{,}8)$$
$$= 0{,}5 \cdot 4500 \cdot 0{,}7\,x_0 + 0{,}5 \cdot 4500 \cdot 1{,}6$$
$$= 1580 \cdot x_0 + 3600$$
$$Z = F_{ev} \cdot \sigma_s = 785 \cdot 6{,}5 = \quad 5100 \text{ t}$$

aus $D = Z$

$$x_0 = (5100 - 3600)/1580 = 1500/1580 = \quad 0{,}95 \text{ m}$$

Dieser Wert für x_0 ist etwas zu groß, da der Völligkeitsbeiwert α für die Bodenplatte größer als 0,75 ist. Damit wird der innere Hebelarm z und das Bruchmoment M_{Br} zu klein, man liegt also auf der sicheren Seite.

$$z = h - 0{,}4\,x_0 = 5{,}28 - 0{,}45 - 0{,}4 \cdot 0{,}95 = 4{,}45\ \text{m}$$
$$M_{Br} = Z \cdot z = 5100 \cdot 4{,}45 = 22700\ \text{mt}$$
$$M_{g+p} = 8650 + 3840 = 12490\ \text{mt}$$
$$\gamma_{Br} = 22700/12490 = 1{,}8$$

b) Ermittlung der Hauptzugspannungen (nach H 2)

$$Q = 1{,}75\,Q_{g+p} = 1{,}75\,(580 + 190) = 1350\ \text{t}$$
$$M = (V_{00} - \Delta V_\varphi) \cdot a_{vi} + 1{,}75 \cdot M_{g+p} = -(3925 - 433) \cdot 1{,}78 + 1{,}75\,(8650 + 3840) = -6210 + 21\,870 = 15\,660\ \text{mt}$$
$$N = V_{00} - \Delta V_\varphi = 3925 - 433 = 3492\ \text{t}$$

(Es ist zu beachten, daß für M_p das Moment einzusetzen ist, das zu der für max Q maßgebenden Laststellung gehört.) Für die Belastung des Querschnitts mit $M = 15\,660$ mt und $N = 3492$ t wurde graphisch ermittelt (Abb. 111):

$$x_0 = 2{,}15\ \text{m}$$
$$\sigma_b = 189\ \text{kg/cm}^2$$
$$\sigma_e = 1{,}22\ \text{t/cm}^2.$$

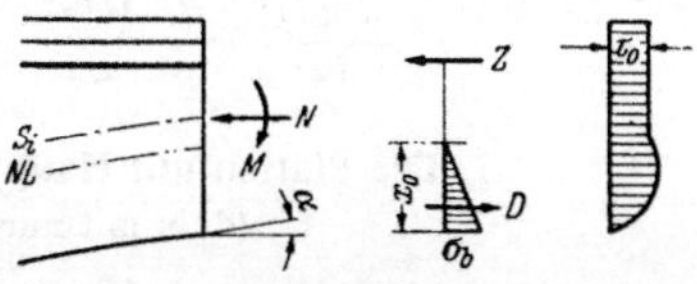

Abb. 111

Dann ist

$$\sigma_v = \sigma_{v00} - \Delta\sigma_{v\varphi} + \sigma_e = 5{,}00 - 0{,}55 + 1{,}22 = 5{,}67\ \text{t/cm}^2$$
$$\sigma_s = 6{,}5\ \text{t/cm}^2$$

Die Vorspannung ist also noch wirksam, die weitere Ermittlung erfolgt nach H 2 a β

$$z = h - x_0/3 = 5{,}28 - 0{,}45 - 2{,}15/3 = 4{,}11\ \text{m}$$
$$\operatorname{tg}\beta \approx \operatorname{tg}\alpha = 0{,}14.$$

nach Gl. (85)

$$b \cdot \tau_0 = Q/z - N/z \cdot \operatorname{tg}\beta - M/z^2 \cdot \operatorname{tg}\beta$$
$$= 1350/4{,}11 - 3492/4{,}11 \cdot 0{,}14 - 15660/4{,}11^2 \cdot 0{,}14$$
$$= 328 - 119 - 130 = 79\ \text{t/m}^2$$
$$\max\tau_0 = 79/0{,}70 = 113\ \text{t/m}^2$$

IV. Die Stahlbetontragwerke des Hochbaues

A. Die Berechnung und konstruktive Ausbildung der Platten [27], [28], [29]

Wir unterscheiden nach der statischen Wirkungsweise drei Arten von Platten.

1. Platten mit Hauptbewehrung in einer Richtung,
2. kreuzweis bewehrte Platten,
3. Pilzdecken.

Die Differentialgleichung der Platte ist eine partielle vierter Ordnung bezüglich der Durchbiegung w. Sie lautet:

$$\frac{\partial w_4}{\partial x_4} + 2\,\frac{\partial_4 w}{\partial x^2\,\partial y^2} + \frac{\partial_4 w}{\partial y_4} = \Delta\Delta w = \frac{p}{K}. \qquad (88)$$

Hierbei ist p die Flächenlast und $\Delta = \partial^2/\partial x^2 + \partial^2/\partial y^2$ der *Laplace*sche Operator. $K = E\,I/(1 - \mu^2)$ ist die Plattensteifigkeit.

Die Biege- und Drillmomente ergeben sich als Funktionen der Durchbiegung zu

$$\left.\begin{aligned} M_x &= -K\left(\frac{\partial w^2}{\partial x^2} + \mu\,\frac{\partial^2 w}{\partial y^2}\right),\\ M_y &= -K\left(\frac{\partial^2 w}{\partial y^2} + \mu\,\frac{\partial^2 w}{\partial x^2}\right),\\ M_{xy} &= -(1-\mu)\,K\,\frac{\partial^2 w}{\partial x\,\partial y}. \end{aligned}\right\} \tag{88a}$$

Für den Sonderfall der nur in der x-Richtung tragenden Platte geht die particlle Differentialgleichung in die der Balkengleichung zugrunde liegende über, wenn $p = p\,(x)$, d. h. nur in x-Richtung veränderlich ist, und wenn gleichzeitig die Querkontraktion μ vernachlässigt wird

$$\frac{d^4 w\,(x)}{d\,x^4} = \frac{p\,(x)}{E\,I} \tag{89}$$

$$\frac{d^2 w\,(x)}{d\,x^2} = -\,\frac{M\,(x)}{E\,I} \quad \text{wobei} \quad \frac{d^2 M\,(x)}{d\,x^2} = -\,p\,(x). \tag{89a}$$

1. Die Platten mit Hauptbewehrung in einer Richtung

(d. h. mit nur einer Tragwirkung)

a) *Allgemeine Bestimmungen*

Die Biegemomente durchlaufender Platten sind nach der Theorie des durchlaufenden Trägers auf frei drehbaren Stützen zu berechnen, d. h. der Verdrehungswiderstand der Tragbalken wird vernachlässigt. Tatsächlich wirkt aber infolge des Verdrehungswiderstandes der Tragbalken eine durchlaufende Platte wie ein durchlaufender Träger mit elastisch eingespannten Stützen. Diesem Gesichtspunkt tragen die Bestimmungen dadurch Rechnung, daß die negativen Feldmomente aus Verkehrslast auf die Hälfte verringert werden dürfen. Für die positiven Feldmomente dagegen darf diese Enlastung nur bei rechnerischem Nachweis berücksichtigt werden.

Auch die zwischen Stahlträgern gespannten Stahlbetonplatten dürfen durchlaufend gerechnet werden, wenn die Oberkante der Platte wenigstens 4 cm über der Trägeroberkante liegt, so daß für die Bewehrungseisen, welche die Stützmomente aufzunehmen haben, eine hinreichende Betondeckung vorhanden ist.

Für die Platten mit gleichen Spannweiten finden sich z. B. im Betonkalender ausführliche Tabellen, denen die Größe der Biegemomente für alle Arten der Belastungen entnommen werden können. In den Bestimmungen sind Faustformeln angegeben, die auch für den Fall ungleicher Spannweiten bis zu der Grenze $_{\min}l \geqq 0{,}8\;_{\max}l$ angewandt werden dürfen. Aus diesen Faustformeln ergeben sich selbstverständlich ungünstigere Biegemomente als nach der Theorie des durchlaufenden Trägers, deshalb sollte man mit diesen Faustformeln nur bei kleinen Ausmaßen der Plattenfelder rechnen. Sobald es sich um größere Bauobjekte handelt, sollte man eine genauere Untersuchung auf Grundlage der Theorie des durchlaufenden Trägers durchführen.

Ein genaues Verlegen der dünnen Platteneisen ist nicht möglich, wenn diese sich durchlaufend über mehrere Felder erstrecken. Es empfiehlt sich, für jedes Feld getrennte Eisen anzuordnen. Biegt man von diesen Feldeisen jeweils $^2/_3$ auf, so steht für die Aufnahme des größten Stützmomentes der 1,33fache Feldquerschnitt zur Verfügung, der immer ausreicht, wenn man an der Stützung die Platten durch Vouten verstärkt. Je größer die Verkehrslast p im Verhältnis zur Eigengewichtslast g ist, um so weiter müssen die über den Stützen aufgebogenen Eisen in das Nachbarfeld zur Deckung der negativen Momente übergreifen. Bei sehr großen Werten von p gegenüber g ist sogar eine durchlaufende obere Bewehrung erforderlich, die aber, da es sich hier um gerade Eisen handelt, nicht über jeder Stütze gestoßen zu werden braucht.

Die Schubspannungen der Platten des Hochbaues sind im allgemeinen gering; deshalb ist meist ein rechnerischer Nachweis der Schubsicherung nicht erforderlich, und die Lage der Aufbiegungen der Bewehrungseisen kann nach konstruktiven Gesichtspunkten gewählt werden.

b) Die Biegemomente der Platte normal zur Tragrichtung und die hierfür notwendigen Verteilungseisen

Für die Aufnahme der Biegemomente der Platte normal zur Tragrichtung sind in den Bestimmungen 3 ∅ 7 mm St I auf 1 m Tiefe der Platte vorgeschrieben, die auch durch einen kleineren Querschnitt der Gruppen II u. III bez. IV ersetzt werden können. Durch diese Eisen sollen die Biegemomente normal zur Haupttragrichtung l_x aufgenommen werden. Derartige Biegemomente entstehen durch die Querdehnung, durch eine nicht gleichmäßig verteilte Belastung, und durch die Randstörungen an den in Richtung l_x angeordneten Balken oder den Randauflagerungen.

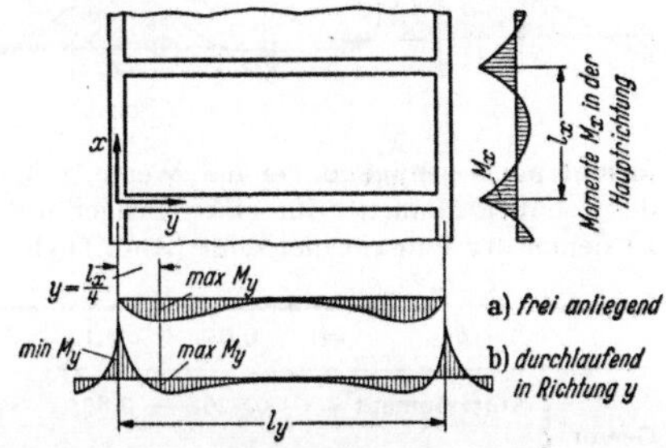

Abb. 112

Den Verlauf dieser Biegemomente (ohne Berücksichtigung der Querdehnung) zeigt die Abb. 112, sowohl für einen einfeldrigen Plattenstreifen wie auch für einen in Richtung l_y durchlaufenden Plattenstreifen. Die Größe dieser Momente ist i. W. unabhängig von der zugehörigen Spannweite l_y und von der Spannweite l_x der Haupttragrichtung abhängig. Ihr Verlauf ist eine Funktion von l_y/l_x. Bemerkenswert ist, daß die positiven Feldmomente immer ihren Größtwert annähernd bei $y = l_x/4$ haben. Die Größe dieser Momente ergibt sich zu:

$$_{\max}M_y \approx + q\, l_x^2/40 \quad \text{bei} \quad y = l_x/4 \tag{90}$$

bei dem einfeldrigen Feldstreifen bzw. am Rande einer mehrfeldigen Platte,

$$\left.\begin{aligned} _{\max}M_y &\approx + q\, l_x^2/110 \quad \text{bei} \quad y = l_x/4 \\ _{\min}M_y &\approx - q\, l_x^2/17 \quad \text{bei} \quad y = 0 \end{aligned}\right\} \tag{90a}$$

bei den mehrfeldrigen Plattenstreifen.

Für die Aufnahme der negativen Momente $_{\min}M_y$ sind in DIN 1045 § 25 Ziff. 5 Mindestbewehrungen vorgeschrieben, falls kein rechnerischer Nachweis erfolgt. Bei starken Platten ist diese Mindestbewehrung oft unzureichend, und es ist deshalb richtiger, sie auf Grundlage der Gl. (90) und (90a) zu ermitteln.

In diesem Zusammenhang sei auch darauf hingewiesen, daß dem Balken in Richtung l_x ein Lastanteil aus der Plattenbelastung $q = g + p$ zuzuweisen ist. Das Mindestmaß der Belastungsbreite, das dafür eingesetzt werden sollte, beträgt

$$\left.\begin{aligned} b &= l_x/4 \quad \text{für einen Träger am Rande,} \\ b &= 2\,l_x/4 \quad \text{für einen Träger in der Mitte.} \end{aligned}\right\} \tag{90b}$$

Wie aus den Darlegungen des nachfolgenden Abschnittes über die kreuzweis bewehrten Platten hervorgeht, kann die Gl. (90b) noch etwas zu geringe Biegemomente ergeben.

c) Die Abminderung der Stützmomente entsprechend der Auflagerbreite

Nach § 22 der Bestimmungen darf bei Hochbauten die Momentenfläche über den Auflagern nach Abb. 113 abgerundet werden. Hierdurch ergibt sich eine Verminderung der Stützmomente um

$$\Delta M = A\, b/8, \tag{91}$$

wobei A der Auflagerdruck und b die Auflagerbreite sind. Diese Abminderung gilt auch bei biegefestem Anschluß nach Abb. 113a, jedoch sind in diesem Falle die Biegemomente M_I und M_{II} am Balkenrande maßgebend, die bei gleichmäßiger Last mindestens mit $qw^2/12$ eingesetzt werden müssen. Selbst bei verhältnismäßig großen Auflagerbreiten b im Verhältnis zu den Spannweiten l gibt die obige Faust-

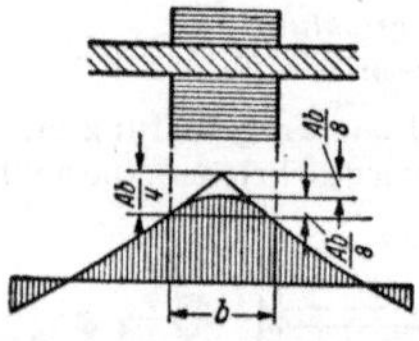

Abb. 113

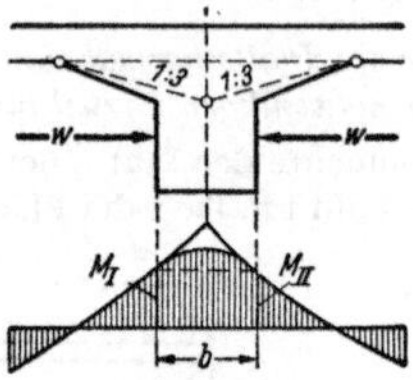

Abb. 113a

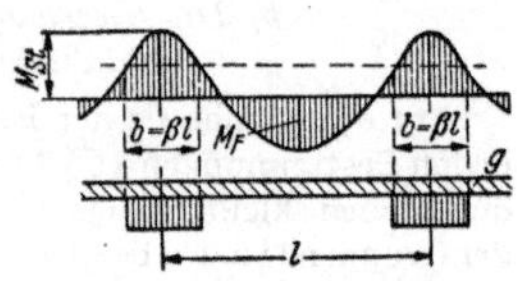

Abb. 113b

formel noch genügend genaue Werte, wie die nachstehende Gegenüberstellung der genauen Momente für einen Träger mit unendlich vielen gleichen Öffnungen zu denen der Faustformel zeigt (Abb. 113b).

	β =	0,05	0,10	0,15	0,20	0,25	0,30	$\cdot\, l$
Genau	Stützmoment =	− 0,926	− 0,855	− 0,786	− 0,720	− 0,656	− 0,595	$\frac{gl^2}{12}$
	Feldmoment =	+ 0,999	+ 0,995	+ 0,989	+ 0,980	+ 0,969	+ 0,955	$\frac{gl^2}{24}$
Faust-formel	Stützmoment =	− 0,925	− 0,850	− 0,775	− 0,700	− 0,625	− 0,550	$\frac{gl^2}{12}$
	Feldmoment =	+ 1,000	+ 1,000	+ 1,000	+ 1,000	+ 1,000	+ 1,000	$\frac{gl^2}{24}$

Die Tabelle zeigt, daß die Faustformel bei wachsenden Auflagerbreiten $b = \beta l$ etwas zu große Feld- und zu kleine Stützmomente ergibt. Bei den üblicherweise vorkommenden Auflagerbreiten stimmen jedoch die Resultate der genauen Lösung mit denen der Faustformel außerordentlich gut überein, außerdem ist die Summe der Feld- und Stützmomente in beiden Fällen gleich groß.

Auch bei den Pilzdecken mit ihren großen Auflagerbreiten (Abschnitt IV A 3) können wir von dieser Abminderung Gebrauch machen.

2. Die kreuzweis bewehrten Platten

a) *Allgemeine Betrachtungen*

Die kreuzweis bewehrten Platten sind den Platten mit Bewehrung in einer Hauptrichtung überlegen, weil der Beton hierbei in beiden Richtungen auf Biegedruck ausgenützt werden kann und außerdem durch die Drillmomente eine zusätzliche Entlastung bedingt ist. Bei einer nur in der x-Richtung gespannten frei aufliegenden Platte beträgt das Moment bei gleichmäßig verteilter Last $M = q\,l^2/8$. Bei der kreuzweis gespannten quadratischen Platte mit ihren beiden Tragrichtungen sinkt aber das Moment nicht auf $ql^2/16$, sondern auf $M = ql^2/27{,}43$. Die Verminderung von $ql^2/16$ auf $ql^2/27{,}43$ ist eine Folge der Verdrillung.

Als Folge der Drillmomente liegen die Hauptspannungsmomente nicht in den Richtungen x und y. Wird ein Element $d\,x\,d\,y$ einer Scheibe durch die Spannungen σ_x, σ_y und τ_{xy} beansprucht, so kann man hieraus die Richtungen der Hauptspannungen σ_1 und σ_2, für welche die Schubspannungen zu Null werden, ausrechnen. Dieselben Gleichungen gelten auch für die Ermittlung der Hauptspannungsmomente M_1 und M_2 aus den Momenten M_x, M_y, M_{xy} der Gl. (88a). Für die Richtungen M_1 und M_2 werden die Drillmomente zu Null. Der Verlauf der Biegemomentenhauptlinien einer frei aufliegenden, auf ihrer ganzen Fläche mit p = const belasteten quadratischen Platte ist in der Abb. 114 dargestellt. Die Abbildung zeigt, daß die Lasten nach den Rändern nicht in Richtung x und y, sondern über Eck abgetragen werden, womit sich geringere Spannweiten ergeben. Die Auflagerdrücke verteilen sich nicht gleichmäßig, sondern annähernd nach Parabeln auf die vier Ränder, wobei noch zu beachten ist, daß an den vier Ecken Zugkräfte in Höhe von $Z = -0{,}2375\, qa^2$ auftreten, womit der nach oben gerichtete Auflagerdruck eines Randes auf $A = 1{,}2375\, qa^2$ anwächst (Abb. 114a). Das Auftreten von Zugkräften an den Ecken kann man sich leicht an Hand der doppelt gekrümmten Biegefläche klarmachen, die sich von den Ecken abheben will, wenn sie nicht durch Zwang daran gehindert wird. Andererseits erkennen wir aber auch, daß die günstige Wirkung der Drillmomente verlorengehen muß, wenn das Abheben der Ecken nicht verhindert wird.

Den Verlauf der Hauptspannungsmomente m_1 und m_2 in Richtung der Diagonale zeigt die Abb. 114b, wobei m_1 entsprechend der Zugkraft in den Ecken

Abb. 114

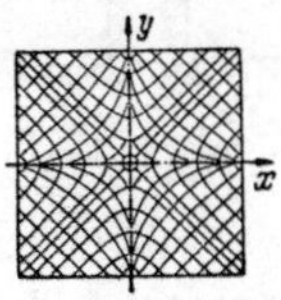

Abb. 114 b

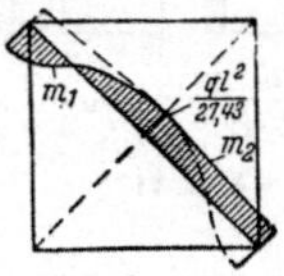

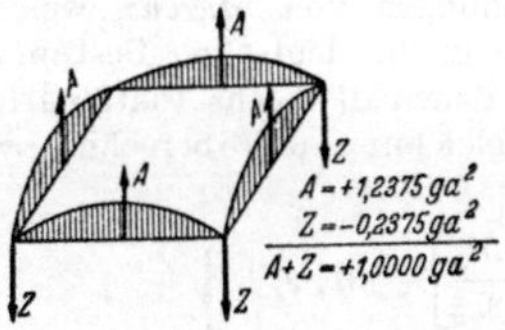

Abb. 114a

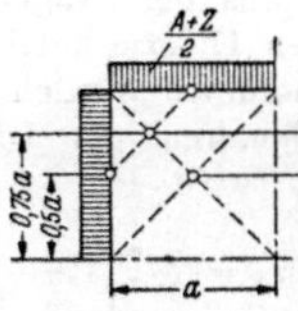

Abb. 115

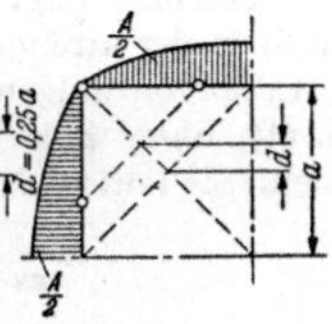

Abb. 115a

einen Wechsel im Vorzeichen aufweist, woraus hervorgeht, daß der Plattenstreifen in Richtung der Diagonalen sich nicht frei durchträgt, sondern auf dazu normalliegenden über Eck tragenden Balkenstreifen aufgelagert ist. Über den Verlauf der Biegemomentenhauptlinien für andere Platten- und Belastungsformen vgl. [55]. Bei gleichmäßig verteilten Auflagerdrücken nach Abb. 115 liegt der Schwerpunkt der Auflagerdrücke $(A + Z)/2 = 0{,}5\, ga^2$ der beiden Ränder bei $y = 0{,}75\, a$, während sich der Schwerpunkt der Last bei $y = 0{,}5\, a$ befindet. Der Hebelarm der inneren Kräfte beträgt also $d = 0{,}25\, a$. Bei parabelförmiger Verteilung der Auflagerdrücke (Abb. 115a) rückt der Schwerpunkt des Auflagerdruckes, insbesondere bei Berücksichtigung der Zugkraft Z, an der Ecke wesentlich näher an den Schwerpunkt der Auflast heran, wodurch die Biegemomente zurückgehen. Damit ist gezeigt, warum infolge der Drillung, durch die das Abtragen der Lasten über Eck bewirkt wird, die Biegemomente bei einer Querdehnzahl von $\mu = 0$ von $ql^2/16$ auf $ql^2/27{,}43$ absinken.

Bei durchlaufenden kreuzweis eingespannten Platten ist die Wirkung der Drillung viel geringer. Das Feldmoment eines beiderseits eingespannten Balkens ist dreimal kleiner als eines frei aufgelagerten. Infolgedessen bringt das Abtragen der Lasten über Eck keinen wesentlichen Vorteil bzw. keine wesentliche Verminderung für Biegemomente. Die Folge davon ist, daß der größte Teil der Last in den x- und y-Richtungen abgetragen wird. Bei einer eingespannten Platte mit nur einer Tragrichtung beträgt das Biegemoment $ql^2/24$, bei einer kreuzweis gespannten quadratischen Platte ist das Biegemoment $ql^2/56{,}35$ und liegt demnach nur wenig unter dem Wert $1/2 \cdot ql^2/24$, woraus wir ersehen, daß entsprechend den obigen Darlegungen der Einfluß der Drillung bei eingespannten Platten nur gering ist.

b) Die Berechnung der einzelnen Felder der kreuzweis gespannten Platten

Die Probleme, die sich bei durchgehenden Plattenfeldern (Abb. 116) ergeben, sind äußerst kompliziert, weil sich die einzelnen Plattenfelder gegenseitig beeinflussen, denn nicht nur die Randträger, sondern auch die Platten selbst sind durchlaufende Träger. Nun ist aber die Steifigkeit der Randbalken wesentlich größer als die der Platten, so daß man ohne größere Fehler davon ausgehen kann, daß die verschiedenen Plattenfelder der Abb. 116 an den einzelnen Rändern entweder frei aufliegend oder fest eingespannt sind. Damit kommt man je nach Zahl und Lage der frei gelagerten oder fest eingespannten Ränder zu den sechs verschiedenen Plattenarten der Abb. 117.

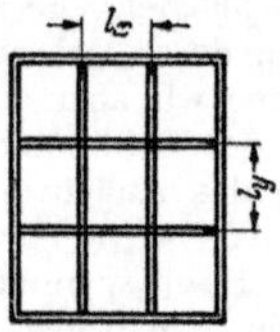

Abb. 116

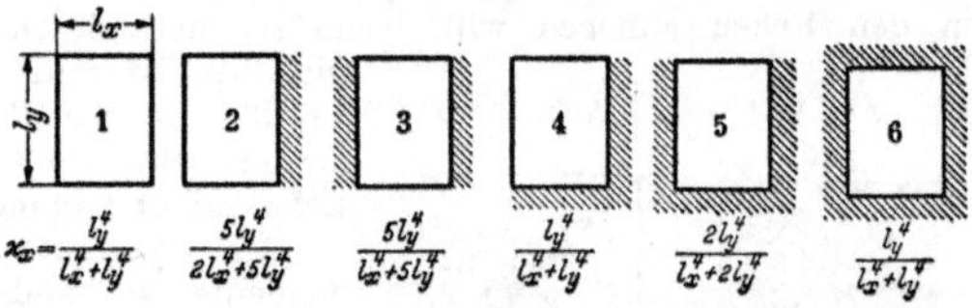

Abb. 117

Eine weitere Vereinfachung der Berechnung der kreuzweis gespannten Platten des Hochbaues folgt aus den Näherungsgleichungen von *Marcus*, welche auf Grundlage der strengen Theorie aufgestellt und in die deutschen Bestimmungen für Stahlbeton aufgenommen wurden und mit denen die sechs Plattenarten der Abb. 117 ohne Zuhilfenahme der Differentialgleichung (88) berechnet werden können. Sie lauten:

$$\left.\begin{aligned} \max M_x &= M_x^\bullet\left[1-\frac{5}{6}\left(\frac{l_x}{l_y}\right)^2\frac{M_x}{\mathfrak{M}_x}\right] = M_x\,\nu_x, \\ \max M_y &= M_y\left[1-\frac{5}{6}\left(\frac{l_y}{l_x}\right)^2\frac{M_y}{\mathfrak{M}_y}\right] = M_y\,\nu_y. \end{aligned}\right\} \qquad (92)$$

Hierbei bedeuten $\mathfrak{M}_x$ und $\mathfrak{M}_y$ die Momente einer frei aufliegenden Platte, bei welcher die gesamte Last q nur in einer Richtung abgetragen wird, $\mathfrak{M}_x = q l_x^2/8$, $\mathfrak{M}_y = q\,l_y^2/8$. M_x und M_y dagegen sind die Biegemomente der nach beiden Richtungen tragenden Platte unter Berücksichtigung der jeweils vorliegenden Stützungsart, aber ohne Berücksichtigung der Wirkung der Drillmomente. Die drei möglichen Stützungsarten mit den zugehörigen Feldmomenten und Durchbiegungen in Feldmitte sind in der Abb. 118 wiedergegeben, q_x und q_y sind hierbei die Anteile der Gesamtlast q, die in den x- bzw. y-Richtungen abgetragen werden. Zur Ermittlung dieser Anteile wird die gleichmäßig verteilte Einheitslast q derart in q_x und q_y zerlegt, daß im Plattenmittelpunkt die Mittelstreifen in Richtung x und y für die Lasten q_x bzw. q_y die gleiche Durchbiegung aufweisen, und zwar unter Berücksichtigung der jeweiligen Stützungsart dieser Plattenstreifen (Abb. 119).

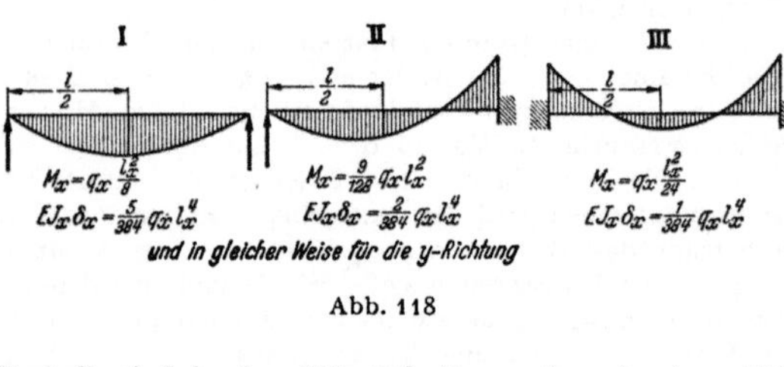

Abb. 118

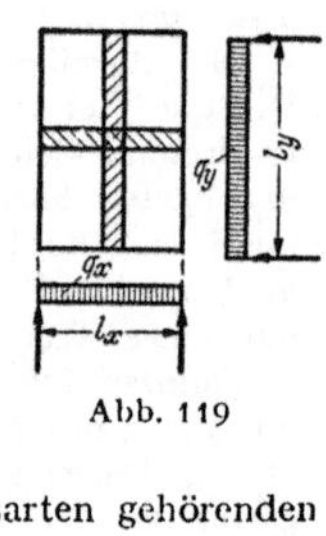

Abb. 119

Deshalb sind in der Abb. 118 die zu den einzelnen Stützungsarten gehörenden Durchbiegungen angegeben. Sie betragen in allgemeiner Form

$$\delta_x \cdot E I_x = \alpha_x\, q_x l_x^4/384, \quad \delta_y \cdot E I_y = \alpha_y\, q_y l_y^4/384.$$

Mit Rücksicht auf die in den x- und y-Richtungen gleiche Plattenstärke darf bei Vernachlässigung der verschieden starken Eiseneinlagen $I_x = I_y$ gesetzt werden.

Unter Beachtung, daß $q_x + q_y = q$ ist, ergeben sich aus der Gleichsetzung von $\delta_x = \delta_y$

$$q_x = q\,\frac{\alpha_y l_y^4}{\alpha_x l_x^4 + \alpha_y l_y^4} = \varkappa_x q,\quad q_y = q\,\frac{\alpha_x l_x^4}{\alpha_x l_x^4 + \alpha_y l_y^4} = \varkappa_y q,\quad \varkappa_x + \varkappa_y = 1. \qquad (92\text{a})$$

Nach Einsetzen der Zahlenwerte α_x und α_y nach Abb. 118 ergeben sich die in Abb. 117 eingetragenen Werte von $\varkappa_x$, während $\varkappa_y = 1 - \varkappa_x$ wird.

Die Größen ${}_{\max}M_x$ und ${}_{\max}M_y$ sind die tatsächlich auftretenden Biegemomente bei Berücksichtigung der Entlastung durch die Drillmomente; diese Entlastung ist durch die Faktoren ν_x und ν_y gekennzeichnet.

Sobald die Platte biegefest mit den benachbarten Platten verbunden ist, d. h. durchlaufend wirkt, ist die Entlastung durch die Drillmomente nicht sehr groß, und deshalb braucht man diese nicht nachzuweisen oder eine zusätzliche Drillbewehrung einzulegen. Das gleiche gilt auch schon dann, wenn die freiaufliegende Platte biegungsfest an die Randbalken, durch deren Verdrehungssteifigkeit eine gewisse Einspannung gesichert wird, angeschlossen ist.

Besteht keine biegefeste Verbindung mit den Randbalken oder den Nachbarfeldern, so muß entweder der Abminderungsfaktor ν durch $(1 + \nu)/2$ ersetzt werden oder die Ecken müssen auf den Strecken ${}_{\max}l/5$ für die Aufnahme der Drillmomente eine besondere Eckbewehrung nach Abb. 120 erhalten. Diese ist auf der Oberseite gleichlaufend mit der Diagonale, auf der Unterseite dazu senkrecht entsprechend dem Verlauf der negativen und positiven Hauptspannungsmomente nach Abb. 114 angeordnet. Diese Bewehrungen müssen ebenso kräftig sein wie die größere Bewehrung in Feldmitte.

Da die kreuzweis gespannten Platten fast ausschließlich über mehrere Felder durchlaufend ausgebildet werden und auch an den freien Rändern mit Randbalken versehen werden, ist nur in Ausnahmefällen diese Drillbewehrung notwendig.

Zahlenbeispiel α. Frei aufliegende Platte $l_x : l_y = 2:3$ (Plattenart 1).

$$q_x = \frac{3^4}{3^4 + 2^4}\,q = \frac{81}{97}\,q,\qquad q_y = \frac{16}{97}\,q,\quad \mathfrak{M}_x = \frac{q\,l_x^2}{8}\quad M_x = q_x\,\frac{l_x^2}{8} = \frac{81}{97}\,q\,\frac{l_x^2}{8},$$

$$\mathfrak{M}_y = \frac{q\,l_y^2}{8}\quad M_y = q_y\,\frac{l_y^2}{8} = \frac{16}{97}\,q\,\frac{l_y^2}{8},$$

$${}_{\max}M_x = q\,\frac{l_x^2}{8}\,\frac{81}{97}\left[1 - \frac{5}{6}\left(\frac{2}{3}\right)^2\frac{81}{97}\right] = 0{,}1042\,q l_x^2\,0{,}691 = \frac{q l_x^2}{13{,}87},\quad \nu_x = 0{,}691,$$

$${}_{\max}M_y = q\,\frac{l_y^2}{8}\,\frac{16}{97}\left[1 - \frac{5}{6}\left(\frac{3}{2}\right)^2\frac{16}{97}\right] = 0{,}0206\,q l_y^2\,0{,}691 = \frac{q l_y^2}{70{,}30},\quad \nu_y = 0{,}691.$$

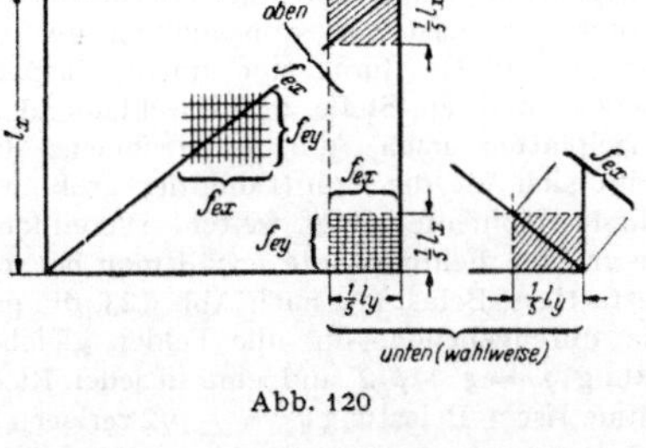

Abb. 120

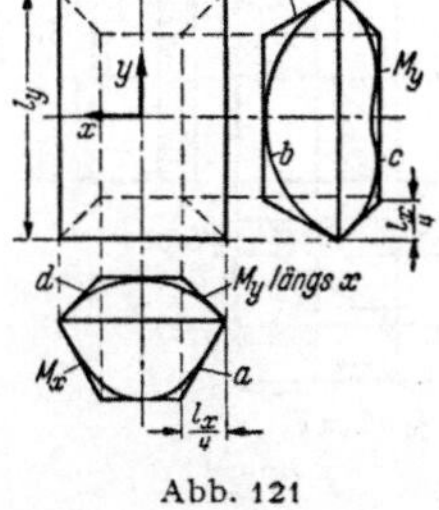

Abb. 121

In der Abb. 121 sind die Momente M_x und M_y aufgetragen. Die Linie *a* zeigt den parabelförmigen Verlauf der Momente M_x längs x für einen Streifen in Feldmitte. Je größer y ist, um so kleiner müssen die Momente werden, denn an den Rändern selbst muß für $y = \pm b$ $M_x = 0$ sein, da hier die Durchbiegung Null wird (s. Linie *b*). Die Momentenlinien ersetzt man durch Trapeze, deren Eckpunkte von den Rändern den Abstand $l_x/4$ haben. Desgleichen zeigt die Linie c den Verlauf von M_y in Richtung y und die Linie d in Richtung x. Die Linie c gibt an, daß die Momente M_y in Feldmitte schon wieder zurückgehen; Abb. 112 zeigt den Verlauf für ein noch größeres Seitenverhältnis $l_y : l_x$.

Zahlenbeispiel β. Gegeben ist die gleiche Platte wie unter α, jedoch mit eingespannten Rändern.

Für q_x, q_y und $\mathfrak{M}_x$, $\mathfrak{M}_y$ erhalten wir die gleichen Werte wie in Beispiel α. Dagegen ist: $M_x = \frac{81}{97}\, q\, \frac{l_x^2}{24}$, $M_y = \frac{16}{97}\, q\, \frac{l_y^2}{24}$, und damit ergibt sich

$$\max M_x = \frac{81}{97}\, q\, \frac{l_x^2}{24}\left[1 - \frac{5}{6}\left(\frac{2}{3}\right)^2 \frac{81/97 \cdot 24}{1/8}\right] = 0{,}0348\, q l_x^2\, 0{,}897 = \frac{q l_x^2}{32{,}04}, \quad \nu_x = 0{,}897,$$

$$\max M_y = \frac{16}{97}\, q\, \frac{l_y^2}{24}\left[1 - \frac{5}{6}\left(\frac{3}{2}\right)^2 \frac{16/97 \cdot 24}{1/8}\right] = 0{,}069\, q l_y^2 \cdot 0{,}897 = \frac{q l_x^2}{162{,}2}, \quad \nu_y = 0{,}897.$$

Der Verlauf der Momente ist in der Abb. 122 durch die umhüllenden Trapeze dargestellt, die für die Bemessung maßgebend sind.

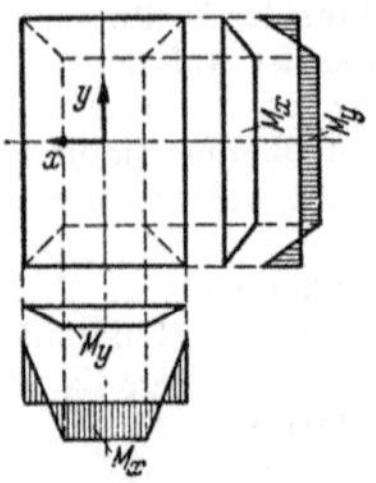

Abb. 122

Die beiden Zahlenbeispiele zeigen uns nun, daß bei Einspannung der Platten die Entlastung durch die Drillmomente sehr gering ist und die Biegemomente in der y-Richtung für $l_y : l_x = 3:2$ so klein sind, daß fast die gesamte Last (81/97) in der x-Richtung abgetragen wird. Wird l_y im Verhältnis zu l_x noch größer, so wirkt die kreuzweis bewehrte Platte wie eine Platte mit Hauptbewehrung in einer Richtung, wobei dann in der y-Richtung nur die in Abb. 112 dargestellten Momente als Folge der Randstörung bei $y = \pm b$ verbleiben. Kreuzweis bewehrte Platten sind deshalb nur bis zu dem Verhältnis $l_y : l_x = 3:2$ vorteilhaft.

Für das Verhältnis der größeren zur kleineren Spannweite größer als 1,5 ist deshalb auch die gleiche Nutzhöhe h_u (bezogen auf die untere Eiseneinlage) wie bei den Platten mit Hauptbewehrung in einer Richtung vorgeschrieben, während für kleinere Verhältnisse wegen der doppelten Tragwirkung die Nutzhöhe bei allseitig frei aufliegenden Platten zu $h_u = l/50$, bei durchlaufenden oder eingespannten Platten zu $h_u = l/60$ gewählt werden darf, wobei für l die kleinere Spannweite einzusetzen ist.

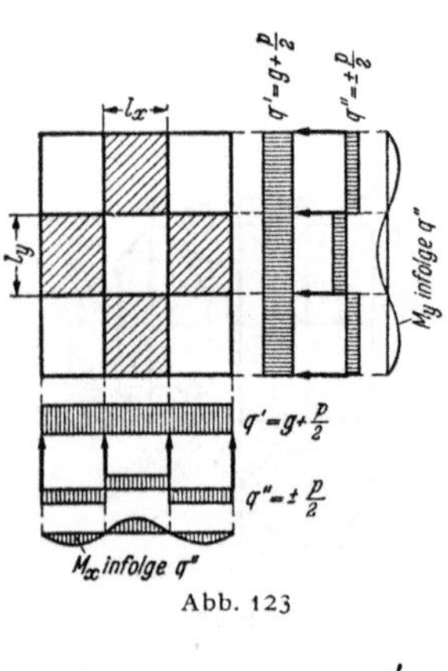

Abb. 123

c) *Die Berechnung von durchlaufenden Platten*

Da die Tragbalken wesentlich steifer als die Platten sind, durften wir bei durchgehender Belastung die elastische Einspannung der durchlaufenden Platte durch eine starre Einspannung ersetzen und an Stelle der durchlaufenden mit Einzelplatten nach Abb. 117 rechnen. Hieraus ergibt sich für die Ermittlung der größten Verkehrslastmomente eine weitere Vereinfachung. Die größten Feldmomente erhält man bei schachbrettartiger Belastung nach Abb. 123, die man in eine durchgehende, für alle Felder gleiche Belastung $q' = g + p/2$ und eine in jeder Richtung antimetrische Belastung $q'' = \pm p/2$ zerlegen kann.

$$q' = g + p/2, \qquad q'' = \pm p/2. \tag{92b}$$

Für die gleichförmige Last q' sind die einzelnen Felder entsprechend den sechs Plattenarten der Abb. 117, für die antimetrische Last q'' dagegen nach Plattenart 1 zu berechnen. In der Abb. 124 sind für verschiedene Plattenstreifen die Plattenarten für die Last q' angegeben.

Die Berechnung der Stützmomente erfolgt gemäß den Randbedingungen der Abb. 117, woraus sich $M = -q\varkappa l^2/8$ bzw. $M = -q\varkappa l^2/12$ ergeben. Jedoch entstehen daraus Unstimmigkeiten, wenn zwei verschiedene Plattenarten zusammenstoßen, wie z. B. bei Abb. 124a bei Übergang von Platte 3 zu Platte 2. Hier rechnet man zweckmäßig mit dem Mittelwert $M = -q\varkappa l^2/10$. Die Werte $\varkappa$ sind hierbei mit den Indizes der maßgebenden Richtungen zu versehen. Demnach ergeben sich für die verschiedenen Ränder *a*, *b*, *c* der Abb. 124 folgende Stützmomente:

$$\left.\begin{array}{l} M_x^a = -q\varkappa_x l_x^2/8 \text{ bzw. } M_y^a - = q\varkappa_y l_y^2/8 \text{ bei einseitig eingespannten Platten,} \\ M_x^c = -q\varkappa_x l_x^2/12 \text{ bzw. } M_y^c = -q\varkappa_y l_y^2/12 \text{ bei beiderseits eingespannten Platten,} \\ M_x^b = -q\varkappa_x l_x^2/10 \text{ bzw. } M_y^b = -q\varkappa_y l_y^2/10, \text{ wenn einseitig und voll eingespannte} \\ \qquad \text{Platten aneinanderstoßen.} \end{array}\right\} \quad (92\text{c})$$

Die maßgebenden Achsen *a*, *b*, *c* sind in der Abb. 124 eingetragen.

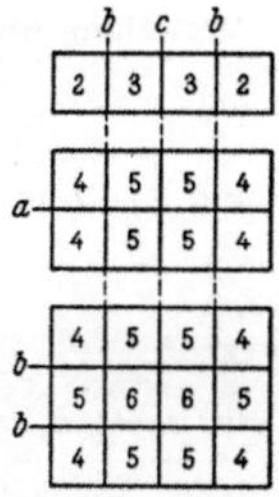

Abb. 124

Im Betonkalender sowie in dem Bemessungsbuch von *Löser* sind für alle Plattenarten und alle in Frage kommenden Verhältnisse der größeren zur kleineren Spannweite die Lastanteile q_x und q_y wie auch die endgültigen Momente angegeben.

Bei schachbrettartiger Verkehrsbelastung werden die Träger auf Verdrehen beansprucht. Hierdurch ergibt sich eine gewisse Verminderung der Feldmomente und damit ein Ansteigen der Stützmomente der Platte. Bei dem am Rande eines Plattenfeldes liegenden Deckenfelde macht sich diese Entlastung auch bezüglich der Eigengewichtsmomente bemerkbar. Will man von dieser Entlastung Gebrauch machen, so muß hierfür der rechnerische Nachweis geführt werden, und die Träger müssen zusätzlich auf Verdrehen berechnet werden.

Bei Berechnung der kreuzweis gespannten Platten für Einzellasten darf ebenfalls das Näherungsverfahren von *Marcus* verwendet werden.

3. Die Pilzdecken

Die Pilzdecken sind kreuzweis bewehrte Stahlbetonplatten, die ohne Zwischenschaltung von Balken unmittelbar auf Stahlbetonsäulen ruhen und mit diesen biegungsfest verbunden sind. Zwischen die trägerlose Platte und die Tragsäule

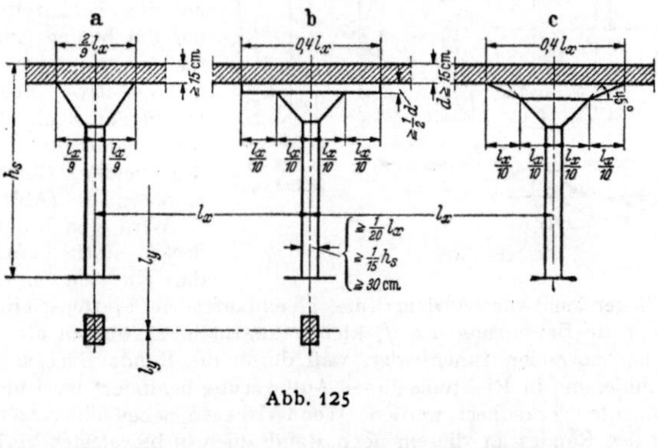

Abb. 125

sind die Pilzköpfe zwecks einer besseren Lastverteilung einzuschalten (Abb. 125). Ohne diese Pilzköpfe würden sich am Übergang von der Platte zur Säule zu hohe Schub- und Biegespannungen ergeben.

Wie an Hand der strengen Theorie nachgewiesen ist, wirkt die Pilzdecke in beiden Richtungen wie ein durchlaufender Träger mit elastisch eingespannten Stützen bzw. wie ein Stockwerkrahmen, wobei angenommen werden darf, daß dieser durchlaufende Träger auf den querlaufenden Stützreihen wie auf einer stetigen Unterlage ruht. Die ungünstigsten Feld- und Stützmomente in jeder Richtung sind nach der Theorie der durchlaufenden Rahmen zu berechnen. Die Riegel der stellvertretenden Rahmen haben die Spannweiten l_x und l_y, die Querschnittsbreiten l_y und l_x und als Querschnittshöhe die Deckendicke d, so daß die Trägheitsmomente aus $I_x = l_y\, d^3/12$ bzw. $I_y = l_x\, d^3/12$ folgen.

Aus der Rahmentheorie ergeben sich dann die Biegemomente des Riegels für eine Feldbreite l_x bzw. l_y. Die tatsächliche Verteilung dieser nach der Rahmentheorie für eine Feldbreite ermittelten Gesamtmomente zeigt die Abb. 126. Hierbei ist bei den positiven Feldmomenten und den negativen Stützmomenten ihre Verteilung hinreichend genau durch nachstehende Gleichungen gegeben.

$$\text{Für } x = 0,\; m_x = M_x/l_y \cdot \left(1 - \frac{1}{5}\cos\pi\,\frac{y}{b}\right),\ \text{hieraus für} \begin{cases} y = 0,\; m_x = \dfrac{M_x}{l_y}\,\dfrac{4}{5}, \\ y = b,\; m_x = \dfrac{M_x}{l_y}\,\dfrac{6}{5}, \end{cases} \tag{93}$$

$$\text{für } x = \pm a,\; m_x = M_x/l_y \cdot \left(1 - \frac{3}{5}\cos\pi\,\frac{y}{b}\right),\ \text{hieraus für} \begin{cases} y = 0,\; m_x = \dfrac{M_x}{l_y}\,\dfrac{2}{5}, \\ y = b,\; m_x = \dfrac{M_x}{l_y}\,\dfrac{8}{5}, \end{cases} \tag{94}$$

wobei M_x die nach der Rahmentheorie für die Feldbreite l_y ermittelten Momente und M_x/l_y das gemittelte Moment pro 1 m Tiefe der Platte sind. Die Gl. (93) u. (94) zeigen, daß das Feldmoment sich einigermaßen gleichmäßig auf die Breite l_y verteilt; das kleinste Moment verhält sich zum größten wie $4/5 : 6/5 = 2 : 3$, dagegen ergibt sich bei dem Stützmoment ein Verhältnis von $2 : 8$. Die Verteilung der Momente M_y in Richtung x ist die gleiche.

Der einfacheren Rechnung wegen teilt man die Feldbreite in einen Feldstreifen von der Breite $0{,}5\,l$ und zwei Gurtstreifen mit je $0{,}25\,l$ Breite ein und ersetzt die nach Kurven verlaufende Momentenverteilung durch eine geradlinige, wobei von den positiven Feldmomenten 45% auf den Feldstreifen und 55% auf die beiden Gurtstreifen zu rechnen sind, während von den negativen Stützenmomenten in den Säulenfluchten 25% den Feldstreifen und 75% den beiden Gurtstreifen zuzuweisen sind (Abb. 126).

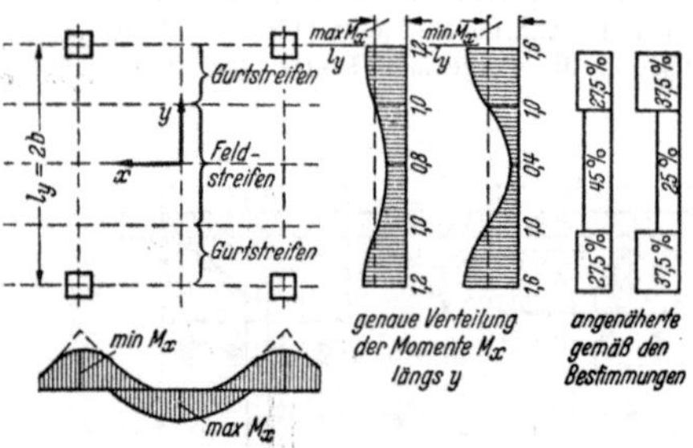

Abb. 126

Wird der Rand einer Pilzdecke stetig unterstützt, so darf in den unmittelbar am Rande liegenden, zur Auflagerlinie gleichlaufenden Plattenstreifen von der Breite $^3/_4\,l$ die Bewehrung um $^1/_4$ kleiner angenommen werden als in den Feldstreifen der normalen Innenfelder, weil durch die Randauflagerung der Platte die Durchbiegung in Richtung dieser Auflagerung behindert wird und damit die Biegemomente verkleinert werden. Wenn dagegen neben einer stetigen Unterstützung des Randes an diesem noch Randsäulen in biegefester Verbindung mit den Pilzdecken angeordnet werden, so daß am Rande ein Gurtstreifen vorhanden ist, so darf in diesem Gurtstreifen von der Breite $^1/_4\,l$ das Biegemoment je 1 m Breite auf 50% des Momentes der inneren Gurtstreifen ermäßigt werden.

a) Allgemeine Bestimmungen. Um eine biegefeste Verbindung der Säulen mit den Platten zu sichern, darf die geringste Säulenstärke in der x- bzw. y-Richtung nicht kleiner als $l_x/20$ bzw. $l_y/20$ sein, sie muß größer sein als $h_s/15$ oder größer als 30 cm.

Die Plattendicke muß mindestens 15 cm betragen, nur bei Dachdecken sind mit Genehmigung der Baupolizei geringere Stärken zulässig.

b) Konstruktive Gesichtspunkte. Da nach den obigen Darlegungen die Pilzdecke zusammen mit den Tragsäulen als ein Rahmenwerk wirkt, bei dem die Gesamtmomente für eine Feldbreite aus der Rahmentheorie folgen, während die Verteilung der Momente auf dieser Feldbreite aus der partiellen Differentialgleichung Gl. (88) bzw. entsprechend der Abb. 126 aus den Näherungsgleichungen Gl. (93) u. (94) zu ermitteln ist, müssen bei der konstruktiven Durchbildung die Grundsätze der Rahmenkonstruktionen eingehalten werden. Diese verlangen Auflagerverstärkungen, um die großen negativen Biegemomente der Platte in der Nähe des Pilzkopfes aufnehmen zu können. Aus diesem Grunde ist eine konstruktive Durchbildung nach Abb. 125a wenig geeignet, insbesondere, wenn man den Verlauf der negativen Momente nach Abb. 126 in Betracht zieht, und von den Abb. 125b und c ist wiederum die konstruktive Durchbildung nach Abb. 125c unbedingt die richtigere, da hierbei die Plattenverstärkung sich gut dem Verlauf der Momente der Abb. 126 anpaßt und man bei geringem Materialaufwand der Übergangsplatte über dem Pilzkopf eine große Stärke geben kann. Eine Verstärkungsplatte nach Abb. 125c mit der Dicke d über dem Pilzkopf erfordert annähernd den gleichen Materialaufwand wie eine Verstärkungsplatte nach Abb. 125b mit der gleichmäßigen Dicke $d/2$.

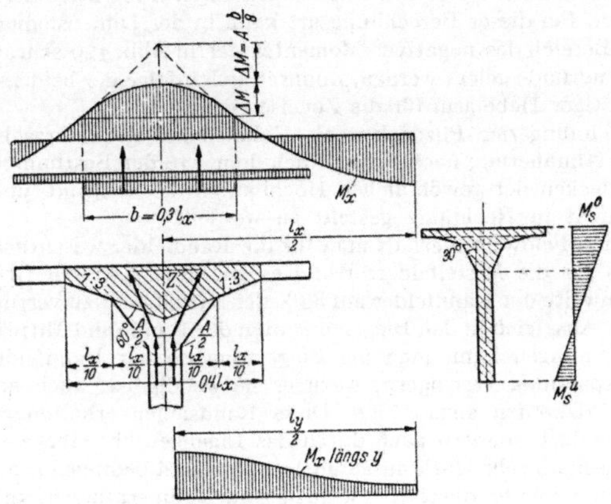

Abb. 127

Abb. 129

Abb. 130

Abb. 128

Je kräftiger der Pilzkopf ausgebildet wird, in um so höherem Maße werden die negativen Momente, die sich aus der Rahmenrechnung ergeben, vermindert, weil der Stützendruck nicht als Punktlast, sondern gleichmäßig verteilt in die Pilzplatte eingeführt wird. Diese Abminderung der Momente zeigt die Abb. 127, wobei eine gleichmäßige Druckverteilung auf die Breite $b = 0{,}3\,l_x$ bzw. $b = 0{,}3\,l_y$ angemessen erscheint, wenn der Pilzkopf nach Abb. 125b bzw. 125c durchgebildet ist. Selbstverständlich entstehen durch diese Spreizung der Stützenlasten in dem Pilzkopf (Abb. 129) zusätzliche Zugkräfte, die aus den schrägen Druckkräften zu berechnen und durch zusätzliche Eisen aufzunehmen sind, d. h. der Anteil ΔM, um den das Stützenmoment vermindert wurde, ist durch den Pilzkopf bei einem viel größeren Hebelarm der inneren Kräfte aufzunehmen. In Abb. 127 wurde die Abminderung der Biegemomente infolge des verteilten Stützendrucks für den

Sonderfall dargestellt, daß die negativen Stützmomente links und rechts der Stütze gleich groß sind. Wenn M_l und M_r infolge der Rahmenwirkung verschieden sind, so ist die parabelförmige Abminderung sinngemäß für jeden Momentenast getrennt vorzunehmen.

In der Abb. 128 ist die Verteilung des Stützenmomentes auf die Feldbreite l_y dargestellt, wobei $l_x = l_y$ gesetzt wurde. Man ersieht daraus, daß diesem Momentenverlauf sich am besten eine Verteilungsplatte nach Abb. 125c anpaßt. Die Abb. 130 zeigt den Verlauf der größten Biegemomente in der Säule bei feldweis wechselnder Verkehrsbelastung. Bei fester Einspannung der Säule und bei Vernachlässigung der Pilzkopfverstärkung liegt der Festpunkt und damit der Momentennullpunkt im unteren Drittelspunkt. Aus dieser Abbildung geht hervor, daß es erwünscht ist, dem Pilzkopf steilere Neigungen als 45° zu geben, damit die Säule in der Lage ist, diese Biegemomente am Übergang vom Pilzkopf zur Säule ohne Spannungsüberschreitung aufzunehmen.

Die Aufteilung der gesamten Plattenbreite in die beiden insgesamt 0,5 l breiten Gurtstreifen und den ebenso breiten Feldstreifen vereinfacht zwar die Rechnung, ist aber nicht sehr zweckmäßig, weil hierdurch neben dem 0,4 l breiten Pilzkopf ein 0,05 l breiter Streifen liegt, der den Gurtstreifen angehört und bei dem die Platte keine Auflagerverstärkung für die Aufnahme der negativen Momente besitzt. Legt man diese Plattenstelle der Dimensionierung zugrunde, dann erhält man eine zu dicke Platte, die im Feldstreifen und auch im Bereich des Feldmomentes des Gurtstreifens nicht ausgenutzt ist.

Richtiger ist es, bei den Gurtstreifen nur die Breite des Pilzkopfes (0,4 l) und bei den Feldstreifen 0,6 l als Breite zu wählen und die Verteilung der gesamten Biegemomente auf den Gurt- und Feldstreifen durch Integration der Gl. (93) u. (94) zu bestimmen. Bei dieser Berechnungsart kann in der Dimensionierung des Gurtstreifens im Bereich des negativen Momentes der in Abb. 129 schraffierte Gesamtquerschnitt zugrunde gelegt werden, wodurch sich infolge der beiderseitigen Vouten ein sehr günstiger Hebelarm für die Zugeisen ergibt.

Die Berechnung der Pilzdecken als Rahmen erfolgt am raschesten mit der stufenweisen Annäherung nach *Cross*. Nach dem § 16 der Bestimmungen brauchen bei den Pilzdecken der gewöhnlichen Hochbauten die Schwind- und Temperaturwirkungen nicht in Rechnung gestellt zu werden.

Bei gleichen Feldweiten erhält man für die Randfelder wesentlich ungünstigere Momente als für die Mittelfelder. Wenn es aus konstruktiven Gründen zulässig ist, die Spannweite der Randfelder auf 80% der Mittelfelder zu verringern, so ergibt sich ein guter Ausgleich in den Biegemomenten der Rand- und Mittelfelder. Anstatt ungleicher Öffnungen kann man die Biegemomente der Randfelder auch durch eine Endeinspannung verringern, wozu es notwendig ist, auch am Deckenrand Säulen mit Pilzköpfen anzuordnen. Diese Randsäulen erhalten aber nicht nur durch Verkehrslast, sondern auch durch das Eigengewicht starke Biegemomente. Sie müssen deshalb sehr stark ausgeführt werden und bedingen sehr große zusätzliche Rahmenmomente durch Schwinden und Temperaturschwankungen. Diese Durchbildung ist deshalb nicht zu empfehlen.

B. Der Balken und der Plattenbalken

1. Allgemeines

Die Biegemomente durchlaufender Balken und Plattenbalken sind im allgemeinen nach den Regeln der an den Stützen frei drehbar gelagerten Träger zu ermitteln. Sobald es sich um ausgedehnte Deckenfelder handelt, bei denen die einzelnen Balken sich sehr oft wiederholen, ist es aus wirtschaftlichen Gründen zu empfehlen, die Balken mit Vouten zu versehen und die Veränderlichkeit des Trägheitsmomentes in Rechnung zu stellen, wobei sich nicht nur kleinere Feldmomente, sondern auch geringere Schubspannungen ergeben. Bei Benutzung von

Tabellen des durchlaufenden Trägers mit veränderlichem Trägheitsmoment ist hiermit kaum eine Mehrarbeit verbunden. Es ist selbstverständlich auch gestattet, den Widerstand gegen Verbiegen der mit den Balken monolithisch verbundenen Säulen in Rechnung zu stellen und das Tragwerk nach der Rahmentheorie zu berechnen.

Wird auf diese genauere Berechnung als Rahmen verzichtet, dann brauchen wegen des Biegewiderstandes der Säulen und des Verdrehungswiderstandes etwa vorhandener Querbalken die negativen Feldmomente infolge der Verkehrslasten gemäß DIN 1045 nur mit $^2/_3$ ihres Wertes in Rechnung gestellt werden.

Die damit verbundene Vernachlässigung der Biegemomente der Säulen ist bei den Mittelsäulen ohne wesentliche Bedeutung, nicht dagegen bei den Randsäulen, für die sich sowohl infolge der Eigengewichts- wie auch der Verkehrslasten wesentliche Biegemomente ergeben. Diese dürfen nicht vernachlässigt werden und sind — falls keine genauere Berechnung als Rahmen durchgeführt wird — nach den Formeln des § 28 der DIN 1045 zu berechnen.

In dem Balken und Plattenbalken ist der Zusammenhang zwischen dem Druckgurt und dem Zuggurt im Gegensatz zu den Platten stets durch Bügel zu sichern, durch welche die Zug- und die Druckeisen zu umschließen sind. Der rechnerische Nachweis der Schubsicherung ist zu führen, sobald die Schubspannungen die durch die DIN 1045 festgelegten Werte übertreffen. Andererseits dürfen die Schubspannungen auch bei Nachweis der Schubsicherung bestimmte Grenzwerte nicht überschreiten. Werden die Schubspannungen größer als diese Werte, dann sind die Abmessungen des Betonquerschnittes zu vergrößern.

Bei weitgespannten Plattenbalken ist auch den Schubspannungen, die am Übergang der Druckplatten zu den Stegen auftreten, Beachtung zu schenken. Sie können in Grenzfällen im Vergleich zu denen der neutralen Faser nicht unerhebliche Werte annehmen. Im Bereich der positiven Momente sind jedoch die Platten auf Druck beansprucht, wodurch sich die aus den Schubspannungen folgenden schrägen Hauptzugspannungen abmindern. Diese Entlastung fällt im Bereich kleiner positiver Momente und negativer Momente weg. Auch wenn wir entsprechend dem Stadium II die Mitwirkung der gezogenen Platte nicht in Rechnung stellen, so muß doch durch eine entsprechende zusätzliche Bewehrung der Platte vermieden werden, daß zwischen dem Steg und der Platte Risse auftreten.

Für den Massivbau ist der Plattenbalken in wirtschaftlicher Hinsicht von großer Bedeutung, weil bei ihm die Platte in zwei Richtungen für die Kraftübertragung ausgenutzt wird. Sie wirkt als Biegeplatte zwischen den einzelnen Balken und wird normal dazu als Druckgurt dieser Balken beansprucht.

a

b

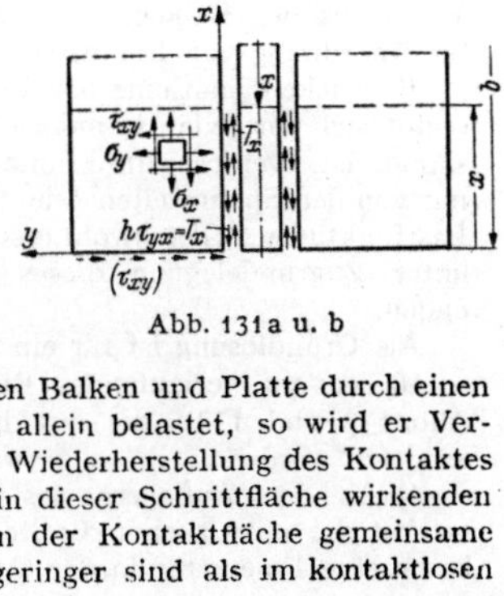

Abb. 131 a u. b

2. Die mitwirkende Breite des Plattenbalkens

Nach der technischen Biegelehre für Balken hat eine im Abstand e von der Nullinie zu dieser parallel gelegene Balkenfaser auf ihre ganze Breite die gleiche Spannung. Dies ist eine Folge der Annahme ebenbleibender Querschnitte.

Denken wir uns den Zusammenhang zwischen Balken und Platte durch einen Schnitt aufgehoben (Abb. 131) und den Balken allein belastet, so wird er Verzerrungen und Verschiebungen erfahren. Bei der Wiederherstellung des Kontaktes in der Schnittfläche wird die Platte durch die in dieser Schnittfläche wirkenden Schubkräfte T_x gezwungen, mit dem Balken in der Kontaktfläche gemeinsame Formänderungen einzugehen, die naturgemäß geringer sind als im kontaktlosen

Zustand. Denken wir uns die Kontaktfläche durch eine Kontaktlinie k idealisiert, so ist die Platte des Plattenbalkens eine an ihrem Rande k durch Schubkräfte beanspruchte Scheibe ([29] S. 112). Infolge der Schubverzerrungen dieser Scheibe werden die Normalspannungen σ_x nach außen hin abgebaut, d. h. die Platte des Plattenbalkens entzieht sich mit zunehmender Entfernung von dem Plattenbalkensteg der Aufnahme der Biegespannungen des Plattenbalkens. Wir erhalten für eine zur Nullinie parallele Faser (z. B. die Plattenmittelfläche in Höhe der Kontaktlinie k) die in Abb. 131a charakterisierte Spannungsverteilung. Unter der mittragenden Breite versteht man die Breite der in ein flächengleiches Rechteck mit der Höhe $_{\max}\sigma$ verwandelten σ_x-Fläche.

Ein Plattenbalken ist an seinen Enden ohne und mit Querträger (a in Abb. 132) ausführbar. In konstruktiver Hinsicht ist es wünschenswert, Querbalken anzuordnen, weil dadurch die Einleitung der Druckkräfte der Platte durch die Schubspannungen erleichtert wird. Die in Abb. 131 eingeklammerten τ_{xy} werden dann von den Querträgern aufgenommen. Dies bedeutet, daß unmittelbar an den Balkenenden schon Schubkräfte $T_x = h \cdot \tau_{yx} = h \cdot \tau_{xy}$ in die Platte eingeleitet werden. Die elastizitätstheoretische Behandlung des Problems der mittragenden Breite zeigt, daß sich mit oder ohne Endquerträger für die Balkenmitte (bei in Balkenspannweite symmetrischer Last) die gleiche mittragende Breite ergibt. Bei Fehlen der Querbalken geht jedoch die mitwirkende Breite nach den Auflagern zu allmählich auf Null zurück, während sie bei Anordnen der Querbalken für jede Harmonische für die ganze Balkenlänge konstant ist.

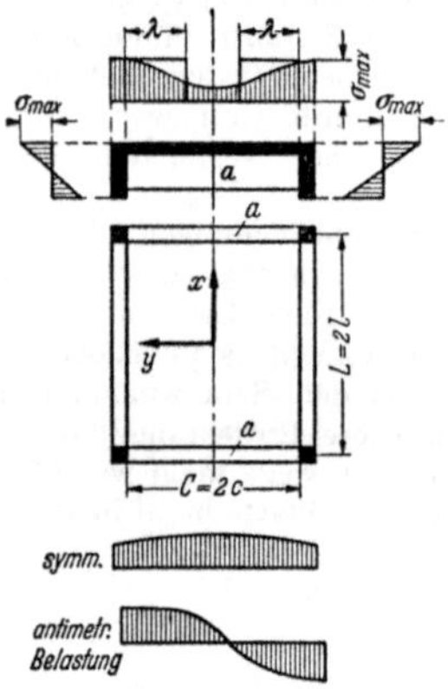

Abb. 132

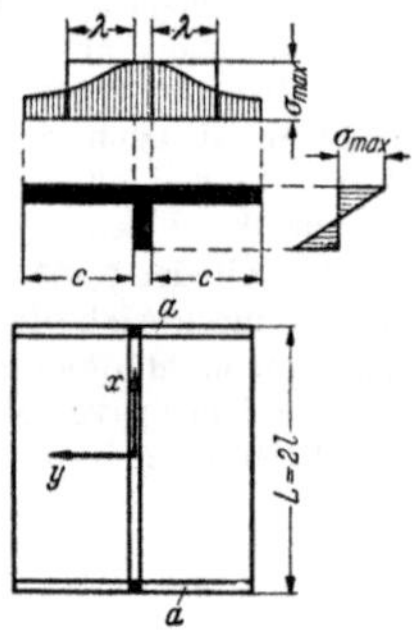

Abb. 132a

Diese elastizitätstheoretische Behandlung des Plattenbalkens zeigt, daß die mitwirkende Breite von Querschnittsabmessungen und Spannweiten von Platte und Balken, d. h von deren Steifigkeitsverhältnissen, der Belastung und dem statischen System des Plattenbalkens sowie dem Ort innerhalb des Systems abhängig ist. Nur in dem Sonderfalle der gelenkigen Balkenlagerung und einer nach einer trigonometrischen Funktion geformten Momentenfläche aus gegebener Last folgt die mitwirkende Breite allein aus dem Verhältnis der Balkenspannweite $L = 2 \cdot l$ zur Plattenbreite $C = 2 \cdot c$ und ist bei Anordnung von Endquerträgern über die Balkenlänge konstant.

Entwickelt man eine beliebige gegebene Lastfunktion nach Harmonischen, so ergibt sich für jede Harmonische eine besondere Balkenbreite, was physikalisch sinnlos ist. Der erwähnte einfache Zusammenhang, daß die mitwirkende Breite nur von den Spannweiten L und C abhängig ist, gilt eben nur für trigonometrische Lastfunktionen. Gleichwohl erscheint es möglich, auch für andere Lastfunktionen unter Zugrundelegung dieses Zusammenhangs Näherungslösungen für λ zu finden.

Als Grundlösung ist für ein nach einer Harmonischen $M = M_0 \cdot \cos n \cdot \pi \cdot x/L = M_0 \cdot \cos \alpha x$ verlaufendes Biegemoment für die konstruktiven Anordnungen Abb. 132 und 132a die mitwirkende Breite unter folgenden Voraussetzungen ermittelt worden:

a) An den Auflagern des Plattenbalkens sind Endquerträger angeordnet, so daß die mitwirkende Breite über die Balkenlänge konstant ist. Hierin liegt kaum eine Einengung in der Gebrauchsfähigkeit der Formeln. λ in der Mitte des

Balkens ist von dieser konstruktiven Anordnung unabhängig. Der Verringerung der λ-Werte nach den Balkenauflagern hin bei Fehlen der Endquerträger entspricht auch eine Verringerung des Biegemomentes.

b) Hinsichtlich der Ränder in der y-Richtung sind zwei Fälle untersucht:

α) Die Ränder sind unverschieblich festgehalten, was in großer Annäherung dem Fall entspricht, daß die Platte in der y-Richtung aus vielen Feldern besteht und daß die Plattenbalken Abb. 132 und 132a aus einem solchen Plattenfeld herausgeschnitten sind.

β) Die Ränder sind frei.

Es ergibt sich für den Plattenbalken Abb. 132 ohne seitliche Festhaltung

$$\lambda = \frac{1}{2\alpha}\,\frac{\mathfrak{Sin}\,\alpha C + \alpha C}{\mathfrak{Cos}\,\alpha C + 1}, \tag{95}$$

für den Plattenbalken Abb. 132 mit seitlicher Festhaltung

$$\lambda = \frac{2}{\alpha}\,\frac{\mathfrak{Cos}\,\alpha C - 1}{(3+\mu)\,\mathfrak{Sin}\,\alpha C - (1+\mu)\,\alpha C}, \tag{95a}$$

für den Plattenbalken Abb. 132a ohne seitliche Festhaltung

$$\lambda = \frac{2}{\alpha}\,\frac{\mathfrak{Sin}\,\alpha C + \alpha C}{(3+\mu)\,\mathfrak{Cos}\,\alpha C + (1+\mu)/2\cdot(\alpha C)^2 + (5-\mu)}. \tag{95b}$$

Der Fall Abb. 132a mit seitlicher Festhaltung entspricht vollständig dem der Gl. (95a). μ ist die Querdehnungszahl.

Bei dem Plattenbalken der Abb. 132 ist auch eine antimetrische Belastung zu untersuchen, nicht dagegen bei dem der Abb. 132a, weil hier eine antimetrische Belastung kein Plattenbalken-, sondern ein Torsionsproblem darstellt.

Wir erhalten

$$\lambda = \frac{1}{\alpha}\,\frac{(\mathfrak{Sin}\,\alpha c + \alpha c)\,(\mathfrak{Cos}\,\alpha c - 1)}{\mathfrak{Cos}\,2\alpha c - 1} \tag{96}$$

für den Plattenbalken der Abb. 132 bei antimetrischer Belastung ohne seitliche Festhaltung, und

$$\lambda = \frac{2}{\alpha}\,\frac{2\,\mathfrak{Cos}\,\alpha c\,(\mathfrak{Cos}\,\alpha c - 1) + (1+\mu)\,\alpha c\,\mathfrak{Sin}\,\alpha c}{(3+\mu)\,\mathfrak{Sin}\,2\alpha c + (1+\mu)\,2\alpha c} \tag{96a}$$

für den Plattenbalken der Abb. 132 bei antimetrischer Belastung mit seitlicher Festhaltung.

In den nachstehenden Zahlentafeln sind für alle in Frage kommenden Verhältnisse c/L die mitwirkenden Breiten λ sowohl als Funktion der Balkenlänge

Zahlentafel der mitwirkenden Breiten λ als Funktion von L

	c =	0,05	0,10	0,15	0,20	0,25	0,30	0,35	0,40	
Gl. (95)	λ =	0,0492	0,0938	0,1304	0,1576	0,1756	0,1859	0,1903	0,1908	$\cdot L$
Gl. (95a)	λ =	0,0491	0,0936	0,1301	0,1578	0,1775	0,1906	0,1988	0,2038	$\cdot L$
Gl. (95b)	λ =	0,0491	0,0934	0,1295	0,1566	0,1752	0,1873	0,1945	0,1985	$\cdot L$
Gl. (96)	λ =	0,0249	0,0492	0,0723	0,0938	0,1132	0,1304	0,1452	0,1576	$\cdot L$
Gl. (96a)	λ =	0,0249	0,0494	0,0729	0,0951	0,1157	0,1343	0,1507	0,1650	$\cdot L$

	c =	0,45	0,50	∞	
Gl. (95)	λ =	0,1888	0,1857	0,1592	$\cdot L$
Gl. (95a)	λ =	0,2065	0,2079	0,2046	$\cdot L$
Gl. (95b)	λ =	0,2005	0,2014	0,2046	$\cdot L$
Gl. (96)	λ =	0,1677	0,1756	0,1592	$\cdot L$
Gl. (96a)	λ =	0,1771	0,1872	0,2046	$\cdot L$

Zahlentafel der mitwirkenden Breite λ als Funktion der Plattenbreite c

	$c =$	0,05	0,10	0,15	0,20	0,25	0,30	0,35	0,40	0,45	0,50	L
Gl. (95)	$\lambda =$	0,984	0,938	0,870	0,788	0,702	0,620	0,544	0,477	0,420	0,371	$\cdot c$
Gl. (95a)	$\lambda =$	0,983	0,936	0,867	0,789	0,710	0,635	0,568	0,509	0,459	0,416	$\cdot c$
Gl. (95b)	$\lambda =$	0,983	0,934	0,864	0,783	0,701	0,624	0,556	0,496	0,446	0,403	$\cdot c$
Gl. (96)	$\lambda =$	0,497	0,492	0,482	0,469	0,453	0,435	0,415	0,394	0,373	0,351	$\cdot c$
Gl. (96a)	$\lambda =$	0,498	0,494	0,486	0,476	0,463	0,448	0,431	0,413	0,394	0,374	$\cdot c$

wie auch der Plattenbreite angegeben. Diese Zahlentafeln zeigen, daß zwischen den beiden Plattenbalken der Abb. 132 und 132a kein wesentlicher Unterschied besteht. Durch eine seitliche Festhaltung der Platte wird die mitwirkende Breite vergrößert, aber ein wesentlicher Unterschied ergibt sich erst bei sehr großen Plattenbreiten. Auch der Einfluß der Querdehnung, die nur bei Festhaltung der Ränder in Erscheinung tritt, ist nicht sehr groß. Bei der Auswertung der Zahlentafeln wurde $\mu = 1/9$ eingesetzt.

Dagegen ergibt sich bei antimetrischer Belastung und geringen Plattenbreiten im Verhältnis zu der Trägerlänge ein Abfall der mitwirkenden Breite auf die Hälfte, mit zunehmender Plattenbreite wird der Abfall jedoch geringer, und für $c/L = \infty$ fällt jeder Unterschied zwischen symmetrischer und antimetrischer Belastung weg, ein plausibles Resultat.

Die obigen Zahlentafeln gelten für die erste Harmonische $M = M_0 \cos \pi x/L$. Die Zahlentafeln können aber auch für jede höhere Harmonische $M = M_0 \cos n\pi x/L$ benutzt werden, nur ist dann an Stelle der tatsächlichen Trägerspannweite der Wert L/n einzuführen.

Die Bemessung kann mit Hilfe der obigen Zahlentafeln in nachstehend angegebener Weise durchgeführt werden.

Bei einem frei aufliegenden Balken mit gleichbleibender Belastung stimmt das parabelförmige Biegemoment sehr genau mit der ersten Harmonischen überein, so daß den Zahlentafeln die mitwirkende Breite direkt entnommen werden kann. Bei einem eingespannten Balken oder bei großen Einzellasten ist das jedoch nicht der Fall. In diesen Fällen muß das vorhandene Biegemoment mittels der *Fourier*-Analyse in Harmonischen dargestellt werden.

$$M = M_1 + M_2 + M_3 + \cdots.$$

Für jeden Momentenanteil, der einer Harmonischen entspricht, entnimmt man die mitwirkende Breite den Zahlentafeln und ermittelt damit die Spannungen. Die Gesamtspannungen ergeben sich durch Addition der Spannungen der einzelnen Momentenanteile. Etwas zu ungünstige, aber hinreichend genaue Werte erhält man jedoch schon, wenn das Gesamtmoment in zwei Teile zerlegt wird, wovon der eine Anteil der ersten Harmonischen entspricht und der Rest $M_R = M - M_1$ alle übrigen Harmonischen erfaßt. Für M_1 wird die mitwirkende Breite den Zahlentafeln entnommen, für M_R dagegen wird nur die Stegbreite eingesetzt. Um damit die Betonspannungen und die Bewehrungen zu erhalten, sind also zwei Bemessungen notwendig.

Will man genauere Ergebnisse erhalten, dann führt man drei Bemessungen durch für M_1, M_2 und $M_R = M - M_1 - M_2$.

Ein Beispiel soll den Rechnungsgang erläutern. Bei einem frei aufliegenden Balken betrage das Moment aus gleichbleibender Last $M_g = gL^2/8 = 100$ tm, das aus einer Einzellast in Feldmitte $M_P = PL/4 = 60$ tm. $M = M_g + M_P = 160$ tm (Abb. 133).

Die *Fourier*-Entwicklung ergibt

$$M = M_g + M_P = \frac{gL^2}{8}\,\frac{32}{\pi^3}\sum_1^\infty \frac{1}{n^3}\cos n\pi\,\frac{x}{L} + \frac{PL}{4}\,\frac{8}{\pi^2}\sum_1^\infty \frac{1}{n^2}\cos n\pi\,\frac{x}{L}$$

$$(n = 1,\ -3,\ +5,\ -\text{usw.}) \qquad (n = 1,\ +3,\ +5,\ +\text{usw.}).$$

Demnach ergibt sich für die Feldmitte $x = 0$ das Moment der ersten Harmonischen zu:

$$M_1 = 100 \cdot 32/\pi^3 + 60 \cdot 8/\pi^2 = 103 + 48{,}7 = 151{,}70 \text{ tm},$$

der dritten Harmonischen zu:

$$M_3 = -100 \cdot 32/\pi^3 \cdot 1/27 + 60 \cdot 8/\pi^2 \cdot 1/9 = -3{,}8 + 5{,}4 = 1{,}60 \text{ tm usw.}$$

Mit Hinsicht auf die große Einzellast zerlegen wir M in drei Teile. Die mitwirkende Breite entnehmen wir der Zahlentafel [Gl. (95)].

Für die erste Harmonische mit $c/L = 3{,}75/50 = 0{,}075$ ist $\lambda = 0{,}96 \cdot 3{,}75 = 3{,}60$ m. Für die dritte Harmonische mit $c/L = 3 \cdot 0{,}075 = 0{,}225$ ist $\lambda = 0{,}74 \cdot 3{,}75 = 2{,}77$ m.

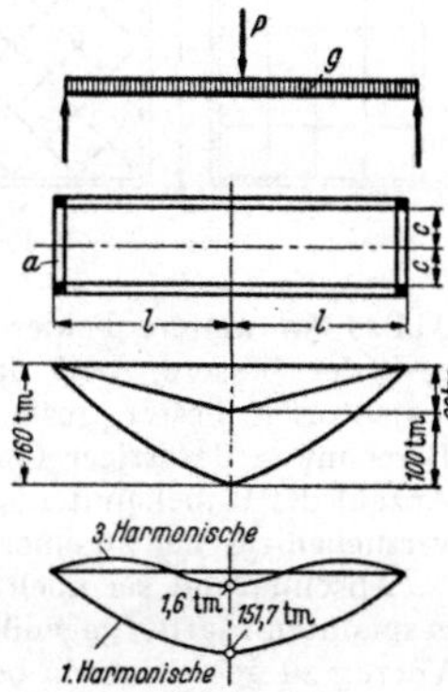

Abb. 133

Demgemäß ist die Bemessung für die Momente $M_1 = 151{,}70$, $M_2 = 1{,}60$ und $M_R = 6{,}7$ tm mit den mitwirkenden Plattenbreiten $\lambda_1 = 3{,}60$ m, $\lambda_2 = 2{,}77$ m, $\lambda_R = 0{,}0$ m durchzuführen. Der Unterschied in den Spannungen, der sich ergeben würde, wenn wir nur zwei Bemessungen mit $M_1 = 151{,}70$, $\lambda_1 = 3{,}26$ m und $M_R = 8{,}3$ tm, $\lambda_R = 0{,}00$ m durchführen würden, ist verschwindend gering.

In den Stahlbetonbestimmungen ist die mitwirkende Breite als Funktion der Plattendicke angegeben, und zwar unterschiedlich für den beiderseitigen und den einseitigen Plattenbalken.

Trotz der Abhängigkeit der mitwirkenden Breite von den anderen Systemwerten hat sich die Festsetzung gemäß den Bestimmungen in der Praxis bewährt. Bei kleinen Balkenspannweiten ergeben sich allerdings, vor allem bei großen Einzellasten, zu große Breiten, und umgekehrt bei weitgespannten Konstruktionen zu kleine Werte für die mitwirkende Breite. Die Bestimmungen lassen jedoch dem Entwerfenden die Freiheit, bei Großkonstruktionen die tatsächlich mitwirkenden Breiten zu bestimmen und in Rechnung zu setzen.

3. Die Balkenroste

Bei Deckenfeldern, die nur an den Rändern oder den Eckpunkten gelagert sind, ergeben sich für die Ausbildung der Balkenroste verschiedene Möglichkeiten.

Handelt es sich um rechteckige Felder, dann ist es am wirtschaftlichsten, die Haupttragbalken a in Richtung der kürzeren Spannweite und die Nebenträger b in Richtung der größeren Spannweite anzuordnen (Abb. 134). Hierbei darf angenommen werden, daß die Nebenbalken auf den Hauptbalken starr gelagert sind, so daß ihre Berechnung nach der Theorie des durchlaufenden Trägers mit starrer Stützung durchgeführt werden kann. Sobald jedoch die Nebenträger annähernd die gleiche Konstruktionshöhe wie die Hauptträger erhalten und das Rechteck sich in seiner Form einem Quadrat nähert, ist diese Berechnungsweise zu ungenau, denn wir haben dann durchlaufende Träger, die auf den Hauptträgern elastisch gelagert sind und die demnach nach der Theorie der durchlaufenden Träger auf elastisch nachgiebigen Stützen zu berechnen sind.

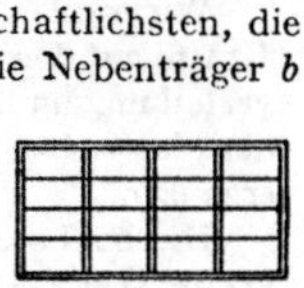
Abb. 134

In diesem Fall ist es demnach richtiger, die Balken in beiden Richtungen als gleichberechtigt aufzufassen. Bei Vollbelastung ergeben sich hierbei nur wenige Überzählige, die aus der Bedingung gleicher Durchbiegung der sich kreuzenden Balken zu berechnen sind. Zum Beispiel ergibt sich für das quadratische Plattenfeld der Abb. 135 nur eine Unbekannte, deren Lage durch Kreuze angegeben ist. Bei einem gleichartigen rechteckigen Plattenfeld würden sich dagegen zwei Unbekannte ergeben.

Eine große Propaganda wurde in früheren Jahren für den Kreuzeckrost gemacht, und es wurde behauptet, daß sich damit wesentliche Ersparnisse erzielen ließen, weil die Träger insbesondere in der Nähe der Ecken mit dem Verlauf der Spannungstrajektorien (s. Abb. 135a, deren Balkenrost bei Vollbelastung zweifach statisch unbestimmt ist) zusammenfallen. Bei diesem Vergleich des Kreuzeckrostes mit dem Rechteckrost wurde bei dem ersteren die Verdrehungssteifigkeit der Balken sowohl im Feld wie auch am Anschluß an den Randbalken in Rechnung gestellt. Diese genauere Berechnung läßt sich aber auch für den Rechteckrost durchführen, und dann ergeben sich in wirtschaftlicher Hinsicht einigermaßen gleichwertige Konstruktionen. Sobald aber an das Plattenfeld der Abb. 135a weitere Felder durchlaufend angeschlossen werden, ist der Rechteckrost der bessere, weil dann die Balkenrichtungen mit den Hauptspannungstrajektorien besser zusammenfallen als bei dem Kreuzeckrost. Sind bei der Berechnung derartiger Plattenfelder Einzellasten zu berücksichtigen, so steigt die Anzahl der Unbekannten sehr rasch an. In diesem Falle kommt man mit Modellversuchen rascher zu einer Lösung als auf mathematischem Weg.

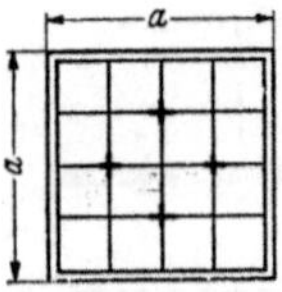

Abb. 135

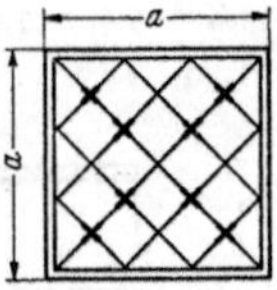

Abb. 135a

Abschließend sei noch bemerkt, daß bei diesen Balkenrosten den kreuzweis gespannten Platten gegenüber denen mit Hauptbewehrung in einer Richtung der Vorzug zu geben ist, da bei den letzteren ebenfalls eine Querbewehrung benötigt wird, und zwar vor allem an den Stellen der negativen Momente.

C. Die Säulen

Bei der Berechnung der Säulen geht man gemäß den Darlegungen zu II von dem Bruchzustand aus, für den das Superpositionsgesetz maßgebend ist, d. h. der Bruch tritt erst ein, wenn die Tragfähigkeit der beiden Verbundmaterialien Beton und Stahl erschöpft ist. Dies ist der Fall, wenn die Spannungen des Betons die Prismenfestigkeit, die des Stahls die Fließgrenze erreicht haben. Aus diesem Grunde ist bei den Säulen die Zahl n, die uns angibt, wievielmal die Spannungen des Stahls höher sind als die des Betons, von der Güte der beiden Materialien abhängig.

Wir wollen diese für den Bruchzustand maßgebende Verteilung der inneren Kräfte auf den Beton und den Stahl durch eine Untersuchung über die Spannungsverteilung im Zustand der Gebrauchslasten bei Berücksichtigung des Einflusses der plastischen Formänderungen infolge des Kriechens und Schwindens des Betons ergänzen.

Hierbei beschränken wir uns auf das Problem der Übertragung mittiger Druckkräfte. Im Zeitpunkt $t = 0$ des Aufbringens der Last verteilt sich diese auf den Beton und die Längsbewehrung proportional den Dehnsteifigkeiten der beiden Verbundstoffe.

Die Dehnsteifigkeit des Betons im Zeitpunkt $t = 0$ ist $D_{b0} = E_0 F_b$, wobei E_0 den federnden Modul des Betons im Zeitpunkt $t = 0$ bedeutet. Die Dehnsteifigkeit der Stahleinlagen beträgt $D_e = E_e F_e$, diese ist unabhängig von der Zeit. Die Gesamtsteifigkeit der beiden Verbundmaterialien ist $D = D_e + D_{b0}$. Im Zeitpunkt $t = 0$, der durch den Index o gekennzeichnet wird, entfällt von der Gesamtlast P

auf den Stahl $$P_{e0} = P\,D_e/D = P\alpha,$$

auf den Beton $$P_{b0} = P\,D_{b0}/D = P\,(1 - \alpha).$$

Hierbei ist $\alpha = D_e/D$ das Verhältnis der Dehnsteifigkeit der Bewehrung zur Gesamtsteifigkeit.

Bezeichnen wir das Verhältnis der Moduli im Zeitpunkt $t=0$ mit $n=E_e/E_0$ und das Bewehrungsverhältnis $\mu = F_e/F_b$, so wird

$$n\,\mu = E_e \cdot F_e/E_0\,F_b = D_e/D_{b0} = \alpha/(1-\alpha) \quad \text{und} \quad \alpha = n\cdot\mu/(1+n\,\mu).$$

Durch das Kriechen und Schwinden lagert sich ein Teil der Last P_{b0} von dem Beton auf den Stahl um, da sich der Beton plastisch und der Stahl unter dem Zwang des Verbundes um das gleiche Maß elastisch verkürzt.

Bezeichnet man mit $\sigma_b = \sigma_b(t)$ die mit der Zeit veränderliche Betondruckspannung und mit $\varepsilon_s(t)$ das mit der Zeit veränderliche Schwindmaß, so wird die plastische Verformung des Betons in der Zeit von t_1 bis t_2

$$\left|\,\varepsilon_{bk} + \varepsilon_{bs}\right|_{t_1}^{t_2} = \int_{t_1}^{t_2} \sigma_b/E_0 \cdot d\varphi + \int_{t_1}^{t_2} d\varepsilon_s.$$

Die elastische Verformung des Betons infolge der Änderung der Betonspannung von t_1 bis t_2 wird

$$\varepsilon_{bel}\Big|_{t_1}^{t_2} = \int_{t_1}^{t_2} d\sigma_b/E_b(t).$$

Die elastische Verformung des Stahles infolge der Änderung der Stahlspannung ist

$$\varepsilon_e\Big|_{t_1}^{t_2} = \int_{t_1}^{t_2} d\sigma_e/E_e.$$

In jedem Zeitelement dt muß die Summe der elastischen und der plastischen Verformungen des Betons gleich der elastischen Verformung des Stahles sein

$$\sigma_b/E_0 \cdot d\varphi + d\varepsilon_s + d\sigma_b/E_b(t) = d\sigma_e/E_e. \tag{97}$$

Wir setzen $E_b(t) = E_0$, d. h. wir rechnen mit konstantem federndem Betonmodul und führen, um die Integration geschlossen vornehmen zu können, ein

$\varepsilon_s(t) = c\cdot\varphi(t)/E_0$, setzen also ε_s affin zu φ,

dann wird

$$\sigma_b/E_0 \cdot d\varphi + c\cdot d\varphi/E_0 + d\sigma_b/E_0 = d\sigma_e/E_e$$

Es ist $\sigma_b(t)\cdot F_b + \sigma_e(t)\cdot F_e = P;\ -d\sigma_b/\mu = d\sigma_e$ und damit

$$\frac{d\sigma_b}{d\varphi} + \sigma_b \cdot \frac{\mu\cdot n}{1+n\mu} + c\cdot\frac{\mu\cdot n}{1+n\,\mu} = 0. \tag{98}$$

Diese lineare Differentialgleichung hat die Form

$$y' + y\cdot p(x) + q(x) = 0 \quad \text{und die Lösung}$$

$$y = e^{-\int p(x)\cdot dx}\left[C - \int q(x)\cdot e^{\int p(x)\cdot dx}\cdot dx\right].$$

Hier ist $q = c\cdot p(x)$, und dies führt zu der Vereinfachung

$$y = c\left[C\cdot e^{-\int p(x)\cdot dx} - 1\right] \quad \text{oder in unserem Fall}$$

$$\sigma_b = c\left[C\cdot e^{-\alpha\varphi} - 1\right] \quad \text{mit} \quad \alpha = \frac{nu}{1+n\mu}.$$

Für $t=\varphi=0$ wird $\sigma_b = \sigma_{b0}$, und damit bestimmt sich die Integrationskonstante zu

$$C = \sigma_{b0}/c + 1$$

$$\sigma_b = -c + (\sigma_{b0}+c)\cdot e^{-\alpha\varphi}. \tag{99}$$

Der Verlust an Betondruckspannung wird

$$\varDelta\sigma_b = -(\sigma_{b0}-\sigma_b) = -(\sigma_{b0}+c)\cdot(1-e^{-\alpha\varphi}) \tag{100}$$

oder
$$\varDelta\sigma_b = -\sigma_{b0}\left(1+\frac{c}{\sigma_{b0}}\right)\cdot(1-e^{-\alpha\varphi}) \tag{100a}$$

und die Abminderung der Betondruckkraft

$$\varDelta P_b = -P_{b0}\cdot\left(1+\frac{c}{\sigma_{b0}}\right)\cdot(1-e^{-\alpha\varphi}). \tag{100b}$$

Die Zunahme der Stahlspannung erhält man aus

$$\Delta\sigma_e F_e = (\sigma_e - \sigma_{e0})\, F_e = (\sigma_{b0} - \sigma_b)\, F_b$$

$$\Delta\sigma_e = (\sigma_{b0} - \sigma_b)/\mu. \tag{100c}$$

Die Verkürzung der Säule durch Kriechen und Schwinden ist gleich der Verkürzung des Stahles

$$\Delta\varepsilon_e = \frac{\Delta\sigma_e}{E_e} = \frac{\sigma_{b0} - \sigma_b}{\mu \cdot E_e} = \frac{\sigma_{b0} + c}{\mu \cdot E_e}(1 - e^{-\alpha\varphi}). \tag{101}$$

Hieraus erhält man die durch die Bewehrung abgeminderten Kriech- und Schwindmaße φ'/E_0 und ε_s', indem man trennt und einmal $\sigma_{b0} = 1$ und $c = 0$ und ein andermal $\sigma_{b0} = 0$ setzt

$$\frac{\varphi'}{E_0} = \alpha_k' = \frac{1}{\mu \cdot E_e}(1 - e^{-\alpha\varphi}) \text{ bzw.} \tag{102}$$

$$\varphi' = \alpha_k' \cdot E_0 = \frac{1}{n\mu}(1 - e^{-\alpha\varphi}) \tag{102a}$$

$$\varepsilon_s' = \frac{c}{\mu \cdot E_e}(1 - e^{\alpha\varphi}) = \frac{\varepsilon_s}{\varphi} \cdot \frac{1}{n\mu}(1 - e^{-\alpha\varphi}) = \varepsilon_s \cdot \frac{\varphi'}{\varphi}. \tag{102b}$$

Je stärker das Kriechmaß φ_E und um so größer der Bewehrungsprozentsatz ist, desto stärker ist die Umlagerung der Last von dem Beton auf den Stahl. Bei Berücksichtigung der Schwindung kann schon bei einem Bewehrungssatz von 3% die Umlagerung so stark werden, daß der Beton spannungslos und die gesamte Last von dem Stahl getragen wird, wobei die Spannungen in dem Stahlquerschnitt bis an die Streckgrenze herangehen. Sobald dieser Zustand erreicht ist, fängt der Stahl an zu fließen, womit eine weitere Umlagerung unmöglich wird. Beide Materialien verkürzen sich von jetzt ab entsprechend dem Kriechen des Betons, ohne daß eine weitere Umlagerung der Belastung erfolgt. Eine Gefahr für die Stahlbetonsäule liegt trotz der hohen, in manchen Fällen die Fließgrenze erreichenden Spannungen nicht vor, weil die Bewehrungen durch den umhüllenden Beton gegenüber Knicken geschützt sind und der Bruch erst nach Erschöpfung der Tragfähigkeit der beiden Verbundmaterialien eintritt. Die bis an die Fließgrenze gehenden Stahlbeanspruchungen, und zwar schon im Zustand der Gebrauchslasten, erfordern eine gute Verbügelung der Längsbewehrung mit Rücksicht auf deren Knickung.

Durch die Bewehrungen behinderte Endkriech- und Schwindmaße

	$D_e/D_{b0} =$	0,00	0,05	0,10	0,20	0,40
	$\alpha =$	0,000	0,048	0,091	0,167	0,286
$\varphi_E = 0$	$\varphi_E' =$	0,00	0,00	0,00	0,00	0,00
$= 1$	$=$	1,00	0,93	0,86	0,77	0,62
$= 2$	$=$	2,00	1,82	1,66	1,42	1,09
$= 3$	$=$	3,00	2,67	2,40	1,97	1,44
$= 4$	$=$	4,00	3,46	3,05	2,44	1,70

Unter den Steifigkeitszahlen D_e/D_{b0} sind die zugehörigen Werte α angegeben, die uns erkennen lassen, welcher Lastanteil im Zeitpunkt $t = 0$ von den Bewehrungen getragen wird. Sie zeigen uns, daß die behinderten Endkriechmaße φ_E' gegenüber den unbehinderten des unbewehrten Betons φ_E nur bei sehr kräftigen Bewehrungen wesentlich abnehmen.

Auf die gleiche Differentialgleichung stößt man auch, wenn man aus der Bedingung gleicher Winkeländerungen die Umlagerung der Biegemomente von dem Beton auf den Stahlquerschnitt ermittelt.

Es sei noch kurz dargelegt, wie man den Einfluß des mit der Zeit wachsenden federnden Betonmoduls berücksichtigen kann. Um die Integration geschlossen ausführen zu können, führen wir $E_b(t) = f(\varphi)$ ein.

$$E_b(t) = E_0 \cdot [1 + \psi(t)] = E_0 \cdot [1 + a\varphi(t)]$$
$$E_b(t) - E_0 = E_0 \cdot a\varphi(t)$$

d. h. der Zuwachs von E_0 über die Zeit ist affin zu φ.

Dann erhält man an Stelle der Gl. (98)

$$\frac{d\sigma_b}{d\varphi} + \sigma_b \frac{\mu n \cdot (1 + a\varphi)}{1 + a\varphi + \mu n} + c \frac{\mu n \cdot (1 + a\varphi)}{1 + a\varphi + \mu n} = 0. \qquad (98\text{a})$$

Mit $\dfrac{\mu n (1 + a\varphi)}{1 + a\varphi + \mu n} = G(\varphi)$ lautet die Lösung

$$\sigma_b = c \cdot \left[C \cdot e^{-\int G(\varphi)\, d\varphi} - 1\right].$$

Mit der Substitution $z = (1 + a\varphi)/n\mu$ erhält man

$$\int G(\varphi)\, d\varphi = n\mu\varphi \left(1 - \frac{n\mu E_0}{E_b(t) - E_0} \cdot \ln \frac{n\mu + E_b(t)/E_0}{1 + n\mu}\right) = \bar{\alpha} \cdot \varphi.$$

$C = \sigma_{b0}/c + 1$ erhält man aus der Anfangsbedingung, daß $\sigma_b\,(t = \varphi = 0) = \sigma_{b0}$. Damit wird entsprechend Gl. (99)

$$\sigma_b(t) = -c + (\sigma_{b0} + c) \cdot e^{-\bar{a}\varphi}. \qquad (99\text{a})$$

Die sog. „Erholung“ [1 a] S. 446 des Betons übt im Sinne unserer Rechnung eine gegenläufige Wirkung hinsichtlich der Zunahme von E_0 mit der Zeit aus, so daß es auch im Hinblick auf die Genauigkeit der übrigen physikalischen Konstanten ausreichend erscheint, mit konstantem $E_b = E_0$ zu rechnen.

D. Die Silobauten

Die Silos dienen zur Lagerung trockener Güter wie Erze, Kohle, Zement, Getreide usw., die von oben eingefüllt und unten nach Bedarf abgezapft werden. Hierbei unterscheiden wir großräumige Silos, bei denen die Lagerhöhe des Füllgutes im Verhältnis zu den Grundflächen gering, und die Zellensilos, bei denen die Grundfläche im Verhältnis zu der Höhe der Zellen klein ist.

Großräumige Silos kommen vor allem für die Lagerung von Erzen in Frage, die übrigen Güter werden meistens in Zellensilos gelagert.

Die Seitenwände dieser Silos sind in sich geschlossene Rahmen. Diese sind gegenüber den waagrechten Kräften aus dem Füllgut zu berechnen, die auf Grundlage der Erddrucktheorie zu bestimmen sind. Zu gleicher Zeit wirken die Wände dieser Rahmen als hohe wandartige Träger zwischen den einzelnen Tragsäulen. Infolge der großen Höhe dieser Träger im Verhältnis zu den Spannweiten sind die Formänderungen, hervorgerufen durch die Schubkräfte, von gleicher Größenordnung wie die aus den Biegekräften. Deshalb können wir uns bei der Berechnung nicht mehr auf die *Bernoulli*sche Hypothese vom Ebenbleiben der Querschnitte bei der Biegung stützen, sondern wir müssen die Biegezug- und Druckkräfte nach der Scheibentheorie ermitteln.

Wir besprechen zunächst den Einfluß der waagrechten Kräfte aus dem Seitendruck des Füllgutes.

1. Die Berechnung der Silozellen als in sich geschlossene Rahmen

a) Großraumsilos. Bei den Großraumsilos ist, solange der Böschungswinkel des Füllgutes die obere Begrenzung innerhalb der Silokammer schneidet, mit einer linearen Zunahme des Seitendruckes mit der Höhe zu rechnen. Bei Vernachlässigung der Reibung zwischen dem Füllgut und der Wand ergibt sich der waagrechte Druck p_w auf eine lotrechte Wand und der lotrechte Druck p_s auf einen waagrechten Boden nach den Gl. (103):

$$p_s = \gamma h, \quad p_w = \gamma h \operatorname{tg}^2 (45 - \varphi/2). \qquad (103)$$

Bei einer unter dem Winkel α gegenüber der Senkrechten geneigten Wand ergibt sich der normal zu dieser Wand wirkende Druck nach den Transformationsgleichungen des ebenen Spannungszustandes zu

$$p = p_w \cos^2\alpha + p_s \sin^2\alpha. \qquad (103\,a)$$

Abb. 136 zeigt einen derartigen Großraumsilo. Hierbei bilden die Seitenwände einen geschlossenen Rahmen mit Zwischenstützen, dessen Berechnung nach der Theorie des durchlaufenden Balkens zu erfolgen hat (Abb. 136a). Bei gleichmäßiger Füllung ist der Druck auf die Wände in allen Feldern gleich und entspricht der Eigengewichtsbelastung eines durchlaufenden Trägers. Bei diesen großen Zellen muß aber auch eine ungleichmäßige Füllung entsprechend dem natürlichen Böschungswinkel des Füllgutes in Rechnung gestellt werden, wobei man zweckmäßig zur Vereinfachung der Rechnung von einer gemittelten Füllung ausgeht, die als Eigengewichtsbelastung zu betrachten ist.

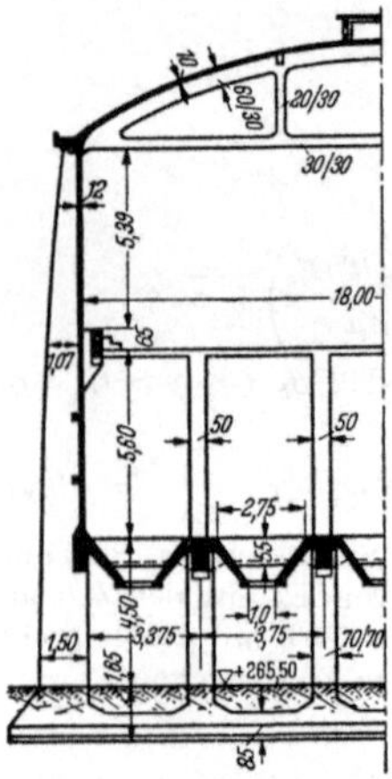

Abb. 136

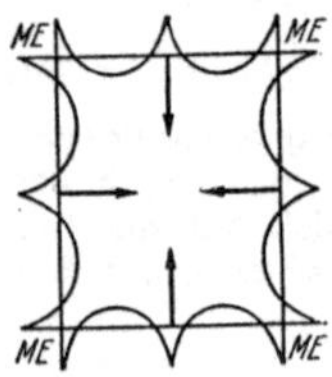

Abb. 136a

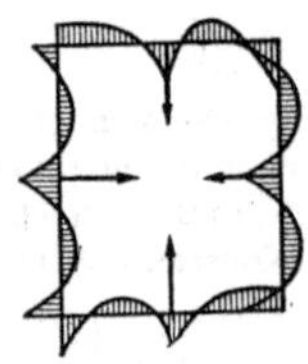

Abb. 136b

Hierzu kommt dann noch eine antimetrische Belastung aus der ungleichmäßigen Füllung als Nutzlast. Nimmt man z. B. ungleichmäßige Füllung ansteigend von der oberen rechten Ecke nach der unteren linken an (Abb. 136b), so ergibt sich eine zu der Diagonale antimetrische Momentenfigur. Durch die Spaltung in einen symmetrischen und einen antimetrischen Belastungsfall ermäßigen wir die Zahl der Unbekannten auf die Hälfte. Zweckmäßig wird zur Bestimmung der Biegemomente das Festpunkt- oder das *Croß*sche Verfahren angewandt.

b) *Die Zellensilos.* Während man bei den Großraumsilos den Reibungswinkel zwischen dem Füllgut und der Wand vernachlässigen durfte, würde dies bei den Zellensilos, wie die folgenden Untersuchungen zeigen, zu viel zu ungünstigen Kräften p_w und p_s führen. Denn durch die Reibung zwischen Füllgut und Silowänden wird ein erheblicher Teil der Last auf die Silowände abgetragen, wodurch sich p_s und damit p_w vermindern. Beide Kräfte streben einem Grenzwert zu.

Zur Ermittlung dieser beiden Kräfte betrachten wir das Gleichgewicht in einer Silozelle mit der Querschnittsfläche F und dem Umfang U für ein Höhenelement dz. Der Reibungswinkel sei durch $\operatorname{tg}\varphi'$ gekennzeichnet.

Dem Gewicht des Füllgutes $\gamma F\,dz$ wirken die Änderung des Druckes p_s und die Seitenreibung entgegen:

$$F\,dp_s + p_w U\,dz \operatorname{tg}\varphi' = \gamma F\,dz.$$

Nun ist nach Gl. (103) $p_w = p_s \operatorname{tg}^2(45 - \varphi/2)$, und damit erhalten wir

$$dp_s/dz + p_s U/F \cdot \operatorname{tg}^2(45 - \varphi/2)\operatorname{tg}\varphi' - \gamma = 0.$$

Das ist aber dieselbe lineare Differentialgleichung, die wir im vorhergehenden Abschnitt für die Kriecherscheinungen der Säule gefunden haben. Wir setzen zur Abkürzung $\operatorname{tg}^2(45 - \varphi/2)\operatorname{tg}\varphi' = k$, womit die Lösung gegeben ist durch:

$$p_s = \frac{F\cdot\gamma}{U k}\left(1 - e^{-\frac{U k}{F} z}\right), \quad p_w = \frac{F\cdot\gamma}{U k}\operatorname{tg}^2(45 - \varphi/2)\left(1 - e^{-\frac{U k}{F} z}\right), \qquad (104)$$

wobei $k = \operatorname{tg}^2(45 - \varphi/2)\operatorname{tg}\varphi'$ ist.

Hieraus folgen die Größtwerte für $z/F \to \infty$, d. h. für den Fall, daß die Höhe des Silos z im Verhältnis zum Durchmesser einer Zelle F unendlich groß wird, zu

$$\max p_s = \frac{F \cdot \gamma}{U\,k}$$

und

$$\max p_w = \frac{F \cdot \gamma}{U\,k}\,\mathrm{tg}^2\,(45 - \varphi/2)\,. \qquad (104\,\mathrm{a})$$

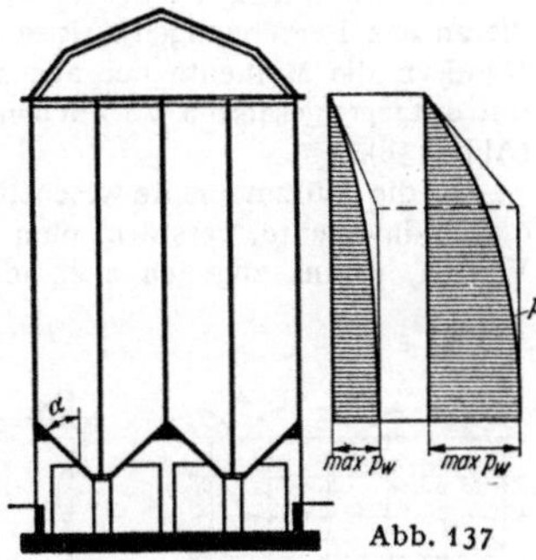

Abb. 137

Abb. 137a

Der Druck normal zu einer schrägen Wand kann angenähert wieder nach

$$p = p_w \cos^2 \alpha + p_s \sin^2 \alpha \qquad (104\,\mathrm{b})$$

berechnet werden.

In Abb. 137 ist ein Zellensilo dargestellt und daneben der Verlauf der Drücke p_s und p_w, die rasch mit zunehmender Höhe z von dem linearen Verlauf der üblichen Erddrucktheorie abweichen und asymptotisch den Grenzwerten Gl. (104a) zustreben. In der folgenden Tabelle sind für verschiedene Füllgüter die Raumgewichte γ und die Böschungswinkel φ sowie in der Tabelle darunter die Werte von $\mathrm{tg}^2\,(45 - \varphi/2)$ und k für alle in Frage kommenden Böschungswinkel φ und für die Reibungswinkel $\varphi' = \varphi$ bzw. $\varphi' = 3/4 \cdot \varphi$ angegeben. Hiermit berechnet man den Exponenten $U\,k/F \cdot z = \alpha$.

Tabelle

	γ	φ		γ	φ
Gaskohle	800—900	45	Salz	1250	40
Bituminöse Kohle .	750—900	35	Mais	530	22
Antrazithkohle .	835	27	Weizen	680—840	30—38
Braunkohle, trocken	650—780	45—55	Gerste	450—730	28—32
Asche	640—900	40	Hafer	430—570	32—41
Koks	400—600	45	Roggen	680—800	23—34
Kleinschlag	1680—1800	43	Bohnen	740	30—31
Erz, Minette . . .	1700—1800	40—45	Erbsen	800	25
Sand	1400—1800	35—45	Leinsamen	660—690	25
Zement	1000—2000	40	Raps	700—720	25
Karbid	900	28	Mais	570—700	28

Tabelle

$\varphi =$	20°	25°	30°	35°	40°	45°	50°
$\mathrm{tg}^2\,(45 - \varphi/2) =$	0,490	0,406	0,333	0,271	0,217	0,171	0,132
Für $\varphi = \varphi'$, $k =$	0,178	0,189	0,192	0,190	0,182	0,172	0,158
Für $\varphi = {}^3/_4\,\varphi$, $k =$	0,131	0,138	0,138	0,134	0,126	0,115	0,102

Bei rauhen, ungeputzten Wänden kann $\varphi' = \varphi$ und bei glatt geputzten Wänden $\varphi' = 3/4 \cdot \varphi$ angenommen werden.

Mit dem Anzapfen des Füllgutes wird die Reibung der Ruhe teilweise durch die geringere Reibung der Bewegung ersetzt, womit sich nach Versuchen an Getreidesilos die Drücke bis 10% erhöhen können, andererseits haben sich aber bei hohen Zellen gegenüber den Gl. (104) etwas geringere Drücke ergeben.

In den Horizontalschnitten sind die Silos als aneinander gereihte Rahmen zu berechnen. Die ungünstigsten Momente ergeben sich bei schachbrettartiger Füllung nach Abb. 138. Unter der Voraussetzung einer unbeschränkten Ausdehnung der Zellen beeinflussen sie sich gegenseitig nicht. Um die genaue Berechnung zu ersparen, wird sehr oft diese Annahme der Berechnung zugrunde gelegt, wodurch sich der Rahmen gemäß Abb. 138a als einfach statisch unbestimmtes System berechnen läßt.

Die Anwendung des *Croß*schen Verfahrens erlaubt es jedoch, bei geringer Mühe die an den Begrenzungen auftretenden Randstörungen zu ermitteln, wozu an den Rändern die Momente der abgeschnittenen Wände mit entgegengesetzten Vorzeichen anzubringen sind (Abb. 138).

Da die Stützmomente wesentlich größer sind als die Feldmomente, verstärkt man die Stützen durch Vouten, womit zugleich auch ein guter Übergang

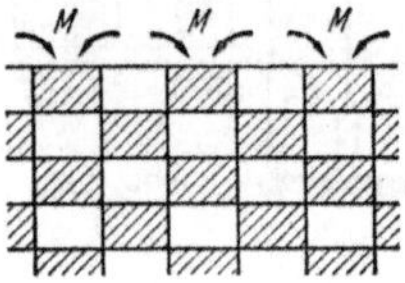

Abb. 138

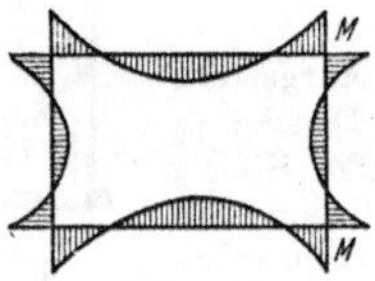

Abb. 138a

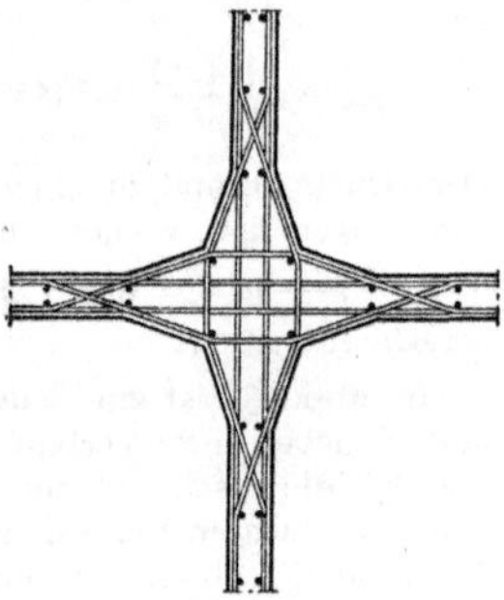

Abb. 139

zu den tragenden Säulen, die zweckmäßig an den Ecken angeordnet werden, geschaffen wird. Die Abb. 139 zeigt die zugehörige Bewehrung.

Außer den rechteckigen kommen auch sechseckige, achteckige und runde Zellen nach Abb. 140 zur Ausführung. Bei den achteckigen Zellen ergeben sich zwangsläufig auch kleinere quadratische Zellen, die ebenfalls ausgenützt werden können.

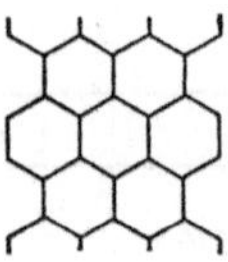

Abb. 140

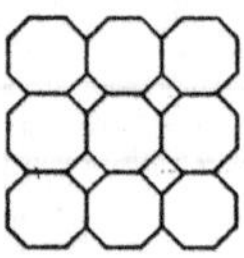

Abb. 140a

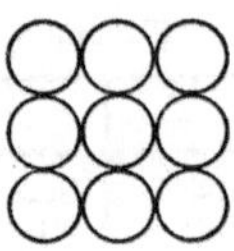

Abb. 140b

Die kreisrunden Zellen haben den großen Vorteil, daß bei ihnen die Seitendrücke p_w nur durch Zug unter Vermeidung von Biegemomenten aufgenommen werden. Dies gilt aber nur so lange, als die sich ergebenden Zwickel unausgenützt bleiben und die einzelnen Zylinder ganz unabhängig voneinander sind. Ist dies nicht der Fall, dann müssen die daraus folgenden Biegemomente in Rechnung gestellt werden.

Die Stellung der Tragsäulen hängt in erster Linie von den betrieblichen Notwendigkeiten ab. Bei rechteckigen Zellen wird es immer möglich sein, die Tragsäulen an den Kreuzungspunkten der Wände anzuordnen, während sie bei acht- und sechseckigen Zellen sehr oft nicht an den Kreuzungspunkten, sondern in Feldmitte der Wände vorgesehen werden müssen.

c) Die Berechnung der Siloböden. Die Siloböden müssen so schräg angelegt werden, daß das Füllgut leicht ausfließen kann. Dies läßt sich auf zwei Arten erreichen. Der Siloboden kann als dünnwandiger Trichter nach Abb. 137 ausgebildet werden, wobei die Trichter in der waagrechten Richtung ebenso wie die Zellen als Rahmen zu berechnen sind. Die Herstellung dieser Böden ist schwierig, sowohl in Hinsicht auf das Verlegen der Bewehrungen wie auch der Schalung, da eine doppelte Schalung nicht zu vermeiden ist. Einfacher in der Berechnung und der Ausführung sind waagrechte Böden, bei denen die Schräge nach Abb. 137a durch Aufbeton hergestellt wird.

Die auf den Boden einwirkenden Drücke sind für die Großraumsilos durch die Gl. (103), für die Zellensilos durch die Gl. (104) gegeben, womit die Berechnung der Böden als Rahmen oder als ebene Decken durchzuführen ist.

Wichtig ist die Aufhängug der Böden an den Wänden. Der gesamte lotrechte Druck $F p_s$ auf den Boden einer Zelle muß durch Zugeisen aufgenommen werden, deren Stärke sich aus der Belastung $F p_s$ ergeben und die bei abnehmendem Querschnitt in den Wänden hochgeführt werden müssen.

2. Berechnung der Silowände als wandartige Träger zwischen den Tragsäulen [31]

Wie schon erwähnt, können diese hohen wandartigen Träger nicht mehr nach der gewöhnlichen Balkentheorie berechnet werden. Maßgebend für die Ermittlung der Schnittkräfte ist die Differentialgleichung für die *Airy*sche Spannungsfunktion

$$\frac{\partial^4 F}{\partial y^4} + \frac{\partial^4 F}{\partial x \cdot \partial y^2} + \frac{\partial^4 F}{\partial y^4} = 0.$$

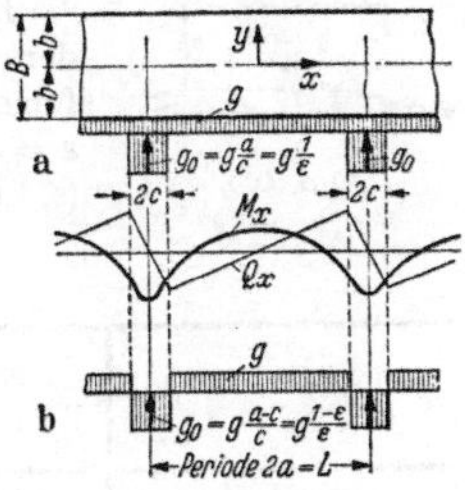

Abb. 141

a) Der durchlaufende Träger mit unendlich vielen gleichen Feldern bei gleichbleibender Belastung. In der Abb. 141 ist ein Feld dieses Trägers mit der Spannweite $L = 2a$ und der Höhe $B = 2b$ dargestellt. Darunter ist der Verlauf der Querkräfte und der Biegemomente gezeigt, deren Größe wesentlich durch die Breite der Auflagerung beeinflußt wird.

Die starke Abweichung des tatsächlichen Verlaufes der Spannungen σ_x in den wandartigen Trägern gegenüber dem Geradliniengesetz zeigt die Abb. 142, in welcher für den Sonderfall $\varepsilon = c/a = 1/10$ sowohl für die Feldmitte wie auch für die Stützenmitte für verschiedene Wandhöhen $B = \infty$, $B = L$, $B = 2/3 \cdot L$, $B = L/2$ der Verlauf der Biegespannungen σ_x in den Kurven 1, 2, 3, 4 dargestellt ist, während die Geraden 1', 2', 3', 4' den ganz abweichenden Verlauf nach dem Geradliniengesetz zeigen. Je größer die Balkenhöhe ist, um so größer sind auch die Abweichungen.

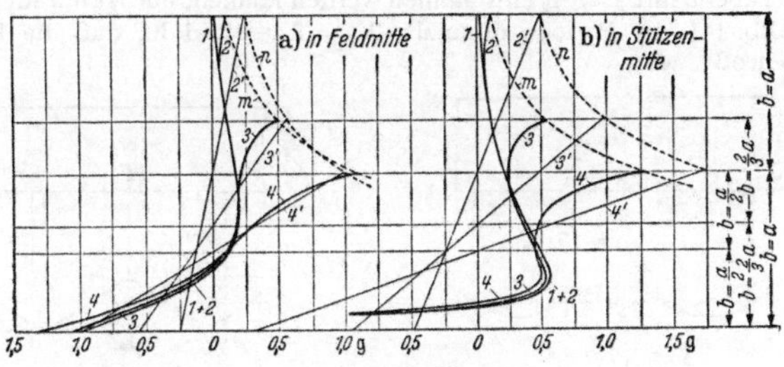

Abb. 142

An Hand der Theorie läßt sich nachweisen, daß die Biege- und Schubspannungen ganz unabhängig davon sind, ob die Last g durch Eigengewicht erzeugt wird oder ob diese Last an der Wand angehängt oder oben aufgebracht ist. Nur die Spannungen σ_y werden hiervon naturgemäß beeinflußt.

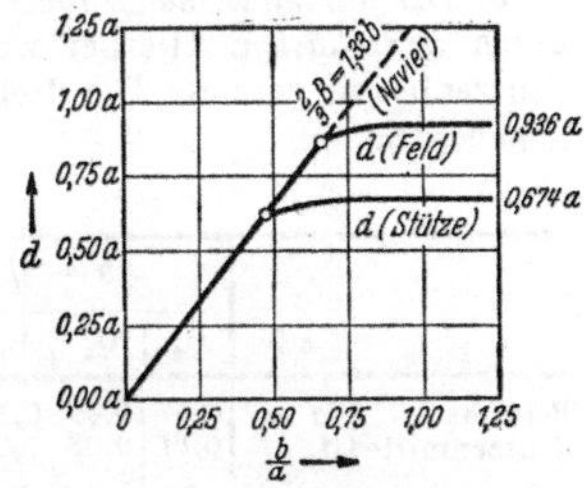

Abb. 143

Durch Integration werden nun die Hebelarme d der inneren Kräfte und der Abstand der Biegezug- und -druckkraft von der Unterkante der Wand bestimmt. Hierbei ergibt sich das überraschende Ergebnis, daß zwar bei geringen Werten B/L der Hebelarm der inneren Kräfte entsprechend dem *Navier*schen Geradliniengesetz gleich $d = 2/3 \cdot B$, d. h. proportional der Trägerhöhe ist, je höher jedoch die Wand wird, um so stärker werden die Abweichungen, und bei etwa $B/L \approx 0{,}45$ wird der Hebelarm d in bezug auf die Trägerhöhe konstant.

Den Zusammenhang zeigt die Abb. 143, in welcher in der Abszisse das Verhältnis b/a der Trägerhöhe zur Trägerspannweite aufgetragen ist, in der Ordinate dagegen der Hebelarm d der inneren Kräfte als Funktion von a. Entsprechend dem *Navier*schen Geradliniengesetz ist bei schlanken Balken $d = 2/3 \cdot B = 1{,}33\, b$, deshalb muß für $b/a = 1$ der innere Hebelarm $d = 1{,}33\, b = 1{,}33\, a$ sein. Aber schon bei $b/a = 0{,}45$ wächst d nicht mehr mit der Trägerhöhe, sondern geht in eine Waagrechte über und wird damit eine Funktion der Trägerspannweite a.

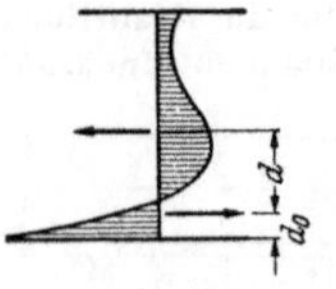

Abb. 144

Die Hebelarme d der inneren Kräfte sowie der Abstand d_0 der Biegekraft von dem unteren Trägerrand sind in der folgenden Tabelle für verschiedene Verhältnisse b/a und $\varepsilon = c/a$ für die Feldmitte und die Stützenmitte angegeben (s. hierzu Abb. 144).

Tabelle

		$b = a/2$				$b = 2/3\,a$				$b = a$ bzw. $b = \infty$				
	$\varepsilon =$	$^1/_2$	$^1/_5$	$^1/_{10}$	$^1/_{20}$	$^1/_2$	$^1/_5$	$^1/_{10}$	$^1/_{20}$	$^1/_2$	$^1/_5$	$^1/_{10}$	$^1/_{20}$	
Feldmitte	$d =$	0,67	0,68	0,69	0,69	0,83	0,88	0,89	0,89	0,87	0,92	0,93	0,93	$\cdot a$
	$d_0 =$	0,11	0,13	0,13	0,13	0,11	0,12	0,12	0,13	0,11	0,12	0,12	0,12	$\cdot a$
Stützenmitte	$d =$	0,67	0,64	0,62	0,60	0,83	0,69	0,66	0,62	0,87	0,74	0,68	0,61	$\cdot a$
	$d_0 =$	0,11	0,06	0,04	0,02	0,11	0,06	0,04	0,02	0,11	0,06	0,04	0,02	$\cdot a$

b) *Feldweis wechselnde Belastung nach Abb. 145.* Dieser Belastungsfall entspricht dem Belastungsfall a mit $\varepsilon = {}^1/_2$, so daß die Hebelarme hierfür der vorstehenden Tabelle mit $\varepsilon = {}^1/_2$ entnommen werden können, nur ist darauf zu achten, daß bei Abb. 145 die Periode nunmehr $2a = 2L$ ist, d. h., daß die Hebelarme doppelt so groß sind.

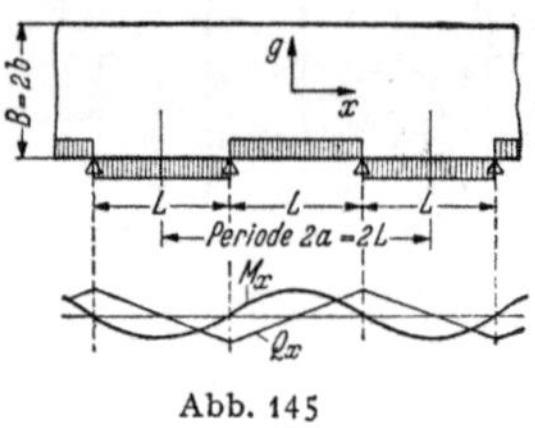

Abb. 145

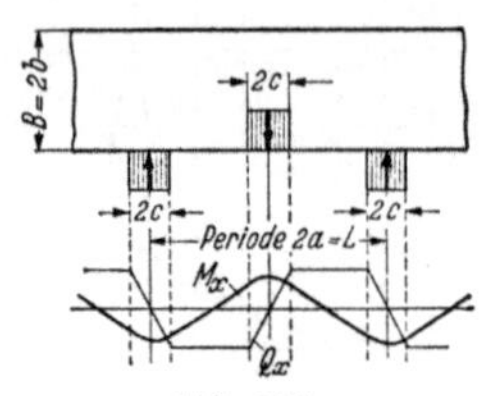

Abb. 146

c) *Der durchlaufende Träger mit unendlich vielen gleichen Feldern bei Belastung durch Einzellasten.* Hierbei wurde die Lastbreite gemäß Abb. 146 gleich der Stützenbreite gesetzt. Die Hebelarme d und d_0 sind in nachstehender Tabelle angegeben.

Tabelle

		$b = a/2$				$b = 2/3\,a$				$b = a$ bzw. $b = \infty$				
	$\varepsilon =$	$^1/_2$	$^1/_5$	$^1/_{10}$	$^1/_{20}$	$^1/_2$	$^1/_5$	$^1/_{10}$	$^1/_{20}$	$^1/_2$	$^1/_5$	$^1/_{10}$	$^1/_{20}$	
Feld- bzw. Stützenmitte	$d =$	0,67	0,69	0,70	0,72	0,83	0,82	0,81	0,79	0,87	0,84	0,82	0,80	$\cdot a$
	$d_0 =$	0,11	0,08	0,05	0,03	0,11	0,07	0,04	0,03	0,11	0,07	0,04	0,03	a

d) *Der einfache frei aufliegende Balken nach Abb 147.* Die Auswertung zeigt, daß die Hebelarme sowohl bei Eigengewicht wie bei Verkehr mit denen des Belastungsfalles b) übereinstimmen, denn auch hier ist die Periode $2a = 2L$. Infolgedessen gelten hierfür dieselben Bemessungsregeln.

Das wesentlichste Ergebnis dieser Untersuchungen ist die Erkenntnis, daß die Bewehrungseisen über der Stütze nicht an den oberen Rand des Trägers gelegt werden dürfen. Je geringer die Stützenbreite $\varepsilon = c/a$, um so tiefer müssen die Bewehrungen liegen. In der Abb. 148 sind für den Belastungsfall a des durchlaufenden Trägers die Bewehrungen in ihrer richtigen Lage angegeben, und zwar für den Fall $\varepsilon = {}^1/_{10}$, $b = a$. Entsprechend der Ausstrahlung der Kräfte über der Stütze empfiehlt es sich, bei der Anordnung der Bewehrungen auf diese Ausstrahlung, gekennzeichnet durch die Schrägen k, Rücksicht zu nehmen.

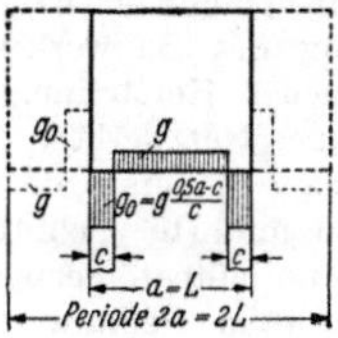

Abb. 147

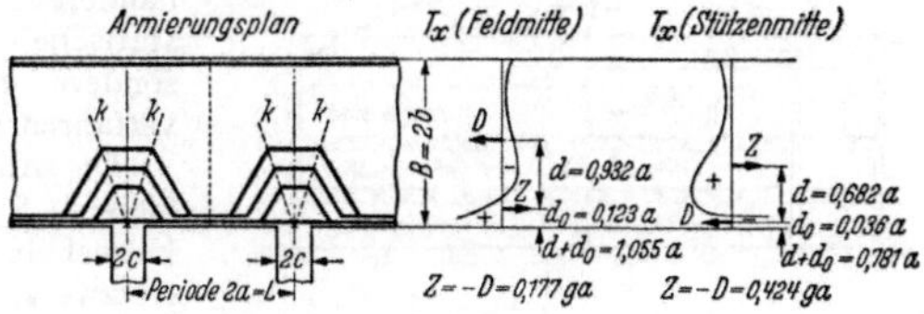

Abb. 148

Des weiteren ist es erwünscht, sowohl an dem oberen wie dem unteren Rand noch durchgehende Zulageeisen einzulegen, weil die hohen Wände gegenüber Stützensenkungen sehr empfindlich sind und deshalb leicht Veränderungen in dem Hebelarm d eintreten können. Diese Veränderungen können sowohl positiv wie negativ sein. Die dadurch auftretenden Umlagerungen der Biegespannungen können dann durch diese Zulageeisen aufgenommen werden.

Bei älteren Silos findet man oft Konstruktionen nach Abb. 149, bei denen unter den Silowänden Träger angeordnet sind, durch welche die Lasten der Wände nach den Säulen abgetragen werden sollen. Das ist unrichtig, denn in diesem Fall wird die hohe Wand nicht von dem darunterliegenden Träger, sondern umgekehrt der Träger von der Wand getragen.

Abb. 149

Abb. 149a

Durch die monolithische Verbindung der als Träger wirkenden Wände mit den schrägen oder auch waagrechten Siloböden entsteht infolge dieser Verkoppelung zweier ebener Scheiben eine Faltwerkswirkung, durch welche auch der angeschlossene Siloboden in Spannung gesetzt wird, da die beiden Scheiben an der Übergangsstelle gleiche Dehnungen aufweisen müssen. Bei der Bewehrung der Siloböden ist auf diese Umlagerung der Biegezugkräfte Rücksicht zu nehmen.

Zum Abschluß sei noch darauf hingewiesen, daß bei Großraumsilos die Verwendung von Gleitschalungen in den seltensten Fällen wirtschaftlich ist, dagegen lassen sich dadurch bei den Zellensilos mit ihren hohen Wänden nicht nur die Schalungskosten, sondern auch vor allem die Herstellungszeiten wesentlich abmindern.

E. Die Schalentragwerke

Unter Schalen versteht man Gebilde, die nach einfach oder doppelt gekrümmten Flächen geformt sind und bei denen die Wanddicke im Verhältnis zur Flächenausdehnung sehr gering ist.

1. Schalenkuppeln (Rotationskuppeln)

Über die Berechnung von Rotationskuppeln vgl. Abschnitt *Festigkeitslehre.*

Rotationskuppeln, die an den Kämpfern rotationssymmetrisch gelagert sind, sind schon lange bekannt. Sie sind im wesentlichen für repräsentative Bauten geeignet. Die gemauerten Kuppeln des Altertums und des Mittelalters waren allerdings dicker — die Peterskuppel in Rom, die 40 m im Durchmesser überspannt, wiegt etwa 30mal so viel wie die gleich große Schottkuppel in Jena —, erreichten aber bereits beachtliche Spannweiten, z. B. die Kuppel des Pantheons eine solche von 44 m und die der Sofienkirche in Konstantinopel von 31,5 m. Die Beton- und Stahlbetonbauweise ermöglichte bald geringe Schalendicken von rd. 10 cm, allerdings zunächst nur für kleine Spannweiten. Nach dem ersten Weltkrieg kamen die dünnwandigen Kuppeln Zeiß-Dywidag zur Ausführung. Hierbei handelt es sich nicht um eine neuartige statische Auffassung des Bauwerkes, sondern um ein neues Herstellungsverfahren mittels eines Netzwerkes.

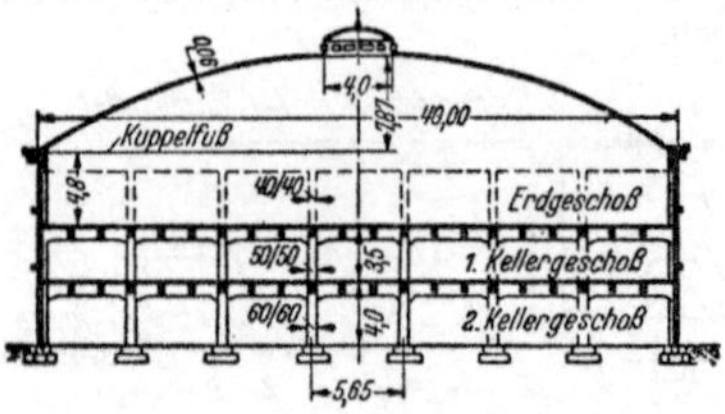

Abb. 150

Die Abb. 150 zeigt die erste nach diesem System ausgeführte Schottkuppel in Jena mit einbetoniertem Netzwerk, die bei 40 m Spannweite eine Schalenstärke von 6 cm besitzt; in Abb. 151 ist das Netzwerk einer Planetariumskuppel dargestellt, bei welcher zugleich der ringweise Aufbau der Betonkuppel zu erkennen ist. Das Einbetonieren erfolgte hier durch Torkretierung, während bei flachen Kuppeln der Beton in der üblichen Weise eingebracht wird.

Abb. 151

Mit Rotationsschalen lassen sich fast unbeschränkte Spannweiten (mehrere hundert Meter) herstellen, da die in diesen Schalen auftretenden Dehnspannungen sehr gering sind. Sie sind wesentlich kleiner als bei den einfach gekrümmten Gewölben, weil die Flächenlast bei den Raumsystemen durch zwei zueinander normale Gewölberichtungen getragen wird.

Sobald derartige Rotationsschalen am Kämpfer nicht laufend, sondern auf Einzelstützen gelagert sind, ergibt sich eine Umlagerung in dem vorher drehsymmetrischen Belastungszustand der Rotationskuppel, der durch die zusätzlichen Spannungen aus der Trägerwirkung überlagert wird. Das überraschende Ergebnis aus der Lösung dieses Problems besteht darin, daß die Hebelarme der inneren Kräfte dieser Schalenkuppeln für die Übertragung der Lasten nach den

Tragsäulen proportional mit den Abständen der Säulen wachsen. Hieraus folgt, daß bei einer gleich großen Randlast g die Spannungen der Schale unabhängig von dem Abstand der Säulen sind. Dadurch ist uns die Möglichkeit gegeben, derartige Kuppeln entsprechend der Abb. 152 auf Säulen in großen Abständen zu lagern, wobei zweckmäßig der Zugring vorgespannt wird. Bei sehr großen Kuppeln hat dieses System den Vorteil, daß eine beliebige größere Anzahl von Säulen angeordnet werden kann.

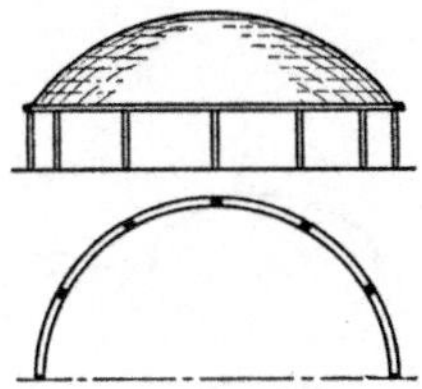

Abb. 152

2. Flüssigkeitsbehälter

Die Grundform des Flüssigkeitsbehälters ist der zylindrische Körper. Sein Membranspannungszustand ist durch den von radialen Kräften belasteten Kreisring gekennzeichnet; er wird durch die Verbindung des Zylinders mit dem Boden gestört, wodurch sich ein Biegezustand überlagert. (Vgl. Abschnitt *Festigkeitslehre.*) Die Böden sind entweder als ebene Decken oder als Kuppeln ausgeführt. Abb. 153 zeigt verschiedene Formen. Um Hochbehälter vor dem Einfrieren zu schützen, müssen sie umbaut werden. Von besonderer Wichtigkeit ist die Dichtigkeit der Behälter; sie wird erzielt durch hohe Betongüte und Vermeidung zu großer Zugspannung, gegebenenfalls Vorspannung. Die Dichtigkeit des Betons ist nicht durch zu große Zementdosierungen — zwischen 300—350 kg Zement/m³ Beton — anzustreben, sondern durch geeignete Kornzusammensetzung und Herstellungsverfahren, insbesondere Rütteln; dadurch wird der Wasserzementfaktor niedrig gehalten, was im Verein mit nicht übermäßigem Zementgehalt das Schwindmaß herabsetzt.

Abb. 153

3. Schalen als Dachkonstruktionen des Industriebaues (Zylinderschalen)

Eine an beiden Enden offene Röhre aus dünnem Blech (Abb. 154a) hat offenbar eine sehr viel größere Dehnsteifigkeit als Biegesteifigkeit; geringe Kräfte rufen große Formänderungen hervor. Diese Röhre wird in sehr viel größerem Maß tragfähig, wenn es gelingt, äußere Kräfte im wesentlichen durch Ausnutzung der Dehnsteifigkeit abzutragen und die Biegesteifigkeit nur in geringem Maß in Anspruch zu nehmen. Dies erreicht man, wenn man Scheiben, die in ihrer Ebene steif sind, etwa gemäß Abbildung 154b einbaut (Konservendosenprinzip). Diese beiden Scheiben brauchen nicht in der Lage zu sein, normal zu ihrer Ebene Kräfte aufzunehmen. Als Dachkonstruktionen sind solche auch als geschlossene Tonnen bezeichnete Schalen wegen ihrer Form nicht geeignet, dagegen wohl solche, die man durch Herausschneiden eines Segments aus ihnen erhält, und die man auch als offene Schalen bezeichnet.

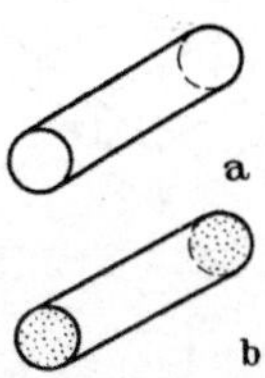

Abb. 154a, b

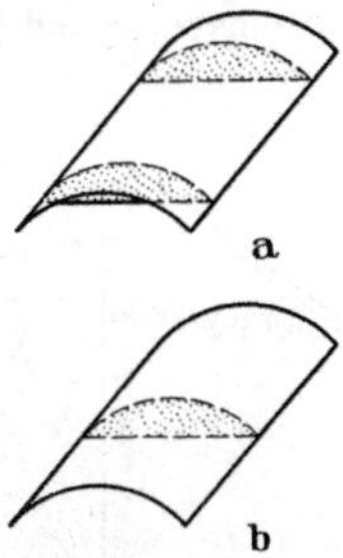

Abb. 155a, b

Auch diese werden zu steifen Tragelementen, bei denen in erster Linie die Dehnsteifigkeit in Anspruch genommen wird, wenn sie durch steife Scheiben (Binderscheiben) ausgesteift werden (Abb. 155a). Rückt man die beiden Scheiben immer näher aneinander, so entsteht im Grenzfall nur eine einzige Binderscheibe, die aber nun auch normal zu ihrer Mittelfläche Kräfte aufzunehmen imstande sein muß (Abb. 155b).

Denkt man sich die offene Zylinderschale durch Herausschneiden aus der geschlossenen, im Membranspannungszustand befindlichen Tonne entstanden, so erkennt man, daß an den so entstandenen Rändern $\varphi = \text{const}$ die an dem weggeschnittenen Schalenteile im Membranzustand übertragenen Kräfte N_φ und $N_{\varphi x}$ fehlen, wodurch Randstörungen bedingt sind. Wenn man den weggeschnittenen Teil durch einen Randträger ersetzt, so werden dessen Formänderungen nicht mit denen des weggeschnittenen Tonnenteils übereinstimmen, so daß wiederum Randstörungen nicht zu vermeiden sind. Randstörungen sind notwendigerweise mit Biegebeanspruchungen verbunden.

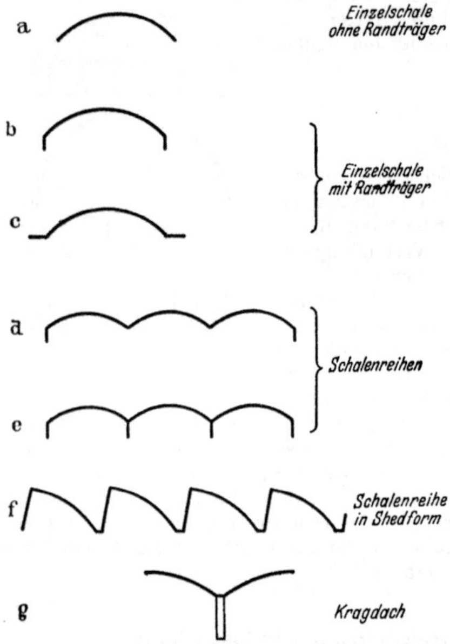

Abb. 156a–g. Formen der offenen Zylinderschale

Wird die gekrümmte Schale durch ebene aneinandergereihte Scheiben ersetzt, so spricht man von einem Faltwerk. Das statische Verhalten der Faltwerke entspricht dem der Zylinderschalen, z. B. benötigen sie ebenfalls aussteifende Binderscheiben. Biegemomente treten aber nicht nur von den gestörten Rändern her auf, sondern sind auch dadurch bedingt, daß jede Kante, an der sich zwei ebene Flächentragelemente des Faltwerkes schneiden, eine Unstetigkeit bzw. Störungsstelle im Sinne der Schalentheorie darstellt.

4. Theorie der Zylinderschalen, insbesondere der Kreiszylinderschalen

a) *Die Membrantheorie*

Die Mittelflächenpunkte einer Zylinderschale kennzeichnen wir durch die Koordinaten x und φ nach Abb. 157.

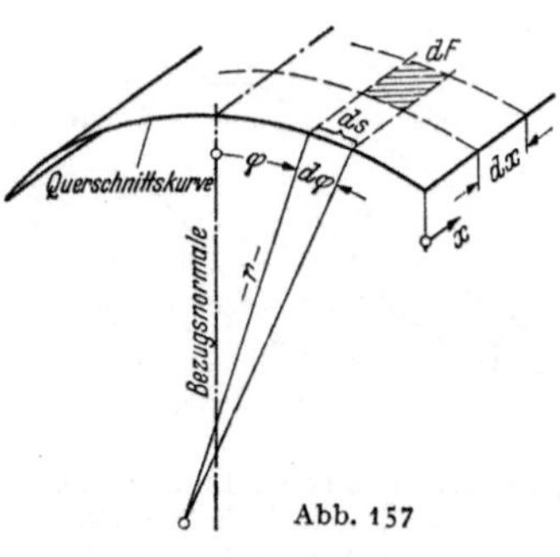

Abb. 157

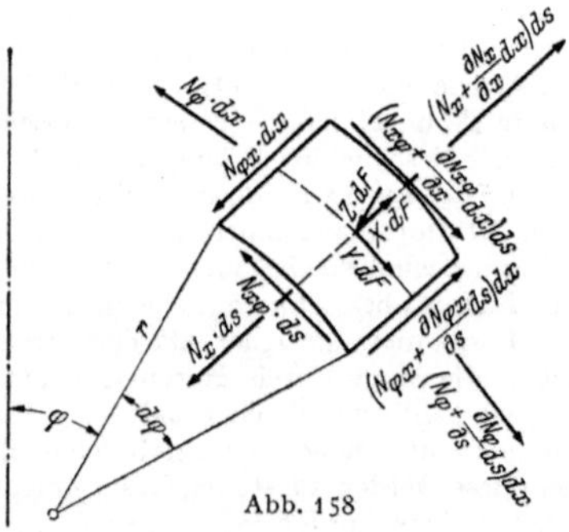

Abb. 158

Die nicht auf der Mittelfläche liegenden Schalenpunkte sind durch die Ordinate z festgelegt, welche in Richtung der Mittelflächennormalen nach außen positiv gezählt wird. Entsprechend führen wir die äußeren Kräfte je Mittelflächeneinheit mit X, Y, Z in positiver x-, φ- und negativer z-Richtung als positiv ein (vgl. Abb. 158).

Die Spannungen sind über die Schalendicke δ im Membranspannungszustand konstant, so daß wir als Spannungsresultanten

$$\left.\begin{aligned} N_x &= \delta \cdot \sigma_x, \quad N\varphi = \delta \cdot \sigma\varphi \\ N_{x\varphi} &= N_{\varphi x} = \delta \cdot \tau_{x\varphi} = \delta \cdot \tau_{\varphi x} \end{aligned}\right\} \tag{105}$$

erhalten.

Die Gleichgewichtsbedingungen gegen Verschieben in den drei Koordinatenrichtungen lauten mit $ds = r d\varphi$

$$\left.\begin{aligned} &\frac{\partial N_x}{\partial x} + X + \frac{\partial N_{\varphi x}}{\partial s} = 0 \\ &\frac{\partial N_\varphi}{\partial s} + Y + \frac{\partial N_{x\varphi}}{\partial x} = 0 \\ &Z + 1/r \cdot N_\varphi = 0. \end{aligned}\right\} \tag{106}$$

Durch Integration erhalten wir aus Gl. (106) die Spannungsresultanten

$$\left.\begin{aligned} N_\varphi &= -r \cdot Z \\ N_{x\varphi} &= -\int \left(Y - \frac{\partial (rZ)}{\partial s} \right) dx + f_1(s) \\ N_x &= -\int X\,dx - \iint \frac{\partial}{\partial s}\left[\frac{\partial (rZ)}{\partial s} - Y\right] dx^2 - \frac{d f_1(s)}{ds} \cdot x + f_2(s) \end{aligned}\right\} \tag{107a}$$

oder im Spezialfall von x unabhängiger Lasten

$$\left.\begin{aligned} N_\varphi &= -r \cdot Z \\ N_{x\varphi} &= \left(\frac{d(r \cdot Z)}{ds} - Y \right) \cdot x + f_1(s) \\ N_x &= -X \cdot x - \frac{d}{ds}\left[\frac{d(r \cdot Z)}{ds} - Y\right] \frac{x^2}{2} - \frac{d f_1(s)}{ds} \cdot x + f_2(s). \end{aligned}\right\} \tag{107b}$$

Für eine von x unabhängige Belastung

$$X = \sum_n X_n \cos n\varphi; \quad Y = \sum_n Y_n \sin n\varphi;$$

$$Z = \sum_n Z_n \cos n\varphi; \quad (X_n,\ Y_n,\ Z_n \text{ Konstante})$$

erhalten wir im Spezialfalle der Kreiszylinderschale mit dem Radius $r = a$ die Schnittkräfte

$$\left.\begin{aligned} &N_x = \sum N_{x_n} \cdot \cos n\varphi,\ N\varphi = \sum_x N\varphi_n \cdot \cos n\varphi,\ N_{xp} = \sum_n N_{x\varphi_n} \cdot \sin n\varphi \\ &\text{mit } N_{x_n} = -X_n \cdot x + \frac{n}{a}\left[(Y_n + nZ_n)\frac{x^2}{2} - A_{1n} \cdot x\right] + A_{2n} \\ &\qquad N\varphi_n = -a \cdot Z_n \\ &\qquad N_{x\varphi_n} = -[(Y_n + nZ_n)x - A_{1n}]. \\ &\text{Dabei haben wir gesetzt} \\ &f_1(\varphi) = \sum_n f_{1n}(\varphi) = \sum_n A_{1n} \sin n\varphi \\ &f_2(\varphi) = \sum_n f_{2n}(\varphi) = \sum_n A_{2n} \cos n\varphi. \end{aligned}\right\} \tag{107c}$$

Die zugehörigen Verformungen lauten dann

$$\left.\begin{aligned}
E\cdot\delta\cdot u &= \sum_n u_n\cdot\cos n\varphi\\
E\cdot\delta\cdot v &= \sum_n v_n\cdot\sin n\varphi\\
E\cdot\delta\cdot w &= \sum_n w_n\cdot\cos n\varphi\\
&\text{mit}\\
u_n &= -X_n\cdot\frac{x^2}{2}+\frac{n}{a}\left[(Y_n+nZ_n)\frac{x^3}{6}-A_{1n}\frac{x^2}{2}\right]+A_{2n}\,x+A_{3n}\\
v_n &= -X_n\cdot\frac{n\,x^3}{6a}+(Y_n+nZ_n)\left(\frac{n^2x^4}{24a^2}-x^2\right)-A_{1n}\left(\frac{n^2x^3}{6a^2}-2x\right)\\
&\quad+\frac{1}{a}\left(\frac{n\,x^2}{2}A_{2n}+nA_{3n}\,x+A_{4n}\right)\\
w_n &= -\left[a^2Z_n-X_n\cdot\frac{n^2x^3}{6a}+n\,(Y_n+nZ_n)\left(\frac{n^2x^4}{24a^2}-x^2\right)\right.\\
&\quad\left.-nA_{1n}\left(\frac{n^2x^3}{6a^2}-2x\right)+\frac{n}{a}\left(\frac{n\,x^2}{2}A_{2n}+nA_{3n}\,x+A_{4n}\right)\right]
\end{aligned}\right\}\quad(107\,\text{d})$$

Die Konstanten A_{1n}, A_{2n} A_{3n}, A_{4n} sind aus den Randbedingungen zu bestimmen.

Die beiden Konstanten A_1 und A_2 stehen zur Befriedigung von zwei Kräftebedingungen (s. Gl. 107e) zur Verfügung, während die Konstanten A_3 und A_4 (s. Gl. 107d) zur Befriedigung von zwei Verformungsbedingungen dienen. Die Konstanten A_3 und A_4 haben auf den Kräfteverlauf keinerlei Einfluß, weshalb man bei einer Membran oft nur von zwei Randbedingungen spricht und dabei die beiden Kräftebedingungen meint. Je nachdem, welche Verformungsbedingungen wir stellen, erhalten wir verschiedene Konstanten A_3 und A_4. Es gehören also zu einem Spannungszustand mehrere Verformungszustände. Dieser Widerspruch liegt in den vereinfachenden mechanischen Annahmen der Membranrechnung begründet.

Für den Spezialfall des Eigengewichtes ist

$$X=0;\quad Y=g\cdot\sin\varphi;\quad Z=g\cdot\cos\varphi.$$

Damit folgen die Kräfte und Verschiebungen aus obigen Gleichungen für Eigengewicht zu

$$\begin{aligned}
N_x &= [g/a\cdot x^2-A_1\,x/a+A_2]\cos\varphi\\
N_\varphi &= -a\cdot g\cdot\cos\varphi\\
N_{x\varphi} &= -(2g\,x+A_1)\sin\varphi
\end{aligned}$$

$$E\cdot\delta\cdot u=\left(\frac{g}{a}\frac{x^3}{3}-A_1\frac{x^2}{2a}+A_{2n}x+A_{3n}\right)\cos\varphi$$

$$E\cdot\delta\cdot v=\left[2g\left(\frac{x^4}{24a^2}-x^2\right)-A_{1n}\left(\frac{x^3}{6a^2}-2x\right)+\frac{1}{a}\left(\frac{x^2}{2}A_{2n}+x\cdot A_{3n}+A_{4n}\right)\right]\sin\varphi$$

$$E\cdot\delta\cdot w=-\left[a^2g+2g\left(\frac{x^4}{24a^2}-x^2\right)-A_{1n}\left(\frac{x^3}{6a^2}-2x\right)+\frac{1}{a}\left(\frac{x^2}{2}A_{2n}+xA_{3n}+A_{4n}\right)\right]\cos\varphi.$$

b) *Die Biegetheorie*

Die Membrantheorie liefert die Spannungsresultanten N_φ, $N_{x\varphi}$ und N_x mit reinen Gleichgewichtsaussagen aus den gegebenen Lasten (Gl. 107a). Es ist dann nur noch möglich, mit den beiden Integrationskonstanten f_1 und f_2 von Gl. (107a), die Funktionen von s sind, insgesamt zwei Randbedingungen für $x=\text{const}$, d. h. an den Bindern zu befriedigen. Wenn nun aber die sich aus der Membranrechnung ergebenden Größen die tatsächlich vorhandenen Randbedingungen nicht befriedigen, entsteht eine Biegestörung, d. h. die die Schale belastenden äußeren Kräfte werden nicht nur durch die Dehnsteifigkeit der Schale, sondern auch durch die Biegesteifigkeit zu den Lagern abgetragen.

Biegestörungen treten darüber hinaus auf, wenn Unstetigkeiten innerhalb der Schalenfläche vorhanden sind. Solche Unstetigkeiten können entweder in der Belastung (Einzellasten, Belastungssprünge usw.) oder in der Geometrie der Schalenfläche (Verlauf der Schalenstärke oder der Schalenneigung unstetig) begründet sein.

Für eine unter den Kämpfern laufend unterstützte, offene Zylinderschale im Membranspannungszustand werden bei Stützlinienform die Kräfte durch Gewölbewirkung auf die Kämpferunterstützung und nicht durch Schalenwirkung auf die Binderscheiben übertragen. Für diesen Spezialfall, der allerdings praktisch nicht allzu häufig vorkommt, ist eine gegenüber der Stützlinie überhöhte Gewölbeachse anzuordnen, wenn die Schalenwirkung eintreten soll.

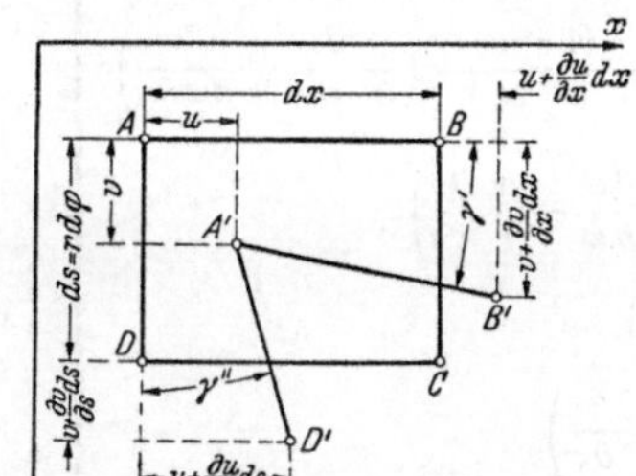

Abb. 159a

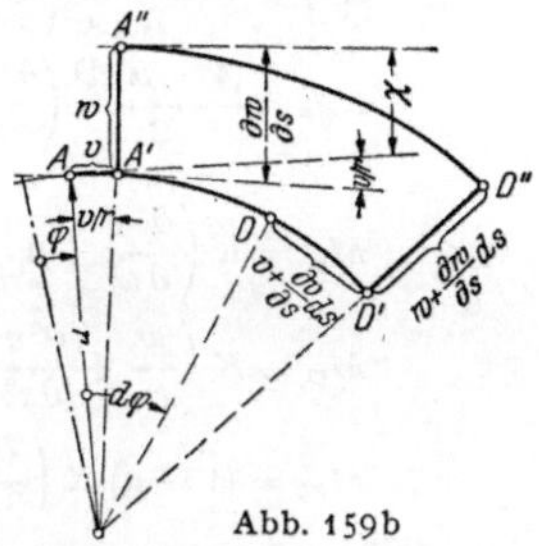

Abb. 159b

Als Beispiel für den Biegezustand ist nachfolgend die isotrope Kreiszylinderschale behandelt. Aus Abb. 159a und 159b folgen die Beziehungen zwischen der Verzerrung der Mittelfläche und der Verformung zu

$$\varepsilon_x = \frac{\partial u}{\partial x}, \quad \varepsilon_\varphi = \frac{\partial v}{\partial s} + \frac{w}{r}, \quad \gamma_{x\varphi} = \frac{\partial v}{\partial x} + \frac{\partial u}{\partial s}. \tag{108a}$$

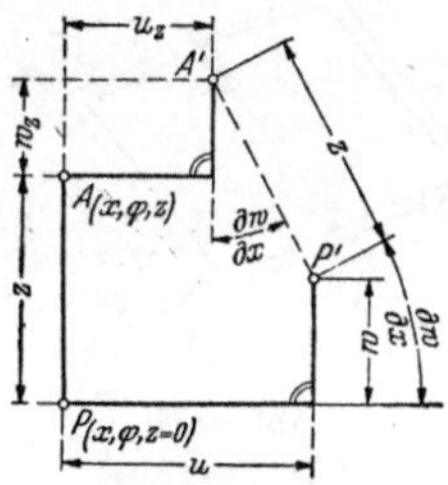

Abb. 160a

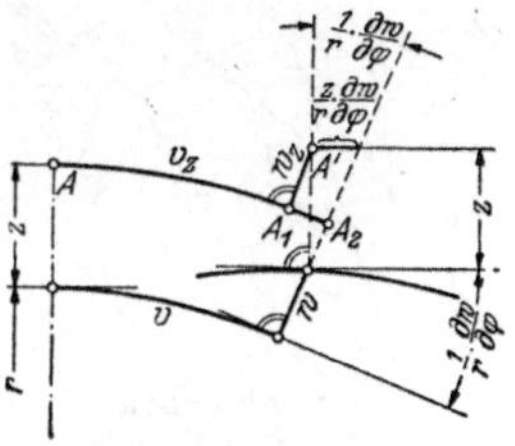

Abb. 160b

Die Verzerrungen an einer Stelle $x, \varphi, z \neq 0$ versehen wir mit einem zusätzlichen Index z. Aus Abb. 160a und 160b folgen sie mit den üblichen Vernachlässigungen zu

$$\left.\begin{aligned}
\varepsilon_{xz} &= \frac{\partial u}{\partial x} - z\,\frac{\partial^2 w}{\partial x^2}\\
\varepsilon_{\varphi z} &= \frac{\partial v}{\partial s} - z\,\frac{r}{r+z}\,\frac{\partial^2 w}{\partial s^2} + \frac{w}{r+z}\\
\gamma_{x\varphi z} &= \frac{r}{r+z}\,\frac{\partial u}{\partial s} + \frac{r+z}{r}\,\frac{\partial v}{\partial x} - \left(1 + \frac{r}{r+z}\right) z\,\frac{\partial^2 w}{\partial x\,\partial s}
\end{aligned}\right\} \tag{108b}$$

Mit den *Hooke*schen Spannungsdehnungsbeziehungen

$$\left.\begin{aligned} \sigma_x &= E/(1-\mu^2)\cdot(\varepsilon_{xz}+\mu\,\varepsilon_{\varphi z}) \\ \sigma_\varphi &= E/(1-\mu^2)\cdot(\varepsilon_{\varphi z}+\mu\,\varepsilon_{xz}) \\ \tau_{\varphi x} &= E/2\,(1+\mu)\cdot\gamma_{x\varphi z} \end{aligned}\right\} \tag{109}$$

folgt unter Einführung von Spannungsresultanten mit den Konstanten

$$\left.\begin{aligned} &D = E\delta/(1-\mu^2); \quad K = E\delta^3/12\,(1-\mu^2) = D\,\delta^2/12 \\ &N_x = D\left(\frac{\partial u}{\partial x}+\mu\frac{\partial v}{\partial s}+\mu\frac{w}{r}\right)-\frac{K}{r}\frac{\partial^2 w}{\partial x^2} \\ &N_\varphi = D\left(\frac{\partial v}{\partial s}+\frac{w}{r}+\mu\cdot\frac{\partial u}{\partial x}\right)+\frac{K}{r}\left(\frac{w}{r^2}+\frac{\partial^2 w}{\partial s^2}\right) \\ &N_{x\varphi} = \frac{(1-\mu)\,D}{2}\left(\frac{\partial u}{\partial s}+\frac{\partial v}{\partial x}\right)+\frac{(1-\mu)\,K}{2r}\left(\frac{1}{r}\frac{\partial v}{\partial x}-\frac{\partial^2 w}{\partial x\,\partial s}\right) \\ &N_{\varphi x} = \frac{(1-\mu)\,D}{2}\left(\frac{\partial u}{\partial s}+\frac{\partial v}{\partial x}\right)+\frac{(1-\mu)\,K}{2r}\left(\frac{1}{r}\frac{\partial u}{\partial s}+\frac{\partial^2 w}{\partial x\,\partial s}\right) \\ &M_x = K\left(\frac{\partial^2 w}{\partial x^2}+\mu\frac{\partial^2 w}{\partial s^2}-\frac{1}{r}\frac{\partial u}{\partial x}-\frac{\mu}{r}\frac{\partial v}{\partial s}\right) \\ &M_\varphi = K\left(\frac{w}{r^2}+\frac{\partial^2 w}{\partial s^2}+\mu\frac{\partial^2 w}{\partial x^2}\right) \\ &M_{x\varphi} = (1-\mu)\,K\left(\frac{\partial^2 w}{\partial x\,\partial s}-\frac{1}{r}\frac{\partial v}{\partial x}\right) \\ &M_{\varphi x} = (1-\mu)\,K\left(\frac{\partial^2 w}{\partial x\,\partial s}+\frac{1}{2r}\frac{\partial u}{\partial s}-\frac{1}{2r}\frac{\partial v}{\partial x}\right). \end{aligned}\right\} \tag{110}$$

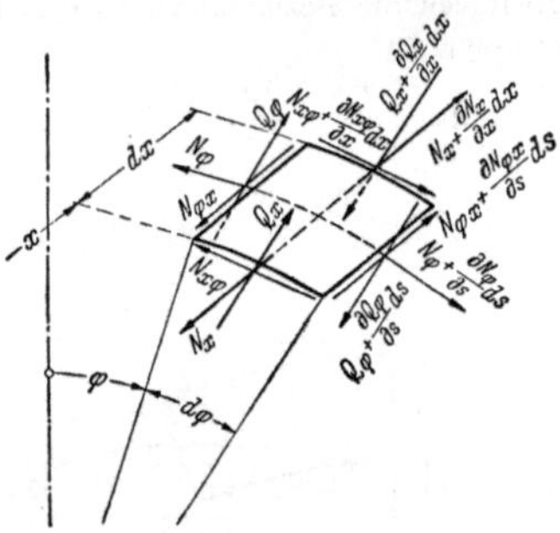

Abb. 161a

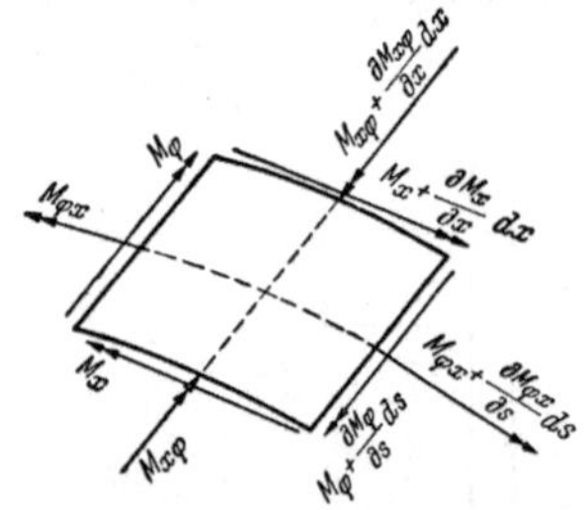

Abb. 161b

Die Gleichgewichtsbedingungen (Abb. 161a und 161b) lauten

$$\left.\begin{aligned} &\frac{\partial N_x}{\partial x}+\frac{\partial N_{\varphi x}}{\partial s}+X=0, \quad \frac{\partial N_\varphi}{\partial s}+\frac{\partial N_{x\varphi}}{\partial x}-\frac{Q_\varphi}{r}+Y=0, \\ &\frac{N_\varphi}{r}+\frac{\partial Q_x}{\partial x}+\frac{\partial Q_\varphi}{\partial s}+Z=0, \quad \frac{\partial M_{x\varphi}}{\partial x}+\frac{\partial M_\varphi}{\partial s}-Q_\varphi=0, \\ &\frac{\partial M_x}{\partial x}+\frac{\partial M_{\varphi x}}{\partial s}-Q_x=0, \quad M_{\varphi x}+r\,(N_{x\varphi}-N_{\varphi x})=0. \end{aligned}\right\} \tag{111}$$

Durch Einsetzen von Gl. (110) in die Gleichgewichtsbedingungen Gl. (111) erhalten wir mit

$$K/Dr^2 = k = \delta^2/12r^2$$

die *Flügge*schen Differentialgleichungen

$$\left.\begin{aligned}
&\frac{\partial^2 u}{\partial x^2}+\frac{1-\mu}{2}\frac{\partial^2 u}{\partial s^2}+\frac{\mu}{r}\frac{\partial w}{\partial x}+\frac{1+\mu}{2}\frac{\partial^2 v}{\partial x\,\partial s}\\
&\qquad+k\left[\frac{1-\mu}{2}\frac{\partial^2 u}{\partial s^2}-r\frac{\partial^3 w}{\partial x^3}+r\frac{1-\mu}{2}\frac{\partial^3 w}{\partial x\,\partial s^2}\right]+\frac{X}{D}=0\\
&\frac{1+\mu}{2}\frac{\partial^2 u}{\partial x\,\partial s}+\frac{\partial^2 v}{\partial s^2}+\frac{1-\mu}{2}\frac{\partial^2 v}{\partial x^2}+\frac{1}{r}\frac{\partial w}{\partial s}\\
&\qquad+k\left[\frac{3(1-\mu)}{2}\frac{\partial^2 v}{\partial x^2}-\frac{(3-\mu)\,r}{2}\frac{\partial^3 w}{\partial x^2\,\partial s}\right]+\frac{Y}{D}=0\\
&\frac{\mu}{r}\cdot\frac{\partial u}{\partial x}+\frac{1}{r}\frac{\partial v}{\partial s}+\frac{w}{r^2}+k\left[\frac{(1-\mu)\,r}{2}\frac{\partial^3 u}{\partial x\,\partial s^2}-r\frac{\partial^3 u}{\partial x^3}-\frac{(3-\mu)\,r}{2}\frac{\partial^3 v}{\partial x^2\,\partial s}\right.\\
&\qquad\left.+r^2\frac{\partial^4 w}{\partial x^4}+2r^2\frac{\partial^4 w}{\partial x^2\,\partial s^2}+r^2\frac{\partial^4 w}{\partial s^4}+2\frac{\partial^2 w}{\partial s^2}+\frac{w}{r^2}\right]+\frac{Z}{D}=0
\end{aligned}\right\}\quad(112)$$

Damit sind die das elastische System beherrschenden Differentialgleichungen angeschrieben. Unter Einhaltung der Randbedingungen sind sie für eine gegebene Belastung X, Y, Z zu lösen. Hinsichtlich der Zahl der Randbedingungen ist das Simultansystem der drei partiellen Differentialgleichungen 4. Ordnung (Gl. 112) gleichwertig einer Differentialgleichung 8. Ordnung, d. h. jeder Punkt des Randes hat vier Bedingungen zu genügen. Der Rand besteht aus den Randteilen

$$x=-l/2,\; x=+l/2,\; \varphi=-\varphi_0,\; \varphi=+\varphi_0.$$

An den Rändern sind folgende Größen zu beachten:

1. Querkraft Q (bzw. Ersatzquerkraft Q')
2. Biegemoment M_n
3. Verschiebung w
4. Verdrehung $\partial w/\partial n$
5. Normalkraft N_n
6. Schubkraft N_{nt}
7. Verschiebung u
8. Verschiebung v.

Es bedeutet n die Normalen- und t die Tangentenrichtung. Die Randbedingungen einer Schale, die als allgemeinstes Flächentragwerk Scheiben- (Membran-) und Platten- (Biege-) Beanspruchungen erhält, lassen diese Wirkungsweise deutlich erkennen. Die obigen Randgrößen 1—4 entsprechen den Randgrößen der Platte und die Größen 5—8 denen der Scheibe. Die vier Randbedingungen jedes Randpunktes setzen sich aus den obigen acht Größen so zusammen, daß zwei Randbedingungen dem Plattenzustand und zwei dem Scheibenzustand entsprechen.

Die Lösung für eine spezielle Binderlagerung ist durch Reihenentwicklung der äußeren Last und der Verschiebungsgrößen von *Dischinger* [32] angegeben. Es wird angenommen, daß die Schale auf dem Binder gelenkig aufgelagert und daß die Binderscheibe in ihrer Ebene starr ist, normal zu ihrer Ebene aber keinen Widerstand leistet, d. h. $v=w=0$; $M_x=0$; $N_x=0$. Diese Berechnungsart gilt nur für Einfeldschalen.

Die allgemeine Lösung des Differentialgleichungs-Systems wird in eine Partikular- und eine homogene Lösung gepalten. Die Partikularintegrale für u, v, w werden ebenso wie die Lastfunktionen in Fourierdoppelreihen angesetzt. Die ebenfalls als Doppelreihe angesetzte homogene Lösung erfordert für jedes Reihenglied die Lösung einer algebraischen Gleichung 8. Ordnung. Die Verschiebungen und damit die Schnittkräfte ergeben sich in Abhängigkeit von acht Unbekannten für jedes Reihenglied. Wir berechnen dann die Verformungen des Randgliedes unter diesen Kräften und erhalten die für jedes Reihenglied der Doppelreihe notwendigen acht Konstanten aus der Forderung der Übereinstimmung der Verformungen von Randglied und Schale. Bei in Bogenrichtung symmetrischem System und symmetrischer Last reduzieren sich diese Unbekannten von 8 auf 4, da immer zwei Unbekannte gleich werden. Ist die Schale in Bogenrichtung genügend breit zur x-Länge, so beeinflussen sich die beiden Kämpferränder nicht mehr, so daß wir für jedes Reihenglied zweimal 4 Unbekannte haben, was — da die Unbekannten aus linearen Gleichungssystemen bestimmt werden — wesentlich angenehmer ist als einmal 8 Unbekannte.

Aus der obigen Schilderung ersieht man, daß das Berechnungsverfahren einen erheblichen Aufwand erfordert. Es war daher stets das Ziel der Ingenieure, geeignete Näherungsverfahren zu finden. Einige solcher Verfahren seien nachstehend kurz erwähnt.

Finsterwalder [33] vernachlässigt die Größen Q_x und M_x. Er erhält damit eine gewöhnliche Differentialgleichung 8. Ordnung für die Biegestörung M_φ. Die *Finsterwalder*sche Näherung trifft für lange Schalen, d. h. solche, deren Spannweite in Träger-(Meridian-)Richtung groß gegenüber der in Bogenrichtung ist, gut zu.

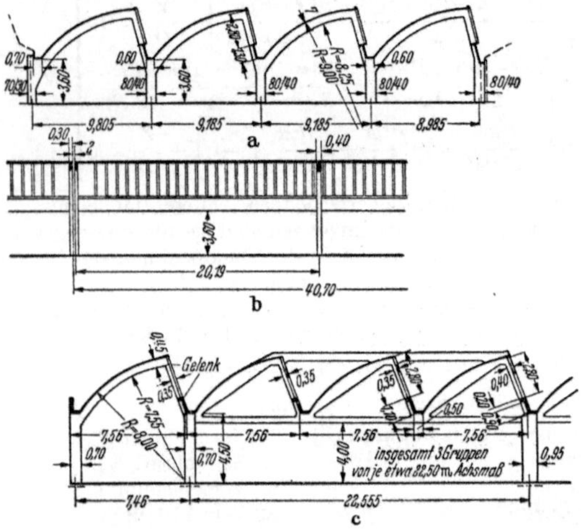

Abb. 162 a—c

Das Verfahren von *Jakobsen* [34] beruht auf der Überlegung, daß die Biegemomente der Schale im wesentlichen von den Verschiebungen w (Durchbiegungen), ungleich weniger von den Verschiebungen u und v abhängen. Mit daraus sich ergebenden Vereinfachungen erhält *Jakobsen* eine lineare Differentialgleichung 8. Ordnung in w.

Die Näherungsmethode von *Lundgren* [35] geht von der Auffassung der Schale als Balken mit Hohlquerschnitt aus. Bekanntlich kann die Zylinderschale in der Regel nicht als Balken berechnet werden, weil sich der Hohlquerschnitt verformt und damit das *Navier*sche Lineargesetz nicht mehr gilt. *Lundgren* benutzt aber den *Navier*schen Balken als Ausgangssystem für Iterationsrechnungen.

Mehmel-Fuchssteiner [36] teilen die Schale in drei Tragsysteme auf, nämlich in die dehnsteife Membran und zwei biegesteife, sich kreuzende Balkensysteme. Aus diesen drei Systemen wird mit der Forderung der Übereinstimmung der Verformungen entlang des Äquators bzw. des Firstes eine Lastaufteilung hergeleitet. Es wird vorausgesetzt, daß die Biegestörungen der Binder diejenigen der Kämpfer und umgekehrt nicht beeinflussen. Das Verfahren basiert also auf analogen mechanischen Überlegungen wie die *Graßhoff*sche Plattenberechnung, nach der heute im normalen Hochbau praktisch sämtliche Platten gerechnet werden. Es gestattet die Befriedigung jeglicher Randbedingungen sowohl am Kämpfer als auch am Binder.

In Abb. 163—165 sind einige neuere Schalenbauwerke dargestellt. Abb. 162 zeigt zwei Shedhallen, bei denen die hellen Schalenflächen in besonders günstiger Art das einfallende sonnenlose Tageslicht reflektieren. Der Schalenquerschnitt einer Shedhalle (Abb. 162a) besteht aus der — meist nach einem Kreis gekrümmten — Schale, einem unteren Rinnenträger und einer oberen Randverstärkung, die sich durch Pfosten oder Sprossen auf den Rinnenträger abstützt. Pfosten und Rinnenträger bzw. Pfosten und Binderriegel bilden den Längs- bzw. den Querrahmen. Sind für die Rahmen besonders große Spannweiten erwünscht, so kann man die zur Abfangung der Schale bestimmten Rahmenriegel als Fachwerkträger (Abb. 162c) ausbilden. Abb. 163 zeigt eine sehr flache ($l/f \approx 9$) Tonnenschale

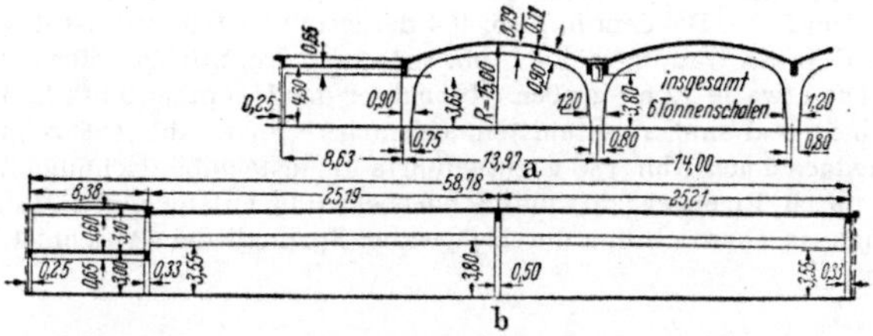

Abb. 163 a u. b

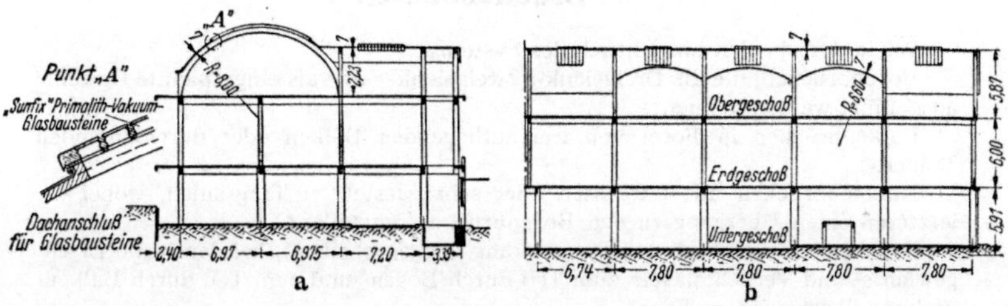

Abb. 164 a u. b

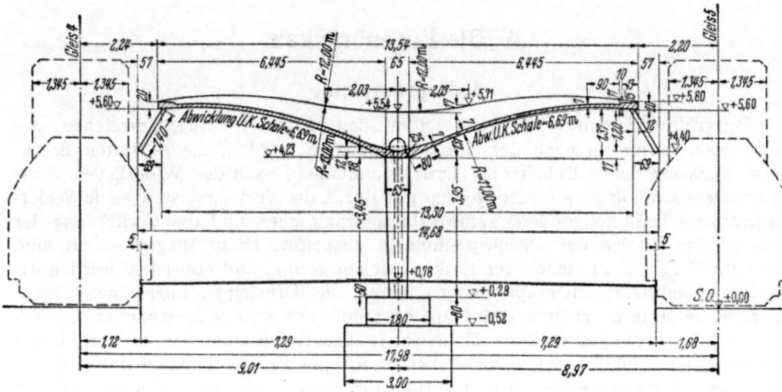

Abb. 165a

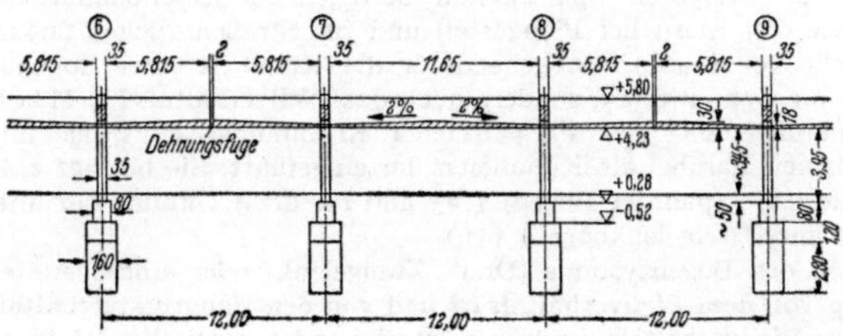

Abb. 165 b

mit Randlängsträgern nach Abb. 156e und der verhältnismäßig großen Längsspannweite von 25 m. Bei dem in Abb. 164 dargestellten Bauwerk ist das Schalendach des O. G. in ein Hauptgewölbe (Abb. 164a) und drei Stichgewölbe (Abb. 164b) unterteilt. Die etwa je 22 m² großen Oberlichter des Hauptgewölbes bestehen aus Glasbausteinen und sind als Stahlsteindecken berechnet. Abb. 165 zeigt eine als Schalenkragdach nach Abb. 156 g ausgeführte Bahnsteigüberdachung. Zum Ausgleich der durch Eigengewicht- und Schneebelastung entstehenden M_φ-Momente ist die Schale in Querrichtung durch Dywidag-Spannglieder (Abschnitt V. C 3 b) vorgespannt.

V. Brückenbauten

Wir unterscheiden hinsichtlich des Systems:

Bogenbrücken, die als Dreigelenk-, Zweigelenk- oder als eingespannte Gewölbe ausgeführt werden können;

Balkenbrücken in Form von frei aufliegenden Balken oder durchlaufenden Trägern;

Rahmenbrücken mit lotrechten oder schräggestellten Tragsäulen, wobei die letzteren einen Übergang zu den Bogenbrücken darstellen;

Brücken mit kombinierter Tragwirkung (Bogenscheiben), bei denen die Eigengewichts- und Verkehrslasten zum Teil durch Bogen- und zum Teil durch Balkenwirkung übertragen werden;

Balken-, Rahmen- und Scheibenbrücken mit Vorspannung nach den unter V. C 1 beschriebenen Verfahren.

A. Die Bogenbrücken

1. Bogensysteme

Die größten Spannweiten lassen sich mit den gewölbten Brücken erreichen, weil bei diesen, wenn sie nach der Stützlinie geformt werden, die gesamten Eigengewichtslasten durch Dehnkräfte (Druckspannungen) nach den Widerlagern übertragen werden. Biegemomente werden nur durch die Verkehrslasten sowie Widerlagerausweichen, Schwinden, Temperaturschwankungen und die Verkürzung der Bogenachse infolge der Druckspannungen ausgelöst. Diese Biegemomente sind aber im Vergleich zu denen der Balkenbrücken gering, und außerdem werden die dadurch bedingten Biegespannungen durch die Druckspannungen aus Eigengewicht derartig überlagert, daß keine oder nur sehr geringe Zugspannungen verbleiben, durch die jedoch keine Haarrisse in dem Beton entstehen, so daß für das Gewölbe eine fast unbegrenzte Lebensdauer gewährleistet ist. Infolge dieser günstigen Wirkungsweise sind die Bogenbrücken auch für Eisenbahnbrücken sehr geeignet. Wesentlich ist auch, daß bei den Bogenbrücken die wechselnden Spannungen im Vergleich zu denen aus den ruhenden Lasten gering sind. Die größten bisher erreichten Spannweiten betragen für Eisenbahnbrücken 186 m (Brücke über den Elorn bei Plougastel) und für Straßenbrücken 264 m (Angermanälvbrücke bei Sandö). Maßgebend für die Kühnheit einer Bogenbrücke ist nicht allein die Spannweite l, sondern auch das Pfeilverhältnis l/f. Man hat deren Produkt, nämlich den Wert $l^2/f = 8$facher Krümmungsradius der im Scheitel einbeschriebenen Parabel als Kühnheitsziffer eingeführt. Sie beträgt z. B. für die Sandöbrücke (eingespannter Bogen) 1745 und für die 3. Öffnung der alten Moselbrücke Koblenz (Dreigelenkbogen) 1410.

Die Wahl des Bogensystems (Drei-, Zweigelenk- oder eingespannter Bogen) ist abhängig von dem Pfeilverhältnis l/f und von den Baugrundverhältnissen. Mit wachsendem Pfeilverhältnis und mit zunehmender statischer Unbestimmtheit nimmt auch die Steifigkeit des Systems und damit die Größe der Zwängungskräfte infolge der Bogenzusammendrückung, des Temperatur- und Schwindeinflusses und des Widerlagerausweichens zu. Man kompensiert daher größere Pfeilverhältnisse durch geringere Unbestimmtheit und wählt bis $l/f \lesssim 6$ einen eingespannten, bis $l/f \lesssim 10$ einen Zweigelenk- und für $l/f > 10$ einen Dreigelenkbogen.

Der Bogen kann unter oder über der Fahrbahn angeordnet werden. Im ersten Fall wird die Fahrbahn aufgeständert, im zweiten Fall wird sie mit Zugstangen an das Gewölbe angehängt. Dabei kann der Gewölbeschub durch ein Zugband aus Stahl aufgenommen werden. Wird der Gewölbeschub nach der Bodenscheibe abgeleitet, so spricht man von einer echten Bogenbrücke, während die in sich verankerte, mit einem Zugband versehene als unechte Bogenbrücke bezeichnet wird.

2. Grundlagen der Gewölbetheorie

Bei der Berechnung der Bogenbrücken unterscheiden wir eine Näherungstheorie und eine Verformungstheorie. Bei der Näherungstheorie rechnen wir bei der Aufstellung der Verschiebungsgrößen mit unveränderlichen Koordinaten und vernachlässigen den Einfluß der Verformungen u und v (Abb. 166). Durch diese Vernachlässigung wird die Differentialgleichung des Gewölbes linearisiert, womit das Linear- und Superpositionsgesetz, die die Grundlage für das Rechnen mit Verschiebungsgrößen bilden, Gültigkeit erlangen (Theorie 1. Ordnung). Wenn wir dagegen auch den Einfluß der Verformungen u und v berücksichtigen, dann sprechen wir von der Verformungstheorie (Theorie 2. Ordnung). Die Vernachlässigung der Verformungen u und v bei der Ermittlung der Verkehrslastmomente ergibt, je nach Größe der vorhandenen Knicksicherheit, Biegemomente, die bis zu 25% unter den tatsächlichen liegen. Bei flachen Brücken sind die u-Verschiebungen gering, so daß sie ohne weiteres gegenüber den v-Verschiebungen vernachlässigt werden können. Beachtet man, daß bei den Stahlbetonbogenbrücken die Spannungen infolge der Verkehrslasten nur rd. $^1/_3$ der Spannungen aus Eigengewicht betragen, so ergibt sich aus den elastischen Verformungen nur ein Höchstfehler von rd. $25/3 \approx 8\%$. Wir sind deshalb, abgesehen von den sehr weit gespannten Brücken, berechtigt, unsere Bogenbrücken in statischer Hinsicht auf Grundlage der Theorie 1. Ordnung zu berechnen. Sobald wir jedoch die Knicksicherheit untersuchen, müssen wir auf die Verformungstheorie zurückgreifen.

Bei sehr flachen Gewölben genügt es hierbei, nur die v-Verschiebungen in Rechnung zu stellen, nicht dagegen bei Gewölben mit $l/f \leqq 8$ bis 10. Bei $l/f = 2$ ist der Einfluß der u-Verschiebungen schon so groß, daß die Knicksicherheit unter die Hälfte des Wertes sinken kann, der sich bei Vernachlässigung der u-Verformungen ergibt.

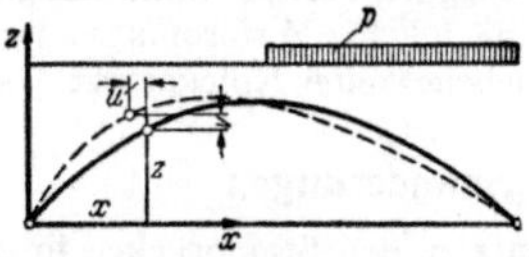

Abb. 166

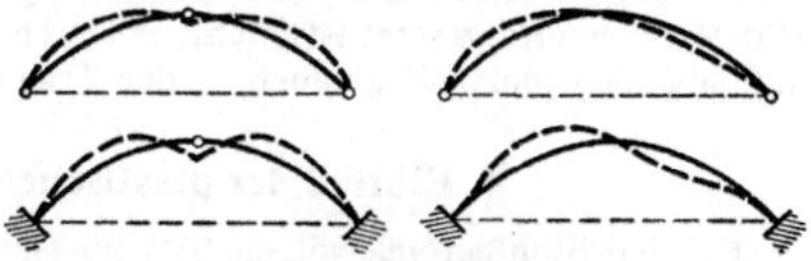

Abb. 167

Bei den Gewölben unterscheiden wir eine symmetrische und eine antimetrische Knickung. Für alle Gewölbe mit Scheitelgelenken (Dreigelenk- und Eingelenkbogen) ist die symmetrische, für die Gewölbe ohne Scheitelgelenk (Zweigelenk- und eingespannter Bogen) dagegen die antimetrische Knickung maßgebend (Abb. 167). Bei sehr großen Pfeilhöhen dagegen ist auch für die Gewölbe mit Scheitelgelenken die antimetrische Knickung maßgebend.

Bei der antimetrischen Knickung ändert sich der Horizontalschub im Gegensatz zur symmetrischen Knickung nicht. Die erstere erfolgt demnach dehnungslos, die zweite dagegen mit Dehnung. Wir sprechen von einem dehnungslosen Knicken und einem Knicken mit Dehnung. Die DIN 1075 Ausgabe 1951 enthält eine tabulierte Näherungsberechnung für das Bogenknicken, die z. T. Fehler enthält und die Knickgefahr zu ungünstig beurteilt. Es wird sich daher beim Entwurf von Gewölben, bei denen die Knickgefahr bedacht werden muß, also insbesondere bei weitgespannten Gewölben, empfehlen, genauer zu rechnen, z. B. nach *F. Stüssi* [*37*], *F. Dischinger* [*7*], *E. Mörsch* [*1a*]. In diesen Arbeiten ist das Iterationsverfahren von *Vianello* auf Gewölbe mit beliebigen Randbedingungen adaptiert.

Die Ermittlung der Stützlinie erfolgt nach den bekannten Regeln der Statik. Es ist dabei unzweckmäßig dem statisch unbestimmten Gewölbe zwecks eines besseren Ausgleiches der maximalen und minimalen Momente aus Verkehr, Schwinden, Widerlagerausweichen eine von der Stützlinie abweichende Form zu geben. Ganz unrichtig ist die Ansicht, daß damit die Biegemomente infolge der Bogenzusammendrückung ausgeschaltet werden könnten. Man erreicht damit z. B. nur eine Verlagerung dieser ungleich verteilten Momente von dem Scheitel nach den ihm benachbarten Achtelspunkten. Befindet sich der Bogen unter der Fahrbahn, so beteiligen sich das Gewölbe und die aufgeständerte Fahrbahn an der Kraftaufnahme. Bei durchgehender Belastung sind die Senkungen des Gewölbes nur gering, so daß hierdurch die Fahrbahnlängsträger nur in kleinem Maße berührt werden. Bei halbseitiger Belastung dagegen ergeben sich sehr wesentliche Verbiegungen, an denen die Fahrbahnlängsträger teilnehmen müssen und wodurch das Gewölbe entlastet wird. Diese gegenseitige Beeinflussung wird um so stärker, je größer die Konstruktionshöhe der Fahrbahnträger im Vergleich zur Bogenstärke wird. Der Vorteil in der Entlastung des Bogens ist aber gegen den Nachteil, daß die Längsträger zusätzliche Momente aufnehmen müssen, gering, weil die Längsträger im Gegensatz zu dem Gewölbe keine Druckvorspannung haben, durch die die Aufnahme der Biegemomente erleichtert wird. Günstiger liegen die Verhältnisse, wenn die Fahrbahnlängsträger vorgespannt werden, wodurch die Biegezugspannungen ganz oder zum größten Teil ausgeschaltet werden.

Wenn die Tragsäulen an den Gewölben und an den Fahrbahnlängsträgern gelenkig angeschlossen sind, dann sind die letzteren als Träger auf elastisch senkbaren Stützen zu berechnen. Während sich bei den Durchlaufträgern auf elastisch senkbaren Stützen bekanntlich fünf Momentengleichungen ergeben, ist bei dem obigen Problem die Matrix voll besetzt, weil bei Belastung einer Stütze sich auch alle übrigen Stützen elastisch heben und senken. Durch Spaltung der Belastung in einen symmetrischen und antimetrischen Anteil läßt sich jedoch die Anzahl der Unbekannten auf die Hälfte abmindern. Noch schwieriger ist die Berechnung, wenn die Säulen steif angeschlossen sind, womit sich ein Rahmentragwerk auf elastisch senkbaren Stützen ergibt. Hier kommt man am raschesten mittels Iteration zum Ziel. Bei den unechten Bogenbrücken ändert sich bei einer Verformung der Abstand des Druckgurtes von dem Zuggurt, der durch die Länge der Hängestangen festgesetzt ist, nicht, es treten demnach keine Verformungsmomente auf, und demgemäß liegt auch in der Tragwandebene keine Knickgefahr vor.

3. Einfluß der plastischen Formänderungen

Bei den Stahlbetongewölben tritt im Gegensatz zu den Stahlbrücken im Hinblick auf die Eigengewichtsmomente noch ein neues Problem — das der plastischen Formänderungen infolge des Kriechens des Betons — hinzu, worauf nachstehend kurz eingegangen sei.

Das Kriechen übt auf das Kräftespiel im Bauwerk eine Wirkung aus, die man, insoweit ähnlich dem Schwinden, in zwei Gruppen aufteilen kann:

a) *Umlagerung der inneren Kräfte bei gleichbleibenden Schnittkräften* (*Primäre Kriech- und Schwindspannungen*)

Dem aus den äußeren Kräften herrührenden Spannungszustand überlagert sich ein Eigenspannungszustand, eine Wirkung, die nur bei bewehrten Querschnitten auftreten kann. Zur Beurteilung dieses Eigenspannungszustandes seien zwei Grenzfälle betrachtet.

Zentrischer Druck. Bei Druckgliedern, wie z. B. bei Stützen oder bei Stützliniengewölben, entsteht im Gebrauchslastenzustand eine Umlagerungskraft, die die Stahlspannungen vergrößert und die Betonspannungen verringert. Für die Bruchlast ist diese Kraftumlagerung belanglos, da man — vorausgesetzt, daß die der Prismenfestigkeit des Betons zugeordnete Dehnung innerhalb des Fließ- bzw. des Verfestigungsbereiches des Stahles liegt (Abb. 168) — die Tragfähigkeit des Stahles im Fließbereich und die des Betons beim Bruch addieren kann (vgl. S. 848).

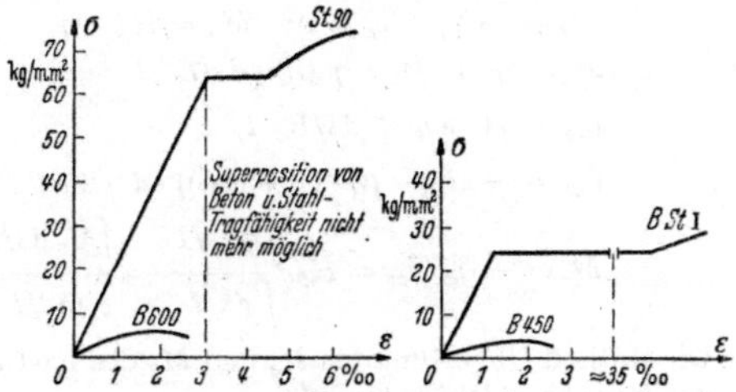

Abb. 168 a u. b

Reine Biegung bzw. Biegung mit Querkraft. Auch hier treten bei nicht gerissener Zugzone Spannungsumlagerungen auf, die jedoch nicht interessieren. Bei gerissener Zugzone ist das Kriechen in seiner Wirkung gleichbedeutend mit einer Verringerung des E-Moduls, d. h. es beeinflußt wohl die Formänderungen, nicht aber die Tragfähigkeit des Bauteils.

b) *Entstehung zusätzlicher Auflagerreaktionen (Sekundäre Kriech- und Schwindspannungen)*

Diese Wirkung ist nur in Bauteilen statisch unbestimmter Systeme möglich. Wir betrachten zunächst **unbewehrte Tragwerke.**

Als Beispiele seien der eingespannte und der Zweigelenkbogen sowie der Zweigelenkbogen mit Zugband untersucht.

Der symmetrische eingespannte Bogen. Als statisch bestimmtes Grundsystem wird der Stützlinienbogen mit dem Horizontalschub H_{St} gewählt. Die statisch Überzähligen sind (vgl. Abb. 169) der Ergänzungsschub $H_e (= X_a)$, die Ergänzungsquerkraft $(= X_b)$ und das Ergänzungsmoment $M_e (= X_c)$, wobei die Querkraft X_b wegen Symmetrie verschwindet.

α) *Einfluß des Eigengewichtes.* Im folgenden wird näherungsweise angenommen, daß Stützlinie und Bogenachse für gleiche x-Werte die gleichen Neigungswinkel haben.

$$H_e \cdot \delta_{aa} + \delta_{a0} = 0$$
$$M_e \cdot \delta_{cc} + \delta_{c0} = 0$$

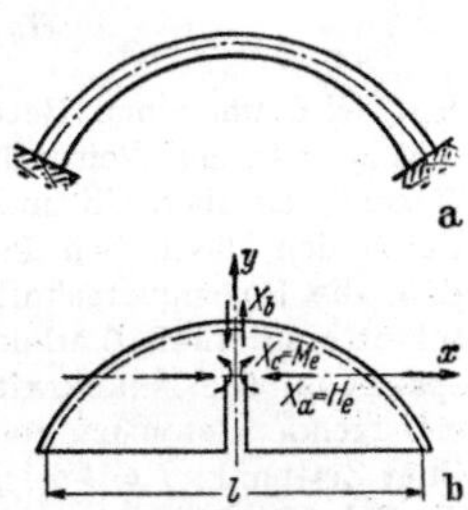

Abb. 169 a, b

$$\delta_{aa} = \int M_a \cdot \Delta d\gamma_a + \int N_a \cdot \Delta ds_a$$
$$\delta_{a0} = \int M_0 \cdot \Delta d\gamma_a + \int N_0 \cdot \Delta ds_a$$
$$M_a = -y; \quad N_a = 1 \cdot \cos\alpha$$
$$\Delta d\gamma_a = -y \cdot (1 + \varphi(t)) \cdot ds/E \cdot I$$
$$\Delta ds_a = \cos\alpha \cdot (1 + \varphi(t)) \cdot ds/E \cdot F$$
$$M_0 = H_{St} \cdot \eta; \quad N_0 = H_{St}/\cos\alpha$$
$$\delta_{aa} = \int y^2 (1 + \varphi(t)) \cdot ds/E \cdot I + \int \cos^2\alpha\,(1 + \varphi(t)) \cdot ds/E \cdot F$$
$$\delta_{a0} = -H_{St} \int \eta \cdot y \cdot (1 + \varphi(t)) \cdot ds/E \cdot I + H_{St} \int (1 + \varphi(t)) \cdot ds/E \cdot F$$
$$H_e = -\delta_{a0}/\delta_{aa} = -H_{St} \cdot \frac{-\int \eta \cdot y\, ds/I + \int ds/F}{\int y^2 \cdot ds/I + \int \cos^2\alpha \cdot ds/F}$$

$$\delta_{cc} = \int M_c \cdot \Delta d\gamma_c$$

$$\delta_{c0} = \int M_0 \cdot \Delta d\gamma_c$$

$$M_c = -1; \quad N_c = 0; \quad M_0 = H_{St} \cdot \eta$$

$$\Delta d\gamma_c = -1 \cdot (1 + \varphi(t)) \cdot ds/E \cdot I$$

$$\delta_{cc} = \int 1 + \varphi(t)\, ds/E \cdot I$$

$$\delta_{c0} = -H_{St} \cdot \int \eta \cdot (1 + \varphi(t)) \cdot ds/E \cdot I$$

$$M_e = -\delta_{c0}/\delta_{cc} = H_{St} \frac{\int \eta\, ds/I}{\int ds/I} = \frac{\int M_0\, ds/I}{\int ds/I}.$$

Die statisch Unbestimmten H_e und M_e des Lastfalles Eigengewicht sind also durch das Kriechen nicht beeinflußt.

Dieses Ergebnis gilt für jedes n-fach statisch unbestimmte unbewehrte Tragwerk für den Lastfall Dauerlast unter der Voraussetzung, daß sich die Widerlager nicht verschieben. Es gelten dann nämlich, wenn $M(x)$ und $N(x)$ die Schnittkräfte im unbestimmten System infolge der äußeren Belastung sind, die folgenden Gleichungen:

$$0 = \int M_a\, M(x)/E\, I \cdot (1 + \varphi(t)) \cdot ds + \int N_a\, N(x)/E\, F \cdot (1 + \varphi(t)) \cdot ds$$

$$0 = \int M_b\, M(x)/E\, I \cdot (1 + \varphi(t)) \cdot ds + \int N_b\, N(x)/E\, F \cdot (1 + \varphi(t)) \cdot ds$$

$$0 = \ldots\ldots\ldots\ldots$$

$$0 = \int M_n\, M(x)/E\, I \cdot (1 + \varphi(t)) \cdot ds + \int N_n\, N(x)/E\, F \cdot (1 + \varphi(t)) \cdot ds.$$

Dabei sind M_a und N_a bzw. M_b und N_b bzw. M_n und N_n die Schnittkräfte am statisch bestimmten System infolge $X_a = 1$ bzw. $X_b = 1$ bzw. $X_n = 1$.

Wie man sieht, fallen die Glieder $E/[1 + \varphi(t)]$ heraus. Das Kriechen wirkt sich nur auf die Formänderungen des statisch unbestimmten Systems aus, die $(1 + \varphi(t))$ mal größer sind als ohne Berücksichtigung des Kriechens.

β) *Einfluß einer Vergrößerung der Stützweite durch Ausweichen der Widerlager.* Ist Δl die Verschiebung der Widerlager beim Ausrüsten, dann entsteht aus dem elastischen Verhalten des Tragwerks ein auf den Bogen nach außen wirkender Schub, der das positive Vorzeichen erhalte.

$$H_{wel} = \frac{\Delta l}{\int y^2\, ds/E_0\, I + \int \cos^2\alpha \cdot ds/E_0\, F}. \tag{113}$$

H_{wel} wird um einen Betrag H_{wk} auf einen bestimmten Endwert H_w abgebaut, und zwar in der Weise, daß in jedem Zeitelement dt ein negatives $dM(x)$ in den Bogenteilen oberhalb und ein positives $dM(x)$ in den Bogenteilen unterhalb der durch den elastischen Pol 0 gehenden waagrechten Koordinatenachse entsteht, d. h. die Bogenquerschnitte oberhalb 0 erleiden in den unteren, die Bogenquerschnitte unterhalb 0 erleiden in den oberen Fasern eine Zunahme der Betondruckspannung. Die Axialkraft nimmt zu. Es erscheint genügend genau, die kriecherzeugende Betonspannung über den Bogen gleich und konstant anzunehmen. Zum Zeitpunkt $t = t$ sei H_{wel} durch das Kriechen auf H_w abgebaut und erzeugt die Schnittkräfte

$$M_w(x) = H_w(x) \cdot y; \quad N_w(x) = H_w(x) \cdot \cos\alpha. \tag{114}$$

Diese Schnittkräfte erzeugen infolge Kriechens eine Drehung und eine Verschiebung der beiden starren Arme in 0 im nächsten Zeitelement dt.

Drehung:

$$\int_s \frac{M_w}{E_0 \cdot I} \cdot d\varphi \cdot ds = H_w \cdot d\varphi \int_s y\, ds/E_0\, I = 0, \text{ denn es ist } \int y\, ds/I = 0.$$

Es entsteht also keine Drehung und damit kein Zusatzmoment infolge Kriechens.

Verschiebung:

$$dl = \int_s M_w\, y/E_0 I \cdot d\varphi \cdot ds + \int_s N_w \cdot \cos\alpha/E_0 F \cdot d\varphi \cdot ds$$

$$dl = H_w \cdot d\varphi \left(\int_s y^2\, ds/E_0 I + \int_s \cos^2\alpha\, ds/E_0 F\right). \tag{115}$$

Infolge dl nimmt H_w um dH_w ab, und zwar nach Gl. (113) um

$$dH_w = -\frac{dl}{\int y^2\, d\, s/E\,(t)\, I + \int \cos^2\alpha \cdot ds/E\,(t)\, F}. \tag{116}$$

Setzt man dl aus Gl. (115) ein und schreibt $E\,(t) = E_0\,(1 + a\,\varphi)$, so wird

$$dH_w = -H_w \cdot (1 + a\varphi) \cdot d\varphi$$

$$dH_w/d\varphi + H_w\,(1 + a\varphi) = 0$$

$$y' + y \cdot f\,(x) = 0$$

$$y = e^{-\int f(x)\cdot dx} \cdot C = 0$$

$$H_w = e^{-\int (1 + a\varphi)\, d\varphi} \cdot C = e^{-\left(\varphi + \frac{a}{2}\cdot\varphi^2\right)} \cdot C.$$

Für t bzw. $\varphi = 0$ wird $H_w = H_{wel}$

$$H_{wel} = C \text{ und}$$

$$H_w = H_{wel} \cdot e^{-\varphi\left(1 + \frac{a}{2}\varphi\right)}. \tag{117}$$

Für $E = \text{const} = E_0$, d. h. $a = 0$ wird

$$H_w = e^{-\varphi} \cdot H_{wel}. \tag{118}$$

Bestimmung von a:

$E\,(t) = E_0\,(1 + a\varphi\,(t))$; für den Endwert

$\varphi\,(t = \infty) = m$ hat $E\,(t)$ den Endwert $E\,(t = \infty)$ erreicht.

$E\,(t = \infty) = (1 + a \cdot m) \cdot E_0$.

Für $E\,(t = \infty) = E_0$ ist $a = 0$

$E\,(t = \infty) = 1{,}5\, E_0$ ist $a = 1/2\, m$

$E\,(t = \infty) = 2{,}0\, E_0$ ist $a = 1/m$.

Für $m = 3$ und $E\,(t = \infty) = 1{,}5\, E_0$, d. h. für $a = 1/6$ wird

$$H_w = H_{wel} \cdot e^{-3{,}75} = 1/42{,}5\ H_{wel} = 0{,}024\, H_{wel}.$$

Für $m = 3$ und $E\,(t = \infty) = E_0$, d. h. für $a = 0$ wird

$$H_w = H_{wel} \cdot e^{-3} = 1/20 \cdot H_{wel} = 0{,}05\, H_{wel}.$$

Für $m = 2{,}5$ und $E\,(t) = E_0 = \text{const}$, d. h. für $a = 0$ wird

$$H_w = H_{wel} \cdot e^{-2{,}5} = 1/12{,}2 \cdot H_{wel} = 0{,}082\, H_{wel}.$$

Wie man sieht, beeinflussen die Annahmen über $m = \varphi\,(t = \infty)$ und $E\,(t) = E_0\,(1 + a\varphi)$ sehr das Ergebnis. Nimmt man an, daß die Widerlagerverschiebungen gleich nach dem Ausrüsten auftreten, so beanspruchen die Spannungen aus der gesamten Kraft H_{wel} das Gewölbe, so daß die Entlastung aus Kriechen für die Dimensionierung des Gewölbes unberücksichtigt bleiben muß und nur als zusätzliche, mit der Zeit zunehmende Sicherheit gewertet werden kann.

Die Zunahme von E_0 wird durch die Erscheinung des Erholens weitgehend kompensiert ([*1a*] S. 447), so daß es bei der Unsicherheit der gesamten Rechnung genügend erscheint, mit $E\,(t) = \text{const} = E_0$ zu rechnen.

γ) *Einfluß des Schwindens.* Schwinden und Kriechen gehen zeitlich zusammen. Zur Zeit $t = t$ wirkte in der x-Achse infolge Schwindens und Kriechens der von innen nach außen gerichtete Schub

$$H_s\,(t) = H_{sel}\,(t) - H_{sk}\,(t),$$

worin $H_{sel}(t)$ den Anteil darstellt, der sich aus der üblichen Rechnung ergibt, d. h. wenn sich der Bogen während des Schwindens rein elastisch verhält und $H_{sk}(t)$ den Anteil darstellt, um den $H_{sel}(t)$ durch das Kriechen vermindert wird.

$H_s(t)$ verursacht die Schnittkräfte

$$M_s(x) = H_s(x) \cdot y; \quad N_s(x) = H_s(x) \cdot \cos\alpha. \tag{119}$$

Im nächsten Zeitelement dt bewirken diese Schnittkräfte infolge des Kriechens eine Verlängerung der Bogenspannweite l um

$$dl_1 = \int_s \frac{M_s \cdot y}{E_0 \cdot I} d\varphi \cdot ds + \int_s \frac{N_s \cdot \cos\alpha}{E_0 \cdot F} d\varphi \cdot ds = H_s \cdot d\varphi \left(\int_s \frac{y^2 \cdot ds}{E_0 \cdot I} + \int_s \frac{\cos^2\alpha}{E_0 \cdot F} ds \right).$$

Gleichzeitig verkürzt sich l durch Schwinden um $dl_2 = d\varepsilon_s \cdot l$, so daß eine Gesamtverkürzung

$$dl = dl_2 - dl_1 = -H_s \cdot d\varphi \left(\int_s y^2\, ds/E_0 I + \int_s \cos^2\alpha \cdot ds/E_0 F \right) + d\varepsilon_s \cdot l \tag{120}$$

entsteht.

Damit ist eine Vergrößerung des nach außen wirkenden Schubs verbunden, und zwar entsprechend Gl. (113) bzw. (116) um

$$dH_s = \frac{dl}{\int y^2\, ds/E(t)\, I + \int \cos^2\alpha \cdot ds/E(t)\, F} = \frac{dl\,(1 + a\varphi)}{\int y^2 \cdot ds/E_0 I + \int \cos^2\alpha \cdot ds/E_0 F}.$$

Setzt man dl aus Gl. (120) ein, so wird

$$dH_s = -H_s \cdot d\varphi\,(1 + a\varphi) + \frac{d\varepsilon_s \cdot l \cdot (1 + a\varphi)}{\int y^2 \cdot ds/E_0 I + \int \cos^2\alpha \cdot ds/E_0 F}.$$

Die Gleichung kann integriert werden, wenn die Verlängerungen aus Schwinden und Kriechen, ε_s und $\varepsilon_k = \varphi/E_0$ affin sind, d. h. wenn

$$\varepsilon_s = c \cdot \varphi/E_0$$

$$dH_s = -H_s \cdot d\varphi\,(1 + a\varphi) + c \cdot l \cdot d\varphi\,(1 + a\varphi)/E_0 \mathfrak{N}$$

wobei

$$\mathfrak{N} = \int y^2 \cdot ds/E_0 I + \int \cos^2\alpha \cdot ds/E_0 F$$

$$\frac{dH_s}{d\varphi} + H_s \cdot (1 + a\varphi) - \frac{c \cdot l}{E_0 \cdot \mathfrak{N}} (1 + a\varphi) = 0$$

$$y' + y \cdot f(x) - g(x) = 0$$

$$y = e^{-\int f(x)\,dx} \left[C_1 + \int g(x) \cdot e^{\int f(x)\,dx}\, dx \right]$$

$$g(x) = n \cdot f(x); \quad n = c \cdot l/E_0 \mathfrak{N}$$

$$y = e^{-\int f(x)\,dx} \left[C_1 + n \cdot \int f(x) \cdot e^{\int f(x)\,dx}\, dx \right]$$

$$y = e^{-\int f(x)\,dx} \left[C_1 + n \cdot e^{\int f(x)\,dx} \right]$$

$$y = e^{-\int f(x)\,dx} \cdot C_1 + n = n\left(C \cdot e^{-F} + 1 \right)$$

$$H_s = \frac{c \cdot l}{E_0 \cdot \mathfrak{N}} \left[C \cdot e^{-\varphi\left(1 + \frac{a}{2} \cdot \varphi\right)} + 1 \right].$$

Für

$$t = \varphi = 0 \text{ wird } H_s = 0$$

$$C = -1$$

$$H_s = \frac{c \cdot l}{E_0 \cdot \mathfrak{N}} \left[-e^{-\varphi\left(1 + \frac{a}{2} \cdot \varphi\right)} + 1 \right]$$

$$\frac{c \cdot l}{E_0 \cdot \mathfrak{N}} = \frac{\varepsilon_s \cdot l}{\varphi \cdot \mathfrak{N}} = \frac{H_{sel}}{\varphi}$$

$$H_s = H_{sel} \cdot \left[1 - e^{-\varphi\left(1 + \frac{a}{2} \cdot \varphi\right)} \right] / \varphi. \tag{121}$$

Für $m = 3$ und $E\,(t = \infty) = 1{,}5\,E_0$, d. h. für $a = 1/6$ wird

$$H_s = H_{sel}\left[1 - e^{-3\,(1\,+\,0{,}25)}\right]/3 = 0{,}33\,H_s.$$

Für $m = 2{,}5$ und $E\,(t = \infty) = 2\,E_0$, d. h. für $a = 0{,}4$ wird

$$H_s = 0{,}39\,H_{s\,l}.$$

Für $E\,(t) = \text{const} = E_0$ und $m = 3$ wird $H_s = 0{,}32\,H_{sel}$, $m = 2{,}5$ wird $H_s = 0{,}36\,H_{sel}$.

Für den Belastungsfall Schwinden gilt also erst recht, daß mit $E\,(t) = E_0 = \text{const}$ gerechnet werden kann.

In der Praxis des Baues gewölbter Brücken verzichtet man darauf, die durch das Kriechen verminderte Schwindwirkung zu erfassen, zumal diese durch die Annahme geringer Schwindmaße ($\varepsilon_s = 15 - 20 \cdot 10^{-5}$) bereits z. T. kompensiert ist.

Der symmetrische Zweigelenkbogen. Das Kriechen infolge des Eigengewichts wirkt sich auf die Lagerkräfte nicht aus.

Das Kriechen infolge des Ausweichens der Widerlager und des Schwindens ergibt die für den eingespannten Bogen abgeleiteten Formeln mit dem Unterschiede, daß die x-Achse durch die Gelenke zu legen ist.

Der symmetrische Zweigelenkbogen mit Zugband. Um den Einfluß des Kriechens unter der Dauerlast des Eigengewichts auf die Schnittkräfte zu bestimmen, lösen wir das Zugband durch einen Schnitt (Abb. 170) und bringen an den beiden Schnitträndern den statisch unbestimmten Horizontalschub H an. Dieser ergibt sich für den Zeitpunkt unmittelbar nach dem Ausrüsten — Stützlinienform des Bogens vorausgesetzt — zu

$$H = H_{St} - H_{e\,el}.$$

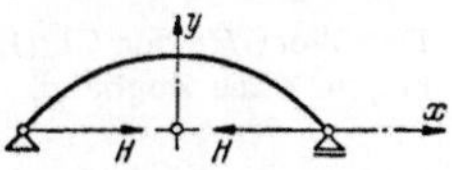

Abb. 170

Er wird durch das Kriechen beeinflußt und beträgt im Zeitpunkt $t = t$

$$H\,(t) = H_{St} - H_e\,(t).$$

Der Ergänzungsschub $H_e\,(t)$ setzt sich zusammen aus

$$H_e\,(t) = H_{e\,el} + H_{e\,k}\,(t).$$

Dadurch entstehen im Bogen die Schnittkräfte

$$M_e\,(x) = H_e\,(t) \cdot y;\; N_e\,(x) = -H_e\,(t) \cdot \cos\alpha + H_{St}/\cos\alpha.$$

Durch das Kriechen unter Eigengewicht verschieben sich im Zeitraum dt die Schnittränder des Zugbandes um

$$\begin{aligned} dl &= \int M_e\,(x) \cdot y \cdot d\varphi/E_0 I \cdot ds - \int N_e\,(x) \cdot \cos\alpha \cdot d\varphi/E_0 F \cdot ds; \\ &= \int H_e\,(t)\, y^2 \cdot d\varphi/E_0 I \cdot ds + \int H_e\,(t) \cdot \cos^2\alpha \cdot d\varphi/E_0 F \cdot ds \qquad (122) \\ &- \int H_{St} \cdot d\varphi/E_0 F \cdot ds. \end{aligned}$$

Das Schwinden erzeugt eine Verschiebung der Widerlager dl_s; der hierdurch im Tragwerk entstehende Kräftezustand ist der gleiche, als wenn dl_s durch einen Temperaturunterschied zwischen Bogen- und Zugband verursacht wäre.

Die Verschiebung dl gemäß Gl. (122) wird wieder rückgängig gemacht durch eine Kraft dH_e, die sich entsprechend Gl. (113) bzw. Gl. (116) unter Berücksichtigung der elastischen Zugbandänderung zu

$$dH_e = -\frac{dl}{\int y^2 \cdot ds/E\,(t)\,I + \int \cos^2\alpha \cdot ds/E\,(t)\,F + 1/E_z F_z} \qquad (123)$$

ergibt. Führen wir für den Nenner der Gl. (123) die Abkürzung $\mathfrak{N}'$ ein, so erhalten wir daraus

$$dl = -\mathfrak{N}' \cdot dH_e. \qquad (124)$$

Für die weitere Untersuchung ist $E\,(t) = E_0 = \text{const}$ angenommen. Die Gleichsetzung der Gl. (122) und (124) ergibt

$$dH_e \cdot \mathfrak{N}' = d\varphi\left[-H_e\left(\int y^2 \cdot ds/E_0 I + \int \cos^2\alpha \cdot ds/E_0 F\right) + H_{St}\int ds/E_0 F\right],$$

worin

$$H_e = H_e\,(t).$$

$$\frac{dH_e}{d\varphi} + \frac{H_e}{\mathfrak{N}'}\left(\int \frac{y^2 \cdot ds}{E_0 \cdot I} + \int \frac{\cos^2\alpha \cdot ds}{E_0 \cdot F}\right) = \frac{H_{St}}{\mathfrak{N}'}\int \frac{ds}{E_0 \cdot F}$$

$$y' + y \cdot f(x) = g(x)$$

$$y = e^{-F}\left[C' + \int g(x) \cdot e^F dx\right] \text{ mit } F = \int f(x) \cdot dx$$

$$\mathfrak{N} = \int \frac{y^2 \cdot ds}{E_0 \cdot I} + \int \frac{\cos^2\alpha \cdot ds}{E_0 \cdot F}$$

$$H_e = e^{-\varphi \cdot \mathfrak{N}/\mathfrak{N}'} \cdot \left[C + \frac{H_{St}}{\mathfrak{N}'}\int \frac{ds}{E_0 \cdot F}\int e^{\varphi \cdot \mathfrak{N}/\mathfrak{N}'} \cdot d\varphi\right]$$

$$H_e = e^{-\varphi \cdot \mathfrak{N}/\mathfrak{N}'}\left[C + \frac{H_{St}}{\mathfrak{N}'} \cdot e^{\varphi\,\mathfrak{N}/\mathfrak{N}'} \cdot \mathfrak{N}'/\mathfrak{N} \cdot \int \frac{ds}{E_0 \cdot F}\right].$$

Für $\varphi = 0$ ist $H_e(t) = H_{e\,el}$, und es wird

$$H_e = e^{-\varphi \cdot \mathfrak{N}/\mathfrak{N}'}\left(H_{e\,el} - \frac{H_{St}\int \frac{ds}{E_0 \cdot F}}{\mathfrak{N}}\right) + \frac{H_{St}\int \frac{ds}{E_0 \cdot F}}{\mathfrak{N}}$$

$$H_e = e^{-\varphi \cdot \mathfrak{N}/\mathfrak{N}'} \cdot (H_{e\,el} - \bar{H}_e) + \bar{H}_e$$

$$\bar{H}_e = H_{St}/\mathfrak{N} \cdot \int ds/E_0 F. \tag{125}$$

Der Wert $\bar{H}_e$ der Gl. (125) entspricht dem Horizontalschub $H_e(t)$ des Zweigelenkbogens ohne Zugband.

Symmetrisch bewehrte, nicht vorgespannte Tragwerke

Ein Einfluß des Kriechens unter äußerer Belastung infolge der Bewehrung auf die Größe der statisch Unbestimmten ist zwar bei manchen Systemen vorhanden, er kann jedoch durchweg vernachlässigt werden.

Die Wirkung des Kriechens bei Widerlagerverschiebungen und beim Schwindvorgang ist grundsätzlich die gleiche wie bei unbewehrten Konstruktionen; die Bewehrung wirkt sich in einer Abminderung der Kriech- und Schwindmasse aus (vgl. IV. C). Aus der Tabelle S. 850 geht hervor, daß diese Abminderung nur bei stärkeren Bewehrungen erheblich ist.

Unsymmetrisch bewehrte, nicht vorgespannte Tragwerke

Der quantitative Einfluß des Kriechens ist schwieriger zu verfolgen. Es läßt sich aber qualitativ zeigen, daß durch die Unsymmetrie der Bewehrung die Wirkung des Schwindens wie auch der Bogenzusammendrückung in höherem Maße kompensiert wird als beim symmetrisch bewehrten Gewölbe [*1a*].

Zusammenfassung: Insgesamt kann man sagen, daß das Kriechen des Betons die Spannungen entweder nicht ändert oder günstig beeinflußt, oder, wenn es im Gebrauchslastenzustand ungünstig wirkt, die Tragfähigkeit im Bruchzustand nicht beeinflußt. Man kann bei gewöhnlichen Stahlbetonkonstruktionen also in der Regel davon absehen, den Wirkungen des Kriechens nachzugehen. Soweit größere Formänderungen eintreten, ist gegebenenfalls die Einwirkung auf die Berechnung der statisch Unbestimmten zu berücksichtigen.

Bei vorgespannten Konstruktionen ist der Einfluß des Kriechens auf die Vorspannkraft (Primäre Wirkung) und gegebenenfalls auch auf die Größe der statisch Unbestimmten (Sekundäre Wirkung) zu untersuchen, was im Abschnitt III. F gezeigt ist.

4. Pfeiler und Widerlager

Bei der Berechnung der Widerlager und Pfeiler ermittelt man zweckmäßigerweise die Kernpunktmomente. Abb. 171 zeigt den Verlauf der Einflußlinien der Kernpunktmomente für ein Widerlager und einen Zwischenpfeiler.

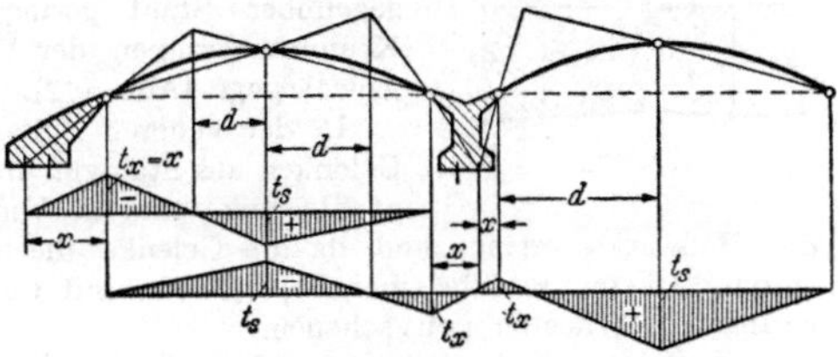

Abb. 171

Bei Drei- und Zweigelenkbogen läßt sich durch ein Vorkragen der Gelenke mittels Gewölbehälsen der Abstand der Kämpfergelenke einschränken, und damit werden die Biegemomente des Bogens infolge Verkehrslast, die von dem Quadrat der Spannweite abhängig sind, ganz wesentlich abgemindert, womit sich ein leichteres Gewölbe ergibt. Diese Maßnahme hat aber nicht nur Vorteile, sondern auch Nachteile, weil sich hiermit die Biegemomente in der Fundamentsohle der Pfeiler und Widerlager vergrößern. Bei einer Gründung auf Fels ist dies im allgemeinen ohne große Bedeutung, wohl aber bei Sand- oder Kiesboden, weil damit sehr oft eine Vergrößerung der Fundamentfläche verbunden ist. In diesem Falle ist die Entscheidung auf Grund wirtschaftlicher Untersuchungen zu treffen und das günstigste Maß der Auskragung zu bestimmen.

Die größte zulässige Reibungszahl zwischen dem Fundament und der Bodenscheibe beträgt bei Sand- oder Kiesboden 0,35 bis höchstens 0,4, d. h. das Fundamentgewicht einschließlich der Gewölbelasten muß mindestens 2,5mal größer sein als der Gewölbeschub, und zwar ändert sich daran nichts, wenn die Fundamentsohle schräg gelegt wird, weil in diesem Falle die Bodenreibung in einer unmittelbar unterhalb der Sohle liegenden waagrechten Fuge überwunden werden kann. Trotzdem ist aber eine Schräglage der Fundamentsohle wegen der tieferen Lage der Gleitfuge etwas günstiger.

Bei gut gelagertem Felsboden können die resultierenden Kräfte sehr schräg gerichtet sein, ohne daß damit eine Gefahr verbunden ist. Für eine gute Verzahnung und für ein Auspressen etwaiger Spalten ist jedoch Sorge zu tragen.

Bei Felsboden sind annähernd gleich große Öffnungen wirtschaftlich, weil dann der auf die ganze Brückenlänge durchgehend gleich große Gewölbeschub durch verhältnismäßig billige Widerlager aufgenommen werden kann. Bei einer Gründung auf Sand- oder Kiesboden dagegen empfiehlt es sich, die Größe der Spannweiten nach dem Widerlager hin abnehmen zu lassen und dadurch einen Teil des Eigengewichtsgewölbeschubs der größten Öffnung den schwerbelasteten Zwischenpfeiler zuzuweisen und damit die Widerlager zu entlasten. Die Zwischenpfeiler, an die von den Gewölben annähernd doppelt so große Eigengewichtslasten abgegeben werden als an die Widerlager, können ohne jede Mehrkosten durch eine bestimmte unsymmetrische Ausbildung einen Teil des größten Gewölbeschubes aufnehmen.

5. Gelenke

Bei den Gelenken unterscheiden wir solche aus Stahlguß, die sowohl als Bolzen- wie auch als Wälzgelenke ausgebildet werden können, Gelenke aus Bleiplatten und Wälzgelenke aus Stein oder Beton, bei denen das Gelenk und der Gelenkquader in einem Konstruktionselement vereinigt sind.

Gelenke aus Bleiplatten sind nur dort geeignet, wo die Drehbewegungen sehr gering sind, also z. B. bei Kanalbrücken, bei denen keine wandernde Verkehrslast vorhanden ist. Der Grund hierfür liegt darin, daß die Bleiplatte der Verdrehung einen nicht unwesentlichen Widerstand entgegensetzt, womit erhebliche Exzentrizitäten der Druckkräfte verbunden sein können, die bei der Berechnung zu berücksichtigen sind.

Auch bei Wälzgelenken aus Stein oder Beton ergeben sich erhebliche Exzentrizitäten, weil die Pressungen in den Berührungsflächen, die nach den *Hertz*schen Gleichungen zu berechnen sind, bei Stein oder Beton gegenüber Stahl gering sind. Hieraus folgen große Krümmungsradien der Wälzflächen und damit große Abwälzwege (Abb. 172).

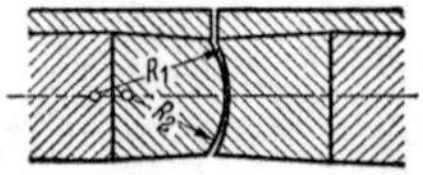

Abb. 172

In der neueren Zeit ist man immer mehr zu den Gelenken aus Stahlguß übergegangen. Die Kosten dieser Stahlgelenke sind im Verhältnis zu den Gesamtkosten des Bauwerks gering, und da die Gelenke die wichtigsten und zugleich die empfindlichsten Punkte einer Bogenbrücke mit Gelenken sind, sollte man diese geringen Mehrkosten nicht scheuen.

Die Bolzengelenke haben den Vorteil einer genauen Zentrierung der Stützlinie, aber den Nachteil, daß bei fehlender dauernder Schmierung die Reibung zwischen den Bolzen und den Schalen zu groß wird. Die Folge davon ist, daß die Druckkräfte nicht mehr zentrisch durch den Bolzen hindurchgehen und daß sich plastische Verformungen des Bolzens ergeben. Aus diesem Grunde nimmt man lieber die Abwälzwege der Stahlwälzgelenke, die aber sehr gering sind, in Kauf. Diese Gelenke haben sich bei neueren Brückenbauten fast allgemein als die beste Lösung durchgesetzt. Bei kleineren Lagern werden sie als massive Platten, bei großen Lagern dagegen als Stuhlgelenke ausgebildet. Die Berechnung auf Biegung wird mittels des Geradliniengesetzes durchgeführt, das aber zu ungünstige Spannungen ergibt, weil die Zugdehnungen an der Auflagerfläche durch den anschließenden Betonquader behindert werden. Die zulässigen Biegespannungen bei Verwendung von Stahlguß GS 52.1 betragen 1800 kg/cm². Sobald jedoch die Auflagerbreite, senkrecht zu der Berührungslinie gemessen, breiter ist als die 1,8fache Höhe des Auflagerkörpers, müssen die zulässigen Spannungen auf 1200 kg/cm² ermäßigt werden, weil sonst infolge der Verbiegungen eine gleichmäßige Verteilung der Druckkräfte nicht mehr gewährleistet ist. Die Abb. 173 zeigt ein Stuhlwälzgelenk, die Abb. 174 dagegen ein aus einer massiven Platte bestehendes flaches Wälzgelenk, bei dem nur 1200 kg/cm² zulässig sind. In der Abb. 174 sind auch die Schrauben für die genaue Einstellung des Gelenkes angegeben. Da hohle Wälzflächen schwierig herzustellen sind, ersetzt man sie durch eine ebene Fläche, woraus sich etwas größere Abwälzwege ergeben.

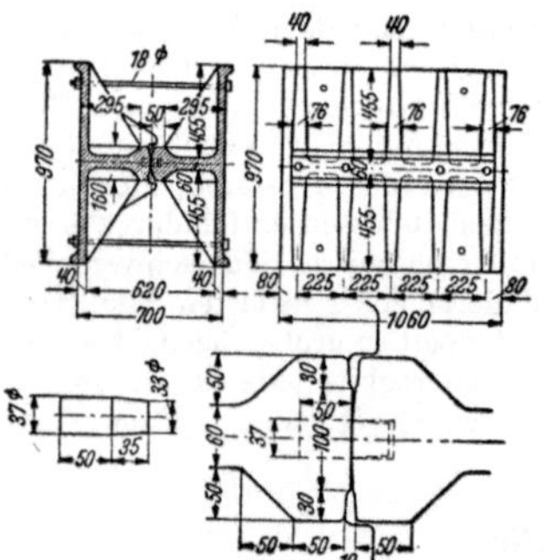

Abb. 173

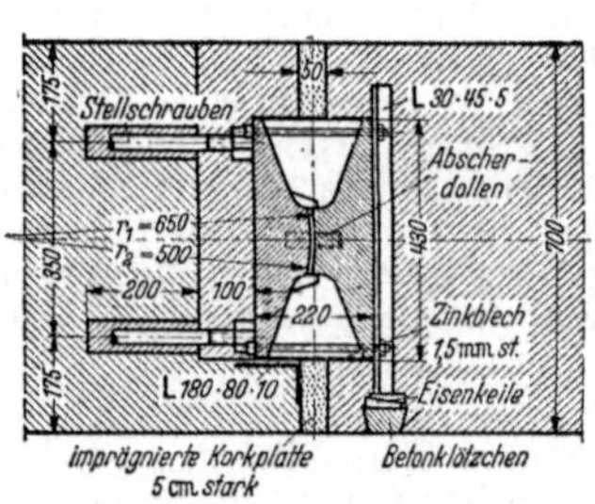

Abb. 174

Beim Versetzen sichert man die beiden Gelenkkörper durch Bolzen, die beim Ausrüsten wegen ihrer geringen Querschnittsflächen keinen nennenswerten Widerstand entgegensetzen bzw. vorher durchgebrannt werden. Wichtig ist die richtige Einstellung der Gelenke, wobei die Scheitelsenkungen beim Ausrüsten einschließlich der plastischen Nachwirkungen in Rechnung zu stellen sind.

Gegenüber den Querkräften sind die Gelenke durch Bolzen zu sichern. Für die Berechnung sind nicht nur die Querkräfte aus Verkehr, sondern auch die wesentlich größeren in Rechnung zu stellen, die sich aus einer nicht gleichmäßigen Ausrüstung ergeben können. Eine zusätzliche Sicherung gegen Abgleiten geben die Nocken der Gelenke der Abb. 173.

Um den Zusatzspannungen zu begegnen, die sich aus der Ausmittigkeit der Druckkräfte beim Abwälzen des Gelenks ergeben, empfiehlt es sich bei Stahlgelenken, den Schnittpunkt der Rippen außerhalb des Auflagerkörpers anzuordnen (Abb. 175).

Die Gelenkquader, welche die Aufgabe haben, den Druck der Stahlgelenke gleichmäßig verteilt in das Gewölbe einzuleiten, führt man am besten mit quadratischem Querschnitt ($a = h$) aus. In diesem Fall kann man die Querzugkraft Z aus dem halben Auflagerdruck $P/2$ hinreichend genau nach Abb. 176 bestimmen. Diese Zugkraft Z ist durch eine Querbewehrung aufzunehmen. Die Bewehrung des Auflagerquaders wird meistens als eine kubische nach Abb. 177 ausgeführt, ergänzt durch schräge Schubanker. Mit Rücksicht geringer Haftlänge der Bügel bei kubischer Bewehrung sind Spiralbewehrungen wirksamer.

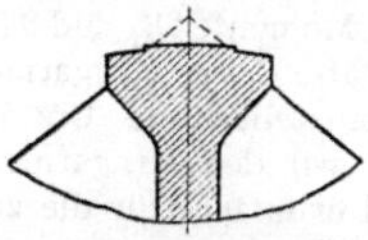

Abb. 175

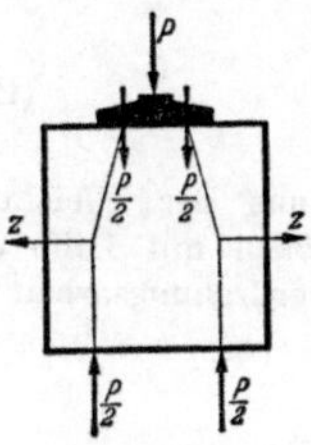

Abb. 176

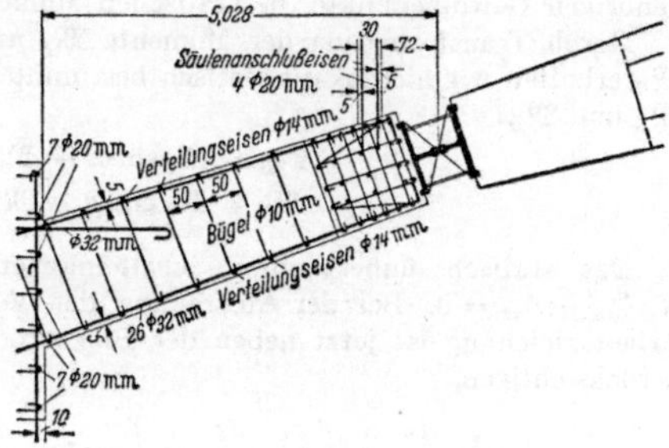

Abb. 177

6. Berechnung gegenüber Winddruck und exzentrischen Lasten

Hierbei müssen wir unterscheiden zwischen den Brückenquerschnitten mit großer Verdrehungssteifigkeit (massive oder Hohlquerschnitte) und solchen, die nur aus zwei oder mehr Tragrippen bestehen, bei denen keine wesentliche Verdrehungssteifigkeit vorhanden ist. Zu dem letzteren gehören auch die Querschnitte in Form von Plattenbalken.

a) *Die Bogenbrücken mit massiven oder hohlen Querschnitten*

Bei der Übertragung der Windkräfte nach den Widerlagern wirkt das Gewölbe als ein an den Kämpfern eingespannter Balken. Der Vektor des Biegemomentes steht hierbei immer normal auf der Leibungslinie des Gewölbes. Die damit verbundene Richtungsänderung dieses Momentenvektors wird durch die gleichzeitig auftretenden Drillmomente ermöglicht. In der Abb. 178 sind der Verlauf der Biegemomente M_B und der Drillmomente M_D, desgleichen auch die Richtungen ihrer Vektoren angegeben.

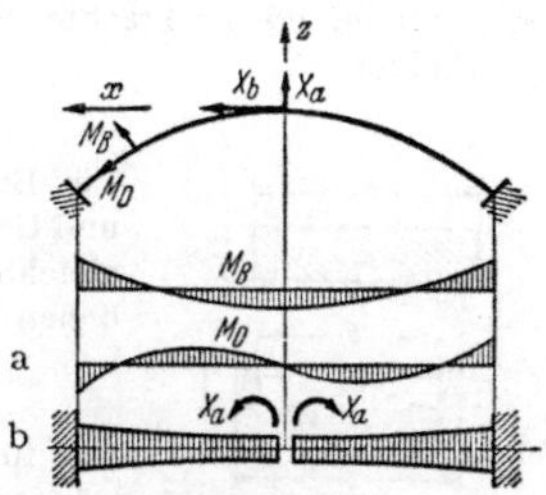

Abb. 178a u. b

Wir durchschneiden nun das Gewölbe im Scheitel und betrachten die beiderseitigen an dem Kämpfer eingespannten Kragarme als Grundsystem. Nach Abb. 179 sind die an der Schnittstelle vorhandenen drei statisch unbestimmten Größen das Biegemoment X_a mit seinem Vektor normal zur Bogenleibung, das Drillmoment X_b mit seinem Vektor in der Bogenachse und die Querkraft X_c.

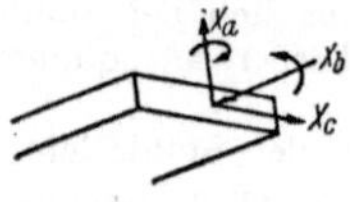

Abb. 179

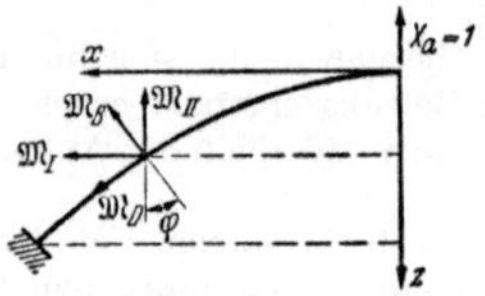

Abb. 180

Sobald das Gewölbe symmetrisch ist, wird die Querkraft $X_c = 0$ und ebenso das Drillmoment $X_b = 0$. Es verbleibt als einzige Unbekannte das Biegemoment X_a (Abb. 178a). Wir müssen nun zunächst die Biegemomente $\mathfrak{M}_B$ und Drillmomente $\mathfrak{M}_D$ des statisch bestimmten Systems ermitteln. Hierzu bestimmen wir zunächst nach Abb. 180 für eine Anzahl Gewölbepunkte die statischen Momente $\mathfrak{M}_I$ und $\mathfrak{M}_{II}$ der Windkräfte um die Achsen I und II, wobei alle Windkräfte dieses Kragarmes oberhalb der Achse I und rechts der Achse II in Rechnung zu stellen sind. Um die *Simpson*sche Integrationsregel anwenden zu können, teilen wir den Kragarm in eine gerade Anzahl (6 oder 8) Längenelemente Δx ein und ermitteln für die zugehörigen Gewölbepunkte die statischen Momente $\mathfrak{M}_I$ und $\mathfrak{M}_{II}$.

Durch Transformation der Momente $\mathfrak{M}_I$ und $\mathfrak{M}_{II}$ auf das Achsenkreuz $\mathfrak{M}_B$, $\mathfrak{M}_D$ erhalten wir hieraus die statisch bestimmten Biege- und Verdrehungsmomente $\mathfrak{M}_B$ und $\mathfrak{M}_D$:

$$\left.\begin{aligned} \mathfrak{M}_B &= \mathfrak{M}_I \sin\varphi + \mathfrak{M}_{II}\cos\varphi \\ \mathfrak{M}_D &= \mathfrak{M}_I \cos\varphi - \mathfrak{M}_{II}\sin\varphi . \end{aligned}\right\} \qquad (126)$$

Das statisch unbestimmte Scheitelmoment X_a folgt aus der Gleichung $X_a\,\delta_{aa} + \delta_{a0} = 0$. Bei der Aufstellung der Verschiebungsgrößen mit Hilfe der Arbeitsgleichung ist jetzt neben der Biegearbeit auch die Verdrehungsarbeit zu berücksichtigen.

$$\delta_{aa} = \int m_B^2 \frac{ds}{EI_H} + \int m_D^2 \frac{ds}{GI_D} = \int \cos^2\varphi \frac{ds}{EI_H} + \sin^2\varphi \frac{ds}{GI_D},$$

$$\delta_{a0} = \int \mathfrak{M}_B m_B \frac{ds}{EI_H} + \int \mathfrak{M}_D m_D \frac{ds}{GI_D} = \int \mathfrak{M}_B \cos\varphi \frac{ds}{EI_H} - \int \mathfrak{M}_D \sin\varphi \frac{ds}{GI_D},$$

da $m_B = 1\cdot\cos\varphi$, $m_D = -1\cdot\sin\varphi$ ist.

Hierbei ist EI_H die Biegesteifigkeit des Gewölbequerschnittes bezogen auf die annähernd senkrechte Schwerachse und GI_D seine Verdrehungssteifigkeit, hierbei ist

$$G = 1/2\,(1+\mu)\,E \approx 0{,}45\,E \approx E/2{,}22.$$

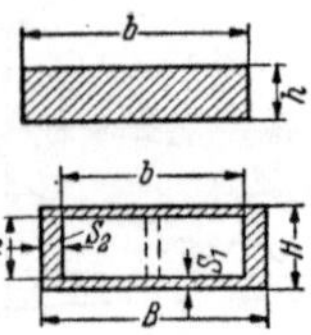

Abb. 181

Für Beton im Bereich der Gebrauchsspannungen ist $m = 9$ und $G = 0{,}45\,E$. Die Größe von I_D folgt aus dem Membrangleichnis von *Prandtl*. Hiernach ergibt sich für einen länglichen Massivquerschnitt $b > h$

$$I_D = 1/3 \cdot h^3\,(b - 0{,}63\,h) \qquad (127)$$

und für einen Hohlquerschnitt, bei dem nur die Umfangswände in Rechnung zu stellen sind, die Zwischenwände aber keinen wesentlichen Beitrag zur Verdrehungssteifigkeit geben (Abb. 181).

$$I_D = \frac{BH + bh}{1/B_m S_2 + 1/H_m S_1}, \quad \text{wobei } B_m = \frac{B+b}{2}, \; H_m = \frac{H+h}{2}. \qquad (127\,a)$$

Damit ergibt sich das statisch unbestimmte Biegemoment in Scheitel für $I^c_H/I_H \cdot ds = ds'$, $I^c_D/I_D \cdot ds = ds^*$, wobei I^c_H und I^c_D sich auf den Scheitelquerschnitt beziehen:

$$X_a = -\frac{\delta_{a0}}{\delta_{aa}} = -\frac{\int \mathfrak{M}_B \cos\varphi\, ds' - 2{,}22\, I^c_H/I^c_D \cdot \int \mathfrak{M}_D \sin\varphi\, ds^*}{\int \cos^2\varphi\, ds' + 2{,}22\, I^c_H/I^c_D \cdot \int \sin^2\varphi\, ds^*}. \tag{128}$$

Die Auswertung der Integrale wird i. d. R. numerisch durchzuführen sein. Die endgültigen Biege- und Drillmomente, die für alle Bogenarten nach Abb. 178 verlaufen, folgen aus

$$\left.\begin{aligned} M_B &= \mathfrak{M}_B + X_a\, m_B = \mathfrak{M}_B + X_a \cos\varphi, \\ M_D &= \mathfrak{M}_D + X_a\, m_D = \mathfrak{M}_D - X_a \sin\varphi. \end{aligned}\right\} \tag{129}$$

Bei Brücken mit obenliegender Fahrbahn braucht eine Berechnung auf Wind nur durchgeführt zu werden, wenn die Gewölbebreite im Verhältnis zur Spannweite kleiner als $^1/_{10}$ ist. Das ist bei Massiv- oder Hohlgewölben nur bei sehr weit gespannten Brücken der Fall. Eine vollständige oder auch teilweise Zuweisung der Windkräfte an die über dem Gewölbe liegende Fahrbahn ist unrichtig, weil die Fahrbahn gegenüber dem Gewölbe nur eine geringe Steifigkeit besitzt. Diese Annahme ist um so mehr abwegig, weil bei einer Übertragung durch die Fahrbahn diese starke Biegezugspannungen erhält, während das Gewölbe auf Druck beansprucht ist und deshalb die Biegespannungen aus M_B nur durch eine Umlagerung der Druckspannungen übernimmt.

b) Die Bogenbrücken mit aufgelösten Querschnitten

In Frage kommen hier vor allem die Brücken mit angehängter Fahrbahn oder auch Gewölbe unter der Fahrbahn, die nur aus einzelnen Rippen bestehen. Infolge ihrer nur unwesentlichen Verdrehungssteifigkeit können die Drillmomente M_D nicht aufgenommen werden, und infolgedessen ergeben sich durch Wind in den einzelnen Bogenrippen zusätzliche Biegemomente in der Tragwandebene mit waagrechtem Vektor.

Im allgemeinen werden, vor allem bei weit gespannten Gewölben, die beiden Bogenrippen durch ein leichtes Fachwerk zu einem in waagrechter Richtung biegefesten Träger verbunden (Abb. 182). Das Fachwerk können wir uns durch eine dünne Schale ersetzt denken, die Bogenrippen und die Schale bilden einen I-Träger mit sehr dünnem Steg. Die Schubspannungen in dem Steg sind hinreichend genau auf seine ganze Breite b, wie auch aus der Schalentheorie hervorgeht, konstant.

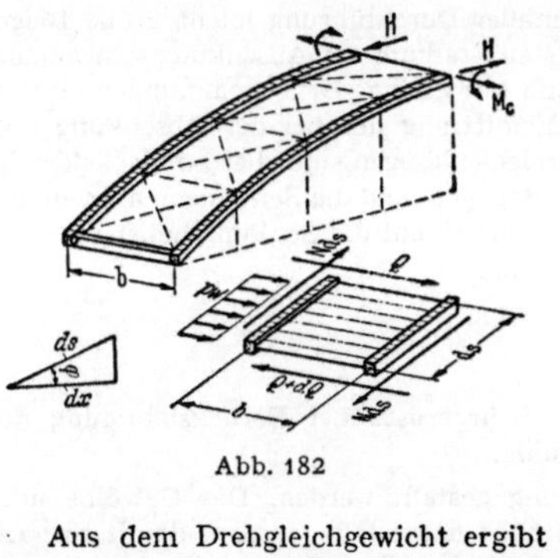

Abb. 182

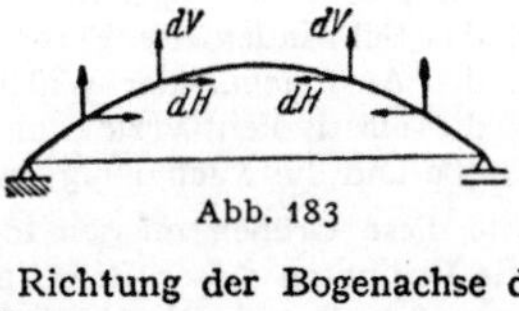

Abb. 183

Aus dem Drehgleichgewicht ergibt sich in Richtung der Bogenachse die an das Gewölbe durch Schub abzugebende Kraft N zu

$$N\, ds \cdot b = Q \cdot ds \quad \text{bzw.} \quad N = Q/b.$$

N zerlegt sich in eine senkrechte und eine waagrechte Komponente; diese sind am Längenelement dx:

$$dH = \frac{Q}{b}\, ds \cos\varphi = \frac{Q}{b}\, dx, \; dV = \frac{Q}{b}\, ds \sin\varphi = \frac{Q}{b}\, dx \operatorname{tg}\varphi. \tag{130}$$

Damit haben wir nun die auf eine Bogenrippe in der Tragwandebene einwirkenden waagrechten und lotrechten Kräfte gefunden (Abb. 183) und können die Biegemomente in der Tragwandebene berechnen. Auf die zweite Bogenrippe wirken die entgegengesetzten Kräfte, da die Summe der in der Tragwandebene auftretenden Kräfte für seitlichen Winddruck gleich Null sein muß.

Wir sind nun in der Lage, die statisch bestimmten Biegemomente des Gewölbes zu berechnen und hieraus durch Erfüllung der Randbedingungen auch bei einem Zweigelenkbogen oder einem eingespannten Bogen die statisch unbestimmten Größen und damit die endgültigen Biegemomente zu ermitteln.

Diese Darlegungen gelten auch für Rippengewölbe unter der Fahrbahn, die durch eine Schale oder Fachwerkverbände miteinander verbunden sind.

Die obigen Erörterungen zeigen das grundverschiedene Verhalten der Gewölbe mit und ohne Verdrehungssteifigkeit. Bei dem ersteren wird die Balkenwirkung gegenüber Wind zwischen den Kämpfern durch Drillmomente, bei dem letzteren dagegen durch Biegemomente in der Tragwandebene ermöglicht.

7. Die Herstellung von Bogenbrücken

Die Herstellung der Gewölbe muß in Lamellen erfolgen, und zwar ordnet man abwechselnd große und kleine Lamellen an. Hierfür sind zweierlei Gründe maßgebend. Einerseits soll dadurch verhindert werden, daß durch die Setzungen der Lehrgerüste Risse entstehen. Nach Betonieren der großen Lamellen sind etwa 80 bis 90% der Gesamtlasten schon aufgebracht, so daß beim Betonieren der kleinen Zwischenlamellen, durch welche die großen Lamellen miteinander verbunden werden, nur noch geringe Setzungen auftreten können, durch welche keine Risse ausgelöst werden. Andererseits soll aber durch das Betonieren in Lamellen auch erreicht werden, daß ein großer Teil der Schwindung schon erledigt ist, bevor eine Verbindung zwischen den großen Lamellen geschaffen wird. Je größer die Hauptlamellen im Verhältnis zu den Zwischenlamellen sind, um so mehr wird die statisch wirksame Schwindung herabgesetzt.

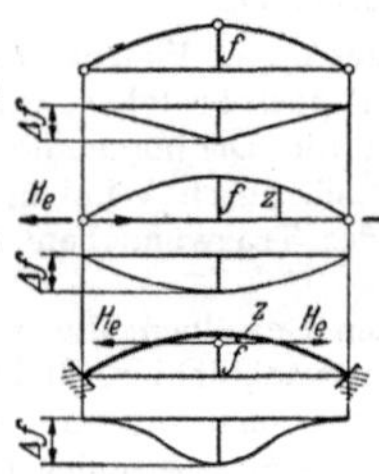

Abb. 184 a u. b

Bei dem Ausrüsten der Bogenbrücken können bei nicht sachgemäßer Durchführung leicht große Biegemomente auftreten, die besonders im ersten Stadium der Absenkung sehr gefährlich werden können, weil das Gewölbe dann nur geringe Druckspannungen besitzt. Eine sachgemäße Ausrüstung setzt die Ermittlung der bei der Absenkung auftretenden Biegelinien voraus. Bei dem Dreigelenkbogen sind diese dreiecksförmig, bei den statisch unbestimmten Gewölben dagegen sind die Senkungen affin zu den Biegelinien der Momente $H_e z$ (Abb. 184). Einfluß auf die Senkung haben:

α) die elastische Bogenzusammendrückung,

β) die plastische Bogenzusammendrückung,

γ) das Schwinden des Betons,

δ) das Ausweichen der Widerlager,

ε) die elastischen Verkürzungen der Lehrgerüste bei Berücksichtigung der Holzstöße und die Nachgiebigkeit der Pfähle.

Alle diese Größen müssen in Rechnung gestellt werden. Das Gewölbe muß um die Ordinaten dieser Biegelinien überhöht hergestellt werden, damit es nach dem Ausrüsten und nach Abklingen der plastischen Verkürzungen die gewünschte Höhenlage hat.

Um Sicherheit zu haben, daß die Ausrüstung, die am besten mittels Spindeln bewerkstelligt wird, zur Vermeidung von zusätzlichen Biegemomenten genau proportional diesen Biegelinien erfolgt, teilt man die Biegelinien in eine Anzahl Unterabschnitte ein und geht zu dem nächsten erst über, nachdem man sich überzeugt hat, daß die vorhergehende Teilabsenkung richtig durchgeführt wurde.

B. Die Balken- und Rahmenbrücken

Im Gegensatz zu den Bogenbrücken müssen bei den Balkenbrücken die gesamten Eigengewichts- und Verkehrslasten durch Biegemomente nach den Auflagern übertragen werden. Die Folge davon ist, daß das Eigengewicht dieser Brücken sehr rasch mit den zunehmenden Spannweiten anwächst. Für die Unterbringung der dann notwendigen starken Zugbewehrungen müssen die Balkenstege sehr breit gehalten werden. Infolge seiner geringen Dehnfähigkeit kann der Beton die Dehnung der Bewehrungen nicht mitmachen, und als Folge davon ergeben sich zahlreiche Haarrisse, und zwar um so mehr, je stärker die Zugeisen bei wachsenden Spannweiten massiert werden. Bei größeren Spannweiten ist man gezwungen, bis zu sechs oder gar acht Lagen Zugeisen übereinander anzuordnen. Dabei bleibt die Eisenspannung der oberen Lagen unter dem zulässigen Wert, d. h. die Bewehrung wird nicht voll ausgenutzt, und darüber hinaus wird auch das Einbringen des Betons erschwert, weil man selbst bei Verwendung von Rüttlern den Beton der Zugzone nicht mehr in gleicher Güte wie in der Druckzone verdichten kann. Dazu kommt noch, daß bei größeren Spannweiten die zulässigen Schubspannungen voll ausgenützt werden müssen. Für die Schubsicherungen werden deshalb zahlreiche Abbiegungen mit großen Querschnittsflächen benötigt, wodurch die Betonierung der Stege ebenfalls behindert wird. Aus diesen Gründen sind die Spannweiten der Balkenbrücken begrenzt. Für Eisenbahnbrücken eignen sich gewöhnliche Stahlbetonkalken wegen des ungünstigen Verhältnisses der Verkehrslasten zu den Eigengewichtslasten wenig. Durch die hohen Wechselbeanspruchungen infolge der Verkehrslasten wird die Dauerfestigkeit des Betons stark herabgesetzt, und infolge der dynamischen Einwirkungen werden die Haarrisse verstärkt.

Rahmenbrücken mit lotrechten Tragsäulen unterscheiden sich von den durchlaufenden Trägern nur dadurch, daß die Balken der einzelnen Öffnungen an den Stützen fester eingespannt sind, wodurch sich etwas größere Stützmomente und entsprechend etwas kleinere Feldmomente ergeben. Dafür haben aber die Rahmenbrücken den Nachteil, daß infolge der festen Verbindung der Balken mit den Tragsäulen zusätzliche Biegemomente durch die Schwind- und Temperaturwirkungen ausgelöst werden, so daß auch bei Ersatz der durchlaufenden Träger durch Rahmen die Spannweiten nur geringfügig erhöht werden können.

Die Balkenbrücken setzen sich zusammen aus den Fahrbahnplatten und den Längsträgern, die durch Querträger zu einem Trägerrost verbunden werden.

1. Die Fahrbahnplatten

Weitgespannte Platten bringen den Vorteil mit sich, daß die Anzahl der Hauptträger eingeschränkt werden kann. Dies hat zur Folge, daß die Spannweiten und damit die Steifigkeiten der Platte in beiden Tragrichtungen ungefähr gleich werden, was u. U. durch eine unterschiedliche Lagerung der Ränder unterstützt wird. Es treten dann in beiden Richtungen Momente gleicher Größenordnung auf, für deren Ermittlung die Anwendung der Plattentheorie notwendig ist. Die ungünstigsten Laststellungen für die Schnittkräfte werden mit Hilfe von Einflußflächen ermittelt, die für einzelne Plattenfelder mit verschiedener Randauflagerung vorliegen [*38*] [*39*] [*40*]. Die Durchlaufwirkung kann man durch einen Korrekturbeiwert berücksichtigen, den man durch Vergleich der Schnittkräfte eines Einfeld- und eines durchlaufenden Balkens mit den Spannweiten der jeweils untersuchten Plattenrichtung gewinnt. Für die in der DIN 1072 vorgeschriebenen Belastungsannahmen sind die Schnittkräfte nach den Ergebnissen der Plattentheorie in einem Tabellenwerk zusammengefaßt [*41*].

2. Die Hauptträger

Die Hauptträger wirken zusammen mit den Fahrbahnplatten als Plattenbalken; je größer die Spannweiten dieser Träger werden, um so mehr liegt das Bedürfnis vor, abweichend von den Bestimmungen, die mitwirkende Breite der

Platte entsprechend den Ergebnissen der Elastizitätstheorie voll in Rechnung zu stellen. In den Bestimmungen ist die mitwirkende Breite als Funktion der Plattendicke angegeben ($b = b_0 + 2b_s + 12d$), während sie in hohem Maße von der Spannweite der Träger und deren Abstand abhängig ist. Die im Abschnitt IV B 2 angegebenen Gleichungen und Zahlentafeln über die mitwirkende Breite gestatten eine richtige Berechnung dieser Plattenbalken, bei denen aber auch die Überlagerung der Spannungen aus der Plattenbalkenwirkung mit denen aus der Plattenwirkung zu berücksichtigen ist. Gerade bei den weit gespannten Balkenträgern, bei gleichzeitiger Anwendung von weit gespannten kreuzweisen Platten, lassen sich bei einer genauen Ermittlung der mitwirkenden Breite wesentliche Ersparnisse erzielen.

Die Berechnung der frei aufliegenden Balkenträger ist einfach. Die Träger über mehrere Felder können als statisch unbestimmte Durchlauf- und Rahmenträger oder als statisch bestimmte Gerberträger ausgeführt werden.

Bezüglich der Biegemomente aus Eigengewicht sind die Gerber- und die durchlaufenden Träger gleichwertig, weil wir die Gelenke der Gerberträger an den Stellen der Momentennullpunkte des durchlaufenden Trägers anordnen und damit eine gleichartige Aufteilung der M_0-Momente in Stütz- und Feldmomente erzwingen können. Dagegen sind die Gelenkträger den Durchlaufträgern bezüglich der Verkehrslastmomente unterlegen, denn in den Öffnungen des Gerberträgers ohne Gelenke müssen die Verkehrslasten von frei aufliegenden Balken abgetragen werden. Als Folge dieser größeren Verkehrslastmomente ergibt sich wiederum ein größeres Eigengewicht.

Der zweite Nachteil der Gerberträger liegt in den Gelenken, an denen für die Übertragung der Querkräfte noch nicht einmal die halbe Trägerhöhe zur Verfügung steht. Dabei ist zu berücksichtigen, daß die Gelenkstellen nicht nur durch Querkräfte, sondern auch durch Zugkräfte infolge der Lagerreibung beansprucht werden. Aus diesen Gründen sind Gelenke immer Punkte, deren konstruktive Durchbildung Schwierigkeiten bereitet. Deshalb ist den Durchlaufträgern unbedingt der Vorzug zu geben. Der einzige Vorteil des Gerberträgers besteht darin, daß er statisch bestimmt ist, und daß durch Stützensenkungen keine zusätzlichen Biegemomente entstehen. Die zusätzlichen Zwängungsspannungen der Durchlaufträger werden aber meistens überschätzt; denn es ist zu beachten, daß symmetrische Stützensenkungen nur geringe Zusatzmomente auslösen. Gefährlich werden i. W. unsymmetrische Setzungen, die sich in einen Symmetrie- und in einen Antimetrieteil zerlegen lassen. Nur wenn mit starken unsymmetrischen Setzungen zu rechnen ist, dann liegt ein Grund vor, zu den in statischer Hinsicht ungünstigeren Gerberträgern überzugehen.

Große Spannweiten lassen sich mit Durchlaufträgern nur erreichen, wenn die Trägerhöhe und damit die Trägheitsmomente und Querschnittsflächen von der Feldmitte nach dem Auflager hin stark zunehmen. Die Vorteile dieser Träger mit veränderlicher Höhe bestehen vor allem darin, daß dadurch das Eigengewicht in Feldmitte, das für die Größe der Eigengewichtsmomente ausschlaggebend ist, klein gehalten wird.

Des weiteren ergibt sich infolge der starken Zunahme der Trägheitsmomente nach den Stützen hin eine günstigere Aufteilung der M_0-Momente in Feld- und Stützenmomente. Zum Beispiel ergibt sich für einen eingespannten Träger konstanten Trägheitsmomentes ein Feldmoment von $M_F = gl^2\,0{,}0417$ und ein Stützenmoment von $M_{St} = -\,gl^2\,0{,}0833$. Wenn wir dagegen dem Stützquerschnitt die zweifache Höhe wie dem Feldquerschnitt geben, dann wird dadurch das Feldmoment auf etwa $M_F = gl^2\,0{,}0206$ verringert, während sich das Stützmoment prozentual viel geringer auf $M_{St} = -\,gl^2\,0{,}1045$ vergrößert. Die geringen Feldmomente gestatten jedoch einen leichteren Feldquerschnitt, wodurch die Biegemomente in Feldmitte noch weiter vermindert werden. Dadurch ergibt sich aber auch eine Verminderung der Stützmomente, so daß durch diese Maßnahmen das Feldmoment vielleicht auf den dritten Teil abgemindert wird, während die Stützmomente ungefähr die gleiche Größe besitzen wie bei dem Träger von gleichbleibender Höhe.

Aber nicht nur die Biegemomente, sondern auch die Schubspannungen werden durch die veränderliche Balkenhöhe stark abgemindert, einerseits schon dadurch, daß die Trägerhöhe zugleich mit den Querkräften anwächst, andererseits aber auch durch die Spreizung der Biegezug- und Druckkräfte, durch die bedingt wird, daß an Stelle der Gleichung $T' = b_0 \tau_0 = Q/z$ die erweiterte Gleichung $T' = b_0 \tau_0 = \left(Q - \frac{M}{h} \operatorname{tg} \alpha\right)/z$ tritt. Die Folge davon ist, daß die größten Schubspannungen ungefähr in den Viertelspunkten der Öffnungen auftreten und nach den Auflagern hin wieder etwas abnehmen. Diese Abminderung der Schubspannungen ermöglicht es, daß die Stege der hohen Träger schmaler ausgebildet werden können, wodurch sich wiederum eine Verminderung des Eigengewichtes ergibt (s. Abb. 37).

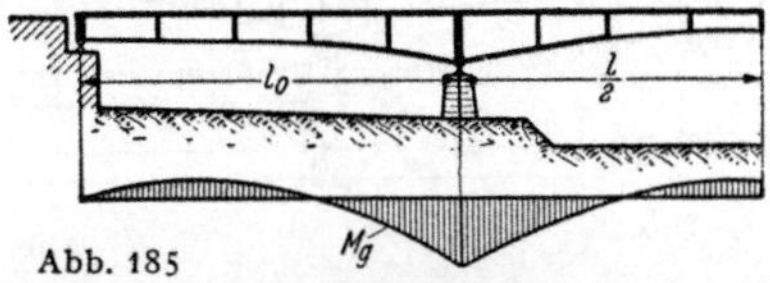

Abb. 185

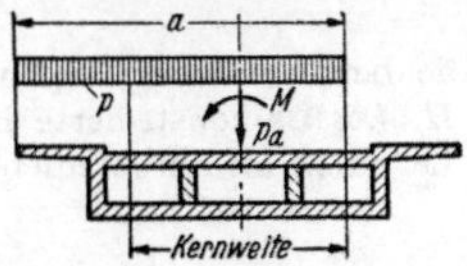

Abb. 185a

Wie schon dargelegt, sind bei derartigen Trägern mit stark veränderlichem Trägheitsmoment gemäß Abb. 185 die Feldmomente aus Eigengewicht gegenüber den Stützmomenten verschwindend gering. Die Querschnittsausbildung muß sich demnach diesem Momentenverlauf anpassen. Dieser bedingt im Bereich der negativen Momente eine untere Druckplatte, deren Stärke nach der Stütze hin stark anwächst. Man kommt damit zu einem Hohlkastenquerschnitt, der auch den großen Vorteil hat, daß eine einseitige Belastung nach Abb. 185a keine besonderen Schwierigkeiten hervorruft; denn wir können die exzentrischen Lasten unter Hinzufügen eines Verdrehungsmomentes durch symmetrische von gleicher Größe ersetzen, woraus wir ersehen, daß bei derartigen Hohlquerschnitten immer eine Belastung auf die ganze Brückenbreite maßgebend ist.

Die Verdrehungsmomente können von dem Hohlkasten bei sehr geringen Schubspannungen übernommen werden. Die Berechnung dieser Schubspannungen kann mit Hilfe des Seifenhautgleichnisses von *Prandtl* erfolgen (s. Abschn. *Festigkeitslehre*).

Der Gewichtsersparnis wegen läßt man vielfach in Feldmitte und an den Enden der Seitenöffnungen die untere Druckplatte weg, womit an diesen Stellen die Verdrehungssteifigkeit zum größten Teil verloren geht. Infolge davon erzeugen exzentrische Lasten außerhalb des Kernes in den Randbalken größere Momente als eine durchgehende Belastung auf die ganze Brückenbreite. Da aber andererseits die Länge, auf welcher die untere Druckplatte und damit die Verdrehungssteifigkeit fehlt, gering ist, ergeben sich daraus nur kleine zusätzliche Biegemomente. Jedoch empfiehlt es sich, in dem Bereich, wo die untere Druckplatte fehlt, insbesondere in Feldmitte, kräftige Querträger anzuordnen, durch welche die einzelnen Längsträger gezwungen werden, gemeinsam an der Übertragung dieser Lasten mitzuarbeiten. Die große Bedeutung möglichst steifer Querträger wird im nächsten Abschnitt noch näher erörtert.

Mit der Berechnung der Trägheitsmomente bzw. besser gesagt der veränderlichen Steifigkeiten ist eine gewisse Ungenauigkeit verbunden und damit auch in der Verteilung der M_0-Momente auf das Feld und die Stütze. Einerseits ermitteln wir die Trägheitsmomente auf Grund einer mitwirkenden Breite, die nicht mit der strengen Lösung übereinstimmt, und andererseits wechselt auch der Elastizitätsmodul mit den Beanspruchungen. Diese vielleicht ungenaue Berechnung der Verteilung der M_0-Momente auf das Feld- und Stützmoment ist jedoch bedeutungslos, weil ein statisch unbestimmter Balken erst zum Bruch kommt, wenn der Feld-

und Stützquerschnitt in ihrer Tragfähigkeit erschöpft sind, d. h. es findet demnach bis zum Bruchzustand eine Verlagerung der Feld- und Stützmomente statt von dem schwächeren Querschnitt mit der kleineren Steifigkeit EI nach dem stärkeren Querschnitt hin.

Für den Beweis dieser Feststellung liegen zwar keine Laboratoriumsversuche vor, dafür aber unzählige aus der Praxis, bei denen wegen unrichtiger Bewertung der mitwirkenden Breite die Verteilung des M_0-Momentes auf den Feld- und den Stützquerschnitt unrichtig bestimmt wurde. Außerdem läßt sich diese Feststellung auch auf rein theoretischem Wege auf Grundlage des Satzes vom Minimum der Formänderungsarbeit folgern. Das Ergebnis dieser Umlagerung der Biegemomente zwischen den Stütz- und Feldmomenten besteht darin, daß beim Bruchzustand sich ein mit der Berechnung übereinstimmender Spannungszustand bildet.

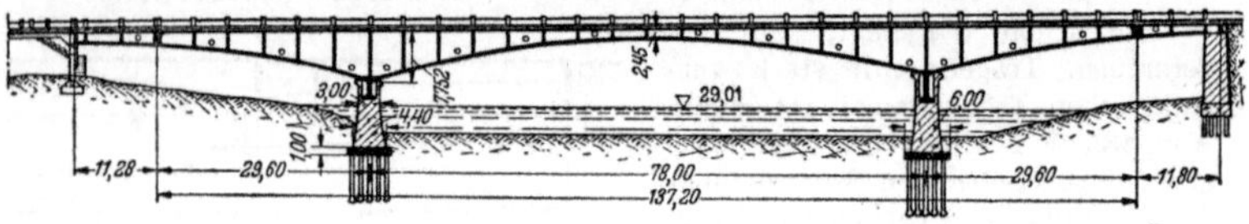

Abb. 186

Die bemerkenswerte Spannweite von 78 m besitzt die in Abb. 186 dargestellte, von *H. Lossier* konstruierte Brücke über die Seine bei Villeneuve-Saint-Georges, die aber nicht als durchlaufender Träger, sondern als Gerberträger ausgebildet ist.

3. Die Querträger

Diese haben die Aufgabe, die einzelnen Längsträger möglichst gleichmäßig zur Lastübertragung nach den Auflagern heranzuziehen. Längsträger und Querträger bilden einen Trägerrost (Abb. 187) [*12*], dessen Berechnung insbesondere für Einzellasten außerordentliche Mühe bereitet. Aus diesem Grunde gibt man oft der Lösung dieser Aufgabe durch Versuche gegenüber der rein mathematischen den Vorzug. Sobald wir aber den Querträgern annähernd die gleiche Konstruktionshöhe geben wie den Längsträgern, dann können, wie sich auf Grund der Formänderungen leicht nachweisen läßt, die im Verhältnis zu den Längsträgern kurzen Querträger gegenüber den Längsträgern als starr angesehen werden, und für die Verteilung der Lasten auf die einzelnen Längsträger wird das Geradliniengesetz maßgebend. Die Querträger wirken dann als starre Träger auf elastischer Unterlage, und ihre Biegemomente können bei Vernachlässigung der Mitwirkung der benachbarten Querträger in statisch bestimmter Weise berechnet werden. Damit ist aber auch die Verteilung der Lasten auf die Längsträger gegeben.

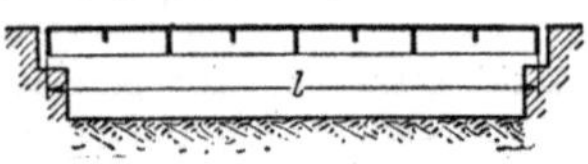

Abb. 187

Diese Wirkungsweise soll an einem Beispiel erläutert werden. Bei dem aus fünf Längsträgern bestehenden Brückenquerschnitt der Abb. 188 soll der Querträger, der die gleiche Konstruktionshöhe wie die Längsträger besitzt, am Rande durch eine Last $P = 1\,t$ belastet werden. In diesem Falle verteilt sich die Last P nach dem Geradliniengesetz auf die fünf Längsträger. Zur Ermittlung der Auflagerdrücke berechnen wir das Trägheitsmoment $I = 2\,(2a)^2 + 2a^2 = 10a^2$,

$$W = 10a^2/2a = 5a.$$

Die Lasten der Randträger folgen aus

$$A_1 = P/5 + P2a/5a = 0{,}6\,P,$$

$$A_5 = P/5 - P2a/5a = -0{,}20\,P.$$

Aus den Auflagerdrücken folgen in statisch bestimmter Weise die Biegemomente (Abb. 188c). Die Nachrechnung der Formänderungen des Querträgers zu denen der weitgespannten Längsträger zeigt, daß bei annähernd gleicher Konstruktionshöhe diese Berechnungsweise hinreichend genau ist, wenn die Spannweite einer frei aufliegenden Brücke wenigstens doppelt so groß ist als deren Breite. Es ist nun noch die Frage zu beantworten, inwieweit die benachbarten Querträger sich an dieser Lastverteilung beteiligen.

Wenn entsprechend Abb. 187 Hauptquerträger mit Nebenquerträgern abwechseln, dann ist nicht damit zu rechnen, daß die weiter entfernten hohen Nachbarquerträger in nennenswerter Weise mitarbeiten. Falls dagegen im Gegensatz zur Abb. 187 nur Hauptquerträger angeordnet werden, so arbeiten die benachbarten Querträger an der Übertragung dieser Einzellast mit, weil sich die Längsträger auf die kurze Strecke bis zum nächsten Querträger kaum verbiegen. Aber auch in diesem Fall dürfen insgesamt höchstens zwei Querträger in Rechnung gestellt werden.

Abb. 188b zeigte, daß der linke Längsträger bei dieser Berechnungsweise negative Lasten bekommt. In Wirklichkeit wird dies gar nicht oder nicht in solchem Maße der Fall sein, sondern es wird sich annähernd eine Verteilung der Auflagerdrücke nach Abb. 188d einstellen, wenn man — immer unter Zugrundelegen des Geradliniengesetzes — auch die Torsionssteifigkeit dieses Plattenbalkenquerschnittes heranzieht, die schon eine merkliche Entlastung und eine gleichmäßigere Verteilung der Last auf die einzelnen Längsträger bedingt.

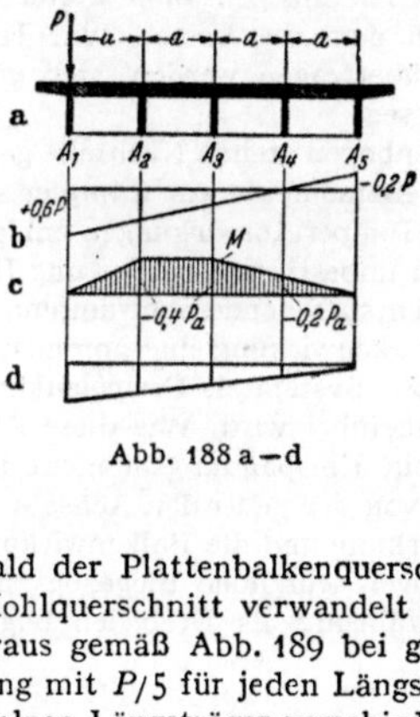

Abb. 188 a–d

Abb. 189

Abb. 189a

Abb. 189b

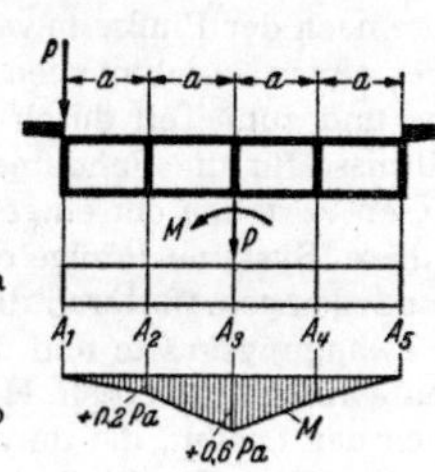

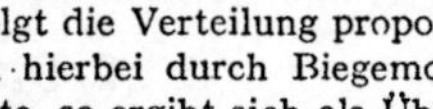

Abb. 190

Sobald der Plattenbalkenquerschnitt durch Einfügen einer unteren Platte in einen Hohlquerschnitt verwandelt wird, wird die Verdrehungssteifigkeit so groß, daß daraus gemäß Abb. 189 bei gleichen Längsträgern eine gleichmäßige Lastverteilung mit $P/5$ für jeden Längsträger erzwungen wird. Sind die Eiseneinlagen der einzelnen Längsträger verschieden groß, so erfolgt die Verteilung proportional den einzelnen Bewehrungen. Der Querträger wird hierbei durch Biegemomente nach Abb. 189b beansprucht. Fehlt die untere Platte, so ergibt sich als Übergang von Abb. 189a zu Abb. 188b eine Verteilung der Auflagerdrücke nach Abb. 188d.

Daraus ergeben sich folgende Lehren.

Es ist wichtig, wenigstens einigen Querträgern eine annähernd gleiche Konstruktionshöhe wie den Längsträgern zu geben. Insbesondere sollten ein starker Querträger in Feldmitte bzw. zwei starke Querträger symmetrisch zur Brückenmitte angeordnet werden. Besonders günstig ist eine Ausbildung des Brückenquerschnittes als Hohlkasten. Wenn dies wegen der Gewichtsersparnis in Brückenmitte nicht durchgeführt wird, sollte dies wenigstens im Bereich der negativen Momente der durchlaufenden Träger, wo eine untere Druckplatte wegen dieser negativen Momente sehr erwünscht ist, erfolgen. Es genügt aber auch, wenn die untere Druckplatte gemäß Abb. 190 auf einen Teil der Brückenbreite angeordnet wird, weil auch hiermit schon eine sehr wesentliche Erhöhung der Verdrehungssteifigkeit verbunden ist.

4. Die Bogenscheiben

Eine kombinierte Bogen- und Balkentragwirkung besitzen die flachen eingespannten Scheibenbogen (Abb. 191). Infolge der starken Zunahme der Trägheitsmomente dieser Gewölbe nach dem Kämpfer hin wird nur die Hälfte bis $^2/_3$ des Eigengewichtes und der Verkehrslasten durch Dehnkräfte (Gewölbewirkung), der Rest dagegen durch Balkenmomente nach den Auflagern übertragen. Hierbei ergeben sich infolge der starken Veränderlichkeit der Trägheitsmomente nur verschwindend geringe Biegemomente in Feldmitte, d. h. die Lasten, die durch Balkenwirkung übernommen werden, werden hauptsächlich durch Kragwirkung nach den Widerlagern abgeleitet.

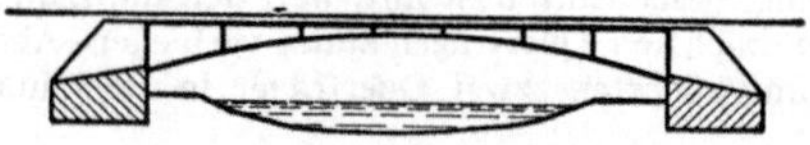

Abb. 191

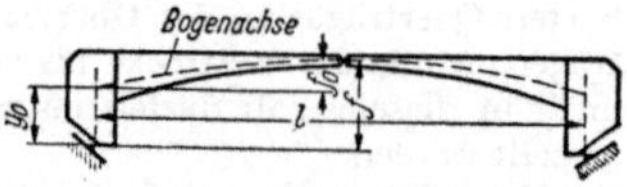

Abb. 192

Würde man den flachen Scheibenbogen durch ein gewöhnliches Gewölbe ersetzen, so würde man einen wesentlich höheren Horizontalschub erhalten, und die resultierende Kraft an der Bodenfuge des Widerlagers würde landeinwärts zu liegen kommen. Umgekehrt würde dagegen bei einem eingespannten Balken die Resultierende nach der Flußseite verschoben werden. Hieraus geht ohne weiteres hervor, daß bei einem kombinierten Tragsystem, bei dem die Lasten zum Teil durch Bogen- und zum Teil durch Balkenwirkung übertragen werden, sich günstigere Verhältnisse für die Fundamente ergeben müssen.

Diesen Vorteilen der eingespannten Scheibenbogen stehen Nachteile gegenüber, weil diese Systeme infolge der großen Trägheitsmomente am Kämpfer sehr steif sind und demgemäß durch die Schwind- und Temperaturwirkungen entsprechend große Zwängungskräfte und damit bei statisch unbestimmter Lagerung Biegungsmomente ausgelöst werden. Hiermit sind auch entsprechende Schwankungen in den Anteilen der Lasten, die durch Bogen- und Balkenwirkung übernommen werden, verbunden. Diese Nachteile fallen weg, wenn das System als Dreigelenkbogen und damit statisch bestimmt gemäß Abb. 192 ausgeführt wird. Wie diese Abbildung zeigt, verbleibt trotz des Kämpfergelenkes ein Einspannungsmoment in Größe von $H y_0$, wobei y_0 der Abstand des Gelenkes von der neutralen Achse $n - n$ und die Verhältnisse f_0/f und $(f - f_0)/f$ die Bogenwirkung und die Balkenwirkung kennzeichnen. Den Nachteil, daß diese Scheibenbogen sehr hohe Biegezugspannungen aufweisen, kann man aber auch durch Ausführung als Dreigelenkbogen nicht beheben.

C. Die vorgespannten Brücken

1. Zweck und Ziel der Vorspannung

Das Prinzip der Vorspannung im Stahlbetonbau beinhaltet einen Eigenspannungszustand, durch den dort, wo in dem nicht vorgespannten System aus den äußeren Lasten u. a. m. Betonzugspannungen entstehen, Druckspannungen superponiert werden, so daß insgesamt keine oder nur begrenzte Betonzugspannungen entstehen (vgl. Abschnitt III).

Betonzugspannungen in nicht vorgespannten Systemen entstehen

a) durch zentrischen oder exzentrischen Zug,

b) durch Biegung mit Querkraft oder exzentrischen Druck.

Zu a): Beispiele sind Betonrohre oder Betonbehälter, die auf Innendruck beansprucht sind, Zugstangen u. a. m.

Zu b): Die Anwendungen insbesondere der Biegung mit Querkraft sind weitaus häufiger als die unter a) genannten, so daß wir sie im folgenden allein betrachten wollen.

Dann können wir definieren:

Das kennzeichnende Merkmal des Spannbetons besteht darin, daß — im wesentlichen im Eigenspannungszustand — Biegemomente entstehen, die denen des nichtvorgespannten Systems entgegenwirken; gleichzeitig werden die Querschnitte durch eine zentrische Druckkraft beansprucht. Man kann die Wirkung der Vorspannung auf den Balken vergleichen, z. B. mit der Überlagerung des X_1-Zustandes auf das statisch bestimmte Hauptsystem des Zweigelenkbogens (Abb. 193); ist die Last $q = \text{const}$ die Stützlinienlast, so wird sie nur durch Dehnkräfte $N = ql^2/8f \cos\psi$ übertragen.

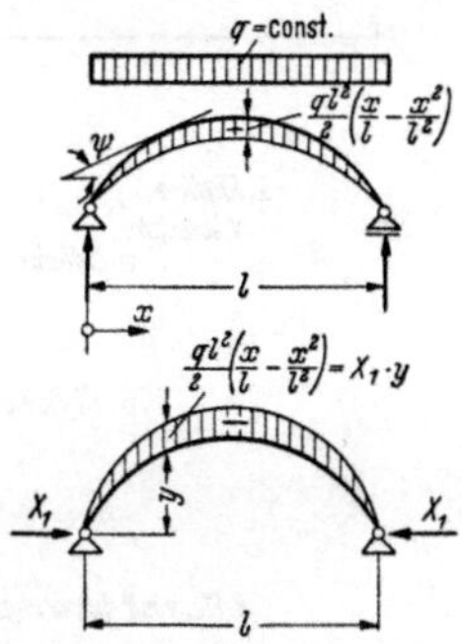

Abb. 193

Infolge der Vorspannung vollzieht sich die Abtragung der äußeren Lasten auch bei Balken bzw. balkenartigen Konstruktionen zu einem erheblichen Teil durch Dehnkräfte, und darin liegt der technische Fortschritt des Spannbetons gegenüber dem klassischen Stahlbeton i. W. begründet.

Älteren Bemühungen, Spannbeton zu verwenden [*Doering*, Patent 53548 vom 3. 6. 1888] schlugen fehl, da der Stahl die plastischen Verkürzungen des Betons aus Schwinden und Kriechen mitmachen muß und dadurch seine Dehnung bzw. seine Spannung um ein von der Höhe der Vorspannung nur wenig abhängiges Maß abnimmt. Diese Abnahme ist so groß, daß Vorspannungen von 1000 bis 1500 kg/cm² fast ganz abgebaut werden. Dieser Erscheinung, die *Doering* nicht bekannt war, kann man grundsätzlich mittels zweier Methoden Herr werden:

a) Die Vorspannbewehrung wird so angebracht, daß sie entsprechend den plastischen Verformungen des Betons nachgespannt werden kann. Dann können niedrig gespannte Stähle Verwendung finden. Diesen Weg ist *Dischinger* gegangen [*43*] (S. 775), als er 1934 vorschlug, den Stahlbetonbalken durch ein aus vorgespannten Seilen bestehendes, außerhalb der vorzuspannenden Balken angebrachtes Hängewerk zu verstärken (Brücke über die Aue [*44*] S. 97).

b) Die Vorspannbewehrung wird so hoch gespannt, daß der Spannungsverlust durch die plastischen Verformungen des Betons nur einen erträglichen Bruchteil der ursprünglichen Vorspannung ausmacht. Dann kann man auf Nachspannen verzichten. Auf Grund dieser Überlegungen schlug *Freyssinet* 1929 die Verwendung von Stahl mit der (damals hohen) zulässigen Beanspruchung von $_{zul}\sigma = 4000$ kg/cm² vor.

Heute verzichtet man durchweg auf Nachspannen und verwendet hochfeste Stähle mit einer Zugfestigkeit von 9000—18000 kg/cm².

2. Die wichtigsten Gesichtspunkte für die Ausführung vorgespannter Brücken

Es ist für die heutigen konstruktiven Methoden des Brückenbaus charakteristisch, daß man unter Verwendung einer Endverankerung gegen den erhärteten Beton vorspannt und nach dem Anspannen den Verbund zwischen der Vorspannbewehrung und dem Betonbalken durch Einpressen eines hochwertigen Gemisches von Zement und Wasser herstellt. Ohne diesen Verbund würde sich die vorgespannte Bewehrung, deren Dehnsteifigkeit gegenüber der Biegesteifigkeit des Betonbalkens gering ist, der Aufnahme der Verkehrslasten entziehen und diese dem Balken allein überlassen. Die Vorspannbewehrung wird gekrümmt verlegt, derart, daß sie sich dem Verlauf der Zugtrajektorien anpaßt. Sie erzeugt dann nicht nur Biegemomente, sondern auch Querkräfte, die denen der nicht vorgespannten Konstruktion entgegenwirken.

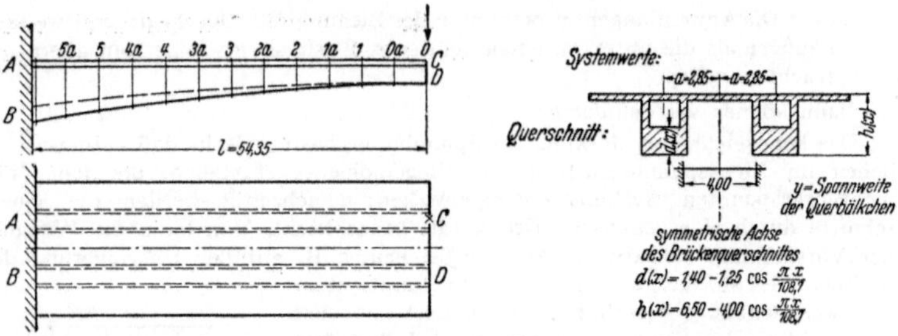

Abb. 194

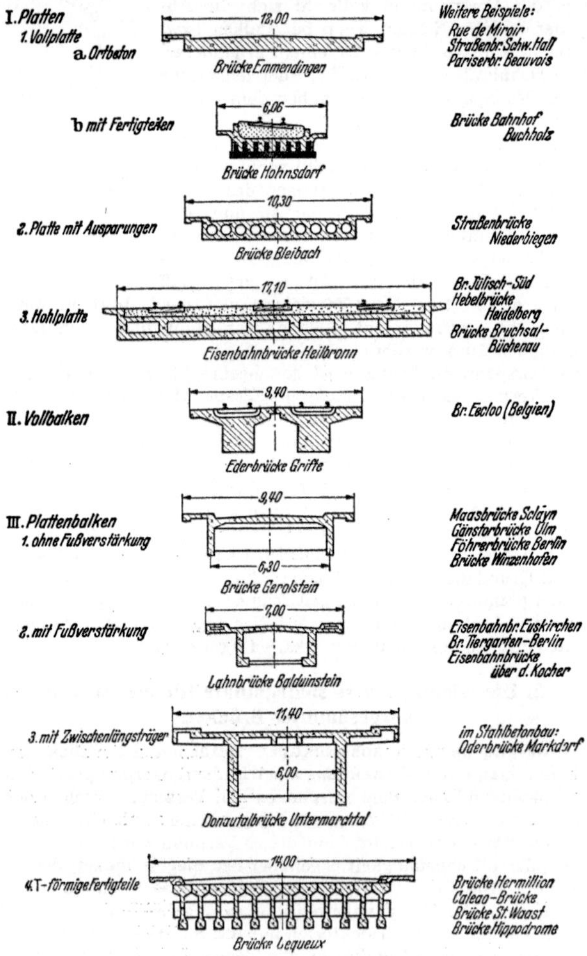

Abb. 197 I—III

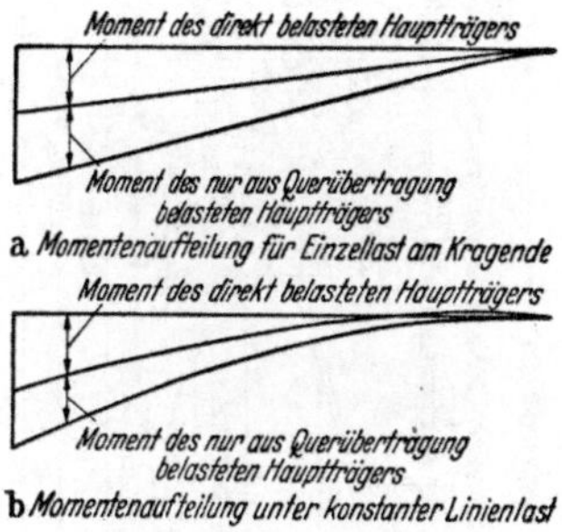

Abb. 195a u. b

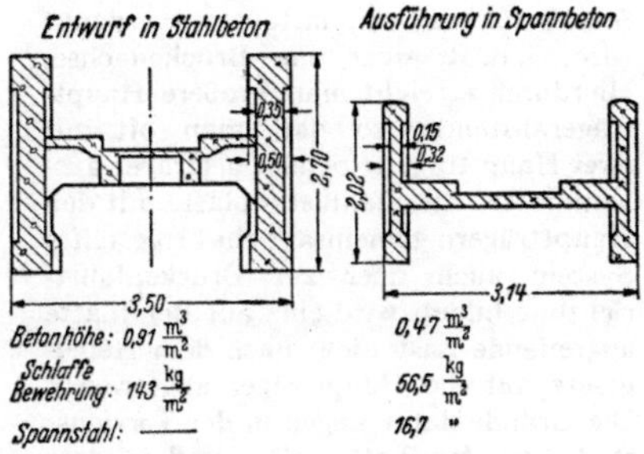

Abb. 196 (nach [48])

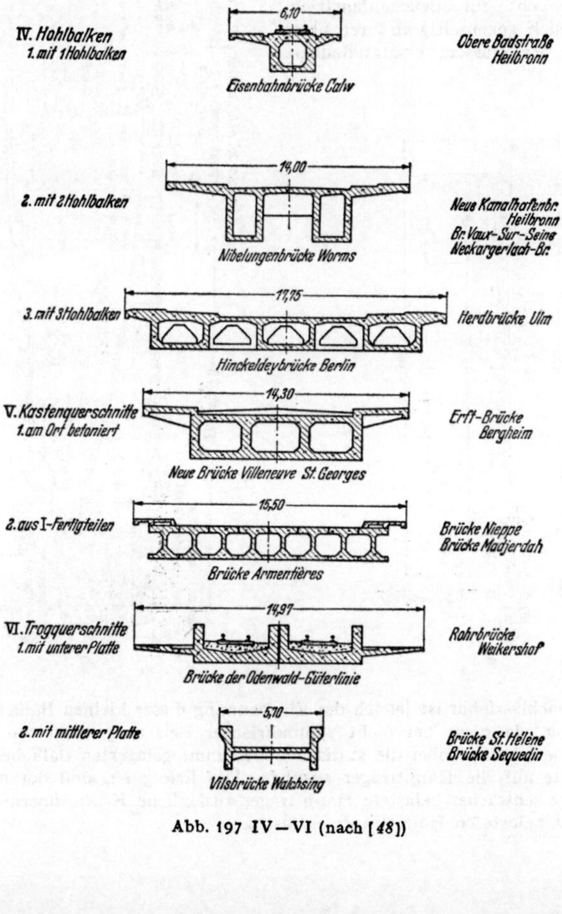

Abb. 197 IV–VI (nach [48])

Eine Eigenart der modernen Spannbetonbrücken besteht darin, daß auch die Stahlbetonfahrbahnplatte vorgespannt wird, i. d. R. quer zur Brückenachse. Hierdurch erreicht man größere Hauptträgerabstände, so daß man oft mit zwei Hauptträgern ohne Querträger auskommt. Da die Stahlbetonplatte mit den Hauptträgern gemeinsam ein biegesteifes System auch quer zur Brückenfahrtrichtung bildet, wird eine auf der Platte angreifende Last nicht nach dem Hebelgesetz auf die Hauptträger abgetragen. Die Gründe dafür liegen in der Torsionssteifigkeit der Platte selbst und in dem biegesteifen Anschluß der Platte an die Hauptträger. Der Einfluß der Plattentorsionssteifigkeit ist bei verteilten Lasten nur gering. Man kann sich daher die Platte durch unendlich schmale Bälkchen senkrecht zur Brückenfahrtrichtung, die sich gegenseitig an ihren Flanken nicht beeinflussen, ersetzt denken.

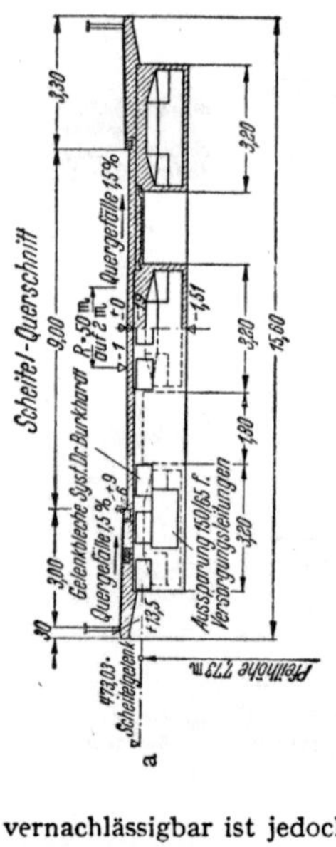

a

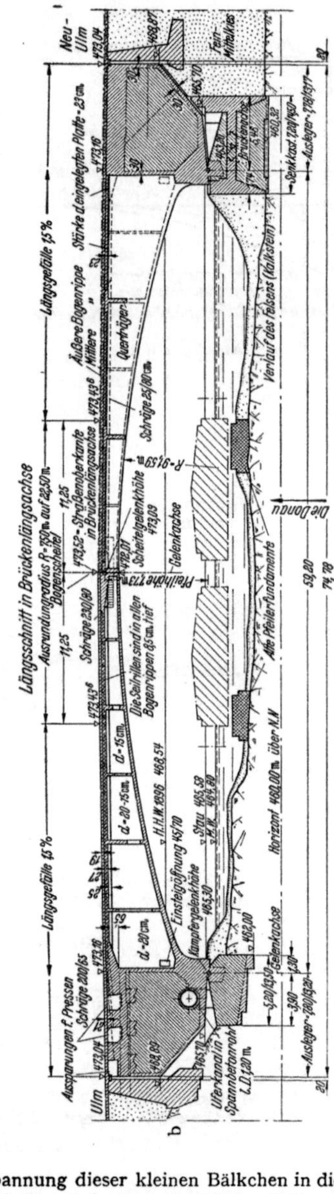

b

Nicht vernachlässigbar ist jedoch die Einspannung dieser kleinen Bälkchen in die Hauptträger, da diese bei nicht symmetrischer Belastung ungleiche Stützensenkungen erfahren, wobei die statisch unbestimmt gelagerten Bälkchen zusätzliche Kräfte auf die Hauptträger ausüben. Der Erfolg ist, daß der nach dem Hebelgesetz schwächer belastete Hauptträger zusätzliche Kräfte übernimmt und den stärker belasteten Hauptträger entlastet.

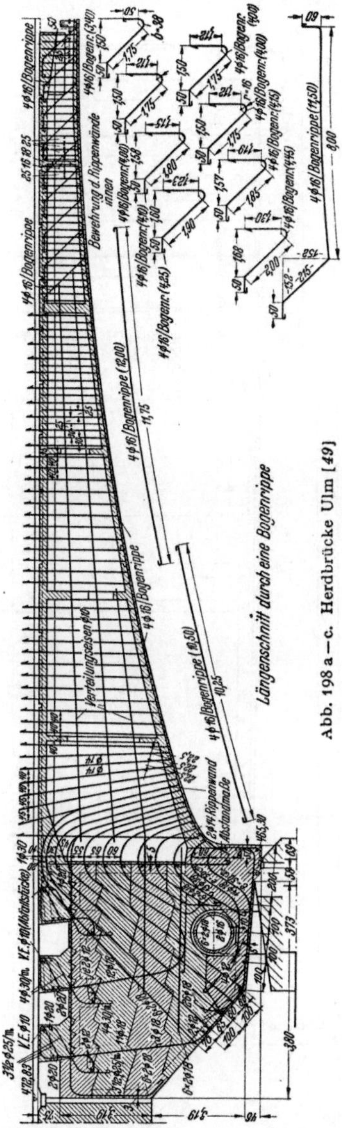

Abb. 198 a—c. Herdbrücke Ulm [49]

Die numerische Verfolgung dieses Einflusses kann entweder mittels einer Trägerrostrechnung erfolgen [45] oder nach einem speziell für den vorliegenden Fall zugeschnittenen Verfahren [46] [47]. Nach dem letztgenannten Verfahren wurden für die Nibelungenbrücke Worms die Verkehrslastmomente untersucht. Das Ergebnis war, daß die Momente, die aus einer unmittelbar auf einem Hauptträger angeordneten Belastung herrühren, sich in einer unerwartet günstigen Art auf den unmittelbar belasteten und den unbelasteten Hauptträger verteilen (Abb. 194 und 195).

Je weiter eine Brücke gespannt ist, um so stärker ist die ausgleichende Wirkung der an die Hauptträger biegesteif angeschlossenen Fahrbahnplatte. Bei den Abmessungen der Wormser Brücke war bereits der günstigste Grenzfall erreicht, daß eine am Kragende eines Hauptträgers wirkende Einzellast von dem unbelasteten Hauptträger zur Hälfte übernommen wurde.

Die durch die Vorspannung erzielte Rissefreiheit der Fahrbahnplatte gestattet den Verzicht auf eine Abdichtung mit Betonschutzschicht und die direkte Aufbringung der Straßendecke, etwa 4—6 cm Asphalt o. ä. Die hierdurch gewonnene Eigengewichtsverminderung wirkt sich auf die ganze Brückenkonstruktion bis zu den Fundamenten hin aus. Bedenkt man weiter, daß die hohen zulässigen Spannungen (vgl. [18]) und die Mitwirkung des gesamten Querschnittes im Stadium I ebenfalls gewichtsersparend wirken, so ist es verständlich, daß der Anteil der Verkehrsspannung an den Gesamtspannungen zunimmt, und zwar in der Größenordnung von 25—30% auf 45—50% gegenüber den nichtvorgespannten Brücken. Allerdings darf man nicht verkennen, daß die Brücken dadurch gegen die Zunahme der Verkehrslasten empfindlicher sind. Eine gute Anschauung für die Gewichtsverminderung vorgespannter Brücken vermittelt Abb. 196 [48], in der der Querschnitt der Pont Passerelle de St. Hèlenè in vorgespannter und nicht vorgespannter Konstruktion dargestellt ist. Ausgeführt wurde die Spannbetonbrücke mit 52% der Betonmenge und 51% der Stahlmenge des Stahlbetonentwurfes. Freilich sind dies keine Durchschnitts-, sondern obere Grenzwerte. Die Betonmengen nehmen i. d. R. nicht so sehr ab wie die Stahlmengen. Die Verminderung des Eigengewichtes erschließt dem Spannbeton größere Spannweiten. Die Wormser Nibelungenbrücke und die neue

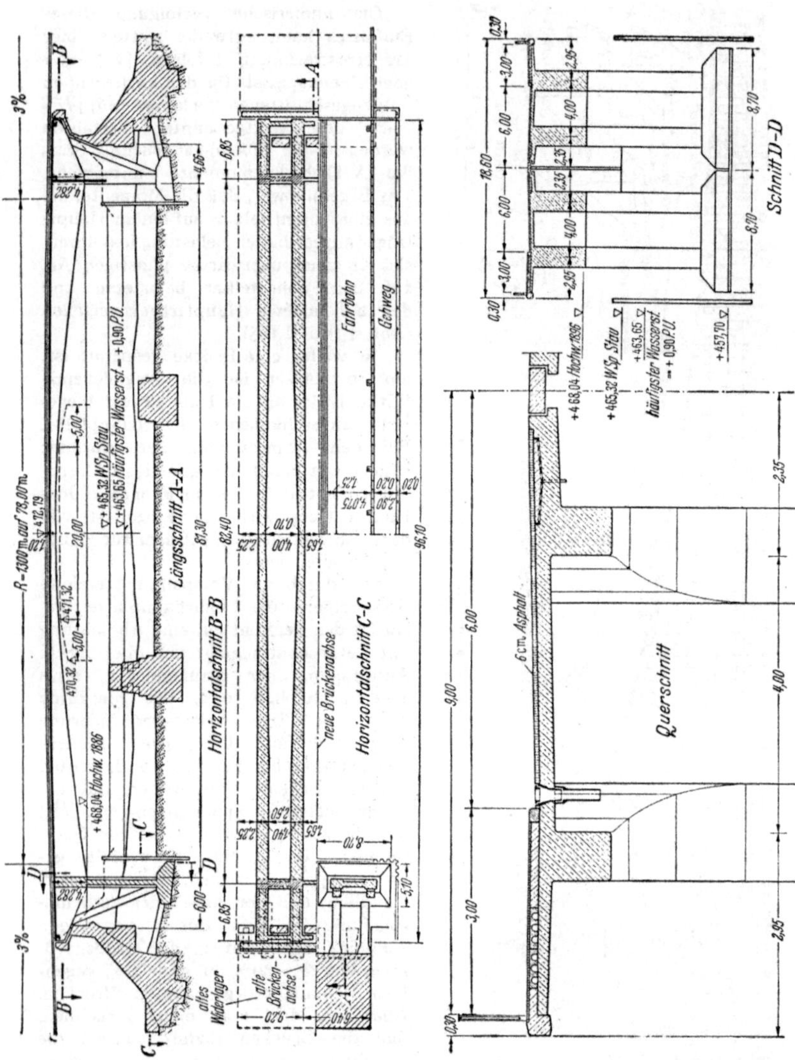

Abb. 199a

Koblenzer Moselbrücke, beides kontinuierliche Balkensysteme, haben mit ihren Spannweiten die 100-m-Grenze überschritten. Der Ersparnis an Baustoffmengen steht freilich entgegen ein höherer Lohnaufwand und ein höherer Preis des hochwertigen Stahles, so daß es nicht in allen Fällen ausgemacht ist, ob die Spannbetonbrücken billiger sind. Den wesentlichen Fortschritt des Spannbetons sehen wir in der Verbesserung der Konstruktion durch die im wesentlichen gewährleistete Rissefreiheit. Dieser Verbesserung verdankt der Spannbeton auch seine vielfache Verwendung im Eisenbahnbrückenbau.

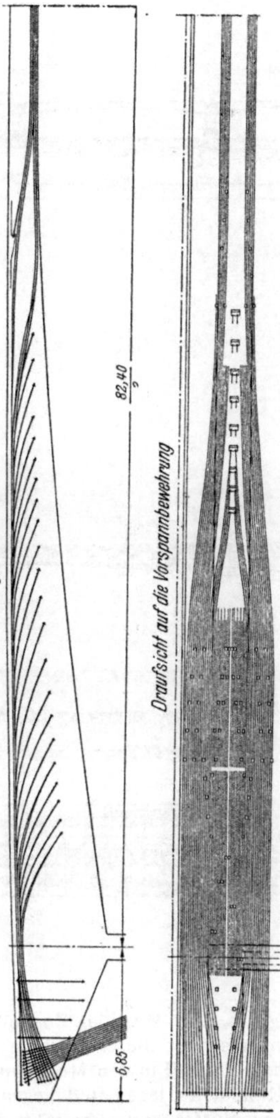

Abb. 199b

Abb. 199a u. b. Gänstorbrücke Ulm [50]

Über die im Spannbetonbrückenbau verwendeten Querschnittsanordnungen gibt Abb. 197 [48] eine Übersicht. Von den zahlreichen in den letzten Jahren ausgeführten Spannbetonbrücken sind in der Abb. 198 die Herdbrücke Ulm [49] (System Freyssinet-Wayss u. Freytag), Abb. 199 die Gänstorbrücke Ulm [50], Abb. 200 die Nibelungenbrücke Worms [51], Abb. 201 die Neue Moselbrücke Koblenz [52] (sämtlich System Dywidag), Abb. 202 die Donaubrücke Untermarchtal [53], Abb. 203 die Eisenbahnbrücke bei Heilbronn [54] (beide System Baur-Leonhardt) und Abb. 204 die Straßenbrücke über Eisenbahn und Kyll bei Gerolstein (System Grün u. Bilfinger) dargestellt.

3. Verschiedene Vorspannsysteme

Bei den heute im allgemeinen zur Anwendung gelangenden Verfahren wird gegen den erhärteten Beton vorgespannt, d. h. es handelt sich um Vorspannung mit Endverankerung und nachträglichem Verbund. Da Vorspannung mit Haftverankerung und vollem Verbund das Vorhandensein eines Spannbettes erfordert, wird sie heute nur noch bei der fabrikmäßigen Herstellung von Hochbau-Fertigteilen mit kleinen Abmessungen, z. B. für die Herstellung von Trägern für Montagedecken, angewandt.

a) *System Freyssinet-Wayss u. Freytag* [56] (s. S. 900, Abb. 205–207)

Das Verfahren verwendet als Spannglieder Spannstahlbündel, die aus 8–18, meistens aus 12 parallelen Drähten Ø 5 mm St. 165 bestehen und mittels einer Keilverankerung im angespannten Zustand festgehalten werden. Um die zum Anspannen nötige Bewegungsfreiheit gegenüber dem erhärteten Beton zu erreichen, wird das Bündel in einer Blechröhre verlegt (Abb. 205). Innerhalb der Röhre liegen die Drähte auf dem Umfang einer Stahldrahtspirale, die die Aufgabe hat, die einzelnen Drähte in ihrer Lage festzuhalten und den Bündelkanal für die Herstellung des nachträglichen Verbundes durch Auspressen der Hohlräume mit Zementmörtel freizuhalten. Der Ankerkörper (Abb. 206) besteht aus einem an der Verankerungsstelle einbetonierten, spiralbewehrten Mutterkonus, dessen Innenwandung nach einem Hyperboloid geformt und mit Klaviersaitendraht gepanzert ist, sowie dem zur Führung der Spanndrähte mit Rillen versehenen Rundkeil. Die Spanndrähte ragen über den Mutterkonus so weit hinaus, daß sie am Zugkolben der Doppelpresse (Abb. 207) durch Stahlkeile paarweise verankert werden können.

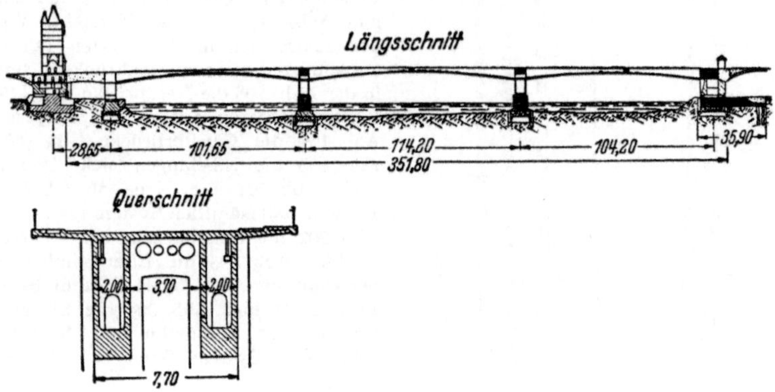

Abb. 200a

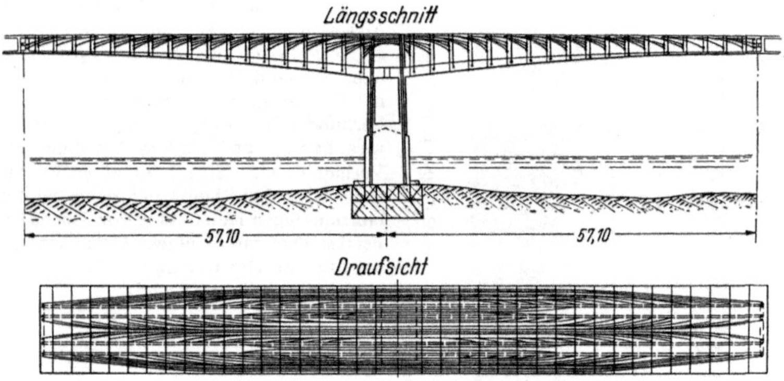

Abb. 200b

Beim Anspannen des Bündels wird die Dehnung aus dem Weg des Zugkolbens errechnet und zur Kontrolle die Pressenkraft gemessen. Ist die erwünschte Vorspannkraft erzeugt, so treibt der Druckkolben den Rundkeil in den Mutterkonus, wobei sich die Spanndrähte in die Rillen des Rundkeiles legen und gegen die Panzerung des Mutterkonus verkeilt werden. Der Mutterkonus überträgt jetzt die Spannkraft von rund 21 t auf den Beton des Bauteiles. Nach Abnehmen der Presse wird durch die Bohrung des Rundkeiles ein feinkörniger, mit einem Suspensionsmittel versehener Zementmörtel in die Bündelhohlräume gepreßt.

b) System Dywidag [*21*] [*56*] (s. S. 900, Abb. 208—211)

Das von der Firma Dyckerhoff und Widmann entwickelte Verfahren verwendet Rundstähle Ø 26 mm St 90, einen legierten naturharten Stahl mit einer Streck- bzw. Bruchgrenze von 60 bzw. 90 kg/mm^2. Jede Stange liegt in einer Blechröhre Ø 30 mm und überträgt ihre Spannkraft von 24 t durch die aus kalt aufgewalzten Gewinden, Muttern und eisernen Ankerplatten bestehenden Endverankerungen auf den Beton des Bauteiles (Abb. 208). Beim Walzen werden die

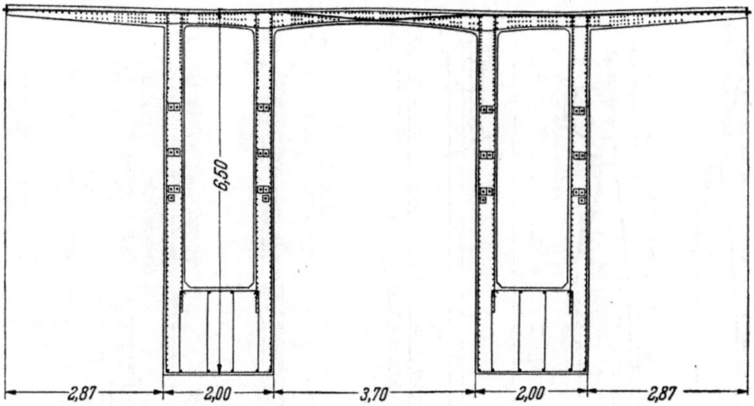

Abb. 200c

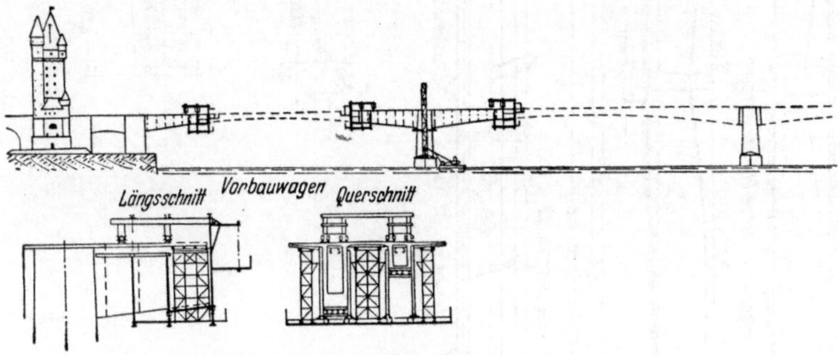

Abb. 200d

Abb. 200a—d. Nibelungenbrücke Worms [51]

Gewindegänge zur Hälfte in den Stab hineingepreßt, zur anderen Hälfte wird das Material über den Ausgangsquerschnitt hinausgedrückt. Die damit verbundene Querschnittsverminderung der Stabenden wird durch die Kaltverfestigung des Materials während des Walzvorganges ausgeglichen. Der Zylinder der zum Spannen verwendeten Presse stützt sich auf die Ankerplatte ab (Abb. 210), während der Kolben das mit einer Spindel verlängerte Gewindeende faßt und den Stab um das der vorgesehenen Stahlspannung zuzüglich der Betonverkürzung entsprechende Maß herauszieht. Die Bundmutter, die den Stab in der gedehnten Lage festhalten soll, wird durch eine in die Presse eingebaute Ratsche laufend nachgezogen. Ein Zählwerk registriert die Zahl der Gewindegänge und ermöglicht es, die Dehnung des Spannstabes mit einer Genauigkeit von 0,1 mm festzustellen. Nach Beendigung des Spannvorganges wird der Verbund durch Einpressen von Zementmörtel hergestellt (Abb. 209). Durch Verwendung von Muffen können an beliebigen Stellen Stöße der Spannstäbe ausgeführt werden. Diese Möglichkeit macht das Verfahren geeignet, im Brückenbau ohne Lehrgerüste zu arbeiten. Beim Freivorbau, der in einzelnen Stücken von 3 m vor sich geht (Abb. 211), wird jeder 3-m-Abschnitt durch das Anspannen der dort endenden Spannstäbe an den vorhergehenden angedrückt. Die Spannbewehrung wird in Stäben von 6 m Einzellänge verlegt, wobei

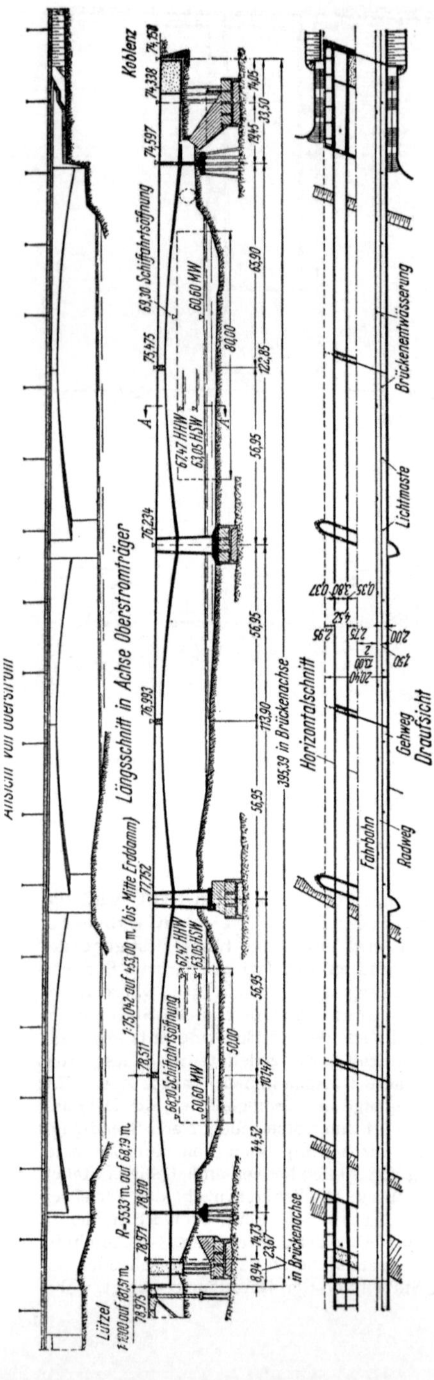

Abb. 201a

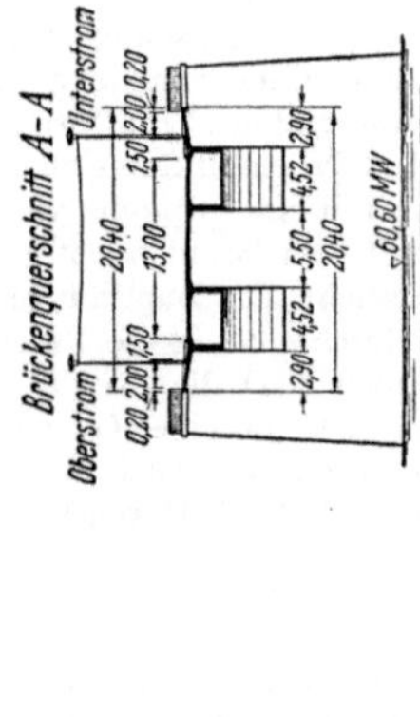

Abb. 201b

Abb. 201a u. b.
Die neue Moselbrücke Koblenz [52]

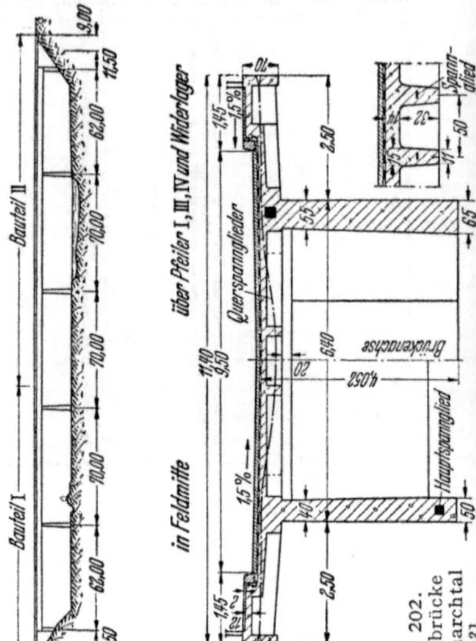

Abb. 202.
Donaubrücke
Untermarchtal
[52]

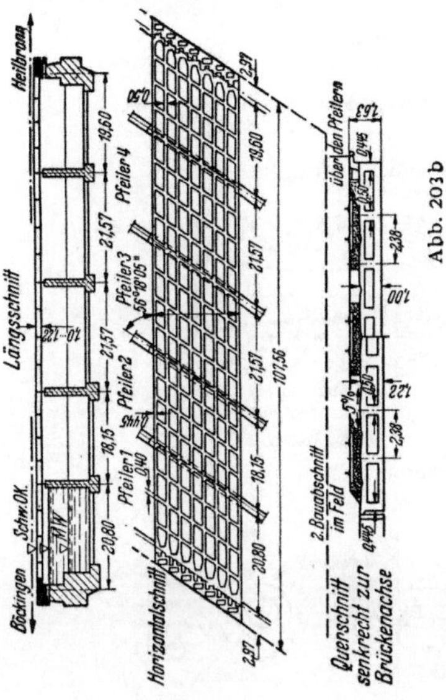

Abb. 203b

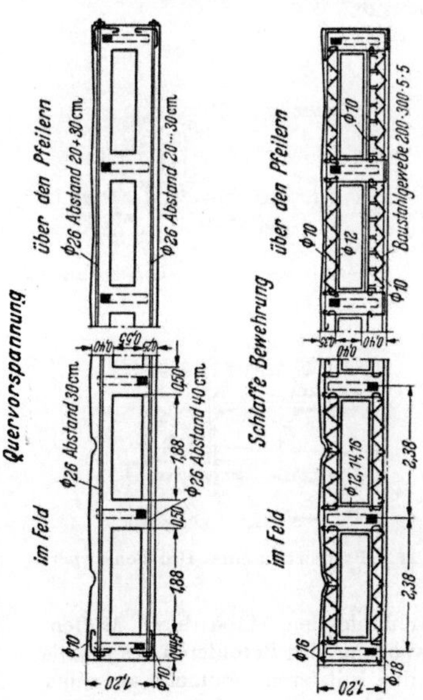

Abb. 203a

Abb. 203a u. b. Eisenbahnbrücke Heilbronn [54]

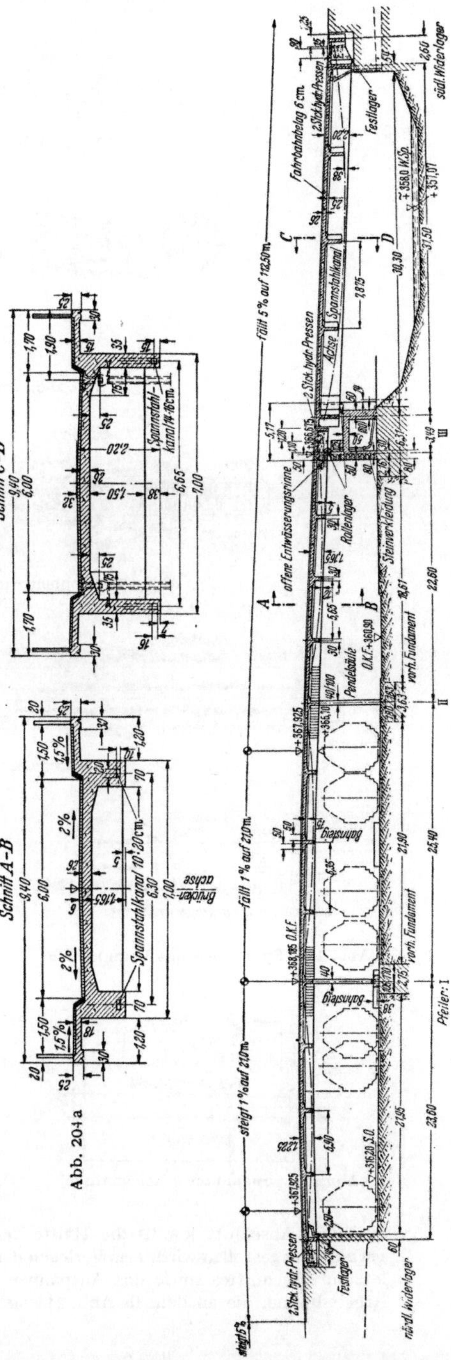

Abb. 204a

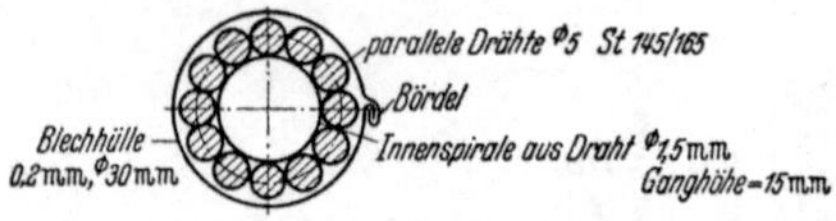

Abb. 205. Bewehrungsbündel aus 12 ∅ 5

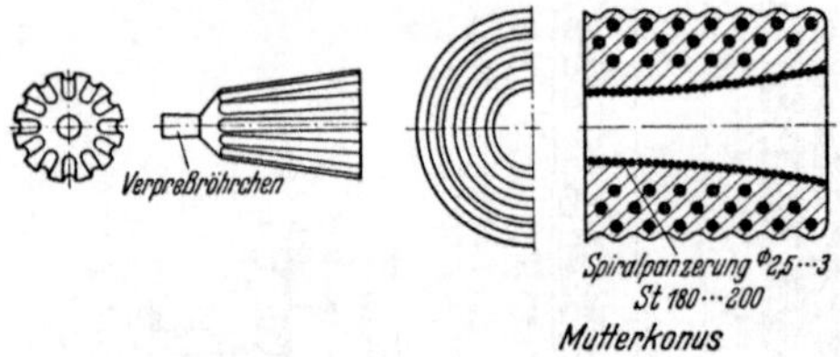

Abb. 206. Ankerkörper

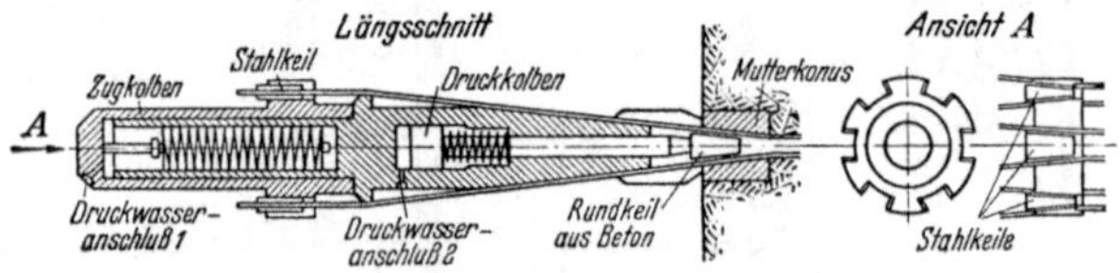

Abb. 207. Doppelt wirkende Spannpresse

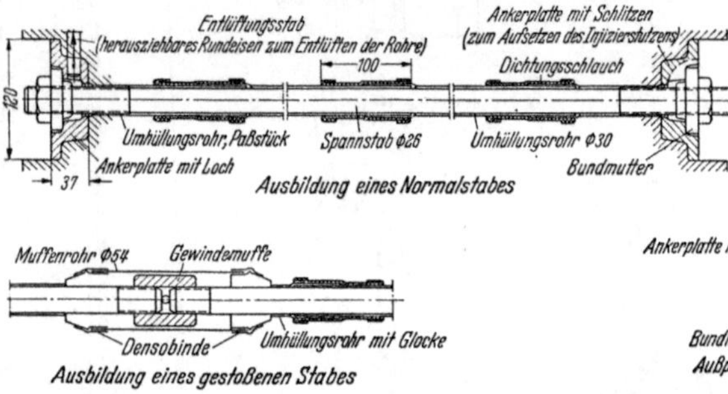

Abb. 208. Spannglied mit Verankerung

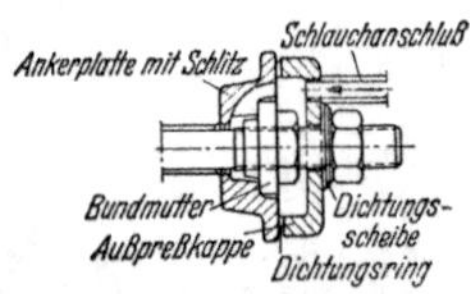

Abb. 209. Injiziervorrichtung

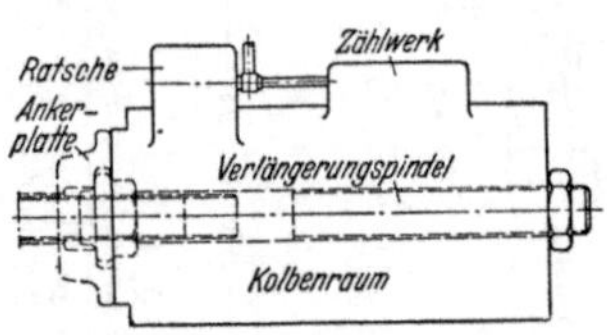

Abb. 210. Spannpresse (schematisch)

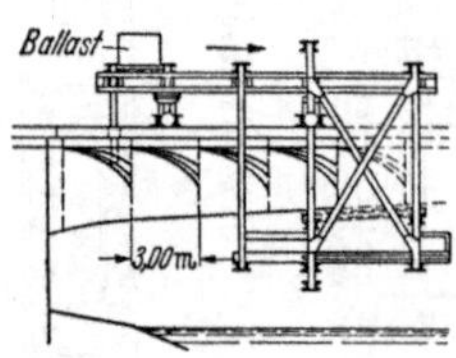

Abb. 211. Freivorbau eines Brückenkörpers

in jedem Abschnitt jeweils die Hälfte der durchlaufenden Stäbe durch Muffenverbindung gestoßen wird. Das Verlegen der Bewehrung, das Betonieren des jeweils letzten Abschnittes sowie das Anspannen und das Injizieren geschieht auf einer Arbeitsbühne, die an dem in Abb. 211 sichtbaren Vorbauwagen hängt.

c) System Baur-Leonhardt [22], [23], [56] (Abb. 212 und 213)

Die unter a) und b) beschriebenen Verfahren verteilen die für einen Bauteil aufzubringende Vorspannkraft auf zahlreiche Spannglieder; sie zerlegen sie in Krafteinheiten von 20–25 t. Diese Aufteilung erlaubt es, die Spanneisen nach den Grundsätzen des klassischen Stahlbetons gleichmäßig in der überdrückten Zugzone zu verteilen und damit die Druckkräfte gleichmäßig in die Querschnittsteile,

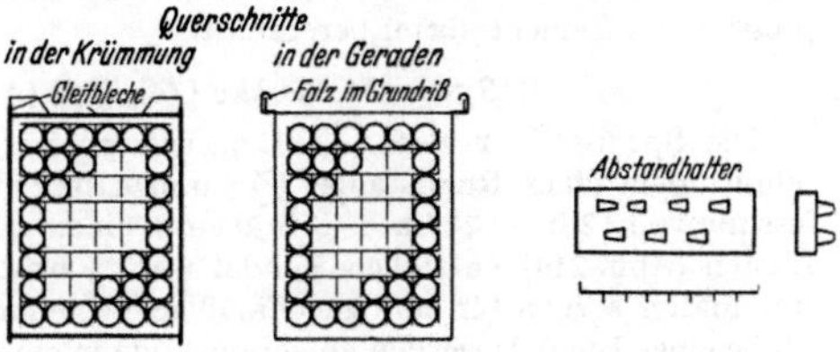

Abb. 212. Querschnitt durch ein Spannbündel

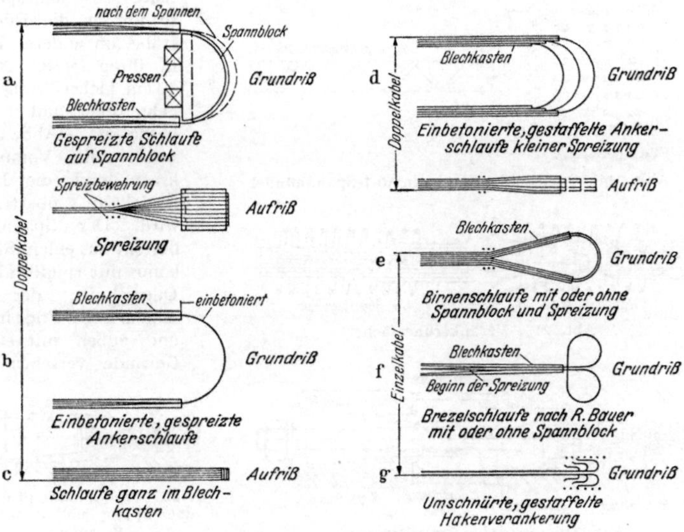

Abb. 213 a–g. Verankerungen nach *Baur-Leonhardt*

in denen sie benötigt werden, einzuleiten. Das im folgenden beschriebene Verfahren weicht von diesem Grundsatz bewußt ab. Es ist gekennzeichnet durch eine Konzentrierung der Vorspannkräfte, d. h. durch eine weitgehende Zusammenfassung der Spannglieder in wenige Gleitkanäle, wobei sehr große konzentrierte Vorspannkräfte (1500 t und mehr) entstehen. Als Spannstahl werden kalt- oder warmvergütete Drähte ⌀ 5–8 mm St 140–160 oder mehrdrähtige Litzen aus patentgezogenen Drähten ⌀ 2,5–3,5 mm St 180 verwendet, die in Längen bis zu 20000 m angeliefert werden. Diese Drähte oder Litzen werden in engem Abstand und meist in endlosen Schleifen in den aus Blechkästen von 0,7–1,0 mm Dicke gebildeten Gleitkanälen (Abb. 212) verlegt, wobei ihr regelmäßiger Abstand untereinander durch Abstandhalter gesichert wird. Die so gebildeten Bündel werden gemeinsam durch eine entsprechende Anzahl von hydraulischen Pressen mit 200–500 t Hubkraft gespannt, wobei diese die Spannblöcke (Abb. 213a) oder ganze Bauwerksteile um die Spanndehnung des Bündels verschieben. Die Verankerung wird durch einbetonierte Schlaufen (Abb. 213b, d) oder Schlaufen in Blechkästen (Abb. 213c) oder durch umschnürte Haken (Abb. 213g) oder durch zunächst frei um einen Spannblock herumgelegte Schlaufen (Abb. 213a) gebildet.

Die Spannblöcke werden längsbeweglich gelagert und befinden sich je nach der Länge des Spanngliedes an einem oder an beiden Enden des Bauwerkes. Zur Verminderung der Reibung werden an den Umlenkstellen zwischen Bündel und Blechkasten Gleitbleche eingelegt. Nach dem Anspannen wird der Verbund durch Einpressen von Zementmörtel hergestellt.

d) System Monierbau [*14*], [*56*] (Abb. 214–217)

Die Spannglieder werden aus quergeripptem Ovalstahl St 165, dessen Querschnitt dem eines Rundstahles ∅ 5 mm entspricht, gebildet. Durch Zusammenfassung von 12 bzw. 24 bzw. 48 Stäben in einem aus gewelltem Blech hergestellten Kasten (Abb. 214) entstehen Bündel mit 25 bzw. 50 bzw. 100 t Spannkraft. Abstandhalter sorgen für eine gleichmäßige Verteilung der Stäbe im Gleitkanal. Die Stäbe eines Bündels werden an ihrem Ende in einem Spannkopf (Abb. 216) gefaßt. Wird nur von einer Seite aus angespannt, so werden die Bündelstäbe am anderen Ende in ihren letzten 20 bis 30 cm fächerförmig ausgebreitet und einbetoniert (Abb. 215), wobei die Vorspannkraft durch die Haftfestigkeit übertragen wird. Der Spannkopf besteht aus einem Stahlkonus mit ringförmigem Querschnitt, der an seinem freien Ende innen und außen mit einem Gewinde versehen ist.

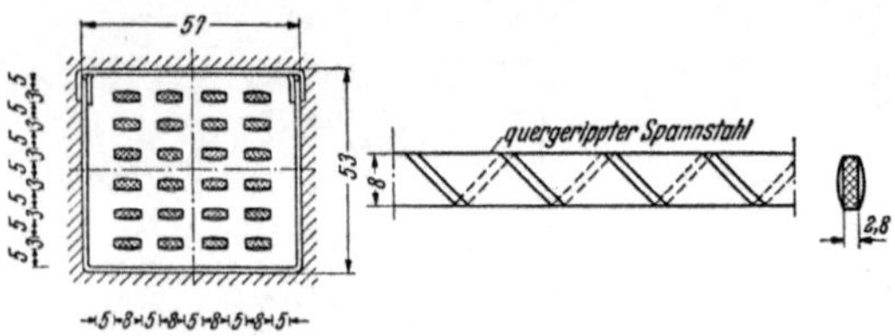

Abb. 214. Querschnitt durch ein 50-t-Spannbündel

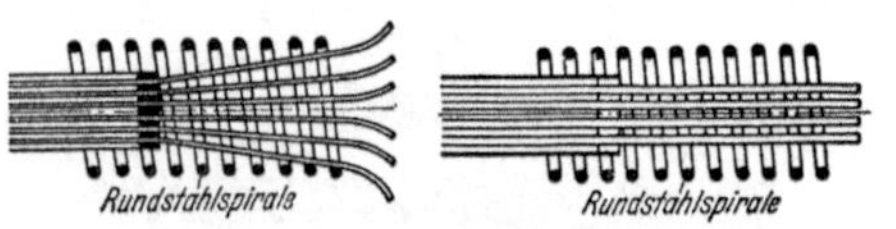

Abb. 215. Verankerungsfächer

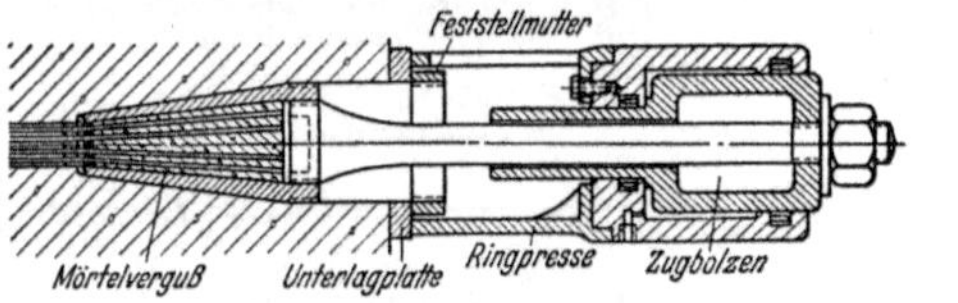

Abb. 216. Spannkopf mit Ringpresse

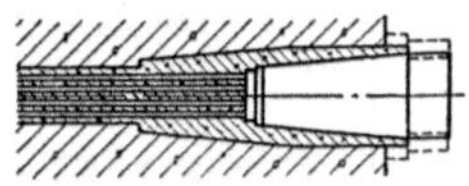

Abb. 217. Spannkopf nach dem Spann- und Auspreßvorgang

Das innere Gewinde dient zum Anschluß des Zugbolzens der Ringpresse, die den Spannkopf und damit das gesamte Stabbündel um den der einzutragenden Spannkraft entsprechenden Dehnweg herauszieht, wobei sich der Zylinder der Presse auf der Unterlagplatte abstützt. Auf das äußere Gewinde wird die Feststellmutter aufgesetzt, die den Spannkopf nach Beendigung des Spannvorganges festhält. Der Verbund wird durch nachträgliches Einpressen von Zementmörtel hergestellt. Nach Erhärten des Auspreßmörtels kann man Feststellmutter und Unterlagplatte abnehmen, da der jetzt einbetonierte Spannkopf (Abb. 217) durch seine konische Form festgehalten wird.

e) System Grün und Bilfinger [*56*] (Abb. 218)

Das Verfahren verwendet Drähte ∅ 5,3 mm St 165, die in Gleitkanälen zu einigen wenigen Spanngliedern mit hoher Vorspannkraft zusammengefaßt werden. Der Gleitkanal wird durch einen Blechkasten rechteckigen Querschnittes gebildet, in dem die Drähte durch kammförmige Abstandhalter in mehreren Lagen über- und nebeneinander (ähnlich Abb. 212) geordnet liegen. Die Verankerung erfolgt durch Haftung in einem Spannkopf (Abb. 218), der vom Bauwerk getrennt und gegen dieses verschieblich hergestellt wird. Der Gleitkanal besitzt einen trompetenförmigen Auslauf, der es gestattet, die Drähte über die Höhe des Spannkopfes zu verteilen. Im Grundriß wird das Drahtbündel in zwei gekrümmte Schleifen gespalten. Der Spannkopf wird aus hochwertigem Beton hergestellt und zur Aufnahme der Spalt- und Umlenkkräfte mit einer kräftigen Rundstahlspirale und einer kubischen Bewehrung versehen. Die Bündel werden gemeinsam durch hydraulische Pressen gespannt, die in Nischen eingesetzt werden und die Spannköpfe gegen das Bauwerk um den Dehnweg des Spannbündels verschieben. Nach Beendigung des Spannvorganges werden die Pressenräume ausbetoniert und der Verbund durch Einpressen von Zementmörtel in die Blechkästen hergestellt. Wird nur von einer Seite aus angespannt, so werden am anderen Ende die Bündeldrähte im Bauwerk fest einbetoniert, wozu man sie in ähnlicher Weise wie im Spannkopf zu einem Verankerungsbesen auseinanderzieht.

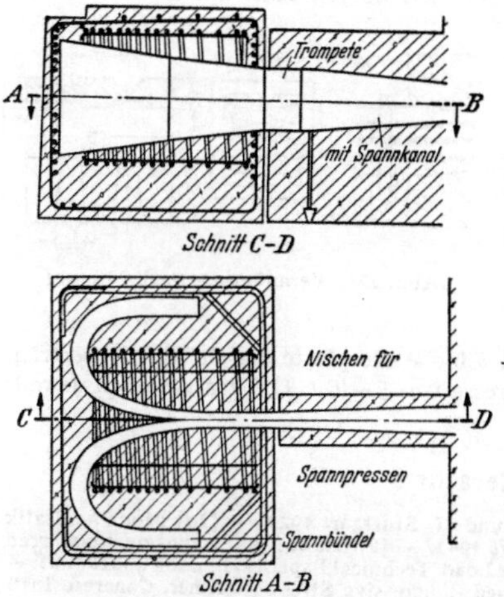

Abb. 218. Spannkopf nach G. u. B.

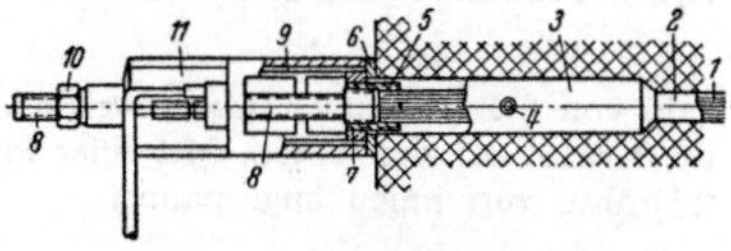

1 Stahldrähte ∅ 5 mm, *2* Blechrohr ∅ 60 mm, *3* Übergangsrohr ∅ 125 mm, *4* Injektionsanschluß, *5* Hauptanker, *6* Unterlagsplatte, *7* Stützmutter, *8* Zugspindel, *9* Zylindrischer Stützbock, *10* Gegenmutter, *11* Vorspannpresse 100 t

Abb. 219. Spannglied BBRV mit Verankerung und Spannpresse

f) System B. B. R. V. [*26*] [*56*] (Abb. 219)

Das in der Schweiz entwickelte und nach den beteiligten Ingenieuren *Birkenmaier-Brandestini-Roš-Vogt* benannte Verfahren verwendet Drähte ∅ 5 mm St 170. Je nach der für ein Spannglied gewünschten Vorspannkraft werden bis zu 42 Drähte (entspricht 80 t Vorspannkraft) zu einem Bündel zusammengefaßt und in einer Blechröhre verlegt. Die gleichmäßige Verteilung der Drähte über den Querschnitt wird erreicht, indem man diese in gewissen Abständen um ein Blechrohr ∅ 1/2″ anordnet und mit dünnem Draht umschnürt. Am Spanngliedende ist das Umhüllungsrohr trompetenförmig zu einem Übergangsrohr erweitert. Die Verankerungsvorrichtung (Abb. 219) besteht aus der Unterlagplatte, dem Hauptanker und der Stützmutter. Der Hauptanker wird durch ein dickwandiges Rohrstück mit innerem und äußerem Gewinde und einer Bodenplatte gebildet. Letztere ist mit Bohrungen zur Aufnahme der Drähte versehen. Nach dem Durchschieben der Drähte werden an den Drahtenden mittels einer elektrischen Kopfstauchmaschine auf der Baustelle Ankerköpfe aufgestaucht, die so geformt werden, daß sie nach dem Vorschieben des Hauptankers satt an der Bodenplatte sitzen. Zum Anspannen faßt die Zugspindel der Presse in das Innengewinde des Hauptankers und zieht diesen und damit das gesamte Bündel um den der gewünschten Vorspannkraft entsprechenden Dehnweg heraus. Durch Nachstellen der Stützmutter wird der Hauptanker in seiner Endlage gegen die Unterlagplatte abgestützt. Nach beendeter Vorspannung wird der Verbund durch Einpressen von Zementmörtel hergestellt.

g) System Magnel [*56*] (Abb. 220 und 221)

Das Verfahren verwendet Drähte ∅ 5 mm aus hochwertigem Stahl, die in rechteckigen Kästen verlegt werden. Als Abstandhalter dienen ebenfalls Drähte ∅ 5 mm (Abb. 220), an den Umlenkstellen Querstäbe ∅ 20 mm. Die Verankerung besteht aus schmalen, oben und unten mit je zwei keilförmigen Nuten versehenen Platten (Sandwich-Plates), durch die 8 Drähte mit 4 Keilen festgeklemmt werden. Durch Verwendung mehrerer Platten übereinander kann so eine Viel-

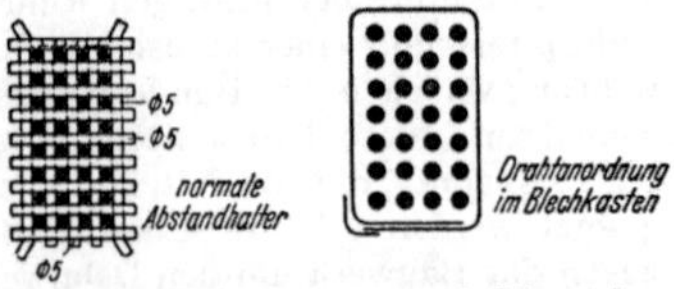

Abb. 220. Drahtführung nach *Magnel*

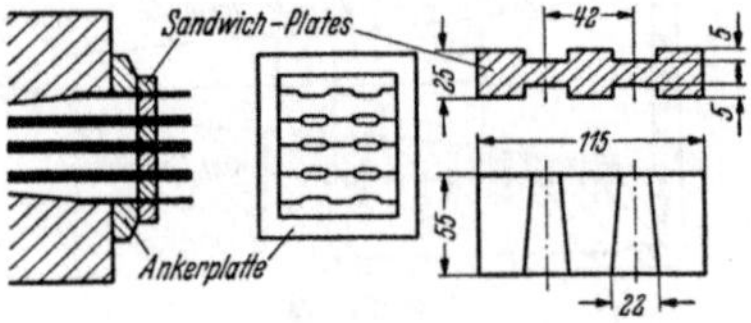

Abb. 221. Verankerung nach *Magnel*

zahl von 8 Drähten verankert werden. Eine Ankerplatte aus Stahlguß überträgt die Kräfte auf den Beton. Mit einer Presse von 5—10 t Hubkraft werden jeweils 2 Drähte zusammen angespannt.

Literatur

[1] *Mörsch:* Der Eisenbetonbau, Bd. I und II. Stuttgart 1922. — [1a] *Mörsch:* Statik der Rahmen und Gewölbe, Teil A. Stuttgart 1947. — [2] *Glanville:* Studies on Reinforced Concrete. The Creep or Flow of Concrete under Load. Technical Paper 12. London unbekannt. — [3] *Davis:* Flow of Concrete under Surtained Congressive Stress. J. Amer. Concrete Inst. (1928) S. 303 und (1931) S. 837. — [4] *Grün:* Der Beton. Berlin 1937. — [5] *Graf:* Die Eigenschaften des Betons. Berlin 1950. — [6] *Dischinger:* Bauingenieur 18 (1937) S. 487. — [7] *Dischinger:* Bauingenieur 20 (1939) S. 53. — [8] *Pucher-Koepke:* Bauingenieur 19 (1938) S. 131. — [9] *Pucher:* Bauingenieur 21 (1940) S. 131. — [10] *Löser:* Beton und Eisen 39 (1940) S. 24. — [11] *Säger:* Bauingenieur 22 (1941) S. 217. — [12] *Rausch:* Berechnung des Eisenbetons gegen Verdrehung und Abscheren. Berlin 1938. — [12a] *Mehmel:* Bauing. 29 (1954) S. 157. — [13] *Mörsch:* Spannbetonträger. Stuttgart 1943. — [14] Beton- und Monierbau, Firmenmitteilung. Frühjahr 1952. — [15] *Mörsch:* Beton- und Stahlbetonbau 45 (1950) S. 149. — [16] *Rüsch:* Beton- und Stahlbetonbau 45 (1950) S. 215. — [17] *Kammüller:* Theorie des Stahlbetons, Bd. I. Karlsruhe 1952. — [18] Spannbeton, Richtlinien für Bemessung und Ausführung (DIN 4227) Fassung Oktober 1953. — *Rüsch:* Spannbeton-Erläuterungen zu DIN 4227. Berlin 1954. — [18a] Vorl. techn. Lieferbedingungen der D. Bundesbahn für Vorspannstähle von Spannbetontragwerken HVB 48 Ibb 53. Beton- und Stahlbetonbau 48 (1953) S. 294. — [19a] *Mehmel:* Untersuchungen über den Einfluß häufig wiederholter Druckbeanspruchungen von Beton. — [19b] *Treiber:* Bauing. 15 (1934) S. 131. — [19c] *Bach:* Elastizität u. Festigkeit. Berlin 1920. — [19d] *Mehmel:* Bauingenieur 29 (1954) S. 157. — [19e] *Mehmel:* Beton- und Stahlbetonbau 50 (1955). — [20] *Jakobsohn:* Schweiz. Bauztg. 70 (1952) S. 193. — [21] *Finsterwalder:* Bauingenieur 27 (1952) S. 141. — [22] *Leonhardt-Baur:* Beton- und Stahlbetonbau 45 (1950) S. 182. — [23] *Leonhardt:* Bautechnik 30 (1953) S. 89. — [24] *Franz:* Beton- und Stahlbetonbau 47 (1952) S. 137. — [25] *Franz.* Beton- und Stahlbetonbau 48 (1953) — S. 78. — [26] *Birkenmaier-Brandestini-Roš:* Schweiz. Bauztg. 70 (1952) S. 107. — [27] *Nadai:* Elastische Platten. Berlin 1925. — [28] *Marcus:* Die Theorie elastischer Gewebe. Berlin 1924. — [29] *Girkmann:* Flächentragwerke. Wien 1948. — [30] *Dischinger:* Beton und Eisen 41 (1942) S. 86. — [31] *Dischinger:* Abh. Int. Ver. f. Brücken- und Hochbau I. Zürich 1932. S. 69. — [32] *Dischinger:* Beton- und Eisen 34 (1935) S. 257. — [33] *Finsterwalder:* Abh. Int. Ver. f. Brücken- und Hochbau I. Zürich 1932, S. 127. — [34] *Jakobsen:* Bauingenieur 20 (1939). S. 394. — [35] *Lundgren:* Cylindrical Shells, Vol. I. Copenhagen 1951. — [36] *Mehmel-Fuchssteiner:* Bauingenieur 28 (1953) S. 116. — [37] *Stüssi:* Schweiz. Bauztg. 53 (1935) S. 132. — [38] *Bittner:* Momententafeln und Einflußflächen für kreuzweise bewehrte Platten. Wien 1938. — [39] *Olsen-Reinitzhuber:* Die zweiseitig gelagerte Platte. Berlin 1950. — [40] *Pucher:* Einflußfelder elastischer Platten. Wien 1951. — [41] *Rüsch:* Fahrbahnplatten von Straßenbrücken. Heft 106 des Deutschen Ausschusses für Stahlbeton. Berlin 1953. — [42] *Leonhardt-Andrä:* Die vereinfachte Trägerrostberechnung. Stuttgart 1950. — [43] *Dischinger:* Abh. Int. Ver. f. Brücken- und Hochbau I, Zürich 1932, S. 53. — [44] *Schönberg-Fichtner:* Bautechnik 17 (1939) S. 97. — [45] *Homberg:* Kreuzwerke. Berlin 1951. — [46] *Beck:* Diss. T. H. Darmstadt 1953. — [47] *Mehmel-Beck:* Festschrift zur Einweihung der Nibelungenbrücke Worms. Worms 1953. S. 55. — [48] *Herberg:* Beton- und Stahlbetonbau 48 (1953) S. 261. — [49] *Kaiser-König:* Bauingenieur 25 (1950) S. 153. — [50] *Finsterwalder-König:* Bauingenieur 26 (1951) S. 289. — [51] Festschrift zur Einweihung der Nibelungenbrücke Worms. Worms 1953. — [52] Festschrift zur Einweihung der Neuen Moselbrücke Koblenz. Bauingenieur 29 (1954) S. 278. — [53] Donautalbrücke Untermarchtal. Festschrift zur Verkehrsübergabe im November 1953. — [54] *Klett:* Beton- und Stahlbetonanbau 46 (1951) S. 145. — [55] *Mehmel-Beck:* Bauingenieur 25 (1950) S. 160. — [56] *Möll:* Spannbeton, Berliner Union Stuttgart 1954.

Ausgewählte Kapitel aus der Theorie des Brückenbaues

Von

Dr. sc. techn. **F. Stüssi**

o. Professor an der Eidg. Technischen Hochschule Zürich

I. Brücken als Raumtragwerke

1. Der Aufbau des Raumtragwerkes

a) Statische Bestimmtheit

Ein Raumfachwerk mit gelenkig ausgebildeten Knotenpunkten ist statisch bestimmt, wenn die je drei Komponentengleichgewichtsbedingungen $\Sigma X = 0$, $\Sigma Y = 0$, $\Sigma Z = 0$, die sich an jedem der k Knotenpunkte anschreiben lassen, ausreichen, um die s unbekannten Stabkräfte und die a unbekannten Auflagergrößen zu berechnen:

$$s + a = 3k. \quad \text{(Statische Bestimmtheit.)} \tag{1}$$

Für $s + a < 3k$ ist das Tragwerk immer unstabil; für $s + a \geqq 3k$ kann es bei unzweckmäßiger Stabanordnung unstabil sein. Der Grad der statischen Unbestimmtheit stabiler Raumfachwerke beträgt $s + a - 3k$.

Andererseits besteht ein räumliches Brückentragwerk aus f ebenen Scheiben; an jeder Scheibe können die drei Gleichgewichtsbedingungen der Ebene angeschrieben werden. Unbekannt sind neben den a Auflagergrößen die l Kantenkräfte L, die die einzelnen Scheiben in den gemeinsamen Kanten aufeinander ausüben. Das Raumtragwerk ist in seinem Aufbau statisch bestimmt für

$$l + a = 3f \quad \text{(Statisch bestimmter Aufbau.)} \tag{2}$$

Bei statisch bestimmtem Aufbau sind die Kantenkräfte von der Art der Gliederung der Einzelscheiben unabhängig; diese können sowohl statisch bestimmte wie statisch unbestimmte ebene Tragsysteme sein. Es ist somit zwischen *statischer Bestimmtheit des Aufbaues* und *statischer Bestimmtheit des gesamten Tragwerks* zu unterscheiden.

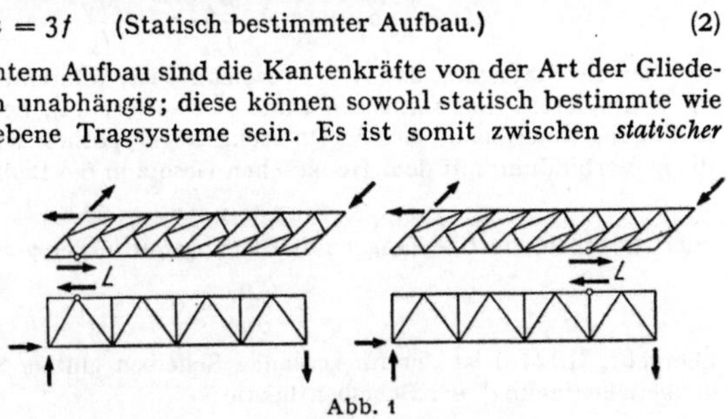

Abb. 1

Stoßen in einer Kante zwei statisch bestimmte ebene Fachwerkscheiben zusammen, so ergeben sich die Stabkräfte der gemeinsamen Gurtung aus der Superposition der entsprechenden Stabkräfte der beiden Einzelscheiben; es ist somit gleichgültig, an welchem Knotenpunkt des Kantenstabes die Kantenkraft L angreift (Abb. 1).

Sind dagegen die zwei zusammenstoßenden ebenen Scheiben vollwandig ausgebildet, so sind die Kantenkräfte L über die Kantenlänge verteilt (Schubspannungen τ); die Art dieser Verteilung ist dadurch bestimmt, daß zusammenstoßende Kantenelemente beider Scheiben die gleiche Dehnung ε und damit bei gleichem Elastizitätsmodul E gleiche Normalspannungen σ aufweisen müssen. Ähnlich ist auch die Verteilung einer Kantenkraft bei statisch unbestimmten Fachwerkscheiben durch Formänderungsbedingungen bestimmt.

Wenn in einer Kante ein statisch bestimmtes Fachwerk und ein vollwandiger Träger zusammenstoßen, so ist die Verteilung der Kantenkraft L über die Kantenlänge durch die Gleichgewichtsbedingungen der Fachwerkknotenpunkte bestimmt (Abb. 2).

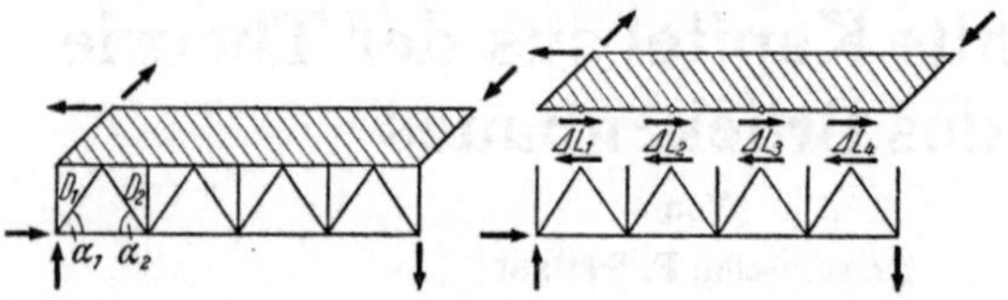

Abb. 2

Es erscheint zweckmäßig, die Kantengurtung dem Vollwandträger zuzuweisen. Die Teilkantenkraft ΔL_1 ist aus den beiden Strebenkräften D_1 und D_2 bestimmt:

$$\Delta L_1 = -D_1 \cdot \cos\alpha_1 + D_2 \cdot \cos\alpha_2;$$

da bei Abwesenheit äußerer Knotenpunktsbelastung

$$D_1 \cdot \sin\alpha_1 + D_2 \cdot \sin\alpha_2 = 0$$

gelten muß, ist auch
$$D_1 = -\Delta L_1 \cdot \frac{\sin\alpha_2}{\sin(\alpha_1 + \alpha_2)}.$$

Für $\alpha_1 = \alpha_2 = \alpha$ ergibt sich $\Delta L_1 = -2D_1 \cdot \cos\alpha$.

Es ist hier somit gleichgültig, ob der Zusammenhang der beiden Scheiben durch Einführung einer Kantenkraft ΔL_i oder einer Strebenkraft D_i (bzw. einer Komponente $D_i \cdot \cos\alpha_i$ oder $D_i \cdot \sin\alpha_i$) charakterisiert wird. Je nach der Art des zu untersuchenden Raumtragwerkes wird die eine oder andere oder auch eine gemischte Formulierung zweckmäßig sein[1].

Analoge Überlegungen wie für Abb. 2 gelten auch, wenn die vollwandige Scheibe durch eine statisch unbestimmt gegliederte Fachwerkscheibe ersetzt wird. Es kommt damit zum Ausdruck, daß ein vollwandiger Träger innerlich statisch unbestimmt ist, ein Umstand, der uns bei der normalen Spannungsberechnung meist nicht bewußt wird. Die Spannungsformel zur Berechnung des Vollwandträgers im Rahmen der klassischen Biegelehre,

$$\sigma_z = \frac{N}{F} - \frac{M_x}{J_x} \cdot y + \frac{M_y}{J_y} \cdot x, \tag{3}$$

(bei der die Stabachse als z-Achse bezeichnet ist, während der Stabquerschnitt auf die konjugierten Schwerachsen x und y orientiert ist), beruht auf der Elastizitätsbedingung vom Ebenbleiben der Querschnitte (Hypothese von *J. Bernoulli-L. Navier*), die in Verbindung mit dem Hookeschen Gesetz in die Bedingung

$$\sigma_z = a + b \cdot y + c \cdot x$$

oder für scheibenartige Träger mit Biegung nur in der y-z-Ebene in die Form

$$\frac{\partial^2 \sigma_z}{\partial y^2} = 0 \tag{4a}$$

übergeht. Gl. (4a) ist der für schlanke Scheiben gültige Sonderfall der „Verträglichkeitsbedingung" der Scheibentheorie:

$$\frac{\partial^2 \sigma_z}{\partial y^2} + \left(\frac{E}{G} - 2\mu\right) \cdot \frac{\partial^2 \sigma_z}{\partial z^2} + \frac{\partial^2 \sigma_y}{\partial z^2} = 0. \tag{4b}$$

---

[1] *H. Schwyzer:* Statische Untersuchung der aus ebenen Tragflächen zusammengesetzten räumlichen Tragwerke. Diss. E. T. H. Zürich 1920.

Dürfen die Spannungen σ_y der Scheibe sowie die Einflüsse der Querdehnung μ vernachlässigt werden, so geht Gl. (4b) in

$$\frac{\partial^2\sigma_z}{\partial y^2} + \frac{E}{G}\cdot\frac{\partial^2\sigma_z}{\partial z^2} = 0 \qquad (4c)$$

über, die somit eine Zwischenstellung zwischen der Elastizitätsbedingung der klassischen Biegelehre und der Verträglichkeitsbedingung der Scheibentheorie einnimmt.

b) Die Voraussetzungen der Berechnungen

In der folgenden Untersuchung räumlicher Brückentragwerke sei zunächst vorausgesetzt, daß die einzelnen ebenen Scheiben, aus denen sich das Raumtragwerk zusammensetzt, *nur Kräfte* aufnehmen können, die *in der Scheibenebene* wirken. Bei räumlichen Fachwerken mit gelenkig ausgebildeten Knotenpunkten ist diese Voraussetzung in der Voraussetzung gelenkiger Knotenpunkte enthalten.

Bei vollwandigen Scheiben setzen wir voraus, daß es sich um *schlanke Stäbe* im Sinne der Biegelehre handle. Damit sind die Normalspannungen σ_z linear über die Scheibenbreite verteilt; sie werden mit $M_y = 0$ nach Gl. (3) berechnet. Es sind dies somit die gleichen Grundlagen, die üblicherweise für die Berechnung ebener Träger als genügend genau angesehen werden. Es dürfte vom Standpunkt der Tragwerksicherheit aus gesehen gerechtfertigt sein, vollwandige Raumtragwerke und vollwandige ebene Träger gleichartig zu behandeln.

Bei Raumfachwerken dürfte es auch gerechtfertigt sein, den Verdrehungswiderstand der einzelnen Stäbe zu vernachlässigen; die bei der Verformung des Gesamttragwerkes auftretenden Verdrehungswinkel der Einzelstäbe (Gurtstäbe) sind so klein, daß die entsprechenden Verdrehungswiderstände das Kräftespiel des Gesamttragwerkes nicht merklich zu beeinflussen vermögen. Dagegen wird es immer möglich sein, aus den Verformungen des Gesamttragwerkes die entsprechenden Nebenspannungen in einzelnen Stäben aus ihrer Verdrehung zu berechnen, ebenso wie es auch möglich ist, aus den mit der Voraussetzung gelenkiger Knotenpunkte berechneten Verformungen einer Fachwerkscheibe die entsprechenden „normalen" Nebenspannungen (etwa mit Ausnahme des Rautenträgers) zu berechnen.

Dagegen wird bei zusammengesetzten vollwandigen Tragwerken eine Vernachlässigung der Torsionssteifigkeit der einzelnen Scheiben normalerweise nicht mehr zulässig sein; hierüber sei auf die in Abschn. I, 5 folgenden Untersuchungen verwiesen.

c) Die beiden Normalformen des Tragwerksaufbaues

Damit ein Brückentragwerk gegenüber beliebig gerichteten Belastungen stabil und tragfähig ist, müssen die *Hauptträger* durch *Längs- und Querverbände* zu einem räumlichen Tragwerk ergänzt werden. Dabei sind die beiden in Abb. 3 einander gegenübergestellten Grundformen, für das Beispiel einer einfachen Balkenbrücke skizziert, möglich[2].

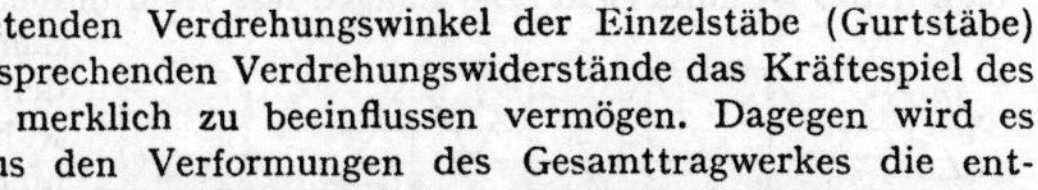

Abb. 3

Das Tragwerk der Abb. 3a *mit zwei Hauptträgern und einem Windverband* besitzt *bei n Querverbänden* $f = 3 + n$ Scheiben; aus den entsprechenden ebenen Gleichgewichtsbedingungen können somit $3\,(3 + n) = 9 + 3n$ Unbekannte berechnet werden. Unbekannt sind neben den $a = 7$ Auflagergrößen der skizzierten

[2] *F. Engesser:* Die Zusatzkräfte und Nebenspannungen eiserner Fachwerkbrücken. Berlin 1892 und 1893.

einfachsten Lagerung noch $l = 2 + 3n$ Kantenkräfte (da an den freien Kanten der Querverbände keine inneren Kantenkräfte wirken können); Gl. (2) ist erfüllt, und das Tragwerk ist *statisch bestimmt.*

Das geschlossene Vielflach der Abb. 3b *mit zwei Hauptträgern, zwei Windverbänden und zwei Endquerverbänden* besteht aus $f = 6$ Scheiben; es ist bei einfachster Lagerung mit $a = 7$ Auflagergrößen und $l = 12$ Kantenkräften *einfach statisch* unbestimmt.

Neben diesen beiden Grundformen kommt auch eine *Kombinationsform* vor, indem bei der Bauart des geschlossenen Vielflachs eine mehr oder weniger große Zahl von Zwischenquerverbänden angeordnet wird. Da hier jeder Zwischenquerverband drei zusätzliche Gleichgewichtsbedingungen der Ebene anzuschreiben erlaubt, aber mit vier unbekannten Kantenkräften angeschlossen wird, erhöht sich die statische Unbestimmtheit für jeden Zwischenquerverband um eins.

Die Hauptträger und Windverbände stellen die *Haupttragflächen* des Raumtragwerkes (Abb. 3) dar. Beziehen wir uns auf die Zahl der Haupttragflächen, so kann das Tragwerk der Abb. 3a als *dreiflächiges Tragwerk*, dasjenige der Abb. 3b mit oder ohne Zwischenquerverbände als *vierflächiges Tragwerk* bezeichnet werden.

2. Einflüsse des Fahrbahnrostes auf die Hauptträger

a) Einflüsse in der Fahrbahnebene

Es sei als Beispiel eine zweigleisige Eisenbahnbrücke mit unten liegender Fahrbahn (Abb. 4) untersucht. Die Längsträger seien in den Querträgern eingesattelt; damit darf angenommen werden, daß sich die Querträger wohl seitlich verbiegen, aber nicht verdrehen.

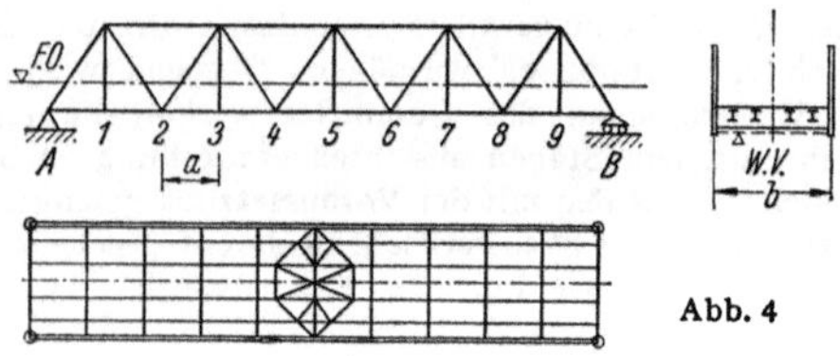

Abb. 4

Durch die Dehnung der Hauptträgeruntergurte werden die Querträger seitlich verbogen und die Längsträger durch Normalkräfte beansprucht. Auch bei dieser Vereinfachung auf ein *ebenes Problem* ist die Zahl der Unbekannten (überzählige Größen) beträchtlich. Das Grundsystem zur Untersuchung dieses hochgradig statisch unbestimmten Tragsystems ist deshalb so zu wählen, daß möglichst viele Vorzahlen a_{ik} des Systems der Elastizitätsgleichungen

$$X_i \cdot a_{ii} + \Sigma X_k \cdot a_{ik} = a_{i0}$$

verschwinden. Auch ist es zweckmäßig, die Zahl der auf einmal zu bestimmenden Überzähligen durch Aufteilung der Belastung in symmetrische und antimetrische Teilbelastungen möglichst klein zu halten (Abb. 5, Belastungs-Umordnung).

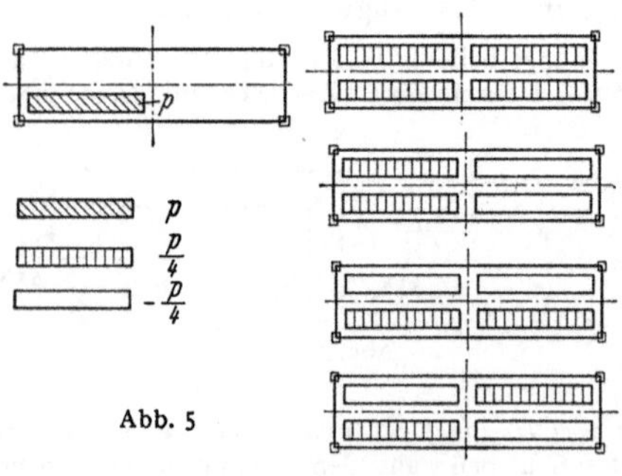

Abb. 5

Die folgende Untersuchung sei auf den als maßgebend anzusehenden Fall der *symmetrischen Vollbelastung* beschränkt.

Ein geeignetes *statisch bestimmtes Grundsystem* wird dadurch gewonnen, daß bei jedem Längsträger auf einer Seite der feste Anschluß durch ein bewegliches Lager ersetzt wird; damit werden die Längskräfte in den Längsträgern zu überzähligen Größen.

Die *Elastizitätsbedingungen* lassen sich für ein Fahrbahnfeld nach Abb. 6 wie folgt anschreiben:

$$\begin{aligned} \Delta a_{H_i} + \zeta_{1_i} &= \Delta a_{1_i} + \zeta_{1_{i-1}}, \\ \Delta a_{H_i} + \zeta_{2_i} &= \Delta a_{2_i} + \zeta_{2_{i-1}}. \end{aligned} \tag{5}$$

Dabei bedeuten Δa_{Hi}, Δa_{1i}, Δa_{2i} die elastischen Verlängerungen des Hauptträgeruntergurtes bzw. der Längsträger L_1, L_2 und ζ die seitlichen Querträgerausbiegungen.

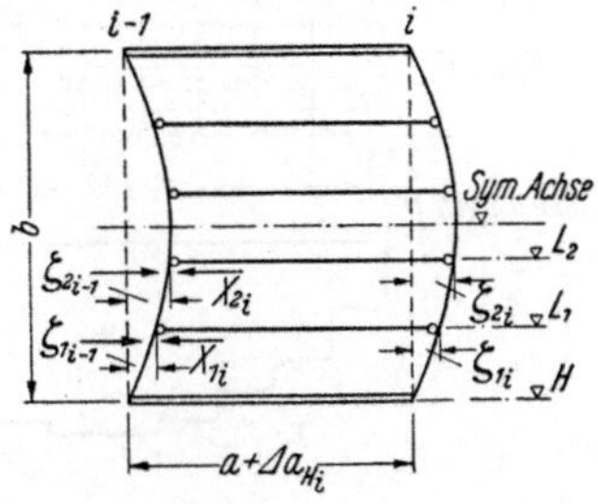

Abb. 6

Die Ausbiegungen ζ_i des Querträgers i ergeben sich nach Abb. 7 zu

$$\zeta_{1_i} = \zeta_{11} \left(X_{1_{i+1}} - X_{1_i}\right) + \zeta_{12} \cdot \left(X_{2_{i+1}} - X_{2_i}\right);$$

$$\zeta_{2_i} = \zeta_{21} \cdot \left(X_{1_{i+1}} - X_{1_i}\right) + \zeta_{22} \cdot \left(X_{2_{i+1}} - X_{2_i}\right).$$

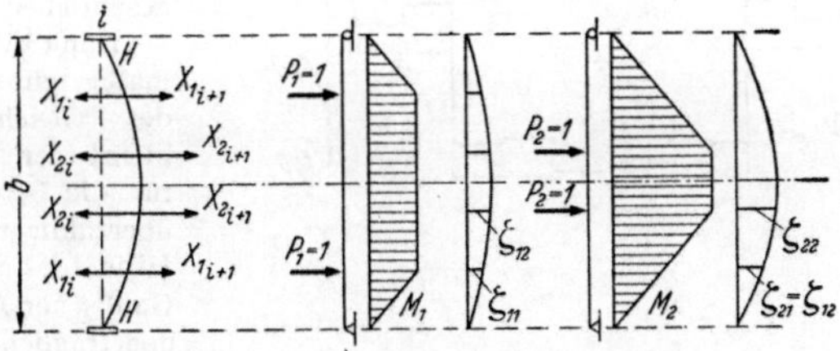

Abb. 7

Die Verschiebungsgrößen ζ_{ik} werden am einfachsten mit Hilfe der Arbeitsgleichung berechnet.

Die Längsdehnungen Δa betragen

für den Hauptträger: $\Delta a_{H_i} = \left(S_{0_i} - X_{1_i} - X_{2_i}\right) \cdot \dfrac{a_i}{EF_{H_i}}$

$= \lambda_{H_i} \left(S_{0_i} - X_{1_i} - X_{2_i}\right),$

für den Längsträger L_1: $\Delta a_{1_i} = X_{1_i} \cdot \dfrac{a_i}{EF_{1_i}} = \lambda_{1_i} \cdot X_{1_i},$

für den Längsträger L_2: $\Delta a_{2_i} = X_{2_i} \cdot \dfrac{a_i}{EF_{2_i}} = \lambda_{2_i} \cdot X_{2_i}.$

Durch Einsetzen der Werte ε und Δa in die beiden Elastizitätsbedingungen Gl. (5) ergeben sich die beiden gesuchten Grundgleichungen für den untersuchten Belastungsfall:

$$- X_{1_{i-1}} \cdot \zeta_{11}^{i-1} + X_{1_i} \cdot \left(\zeta_{11}^{i-1} + \zeta_{11}^{i} + \lambda_{H_i} + \lambda_{1_i}\right) - \zeta_{11}^{i} \cdot X_{1_{i+1}}$$
$$- X_{2_{i-1}} \zeta_{12}^{i-1} + X_{2_i} \cdot \left(\zeta_{12}^{i-1} + \zeta_{12}^{i} + \lambda_{H_i}\right) - \zeta_{12}^{i} \cdot X_{2_{i+1}} = \lambda_{H_i} \cdot S_{0_i},$$

und (6)

$$- X_{1_{i-1}} \cdot \zeta_{21}^{i-1} + X_{1_i} \cdot \left(\zeta_{21}^{i-1} + \zeta_{21}^{i} + \lambda_{H_i}\right) - \zeta_{21}^{i} \cdot X_{1_{i+1}}$$
$$- X_{2_{i-1}} \cdot \zeta_{22}^{i-1} + X_{2_i} \cdot \left(\zeta_{22}^{i-1} + \zeta_{22}^{i} + \lambda_{H_i} + \lambda_{2_i}\right) - \zeta_{22}^{i} \cdot X_{2_{i+1}} = \lambda_{H_i} \cdot S_{0_i}.$$

Die zugehörigen *Randbedingungen* ergeben sich daraus, daß am Endquerträger „0" von außen her keine überzähligen Größen X angreifen:

$$X_{1_0} = X_{2_0} = 0.$$

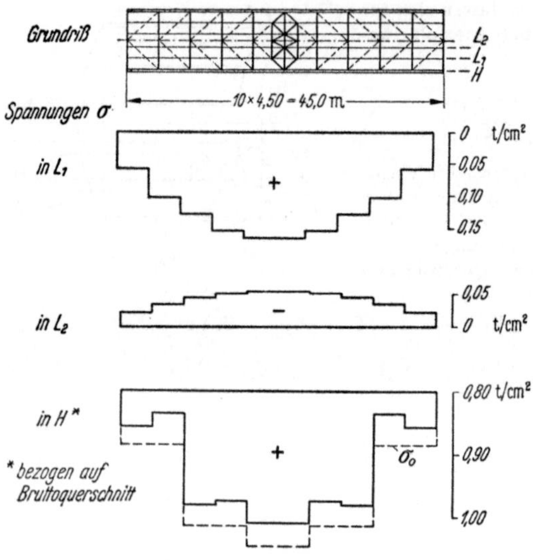

Abb. 8

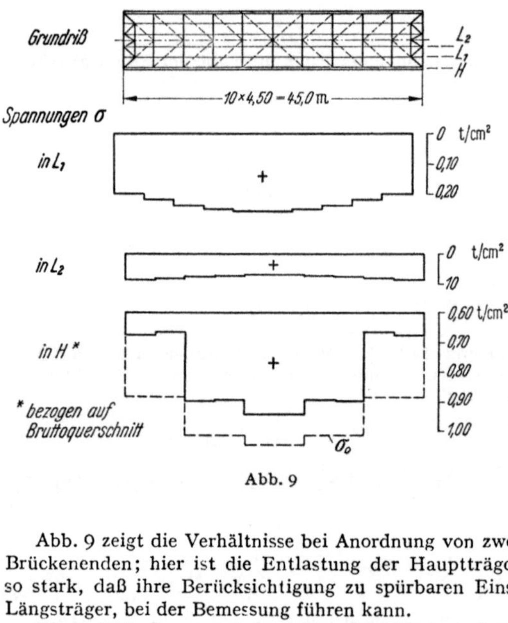

Abb. 9

Für den symmetrisch liegenden Querträger n ist dagegen

$$X_{1_n} = X_{1_{n+1}},$$

$$X_{2_n} = X_{2_{n+1}}.$$

Eine Aufteilung des Gleichungssystems in zwei voneinander unabhängige Teilsysteme mit nur je den unbekannten Gruppen X_1 bzw. X_2 ist im allgemeinen nicht möglich.

Nebenstehend ist das Gleichungssystem für Abb. 4 in Matrixform angeschrieben.

Dank der verhältnismäßig günstigen Form des Gleichungssystems bleibt der Zeitaufwand für die Berechnung der überzähligen X (mit Hilfe des abgekürzten Gaußschen Algorithmus) in erträglichem Rahmen.

In Abb. 8 sind die Ergebnisse eines Zahlenbeispiels (Abb. 4) mit Bremsverband in Brükkenmitte aufgetragen. Die seitlich sehr weichen Querträger vermögen keine nennenswerte Entlastung der Hauptträger durch die Mitwirkung des Fahrbahnrostes zu verursachen, trotzdem in den Längsträgern Beanspruchungen auftreten, die besonders für die Anschlüsse nicht mehr vernachlässigbar klein sind. Bemerkenswert ist, daß bei gezogener Hauptträgergurtung die inneren Längsträger L_2 Druckspannungen erhalten.

Abb. 9 zeigt die Verhältnisse bei Anordnung von zwei Bremsverbänden an den Brückenenden; hier ist die Entlastung der Hauptträgergurtung immerhin schon so stark, daß ihre Berücksichtigung zu spürbaren Einsparungen, trotz stärkerer Längsträger, bei der Bemessung führen kann.

Die in Abb. 8 und 9 dargestellten Verhältnisse sind Sonderfälle des Problems der mitwirkenden Breite, d. h. des Scheibenproblems, mit der Besonderheit großer Verformungen γ_{xy}.

	X_{11}	X_{21}	X_{12}	X_{22}	X_{13}	X_{23}	X_{14}	X_{24}	X_{15}	X_{25}	Belgl.
1_1	$\zeta_{11}^0 + \zeta_{11}^1 + \lambda_{H1} + \lambda_{11}$	$\zeta_{12}^0 + \zeta_{12}^1 + \lambda_{H1}$	$-\zeta_{11}^1$	$-\zeta_{12}^1$							$\lambda_{H1} \cdot S_{o1}$
2_1	$\zeta_{21}^0 + \zeta_{21}^1 + \lambda_{H1}$	$\zeta_{22}^0 + \zeta_{22}^1 + \lambda_{H1} + \lambda_{21}$	$-\zeta_{21}^1$	$-\zeta_{22}^1$							$\lambda_{H1} \cdot S_{o1}$
1_2	$-\zeta_{11}^1$	$-\zeta_{12}^1$	$\zeta_{11}^1 + \zeta_{11}^2 + \lambda_{H2} + \lambda_{12}$	$\zeta_{12}^1 + \zeta_{12}^2 + \lambda_{H2}$	$-\zeta_{11}^2$	$-\zeta_{12}^2$					$\lambda_{H2} \cdot S_{o2}$
2_2	$-\zeta_{21}^1$	$-\zeta_{22}^1$	$\zeta_{21}^1 + \zeta_{21}^2 + \lambda_{H2}$	$\zeta_{22}^1 + \zeta_{22}^2 + \lambda_{H2} + \lambda_{22}$	$-\zeta_{21}^2$	$-\zeta_{22}^2$					$\lambda_{H2} \cdot S_{o2}$
1_3			$-\zeta_{11}^2$	$-\zeta_{12}^2$	$\zeta_{11}^2 + \zeta_{11}^3 + \lambda_{H3} + \lambda_{13}$	$\zeta_{12}^2 + \zeta_{12}^3 + \lambda_{H3}$	$-\zeta_{11}^3$	$-\xi_{12}^3$			$\lambda_{H3} \cdot S_{o3}$
2_3			$-\zeta_{21}^2$	$-\zeta_{22}^2$	$\zeta_{21}^2 + \zeta_{21}^3 + \lambda_{H3}$	$\zeta_{22}^2 + \zeta_{22}^3 + \lambda_{H3} + \lambda_{23}$	$-\zeta_{21}^3$	$-\xi_{22}^3$			$\lambda_{H3} \cdot S_{o3}$
1_4					$-\zeta_{11}^3$	$-\zeta_{12}^3$	$\zeta_{11}^3 + \zeta_{11}^4 + \lambda_{H4} + \lambda_{14}$	$\zeta_{12}^3 + \zeta_{12}^4 + \lambda_{H4}$	$-\zeta_{11}^4$	$-\zeta_{12}^4$	$\lambda_{H4} \cdot S_{o4}$
2_4					$-\zeta_{21}^3$	$-\zeta_{22}^3$	$\zeta_{21}^3 + \zeta_{21}^4 + \lambda_{H4}$	$\zeta_{22}^3 + \zeta_{22}^4 + \lambda_{H4} + \lambda_{24}$	$-\zeta_{21}^4$	$-\zeta_{22}^4$	$\lambda_{H4} \cdot S_{o4}$
1_5							$-\zeta_{11}^4$	$-\zeta_{12}^4$	$\zeta_{11}^4 + \lambda_{H5} + \lambda_{15}$	$\zeta_{12}^4 + \lambda_{H5}$	$\lambda_{H5} \cdot S_{o5}$
2_5							$-\zeta_{21}^4$	$-\zeta_{22}^4$	$\zeta_{21}^4 + \lambda_{H5}$	$\zeta_{22}^4 + \lambda_{H5} + \lambda_{25}$	$\lambda_{H5} \cdot S_{o5}$

b) Trägerrostwirkung

Ein weiterer Einfluß der Fahrbahn auf die Hauptträger besteht darin, daß die Fahrbahnbelastung durch den Fahrbahnrost mehr oder weniger stark verteilt wird.

Ein für die normale Berechnung mit der *Kraftmethode* (Kraftgrößenverfahren) zweckmäßiges Grundsystem zur Berechnung des hochgradig statisch unbestimmten Trägerrostes gewinnt man dadurch, daß man sich die *schwächsten Elemente*, hier also die Längsträger je feldweise als einfache Balken mit gelenkigen Anschlüssen vorstellt (Abb. 10).

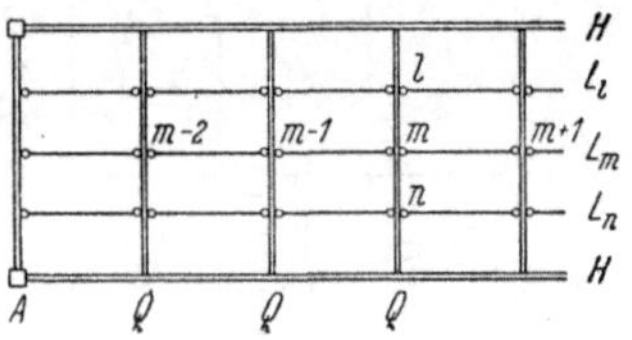

Abb. 10

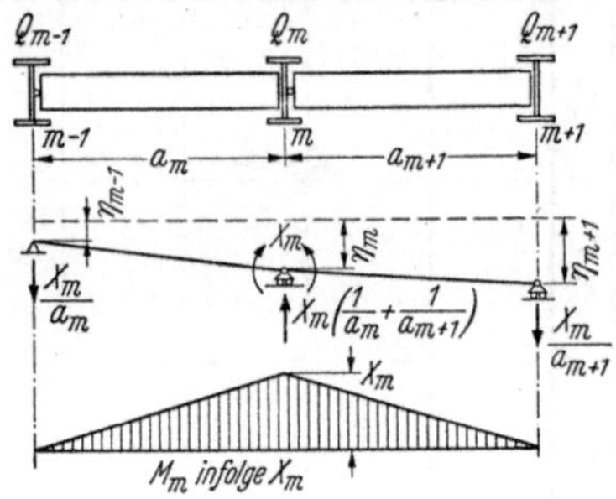

Abb. 11

Der einzelne Längsträgerstrang ist ein durchlaufender Balken auf elastisch senkbaren Stützen, wobei die beiden Fälle zu unterscheiden sind:

Die Torsionssteifigkeit der Querträger darf vernachlässigt werden (Normalfall im Stahlbrückenbau):

An jedem Auflagerpunkt tritt ein überzähliges Stützenmoment X auf (Abb. 11).

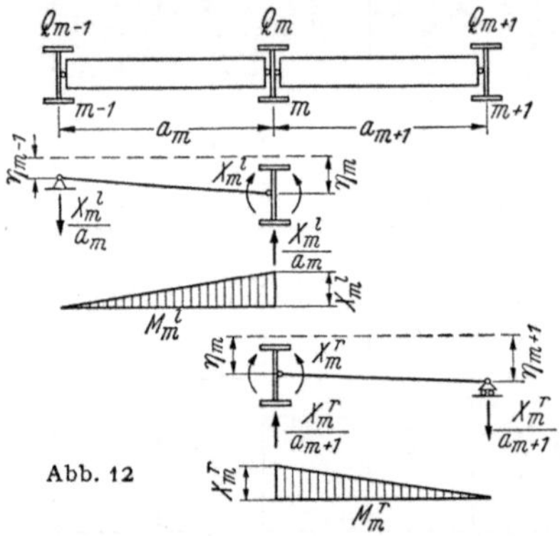

Abb. 12

Da infolge X_m nicht nur Auflagerkräfte auf den Querträger Q_m, sondern auch auf Q_{m-1} und Q_{m+1} ausgeübt werden und da ferner diese Auflagerkräfte auch die Hauptträger belasten, entstehen für den einzelnen Längsträgerstrang fünfgliedrige Elastizitätsgleichungen. Da aber die Durchbiegung η_m des Querträgers m nicht nur durch die Belastung des Längsträgerstranges m, sondern auch der Längsträgerstränge l, n usw. beeinflußt wird, entstehen gekoppelte Elastizitätsgleichungen, analog wie beim Scheibenproblem der Gl. (6), nur mit dem Unterschied, daß hier nicht nur drei, sondern fünf Überzählige für jeden Längsträgerstrang in die Gleichung für jeden Zwischenknotenpunkt eingehen. Auch wenn man zur Verminderung der Unbekannten von der Belastungs-Umordnung Gebrauch macht, ist die Berechnung eines solchen Trägerrostes, wenn auch grundsätzlich nicht schwierig, so doch in der numerischen Durchführung etwas mühsam.

Die Torsionssteifigkeit der Querträger darf nicht vernachlässigt werden:

In diesem Fall treten an jedem Zwischenauflagerpunkt eines Längsträgerstranges zwei verschiedene Stützenmomente X_m^l und X_m^r auf, deren Differenz den Querträger um den Winkel φ_m verdreht (Abb. 12).

Durch den Verdrehungswiderstand der Querträger wird somit die Zahl der Überzähligen (unter Berücksichtigung der Endquerträger) mehr als verdoppelt.

Eine Besonderheit tritt in diesem Fall noch dadurch auf, daß bei den Querträgern, die I-förmigen Querschnitt besitzen, ein Torsionsmoment T nicht nur durch Torsionsschubspannungen,

$$T_\tau = G \cdot J_d \cdot \varphi' = D \cdot \varphi',$$

sondern teilweise auch durch „Flanschbiegung",

$$T_\sigma = \mathfrak{Q}_{Fl.} \cdot h,$$

aufgenommen wird. Mit der Biegesteifigkeit $EI_{Fl.} = B_{Fl.}$ eines Flansches ist

$$\mathfrak{M}_{Fl.} = -B_{Fl.} \cdot \zeta'', \quad \mathfrak{Q}_{Fl.} = -B_{Fl.} \cdot \zeta''';$$

mit der Elastizitätsbedingung $\zeta = h/2 \cdot \varphi$ wird somit

$$T = \mathfrak{Q}_{Fl.} \cdot h = -B_{Fl.} \cdot h^2/2 \cdot \varphi'''.$$

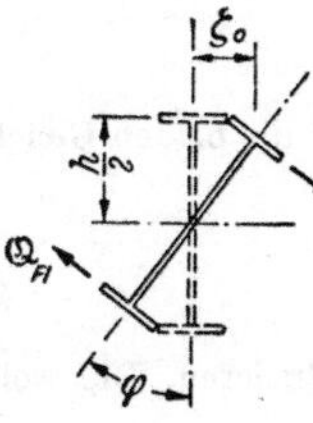

Abb. 13

Führen wir noch für symmetrische I-Querschnitte den Wert

$$B_{Fl.} = 1/2\, EIy = B_2/2$$

und die Abkürzung $a^2 = 4D \cdot l^2/B_2 \cdot h^2$

ein, so ergibt sich die hier maßgebende Differentialgleichung der Torsion mit Flanschbiegung zu[3])

$$T = T_\tau + T_\sigma = D \cdot \varphi' - l^2/a^2 \cdot D \cdot \varphi'''. \qquad (7)$$

Eine numerische Lösung derartiger Gleichungen soll im Abschn. III, 2 besprochen werden. Wegen der weiteren Ausarbeitung der Berechnung wird auf den Abschn. *Baustatik* verwiesen. Dagegen sollen nachstehend noch ein besonders einfacher Sonderfall sowie die Grundzüge des allgemeinen Falles der Trägerrostberechnung besprochen werden.

Der Sonderfall der eingleisigen Eisenbahnbrücke: Ein einfacher Sonderfall liegt hier deshalb vor, weil nur zwei Längsträgerstränge gleicher Ausbildung und gleicher Belastung und mit gleichen Stützensenkungen vorhanden sind. Damit kann für jeden Strang ein unabhängiges Gleichungssystem aufgestellt werden; jeder Längsträgerstrang kann für sich allein berechnet werden (Abb. 14).

Eine meist genügend zuverlässige Abschätzung der Lastverteilung erhalten wir dadurch, daß wir die Torsionssteifigkeit der Querträger vernachlässigen und den Längsträgerstrang als „langen" durchlaufenden Balken auf elastisch senkbaren Stützen betrachten.

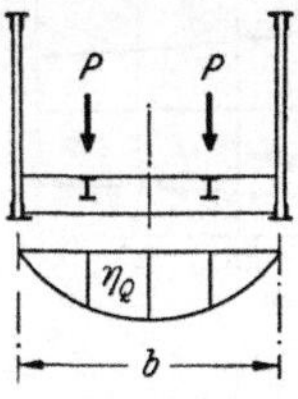

Abb. 14

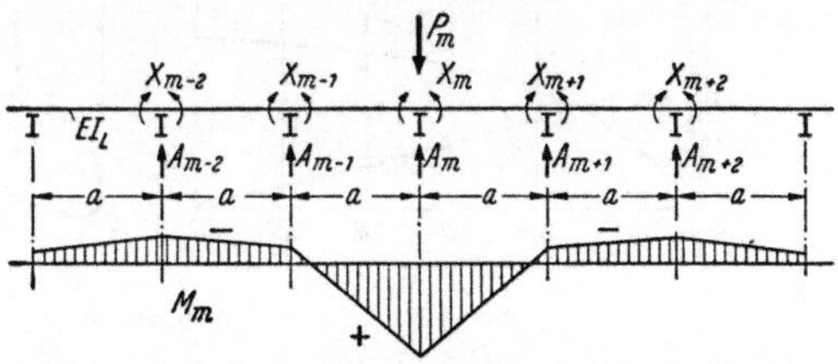

Abb. 15

Ist ein solcher langer Balken mit gleichen Feldweiten a, konstantem Trägheitsmoment I_L und gleicher Senkbarkeit der Auflagerpunkte (η_Q infolge P, Abb. 14) nur durch Einzellasten P in den Auflagerpunkten belastet, so läßt sich mit den

Abkürzungen $\gamma = \dfrac{6EI_L \cdot \eta_Q}{P \cdot a^3} = \dfrac{6EI_L}{C \cdot a^3}$, $\alpha_1 = 4 + 6\gamma$, $\alpha_2 = 1 - 4\gamma$, $\alpha_3 = \gamma$

die Elastizitätsgleichung für das Stützenmoment X_m in der Form

$$\alpha_3 \cdot X_{m-2} + \alpha_2 \cdot X_{m-1} + \alpha_1 \cdot X_m + \alpha_2 \cdot X_{m+1} + \alpha_3 \cdot X_{m+2} = \gamma \cdot a \cdot (P_{m-1} - 2P_m + P_{m+1})$$

anschreiben (Abb. 15).

[3] *S. Timoshenko:* Z. Math. u. Physik Bd. 58 (1910) S. 361.

Ist nur die Zwischenstütze m belastet, so braucht nicht das ganze Gleichungssystem aufgelöst zu werden[4], sondern es läßt sich unter Ausnützung der Symmetrie und mit den Werten

$$\beta_1 = \alpha_1 - \frac{\beta_2^2}{\beta_1} - \frac{\alpha_3^2}{\beta_1}, \quad \beta_2 = \alpha_2 - \frac{\beta_2 \cdot \alpha_3}{\beta_1},$$

auf die beiden Gleichungen

$$(\beta_1 + \alpha_3) \cdot X_{m-1} + \beta_2 \cdot X_m = \gamma \cdot a \cdot P_m,$$

$$\beta_2 \cdot X_{m-1} + \left(\frac{\alpha_1}{2} - \frac{\alpha_3^2}{\beta_1}\right) \cdot X_m = -\gamma \cdot a \cdot P_m$$

reduzieren. Die weiteren Stützenmomente folgen nun aus der Rekursionsformel

$$X_{m-2} = -\frac{\beta_2}{\beta_1} \cdot X_{m-1} - \frac{\alpha_3}{\beta_1} \cdot X_m.$$

Die Werte β ergeben sich am einfachsten aus einer sukzessiven Approximation, indem zuerst β_2,

$$\beta_2 = \frac{\alpha_2 \cdot \beta_1}{\beta_1 + \alpha_3},$$

geschätzt wird, worauf sich β_1 aus der quadratischen Gleichung

$$\beta_1^2 - \alpha_1 \cdot \beta_1 + \beta_2^2 + \alpha_3^2 = 0$$

ergibt. Die Konvergenz dieser Berechnung ist gut.

Die Ergebnisse der Zahlenrechnung für verschiedene Werte γ in Tabelle 1, vgl. auch Abb. 16.

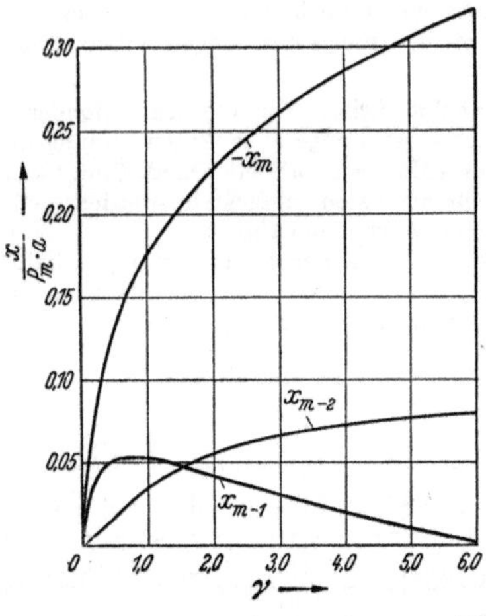

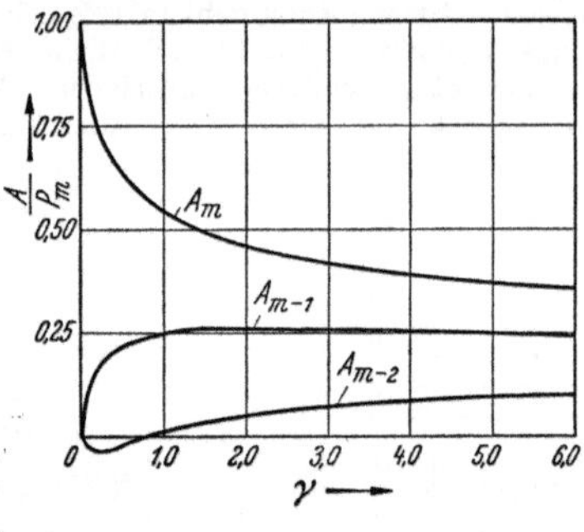

Abb. 16

Tabelle 1

γ	$X_m - M_m$	X_{m-1}	X_{m-2}	X_{m-3}	A_m	A_{m-1}	A_{m-2}
0	0	0	0	0	1,0000	0	0
0,5	−0,1305	0,0516	0,0166	−0,0015	0,6359	0,2171	−0,0169
1,0	−0,1757	0,0521	0,0348	0,0046	0,5444	0,2451	0,0129
2,0	−0,2269	0,0422	0,0553	0,0195	0,4618	0,2560	0,0489
3,0	−0,2599	0,0309	0,0662	0,0324	0,4184	0,2555	0,0692
4,0	−0,2849	0,0202	0,0727	0,0430	0,3899	0,2525	0,0823
5,0	−0,3052	0,0103	0,0768	0,0518	0,3690	0,2490	0,0915
6,0	−0,3225	0,0011	0,0793	0,0592	0,3528	0,2452	0,0983
	$\cdot P_m \cdot a$				$\cdot P_m$		

[4] *F. Stüssi:* Baustatik II (Abschn. III, 2c). Basel 1954.

Die Differentialgleichung des Trägerrostes. Wenn in einem Trägerrost die Torsionssteifigkeit beider Trägergruppen berücksichtigt werden muß, so treten an jedem Kreuzungspunkt drei überzählige Momente auf, nämlich ein Biegemoment M_x und ein Verdrehungsmoment M_{xy} auf den Träger in x-Richtung, wobei M_{xy} den Träger der y-Richtung auf Verdrehen beansprucht, und das Verdrehungsmoment M_{yx}, das den Träger der x-Richtung verdreht. Dazu kommt ferner das statisch bestimmte Biegemoment M_y (Abb. 17). Bei der großen Zahl von Überzähligen, die hier auftreten, ist die Berechnung nach der Kraftmethode nicht mehr zweckmäßig, sondern es scheint angezeigt, die *Deformationsmethode* (Formänderungsgrößenverfahren) beizuziehen.

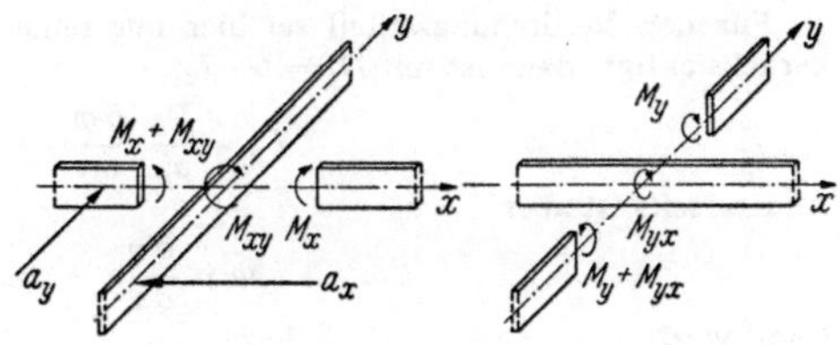

Abb. 17

Das Vorgehen mit der Deformationsmethode beruht darauf, daß hier Formänderungsgrößen, hier die Durchbiegungen η des Trägerrostes, als Unbekannte eingeführt werden; die gesuchten Kraftgrößen sind durch die unbekannten Formänderungen auszudrücken. Die Bestimmungsgleichungen des Problems ergeben sich aus Gleichgewichtsbedingungen.

Eine Formulierung des Trägerrostproblems nach der Deformationsmethode ist verhältnismäßig einfach möglich, wenn von der endlichen Maschenweite auf den „stetigen" Trägerrost übergegangen wird, bei dem auch die gegenseitigen Reaktionen der beiden Trägerscharen stetig verteilt werden.

Es sei zunächst ein Element dx eines Plattenstreifens der x-Richtung mit der Breite dy betrachtet (Abb. 18). Dabei ist zu beachten, daß das Drehmoment M_{xy} der Abb. 17 die Änderung des Torsionsmomentes T_y am Kreuzungspunkt bedeutet; als Vorzeichenregel sei festgehalten, daß T_y mit wachsendem y abnimmt.

Eine Komponentengleichgewichtsbedingung $\Sigma Z = 0$ liefert

$$\frac{\partial Q_x}{\partial x} = -p_1,$$

während sich aus einer Momentengleichgewichtsbedingung $\Sigma M = 0$ die Beziehung

$$\frac{\partial M_x}{\partial x} - \frac{\partial T_y}{\partial y} = Q_x$$

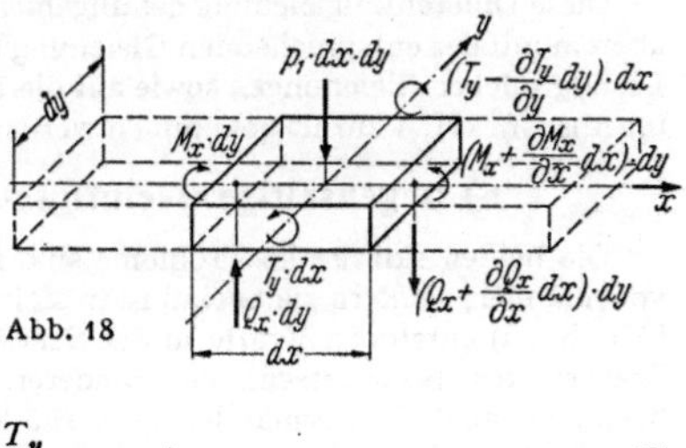

Abb. 18

ergibt. Durch Elimination von Q_x folgt

$$\frac{\partial^2 M_x}{\partial x^2} - \frac{\partial^2 T_y}{\partial x \cdot \partial y} = -p_1. \tag{8}$$

Wir teilen nun die Belastung p_1 des Längsstreifens auf in einen durch Biegung aufgenommenen Anteil p_x und einen durch Verdrehung aufgenommenen Anteil p_{xy}:

$$\frac{\partial^2 M_x}{\partial x^2} = -p_x, \quad \frac{\partial^2 T_y}{\partial x \cdot \partial y} = p_{xy}. \tag{9}$$

Diese Belastungen sind nun durch die unbekannten Formänderungen, hier die Durchbiegungen η, auszudrücken. Für den Biegeanteil p_x liefert die Differentialgleichung der Biegelinie den gesuchten Zusammenhang; dabei ist die Biegesteifigkeit $B_x = EJ_x$ des ursprünglichen x-Trägers auf die Maschenbreite a_x zu verteilen:

$$\frac{B_x}{a_y} \cdot \frac{\partial^2 \eta}{\partial x^2} = -M_x,$$

woraus durch Elimination von M_x aus Gl. (8) die bekannte Beziehung

$$\frac{B_x}{a_y} \cdot \frac{\partial^4 \eta}{\partial x^4} = p_x \tag{10a}$$

folgt.

Für den Verdrehungsanteil sei hier nur reine Torsion ohne Flanschbiegung berücksichtigt; dann ist mit $D_y = G \cdot J_{dy}$

$$T_y = \frac{D_y}{a_x} \cdot \frac{\partial \varphi}{\partial y}.$$

Andererseits ist aber

$$\varphi = \frac{\partial \eta}{\partial x};$$

somit wird

$$\frac{D_y}{a_x} \cdot \frac{\partial^2 \eta}{\partial x \cdot \partial y} = T_y$$

und durch Elimination von T_y

$$\frac{D_y}{a_x} \cdot \frac{\partial^4 \eta}{\partial x^2 \cdot \partial y^2} = p_{xy}. \tag{10b}$$

Analoge Gleichungen für einen Plattenstreifen der y-Richtung:

$$\frac{B_y}{a_x} \cdot \frac{\partial^4 \eta}{\partial y^4} = p_y, \qquad \frac{D_x}{a_y} \cdot \frac{\partial^4 \eta}{\partial x^2 \cdot \partial y^2} = p_{yx}. \tag{10c, 10d}$$

Die Bestimmungsgleichung, eine Gleichgewichtsbedingung, hat einfach auszusagen, daß die äußere Belastung p durch die vier Lastanteile p_x, p_y, p_{xy} und p_{yx} aufgenommen werden muß:

$$p_x + p_{xy} + p_{yx} + p_y = p$$

oder nach Einsetzen der Werte p nach Gl. (10)

$$\frac{B_x}{a_y} \cdot \frac{\partial^4 \eta}{\partial x^4} + \left(\frac{D_y}{a_x} + \frac{D_x}{a_y}\right) \cdot \frac{\partial^4 \eta}{\partial x^2 \cdot \partial y^2} + \frac{B_y}{a_x} \cdot \frac{\partial^4 \eta}{\partial y^4} = p. \tag{11}$$

Diese Differentialgleichung des allgemeinen Trägerrostes stimmt in ihrem Aufbau überein mit der entsprechenden Gleichung der *orthotropen Platte*. Auf die numerische Lösung solcher Gleichungen sowie auf die Formulierung der Randbedingungen wird im Abschn. III, 4 zurückgekommen werden.

c) Gegenseitige Beeinflussung von Scheibe und Rost

Die beiden skizzierten Probleme sind nun genau genommen nicht unabhängig voneinander, sondern sie beeinflussen sich gegenseitig. Durch die Scheibenwirkung (Abschn. a) entstehen Kräfte in der Scheibenebene, die die Durchbiegungen η des Trägerrostes beeinflussen, und andererseits beeinflussen die Trägerrostdurchbiegungen auch die Formänderungsverhältnisse der Scheibe.

Wirkt im Träger der x-Richtung des Trägerrostes eine Längskraft S_x, so müssen infolge der Durchbiegungen η Ablenkungskräfte

$$S_x \cdot \frac{\partial^2 \eta}{\partial x^2} \cdot dx$$

auftreten, die durch das Trägerelement dx aufgenommen werden müssen. Beim Übergang auf den stetigen Rost entstehen somit Zusatzbelastungen Δp,

$$\Delta p = \frac{S_x}{a_y} \cdot \frac{\partial^2 \eta}{\partial x^2}, \tag{12}$$

die zur äußeren Belastung p hinzutreten. Ist die Längskraft S_x eine Zugkraft, so

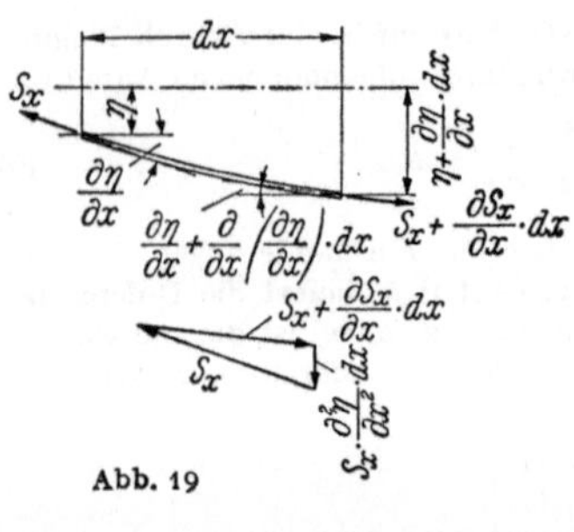

Abb. 19

wirkt Δp entlastend; ist dagegen S_x eine Druckkraft, so wirkt Δp im Sinne einer Vergrößerung der äußeren Belastung p.

Andererseits wirkt sich der bei einer Durchbiegung auftretende Unterschied zwischen der Länge des geneigten Elementes und seiner Projektion gleich aus wie eine zusätzliche Verkürzung; es ist

$$-\Delta\varepsilon_x \cdot dx = dx \cdot \left[\sqrt{1 + \left(\frac{\partial \eta}{\partial x}\right)^2} - 1\right]$$

oder, da $\partial \eta / \partial x$ klein ist gegen Eins,

$$-\Delta\varepsilon_x = \frac{1}{2}\left(\frac{\partial \eta}{\partial x}\right)^2. \qquad (13)$$

Es sind somit die zusätzlichen Belastungen Δp nach Gl. (12) (wobei analoge Zusatzbelastungen auch für Normalkräfte S_y und gegebenenfalls auch für Schubkräfte S_{xy} und S_{yx} zu berücksichtigen sind) in der Trägerrostberechnung (beispielsweise in der Formulierung der Gl. (11)) einzuführen, während die zusätzlichen Dehnungen $\Delta\varepsilon_x$ nach Gl. (13) (und analoge Werte $\Delta\varepsilon_y$ und $\Delta\varepsilon_{xy}$) bei der Scheibenberechnung, für die Gl. (6) einen einfachen Sonderfall darstellt, zu berücksichtigen sind.

Es ist nun ohne Schwierigkeit möglich, sowohl die Differentialgleichung der Scheibe wie diejenige der Platte durch diese Zusatzgrößen zu erweitern; diese beiden „erweiterten" Differentialgleichungen sind schon vor längerer Zeit von *Th. von Kármán*[5] aufgestellt worden. Dagegen ist bis heute eine mathematische Lösung dieser Gleichungen für den allgemeinen Fall noch nicht gelungen.

Dagegen zeigt sich ein praktisch gangbarer Weg einer numerischen Lösung auf dem Wege der sukzessiven Approximation, indem beispielsweise zuerst aus der normalen Scheibenberechnung die Kräfte S bzw. die daraus resultierenden Zusatzbelastungen Δp ermittelt und in die Plattenberechnung eingeführt werden; darauf kann die Scheibenberechnung unter Berücksichtigung der zusätzlichen Dehnungen $\Delta\varepsilon$ wiederholt werden usw. Selbstverständlich ist eine solche Berechnung immer etwas mühsam, so daß sie sich wohl nur bei größeren Bauobjekten lohnen wird.

Nun liegen aber im Stahlbrückenbau die Verhältnisse insofern günstig, als die gegenseitigen Einflüsse Δp und $\Delta\varepsilon$ verhältnismäßig klein sind. Bei normaler Fahrbahnausbildung mit einem eigentlichen Fahrbahnrost dürften diese Einflüsse überhaupt vernachlässigt werden, dagegen dürften sie bei Ausführung der Fahrbahn als mit den Hauptträgern zusammenwirkende orthotrope Platte wohl meistens nicht mehr vernachlässigbar klein sein, so daß ihre Größe wohl durch eine erste Abschätzung wenigstens der Größenordnung nach beurteilt werden muß.

3. Dreiflächige Raumtragwerke

a) Die Lagerung

Zur stabilen Lagerung eines stabilen Körpers genügen 6 Auflagerstäbe, von denen höchstens 3 in der gleichen Ebene liegen und höchstens 3 sich im gleichen Punkt schneiden dürfen. Wenn nun aber ein dreiflächiges Raumtragwerk nach Abb. 3a mit 7 Auflagerstäben statisch bestimmt aufgebaut ist, so bedeutet dies, daß ein solches Tragwerk an sich keinen stabilen Körper darstellt; das Tragwerk wird erst durch die Stützung mit mehr als 6 Auflagerstäben stabil. Dies hat zur Folge, daß ein dreiflächiger Träger einer Auflagersenkung zwängungsfrei folgen kann; Auflagersenkungen haben (unter den getroffenen Voraussetzungen) keine inneren Spannungen zur Folge.

Praktisch wird normalerweise nicht die einfachste Lagerung Abb. 3 ausgeführt, sondern die Anordnung Abb. 20, bei der beide Hauptträger ein festes Auflager er-

---

[5] *Th. von Kármán:* s. Enzyklopädie der math. Wiss., Vol. IV 4. Leipzig (1910) S. 349. — *S. Timoshenko:* Theory of Plates and Shells, New York 1940, Gl. 200 und 201.

halten. Dadurch wird das System einfach statisch unbestimmt; als überzählige Größe ist eine der beiden längsgerichteten horizontalen Auflagerkräfte einzuführen. Die Folge des statisch bestimmten Aufbaues ist nun einfach die, daß sich die statische Unbestimmtheit der Lagerung nicht auf das gesamte Tragwerk, sondern nur auf den Windverband, der nun zum einseitig eingespannten Balken wird, äußert.

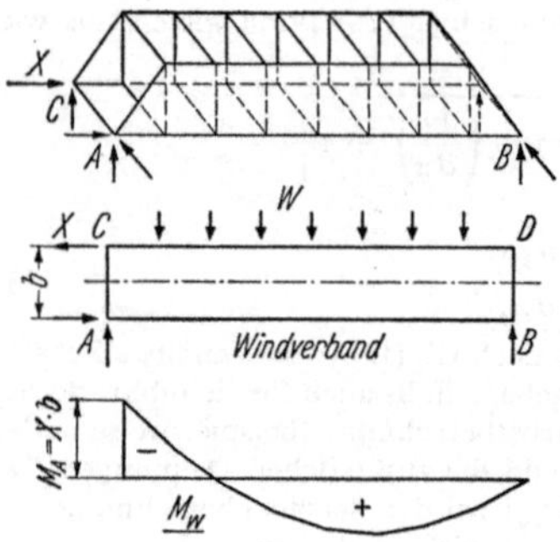

Abb. 20

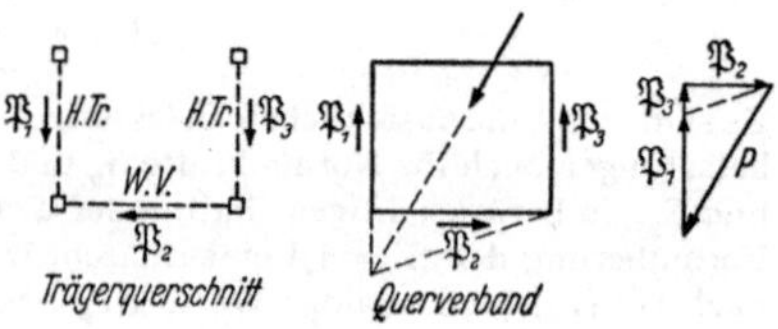

Abb. 21

b) Dreiflächige Raumfachwerke

Die statische Bestimmtheit des Aufbaues eines dreiflächigen Tragwerkes hat zur Folge, daß jede Tragfläche direkt durch die auf sie anfallenden Anteile der äußeren Belastung beansprucht wird; eine äußere Belastung $\mathfrak{P}$ kann auf statisch bestimmte Weise in die drei „Scheibenbelastungen" $\mathfrak{P}$ zerlegt werden. Eine gegenseitige räumliche Beeinflussung der Tragflächen tritt nicht ein. Die Querverbände werden nur durch die Funktion der örtlichen Lastverteilung beansprucht.

Bei zwei lotrechten Hauptträgern und einem waagrechten Windverband besitzen die Querverbände Rechteckform mit einer freien Kante; wirken keine äußeren Belastungen auf den Querverband ein, so müssen auch die drei Kantenkräfte der an den Hauptträgern angeschlossenen Kanten Null sein (Abb. 21).

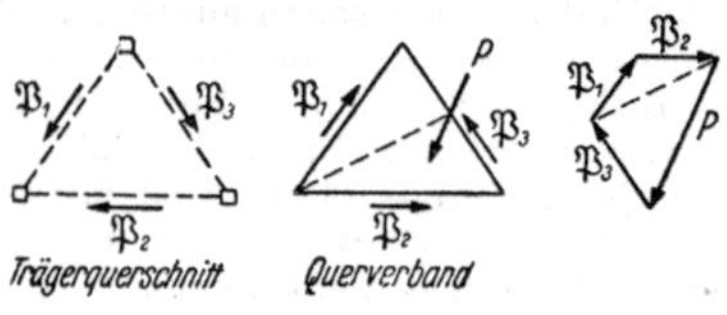

Abb. 22

In einer unteren Gurtung, die gemeinsam einem Hauptträger und dem Windverband angehört, superponieren sich die Gurtstabkräfte aus den beiden Scheibenbelastungen $\mathfrak{P}_1$ und $\mathfrak{P}_2$ bzw. $\mathfrak{P}_2$ und $\mathfrak{P}_3$. Sind die einzelnen Fachwerkscheiben statisch bestimmt gegliedert, so tritt keine gegenseitige Beeinflussung des Kräftespiels in den einzelnen Scheiben ein. Ist dagegen eine Scheibe, beispielsweise der Windverband, statisch unbestimmt gegliedert (z. B. doppelter Strebenzug), so beeinflußt die gesamte Dehnung der gemeinsamen Gurtung und damit auch die Scheibenbelastung $\mathfrak{P}$ der beiden angrenzenden Scheiben (Hauptträger) die Stabkräfte der statisch unbestimmten Ausfachung.

Beim *Dreigurtträger* superponieren sich in allen drei Gurtungen die Stabkräfte in den entsprechenden Gurtungen der angrenzenden Scheiben (Abb. 22).

c) Dreiflächige Tragwerke aus vollwandigen Scheiben

Infolge des statisch bestimmten Aufbaues des Raumtragwerkes bleibt auch hier die statisch bestimmte Aufteilung einer äußeren Belastung P in die drei Scheibenbelastungen $\mathfrak{P}$ erhalten. Für die Scheibenquerkräfte $\mathfrak{Q}$ und die Scheibenmomente $\mathfrak{M}$ gelten unverändert die grundlegenden Beziehungen der Balkenbiegung:

$$\frac{d\,\mathfrak{M}}{dz} = \mathfrak{Q}, \quad \frac{d\,\mathfrak{Q}}{dz} = -\mathfrak{p}, \quad \frac{d^2\mathfrak{M}}{dz^2} = -\mathfrak{p}. \tag{14}$$

Die Querkräfte $\mathfrak{Q}$ und die Momente $\mathfrak{M}$ können also aus den Belastungen $\mathfrak{P}$ mit den Methoden der elementaren Baustatik berechnet werden.

Dagegen tritt hier die Besonderheit auf, daß die Normalspannungen σ und damit auch die Schubspannungen τ der Einzelscheiben sich gegenseitig beeinflussen. In einer gemeinsamen Kante von zwei aneinanderstoßenden Scheiben müssen die Längsspannungen $\sigma_z = E \cdot \varepsilon_z$ infolge der gemeinsamen Dehnung ε_z gleich groß sein (*Elastizitätsbedingung*). Trotz des statisch bestimmten Aufbaues ist ein dreiflächiges Vollwandtragwerk statisch unbestimmt; als überzählige Größen treten die Kantenkräfte L auf, die von aneinanderstoßenden Scheiben in gemeinsamen Kanten aufeinander ausgeübt werden.

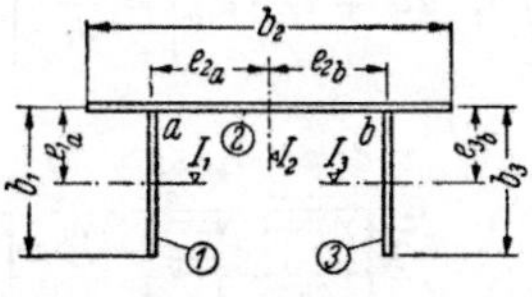

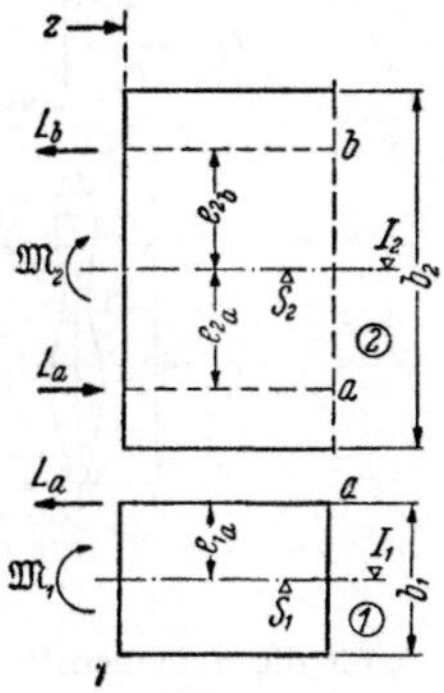

Abb. 23

Für einen *offenen Querschnitt* nach Abb. 23 sind zwei Elastizitätsbedingungen, je eine für die Kanten a und b, anzuschreiben.

In der Kante a der Scheibe 1 beträgt die Normalspannung σ_z nach Gl. 3)

$$\sigma_{1a} = -\frac{\mathfrak{M}_1 \cdot e_{1a}}{I_1} + \frac{L_a}{F_1} + \frac{L_a \cdot e_{1a}^2}{I_1} = \sigma_{o_{1a}} + L_a \cdot \frac{e_{1a}^2 + i_1^2}{I_1}; \tag{15a}$$

analog für Kante a der Scheibe 2

$$\sigma_{2a} = \frac{\mathfrak{M}_2 \cdot e_{2a}}{I_2} - \frac{L_a}{F_2} - \frac{L_a \cdot e_{2a}^2}{I_2} + \frac{L_b}{F_2} - \frac{L_b \cdot e_{2a} \cdot e_{2b}}{I_2}$$

$$= \sigma_{o_{2a}} - L_a \cdot \frac{e_{2a}^2 + i_2^2}{I_2} - L_b \cdot \frac{e_{2a} \cdot e_{2b} - i_2^2}{I_2}. \tag{15b}$$

Ebenso lassen sich die Spannungen σ_b der Kante b für die Scheiben 2 und 3 berechnen. Die Gleichsetzungen $\sigma_{1a} = \sigma_{2a}$ und $\sigma_{2b} = \sigma_{3b}$ liefern uns die beiden Elastizitätsbedingungen, wenn wir noch zur Vereinfachung der Schreibweise den Trägheitsradius i, $i^2 = I/F$, einführen:

$$L_a \cdot \left(\frac{e_{1a}^2 + i_1^2}{I_1} + \frac{e_{2a}^2 + i_2^2}{I_2}\right) + L_b \cdot \frac{e_{2a} \cdot e_{2b} - i_2^2}{I_2} = -\sigma_{o_{1a}} + \sigma_{o_{2a}};$$

$$L_a \cdot \frac{e_{2a} \cdot e_{2b} - i_2^2}{I_2} + L_b \cdot \left(\frac{e_{2b}^2 + i_2^2}{I_2} + \frac{e_{3b}^2 + i_3^2}{I_3}\right) = -\sigma_{o_{2b}} + \sigma_{o_{3b}}. \tag{16}$$

Nach Auflösung dieses Gleichungssystems können die Spannungen σ für alle Punkte des Querschnittes z berechnet werden. Ist das Verhältnis der Momente $\mathfrak{M}_1 : \mathfrak{M}_2 : \mathfrak{M}_3$ über die ganze Länge des Tragwerks konstant, so bleibt die Spannungsverteilung σ für alle Querschnitte ähnlich; die Spannungsverteilung braucht nur für einen Querschnitt berechnet zu werden und die Spannungen σ verlaufen in Längsrichtung ähnlich wie die Momente $\mathfrak{M}$. Ändert sich dagegen das Verhältnis der Momente $\mathfrak{M}_1 : \mathfrak{M}_2 : \mathfrak{M}_3$, wie dies beispielsweise für ungleichmäßig verteilte Belastung der beiden Hauptträger der Fall ist, so muß die Berechnung der Kantenkräfte L und der Spannungen σ für eine genügend große Anzahl von Schnitten z durchgeführt werden.

Die Schubspannungen $\tau_{yz} = \tau_{zy}$ ergeben sich nun aus dem Verlauf der Normalspannungen σ_z durch eine Gleichgewichtsbetrachtung

$$\frac{\partial \sigma_z}{\partial z} + \frac{\partial \tau_{yz}}{\partial y} = 0.$$

Für ein Element dz einer Scheibe b_i folgt daraus nach Abb. 24, wenn wir hier die Ableitungen nach z durch Striche bezeichnen ($d\sigma_z/dz = \sigma_z'$ usw.):

$$\tau_i = \frac{1}{d_i}\cdot\left[-\int_{y_i}^{e_{i_0}}\sigma_z'\cdot dF + \tau_{i_0}\cdot d_{i_0}\right] = \frac{1}{d_i}\cdot\left[-\int_{y_i}^{e_{i_0}}\sigma_z'\cdot dF - L_{o_i}'\right]. \quad (17)$$

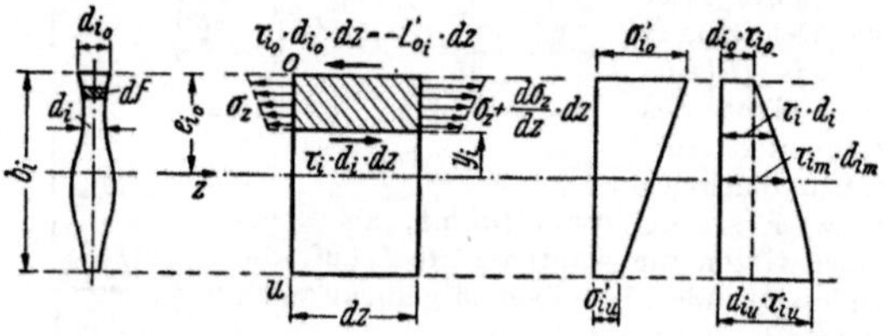

Abb. 24

Ist die Scheibenstärke d_i konstant, so ergeben sich die Schubspannungen für Scheibenmitte, $y_m = 0$, $e_{i_0} = b_i/2$:

$$\tau_{i_m} = \tau_{i_0} - b_i/8\cdot\left(3\sigma_{i_0}' + \sigma_{i_u}'\right) \quad (17a)$$

und für den unteren Scheibenrand

$$\tau_{i_u} = \tau_{i_0} - b_i/2\cdot\left(\sigma_{i_0}' + \sigma_{i_u}'\right). \quad (17b)$$

Zur Berechnung der Spannungsänderungen σ_z' die zur Bestimmung der Schubspannungen τ notwendig sind, liefert Gl. (3) die Grundlage. Für konstante Querschnitte ist

$$\sigma_z' = \frac{N'}{F} - \frac{M_x'}{I_x}\cdot y;$$

somit für eine Einzelscheibe mit $\mathfrak{N}_i' = 0$ und $\mathfrak{M}_i' = \mathfrak{Q}_i$

$$\sigma_{oi_z}' = -\frac{\mathfrak{Q}_i}{I_i}\cdot y_i.$$

Für die Kantenpunkte a und b lassen sich die Spannungsänderungen σ' analog zu den Gl. (15) berechnen. Da nun aber für die Kanten auch die Bedingungen $\sigma_{1a}' = \sigma_{2a}', \sigma_{2b}' = \sigma_{3b}'$ erfüllt sein müssen, ergeben sich für die Änderungen L' der Kantenkräfte L zwei zu den Gl. (16) analoge Elastizitätsbedingungen:

$$\begin{aligned} L_a'\cdot\left(\frac{e_{1a}^2 + i_1^2}{I_1} + \frac{e_{2a}^2 + i_2^2}{I_2}\right) + L_b'\cdot\frac{e_{2a}\cdot e_{2b} - i_2^2}{I_2} &= -\sigma_{01a}' + \sigma_{02a}'; \\ L_a'\cdot\frac{e_{2a}\cdot e_{2b} - i_2^2}{I_2} + L_b'\cdot\left(\frac{e_{2b}^2 + i_2^2}{I_2} + \frac{e_{3b}^2 + i_3^2}{I_3}\right) &= -\sigma_{02b}' + \sigma_{03b}'. \end{aligned} \quad (16a)$$

Die Verteilung der Spannungsänderungen σ' über den Querschnitt z ist nur dann ähnlich zur Verteilung der Spannungen σ, wenn das Verhältnis der Scheibenmomente $\mathfrak{M}_1 : \mathfrak{M}_2 : \mathfrak{M}_3$ über die Trägerspannweite konstant bleibt, d. h. wenn über alle Querschnitte die Verteilung der Spannungen σ ähnlich bleibt.

In Abb. 25 ist für ein (schematisiertes) Beispiel der Verlauf der Spannungen σ bzw. der Spannungsänderungen σ' und der Schubspannungen τ aufgetragen.

Der untersuchte Belastungsfall $P = \mathfrak{P}_1$, $\mathfrak{P}_2 = \mathfrak{P}_3 = 0$, kann in eine reine Biegebelastung und eine Verdrehungsbelastung zerlegt gedacht werden. Nun treten aber bei Verdrehung auch hier nicht berücksichtigte Torsionschubspannungen, analog Abb. 13, auf, die einen Teil des Torsionsmomentes aufnehmen. Für den Torsionsanteil bedeutet somit die hier skizzierte Untersuchung nur eine Annäherung, die allerdings für die Bemessung auf der sicheren Seite liegt; auf die Berücksichtigung des Torsionsanteils wird im Abschn. 5 zurückgekommen werden.

Es ist bemerkenswert, daß dank dem statisch bestimmten Aufbau des dreiflächigen Tragwerks eine Verformung der Querverbände oder damit eine Änderung der Querschnittsform sich auf die Spannungsberechnung überhaupt nicht auswirkt; solche dreiflächige Tragwerke können somit auch auf Grund einer bestimmten Voraussetzung über die Querschnittsform (die „Querschnittsform bleibt erhalten") berechnet werden. Ein solches Berechnungsverfahren wird im Abschn. 5 aufgestellt werden.

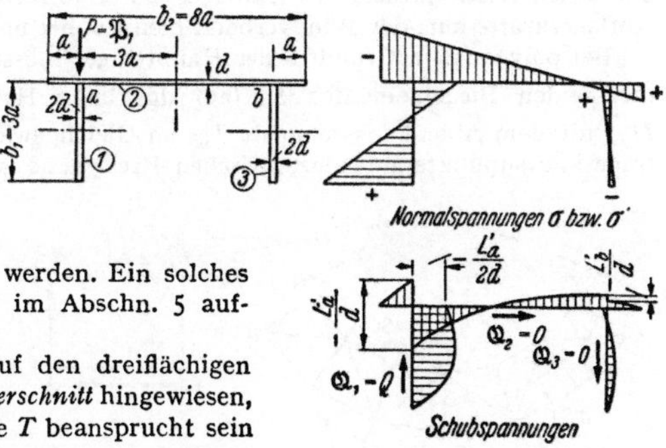

Abb. 25

Mit Abb. 26 sei noch auf den dreiflächigen Träger mit *geschlossenem Querschnitt* hingewiesen, der durch Torsionsmomente T beansprucht sein soll.

Mit den drei statisch bestimmten Scheibenquerkräften $\mathfrak{Q}$, die zusammen das Torsionsmoment T aufnehmen, können nun zur Bestimmung der Werte L_a', L_b', L_c' die Gl. (16a) angeschrieben werden; dabei zeigt sich, daß diese Gleichungen für

$$L_a' = L_b' = L_c' = -\frac{T}{b_1 \cos\alpha_1\,(b_1 \sin\alpha_1 + b_3 \cdot \sin\alpha_3)} = -\frac{T}{2F_m}$$

erfüllt sind. Mit F_m ist der Flächeninhalt der durch die drei Scheiben umschlossenen Querschnittsfläche bezeichnet. Hier wird somit ein Torsionsmoment durch einen reinen *Schubfluß s*,

$$s = -L' = \tau \cdot d = T/2F_m,$$

aufgenommen. Es ist daraus zu schliessen, daß bei einem Kastenquerschnitt unter Torsion der Schubfluß die primäre Beanspruchung ist, während die Normalspannungen σ sekundären Charakter besitzen.

Bei der Schubspannungsverteilung Abb. 26 kann selbstverständlich der Querschnitt der Scheibe 2 mit ihren überstehenden oder „freien Flanschen" nicht ebenbleiben, wie dies die normale Spannungsberechnung von Vollwandträgern mit der Elastizitätsbedingung Gl. (4a) voraussetzt. Würde die Berechnung mit den genaueren Elastizitätsbedingungen der Gl. (4b) oder (4c) durchgeführt, so würden sich im Querschnitt Abb. 26 unter Torsion auch Normalspannungen σ_s ergeben. Eine wesentlich verbesserte Annäherung an die Elastizitätsgleichung (4c) ergibt sich dadurch, daß die Scheibe 2 in drei Einzelscheiben, nämlich die beiden freien Flanschen und den zum geschlossenen Querschnittsteil gehörenden mittleren Scheibenteil aufgeteilt wird. Damit wird aber das Tragwerk fünfflächig, und sein Aufbau ist nicht mehr statisch bestimmt. Auf solche Tragsysteme wird im Abschnitt 5 eingetreten.

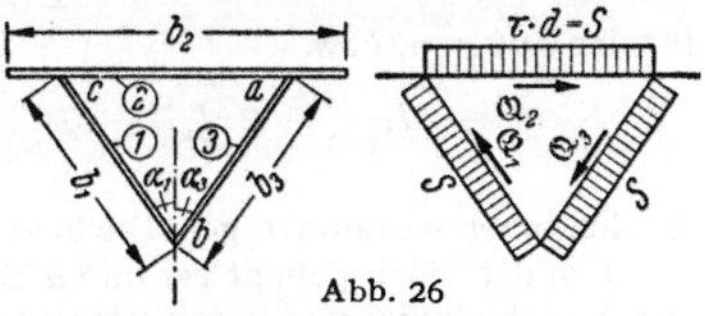

Abb. 26

d) Gekrümmte dreiflächige Träger

Wenn ein dreiflächiges Tragwerk im Grundriß oder Aufriß gekrümmt ist, so ändert sich durch die Krümmung (bei einfachster Lagerung) nichts an der statischen Bestimmtheit des Aufbaues. Durch die folgenden zwei Beispiele soll kurz auf die Besonderheiten, die bei gekrümmten Trägern auftreten, hingewiesen werden.

Balkenbrücke mit gekrümmten Hauptträgern. In der Balkenbrücke Abb. 27 mit zwei gekrümmten Hauptträgern und einem Windverband treten infolge der statischen Bestimmtheit des Aufbaues unter lotrechter Belastung nur lotrechte Auflagerkräfte auf; der Windverband bleibt dabei unbeansprucht.

Bei polygonalem Grundriß der Hauptträger müssen an einem Knotenpunkt m die beiden Biegemomente M'_m (auf das linke Hauptträgerfeld wirkend) und M''_m mit dem Ablenkungsmoment T_m im Gleichgewicht sein. Liegen die Hauptträgerknotenpunkte auf konzentrischen Kreisen, so ist bei konstanter Feldweite s und radial angeordneten Querträgern (Normalfall):

$$M'_m = M''_m = M_m,$$

$$T_m = 2 M_m \cdot \sin\alpha = M_m \cdot s/r.$$

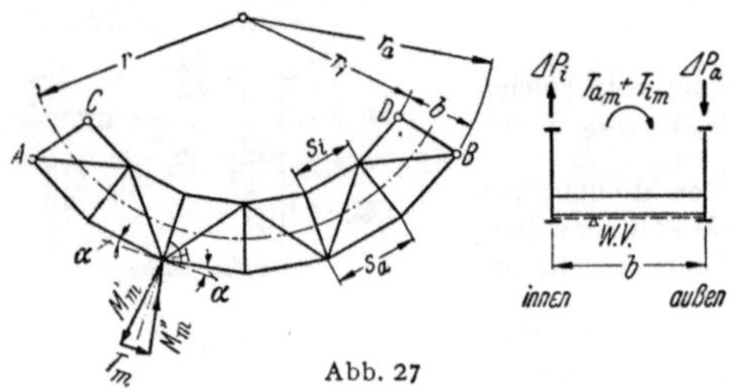

Abb. 27

Die Ablenkungsmomente T_m werden durch die Querverbände in lotrechte Zusatzbelastungen ΔP_m der beiden Hauptträger umgesetzt, positiv für den äußeren und negativ für den inneren Hauptträger; die gesamte Knotenlast K_m beträgt somit

$$K_m = P_m \pm (T_{am} + T_{im})/b,$$

wobei P_m die äußere Belastung darstellt und das positive Vorzeichen für den äußeren Hauptträger gilt.

Eliminieren wir aus den bekannten Gleichungen der Biegelehre,

$$M_m = M_{m-1} + Q_m \cdot s,$$

$$M_{m+1} = M_m + Q_{m+1} \cdot s,$$

die Querkräfte Q mit Hilfe von

$$Q_m - Q_{m+1} = K_m,$$

so erhalten wir die beiden Gleichungssysteme

$$-M_{a_{m-1}} + 2M_{a_m} - M_{a_{m+1}} = P_{a_m} \cdot s_a + \frac{s \cdot s_a}{b \cdot r}\left(M_{a_m} + M_{i_m}\right) \quad (18\text{a})$$

für den äußeren, bzw.

$$-M_{i_{m-1}} + 2M_{i_m} - M_{i_{m+1}} = P_{i_m} \cdot s_i - \frac{s \cdot s_i}{b \cdot r}\left(M_{a_m} + M_{i_m}\right) \quad (18\text{b})$$

für den inneren Hauptträger. Die beiden Gleichungssysteme sind nicht unabhängig voneinander, doch gelingt es, durch Einführung neuer Unbekannter, zwei voneinander unabhängige und damit leichter auflösbare Gleichungssysteme aufzustellen[6]).

Bei den praktisch vorkommenden Krümmungsradien läßt sich ein meist wesentlich einfacheres und genügend genaues Annäherungsverfahren dadurch aufstellen, daß wir

$$M_{a_m} + M_{i_m} = M_{o_{am}} + M_{o_{im}}$$

setzen, dabei bedeuten M_{o_a} und M_{o_i} die Hauptträgermomente ohne Krümmungseinfluß. Diese Annäherung (sukzessive Approximation) dürfte besonders auch bei beliebiger Grundrißform und bei durchlaufenden Hauptträgern zweckmäßig sein.

Charakteristisches Merkmal gekrümmter Träger ist das Auftreten von „Ablenkungsmomenten" T_m, die das Tragwerk auf *Verdrehen* beanspruchen. Bei Trag-

[6] *F. Stüssi:* Zur Berechnung von Stahlbrücken mit gekrümmten Hauptträgern. Denkschrift der E. T. H. zum hundertjährigen Bestehen des S. I. A. Zürich 1937.

werken mit nur einem Windverband werden diese Drehmomente T_m nur durch die Hauptträger aufgenommen; sind dagegen zwei Windverbände (und Zwischenquerbände) vorhanden, so verteilen sich die Drehmomente auf die beiden Scheibenpaare (statisch unbestimmte Verteilung).

Der Windverband einer Bogenbrücke. Bei einer Bogenbrücke mit zwei Hauptträgern und einem Windverband ist der Windverband wegen der vier waagrechten Auflagerkräfte beidseitig eingespannt, also statisch unbestimmt gelagert (Abb. 20). Ein statisch bestimmtes Grundsystem wird durch Einführung der einfachsten Lagerung hergestellt (Abb. 28).

In diesem Grundsystem ($X_1 = X_2 = X_3 = 0$) sind die Windauflagerkräfte W_A und W_B aus den Windkräften W und damit die quergerichteten Windquerkräfte Q_W aus den Gleichgewichtsbedingungen der Grundrißprojektion bestimmbar; damit ergeben sich die Projektionen D' der Windverbandstrebenkräfte D im skizzierten K-Fachwerk zu

$$D'_a = -D'_b = Q_W/2 \sin\alpha'.$$

Die Kantenkräfte ΔL, die der Windverband auf die beiden Hauptträger mit entgegengesetztem Vorzeichen ausübt, werden am einfachsten in zwei Komponenten ΔL_x und ΔL_y zerlegt; es ist

$$\Delta L_x = D'_a \cdot \cos\alpha' = Q_W/2 \operatorname{tg}\alpha', \quad \Delta L_y = \Delta L_x \cdot \operatorname{tg}\varphi.$$

Damit sind die Beanspruchungen des Grundsystems und daraus die überzähligen Größen bestimmbar. Wegen der Antimetrie bezüglich der Längsachse ist

$$X_1 = (-)\, H_A, \quad X_3 = (-)\, X_2;$$

die horizontalen Auflagerkräfte bilden zwei Kräftepaare

$$M_A = X_1 \cdot b, \quad M_B = X_3 \cdot b,$$

die wir als die überzähligen Größen des Problems betrachten können.

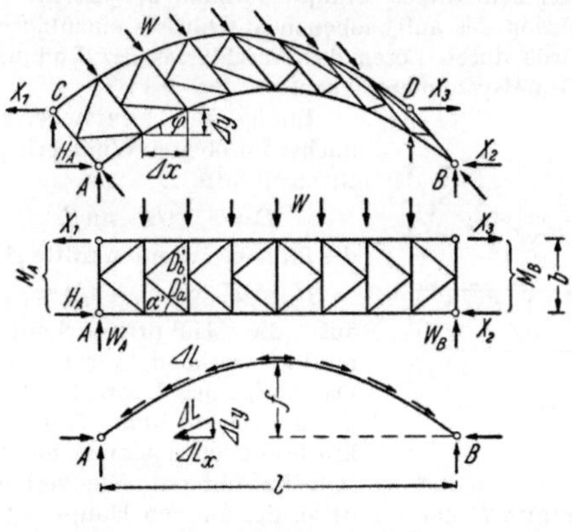

Abb. 28

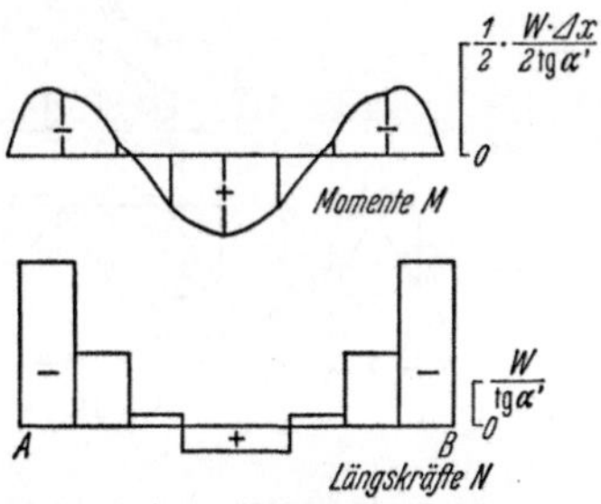

Abb. 29

Für symmetrische Belastung (Vollbelastung) und symmetrisches Tragwerk wird $X_1 = X_3$ und das Problem ist noch einfach statisch unbestimmt; da in diesem Fall die Kantenkräfte ΔL im wirklichen Tragwerk die gleichen sind, wie im Grundsystem, reduziert sich das räumliche statisch unbestimmte Problem auf das ebene statisch unbestimmte Problem der beiden durch die Kantenkräfte ΔL entgegengesetzt gleich belasteten Hauptträger, die somit mit den normalen Mitteln berechnet werden können. In Abb. 29 sind die Momenten- und Längskraftsflächen für einen Hauptträger (Dreigelenkbogen mit $J \cdot \cos\varphi = $ konst, $f/l = 1/6$) skizziert.

4. Fachwerkbrücken mit zwei Windverbänden

a) Brücken ohne Zwischenquerverbände

Eine einfache Balkenbrücke mit zwei Hauptträgern, zwei Windverbänden und zwei Endquerverbänden ist bei einfachster Lagerung einfach statisch unbestimmt aufgebaut (Abb. 30). Für die Wahl des statisch bestimmten Grundsystems bestehen grundsätzlich zwei Möglichkeiten: würden wir eine lotrechte Auflagerkraft, zum Beispiel D als überzählige Größe X einführen, so wäre die Bedingung Gl. (2),

$$l + a = 3f,$$

erfüllt und somit das Grundsystem statisch bestimmt aufgebaut. Ein solches Grundsystem wäre aber deshalb nicht zweckmäßig, weil sich hier das Kräftespiel des Grundsystems stark vom Kräftespiel des wirklichen Tragwerks unterscheidet. Dieser Nachteil wird vermieden, wenn das Grundsystem durch Aufschneiden eines Windverbandstabes gewonnen wird. Infolge der äußeren Belastung der Hauptträger und des nicht aufgeschnittenen Windverbandes treten nur Stabkräfte in diesen direkt belasteten Scheiben auf; das entsprechende Kräftespiel ist somit sehr einfach zu bestimmen.

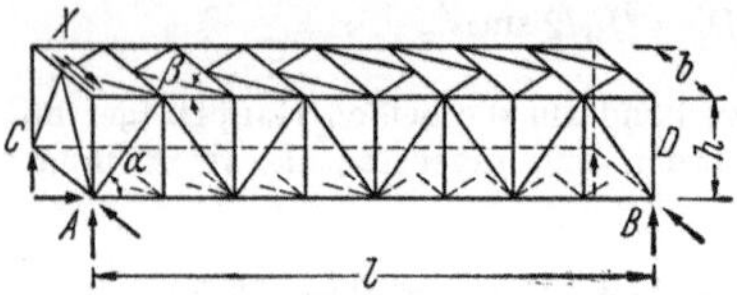

Abb. 30

Etwas kompliziertere Verhältnisse treten nur bei waagrechter Belastung des aufgeschnittenen Windverbandes auf; diese Schwierigkeit kann aber, wie später gezeigt werden wird, leicht umgangen werden.

Im Tragwerk Abb. 30 ist das Grundsystem durch Aufschneiden des oberen Windverbandes unmittelbar neben dem linken Endquerverband hergestellt. Als überzählige Größe X ist die Reaktion des aufgehobenen Anschlusses einzuführen.

Wie leicht einzusehen ist, würde durch Lösen des Anschlusses der Endquerträgerstreben genau das gleiche Grundsystem entstehen.

Infolge $X = 1$ entstehen zunächst im oberen Windverband Strebenkräfte D,

$$D = \mp 1/2 \cdot \sin \beta,$$

die ihrerseits Kantenkräfte ΔL,

$$\Delta L = D \cdot \cos \beta = 1/2 \operatorname{tg} \beta,$$

auf die Hauptträgerknotenpunkte wirkend verursachen. Da infolge der Überzähligen X keine waagrechten Auflagerkräfte entstehen können, müssen sich im unteren Windverband entgegengesetzt gleiche Strebenkräfte D und damit an der unteren Hauptträgergurtung entgegengesetzt gleiche Kantenkräfte ΔL ergeben. In Abb. 31 ist dieses Kräftespiel für den vorderen Hauptträger, den oberen Windverband und den linken Endquerverband skizziert.

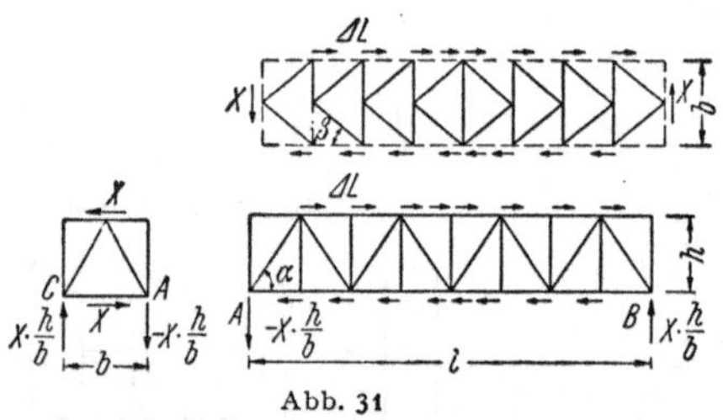

Abb. 31

Am Hauptträger ergeben sich bei n-Feldern die Auflagerkräfte

$$-A = B = \frac{n \cdot \Delta L \cdot h}{l} = \frac{n \cdot h \cdot X}{l \cdot 2 \operatorname{tg} \beta} = X \cdot \frac{h}{b};$$

die gleichen Auflagerkräfte übt auch der Endquerverband aus.

Es sind somit je die beiden Hauptträger, die beiden Windverbände (bei gleicher Ausbildung) und die beiden Endquerverbände entgegengesetzt gleich beansprucht.

Aus diesem Kräftespiel läßt sich nun sofort der Schluß ziehen, daß eine überzählige Größe X und damit eine „räumliche Kraftwirkung" nur unter *antimetrischer Torsionsbelastung* auftreten kann.

Ferner läßt sich feststellen, daß bei Aufschneiden des unteren statt des oberen Windverbandes das gleiche Kräftespiel infolge $X = 1$ entstanden wäre; es hätte sich dabei lediglich der Einfluß einer äußeren Belastung der Windverbände geändert. Dadurch zeigt sich der Weg zu einer einfachen Untersuchung von horizontalen Belastungen: für die Belastung des oberen Windverbandes hat man sich einfach den unteren Windverband aufgeschnitten zu denken und umgekehrt.

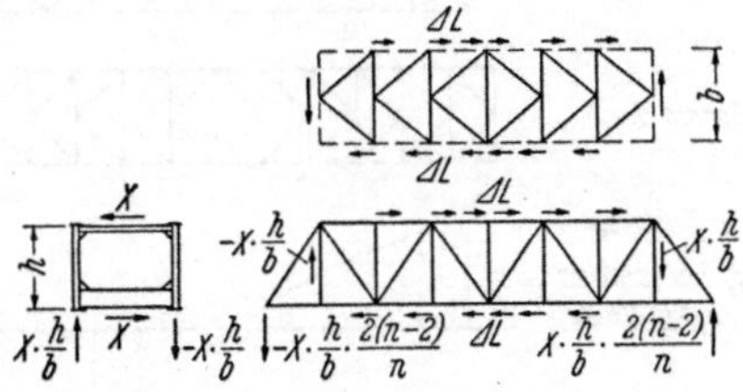

Abb. 32

Sind die Hauptträger Trapezträger (etwa bei unten liegender Fahrbahn) und befinden sich die Endquerverbände (als Portalrahmen ausgebildet) in der Ebene der ersten Zwischenpfosten, so entsteht infolge $X = 1$, das in Abb. 32 skizzierte, gegenüber Abb. 31 sinngemäß modifizierte Kräftespiel; die Endquerverbände sind nun in der Ebene der ersten Zwischenpfosten durch die Hauptträger gestützt und geben somit dort ihre Auflagerkräfte als Belastungen ab.

Damit sind die Grundlagen für Berechung dieses einfach statisch unbestimmten Raumfachwerkes zusammengestellt. Irgendwelche Besonderheiten treten dabei nicht auf; die überzählige Größe $X = X_1$ ist wie gewohnt aus einer Elastizitätsbedingung

$$a_{11} \cdot X_1 + a_{10} = 0$$

zu bestimmen, wobei die Verschiebungsgrößen a_{ik} am einfachsten mit Hilfe der Arbeitsgleichung

$$a_{11} = \Sigma\, S_1^2 \cdot s/EF,$$
$$a_{10} = \Sigma\, S_0 \cdot S_1 \cdot s/EF$$

aus den Stabkräften S_1 infolge $X_1 = 1$ und S_0 infolge der äußeren Belastung im Grundsystem berechnet werden. Die Berechnungen werden lediglich verhältnismäßig umfangreich, weil ein solches Tragwerk eine meist ziemlich große Zahl von Stäben besitzt.

Aus dem Auftreten lotrechter Auflagerkräfte infolge $X_1 = 1$ folgt nun sofort, daß infolge von Senkungen einzelner Auflagerpunkte Kräfte X_1 entstehen müssen; bezeichnen wir die Auflagersenkung mit η_A, so ist das zugehörige Belastungsglied a_{10} für

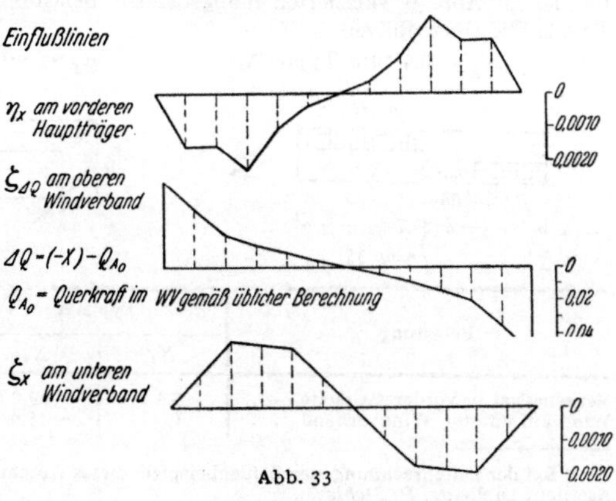

Abb. 33

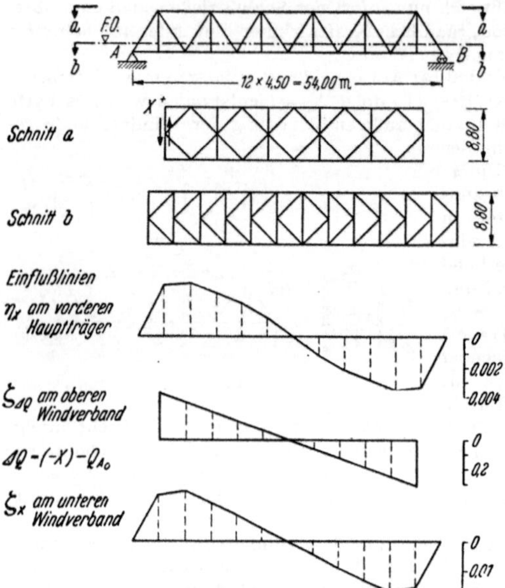

Abb. 34

ein Tragwerk nach Abb. 31

$$a_{10} = \pm\, h/b \cdot \eta_A$$

und für das Tragwerk der Abb. 32

$$a_{10} = \pm\, \frac{2\,(n-2)}{n} \cdot \frac{h}{b} \cdot \eta_A \,.$$

Um die Auswirkung der statischen Unbestimmtheit auch zahlenmäßig zu veranschaulichen, seien nachstehend in den Abb. 33 und 34 die Ergebnisse von durchgerechneten Beispielen in Form von Einflußlinien für X dargestellt[7]. Der Berechnung wurden zwei zweigleisige Eisenbahnbrücken von je 54 m Spannweite mit normaler Bemessung („ebene Berechnung") zugrunde gelegt; Abb. 33 bezieht sich auf einen Parallelträger mit obenliegender Fahrbahn („Typus A"), Abb. 34 auf einen Trapezträger mit untenliegender Fahrbahn („Typus B"). Die Einflußlinien für lotrechte Hauptträgerbelastung (lotrechte Biegelinien infolge $a_{10} = 1$) sind mit η_x, diejenigen für waagrechte Belastung (waagrechte Biegelinien infolge $a_{10} = 1$) mit ζ_x bezeichnet.

Es zeigt sich nun, daß der Verlauf der Einflußlinien η_x wesentlich von der Abstufung der Querschnitte der Diagonalstäbe des Hauptträgers abhängig ist. Durch eine bestimmte Veränderung dieser Querschnittsabstufung kann sogar ein Vorzeichenwechsel der Einflußlinien η_x verursacht werden; das verschiedene Vorzeichen der Einflußlinien η_x der beiden Beispiele A und B ist aus diesem Umstand erklärlich. Dies hat jedoch auch zur Folge, daß die überzähligen Größen X infolge antimetrischer Torsion überhaupt keine großen Werte erreichen können; so betragen für den in Abb. 35 skizzierten maßgebenden Belastungsfall durch antimetrische Torsion die Überzähligen

$X_p = 0{,}4$ t für Typus A, $\qquad X_p = -0{,}8$ t für Typus B.

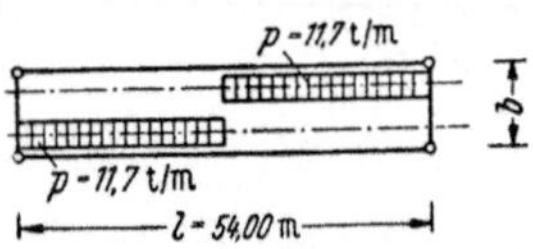

Abb. 35

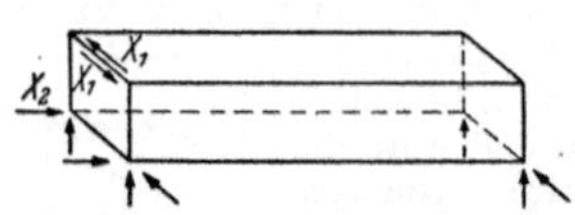

Abb. 36

Belastung	Typus A		Typus B	
	X_1	X_2	X_1	X_2
Verkehrslast p, vorderes Geleise . .	5,4 t	− 89,0 t	2,1 t	− 60,2 t
Wind auf unteren Windverband . .	0,3	− 5,6	0,4	− 12,8

[7] Bei der Durchrechnung der Zahlenbeispiele dieses Abschnittes unterstützte mich mein Assistent Dipl.-Ing. *P. Stebler*.

Die räumliche Zusatzwirkung ist hier somit praktisch belanglos.

Dies ändert sich jedoch merklich, wenn das Tragwerk nicht mehr in einfachster Art gelagert ist, sondern neben vier lotrechten auch vier waagrechte Auflagerstäbe besitzt; damit wird das Tragwerk zweifach statisch unbestimmt (Abb. 36).

Infolge $X_2 = 1$ treten Stabkräfte in der unteren Windverbandsebene und damit auch in den Hauptträgeruntergurten auf, so daß unter beliebiger äußerer Belastung überzählige Größen X_1 und X_2 vorkommen müssen. Zahlenmäßig sind die Verhältnisse durch die in den Abb. 37 und 38 dargestellten Einflußlinien veranschaulicht.

Die Auswertung dieser Einflußlinien für Verkehrslast $p = 11{,}7$ t/m' auf dem vorderen Geleise bzw. für Belastung des unteren Windverbandes mit $w_u = 0{,}23$ t/m' für Typus A, $w_u = 0{,}81$ t/m' (einschließlich Wind auf Verkehrsband) für Typus B liefert die in der nebenstehenden Tabelle zusammengestellten Werte der überzähligen Größen X_1 und X_2.

Die räumlichen Zusatzwirkungen sind hier somit beträchtlich. Die Überzählige X_2 verursacht hier eine einseitige „Einspannung" des unteren Windverbandes (vgl. Abbildung 20).

Bei Belastung nur eines Geleises biegen sich die beiden Hauptträger verschieden stark durch; da die Gurtungen jedoch auch zu den Windverbänden gehören, treten gleichzeitig

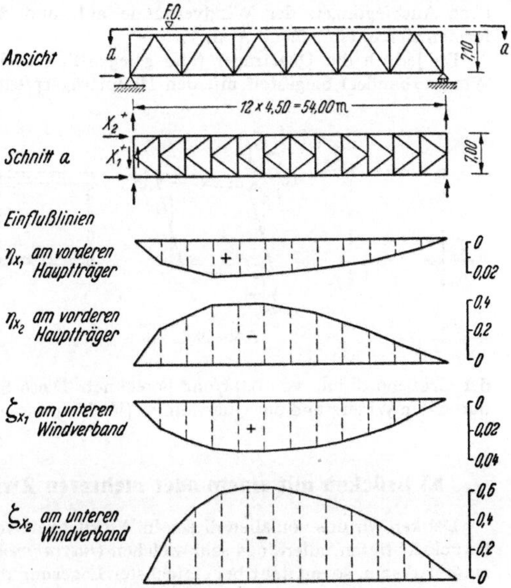

Abb. 37

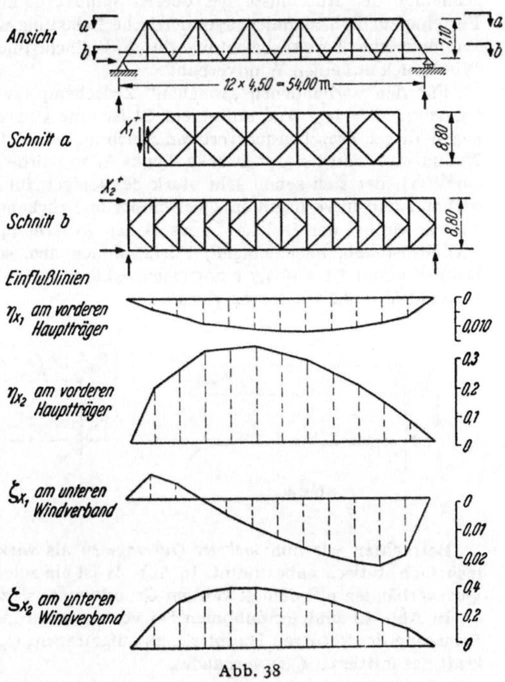

Abb. 38

auch Ausbiegungen der Windverbände auf, und die Brückenquerschnitte verformen sich entsprechend Abb. 39.

Da jedoch die Querträger (und gelegentlich auch die Querriegel des anderen Windverbandes) biegesteif mit den Hauptträgerpfosten verbunden sind, folgt der „vorhandene“, wenn auch in der Berechnung nicht berücksichtigte Querverband der Querschnittsverformung nicht widerstandsfrei, sondern es treten Biegebeanspruchungen in den Querrahmen auf; für das Tragwerk Typus A wurden so zusätzliche Spannungen im Punkt A in der Größenordnung von 0,9 t/cm² berechnet. Diese Spannungen werden allerdings durch den Widerstand der Querrahmen (Verkleinerung der Verformung) verkleinert.

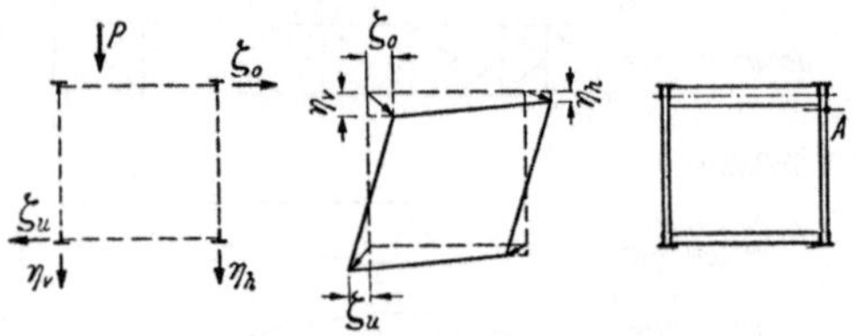

Abb. 39

b) Brücken mit einem oder mehreren Zwischenquerverbänden

Denken wir uns von allen diesen in Wirklichkeit vorhandenen, aber bisher nicht berücksichtigten, allerdings sehr weichen *Querrahmen* nur denjenigen *in Brückenmitte* wirksam, so entsteht bei einfachster Lagerung das in Abb. 40 skizzierte zweifach statisch unbestimmte Tragwerk.

Ein statisch bestimmtes Grundsystem ergibt sich (beispielsweise) durch Aufschneiden der Anschlüsse des oberen Windverbandes an seinen beiden Enden. Für eine zur Brückenmitte symmetrische Belastung wird $X_1 = X_2$. Maßgebend ist symmetrische Torsionsbelastung durch Vollbelastung eines Geleises oder durch Winddruck auf einen Windverband.

Für den vorhandenen „weichen“ Zwischenquerverband verursacht Verkehrsbelastung $p = 11{,}7$ t/m′ auf einem Gleise eine Überzählige $X = 2{,}6$ t; würde dagegen dieser Zwischenquerverband gleich ausgebildet wie ein normal ausgefachter Endquerverband bei der Brücke Typus A, so würde X auf $X = 15{,}5$ t ansteigen, ein Wert, der sich schon sehr stark demjenigen für einen starren Zwischenquerverband und unverformtem Querschnitt in Brückenmitte mit $X = 16{,}0$ t nähert. Bilden wir bei der Brücke Typus B den Zwischenquerverband als (immer noch verhältnismäßig nachgiebigen) Portalrahmen aus, so würde X bei gleicher Belastung von 1,4 t auf 4,7 t ansteigen, während bei einem starren Zwischenquerverband $X = 7{,}2$ t betragen würde.

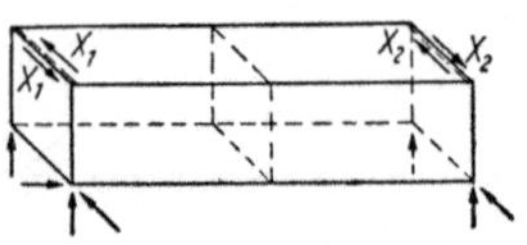

Abb. 40

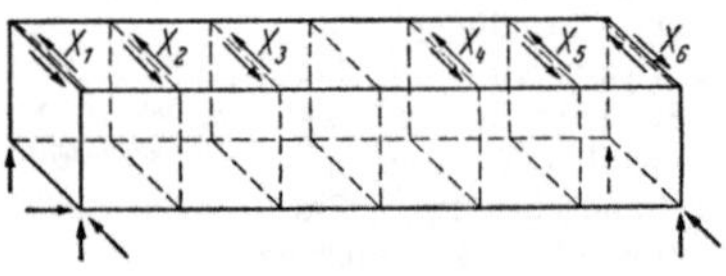

Abb. 41

Betrachten wir nun *mehrere Querrahmen* als wirksam, so wird das Tragwerk mehrfach statisch unbestimmt. In Abb. 41 ist ein solcher Fall mit insgesamt sieben Querverbänden mit dem gewählten Grundsystem skizziert.

In Abb. 42 sind Einflußlinien bei vorhandenen „weichen“ Querverbänden für Belastung des vorderen Hauptträgers aufgetragen; Q_m ist die waagrechte Kantenkraft des mittleren Querverbandes.

Infolge Belastung eines Geleises mit $p = 11{,}7$ t/m' entstehen in den Windverbänden die folgenden Querkräfte X:

bei weichen Querverbänden:

$$X_1 = 7{,}7 \text{ t}, \qquad X_2 = 5{,}5 \text{ t}, \qquad X_3 = 1{,}9 \text{ t},$$

bei verstärkten Querverbänden:

$$X_1 = 20{,}9 \text{ t}, \qquad X_2 = 15{,}1 \text{ t}, \qquad X_3 = 4{,}7 \text{ t};$$

diese letzteren Werte haben sich schon stark denjenigen für starre Querverbände ($X_1 = 25{,}6$ t) angenähert. Der Endquerverband wird durch X_1, der erste Zwischenquerverband durch $X_1 - X_2$ beansprucht. Die Zusatzbeanspruchung des mittleren „vorhandenen" weichen Querrahmens (Punkt A der Abb. 39) wird durch den Widerstand, den diese Querrahmen der Querschnittsverformung entgegensetzen, um rd. 0,2 t/cm² vermindert; sie ist jedoch mit rd. 0,7 t/cm² immer noch zu groß.

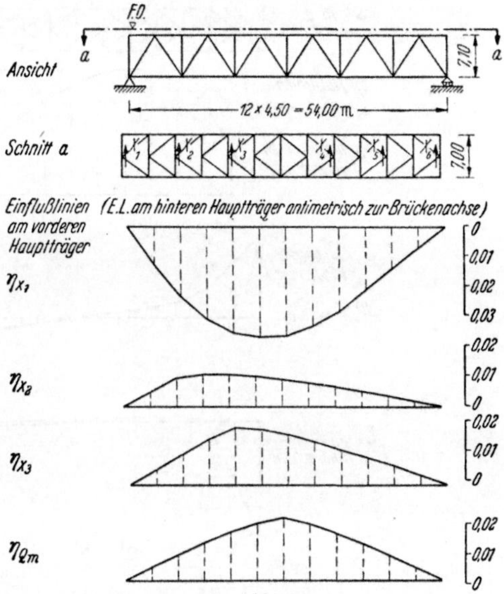

Abb. 42

Die Folgerungen, die aus diesen Überlegungen und Untersuchungen für den Entwurf einer zweigleisigen Eisenbahnbrücke mit zwei Windverbänden zu ziehen sind, sind etwa folgende: Die Querrahmen sind im Rahmen der Gesamtwirtschaftlichkeit möglichst steif auszubilden. Bei obenliegender Fahrbahn kann dies beispielsweise durch fachwerkförmige Ausbildung einzelner Querrahmen erfolgen, wie dies etwa in der amerikanischen Brückenbaupraxis die Regel ist. Diese steifen Querrahmen haben jedoch zur Folge, daß sich die beiden Windverbände an der Aufnahme der Torsion bei Belastung nur eines Geleises beteiligen; die Windverbände dürfen deshalb nicht zu knapp bemessen werden.

c) Schiefe Brücken

Besondere Bedeutung besitzen die räumlichen Zusatzwirkungen bei schiefen Brücken, weil hier auch bei Vollbelastung beider Hauptträger Verdrehung und damit Torsion auftritt. In Abb. 43 sind die Verhältnisse für eine einfach statisch unbestimmte Brücke (einfachste Lagerung, zwei Endquerverbände) durch die Einflußlinien der überzähligen Größe X veranschaulicht.

Die wesentliche Auswirkung der räumlichen statischen Unbestimmtheit ist hier offensichtlich, daß die Windverbände auch unter lotrechter Belastung erheblich beansprucht werden können. Es ist eine Erfahrungstatsache, daß bei schiefen Brücken mit zwei Windverbänden, bei deren Bemessung diese räumlichen Zusatzwirkungen nicht berücksichtigt worden sind, sich die Überbeanspruchung der Windverbände durch Betriebsschäden (Losewerden der Anschlußnieten der Windverbandsstäbe) äußern kann.

Durch Anordnung von Zwischenquerverbänden wird die Torsionswirkung noch besser auf Hauptträger und Windverbände verteilt, und die unangenehmen entgegengesetzten Verdrehungen beim Befahren der Brücke werden dadurch erheblich gemildert[8].

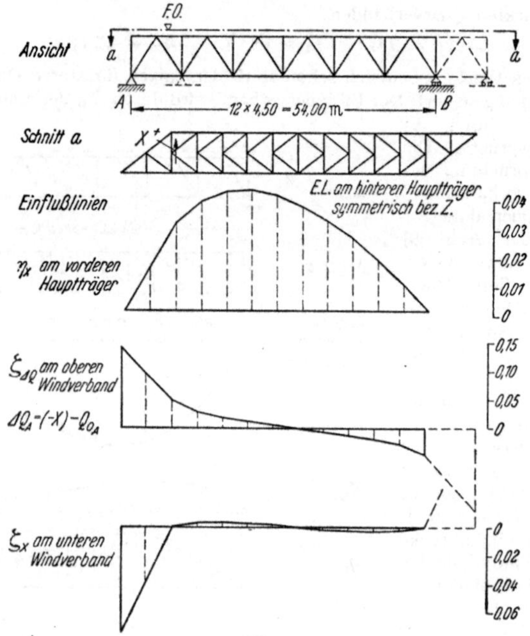

Abb. 43

5. Biegung und Verdrehung des zusammengesetzten Vollwandträgers

a) Doppelbedeutung und Grenzlagen des Schubmittelpunktes

Wenn ein Stab durch ein Drehmoment X belastet wird, so dreht sich jeder Querschnitt des Stabes um einen noch zu bestimmenden Punkt 0, der somit keine Verschiebung erfährt (Abb. 44). Greift nun in einem dieser Punkte 0 einer beliebigen Schnittebene eine Last Y an, so leistet sie während der Verdrehung des Querschnittes infolge X keine Arbeit, da die Verschiebung a_{xy} des Punktes 0 in Richtung der Last Y infolge des Drehmomentes X Null ist:

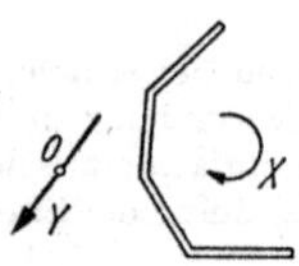

Abb. 44

$$a_{yx} = 0.$$

Nach dem *Maxwell-Mohr*schen Reziprozitätsgesetz ist (für Einheitsbelastungen X und Y)

$$a_{yx} = a_{xy};$$

da deshalb auch die Verdrehung a_{xy} des Querschnittes infolge der Last Y Null sein muß,

$$a_{xy} = 0,$$

[8] *F. Stüssi:* Schweiz. Bauzeitung 106 (1935) S. 121.

leistet auch das Drehmoment X während einer Verschiebung infolge der Last Y keine Arbeit oder infolge einer im Punkt 0 angreifenden Belastung Y verschiebt sich der Querschnitt verdrehungsfrei. Damit ist die *doppelte Bedeutung des Schubmittelpunktes* 0 nachgewiesen: der Schubmittelpunkt 0 ist sowohl Drehpunkt des Querschnittes bei Verdrehung wie auch Lastangriffspunkt für verdrehungsfreie Biegung.

Die wesentliche praktische Bedeutung des Schubmittelpunktes beruht nun darauf, daß wir mit seiner Hilfe jede Belastung zerlegen können in eine durch den Schubmittelpunkt gehende Belastung Y und ein Drehmoment X; wegen

$$a_{yx} = a_{xy} = 0$$

sind die Formänderungen und damit auch die Beanspruchungen infolge dieser beiden Teilbelastungen unabhängig voneinander und können somit in einfacher Form untersucht werden. Sinngemäß ist eine Belastung nach Abb. 45a in die beiden Teilbelastungen der Abb. 45b zu zerlegen.

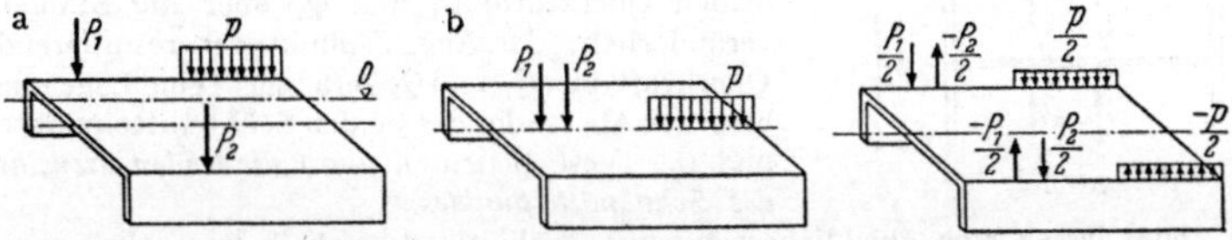

Abb. 45

An Stelle der Belastung Y tritt damit sinngemäß die in jedem Querschnitt durch den Schubmittelpunkt 0 gehende Querkraft Q und an Stelle des Drehmomentes X entsprechend das Torsionsmoment T.

Eine gewisse Schwierigkeit tritt nun dadurch auf, daß der Schubmittelpunkt 0 grundsätzlich nicht ein Querschnittsfestpunkt ist, der aus der geometrischen Form des Querschnittes bestimmt werden könnte, sondern daß seine Lage von der Form und Lagerung des ganzen Stabes und von der Verteilung der Belastung abhängt. Dies läßt sich am Beispiel Abb. 46 leicht einsehen.

Gehen wir von der Deutung des Schubmittelpunktes als Angriffspunkt der Querkraft bei verdrehungsfreier Biegung aus, so müssen sich die beiden Scheiben (Flanschen) 1 und 2 eines Trägers mit einfach symmetrischem Querschnitt nach Abb. 46 unter lotrechter Belastung gleich stark durchbiegen. Nach den bekannten Beziehungen lautet die Differentialgleichung der Biegelinie für die Scheibe 1

$$\eta_1'' = -\frac{\mathfrak{M}_1}{EI_1} + \left(\frac{\mathfrak{Q}_1}{GF'_1}\right)'$$

und analog für Scheibe 2

$$\eta_2'' = -\frac{\mathfrak{M}_2}{EI_2} + \left(\frac{\mathfrak{Q}_2}{GF'_2}\right)';$$

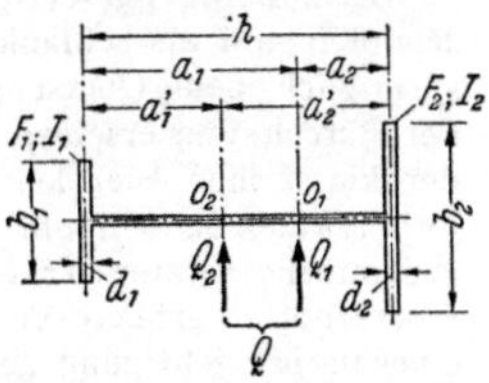

Abb. 46

dabei bedeutet F' den für die Schubverformung maßgebenden reduzierten Querschnitt. Für schmale Rechteckquerschnitte ist $F' = 5F/6$. Da nun aber die Momente $\mathfrak{M}$ und die Belastungen über die Stablänge normalerweise (abgesehen vom Sonderfall einer sinusförmig verteilten Belastung) nicht ähnlich zueinander verlaufen, folgt aus Gleichsetzung $\eta_1 = \eta_2$, daß der Schubmittelpunkt als Angriffspunkt der Belastung seine Lage über die Stablänge ändert und deshalb kein Querschnittsfestpunkt ist.

Es ist naheliegend, die Querkraft Q nun in zwei Anteile Q_1 und Q_2 aufzuteilen, von denen der erste, Q_1, im ersten Schubmittelpunkt 0_1 angreifen soll, dessen Lage durch

$$\eta_{1(M)} = \eta_{2(M)}$$

und damit durch die Abstände

$$a_1 = h \cdot \frac{I_2}{I_1 + I_2}, \qquad a_2 = h \cdot \frac{I_1}{I_1 + I_2}$$

festgelegt ist. Für den zweiten Schubmittelpunkt 0_2 folgen aus

$$\eta_{1(Q)} = \eta_{2(Q)}$$

analog die Abstände

$$a_1' = h \cdot \frac{F_2'}{F_1' + F_2'}, \qquad a_2' = h \cdot \frac{F_1'}{F_1' + F_2'}.$$

Eine in beliebiger Lage wirkende Querkraft Q ist somit nicht nur in die beiden Querkräfte Q_1 und Q_2, sondern auch in die beiden Torsionsmomente T_1 und T_2,

$$T_1 = Q_1 \cdot e_1, \qquad T_2 = Q_2 \cdot e_2,$$

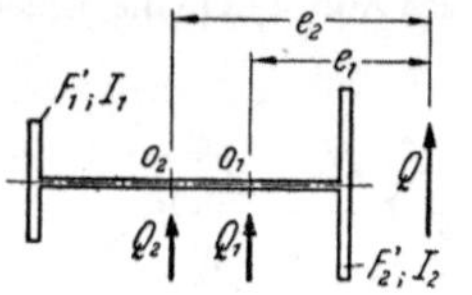

Abb. 47

zu zerlegen (Abb. 47). Dabei ist das Verhältnis der beiden Querkräfte Q_1 und Q_2 über die Stablänge veränderlich; der Angriffspunkt der resultierenden Querkraft aus Q_1 und Q_2 verändert seine Lage innerhalb des Abstandes der beiden Schubmittelpunkte 0_1 und 0_2. Diese bedeuten somit *die beiden Grenzlagen des Schubmittelpunktes.*

Nun lassen sich glücklicherweise die Verhältnisse deshalb wesentlich vereinfachen, weil bei schlanken Stäben die Schubverformungen gegenüber den Biegeverformungen normalerweise klein sind. Dies ist für Biegung allgemein und für Verdrehung bei offenen Querschnitten der Fall, dagegen nicht mehr für Verdrehung geschlossener Querschnitte. Bei den praktisch vorkommenden Bauformen ist deshalb ein vereinfachtes Vorgehen zulässig, derart daß für verdrehungsfreie Biegung die ganze Belastung auf den Schubmittelpunkt 0_1 (der damit zu einem Querschnittsfestpunkt wird) bezogen wird. Bei der Verdrehung offener Querschnitte ist sinngemäß ebenfalls nur das Torsionsmoment $T = T_1$ zu berücksichtigen, während bei Verdrehung von Stäben mit geschlossenem Kastenquerschnitt eine Aufteilung von T in T_1 und T_2 notwendig wird.

b) Stäbe mit offenem Querschnitt

Bei zusammengesetzten vollwandigen Tragwerken, die wir hier als Stäbe bezeichnen und als schlank voraussetzen, bleiben unter allgemeiner Belastung ursprünglich ebene Querschnitte nicht mehr eben. Im Sinne einer ersten Verfeinerung der Berechnung ersetzen wir deshalb die Elastizitätsbedingung vom Ebenbleiben der klassischen Biegelehre durch die Elastizitätsbedingung, daß die *Querschnittsform erhalten* bleiben soll. Diese Voraussetzung ist bei den praktisch vorkommenden zusammengesetzten Tragwerken meist gut erfüllt, weil die Querverbände oder Querschotten größere Verformungen der Querschnitte verhindern. Falls nötig, ist eine Berücksichtigung gegebener Querschnittsverformungen im Einzelfall durch eine numerische Zusatzuntersuchung möglich. Für die Einzelscheiben, aus denen das Tragwerk zusammengesetzt ist und die wir als dünn voraussetzen, soll dagegen die Voraussetzung vom Ebenbleiben weiterhin als gültig angesehen werden.

Bei *verdrehungsfreier Biegung* erleiden alle Punkte eines Querschnittes gleiche Verschiebungen u. Bezeichnen wir nach Abb. 48 die Komponenten der Verschiebungen u in bzw. normal zur Scheibenebene mit η und ξ und den Winkel zwischen η und u mit φ, so folgt aus Abb. 48

$$\eta = u \cdot \cos\varphi, \qquad \xi = u \cdot \sin\varphi.$$

Dünne Scheiben leisten einer Verschiebung ξ keinen Widerstand; die Verschiebungen ξ brauchen deshalb hier nicht weiter berücksichtigt zu werden.

In einer herausgetrennt gedachten Scheibe b_i sollen die Randspannungen die Werte σ_{io} und σ_{iu} besitzen (Abb. 49); zwei um den Abstand dz voneinander entfernte Schnitte werden sich damit gegenseitig um den Winkel

$$d\alpha_i = \frac{\varepsilon_{io} - \varepsilon_{iu}}{b_i} \cdot dz = \frac{\sigma_{io} - \sigma_{iu}}{b_i \cdot E} \cdot dz$$

verdrehen; nun ist aber $d\alpha_i/dz$ die Neigungsänderung $\eta'' = d^2\eta/dz^2$ der elastischen Linie, oder es ist

$$\eta_i'' = (\sigma_{io} - \sigma_{iu})/b_i \cdot E. \tag{19}$$

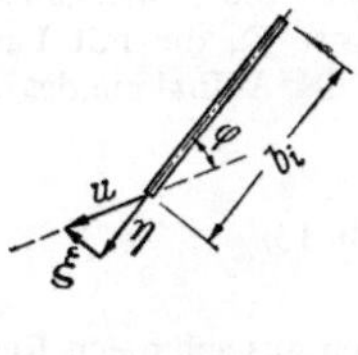

Abb. 48

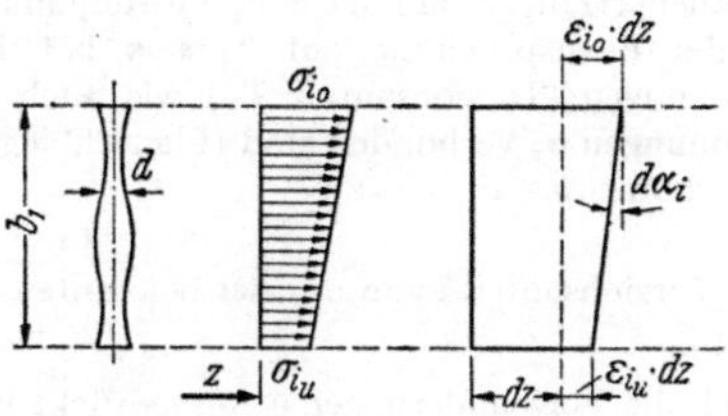

Abb. 49

Für gleichbleibende Richtung einer Verschiebung u wird somit für alle Scheiben des Querschnittes

$$u'' = \frac{\eta''}{\cos\varphi_i} = \frac{\sigma_{io} - \sigma_{iu}}{b_i \cdot \cos\varphi_i \cdot E} = \text{Konst.} \tag{20}$$

Dies bedeutet aber, daß alle auf die u-Richtung projizierten Spannungsdiagramme der Einzelscheiben gleiche Neigung besitzen; da ferner die Spannungen zweier Scheiben in zusammenstoßenden Kanten gleich groß sein müssen, folgt daraus, daß für verdrehungsfreie Biegung die Spannungen linear über den Querschnitt verteilt sind oder *daß die Elastizitätsbedingung von der Erhaltung der Querschnittsform hier in die Elastizitätsbedingung vom Ebenbleiben der Querschnitte übergeht.* Damit gilt für die verdrehungsfreie Biegung die klassische Biegelehre nach *Navier* und die Normalspannungen σ_z sind nach Gl. (3) zu berechnen:

$$\sigma_z = \frac{N}{F} - \frac{M_x}{I_x} \cdot y + \frac{M_y}{I_y} \cdot x.$$

Es ist zweckmäßig, den Querschnitt auf seine Hauptachsen x, y zu orientieren, weil dann auch die Verschiebungen u und v,

$$u'' = -\frac{M_y}{EI_y}, \qquad v'' = -\frac{M_x}{EI_x},$$

senkrecht aufeinander stehen und damit voneinander unabhängig sind.

Die Querkräfte Q_y und Q_x,

$$Q_y = \frac{dM_x}{dz}, \qquad Q_x = \frac{dM_y}{dz},$$

müssen dabei durch den Schubmittelpunkt $0 = 0_1$ gehen; damit kann der Schubmittelpunkt als Schnittpunkt der resultierenden Querkräfte Q_y und Q_x der zu den Spannungsänderungen σ' infolge der Querkräfte M_x' bzw. M_y' gehörenden Schubspannungen τ bestimmt werden. Infolge einer Querkraft $Q_y = M_x'$ entstehen für $N' = 0$, $M_y' = 0$ die Spannungsänderungen

$$\sigma_y' = -\frac{Q_y}{I_x} \cdot y$$

und analog

$$\sigma_x' = \frac{Q_x}{I_y} \cdot x,$$

woraus die zugehörigen Schubspannungen τ nach Gl. (17) von einem freien Rand her beginnend berechnet werden können. Aus den Schubspannungen τ ergeben sich die Scheibenquerkräfte $\mathfrak{Q}_i$,

$$\mathfrak{Q}_i = \int^{b_i} \tau \cdot dF\,; \tag{21}$$

für konstante Scheibenstärke d ist im besonderen

$$\mathfrak{Q}_i = d_i \cdot b_i \cdot (\tau_{io} - b_i/6 \cdot (2\sigma'_{io} + \sigma'_{iu})) \tag{21 a}$$

Die Scheibenquerkräfte lassen sich nun leicht zu Resultierenden Q_x bzw. Q_y zusammensetzen, so daß der Schubmittelpunkt $0 = 0_1$ bestimmt ist.

Bei Beanspruchung auf *Torsion* beteiligen sich sowohl die Torsionsschubspannungen (Torsionsanteil T_τ) wie auch Flanschquerkräfte $\mathfrak{Q}$, die mit Längsspannungen σ_z verbunden sind (Flanschbiegeanteil T_σ) an der Aufnahme des Torsionsmomentes $T = T_1$:

$$T = T_\tau + T_\sigma\,. \tag{22}$$

Der Torsionsanteil kann mit der bekannten Beziehung (Abb. 13)

$$T_\tau = D \cdot \varphi'$$

durch die Formänderungen φ ausgedrückt werden; für einen aus schmalen Rechtecken zusammengesetzten Querschnitt ist

$$D = G \cdot I_d = G \cdot \Sigma\, b \cdot d^3/3\,.$$

Der Flanschbiegeanteil T_σ kann mit Hilfe des nun bekannten Schubmittelpunktes $0 = 0_1$ wie folgt ausgedrückt werden (Abb. 50): da der Schubmittelpunkt nun Verdrehungsmittelpunkt ist, um den sich der (in seiner Form unveränderliche) Querschnitt dreht, muß jede Scheibe bezüglich 0 den gleichen Verdrehungswinkel aufweisen; es ist somit für alle Scheiben des Querschnittes mit Gl. (19)

$$\varphi'' = \frac{\eta_i''}{a_i} = \frac{\sigma_{io} - \sigma_{iu}}{E \cdot a_i \cdot b_i} = \text{konstant.}$$

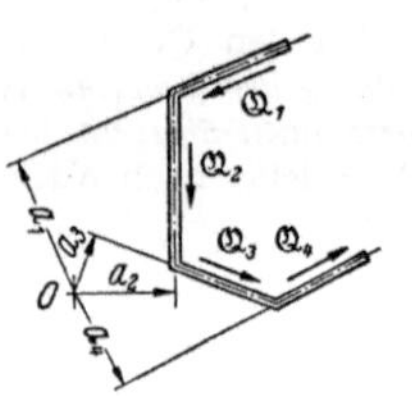

Abb. 50

Setzen wir, da in gemeinsamen Kanten die Normalspannungen σ zusammenstoßender Scheiben gleich groß sein müssen,

$$\sigma_{iu} = \sigma_i\,, \qquad \sigma_{io} = \sigma_{i-1}\,,$$

so folgt daraus

$$\sigma_{i-1} - \sigma_i = a_i \cdot b_i \cdot E \cdot \varphi'' \tag{23}$$

und analog für die Spannungsänderungen

$$\sigma'_{i-1} - \sigma'_i = a_i \cdot b_i \cdot E \cdot \varphi'''\,. \tag{23a}$$

Da ein aus n Scheiben bestehender Querschnitt $(n+1)$ unbekannte Kantenspannungen besitzt, genügen die n Gl. (23), die für die n Scheiben angeschrieben werden können, nicht zur Bestimmung der $n+1$ unbekannten Spannungswerte σ bzw. σ', die zu einem bestimmten Drehwinkel φ gehören. Die Gl. (23) hat die Form einer Differenzengleichung und muß deshalb entweder durch eine Symmetriebedingung oder im allgemeinen Fall durch eine „Integrationskonstante", d. h. durch eine zusätzliche Bedingung, die sich sehr einfach aus

$$\int \sigma' \cdot dF = N' = 0$$

ergibt, ergänzt werden.

Nach der Bestimmung der Spannungsänderungen σ' in der Form

$$\sigma'_i = \alpha_i \cdot E \cdot \varphi'''$$

ergeben sich aus Gl. (21) die Scheibenquerkräfte $\mathfrak{Q}_i$ und daraus der Flanschbiegeanteil T_σ:

$$T_\sigma = \Sigma\, \mathfrak{Q}_i \cdot a_i = -A \cdot \varphi'''\,;$$

setzen wir diesen Wert in die Gleichgewichtsbedingung 22 ein, so ergibt sich die gesuchte Grundgleichung des Problems in der Form der Gl. (7) zu

$$T = D \cdot \varphi' - A \cdot \varphi''' \tag{24}$$

oder mit der Abkürzung

$$a^2 = D \cdot l^2/A$$

in der Form

$$T = D \cdot \varphi' - l^2/a^2 \cdot D \cdot \varphi'''. \tag{24a}$$

Der Wert A und damit a^2 kann nur bei ganz einfachen Querschnittsformen auf einfache Weise formelmäßig berechnet werden; es ist normalerweise zweckmäßig, die Berechnung für den zu untersuchenden Einzelfall numerisch durchzuführen. Bei der Berechnung von A ist selbstverständlich auf den Drehsinn (Vorzeichen) der Einzelmomente $\mathfrak{Q}_i \cdot a_i$ (vgl. Abb. 50) zu achten.

Sind die Drehwinkel φ aus Gl. (24) und den entsprechenden Randbedingungen bestimmt, so sind die Spannungen σ bzw. σ' aus Gl. (23) bestimmbar. Auf die numerische Lösung der. Gl. (24) wird im Abschn. III, 2 zurückgekommen werden.

c) Stäbe mit Kastenquerschnitt

Bei zusammengesetzten Trägern mit geschlossenem Querschnitt oder geschlossenen Querschnittsteilen ergibt sich als Besonderheit *bei verdrehungsfreier Biegung* gegenüber dem offenen Querschnitt einzig, daß hier bei der Bestimmung des Schubmittelpunktes die Schubspannungen τ nicht mehr durch Aufsummieren von einem freien Rande mit $\tau = 0$ her bestimmt werden können; wir müssen hier durch Aufschneiden einer Scheibe, beispielsweise längs einer Kante, erst ein Grundsystem schaffen und an der Schnittstelle eine überzählige Schubspannung τ_x oder besser einen überzähligen Schubfluß $s = \tau_x \cdot d$ einführen (Abb. 51).

Bezeichnen wir die Schubspannungen im Grundsystem (Gl. 17) mit τ_0, so ergibt sich der überzählige Schubfluß s aus einer Elastizitätsbedingung normaler Form,

$$a_{10} + s \cdot a_{11} = 0, \tag{25}$$

deren Verschiebungsgrößen a_{10} und a_{11} am einfachsten aus einer Arbeitsgleichung mit dem virtuellen Belastungszustand $s = 1$ bestimmt werden. Für ein Scheibenelement $b_i \cdot dz$ ergibt sich mit

$$\gamma = \tau/G$$

die Verschiebungsgröße Δa_{1i} zu

$$\Delta a_{1i} = \int^{b_i} \frac{\tau_i}{G} \cdot dz \cdot \tau_{s=1} \cdot dF = \int^{b_i} \frac{\tau_i}{G} \cdot dz \cdot \frac{s=1}{d} \cdot dF$$

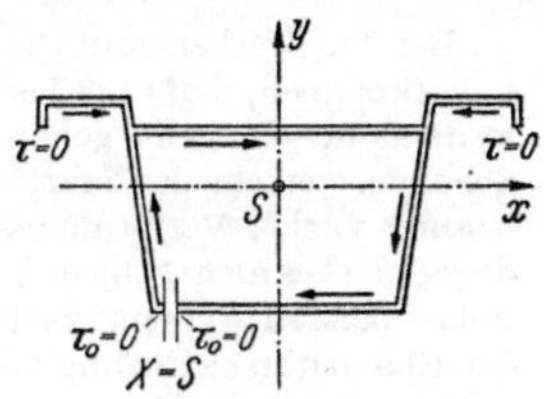

Abb. 51

und damit für ein Stabelement der Länge $dz = 1$

$$a_{10} = \int^{F} \frac{\tau_0}{G} \cdot \frac{1}{d} \cdot dF = \frac{1}{G} \cdot \int^{F} \tau_0 \cdot du,$$

$$a_{11} = \int^{F} \frac{1}{d \cdot G} \cdot \frac{1}{d} \cdot dF = \frac{1}{G} \cdot \int^{F} \frac{1}{d} \cdot du,$$

wenn wir mit u die von der Schnittstelle aus gemessene Länge des Umfanges des geschlossenen Querschnittsteiles bezeichnen,

$$du = \frac{dF}{d}.$$

Da sich in der Elastizitätsbedingung der konstante Schubmodul G heraushebt, ist

$$\int^{F} \tau_0 \cdot du + s \cdot \int^{F} \frac{1}{d} \cdot du = 0, \tag{25a}$$

was mit

$$\tau = \tau_0 + \frac{s}{d}$$

mit der im Flugzeugbau bekannten Beziehung

$$\int^{F} \tau \cdot du = 0$$

inhaltlich übereinstimmt.

Besteht der Querschnitt aus Einzelscheiben von konstanter Stärke d, so ist es bequem, die Schubspannungen τ nach Gl. (21a) zu Scheibenquerkräften $\mathfrak{Q}$ zusammenzufassen und die Elastizitätsbedingung in der Form

$$\sum_{i=1}^{n} \mathfrak{Q}_{oi}/d_i + s \cdot \sum_{i=1}^{n} b_i/d_i = 0 \qquad (25\,b)$$

anzuschreiben. Dabei ist selbstverständlich, daß sich die Integration in Gl. (25a) bzw. die Summation in Gl. (25b) nur auf den geschlossenen Querschnittsteil bezieht; freie Flanschen beeinflussen wohl die Schubspannungen τ_0, kommen aber in der Elastizitätsbedingung nicht vor, da sie durch den Schubfluß s nicht beansprucht werden. Aussteifungsrippen sind ebenfalls freie Flanschen. Aus den resultierenden Scheibenquerkräften $\mathfrak{Q}$,

$$\mathfrak{Q}_i = \mathfrak{Q}_{oi} + s \cdot b_i,$$

kann, analog zum offenen Querschnitt, nun der Schubmittelpunkt $0 = 0_1$ bestimmt werden.

Damit ist auch das Vorgehen bei mehrfach geschlossenen Querschnitten festgelegt: das Grundsystem entsteht durch Aufschneiden an mehreren Stellen, denen nun auch mehrere Überzählige s_1, s_2, s_3 usw. entsprechen (Abb. 52). Die Elastizitätsbedingungen

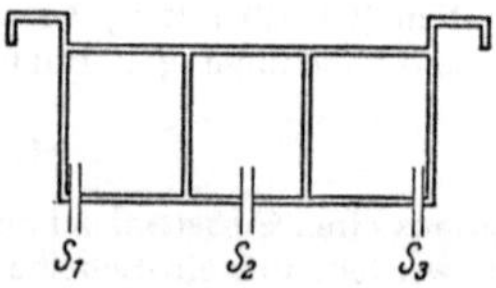

Abb. 52

$$a_{11} \cdot s_1 + a_{12} \cdot s_2 + a_{13} \cdot s_3 + \text{bis} + a_{10} = 0,$$
$$a_{21} \cdot s_1 + a_{22} \cdot s_2 + a_{23} \cdot s_3 + \text{bis} + a_{20} = 0,$$
$$a_{31} \cdot s_1 + a_{32} \cdot s_2 + a_{33} \cdot s_3 + \text{bis} + a_{30} = 0 \quad \text{usw.}$$

erlauben nun in gewohnter Weise die Bestimmung der überzähligen Schubflüsse s_i.

Bei Tragwerken mit Querschnitt Abb. 52, und weichen Querverbänden kann es vorkommen, daß die Elastizitätsbedingung von der Erhaltung der Querschnittsform nicht genügend genau erfüllt ist, so daß sich die verschiedenen lotrechten Scheiben verschieden stark durchbiegen (Trägerrostwirkung). Die allgemeine Erfassung solcher Verformungen dürfte auf einfache Weise wohl kaum möglich sein, dagegen ist es nicht schwierig, diese Querschnittsverformungen für einen bestimmten Belastungsfall in einem zusätzlichen Rechnungsgang durch entsprechende Korrektur der Elastizitätsbedingung Gl. (20) zu berücksichtigen.

Auf die Frage der mitwirkenden Breite der einzelnen Scheiben braucht hier nicht eingetreten zu werden, da in dem uns hier interessierenden Anwendungsgebiet (im Gegensatz zu den sog. Leichtprofilen) wohl stets angenommen werden darf, daß alle Scheiben so weit ausgesteift seien, daß sie als voll mitwirkend betrachtet werden dürfen.

Bei der *Verdrehung geschlossener Querschnitte* ist die Besonderheit zu berücksichtigen, daß hier das äußere Torsionsmoment T in zwei Anteile T_1 und T_2 aufzuteilen ist,

$$T = T_1 + T_2,$$

von denen der erste Anteil T_1 den Querschnitt um den ersten Schubmittelpunkt 0_1 verdreht, während sich der zweite Anteil T_2 auf die zweite Grenzlage 0_2 des Schubmittelpunktes bezieht. Für beide Anteile gilt die Elastizitätsbedingung von der Erhaltung der Querschnittsform.

Der *primäre Torsionsanteil* T_1 wird durch einen „primären Schubfluß" s aufgenommen; die Elastizitätsbedingung Gl. (23) für den zugehörigen Drehwinkel φ_1 ist wegen

$$\eta_{1i}/a_i = \varphi_1 = \text{konst.}$$

um den Durchbiegeanteil des Schubflusses s auf

$$\frac{\eta''_{1i}}{a_i} = \frac{s'}{a_i \cdot d_i \cdot G} + \frac{\sigma_{i-1} - \sigma_i}{a_i \cdot b_i \cdot E} = \varphi''_1 = \text{konst.}$$

bzw. auf

$$\sigma_{i-1} - \sigma_i + \frac{E}{G} \frac{b_i}{d_i} \cdot s' = E \cdot a_i \cdot b_i \cdot \varphi''_1 \tag{26}$$

zu erweitern. Schreiben wir bei einem einfach geschlossenen Querschnitt diese Gl. (26) für alle diejenigen Scheiben an, die zusammen den geschlossenen Teil des Querschnittes bilden, und addieren, so heben sich alle Spannungswerte σ heraus, und es ist

$$\varphi''_1 \cdot \Sigma a_i \cdot b_i - \frac{s'}{G} \cdot \sum \frac{b_i}{d_i} = 0;$$

mit den Abkürzungen

$$a_{11} = \Sigma b_i/d_i, \qquad 2F_m = \Sigma a_i \cdot b_i, \qquad \Phi = 2F_m/a_{11},$$

wobei F_m den Flächeninhalt der durch die Scheibenmittellinien umgrenzten geschlossenen Querschnittsteile bezeichnet, folgt somit

$$\varphi''_1 = \frac{a_{11}}{2\,G F_m} \cdot s' = \frac{s'}{G\Phi}. \tag{27}$$

Setzen wir diesen Wert in Gl. (26) ein, so ergibt sich für zum geschlossenen Querschnittsteil gehörende Scheiben

$$\sigma_{i-1} - \sigma_i = \frac{E}{G} \cdot \left[\frac{a_i \cdot b_i}{\Phi} - \frac{b_i}{d_i}\right] \cdot s'. \tag{28a}$$

Für freie Flanschen ist dagegen, weil in diesen kein Schubfluß s wirkt,

$$\sigma_{i-1} - \sigma_i = \frac{E}{G} \cdot \frac{a_i \cdot b_i}{\Phi} \cdot s'. \tag{28b}$$

Bei mehrfach geschlossenen Querschnitten wirkt in einer zu zwei Zellen n und $n+1$ gehörenden Scheibe eine Schubflußdifferenz $s_n - s_{n+1}$; Gl. (26) nimmt deshalb die Form

$$\sigma_{i-1} - \sigma_i + \frac{E}{G} \cdot \frac{b_i}{d_i} \left(s'_n - s'_{n+1}\right) = E \cdot a_i \cdot b_i \cdot \varphi''_1$$

an, und es ergibt sich sinngemäß für diese Scheibe wegen

$$\varphi''_1 = \frac{s'_n}{G \cdot \Phi_n} = \frac{s'_{n+1}}{G \cdot \Phi_{n+1}} \text{ usw.}$$

$$\sigma_{i-1} - \sigma_i = \frac{E}{G} \cdot \left[\frac{a_i \cdot b_i}{\Phi_n} - \frac{b_i}{d_i}\left(1 - \frac{\Phi_{n+1}}{\Phi_n}\right)\right] \cdot s'_n. \tag{28c}$$

Die Differenzengleichungen 28 erlauben uns nun, in Verbindung mit einer Symmetriebedingung oder einer Integrationskonstanten,

$$\int^F \sigma \cdot dF = N = 0,$$

die zu einem primären Schubfluß s,

$$s = T_1/2F_m,$$

gehörigen Längsspannungen σ zu bestimmen. Ist die Elastizitätsbedingung für Schubfluß allein erfüllt,

$$\frac{s}{a_i \cdot d_i \cdot G} = \varphi'_1 = \text{konst.},$$

so treten keine Normalspannungen σ auf. Für diesen Fall der reinen Torsion wird mit

$$\mathfrak{Q}_s = s \cdot b_i = G \cdot \varphi' \cdot a_i \cdot b_i \cdot d_i$$

und mit $T_2 = 0$,

$$T_s = T_1 = T = \sum_{i=1}^{n} \mathfrak{Q}_s \cdot a_i = G \cdot \varphi' \cdot \sum_{i=1}^{n} a_i^2 \cdot b_i \cdot d_i,$$

oder mit der Abkürzung

$$I = \sum_{i=1}^{n} a_i^2 \cdot b_i \cdot d_i$$

$$\varphi' = T/GI.$$

Zu den Längsspannungen σ (Gl. 28) bzw. den Spannungsänderungen σ' gehören nun Schubspannungen τ_0 nach Gl. (17) und zu diesen ein überzähliger Schubfluß s_2; es muß auch dafür die Elastizitätsbedingung

$$\varphi_{2i}' = \left[\frac{\mathfrak{Q}_{oi}}{b_i \cdot d_i} + \frac{s_2}{d_i}\right] \cdot \frac{1}{a_1' G} = \text{konst.} \tag{29}$$

erfüllt sein; der sekundäre Drehwinkel φ_2 bezieht sich nun aber auf den zweiten Schubmittelpunkt O_2, von dem die einzelnen Scheiben die zunächst unbekannten Abstände a_i' besitzen. Die Scheibenquerkräfte $\mathfrak{Q}_{0i}$ sind aus den Schubspannungen τ_0 bzw. aus den Spannungsänderungen σ' durch Gl. (21) bestimmt. Da wir die Gl. (29) für alle zu einem geschlossenen Querschnitt gehörenden Scheiben anschreiben können, liefern uns die Gleichsetzungen

$$\varphi_{2i-1}' = \varphi_{2i}' = \varphi_{2i+1}' \quad \text{usw.}$$

stets genügend (bzw. mehr als genügend) Gleichungen, um nicht nur den überzähligen Schubfluß s_2, sondern auch die unbekannten Koordinaten des zweiten Schubmittelpunktes O_2 zu bestimmen. Damit ergibt sich der *sekundäre Torsionsanteil* in der Form

$$T_2 = \Sigma\, \mathfrak{Q}_{\sigma 1} \cdot a_i' = \Sigma\, a_i' \left(\mathfrak{Q}_{oi} + s_2 \cdot b_i\right) = -A \cdot s'',$$

da wir ja die Spannungsänderungen σ' entsprechend den Gl. (28) in Funktion von s'' erhalten. Die Gleichgewichtsbedingung

$$T = T_1 + T_2$$

liefert uns nun die gesuchte Grundgleichung

$$T = 2F_m \cdot s - A \,.\, s'' \tag{30}$$

in gleicher Form wie Gl. (24). Aus den Funktionen s und s'' sind die Beanspruchungen und Formänderungen mit Hilfe der abgeleiteten Beziehungen leicht bestimmbar.

Wir haben hier beim Kastenquerschnitt den Torsionsanteil $D \cdot \varphi' = G \cdot J_d \cdot \varphi'$ vernachlässigt; es ist leicht einzusehen, daß er gegenüber dem primären Schubfluß s bzw. gegenüber $T_1 = 2F_m \cdot s$ keine nennenswerte Bedeutung besitzt, sondern nur einer kleinen Ungleichmäßigkeit in der Verteilung des Schubflusses über die als klein vorausgesetzte Scheibenstärke entsprechen kann.

Der sekundäre Torsionsanteil T_2 besitzt ausgesprochen örtlichen Charakter; er ist aber im allgemeinen Fall deshalb nicht vernachlässigbar, weil die Normalspannungen σ örtlich bedeutende Werte annehmen können, beispielsweise an den Angriffsstellen konzentrierter Drehmomente.

In Abb. 53 ist als Ergebnis der Berechnung eines einfachen Beispiels der Verlauf der Normalspannungen σ (Gl. 28) und der daraus resultierenden sekundären Schubspannungen infolge Torsion dargestellt[9].

---

[9] Dieser Abschnitt ist eine zusammenfassende und bereinigte Darstellung folgender Einzeluntersuchungen: *F. Stüssi:* Zur Biegung und Verdrehung des dünnwandigen schlanken Stahlstabes. Abh. Int. Ver. Brückenbau u. Hochbau 6 (1940/41) S. 277. — *F. Stüssi:* Der dünnwandige schlanke Stahlstab mit Kastenquerschnitt. Abh. Int. Ver. Brückenbau u. Hochbau 11 (1951) S. 375. — *F. Stüssi:* Schubmittelpunkt und Torsion. Abh. Int. Ver. Brückenbau u. Hochbau 12 (1952) S. 259.

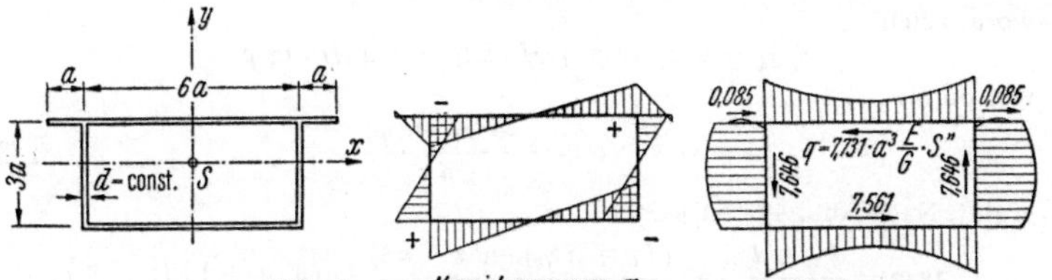

Abb. 53 Normalspannungen σ Sek. Schubspannungen τ

II. Spannungsprobleme zweiter Ordnung

1. Die verankerte Hängebrücke

a) Grundgleichung und Grundsystem

Der Versteifungsträger einer verankerten Hängebrücke ist durch Hängestangen am Tragkabel (oder an der Kette) aufgehängt; das Kabel ist durch die Pylonen gestützt und an seinen beiden Enden verankert (Abb. 54).

Eine Belastung des Versteifungsträgers wird somit teils durch diesen selber, teils durch die Hängestangenkräfte, die ihrerseits Ablenkungskräfte des Kabelzuges darstellen, aufgenommen. Die Steifigkeit einer verankerten Hängebrükke hängt somit sowohl von der Biegesteifigkeit EI des Versteifungsträgers wie auch von der Größe des Kabelzuges mit der Horizontalkomponente H und der Kabelform ab.

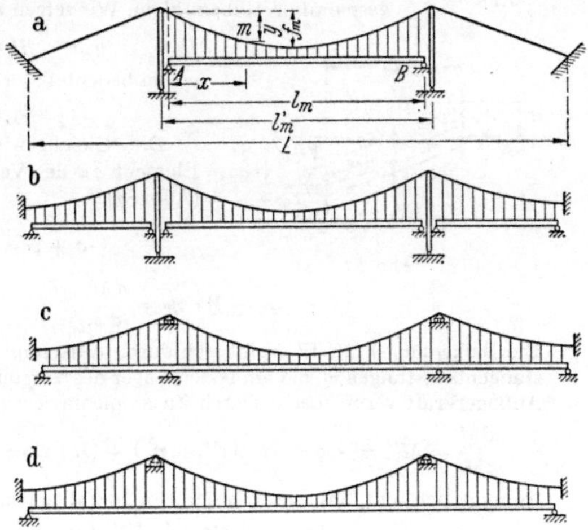

Abb. 54

Es ist üblich, die Hängestangen dicht ausgeteilt vorauszusetzen; die Hängestangenkräfte werden dann zu stetigen Belastungen, deren Größe sich aus der Gleichgewichtsbetrachtung eines Kabelelementes in verformtem Zustand wie folgt ergibt (Abb. 55):

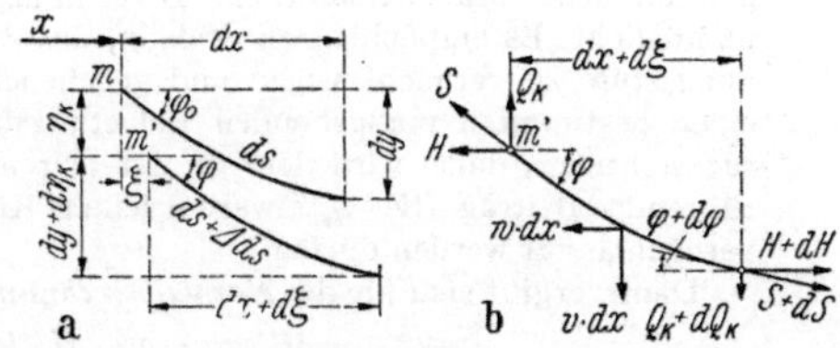

Abb. 55

Für ein vollkommen biegsames Kabel ($M = 0$) ist

$$v = -\frac{dQ_k}{dx}, \quad w = \frac{dH}{dx} \qquad (31)$$

und

$$H = S \cdot \cos\varphi, \quad Q_k = S \cdot \sin\varphi = H \cdot \operatorname{tg}\varphi. \qquad (32)$$

Ferner ist

$$Q_k + dQ_k = (H + dH) \cdot \operatorname{tg}(\varphi + d\varphi) = (H + dH) \cdot (\operatorname{tg}\varphi + d\operatorname{tg}\varphi),$$

woraus sich

$$d\,Q_k = dH \cdot \operatorname{tg}\varphi + H \cdot d \operatorname{tg}\varphi = d\,(H \cdot \operatorname{tg}\varphi)$$

und damit

$$v = -\frac{d\,(H \cdot \operatorname{tg}\varphi)}{d\,x} \tag{31a}$$

ergibt. Nach Abb. 55a ist jedoch

$$\operatorname{tg}\varphi = \frac{d\,y + d\,\eta_k}{d\,x + d\,\xi} \cong \frac{(d\,y + d\,\eta_k)\cdot(d\,x - d\,\xi)}{d\,x^2} = (y' + \eta_k')\cdot(1 - \xi').$$

Damit wird

$$v = -\frac{d}{d\,x}\left[H \cdot (y' + \eta_k') \cdot (1 - \xi')\right]$$

oder unter Vernachlässigung unwesentlicher Größen

$$v = -H \cdot (y'' + \eta_k'') - w \cdot y' + (H \cdot y' \cdot \xi')'. \tag{33}$$

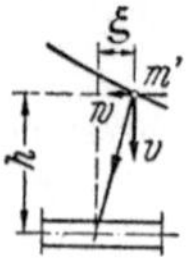

Abb. 56

Das Glied $(H \cdot y' \cdot \xi')' - w \cdot y'$ stellt eine verhältnismäßig kleine Vergrößerung der Hängestangenbelastung v dar; da auch w nach Abb. 56 von der Horizontalverschiebung ξ des Kabels abhängt,

$$w = v \cdot \xi / h, \tag{34}$$

ist das ganze Zusatzglied von ξ abhängig und damit bei den flachgespannten Kabeln klein. Wir setzen zunächst

$$v = -H \cdot (y'' + \eta_k'') + \Delta v, \tag{33a}$$

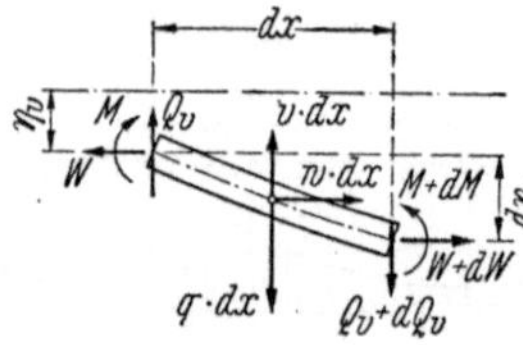

Abb. 57

wobei bedeutet:

$$\Delta v_\xi = (H \cdot y' \cdot \xi')' - w \cdot y'.$$

Die Gleichgewichtsbedingungen an einem Element $d\,x$ des Versteifungsträgers liefern nun (Abb. 57):

$$-q + v = \frac{dQ_v}{d\,x}, \qquad w = -\frac{d\,W}{d\,x}$$

$$Q_v - W \cdot \eta_v' = \frac{d\,M}{d\,x}.$$

Die Balkenlängskraft W ergibt sich durch Aufsummieren der waagrechten Hängestangenbelastungen w, die am festen Lager des Versteifungsträgers eine waagrechte Auflagerkraft verursachen. Durch Zusammenfassen und und Einsetzen ergibt sich

$$\frac{d^2M}{d\,x^2} = M'' = -q - H \cdot (y'' + \eta_k'') + (H \cdot y' \cdot \xi')' - w \cdot y' - (W \cdot \eta_v')'.$$

Es zeigt sich nun, daß der von der Horizontalverschiebung ξ herrührende Beitrag

$$\Delta p_1 = -(H \cdot y' \cdot \xi')' + w \cdot y' + (W \cdot \eta_v')' \tag{34a}$$

eine einfache und übersichtliche Berechnung der verankerten Hängebrücke verunmöglicht. Es empfiehlt sich deshalb, das Zusatzglied Δp_1 in einer ersten Rechnungsstufe zu vernachlässigen und gegebenenfalls in einer Zusatzberechnung für einen bestimmten maßgebenden Belastungsfall als zusätzliche Belastung zu berücksichtigen; dabei wird der von der Durchbiegung des Versteifungsträgers herrührende Beitrag $(W \cdot \eta_v')'$ wegen seiner Kleinheit wohl fast immer überhaupt vernachlässigt werden dürfen.

Damit ergibt sich für die *Normalberechnung*

$$M'' = -q - H \cdot (y'' + \eta_k''), \tag{35}$$

die in Verbindung mit der Differentialgleichung der Biegelinie des Versteifungsträgers,

$$EI \cdot \eta_v'' = -M, \qquad (EI \cdot \eta_v'')'' = -M'',$$

auf die *Grundgleichung*

$$(EI \cdot \eta_v'')'' - H \cdot y'' - H \cdot \eta_k'' - q = 0 \tag{36}$$

führt. Dabei bedeutet $H = H_g + H_p$ den überzähligen Horizontalschub des Kabels. Da mit wachsender Belastung q sowohl der Horizontalschub H wie die Durchbiegungen η zunehmen, kann die Grundgleichung wegen des Produktes $H \cdot \eta_k''$ nicht mehr linear zur Belastung sein; das Problem der verankerten Hängebrücke ist ein *Spannungsproblem zweiter Ordnung*, bei dem die Formänderungen und die Momente des Versteifungsträgers weniger stark wachsen als die Belastung.

Eine *Linearisierung des Problems* gelingt dadurch, daß wir im Produkt $H \cdot \eta_k''$ den Horizontalschub H als einen gedachten Festwert $N = H$ auffassen, der seiner Größe nach mit dem noch zu bestimmenden Horizontalschub H übereinstimmen muß. Wir setzen ferner

$$\eta_k = \eta_v - \Delta\,\eta,$$

wobei $\Delta\,\eta = \Delta\,h$ die Verlängerung der Hängestangen bedeutet; in der Normalberechnung wird $\Delta\,\eta$ in der Regel vernachlässigt. Es bietet jedoch keine Schwierigkeit, diesen Einfluß in einer Zusatzberechnung für einen bestimmten Belastungsfall als äußere Zusatzbelastung $\Delta\,p_2$,

$$\Delta\,p_2 = N \cdot \Delta\,\eta'', \tag{34b}$$

zu untersuchen.

Damit ergibt sich für die Normalberechnung die neue Grundgleichung

$$(EI \cdot \eta'')'' - N \cdot \eta'' - q - H \cdot y'' = 0, \tag{37}$$

die wegen des eingeführten Kunstgriffes linear ist und für die deshalb das *Superpositionsgesetz* gilt.

Bei gleichen (oder näherungsweise bei annähernd gleichen) Spannweiten von Kabel und Versteifungsträger, wie in den Anordnungen a) und b) der Abb. 54, kann die Grundgleichung durch zweimalige Integration auf die Form

$$EI \cdot \eta'' - N \cdot \eta + M_0 - H \cdot y = 0 \tag{37a}$$

gebracht werden. Beim durchlaufenden Versteifungsträger nach Anordnung c) sind überzählige Stützenmomente zu berücksichtigen. Im Fall der Anordnung d) gelingt dagegen diese Vereinfachung nicht; hier ist die Grundgleichung als Differentialgleichung vierter Ordnung zu lösen[1]. Wir beschränken uns nachstehend auf den vereinfachten Fall Gl. (37a).

Die linearisierte Gl. (37a) kann nun auf einen momentenfreien *Ausgangszustand* (Eigengewicht g) orientiert werden, indem der Eigengewichtsbeitrag

$$M_{0g} - H_g \cdot y = 0$$

subtrahiert wird; die Durchbiegungen η und der Horizontalschub $H = H_p$ gelten von diesem Ausgangszustand aus; dagegen bedeutet der Festwert N nach wie vor den gesamten Horizontalschub.

Die Gültigkeit des Superpositionsgesetzes erlaubt nun ferner, die Durchbiegungen η in ihre beiden Anteile η_0 infolge M_0 und $H \cdot \eta_H$ infolge $H \cdot y$ aufzuteilen; damit zerfällt Gl. (37a) in zwei Teilgleichungen:

$$\left.\begin{aligned} EI \cdot \eta_0'' - N \cdot \eta_0 + M_0 &= 0,\\ EI \cdot \eta_H'' - N \cdot \eta_H + M_H &= 0. \end{aligned}\right\} \tag{38}$$

Dabei bezeichnet $M_H = -1 \cdot y$ das Moment im Versteifungsträger infolge $H = 1$ ohne Berücksichtigung des Formänderungseinflusses. Führen wir noch die Bezeichnungen

$$\overline{M}_0 = M_0 - N \cdot \eta_0; \qquad \overline{M}_H = M_H - N \cdot \eta_H \tag{39}$$

ein, so ergeben sich die resultierenden Momente des Versteifungsträgers aus der Superposition

$$M = \overline{M}_0 + H \cdot \overline{M}_H$$

in der bei der Berechnung statisch unbestimmter Tragwerke üblichen Form.

---

[1] *F. Stüssi:* Schweiz. Bauztg. 117 (1941) S. 1 und 18.

Analog ergibt sich aus Gl. (37) durch Orientierung auf den Ausgangszustand und Zerlegung

$$\left.\begin{aligned} \bar{M}_o'' - \frac{N}{EI}\cdot \bar{M}_o + p &= 0, \\ \bar{M}_H'' - \frac{N}{EI}\cdot \bar{M}_H + 1\cdot y'' &= 0. \end{aligned}\right\} \tag{41}$$

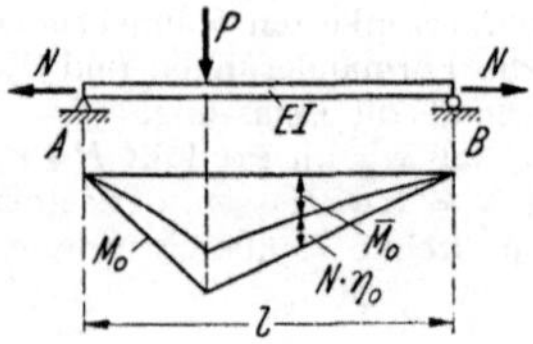

Abb. 58

Die Gl. (38) und (41) beziehen sich offensichtlich auf das *Grundsystem* des untersuchten Tragwerks, d. h. auf den Balken Abb. 58, der außer durch die Querbelastung p (P) bzw. $-1\cdot y''$ noch durch die ideelle Längskraft N (die jedoch keine Längsspannungen N/F erzeugt) belastet ist.

Die Differentialgleichungen (38) oder (41) sind nur bei statisch bestimmter Lagerung des Grundsystems direkt lösbar. Bei statisch unbestimmter Lagerung ist eine Lösung entweder als Randwertproblem mit der Differentialgleichung vierter Ordnung oder durch Einführung überzähliger Größen möglich. Eine einfache numerische Lösung der Differentialgleichung (38) bzw. (41) wird in Abschnitt III, 2 angegeben werden.

b) Die Elastizitätsbedingung

Die Elastizitätsbedingung zur Bestimmung des überzähligen Horizontalschubes $H = X$ einer einfach statisch unbestimmten Hängebrücke (Anordnungen a und b der Abb. 54) hat auszudrücken, daß sich der gegenseitige Abstand der beiden Kabelendpunkte nicht ändert:

$$\int^{L} d\xi = 0. \tag{42}$$

Es bietet keine Schwierigkeit, auch eine elastische Nachgiebigkeit der Kabelverankerungen zu berücksichtigen; die Elastizitätsbedingung würde sich dann lediglich auf die Form

$$\int^{L} d\xi + \left(\frac{1}{C_l} + \frac{1}{C_r}\right)\cdot H = 0 \tag{42a}$$

erweitern.

Aus dem Vergleich von verformtem und unverformtem Kabelelement (Abb. 55a),

$$(ds + \Delta ds)^2 = (dx + d\xi)^2 + (dy + d\eta)^2,$$
$$ds^2 = dx^2 + dy^2$$

folgt

$$d\xi = \Delta ds\cdot\frac{ds}{dx} - d\eta\cdot\frac{dy}{dx} + \left(\frac{\Delta ds^2}{2dx} - \frac{d\eta^2}{2dx} - \frac{d\xi^2}{2dx}\right);$$

die eingeklammerten Beiträge sind klein und werden normalerweise vernachlässigt oder dann höchstens in einer Zusatzberechnung angenähert berücksichtigt. Für die *Normalberechnung* darf deshalb gesetzt werden:

$$\xi' = \frac{\Delta ds}{dx}\cdot\sec\varphi - \eta'\cdot y'. \tag{43}$$

Das erste Glied berücksichtigt die Kabelverlängerung infolge Belastung und Temperaturänderung; aus

$$\frac{\Delta ds}{ds} = \frac{S}{EF} + \omega_t\cdot t = \frac{H}{EF}\cdot\sec\varphi + \omega_t\cdot t$$

folgt mit

$$L_s = \sum^L \int^{l_i} \sec^3\varphi \cdot dx \cong \sum l_i (\sec^3\alpha_i + 8 n_i^2 \cdot \sec\alpha)$$

$$L_t = \sum^L \int^{l_i} \sec^2\varphi \cdot dx \cong \sum l_i \left(\sec^2\alpha_i + \frac{16}{3} n_i^2\right)$$

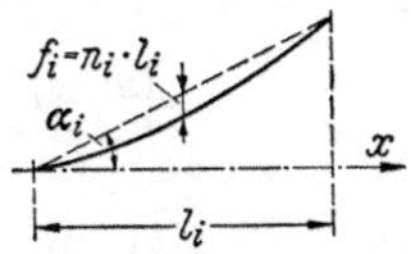

Abb. 59

(Abb. 59) für konstanten Kabelzug H und konstanten Kabelquerschnitt F

$$\int^L \frac{\Delta ds}{dx} \cdot \sec\varphi = \int^L \frac{\Delta ds}{ds} \cdot \sec^2\varphi = H \cdot \frac{L_s}{EF} + \omega_t \cdot t \cdot L_t. \tag{44}$$

Gl. (43) erlaubt nun auch, die Zusatzbelastung Δp_1 nach Gl. (34a) zu bestimmen, sobald die Durchbiegungen η und der Horizontalschub H für einen bestimmten Belastungsfall aus der Normalberechnung ermittelt sind.

Das zweite Glied $\eta' \cdot y'$ der Gl. (43) wird zweckmäßigerweise für die Elastizitätsbedingung durch partielle Integration umgeformt; da an den Integrationsgrenzen sowohl η wie y verschwinden, ist

$$\int^{l_i} \eta' \cdot y' \cdot dx = -\int^{l_i} \eta'' \cdot y \cdot dx.$$

Mit

$$-1 \cdot y = M_H$$

und

$$\eta'' = -\frac{M_o - H \cdot M_H - N \cdot \eta}{EI} = -\frac{\overline{M}_o - H \cdot \overline{M}_H}{EI}$$

ergibt sich

$$\int^{l_i} \eta' \cdot y' \cdot dx = -\int^{l_i} M_H \cdot (\overline{M}_0 - H \cdot \overline{M}_H) \cdot dx/EI = H \cdot \int^{l_i} M_H \cdot \overline{M}_H \cdot dx/EI - \int^{l_i} M_H \cdot \overline{M}_o \cdot dx/EI. \tag{45}$$

Führen wir die Abkürzungen

$$a_{11} = \frac{L_s}{EF} + \int^L M_H \cdot \overline{M}_H \cdot dx/EI$$

$$a_{10} = -\int^L M_H \cdot \overline{M}_o \cdot dx/EI = -\int^L \overline{M}_H \cdot M_o \cdot dx/EI$$

$$a_{1t} = \omega_t \cdot t \cdot L_t$$

ein, so ergibt sich die Elastizitätsbedingung in der allgemein für die Berechnung statisch unbestimmter Systeme üblichen Form

$$a_{11} \cdot H + a_{10} + a_{1t} = 0. \tag{46}$$

Damit ist die Normalberechnung der verankerten Hängebrücke auf die übliche Form zurückgeführt; als Unterschied gegenüber normalen, d.h. linearen statisch unbestimmten Systemen ist einzig zu beachten, daß im Grundsystem Abb. 58 der Formänderungseinfluß nach den Gl. (38) oder (41) zu berücksichtigen ist.

Bei *durchlaufenden Versteifungsträgern* nach Anordnung c) der Abb. 54 treten außer dem Horizontalschub $H = X_1$ als weitere überzählige Größen die beiden Stützenmomente X_2 und X_3 auf. Auch dieses dreifach statisch unbestimmte System läßt sich in normaler Weise mit den Elastizitätsbedingungen

$$a_{11} \cdot X_1 + a_{12} \cdot X_2 + a_{13} \cdot X_3 + a_{10} = 0,$$
$$a_{21} \cdot X_1 + a_{22} \cdot X_2 + a_{23} \cdot X_3 + a_{20} = 0,$$
$$a_{31} \cdot X_1 + a_{32} \cdot X_2 + a_{33} \cdot X_3 + a_{30} = 0$$

berechnen, nur ist zu beachten, daß in den Verschiebungsgrößen bei den Momentenanteilen der Formänderungseinfluß zu berücksichtigen ist (Abb. 60):

$$a_{ik}^{(M)} = a_{ki}^{(M)} = \int^{L} M_i \cdot \overline{M}_k \cdot dx/EI = \int^{L} \overline{M}_i \cdot M_k \cdot dx/EI.$$

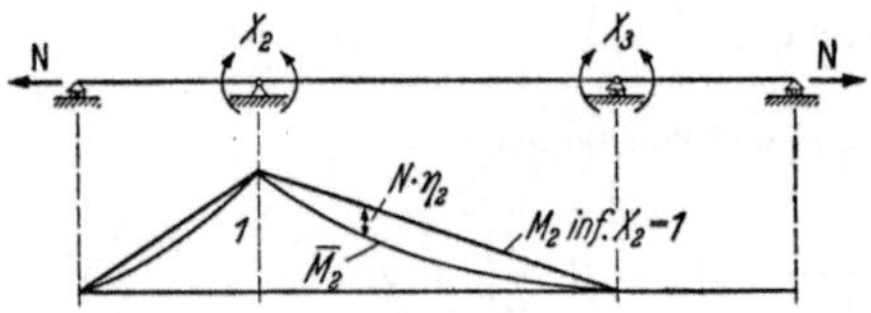

Abb. 60

Ebenfalls gilt das Superpositionsgesetz für die Schnittgrößen, beispielsweise

$$M = \overline{M}_0 + \Sigma X_i \cdot \overline{M}_i, \quad (40\text{a})$$

in der normalisierten Form.

Sind die Pylonen nicht als Pendelstützen, sondern als unten *eingespannte Türme* ausgebildet, so ändert sich der Horizontalschub H von Feld zu Feld (Abb. 61). Dabei stellen aber auch die Türme wieder Spannungsprobleme zweiter Ordnung dar, weil ihre Ausbiegungen ξ infolge der Horizontalbelastung ΔX durch die Vertikalbelastung V (Kabelauflagerkräfte) vergrößert werden. Denken wir uns jedoch V als einen Festwert (dessen Größe mit der wirklichen Vertikalbelastung übereinstimmen muß und deshalb zunächst zu schätzen ist), so läßt sich das Problem wieder linearisieren, und die Ausbiegungen ξ können sinngemäß aus der Differentialgleichung 38,

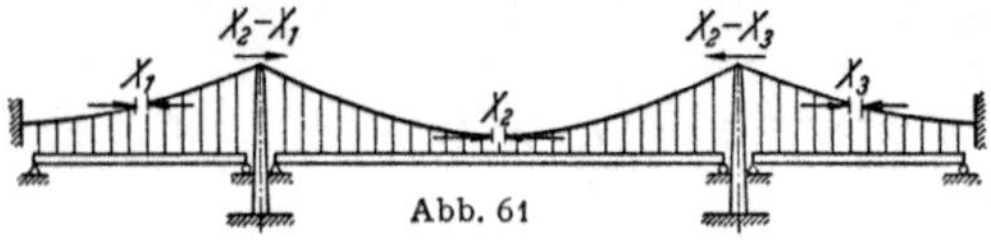

Abb. 61

$$EJ \cdot \xi'' + V \cdot \xi + M_{\Delta X} = 0,$$

bestimmt werden; dabei ist die vergrößernde Wirkung der vertikalen Druckkraft V durch entsprechende Änderung des Vorzeichens der Formänderungsglieder berücksichtigt.

c) Einflußlinien

Dank der Linearisierung des Problems durch Einführung des gedachten Festwertes N können nun auch wieder Einflußlinien, deren Gültigkeit ja grundsätzlich an die Gültigkeit des Superpositionsgesetzes gebunden ist, aufgestellt werden. Allerdings sind diese Einflußlinien nur dann genau richtig, wenn der eingeführte Festwert N mit dem gesamten Horizontalschub des untersuchten Belastungsfalles übereinstimmt. Bei einer praktischen Bemessung wird man deshalb beispielsweise etwa so vorgehen können, daß man zwei Gruppen von Einflußlinien berechnet, von denen die erste mit dem Wert $N_1 = H_{\min}$, die zweite mit $N_2 = H_{\max}$ bestimmt wird; die gesuchte statische Größe ergibt sich dann durch Interpolation. Bei Vorberechnungen ist eine Vereinfachung denkbar, indem die Einflußlinien mit einem mittleren Wert von N, etwa mit $N_m = H_g + H_p/_2$, berechnet werden.

Die Einflußlinie e_H des Horizontalschubes H einer einfach statisch bestimmten Hängebrücke ergibt sich in gewohnter Weise als Biegelinie infolge $a_{10} = 1$ bzw. infolge der Belastung

$$H = -\frac{1}{a_{11}}.$$

Ist somit die Biegelinie η_H infolge $H = 1$ durch Auflösung der zweiten Differentialgleichung (38) gefunden, so ist einfach

$$e_H = \frac{\eta_H}{a_{11}}.$$

Die Einflußlinien für Schnittgrößen, beispielsweise für das Biegemoment M, folgen aus der Superposition Gl. (40) zu

$$e_M = e_{\overline{M}\,0} - \overline{M}_H \cdot e_H.$$

Da beim linearisierten Problem das *Maxwell-Mohr*sche Reziprozitätsgesetz $a_{ik} = a_{ki}$ wieder gültig ist, ist die Teileinflußlinie $e_{\overline{M}0}$ gleichbedeutend mit der Biegelinie des Grundsystems Abb. 58 infolge eines Drehwinkels $\alpha = 1$ an der Stelle des gesuchten Momentes oder auch mit der Momentenfläche $\bar{M}_p$ infolge der Belastung $P = 1$ an dieser Stelle. Die Gültigkeit des Reziprozitätsgesetzes erlaubt nun aber auch, einfache Beziehungen zwischen den Teileinflußlinien $e_{\bar{M}_0}$ aufeinanderfolgender Punkte aufzustellen, die die Berechnung merklich abzukürzen erlauben[2].

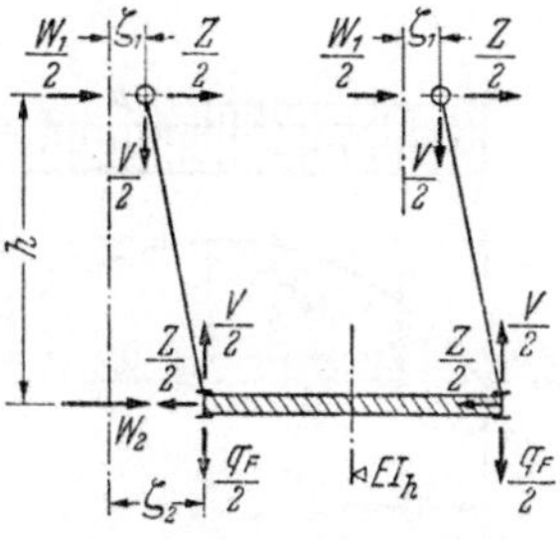

Abb. 62

d) Winddruck auf Hängebrücken

Abschliessend soll noch die Wirkung von Winddruck auf eine verankerte Hängebrücke untersucht werden; dabei sei, im Sinne einer Vereinfachung der Rechnung, eine Vollbelastung q_F, auf beide Kabel gleichmäßig verteilt und von diesen allein aufgenommen, vorausgesetzt.

Ist die waagrechte Ausbiegung ζ_2 des Versteifungsträgers infolge Winddruck größer als die Ausbiegung ζ_1 der Kabel, so stellen sich die Hängestangen (Abb. 62) schräg und es entsteht eine waagrechte Komponente z der Hängestangenbelastung v:

$$z = v\,\frac{\zeta_2 - \zeta_1}{h} \cong q_F \cdot \frac{\zeta_2 - \zeta_1}{h},$$

die den Fahrbahnwindverband entlastet, die Kabel dagegen zusätzlich belastet.

Auf beide Kabel zusammen wirkt nun die waagrechte Belastung

$$w_1 + z = w_1 + q_F \cdot \frac{\zeta_2 - \zeta_1}{h},$$

die durch die waagrechten Ablenkungskräfte $H \cdot \zeta_1''$ des Kabelzuges H aufgenommen werden muß:

$$w_1 + \frac{q_F}{h} \cdot (\zeta_2 - \zeta_1) + H \cdot \zeta_1'' = 0. \tag{47a}$$

Dabei bedeutet H den Kabelzug beider Kabel zusammen.

Die waagrechte Belastung $w_2 - z$ des Fahrbahnwindverbandes muß durch die inneren elastischen Widerstände $(EI_h \cdot \zeta_2'')''$ aufgenommen werden:

$$w_2 - \frac{q_F}{h} \cdot (\zeta_2 - \zeta_1) - (EI_h \cdot \zeta_2'')'' = 0. \tag{47b}$$

Die beiden simultanen Differentialgleichungen 47 werden wohl am einfachsten durch sukzessive Approximation gelöst: wir schätzen eine Kurve $(\zeta_2 - \zeta_1)$ und berechnen damit nach Gl. (47a) die Ausbiegung ζ_1 (Seilpolygon) und nach Gl. (47b) die Ausbiegung ζ_2 (zwei Seilpolygone, Biegelinie nach *O. Mohr*). Mit diesen Werten kann eine zweite verbesserte Rechnung durchgeführt werden (Abb. 63).

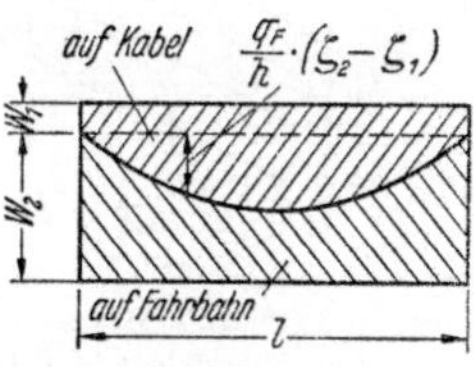

Abb. 63

Bei weitgespannten Hängebrücken ist die Entlastung des Fahrbahnwindverbandes durch die Kabel beträchtlich[3].

2. Der Formänderungseinfluß beim Bogenträger

Auch bei Bogenträgern kann, genau genommen, die klassische Voraussetzung der normalen Baustatik, daß nämlich die äußeren Kräfte am unverformt gedachten Tragsystem wirken sollen, nicht mehr aufrecht erhalten werden, weil sich die Hebelarme der Kräfte infolge der Formänderungen merklich ändern können.

[2] *F. Stüssi:* Baustatik II. Basel 1954.

[3] s. z. B.: The George Washington Bridge across the Hudson River at New York, N. Y. New York 1933, S. 154.

Bei einem durch die ständige Last g und halbseitige Nutzlast p belasteten Zweigelenkbogen (Abb. 64) erfährt beispielsweise der Punkt $m\,(x, y)$ lotrechte und waagrechte Verschiebungen η und ξ und verschiebt sich nach $m\,(x + \xi, y - \eta)$. Bezeichnen wir das nach der normalen Theorie „erster Ordnung" berechnete Biegemoment mit $M^{(1)}$,

$$M^{(1)} = M_0 - H \cdot y,$$

so entsteht im verformten Bogen das Moment

$$M = M^{(1)} + \Delta M_\eta + \Delta M_\xi. \quad (48)$$

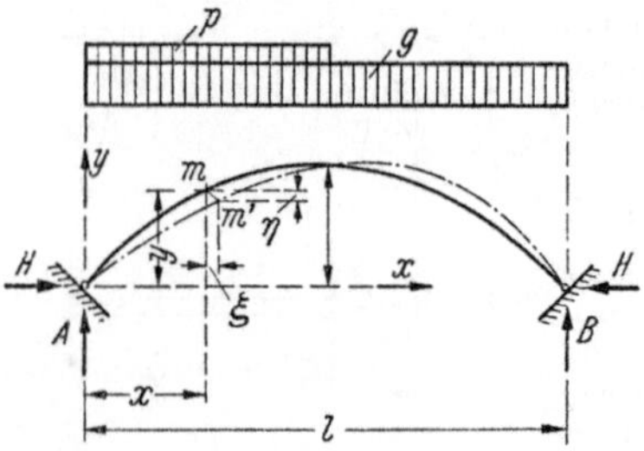

Abb. 64

Gegenüber dem Formänderungsproblem der verankerten Hängebrücke zeigen sich beim Bogenträger folgende Unterschiede: Die durch die Formänderungen η und ξ verursachten Zusatzmomente ΔM_η und ΔM_ξ sind positiv, M wird dadurch gegenüber $M^{(1)}$ *vergrößert*. Ferner sind hier wegen des normalerweise größeren Pfeilverhältnisses $n = f/l$ die Zusatzmomente ΔM_ξ von gleicher Größenordnung wie die Zusatzmomente ΔM_η; sie dürfen somit, abgesehen von sehr flachen Bogen, nicht mehr vernachlässigt werden. Nun sind es aber gerade diese Zusatzmomente ΔM_ξ, die die Aufstellung einer direkten Berechnungsmethode (wie etwa die „Normalberechnung" der verankerten Hängebrücke) verunmöglichen. Es scheint deshalb hier ein etwas anderes Vorgehen zweckmäßig. Wir beschränken die Untersuchung des Formänderungseinflusses, ausgehend von der Theorie erster Ordnung ($M^{(1)}$), auf bestimmte „maßgebende" Belastungsfälle, für die die Zusatzmomente durch sukzessive Approximation bestimmt werden; dieses Vorgehen erscheint hier um so eher gangbar, als der Formänderungseinfluß beim Bogenträger normalerweise erheblich kleiner ist als bei der Hängebrücke und auch bei extremen Fällen bei den Momenten und Durchbiegungen etwa 30% kaum überschreiten dürfte.

Zur Bestimmung der Zusatzmomente ΔM_η und ΔM_ξ gehen wir aus vom Gleichgewichtszustand eines verformten Bogenelementes (Abb. 65):

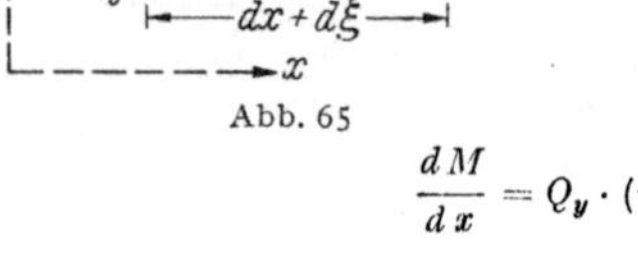

Abb. 65

Da die Belastung $q \cdot dx$ sich während der Verformung offensichtlich nicht ändert, liefert eine Komponentengleichgewichtsbedingung $\Sigma Y = 0$

$$\frac{d\,Q_y}{d\,x} = -q$$

wie in der gewöhnlichen Biegelehre. Aus einer Momentengleichgewichtsbedingung $\Sigma M = 0$ folgt (unter Vernachlässigung kleiner Größen höherer Ordnung)

$$\frac{d\,M}{d\,x} = Q_y \cdot (1 + \xi') - H \cdot (y' - \eta'). \quad (49\text{a})$$

Infolge der waagrechten Verschiebungen ξ ändert sich nun aber gegenüber der Theorie erster Ordnung auch die lotrechte Auflagerkraft A, und zwar ist offensichtlich

$$A = A_0 - \Delta A = A_0 - 1/l \cdot \int^l q \cdot \xi \cdot d\,x\,;$$

setzen wir entsprechend

$$Q_y = Q_{0y} - \Delta A,$$

so wird

$$M' = (Q_{0y} - \Delta A) \cdot (1 + \xi') - H \cdot (y' - \eta'). \quad (49\text{b})$$

Für einen *Zweigelenkbogen* ($M_A = M_B = 0$) ergibt sich für H = konst. durch Integration unter der zulässigen Vernachlässigung von Produkten von Formänderungseinflüssen mit

$$M_o = \int_0^x Q_{oy} \cdot dx$$

das Biegemoment M zu

$$M = M_o - H \cdot y + H \cdot \eta + \int_0^x Q_{oy} \cdot \xi' \cdot dx - \Delta A \cdot x. \tag{49c}$$

Der Vergleich mit Gl. (48) liefert, wenn wir noch beachten, daß der Horizontalschub H sich infolge der Formänderungen um ΔH ändern kann, die Zusatzmomente ΔM,

$$\Delta M_\eta = H \cdot \eta - \Delta H_\eta \cdot y, \quad \Delta M_\xi = \int_0^x Q_{oy} \cdot \xi' \cdot dx - \Delta A \cdot x - \Delta H_\xi \cdot y. \tag{50}$$

Die Änderungen ΔH des Horizontalschubes sind als überzählige Größen aus der entsprechenden Elastizitätsbedingung zu berechnen. Bei einem *eingespannten Bogen* würden in den Zusatzmomenten ΔM analog noch die durch die Formänderungen verursachten überzähligen Kämpfermomente zu berücksichtigen sein.

Für einen bestimmten Belastungsfall ergeben sich nun die Durchbiegungen η aus den nach der Theorie erster Ordnung ermittelten Schnittgrößen $M^{(1)}$, $Q^{(1)}$, $N^{(1)}$ mit Hilfe der bekannten Gleichung der lotrechten Biegelinie,

$$\eta'' = -\frac{M}{EI \cdot \cos\varphi} + \left(\frac{Q}{GF'}\right)' - \left(\frac{N}{EF} \cdot \operatorname{tg}\varphi\right)'. \tag{51a}$$

Die waagrechten Verschiebungen ξ sind mit den Durchbiegungen η durch die Beziehung

$$\xi' = \eta' \cdot \operatorname{tg}\varphi + \varepsilon \cdot \sec^2\varphi_m \tag{51b}$$

verbunden, wobei ε die spezifische Dehnung des Bogenelementes ds bedeutet. Damit kann nun eine erste Stufe $\Delta M^{(1)}$ der Zusatzmomente ΔM berechnet werden. Nun verursachen aber diese Zusatzmomente weitere Formänderungen $\eta^{(2)}$ und $\xi^{(2)}$, aus denen weitere Zusatzmomente $\Delta M^{(2)}$ resultieren. Die Endwerte der Zusatzmomente ergeben sich somit grundsätzlich aus einer sukzessiven Approximation mit allerdings rasch abklingender Größe aufeinanderfolgender Beiträge. Damit wird die Berechnung des Formänderungseinflusses, wenn auch grundsätzlich einfach, so doch etwas mühsam.

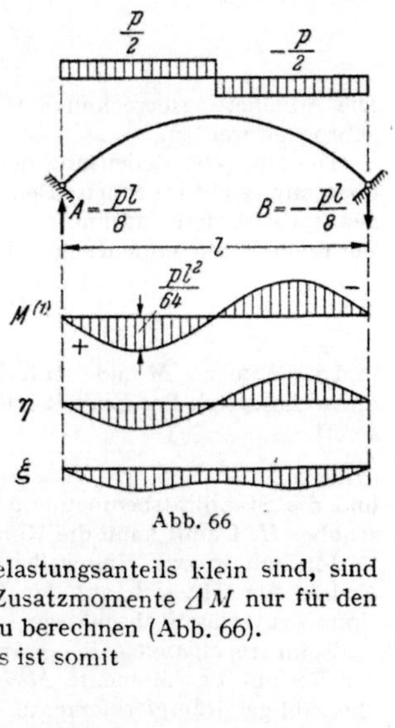

Abb. 66

Wesentliche Vereinfachungen der Berechnung ergeben sich, wenn wir uns auf den praktisch maßgebenden Belastungsfall der halbseitigen Nutzlast (Abb. 64) beschränken und ferner davon ausgehen, daß der Formänderungseinfluß nur bei schlanken Bogenträgern eine nennenswerte Größe erreichen kann; hier aber darf der Einfluß der Längs- und Querkräfte auf die Formänderungen (wenigstens für die Berechnung der Zusatzmomente) vernachlässigt werden. Da mit diesen Voraussetzungen aber die Formänderungen des Bogens infolge des symmetrischen Belastungsanteils klein sind, sind die Verschiebungen η und ξ zur Bestimmung der Zusatzmomente ΔM nur für den antimetrischen Anteil der halbseitigen Nutzlast zu berechnen (Abb. 66).

Im skizzierten *Zweigelenkbogen* ist $\Delta H_\eta = 0$, es ist somit

$$\Delta M_\eta = H \cdot \eta.$$

Bei der Berechnung der Zusatzmomente ΔM_ξ ist zwischen symmetrischer und antimetrischer Belastung zu unterscheiden. Für antimetrische Belastung verschwindet wegen des symmetrischen Verlaufs der Verschiebungen ξ die zusätzliche Auflagerkraft ΔA; die zugehörigen Zusatzmomente ΔM_ξ verlaufen symmetrisch und werden praktisch durch die Momente $\Delta H_\xi \cdot y$ kompensiert. Es sind somit auch hier nur die symmetrischen Belastungsanteile mit den aus antimetrischer Belastung entstehenden Verformungen maßgebend. Die Zusatzmomente

$$\Delta M_\xi = \int_0^x Q_{oy} \cdot \xi' \cdot dx - \Delta A \cdot x$$

verlaufen somit ebenfalls antimetrisch; die zusätzliche Auflagerkraft braucht deshalb nicht direkt berechnet zu werden, sondern ergibt sich aus

$$(\Delta M_\xi)_{\frac{l}{2}} = \int_0^{\frac{l}{2}} Q_{oy} \cdot \xi' \cdot dx - \Delta A \cdot \frac{l}{2} = 0.$$

Setzen wir nun, beispielsweise für den Bogenviertel,

$$\frac{\Delta M^{(1)}}{M^{(1)}} = \frac{\Delta M_\eta^{(1)} + \Delta M_\xi^{(1)}}{M^{(1)}} = \alpha_1,$$

und für die nächsten Rechnungsgänge

$$\frac{\Delta M^{(2)}}{\Delta M^{(1)}} = \alpha_2, \qquad \frac{\Delta M^{(3)}}{\Delta M^{(2)}} = \alpha_3 \quad \text{usw.},$$

wobei sich die Werte α rasch einem Festwert nähern:

$$\alpha_2 = \alpha_3 = \alpha_4 = \cdots,$$

so wird der Endwert des Momentes betragen:

$$M = M^{(1)} \cdot (1 + \alpha_1 + \alpha_1 \cdot \alpha_2 + \alpha_1 \cdot \alpha_2^2 + \alpha_1 \cdot \alpha_2^3 + \cdots)$$

oder mit $\alpha \leqq 1$

$$M = M^{(1)} \cdot \left(1 + \frac{\alpha_1}{1 - \alpha_2}\right). \tag{52}$$

Die Annäherungsberechnung kann damit nach dem zweiten Rechnungsgang abgebrochen werden.

Die statische Bedeutung der Verhältniszahlen α läßt sich durch einen Grenzübergang leicht erkennen: Denken wir uns den Bogen durch kleine Momente $M^{(1)}$ beansprucht, deren antimetrischer Verlauf zu demjenigen der dadurch verursachten Zusatzmomente ähnlich sein soll; dann ist mit $\alpha_1 = \alpha_2 = \alpha$

$$M = M^{(1)} \cdot \left(1 + \frac{\alpha}{1 - \alpha}\right) = M^{(1)} \cdot \frac{1}{1 - \alpha} \tag{52a}$$

und die Momente M und damit die Formänderungen η und ξ wachsen unaufhaltsam an, wenn α sich der Einheit nähert; *für $\alpha = 1$ knickt der Bogen aus.* Es bedeutet somit

$$\alpha = H/H_{kr},$$

und die Stabilitätsbedingung $\alpha = 1$ liefert den kritischen Wert H_{kr} des Bogenschubes H. Damit kann die Knicklast des Zweigelenkbogens, die für antimetrische Verformung in zwei Halbwellen ihren kleinsten Wert annimmt, berechnet werden. Andrerseits läßt sich aus der Knicklast nun mit Gl. (52a) der Formänderungseinfluß zuverlässig abschätzen.

Beim *eingespannten Bogen* ändern sich gegenüber dem Zweigelenkbogen sowohl der Verlauf der Momente $M^{(1)}$ wie auch der Verformungen ξ und η, weil hier überzählige Kämpfermomente M_A und M_E auftreten (Abb. 67). Die Zusatzmomente ΔM nach Gl. (50) bedeuten hier Momente des statisch bestimmten Grundsystems, denen noch die aus einer Elastizitätsbedingung zu ermittelnden überzähligen Momente zu superponieren sind. Eine Änderung des Horizontalschubes H infolge der antimetrisch verlaufenden Zusatzmomente findet auch hier nicht statt. Da die Formänderungen η und ξ beim eingespannten Bogen wesentlich kleiner sind als beim Zweigelenkbogen, wird hier der kritische Horizontalschub wesentlich größer, und damit werden die Zusatzmomente ΔM,

$$\Delta M \cong M^{(1)} \cdot \frac{H}{H_{kr} - H},$$

wesentlich kleiner als beim Zweigelenkbogen.

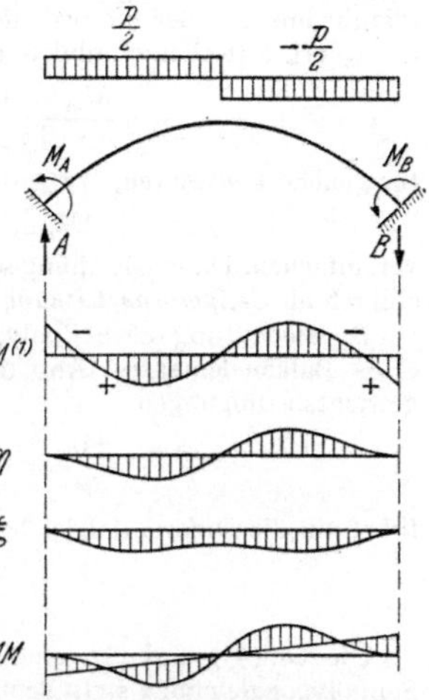

Abb. 67

Bei aufgeständerter oder aufgehängter Fahrbahn tritt infolge der Horizontalverschiebungen ξ eine Schrägstellung der Pfosten bzw der Hängestangen ein, wodurch weitere positive bzw. negative Zusatzmomente entstehen. Diese zusätzlichen Einflüsse können im gegebenen Einzelfall numerisch ohne Schwierigkeiten erfaßt werden, doch läßt sich zu ihrer Berechnung wohl kaum ein einfaches geschlossenes Verfahren angeben.

III. Numerische Lösung von Differentialgleichungen mit Hilfe der Seilpolygongleichung[1]

1. Grundgleichungen

a) Die Seilpolygongleichung und ihre Bedeutung

Die Seilpolygongleichung sei nachstehend am Beispiel eines durch Einzellasten P in den Knotenpunkten belasteten Balkenfeldes Δx_m abgeleitet (Abb. 68):

Eine Momentengleichgewichtsbedingung bezüglich m liefert

$$M_m = M_{m-1} + Q_m \cdot \Delta x_m; \qquad (53\text{a})$$

diese Beziehung führt direkt auf die *„indirekte Form"* der Seilpolygongleichung

$$M_m = \sum_{i=1}^{m} Q_i \cdot \Delta x_i, \qquad (54)$$

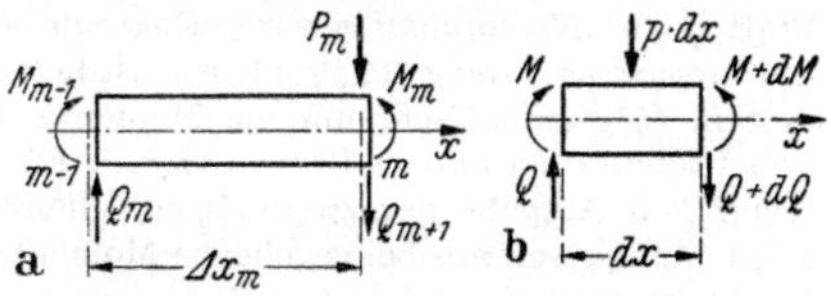

Abb. 68

die bei der analytischen Berechnung der Biegemomente M eines einfachen Balkens aus den Querkräften Q verwendet wird.

Die lotrechte Komponentengleichgewichtsbedingung

$$P_m = Q_m - Q_{m+1} \qquad (53\text{b})$$

[1] Zusammenfassende Darstellung einer vor längerer Zeit vorgeschlagenen und mehrfach verwendeten und ausgebauten numerischen Berechnungsmethode. Siehe z. B. *F. Stüssi:* Die Stabilität des auf Biegung beanspruchten Trägers. Abh. Int. Ver. Brückenbau u. Hochbau 3 (1935) S. 401. – *F. Stüssi:* Numerische Lösung von Randwertproblemen mit Hilfe der Seilpolygongleichung. Zeitschr. f. ang. Math. und Phys., ZAMP I (1950) S. 53.

erlaubt uns, aus der für zwei aufeinanderfolgende Felder angeschriebenen Gl. (53a) die Querkräfte Q zu eliminieren:

$$\frac{M_m - M_{m-1}}{\Delta x_m} - \frac{M_{m+1} - M_m}{\Delta x_{m+1}} = P_m; \tag{55a}$$

für gleiche Feldweiten, $\Delta x_m = \Delta x_{m+1} = \Delta x$ läßt sich diese Beziehung auf

$$-M_{m-1} + 2M_m - M_{m+1} = \Delta x \cdot P_m \tag{55b}$$

vereinfachen. Diese Gleichung sei als die *direkte Form* der Seilpolygongleichung oder einfach als *Seilpolygongleichung* bezeichnet.

Die Bedeutung der Seilpolygongleichung geht unmittelbar aus der Betrachtung eines Balkenelementes (Abb. 68b) hervor; die Vereinigung von beiden Gleichgewichtsbedingungen

$$\frac{dM}{dx} = M' = Q, \qquad \frac{dQ}{dx} = Q' = -p \tag{56}$$

führt auf die Differentialgleichung der Balkenbiegung

$$\frac{d^2 M}{d x^2} = M'' = -p. \tag{57}$$

Die Gl. (55) und (57) sind nun offensichtlich inhaltlich gleichbedeutend; die Seilpolygongleichung stellt somit grundsätzlich den Zusammenhang zwischen einer Funktion M und ihrer zweiten Ableitung $M'' = -p$ dar. Darauf beruht ihre Verwendungsmöglichkeit zur Lösung von Differentialgleichungen zweiter Ordnung und, in erweitertem Sinne, auch von vierter Ordnung.

Die beiden Formulierungen unterscheiden sich in folgenden Punkten voneinander:

Die *mathematische Formulierung*, Gl. (57), bezieht sich auf *stetige Funktionen.* Sie sagt aus, daß die Funktion M durch zweimalige Integration der Funktion p über $M' = Q$ erhalten wird; die Funktionen M, $Q = M'$, $p = -M''$ erscheinen damit als gleichwertig. Dagegen wird über die Ausführung der Integration, d. h. die Lösung des Problems, nichts ausgesagt; diese ist abhängig vom mathematischen Charakter der Belastungsfunktion p.

Die *baustatische Formulierung*, Gl. (55), dagegen bezieht sich nicht mehr auf stetige Funktionen, sondern sie geht aus von Einzellasten P_m, also von einer unstetigen Belastung, und sie erfaßt auch nicht mehr den Verlauf der Momente in ihrem ganzen Bereich, sondern nur Einzelwerte M_{m-1}, M_m, M_{m+1} in den Knotenpunkten. Die Querkraft Q ist aus der Seilpolygongleichung eliminiert; die drei im Spiel stehenden Funktionen sind damit nicht mehr gleichwertig, sondern M und P besitzen deutlich den Charakter von *Hauptfunktionen*, während die Querkraft Q zur *Nebenfunktion* wird. Dagegen enthält die Seilpolygongleichung auch die *numerische Lösung* des Problems; wir brauchen nur das dreigliedrige Gleichungssystem (55) aufzulösen, um die Momente M zu irgendeiner gegebenen Gruppe von Lasten P zu finden. Ebenso enthält Gl. (55) auch die numerische Lösung zur reziproken Aufgabe der zweimaligen Differentiation; aus dem Gleichungssystem können ohne weiteres bei gegebenen Momenten M die zugehörigen Knotenlasten P bestimmt werden.

b) Verteilte Belastung

Ist der Balken durch eine verteilte Belastung p belastet, so sind in der Seilpolygongleichung (55) die Einzellasten P_m durch die *Knotenlasten* $K_m(p)$ zu ersetzen. Diese können für gegebenen Verlauf der Belastungsfunktion leicht bestimmt werden.

Ist die Belastungsfunktion p feldweise geradlinig begrenzt (Abb. 69a), so liefert uns die *Trapezformel* die Knotenlast

$$K_m(p) = \frac{\Delta x}{6}(p_{m-1} + 4p_m + p_{m+1}). \tag{58a}$$

Bei stetigem Verlauf von p (Abb. 69b) denken wir uns die Begrenzung von $m-1$ bis $m+1$ als quadratische Parabel und erhalten mit der *Parabelformel*

$$K_m(p) = \frac{\Delta x}{12}(p_{m-1} + 10p_m + p_{m+1}). \tag{58b}$$

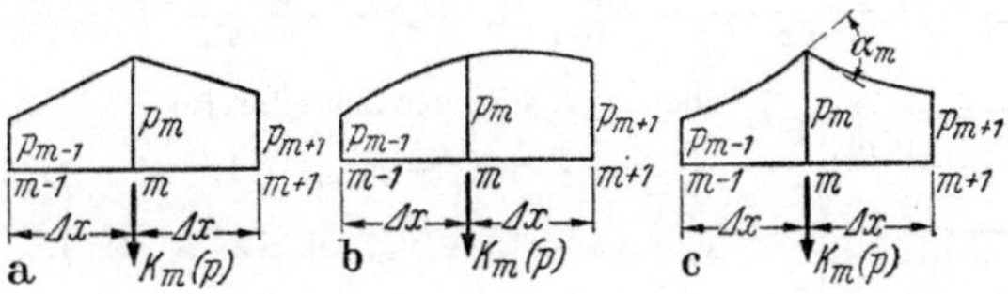

Abb. 69

Weist endlich die Belastungsfunktion im Knotenpunkt m eine bekannte Unstetigkeit α_m auf (Abb. 69c), so denken wir uns die Belastung in einen trapezförmigen Anteil p_1 und einen stetigen Anteil p_2 aufgeteilt,

$$p = p_1 - p_2;$$

damit ergibt sich

$$K_m(p) = \frac{\Delta x}{6}(p_{1m-1} + 4p_{1m} + p_{1m+1}) - \frac{\Delta x}{12}(p_{2m-1} + 10p_{2m} + p_{2m+1}).$$

Mit

$$\Delta x \cdot \alpha_m = -p_{1m-1} + 2p_{1m} - p_{1m+1}$$

können wir zusammenfassen zu

$$K_m(p) = \frac{\Delta x}{12}(p_{m-1} + 10p_m + p_{m+1}) - \frac{\Delta x^2}{12}\cdot\alpha_m. \tag{58c}$$

Ähnlich lassen sich auch andere bekannte Unstetigkeiten des Funktionsverlaufs erfassen.

Mit diesen Knotenlasten kann nun die Seilpolygongleichung (55b) unter Beachtung von Gl. (57) in allgemeiner Form geschrieben werden, indem wir M durch die allgemeine Funktionsbezeichnung y und p durch $-y''$ ersetzen:

$$y_{m-1} - 2y_m + y_{m+1} = \Delta x \cdot K_m(y''). \tag{59}$$

Diese Gleichung ist allgemein gültig, unabhängig vom mathematischen Charakter der Funktionen y und y''; sie erlaubt uns somit, in einer zu lösenden Differentialgleichung durch den Übergang auf Δx-fache Knotenlasten die zweite Ableitung y'' zu eliminieren bzw. durch Funktionswerte y auszudrücken.

Selbstverständlich gelten die Gl. (58) für jede Funktion $F(x)$, zu der die Knotenlast zu bestimmen ist.

Neben den Knotenlasten $K_m(p)$ für ein Doppelfeld benötigen wir gelegentlich auch die Knotenlasten für Einzelfelder. Diese betragen

nach der Trapezformel (Abb. 69a):

$$K^r_{m-1}(p) = \frac{\Delta x}{6}(2p_{m-1} + p_m), \qquad K^l_m(p) = \frac{\Delta x}{6}(p_{m-1} + 2p_m); \tag{60a}$$

nach der Parabelformel (Abb. 69b):

$$K^r_{m-1}(p) = \frac{\Delta x}{24}(7p_{m-1} + 6p_m - p_{m+1}),$$

$$K^l_m(p) = \frac{\Delta x}{24}(3p_{m-1} + 10p_m - p_{m+1}). \tag{60b}$$

c) Die Nebenfunktion y′

Die Nebenfunktion y' läßt sich aus den Hauptfunktionen y und y'' gleich berechnen wie die Querkraft $Q = M'$ aus dem Moment M und der Belastung p eines Balkens. Nach Abb. 70 ist

$$Q_{m-1} = \frac{M_m - M_{m-1}}{\Delta x} + K^r_{m-1}(p), \quad Q_m = \frac{M_m - M_{m-1}}{\Delta x} - K^l_m(p),$$

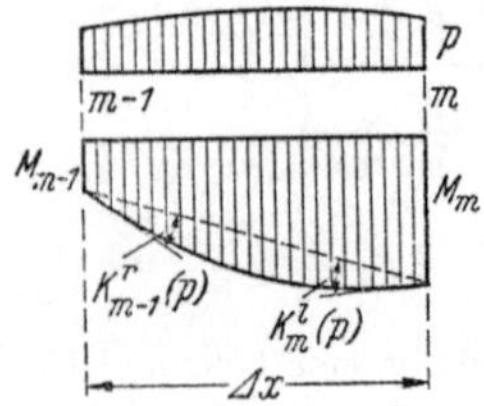

Abb. 70

oder in allgemeiner Schreibweise

$$\begin{aligned} y'_{m-1} \cdot \Delta x &= y_m - y_{m-1} - \Delta x \cdot K^r_{m-1}(y''), \\ y'_m \cdot \Delta x &= y_m - y_{m-1} + \Delta x \cdot K^l_m(y''). \end{aligned} \tag{61}$$

Die Knotenlasten $K_m(y'')$ sind, je nach dem Funktionsverlauf, nach der Trapezformel (60a) oder nach der Parabelformel (60b) einzusetzen. Selbstverständlich gelten die Formeln (61) auch für das Nachbarfeld $m - (m+1)$.

Nachstehend sollen noch einige später benötigte Beziehungen aufgestellt werden.

Bilden wir für $y'_m \cdot \Delta x$ den Mittelwert aus der ersten für das Feld $m - (m+1)$ angeschriebenen Gl. (61) und der zweiten Gl. (61), so folgt

$$y'_m \cdot \Delta x = \frac{1}{2}(y_{m+1} - y_{m-1}) + \frac{\Delta x^2}{12}\left(y''_{m+1} - y''_{m-1}\right) \tag{62}$$

unabhängig davon, ob wir die Knotenlasten $K(y'')$ nach der Trapezformel (60a) oder nach der Parabelformel (60b) einsetzen; dies bedeutet offenbar, daß Gl. (62) weitgehend unabhängig vom Verlauf von y'' allgemein eine sehr gute Genauigkeit besitzt.

Die Knotenlast $K_m(y')$ endlich ergibt sich mit Hilfe der Trapezformeln zu

$$K_m(y') = \frac{\Delta x}{6} \cdot \left(y'_{m-1} + 4y'_m + y'_{m+1}\right) = \frac{1}{2}(y_{m+1} - y_{m-1}), \tag{63a}$$

mit den Parabelformeln dagegen zu

$$\begin{aligned} K_m(y') = \frac{\Delta x}{12} \cdot \left(y'_{m-1} + 10y'_m + y'_{m+1}\right) &= \frac{1}{2}(y_{m+1} - y_{m-1}) \\ &- \frac{\Delta x^2}{24}\left(y''_{m+1} - y''_{m-1}\right). \end{aligned} \tag{63b}$$

Es zeigt sich, daß die Knotenlast der Nebenfunktion y' mit den Trapezformeln wesentlich einfacher zu erfassen ist als mit den Parabelformeln. Dies wird bei den späteren Anwendungen von praktischer Bedeutung sein.

d) Ergänzungen zur *Simpson*schen Regel

Die *Simpson*sche Regel erlaubt die Berechnung des Inhaltes krummlinig begrenzter Flächen; sie kann in der Form

$$\int_{m-1}^{m+1} y' \cdot dx = F(y')\Big|_{m-1}^{m+1} = y_{m+1} - y_{m-1} = \frac{\Delta x}{3}\left(y'_{m-1} + 4y'_m + y'_{m+1}\right) \tag{64a}$$

geschrieben werden und gibt uns damit die *numerische Integration* der Funktion y'.

Es ist nun häufig erwünscht, auch die Ordinate y_m des Zwischenpunktes m bestimmen zu können; die *Simpson*sche Regel ist deshalb zu ergänzen. Für ein Einzelfeld ist mit parabolisch verlaufender Funktion y'

$$y_m - y_{m-1} = \frac{\Delta x}{12}\left(5y'_{m-1} + 8y'_m - y'_{m+1}\right)$$

oder auch

$$y_{m+1} - y_m = \frac{\Delta x}{12}\left(-y'_{m-1} + 8y'_m + 5y'_{m+1}\right);$$

durch Mittelwertbildung ergibt sich die einfache Beziehung

$$y_m = \frac{y_{m-1} + y_{m+1}}{2} + \frac{\Delta x}{4}\left(y'_{m-1} - y'_{m+1}\right). \qquad (64\text{b})$$

Die Gl. (64) sind für algebraische Kurven y' von höchstens drittem Grade genau.

Zur Lösung der reziproken Aufgabe, nämlich die Funktion y numerisch zu differenzieren, können wir aus den beiden Gl. (64) durch passende Kombination einerseits die Beziehung

$$y'_m = \frac{1}{12\Delta x}\left(y_{m-2} - 8y_{m-1} + 8y_{m+1} - y_{m+2}\right) \qquad (65\text{a})$$

und andrerseits die Rekursionsformeln

$$y'_{m+1} = \frac{1}{2}\left(\frac{y_{m+2} + 4y_{m+1} - 5y_m}{2\Delta x} - y'_m\right),$$

bzw.

$$y'_{m+2} = \frac{5y_{m+2} - 4y_{m+1} - y_m}{2\Delta x} - 2y'_{m+1} \qquad (65\text{b})$$

ableiten. Damit ist die Differentiation innerhalb eines stetigen Funktionsbereiches von mindestens 4 Feldern Δx immer durchführbar.

2. Die lineare inhomogene Differentialgleichung zweiter Ordnung

a) Die Grundgleichung des dreigliedrigen Gleichungssystems

Entsprechend der Charakterisierung der Seilpolygongleichung im vorstehenden Abschnitt setzen wir die zu lösende Differentialgleichung

$$y'' + b \cdot y' + c \cdot y + F(x) = 0 \qquad (66\text{a})$$

um in die entsprechende Beziehung zwischen Δx-fachen Knotenlasten:

$$\Delta x \cdot K_m(y'') + \Delta x \cdot K_m(b \cdot y') + \Delta x \cdot K_m(c \cdot y) + \Delta x \cdot K_m(F_x) = 0. \qquad (66\text{b})$$

Damit kann die zweite Ableitung y'' durch Gl. (59) eliminiert werden:

$$\Delta x \cdot K_m(y'') = y_{m-1} - 2y_m + y_{m+1}.$$

Zur Elimination der Nebenfunktion y' bzw. von $b \cdot y'$ verwenden wir die einfachere Gl. (63a), die zwar etwas weniger genau ist als Gl. (63b), aber in der Regel deshalb genügt, weil der Einfluß der Nebenfunktion in den in der Baustatik vorkommenden Differentialgleichungen meist klein ist (Schubverformung bei Biegung, Dämpfung bei Schwingungen); ebenso dürfen wir mit genügender Genauigkeit den Koeffizienten b über den Bereich von $m-1$ bis $m+1$ als konstant voraussetzen. Damit wird mit der Abkürzung

$$\beta = \Delta x/2 \cdot b$$

die Δx-fache Knotenlast von $b \cdot y'$

$$\Delta x \cdot K_m(b \cdot y') = \beta_m\,(y_{m+1} - y_{m-1}).$$

Für stetigen Verlauf von $c \cdot y$ und mit der Abkürzung

$$\gamma = \Delta x^2/12 \cdot c$$

ist ferner nach Gl. (58b)

$$\Delta x \cdot K_m(c \cdot y) = \gamma_{m-1} \cdot y_{m-1} + 10\gamma_m \cdot y_m + \gamma_{m+1} \cdot y_{m+1}.$$

Setzen wir diese Werte in Gl. (66b) ein, so ergibt sich

$$-(1 - \beta_m + \gamma_{m-1}) \cdot y_{m-1} + (2 - 10\gamma_m) \cdot y_m - (1 + \beta_m + \gamma_{m+1}) \cdot y_{m+1} = \Delta x \cdot K_m(F_x). \qquad (67)$$

Die zu lösende Differentialgleichung (66a) ist damit in ein dreigliedriges Gleichungssystem umgesetzt. Die genauere Erfassung der Nebenfunktion y' ist an sich möglich, würde aber auf ein fünfgliedriges Gleichungssystem führen; der Mehraufwand an Rechnungsarbeit lohnt sich im Hinblick auf eine nur wenig zu verbessernde Genauigkeit meist nicht.

b) Die Randbedingungen

Zur Lösung einer Differentialgleichung zweiter Ordnung müssen zwei Randbedingungen gegeben sein.

Ist *y_A gegeben,* so ersetzt uns diese Randbedingung eine Bestimmungsgleichung des Gleichungssystems (67).

Ist dagegen *y'_A gegeben,* so gehen wir für die Formulierung der Randbedingung von der ersten Gl. (61) aus:

$$y'_A \cdot \Delta x = y_1 - y_A - \Delta x \cdot K_A(y'');$$

wir ersetzen y'' durch die zu lösende Differentialgleichung (66a):

$$y'_A \cdot \Delta x = y_1 - y_A + \Delta x \cdot K_A(b \cdot y') + \Delta x \cdot K_A(c \cdot y) + \Delta x \cdot K_A(F_x).$$

Um die Nebenfunktion zu eliminieren, nehmen wir linearen Verlauf von y' von A bis 1 an; damit ist

$$y_1 - y_A = \frac{\Delta x}{2}\left(y'_A + y'_1\right), \qquad y'_1 = \frac{2(y_1 - y_A)}{\Delta x} - y'_A$$

und

$$\Delta x \cdot K_A(b \cdot y') = \frac{\Delta x^2}{6} b \cdot \left(2 y'_A + y'_1\right) = y'_A \cdot \Delta x \cdot \frac{\beta}{3} + (y_1 - y_A) \cdot \frac{2\beta}{3}.$$

Setzen wir ferner noch $\Delta x \cdot K_A(c \cdot y)$ nach der ersten Gl. (60b) ein, so ergibt sich nach Ordnen die gesuchte Randbedingung zu

$$y_A \cdot \left(1 + \frac{2\beta}{3} - 3{,}5\,\gamma_A\right) - y_1\left(1 + \frac{2\beta}{3} + 3{,}0\,\gamma_1\right)$$
$$+ 0{,}5 \cdot y_2 \cdot \gamma_2 = \Delta x \cdot K_A(F_x) - y'_A \cdot \left(1 - \frac{\beta}{3}\right) \cdot \Delta x. \qquad (67\text{a})$$

Ist jedoch *y''_A gegeben,* so kann y''_A durch die zu lösende Differentialgleichung (66a) eliminiert werden; dieser Fall ist damit auf den Fall der Gl. (67a) zurückgeführt.

Für die Anwendungen ergeben sich zwei verschiedene Möglichkeiten, je nachdem je eine Randbedingung an beiden Enden des Integrationsbereiches gegeben ist (was normalerweise bei Formänderungsproblemen der Fall ist) oder beide Randbedingungen am Anfang des Integrationsbereiches vorgeschrieben sind (was bei Schwingungsproblemen zutrifft).

c) Anwendung auf Formänderungsprobleme

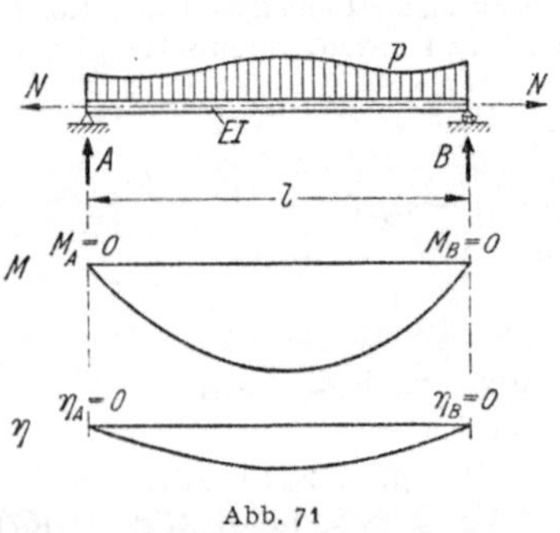

Abb. 71

Als erstes Anwendungsbeispiel soll der *querbelastete Zugstab* nach Abb. 71 (Grundsystem der verankerten Hängebrücke, Abschn. II, 1) untersucht werden.

Für dieses Problem läßt sich zunächst die Beziehung

$$M = M_0 - N \cdot \eta$$

anschreiben, die mit Hilfe von

$$M = -EI \cdot \eta'', \qquad M''_0 = -p$$

auf die beiden sich entsprechenden Differentialgleichungen

$$\eta'' - \frac{N}{EI} \cdot \eta + \frac{M_0}{EI} = 0 \qquad (68\text{a})$$

und

$$M'' - \frac{N}{EI} \cdot M + p = 0 \qquad (68\text{b})$$

umgeformt werden kann. Die *Mohr*sche Analogie der Balkenbiegung ist also auch hier erhalten und wegen der Gleichheit der Randbedingungen auch vollständig.

Mit

$$\gamma = \frac{\Delta x^2}{12} \cdot \frac{N}{EI}, \quad \beta = 0$$

lassen sich die Gl. (68) umsetzen in

$$-\eta_{m-1}(1-\gamma_{m-1}) + \eta_m \cdot (2 + 10\gamma_m) - \eta_{m+1} \cdot (1 - \gamma_{m+1})$$
$$= \Delta x \cdot K_m\left(\frac{M_0}{EI}\right), \qquad (69\text{a})$$

bzw.

$$-M_{m-1}(1-\gamma_{m-1}) + M_m \cdot (2 + 10\gamma_m) - M_{m+1} \cdot (1 - \gamma_{m+1})$$
$$= \Delta x \cdot K_m(p). \qquad (69\text{b})$$

Wegen der Randbedingungen $\eta_A = \eta_B = 0$, $M_A = M_B = 0$ fallen die Bestimmungsgleichungen für die beiden Auflagerpunkte A und B weg.

Zur Veranschaulichung der Genauigkeit dieser numerischen Lösung sei noch das einfache Zahlenbeispiel mit $p =$ konst., $EI =$ konst. der Abb. 71 durchgerechnet; wählen wir

$$\Delta x = \frac{l}{4}, \quad \frac{N}{EI} = \frac{16}{l^2}, \quad \gamma = \frac{16}{l^2} \cdot \frac{l^2}{16 \cdot 12} = 0{,}08333,$$

so ergeben sich für die Biegemomente unter Beachtung der Symmetrie $M_1 = M_3$ die beiden Bestimmungsgleichungen

$$2{,}83333 \cdot M_1 - 0{,}91667 \cdot M_m = 0{,}0625 \cdot pl^2,$$
$$-1{,}83333 \cdot M_1 + 2{,}83333 \cdot M_m = 0{,}0625 \cdot pl^2$$

mit den Lösungen

$$M_1 = 0{,}036926 \cdot pl^2, \quad M_m = 0{,}045952 \cdot pl^2.$$

Die mathematische Lösung der Gleichung

$$M'' - \omega^2 M + p = 0$$

ergibt sich für den untersuchten Sonderfall mit konstanten Koeffizienten aus dem Ansatz

$$M = C_1 \cdot \operatorname{Sinh} \omega x + C_2 \cdot \operatorname{Cosh} \omega x + \frac{p}{\omega^2} + \frac{p''}{\omega^4} + \cdots$$

unter Beachtung der Randbedingungen und wenn x von der Balkenmitte (Symmetrieaxe) aus gerechnet wird zu

$$M = \frac{p}{\omega^2} \cdot \left(1 - \frac{\operatorname{Cosh} \omega x}{\operatorname{Cosh} \omega a}\right),$$

wobei $a = l/2$. Für unsere Zahlenwerte ist $\omega a = 2{,}0$, und es ist

$$M_1 = 0{,}036865 \cdot pl^2, \qquad M_m = 0{,}045887 \cdot pl^2.$$

Trotz der sehr groben Feldteilung ergibt unsere numerische Lösung nur einen Fehler von rd. 0,14% für M_m bzw. 0,17% für M_1. Hätten wir die Spannweite l in 6 Felder Δx eingeteilt, so wäre der Fehler von M_m unter 0,03% gesunken. Allgemein darf wohl festgestellt werden, daß die Rechnungsgenauigkeit unseres numerischen Verfahrens praktisch immer reichlich genügen wird, wenn die Feldteilung Δx so gewählt wird, daß $\gamma \leqq 0{,}05$ ist.

Die mathematische Lösung ändert ihren Charakter, wenn das Vorzeichen von N ändert oder wenn die Koeffizienten und die Belastung veränderlich sind. Die numerische Lösung dagegen bleibt in gleicher Form gültig; es ändern lediglich die Zahlenwerte bzw. das Vorzeichen von γ, wenn N statt einer Zugkraft eine Druckkraft ist. Wenn N und damit γ verschwindet, gehen die Gl. (69) in die normalen Seilpolygongleichungen der Balkenbiegung über, die dann allerdings bequemer in der indirekten Form, Gl. (54) verwendet werden. Wir erkennen damit, daß unser Gleichungssystem (67) nichts anderes bedeutet als die *natürliche Erweiterung der normalen baustatischen Methoden.* Darauf beruht seine Leistungsfähigkeit und Anpassungsfähigkeit an Besonderheiten der baustatischen Problemstellung. Gegenüber der Differenzenrechnung, die eine Vergröberung der Differentialrechnung darstellt, besitzt die Seilpolygonrechnung den Vorzug der vielfach größeren Genauigkeit.

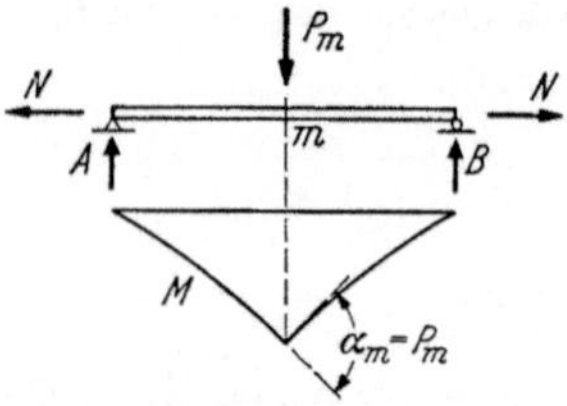

Abb. 72

Ist der Balken durch eine Einzellast P belastet, so besitzt die Momentenfläche eine Unstetigkeit bekannter Größe (Abb. 72). Wir formulieren deshalb die Knotenlast von $c \cdot M$ mit Hilfe von Gl. (58c) und finden statt Gl. (69b)

$$-M_{m-1} \cdot (1-\gamma) + M_m \cdot (2+10\gamma) - M_{m+1}(1-\gamma) = P_m \cdot (1+\gamma) \cdot \Delta x. \qquad (69\text{c})$$

Für unbelastete Knotenpunkte entfällt das Belastungsglied.

Bringen wir an der Stelle m einen Knickwinkel $\alpha_m = 1$ an, so geht Gl. (69a) unter gleicher Berücksichtigung der Unstetigkeit über in

$$-\eta_{m-1} \cdot (1-\gamma) + \eta_m(2+10\gamma) - \eta_{m+1}(1-\gamma) = 1 \cdot (1+\gamma) \cdot \Delta x; \qquad (69\text{d})$$

die Einflußlinie für das Biegemoment M_m in unserem System stimmt wegen der Gültigkeit der *Mohr*schen Analogie der Balkenbiegung überein mit der Momentenfläche infolge $P_m = 1$.

Bei einem einseitig eingespannten Stab (Pylon der Hängebrücke Abb. 61) rechnen wir die Ausbiegung am einfachsten von der Lotrechten durch die ausgebogene Spitze aus (Abb. 73); es kann dann das Gleichungssystem (69a) (mit negativem Vorzeichen von γ) mit den Randbedingungen

$$\eta_B = 0, \quad \eta_A' = 0$$

angeschrieben werden[2].

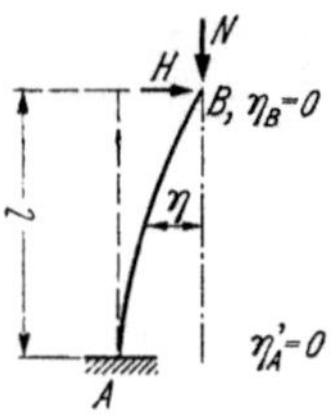

Abb. 73

Wie schon im Abschn. II, 1, a erwähnt, ist die direkte Lösung der Gl. (68) bzw. (69) nur bei statisch bestimmter Lagerung möglich; der statisch bestimmt gelagerte Stab ist ein Sonderfall, bei dem die Differentialgleichung vierter Ordnung des Formänderungsproblems,

$$(EI \cdot \eta'')'' \mp N \cdot \eta'' - p = 0,$$

in die beiden voneinander unabhängigen Differentialgleichungen (68) zweiter Ordnung zerfällt.

Als zweites Beispiel sei noch die *Torsionsgleichung 7*,

$$T = D \cdot \varphi' - \frac{l^2}{a^2} \cdot D \cdot \varphi''',$$

des I-Trägers (Abb. 13) untersucht. Führen wir als Unbekannte den Wert

$$T_\tau = D \cdot \varphi'$$

ein, so lautet die zu lösende Gleichung in Normalform

$$T_\tau'' - \frac{a^2}{l^2} \cdot T_\tau = -\frac{a^2}{l^2} \cdot T,$$

die sich mit

$$\gamma = \frac{a^2}{l^2} \cdot \frac{\Delta x^2}{12}$$

[2] Für den allgemeinen Belastungsfall Abb. 73 mit veränderlicher Längskraft N infolge exzentrisch angreifenden lotrechten Zwischenbelastungen, beliebiger Querbelastung und elastischer Fußeinspannung s. *F. Stüssi:* Baustatik I, Basel 1946 und 1953, Abschn. VII, 1, f.

in das Gleichungssystem

$$-T_{\tau\,m-1}\cdot(1-\gamma)+T_{\tau\,m}\,(2+10\gamma)-T_{\tau\,m+1}(1-\gamma)=\Delta x\cdot K_m\left(\frac{a^2}{l^2}:T\right) \quad (70\text{a})$$

umsetzen läßt.

Sind die *Flanschenden frei drehbar*, so ist wegen $\mathfrak{M}_{\mathrm{Fl}.A}=-B_{\mathrm{Fl}.}\,\zeta_A''=-B_{\mathrm{Fl}.}\cdot\frac{h}{2}\cdot\varphi_A''=0$ auch $T_{\tau A}'=0$; die Randbedingung ist mit $\beta=0$ und unter Beachtung des Vorzeichens von γ nach Gl. (67a) zu formulieren:

$$T_{\tau A}\cdot(1+3{,}5\gamma)-T_{\tau 1}\,(1-3{,}0\gamma)-T_{\tau 2}\cdot 0{,}5\gamma=\Delta x\cdot K_A\left(\frac{a^2}{l^2}\cdot T\right).$$

Eine etwas einfachere Form der gleichen Randbedingung ergibt sich daraus, daß wir entsprechend $T_{\tau A}'=0$ symmetrischen Verlauf von T_τ bezüglich A annehmen:

$$T_{\tau A}\cdot(1+5\gamma)-T_{\tau 1}\cdot(1-\gamma)=\Delta x\cdot K_A\left(\frac{a^2}{l^2}\cdot T\right).$$

Sind dagegen die *Flanschenden starr eingespannt*, so ist mit $\varphi_A'=0$ auch $T_{\tau A}=0$, und es entfällt die Bestimmungsgleichung für den Auflagerpunkt.

Dieses Torsionsproblem kann noch etwas anders formuliert werden: es ist offenbar

$$T'=-m_d,$$

wenn wir mit m_d die verteilten äußeren Drehmomente bezeichnen. Aus

$$\mathfrak{M}_{\mathrm{Fl}.}=-B_{\mathrm{Fl}.}\cdot\zeta''=-B_{\mathrm{Fl}.}\cdot\frac{h}{2}\cdot\varphi''=-\frac{B_2 h}{4D}\cdot T_\tau'$$

ergibt sich somit eine auf $\mathfrak{M}_{\mathrm{Fl}.}=\mathfrak{M}$ bezogene, zu Gl. (7) entsprechende Differentialgleichung

$$\mathfrak{M}''-\frac{a^2}{l^2}\cdot\mathfrak{M}+\frac{m_d}{h}=0,$$

die sich in das dreigliedrige Gleichungssystem

$$-\mathfrak{M}_{m-1}\cdot(1-\gamma)+\mathfrak{M}_m\cdot(2+10\gamma)-\mathfrak{M}_{m+1}\cdot(1-\gamma)=\Delta x\cdot K_m\left(\frac{m_d}{h}\right)$$

umsetzen läßt. Greift an der Stelle m ein konzentriertes äußeres Drehmoment M_d an, so gilt in Analogie zu Gl. (69c)

$$-\mathfrak{M}_{m-1}\,(1-\gamma)+\mathfrak{M}_m(2+10\gamma)-\mathfrak{M}_{m+1}\cdot(1-\gamma)=\Delta x\cdot\frac{M_d}{h}\cdot(1+\gamma). \quad (70\text{b})$$

Bei frei drehbaren Flanschenden ist $\mathfrak{M}_A=0$; in diesem Fall ist Gl. (70b) bequemer als Gl. (70a).

Sind mit $T_\tau=D\cdot\varphi'$ bzw. mit $\mathfrak{M}=-\frac{B_2\cdot h}{4}\cdot\varphi''$ die Werte φ' bzw. φ'' bestimmt, so ergeben sich die Werte φ,φ'' bzw. φ' durch numerische Differentiation oder Integration mit Hilfe der Gl. (64) und (65).

d) Schwingungsgleichungen

Die Differentialgleichung (66a)

$$y''+b\cdot y'+c\cdot y+F(x)=0,$$

ist auch die Differentialgleichung der gedämpften erzwungenen Schwingung, wenn wir uns unter y' und y'' Ableitungen der Schwingungsausschläge y nach der Zeit vorstellen:

$$y'=\frac{dy}{dt},\quad \text{Geschwindigkeit}$$

$$y''=\frac{d^2y}{dt^2},\quad \text{Beschleunigung.}$$

Das Gleichungssystem (67) mit den zugehörigen Randbedingungen kann somit ebenfalls direkt für die Lösung solcher Schwingungsgleichungen verwendet werden. Gegenüber den Formänderungsproblemen des letzten Abschnittes zeigt sich nun aber die Besonderheit, daß die beiden Randbedingungen als *Anfangsbedingungen* am Anfang des Schwingungsvorganges zur Zeit t_A gegeben sind; es sind zwei der drei möglichen Größen y_A, y'_A und y''_A gegeben.

Aus den beiden Anfangsbedingungen sind mit der Randbedingung (67a) die beiden ersten Schwingungsausschläge y_A und y_1 bestimmt, während sich alle weiteren Schwingungsausschläge aus der Grundgleichung (67) ergeben, die wir hier in der Form einer Rekursionsformel anschreiben:

$$y_{m+1} = \frac{1}{1+\beta_m+\gamma_{m+1}} \cdot \Big\{ y_m \cdot (2 - 10\,\gamma_m) - y_{m-1}\,(1 - \beta_m + \gamma_{m-1}) - \Delta t \cdot K_m(F_t) \Big\}. \qquad (67\,\mathrm{b})$$

Die Intervallgröße Δt kann im Verlauf der Berechnung (mit entsprechender Änderung der Werte β und γ) gewechselt werden. So ist es beispielsweise angezeigt, am Anfang der Schwingung mit kleinen Intervallen Δt zu beginnen, weil die Randbedingung (67a) mit vereinfachenden Voraussetzungen über den Verlauf der Dämpfung $b \cdot y'$ aufgestellt wurde. Ein Zahlenvergleich der für verschiedene Intervallwerte Δt erhaltenen Kurvenwerte erlaubt stets eine einfache Beurteilung der für eine gewünschte Genauigkeit erforderlichen Intervallgröße.

Wir beschränken uns hier auf die Besprechung des einfachen Zahlenbeispiels einer ungedämpften harmonischen Schwingung[3]:

$$y'' + \frac{M}{R} \cdot y = y'' + c \cdot y = 0,$$

wobei M die schwingende Masse und R die Federkonstante bedeutet. Die mathematische Lösung dieser Gleichung lautet mit der Kreisfrequenz $p = \sqrt{c}$ und $y'_A = 0$

$$y = y_A \cdot \cos pt.$$

Für die Anwendung unserer Grundgleichung ist γ zu

$$\gamma = c \cdot \Delta t^2/12 = p^2 \cdot \Delta t^2/12 = \pi^2/12 n^2$$

zu bestimmen, wenn wir den Wert n,

$$n = \frac{\pi}{p \cdot \Delta t} = \frac{T}{2\,\Delta t}$$

einführen. Wegen $\beta = 0$, $F(t) = 0$ vereinfacht sich die Grundgleichung (67b) auf

$$y_{m+1} = y_m \cdot \frac{2 - 10\,\gamma}{1+\gamma} - y_{m-1},$$

während wir die Anfangsbedingung $y'_A = 0$ hier durch eine Symmetriebedingung,

$$y_1 = y_A \cdot \frac{1 - 5\,\gamma}{1+\gamma},$$

ausdrücken. Wählen wir beispielsweise $n = 6$, was einem Intervall von $p \cdot \Delta t = \pi/6 = 30°$ entspricht, so wird

$$\gamma = 0{,}0228463, \quad \frac{2 - 10\gamma}{1+\gamma} = 1{,}731968,$$

und wir erhalten für die erste halbe Schwingungsdauer die folgenden Schwingungsausschläge y, wenn zum Vergleich die genauen Werte $y_A \cdot \cos pt$ beigegeben sind:

[3] Über die Anwendung dieses Verfahrens auf die Untersuchung von „Trägerschwingungen unter bewegter Last" s. Abh. Int. Ver. Brückenbau u. Hochbau 13 (1953) S. 339.

$pt =$ 0:	$y =$ 1,000000 $\cdot y_A$,	$\cos pt =$	1,00000
30°	,865984		,866025
60°	,499857		,500000
90°	− ,000248		,000000
120°	− ,500287		− ,500000
150°	− ,866232		− ,866025
180°	− ,999999		− 1,000000

Die Ungenauigkeit der numerischen Berechnung wirkt sich gleich aus wie eine kleine Vergrößerung des Argumentes $p \cdot t$, die hier etwa 0,015% beträgt. Die Genauigkeit dürfte somit den Anforderungen der Praxis durchaus genügen.

Es sei noch darauf hingewiesen, daß wir mit der Rekursionsformel

$$y_{m+1} = \frac{2 - 10\gamma}{1 + \gamma} \cdot y_m - y_{m-1}$$

die Kreisfunktionen sin x und cos x berechnen können, während sich durch Umkehrung des Vorzeichens von γ mit

$$y_{m+1} = \frac{2 + 10\gamma}{1 - \gamma} \cdot y_m - y_{m-1}$$

die hyperbolischen Funktionen Sinh und Cosh ergeben.

3. Die Differentialgleichung vierter Ordnung

a) Allgemeine Formeln

Bei den in der Baustatik vorkommenden Differentialgleichungen vierter Ordnung sind in der Regel die Koeffizienten der Nebenfunktionen y' und y''' Null; wir dürfen uns deshalb auf die Lösung der Gleichung

$$y'''' + c \cdot y'' + d \cdot y + F(x) = 0 \tag{71}$$

beschränken. Durch Umsetzen in Δx-fache Knotenlasten können wir mit Gl. (59) die vierten Ableitungen y'''' durch die zweiten Ableitungen y'' und diese wiederum durch die Funktionswerte y ausdrücken. Setzen wir stetige Funktionen y'' und y voraus, so gilt für die Knotenlasten die Parabelformel (58b). Der einfacheren Schreibweise wegen seien hier zunächst konstante Koeffizienten c und d angenommen; damit liefert eine erste Eliminationsstufe aus

$$\Delta x \cdot K_m(y'''') + \Delta x \cdot K_m(c \cdot y'') + \Delta x \cdot K_m(d \cdot y) + \Delta x \cdot K_m(F_{(x)}) = 0$$

die Beziehung

$$y''_{m-1} - 2y''_m + y''_{m+1} + c \cdot (y_{m-1} - 2y_m + y_{m+1}) + \Delta x \cdot K_m(d \cdot y) + \Delta x \cdot K_m(F_{(x)}) = 0.$$

Addieren wir dazu

$$-y''_{m-1} - 10y''_m - y''_{m+1} + \frac{12}{\Delta x^2}(y_{m-1} - 2y_m + y_{m+1}) = 0,$$

so werden die Werte y''_{m-1} und y''_{m+1} eliminiert:

$$-12 \cdot y''_m + \left(c + \frac{12}{\Delta x^2}\right) \cdot (y_{m-1} - 2y_m + y_{m+1}) + \Delta x \cdot K_m(d \cdot y) + \Delta x \cdot K_m(F_{(x)}) = 0,$$

die durch Multiplikation mit $\Delta x^2/12$ und mit den Abkürzungen

$$\gamma = c \cdot \Delta x^2/12, \qquad \delta = d \cdot \Delta x^4/144$$

auf die Form der *Hilfsgleichung*

$$-y''_m \cdot \Delta x^2 + y_{m-1} \cdot (1 + \gamma + \delta) - y_m \cdot (2 + 2\gamma - 10\delta) + y_{m+1} \cdot (1 + \gamma + \delta) + \frac{\Delta x^3}{12} \cdot K_m(F_{(x)}) = 0 \tag{72}$$

gebracht werden kann. Schreiben wir diese Gl. (72) je einmal für die Knotenpunkte $m-1$ und $m+1$ und zehnmal für den Knotenpunkt m an und addieren, so können die Werte

$$-\left(y''_{m-1} + 10\,y''_m + y''_{m+1}\right)\cdot \Delta x^2$$

durch

$$12\left(-y_{m-1} + 2y_m - y_{m+1}\right)$$

ersetzt und dadurch eliminiert werden. Damit ergibt sich die *Grundgleichung* zu

$$\begin{aligned} &y_{m-2}\cdot(1+\gamma+\delta) - y_{m-1}\cdot(4-8\gamma-20\delta) + y_m(6-18\gamma+102\delta)\\ &- y_{m+1}\cdot(4-8\gamma-20\delta) + y_{m+2}\cdot(1+\gamma+\delta) = -\frac{\Delta x^3}{12}\left(K_{m-1}(F) + 10K_m(F)\right.\\ &\left.+ K_{m+1}(F)\right). \qquad (73)\end{aligned}$$

Die Differentialgleichung vierter Ordnung ist damit in ein fünfgliedriges Gleichungssystem umgesetzt.

Randbedingungen: Für jeden der $n-3$ Zwischenknotenpunkte von 2 bis $n-2$ (Abb. 74) kann eine Grundgleichung „G" (Gl. 73) angeschrieben werden; zur Bestimmung der $n+1$ Funktionswerte y ist das Gleichungssystem somit durch vier Randbedingungen „R" zu ergänzen.

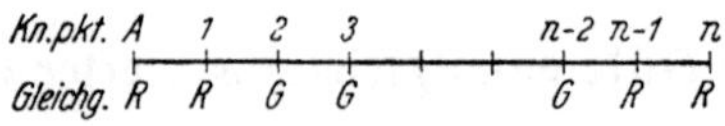

Abb. 74

Für diese Randbedingungen sind eine Reihe von Fällen und Kombinationen möglich. Wir beschränken uns auf die folgenden Hinweise:

Ist y_A *gegeben*, so ersetzt uns dies eine Randgleichung R.

Ist y'_A *gegeben*, so schreiben wir nach Gl. (61) und der Knotenlastformel (60b)

$$y'_A\cdot\Delta x = y_1 - y_A - \frac{\Delta x^2}{24}\left(7y''_A + 6y''_1 - y''_2\right);$$

die Werte y'' können durch Kombination der Knotenlastformel (59) (y''_A) mit der Hilfsgleichung (72) (y''_1 und y''_2) eliminiert werden. Die gesuchte Randbedingung ergibt sich damit zu

$$\begin{aligned} &-y_A\cdot(11-16\gamma-16\delta) + y_1(18-30\gamma+162\delta) - y_2\cdot(9-12\gamma-36\delta) +\\ &+ y_3(2+2\gamma+2\delta) = 6\cdot y'_A\cdot\Delta x - \frac{\Delta x^3}{12}\left(16K_1(F) + 2K_2(F)\right). \qquad (74\text{a})\end{aligned}$$

Die Gl. (74a) gilt als Bestimmungsgleichung des Knotenpunktes 1.

Ist y''_A *gegeben*, so können in der Seilpolygongleichung

$$\Delta x^2\cdot\left(y''_A + 10y''_1 + y''_2\right) - 12\left(y_A - 2y_1 + y_2\right) = 0$$

die Werte y''_1 und y''_2 mit der Hilfsgleichung (72) eliminiert werden, und wir erhalten

$$\begin{aligned} &-y_A(2-10\gamma-10\delta) + y_1\cdot(5-19\gamma+101\delta) - y_2\cdot(4-8\gamma-20\delta) +\\ &+ y_3\cdot(1+\gamma+\delta) = -\Delta x^2\cdot y''_A - \frac{\Delta x^3}{12}\left(10K_1(F) + K_2(F)\right). \qquad (74\text{b})\end{aligned}$$

In besonderen Anwendungsfällen dürfte es sich oft empfehlen, die Randbedingungen nicht formelmäßig zu entwickeln, sondern direkt numerisch auszudrücken[4].

---

[4] Über die Anwendung auf die „Berechnung der Beulspannungen gedrückter Rechteckplatten" s. Abh. Int. Ver. Brückenbau u. Hochbau 8 (1947) S. 237.

b) Balken auf elastischer Bettung

Gelegentlich ist es zweckmäßiger, die Bestimmungsgleichungen direkt von den Gegebenheiten und Besonderheiten des betrachteten Einzelfalles aus aufzustellen, statt die allgemeinen Formeln des letzten Abschnittes zu verwenden. Ein solcher Fall sei mit dem Beispiel des Balkens auf elastischer Bettung (Idealboden, Bettungsziffer B (kg/cm³)) kurz besprochen (Abb. 75).

Es stehen uns die beiden „normalen" Seilpolygongleichungen der Balkenbiegung zur Verfügung:

$$-M_{m-1} + 2M_m - M_{m+1} = \Delta x \cdot [K_m(p - b \cdot B \cdot \eta) + P_m], \tag{75a}$$

$$-\eta_{m-1} + 2\eta_m - \eta_{m+1} = \Delta x \cdot K_m\left(\frac{M}{EJ}\right); \tag{75b}$$

da unter den Einzellasten P_m (die wir uns in den Knotenpunkten wirkend denken) Unstetigkeiten der Momentenfläche auftreten, ist für die Berechnung der Knotenlast der reduzierten Momentenfläche die Gl. (58c) (Abb. 69c) zu beachten:

$$\Delta x \cdot K_m\left(\frac{M}{EJ}\right) = \frac{\Delta x^2}{12EJ}(M_{m-1} + 10M_m + M_{m+1} - \Delta x \cdot P_m).$$

Es bestehen nun die beiden Möglichkeiten, durch passende Kombination der beiden Gl. (75) entweder die Momente M oder die Durchbiegungen η zu eliminieren; da uns in erster Linie die Momente des Balkens interessieren, ist es naheliegend, die Durchbiegungen zu eliminieren, wobei auch die Randbedingungen einfacher formuliert werden können als bei Elimination von M.

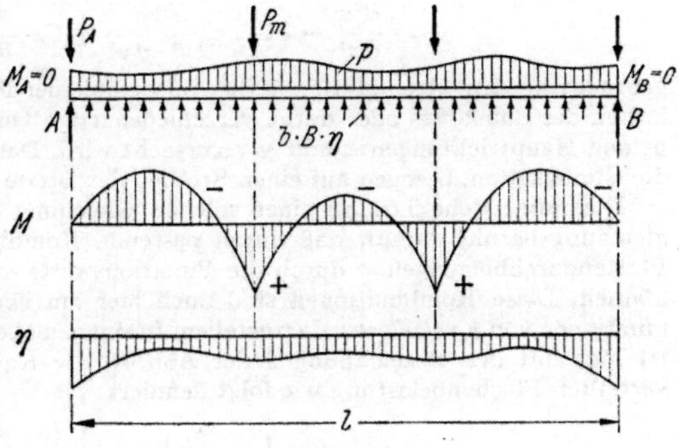

Abb. 75

Schreiben wir die Gl. (75a) je einmal für die Knotenpunkte $m-1$ und $m+1$ und zweimal, jedoch mit negativem Vorzeichen, für den Knotenpunkt m an, die Gl. (75b) dagegen je einmal für $m-1$ und $m+1$ und zehnmal für m, so heben sich bei Addition die Durchbiegungen η heraus, und wir erhalten mit der Abkürzung

$$\beta = \frac{b \cdot B \cdot \Delta x^4}{144EI}$$

die gesuchte fünfgliedrige *Grundgleichung*:

$$M_{m-2} \cdot (1+\beta) - M_{m-1} \cdot (4 - 20\beta) + M_m \cdot (6 + 102\beta) - M_{m+1}(4 - 20\beta)$$
$$+ M_{m+2} \cdot (1+\beta) = \Delta x \cdot [-K_{m-1}(p) + 2K_m(p) - K_{m+1}(p) - P_{m-1} \cdot (1-\beta)$$
$$+ P_m \cdot (2 + 10\beta) - P_{m+1}(1-\beta)]. \tag{76a}$$

Randbedingungen: Wegen $M_A = 0$ entfällt die Bestimmungsgleichung für den Randpunkt A. Ferner können wir schreiben (Gl. 60b):

$$M_1 = -P_A \cdot \Delta x - \Delta x \cdot K_A(p) + \frac{b \cdot B \cdot \Delta x^2}{12}(3{,}5\eta_A + 3{,}0\eta_1 - 0{,}5\eta_2);$$

die Durchbiegungswerte η können mit Hilfe der Gl. (75a) und (75b) eliminiert werden, und es ergibt sich die Bestimmungsgleichung für den Knotenpunkt 1 zu

$$M_1(9 + 81\beta) - M_2 \cdot (4{,}5 - 18\beta) + M_3 \cdot (1+\beta) = \Delta x \cdot [-3K_A(p)$$
$$+ 2{,}5K_1(p) - K_2(p) - 3P_A + (2{,}5 + 8\beta) \cdot P_1 - (1-\beta) \cdot P_2]. \tag{76b}$$

Die in Abb. 75 skizzierten Kurven M und η sind berechnet für $P_A = 0{,}5 \cdot P_m$, $p = 0$ und

$$\frac{b \cdot B \cdot l^4}{EI} = 0{,}10 \cdot 432^2$$

und Symmetrie bezüglich der Balkenmitte.

Wir haben hier konstantes Trägheitsmoment EI des Balkens angenommen. Ein stetig veränderliches Trägheitsmoment läßt sich auf einfache Weise und bei entsprechender Wahl der Feldweite Δx mit praktisch genügender Genauigkeit dadurch berücksichtigen, daß in den Gl. (75) im Wert β ein dem Knotenpunkt m (bzw. 1) entsprechender Mittelwert von EI eingesetzt wird. Sprunghafte Änderungen der Steifigkeit können bei der Aufstellung der Grundgleichung, die dann allerdings komplizierter wird, berücksichtigt werden.

4. Platten und Scheiben

Die Differentialgleichung einer orthogonal-anisotropen oder „orthotropen" Platte kann immer in der Form der Gl. (11)

$$C_x \cdot \frac{\partial^4 w}{\partial x^4} + 2\,C_{xy} \cdot \frac{\partial^4 w}{\partial x^2 \cdot \partial y^2} + C_y \cdot \frac{\partial^4 w}{\partial y^4} = p \tag{11a}$$

gebracht werden, gleichgültig, ob die Anisotropie der Platte durch anisotropes Verhalten des Baustoffes oder durch verschiedenartige Querschnittsausbildung in den beiden Hauptrichtungen x und y verursacht wird. Dabei bedeuten C_x, C_{xy} und C_y die Steifigkeiten, bezogen auf einen Streifen der Breite 1.

Die numerische Lösung einer solchen Gleichung mit Hilfe der Seilpolygongleichung beruht darauf, daß durch passende Kombination die Ableitungen der Plattendurchbiegungen w durch die Funktionswerte w selbst ausgedrückt werden können. Diese Kombinationen sind auch hier am übersichtlichsten durch Kombinationen von *Knotenlasten* darzustellen. In sinngemäßer Erweiterung von Gl. (58b) ist hier mit den Bezeichnungen der Abb. 76 die Knotenlast $K_m(p)$ einer stetig verteilten Flächenbelastung wie folgt definiert:

$$K_m(p) = \frac{\Delta x \cdot \Delta y}{144} \cdot \left\{ \begin{array}{lll} p_{l-1} & + 10 \cdot p_l & + p_{l+1} \\ + 10 \cdot p_{m-1} & + 100 \cdot p_m & + 10 \cdot p_{m+1} \\ + p_{n-1} & + 10 \cdot p_n & + p_{n+1}. \end{array} \right\} \tag{77}$$

Die Aufstellung der *Grundgleichung* gelingt dadurch, daß wir Knotenlasten nach dem nachstehenden Schema bilden:

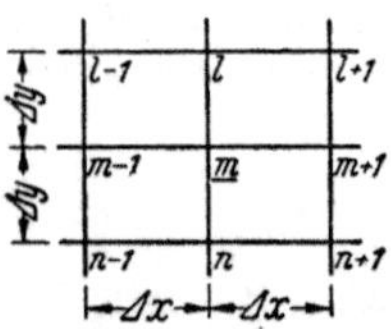

Abb. 76

$$\left[\begin{array}{lll} K_{l-1} & + 10 K_l & + K_{l+1} \\ + 10 K_{m-1} & + 100 K_m & + 10 K_{m+1} \\ + K_{n-1} & + 10 K_n & + K_{n+1} \end{array} \right] \tag{78}$$

berechnen wir dieses Schema für alle Glieder der Gl. (11a), so lassen sich alle Ableitungen von w mit Gl. (59) in zwei Stufen eliminieren. Diese Rechnung führt auf das in Abb. 77 dargestellte Schema des Gleichungssystems.

Der Aufbau dieses Gleichungssystems mit der Grundgleichung (73) (Differentialgleichung vierter Ordnung) ist unverkennbar.

Die *Randbedingungen* können nun, entsprechend der Lagerung der Platte, analog formuliert werden. So führt beispielsweise bei einer ringsum starr eingespannten Platte das folgende Schema der Knotenlasten zur gesuchten Elimination der Ableitungen von w und damit zu den gesuchten Randbedingungen (Abb. 78):

Die Analogie mit der entsprechenden Randbedingung, Gl. (74a), ist charakteristisch.

Der Vorzug dieses Auflösungsverfahrens beruht auf seiner großen Genauigkeit; da deshalb eine verhältnismäßig große Maschenweite $\Delta x \cdot \Delta y$ gewählt werden darf.

liegt die Zahl der durch Auflösung des Gleichungssystems zu berechnenden Unbekannten innerhalb tragbarer Grenzen.

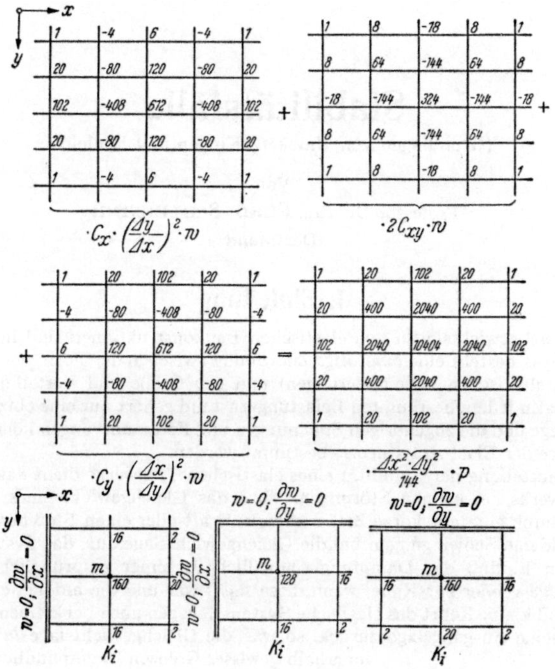

Abb. 77 u. 78

Genau gleich wie die Plattengleichung kann auch die Scheibengleichung

$$\frac{\partial^4 F}{\partial x^4} + 2 \cdot \frac{\partial^4 F}{\partial x^2 \cdot \partial y^2} + \frac{\partial^4 F}{\partial y^2} = - E \cdot \alpha_t \cdot \left(\frac{\partial^2 t_x}{\partial y^2} + \frac{\partial^2 t_y}{\partial x^2} \right)$$

gelöst werden, bei der die Spannungsfunktion F

$$\sigma_x = \frac{\partial^2 F}{\partial y^2}, \quad \sigma_y = \frac{\partial^2 F}{\partial x^2}, \quad \tau_{xy} = - \frac{\partial^2 F}{\partial x \cdot \partial y},$$

die Unbekannte des Problems darstellt[5].

---

[5] *Charles Dubas:* Contributions à l'étude du voilement des tôles raidies. Mitt. Institut für Baustatik E. T. H., Heft 23, Zürich 1948, untersucht in direkter Form das Ausbeulen ausgesteifter Bleche. *Pierre Dubas:* Calcul numérique des plaques et des parois minces, Diss. E. T. H. Zürich 1954, vergleicht die verschiedenen Lösungsformen und untersucht die Frage der numerischen Genauigkeit an zahlreichen Beispielen.

Stabilitätsfälle

(Grundlagen von Knicken, Kippen und Beulen)

Von
Professor Dr.-Ing. **Ferd. Schleicher**
Dortmund

I. Einleitung

Die Gleichgewichtslagen von elastischen Baukonstruktionen sind in der Regel stabil und es besteht eine *eindeutige* Zuordnung zwischen der Form des Tragwerks (d. h. den elastischen Formänderungen) und der Größe und Verteilung der Belastungen: Zu jedem bestimmten Belastungszustand gehört nur eine einzige Gleichgewichtslage und die zugehörigen Spannungen und Formänderungen können mittels der Gesetze der Elastizitätstheorie bestimmt werden.

Zur Beurteilung der Stabilität eines elastischen Tragwerks dient das Verhalten des Tragwerks bei kleinen Störungen. Wird das Gleichgewicht eines elastischen Körpers durch eine nur kurze Zeit wirkende Kraft oder einen Stoß etwas gestört, so treten kleine Schwingungen um die Gleichgewichtslage auf; das System kommt unter dem Einfluß der Dämpfung schließlich in seiner ursprünglichen Gleichgewichtslage wieder zur Ruhe, wenn diese *stabil* war und die anfängliche Störung hinreichend klein. Kehrt das elastische System dagegen auch bei kleinen Störungen nicht in seine Ausgangslage zurück, so war die Gleichgewichtslage *labil*. Besteht innerhalb gewisser Grenzen Unempfindlichkeit gegen Änderungen der Gleichgewichtslage, so spricht man von *indifferentem Gleichgewicht*.

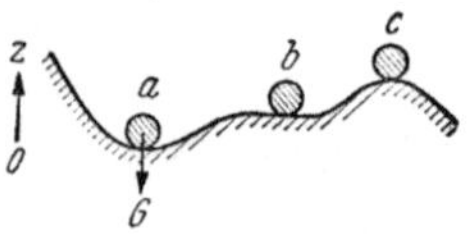

Abb. 1. Gleichgewichtslagen

Abb. 1 zeigt einen Körper G (z. B. eine Kugel) auf einer gekrümmten Unterlage. Die Gleichgewichtslage a) ist nach obiger Definition stabil und b) indifferent (beides, wenn die Störungen gewisse Grenzen nicht überschreiten), dagegen c) labil.

An diesem Beispiel erkennt man den Zusammenhang zwischen der Art der Gleichgewichtslage und der potentiellen Energie des Gewichtes G. Die Gleichgewichtslage a) entspricht einem Minimum, c) einem Maximum des Potentials, während das Potential für die Umgebung der Lage b) konstant ist. Betrachtet man nur unendlich kleine Verschiebungen $\delta \mathfrak{r}$ aus der Gleichgewichtslage, und zwar solche, die mit den Systembedingungen verträglich sind, so ist die virtuelle Arbeit $\delta A = 0$ (Gleichgewichtsbedingung). Nimmt man nicht unendlich kleine Werte $\delta \mathfrak{r}$, sondern nur hinreichend kleine, aber endliche Verschiebungen $\Delta \mathfrak{r}$, so ist die Verschiebungsarbeit im allgemeinen $\Delta A \neq 0$. Um eine Verschiebung von G zu bewirken, muß man dann im Falle der stabilen Gleichgewichtslage a) positive Arbeit aufwenden, während im Falle c) Energie frei wird. Die Beurteilung einer Gleichgewichtslage kann also auch mit Hilfe der Energieänderung erfolgen, die während einer bei dem betreffenden System möglichen Verschiebung stattfindet. Die Verschiebungsarbeit ist immer positiv (d. h. es ist immer Arbeit zu leisten), wenn eine stabile Gleichgewichtslage vorliegt[1].

[1] *G. Hamel:* Theoretische Mechanik (= Grundlehren Mathem. Wissensch. Bd. 57). Berlin 1949, S. 268.

Betrachten wir als einfachstes Beispiel eines elastischen Systems einen geraden biegesteifen Stab konstanten Querschnitts, an beiden Enden gelenkig gestützt, der mittig durch eine Normalkraft S belastet ist, so ist die Frequenz n der freien Schwingungen (Abb. 2a) nach entsprechender Störung[1,2]

$$n = n_0 \sqrt{1 - S/S_K}.$$

Darin bedeutet $S_K = \pi^2 EI/l^2$ die *Euler*sche Knicklast. Die Dämpfung ist darin in erster Annäherung vernachlässigt. n_0 bezeichnet die Frequenz des betreffenden Stabes ohne Längskraft $S = 0$. Es ist ferner vorausgesetzt, daß die Formänderungen dem *Hooke*schen Gesetz genügen.

Die Schwingungen sind um so langsamer, je größer die Druckkraft S wird. Bei Annäherung an die Knicklast $S \to S_K$ wird $n \to 0$. Umgekehrt werden die Schwingungen um so schneller, je größer die Zugkraft ($S < 0$) wird (vgl. gespannte Saite). Ähnliche Zusammenhänge gelten auch für andere Belastungsfälle des Stabes sowie für Platten und Schalen. Die Schwingungsfrequenz bietet also ebenfalls ein Hilfsmittel zur Beurteilung der Stabilität elastischer Systeme unter verschieden hohen Belastungen.

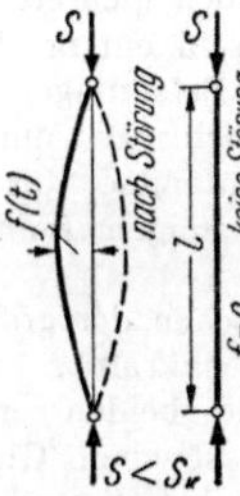

Abb. 2

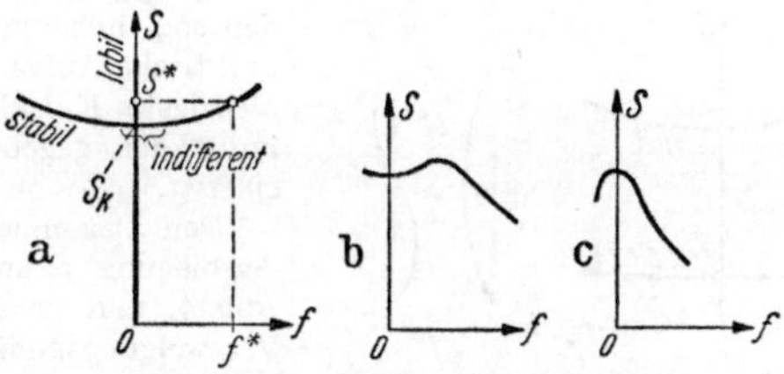

Abb. 3. Verzweigungsdiagramm

Idealisierter Stab. Für die Beurteilung der Stabilitätsfragen ist der *theoretische Idealfall* eines genau plangemäß gestalteten Körpers wichtig, der ohne alle Störungen belastet wird. Bleiben wir beim Beispiel des geraden Stabes mit zentrischer Druckbelastung S: Unter den oben erwähnten Bedingungen bleibt dieser Stab gerade. Eine Vergrößerung von S hat lediglich eine weitere Zusammendrückung zur Folge, während die Ausbiegung, z. B. in der Stabmitte, $f = 0$ bleibt. Die gerade Lage $f = 0$ ist die ***einzige*** mögliche Gleichgewichtslage, solange die Belastung $S < S_K$ bleibt. Nach kleinen Störungen der Gleichgewichtslage tritt an dem idealisierten Druckstab immer wieder die gerade Gleichgewichtslage $f = 0$ auf. Erst wenn die Belastung die kritische Höhe S_K erreicht, wird die gerade Gleichgewichtslage indifferent und für $S^* > S_K$ labil.

Abb. 3 zeigt den Zusammenhang zwischen der Größe der Belastung S und der Größe der Mittelausbiegung f. Aus diesem sog. *Verzweigungsdiagramm* ist ersichtlich, daß für Lasten $S < S_K$ jeweils eine eindeutige Zuordnung zwischen den Gleichgewichtslagen sowie Formänderungen und der Belastungshöhe vorhanden ist. Mit dem Erreichen der ***kritischen Belastung*** wird das ***Gleichgewicht*** zunächst ***indifferent***. Für die kritische Lastgröße S_K sind außer der geraden Gleichgewichtslage $f = 0$ auch schwach ausgebogene Gleichgewichtslagen $f \neq 0$ möglich.

Bei langsam und ohne Störungen ansteigender Belastung können, wenigstens theoretisch, auch Werte $S^* > S_K$ bei $f = 0$ erreicht werden. Der gerade Zustand ist dann jedoch labil, und das elastische System wechselt bei der geringsten Störung von der ursprünglichen, für $S^* > S_K$ labil gewordenen Gleichgewichtslage $f = 0$ in eine neue stabile Gleichgewichtslage ($f^* \neq 0$) über.

Zur Erzielung verhältnismäßig größerer Ausbiegungen sind also ganz bestimmte Belastungen $S^* > S_K$ erforderlich. Die zugehörigen stabilen Gleichgewichtslagen f^* sind, vom Vorzeichen abgesehen, den Lasten S auf eindeutige Weise zugeordnet.

[1] *F. Pfeiffer:* Elastokinetik. Im Handb. Physik, Bd. 6. Berlin 1928, S. 365.
[2] *F. Schleicher:* [17] S. 155.

Die *überkritischen Belastungen* S^* steigen schnell mit f an. Bei dem sog. *Gleichgewichtswechsel* von $f = 0$ zu f^* treten deshalb Biegespannungen auf, die bald zu plastischen Verformungen oder gar zum Bruch des Stabes führen können. In praktischen Fällen gilt deshalb (an Stelle der stark übertriebenen schematischen Abb. 3a) meist ein Diagramm etwa nach Abb. 3b.

Während für Belastungszustände $S < S_K$ immer nur eine einzige stabile Gleichgewichtslage, nämlich die gerade Form des Stabes, vorhanden ist, sind oberhalb der kritischen Belastungsgrenze, d. h. für $S^* > S_K$, jeweils *mehrere Gleichgewichtszustände* möglich, wovon die ursprüngliche Form immer labil ist. Die ausgebogenen Gleichgewichtszustände sind stabil, da sie sich nach kleinen Störungen genau so verhalten wie früher die gerade Lage bei Belastungen unterhalb der Stabilitätsgrenze: die elastischen Tragwerke schwingen bei Störungen um die neue Gleichgewichtslage und kommen schließlich in dieser wieder zur Ruhe. Von der kritischen Belastung ab findet somit eine „Verzweigung" der Gleichgewichtsformen des elastischen Tragwerks statt. Man spricht daher von einem *Verzweigungspunkt des elastischen Gleichgewichtes.* Bei elastischen Tragwerken können auch mehrere Verzweigungspunkte vorhanden sein, entsprechend den sog. höheren kritischen Belastungen. Für praktische Aufgaben ist jedoch meist nur die niedrigste Knicklast von Interesse, für die unter den gegebenen Bedingungen Labilität eintritt.

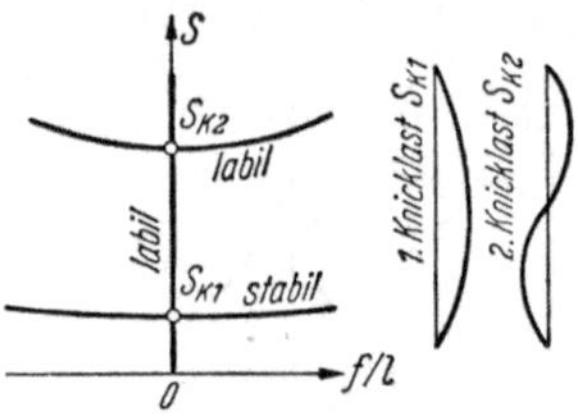

Abb. 4. Verzweigungsdiagramm

Den Zusammenhang zwischen der größten Ausbiegung f und der Druckkraft S zeigt Abb. 4, und zwar sind die beiden ersten Verzweigungspunkte des elastischen Gleichgewichtes S_{K1} (kleinste Knicklast) und S_{K2} (Knicklast zweiter Ordnung) angegeben. Die Abhängigkeit von $f = f(S)$ kann nach der genauen Theorie berechnet werden.

Den Vorgang des Wechselns der Gleichgewichtslage nennen wir bei geraden Stäben *Knicken*, das seitliche Ausweichen von Balken heißt *Kippen.* Bei Platten und Schalen spricht man mit Rücksicht auf die Form der Labilitätserscheinungen von *Beulen.*

Übliche Stabilitätstheorie. Die üblichen theoretischen Stabilitätsuntersuchungen treffen außer den erwähnten Voraussetzungen noch eine weitere Annahme, die für die Ergebnisse von grundsätzlicher Bedeutung ist: Es wird vorausgesetzt, daß die Ausbiegungen bei Knickung usw. *klein* sind. In der Differentialgleichung für die Knickausbiegung können dann in erster Annäherung gewisse Vereinfachungen durchgeführt werden (sog. linearisierte Differentialgleichung). Eine Folge der Linearisierung ist es zwar, daß die Theorie keine Antwort mehr auf die Frage nach der Größe der beim Ausknicken eintretenden Ausbiegungen gibt. Man erhält zwar den richtigen Wert für die theoretische Knicklast, d. h. die Höhe des Verzweigungspunktes (Abb. 3) wird durch die Linearisierung der Differentialgleichung nicht verändert. Auch die Form der Biegelinie erhält man für die „eben beginnende Knickung" richtig bzw. bei kleinen Ausbiegungen in so guter Annäherung, daß merkliche Unterschiede gegenüber der „genauen Form" nicht festzustellen sind.

Auf Grund der linearisierten Theorie kann jedoch, wie schon erwähnt, keinerlei Aussage gemacht werden über die Größe der Ausbiegungen oder über deren Abhängigkeit von der Größe der Belastung.

Analytisch ergeben sich die Knicklasten als Eigenwerte der Differentialgleichung, die Knickbiegelinie als die zugehörige Eigenfunktion, z. B. in der Form $v(z) = f \cdot \sin \pi z/l$. Die Integrationskonstante f bleibt auf dieser ersten Stufe der Näherung willkürlich wählbar. In dem Verzweigungsdiagramm Abb. 3 gilt somit für die Umgebung von S_K die waagrechte Tangente für $f = f(S)$, der Gleichgewichtszustand ist danach *indifferent*, da außer der geraden Form ebensowohl auch die benachbarten Lagen der Stabachse mit kleinen Werten f möglich sind.

Wenn infolge der Vereinfachungen durch Voraussetzung kleiner Werte f grundsätzlich überhaupt keine Aussage über die Größe der Ausbiegungen im kritischen Bereich gemacht werden kann, so ist es selbstverständlich auch nicht richtig, wenn gelegentlich von „unendlich großen Ausbiegungen" gesprochen wird, die angeblich nach Erreichen der *Euler*-Last eintreten.

Vermeidet man die auf der ersten Näherungsstufe gemachten Vereinfachungen der Rechnung, so erhält man zwar, wie schon erwähnt, den gleichen Wert für die Stabilitätsgrenze. Auch die Form der indifferenten Ausbiegungen unterscheidet sich in der nächsten Umgebung der anfänglichen Gleichgewichtslage noch nicht merklich von der ersten Näherung. Nehmen die Durchbiegungen jedoch größeren Betrag an, etwa gemessen als Bruchteil der Stablänge, so tritt z. B. an die Stelle der obigen Sinuslinie eine elliptische Funktion. Die Unterschiede zwischen der tatsächlichen genauen Durchbiegungsfunktion $v(z)$ und der Sinuslinie werden bei steigender Mittelausbiegung f entsprechend immer größer. Man erhält dann auch die in Abb. 4 schematisch dargestellte Abhängigkeit $S = S(f)$ für Werte $S^* > S_K$, d. h. will man größere Ausbiegungen des Stabes erzwingen, so muß man die Druckkraft S^* etwas *über* den kritischen Wert S_K ansteigen lassen. Wohl wachsen die Ausbiegungen nach Abb. 4 rasch an, wenn die Stabilitätsgrenze überschritten wird. Es gehört jedoch zu jeder Lastgröße $S^* > S_K$ nur ein ganz bestimmter Wert der Ausbiegung.

Stab mit anfänglichen Störungen. Der vorstehend betrachtete Idealfall des Stabes ohne Störung des theoretischen Zustandes ist eine Fiktion, die auch im Laboratorium nicht ganz zu verwirklichen ist. Bei den Bauwerken der Praxis sind immer verschiedene Störungen des theoretischen Zustandes vorhanden, wenngleich bei Planung und Ausführung streng darauf geachtet wird, daß sie möglichst klein bleiben.

Die Abweichungen sind der verschiedensten Art:

a) die Stabachse ist nicht völlig gerade,
b) es wirken Kräfte in der Querrichtung, z. B. Eigengewicht,
c) die Längskraft wirkt nicht zentrisch,
d) die Auflagerbedingungen erfüllen die gemachten Annahmen nur annäherungsweise,
e) die Annahmen über die Querschnittsform treffen nur angenähert zu,
f) unsymmetrische offene Bohrungen bzw. durch Niete oder Schrauben nur schlecht ausgefüllte Löcher,
g) die elastischen Eigenschaften entsprechen nicht ganz den Voraussetzungen usw.

Bemerkung. Die Eigenschaften von Walzmaterial ändern sich nicht nur mit der Schmelzung, sondern selbst bei Walzung aus dem gleichen Block noch mit den Walzbedingungen, insbesondere mit dem Walzprofil (Dicke usw.). Darüber hinaus sind sogar am gleichen Walzstab z. T. recht erhebliche Unterschiede festzustellen, je nach der Stelle des Stabquerschnittes. Ähnliche Unterschiede können auch in der Längsrichtung der Stäbe vorhanden sein. Ein Beispiel für die Festigkeitsschwankungen vgl. Abschn. *Stahlbau*, Abb. 8, S. 571. Ähnliche Zusammenhänge gelten auch hinsichtlich der Fließgrenze.

Bemerkenswert ist, daß der Elastizitätsmodul von Baustahl keineswegs eine Konstante ist, sondern mit dem Spannungsbereich, mit der Zusammensetzung des Werkstoffes sowie mit den Walzbedingungen usw. in gewissen Grenzen schwankt; vgl. die Bemerkung über den Elastizitätsmodul von Stahldraht, Abschn. *Stahlbau*, S. 687.

Besonders groß sind die Schwankungen bei Stählen, wie sie z. B. für Federn benutzt werden. Nach *W. Klougt:* Stahl u. Eisen 72 (1952) S. 488, sinkt der Elastizitätsmodul mit zunehmender Zugspannung und steigt mit zunehmender Druckspannung; während er bei geringer Beanspruchung bei z. B. 2150 t/cm² liegt, sinkt er bei einer Zugspannung von 13 t/cm² auf 1900 t/cm² und steigt bei einer Druckspannung von 13 t/cm² auf 2350 t/cm² an.

Die Veränderung von E erfolgt nicht linear mit der Spannung, sondern angenähert in der Form einer Parabel. Eine ähnliche Abhängigkeit zeigt auch der Gleitmodul G.

Es wird also praktisch kaum vorkommen, daß ein elastisches Tragwerk bei Belastungen über der kritischen Grenze noch in der labilen Gleichgewichtslage verbleibt, d. h. nicht ausknickt; der Stabilitätswechsel wird immer eintreten, auch wenn man keine besonderen künstlichen Störungen ausübt. Die theoretische Knicklast stellt also den oberen Grenzwert der Belastung dar, für den der nicht ausgebogene Zustand $f = 0$ möglich ist.

Die verschiedenen „Störungen" des theoretischen Zustandes führen in Wirklichkeit dazu, daß schon lange vor Erreichen der kritischen Belastung S_K merkliche Ausbiegungen f stattfinden, deren Größe im allgemeinen schnell zunimmt, wenn sich $S \to S_K$ nähert. Abb. 5 zeigt schematisch den Zusammenhang $f = f(S)$ im Falle eines von Anfang an gekrümmten Stabes. Der Zusammenhang $f = f(S)$ ist im Prinzip gleich, einerlei welcher Ursache f_0 zuzuschreiben ist.

Es gibt jedoch Belastungsfälle, bei denen richtige Stabilitätsgrenzen vorhanden sind, trotzdem auch der anfängliche Gleichgewichtszustand des Stabes oder der Platte usw. nicht frei von Biegespannungen war. Es kann sich dabei die Ausbiegung von Anfang an stetig mit der Belastung verändern und trotz der stetig veränderlichen Gleichgewichtsformen noch ein richtiger Verzweigungspunkt vorhanden sein. In solchen Fällen überlagern sich die labilen Knickausbiegungen mit den schon unter der Stabilitätsgrenze vorhandenen, vorher noch stabilen Ausbiegungsformen. Beispiele hierfür vgl. S. 979 und S. 1022.

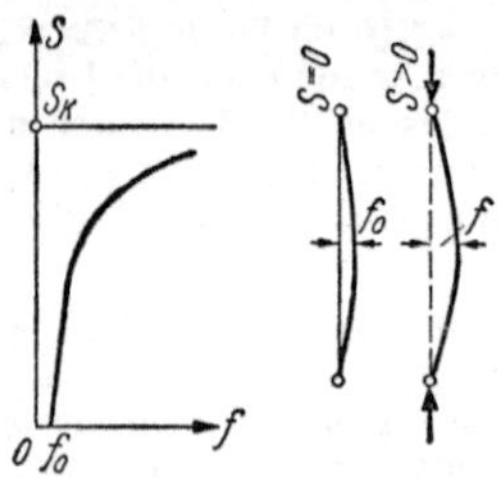

Abb. 5. Druckstab mit Störung

Plastische Knickung. Wenn die durchschnittlichen Spannungen σ infolge S die Elastizitätsgrenze des Baustoffes überschreiten, ist jede Ausbiegung mit einer plastischen Verformung des Stabes verbunden. Der Stab kehrt dann nach Fortfall der Störung bzw. nach Entlastung nicht mehr ganz in die gerade Lage zurück. Die Definition der Stabilität des Systems bedarf für diesen Fall einer Ergänzung bzw. Abänderung. Schwingt der Stab nach einer kleinen Störung nicht mehr um die ursprüngliche gerade Lage, sondern um eine neue, etwas gebogene Gleichgewichtslage, so war das Gleichgewicht stabil. Form und Größe der betreffenden Ausbiegungen sind je nach der ausgeübten Störung verschieden. Die nach der Störung verbleibende plastische Ausbiegung f_{pl} ist im Falle des stabilen Gleichgewichtes immer kleiner als die Störausbiegung f_{st}, sie nimmt entsprechend ab, wenn nur eine kleinere Störung ausgeübt wird. In der Grenze $f_{st} \to 0$ ist $f_{pl} = 0$.

Zeigen die Ausbiegungen nach dem Fortfall auch von kleinen Störungen keine Tendenz, zurückzugehen, sondern nehmen sie sogar noch weiter zu, dann tritt ein Versagen des Stabes ein, da die anfänglich vorhandene Belastung S nicht mehr ertragen werden kann. Besonders bei Baustoffen mit ausgeprägter Quetschgrenze nehmen die zusätzlichen Biegespannungen mit der Ausbiegung so schnell zu, daß ein sog. *Biegebruch* eintritt. Gleichgewichtslagen mit endlichen Ausbiegungen sind dabei, im Gegensatz zu dem Fall der sog. elastischen Knickung (vgl. Abb. 3a) nur möglich, wenn die Größe der Belastung vermindert wird.

Im Verzweigungsdiagramm ergeben sich sodann Kurven, die entweder sofort abfallen, wenn eine kleine Störung eintritt (Abb. 3c), oder erst, sobald die Ausbiegung eine gewisse Grenze erreicht hat (Abb. 3b). Vgl. *E. Chwalla*: Stahlbau 12 (1939) S. 1. Die höchste Last ${}_{\max}S$, die nach dem Verzweigungsdiagramm auftreten kann, heißt *Traglast*.

Biegebruch und Traglast. Die Gefahr des *Biegebruches* nach Überschreiten der Stabilitätsgrenze ist in der Regel sehr groß. Nur wenn im besonderen Falle mit den zunehmenden Formänderungen des ausgewichenen Bauteiles eine *Umlagerung* der inneren Kräfte eintritt, bleibt die Tragfähigkeit auch bei größeren Verformungen erhalten.

Bei Druckstäben mit Störungen des theoretischen Zustandes (z. B. aus Formabweichungen oder querbiegenden Einflüssen) sind schon von Anfang an auch Biegespannungen vorhanden, die sich auf der Innenseite der Biegelinie mit den Druckspannungen aus S addieren. Dort wird also zuerst die Fließgrenze bzw. die Druckfestigkeit des Baustoffes erreicht.

Während die Stabilitätsgrenze beim idealisierten Stab außer vom Belastungsfall (Belastungsart, Stützbedingungen) nur vom Elastizitätsmodul E des Baustoffes abhängt, kommt es bei der Traglast auch auf den Verlauf der Spannungs-Dehnungslinie $\varepsilon = \varepsilon(\sigma)$ an, in gewissen Fällen auch auf die früheren Belastungsfälle, die bleibende Anfangsverformungen hinterlassen haben.

Für die Ermittlung von Traglasten werden deshalb häufig idealisierte σ-ε-Linien zugrunde gelegt. Beim Beispiel des sog. idealplastischen Baustoffes ohne Verfestigungsbereich (vgl. Abb. 30, S. 211) tritt der Biegebruch ein, wenn die Spannungen in einem bestimmten Teil des Stabquerschnittes die Fließgrenze erreicht haben.

Von Biegebruch und Traglast sprechen wir sinngemäß auch im Falle des Versagens eines Stabes mit anfänglichen Störungen, wo Biegespannungen schon für beliebige, auch kleine Normalkräfte S vorhanden sind, die ja mit S u. U. schnell anwachsen können.

Da nun bei den Tragwerken des Bauingenieurs immer merkliche Störungen vorhanden sind, gibt es den Idealfall in Wirklichkeit nicht, sondern es kommt praktisch nur der Fall des Biegebruches vor. Der Grenzwert der Belastung, d. h. die Traglast, nähert sich jedoch um so mehr der theoretischen Knicklast, je kleiner die Störungen gehalten werden können, was weitgehend in der Hand des Konstrukteurs usw. liegt. Abb. 6 zeigt das Verzweigungsdiagramm für den idealisierten Druckstab sowie $S = S(f)$ für den gleichen Stab mit starken bzw. mit schwachen Störungen. Bei den sorgfältigsten den vorliegenden Knickversuche ist angenähert ${}_{\max}S = S_K$, während die Traglast bei schlechter Erfüllung der theoretischen Bedingungen sehr stark abfallen kann.

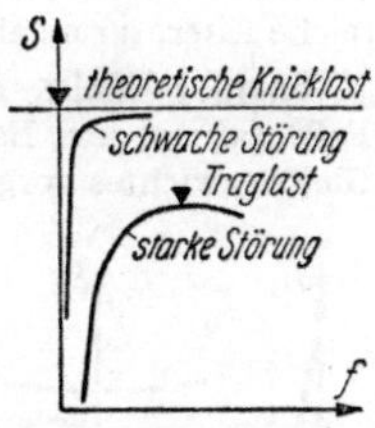

Abb. 6

Allgemeines. Die obigen Betrachtungen knüpften zwar in erster Linie an das Beispiel des geraden Druckstabes an, für das die Zusammenhänge gut bekannt sind und besonders einfach dargestellt werden können. Sie haben jedoch im wesentlichen allgemeine Gültigkeit und können sinngemäß auch auf alle anderen elastischen Tragwerke angewendet werden, wie z. B. Stabwerke, Rahmen, Platten oder Schalen.

Beliebige elastische Tragwerke sind im stabilen Gleichgewicht, wenn der Belastungszustand jeweils eine bestimmte kritische Größe nicht erreicht. Auch bei Tragwerken mit anfänglichen Störungen sind Belastungsgröße und Gleichgewichtslage einander *eindeutig* zugeordnet, und die elastischen Formänderungen haben eine ganz bestimmte (endliche) Größe, solange die Belastung den kritischen Wert nicht erreicht. Im Falle der plastischen Knickung usw. kann der Biegebruch eintreten lange bevor die kritische Belastung des „ungestörten Systems" erreicht ist.

In DIN 4114: Stabilitätsfälle, ist daher in Blatt 2 definiert: „Das Gleichgewicht, das in einem belasteten Tragwerk zwischen den äußeren und inneren Kräften vorhanden ist . . ., ist stabil, wenn zu jeder sehr kleinen störenden Verformung des belasteten Tragwerkes ein positiver Arbeitsbetrag aufgewandt werden muß. Diese Eigenschaft ist bei manchen Tragwerken und Belastungsarten nur unter verhältnismäßig kleinen, tief unter der Bruchgrenze liegenden Laststufen gewährleistet. Unter den höheren Laststufen gibt es hier zumindest eine Art der störenden Verformung, zu deren Verwirklichung keine positive Störungsarbeit — also keine Gewaltanwendung — erforderlich ist. Ist die (grundsätzlich von zweiter Ordnung kleine) Störungsarbeit zumindest bei einer dieser kleinen störenden Verformungen gleich Null, aber für keine einzige mögliche negativ, so liegt hier die Grenze vor, bei der die Eigenschaft der Stabilität verlorengeht (Stabilitätsgrenze). . . . Das Tragwerk versucht hier, sich der Weiterführung der schon vorhandenen (unter den kleineren Laststufen aufgezwungenen) Verformung durch ein Ausweichen zu entziehen."

Der Stabilitätswechsel findet erfahrungsgemäß meist mehr oder weniger plötzlich statt. Besonders im Falle der Knickung usw. im plastischen Bereich können die Tragwerke schlagartig versagen. Zum Beispiel bei Bogen und bei Schalen kann das sog. *Durchschlagen* beobachtet werden, bei dem das elastische System, meist sogar mit lautem Knall, plötzlich in eine von der bisherigen weit entfernte Gleichgewichtslage übergeht.

Eine weitere Laststeigerung ist jedenfalls im allgemeinen nicht mehr möglich, sobald die Traglast erreicht ist.

Es sei daran erinnert, daß nach Abb. 6 oder Abb. 3b und c Gleichgewichtszustände mit stark zunehmenden Ausbiegungen f nur möglich sind, wenn die zugehörigen Belastungen S vermindert werden. Ist letzteres nicht der Fall, d. h. wirkt S nach dem Stabilitätswechsel bzw. nach Erreichen der Traglast $_{\max}S$ weiter in unverminderter Größe, so tritt ein plötzlicher Zusammenbruch ein. In vielen Fällen wird der völlige Zusammenbruch, wie schon erwähnt, lediglich dadurch vermieden, daß mit zunehmender Verformung eine Verminderung von S durch Umlagerung der Belastung auf andere Bauglieder eintritt.

Die Erscheinungen der Labilität der Tragwerke sind ungemein vielgestaltig. Die folgenden Ausführungen erläutern die wichtigsten Typen von Knicken, Kippen und Beulen an Hand leicht zu übersehender Beispiele. Viele andere Belastungsfälle sowie Rechenvorschriften gibt die mit den erläuternden Richtlinien zusammen 50 Seiten DIN A4 umfassende *DIN 4114: Stabilitätsfälle*, in der man auch zahlreiche Literaturangaben findet.

Shanley-Effekt. Alle unseren bisherigen Ausführungen bezogen sich auf den Fall, daß an dem Belastungszustand während der zur Prüfung der Stabilität des Gleichgewichtes vorgenommenen Störung nichts geändert wurde.

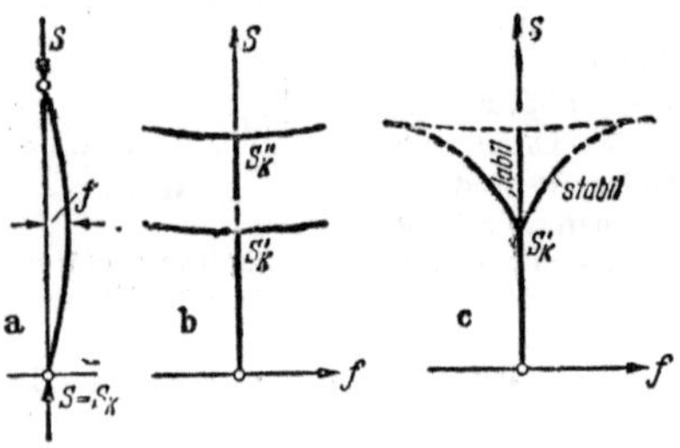

Abb. 7. Verzweigungsdiagramme im plastischen Bereich

S. R. Shanley hat 1946 gezeigt, daß bei Knickung im plastischen Bereich plastische Verbiegungen schon bei niedrigeren Belastungen möglich sind, als man nach der bisherigen Theorie glaubte, wenn gleichzeitig mit einer Störung der geraden Gleichgewichtslage auch die Belastung um eine gewisse Größe ΔS gesteigert wird. Zwischen der Größe der Belastung $(S + \Delta S)$ und der Ausbiegung f besteht dabei eine eindeutige Zuordnung. Die Abhängigkeit $f = f(S)$ ist in Abb. 7 dargestellt. Die Abhängigkeit der Randdehnungen von der Höhe der Belastung ist in Abb. 8 dargestellt, die der Randspannnugen in Abb. 9. In den Abb. 7 bis 9 ist S''_K die Knicklast nach der klassischen Theorie der plastischen Knickung von *Engeßer-Kármán* (vgl. S. 984), während S'_K die Knicklast nach *Engeßer-Shanley* bezeichnet (vgl. S. 1007).

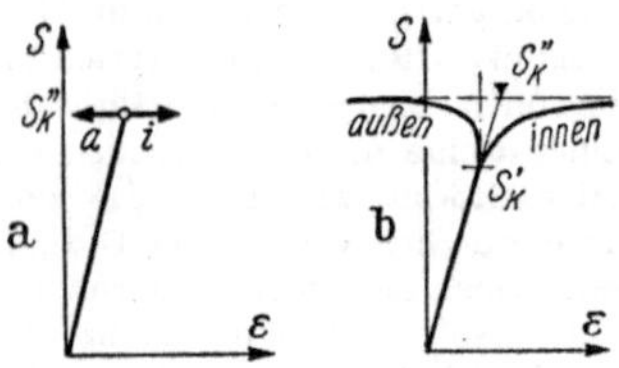

Abb. 8. Shanley-Effekt

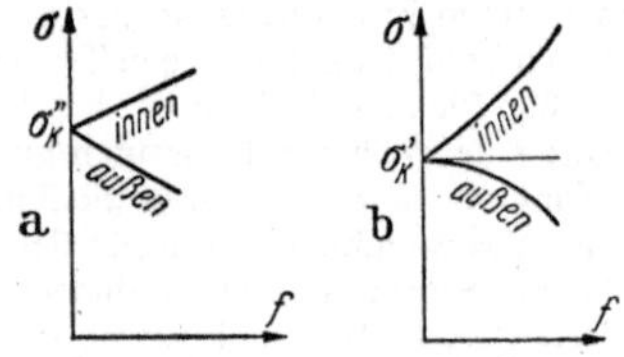

Abb. 9. Randspannungen

Bei dem üblichen Knickfall $S = \text{const}$ hat das Verzweigungsdiagramm bei S_K nach den bisherigen Ausführungen dagegen eine waagrechte Tangente, so daß über die Größe der Ausbiegung f nichts ausgesagt werden konnte (vgl. Abb. 7b).

Für den *Shanley*-Effekt ist ausschlaggebend, daß auf der Außenseite der Biegelinie in den Randspannungen zunächst keine Entlastung eintritt, sondern daß die Randspannung wenigstens anfänglich unverändert bleibt und erst bei zunehmenden Belastungen und wachsender Ausbiegung abnimmt (Abb. 9b).

Der *Shanley*-Effekt ist für alle Arten von Tragwerken vorhanden, die im plastischen Bereich knicken usw. Wenn auch die Unterschiede gegenüber der Traglast nach der klassischen Theorie der plastischen Knickung meist gering sein mögen, so ist diese Erscheinung doch sehr wichtig für die Erkenntnis der grundsätzlichen Zusammenhänge. Die folgenden Ausführungen beschränken sich auf den klassischen Fall der Stabilitätsuntersuchung unter konstanten Belastungszuständen (Knickung nach *Engeßer-Kármán*). Nur Abschnitt II, 13., S. 1007 bezieht sich auf den *Shanley*-Effekt.

Belastungszustände. Unter „Belastung“ sind nicht etwa nur zwei Einzellasten zu verstehen, wie im Fall des gewöhnlichen Druckstabes, sondern alle „Belastungszustände“, unter denen ein Gleichgewichtszustand labil werden kann.

Besteht ein solcher Belastungszustand aus mehreren Teillasten, so ist der am häufigsten vorkommende Fall der, daß alle Komponenten des Belastungszustandes im gleichen Verhältnis anwachsen, bis der kritische Zustand erreicht ist. Die Knickbedingung liefert dann jenen Faktor, mit dem alle Komponenten des Belastungszustandes gleichmäßig multipliziert werden müssen, um den kritischen Belastungszustand zu erhalten.

Der Verzweigungspunkt hängt u. a. auch von dem gegenseitigen Verhältnis der Teillasten ab. Man erhält also andere Zusammenhänge, wenn sich nicht alle Belastungskomponenten im gleichen Verhältnis ändern oder wenn sie etwa teilweise unverändert bleiben, während andere Komponenten weiter bis zur kritischen Höhe gesteigert werden.

Hierher gehört auch die Frage der gegenseitigen Abhängigkeit der einzelnen Teillasten eines kritischen Belastungszustandes voneinander, die sich besonders bei den Aufgaben der Plattenbeulung stellt. Man vergleiche S. 1003 (Abb. 50) und S. 1029.

II. Biegeknickung

1. Differentialgleichung für den Fall der Biegeknickung

Wir setzen zunächst voraus, daß alle auf S. 965 erwähnten Idealisierungen zutreffen, insbesondere

daß der Stab von Anfang an genau gerade ist und

daß die Belastung P in der Stabachse wirkt,

daß die Spannungen unter der Proportionalitätsgrenze bleiben und

daß die Formänderungen klein genug sind, um die üblichen Vereinfachungen der Rechnung zu erlauben.

Biegt sich der Stab unter der Wirkung von P und vielleicht noch einer quergerichteten Belastung q aus, so müssen zwischen den äußeren Lasten und den Schnittkräften die bekannten Gleichgewichtsbedingungen erfüllt sein, außerdem müssen natürlich zwischen den Formänderungen und den Schnittkräften die bekannten Beziehungen bestehen (*Hooke*sches Gesetz usw.).

In Abb. 10 ist ein Element des gebogenen Stabes von der Achsenlänge ds dargestellt. Die Tangentenneigung v' ist klein, so daß bis auf eine Größe von der 2. Ordnung die Länge des Elementes der Projektion $ds = dz$ gleichgesetzt werden kann. Für die folgenden Untersuchungen

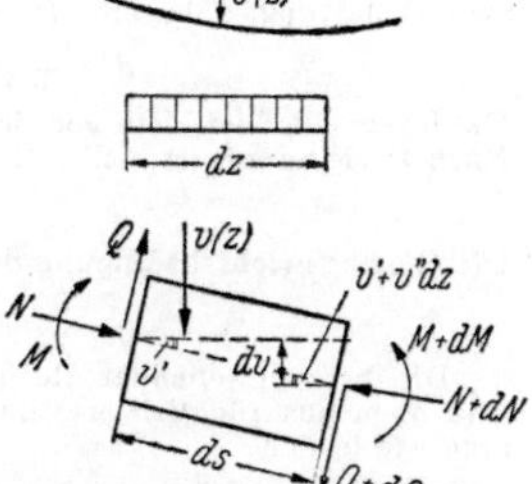

Abb. 10. Gleichgewicht

bleiben außerdem die Fälle außer Betracht, in denen sich P längs der Stabachse stetig verändert, d. h. es ist die Normalkraft $N \approx P = \text{const.}$

In den drei Gleichgewichtsbedingungen, die für das Element zur Verfügung stehen, kann man dann eine Anzahl von Gliedern vernachlässigen. Für die Bezeichnungen und Vorzeichen von Abb. 10 verbleiben sodann in erster Annäherung die Gleichungen

$$N = P, \quad M' = Q, \quad Q' = -q + P v'' \tag{1}$$

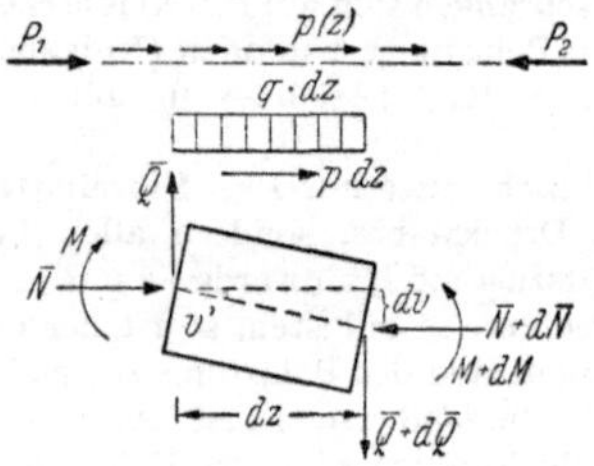

Abb. 11. Gleichgewicht

Die Querkraft kann man eliminieren, so daß

$$M'' = P v'' - q$$

gilt. Das *Bernoulli*sche Gesetz

$$M = -EI/R$$

liefert die noch fehlende Gleichung. Die Krümmung der Stabachse wird, wie in der Theorie der Balkenbiegung üblich ist, vereinfacht gemäß

$$\frac{1}{R} = \frac{v''}{(1 + v'^2)^{3/2}} \approx v''.$$

Damit ist es möglich, das Biegemoment zu eliminieren; mit

$$M = -EI \cdot v''$$

folgt als *Differentialgleichung für den ausgebogenen Stab*

$$(EI \cdot v'')'' + P \cdot v'' = q. \tag{2}$$

Im Sonderfall konstanter Biegesteifigkeit $EI = \text{const}$ vereinfacht sich Gl. (2) zu

$$EI \cdot v^{\mathrm{IV}} + P \cdot v'' = q. \tag{2a}$$

Die Gl. (2) und (2a) sind nach den erwähnten Vereinfachungen ***linear*** in v.

Bemerkung. Die Ableitung der grundlegenden Diff.-Gl. (2) an Hand von Abb. 10 ist oben nur angedeutet worden, weil die Vielzahl der Glieder in den 3 Gleichgewichtsbedingungen sowie die Beurteilung der Größenordnung der einzelnen Glieder und die Begründung der Vernachlässigungen leicht verwirrend wirkt. Für den Anfänger leichter zu übersehen ist der folgende Weg, der sich allerdings hinsichtlich der in Abb. 11 benutzten Bezeichnungen von den üblichen unterscheidet, worauf besonders hingewiesen werden muß.

In Abb. 10 wurde die Schnittkraft zerlegt in die Normalkraft N und die Querkraft Q, deren Richtungen wie üblich in die Tangente bzw. in die Normale der Biegelinie fallen. In Abb. 11 wird die Schnittkraft dagegen zerlegt nach $\bar{N}$ und $\bar{Q}$, d. h. $\bar{N}$ fällt in die Richtung der ursprünglichen Stabachse, es entspricht also nur angenähert der bekannten Definition der Normalkraft. Bei Beschränkung auf kleine Ausbiegungen v ist der Unterschied zwischen beiden Größen von der zweiten Ordnung. Aus Abb. 11 erkennt man ohne weiteres, daß $\bar{N}$ gleich der zugehörigen Teilkraft der gesamten Längsbelastung an der Stelle z ist. Entsprechendes gilt für die quergerichtete Schnittkraftskomponente; $\bar{Q}$ ist nichts anderes als die Querkraft des mit q usw. belasteten Ersatzbalkens.

Sei $p(z) = 0$, dann gilt $d\bar{N} = 0$, d. h. $\bar{N}(z) = \text{const.}$

Die Momentengleichung lautet dann vollständig angeschrieben und, von $ds = dz$ abgesehen, zunächst ohne Vernachlässigungen, für den Fall des Stabes ohne stetig verteilte Längsbelastung, d. h. mit $p(z) = 0$,

$$dM - \bar{Q} \cdot dz - \bar{N} \cdot dv + q \cdot dz \cdot (\varkappa_q \cdot dz) = 0.$$

Das letzte Glied ist klein von der 2. Ordnung und kann ohne weiteres vernachlässigt werden. Nach Division mit dz bleibt dann

$$M' = \bar{Q} + \bar{N} \cdot v'.$$

Die Gleichgewichtsbedingung der Komponenten in der Querrichtung liefert

$$\bar{Q}'(z) = -q(z).$$

Die bei vorstehender Rechnung gemachten Vereinfachungen und Vernachlässigungen sind oben ausdrücklich erwähnt und somit leicht zu übersehen. Durch Elimination erhält man wie früher

$$M'' = \bar{N} \cdot v'' - q$$

und durch Einführung von

$$M = -EI \cdot v''$$

als linearisierte Differentialgleichung für die Ausbiegung

$$(EI \cdot v'')'' + \bar{N} \cdot v'' = q. \tag{3}$$

In dem betrachteten Sonderfalle $p = 0$ ist $\bar{N} = P$, so daß Gl. (3) in Gl. (2) übergeht.

Praktisch besonders wichtig ist der einfachste Fall konstanter Biegesteifigkeit EI = konst., der für die folgenden Beispiele zugrunde gelegt wird.

2. Euler-Fall

Voraussetzungen für den klassischen Knickfall sind außer den schon genannten Idealisierungen $p = 0$, also $N = \text{const} = P$, sowie konstante Biegesteifigkeit EI. Die beiden Stabenden seien in reibungsfreien Kugelgelenken gelagert, die genau auf der Stabachse liegen.

Die gewöhnliche Differentialgleichung (2a) ist von der 4. Ordnung, sie ist linear und wegen $q = 0$ homogen. Die allgemeine Lösung ist

$$v(z) = A \cdot \sin \alpha z + B \cdot \cos \alpha z + C \cdot z + D; \tag{4}$$

A, B, C, D sind die 4 Integrationskonstanten. Der Parameter

$$\alpha = \sqrt{P/EI}$$

ist von endlicher Größe, weil nach Voraussetzung $EI \neq 0$ ist. Weiter gilt $\alpha \neq 0$ für $P > 0$.

Da die lineare Differentialgleichung (2a) homogen ist, so löst auch $n \cdot v(z)$ das betreffende Problem, wobei n eine beliebige Konstante ist. Schon aus der mathematischen Klassifikation der Differentialgleichung (2a) erkennt man also, daß die *Größe* der Ausbiegungen v nicht bestimmt werden kann.

Für die Bestimmung der Integrationskonstanten A, B, C, D stehen im *Euler*-Fall Abb. 12 die folgenden Randbedingungen zur Verfügung: An beiden Stabenden ist jeweils wegen der gelenkigen Lagerung die Ausbiegung Null und auch das Biegemoment Null, d. h.

$$v = 0 \quad \text{und} \quad M = 0 \quad \text{für} \quad z = 0 \quad \text{und}$$
$$v = 0 \quad \text{und} \quad M = 0 \quad \text{für} \quad z = s.$$

Wegen $M = -EI \cdot v''$ folgt aus $M = 0$ der Wert $v'' = 0$, so daß die 4 Randbedingungen lauten:

$$v = 0 \quad \text{und} \quad v'' = 0 \quad \text{für} \quad z = 0 \quad \text{sowie}$$
$$v = 0 \quad \text{und} \quad v'' = 0 \quad \text{für} \quad z = s.$$

Aus der Lösung Gl. (4) folgen damit 4 lineare Gleichungen, nämlich

$$\left.\begin{array}{llll} A \cdot 0 & + B \cdot 1 & + C \cdot 0 + D & = 0 \\ A \cdot \sin \alpha s & + B \cdot \cos \alpha s & + Cs \quad + D & = 0 \\ A\alpha^2 \cdot 0 & + B\alpha^2 \cdot 1 & & = 0 \\ A\alpha^2 \cdot \sin \alpha s & + B\alpha^2 \cdot \cos \alpha s & & = 0. \end{array}\right\} \tag{5}$$

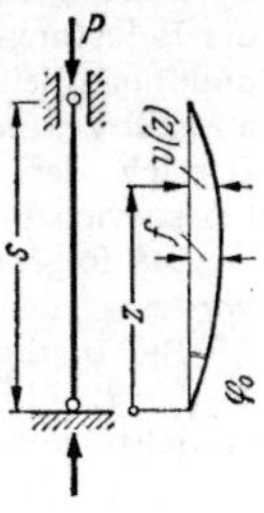

Abb. 12. Euler-Fall

Diese 4 homogenen Gleichungen haben zunächst die sog. triviale Lösung $A = B = C = D = 0$, entsprechend $v(z) = 0$. Der nicht ausgebogene Stab $v(z) = 0$ ist die übliche Gleichgewichtslage für beliebige, insbesondere kleinere Werte der Belastung P.

Uns interessieren hier jedoch vor allem die Bedingungen, unter denen der Stab ausknickt, d. h. daß $v(z) \neq 0$ ist. Die Gl. (5) haben aber eine solche nicht triviale Lösung mit $A, B, C, D \neq 0$ nur dann, wenn die Determinante der Koeffizienten verschwindet.

$$\Delta = \begin{vmatrix} 0 & 1 & 0 & 1 \\ \sin \alpha s & \cos \alpha s & s & 1 \\ 0 & \alpha^2 & 0 & 0 \\ \alpha^2 \sin \alpha s & \alpha^2 \cos \alpha s & 0 & 0 \end{vmatrix} = 0. \tag{5a}$$

Aus der *Knickbedingung* $\Delta = \alpha^4 \cdot s \cdot \sin \alpha s = 0$ können die kritischen Werte P_K der Belastung berechnet werden. Diese Gleichung ist nur erfüllt, wenn $\sin \alpha s = 0$ wird, d. h. für $\alpha_{Km} s = m\pi$ mit $m = 1, 2, 3, \ldots$

Die zugehörigen Werte der *Euler*schen Knickbelastung sind (*Leonhard Euler* 1744)

$$P_{Km} = EI \cdot \alpha_{Km}^2 = EI \cdot (m\pi/s)^2. \tag{6}$$

Für jeden Wert m erhält man eine bestimmte *Knicklast*. Von diesen interessiert in den meisten Fällen nur die kleinste, nämlich

$$P_{K1} = EI(\pi/s)^2. \tag{6a}$$

Im folgenden wird der Index $_m$ bzw. $_1$ meist weggelassen, wobei jeweils die niedrigste der kritischen Belastungen gemeint ist.

Von Interesse ist die zugehörige Biegelinie. Aus Gl. (5) folgen die Konstanten

$$B = C = D = 0.$$

Es verbleibt die Bedingung

$$A \cdot \sin \alpha s = 0.$$

Die Knickbiegelinie für obigen Fall $m = 1$ ist also

$$v(z) = A \cdot \sin \pi z/s;$$

$v(z)$ ist die zu α_K bzw. P_K zugehörige *Eigenfunktion*. Die Größe von A bleibt unbestimmt.

Betrachten wir nochmals den gesamten Bereich der Belastung. Für beliebige Werte P, insbesondere für Lasten $P < P_{K1}$, ist $v(z) = 0$, der Stab bleibt gerade.

In der klassischen Stabilitätstheorie versteht man unter „allmählich ansteigender" Belastung P eine Aufeinanderfolge von Größen P, wobei die Stabilität des betr. Belastungszustandes für jede einzelne Belastungsstufe P immer neu untersucht wird. Während der Stabilitätsuntersuchung bleibt die Größe von P jeweils unverändert. Erweist sich ein Zustand P als stabil, dann wird die Belastung etwas vergrößert und damit die Stabilitätsuntersuchung wiederholt.

Diese genauere Festlegung ist notwendig, damit nicht eine Verwechslung mit der Belastungsart stattfindet, wie sie dem *Shanley*-Effekt zugrunde liegt. Bei diesem findet nämlich die Belastungssteigerung statt, während gleichzeitig kleine Störungen ausgeübt werden. Bei der Stabilitätsuntersuchung nach *Shanley* ergibt sich im Bereich der plastischen Knickung eine kleinere Verzweigungslast als bei der klassischen Betrachtungsweise.

Die folgenden Betrachtungen setzen die erstere Art der Belastungssteigerung voraus:

Bei in diesem Sinne allmählich ansteigender Belastung P kommt man für $P_{K1} = EI \cdot (\pi/s)^2$ zuerst an einen Verzweigungspunkt des elastischen Gleichgewichts, mit einer einfachen Sinuslinie als Knickbiegelinie

$$v_1(z) = f \cdot \sin \pi z/s.$$

$f = A$ bezeichnet die unbestimmte Amplitude der Biegelinie.

Für Belastungen $P^* > P_{K1}$ ist nach der linearisierten Theorie $\Delta \neq 0$, d. h. ein Gleichgewicht ist dafür nicht möglich. Erst für die höheren Knicklasten P_{K2} usw. wird wieder $\Delta = 0$ und damit auch $v(z) \neq 0$.

Die Ursache dieser theoretischen Schlußfolgerung, die mit dem wirklichen Verhalten nicht übereinstimmt, liegt in der Linearisierung der Differentialgleichung.

Beim Vergleich der vorstehenden vereinfachten Theorie mit der Wirklichkeit ist folgendes zu beachten:

Die obige Rechnung beschränkt sich, wie die klassische Stabilitätstheorie allgemein, auf die Ermittlung der Größe der Knicklasten P_K. Über die Stabilität der theoretisch wohl möglichen Gleichgewichtslagen $v(z) = 0$ für „überkritische Belastungen" $P^* > P_{K1}$ wurde dabei keine Aussage gemacht, diese bedarf noch einer besonderen Untersuchung. Es ist an dieser Stelle jedoch nicht nötig, näher darauf einzugehen. Es genügt uns zunächst zu wissen, daß das Gleichgewicht bei allmählicher Laststeigerung schon für $P = P_{K1}$ indifferent wird, daß also gewisse Ausbiegungen des Stabes möglich sind, ohne daß hierfür Kräfte aufgewendet werden müssen. Mit jeder merklichen Ausbiegung sind aber sofort auch entsprechende Biegespannungen verbunden, die leicht zu einer unzulässigen Höhe ansteigen können. Außer der darin liegenden Unsicherheit in der Höhe der Gesamtspannungen und der Größe der Ausbiegungen ist es in der Praxis des Bauwesens auch von Bedeutung, daß das menschliche Auge für Ausbiegungen und ähnliche Unregelmäßigkeiten sehr empfindlich ist. Diese werden bereits als sehr störend empfunden, auch wenn sie für die Tragfähigkeit oder das elastische Verhalten des Bauwerkes usw. noch belanglos sein mögen.

Aus diesen Gründen stellt die niederste der Knicklasten P_{K1} im Bauwesen eine Grenze der Belastung dar, von der man weit genug entfernt bleiben muß, wenn Nachteile oder gar eine Gefährdung ausgeschlossen sein sollen.

Es ist noch auf einen anderen Punkt hinzuweisen. Die oben behandelte *Euler*-Knickung hat eine Reihe von idealisierenden Voraussetzungen, die im einzelnen aufgeführt worden sind. P_K wird deshalb auch *ideale Knicklast* genannt. Diese Belastung wird weder in der Praxis noch im Laboratorium völlig erreicht, ohne daß schon vorher Ausbiegungen auftreten. *Störungen* des idealen Zustandes, d. h. größere oder kleinere Abweichungen von den Voraussetzungen der mathematischen Theorie sind aber in der Wirklichkeit immer vorhanden. Die Ausbiegung des Stabes an einer beliebigen Stelle ist dann von der Belastungshöhe abhängig, d. h. $v = \boldsymbol{v}(P)$. Die Ausbiegung v nimmt im allgemeinen stark zu, wenn sich die Belastung der *Euler*-Last nähert, d. h. wenn $P \rightarrow P_{K1}$ geht.

Für die Anwendungen im Bauwesen sind somit die folgenden Unterschiede zwischen der idealisierten Theorie und der Wirklichkeit besonders zu betrachten:

1. Die Folgen der begrenzten Gültigkeit des *Hooke*schen Gesetzes und der *begrenzten Elastizität* der Baustoffe. Man spricht in diesem Zusammenhang von der Knicklast nach *Engeßer-Kármán* (in DIN 4114 auch kurz Knicklast P_K genannt, zum Unterschied von der idealen Knicklast oder *Euler*schen Knicklast P_{Ki}). Näheres hierzu vgl. S. 984.

2. Die Folgen der verschiedenen *Störungen*. Die wichtigsten Arten von Störungen werden, wenigstens soweit dies auf einfache und übersichtliche Weise möglich ist, in den folgenden Punkten einzeln untersucht. In der Wirklichkeit treffen in der Regel immer mehrere Arten von Störungen zusammen, wobei es meist nicht möglich ist, die Intensität der einzelnen Störungen genauer anzugeben. Es können dafür höchstens obere Grenzen geschätzt werden. Aus den anschließenden Betrachtungen geht jedoch hervor, daß sich die verschiedenen Störungen im großen und ganzen ähnlich auswirken.

Traglast heißt nach DIN 4114 die größte im Gleichgewicht getragene Last P_{Kr}, die man bei Verzicht auf die Voraussetzung eines *Hooke*schen Idealwerkstoffes *und* auf die idealisierenden Voraussetzungen geometrischer Art erhält.

In DIN 4114 ist für die zu den Traglasten von Druckstäben zugehörigen sog. Tragspannungen eine Tabelle angegeben, bei deren Festlegung natürlich eine Reihe von mehr oder weniger begründeten bzw. willkürlichen Annahmen gemacht werden mußte. Diese Annahmen beziehen sich z. T. auf den Werkstoff, z. T. sind sie geometrischer Art. Einzelheiten vgl. DIN 4114, Bl. 2.

Erwähnt sei hier lediglich, daß sich unter den Grundlagen der Traglastbestimmung auch eine bestimmte Annahme über die Exzentrizität der Belastungswirkung befindet, so daß die Biegedruckspannungen für die Tragfähigkeit ausschlaggebend sind.

Bemerkung. Bei den Untersuchungen von Z. 2 wurde die Tangentensteigung v'^2 im Vergleich zu 1 vernachlässigt. Damit ergab sich die Krümmung $1/R = v''$, und die Differentialgleichungen 2 und 3 wurden linear.

Ohne diese Vernachlässigung kommt man bei der Integration der (jetzt nicht mehr linearen) Differentialgleichung für die Knickbiegung auf elliptische Funktionen anstatt der Sinuslinie[1]. Bezeichnet φ_0 die Drehung der Endtangente (Abb. 12), so ist die Durchbiegung

$$f/l = \frac{\sin \varphi_0/2}{K(\sin \varphi_0/2)} \tag{7a}$$

[1] Vgl. *K. von Sanden* und *F. Tölke:* Ing.-Archiv 3 (1932) S. 23.

und die Druckkraft

$$P/P_E = 4/\pi^2 \cdot K^2 (\sin \varphi_0/2). \tag{7b}$$

P_E bezeichnet die *Euler*sche Knicklast.

Über die elliptischen Normalintegrale erster Art K vgl. Abschnitt *Mathematik*, S. 24.

Die Gl. (7) ergeben (vom Vorzeichen abgesehen) eine eindeutige Zuordnung von f und $P > P_E$. Die nachstehende Tabelle zeigt, wie langsam die Belastungen P anwachsen, selbst wenn die Ausbiegungen f schon verhältnismäßig groß sind.

Tabelle 1.

φ_0	$= 0$	2°	4°	6°	8°	10°	20°
f/l	$= 0$	0,0111	0,0222	0,0333	0,0444	0,0554	0,1097
P/P_E	$= 1,0000$	1,0001	1,0006	1,0014	1,0024	1,0038	1,0154

3. Knickspannung und Schlankheit, Knicksicherheit und Knickzahlen

Der aus der *Euler*-Formel berechneten idealen Knicklast P_{Ki} entsprechen — bei den getroffenen Annahmen und unmittelbar vor Erreichen der Knicklast — Druckspannungen, die über den ganzen Stabquerschnitt gleich groß sind.

$$\sigma_{Ki} = P_{Ki}/F$$

wird als ideale Knickspannung oder *Euler*sche *Knickspannung* bezeichnet. Sinngemäß sind die *Engeßer*sche Knickspannung σ_K und die Tragspannung σ_{Kr} definiert. DIN 4114 gibt in Tafel 1 die Traglastspannungen σ_{Kr} bzw. *Euler*schen Knickspannungen σ_{Ki} für Druckstäbe aus St 37 und aus St 52, und zwar in Abhängigkeit von der Stabschlankheit λ.

Die in Ziffer 2 durchgeführte Rechnung ist nur sinnvoll, wenn σ_{Ki} die Proportionalitätsgrenze σ_P nicht überschreitet. Für *Euler*sche Knickspannungen $\sigma_{Ki} < \sigma_P$ spricht man von Knickung im *elastischen Bereich*. Für höhere Spannungen, d. h. $\sigma_{Ki} > \sigma_P$ ändert sich die Rechnung, die zugehörige *Knicklast* nach *Engeßer-Kármán* P_K ist kleiner, als wenn das *Hooke*sche Gesetz unbegrenzt gelten würde. Hinsichtlich der Berechnung der Knicklasten im sog. überelastischen oder *plastischen Bereich* vgl. S. 984.

Eine dimensionslose Betrachtung ist möglich mit Hilfe der sog. *Stabschlankheit* λ. Wir beschränken uns hier der Einfachheit halber auf solche Querschnittsformen, bei denen nur die in Punkt 1 und 2 betrachtete *Biegeknickung* in Frage kommt. Über die sog. Drillknickung vgl. S. 1015.

Bei der Biegeknickung wird der Stab in einer Hauptebene gebogen, und zwar in der Ebene der *kleinsten* Biegesteifigkeit. Bezeichnet I_x das Trägheitsmoment bezüglich der Hauptachse $x-x$ des Querschnittes und $i_x = \sqrt{I_x/F}$ den zugehörigen Trägheitshalbmesser, so heißt $\lambda_x = s_x/i_x$ der *Schlankheitsgrad* des Stabes für das Ausknicken in der Ebene $y-z$. Zum Beispiel ein Stab, dessen gedrungener Querschnitt 2 Symmetrieachsen besitzt, knickt immer gemäß ${}_{\max}\lambda = s/{}_{\min}i$. Die *Knicklänge s* wird zwischen den Gelenken gemessen.

Die *Euler*sche Knickspannung kann man unter Verwendung der Stabschlankheit schreiben

$$\sigma_{Ki} = E \cdot (\pi/\lambda)^2. \tag{8}$$

In DIN 4114 ist die Proportionalitätsgrenze der Baustähle mit $\sigma_P = 0{,}8 \cdot \sigma_F$ zugrunde gelegt, wobei σ_F ein mittlerer Wert der Fließgrenze ist. Zum Beispiel für St 37 und $\sigma_F = 2400$ kg/cm² folgt damit $\sigma_P = 1920$ kg/cm², d. h. die aus Gl. (8) und mit $E = 2100000$ kg/cm² berechnete *Euler*sche Knickspannung ist nur zutreffend für Stabschlankheiten $\lambda \geqq \lambda_P = 103{,}9$, allgemein für Schlankheiten

$$\lambda \geqq \lambda_P = \pi \sqrt{E/\sigma_P}.$$

Für $\lambda < \lambda_P$ wird die Proportionalitätsgrenze überschritten, so daß die obige Berechnung ungültig wird.

In den Druckstäben des Bauwesens ist die für das Ausknicken maßgebende Knicklänge in den beiden Hauptebenen des Stabquerschnitts nicht immer gleich groß. Je nach der Art der Lagerung der Stabenden ist $s_x \lesseqgtr s_y$, worüber DIN 4114 gewisse Regeln enthält. Auf die „Knicklänge" der Stiele von Rahmen und ähnliche Fälle kommen wir noch besonders zurück.

Es wurde schon erwähnt, daß es aus verschiedenen Gründen notwendig ist, mit der in einem stabförmigen Bauglied auftretenden Belastung um ein gewisses Maß unter der Knicklast zu bleiben. Bezeichnet P die vorhandene Belastung, $\sigma = P/F$ die zugehörige mittlere Druckspannung, so heißt

$$\nu_{Ki} = \sigma_{Ki}/\sigma$$

*Euler*sche Knicksicherheitszahl oder ideale Knicksicherheitszahl. Die Belastung P des Stabes muß also auf das ν_{Ki}-fache erhöht werden, d. h.

$$P_{Ki} = \nu_{Ki} \cdot P,$$

damit die *Euler*sche Knicklast erreicht wird. Spätestens unter der ν_{Ki}-fachen Belastung tritt das Ausknicken des Stabes ein.

Wenn man sich der verschiedenen Störungen des mathematischen Idealzustandes erinnert, leuchtet ein, daß schon für $P < P_{Ki}$ merkliche und u. U. unzulässig große Ausbiegungen auftreten können.

Die Größe der *Euler*schen Knicksicherheitszahl ν_{Ki}, die man in einem bestimmten Falle wählt, richtet sich nach verschiedenen Umständen, insbesondere auch nach dem Belastungsfall. Die Sicherheitszahlen sind um so größer zu wählen, je größer der Unterschied zwischen den Rechnungsannahmen und den tatsächlichen Verhältnissen wird. Es ist üblich, die Knicksicherheitszahl mit der Stabschlankheit λ zu variieren, d. h. $\nu = \nu(\lambda)$ zu wählen. Wegen Einzelheiten sei auf die einschlägigen Vorschriften verwiesen. Zum Beispiel nach DIN 4114, Ri 7,14, ist die *Euler*sche Knicksicherheitszahl bei St 37 für den Belastungsfall 1 im wesentlichen zu mindestens $\nu_{K1} = 2{,}5$, für den Belastungsfall 2 zu mindestens $\nu_{K2} = 2{,}19$ anzunehmen.

Für die *Engeßer*sche Sicherheitszahl ν_K (auch kurz Knicksicherheit genannt) sowie für die Tragsicherheitszahl ν_{Kr} gilt Vorstehendes sinngemäß. Die Tragsicherheitszahl wird nach DIN 4114 in der Regel $\nu_{Kr} = 1{,}71$ bzw. $1{,}5$ gewählt.

Das ω-Verfahren. Mit den Berechnungsgrundlagen für stählerne Eisenbahnbrücken (BE), 1. Ausgabe 1922, wurde für die Berechnung einteiliger Knickstäbe das sog. ω-Verfahren eingeführt.

Unter Beachtung der für den betreffenden Fall gültigen Knicksicherheitszahl ν_K ist für die in einem Stabe vorhandene durchschnittliche Druckspannung $\sigma = S/F$ der Wert ${}_{\text{zul}}\sigma_d = \sigma_K/\nu_K$ als oberste Grenze einzuhalten, d. h. es muß dabei bleiben

$$\sigma \leqq {}_{\text{zul}}\sigma_d \tag{9a}$$

Der Wert ${}_{\text{zul}}\sigma_d$ ändert sich für einen bestimmten Baustoff mit der Stabschlankheit λ, außerdem ist er verschieden je nach den in σ eingeschlossenen Belastungskräften.

Multipliziert man Gl. (9a) mit der sog. Knickzahl ω, so nimmt die von der vorhandenen Spannung σ zu erfüllende Forderung die Form an:

$$\omega \cdot S/F \leqq {}_{\text{zul}}\sigma \tag{9b}$$

Dabei ist $\omega = {}_{\text{zul}}\sigma/{}_{\text{zul}}\sigma_d$ gesetzt.

Nach Einführung der Knickzahl ω kann somit der Rechnungswert $\omega\sigma$ mit der für den betreffenden Baustoff und den betreffenden Belastungsfall gültigen (gewöhnlichen) zulässigen Spannung ${}_{\text{zul}}\sigma$ verglichen werden, während man ohne Benutzung des ω-Verfahrens jeweils σ vergleichen müßte mit den verschiedenen Werten ${}_{\text{zul}}\sigma_d$, welche Größen stark mit der Stabschlankheit λ schwanken.

Die Benutzung des ω-Verfahrens bietet unzweifelhaft gewisse praktische Vorteile. Zum Beispiel für die Stabilitätsfälle des Stahlbaus sind die Knickzahlen ω in den Tafeln 1 und 2 von DIN 4114 zusammengestellt, mit deren Anwendung alle bei der Knickung einteiliger Druckstäbe zu beachtenden Anforderungen ohne weiteres erfüllt sind.

Zugunsten des ω-Verfahrens ist weiter zu erwähnen, daß viele andere Knickprobleme nach Ri 7,21 von DIN 4114 mit mehr oder minder guter Annäherung auf den *Euler*-Fall „zurückgeführt" werden können. Dies ist möglich, sobald die (wirksame) „Knicklänge" s_K des betreffenden Druckstabes bekannt ist. s_K ist dabei eine Vergleichslänge, welche bei Stäben mit elastischer Stützung, bei Rahmen usw. die Anwendung der Knickformeln für den einfachen Stab gestattet.

Der einfachen, praktischen Anwendung des ω-Verfahrens stehen jedoch Nachteile gegenüber, wie schon *F. Bleich* [2] S. 115, ausgesprochen hat, indem er bedauert, „daß der Nachweis einer ideellen Spannung verlangt wird, die der zulässigen Beanspruchung gegenüberzustellen ist. Das Wesen des Knickproblems wird hierdurch vollständig verschleiert".

Bei der Knickung von elastisch gestützten Stäben kann das Verfahren der Vergleichs-Knicklängen sogar irreführen, wenn die Knickung im plastischen Bereich stattfindet, vgl. hierzu S. 995. Dem Anfänger sei jedenfalls dringend empfohlen, über dem formalen ω-Verfahren usw. nicht die wirklichen Zusammenhänge zu vergessen.

Beispiel. Gegeben ein Stahlstab aus St 37 mit dem Querschnitt L 150 · 100 · 14, an beiden Enden in Kugelgelenken gelagert. Stablänge $s_K = 278$ cm (bzw. zum Vergleich die halbe Stablänge 139 cm), die Stabkraft sei $P = 23$ t (Belastungsfall 1). Voraussetzung sei mittiger Lastangriff sowie Erfüllung der übrigen Idealisierungen.

Aus einer Profiltabelle entnimmt man $F = 33{,}2\ \text{cm}^2$, die Schwerpunktslage und die Richtung der Hauptachsen ξ und η. Die Tabellen enthalten weiter die Trägheitsmomente I bezüglich der 4 Achsen x, y, ξ, η sowie die zugehörigen Trägheitshalbmesser $i = \sqrt{I/F}$.

Das kleinste der 4 Trägheitsmomente ist bezüglich der Achse η-η vorhanden, nämlich $I_\eta = 152\ \text{cm}^4$ bzw. $i_\eta = 2{,}14$ cm. Schlankheitsgrad des Stabes für das Ausknicken normal zur Hauptachse η-η des Stabquerschnittes

$$\lambda_\eta = 278/2{,}14 = 130 \ (\text{bzw. } 65).$$

Aus Tafel 1 von DIN 4114, Blatt 1, entnimmt man dafür die Knickzahl

$$\omega = 2{,}85 \ (\text{bzw. } 1{,}35).$$

Der Nachweis der Knicksicherheit gestaltet sich mit $S = P$ wie folgt:
$\sigma = 23000/33{,}2 = 692\ \text{kg/cm}^2$, $\omega\sigma = 2{,}85 \cdot 692 = 1970\ \text{kg/cm}^2 > {}_{\text{zul}}\sigma$ (bzw. $900\ \text{kg/cm}^2 < {}_{\text{zul}}\sigma$).

Der Rechnungswert $\omega\sigma = 1970\ \text{kg/cm}^2$ liegt weit über der für St 37 zulässigen Spannung von ${}_{\text{zul}}\sigma = 1400\ \text{kg/cm}^2$ (der Vergleichswert $900\ \text{kg/cm}^2$ bleibt unter ${}_{\text{zul}}\sigma$). Hält man die Höhe der Belastung fest, so wäre eine ungenügende Knicksicherheit vorhanden (im Vergleichsfall eine überflüssig große). Die Knickspannungen σ_K oder die vorhandenen Knicksicherheitszahlen ν_K sind bei dem vorstehenden Nachweis nicht zu erkennen.

Die ideale (*Euler*sche) Knickspannung ist nach Gl. (8)

$$\sigma_{Ki} = 2100000 \cdot (\pi/130)^2 = 1230\ \text{kg/cm}^2$$

und die zugehörige ideale Knicksicherheitszahl

$$\nu_{Ki} = 1230/692 = 1{,}77.$$

Da σ_{Ki} weit unterhalb der Proportionalitätsgrenze $\sigma_P = 1920\ \text{kg/cm}^2$ liegt, haben wir hier den Fall der elastischen Knickung, σ_{Ki} und σ_K stimmen überein. DIN 4114 fordert für Belastungsfall 1 und bei $\lambda = 130$ eine ideale Knicksicherheitszahl von mindestens $\nu_{Ki} = 2{,}5$, welcher Wert im Vorstehenden nicht erreicht ist.

Bei den ( )-Vergleichswerten für den kurzen Stab liegt

$$\sigma_{Ki} = 2100000 \cdot (\pi/65)^2 = 4920\ \text{kg/cm}^2$$

über der Proportionalitätsgrenze, so daß keine elastische Knickung mehr vorliegt. Nach der Theorie der plastischen Knickung von *Engeßer-Kármán* erhält man mit den Annahmen von DIN 4114 eine Knickspannung von $\sigma_K = 2328\ \text{kg/cm}^2$, entsprechend einer *Engeßer*schen Knicksicherheitszahl $\nu_K = 2328/692 = 3{,}36$. DIN 4114 fordert für $\lambda = 65$ als Mindestwert $\nu_{K1} = 2{,}25$.

Die Traglastspannung ergibt sich mit den Voraussetzungen von DIN 4114 zu $\sigma_{Kr} = 1553\ \text{kg/cm}^2$. Geht man bei der Bemessung des Druckstabes von der Traglast aus, so muß die Tragsicherheitszahl nach DIN 4114 mindestens $\nu_{Kr} = 1{,}5$ sein. Mit den Zahlenwerten unseres Beispiels ergibt sich eine Tragsicherheitszahl von

$$\nu_{Kr} = 1553/692 = 2{,}25.$$

Bemerkung. Bei dem vorstehenden Zahlenbeispiel ist nur der Fall Biegeknickung berücksichtigt. Zur Ergänzung wäre nach DIN 4114 auch noch der allgemeinere Fall der Biegedrillknickung zu untersuchen. Die entsprechende Untersuchung ergibt für den Fall Abb. 13 merklich kleinere Sicherheiten.

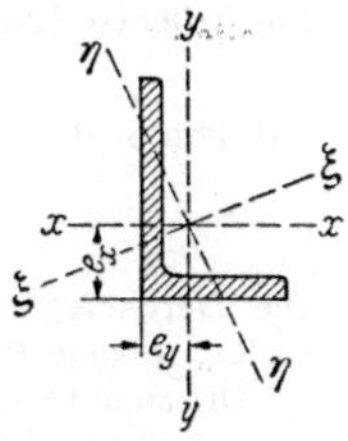

Abb. 13

4. Druckstab mit Querbiegung

a) *Sinusförmige Querbelastung* $q(z) = \hat{q} \cdot \sin \pi z/s$

Dieser Fall gestattet eine besonders einfache und übersichtliche Untersuchung verschiedener Zusammenhänge. Voraussetzungen EI = konst., P = konst. ($p = 0$), beide Stabenden gelenkig gelagert.

Für den Anfangszustand $P = 0$ (Abb. 14a) gilt nach Gl. (2a)

$$EI \cdot v_0^{IV} = \hat{q} \cdot \sin \pi z/s.$$

Die zugehörige Anfangsdurchbiegung ist ebenfalls sinusförmig:

$$v_0(z) = \hat{v}_0 \cdot \sin \pi z/s.$$

$\hat{v}_0$ bezeichnet den Scheitelwert bei $z = s/2$: $\hat{v}_0 = \hat{q}/EI \cdot (s/\pi)^4$.

Für beliebige Werte der Längskraft P erhält man nach Differentialgleichung (2a)

$$v(z) = \hat{v} \cdot \sin \pi z/s, \tag{10}$$

worin abgekürzt ist:

$$\hat{v} = \frac{\hat{v}_0}{1 - P/EI \cdot (s/\pi)^2}.$$

Beachtet man, daß $P_{K1} = \pi^2 EI/s^2$ die erste der *Euler*schen Knicklasten ist, so kann man auch schreiben

$$\hat{v} = \frac{\hat{v}_0}{1 - P/P_{K1}} = \frac{\hat{v}_0}{1 - 1/\nu_{K1}}. \tag{10a}$$

$\nu_{K1} = P_{K1}/P$ ist die *Euler*sche Knicksicherheitszahl. Nähert sich P der *Euler*-Last P_{K1}, so geht $\nu_{K1} \to 1$ und v wächst nach Gl. (10a) über alle Grenzen. Wenn auch die obige Rechnung nur für kleine Ausbiegungen gilt, so erkennt man doch, daß v mit $P \to P_{K1}$ stark zunimmt und bei Querbelastung im allgemeinen ein Biegebruch des Stabes eintritt, bevor P_{K1} erreicht ist. Abb. 14c zeigt die Abhängigkeit der Mittelausbiegung $\hat{v}$ von P.

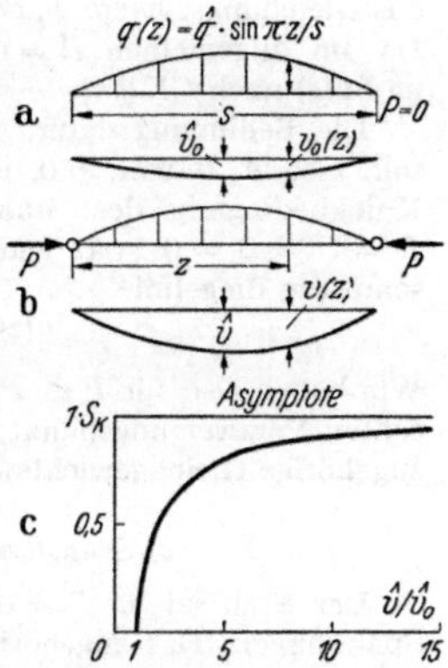

Abb. 14. Druckstab mit Querbelastung

Im Falle der Querbelastung mit $q(z) = \hat{q} \cdot \sin \pi z/s$ liegt eine sog. *Gleichgewichtsaufgabe* vor. Die Gleichgewichtsform $v(z)$ ist den Belastungen P und q auf eindeutige Weise zugeordnet. In dem Diagramm $v = v(P)$ gibt es keinen Verzweigungspunkt.

Ähnliche Zusammenhänge gelten für andere Arten der Querbelastung, z. B. für q = const. Zu jeder Last P gehört dann eine ganz bestimmte Gleichgewichtslage, wobei die Ausbiegungen immer stark zunehmen, wenn $\nu_{K1} \to 1$ abfällt.

b) *Sinusförmige Querbelastung mit* $q(z) = \hat{q} \cdot \sin n\pi z/s$

Für den Anfangszustand $P = 0$ ist die Biegelinie (Abb. 15)

$$v_0(z) = \hat{v}_{0n} \cdot \sin n\pi z/s$$

mit dem Scheitelwert

$$\hat{v}_{0n} = \frac{\hat{q}}{EI}\left(\frac{s}{n\pi}\right)^4.$$

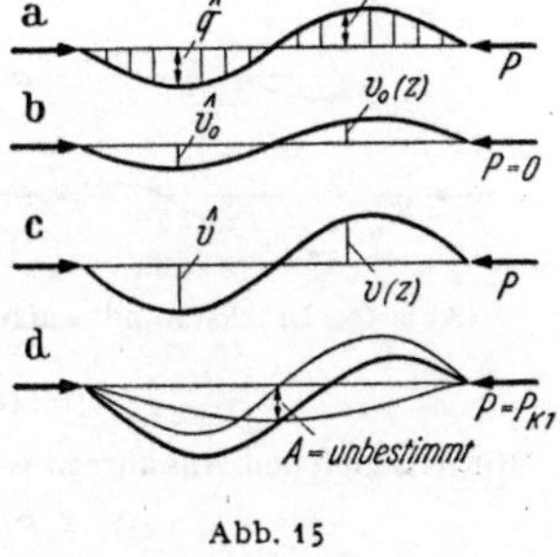

Abb. 15

Für beliebige Lasten $P < P_{K1}$ wird die Biegelinie

$$v(z) = \hat{v} \cdot \sin n\pi z/s \tag{11}$$

mit dem Scheitelwert

$$\hat{v} = \frac{\hat{v}_{on}}{1 - P/P_{Kn}} = \frac{\hat{v}_{on}}{1 - 1/\nu_{Kn}}. \tag{11a}$$

Die Durchbiegungen v sind bei $n > 1$ eindeutig bestimmt und von endlicher Größe, solange $P < P_{K1}$ ist.

Um zu untersuchen, was für $P \to P_{K1}$ geschieht, müssen wir von der allgemeinen vollständigen Lösung der Differentialgleichung (2a) ausgehen. Für den vorliegenden Fall besteht diese aus dem bereits oben benutzten Partikulärintegral Gl. (11) und der Lösung Gl. (4) für das homogene Problem $q = 0$.

$$v(z) = \hat{v} \cdot \sin n\pi z/s + A \sin\alpha z + B \cos\alpha z + Cz + D. \tag{12}$$

Die Differentialgleichung $EI \cdot v^{IV} + P \cdot v'' = q$ ist mit $v(z) = \hat{v} \cdot \sin n\pi z/s$ identisch erfüllt, und auch die Randbedingungen unserer Aufgabe sind damit erfüllt.

Setzt man die Lösung Gl. (12) in die Randbedingungen (vgl. S. 973) ein, so fallen die Glieder mit $\hat{q}$ heraus, und für die 4 Integrationskonstanten verbleibt das Gleichungssystem 5, genauso wie für das zugehörige homogene Problem $q = 0$. Da im allgemeinen $\Delta \neq 0$ ist, gilt die triviale Lösung $A = B = C = D = 0$ und $v(z)$ nach Gl. (11).

Die Bedingung dafür, daß ein weiterer Beitrag zur Ausbiegung möglich sein soll, also A, B usw. $\neq 0$, ist daher wie früher $\Delta = 0$ oder $\sin\alpha s = 0$, d. h. die Knickbedingung des Stabes ohne Querbelastung. Dafür erkennt man leicht $B = C = D = 0$, während der Wert A unbestimmt bleibt. Für $P = P_{K1}$ gilt somit die Biegelinie

$$v(z) = \hat{v} \cdot \sin n\pi z/s + A \cdot \sin \pi z/s. \tag{13}$$

Wir haben also für $P < P_{K1}$ eine Gleichgewichtsaufgabe, bei $P = P_{K1}$ aber einen echten Verzweigungspunkt, trotzdem der Stab von Anfang an gebogen wird. Der zugehörige Gleichgewichtswechsel ist in Abb. 15d dargestellt.

c) Sinusförmige Anfangsbiegung $v_0(z) = \hat{v}_0 \cdot \sin \pi z/s$.

Der Stab sei für $P = 0$ bei der Anfangsbiegung $v_0(z) = \hat{v}_0 \cdot \sin\pi z/s$ frei von Spannungen. Das zugehörige Biegemoment M_0 und die Querkraft Q_0 sind Null (Abb. 16a).

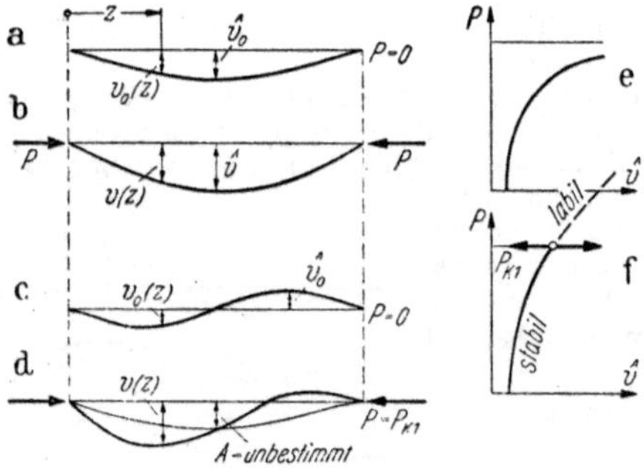

Abb. 16. Druckstab mit anfänglicher Ausbiegung

Für beliebige Stabkrümmung ist das Biegemoment

$$M = -EI\,(v'' - v_0''). \tag{14}$$

Dieser Ausdruck verschwindet für $P = 0$, d. h. wenn $v = v_0$ ist. Die Gleichgewichtsbedingungen Gl. (1) für das Element dz in Abb. 10 und damit $M'' = Pv'' - q$ bleiben unverändert gültig, lediglich Gl. (14) tritt an die Stelle des *Bernoulli*schen Gesetzes. Die Differentialgleichung (2) geht damit über in

$$[EI(v'' - v_0'')]'' + Pv'' = q. \tag{15}$$

Mit den gleichen Annahmen wie Z. 4a sowie für $q = 0$ folgt

$$v^{IV} + P/EI \cdot v'' = (\pi/s)^4 \cdot \hat{v}_0 \cdot \sin\pi z/s. \tag{15a}$$

Für den Fall des an beiden Enden gelenkig und mittig belasteten Stabes (Randbedingungen $v = 0, v'' - v_0'' = 0$ für $z = 0$ und für $z = s$) erhält man als Biegelinie

$$v(z) = \frac{\hat{v}_0}{1 - P/P_{K1}} \sin \pi z/s. \tag{16}$$

Darin bezeichnet P_{K1} wieder die niederste der *Euler*schen Knicklasten. Die Biegelinie Gl. (16) stimmt mit der Gl. (10a) für den Fall einer sinusförmigen Querbelastung überein (Abb. 16e).

d) Sinusförmige Anfangsbiegung

Ist unter sonst gleichen Umständen für $P = 0$ eine Anfangsbiegung mit $n \geqq 2$ Halbwellen vorhanden:

$$v_0(z) = \hat{v}_{on} \cdot \sin n\pi z/s,$$

so wird die rechte Seite von Gl. (15a)

$$(n\pi/s)^4 \cdot \hat{v}_{on} \cdot \sin n\pi z/s$$

und das vollständige Integral der Differentialgleichung

$$v(z) = \frac{\hat{v}_{on}}{1 - P/P_{Kn}} \sin n\pi z/s + A \sin \alpha z + B \cos \alpha z + Cz + D, \tag{17}$$

wobei $P_{Kn} = (n\pi/s)^2 \cdot EI$ die (höhere) *Euler*-Last für Knickung mit n Halbwellen bezeichnet und $\alpha^2 = P/EI$ ist.

Setzt man $v(z)$ in die 4 Randbedingungen ein, so verschwinden alle der Partikulärlösung entsprechenden Glieder (Faktor $\hat{v}_{on}$), so daß man als Bedingungsgleichungen für A, B, C und D wieder die Gl. (5) erhält. Die daran angeschlossenen Überlegungen bleiben wörtlich gültig: Für den hier betrachteten Fall ist wieder $\Delta = 0$ die Bedingung für das Auftreten von Eigenwerten, welche der Belastungen P_{Km} entsprechen, hier mit $m = 1, 2, 3 \ldots$ Die zugehörige Eigenfunktion ist wie früher $A \cdot \sin m\pi z/s$.

Die gesamte *Biegelinie* wird damit

$$v(z) = \frac{\hat{v}_{on}}{1 - P/P_{Kn}} \sin n\pi z/s + A \sin m\pi z/s. \tag{17a}$$

Die Größe A ist Null, wenn $\Delta \neq 0$ ist, sie kann aber beliebigen Wert besitzen, wenn $P = P_{K1}$ ist oder allgemein $P = P_{Km}$.

Bei allmählich steigender Belastung ist also für $P < P_{K1}$ zunächst

$$v(z) = \hat{v}(P) \cdot \sin n\pi z/s, \tag{17b}$$

wobei $\hat{v}(P) = \hat{v}_{on}/(1 - P/P_{Kn})$ ganz bestimmte endliche Werte besitzt.

Für die erste *Euler*-Last P_{K1} wird, trotz der anfänglichen Ausbiegung ein richtiger Verzweigungspunkt des elastischen Gleichgewichts erreicht. Das zugehörige Verzweigungsdiagramm ist in Abb. 16f dargestellt, die beim Ausknicken eintretende Biegelinie in Abb. 16d. Für Belastungen $P > P_{K1}$ ist die Biegelinie Gl. (17b) labil.

e) Beliebige Anfangsbiegung

Eine solche kann nach einer *Fourier*-Reihe entwickelt werden. Unter sonst gleichen Umständen wie oben sei

$$v_0(z) = \hat{v}_{01} \cdot \sin \pi z/s + \hat{v}_{02} \cdot \sin 2\pi z/s + \hat{v}_{03} \cdot \sin 3\pi z/s + \cdots$$

Aus Differentialgleichung (15) erhält man damit

$$v^{IV} + P/EI \cdot v'' = (\pi/s)^4 \cdot \{\hat{v}_{01} \cdot \sin \pi z/s + 2^4 \cdot \hat{v}_{02} \cdot \sin 2\pi z/s + 3^4 \cdot \hat{v}_{03} \cdot \sin 3\pi z/s + \ldots\}$$

und als deren allgemeine Lösung

$$v(z) = \frac{\hat{v}_{01}}{1 - P/P_{K1}} \sin \pi z/s + \frac{\hat{v}_{02}}{1 - P/P_{K2}} \sin 2\pi z/s + \frac{\hat{v}_{03}}{1 - P/P_{K3}} \sin 3\pi z/s + \cdots + A \sin \alpha z + B \cos \alpha z + Cz + D. \tag{18}$$

Die Glieder der Reihenentwicklung erfüllen je für sich alle 4 Randbedingungen [in anderen Fällen wäre $v_0(z)$ sinngemäß nach den Eigenfunktionen des Problems zu entwickeln!], so daß man als Bedingungen für A bis D wieder das Gleichungssystem (5) erhält. Auch hier ist $A = B = C = D = 0$, solange $\Delta \neq 0$ ist, d. h. für $P < P_{K1}$. Die zugehörige Biegelinie ist

$$v(z) = \hat{v}_1(P) \cdot \sin \pi z/s + \hat{v}_2(P) \cdot \sin 2\pi z/s + \cdots \tag{18a}$$

Für $P = P_{K1}$ wird $\Delta = 0$, und A kann einen beliebigen Wert annehmen, während $B = C = D = 0$ ist. Die entsprechende Biegelinie ist

$$v(z) = [\hat{v}_1(P) + A] \cdot \sin \pi z/s + \hat{v}_2(P) \cdot \sin 2\pi z/s + \hat{v}_3(P) \cdot \sin 3\pi z/s + \cdots \tag{18b}$$

wenn wir uns auf die niederste der *Euler*-Lasten P_{K1} ($m = 1$) beschränken.

Wir können als allgemein gültig folgendes schließen: Ein Stab mit beliebiger Anfangsbiegung wird die *Euler*-Last P_{K1} niemals ganz erreichen können, weil das erste Glied der Reihenentwicklung $\hat{v}_1(P) \to \infty$ geht und Biegebruch eintritt, wenn sich $P \to P_{K1}$ nähert.

Eine Ausnahme hiervon findet statt, wenn $\hat{v}_{01} = 0$ ist; dann bleiben die Ausbiegungen endlich auch für $P \to P_{K1}$. Für P_{K1} ist dabei ein richtiger Verzweigungspunkt vorhanden. Die Voraussetzung trifft insbesondere für den Fall einer antisymmetrischen Anfangsbiegung zu.

Entsprechende Zusammenhänge gelten auch für Stäbe mit beliebiger Verteilung der Biegesteifigkeiten $EI(z)$ und für andere Stützbedingungen.

f) *Außermittiger Druck*

Wir untersuchen einen anfänglich geraden Stab mit außermittiger (exzentrischer) Belastung nach Abb. 17. Die sonstigen idealisierenden Vereinfachungen wie früher. Die Randbedingungen sind

$$v = v(0), \quad M = -EI \cdot v'' = P \cdot v(0) \quad \text{für} \quad z = 0 \quad \text{und}$$
$$v = v(s), \quad M = -EI \cdot v'' = P \cdot v(s) \quad \text{für} \quad z = s.$$

Um die in dieser Aufgabe enthaltene Symmetrie bezüglich z und $(s - z)$ sichtbar zu machen, schreiben wir die allgemeine Lösung der Differentialgleichung (2a) in der Form

$$v(z) = A \sin \alpha z + B \sin \alpha (s - z) + Cz + D(s - z), \tag{19}$$

die Gl. (4) gleichwertig ist. Aus den Randbedingungen ergeben sich dann

A	B	C	D	
0	$\sin \alpha s$	0	s	$= v(0)$
0	$\sin \alpha s$	0	0	$= v(0)$
$\sin \alpha s$	0	s	0	$= v(s)$
$\sin \alpha s$	0	0	0	$= v(s)$

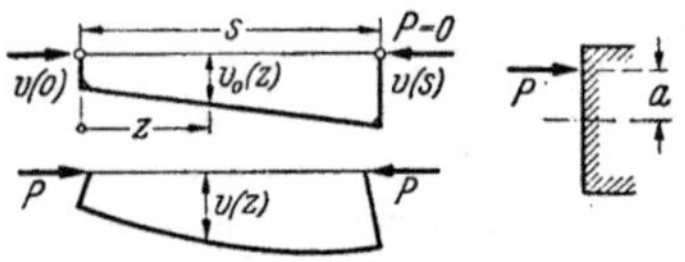

Abb. 17. Außermittiger Druck

Die Koeffizientendeterminante $\Delta = s^2 \cdot \sin^2 \alpha s$ ist im allgemeinen von Null verschieden, die Ausbiegungen $v(z)$ haben endliche Größe, und ihre Werte sind eindeutig, solange $P < P_K$ und $\Delta \neq 0$ ist. In diesem Bereich liegt also eine Gleichgewichtsaufgabe vor und kein Stabilitätsproblem.

Die Biegelinie für $0 < P < P_{K1}$ ist

$$v(z) = v(0) \frac{\sin \alpha (s - z)}{\sin \alpha s} + v(s) \frac{\sin \alpha z}{\sin \alpha s}. \tag{19a}$$

1. Sonderfall. Sonderfall $v(s) = v(0) = a$ gleich großer Exzentrizitäten.

Biegelinie $$v(z) = \frac{a}{\sin \alpha s} [\sin \alpha z + \sin \alpha (s - z)], \tag{20}$$

Biegemoment $M(z) = P \cdot v(z)$.

Man erkennt, daß v und M über alle Grenzen wachsen, wenn $\sin \alpha s \to 0$, d. h. $P \to P_{K1}$ wird. Es liegt eine Gleichgewichtsaufgabe vor, das Diagramm $v = v(P)$ weist keinen Verzweigungspunkt auf.

Die Werte in Stabmitte folgen zu

$$v(s/2) = \frac{a}{\cos \alpha s/2}, \tag{20a}$$

$$M(s/2) = P \cdot v(s/2) \cdot \tag{20b}$$

Beachtet man $\alpha s = \pi/\sqrt{\nu_{K1}}$, worin $\nu_{K1} = P_{K1}/P$ die Knicksicherheit bedeutet, so ist

$$M(s/2) = \frac{Pa}{\cos(\pi/2\sqrt{\nu_{K1}})}. \tag{20c}$$

Wir berechnen die zugehörigen Randspannungen

$$\sigma(s/2) = -P/F \mp M(s/2)/W.$$

Sei $k = W/F$ die Kernweite des Querschnittes (bei unsymmetrischen Querschnitten sind die Werte für den äußeren und den inneren Rand zu unterscheiden) und $m = a/k$ das „Maß der Exzentrizität", dann wird

$$_{\max}\sigma = -\sigma_0\left(1 + \frac{m}{\cos(\pi/2\sqrt{\nu_{K1}})}\right). \tag{20d}$$

1. Beispiel: $a = h/3$, $m = 2$, $\nu_{K1} = 2$fach,

$$\cos(\pi/2\sqrt{2}) = 0{,}445,$$

$$_{\max}\sigma = -\sigma_0\,(1 + 2/0{,}445) = -5{,}50\,\sigma_0.$$

Wenn die Verformung vernachlässigt wird, wäre $_{\max}\sigma = -3{,}0 \cdot \sigma_0$.

2. Beispiel: Wie oben, jedoch $\nu_{K1} = 1{,}5$fach:

$$\cos \pi/2\sqrt{1{,}5} = 0{,}284,$$

$$_{\max}\sigma = -\sigma_0\,(1 + 2/0{,}284) = -8{,}05\sigma_0.$$

2. Sonderfall. Entgegengesetzt gleiche Exzentrizitäten:

$$-v(s) = v(0) = a.$$

Der Fall Abb. 18a ist leichter zu übersehen mit dem Ansatz

$$\left.\begin{aligned} v(z) &= A \sin \alpha z + B \cos \alpha z + Cz + D,\\ M(z) &= P\,(A \sin \alpha z + B \cos \alpha z). \end{aligned}\right\} \tag{21}$$

Die Randbedingungen liefern das Gleichungssystem:

A	B	C	D		(21a)
—	1	—	—	$= +a$	
$\sin \alpha s$	$\cos \alpha s$	—	—	$= -a$	
—	1	—	1	$= +a$	
$\sin \alpha s$	$\cos \alpha s$	s	1	$= -a$	

Für Lasten $P < P_{K1}$, also solange $\sin \alpha s \neq 0$ ist, sind die Konstanten

$$A = -a\,\frac{1 + \cos \alpha s}{\sin \alpha s}, \quad B = +a, \quad C = D = 0.$$

Die zugehörige Biegelinie kann nach einer kleinen Umformung auch geschrieben werden:

$$v(z) = \frac{a}{\sin \alpha s}\,[\sin \alpha (s - z) - \sin \alpha z]. \tag{21b}$$

Für Lasten dicht unterhalb P_{K1} ist $\sin \alpha s \neq 0$, es wird aber $A = 0$ und die Biegelinie

$$v(z) = a \cdot \cos \pi z/s. \tag{21c}$$

Die Gleichgewichtsfigur ist dafür also identisch mit der Knickbiegelinie eines Stabes von der Länge s und der Amplitude a.

Die Ausbiegung in Stabmitte bleibt Null: $v(s/2) = 0$, solange $P < P_{K1}$ ist (Abb. 18c).

Für $P = P_{K1}$ nimmt der Wert $v(s/2)$ nach Gl. (21b) die Form 0/0 an. Die nähere Prüfung zeigt folgendes: Für $\sin \alpha s = 0$ verschwindet die Koeffizientendeterminante des Systems (21a), und die Gleichungen sind für beliebige Werte A erfüllt. Die zugehörige Biegelinie (Abb. 18d) ist

$$v(z) = A \cdot \sin \alpha z + a \cdot \cos \alpha z. \tag{21d}$$

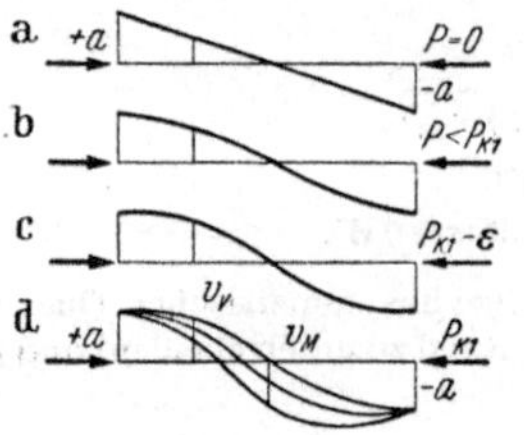

Abb. 18. Ausnahmefall $\varkappa = -1$

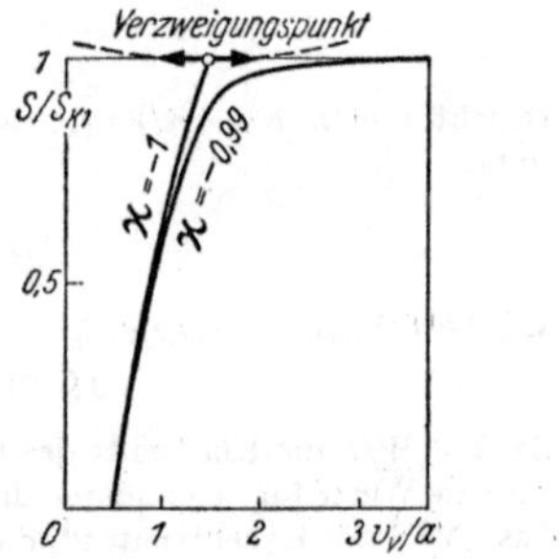

Abb. 19. Verzweigungsdiagramm bei außermittigem Druck

In dem hier betrachteten Sonderfall antisymmetrischer Exzentrizitäten liegt also ein echter Gleichgewichtswechsel vor. Vgl. das Verzweigungsdiagramm Abb. 19, in dem zum Vergleich auch die Durchbiegungen v_V im Viertelpunkt eingetragen sind für den Fall, daß die Exzentrizitäten $v(s) = \varkappa \cdot v(0)$ nicht ganz gleich sind, nämlich $\varkappa = -0{,}99$.

Zusammenfassung. Die vorstehenden Beispiele zeigen, daß Störungen mit Ausbiegungen verbunden sind, die im wesentlichen mit P zunehmen.

Wenn die Ausbiegungen infolge der Störung einer der höheren Knickbiegelinien (Eigenfunktion für $m = 2, 3, \ldots$) entsprechen, ist — trotz von Anfang an mit P zunehmenden v — ein echter Gleichgewichtswechsel für $P = P_{K1}$ möglich. Wenn die Störung dagegen der 1. Eigenfunktion entspricht, so wächst v für $P \to P_{K1}$ über alle Grenzen, und die Knicklast P_{K1} kann nicht erreicht werden, weil schon vorher Biegebruch eintritt.

Entsprechende Zusammenhänge gelten auch für andere elastische Systeme, worauf hier nicht weiter eingegangen werden kann. Aus den vorstehenden Beispielen erkennt man jedoch bereits, daß es praktisch stark auf die Art der Störungen ankommen wird. Wir haben hier eine der Ursachen für das unterschiedliche Verhalten von Druckstäben in der Praxis und die, besonders bei älteren Untersuchungen, teilweise so große Streuung der Ergebnisse von Knickversuchen.

5. Plastische Knickung nach Engeßer-Kármán

Voraussetzungen für die Gültigkeit der *Euler*schen Knicktheorie ist, daß die Spannungen $\sigma_K = P_K/F$ die Proportionalitätsgrenze σ_P nicht überschreiten. In den praktisch vorkommenden Bauteilen ist aber meist $\sigma_K > \sigma_P$, so daß die unter Voraussetzung einer unbegrenzten Gültigkeit des *Hooke*schen Gesetzes abgeleiteten Formeln einer Korrektur bedürfen.

Wir betrachten ein gleichmäßig mit $\sigma > \sigma_P$ belastetes Element des Stabes von der Länge Δz. Bei der Biegung bleiben die Endflächen auch im plastischen Bereich eben, so daß die Dehnungen linear verlaufen. Abb. 20a zeigt die Biegedehnungen; die über den ganzen Querschnitt gleich großen Stauchungen $\varepsilon(\sigma_K)$ infolge der Normalkraft sind der Deutlichkeit halber nicht eingezeichnet.

Die Knicktheorie von *Engeßer-Kármán* setzt voraus, daß die Größe der Belastung P unverändert bleibt, während die Stabilität des Gleichgewichts geprüft wird (vgl. S. 970). Bei Biegung im plastischen Bereich gilt folgendes: Die Druckspannungen auf der Innenseite der Biegelinie werden größer um

$$\Delta \sigma_i = E_i \cdot \Delta \varepsilon_i,$$

wie man aus dem σ-ε-Diagramm Abb. 20d ersehen kann. $E_1 = d\sigma/d\varepsilon$ ist der Modul der plastischen Stauchungen (Tangentenmodul).

Auf der Außenseite des Stabes tritt eine Entlastung ein. Nach den Gesetzen von *Bauschinger* (vgl. Abschn. *Stahlbau*, S. 574) gilt dafür der Elastizitätsmodul E, so daß die zugehörige Spannungsveränderung $\Delta\sigma_a = -E \cdot \Delta\varepsilon_a$ beträgt.

Die Spannungsverteilung über den Querschnitt ist aus zwei Geraden zusammengesetzt (Abb. 20b). Wegen des gebrochenen Spannungsbildes fällt die neutrale Faser $y = 0$ bei der plastischen Biegung nicht mit der Schwerlinie des Querschnittes zusammen. Aus Abb. 20 kann man die folgenden Beziehungen ablesen:

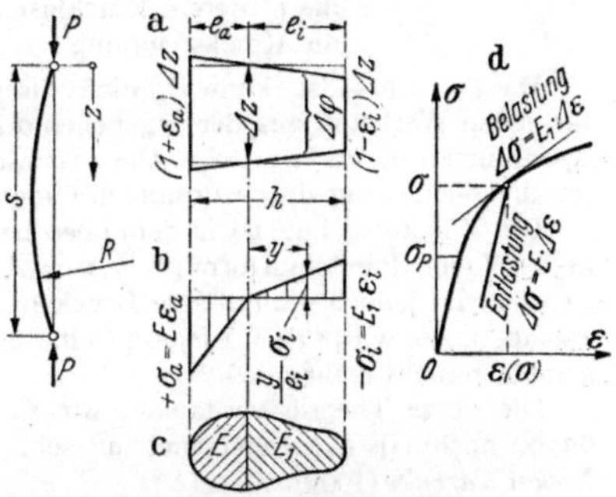

Abb. 20. Plastische Knickung nach *Engeßer-Kármán*

$$\frac{\Delta\varphi}{\Delta z} = \frac{1}{R} = \frac{\varepsilon_i + \varepsilon_a}{h} = \frac{\varepsilon_a}{e_a} = \frac{\varepsilon_i}{e_i}.$$

Weil die Summe der Biegespannungen Null sein muß, gilt für beliebige Querschnittsform

$$E \int_0^{e_a} y\, dF = E_1 \int_0^{e_i} y\, dF. \qquad (22)$$

Daraus kann man — im allgemeinen Fall durch Probieren — die Lage der Nulllinie $y = 0$ bestimmen. Die Momentengleichung liefert eine Beziehung zwischen Biegemoment M und Krümmungsradius R.

$$M = -\frac{1}{R}\left\{E \int_0^{e_a} y^2\, dF + E_1 \int_0^{e_i} y^2\, dF\right\} = -\frac{TI}{R}. \qquad (23)$$

Im elastischen Bereich galt $M = -EI/R$.

Der Zusammenhang zwischen M und R ist also in beiden Fällen gleichartig, bei der plastischen Biegung ist lediglich die Biegesteifigkeit EI durch einen anderen Wert, nämlich TI, zu ersetzen.

$$T = \frac{1}{I}\left\{E \int_0^{e_a} y^2\, dF + E_1 \int_0^{e_i} y^2\, dF\right\} \qquad (24)$$

ist der *Engeßersche Knickmodul*, kurz *Engeßer-Modul*. Man beachte, daß T nicht nur von der Form des Stabquerschnittes abhängt, sondern sich auch mit der Höhe der durchschnittlichen Spannung σ_K ändert.

Die Differentialgleichung für die Stabbiegung bleibt sinngemäß gültig, man hat nur T statt E zu setzen.

$$(TI \cdot v'')'' + Pv'' = q. \qquad (25)$$

Man erkennt ohne weiteres, daß auch die Lösungen der Differentialgleichung (2) sinngemäß gültig bleiben, ebenso auch die Knicklasten und Knickbiegelinien.

Rechteckquerschnitt. Dafür ergibt sich

$$e_a = \frac{h\sqrt{E_1}}{\sqrt{E} + \sqrt{E_1}}, \quad e_i = h - e_a \quad \text{und} \quad T = \frac{4EE_1}{(\sqrt{E} + \sqrt{E_1})^2} \qquad (26)$$

Für $E_1 = 0{,}5E$ ist danach $T = 0{,}687E$.

I-*Querschnitt.* Einen Grenzwert für den Querschnittseinfluß bei symmetrischem Querschnitt erhält man für einen sehr hohen I-Träger (Abb. 21). Es ist

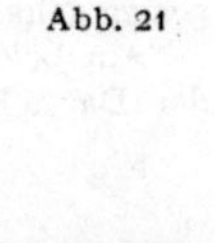

Abb. 21

$$e_a = \frac{hE_1}{E + E_1}, \quad e_i = h - e_a \quad \text{und} \quad T = \frac{2EE_1}{E + E_1}. \qquad (26\text{a})$$

Für $E_1 = 0{,}5E$ ist danach $T = 0{,}667E$.

Der Einfluß der Querschnittsform auf den *Engeßer*-Modul ist danach nicht sehr groß, er ist kleiner als z. B. die Streuung in E und in der Form der σ-ε-Linien. In der Praxis wird deshalb in der Regel mit den Werten T für Rechteckquerschnitte als Mittelwert gerechnet und die Abhängigkeit von der Querschnittsform vernachlässigt.

Beispiel. Für den gelenkig gestützten Stab (Abb. 12) gilt im plastischen Bereich $\alpha^2 = P/TI$; es ist

$$\left.\begin{array}{ll} \text{die niederste Knicklast} & P_K = \pi^2 \cdot TI/s^2, \\ \text{die Knickspannung} & \sigma_K = \pi^2 T/\lambda^2. \end{array}\right\} \qquad (27)$$

Da $T = T(\sigma_K)$ ist, kann P_K nicht direkt berechnet werden. Es ist zweckmäßig, für jeden Werkstoff aus der gegebenen σ-ε-Linie die Werte T für eine Reihe von Spannungen σ_K zu ermitteln. Die zusammengehörigen Werte σ_K und λ kann man im allgemeinen nur durch Probieren finden.

Die Knickbiegelinie ist in dem oben betrachteten Falle konstanter Biegesteifigkeit TI ebenfalls sinusförmig: $v(z) = A \cdot \sin m\pi z/s$, genau wie im elastischen Bereich. Ist jedoch die mittlere Druckspannung σ_K veränderlich (I oder F bzw. S variabel), so wird $T = T(z)$ und eine einfache Lösung der Aufgabe ist im allgemeinen nicht mehr möglich.

Die obige Theorie verdanken wir *F. Engeßer* (1895), sie wurde unabhängig davon nochmals angegeben und mit sehr sorgfältigen Versuchen unterbaut durch *L. von Kármán* (1909).

Die Knickspannungen σ_K nach *Engeßer-Kármán* sind in DIN 4114 für Stahl St 37 und St 52 (sinngemäß in den Vorschriften für andere Baustoffe) angegeben (Abb. 22). Die betreffenden Werte gelten für eine ganz bestimmte hypothetische -Linie. Der zu einer bestimmten nnung σ_K zugehörige *Engeßer*sche ickmodul T kann aus

$$T = \sigma_K \cdot (\lambda/\pi)^2 \qquad (28)$$

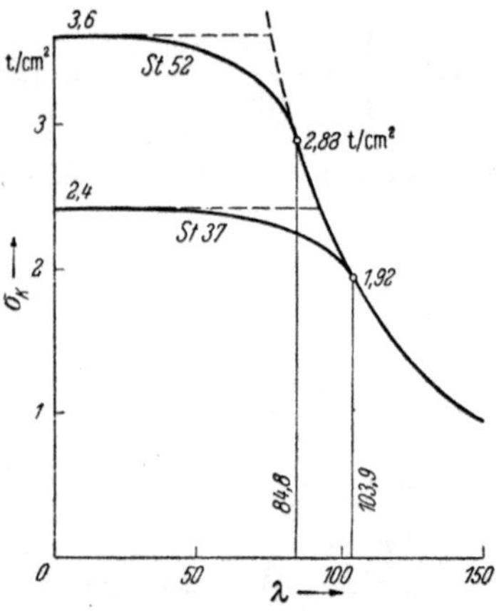

Abb. 22. Knickspannungslinien $\sigma_K = \sigma_K(\lambda)$ nach *Engeßer-Kármán*, vgl. DIN 4114

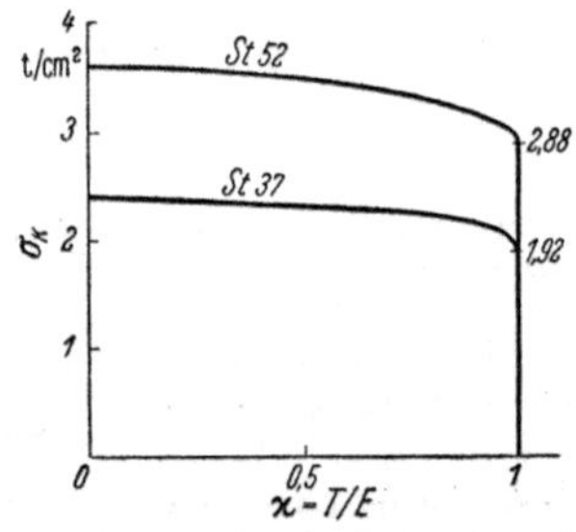

Abb. 23. Abminderungswerte $\varkappa = T/E$ zu Abb. 22

berechnet werden. Abb. 23 zeigt die zu den Knickspannungslinien von Abb. 22 zugehörigen Abminderungswerte $\varkappa = T/E$, die z. B. auch in Tafel 3 von DIN 4114 angegeben sind.

Weitere Knickformeln und Versuche. Die auf S. 967 erwähnten Störungen des idealen Zustandes haben zur Folge, daß die Ergebnisse von Knickversuchen in einem weiten Bereich streuen. Nur bei Präzisionsversuchen kann die Streuung gering gehalten werden (Abb. 24a).

Am bekanntesten sind vielleicht die Knickversuche von *L. von Tetmajer*. In der Darstellung Abb. 24b füllen die Versuchswerte einen breiten Bereich, den

L. von Tetmajer durch die Gerade

$$\sigma_K = 3{,}1 - 0{,}0114\,\lambda \quad (\text{in t/cm}^2) \tag{29}$$

ausgemittelt hat (*Tetmajer*-Gerade).

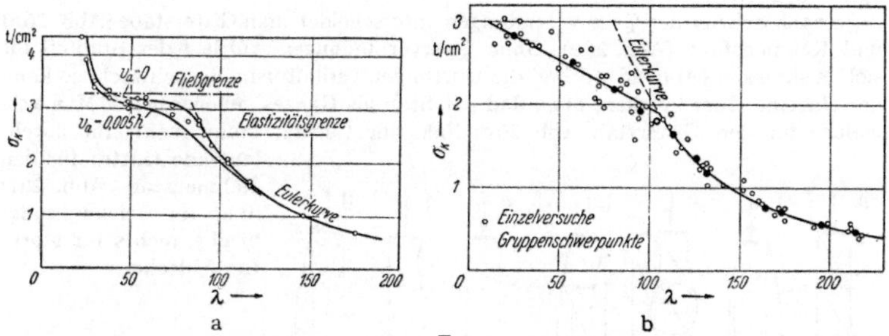

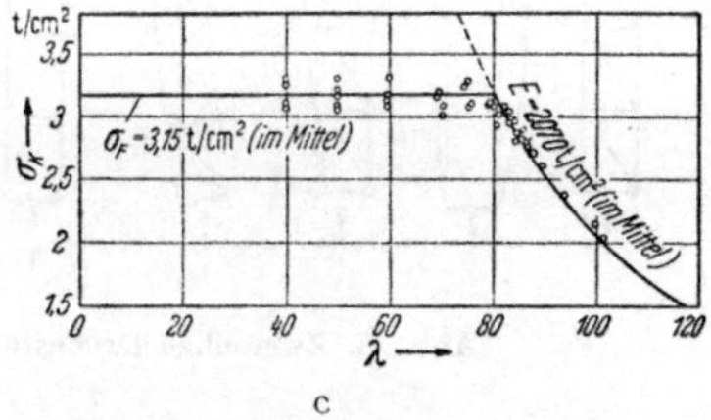

Abb. 24. Knickversuche mit Stahlstäben
a) von *Th. v. Kármán*,
b) von *L. v. Tetmajer*,
c) D. Stahlbau-Verband (nach *Memmler*)

Abb. 25 zeigt die Knickspannungen für Baustahl, wie sie von der BE (Ausgabe 1934) zugrunde gelegt wurden. Es ist dort auch eingetragen:

1. die *Tetmajer*-Gerade Gl. (29),
2. die der *Tetmajer*-Geraden angepaßte *Johnson*-Parabel $\sigma_K = \sigma_0 - \beta\lambda^2$, und zwar in der Form
$$\sigma_K = 2{,}95 - 0{,}000068\,\lambda^2 \ (\text{t/cm}^2),$$
wie sie besonders in der amerikanischen Praxis verwendet wurde, sowie
3. die verbesserte *Johnson*-Formel von *Ostenfeld* $\sigma_K = 2{,}8 - 93{,}3 \cdot 10^{-6}\,\lambda^2$, die bei $\lambda = 122$ tangential in die *Euler*-Linie übergeht.

Besonders in der englischen Literatur verbreitet ist die sog. *Rankine*sche Formel (auch nach *Schwarz* benannt), die auf *Navier* zurückgeht:

$$\sigma_K = \sigma_0/(1 + \beta\lambda^2).$$

Diese Formel war mit $\sigma_0 = 3{,}0$ t/cm² und $\beta = 0{,}00008$ früher im Bereich der ehem. bayerischen Staatseisenbahnen vorgeschrieben.

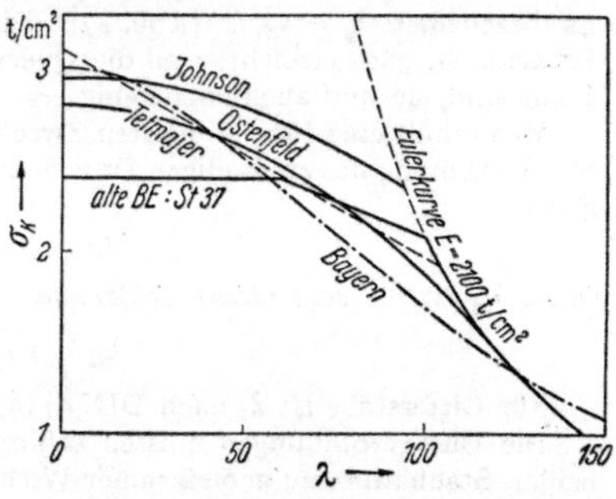

Abb. 25. Ältere Knickspannungslinien

Allgemein kann festgestellt werden, daß die *Euler*-Formel für Spannungen $\sigma_K < \sigma_P$ mit großer Genauigkeit zutrifft. Die Knicktheorie kann als gut gesichert bezeichnet werden. Im plastischen Bereich ist der Verlauf der σ-ε-Linie ausschlaggebend, besonders aber die Größe von σ_F, falls eine ausgeprägte Fließgrenze vorhanden ist.

Im elastischen Bereich hängt σ_K nur von λ ab. Da der Elastizitätsmodul E für St 52 und für St 37 gleich groß ist, hat es keinen Zweck, Druckstäbe für $\lambda > 100$ aus hochwertigem Material zu machen. Die größere Werkstoffestigkeit kann in schlanken Druckstäben nicht ausgenutzt werden. Erst für kleinere Schlankheiten von z. B. $\lambda < 60$ lohnt sich die Anwendung von St 52 in Stäben mit reiner Druckbelastung.

6. Knickung von zweiteiligen Druckstäben

Wir beschränken uns auf zweiteilige Druckstäbe, für drei- und mehrteilige Druckstäbe gelten ähnliche Zusammenhänge. Zweiteilige Druckstäbe aus Baustahl vgl. S. 672, aus Holz S. 507.

Je nach der Art der Querverbindungen unterscheidet man Gitterstäbe (Abb. 26a) und Rahmenstäbe (Abb. 26e). Ohne Querverbindungen würde jeder Stabteil für sich ausknicken (Abb. 26b). Sind die Gurtungen verhältnismäßig schwach, so kann der einzelne Gurt knicken, ohne daß der Stab als Ganzes gebogen wird. Man vergleiche für den Gitterstab Abb. 26c: links für Gelenksystem, rechts für durchlaufende Gurte; für den Rahmenstab Abb. 26f: links für weiche Bindebleche, rechts für starre Bindebleche.

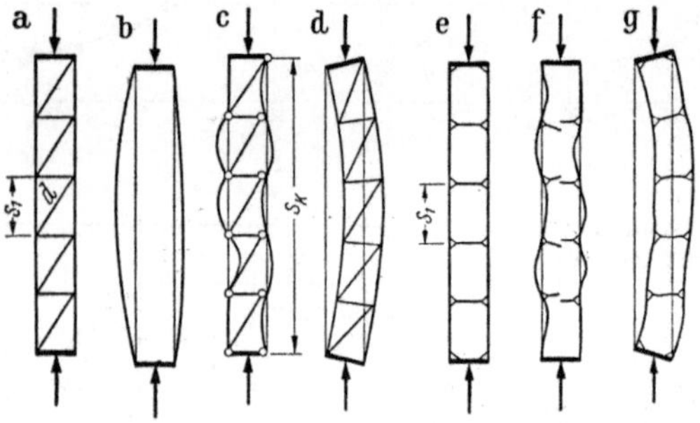

Abb. 26. Zweiteilige Druckstäbe

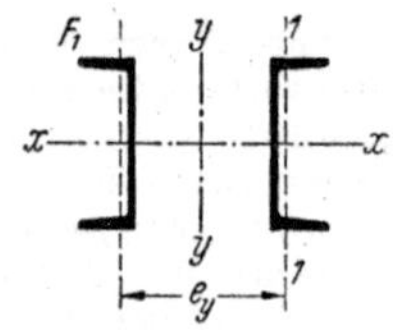

Abb. 27

Man erkennt daraus, daß es stark auf das Schlankheitsverhältnis $\lambda_1 = s_1/i_1$ ankommen muß. Für den Einzelstab ist dabei gesetzt $I_1 = F_1 i_1^2$, s_1 ist die Feldweite (Abb. 26), i_1 ist auf die Achse $1-1$ bezogen (vgl. Abb. 27).

Die Knicklast von gegliederten Stäben entsprechend den Knickbiegelinien Abb. 26d bzw. g ist Gegenstand eingehender theoretischer Untersuchungen gewesen. Bestünde der Stab aus einem einheitlichen Querschnitt (z. B. mit Steg) oder wären die Querverbindungen so reichlich, daß der zweiteilige Stab sich in seiner Wirkung nicht von einem einteiligen unterscheidet, so wäre $\sigma_K = \pi^2 E/\lambda_y^2$. Es bezeichnet $\lambda_y = s_K/i_y$ (Abb. 27). Diese Knickspannung wird jedoch in der Praxis nicht ganz erreicht, weil die Querverbindungen dafür meist nicht zahlreich genug sind, sie sind auch nachgiebig.

Man erhält eine für die meisten Zwecke genügende Annäherung, wenn man die Knickspannung des zweiteiligen Druckstabes nach einem Vorschlag von *F. Engeßer* gleich

$$\sigma_K = \pi^2 E/\lambda_{yi}^2 \tag{30}$$

setzt. λ_{yi} ist die sog. *ideelle Schlankheit*,

$$\lambda_{yi} = \sqrt{\lambda_y^2 + \lambda_1^2}. \tag{30a}$$

Für Gitterstäbe ist λ_1 nach DIN 4114, Punkt 8.1 anzunehmen.

Die Querverbindungen müssen zahlreich genug und stark genug sein, um die beiden Stabhälften zu gemeinsamer Wirkung zu zwingen. Sie bleiben, von Nebenspannungen abgesehen, frei von Kräften, solange der Stab gerade ist. Erst mit dem Ausknicken haben sie Kräfte aufzunehmen, und zwar müssen sie die mit der Biegung zunehmenden Querkräfte übertragen.

Bei der Biegelinie

$$v(z) = \hat{v} \cdot \sin \pi z/s_K \quad \text{(erster } \textit{Euler}\text{-Fall)}$$

ist die Querkraft bei $I = \text{const}$ gleich

$$Q = M' = -EI \cdot v'''.$$

Aus Abb. 28 kann man unmittelbar ablesen $Q(z) = P_K \cdot v'(z)$. Der Größtwert am Stabende ist

$$Q_0 = P_K \cdot v'(0) = \pi/s_K \cdot \hat{v} \cdot P_K.$$

Die Querverbindungen müssen imstande sein, diese Querkraft aufzunehmen. Da die zugehörige Belastung die Knicklast P_K ist, genügt es, wenn dafür auch in den Querverbindungen — also gleichzeitig mit dem ganzen Stab — die Grenze der Tragfähigkeit erreicht wird. Es hätte offenbar keinen Nutzen, die Querverbindungen viel stärker zu bemessen als für die Aufnahme von Q_0, da die Knicklast dadurch doch nicht merklich gehoben wird. Auf der anderen Seite würden zu schwache Querverbindungen zu einem vorzeitigen Versagen des Stabes führen.

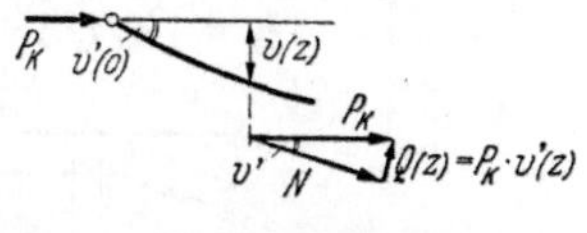

Abb. 28. Querkraft bei Knickbiegung

Die obige Gleichung bleibt zunächst ohne Nutzen, da die Größe der Knickausbiegung unbekannt ist. Der Stab ist unter P_K im indifferenten Gleichgewicht und kann, wenigstens auf der ersten Stufe der Annäherung, einen beliebigen Wert annehmen. Es ist also naheliegend, nach einem Vorschlag von *R. Krohn* die Größe jener Ausbiegung ${}_{\max}\hat{v}$ zu bestimmen, bei welcher der ausgeknickte Stab seine Tragfähigkeit infolge Biegebruch verliert. Dies wird offenbar eintreten, wenn auf der Hohlseite der Biegung die Fließgrenze erreicht ist (Abb. 29). Die Ausbiegungen nehmen dafür weiter zu, ohne daß die zugehörigen Biegemomente noch aufgenommen werden können.

Die Gesamtspannung auf der Hohlseite der Biegung ist nach Abb. 29 für idealplastischen Werkstoff

$${}_{\max}\sigma = \frac{P_K}{2F_1} + \frac{{}_{\max}M}{eF_1} = \sigma_K\left(1 + 2\frac{{}_{\max}\hat{v}}{e}\right) = \sigma_F.$$

Daraus folgt die größte, eben noch ertragene Ausbiegung zu

$${}_{\max}\hat{v} = (\sigma_F/\sigma_K - 1) \cdot e/2.$$

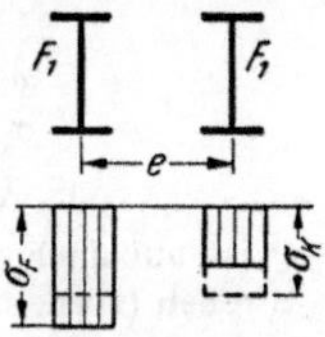

Abb. 29. Biegebruch durch Fließen

Die zugehörige Querkraft am Stabende ist

$${}_{\max}Q_0 = (\sigma_F/\sigma_K - 1) \cdot \pi e/2s_K \cdot P_K. \tag{31}$$

Bemerkung. Gl. (31) ist abgeleitet unter Voraussetzung einer sinusförmigen Biegelinie, die hier im allgemeinen nicht zutrifft. Die bei der *Engeßer*-Knickung benutzten Beziehungen können nicht angewendet werden, weil es sich hier um große Spannungsänderungen handelt. Die plastischen Verformungen sind mehr oder weniger im mittleren Teil des Stabes konzentriert, und die Biegelinie kann sich mehr oder weniger einem Dreieck nähern. Für letzteren Grenzfall gilt $v'(0) = 2\,\hat{v}/s_K$, während für ${}_{\max}\hat{v}$ die obige Gleichung gültig bleibt. Als unteren Grenzwert der Querkraft erhält man damit

$${}_{\max}Q_0 = (\sigma_F/\sigma_K - 1) \cdot e/s_K \cdot P_K, \tag{31 a}$$

d. h. nur 0,58 des Wertes von Gl. (31).

Benutzt man für σ_K die *Tetmajer*-Formel Gl. (29), setzt man $\sigma_F = 3{,}1$ t/cm² und $s_K = e/2 \cdot \lambda_y$ entsprechend $i_y \approx e/2$, so erhält man den *R. Krohn*schen Schätzwert für St 37

$${}_{\max}Q_0 = F/28 \quad (Q \text{ in t}, F \text{ in cm}^2). \tag{31 b}$$

Für beliebige Knickspannungslinien ergibt sich

$${}_{\max}Q_0 = \mu_K \cdot S_K.$$

Der Koeffizient μ_K ändert sich mit der Stabschlankheit, er hängt ferner vom Werkstoff ab. Dividiert man vorstehende Gleichung durch die Knicksicherheitszahl, so kann man schreiben

$${}_{\text{zul}}Q = \mu \cdot {}_{\text{zul}}S. \tag{31 c}$$

Für μ enthielten die älteren Vorschriften entsprechende Tabellen. DIN 4114, Punkt 8.3, verlangt

$${}_{\text{zul}}Q = F \cdot {}_{\text{zul}}\sigma/80,$$

wobei ${}_{\text{zul}}\sigma$ und ${}_{\text{zul}}\tau$ eingehalten werden müssen.

1. Zahlenbeispiel: Gitterstab. Für den Stab (Abb. 30) aus 2 [24 ist

$$F = 84{,}6\ \text{cm}^2, \qquad e = 24{,}5\ \text{cm}, \qquad s_K = 750\ \text{cm},$$
$$i_1 = 2{,}42\ \text{cm}, \qquad s_1 = 75\ \text{cm}, \qquad \lambda_1 = 75/2{,}42 = 31{,}0,$$
$$I_y = 2 \cdot 248 + 84{,}6 \cdot 12{,}23^2 = 13\,100\ \text{cm}^4,$$
$$i_y = \sqrt{13\,100/84{,}6} = 12{,}5\ \text{cm},$$
$$\lambda_y = 750/12{,}5 = 60{,}0.$$

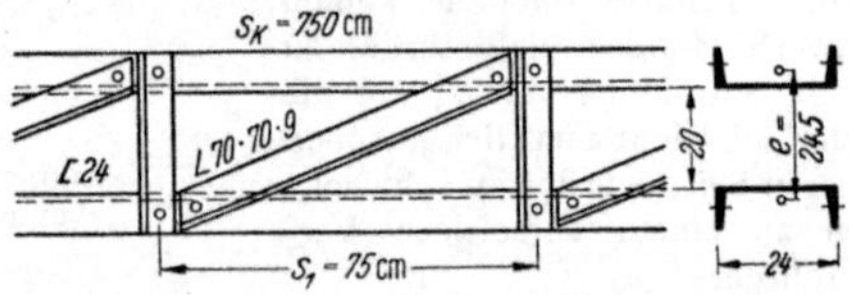

Abb. 30. Gitterstab

Nach der alten *Engeßer*-Formel wäre

$$\lambda_{yi} = \sqrt{60{,}0^2 + 31{,}0^2} = 67{,}5,$$

nach DIN 4114 ist ($d = 78{,}9$ cm) zu rechnen mit dem kleineren Wert

$$\lambda_1 = \pi \sqrt{\frac{84{,}6 \cdot 78{,}9^3}{2 \cdot 11{,}9 \cdot 75 \cdot 24{,}5^2}} = 19{,}6,$$
$$\lambda_{yi} = \sqrt{60^2 + 19{,}6^2} = 63{,}1,$$
$$\sigma_K = 2{,}34\ \text{t/cm}^2 \text{ für St 37},$$
$$Q = 84{,}6 \cdot 1{,}40/80 = 1{,}48\ \text{t}.$$

Q ist aufzunehmen von 2 ∟ 70 · 70 · 9. Die zugehörigen Stabkräfte in den zwei Streben (vorne und hinten) sind zusammen

$$D = 1{,}48 \cdot 78{,}9/24{,}5 = 4{,}76\ \text{t}.$$

Die Spannung in den Streben ist gering, ihre Schlankheit $\lambda = 78{,}9/1{,}36 = 58$.

Zu prüfen ist immer der Anschluß der Vergitterung. Ein Niet $d = 19$ mm genügt, um diese Kräfte von $4{,}76/2 = 2{,}38$ t aufzunehmen.

Bemerkung. Bei älteren Konstruktionen wurden oft Flachstähle als Vergitterung verwendet. Man überzeugt sich leicht, daß Flachstähle eine zu geringe Knicksicherheit haben. Zum Beispiel für 1 ▭ 70 · 9 wäre $\lambda = 304$ entsprechend $\sigma_K = 0{,}225$ t/cm². Es ist also durchaus nicht erstaunlich, wenn man bei derartigen Konstruktionen viele ausgebogene Gitterstäbe findet.

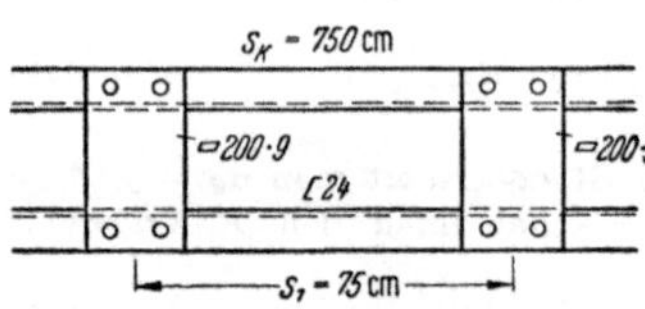

Abb. 31. Rahmenstab

2. Zahlenbeispiel: Rahmenstab (Abb. 31). Es ist

$$\lambda_1 = 31{,}0, \quad \lambda_{yi} = 67{,}5, \quad \sigma_K = 2{,}33\ \text{t/cm}^2.$$

$Q = 1{,}48$ t ist aufzunehmen in einem *Vierendeel*-Träger, dessen Berechnung nach *Engeßer* dadurch vereinfacht wird, daß man in der Mitte aller Gurtfelder bzw. Pfosten Gelenke annimmt (Abb. 32). Betrachtet man ein Gelenkelement, so ist die von den beiden Bindeblechen oben und unten zu übertragende Schub-

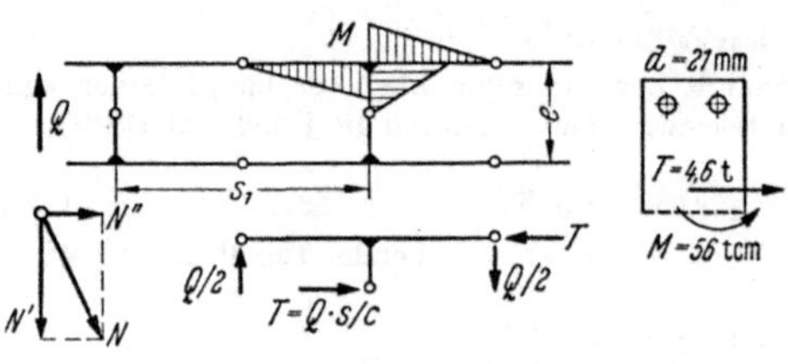

Abb. 32. Berechnung nach *F. Engeßer*

kraft $T = Q \cdot s_1/e$. Die Gurte haben ein zusätzliches Biegemoment $M_G = Q/2 \cdot s_1/2 = Q s_1/4$ aufzunehmen; die Bindebleche sind für $M_B = T \cdot e/2 = Q \cdot s_1/2$ anzuschließen.

Für unser Zahlenbeispiel ist

$$T = 1{,}48 \cdot 78{,}9/24{,}5 = 4{,}76\ \text{t}, \quad M_B = 4{,}76 \cdot 24{,}5/2 = 58{,}4\ \text{tcm}.$$

Für beide Bindebleche zusammen ist (Abb. 32)

$$N' = 58{,}4/10 = 5{,}84\ \text{t}, \quad N'' = 4{,}76/2 = 2{,}38\ \text{t},$$

$$N = \sqrt{5{,}84^2 + 2{,}38^2} = 6{,}30\ \text{t}$$

und die Scherspannung in den Nieten $d = 21$ mm mit

$$F_s = 5{,}54\ \text{cm}^2, \quad \tau = 6{,}30/5{,}54 = 1{,}14\ \text{t/cm}^2 \quad (< 1{,}4).$$

Bindebleche ▭ 200 · 9 sind reichlich, ein Nachweis erübrigt sich.

Das Biegemoment in den Gurtungen errechnet sich zu

$$M_G = 58{,}4/2 = 29{,}2\ \text{t cm}.$$

Für das [24 ist $W_y = 39{,}6$ cm³, so daß

$$\sigma = 28/39{,}6 = 0{,}74\ \text{t/cm}^2$$

wird. Diese zusätzlichen Spannungen werden jedoch bei dem üblichen Bemessungsverfahren nicht berücksichtigt.

Bemerkung. Die beiden vorstehenden Beispiele untersuchen die Knickung bezüglich der sog. stoffreien Achse y. Daneben ist selbstverständlich auch die Knickung bezüglich der Stoffachse $x - x$ nachzuweisen. Dafür gelten

$I_x = 7200$ cm⁴, $i_x = 9{,}22$ cm, $\lambda_x = 81{,}4$, $\sigma_K = 2{,}25$ t/cm².

Der Vergleich zeigt:

	Gitterstab	Stoffachse	Rahmenstab
λ =	63,1	81,4	67,5
σ_K =	2,34	2,25	2,33 t/cm²

Anzustreben ist, den Abstand der beiden Stabhälften so groß zu machen, daß λ_x ausschlaggebend wird.

7. Knickung von Stabwerken

Bei Stabwerken ist es üblich, zum Vergleich die Knicklänge $s_K = \beta \cdot h$ eines Stabes anzugeben, der an beiden Enden gelenkig gelagert und dessen Knicklast $P_K = \pi^2 EI/s_K^2$ ebenso groß ist. Die vergleichsweise „Knicklänge" wird für die folgenden Beispiele angegeben.

a) *Beidseitig eingespannter Stab (EI = const)*

Für den Fall Abb. 33 ist die Knicklast

$$P_K = 4\pi^2 EI/h^2 = 4{,}0 \cdot P_E,$$

die vergleichsweise „Knicklänge" $s_K = h/2$ und die Knickbiegelinie $v(z) = D(1 - \cos 2\pi z/h)$.

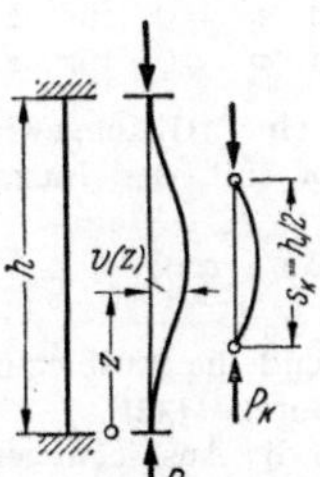

Abb. 33

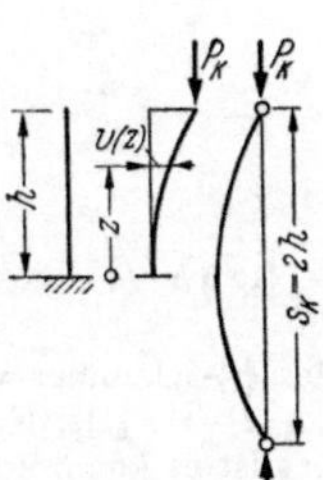

Abb. 34

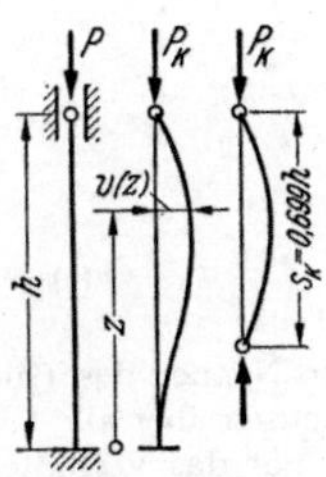

Abb. 35

Vergleichsweise „Knicklänge s_K" bei Stabwerken

b) *Stab an einem Ende frei* (Abb. 34)

Es wird angenommen, daß die Richtung von P sich nicht ändert, während der Stab ausknickt. Dann ist (EI = const)

$$P_K = \pi^2 EI/4h^2 = P_E/4, \quad s_K = 2h,$$
$$v(z) = D\,(1 - \cos \pi z/2h).$$

Bemerkung. Die Randbedingungen für das freie Ende $z = h$ lauten hier

$$M = 0 \quad \text{oder} \quad v'' = 0 \quad \text{und}$$
$$\bar{Q} = M' - Pv' = 0 \quad \text{oder} \quad v''' + \alpha^2 \cdot v' = 0.$$

c) *Einseitig eingespannter Stab* (Abb. 35)

Mit den Randbedingungen

$$v = 0 \text{ und } v' = 0 \text{ für } z = 0,$$
$$v = 0 \text{ und } v'' = 0 \text{ für } z = h.$$

ergibt sich für EI = const die Knickbedingung

$$\sin \alpha h - \alpha h \cdot \cos \alpha h = 0$$

oder damit gleichwertig

$$\operatorname{tg} \alpha h = \alpha h. \tag{32}$$

Die Wurzeln dieser transzendenten Gleichung findet man bei *K. Hayashi*: Fünfstellige Funktionentafeln, Berlin 1930, S. 52. Sie sind

$$\alpha h = 0;\ 4{,}4934;\ 7{,}7253;\ 10{,}9041 \text{ usw.}$$

Die niederste Knicklast ist somit

$$P_{K1} = \frac{4{,}4934^2}{h^2} EI = 2{,}046 \cdot \frac{\pi^2 EI}{h^2},$$

d. h. 2,04- (nicht 2,00-) mal so groß wie beim ersten *Euler*-Fall. Die vergleichsweise Knicklänge ist

$$s_K = h/\sqrt{2{,}046} = 0{,}699\, h.$$

Bemerkung. Die höheren Knicklasten liegen im Falle der Abb. 35 enger zusammen als beim ersten *Euler*-Fall, nämlich

	S_{Km}/S_{K1} =	1	2,96	5,93	9,78	(Abb. 35)
gegenüber		1	4	9	16	(Abb. 12).

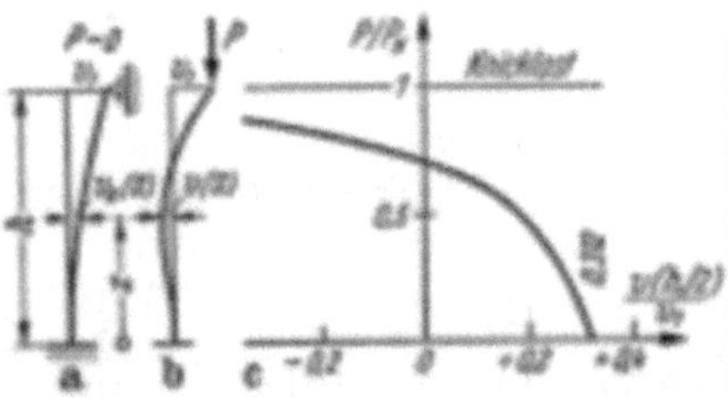

Abb. 36. Druckstab mit Störung

d) *Desgl. mit Störung* (Abb. 36)

Wir betrachten den Fall einer Kopfausbiegung konstanter Größe. Die Randbedingungen sind dafür

$$v = 0 \quad \text{und} \quad v' = 0 \quad \text{für} \quad z = 0,$$
$$v = v_1 \quad \text{und} \quad v'' = 0 \quad \text{für} \quad z = h.$$

Es liegt eine Gleichgewichtsaufgabe vor mit der Biegelinie

$$v(z) = \frac{v_1}{\operatorname{tg}\alpha h - \alpha h}\left\{\operatorname{tg}\alpha h \cdot (1 - \cos \alpha z) + (\sin \alpha z - \alpha z)\right\}. \tag{33}$$

Der Nenner des Gliedes vor der { }-Klammer wird Null, und die Ausbiegungen wachsen über alle Grenzen, wenn $P \to P_K$ [s. Knickbedingung Gl. (32)].

Für das Verhalten des Stabes ist es kennzeichnend, daß die Ausbiegungen im mittleren und unteren Stabteil mit steigender Belastung P zunächst kleiner werden und erst bei höheren Belastungen ihr Vorzeichen wechseln. Abb. 36c zeigt die Ausbiegungen in halber Höhe.

e) Über zwei Felder durchlaufender Stab

Für die beiden Lösungsbereiche (Abb. 37) benutzen wir als Ansatz

$$\text{I.}\quad v(z_1) = A_1 \cdot \sin\alpha z_1 + B_1 \cdot \cos\alpha z_1 + C_1 \cdot z_1 + D_1,$$
$$\text{II.}\quad v(z_2) = A_2 \cdot \sin\alpha z_2 + B_2 \cdot \cos\alpha z_2 + C_2 \cdot z_2 + D_2.$$

Der Einfachheit halber sei $(EI)_1 = (EI)_2 = EI$ gesetzt.

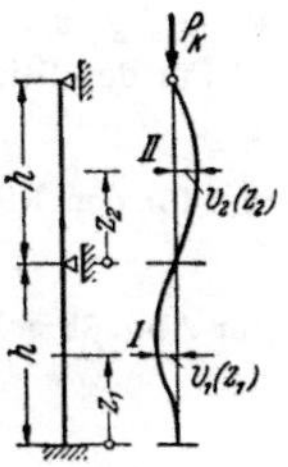

Abb. 37

Zur Bestimmung der 8 Konstanten $A_1 \ldots A_2 \ldots$ dienen die Randbedingungen

$$v = 0 \quad \text{und} \quad v' = 0 \quad \text{für} \quad z_1 = 0,$$
$$v = 0 \quad \text{und} \quad v'' = 0 \quad \text{für} \quad z_2 = h,$$

sowie die Übergangsbedingungen zwischen den Bereichen I und II

$$v = 0 \quad \text{für} \quad z_1 = h \quad \text{und für} \quad z_2 = 0,$$
$$v'(z_1 = h) = v'(z_2 = 0),$$
$$v''(z_1 = h) = v''(z_2 = 0).$$

Die Bedingungsgleichungen sind in der folgenden Tabelle angegeben.

A_1	B_1	C_1	D_1	A_2	B_2	C_2	D_2	
—	1	—	1	—	—	—	—	= 0
α	—	1	—	—	—	—	—	= 0
$\sin\alpha h$	$\cos\alpha h$	h	1	—	—	—	—	= 0
$+\alpha\ \cos\alpha h$	$-\alpha\cdot\sin\alpha h$	1	—	$-\alpha$	—	-1	—	= 0
$-\alpha^2\cdot\sin\alpha h$	$-\alpha^2\cdot\cos\alpha h$	—	—	—	$+\alpha^2$	—	—	= 0
—	—	—	—	—	1	—	1	= 0
—	—	—	—	$\sin\alpha h$	$\cos\alpha h$	h	1	= 0
—	—	—	—	$-\alpha^2\cdot\sin\alpha h$	$-\alpha^2\cdot\cos\alpha h$	—	—	= 0

Durch Nullsetzen der Koeffizientendeterminante folgt die Knickbedingung

$$\alpha h \cdot \frac{\cos 2\alpha h}{\sin\alpha h} + \frac{\sin\alpha h}{\alpha h} - 4\cos\alpha h + 2 = 0. \tag{34}$$

Die Wurzeln dieser transzendenten Gleichung sind durch Probieren zu finden, wofür die Tabellen von *F. Tölke*: Praktische Funktionenlehre, 1. Band, 2. Aufl., Berlin 1950, S. 168, besonders nützlich sind. Es ist

$$\alpha h = 1{,}138\cdot\pi;\quad 1{,}732\cdot\pi;\quad \ldots$$

Die Knicklasten sind also

$$P_{K1} = 1{,}138^2\cdot\pi^2 EI/h^2 = \pi^2 EI/(0{,}878\cdot h)^2,$$
$$P_{K2} = 1{,}732^2\cdot\pi^2 EI/h^2 = \pi^2 EI/(0{,}577\cdot h)^2.$$

Die „Knicklänge" ist somit $s_K = 0{,}878\,h$, während für Abb. 35 $\beta = 0{,}699$ gewesen ist. Die Knicklast ist durch das Hinzufügen des zweiten, gelenkig gestützten Feldes im Verhältnis 2,046 : 1,297 kleiner geworden. Wäre das zweite Feld oben eingespannt, so würde die Knicklast wieder auf den Wert 2,04 P_E steigen.

f) Halbrahmen

Der Halbrahmen ist in Abb. 38 dargestellt. Da der rechte Auflagerpunkt verschieblich ist, kann am Fußpunkt auch im ausgeknickten Zustand (Abb. 38b) keine

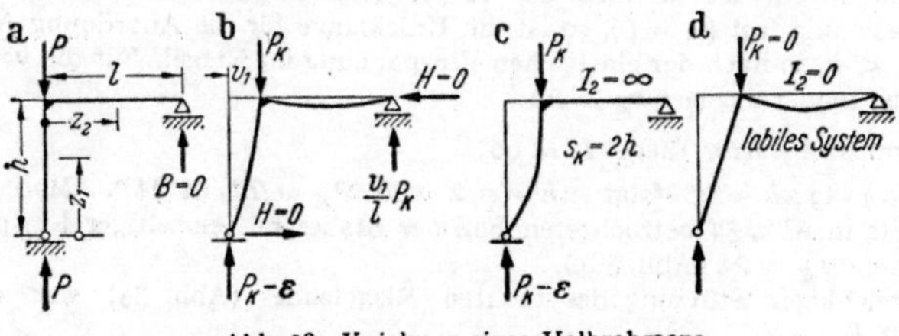

Abb. 38. Knickung eines Halbrahmens

waagrechte Kraft auftreten. Die lotrechte Belastung P verteilt sich nach dem Hebelgesetz, wobei die linke Auflagerkraft für das folgende genügend genau gleich P gesetzt werden kann. Das Moment in der Rahmenecke ist damit bestimmt zu $M_1 = P_K \cdot v_1$.

Für den Stiel ist (mit $\alpha_1^2 \equiv \alpha^2 = P/T_1 I_1$)

$$v_1(z_1) = A_1 \sin \alpha z_1 + B_1 \cos \alpha z_1 + C_1 z_1 + D_1$$

und für den Riegel (wegen $\alpha_2 = 0$)

$$v_2(z_2) = A_2 z_2^3 + B_2 z_2^2 + C_2 z_2 + D_2.$$

Für Abb. 38 gelten die Randbedingungen

$$v_1 = 0 \quad \text{und} \quad v_1'' = 0 \quad \text{für} \quad z_1 = 0$$
$$v_2 = 0 \quad \text{und} \quad v_2'' = 0 \quad \text{für} \quad z_2 = l$$

und die Übergangsbedingungen an der Rahmenecke

$$v_2 = 0 \quad \text{für} \quad z_2 = 0,$$
$$v_1' = v_2' \quad \text{für} \quad z_1 = h \quad \text{bzw.} \quad z_2 = 0,$$
$$T_1 I_1 \cdot v_1'' = E_2 I_2 \cdot v_2'' \text{ für } z_1 = h \quad \text{bzw.} \quad z_2 = 0,$$
$$v_1'' + \alpha^2 v_1 = 0 \quad \text{für} \quad z_1 = h.$$

Für den Stiel ist der *Engeßer*-Modul $T_1 = T$ einzusetzen, für den Riegel dagegen der Elastizitätsmodul $E_2 = E$, da hier $N = 0$ ist. Als Knickbedingung erhält man

$$\alpha h \cdot \operatorname{tg} \alpha h = 3 \frac{h}{l} \cdot \frac{E I_2}{T I_1}. \tag{35}$$

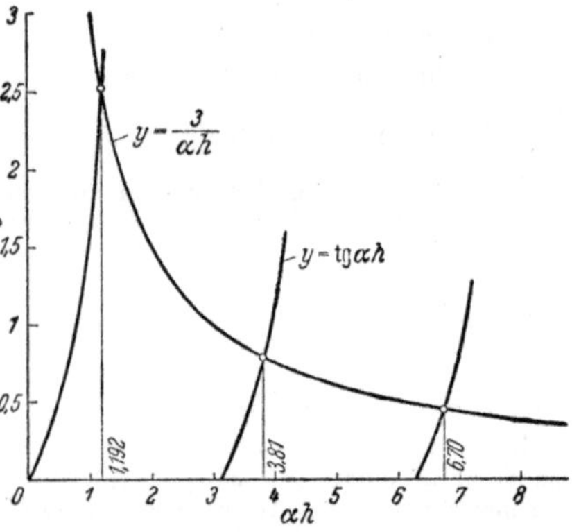

Abb. 39. Auflösung der transzendenten Gleichung $\operatorname{tg} \alpha h = 3/\alpha h$

α) Zahlenbeispiel.

$$l = h, \quad T_1 I_1 = E_2 I_2.$$

Damit vereinfacht sich die Knickbedingung zu

$$\alpha h \cdot \operatorname{tg} \alpha h = 3.$$

Abb. 39 zeigt die Auflösung dieser transzendenten Gleichung. Die Schnittpunkte der Kurvenschar $y = \operatorname{tg} \alpha h$ mit der Linie $y = 3/\alpha h$ liefern die Wurzeln der Knickbedingung. Es kommt in Frage $\alpha h = 1{,}192$, entsprechend einer Knicklast

$$P_K = 1{,}192^2 \cdot T_1 I_1 / h^2.$$

Die „Knicklänge" im Sinne von DIN 4114 ist

$$s_K = 2{,}63\, h.$$

Bemerkung. An diesem Beispiel erkennt man besonders gut den Einfluß der Stützbedingungen. Ist nämlich der rechte Auflagerpunkt nicht verschieblich, sondern gelenkig fest ($v_1 = 0$), so ist die Knicklänge für die Anordnung Abb. 38a immer $s_K < h$, je nach der elastischen Einspannung im Riegel. Für die verschiebliche Lagerung ist dagegen $s_K > 2h$.

β) Grenzfall starrer Riegel $I_2 = \infty$.

Aus $\alpha h \cdot \operatorname{tg} \alpha h = \infty$ folgt $\alpha h = \pi/2$ und $P_K = T I_1 (\pi/2h)^2$. Man erkennt den bereits in Abb. 34 betrachteten Fall des Stabes mit einseitiger Einspannung entsprechend $s_K = 2h$ (Abb. 38c).

Bei gelenkiger Stützung des rechten Riegelendes (Abb. 35) war dagegen $s_K = 0{,}699 h$.

γ) Grenzfall $I_2 = 0$.

Der Riegel bietet keinen Widerstand gegen seitliches Verschieben. Aus $\alpha h \cdot \operatorname{tg} \alpha h = 0$ folgt $\alpha h = 0$, entsprechend $P_K = 0$. Das System ist labil (Abb. 38d).

g) Bemerkung über plastische Knickung

Bei Stäben mit elastischer Einspannung (Rahmen) und bei Stäben mit elastischer Stützung enthält die Knickbedingung u. a. auch die Biegesteifigkeiten EI bzw. TI. Man muß also unterscheiden zwischen druckbelasteten Stäben, für die gegebenenfalls der *Engeßer*-Modul T einzusetzen ist, und nur auf Biegung belasteten Stäben ($N = 0$), deren Formänderungen mit dem Elastizitätsmodul E zu berechnen sind (Beispiel Rechteckrahmen!).

Damit folgt, daß die vergleichsweise „Knicklänge" s_K im Sinne von DIN 4114 für derartige Tragwerke keine Konstante sein kann, sondern daß sich s_K mit der Höhe der Knickspannungen σ_K ändert. Die in den Knickbedingungen vorkommenden Steifigkeitsverhältnisse [vgl. die rechte Seite von Gl. (35)] können je nach der Abminderungszahl $\varkappa = T/E$ erheblich schwanken.

Dieser Einfluß wird zwar bei der praktischen Berechnung der Knicklasten im allg. nicht berücksichtigt. Auch die praktischen Formeln von DIN 4114 sind demgemäß aufgestellt, d. h. die Ausdrücke für die Knicklänge s_K bzw. für β sind nur unter Vernachlässigung der Veränderlichkeit der Steifigkeitsverhältnisse im plastischen Bereich (mit $T = E$) angeschrieben.

Der erwähnte Einfluß mag zwar in vielen Fällen nicht sehr groß sein, und seine Berücksichtigung erschwert die Lösung der Stabilitätsaufgabe. Da dieser Umstand von grundsätzlicher Bedeutung ist, muß jedoch besonders darauf hingewiesen werden.

Für Rechteckrahmen typisch ist die Knickbedingung Gl. (35). Die Steifigkeitszahl EI_2/TI_1 weicht in um so stärkerem Maße von I_2/I_1 ab, je mehr sich σ_K der Fließgrenze nähert. Wenn $\varkappa = T/E$ von der Größenordnung 0,5 wird, wie es nach DIN 4114 für $\lambda \approx 60$ anzunehmen wäre, so hat das bei dem erwähnten Beispiel dieselbe Wirkung, wie wenn das Trägheitsmoment des Riegels I_2 verdoppelt wird. Es wird sich also trotz der größeren Rechenarbeit in vielen Fällen lohnen, die „Knicklänge" s_K für den betreffenden Fall nicht als konstant anzunehmen, sondern den Einfluß von T/E auf die Knickbedingung zu berücksichtigen.

h) Sonstige Stabwerke

Die Berechnung der Stabilitätsgrenzen für allgemeinere Systeme mittels der bisher benutzten analytischen Methode wird meist etwas umständlich und unübersichtlich. Der Berechnungsgang bietet aber an sich nichts Bemerkenswertes. Vgl. die Literatur S. 1046 und die praktischen Formeln für β, die in DIN 4114 gegeben sind.

8. Stäbe mit elastischer Stützung

Es ist durchaus nicht notwendig, daß Druckstäbe beim „Ausknicken" gebogen werden. Dies ist z. B. nicht der Fall bei der Gruppe der elastisch gestützten Stäbe und Gelenkstabketten, bei denen Gleichgewichtswechsel auftreten kann, ohne daß dabei die einzelnen Elemente gebogen werden.

a) Druckstab mit elastischer Stützung am Kopf

Wird ein Druckstab (Abb. 40) am Kopf durch eine elastische Feder mit der Federkraft $R = Cv$ gestützt, so ist die Gleichgewichtslage $v = 0$ stabil, solange P einen bestimmten kritischen Wert nicht erreicht. Für die Gleichgewichtslagen $v \neq 0$ erhält man aus der Momentenbedingung

$$P_K \cdot v_2 = R \cdot h.$$

Die „Knicklast", unter der ein Zustand $v \neq 0$ möglich wird, ist

$$P_K = C h. \qquad (36)$$

Der Wert v_2 fällt heraus, so daß die Größe von v_2 unbestimmt bleibt. Das Gleichgewicht ist also unter P_K indifferent. Für Lasten $P < P_K$ fordern die Gleichgewichtsbedingungen $v_2 = 0$. Es liegt also bei dem System Abb. 40 ein richtiger Verzweigungspunkt des elastischen Gleichgewichts vor.

Die Biegesteifigkeit TI des Stabes spielt bei obiger Betrachtung keine Rolle. Als weitere Stabilitätsgrenze des Systems kommt gegebenenfalls noch die gewöhnliche *Euler*-Last P_E des Stabes in Betracht.
Beispiele für eine solche elastische Stützung: Symmetrische Seilabspannung (symmetrisch, damit sich die Stabkraft nicht mit v_2 ändert) oder ein biegesteifer Balken als Feder (vgl. unter c).

Bemerkung. Die vorstehende Untersuchung setzte stationäre Kräfte voraus. Die Richtung von P ändert sich nicht während des Ausknickens.

Es gibt aber auch statische Systeme, bei denen sich die Kraftrichtung beim Auslenken ändert, z. B. in der Weise, daß die Wirkungslinie von P immer durch beide Gelenkpunkte *1* und *2* geht (Abb. 40 c). Man erkennt ohne weiteres, daß in diesem Fall $v_2 = 0$ bleibt und ein Ausweichen des Kopfes nicht in Frage kommt.

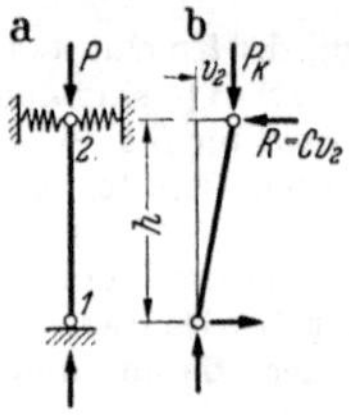

Abb. 40. Druckstab mit elastischer Stützung

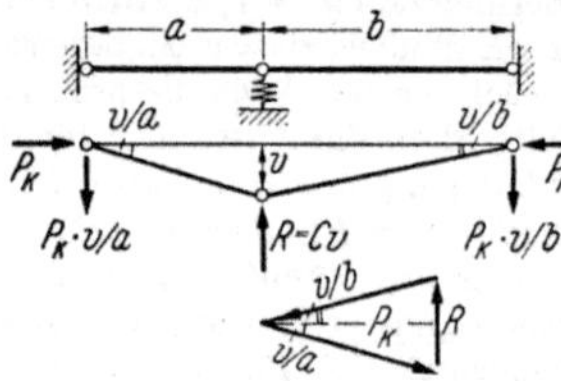

Abb. 41. Gelenkkette mit elastischer Stützung

b) Gelenkkette (Abb. 41)

Die Gleichgewichtsbedingungen für die einzelnen Gelenkstäbe fordern, daß die Stabkraft jeweils durch die Gelenke geht. Die Federkraft muß also sein

$$R = P_K\,(v/a + v/b).$$

Wegen $R = Cv$ folgt die Knicklast zu

$$P_K = \frac{C}{1/a + 1/b}. \tag{37}$$

Weitere Stabilitätsgrenzen sind die *Euler*-Lasten der beiden Gelenkstäbe.

c) Druckstab mit elastischer Querstützung (Abb. 42)

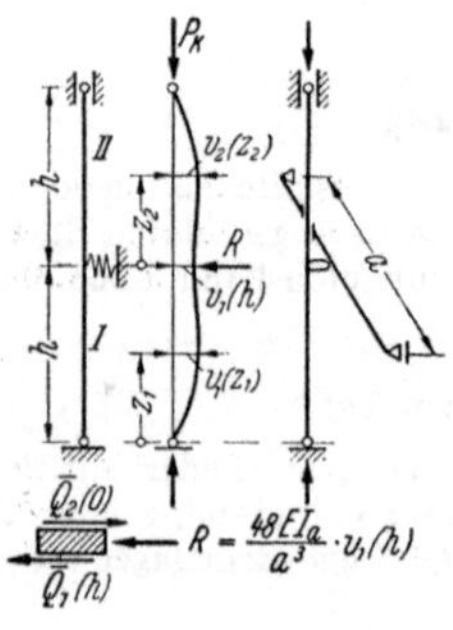

Abb. 42. Druckstab mit elastischer Querstützung

Der Querschnitt des Druckstabes ist der Einfachheit halber über beide Felder konstant angenommen: $(TI)_1 = (TI)_2 = (TI)_h$. Der Ansatz für die Biegelinie ist

$$v_1(z_1) = A_1 \sin\alpha z_1 + B_1 \cos\alpha z_1 + C_1 z_1 + D_1,$$
$$v_2(z_2) = A_2 \sin\alpha z_2 + B_2 \cos\alpha z_2 + C_2 z_2 + D_2.$$

Rand- und Übergangsbedingungen:

$$v_1 = 0 \quad \text{und} \quad v_1'' = 0 \quad \text{für} \quad z_1 = 0,$$
$$v_2 = 0 \quad \text{und} \quad v_2'' = 0 \quad \text{für} \quad z_2 = h,$$
$$v_1(h) = v_2(0),$$
$$v_1'(h) = v_2'(0),$$
$$v_1''(h) = v_2''(0),$$
$$v_1'''(h) - v_2'''(0) + \frac{C}{(TI)_h}\, v_2(0) = 0.$$

Die letzte Gleichung folgt aus der Gleichgewichtsbedingung für das Element an der elastischen Stützung

$$R = \bar{Q}_1(h) - \bar{Q}_2(0) = M_1'(h) - M_2'(0) - \bar{N}\{v_1'(h) - v_2'(0)\} = -EI\,\{v_1'''(h) - v_2'''(0)\}.$$

Das Gleichungssystem für die Konstanten $A_1 \ldots$ liefert die Knickbedingung

$$\sin \alpha h \cdot \left\{ \operatorname{tg} \alpha h - \alpha h - (\alpha h)^3 \cdot \frac{2(TI)_h}{C h^3} \right\} = 0. \tag{38}$$

Diese Gleichung kann wie folgt erfüllt werden:

1. $\sin \alpha h = 0$.

Diese Lösung entspricht der sinusförmigen Knickung mit einem Knotenpunkt $v_2(0) = 0$ an der elastischen Stützung, Knicklänge $s_K = h$. Sie ist unabhängig von den Eigenschaften der elastischen Stützung: $P_K = (TI)_h (\pi/h)^2 = P_E$.

2. $$\operatorname{tg} \alpha h - \alpha h - (\alpha h)^3 \cdot \frac{2(TI)_h}{C h^3} = 0. \tag{38a}$$

Die Wurzeln dieser Knickbedingung können leicht durch Probieren gefunden werden.

Der Grenzfall sehr schwacher Federung $C = 0$ entspricht $\operatorname{tg} \alpha h \to \infty$, $\alpha h = \pi/2$, er liefert die Knicklast des Stabes ohne Zwischenstützung ($s_K = 2h$):

$$P_K = (TI)_h \cdot (\pi/2h)^2.$$

Für den Grenzfall starrer Zwischenstützung $C \to \infty$ liefert Gl. (38a)

$$\operatorname{tg} \alpha h - \alpha h = 0,$$

d. h. den Knickfall Abb. 35. Dazu gehört die (höhere) Knicklast $P_K = 2{,}046 \cdot P_E$.

Im allgemeinen Fall liegt die kleinste Knicklast des Systems, je nach der Größe der Federkonstanten C, zwischen den Grenzen

$$(TI)'_h \cdot (\pi/2h)^2 \leqq {}_{\min}P_K \leqq (TI)''_h \cdot (\pi/h)^2.$$

Bemerkung: Die Größen T' und T'' müssen unterschieden werden, da sich T mit der Höhe der Knicklast P_K ändert.

9. Druckgurte oben offener Brücken

Die Druckgurte von oben offenen Fachwerkbrücken (Trogbrücken) sind in gleichmäßigen Abständen a (= Querträgerabstand) durch Halbrahmen gehalten, die aus dem Querträger und den Pfosten des Fachwerkes bestehen. Beim Ausknicken des Obergurtes um v_i treten an den Rahmen Widerstände auf von der Größe $A v_i$ (Abb. 43).

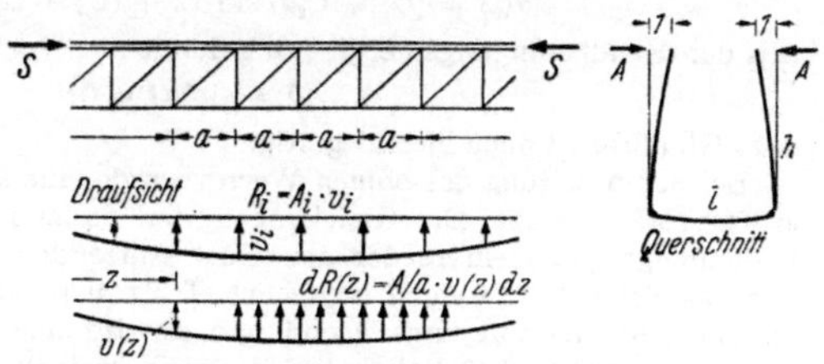

Abb. 43. Knickung von Druckgurten

Es bereitet grundsätzlich keine Schwierigkeit, die Knicklast eines Stabes zu bestimmen, der auf solche Weise elastisch gestützt ist. Wir wollen das Problem hier so vereinfachen und idealisieren, wie es bereits *F. Engeßer* (1884) getan hat. Für diesen Zweck wird angenommen, daß die Stabkraft im Obergurt S konstant ist, daß der Gurtquerschnitt konstant sei, ferner daß die Stützung nicht in einzelnen Punkten, sondern stetig erfolgt, d. h. die Federkraft $A_i v_i$ wird auf die Feldlänge a verteilt. Auf die Länge dz entfällt damit die Federkraft $dR(z) = A/a \cdot v(z) \cdot dz$ (die Querträger seien alle gleichmäßig belastet, so daß der Gurt im Anfangszustand gerade ist).

Mit diesen Annahmen gilt als Differentialgleichung für die Gurtbiegung

$$TI \cdot v^{\mathrm{IV}} + S \cdot v'' + A/a \cdot v = 0,$$

mit der Lösung

$$v(z) = C_1 \sin \alpha_1 z + C_2 \sin \alpha_2 z + C_3 \cos \alpha_1 z + C_4 \cdot \cos \alpha_2 z.$$

Darin bedeutet

$$\alpha_{1,2}^2 = \frac{S}{2TI} \pm \sqrt{\left(\frac{S}{2TI}\right)^2 - \frac{A/a}{TI}},$$

wobei im allgemeinen $\alpha_1 > \alpha_2$ ist.

Beispiel. Für einen Druckgurt von der Länge l, der an den Enden gelenkig fest gestützt ist (z. B. in besonders steifen Endrahmen), gelten die Randbedingungen

$$v = 0,\ v'' = 0 \text{ für } z = 0,$$
$$v = 0,\ v'' = 0 \text{ für } z = l.$$

Daraus erhält man als Bedingungsgleichungen für die Konstanten $C_1 \ldots$

C_1	C_2	C_3	C_4	
—	—	1	1	$= 0$
—	—	α_1^2	α_2^2	$= 0$
$\sin \alpha_1 l$	$\sin \alpha_2 l$	$\cos \alpha_1 l$	$\cos \alpha_2 l$	$= 0$
$\alpha_1^2 \cdot \sin \alpha_1 l$	$\alpha_2^2 \cdot \sin \alpha_2 l$	$\alpha_1^2 \cdot \cos \alpha_1 l$	$\alpha_2^2 \cdot \cos \alpha_2 l$	$= 0$

und die Knickbedingung $\Delta = 0$

$$(\alpha_1^2 - \alpha_2^2)^2 \cdot \sin \alpha_1 l \cdot \sin \alpha_2 l = 0. \tag{39}$$

Da nach Voraussetzung $\alpha_1 \neq \alpha_2$ ist, folgt $\alpha_1 l = m\pi$ (mit $m = 1,2\ldots$) und

$$S_K = \frac{\pi^2 TI}{(l/m)^2} + \frac{A}{\pi^2 a}(l/m)^2, \tag{39a}$$

mit der Biegelinie $v(z) = C \cdot \sin m\pi z/l$. Mittels $\alpha_2 l = m\pi$ erhält man das gleiche Ergebnis. Die Knicklast S_K ist eine Funktion der Wellenlänge (l/m).

Der kleinstmögliche Wert tritt ein für

$$\frac{dS_K}{d(l/m)} = 0 \quad \text{oder} \quad l/m = \pi \sqrt[4]{\frac{TI}{A/a}}.$$

Er ist:
$$_{\min}S_K = 2\sqrt{TI \cdot A/a}. \tag{39b}$$

Dieser Wert wird genau erreicht, wenn der Gurt sehr lang ist oder wenn $\pi \sqrt[4]{TI/(A/a)}$ eine ganze Zahl ist. Für alle anderen Fälle ist S_K etwas größer als der Minimalwert. Für $S_K = {}_{\min}S_K$ wird $\alpha_1 = \alpha_2$, welcher Fall noch näher betrachtet werden muß. Wenn die charakteristische Gleichung eine Doppelwurzel hat, wird der Ansatz

$$v(z) = (C_1 + C_2 z) \sin \alpha z + (C_3 + C_4 z) \cos \alpha z.$$

Aus den Randbedingungen ergibt sich damit

$$\Delta = \sin^2 \alpha l = 0,$$

d. h. Gl. (39b) ist auch hierfür gültig.

Bei der Ableitung des obigen Wertes wurde eine stetige Verteilung der Federkräfte vorausgesetzt. Die Gleichungen sind deshalb nur sinnvoll, wenn auf die Wellenlänge l/m mehrere der den Gurt stützenden Halbrahmen entfallen oder, was das gleiche ist, wenn $l/m \gg a$ ist. Trifft diese Voraussetzung nicht zu, so ist die obige Annäherung ungenügend und es wird eine genauere Untersuchung notwendig. In praktischen Fällen gilt dies auch, weil die Voraussetzungen S = const und TI = const. nicht genügend zutreffen. Vgl. Literatur S. 1046 und DIN 4114.

Die Knicklast eines Druckgurtes hängt nach Vorstehendem von der Rahmensteifigkeit A/a ab. Durch deren Vergrößerung kann S_K für die angegebenen Bedingungen in der Grenze bis auf die Knicklast $P_K = TI\pi^2/a^2$ des einzelnen Gurtstabes ($s_K = a$) gehoben werden. Um eine ausreichende Steifigkeit sicherzustellen, kann man die Rahmen angenähert auch so bemessen, daß sie imstande sind, eine gewisse Seitenkraft (z. B. $H = S/100$) aufzunehmen. Vgl. DIN 4114.

10. Iterationsverfahren

Wenn erst einmal die *Form* bekannt ist, die ein elastisches Tragwerk beim Ausknicken annimmt (Knickbiegelinie), dann bereitet die Ermittlung der zugehörigen Knickbelastung im allgemeinen keine Schwierigkeiten mehr. Die Größe der Ausbiegungen ist hierbei uninteressant. In der Nähe des Verzweigungspunktes ist das elastische Gleichgewicht bekanntlich indifferent. Wenn also $v(z)$ die Ausbiegungskomponente an der Stelle z bezeichnet, dann ist auch der Ausbiegungszustand $n \cdot v(z)$ möglich.

In Abb. 44a/b sind für einen Druckstab die zusammengehörigen Werte $M(z)$ und $v(z)$ aufgetragen. Dafür gilt an beliebiger Stelle

$$M(z) = -EI \cdot v''(z).$$

Soll $v(z)$ als Knickbiegelinie möglich sein, so muß die Druckkraft groß genug sein, um Biegemomente von der Größe $M(z)$ zu erzeugen. Für den einfachen Druckstab (Abb. 44c) gilt also außerdem noch $M(z) = P_K \cdot v(z)$.

a) *Erste Stufe*

Ist nun die in Abb. 44b gezeichnete Biegelinie $v(z)$ *genau* eine der möglichen Gleichgewichtslagen, so ist

$$P_K = M(z)/v(z) \quad \text{bzw.} \quad = -EI \cdot v''(z)/v(z)$$

eine Konstante, d. h. es ist belanglos, für welche Stelle z die Rechnung durchgeführt wird.

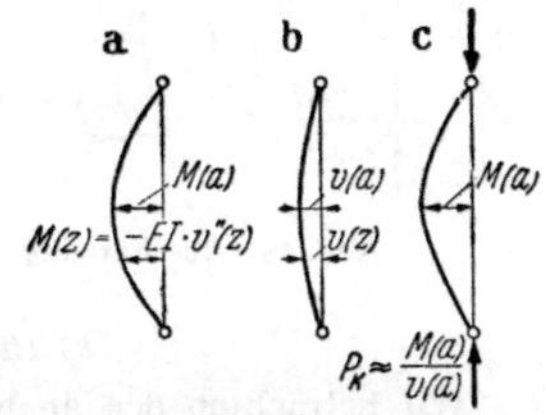

Abb. 44. Iterationsverfahren

Ist $v(z)$ jedoch nur *angenähert* gleich der Knickbiegelinie, so ist dieses nicht mehr der Fall. Die Gleichgewichtsbedingungen sind dann nicht erfüllt, und der Wert

$$P_K = M(z)/v(z) \tag{40}$$

ergibt sich dann als mit z veränderlich. Greift man einen „ausgezeichneten Punkt" heraus, z. B. Stabmitte, so wird der betreffende Näherungswert $P_K(a)$ je nach der geschätzten Knickbiegelinie zu groß oder zu klein ausfallen.

Die vorstehend erläuterten Zusammenhänge können in vielen Fällen bereits für eine erste Abschätzung der Knicklast benutzt werden[1]. Dabei wird wie folgt verfahren: Man nimmt eine geeignete Momentenlinie $M(z)$ an (zweckmäßig dadurch, daß man sich eine passende Querbelastung wirkend denkt, Abb. 46) und bestimmt die zugehörigen Verformungen $v(z)$.

Der Näherungswert P_K kann durch Mittelwertbildung über die ganze Stablänge verbessert werden[1]. Die weitere, schrittweise Verbesserung durch Integration von Biegelinie $v(z)$ und zugehörigen Biegemomenten $M(z)$ ist als Verfahren von *Engeßer-Vianello* bekannt.

Die Schwierigkeit solcher Abschätzungen mittels eines einzigen Schrittes liegt darin, Verformungszustände zu finden, die der wirklich eintretenden Knickausbiegung genügend nahe kommen. Man erhält am leichtesten brauchbare Ergebnisse, wenn man die Biegelinien benutzt, die man für eine geeignete Belastung des betreffenden Tragwerkes bestimmt.

Ein großer Nachteil des Verfahrens ist, daß gar keine Möglichkeit besteht, den Fehler abzuschätzen. Brauchbare Schätzwerte erhält man so z.B. für Abb. 45a bis c, bei denen die Biegemomente wenigstens grob mit dem Verlauf $M = P_K \cdot v$ übereinstimmen. Für andere Stabwerksformen ist diese Art einer ersten Schätzung jedoch nicht möglich, weil zwischen der Annahme für die Biegemomente und den betreffenden Randbedingungen ein gar zu großer Widerspruch besteht (Beispiele Abb. 45d bis f). Zur Verbesserung der Ergebnisse müßte man v auf die „Drucklinie" beziehen, in der die tatsächlichen Randbedingungen berücksichtigt sind.

In derartigen Fällen empfiehlt es sich, die Energiemethode anzuwenden, die mit geringer Mühe brauchbare Ergebnisse liefert.

Beispiel. Nimmt man (Abb. 46) als geschätzte Biegelinie jene des Stabes unter Querbelastung mit konstantem q, so ist für Stabmitte

$$M(a) = ql^2/8, \quad v(a) = 5ql^4/384\,EI.$$

[1] *F. Engeßer* (1893), vgl. *R. Mayer* [*15*] S. 161.

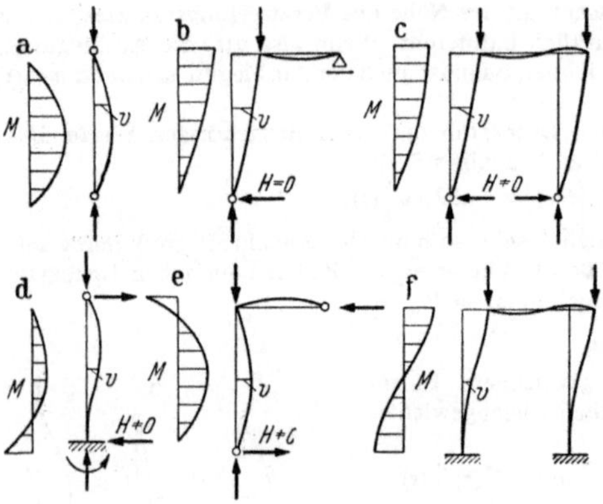

Abb. 45. Abschätzung der Knicklast

Damit folgt für die Knicklast des einfachen Druckstabes $P_K = M(a)/v(a) = 9{,}60\,EI/l^2$, d. h. ein überraschend guter Näherungswert.

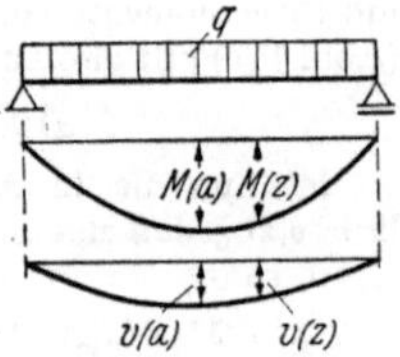

Abb. 46. Beispiel

b) Iteration nach Engeßer-Vianello

Wir betrachten den an beiden Enden gelenkig gestützten und zentrisch belasteten Druckstab mit beliebig veränderlicher Biegesteifigkeit EI. Die in a) angedeutete Rechnung kann wiederholt werden, bis keine Widersprüche mehr vorhanden sind.

1. Schritt. Zu den zweckmäßig angenommenen Biegemomenten $M_0(z)$ gehört die Biegelinie $v_0(z)$. Um z. B. in Mitte des Druckstabes das vorgegebene Biegemoment $M_0(a)$ zu erzeugen, ist (vgl. Abb. 44) bei der Ausbiegung $v_0(a)$ eine Druckkraft $P_1 = M_0(a)/v_0(a)$ erforderlich. Der Verlauf der Momentenlinie $M_1(z) = P_1 \cdot v_0(z)$ wird sich aber im allgemeinen von der anfangs angenommenen Momentenlinie $M_0(z)$ unterscheiden.

2. Schritt. Ermittelt man nun in einem 2. Schritt analytisch oder mittels der bekannten baustatischen Methoden die zu $M_1(z)$ gehörige Biegelinie $v_1(z)$, so gibt die Momentengleichung in Stabmitte $P_2 = M_1(a)\,/\,v_1(a)$ als zweiten Näherungswert für P_K. Zu der neuen Biegelinie $v_1(z)$ gehören im Druckstab die Momente $M_2(z) = P_2 \cdot v_1(z)$ usw.

3. Schritt usw. Die Iteration wird so lange wiederholt, bis genügende Übereinstimmung erreicht ist, d. h. bis die Linie der Biegemomente $M(z)$ und die Biegelinie $v(z)$ *affin* sind. Der Quotient $M(z)/v(z)$ ist dann konstant, nämlich P_K.

Die Reihe der Werte $P_1, P_2, \ldots$ konvergiert gegen die Knicklast P_{K1}. Über die Konvergenz des Verfahrens vgl. *A. Schleusner* [40].

Beispiel. (Einfacher Druckstab, wie Abb. 46.)

1. Schritt. Zu der Momentenlinie

$$M_0(z) = q/2 \cdot z\,(l - z)$$

gehört bei konstantem EI die Biegelinie

$$v_0(z) = q/24\,EI \cdot (z^4 - 2lz^3 + l^3 z).$$

Um in Stabmitte $M_0(a) = ql^2/8$ zu erzeugen, ist bei $v_0(a) = 5/384 \cdot ql^4/EI$ eine Stabkraft von $P_1 = M_0(a)/v_0(a) = 9{,}60\,EI/l^2$ notwendig.

2. Schritt. Zu der Biegelinie $v_0(z)$ gehören im ausgebogenen Druckstab die Biegemomente $M_1(z) = P \cdot v_0(z)$.

Zu den Biegemomenten

$$M_1(z) = C\,(z^4 - 2lz^3 + l^3 z)$$

gehört die Biegelinie

$$v_1(z) = C/EI \cdot (zl^5/10 - z^3 l^3/6 + z^5 l/10 - z^6/30).$$

Um in Stabmitte $M_1(a) = 5/16 \cdot Cl^4$ zu erzeugen, ist bei $v_1(a) = 61/1920 \cdot Cl^6/EI$ die Stabkraft

$$P_2 = M_1(a)/v_1(a) = 9{,}84\, EI/l^2$$

notwendig. Schon der zweite Näherungswert P_2 stimmt also bis auf 0,3% mit der genauen Knicklast überein.

c) Gleichgewichtsaufgaben

Die Iterationsmethode kann in geeigneten Fällen auch dazu verwendet werden, um nichtlineare Gleichgewichtsaufgaben zu lösen. Beispiel ein an beiden Enden gelenkig gestützter Druckstab mit einer sinusförmigen Querbelastung (Abb. 14)

$$q(z) = \hat{q} \cdot \sin \pi z/s.$$

Im Zustand $P = 0$ gehören zu $q(z)$ die Biegemomente

$$M_0(z) = \hat{M}_0 \cdot \sin \pi z/s,$$

mit $\hat{M}_0 = \hat{q} \cdot (s/\pi)^2$, und die Biegelinie

$$v_0(z) = M_0(z)/EI \cdot (s/\pi)^2 = \hat{v}_0 \cdot \sin \pi z/s$$

mit $\hat{v}_0 = \hat{M}_0/EI \cdot (s/\pi)^2 = \hat{q}/EI \cdot (s/\pi)^4$.

Denken wir uns jetzt die gegebene Druckkraft P aufgebracht, so entstehen infolge $v_0(z)$ die *zusätzlichen Momente*

$$M_1(z) = P \cdot v_0(z) = P\hat{v}_0 \cdot \sin \pi z/s,$$

denen die *zusätzliche Durchbiegung*

$$v_1(z) = M_1(z)/EI \cdot (s/\pi)^2 = P\hat{v}_0/EI \cdot (s/\pi)^2 \cdot \sin \pi z/s = P/P_K \cdot \hat{v}_0 \cdot \sin \pi z/s$$

entspricht. Zu dieser neuen Durchbiegung gehören die weiteren Momente

$$M_2(z) = P \cdot v_1(z) = P\hat{v}_1 \cdot \sin \pi z/s,$$

die weiteren Durchbiegungen

$$v_2(z) = P/P_K \cdot \hat{v}_1 \cdot \sin \pi z/s = (P/P_K)^2 \cdot \hat{v}_0 \cdot \sin \pi z/s$$

usw. Die Rechnung wird so lange wiederholt, bis sich nichts mehr ändert.

Unter der Wirkung von $q(z)$ und P ist also insgesamt

$$M(z) = M_0(z) + M_1(z) + M_2(z) + \cdots = \frac{M_0(z)}{1 - 1/\nu_K}, \tag{41}$$

$$v(z) = v_0(z) + v_1(z) + v_2(z) + \cdots$$
$$= v_0(z) \cdot \{1 + 1/\nu_K + 1/\nu_K^2 + 1/\nu_K^3 + \cdots\} = \frac{v_0(z)}{1 - 1/\nu_K}. \tag{41a}$$

Das Ergebnis ist natürlich das gleiche wie auf S. 979.

Je größer die Knicksicherheit $\nu_K = P_K/P$ des Stabes ist, um so schneller nehmen die Glieder ab. Für $P \geqq P_K$ konvergiert das Verfahren natürlich nicht mehr, weil es dafür keine stabile Gleichgewichtslagen gibt.

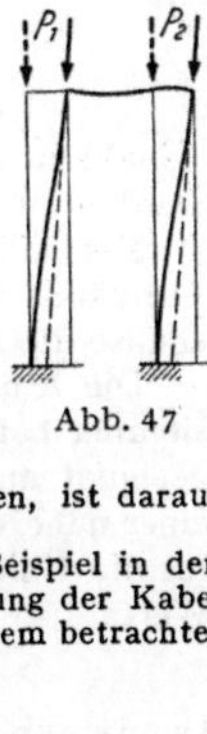

Abb. 47

Bemerkung. Das Iterationsverfahren ist nützlich bei veränderlichem Querschnitt und bei längs der Stabachse veränderlicher Stabkraft. Es kann ohne weiteres sinngemäß auch auf viele Stabwerke angewendet werden, z. B. auf die Systeme Abb. 45a bis c. In anderen Fällen (Abb. 45d bis f) ist eine stufenweise Annäherung durch Iteration nicht ohne weiteres möglich oder sehr zeitraubend. Die Konvergenz des Verfahrens ist nicht in allen Fällen sichergestellt.

Da die meisten Systeme mehrere Gruppen von Stabilitätsfällen aufweisen, ist darauf zu achten, daß die niedrigste der kritischen Belastungen gefunden wird.

Einer besonderen Untersuchung bedürfen Aufgaben wie Abb. 47. Zum Beispiel in den Pylonen von Hängebrücken ist die Richtung der Belastung mit der Ausbiegung der Kabel veränderlich. Bei solchen Gleichgewichtsaufgaben muß das ganze Brückensystem betrachtet werden, wenn man die Kräfteverhältnisse zutreffend beurteilen will.

11. Energiemethode

Die gesamte Energie (Potential), die in einem System enthalten ist, besitzt immer einen Minimalwert, wenn sich das Tragwerk im stabilen Gleichgewicht befindet. Jeder Verschiebungszustand, der sich mit den Eigenschaften des Systems verträgt, ist dann mit einer Vergrößerung der aufgespeicherten Energie verbunden, die in Form von Schwingungsenergie wieder frei wird, sobald die verschiebende Störung entfällt. Die zur Verschiebung δv erforderliche Störungskraft ist $P \neq 0$, die dabei geleistete Arbeit $^1/_2 \cdot P \cdot \delta v$. Vgl. den Biegebalken Abb. 48a, der nach einer kleinen Auslenkung δv um die Gleichgewichtslage schwingt.

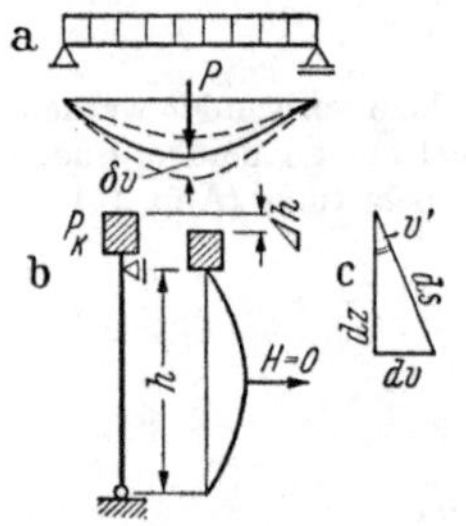

Abb. 48

Ist ein elastisches System unter einem bestimmten (kritischen) Belastungszustand im indifferenten Gleichgewicht, so kann man die ursprüngliche Gleichgewichtslage in bestimmte benachbarte Gleichgewichtslagen überführen, ohne daß man dafür Energie aufwenden muß und ohne daß danach Schwingungen auftreten. Die Störungskraft ist $H = 0$.

Ist in einem elastischen System außer dem ursprünglichen Zustand $v(z) = 0$ unter der gleichen Belastung auch noch ein zweiter Gleichgewichtszustand $v(z) \neq 0$ möglich (Abb. 48b), so fordert diese Bedingung des indifferenten Gleichgewichtes

$$\Delta U = A_a - A_i = 0.$$

Darin bezeichnet A_a die von den Lasten geleistete Arbeit (äußere Arbeit) und A_i die bei der elastischen Verformung des Systems aufgespeicherte Energie (innere Arbeit). Die Störungskräfte H leisten hier keine Arbeit, wenn der Gleichgewichtswechsel eintritt.

Für das in Abb. 48b skizzierte Beispiel ist $A_a = P \cdot \Delta h$.

$$A_i = {}^1/_2 \cdot \int M^2\, dz/EI = {}^1/_2 \cdot \int EI \cdot v''^2\, dz$$

ist die Arbeit bei der Biegung des Balkens. Der Einfluß der Querkraft ist belanglos, und die Normalkraft kann außer Betracht bleiben, weil sich N bei dem Gleichgewichtswechsel in erster Näherung nicht ändert.

Die Arbeit der äußeren Lasten hängt nur von den geometrischen Verhältnissen ab. Für das Beispiel erhält man Δh als Unterschied zwischen Bogen und Sehne (Abb. 48c):

$$\Delta h = \int \sqrt{1 + v'^2}\, dz - \int dz \approx {}^1/_2 \cdot \int v'^2\, dz.$$

Für das Beispiel ergibt sich damit aus der Bedingung $\Delta U = 0$ die Knicklast

$$P_K = \frac{\int EI \cdot v''^2 dz}{\int v'^2\, dz}. \tag{42}$$

Sobald die Form der Knickbiegelinie $v(z)$ bekannt ist, kann P_K hiernach berechnet werden.

Für andere Systeme und Belastungsfälle ist sinngemäß zu verfahren, d. h. die Formänderungsarbeit ist jeweils über alle Glieder des Systems zu summieren, ebenso die Arbeit aller äußeren Lasten.

Die Knickbiegelinie wird im allgemeinen nicht genau bekannt sein, man kann sie aber bei einiger Übung leicht schätzen. Am besten ist es, wenn man zu einem geeignet angenommenen Belastungszustand die Formänderungen bestimmt. Mit einer näherungsweisen Biegelinie liefert Gl. (42) natürlich nur einen Näherungswert für die Knicklast, und zwar erhält man nach der Energiemethode immer zu große Werte

$$P_K < P\ [\text{Gl. (42)}].$$

Der Beweis hierfür ergibt sich aus den Minimaleigenschaften der Formänderungsarbeit, vgl. S. 194.

Die nachfolgenden Beispiele zeigen, wie gut die Näherungswerte sind, selbst bei verhältnismäßig groben Annahmen für die Biegelinien. Wichtig ist es, die Verformungen der Systeme so zu wählen, daß die Systembedingungen (Randbedingungen usw.) erfüllt sind, und zwar nicht nur hinsichtlich der Biegelinien, sondern auch in den Biegemomenten.

1. Beispiel (Abb. 49a). Schätzt man für die Biegelinie eine quadratische Parabel

$$v(z) = 4f \cdot z/s \cdot (1 - z/s),$$

so folgen mit $EI = \text{const}$

$$\int v'^2\, dz = 16f^2/3s, \qquad \int v''^2\, dz = 64f^2/s^3$$

und als Näherungswert für die Knicklast

$$P_K = 12EI/s^2.$$

Es ist nicht überraschend, daß dieser Wert merklich zu groß ist, wenn man beachtet, daß das zugehörige Biegemoment über die ganze Stablänge konstant ist, statt daß es an den Enden verschwindet. Einen besseren Näherungswert darf man nur erwarten, wenn auch die Biegemomente die gegebenen Bedingungen besser erfüllen.

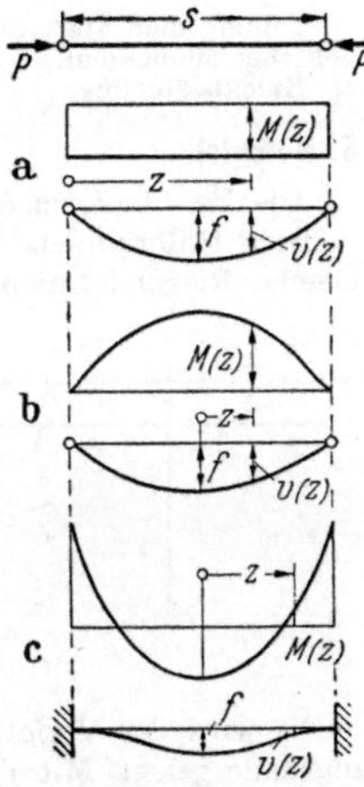

Abb. 49. Beispiele zur Energiemethode

2. Beispiel. (Abb. 49b). Momentenlinie parabolisch, $EI = \text{const}$,

Biegelinie $\quad v(z) = f\left\{1 - \dfrac{24}{5}\left(\dfrac{z}{s}\right)^2 + \dfrac{16}{5}\left(\dfrac{z}{s}\right)^4\right\}.$

Nach Gl. (42) erhält man

$$P_K = 168/17 \cdot EI/s^2 = 9{,}882\, EI/s^2.$$

Im Vergleich dazu $\pi^2 = 9{,}870$.

3. Beispiel (Abb. 49c).

Biegelinie $\quad v(z) = f\,\{1 - 8\,(z/s)^2 + 16\,(z/s)^4\}$

mit den Randbedingungen

$$v = 0, \quad v' = 0 \quad \text{für} \quad z = \pm\, s/2.$$

Aus Gl. (42) folgt mit $EI = \text{const}$

$$P_K = 41{,}2 \cdot EI/s^2 \quad \text{(genau 39,45)}.$$

4. Beispiel. Stab mit mehreren Lasten (Abb. 50).

In diesem Fall setzt sich die Arbeit der Lasten aus zwei Anteilen zusammen:

$$A_a = P_1 \cdot \Delta h_1 + P_2 \cdot \Delta h_2,$$

während A_i wie immer über alle Teile des elastischen Systems zu erstrecken ist. Zur Abschätzung nehmen wir an

$$v(z) = v_2\,(1 - \cos \pi z/2h).$$

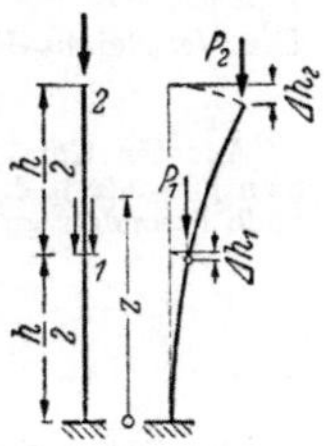

Abb. 50

Damit erhält man ($EI = \text{const}$)

$$2 \cdot \Delta h_1 = \left(\frac{\pi v_2}{2h}\right)^2 \cdot \int_0^{h/2} \sin^2 \pi z/2h \cdot dz = v_2^2 \cdot \frac{\pi}{2h} \cdot 0{,}1427,$$

$$2 \cdot \Delta h_2 = \left(\frac{\pi v_2}{2h}\right)^2 \cdot \int_0^{h} \sin^2 \pi z/2h \cdot dz = v_2^2 \cdot \frac{\pi}{2h} \cdot 0{,}7854,$$

$$2 \cdot A_i = EI \cdot v_2^2 \left(\frac{\pi}{2h}\right)^4 \cdot \int_0^{h} \cos^2 \pi z/2h \cdot dz = EI\, v_2^2 \cdot \left(\frac{\pi}{2h}\right)^3 \cdot 0{,}7854.$$

Die Knickbedingung lautet $A_a - A_i = 0$ oder

$$0{,}1815\, P_{1K} + P_{2K} = EI \cdot (\pi/2h)^2. \tag{43}$$

Der kritische Belastungszustand hängt danach von beiden Belastungen P_1 und P_2 ab.

a) Wachsen beide im gleichen Verhältnis, d. h. ist $\omega = P_1/P_2$ während des Belastungsvorganges konstant, so ist die kritische Belastung

$$P_{2K} = \frac{EI \cdot (\pi/2h)^2}{1 + 0{,}1815\,\omega} \tag{43a}$$

b) Ist während des Knickvorganges z. B. $P_1'' = P_1 = \text{const}$ und wächst nur P_2 bis zum Ausknicken, so gilt

$$P''_{2K} = EI \cdot (\pi/2h)^2 - 0{,}1815\,P_1. \tag{43b}$$

Nimmt man statt der cos-Linie als Biegelinie $v(z) = C(6h^2z^2 - z^4)$ mit der parabolischen Momentenlinie $M(z) = -EI \cdot 12\,C(h^2 - z^2)$, so erhält man an Stelle von Gl. (43) als Knickbedingung

$$0{,}1743\,P_{1K} + P_{2K} = EI \cdot 9{,}883/(2h)^2. \tag{43c}$$

5. Beispiel.

Die Rahmenform Abb. 51 stimmt im wesentlichen mit dem auf S. 993 untersuchten Halbrahmen (Abb. 38) überein. Die elastische Einspannung durch zwei gleiche Riegel ist nämlich ebenso groß wie die durch einen Riegel mit $2EI_2$.

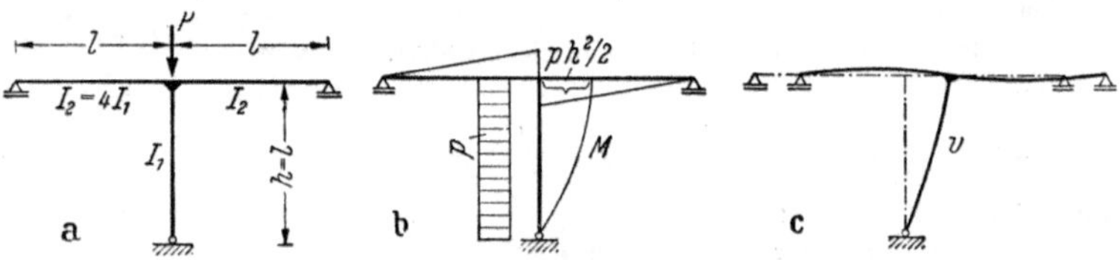

Abb. 51

Es wird der Verformungszustand für die in Abb. 51b angegebene Belastung zugrunde gelegt. Mit $I_2 = 4\,I_1$ erhält man (Rechenschiebergenauigkeit!)

$$2\,A_i = 0{,}1437\,M_0^2 h/EI_1,$$

$$2 \cdot \Delta h = 0{,}0631\,h\,(M_0 h/EI_1)^2 \quad \text{und}$$

$$P_K = 2{,}28 \cdot EI_1/h^2. \tag{44}$$

Die Vergleichs-Knicklänge ist bei Knickung im elastischen Bereich

$$s_K = \beta h \quad \text{mit} \quad \beta = \pi/\sqrt{2{,}28} = 2{,}08. \tag{44a}$$

Aus der Knickbedingung Gl. (35) für den einhüftigen Rahmen $\alpha h \cdot \operatorname{tg} \alpha h = 24$ erhält man $\beta = 2{,}083$, d. h. den gleichen Wert wie oben. Die Genauigkeit ist im vorliegenden Falle besonders gut, weil die Biegelinie der wirklichen Form sehr nahe kommt.

12. Verschiedene Stabilitätsaufgaben

a) *Methode der elastischen Gelenkkette*

Die Differentialgl. (2) für die Stabknickung läßt sich nicht mehr geschlossen integrieren, wenn die Biegesteifigkeit des Stabes veränderlich ist. In diesem Falle und für andere Stabilitätsaufgaben ist die Methode der elastischen Gelenkkette nützlich[1], bei welcher die Biegelinie durch einen Polygonzug angenähert wird. Wir betrachten die Durchbiegungen v_m des ausgeknickten Stabes in einer Reihe von Punkten, der Einfachheit halber in gleichen Abständen $a = l/n$. Der Winkelunterschied zwischen den zwei Elementen beiderseits m

$$\Delta\varphi_m = (+v_{m-1} - 2v_m + v_{m+1})/a \tag{45}$$

sei ebenso groß wie der entsprechende Biegewinkel $\int M dz/EI$. Wir setzen angenähert

$$\Delta\varphi_m = -M_m/EI_m \cdot a.$$

An der Stelle m ist das Biegemoment

$$M_m = +Pv_m,$$

[1] *H. Hencky:* Eisenbau 11 (1920) S. 437.

so daß man durch Elimination von M_m das folgende Gleichungssystem erhält:

$$-v_{m-1} + (2 - P a^2/EI_m)\, v_m - v_{m+1} = 0.$$

Sei I_c ein beliebiges Trägheitsmoment und $\omega = Pa^2/EI_c$, so wird

$$-v_{m-1} + (2 - \omega \cdot I_c/I_m)\, v_m - v_{m+1} = 0. \tag{45a}$$

Beispiel. Gelenkig gestützter Stab (Abb. 52), Randbedingungen $v_0 = v_5 = 0$, Intervall $a = l/5$. Die Trägheitsmomente seien

m	1	2	3	4
I_c/I_m	2	1	1	2

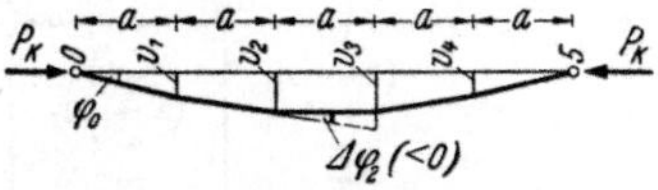

Abb. 52. Methode der elastischen Gelenke

Die Bedingungsgleichungen für v_m liefern damit

v_1	v_2	v_3	v_4	
$(2 - 2\,\omega)$	-1	—	—	$= 0$
-1	$(2 - \omega)$	-1	—	$= 0$
—	-1	$(2 - \omega)$	-1	$= 0$
—	—	-1	$(2 - 2\,\omega)$	$= 0$

Eine nicht triviale Lösung hat dieses homogene System nur dann, wenn die Koeffizientendeterminante verschwindet:

$$\Delta = [(2 - \omega)(2 - 2\,\omega) - 1]^2 - (2 - 2\,\omega)^2 = 0.$$

Die Knickbedingung hat die kleinste Wurzel $\omega_K = 0{,}293$, entsprechend

$$P_K = \omega_K \cdot EI_c/a^2 = 25 \cdot 0{,}293 \cdot EI_c/l^2 = 7{,}33 \cdot EI_c/l^2.$$

b) Gelenkkette mit elastischer Stützung

Der bereits auf S. 996 betrachtete Fall einer Gelenkkette soll noch in etwas allgemeinerer Form untersucht werden, und zwar mit Hilfe der Gleichgewichtsbedingung wie mittels der Energiemethode. Zur Vereinfachung werden gleiche Felder $a_m = a$ und gleiche Federkonstanten $C_m = C$ vorausgesetzt, auch sei die Stabkraft $S_m = P$ konstant. Die Elemente seien starr. Damit ist der Winkel zwischen zwei Elementen

$$\Delta\varphi_m = +\, v'_{m+1} - v'_m = (+\, v_{m-1} - 2 v_m + v_{m+1})/a, \tag{46}$$

die Ablenkkraft bei m ist $P \cdot \Delta\varphi_m$ und die damit im Gleichgewicht befindliche Federkraft

$$R_m = C\, v_m. \tag{46a}$$

Bemerkung. Die Verallgemeinerung für veränderliche a_m, C_m, S_m ist ohne Schwierigkeiten möglich. Ebenso kann man leicht den Fall einer beliebigen anfänglichen Störung ($v_m = v_{m0}$ für $P = 0$) berücksichtigen. Die Federkräfte sind dann $R_m = C_m (v_m - v_{m0})$, während die Ablenkungskräfte unverändert bleiben

$$(-\, v_{m-1} + 2\, v_m - v_{m+1})\, P/a.$$

Es liegt dabei eine Gleichgewichtsaufgabe vor, die uns hier nicht weiter interessiert.

α) Gleichgewichtsbedingung. Im folgenden wird nur der Stabilitätsfall betrachtet ($v_{m0} = 0$). Die Gleichgewichtsbedingung am Gelenk m ist $C\, v_m + P \cdot \Delta\varphi_m = 0$ oder

$$-\, v_{m-1} + (2 - \omega)\, v_m - v_{m+1} = 0, \tag{46b}$$

mit der Abkürzung $\omega = Ca/P$.

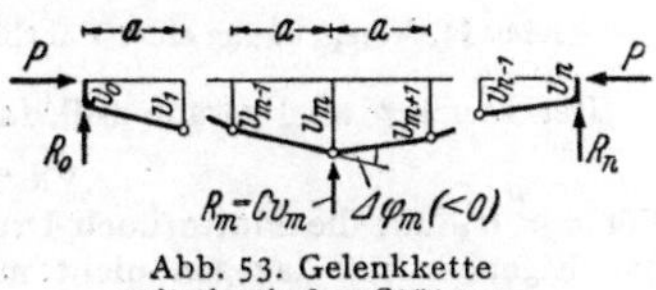

Abb. 53. Gelenkkette mit elastischer Stützung

Für eine Druckkraft mit unveränderlicher Wirkungslinie sind zweierlei Randbedingungen möglich:

1. Wenn z. B. $C_0 = C$ ist, setzt die Krafteinleitung voraus, daß das erste Element biegesteif ist. Aus der Momentengleichung um Gelenk 1 folgt

$$C v_0 \cdot a + P v_1 = 0 \quad \text{oder}$$

$$v_0 = -\, v_1/\omega \quad \text{bzw.} \quad v_n = -\, v_{n-1}/\omega. \tag{46c}$$

2. Die zweite Möglichkeit ist, daß die Enden der Gelenkkette nicht federnd gestützt sind, sondern daß für v_0 bzw. v_n bestimmte Werte vorgegeben werden.

Für das folgende Beispiel sei $v_0 = v_n = 0$ angenommen. Man erhält dann für eine Kette von z. B. 5 Gliedern die folgenden Bedingungen für v_m:

v_1	v_2	v_3	v_4	
$(2-\omega)$	-1	—	—	$= 0$
-1	$(2-\omega)$	-1	—	$= 0$
—	-1	$(2-\omega)$	-1	$= 0$
—	—	-1	$(2-\omega)$	$= 0$

Das homogene System hat zunächst die triviale Lösung $v_m = 0$. Die Knickbedingung ist $\Delta = 0$ oder

$$(2-\omega)^4 - 3\,(2-\omega)^2 + 1 = 0. \tag{46d}$$

Die kleinste Wurzel $\omega_K = 0{,}382$ entspricht

$$P_K = Ca/0{,}382 = 2{,}61\;Ca. \tag{46e}$$

β) Energiemethode. Die Arbeit der Belastung ist

$$2\,A_a = P_K\,a\,\Sigma\,v'^2 = P_K\,\Sigma\,(v_m - v_{m-1})^2/a$$

und die der Federkräfte

$$2\,A_i = \Sigma\,R_m\,v_m = C\,\Sigma\,v_m^2.$$

Die Knicklast folgt aus $A_a = A_i$ zu

$$P_K = Ca\,\frac{\Sigma\,v_m^2}{\Sigma\,(v_m - v_{m-1})^2},\quad \text{für } m = 1 \text{ bis } (n-1). \tag{46f}$$

Unter den möglichen Gleichgewichtsformen interessiert uns vor allem $_{\min}P_K$. Man erhält sie für ein System von v_m, das den Bedingungen $-v_{m-1} + (2-\omega)\cdot v_m - v_{m+1} = 0$ entspricht. Diese sind mit Gl. (46b) identisch, man erhält daraus also die gleichen Werte ω_K und P_K wie oben.

c) *Vorspannung einer Fahrbahnplatte*

Eine Platte (Dicke h, Breite „eins", Raumgewicht γ) ruhe ohne Reibung auf einer festen kreisförmigen Unterlage (Abb. 54a). Die Platte besitze keine Biegesteifigkeit, sie kann z. B. aus einer Kette von Elementen der Länge a bestehen. Die Gleichgewichtsbedingung (Abb. 54b) liefert

$$ha\gamma = Ha/R + pa.$$

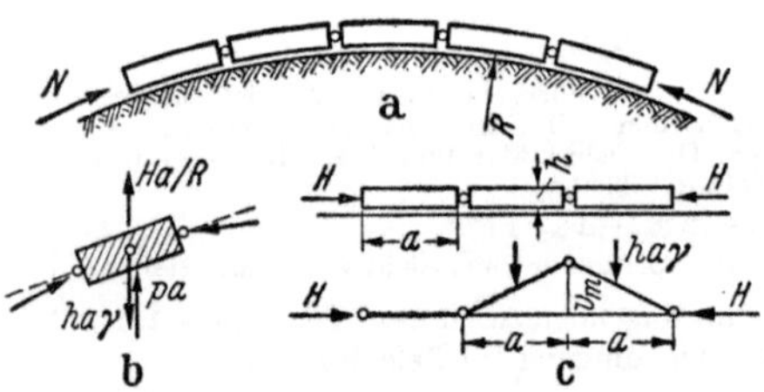

Abb. 54. Vorspannung einer Fahrbahnplatte

Darin bezeichnet p den je Längeneinheit auf die Unterlage ausgeübten Druck. Sei $\sigma = H/h$ die Druckspannung in der Platte, dann gilt

$$\sigma/R = \gamma - p/h. \tag{47}$$

Der Druck p wird gerade null, für

$$\sigma_K = \gamma R. \tag{47a}$$

Für $\sigma < \sigma_K$ übt die Platte noch Druck auf die Unterlage aus, für $\sigma > \sigma_K$ reicht das Eigengewicht dagegen nicht mehr aus, um stabiles Gleichgewicht sicherzustellen, die Kette knickt aus.

Es liegt hier ein Gleichgewichtswechsel vor, bei dem das Eigengewicht des Systems eine ausschlaggebende Rolle spielt. Bei biegesteif durchlaufender Platte wird die Knickspannung σ_K geringfügig gehoben. Vgl. *F. Dischinger:* Bauingenieur 26 (1951) S. 103.

Zahlenbeispiel: Für $\gamma = 2{,}4\ \mathrm{t/m^3}$, $R = 500$ m ist die Knickspannung

$$\sigma_K = 2{,}4 \cdot 500 = 1200\ \mathrm{t/m^2} = 120\ \mathrm{kg/cm^2}.$$

Grenzfall $R = \infty$. Aus der Gleichgewichtsbedingung (Abb. 54c) folgt für eine Störung

$$\sigma_K = a^2\,\gamma/2\,v_m. \tag{47b}$$

Für eine Kette ohne Störungen besteht keine Knickgefahr ($\sigma_K = \infty$). Ist dagegen eine Störung $v_m = a^2\gamma/2\sigma$ vorhanden, so wird das Gleichgewicht labil, und die zwei Elemente beiderseits des Gelenkes m werden herausgeschoben.

Erfährt die Platte eine ungleichmäßige Erwärmung, so liegt eine Spannungsaufgabe vor.

13. Der Shanley-Effekt

Die wesentlichen Ergebnisse der Stabilitätstheorie von *F. R. Shanley* sind bereits auf S. 970 vorweggenommen. Danach gibt es im plastischen Bereich noch andere Stabilitätsfälle, als sie nach der Theorie von *Engeßer-Kármán* für die Stabilität unter konstanter Belastung erhalten werden.

Die Theorie des *Shanley-Effektes* ist im allgemeinen Fall recht verwickelt. Die wesentlichen Eigenschaften können jedoch leicht studiert werden, wenn man das Modell von *E. J. Ryder* benutzt (Abb. 55). Dieses besteht aus zwei starren Beinen, die durch eine Feder verbunden sind. Die im wesentlichen aus zwei Stäben bestehende Feder sei kurz im Verhältnis zur Stablänge ($a/s \ll 1$), ihr Trägheitsmoment $I = Fe^2/4$. Die Feder kann aus beliebigem Werkstoff bestehen, dessen Spannungsdehnungslinie $\varepsilon = \varepsilon(\sigma)$ für die erstmalige Belastung durch zwei Gerade mit den Steigungen E und E_1 ersetzt wird (Abb. 56b).

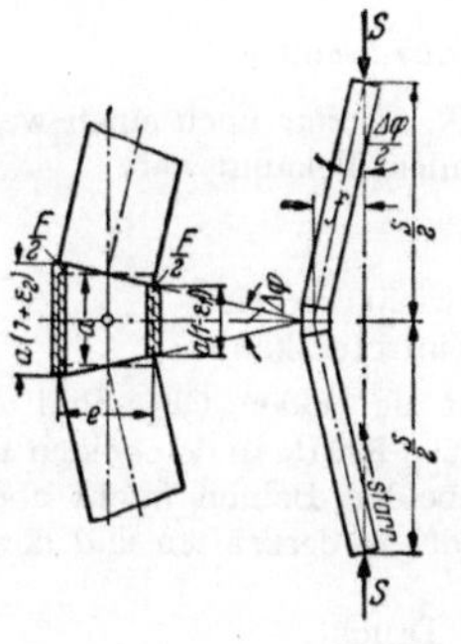

Abb. 55. Modell von *E. J. Ryder*

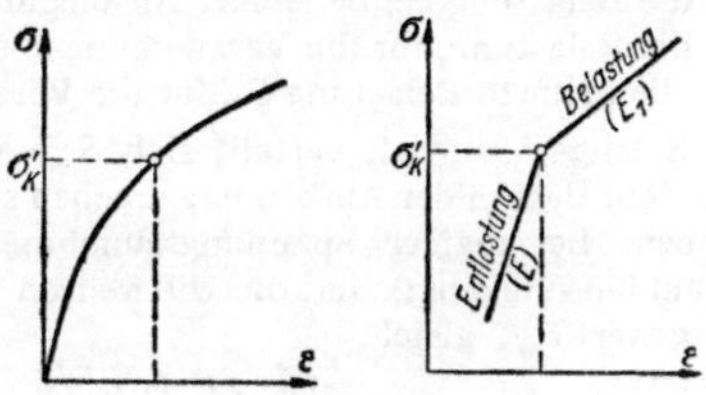

Abb. 56 a u. b

Das Modell entspricht dem idealen Druckstab (Abb. 12) mit einem symmetrischen Zweipunkt-Querschnitt, so wie man ihn etwa angenähert an die Stelle des I-Querschnittes mit dünnem Steg (Abb. 21) setzen kann. Die Querschnittsform ist durch einen sehr dünnen Steg ($t \to 0$) gesichert.

Das System Abb. 55 besitzt, je nach der Belastungsweise, verschiedene Gleichgewichtslagen. Es werden zunächst die Stabilitätsgrenzen nach der klassischen Theorie untersucht.

a) *Euler-Knickung*

Dabei bleibt S während des Gleichgewichtswechsels konstant. Mit den Bezeichnungen von Abb. 55 ist für den Gleichgewichtszustand mit der Ausbiegung f

$$\Delta\varphi = \frac{S_1 a}{EF/2 \cdot e/2} = \frac{S_1 a e}{EI}$$

und

$$f = \Delta\varphi \cdot s/4 = S_1 a s e/4EI.$$

Das Biegemoment an der Feder ist

$$M = S_K f = S_1 e.$$

Setzt man den Ausdruck für f ein, so fällt S_1 heraus, und die Knicklast wird

$$S_K = 4EI/as. \tag{48}$$

Bei $S = S_K$ ist ein Verzweigungspunkt des elastischen Gleichgewichts vorhanden. Das Gleichgewicht ist indifferent, die Größe von f bleibt unbestimmt.

b) Plastische Knickung nach Engeßer-Kármán

Bei der Knickung mit konstanter Druckkraft ($\Delta S = 0$) tritt auf der Außenseite der Biegelinie immer Entlastung auf. Mit $S_2 = S_1$ und $k = E_2/E_1 \geqq 1$ gilt

$$\Delta\varphi = \frac{2}{F}\left(\frac{S_1}{E_1} + \frac{S_2}{E_2}\right)\frac{a}{2} = \frac{S_1 a e}{2E_1 I}\left(1 + \frac{1}{k}\right)$$

und

$$M = S_K'' f = S_1 e,$$

woraus die Knicklast S_K'' folgt zu

$$S_K'' = 4\,TI/as. \tag{48a}$$

Der *Engeßer*sche Knickmodul ist hier

$$T = E_1 \cdot 2k/(k+1), \tag{48b}$$

wobei E_1 an der Stelle σ_K'' zu messen ist. Man beachte $E_2 = E$ (Entlastung auf der Außenseite der Biegung!).

c) Plastische Knickung nach Engeßer-Shanley

Im allgemeinen Stabilitätsfall gibt es nach *F. R. Shanley* noch einen weiteren Verzweigungspunkt des Gleichgewichts, der bisher nicht bekannt war.

Es bezeichnet:

S die Belastung bei beliebiger Ausbiegung $f \geqq 0$,

S_0 die Belastung, für die Verzweigung des Gleichgewichts eintritt,

S_K' die kleinste Belastung S_0, für die Verzweigung eintreten kann.

Solange $f = 0$ ist, verteilt sich S je hälftig auf die beiden Querschnittsteile. Mit dem Beginn der Ausbiegung ergeben sich ungleiche Kräfte in den beiden Federstäben. Bei zügiger Spannungszunahme in den beiden Beinen (nicht aber für Spannungsumkehr!) sind die Differenzen zwischen den Federkräften und dem Anfangswert $S_0/2$ gleich

$$\Delta S_1 = \varepsilon_1 E_1 F/2 \quad (\varepsilon_1 > 0 = \text{Druck}),$$

$$\Delta S_2 = \varepsilon_2 E_2 F/2 \quad (\varepsilon_2 > 0 = \text{Zug}).$$

Die Stabkraft steigt also um

$$\Delta S = S - S_0 = (\varepsilon_1 E_1 - \varepsilon_2 E_2)\; F/2$$

über den Anfangswert S_0. Zu der Mittelausbiegung f gehört eine Winkeländerung um

$$\Delta\varphi = (\varepsilon_1 + \varepsilon_2)\, a/e, \tag{49}$$

so daß ist:

$$f = (\varepsilon_1 + \varepsilon_2) \cdot ae/4s. \tag{49a}$$

Damit kann man ε_1 eliminieren. Der Belastungszuwachs ist

$$\Delta S = \frac{E_1 F}{2}\left\{\frac{4ef}{as} - (k+1)\,\varepsilon_2\right\}. \tag{50}$$

Die Höhe der Gesamtbelastung S ergibt sich aus der Momentenbedingung für die Feder

$$Sf = (\Delta S_1 + \Delta S_2) \cdot e/2$$

nach einfacher Rechnung zu

$$S = S_K' \frac{\varepsilon_1 + k\varepsilon_2}{\varepsilon_1 + \varepsilon_2}. \tag{50a}$$

Die Größe

$$S_K' = 4E_1 I/as \tag{50b}$$

ist, abgesehen von E_1 statt T, der Ausdruck Gl. (48a) für die Knicklast nach der *Engeßer*-Formel. Gl. (50a) kann man auch schreiben:

$$S = S_K'\left\{1 + (k-1)\frac{as}{4e}\cdot\frac{\varepsilon_2}{f}\right\}. \tag{50c}$$

Nach Voraussetzung sind die Größen ε_2, f und $(k-1) \geqq 0$. Der Kleinstwert, für den eine ausgebogene Gleichgewichtslage gemäß obigen Voraussetzungen möglich wird, ist also

$$\min S_0 = S_K'. \tag{50d}$$

In den Gl. (50) bis (50c) sind alle möglichen Stabilitätsfälle enthalten. Hinsichtlich der Benennung der Knickfälle folgen wir dem Vorschlag von *F. Stüssi* [*133*].

α) *Eulerknickung.* Aus der Bedingung $\Delta S = 0$ folgt aus Gl. (50) mit $E_1 = E_2 = E$ der Wert $\varepsilon_2 = 2\,ef/as$ und die *Euler*sche Knicklast Gl. (48).

β) *Plastische Knickung nach Engeßer-Kármán.* Aus der Bedingung $\Delta S = 0$ folgt $\varepsilon_2 = 4\,ef/as\,(k+1)$ und die Knicklast nach Gl. (48a), nämlich

$$S''_K = S'_K \cdot 2\,k/(k+1). \tag{48c}$$

γ) *Plastische Knickung nach Engeßer-Shanley.* Die Belastung steigt immer allmählich an, und sie kann niemals sofort in der endgültigen Größe wirken. Beim Aufbringen der Belastung wirken gleichzeitig auch Störungen, so daß die gerade Gleichgewichtslage als labil verlassen wird, sobald S'_K erreicht ist.

Wenn aber einmal eine kleine Anfangsausbiegung vorhanden ist, so bedarf es bei weiter steigender Belastung keiner neuerlichen Störungen mehr. Es liegt dann ein Stab mit Anfangsbiegung vor, d. h. eine *Gleichgewichtsaufgabe.* Die Zusammenhänge sind ähnlich wie bei der nichtlinearen Knickung. Die Ausbiegung f wächst auf eindeutige Weise mit der Belastung S weiter, ohne daß dafür neuerliche Störungen erforderlich wären.

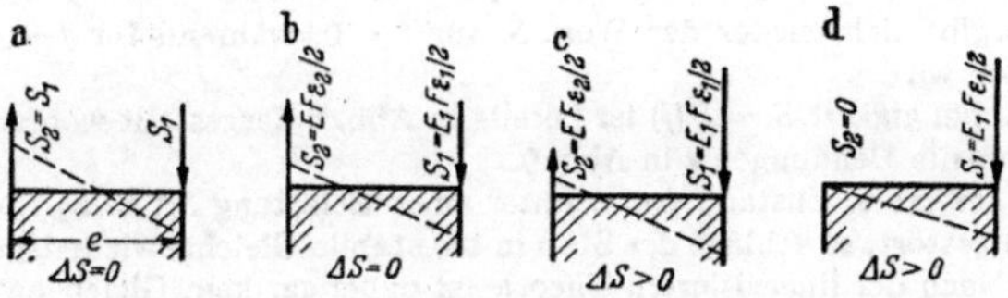

Abb. 57

Wenn die Belastung auf einer beliebigen Stufe zwischen S'_K und S''_K unveränderlich bleibt, so ist dieser Zustand stabil trotz $f > 0$, da bei einer neuen Störung auf der Außenseite des Stabes bei $\Delta S = 0$ Entlastung eintritt.

Man könnte den Stab natürlich während des Belastungsvorganges besonders gegen Störungen sichern und erst freigeben, wenn der Endwert S erreicht ist. Das kommt aber bei Druckstäben in Bauwerken nicht in Betracht, abgesehen davon, daß der *Shanley-Effekt* auch dann bei jeder Laständerung wieder wirksam würde.

Im allgemeinen Falle kann die Belastung danach um einen beliebigen Wert $\Delta S > 0$ zunehmen. Die Größe f ist dabei außer von S auch von dem „Zeitpunkt" S_0 abhängig, zu dem erstmals eine Störung zu einer Ausbiegung führte.

Das Gleichgewicht in der Lage f fordert, daß gemäß Gl. (50) auf der Außenseite der Feder eine Dehnung (Zug) von

$$\varepsilon_2 = \frac{4ef}{as\,(k+1)}\left\{1 - \frac{\Delta S}{S'_K}\cdot\frac{l}{2f}\right\} \tag{51}$$

vorhanden ist. Setzt man ε_2 in Gl. (50c) ein, so wird

$$S = S''_K - \Delta S \cdot \frac{k-1}{k+1}\cdot\frac{e}{2f}. \tag{51a}$$

Da ΔS und f nach Voraussetzung positiv sind, ist ${}_{\max}S = S''_K$, d. h. die Knicklast nach *Engeßer-Kármán* ist die obere Grenze der Belastung.

Die „Anfangsbelastung" muß also zwischen folgenden Grenzen liegen

$$S'_K \leqq S_0 \leqq S''_K.$$

1. Wir betrachten zunächst den Fall, daß Störungen während der Laststeigerung dauernd wirken, so daß ausgebogene Gleichgewichtslagen schon von dem Kleinstwert S'_K ab eintreten. Sodann ist $S = S'_K + \Delta S$. Setzt man dies in Gl. (51a) ein, so folgt

$$\Delta S = \frac{S'_K}{e/2f + (k+1)/(k-1)} \tag{52}$$

sowie

$$S = S'_K\left\{1 + \frac{1}{e/2f + (k+1)/(k-1)}\right\}. \tag{52a}$$

Die zugehörige Randdehnung ist

$$\varepsilon_2 = \frac{4ef/as}{(k+1)+(k-1)\cdot e/2f} \tag{52b}$$

Für den hier betrachteten Fall erhält man $\varepsilon_2 = 0$ (Abb. 57d) und $S = S'_K$ für $f \to 0$ sowie $S = S''_K$ für $f \to \infty$.

2. Die Störung erfolgt erst bei

$$S_0 = S'_K + \mu\,(S''_K - S'_K) = S'_K \left\{1 + \mu\,\frac{k-1}{k+1}\right\}, \text{ mit } 0 < \mu < 1.$$

Der Stab bleibt bis $S_0 > S'_K$ gerade, wenn für $S < S_0$ keine Störung auftritt. Mit Störung bei S_0 beginnen die plastischen Ausbiegungen. Zum Unterschied von Z. 1. ist der zu der Ausbiegung f zugehörige Belastungszuwachs jetzt nur

$$\Delta S = S - S_0 = (S - S'_K) - \mu\,(S''_K - S'_K).$$

Setzt man ΔS in Gl. (51a) ein, ferner $S''_K = S'_K \cdot 2k/(k+1)$, so erhält man die Gesamtbelastung zu

$$S = S'_K \left\{1 + \frac{k-1}{k+1} \cdot \frac{\mu e/2f + (k+1)/(k-1)}{e/2f + (k+1)/(k-1)}\right\} \tag{53}$$

Daraus ergibt sich wieder der Wert S_0 für $f = 0$, während für $f \to \infty$ der Wert S''_K erhalten wird.

Die Abhängigkeit $S = S(f)$ ist bereits in Abb. 8 dargestellt worden, ebenso die Kurven für die Dehnungen ε in Abb. 9.

Wird der labile Zustand $f = 0$ unter einer Belastung $S^* > S_K$ im *Euler*-Fall ($\Delta S = 0$) gestört, so schlägt der Stab in die stabile Gleichgewichtslage $f > 0$ über (Abb. 3). Nach der linearisierten Theorie ist dabei gar kein Gleichgewichtszustand mit endlicher Ausbiegung mehr vorhanden. Nach der nichtlinearen Theorie sind die Durchbiegungen f^* beim Gleichgewichtswechsel für Belastungen S^*, die merklich über S_K liegen, so groß, daß meist Biegebruch eintritt.

Bei der *Shanley*-Knickung dagegen ist die Ausbiegung nach Störung auch für $S_0 > S'_K$ endlich und eine eindeutige Funktion der Gesamtbelastung S und des Anfangswertes S_0 (Abb. 7c).

Bei der klassischen Knicktheorie ist für eine bestimmte Höhe der Belastung möglich, 1. die labile Gleichgewichtslage $f = 0$, und 2. die ausgebogene Lage entsprechend der (einen) Kurve des Verzweigungsdiagrammes. Bei der *Shanley*-Knickung gibt dagegen jeder Anfangswert S_0 eine neue Kurve $S = S(f)$ und demgemäß jeder Punkt (S, f) des schraffierten Bereiches in Abb. 58 eine mögliche Gleichgewichtslage. Außerhalb dieses Bereiches gibt es keine stabilen Gleichgewichtslagen.

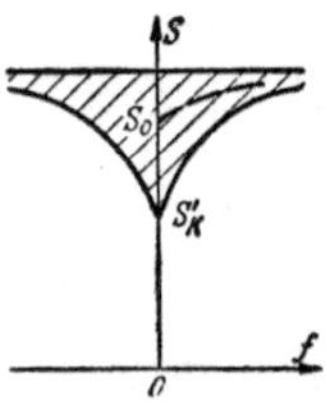

Abb. 58

Bemerkung. Für den *Shanley*-Effekt ist kennzeichnend, daß die Stauchung auf der Außenseite bei dem Verzweigungspunkt unverändert bleibt: $\varepsilon_2 = 0$. Erst bei etwas größeren Lasten ($S > S_0$) tritt dort Entlastung ein, d. h. ε_2 wird eine Zugdehnung.

Beim *gewöhnlichen Druckstab*, der auf die ganze Länge elastisch-plastisch ist, bleibt auf der Außenseite in Stabmitte zunächst $\varepsilon_2 = 0$, auf die übrige Stablänge ist dagegen $\varepsilon_2 < 0$ (Druck). Mit steigender Belastung ist an beliebiger Stelle z der Stabachse folgendes festzustellen: Zuerst zunehmende Stauchung ($\varepsilon_2 < 0$), wobei der Betrag von $d\varepsilon_2/dS$ allmählich abnimmt. Von einem Höchstwert ${}_{\max}\varepsilon_2(z)$ ab, mit $d\varepsilon_2/dS = 0$, tritt Entlastung ein, wobei für die weitere Formänderung statt E_1 der Elastizitätsmodul E wirksam wird. Wir haben also ein *veränderliches System*, was die Ursache für die großen Schwierigkeiten ist, die der mathematischen Behandlung des allgemeinen Falles entgegenstehen.

Wenn auch in Stabmitte keine Entlastung eintritt, gilt im ganzen Stabquerschnitt und auf die ganze Stablänge der Tangentenmodul E_1. Die Knickbiegelinie wird daher (Abb. 12) für die beginnende Ausbiegung

$$v(z) = f \cdot \sin \pi z/s, \tag{54}$$

die kritische Belastung ist

$$S'_K = \pi^2 E_1 I/s^2. \tag{54a}$$

Wenn dieser Verformungszustand (ohne Entlastung) möglich sein soll, muß die Gleichgewichtsbedingung für das Element in Stabmitte ($z = s/2$) erfüllt sein, d. h. $M(s/2) = Pf$. Unter der Annahme, daß dort die Stauchung auf der Außenseite gerade unverändert bleibt ($\varepsilon_2 = 0$), gilt nach Abb. 57d auch

$$M(s/2) = (P - P'_K) \cdot e/2.$$

Die Knickausbiegung folgt daraus zu

$$f = \frac{e}{2}\,(1 - P'_K/P) \tag{54b}$$

oder umgekehrt

$$P = \frac{P'_K}{1 - 2f/e}. \tag{54c}$$

Für endliche Ausbiegungen wird Vorstehendes ungültig, weil auf der Außenseite des Querschnittes im mittleren Teil des Stabes eine allmählich größer werdende Entlastungszone eintritt. Vgl. dazu *U. Müllersdorf* [*131*] und *A. Pflüger* [*132*].

Abb. 59 zeigt Knickversuche, welche den *Shanley*-Effekt deutlich erkennen lassen. *Literatur* über den *Shanley*-Effekt vgl. [*124*] bis [*133*] S. 1047.

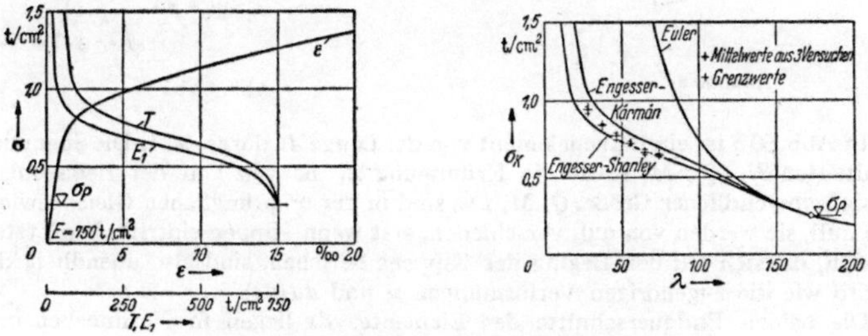

Abb. 59. Knickversuche von **F. Stüssi** [*133*], S. 214

III. Kippen und Drillknicken

Bei der im Abschnitt II betrachteten Biegeknickung wird der Stab beim Gleichgewichtswechsel in einer Hauptebene gebogen. Die Biegelinien sind ebene Kurven. Es gibt aber auch Stabilitätsfälle, bei denen der Stab bzw. Balken beim Gleichgewichtswechsel nicht nur gebogen, sondern auch verdrillt wird (Abb. 60a). Beim Biegebalken heißt dieser Vorgang des seitlichen Ausweichens *Kippen*, bei Druckstäben, die beim Ausknicken auch Verdrillung erfahren, spricht man von *Drillknicken*.

Für beide Vorgänge ist die Größe der Torsionssteifigkeit C bzw. der Wölbwiderstand C^* von ausschlaggebender Bedeutung. Die mit Torsion verbundenen Gleichgewichtswechsel kann man deshalb in erster Linie durch Maßnahmen beeinflussen, welche die Drillsteifigkeit vergrößern (entsprechende Querschnittsform, Querrahmen, seitliche Abstützung usw.). Auf der anderen Seite sind Stäbe mit streifenförmigen, offenen Querschnitten besonders anfällig gegen Drillknicken.

1. Differentialgleichung für das Kippen

Der gerade Balken habe konstante Trägheitsmomente von sehr ungleicher Größe $I_x \gg I_y$. Die Belastung liege in der y-z-Ebene, so daß er in dieser Hauptebene gebogen wird ($u = \vartheta = 0$). Erfahrung wie Theorie zeigen, daß diese Gleichgewichtslage zunächst stabil ist, daß sie aber für höhere Belastungen labil wird. Diese zweite Gleichgewichtslage ist mit Querbiegung u und mit Torsion ϑ verbunden. Jede Reißschiene oder dgl. genügt, um dies zu veranschaulichen.

Die Differentialgleichung für das Kippen soll anschließend abgeleitet werden. Die Gleichungen für u und ϑ sind homogen. Sind auch die Randbedingungen homogen, so ist der ausgekippte Balken nur möglich für die Eigenwerte des Problems, d. h. u und ϑ bleiben bei dem oben beschriebenen Balken ohne Störungen zunächst null. Die Kippbedingung ergibt sich — ähnlich wie bei der Stabknickung — durch Nullsetzen der Koeffizientendeterminante der homogenen Bedingungsgleichungen für die Integrationskonstanten. Wir werden sehen, daß auch beim Kippen ein echter Verzweigungspunkt des elastischen Gleichgewichts vorliegt.

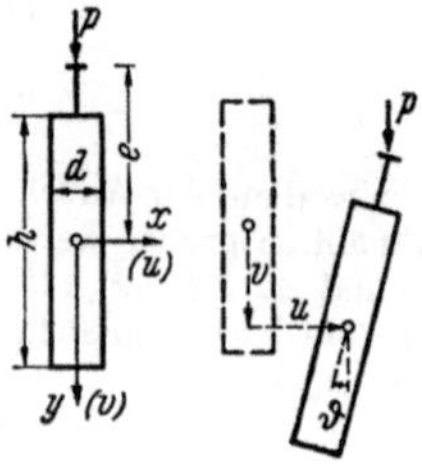

Abb. 60 a

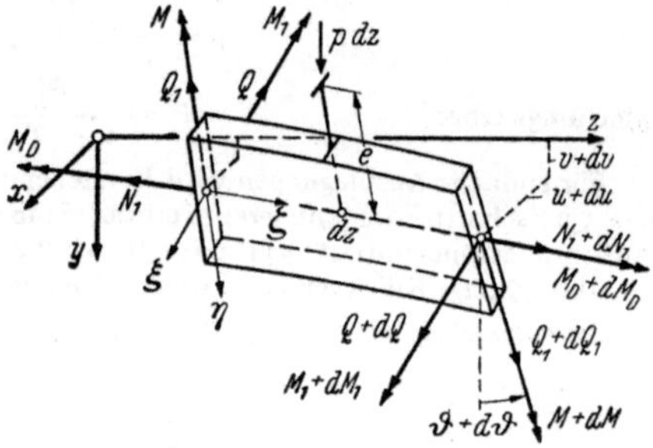

Abb. 60 b

In Abb. 60b ist ein Balkenelement von der Länge dz dargestellt. Die Spannungsresultanten N_1, Q_1, M_1 sowie die Krümmung $\varkappa_1$ hängen von der Belastung ab, sie sind von endlicher Größe. Q, M, M_D sind in der ursprünglichen Gleichgewichtslage null, sie werden von null verschieden, erst wenn Kippen eintritt. Die letzteren Größen, die sich auf den Beginn des Kippens beziehen, sind also unendlich klein, ebenso wie die zugehörigen Verformungen $\varkappa$ und $d\vartheta/dz$).

Die beiden Endquerschnitte des Elementes dz liegen in Normalebenen zur doppelt gekrümmten Stabachse und werden durch die Drillung in diesen Normalebenen gedreht. Wir folgen der Darstellung *E. Chwalla* [42], der die 6 Gleichgewichtsbedingungen von *Kirchhoff-Clebsch* als Ausgangspunkt benutzt. Vgl.

A. Clebsch: Theorie der Elastizität fester Körper. Leipzig 1862, S. 204.

G. Kirchhoff: Vorlesungen über mathematische Physik. Mechanik. Leipzig 1876, S. 407.

A. E. H. Love: Lehrbuch der Elastizität (deutsch von *A. Timpe*). Leipzig 1907, S. 444.

Da uns — wie bei der Stabknickung — in erster Linie die Größe der kritischen Belastung interessiert, also der Beginn des Kippens, weniger dagegen die Größe der Verformungen, können die Produkte der Größen Q, M, M_D mit $\varkappa$ oder ϑ' als klein von der zweiten Ordnung vernachlässigt werden. Die Theorie würde dabei trotzdem noch sehr unübersichtlich sein. Zur weiteren Vereinfachung wird deshalb auch die Hauptkrümmung $\varkappa_1$ als unendlich klein vorausgesetzt und wie $\varkappa$ und ϑ' behandelt.

Bemerkung. Der Einfluß von $\varkappa_1$ ist in einem einfachen Sonderfall (konstantes Biegemoment M_1 als Belastung) auch theoretisch abzuschätzen. Einzelheiten vgl. *E. Chwalla* [42] S. 14. Für die meisten Zwecke des Bauwesens ist die Vernachlässigung von $\varkappa_1$ aber wohl unbedenklich. Man kann sich etwa vorstellen, daß der Balken für den betreffenden Belastungsfall so „überhöht" wird, daß unter der kritischen Belastung gerade $\varkappa_1 = 0$ ist.

Aus dem Gleichgewicht der Kräftekomponenten in den Richtungen ξ, η, ζ und den Momentenbedingungen bezüglich der gleichen Achsen erhält man nach den erwähnten Vernachlässigungen

$$Q' + N_1 u'' - Q_1 \vartheta' + p\,\vartheta = 0 \qquad (48\text{a})$$

$$Q_1' + p = 0 \qquad (48\text{b})$$

$$N_1' = 0 \tag{48c}$$
$$M_1' - Q_1 = 0 \tag{48d}$$
$$M' + Q + M_1\vartheta' = 0 \tag{48e}$$
$$M_D' - M_1 u'' + pe\vartheta = 0. \tag{48f}$$

Aus den Gl. (48c, d und b) folgt

$$\left.\begin{aligned} N_1 &= \text{const} \\ Q_1 &= M_1' \\ p &= -Q_1' = -M_1''. \end{aligned}\right\} \tag{49}$$

Aus der Gl. (48a) wird nun Q_1 eliminiert, so daß

$$Q' = (M_1'\vartheta)' - N_1 u''. \tag{50a}$$

Aus Gl. (48e) wird damit Q eliminiert, ferner u'' mittels $u'' = (M_D' + pe\vartheta)/M_1$

$$(M + M_1\vartheta)'' - N_1/M_1 \cdot (M_D' + pe\vartheta) = 0. \tag{50b}$$

Um eine Differentialgleichung für ϑ zu gewinnen, werden die folgenden Beziehungen zwischen Momenten und Verformungen eingeführt

$$M_1 = -B_1 \cdot v'' \tag{51a}$$
$$M = +B \cdot u'' \tag{51b}$$
$$M_D = +C \cdot \vartheta' - EC^* \cdot \vartheta''' \tag{51c}$$

Darin bezeichnen $B_1 = EI_x$ und $B = EI_y$ die Biegesteifigkeiten des Balkens, C die Drillsteifigkeit sowie C^* den Wölbwiderstand. Bei unseren folgenden Rechnungen werden die Glieder mit C^* der Einfachheit halber weggelassen. Sollen die Gleichungen z. B. auf I-Querschnitte angewendet werden, dann bedürften sie einer entsprechenden Ergänzung. Die Vernachlässigung von v'' ist gleichbedeutend mit der Voraussetzung $B_1 = \infty$.

Eliminiert man M und M_D mit Hilfe der Gl. (51), so erhält man als *Differentialgleichung für das Kippen* des Balkens mit konstantem Querschnitt

$$\left\{\frac{B}{M_1}\left[C\vartheta'' + \frac{M_1^2}{B}\vartheta + pe\vartheta\right]\right\}'' - \frac{N_1}{M_1}\left[C\vartheta'' + pe\vartheta\right] = 0. \tag{52}$$

Die Differentialgleichung (52) ist homogen und von der 4. Ordnung in ϑ. M_1 ist eine bekannte Funktion von z, je nach der Belastung.

2. Balken mit konstantem Biegemoment

Sei $p = N_1 = 0$, ferner $M_x = \mathfrak{M} = \text{const}$. Der Querschnitt sei ohne Flansche (gedrungen) und der Balken lang im Verhältnis zu den Querschnittsabmessungen, so daß $C^* = 0$ gesetzt werden kann. Dann vereinfacht sich Gl. (52) wegen $M_1 = \mathfrak{M}$ zu

$$\vartheta^{\text{IV}} + \mathfrak{M}^2/BC \cdot \vartheta'' = 0 \tag{53}$$

oder mit der Abkürzung $\lambda^2 = \mathfrak{M}^2/BC$

$$\vartheta^{\text{IV}} + \lambda^2\vartheta'' = 0. \tag{53a}$$

a) Balken mit Gabellagerung an beiden Enden

Die Stützung erfolgt bei $z = 0$ und bei $z = l$ durch Gabeln (Abb. 61), die zwar Durchbiegungen u und v ermöglichen, aber eine Drehung der Endquerschnitte verhindern: $\vartheta = 0$.

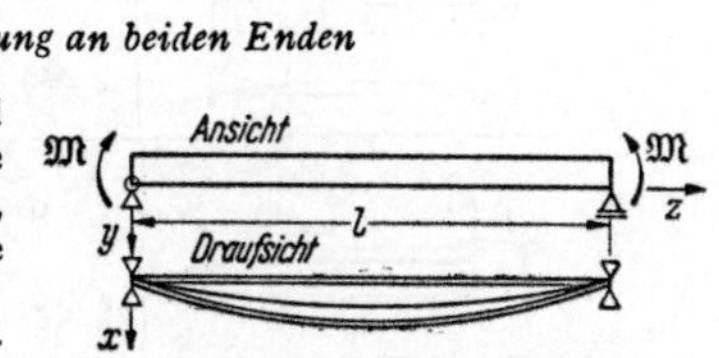

Abb. 61

Da in der x-Richtung keine Einspannung vorhanden ist (d. h. $M = 0$ oder nach Gl. (51) auch $u'' = 0$), folgt aus der Gl. für u'': $M_D' = 0$ und damit aus Gl. (51c) als zweite Randbedingung $\vartheta'' = 0$.

Die allgemeine Lösung der Gl. (53a) ist

$$\vartheta(z) = A_1 \sin \lambda z + A_2 \cos \lambda z + A_3 \cdot \lambda z + A_4. \tag{54}$$

Aus den Randbedingungen folgen

$$\left.\begin{array}{cccccc} A_1 & A_2 & A_3 & A_4 & & \\ \hline - & 1 & - & 1 & = 0 \\ - & \lambda^2 & - & - & = 0 \\ \sin \lambda l & \cos \lambda l & \lambda l & 1 & = 0 \\ \lambda^2 \sin \lambda l & \lambda^2 \cos \lambda l & - & - & = 0 \end{array}\right\} \tag{54a}$$

Dieses homogene Gleichungssystem besitzt

1. die primitive Lösung $A_1 = A_2 = \ldots = 0$, entsprechend $\vartheta = 0$, $u'' = 0$ oder $u = 0$, wobei der Balken nicht kippt,
2. die Eigenlösungen gemäß $\Delta = 0$ oder $\sin \lambda l = 0$. Die Wurzeln dieser Kippbedingung sind $\lambda l = n\pi$ (mit $n = 1, 2, 3\ldots$) und die zugehörigen kritischen Momentenbelastungen

$$\mathfrak{M}_K = \sqrt{BC} \cdot n\pi/l. \tag{54b}$$

Das kleinste Kippmoment

$$_{\min}\mathfrak{M}_K = \sqrt{BC} \cdot \pi/l \tag{54c}$$

tritt ein für $n = 1$. Die zugehörige Lösung ist unter Benutzung von Gl. (48f)

$$\left.\begin{aligned} \vartheta(z) &= A_1 \cdot \sin \pi z/l \\ u(z) &= C/\mathfrak{M}_K \cdot \vartheta(z) \end{aligned}\right\} \tag{54d}$$

Bemerkung. In dem vorstehenden Sonderfall M_1 = konst. ist es ausnahmsweise möglich, bei der Berechnung auf die Voraussetzung $B_1 = \infty$ zu verzichten. An die Stelle der Differentialgl. (52) tritt dann eine Gleichung 4. Ordnung mit konstanten Koeffizienten, die leicht für endliche Werte von $1/B_1$ zu integrieren ist. Einzelheiten vgl. *E. Chwalla* [42] S. 12, dort auch Angaben über die Genauigkeit der Kipplast nach Gl. (54c). Diese ist im Prinzip zu klein, z. B. für einen Balken mit Rechteckquerschnitt $h/d = 10$ um 2%.

b) Weitere Kippfälle

Tabelle 2.

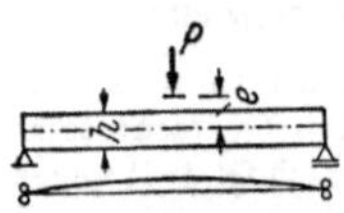	$e = 0$	$P_{K_0} = 16{,}94\,\sqrt{BC}/l^2$
	$e \neq 0$	$P_K = P_{K_0}\,(1 - 3{,}48\,e/l \cdot \sqrt{B/C})$
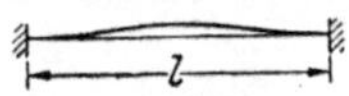	$e = 0$	$P_{K_0} = 26{,}64\,\sqrt{BC}/l^2$
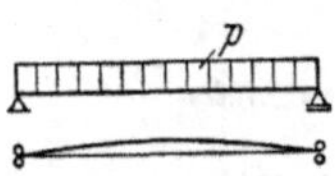	$e = 0$	$p_{K_0} = 28{,}32\,\sqrt{BC}/l^3$
	$e \neq 0$	$p_K = p_{K_0}\,(1 - 1{,}54\,e/l \cdot \sqrt{B/C})$
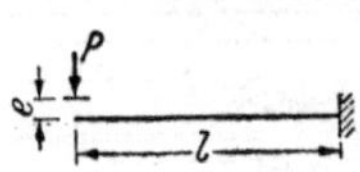	$e = 0$	$P_{K_0} = 4{,}0126\,\sqrt{BC}/l^2$
	$e \neq 0$	$P_K = P_{K_0}\,(1 - 1{,}03\,e/l \cdot \sqrt{B/C})$
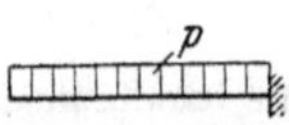	$e = 0$	$p_{K_0} = 12{,}854\,\sqrt{BC}/l^3$

c) Kippen durch Biegemoment und Druckkraft

Für das in Abb. 62 dargestellte Beispiel ist $N_1 = -D$ (Druck), $p = 0$, es sei weiter $C^* = 0$ gesetzt. Die Differentialgl. (52) vereinfacht sich dann zu

$$\vartheta^{IV} + \lambda^2 \vartheta'' = 0, \tag{55}$$

worin abgekürzt ist

$$\lambda^2 = \mathfrak{M}^2/BC + D/B. \tag{55a}$$

Die Lösung der Differentialgl. (55) ist wieder durch Gl. (54) gegeben, nur daß jetzt λ einen anderen Wert bezeichnet.

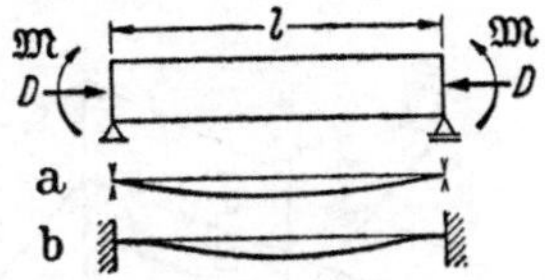

Abb. 62

α) Für das Beispiel Abb. 62a gelten wie bei a) die Randbedingungen $\vartheta = 0$ und $\vartheta'' = 0$ für $z = 0$ und für $z = l$. Folglich sind auch die Bedingungsgleichungen für $A_1 \ldots$ formal die gleichen und auch die Kippbedingung $\Delta = \sin \lambda l = 0$. Die kritische Belastung genügt der Beziehung $\lambda l = n\pi$ $(n = 1, 2, 3)$, und der Kleinstwert ist

$$\frac{\mathfrak{M}_K^2}{BC} + \frac{D_K}{B} = \left(\frac{\pi}{l}\right)^2. \tag{56}$$

Für $D = 0$ erhält man daraus das Kippmoment nach Gl. (54c) und für reine Druckbelastung ($\mathfrak{M} = 0$) die *Euler*sche Knicklast $D_K = B(\pi/l)^2$.

Der in Abb. 62 dargestellte Fall ist zu bezeichnen als exzentrische Biegung in der $y-z$-Ebene. Der vorstehend betrachtete Stabilitätsfall ist also ein Ausweichen aus der Biegeebene, verbunden mit Querbiegung u und Torsion ϑ.

β) Sind beide Enden eingespannt ($\vartheta = 0$ und $\vartheta' = 0$) so folgt aus den Randbedingungen mittels $\Delta = 0$ die Beulbedingung

$$\lambda l \cdot \sin \lambda l = 2(1 - \cos \lambda l) \tag{57}$$

mit den Wurzeln $\lambda l = m\pi$ $(m = 2, 4 \ldots)$ und den Kipplasten

$$\frac{\mathfrak{M}_K^2}{BC} + \frac{D_K}{B} = \left(\frac{2\pi}{l}\right)^2. \tag{57a}$$

d) Drillknicken

Die vorstehenden Betrachtungen zeigten bereits, daß zwischen dem Kippen eines Balkens und dem Drillknicken eines Druckstabes stetige Übergänge vorhanden sind. Wir wollen uns hier auf diesen Hinweis beschränken und wegen Einzelheiten auf die Literatur, Seite 1046, [*46*] bis [*51*], verweisen.

IV. Beulung von Platten

1. Differentialgleichung für Plattenbeulung

Ebene Platten, die in der Plattenebene belastet sind, findet man im Stahlbau z. B. als Steg von Vollwandbalken, Stabwerken und Fachwerkstäben, im Stahlbetonbau als Trägerstege, Scheiben in Faltwerken usw.

Wenn eine Platte nur in ihrer Ebene belastet ist, bleibt sie unter der Wirkung der äußeren Kräfte eben. Der Gleichgewichtszustand ohne Ausbiegungen ist stabil, solange die Belastung eine gewisse Intensität nicht erreicht. Erreicht der Belastungszustand einer Scheibe (an jeder Stelle gekennzeichnet durch die Spannungskomponenten σ_x, σ_y und τ) die kritische Höhe, so wird der ebene Gleichgewichtszustand labil. Für höhere Belastungen tritt dann nach jeder Störung ein Gleichgewichtswechsel ein, die Platte geht in einen gebogenen Zustand über mit den Ausbiegungen $w(x, y)$. Unter der kritischen Belastung selbst liegt indifferentes Gleichgewicht vor. Nach der Form der Stabilitätserscheinungen spricht man bei Platten und Schalen von *Beulen*.

Für die Biegung aus der $x-y$-Ebene heraus gilt die *Plattentheorie*, s. Abschn. *Festigkeitslehre*, VI, S. 235. Für das Gebiet des Bauingenieurwesens interessieren vor allem die Zustände mit kleinen Formänderungen, insbesondere die Stabilitätsgrenzen. Dafür ist es zulässig, ähnlich wie bei der Stabknickung geschehen ist, die Plattenbiegung für sich zu betrachten, unabhängig von den Formänderungen der ebenen Scheibe.

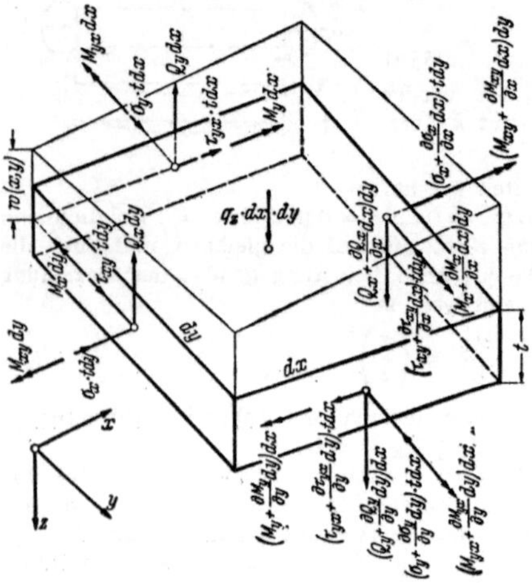

Abb. 63. Spanngrößen

Die an einem Plattenelement wirkenden Kräfte sind durch Abb. 63 definiert; die Spannungen sind mit einem einfachen Pfeil, die (rechtsdrehenden) Momente durch Doppelpfeil bezeichnet. Vgl. Abschn. *Festigkeitslehre*, Abb. 71, S. 236. Aus den Gleichgewichtsbedingungen für das Element $dx \cdot dy \cdot t$ erhält man unter Vernachlässigung der Größen kleinerer Ordnung

$$\tau_{yx} = \tau_{xy} = \tau,$$

$$\frac{\partial \sigma_x}{\partial x} + \frac{\partial \tau}{\partial y} - \frac{q_x}{t} = 0,$$

$$\frac{\partial \tau}{\partial x} + \frac{\partial \sigma_y}{\partial y} - \frac{q_y}{t} = 0.$$

Für die Theorie der Plattenbiegung brauchen wir nur die folgenden Gleichgewichtsbedingungen

$$\left.\begin{aligned} Q_x &= + \frac{\partial M_x}{\partial x} + \frac{\partial M_{yx}}{\partial y}, \\ Q_y &= - \frac{\partial M_{xy}}{\partial x} + \frac{\partial M_y}{\partial y}, \\ t\sigma_x \frac{\partial^2 w}{\partial x^2} + 2t\tau \frac{\partial^2 w}{\partial x \partial y} + t\sigma_y \frac{\partial^2 w}{\partial y^2} &= \frac{\partial Q_x}{\partial x} + \frac{\partial Q_y}{\partial y} + q_z. \end{aligned}\right\} \quad (58)$$

Zwischen Momenten und Krümmungen bestehen die folgenden Beziehungen, welche der *Bernoulli-Euler*schen Hypothese bei der Stabbiegung entsprechen (s. Abschn. *Festigkeitslehre*, (Gl. 79))

$$\left.\begin{aligned} M_x &= -K\left(\frac{\partial^2 w}{\partial x^2} + \mu \frac{\partial^2 w}{\partial y^2}\right), \\ M_y &= -K\left(\frac{\partial^2 w}{\partial y^2} + \mu \frac{\partial^2 w}{\partial x^2}\right), \\ M_{xy} &= -M_{yx} = +(1-\mu) K \frac{\partial^2 w}{\partial x \partial y}. \end{aligned}\right\} \quad (59)$$

Darin bezeichnet $K = Et^3/12\,(1-\mu^2)$ die *Biegesteifigkeit* der Platte, die, von dem Faktor $(1-\mu^2)$ abgesehen, dem Wert EI bei der Stabbiegung entspricht. Die Querkräfte werden durch Einsetzen in Gl. (58)

$$\left.\begin{aligned} Q_x &= -K \frac{\partial}{\partial x}\left(\frac{\partial^2 w}{\partial x^2} + \frac{\partial^2 w}{\partial y^2}\right), \\ Q_y &= -K \frac{\partial}{\partial y}\left(\frac{\partial^2 w}{\partial x^2} + \frac{\partial^2 w}{\partial y^2}\right). \end{aligned}\right\} \quad (60)$$

Die *Kirchhoffsche Ersatzkraft*, die z. B. für die Berechnung von Auflagerkräften erforderlich ist, wird (s. Abschn. *Festigkeitslehre*, S. 238)

$$\left.\begin{aligned} V_x &= Q_x - \frac{\partial M_{xy}}{\partial y} \\ V_y &= Q_y - \frac{\partial M_{xy}}{\partial y} \end{aligned}\right\} \tag{61 a}$$

Setzt man darin Gl. (59) und (60) ein, so folgt

$$\left.\begin{aligned} V_x &= -K \frac{\partial}{\partial x}\left(\frac{\partial^2 w}{\partial x^2} + (2-\mu)\frac{\partial^2 w}{\partial y^2}\right) \\ V_y &= -K \frac{\partial}{\partial y}\left(\frac{\partial^2 w}{\partial y^2} + (2-\mu)\frac{\partial^2 w}{\partial x^2}\right) \end{aligned}\right\} \tag{61 b}$$

Setzt man schließlich Q_x und Q_y in die 3. der Gl. (58) ein, so erhält man die *Differentialgleichung für die Plattenbeulung* (σ_x und $\sigma_y > 0$ = Druckspannungen).

$$K\left(\frac{\partial^4 w}{\partial x^4} + 2\frac{\partial^4 w}{\partial x^2 \partial y^2} + \frac{\partial^4 w}{\partial y^4}\right) + t\left(\sigma_x \frac{\partial^2 w}{\partial x^2} + 2\tau \frac{\partial^2 w}{\partial x \partial y} + \sigma_y \frac{\partial^2 w}{\partial y^2}\right) = q_z. \tag{62}$$

2. Beulung von Rechteckplatten

Die Lösung von Beulaufgaben entspricht im Prinzip der Lösung von Knickaufgaben. Bei jeder Ausbiegung der Platte müssen die Gleichgewichtsbedingungen Gl. (58) erfüllt sein, d. h. die Biegefläche $w(x, y)$ muß der Differentialgl. (62) genügen.

Bei der Bestimmung von kritischen Belastungen ist Gl. (62) homogen ($q_z = 0$). Es gilt also zunächst die triviale Lösung $w = 0$. Ob dieser ebene Zustand stabil ist, ergibt sich durch Vergleich mit den Eigenwerten des Problems, von denen in der Hauptsache wieder jener interessiert, der der kleinsten Intensität der Belastung entspricht. Ausbeulung $w \neq 0$ ist möglich, wenn der Belastungszustand bestimmte kritische Werte erreicht (*Beulspannungen* σ_{xK}, σ_{yK}, τ_K), die zusammen die *Beulbedingung* erfüllen müssen.

Für die Praxis ist der Fall rechteckiger Plattenfelder weitaus am wichtigsten. Für deren Beuluntersuchung ist es zweckmäßig, eine Bezugsspannung σ_e einzuführen, die es ermöglicht, die Ergebnisse der Rechnungen in dimensionslosen Größen darzustellen

$$\sigma_e = \frac{\pi^2 K}{1 \cdot t b^2} = \frac{\pi^2 E}{12(1-\mu^2)}\left(\frac{t}{b}\right)^2. \tag{63}$$

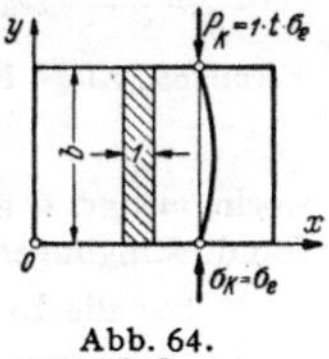

Abb. 64. Die *Euler*sche Knickspannung σ_e

$t\sigma_e$ ist nichts anderes als die *Euler*sche Knicklast eines Plattenstreifens von der Breite eins und mit der Knicklänge $s_K = b$, der an beiden Enden gelenkig gelagert ist (Abb. 64). $E' = E/(1-\mu^2)$ statt E ist durch den Zusammenhang zwischen den einzelnen Streifen bedingt.

Für Baustahl gilt mit $E = 2100\ \mathrm{t/cm^2}$ und $\mu = 0{,}3$

$$\sigma_e = 1898\,(t/b)^2 \qquad [\text{in t/cm}^2]. \tag{63 a}$$

Führt man σ_e in Gl. (62) ein, so wird ($\sigma > 0$ = Druckspannungen)

$$\frac{\partial^4 w}{\partial x^4} + 2\frac{\partial^4 w}{\partial x^2 \partial y^2} + \frac{\partial^4 w}{\partial y^4} + \left(\frac{\pi}{b}\right)^2 \left\{\frac{\sigma_x}{\sigma_e}\frac{\partial^2 w}{\partial x^2} + 2\frac{\tau}{\sigma_e}\frac{\partial^2 w}{\partial x \partial y} + \frac{\sigma_y}{\sigma_e}\frac{\partial^2 w}{\partial y^2}\right\} = \frac{q_z}{K}. \tag{64}$$

Da in dieser Gleichung nur die Spannungsverhältnisse σ_x/σ_e usw. vorkommen, können die Beulspannungen für alle Belastungsfälle in der Form

$$\sigma_K = k\sigma_e \quad \text{bzw.} \quad \tau_K = k\sigma_e \tag{64 a}$$

dargestellt werden. Der *Beulwert* k hängt ab von dem Belastungsfall, vom Seitenverhältnis $\alpha = a/b$ und von den Auflagerbedingungen.

Die Beulwerte k können ein für allemal berechnet werden. Vgl. die Literatur und die praktischen Gebrauchsformeln von DIN 4114, Z. 17. Bei der Benutzung der Literatur ist darauf zu achten, daß die Beulspannungen nicht ohne weiteres vergleichbar sind. In den verschiedenen Veröffentlichungen sind für Baustahl Werte $E = 2000$ bis $2250\ \mathrm{t/cm^2}$ und $\mu = 0{,}25$ bis $0{,}3$ (gelegentlich auch $\mu = 0$) zugrunde gelegt.

Für die Lösung der Differentialgl. (64) ist bei Rechteckplatten in den meisten Fällen der Produktansatz nützlich

$$w(x, y) = X(x) \cdot Y(y).$$

Für Platten, die parallel zur x-Richtung gelagert sind, kann man vielfach setzen

$$Y(y) = C \sin \lambda y + D \cos \lambda y.$$

Bei verschwindender Schubspannung $\tau = 0$ und für $q_z = 0$ erhält man damit durch Einsetzen in Gl. (64)

$$Y(y)\left\{X^{\mathrm{IV}} - 2\lambda^2 X'' + \lambda^4 X + \left(\frac{\pi}{b}\right)^2 \left(\frac{\sigma_x}{\sigma_e} X'' - \lambda^2 \frac{\sigma_y}{\sigma_e} X\right)\right\} = 0. \qquad (65)$$

Damit Gl. (65) hinsichtlich y identisch erfüllt ist, muß die Funktion $X(x)$ der folgenden gewöhnlichen Differentialgleichung genügen

$$X^{\mathrm{IV}} - 2\lambda^2 X'' + \lambda^4 X + \left(\frac{\pi}{b}\right)^2 \left(\frac{\sigma_x}{\sigma_e} X'' - \lambda^2 \frac{\sigma_y}{\sigma_e} X\right) = 0. \qquad (65\,\mathrm{a})$$

Bemerkung. Wird eine Platte so verformt, daß w nicht von y abhängt ($\partial w/\partial y = 0$), dann geht die Differentialgl. (64) über in

$$\frac{d^4 w}{d x^4} + \left(\frac{\pi}{b}\right)^2 \frac{\sigma_x}{\sigma_e} \frac{d^2 w}{d x^2} = \frac{q_z}{K}. \qquad (64\,\mathrm{b})$$

Das ist aber, abgesehen von E' statt E, die Differentialgleichung für die Biegeknickung eines Balkens, s. (Gl. 2).

Randbedingungen. Hinsichtlich der Randbedingungen sei auf den Abschnitt *Festigkeitslehre*, S. 238 verwiesen.

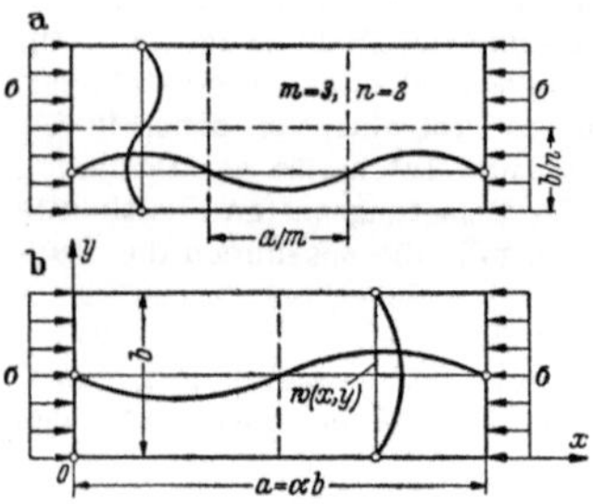

Abb. 65. Alle 4 Ränder gelenkig gestützt

3. Gleichmäßige Druckspannungen

Die Rechteckplatte sei in der „Längsrichtung" x durch gleichmäßige Druckspannungen $\sigma_x = \sigma$ belastet, die beiden anderen Spannungskomponenten seien null. Alle 4 Ränder seien gelenkig gelagert (Abb. 65).

Für die Lösung der Differentialgl. (64) bzw. (65a) versuchen wir den Ansatz

$$w(x, y) = A_{mn} \sin m\pi x/a \cdot \sin n\pi y/b,$$

worin m und n ganze Zahlen sind. Die Beulfläche $w(x, y)$ muß die *Navier*schen Randbedingungen erfüllen, welchen der vorstehende Ansatz tatsächlich genügt:

1. Für die Längsränder $y = 0$ und $y = b$ ist

$$w = 0 \text{ und } M_y = -K(\partial^2 w/\partial y^2 + \mu \cdot \partial^2 w/\partial x^2) = 0.$$

2. Für die Querränder $x = 0$ und $x = a$ ist

$$w = 0 \text{ und } M_x = -K(\partial^2 w/\partial x^2 + \mu \cdot \partial^2 w/\partial y^2) = 0.$$

Die Beulbedingung ergibt sich durch Einsetzen von $w(x, y)$ in Gl. (64). Man erhält

$$w(x, y) \cdot \left\{\left[\left(\frac{m\pi}{a}\right)^2 + \left(\frac{n\pi}{b}\right)^2\right]^2 - \left(\frac{\pi}{b}\right)^2 \frac{\sigma}{\sigma_e} \left(\frac{m\pi}{a}\right)^2\right\} = 0. \qquad (65\,\mathrm{b})$$

Diese Bedingung ist erfüllt

1. für beliebige Druckspannung σ, wenn $w(x, y) = 0$ ist;
2. für beliebige Werte $w(x, y) \neq 0$, wenn die $\{\ \} = 0$ ist.

Die ebene Gleichgewichtslage ist stabil für $\sigma < \sigma_K$, sie wird labil für $\sigma > \sigma_K$. Für $\sigma_K = k\sigma_e$ ist ein Verzweigungspunkt des elastischen Gleichgewichts vorhanden, das Gleichgewicht ist für sehr kleine Ausbiegungen indifferent. Mit $\alpha = a/b$ ist die

Beulbedingung (vgl. *G. H. Bryan* [53])

$$k = \left(\frac{m}{\alpha} + n^2 \frac{\alpha}{m}\right)^2. \tag{66}$$

m und n sind die Anzahlen der Sinus-Halbwellen in der x- bzw. y-Richtung. Für jedes Wertepaar m, n hat man eine bestimmte Beulspannung und eine andere Beulform. Abb. 65a zeigt den Fall $m = 3$, $n = 2$. Die *Knotenlinien* $w = 0$ bilden ein rechteckiges Netz, a/m heißt *Beulenlänge*, b/n *Beulenbreite*.

Bemerkung. Hätte man statt des oben benutzen eingliedrigen Ansatzes für die Beulfläche

$$w(x, y) = \sum_r \sum_s A_{rs} \sin r\pi x/a \cdot \sin s\pi y/b \quad (r, s = 1, 2, 3 \ldots)$$

verwendet, und bezeichnet man mit $\{m, n\}$ den Klammerausdruck in Gl. (65b), so wäre die Differentialgl. (64) nur zu erfüllen, wenn alle Glieder der Bedingung

$$\sum_r \sum_s A_{rs} \sin r\pi x/a \cdot \sin s\pi y/b \cdot \{r, s\} = 0$$

einzeln verschwinden. Die nicht triviale Lösung setzt $\{r, s\} = 0$ voraus. $\{r, s\} = 0$ ist aber die auf S. 1018 erhaltene Beulbedingung. Man erkennt ohne weiteres, daß im allgemeinen nur ein einziges Glied der Entwicklung $A_{mn} \neq 0$ sein kann, während alle übrigen Glieder A_{rs} für $r \neq m$, $s \neq n$ verschwinden. Zwei Glieder bleiben ausnahmsweise stehen für jene Werte k, die den Schnittpunkten der Kurvenscharen $k = k(\alpha, r, s)$ entsprechen.

Von all den Beulwerten $k = k(m, n)$ interessiert in erster Linie der kleinste. Stellen wir uns vor, daß m und n stetig veränderlich seien. Dann ist die Stelle des Minimums m', n' bestimmt durch die Bedingungen $\partial k/\partial m = 0$ und $\partial k/\partial n = 0$.

m und n können aber nur ganze Zahlen sein, und zwar $\geqq 1$. Es sind also jene Werte maßgebend, die möglichst nahe bei m' und n' liegen, im Zweifelsfalle sind die zwei Werte beiderseits m' zu untersuchen.

Im vorliegenden Falle erkennt man auch ohne Rechnung $n' = 1$. Die Beulform ist

$$w(x, y) = A_{mn} \sin m\pi x/a \cdot \sin \pi y/b.$$

In Abb. 65b ist der Fall $m = 2$ dargestellt. Der Beulwert ist mit $n = 1$

$$k = (m/\alpha + \alpha/m)^2. \tag{66a}$$

Der absolute Kleinstwert folgt gemäß $dk/dm = 0$ mit $m' = \alpha$ zu

$$\min k = 4. \tag{66b}$$

Dieser Wert wird erreicht, wenn die Plattenlänge ein ganzzahliges Vielfaches der Breite ist. Die Beulen sind dafür gemäß $a/m' = b$ genau quadratisch.

Die Abhängigkeit der Beulwerte k von dem Seitenverhältnis ist in Abb. 66 dargestellt. Je nach dem Wert α ist eine andere Beulenzahl m für den Kleinstwert maßgebend. Für die Seitenverhältnisse $\alpha = \sqrt{m(m+1)}$ sind

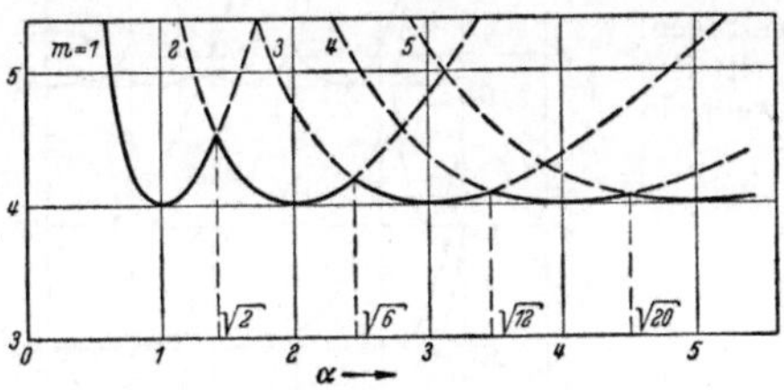

Abb. 66. Beulwerte zu Abb. 65

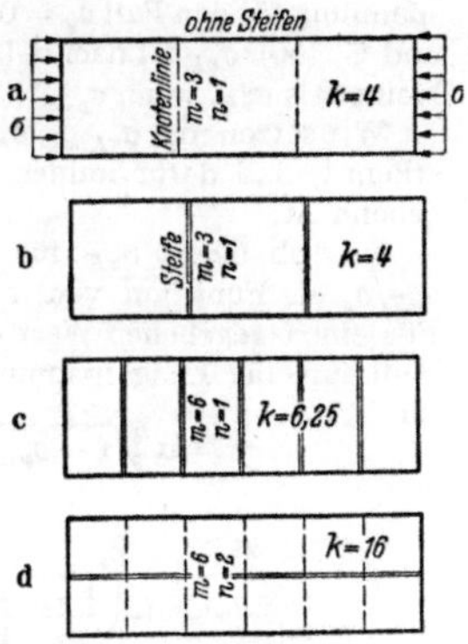

Abb. 67. Platte mit Steifen ($\alpha = 3$)

die Beulspannungen mit m und mit $(m+1)$ Halbwellen gleichgroß. Unter der Belastung $k(m) = k(m+1)$ können sich daher in der möglichen Beulform zwei verschiedene Beulenzahlen überlagern

$$w(x, y) = \sin \pi y/b \cdot \{A \sin [m\pi x/a] + B \sin [(m+1)\pi x/a]\}.$$

Die Schnittpunkte und die zugehörigen Beulwerte sind in der folgenden Tabelle angegeben.

Tabelle 3.

$m/(m+1) =$	1/2	2/3	3/4	4/5
$\alpha =$	1,414	2,450	3,464	4,472
$k =$	4,500	4,167	4,083	4,050

Nach Abb. 66 hängt k bei $\alpha > 2$ praktisch nicht von der Plattenlänge ab. Auch im Grenzfall sehr langer Platten $\alpha \to \infty$ ist $k = 4$. Diese Tatsache hat große Bedeutung. Bringt man im Abstand a/m' Quersteifen an (Abb. 67b), so wird dadurch nichts an der Höhe von σ_K

geändert, weil bei der Ausbeulung längs dieser Geraden sowieso $w = 0$ bleibt. Lediglich von der i. a. geringen Torsionssteifigkeit der Aussteifungen ist dabei abgesehen.

Nur wenn die Beulenlänge merklich verkürzt wird, haben die Quersteifen einen gewissen Nutzen. Aber selbst wenn die Steifen so dicht liegen, daß sich die Beulenzahl verdoppelt, wird die Beulspannung nur von $k = 4$ auf $(2 + 1/2)^2 = 6{,}25$ gehoben. Die Aussteifung eines Plattenfeldes durch Quersteifen ist demnach völlig unwirtschaftlich.

Eine grundlegende Verbesserung kann dagegen durch eine Längssteife erzielt werden. Eine Knotenlinie bei $y = b/2$ hat $n' = 2$, $m' = 2\alpha$ zur Folge, d. h. die Beulspannung steigt im allgemeinen auf das 4fache, für das Beispiel Abb. 67d auf $k = 16$.

Die Steifen (quer wie längs) müssen gewissen Anforderungen genügen, wenn sie Knotenlinien erzwingen sollen. Haben sie nicht eine gewisse Mindeststeifigkeit EI, so beult die Platte *zusammen* mit der Steife aus. Die Beulspannung ist dann zwar größer als bei der unversteiften Platte, aber nicht so hoch, wie wenn die Steifen nicht gebogen werden. Vgl. S. 1035.

4. Allseitig gedrückte Platte

Eine Rechteckplatte (Abb. 68) sei in beiden Richtungen belastet; die 4 Ränder seien gelenkig gestützt, die *Navier*schen Randbedingungen also wie in Z. 3 (Abb. 65). Für die Lösung wird wieder gesetzt

$$w(x, y) = w_{mn} \cdot \sin m\pi x/a \cdot \sin n\pi y/b.$$

Einsetzen in Gl. (64) ergibt die Beulbedingung

$$\frac{\sigma_{xK}}{\sigma_e}\left(\frac{m}{\alpha}\right)^2 + \frac{\sigma_{yK}}{\sigma_e}\, n^2 = \left\{\left(\frac{m}{\alpha}\right)^2 + n^2\right\}^2. \tag{67}$$

Auch hier gibt es für jedes Wertepaar m, n einen kritischen Belastungszustand $\sigma_{xK}(m, n)$, $\sigma_{yK}(m, n)$. Für die Diskussion schreiben wir in etwas anderer Form

$$\sigma_{xK} + \left(\frac{n\alpha}{m}\right)^2 \sigma_{yK} = \left(\frac{m}{\alpha} + n^2\,\frac{\alpha}{m}\right)^2 \sigma_e = \sigma_{xK}^0. \tag{67a}$$

Die rechte Seite von Gl. (67a) ist die Beulspannung für den Fall $\sigma_y = 0$, vgl. Abb. 66 und Gl. (66). σ_{xK} ist nach Gl. (67a) immer kleiner als σ_{xK}^0, wenn $\sigma_{yK} > 0$ (Druck) ist.

Wir setzen nun $\sigma_{yK} \leqq \sigma_e$ voraus. Man erkennt, daß dafür immer $n' = 1$ maßgebend ist.

In Abb. 69 ist σ_{xK} für einige Werte σ_{yK}/σ_e als Funktion von α aufgetragen. Für einen gegebenen Wert σ_{yK} tritt das Minimum der Längsspannung jeweils ein für

$$m' = \alpha \sqrt{1 - \sigma_{yK}/\sigma_e}.$$

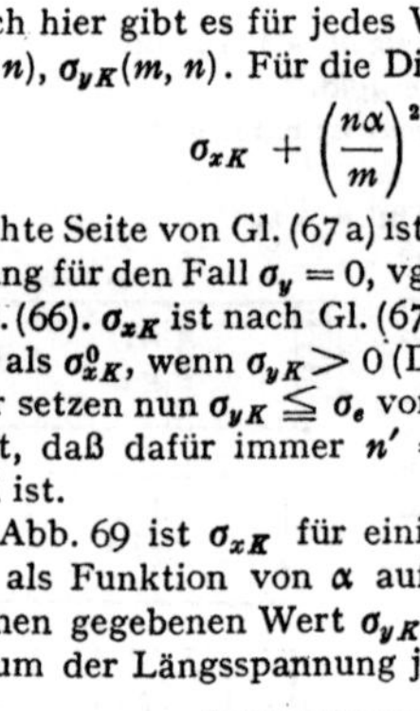

Abb. 68. Allseitig gedrückte Platte

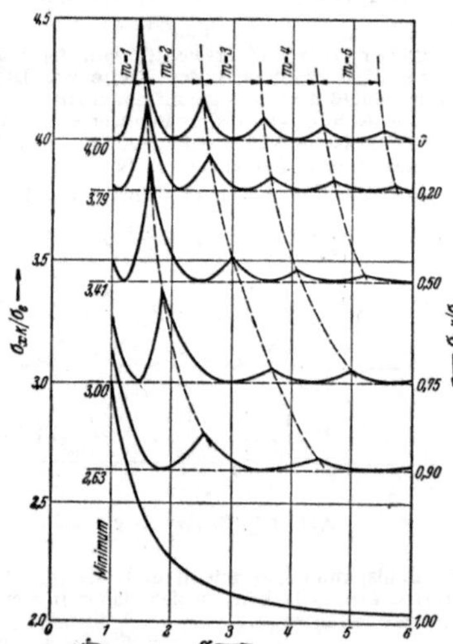

Abb. 69. Beulwerte zu Abb. 68

Der zugehörige Beulwert ist

$$\min \sigma_{xK}/\sigma_e = 2\left(1 + \sqrt{1 - \sigma_{yK}/\sigma_e}\right). \tag{67b}$$

Im Bereich $\sigma_{yK} > \sigma_e$ gilt bei längeren Platten zunächst noch $m = 1$, $n = 1$, für kurze Platten wird jedoch $n > 1$.

Im Grenzfall $\sigma_x = 0$ ergeben sich die Formeln für eine Platte, die nur in der Querrichtung gedrückt ist

$$\sigma_{yK}^0 = \frac{\sigma_e}{\alpha^2}\left(\alpha n + \frac{m^2}{\alpha n}\right)^2, \tag{67c}$$

mit dem Minimum $\sigma_{yK}^0 = 4\,\sigma_e/\alpha^2$ bei $m = 1$ und $n' = 1/\alpha$.

Quadratische Platte. Für $\alpha = 1$ ist bei allseitigem Druck immer $m = 1$, $n = 1$ maßgebend. Die Beulbedingung wird damit

$$\sigma_{xK} + \sigma_{yK} = 4\,\sigma_e. \tag{67d}$$

Die *gegenseitige Abhängigkeit* der Beulspannungen zeigt Abb. 70. Wenn nur σ_x allein wirkt, gilt die Beulspannung σ_{xK}^0 gemäß Gl. (66); wirkt nur σ_y, so gilt σ_{yK}^0 nach Gl. (67c). Als Koordinaten sind in Abb. 70 die Verhältnisse $\sigma_{xK}/\sigma_{xK}^0$ und $\sigma_{yK}/\sigma_{yK}^0$ aufgetragen.

Für die quadratische Platte ergibt sich damit nach Gl. (67d) wegen $\sigma_{xK}^0 = 4\,\sigma_e$ und $\sigma_{yK}^0 = 4\,\sigma_e$ eine Gerade mit den Achsabschnitten 1 und 1. Vgl. Abschnitt *Mathematik*, S. 141.

Z. B. für $\alpha = 2$ erhält man einen gebrochenen Linienzug mit den Geradenstücken (mit $\sigma_{xK}^0 = 4\sigma_e$, $\sigma_{yK}^0 = 1{,}56\,\sigma_e$, maßgebend $n = 1$)

$$m = 1: \frac{\sigma_{xK}/\sigma_{xK}^0}{1{,}56} + \frac{\sigma_{yK}/\sigma_{yK}^0}{4} = 1,$$

$$m = 2: \frac{\sigma_{xK}/\sigma_{xK}^0}{1} + \frac{\sigma_{yK}/\sigma_{yK}^0}{2{,}57} = 1.$$

Die Linien für α und $1/\alpha$ sind symmetrisch bezüglich der Winkelhalbierenden.

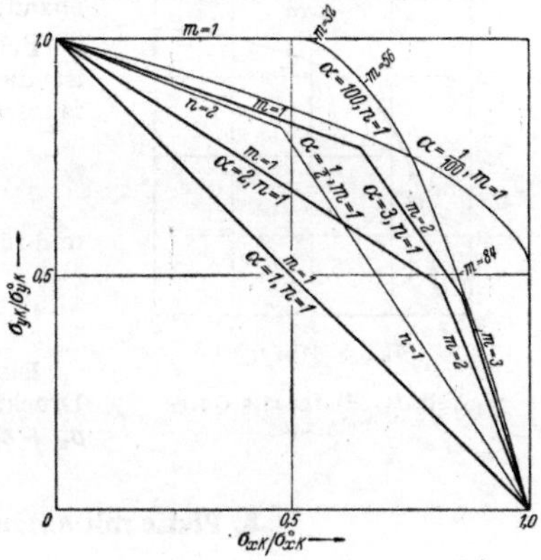

Abb. 70. Gegenseitige Abhängigkeit der Beulspannungen (zu Abb. 68)

5. Allseitig gedrückte Platte mit Querbelastung

Wir betrachten das Plattenfeld Abb. 68, jedoch mit der sinusförmigen Querbelastung

$$q_z(x, y) = q_{rs}\cdot\sin r\pi x/a\cdot\sin s\pi y/b, \tag{68}$$

wobei r und s beliebige ganze Zahlen sein sollen. Für den Lösungsansatz beschränken wir uns auf

$$w(x, y) = w_{rs}\cdot\sin r\pi x/a\cdot\sin s\pi y/b + w_{mn}\cdot\sin m\pi x/a\cdot\sin n\pi y/b. \tag{68a}$$

Setzt man dies in Differentialgl. (64) ein, so wird erhalten

$$\sin\frac{r\pi x}{a}\cdot\sin\frac{s\pi y}{b}\left[w_{rs}\left\{\left[\left(\frac{r}{a}\right)^2+\left(\frac{s}{b}\right)^2\right]^2-\left(\frac{1}{b}\right)^2\left[\frac{\sigma_x}{\sigma_e}\left(\frac{r}{a}\right)^2+\frac{\sigma_y}{\sigma_e}\left(\frac{s}{b}\right)^2\right]\right\}-\frac{q_{rs}}{\pi^4 K}\right]$$
$$+\sin\frac{m\pi x}{a}\cdot\sin\frac{n\pi y}{b}\cdot w_{mn}\left[\left[\left(\frac{m}{a}\right)^2+\left(\frac{n}{b}\right)^2\right]^2-\left(\frac{1}{b}\right)^2\left[\frac{\sigma_x}{\sigma_e}\left(\frac{m}{a}\right)^2+\frac{\sigma_y}{\sigma_e}\left(\frac{n}{b}\right)^2\right]\right]=0. \tag{68b}$$

Diese Gleichung ist für beliebige Werte x, y (d. h. identisch) erfüllt, wenn die Faktoren der beiden Sinusglieder gleichzeitig verschwinden.

1. Aus der ersten Bedingung folgt

$$w_{rs} = \frac{\left(\dfrac{b}{\pi}\right)^2\dfrac{q_{rs}}{t\sigma_e}}{\left[\left(\dfrac{r}{\alpha}\right)^2+s^2\right]^2-\left[\dfrac{\sigma_x}{\sigma_e}\left(\dfrac{r}{\alpha}\right)^2+\dfrac{\sigma_y}{\sigma_e}s^2\right]}. \tag{69}$$

Die Amplitude w_{rs} ist von endlicher Größe, solange der Nenner des Bruches $N > 0$ ist. $N = 0$ ist aber nichts anderes als die Beulbedingung Gl. (67). Die Parameter r, s haben vorgegebene Werte, die im allgemeinen nicht der kleinsten kritischen

Intensität von σ_{xK} und σ_{yK} entsprechen werden. Sodann ist für die stabilen Gleichgewichtslagen $N \neq 0$.

2. Die zweite Bedingung $w_{mn} \cdot [\ ] = 0$ liefert 2 Lösungen. Für beliebige Werte σ_x, σ_y ist $[\ ] \neq 0$. Es muß also $w_{mn} = 0$ sein, d. h. die zweite Komponente der Biegefläche verschwindet und in Gl. (68a) verbleibt nur w_{rs}. Die zweite Lösung $w_{mn} \neq 0$ verlangt $[\ ] = 0$; dies ist identisch mit der Beulbedingung Gl. (67).

Da die Parameter m und n (im Gegensatz zu r, s) beliebige Werte annehmen können, gilt folgendes: Bei steigender Belastung haben wir zunächst eine Gleichgewichtsaufgabe, d. h. die Ausbiegungen w_{rs} nehmen gemäß Gl. (69) zu, während $w_{mn} = 0$ bleibt. Für den Minimal-Spannungszustand $\sigma_{xK}(m', n')$, $\sigma_{yK}(m', n')$ wird die Biegefläche labil. Die Amplitude $w_{m'n'}$ kann dann beliebig groß sein. Ist die Form der Querbelastung zufällig gleich der Minimalbeulfläche ($r = m'$ und $s = n'$), dann geht bei Annäherung an die kleinste Beulbelastung $N \to 0$ und $w_{rs} \to \infty$, d. h. es tritt Biegebruch ein. In den anderen Fällen ($r \neq m'$ oder $s \neq n'$) wird durch die Querbelastung q_{rs} an der Beulspannung nichts geändert.

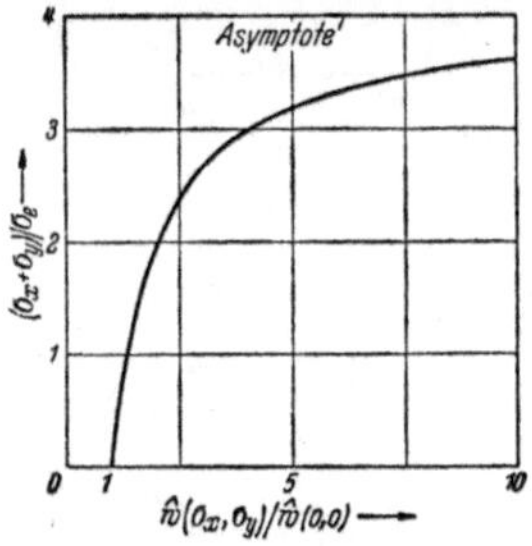

Abb. 71. Platte mit Querbelastung

Beispiel. Für den Sonderfall $\alpha = 1$, $r = s = 1$ ist die Mitteldurchbiegung der Platte im Anfangszustand ($\sigma_x = \sigma_y = 0$) gleich

$$\hat{w}\,(0, 0) = \frac{q}{4\,K}\left(\frac{b}{\pi}\right)^4 \tag{69a}$$

und für beliebige Spannungen

$$\hat{w}\,(\sigma_x, \sigma_y) = \frac{\hat{w}\,(0, 0)}{1 - (\sigma_x + \sigma_y)/4}. \tag{69b}$$

Die Zunahme der Durchbiegung mit der Druckbelastung (es kommt nur auf die Summe $\sigma_x + \sigma_y$ an) ist in Abb. 71 dargestellt.

6. Platte mit anfänglicher Ausbiegung

Bei verschwindender Belastung $\sigma_x = \sigma_y = \tau = 0$ sei eine Ausbiegung $w_0(x, y)$ vorhanden. In diesem Anfangszustand sei die Platte spannungslos.

Für die von den Krümmungen abhängigen Spannungsgrößen M_x, M_y, M_{xy} sowie für Q_x und Q_y bleiben die Gl. (59) bzw. (60) gültig, es ist darin lediglich w durch $(w - w_0)$ zu ersetzen:

$$M_x = -K\left\{\frac{\partial^2(w - w_0)}{\partial x^2} + \mu\,\frac{\partial^2(w - w_0)}{\partial y^2}\right\} \text{ usw.}$$

Die Gleichgewichtsbedingungen Gl. (58) hängen nur von den geometrischen Verhältnissen ab, sie bleiben unverändert gültig. Anstatt Gl. (62) bzw. (64) folgt daher als Differentialgleichung für die Biegung durch q_z und durch die Belastungen σ_x, σ_y und τ:

$$\frac{\partial^4(w - w_0)}{\partial x^4} + 2\,\frac{\partial^4(w - w_0)}{\partial x^2\,\partial y^2} + \frac{\partial^4(w - w_0)}{\partial y^4} + \left(\frac{\pi}{b}\right)^2 \cdot \left(\frac{\sigma_x}{\sigma_e}\,\frac{\partial^2 w}{\partial x^2} + 2\,\frac{\tau}{\sigma_e}\,\frac{\partial^2 w}{\partial x\,\partial y} + \frac{\sigma_y}{\sigma_e}\,\frac{\partial^2 w}{\partial y^2}\right) = \frac{q_z}{K}. \tag{70}$$

Die anfängliche Ausbiegung habe die Form

$$w_0(x, y) = w_{rs}^0 \sin r\pi x/a \cdot \sin s\pi y/b. \tag{71}$$

Für das folgende sei $\tau = 0$ und $q_z = 0$ vorausgesetzt. Als Lösung der Differentialgl. (70) versuchen wir

$$w(x, y) = w_{rs} \sin r\pi x/a \cdot \sin s\pi y/b + w_{mn} \sin m\pi x/a \cdot \sin n\pi y/b. \tag{71a}$$

Setzt man dies in Gl. (70) ein, so folgt

$$\sin\frac{r\pi x}{a}\cdot\sin\frac{s\pi y}{b}\cdot\left\{(w_{rs}-w_{rs}^0)\left[\left(\frac{r}{a}\right)^2+\left(\frac{s}{b}\right)^2\right]^2-\left(\frac{1}{b}\right)^2 w_{rs}\left[\frac{\sigma_x}{\sigma_e}\left(\frac{r}{a}\right)^2+\frac{\sigma_y}{\sigma_e}\left(\frac{s}{b}\right)^2\right]\right\}$$

$$+\sin\frac{m\pi x}{a}\cdot\sin\frac{n\pi y}{b}\cdot w_{mn}\left\{\left[\left(\frac{m}{a}\right)^2+\left(\frac{n}{b}\right)^2\right]^2-\left(\frac{1}{b}\right)^2\left[\frac{\sigma_x}{\sigma_e}\left(\frac{m}{a}\right)^2+\frac{\sigma_y}{\sigma_e}\left(\frac{n}{b}\right)^2\right]\right\}=0. \tag{71b}$$

Diese Gleichung ist identisch erfüllt, wenn die Faktoren der beiden Sinusglieder gleichzeitig verschwinden.

1. Aus der ersten Bedingung folgt

$$w_{rs}=\frac{w_{rs}^0}{1-\dfrac{\dfrac{\sigma_x}{\sigma_e}\left(\dfrac{r}{\alpha}\right)^2+\dfrac{\sigma_y}{\sigma_e}s^2}{\left[\left(\dfrac{r}{\alpha}\right)^2+s^2\right]^2}}. \tag{72}$$

Sei N der Nenner dieses Bruches, dann ist $N = 0$ identisch mit der Beulbedingung Gl. (67).

2. Die zweite Bedingung ist zunächst erfüllt für den trivialen Wert $w_{mn} = 0$. Sie ist aber auch bei beliebigem Wert w_{mn} erfüllt durch $\{\ \} = 0$, was wieder mit der Beulbedingung Gl. (67) übereinstimmt.

Die Zusammenhänge entsprechen somit denen in Z. 5. Ähnliches gilt auch, wenn man allgemeine Funktionen q_{rs} bzw w_{rs}^0 in *Fourier*sche Reihen entwickelt. Man vgl. die Bemerkungen zur Stabknickung S. 981.

Bemerkung über Störungen. Die möglichen Ursachen für Abweichungen vom theoretischen Zustand sind bei Platten im Prinzip die gleichen wie bei Stäben, vgl. S. 967. Da die Plattenfelder im Verhältnis zu deren Größe ziemlich dünn sind, ist es in der Praxis oft schwer, die Platten ausreichend eben zu halten. Bei Platten ist daher die wichtigste Störung im allgemeinen die anfängliche Ausbiegung.

Auf der anderen Seite sind Platten nach der Ausbeulung im allgemeinen in viel günstigerer Lage als Stäbe nach dem Ausknicken. Es besteht nämlich meist die Möglichkeit einer Umlagerung der Kräfte, so daß die Tragfähigkeit des Systems noch nicht erschöpft ist, wenn Ausbeulungen eintreten.

7. Weitere Belastungsfälle mit gleichmäßigem Längsdruck

Es sei $\sigma_x = \sigma =$ konst., $\sigma_y = \tau = 0$. Einzelheiten vgl. Literatur und DIN 4114. Wir betrachten zunächst den Einfluß von eingespannten Rändern auf die Beulspannungen.

a) Zwei eingespannte Querränder, die Längsränder gelenkig gestützt. Die Biegefläche hat die Form

$$w(x,y)=\sin\pi y/b\cdot\{A\sin\lambda_1\pi x/b+B\sin\lambda_2\pi x/b+C\cos\lambda_1\pi x/b+D\cos\lambda_2\pi x/b\}, \tag{73}$$

$$\text{wenn}\quad \lambda_{1,2}=(\sqrt{k}\pm\sqrt{k-4})/2,\ \text{mit}\ \lambda_1>\lambda_2, \tag{73a}$$

bezeichnet.

Aus den Randbedingungen $w = 0$, $\partial w/\partial x = 0$ für $x = -a/2$ und $x = +a/2$ (vgl. Abb. 72a) ergibt sich nach einfacher Umformung die Determinante

$$\begin{array}{cccc} A & B & C & D \\ \hline \end{array}$$
$$\begin{vmatrix} - & - & \cos\lambda_1\pi\alpha/2 & \cos\lambda_2\pi\alpha/2 \\ - & - & \lambda_1\sin\lambda_1\pi\alpha/2 & \lambda_2\sin\lambda_2\pi\alpha/2 \\ \sin\lambda_1\pi\alpha/2 & \sin\lambda_2\pi\alpha/2 & - & - \\ \lambda_1\cos\lambda_1\pi\alpha/2 & \lambda_2\cos\lambda_2\pi\alpha/2 & - & - \end{vmatrix} \tag{74}$$

Ausgerechnet ist

$$\Delta = \Delta(C, D)\cdot\Delta(A, B) = (\lambda_2\cos\lambda_1\pi\alpha/2\cdot\sin\lambda_2\pi\alpha/2 - \lambda_1\sin\lambda_1\pi\alpha/2\cdot\cos\lambda_2\pi\alpha/2)$$
$$\cdot(\lambda_2\sin\lambda_1\pi\alpha/2\cdot\cos\lambda_2\pi\alpha/2 - \lambda_1\cos\lambda_1\pi\alpha/2\cdot\sin\lambda_2\pi\alpha/2). \quad (74\text{a})$$

Im vorliegenden Fall ist wegen der Einspannung $k > 4$, also $\lambda_2 \neq \lambda_1$. Wegen $\lambda_1 > 1$ folgt $\cos\lambda_1\pi\alpha/2 \neq 0$ und wegen $\lambda_2 = 1/\lambda_1 < 1$ ebenso $\cos\lambda_2\pi\alpha/2 \neq 0$. Die Beulbedingung kann man also auch schreiben

$$\left(\lambda_1\pi\alpha/2\cdot\operatorname{tg}\lambda_1\pi\alpha/2 - \lambda_2\pi\alpha/2\cdot\operatorname{tg}\lambda_2\pi\alpha/2\right)\cdot\left(\frac{\operatorname{tg}\lambda_1\pi\alpha/2}{\lambda_1\pi\alpha/2} - \frac{\operatorname{tg}\lambda_2\pi\alpha/2}{\lambda_2\pi\alpha/2}\right) = 0. \quad (74\text{b})$$

Diese Bedingung kann erfüllt werden 1. durch

$$\Delta(C, D) = \lambda_1\pi\alpha/2\cdot\operatorname{tg}\lambda_1\pi\alpha/2 - \lambda_2\pi\alpha/2\cdot\operatorname{tg}\lambda_2\pi\alpha/2 = 0, \quad (74\text{c})$$

was die symmetrischen Beulformen liefert, oder 2. durch

$$\Delta(A, B) = \frac{\operatorname{tg}\lambda_1\pi\alpha/2}{\lambda_1\pi\alpha/2} - \frac{\operatorname{tg}\lambda_2\pi\alpha/2}{\lambda_2\pi\alpha/2} = 0, \quad (74\text{d})$$

woraus man die antisymmetrischen Beulformen erhält.

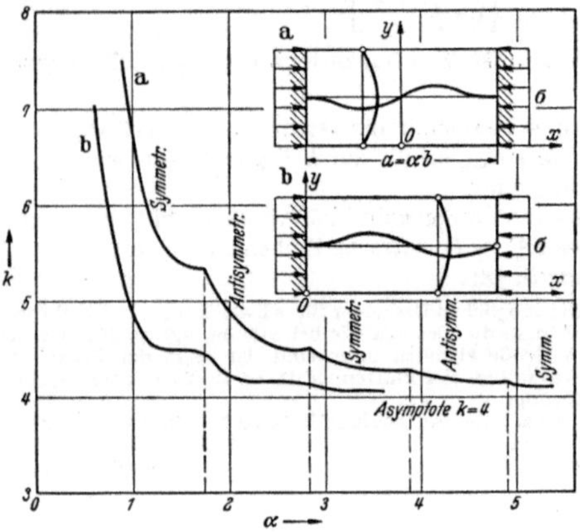

Abb. 72. Beulwerte von Platten mit eingespannten Querrändern

Die Beulspannungen sind wieder $\sigma_K = k\sigma_e$, die Beulwerte $k = (\lambda + 1/\lambda)^2 = k(\alpha)$ sind in Abb. 72a dargestellt. Man erkennt, daß der Einfluß der starren Einspannung an den Querrändern verhältnismäßig klein ist. Bei $\alpha = 1$ ist $k = 6{,}75$ (gegenüber 4 bei gelenkiger Stützung), für größeres α nähert sich k dem Wert 4. Z. B. für $\alpha = 10$ ist $k = 4{,}04$, d. h. der Einfluß ist nur noch 1%. Vgl. *F. Schleicher* [*64*].

Der Einfluß einer elastischen Einspannung ist noch geringer als in obigem Fall, so daß es im allgemeinen und besonders bei längeren Platten zweckmäßig ist, diesen Einfluß zu vernachlässigen.

b) Ein Querrand eingespannt, die drei anderen Ränder gelenkig gestützt. Für den Fall Abb. 72b benutzt man den gleichen Ansatz und die Randbedingungen

$$w = 0 \quad\text{und}\quad \partial w/\partial x = 0 \quad\text{für}\quad x = 0,$$
$$w = 0 \quad\text{und}\quad \partial^2 w/\partial x^2 = 0 \quad\text{für}\quad x = a.$$

Die Beulbedingung $\Delta = 0$ wird

$$(\lambda_1^2 - \lambda_2^2)\cdot\left(\frac{\operatorname{tg}\lambda_1\pi\alpha}{\lambda_1\pi\alpha} - \frac{\operatorname{tg}\lambda_2\pi\alpha}{\lambda_2\pi\alpha}\right) = 0. \quad (75)$$

$$\text{Wegen } \lambda_1^2 - \lambda_2^2 = \sqrt{k\,(k-4)} > 0$$

muß der zweite Faktor von Gl. (75) null sein, was man beim Vergleich mit Gl. (74d) als die Bedingung für die antisymmetrische Beulung einer Platte mit beiderseitiger Einspannung nach Abb. 72a erkennt, jedoch mit der doppelten Länge (2α statt α). Die zugehörigen Beulwerte k sind von dort zu entnehmen, man vgl. Abb. 72.

c) Zwei eingespannte Längsränder. Für den in Abb. 73 dargestellten Beulfall ist die Beulfläche von der Form $w(x, y) = \sin m\pi x/a\cdot Y(y)$. Der Kleinstwert der

Beulspannung entspricht $k = 6{,}97$, gegenüber 4,0 bei gelenkiger Auflagerung. Die zugehörige Beulenlänge ist etwa $\alpha_1 = 2/3$.

Der Einfluß der Einspannung auf den Beulwert ist hier nur 75%. Dabei ist zu bedenken, daß es praktisch ungemein schwierig ist, die starre Einspannung eines Plattenrandes zu verwirklichen.

Die Betrachtung der Fälle a) bis c) zeigt, daß der Einfluß der Einspannung nicht überschätzt werden darf. Der Einfluß verringert sich noch weiter, wenn die Beulung im plastischen Bereich erfolgt.

Über mehrere, ungleich große Felder durchlaufende Platten haben eine ähnliche Wirkung wie die Randeinspannung.

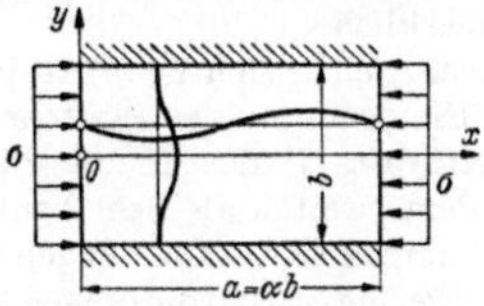

Abb. 73. Beide Längsränder eingespannt

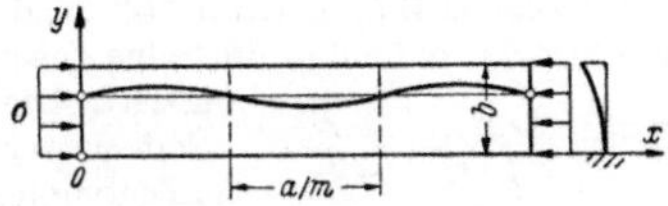

Abb. 74. Ein Längsrand frei, der zweite eingespannt

d) Plattenstreifen mit einem freien Längsrand, der zweite eingespannt. Für Abb. 74 ist die Beulfläche von der Form

$$w(x, y) = \sin m\pi x/a \cdot Y(y).$$

Im vorliegenden Fall ist der Beulwert nicht nur, wie bei den bisher betrachteten Randbedingungen, allein von dem Seitenverhältnis α abhängig, sondern auch von der Querzahl μ. Für den freien Rand $y = b$ muß sein

$$\left.\begin{aligned} M_y &= \frac{\partial^2 w}{\partial y^2} + \mu \frac{\partial^2 w}{\partial x^2} = 0, \\ V_y &= \frac{\partial^3 w}{\partial y^3} + (2-\mu) \frac{\partial^3 w}{\partial x^2 \partial y} = 0. \end{aligned}\right\} \qquad (76)$$

Der Kleinstwert von $k = k(\alpha)$ tritt, fast unabhängig von μ, für die Beulenlänge $\alpha/m = 1{,}63$ ein, die Werte k sind jedoch stark von μ abhängig. Für die Beurteilung des Gesamteinflusses ist zu beachten, daß auch σ_e von μ abhängt. Die Tabelle 4 gibt k und die Beulspannung $\sigma_K = k\pi^2 E/12\,(1-\mu^2) \cdot (t/b)^2 = \sigma^* \cdot (t/b)^2$

Tabelle 4 (nach *F. Schleicher* [66])

	$\mu = 0{,}25$		0,3		0,5	
α	k	σ^*	k	σ^*	k	σ^*
1	1,698	3128	1,651	3134	1,404	3233
2	1,386	2553	1,337	2538	1,112	2561
5	1,330	2450	1,281	2431	1,056	2432
∞	1,329	2448	1,280	2429	1,054	2427
		t/cm²		t/cm²		t/cm²

(77)

Bei der Beulspannung σ_K heben sich die Einflüsse von μ in k und in σ_e danach weitgehend auf.

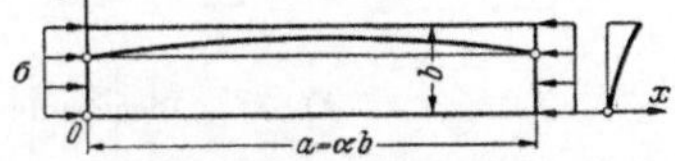

Abb. 75. Ein Längsrand frei, der zweite gelenkig gestützt

e) Desgl., zweiter Längsrand gelenkig gestützt. Für Abb. 75 ist die Beulfläche von der Form

$$w(x, y) = \sin \pi x/a \cdot Y(y).$$

Im vorliegenden Fall ist $m = 1$ maßgebend, der Beulwert ist in guter Annäherung

$$k = \frac{0{,}976}{\alpha^2} + \frac{6}{\pi^2}(1-\mu) \quad [\text{für } \mu < 0{,}5]. \qquad (78)$$

Beulwerte k und Beulspannungen $\sigma_K = \sigma^* (t/b)^2$ sind in der Tabelle 5 angegeben.

Tabelle 5 (nach *F. Schleicher* [66])

	$\mu = 0{,}25$		0,3		0,5	
α	k	σ^*	k	σ^*	k	σ^*
1	1,434	2641	1,402	2661	1,213	2794
2	0,698	1286	0,668	1268	0,529	1218
5	0,494	910	0,464	881	0,340	783
∞	0,456	840	0,426	809	0,304	701
		t/cm²		t/cm²		t/cm²

(79)

Für diesen Fall ist der Einfluß von μ hiernach merklich.

Gleichschenklige Winkel (Abb. 76). Beide Schenkel drehen sich beim Ausbeulen um die Achse M, ohne daß dort eine gegenseitige Einspannung der Plattenränder auftritt. Die Auflagerkräfte V des ersten Plattenstreifens werden in dem zweiten als Scheibenkräfte aufgenommen und umgekehrt. Die zugehörigen Formänderungen sind gering, so daß die obigen Werte auch hier genügend zutreffen.

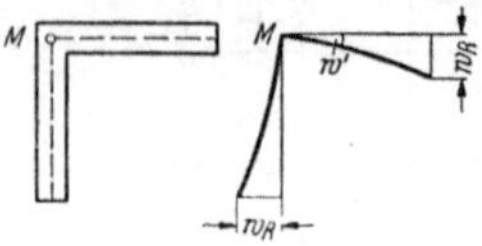

Abb. 76. Drillknicken

Die Drehung des Querschnittes erfolgt um den Schubmittelpunkt, so daß man den Vorgang auch als *Drillknicken* bezeichnen kann. Ähnliches gilt für den ungleichschenkligen Winkel mit den Seitenlängen b_1 und b_2. Es findet hier jedoch eine gegenseitige elastische Randeinspannung statt, so daß die kritische Spannung zwischen den Werten $\sigma_K(b_1)$ und $\sigma_K(b_2)$ liegt. Versuche mit Winkelstäben s. *C. F. Kollbrunner* [72].

8. Biegung und außermittiger Druck

Bei gelenkig gestützten Querrändern ist die Beulfläche für alle diese Belastungsfälle $w(x, y) = \sin m\pi x/a \cdot Y(y)$, so daß es genügt, eine Welle von der Länge $\alpha_1 = \alpha/m$ zu betrachten.

a) Biegung α) Längsränder gelenkig gestützt.

Abb. 77a zeigt die Höhenschichtlinien der ausgebeulten Platte. Aus der starken Unsymmetrie der Biegelinie (Abb. 77b) erkennt man die „Einspannung durch die Zugzone". Die Abhängigkeit $k = k(\alpha)$ ist aus Abb. 77c zu ersehen.

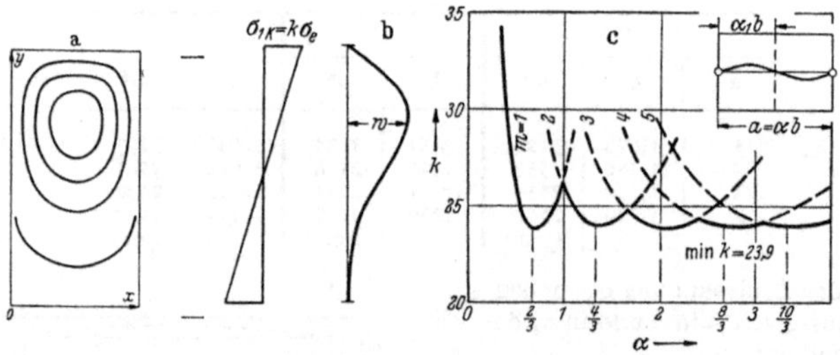

Abb. 77. Biegebeulung (4 Ränder gelenkig gestützt)

Der Kleinstwert ${}_{\min}k = 23{,}9$ tritt ein für die Beulenlänge $\alpha' = 0{,}667$. DIN 4114, Z. 17 gibt die Formel

$$k = 15{,}87 + 1{,}87/\alpha^2 + 8{,}6\,\alpha^2 \quad (\text{für } \alpha < 2/3). \tag{80}$$

Quersteifen in $\alpha_1 = 2/3$ Abstand bringen danach noch keine Vergrößerung der Beulspannung. Doppelte Anzahl der Steifen ($\alpha_1 = 1/3$) hebt den Beulwert nur auf $k = 33{,}7$, d. h. auf das 1,41fache von 23,9.

β) Druckrand gelenkig gestützt, Zugrand eingespannt (Abb. 78a). Der Kleinstwert ist ${}_{\min}k = 24{,}48$ für die Beulenlänge $\alpha' = 0{,}66$. Der Unterschied gegen Fall α) ist also belanglos. Die Einspannung durch die Zugzone ist bereits so stark, daß die starre Einspannung des gezogenen Plattenrandes keine wesentliche Veränderung mehr bringt. Vgl. *K. Nölke* [*62*] S. 424.

γ) Beide Längsränder eingespannt (Abb. 78b).

Der Kleinstwert ${}_{\min}k = 39{,}6$ tritt für die Beulenlänge $\alpha' = 0{,}475$ ein. Die Werte für Abb. 78b lassen sich darstellen durch

$$k = 21{,}4 + 1{,}996/\alpha^2 + 41{,}5\,\alpha^2 \quad (\text{für } 0{,}3 < \alpha < 0{,}7) \tag{81}$$

Gl. (81) gilt für $m = 1$, bei längeren Platten ist $\alpha_1 = \alpha/m$ einzusetzen. Der Übergang von $m = 1$ auf 2 Halbwellen erfolgt für $\alpha_1 =$ rd. 2/3, der zugehörige Beulwert ist $k = 44{,}1$, d. h. rd. 12% größer als der Mindestwert. Vgl. *K. Nölke* [*62*] S. 417 bzw. S. 111.

b) *Außermittiger Druck*

Die Randspannungen seien $\sigma_{1K} = k\sigma_e$ und $\psi\sigma_{1K}$, wobei $\psi \leqq 1$ Druck ist.

Es bedeutet $\psi = +1$: gleichmäßigen Druck; $\psi = 0$: Dreieckbelastung und $\psi = -1$: Reine Biegung.

Für die Rechteckplatte mit gelenkiger Stützung an den Querrändern geben *C. F. Kollbrunner* und *G. Herrmann* [*76*] die folgende Tabelle 6 der kleinsten Beulspannungen und der zu ${}_{\min}k$ zugehörigen Beulenlängen α'.

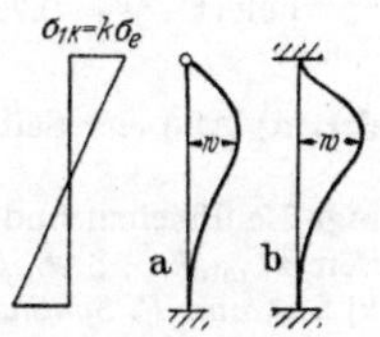

Abb. 78. Biegebeulung (Längsränder eingespannt)

Tabelle 6. *Beulwerte* ${}_{\min}k$ *und Beulenlängen* α'.

$a=\alpha b$, b, t	Fall a $\psi=0$		$+1$		Fall b 0		-1	
	min k	für α'	min k	für α'	min k	für α'	min k	für α'
	7,81	0,98	4,00	1,00	7,81	0,98	23,9	0,67
	13,56	0,65	6,97	0,67	13,56	0,65	39,6	0,47
	12,16	0,77	5,40	0,79	9,89	0,80	24,5	0,66
	6,26	1,58	1,28	1,63	1,64	1,67	2,14	1,67
	1,71	∞	0,425	∞	0,57	∞	0,85	∞

(82)

9. Schub

Auch im Fall der „reinen Schubbeanspruchung" kann die Beulspannung durch $\tau_K = k\sigma_K$ dargestellt werden. Es ist dabei zweckmäßig, für b die kürzere Plattenseite zu wählen. Da die auf $\sigma_{ea} = \sigma_{eb}/\alpha^2$ bezogene Beulspannung $\tau_K = k(1/\alpha)\cdot\sigma_{ea}$ bei gleichartiger Stützung aller vier Ränder ebenso groß sein muß wie $\tau_K = k(\alpha)\cdot\sigma_{eb}$, gilt

$$k(1/\alpha) = \alpha^2\cdot k(\alpha). \tag{83}$$

a) Gelenkig gestützte Ränder. Die k-Werte (Abb. 79) sind dafür genügend genau

$$k = 5{,}34 + 4{,}00/\alpha^2 \quad \text{für} \quad \alpha > 1,$$
$$k = 4{,}00 + 5{,}34/\alpha^2 \quad \text{für} \quad \alpha < 1. \tag{84}$$

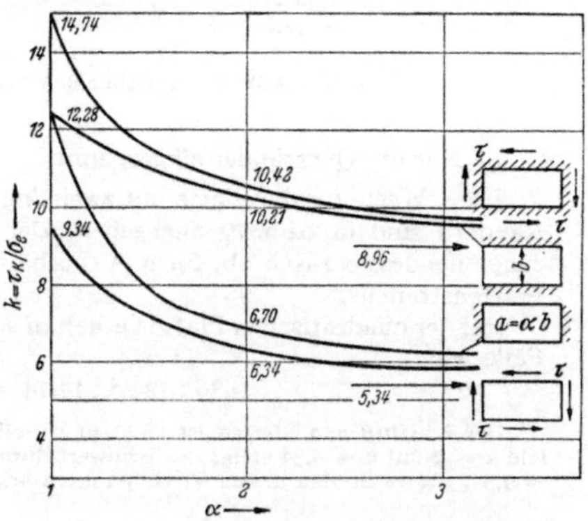

Abb. 79. Beulwerte für Schubbelastung

Die Beulfläche weist bei Schubbeulung im allgemeinen keine Symmetrieachsen auf

(Abb. 80). Für sehr lange Plattenstreifen ($\alpha \to \infty$) ist die Beulfläche periodisch und die Beulenlänge gleich $\alpha_1 = 1{,}25$, vgl. *E. Seydel* [*92*] S. 176.

Eine gute Vorstellung der Beulform eines langen Plattenstreifens erhält man nach *S. Timoshenko* [*70*] S. 157 durch den Näherungsansatz

$$w(x, y) = A \cdot \sin \pi y/b \cdot \sin \pi (x - \gamma y)/a_1. \tag{85}$$

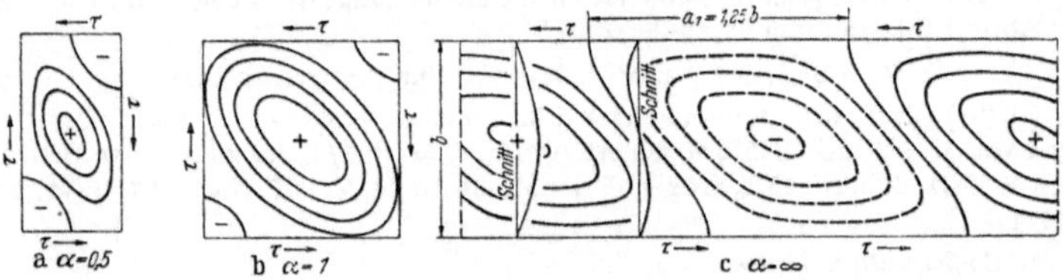

Abb. 80. Schubbeulen (gelenkige Stützung)

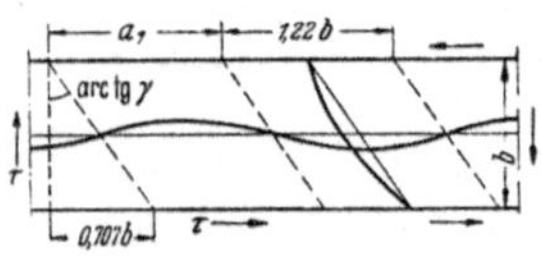

Abb. 81. Schubbeulung (Näherung nach *Timoshenko* [*70*])

Die Schnitte $y = \text{const.}$ sind Sinuslinien, ebenso die schrägen Geraden mit der Neigung $y' = 1/\gamma$. Die Randbedingungen werden durch Gl. (85) nicht erfüllt, die Näherung ist aber trotzdem recht brauchbar (Abb. 81).

Die Minimalbedingung liefert $\gamma = 0{,}707$, $a_1 = 1{,}224\, b$ und ${}_{\min}k = 5{,}66$.

b) Eingespannte Ränder. α) Alle vier Seiten eingespannt.

Die Beulwerte $k = k(\alpha)$ sind in Abb. 79 aufgetragen. Einige Beulflächen sind in Abb. 82 dargestellt. Für den unendlich langen Plattenstreifen ist ${}_{\min}k = 8{,}96$, die zugehörige Beulenlänge ist etwa $\alpha_1 = 0{,}8$. Vgl. *S. Iguchi* [*89*] S. 7 und *R. Southwell* u. *S. Skan* [*93*].

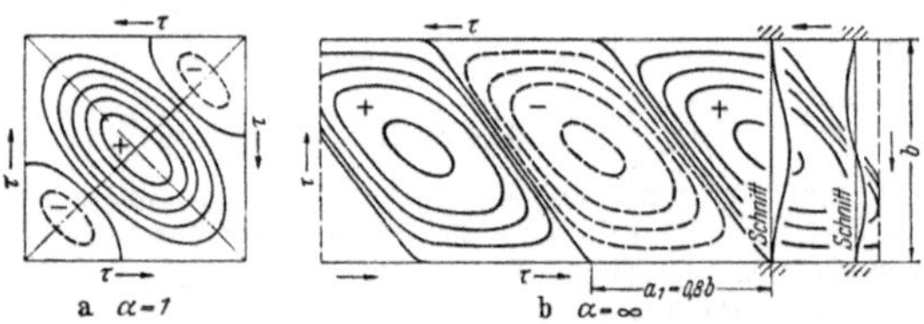

Abb. 82. Schubbeulen (eingespannte Ränder)

β) Nur die Querränder eingespannt.

Die k-Werte für die Platte mit zwei eingespannten und zwei gelenkig gestützten Rändern sind in Abb. 79 angegeben. Der Einfluß der Einspannung nimmt mit zunehmendem α rasch ab, für $\alpha \to 0$ erhält man den Grenzfall des eingespannten Plattenstreifens.

Bei der quadratischen Platte verhalten sich die k-Werte für die drei betrachteten Fälle wie

$$9{,}34 : 12{,}28 : 14{,}74 = 1 : 1{,}31 : 1{,}58.$$

Der *Einfluß von Steifen* ist nicht unmittelbar abzuschätzen. Z. B. bei einem Plattenfeld $\alpha = 2$ mit $k = 6{,}34$ steigt der Beulwert durch eine starre Quersteife auf mehr als $k(1) = 9{,}34$. Starre Steifen in den Viertelpunkten bringen $k\,(0{,}5) > 25{,}36$.

Literatur über Schubbeulung

S. [87] bis [93], S. 1046 — *O. Stein* [68] — *S. Timoshenko* [70].

10. Gleichzeitige Wirkung von Druck und Schub

a) Biegung und Schub. Für die Stabilitätsuntersuchung wird der Spannungszustand vereinfacht, und zwar in 1. reine Biegung und 2. reiner Schub. Die Schubspannungen werden über die Breite b gleichmäßig verteilt (Mittelwert $\tau = Q/bt$), die Biegespannungen an den beiden Querrändern des Plattenfeldes werden als gleich groß angenommen. Untersuchung des Endfeldes vollwandiger Träger s. *E. Chwalla* [54].

Wirkt auf das Plattenfeld nur einer der beiden idealisierten Spannungszustände, so können die betr. Beulspannungen nach Z. 8 bzw. nach Z. 9 berechnet werden. Wir bezeichnen mit σ_{1K}^0 die Beulspannung bei Belastung nur durch Biegung ($\tau = 0$) und mit τ_K^0 die bei Belastung nur durch Schub ($\sigma_1 = 0$).

Wirken σ_1 und τ gleichzeitig, so tritt Beulung schon unter Beulspannungen $\sigma_{1K} < \sigma_{1K}^0$ und $\tau_K < \tau_K^0$ ein. Die Größe des Abfalles hängt außer von der Randstützung und vom Seitenverhältnis α auch von dem Verhältnis τ/σ_1 ab. Abb. 83 zeigt die zusammengehörigen Beulwerte τ_K/σ_e und σ_{1K}/σ_e für das Seitenverhältnis $\alpha = 0{,}6$.

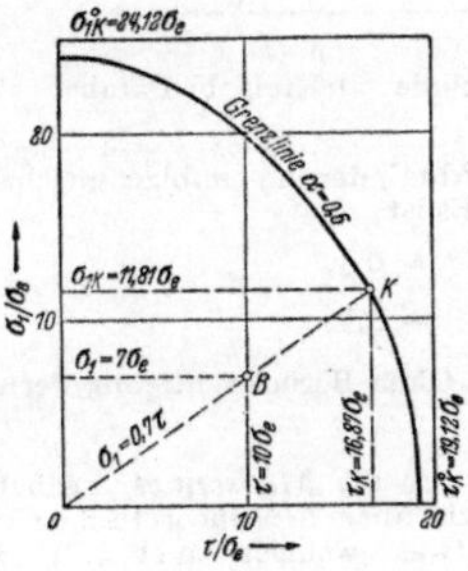

Abb. 83. Gleichzeitige Wirkung von Biegung und Schub ($\alpha = 0{,}6$)

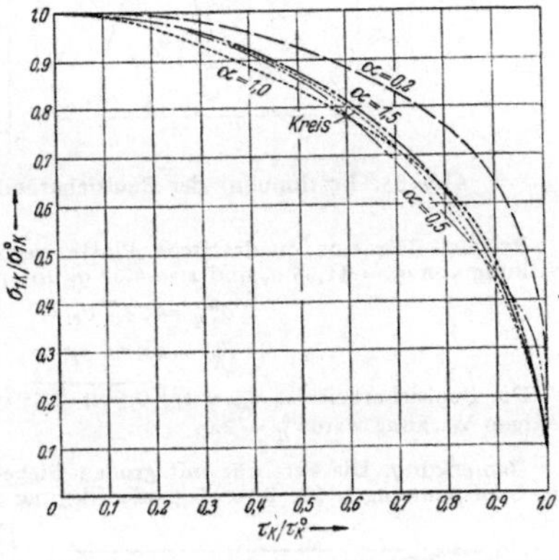

Abb. 84. Grenzlinien für Biegung und Schub

Punkte B (Koordinaten τ/σ_e und σ_1/σ_e), welche innerhalb der Grenzlinie liegen, entsprechen stabilen Belastungszuständen. Die Beulsicherheit ergibt sich aus dem Schnittpunkt K der Geraden OB mit der Grenzlinie. Es ist $\nu_B = \overline{OK}/\overline{OB}$, wenn σ_1 und τ im gleichen Verhältnis wachsen.

Die Darstellung der gegenseitigen Abhängigkeit von σ_{1K} und τ_K wird übersichtlicher, wenn man als Koordinaten nicht die Beulwerte aufträgt, sondern die Verhältniszahlen $\sigma_{1K}/\sigma_{1K}^0$ und τ_K/τ_K^0. Abb. 84 zeigt einige Grenzlinien für Biegung und Schub.

Die Kurven von Abb. 84 können, vielleicht abgesehen von $\alpha = 0{,}2$, in guter Annäherung durch einen Viertelkreis ersetzt werden, der zum Vergleich eingetragen ist.

Mit letzterer Vereinfachung kann die Beulsicherheit ν_B wie folgt bestimmt werden. Einem beliebigen Belastungszustand σ_1, τ entspricht in Abb. 85 a der Punkt „B". Die Grenzlinie sei ein Kreis mit dem Halbmesser 1, so daß die Beulsicherheit $\nu_B = 1/\overline{OB}$ ist oder

$$\frac{1}{\nu_B} = \sqrt{\left(\frac{\sigma_1}{\sigma_{1K}^0}\right)^2 + \left(\frac{\tau}{\tau_K^0}\right)^2}. \tag{86}$$

Für die Teilbelastungen kann man sinngemäß schreiben

$$\sigma_1/\sigma_{1K}^0 = 1/\nu_\sigma^0 \quad \text{und} \quad \tau/\tau_K^0 = 1/\nu_\tau^0.$$

Bei gleichzeitiger Belastung mit σ_1 und τ ist die Beulsicherheit bei Benutzung der „Kreisformel" also auch

$$1/\nu_B^2 = (1/\nu_\sigma^0)^2 + (1/\nu_\tau^0)^2. \tag{86a}$$

Die für die Höhe der Fließgefahr maßgebende Vergleichsspannung ist am Plattenrand $\sigma_V = \sqrt{\sigma_1^2 + 3\tau^2}$ und für die Beulbelastung

$$\sigma_{VK} = \nu_B \sigma_V = \frac{\sqrt{\sigma_1^2 + 3\tau^2}}{\sqrt{(\sigma_1/\sigma_{1K}^0)^2 + (\tau/\tau_K^0)^2}} \tag{87}$$

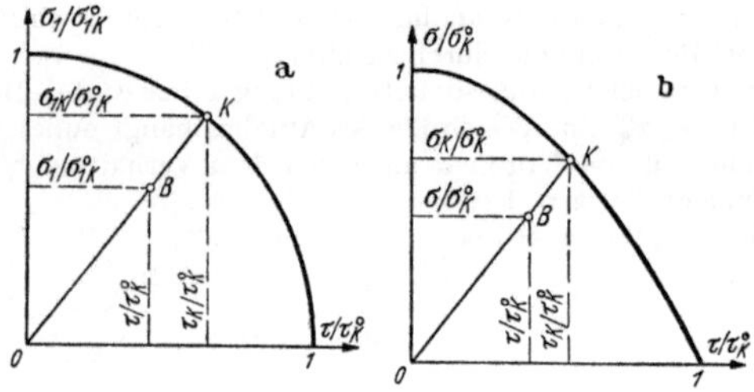

Abb. 85. Bestimmung der Beulsicherheit. Grenzlinie: a) Kreis, b) Parabel

Beispiel. Für eine quadratische Platte werde die Abminderung infolge gleichzeitiger Wirkung von $\sigma_1 = 11{,}95\,\sigma_e$ und $\tau = 4{,}67\,\sigma_e$ untersucht. Es ist

$$\sigma_{1K}^0 = 23{,}9\,\sigma_e, \qquad \sigma_1/\sigma_{1K}^0 = 0{,}5,$$
$$\tau_K^0 = 9{,}34\,\sigma_e, \qquad \tau/\tau_K^0 = 0{,}5.$$

Die Beulsicherheit ist $\nu_B = 1/\sqrt{0{,}5^2 + 0{,}5^2} = 1{,}414$. Ohne Berücksichtigung der gleichzeitigen Wirkung wäre $\nu_B^0 = 2{,}0$.

Bemerkung. Die Versuche mit großen Biegeträgern von *Ch. Massonnet* ergaben, daß die Beulspannungen für überwiegende Biegung erheblich über den theoretischen Werten lagen, etwas weniger auch für Schub. *Ch. Massonnet* empfiehlt deshalb, in Gl. 86 statt σ_{1K}^0 den Wert $1{,}2 \cdot \sigma_{1K}^0$ einzuführen, um den Einfluß der Randeinspannung schätzungsweise zu berücksichtigen.

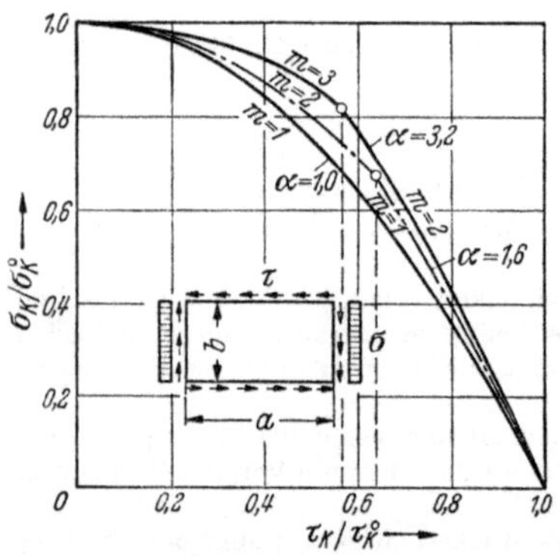

Abb. 86. Grenzlinie für Druck und Schub (nach *E. Chwalla* [55] S. 970)

b) Druck und Schub. α) Die an allen vier Rändern gelenkig gestützte Platte, welche gleichzeitig durch gleichmäßigen Druck und durch Schub belastet ist, wurde von *E. Chwalla* [55] untersucht. Gegenseitige Abhängigkeit der Beulspannungen vgl. Abb. 86. Für diesen Fall ist (Abb. 85b) die Parabel als Grenzlinie brauchbar

$$(\sigma_K/\sigma_K^0) = 1 - (\tau_K/\tau_K^0)^2. \tag{88}$$

Gl. (88) kann unter Verwendung von $\sigma_K = \nu_B \sigma$ und $\tau_K = \nu_B \tau$ auch geschrieben werden

$$\nu_B \cdot (\sigma/\sigma_K^0) = 1 - \nu_B^2 \cdot (\tau/\tau_K^0)^2,$$

woraus sich für die Beulsicherheit ergibt

$$1/\nu_B = (\sigma/2\,\sigma_K^0) + \sqrt{(\sigma/2\,\sigma_K^0)^2 + (\tau/\tau_K^0)^2}. \tag{88a}$$

Mit ν_σ^0 usw. kann man in anderer Form auch schreiben

$$1/\nu_B = (1/2\,\nu_\sigma^0) + \sqrt{(1/2\,\nu_\sigma^0)^2 + (1/\nu_\tau^0)^2}. \tag{88b}$$

β) Für die quadratische Platte mit vier eingespannten Rändern, die durch $\sigma_y = \sigma_x$ und τ belastet ist, ergibt sich die gegenseitige Abhängigkeit nach Abb. 87. Zum Vergleich ist die Parabel nach Gl. (88) eingetragen.

γ) Platte mit Mittelsteife unter der gleichzeitigen Wirkung von σ und τ vgl. Abb. 88.

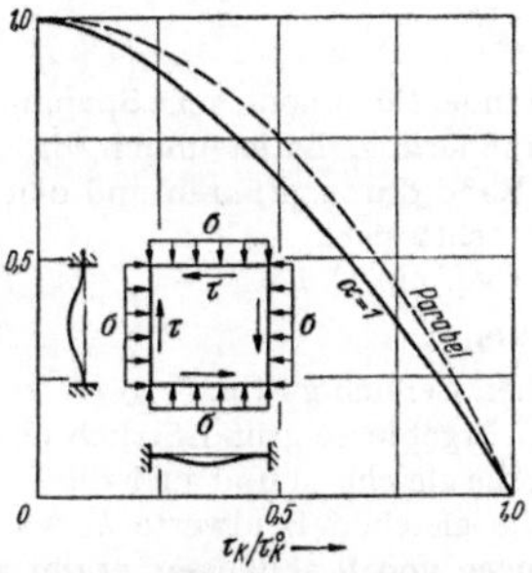

Abb. 87. Grenzlinie für allseitigen Druck und Schub ($\alpha = 1$) nach *S. Iguchi* [89] S. 11

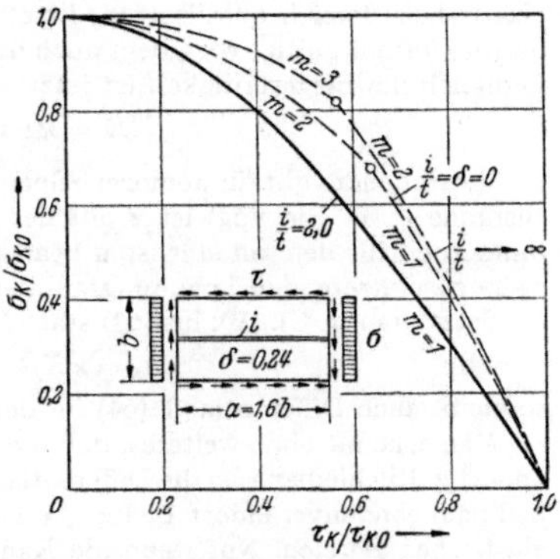

Abb. 88. Grenzlinie einer versteiften Platte nach *E. Chwalla* [55] S. 976

Weiteres Beispiel der gegenseitigen Abhängigkeit der Beulspannungen vgl. Abb. 70.

Aus vorstehenden Betrachtungen erkennt man, daß die Zusammenhänge in erheblichen Grenzen streuen. Man vgl. auch DIN 4114, Z. 17,3.

Literatur über die gegenseitige Abhängigkeit der Beulspannungen

E. Chwalla [54] u. [55]. *Ch. Massonnet* [58] u. [59]. *F. Schleicher* [65]. *O. Stein* [68]. *S. Timoshenko* [70]. *F. Wansleben:* Stahlbau 8 (1938) S. 110. *St. Way* [110].

11. Plastische Beulung

Voraussetzung für die Gültigkeit der bisherigen Überlegungen ist, daß das *Hooke*sche Gesetz gilt. Soweit plastische Beulung in Betracht kommt, bezeichnen wir die unter Voraussetzung einer unbegrenzten Gültigkeit des *Hooke*schen Gesetzes ermittelten „idealen Größen" durch den Index „i", während die Größen ohne „i" für den plastischen Zustand abgemindert sind (Beispiel σ_{Ki} und σ_K).

Überschreitet die kritische Beanspruchung die Proportionalitätsgrenze, so bedürfen die Formeln einer Korrektur. Die kritische Spannung ist abzumindern auf $\sigma_K = \varkappa_{\text{Platte}} \cdot \sigma_{Ki}$ usw.

Für die Abminderung wird meist die folgende *Hypothese* zurunde gelegt: Die Anstrengung der Platte wird gemessen durch die Vergleichsspannung σ_V nach der Hypothese der konstanten Gestaltänderungsenergie. Vgl. Abschn. *Stahlbau*, S. 565. Es wird angenommen, daß die kritische Vergleichsspannung σ_{VKi} für den ebenen Spannungszustand σ_x, σ_y, τ ebenso stark abgemindert wird, wie die *Euler*sche Knickspannung σ_{Ki} für einen Druckstab, falls $\sigma_{VKi} = \sigma_{Ki}$ ist.

Die *Engeßer-Kármán*schen Knickspannungen $\sigma_K(\lambda)$ für den Druckstab sind im allgemeinen bekannt (z. B. aus der Knickvorschrift), oder sie können aus der $\sigma - \varepsilon$-Linie des Werkstoffes berechnet werden, vgl. S. 984. Die Abminderungszahl errechnet sich dann aus $\varkappa_{\text{Stab}} = \sigma_K/\sigma_{Ki}$.

Die zugehörige Stabschlankheit (Vergleichsschlankheit) ist

$$\lambda = \pi \sqrt{E/\sigma_{VKi}}. \tag{89}$$

Nach der genannten Hypothese wird die Abminderungszahl $\varkappa_{\text{Stab}} = \varkappa_{\text{Platte}} = \varkappa$ gesetzt. Wie bei *F. Schleicher* [27] gezeigt ist, unterscheidet sich $\varkappa_{\text{Platte}}$ nur wenig von dem Wert $\varkappa_{\text{Stab}}$, so daß diese Hypothese berechtigt erscheint. Eine Tabelle für $\varkappa_{\text{Stab}}$

enthält DIN 4114, Blatt 2 Ri, Tafel 3, vgl. auch Abb. 23, S. 986. Die Werte $\varkappa_{\text{Platte}}$ der Tafel 7 bzw. Bild 21 von DIN 4114, Blatt 1, stimmen damit sachlich überein.

Die Verformung der Platte bleibt nach der Hypothese auch bei Beulung im plastischen Bereich quasiisotrop. Ersetzt man E durch $T = \varkappa E$, so bleiben Gl. (59) bis (62) formal gültig, vor allem auch die Differentialgl. (62) für die Plattenbiegung. Lediglich die Biegesteifigkeit ist jetzt

$$K = \varkappa E t^3/12\,(1 - \mu^2). \tag{90}$$

Vorstehendes gilt für homogene Spannungszustände. Für inhomogene Spannungszustände (z. B. Biegung) ist $\varkappa$ mit der Stelle veränderlich. Es ist üblich, die Abminderung für den am stärksten beanspruchten Rand durchzuführen und den für $\sigma_V > \sigma_P$ eintretenden Spannungsausgleich zu vernachlässigen.

Setzt man in Gl. (59) bis (63) statt K den Wert $\varkappa K$ ein, d. h.

$$\sigma_e = \varkappa K/t \cdot (\pi/b)^2 = \varkappa \sigma_{ei}, \tag{91}$$

so bleibt auch Differentialgl. (64) für den plastischen Bereich gültig.

Man erkennt ohne weiteres, daß die bisherigen Ergebnisse grundsätzlich unverändert gültig bleiben: Da die Differentialgleichung die gleiche ist und auch die Randbedingungen unverändert bleiben, erhält man die gleichen Beulwerte k, wie im elastischen Bereich. Nur wenn die Randbedingungen von μ abhängen, ergibt sich im plastischen Bereich eine Veränderung der Beulwerte, die jedoch im allgemeinen vernachlässigt wird.

Die Abminderung der Beulspannungen errechnet sich auf dem Wege über σ_e (Gl. 91). Im einzelnen ist also

$$\left.\begin{array}{l} \sigma_{xK} = \varkappa \sigma_{xKi}, \quad \sigma_{yK} = \varkappa \sigma_{yKi}, \quad \tau_K = \varkappa \tau_{Ki} \\ \text{sowie} \qquad \sigma_{VK} = \varkappa \sigma_{VKi} \end{array}\right\} \tag{92}$$

Für das Plattenfeld werden zunächst die Beulspannungen usw. unter der Annahme einer unbegrenzten Gültigkeit des *Hooke*schen Gesetzes berechnet, und zwar, wenn jeweils nur eine einzige Belastungskomponente wirkt. Man erhält so die idealen Beulspannungen σ_{Ki}^0 und τ_{Ki}^0.

Bei gleichzeitiger Belastung durch die Spannungen σ und τ ist die Beulsicherheitszahl ν_{Bi} zu berechnen, wie in Z. 10 erläutert wurde. Bei unbegrenzter Gültigkeit des *Hooke*schen Gesetzes tritt Beulung ein für den Spannungszustand $\nu_{Bi}\sigma$ und $\nu_{Bi}\tau$.

Ob dieser Spannungszustand der Abminderung bedarf, wird geprüft an Hand der kritischen Vergleichsspannung

$$\sigma_{VKi} = \nu_{Bi}\, \sigma_{VK}. \tag{93}$$

Ist $\sigma_{VKi} < \sigma_P$, so erfolgt die Beulung im elastischen Bereich, für $\sigma_{VKi} > \sigma_P$ liegt plastische Beulung vor. Die Abminderungszahl $\varkappa$ ist einer Tabelle zu entnehmen. Die Beulsicherheit ist dann nur $\nu_B = \varkappa \nu_{Bi}$, und die Komponenten des kritischen Belastungszustandes werden

$$\sigma_{VK} = \nu_B\, \sigma_V, \quad \sigma_K = \varkappa\, \sigma_{Ki} = \nu_B \sigma \quad \text{usw.} \tag{93a}$$

Wird als Begrenzungslinie ein Kreisbogen zugrunde gelegt, so folgt für Biegung und Schub

$$\nu_B = \frac{\varkappa}{\sqrt{(\sigma_1/\sigma_{1K}^0)^2 + (\tau/\tau_K^0)^2}}. \tag{94}$$

Zahlenbeispiel

Sei $\sigma_1 = 1{,}414$ t/cm², $\tau = 0{,}560$ t/cm² vorhanden, entsprechend

$$\sigma_V = \sqrt{1{,}414^2 + 3 \cdot 0{,}560^2} = 1{,}715 \text{ t/cm}^2,$$

ferner sei nach Gl. (86) noch $\nu_{Bi} = 2{,}25$ errechnet. Dem Beulzustand ist dann eine ideale Vergleichsspannung

$$\sigma_{VKi} = 1{,}715 \cdot 2{,}25 = 3{,}86 \text{ t/cm}^2$$

zugeordnet, entsprechend einer Vergleichsschlankheit von

$$\lambda = \pi \sqrt{2100/3{,}86} = 73{,}3.$$

Für St 37 erhält man nach DIN 4114, Blatt 1, Bild 21, oder nach Tafel 7, die abgeminderte Vergleichsspannung $\sigma_{VK} = 2{,}297$ t/cm².

Die Abminderungszahl ist

$$\varkappa = 2{,}297/3{,}86 = 0{,}596,$$

die man nach DIN 4114, Blatt 2, Tafel 3, über $\lambda = 73{,}3$ auch direkt ablesen kann. Die endgültige Beulsicherheit ist $\nu_B = 0{,}596 \cdot 2{,}25 = 1{,}34$, auf anderem Wege auch

$$\nu_B = 2{,}297/1{,}715 = 1{,}34.$$

Bemerkung. Bei den umfangreichen Schweizer Versuchsreihen ergab sich zwar gute Übereinstimmung zwischen Versuchswerten und Theorie, solange die Proportionalitätsgrenze nicht überschritten wurde. Die Quasiisotropie bleibt dagegen im unelastischen Bereich offenbar nicht mehr erhalten. Die im Vorstehenden angedeuteten Hypothesen für die Spannungsabminderung bei plastischer Beulung können deshalb nicht als erwiesen gelten.

Literatur über plastische Beulung

A) Quasiisotrope Beulung

E. Chwalla: II. Intern. Tagg. f. Brückenbau u. Hochbau, Wien 1928, S. 321. – *M. Roš* u. *A. Eichinger:* I. Kongr. Int. Ver. Brückenbau u. Hochbau, Paris 1932, Schlußbericht, S. 144. – *F. Schleicher* [27] und [65] S. 510. – *F. Schleicher:* I. Kongr. Int. Ver. Brückenbau u. Hochbau, Paris 1932. Schlußbericht S. 131. – *DIN* 4114 [6].

B) Anisotrope Beulung

P. P. Bijlaard: Abh. Int. Ver. Brückenbau u. Hochbau 6 (1940/41) S. 45. – *P. P. Bijlaard, C. F. Kollbrunner* u. *F. Stüssi* [80]. – *F. Bleich* [2] S. 219 u. 230 sowie [4] S. 310. – *G. H. Handelman* u. *W. Prager:* Nat. adv. comm. aeronautics. Techn. note Nr. 1530. Washington 1948. – *H. G. Hopkins* in [8] S. 93. – *W. Kaufmann:* Ing.-Archiv 7 (1936) S. 156. – *R. A. Pride* u. *G. J. Heimerl:* Nat. adv. comm. aeronautics. Techn. note Nr. 1817. Washington 1949. – *S. Timoshenko* [21] S. 387.

12. Versteifte Platten

Eine wesentliche Erhöhung der Beulspannungen ist auf wirtschaftliche Weise nur durch zweckmäßig angeordnete Aussteifungen zu erzielen. Im Grenzfall kann die Beulform dadurch so weit beeinflußt werden, daß an den Steifen Knotenlinien erzwungen werden. Dafür ist nicht immer erforderlich, daß die Steifen starr sind, sondern es genügen in vielen Fällen endliche Werte $_{\min}EI$. Bei kleinerer Biegesteifigkeit beult die Platte unter niedrigeren Spannungen, und zwar unter Biegung der Aussteifung.

Ein genauerer Nachweis ist in der Regel entbehrlich, wenn die Aussteifungen gewissen Mindestwerten EI entsprechen, die vom Belastungsfall und von den Abmessungen abhängen.

Im folgenden werden einige einfache Fälle an Hand der aus der Differentialgleichung und den Stützbedingungen hergeleiteten genauen Beulbedingungen untersucht.

a) Platte mit einer Quersteife.

Die Platte Abb. 89 sei an allen vier Rändern gelenkig gestützt und mit gleichmäßigem Längsdruck σ belastet. Die Plattendicke sei $t_1 = t_2 = t$.

Aus Gründen der Kontinuität muß die Zahl der Beulen n in der Querrichtung in den Feldern $i = 1$ und 2 gleich groß sein. Die Lösung der Differentialgl. (64) ist dann

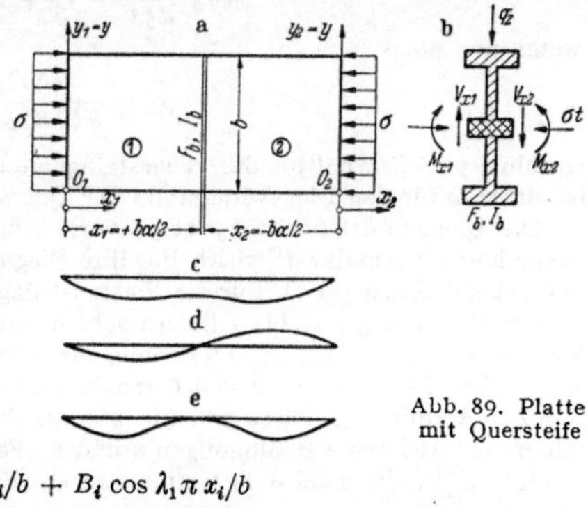

Abb. 89. Platte mit Quersteife

$$w_i(x_i, y) = \sin \pi y/b \cdot \{ A_i \sin \lambda_1 \pi x_i/b + B_i \cos \lambda_1 \pi x_i/b + C_i \sin \lambda_2 \pi x_i/b + D_i \cos \lambda_2 \pi x_i/b \}, \quad (95)$$

worin λ_1 und λ_2 der charakteristischen Gleichung

$$\lambda^4 - \lambda^2 (k - 2) + 1 = 0$$

genügen. Es ist also ($\lambda_1 > \lambda_2$)

$$\lambda_{1,2} = (\sqrt{k} \pm \sqrt{k-4})/2. \quad (95a)$$

Ist λ bekannt, so erhält man die Beulspannung $\sigma_K = k\sigma_e$ (jeweils für die beiden zusammengehörigen Werte λ_1 und λ_2 gleich groß) zu

$$k = \sigma_K/\sigma_e = (\lambda + 1/\lambda)^2. \quad (95b)$$

In Gl. (95) ist die Beulenzahl nach der Querrichtung $n = 1$ gesetzt. Setzt man statt dessen

$$w(x, y) = \sin n\pi y/b \cdot X(x), \tag{95c}$$

so folgt der Beulwert

$$k = (\lambda + n^2/\lambda)^2. \tag{95d}$$

Da $k(n) > k(1)$, ist die Beschränkung auf $n = 1$ berechtigt.

Für Abb. 89a gelten die Randbedingungen

$$w_1 = 0 \quad \text{und} \quad \partial^2 w_1/\partial x_1^2 = 0 \quad \text{für} \quad x_1 = 0, \tag{a}$$

$$w_2 = 0 \quad \text{und} \quad \partial^2 w_2/\partial x_2^2 = 0 \quad \text{für} \quad x_2 = 0. \tag{b}$$

Die Übergangsbedingungen an der Steife $x_1 = + a/2$ bzw. $x_2 = - a/2$ lauten

$$w_1 = w_2 \quad \text{und} \quad \partial w_1/\partial x_1 = + \partial w_2/\partial x_2. \qquad \text{(c), (d)}$$

Die Torsionssteifigkeit der Steife ist im allgemeinen gering, es ist deshalb üblich, sie zu vernachlässigen. Sodann folgt $M_{x1} = M_{x2}$. Da die Felder 1 und 2 längs der Steife zusammenhängen, sind die Krümmungen dort gleich groß,

$$\partial^2 w_1/\partial y^2 = \partial^2 w_2/\partial y^2,$$

übrigens auch gleich jener der Steife $d^2 w_b/d y^2$. Die dritte Übergangsbedingung lautet also

$$\partial^2 w_1/\partial x_1^2 = + \partial^2 w_2/\partial x_2^2. \tag{e}$$

Die vierte Übergangsbedingung folgt aus dem Gleichgewicht der herausgeschnittenen Steife (Abb. 89b). Auf diese wirken die Kräfte $q_z = V_{x2} - V_{x1}$, wodurch sie gemäß der Differentialgleichung

$$(EI)_b \cdot d^4 w_b/d y^4 = q_z$$

gebogen wird. Es gilt also

$$(EI)_b \frac{d^4 w_b}{d y^4} = (\varkappa K)_{\text{Platte}} \left\{ \frac{\partial^3 w_1}{\partial x_1^3} - \frac{\partial^3 w_2}{\partial x_2^3} + (2 - \mu) \left(\frac{\partial^3 w_1}{\partial x_1 \partial y^2} - \frac{\partial^3 w_2}{\partial x_2 \partial y^2} \right) \right\}.$$

Das mit dem Faktor $(2 - \mu)$ behaftete Glied verschwindet, wenn man die Bedingungen *e* und *d* beachtet. Die letzte der Übergangsbedingungen vereinfacht sich damit in

$$b\gamma_b \frac{d^4 w_b}{d y^4} = \frac{\partial^3 w_1}{\partial x_1^3} - \frac{\partial^3 w_2}{\partial x_2^3}, \tag{f}$$

wenn man noch

$$\gamma_b = \frac{(EI)_b}{b\,(\varkappa K)_{\text{Platte}}} \tag{96}$$

einführt. γ_b = Verhältnis der Biegesteifigkeiten $(EI)_b$ von Steife und Platte $\varkappa K b$, ist ein Maß für den Biegewiderstand der Quersteife.

Die Querschnittsfläche F_b ist im vorliegenden Fall ohne Bedeutung, da in der Steife keine Normalkraft wirkt. Für ihre Biegung ist deshalb der Elastizitätsmodul maßgebend ($\varkappa_{\text{Steife}} = 1$). Für die Platte ist dagegen $\varkappa K$ einzusetzen.

Die Bedingungen *a* bis *f* liefern acht lineare Gleichungen für die Integrationskonstanten $A_1 \ldots . A_2 \ldots .$ Das homogene System hat zunächst die triviale Lösung $w = 0$. Die Beulbedingung $w \neq 0$ erhält man wieder durch Nullsetzen der Koeffizientendeterminante. Diese erkennt man als Produkt von zwei je 4reihigen Determinanten: Aus den 4 Bedingungen *a* und *b* (Faktoren B_1, D_1, B_2 und D_2) folgt $\Delta_1 = (\lambda_1^2 - \lambda_2^2)^2$, die zweite Determinante Δ_2 (Faktoren A_1, C_1, A_2, C_2) ist in Gl. (97) angeschrieben.

$$\Delta_2 = \begin{vmatrix} \sin \lambda_1 \pi\alpha/2 & \sin \lambda_2 \pi\alpha/2 & + \sin \lambda_1 \pi\alpha/2 & + \sin \lambda_2 \pi\alpha/2 \\ \lambda_1 \cos \lambda_1 \pi\alpha/2 & \lambda_2 \cos \lambda_2 \pi\alpha/2 & - \lambda_1 \cos \lambda_1 \pi\alpha/2 & - \lambda_2 \cos \lambda_2 \pi\alpha/2 \\ \lambda_1^2 \sin \lambda_1 \pi\alpha/2 & \lambda_2^2 \sin \lambda_2 \pi\alpha/2 & + \lambda_1^2 \sin \lambda_1 \pi\alpha/2 & + \lambda_2^2 \sin \lambda_2 \pi\alpha/2 \\ \begin{matrix}(\pi\gamma_b \cdot \sin \lambda_1 \pi\alpha/2 \\ + \lambda_1^3 \cdot \cos \lambda_1 \pi\alpha/2)\end{matrix} & \begin{matrix}(\pi\gamma_b \cdot \sin \lambda_2 \pi\alpha/2 \\ + \lambda_2^3 \cos \lambda_2 \pi\alpha/2)\end{matrix} & - \lambda_1^3 \cos \lambda_1 \pi\alpha/2 & - \lambda_2^3 \cos \lambda_2 \pi\alpha/2 \end{vmatrix} \tag{97}$$

Ausgerechnet wird die Beulbedingung $\Delta = \Delta_1 \cdot \Delta_2 = 0$ erhalten zu

$$\Delta = (\lambda_1^2 - \lambda_2^2)^3 \sin \lambda_1 \pi\alpha/2 \cdot \sin \lambda_2 \pi\alpha/2 \{ 2 \lambda_1 \lambda_2 (\lambda_1^2 - \lambda_2^2) \cos \lambda_1 \pi\alpha/2 \cdot \cos \lambda_2 \pi\alpha/2$$
$$+ \pi\gamma_b [\lambda_2 \sin \lambda_1 \pi\alpha/2 \cdot \cos \lambda_2 \pi\alpha/2 - \lambda_1 \cos \lambda_1 \pi\alpha/2 \cdot \sin \lambda_2 \pi\alpha/2] \} = 0. \tag{97a}$$

Die Beulbedingung kann erfüllt werden, indem man einen der Faktoren von Gl. (97a) zum Verschwinden bringt.

1. Lösung: $(\lambda_1^2 - \lambda_2^2) = 0$ oder $\lambda_1 = \lambda_2$ entspricht $k = 4$, welcher Beulwert, wie von Z. 3 bekannt ist, nur für genau quadratische Beulen ($m = \alpha$) eintritt. Bei einer versteiften Platte ist er nur möglich, wenn die Beulung antisymmetrisch bezüglich der Steife ist ($m = \alpha = 2, 4 \ldots$). Da an der Steife sowieso eine Knotenlinie auftritt, ist γ_b in diesem Falle „überflüssig".

2. Lösung: $\sin \lambda_1 \pi \alpha/2 = 0$ liefert die Wurzeln $\lambda_1 = 2m/\alpha$ (mit $m = 1, 2, 3 \ldots$), entsprechend dem Beulwert

$$k = \left(\frac{m}{\alpha/2} + \frac{\alpha/2}{m}\right)^2. \tag{97b}$$

Aus $\sin \lambda_2 \pi \alpha/2 = 0$ erhält man den gleichen Beulwert. Auch diese Beulung ist antisymmetrisch. Sie hat eine Knotenlinie an der Steife, die gerade bleibt (Abb. 89d).

3. Hauptlösung: $\{\ \} = 0$. Bezeichnet $m_1 = \alpha$ die Beulenzahl, welche ${}_{\min}k = (m_1/\alpha + \alpha/m_1)^2$ zugeordnet ist, so kann die Steife die Beulenzahl nur auf $(m_1 + 1)$ vergrößern, falls m_1 eine ungerade Zahl ist. Ist m_1 jedoch gerade, so hat die Quersteife keine Wirkung und es bleibt bei m_1 Beulen. Die Bedingung $\{\ \} = 0$ ist also für beliebige Beulwerte

$$[m_1/\alpha + \alpha/m_1]^2 \leqq k \leqq [(m_1 + 1)/\alpha + \alpha/(m_1 + 1)]^2$$

immer zu erfüllen, wenn γ_b entsprechend gewählt wird. Daraus folgt

$$\pi\gamma_b = \frac{2\lambda_1\lambda_2(\lambda_1^2 - \lambda_2^2)\cos\lambda_1\pi\alpha/2 \cdot \cos\lambda_2\pi\alpha/2}{\lambda_1\cos\lambda_1\pi\alpha/2 \cdot \sin\lambda_2\pi\alpha/2 - \lambda_2\sin\lambda_1\pi\alpha/2 \cdot \cos\lambda_2\pi\alpha/2}. \tag{97c}$$

Es gelten die Beziehungen

$$\lambda_1\lambda_2 = 1, \quad \lambda_1^2 - \lambda_2^2 = \sqrt{k(k-4)}.$$

Ist die Quersteife γ_b gegeben, so findet man den zugehörigen Beulwert k aus $\{\ \} = 0$ in Gl. (97a). Die zugehörige Beulform ist symmetrisch (Abb. 89c).

Eine Steigerung der Steifigkeit auf $\gamma_b > {}_{\min}\gamma_b$ verändert nichts mehr an dem Beulwert, da dann die Beulung mit Knotenlinie an der Steife maßgebend ist.

Grenzfall $\gamma_b = \infty$. Dieser fordert, daß in Gl. (97a) $[\ \ ] = 0$ ist, oder in anderer Form geschrieben

$$\cos\lambda_1\pi\alpha/2 \cdot \cos\lambda_2\pi\alpha/2 \cdot \left\{\frac{\operatorname{tg}\lambda_1\pi\alpha/2}{\lambda_1\pi\alpha/2} - \frac{\operatorname{tg}\lambda_2\pi\alpha/2}{\lambda_2\pi\alpha/2}\right\} = 0. \tag{97d}$$

Die Bedingung $\{\ \} = 0$ erkennt man als die Bedingung für die Beulung in der Form Abb. 89e. Die Beulwerte k sind dafür immer größer als 4, so daß $\cos\lambda_1\pi\alpha/2 \cdot \cos\lambda_2\pi\alpha/2 \neq 0$ ist. Die symmetrische Beulform Abb. 89e kommt also nicht in Frage, weil schon für niedrigere Belastungen ein antisymmetrisches Beulen mit Knotenlinie bei $x = a/2$ eintritt. Symmetrisches Beulen nach Abb. 89c ist nur möglich, solange $\gamma_b < {}_{\min}\gamma_b$ ist.

Mindeststeifigkeit. Die Mindeststeifigkeit ${}_{\min}\gamma_b$ wird dadurch definiert, daß an der Steife eine Knotenlinie eintritt. Es sind hier zwei Fälle zu unterscheiden.

1. Zu ${}_{\min}k_0$ der unversteiften Platte gehört eine gerade Beulenzahl m. Dafür folgt ${}_{\min}\gamma_b = 0$.

2. m ist eine ungerade Zahl; durch eine Steife kann k höchstens so weit gehoben werden, als es $(m+1)$ Halbwellen entspricht, d. h. bis zur Beulung mit einer Knotenlinie bei $x = a/2$. Die dafür erforderliche Mindeststeifigkeit ergibt sich aus der Bedingung $k = [(m+1)/\alpha + \alpha/(m+1)]^2$. Dazu gehören ganz bestimmte Parameterwerte λ_1 und $\lambda_2 = 1/\lambda_1$, so daß ${}_{\min}\gamma_b$ nach Gl. (97c) berechnet werden kann.

Bemerkung. Die oben erwähnte Mindeststeifigkeit gilt für die Platte mit einer Steife, deren vier Ränder gelenkig, aber unnachgiebig gestützt sind. Beim Plattenstreifen mit mehreren elastischen Quersteifen sind die Werte ${}_{\min}\gamma_b$ bei sonst gleichen Umständen größer als bei nur einer Quersteife. Werte für ${}_{\min}\gamma_b$ vgl. S. *Timoshenko* [70] S. 154 und DIN 4114, Blatt 2, Tafel 9.

b) Längssteife in Plattenmitte. Die Platte Abb. 90 sei mit σ belastet, an allen vier Rändern gelenkig gestützt. Die Querschnittsgrößen der Steife seien F_a, I_a, ferner $t_1 = t_2 = t$.

Wegen der Kontinuität ist die Beulenzahl in beiden Feldern $i = 1$ und 2 gleich groß $m_1 = m_2 = 1, 2 \ldots$. Für die Beulfläche benutzen wir daher den Ansatz

$$w_i(x,y_i) = \sin m\pi x/a \cdot \{ A_i \operatorname{Sinh} \varkappa_1 \pi y/b + B_i \operatorname{Cosh} \varkappa_1 \pi y/b + C_i \sin \varkappa_2 \pi y/b + D_i \cos \varkappa_2 \pi y/b \}. \quad (98)$$

$\varkappa_1 > \varkappa_2 (> 0)$ genügen der charakterischen Gleichung

$$\varkappa_{1,2}^4 \mp 2\left(\frac{m}{\alpha}\right)^2 \varkappa_{1,2}^2 + \left(\frac{m}{\alpha}\right)^2 \left[\left(\frac{m}{\alpha}\right)^2 - k\right] = 0. \quad (98\,\text{a})$$

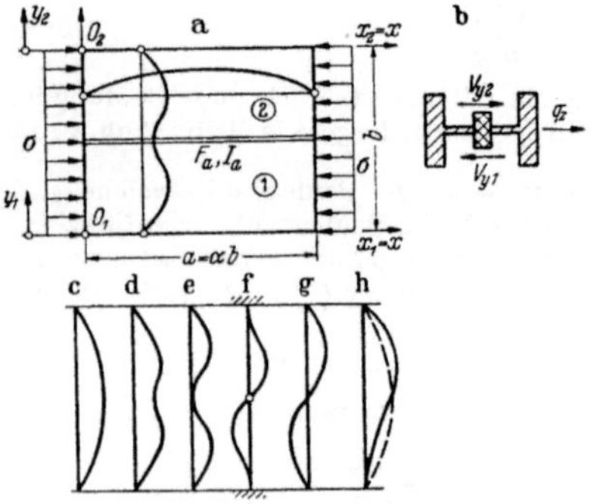

Abb. 90. Platte mit Längssteife

Daraus folgt

$$\varkappa_{1,2} = \sqrt{\frac{m}{\alpha}\left(\sqrt{k} \pm \frac{m}{\alpha}\right)}. \quad (98\,\text{b})$$

Ist umgekehrt $\varkappa_1$ oder $\varkappa_2$ bekannt, so erhält man den Beulwert aus

$$k = \left(\mp \frac{m}{\alpha} + \frac{\alpha}{m} \varkappa_{1,2}^2\right)^2 \quad (98\,\text{c})$$

Für die in Abb. 90a dargestellte Platte gelten die Randbedingungen

$$w_1 = 0 \quad \text{und} \quad \partial^2 w_1/\partial y_1^2 = 0 \quad \text{für} \quad y_1 = 0, \quad (\text{a})$$

$$w_2 = 0 \quad \text{und} \quad \partial^2 w_2/\partial y_2^2 = 0 \quad \text{für} \quad y_2 = 0, \quad (\text{b})$$

sowie die folgenden Übergangsbedingungen an der Steife $y_1 = +b/2$ bzw. $y_2 = -b/2$

$$w_1 = w_2, \quad \partial w_1/\partial y_1 = \partial w_2/\partial y_2, \quad \partial^2 w_1/\partial y_1^2 = \partial^2 w_2/\partial y_2^2 \quad (\text{c}), (\text{d}), (\text{e})$$

$$b\gamma_a \cdot \frac{d^4 w_a}{dx^4} + b\delta_a \cdot \left(\frac{\pi}{b}\right)^2 k \cdot \frac{d^2 w_a}{dx^2} = \frac{\partial^3 w_1}{\partial y_1^3} - \frac{\partial^3 w_2}{\partial y_2^3} \quad (\text{f})$$

In der Bedingung e) ist $M_{1y} = M_{2y}$ gesetzt, d. h. der Torsionswiderstand der Steife wird wieder vernachlässigt.

Im vorliegenden Belastungsfall nimmt die Längssteife an der Aufnahme der Längsspannungen teil. Wir rechnen so, als ob die Normalspannung in der Steife ebenfalls σ ist. Der Kräfteanteil der Steife ist dann $F_a\,\sigma$, jener der Platte $tb \cdot \sigma$. Die Gesamtbelastung der versteiften Platte ist damit

$$P_x = (bt + F_a)\,\sigma = bt\,(1 + \delta_a)\,\sigma.$$

Da die Steife auf Druck belastet ist, unterliegt ihre Biegesteifigkeit ebenfalls der Abminderung im plastischen Bereich.

Die Übergangsbedingung f folgt aus der Differentialgleichung für die Biegung der Steife mit Normalkraft und Querbelastung $(\varkappa EI)_a\, w_a^{IV} + F_a \sigma w_a'' = q_z$: Die Querbelastung der Steife (Abb. 90b) ist $q_z = V_{y2} - V_{y1}$. Es gilt also

$$(\varkappa EI)_a \frac{d^4 w_a}{dx^4} + F_a\,\sigma \frac{d^2 w_a}{dx^2} = (\varkappa K)_{\text{Platte}} \cdot \left\{ \frac{\partial^3 w_1}{\partial y_1^3} - \frac{\partial^3 w_2}{\partial y_2^3} + (2-\mu)\left[\frac{\partial^3 w_1}{\partial x^2\,\partial y_1} - \frac{\partial^3 w_2}{\partial x^2\,\partial y_2}\right]\right\}.$$

Das Glied mit dem Faktor $(2 - \mu)$ verschwindet auf Grund der Bedingungen (e) und (d). In Gl. (f) ist weiter abgekürzt

$$\gamma_a = \frac{(\varkappa EI)_a}{b\,(\varkappa K)_{\text{Platte}}} \quad \text{und} \quad \delta_a = \frac{F_a}{bt}. \quad (99)$$

Im allgemeinen werden Längssteife und Platte aus dem gleichen Werkstoff sein, so daß für die obigen Annahmen $\varkappa_{\text{Steife}} = \varkappa_{\text{Platte}} = \varkappa$ gesetzt werden kann.

Von der Verwendung verschiedener Werkstoffe für Platte und Steife ist im vorliegenden Falle abzuraten. Ist die Steife weicher als die Platte, so tritt ein vorzeitiges Versagen der Steife ein; eine härtere Steife wird im plastischen Bereich überbelastet, da sie den Verformungen der Platte nicht folgt. Eine Abschätzung solcher Unterschiede im Verhalten ist möglich, indem man δ_a im Verhältnis $(\varkappa E)_a/(\varkappa E)_{\text{Platte}}$ vergrößert.

Die aus dem homogenen Gleichungssystem für $A_1 \ldots A_2 \ldots$ folgende Beulbedingung spaltet sich auf in $\Delta = \Delta_1 \cdot \Delta_2 = 0$. $\Delta_1 = (\varkappa_1^2 + \varkappa_2^2)^2$ ist der Betrag der 4reihigen Determinante der Koeffizienten B_1, D_1, B_2, D_2 (Bedingungen a und b). Da $\Delta_1 \neq 0$, folgt $B_1 = D_1 = B_2 = D_2 = 0$. Die Beulbedingung vereinfacht sich also zu $\Delta_2 = 0$, wobei Δ_2 die Determinante für A_1, C_1, A_2, C_2 bedeutet (Gl. 100).

$$\Delta_2 = \begin{vmatrix} \operatorname{Sinh} \varkappa_1\pi/2 & +\sin\varkappa_2\pi/2 & +\operatorname{Sinh} \varkappa_1\pi/2 & +\sin\varkappa_2\pi/2 \\ \varkappa_1 \operatorname{Cosh} \varkappa_1\pi/2 & +\varkappa_2\cos\varkappa_2\pi/2 & -\varkappa_1\operatorname{Cosh}\varkappa_1\pi/2 & -\varkappa_2\cos\varkappa_2\pi/2 \\ \varkappa_1^2 \operatorname{Sinh}\varkappa_1\pi/2 & -\varkappa_2^2\sin\varkappa_2\pi/2 & +\varkappa_1^2\operatorname{Sinh}\varkappa_1\pi/2 & -\varkappa_2^2\sin\varkappa_2\pi/2 \\ (F_a\cdot\operatorname{Sinh}\varkappa_1\pi/2 & (F_a\cdot\sin\varkappa_2\pi/2 & +\varkappa_1^3\operatorname{Cosh}\varkappa_1\pi/2 & -\varkappa_2^3\cos\varkappa_2\pi/2 \\ -\varkappa_1^3\cdot\operatorname{Cosh}\varkappa_1\pi/2) & +\varkappa_2^3\cdot\cos\varkappa_2\pi/2) & & \end{vmatrix} \quad (100)$$

Darin ist abgekürzt $F_a = \pi\left(\frac{m}{\alpha}\right)^2\left[\gamma_a\left(\frac{m}{\alpha}\right)^2 - \delta_a k\right]$.

Die Beulbedingung für den Fall Abb. 90 lautet, wenn man $\operatorname{Cosh}\varkappa_1\pi/2 \cdot \cos\varkappa_2\pi/2$ ausklammert,

$$\varkappa_1\varkappa_2(\varkappa_1^2+\varkappa_2^2)\operatorname{Sinh}\varkappa_1\pi/2\cdot\operatorname{Cosh}\varkappa_1\pi/2\cdot\sin\varkappa_2\pi/2\cdot\cos\varkappa_2\pi/2\cdot$$
$$\cdot\left\{\left(\frac{m}{\alpha}\right)^2\left[\gamma_a\left(\frac{m}{\alpha}\right)^2-\delta_a k\right]\cdot\left[\frac{\operatorname{Tgh}\varkappa_1\pi/2}{\varkappa_1\pi/2}-\frac{\operatorname{tg}\varkappa_2\pi/2}{\varkappa_2\pi/2}\right]-(\varkappa_1^2+\varkappa_2^2)\right\}=0 \quad (100\text{a})$$

Der erste Faktor verschwindet, wenn $\varkappa_2 = n$ ist ($n = 2, 4 \ldots$). Es sind dies die Beulformen mit Knotenlinie an der Längssteife. Die zugehörigen Beulwerte sind

$$k = (m/\alpha + n^2\cdot\alpha/m)^2. \quad (100\text{b})$$

Der Kleinstwert tritt ein für $n = 2$ und für $m = 2$. Die Querbiegelinie ist $w(y) = C\cdot\sin 2\pi y/b$, vgl. Abb. 90g.

Das Verschwinden des zweiten Faktors $\{\,\}$ in Gl. (100a) liefert die zur Mittellinie $y_1 = b/2$ symmetrischen Beulformen (Abb. 90c, d, e). Wegen $(\varkappa_1^2 + \varkappa_2^2) = 2m/\alpha\cdot\sqrt{k}$ ist die zugehörige Beulbedingung

$$-2\left(\frac{m}{\alpha}\right)\sqrt{k}+\left(\frac{m}{\alpha}\right)^2\left[\gamma_a\left(\frac{m}{\alpha}\right)^2-\delta_a k\right]\cdot\left[\frac{\operatorname{Tgh}\varkappa_1\pi/2}{\varkappa_1\pi/2}-\frac{\operatorname{tg}\varkappa_2\pi/2}{\varkappa_2\pi/2}\right]=0. \quad (100\text{c})$$

Gl. (100c) enthält k sowohl in dem mit δ_a behafteten Glied, wie in den konjugierten Werten $\varkappa_1$ und $\varkappa_2$.

Die Beulwerte k sind in Abb. 91a nach *E. Chwalla* [55] als Funktion von α dar-

a

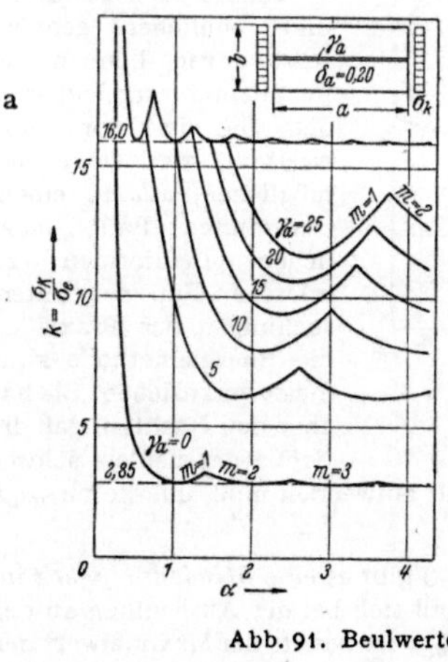

b

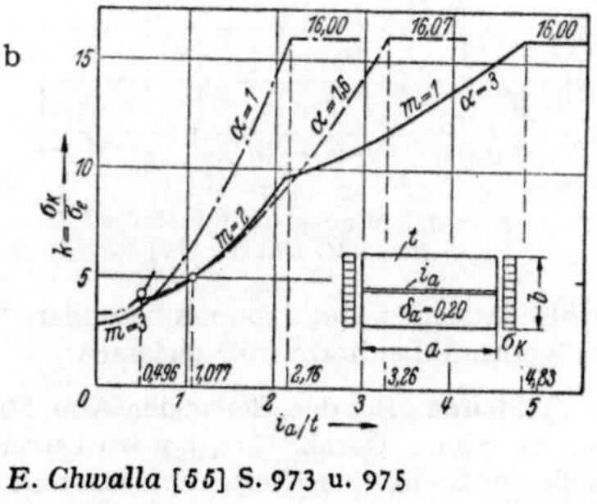

Abb. 91. Beulwerte nach *E. Chwalla* [55] S. 973 u. 975

gestellt, und zwar für verschiedene Werte γ_a und $\delta_a = 0{,}20$. Abb. 91 b zeigt die gleichen Werte k, diesmal aufgetragen über den Steifigkeiten als Abszissen.

$$i_a = t\sqrt{\gamma_a/12\,(1-\mu^2)\,\delta_a}$$

ist der Trägheitshalbmesser der Steife.

Für schwache Steifen ($\gamma_a < {}_{\min}\gamma_a$) ist immer $k <$ rd. 16. Durch zweckmäßige Gestaltung der Steife kann man den theoretischen Grenzfall $\gamma_a = 0$, $\delta_a = 0{,}20$ erreichen. Da auch diese Steife im Verhältnis δ_a an der Aufnahme der Druckkraft teilnimmt, sie selbst aber keine ausreichende Steifigkeit besitzt, muß die Steife von der Platte abgestützt werden. Das äußert sich darin, daß der Beulwert der versteiften Platte unter den Wert für die unversteifte Platte ($k = 4$) absinkt, bei Abb. 91 bis auf $k = 2{,}85$.

Für $\gamma_a > {}_{\min}\gamma_a$ erhält man $k > 16$. Es tritt ein Wechsel in der Beulform ein und statt der symmetrischen Beulung (Abb. 90d) wird die unsymmetrische Beulung (Abb. 90g) maßgebend mit $k =$ rd. 16. Für den Grenzwert ${}_{\min}\gamma_a$ sind die Beulwerte bei symmetrischer und bei antisymmetrischer Beulung gleich groß. Es ist dafür also die Beulform Abb. 90h möglich.

Der Grenzfall $\gamma_a = \infty$ liefert nach Gl. (100c) die Bedingung

$$\frac{\operatorname{Tgh} \varkappa_1 \pi/2}{\varkappa_1 \pi/2} - \frac{\operatorname{tg} \varkappa_2 \pi/2}{\varkappa_2 \pi/2} = 0. \tag{100d}$$

Das ist die Beulbedingung für die Platte mit der Breite $b/2$, die an einem Längsrand eingespannt, am anderen gelenkig gestützt ist. Ebensogut kann man vergleichen mit einer Platte der Breite b und mit zwei eingespannten Längsrändern, falls man sie auf die antisymmetrischen Beulformen (mit Knotenlinie in der Mitte) beschränkt (Abb. 90f). Der zugehörige Beulwert $k = 4 \cdot 6{,}97 =$ rd. 28 liegt weit über dem Wert $k =$ rd. 16 für die Beulform Abb. 90 g.

Von großem praktischen Interesse ist der Wert ${}_{\min}\gamma_a$, für den die Beulform mit Knotenlinie bei $y_1 = b/2$ und der Beulwert $k = 4\,(m/2\alpha + 2\alpha/m)^2$ nach Gl. (100b) erreicht wird. Dafür ist nach Gl. (100c) erforderlich

$${}_{\min}\gamma_a = \frac{2(\alpha/m)^2 \cdot [1 + (2\alpha/m)^2]}{\dfrac{\operatorname{Tgh} \varkappa_1 \pi/2}{\varkappa_1 \pi/2} - \dfrac{\operatorname{tg} \varkappa_2 \pi/2}{\varkappa_2 \pi/2}} + \left[1 + \left(\frac{2\alpha}{m}\right)^2\right]^2 \cdot \delta_a. \tag{101}$$

${}_{\min}\gamma_a$ ist danach um so größer, je größer das Flächenverhältnis δ_a ist. Abb. 92 zeigt das Ergebnis derartiger Rechnungen nach *R. Barbré* [94] Abb. 4. In der gleichen Quelle findet man auch Kurven für zwei Längssteifen in den Drittelspunkten, sowie Kurven für Platten mit eingespannten Längsrändern.

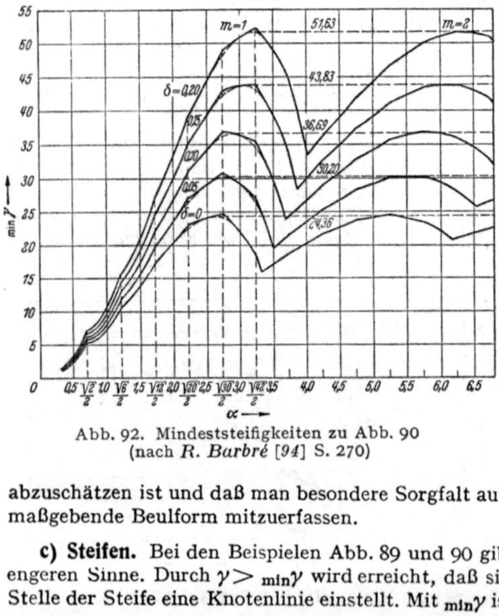

Abb. 92. Mindeststeifigkeiten zu Abb. 90 (nach *R. Barbré* [94] S. 270)

Die Ergebnisse dieser und ähnlicher genauer Rechnungen können ein für allemal festgelegt werden. Sie sind vor allem wertvoll, weil sie es ermöglichen, *alle* in einem bestimmten Falle möglichen Beulformen zu erfassen. Für die Untersuchungen der Praxis ist die Energiemethode zwar meist vorzuziehen. Sie hat aber den Nachteil, daß die Größe des Fehlers schwer abzuschätzen ist und daß man besondere Sorgfalt aufwenden muß, um die für ${}_{\min}k$ maßgebende Beulform mitzuerfassen.

c) Steifen. Bei den Beispielen Abb. 89 und 90 gibt es eine *Mindeststeifigkeit* im engeren Sinne. Durch $\gamma > {}_{\min}\gamma$ wird erreicht, daß sich bei der Ausbeulung an der Stelle der Steife eine Knotenlinie einstellt. Mit ${}_{\min}\gamma$ ist bereits der Maximalwert der

Beulspannung erreicht. Die weitere Vergrößerung von γ hat keinen Nutzen, weil für $\gamma > {}_{\min}\gamma$ eine andere Beulform eintritt (Steife bleibt gerade), als für $\gamma < {}_{\min}\gamma$ (Steife wird gebogen).

Eine solche echte Mindeststeifigkeit gibt es nicht in allen Fällen, vgl. *A. Kromm* [*103*] und *E. Chwalla* [*97*]. Sie setzt voraus, daß die Knotenlinie möglich ist, ohne daß an der Steife querbiegende Kräfte auftreten. In anderen Fällen kann eine Knotenlinie längs der Steife mit endlichen Werten γ nicht erzwungen werden, sondern dafür wäre $\gamma = \infty$ erforderlich. Z. B. für die Platte nach Abb. 93 gibt *R. Barbré* für die Beulform *b* den Wert ${}_{\min}k_{1,2} = 10{,}9$ an. Dieser Wert ist die Folge der Kontinuität, denn für Feld 1 allein, mit vier gelenkig gestützten Rändern, ergibt sich nur $k_1 = 9{,}0$. Da es in den komplizierteren Fällen nicht möglich ist, den Einfluß der Kontinuität auf den Beulwert zu erfassen, werden die einzelnen Felder meist für sich betrachtet unter Annahme von gelenkig gestützten Rändern.

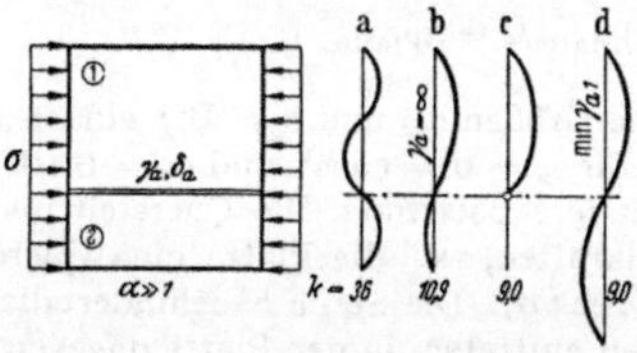

Abb. 93

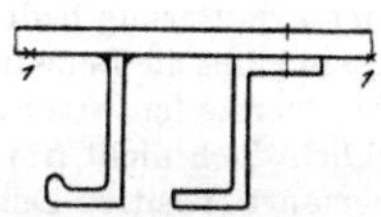
Abb. 94. Steifen

Bei der Ausbeulung wirkt ein gewisser Stegblechstreifen mit den gebogenen Steifen zusammen. Das Trägheitsmoment des mitwirkenden Streifens wird nach dem Vorschlag von *S. Timoshenko* auf die in der Stegblechoberfläche liegende Achse 1—1 bezogen (Abb. 94). Eine Untersuchung über die mitwirkende Breite bei Steifen, die einseitig auf die Platte aufgelegt sind, gibt *E. Chwalla:* Stahlbau 10 (1937) S. 73. Danach dürfte die obige Annäherung im allgemeinen ausreichen.

Bei den üblichen Beuluntersuchungen wird die Torsionssteifigkeit der Steifen vernachlässigt. Dies ist im allgemeinen ohne wesentlichen Einfluß auf die Ergebnisse. Eine Ausnahme bilden geschlossene (röhrenförmige) Steifenquerschnitte, die sehr große Torsionssteifigkeit besitzen.

Vorstehende Untersuchungen gelten für quasiisotrope Beulung. Wenn das System der Beulung anisotrop wird, ändern sich die Zusammenhänge. Über die zugehörigen Mindeststeifigkeiten ist noch nichts bekannt.

13. Energiemethode

a) Die Grundlagen der Energiemethode sind die gleichen wie sie für Stäbe ausgeführt wurden, vgl. II, 11. Die Formänderungsarbeit bei der Ausbeulung ist (vgl. Abschn. *Festigkeitslehre* S. 192)

$$2A_i = (\varkappa K)_{\text{Platte}} \left\{ \iint \left\{ \left(\frac{\partial^2 w}{\partial x^2} + \frac{\partial^2 w}{\partial y^2} \right)^2 - 2(1-\mu) \left[\frac{\partial^2 w}{\partial x^2} \frac{\partial^2 w}{\partial y^2} - \left(\frac{\partial^2 w}{\partial x \, \partial y} \right)^2 \right] \right\} dx\, dy + \sum_a b\gamma_a \int \left(\frac{d^2 w_a}{d x^2} \right)^2 dx + \sum_b b\gamma_b \int \left(\frac{d^2 w_b}{d y^2} \right)^2 dy \right\}. \quad (102)$$

Dabei sind die Steifigkeitszahlen abgekürzt

$$\gamma_a = \frac{(\varkappa E I)_a}{b(\varkappa K)_{\text{Platte}}}, \qquad \gamma_b = \frac{(\varkappa E I)_b}{b(\varkappa K)_{\text{Platte}}}. \quad (102\text{a})$$

Je nach dem Belastungszustand können die Steifen beider Scharen *a* und *b* plastisch verformt werden. Bei quasiisotroper Verformung der Platte ist $\varkappa_{\text{Platte}}$ nach IV, 11 einzusetzen. Die Werte $\varkappa_a$ und $\varkappa_b$ sind im allgemeinen Falle nicht gleich $\varkappa_{\text{Platte}}$. Für Längssteifen gilt $\varkappa_a = \varkappa_{\text{Platte}}$ bzw. für Quersteifen gilt $\varkappa_b = 1$ nur für den Fall der einachsigen Belastung mit σ_x. Bei zweiachsiger Belastung ergeben sich die Spannungen in den Steifen und damit auch die Abminderungszahlen aus den Dehnungen der Platte in der betreffenden Richtung.

Sinngemäß ist auch die Arbeit der äußeren Belastungen σ_x, σ_y und τ zu ergänzen. Durch $w(x, y)$ ausgedrückt gilt

$$2 A_a = t\sigma_e \left\{ \iint \left\{ \frac{\sigma_x}{\sigma_e} \left(\frac{\partial w}{\partial x}\right)^2 + 2 \frac{\tau}{\sigma_e} \frac{\partial w}{\partial x} \frac{\partial w}{\partial y} + \frac{\sigma_y}{\sigma_e} \left(\frac{\partial w}{\partial y}\right)^2 \right\} dx\, dy \right.$$
$$\left. + \sum_a b\delta_a \frac{\sigma_{xa}}{\sigma_e} \int \left(\frac{dw_a}{dx}\right)^2 dx + \sum_b b\delta_b \frac{\sigma_{yb}}{\sigma_e} \int \left(\frac{dw_b}{dy}\right)^2 dy \right\}. \tag{103}$$

Die Steifen geben keinen Beitrag zur Arbeit der Schubspannungen, da sich die Steifen nicht an der Aufnahme der τ beteiligen. Die Behinderung der Schubverformung durch die Steifen ist im allgemeinen belanglos. In Gl. (103) sind die Flächenverhältnisse eingeführt

$$\delta_a = F_a/bt \quad \text{und} \quad \delta_b = F_b/bt. \tag{103a}$$

Es ist ferner

$$\sigma_e = \left(\frac{\pi}{b}\right)^2 \cdot (\varkappa K_i)_{\text{Platte}}/t = \varkappa_{\text{Platte}} \cdot \sigma_{ei}.$$

Einer Erläuterung bedürfen noch die Größen σ_{xa} und σ_{yb}. Bei einachsiger Belastung sind dies die Belastungen. Z. B. für $\sigma_x = \sigma = \text{const.}$ und $\sigma_y = 0$ ist $\sigma_{xa} = \sigma$. Auf die Quersteifen wirkt zwar keine äußere Belastung. Die Quersteifen sind aber tatsächlich doch nicht frei von Normalkräften, weil die Platte eine Querdehnung $\mu\sigma/E$ erfährt (positive Dehnung für Druck σ). Die Steife b behindert diese Querdehnung, so daß in ihr Zugspannungen auftreten, in der Platte dagegen ein entsprechender Querdruck. Die Verteilung ist statisch unbestimmt. Es ist üblich, diesen Einfluß zu vernachlässigen.

Aus $A_i = A_a$ erhält man die *Beulbedingung*

$$\left(\frac{b}{\pi}\right)^2 \left\{ \iint \left\{ \left(\frac{\partial^2 w}{\partial x^2} + \frac{\partial^2 w}{\partial y^2}\right)^2 - 2(1-\mu) \left[\frac{\partial^2 w}{\partial x^2} \frac{\partial^2 w}{\partial y^2} - \left(\frac{\partial^2 w}{\partial x \partial y}\right)^2\right] \right\} dx\, dy \right.$$
$$\left. + \sum_a b\gamma_a \cdot \int \left(\frac{d^2 w_a}{dx^2}\right)^2 dx + \sum_b b\gamma_b \cdot \int \left(\frac{d^2 w_b}{dy^2}\right)^2 dy \right\}$$
$$= \iint \left\{ \frac{\sigma_{xK}}{\sigma_e} \left(\frac{\partial w}{\partial x}\right)^2 + 2 \frac{\tau_K}{\sigma_e} \frac{\partial w}{\partial x} \frac{\partial w}{\partial y} + \frac{\sigma_{yK}}{\sigma_e} \left(\frac{\partial w}{\partial y}\right)^2 \right\} dx\, dy$$
$$+ \sum_a b\delta_a \frac{\sigma_{xKa}}{\sigma_e} \int \left(\frac{dw_a}{dx}\right)^2 dx + \sum_b b\delta_u \frac{\sigma_{yKb}}{\sigma_e} \int \left(\frac{dw_b}{dy}\right)^2 dy. \tag{104}$$

Sind σ_x, σ_y und τ gegeben und steigen alle 3 Komponenten des Belastungszustandes im gleichen Verhältnis, so ist die *Beulsicherheitszahl*

$$\nu_B = \frac{\left(\frac{b}{\pi}\right)^2 \left\{ \iint \left\{ \left(\frac{\partial^2 w}{\partial x^2} + \frac{\partial^2 w}{\partial y^2}\right)^2 - 2(1-\mu) \left[\frac{\partial^2 w}{\partial x^2} \frac{\partial^2 w}{\partial y^2} - \left(\frac{\partial^2 w}{\partial x \partial y}\right)^2\right] \right\} dx\, dy + \sum_a b\gamma_a \int \left(\frac{d^2 w_a}{dx^2}\right)^2 dx + \sum_b b\gamma_b \int \left(\frac{d^2 w_b}{dy^2}\right)^2 dy \right\}}{\iint \frac{\sigma_x}{\sigma_e} \left(\frac{\partial w}{\partial x}\right)^2 dx\, dy + 2 \iint \frac{\tau}{\sigma_e} \frac{\partial w}{\partial x} \frac{\partial w}{\partial y} dx\, dy + \iint \frac{\sigma_y}{\sigma_e} \left(\frac{\partial w}{\partial y}\right)^2 dx\, dy + \sum_a b\delta_a \frac{\sigma_{xa}}{\sigma_e} \int \left(\frac{dw_a}{dx}\right)^2 dx + \sum_b b\delta_b \frac{\sigma_{yb}}{\sigma_e} \int \left(\frac{dw_b}{dy}\right)^2 dy} \tag{105}$$

Die beim Druckstab gemachten Ausführungen zur Energiemethode (vgl. S. 1001) sind sinngemäß auch für die versteifte Platte gültig. Gl. (104) und (105) sind genau gültig, wenn $w(x, y)$ eine der möglichen Beulformen darstellt; man erhält dann die genauen Werte der zugehörigen kritischen Belastungen σ_{xK} usw. bzw. der zugehörigen Beulsicherheitszahl ν_B.

Ist $w(x, y)$ dagegen nicht eine der genauen Beulflächen, sondern erfüllt $w(x, y)$ die Differentialgleichungen oder die Stützbedingungen nur angenähert, so erhält man Näherungswerte.

Die Durchführung derartiger Rechnungen bietet keine Schwierigkeiten, sie setzt allerdings voraus, daß man sich einige Übung erwirbt, unter den vielen Möglichkeiten für $w(x, y)$ jene auszuwählen, die der kleinsten Belastungsintensität entspricht. Brauchbare Näherungen für die Beulformen von Platten erhält man — wie bei den Druckstäben — am einfachsten dadurch, daß man die Biegefläche unter geeignet ausgewählten Querbelastungen q_z bestimmt. Sobald w bekannt ist, sind nach Gl. (104) bzw. (105) lediglich Integrationen durchzuführen.

Im folgenden werden einige einfache Beispiele gegeben, um die Anwendung der Methode zu erläutern.

b) Rechteckplatte. Unversteiftes Plattenfeld (Abb. 65) mit gelenkiger Stützung an allen 4 Rändern, belastet mit $\sigma_x = \sigma$. Wir benutzen quadratische Parabeln als Biegelinien $y =$ const. bzw. $x =$ const., entsprechend

$$w(x, y) = C \cdot x(a - x) \cdot y(b - y). \tag{106}$$

Von Gl. (106) wird man keine gute Annäherung erwarten können, weil die Randmomente M_x und M_y nicht verschwinden. Den Beulwert erhält man nach einfacher Rechnung zu

$$k = \frac{12}{\pi^2}\left(\alpha^2 + \frac{5}{3} + \frac{1}{\alpha^2}\right). \tag{106a}$$

Bei längeren Platten ist darin statt α die Beulenlänge $\alpha_1 = \alpha/m$ einzusetzen. Der Kleinstwert ist ${}_{\min}k = 4{,}46$ (statt 4,0) für $\alpha' = 1$.

c) Rechteckplatten. Für das gleiche Beispiel (Abb. 65) legen wir die Beulform

$$w(x, y) = \sum_m \sum_n A_{mn} \sin m\pi x/a \cdot \sin n\pi y/b \quad (\text{mit } m, n = 1, 2, 3 \ldots) \tag{107}$$

zugrunde. Diese Summe hat die Eigenschaft der *Ritz*schen Ansätze, daß nämlich jedes einzelne ihrer Glieder alle Randbedingungen erfüllt. Setzt man diesen Ausdruck in Gl. (104) ein, so wird nach Ausführung der Integrationen erhalten

$$\sigma_K = \sigma_e \frac{\sum\limits_m \sum\limits_n A_{mn}^2 (m^2/\alpha^2 + n^2)^2}{\sum\limits_m \sum\limits_n A_{mn}^2 \cdot m^2/\alpha^2} = \sigma_e \cdot k(m, n). \tag{107a}$$

Die Beiwerte A_{mn} sind so zu wählen, daß σ_K zum Minimum wird. Mit der Abkürzung $A_{mn} \cdot m/\alpha = B_{mn}$ kann man auch schreiben

$$k(m) = \frac{\sum\limits_m \left\{ B_{m1}^2 (m/\alpha + \alpha/m)^2 + B_{m2}^2 (m/\alpha + 4\alpha/m)^2 + B_{m3}^2 (m/\alpha + 9\alpha/m)^2 + \cdots \right\}}{\sum\limits_m \left\{ B_{m1}^2 + B_{m2}^2 + B_{m3}^2 + \cdots \right\}} \tag{107b}$$

Die ( )-Koeffizienten der Beiwerte B_{mn} kann man setzen $(m/\alpha + \alpha/m)^2 (1 + \varepsilon_n^2)$, wo ε_n^2 eine positive Größe ist. In ${}_{\min}k$ können also nur die Glieder mit $n = 1$ stehen bleiben, die Summierung über n entfällt. An die Stelle von Gl. (107b) tritt (der Index 1 kann wegbleiben)

$$k(m) = \frac{\sum\limits_m B_m^2 (m/\alpha + \alpha/m)^2}{\sum\limits_m B_m^2}. \tag{107c}$$

Für jede Kombination der Werte B_m erhält man einen bestimmten Beulwert k. Hiervon suchen wir den kleinsten Wert ${}_{\min}k$, der möglich ist.

Sei m' jener Parameterwert, für den $(m/\alpha + \alpha/m)^2$ zum Minimum wird. Dann ist

$$k = \left(\frac{m'}{\alpha} + \frac{\alpha}{m'}\right)^2 \cdot \frac{B_1^2 (1 + \varepsilon_1^2) + B_2^2 (1 + \varepsilon_2^2) + \cdots + B_{m'}^2 + \cdots}{B_1^2 + B_2^2 + \cdots + B_{m'}^2 + \cdots}$$

Die Größen ε_i^2 sind positive Zahlen. Der Mindestwert tritt also ein, wenn nur das Glied $B_{m'}$ stehen bleibt, alle anderen aber verschwinden: $B_i = 0$ für $i \neq m'$. Folglich ist

$$_{\min}k = (m'/\alpha + \alpha/m')^2. \tag{107d}$$

Die zugehörige Beulform ist

$$w(x, y) = A_{m'} \cdot \sin m'\pi x/a \cdot \sin \pi y/b. \tag{107e}$$

Eine Ausnahme hiervon kann nur eintreten, wenn in Gl. (107c) zwei der ( )-Koeffizienten gleich groß sind. Das ist aber die Bedingung für $k(m) = k(m + 1)$ von S. 1019.

Der Ansatz Gl. (107) ist eine Entwicklung nach den Eigenfunktionen des Problems. Für ${}_{\min}k$ bleibt deshalb nur ein Glied (in Ausnahmefällen zwei Glieder) der Reihe stehen, während bei der Entwicklung von $w(x, y)$ nach anderen als Eigenfunktionen eine (im allgemeinen unendliche) Reihe erhalten wird. Mit obigem ist zugleich erwiesen, daß der einfache Ansatz $w(x, y) = A \sin m\pi x/a \cdot \sin n\pi y/b$ in IV, $Z \cdot 3$ (Seite 1018) im allgemeinen ausreichend ist.

d) Platte mit Quersteife. Für das bereits auf Grund der Differentialgleichung behandelte Beispiel (Abb. 89) der Platte mit Längsbelastung $\sigma_{xK} = k\sigma_e, \sigma_y = \tau = 0$, vereinfacht sich der Ausdruck für den Beulwert in

$$k = \left(\frac{b}{\pi}\right)^2 \frac{\iint \left\{ \left(\frac{\partial^2 w}{\partial x^2} + \frac{\partial^2 w}{\partial y^2}\right)^2 - 2(1-\mu)\left[\frac{\partial^2 w}{\partial x^2}\frac{\partial^2 w}{\partial y^2} - \left(\frac{\partial^2 w}{\partial x\,\partial y}\right)^2\right]\right\} dx\,dy + b\gamma_b \int \left(\frac{d^2 w_b}{dy^2}\right)^2 dy}{\iint \left(\frac{\partial w}{\partial x}\right)^2 dx\,dy} \tag{108}$$

Die Quersteife ist nicht druckbelastet, also gilt $\varkappa_b = 1$. Die Zugkraft infolge der behinderten Querdehnung der Platte wird vernachlässigt ($\sigma_{yb} = 0$). Für den *Ritz*-Ansatz Gl. (107) folgt

$$k(m, n) = \frac{\sum\limits_m \sum\limits_n A_{mn}^2 \cdot (m^2 + n^2\alpha^2)^2 + 2\gamma_b \alpha^3 \sum\limits_n n^4 \left(\sum\limits_m A_{mn} \cdot \sin m\pi/2\right)^2}{\alpha^2 \sum\limits_m \sum\limits_n A_{mn}^2 \cdot m^2} \tag{108a}$$

Die A_{mn} sind so zu bestimmen, daß k einen Minimalwert annimmt. Da alle Summenglieder positiv sind, kann man schließen, daß hierfür $n = 1$ sein muß, so daß die Summenbildung über n entfällt. Es verbleibt

$$k(m) = \frac{\sum\limits_m A_m^2 (m^2 + \alpha^2)^2 + 2\gamma_b \alpha^3 \left(\sum\limits_m A_m \cdot \sin m\pi/2\right)^2}{\alpha^2 \sum\limits_m A_m^2 \cdot m^2}. \tag{108b}$$

Der Kleinstwert $k(A_m) = Z/N$ tritt für die Koeffizienten A_m ein, die den homogenen Gleichungen $\partial k/\partial A_m = 0$ oder

$$\partial Z/\partial A_m - k \cdot \partial N/\partial A_m = 0 \tag{108c}$$

genügen. Dieses System hat eine nicht triviale Lösung $w \neq 0$ nur dann, wenn die Koeffizientendeterminante verschwindet.

Der hier betrachtete Fall ist nur für kurze Platten (z. B. $\alpha < 2$) von praktischem Interesse. Es ist also zu erwarten, daß man schon mit wenigen Reihengliedern zu brauchbaren Ergebnissen kommt.

$$\begin{array}{ccc} A_1 & A_2 & A_3 \\ [(1+\alpha^2)^2 + 2\alpha^3\gamma_b - \alpha^2 k] & - & -2\alpha^3\gamma_b \\ - & [(4+\alpha^2)^2 - 4\alpha^2 k] & - \\ -2\alpha^3\gamma_b & - & [(9+\alpha^2)^2 + 2\alpha^3\gamma_b - 9\alpha^2 k] \end{array} \tag{108d}$$

Beschränken wir uns auf die Glieder A_1 und A_2, so ist die Determinante

$$\Delta = \left\{(1+\alpha^2)^2 + 2\gamma_b\alpha^3 - \alpha^2 k\right\} \cdot \left\{(4+\alpha^2)^2 - 4\alpha^2 k\right\} = 0 \tag{108e}$$

Der zweite Faktor $\{\ \} = 0$ von Gl. (108e) gibt

$$k = (\alpha/2 + 2/\alpha)^2, \tag{108f}$$

d. h. den Beulwert für $m = \alpha/2$, entsprechend einer Knotenlinie an der Steife. Der erste Faktor liefert für beliebiges γ_b

$$k = (\alpha + 1/\alpha)^2 + 2\alpha\gamma_b. \tag{108g}$$

Diese Näherung ist zwar ziemlich grob, sie gilt auch nur für kleine Werte α, wir wollen sie aber benutzen, um einige grundsätzliche Betrachtungen anzuschließen. Wir fragen, wie groß muß γ_b sein, damit k nach Gl. (108g) gleich dem Beulwert der Platte mit einer Knotenlinie in Feldmitte wird. Aus der Bedingung $k = (\alpha/2 + 2/\alpha)^2$ folgt

$${}_{\min}\gamma_b = 3/2\alpha^3 - 3\alpha/8. \tag{108h}$$

Nimmt man in der Determinante ein weiteres Glied (A_3) hinzu, so erhält man für k statt Gl. (108g) die quadratische Gleichung

$$\left\{(\alpha + 1/\alpha)^2 + 2\alpha\gamma_b - k\right\} \cdot \left\{(\alpha + 9/\alpha)^2 + 2\alpha\gamma_b - 9k\right\} - 4\alpha^2\gamma_b = 0 \tag{108i}$$

$$\alpha = 0{,}8 \qquad 1 \qquad 1{,}414$$

$$\min\gamma_b \begin{cases} = 2{,}72 & 1{,}13 & 0 & \text{nach Gl. (108g)} \\ = & 1{,}18 & & \text{nach Gl. (108i)} \\ = 3{,}53 & 1{,}20 & 0 & \text{genau nach St. } Way \end{cases}$$

Gl. (108g) ist also sehr ungenau, wenn $\alpha < 1$ wird. Der Grenzwert für $\gamma_b = 0$ ist dagegen richtig wiedergegeben.

e) Platte mit mittlerer Längssteife. Für Abb. 90 erhält man mit dem *Ritz*schen Ansatz Gl. (107) den Beulwert zu

$$k(m, n) = \frac{\sum\limits_m \sum\limits_n A_{mn}^2 (m^2 + n^2\alpha^2)^2 + 2\gamma_a \cdot \sum\limits_m m^4 (A_{m1} - A_{m3} + A_{m5} - \ldots)^2}{\alpha^2 \left\{ \sum\limits_m \sum\limits_n A_{mn}^2 m^2 + 2\delta_a \cdot \sum\limits_m m^2 (A_{m1} - A_{m3} + A_{m5} - \ldots)^2 \right\}}. \tag{109}$$

Wir setzen $m = 1$; bei größerer Plattenlänge ist α/m an die Stelle von α zu setzen.

$$k(n) = \frac{\sum\limits_n A_n^2 (1 + n^2\alpha^2)^2 + 2\gamma_a (A_1 - A_3 + A_5 - \ldots)^2}{\alpha^2 \left\{ \sum\limits_n A_n^2 + 2\delta_a (A_1 - A_3 + A_5 - \ldots)^2 \right\}}. \tag{109a}$$

Aus Gl. (109a) kann der Beulwert $k = k(A_n, \alpha, \gamma_a, \delta_a)$ ausgerechnet werden. Für den Kleinstwert $k = Z/N$ müssen wieder die Bedingungen $\partial k/\partial A_n = 0$ erfüllt sein.

Die Glieder mit geraden Indizes $A_2, A_4 \ldots$ entsprechen den Beulformen mit einer Knotenlinie an der Längssteife. Die Determinante vereinfacht sich deshalb zu

$$\begin{matrix} A_1 & A_3 & A_5 \\ (1+\alpha^2)^2 + H - \alpha^2 k & -H & +H \\ +H & (1+9\alpha^2)^2 - H - \alpha^2 k & +H \\ +H & -H & (1+25\alpha^2)^2 + H - \alpha^2 k \end{matrix} \tag{109b}$$

wobei abgekürzt ist $H = 2(\gamma_a - \alpha^2\delta_a k)$.

Beschränken wir uns auf das Glied A_1, so folgt

$$k = \frac{(\alpha + 1/\alpha)^2 + 2\gamma_a/\alpha^2}{1 + 2\delta_a}. \tag{109c}$$

Diese erste Näherung ist nur brauchbar für große γ_a und $\alpha > 2$. Zur Erzwingung einer Knotenlinie an der Steife gemäß $k = 4\,(2\alpha + 1/2\alpha)^2$ ist danach erforderlich

$$\min\gamma_a = 3\alpha^2 (1 + 2{,}5\alpha^2) + (1 + 4\alpha^2)^2 \cdot \delta_a. \tag{109d}$$

Eine Tabelle mit den genaueren Werten, aus A_1, A_2, A_3, vgl. *S. Timoshenko* [29] S. 152.

f) Platte mit Schubbelastung. Für die unversteifte Platte (Abb. 80) benutzen wir wieder den Ansatz Gl. (107). Der Kleinstwert k wird erhalten, wenn $(m + n)$ eine gerade Zahl ist. Wir beschränken uns auf die Glieder A_{11} und A_{22}. Mit der Abkürzung $\lambda = -\pi^2/32\alpha k$ wird erhalten:

$$\Delta = \begin{vmatrix} \lambda(\alpha + 1/\alpha)^2 & 4/9 \\ 4/9 & 16\lambda(\alpha + 1/\alpha)^2 \end{vmatrix} \tag{110}$$

Aus der Beulbedingung $\Delta = 0$ folgt der Beulwert

$$k = 9\pi^2/32\alpha \cdot (\alpha + 1/\alpha)^2 = 2{,}78\,\alpha\,(1 + 1/\alpha^2)^2. \tag{110a}$$

Daraus wird erhalten $k = 11{,}1$ für $\alpha = 1$, gegenüber den genauen Wert 9,34; der Näherungswert ist um rd. 19% zu groß.

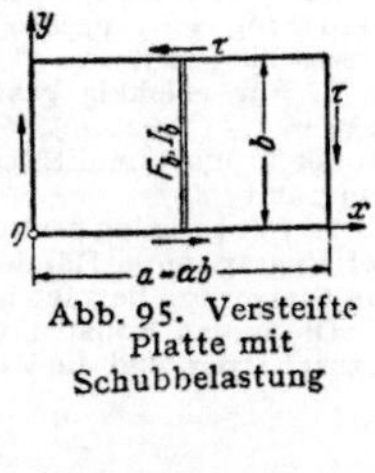

Abb. 95. Versteifte Platte mit Schubbelastung

g) Platte mit Quersteife und Schubbelastung (Abb. 95). Mit den gleichen Annahmen wie in f) erhält man bei Beschränkung auf die Glieder A_{11} und A_{22}

$$\Delta = \begin{vmatrix} \lambda[(\alpha + 1/\alpha)^2 + 2\alpha\gamma_b] & 4/9 \\ 4/9 & 16\lambda(\alpha + 1/\alpha)^2 \end{vmatrix} \tag{111}$$

Beulbedingung und Beulwert werden in dieser Annäherung

$$\lambda^2 \left\{ (\alpha + 1/\alpha)^4 + 2\alpha (\alpha + 1/\alpha)^2 \cdot \gamma_b \right\} - 1/S1 = 0, \qquad (111\,a)$$

$$k = k_0 \cdot \sqrt{1 + 2\gamma_b/\alpha\, (1 + 1/\alpha^2)^2}. \qquad (111\,b)$$

k_0 bezeichnet den Beulwert für die unversteifte Platte (Gl. 110a). Die genaueren Werte bei Berücksichtigung von 4 Gleichungen s. *S. Timoshenko* [29] S. 160. Beim Vergleich mit den Werten von *S. Timoshenko* ist hier zu beachten, daß $\gamma_b = \alpha \cdot \gamma_{\text{Timosh.}}$ ist.

Im Falle der Platte mit Schubbelastung gibt es keine echte Mindeststeifigkeit $\min\gamma_b$. Wenn an der Steife eine Knotenlinie vorhanden ist, so wirken auf die Steife Auflagerkräfte $q_z \neq 0$. Um exakt $w_b = 0$ zu erzwingen, wäre $\gamma_b = \infty$ erforderlich. In letzterem Falle ist der Beulwert, weil elastische Einspannung infolge der Kontinuität wirksam wird, $k\,(\alpha, \gamma_b = \infty) > k_0\,(\alpha/2)$, wenn k_0 wieder den Wert für das gelenkig gestützte Einzelfeld bezeichnet.

Bei der üblichen Abschätzung (vgl. *S. Timoshenko* [69] S. 160, erster Absatz) wird wie folgt verfahren:

Wir definieren γ_b^* durch die Bedingung

$$k\,(\alpha, \gamma_b^*) = k_0\,(\alpha/2) = 2{,}78 \cdot \alpha/2 \cdot (1 + 4/\alpha^2)^2. \qquad (111\,c)$$

γ_b^* ist zwar keine Mindeststeifigkeit im engeren Sinne, sie vermag aber für praktische Zwecke eine ähnliche Aufgabe zu erfüllen.

Mit der ersten Annäherung Gl. (111b) erhält man aus Gl. (111c)

$$\gamma_b^* = \frac{\alpha}{8}\, \frac{(1 + 4/\alpha^2)^4 - 4\,(1 + 1/\alpha^2)^4}{(1 + 1/\alpha^2)^2}. \qquad (112)$$

Eine Tabelle mit genaueren Werten s. *S. Timoshenko* [29] S. 160.

Die Werte γ_b^* gelten, abgesehen von ihrer Ungenauigkeit, für eine Platte, deren Querränder gelenkig *fest* gestützt sind. Praktisch wichtig ist der Fall der längeren Platte mit mehreren elastischen Quersteifen in gleichen Abständen. Die Werte γ_b^* müssen in diesem Falle größer sein als für eine Steife. Zahlenwerte vgl. *S. Timoshenko* [29]. — *St. Way* [110]. — *J. Ratzersdorfer* [105].

Literatur zur Beulung versteifter Platten

Vgl. [94] bis [110] sowie *F. Bleich* [4] S. 358. — *E. Chwalla* [55] S. 957. — DIN 4114 [6]. — *F. Hartmann/E. Melan* [13] S. 208. — *A. Pflüger* [16] S. 285. — *F. Schleicher* [27] u. [65]. — *S. Timoshenko* [21] S. 371 u. [70] S. 147.

14. Rechnungsannahmen, Sicherheit, Versuche

Die Beulsicherheitszahlen ν dürfen verhältnismäßig kleiner sein als die Knicksicherheitszahlen ν_K von Druckstäben oder die sonst im Bauwesen üblichen Sicherheitszahlen. DIN 4114 fordert im allgemeinen $\nu_B = 1{,}35$ bzw. 1,25, und für Vergleichsspannungen $\sigma_{VKi} > 3{,}75$ t/cm² sogar nur Werte, die bis auf 1,22 bzw. 1,13 herabgehen.

Die Beurteilung der Höhe der Beulsicherheit ist nicht zu trennen von den Rechnungsannahmen. Am wichtigsten ist wohl die Annahme, daß die Ränder der einzelnen Plattenfelder gelenkig gestützt sind, während in Wirklichkeit elastische Einspannung vorhanden ist, so an Längsrändern durch die Gurtungen oder an Querrändern infolge der Kontinuität der Platte.

Die Untersuchungen von IV, 7 zeigten bereits, daß selbst der Einfluß einer starren Einspannung verhältnismäßig gering ist.

Bei längeren Platten und im elastischen Bereich wird die Beulspannung danach durch Einspannung aller 4 Ränder meist um die Größenordnung 70% gehoben.

Im plastischen Bereich kann sich diese Steigerung nur teilweise auswirken, da die Abminderung $\varkappa = \sigma_{VK}/\sigma_{VKi}$ um so stärker ist, je höher σ_{VKi} liegt. Wir betrachten folgende Grenzfälle (St 37):

1. Für gelenkig gestützte Ränder sei $\sigma_{VKi} = \sigma_P = 1{,}92$ t/cm². Bei Einspannung ist $\sigma_{VKi} = 1{,}7 \cdot 1{,}92 \doteq 3{,}26$ t/cm² und nach DIN 4114, Tafel 7, abgemindert: $\sigma_{VK} = 2{,}256$ t/cm². An der Proportionalitätsgrenze beträgt die Steigerung der Beulspannung durch Einspannung also nur 17%.

2. Für gelenkig gestützte Ränder sei $\sigma_{VKi} = 3{,}0$ t/cm²; abgemindert ist $\sigma_{VK} = 2{,}233$ t/cm². Bei eingespannten Rändern ist $\sigma_{VKi} = 1{,}7 \cdot 3 = 5{,}1$ t/cm² und abgemindert $\sigma_{VK} = 2{,}333$ t/cm². Die Steigerung beträgt hier nur noch 4%.

Die in den Konstruktionen des Bauwesens vorhandene elastische Einspannung ist schwer abzuschätzen, und die Versuche reichen bisher nicht aus, dafür allgemein brauchbare Anhaltspunkte zu geben. Die theoretische Abschätzung der elastischen Einspannung an Hand der Torsionssteifigkeit der Randstützung ist schwierig. Man erkennt, daß der Einspanngrad in weiten Grenzen schwankt.

Eine starre Einspannung der Plattenränder läßt sich praktisch nur schwer in genügender Annäherung verwirklichen. Aber selbst dafür ist der Einfluß auf die Beulspannung nach Vorstehendem in vielen Fällen belanglos.

Bei elastischer Einspannung ist der Einfluß noch geringer. Über mehrere Felder durchlaufende Platten erfahren *teilweise* eine gegenseitige elastische Einspannung im Vergleich zu den Plattenfeldern mit allseitig gelenkig gestützten Rändern, wie sie für die Beulberechnungen im allgemeinen angenommen werden. In vielen Fällen, z. B. bei gleichgroßen Feldern mit Normalspannungen, verschwindet der Einfluß der Kontinuität sogar ganz, weil die Knotenlinien dadurch nicht geändert werden.

Bei der Vielgestaltigkeit der Verhältnisse und der großen Unsicherheit aller Annahmen ist es zweckmäßig, die Plattenränder für den Beulnachweis als gelenkig gestützt anzunehmen und an Stelle einer Berücksichtigung der unsicheren Einspannungsverhältnisse lieber die Größe der zu fordernden Sicherheitszahlen auf einen Mindestwert zu beschränken.

Zusammenfassend ist also festzustellen, daß der Einfluß der Einspannungen auf die Beulbelastung im allgemeinen gering ist. Die darin liegende Reserve hat sehr unterschiedliche Größe, je nachdem die Beulung im elastischen oder im plastischen Bereich stattfindet.

Ziel der Beuluntersuchungen muß es sein, die Bauwerke so zu gestalten, daß die Belastung unter der kritischen Höhe bleibt und stärkere Ausbeulungen vermieden werden. Die Platten selbst müssen also ausreichende Dicke erhalten und die Steifen sind so zu bemessen, daß die Platten unter den vorkommenden Belastungen eben bleiben. Wenn diese Forderung erfüllt ist, werden z. B. die Querkräfte im Steg durch Scheibenwirkung übertragen. Ein Rost von Längs- und Querstreifen bleibt dabei spannungslos, diese werden erst bei der Ausbeulung gebogen.

Die Tragfähigkeit von versteiften Platten ist zwar im allgemeinen noch nicht erschöpft, wenn die Beullast erreicht ist. Für den über Q_B hinausgehenden Belastungsanteil tritt jedoch eine Kräfteumlagerung ein. Die Pfosten müssen den betreffenden Querkraftsanteil als Druckkraft aufnehmen, während die Diagonalzugkräfte in einem schrägen Plattenstreifen übertragen werden. Eine solche Fachwerkwirkung ist nur möglich, wenn die Verbindungen zwischen Steg und Gurtungen ausreichen, um die damit verbundenen örtlichen Kräfte, die vor allem an den Steifen konzentriert sind, aufzunehmen. Man überzeugt sich leicht, daß z. B. die üblichen genieteten I-Träger nicht imstande sind, größere zusätzliche Kräfte zu übernehmen.

Die Traglast beträgt im elastischen Bereich in vielen Fällen (nicht immer!) das 2- bis 3fache der Beullast, im plastischen Gebiet liegen beide Werte jedoch nahe beieinander. Wenn die Beulspannungen an der Fließgrenze liegen, fallen damit auch die Tragspannungen zusammen, d. h. die Fließgrenze kann eben meist nicht überschritten werden. Die Tragfähigkeit nach dem Ausbeulen darf deshalb nicht überschätzt werden, besonders nicht in Fällen, wo die kritische Belastung nahe der Fließgrenze liegt.

Platten mit Störungen. Der Einfluß gewisser Störungen kann an Hand von IV, 5 und 6 abgeschätzt werden. Weitere Fälle von Platten mit Störungen s. Literatur.

Die vorliegenden Untersuchungen zeigen, daß die verschiedenen Arten von Störungen nicht gleich beurteilt werden dürfen. Wenn die Störung der Beulform unter ${}_{\min}k$ entspricht, nehmen die Ausbiegungen mit der Annäherung an σ_K usw. stark zu, bis Biegebruch eintritt. Liegen die beiden Formen dagegen weit genug auseinander, so kann der Verzweigungspunkt des elastischen Gleichgewichts unter der niedrigsten der kritischen Belastungen erhalten bleiben und die Störung ist dann nicht so „schädlich" wie im ersten Fall. Eine Beurteilung ist deshalb nur von Fall zu Fall möglich.

Für die Aufnahme der mit den Störungen verbundenen Kräfte sind reichlich bemessene Steifen wichtig.

Literatur über Platten mit Störungen **vgl. [*111*] bis [*115*] S. 1047.**

Schluß. Die Abmessungen vollwandiger Tragwerke konnten zunächst nur auf Grund von Versuchen an Modellen festgelegt werden, vgl. *F. Schleicher* [*65*] S. 505. Die Konstruktionen wurden nach Versuchen und Erfahrungen sowie einfachen Berechnungen weiterentwickelt. Man kam so allmählich zu gewissen Regelverhältnissen.

Für die Übertragung dieser Erfahrungen auf größere Bauwerke ist der Modellmaßstab wichtig. Soll der größere Träger die gleichen Beulspannungen haben wie die erprobten kleineren Bauwerke, so müssen alle Einzelabmessungen im gleichen Verhältnis vergrößert werden: Geometrisch ähnliche Bauwerke aus dem gleichen Werkstoff werden unter denselben kritischen Spannungen labil.

Niemand wird die Stegblechdicke im Verhältnis der geometrischen Abmessungen steigern. Einem z. B. nur 2/3 so starken Stegblech entsprechen aber im elastischen Bereich bei sonst gleichen Verhältnissen nur 4/9 der früheren Beulspannungen. Dazu kommen die gegenüber früher erhöhten zulässigen Spannungen, besonders bei Anwendung von St 52.

Bei den modernen Vollwandträgern sind also unbedingt sorgfältige Maßnahmen zur Erzielung einer ausreichenden Beulsicherheit erforderlich. Diese Maßnahmen sind nicht immer gleichartig durchgeführt worden, so daß die Vollwandtragwerke der letzten 2 Jahrzehnte sehr unterschiedliche Beulsicherheiten aufweisen.

Literatur über Stabilitätsfälle

(Man vgl. jeweils auch die bei den betr. Einzelfragen angegebene Literatur.)

Lehrbücher und Grundlagen. [1] *C. B. Biezeno* u. *R. Grammel:* Techn. Dynamik. Berlin 1939. — [2] *F. Bleich:* Theorie und Berechnung der eisernen Brücken. Berlin 1924. — [3] *F. Bleich:* Stahlhochbauten, 2 Bde., Berlin 1932 und 1933. — [4] *F. Bleich:* Buckling strength of metal structures. New York 1952. — [5] *L. Collatz:* Eigenwertprobleme und ihre numerische Behandlung. Leipzig 1945. — [6] *DIN 4114:* Stabilitätsfälle (Knickung, Kippung, Beulung). Juli 1952. — Erläuterungen zu den verschiedenen Entwürfen. — [7] *A. Engelund:* Staalkonstructioner. I., 2. Aufl., Kopenhagen 1948. — [8] Engineering Structures (= *Colston* Papers, Vol. II). London 1949. — [9] *A.* u. *L. Föppl:* Drang und Zwang. 2. Aufl., München 1928. — [10] *J. W. Geckeler:* Elastostatik. Hb. der Physik. Bd. VI. Berlin 1928. — [11] *K. Girkmann:* Flächentragwerke. 3. Aufl., Wien 1954. — [12] *F. Hartmann:* Knickung, Kippung, Beulung. Leipzig 1937. — [13] *F. Hartmann u. E. Melan:* Stahlbrücken. Wien 1951. — [14] *K. Marguerre:* Neuere Festigkeitsprobleme des Ingenieurs. Berlin 1950. — [15] *R. Mayer:* Knickfestigkeit. Berlin 1921. — [16] *A. Pflüger:* Stabilitätsprobleme der Elastostatik. Berlin 1950. — [17] *F. Schleicher:* 1. Kongr. Int. Ver. Brückenbau u. Hochbau. Paris 1932. Schlußbericht. — [18] *F. Stüssi:* Vorl. Baustatik. 1. Bd., 2. Aufl., Basel 1953. — [19] *S. Timoshenko:* Sur la stabilité des systèmes élastiques. Ann. Ponts Chauss. Paris 1913. — [20] *S. Timoshenko:* Stabilitätsprobleme der Elastizität. Hb. der Phys. u. Techn. Mechanik, Band IV, 1. Hälfte. Leipzig 1931. — [21] *S. Timoshenko:* Theory of elastic stability. New York 1936.

Energiemethode. [22] *K. Marguerre:* Bauing. 17 (1936) S. 160 u. 459. — [23] *K. Marguerre:* Z. ang. Math. Mech. 18 (1938) S. 57. — [24] *K. Marguerre:* Jb. 1938 der D. Luftforschung. I. S. 433. — [25] *Th. Pöschl:* Bauing. 17 (1936) S. 160. — [26] *H. Reißner:* Z. ang. Math. Mech. 5 (1925) S. 475. — [27] *F. Schleicher:* Bauing. 20 (1939) S. 217. — [28] *A. Schleusner:* Stahlbau 11 (1938) S. 185. — [29] *S. Timoshenko:* Eisenbau 12 (1921) S. 147.

Knickung von Stäben und Stabwerken. [30] *O. Baumann:* Knickung der Eisenbetonsäulen. EMPA-Bericht Nr. 89. Zürich 1934. — [31] *F. Dischinger:* Bauing. 18 (1937) S. 487. — [32] *E. Elwitz:* Lehre von der Knickfestigkeit. Hannover 1918. — [33] *K. Ježek:* Festigkeit von Druckstäben aus Stahl. Wien 1937. — [34] *R. Krohn:* Beitrag zur Knickfestigkeit. Danziger Vorlesungen 1932. — [35] *H. Müller-Breslau:* Die neueren Methoden der Festigkeitslehre. 5. Aufl., Leipzig 1924. — [36] *H. Müller-Breslau:* Graph. Statik der Baukonstruktionen. 2. Bd., II. Abt., 2. Aufl., Leipzig 1925. — [37] *J. Ratzersdorfer:* Knickfestigkeit von Stäben und Stabwerken. Wien 1936. — [38] *H. Rühl:* Berechnung gegliederter Knickstäbe. Berlin 1932. — [39] *A. Schleußner:* Strenge Theorie der Knickung und Biegung. Leipzig 1937. — [40] *A. Schleusner:* Zur Konvergenz des Engesser-Vianello-Verfahrens. Leipzig 1938. — [41] *H. Zimmermann:* Lehre vom Knicken auf neuer Grundlage. Berlin 1930.

Kippen. [42] *E. Chwalla:* Kipp-Stabilität gerader Träger usw. (= Forsch. Stahlbau, H. 2). Berlin 1939 (Korrekturen hierzu vgl. *E. Chwalla* [46], S. 21). — [43] *H. Nylander:* Einwirkung von Aussteifungen auf die Drehungsvorgänge und gebundene Kippung usw. Diss. TH. Stockholm 1942. — [44] *O. Pettersson:* Combined Bending and Torsion. Royal Inst. Techn. Stockholm 1952. — [45] *F. Stüssi:* Abh. Int. Ver. Brückenbau u. Hochbau 3 (1935) S. 401.

Drillknicken. [46] *E. Chwalla:* Forsch. Stahlbau, H. 6 Berlin 1943, S. 12. — [46a] *E. Chwalla:* Stahlbau 22 (1953) S. 73. — [47] *R. Kappus:* Luftfahrt-Forsch. 14 (1937) S. 444 und Jb. 1937 der D. Luftfahrtforsch. I. Teil, S. 409. — [47a] *R. Kappus:* Stahlbau 22 (1953) S. 6. — [47b] *K. Klöppel:* Abh. Stahlbau H. 12, Bremen-Horn 1952, S. 124. — [48] *C. F. Kollbrunner:* Mitt. Inst. Baustatik, H. 4. Zürich 1935. — [49] *Ch. Massonnet:* Abh. Int. Ver. Brückenbau u. Hochbau 6 (1940/41) S. 211. — [50] *F. Stüssi:* Abh. Int. Ver. Brückenbau u. Hochbau 6 (1940/41) S. 277. — [51] *H. Vogt:* Stahlbau 19 (1950) S. 7. — Vgl. ferner: *F. Bleich* [4] S. 104, sowie DIN 4114 [6].

Beulung von Platten. [52] *S. Ban:* Abh. Int. Ver. Brückenbau u. Hochbau 3 (1935) S. 1. — [53] *G. H. Bryan:* Proc. London Math. Soc. 22 (1890/91) S. 54 und 25 (1894) S. 141. — [54] *E. Chwalla:* Bauing. 17 (1936) S. 81. — [55] *E. Chwalla:* II. Kongr. Int. Ver. Brückenbau u. Hochbau. Berlin 1936. Vorbericht S. 957. — [56] *O. S. Heck* u. H. *Ebner:* Luftfahrtforsch. 11 (1935) S. 211. — [57] *S. Iguchi:* Ing.-Archiv 7 (1936) S. 207. — [58] *Ch. Massonnet:* Bull. Centre d'Études. Lüttich 5 (1951) S. 67. — [59] *Ch. Massonnet:* IV. Kongr. Int. Ver. Brückenbau u. Hochbau. London 1952. Vorbericht S. 542 und Schlußbericht S. 302. — [60] *A. Nádai:* Elastische Platten. Berlin 1925. — [61] *H. Nagel:* Stabilität gedrückter Rechteckplatten mit streifenweise konstanter Dicke. Diss. TH. Hannover 1942. — [62] *K. Nölke:* Bauing. 17 (1936) S. 111 und Ing.-Archiv 8 (1937) S. 403. — [63] *H. Reißner:* Zbl. Bauverw. 29 (1909) S. 93. — [64] *F. Schleicher:* Mitt. Forsch. GHH-Konzern 1 (1931) S. 186. — [65] *F. Schleicher:* Bauing. 15 (1934) S. 505. — [66] *F. Schleicher:* Stahlbau 8 (1935) S. 49. — [67] *F. Schleicher:* II. Kongr. Int. Ver. Brückenbau u. Hochbau. Berlin 1936. Vorbericht S. 1391. — [68] *O. Stein:* Bauing. 17 (1936) S. 309. — [69] *F. Stüssi:* Abh. Int. Ver. Brückenbau u. Hochbau 8 (1947) S. 237. — [70] *S. Timoshenko:* Der Eisenbau 12 (1921) S. 147. — [71] *S. Timoshenko:* Engineering 138 (1934) S. 207. — Vgl. ferner: *F. Bleich* [2] S. 216 und [4] S. 302. — *DIN 4114* [6]. — *A. Engelund* [7] S. 212. — *K. Girkmann* [11] S. 309. — *F. Hartmann* [12] S. 309. — *F. Hartmann/E. Melan* [13] S. 177. — *A. Pflüger* [16] S. 111 u. 276. — *S. Timoshenko* [20] S. 81 u. [21] S. 324.

Schweizer Veröffentlichungen (*TKVSB* = Techn. Komm. des Verb. Schweiz. Brückenbau- und Stahlhochbau-Unternehmungen). [72] *C. F. Kollbrunner:* Ausbeulen des freistehenden Winkels. Mitt. Inst. Baustatik Nr. 4 Zürich 1935. — [73] *C. F. Kollbrunner:*

Ausbeulen im elastischen und plastischen Bereich (TKVSB 1) Mitt. Inst. Baustatik Nr. 17. Zürich 1946. — [74] *C.F. Kollbrunner* u. *G. Herrmann:* Stabilität im plastischen Bereich (TKVSB 2). Mitt. Inst. Baustatik Nr. 20. Zürich 1947. — [75] *F. Stüssi:* Abh. Int. Ver. Brückenbau u. Hochbau 8 (1947) S. 237. — [76] *C.F. Kollbrunner* u. *G. Herrmann:* Schweiz. Bztg. 65 (1947) S. 95; 66 (1948) Nr. 11 und 67 (1949) Nr. 22. — [77] *P. P. Bijlaard:* Grundlegende Betrachtungen zum Ausbeulen im plastischen Bereich (TKVSB 3). Mitt. Inst. Baustatik Nr. 21. Zürich 1948. — [78] *C.F. Kollbrunner* u. *G. Herrmann:* Elastische Beulung von auf einseitigen, ungleichmäßigen Druck beanspruchten Platten (TKVSB 4). Zürich 1948. — [79] *Ch. Dubas:* Voilement des tôles raidies. Mitt. Inst. Baustatik Nr. 23. Zürich 1948. — [80] *P. P. Bijlaard, C.F. Kollbrunner, F. Stüssi:* III. Kongr. Int. Ver. Brückenbau u. Hochbau. Lüttich 1948. Vorbericht S. 119. — [81] *C.F. Kollbrunner:* III. Kongr. Int. Ver. Brückenbau u. Hochbau. Lüttich 1948. Schlußbericht S. 301. — [82] *C.F. Kollbrunner* u. *G. Herrmann:* Biegungsbeulung im elastischen Bereich (TKVSB 5). Zürich 1949. — [83] *F. Stüssi, C. F. Kollbrunner* u. *M. Walt:* Versuchsbericht Avional M (TKVSB 6). Mitt. Inst. Baustatik Nr. 25. Zürich 1951. — [84] *C.F. Kollbrunner* u. *G. Herrmann:* Der Einfluß der Poissonschen Zahl auf die Stabilität rechteckiger Platten (TKVSB 7). Zürich 1951. — [85] *F. Stüssi, C. F. Kollbrunner* u. *H. Wanzenried:* Ausbeulen rechteckiger Platten unter Druck, Biegung und Druck mit Biegung (TKVSB. 8). Mitt. Inst. Baustatik Nr. 26. Zürich 1953. Dazu Mappe: Tabellen der Beulwerte *k*. Zürich 1953. — [86] *C.F. Kollbrunner:* Stand der schweiz. Beuluntersuchungen XV. Int. Kongr. der Stahlberatungsstellen. Brüssel 1953.

Schubbeulung. [87] *S. Bergmann* u. *H. Reißner:* Z. Flugtechnik u. Motorluftschiffahrt 23 (1932) S. 6. — [88] *F. Bollenrath:* Ausbeulerscheinungen. Diss. TH. Aachen 1928. — [89] *S. Iguchi:* Ing.-Archiv 9 (1938) S. 1. — [90] *W. Moheit:* Stahlbau 13 (1940) S. 39 und Diss. TH. Darmstadt 1939. — [91] *E. Seydel:* Int. Kongr. techn. Mechanik. Stockholm 1930. Teil III, S. 89. — [92] *E. Seydel:* Ing.-Archiv 4 (1933) S. 169. — [93] *R. Southwell* u. *S. Skan:* Proc. Royal Soc. London A 105 (1924) S. 582.

Versteifte Platten. [94] *R. Barbré*: Bauing. 17 (1936) S. 268. — [95] *R. Barbré*: Ing.-Archiv 8 (1937) S. 117. — [96] *F. W. Bornscheuer*: Gleichmäßig gedrückte Rechteckplatten, versteift durch eine Längssteife. Diss. TH. Darmstadt 1946. — [97] *E. Chwalla*: Stahlbau 17 (1944) S. 84. — [98] *H. Fröhlich*: Bauing. 18 (1937) S. 673. — [99] *M. Hampl*: Stahlbau 10 (1937) S. 16. — [100] *R. Heilig*: Bauing. 27 (1952) S. 398. — [101] *G. Knipp*: Bauing. 22 (1941) S. 257. — [102] *R. J. Krapfenbauer*: Abh. Dokumentationszentrum, H. 17. Wien 1953. — [103] *A. Kromm*: Stahlbau 17 (1944) S. 81. — [104] *Ch. Massonnet*: Abh. Int. Ver. Brückenbau u. Hochbau 6 (1940/41) S. 233. — [105] *J. Ratzersdorfer*: Aircraft Engng. (1942) S. 260. — [106] *G. Schnadel*: Jb. 1929 Schiffbautechn. Ges. S. 170 und Werft, Reederei, Hafen 11 (1930) S. 461. — [107] *R. Stiffel*: Bauing. 22 (1941) S. 367. — [108] *K. Torre*: Stahlbau 17 (1934) S. 45 und Österr. Ing.-Archiv 1 (1946) S. 137. — [109] *G. Wästlund* u. *St. G. A. Bergman*: Buckling of webs. Stockholm 1947. — [110] *St. Way*: J. Appl. Mech. 3 (1936) S. 131.

Platten mit Störungen. [111] *K. Girkmann*: Stahlbau 15 (1942) S. 57. — [112] *F. Schleicher*: Abh. Int. Ver. Brückenbau u. Hochbau 1 (1932) S. 433. — [113] *F. Schleicher*: Forsch. Stahlbau 6 (1943) S. 146. — [114] *F. Schleicher*: u. *R. Barbré*: Bauing. 18 (1937) S. 665. — [115] *W. Schmid*: Versteifte Rechteckplatten mit anfänglicher Ausbiegung. Diss. TH. Berlin 1944.

Beulung unter örtlicher Belastung. [116] *K. Girkmann*: Proc. 5. Int. Congress of Appl. Mech. 1938, S. 107. — [117] *K. Girkmann*: II. Kongr. Int. Ver. Brückenbau u. Hochbau. Berlin 1936. Schlußbericht S. 607. — [118] *K. Sattler*: Mitt. Forsch. GHH-Konzern 3 (1935) S. 257. — Vgl. ferner: *F. Bleich* [4] S. 390. — *A. Pflüger* [16] S. 281. — *S. Timoshenko* [21] S. 365.

Dreieckplatten. [119] *W. Burchard*: Beulspannungen der quadratischen Platte mit Schrägsteife. Diss. TH. Hannover 1937, vgl. Ing.-Archiv 8 (1937) S. 332. — [120] *O. Heesch*: Beulspannungen mit Hilfe von Differenzengleichungen. Diss. TH. Hannover 1936. — Vgl. ferner: *A. Pflüger* [16] S. 288.

Kreisplatten. [121] *K. Federhofer*: Ing.-Archiv 11 (1940) S. 224. — [122] *K. Federhofer* u. *H. Egger*: Ing.-Archiv 14 (1943) S. 155. — [123] *R. G. Olsson*: Ing.-Archiv 8 (1937) S. 449. — Vgl. ferner: *F. Bleich* [4] S. 367. — *A. Nádai* [60] S. 249. — *A. Pflüger* [16] S. 290.

Literatur zum Shanley-Effekt

[124] *F. R. Shanley:* J. Aeron. Sciences 13 (1946) S. 678. — [125] *F. R. Shanley:* J. Aeron. Sciences 14 (1947) S. 261. — [126] *F. R. Shanley:* Proc. Amer. Soc. Civ. Eng. 75 (1949) S. 759. — [127] *D. C. Drucker:* Proc. Amer. Soc. Civ. Eng. 76 (1950) Sep. Nr. 27. — [128] *Ch. Massonnet:* L'Ossature métall. 15 (1950) S. 358. — [129] *F. Schleicher:* Bauingenieur 26 (1951) S. 139 u. 197. — [130] *F. Schleicher:* Abh. Stahlbau H. 10, Bremen 1951, S. 126. — [131] *U. Müllersdorf:* Bauingenieur 27 (1952) S. 57. — [132] *A. Pflüger:* Ing.-Archiv 20 (1952) S. 291. — [133] *F. Stüssi:* Mitt. TKVSB. Nr. 8. Erste Schweiz. Stahlbautagung Zürich 1953, S. 209. — Vgl. ferner *F. Bleich* [4] S. 16. — *H. G. Hopkins* in [8] S. 93.

Schwingungen in der Bautechnik

Von

Professor Dr.-Ing. F. W. Waltking †

Düsseldorf

I. Grundlagen

A. Grundbegriffe und -ansätze

1. Kinematische Grundlagen

Die *harmonische Schwingung* (Abb. 1a) ist der einfachste Fall eines Schwingungsvorganges; der Schwingungsausschlag x hängt von der Zeit t ab in der Form

$$x = A \sin \omega t. \tag{1}$$

A = Amplitude (Schwingungsweite, Scheitelwert)
$\omega = 2\pi f$ = Kreisfrequenz der Schwingung
f = Frequenz oder Schwingungszahl (je Minute oder Sekunde)
$T = 2\pi/\omega = 1/f$ = Dauer der vollen Schwingung

Die *periodische Schwingung* (Abb. 1b) ist der allgemeinere Fall: Die Bewegung wiederholt sich innerhalb jeder Periode in allen ihren Eigenarten. Sie kann stets dargestellt werden als Überlagerung mehrerer harmonischer Schwingungen mit

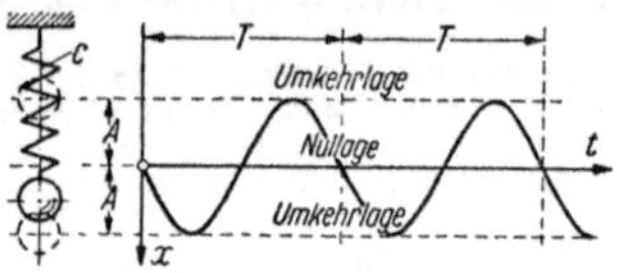

Abb. 1a. Harmonische Schwingung

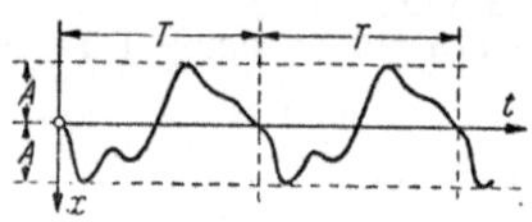

Abb. 1b. Periodische Schwingung

verschiedenen Amplituden und Frequenzen („harmonische Analyse"). Sind im Sonderfall zwei harmonische Schwingungen gleicher Frequenz zu überlagern, so ist die resultierende Schwingung wiederum harmonisch, z. B.

$$x = A_1 \sin \omega t + A_2 \cos \omega t = A \sin (\omega t + \varphi). \tag{2}$$

φ = Phasenverschiebung
$A_1 = A \cos \varphi$; $A_2 = A \sin \varphi$; $A^2 = A_1^2 + A_2^2$

Bei *nicht-periodischen Schwingungen* wiederholen sich nur einzelne Eigenarten der Bewegung, z. B. bei den gedämpften Schwingungen Abb. 3 u. 4.

2. Dynamische Ansätze

Schwingungen sind Bewegungen innerhalb eines Kraftfeldes: eine „Rückstellkraft" muß in bestimmter Weise vom Ort (d. h. vom augenblicklichen Ausschlag x) abhängig sein.

Der nächstliegende Weg zur Untersuchung ist das Aufstellen einer Differentialgleichung mit Hilfe des dynamischen Grundgesetzes von *Newton* (vgl. S. 169): Die resultierende Kraft ist gleich Masse mal Beschleunigung. Analog ist das resultierende Moment gleich Massenträgheitsmoment mal Winkelbeschleunigung. — Anstatt des Grundgesetzes wird auch gern der Satz von *D'Alembert* (S. 186) benutzt, z. B. Rückstellkraft und Trägheitskraft ins Gleichgewicht gesetzt.

Zu diesem *dynamischen Ansatz* gehört ein zweiter Ansatz, z. B. der *elastische Ansatz*, der die Veränderlichkeit der Rückstellkraft in ihrem Kraftfelde beschreibt.

Ein anderer Untersuchungsweg ist der Energiesatz (S. 175), auf eine Viertelperiode der Schwingung angewandt. Bezieht man bei der freien ungedämpften Schwingung die potentielle Energie U auf die Lage $x = 0$, so ist in dieser Lage *nur* kinetische Energie W, in der Umkehrlage *nur* potentielle Energie vorhanden. Die beiden zeitlichen Maxima $\hat{U}$ und $\hat{W}$ sind also einander gleich

$$\hat{U} - \hat{W} = 0. \tag{3}$$

Drückt man das Maximum der kinetischen Energie $\hat{W}$ durch eine Hilfsgröße W^* derart aus, daß

$$\hat{W} = \omega^2 W^*, \tag{4}$$

so entsteht die mit Vorteil verwendbare Frequenzformel

$$\omega^2 = \hat{U}/W^*. \tag{5}$$

B. Schwingungen des Massenpunktes

3. Freie Schwingungen ohne Dämpfung

Freie Schwingungen kommen zustande, wenn das schwingungsfähige Gebilde nach einmaliger Energiezufuhr, wie Anstoß oder Anfangs-Auslenkung, sich selbst überlassen bleibt. Das Gegenstück sind Schwingungen mit dauernder Energiezufuhr.

Bei **elastischen Schwingungen** ist die Rückstellkraft eine „elastische" Kraft, wie sie z. B. vorliegt, wenn nach dem *Hooke*schen Gesetz Kräfte und Verformungen einander proportional sind. Für den an einer Feder mit der Federkonstanten c hängenden Massenpunkt m (Abb. 1a) liefert der dynamische Ansatz

$$-c\,x = m\,d^2 x/dt^2, \tag{6}$$

eine Differentialgleichung, deren Lösung eine harmonische Schwingung nach Gl. (2) oder, wenn die Phasenverschiebung unwichtig ist, nach Gl. (1) ist. Durch Einsetzen der Lösung (1) in Gl. (3) ergibt sich

$$\omega = \sqrt{c/m}; \qquad T = 2\pi\sqrt{m/c}. \tag{7}$$

Die Amplitude A kann nur aus der anfangs zugeführten Energie bestimmt werden; die Frequenz ist jedoch davon unabhängig, sie folgt nach (7) aus systemeigenen Größen und heißt daher *Eigenfrequenz*.

Für den einzelnen Massenpunkt ist die freie Schwingung gleichzeitig seine *Eigenschwingung*. Anderenfalls setzt sich die freie Schwingung aus den einzelnen Eigenschwingungen zusammen.

Bei **Pendelschwingungen** (mathematisches Pendel) ist die Rückstellkraft eine Schwerkraftkomponente, proportional dem Sinus des Winkelausschlages. Ersetzt man bei kleinen Winkelamplituden diesen Sinus mit guter Näherung durch das Bogenmaß, so wird anstatt Gl. (7)

$$\omega = \sqrt{g/l}; \qquad T = 2\pi\sqrt{l/g}. \tag{8}$$

$g = 9{,}81\ \mathrm{m/s^2}$ = Schwerebeschleunigung
l = Pendellänge

4. Allgemeines über zusätzliche Kräfte

Eine konstante Kraft P_0 wäre in Gl. (6) links hinzuzufügen; setzt man diese additive Konstante $P_0 = c\,x_0$ und sodann $\xi = x - x_0$, so bleibt $d^2\xi/dt^2 = d^2 x/dt^2$: an dem Schwingungsvorgang ändert sich nichts, als daß er um eine Nullage erfolgt, die gegenüber der Nullage um $x_0 = P_0/c$ verschoben ist.

Aus diesem Grunde setzt man nicht den spannungslosen Zustand eines Systems, sondern seinen statischen Gleichgewichtszustand als Nullage der Schwingung an.

Dann treten statische Kraftwirkungen (z. B. Eigengewicht, statische Biegemomente) in der Schwingungsuntersuchung gar nicht in Erscheinung.

Zusätzliche elastische Kräfte, die der Auslenkung x proportional sind, werden durch eine resultierende Federkonstante erfaßt. Im Falle der Abb. 2a wird einfach $c_R = c_1 + c_2$, im Falle der Abb. 2b $c_R = c_1 c_2/(c_1 + c_2)$.

Der Geschwindigkeit proportionale Kräfte bringen ein Glied mit dx/dt in die bisher sehr einfache Differentialgleichung hinein; der Charakter des Schwingungsvorganges erfährt dadurch eine merkliche Änderung. Die Differentialgleichung bleibt jedoch linear und homogen und hat konstante Koeffizienten (vgl. 5, gedämpfte Schwingungen).

Zeitabhängige Kräfte mit eigener Periode führen zu der inhomogenen Differentialgleichung eines Vorganges mit wesentlich anderen Eigenschaften als die der freien Schwingung (vgl. 6, erzwungene Schwingungen).

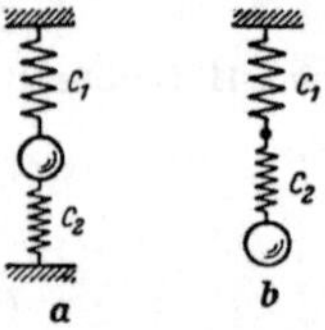

Abb. 2a. „Parallel"-schaltung von elastischen Bindungen
Abb. 2b. „Reihen"-schaltung von elastischen Bindungen

Durch Kräfte von beliebiger Veränderlichkeit erhalten die Schwingungsuntersuchungen ein gänzlich anderes Gesicht: entweder erfordern verwickelte Differentialgleichungen einen vergrößerten theoretisch-mathematischen Aufwand, oder die experimentelle Erforschung wird zum unentbehrlichen Hilfsmittel.

Nicht-lineare Schwingungsprobleme liegen z. B. vor, wenn die Federung nicht mehr durch eine Konstante („gerade Kennlinie"), sondern durch irgendeine Kurve gekennzeichnet ist. Ein anderes Beispiel ist eine dem Quadrat der Geschwindigkeit proportionale Dämpfung.

Rheolineare Schwingungssysteme pflegt man heute von den nicht-linearen zu trennen; bei ihnen ist die Differentialgleichung zwar linear, hat aber veränderliche Koeffizienten. Probleme dieser Art werden in Ziff. 8 kurz gestreift.

Bei rheolinearen und insbesondere bei nicht-linearen Vorgängen sind die mathematischen Schwierigkeiten nicht selten so groß, daß der Ingenieur gern nach *linearen Näherungslösungen* sucht, wobei er sich gegebenenfalls auf ein ihn interessierendes Teilergebnis (z. B. eine bestimmte Eigenart des Vorganges) beschränken muß. Die Wege und Möglichkeiten zur Linearisierung sind stark abhängig von den besonderen Umständen des Einzelfalles.

5. Gedämpfte Schwingungen

Jede freie Schwingung kommt allmählich zum Abklingen, die „ungedämpfte Schwingung" ist also eine Idealisierung. Dämpfungsursachen sind z. B. unvollkommene Elastizität (Hysteresis-Dämpfung oder innere Reibung), äußere Reibung, Luftwiderstand, also Kräfte von verwickeltem Charakter, für deren Ansatz man nach Linearisierung strebt.

Eine konstante Reibungskraft, also unmittelbar dem *Coulomb*schen Reibungsgesetz entsprechend, beschreibt mitunter den Sachverhalt genügend genau. Sie muß nur insofern als veränderlich angesetzt werden, daß sie stets gleichzeitig mit der Geschwindigkeit ihr Vorzeichen wechselt. Wie in Ziffer 4 gezeigt, führen zusätzliche konstante Kräfte zu einer Verschiebung der Nullage, eine solche Verlagerung erfolgt hier also in jeder Halbperiode einmal. Die Einhüllenden der Scheitelwerte (Abb. 3) sind gerade Linien.

Die der Geschwindigkeit proportionale Dämpfung ist eine besonders gut verwendbare Linearisierung. Mit dem „Dämpfungsfaktor" k als Proportionalitätsfaktor gilt anstatt Gl. (6) jetzt

$$m \cdot d^2x/dt^2 + k \cdot dx/dt + cx = 0. \tag{9}$$

Wenn die Dämpfung nicht allzu stark ist, lautet die Lösung

$$x = e^{-(k/2m)\,t} \cdot B \sin(\omega_D t + \varphi_D)\,, \tag{10}$$

darin sind B und φ_D die von den Anfangsbedingungen abhängigen Integrationskonstanten; die veränderliche Amplitude ist also

$$A = B \cdot e^{-(k/2m)\,t}\,, \tag{11}$$

ferner wird

$$\omega_D = \sqrt{c/m - (k/2\,m)^2}. \tag{12}$$

Die Frequenz ω_D der gedämpften Eigenschwingungen ist also kleiner als die ungedämpfte Eigenfrequenz $\omega_E = \sqrt{c/m}$.

Aus Gl. (11) ist zu ersehen, daß für einen bestimmten Schwingungsvorgang das Verhältnis zweier Amplituden, die um $T_D = 2\pi/\omega_D$ voneinander entfernt sind, ein konstanter Exponentialausdruck ist. Man pflegt den Exponenten in der Form

$$\ln(A_n/A_{n+1}) = \pi k/m\omega_D = \vartheta \tag{13a}$$

anzugeben; durch dieses „logarithmische Dekrement" ist der Abklingvorgang vollständig beschrieben. In Abb. 4 ist die Einhüllende der Amplituden eine Exponentialkurve.

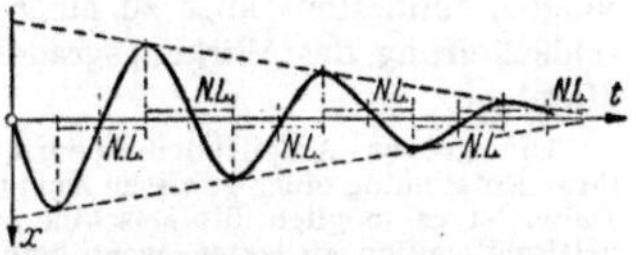

Abb. 3. Reibungs-gedämpfte Schwingung

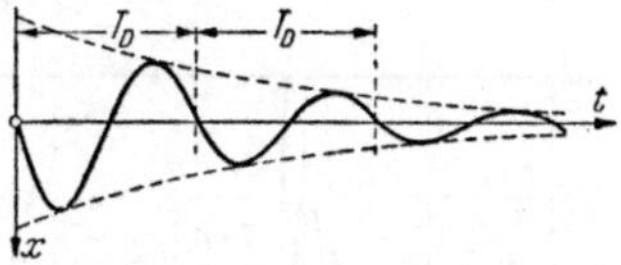

Abb. 4. Gedämpfte Schwingung

Bei bautechnischen Anwendungen der Gl. (12) ergibt sich praktisch immer, daß der zweite Summand unter der Wurzel gegenüber dem ersten ziemlich klein ist, daß also $\omega_D \approx \omega_E$ wird. Daher reicht es für die meisten Untersuchungen auch aus,

$$\vartheta = \pi k/m\omega_E \tag{13b}$$

zu setzen.

Andere Dämpfungsgesetze und ihr Einfluß auf den Schwingungsvorgang werden nicht selten auf experimentellem Wege untersucht. Die Auftragung der Messungen zeigt dann z. B. den zeitlichen Verlauf der Amplituden- oder der Energieabnahme, mitunter auch die zeitliche Änderung des (dann nicht mehr konstanten) logarithmischen Dekrementes ϑ.

6. Erzwungene Schwingungen

Von den Schwingungen mit dauernder Energiezufuhr haben die „erzwungenen Schwingungen" in der Technik eine besonders große Bedeutung; bei ihnen wird die Energie unmittelbar durch eine periodisch veränderliche Kraft übertragen. Der einfachste Fall einer solchen ist $P = P_0 \sin \omega_Z t$ („harmonische Erregung"), meistens verwirklicht als Fliehkraftkomponente aus einer Unwucht bei einer Drehzahl

$$n_Z = \omega_Z/2\pi.$$

Die entsprechende Erweiterung der Gl. (6) lautet

$$m \cdot d^2x/dt^2 + k\,dx/dt + c\,x = P_0 \sin \omega_Z t, \tag{14}$$

wenn sofort auch eine der Geschwindigkeit proportionale Dämpfung berücksichtigt wird. Die Lösung dieser inhomogenen Differentialgleichung ist

$$x = C \sin(\omega_Z t - \varphi_Z) + e^{-(k/2m)\,t} \cdot B \sin(\omega_D t + \varphi_D), \tag{15}$$

worin B, ω_D und φ_D dieselbe Bedeutung haben wie in Gl. (10). Durch Einsetzen von Gl. (15) in (14) und mit Gl. (13b) folgt für die Amplitude C und die Phasenverschiebung φ_Z gegenüber der Erregerperiode

$$\operatorname{tg} \varphi_Z = \frac{\vartheta}{\pi} \cdot \frac{\omega_Z}{\omega_E} \cdot \frac{1}{1 - \omega_Z^2/\omega_E^2}\,; \quad C = \frac{P_0}{c} \cdot \frac{1}{\sqrt{(\vartheta/\pi \cdot \omega_Z/\omega_E)^2 + \left(1 - \omega_Z^2/\omega_E^2\right)^2}} \tag{16}$$

Der zweite Summand in Gl. (15), eine anfangs auftretende Eigenschwingung, klingt wegen des Exponentialfaktors allmählich ab („Einschwingvorgang"), so daß dann

$$x = C \sin(\omega_Z t - \varphi_Z) \tag{17}$$

als eigentliche erzwungene Schwingung verbleibt.

Die wichtigste Eigenart der erzwungenen Schwingungen ist aus Gl. (16) ersichtlich: Die Amplitude C ist in schwerwiegender Weise vom Verhältnis ω_Z/ω_E der Erregerfrequenz zur Eigenfrequenz abhängig. Um diese Abhängigkeit dimensionslos darzustellen, möge $C_{st} = P_0/c$ die statische Auslenkung bezeichnen, die eine statische Kraft von der Größe P_0 des Scheitelwertes der Erregerkraft hervorrufen würde. Dann ergibt die Auftragung des Absolutwertes von C/C_{st} über ω_Z/ω_E „*Resonanzkurven*" (Abb. 5).

Der Verlauf der Kurven zeigt unmittelbar die Gefahr des Zustandes der „*Resonanz*": In der Nähe von $\omega_Z = \omega_E$ ist ein kritischer Bereich, in dem die Amplituden bei schwacher Dämpfung sehr groß, bei $\vartheta = 0$ sogar unendlich groß werden. Das schwingende System erleidet erhebliche Beanspruchungen, die zu Schäden oder gar zur Zerstörung führen können. In harmloseren Fällen führt Resonanznähe zu starkem Verschleiß des Materials, zu lästigen Geräuschen und Erschütterungen, mindestens aber zu einer Verschlechterung des Wirkungsgrades der Maschine.

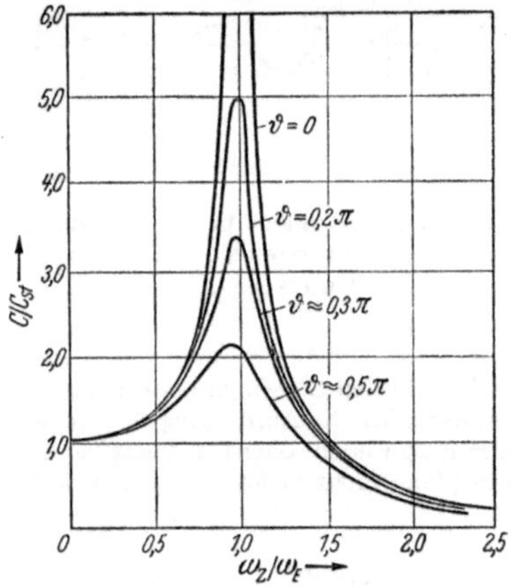

Abb. 5. Resonanzüberhöhung des Schwingungsausschlags

Die großen Amplituden bedürfen zu ihrer Entstehung einer gewissen Anlaufzeit. Daher ist es möglich, die Maschine „überkritisch" laufen zu lassen, wenn beim Anfahren der Resonanzbereich genügend schnell durchschritten wird.

Liegt nicht eine harmonische, sondern eine ***beliebig periodische Erregung*** vor, so kann diese wiederum durch harmonische Analyse aus einzelnen Sinuserregungen überlagert werden, die jede für sich zur Wirkung kommen können. Es sind also mehrere kritische Frequenzen vorhanden, und die Resonanzkurven weisen mehrere Maxima auf (nicht nur ein einziges, wie in Abb. 5). Resonanzkurven mit mehreren Maxima gibt es natürlich auch, wenn das Schwingungssystem (Ziffer 9) mehrere Eigenfrequenzen besitzt.

7. Angefachte Schwingungen

Schwingungen mit dauernder Energiezufuhr können auch auf andere Weise zustande kommen: unter bestimmten Umständen steuert das schwingende Gebilde einen gleichmäßigen Energiestrom derartig, daß er periodisch Energiebeträge abgibt (angefachte oder selbsterregte Schwingungen). Die Steuerung geschieht mit einer Eigenfrequenz des Systems, die dabei kleine Änderungen erfahren kann. Die übliche, aber nicht immer eindeutige Unterscheidung zwischen erzwungenen Schwingungen (im Resonanzzustand) und angefachten Schwingungen ist folgende: Erzwingt man willkürlich einen Ruhezustand, so geht im einen Falle die periodische Kraftwirkung weiter, im anderen nicht.

Angefachte Schwingungen kommen auf nicht so einfache Weise zustande wie freie und erzwungene Schwingungen. Die Technik ist auch erst in den letzten Jahrzehnten durch Schäden oder Zerstörungen auf sie aufmerksam geworden. Energiequellen sind dabei in erster Linie die Arbeit der Gleitreibung oder die kinetische Energie strömender Flüssigkeiten; es gibt aber auch Ursachen anderer Art. Im Ingenieurbauwesen haben bisher nur strömungserregte Schwingungen Bedeutung gewonnen, z. B. als Windschwingungen von Hängebrücken und schlanken Schornsteinen.

Der *physikalische Vorgang* kann sich je nach den Umständen auf vielfältig verschiedene Weise abspielen. Stets werden durch eine unabhängig-gegebene Bewegung, wie die Strömung oder das Gleiten unter Reibung, Kräfte hervorgerufen, und diese Kräfte werden (z. B. nach Größe und Richtung) veränderlich, sobald durch einen sekundären Anlaß Schwingungen entstanden sind. Die Arbeit dieser Kräfte infolge der Schwingungsbewegung braucht nun nicht ständig negativ zu sein; ist sie aber teils negativ (Energie entziehend), teils positiv (Energie zuführend), so bringt der kleinste Energieüberschuß eine Anfachung zustande.

Außer der Anfachungskraft ist stets, wie bei jeder Schwingung, auch eine Dämpfungskraft im Spiele, oft eine solche, die mit der Amplitude wächst. Dann stellt sich, sobald eine bestimmte Grenzamplitude erreicht ist, ein Beharrungszustand ein. Andernfalls schaukelt sich die Schwingung unbegrenzt auf, d. h. sie gehört zu den in Ziffer 8 besprochenen instabilen Schwingungen.

Der *mathematische Ansatz* ist gänzlich davon abhängig, welcher Gesetzmäßigkeit die Schwankungen der Anfachungskraft gehorchen. Einen einfachen linearen Ansatz (freilich recht weitgehend idealisierend) ergibt die Annahme, daß die Anfachungskraft der Schwingungsgeschwindigkeit gleichgerichtet proportional sei („negative Dämpfung"). Die Differentialgleichung unterscheidet sich von Gl. (9) nur durch ein Vorzeichen:

$$m \cdot d^2x/dt^2 - k\,dx/dt + c\,x = 0; \tag{18}$$

die Lösung ist analog Gl. (10):

$$x = e^{+(k/2m)\,t} \cdot B \sin(\omega t + \varphi), \tag{19}$$

sie hat also eine exponentiell zunehmende Amplitude (Abb. 6), für die sich nunmehr ein „logarithmisches Inkrement" analog zu Gl. (13) ermitteln läßt.

Andere mathematische Ansätze, die bis zur vollständigen Bewegungsgleichung entsprechend Gl. (19) führen, sind bisher sehr spärlich, da die erste, wichtigere Frage die der Stabilität oder Instabilität des Schwingungsvorganges ist.

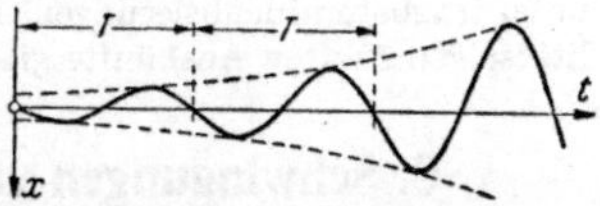

Abb. 6. Anklingende Schwingung

Der *Mechanismus der Strömungsanfachung* läßt sich wohl stets durch eine Phasenverschiebung zwischen elastischen und Strömungskräften veranschaulichen. Bei den gedämpften Schwingungen Gl. (10) ändern sich die zusätzlichen Kräfte mit $(-\cos\,\omega t)$, bei den angefachten nach Gl. (19) mit $(+\cos\,\omega t)$. Da die elastischen Kräfte in beiden Fällen von $(+\sin\,\omega t)$ abhängen, ist in Gl. (10) ein Voreilen um eine Viertelperiode, in Gl. (19) ein Nachlaufen um denselben Betrag beschrieben. — Führt nun ein umströmter Körper Schwingungen *quer zur Stromrichtung* aus, so zwingt er dem Strömungsverlauf periodische Veränderungen auf. Die Stromlinien bzw. Turbulenzzonen brauchen aber eine gewisse Zeit, um sich der geänderten Lage des Körpers anzupassen. Diese Nachlaufzeit ist stark von der geometrischen Gestalt des Körpers abhängig: der einen Umrißform paßt sich die Strömung leichter an als der anderen. Die Strömungskräfte (Auftrieb, Widerstand, aktives Moment) richten sich aber nach dem verzögerten Strömungsverlauf, so verschiebt sich ihre Phase gegenüber der der elastischen Kräfte.

Flugzeugtragflügel sind Körper mit geringem Strömungswiderstand. Daher sind für den Strömungsverlauf die Reibungserscheinungen innerhalb der Flüssigkeit („Potentialwirbel") maßgebend, die theoretisch weitgehend erfaßt werden können. *Brückenquerschnitte* haben dagegen großen Widerstand; die Turbulenzbildung steht unter dem Einfluß der Reibung zwischen Körperoberfläche und Flüssigkeit („Reibungswirbel"). Die Verhältnisse werden noch erschwert, wenn in einspringenden Ecken wechselnde Unterdrücke und Sogwirkungen auftreten, oder wenn sich aus ihnen stoßartig große Wirbel ablösen. Ähnliche Wirkung kann ein periodisches „Abreißen" der Strömung an hervortretenden Kanten haben. — Auch bei *zylindrischen Körpern* handelt es sich um Reibungswirbel; sie ordnen sich bei nicht zu großer Strömungsgeschwindigkeit in einer „*Karman*schen Wirbelstraße", deren Wirbelfrequenz von Zylinderdurchmesser und Schwingungsamplitude abhängig ist. Durch diese Amplitude kann sich die Wirbelfrequenz derartig auf die Eigenfrequenz einspielen, daß eine energiezuführende Phasenverschiebung entsteht[1].

8. Stabile und instabile Schwingungen

Im Zusammenhang mit Ziffer 7 sei noch eine Problemstellung gestreift, die in den Abschn. „Elastische Körper" hinübergreift: Schwingungen mit dauernder Energiezufuhr können in einen Beharrungszustand übergehen, in dem die zugeführte Energie sich mit der durch Dämpfung entzogenen ausgleicht, sie können aber auch instabil sein, d. h. die Amplituden wachsen ohne Beschränkung bis zur Überschreitung der Festigkeitsgrenzen.

[1] Grundsätzliches über angefachte Schwingungen: *H. Fromm* in *Becker-Fromm-Maruhn:* Schwingungen, Berlin 1931. — *F. W. Waltking:* Techn. Mittlg. 44 (1951) S. 255. — *Klotter:* [8], Kap. J. — *Den Hartog* [9] 7. Kap.

Auch *stabile Schwingungen* können gefährlich sein, wenn nämlich der Scheitelwert der dynamischen Spannungen nur eine beschränkte Anzahl von Lastwechseln zuläßt.

Instabile erzwungene Schwingungen haben bisher in der Bautechnik kaum eine Rolle gespielt. Ein Beispiel gibt der elastische Biegestab (mit verteilter Masse), der durch eine pulsierende Längskraft beansprucht wird. Vgl. dazu die grundlegenden Untersuchungen von *E. Mettler*[1]. Solche Fälle lassen sich oft (rheolinear) auf die *Hill*sche Differentialgleichung oder einen ihrer Sonderfälle zurückführen, d. h. auf einen Sachverhalt, der einschließlich seiner Instabilitätsbereiche bereits weitgehend erforscht ist.

Instabile angefachte Schwingungen haben als Flatterschwingungen von Flugzeugtragflügeln große Bedeutung. Sie haben sich, wie schon angedeutet wurde, einer theoretischen Untersuchung recht gut zugänglich erwiesen, so daß die Stabilitätskriterien entwickelt werden konnten. Als besonders gefährlich wurde der Zustand erkannt, in dem Strömungsauftrieb und Luftkraftmoment bei gleichzeitigen Biege- und Torsionsschwingungen positive Arbeit verrichten.

Angefachte Schwingungen, teils instabil, teils in einem bedenklichen Beharrungszustand, sind dem Bauingenieur bei Hängebrücken und anderen schlanken Bauwerken begegnet; dabei ergaben sich besondere Schwierigkeiten, theoretische Ansätze zu gewinnen. In Ziffer 7 wurde die Mannigfaltigkeit der Umstände angedeutet, die auf das Kräftespiel Einfluß haben können. So erklärt sich die Tatsache, daß die Bautechnik heute dazu neigt, der *experimentellen* Erforschung dieser Schwingungen den Vorzug zu geben, mindestens aber die rechnerische Behandlung auf unmittelbare Versuchsergebnisse zu stützen. Sie würde es aber lebhaft begrüßen, wenn sich unter tragbaren Idealisierungen ein rein theoretischer Weg fände, der über die Stabilitätseigenschaften Auskünfte gibt.

C. Schwingungen von Punktsystemen und Körpern

9. Starre Körper und Punktsysteme

Neben dem bisher behandelten *zeitlichen* Verlauf verschiedenartiger Schwingungen eines Massenpunktes, der *nur eine* Bewegungsmöglichkeit (z. B. in x-Richtung) besitzt, haben auch Vorgänge mit verwickelteren *räumlichen* Verhältnissen eine Bedeutung.

Ein *einzelner Freiheitsgrad*, d. h. der bisher besprochene Sonderfall, liegt auch bei bestimmten starren Körpern vor. Seine Schwingungen können mit den Diff.-Gl. (6), (9), (14) untersucht werden. Beispiele sind die Schwingungen einer Flüssigkeitssäule in einem U-Rohr oder die Drehschwingungen eines einzelnen starren Körpers, sei es als physisches Pendel oder als Schwungscheibe an masseloser Drehfeder. Bei solchen Drehschwingungen ist die Auslenkung ein Winkel, statt der Masse erscheint das Massenträgheitsmoment und statt der Federkonstanten (Kraft/Länge) die Drehfederkonstante (Drehmoment/Winkel).

Mehrere Freiheitsgrade sind z. B. vorhanden, wenn sich der Massenpunkt in zwei voneinander unabhängigen Richtungen bewegen kann (etwa als Punktpendel mit elastischem Faden). Mehrere Freiheitsgrade besitzt aber auch ein System aus mehreren Massenpunkten, von denen jeder nur eine Bewegungsmöglichkeit hat. — Von nachhaltiger Bedeutung ist bei solchen Systemen die Tatsache, daß sie *ebensoviele Eigenfrequenzen wie Freiheitsgrade* haben, und daß zu jeder dieser Eigenfrequenzen eine bestimmte räumliche Anordnung der Schwingungsbewegungen („Eigenschwingungsform“) gehört.

Rechnerisch ergeben sich die verschiedenen Eigenfrequenzen auf folgende Weise: Im Falle der freien Schwingungen ist für jeden Freiheitsgrad ein Ansatz nach Gl. (6) zu machen. So ergeben sich bei n Freiheitsgraden n gekoppelte (simultane) Differentialgleichungen. Für diese sind n partikuläre Lösungen von der Form Gl. (1) anzusetzen mit einer zunächst unbekannten Kreisfrequenz ω und mit n Integrationskonstanten $A_1, A_2 \cdots A_n$, die von den

[1] Ing.-Arch. 17 (1949) S. 418. — *Klotter* [8], Kap. G.

Anfangsbedingungen abhängig sind. Durch Einsetzen der partikulären Integrale in die n Differentialgleichungen entstehen n lineare Gleichungen für die n Unbekannten A_1 bis A_n. Diese Gleichungen sind aber *homogen*, entweder werden also alle $A = 0$ (Ruhezustand!), oder die Nennerdeterminante der homogenen Gleichungen muß gleich Null sein („Frequenzbedingung"). Aus dieser Bedingung entsteht eine Gleichung n-ten Grades für ω^2, deren Wurzeln die n Eigenfrequenzen sind.

Die Eigenschwingung mit der niedrigsten Frequenz heißt auch „Grundschwingung", alle übrigen „Oberschwingungen".

Freie Schwingungen derartiger Systeme bei bestimmter Anfangsursache werden beschrieben, indem man für jede Bewegungsmöglichkeit das vollständige Integral aus der Summe der partikulären Integrale bildet, d. h. indem man alle Eigenschwingungen überlagert.

Bei *gedämpften Schwingungen* ist in jeder der n Bewegungsrichtungen ein Vorgang des Abklingens entsprechend Ziffer 5 zu untersuchen.

Bei *erzwungenen Schwingungen* gilt für jeden Freiheitsgrad, in dem eine periodische Erregung wirkt, ein Ansatz nach Gl. (14), während Freiheitsgrade ohne Erregerwirkung nach Gl. (6) oder (9) anzusetzen sind. Die Resonanzkurven haben jetzt, wie schon angedeutet, n Maxima für n verschiedene $\omega_Z = \omega_E$.

Bei *angefachten Schwingungen* kann jede der n Eigenfrequenzen für die Steuerung des Anfachungsvorganges maßgebend sein. Da jedoch bei den Oberschwingungen oft eine stärkere Dämpfung im Spiele ist, sind die entsprechenden Betrachtungen in erster Linie für die Grundschwingung anzustellen.

10. Elastische Körper

Der elastische Körper mit kontinuierlicher Massenverteilung, als „System unendlich vieler Massenpunkte" betrachtet, hat unendlich viele Freiheitsgrade, also auch unendlich viele Eigenfrequenzen und Schwingungsformen. Man kann dabei wie folgt unterscheiden:

Die *Freiheitsgrade des einzelnen Körperelementes* sind dieselben sechs wie bei jedem Einzelkörper im Raume, z. B. beim Längenelement (Abb. 8) eines prismatischen Stabes:

Verschiebung in x-Richtung:	Dehnung des Stabes	
Verschiebung in y-Richtung:	Biegung des Stabes in der xy-Ebene	
Verschiebung in z-Richtung:	Biegung des Stabes in der xz-Ebene	
Drehung um die x-Achse :	Torsion des Stabes	
Drehung um die y-Achse :	Begleitbewegungen	in der xz-Ebene
Drehung um die z-Achse: :	bei Biegung	in der xy-Ebene

Der Beanspruchung nach sind beim stabförmigen Körper also drei Schwingungsarten möglich: *Dehnungs-* oder Longitudinalschwingungen, *Biegungs-* oder Transversalschwingungen (und zwar in zwei verschiedenen Koordinatenebenen) und *Torsions*schwingungen.

Beim geraden Einzelstabe sind diese drei Schwingungsarten, wenn man von sekundären Einflüssen absieht, völlig voneinander unabhängig. Bei dem in der Ebene gekrümmten Stabe (z. B. Bogenträgern) und bei ebenen Rahmensystemen greifen Biege- und Dehnungsschwingungen ineinander, beim räumlich gekrümmten Stabe und bei räumlichen Rahmen alle drei. Bei flächenhaften elastischen Körpern werden alle Verdrillungen zu Begleit-Verformungen der Biegung, bei ihnen gibt es also nur Biegeschwingungen (abgesehen von den unwichtigen Dehnungsschwingungen innerhalb einer ebenen Scheibe).

Die *gegenseitigen Freiheitsgrade* der unendlich vielen Körperelemente ergeben unendlich viele Verformungszustände. Der einfache Stab kann z. B. unendlich viele verschiedene Schwingungsbiegelinien haben, die man zweckmäßig nach der Zahl der Schwingungsknoten unterscheidet (Abb. 7), darüber hinaus oft noch nach Symmetrie oder Antimetrie dieser Schwingungsformen.

11. Der gerade prismatische Stab

ξ, η, ζ Schwingungsausschläge in x-, y-, z-Richtung
$\vartheta, \partial\zeta/\partial x, \partial\eta/\partial x$ Winkelausschläge um x-, y-, z-Achse.
M, N, Q dynamische Anteile von Biegemoment, Längs- und Querkraft (da die statische Gleichgewichtslage als Nullage für alle Ausschläge gewählt wird). Alle bisher aufgezählten Größen sind Funktionen von t und x.
E und G Elastizitäts- und Schubmodul des Materials

F, I, I_p Fläche, äquatoriales und polares Trägheitsmoment eines Stabquerschnittes.
$q = \mu g$ Gewicht des Stabes je Längeneinheit
$\mu = F\,\gamma/g$ Masse je Längeneinheit (γ/g Dichte des Materials)
dynamische Trägheitsmomente des Stabelementes bezüglich Parallele
zur x-Achse: $\int \varrho^2 dm = \mu/F \cdot dx \cdot \int \varrho^2 dF = \mu/F \cdot I_p\, dx$;
zur z-Achse: $\int y^2 dm = \mu/F \cdot dx \cdot \int y^2 dF = \mu/F \cdot I \cdot dx$.

Elastische Ansätze:

$$N = EF \cdot \partial\xi/\partial x \qquad \text{(}\textit{Hooke}\text{sches Gesetz)} \qquad (20\text{a})$$

$$M_D = GI_p \cdot \partial\vartheta/\partial x \qquad \text{(nur bei wölbfreier Torsion)} \qquad (20\text{b})$$

$$M = -EI \cdot \partial^2\eta/\partial x^2 \qquad \text{(Diff.-Gl. d. elastischen Linie)} \qquad (20\text{c})$$

Dynamische Ansätze:

$$-N + N + \frac{\partial N}{\partial x}\,dx = \mu\,dx\,\frac{\partial^2\xi}{dt^2} \qquad \text{(Abb. 8a)}$$

$$-M_D + M_D + \frac{\partial M_D}{\partial x}\,dx = \frac{\mu}{F}\,I_p\,dx\,\frac{\partial^2\vartheta}{\partial t^2} \qquad \text{(Abb. 8b)}$$

$$-Q + Q + \frac{\partial Q}{\partial x}\,dx = \mu\,dx\,\frac{\partial^2\eta}{\partial t^2} \qquad \text{(Abb. 8c)}$$

$$-M + M + \frac{\partial M}{\partial x}\,dx - Q\,dx = \frac{\mu}{F}\,I\,dx\,\frac{\partial^3\eta}{\partial x\,\partial t^2}$$

Die rechte Seite der letzten Gleichung, die sog. Drehungsträgheit, liefert nur einen geringfügigen Beitrag[1] und wird meistens vernachlässigt. Dann lautet die Aussage dieser Gleichung $Q = \partial M/\partial x$.

Aus der Zusammenfügung der elastischen und der dynamischen Ansätze entstehen die Differentialgleichungen der

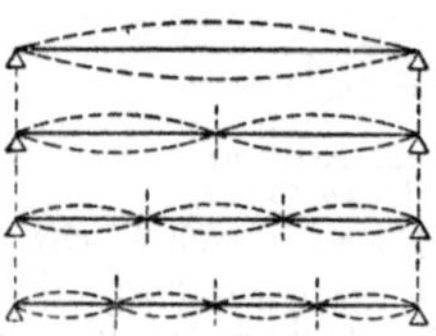

Abb. 7. Einige Schwingungsformen des elastischen Stabes

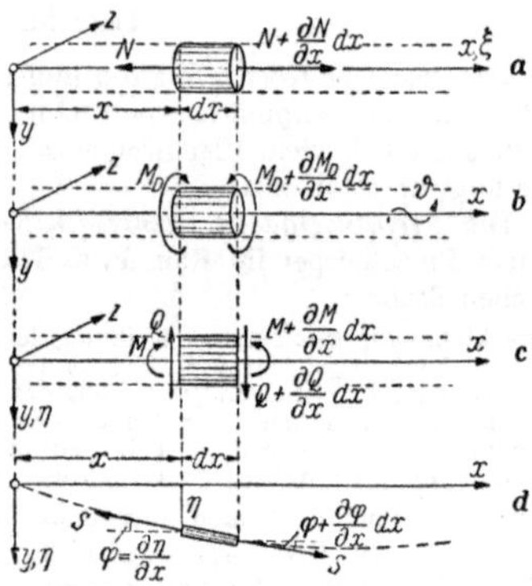

Abb. 8. Das Gleichgewicht am Längenelement des Stabschwingers

Dehnungsschwingungen:	$EF \cdot \partial^2\xi/\partial x^2 = \mu \cdot \partial^2\xi/\partial t^2$	(21)
Torsionsschwingungen:	$GF \cdot \partial^2\vartheta/\partial x^2 = \mu \cdot \partial^2\vartheta/\partial t^2$	(22)
Biegungsschwingungen:	$-EI \cdot \partial^4\eta/\partial x^4 = \mu \cdot \partial^2\eta/\partial t^2$	(23)
Saitenschwingungen:	$S \cdot \partial^2\eta/\partial x^2 = \mu \cdot \partial^2\eta/\partial t^2$	(24)

Diejenige der Saite („Stab ohne Biegesteifigkeit") wurde sogleich hinzugefügt; sie entsteht, wenn die zeitlichen und etwaige örtliche Änderungen der Saitenzugkraft S vernachlässigt werden. Gemäß Abb. 8d liefert das dynamische Grundgesetz dann

$$-S\sin\varphi + S\sin\left(\varphi + \frac{\partial\varphi}{\partial x}\,dx\right) = \mu\,dx\,\frac{\partial^2\eta}{\partial t^2},$$

mit $\sin\varphi \approx \varphi$ und $\varphi = \partial\eta/\partial x$ also die angegebene Gleichung.

Da alle Rückstellkräfte dem *Hooke*schen Gesetz folgen, also ***harmonische*** Schwingungen erzeugen, kann stets die Abhängigkeit von der Zeit durch $\sin\omega t$ beschrieben werden. Die partikulären Integrale der Differentialgleichungen lauten demgemäß:

[1] Nachprüfung dieses Einflusses s. *Hohenemser-Prager* [*10*] S. 277.

Dehnung:	$\xi = \sin\omega t\,(A\sin\lambda x + B\cos\lambda x)$	mit $\lambda^2 = \mu\omega^2/EF$,	(25)
Torsion:	$\vartheta = \sin\omega t\,(A\sin\lambda x + B\cos\lambda x)$	mit $\lambda^2 = \mu\omega^2/GF$,	(26)
Saite:	$\eta = \sin\omega t\,(A\sin\lambda x + B\cos\lambda x)$	mit $\lambda^2 = \mu\omega^2/S$,	(27)
Biegung:	$\eta = \sin\omega t\,(A\sin\lambda x + B\cos\lambda x + C\,\mathrm{Sinh}\,\lambda x + D\,\mathrm{Cosh}\,\lambda x)$	mit $\lambda^4 = \mu\omega^2/EI$.	(28)

Darin sind A, B, C, D die von der Anfangsenergie abhängigen Integrationskonstanten und λ ein je nach der Schwingungsform verschiedener Faktor, der aus den für alle Schwingungsformen gültigen Randbedingungen (d. h. aus der Lagerung der Stabenden) zu bestimmen ist.

Diese Randbedingungen sind mit Gl. (25) bis (28) — je nach dem vorliegenden Anwendungsfall — durch den Schwingungsausschlag und seine Ableitungen nach x auszudrücken; so entsteht wiederum ein System von linearen homogenen Gleichungen, deren Koeffizientendeterminante die (jetzt transzendente) Frequenzgleichung liefert. Die Wurzeln dieser Gleichung können z. B. graphisch bestimmt werden; damit sind die Parameter λ der verschiedenen Eigenschwingungsformen und aus ihnen die gesuchten Eigenfrequenzen gefunden.

Die vollständige Bewegungsgleichung entsteht wieder wie in Ziffer 9 durch Überlagerung aller partikulären Lösungen.

12. Fragestellungen bei bautechnischen Schwingungsberechnungen

Schwingungen sind im Bauwesen stets etwas Unerwünschtes, sie müssen entweder verhindert werden, oder bei der Bemessung des Bauwerks ist die erhöhte Beanspruchung zu berücksichtigen.

Welchen Anlaß eine Untersuchung aber auch haben mag, immer ist die Kenntnis der Eigenfrequenzen wichtig: bei freien und bei angefachten Schwingungen unmittelbar, bei erzwungenen wegen der Resonanzbereiche. *Die Ermittlung der Eigenfrequenzen ist daher die Grundaufgabe jeder bautechnischen Schwingungsberechnung.*

Diese Frequenzberechnungen haben in der Bautechnik gewisse Besonderheiten. Häufig muß ein kompliziertes räumliches Tragwerk idealisiert werden, um die Rechnung überhaupt ansetzen zu können; dabei kann die Gefahr entstehen, daß bestimmte Schwingungsmöglichkeiten nicht miterfaßt werden. Bei *statischen* Untersuchungen werden Idealisierungen oft derart gewählt, daß man „auf der sicheren Seite" bleibt; ein solches Vorgehen gibt es bei Frequenzberechnungen im allgemeinen nicht, weil meistens die Schwingungszahl selbst, nicht ihre obere oder untere Grenze gesucht ist.

Diesem Nachteil steht der Vorteil gegenüber, daß häufig eine scharfe Rechnung unnötig ist. Eine Forderung, von der Resonanzfrequenz beispielsweise um 15% entfernt zu bleiben, wird niemals den Sinn haben, daß sie auf Dezimalen genau erfüllt sein muß. (Sonst würde man ja auch für die Stoffkonstanten — etwa den Elastizitätsmodul — nicht die herkömmlichen Mittelwerte, sondern einen für jeden Einzelfall erst noch zu ermittelnden Betrag einsetzen müssen.)

Diesen Umständen entsprechen gewisse übliche Vernachlässigungen. Wie in Ziffer 21 noch erwähnt wird, können bei zusammengesetzten Systemen oft die Dehnungs- neben den Biegeschwingungen unberücksichtigt bleiben. Dasselbe gilt von den Torsionsschwingungen eines Stabes, der z. B. einem räumlichen Rahmensystem angehört. Wenn man sie trotzdem berücksichtigt, wird wegen der Geringfügigkeit des Einflusses häufig der Ansatz wölbfreier Torsion als Näherung ausreichen. In anderen Fällen wird es aber notwendig sein, mit Wölbkrafttorsion zu rechnen[1].

Neben der Berechnung der Eigenfrequenzen gibt es einige weitere Fragestellungen, die freilich verhältnismäßig selten vorliegen, da sie sich weniger auf das Einzelbeispiel als auf die grundsätzliche Klärung eines Sachverhaltes beziehen. Aus diesem Grunde sollen sie unter Hinweis auf die Literatur hier nur kurz gestreift werden.

Bei der Beanspruchung eines Tragwerkes durch Stoß oder durch plötzliche Ent- oder Belastung und den nachfolgenden „Ausgleichsschwingungen" wird der gegebene Energiebetrag in schwingende Energie umgesetzt. Die strenge Lösung dieser Aufgabe erfordert einen ziemlich großen Rechenaufwand[2]. — Im Anwendungsfalle werden die erhöhten Beanspruchungen durch einen dynamischen Beiwert (Stoß-

[1] *F. W. Waltking:* Bauingenieur 25 (1950) S. 255.

[2] *Hohenemser-Prager* [*10*], Kap. V. — Einzelfälle bei *W. Kaufmann:* Bauingenieur 5 (1924), S. 498 und 545.

zahl) berücksichtigt; dieser kann, wie aus einer einfachen Betrachtung der verrichteten Arbeit hervorgeht, höchstens den Wert 2,0 haben: Die Anfangsdurchbiegung infolge einer in unendlich kurzer Zeit aufgebrachten Last ist das Doppelte der statischen Durchbiegung durch dieselbe Last, und die Spannungen sind ja den Durchbiegungen proportional. Der im Einzelfalle richtige Beiwert liegt also zwischen 1,0 und 2,0; wenn die Stoßdauer und der Kraftverlauf während des Stoßes bekannt sind, können Formeln zur Berechnung dieses Vergrößerungsfaktors entwickelt werden, dabei liegt es nahe, die Stoßdauer ins Verhältnis zur Eigenschwingungsdauer zu setzen[1].

Bei *erzwungenen Schwingungen* einfacher Art ist ein solcher Vergrößerungsfaktor (früher auch wohl „Stoßzahl" genannt) recht schnell zu bestimmen: er kann unmittelbar aus der Resonanzkurve entnommen werden, wenn das Verhältnis $\omega_Z : \omega_E$ bekannt ist. Bei geringer Dämpfung erhält man eine bequeme Formel für den Beiwert v aus Gl. (16), wenn man $\vartheta = 0$ setzt:

$$v = 1/\left(1 - \omega_Z^2/\omega_E^2\right). \tag{29}$$

Etwas umständlicher ist die Ermittlung der „Schwingbeiwerte" im Brückenbau, auf die nachfolgend noch eingegangen wird.

Wenn bei solchen erzwungenen Schwingungen zwar keine Resonanzgefahr besteht, aber doch gewisse Schwingungsamplituden vorhanden sind, ist zu beachten, daß für die zulässige Spannung nicht die statische, sondern die Dauerfestigkeit maßgebend ist. Handelt es sich gleichzeitig um statische und dynamische Beanspruchungen, so kann man eine einheitliche zulässige Spannung zugrundelegen, wenn man die dynamischen Kraftwirkungen mit dem „Dauerfestigkeitsbeiwert" multipliziert. Man beachte aber, daß dieser etwas gänzlich anderes ist als der Schwingbeiwert: ersterer ist eine gedachte Größe zur Vereinfachung der Rechnung, letzterer eine wirkliche Spannungserhöhung.

Bei *erzwungenen Schwingungen elastischer Körper* trifft Gl. (29) nicht genau zu. Die Resonanzkurve Abb. 5 entstand aus dem Vergleich der dynamischen und der statischen Auslenkung eines Massenpunktes; beim elastischen Körper liegt jedoch keine einzelne Auslenkung, sondern eine Biegelinie vor, und diese Biegelinie hat verschiedenen Verlauf je nachdem, ob sie durch eine Einzelkraft (den Scheitelwert der Erregerkraft) oder durch die Trägheit der kontinuierlichen Masse erzeugt wird. Die Resonanzkurven bezüglich verschiedener Punkte des Körpers weichen also voneinander ab. Entsprechende Untersuchungen wurden von *W. Prager* [*10*], Kap. IV, angestellt, praktisch läßt man diese Unterschiede jedoch oft außer acht.

Schwingungen eines Trägers unter fahrender Last sind überlagert aus freien und erzwungenen Schwingungen, letztere gegebenenfalls infolge mehrfacher Erregerursachen. Von der Überlagerung, d. h. dem im Zusammenhang mit Gl. (15) und (17) erwähnten „Einschwingvorgang", kann wegen der andauernden Änderung des Lastangriffs nicht abgesehen werden. Das Ziel solcher Untersuchungen ist es, die dynamische Beanspruchung und ihren Verlauf zu bestimmen; für den Brückenbau wird auf diese Weise eine Grundlage zur Festlegung der Schwingbeiwerte gewonnen.

Das Problem ist — nicht ohne einen gewissen mathematischen Aufwand — einer theoretischen Berechnung zugänglich und wurde im Laufe der Zeit mehrfach behandelt[2,3], zuerst bezüglich der Massen unter gewissen Vernachlässigungen, die in neueren Arbeiten entfallen sind.

Wenn man den dynamischen Ansatz nach *D'Alembert* (Ziffer 2) benutzt, kommt man zu folgender Darstellung der Kräfte, die im Augenblick einer beliebigen Laststellung auf den Träger wirken:

a) Trägheitskräfte der Trägermasse μ,
b) Trägheitskräfte der beweglichen Masse m,
c) Trägheitskräfte von m infolge örtlicher oder über den ganzen Träger erstreckter Abweichungen der Fahrbahn aus der Waagrechten,
d) elastische Rückstellkräfte,
e) äußere Kräfte von unveränderlichem Betrag,
f) äußere zeitlich veränderliche Kräfte.

---

[1] *Hohenemser-Prager* [*10*], Kap. V. — *Rausch* [*11*], S. 637.

[2] *F. Bleich:* Theorie u. Berechnung d. eis. Brücken, Berlin 1924, S. 50. — *Hohenemser-Prager* [*10*], Kap. V. — *F. Bleich:* Stahlbau 9 (1936) S. 81. — *K. Klöppel-K. H. Lie:* Ing.-Arch. 13 (1942) S. 211.

[3] *E. Pestel:* Diss. TH. Hannover 1947 und Ing.-Arch. 19 (1951) S. 378.

Erläuternd sei unter Bezugnahme auf Eisenbahnbrücken hinzugefügt: zu c): Fliehkräfte, wenn die Brücke zur Mitte hin in einer Kurve überhöht ist oder wenn sie sich anderenfalls unter der Belastung nach unten elastisch durchkrümmt; ferner die stoßartigen Wirkungen über Querträgern, Schienenstößen und etwaigen Unebenheiten; — zu e): das Gewicht von m, anzusetzen, weil es in die Einführung der statischen Gleichgewichtslage als Nullage nicht einbezogen werden kann; — zu f): Fliehkräfte aus der Drehung von Rädern mit Unwuchten, Wirkung unrunder Räder, Schwingungen von abgefederten Fahrzeugmassen.

Bezüglich der Durchführung einer solchen Rechnung sei auf das angegebene Schrifttum und die in ihm genannten weiteren Veröffentlichungen verwiesen. Auf die Schwingbeiwerte wird in Ziffer 26 noch eingegangen.

II. Methoden zur Ermittlung von Eigenfrequenzen

A. Systeme mit Einzelmassen

13. Eine Einzelmasse. Baumann-Geiger-Formel

Bei einem wirtschaftlich bemessenen Träger mit einer Einzellast (Abb. 9), z. B. einer ortsfesten Maschine, kann oft die Trägermasse neben der Punktmasse vernachlässigt werden. Man ermittle die statische Durchbiegung δ unter der Einzellast $P = mg$; da für die Federkonstante $P = c\delta$ gilt, folgt $c/m = g/\delta$ und nach Gl. (7):

$$\omega = \sqrt{c/m} = \sqrt{g/\delta}. \qquad (30\text{a})$$

Ein Vergleich mit Gl. (8) zeigt, daß dies die Eigenfrequenz eines mathematischen Pendels ist, dessen Länge mit der statischen Durchbiegung δ übereinstimmt.

In einer sehr bequemen Form wurde Gl. (30a) zuerst von *K. Baumann* (1911) angewandt und später durch *J. Geiger, Z. VDI* 67. (1923) S. 287, im Bauwesen bekannt. Wenn man sie mit $g = 9{,}81\ \text{m/s}^2$ auf die Schwingungszahl $f = \omega/2\pi$ (z. B. je Minute) zuschneidet, wird

$$f/(\text{min}^{-1}) = 300/\sqrt{\delta/(\text{cm})}. \qquad (30\text{b})$$

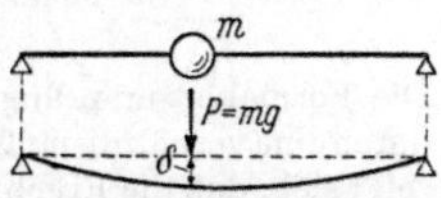

Abb. 9. Biegungsschwinger mit Einzelmasse

Nicht selten wird diese Formel auch als Näherung unter Berücksichtigung der verteilten Trägermasse benutzt. Entweder bestimmt man dann die Durchbiegung δ, indem man der Punktmasse m einen Teil (z. B. die Hälfte oder ein Drittel) der verteilten Masse zuschlägt, oder man denkt sich alle Massen in voller Größe in einem Punkte vereinigt und multipliziert δ mit einem Faktor $\alpha < 1$:

$$f/(\text{min}^{-1}) = 300/\sqrt{\alpha\delta/(\text{cm})}. \qquad (30\text{c})$$

Wenn *nur* verteilte Masse vorhanden ist, muß etwa $\alpha = 0{,}8$ gesetzt werden.

14. Mehrere Einzelmassen. Dunkerley-Formel

Trägt ein Balken mit vernachlässigbarer Eigenmasse *zwei* Punktmassen, so ist die in Ziffer 12 besprochene Frequenzdeterminante anzusetzen. Die vorausgehende Berechnung der statischen Durchbiegungen (Abb. 10a und b) liefert δ_{11} und δ_{21} infolge $P_1 = 1$ und $P_2 = 0$, ferner δ_{12} und δ_{22} infolge $P_1 = 0$ und $P_2 = 1$. Werden die Massen m_1 und m_2 jetzt um zwei willkürliche, voneinander unabhängige Beträge η_1 und η_2 (Abb. 10c) ausgelenkt, so *könnten* diese entstanden sein durch zwei unbekannte Kräfte P_1 und P_2 derart, daß $\eta_1 = \delta_{11} P_1 + \delta_{12} P_2$ und $\eta_2 = \delta_{21} P_1 + \delta_{22} P_2$. Die Auflösung dieser beiden Beziehungen nach den P hat die Form $P_1 = c_{11}\eta_1 + c_{12}\eta_2$ bzw. $P_2 = c_{21}\eta_1 + c_{22}\eta_2$[1].

Mit umgekehrten Vorzeichen wirken diese beiden Kräfte im Falle einer solchen Auslenkung auf die beiden Massen und beschleunigen sie

$$m_1\, d^2\eta_1/dt^2 = -c_{11}\eta_1 - c_{12}\eta_2,$$
$$m_2\, d^2\eta_2/dt^2 = -c_{21}\eta_1 - c_{22}\eta_2.$$

[1] Ermittlung der „Einflußzahlen" c_{ik} in verwickelteren Fällen siehe *Hohenemser-Prager* [*10*], Kap. II.

Zur Berechnung der Frequenz harmonischer Eigenschwingungen reichen die partikulären Integrale $\eta_1 = A_1 \sin \omega t$ und $\eta_2 = A_2 \sin \omega t$ dieser beiden Differentialgleichungen aus. Beim Differenzieren und Einsetzen fällt $\sin \omega t$ fort, es bleiben die linearen homogenen Gleichungen

$$m_1 \omega^2 A_1 - c_{11} A_1 - c_{12} A_2 = 0;$$
$$m_2 \omega^2 A_2 - c_{21} A_1 - c_{22} A_2 = 0$$

mit der Nennerdeterminante

$$(m_1 \omega^2 - c_{11})(m_2 \omega^2 - c_{22}) - c_{12} c_{21} = 0.$$

Die positiven Wurzeln dieser biquadratischen Frequenzgleichung sind die beiden gesuchten Eigenfrequenzen.

Völlig sinngemäß ist die Untersuchung von Systemen mit *mehr als zwei* Punktmassen. — Da jedoch schon bei einer verhältnismäßig geringen Anzahl von Massen umfangreiche Determinantenauflösungen notwendig werden, wendet man in solchen Fällen für die niedrigste Eigenfrequenz gern die *Morley*-Formel (45) an (vgl. S. 1065).

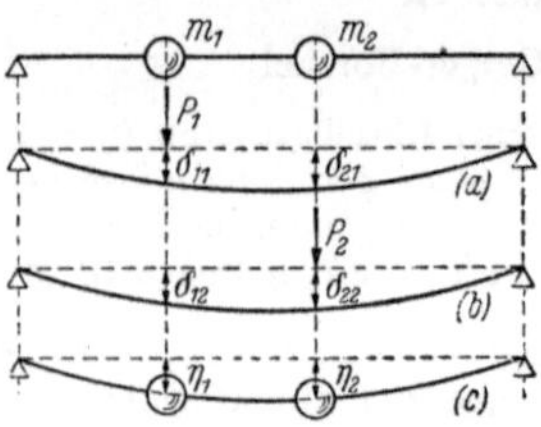

Abb. 10. Biegungsschwinger mit mehreren Einzelmassen

Mitunter wird zur Berechnung der niedrigsten Eigenfrequenz eines solchen Systems auch die Näherungsformel von *Dunkerley* benutzt: Es seien ω_1 bzw. ω_2 die Eigenfrequenzen des Systems, falls es ***nur*** die Masse m_1 bzw. ***nur*** die Masse m_2 trüge. Dann gilt für die resultierende Eigenfrequenz ω_R angenähert:

$$1/\omega_R^2 = 1/\omega_1^2 + 1/\omega_2^2.$$

Die Formel ist ursprünglich als empirische Formel entstanden, sie läßt sich jedoch durch eine verhältnismäßig einfache Überlegung an Hand von Gl. (5) begründen. Dabei zeigt sich, daß die Ergebnisse um so besser ausfallen, je ähnlicher einander die Biegelinien (generell mit Abb. 10a, b, c übereinstimmend) sind, die den Frequenzen ω_1, ω_2, ω_R entsprechen.

B. Verteilte Massen

15. Differentialgleichungsmethoden

Der Verlauf einer Frequenzermittlung mit Hilfe der Differentialgleichungen war bereits in Ziffer 11 kurz umrissen. Da diese Methode schon bei einfachen Stabsystemen zu langwierigen Rechnungen führt, bedient man sich ihrer vorwiegend zur einmaligen, grundsätzlichen Klärung irgendwelcher Zusammenhänge.

Aus Gl. (25) bis (28) ist erkennbar, daß sich im Einzelfalle die transzendente Frequenzgleichung für Dehnungs-, Torsions- und Saitenschwingungen aus einer *zwei*reihigen, für Biegeschwingungen aus einer *vier*reihigen Determinante ergibt. Als Beispiel sei ein Fall der letzten Art gezeigt:

Beispiel: Für den bei $x = 0$ eingespannten, bei $x = l$ freien Stab gilt $\eta = 0$ und $\partial \eta / \partial x = 0$ für $x = 0$, ferner $EI \partial^2 \eta / \partial x^2 = 0$ und $EI \partial^3 \eta / \partial x^3 = 0$ für $x = l$. Durch Einführen der Gl. (28) und ihrer Ableitungen entsteht die Determinante

$$\begin{vmatrix} 0 & 1 & 0 & 1 \\ 1 & 0 & 1 & 0 \\ -\sin \lambda l & -\cos \lambda l & \operatorname{Sinh} \lambda l & \operatorname{Cosh} \lambda l \\ -\cos \lambda l & +\sin \lambda l & \operatorname{Cosh} \lambda l & \operatorname{Sinh} \lambda l \end{vmatrix} = 0,$$

woraus sich bei der Auswertung ergibt:

$$\cos \lambda l \operatorname{Cosh} \lambda l + 1 = 0 \qquad (31)$$

Diese Frequenzgleichung ist für $\lambda l = 1{,}8751$; $\lambda l = 4{,}6941$; $\lambda l = 7{,}8548$ usw. erfüllt. Für die Grundschwingung folgt aus $\lambda^4 = \mu \omega^2 / EI$ also die gesuchte Kreisfrequenz:

$$\omega = (1{,}875)^2 \cdot \sqrt{EI/\mu l^4}. \qquad (32)$$

Ist außer der verteilten Masse μ eine Einzelmasse m vorhanden, so ist eine Querkraft-Randbedingung durch das dynamische Grundgesetz auszudrücken; eine kurze Umformung führt dann dazu, daß die transzendente Frequenzgleichung Glieder mit einem Faktor

$\lambda l \cdot m/\mu l$ enthält. Wenn im vorausgehenden Beispiel das Stabende eine solche Masse trüge, würde Gl. (31) lauten:

$$(\cos \lambda l \operatorname{Cosh} \lambda l + 1) - m/\mu l \cdot \lambda l (\sin \lambda l \operatorname{Cosh} \lambda l - \cos \lambda l \operatorname{Sinh} \lambda l) = 0.$$

Bei Systemen aus mehreren prismatischen Stäben (z. B. Rahmen) haben einige der Randbedingungen die Form von Anschlußbedingungen, wie $\partial \eta_1/\partial x_1 = \partial \eta_2/\partial x_2$; $E I_1 \partial^2 \eta_1/\partial x_1^2 = E I_2 \partial^2 \eta_2/\partial x_2^2$; daher ist im allgemeinen für ein aus n Stäben bestehendes Tragwerk eine $4\,n$-reihige Determinante zu lösen. — Die eigentliche Ursache des großen Rechenaufwandes ist also dieselbe wie in der Baustatik bei der klassischen Untersuchung vielfach statisch unbestimmter Systeme: nicht die Lösung der Differentialgleichung selbst, sondern die Erfüllung der vielen Anschlußbedingungen. Wenn das *Cross*sche Verfahren diese Momenten- und Drehwinkelbedingungen durch iterativen Ausgleich erfüllt, so ist neuerdings ein ähnlicher Versuch unter bestimmten Vereinfachungen auch bezüglich Schwingungsberechnungen gemacht worden[1].

Eliminationsverfahren. Genau so streng, aber wesentlich einfacher als die Rechnung mit vielreihigen Determinanten ist ein Sonderverfahren nach *W. Prager*[2]: Die Rand- und Anschlußbedingungen werden durch neuartige Hilfsgrößen ausgedrückt, die sodann aus der allgemeingültigen Determinante zu eliminieren sind.

Veränderliche Trägheitsmomente führen zu einer weiteren, erheblichen Erschwerung dieser Berechnungen. Für den Einzelstab mit veränderlichem Querschnitt gibt es ein graphisches Verfahren. Bezeichnet man bei harmonischen Schwingungen die Amplitude an der Stelle x mit $\hat{\eta}$, so daß in

$$\eta = \hat{\eta} \sin \omega t \tag{33}$$

$\hat{\eta}(x)$ nur von x abhängt, so geht die Diff.-Gl. (23) über in

$$(E I \hat{\eta}'')'' = -\hat{\eta} \cdot \mu \omega^2,$$

stimmt also der Form nach genau überein mit der aus der Festigkeitslehre (vgl. S. 207) bekannten Differentialgleichung der Biegelinie

$$(E I w'')'' = -p.$$

Daher lassen sich die verschiedenen Verfahren zur Biegelinienermittlung auch zur Bestimmung von Eigenfrequenzen verwenden. — Man wählt eine Lastverteilung $p(x)$, die der vermutlichen Schwingungslinie möglichst ähnlich ist, ermittelt durch das erste Seileck die Momentenfläche, verzerrt diese entsprechend dem veränderlichen Trägheitsmoment und zeichnet mittels des zweiten Seileckes die Biegelinie $\hat{\eta}(x)$. Sind beide Kurven mit genügender Genauigkeit affin (was sich durch Wiederholung der Konstruktion stets erreichen läßt), so ist an jeder beliebigen Stelle $p = \hat{\eta} \cdot \mu \omega^2$, woraus ω schnell berechnet werden kann (vgl. auch das ausführliche Beispiel bei *Den Hartog* [9], S. 180).

16. Allgemeines über Energiemethoden

Die Untersuchung von Eigenschwingungen gehört zu den „Eigenwertproblemen" der Mathematik, die Eigenfrequenzen sind „Eigenwerte", die Schwingungslinien „Eigenfunktionen". (Ein bekannter Vorgang bei der Behandlung dieser Probleme ist die Nullsetzung einer Nennerdeterminante). Somit stehen alle Hilfsmittel dieses Zweiges der Mathematik auch zur Bestimmung von Eigenfrequenzen zur Verfügung, z. B. die Theorie der Integralgleichungen, die im Falle kontinuierlicher Massenverteilung das charakteristische Ausdrucksmittel für den vorliegenden Sachverhalt sind.

Der *Ansatz der Kräfte* mit der dynamischen Grundgleichung führte zu den Differentialgleichungsmethoden, die oft einen allzu großen Rechenaufwand erfordern. Die *Energieansätze*, verbunden mit den Eigenwertmethoden, sind mit weniger Rechenarbeit verbunden; sie werden daher besonders gern benutzt, obwohl sich so

---

[1] *C. T. G. Looney:* Proc. Amer. Soc. Civ. Eng. 78 (1952) Sep. Nr. 136

[2] *F. W. Waltking:* Ing.-Arch. 2 (1931) S. 247.

nur Näherungslösungen ergeben. Bedeutsam ist dabei eine Ergänzung zu der Energiebetrachtung in Ziffer 2. Gl. (3), nämlich $\hat{U} - \hat{W} = 0$, behält bei Anwendung auf verteilte Massen unverändert ihre Gültigkeit. Darüber hinaus wird noch

$$\hat{U} - \hat{W} = \min, \tag{34}$$

d. h. von allen möglichen Schwingungsverformungen des Körpers (z. B. Biegelinien) wählt die Natur diejenige aus, bei der die geringste Energiemenge dem ständigen Wechsel kinetisch-potentiell-kinetisch unterliegt.

Auf dieser Grundlage ist eine vielfältige Zahl von Untersuchungen aufgebaut worden, neben allgemeinen Formeln solche für Sonderfälle, Untersuchungen zur Qualität der Näherungen usw. Vgl. dazu das entsprechende Schrifttum[1]. — Nachfolgend sollen nur diejenigen Energieverfahren dargestellt werden, die sich bei bautechnischen Schwingungsberechnungen am stärksten durchgesetzt haben, und die auf einfache Weise unmittelbar abgeleitet werden können. Zur Methode von *Ritz* (Ziffer 19) sei jedoch darauf hingewiesen, daß sie ein Gegenstück hat in dem Verfahren von *Galerkin*[2], das ihr häufig überlegen ist und größere Verbreitung verdiente.

17. Die Rayleigh-Formel

Anstatt von Gl. (3) wird von Gl. (5) ausgegangen; $\hat{U}$ und W^*, die zeitlichen Maxima der potentiellen und der auf ω^2 bezogenen kinetischen Energie, sind jetzt durch eine Integration über das ganze Tragwerk zu bestimmen. Für den geraden Stab lauten die entsprechenden Ausdrücke, wenn wie in Gl. (33) $\hat{\xi}$, $\hat{\eta}$, $\hat{\vartheta}$ die örtlich veränderlichen (d. h. nur von x abhängigen) Amplituden sind, für

Dehnungs-Schw.
$$\hat{U} = \frac{1}{2}\int_0^l EF\,(d\hat{\xi}/dx)^2\,dx; \tag{35a}$$
$$W^* = \frac{1}{2}\int_0^l \mu\cdot\hat{\xi}^2\,dx; \tag{35b}$$

Torsions-Schw.
$$\hat{U} = \frac{1}{2}\int_0^l G I_p\,(d\hat{\vartheta}/dx)^2\,dx; \tag{36a}$$
$$W^* = \frac{1}{2}\int_0^l \mu/F\cdot I_p\,\hat{\vartheta}^2\,dx; \tag{36b}$$

Saiten-Schw.
$$\hat{U} = \frac{1}{2}\int_0^l S\,(d\hat{\eta}/dx)^2\,dx; \tag{37a}$$
$$W^* = \frac{1}{2}\int_0^l \mu\,\hat{\eta}^2\,dx; \tag{37b}$$

Biege-Schw.
$$\hat{U} = \frac{1}{2}\int_0^l EI\,(d^2\hat{\eta}/dx^2)^2\,dx; \tag{38a}$$
$$W^* = \frac{1}{2}\int_0^l \mu\,\hat{\eta}^2\,dx. \tag{38b}$$

---

[1] *K. Hohenemser:* Die Methoden zur angenäherten Lösung von Eigenwertproblemen. Ergbn. d. Math. 1. Bd., Heft 4, Berlin 1932. — *Biezeno-Grammel* [6].

[2] *Biezeno-Grammel* [6], S. 137.

Diese Ausdrücke sind zur strengen Berechnung der Eigenfrequenzen nicht verwendbar, solange die wirklichen Schwingungslinien $\hat{\xi}(x)$, $\hat{\eta}(x)$, $\hat{\vartheta}(x)$ unbekannt sind. Nach *Rayleigh* erhält man aber Näherungswerte für ω^2, wenn man anstatt der unbekannten Linien Näherungsfunktionen einführt, die die Randbedingungen (bei Biegeschwingungen auch diejenigen für $\hat{\eta}''$) erfüllen. Wegen der bereits erwähnten Minimaleigenschaft ist dabei der bessere Näherungsansatz daran zu erkennen, daß er das niedrigere ω liefert.

Die Wahl der Näherungsfunktionen bereitet bei einfachen Stäben keine Schwierigkeiten. Wenn jedoch bei zusammengesetzten Systemen (z. B. unsymmetrischen Rahmen) und bei Oberschwingungen die Lage der Schwingungsknoten schwer zu schätzen ist, kann das Ergebnis sehr ungenau oder gar unbrauchbar werden. — Während bei der Untersuchung von Oberschwingungen der *Fourier*-Ansatz oft der Potenzreihe überlegen ist, wird im Ingenieurbau für die Grundschwingung gern die wohlbekannte statische Biegelinie als Näherungsansatz gewählt, meistens diejenige infolge gleichmäßig verteilter Lasten, in Schwingungsrichtung wirkend gedacht. Das örtliche Maximum der Näherungsfunktion kann dabei unbestimmt bleiben, weil es sich herauskürzt.

Beispiel: Für den einseitig eingespannten Stab seien drei verschiedene Näherungsansätze miteinander verglichen. Bei verteilter Belastung gilt die Biegelinie

$$\hat{\eta} = C\cdot(6\,x^2/l^2 - 4\,x^3/l^3 + x^4/l^4);\quad \text{also}\quad \hat{\eta}'' = 12\,C\cdot(1 - 2\,x/l + x^2/l^2). \tag{39}$$

Mit diesen Ausdrücken folgt aus Gl. (38a) und (38b):

$$2\,\hat{U} = EI/l^3\cdot C^2\cdot 144/5;\quad 2\,W^* = \mu\,C^2 l\cdot 104/45$$

und aus Gl. (5):

$$\omega = 3{,}530\,\sqrt{EI/\mu l^4}. \tag{39a}$$

Die Biegelinie infolge Einzellast hat die Form

$$\hat{\eta} = C\cdot(3\,x^2/l^2 - x^3/l^3);\quad \text{also}\quad \hat{\eta}'' = 6\,C\cdot(1 - x/l). \tag{40}$$

Mit dieser kubischen Parabel wird der Faktor vor der Wurzel in Gl. (39a) zu 3,568, mit einer quadratischen Parabel 4,472. Da sich aus Gl. (32) ein exakter Wert 3,516 ergibt, ent-

	⓪	①	②	③	④	Rechenschema für Energie-Integrale		
a	+0,830	+0,854	+2,036	−4,682	+2,119			
1/2 a	+0,415	+0,427	---	---	---			
1/3 a	+0,277	+0,285	+0,679	---	---			
1/4 a	+0,208	+0,214	+0,509	−1,171	---	Schrägsumme	Faktor b	Produkt
1/5 a	+0,166	+0,171	+0,407	−0,936	+0,424	+1,189	⓪ +0,830	+0,987
1/6 a		+0,142	+0,339	−0,780	+0,353	+0,626	① +0,854	+0,535
1/7 a			+0,291	−0,669	+0,303	+0,421	② +2,036	+0,857
1/8 a				−0,585	+0,265	+0,314	③ −4,682	−1,470
1/9 a					+0,235	+0,249	④ +2,119	+0,528

$$\int_0^1 (a_0 + a_1\xi + a_2\xi^2 + a_3\xi^3 + a_4\xi^4)(b_0 + b_1\xi + b_2\xi^2 + b_3\xi^3 + b_4\xi^4)\,d\xi = \text{Summe} = +1{,}437$$

Abb. 11

halten die drei Näherungslösungen Fehler von 0,4% bzw. 1,5% bzw. 27% (im letzten Falle sind die Bedingungen für $\hat{\eta}''$ nicht erfüllt).

Das Quadrieren der mehrgliedrigen Polynome und die anschließenden Integrationen sind oft sehr unübersichtlich, ein Nachteil, der durch ein (bisher noch nicht veröffentlichtes) „*Rechenschema für Energieintegrale*" behoben werden kann. Es eignet sich sowohl für das Quadrat einer Potenzsumme als auch für das Produkt zweier solcher Summen (vgl. Ziffer 19). Die in Abb. 11 eingesetzten Zahlen gelten für das willkürlich gewählte Beispiel

$$\int_0^1 (0{,}830 + 0{,}854\,\xi + 2{,}036\,\xi^2 - 4{,}682\,\xi^3 + 2{,}119\,\xi^4)^2\,d\xi.$$

Wenn man beachtet, daß bei dimensionsloser Darstellung die Integrationsgrenzen 0 und 1 sind, das Ergebnis also

$$b_0\left(a_0 + a_1\frac{1}{2} + a_2\frac{1}{3} + \cdots\right) + b_1\left(a_0\frac{1}{2} + a_1\frac{1}{3} + a_2\frac{1}{4} + \cdots\right) + b_2\left(a_0\frac{1}{3} + a_1\cdot\frac{1}{4} + a_2\cdot\frac{1}{5} + \cdots\right) + \cdots$$

geschrieben werden kann, erübrigt sich wohl jede weitere Erläuterung.

Eine ***punktweise Berechnung*** der Integralausdrücke wird man z. B. wählen, wenn aus der statischen Berechnung bereits eine geeignete Biegelinie in Form einer Ordinatentabelle vorliegt. Bildet man in einer Spalte die Quadrate der Ordinaten, in einer anderen die Quadrate ihrer zweiten Differenzen, so sind die Integrationen durch Anwendung der *Simpson*schen Regel auf diese beiden Spalten leicht durchzuführen (vgl. Ziffer 18).

Konzentrierte Massen, die etwa außer der verteilten Masse noch vorhanden sind, lassen die potentielle Energie $\hat{U}$ unverändert, während sie zur kinetischen Energie einen Beitrag liefern. Statt (38b) ist dann z. B. zu schreiben

$$W^* = \frac{1}{2}\int_0^l \mu\,\hat{\eta}^2\,dx + \frac{1}{2}\,\Sigma\, m_i\,\hat{\eta}_i^2 \tag{41}$$

wenn $\hat{\eta}_i$ die sich aus dem Näherungsansatz ergebende Ordinate am Ort der jeweiligen Masse m_i ist.

Für *veränderliche Stabquerschnitte* sind die Energiemethoden besonders willkommen. Die Querschnittsgrößen I, μ usw. in Gl. (35) bis (38) stellen dann Funktionen von x dar, die in die Integrationen einzubeziehen sind. Sind diese Funktionen nicht unmittelbar gegeben, so wird man sie durch bequeme Ansätze, z. B. wiederum Potenz- oder *Fourier*-Summen, annähern. Soll das erwähnte Rechenschema benutzt werden, so muß als Näherung das Quadrat einer solchen Summe gewählt werden.

Beispiel: Ein am Fuße eingespannter Mast verjüngt sich nach oben derart, daß sein Metergewicht auf 49%, sein Trägheitsmoment auf 16% abnimmt, etwa in der Form

$$\mu(x) = \mu_0\,(1 - 0{,}3\,x/l)^2; \qquad I(x) = I_0\,(1 - 0{,}6\,x/l)^2. \tag{42}$$

Als Biegelinie wird einmal Gl. (40), zum anderen Gl. (39) gewählt; im ersten Falle wird

$$2\,\hat{U} = EI_0/l^4\cdot 36\,C^2\int_0^l (1 - 0{,}6\,x/l)^2\,(1 - x/l)^2\,dx = EI_0/l^3\cdot C^2\cdot 8{,}831;$$

$$2\,W^* = \mu_0\,C^2\int_0^l (1 - 0{,}3\,x/l)^2\,(3\,x^2/l^2 - x^3/l^3)^2\,dx = \mu_0\,l\cdot C^2\cdot 0{,}5404$$

und

$$\omega = 4{,}043\,\sqrt{EI_0/\mu_0 l^4}. \tag{43a}$$

im zweiten

$$2\,\hat{U} = EI_0/l^4\cdot 144\,C^2\int_0^l (1 - 0{,}6\,x/l)^2\,(1 - 2\,x/l + x^2/l^2)^2\,dx = EI_0/l^3\cdot C^2\cdot 23{,}530;$$

$$2\,W^* = \mu_0 C^2\int_0^l (1 - 0{,}3\,x/l)^2\,(6\,x^2/l^2 - 4\,x^3/l^3 + x^4/l^4)^2\,dx = \mu_0\,l\,C^2\cdot 1{,}3377$$

und

$$\omega = 4{,}193\,\sqrt{EI_0/\mu_0 l^4}. \tag{43b}$$

Da Gl. (43a) das niedrigere Ergebnis ist, liefert in diesem Falle die kubische Parabel die bessere Näherung.

18. Die Morley-Formel

Wenn bei der Berechnung der *niedrigsten* Eigenfrequenz nur so viel Genauigkeit gefordert wird, daß z. B. der Unterschied zwischen Gl. (43a) und (43b) bedeutungslos ist, wird gern eine Formel benutzt, die als Vereinfachung der *Rayleigh*-Formel bezeichnet werden kann, die aber von mehreren Seiten auf verschiedene Weise und auch ohne Anlehnung an *Rayleigh* gefunden wurde[1]. Im Maschinenbau kennt man sie auch wohl als *Kull*sche, im Ingenieurbau als *Kayser*sche Formel. Sie sei nachfolgend für Biegeschwingungen dargestellt, kann sinngemäß aber auch bei jeder anderen Schwingungsart angewandt werden.

Der bevorzugte Anwendungsfall ist die bereits erwähnte Möglichkeit, als Näherungsfunktion $\hat{\eta}(x)$ eine statische Biegelinie zu benutzen, zu der ja die sie hervorrufende Belastung bekannt ist, z. B. $q = \mu g$ = Gewicht pro Längeneinheit. Da die Formänderungsarbeit der inneren Kräfte gleich der der äußeren ist, wird in diesem Falle anstatt (38a)

$$\hat{U} = \frac{1}{2}\int EI\,(d^2\hat{\eta}/dx^2)^2\,dx = \frac{1}{2}\int \mu g\,\hat{\eta}\,dx$$

und

$$\omega^2 = \int \mu g\,\hat{\eta}\,dx \Big/ \int \mu\,\hat{\eta}^2\,dx \tag{44a}$$

oder, da die Massen den Gewichten proportional sind

$$\omega^2 = g\int \hat{\eta} q\,dx \Big/ \int \hat{\eta}^2 q\,dx. \tag{44b}$$

Bei einer *punktweisen Berechnung* ist dieser Untersuchungsgang bequemer als der in Ziffer 17 angegebene; wurde die Biegelinie unter Berücksichtigung veränderlicher Trägheitsmomente ermittelt, so geht diese Veränderlichkeit gar nicht aufs neue in die Berechnung ein.

Oft wird die Formel auch in der Form dargestellt, daß statt der Integration eine endliche Summation über Einzelmassen oder Einzelgewichte vorgeschrieben wird. Ersetzt man $\mu g\,dx = q\,dx$ durch Einzelgewichte ΔG_i, und ist $\hat{\eta}_i$ die Biegeordinate am Ort jedes ΔG_i, so wird

$$\omega^2 = g\,\Sigma\,\hat{\eta}_i\,\Delta G_i \big/ \Sigma\,\hat{\eta}_i^2\,\Delta G_i. \tag{45}$$

Wenn die Formel auf Systeme (z. B. hohe Fachwerkträger) angewandt werden soll, bei denen die Schwingungsbewegungen bestimmter Einzelgewichte ΔG_i neben der Vertikalkomponente $\hat{\eta}_i$ auch eine merkliche Horizontalkomponente $\hat{\xi}_i$ haben, so erfährt Gl. (45) eine Änderung. Die Zählersumme bleibt unverändert, da die vertikalen Gewichte in der Horizontalen keine Arbeit verrichten. Für die kinetische Energie ist aber die wirkliche Geschwindigkeitsrichtung maßgebend, diese kann jedoch in der auf ω^2 bezogenen Form sofort durch $\sqrt{\hat{\eta}_i^2 + \hat{\xi}_i^2}$ wiedergegeben werden. Statt Gl. (45) ist zu schreiben

$$\omega^2 = g\,\Sigma\,\hat{\eta}_i\,\Delta G_i \big/ \Sigma\,(\hat{\eta}_i^2 + \hat{\xi}_i^2)\,\Delta G_i. \tag{46}$$

Sind die Schwingungsbewegungen, z. B. bei turmartigen Bauwerken, ausschließlich horizontal, so wird auf Gl. (45) die schon in Ziffer 17 benutzte Annahme angewandt, daß die Angriffsrichtung der ΔG_i horizontal sei.

Iterationsrechnung. Wenn die mit Gl. (44) oder (45) erzielte Genauigkeit nicht genügt, kann man dieselbe Formel auch zur schrittweisen Verbesserung der Ergebnisse verwenden. Hat man im ersten Schritt die Biegelinie $\hat{\eta}_1(x)$ infolge Eigengewicht $q_1 = \mu g$ benutzt, so ermittelt man im zweiten Schritt die Biegelinie $\hat{\eta}_2(x)$ infolge einer neuen Belastung $q_2(x)$, die sich durch Multiplikation von $\hat{\eta}_1(x)$ mit einer Konstanten ergibt usw. (s. *Hohenemser-Prager* [10], S. 110.)

19. Das Ritzsche Verfahren

Die Minimumsaussage (34) läßt sich nach *Ritz*[2] dazu verwenden, um Annäherungswerte für Eigenfrequenzen zu berechnen, die *stets* besser sind als entsprechende Ergebnisse nach *Rayleigh*. Wenn $\varphi_1(x)$, $\varphi_2(x)$ usw. verschiedene, für die *Rayleigh*-

[1] *A. Morley:* Engineering 88 (1909) S. 135. — *G. Kull:* Z. VDI 62 (1918) S. 249. — *H. Kayser:* Z. VDI, 73 (1929) S. 1305.

[2] *Biezeno-Grammel* [6] S. 135. — *Den Hartog* [9] S. 167.

Formel geeignete Näherungsansätze sind, so setzt man

$$\hat{\eta}(x) = a_1 \varphi_1(x) + a_2 \varphi_2(x) + a_3 \varphi_3(x) + \cdots \tag{47}$$

und verfügt über die Parameter a_i derart, daß alle

$$\frac{\partial (\hat{U} - \hat{W})}{\partial a_i} = 0 \tag{48}$$

werden. Gl. (48) liefert für die Unbekannten a_i ein System linearer homogener Bestimmungsgleichungen. Es ist also wieder die Nennerdeterminante zu Null zu machen, woraus eine Gleichung i-ten Grades für ω^2 folgt.

Der Untersuchungsgang ist für die verschiedenen Schwingungsarten völlig gleichartig; er wird nachfolgend mit zwei Näherungsfunktionen φ_1 und φ_2 für die Biegeschwingungen eines Stabes gezeigt. Bei einem Stab*system* ist für jeden Einzelstab ein Ansatz nach Gl. (47) zu machen, wobei die Parameter a_i durch die Anschlußbedingungen voneinander abhängig sind. Die Integrationen sind dann über das ganze System zu erstrecken.

Aus Gl. (38) und (47) folgt:

$$2\hat{U} = \int EI\,(a_1\varphi_1'' + a_2\varphi_2'')^2\,dx = a_1^2 \int EI\,\varphi_1''^2\,dx + 2a_1a_2 \int EI\,\varphi_1''\varphi_2''\,dx + a_2^2 \int EI\,\varphi_2''^2\,dx;$$

$$2\hat{W} = \omega^2 \int \mu\,(a_1\varphi_1 + a_2\varphi_2)^2\,dx = \omega^2 \left[a_1^2 \int \mu\varphi_1^2\,dx + 2a_1a_2 \int \mu\varphi_1\varphi_2\,dx + a_2^2 \int \mu\varphi_2^2\,dx\right]$$

oder, wenn man die durch die Integralausdrücke bestimmten Größen zur Abkürzung der Reihe nach mit u und w bezeichnet

$$2\hat{U} = a_1^2 u_1 + 2a_1a_2u_{12} + a_2^2u_2$$
$$2\hat{W} = \omega^2\,[a_1^2 w_1 + 2a_1a_2w_{12} + a_2^2w_2]$$

und

$$2(\hat{U} - \hat{W}) = a_1^2(u_1 - \omega^2 w_1) + 2a_1a_2(u_{12} - \omega^2 w_{12}) + a_2^2(u_2 - \omega^2 w_2).$$

Führt man die durch Gl. (48) vorgeschriebenen partiellen Differentiationen durch, so erhält man die linearen homogenen Gleichungen

$$\left.\begin{aligned} a_1(u_1 - \omega^2 w_1) + a_2(u_{12} - \omega^2 w_{12}) &= 0 \\ a_1(u_{12} - \omega^2 w_{12}) + a_2(u_2 - \omega^2 w_2) &= 0 \end{aligned}\right\} \tag{49a}$$

deren Nennerdeterminante verschwinden muß:

$$(u_1 - \omega^2 w_1)(u_2 - \omega^2 w_2) - (u_{12} - \omega^2 w_{12})^2 = 0$$

so daß nunmehr die quadratische Gleichung für ω^2

$$\omega^4(w_1w_2 - w_{12}^2) - \omega^2(u_1w_2 + u_2w_1 - 2u_{12}w_{12}) + (u_1u_2 - u_{12}^2) = 0 \tag{49b}$$

zu lösen ist. Die niedrigste Wurzel ω^2 ist das gesuchte Ergebnis; ob der höhere Wert eine brauchbare Näherung für die Frequenz der ersten Oberschwingung ist, hängt von der Art der gewählten Näherungsfunktionen ab.

Beispiel: Für den in Ziffer 17 untersuchten Mast mit veränderlichem Querschnitt sollen Gl. (39) und (40) als Näherungsfunktionen φ_1 und φ_2 gewählt werden; die Faktoren C werden dabei in die Parameter a_1 und a_2 eingeschlossen. Die Zahlenwerte

$$u_1 = EI_0/l^3 \cdot 23{,}530; \qquad u_2 = EI_0/l^3 \cdot 8{,}831;$$
$$w_1 = \mu_0 l \cdot 1{,}3377; \qquad w_2 = \mu_0 l \cdot 0{,}5404$$

können sofort übernommen werden, ferner ist

$$u_{12} = EI_0/l^4 \cdot 72 \int_0^l (1 - 0{,}6\,x/l)^2 (1 - 2\,x/l + x^2/l^2)(1 - x/l)\,dx = EI_0/l^3 \cdot 14{,}112;$$

$$w_{12} = \mu_0 \int_0^l (1 - 0{,}3\,x/l)^2 (6\,x^2/l^2 - 4\,x^3/l^3 + x^4/l^4)(3\,x^2/l^2 - x^3/l^3)\,dx = \mu_0 l\ \ 0{,}8495.$$

(Bei der Benutzung des Rechenschemas Abb. 11 spart man hier die neue Ermittlung der „Schrägsummen".) Mit diesen Zahlenwerten lautet Gl. (49b):

$$0{,}00124\,(\omega^2\mu_0 l^4/EI_0)^2 - 0{,}5522\,(\omega^2\mu_0 l^4/EI_0) + 8{,}636 = 0.$$

Das kleinere ω wird

$$\omega = 4{,}029 \sqrt{EI_0/\mu_0 l^4},$$

also niedriger (d. h. besser) als Gl. (44) und (45).

Mitunter interessiert im Anschluß an eine *Ritz*-Untersuchung die resultierende Schwingungsbiegelinie: Durch Einsetzen von ω^2 kann man aus Gl. (49a) das Verhältnis a_2/a_1 zahlenmäßig bestimmen und Gl. (47)

$$\hat{\eta}(x) = a_1 \left[\varphi_1(x) + a_2/a_1 \cdot \varphi_2(x)\right] \tag{50}$$

mit beliebigem a_1 auftragen.

20. Eigenfrequenzen von Oberschwingungen

Die Differentialgleichungsmethoden verbinden mit ihrer Umständlichkeit den Vorzug, daß die Ermittlung höherer Eigenfrequenzen *keinen* neuen Rechnungsgang erfordert, sondern daß diese sofort gefunden sind, wenn nur die entsprechenden Wurzeln der Frequenzgleichung bestimmt werden.

Trotzdem muß man häufig bei den Energiemethoden bleiben. Grundsätzlich ist festzustellen, daß sich stets ein brauchbares Ergebnis nach *Rayleigh* gewinnen läßt, wenn man die Schwingungsform, d. h. die Näherungsfunktion mit genügender Genauigkeit schätzen kann. Für die Biegeschwingungen des einfachen Balkens liefern Gl. (5) und (38) z. B. mit den nach Abb. 7 gewählten Ansätzen

$$\hat{\eta} = C \sin \pi x/l, \tag{51a}$$

$$\hat{\eta} = C \sin 2\pi x/l, \tag{51b}$$

$$\hat{\eta} = C \sin 3\pi x/l \tag{51c}$$

die exakten Werte für die drei niedrigsten Eigenfrequenzen.

In weniger übersichtlichen Fällen, wie etwa bei Unsymmetrie des Tragwerkes (einschl. unsymmetrischem Verlauf des Trägheitsmomentes), ist es von erheblicher Bedeutung, daß der Näherungsansatz möglichst genau auch die Lage der Schwingungsknoten der unbekannten Biegelinie wiedergibt; ist diese Bedingung nicht erfüllt, so können, wie schon in Ziffer 17 erwähnt, große Fehler entstehen. — Einen guten Weg zur Überwindung dieser Schwierigkeit gibt das *Ritz*sche Verfahren: Wenn sich der Träger in Abb. 7 beispielsweise einseitig stark verjüngt, kommt man nach *Ritz* mit zwei Funktionen φ nach Gl. (51a) und (51b) zu guten Ergebnissen für die Grundschwingung, nach Gl. (51b) und (51c) für die erste Oberschwingung.

Sollen nach *Rayleigh* oder *Morley* statische Biegelinien verwandt werden, so ergeben sich dieselben Schwierigkeiten. Es liegt nahe, für die erste Oberschwingung eine Belastung nach Abb. 12 anzusetzen. Bei einseitig veränderlichem Trägheitsmoment stellt man jedoch merkliche Änderungen im Ergebnis fest, wenn man den Punkt k des Belastungssprunges seitlich ein wenig verschiebt. Von mehreren Untersuchungen mit variierter Lage von k ist natürlich wieder diejenige die beste, die zu dem niedrigsten ω^2 für die erste Oberschwingung führt. — Auch hier kann ein Vorgehen nach *Ritz* helfen, indem man die Biegelinien, die den verschiedenen Lagen von k entsprechen, nebeneinander als Ansatzfunktionen wählt.

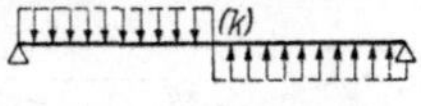

Abb. 12. Lastschema für Ermittlung der 2. Oberwelle beim Biegungsschwinger

Weitere Einzelheiten über höhere Eigenfrequenzen, darunter eine Methode zu ihrer Abschätzung, bringt *Hohenemser-Prager* [10] S. 195 und 216.

C. Besondere Anwendungen

21. Fachwerke

Die in der statischen Fachwerktheorie gebräuchliche Annahme der reibungslosen Knotengelenke und der Kraftkonzentration in den Knoten ist bei der üblichen Genauigkeit auch für Schwingungsbetrachtungen verwendbar. Die äußerst umständliche Rechnung mit biegesteifen Knoten[1] hat praktisch keine Bedeutung. Auch die Untersuchung eines masselosen elastischen Systems mit Punktmassen in den Knoten, d. h. nach Ziffer 14, führt noch zu umfangreichen Determinanten; ein auf dieser Grundlage entwickeltes Verfahren der schrittweisen Näherung[2] ist früher häufig angewandt worden und wurde auch für räumliche Fachwerke umgeformt[3].

Heute wird zur Bestimmung der niedrigsten Eigenfrequenz die *Morley*-Formel Gl. (46) bevorzugt[3,4]. Um die Verformung des Systems, d. h. die Ordinaten $\hat{\eta}_i$ und $\hat{\xi}_i$ jedes Knotenpunktes zu ermitteln, ist dabei eine zweckmäßige Belastung zu wählen. Oft erhält man schon eine brauchbare Näherung, wenn man eine Einzellast in Trägermitte (bzw. an der Spitze eines Fachwerkmastes) wirken läßt, so daß man anstatt der Summe im Zähler von Gl. (46) ein einfaches Produkt Kraft mal Verschiebung hat. Bessere Ergebnisse liefert natürlich ein Verformungszustand infolge sämtlicher Knotenlasten ΔG_i (bei Brücken einschl. Fahrbahngewicht). Die totalen Verschiebungen $\left(\text{bzw. deren Quadrat } \hat{\eta}_i^2 + \hat{\xi}_i^2\right)$ werden mit Hilfe des *Williot*schen Verschiebungsplanes vgl. S. 286) gewonnen; bei schlanken Fachwerkträgern ist häufig der Einfluß der horizontalen Verschiebungskomponenten gering.

Zur Bestimmung höherer Eigenfrequenzen verfährt man nach Ziffer 20, hat also die dort angedeuteten Schwierigkeiten zu überwinden. Bei Fachwerkbrücken mit zwei Hauptträgern (ebenso wie bei bestimmten anderen räumlichen Systemen) ist dabei folgender Umstand zu beachten: Oft sind, von Endportalen abgesehen, die Querrahmen zwischen den beiden Hauptträgern sehr nachgiebig; um beide Hauptträger nicht in gleicher, sondern in entgegengesetzter Phase (Torsion des Gesamttragwerkes) zu verbiegen, ist nur ein geringer Mehraufwand an Formänderungsarbeit nötig. Nach Gl. (5) ist die Folge, daß die entsprechende Schwingungszahl nahe oberhalb der anderen Eigenfrequenz liegt, daß also die Resonanzkurve zwischen der „ersten symmetrischen" und der „ersten antimetrischen" Biegeresonanz eine mitunter unbeachtete Torsionsresonanz besitzt. — Allgemein zeigt sich bei dieser Betrachtungsweise, daß die Zahl der möglicherweise gefährlichen Resonanzfrequenzen doppelt so groß ist wie beim ebenen Tragwerk.

22. Kombinierte Schwingungen

Ein Ineinandergreifen verschiedener Schwingungsarten, wie es in Ziffer 10 und 12 erwähnt wurde, ist bei den Tragwerksformen des Ingenieurbaues nicht selten, insbesondere bezüglich Biegungs- und Dehnungsschwingungen; dabei verschmelzen die verschiedenen dynamischen Verformungen zu einem einheitlichen Schwingungsvorgang mit einheitlichen Eigenfrequenzen. Neben der strengen Berechnung kann die Untersuchung in zwei verschiedenen Graden der Annäherung durchgeführt werden: im einen Falle vernachlässigt man die Dehnung neben der Biegung überhaupt, im zweiten die Vergrößerung der Biegung durch die Längskräfte im ausgebogenen Stab.

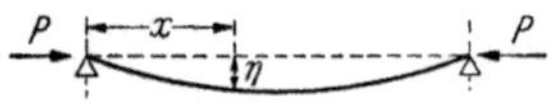

Abb. 13. Kombination von Biege- und Saitenschwingungen

Kombination in der Differentialgleichung. Das einfachste Beispiel eines in diesem Sinne strengen Ansatzes gibt der Biegestab mit konstanter Axialkraft P (z. B. Abb. 13) als Druckkraft. Ersetzt man in Gl. (20c) das Biegemoment durch $(M + P\eta)$, so ergibt sich statt Gl. (23)

$$-EI\,\partial^4\eta/\partial x^4 - P\,\partial^2\eta/\partial x^2 = \mu\,\partial^2\eta/\partial t^2, \tag{52}$$

d. h. eine Differentialgleichung kombinierter Biege- und Saitenschwingungen. Eines ihrer partikulären Integrale

$$\eta = A\sin\omega t\cdot\sin\pi x/l$$

---

[1] *H. Reißner:* Z. f. Bauwesen 1903 S. 135.

[2] *E. Pohlhausen:* Z. angew. Math. Mech. 1 (1921) S. 28. — Beispiele bei *F. Bleich:* Theorie u. Berechnung d. eis. Brücken, Berlin 1924, S. 70.

[3] *K. Federhofer:* Stahlbau 7 (1934) S. 6.

[4] *Hohenemser-Prager* [*10*], S. 188. — *W. Kaufmann:* Stahlbau 9 (1936) S. 177.

liefert

$$\omega = \pi/l \cdot \sqrt{(EI\pi^2/l^2 - P)/\mu}\,; \tag{53}$$

die Eigenfrequenz wird also um so niedriger, je stärker sich die Längskraft der *Euler*schen Knickkraft nähert. Ist aber z. B. eine 10fache Knicksicherheit vorhanden, so wird die Frequenz nur um 5% erniedrigt.

Kombination in den Randbedingungen. Die bessere jener beiden Annäherungen kann bei Rahmensystemen notwendig sein; die periodische Veränderlichkeit der Längskraft in der mit der Biegeschwingung kombinierten Dehnungsschwingung wird berücksichtigt, nicht aber ihr Beitrag zum Biegemoment. Dann gilt für jeden Rahmenstab sowohl Diff.-Gl. (21) als auch Diff.-Gl. (23). In einer rechtwinkligen Rahmenecke ist das ξ des einen Stabes stets gleich dem η des anderen und umgekehrt, eine gleichartige Beziehung gilt zwischen den Quer- und den Längskräften in diesem Punkte. Dadurch verknüpfen sich Gl. (25) und (28) miteinander zu dem entsprechend umfangreicheren System linearer Gleichungen, deren Nennerdeterminante zu bilden ist.

Die **Energiemethoden,** z. B. die *Rayleigh*-Formel, geben eine unmittelbare Möglichkeit, alle Schwingungsarten gleichzeitig zu berücksichtigen: die Energiebeträge im Zähler und Nenner der Gl. (5) sind entsprechend zu summieren. Bei kombinierten Biege-Dehnungsschwingungen wird aus Gl. (38) und (35) sofort

$$\left.\begin{aligned} \hat{U} &= \frac{1}{2}\int EI\,(d^2\hat{\eta}/dx^2)^2\,dx + \frac{1}{2}\int EF\,(d\hat{\xi}/dx)^2\,dx,\\ W^* &= \frac{1}{2}\int \mu\,(\hat{\eta}^2 + \hat{\xi}^2)\,dx. \end{aligned}\right\} \tag{54}$$

Bei der größeren Näherung entfallen die von $\hat{\xi}$ abhängigen Glieder, bei der feineren wird durch die Anschlußbedingungen eine Beziehung zwischen den $\hat{\eta}(x)$ und $\hat{\xi}(x)$ hergestellt, bei der strengen Rechnung entsteht die Sonderaufgabe, je nach dem Sachverhalt elastische Beziehungen der Verträglichkeit zwischen $\hat{\eta}(x)$ und $\hat{\xi}(x)$ einzuführen.

Beispiel Hängebrücke. Da der Versteifungsträger nur Biegeschwingungen, das Tragkabel dagegen kombinierte Saiten- und Dehnungsschwingungen ausführt, ist die Beziehung zwischen $\hat{\xi}$ und $\hat{\eta}$ unschwer herzustellen, in diesem Falle in der Form, daß sich alle Energiebeiträge aus Längskräften unmittelbar durch $\hat{\eta}$ und seine Ableitungen ausdrücken lassen. Bei der Durchführung der Lösung bewährt sich wieder das *Ritz*sche Verfahren[1].

Auch mit Hilfe einer entsprechend kombinierten Differentialgleichung sind die Eigenschwingungen von Hängebrücken schon angesetzt worden[2]. Eine Lösung nach Ziffer 15 zieht man freilich dabei nicht in Erwägung; statt dessen wird (nicht ohne Beziehung zum *Ritz*schen Verfahren) eine angenäherte Lösung der Differentialgleichung durch Reihenentwicklung nach Eigenfunktionen angesetzt, um sodann die zugehörigen Eigenwerte mit Hilfe einer Parameterdeterminante zu bestimmen.

Beispiel Bogenträger. Nur bei sehr schlanken Bögen (großer Krümmungsradius gegenüber den Querschnittsabmessungen) ist die völlige Vernachlässigung der Dehnungen möglich. Dann entfällt die Schwingungsform *ohne* Zwischenknoten. — *Den Hartog* [Philos. Mag. 5 (1928) S. 400] verwendet einen Energieansatz nach *Rayleigh*, die fragliche Beziehung zwischen den Biegungen und den Dehnungen stellt er dabei mit Hilfe der Minimumsbedingung her. — Untersuchungen durch eine kombinierte Biegungsdehnungs-Differentialgleichung geben *K. Federhofer* [Ing.-Arch. 4 (1933)

[1] *F. Bleich:* Proc. Amer. Soc. Civ. Eng. 74 (1948) S. 1269. — *F. W. Waltking:* Bauing. 25 (1950) S. 208.

[2] *H. H. Bleich:* Berechnung verankerter Hängebrücken, Wien 1935. — *K. Klöppel-K. H. Lie:* Bauing. 23 (1942) S. 277 und Ing.-Arch. 13 (1942) S. 211.

S. 276 — Ing.-Arch. 4 (1933) S. 110] und *F. W. Waltking* [Ing.-Arch. 5 (1934) S. 429]; letzterer behandelt dabei den Einfluß der Dehnungen auf die Schwingungsform und die Lage der Schwingungsknoten im Falle verschiedener Schlankheitsgrade.

23. Membranen und Platten

Punktlasten bei vernachlässigbarem Plattengewicht oder Membrangewicht sind schwingungstechnisch nicht schwieriger zu untersuchen als die Punktlast auf gewichtslosem Stab in Ziffer 13; die Eigenschwingungszahl kann einfach durch die *Baumann-Geiger*-Formel angegeben werden. Die Ermittlung der benötigten statischen Durchbiegung ist freilich erheblich umständlicher; dazu müssen die Elastizitätstheorie der Platten (bzw. Membranen) und ihre Biegungsuntersuchungen (s. S. 235) herangezogen werden.

Bei **Platten und Membranen mit kontinuierlicher Masse** ist die Lage der Dinge völlig gleichartig wie bei Stäben und Saiten: Für geometrisch einfache Beispiele, wie die Kreisplatte und die quadratische Platte bei verschiedenartigen Kantenauflagerungen, liegen strenge Lösungen mit Hilfe der Differentialgleichung vor[1]. In allen anderen Fällen sind jedoch wiederum die Energiemethoden der gegebene Weg.

Die Rechenarbeit ist, verglichen mit derjenigen bei Stabsystemen, erheblich langwieriger: das elastische Verhalten der flächenhaften Körper wird ja wiederum nicht mehr durch die Gesetze der einfachen Festigkeitslehre beschrieben, sondern durch die der Elastizitätstheorie. Die zu wählenden Näherungsansätze sind jetzt Funktionen *zweier* Ortskoordinaten; ihre Randbedingungen sind nicht mehr in Endpunkten, sondern in Randlinien zu erfüllen. Die statischen Biegeflächen infolge entsprechender Belastungen sind auch hier als Näherungsansätze verwendbar. Die den Gl. (38) entsprechenden Energieintegrale sind über die ganze Fläche zu erstrekken. — Das *Ritz*sche Verfahren kann auch bei flächenhaften Körpern zur Erzielung besserer Lösungen herangezogen werden.

Allgemein kann noch gesagt werden, daß die im Ingenieurbau als Tragwerk ausgeführten Platten fast immer so hohe Grundfrequenzen haben, daß durch sie kaum gefährliche Resonanzbereiche entstehen können. Das schließt aber nicht aus, daß in leichten plattenartigen Konstruktions*teilen* durch niedrigere Eigenfrequenzen *örtlich begrenzte* Schwingungserscheinungen auftreten.

Literatur zum Problem der Plattenschwingungen: *K. Klotter:* Ing.-Arch. 1 (1930) S. 123 (mit ausführlichem Schrifttumsverzeichnis). — *K. Hohenemser:* Die Methoden zur angenäherten Lösung von Eigenwertproblemen. Ergebn. d. Math. 1. Bd., H. 4, Berlin 1932. — *K. Federhofer:* Ing.-Arch. 6 (1935) S. 68. — *Den Hartog* [9], S. 422.

III. Einzelne Schwingungsprobleme der Bautechnik

24. Maste, Schornsteine, Türme

Eigenfrequenzen. Sehr schlanke, turmartige Bauwerke sind meist als „Stäbe" anzusehen, die gegebenenfalls veränderlichen Querschnitt oder auch z. B. Fachwerkgliederung haben können. Abgespannte Maste (z. B. Funktürme) haben ein drehbar festes Auflager und eine oder mehrere elastische Zwischenstützungen. Das Federungsgesetz in diesen Zwischenpunkten wird man oft mit genügender Genauigkeit linearisieren können. — Bei freistehenden einseitig eingespannten Stäben ist zu beachten, daß der Boden federnd nachgiebig sein kann[2], wodurch sich die Eigenfrequenzen erniedrigen.

Freie Schwingungen können z. B. durch Windstöße und Erdbeben[3] entstehen. Um die dafür anzusetzenden Stoßzahlen zu ermitteln, muß die Wirkungsdauer der Stoßkräfte möglichst zutreffend geschätzt werden. Wertvolle Untersuchungen dar-

---

[1] *Klotter* [8], S. 93. — *Timoshenko* [5]. — *W. Flügge:* Statik und Dynamik der Schalen, Berlin 1934.

[2] *E. Lehr:* Beton u. Eisen 27 (1928) S. 301, dazu Zuschriften 28 (1929).

[3] *K. Döring:* Einfluß von Wind u. Wärme bei der Berechnung hoher Schornsteine, Berlin 1925. — *E. Rausch:* Z. VDI. 77 (1933) S. 433. — *M. G. Puwein*: Beton u. Eisen 39 (1940) S. 162.

über stammen von *Rausch* [*11*] S. 637, er rechnet mit einer mittleren Entfaltungsdauer einer Bö von 2 Sek. und schlägt vor, die Stoßzahl bei Schornsteinen mit 1,3 bis 1,6, bei Funktürmen mit 1,15 bis 1,70 (je nach Material und Ausführungsart), bei Leuchttürmen mit 1,1 anzusetzen. Je höher die Eigenfrequenz ist, je schneller also ein steifes Bauwerk schwingt, desto niedriger wird der dynamische Zuschlag. — Eine besonders sorgfältige Untersuchung dieses Faktors kann für moderne Fernsehtürme nützlich sein; bei ihnen ist ja eine Grenze für den Neigungswinkel der elastischen Linie an der Spitze vorgeschrieben. Dabei sollten die Windkräfte freilich nicht summarisch, sondern nach aerodynamischen Ansätzen eingeführt werden.

Angefachte Schwingungen, gekennzeichnet durch die Schwingungsrichtung quer zur Windrichtung, sind an solchen Bauwerken[1] im Falle zylindrischer Querschnitte nicht selten beobachtet worden, z. B. bei Ziegelmauer- und Stahlbeton-, aber auch an freistehenden Blechschornsteinen. Berichte über Einstürze liegen in der Literatur nicht vor, entsprechend den Ausführungen in Ziffer 8 dürfte also immer ein Beharrungszustand, etwa infolge amplitudenabhängiger Dämpfung, eingetreten sein.

Wenn man einerseits Schwingungs- und Eigenfrequenz einander gleich setzt und andererseits die Amplitude gegenüber dem Zylinderdurchmesser vernachlässigt, kommt man zu einer Abschätzung der kritischen Windgeschwindigkeit. Aus den Gesetzmäßigkeiten der „*Karman*schen Wirbelstraße" folgt für die auf Frequenz und Durchmesser „*bezogene Geschwindigkeit*"

$$v/fd \approx 5{,}0 \tag{55}$$

(nicht ohne Beziehung zur *Strouhal*schen Zahl 0,188 = 1/5,32 der Akustik). Nach den bisher vorliegenden Versuchsforschungen ist bei zylindrischen Bauwerken mit Anfachung zu rechnen, wenn die „bezogene Geschwindigkeit" in der Größenordnung von 4,5 bis 6,0 liegt.

25. Sonstige Hochbauten

Die **Berechnung der Eigenfrequenzen** sonstiger Hochbauten erfordert mitunter viel Geschick und Scharfblick: es gilt einerseits, ein möglichst einfaches elastisches Traggebilde herauszuschälen und seine sämtlichen (vertikalen, horizontalen, aber auch räumlichen) Verformungsmöglichkeiten zu erkennen, andererseits müssen *alle* Massen, die an den Schwingungsbewegungen teilnehmen, in die Rechnung eingeführt werden.

Freie Schwingungen können bei bestimmten Tragkonstruktionen durch plötzliche Be- oder Entlastungen, z. B. bei Fördergerüsten durch Seilbruch[2], verursacht werden. Es handelt sich also wieder eher um eine Stoßaufgabe als um eine Schwingungsaufgabe; gegebenenfalls muß neben der Größe der Stoßkraft auch die Stoßrichtung beachtet werden. Die Schwingungsuntersuchung wird nur benötigt, um aus dem Verhältnis der Kraftentfaltungsdauer zur Eigenschwingungsdauer auf die Höhe der Stoßzahl schließen zu können.

Für **erzwungene Schwingungen** infolge von Maschinen, die in dem Gebäude oder auf dem Traggerüst stehen oder mit ihm eine Verbindung haben, gibt es unzählige Beispiele. Meistens sind die Drehzahlen oder die Drehzahlbereiche vorgeschrieben, so daß etwaige Resonanzgefahren deutlich zu erkennen sind. Eine übliche Forderung ist, daß die Eigenschwingungszahl um 15 bis 20% von der Betriebsdrehzahl entfernt ist. Liegt sie niedriger, so spricht man auch von „tiefer", liegt sie oberhalb davon, von „hoher Abstimmung". Wenn beim Entwurf eines Tragwerks die Untersuchung der Eigenfrequenz eine Resonanznähe ergibt, sind zweckmäßige Änderungen in der Konstruktion vorzunehmen und sodann die Eigenfrequenzen aufs neue zu berechnen.

Bei Laufkränen und Kranbahnträgern kommt möglicherweise auch eine Untersuchung der Schwingungen unter fahrender Last in Frage. — Glockentürme[3] erfordern mitunter eine ziemlich umständliche Berechnung, bei ihnen kann neben der einfachen auch die dreifache Glockenschwingungszahl als Erregung wirken.

---

[1] *W. Frank:* Schwingungsvorgänge an hohen Schornsteinen mit Kreisquerschnitt. Diss. TH. Stuttgart 1940.

[2] *Rausch* [*11*], S. 89.

[3] Ausführliche Literaturangaben bei *E. Rausch:* Bauingenieur 23 (1942) S. 368 und [*11*], S. 658.

26. Brückenschwingungen

Neben theoretischen Untersuchungen[1] und experimentellen bzw. meßtechnischen Forschungen[2] gibt es eine Reihe von Veröffentlichungen, deren Fragestellung von allgemeiner dynamischer Natur ist. Insgesamt ist ein ingenieurwissenschaftliches Sondergebiet entstanden, das man wohl auch — getrennt von der eigentlichen Schwingungslehre — als „Brückendynamik" bezeichnet.

Ermittlung der Eigenfrequenzen. Die Erregerfrequenzen, denen eine Brücke ausgesetzt ist, variieren innerhalb eines ziemlich großen Bereiches (z. B. mit der Fahrgeschwindigkeit der Verkehrslasten). Dadurch verlieren die Eigenschwingungszahlen an Bedeutung; es wird oft auf ihre Berechnung verzichtet, wenn die dynamische Vergrößerung der Beanspruchungen ohne Untersuchungen von grundsätzlichem Charakter in Ansatz gebracht werden kann.

Wenn nun aber Eigenfrequenzen zu untersuchen sind, kann man mit Recht auf übertriebene Genauigkeit verzichten. Häufig betrachtet man die Schwingungen nur als solche des Massenpunktes oder Punktsystemes und wendet z. B. Gl. (30c) oder die *Morley*-(*Kull*-)Formel (45) oder Gl. (46) an. — Hat das Tragsystem freilich in der Grundschwingung bereits Zwischenknoten (Hängebrücken und andere versteifte Tragwerke), so ist es ratsam, mindestens *eine* Verbesserung des ersten Näherungsergebnisses zu rechnen. Auch kann es wichtig sein, bei schlanken Brückenträgern auf etwaige benachbarte Eigenfrequenzen aus räumlichen Verformungen (zwei Hauptträger in entgegengesetzter Phase, also Torsion des Gesamttragwerkes) zu achten. — Die Eigenfrequenzen der belasteten Brücke unterscheiden sich von denen der unbelasteten, so daß die Rechnung stets mit zwei verschiedenen Massenbeträgen durchzuführen ist; bei teilweisen Belastungen kann jeder Zwischenwert die zutreffende Schwingzahl darstellen.

Die **Dämpfung von Brückenschwingungen** kann von Bedeutung sein, wenn ein Einschwingvorgang in seinem Ablauf interessiert, oder wenn angefachte Schwingungen genauer zu untersuchen sind. Das logarithmische Dekrement ϑ nach Gl. (13) schwankt je nach Bauart der Brücke zwischen 0,02 und 0,2, es sind aber auch schon kleinere und größere Werte gemessen worden. Eine nachgelassene Arbeit von *F. Bleich*[3] bringt sorgfältige experimentelle Untersuchungen über die Brückendämpfung und über Maßnahmen, um sie zu verstärken, wenn es erwünscht ist.

Der **Schwingungen der Brücke unter der fahrenden Last** sind von der theoretischen Seite her in Ziffer 12 beleuchtet worden. Die maßgebliche zahlenmäßige Beurteilung der dynamischen Beanspruchung ist jedoch nicht möglich ohne die von der *Brückenmeßtechnik*[2,4] gewonnenen Ergebnisse, zu denen insbesondere die Eisenbahnbehörden reiche Beiträge geliefert haben. So sind zu der in Ziffer 12 gegebenen Übersicht über alle auftretenden Kraftwirkungen die folgenden Feststellungen möglich:

Die unter (*f*) genannten Einflüsse pulsierender Kräfte sind am stärksten. Sie können als „Radeffekte" bei bestimmten Fahrzeuggeschwindigkeiten mit den Eigenfrequenzen der Brücke in Resonanz stehen. So vergrößern sich die dynamischen Beanspruchungen, wenn auch niemals eine unbeschränkte Aufschaukelung zustandekommt. Mit der Laststellung ändern sich die Eigenfrequenzen der Brücke, so daß sozusagen *ein* Einschwingvorgang in den *anderen* übergeht. Bei Eisenbahnbrücken handelt es sich hier vor allem um die *Triebradeffekte*, dadurch hervorgerufen, daß in den Ausgleichsmassen der Triebräder eine gewisse Unwucht (15% der ruhenden Lasten) verbleiben darf. Bei Straßenbrücken entstehen Radeffekte durch Straßenbahnen und schwere Lastzüge, die gleiche Wirkung hat ein unerwünschter Gleichschritt marschierender Truppen.

---

[1] Vgl. die auf S. 1058, Fußnote 2 und 3 genannten Arbeiten.

[2] *Deutsche Reichsbahn-Ges.:* Mechanische Schwingungen der Brücken. Berlin 1933. — *F. W. Krabbe:* Stahlbau 10 (1937) S. 201. — *Brückmann:* Durch periodische Änderungen usw. (Sonderheft des Deutschen Stahlbau-Verbandes), Köln 1951.

[3] *F. Bleich-L. W. Teller:* Proc. Amer. Soc. Civ. Eng. 77 (1951) Sep. Nr. 61, berichtet im Bauing. 28 (1953) S. 28.

[4] Fußnote 2, S. 25, ferner *H. Ebner:* Abh. Stahlbau 10 (1951) S. 91.

Die unter (*c*) fallenden „Abstandswirkungen" sind ihrer Stärke nach an zweiter Stelle zu nennen, d. h. die Auswirkungen sich wiederholender gleicher Brückenmaße, wie Hauptträgerabstände bei durchlaufenden Brücken mit vielen kleinen Spannen, Querträgerabstände, Schienenstöße und Schwellenabstände. Zahlenmäßig sind diese Einflüsse nur durch Messungen zu erfassen.

Ebenfalls zu (*c*) gehört der „*Zimmermanneffekt*" aus elastischer Durchbiegung der Brücke, er ist selbst dann gering, wenn die Fahrbahn *keine* Längsüberhöhung aufweist.

Am wenigsten Bedeutung hat der unter (*e*) genannte „*Timoshenkoeffekt*", der höchstens dann zu beachten ist, wenn das Fahrzeug gerade innerhalb eines Viertels der Schwingungsdauer vom Brückenende bis zur Brückenmitte fortschreitet.

Da dem Brückenbauingenieur meistens bestimmte Schwingbeiwerte vorgeschrieben sind, wird er mit diesen Problemen nur in Sonderfällen oder bei grundsätzlichen Untersuchungen zu tun haben.

27. Angefachte Schwingungen von Hängebrücken

Windangefachte Brückenschwingungen sind bisher nur bei Hängebrücken in Erscheinung getreten, da deren eigenartige elastische Eigenschaften dies am ehesten ermöglichen. Im vorigen Jahrhundert sind auf diese Weise verschiedene Hängebrücken zerstört worden[1], im Jahre 1940 stellte der Einsturz der *Tacoma*-Brücke die dringliche Aufgabe, Abwehrmaßnahmen gegen diese Gefahr zu schaffen. — Auf das Kräftespiel bei einer solchen Anfachung wurde in Ziffer 7, auf Stabilität oder Instabilität des Vorganges in Ziffer 8 eingegangen. Nach den bisherigen Beobachtungen scheint bei Biegeschwingungen ein stabiler Beharrungszustand vorhanden zu sein, während Torsionsschwingungen des Gesamttragwerkes instabil sein, d. h. zur Zerstörung führen können. Auch Beharrungszustände (z. B. mit 30 cm Doppelamplitude) sind auf die Dauer gefährlich; daher ist es üblich geworden, unter „aerodynamischer Instabilität" *jede* Empfindlichkeit einer Brücke gegenüber Anfachung zu verstehen.

Über die beste Art der zahlenmäßigen Darstellung des Sachverhaltes ist bereits grundsätzliche Klarheit geschaffen. Die Windgeschwindigkeit v und die Eigenfrequenz f der Brücke sind die entscheidenden Größen. So wird unter Bezugnahme auf eine charakteristische Querschnittsabmessung (z. B. die Breite b zwischen den Versteifungsträgern) genau wie in Gl. (55) die dimensionslose

$$\text{„bezogene Geschwindigkeit"} \quad \nu = v/fb \tag{56}$$

definiert. Das Ziel ist jetzt, über das aerodynamische Verhalten der Brücke bei jedem beliebigen Wert ν eine Aussage zu machen.

Oberhalb eines Grenzwertes ν_{Gr}, der durch die kleinste Eigenfrequenz und die größte irdische Windgeschwindigkeit (etwa 45 m/s) bestimmt ist, verlieren die Aussagen ihre praktische Bedeutung. Eine Balkenbrücke (nicht Hängebrücke!) von 50 m Spannweite, deren Tragwerk genau dem Versteifungsträger-Fahrbahn-System der Tacomabrücke nachgebildet wäre, würde aerodynamisch stabil sein, weil das kritische ν oberhalb ν_{Gr} läge.

Es ist naheliegend, in einem *Stabilitätsdiagramm* zu jedem ν das logarithmische Deoder Inkrement, das eine negativ, das andere positiv aufzutragen. Im allgemeinen wechseln sich darin negative und positive Bereiche ab[2], doch sind die Anfachungsbereiche der kleinen ν meist bedeutungslos, da schwache Windstärken nur geringe Luftkräfte erzeugen, das aerodynamische Inkrement also kleiner bleibt als das Dekrement der Systemdämpfung. — Bei Biegeschwingungen stehen die Luftkräfte unter anderen Gesetzmäßigkeiten als bei Torsionsschwingungen. Daher enthält das vollständige Diagramm mindestens zwei Kurven.

Die Aufgabe der Untersuchung[3] ist die Auffindung der kritischen Bereiche, vor allem aber eines etwaigen kritischen Wertes ν_K, oberhalb dessen unbeschränkte Anfachung besteht. Weniger dringlich, aber erwünscht, ist die Kenntnis des Anfachungsverlaufes innerhalb dieser Bereiche, also des Inkrementes der Anfachung.

---

[1] *F. W. Wallking:* Abh. Stahlbau 10 (1951) S. 36.
[2] Beispiele Bautechnik 26 (1949) S. 350.
[3] Schrifttumsangaben in den Berichten über die Arbeiten von *D. B. Steinman:* Bautechnik 26 (1949) u. 27 (1950). — *F. B. Farquharson:* Abh. Int. Ver. Brückenb. u. Hochb. 12 (1952) S. 147. — *G. S. Vincent:* Abh. Int. Ver. Brückenb. u. Hochb. 12 (1952) S. 303. — *C. Scruton:* s. Stahlbau 21 (1952) S. 192.

Experimentelle Forschung. In Ziffer 8 wurde erläutert, weswegen zur Zeit Windkanalversuche als das geeignetste Mittel zur Klärung dieser Fragen anzusehen sind. Die für diese Sonderaufgabe zugeschnittene Versuchstechnik wird in der neueren Literatur beschrieben. Da nach den Erkenntnissen der Ähnlichkeitsmechanik bekanntlich zweierlei Kräfte (wie Luftkräfte *und* elastische Kräfte) nur unvollkommen oder unter Maßstabsbeschränkungen untersucht werden können, arbeitet man meistens mit dem „Querschnittsmodell" (d. h. einem kurzen Stück der Brücke zwischen zwei Querschnitten). Versuche mit einem solchen Modell können, je nachdem, was man willkürlich variieren will, unter verschiedener Form der „Fragestellung" durchgeführt werden. — Um nachher das Kräftespiel an der ganzen Brücke zu beschreiben, ist für jede Schwingungsform eine nicht ganz einfache Integration über die Brückenlänge erforderlich. — Als dritte Kräfteart kommt noch die Schwingungsdämpfung[1] hinzu, sobald man das Inkrement und mit seiner Hilfe schließlich die dynamische Beanspruchung kennen lernen will.

Aerodynamische Theorien. Versuche am schwingenden Modell durchzuführen, ist an sich das Nächstliegende. Demgegenüber haben *F. Bleich:* Proc. Amer. Soc. Civ. Eng. *74* (1948) S. 1269 und *D. B. Steinman:* Berichte in Bauingenieur *26* (1951) S. 333 und 364 theoretische Methoden entwickelt, die sich einerseits auf die Theorie der Flatterschwingungen von Tragflügeln, andererseits auf Messungen am ruhenden Modell stützen.

Kriterien. Verschiedene Forscher, wie *D. B. Steinman* und *O. H. Ammann* haben versucht, durch Kenngrößen[2], deren zahlenmäßige Festlegung freilich recht roh ist, ein Schnellurteil über die aerodynamische Stabilität einer Hängebrücke zu ermöglichen. Ein solcher Weg ist zweifellos sehr erwünscht, es wäre jedoch erforderlich, durch systematische Messungen an ausgeführten Brücken und Windkanalmodellen solche Kenngrößen (dann aber dimensionslos definiert!) für jede Querschnittsform getrennt festzulegen. In der derzeitigen Gestalt besitzen sie zu wenig Beweiskraft, weil sie allzu summarisch ermittelt sind.

Abhilfemaßnahmen. Auch über die verschiedensten Abhilfemaßnahmen konstruktiver Art gibt das Schrifttum viele Einzelheiten. Hier seien nur zusätzliche Verspannungen, Fahrbahnschlitze, Verkleidung der Umrißformen, zusätzliche Dämpfungsorgane genannt.

28. Fundamentrahmen

Jede Aufstellung von Maschinen auf Baukörpern, die ein Mittelglied gegenüber dem Baugrund bilden, ist ein Schwingungsproblem: Das starre Gesamtgebilde kann gegenüber dem Baugrund, die einzelnen Teile können in sich durch ihre Verformungen schwingen.

Der erstgenannte Fall, der z. B. für Blockfundamente gilt, ist theoretisch von einfachster Art (Massenpunkt oder starrer Einzelkörper). Schwierigkeiten und Unsicherheiten bringen unter anderem die Elastizitätseigenschaften des Bodens („statische" Bettungsziffern sind hier nicht immer brauchbar!) und etwaiger dämmender Zwischenschichten, ferner etwa die konstruktive Durchbildung der Kraftübertragungen. Zur Erfüllung aller gestellten Anforderungen sind meistens Umsicht und Erfahrung notwendig.

Bei Maschinensätzen verschiedener Art, insbesondere bei Dampfturbinenaggregaten, wird seit mehreren Jahrzehnten statt eines Blockes eine Rahmenkonstruktion bevorzugt, um unterhalb der Maschine mehr Raum für Rohrleitungen, Kühlungsorgane usw. zu gewinnen. Solche Fundamentrahmen, in der Mehrzahl in Stahlbeton ausgeführt, sind vergleichbar mit einer massigen, durchbrochenen Tischplatte, die durch „Tischbeine" (etwa sechs) auf eine schwere Sohlplatte abgestützt ist. Hier erscheint der zweite der obengenannten Fälle, die Schwingungsmöglichkeit durch Verformungen, während der erste in seiner Bedeutung zurücktritt.

Diese Ausführungsweise brachte im Bauwesen einen starken Antrieb zur Beschäftigung mit Schwingungsfragen; das Rahmentragwerk wurde geradezu zum

---

[1] *A. Selberg:* Abh. Int. Ver. Brückenb. u. Hochb. 10 (1950) S. 183.
[2] *F. W. Waltking:* Abh. Stahlbau 10 (1951) S. 48.

typischen Beispiel für eine bautechnische Eigenschwingungsberechnung[1]. Alle im Abschn. II besprochenen Verfahren kamen auf dieses Beispiel zur Anwendung, vom elastisch gestützten Massenpunkt bis zur sorgfältigen Berücksichtigung der kontinuierlichen Massen. Die Unsicherheit um den Elastizitätsmodul des Betons rechtfertigt freilich die Tendenz zu den einfacheren Methoden. — Bezüglich der erzwungenen Schwingungen, der Resonanzgefahr, der hohen und der tiefen Abstimmungen gelten die Ausführungen in Ziffer 25. — Die bei der Anwendung auf den Einzelfall der Praxis zu beachtenden Forderungen (z. B. auch bei der *statischen* Berechnung) sind neuerdings in DIN-Blättern[2] niedergelegt; wegen weiterer Einzelheiten sei auf das umfassende, mit Zahlenbeispielen versehene Werk von *Rausch* [*11*] hingewiesen.

Seit einigen Jahren hat eine Reihe von Gründen dazu geführt, daß Fundamentrahmen von ähnlicher Gestalt auch *in Stahl* gebaut werden, nur die Sohlplatte bleibt in Stahlbeton. Einer der Gründe war die Möglichkeit zu einer schärferen Berechnung der Eigenfrequenzen, um dadurch einen Teil der Unsicherheiten zu beseitigen, die bei diesem Problem nicht zu vermeiden sind. Bei den ersten Ausführungen solcher Fundamente wurde auch in Stahl die schwere Tischplatte beibehalten, es herrscht aber eine Tendenz, aus wirtschaftlichen Gründen diese Masse so weit zu verringern, wie es die (in der Mehrzahl dieser Anwendungsfälle vorzuziehende) tiefe Abstimmung zuläßt.[3]

29. Schlußbemerkung

Die wichtigsten Beispiele bautechnischer Schwingungsaufgaben dürften in Ziffer 24 bis 28 umrissen sein; an weiteren Anwendungen fehlt es jedoch nicht. Erwähnt seien z. B. die gedämpften Schwingungen in Wasserschlössern und Druckrohrleitungen[4], bei denen gründliche theoretische Untersuchungen mit den Hilfsmitteln der Hydromechanik möglich sind. Angefachte Schwingungen in beweglichen und festen Wehren[5], ob unterströmt oder überströmt, bilden ein aufschlußreiches Gegenstück zu den hier behandelten Fällen dieser Klasse von Schwingungen, zu der noch viel Forschungsarbeit zu leisten ist.

Allgemein sei schließlich noch ein Umstand erwähnt, der die derzeitige Entwicklung kennzeichnen soll. Wie in jeder anderen Ingenieurfachrichtung, so ist auch im Ingenieurbauwesen die Ersparnis von Material eine dringende Forderung unserer Zeit. Die Verringerung der Massen zwingt den Ingenieur einerseits, den Problemen der elastischen Stabilität (Knicken, Beulen) höhere Aufmerksamkeit zu widmen. Die gleiche Verringerung der Massen steigert aber auch die Empfindlichkeit der Bauwerke gegenüber Schwingungen und stellt den Ingenieur vor andere, vielleicht sogar überraschende Stabilitätsprobleme (wie die aerodynamische Stabilität), die unter Einsatz aller verfügbaren Mittel gelöst werden müssen.

Literatur

[*1*] *W. Hort:* Technische Schwingungslehre, Berlin 1922.
[*2*] *E. Lehr:* Schwingungstechnik, 2 Bände, Berlin 1930/34.
[*3*] *O. Föppl:* Grundzüge der technischen Schwingungslehre, 2. Aufl., Berlin 1931.
[*4*] *O. Föppl:* Aufschaukelung und Dämpfung von Schwingungen. Berlin 1936.
[*5*] *S. Timoshenko* (deutsch v. *Malkin-Helly*): Schwingungsprobleme der Technik. Berlin 1932.
[*6*] *C. B. Biezeno-R. Grammel:* Technische Dynamik. 2. Aufl. Berlin, Göttingen, Heidelberg 1953.
[*7*] *F. Söchting:* Berechnung mechanischer Schwingungen. Wien 1951.
[*8*] *K. Klotter:* Technische Schwingungslehre, I. Bd., 2. Aufl., Berlin, Göttingen, Heidelberg 1951.
[*9*] *I. P. Den Hartog* u. *G. Mesmer:* Mechanische Schwingungen, 2. Aufl., Berlin, Göttingen, Heidelberg 1952.
[*10*] *K. Hohenemser-W. Prager:* Dynamik der Stabwerke. Berlin 1933.
[*11*] *E. Rausch:* Maschinenfundamente und andere dynamische Bauaufgaben. 3 Teile, Berlin 1936/40/42.

---

[1] Vgl. die Schrifttumsangaben bei *E. Rausch* [*11*].
[2] DIN E 4024 (Entwurf Sept. 1951), vgl. auch DIN 4025.
[3] *C. F. Kollbrunner:* Mitt. Forschg. u. Konstr. i. Stahlb., Heft 12, Zürich 1950. — VDEW: Turbofundamente in Stahl, Frankfurt 1951.
[4] Literaturangaben bei *K. Karas:* Ing.-Arch. 12 (1941) S. 370.
[5] *O. Müller:* Bautechnik 15 (1937) S. 65. — *R. Seiferl:* Z. VDI. 84 (1940) S. 105.

Sachverzeichnis des ersten Bandes

Die *kursiv* gedruckten Abkürzungen bezeichnen die Abschnitte, in denen der betreffende Begriff benutzt wird.

Brück:	Ausgewählte Kapitel aus der Theorie des Brückenbaues.
Fest.:	Festigkeitslehre und Elastizitätstheorie.
Hoch.:	Baukonstruktionen des Hochbaus.
Holz.:	Holzbau.
Mass.:	Massivbau.
Math.:	Mathematik.
Mech.:	Mechanik starrer Körper.
Schwing.:	Schwingungen in der Baustatik.
Stab.:	Stabilitätsfälle.
Stahl.:	Stahlbau.
Stahlhoch.:	Stahlhochbau.
Stat.:	Baustatik.
Stoff.:	Baustoffe und ihre Eigenschaften.

Die Umlaute ä, ö und ü sind als selbständige Vokale behandelt und folgen im Alphabet hinter a, o und u.

GPSR Compliance

The European Union's (EU) General Product Safety Regulation (GPSR) is a set of rules that requires consumer products to be safe and our obligations to ensure this.

If you have any concerns about our products, you can contact us on ProductSafety@springernature.com

In case Publisher is established outside the EU, the EU authorized representative is:

Springer Nature Customer Service Center GmbH
Europaplatz 3
69115 Heidelberg, Germany

Batch number: 10704701

Printed by Printforce, the Netherlands